U0228653

世界常用农药色谱-质谱图集

Chromatography-Mass Spectrometry Collection of World Commonly Used Pesticides

Volume Ⅳ

气相色谱-串联质谱图集

Collection of Gas Chromatography-Tandem Mass Spectrometry (GC-MS/MS)

庞国芳　等著

Editor -in-chief　Guo-Fang Pang

· 北京 ·

《世界常用农药色谱-质谱图集》由5卷构成，书中所有技术内容均为作者及其研究团队的原创性科研成果，技术参数和图谱参数与国际接轨，代表国际水平；图集涉及农药种类多，且为世界常用，参考价值高。

本分册为《世界常用农药色谱-质谱图集》第四卷，包括410种农药和209种PCB化学污染物的中英文名称、CAS登录号、理化参数（分子式、分子量、结构式）、色谱质谱参数（母离子、子离子、离子源及源极性、保留时间）、一级质谱图、四个碰撞能量下碎片离子质谱图。

本书可供科研单位、质检机构、高等院校等从事农药残留与食品安全检测的科研人员、专业技术人员参考使用。

图书在版编目（CIP）数据

世界常用农药色谱-质谱图集．第四卷，气相色谱-串联质谱图集／庞国芳等著．—北京：化学工业出版社，2013.11

国家出版基金项目

ISBN 978-7-122-18404-7

Ⅰ．①世… Ⅱ．①庞… Ⅲ．①农药-质谱-仪器分析-图集 Ⅳ．①TQ450.1-64

中国版本图书馆CIP数据核字（2013）第216250号

责任编辑：成荣霞　　文字编辑：向　东

责任校对：边　涛　　装帧设计：王晓宇

出版发行：化学工业出版社（北京市东城区青年湖南街13号　邮政编码100011）

印　　装：北京盛通印刷股份有限公司

880mm×1230mm　1/16　印张62½　字数1980千字　2014年1月北京第1版第1次印刷

购书咨询：010-64518888（传真：010-64519686）　售后服务：010-64518899

网　　址：http://www.cip.com.cn

凡购买本书，如有缺损质量问题，本社销售中心负责调换。

定　　价：188.00元

《世界常用农药色谱－质谱图集》编写人员（研究者）名单

第一卷：液相色谱－串联质谱图集

庞国芳　常巧英　范春林　连玉晶　胡雪艳　曹新悦　赵淑军　王志斌

第二卷：液相色谱－四极杆－飞行时间质谱图集

庞国芳　范春林　康　健　彭　兴　赵志远　王　伟　常巧英　石志红

第三卷：线性离子阱－电场回旋共振轨道阱组合质谱图集

曹彦忠　庞国芳　李　响　常巧英　刘晓茂　张进杰　李学民　葛　娜

第四卷：气相色谱－串联质谱图集

庞国芳　曹彦忠　刘永明　常巧英　纪欣欣　姚翠翠　崔宗岩　陈　辉

第五卷：气相色谱－四极杆－飞行时间质谱及气相色谱－质谱图集

庞国芳　范春林　李　岩　李晓颖　常巧英　郑　锋　胡雪艳　王明林

Contributors/Researchers for *Chromatography–Mass Spectrometry Collection of World Commonly Used Pesticides*

Volume Ⅰ: ***Collection of Liquid Chromatography -Tandem Mass Spectrometry (LC-MS/MS)***

Guo-Fang Pang, Qiao-Ying Chang, Chun-Lin Fan, Yu-Jing Lian, Xue-Yan Hu, Xin-Yue Cao, Shu-Jun Zhao, Zhi-Bin Wang

Volume Ⅱ: ***Collection of Liquid Chromatography Coupled with Quadrupole Time-of-flight Mass Spectrometry (LC-Q-TOFMS)***

Guo-Fang Pang, Chun-Lin Fan, Jian Kang, Xing Peng, Zhi-Yuan Zhao, Wei Wang,Qiao-Ying Chang, Zhi-Hong Shi

Volume Ⅲ: ***Collection of Linear Trap Quadropole(LTQ) Orbitrap Mass Spectrometry***

Yan-Zhong Cao, Guo-Fang Pang, Xiang Li, Qiao-Ying Chang, Xiao-Mao Liu, Jin-Jie Zhang, Xue-Min Li, Na Ge

Volume Ⅳ: ***Collection of Gas Chromatography-Tandem Mass Spectrometry (GC-MS/MS)***

Guo-Fang Pang, Yan-Zhong Cao, Yong-Ming Liu, Qiao-Ying Chang, Xin-Xin Ji, Cui-Cui Yao, Zong-Yan Cui, Hui Chen

Volume Ⅴ: ***Collection of Gas Chromatography Coupled with Quadrupole Time-of-flight Mass Spectrometry (GC-Q-TOFMS) and Gas Chromatography-Mass Spectrometry (GC-MS)***

Guo-Fang Pang, Chun-Lin Fan, Yan Li, Xiao-Ying Li, Qiao-Ying Chang, Feng Zheng, Xue-Yan Hu, Ming-Lin Wang

序 PREFACE

质谱分析技术的原理是化合物分子经高能电子流离子化，生成分子离子和碎片离子，然后利用电磁学原理使离子按不同质荷比分离并记录各种离子强度，得到一幅质谱图。每种化合物都具有像指纹一样的独特质谱图，将被测物的质谱图与已知物的质谱图对照，就可对被测物进行定性、定量。随着信息化技术的进步以及色谱 - 质谱仪器分辨率和灵敏度等性能的不断提高，只需要纳克级甚至皮克级样品，就可得到满意的质谱图。高分辨质谱测定的分子量精度可以达到百万分之五（m/z 可精确到小数点后第 4 位，即 0.0001），加之质谱能提供化合物的元素组成以及官能团等结构信息，其对化合物定性、定量的准确度和灵敏度无与伦比。

关于食用农产品中农药残留检测技术，庞国芳科研团队检索了近二十年（1991—2010）国际上有一定影响力的 15 种期刊 SCI 论文 3505 篇，涉及检测技术 200 多种。对论文总量排名前 20 位的技术，按前十年（1991—2000）和后十年（2001—2010）发展历程进行对比研究发现：前十年发表的色谱 - 质谱农药残留检测技术论文有 339 篇，而到后十年达到了 1018 篇，后十年约是前十年的 3 倍，二者之和 1357 篇，约占总量的 39%。过去二十年发展最耀眼的分析技术是 LC-MS/MS 和 GC-MS/MS，其中，发展最快的技术是 LC-MS/MS，它由前十年的第 9 位上升到后十年的第 1 位；GC-MS/MS 由前十年的第 19 位上升至后十年的第 8 位。这充分说明，在食用农产品农药残留检测技术方面，色谱 - 质谱检测技术已迎来了空前发展的新时期。我国这一领域科技工作者紧跟这一技术的前进步伐，使我国由前十年的第 14 位，跃升到后十年的第 2 位，为我国在这一领域国际地位的提升做出了突出贡献。

基于色谱 - 质谱联用分析技术的独特优势，庞国芳科研团队从 2000 年至今一直从事农药残留高通量色谱 - 质谱方法学研究，他们采用当前国际上农药残留分析领域普遍关注的先进技术，包括气相色谱 - 质谱、气相色谱 - 串联质谱、气相色谱 - 四极杆 - 飞行时间质谱、液相

色谱 - 串联质谱、液相色谱 - 四极杆 - 飞行时间质谱和线性离子阱 - 电场回旋共振轨道阱组合质谱共 6 类色谱 - 质谱联用技术，评价了世界常用 1300 多种农药化学污染物在不同条件下的质谱特征，采集了数万幅质谱图，形成了《世界常用农药色谱 - 质谱图集》，分五卷出版：第一卷为《液相色谱 - 串联质谱图集》，第二卷为《液相色谱 - 四极杆 - 飞行时间质谱图集》，第三卷为《线性离子阱 - 电场回旋共振轨道阱组合质谱图集》，第四卷为《气相色谱 - 串联质谱图集》，第五卷为《气相色谱 - 四极杆 - 飞行时间质谱及气相色谱 - 质谱图集》。这是一项色谱 - 质谱分析理论的基础研究，是庞国芳科研团队的原创性研究成果。他们站在了国际农药残留分析的前沿，解决了国家的需要，奠定了农药残留高通量检测的理论基础，在学术上具有创新性，在实践中具有很高的应用价值。

根据这些质谱图与建立的相关质谱数据库，庞国芳科研团队已经研究开发了水果、蔬菜、粮谷、茶叶、中草药、食用菌（蘑菇）、动物组织、水产品、原奶及奶粉、蜂蜜、果汁和果酒等一系列食用农产品农药残留高通量检测技术。同时，经过标准化研究，已建成 20 项国家标准，每项标准均可检测 400 ～ 500 种农药残留，其操作像单残留分析一样简单，却比单残留分析提高工效数百倍，在食品安全领域得到了广泛应用。其中，茶叶农药残留高通量检测技术 2010 年被国际 AOAC（国际公职分析化学家联合会）列为优先研究项目之一。经过 4 年准备，庞国芳科研团队 2013 年组织了有美洲、欧洲和亚洲 11 个国家和地区的 30 个实验室，共 56 个科研小组参加的国际 AOAC 协同研究。协同研究结果证明，各项指标均达到了 AOAC 技术标准，被推荐为 AOAC 官方方法，体现了这项研究的先进性和实用性。同时，也展示了我国学者在农药残留高通量检测技术领域的水平和能力，扩大了我国在这一领域的国际影响，为世界农药残留分析技术的进步做出了突出贡献。

魏复盛

中国工程院院士

2013 年 10 月 6 日

前言 | FOREWORD

早在1976年，世界卫生组织（WHO）、联合国粮食及农业组织（FAO）和联合国环境规划署（UNEP）联合发起了全球环境监测规划/食品污染监测与评估项目（Global Environment Monitoring System，GEMS/Food），旨在掌握会员国食品污染状况，了解食品污染物摄入量，保护人体健康，促进国际贸易发展。现在，世界各国都把食品安全提升到国家安全的战略地位，农药残留限量是食品安全标准之一，也是国际贸易准入门槛。同时，对农药残留的要求呈现出品种越来越多、最大残留限量（MRLs）越来越低的发展趋势，也就是国际贸易设立的农药残留限量门槛越来越高。欧盟、美国、日本和我国规定的农药和MRLs数量分别为：465种162248项（2013年）、351种39147项（2013年）、579种51600项（2006年）和322种2293项（GB 2763—2012）。因此，食品安全和国际贸易都呼唤高通量检测技术。这无疑给广大农药残留分析工作者提出了挑战，也提供了研究开发的机遇。到目前为止，在众多农药残留分析技术中，色谱-质谱联用技术是实现高通量多残留分析的最佳选择。

笔者科研团队2000年开始用色谱-质谱联用技术，对世界常用1300多种农药化学污染物残留进行了高通量检测技术研究，历经五个研究阶段（2000—2002年、2002—2004年、2004—2006年、2006—2008年、2008—2013年）研究建立了水果、蔬菜、粮谷、茶叶、中草药、食用菌（蘑菇）、动物组织、水产品、原奶及奶粉、蜂蜜、果汁和果酒等一系列食用农产品中农药残留高通量检测技术，并实现了标准化，研制了20项且每项都可检测400～500种农药残留的国家标准，并得到广泛应用。同时积累了用6类色谱-质谱联用技术在不同分析条件下所做的上万幅质谱图，以《世界常用农药色谱-质谱图集》分五卷出版：第一卷为《液相色谱-串联质谱图集》，第二卷为《液相色谱-四极杆-飞行时间质谱图集》，第三卷为《线性离子阱-电场回旋共振轨道阱组合质谱图集》，第四卷为《气相色谱-串联质谱图集》，第五卷为《气相色谱-四极杆-飞行时间质谱及气相色谱-质谱图集》。这是笔者科研团队十几年来开展农药残留色谱 - 质谱联用技术方法学研究的结晶。

同时，值得特别提出的是，近两年笔者科研团队根据 GC-Q-TOFMS 和 LC-Q-TOFMS 高分辨质谱测定的分子量精度可达到百万分之五（*m/z* 可精确到小数点后第 4 位，即 0.0001）的独特技术优势，用上述两种技术评价了 1300 多种农药化学污染物各自的质谱特征，采集了碎片离子 *m/z* 精确到 0.0001 的质谱图，并建立了相应的数据库，从而研究开发了 700 多种目标农药化学污染物 GC-Q-TOFMS 高通量侦测方法和 500 多种农药化学污染物 LC-Q-TOFMS 高通量侦测方法，一次统一制备样品，两种方法合计可以同时侦测水果、蔬菜中 1200 多种农药化学污染物，达到了目前国际同类研究的高端水平。这两种新技术有三个突出特点：第一，无需标准品作参比，依据高分辨精确质量定性，其依托就是所建立的 1200 多种农药化学污染物高分辨精确质量数据库；第二，根据两种质谱库的信息，研制成检测方法程序软件，只要将软件安装在适用的仪器中，通过适当的调谐校准，就可按照软件程序，执行目标农药的筛查侦测任务，有广阔的推广应用前景；第三，全谱扫描、全谱采集，扫描速度快，可获信息量大，提高了质谱信息利用率，也提高了整个方法的效率，农药残留自动化侦测程度空前提高。

笔者科研团队认为，这种建立在色谱 - 质谱高分辨精确质量数据库基础上的 1200 多种农药高通量筛查侦测软件是一项有重大创新的技术，也是一项可广泛用于农药残留普查、监控、侦测的新技术，它将大大提升农药残留监控能力和食品安全监管水平。这项技术的研究成功，《世界常用农药色谱 - 质谱图集》功不可没。因此，借《世界常用农药色谱 - 质谱图集》出版之际，对参与本书编写的其他研究人员莫汉宏、方晓明、谢丽琪、杨方、刘亚风、梁萍、潘国卿、薄海波、季申、吴艳萍、靳保辉、沈金灿、郑书展、李金、黄韦、张艳梅、郑军红、王雯雯、曹静、赵雁冰、李楠、卜明楠、金春丽、陈曦等，表示衷心感谢！

中国工程院院士

2013 年 9 月 26 日

色谱－质谱条件 Chromatography-Mass Spectrometry Conditions

一、色谱条件

① 色谱柱：DB-1701，30m × 0.25mm(i.d.) × 0.25μm。

② 色谱柱温度：程序升温。40℃保持 1min，然后以 30℃ /min 升温至 130℃，再以 5℃ /min 升温至 250℃，再以 10℃ /min 升温至 300℃，保持 5min。

③ 载气：氦气，纯度≥ 99.999%。

④ 流速：1.2mL/min。

⑤ 进样口温度：290℃。

⑥ 进样量：1μL。

⑦ 进样方式：无分流进样，1.5min 后打开分流阀和隔垫吹扫阀。

二、质谱条件

① 离子源：EI 源。

② 电压：70eV。

③ 离子源温度：200℃。

④ GC-MS 接口温度：250℃。

⑤ 质量（*m/z*）扫描范围：50 ～ 510。

⑥ 扫描模式：全扫描。

目录 CONTENTS

第一部分 410 种农药 GC-MS/MS 谱图

D page-140

第二部分 209种PCB化学污染物GC-MS/MS谱图

>>>> 第一部分

410 种农药 GC-MS/MS 谱图

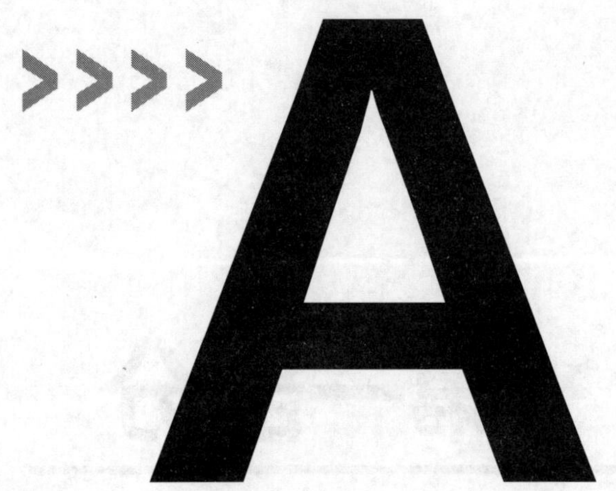
A

Acetamiprid（啶虫脒）

基本信息

CAS 登录号	160430-64-8	分子量	222.1	扫描模式	子离子扫描
分子式	$C_{10}H_{11}ClN_4$	离子化模式	EI	母离子	152

一级质谱图

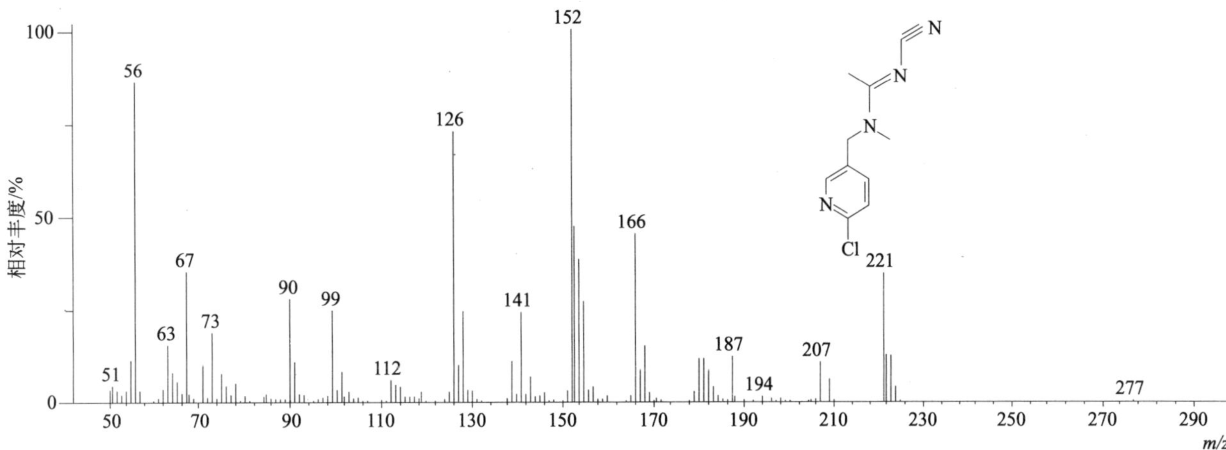

四个碰撞能量下子离子质谱图

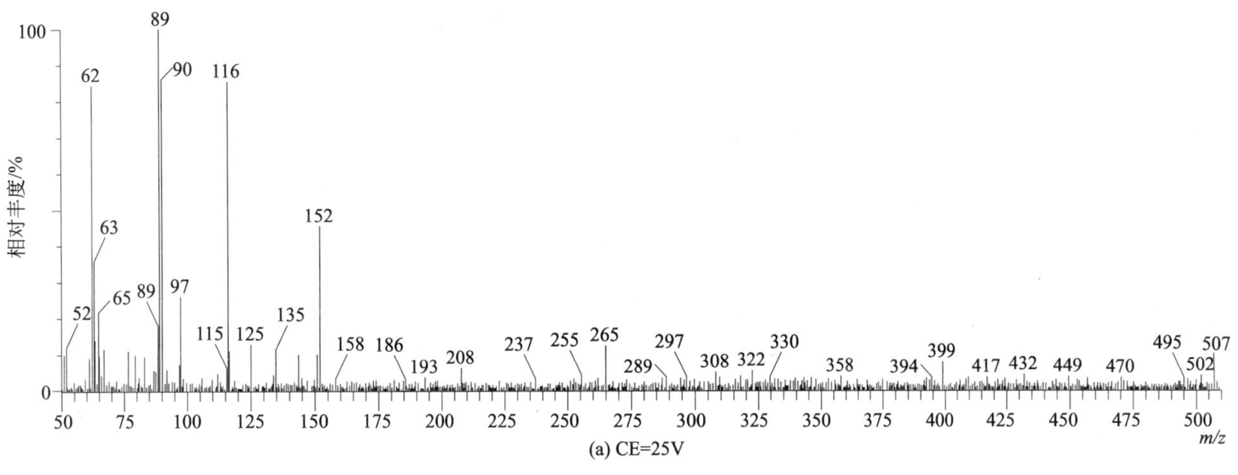

(a) CE=25V

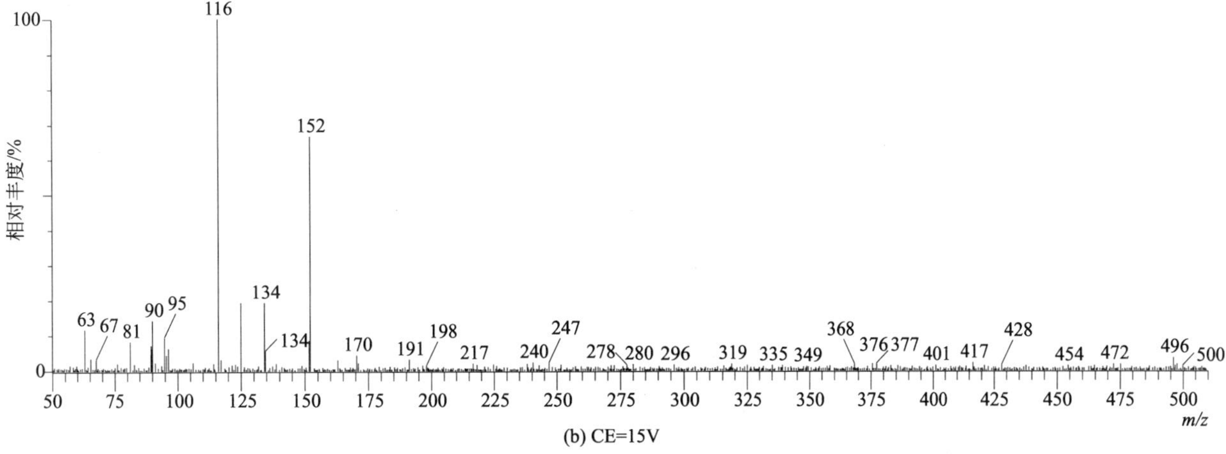

(b) CE=15V

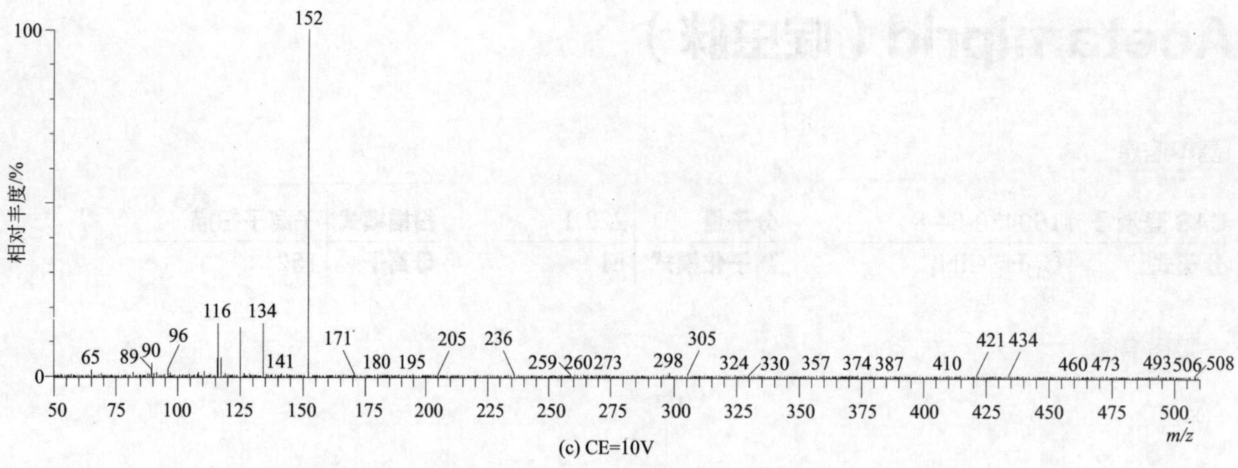

(c) CE=10V

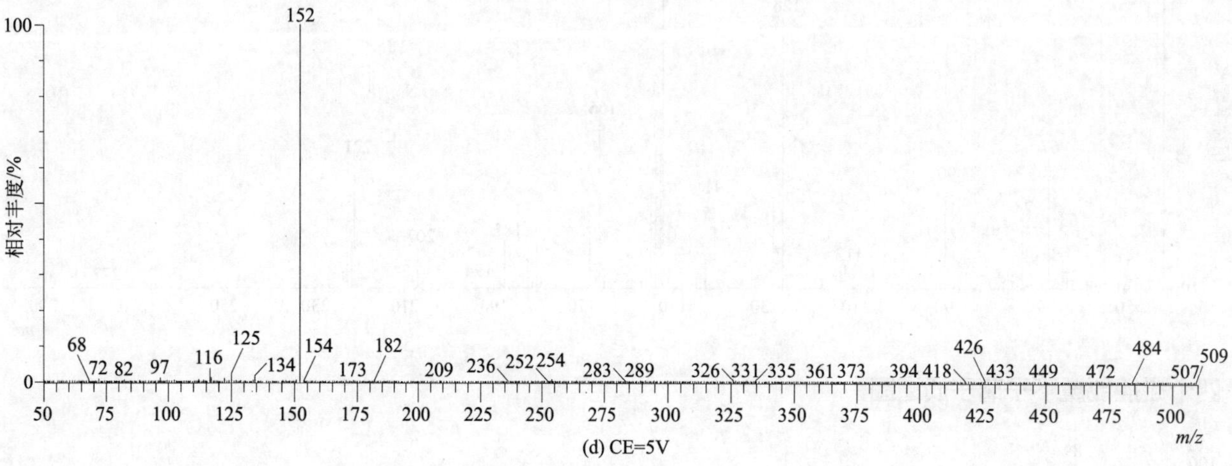

(d) CE=5V

Acetochlor（乙草胺）

基本信息

CAS 登录号	34256-82-1	分子量	269.1	扫描模式	子离子扫描
分子式	$C_{14}H_{20}ClNO_2$	离子化模式	EI	母离子	146

一级质谱图

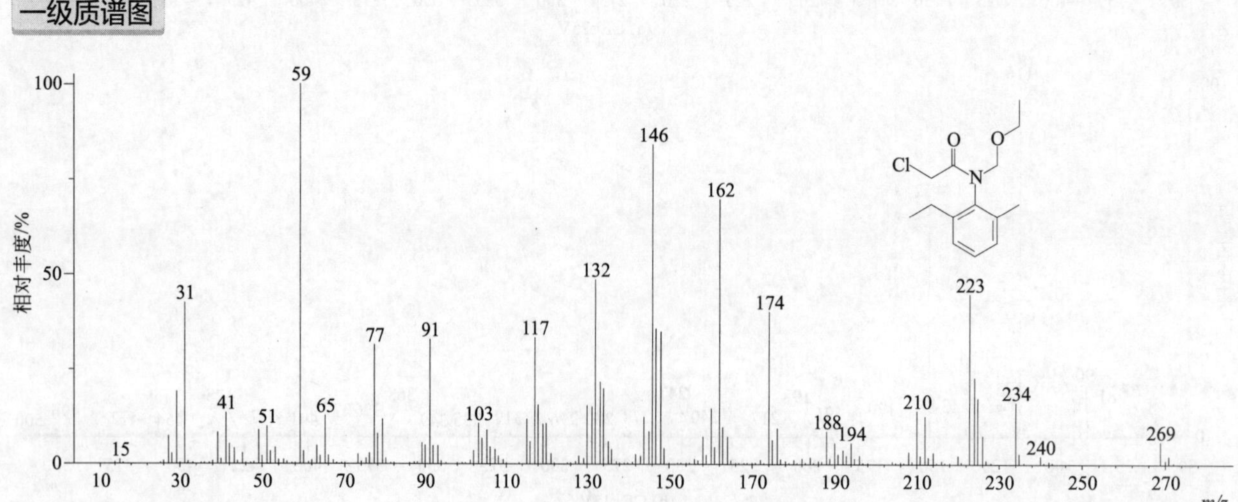

四个碰撞能量下子离子质谱图

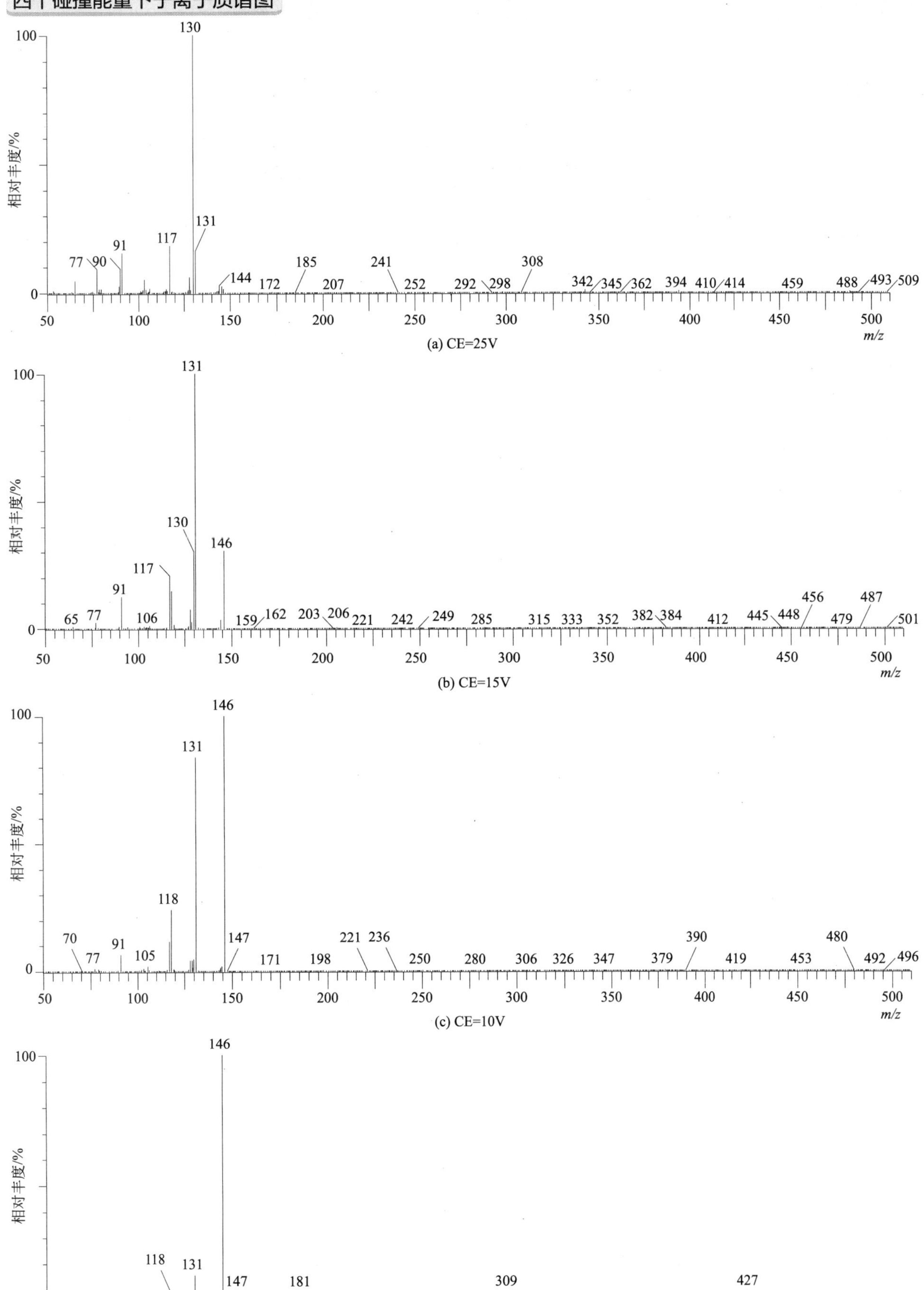

(a) CE=25V

(b) CE=15V

(c) CE=10V

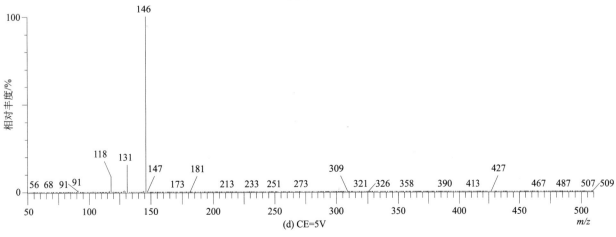

(d) CE=5V

Acibenzolar-*S*-methyl（活化酯）

基本信息

CAS 登录号	135158-54-2	分子量	226.3	扫描模式	子离子扫描
分子式	$C_8H_6N_2S_3$	离子化模式	EI	母离子	182

一级质谱图

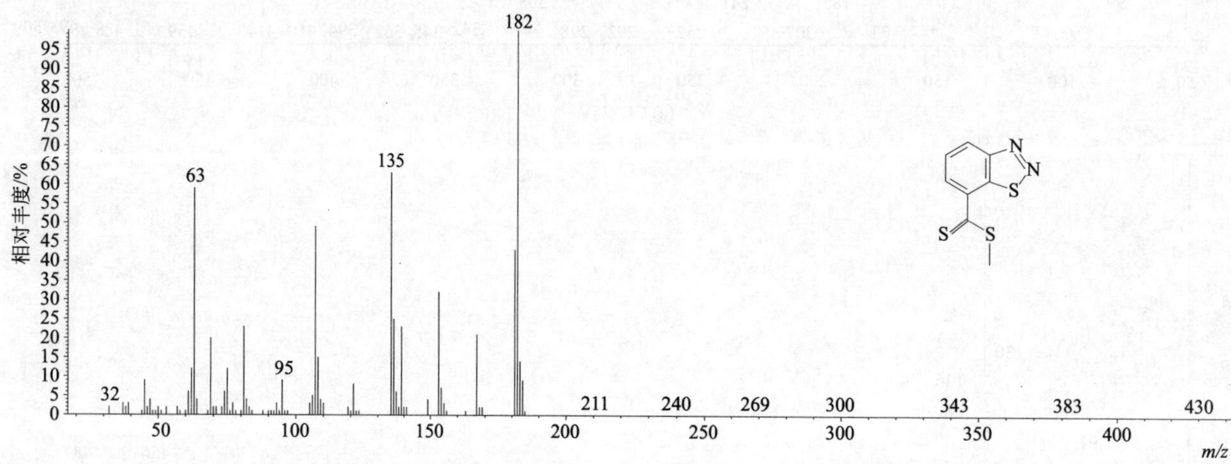

四个碰撞能量下子离子质谱图

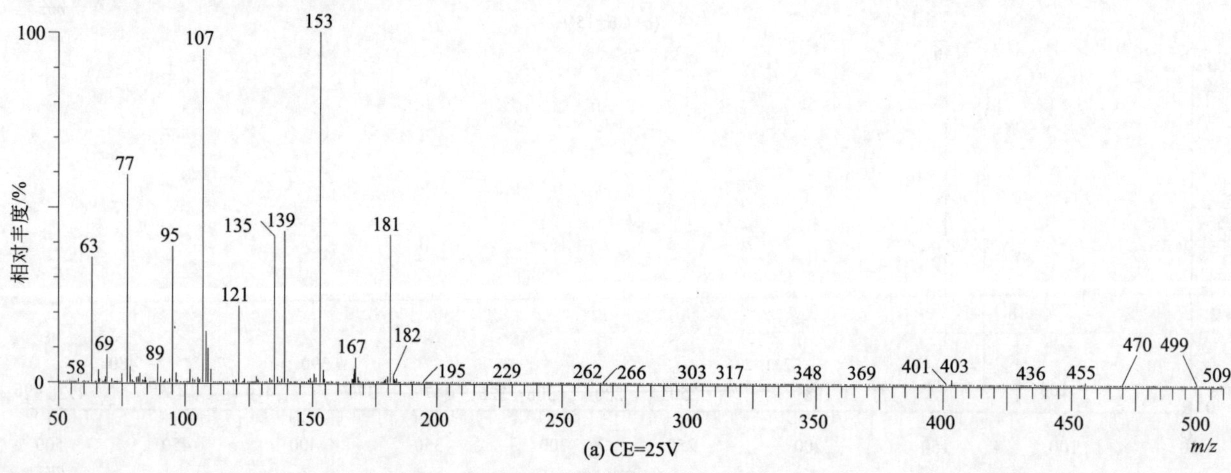

(a) CE=25V

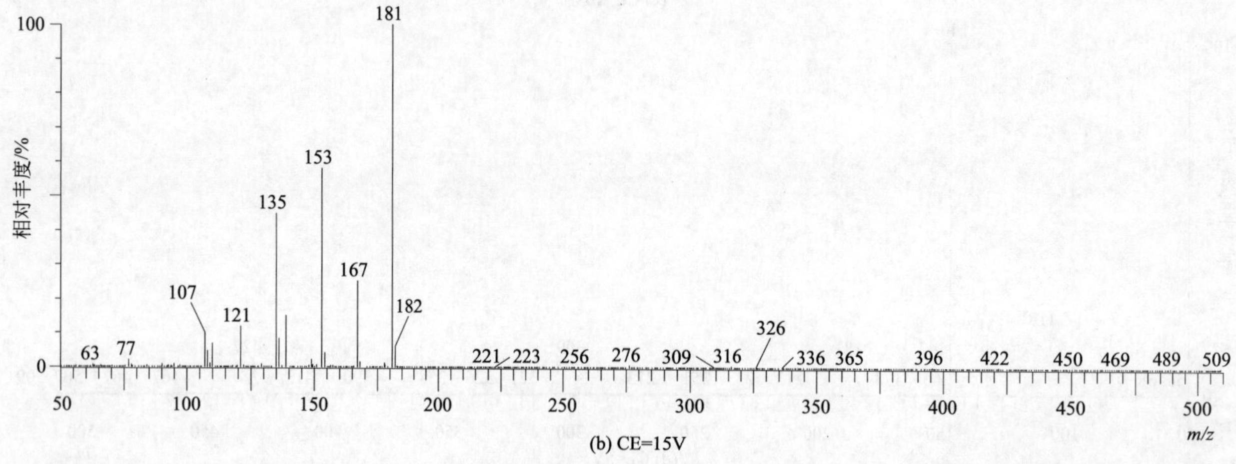

(b) CE=15V

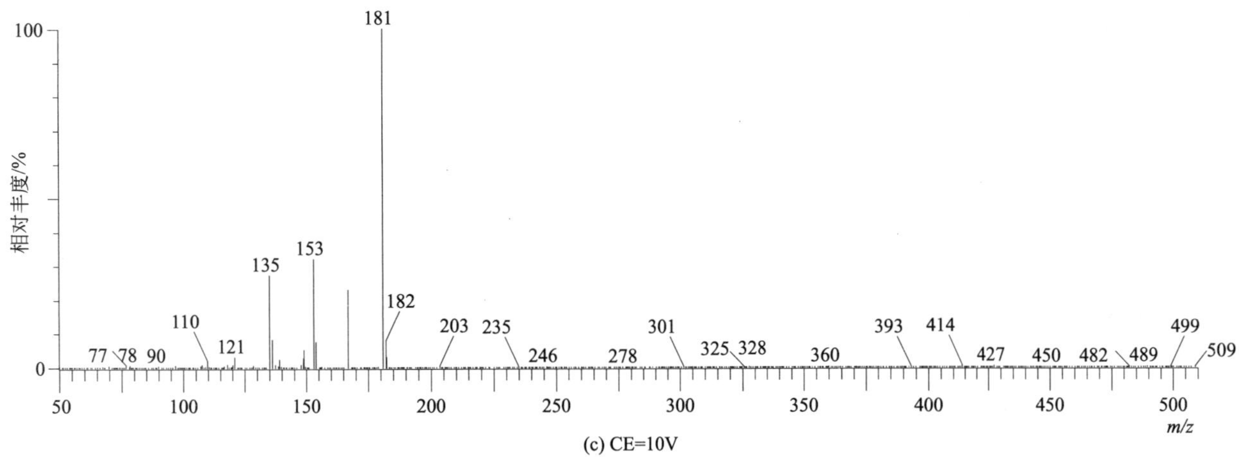

(c) CE=10V

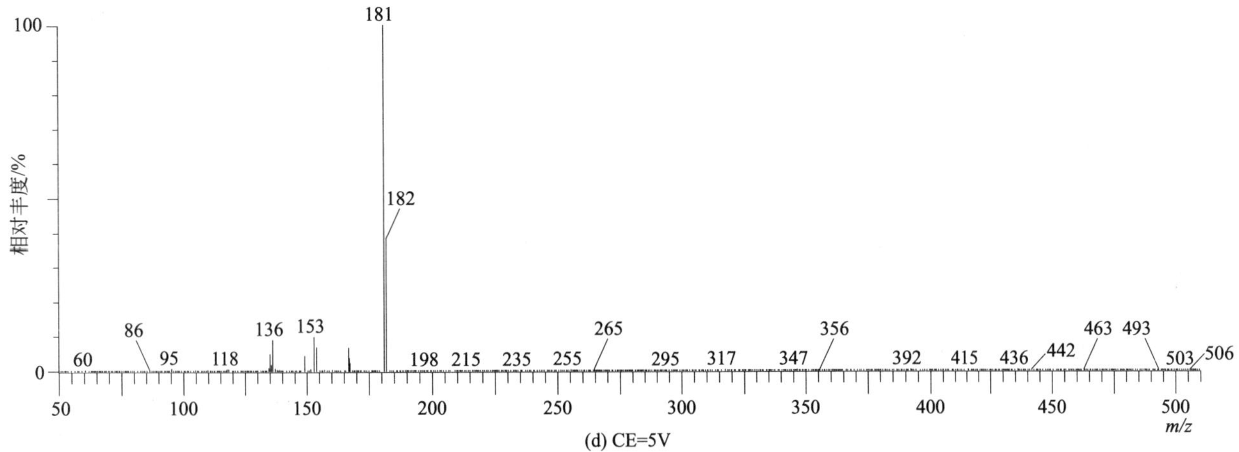

(d) CE=5V

Aclonifen（苯草醚）

基本信息

CAS 登录号	74070-46-5	分子量	264.0	扫描模式	子离子扫描
分子式	$C_{12}H_9ClN_2O_3$	离子化模式	EI	母离子	264

一级质谱图

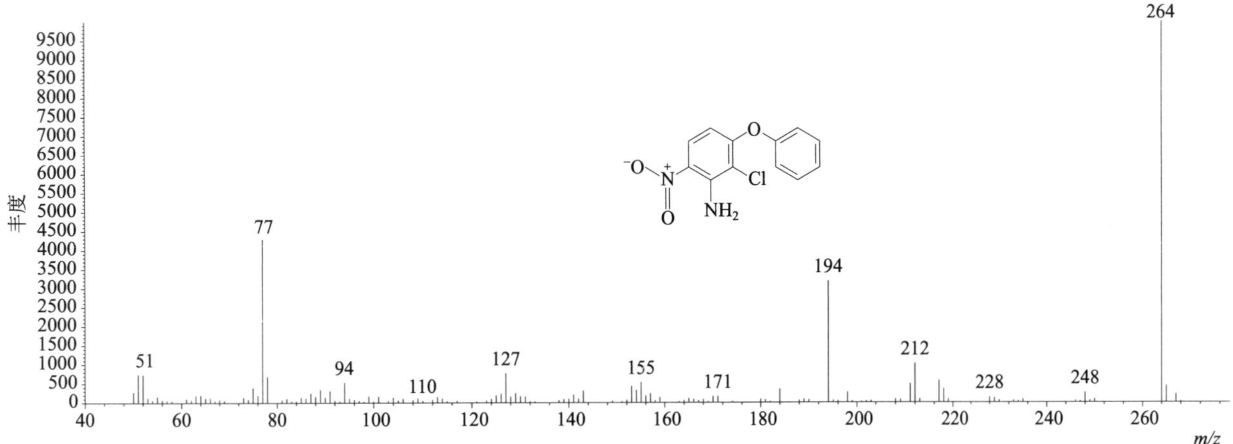

四个碰撞能量下子离子质谱图

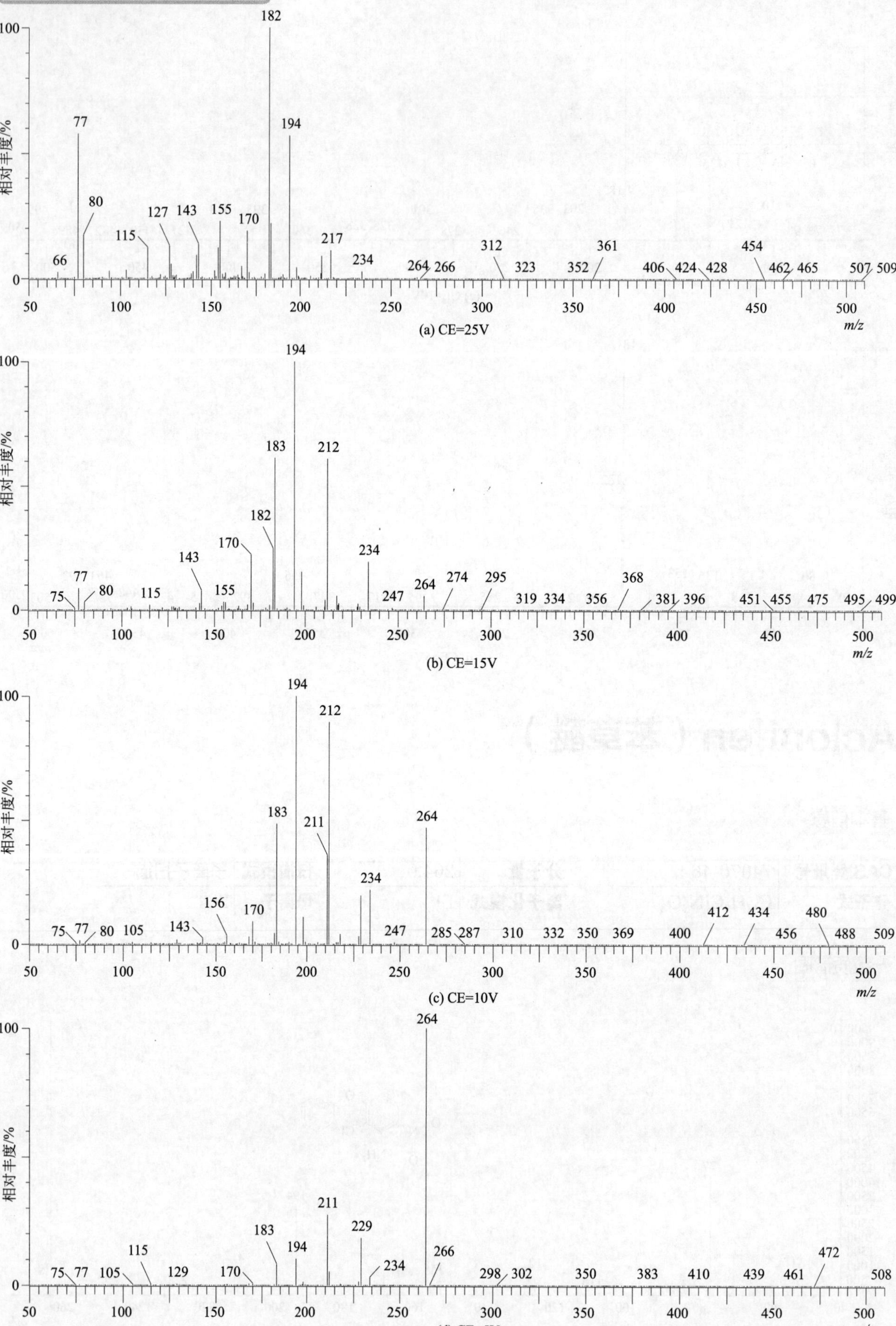

(a) CE=25V

(b) CE=15V

(c) CE=10V

(d) CE=5V

Acrinathrin（氟丙菊酯）

基本信息

CAS 登录号	101007-06-1	分子量	541.1	扫描模式	子离子扫描
分子式	$C_{26}H_{21}F_6NO_5$	离子化模式	EI	母离子	289

一级质谱图

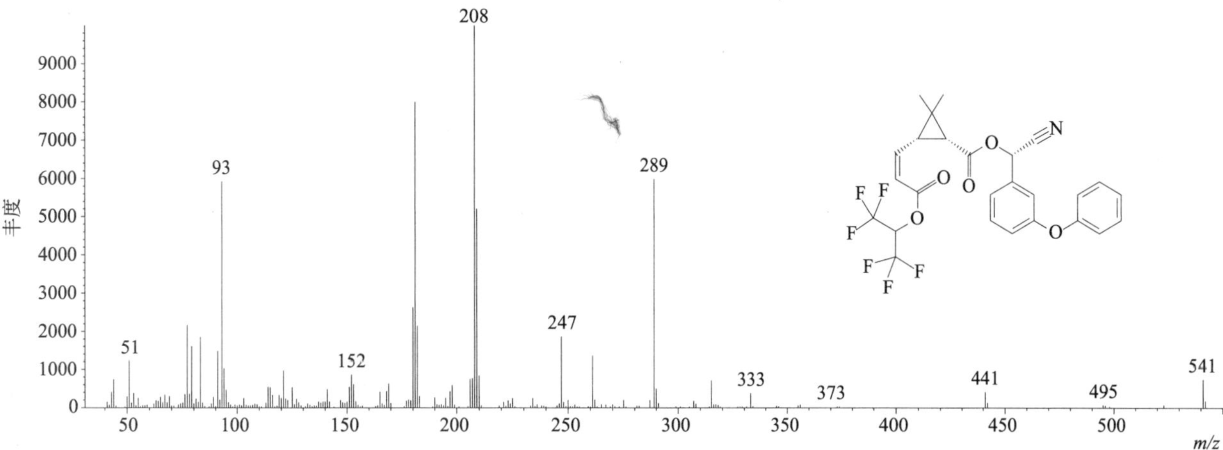

四个碰撞能量下子离子质谱图

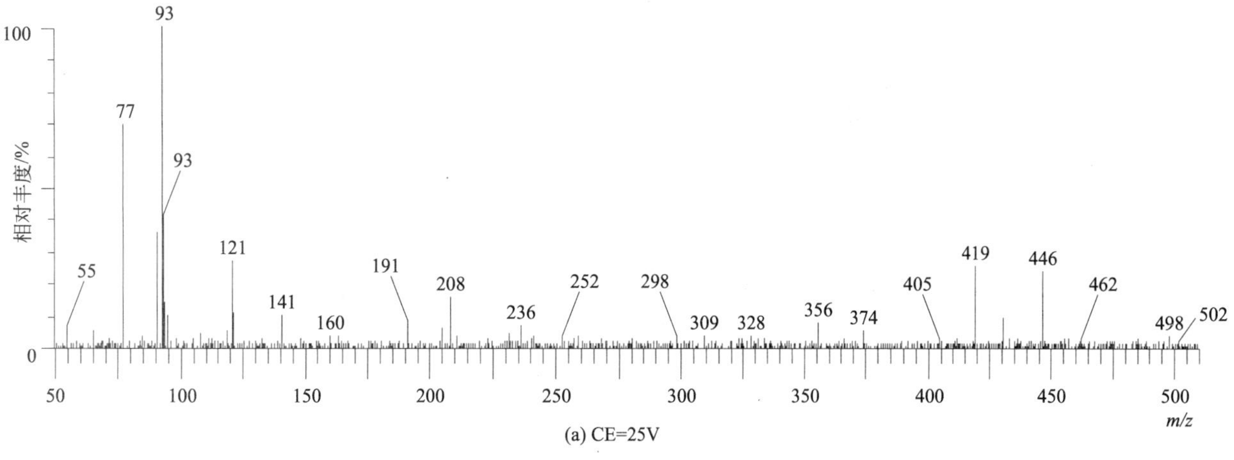

(a) CE=25V

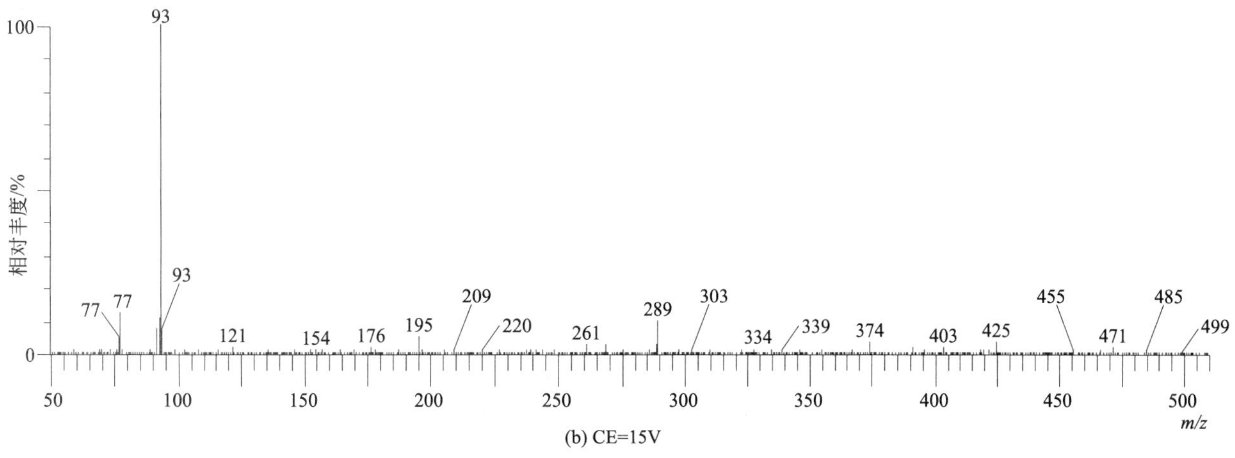

(b) CE=15V

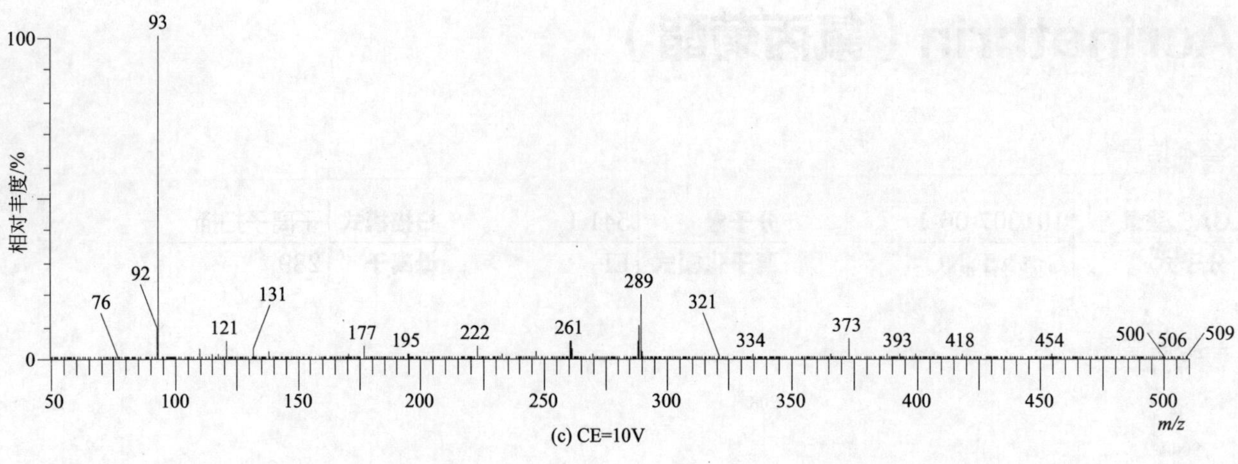

(c) CE=10V

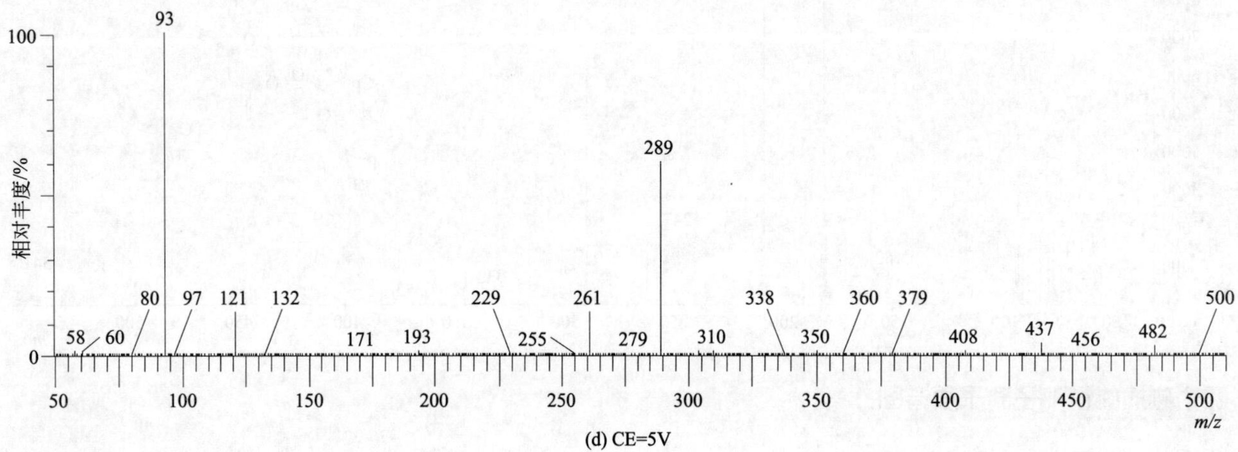

(d) CE=5V

Alachlor（甲草胺）

基本信息

CAS 登录号	15972-60-8	**分子量**	269.7	**扫描模式**	子离子扫描
分子式	$C_{14}H_{20}ClNO_2$	**离子化模式**	EI	**母离子**	237

一级质谱图

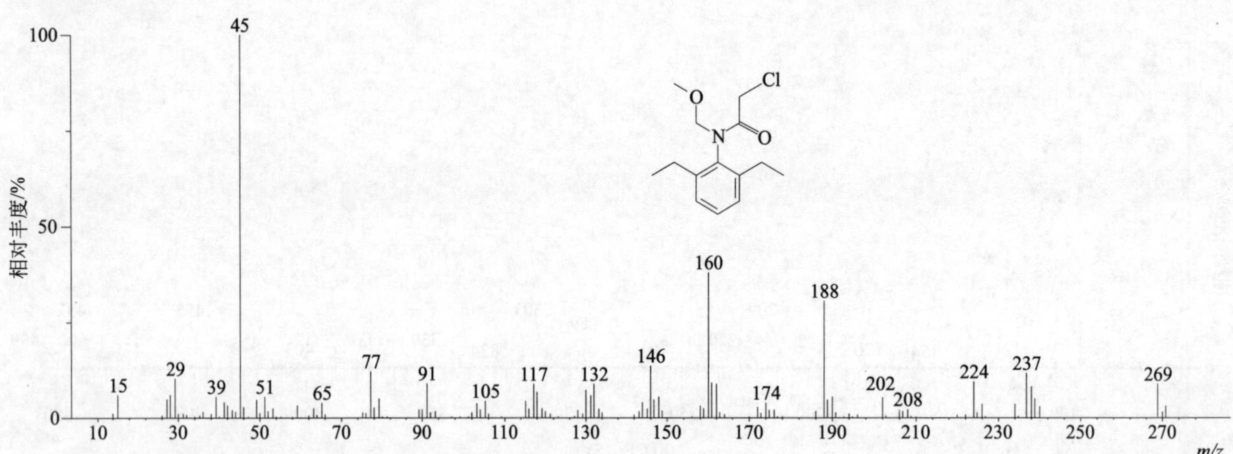

四个碰撞能量下子离子质谱图

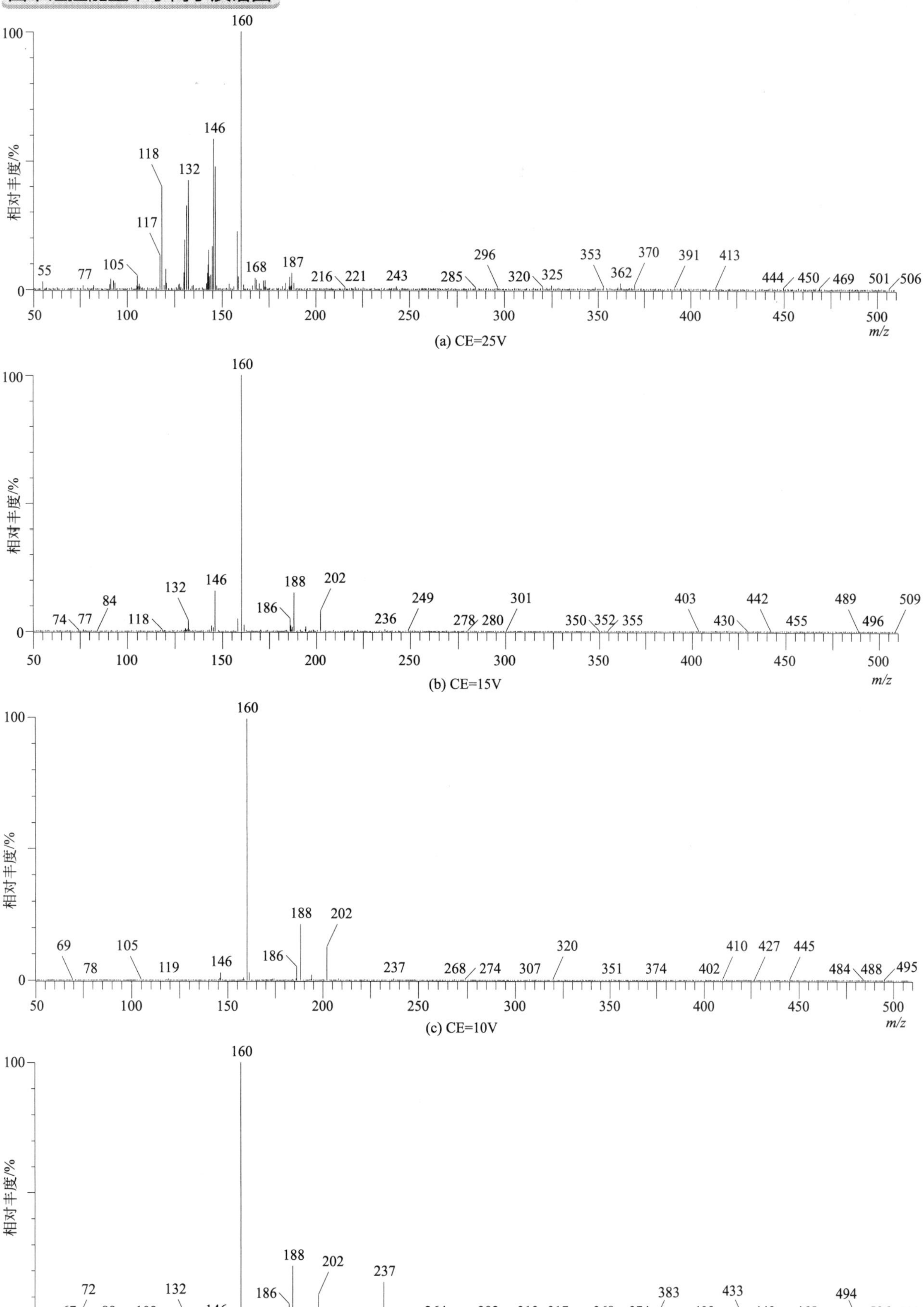

(a) CE=25V

(b) CE=15V

(c) CE=10V

(d) CE=5V

Allethrin（丙烯菊酯）

基本信息

CAS 登录号	584-79-2	分子量	302.2	扫描模式	子离子扫描
分子式	$C_{19}H_{26}O_3$	离子化模式	EI	母离子	123

一级质谱图

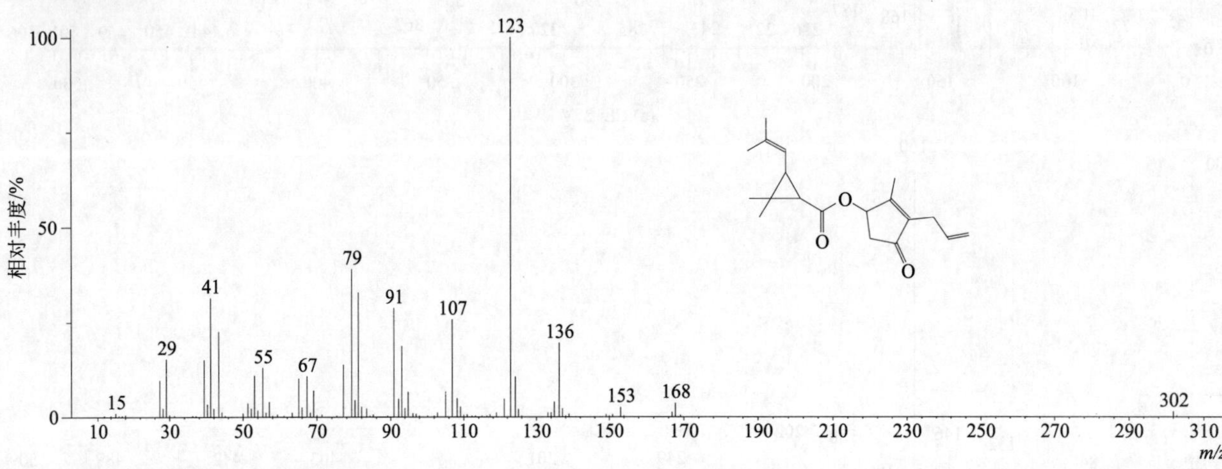

四个碰撞能量下子离子质谱图

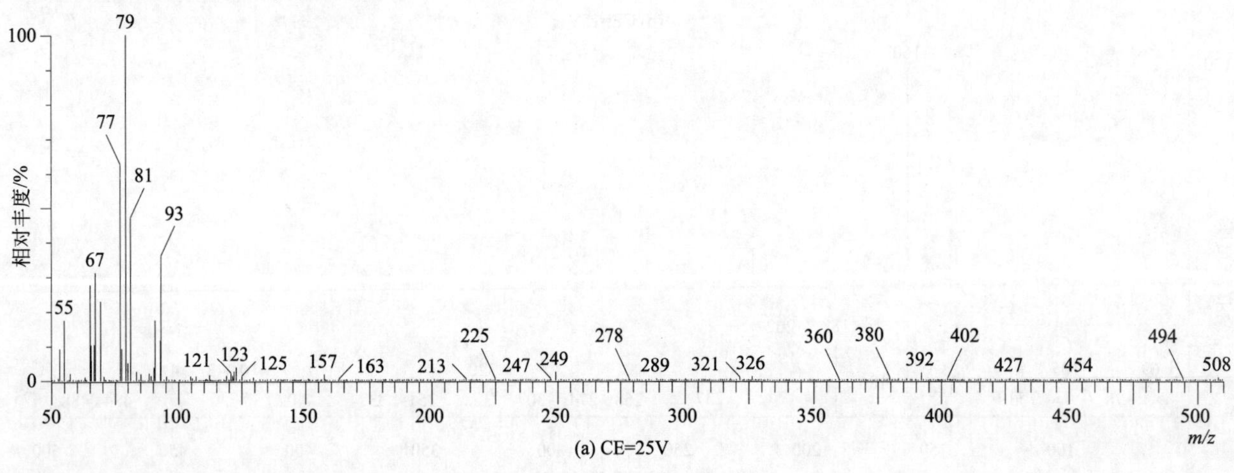

(a) CE=25V

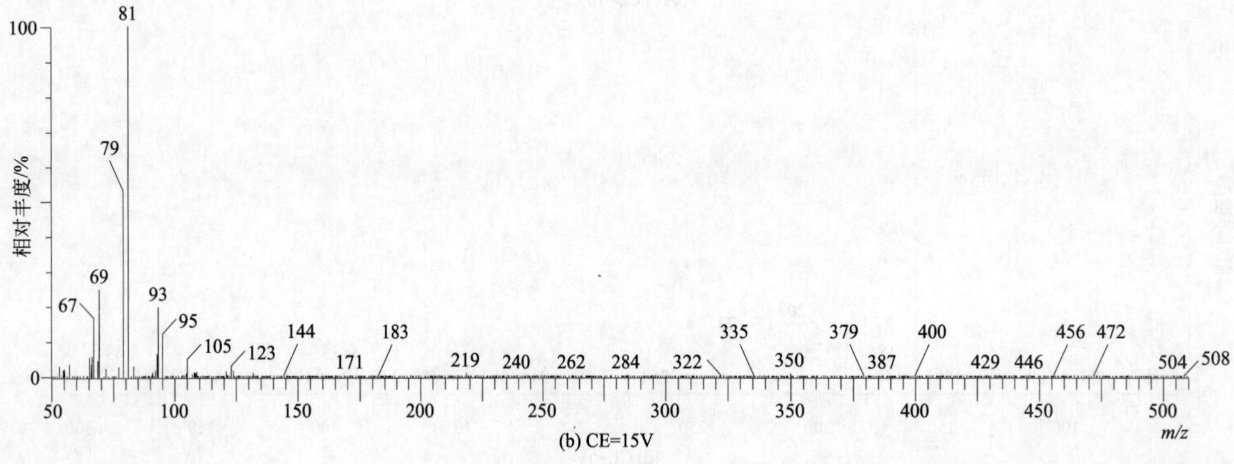

(b) CE=15V

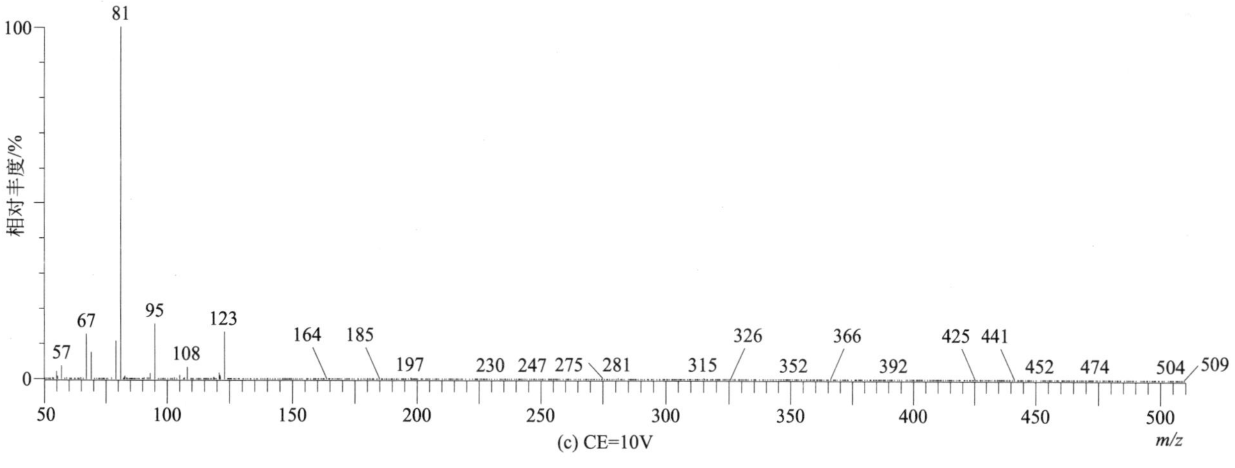

(c) CE=10V

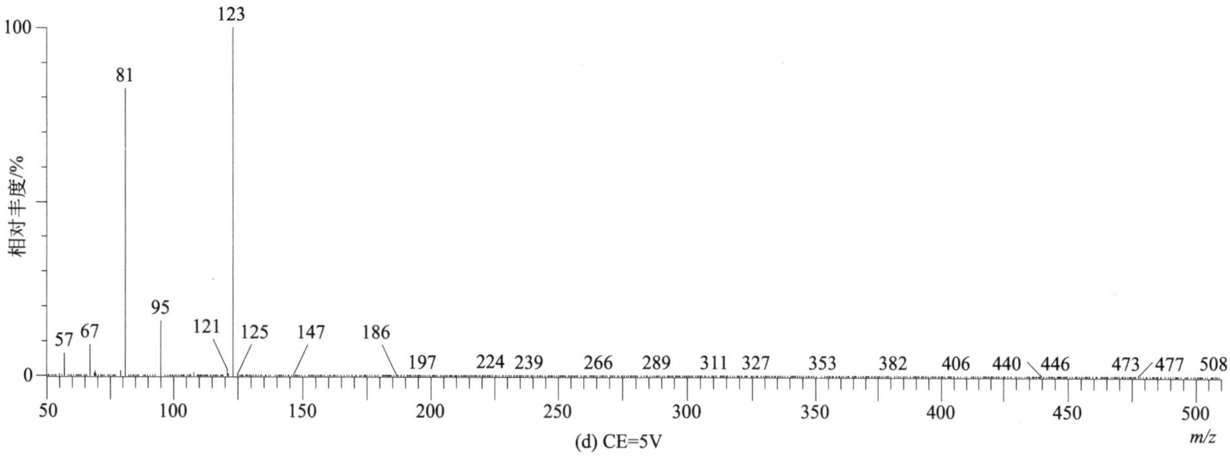

(d) CE=5V

Allidochlor（二丙烯草胺）

基本信息

CAS 登录号	93-71-0	分子量	173.1	扫描模式	子离子扫描
分子式	$C_8H_{12}ClNO$	离子化模式	EI	母离子	138

一级质谱图

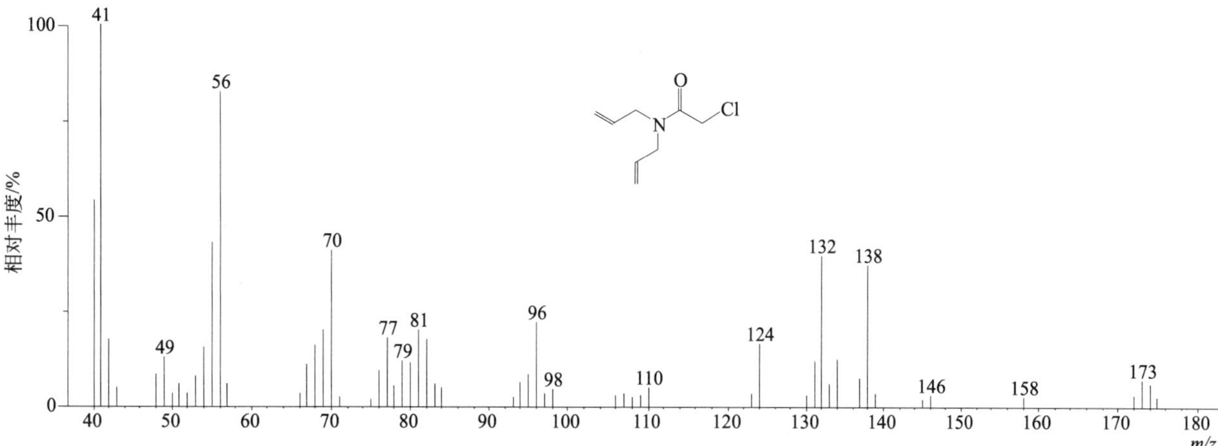

四个碰撞能量下子离子质谱图

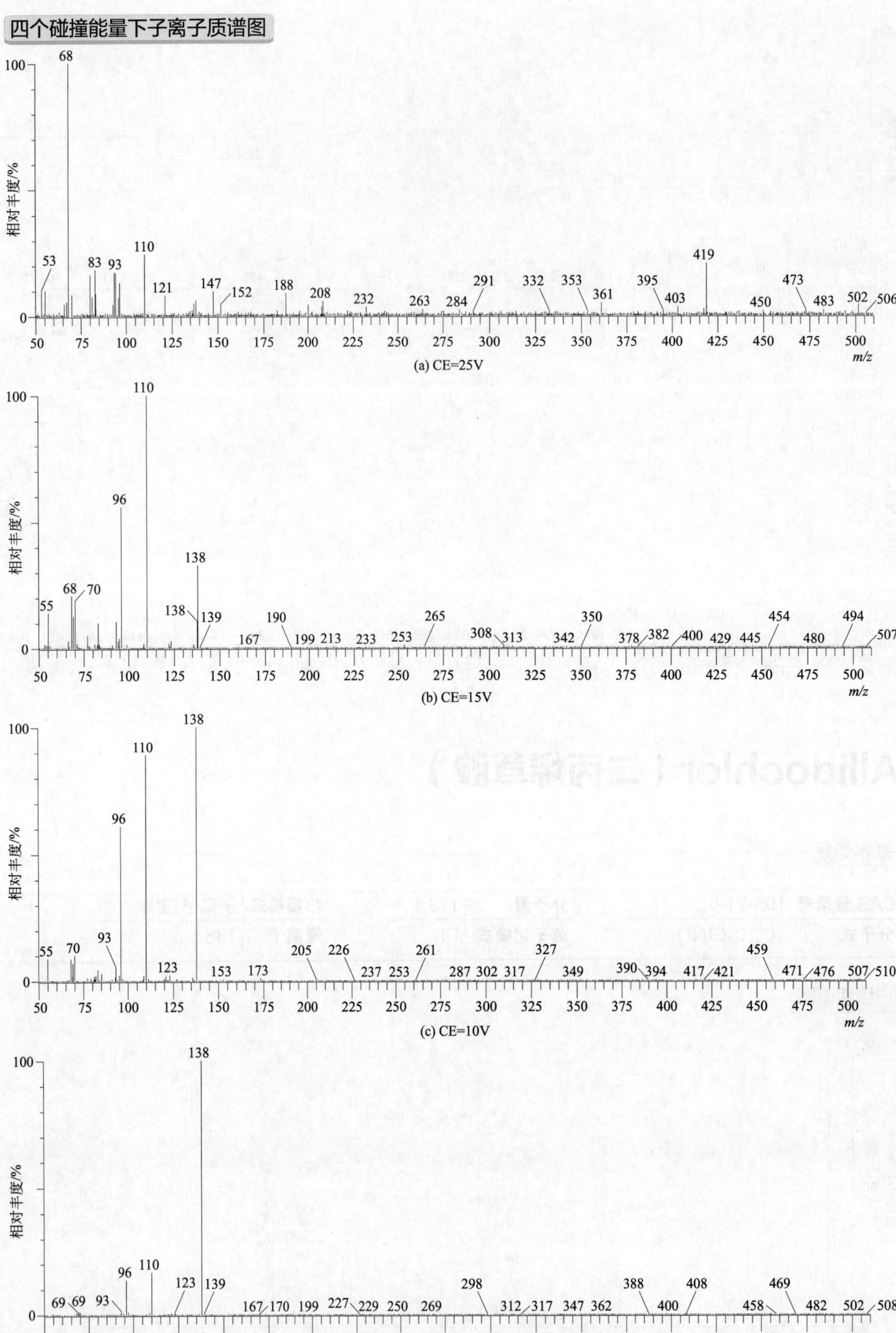

(a) CE=25V

(b) CE=15V

(c) CE=10V

(d) CE=5V

Ametryn（莠灭净）

基本信息

CAS 登录号	834-12-8	分子量	227.1	扫描模式	子离子扫描
分子式	$C_9H_{17}N_5S$	离子化模式	EI	母离子	227

一级质谱图

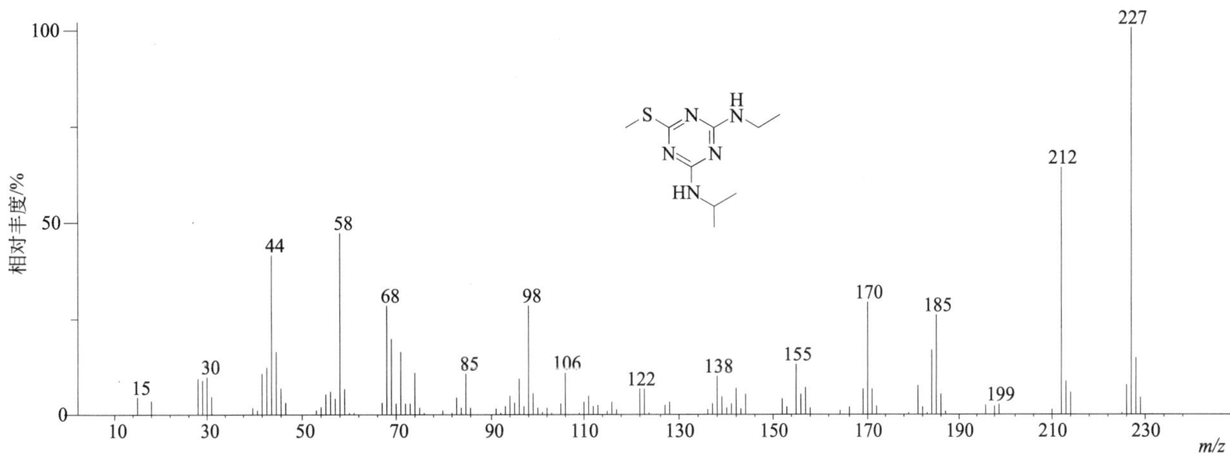

四个碰撞能量下子离子质谱图

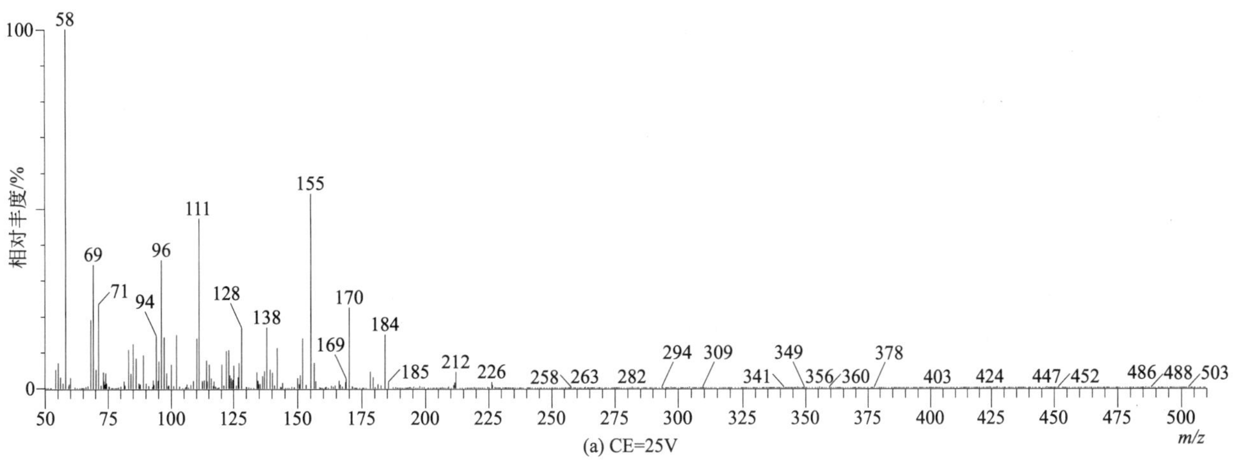

(a) CE=25V

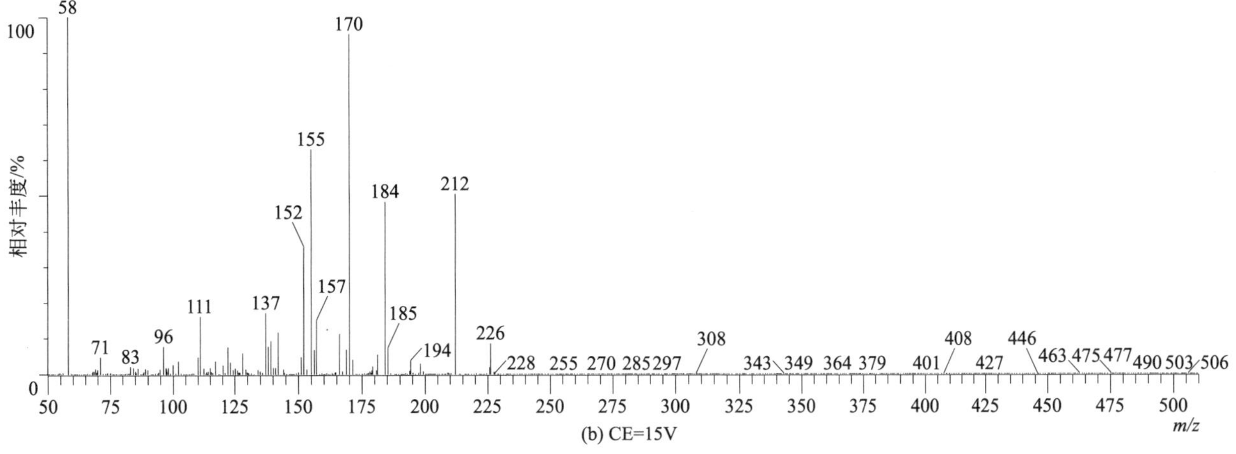

(b) CE=15V

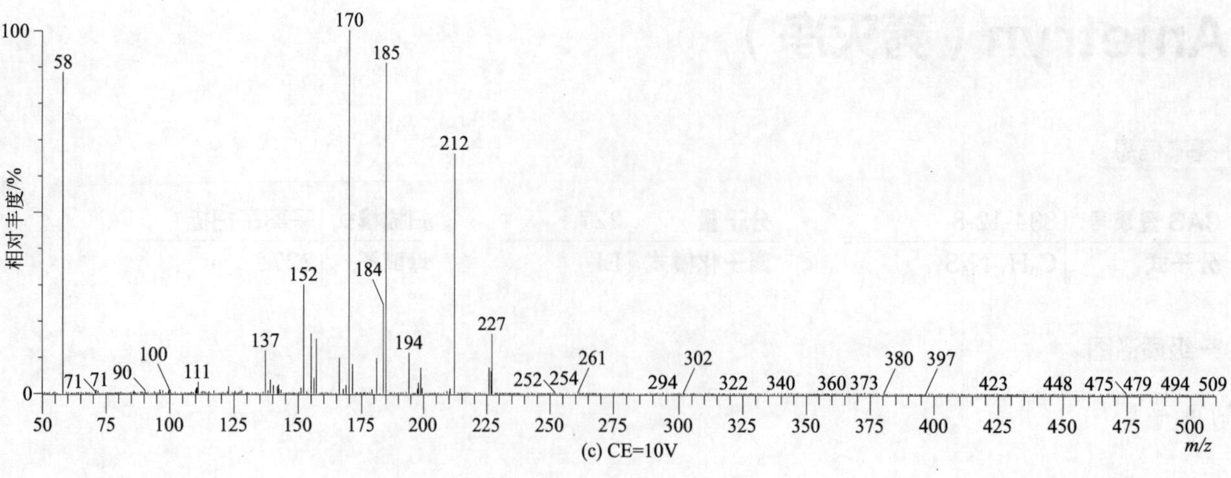

(c) CE=10V

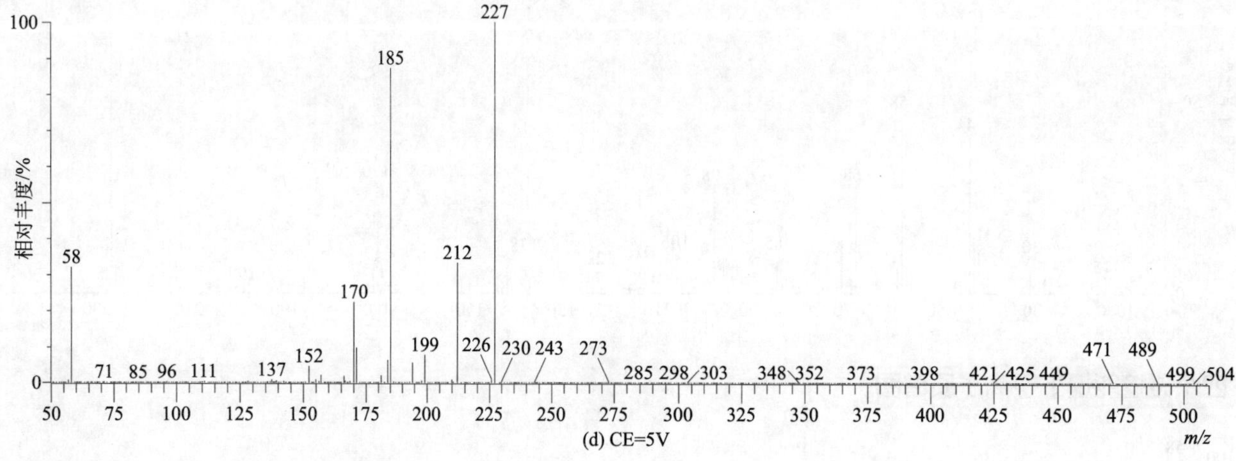

(d) CE=5V

Amitraz（双甲脒）

基本信息

CAS 登录号	33089-61-1	**分子量**	293.2	**扫描模式**	子离子扫描
分子式	$C_{19}H_{23}N_3$	**离子化模式**	EI	**母离子**	293

一级质谱图

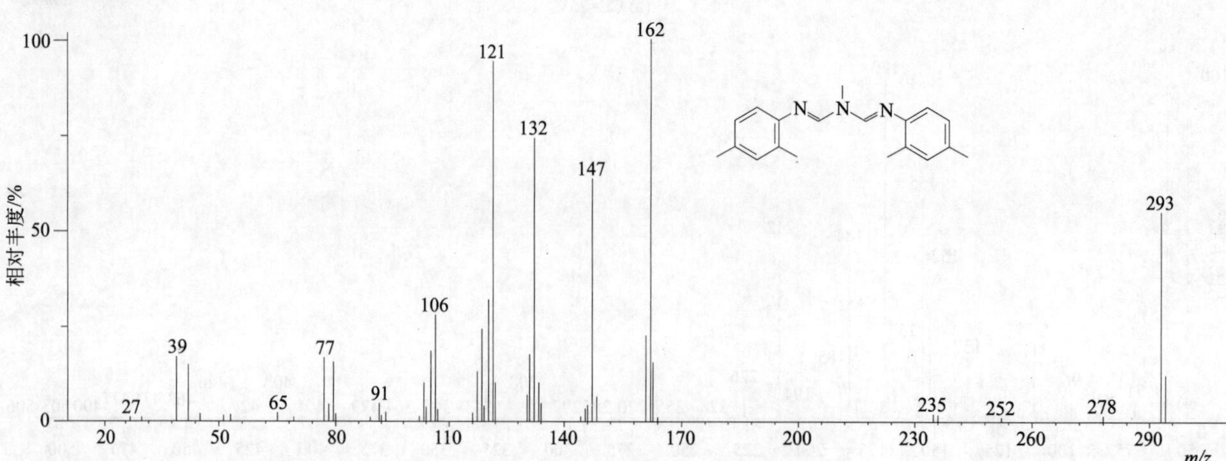

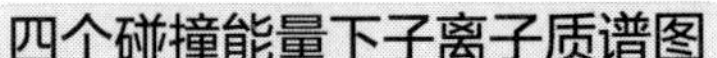

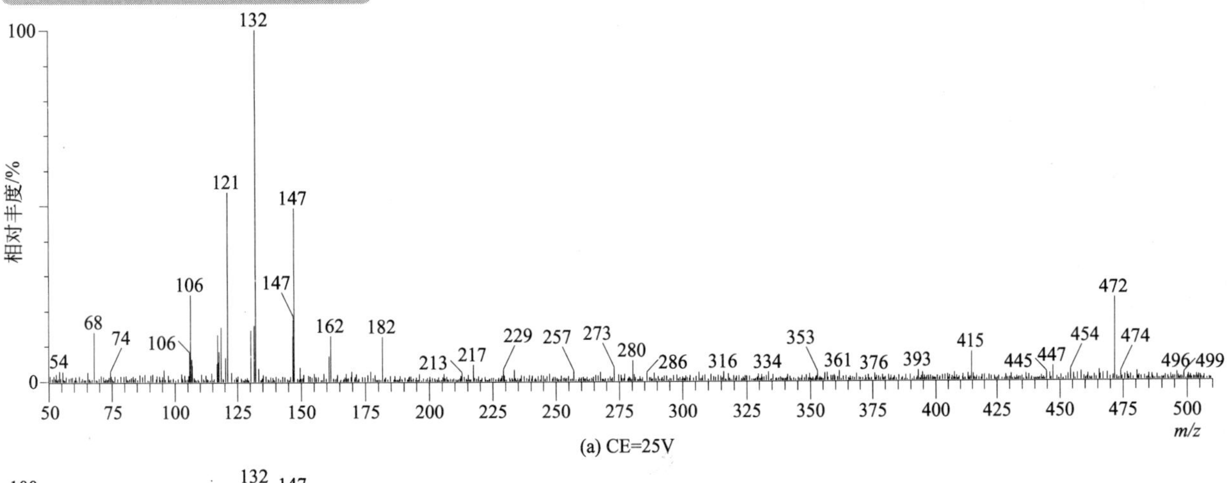

(a) CE=25V

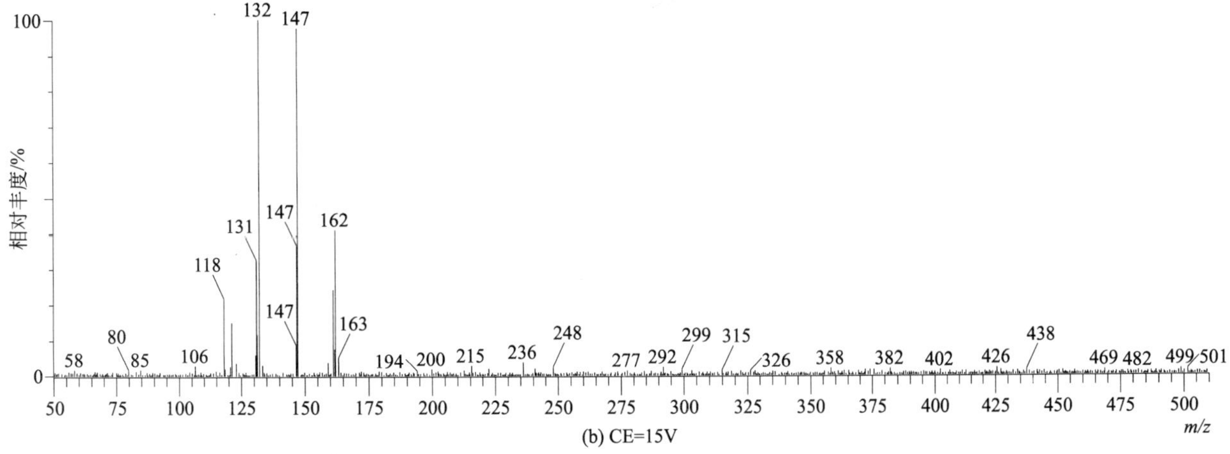

(b) CE=15V

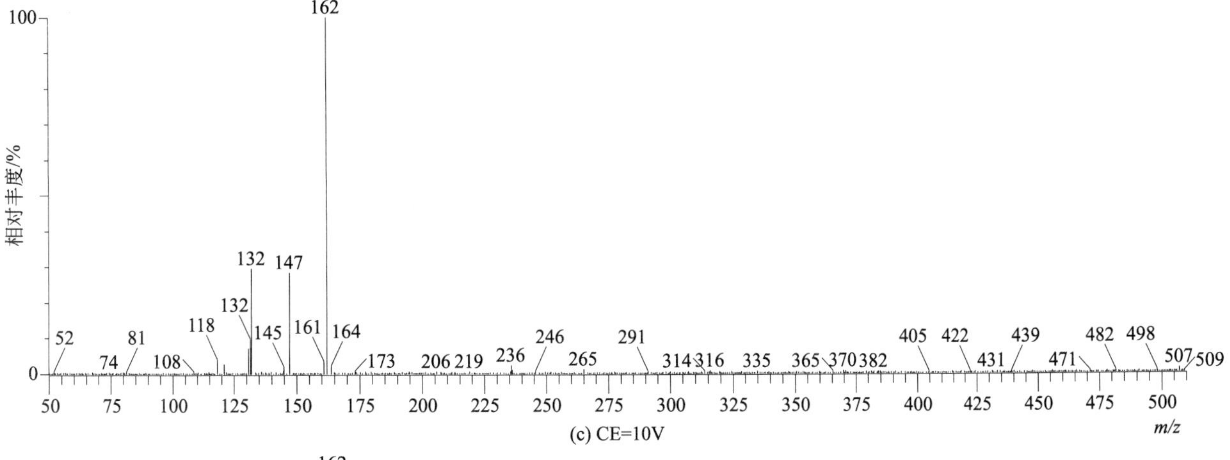

(c) CE=10V

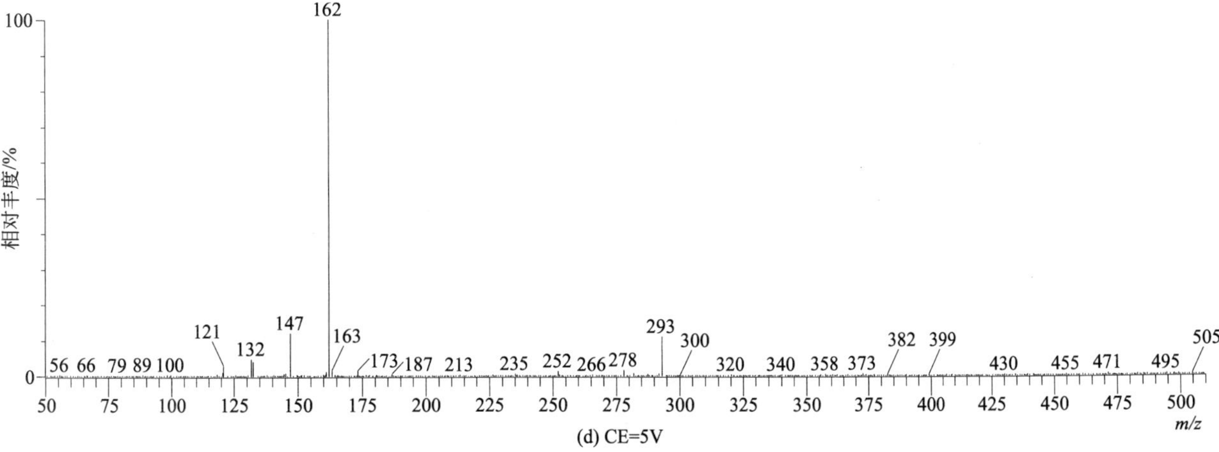

(d) CE=5V

Anilofos（莎稗磷）

基本信息

CAS 登录号	64249-01-0	分子量	367.0	扫描模式	子离子扫描
分子式	$C_{13}H_{19}ClNO_3PS_2$	离子化模式	EI	母离子	210

一级质谱图

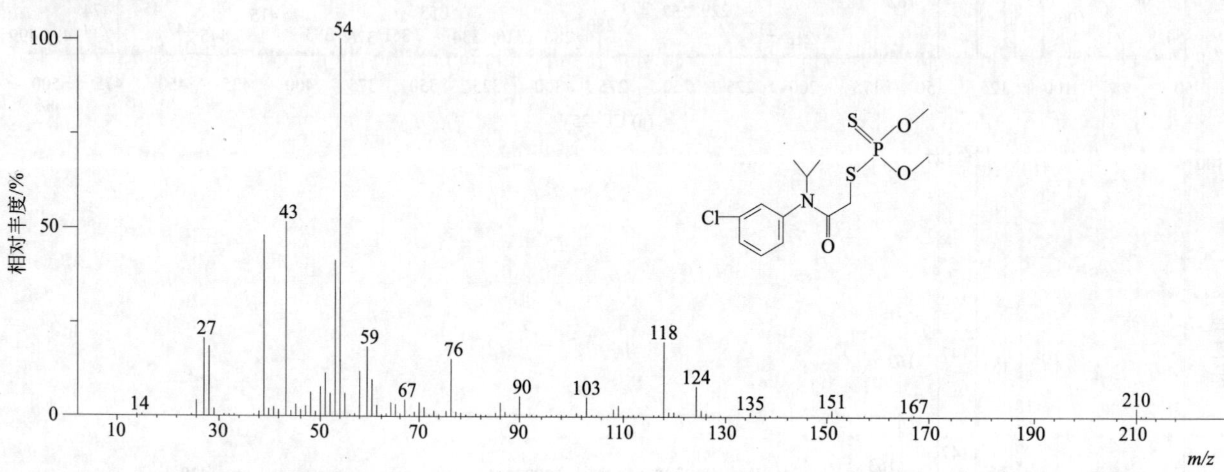

四个碰撞能量下子离子质谱图

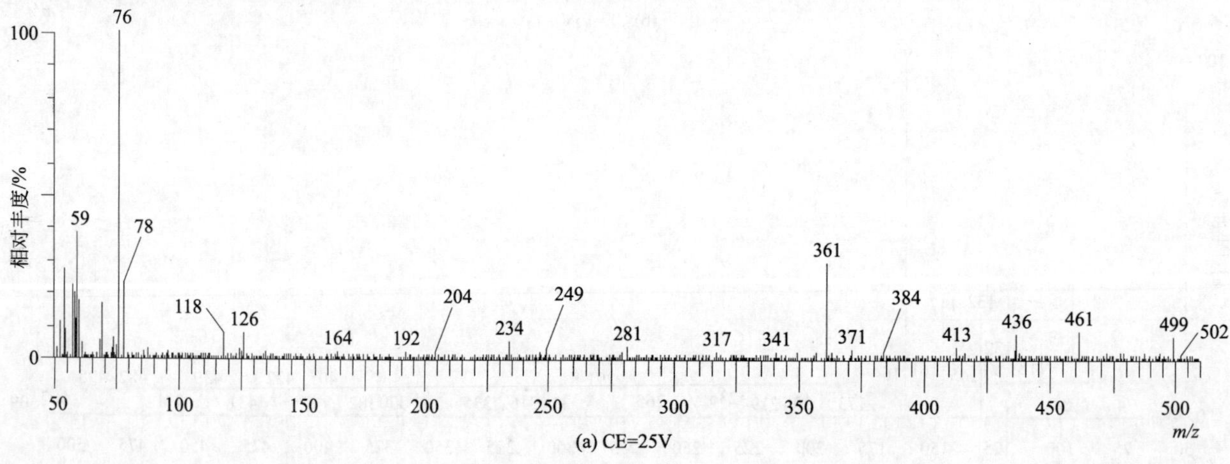

(a) CE=25V

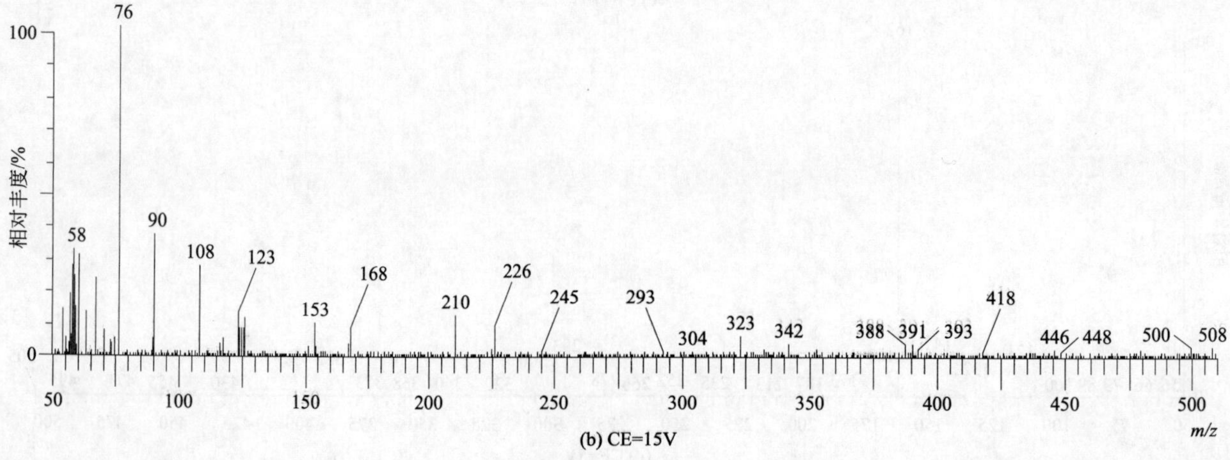

(b) CE=15V

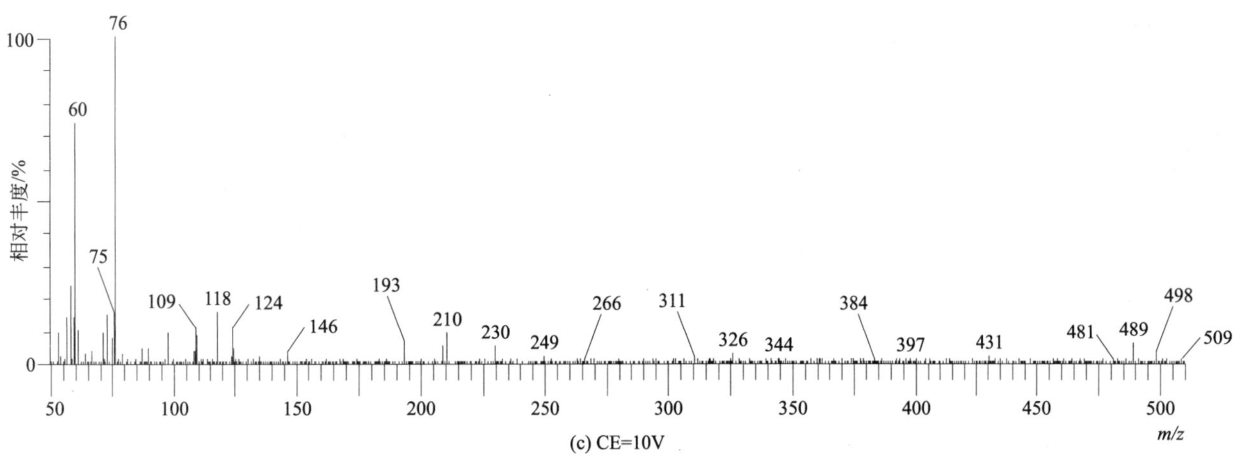

(c) CE=10V

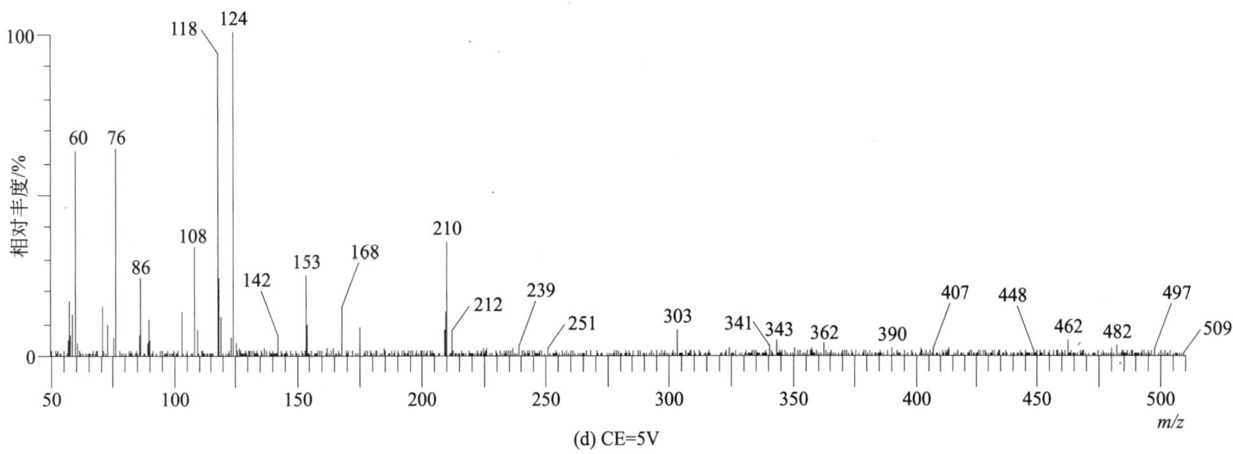

(d) CE=5V

Anthraquinone（蒽醌）

基本信息

CAS 登录号	84-65-1	分子量	208.1	扫描模式	子离子扫描
分子式	$C_{14}H_8O_2$	离子化模式	EI	母离子	208

一级质谱图

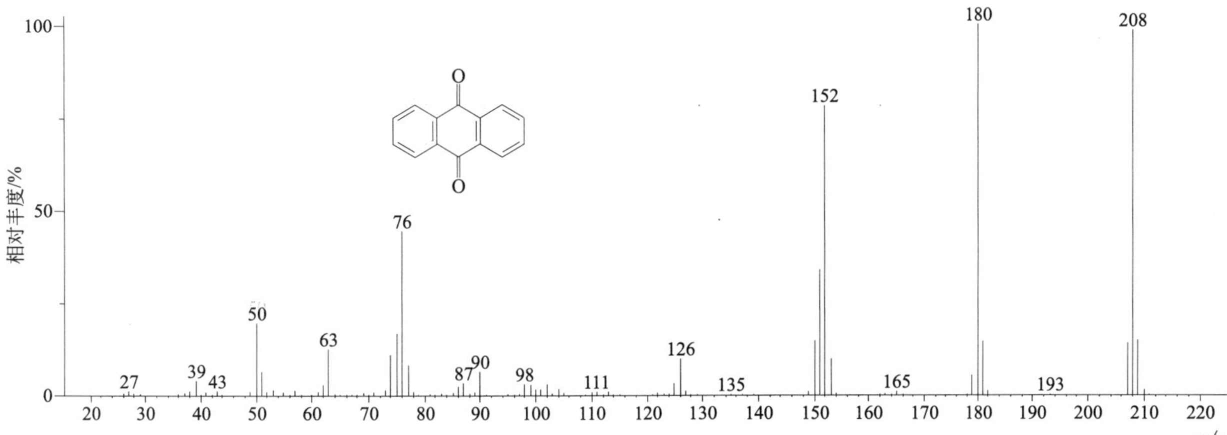

四个碰撞能量下子离子质谱图

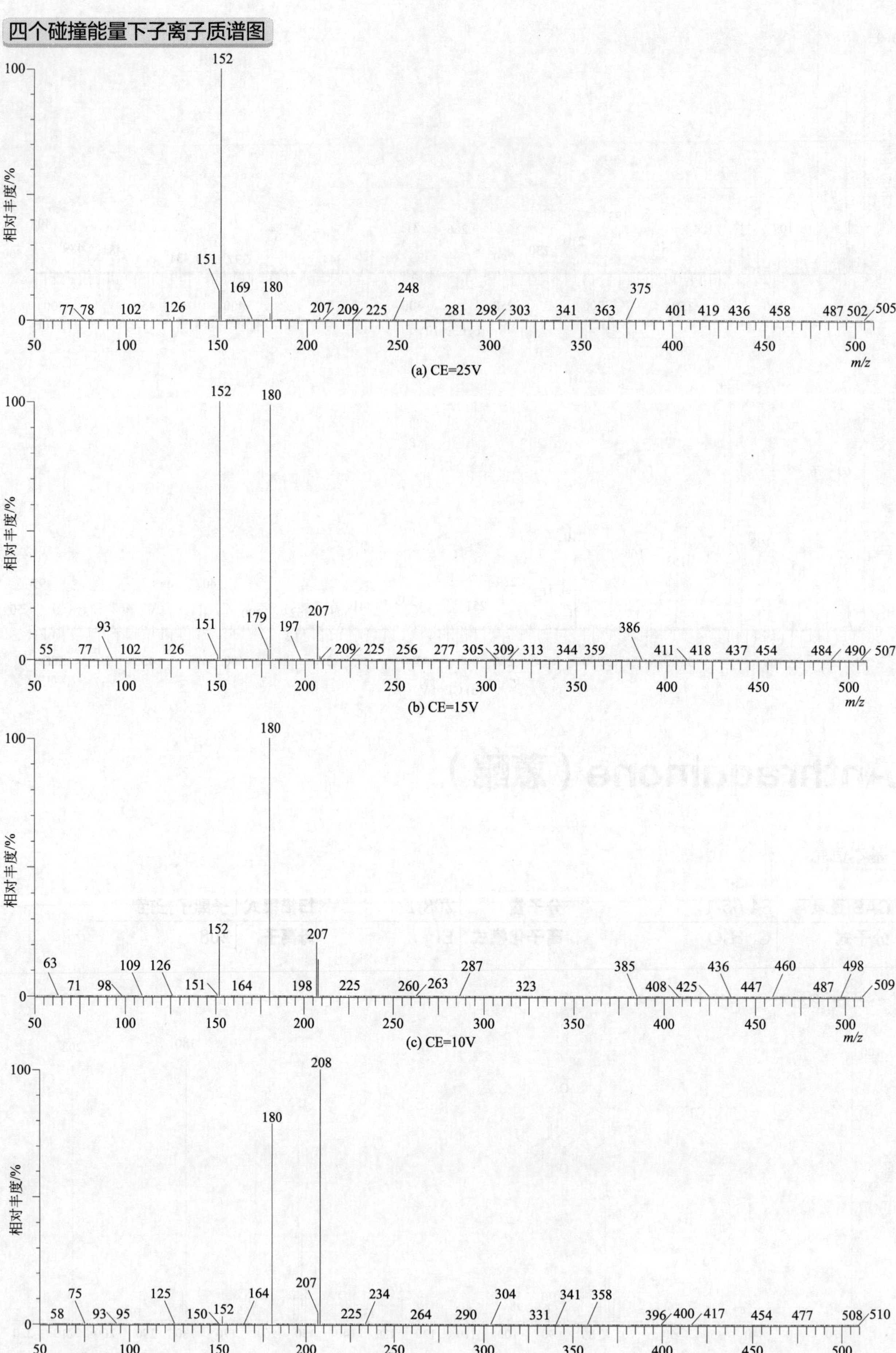

Atratone（阿特拉通）

基本信息

CAS 登录号	1610-17-9	分子量	211.1	扫描模式	子离子扫描
分子式	$C_9H_{17}N_5O$	离子化模式	EI	母离子	197

一级质谱图

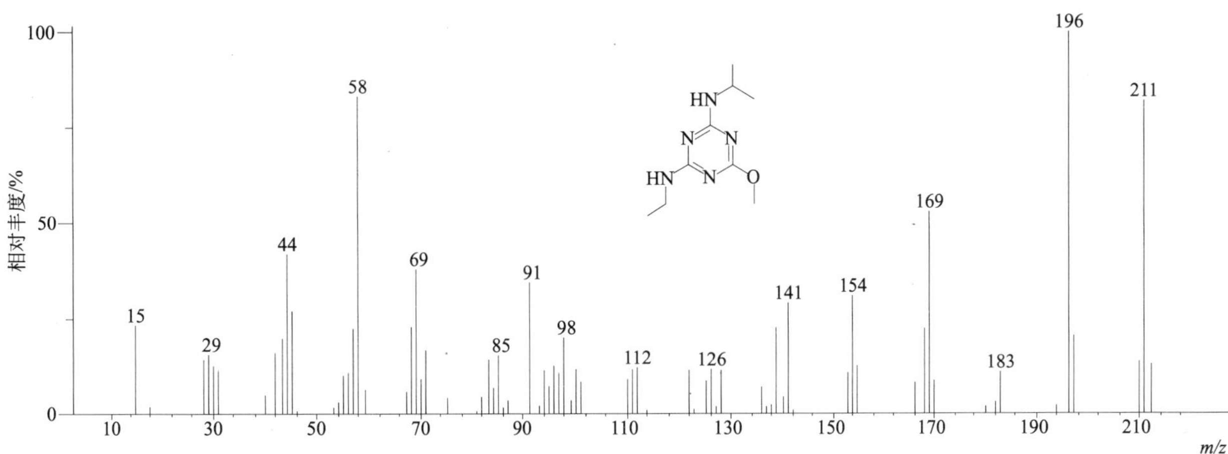

四个碰撞能量下子离子质谱图

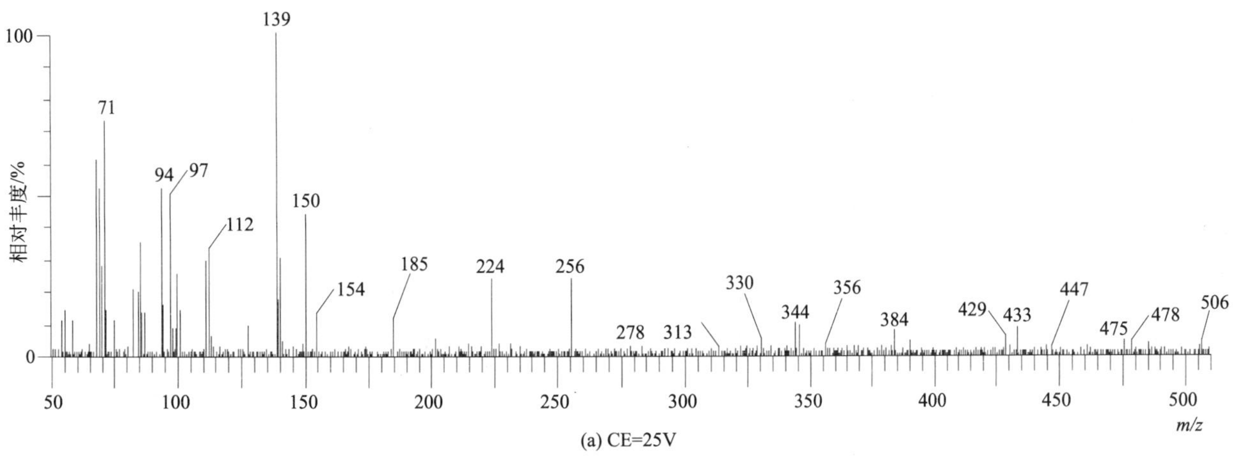

(a) CE=25V

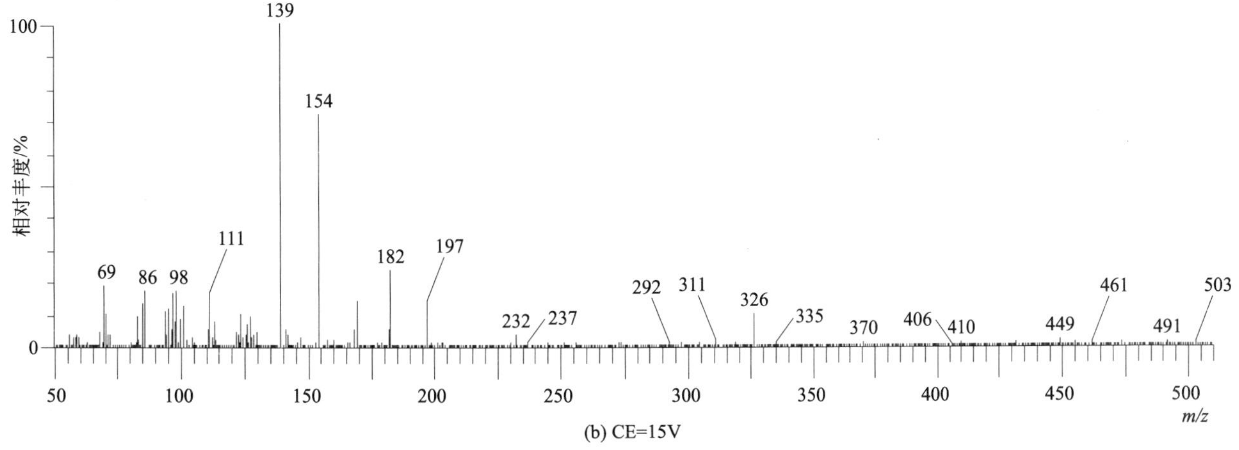

(b) CE=15V

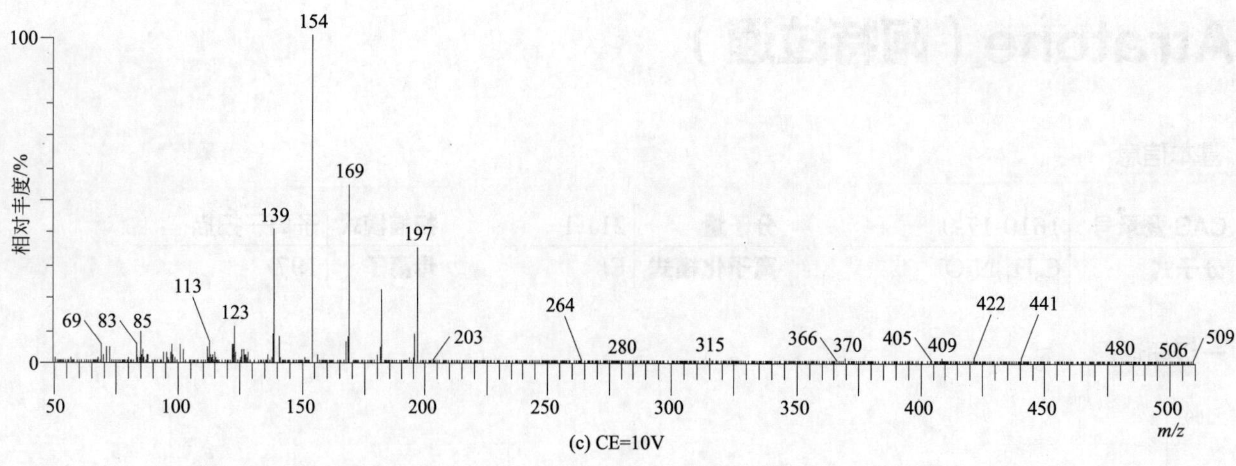
(c) CE=10V

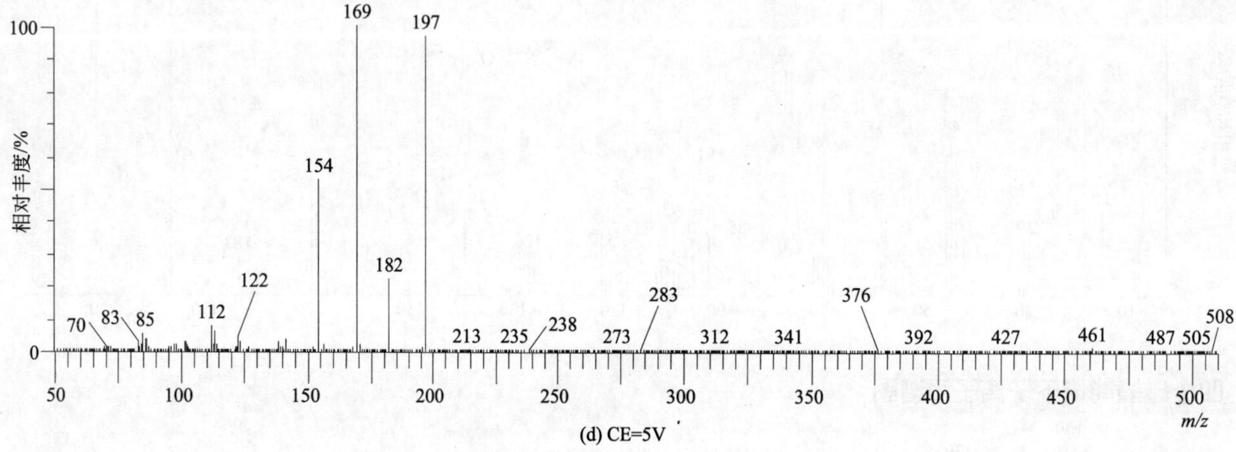
(d) CE=5V

Atrazine（阿特拉津）

基本信息

CAS 登录号	1912-24-9	分子量	215.1	扫描模式	子离子扫描
分子式	$C_8H_{14}ClN_5$	离子化模式	EI	母离子	200

一级质谱图

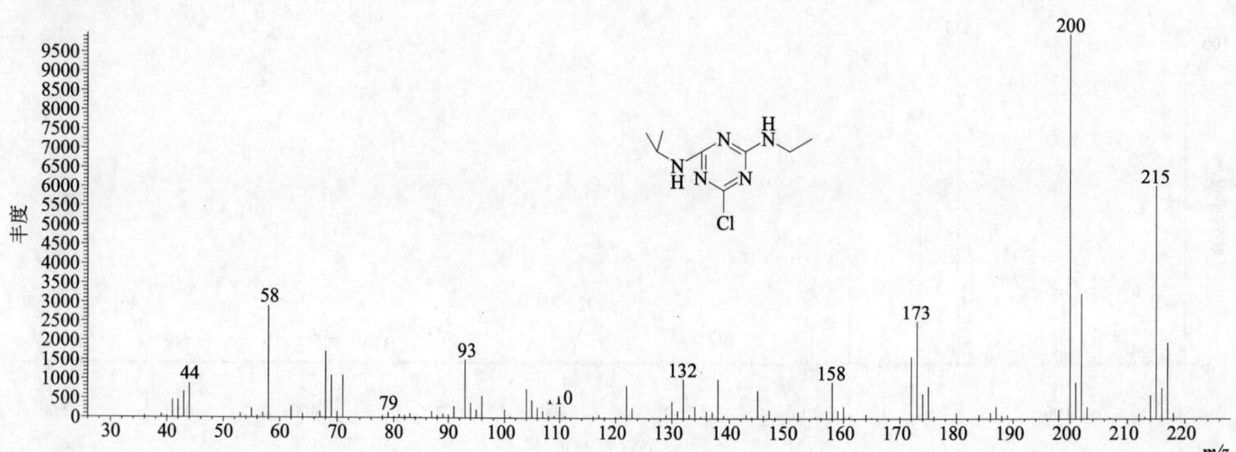

四个碰撞能量下子离子质谱图

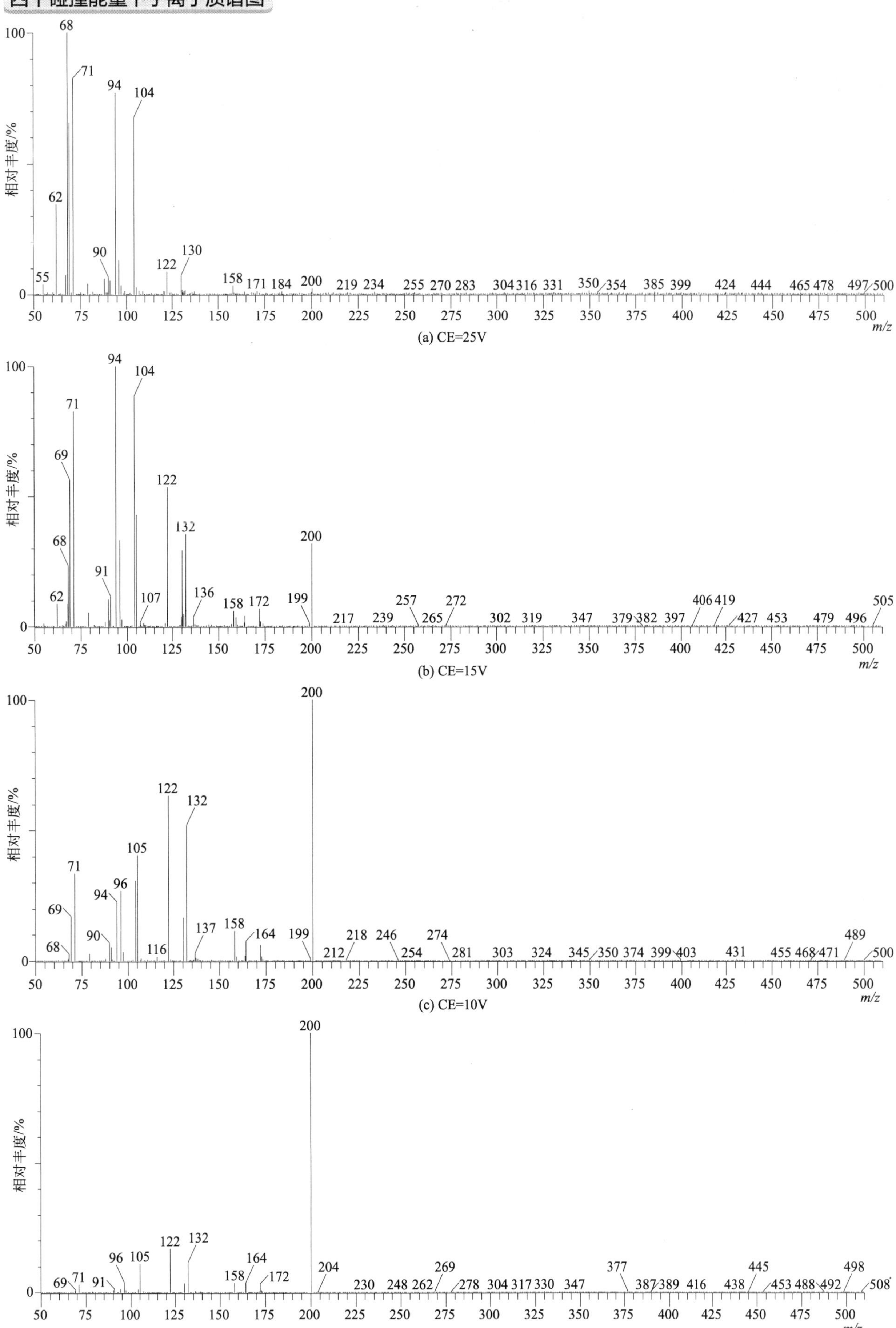

Azaconazole（戊环唑）

基本信息

CAS 登录号	60207-31-0	分子量	299.0	扫描模式	子离子扫描
分子式	$C_{12}H_{11}Cl_2N_3O_2$	离子化模式	EI	母离子	217

一级质谱图

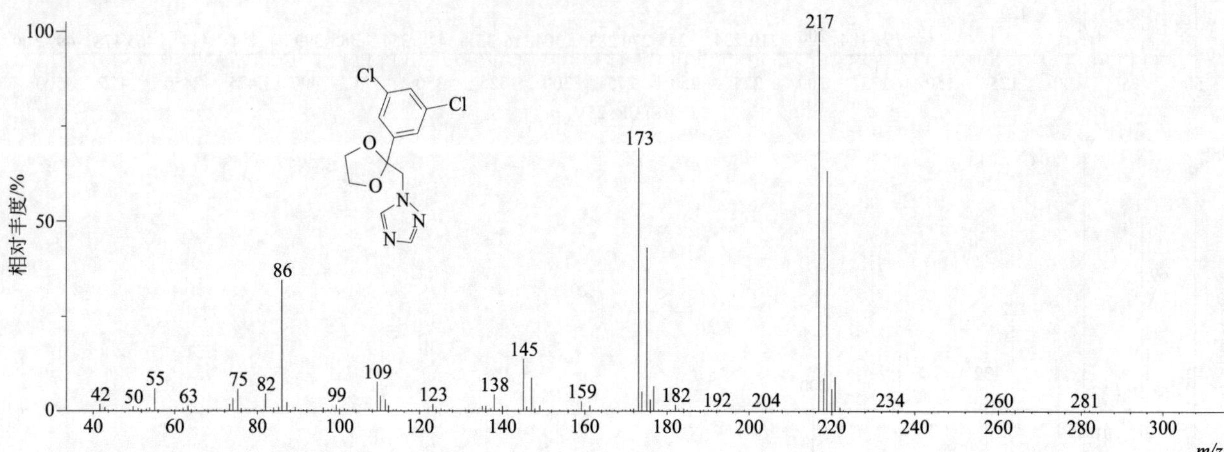

四个碰撞能量下子离子质谱图

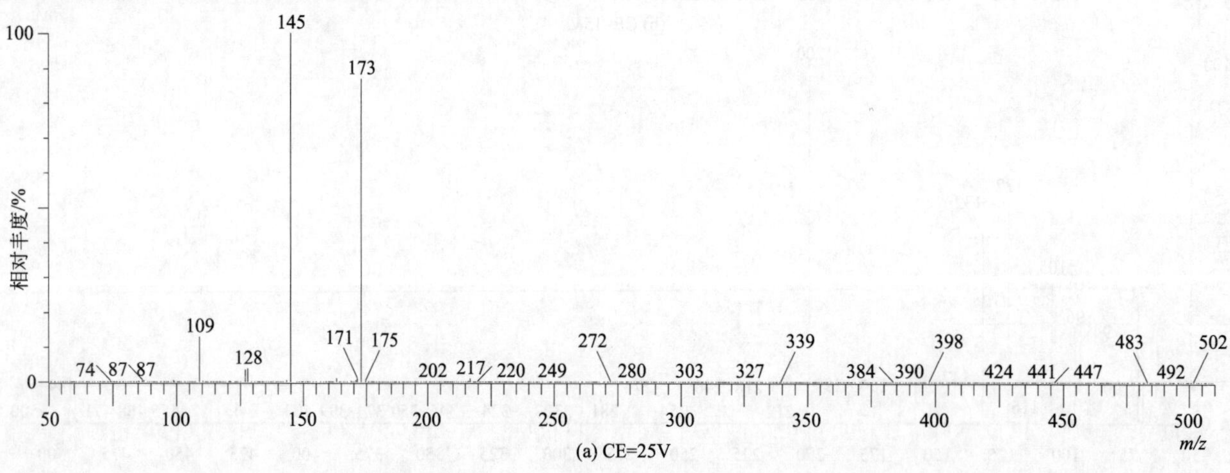

(a) CE=25V

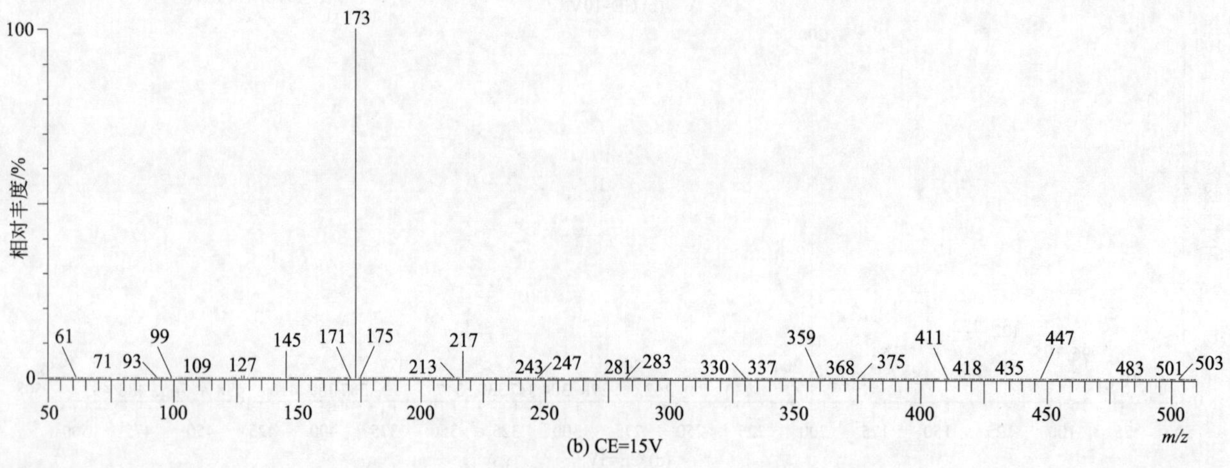

(b) CE=15V

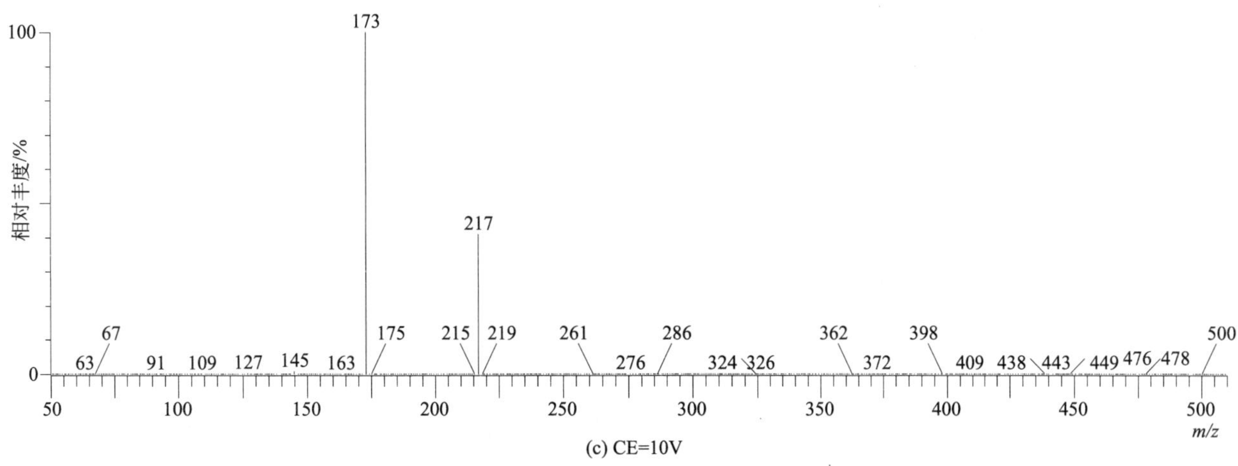
(c) CE=10V

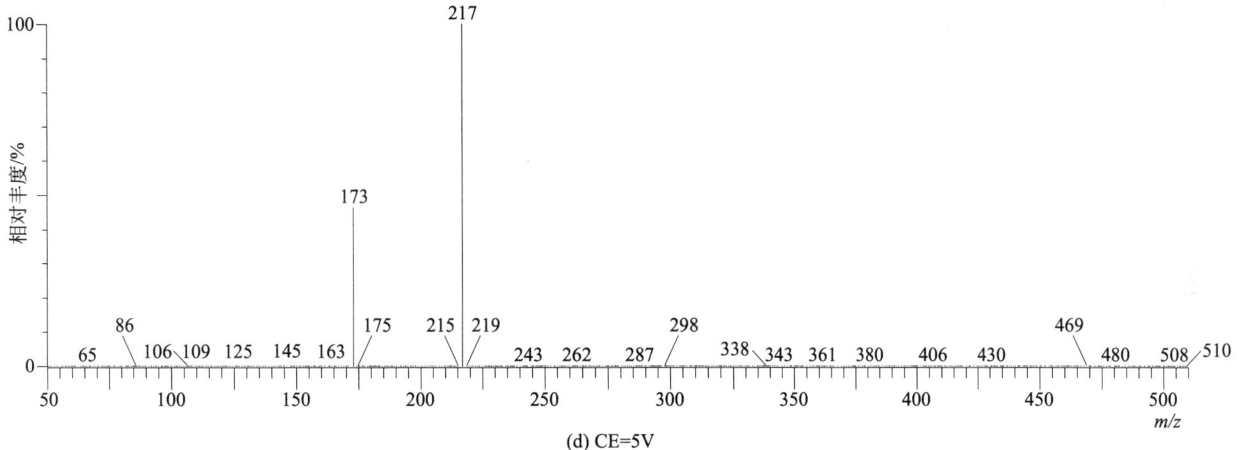
(d) CE=5V

Azinphos-ethyl（益棉磷）

基本信息

CAS 登录号	2642-71-9	分子量	345.0	扫描模式	子离子扫描
分子式	$C_{12}H_{16}N_3O_3PS_2$	离子化模式	EI	母离子	132

一级质谱图

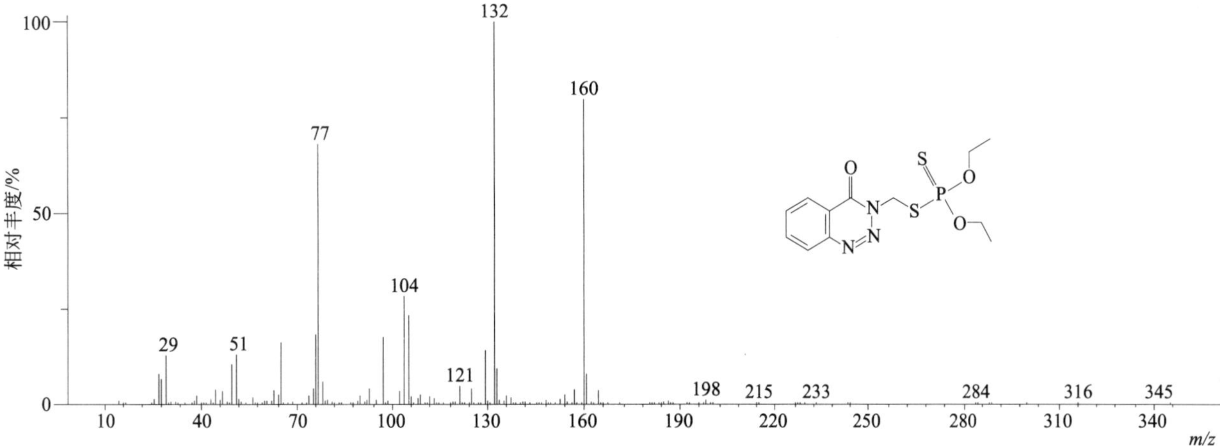

四个碰撞能量下子离子质谱图

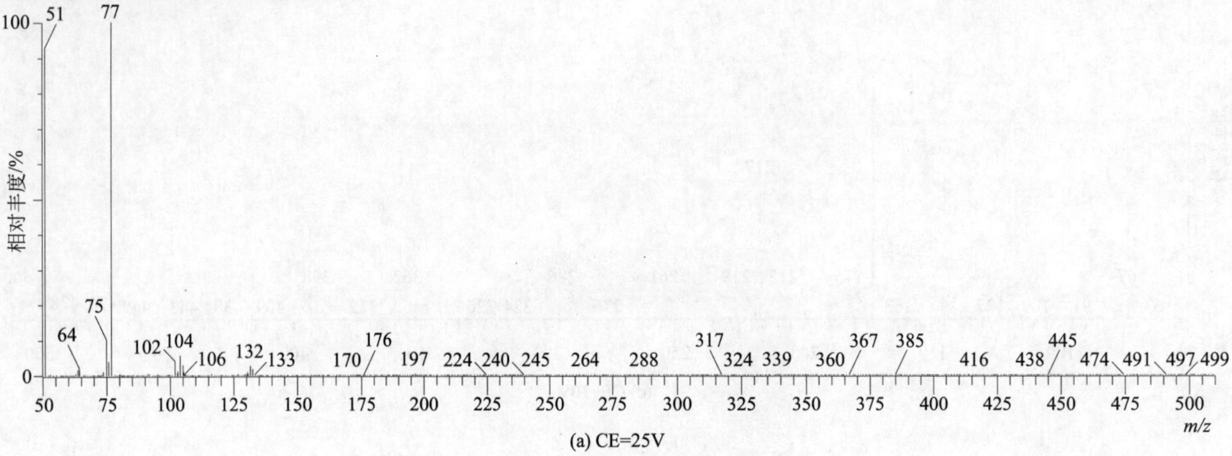

(a) CE=25V

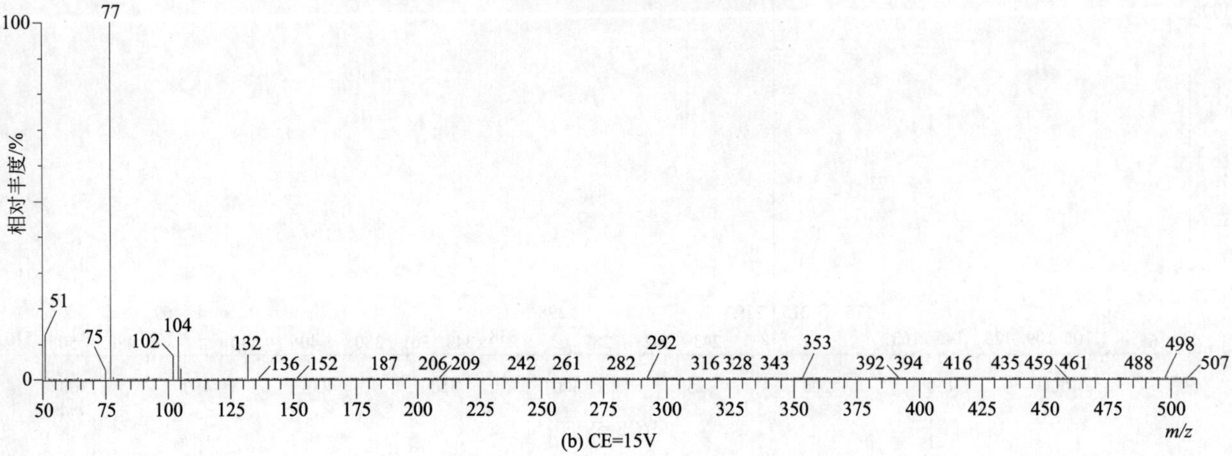

(b) CE=15V

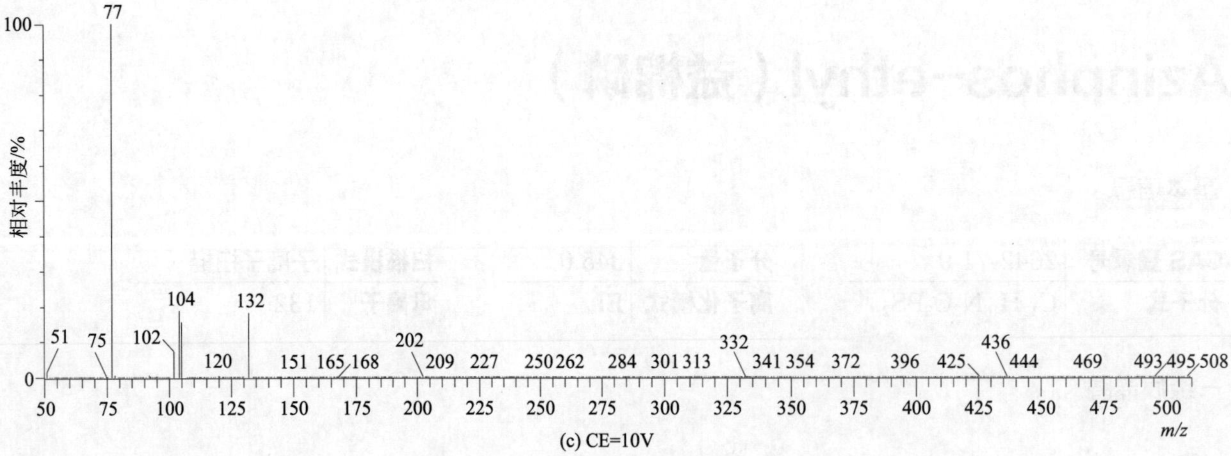

(c) CE=10V

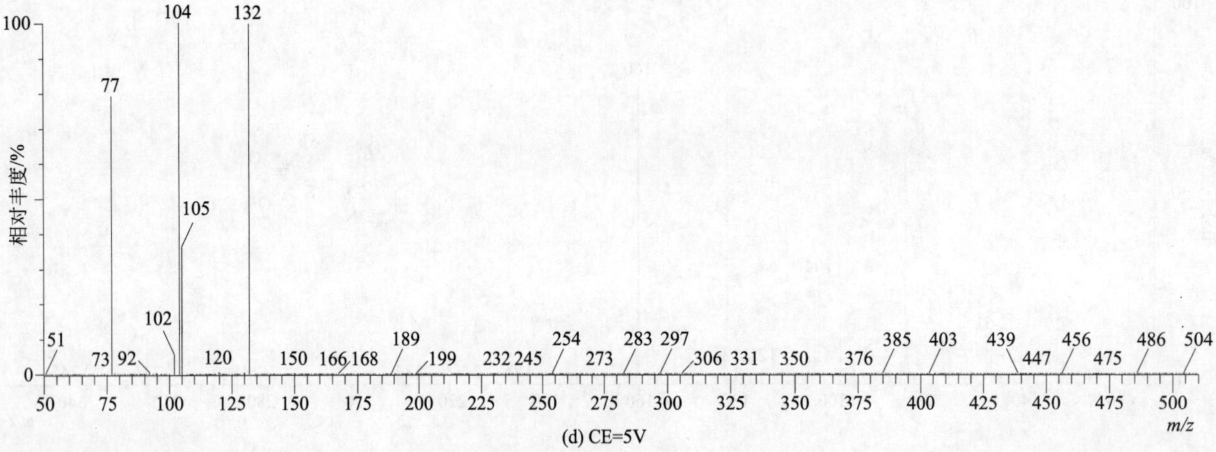

(d) CE=5V

B

Benalaxyl（苯霜灵）

基本信息

CAS 登录号	71626-11-4	分子量	325.2	扫描模式	子离子扫描
分子式	$C_{20}H_{23}NO_3$	离子化模式	EI	母离子	148

一级质谱图

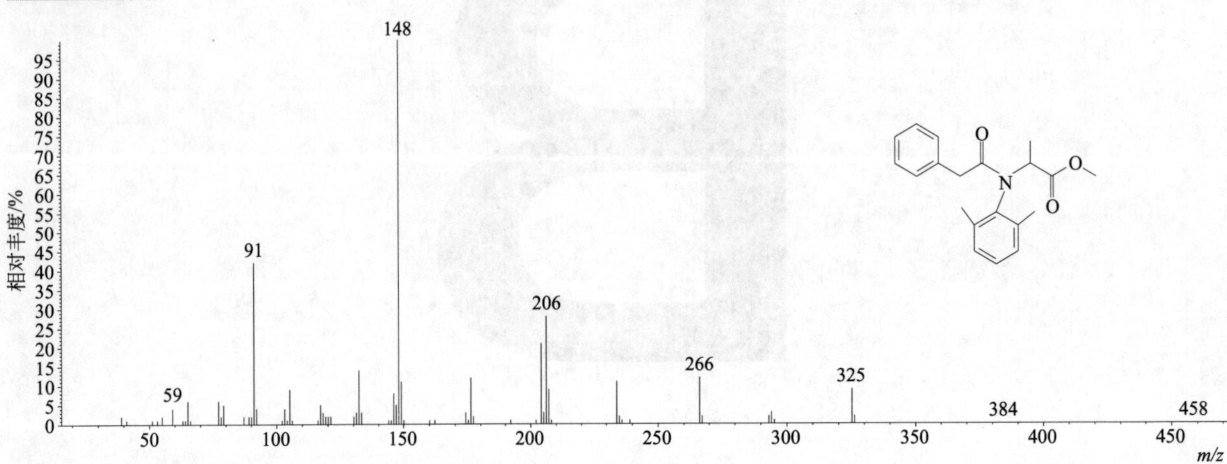

四个碰撞能量下子离子质谱图

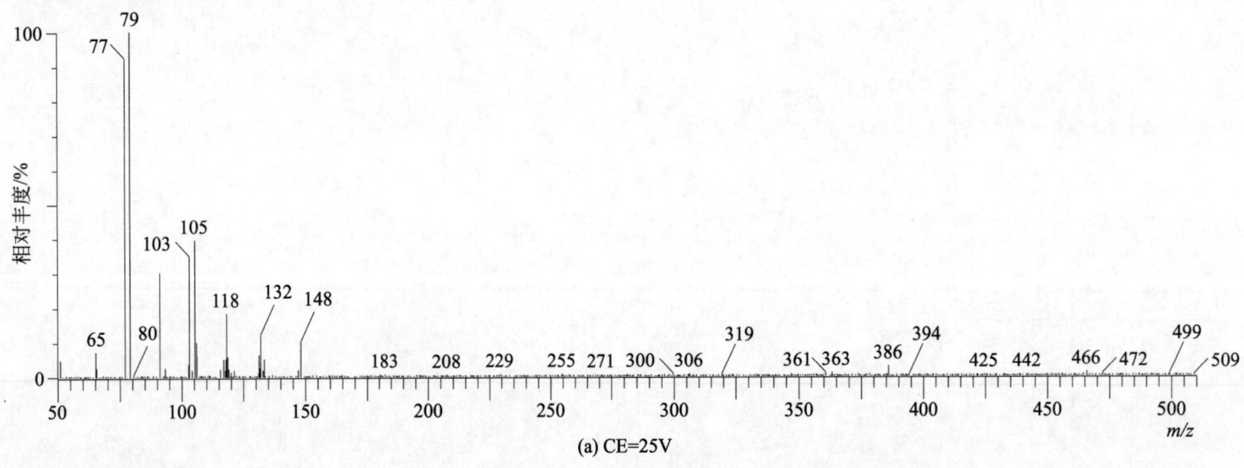

(a) CE=25V

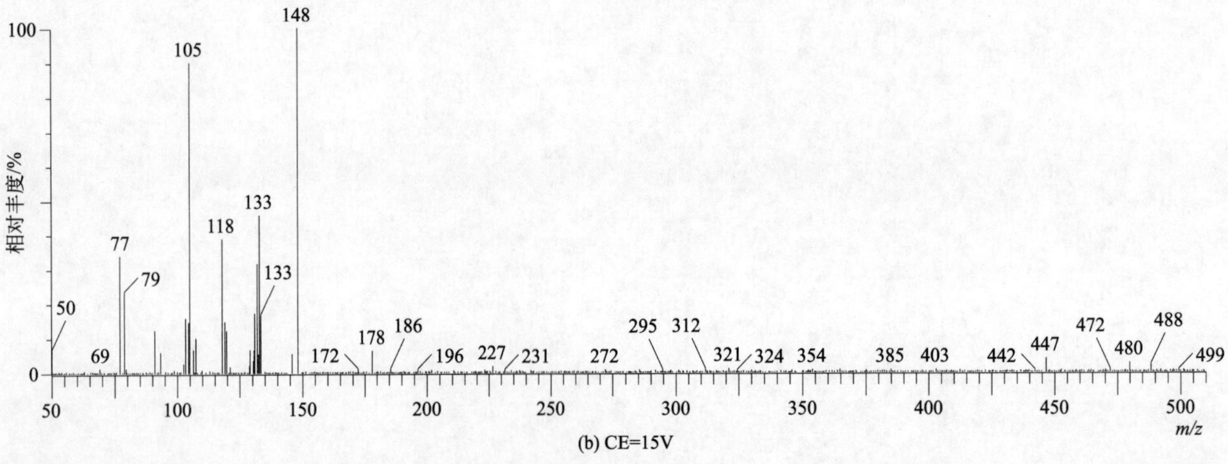

(b) CE=15V

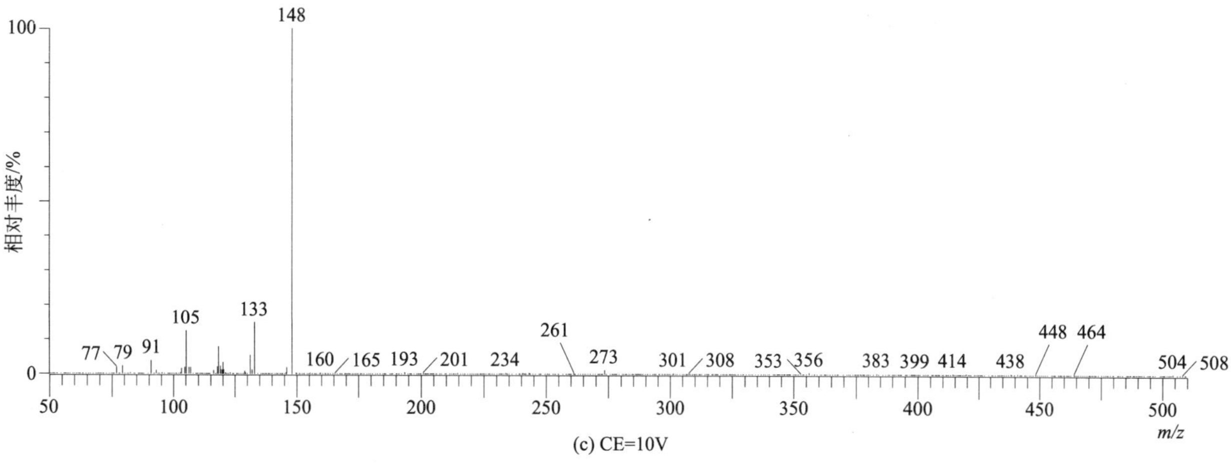

(c) CE=10V

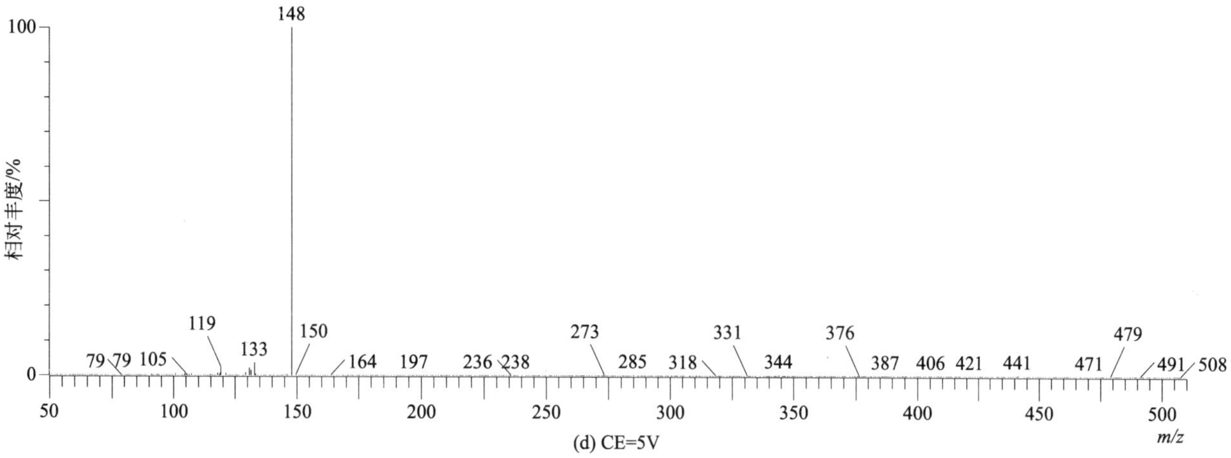

(d) CE=5V

Benfluralin（乙丁氟灵）

基本信息

CAS 登录号	1861-40-1	**分子量**	335.1	**扫描模式**	子离子扫描
分子式	$C_{13}H_{16}F_3N_3O_4$	**离子化模式**	EI	**母离子**	292

一级质谱图

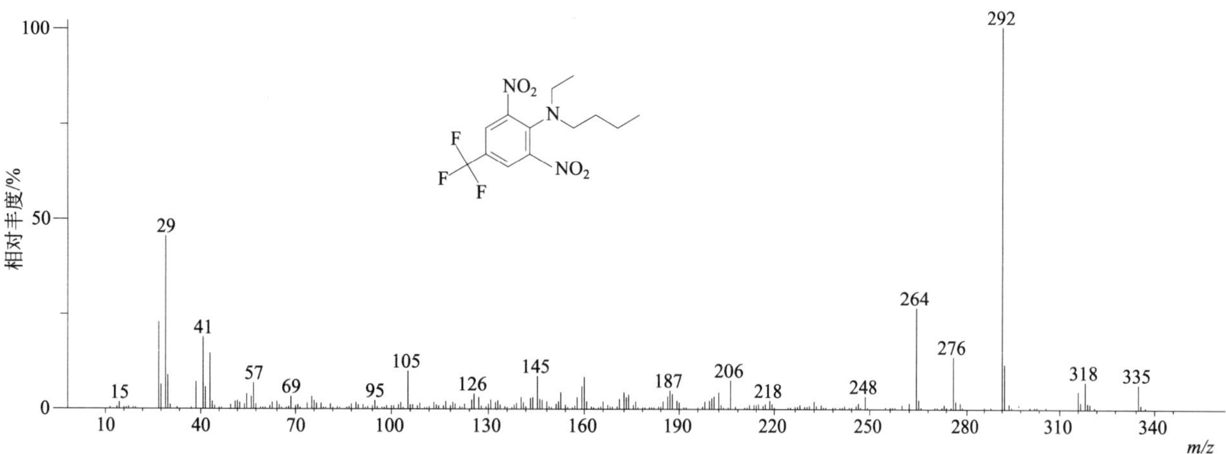

四个碰撞能量下子离子质谱图

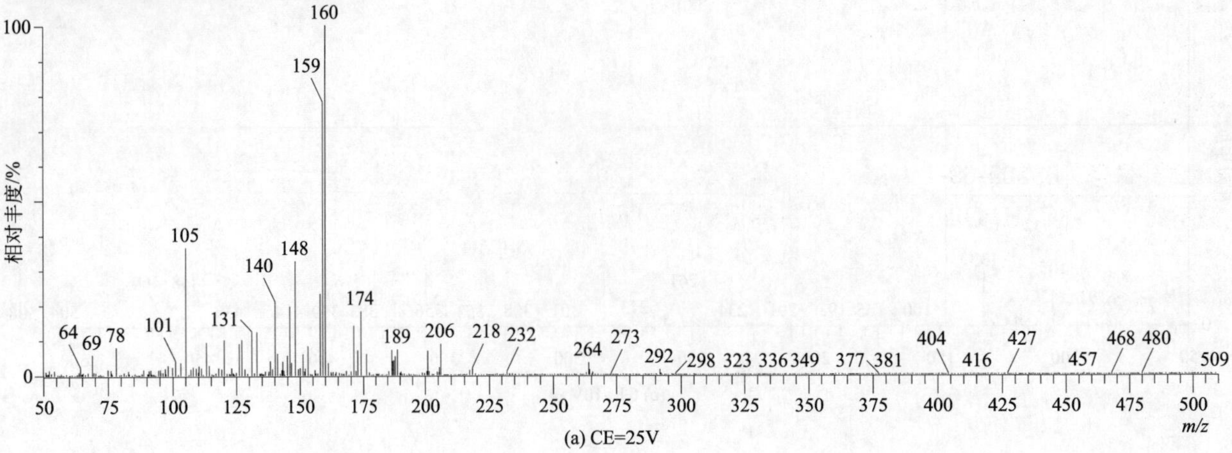

(a) CE=25V

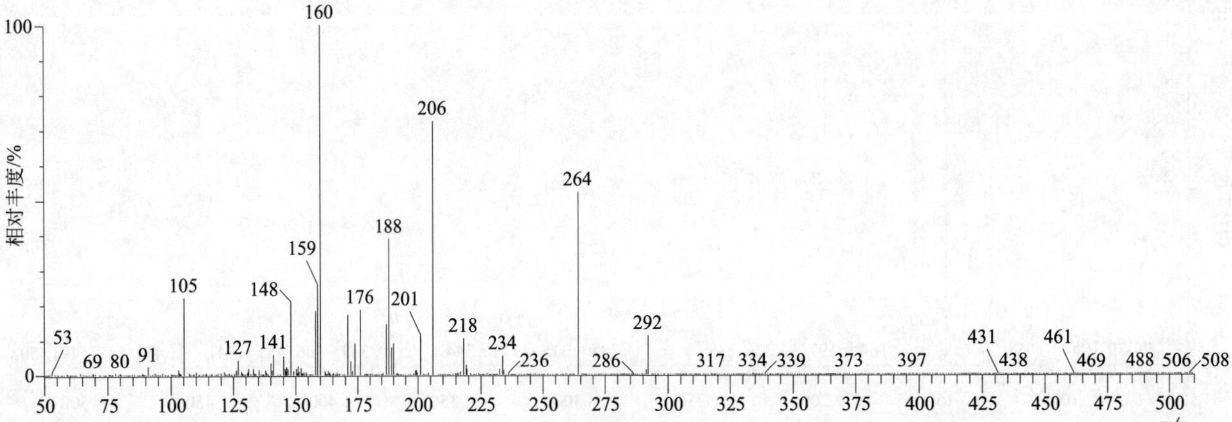

(b) CE=15V

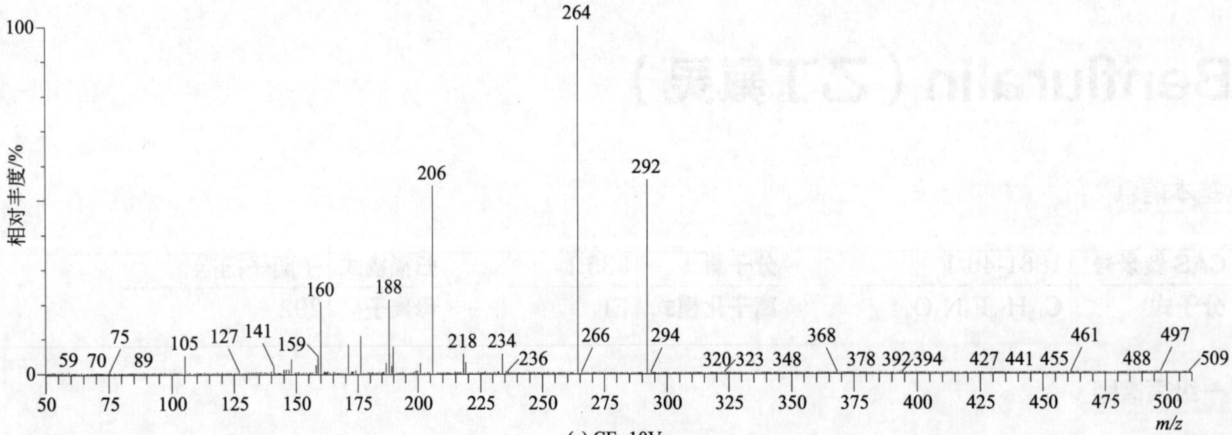

(c) CE=10V

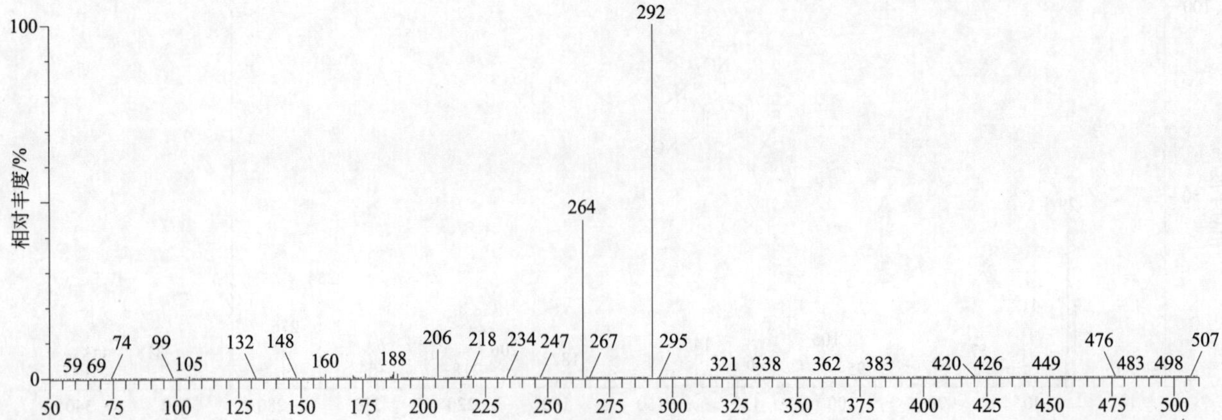

(d) CE=5V

Benfuresate（呋草黄）

基本信息

CAS 登录号	68505-69-1	分子量	256.1	扫描模式	子离子扫描
分子式	$C_{12}H_{16}O_4S$	离子化模式	EI	母离子	163

一级质谱图

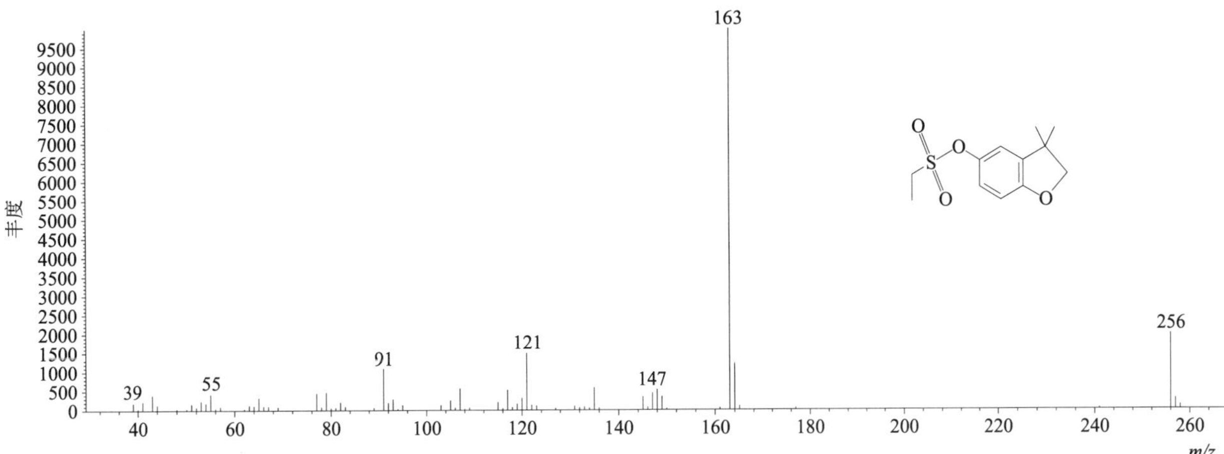

四个碰撞能量下子离子质谱图

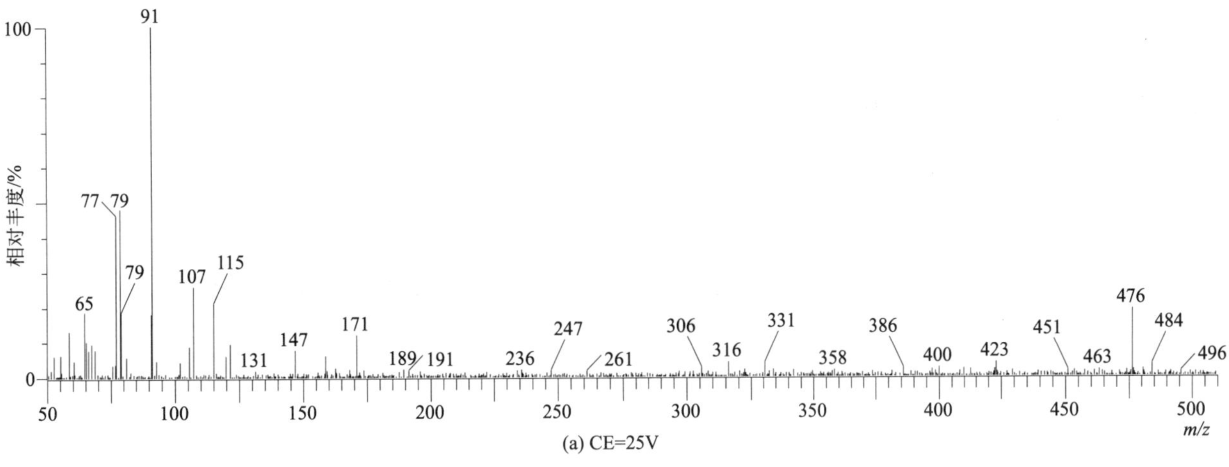

(a) CE=25V

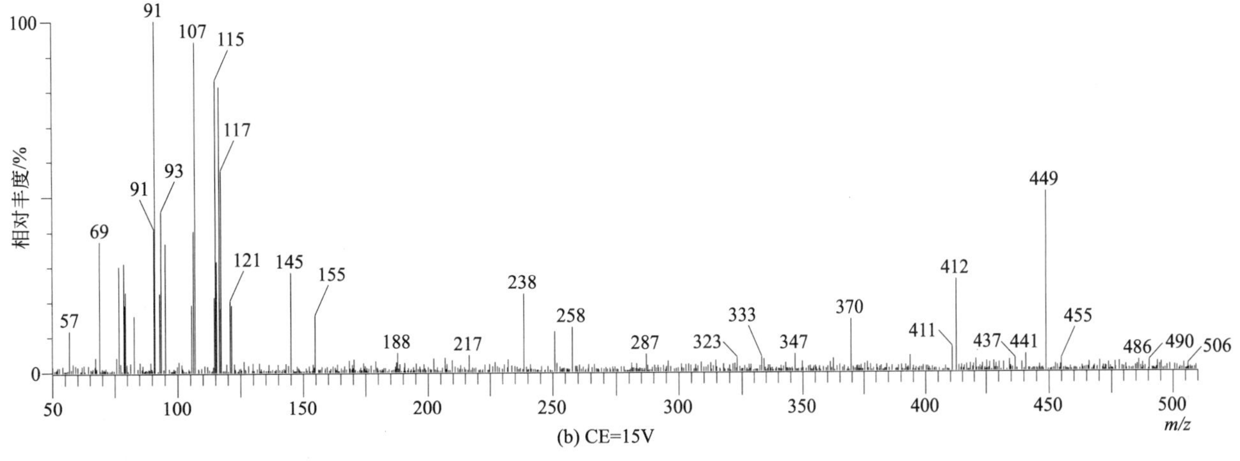

(b) CE=15V

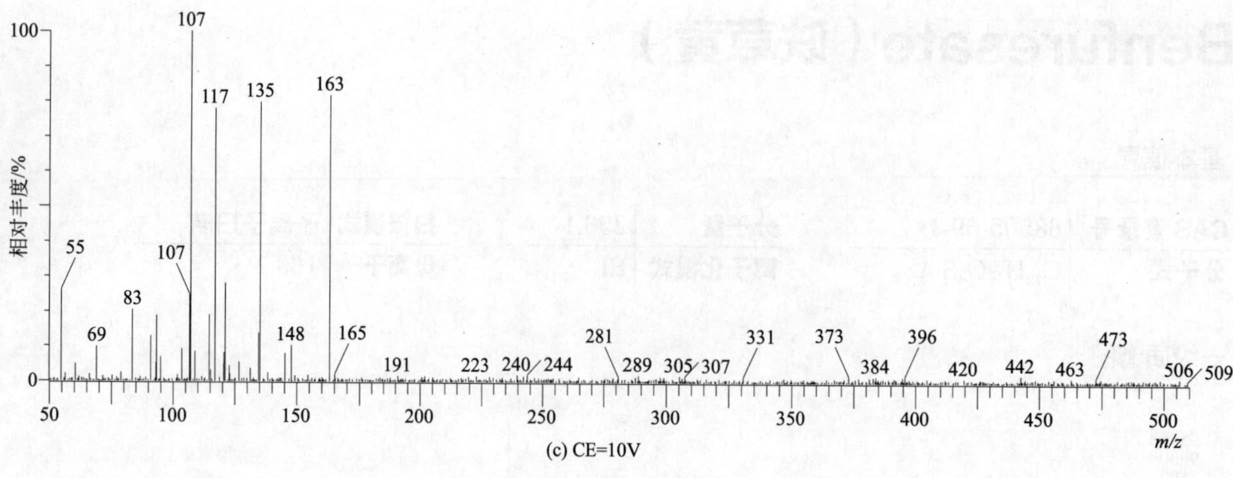

(c) CE=10V

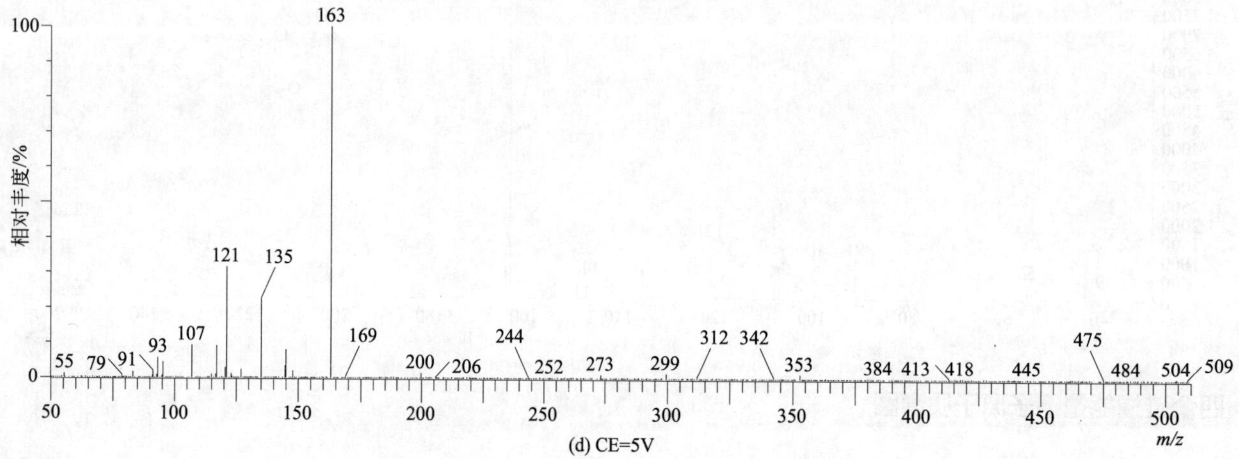

(d) CE=5V

Benodanil（麦锈灵）

基本信息

CAS 登录号	15310-01-7	分子量	323.0	扫描模式	子离子扫描
分子式	$C_{13}H_{10}INO$	离子化模式	EI	母离子	323

一级质谱图

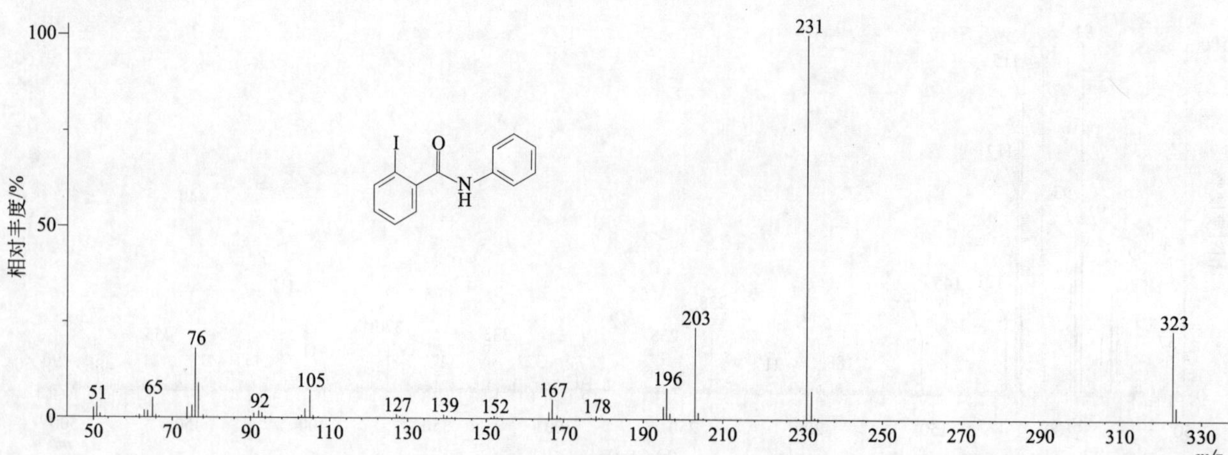

四个碰撞能量下子离子质谱图

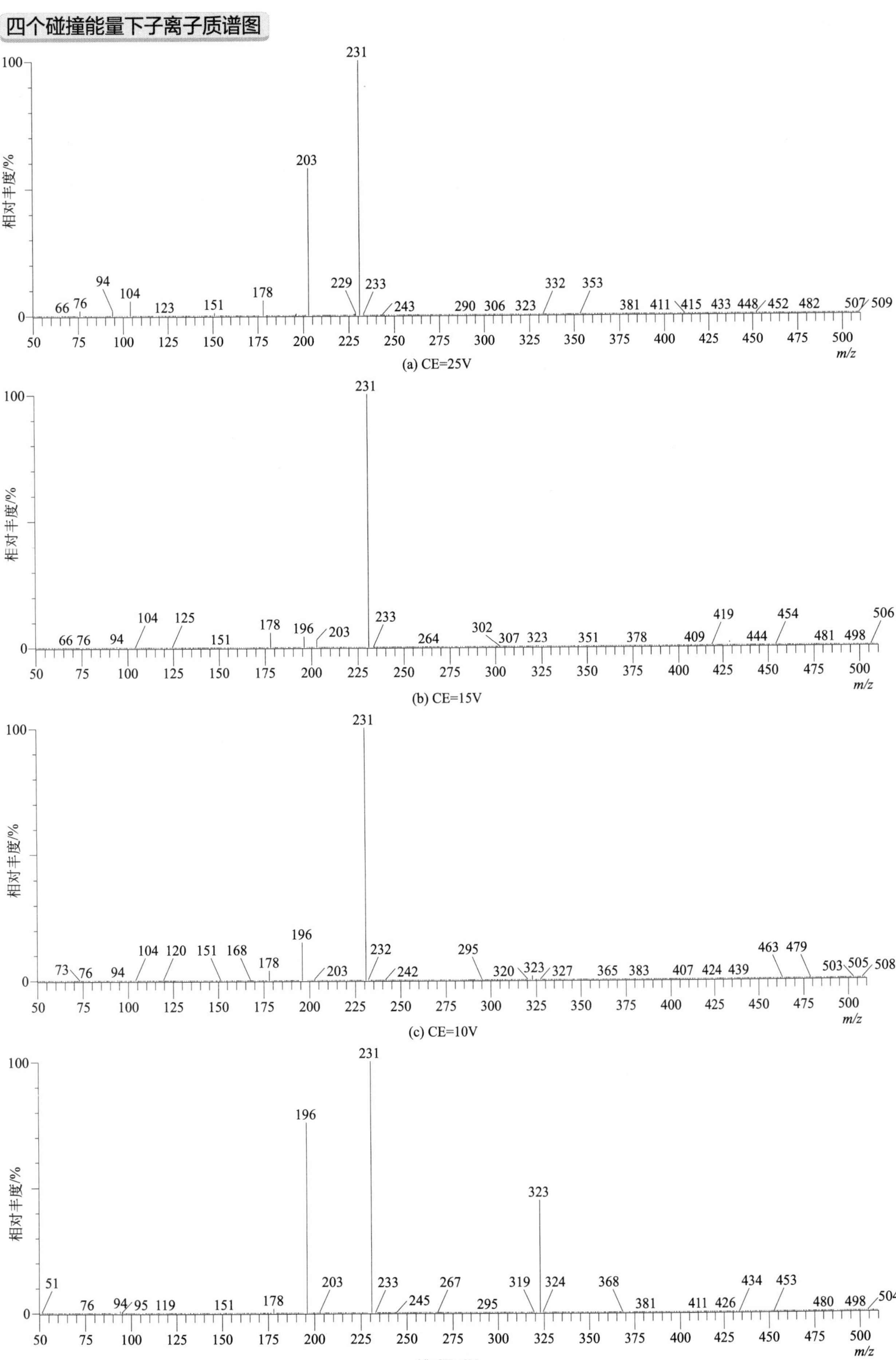

Benoxacor（解草嗪）

基本信息

CAS 登录号	98730-04-2	分子量	259.0	扫描模式	子离子扫描
分子式	$C_{11}H_{11}Cl_2NO_2$	离子化模式	EI	母离子	259

一级质谱图

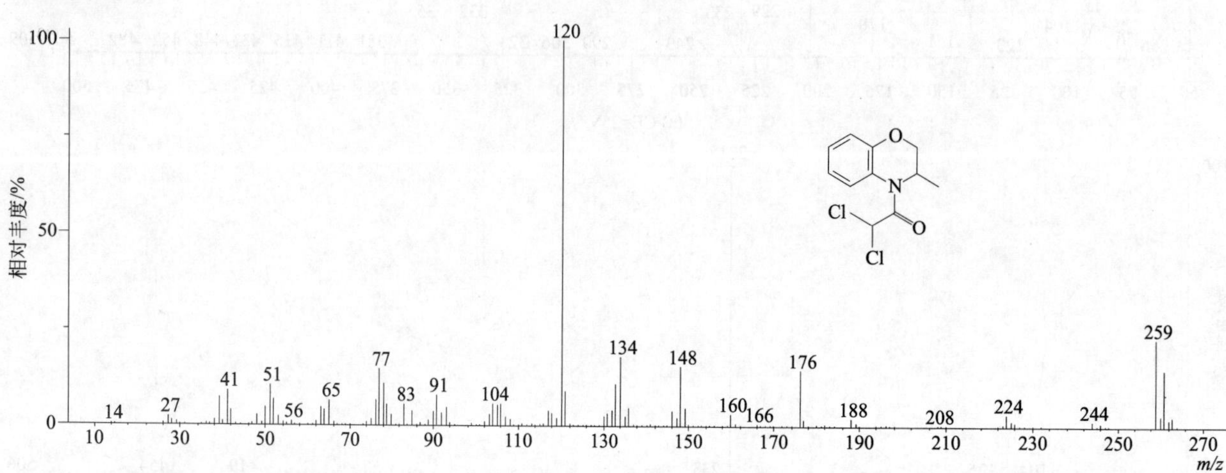

四个碰撞能量下子离子质谱图

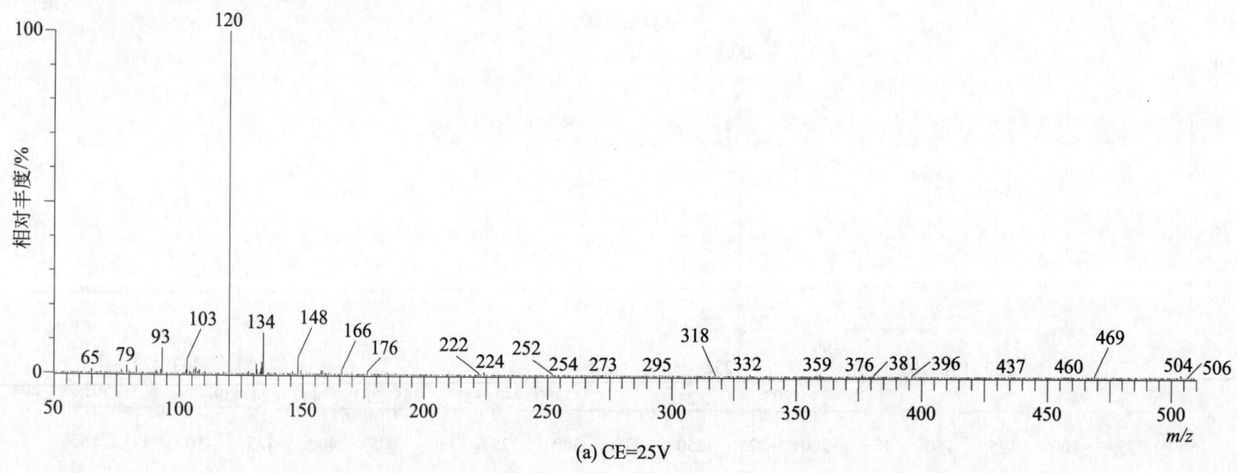

(a) CE=25V

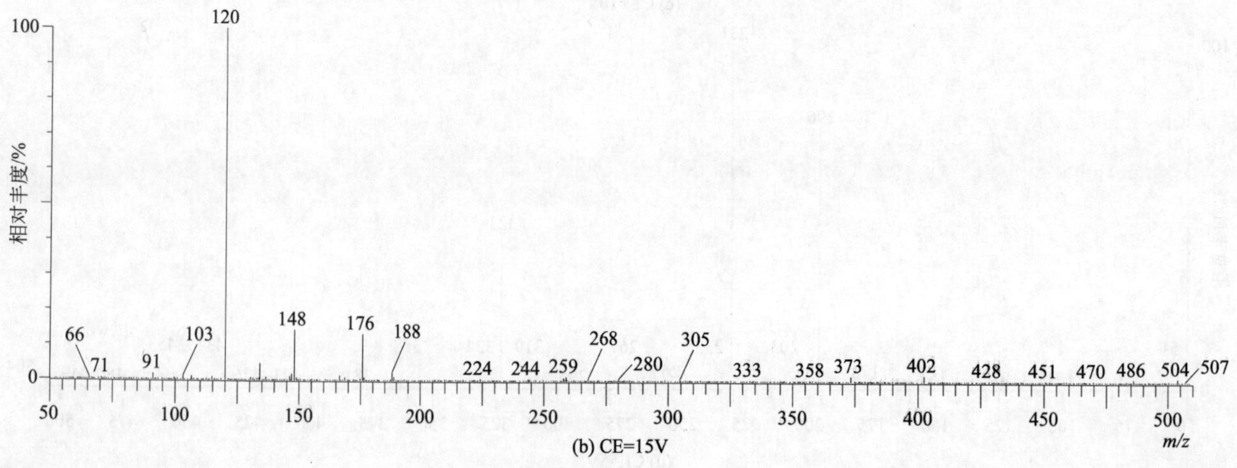

(b) CE=15V

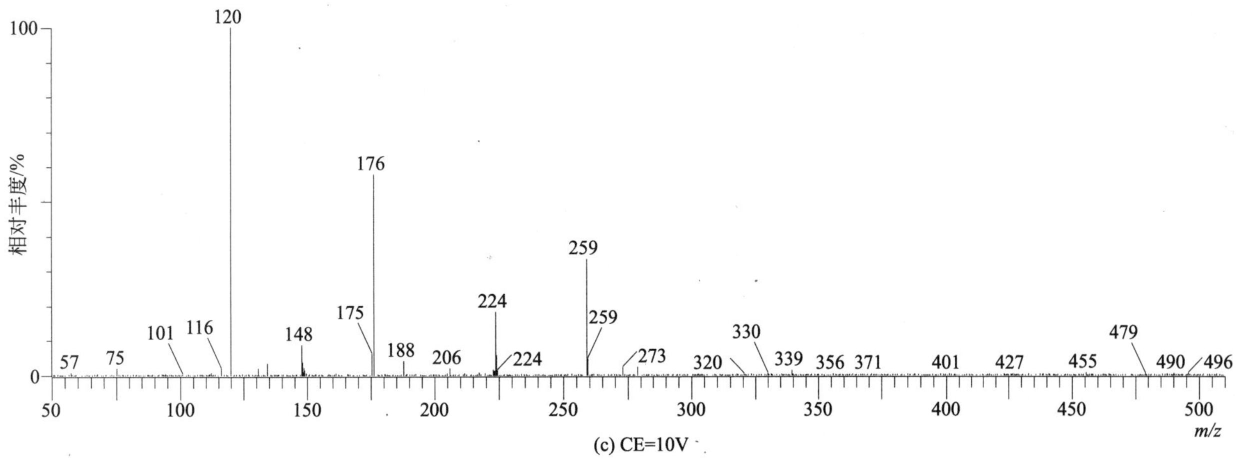

(c) CE=10V

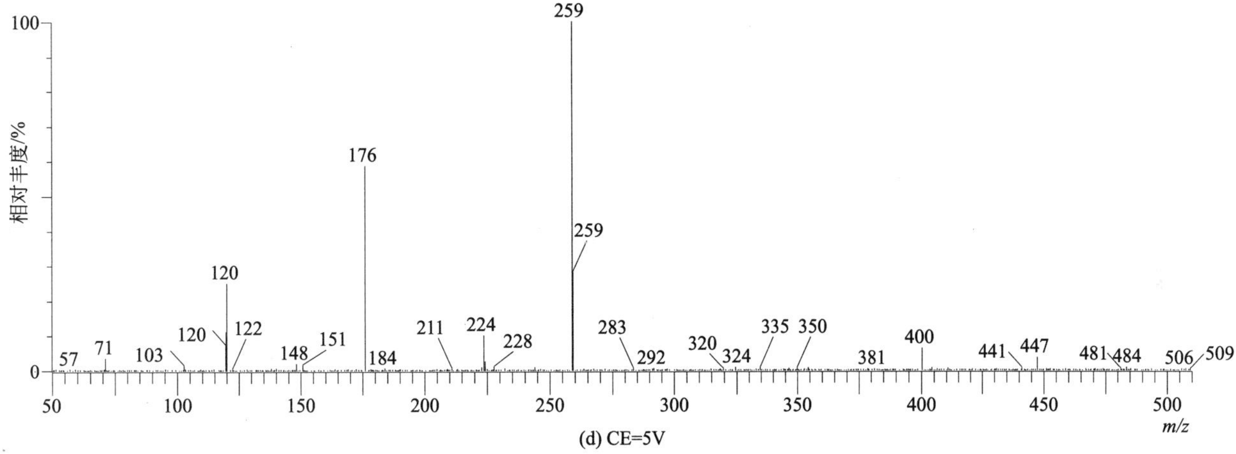

(d) CE=5V

Benzoylprop-ethyl（新燕灵）

基本信息

CAS 登录号	22212-55-1	分子量	365.1	扫描模式	子离子扫描
分子式	$C_{18}H_{17}Cl_2NO_3$	离子化模式	EI	母离子	292

一级质谱图

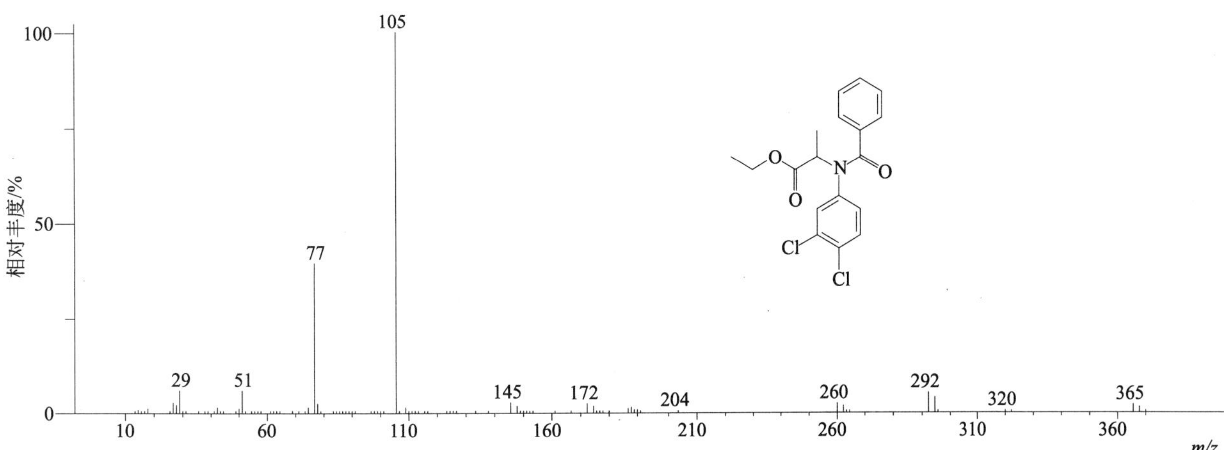

四个碰撞能量下子离子质谱图

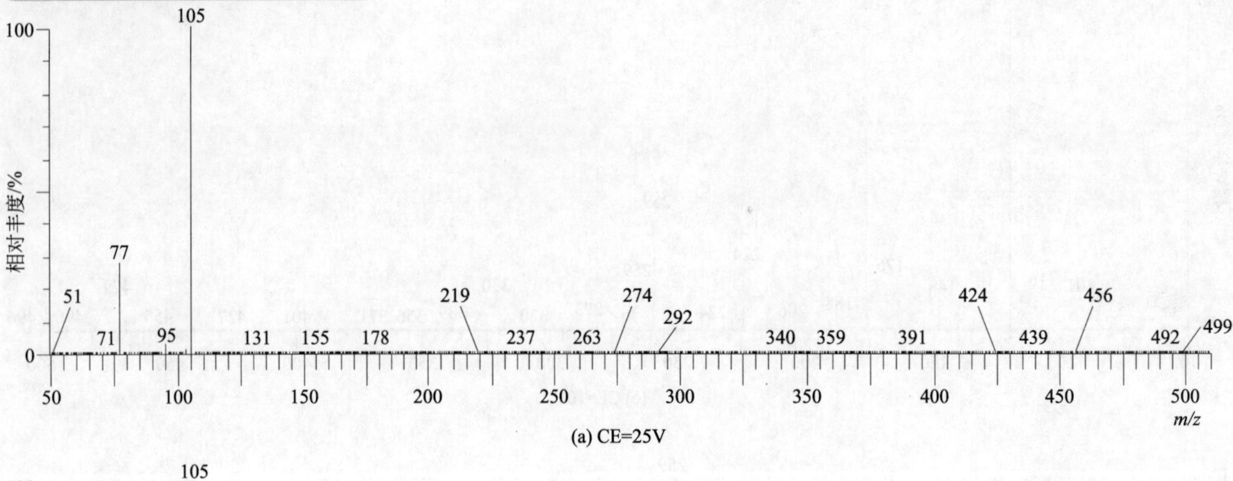

(a) CE=25V

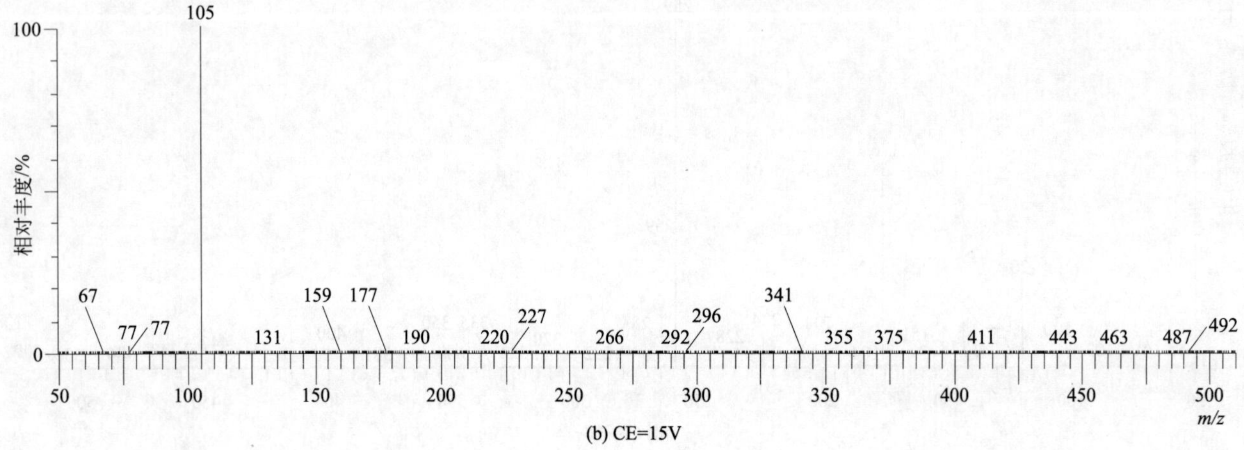

(b) CE=15V

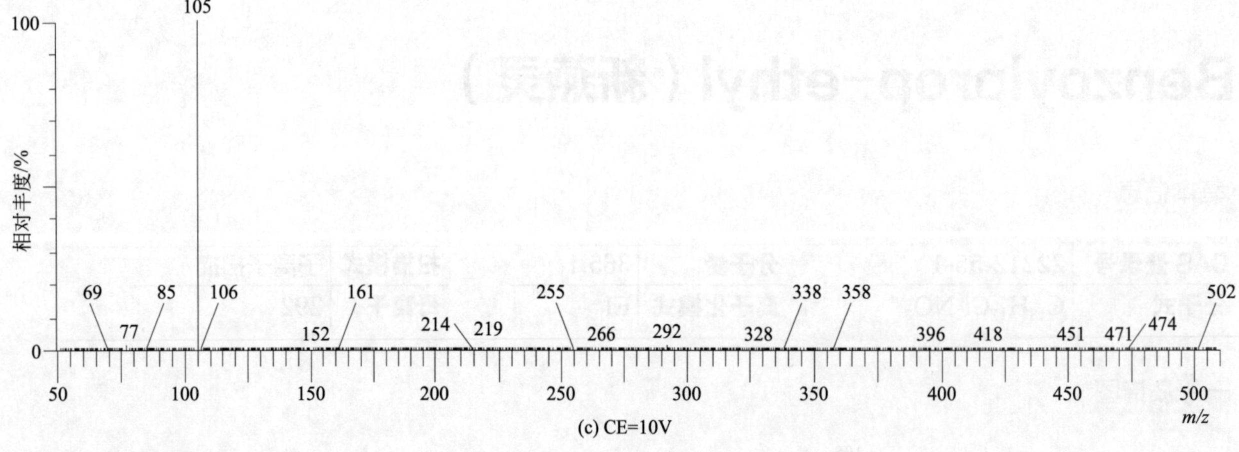

(c) CE=10V

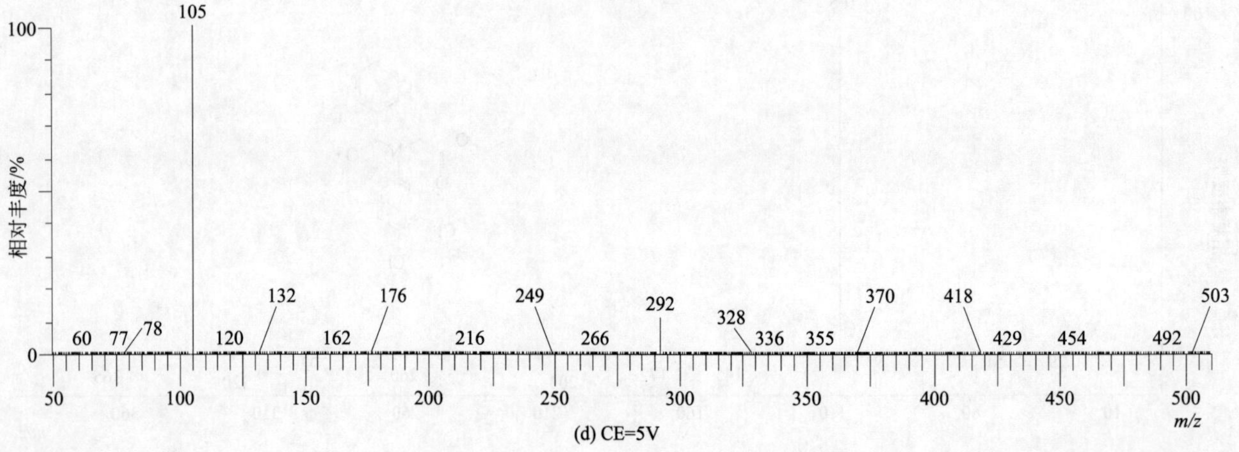

(d) CE=5V

Bifenox（甲羧除草醚）

基本信息

CAS 登录号	42576-02-3	分子量	341.0	扫描模式	子离子扫描
分子式	$C_{14}H_{9}Cl_{2}NO_{5}$	离子化模式	EI	母离子	341

一级质谱图

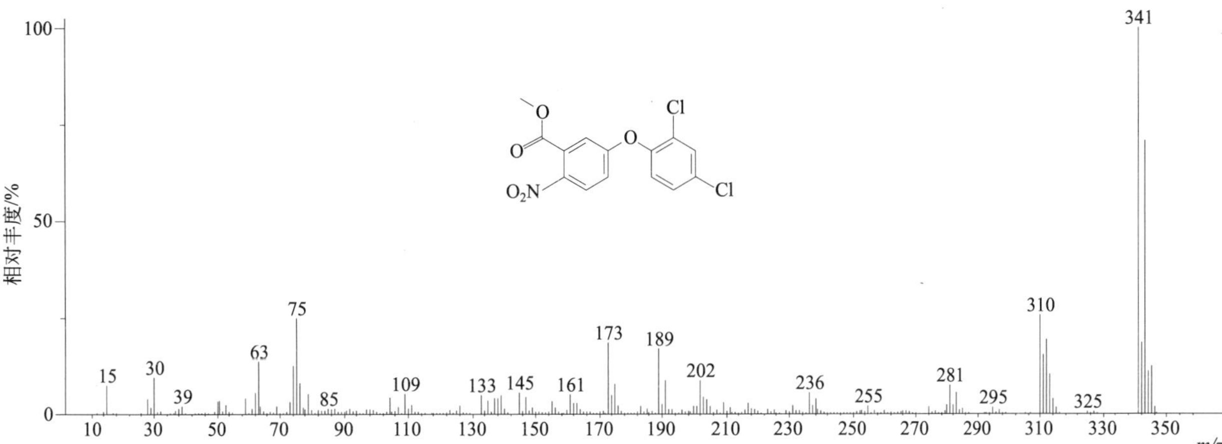

四个碰撞能量下子离子质谱图

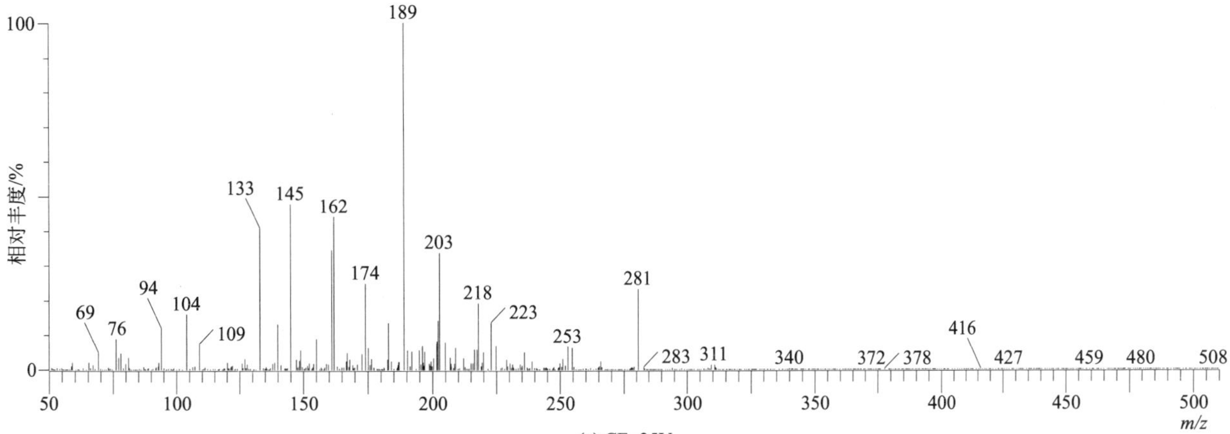

(a) CE=25V

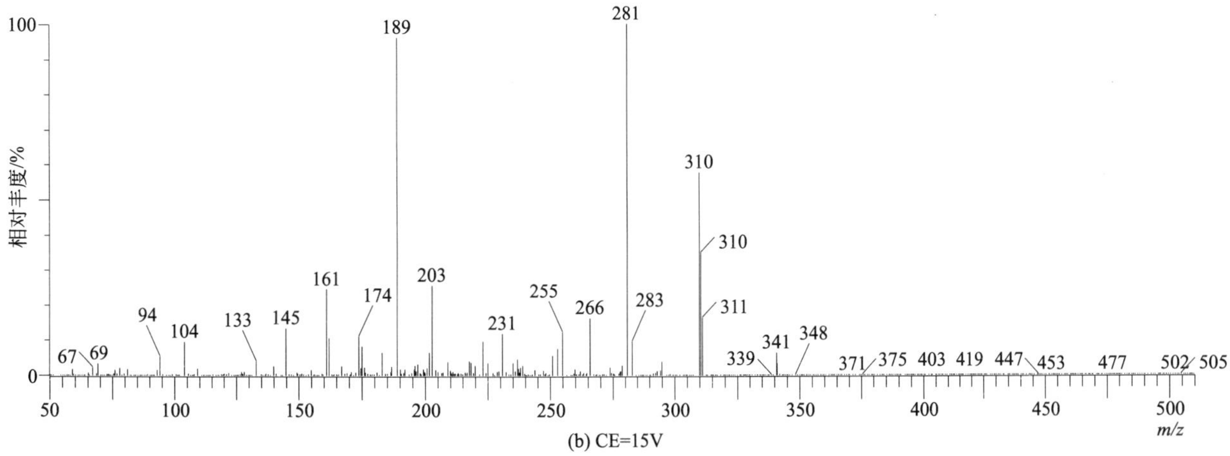

(b) CE=15V

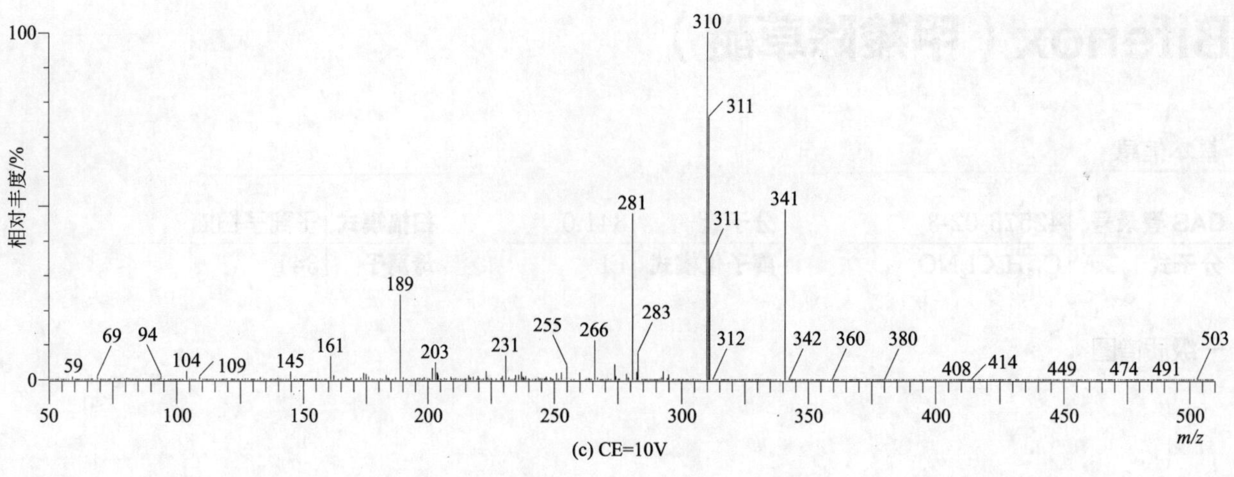

(c) CE=10V

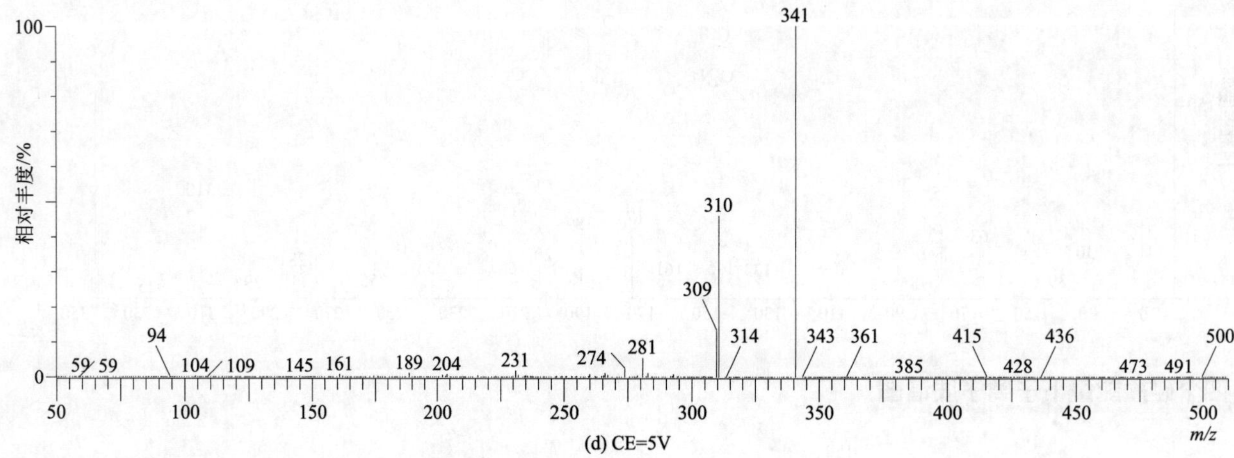

(d) CE=5V

Bifenthrin（联苯菊酯）

基本信息

CAS 登录号	82657-04-3	分子量	422.1	扫描模式	子离子扫描
分子式	$C_{23}H_{22}ClF_3O_2$	离子化模式	EI	母离子	181

一级质谱图

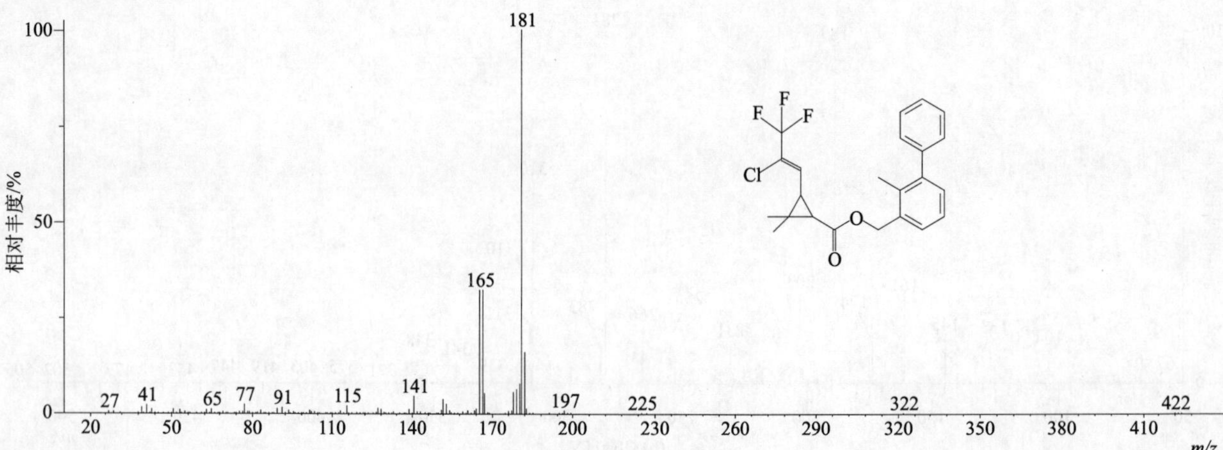

四个碰撞能量下子离子质谱图

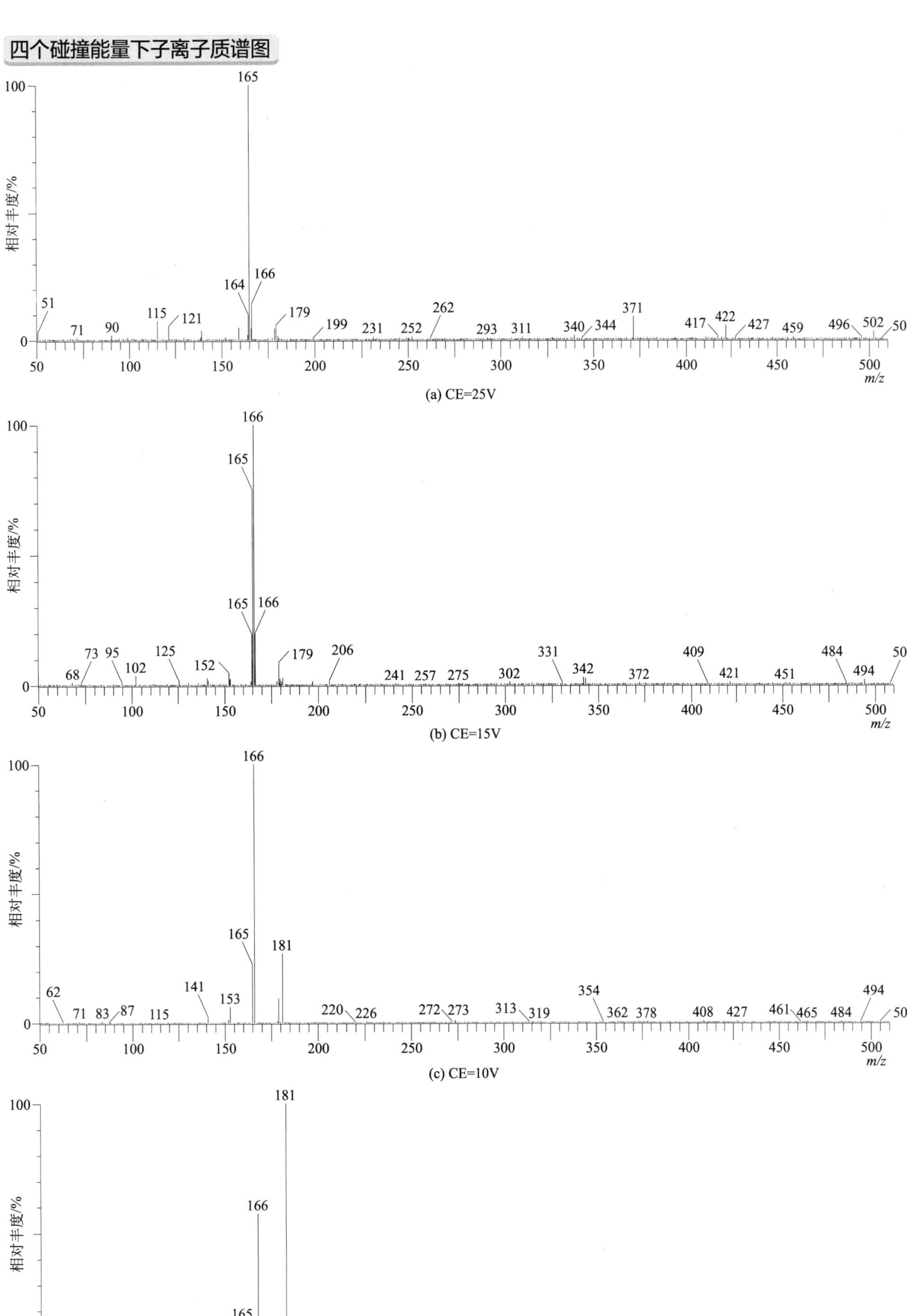

Bioallethrin（生物烯丙菊酯）

基本信息

CAS 登录号	22431-63-6	分子量	302.2	扫描模式	子离子扫描
分子式	$C_{19}H_{26}O_3$	离子化模式	EI	母离子	123

一级质谱图

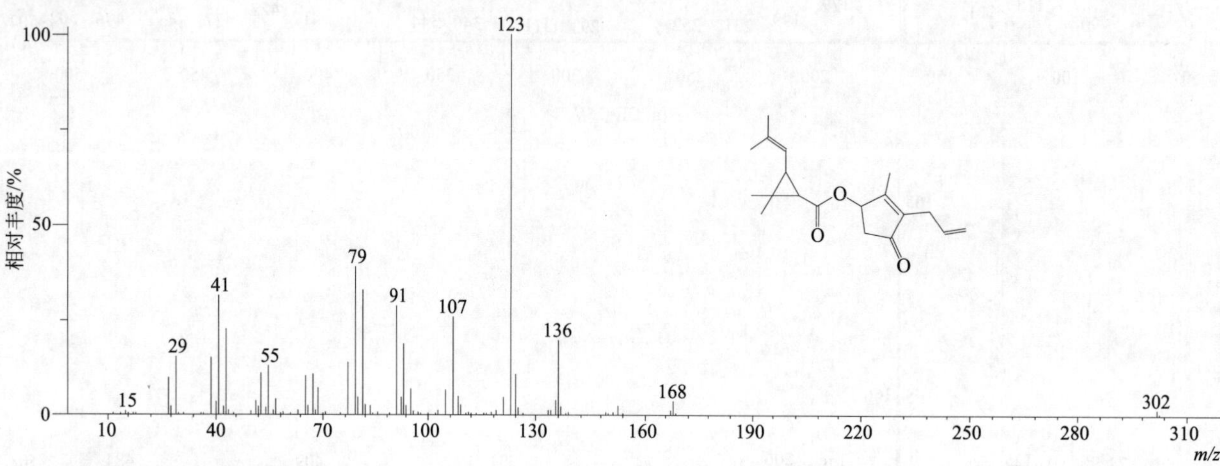

四个碰撞能量下子离子质谱图

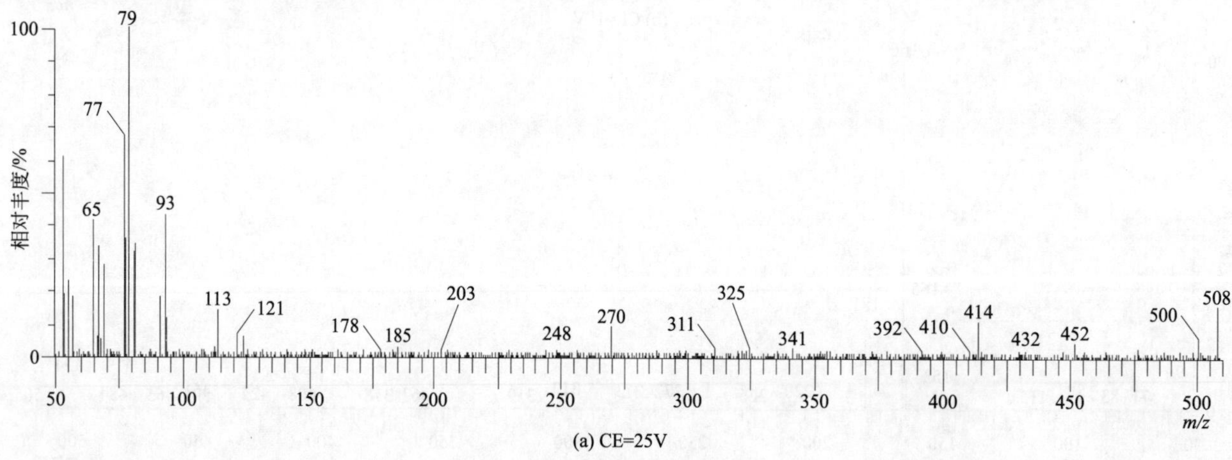

(a) CE=25V

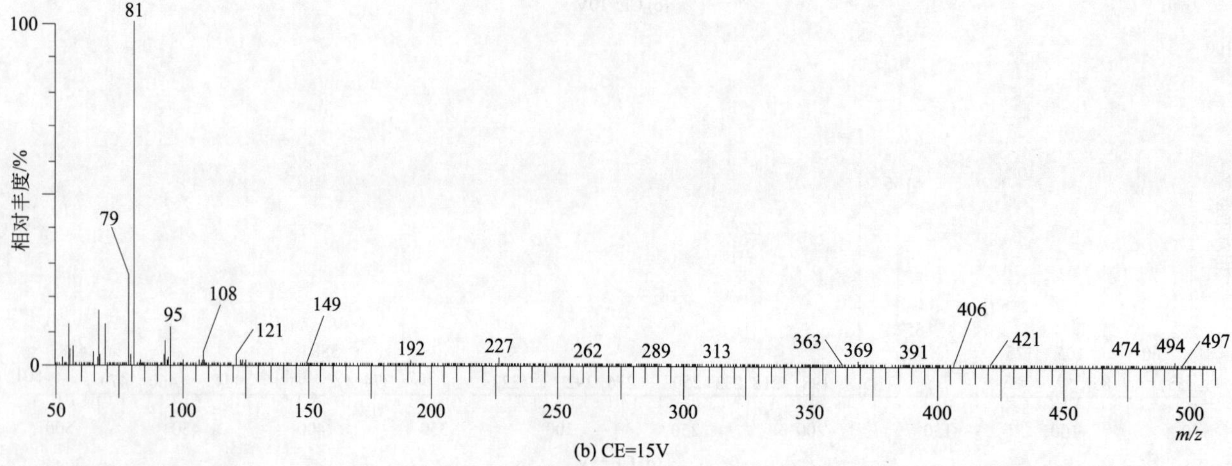

(b) CE=15V

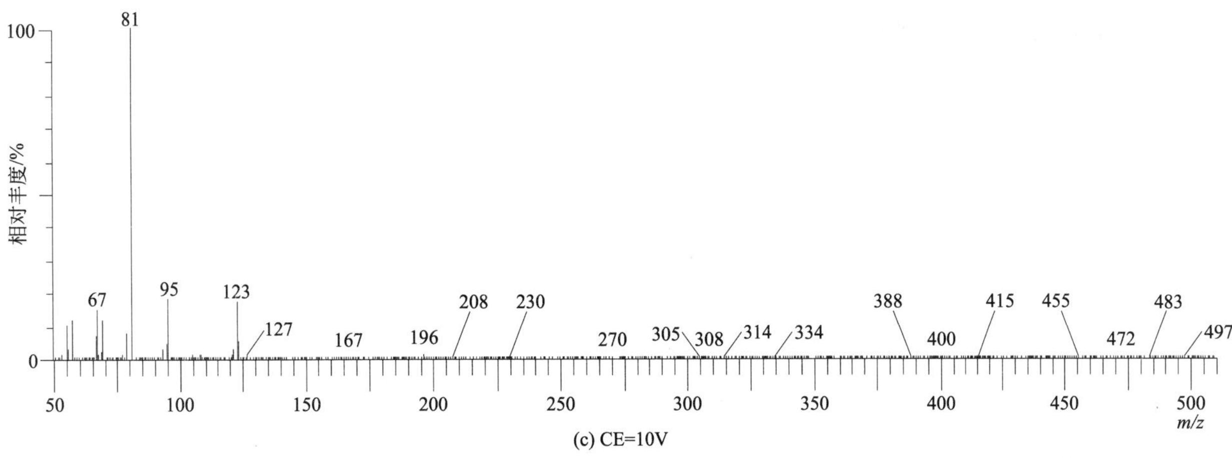

(c) CE=10V

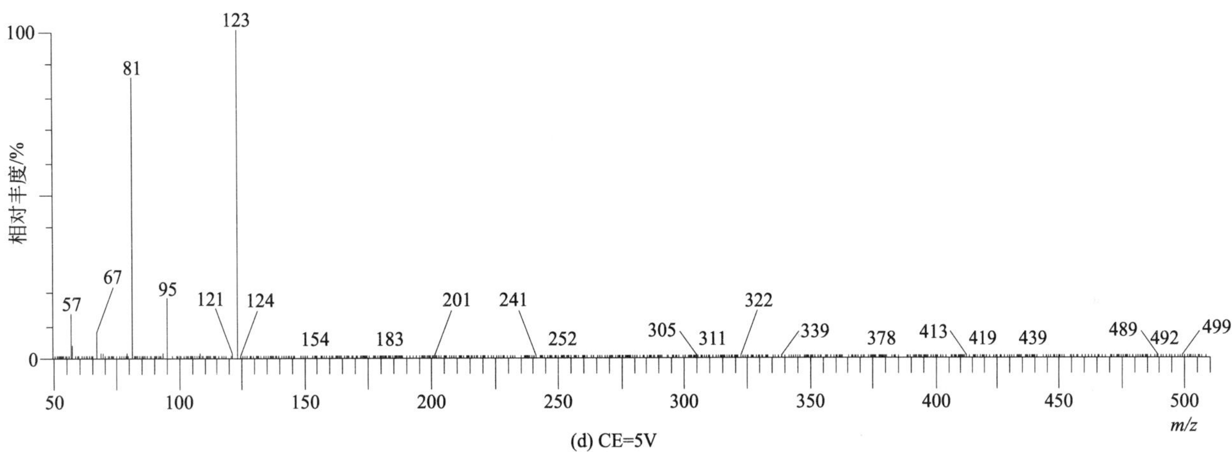

(d) CE=5V

Bioresmethrin（生物苄呋菊酯）

基本信息

CAS 登录号	28434-01-7	分子量	338.2	扫描模式	子离子扫描
分子式	$C_{22}H_{26}O_3$	离子化模式	EI	母离子	171

一级质谱图

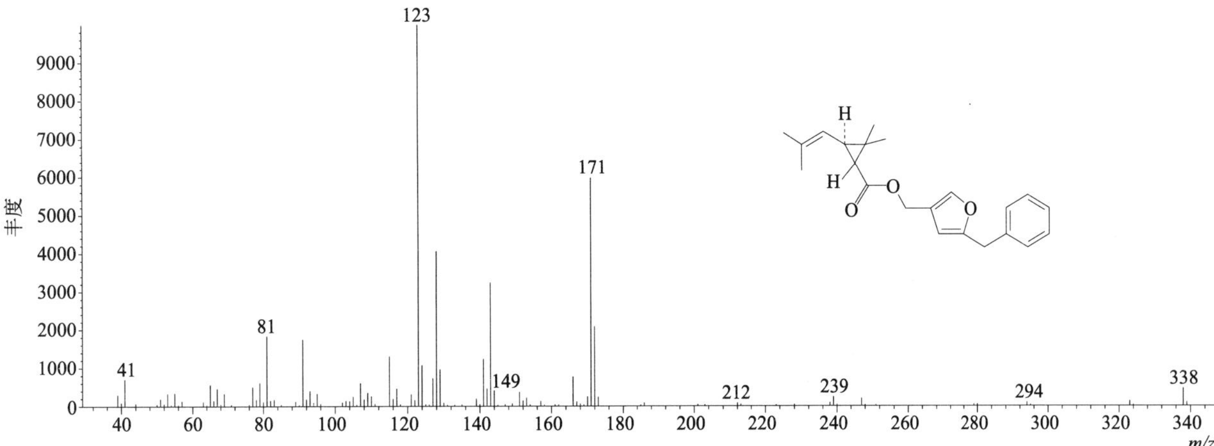

四个碰撞能量下子离子质谱图

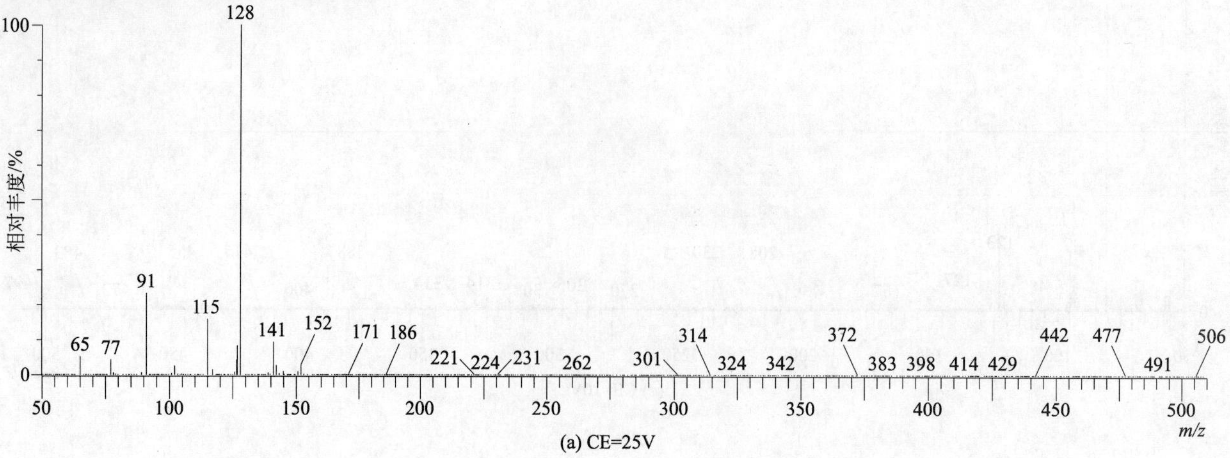

(a) CE=25V

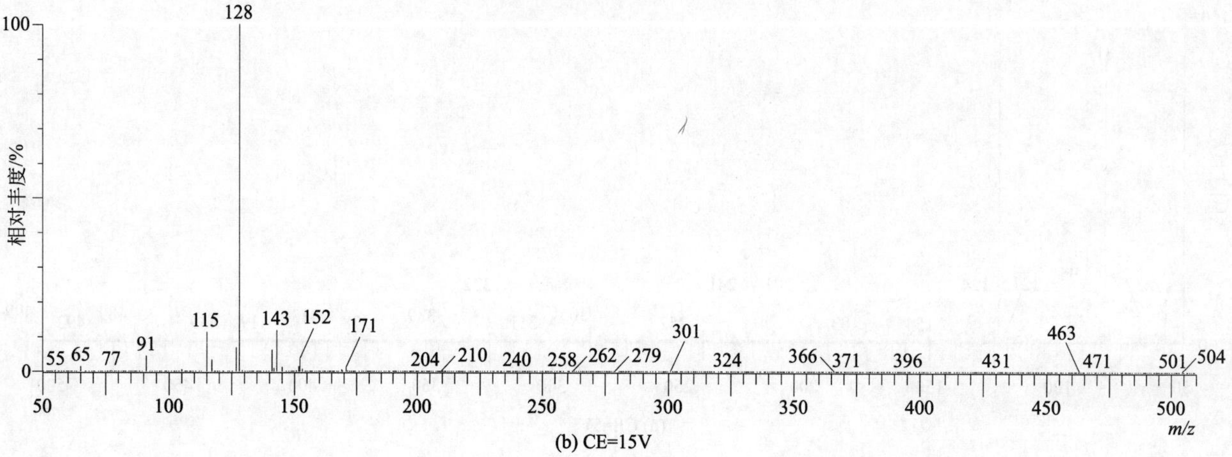

(b) CE=15V

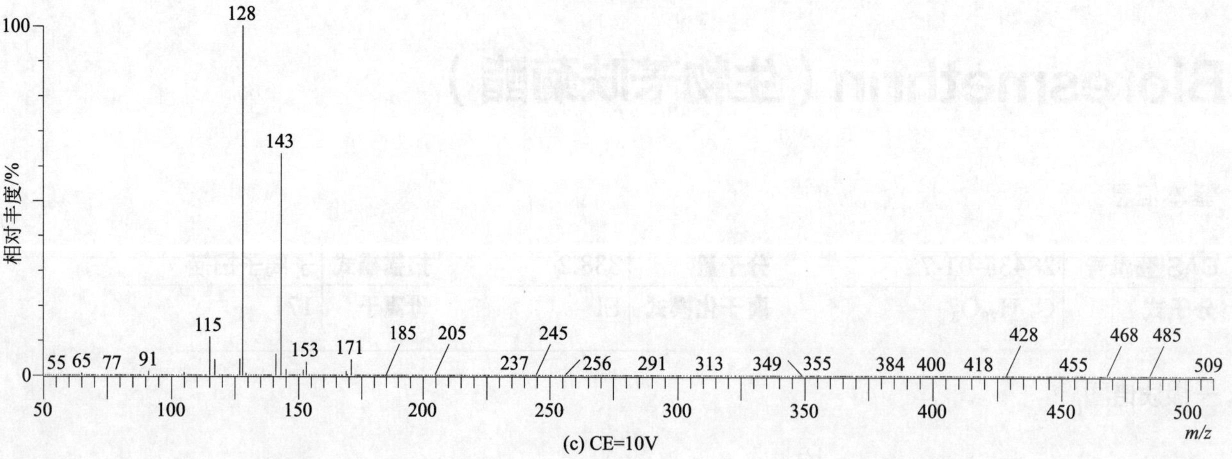

(c) CE=10V

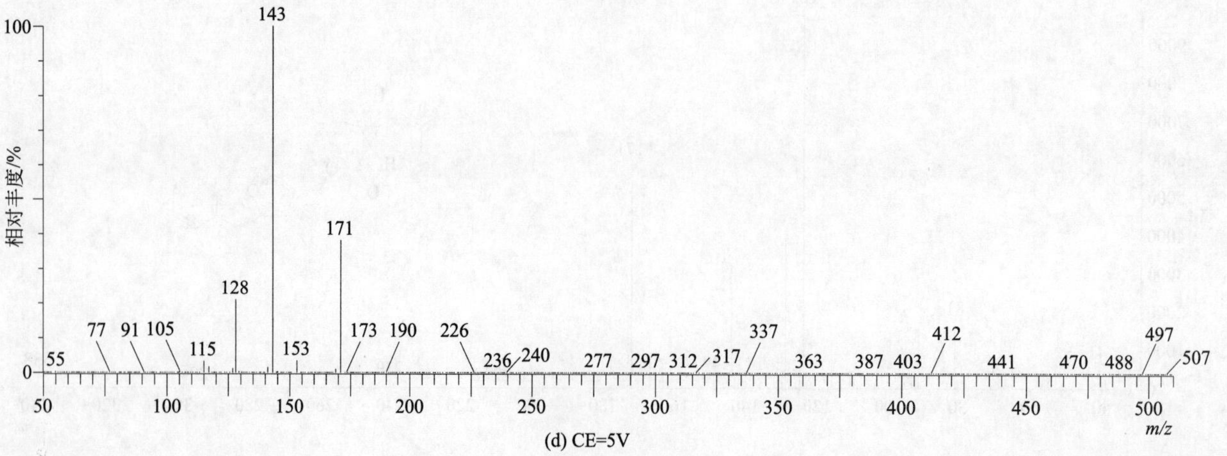

(d) CE=5V

Bitertanol（联苯三唑醇）

基本信息

CAS 登录号	55179-31-2	分子量	337.2	扫描模式	子离子扫描
分子式	$C_{20}H_{23}N_3O_2$	离子化模式	EI	母离子	170

一级质谱图

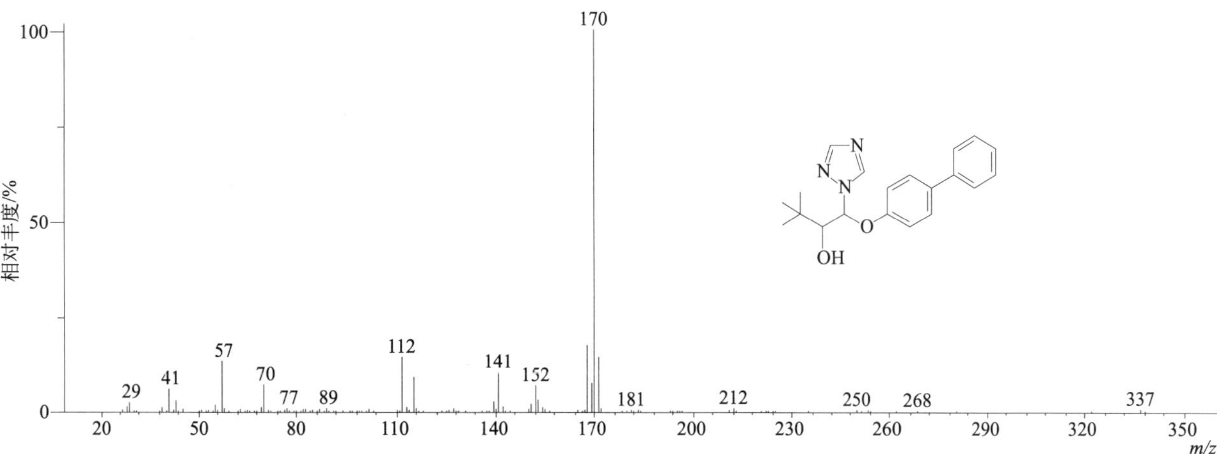

四个碰撞能量下子离子质谱图

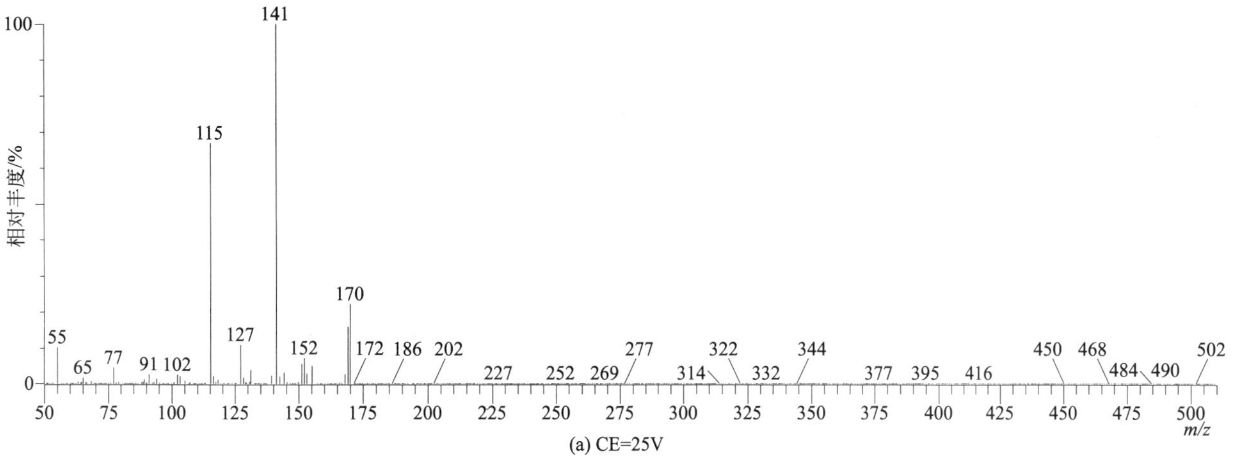

(a) CE=25V

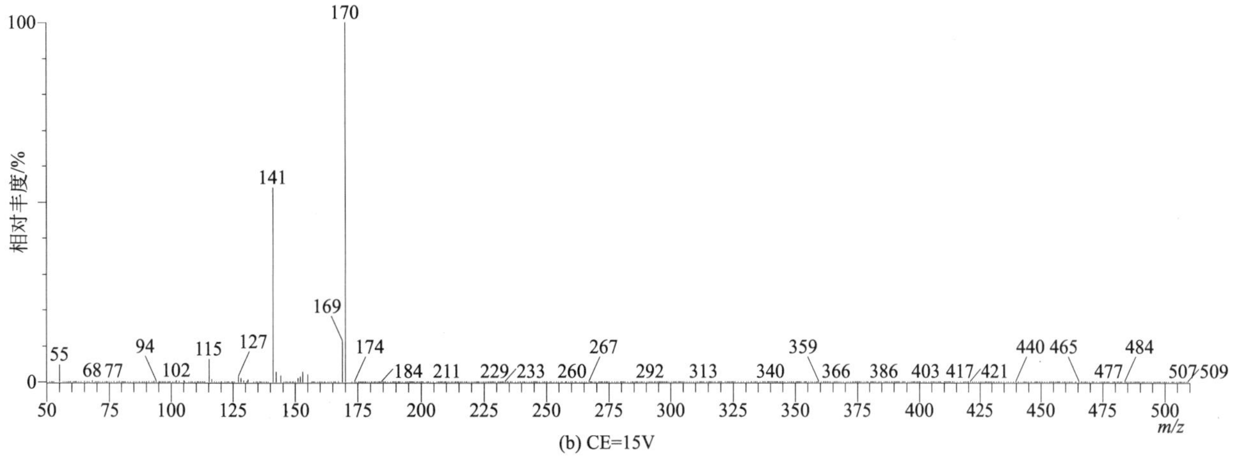

(b) CE=15V

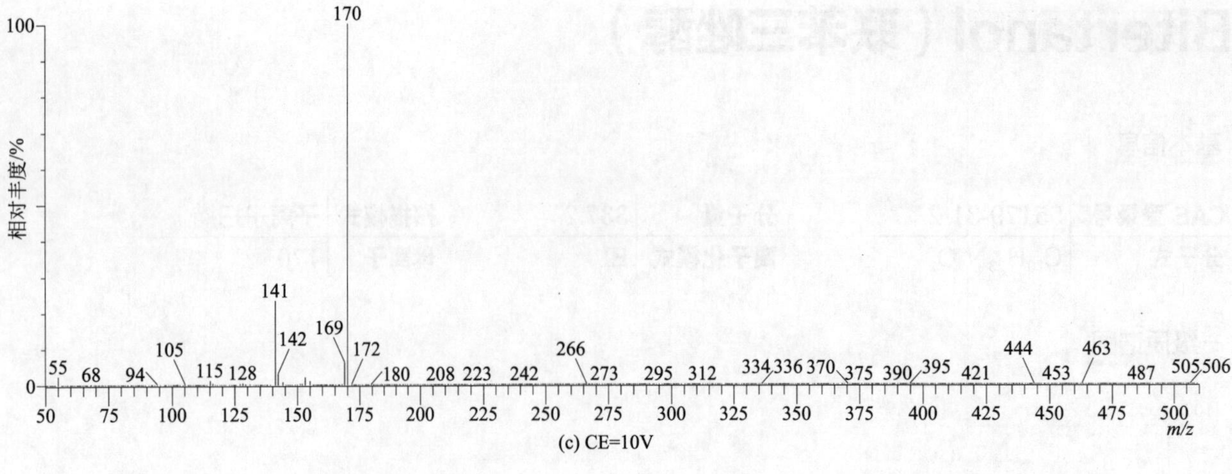

(c) CE=10V

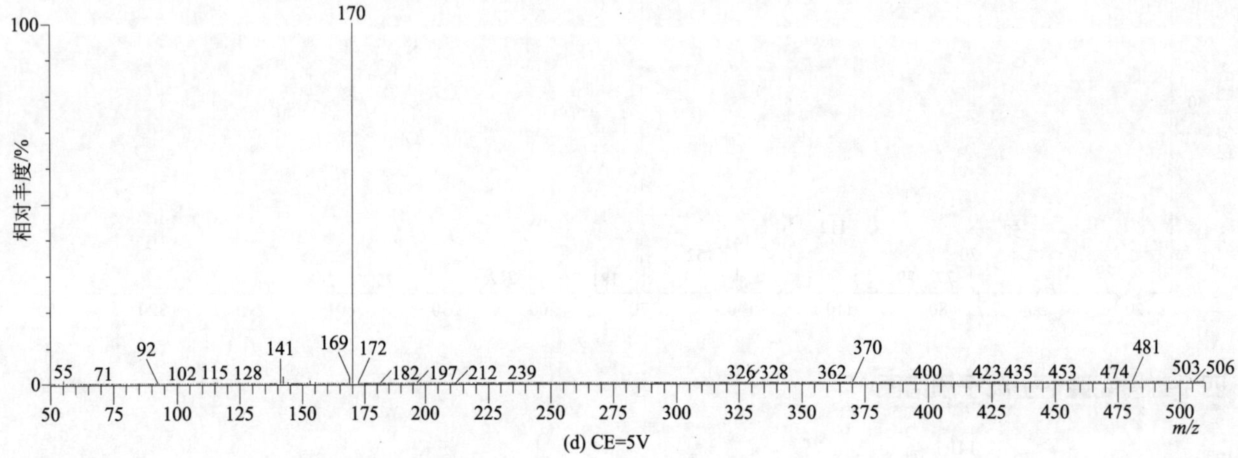

(d) CE=5V

Boscalid（啶酰菌胺）

基本信息

CAS 登录号	188425-85-6	**分子量**	342.0	**扫描模式**	子离子扫描
分子式	$C_{18}H_{12}Cl_2N_2O$	**离子化模式**	EI	**母离子**	342

一级质谱图

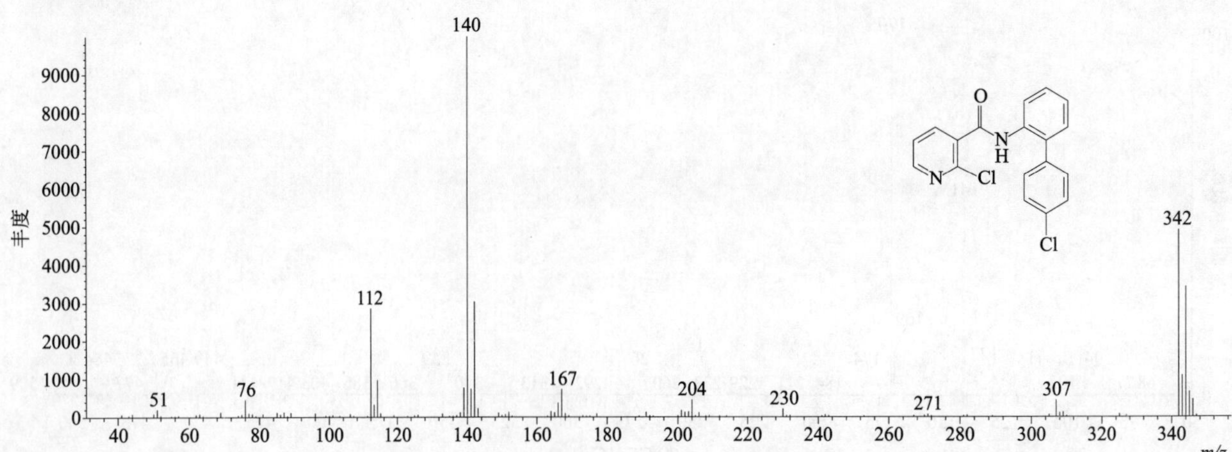

四个碰撞能量下子离子质谱图

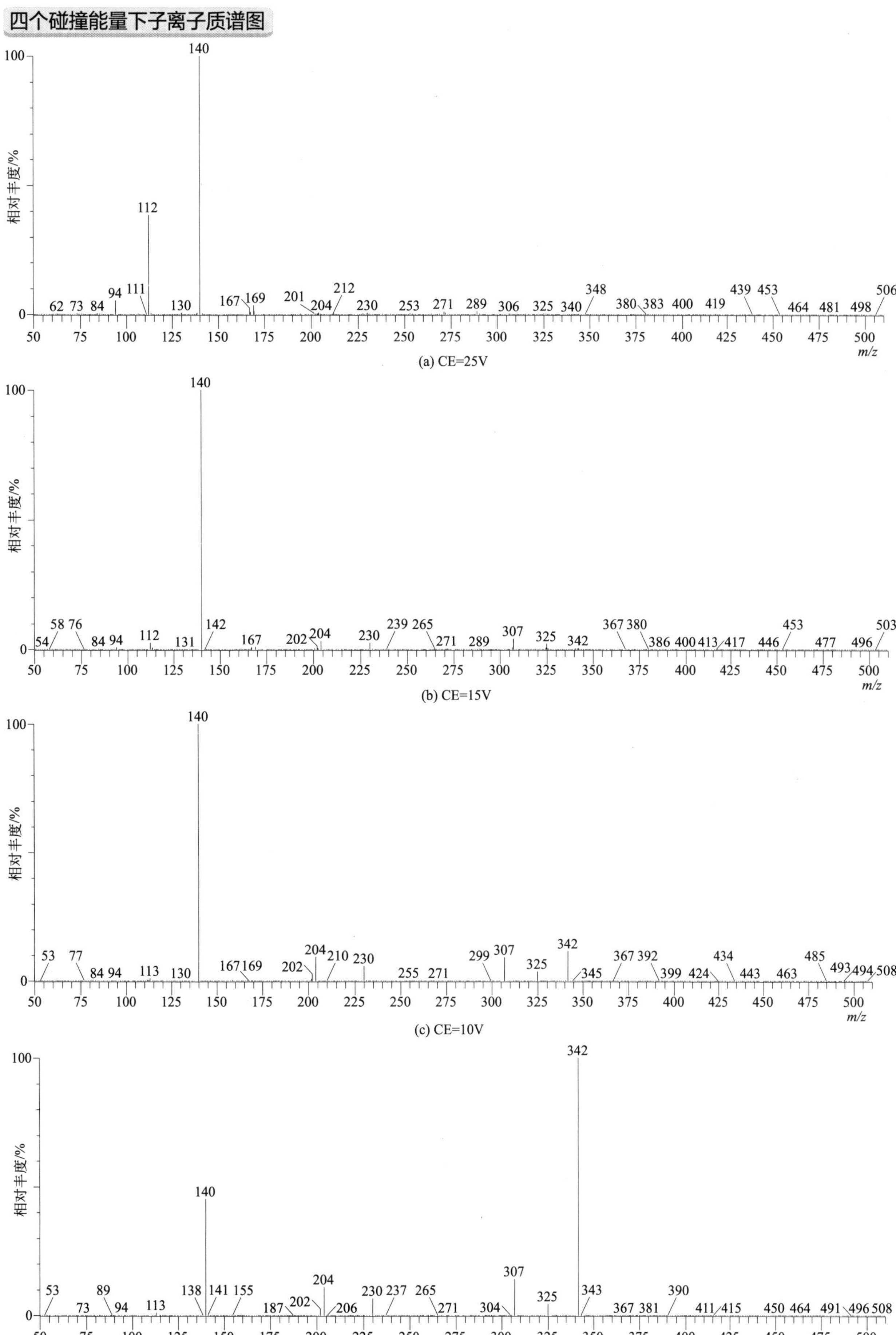

(a) CE=25V

(b) CE=15V

(c) CE=10V

(d) CE=5V

Bromacil（除草定）

基本信息

CAS 登录号	314-40-9	分子量	260.0	扫描模式	子离子扫描
分子式	$C_9H_{13}BrN_2O_2$	离子化模式	EI	母离子	205

一级质谱图

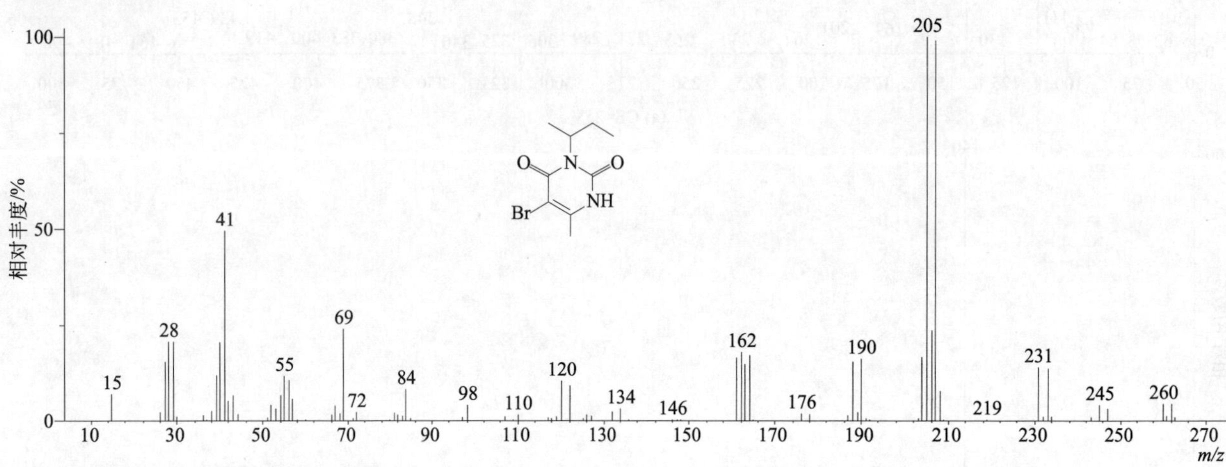

四个碰撞能量下子离子质谱图

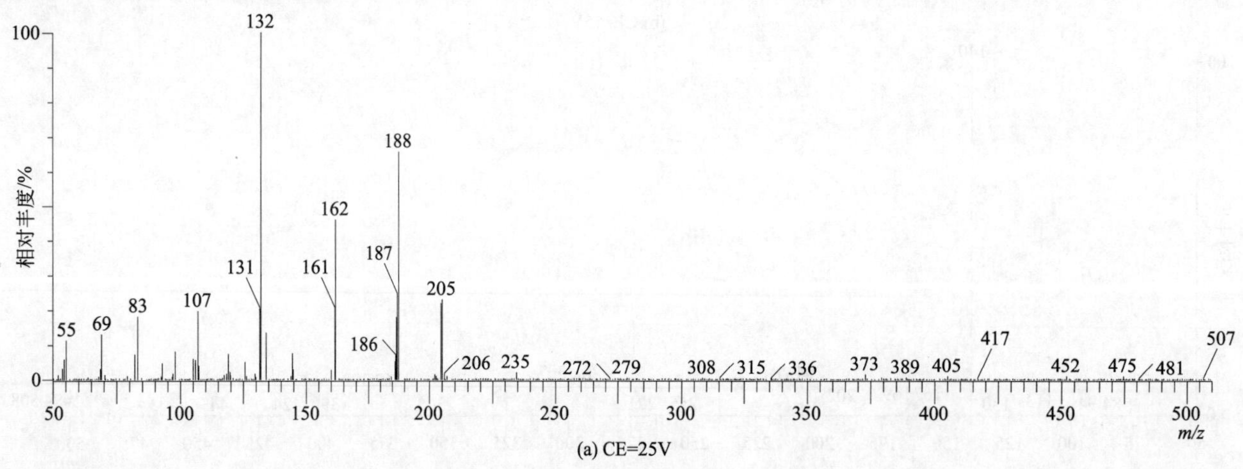

(a) CE=25V

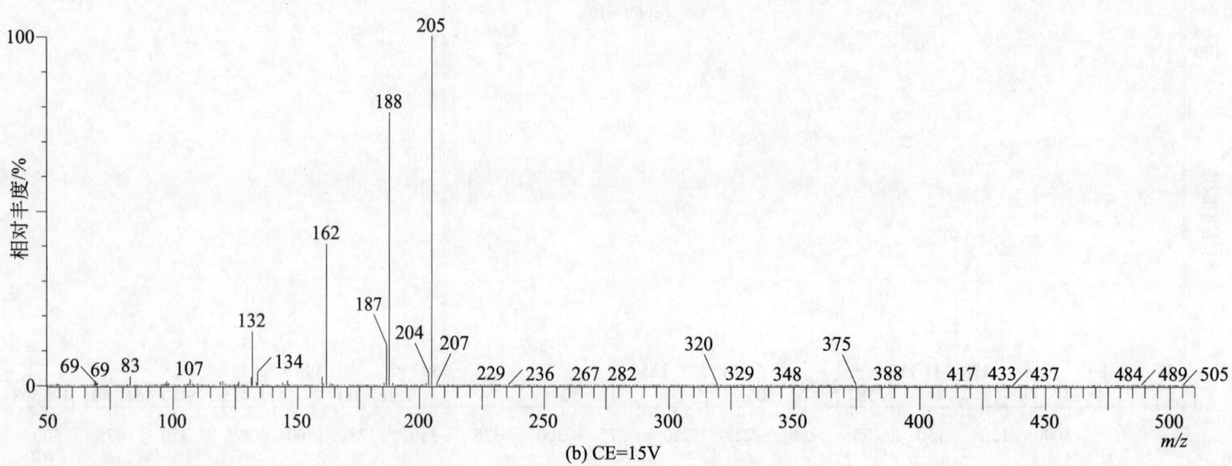

(b) CE=15V

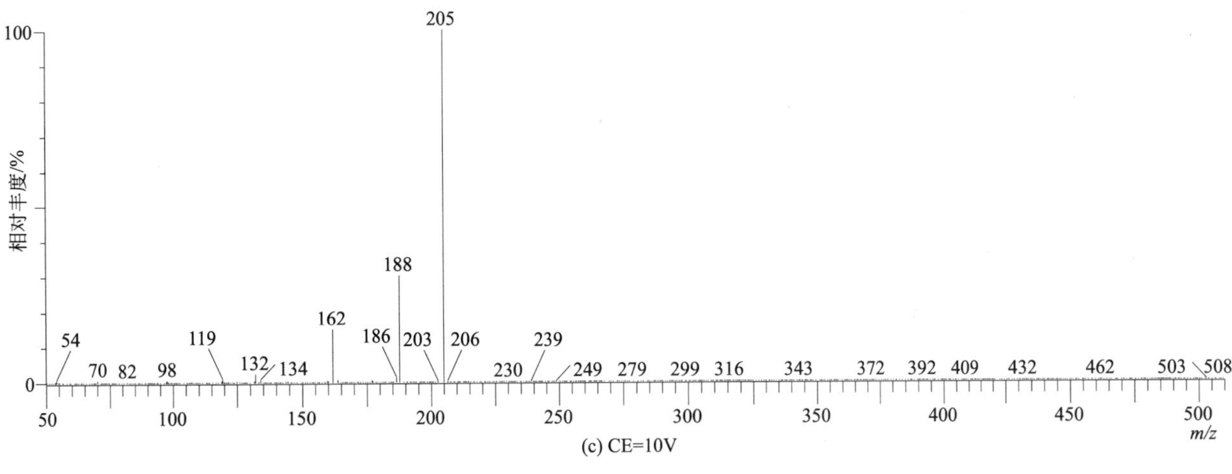

(c) CE=10V

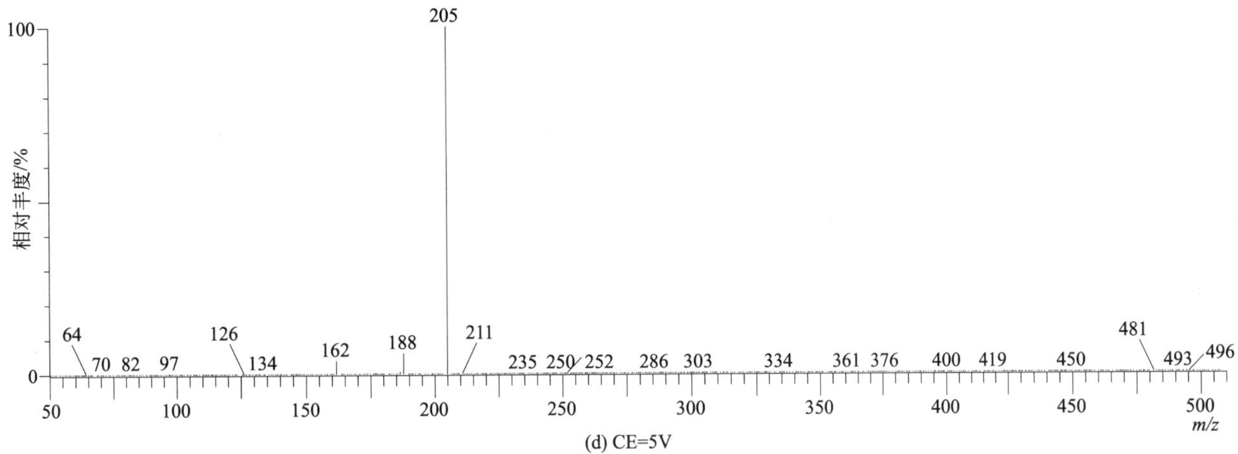

(d) CE=5V

Bromfenvinfos（溴苯烯磷）

基本信息

CAS 登录号	33399-00-7	分子量	401.9	扫描模式	子离子扫描
分子式	$C_{12}H_{14}BrCl_2O_4P$	离子化模式	EI	母离子	267

一级质谱图

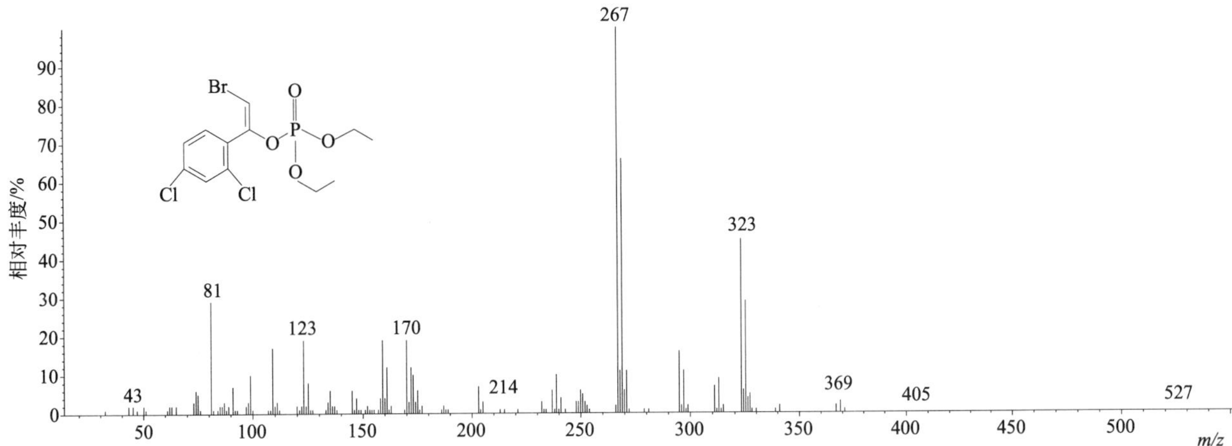

四个碰撞能量下子离子质谱图

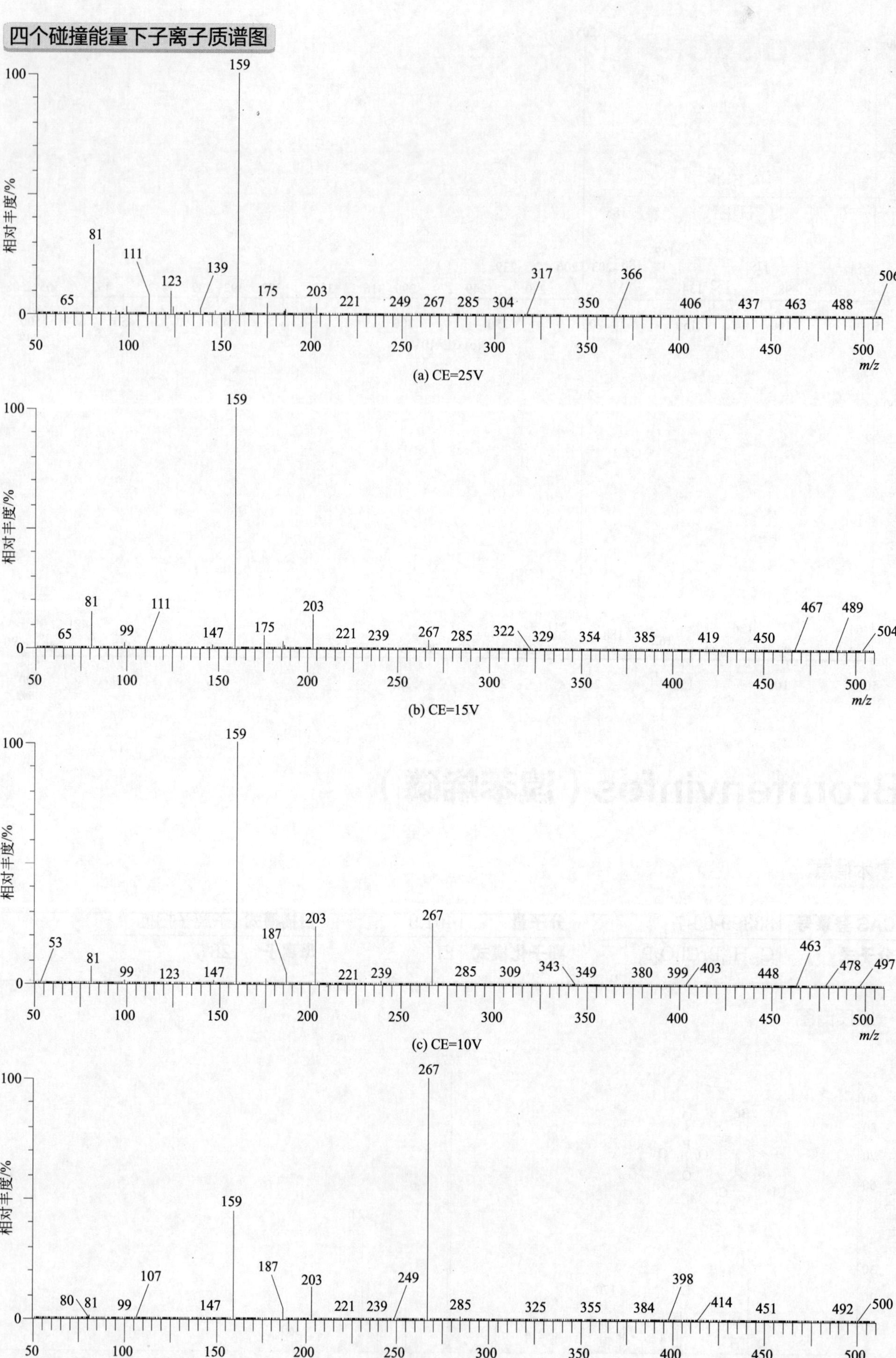

Bromocyclen（溴杀烯）

基本信息

CAS 登录号	1715-40-8	分子量	389.8	扫描模式	子离子扫描
分子式	$C_8H_5BrCl_6$	离子化模式	EI	母离子	359

一级质谱图

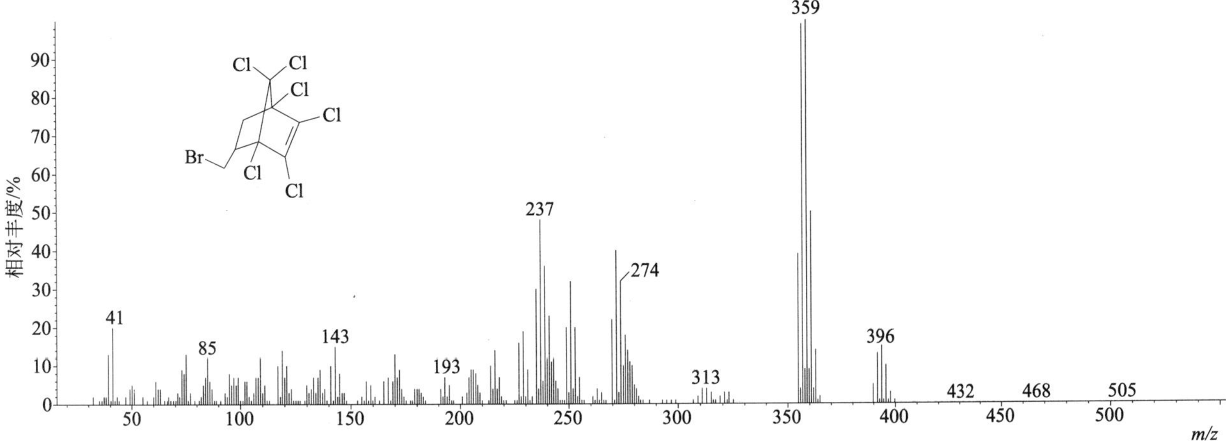

四个碰撞能量下子离子质谱图

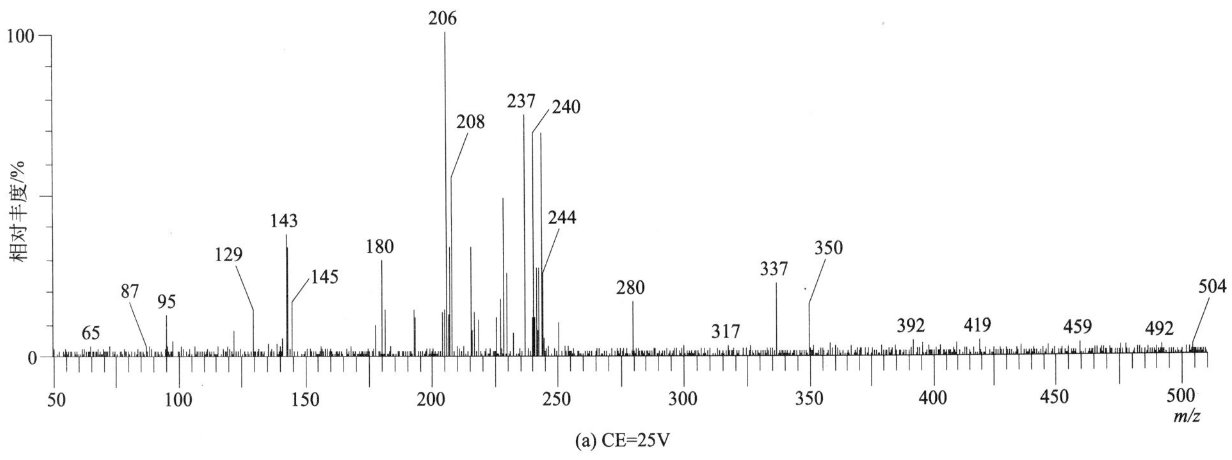

(a) CE=25V

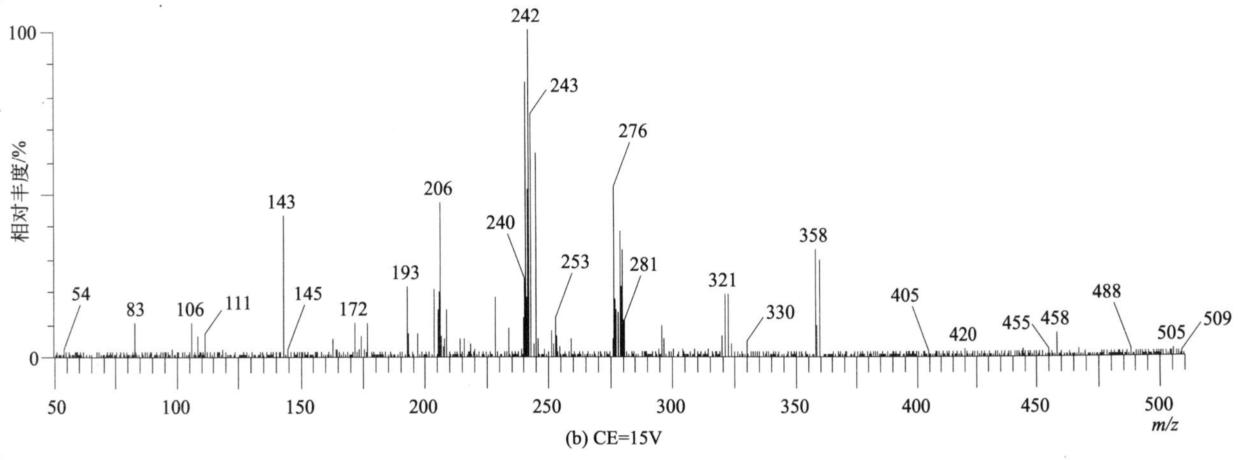

(b) CE=15V

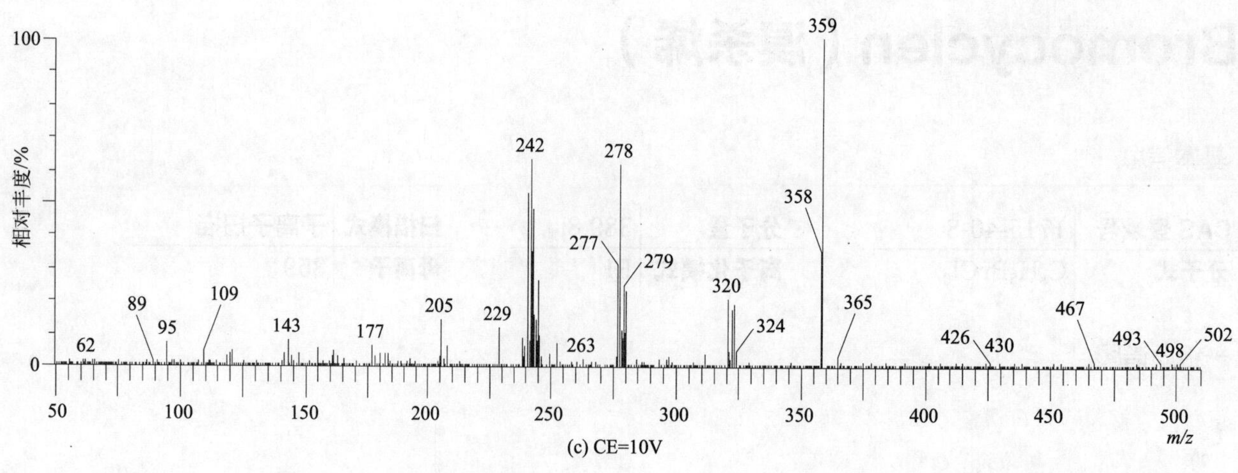

(c) CE=10V

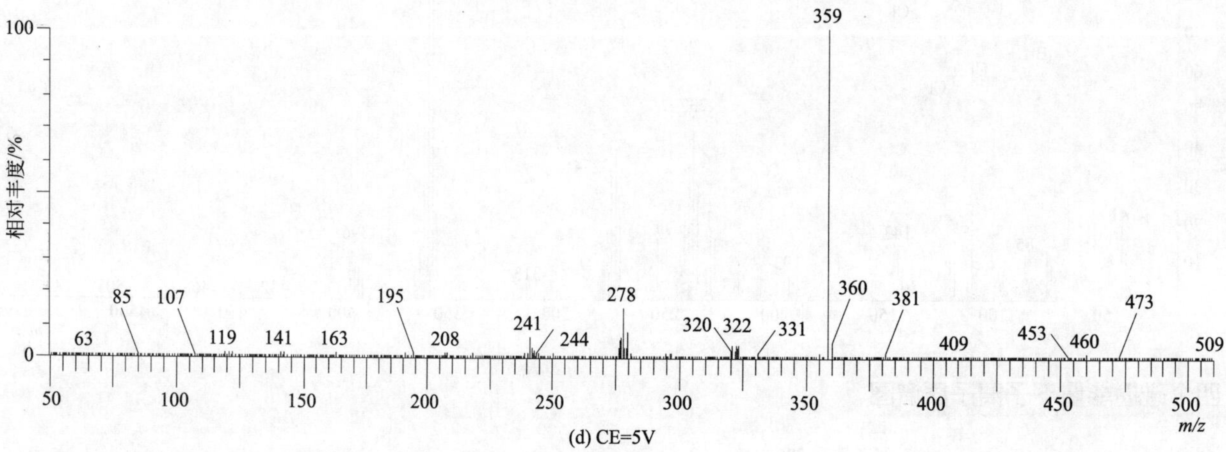

(d) CE=5V

Bromofos（溴硫磷）

基本信息

CAS 登录号	2104-96-3	分子量	363.8	扫描模式	子离子扫描
分子式	$C_8H_8BrCl_2O_3PS$	离子化模式	EI	母离子	331

一级质谱图

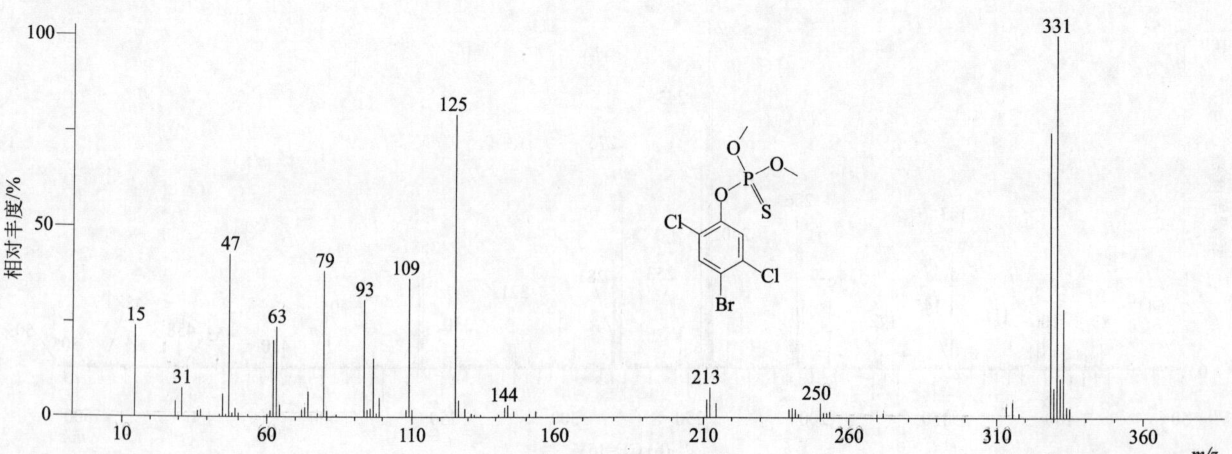

四个碰撞能量下子离子质谱图

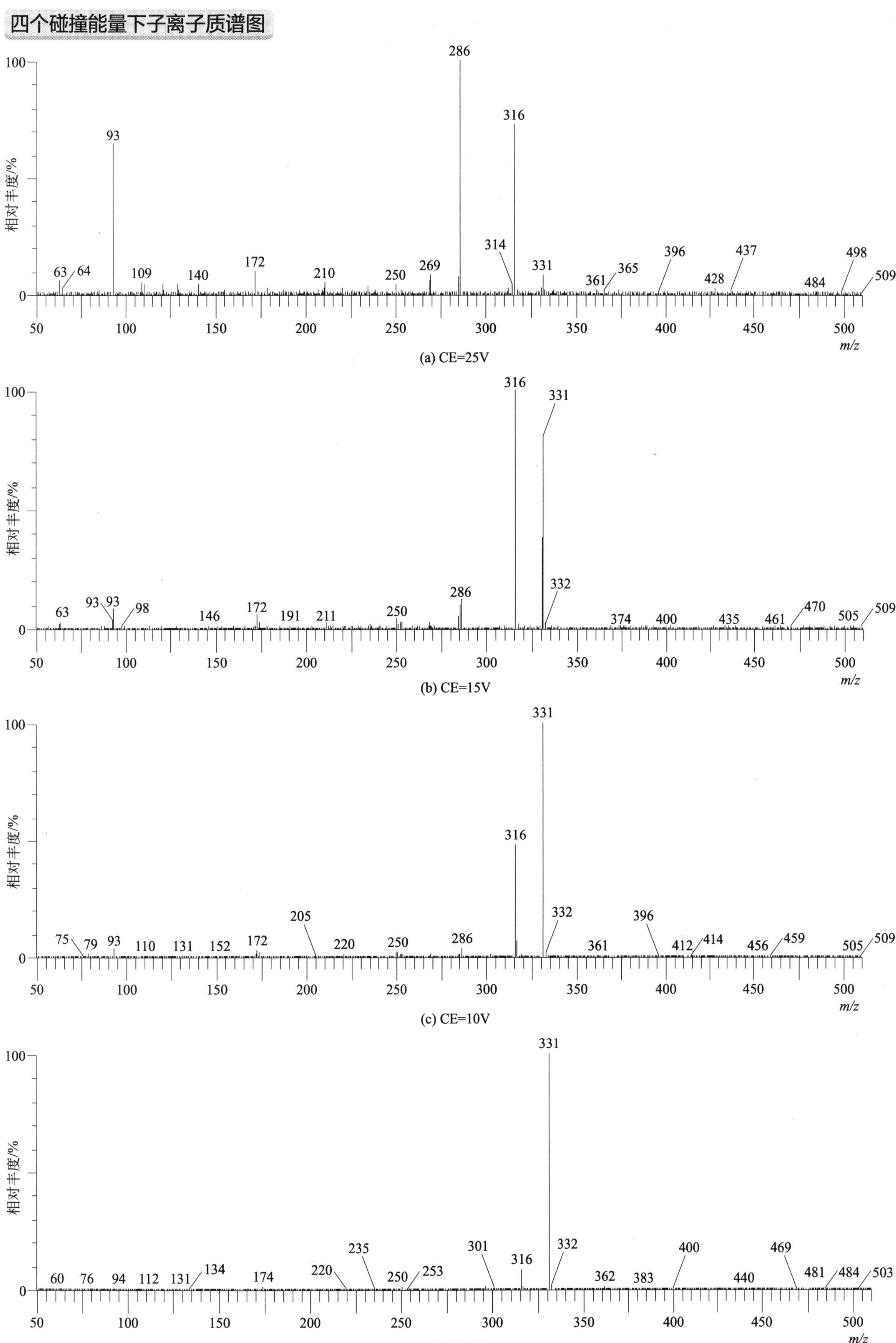

(a) CE=25V

(b) CE=15V

(c) CE=10V

(d) CE=5V

Bromophos-ethyl（乙基溴硫磷）

基本信息

CAS 登录号	4824-78-6	分子量	391.9	扫描模式	子离子扫描
分子式	$C_{10}H_{12}BrCl_2O_3PS$	离子化模式	EI	母离子	359

一级质谱图

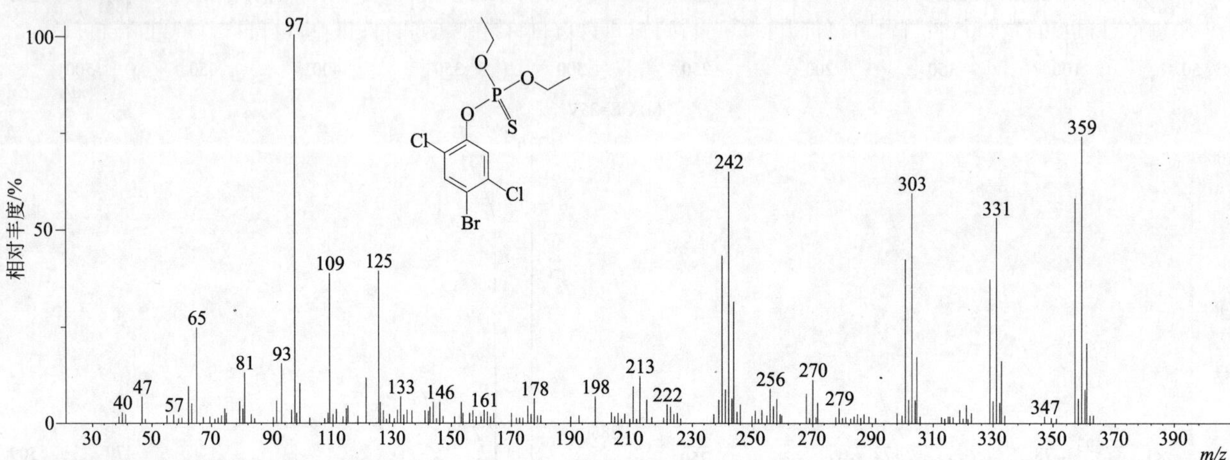

四个碰撞能量下子离子质谱图

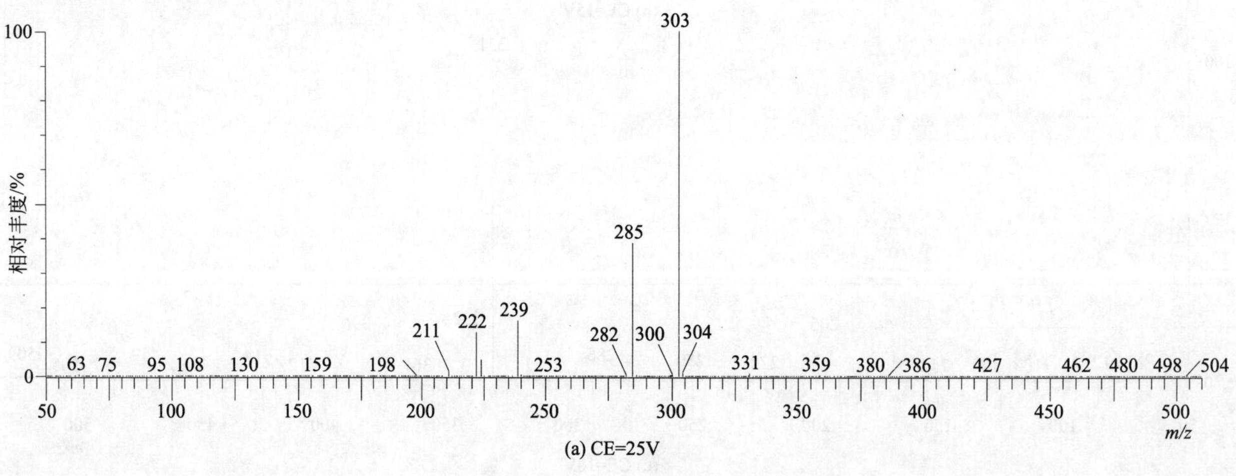

(a) CE=25V

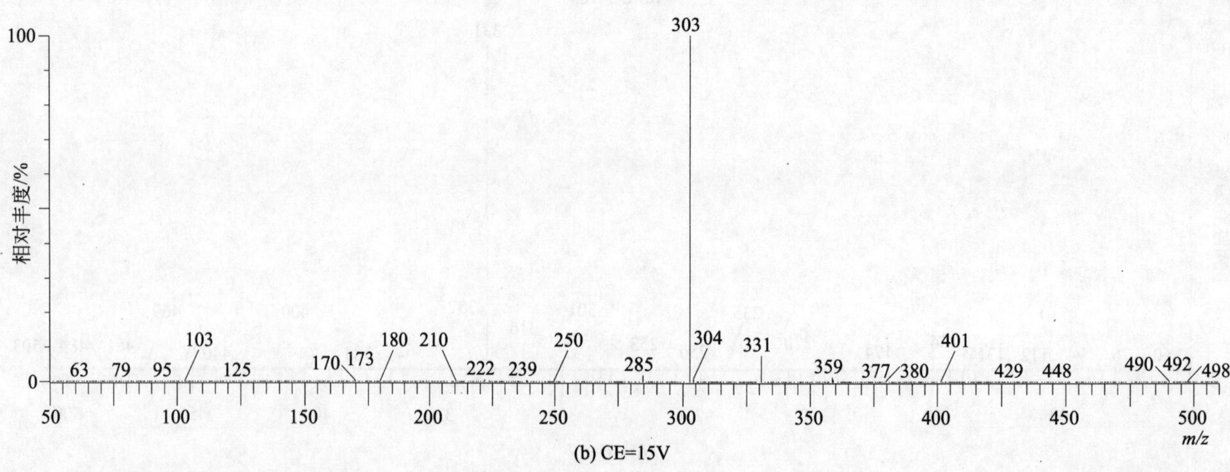

(b) CE=15V

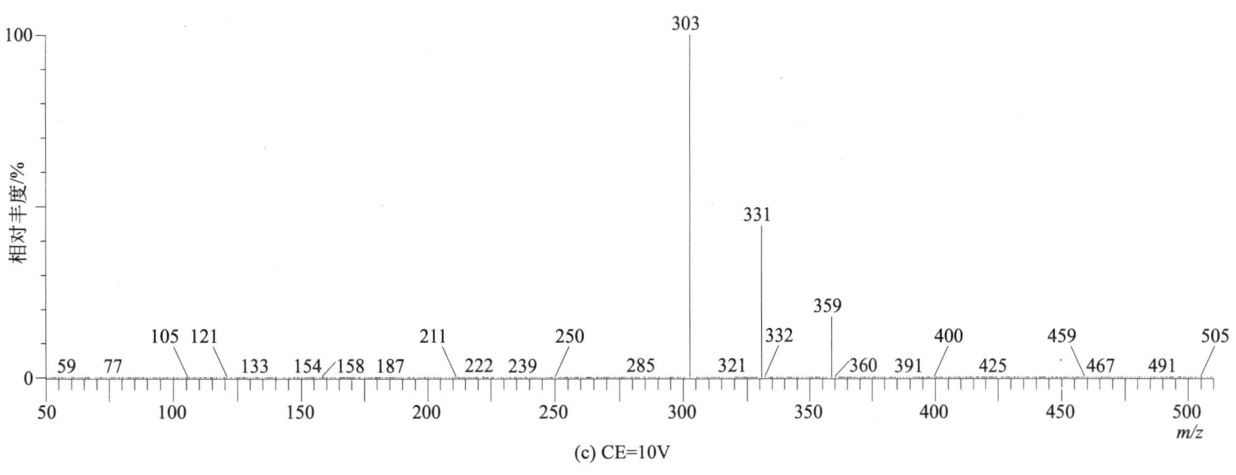

(c) CE=10V

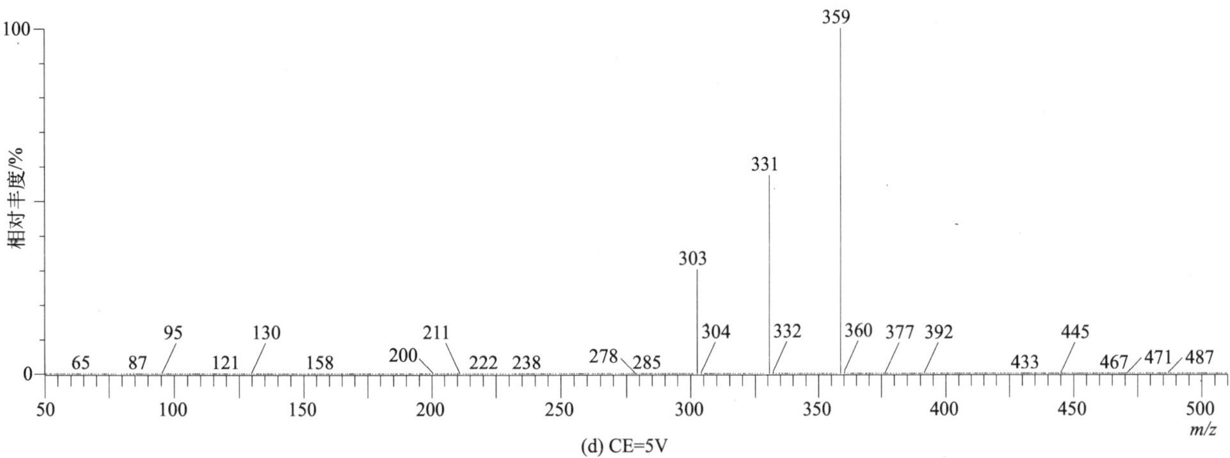

(d) CE=5V

Bromopropylate（溴螨酯）

基本信息

CAS 登录号	18181-80-1	分子量	425.9	扫描模式	子离子扫描
分子式	$C_{17}H_{16}Br_2O_3$	离子化模式	EI	母离子	341

一级质谱图

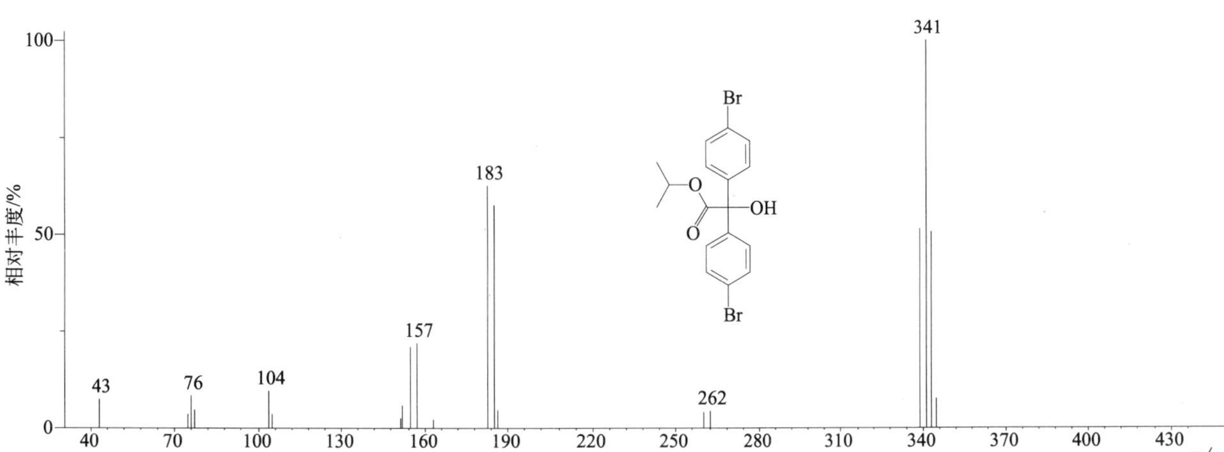

四个碰撞能量下子离子质谱图

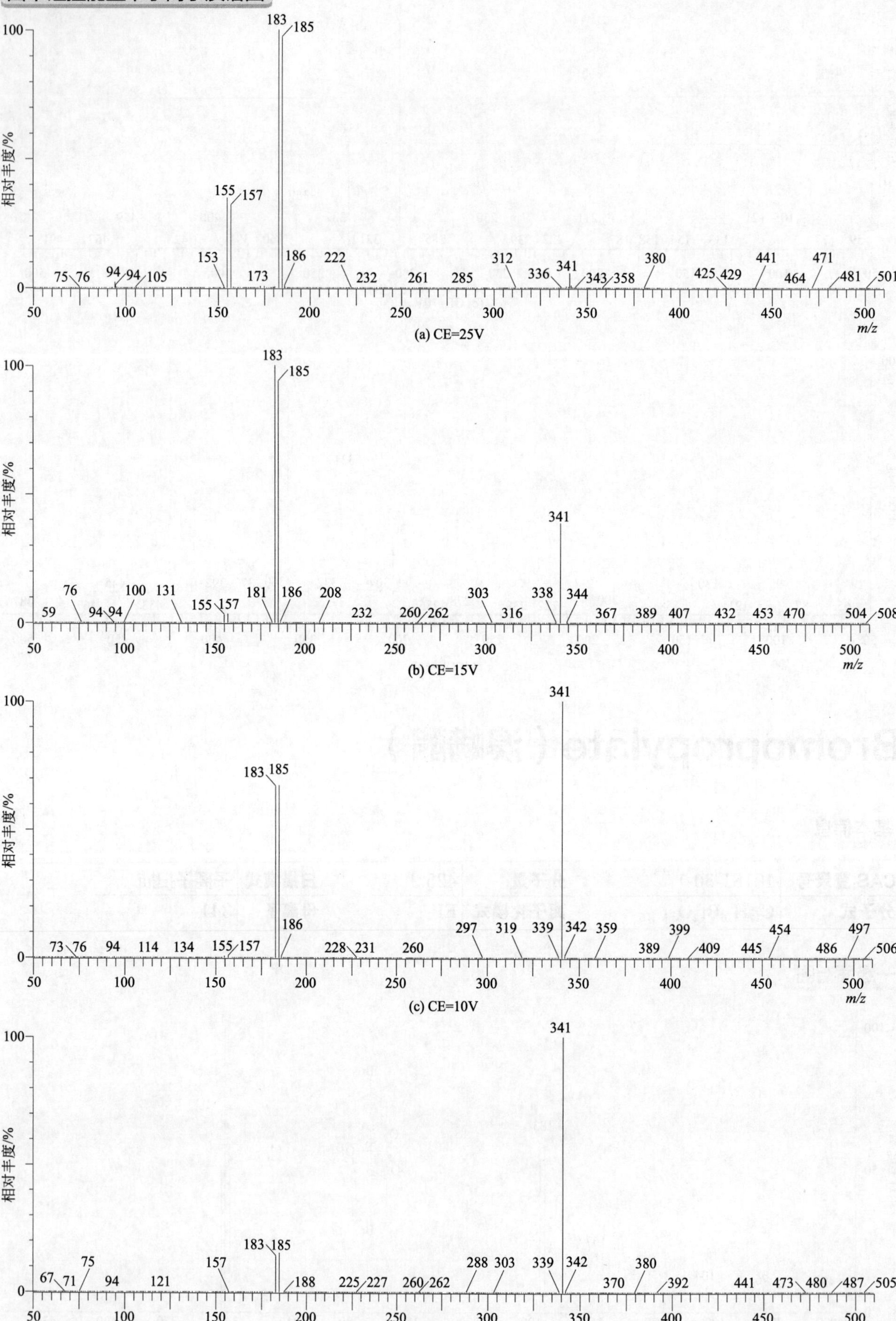

Bromuconazole（糠菌唑）

基本信息

CAS 登录号	116255-48-2	分子量	375.0	扫描模式	子离子扫描
分子式	$C_{13}H_{12}BrCl_2N_3O$	离子化模式	EI	母离子	175

一级质谱图

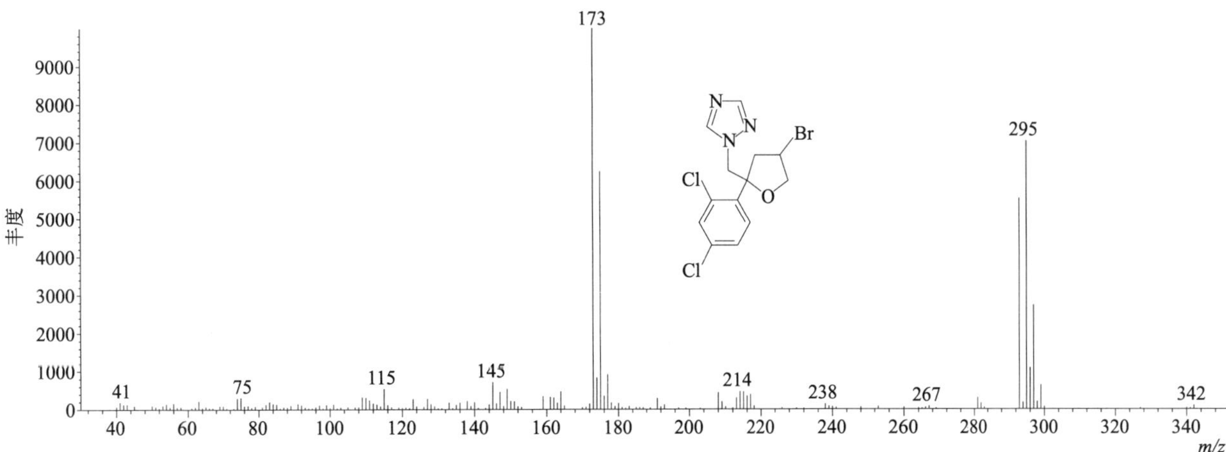

四个碰撞能量下子离子质谱图

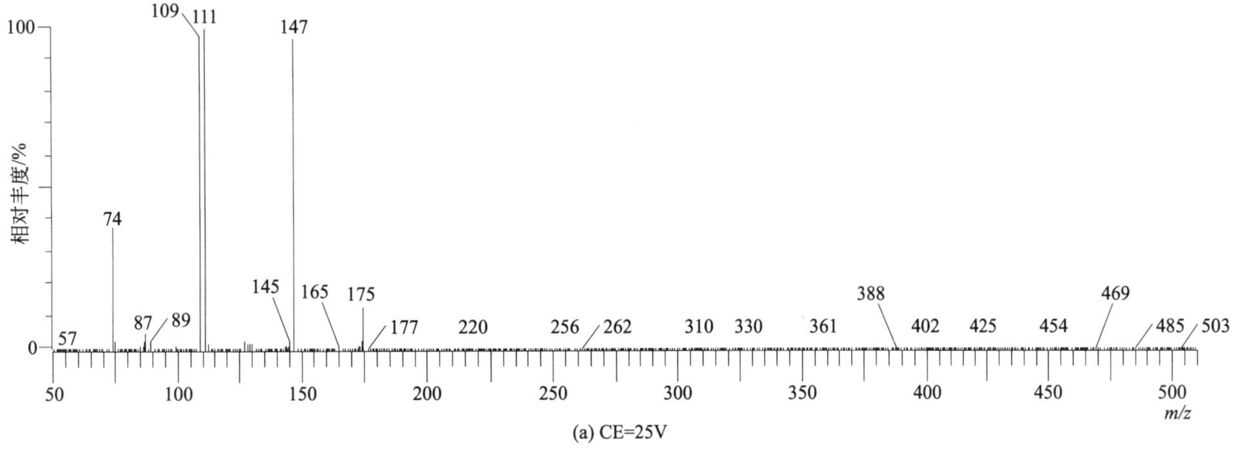

(a) CE=25V

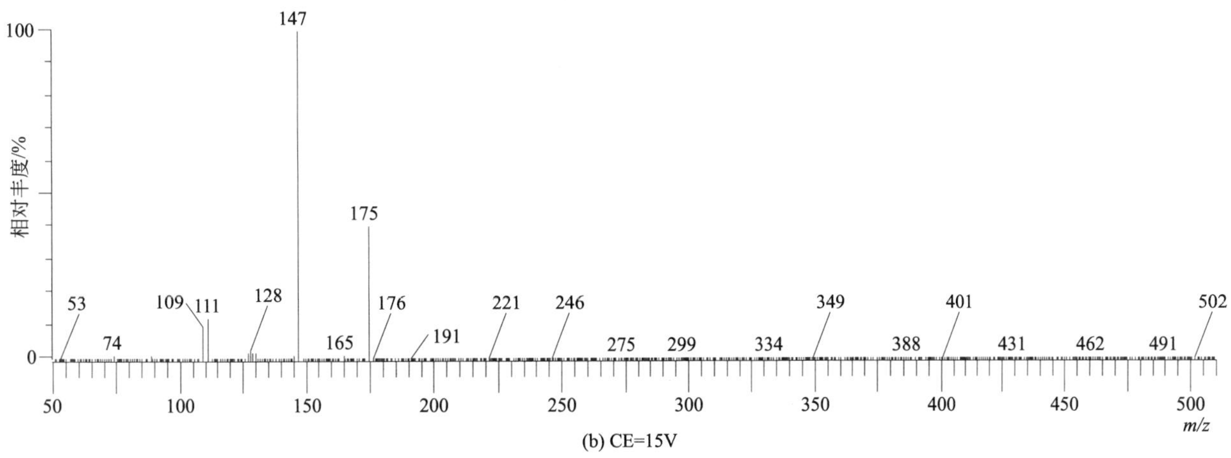

(b) CE=15V

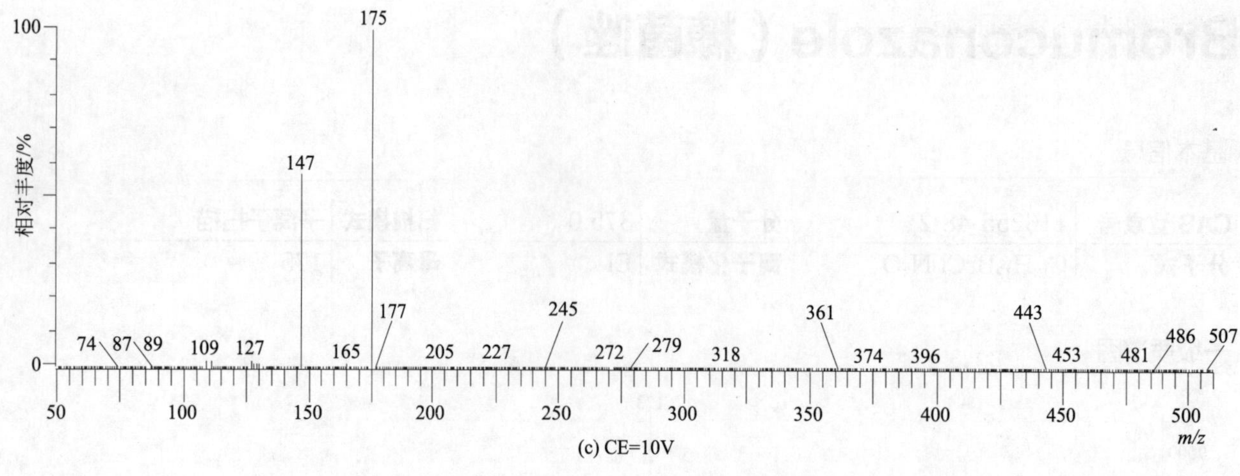

(c) CE=10V

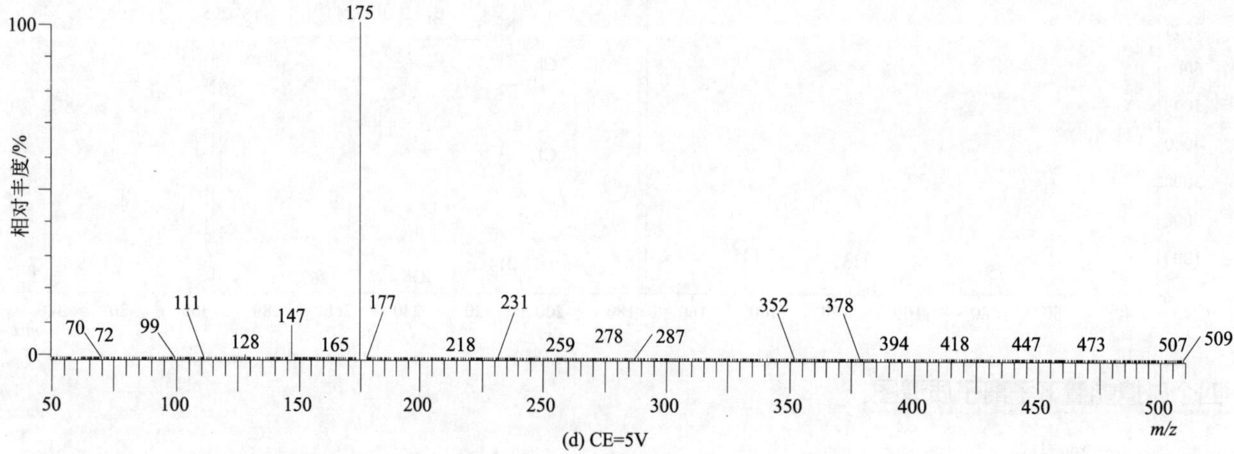

(d) CE=5V

Bupirimate（乙嘧酚磺酸酯）

基本信息

CAS 登录号	41483-43-6	分子量	316.2	扫描模式	子离子扫描
分子式	$C_{13}H_{24}N_4O_3S$	离子化模式	EI	母离子	273

一级质谱图

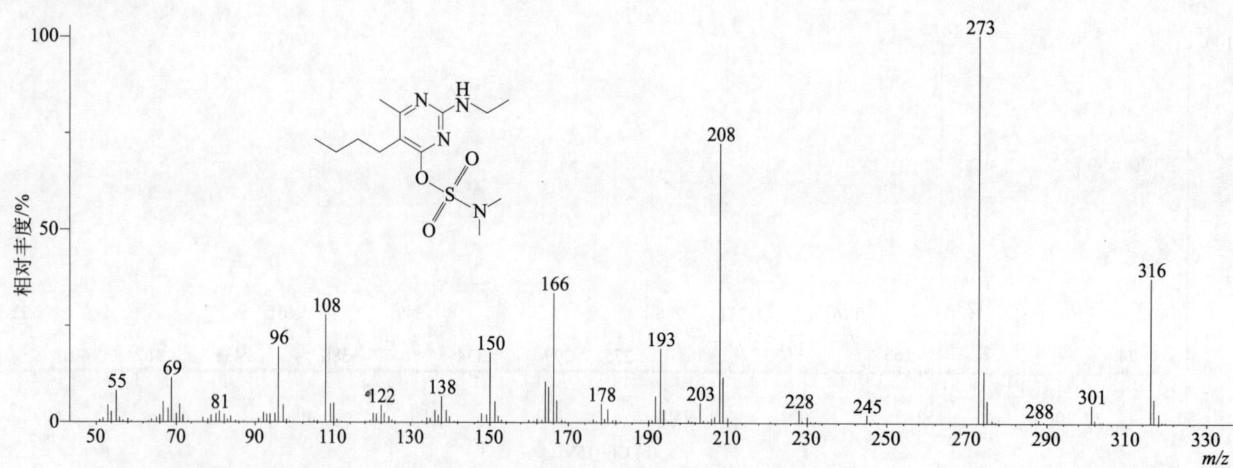

四个碰撞能量下子离子质谱图

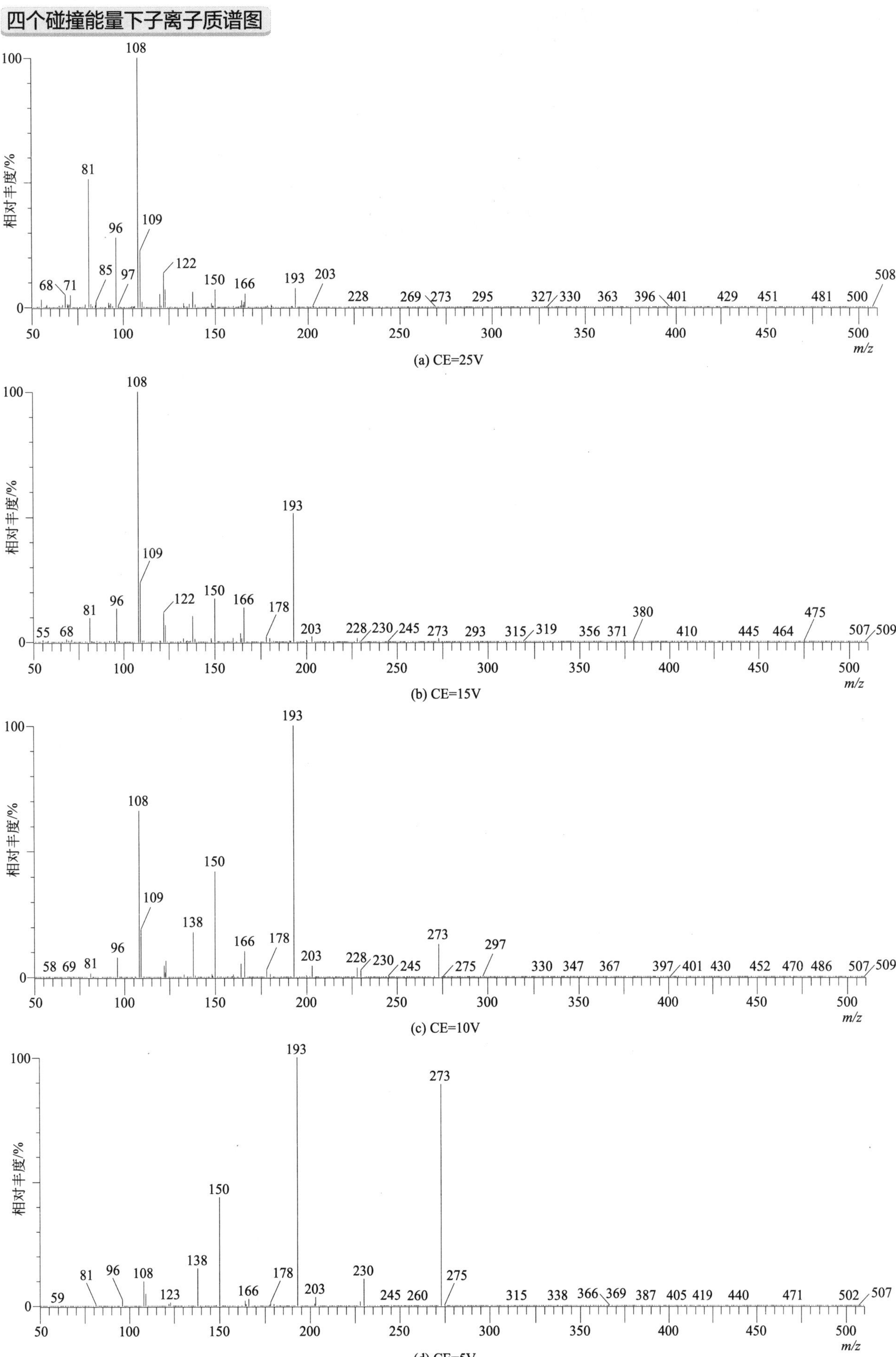

(a) CE=25V

(b) CE=15V

(c) CE=10V

(d) CE=5V

Buprofezin（噻嗪酮）

基本信息

CAS 登录号	69327-76-0	分子量	305.2	扫描模式	子离子扫描
分子式	$C_{16}H_{23}N_3OS$	离子化模式	EI	母离子	105

一级质谱图

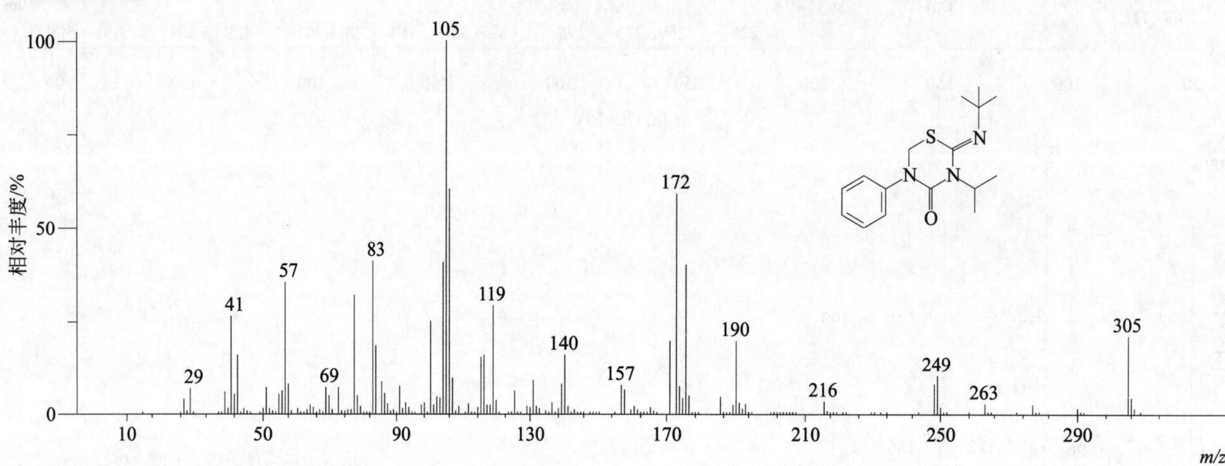

四个碰撞能量下子离子质谱图

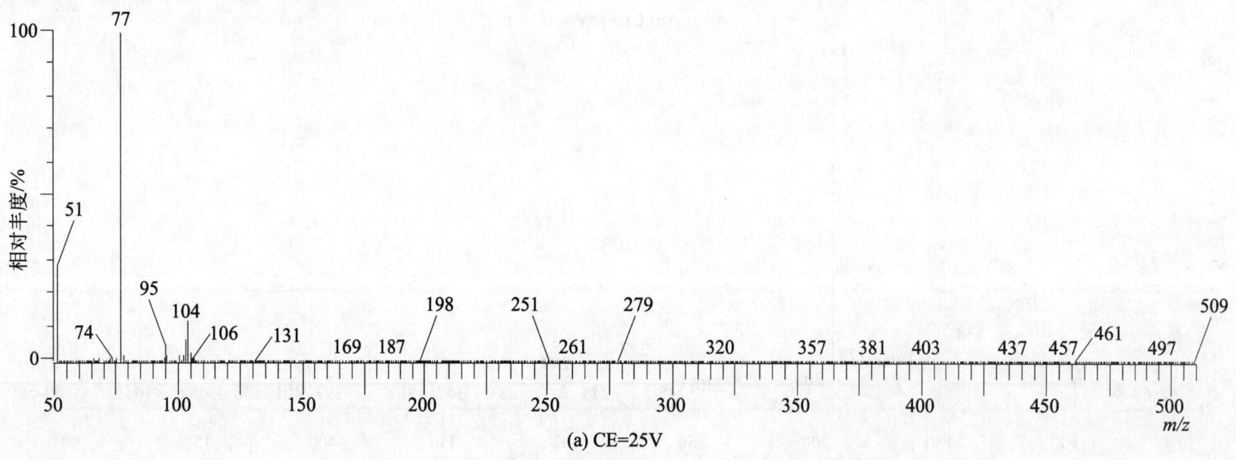

(a) CE=25V

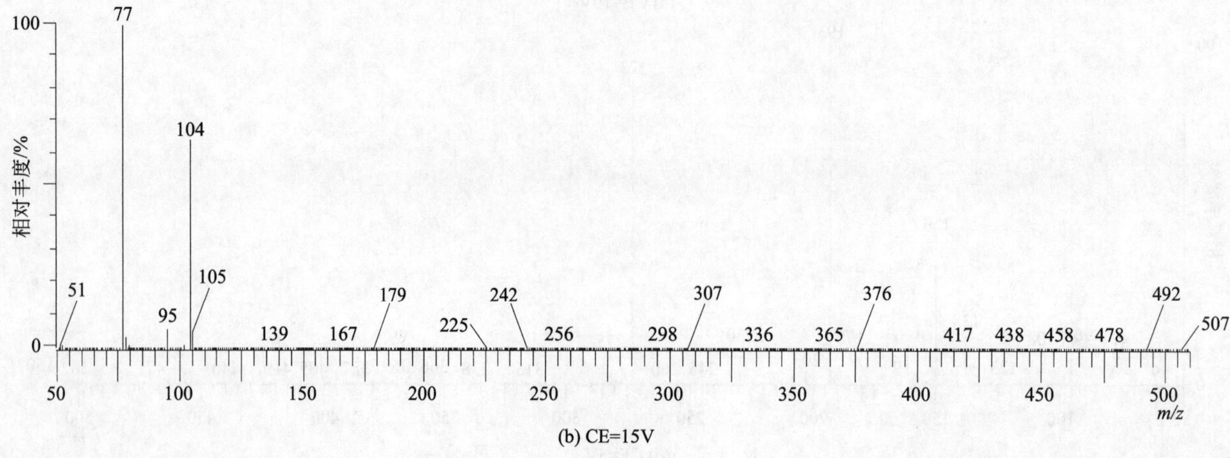

(b) CE=15V

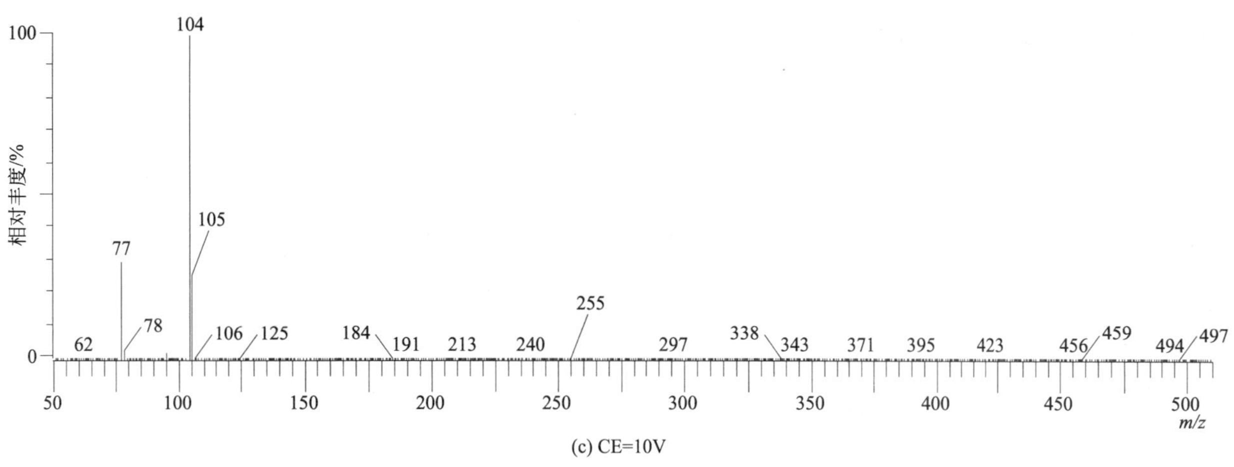

(c) CE=10V

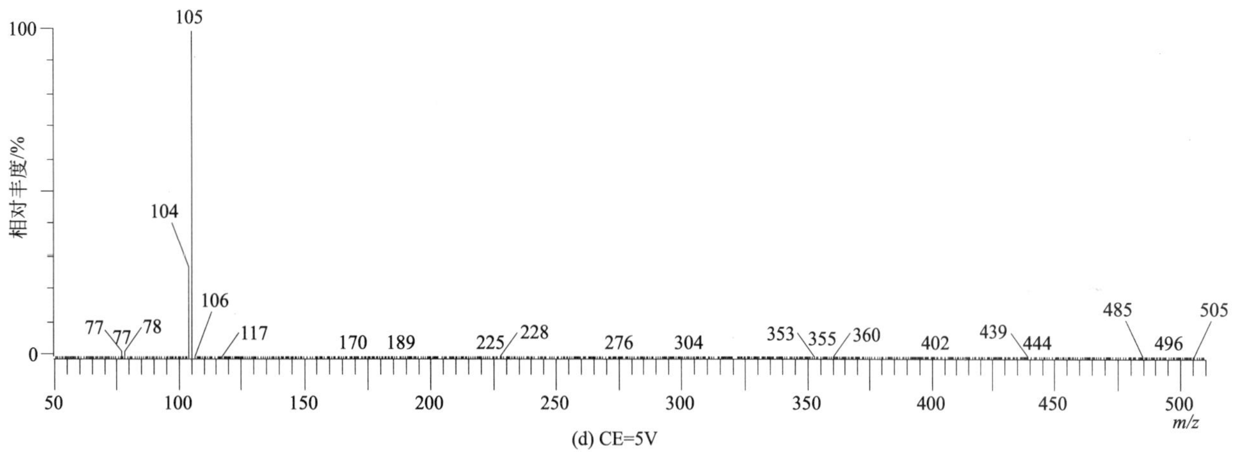

(d) CE=5V

Butachlor（丁草胺）

基本信息

CAS 登录号	23184-66-9	分子量	311.2	扫描模式	子离子扫描
分子式	$C_{17}H_{26}ClNO_2$	离子化模式	EI	母离子	176

一级质谱图

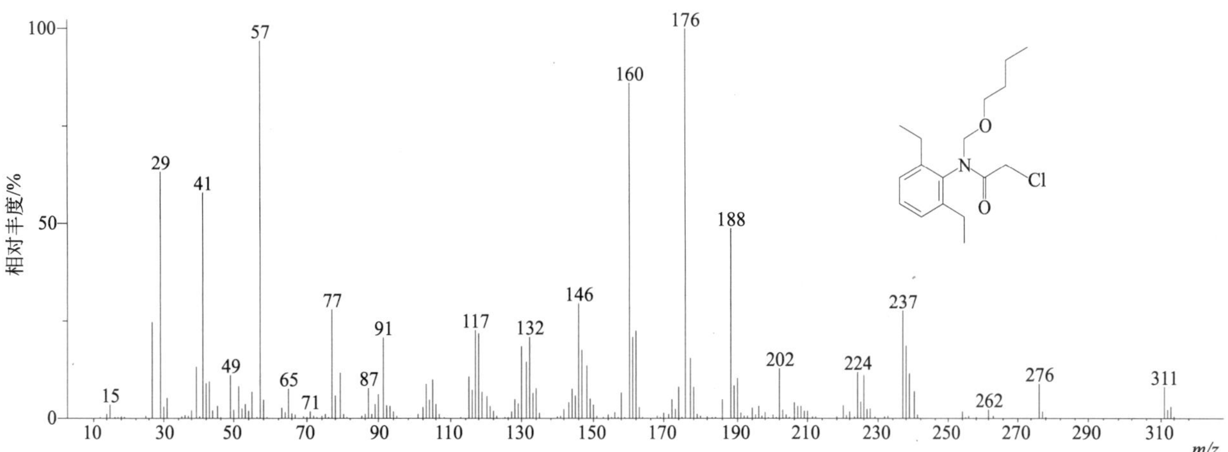

四个碰撞能量下子离子质谱图

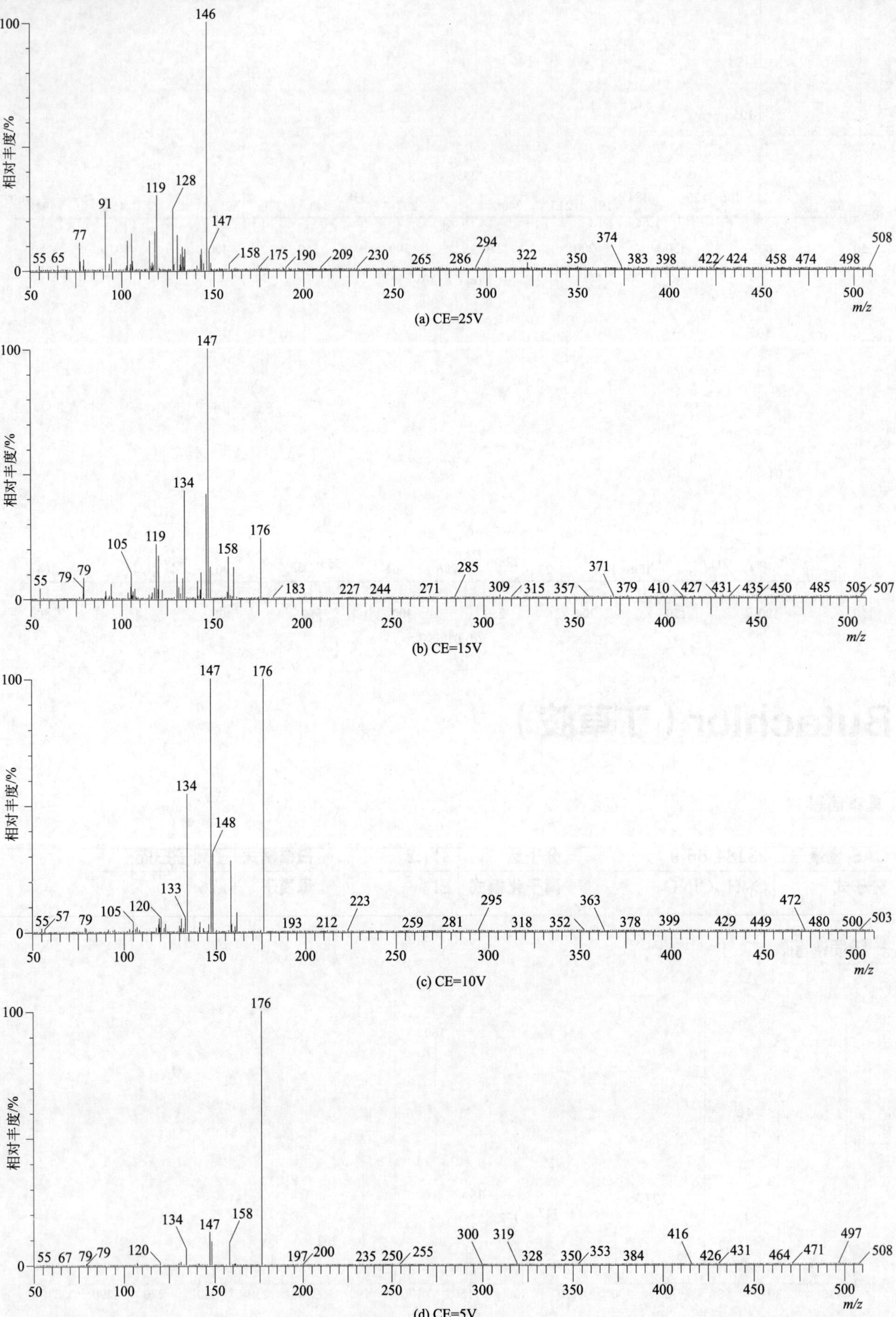

(a) CE=25V

(b) CE=15V

(c) CE=10V

(d) CE=5V

Butafenacil（氟丙嘧草酯）

基本信息

CAS 登录号	134605-64-4	分子量	474.1	扫描模式	子离子扫描
分子式	$C_{20}H_{18}ClF_3N_2O_6$	离子化模式	EI	母离子	331

一级质谱图

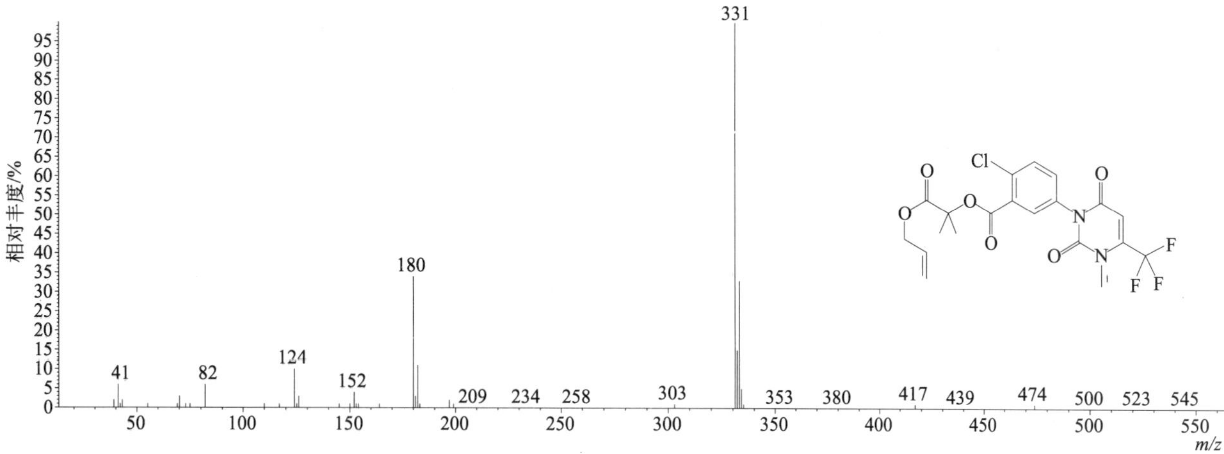

四个碰撞能量下子离子质谱图

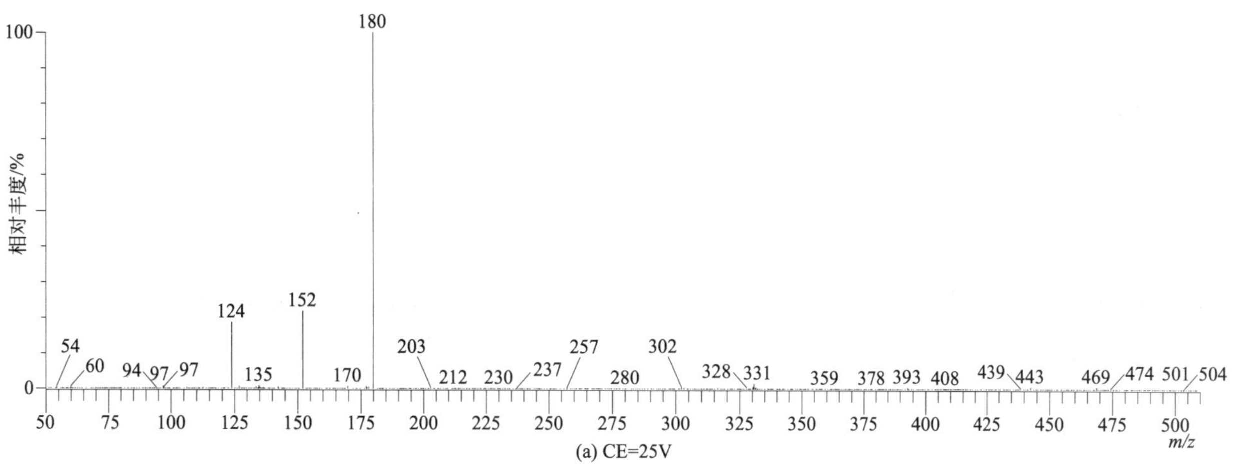

(a) CE=25V

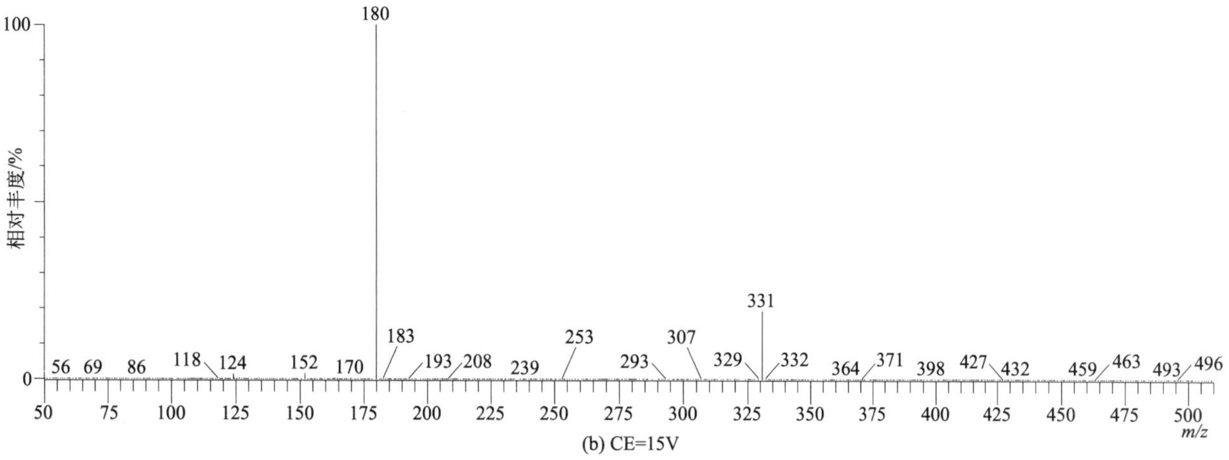

(b) CE=15V

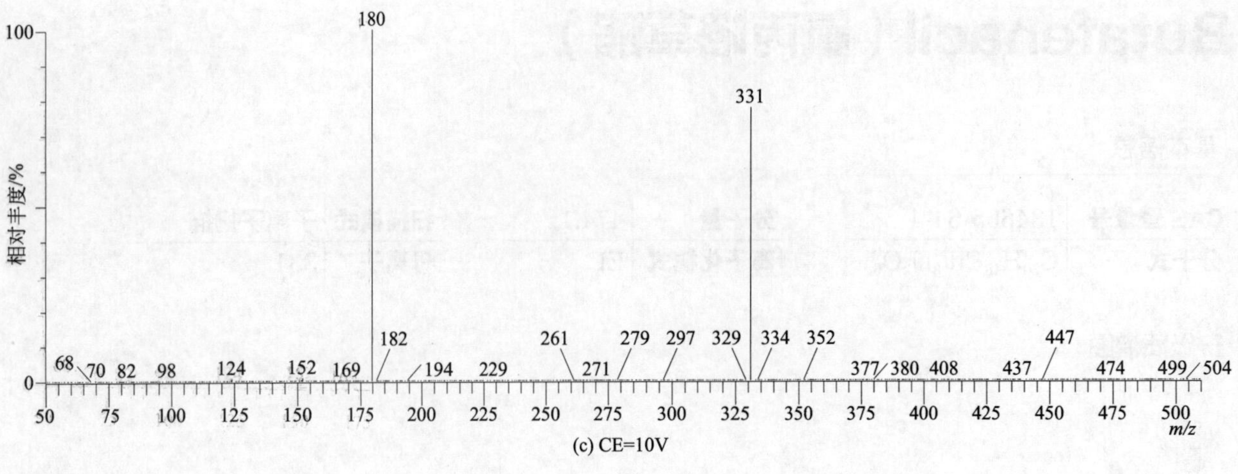

(c) CE=10V

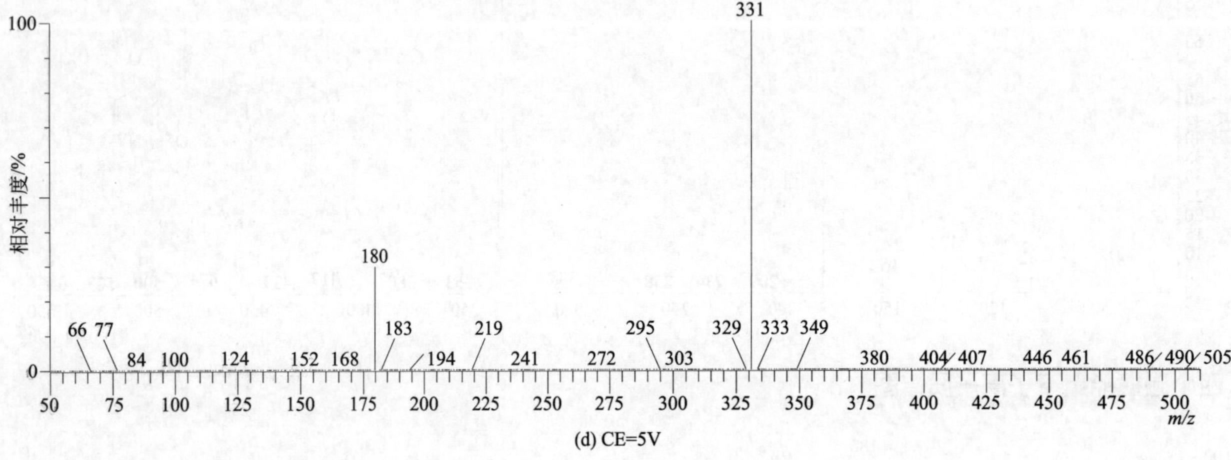

(d) CE=5V

Butamifos（抑草磷）

基本信息

CAS 登录号	36335-67-8	分子量	332.1	扫描模式	子离子扫描
分子式	$C_{13}H_{21}N_2O_4PS$	离子化模式	EI	母离子	286

一级质谱图

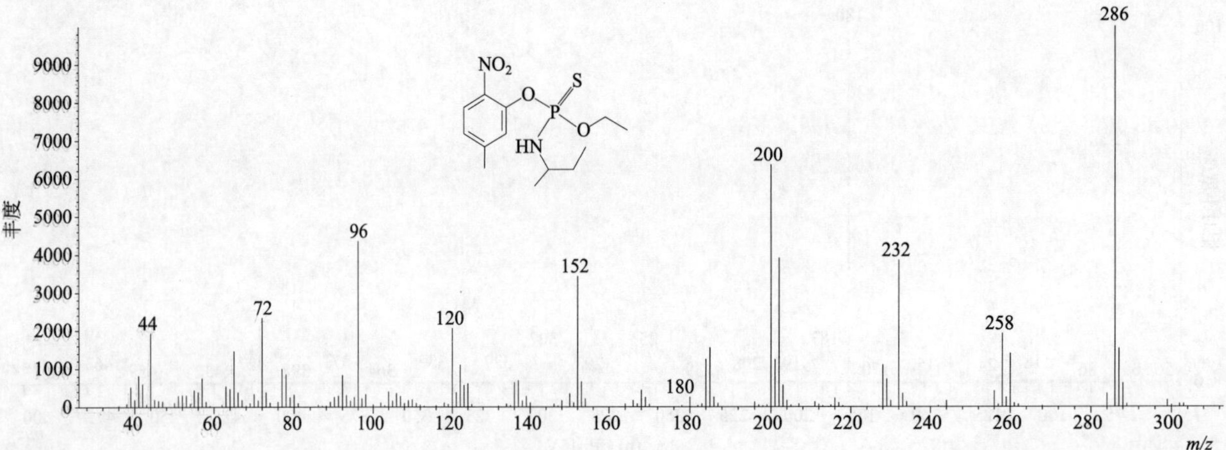

四个碰撞能量下子离子质谱图

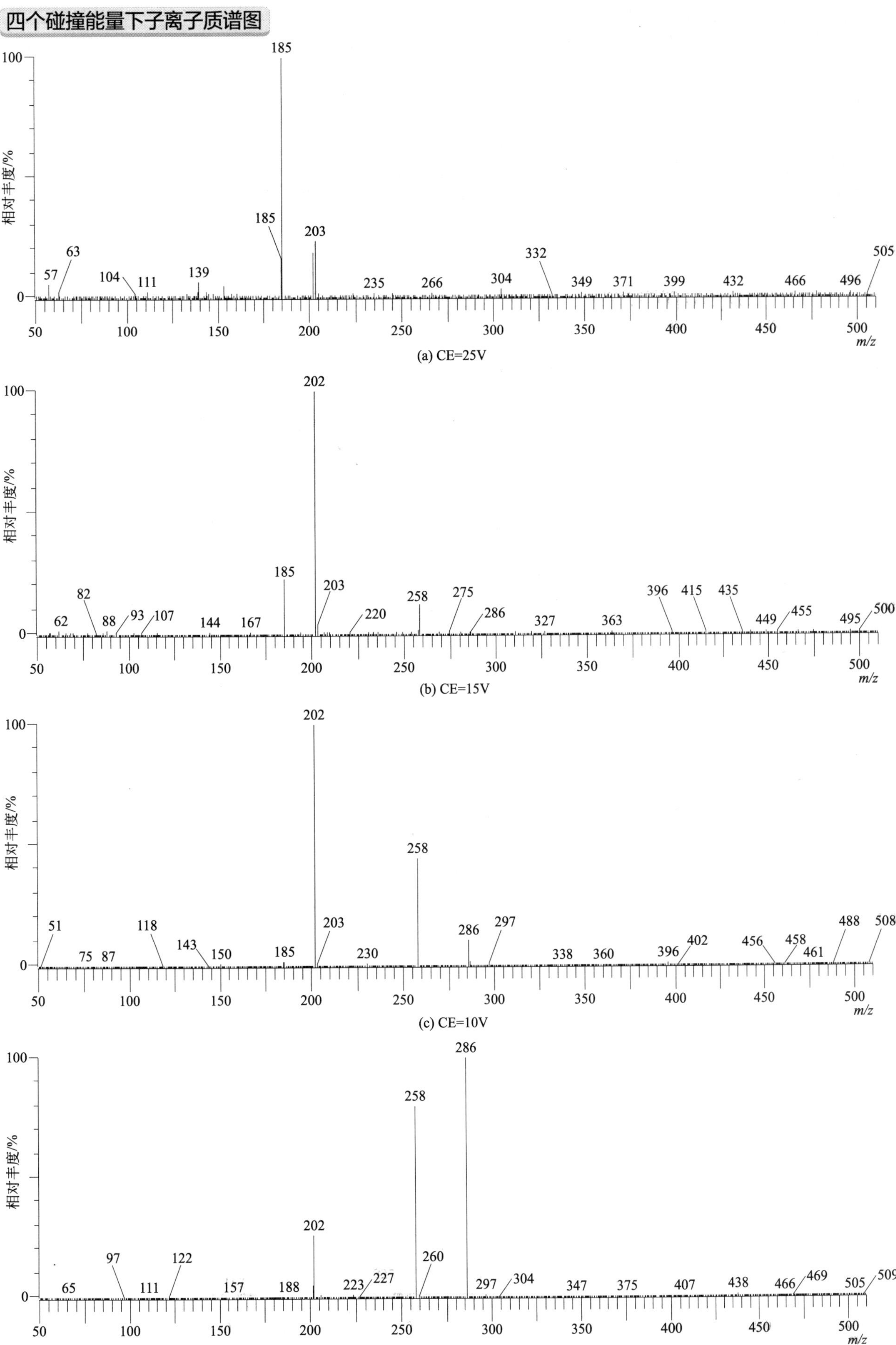

(a) CE=25V

(b) CE=15V

(c) CE=10V

(d) CE=5V

Butralin（仲丁灵）

基本信息

CAS 登录号	33629-47-9	分子量	295.2	扫描模式	子离子扫描
分子式	$C_{14}H_{21}N_3O_4$	离子化模式	EI	母离子	266

一级质谱图

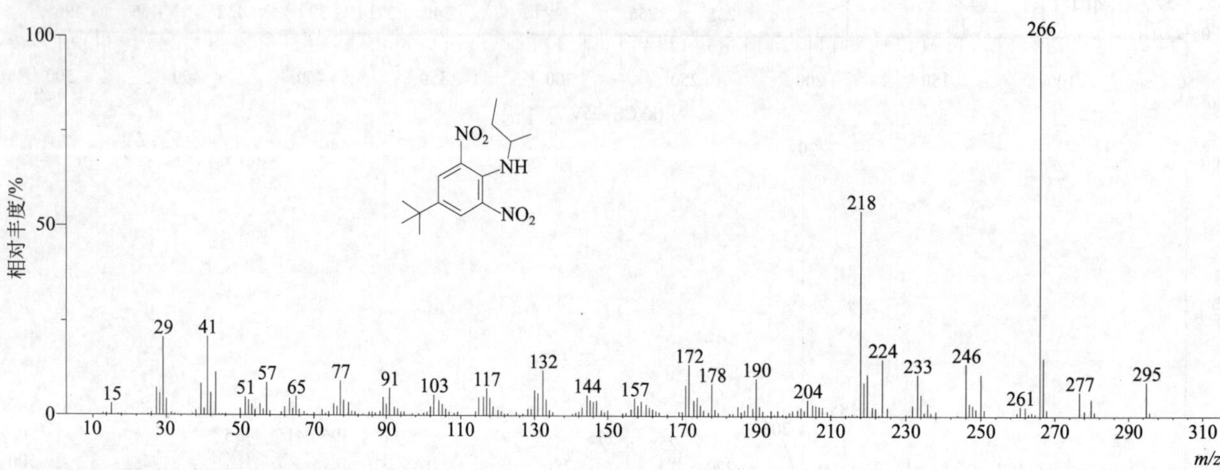

四个碰撞能量下子离子质谱图

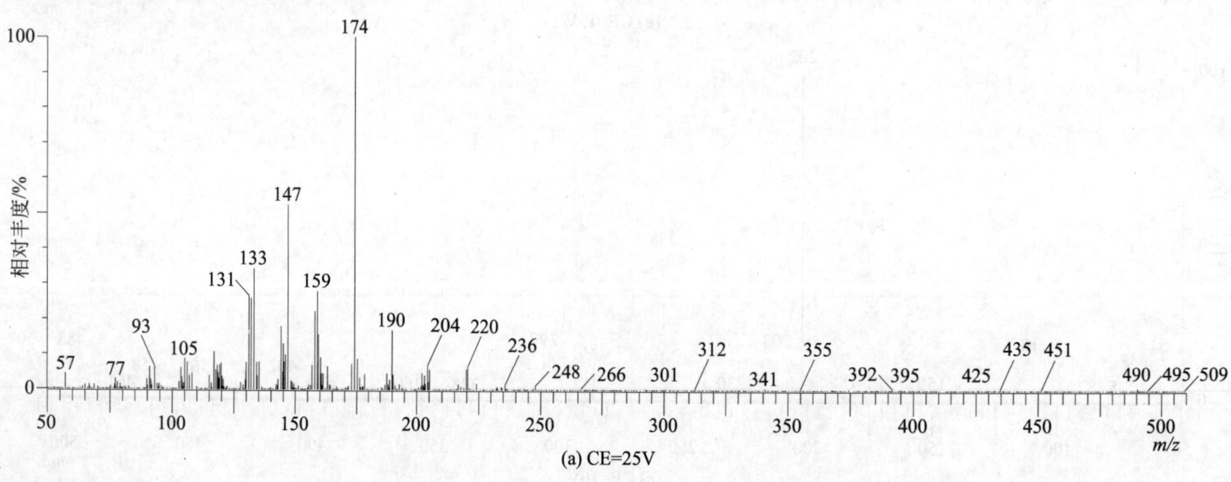
(a) CE=25V

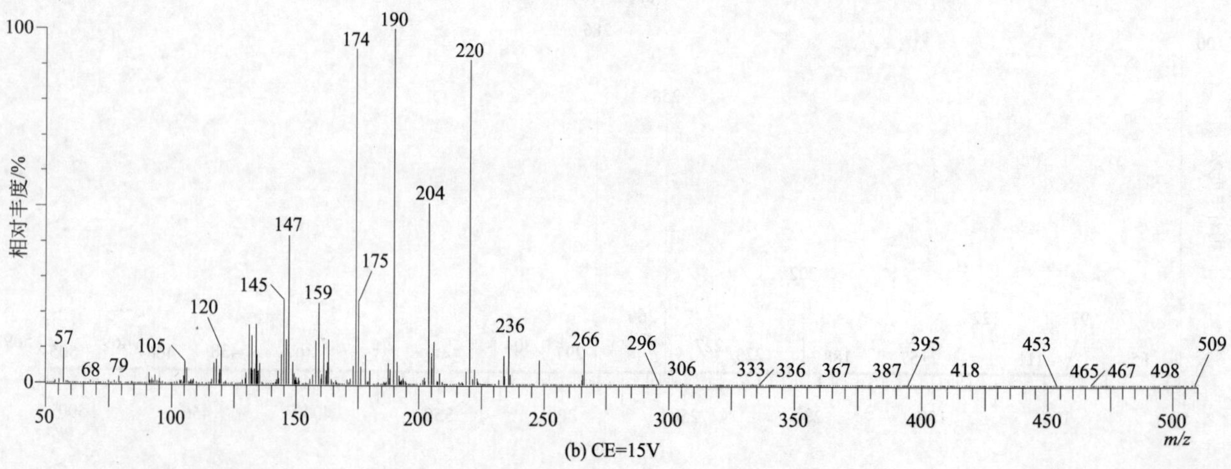
(b) CE=15V

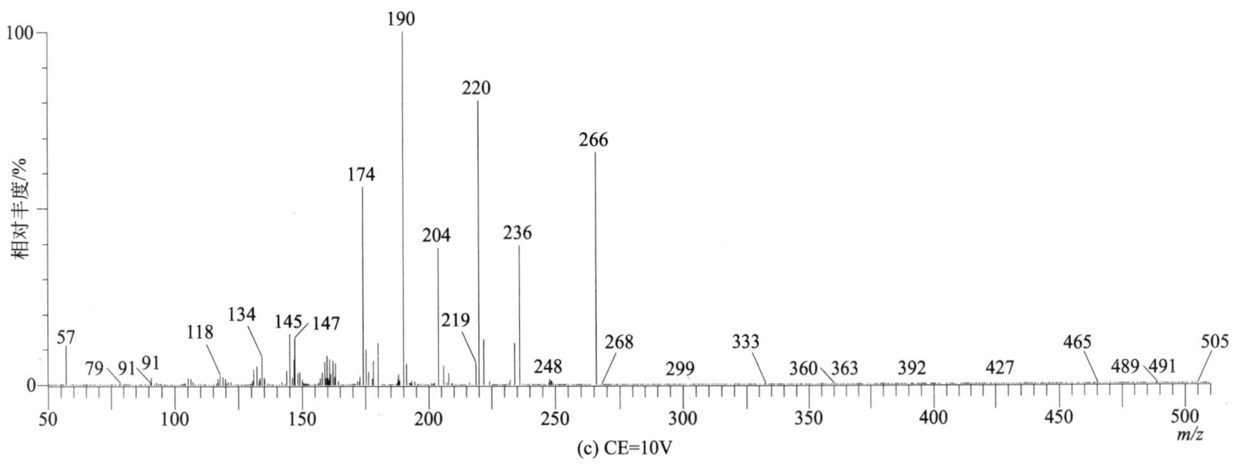

(c) CE=10V

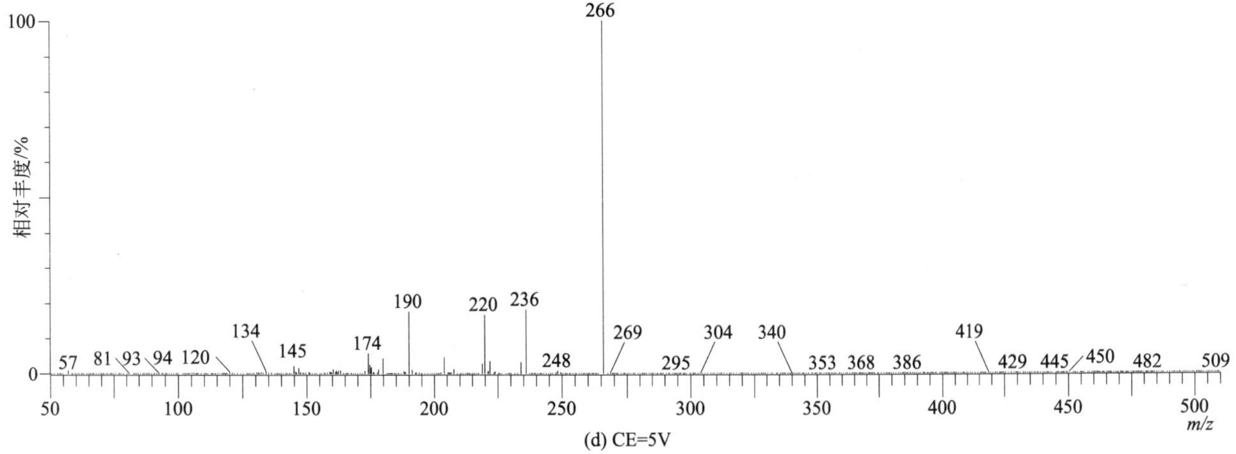

(d) CE=5V

Butylate（丁草敌）

基本信息

CAS 登录号	2008-41-5	分子量	217.2	扫描模式	子离子扫描
分子式	$C_{11}H_{23}NOS$	离子化模式	EI	母离子	146

一级质谱图

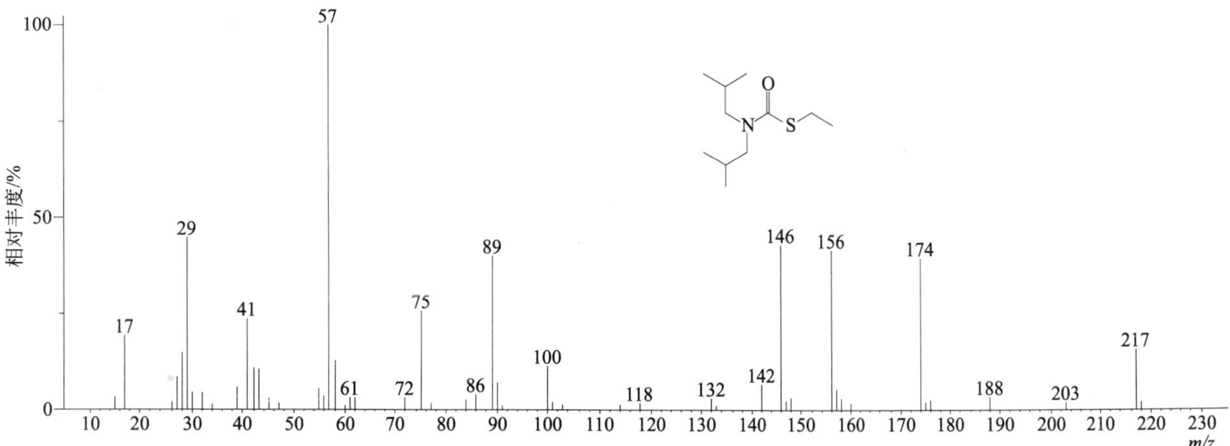

四个碰撞能量下子离子质谱图

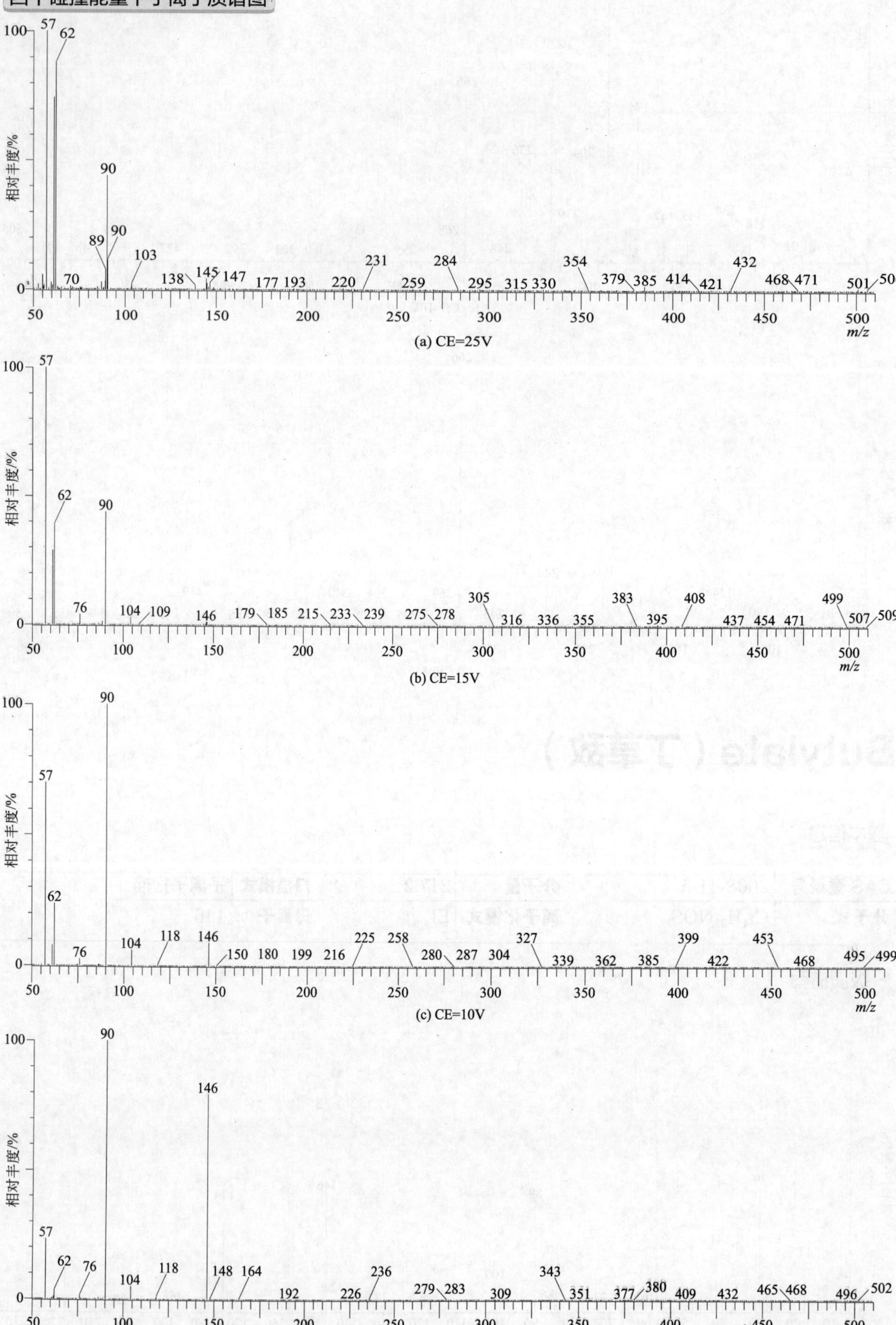

(a) CE=25V

(b) CE=15V

(c) CE=10V

(d) CE=5V

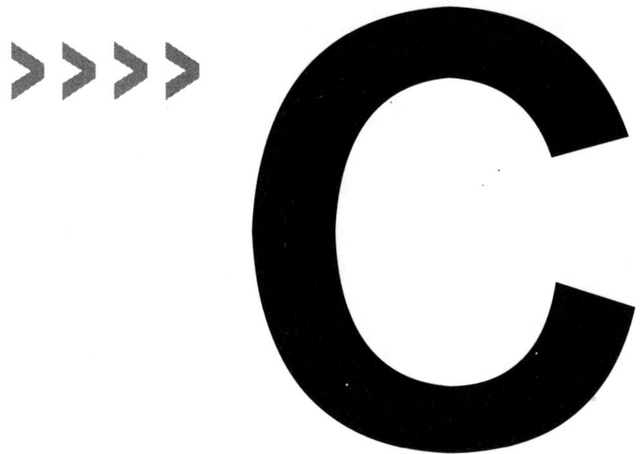

Cadusafos（硫线磷）

基本信息

CAS 登录号	95465-99-9	分子量	270.1	扫描模式	子离子扫描
分子式	$C_{10}H_{23}O_2PS_2$	离子化模式	EI	母离子	159

一级质谱图

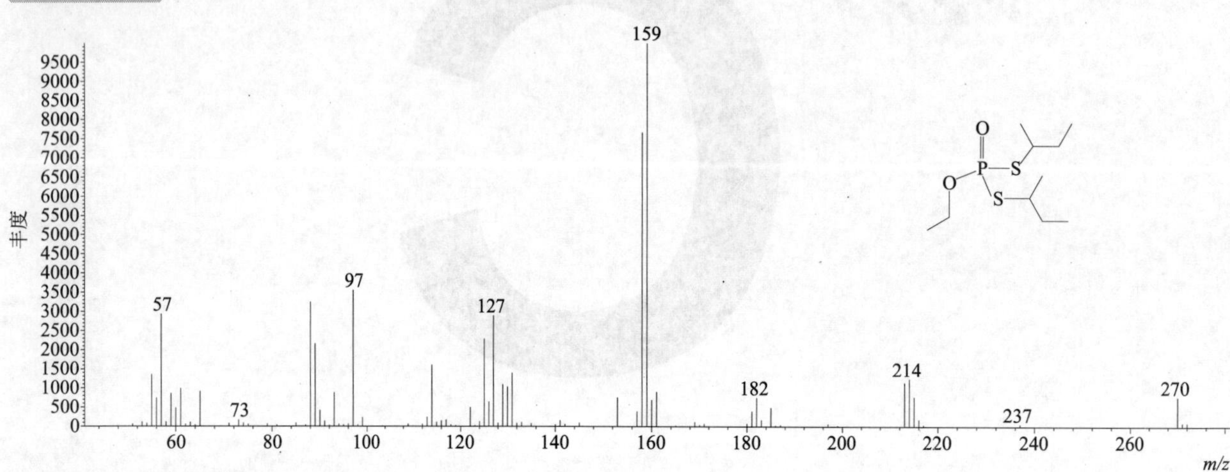

四个碰撞能量下子离子质谱图

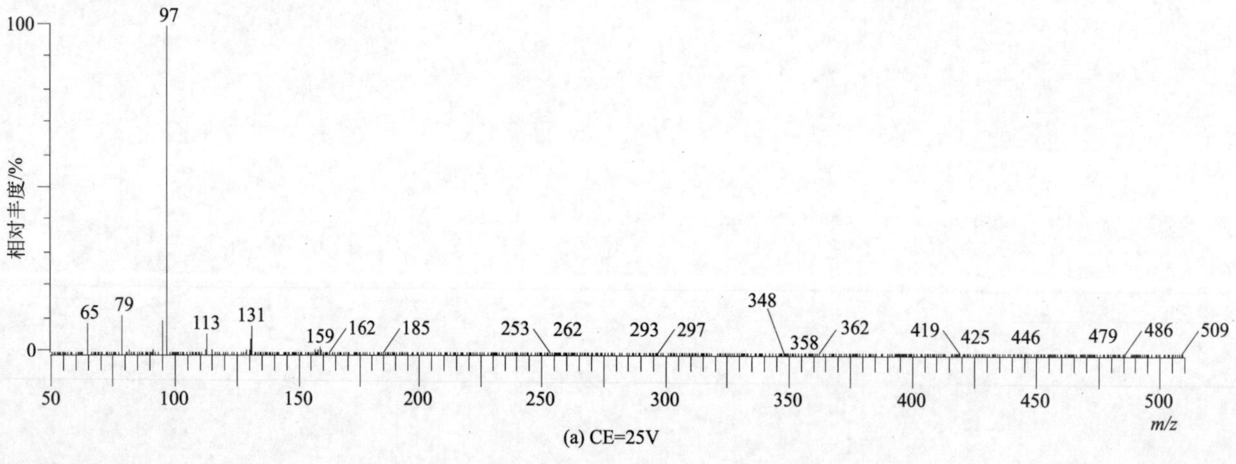

(a) CE=25V

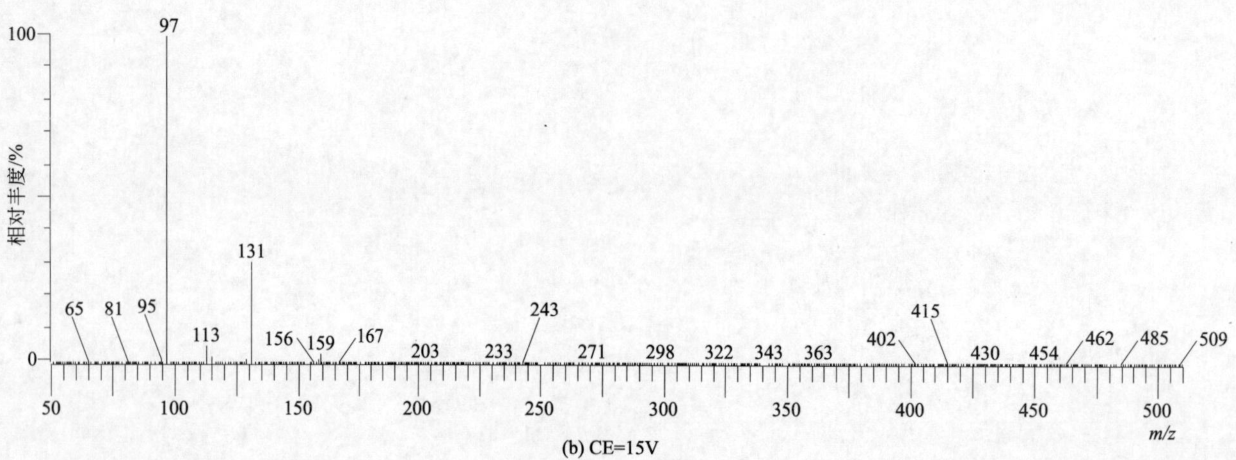

(b) CE=15V

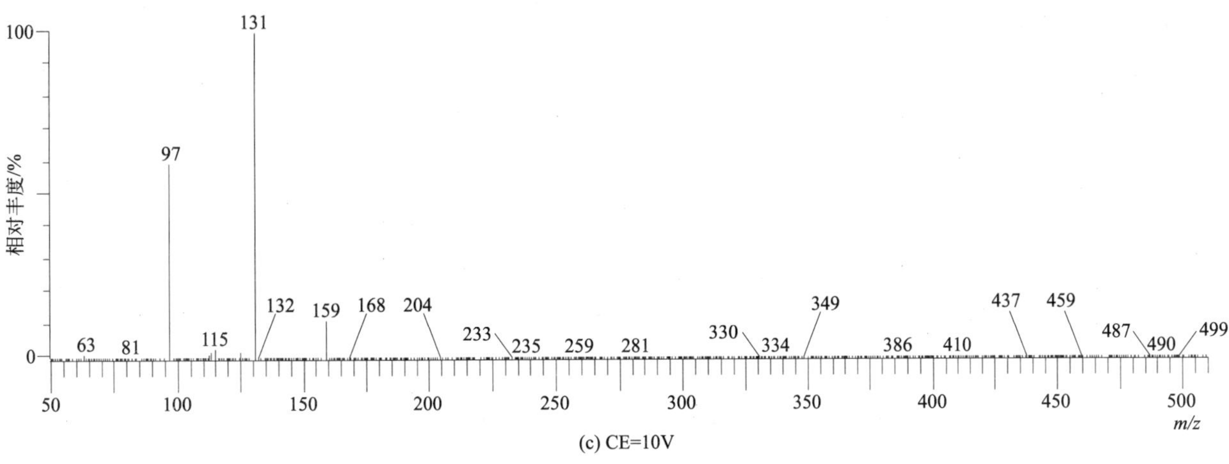

(c) CE=10V

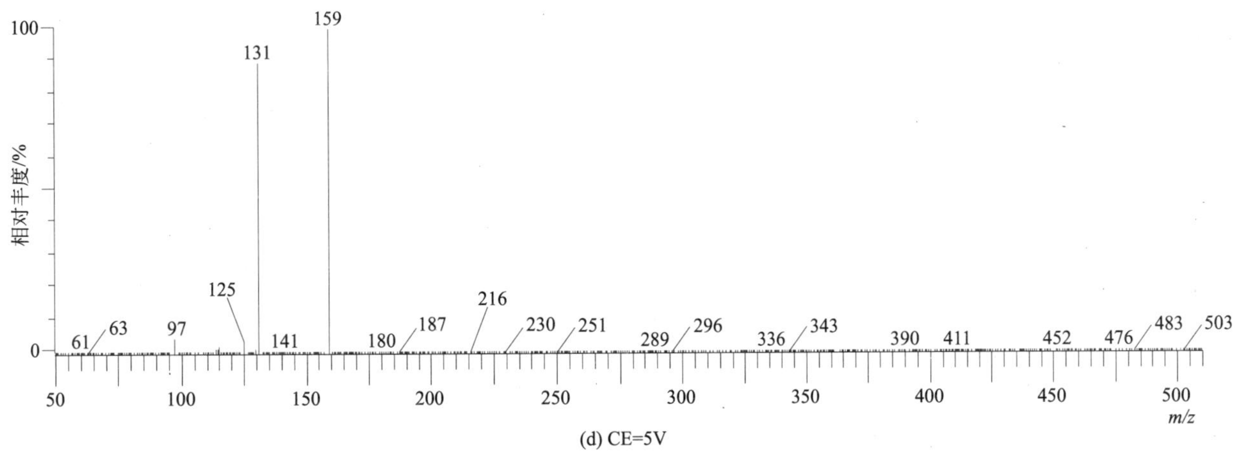

(d) CE=5V

Carbaryl（甲萘威）

基本信息

CAS 登录号	63-25-2	分子量	201.1	扫描模式	子离子扫描
分子式	$C_{12}H_{11}NO_2$	离子化模式	EI	母离子	144

一级质谱图

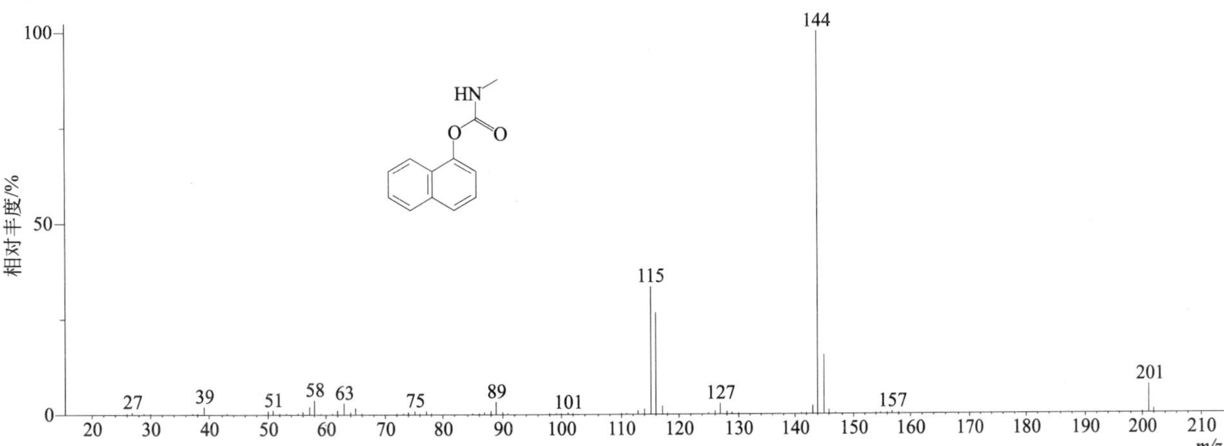

四个碰撞能量下子离子质谱图

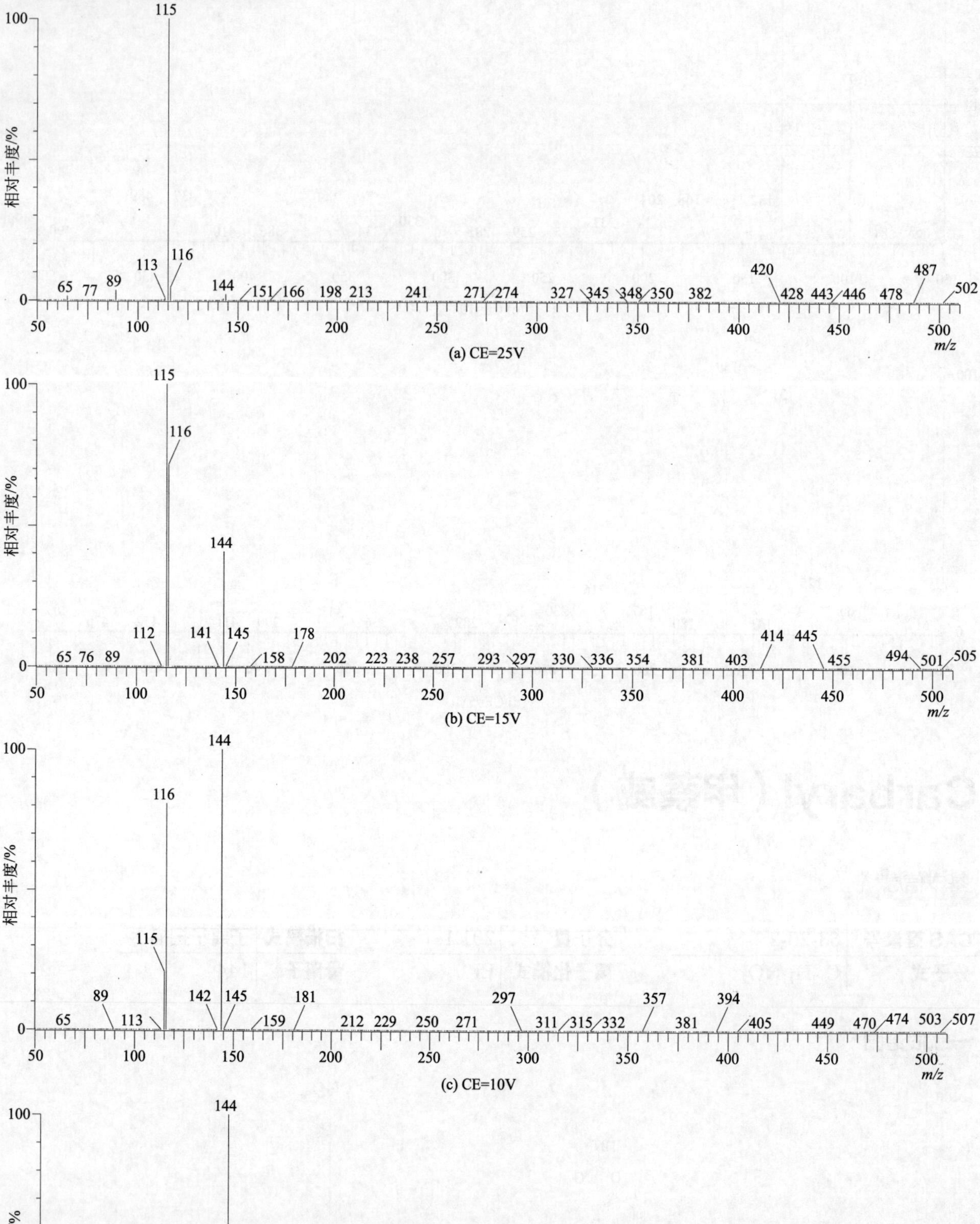

(a) CE=25V

(b) CE=15V

(c) CE=10V

(d) CE=5V

Carbofenothion（三硫磷）

基本信息

CAS 登录号	786-19-6	分子量	342.0	扫描模式	子离子扫描
分子式	$C_{11}H_{16}ClO_2PS_3$	离子化模式	EI	母离子	342

一级质谱图

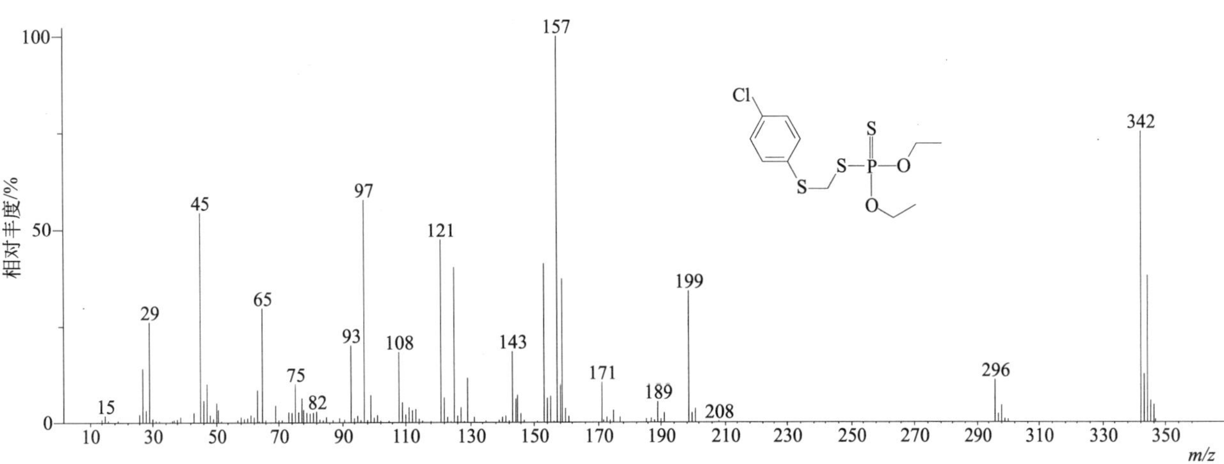

四个碰撞能量下子离子质谱图

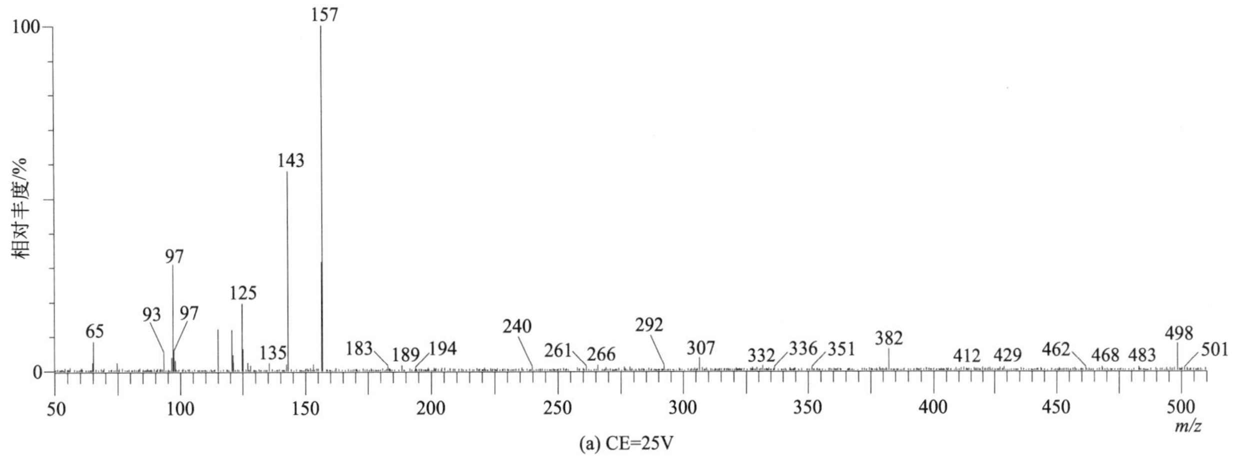

(a) CE=25V

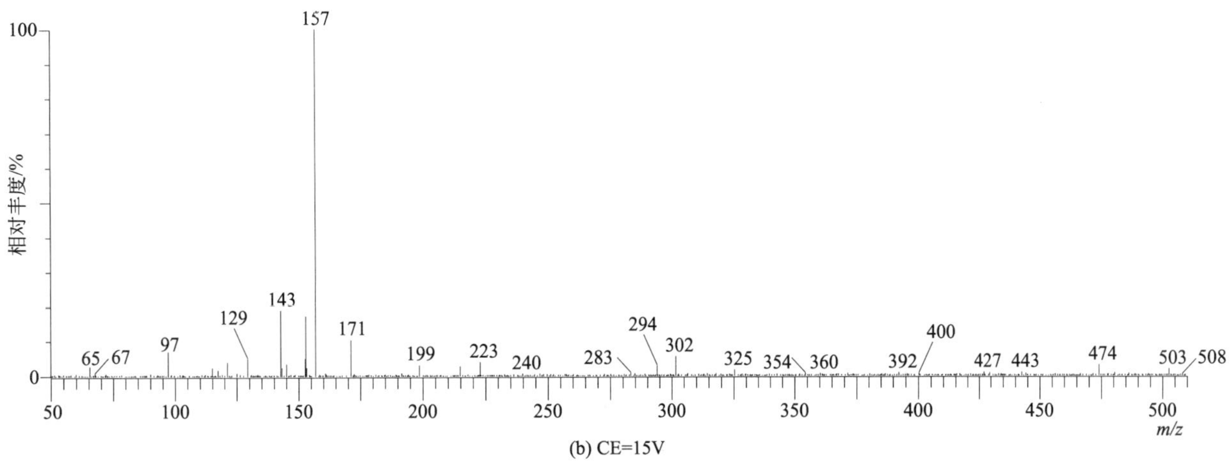

(b) CE=15V

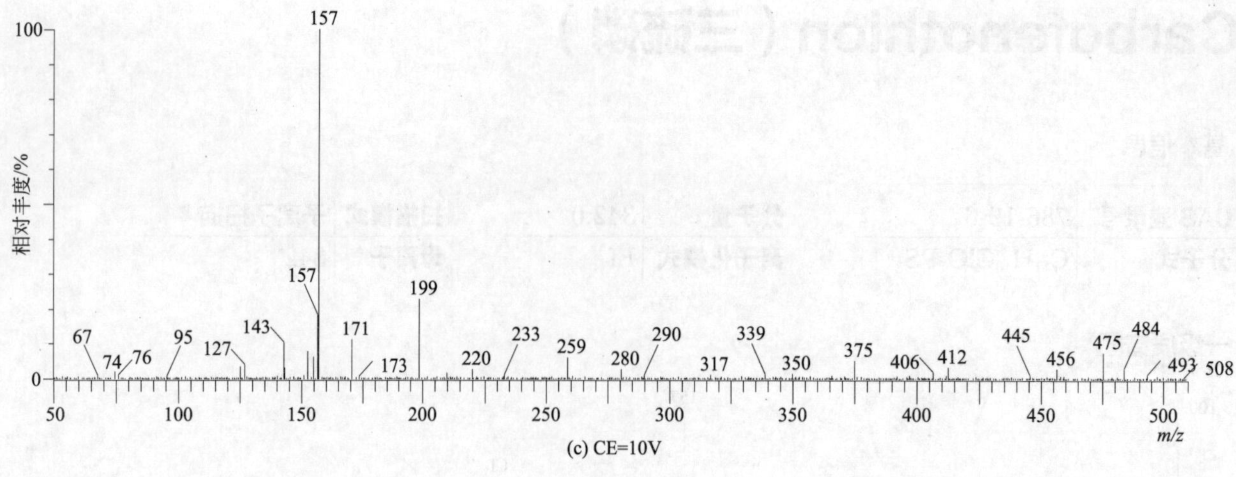

(c) CE=10V

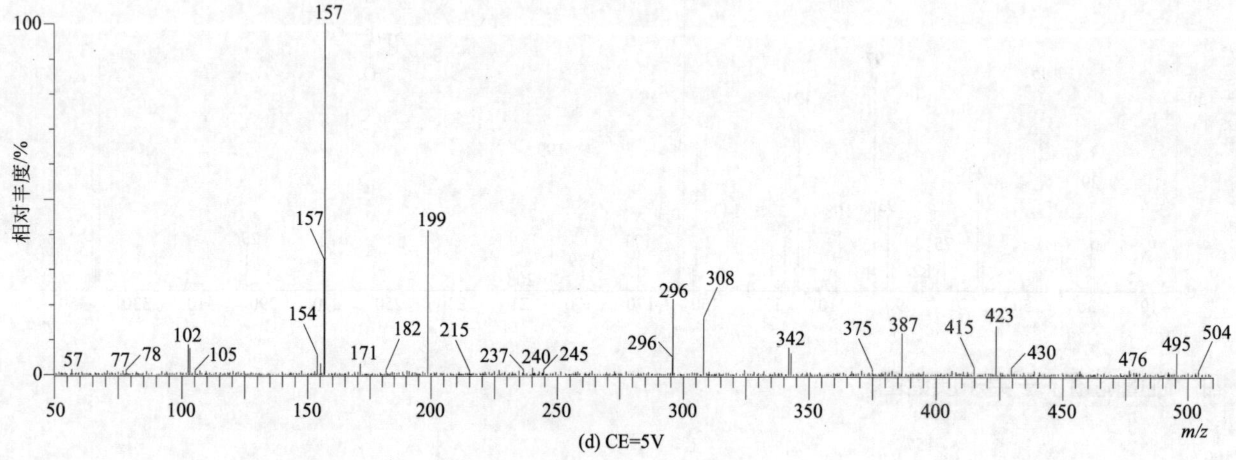

(d) CE=5V

Carbosulfan（丁硫克百威）

基本信息

CAS 登录号	55285-14-8	**分子量**	380.2	**扫描模式**	子离子扫描
分子式	$C_{20}H_{32}N_2O_3S$	**离子化模式**	EI	**母离子**	160

一级质谱图

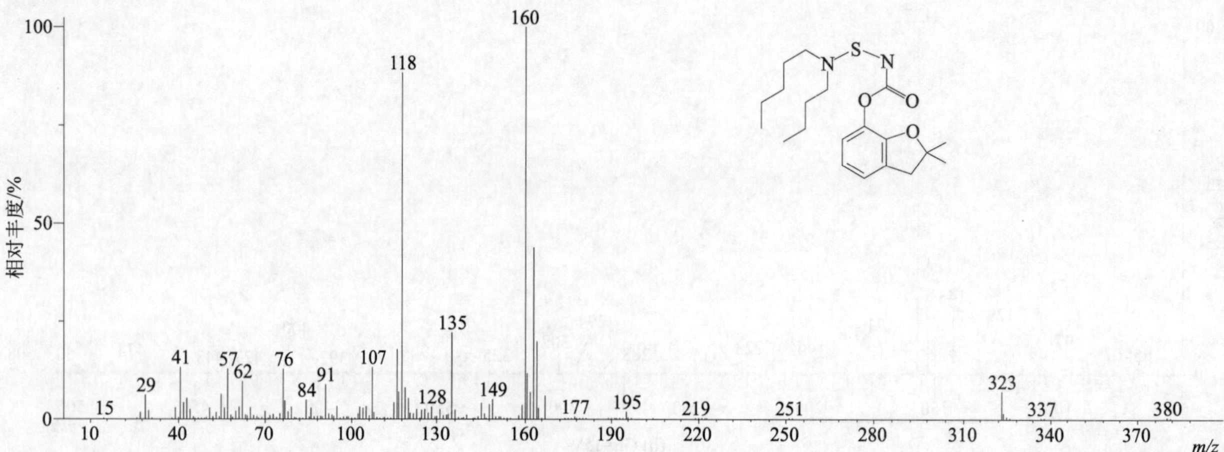

四个碰撞能量下子离子质谱图

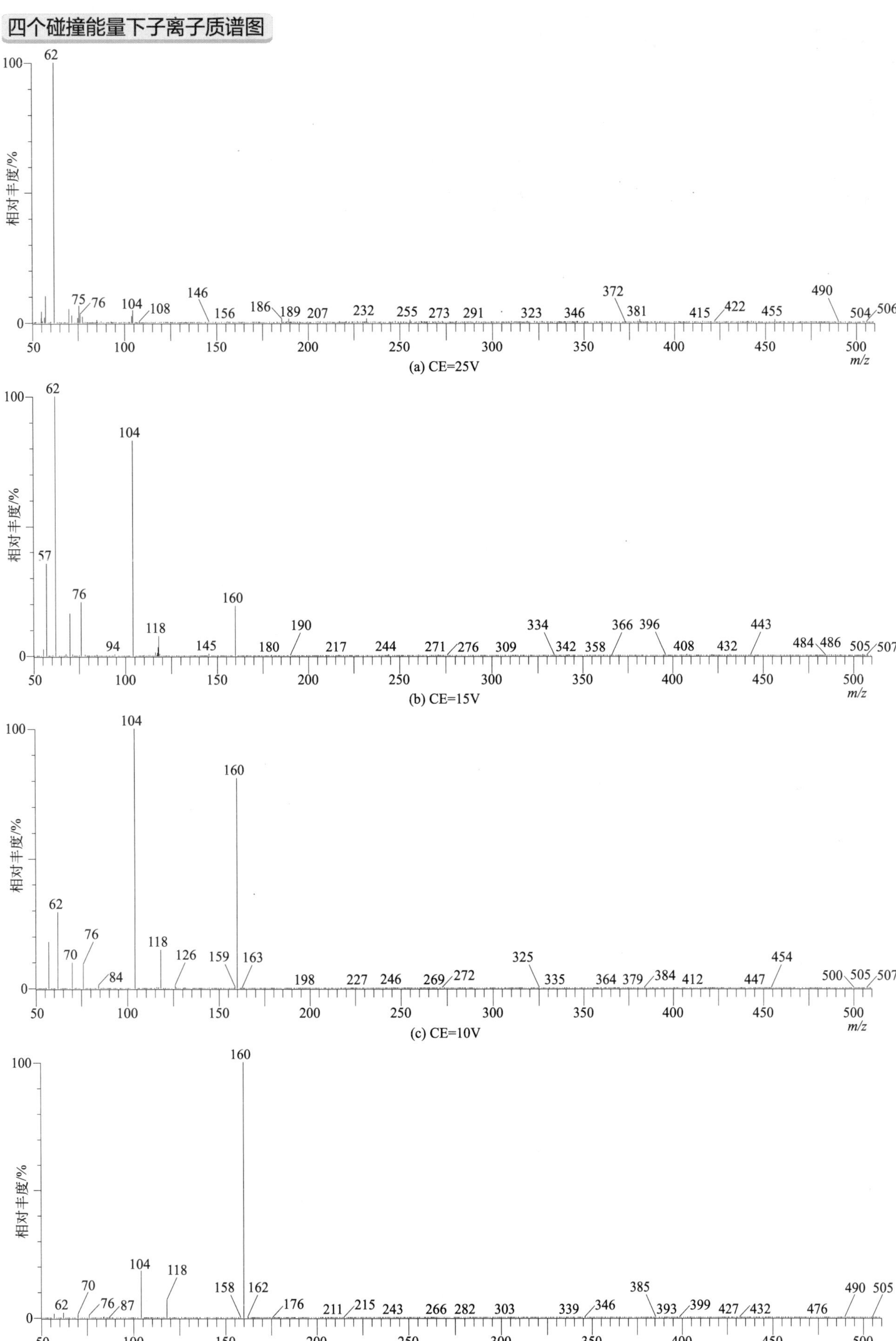

(a) CE=25V

(b) CE=15V

(c) CE=10V

(d) CE=5V

Carboxin（萎锈灵）

基本信息

CAS 登录号	5234-68-4	分子量	235.1	扫描模式	子离子扫描
分子式	$C_{12}H_{13}NO_2S$	离子化模式	EI	母离子	235

一级质谱图

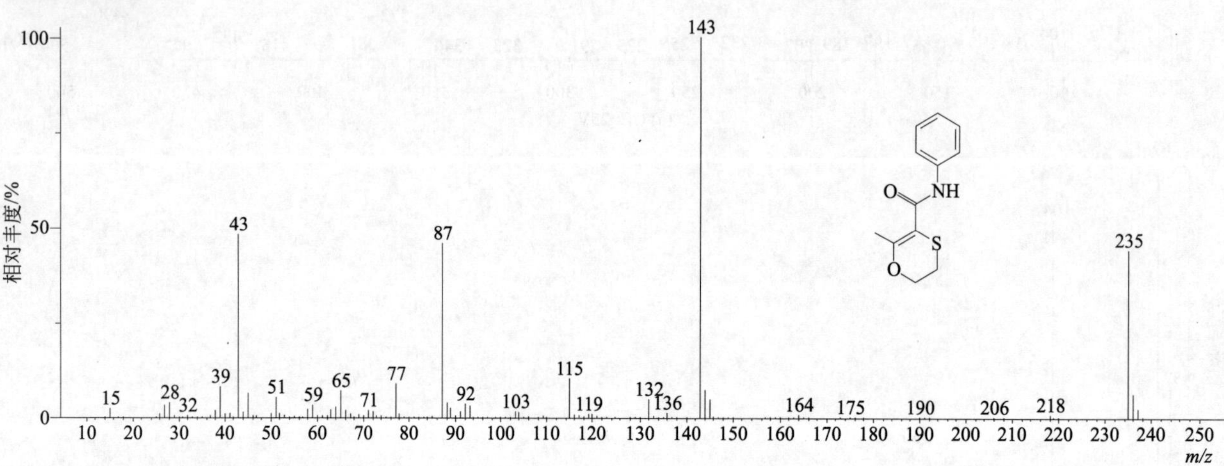

四个碰撞能量下子离子质谱图

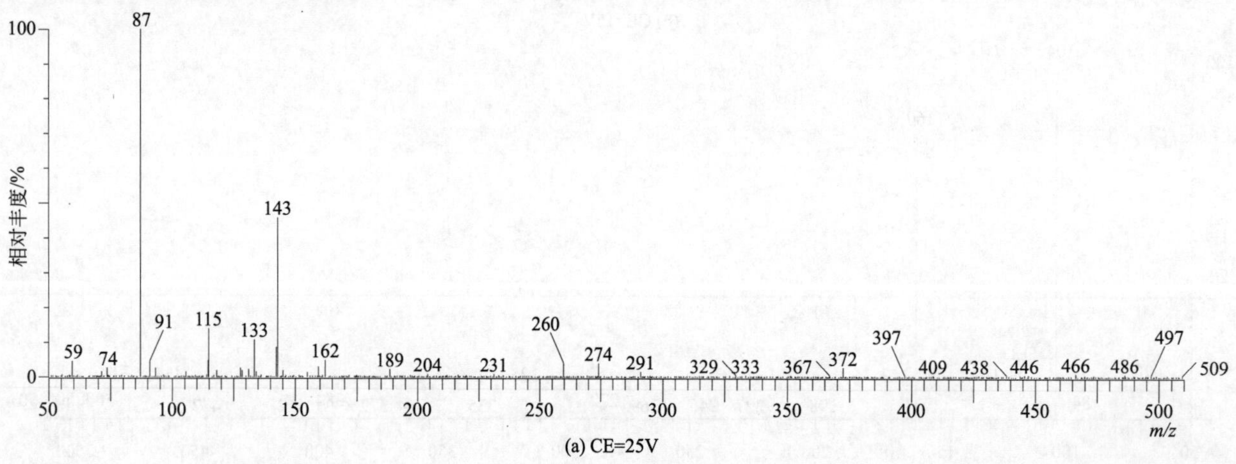

(a) CE=25V

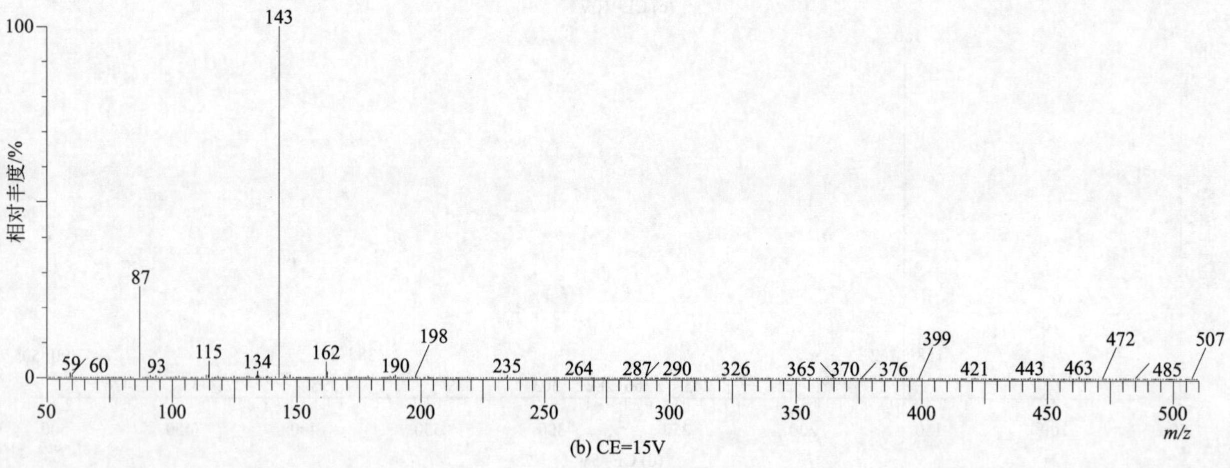

(b) CE=15V

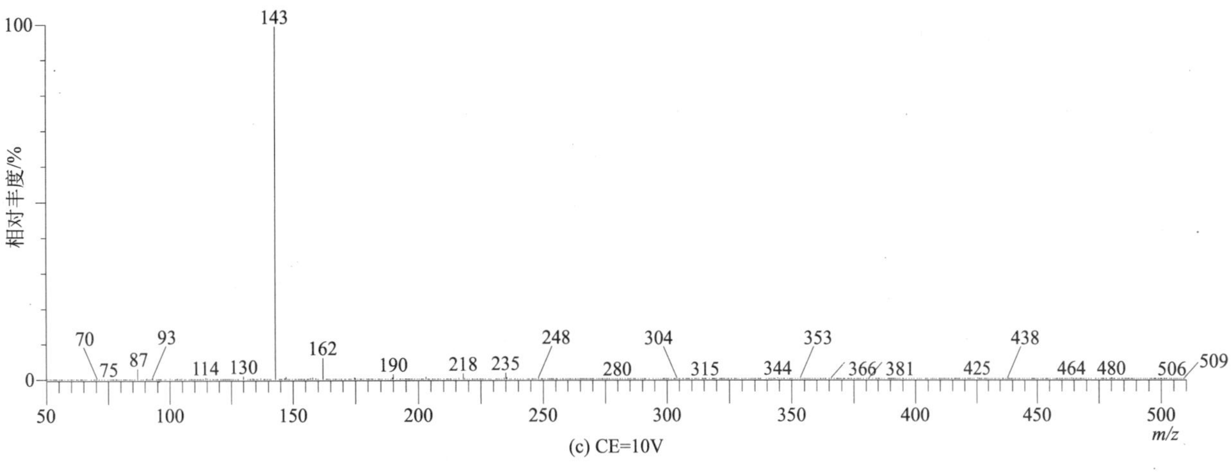

(c) CE=10V

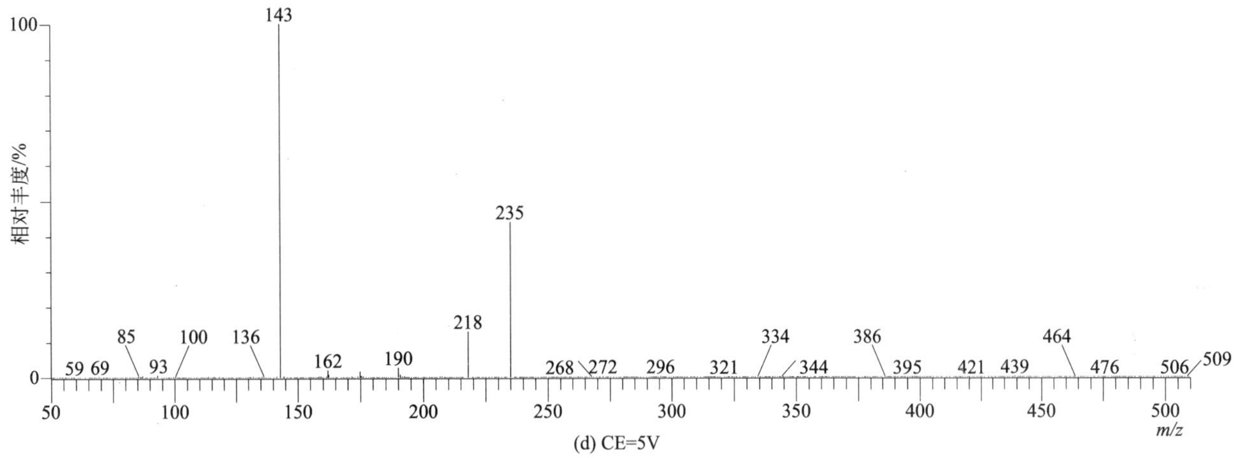

(d) CE=5V

Carfentrazone-ethyl（唑酮草酯）

基本信息

CAS 登录号	128639-02-1	**分子量**	411.0	**扫描模式**	子离子扫描
分子式	$C_{15}H_{14}Cl_2F_3N_3O_3$	**离子化模式**	EI	**母离子**	330

一级质谱图

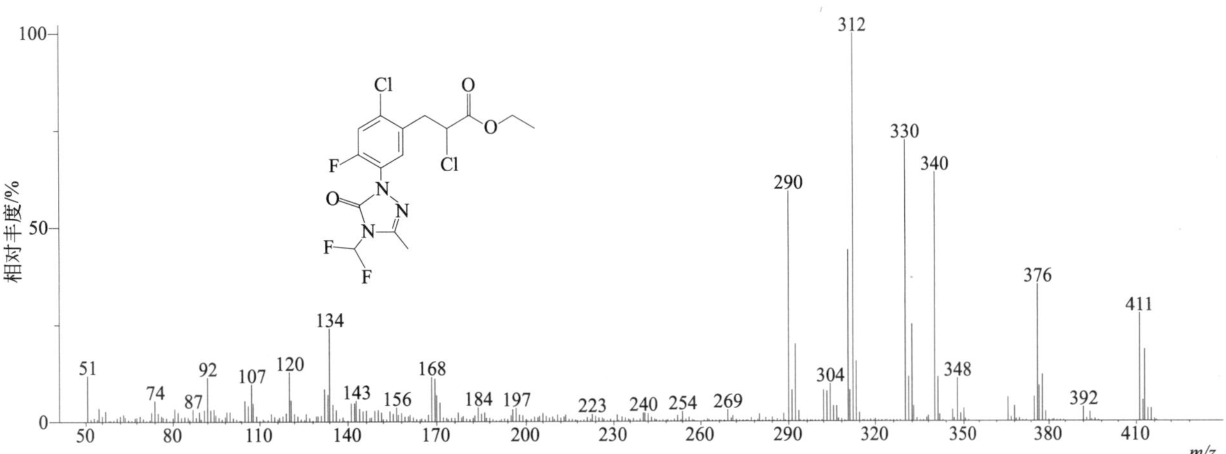

四个碰撞能量下子离子质谱图

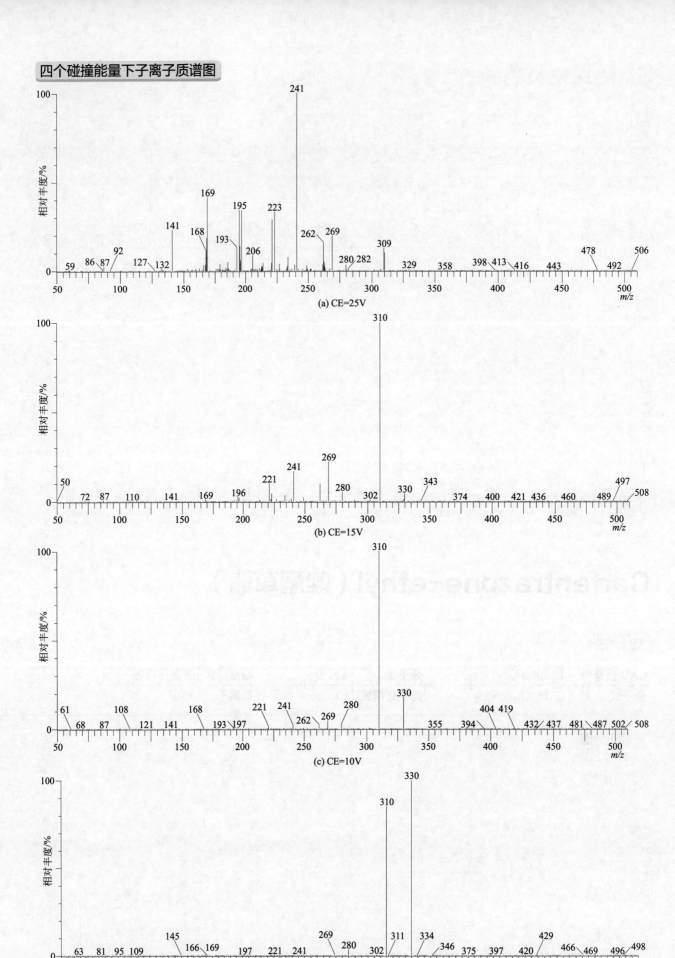

(a) CE=25V

(b) CE=15V

(c) CE=10V

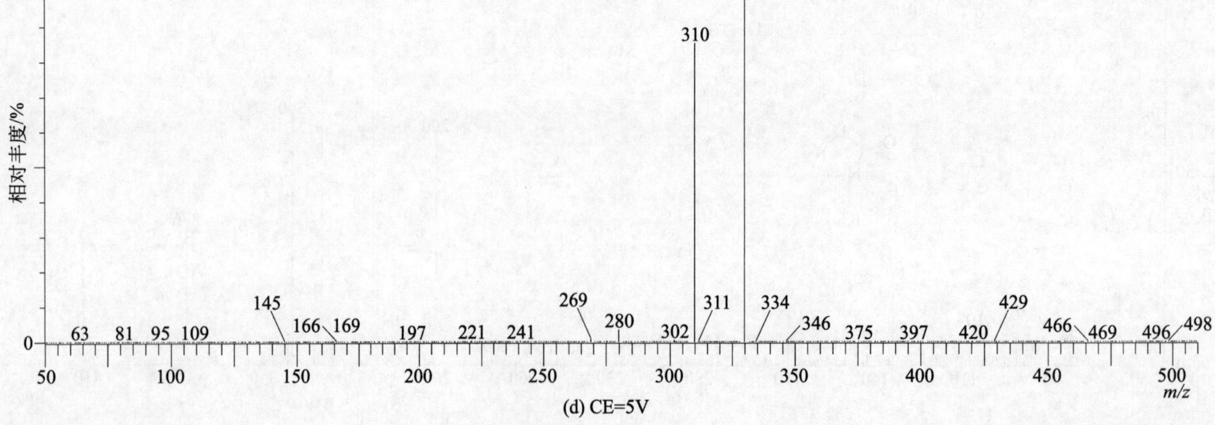

(d) CE=5V

Chlorbenside（杀螨醚）

基本信息

CAS 登录号	103-17-3	分子量	268.0	扫描模式	子离子扫描
分子式	$C_{13}H_{10}Cl_2S$	离子化模式	EI	母离子	270

一级质谱图

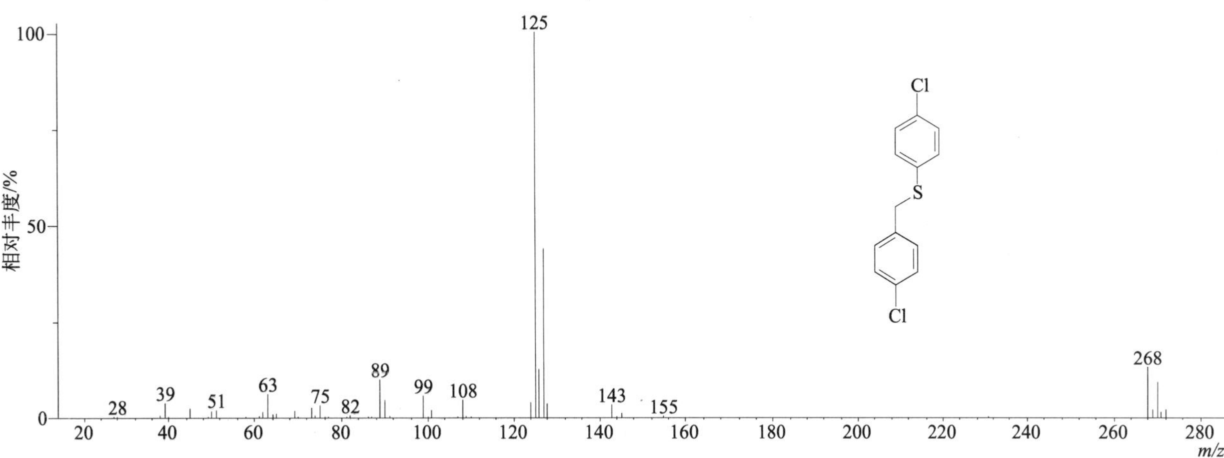

四个碰撞能量下子离子质谱图

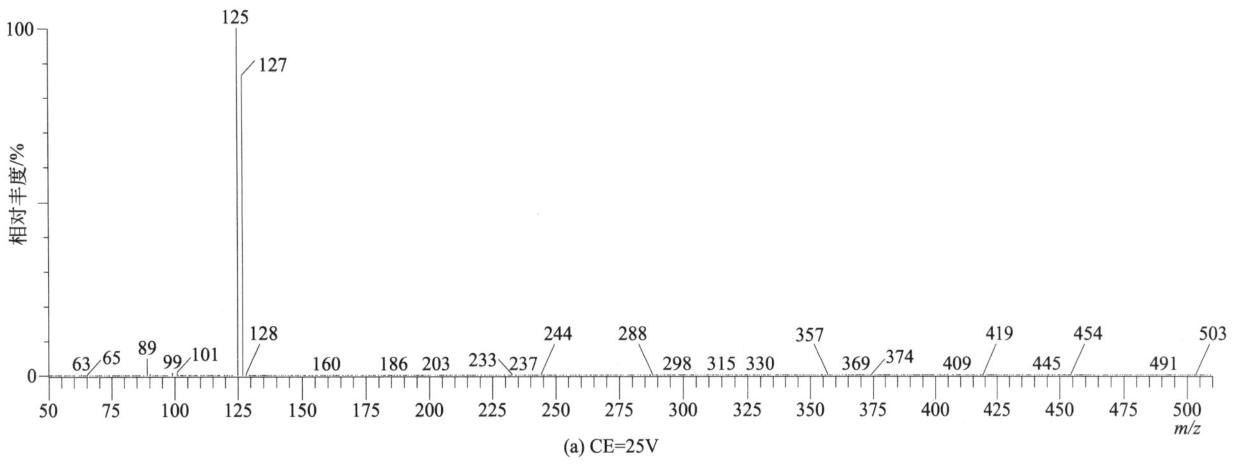

(a) CE=25V

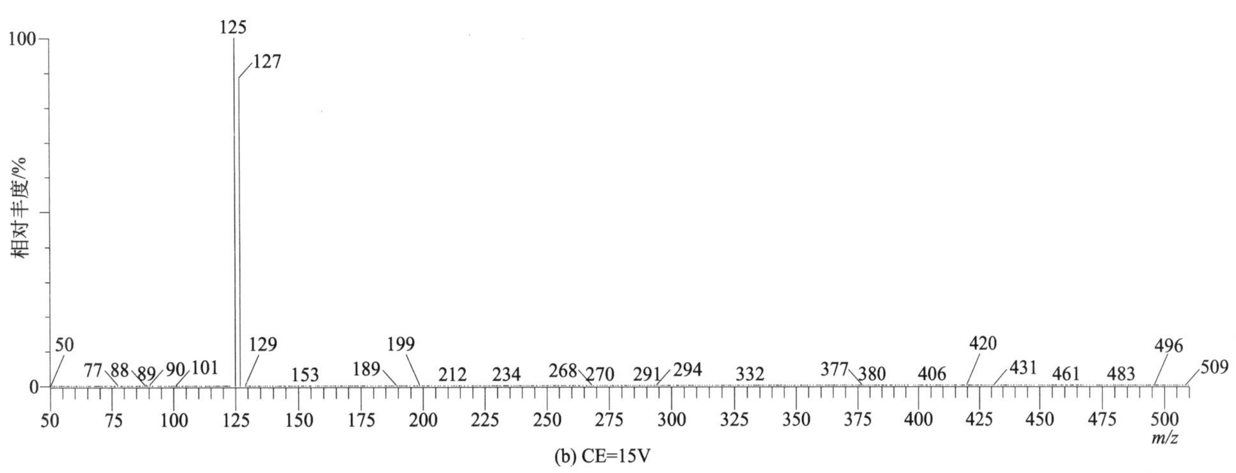

(b) CE=15V

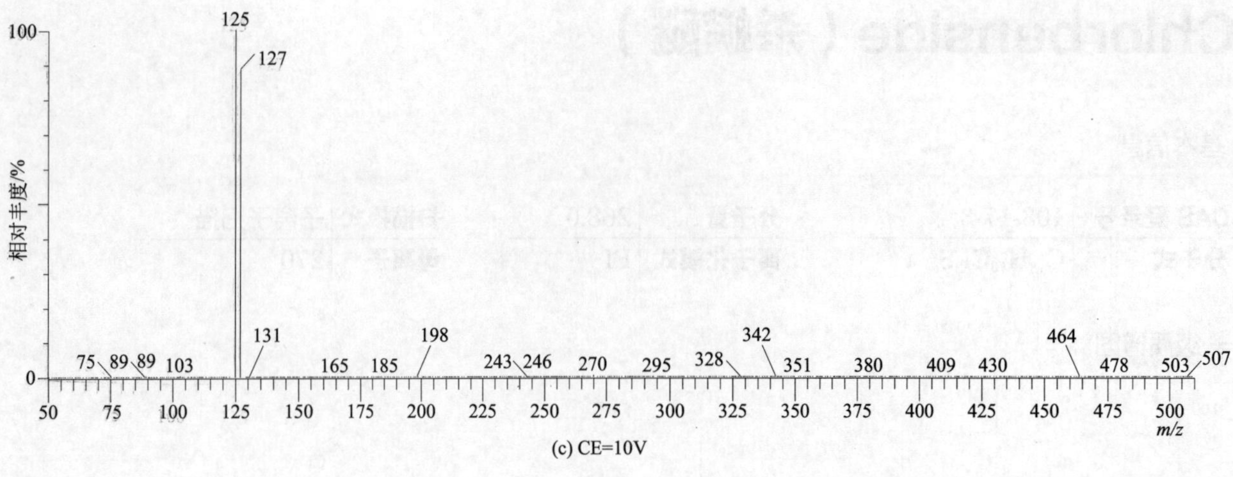

(c) CE=10V

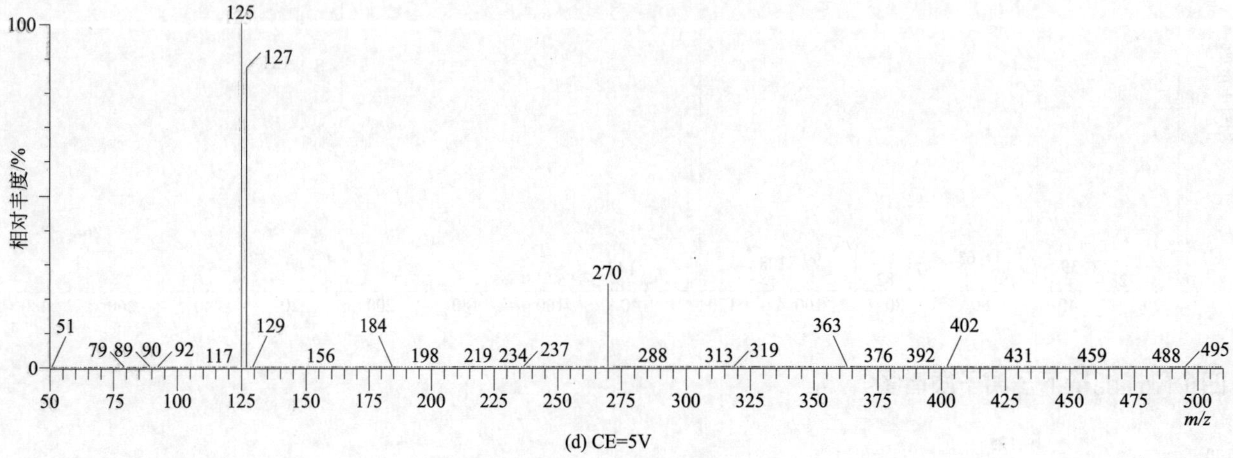

(d) CE=5V

Chlorbromuron（氯溴隆）

基本信息

CAS 登录号	13360-45-7	分子量	292.0	扫描模式	子离子扫描
分子式	$C_9H_{10}BrClN_2O_2$	离子化模式	EI	母离子	294

一级质谱图

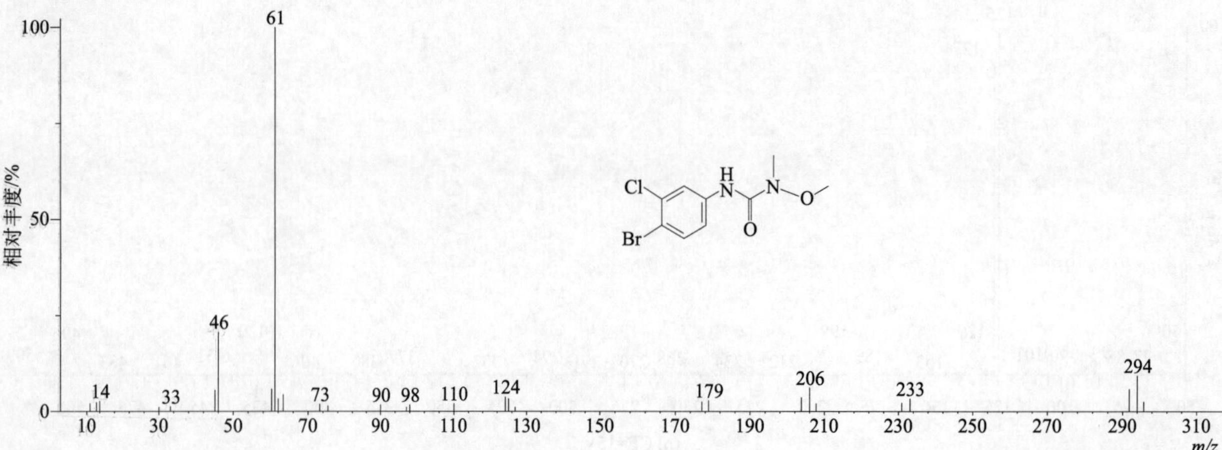

四个碰撞能量下子离子质谱图

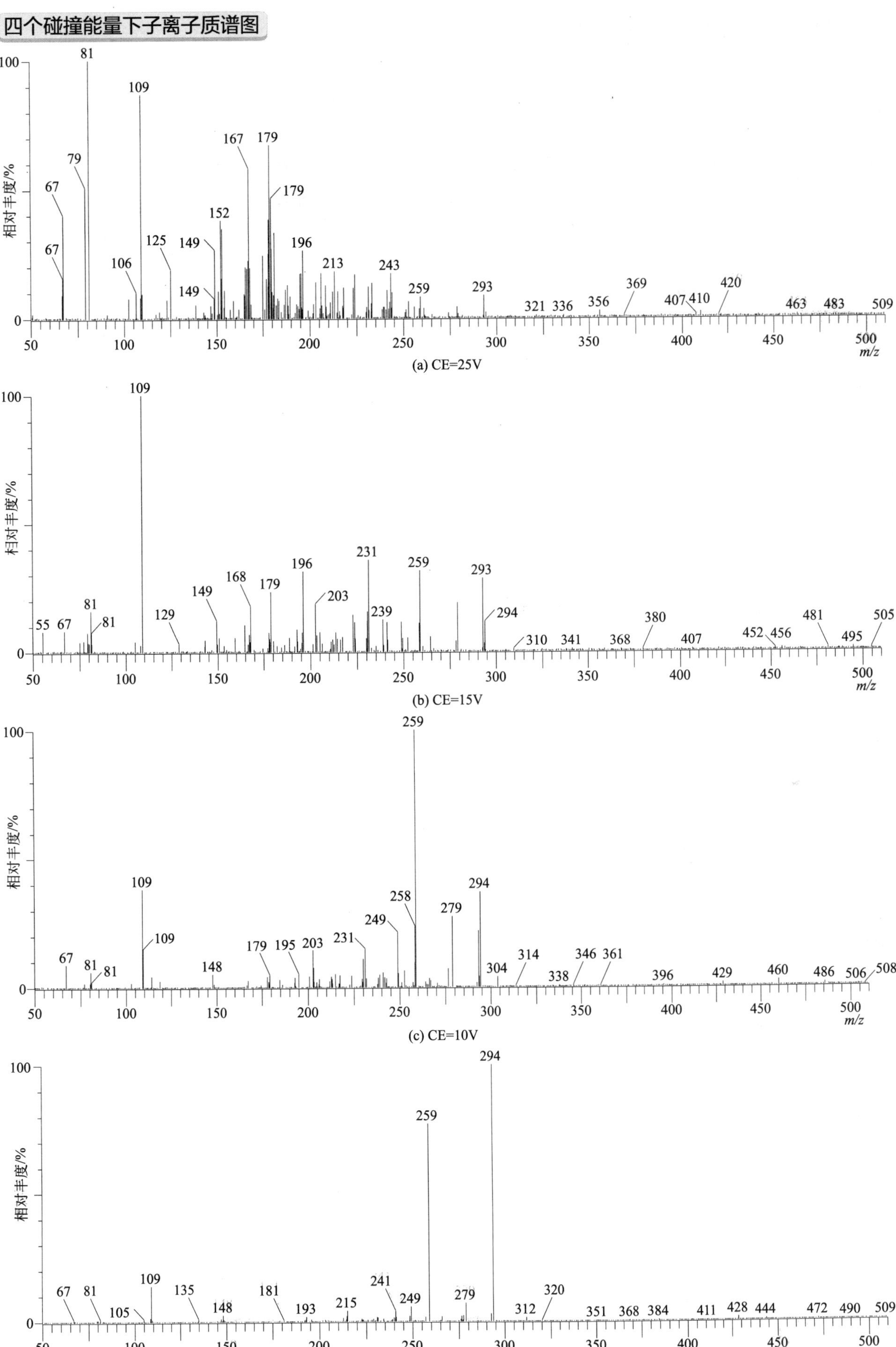

(a) CE=25V

(b) CE=15V

(c) CE=10V

(d) CE=5V

Chlorbufam（氯炔灵）

基本信息

CAS 登录号	1967-16-4	分子量	223.0	扫描模式	子离子扫描
分子式	$C_{11}H_{10}ClNO_2$	离子化模式	EI	母离子	164

一级质谱图

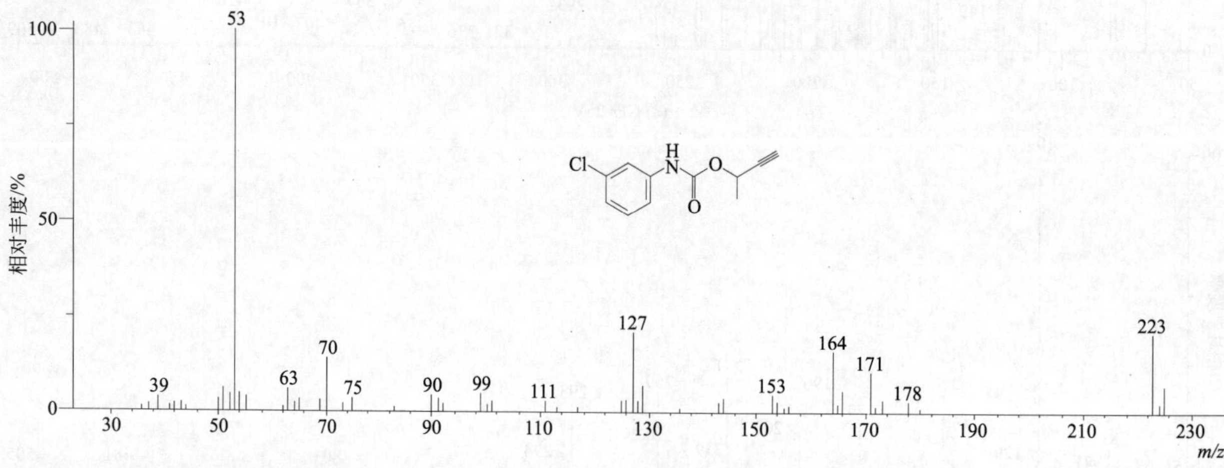

四个碰撞能量下子离子质谱图

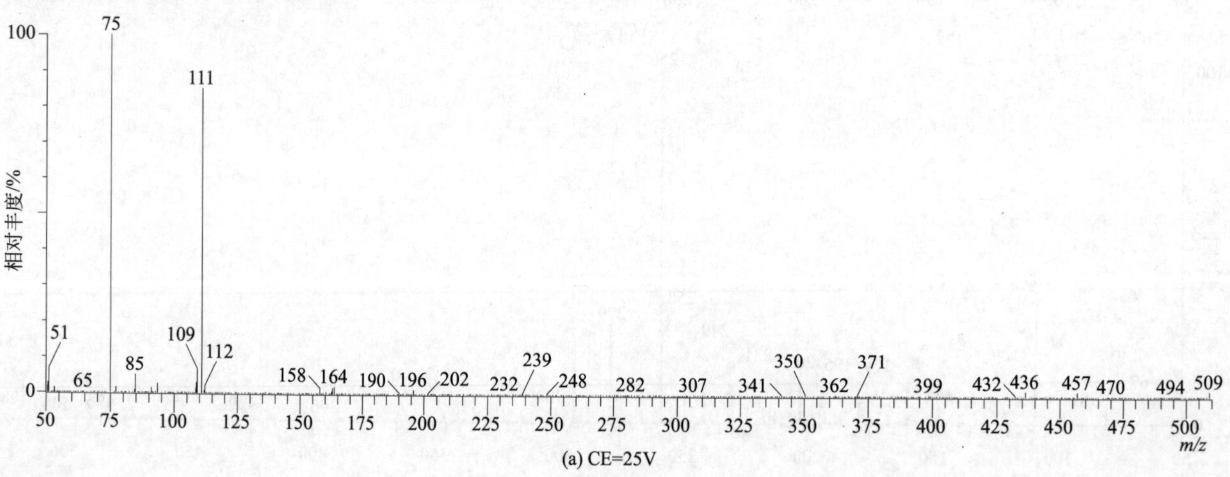

(a) CE=25V

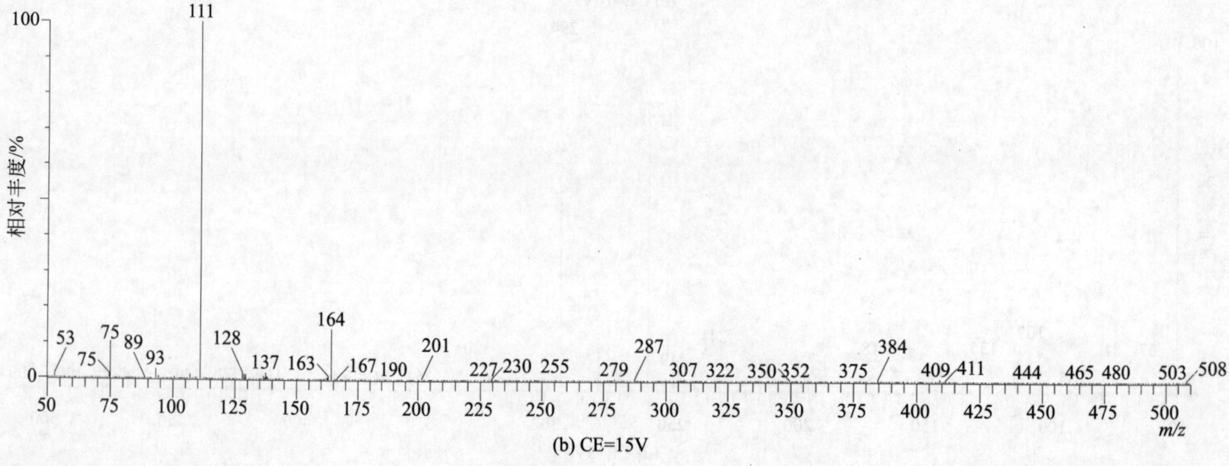

(b) CE=15V

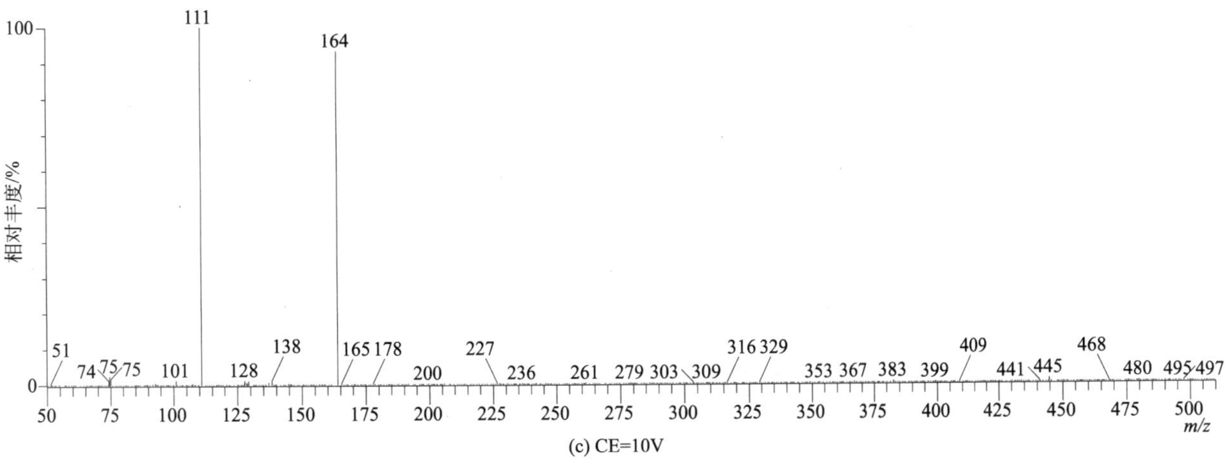

(c) CE=10V

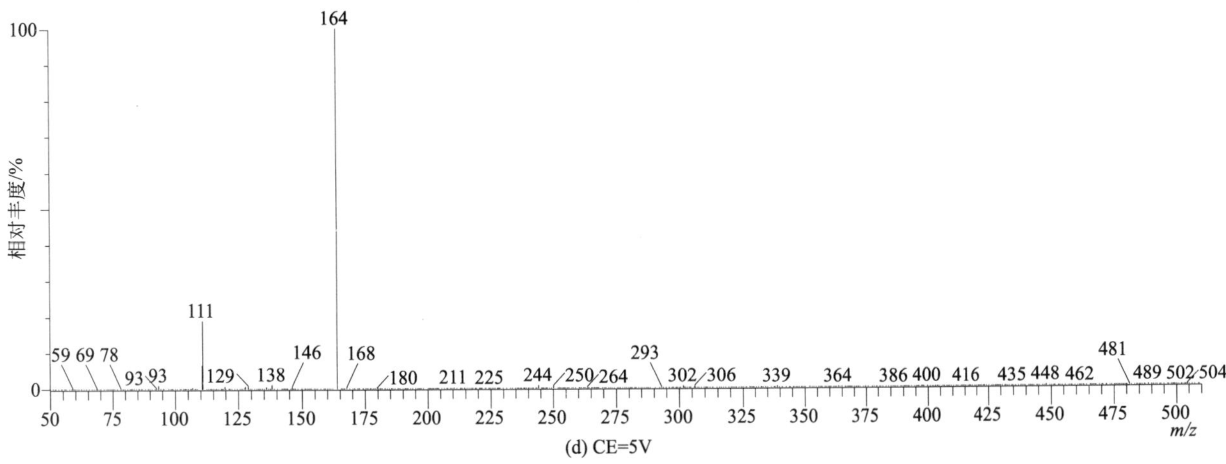

(d) CE=5V

cis-Chlordane（顺式氯丹）

基本信息

CAS 登录号	5103-71-9	分子量	405.8	扫描模式	子离子扫描
分子式	$C_{10}H_6Cl_8$	离子化模式	EI	母离子	373

一级质谱图

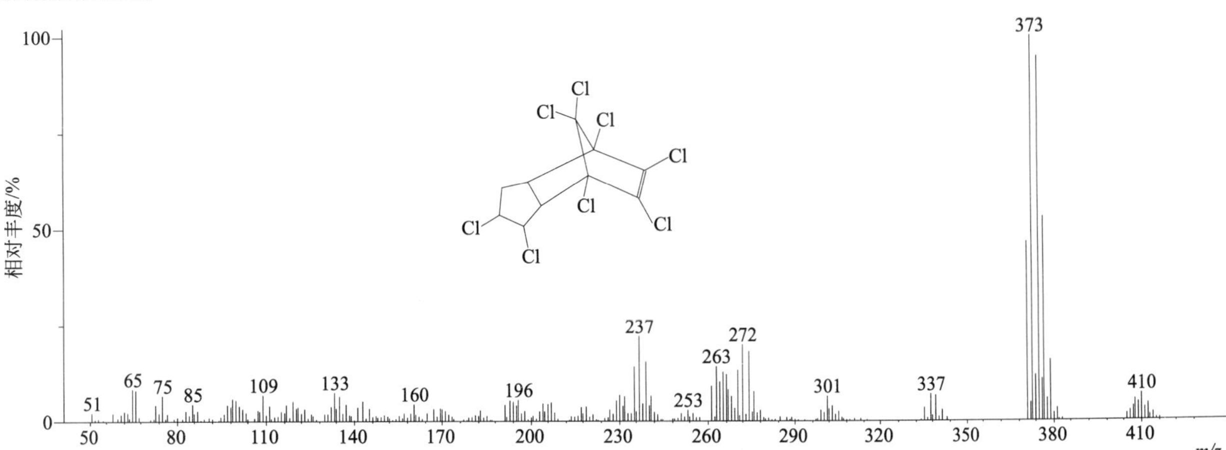

四个碰撞能量下子离子质谱图

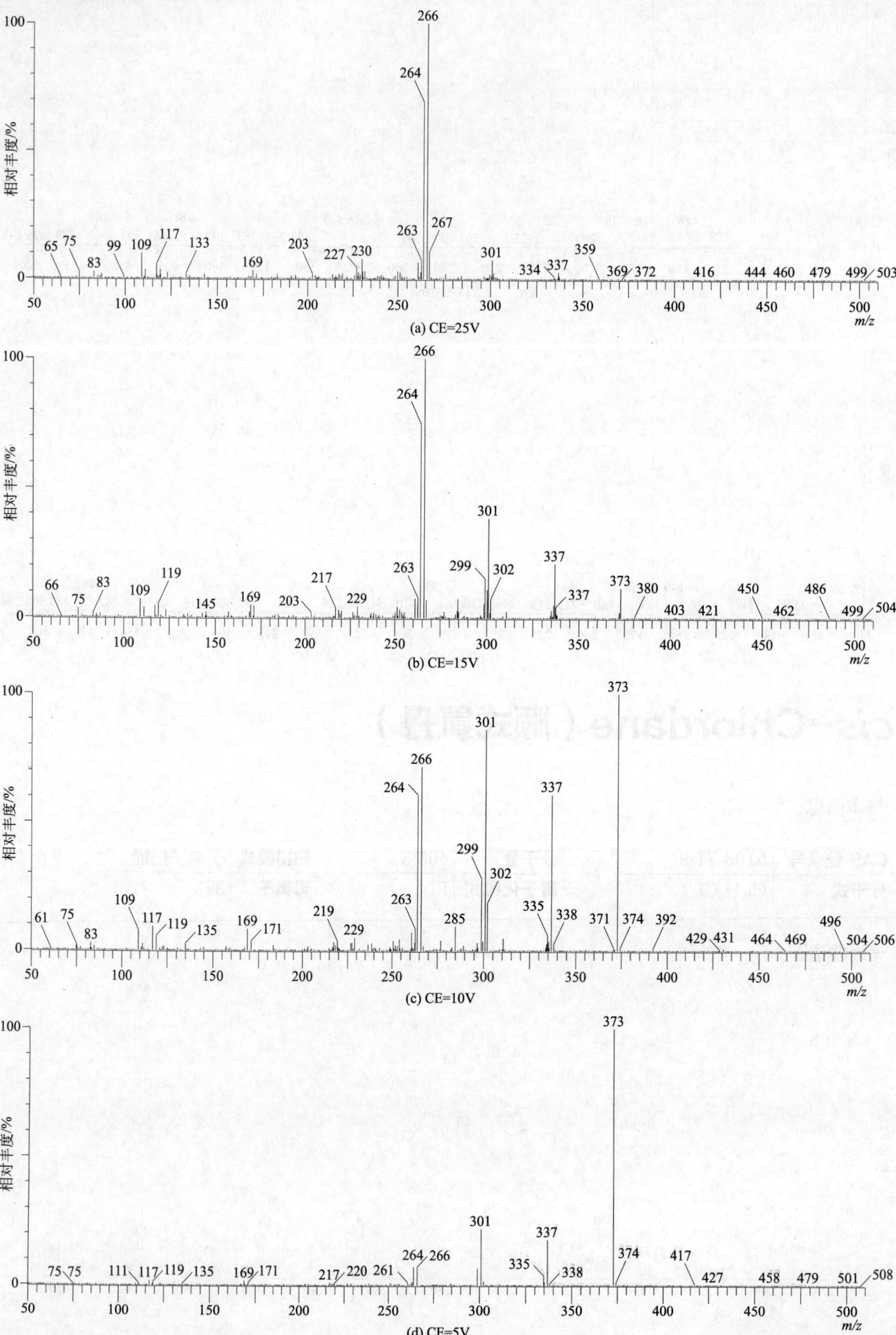

(a) CE=25V

(b) CE=15V

(c) CE=10V

(d) CE=5V

trans-Chlordane（反式氯丹）

基本信息

CAS 登录号	5103-74-2	分子量	405.8	扫描模式	子离子扫描
分子式	$C_{10}H_6Cl_8$	离子化模式	EI	母离子	375

一级质谱图

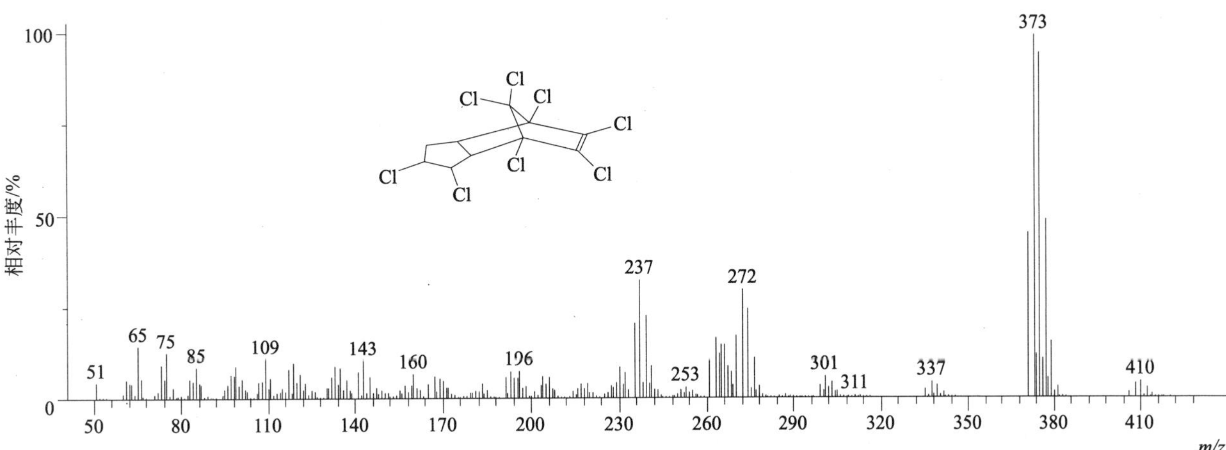

四个碰撞能量下子离子质谱图

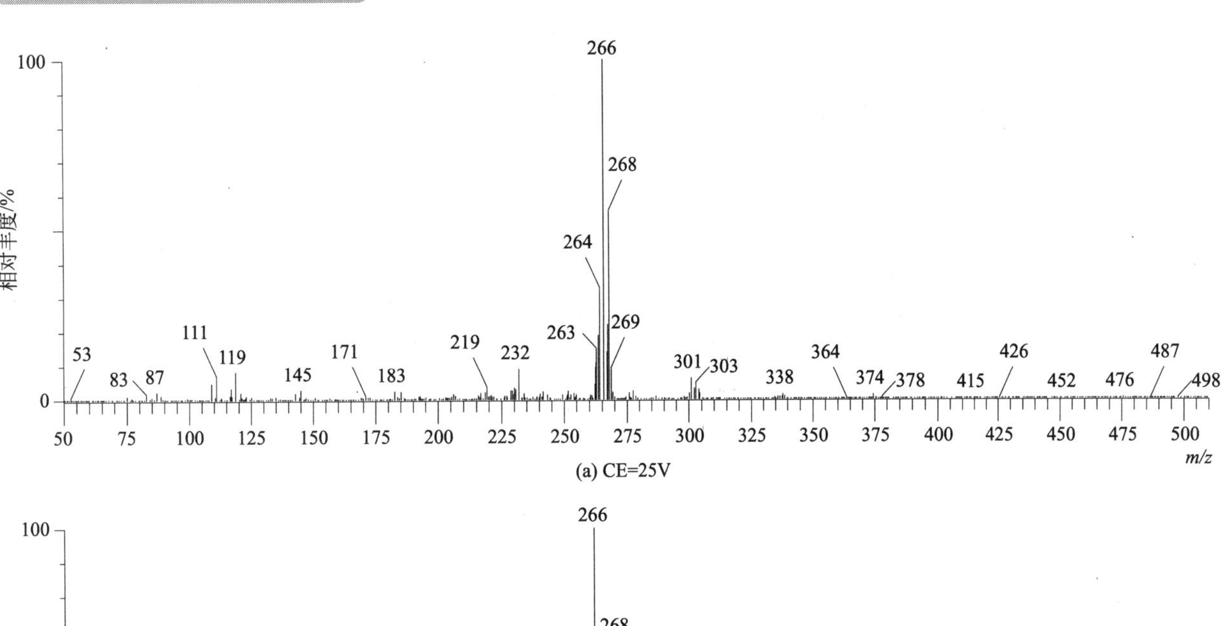

(a) CE=25V

(b) CE=15V

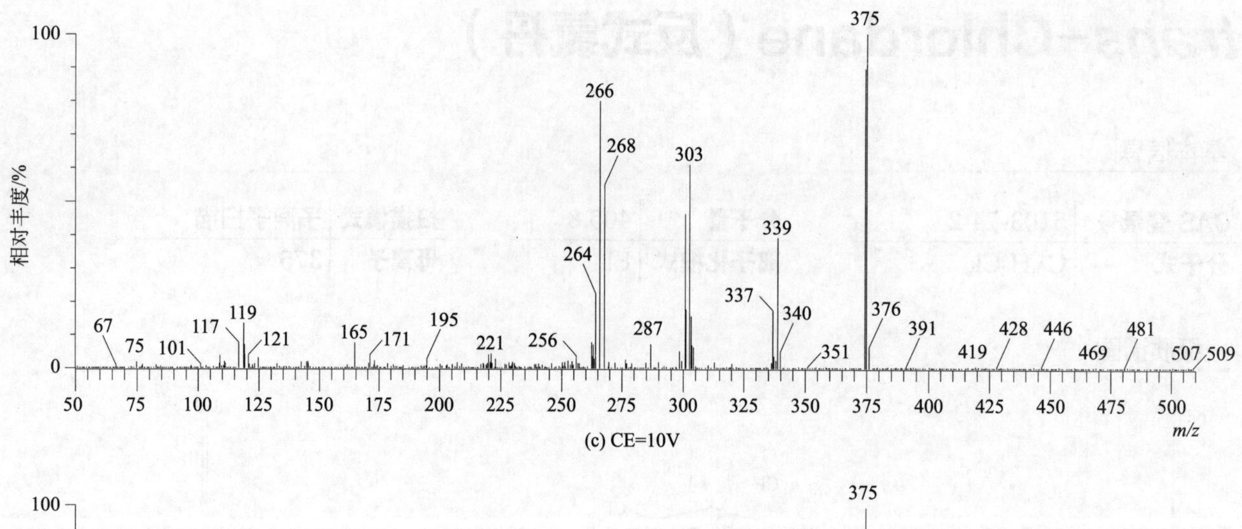

(c) CE=10V

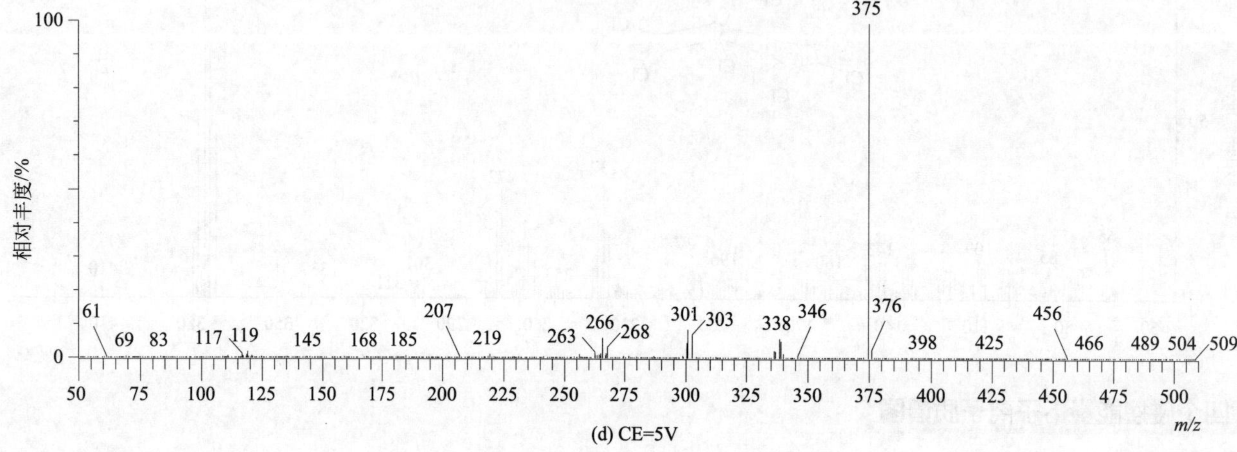

(d) CE=5V

Chlorethoxyfos（氯氧磷）

基本信息

CAS 登录号	54593-83-8	分子量	333.9	扫描模式	子离子扫描
分子式	$C_6H_{11}Cl_4O_3PS$	离子化模式	EI	母离子	301

一级质谱图

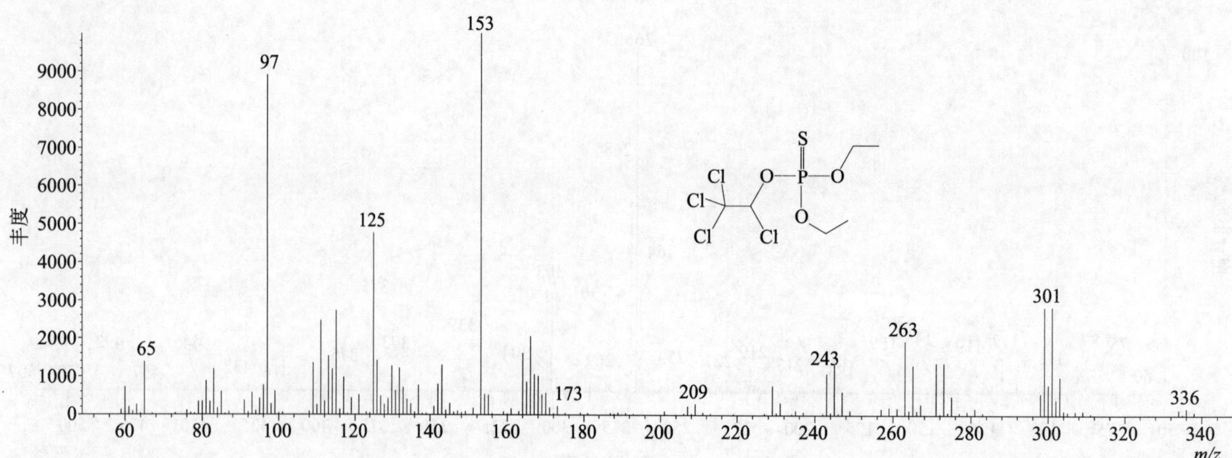

四个碰撞能量下子离子质谱图

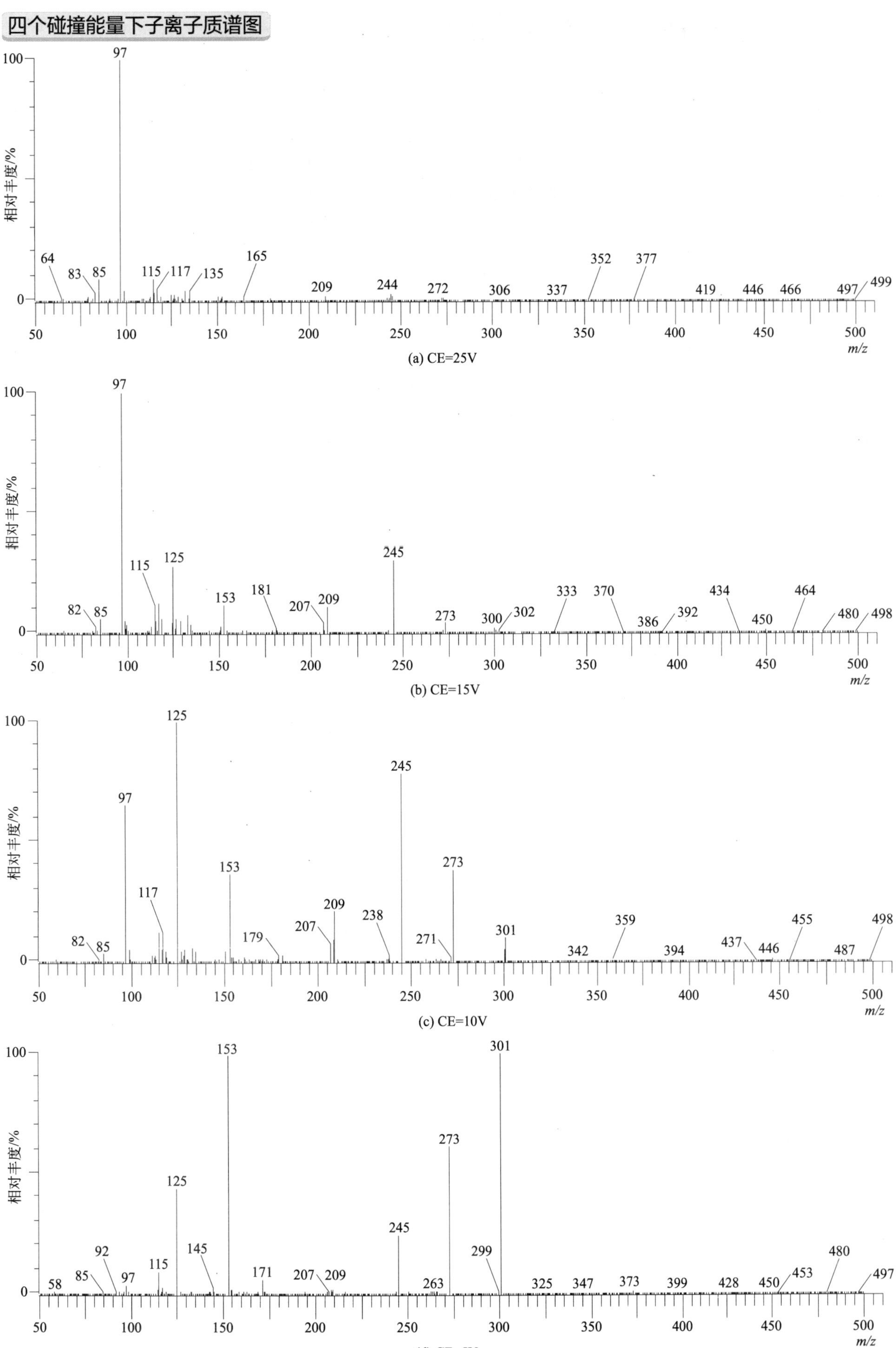

Chlorfenapyr（溴虫腈）

基本信息

CAS 登录号	122453-73-0	分子量	406.0	扫描模式	子离子扫描
分子式	$C_{15}H_{11}BrClF_3N_2O$	离子化模式	EI	母离子	408

一级质谱图

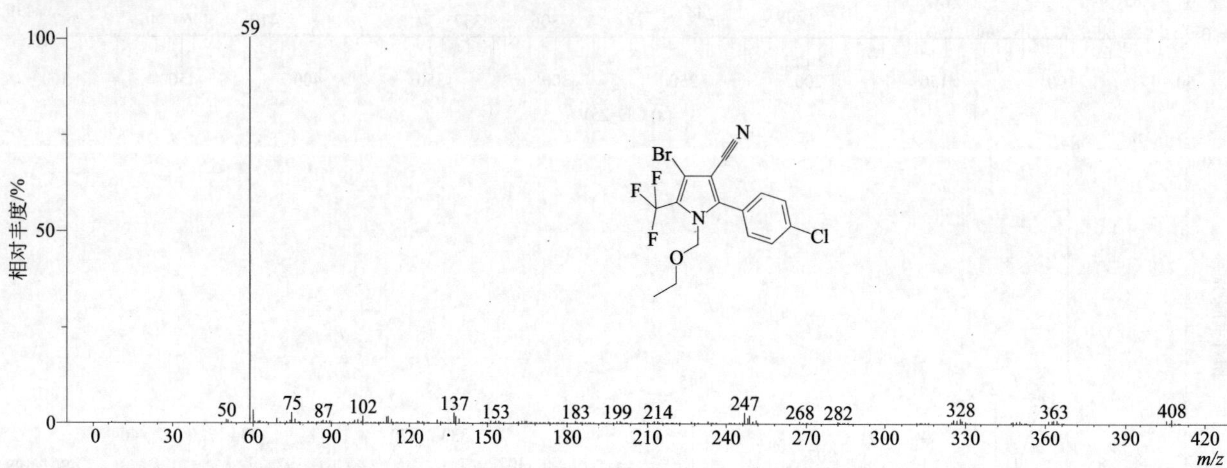

四个碰撞能量下子离子质谱图

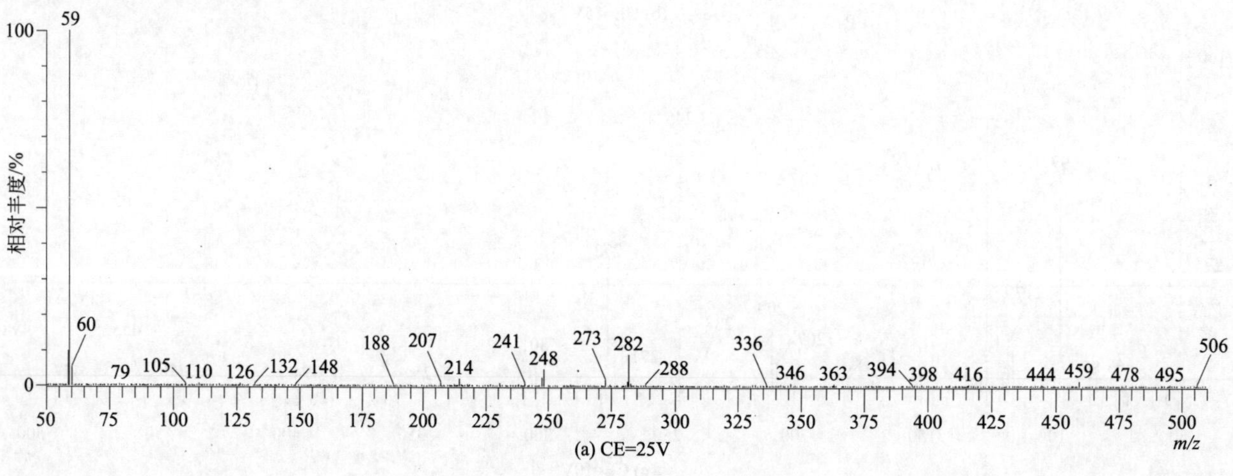

(a) CE=25V

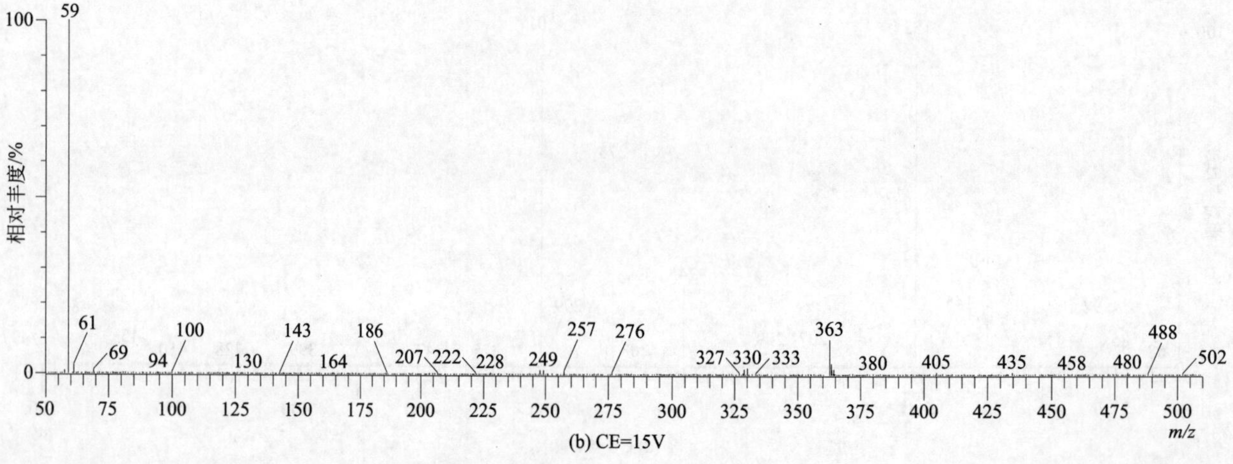

(b) CE=15V

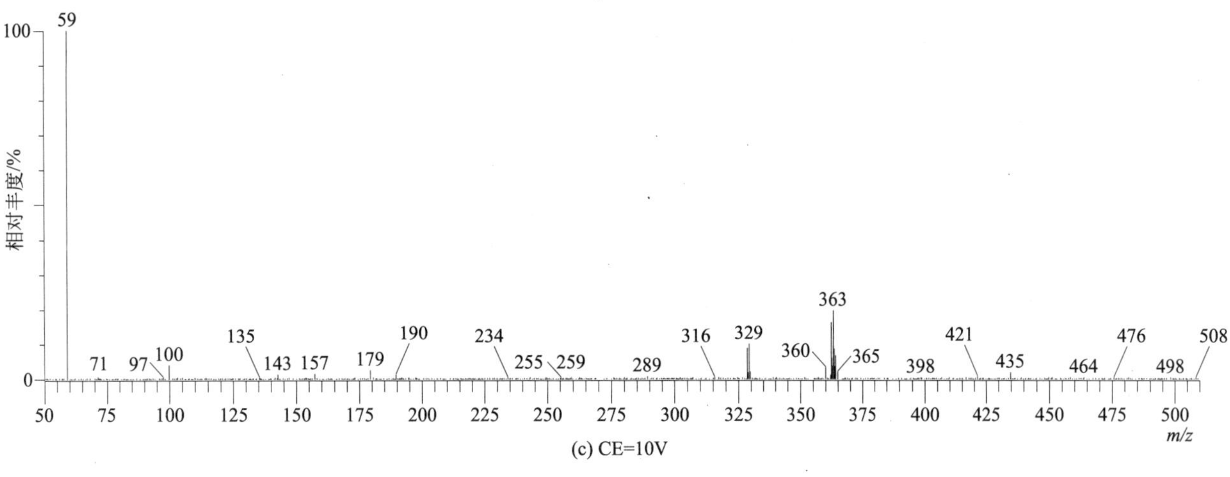

(c) CE=10V

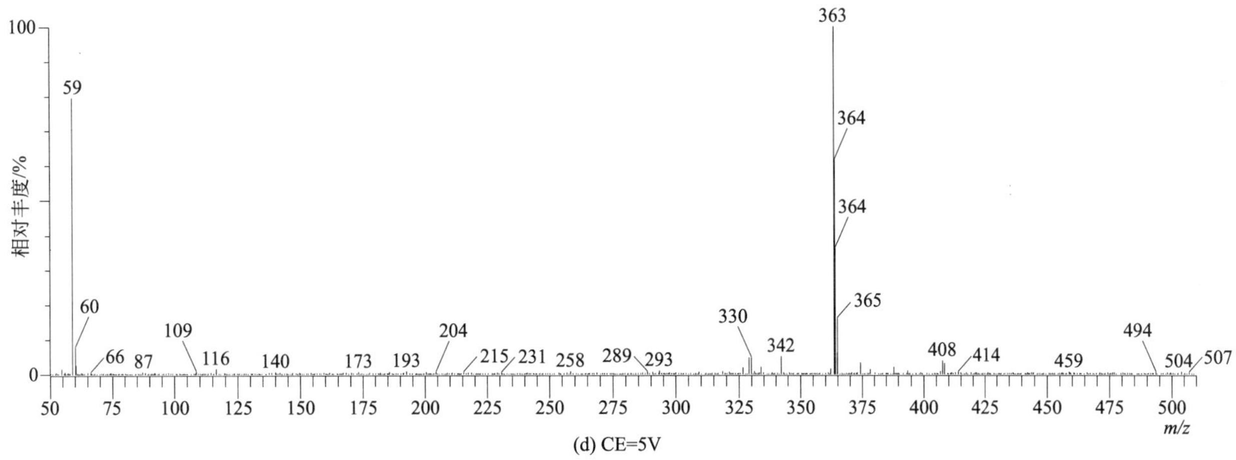

(d) CE=5V

Chlorfenprop-methyl（燕麦酯）

基本信息

CAS 登录号	14437-17-3	**分子量**	232.0	**扫描模式**	子离子扫描
分子式	$C_{10}H_{10}Cl_2O_2$	**离子化模式**	EI	**母离子**	196

一级质谱图

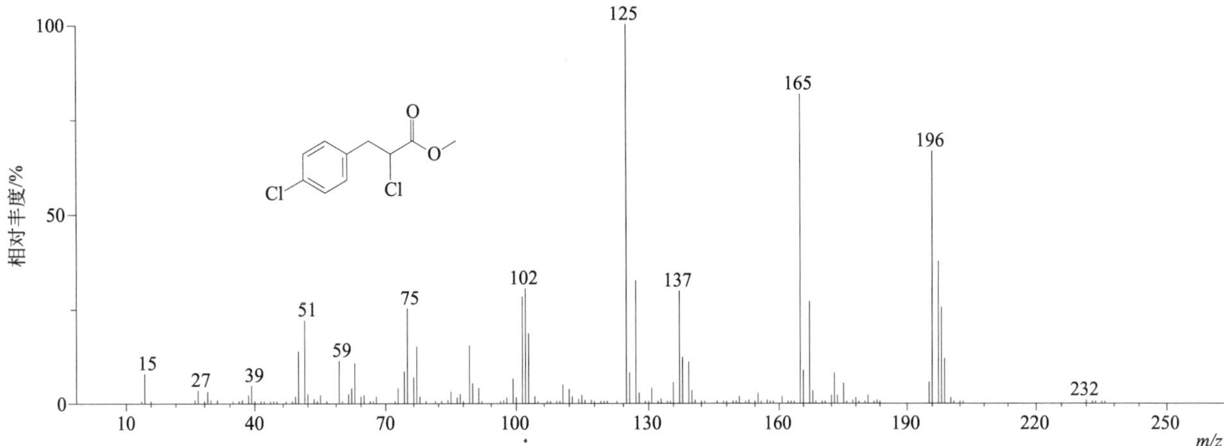

四个碰撞能量下子离子质谱图

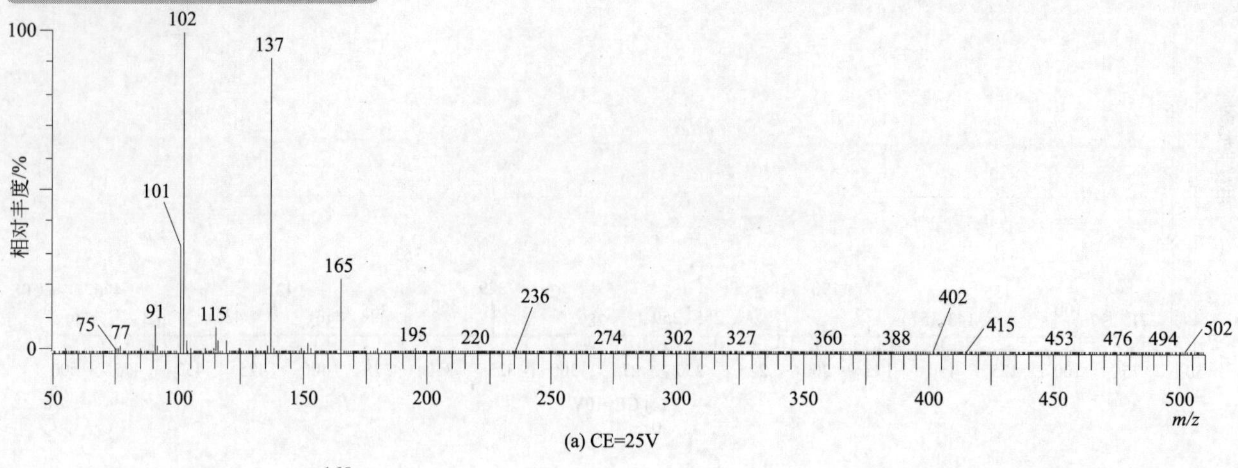

(a) CE=25V

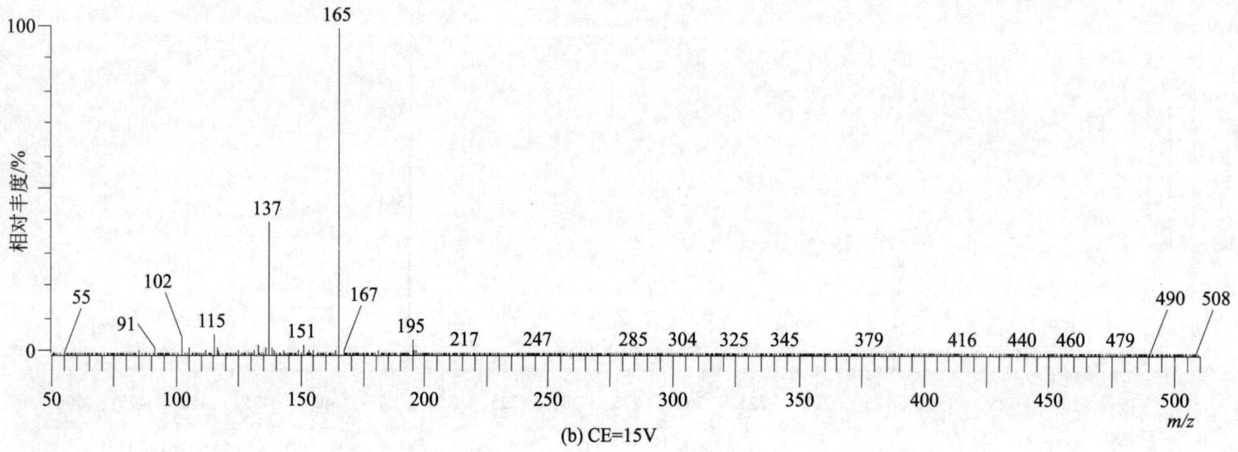

(b) CE=15V

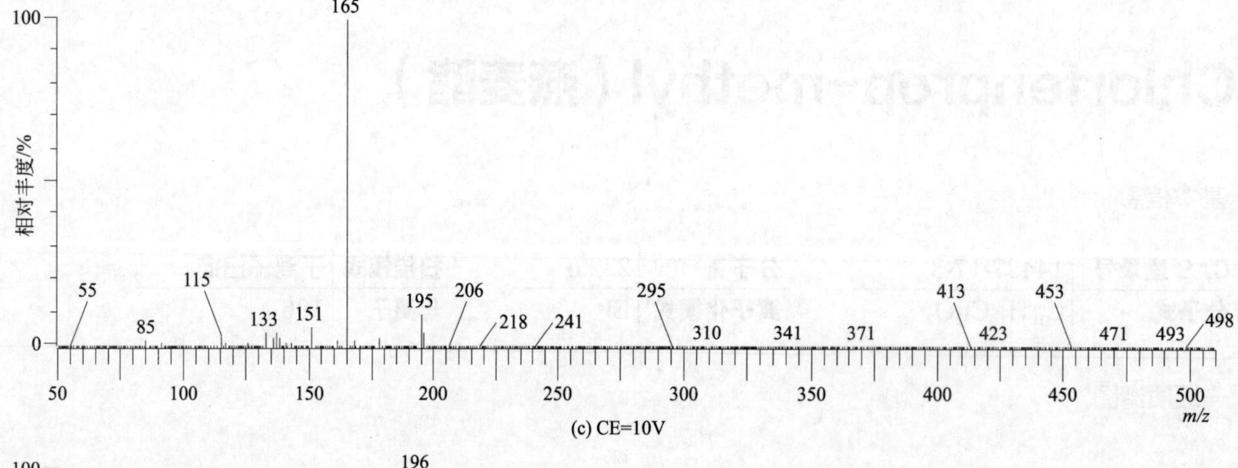

(c) CE=10V

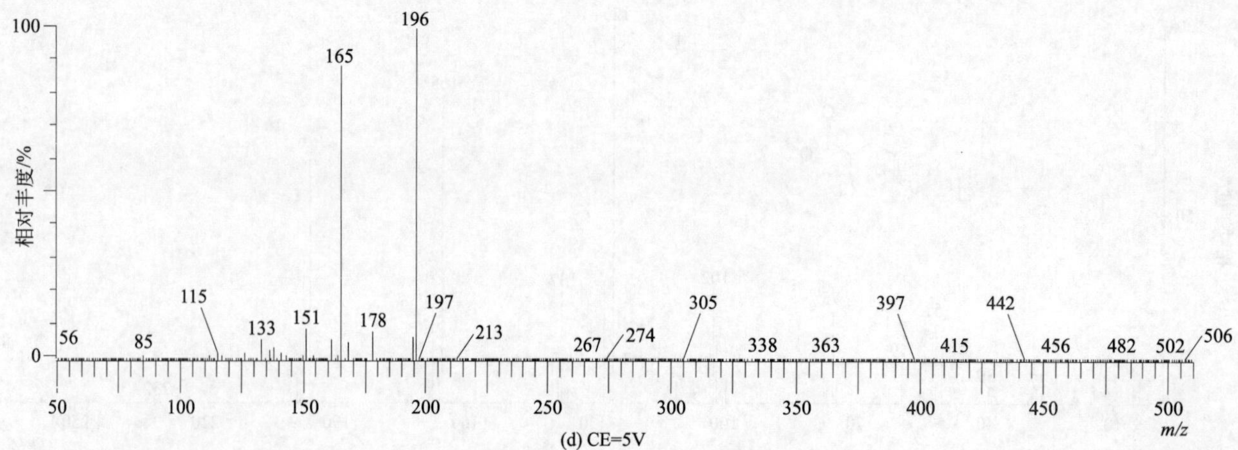

(d) CE=5V

Chlorfenson（杀螨酯）

基本信息

CAS 登录号	80-33-1	分子量	302.0	扫描模式	子离子扫描
分子式	$C_{12}H_8Cl_2O_3S$	离子化模式	EI	母离子	302

一级质谱图

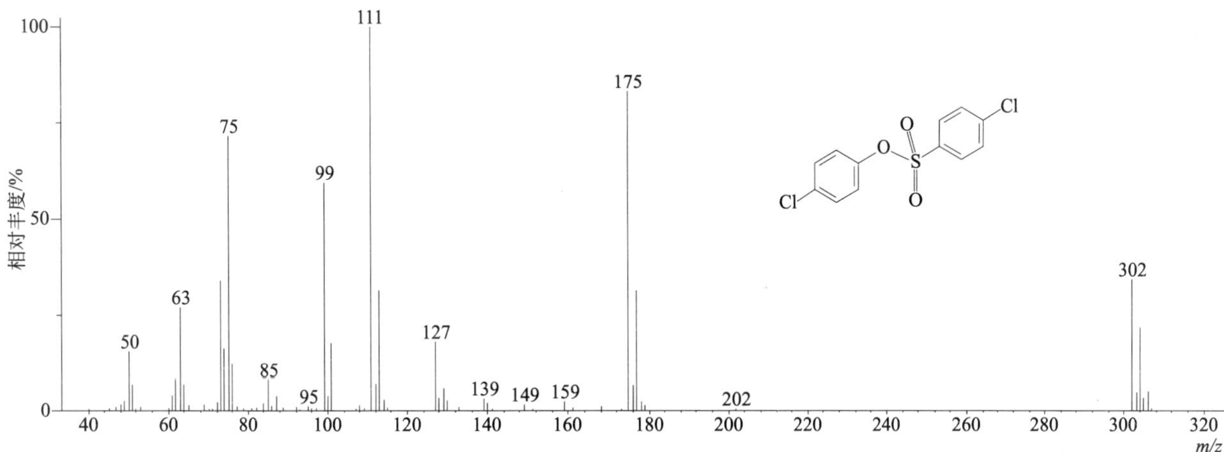

四个碰撞能量下子离子质谱图

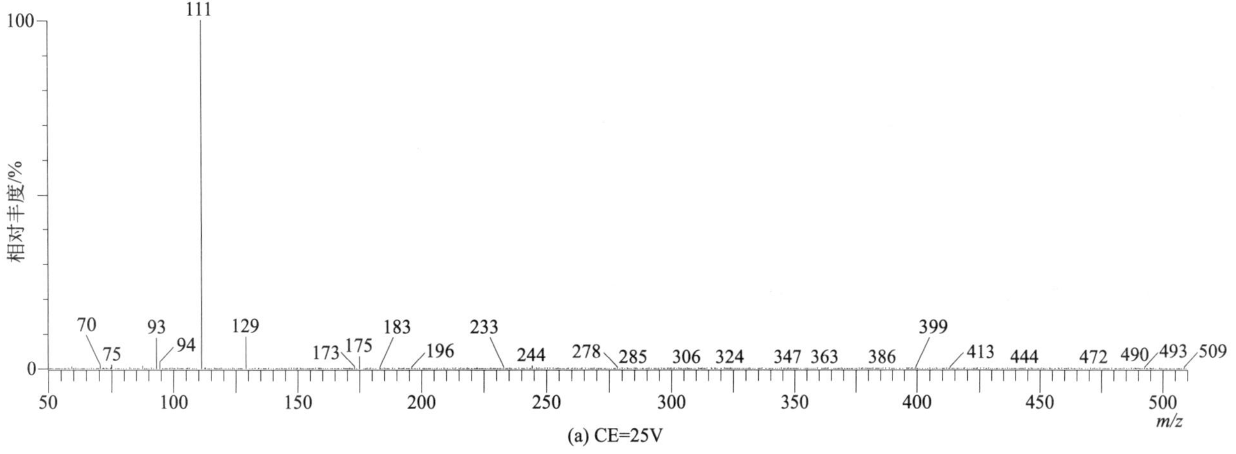

(a) CE=25V

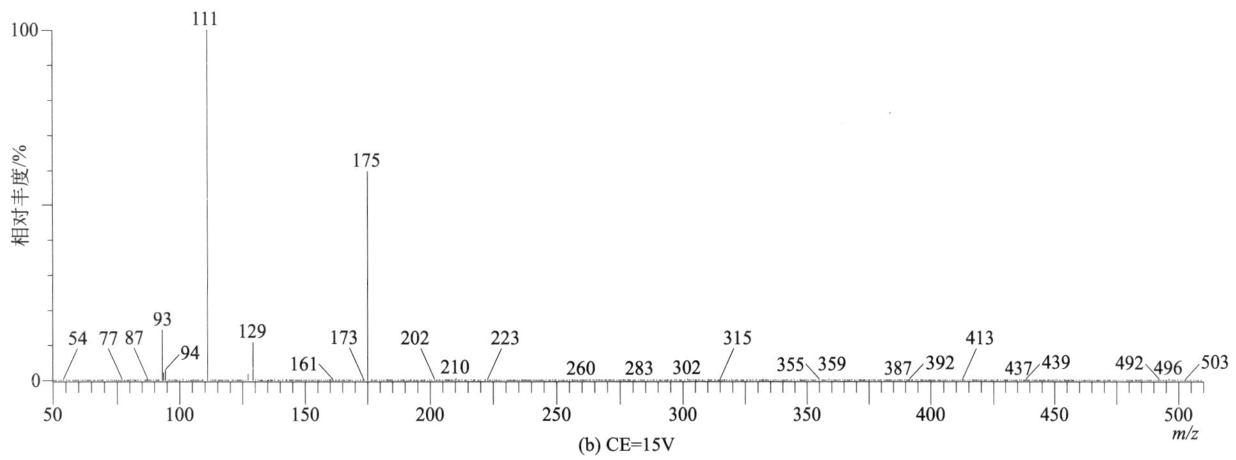

(b) CE=15V

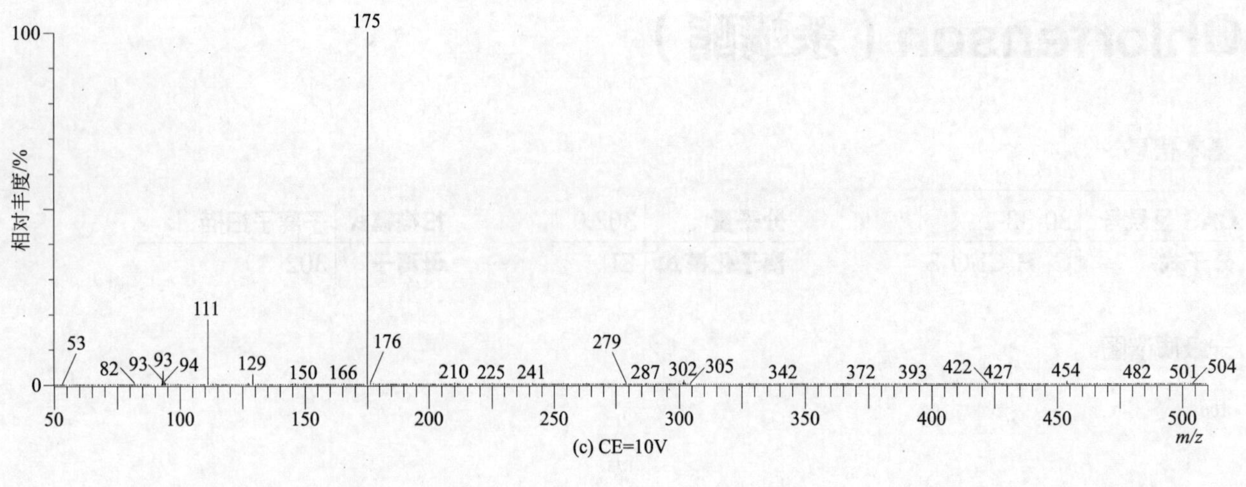

(c) CE=10V

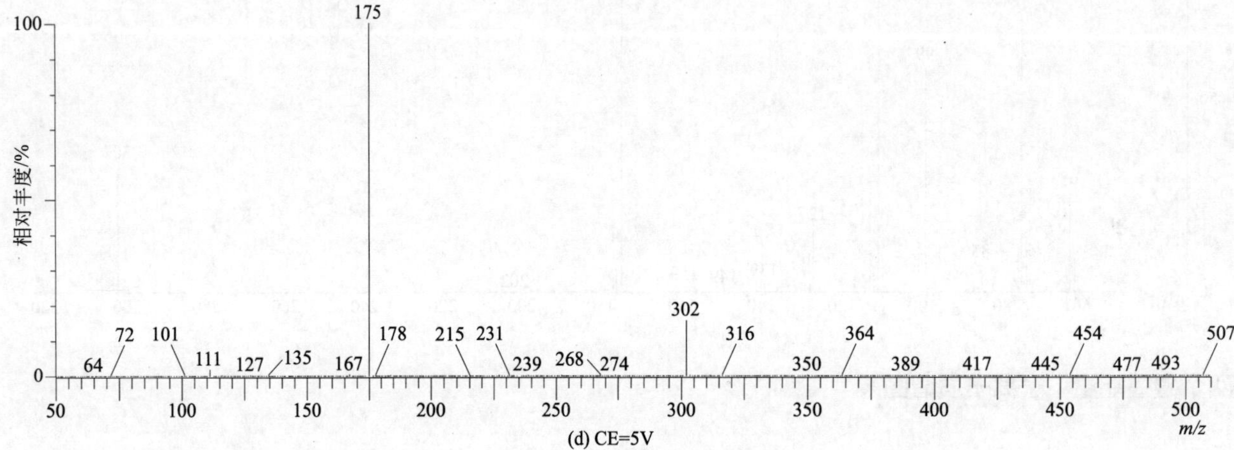

(d) CE=5V

Chlorfenvinphos（毒虫畏）

基本信息

CAS 登录号	470-90-6	分子量	358.0	扫描模式	子离子扫描
分子式	$C_{12}H_{14}Cl_3O_4P$	离子化模式	EI	母离子	323

一级质谱图

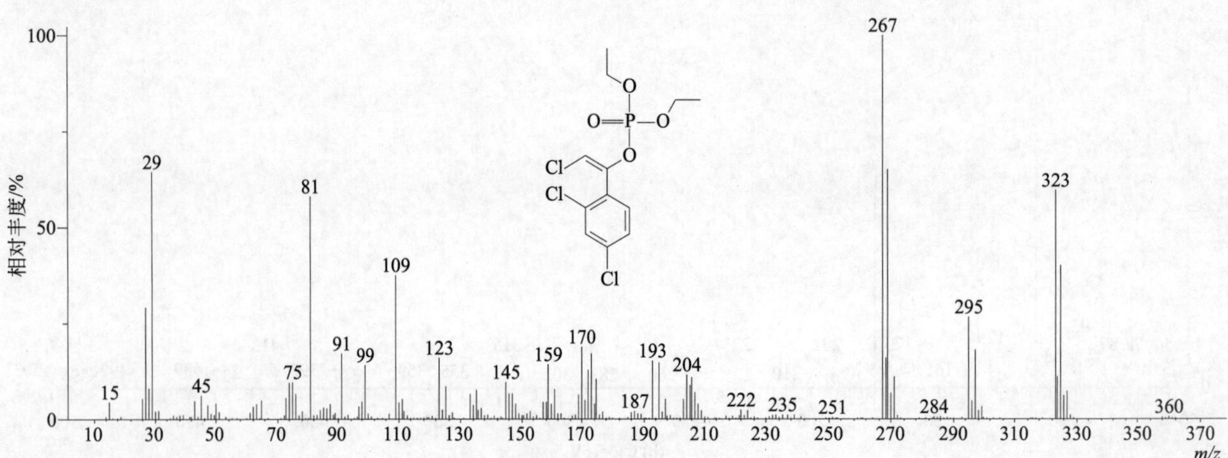

四个碰撞能量下子离子质谱图

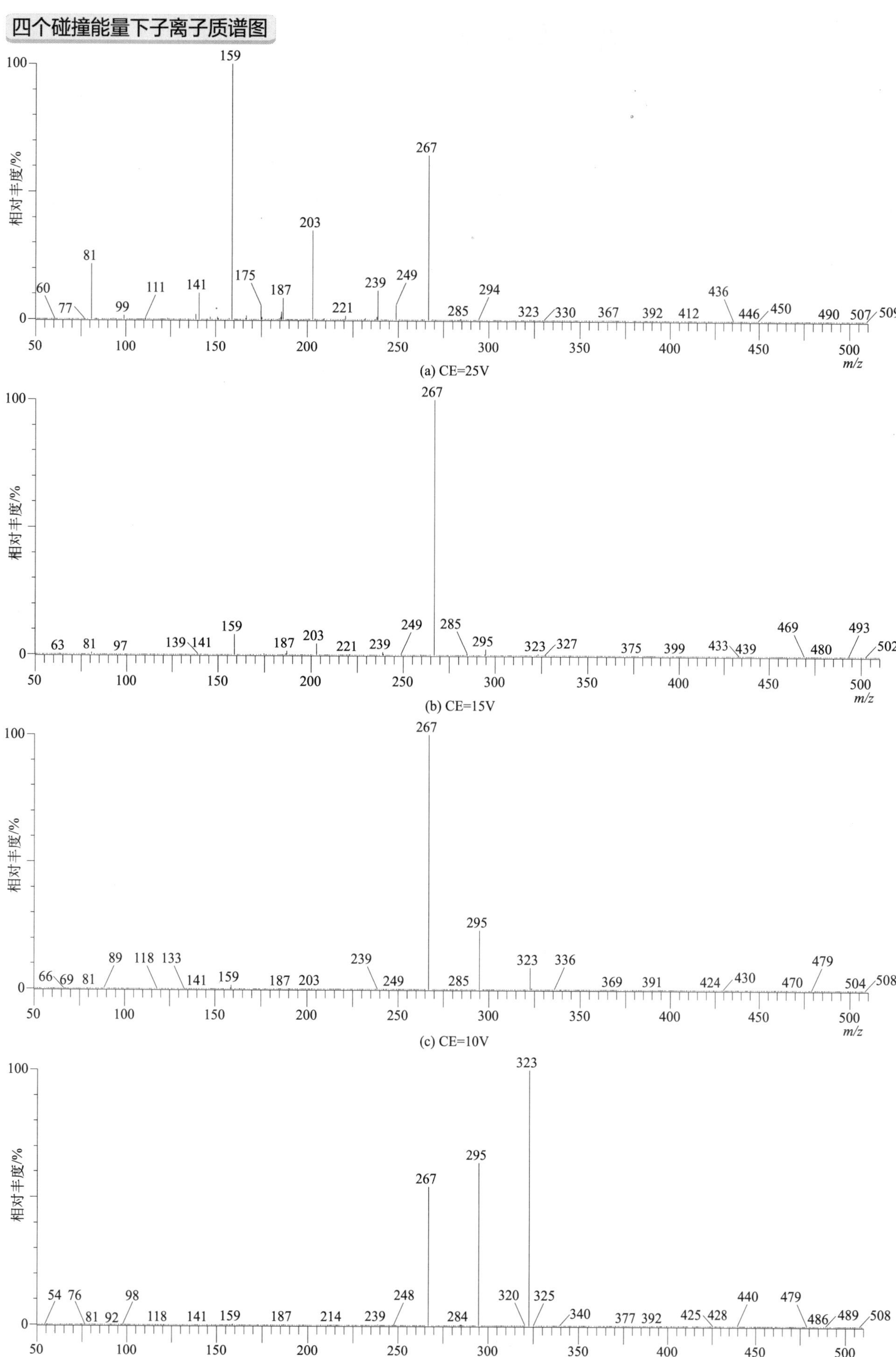

(a) CE=25V

(b) CE=15V

(c) CE=10V

(d) CE=5V

Chlorfluazuron（氟啶脲）

基本信息

CAS 登录号	71422-67-8	分子量	539.0	扫描模式	子离子扫描
分子式	$C_{20}H_9Cl_3F_5N_3O_3$	离子化模式	EI	母离子	321

一级质谱图

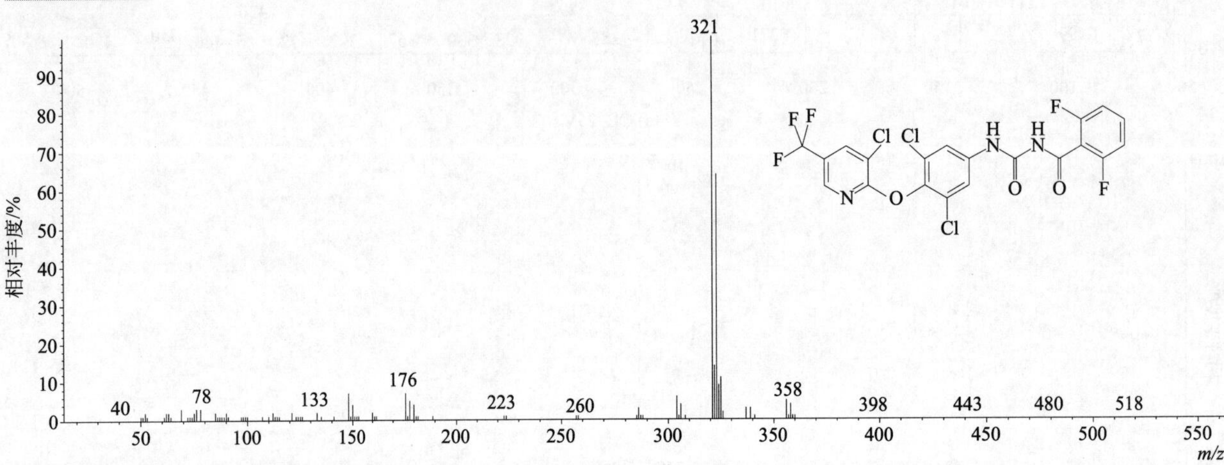

四个碰撞能量下子离子质谱图

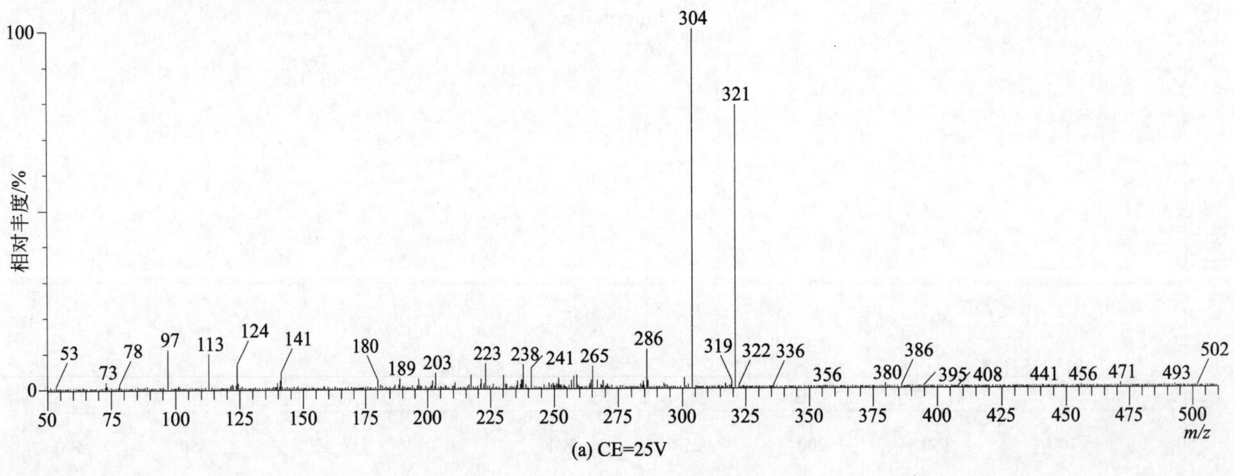
(a) CE=25V

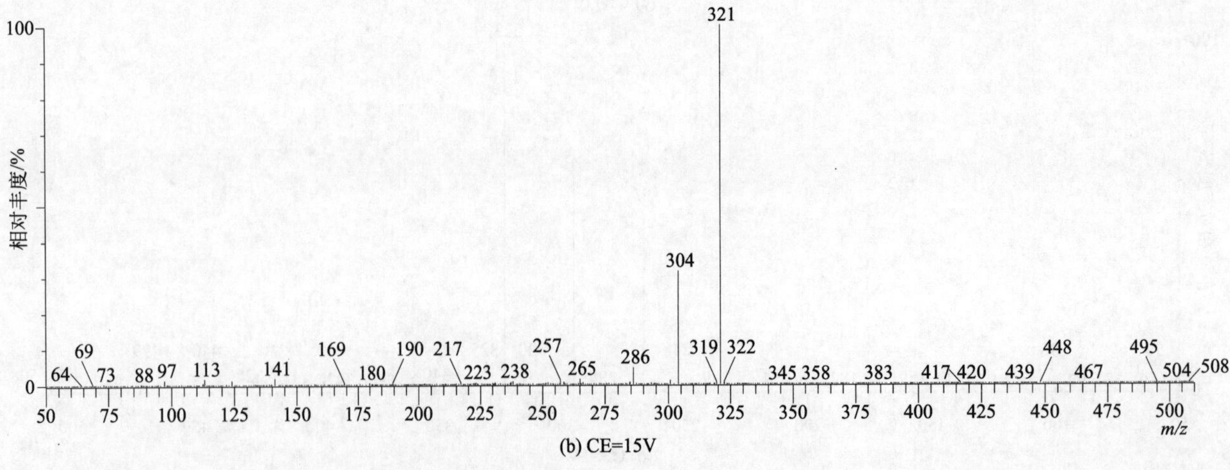
(b) CE=15V

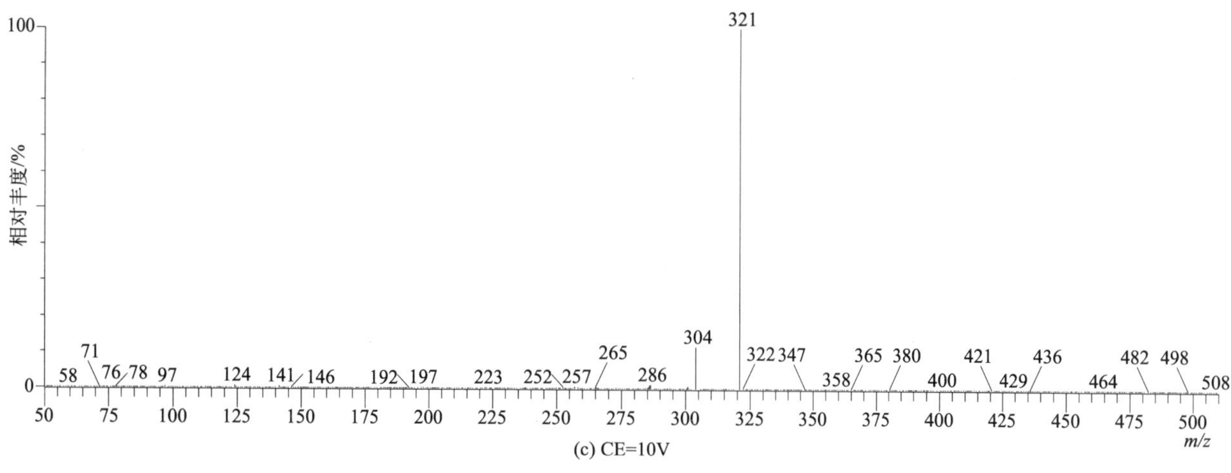

(c) CE=10V

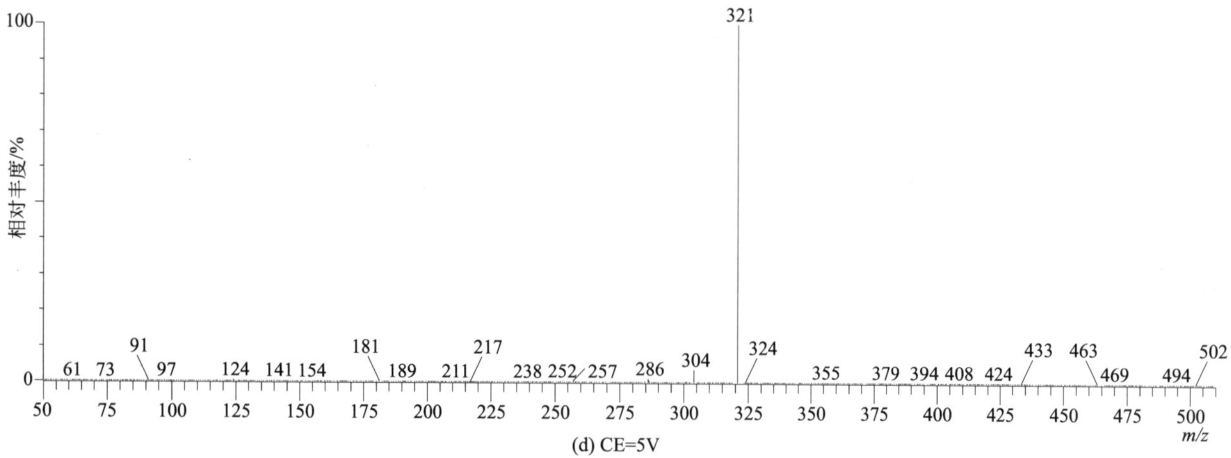

(d) CE=5V

Chlorflurenol（整形醇）

基本信息

CAS 登录号	2464-37-1	分子量	260.0	扫描模式	子离子扫描
分子式	$C_{14}H_9ClO_3$	离子化模式	EI	母离子	215

一级质谱图

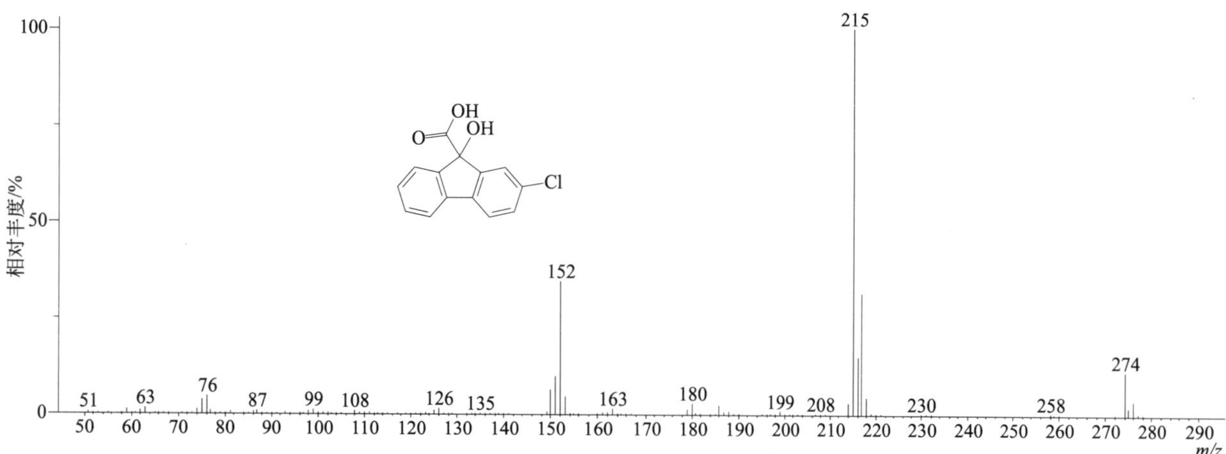

四个碰撞能量下子离子质谱图

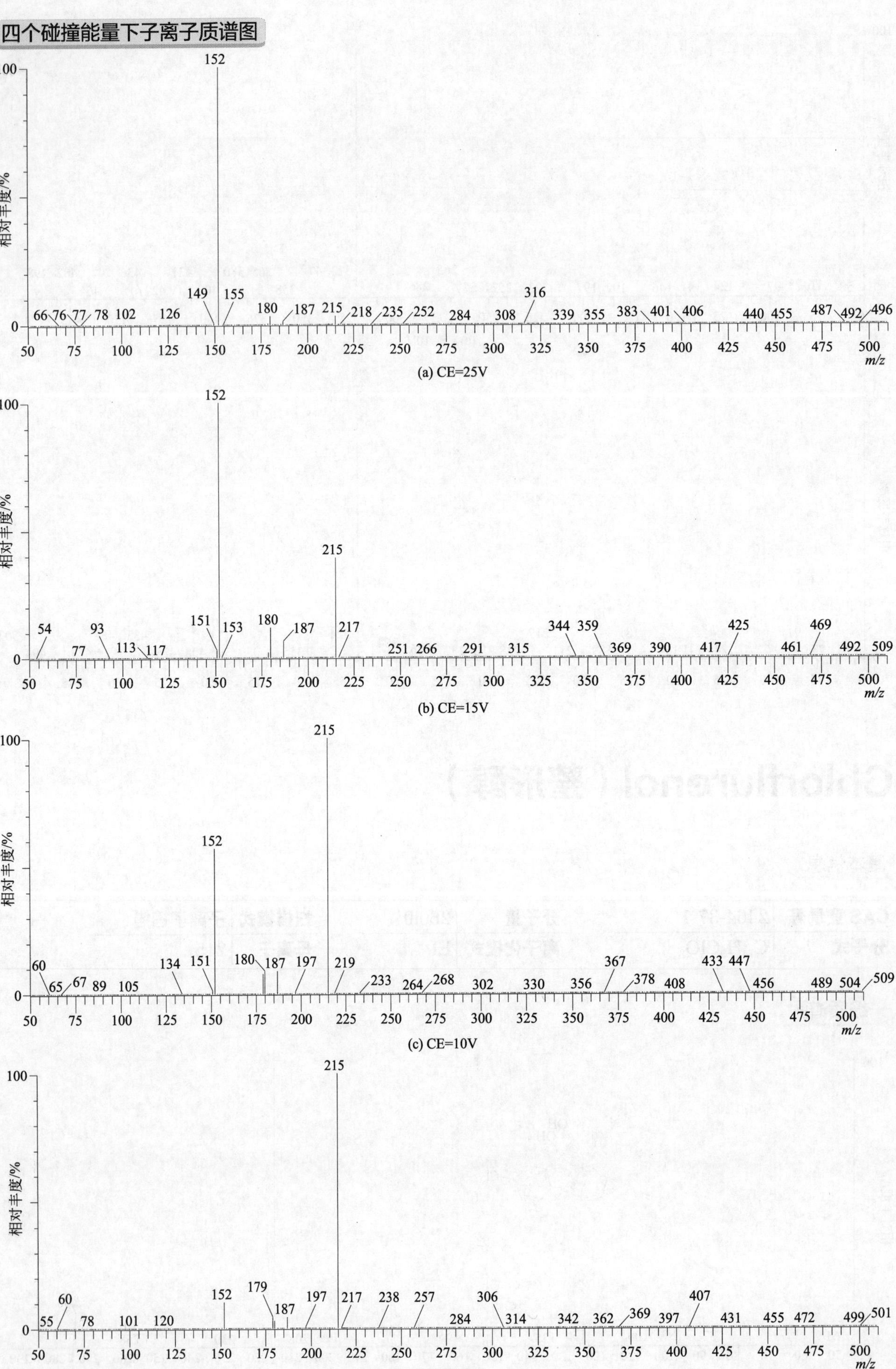

Chlormephos（氯甲硫磷）

基本信息

CAS 登录号	24934-91-6	分子量	234.0	扫描模式	子离子扫描
分子式	$C_5H_{12}ClO_2PS_2$	离子化模式	EI	母离子	234

一级质谱图

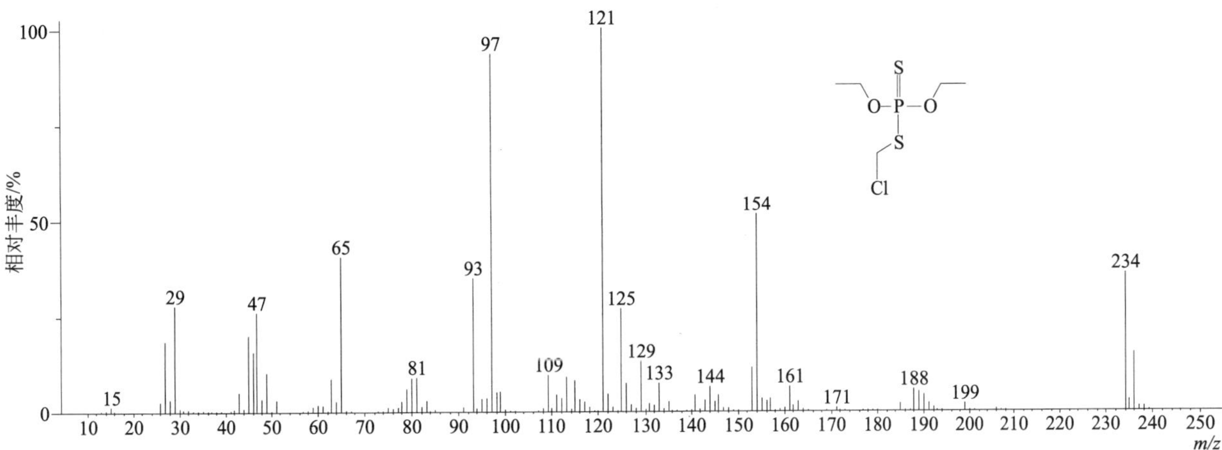

四个碰撞能量下子离子质谱图

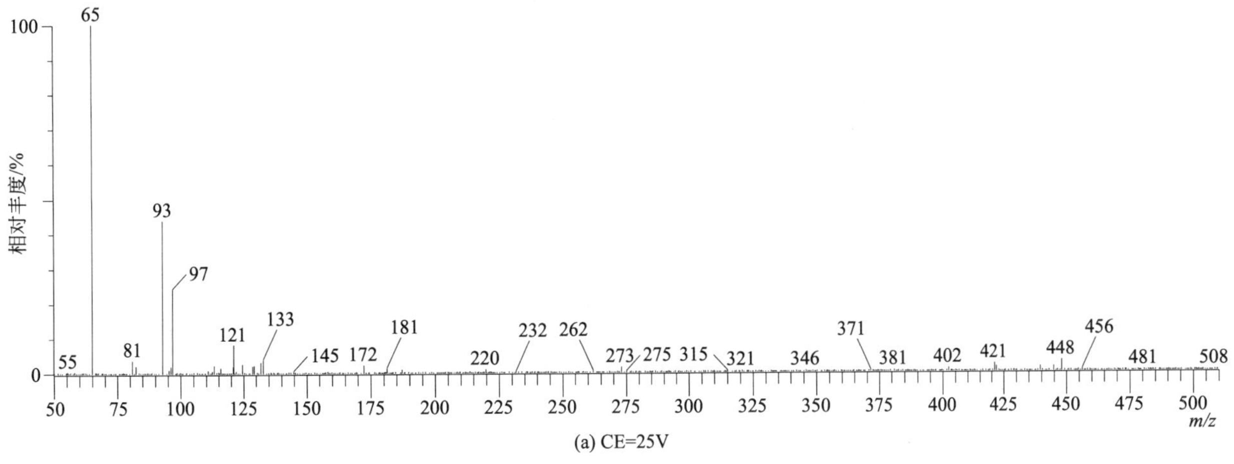

(a) CE=25V

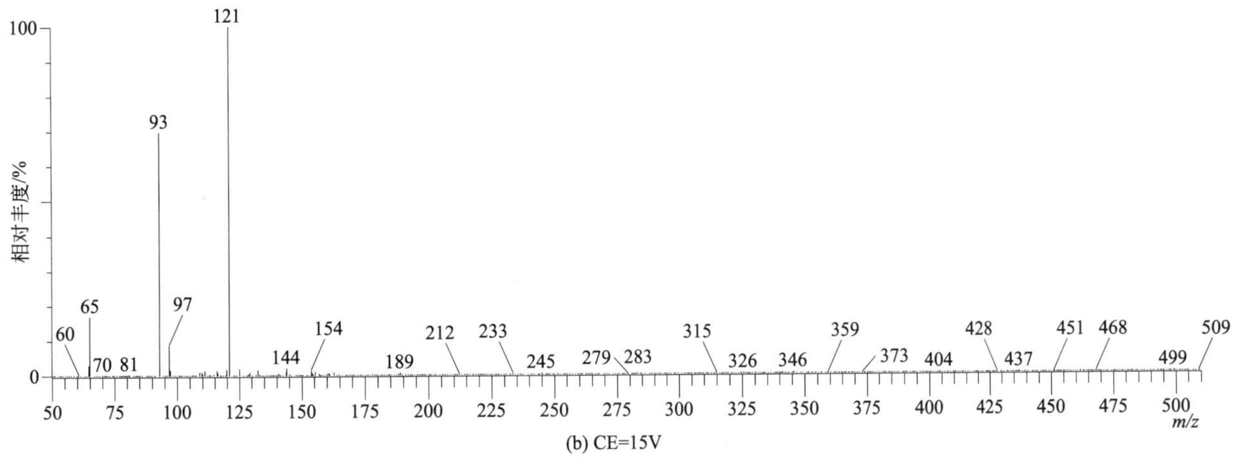

(b) CE=15V

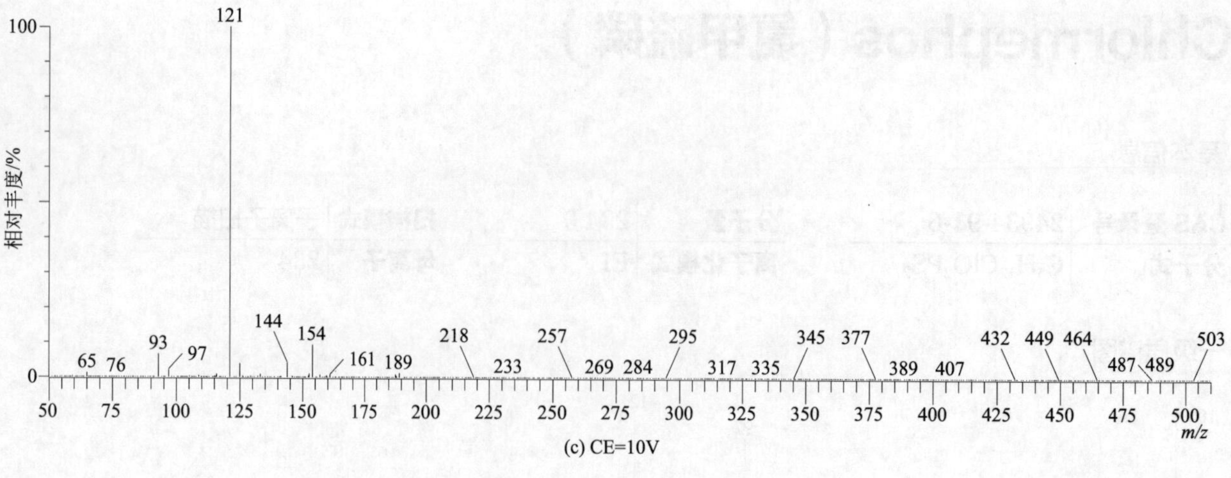

(c) CE=10V

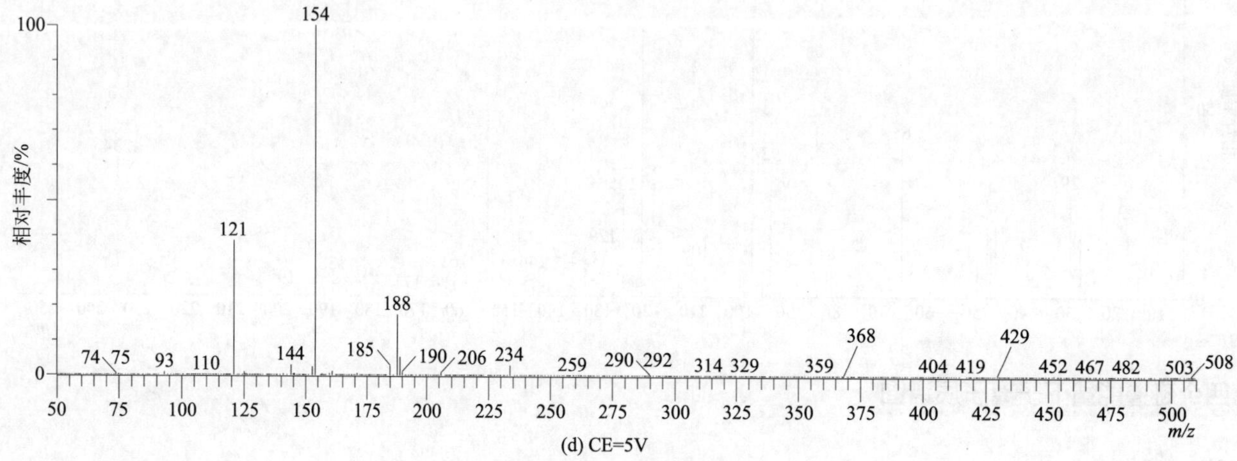

(d) CE=5V

Chlorobenzilate（乙酯杀螨醇）

基本信息

CAS 登录号	510-15-6	分子量	324.0	扫描模式	子离子扫描
分子式	$C_{16}H_{14}Cl_2O_3$	离子化模式	EI	母离子	251

一级质谱图

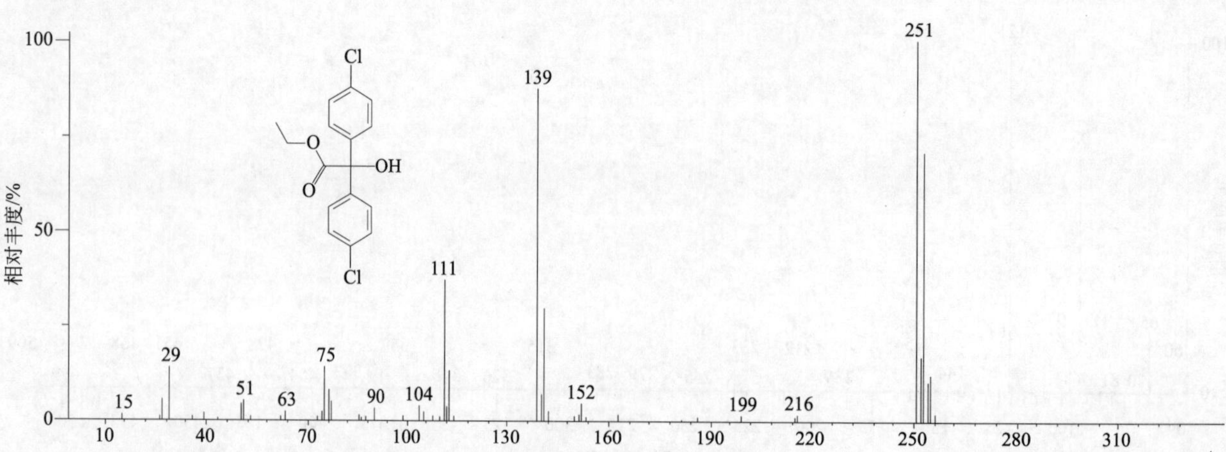

四个碰撞能量下子离子质谱图

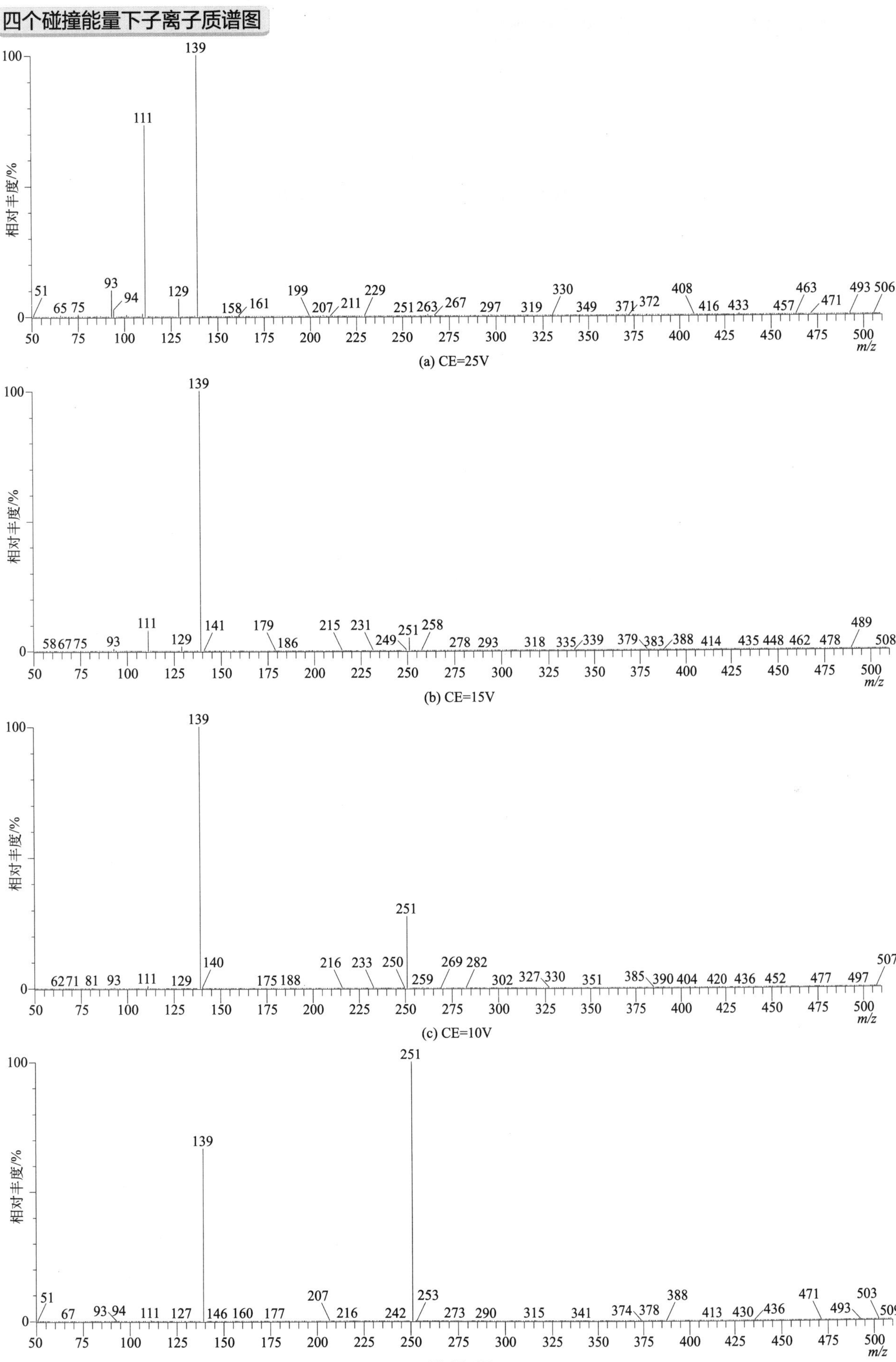

(a) CE=25V

(b) CE=15V

(c) CE=10V

(d) CE=5V

Chloroneb（氯苯甲醚）

基本信息

CAS 登录号	2675-77-6	分子量	206.0	扫描模式	子离子扫描
分子式	$C_8H_8Cl_2O_2$	离子化模式	EI	母离子	191

一级质谱图

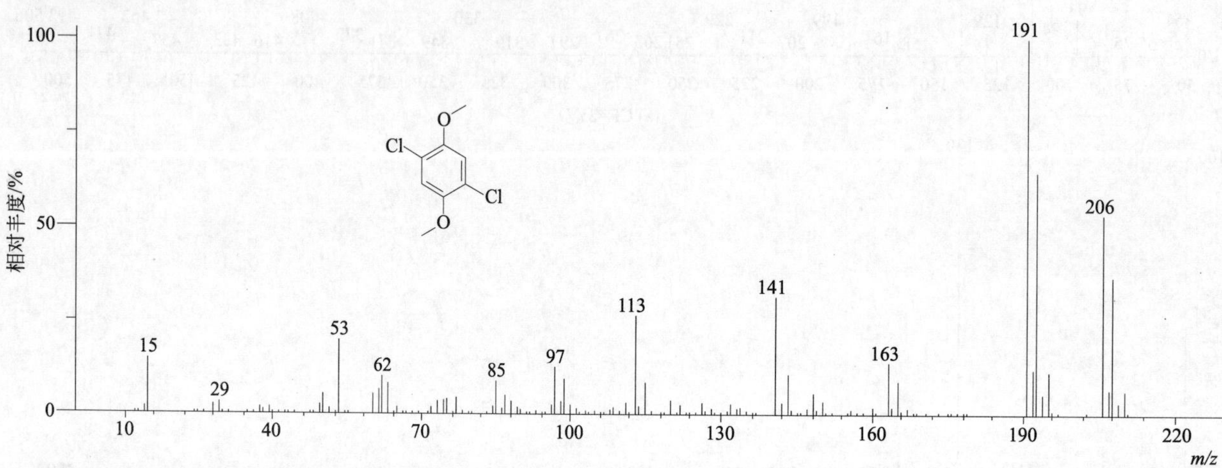

四个碰撞能量下子离子质谱图

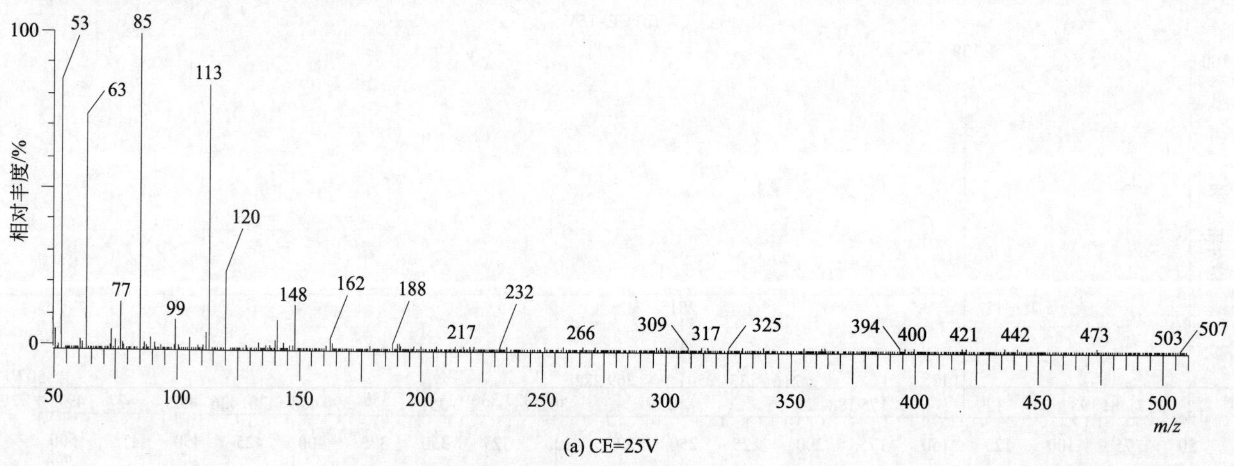

(a) CE=25V

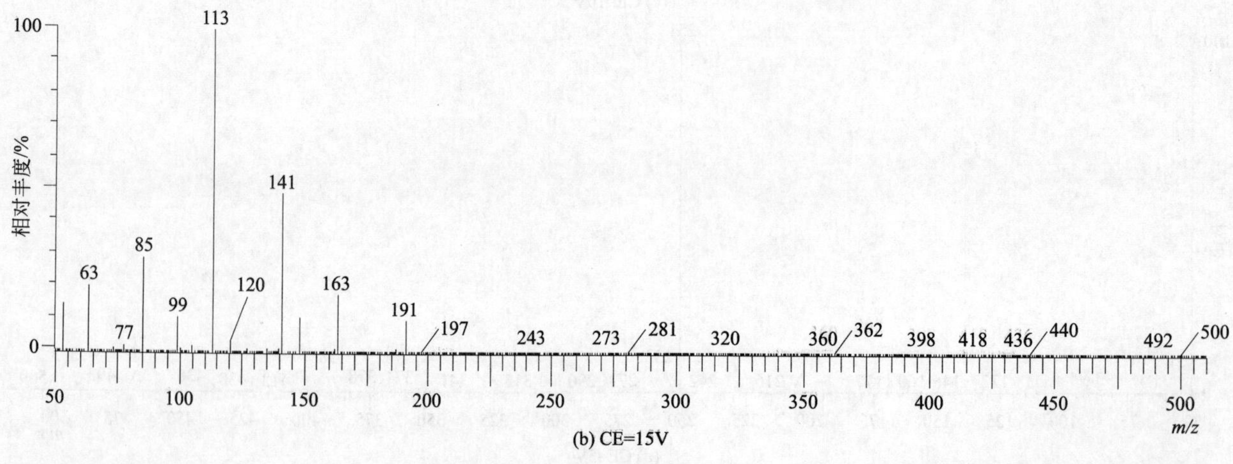

(b) CE=15V

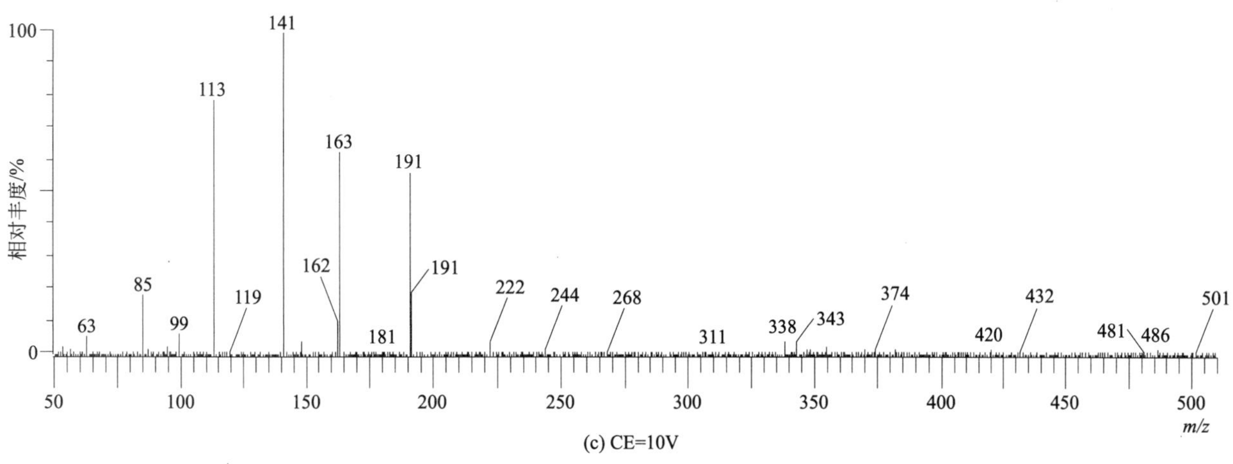

(c) CE=10V

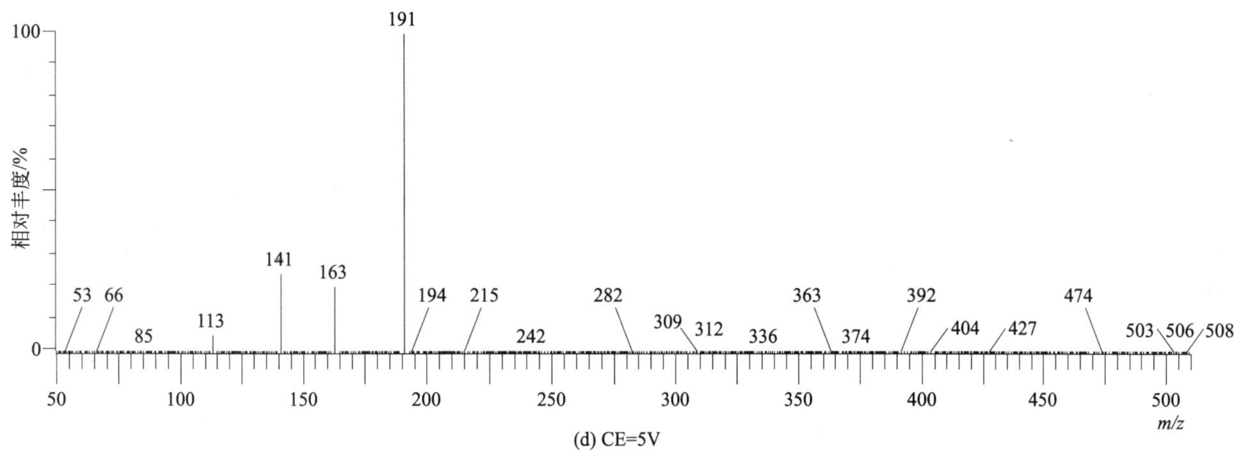

(d) CE=5V

Chloropropylate（丙酯杀螨醇）

基本信息

CAS 登录号	5836-10-2	分子量	338.0	扫描模式	子离子扫描
分子式	$C_{17}H_{16}Cl_2O_3$	离子化模式	EI	母离子	251

一级质谱图

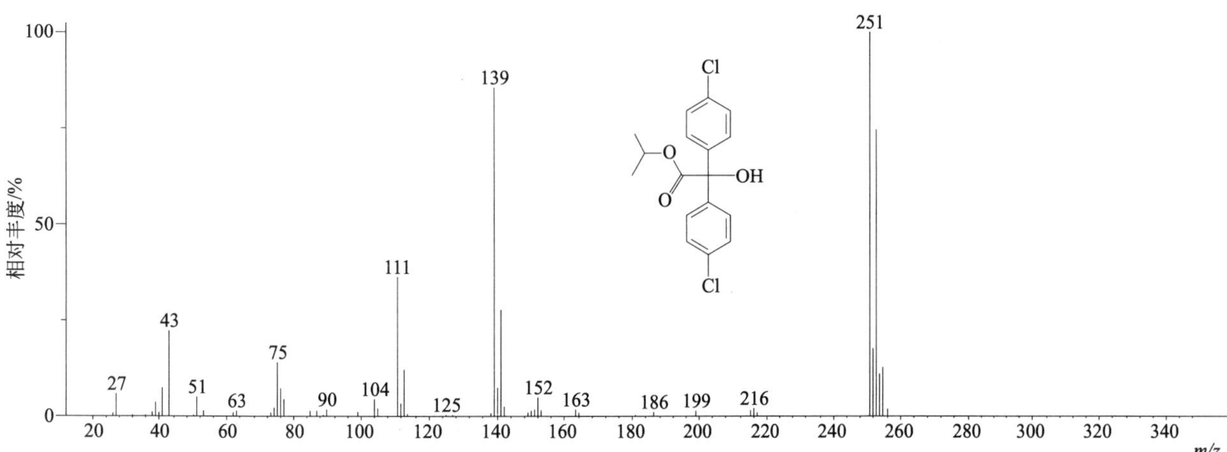

四个碰撞能量下子离子质谱图

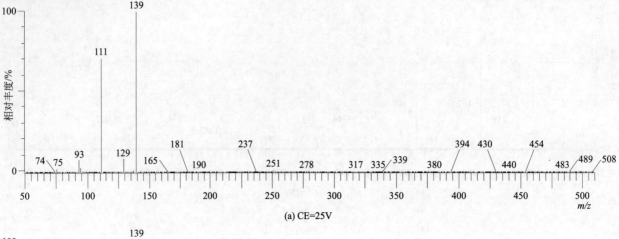

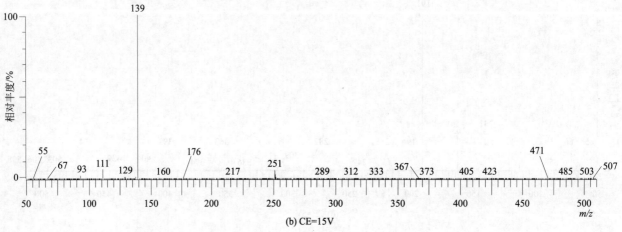

相对丰度/%

100 139 111 93 74 75 129 165 181 190 237 251 278 317 335 339 380 394 430 440 454 483 489 508

50 100 150 200 250 300 350 400 450 500 m/z

(a) CE=25V

相对丰度/%

100 139 55 67 93 111 129 160 176 217 251 289 312 333 367 373 405 423 471 485 503 507

50 100 150 200 250 300 350 400 450 500 m/z

(b) CE=15V

相对丰度/%

100 139 251 141 70 93 111 182 215 249 269 286 311 343 376 396 408 444 453 491 502

50 100 150 200 250 300 350 400 450 500 m/z

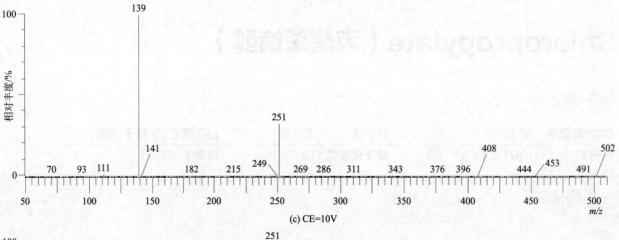

(c) CE=10V

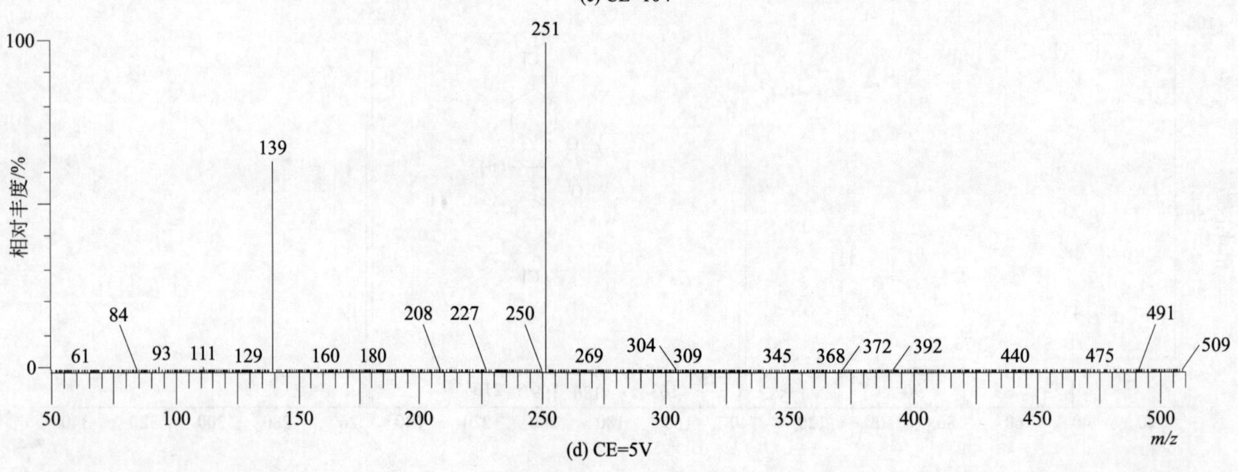

(d) CE=5V

Chlorpropham（氯苯胺灵）

基本信息

CAS 登录号	101-21-3	分子量	213.1	扫描模式	子离子扫描
分子式	$C_{10}H_{12}ClNO_2$	离子化模式	EI	母离子	213

一级质谱图

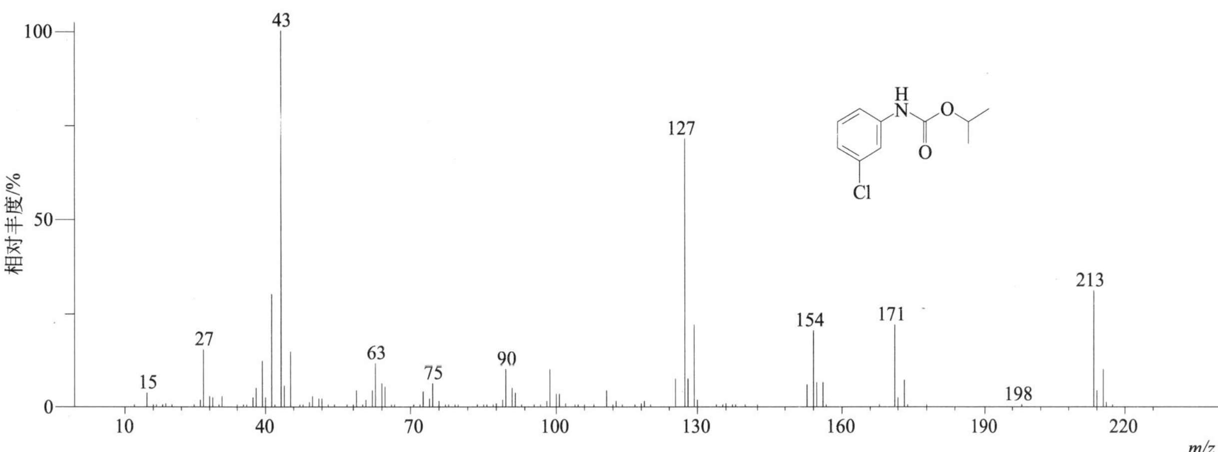

四个碰撞能量下子离子质谱图

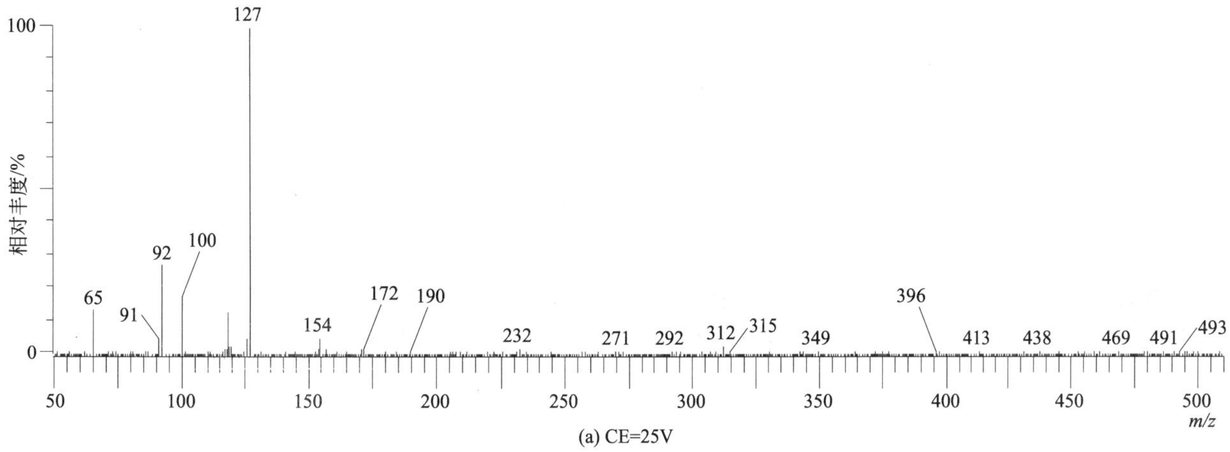

(a) CE=25V

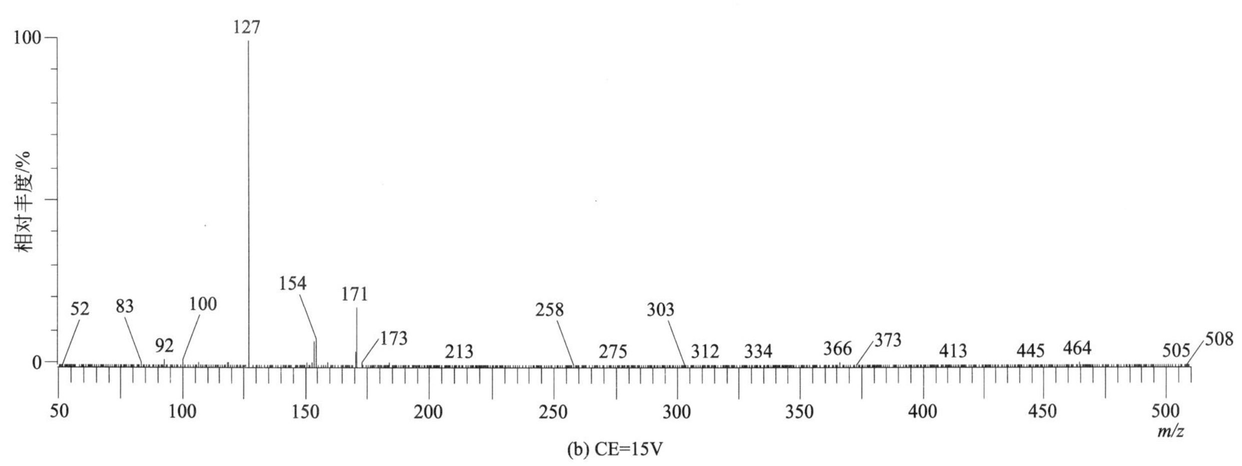

(b) CE=15V

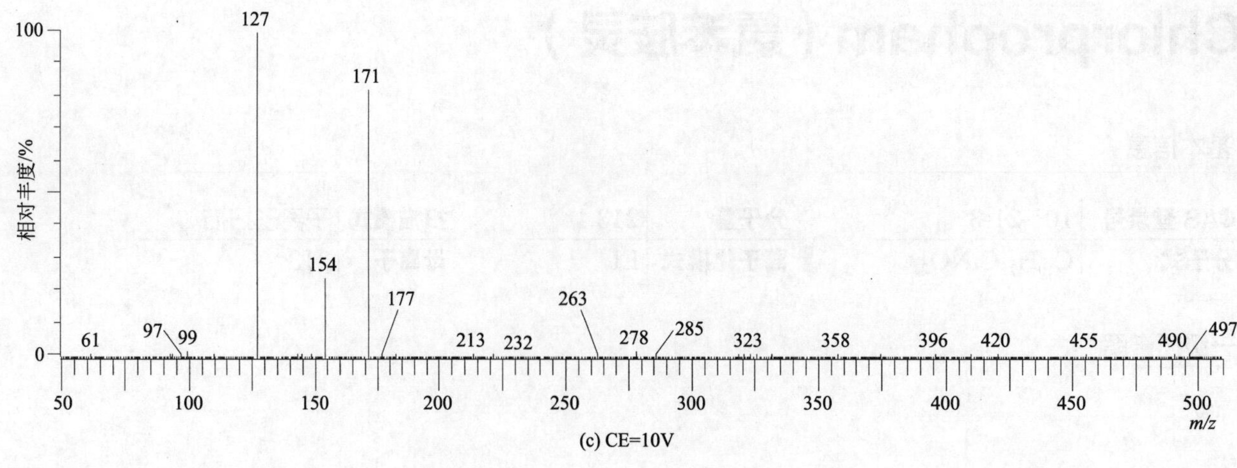

(c) CE=10V

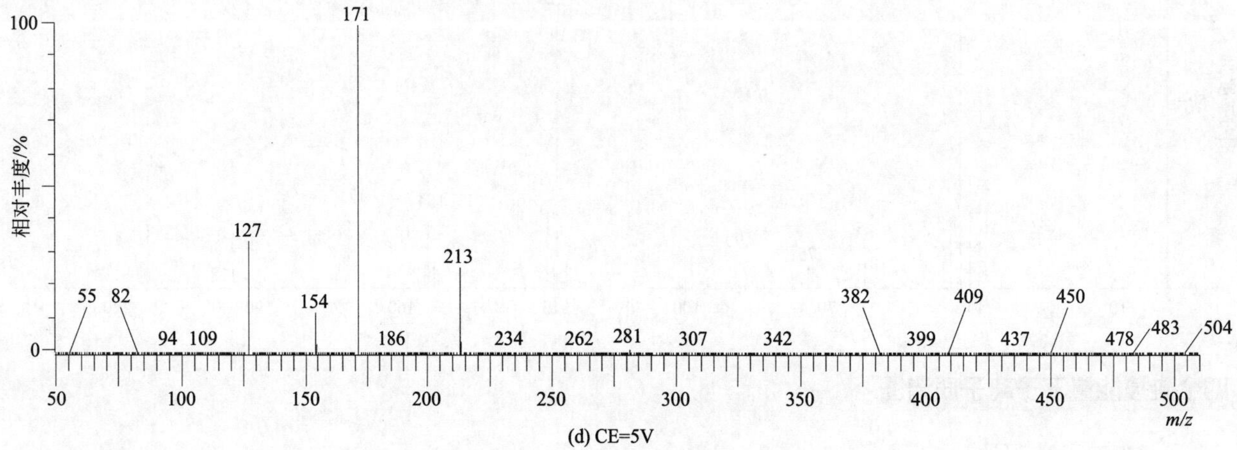

(d) CE=5V

Chlorpyrifos ethyl（毒死蜱）

基本信息

CAS 登录号	2921-88-2	分子量	348.9	扫描模式	子离子扫描
分子式	$C_9H_{11}Cl_3NO_3PS$	离子化模式	EI	母离子	314

一级质谱图

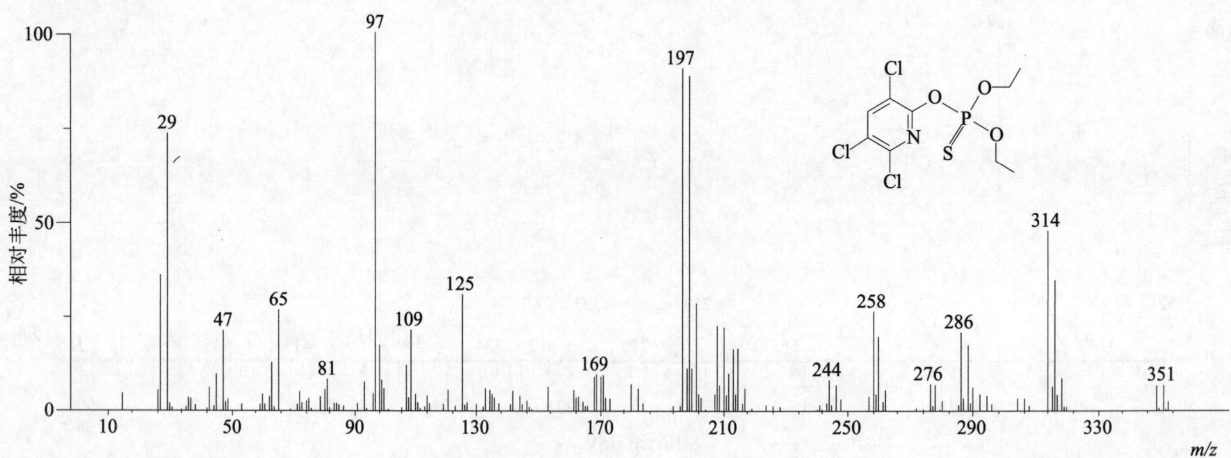

四个碰撞能量下子离子质谱图

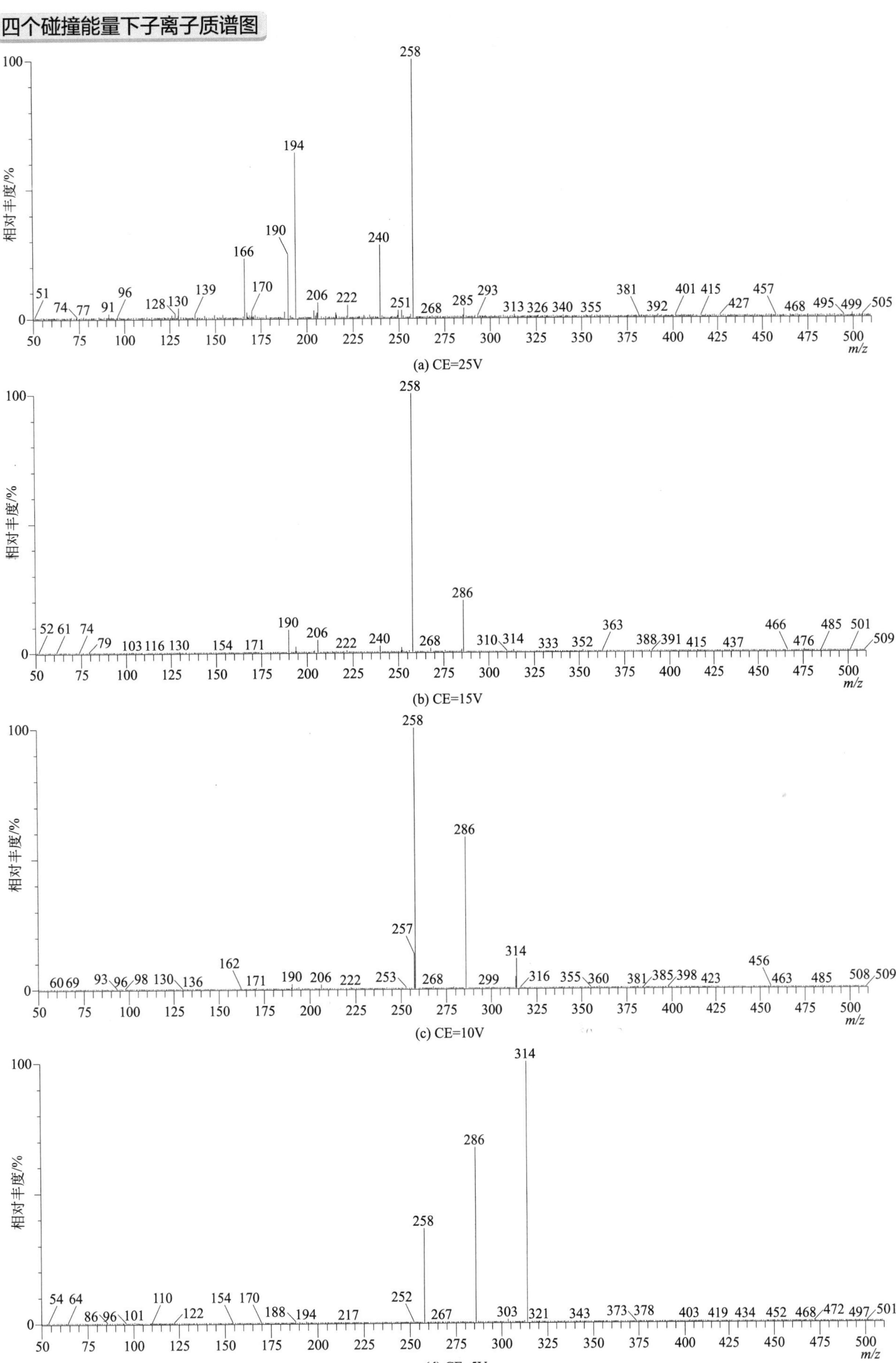

(a) CE=25V

(b) CE=15V

(c) CE=10V

(d) CE=5V

Chlorpyrifos-methyl（甲基毒死蜱）

基本信息

CAS 登录号	5598-13-0	分子量	320.9	扫描模式	子离子扫描
分子式	$C_7H_7Cl_3NO_3PS$	离子化模式	EI	母离子	286

一级质谱图

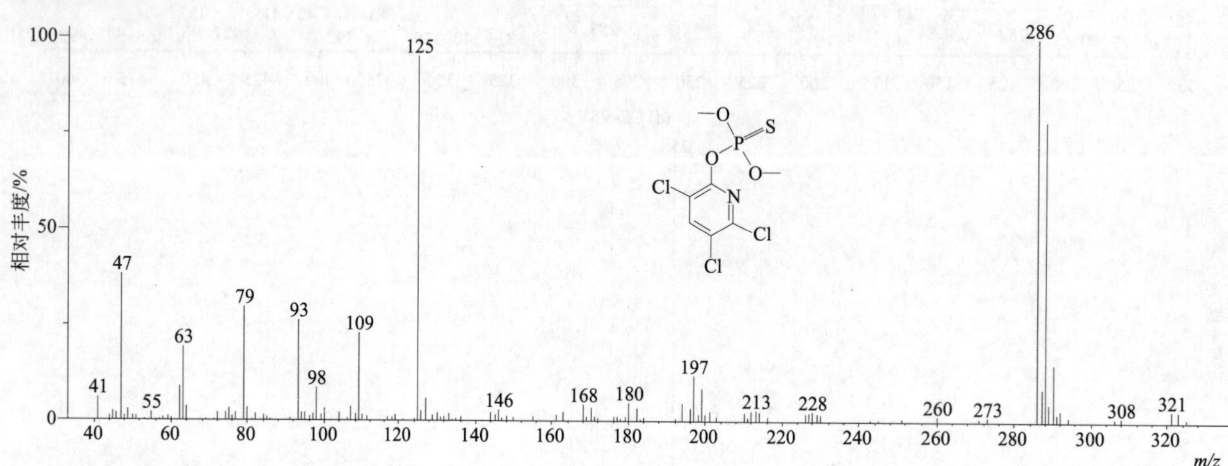

四个碰撞能量下子离子质谱图

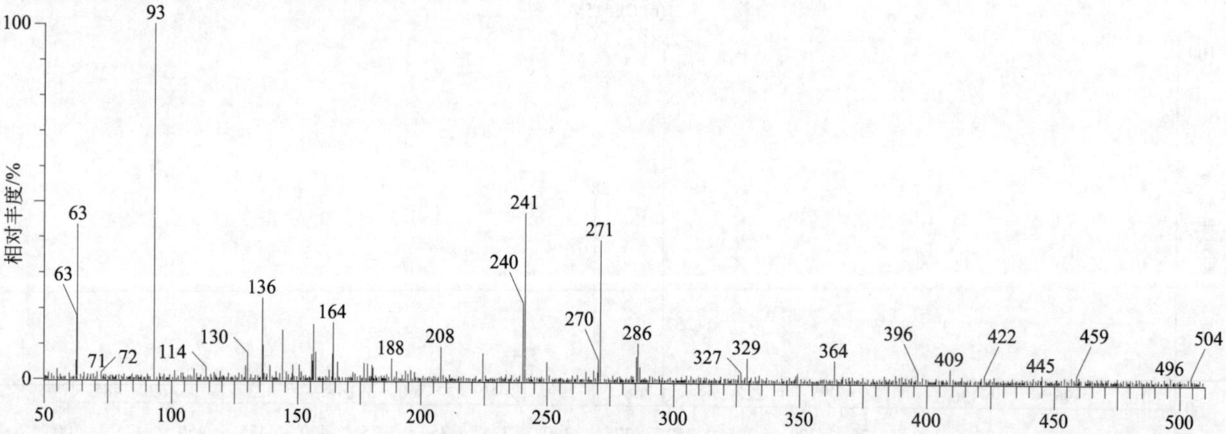

(a) CE=25V

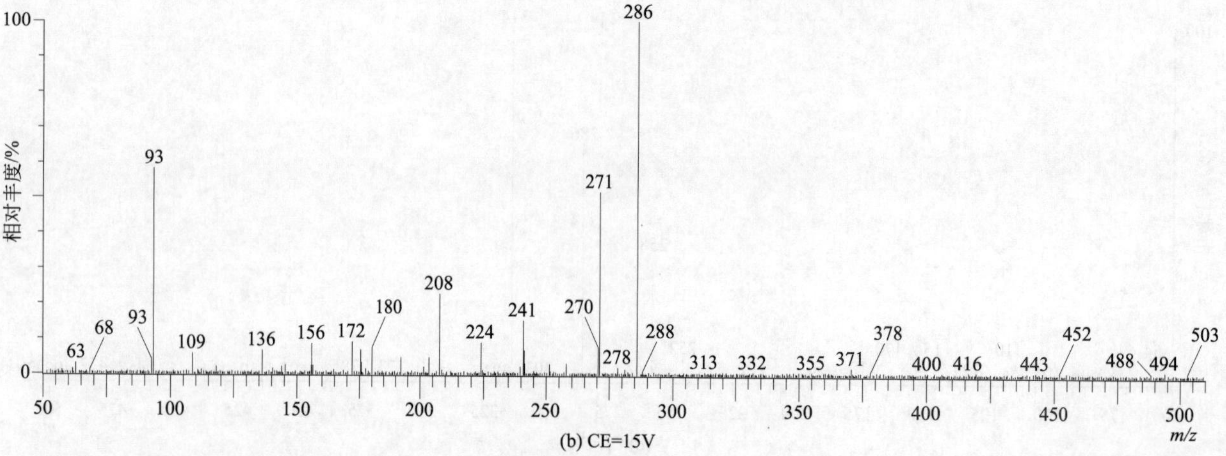

(b) CE=15V

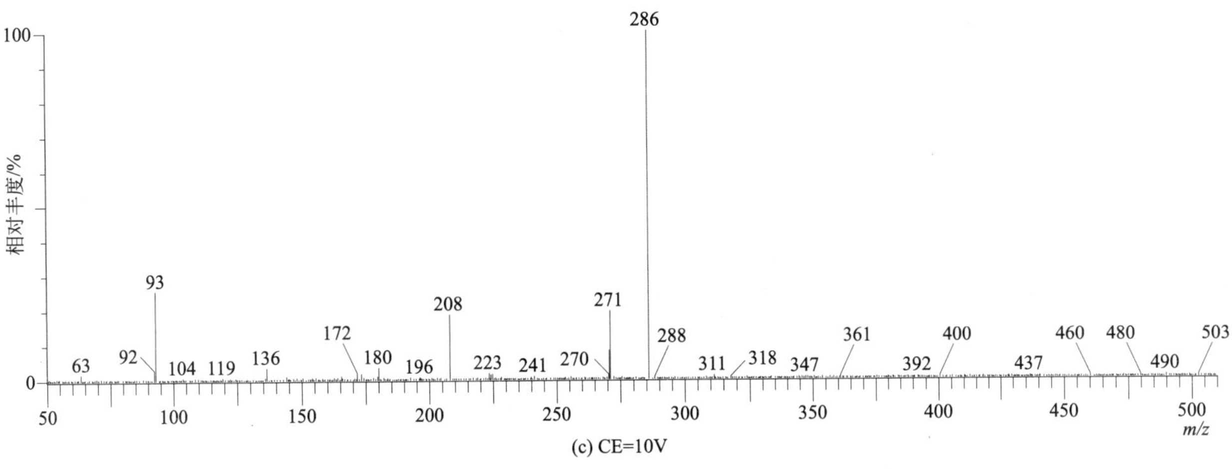

(c) CE=10V

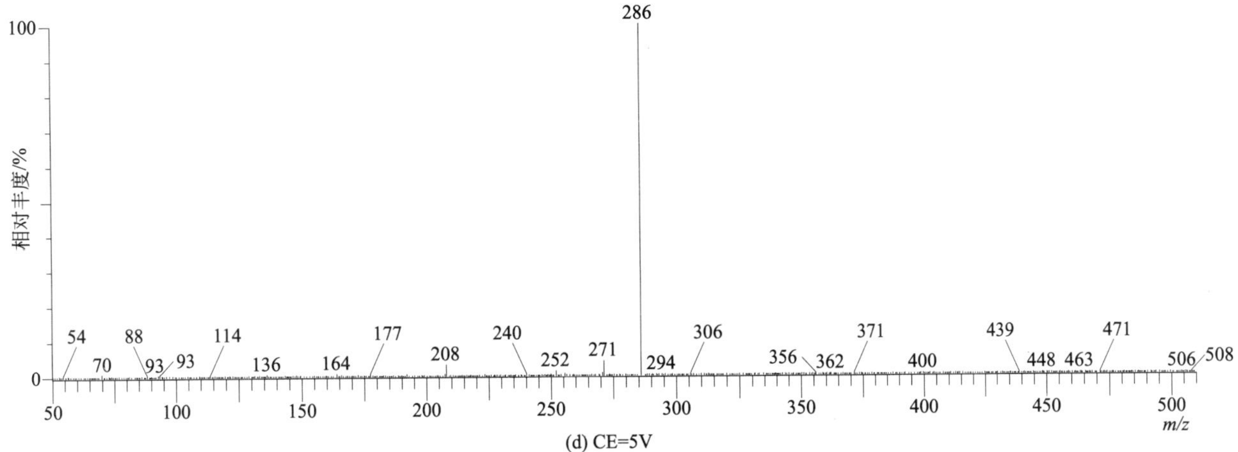

(d) CE=5V

Chlorthal-dimethyl/Dacthal（氯酞酸甲酯 / 敌草索）

基本信息

CAS 登录号	1861-32-1	分子量	329.9	扫描模式	子离子扫描
分子式	$C_{10}H_6Cl_4O_4$	离子化模式	EI	母离子	301

一级质谱图

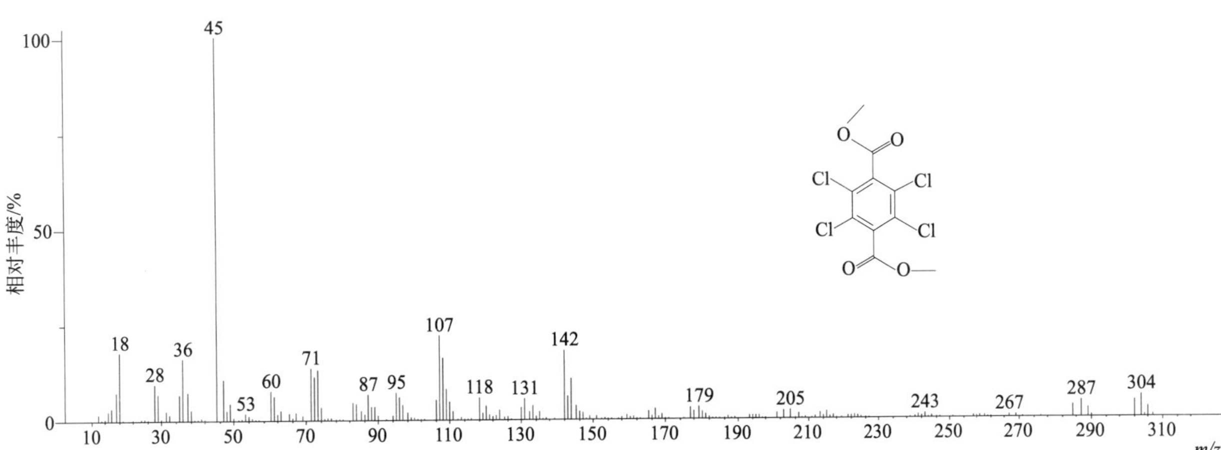

四个碰撞能量下子离子质谱图

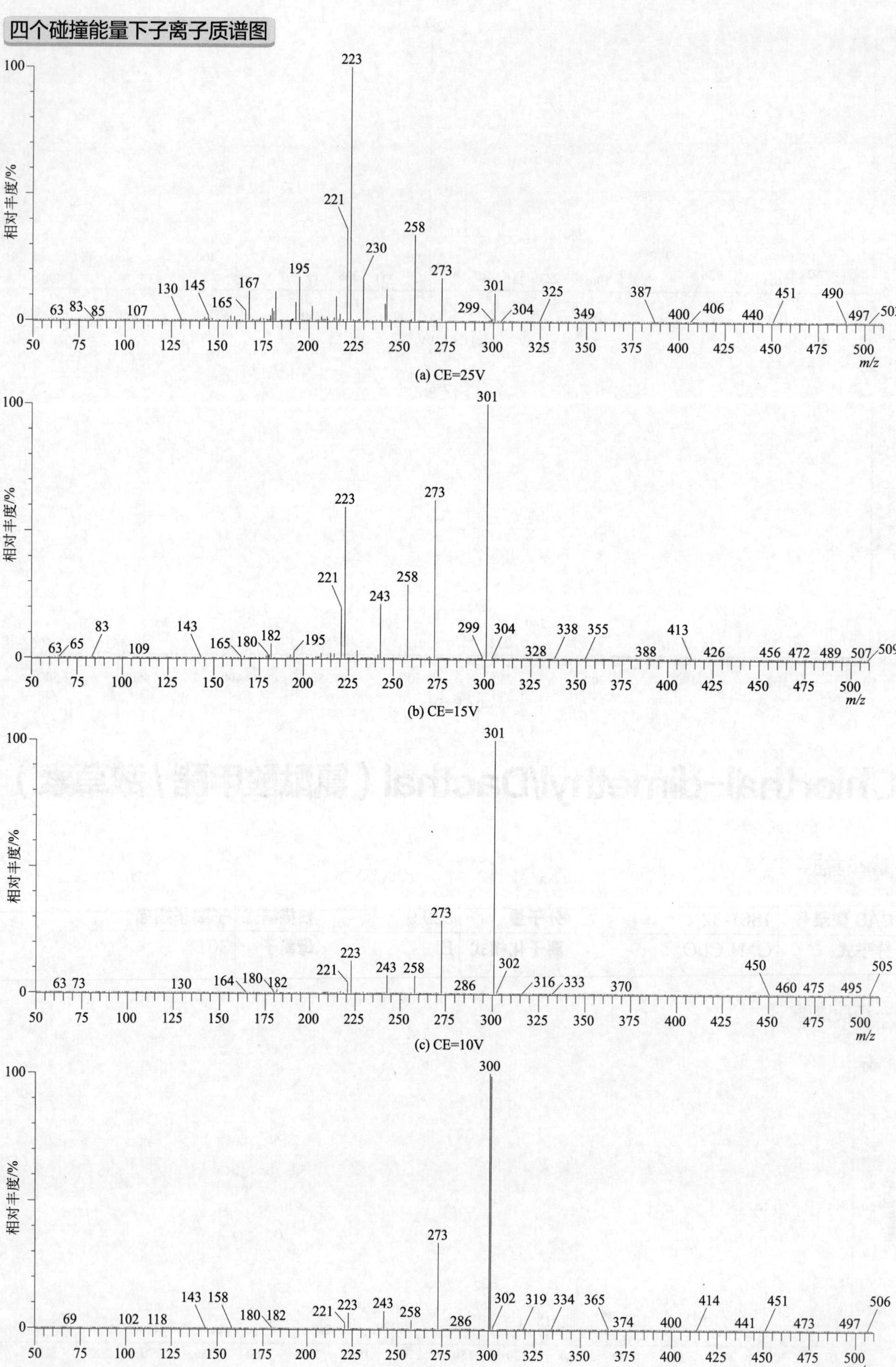

(a) CE=25V

(b) CE=15V

(c) CE=10V

(d) CE=5V

Chlorthiamid（氯硫酰草胺）

基本信息

CAS 登录号	1918-13-4	分子量	205.0	扫描模式	子离子扫描
分子式	$C_7H_5Cl_2NS$	离子化模式	EI	母离子	205

一级质谱图

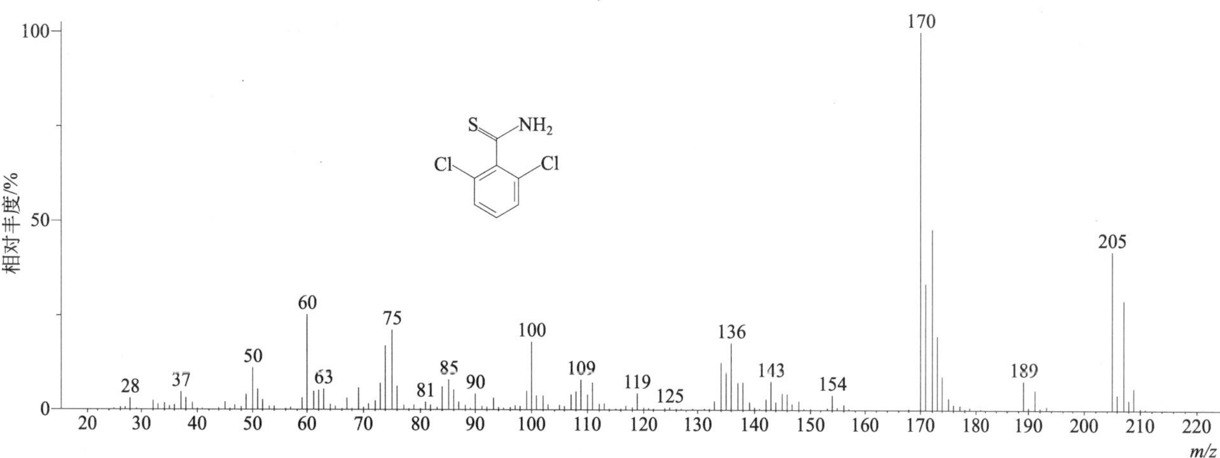

四个碰撞能量下子离子质谱图

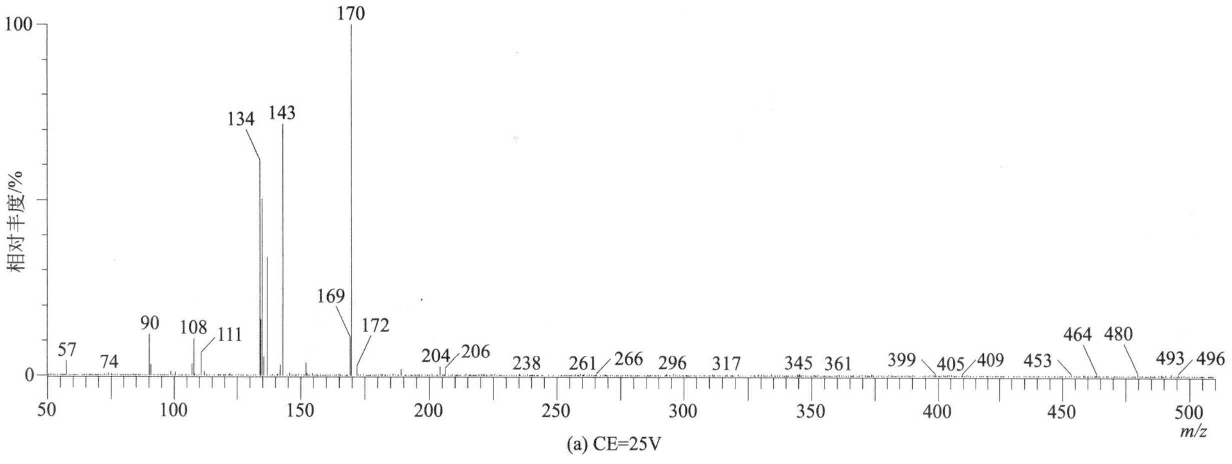

(a) CE=25V

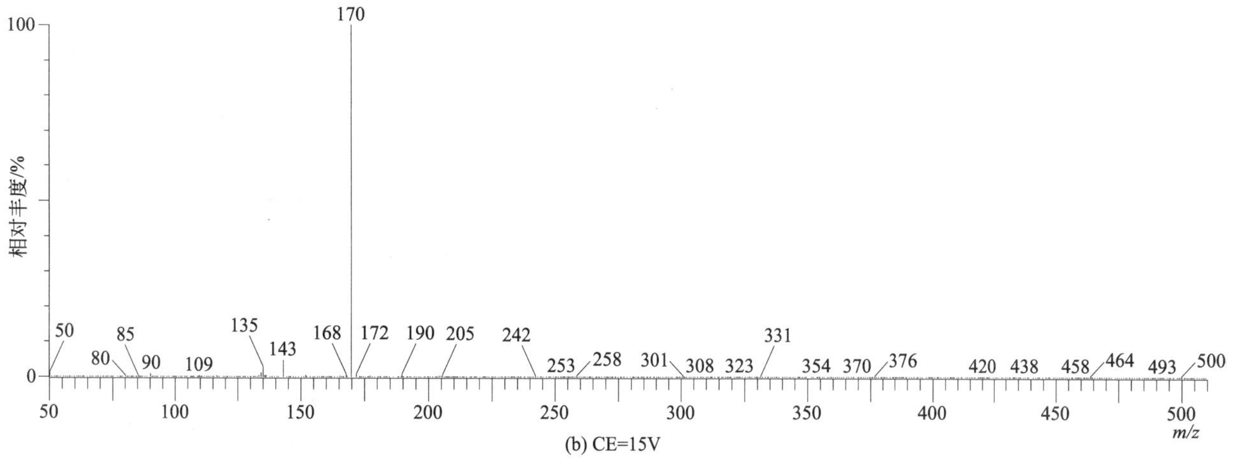

(b) CE=15V

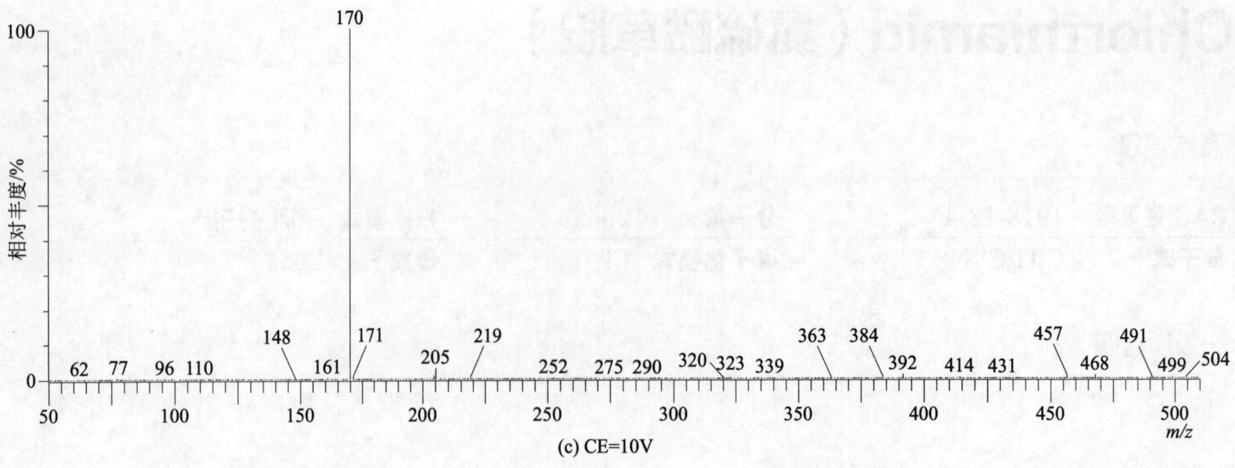

(c) CE=10V

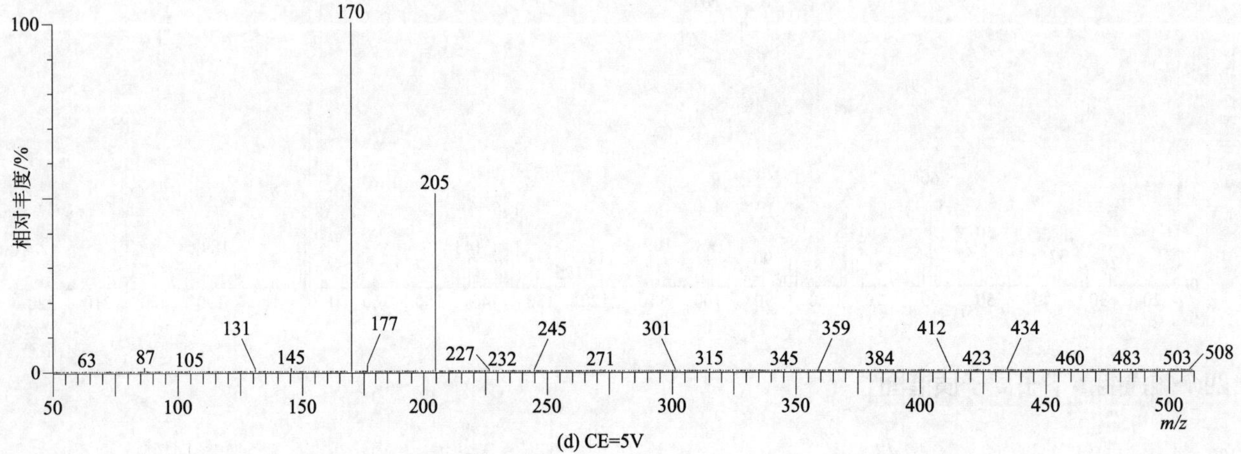

(d) CE=5V

Chlorthion（氯硫磷）

基本信息

CAS 登录号	500-28-7	分子量	297.0	扫描模式	子离子扫描
分子式	$C_8H_9ClNO_5PS$	离子化模式	EI	母离子	299

一级质谱图

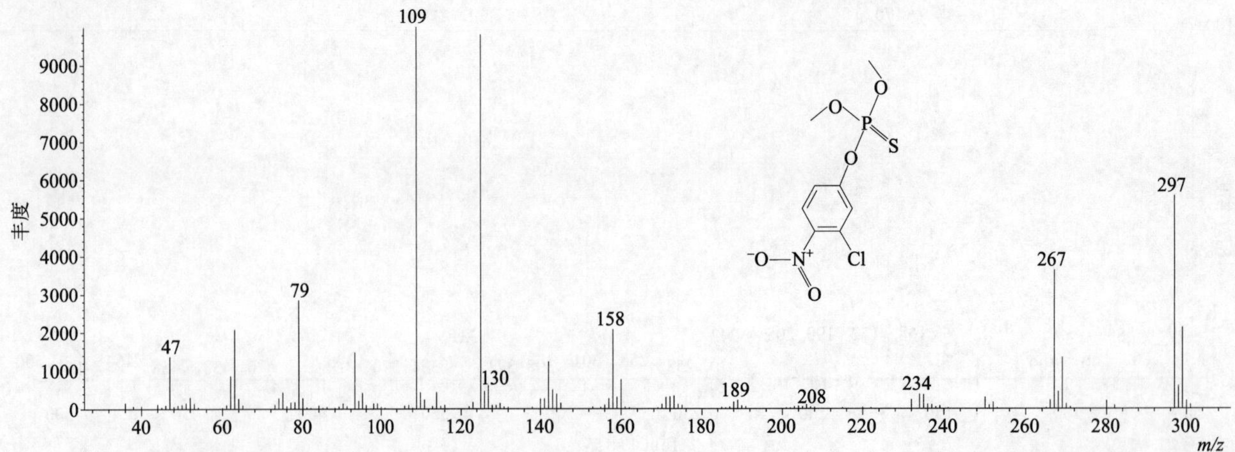

四个碰撞能量下子离子质谱图

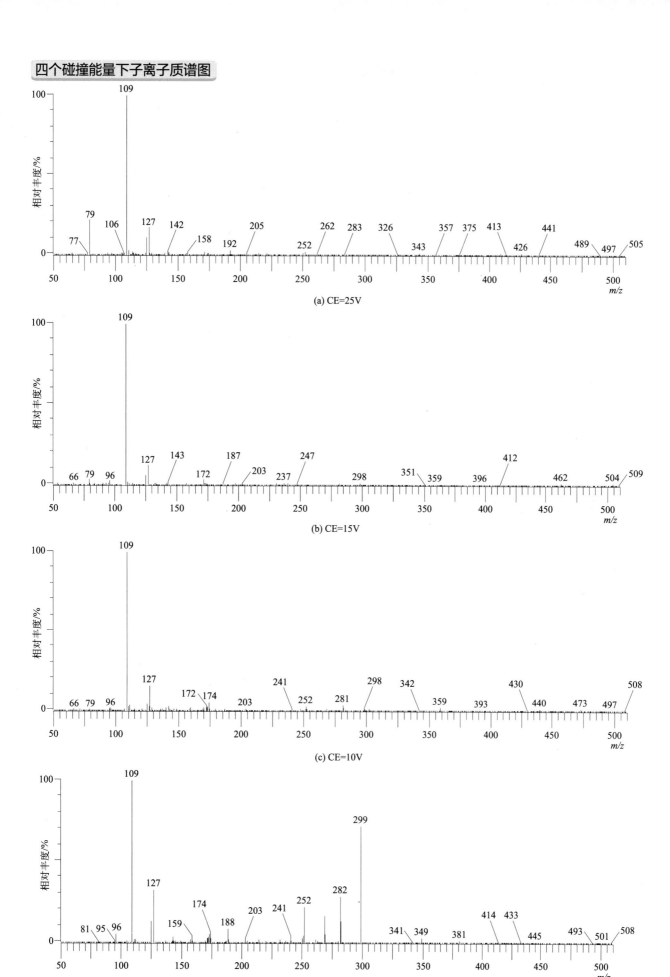

(a) CE=25V

(b) CE=15V

(c) CE=10V

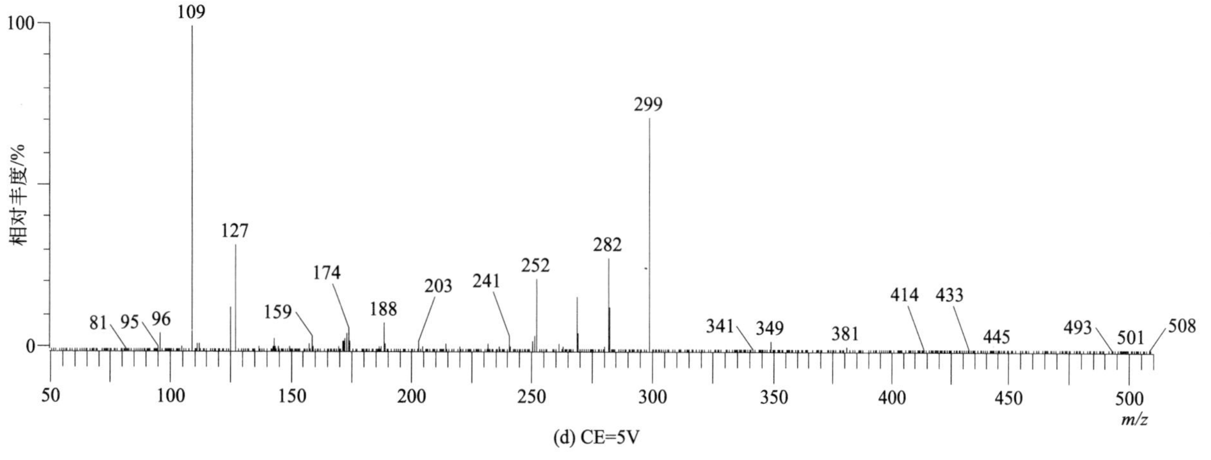

(d) CE=5V

Chlorthiophos（虫螨磷）

基本信息

CAS 登录号	21923-23-9	分子量	360.0	扫描模式	子离子扫描
分子式	$C_{11}H_{15}Cl_2O_3PS_2$	离子化模式	EI	母离子	360

一级质谱图

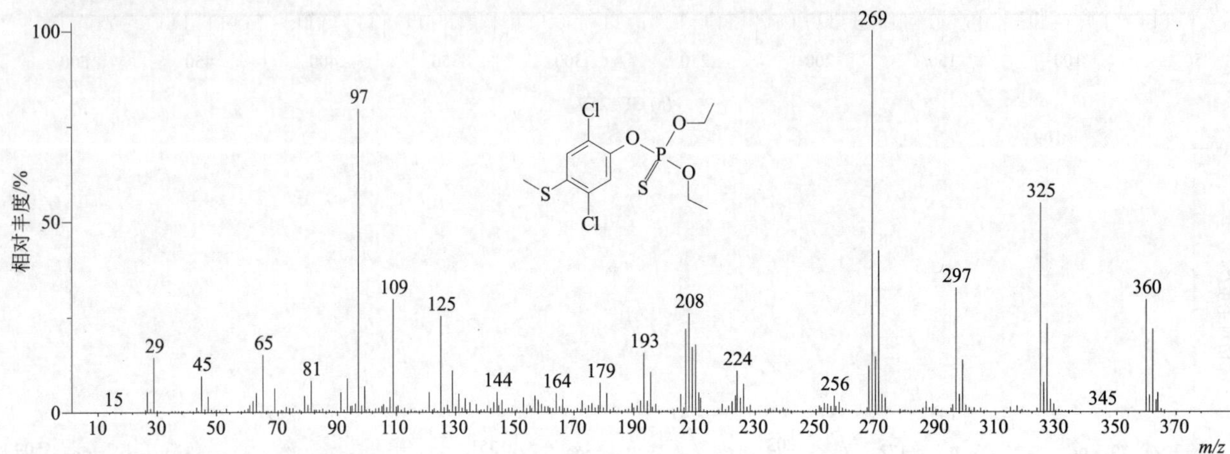

四个碰撞能量下子离子质谱图

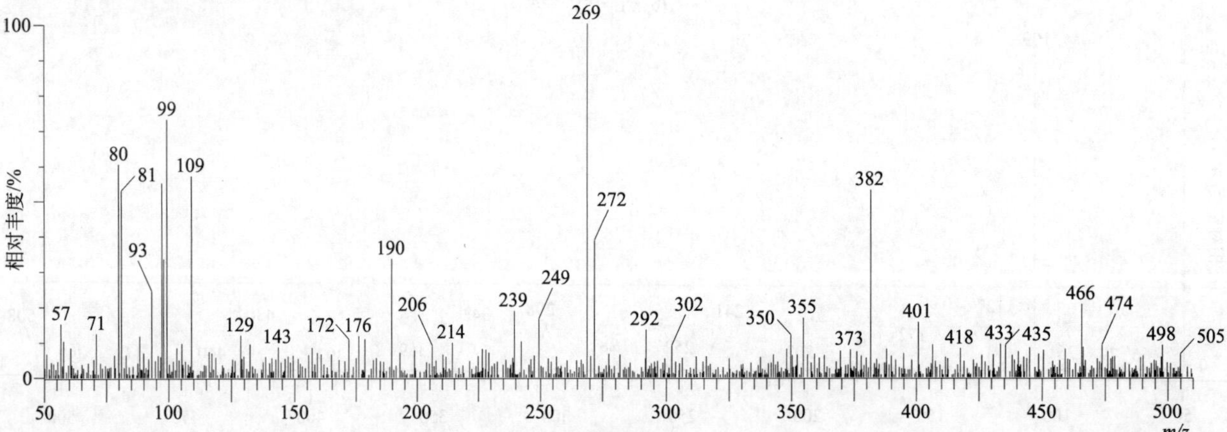

(a) CE=25V

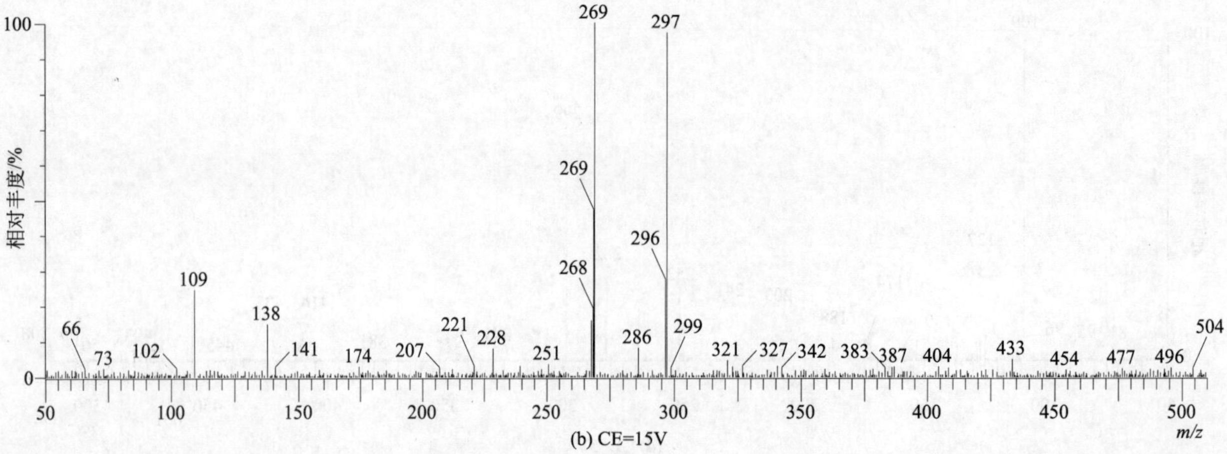

(b) CE=15V

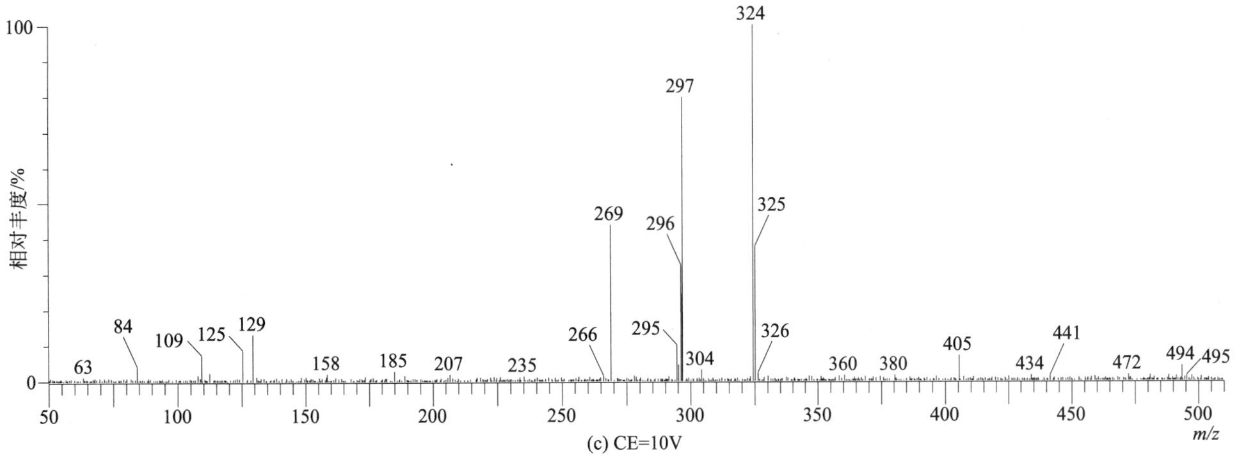

(c) CE=10V

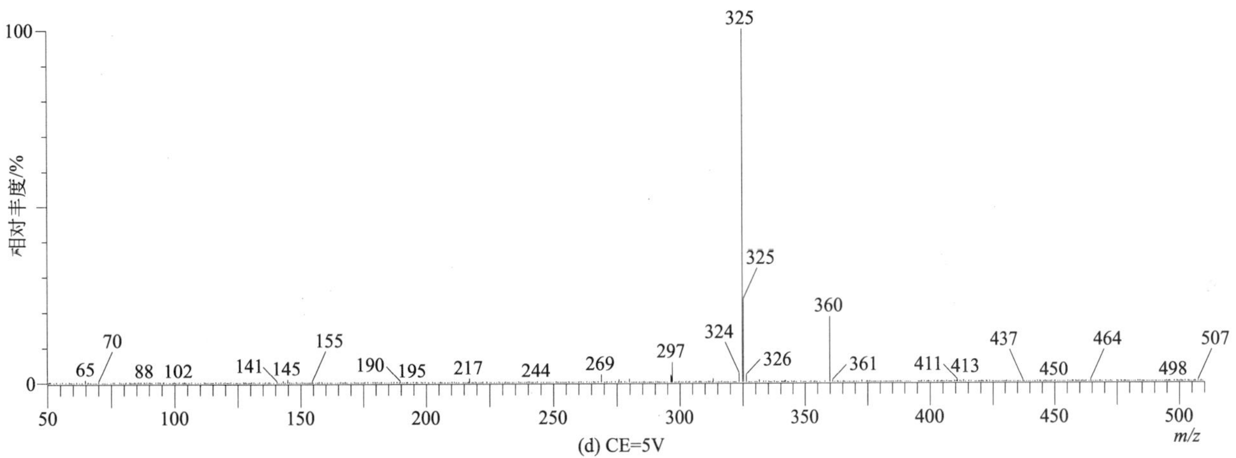

(d) CE=5V

Chlozolinate（乙菌利）

基本信息

CAS 登录号	84332-86-5	分子量	331.0	扫描模式	子离子扫描
分子式	$C_{13}H_{11}Cl_2NO_5$	离子化模式	EI	母离子	259

一级质谱图

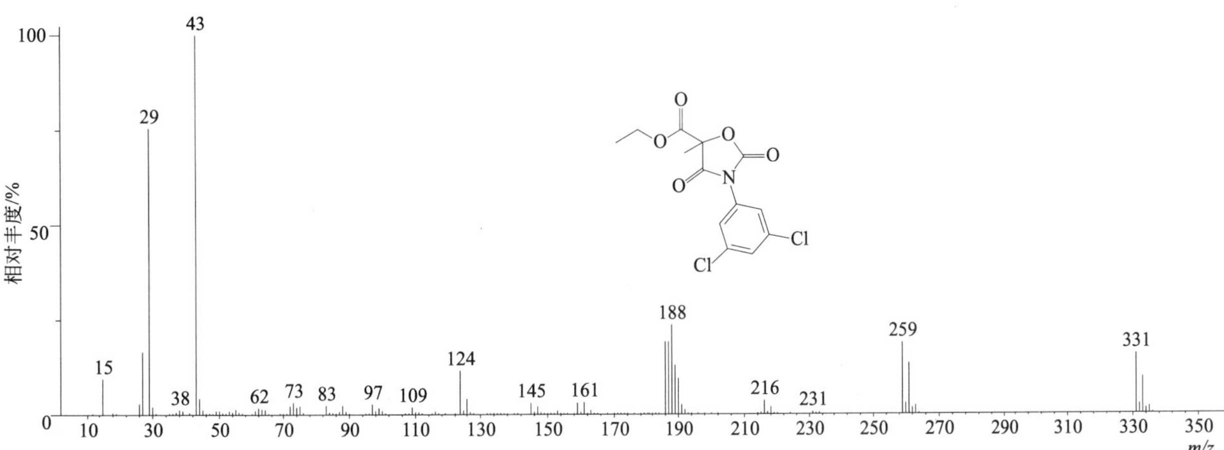

四个碰撞能量下子离子质谱图

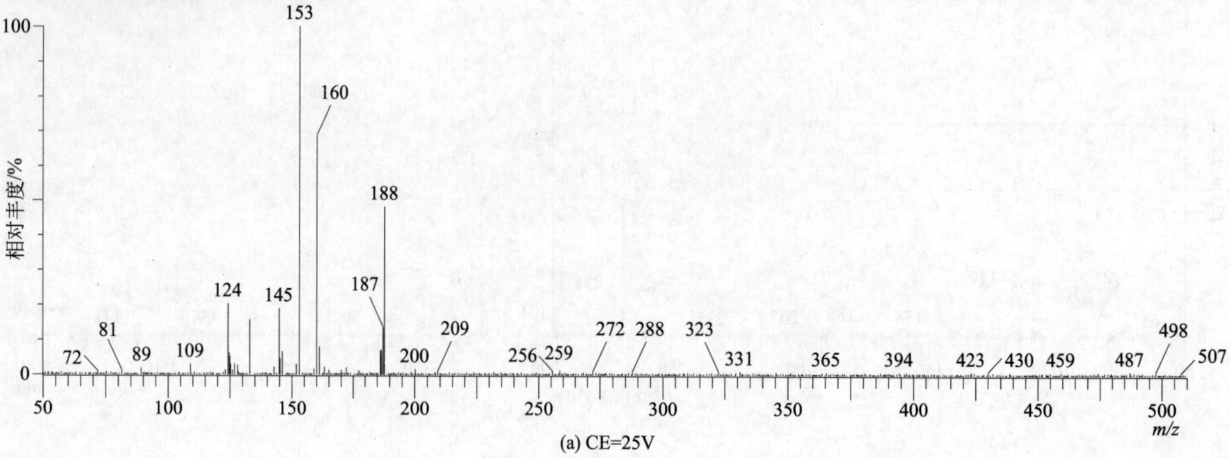

(a) CE=25V

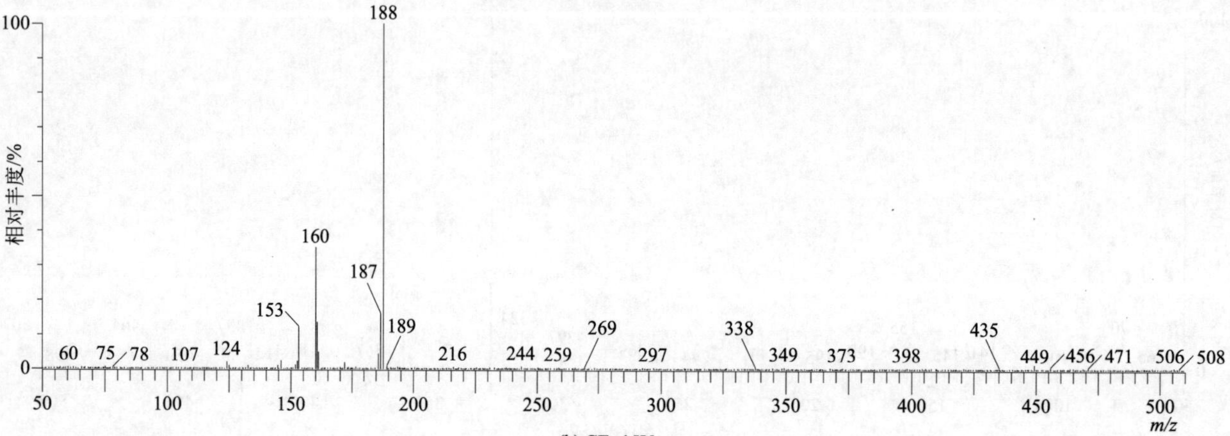

(b) CE=15V

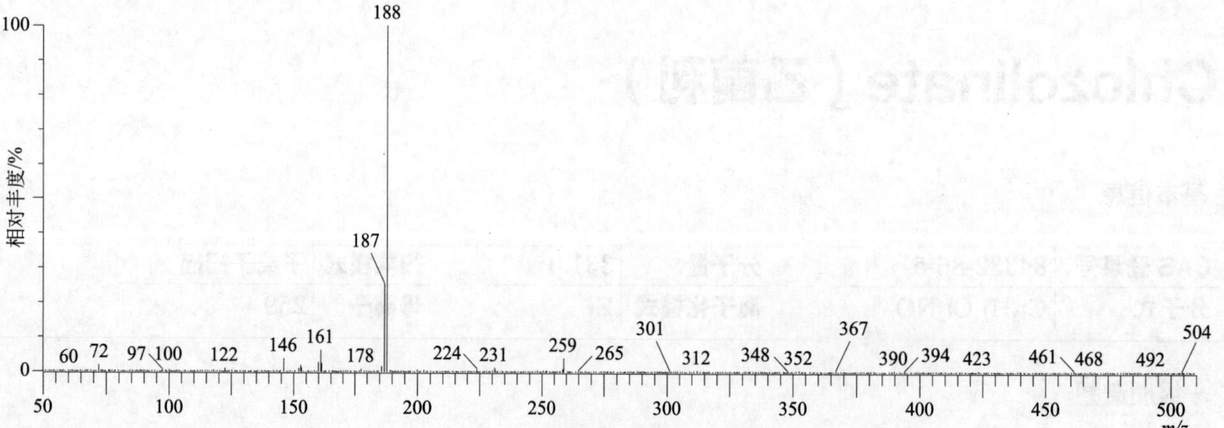

(c) CE=10V

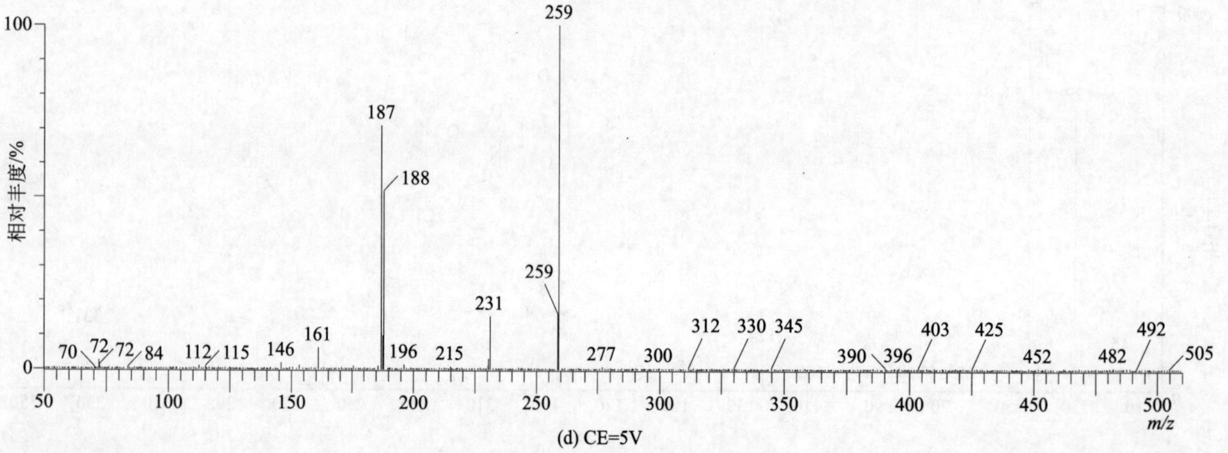

(d) CE=5V

Chrysene（䓛）

基本信息

CAS 登录号	218-01-9	分子量	228.1	扫描模式	子离子扫描
分子式	$C_{18}H_{12}$	离子化模式	EI	母离子	228

一级质谱图

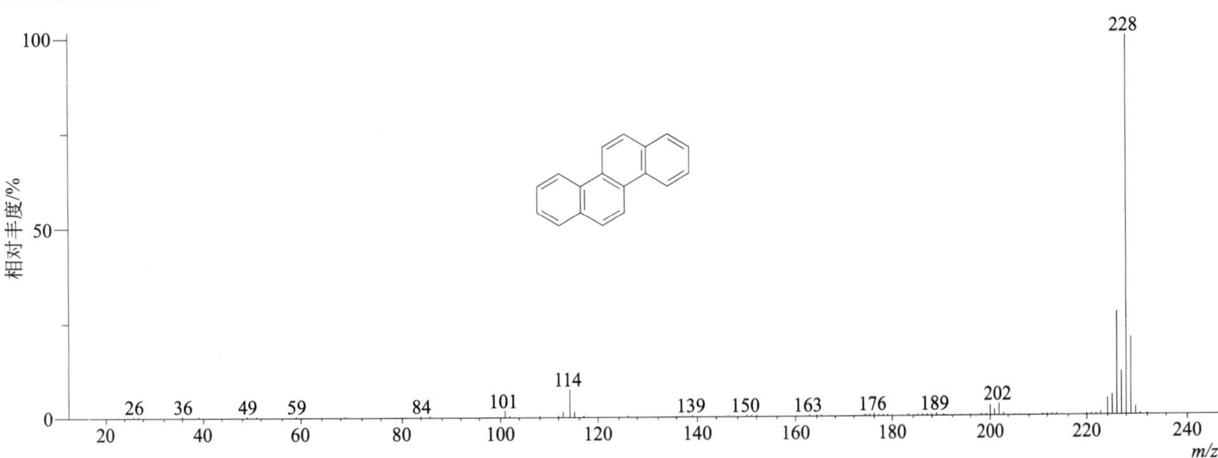

四个碰撞能量下子离子质谱图

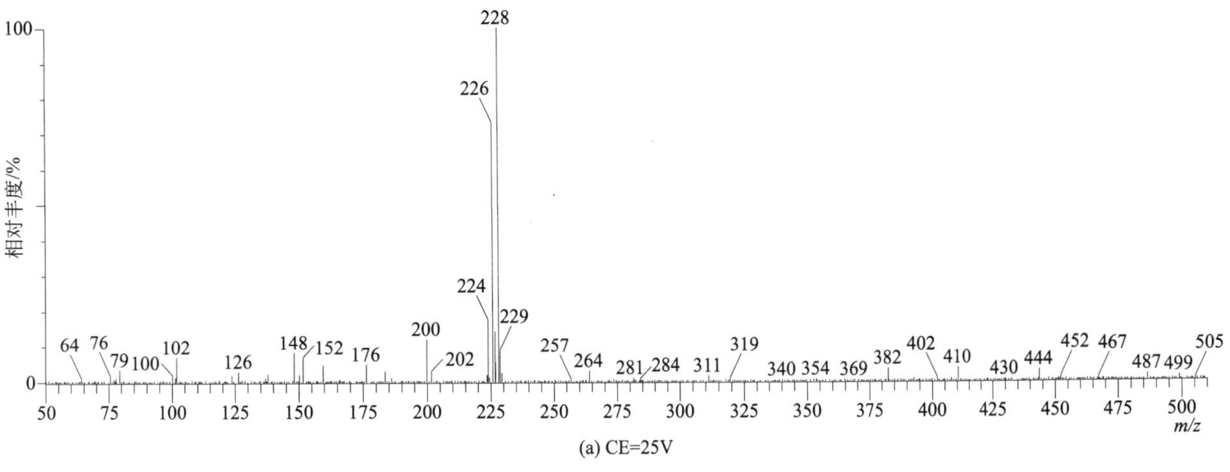

(a) CE=25V

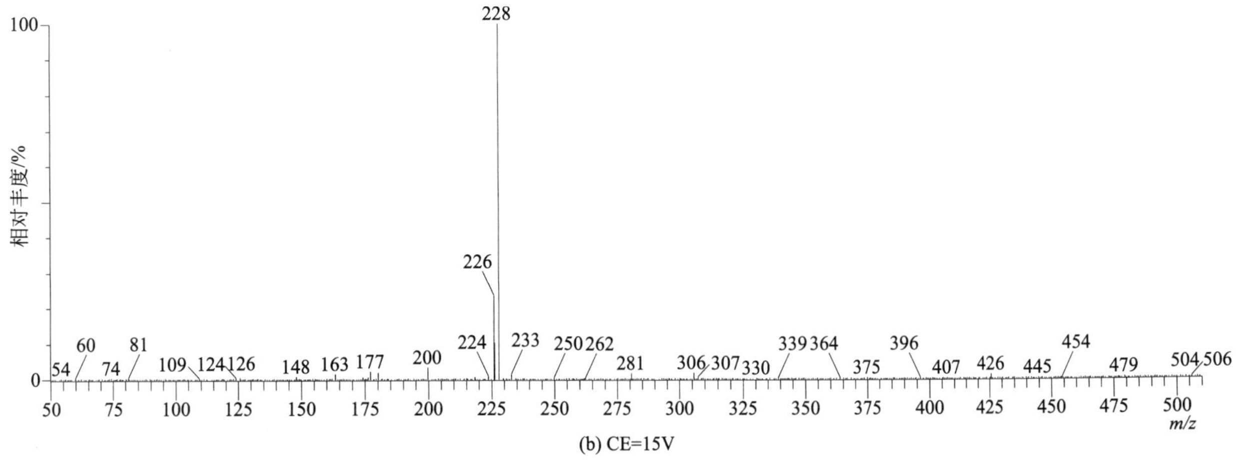

(b) CE=15V

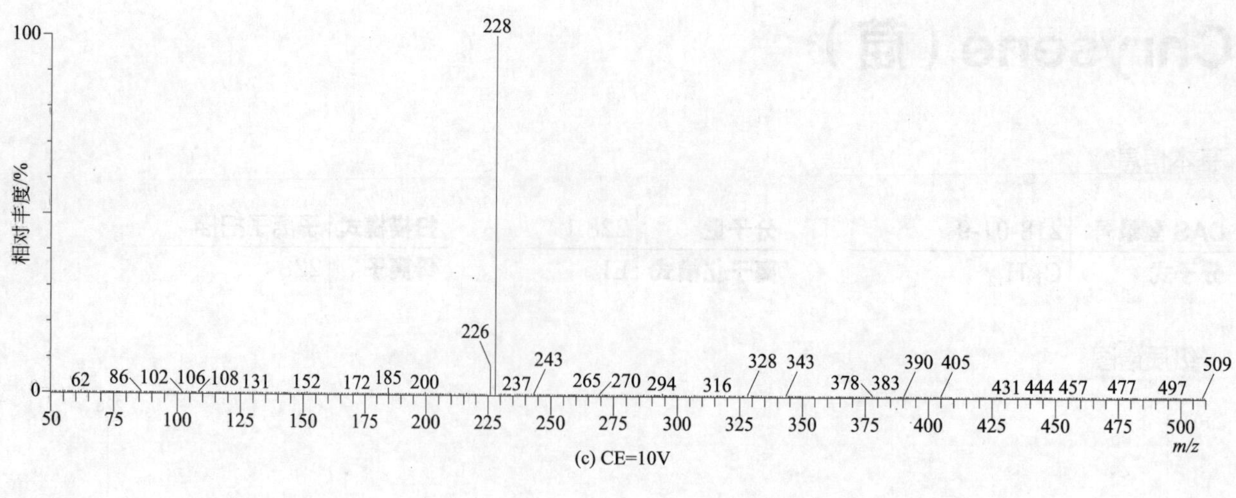

(c) CE=10V

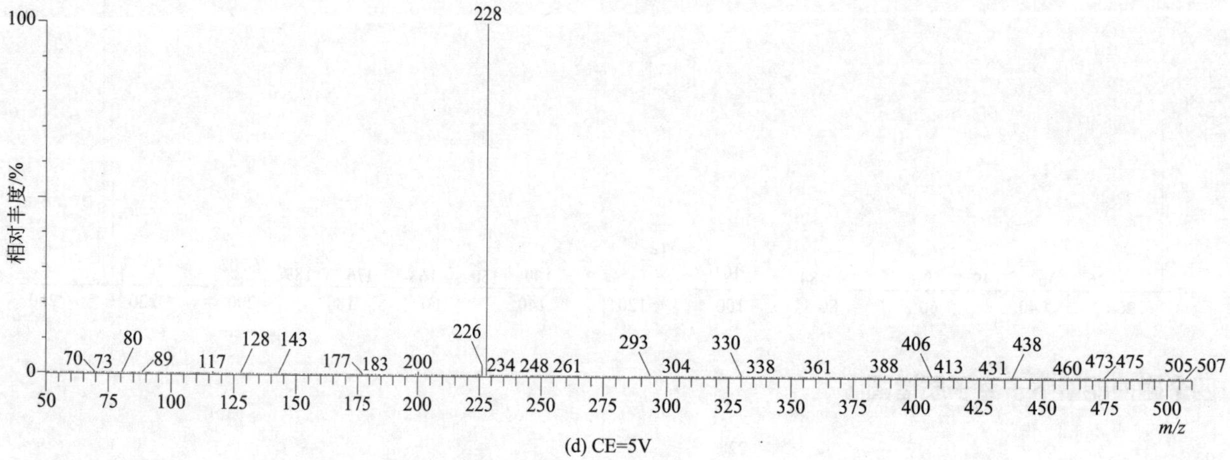

(d) CE=5V

Clethodim（烯草酮）

基本信息

CAS 登录号	99129-21-2	分子量	359.1	扫描模式	子离子扫描
分子式	$C_{17}H_{26}ClNO_3S$	离子化模式	EI	母离子	205

一级质谱图

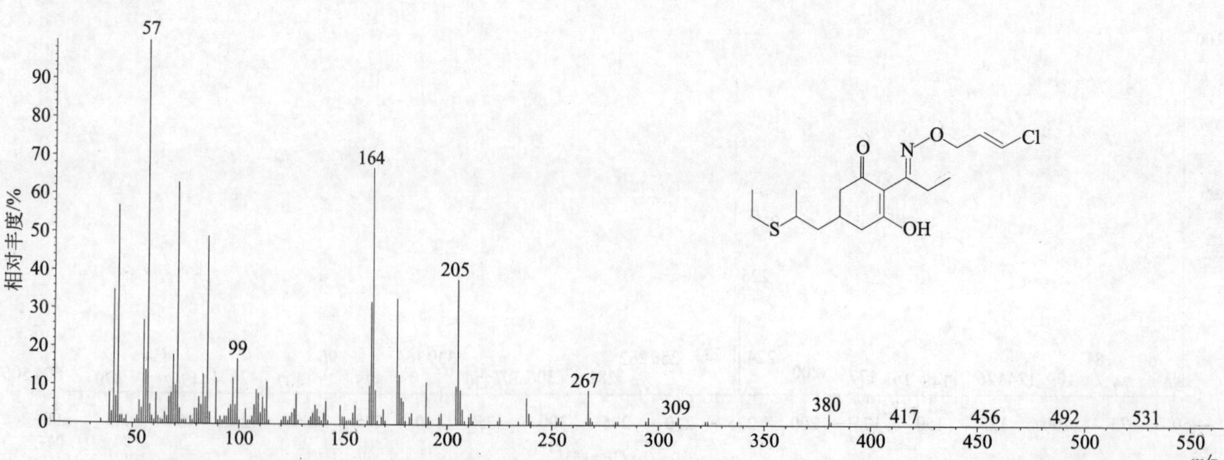

四个碰撞能量下子离子质谱图

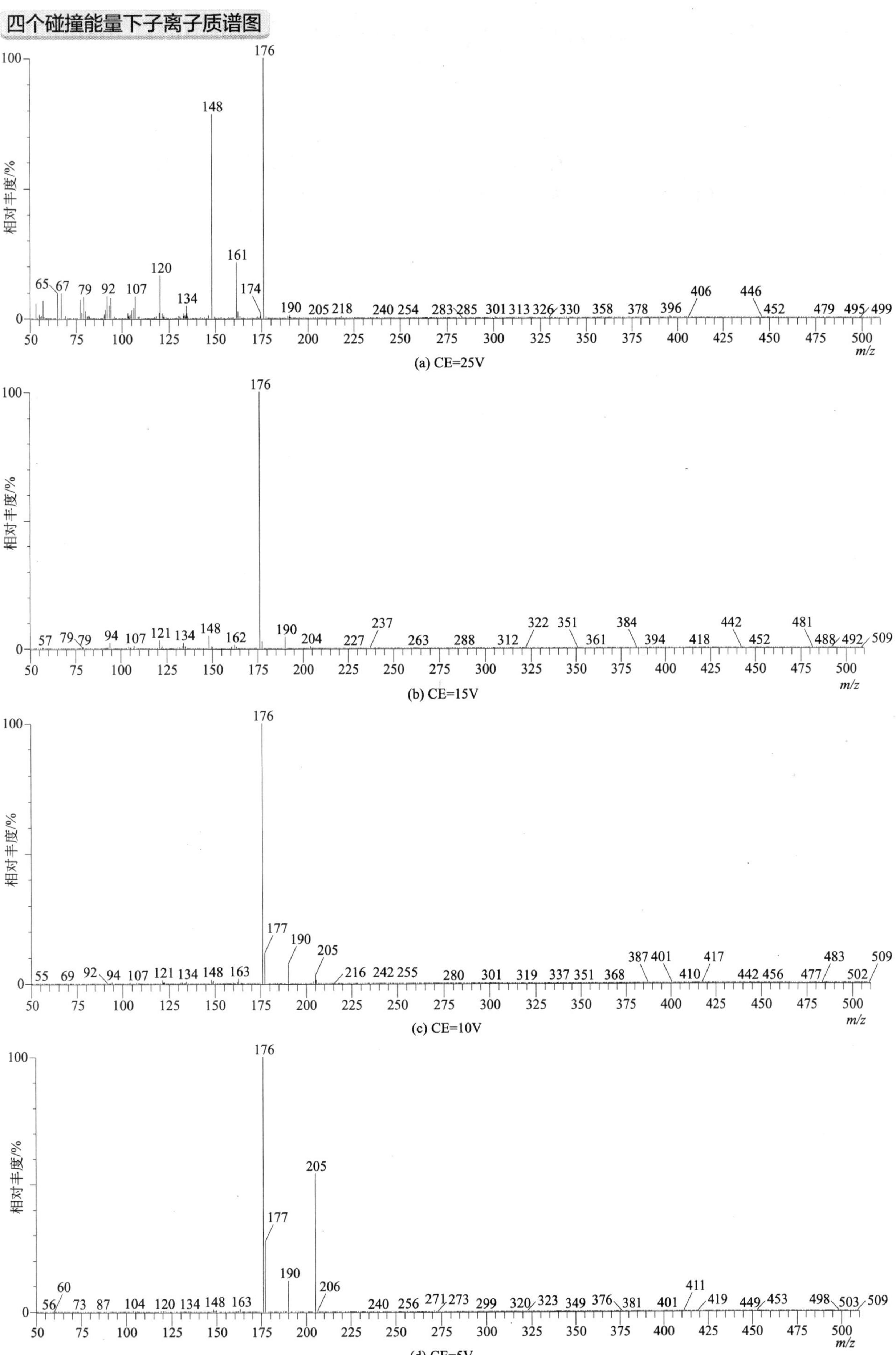

Clodinafop-propargyl（炔草酸）

基本信息

CAS 登录号	105512-06-9	分子量	349.1	扫描模式	子离子扫描
分子式	$C_{17}H_{13}ClFNO_4$	离子化模式	EI	母离子	349

一级质谱图

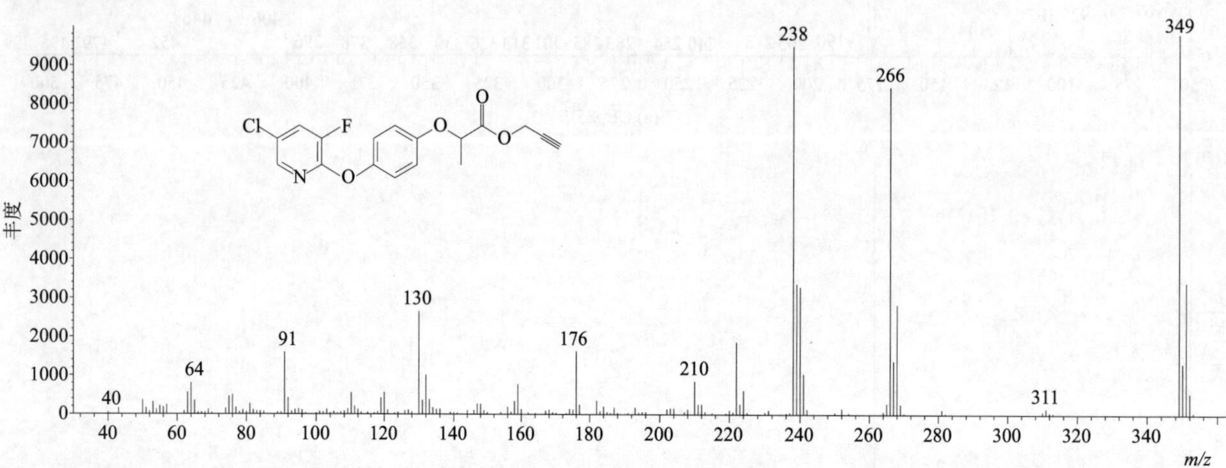

四个碰撞能量下子离子质谱图

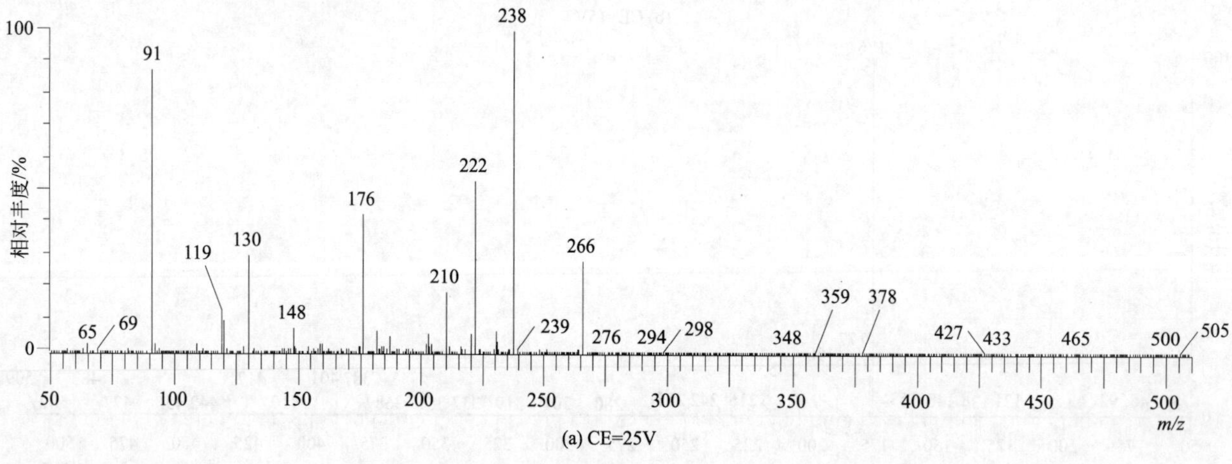

(a) CE=25V

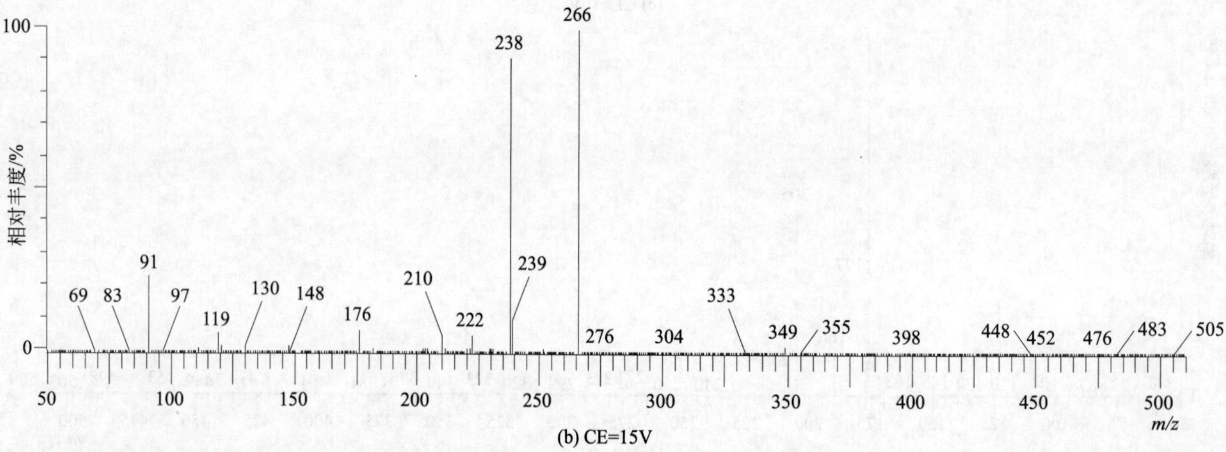

(b) CE=15V

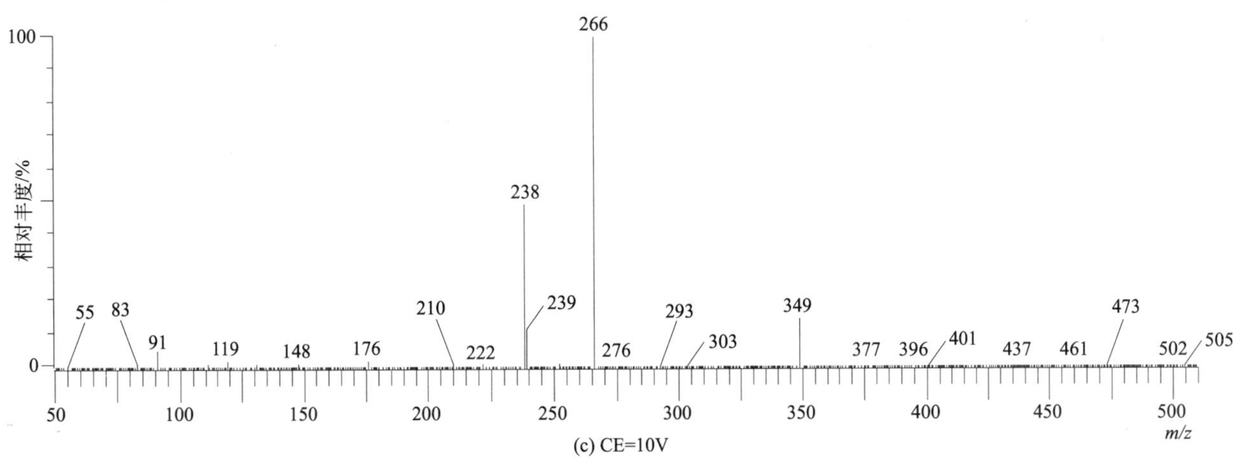

(c) CE=10V

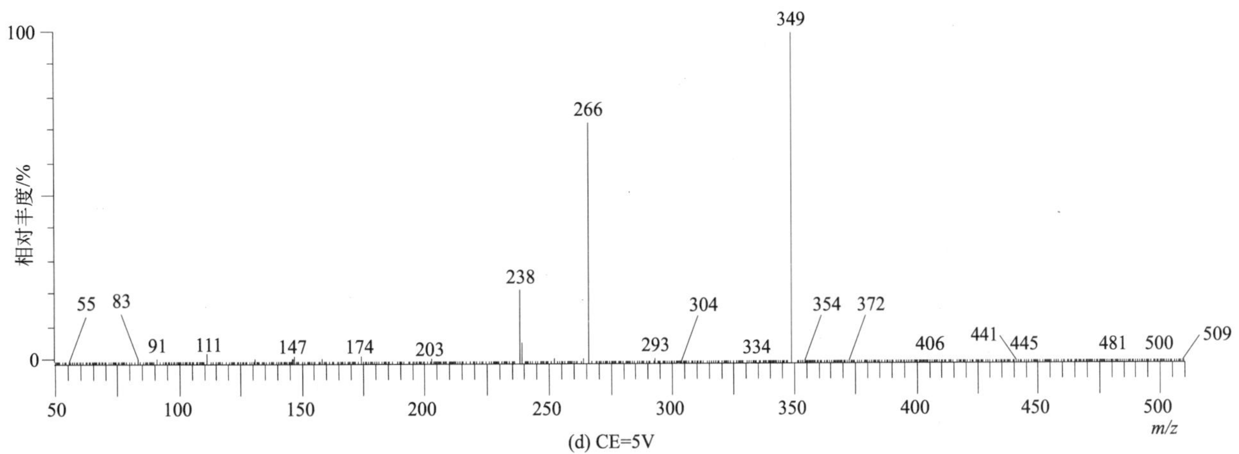

(d) CE=5V

Clomazone（异噁草松）

基本信息

CAS 登录号	81777-89-1	分子量	239.1	扫描模式	子离子扫描
分子式	$C_{12}H_{14}ClNO_2$	离子化模式	EI	母离子	204

一级质谱图

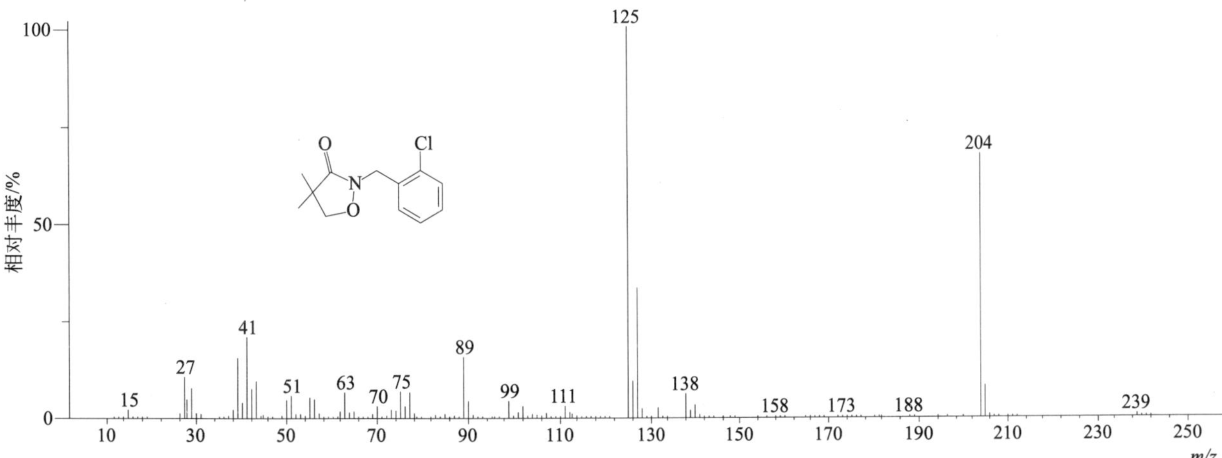

四个碰撞能量下子离子质谱图

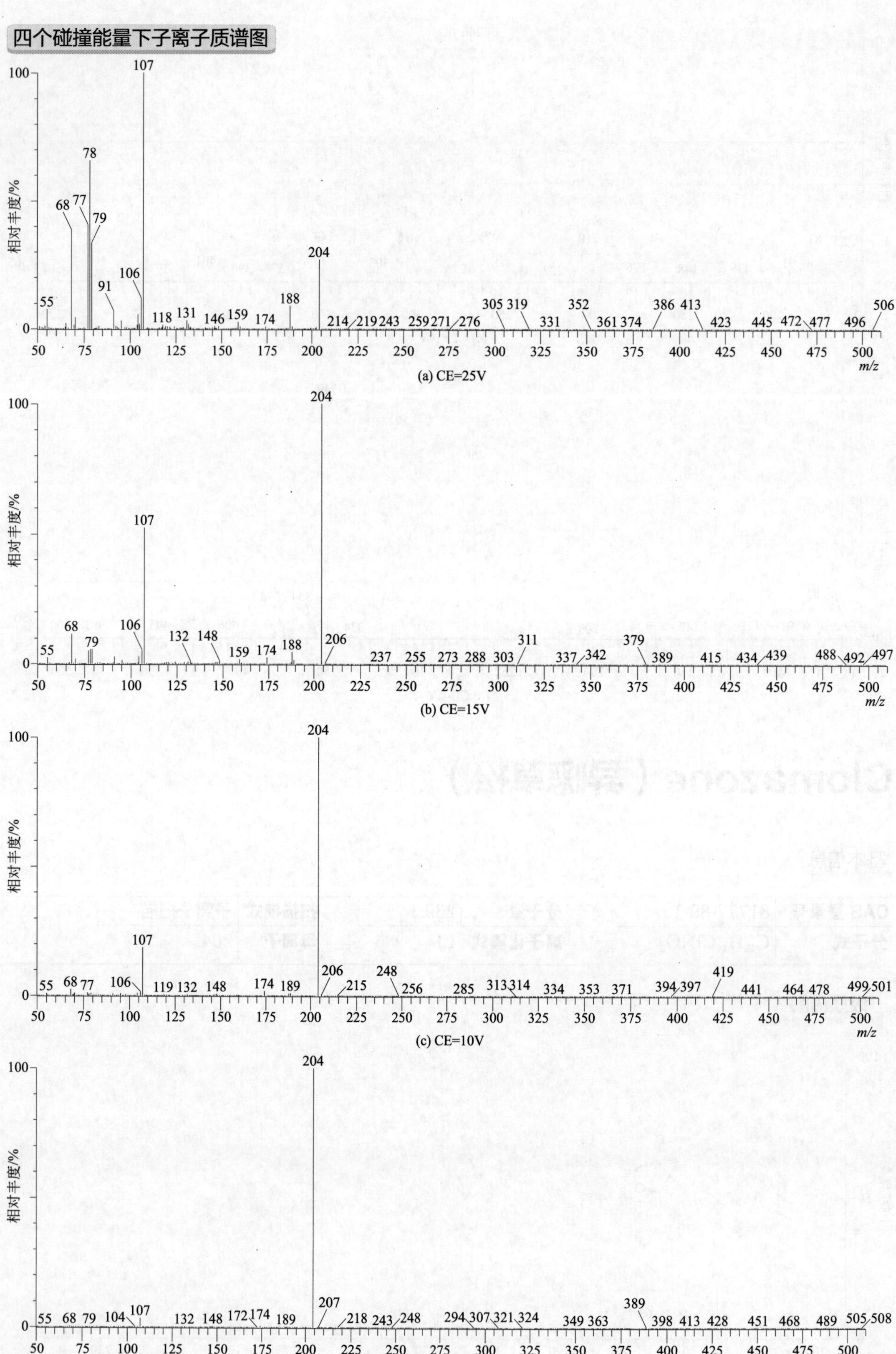

(a) CE=25V

(b) CE=15V

(c) CE=10V

(d) CE=5V

Cloquintocet-mexyl（解草酯）

基本信息

CAS 登录号	99607-70-2	分子量	335.1	扫描模式	子离子扫描
分子式	$C_{18}H_{22}ClNO_3$	离子化模式	EI	母离子	192

一级质谱图

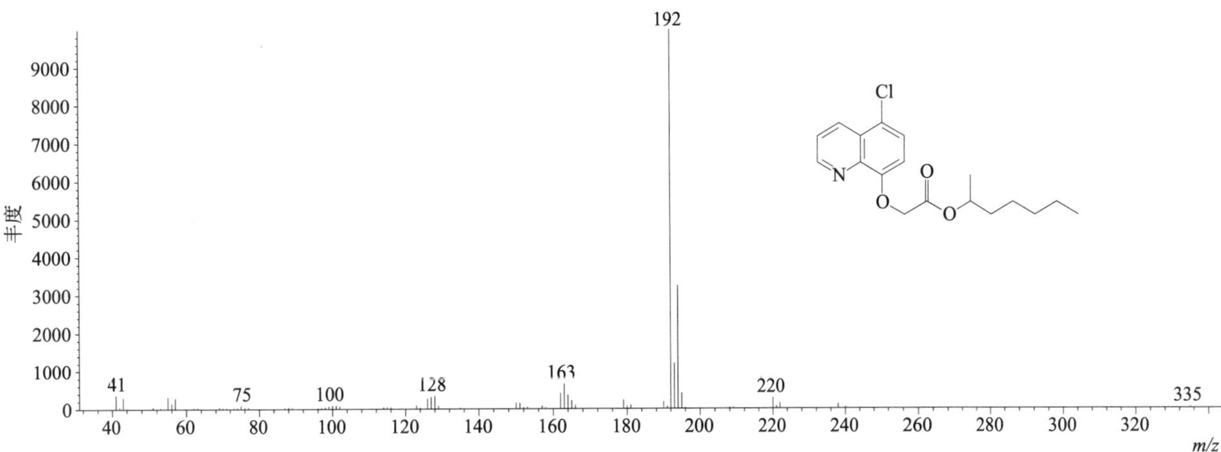

四个碰撞能量下子离子质谱图

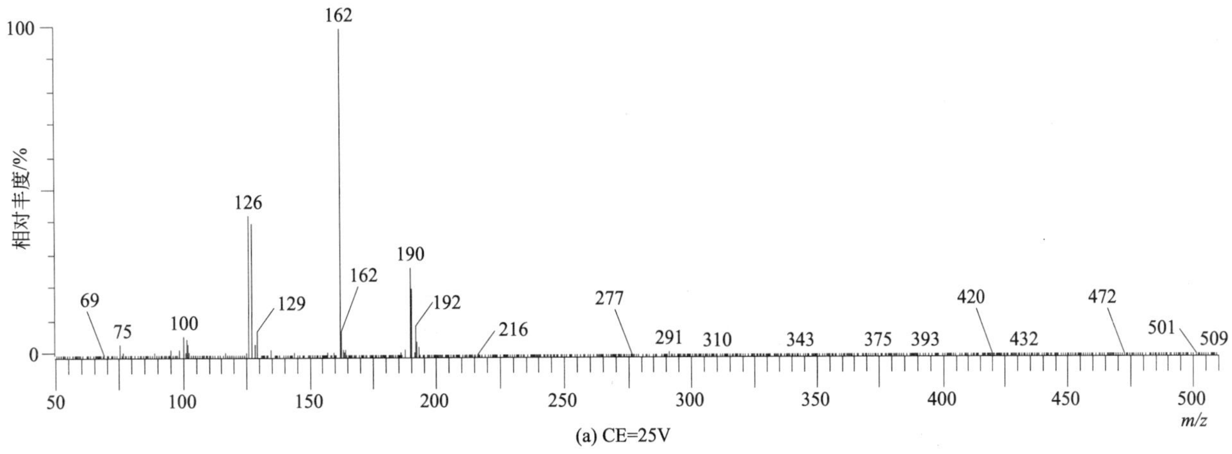

(a) CE=25V

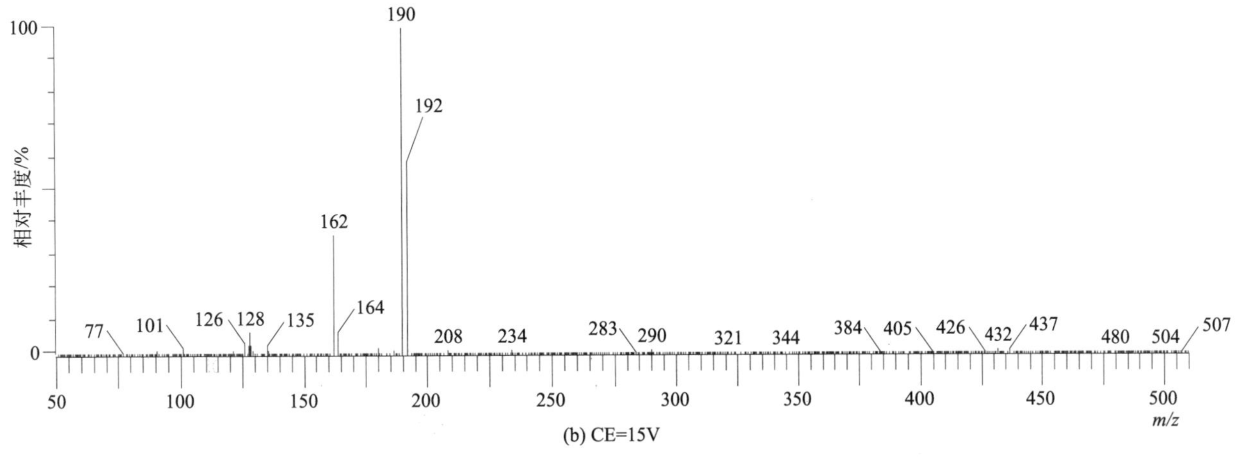

(b) CE=15V

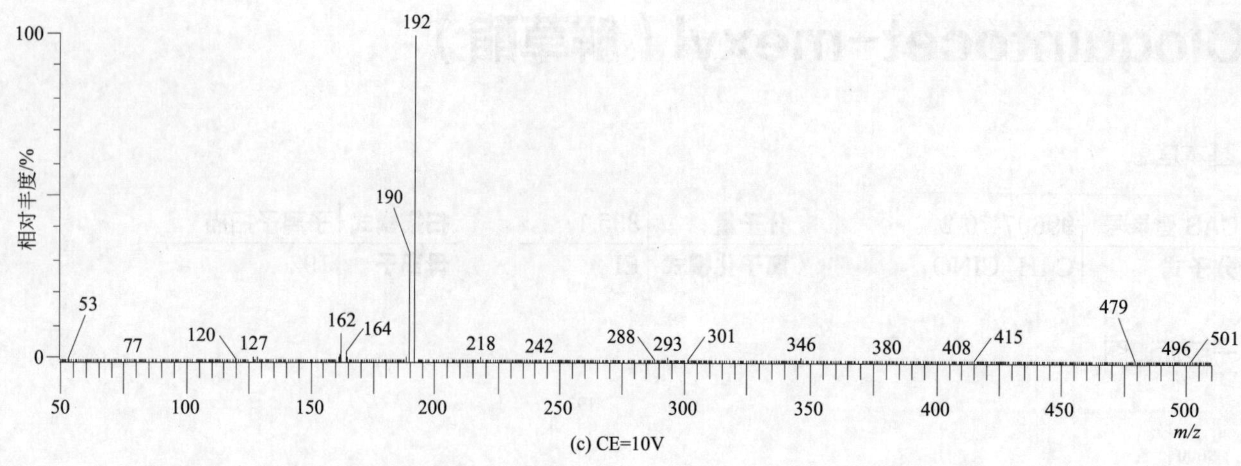

(c) CE=10V

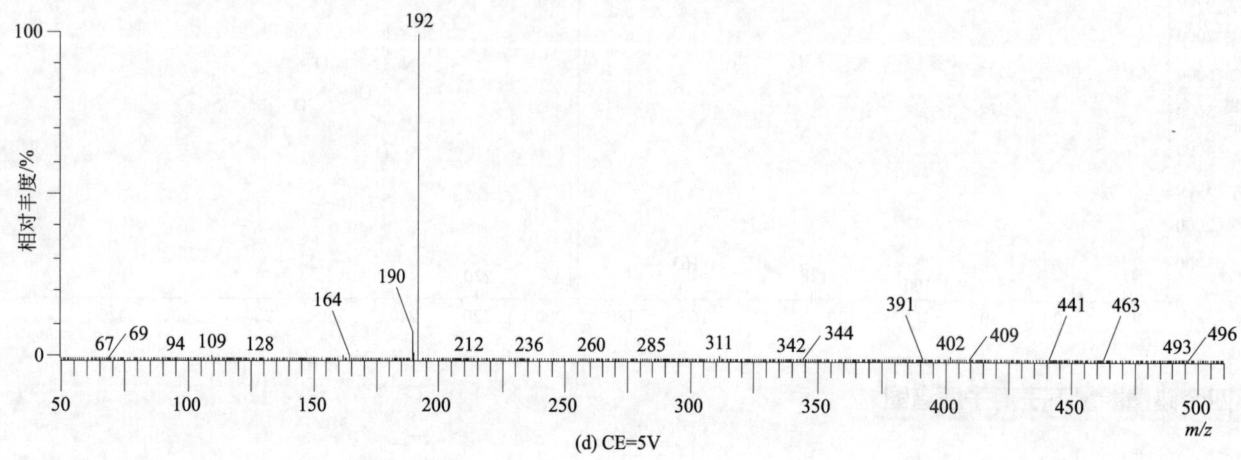

(d) CE=5V

Crimidine（鼠立死）

基本信息

CAS 登录号	535-89-7	**分子量**	171.1	**扫描模式**	子离子扫描
分子式	$C_7H_{10}ClN_3$	**离子化模式**	EI	**母离子**	171

一级质谱图

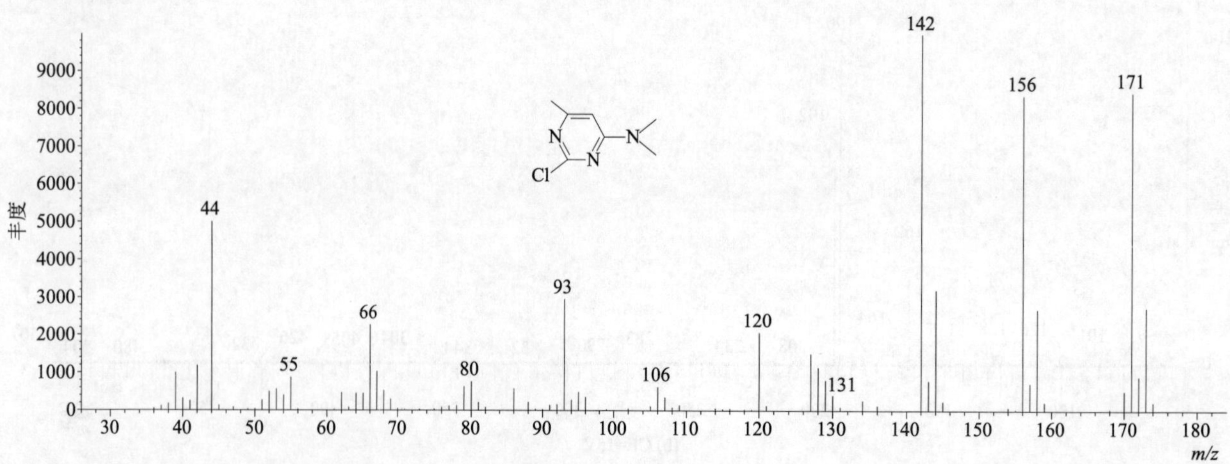

四个碰撞能量下子离子质谱图

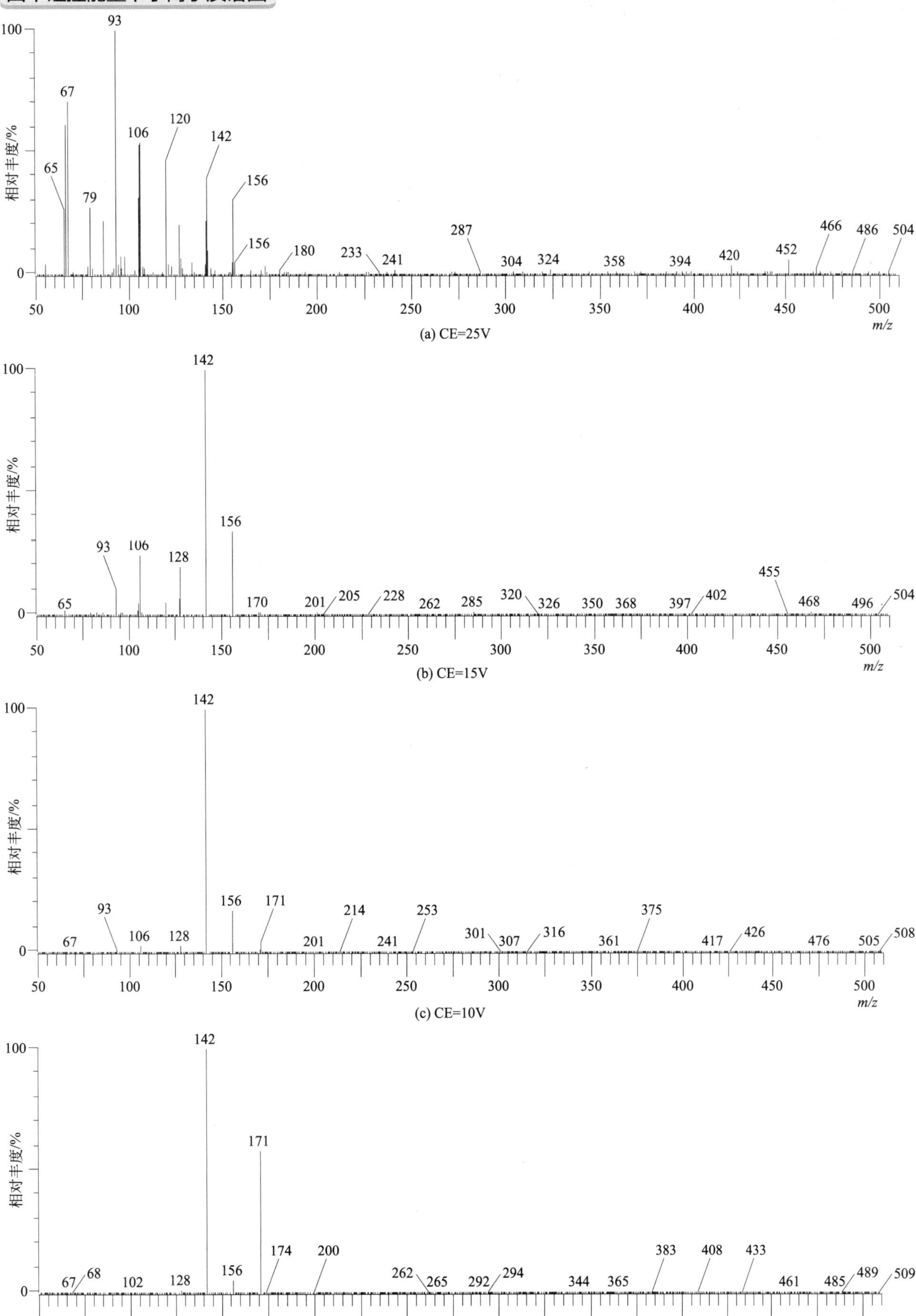

Crufomate（育畜磷）

基本信息

CAS 登录号	299-86-5	分子量	291.1	扫描模式	子离子扫描
分子式	$C_{12}H_{19}ClNO_3P$	离子化模式	EI	母离子	256

一级质谱图

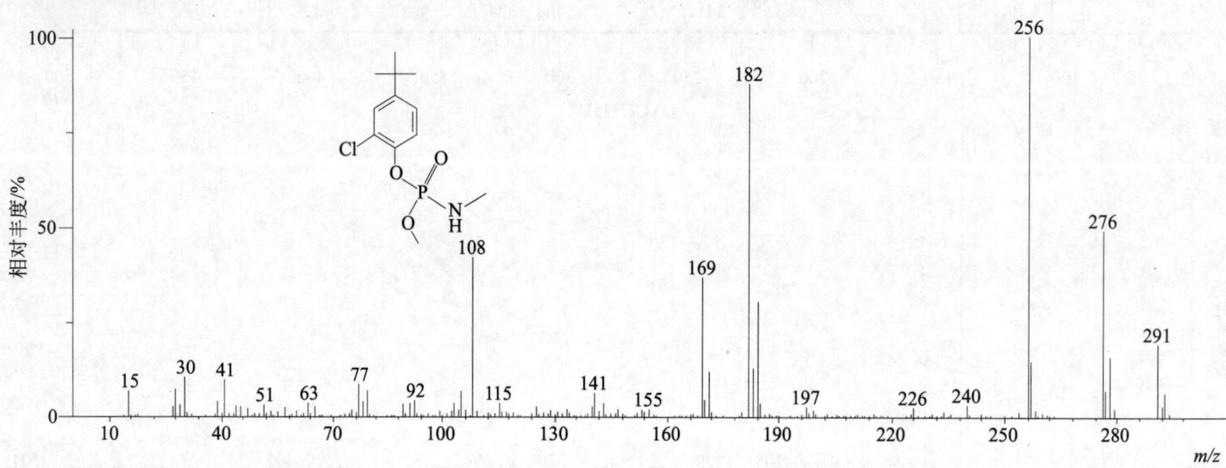

四个碰撞能量下子离子质谱图

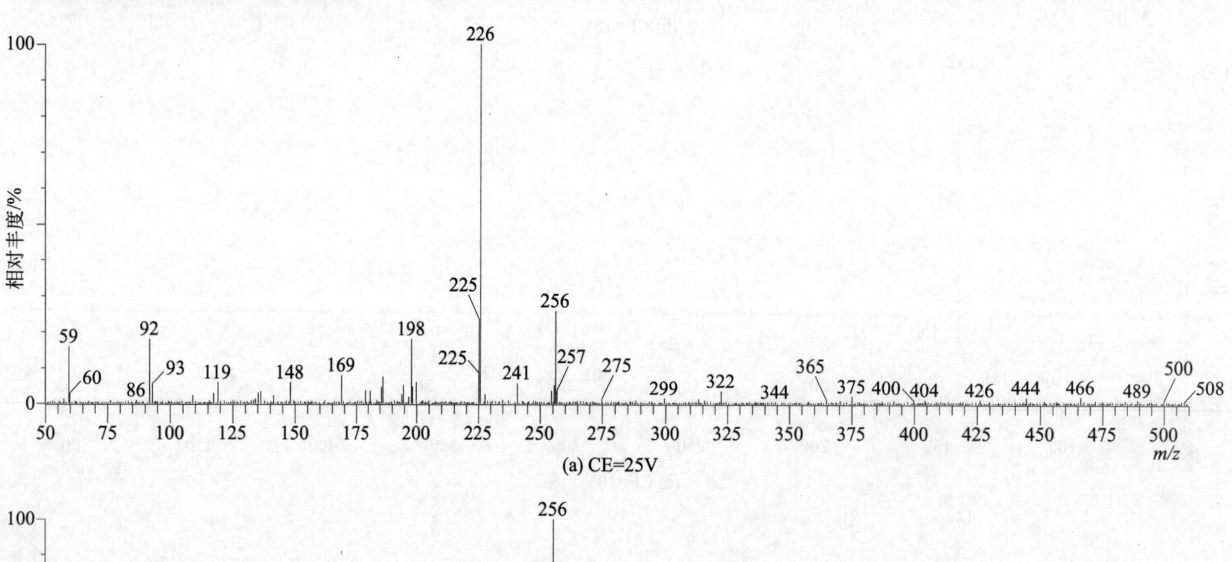

(a) CE=25V

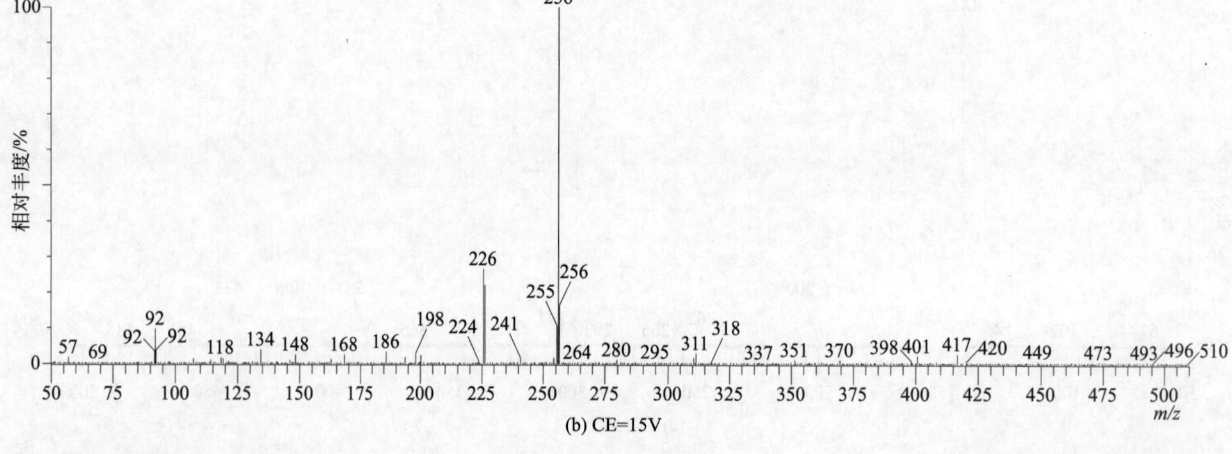

(b) CE=15V

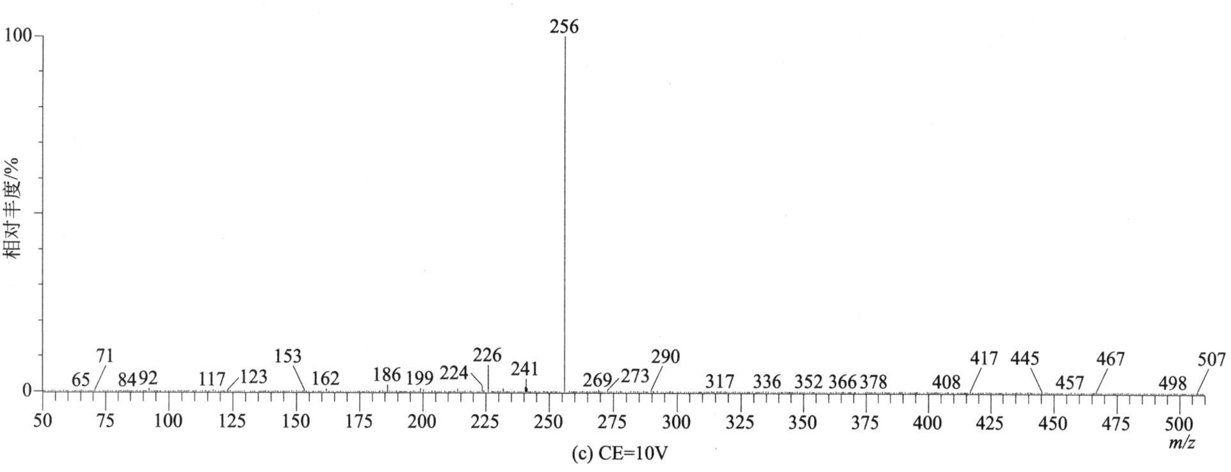

(c) CE=10V

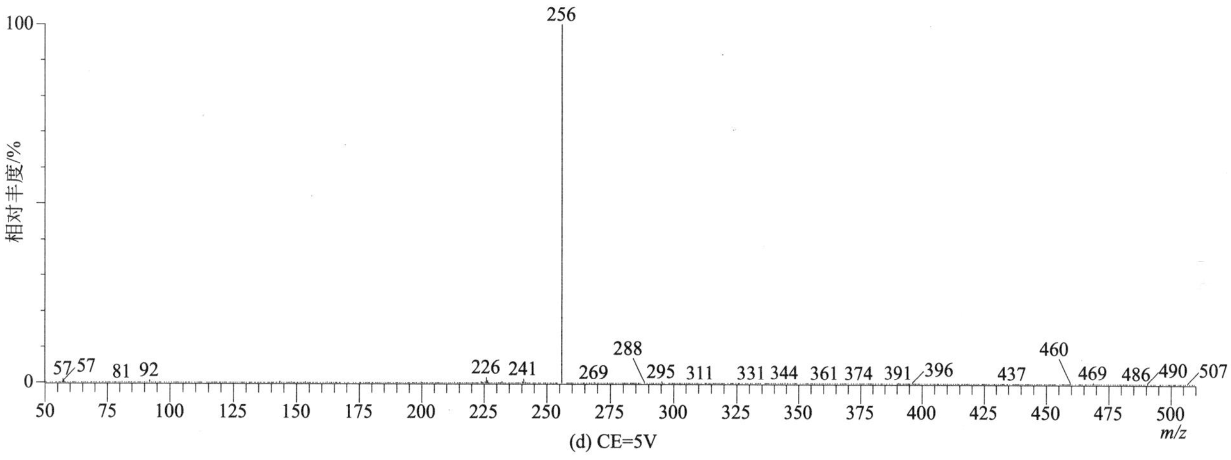

(d) CE=5V

Cyanizine（氰草津）

基本信息

CAS 登录号	21725-46-2	分子量	240.1	扫描模式	子离子扫描
分子式	$C_9H_{13}ClN_6$	离子化模式	EI	母离子	225

一级质谱图

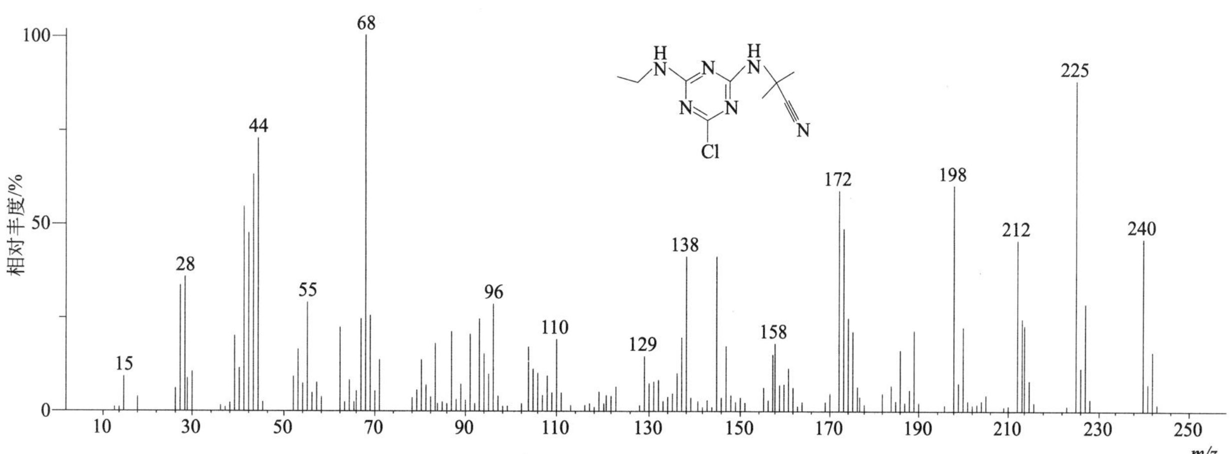

四个碰撞能量下子离子质谱图

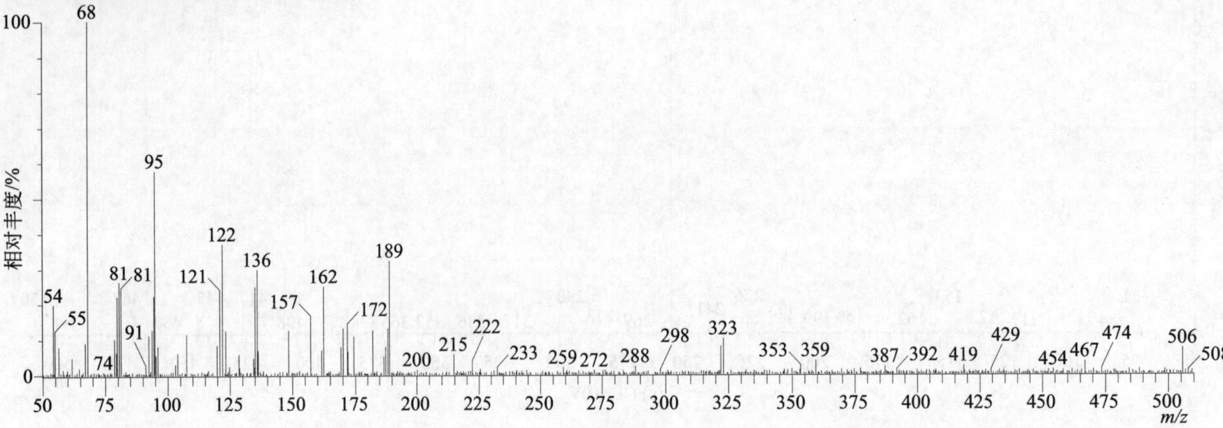

(a) CE=25V

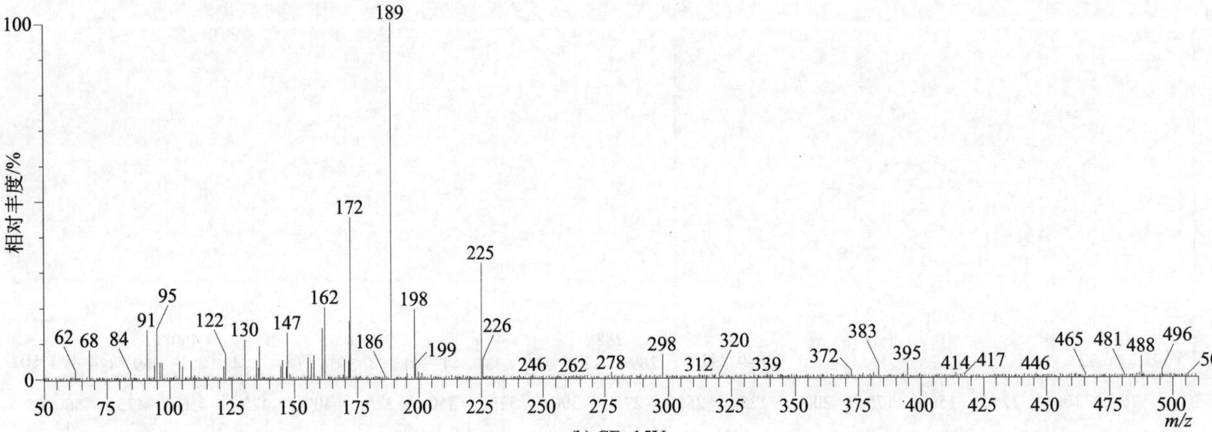

(b) CE=15V

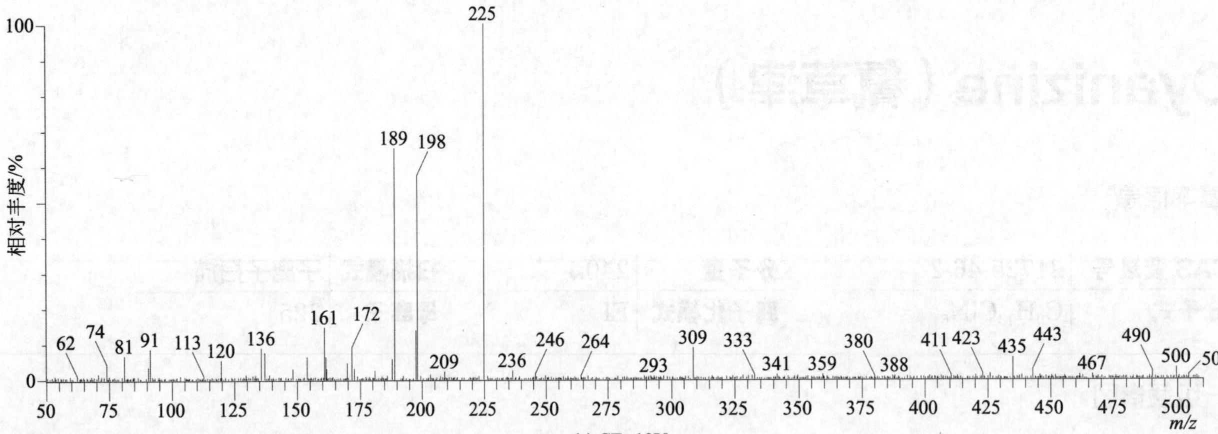

(c) CE=10V

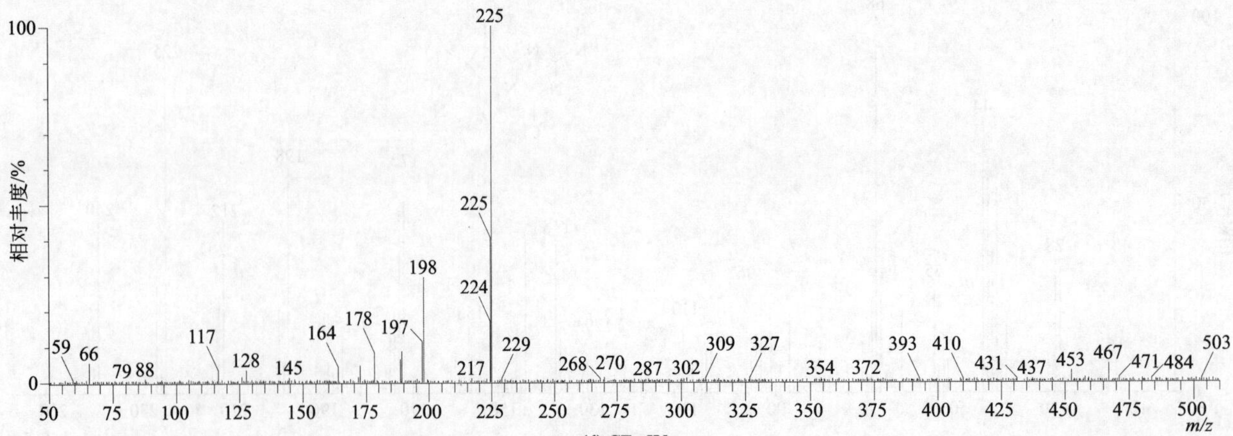

(d) CE=5V

Cyanofenphos（苯腈磷）

基本信息

CAS 登录号	13067-93-1	分子量	303.0	扫描模式	子离子扫描
分子式	$C_{15}H_{14}NO_2PS$	离子化模式	EI	母离子	157

一级质谱图

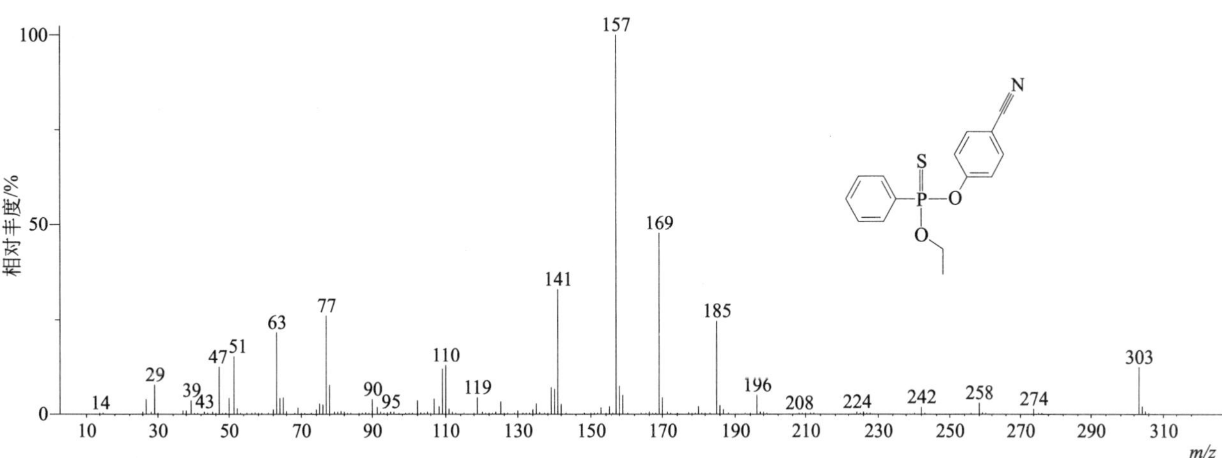

四个碰撞能量下子离子质谱图

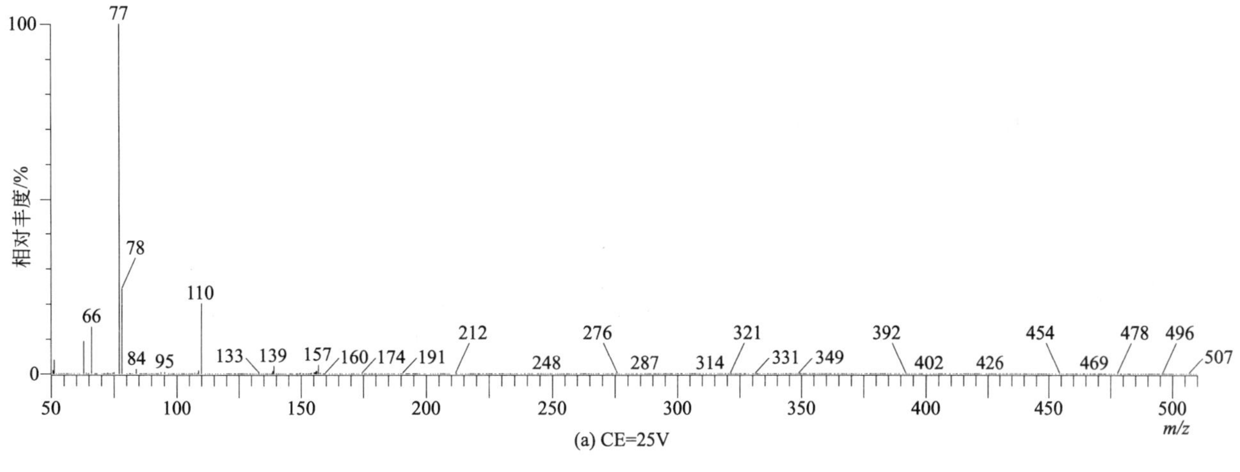

(a) CE=25V

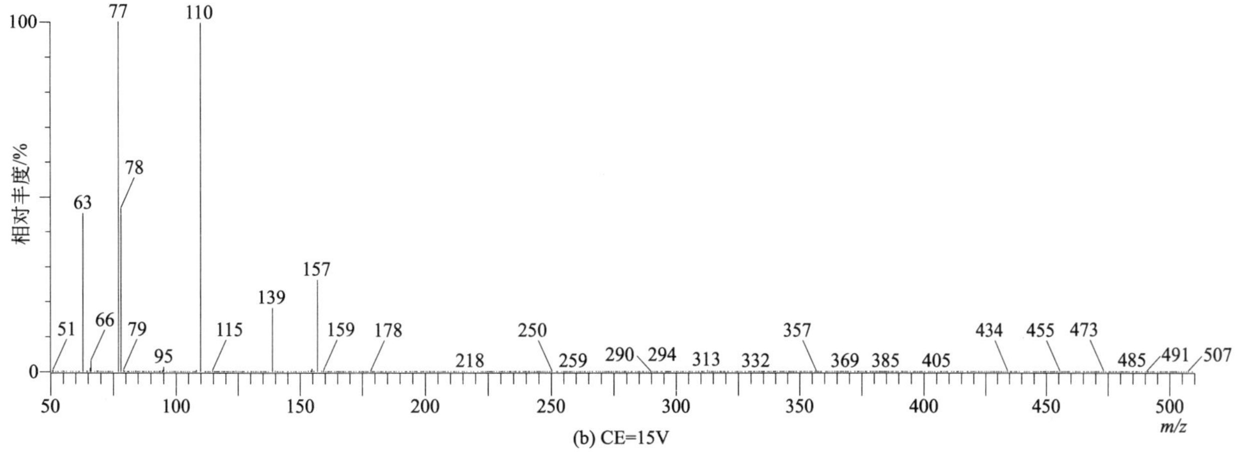

(b) CE=15V

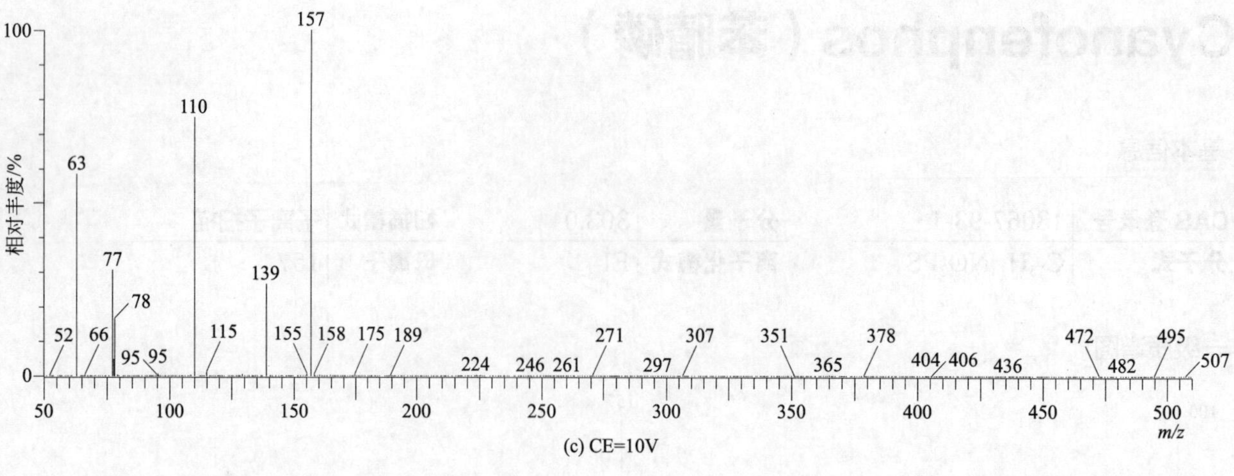

(c) CE=10V

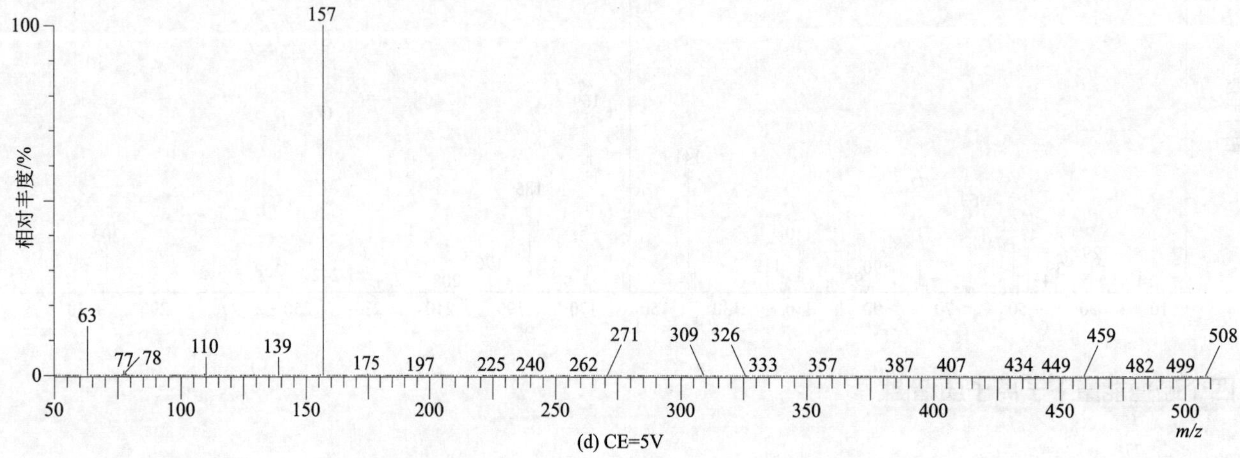

(d) CE=5V

Cycloate（环草敌）

基本信息

CAS 登录号	1134-23-2	分子量	215.1	扫描模式	子离子扫描
分子式	$C_{11}H_{21}NOS$	离子化模式	EI	母离子	154

一级质谱图

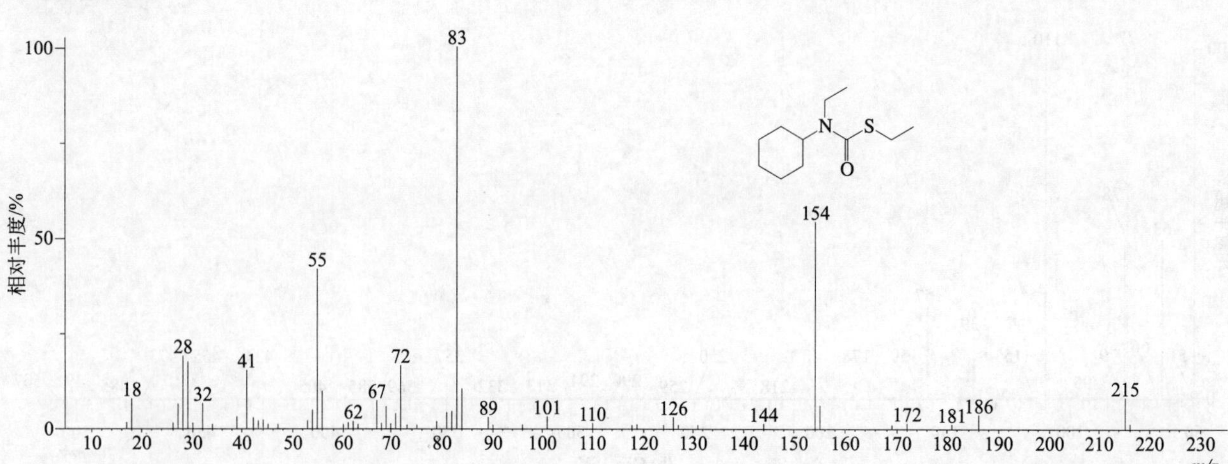

四个碰撞能量下子离子质谱图

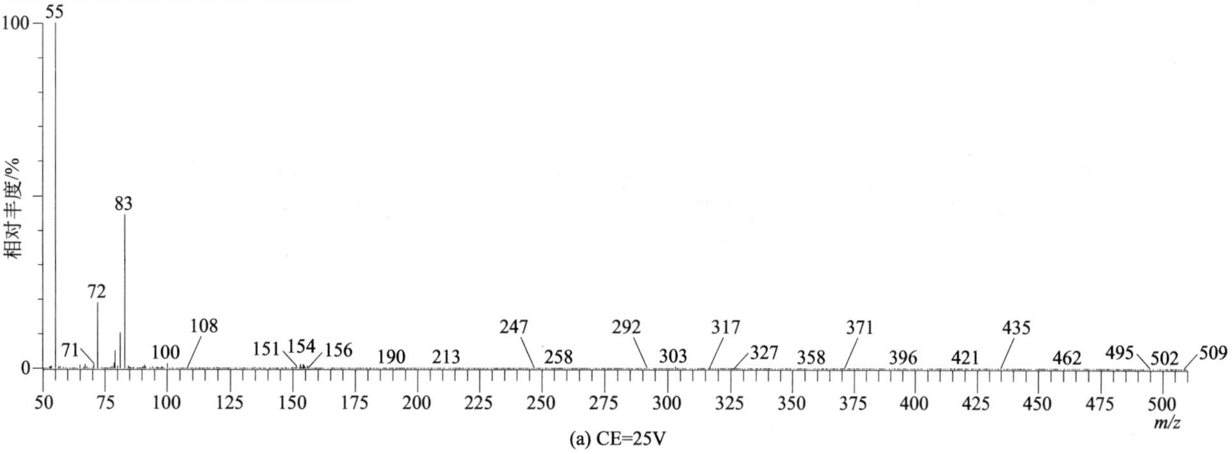

(a) CE=25V

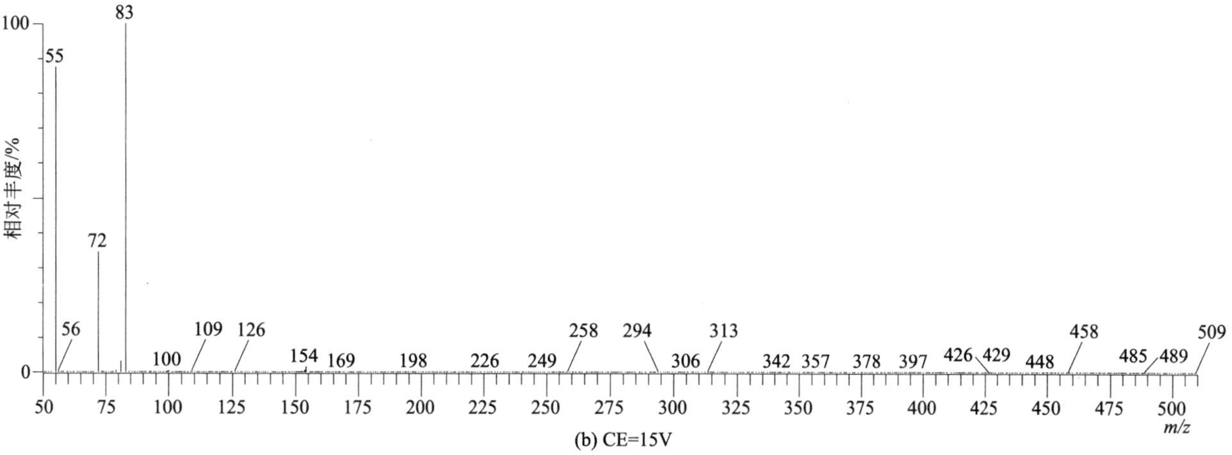

(b) CE=15V

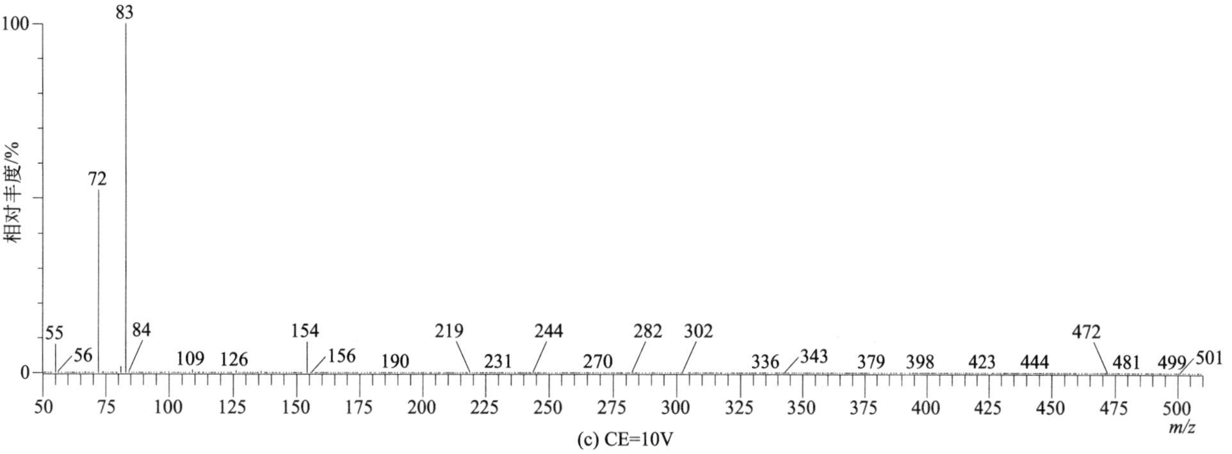

(c) CE=10V

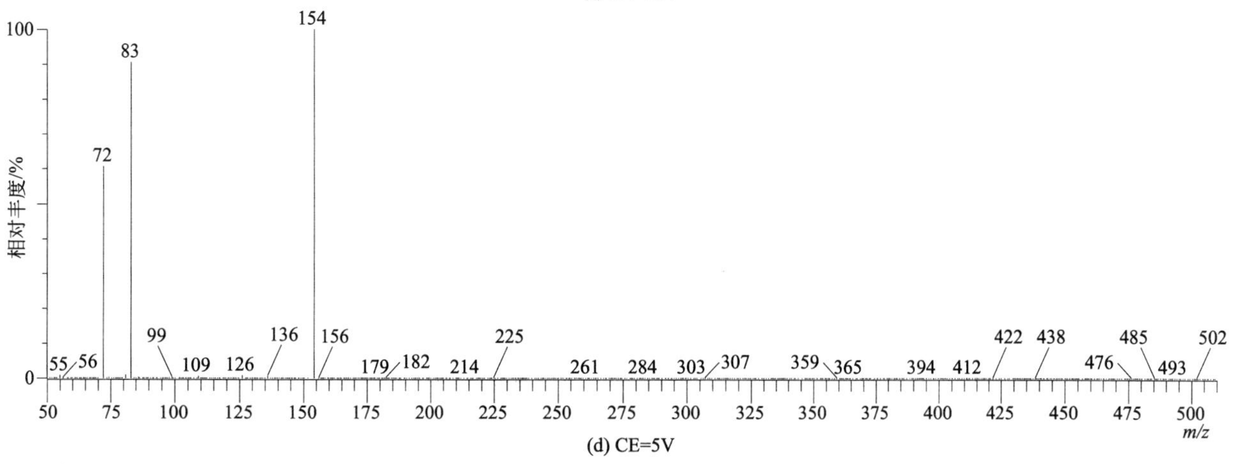

(d) CE=5V

Cycloxydim（噻草酮）

基本信息

CAS 登录号	101205-02-1	分子量	325.2	扫描模式	子离子扫描
分子式	$C_{17}H_{27}NO_3S$	离子化模式	EI	母离子	178

一级质谱图

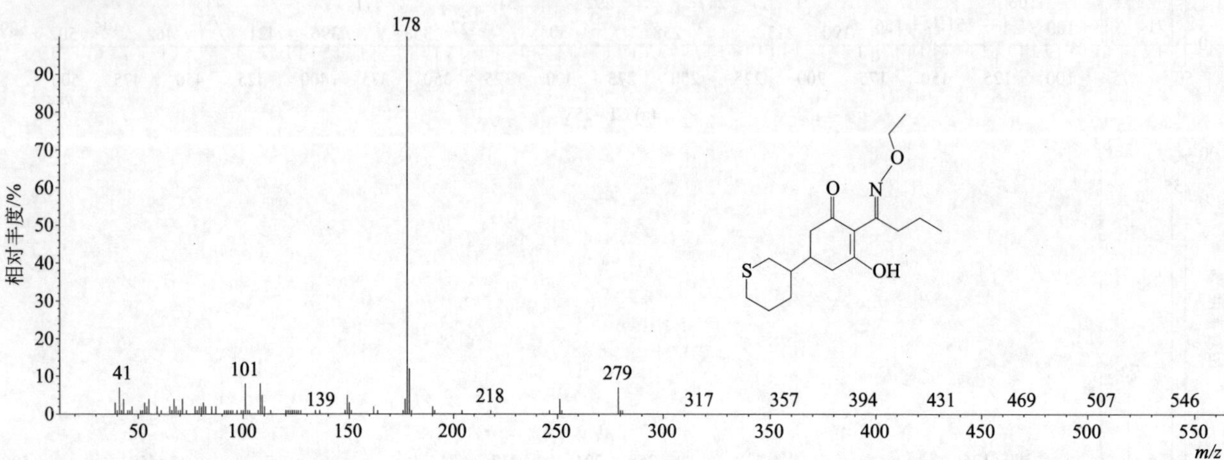

四个碰撞能量下子离子质谱图

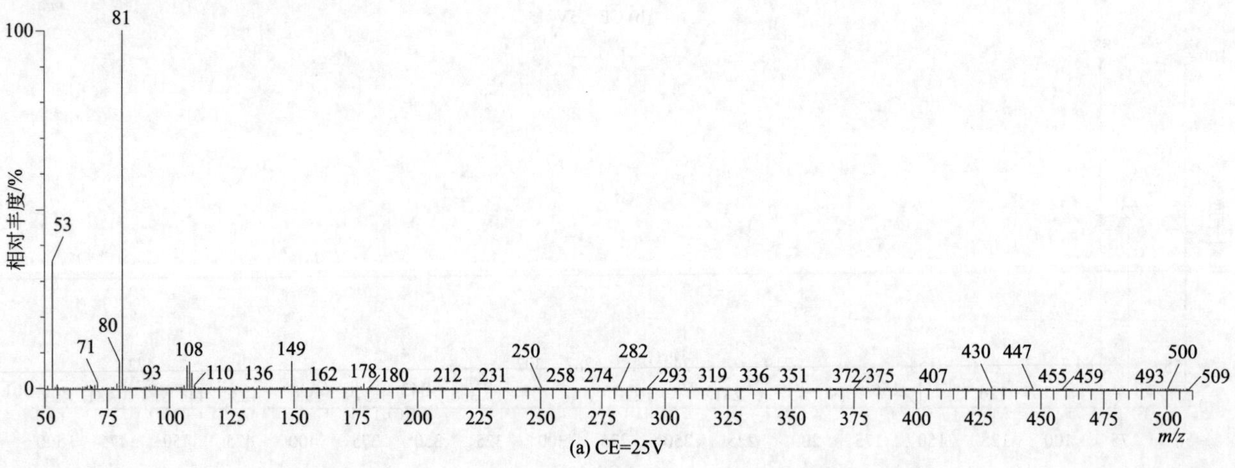

(a) CE=25V

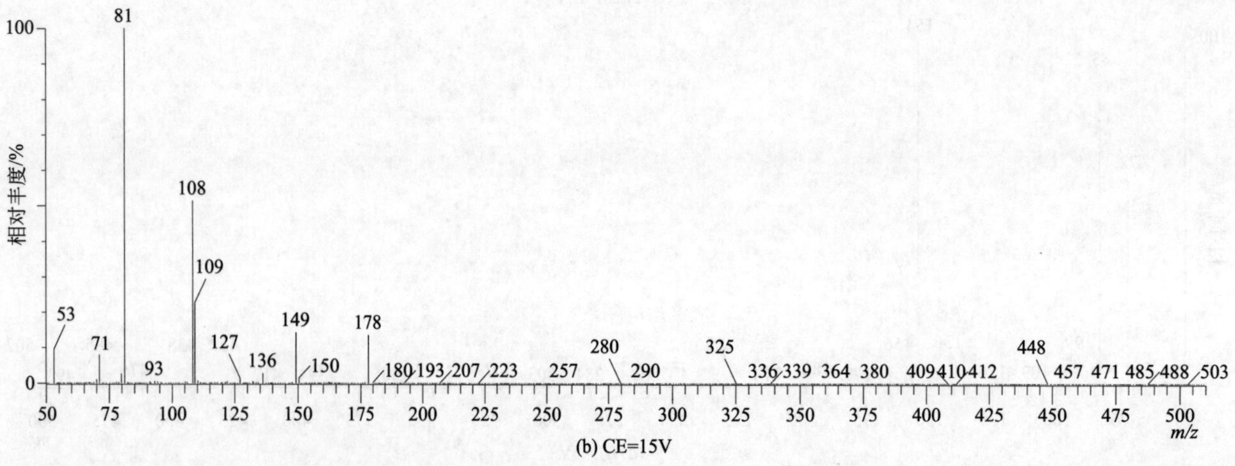

(b) CE=15V

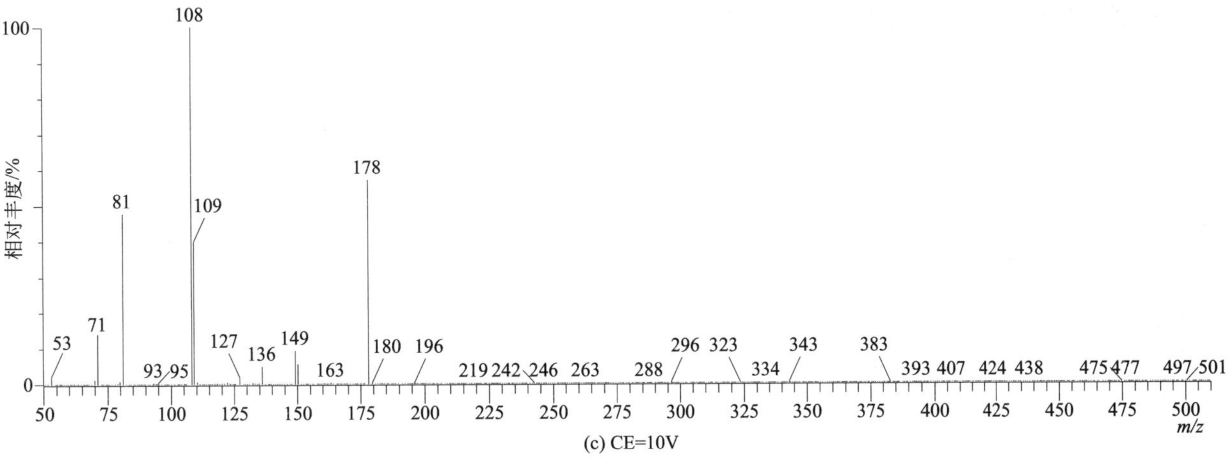

(c) CE=10V

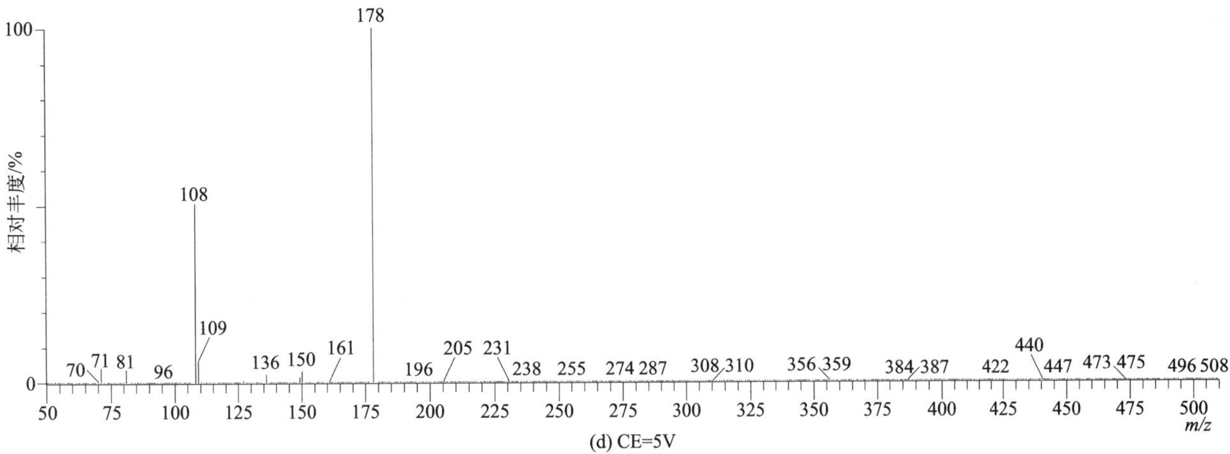

(d) CE=5V

Cycluron（环莠隆）

基本信息

CAS 登录号	2163-69-1	分子量	198.2	扫描模式	子离子扫描
分子式	$C_{11}H_{22}N_2O$	离子化模式	EI	母离子	198

一级质谱图

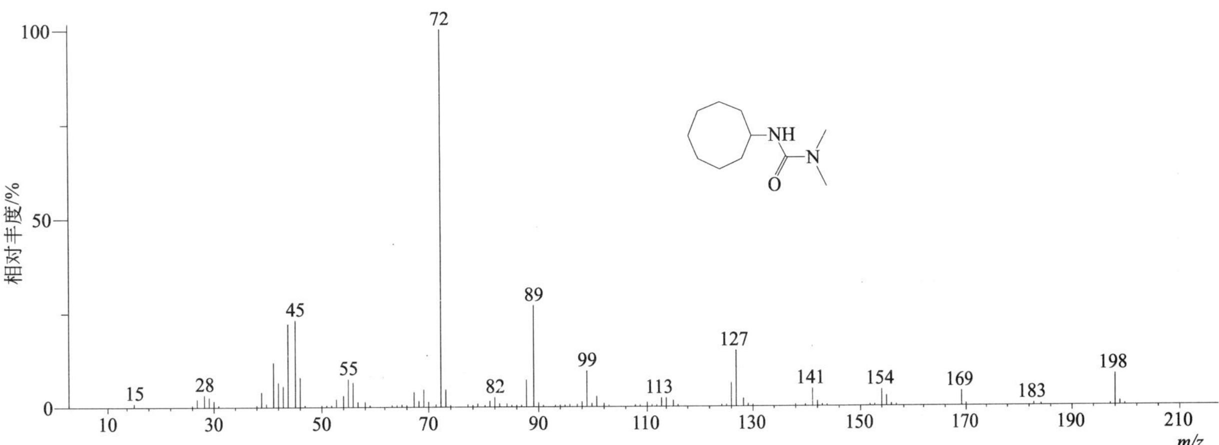

四个碰撞能量下子离子质谱图

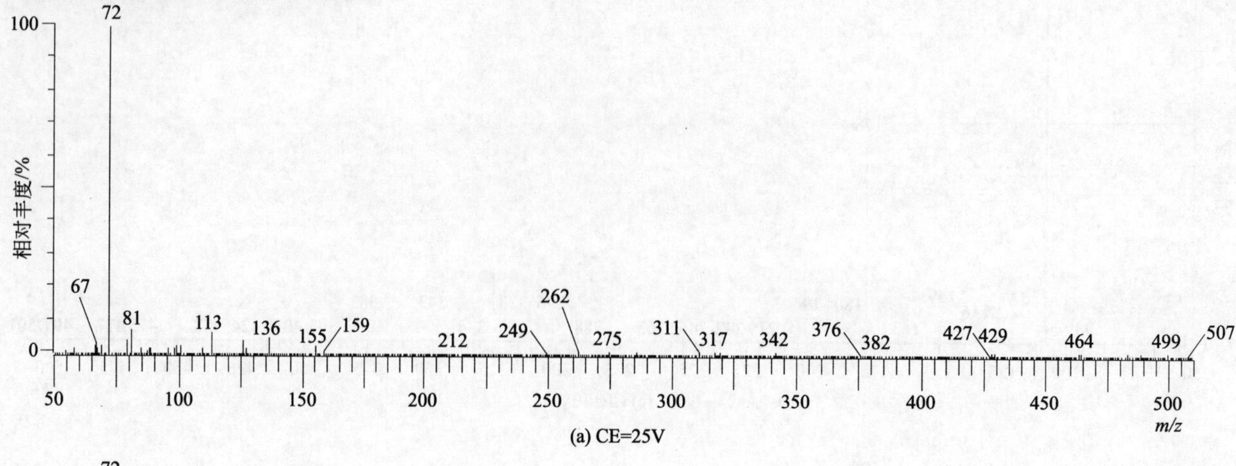

(a) CE=25V

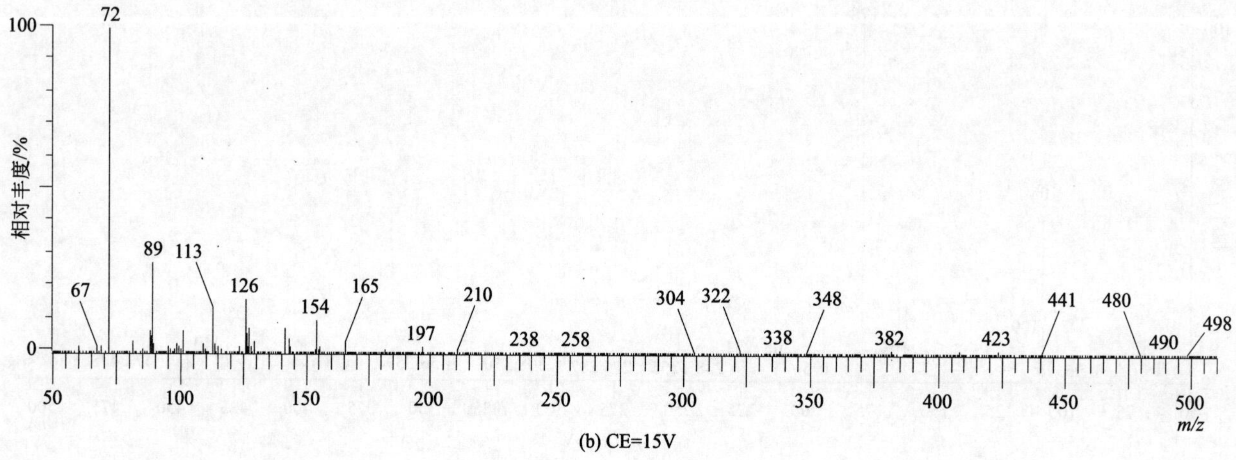

(b) CE=15V

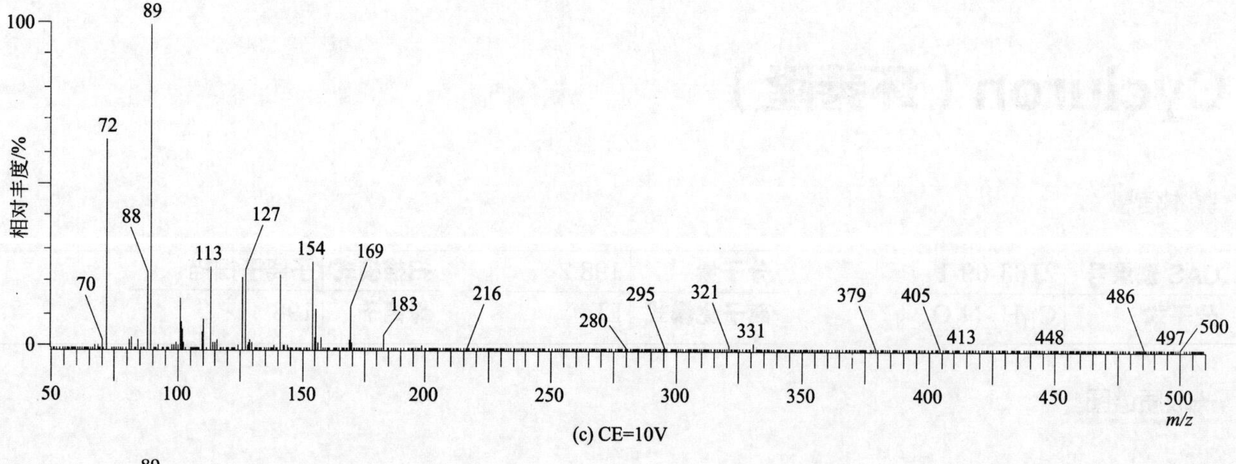

(c) CE=10V

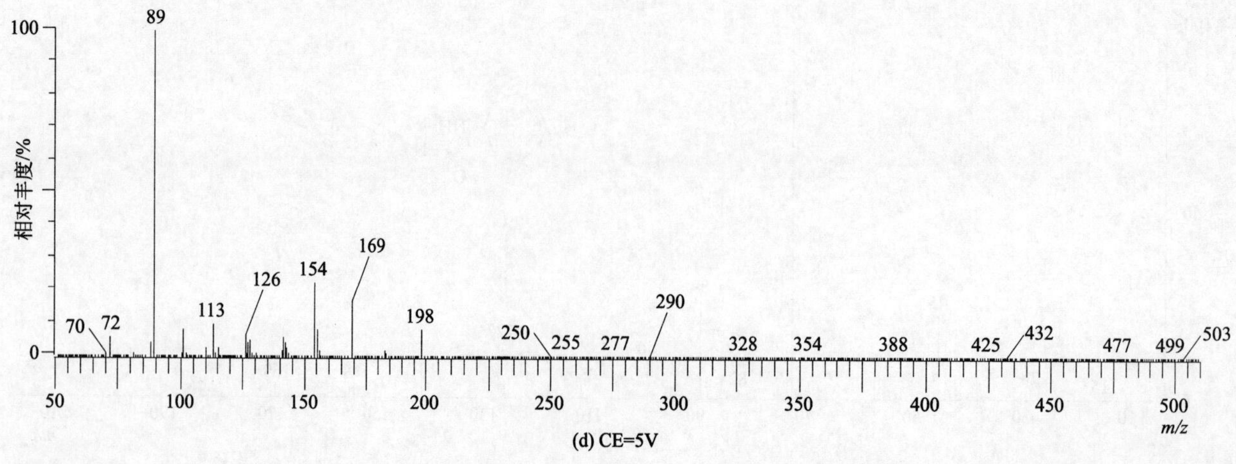

(d) CE=5V

Cyflufenamid（环氟菌胺）

基本信息

CAS 登录号	180409-60-3	分子量	412.1	扫描模式	子离子扫描
分子式	$C_{20}H_{17}F_5N_2O_2$	离子化模式	EI	母离子	412

一级质谱图

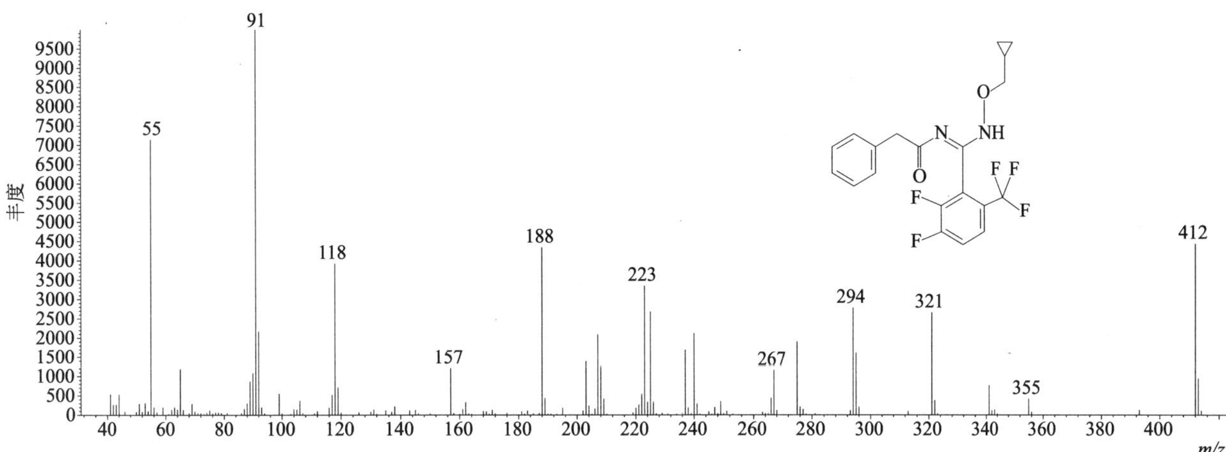

四个碰撞能量下子离子质谱图

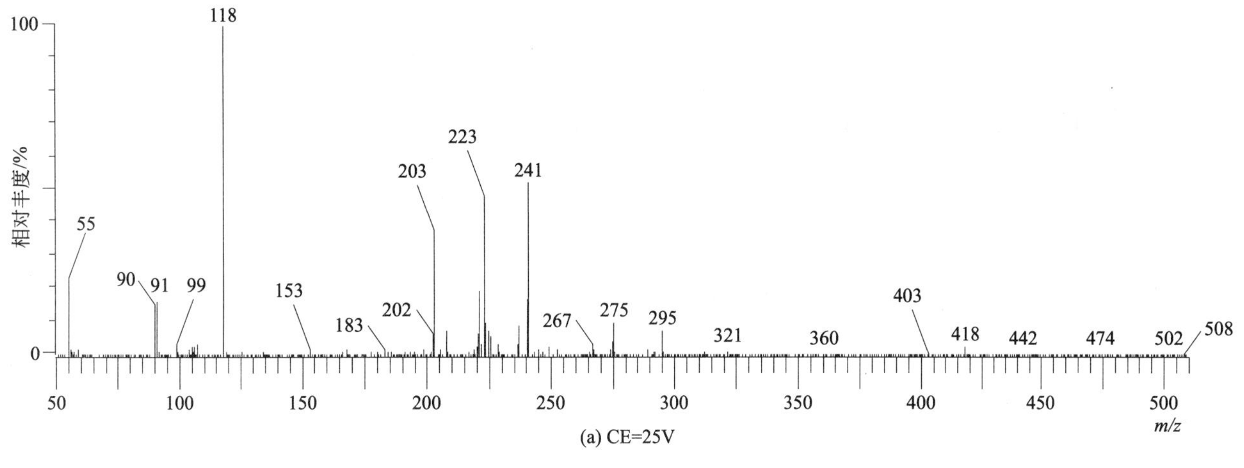

(a) CE=25V

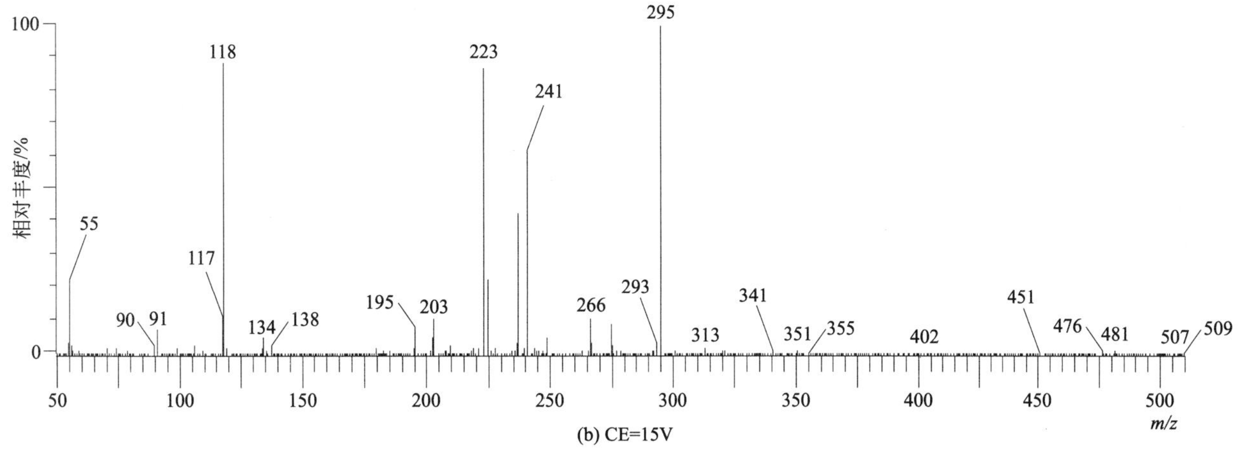

(b) CE=15V

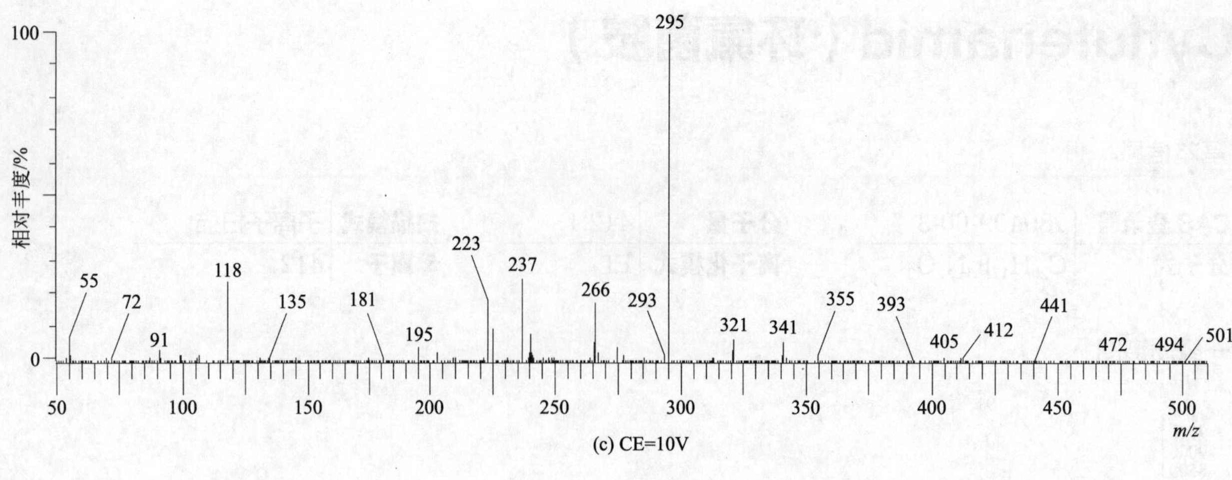

(c) CE=10V

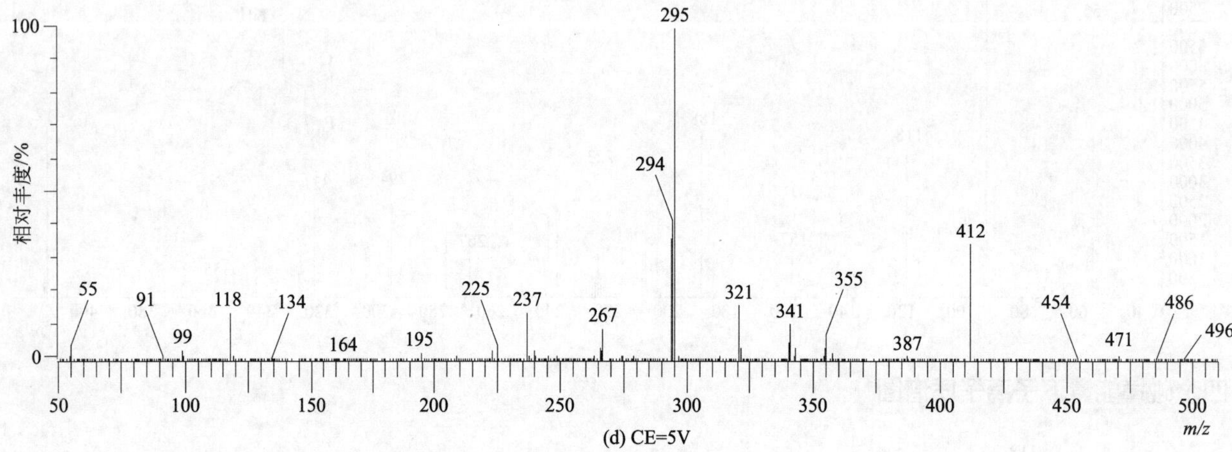

(d) CE=5V

Cyhalofop-butyl（氰氟草酯）

基本信息

CAS 登录号	122008-85-9	分子量	357.1	扫描模式	子离子扫描
分子式	$C_{20}H_{20}FNO_4$	离子化模式	EI	母离子	357

一级质谱图

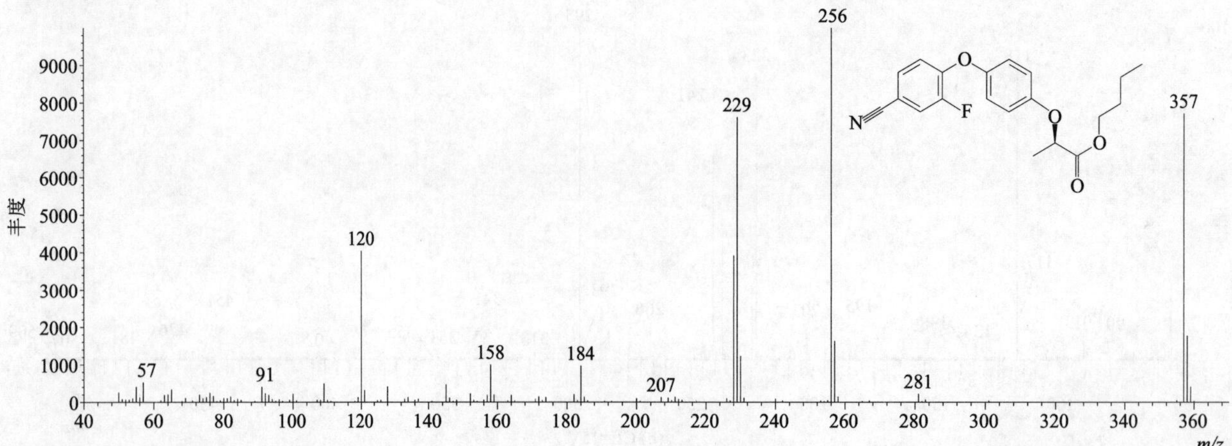

四个碰撞能量下子离子质谱图

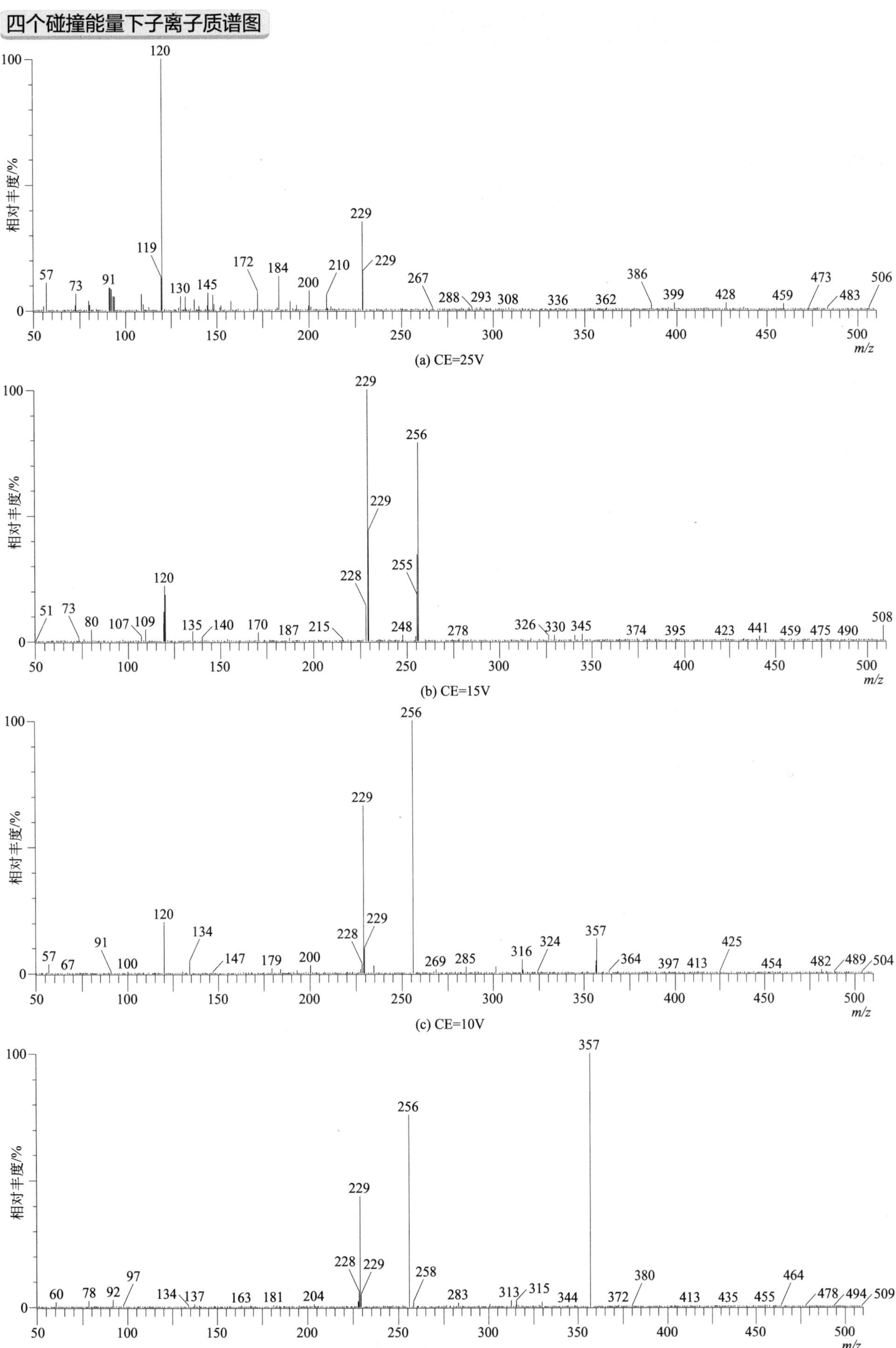

(a) CE=25V

(b) CE=15V

(c) CE=10V

(d) CE=5V

Cypermethrin（氯氰菊酯）

基本信息

CAS 登录号	52315-07-8	分子量	415.1	扫描模式	子离子扫描
分子式	$C_{22}H_{19}Cl_2NO_3$	离子化模式	EI	母离子	181

一级质谱图

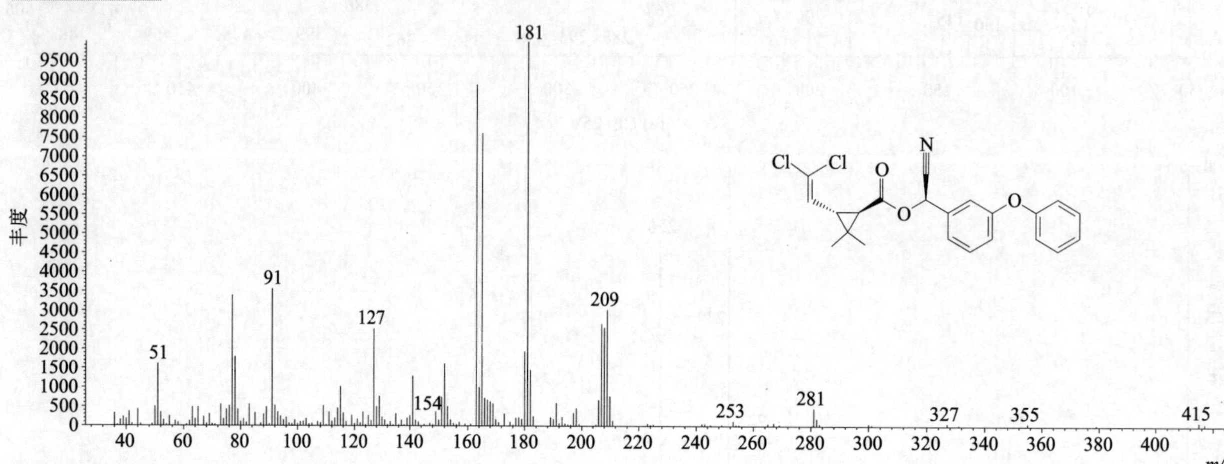

四个碰撞能量下子离子质谱图

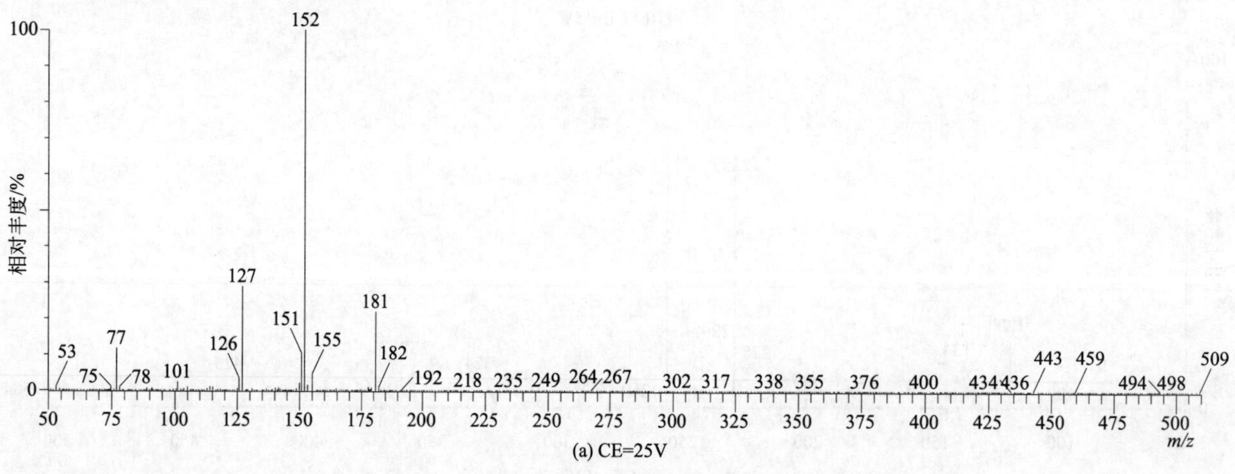

(a) CE=25V

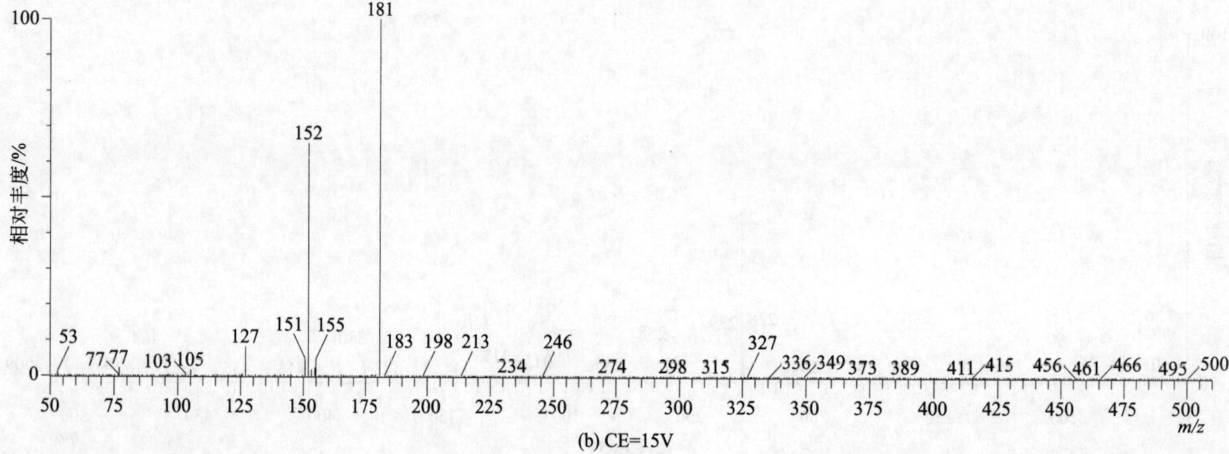

(b) CE=15V

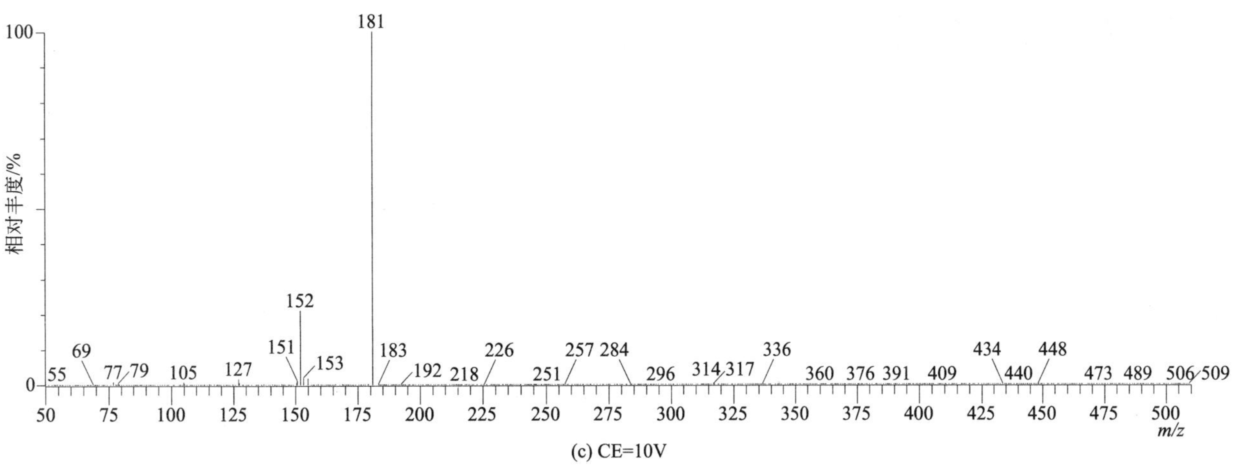

(c) CE=10V

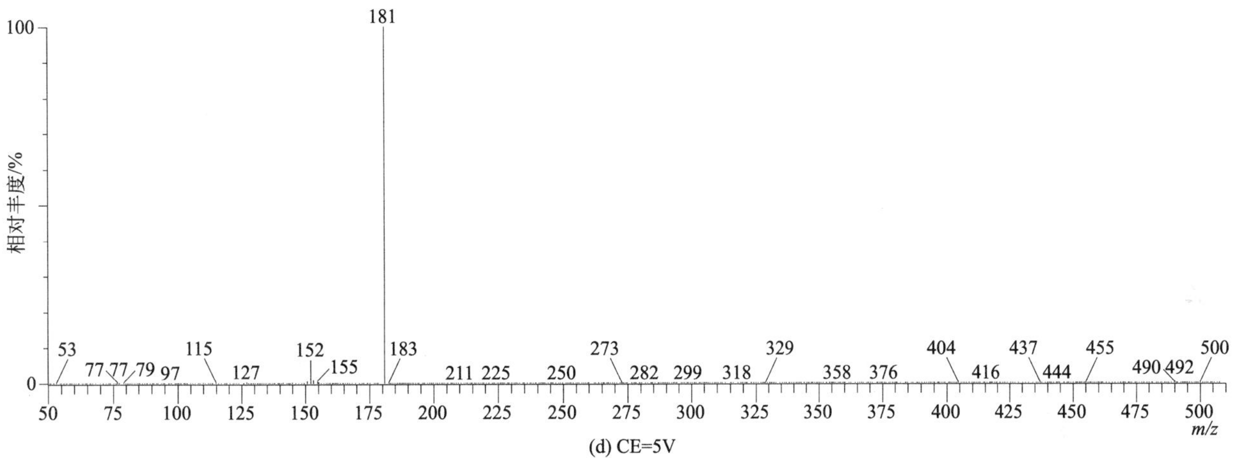

(d) CE=5V

α-Cypermethrin（顺式氯氰菊酯）

基本信息

CAS 登录号	67375-30-8	分子量	415.1	扫描模式	子离子扫描
分子式	$C_{22}H_{19}Cl_2NO_3$	离子化模式	EI	母离子	163

一级质谱图

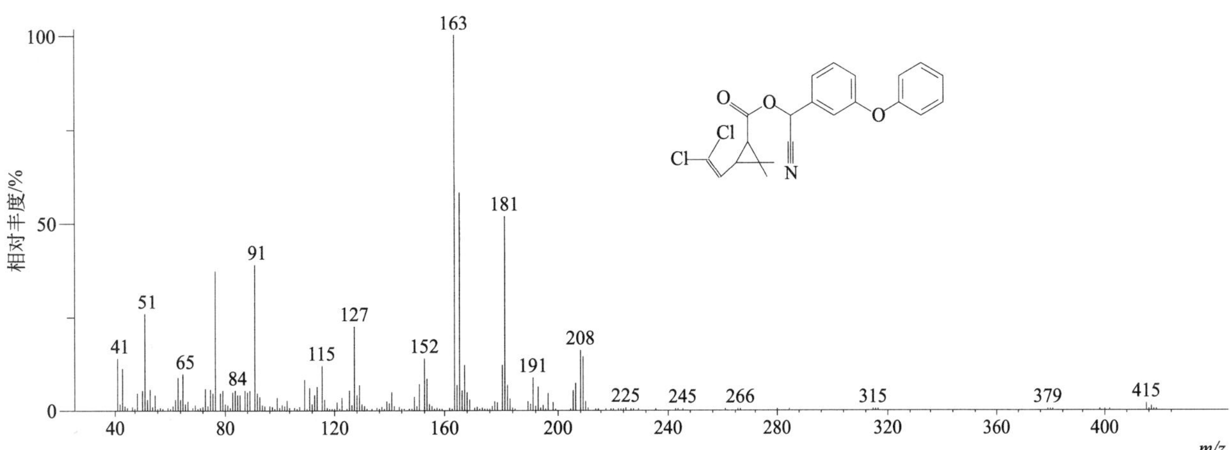

四个碰撞能量下子离子质谱图

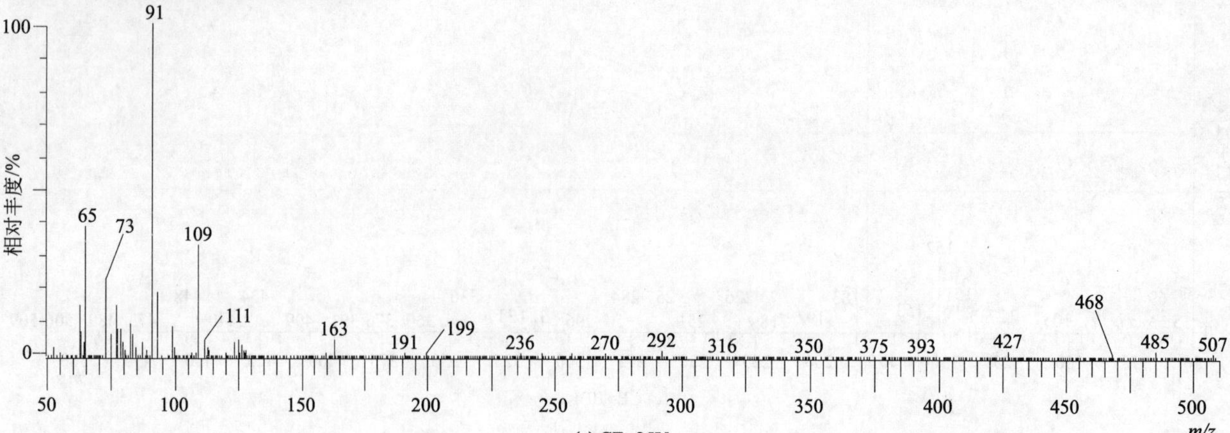

(a) CE=25V

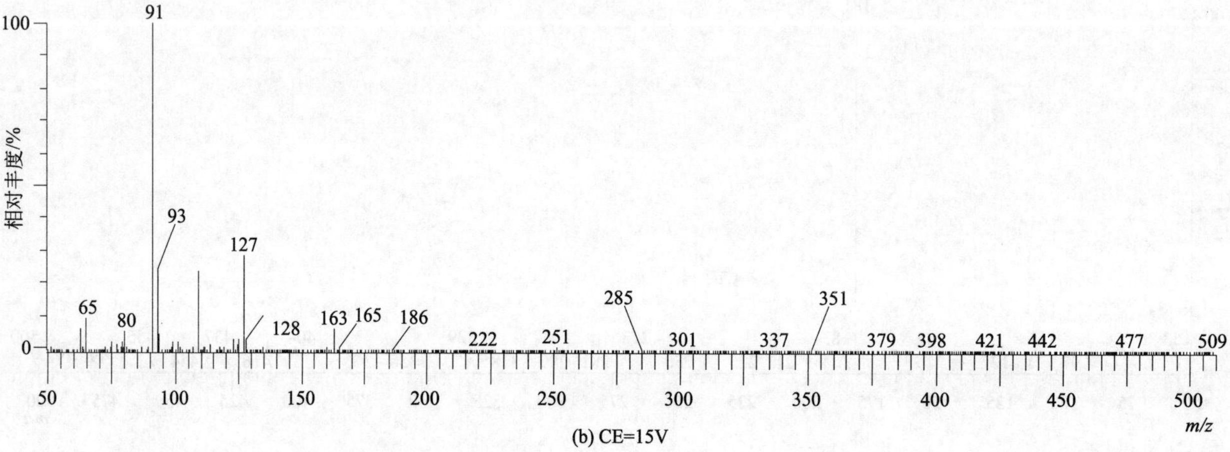

(b) CE=15V

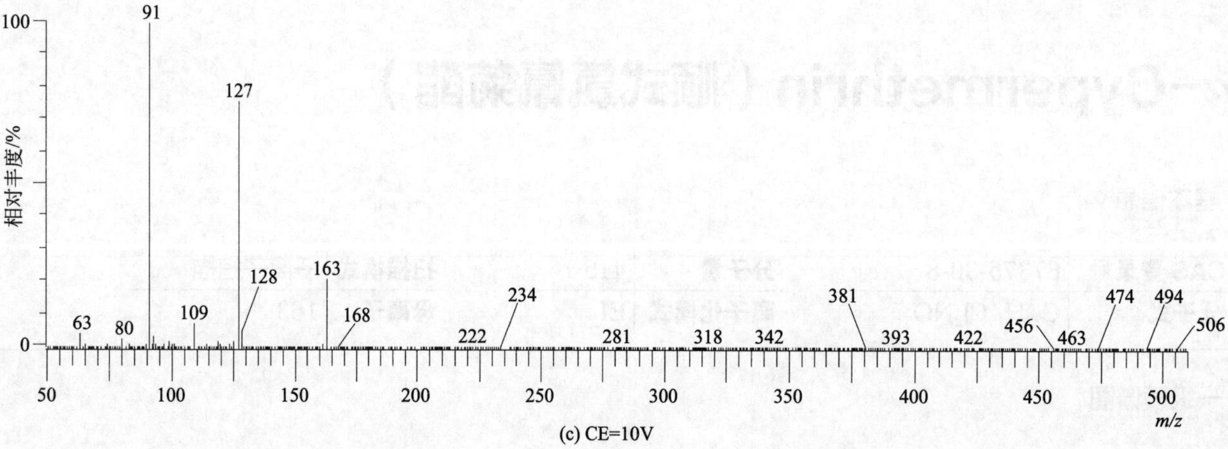

(c) CE=10V

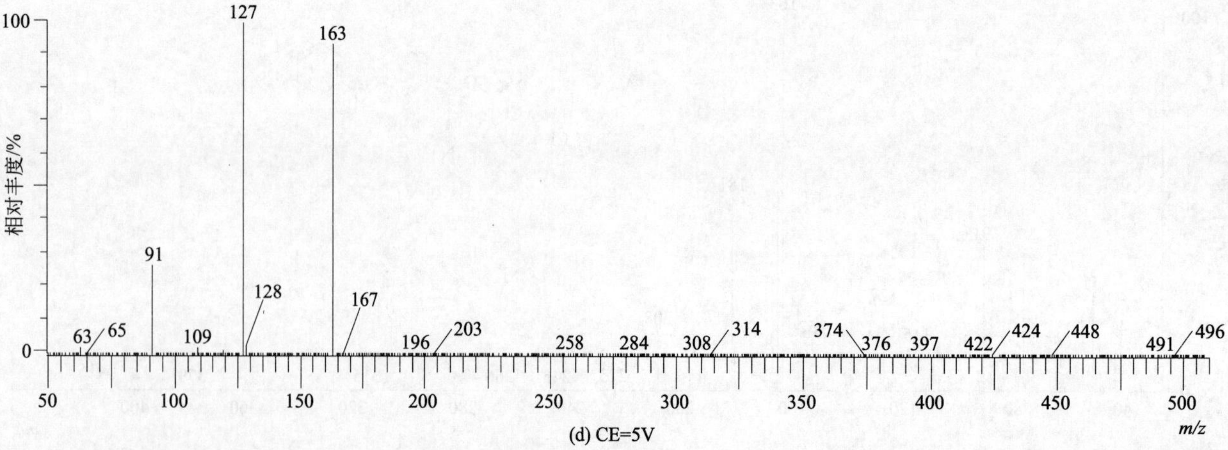

(d) CE=5V

Cyproconazole（环丙唑醇）

基本信息

CAS 登录号	94361-06-5	分子量	291.1	扫描模式	子离子扫描
分子式	$C_{15}H_{18}ClN_3O$	离子化模式	EI	母离子	222

一级质谱图

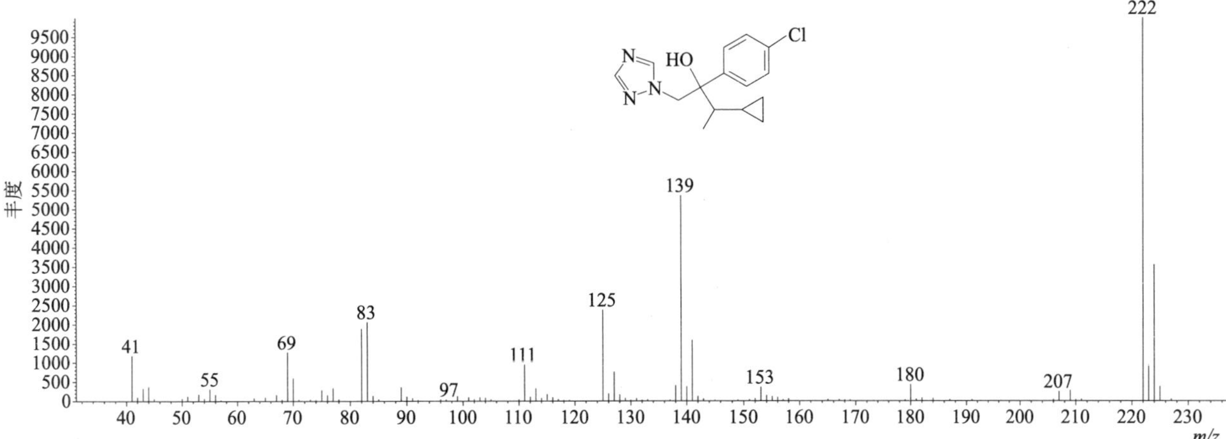

四个碰撞能量下子离子质谱图

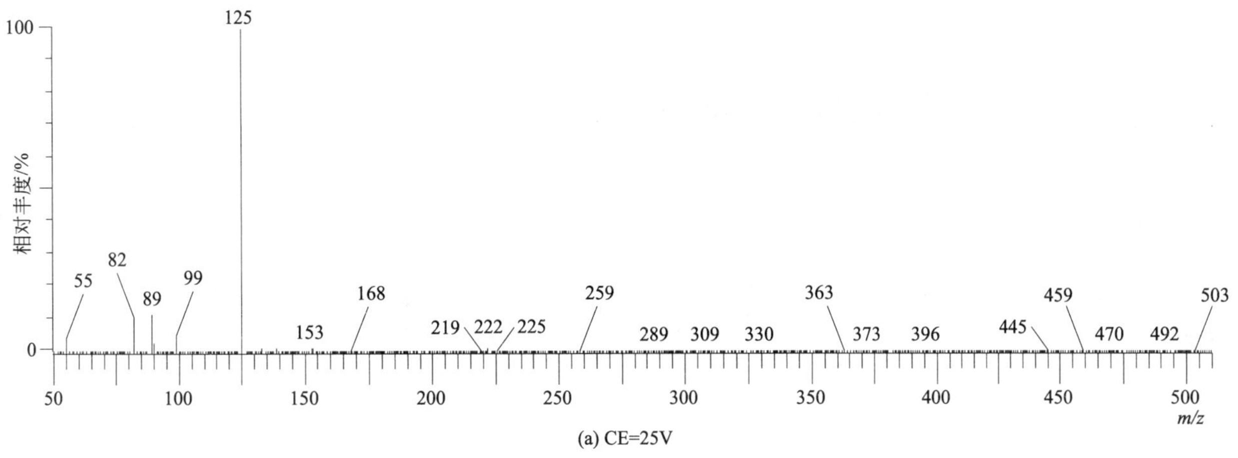

(a) CE=25V

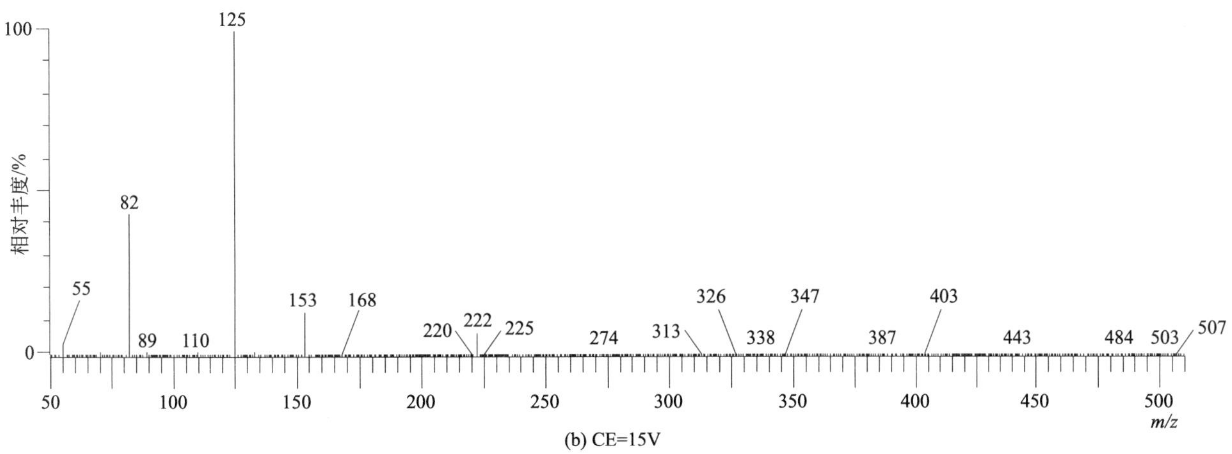

(b) CE=15V

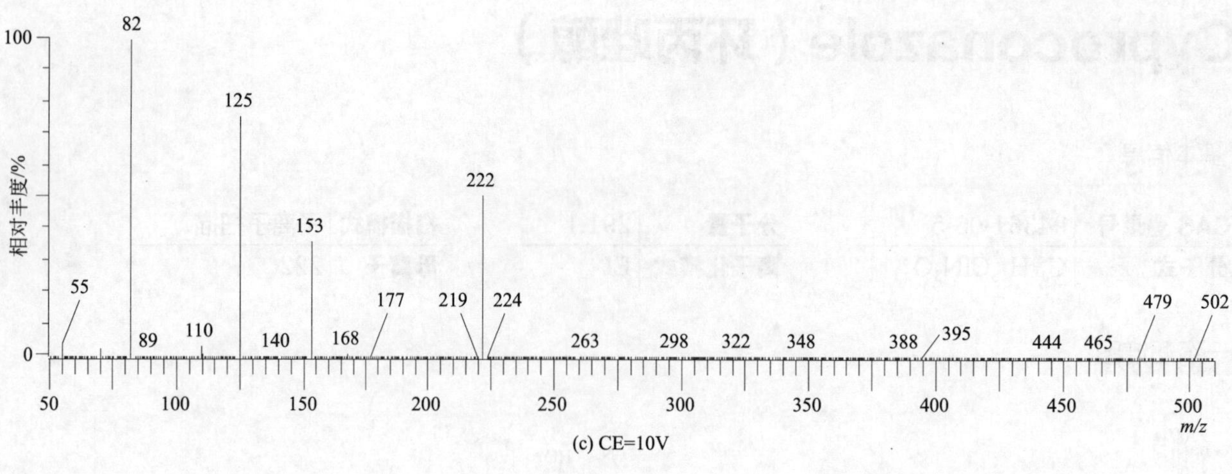

(c) CE=10V

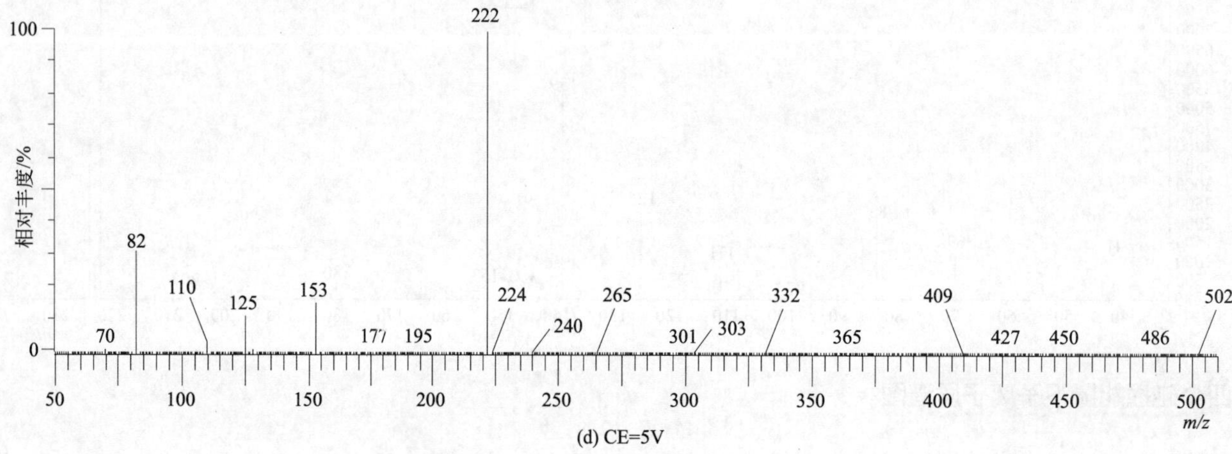

(d) CE=5V

Cyprodinil（嘧菌环胺）

基本信息

CAS 登录号	121552-61-2	分子量	225.1	扫描模式	子离子扫描
分子式	$C_{14}H_{15}N_3$	离子化模式	EI	母离子	224

一级质谱图

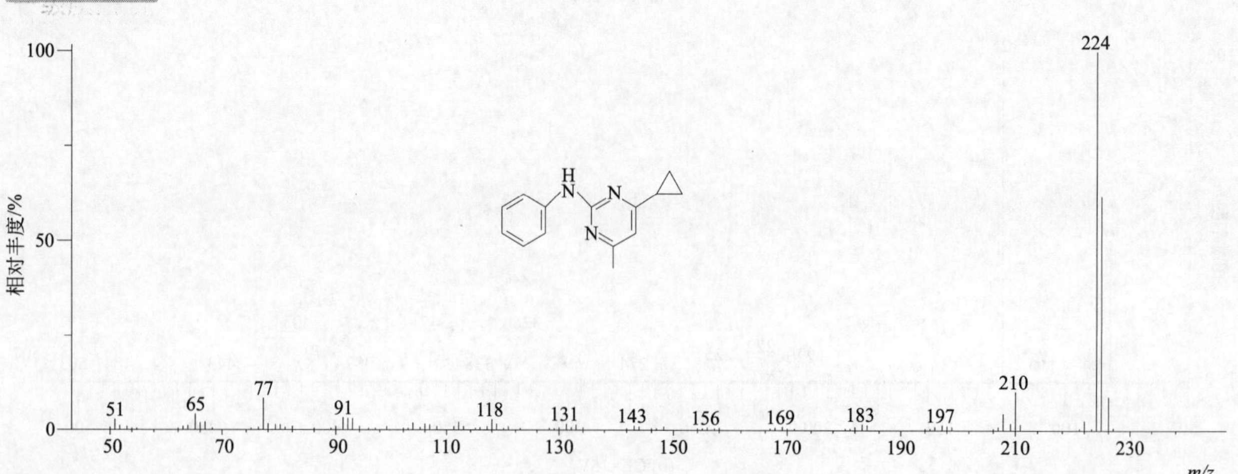

四个碰撞能量下子离子质谱图

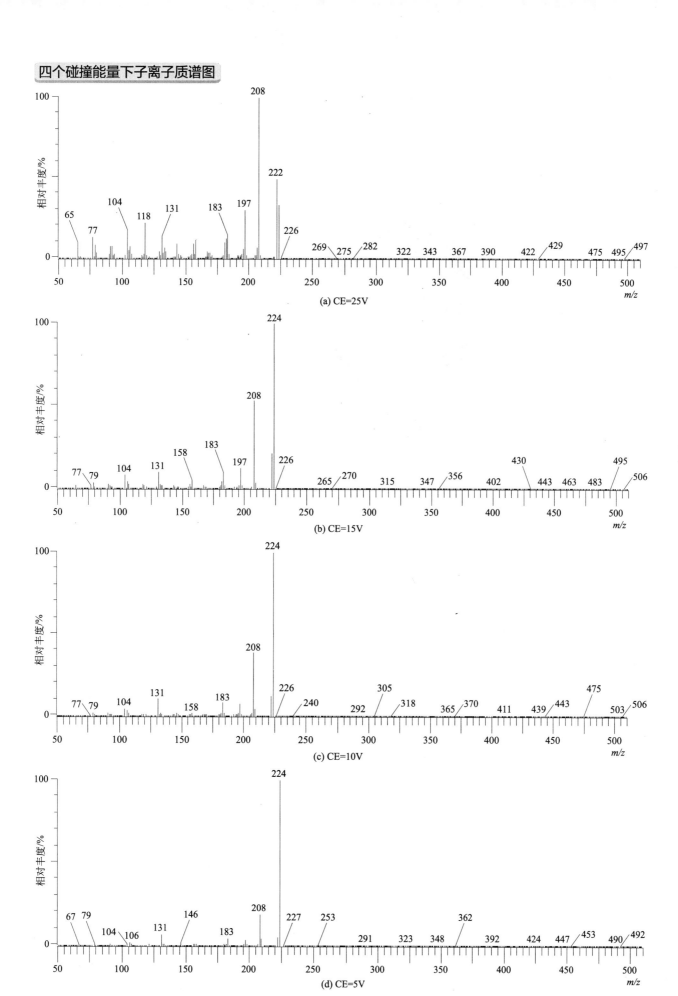

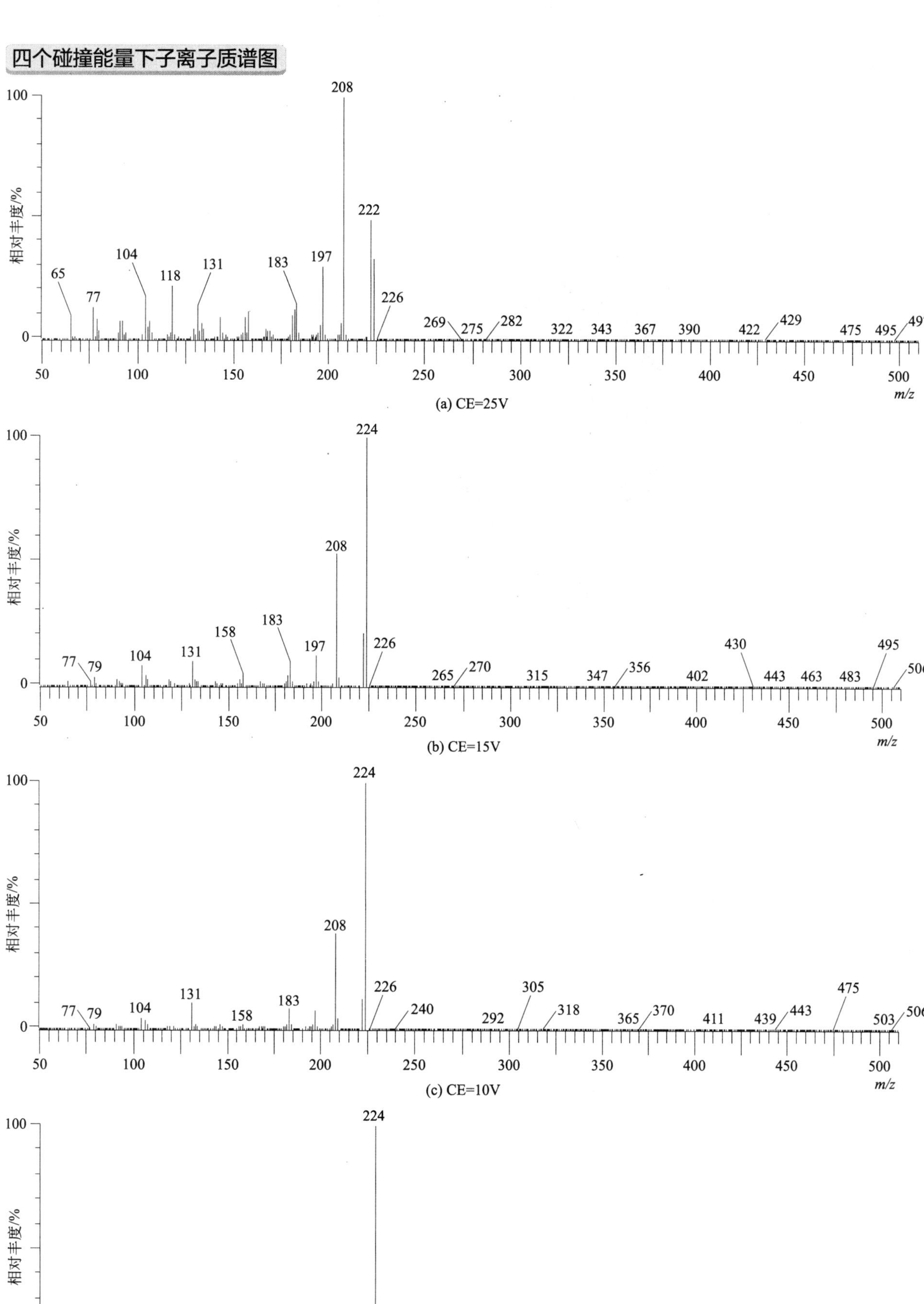

(a) CE=25V

(b) CE=15V

(c) CE=10V

(d) CE=5V

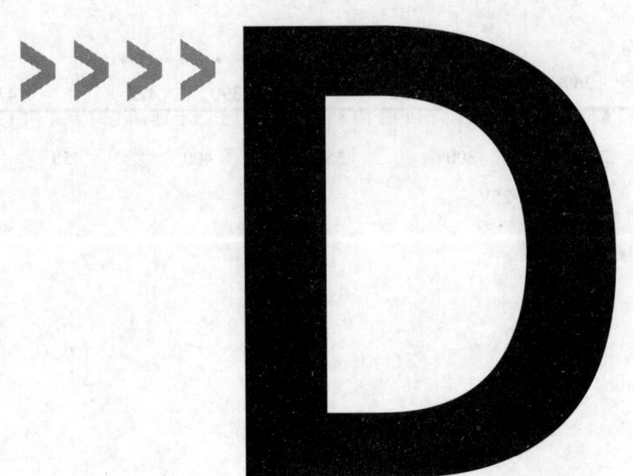

p,p'-DDD（*p,p'*-滴滴滴）

基本信息

CAS 登录号	72-54-8	分子量	318.0	扫描模式	子离子扫描
分子式	$C_{14}H_{10}Cl_4$	离子化模式	EI	母离子	235

一级质谱图

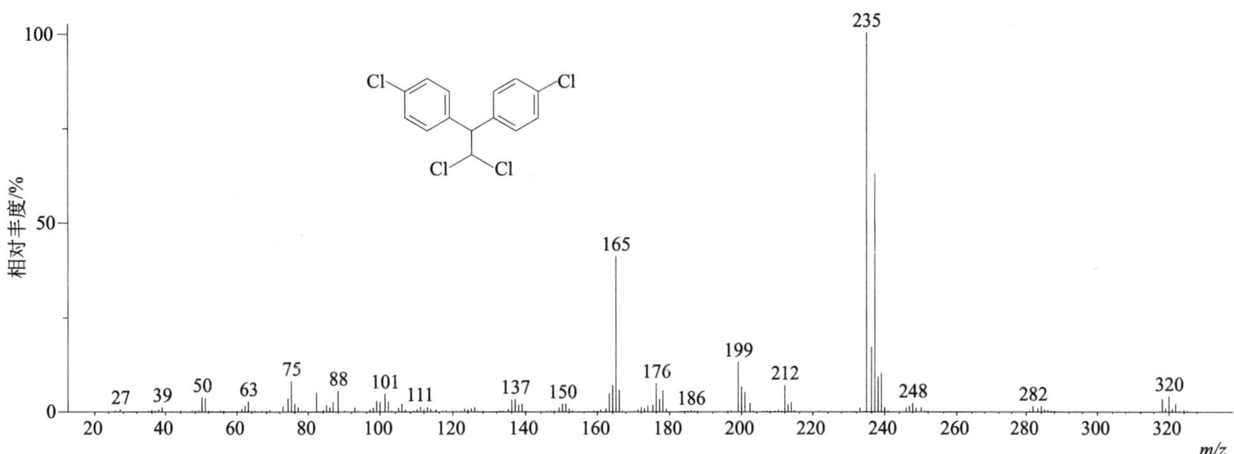

四个碰撞能量下子离子质谱图

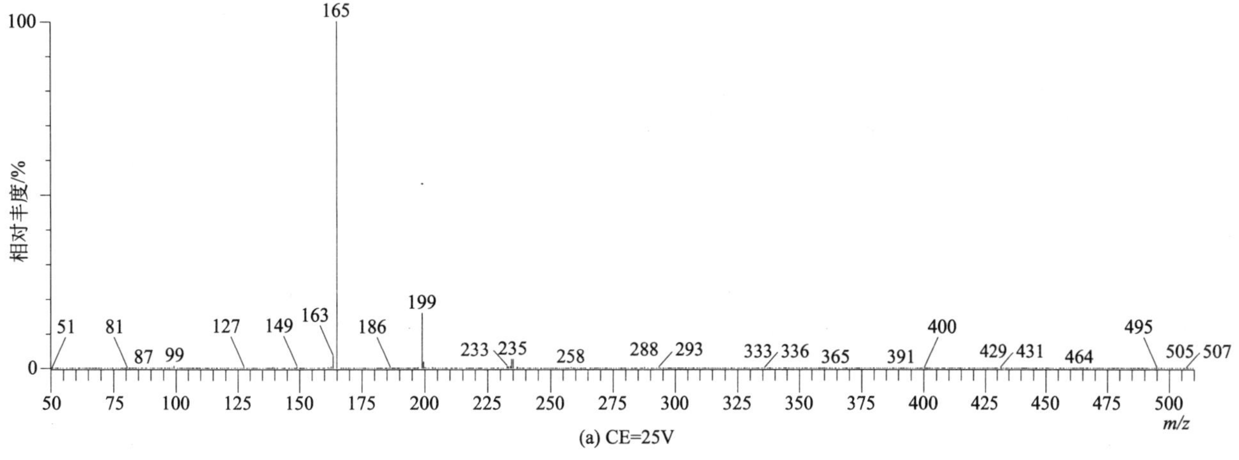

(a) CE=25V

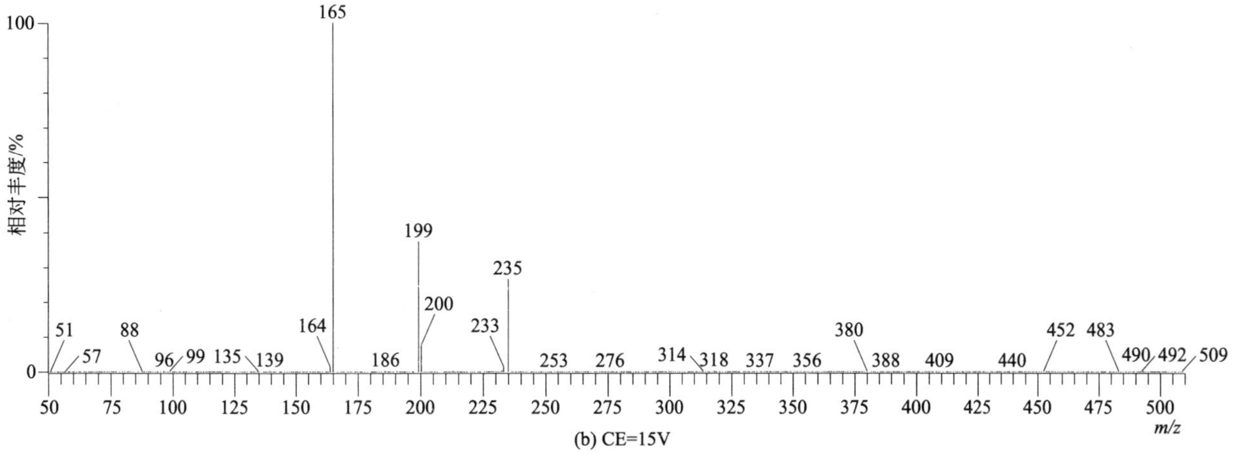

(b) CE=15V

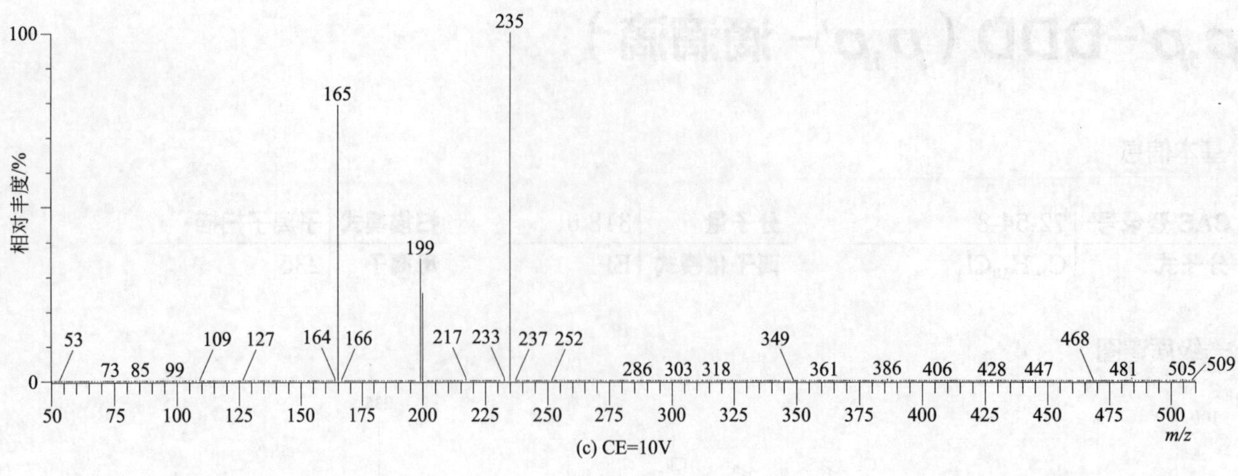

(c) CE=10V

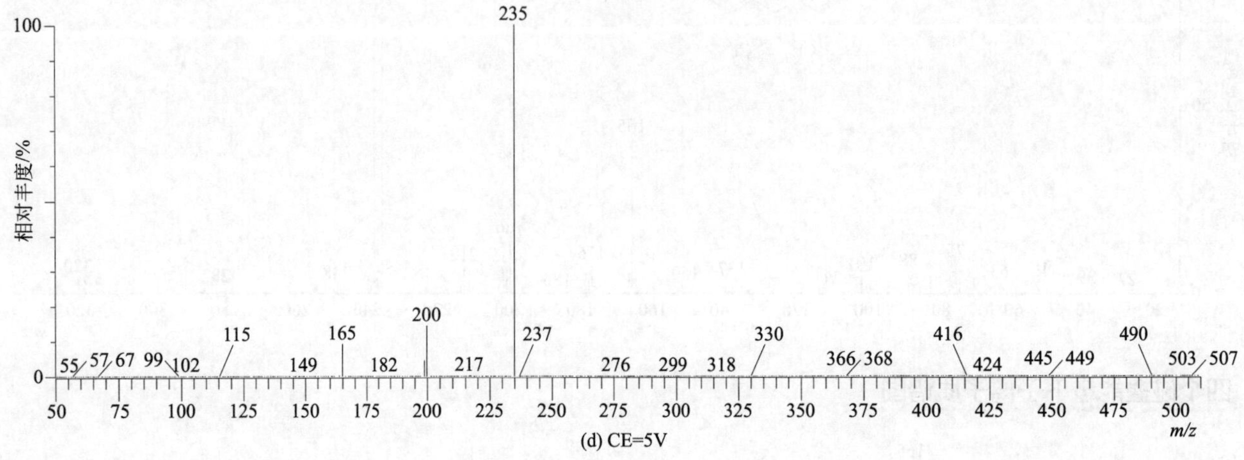

(d) CE=5V

o,p′-DDE（*o,p′*-滴滴伊）

基本信息

CAS 登录号	3424-82-6	分子量	315.9	扫描模式	子离子扫描
分子式	$C_{14}H_8Cl_4$	离子化模式	EI	母离子	318

一级质谱图

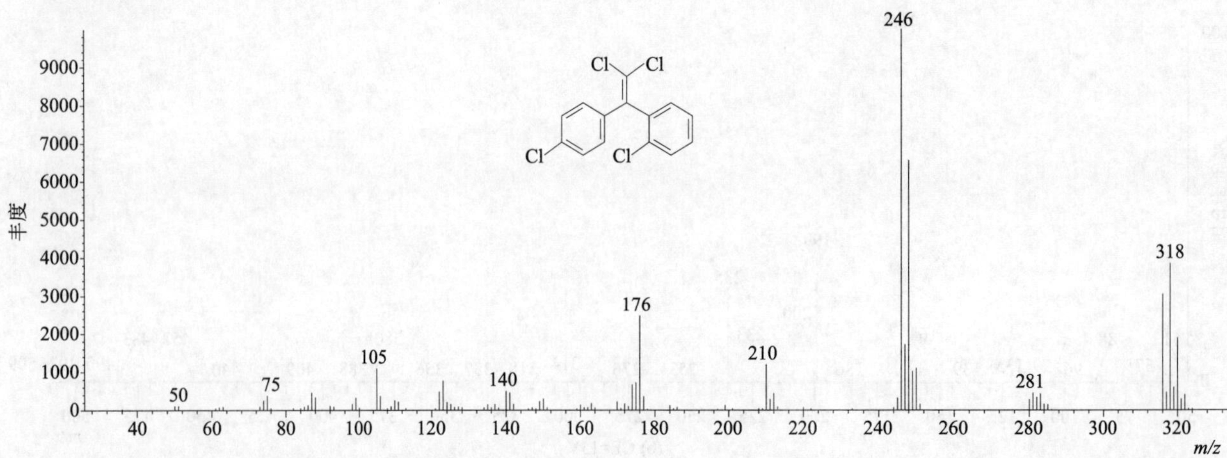

四个碰撞能量下子离子质谱图

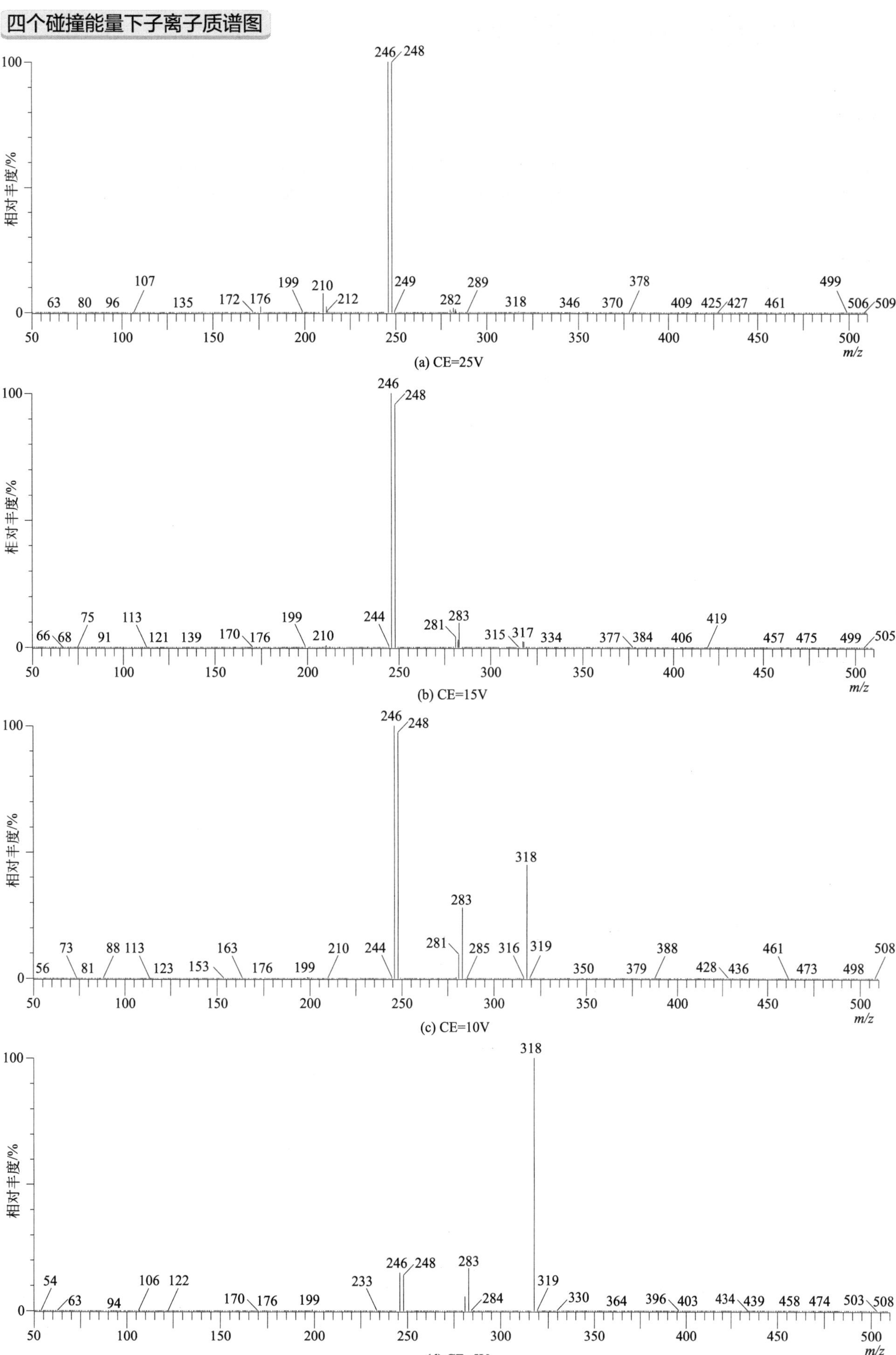

(a) CE=25V

(b) CE=15V

(c) CE=10V

(d) CE=5V

p,p'-DDE（*p,p'*- 滴滴伊）

基本信息

CAS 登录号	72-55-9	分子量	315.9	扫描模式	子离子扫描
分子式	$C_{14}H_8Cl_4$	离子化模式	EI	母离子	318

一级质谱图

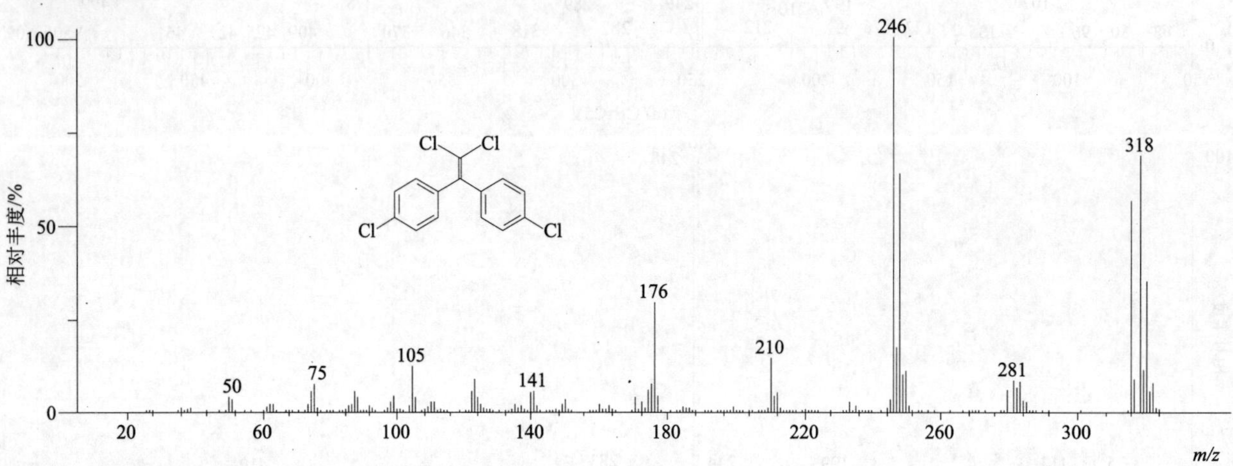

四个碰撞能量下子离子质谱图

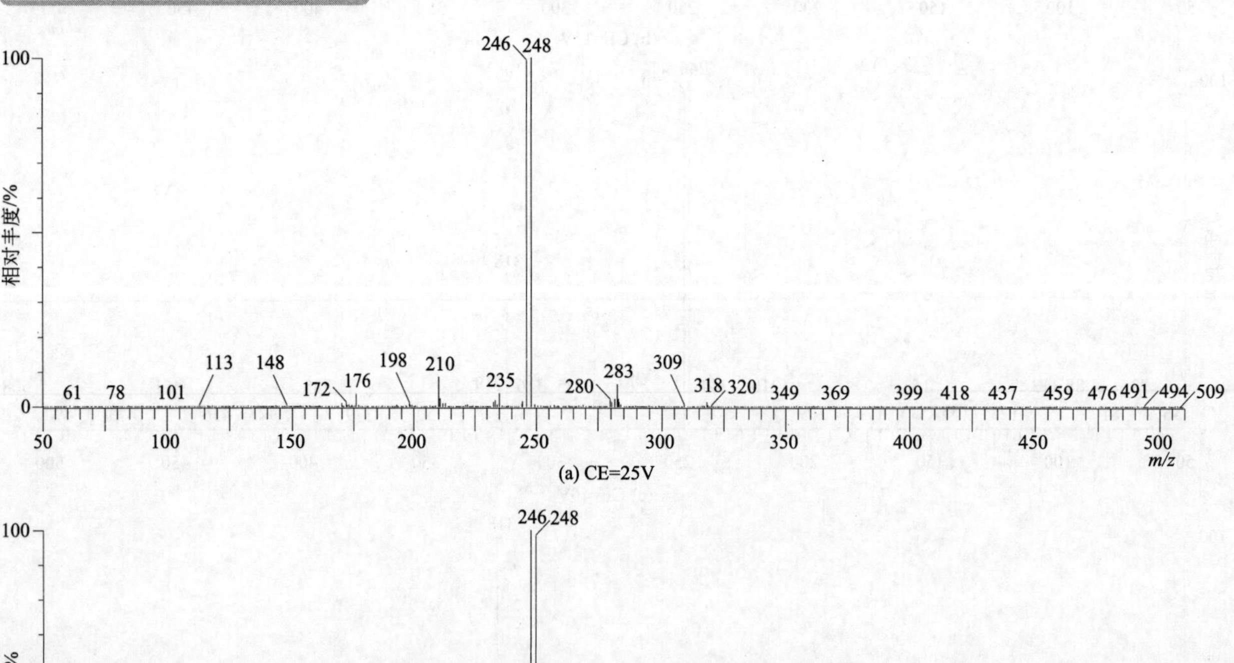

(a) CE=25V

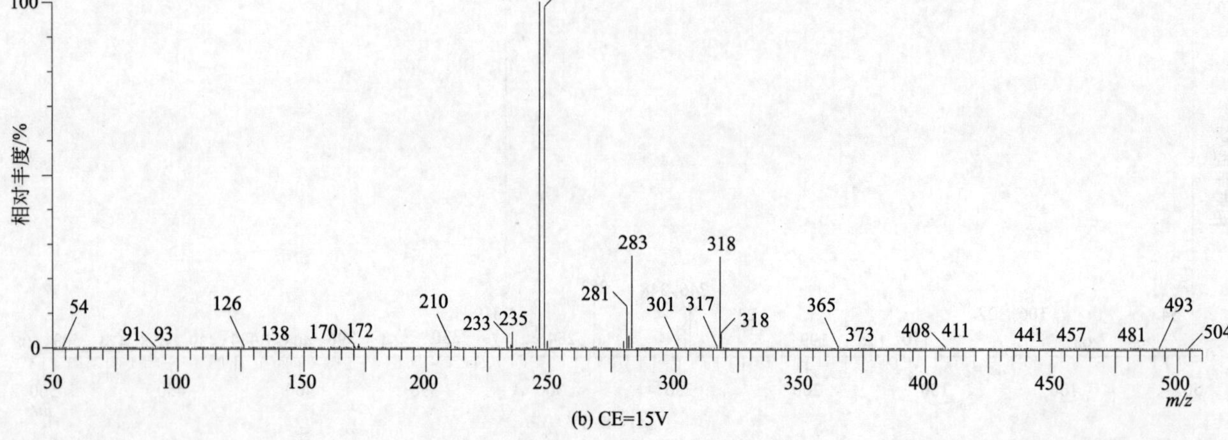

(b) CE=15V

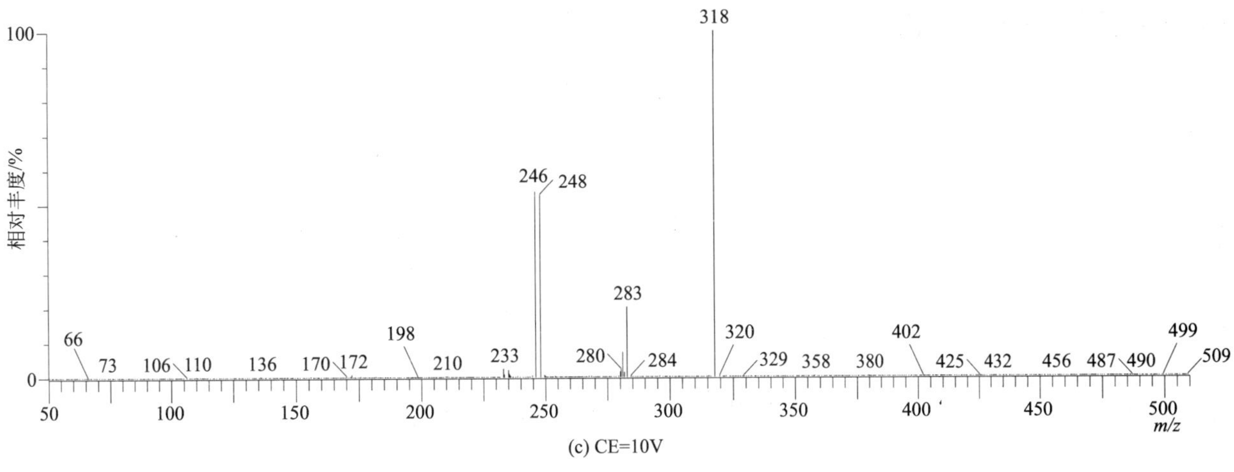

(c) CE=10V

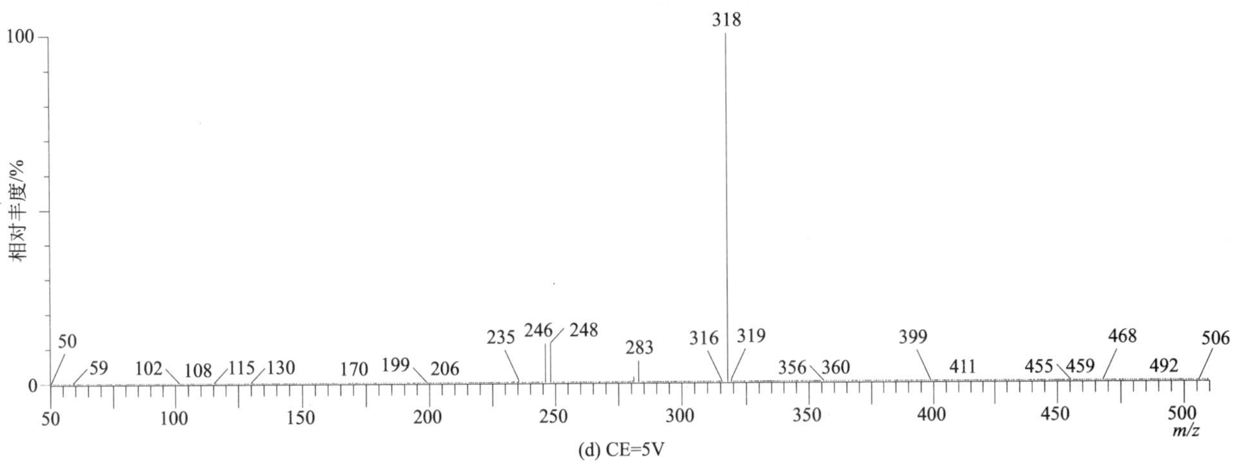

(d) CE=5V

o,p′-DDT（*o, p′*- 滴滴涕）

基本信息

CAS 登录号	789-02-6	分子量	351.9	扫描模式	子离子扫描
分子式	$C_{14}H_9Cl_5$	离子化模式	EI	母离子	235

一级质谱图

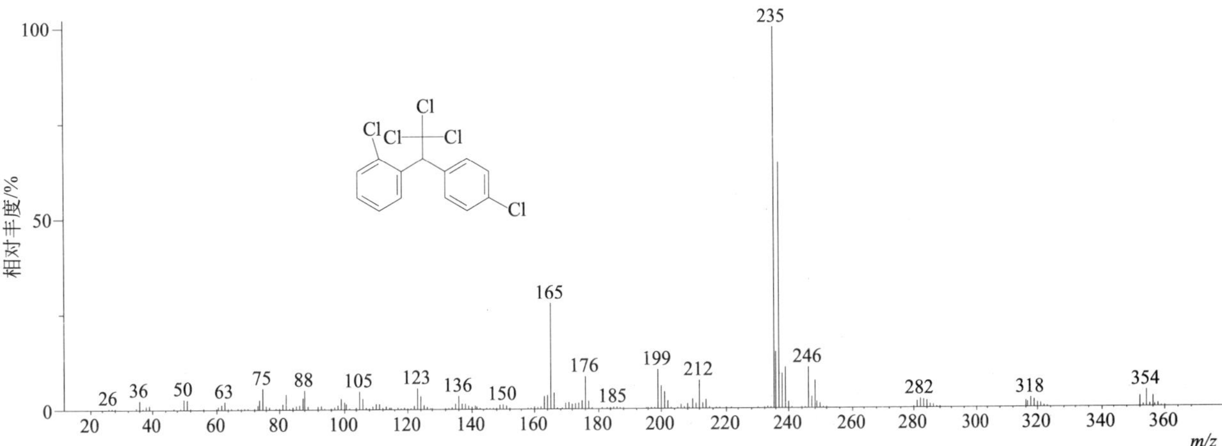

四个碰撞能量下子离子质谱图

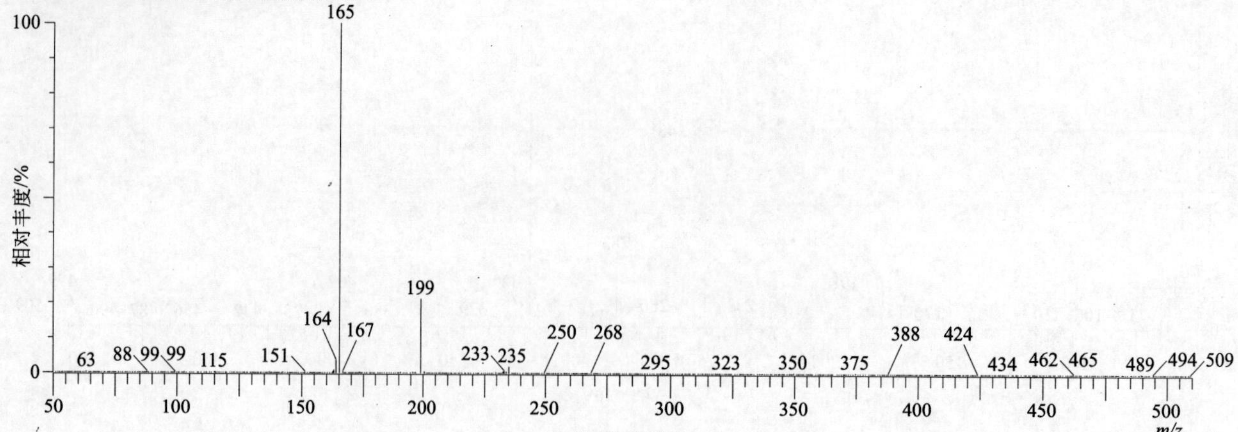

(a) CE=25V

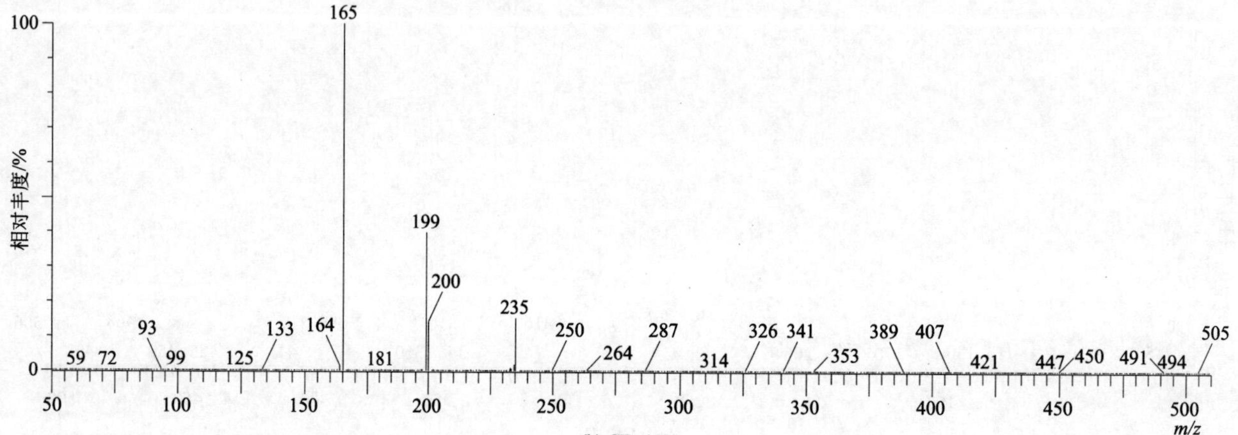

(b) CE=15V

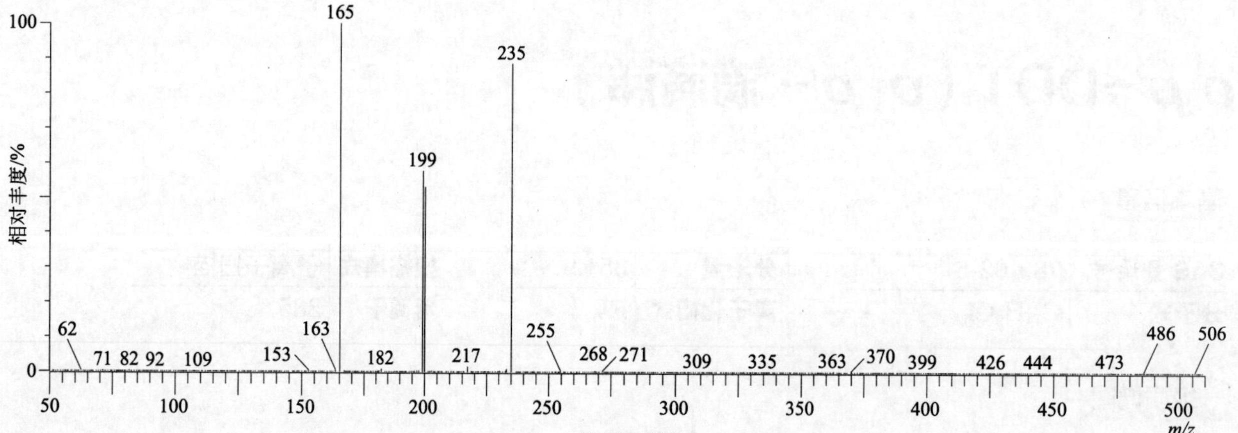

(c) CE=10V

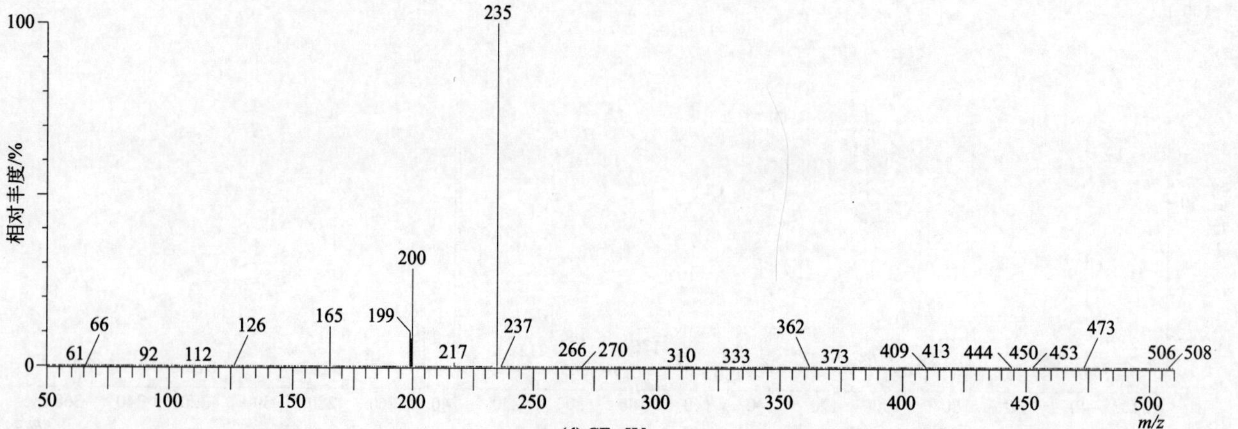

(d) CE=5V

DEF（脱叶磷）

基本信息

CAS 登录号	78-48-8	分子量	314.1	扫描模式	子离子扫描
分子式	$C_{12}H_{27}OPS_3$	离子化模式	EI	母离子	202

一级质谱图

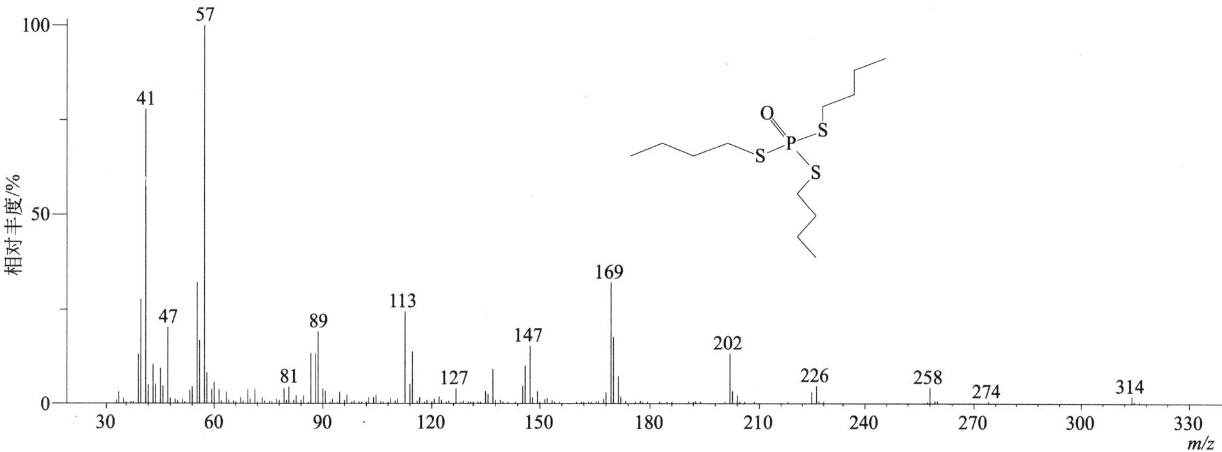

四个碰撞能量下子离子质谱图

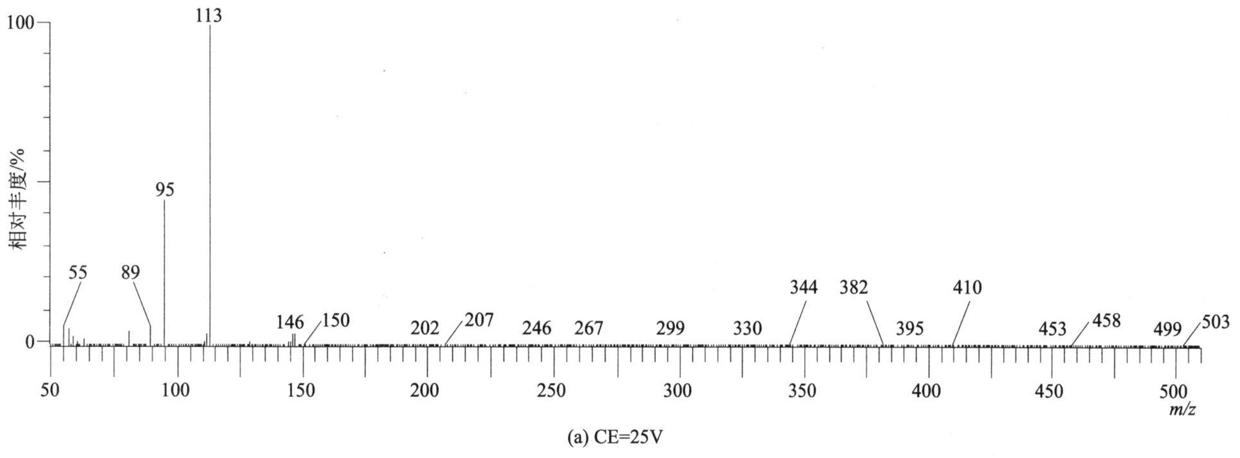

(a) CE=25V

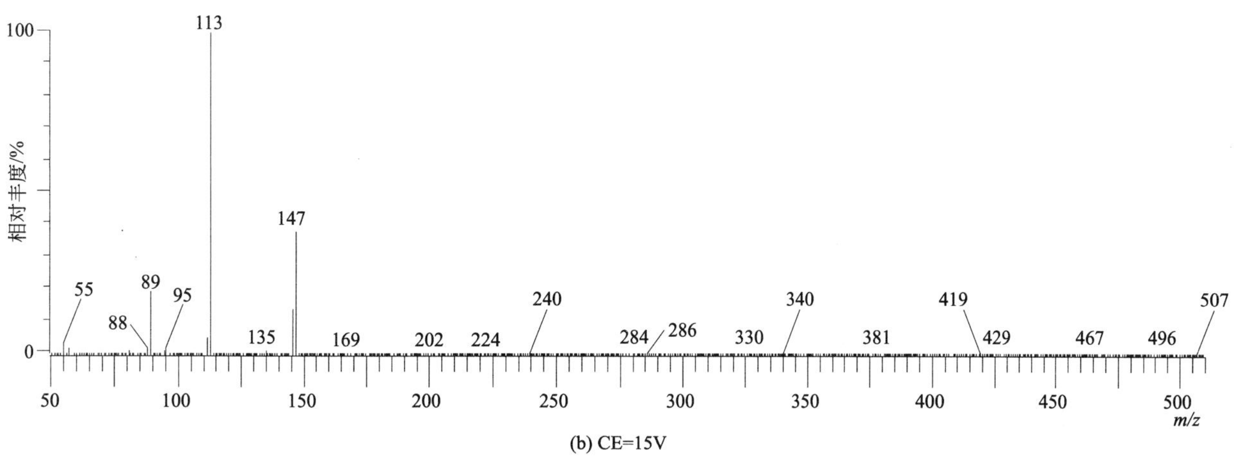

(b) CE=15V

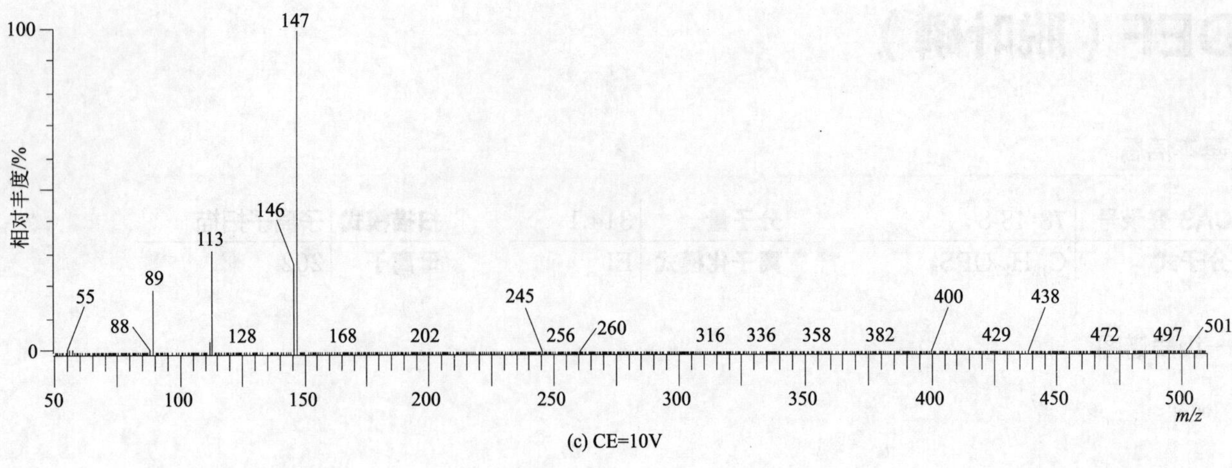

(c) CE=10V

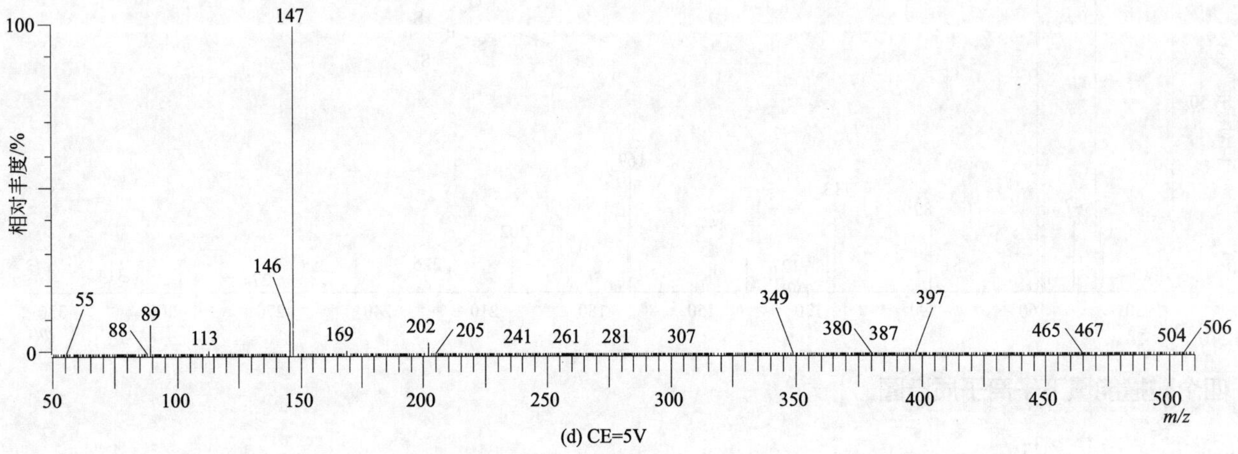

(d) CE=5V

Demeton-*S*（硫赶内吸磷）

基本信息

CAS 登录号	126-75-0	分子量	258.1	扫描模式	子离子扫描
分子式	$C_8H_{19}O_3PS_2$	离子化模式	EI	母离子	170

一级质谱图

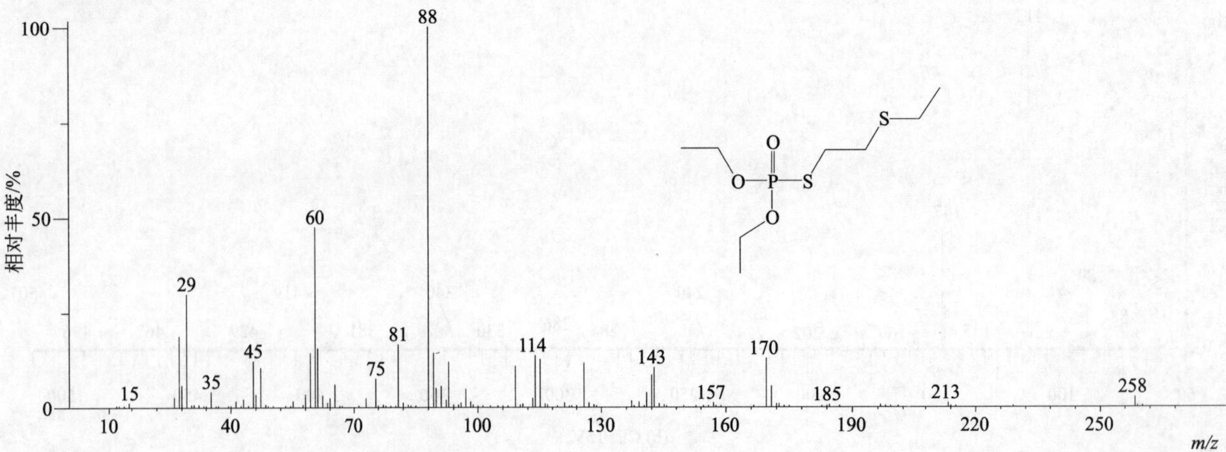

四个碰撞能量下子离子质谱图

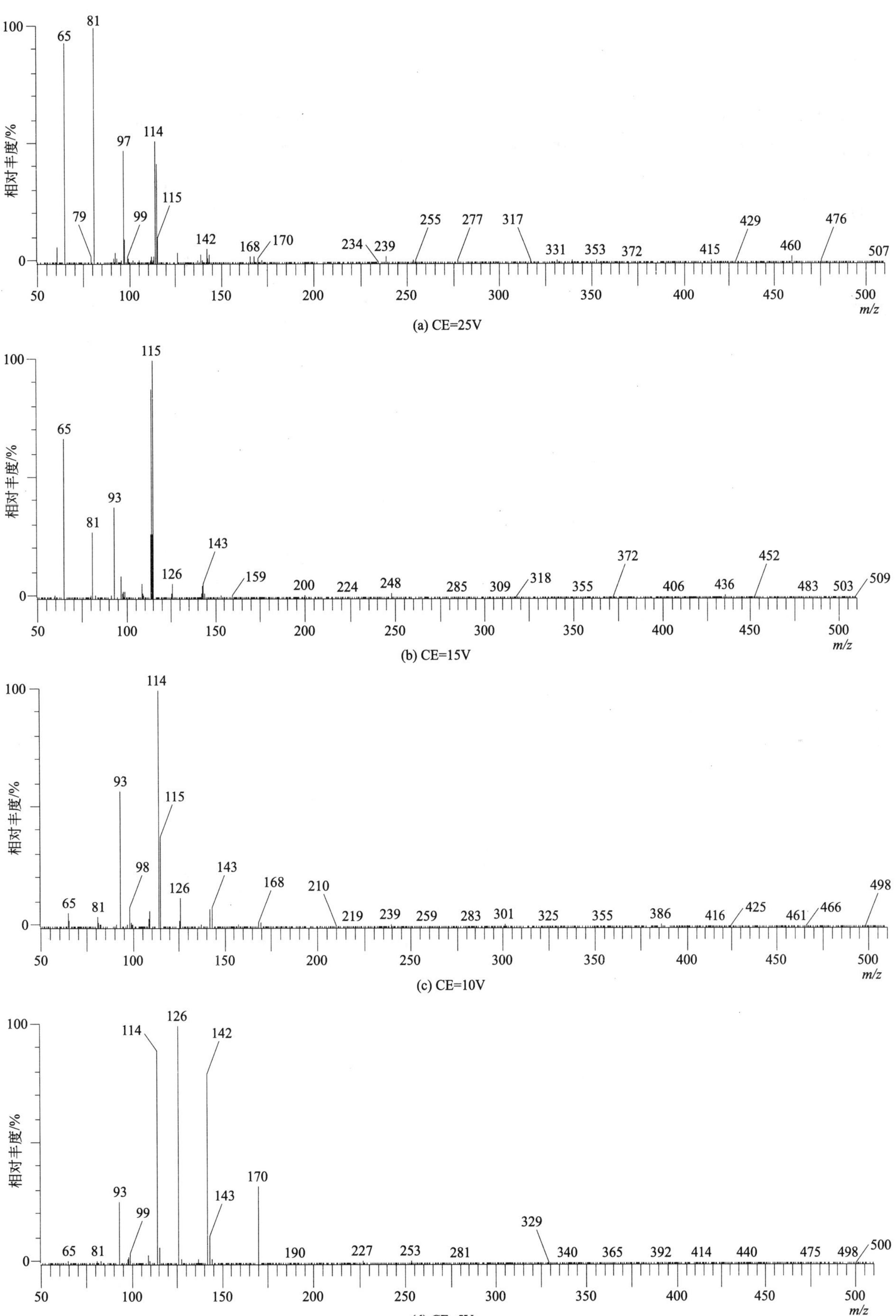

(a) CE=25V

(b) CE=15V

(c) CE=10V

(d) CE=5V

Demeton-*S*-methyl（甲基内吸磷）

基本信息

CAS 登录号	919-86-8	分子量	230.0	扫描模式	子离子扫描
分子式	$C_6H_{15}O_3PS_2$	离子化模式	EI	母离子	142

一级质谱图

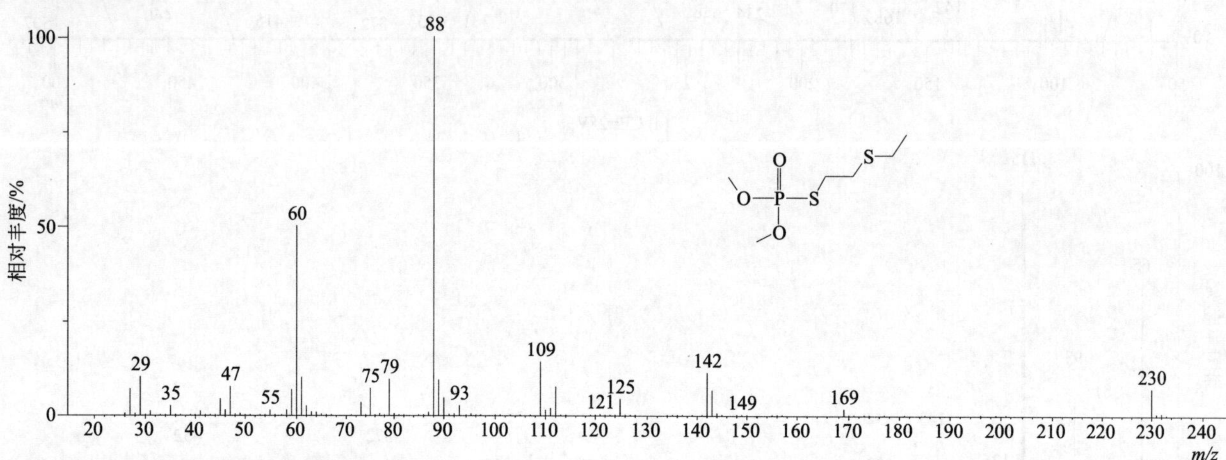

四个碰撞能量下子离子质谱图

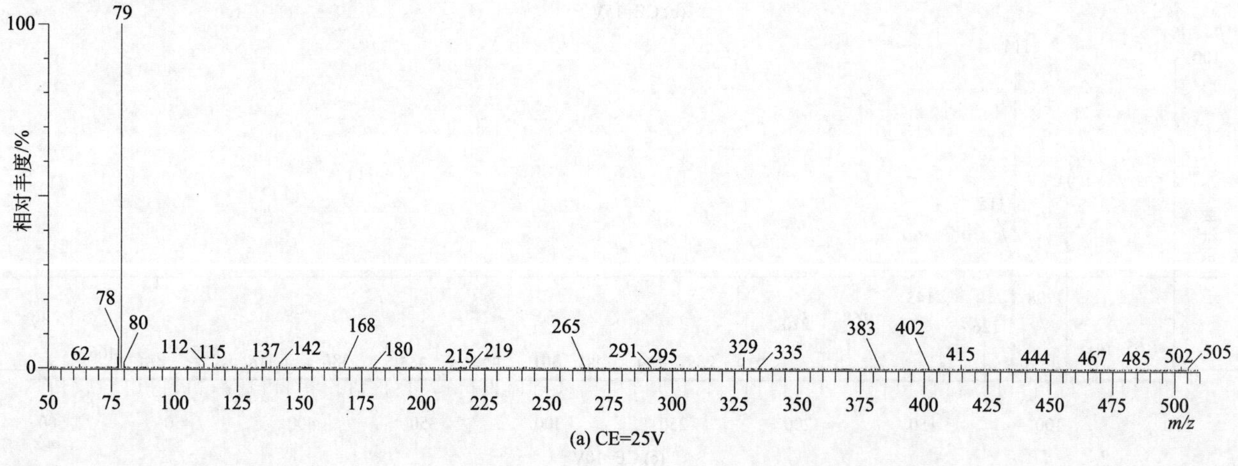

(a) CE=25V

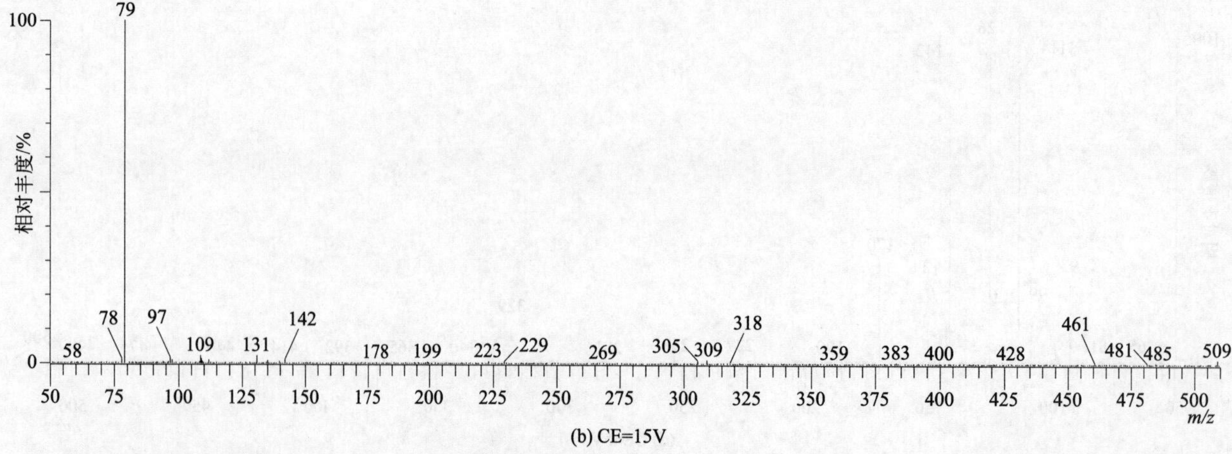

(b) CE=15V

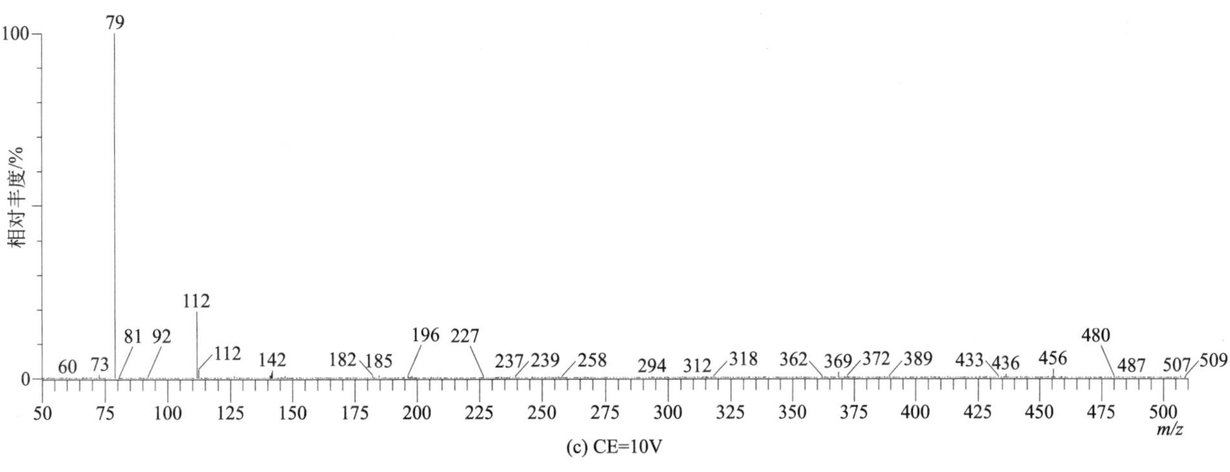

(c) CE=10V

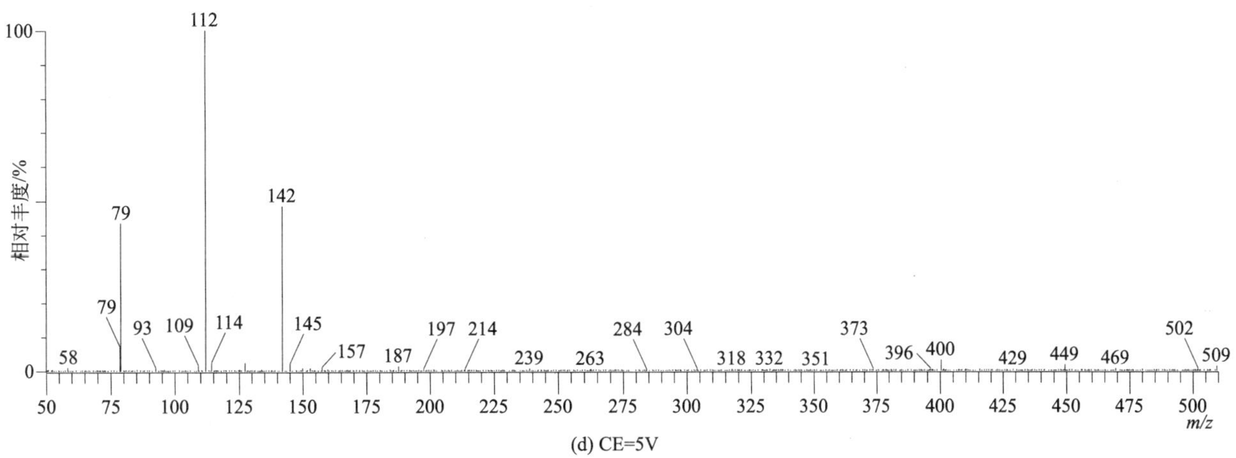

(d) CE=5V

Desisopropyl-atrazine（去异丙基莠去津）

基本信息

CAS 登录号	1007-28-9	分子量	173.0	扫描模式	子离子扫描
分子式	$C_5H_8ClN_5$	离子化模式	EI	母离子	173

一级质谱图

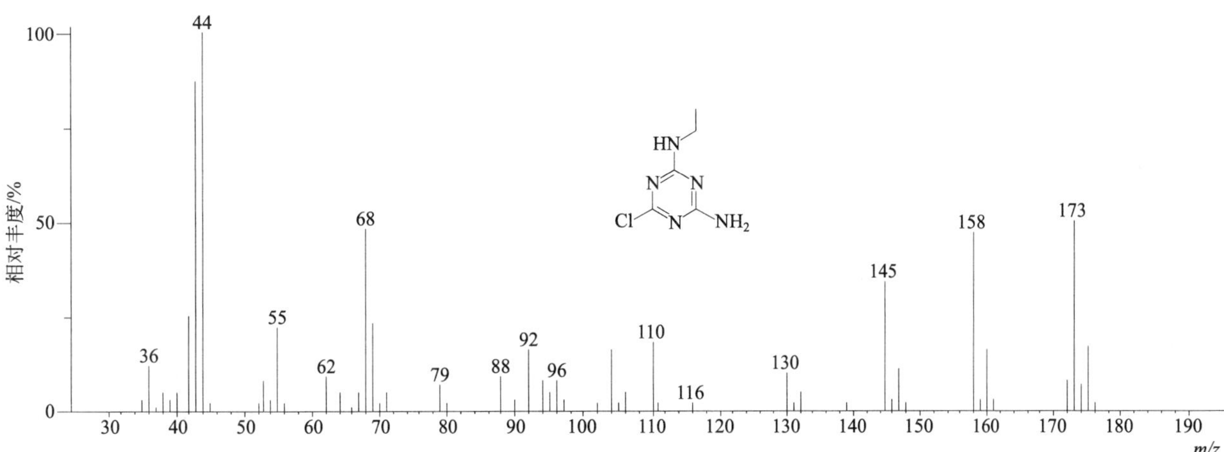

四个碰撞能量下子离子质谱图

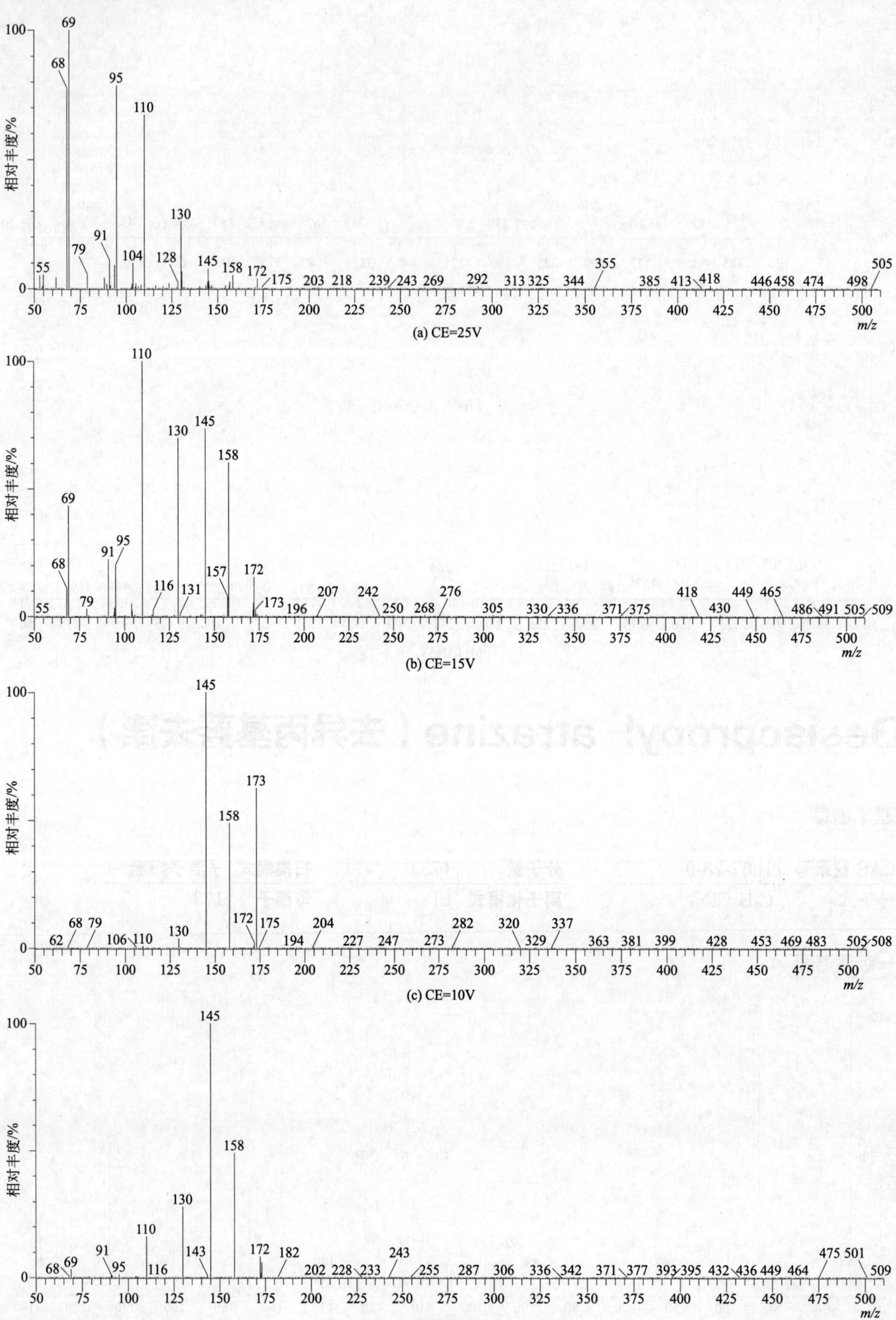

(a) CE=25V

(b) CE=15V

(c) CE=10V

(d) CE=5V

Desmedipham（甜菜胺）

基本信息

CAS 登录号	13684-56-5	分子量	300.1	扫描模式	子离子扫描
分子式	$C_{16}H_{16}N_2O_4$	离子化模式	EI	母离子	181

一级质谱图

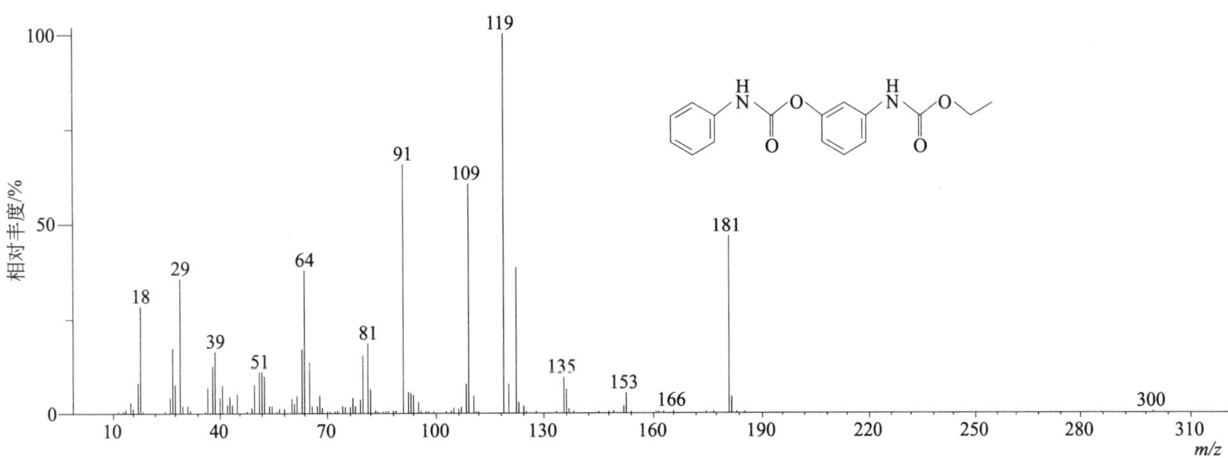

四个碰撞能量下子离子质谱图

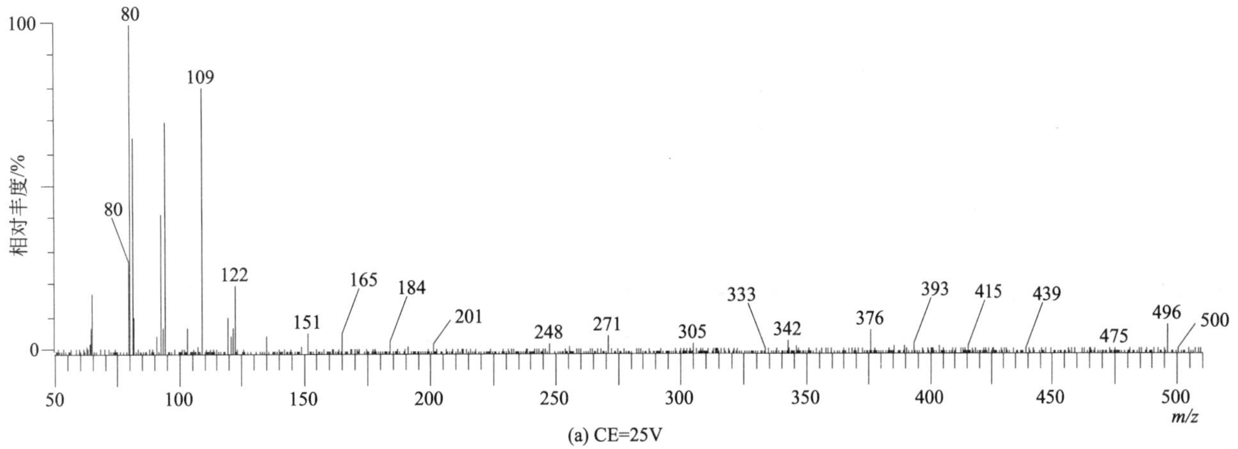

(a) CE=25V

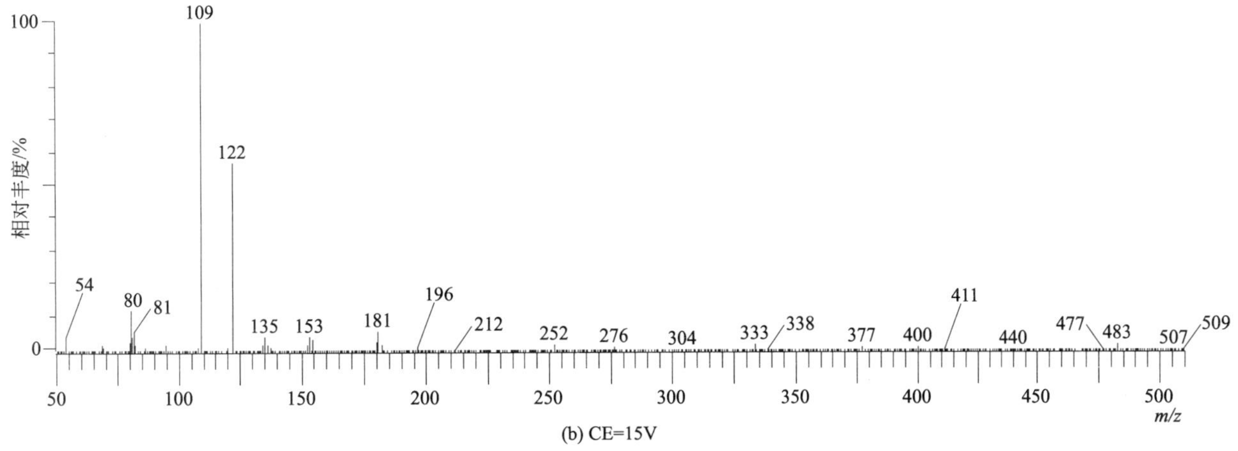

(b) CE=15V

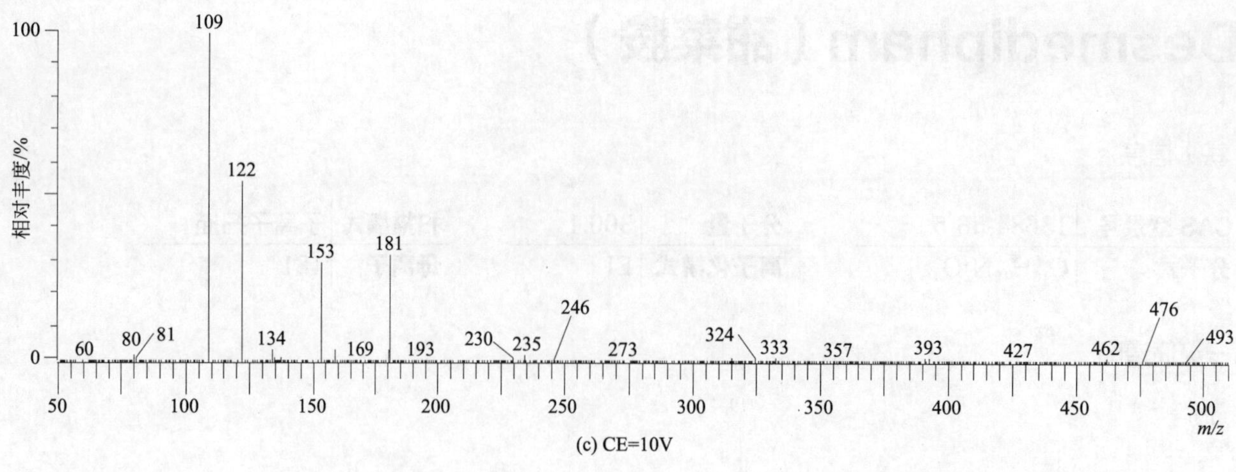

(c) CE=10V

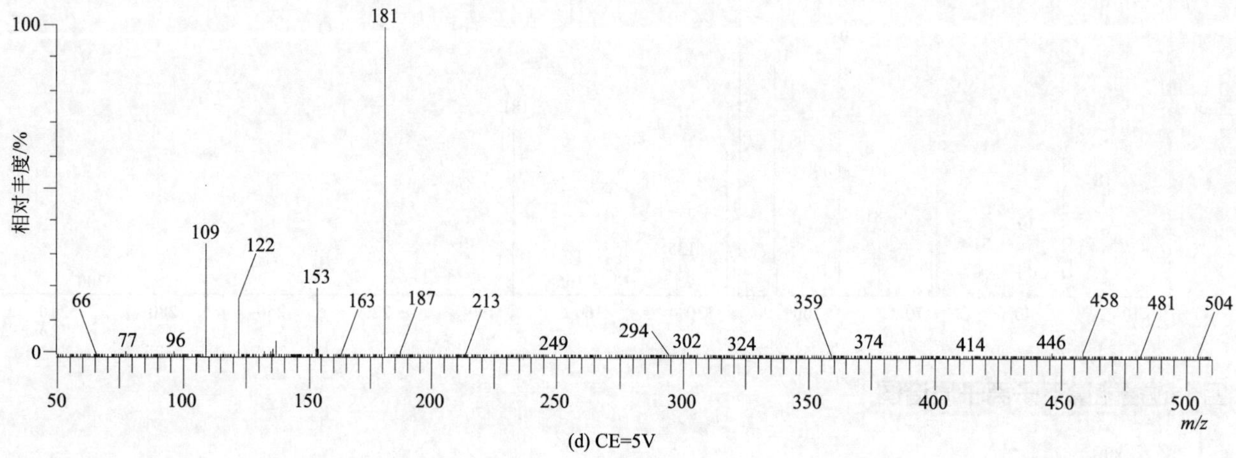

(d) CE=5V

Desmetryn（敌草净）

基本信息

CAS 登录号	1014-69-3	分子量	213.1	扫描模式	子离子扫描
分子式	$C_8H_{15}N_5S$	离子化模式	EI	母离子	213

一级质谱图

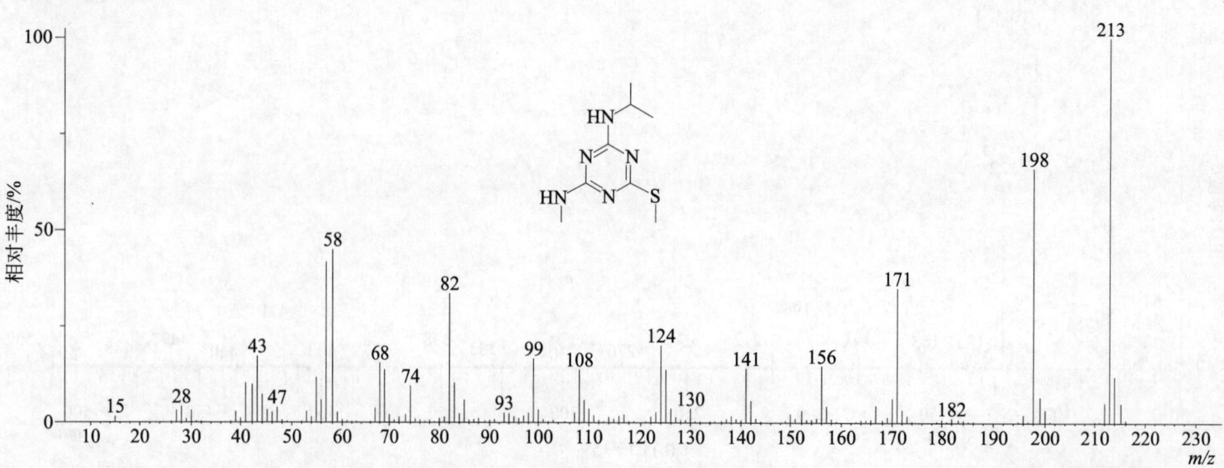

四个碰撞能量下子离子质谱图

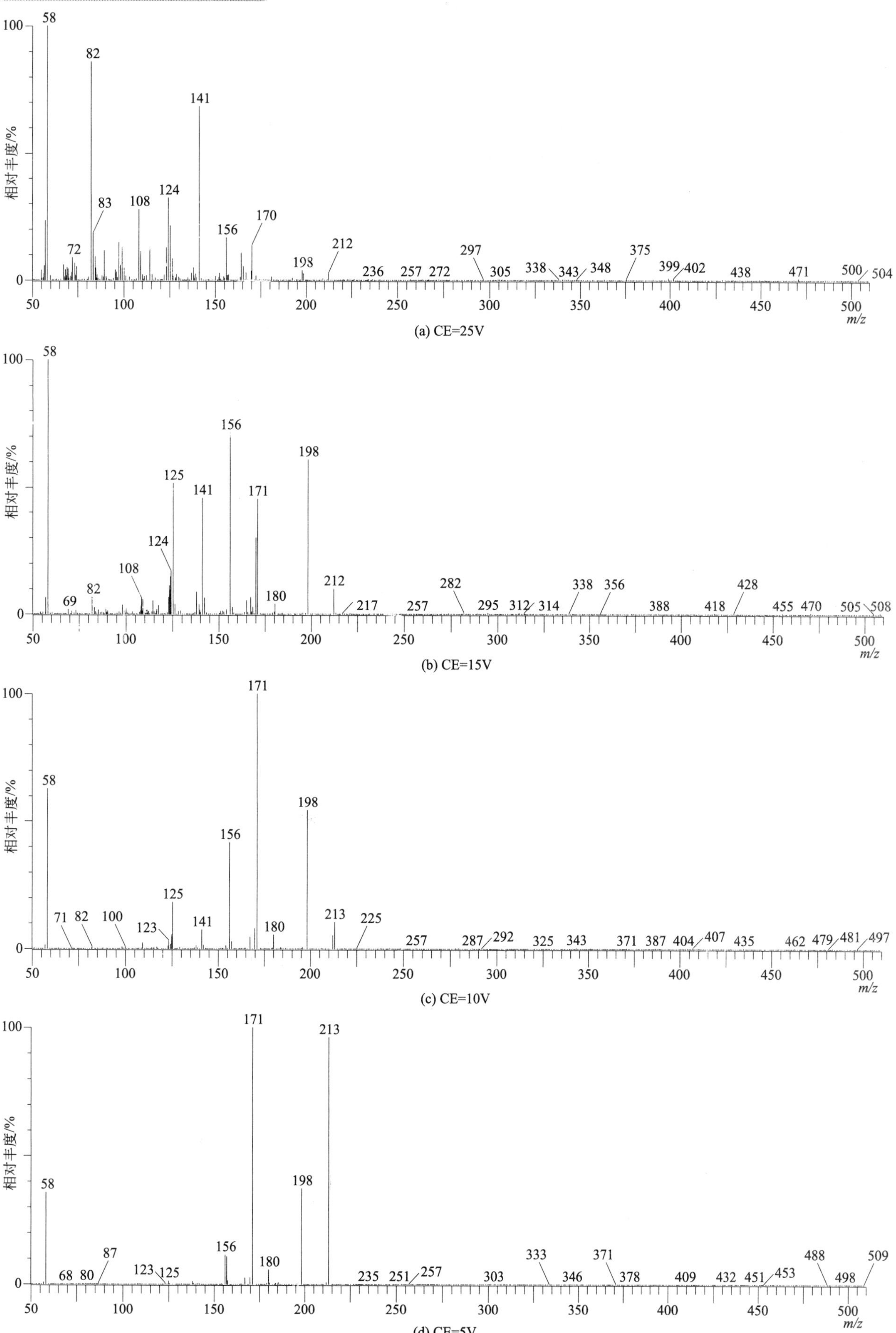

(a) CE=25V

(b) CE=15V

(c) CE=10V

(d) CE=5V

Dialifos（氯亚胺硫磷）

基本信息

CAS 登录号	10311-84-9	分子量	393.0	扫描模式	子离子扫描
分子式	$C_{14}H_{17}ClNO_4PS_2$	离子化模式	EI	母离子	208

一级质谱图

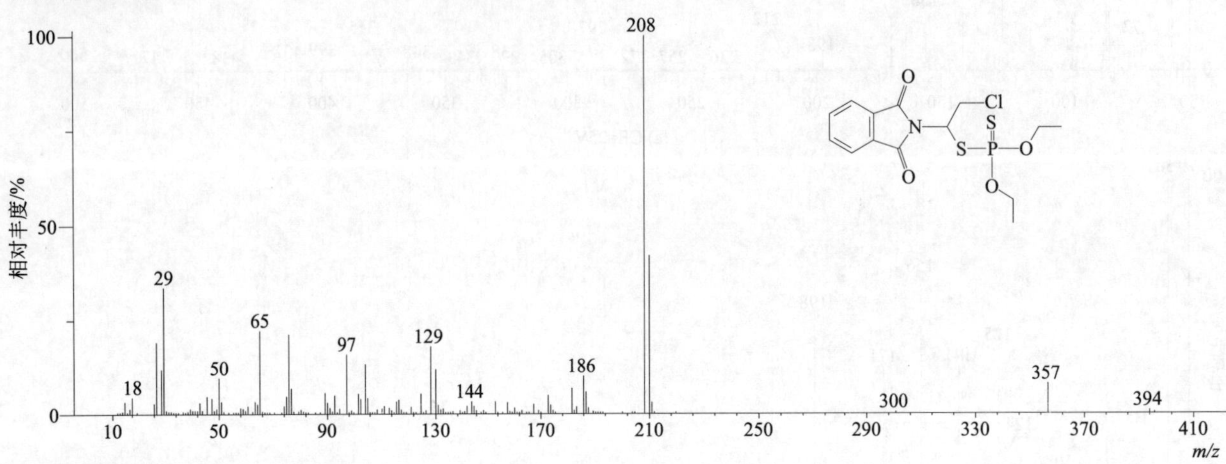

四个碰撞能量下子离子质谱图

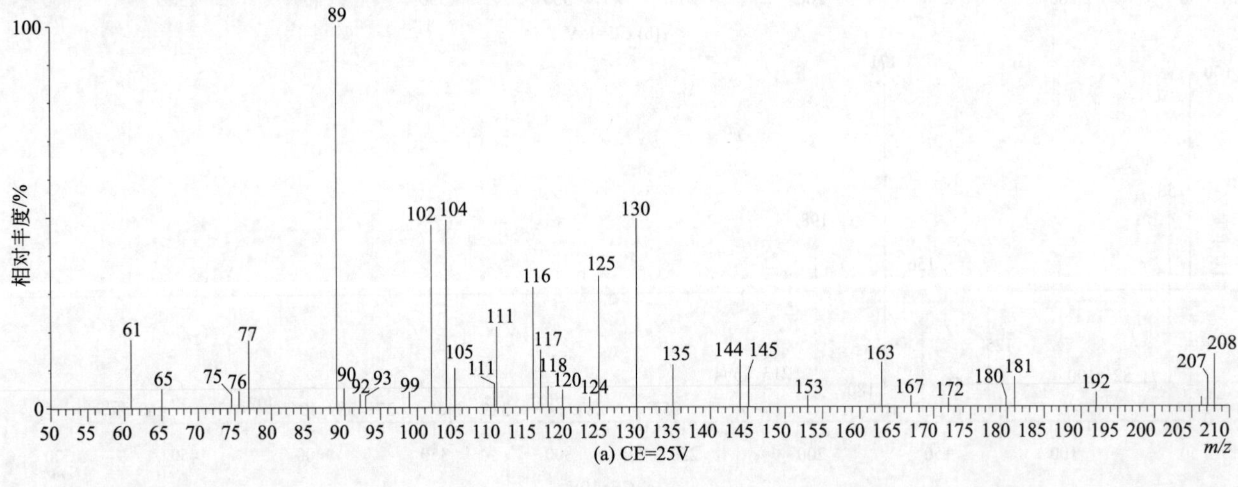

(a) CE=25V

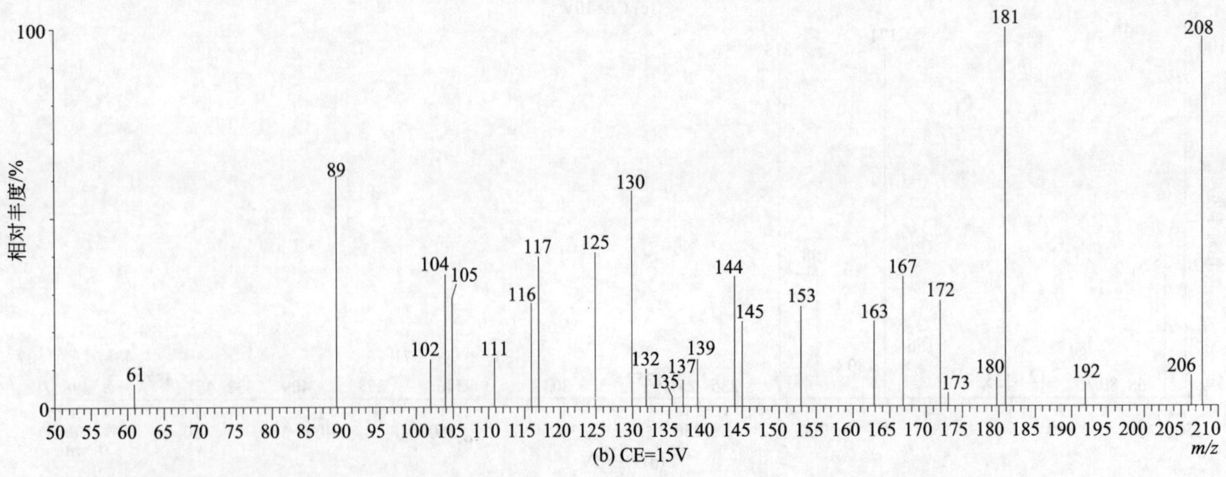

(b) CE=15V

(c) CE=10V

(d) CE=5V

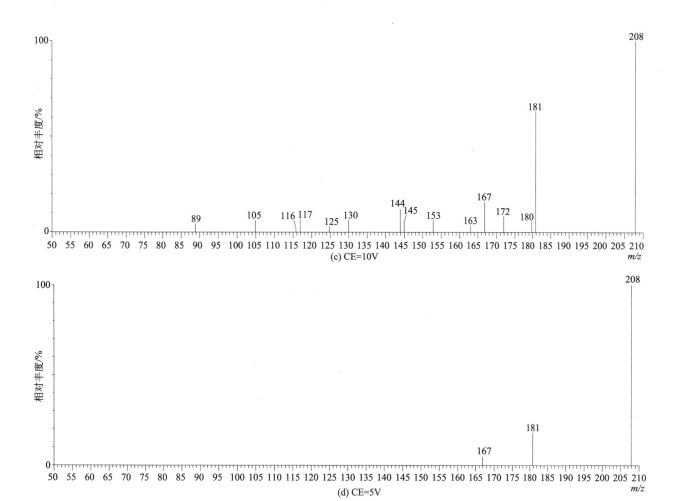

cis-Diallate（顺式燕麦敌）

基本信息

CAS 登录号	2303-16-4	分子量	269.0	扫描模式	子离子扫描
分子式	$C_{10}H_{17}Cl_2NOS$	离子化模式	EI	母离子	234

一级质谱图

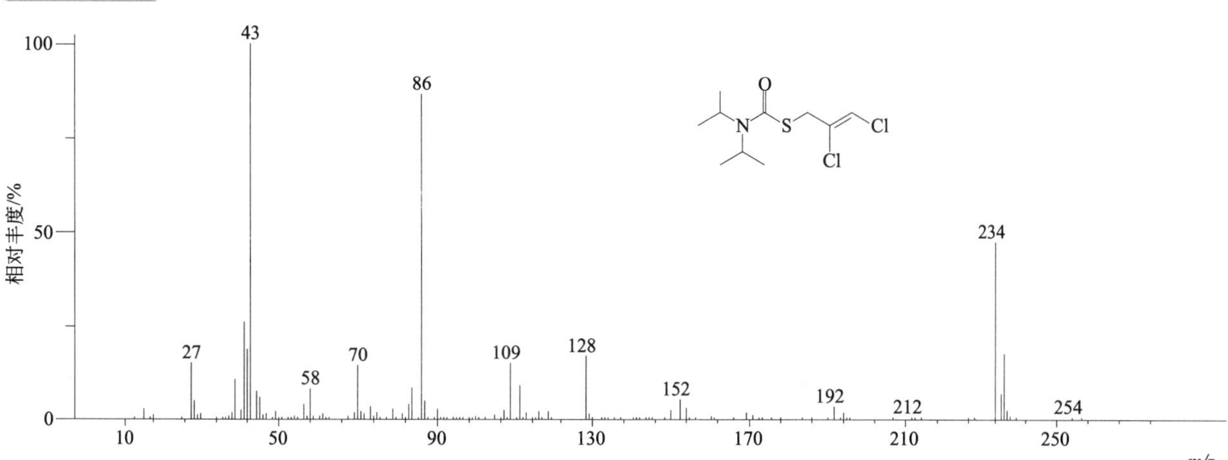

四个碰撞能量下子离子质谱图

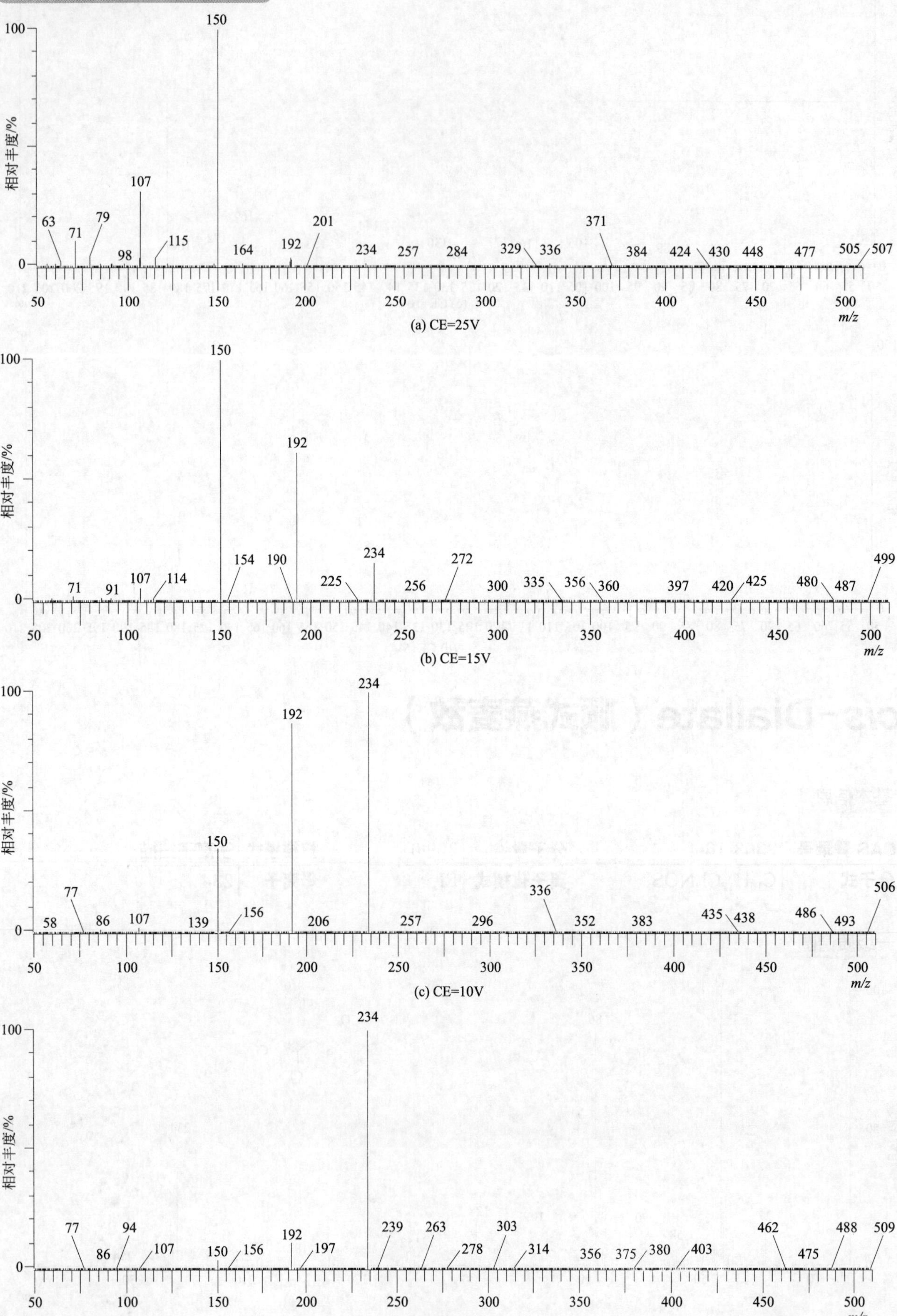

(a) CE=25V

(b) CE=15V

(c) CE=10V

(d) CE=5V

trans-Diallate（反式燕麦敌）

基本信息

CAS 登录号	2303-16-4	分子量	269.0	扫描模式	子离子扫描
分子式	$C_{10}H_{17}Cl_2NOS$	离子化模式	EI	母离子	234

一级质谱图

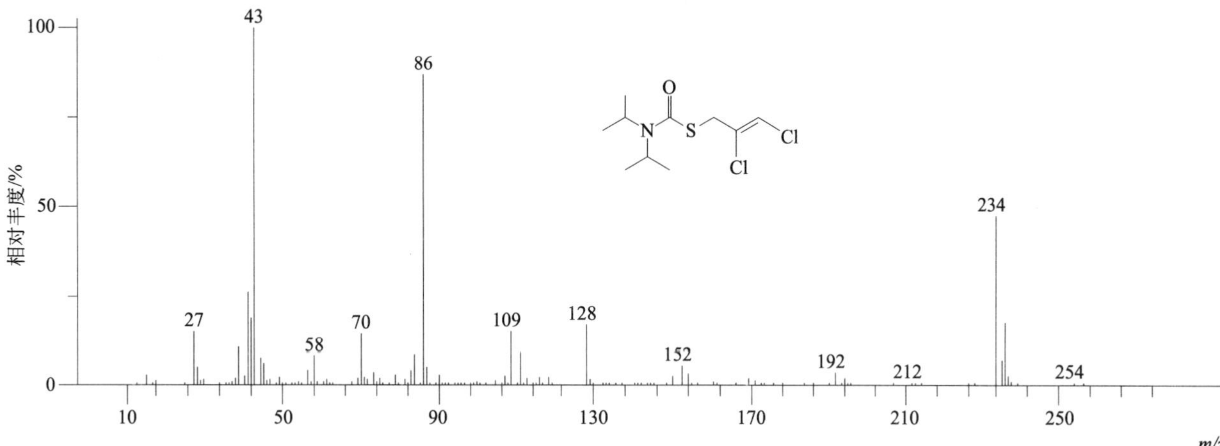

四个碰撞能量下子离子质谱图

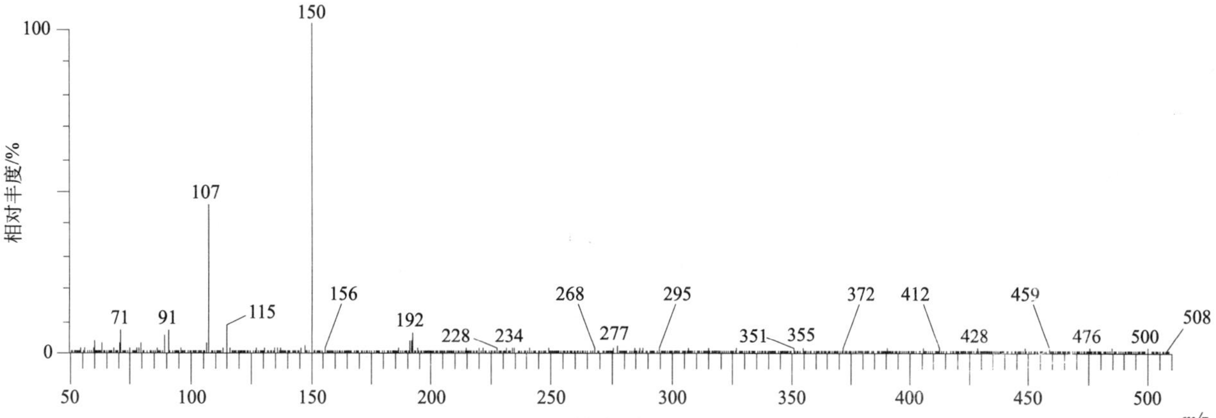

(a) CE=25V

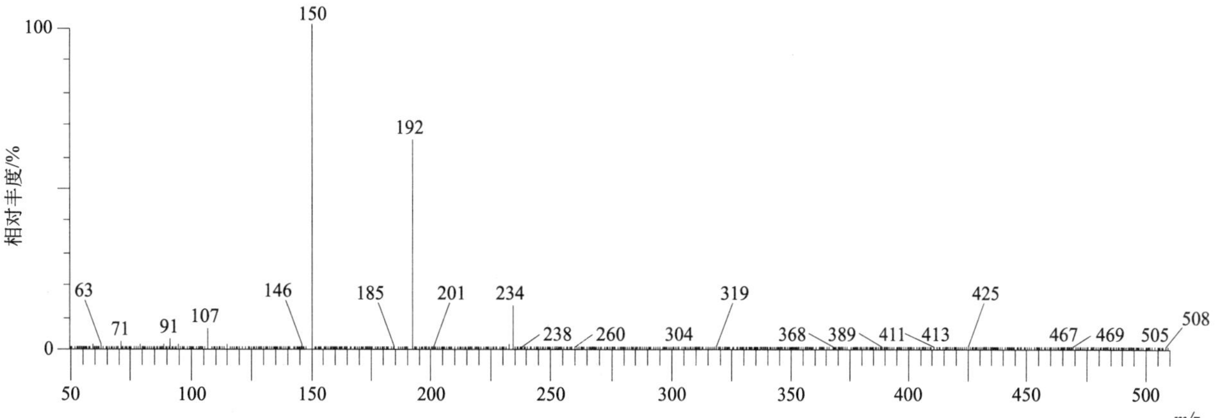

(b) CE=15V

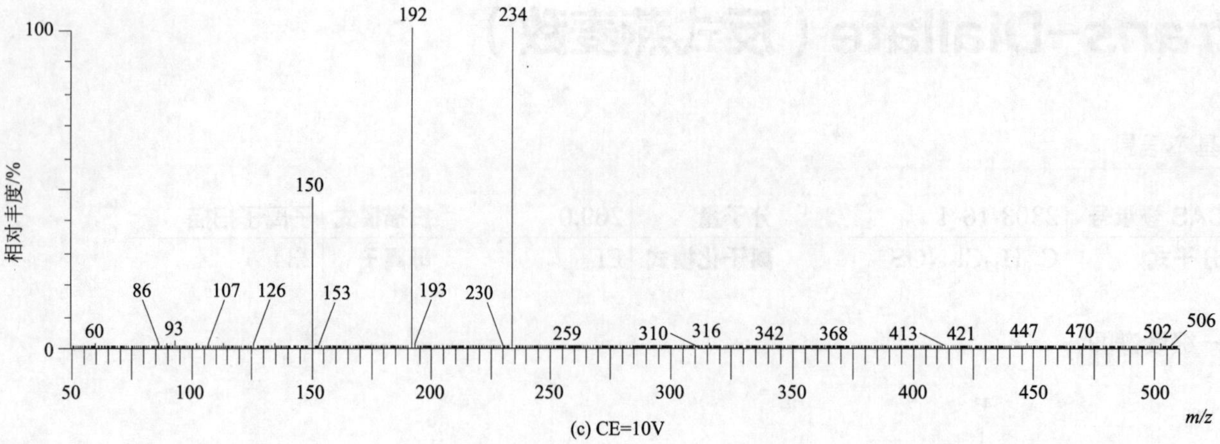

(c) CE=10V

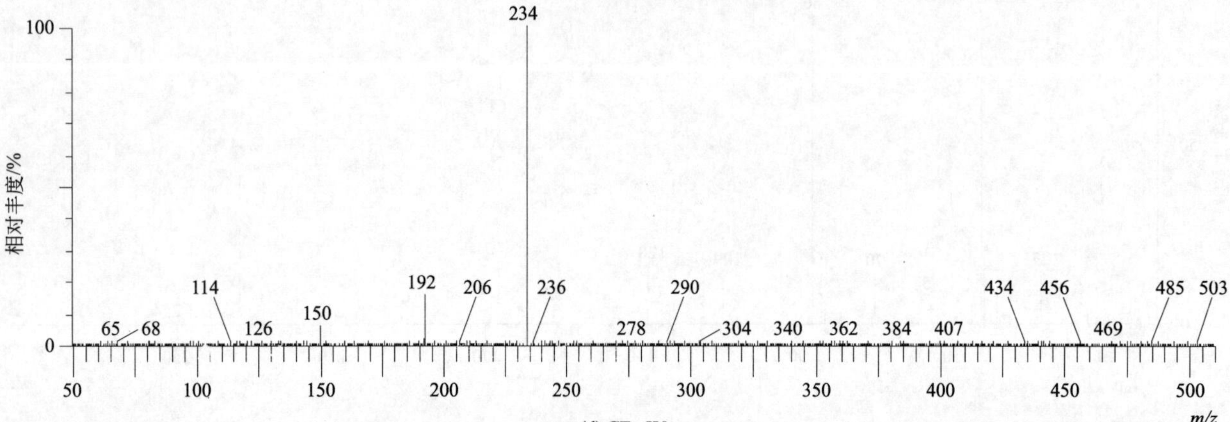

(d) CE=5V

Diazinon（二嗪磷）

基本信息

CAS 登录号	333-41-5	分子量	304.1	扫描模式	子离子扫描
分子式	$C_{12}H_{21}N_2O_3PS$	离子化模式	EI	母离子	304

一级质谱图

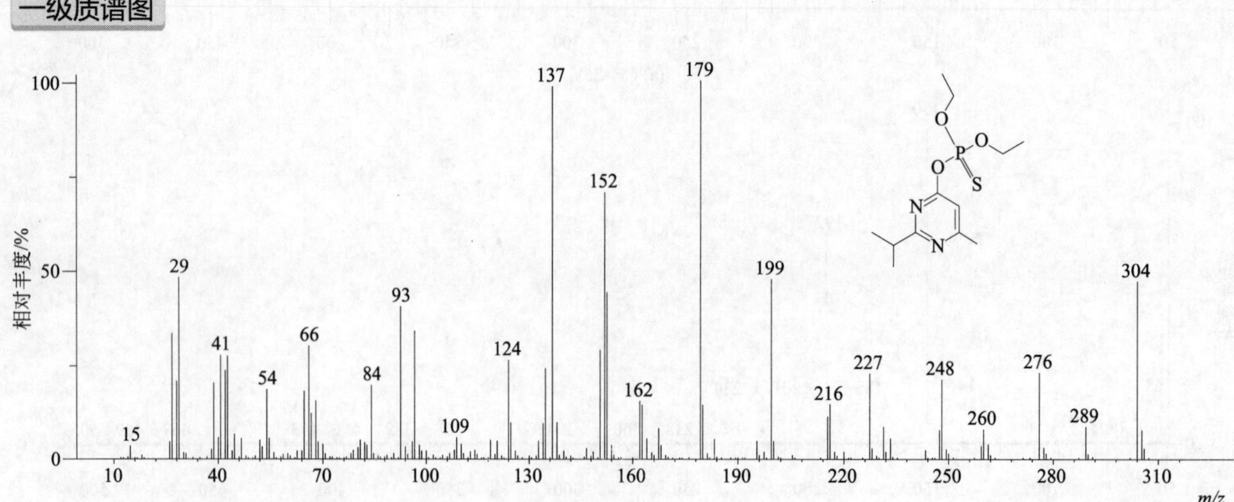

四个碰撞能量下子离子质谱图

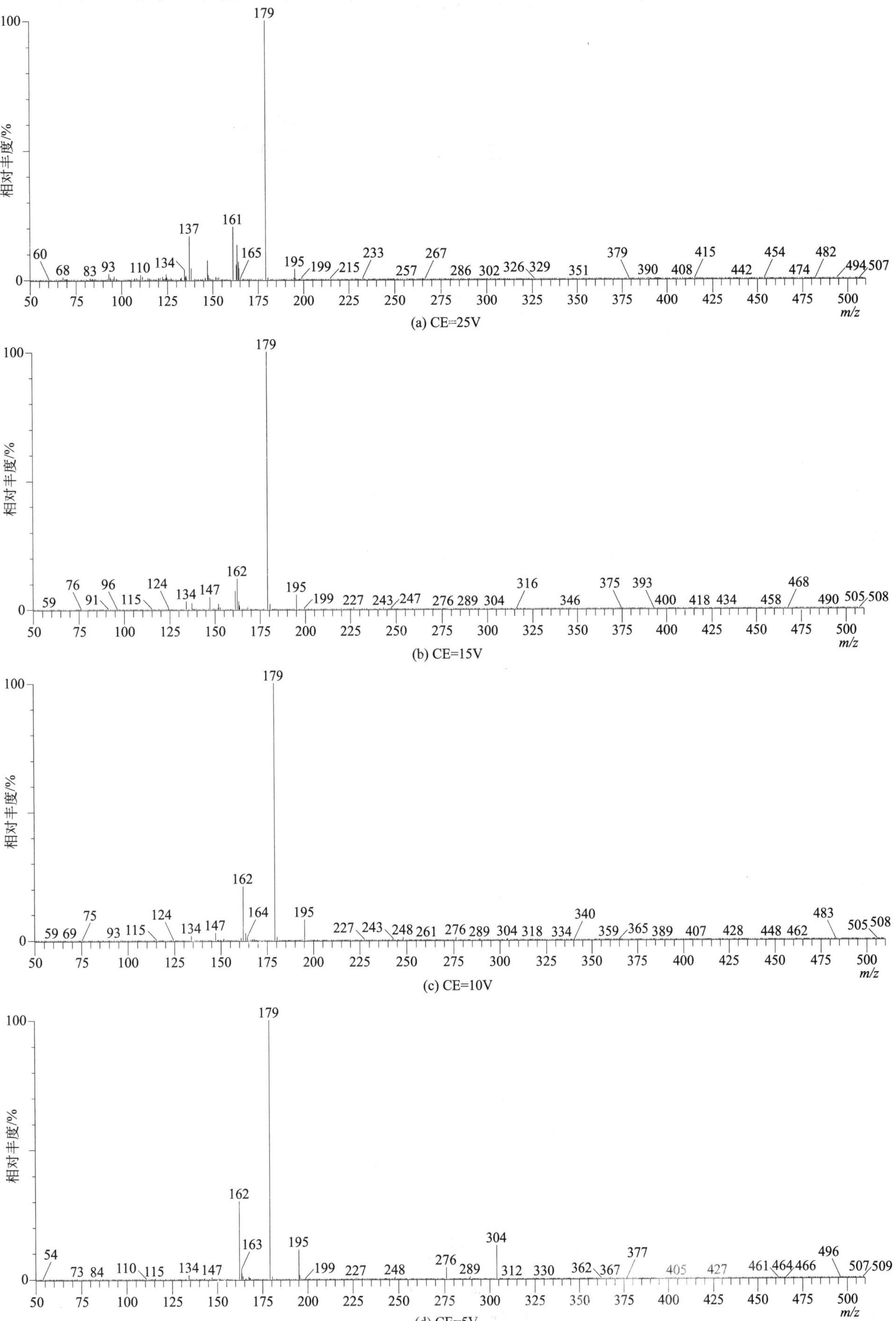

(a) CE=25V

(b) CE=15V

(c) CE=10V

(d) CE=5V

4,4′-Dibromobenzophenone（4,4′-二溴二苯甲酮）

基本信息

CAS 登录号	3988-03-2	分子量	337.9	扫描模式	子离子扫描
分子式	$C_{13}H_8Br_2O$	离子化模式	EI	母离子	340

一级质谱图

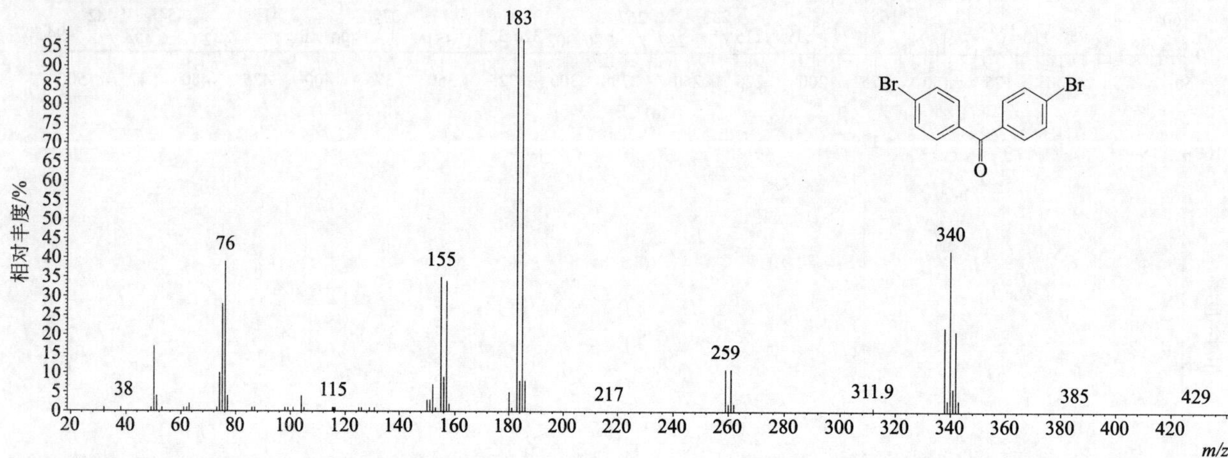

四个碰撞能量下子离子质谱图

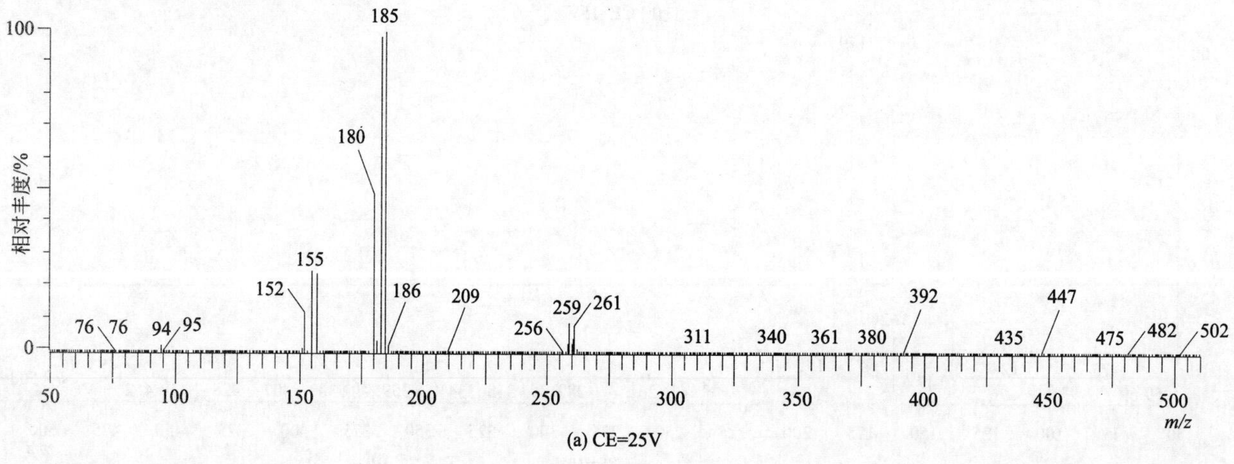

(a) CE=25V

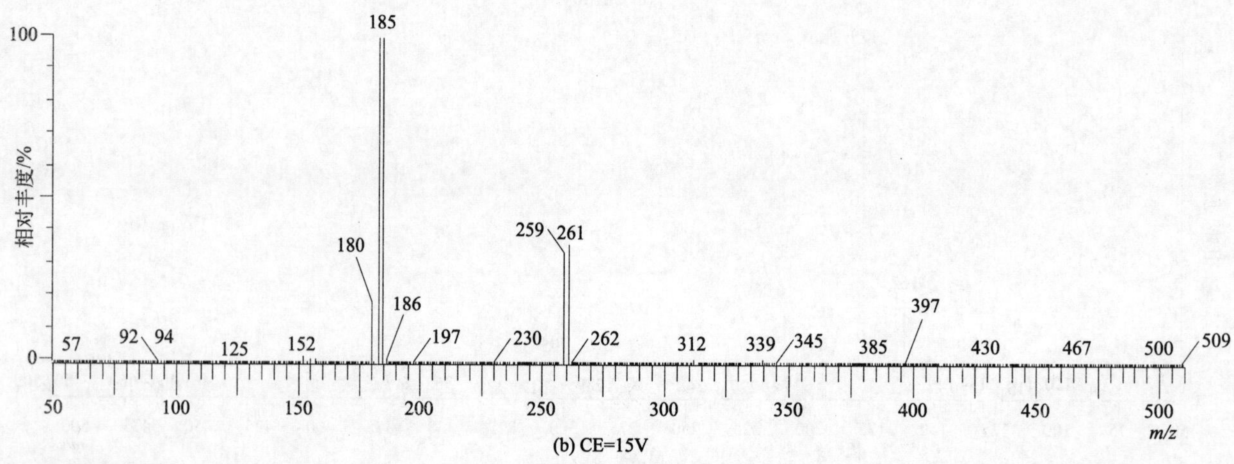

(b) CE=15V

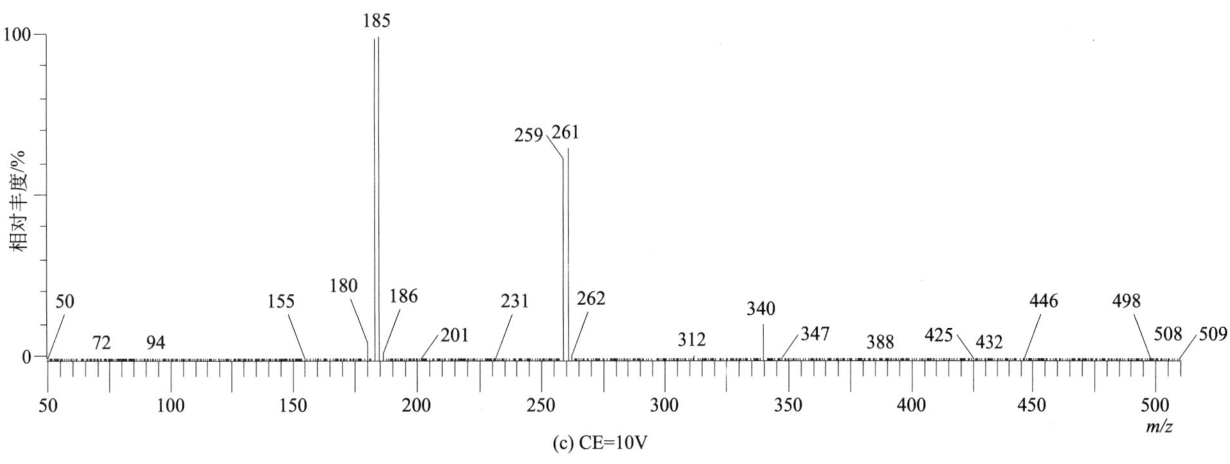

(c) CE=10V

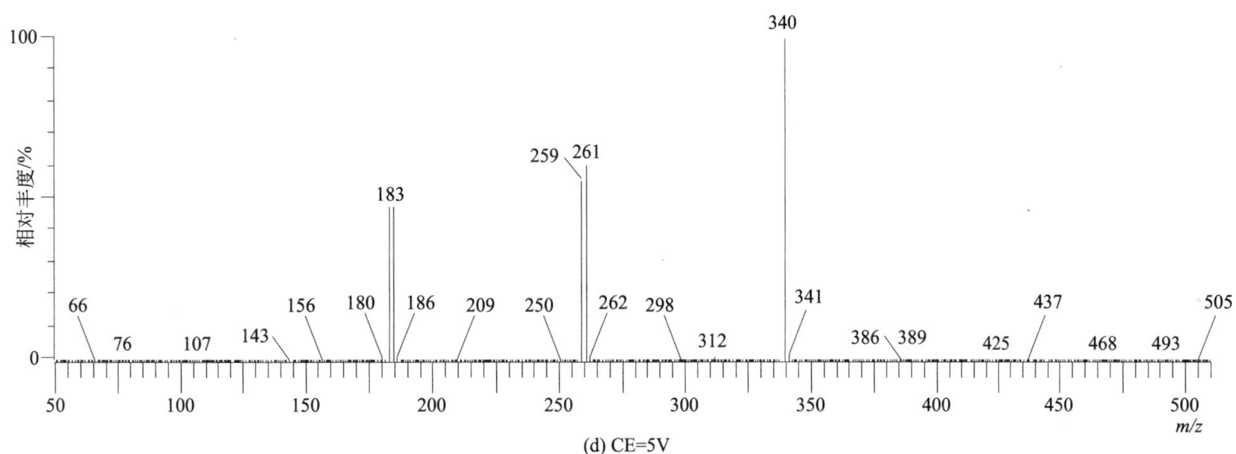

(d) CE=5V

Dibutyl succinate（蓄虫避）

基本信息

CAS 登录号	141-03-7	分子量	230.2	扫描模式	子离子扫描
分子式	$C_{12}H_{22}O_4$	离子化模式	EI	母离子	101

一级质谱图

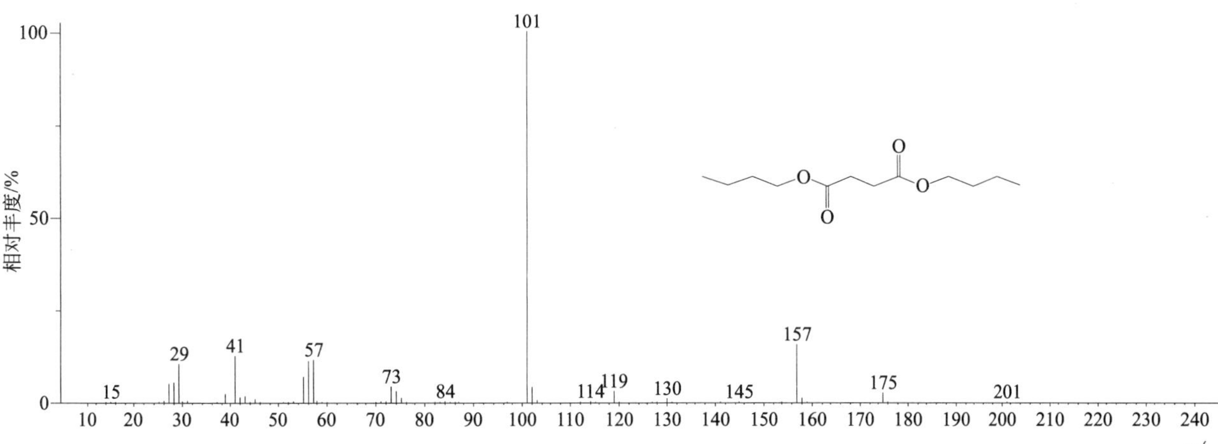

四个碰撞能量下子离子质谱图

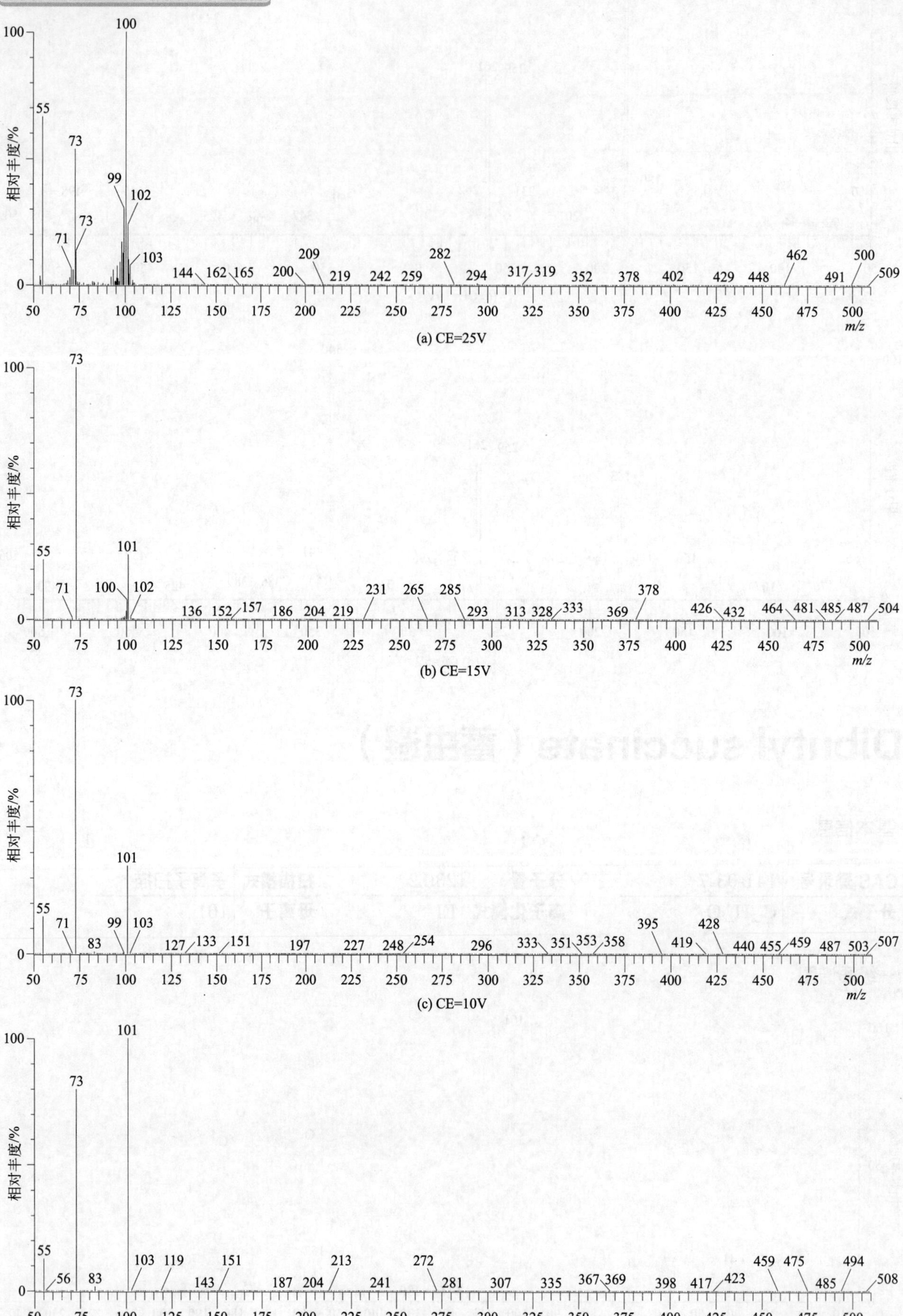

(a) CE=25V

(b) CE=15V

(c) CE=10V

(d) CE=5V

Dichlobenil（敌草腈）

基本信息

CAS 登录号	1194-65-6	分子量	171.0	扫描模式	子离子扫描
分子式	$C_7H_3Cl_2N$	离子化模式	EI	母离子	171

一级质谱图

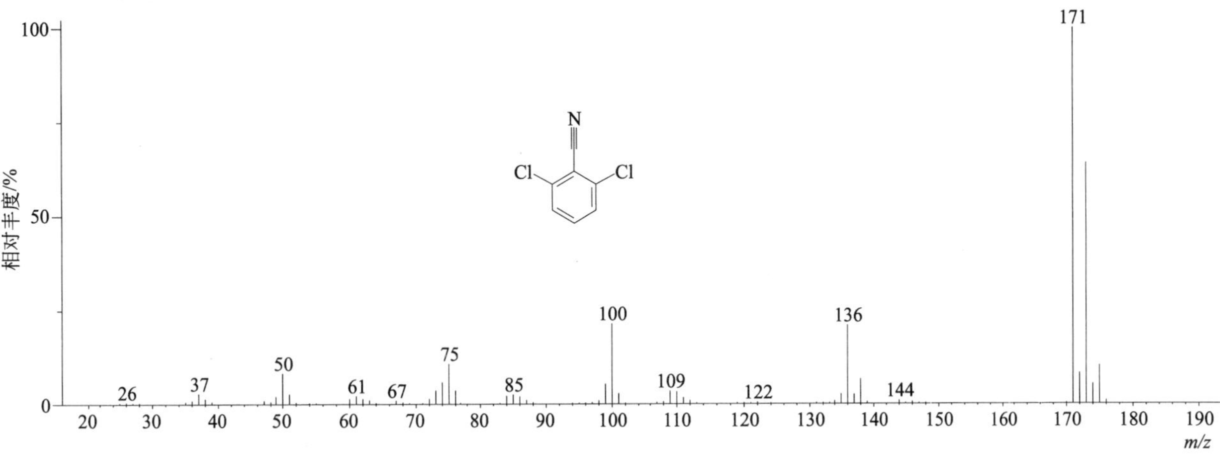

四个碰撞能量下子离子质谱图

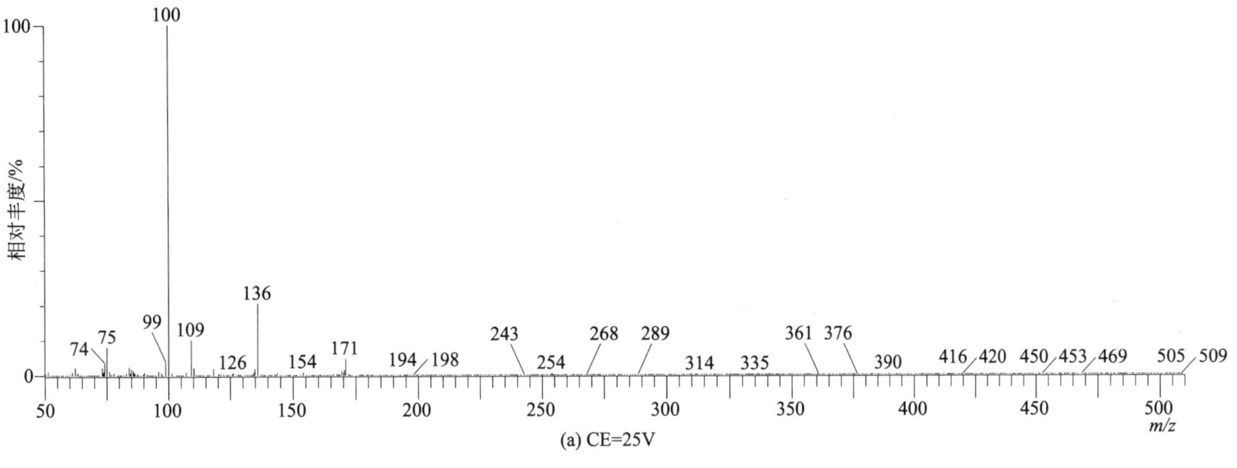

(a) CE=25V

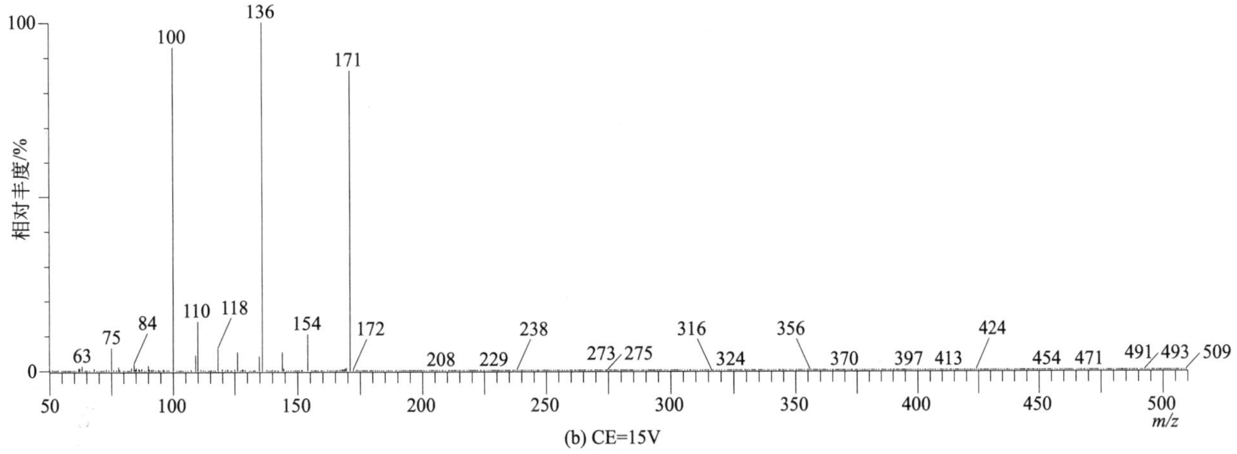

(b) CE=15V

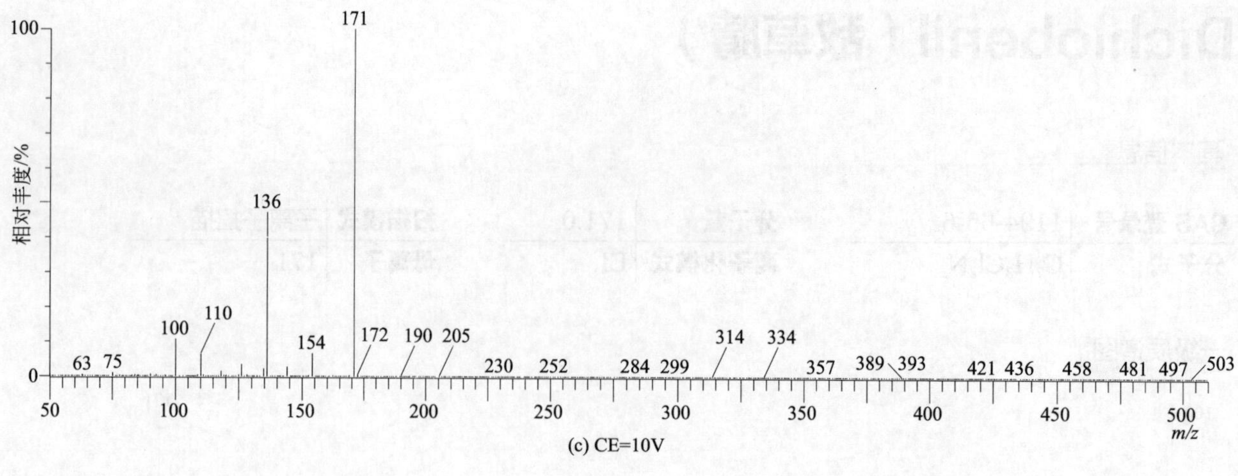

(c) CE=10V

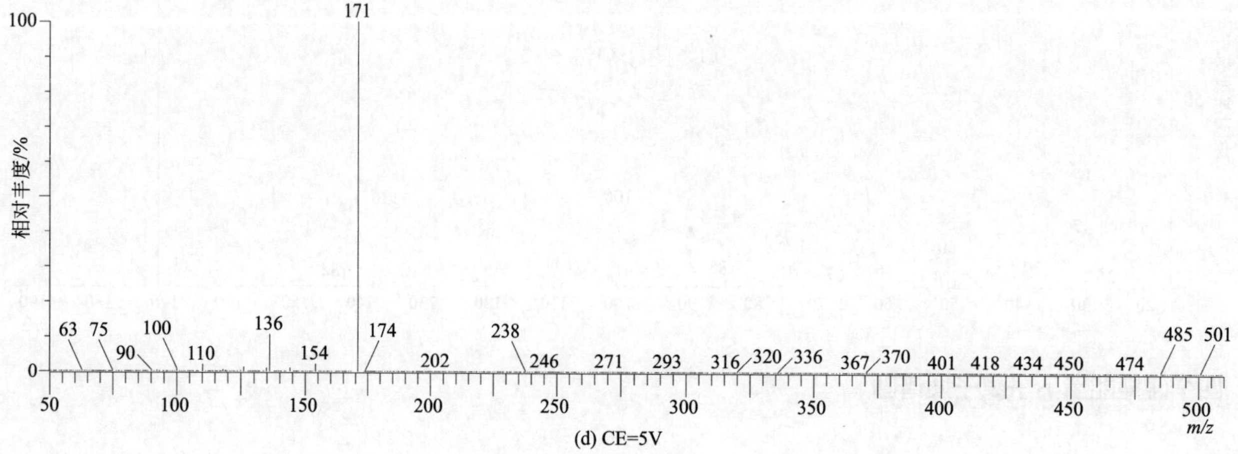

(d) CE=5V

Dichlofenthion（除线磷）

基本信息

CAS 登录号	97-17-6	分子量	314.0	扫描模式	子离子扫描
分子式	$C_{10}H_{13}Cl_2O_3PS$	离子化模式	EI	母离子	279

一级质谱图

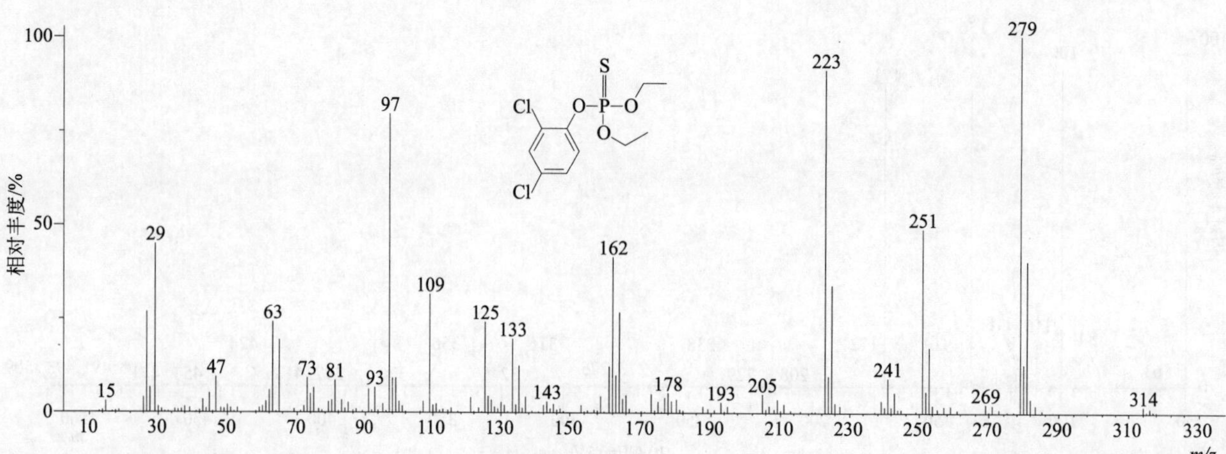

四个碰撞能量下子离子质谱图

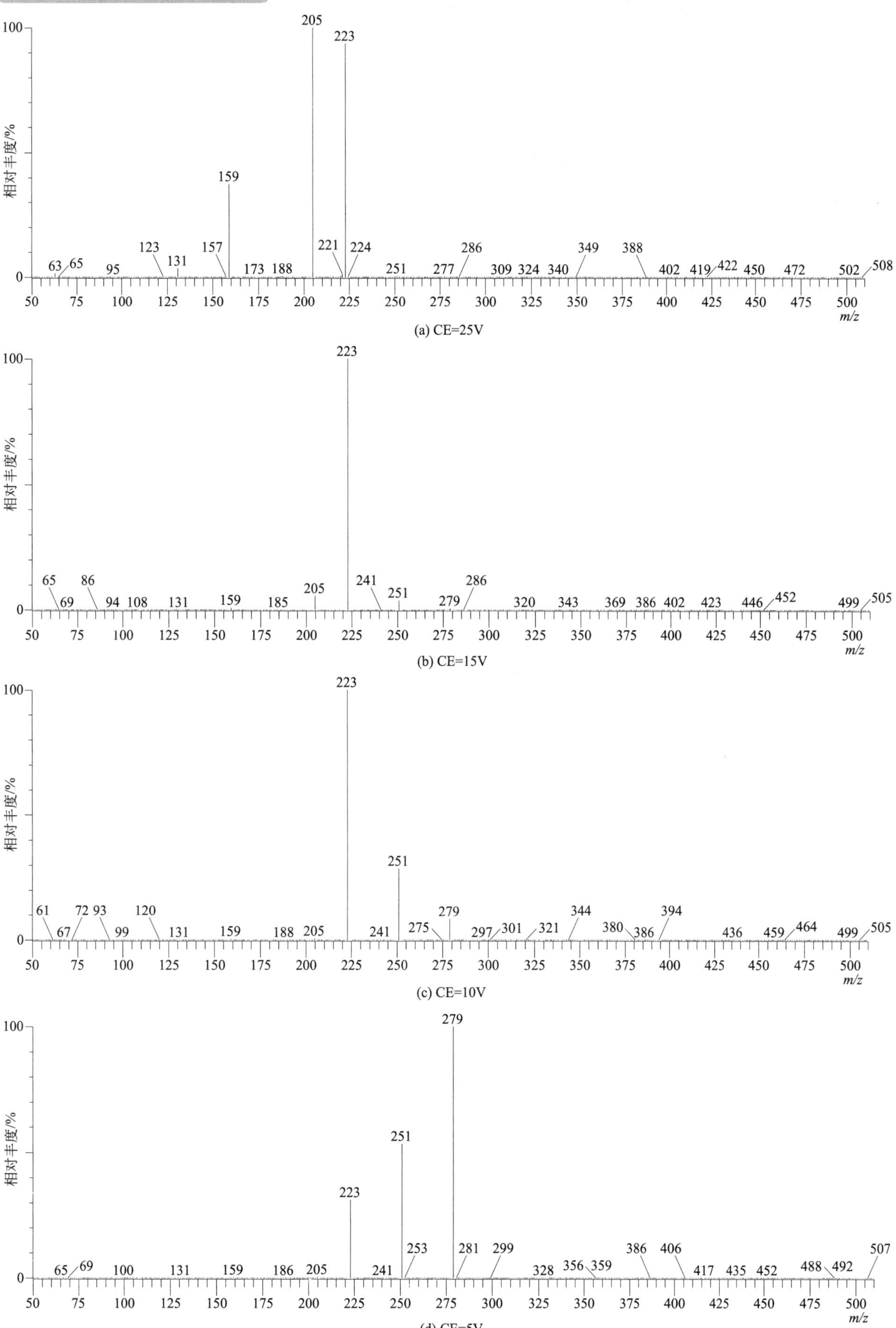

(a) CE=25V

(b) CE=15V

(c) CE=10V

(d) CE=5V

Dichlormid（烯丙酰草胺）

基本信息

CAS 登录号	37764-25-3	分子量	207.0	扫描模式	子离子扫描
分子式	$C_8H_{11}Cl_2NO$	离子化模式	EI	母离子	172

一级质谱图

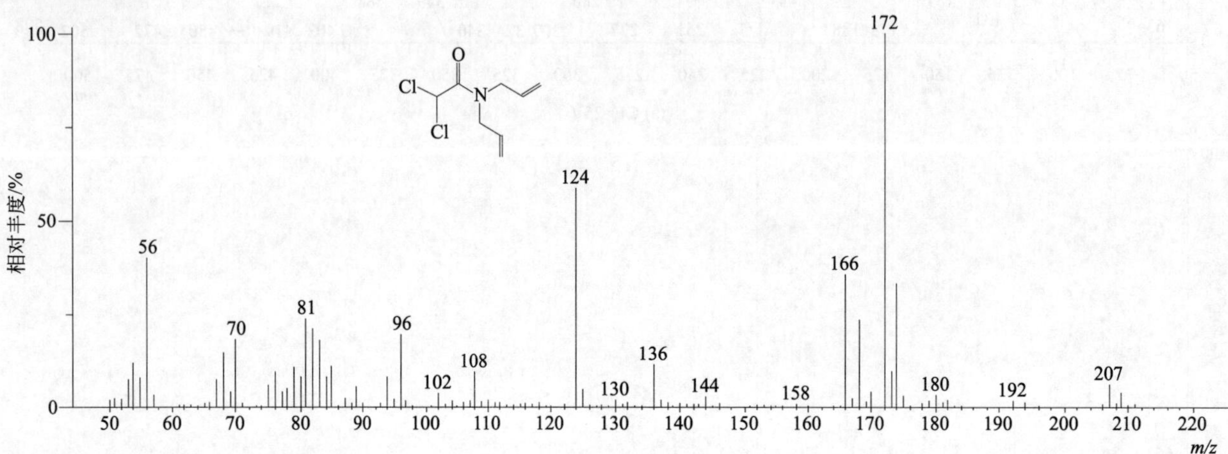

四个碰撞能量下子离子质谱图

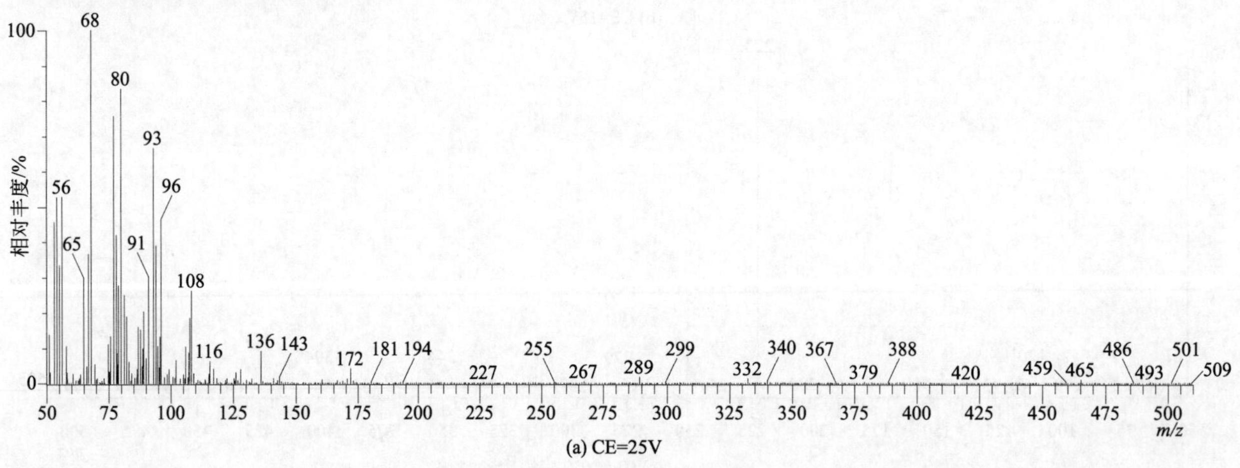

(a) CE=25V

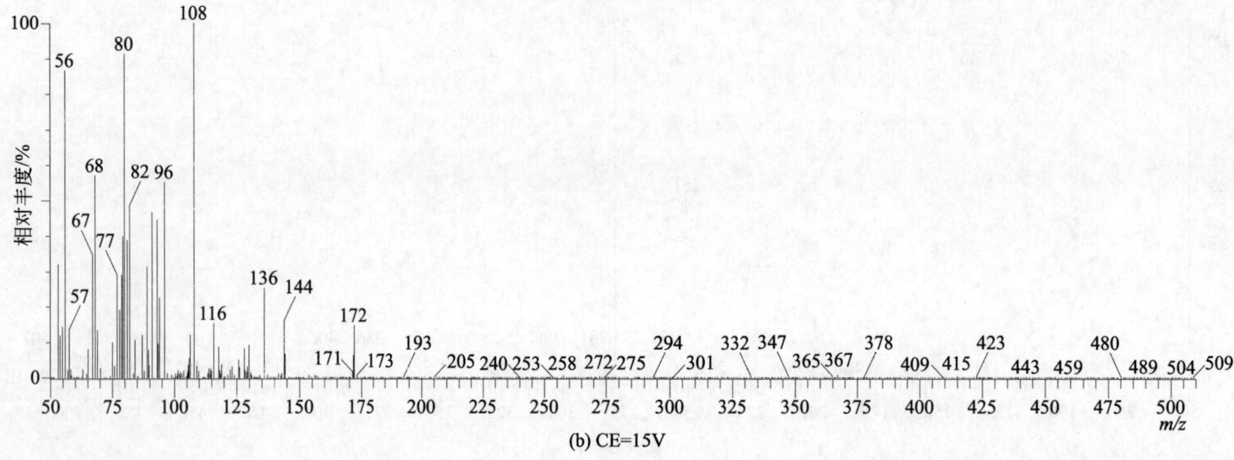

(b) CE=15V

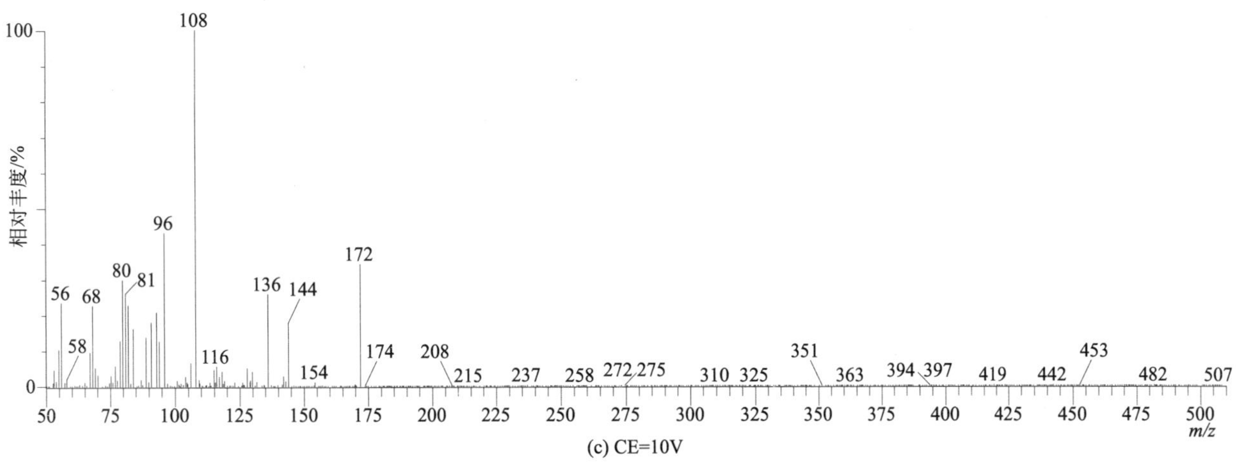

(c) CE=10V

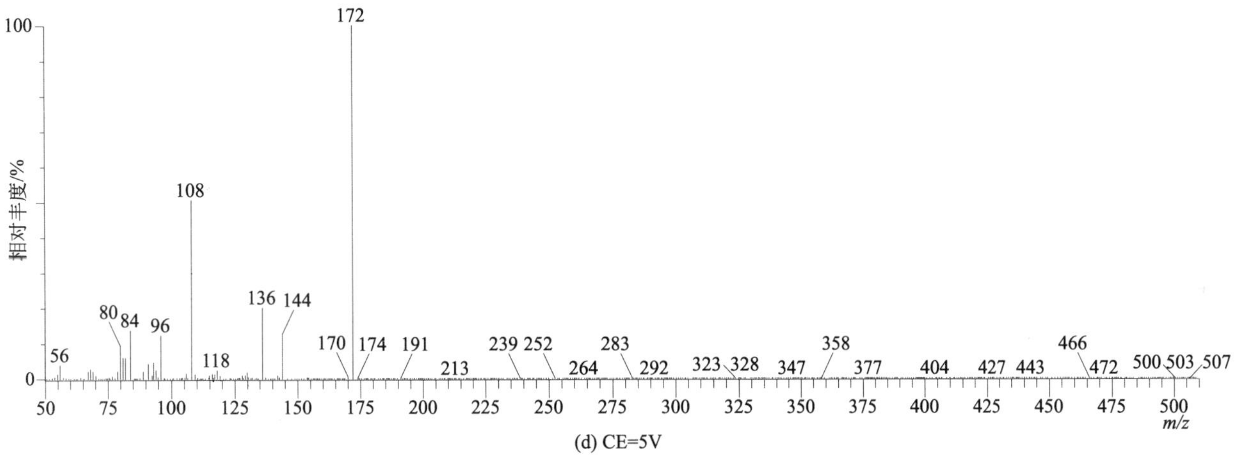

(d) CE=5V

4,4′-Dichlorobenzophenone（4,4′- 二氯二苯甲酮）

基本信息

CAS 登录号	90-98-2	**分子量**	250.0	**扫描模式**	子离子扫描
分子式	$C_{13}H_8Cl_2O$	**离子化模式**	EI	**母离子**	250

一级质谱图

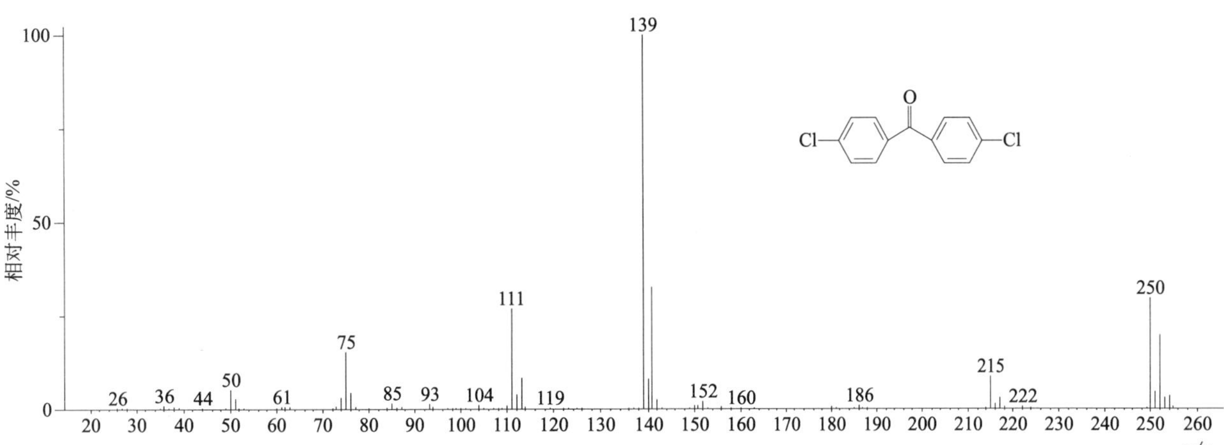

四个碰撞能量下子离子质谱图

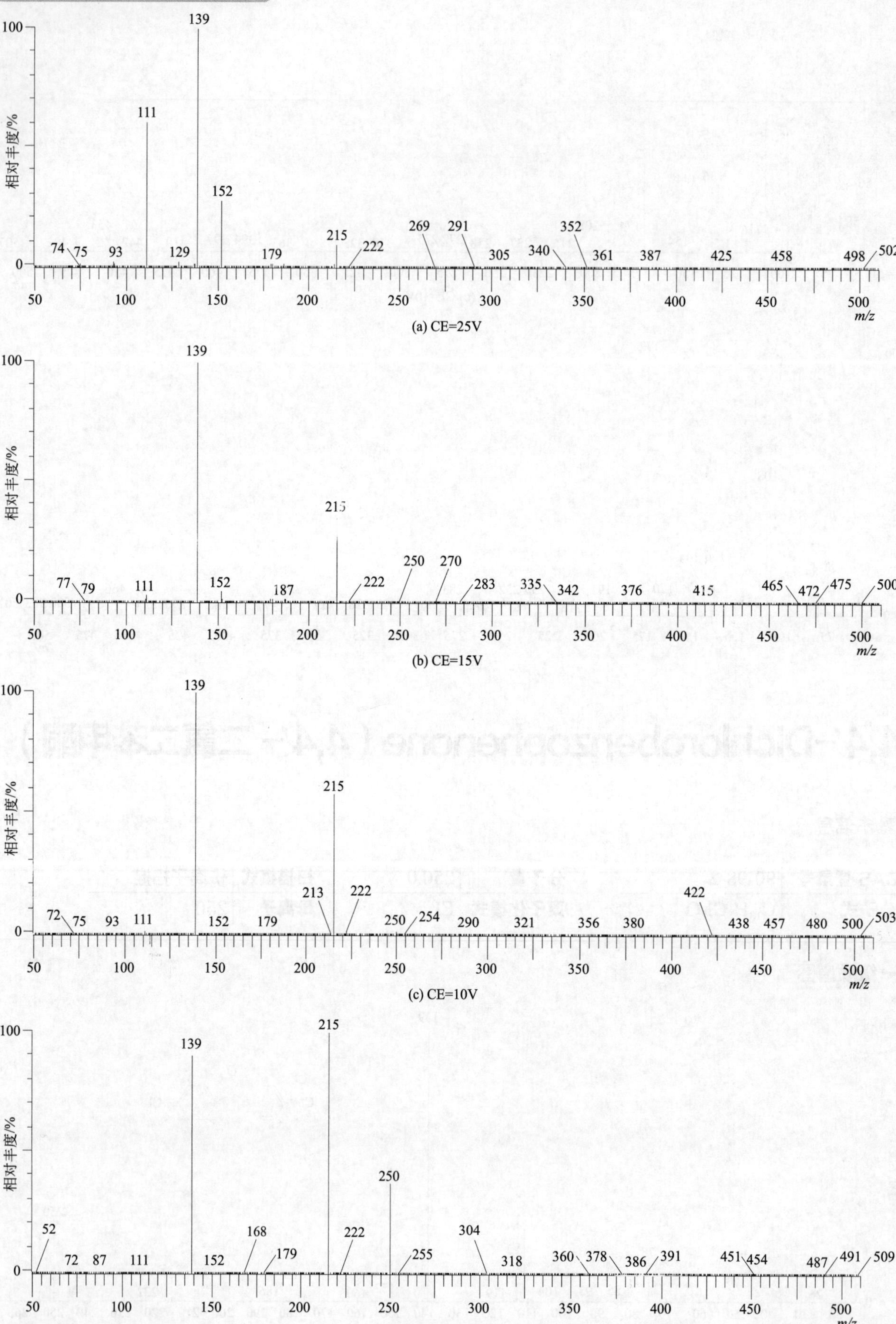

3,5-Dichloroaniline（3,5- 二氯苯胺）

基本信息

CAS 登录号	626-43-7	分子量	161.0	扫描模式	子离子扫描
分子式	$C_6H_5Cl_2N$	离子化模式	EI	母离子	163

一级质谱图

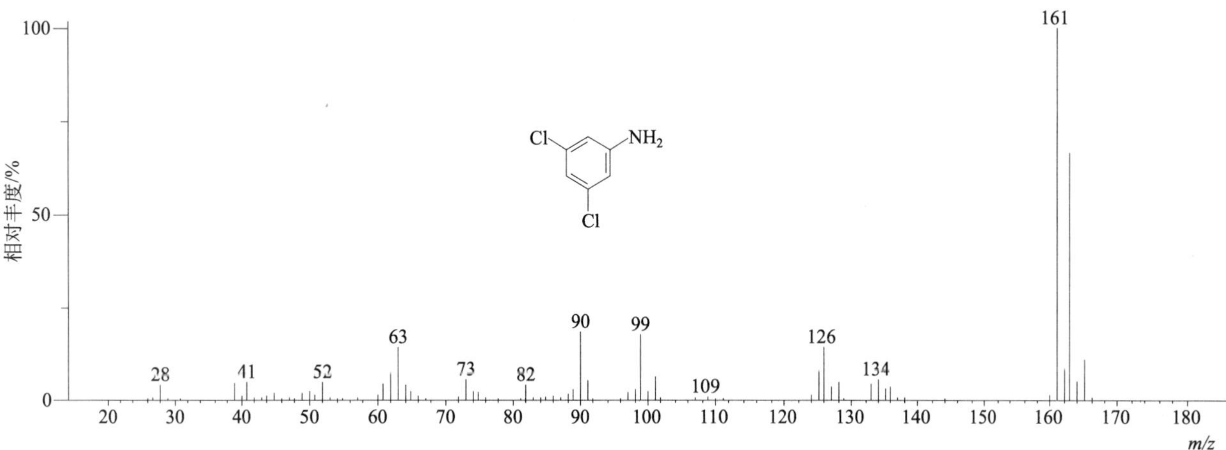

四个碰撞能量下子离子质谱图

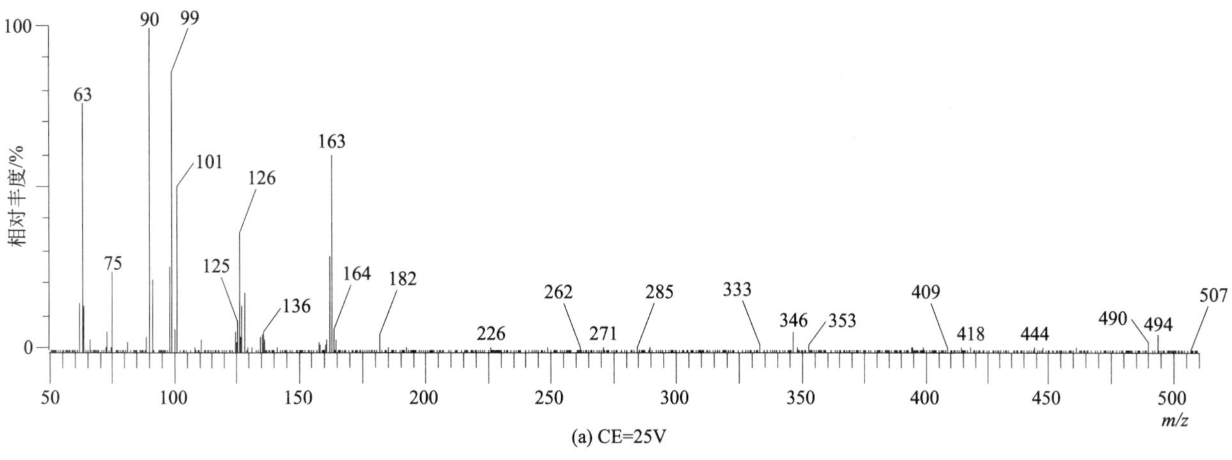

(a) CE=25V

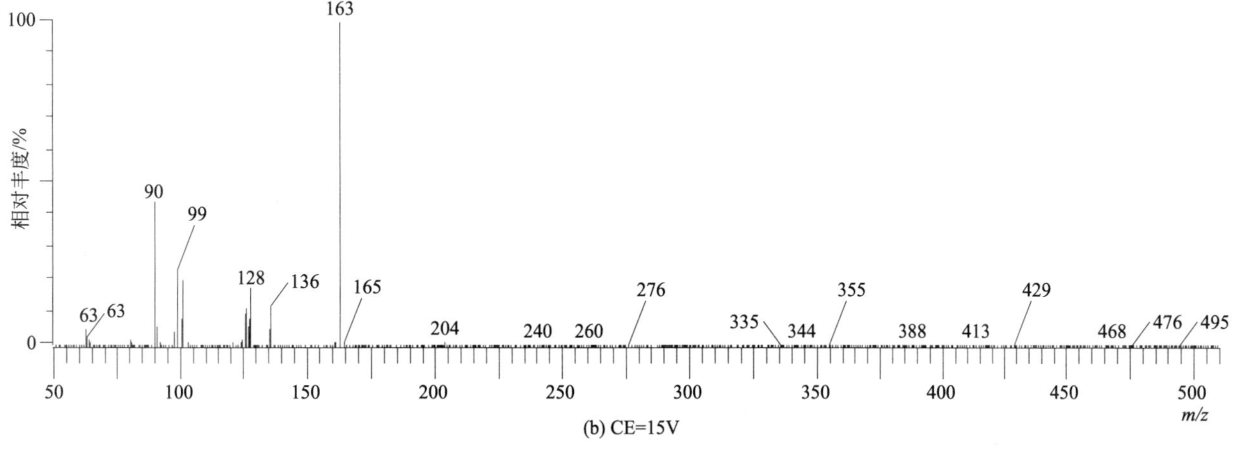

(b) CE=15V

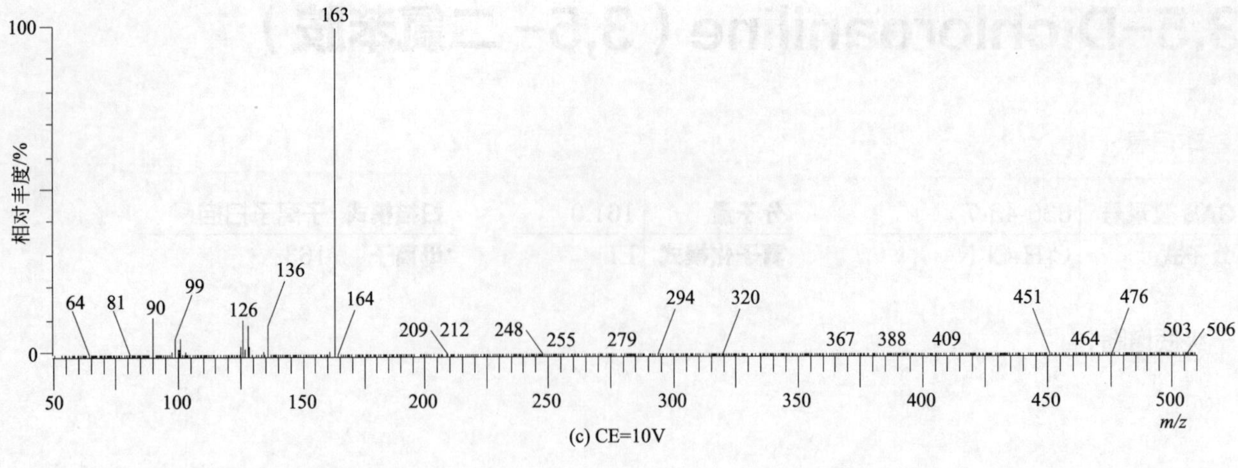

(c) CE=10V

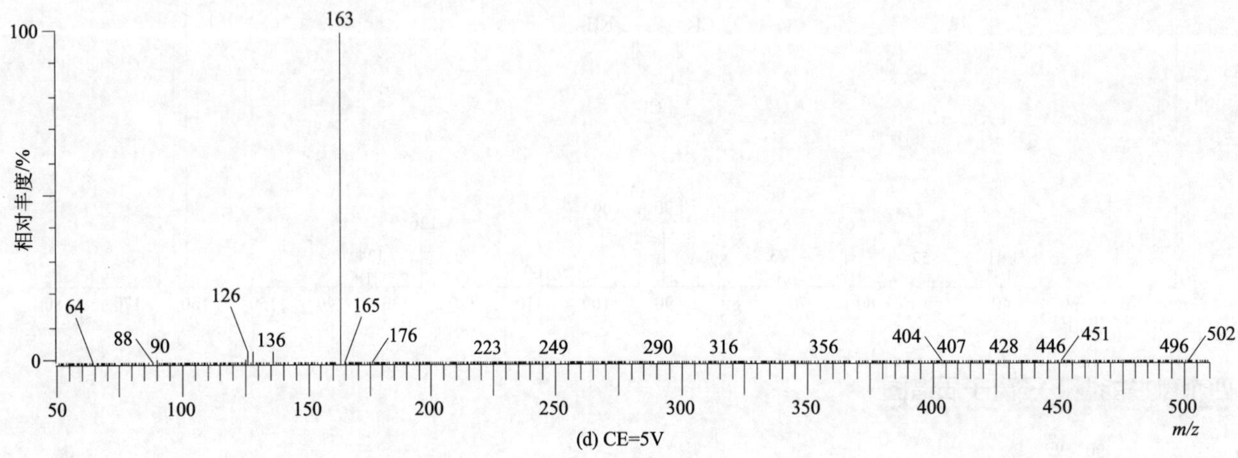

(d) CE=5V

2,6-Dichlorobenzamide（2,6- 二氯苯甲酰胺）

基本信息

CAS 登录号	2008-58-4	**分子量**	189.0	**扫描模式**	子离子扫描
分子式	$C_7H_5Cl_2NO$	**离子化模式**	EI	**母离子**	173

一级质谱图

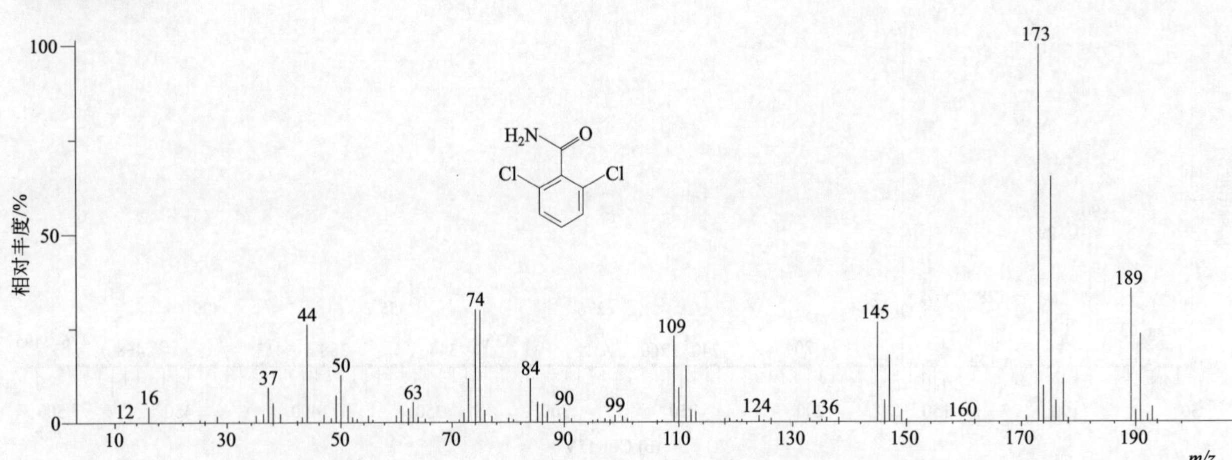

四个碰撞能量下子离子质谱图

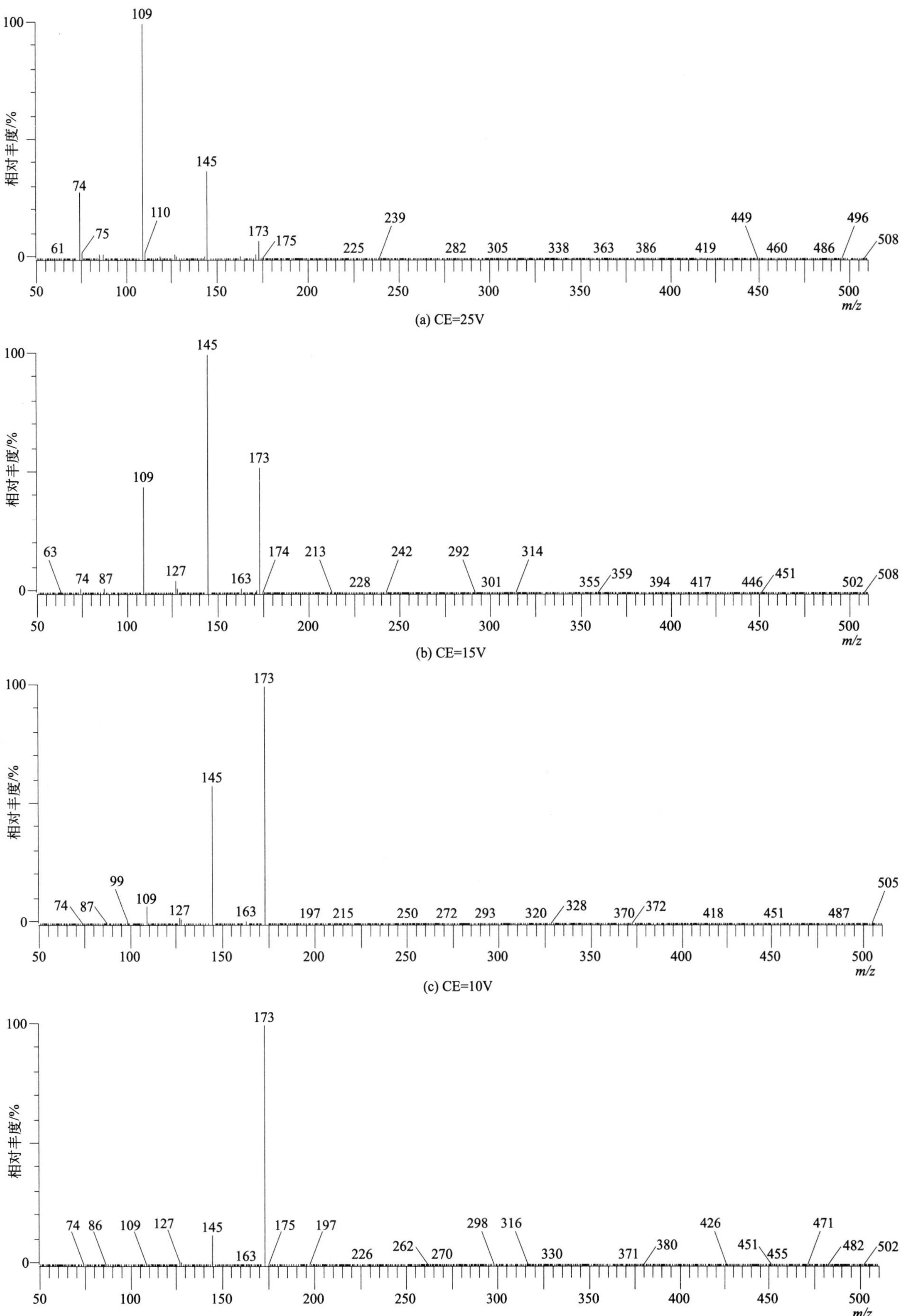

(a) CE=25V

(b) CE=15V

(c) CE=10V

(d) CE=5V

Diclobutrazol（苄氯三唑醇）

基本信息

CAS 登录号	75736-33-2	分子量	327.1	扫描模式	子离子扫描
分子式	$C_{15}H_{19}Cl_2N_3O$	离子化模式	EI	母离子	272

一级质谱图

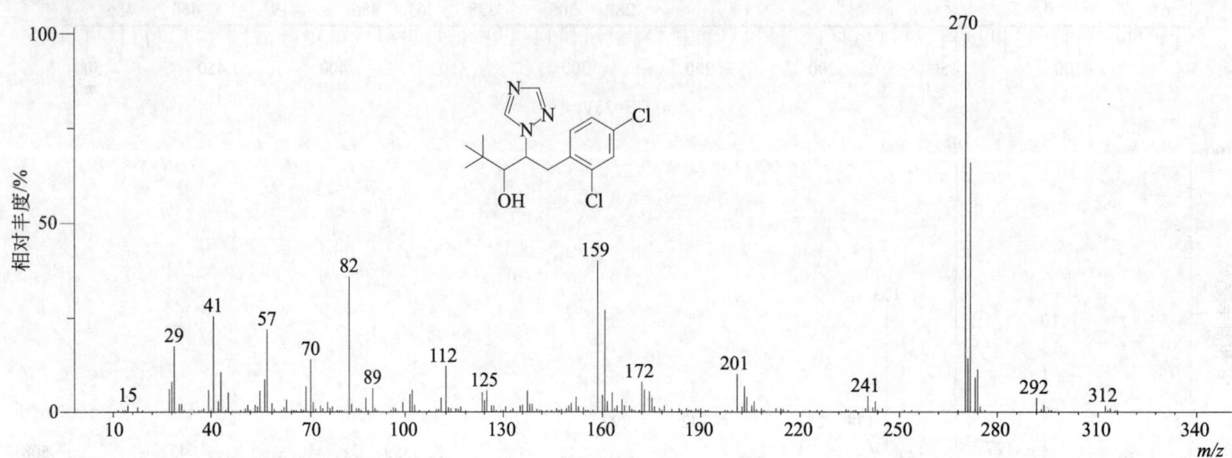

四个碰撞能量下子离子质谱图

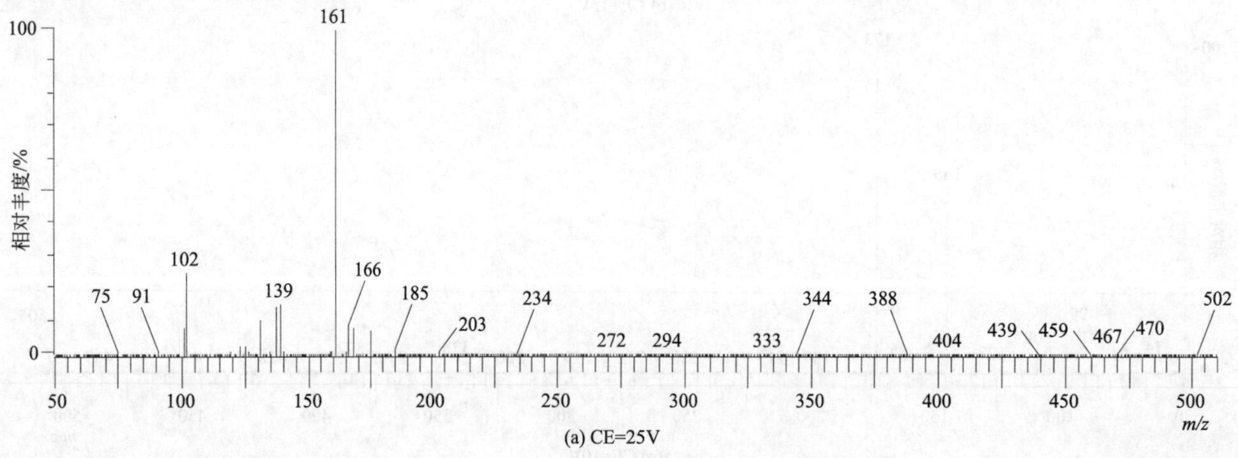

(a) CE=25V

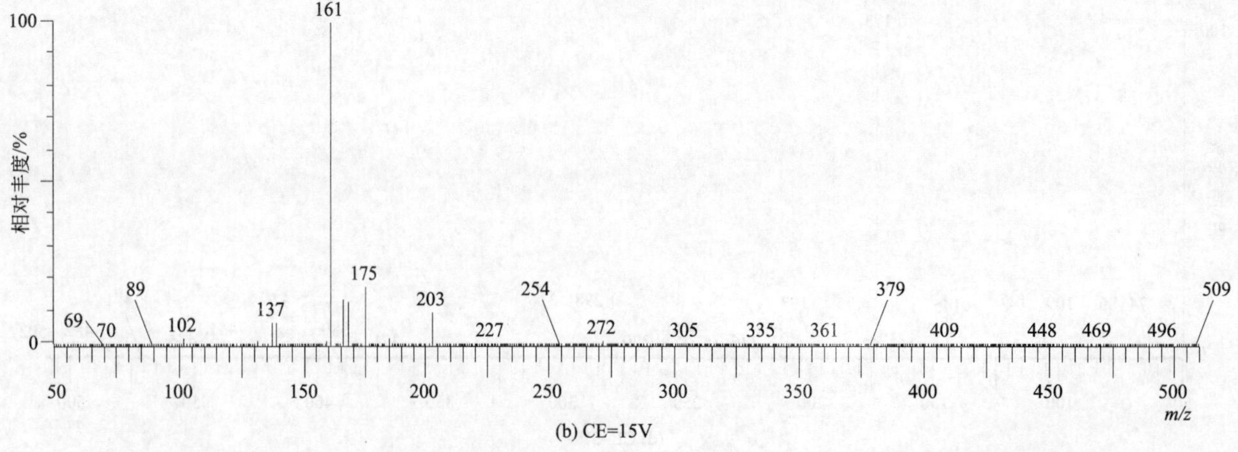

(b) CE=15V

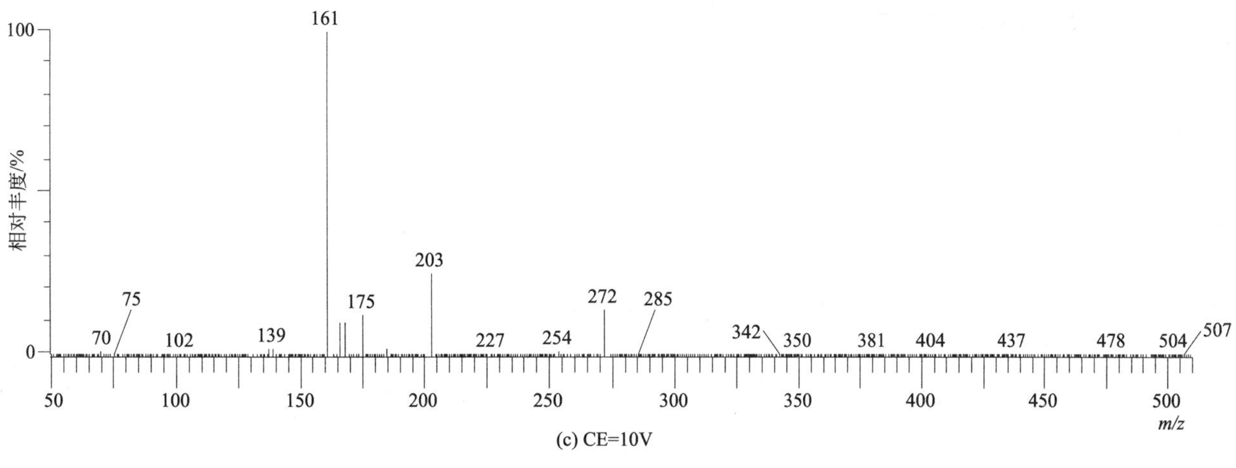

(c) CE=10V

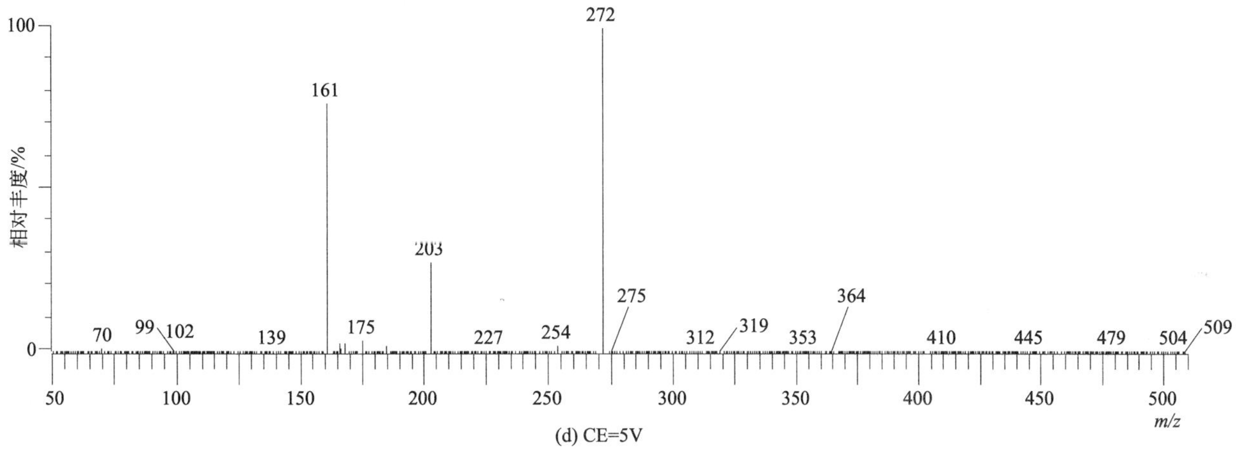

(d) CE=5V

Diclofop-methyl（禾草灵）

基本信息

CAS 登录号	51338-27-3	分子量	340.0	扫描模式	子离子扫描
分子式	$C_{16}H_{14}Cl_2O_4$	离子化模式	EI	母离子	342

一级质谱图

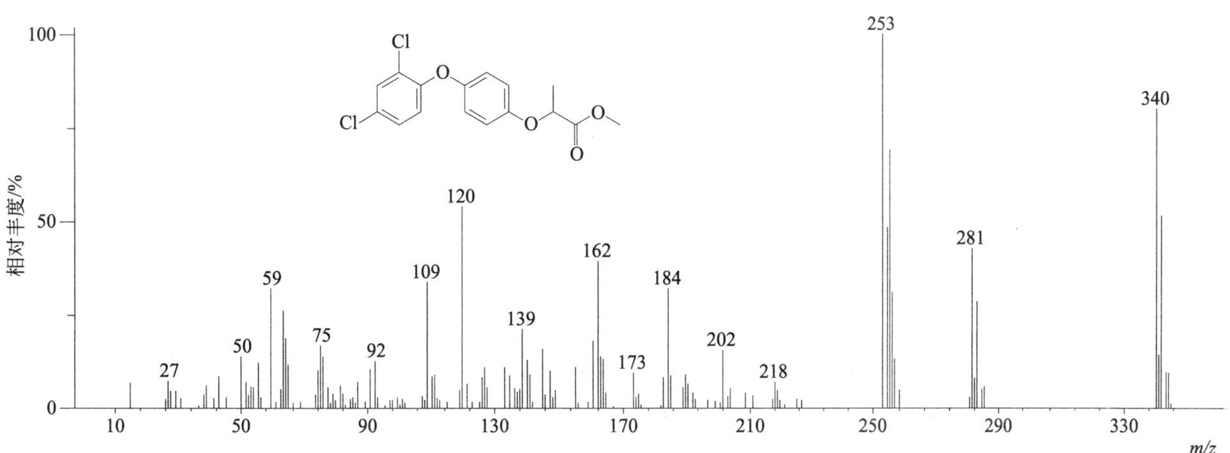

四个碰撞能量下子离子质谱图

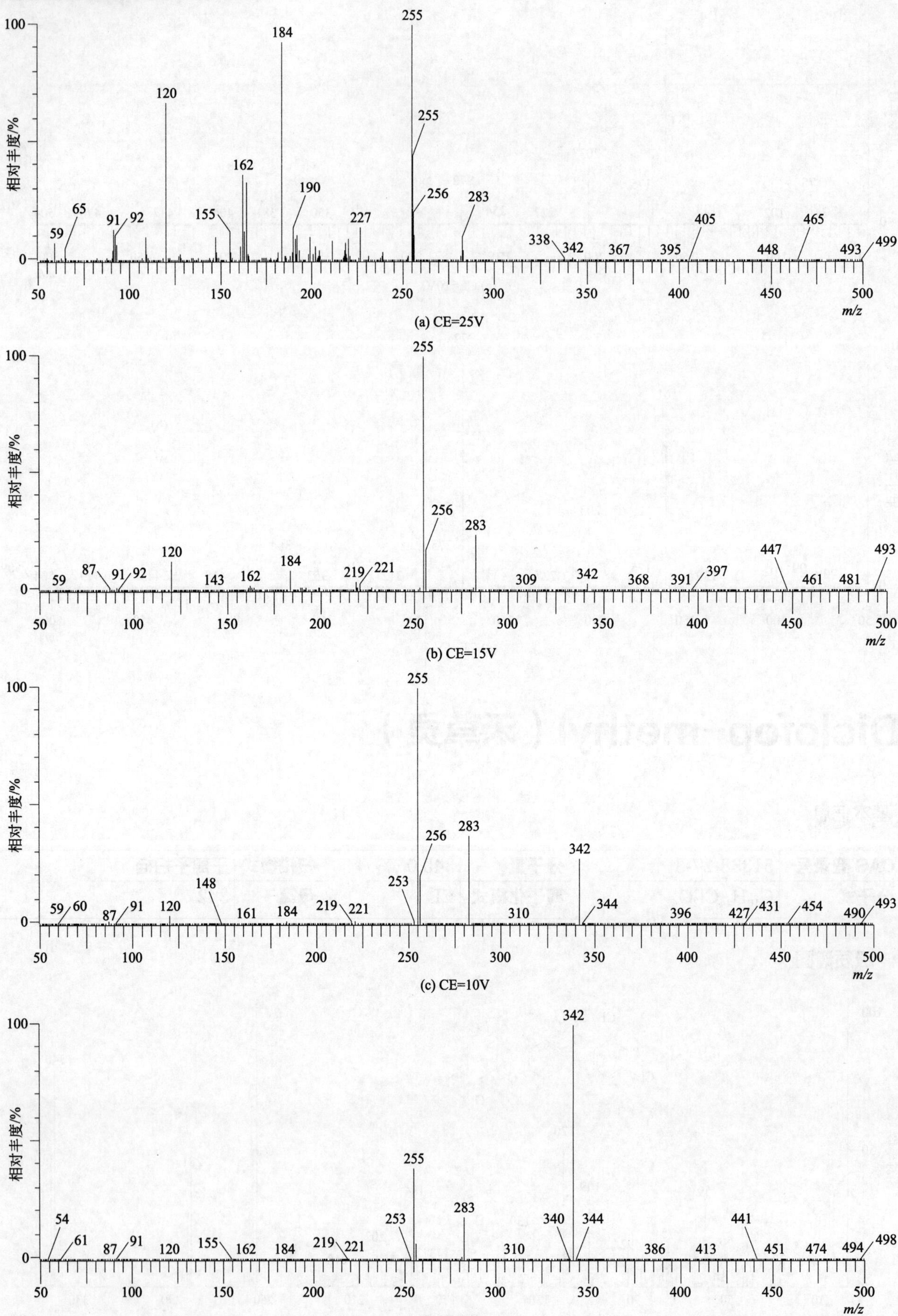

Dicloran（氯硝胺）

基本信息

CAS 登录号	99-30-9	分子量	206.0	扫描模式	子离子扫描
分子式	$C_6H_4Cl_2N_2O_2$	离子化模式	EI	母离子	206

一级质谱图

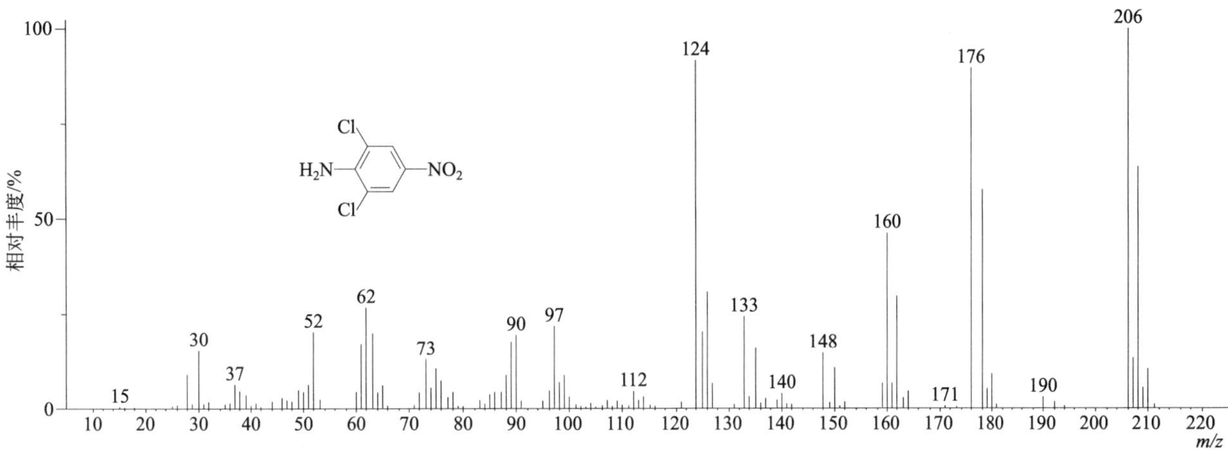

四个碰撞能量下子离子质谱图

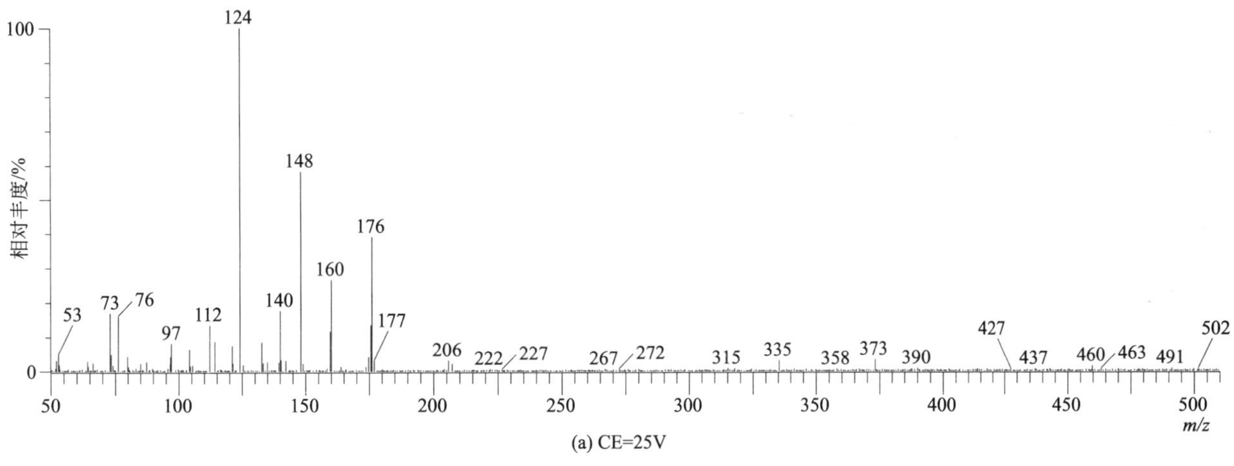

(a) CE=25V

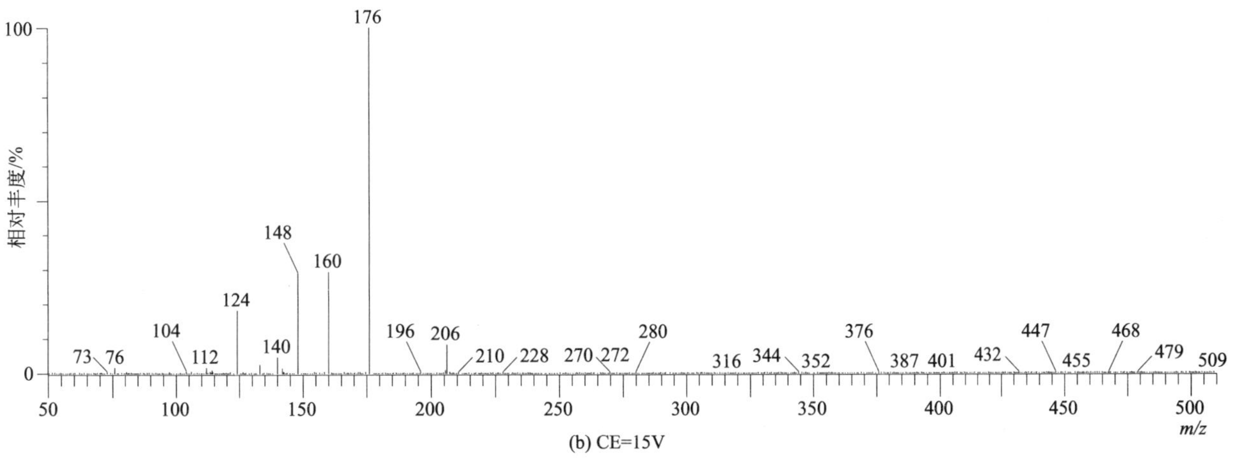

(b) CE=15V

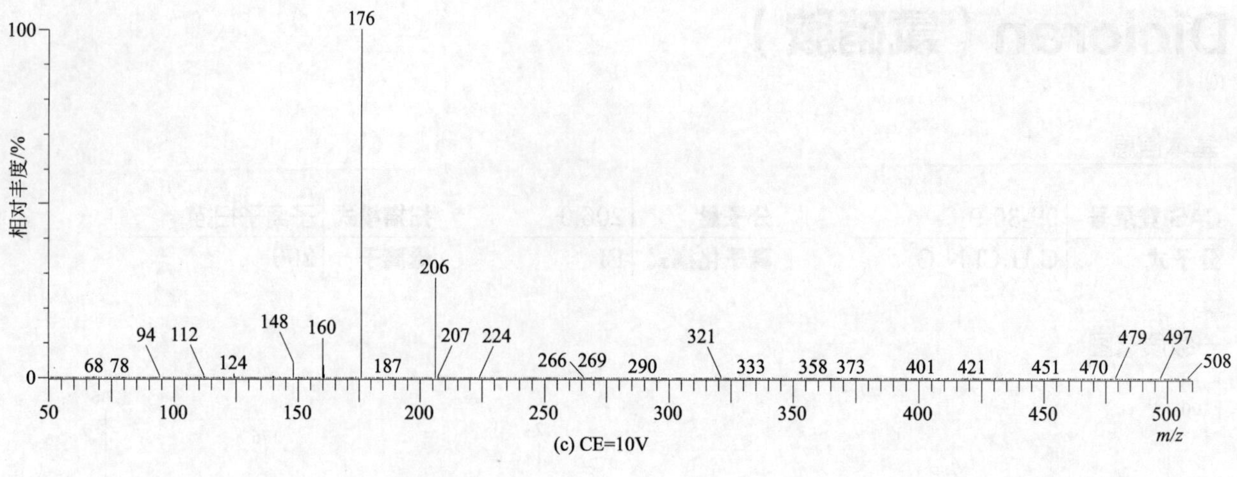

(c) CE=10V

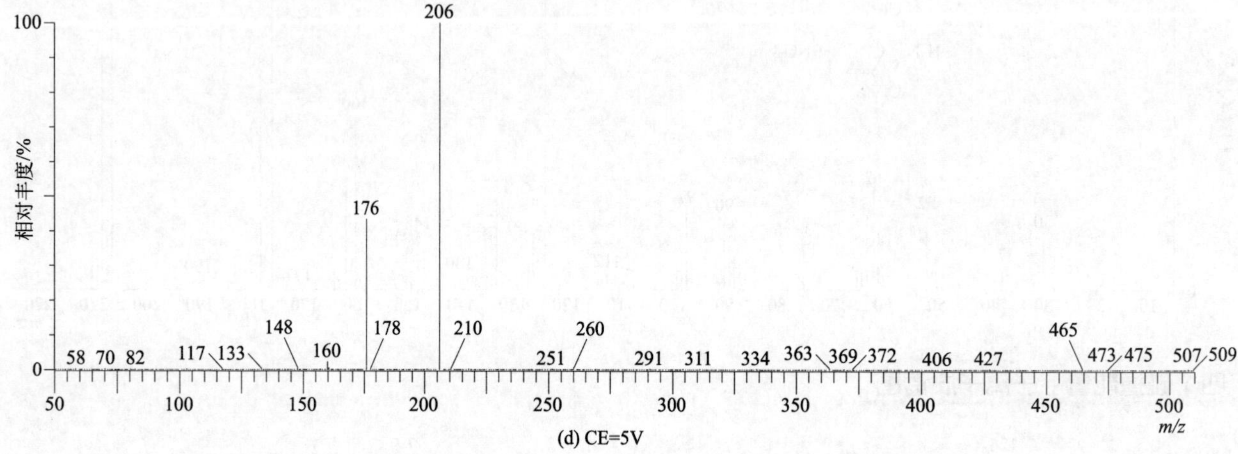

(d) CE=5V

Dicofol（三氯杀螨醇）

基本信息

CAS 登录号	115-32-2	分子量	367.9	扫描模式	子离子扫描
分子式	$C_{14}H_9Cl_5O$	离子化模式	EI	母离子	250

一级质谱图

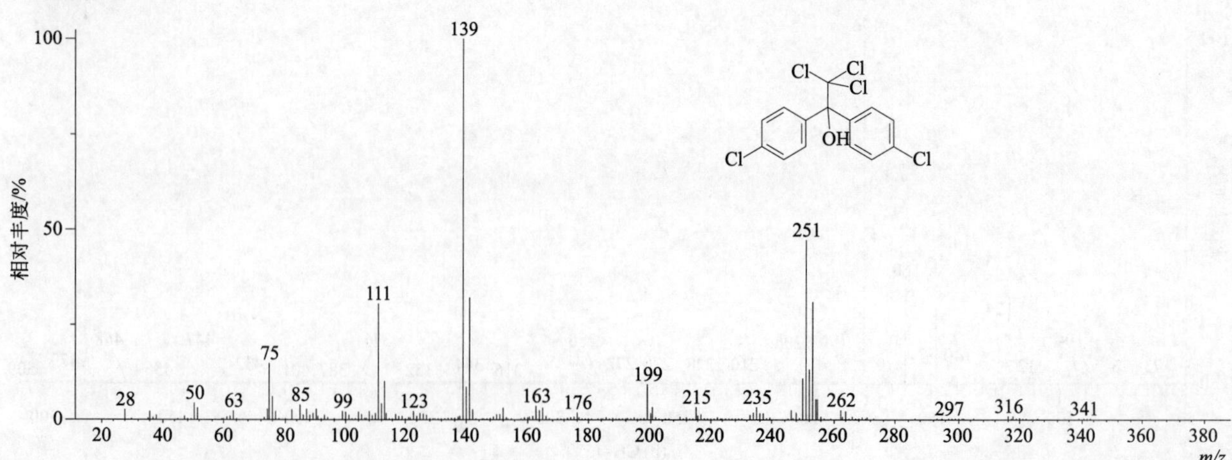

四个碰撞能量下子离子质谱图

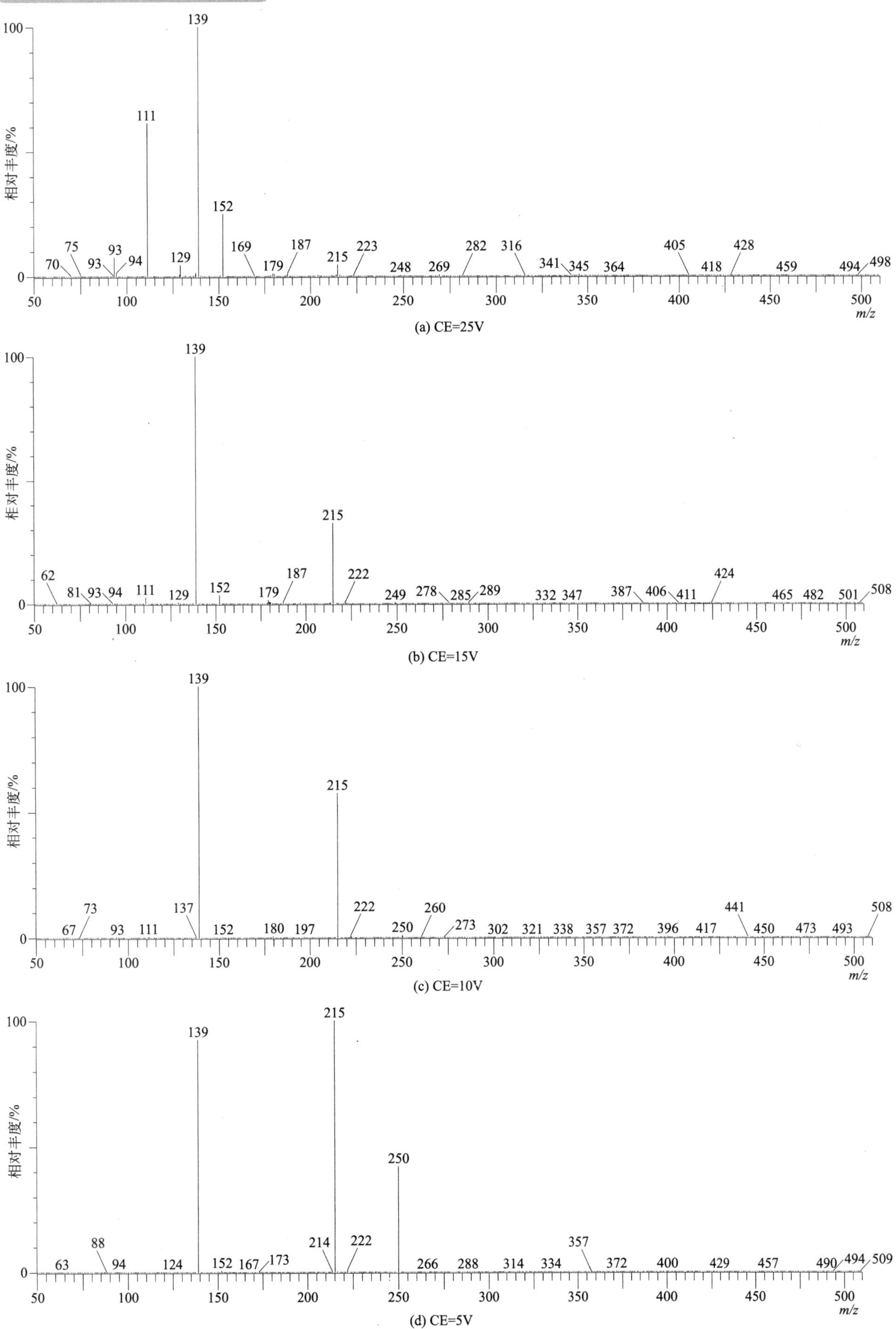

Dicrotophos（百治磷）

基本信息

CAS 登录号	141-66-2	分子量	237.1	扫描模式	子离子扫描
分子式	$C_8H_{16}NO_5P$	离子化模式	EI	母离子	127

一级质谱图

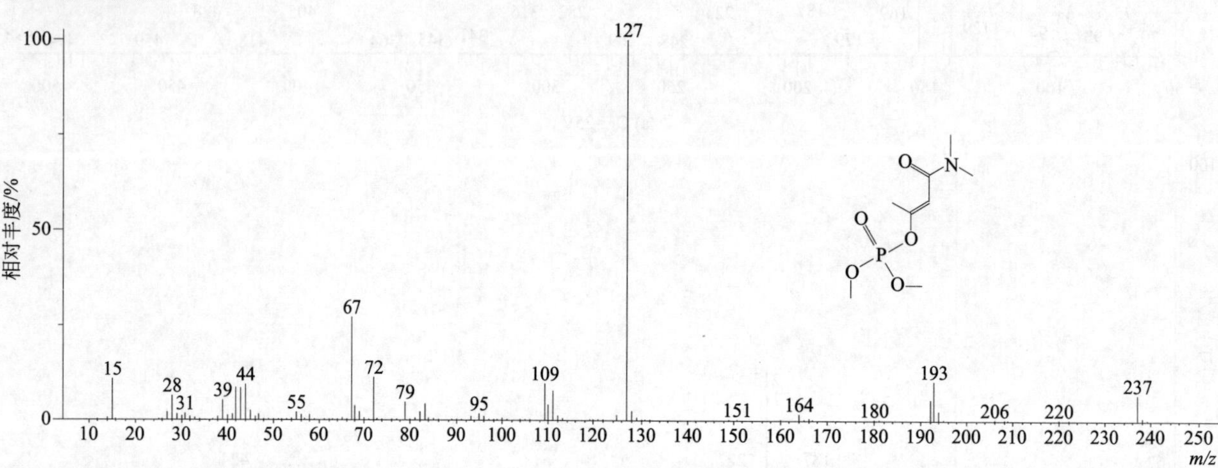

四个碰撞能量下子离子质谱图

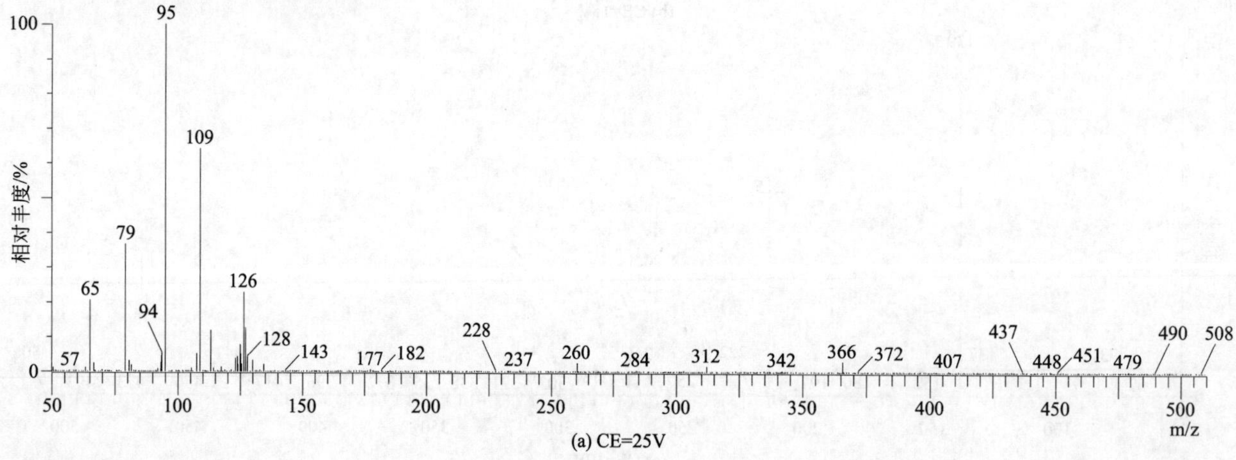

(a) CE=25V

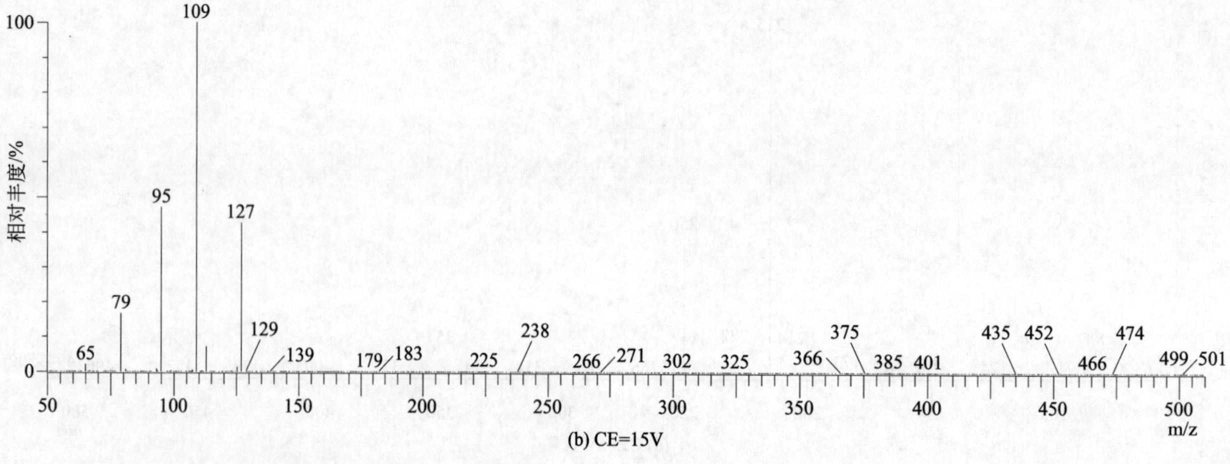

(b) CE=15V

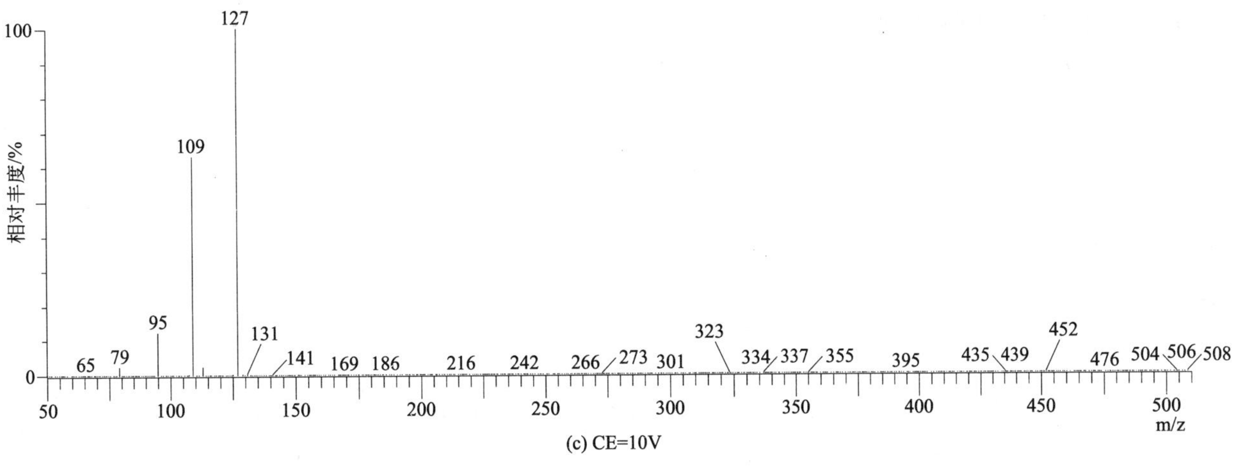

(c) CE=10V

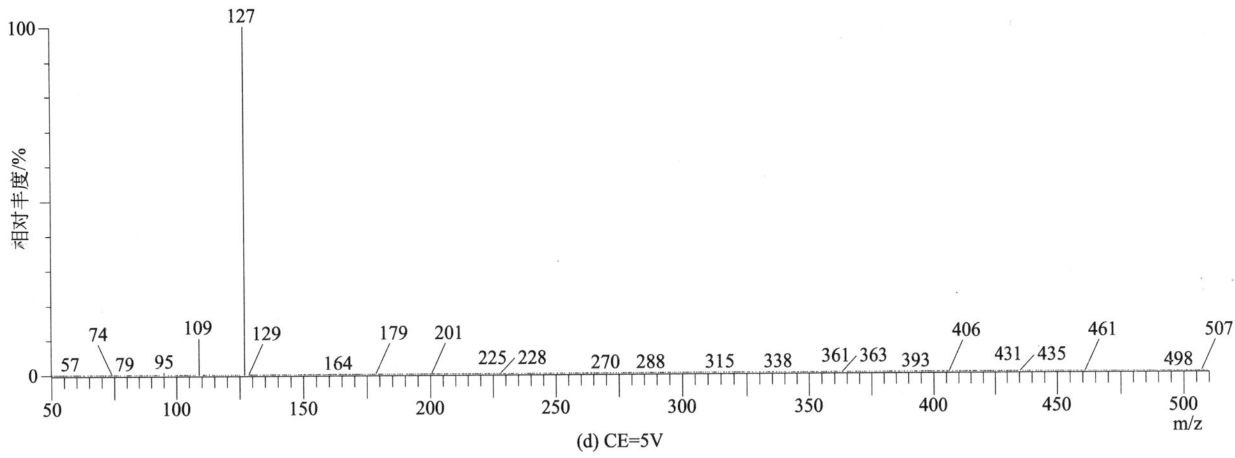

(d) CE=5V

Diethofencarb（乙霉威）

基本信息

CAS 登录号	87130-20-9	分子量	267.1	扫描模式	子离子扫描
分子式	$C_{14}H_{21}NO_4$	离子化模式	EI	母离子	225

一级质谱图

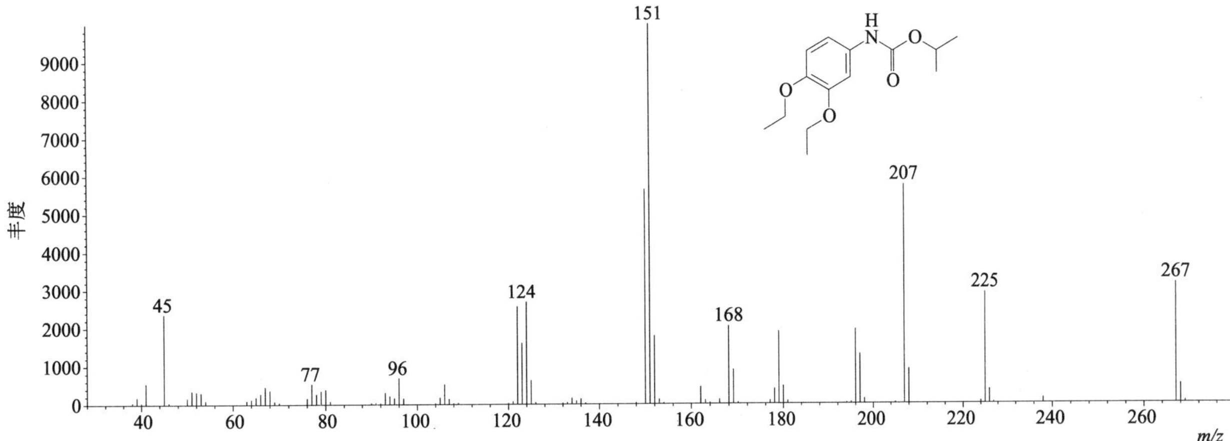

四个碰撞能量下子离子质谱图

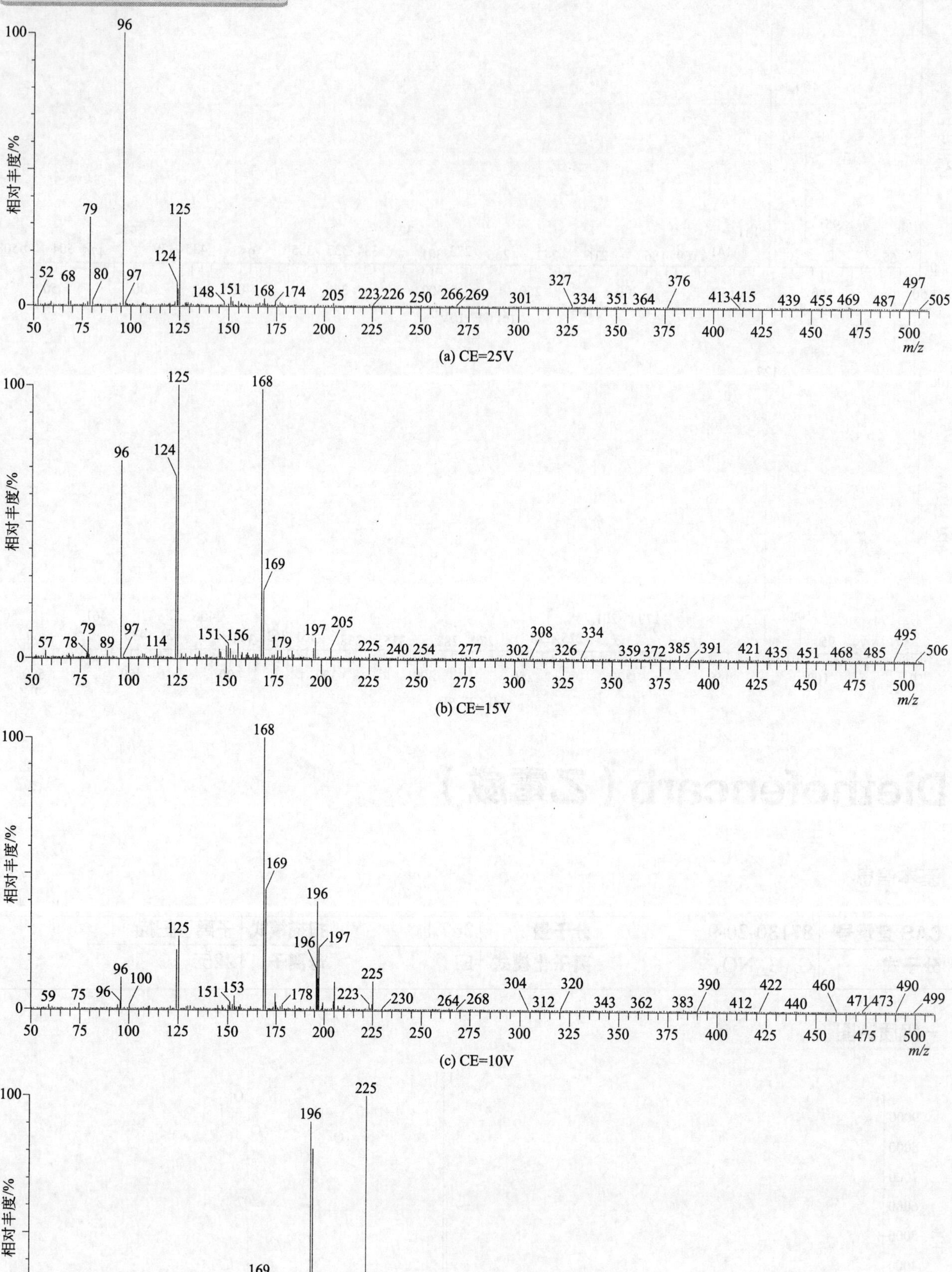

(a) CE=25V

(b) CE=15V

(c) CE=10V

(d) CE=5V

Difenoconazole（噁醚唑）

基本信息

CAS 登录号	119446-68-3	分子量	405.1	扫描模式	子离子扫描
分子式	$C_{19}H_{17}Cl_2N_3O_3$	离子化模式	EI	母离子	323

一级质谱图

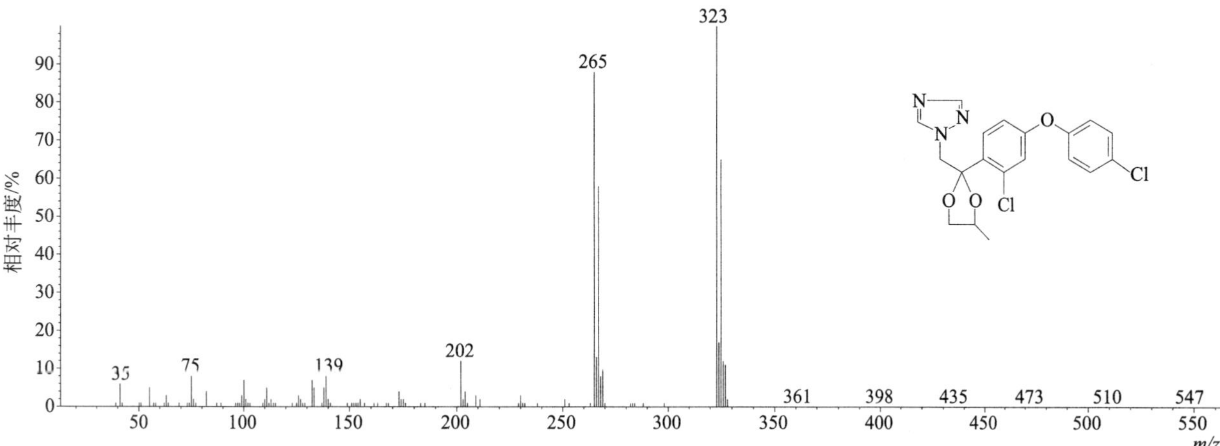

四个碰撞能量下子离子质谱图

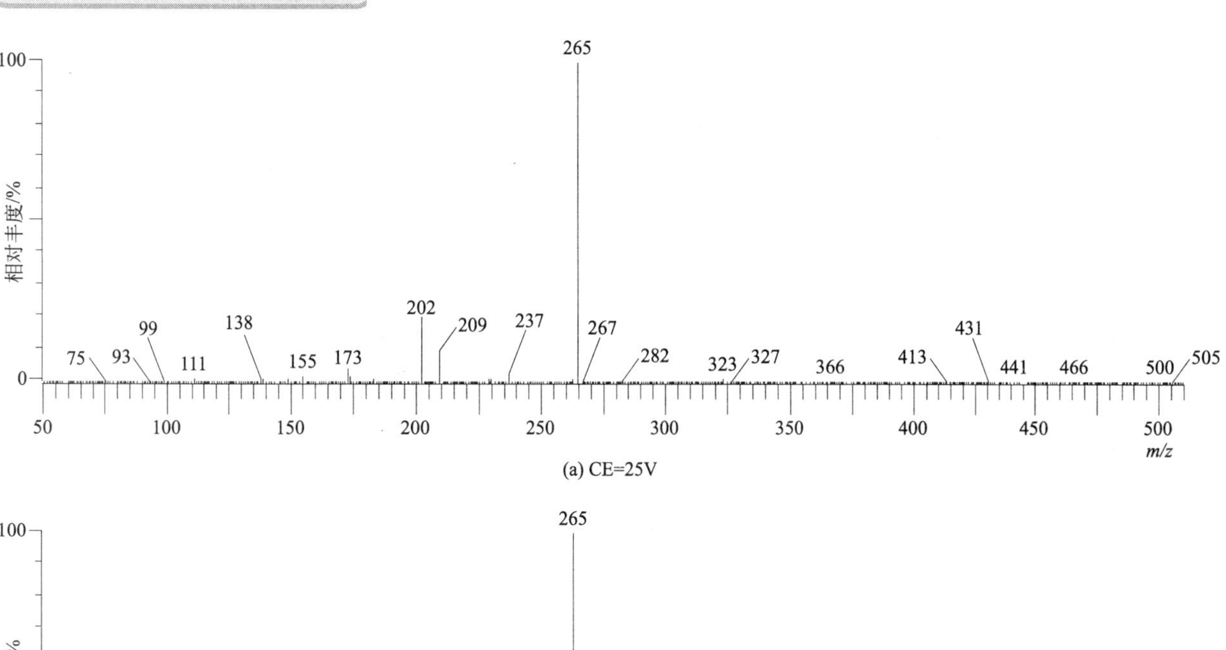

(a) CE=25V

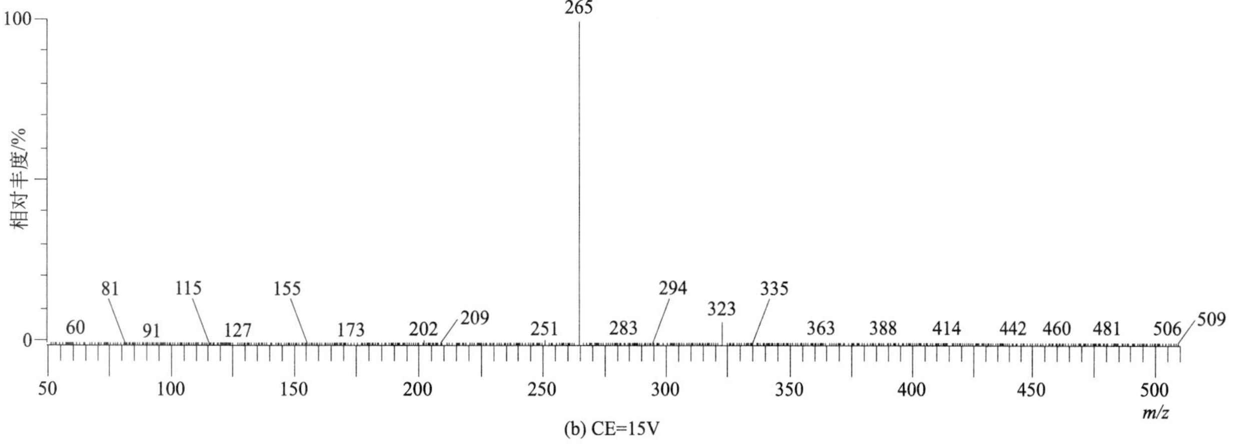

(b) CE=15V

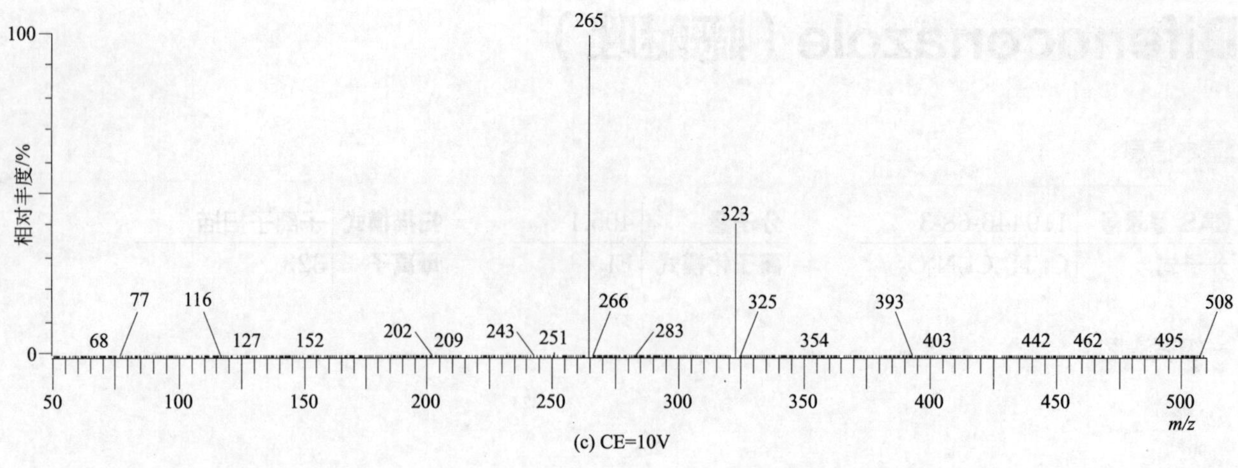

(c) CE=10V

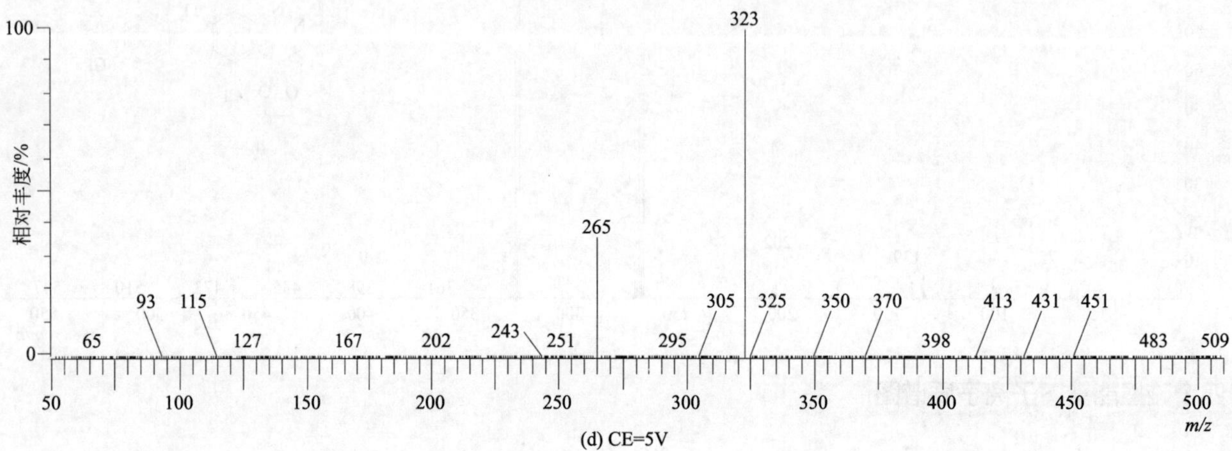

(d) CE=5V

Difenoxuron（枯莠隆）

基本信息

CAS 登录号	14214-32-5	分子量	286.1	扫描模式	子离子扫描
分子式	$C_{16}H_{18}N_2O_3$	离子化模式	EI	母离子	241

一级质谱图

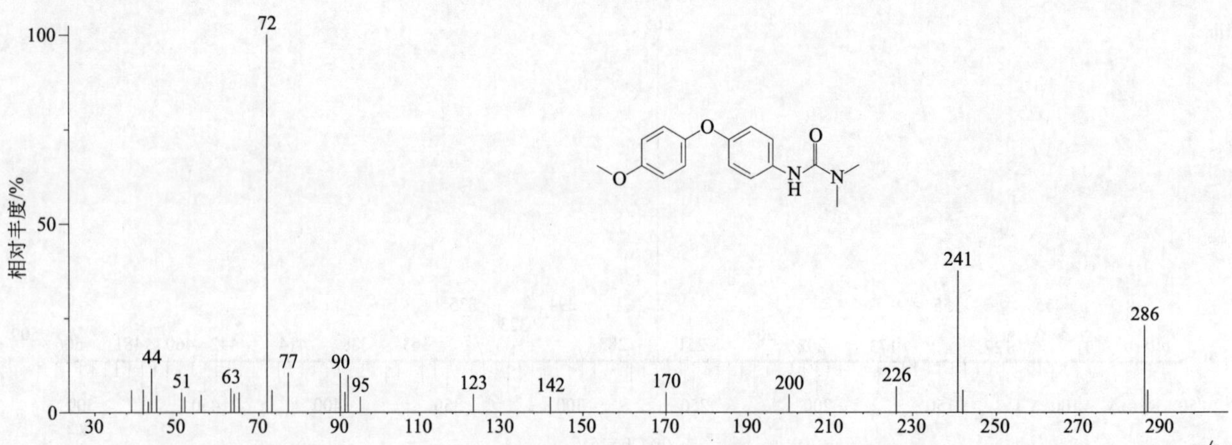

四个碰撞能量下子离子质谱图

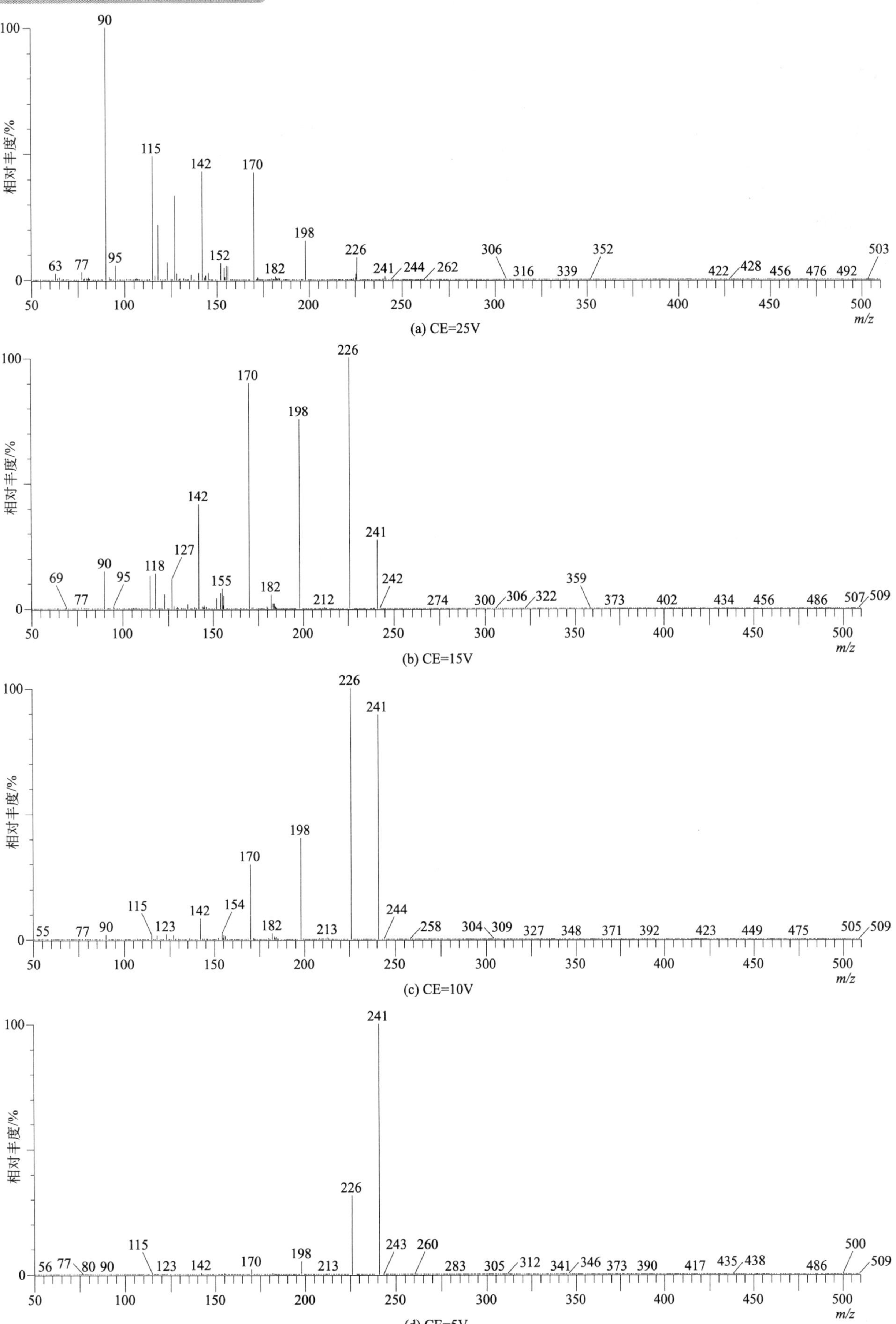

(a) CE=25V

(b) CE=15V

(c) CE=10V

(d) CE=5V

Diflufenican（吡氟酰草胺）

基本信息

CAS 登录号	83164-33-4	分子量	394.1	扫描模式	子离子扫描
分子式	$C_{19}H_{11}F_5N_2O_2$	离子化模式	EI	母离子	266

一级质谱图

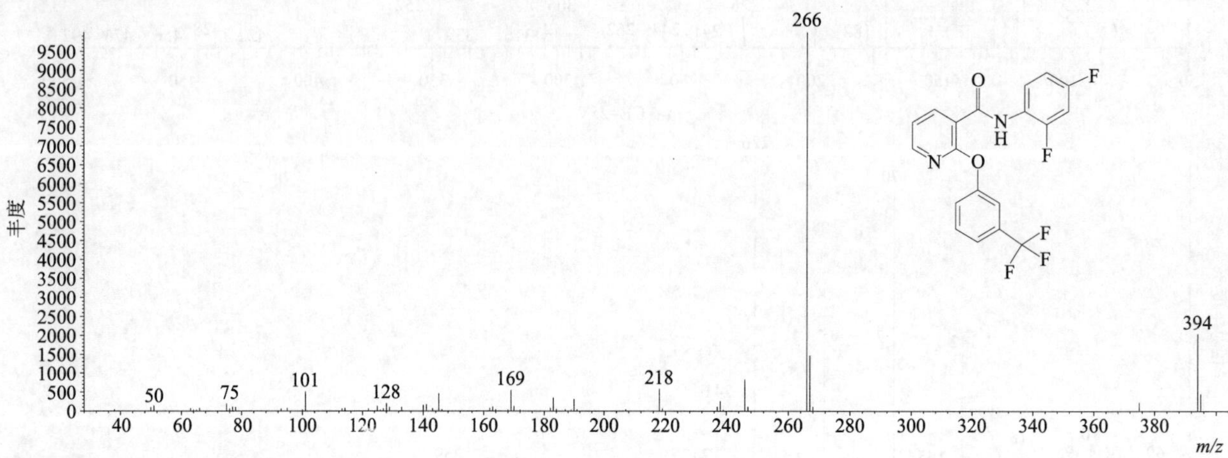

四个碰撞能量下子离子质谱图

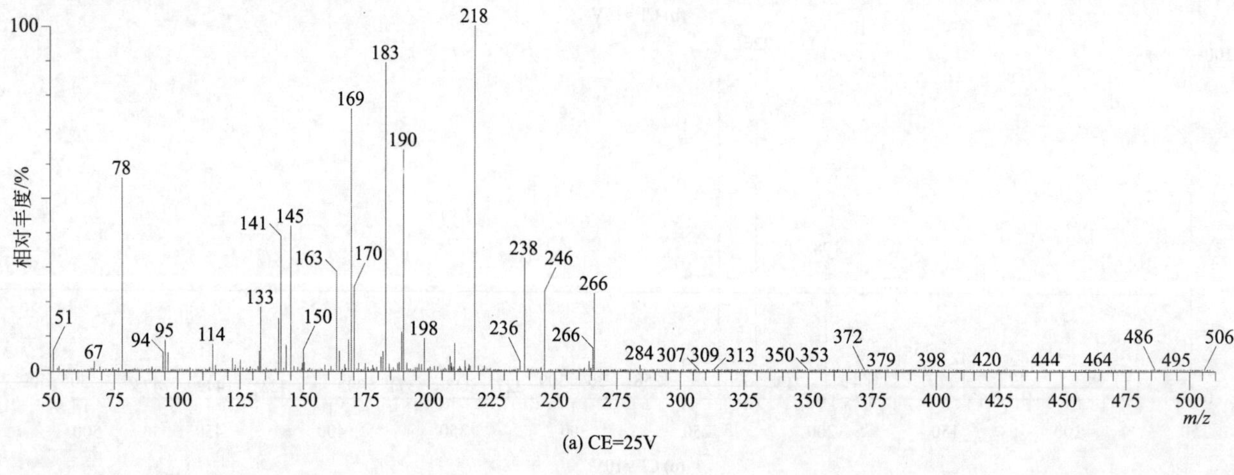

(a) CE=25V

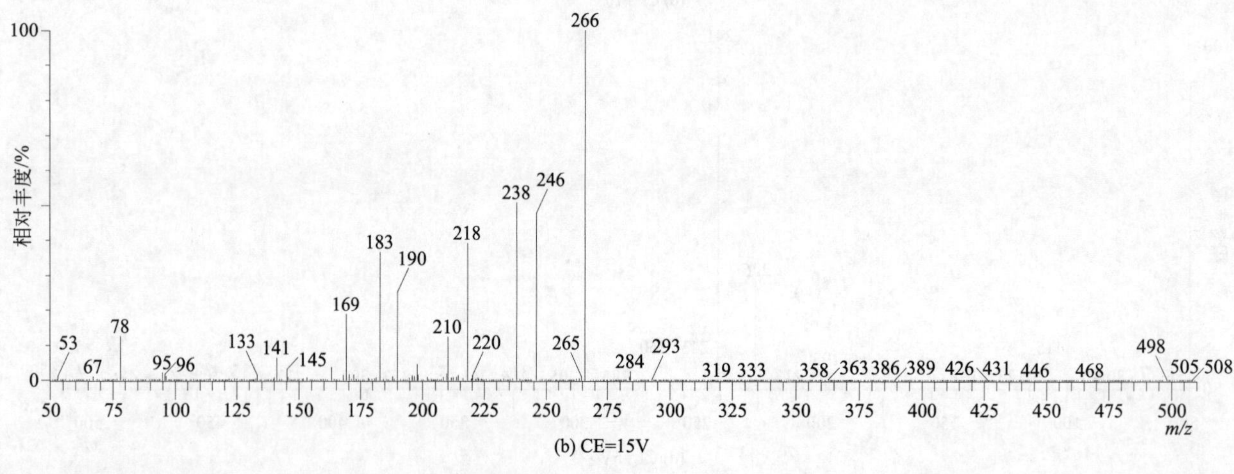

(b) CE=15V

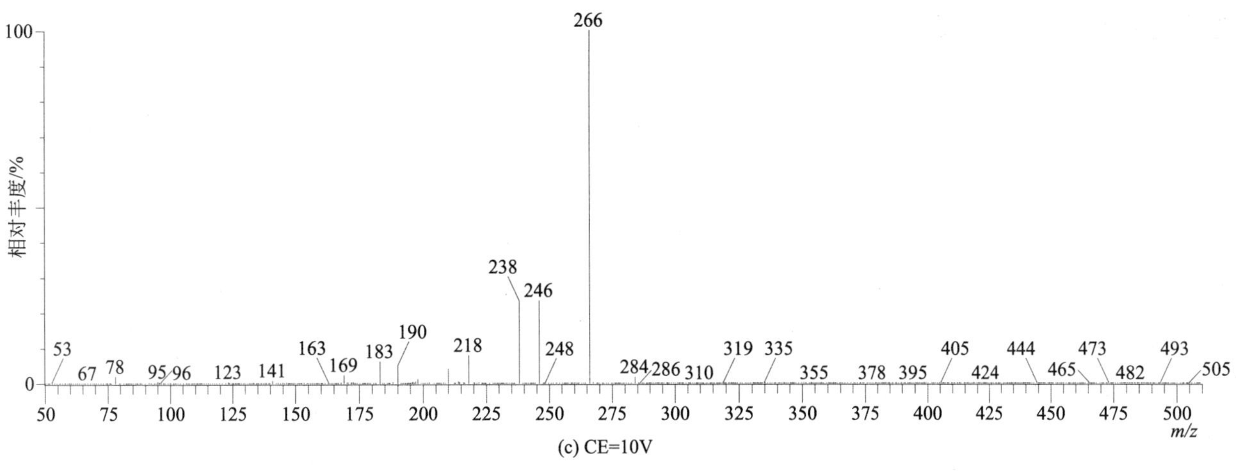

(c) CE=10V

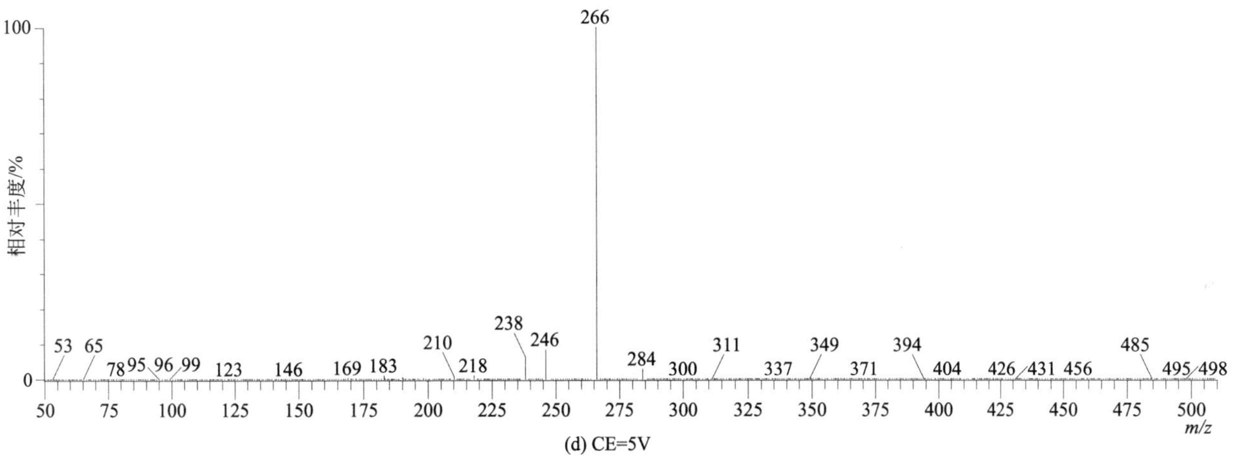

(d) CE=5V

Dimepiperate（哌草丹）

基本信息

CAS 登录号	61432-55-1	分子量	263.1	扫描模式	子离子扫描
分子式	$C_{15}H_{21}NOS$	离子化模式	EI	母离子	119

一级质谱图

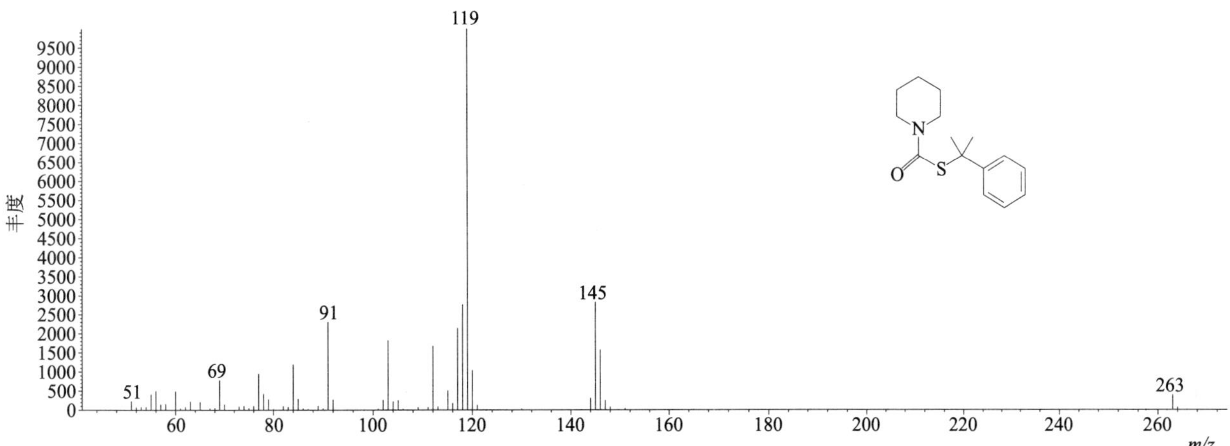

四个碰撞能量下子离子质谱图

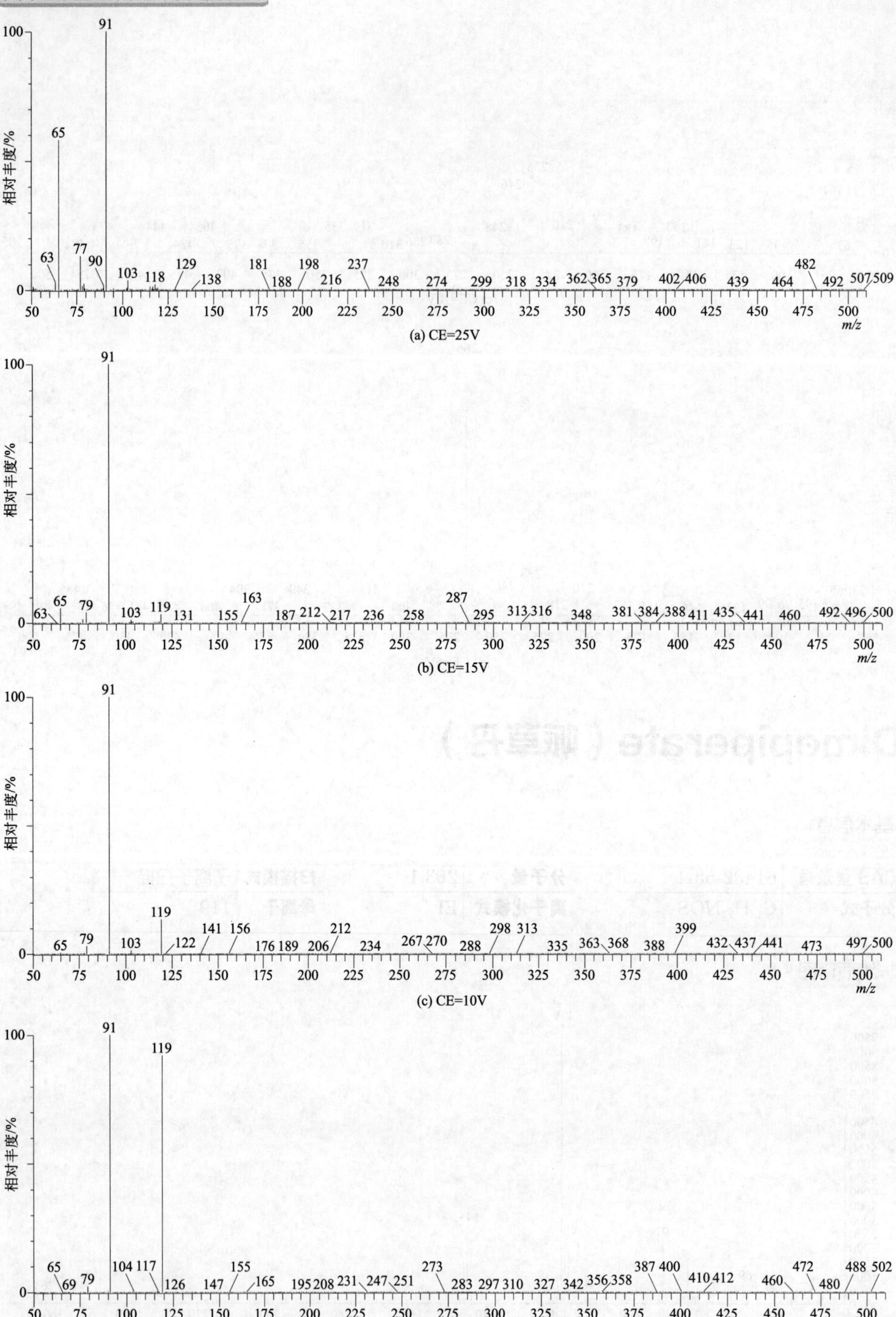

(a) CE=25V

(b) CE=15V

(c) CE=10V

(d) CE=5V

Dimethachlor（二甲草胺）

基本信息

CAS 登录号	50563-36-5	分子量	255.1	扫描模式	子离子扫描
分子式	$C_{13}H_{18}ClNO_2$	离子化模式	EI	母离子	197

一级质谱图

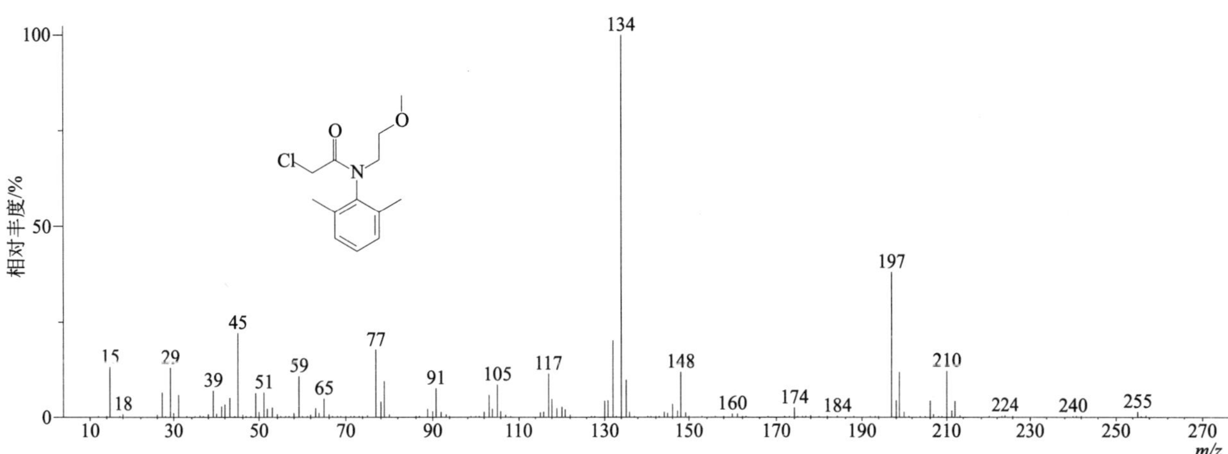

四个碰撞能量下子离子质谱图

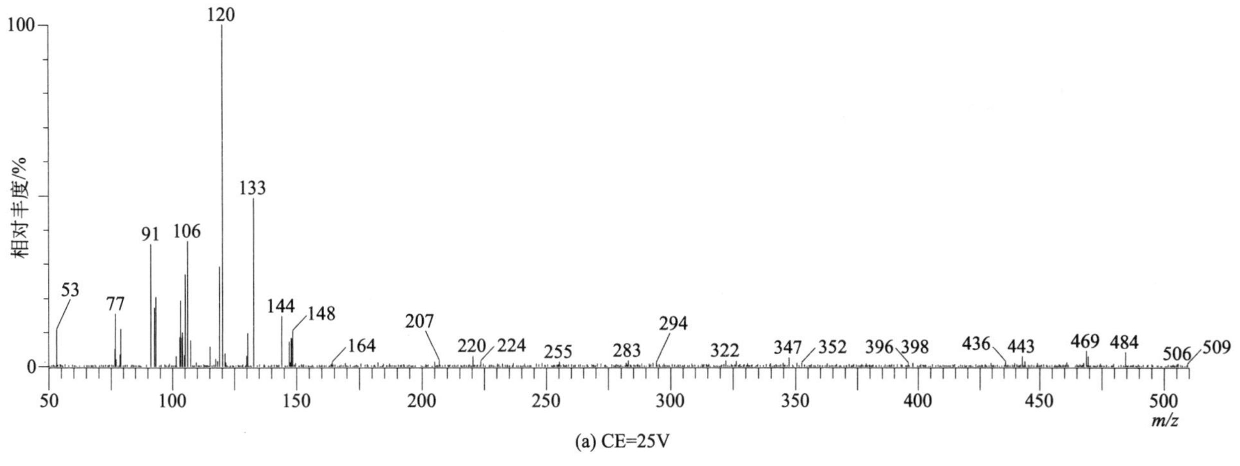

(a) CE=25V

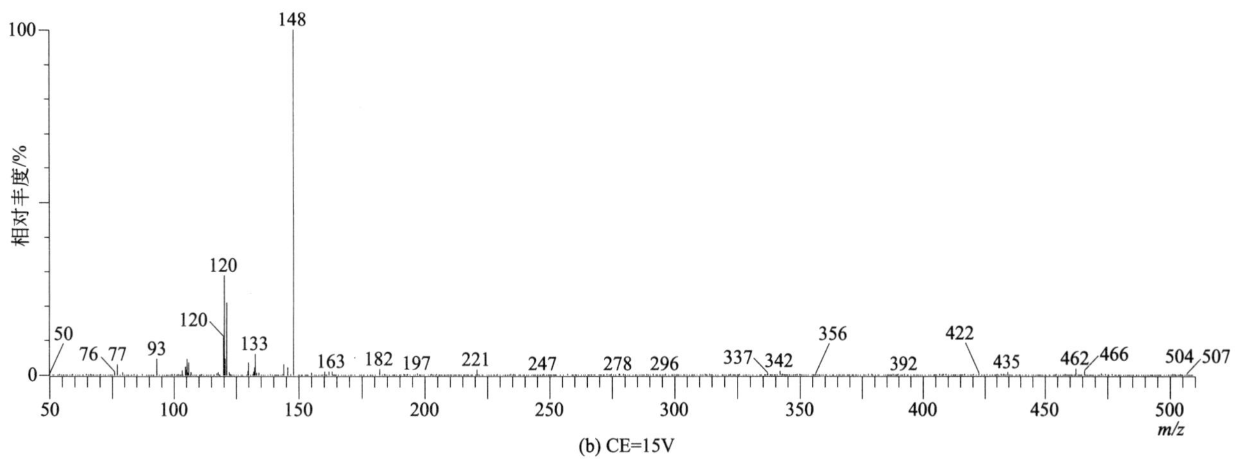

(b) CE=15V

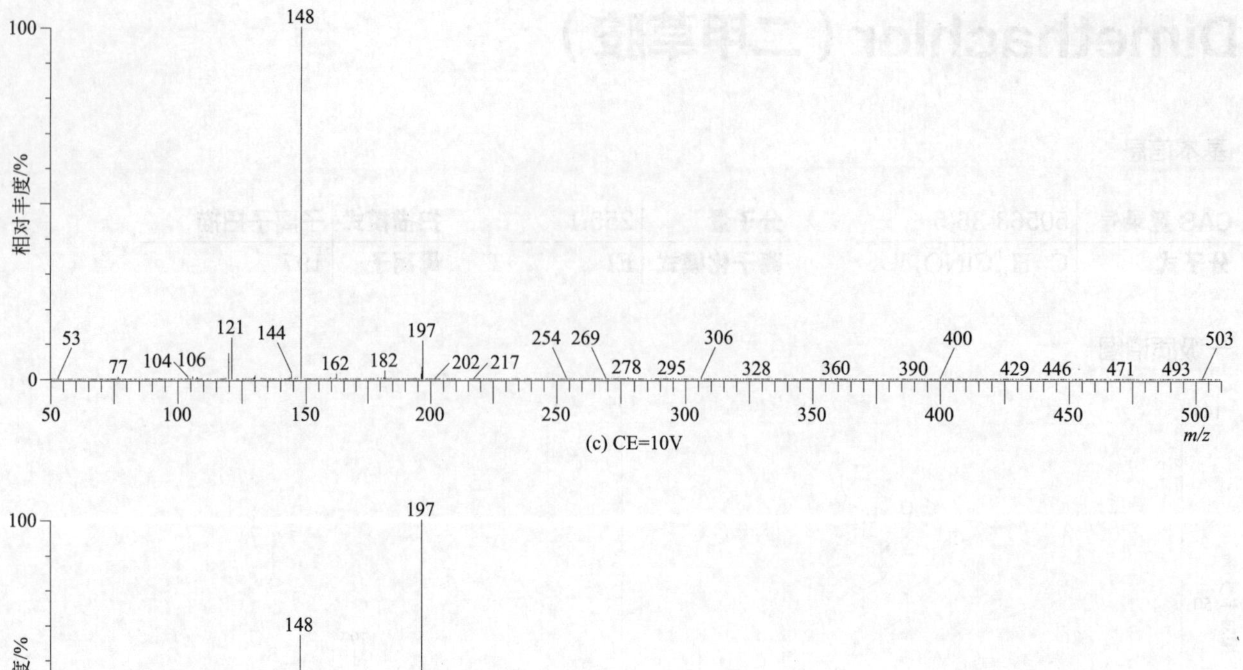

(c) CE=10V

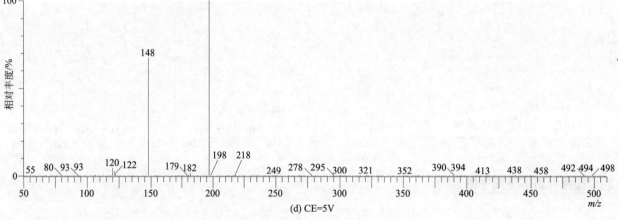

(d) CE=5V

Dimethametryn（异戊乙净）

基本信息

CAS 登录号	22936-75-0	**分子量**	255.2	**扫描模式**	子离子扫描
分子式	$C_{11}H_{21}N_5S$	**离子化模式**	EI	**母离子**	212

一级质谱图

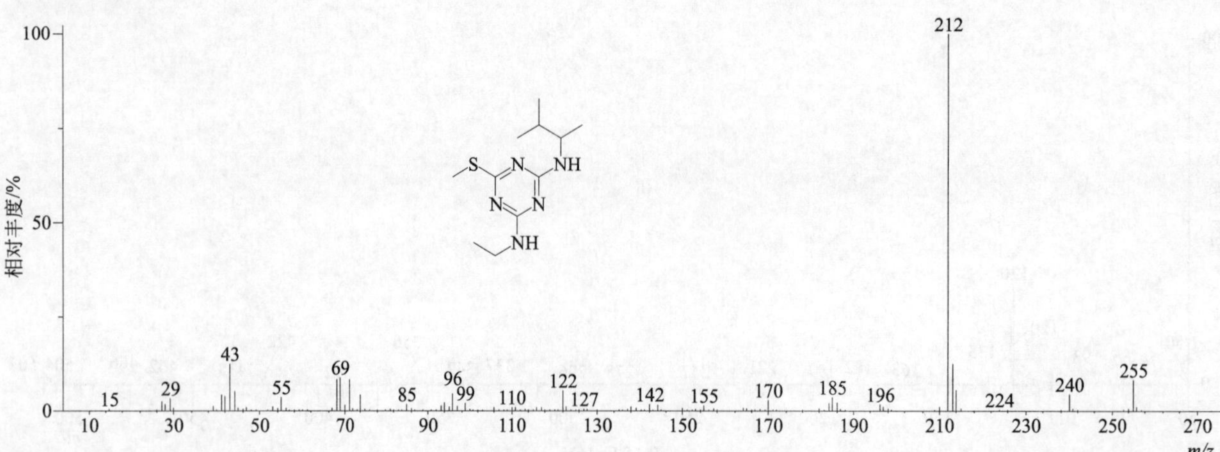

四个碰撞能量下子离子质谱图

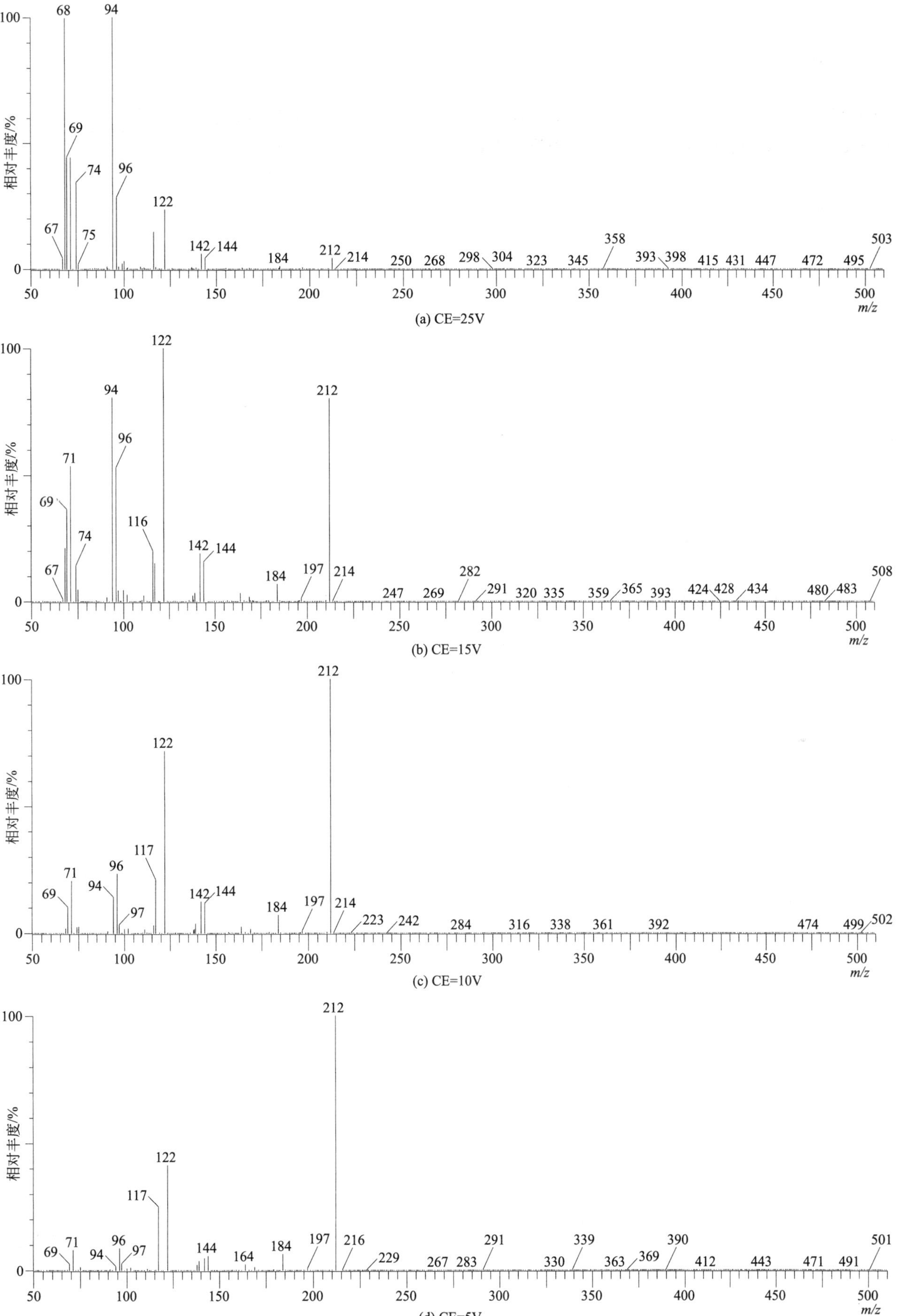

Dimethenamid（二甲吩草胺）

基本信息

CAS 登录号	87674-68-8	分子量	275.1	扫描模式	子离子扫描
分子式	$C_{12}H_{18}ClNO_2S$	离子化模式	EI	母离子	230

一级质谱图

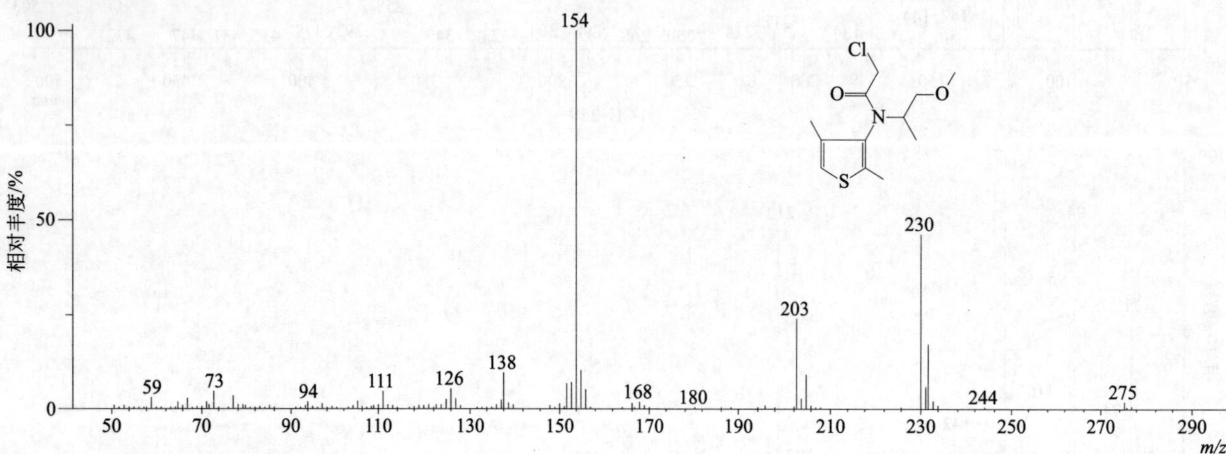

四个碰撞能量下子离子质谱图

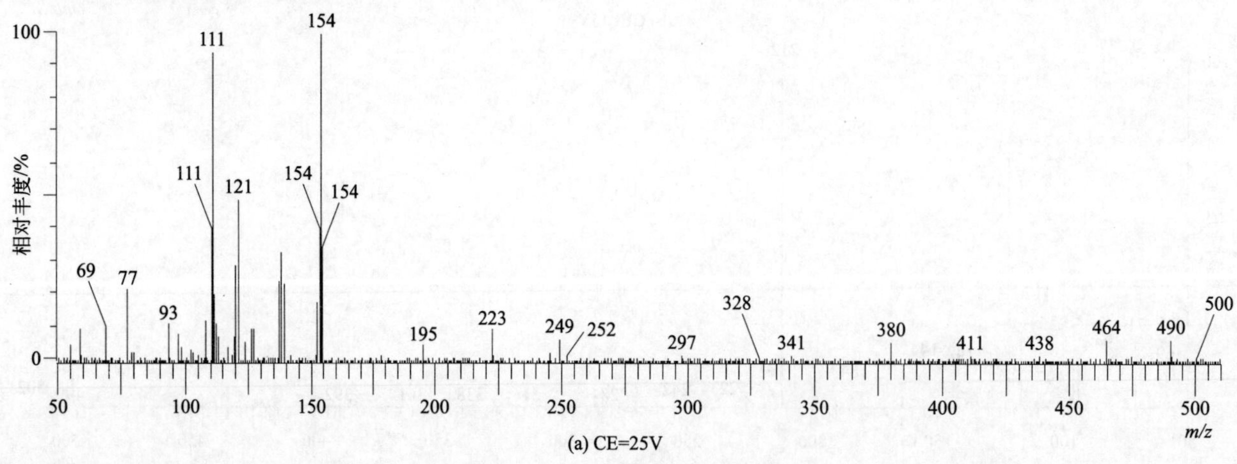

(a) CE=25V

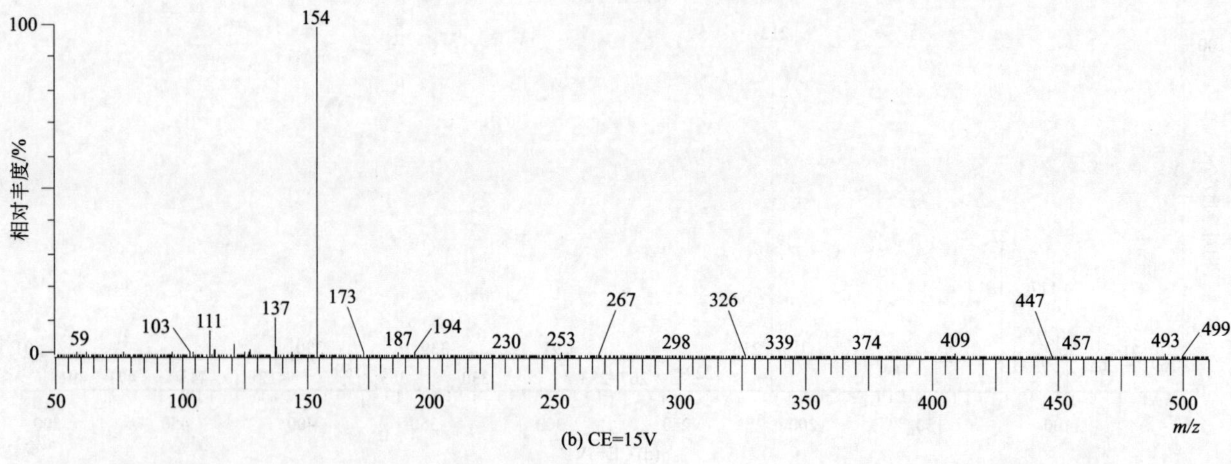

(b) CE=15V

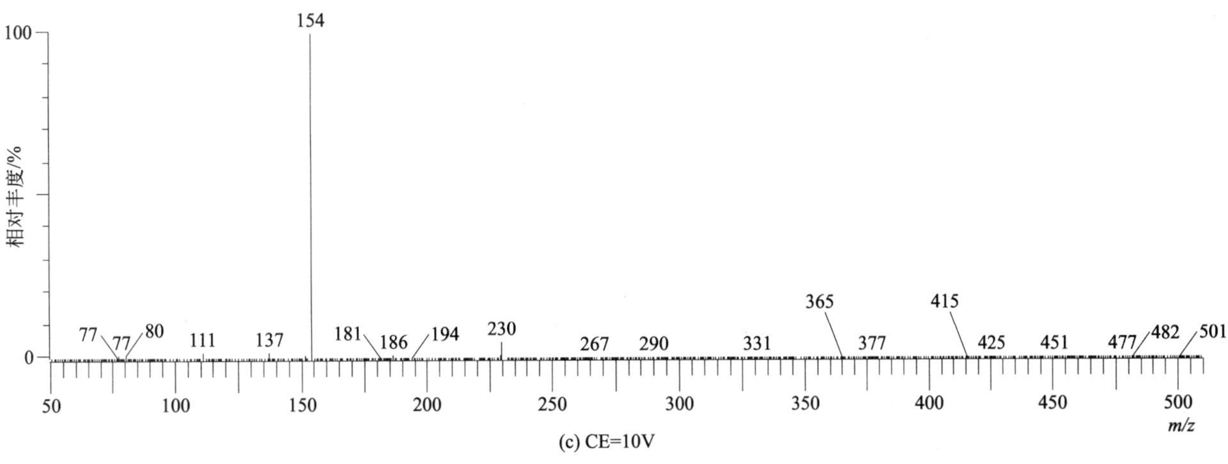

(c) CE=10V

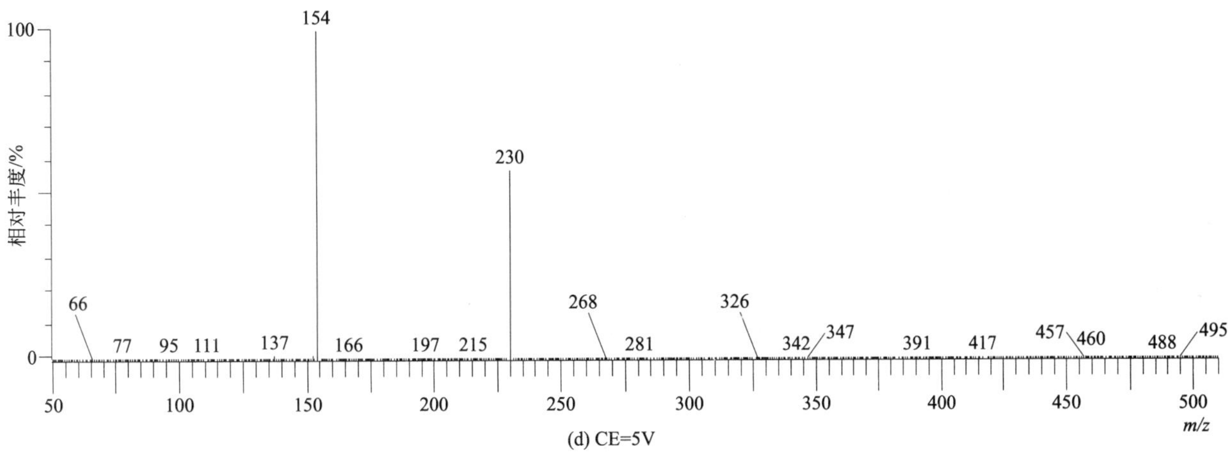

(d) CE=5V

Dimethipin（噻节因）

基本信息

CAS 登录号	55290-64-7	分子量	210.0	扫描模式	子离子扫描
分子式	$C_6H_{10}O_4S_2$	离子化模式	EI	母离子	226

一级质谱图

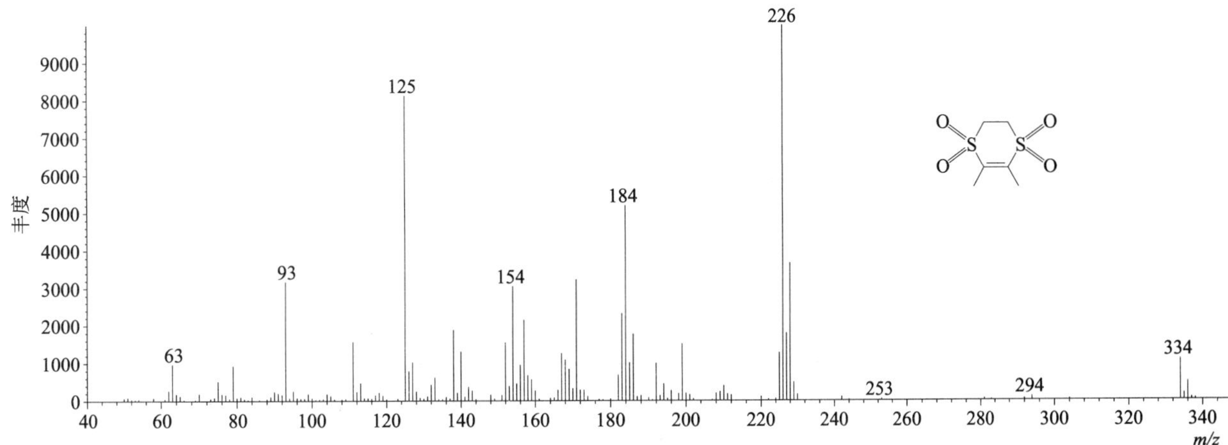

四个碰撞能量下子离子质谱图

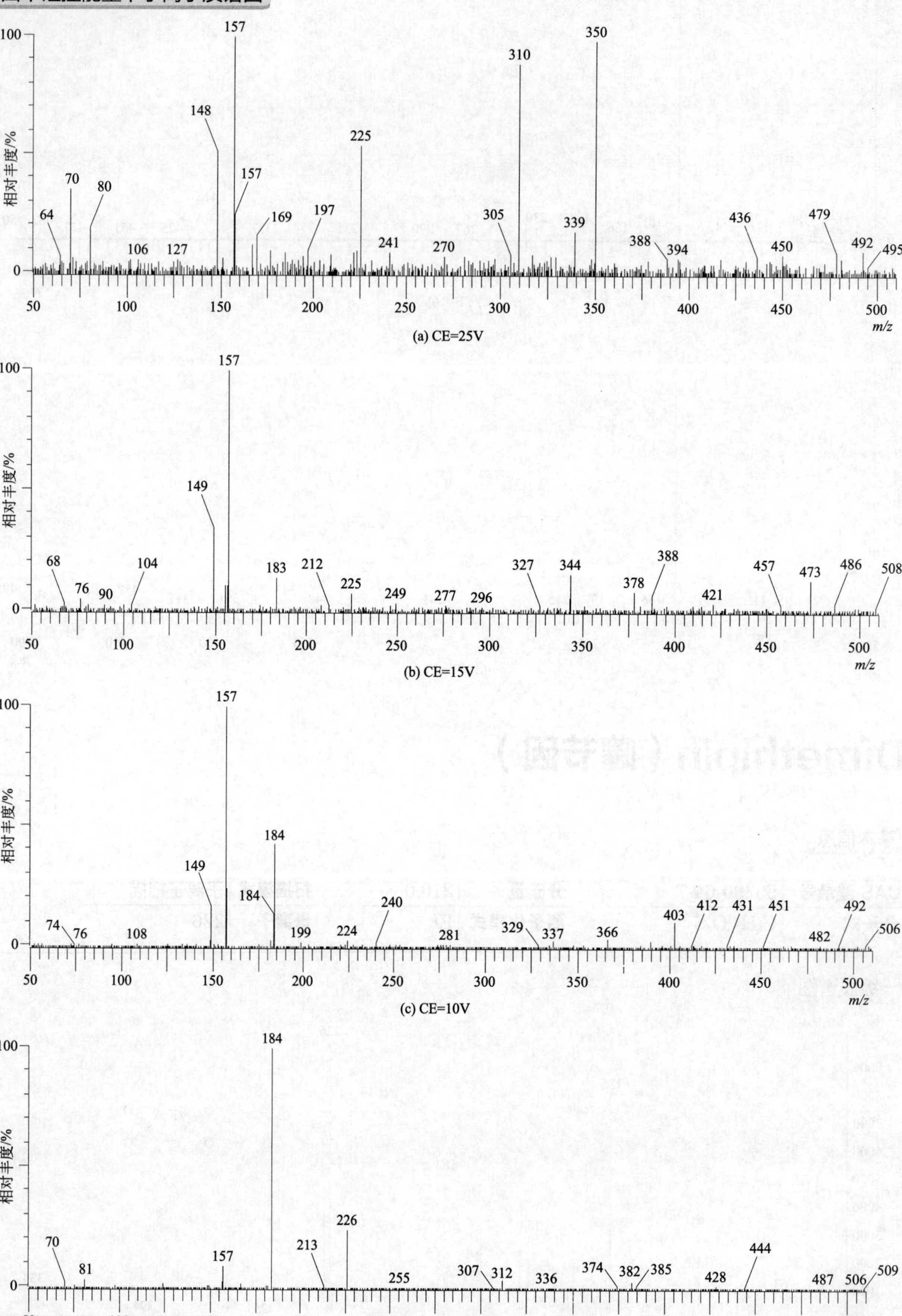

(a) CE=25V

(b) CE=15V

(c) CE=10V

(d) CE=5V

Dimethoate（乐果）

基本信息

CAS 登录号	60-51-5	分子量	229.0	扫描模式	子离子扫描
分子式	$C_5H_{12}NO_3PS_2$	离子化模式	EI	母离子	143

一级质谱图

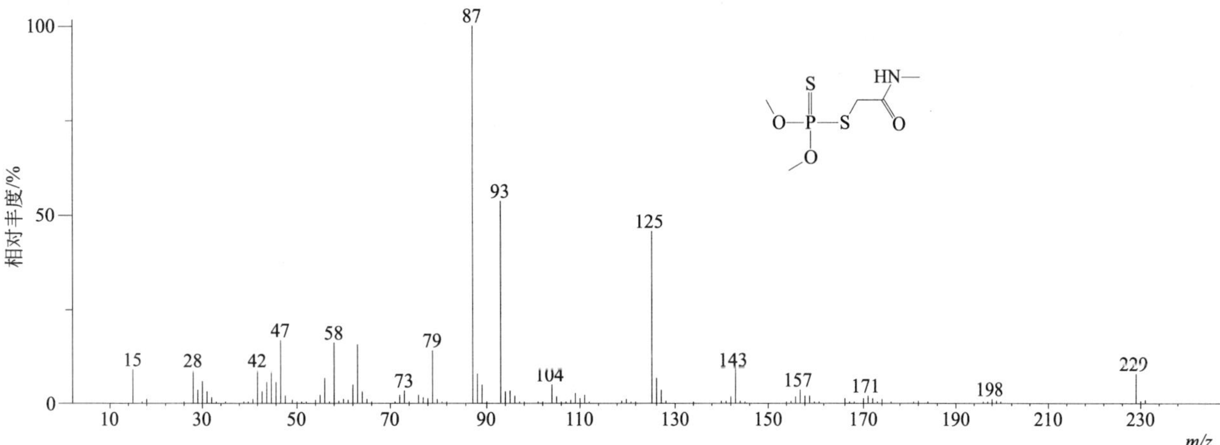

四个碰撞能量下子离子质谱图

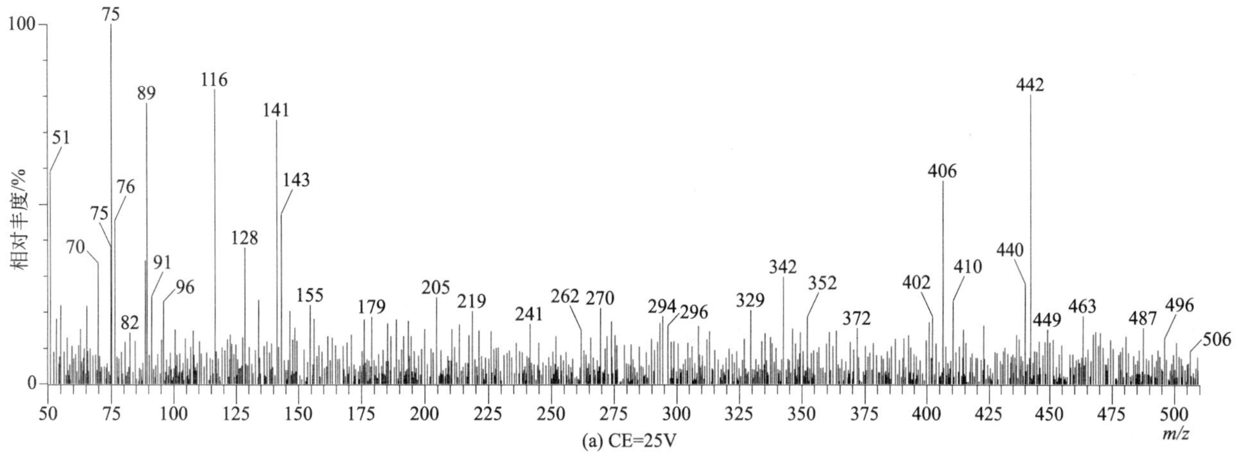

(a) CE=25V

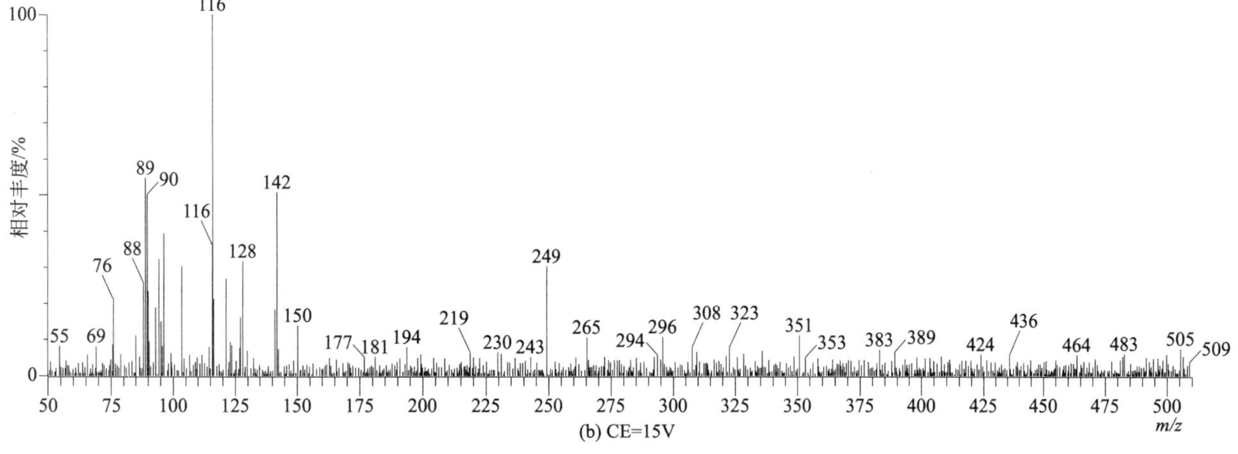

(b) CE=15V

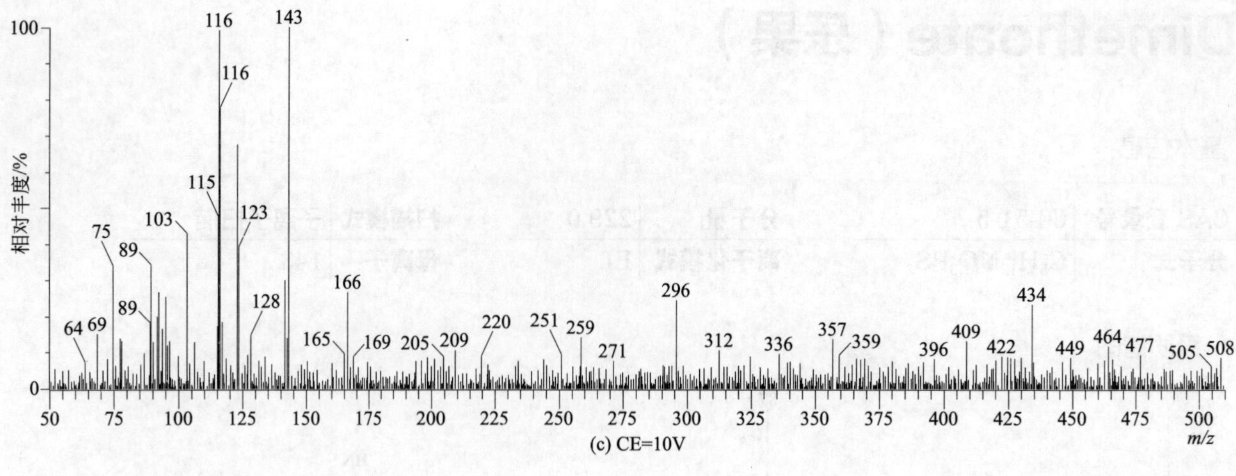

(c) CE=10V

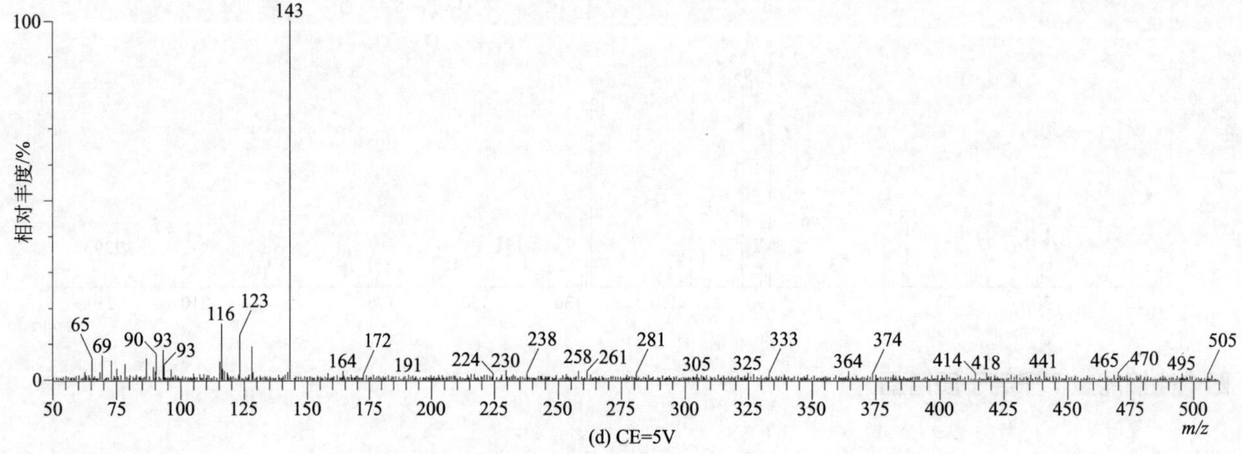

(d) CE=5V

Dimethomorph（烯酰吗啉）

基本信息

CAS 登录号	110488-70-5	分子量	387.1	扫描模式	子离子扫描
分子式	$C_{21}H_{22}ClNO_4$	离子化模式	EI	母离子	301

一级质谱图

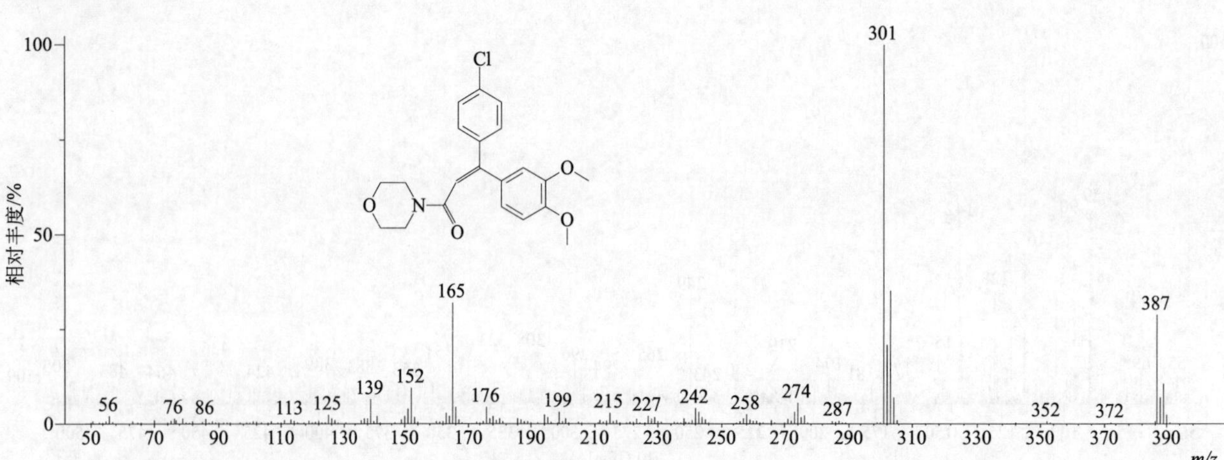

四个碰撞能量下子离子质谱图

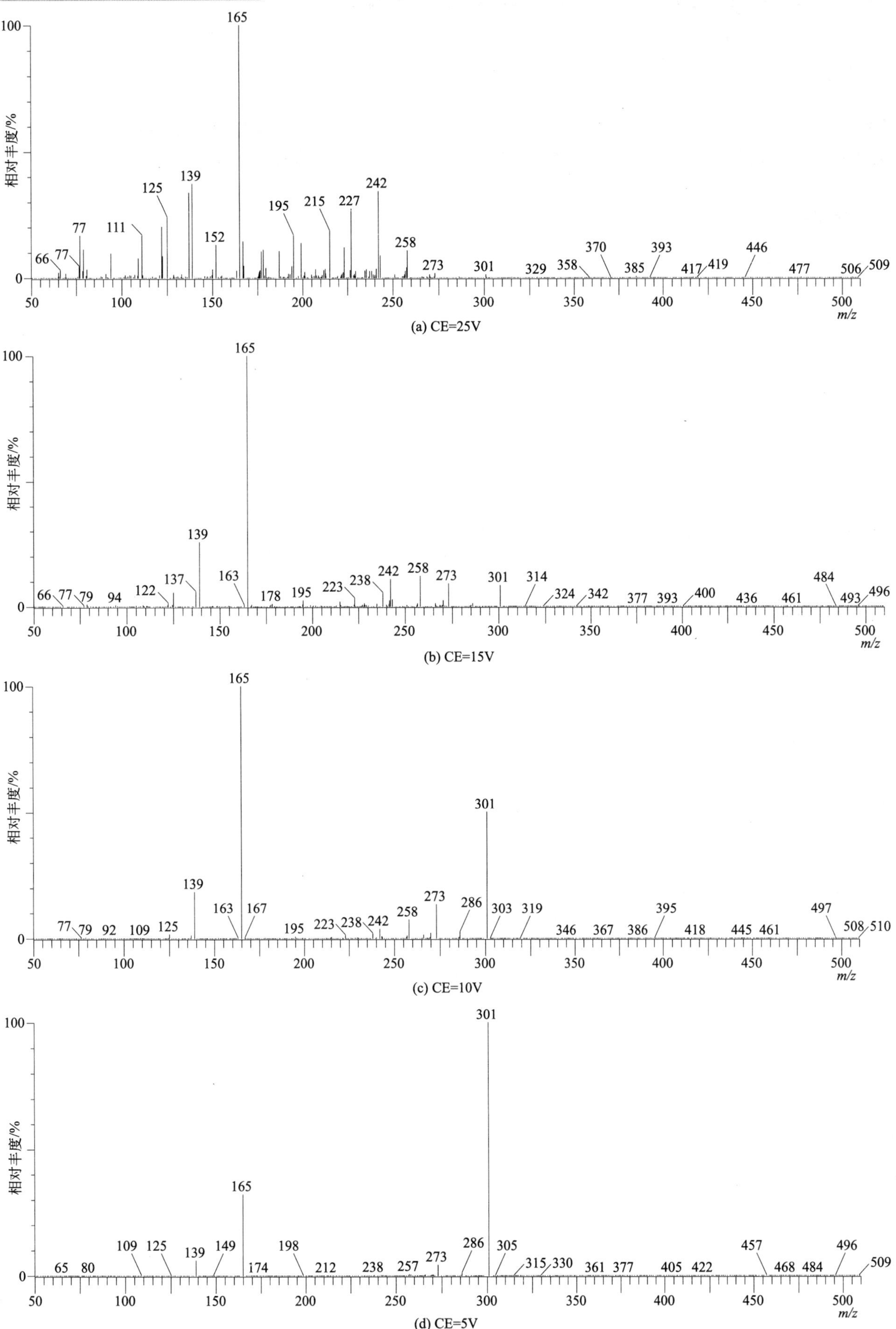

(a) CE=25V

(b) CE=15V

(c) CE=10V

(d) CE=5V

Dimethyl phthalate（避蚊酯）

基本信息

CAS 登录号	131-11-3	分子量	194.1	扫描模式	子离子扫描
分子式	$C_{10}H_{10}O_4$	离子化模式	EI	母离子	163

一级质谱图

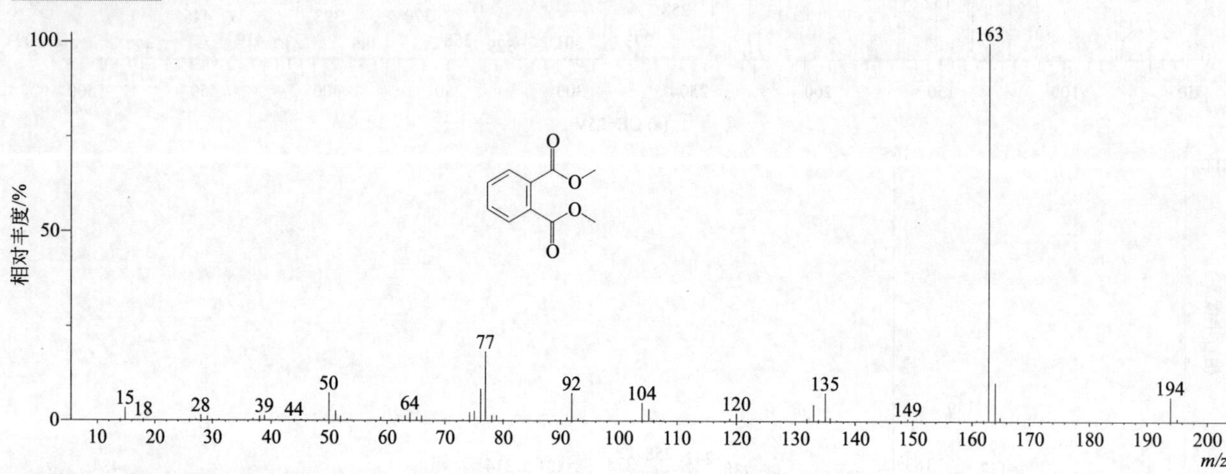

四个碰撞能量下子离子质谱图

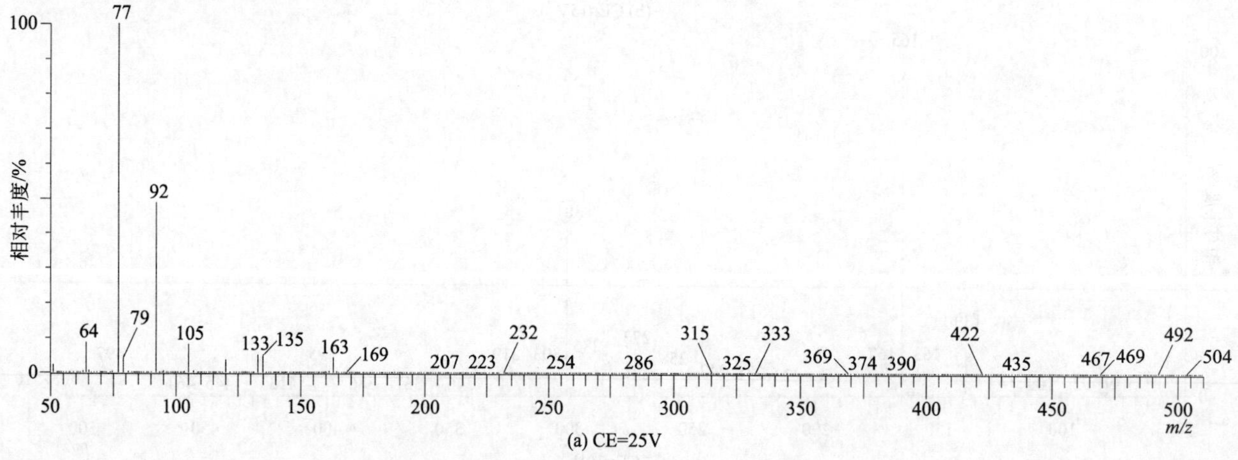

(a) CE=25V

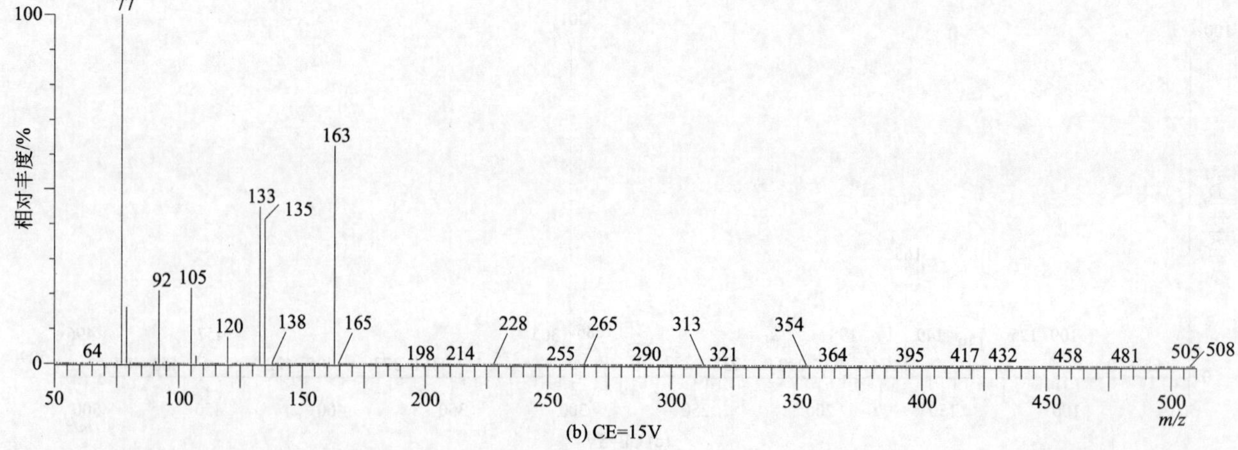

(b) CE=15V

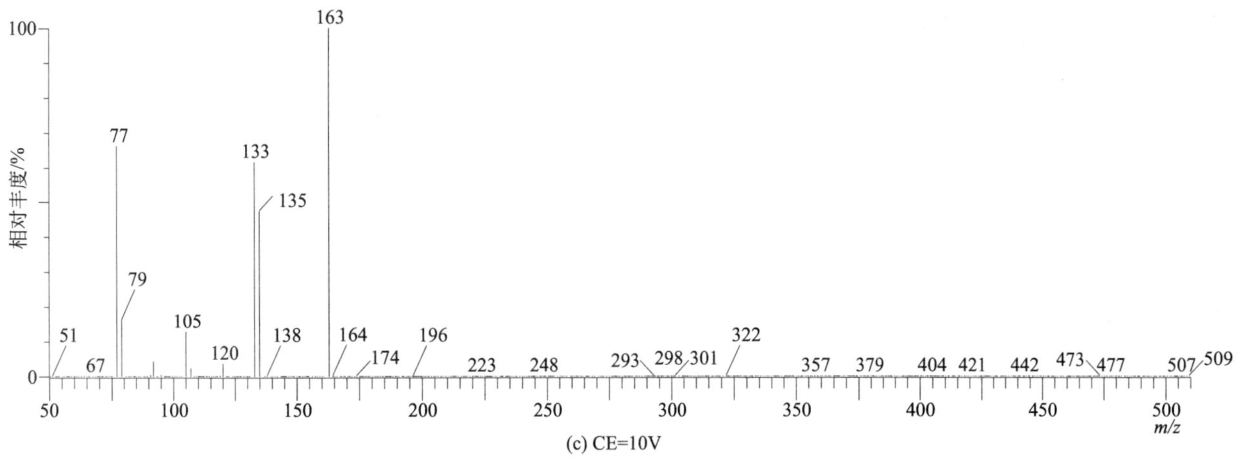

(c) CE=10V

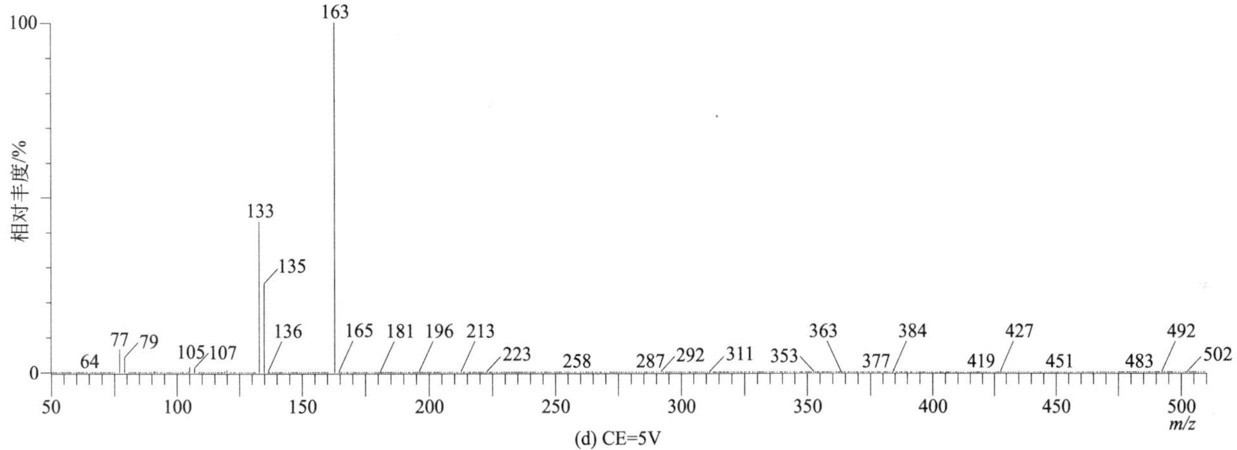

(d) CE=5V

Dimethylvinphos（甲基毒虫畏）

基本信息

CAS 登录号	2274-67-1	分子量	329.9	扫描模式	子离子扫描
分子式	$C_{10}H_{10}Cl_3O_4P$	离子化模式	EI	母离子	295

一级质谱图

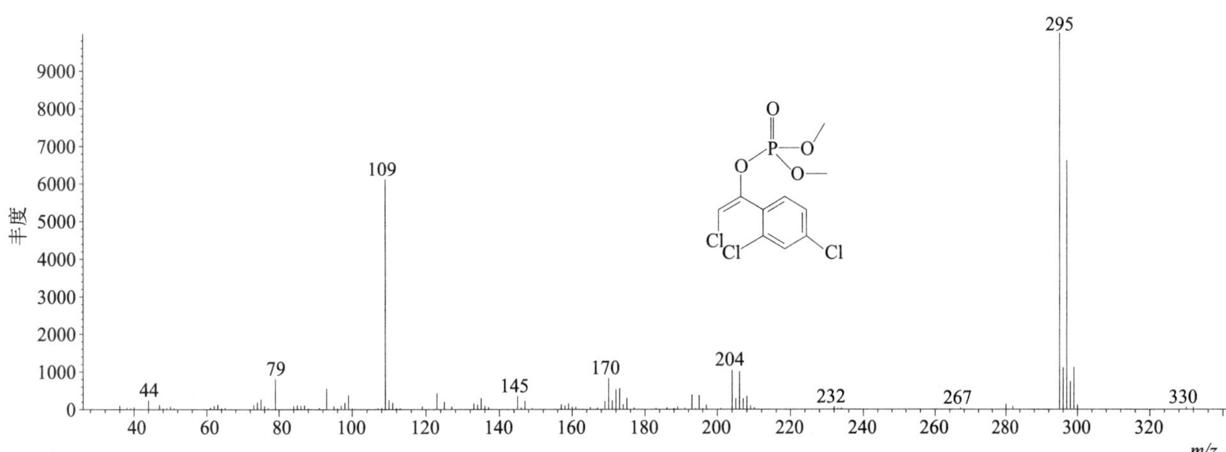

四个碰撞能量下子离子质谱图

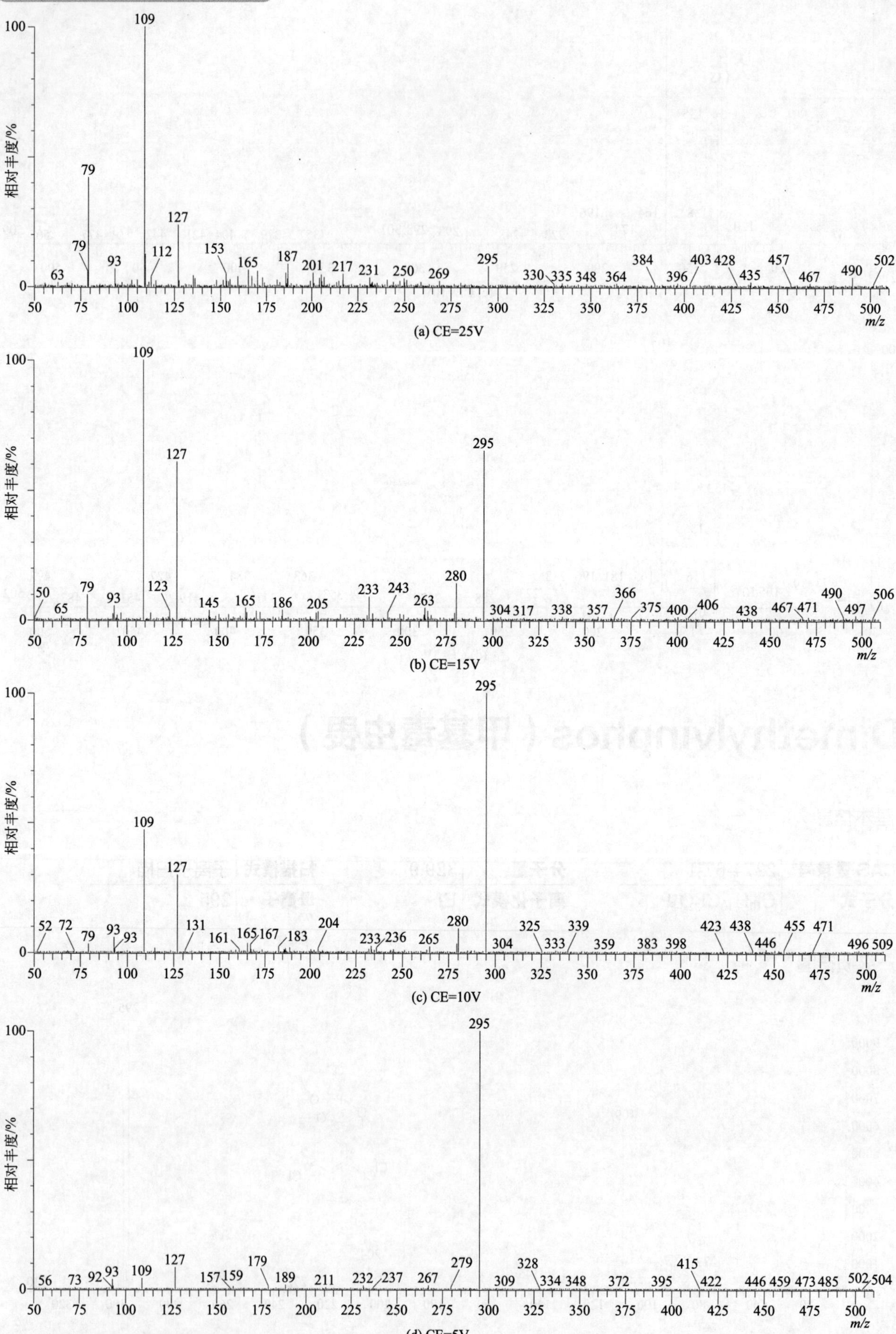

Diniconazole（烯唑醇）

基本信息

CAS 登录号	83657-24-3	分子量	325.1	扫描模式	子离子扫描
分子式	$C_{15}H_{17}Cl_2N_3O$	离子化模式	EI	母离子	268

一级质谱图

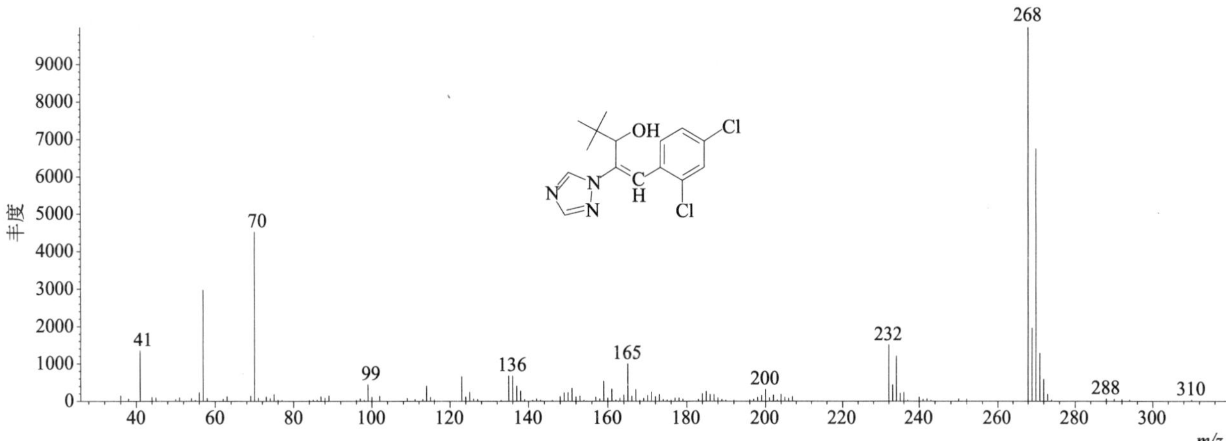

四个碰撞能量下子离子质谱图

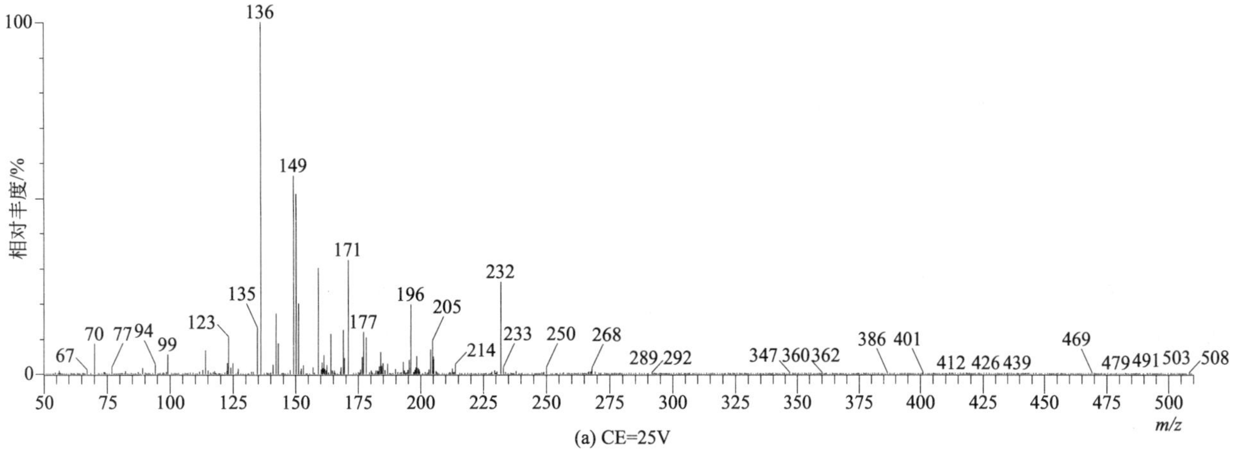

(a) CE=25V

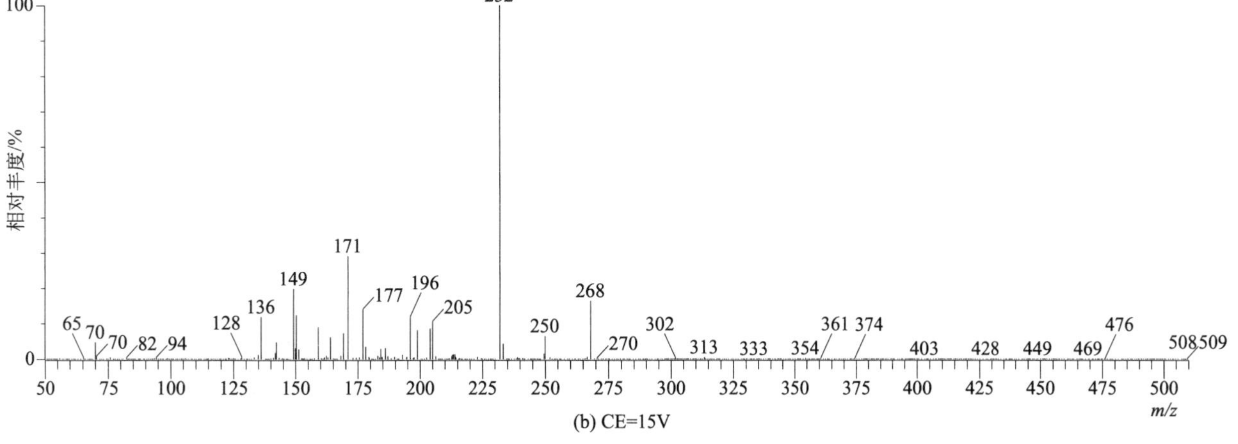

(b) CE=15V

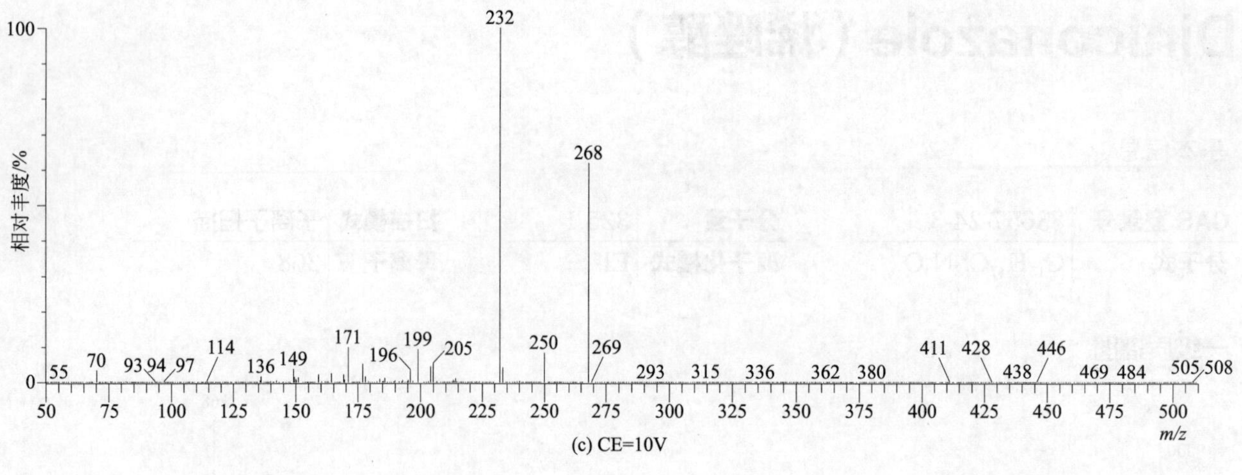

(c) CE=10V

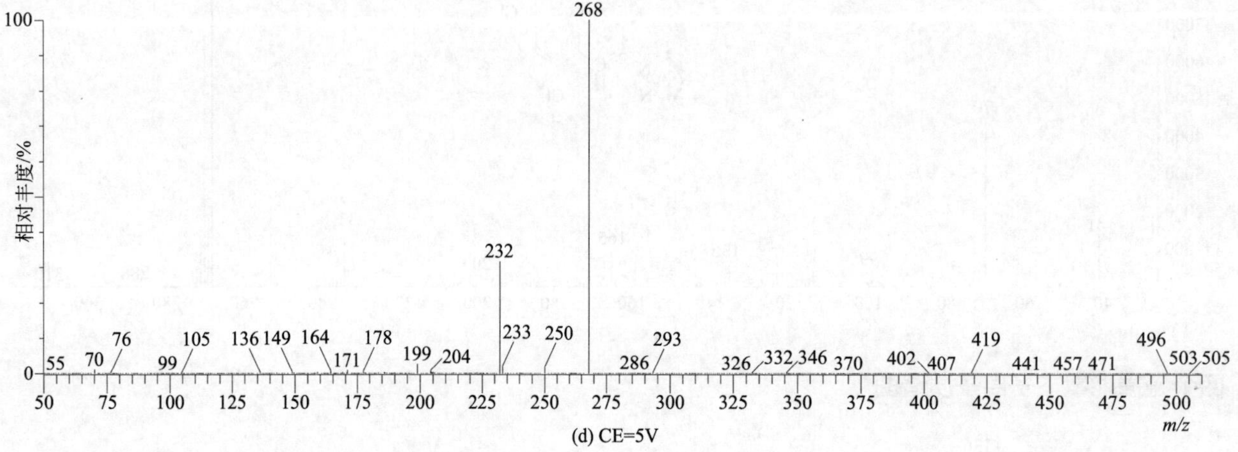

(d) CE=5V

Dinitramine（氨氟灵）

基本信息

CAS 登录号	29091-05-2	分子量	322.1	扫描模式	子离子扫描
分子式	$C_{11}H_{13}F_3N_4O_4$	离子化模式	EI	母离子	305

一级质谱图

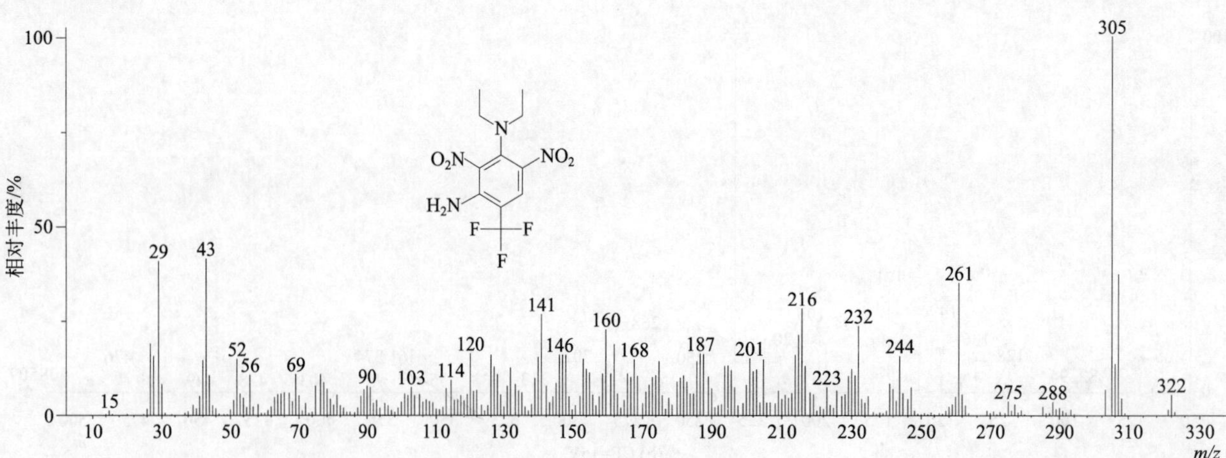

四个碰撞能量下子离子质谱图

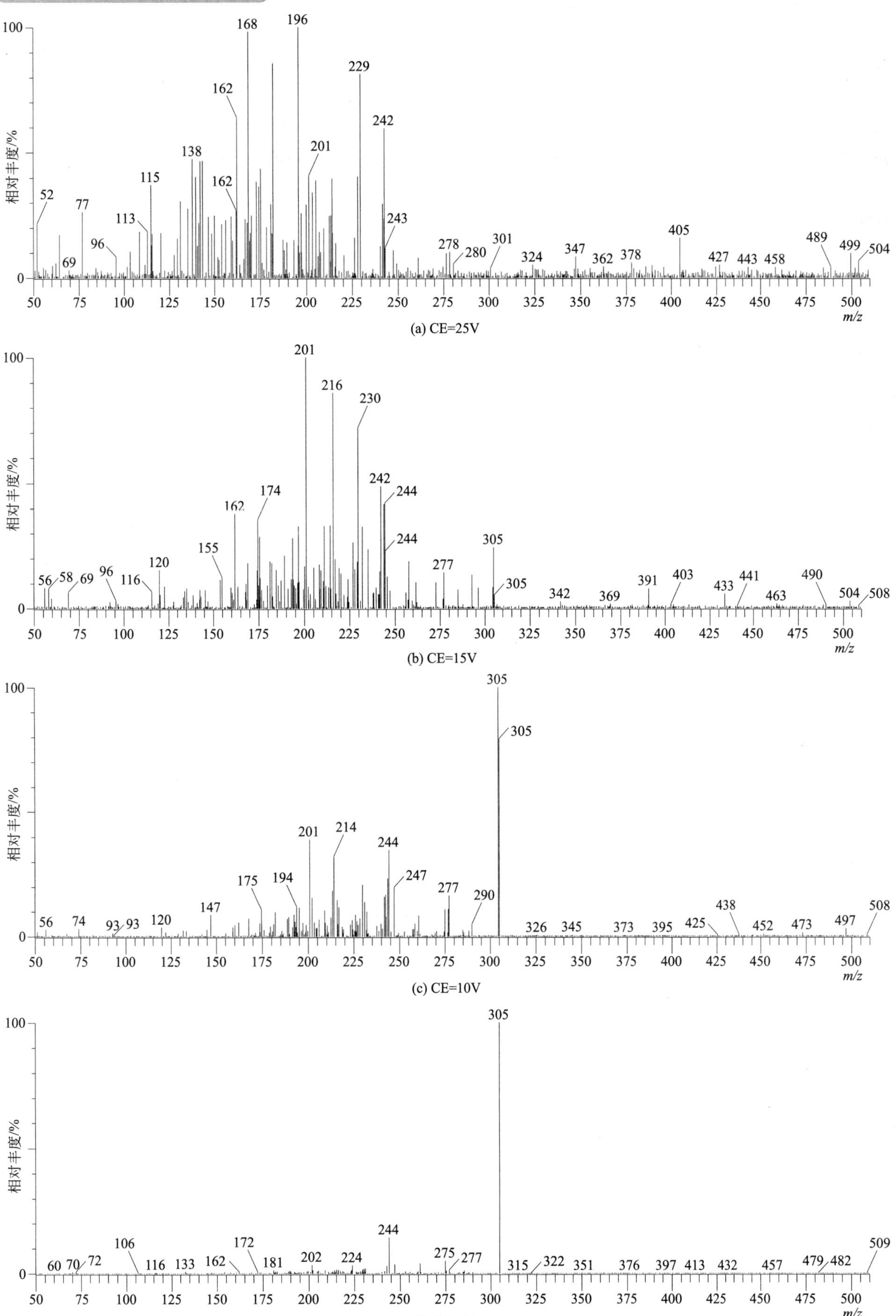

(a) CE=25V

(b) CE=15V

(c) CE=10V

(d) CE=5V

Diofenolan（苯虫醚）

基本信息

CAS 登录号	63837-33-2	分子量	300.1	扫描模式	子离子扫描
分子式	$C_{18}H_{20}O_4$	离子化模式	EI	母离子	300

一级质谱图

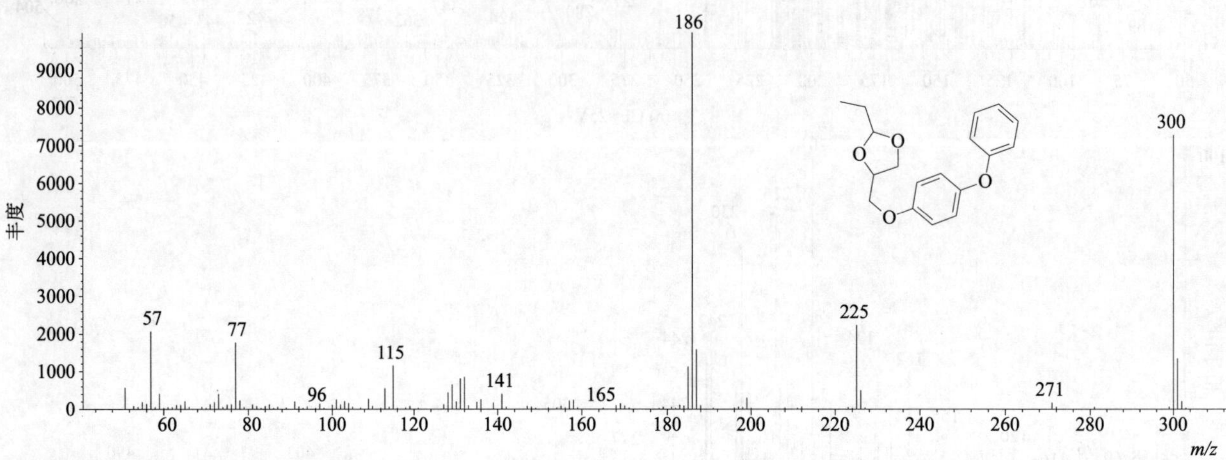

四个碰撞能量下子离子质谱图

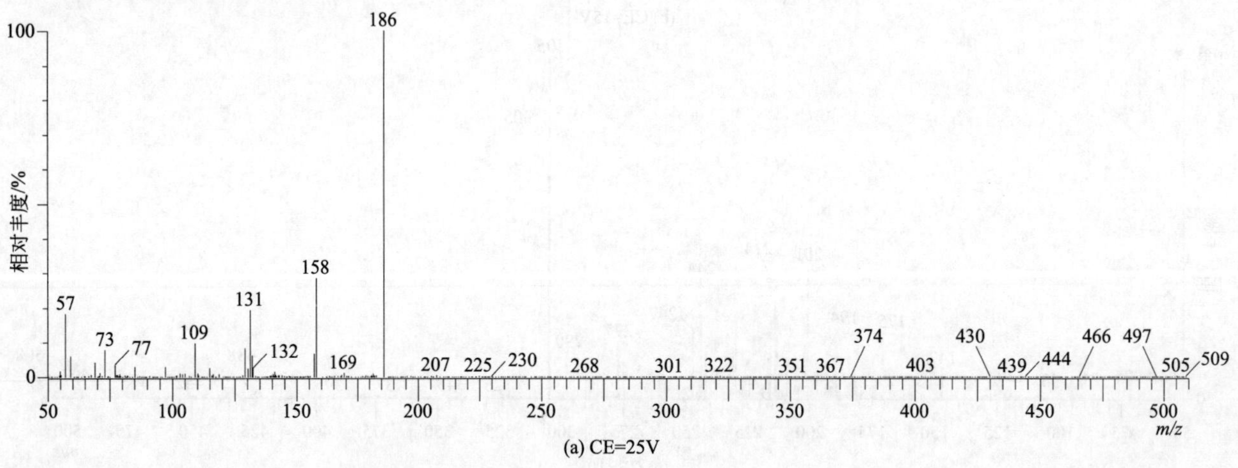

(a) CE=25V

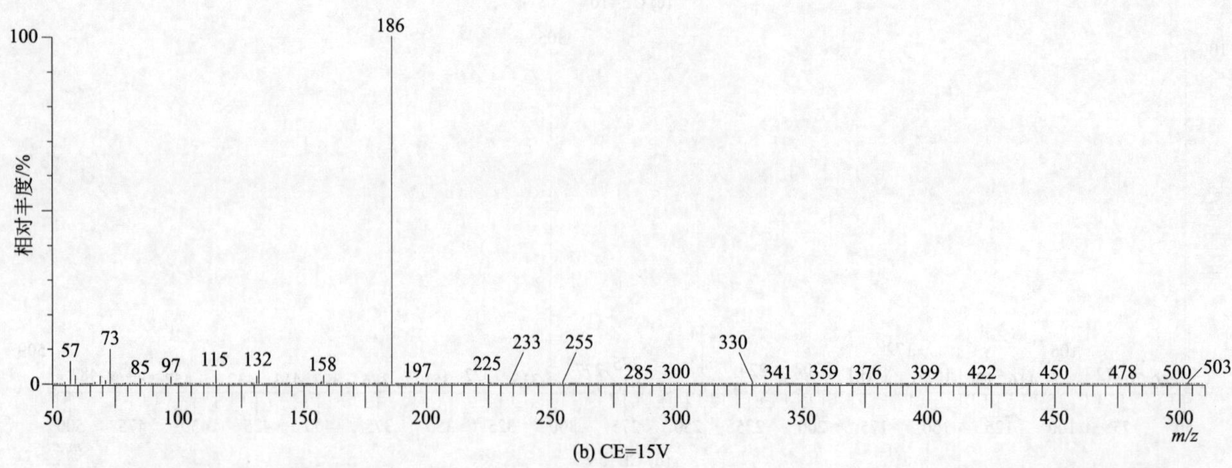

(b) CE=15V

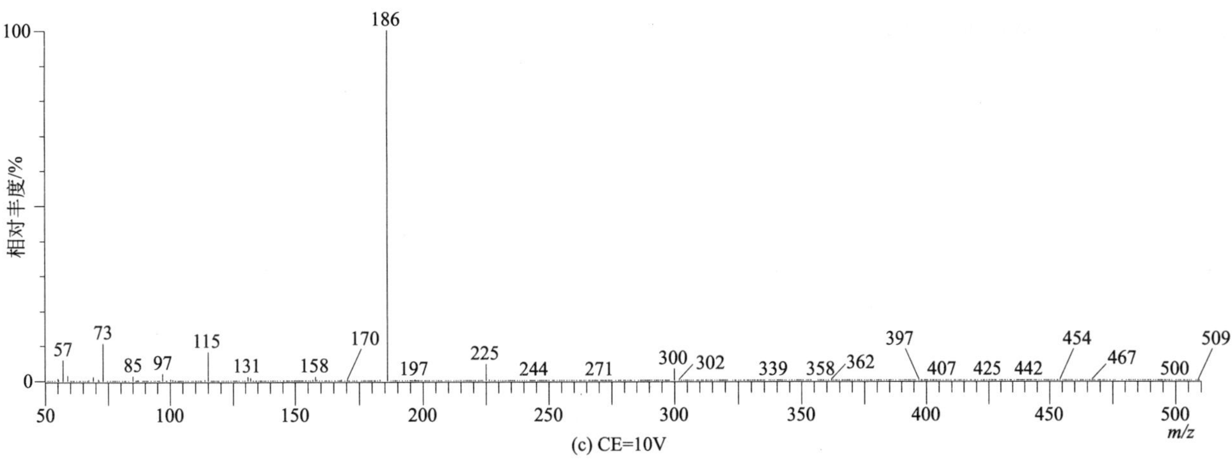

(c) CE=10V

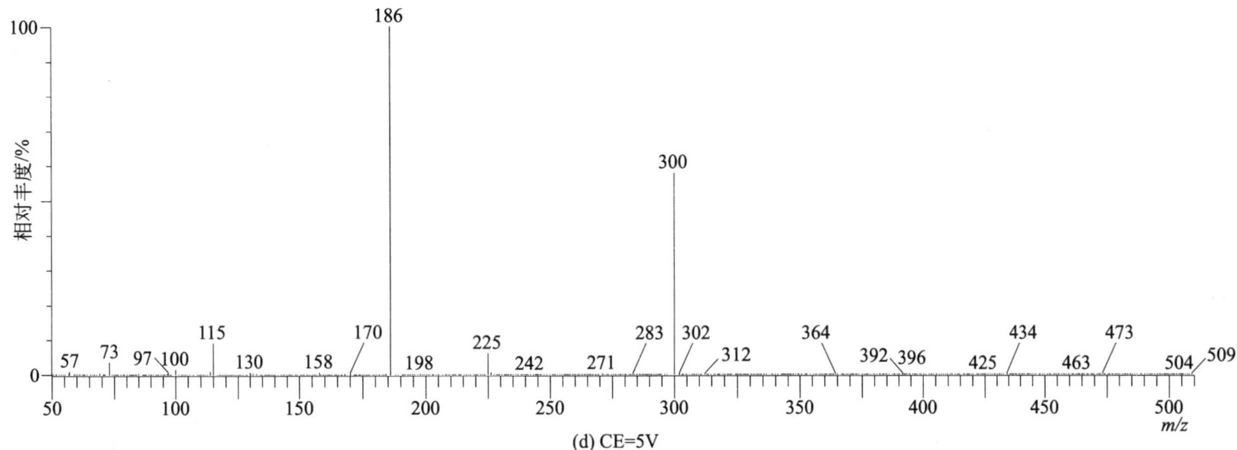

(d) CE=5V

Dioxacarb（二氧威）

基本信息

CAS 登录号	6988-21-2	分子量	223.1	扫描模式	子离子扫描
分子式	$C_{11}H_{13}NO_4$	离子化模式	EI	母离子	166

一级质谱图

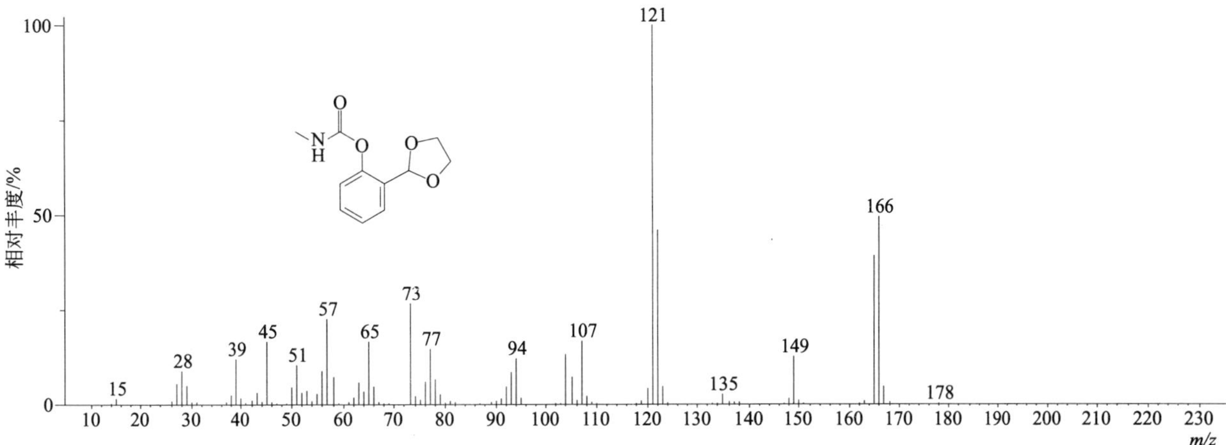

四个碰撞能量下子离子质谱图

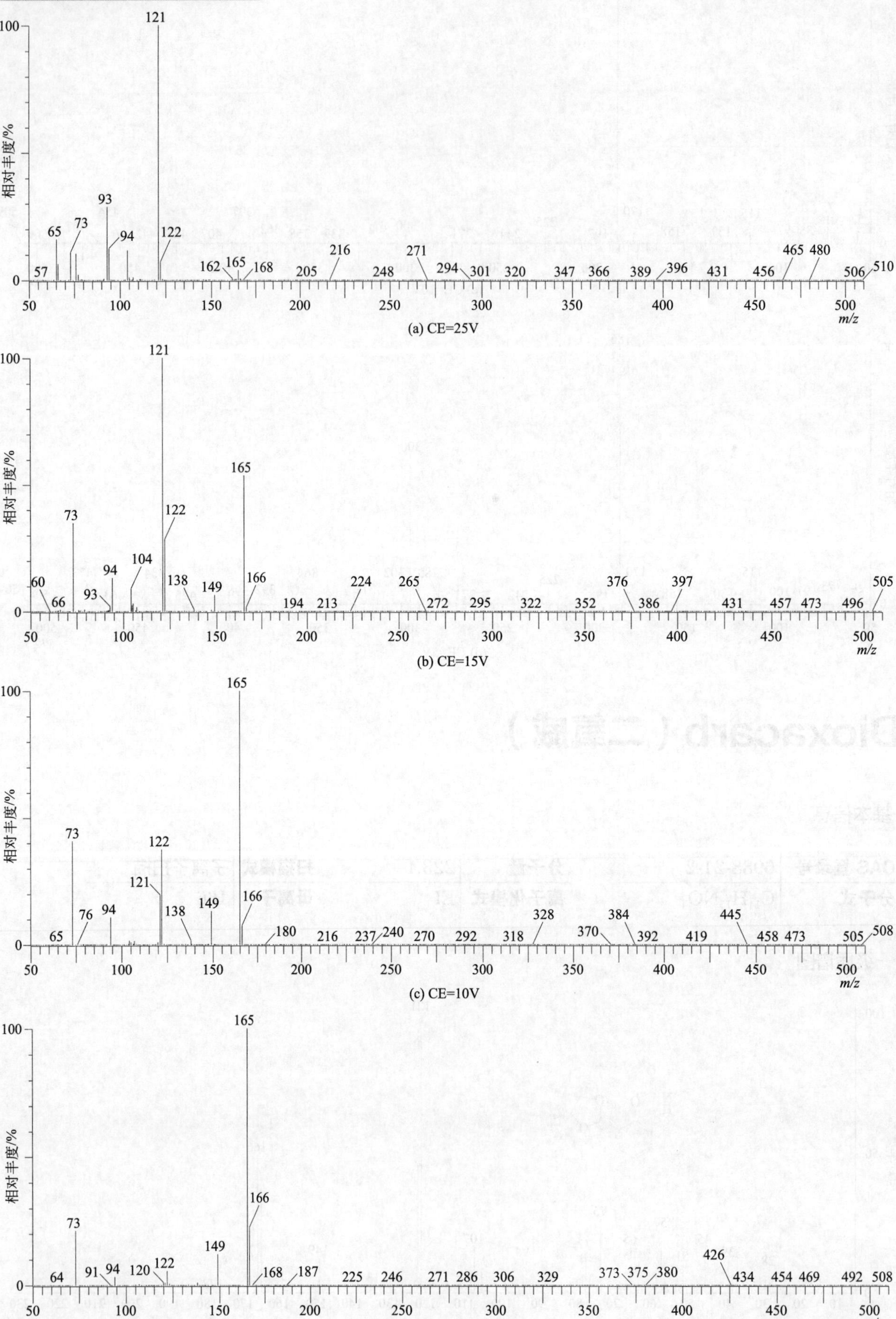

(a) CE=25V

(b) CE=15V

(c) CE=10V

(d) CE=5V

Dioxathion（敌恶磷）

基本信息

CAS 登录号	78-34-2	分子量	456.0	扫描模式	子离子扫描
分子式	$C_{12}H_{26}O_6P_2S_4$	离子化模式	EI	母离子	270

一级质谱图

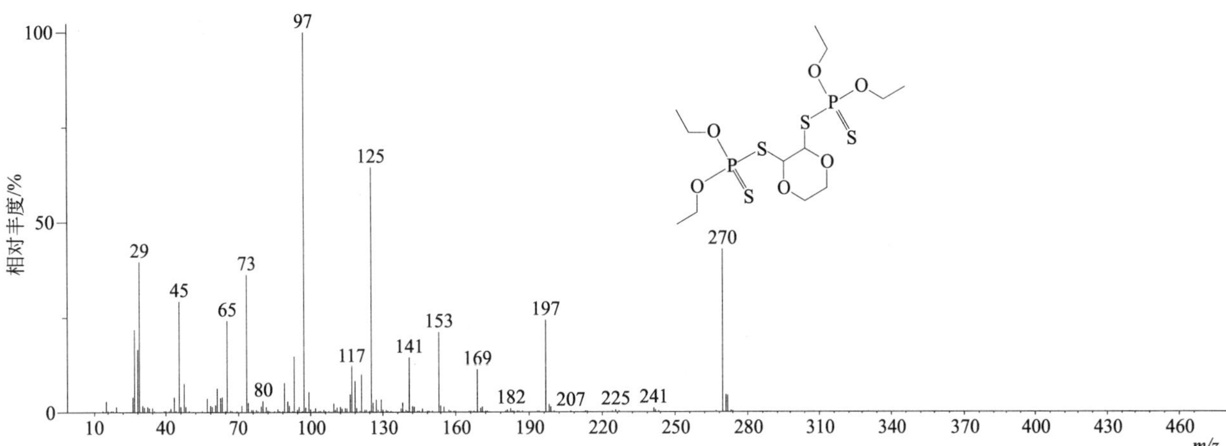

四个碰撞能量下子离子质谱图

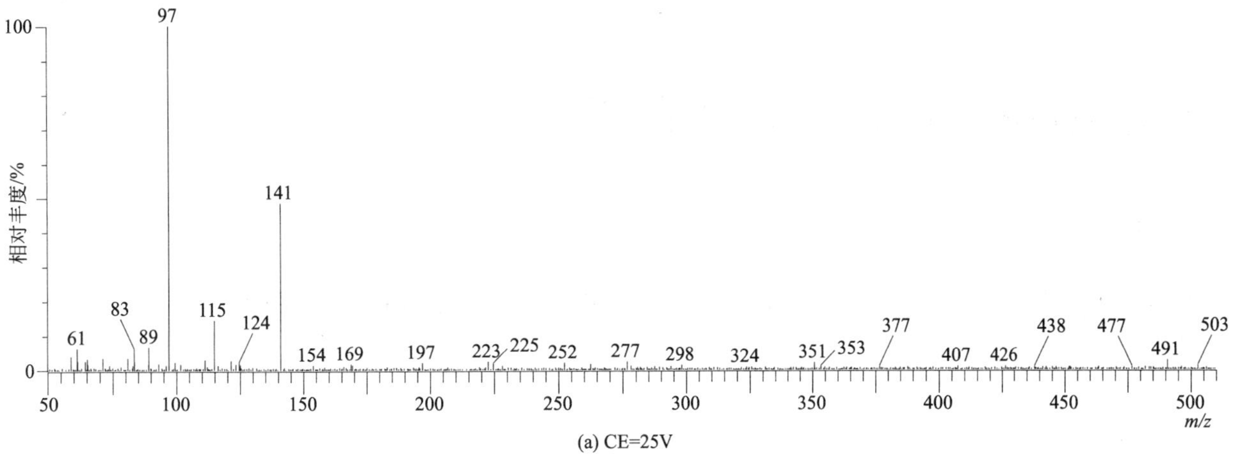

(a) CE=25V

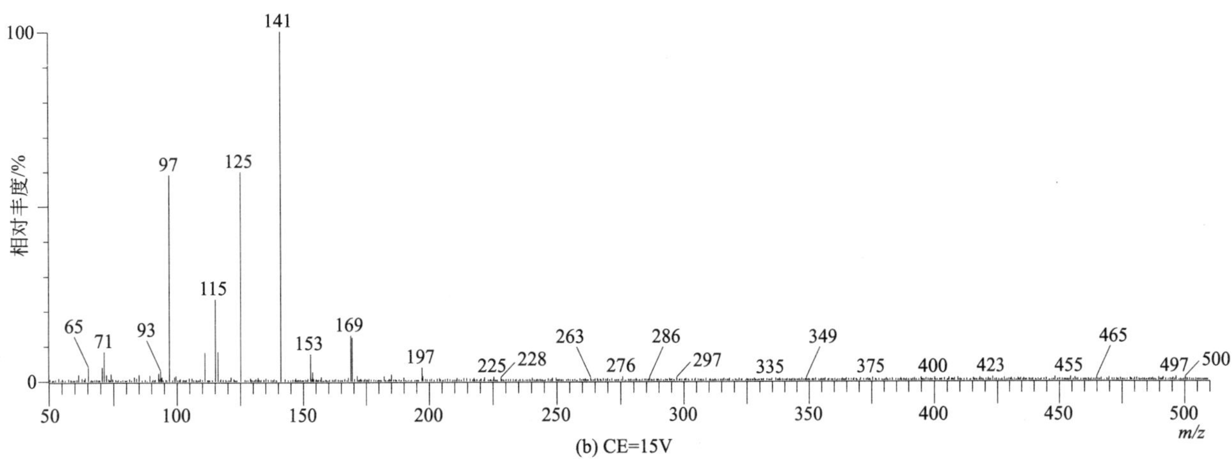

(b) CE=15V

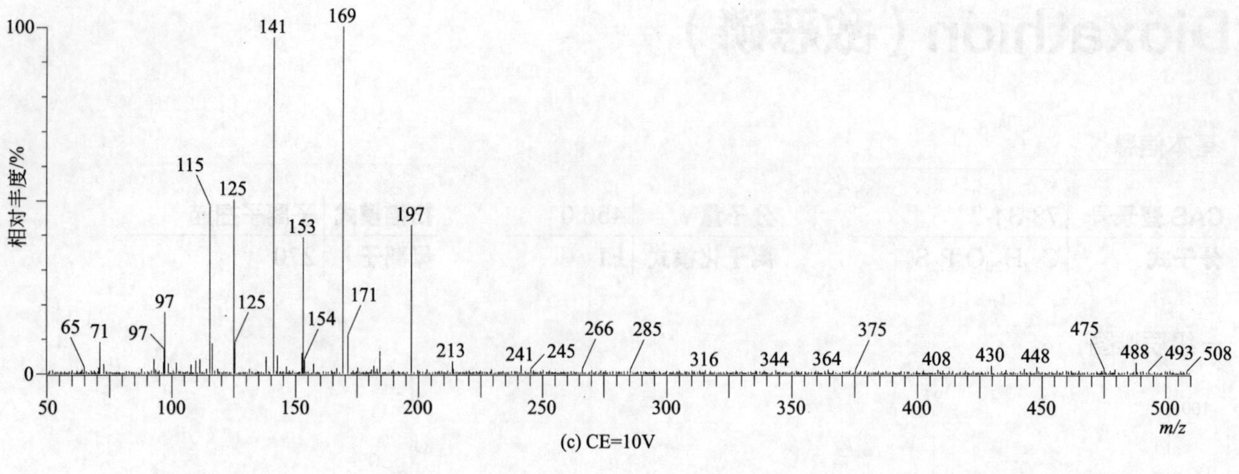

(c) CE=10V

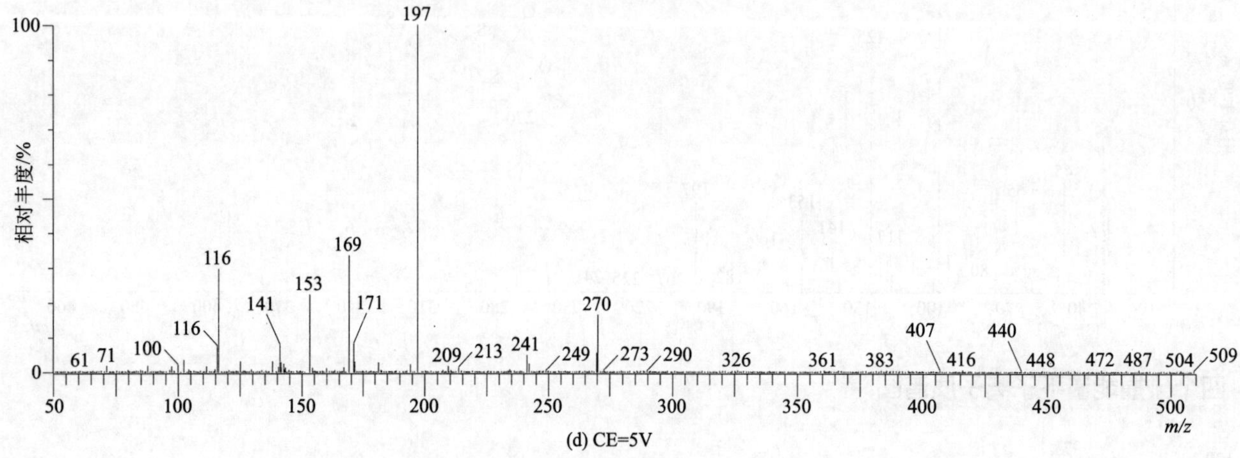

(d) CE=5V

Diphenamid（双苯酰草胺）

基本信息

CAS 登录号	957-51-7	分子量	239.1	扫描模式	子离子扫描
分子式	$C_{16}H_{17}NO$	离子化模式	EI	母离子	167

一级质谱图

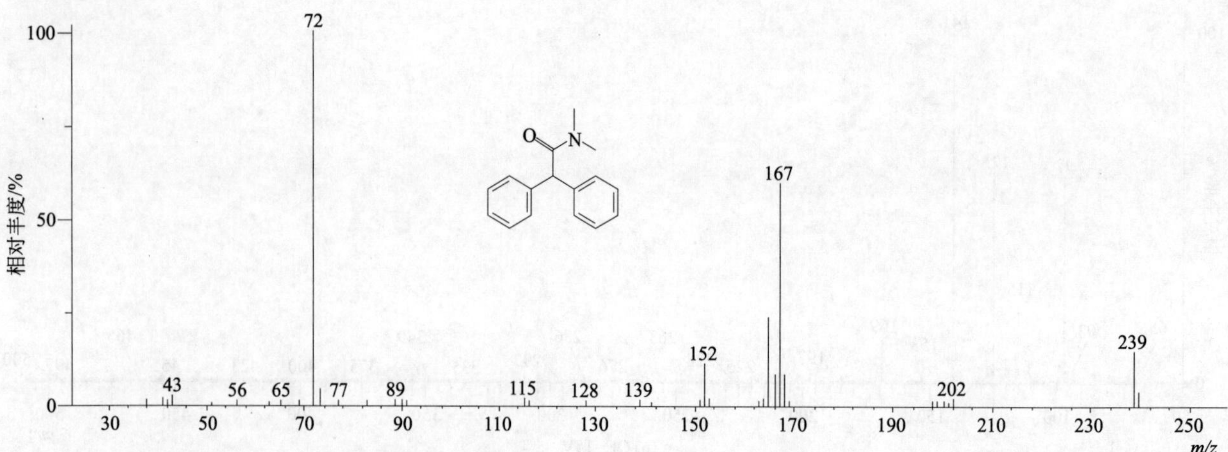

四个碰撞能量下子离子质谱图

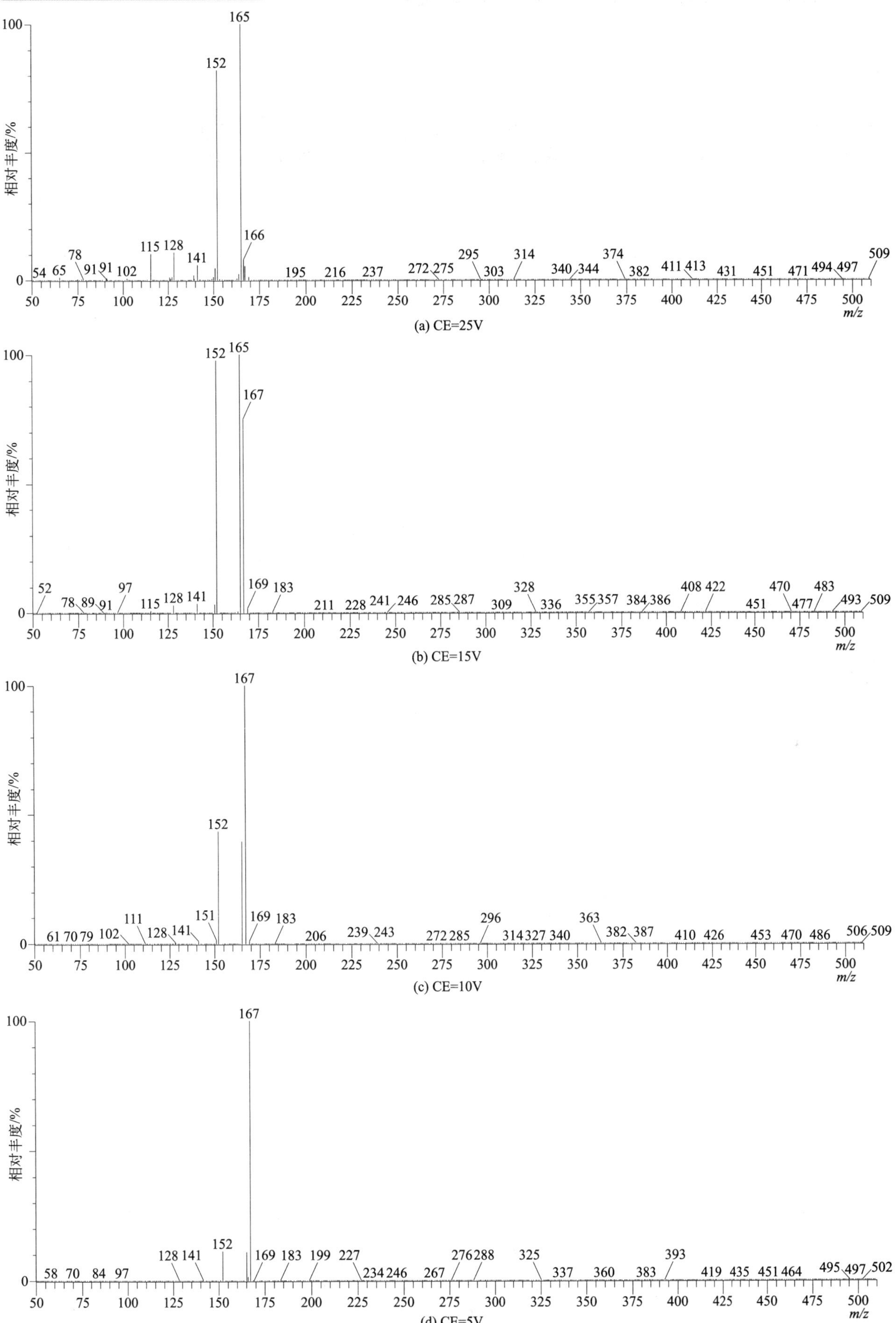

(a) CE=25V

(b) CE=15V

(c) CE=10V

(d) CE=5V

Diphenylamine（联苯二胺）

基本信息

CAS 登录号	122-39-4	分子量	169.1	扫描模式	子离子扫描
分子式	$C_{12}H_{11}N$	离子化模式	EI	母离子	169

一级质谱图

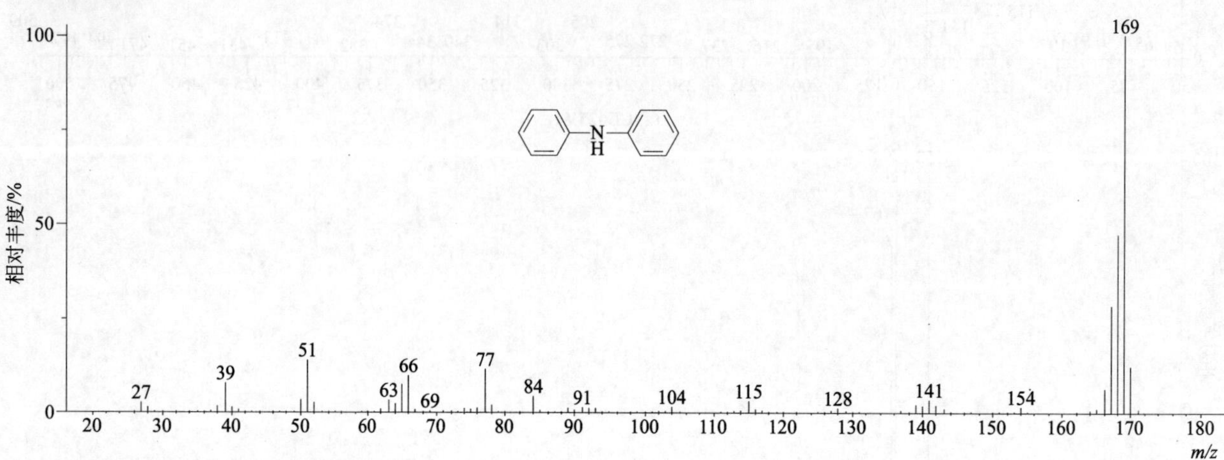

四个碰撞能量下子离子质谱图

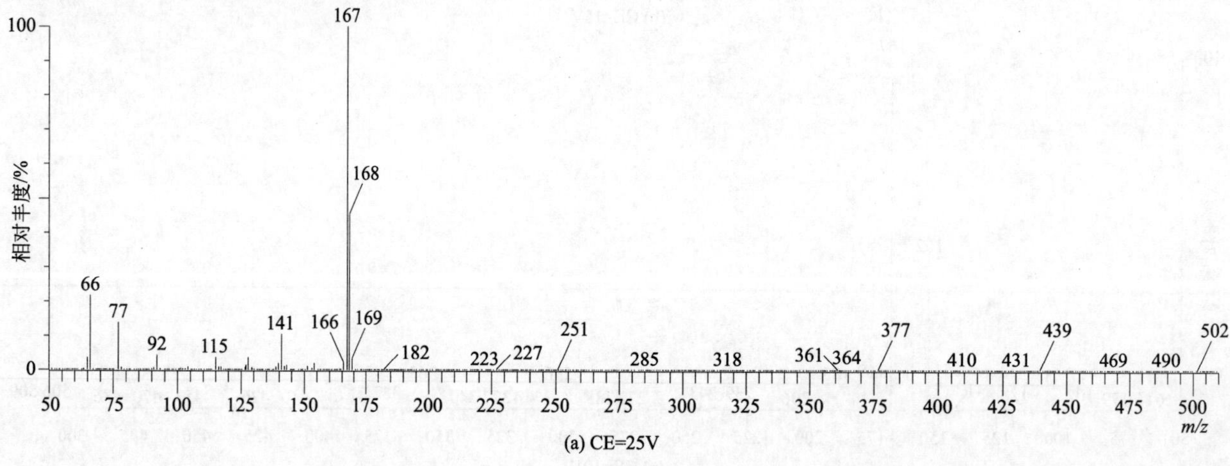

(a) CE=25V

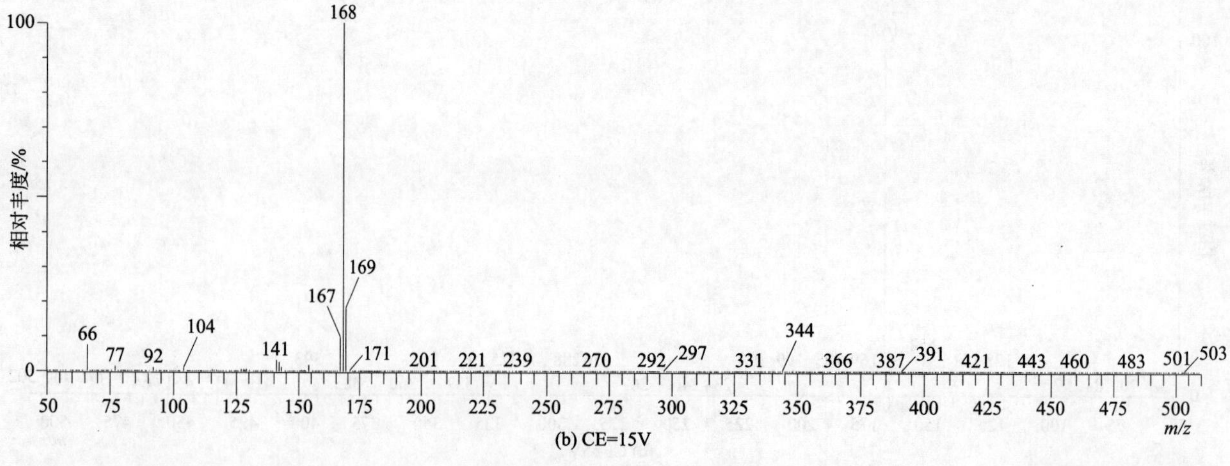

(b) CE=15V

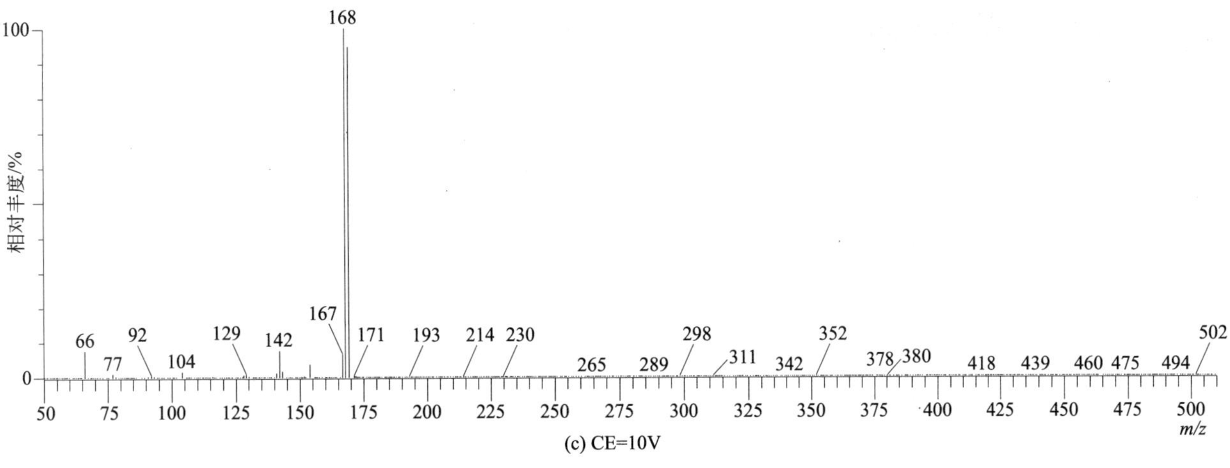

(c) CE=10V

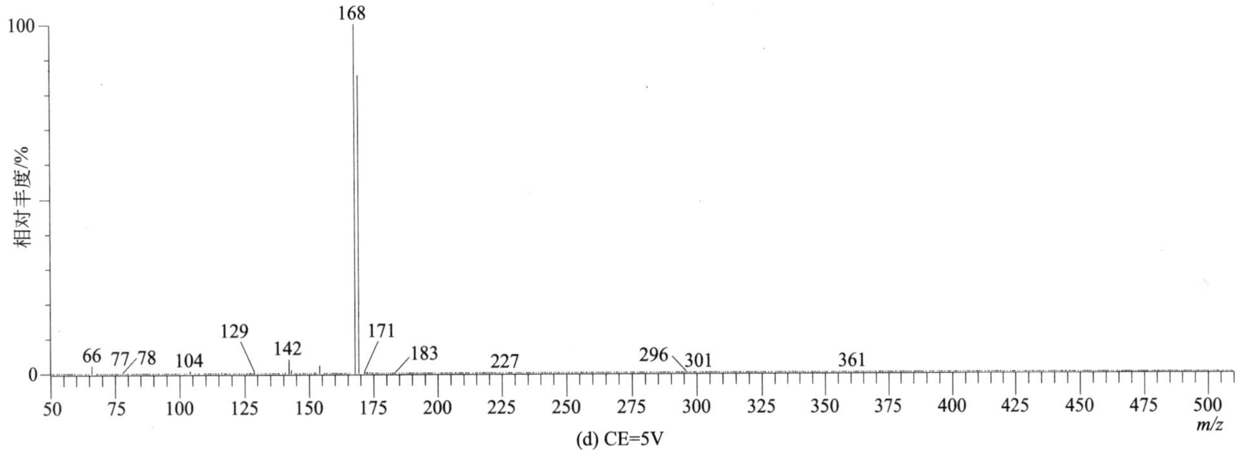

(d) CE=5V

Dipropetryn（异丙净）

基本信息

CAS 登录号	4147-51-7	分子量	255.2	扫描模式	子离子扫描
分子式	$C_{11}H_{21}N_5S$	离子化模式	EI	母离子	255

一级质谱图

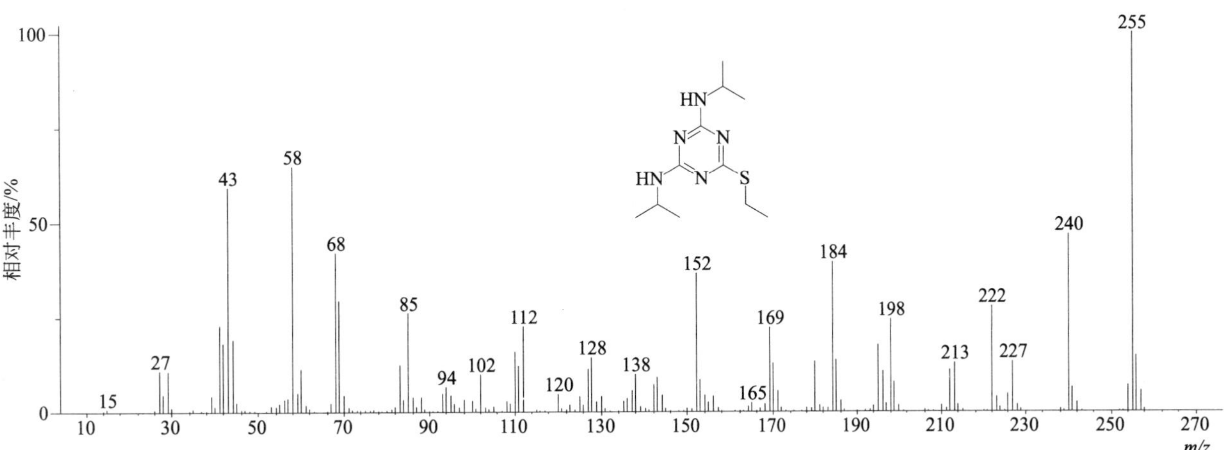

四个碰撞能量下子离子质谱图

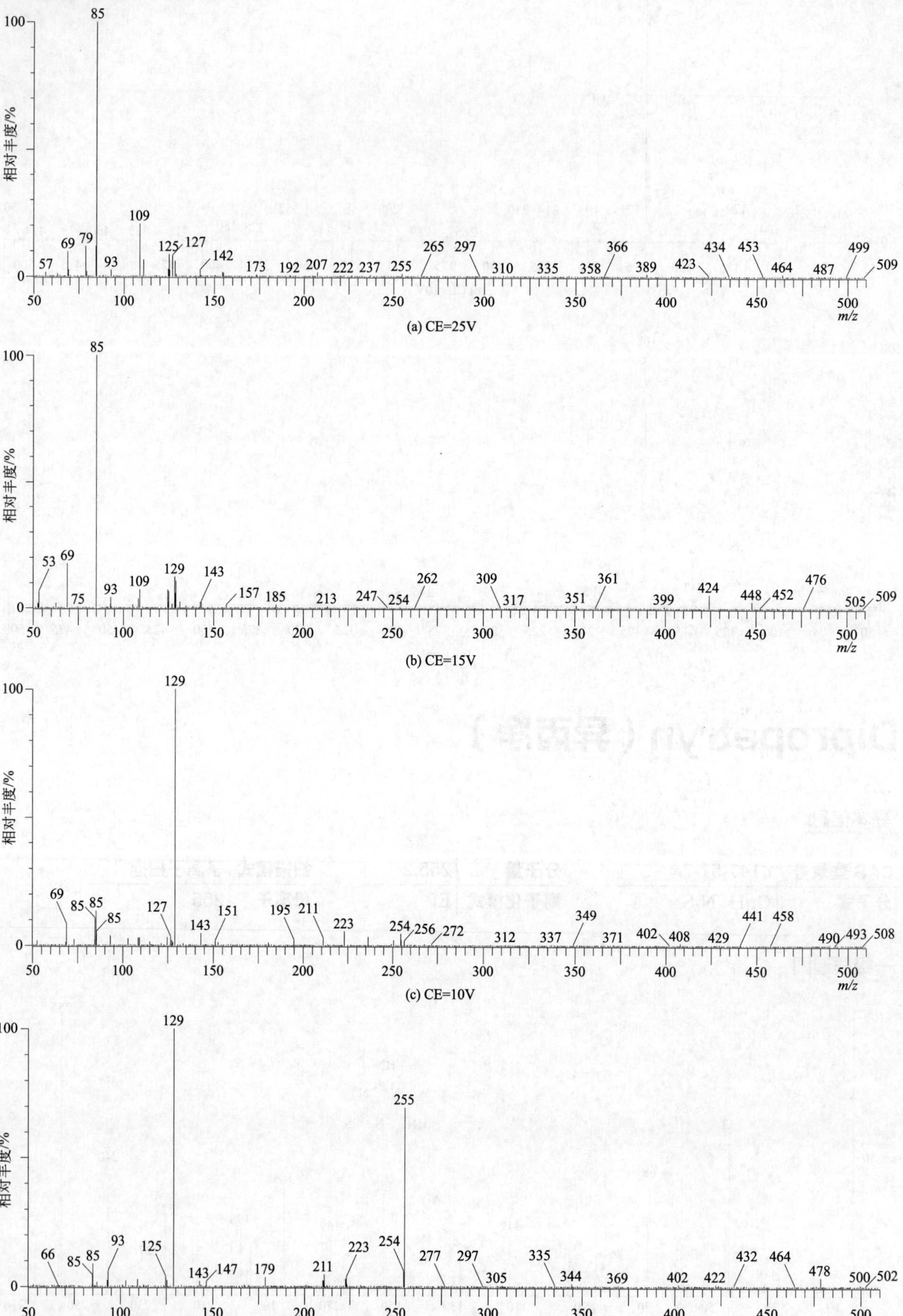

(a) CE=25V

(b) CE=15V

(c) CE=10V

(d) CE=5V

Disulfoton（乙拌磷）

基本信息

CAS 登录号	298-04-4	分子量	274.0	扫描模式	子离子扫描
分子式	$C_8H_{19}O_2PS_3$	离子化模式	EI	母离子	88

一级质谱图

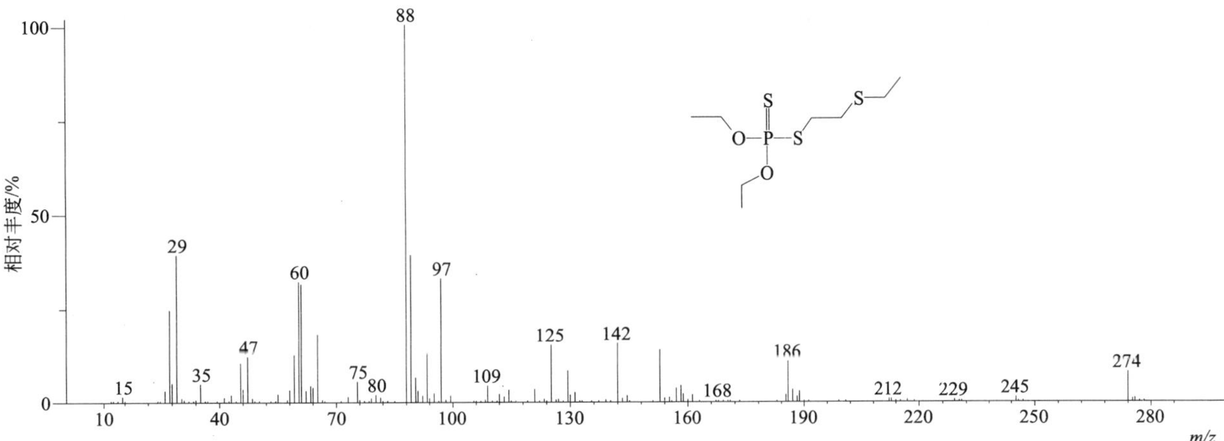

四个碰撞能量下子离子质谱图

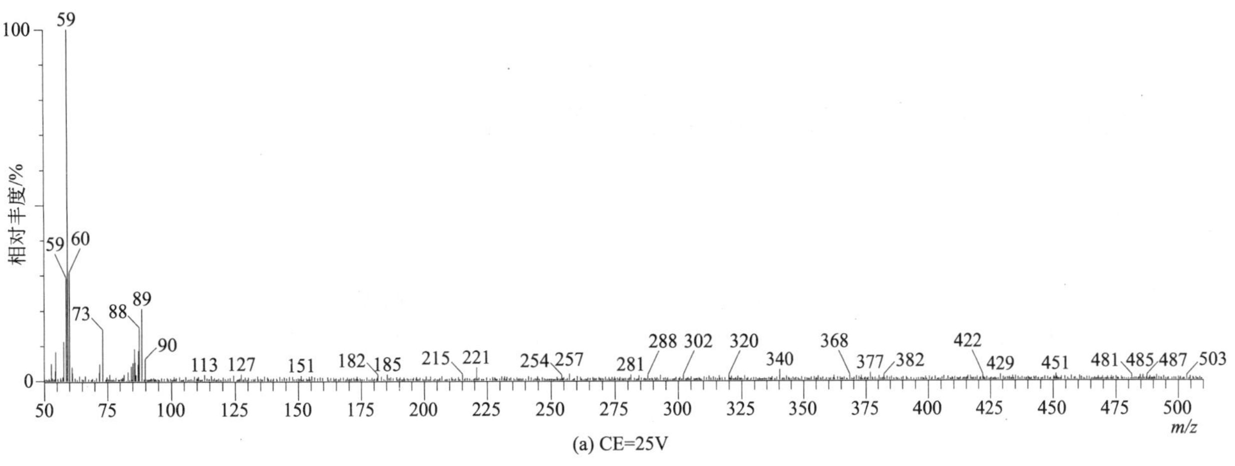

(a) CE=25V

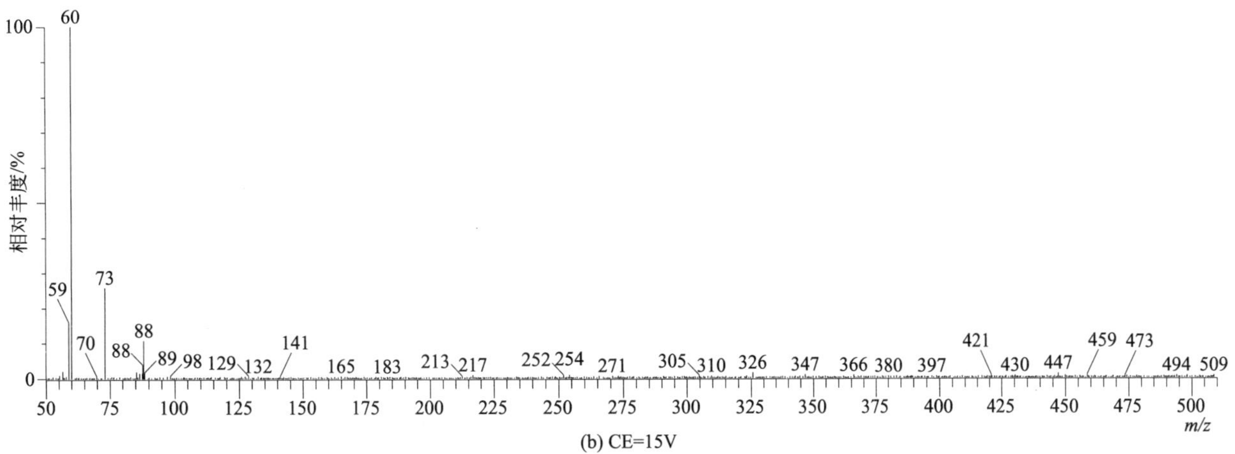

(b) CE=15V

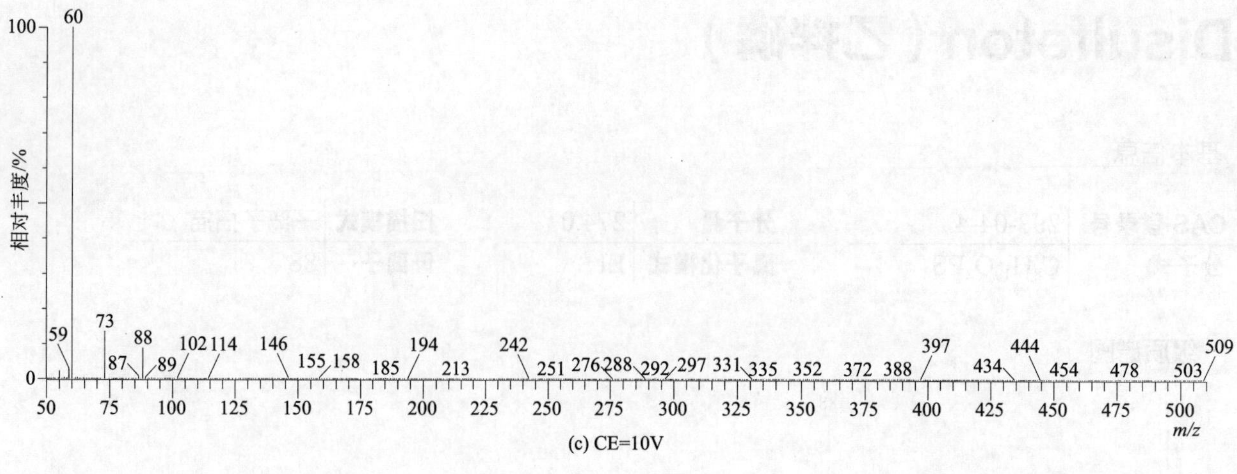

(c) CE=10V

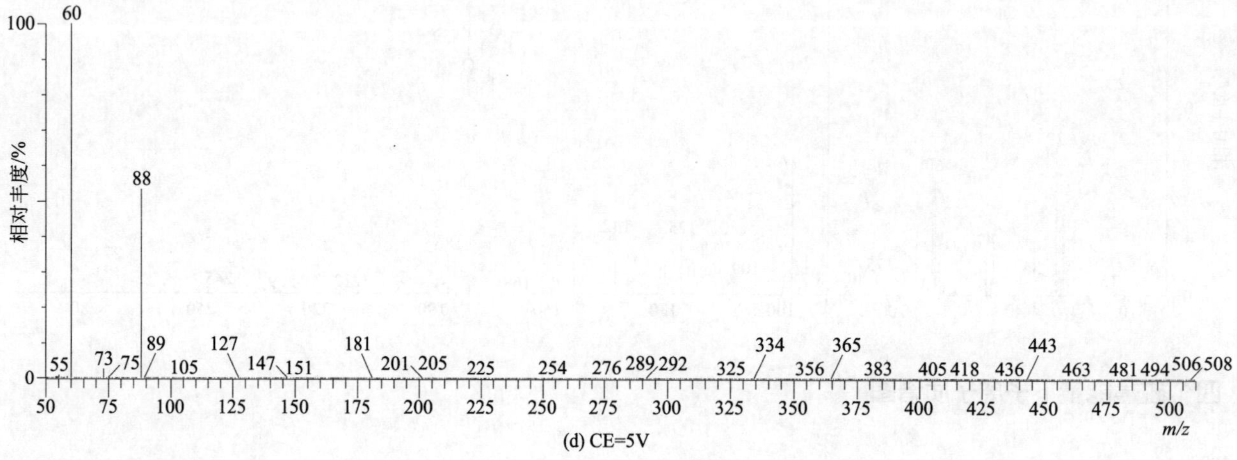

(d) CE=5V

Disulfoton sulfone（乙拌磷砜）

基本信息

CAS 登录号	2497-06-5	分子量	306.0	扫描模式	子离子扫描
分子式	$C_8H_{19}O_4PS_3$	离子化模式	EI	母离子	213

一级质谱图

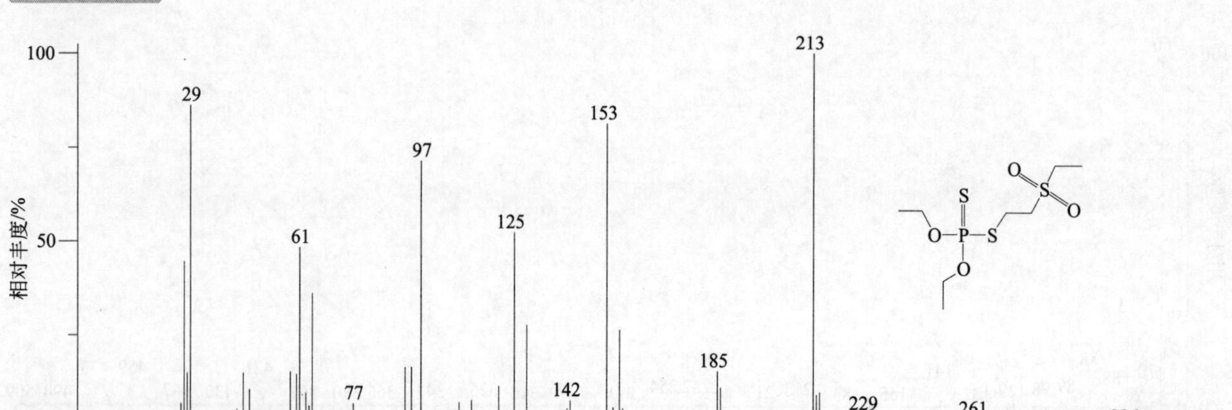

四个碰撞能量下子离子质谱图

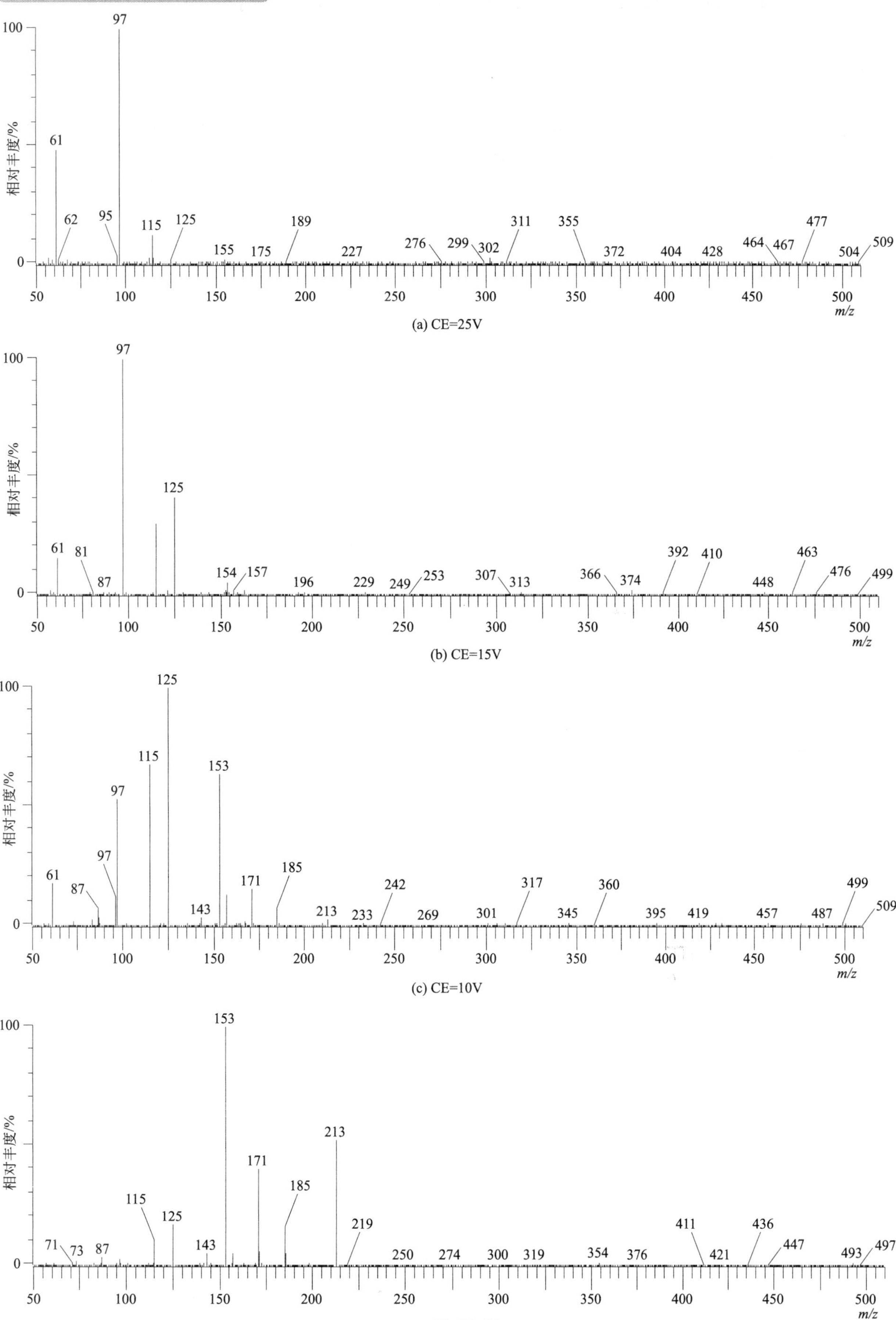

(a) CE=25V

(b) CE=15V

(c) CE=10V

(d) CE=5V

Disulfoton sulfoxide（乙拌磷亚砜）

基本信息

CAS 登录号	2497-07-6	分子量	290.0	扫描模式	子离子扫描
分子式	$C_8H_{19}O_3PS_3$	离子化模式	EI	母离子	213

一级质谱图

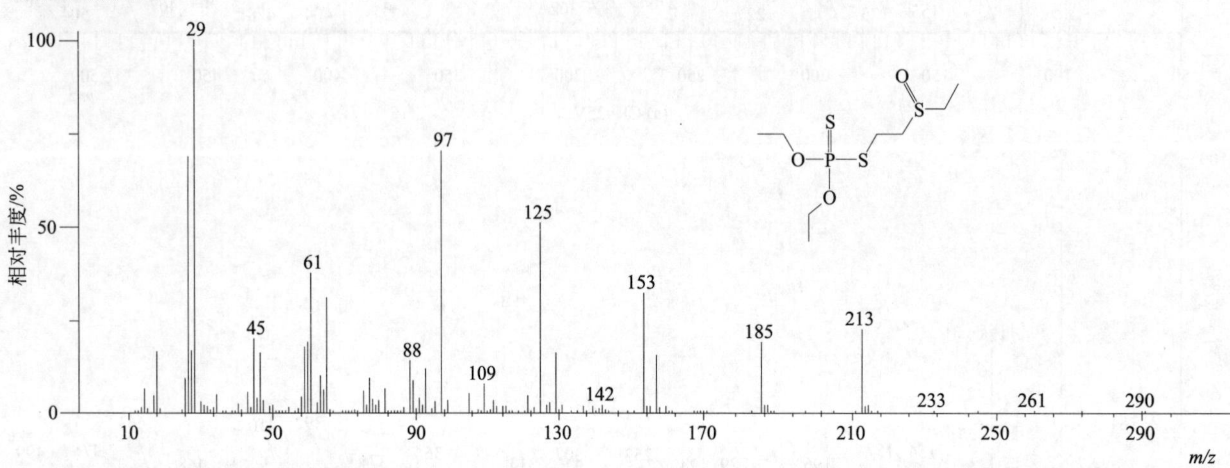

四个碰撞能量下子离子质谱图

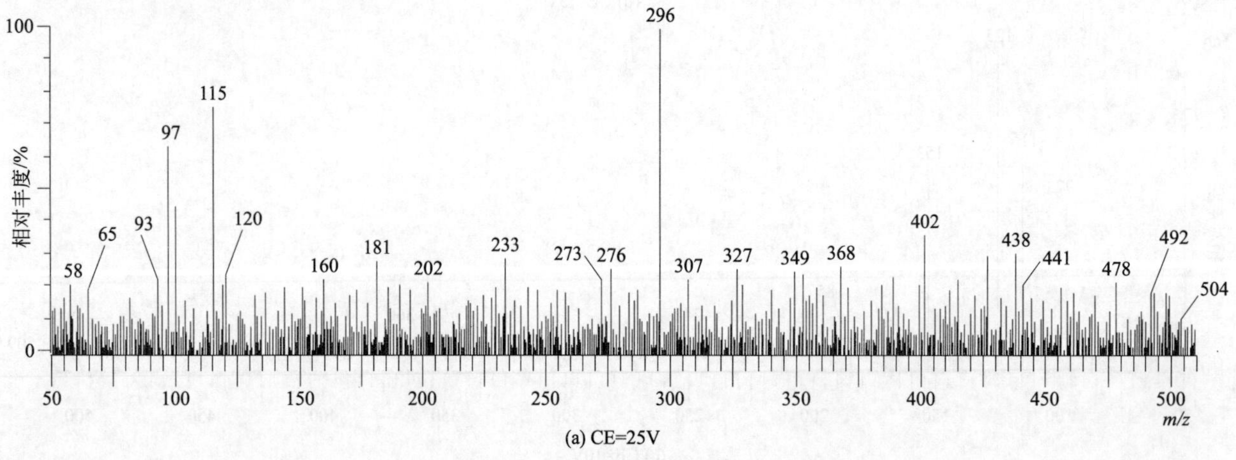

(a) CE=25V

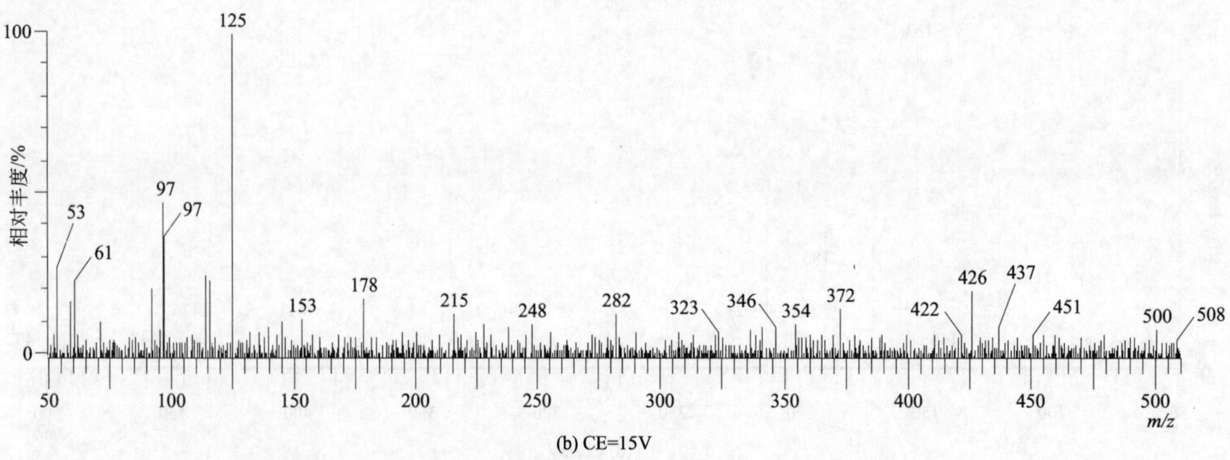

(b) CE=15V

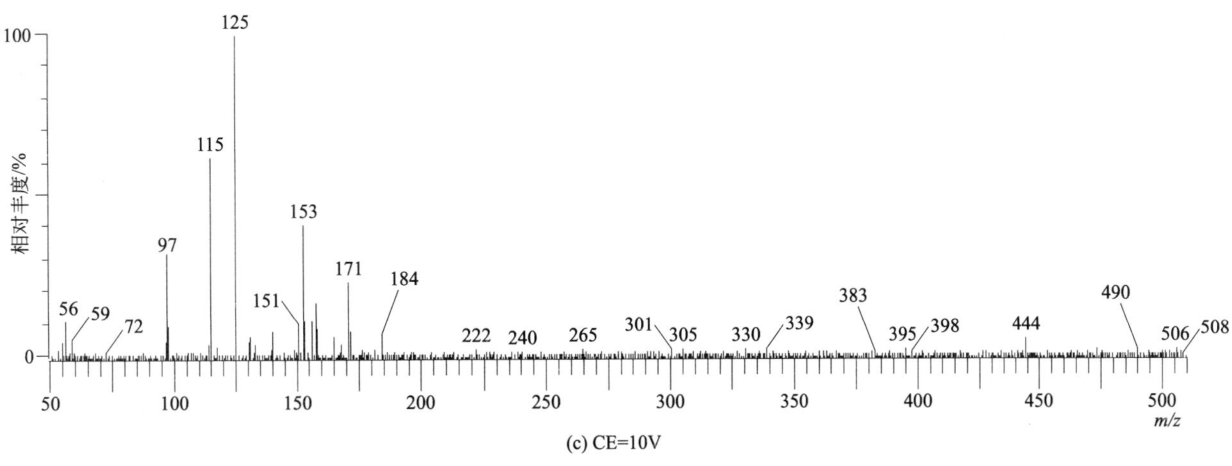

(c) CE=10V

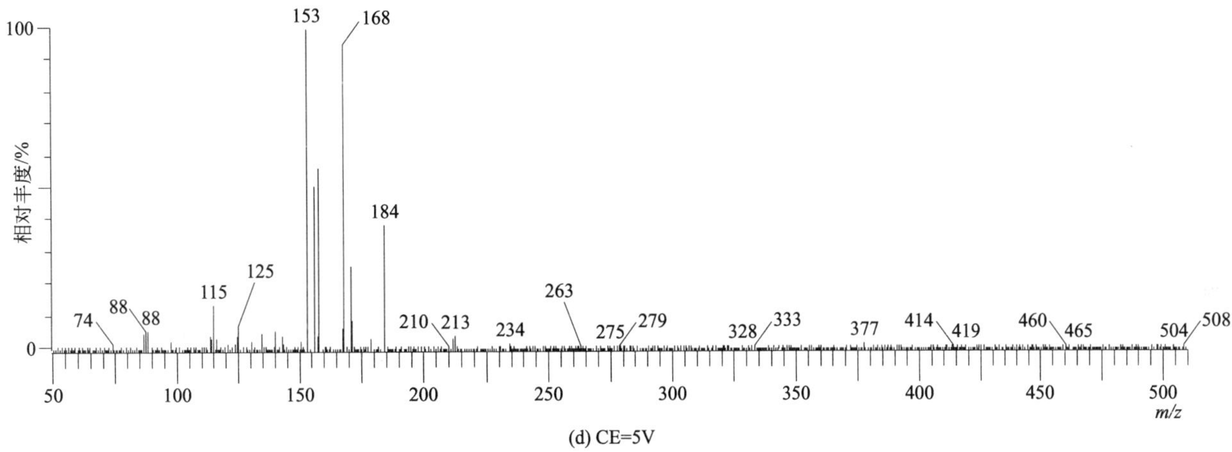

(d) CE=5V

Ditalimfos（灭菌磷）

基本信息

CAS 登录号	5131-24-8	**分子量**	299.0	**扫描模式**	子离子扫描
分子式	$C_{12}H_{14}NO_4PS$	**离子化模式**	EI	**母离子**	130

一级质谱图

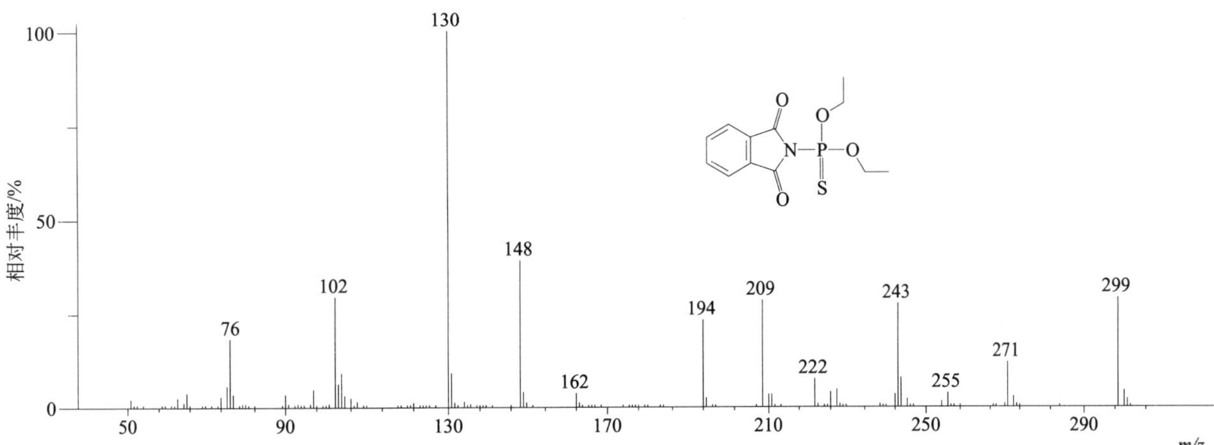

四个碰撞能量下子离子质谱图

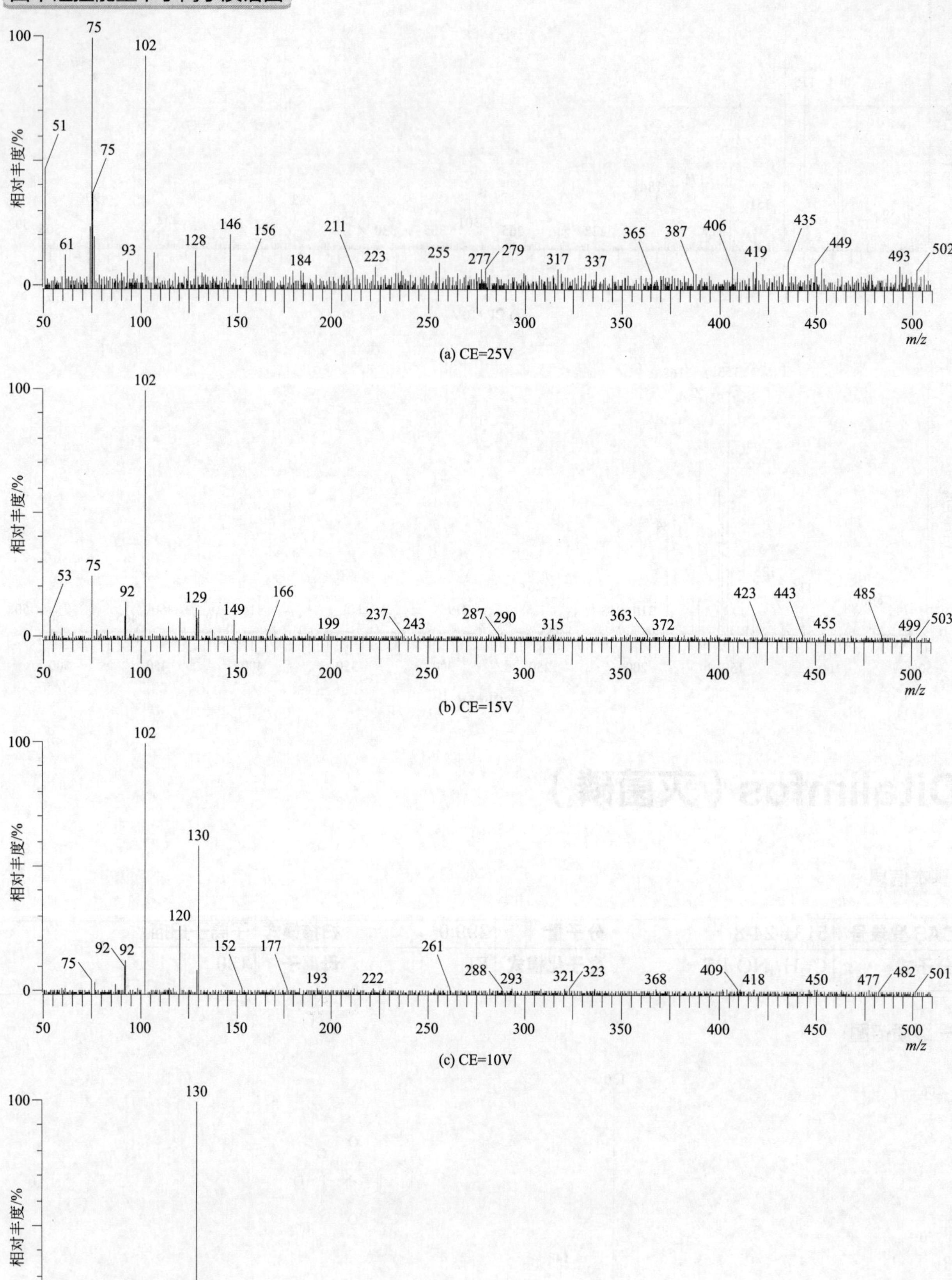

(a) CE=25V

(b) CE=15V

(c) CE=10V

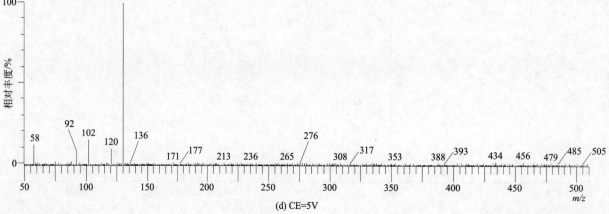

(d) CE=5V

DMSA

基本信息

CAS 登录号	4710-17-2	分子量	200.1	扫描模式	子离子扫描
分子式	$C_8H_{12}N_2O_2S$	离子化模式	EI	母离子	200

一级质谱图

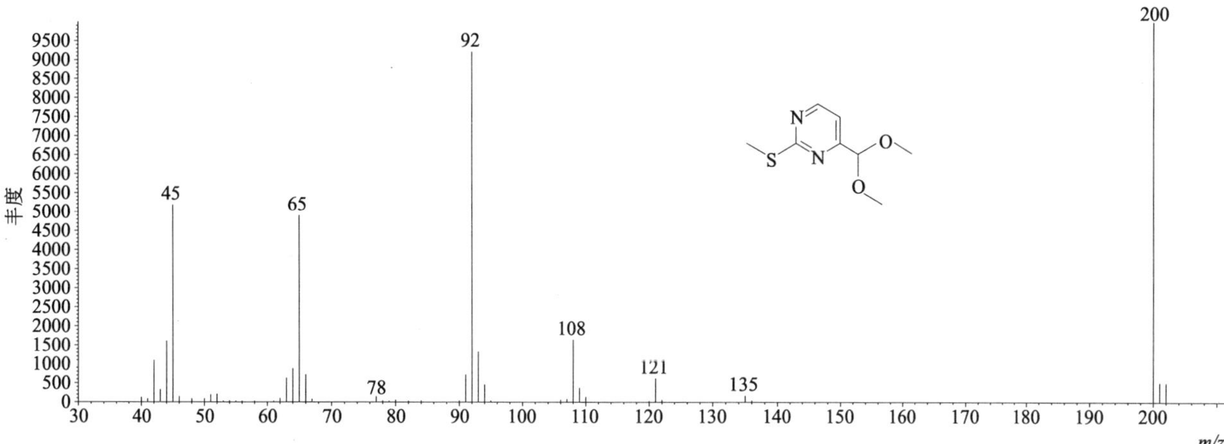

四个碰撞能量下子离子质谱图

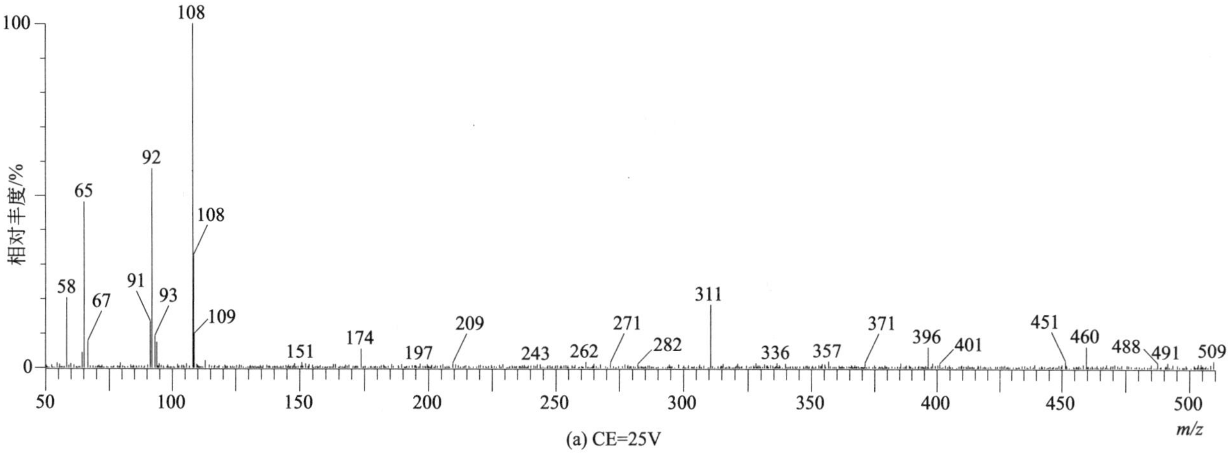

(a) CE=25V

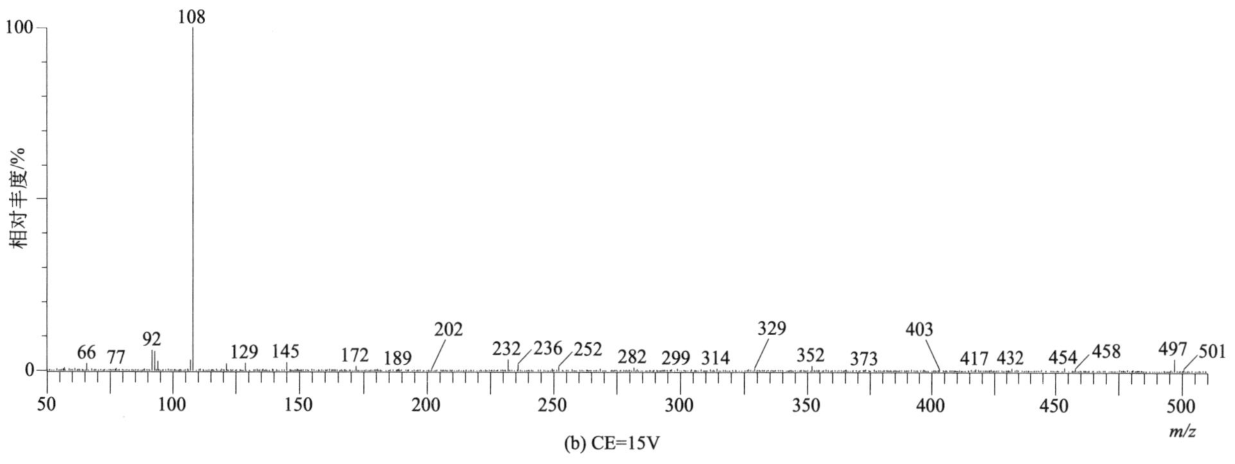

(b) CE=15V

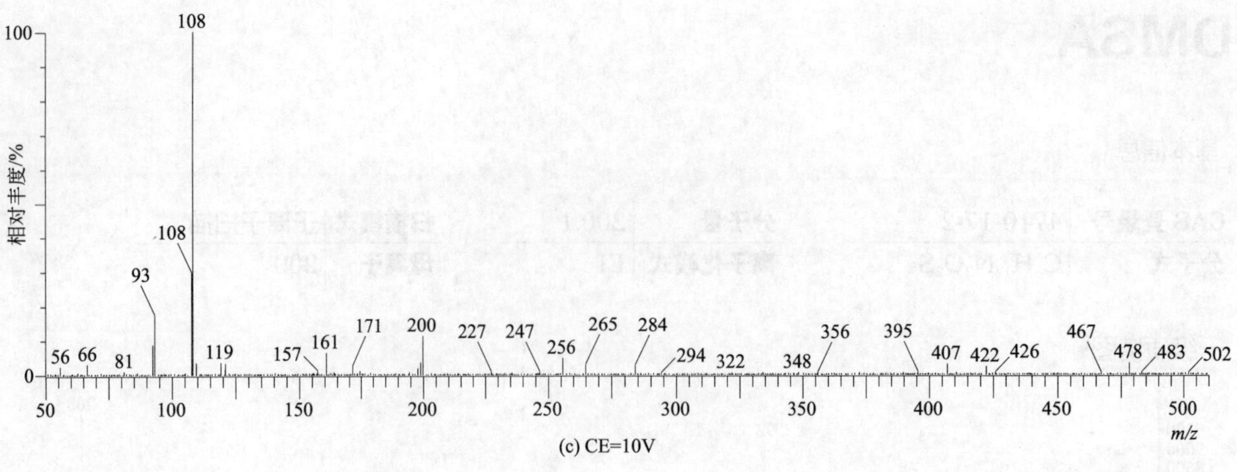

(c) CE=10V

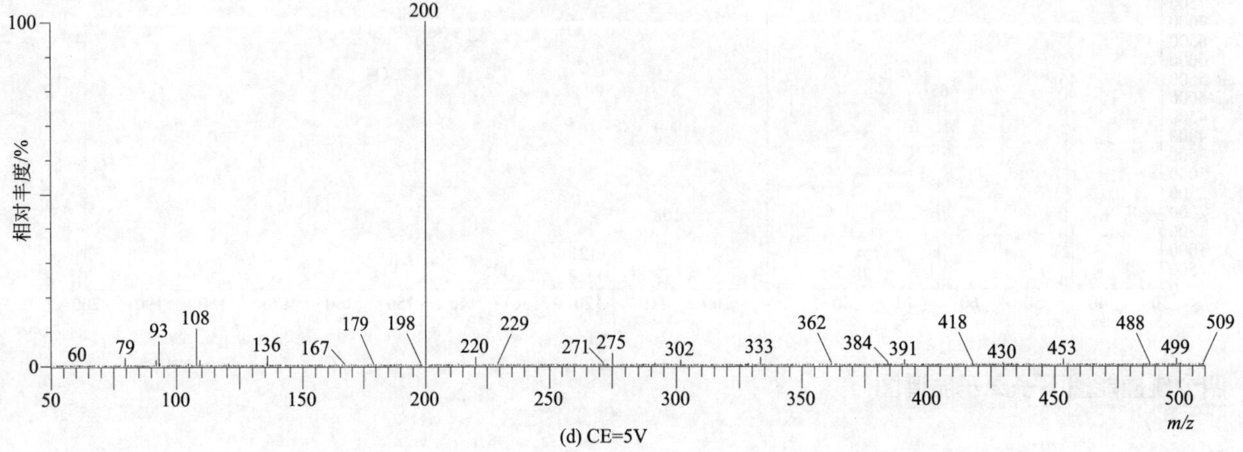

(d) CE=5V

Dodemorph（十二环吗啉）

基本信息

CAS 登录号	1593-77-7	**分子量**	281.3	**扫描模式**	子离子扫描
分子式	$C_{18}H_{35}NO$	**离子化模式**	EI	**母离子**	154

一级质谱图

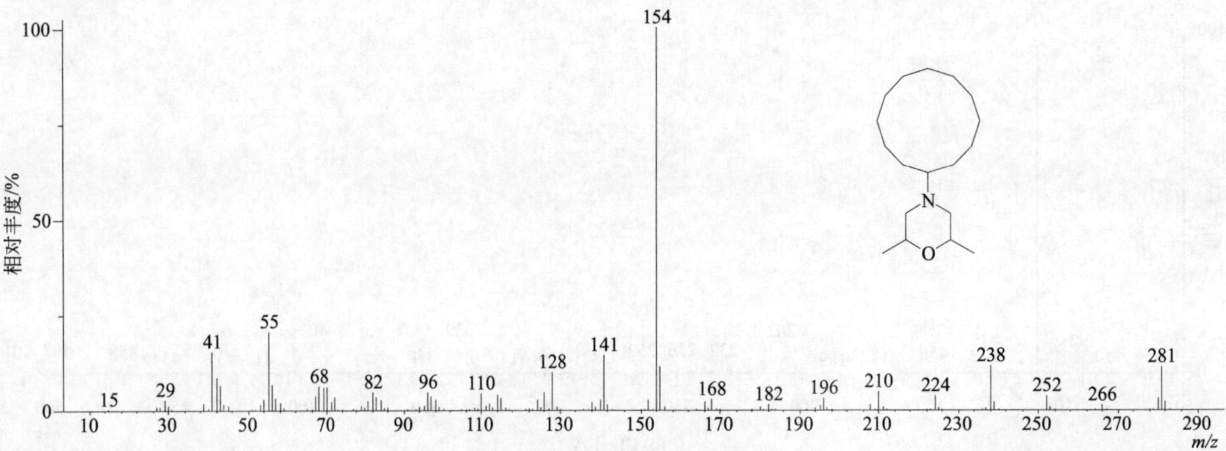

四个碰撞能量下子离子质谱图

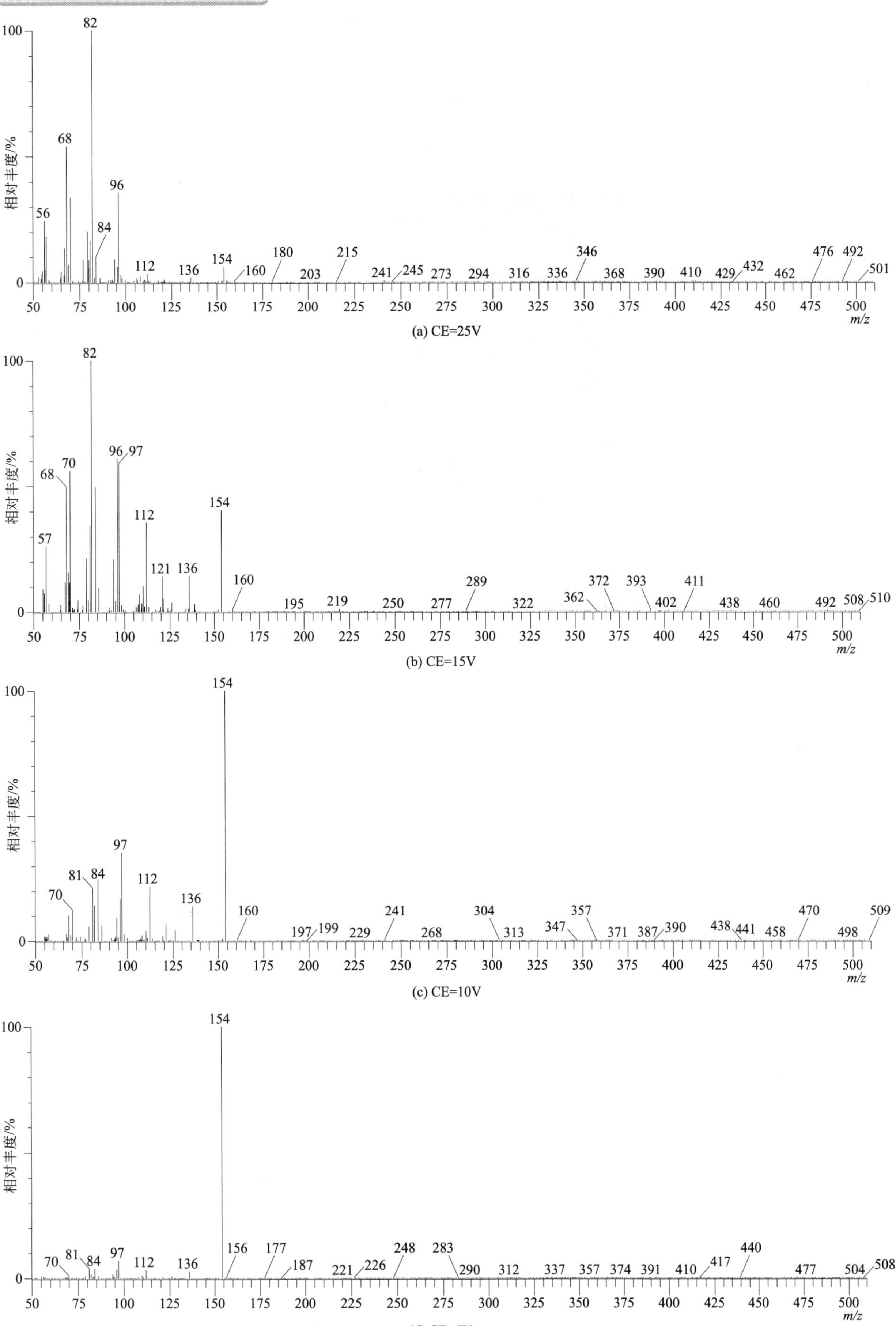

(a) CE=25V

(b) CE=15V

(c) CE=10V

(d) CE=5V

Edifenphos（敌瘟磷）

基本信息

CAS 登录号	17109-49-8	分子量	310.0	扫描模式	子离子扫描
分子式	$C_{14}H_{15}O_2PS_2$	离子化模式	EI	母离子	310

一级质谱图

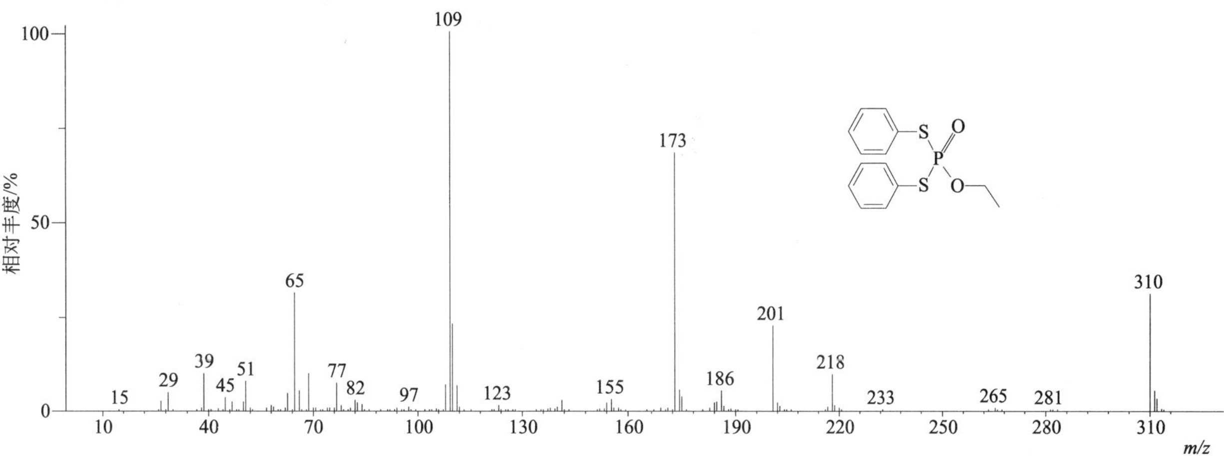

四个碰撞能量下子离子质谱图

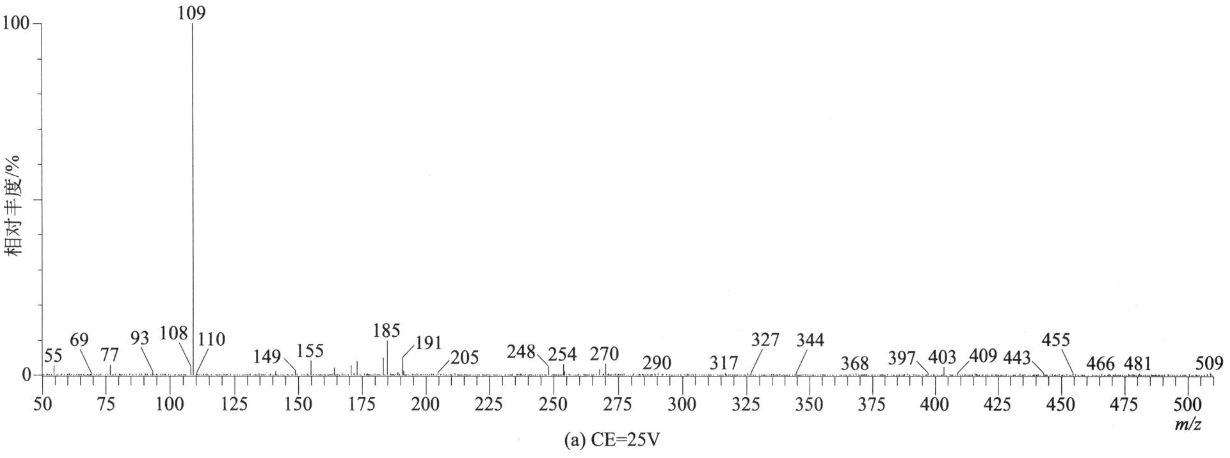
(a) CE=25V

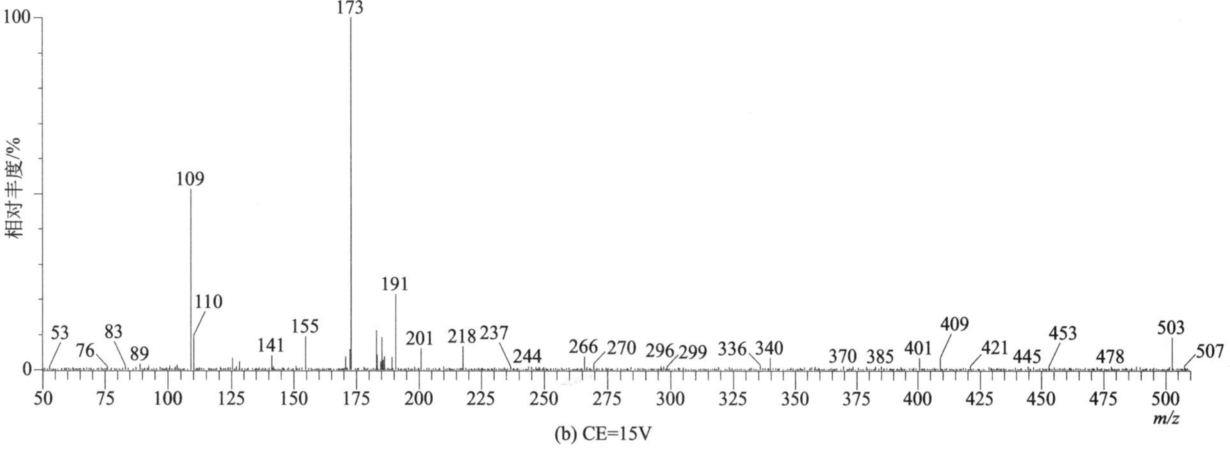
(b) CE=15V

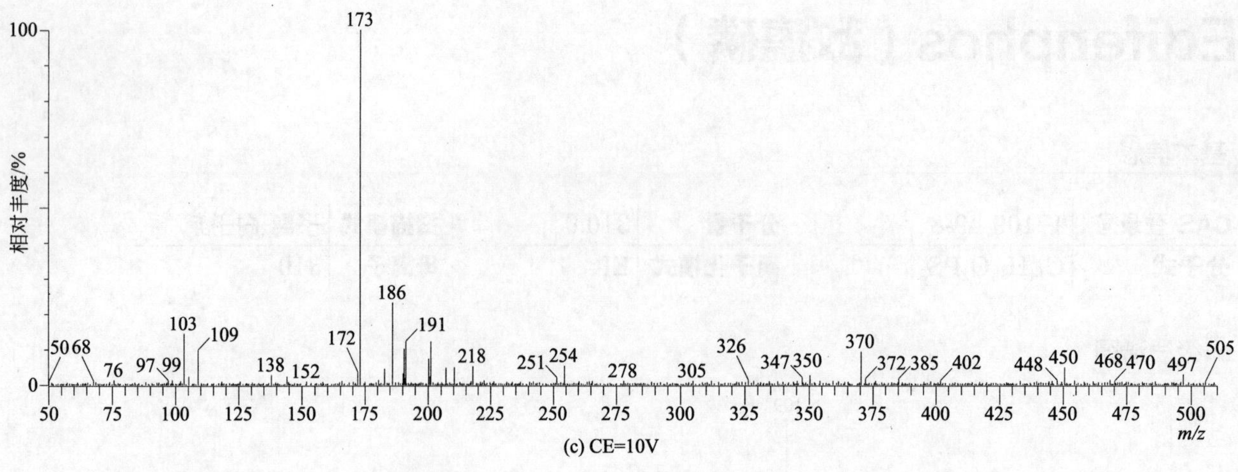

(c) CE=10V

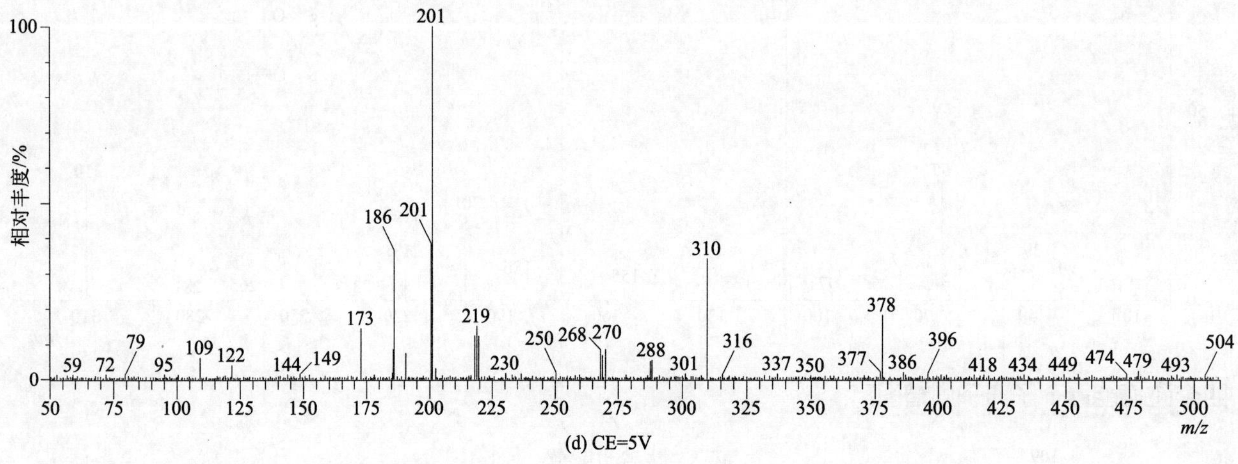

(d) CE=5V

Endosulfan（硫丹）

基本信息

CAS 登录号	115-29-7	分子量	403.8	扫描模式	子离子扫描
分子式	$C_9H_6Cl_6O_3S$	离子化模式	EI	母离子	241

一级质谱图

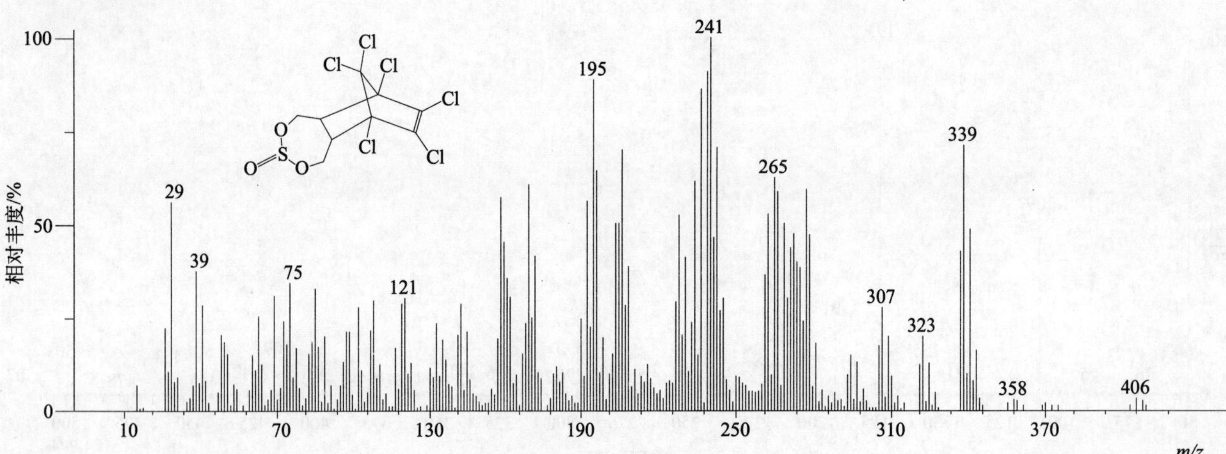

四个碰撞能量下子离子质谱图

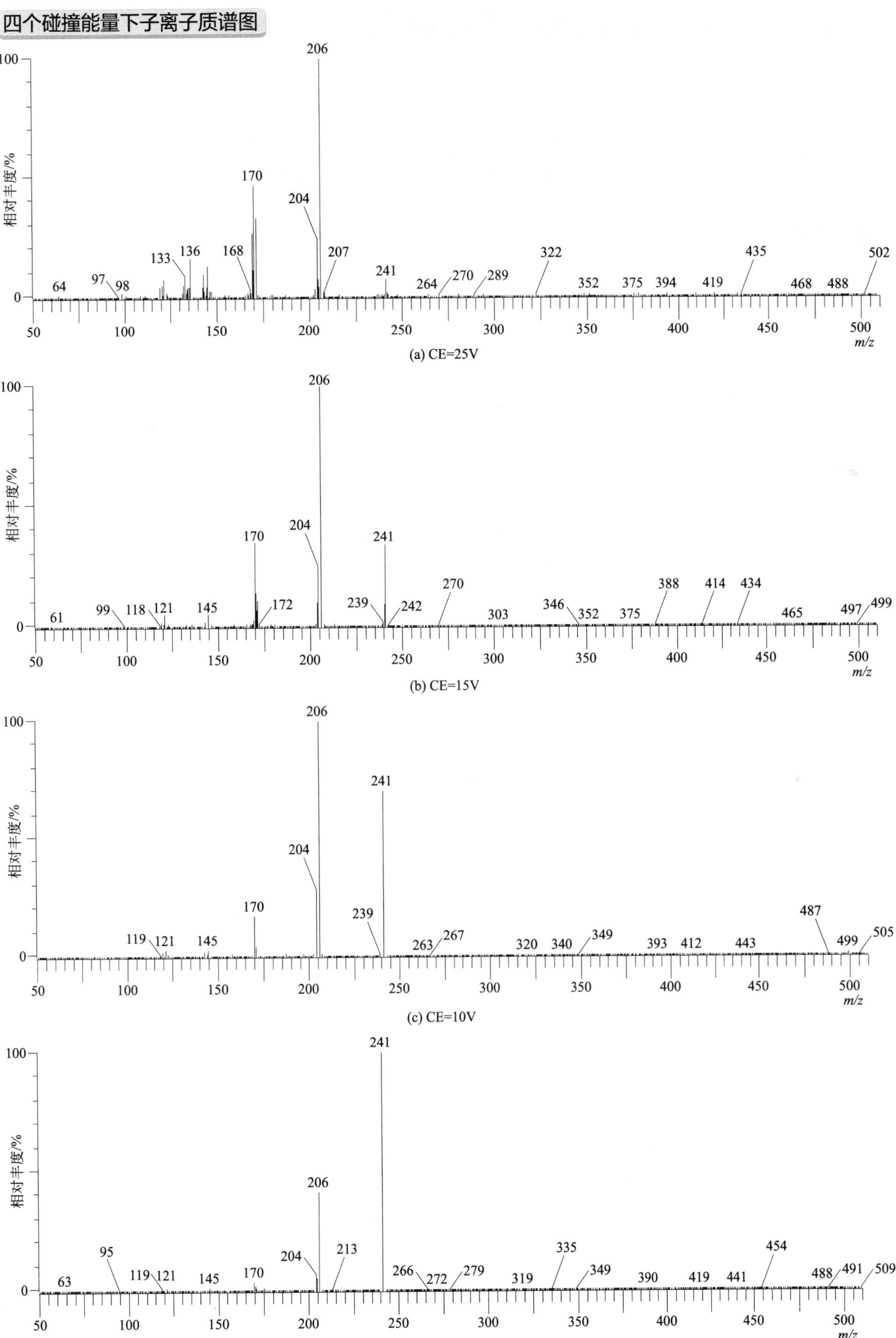

Endosulfan sulfate（硫丹硫酸盐）

基本信息

CAS 登录号	1031-07-8	分子量	419.8	扫描模式	子离子扫描
分子式	$C_9H_6Cl_6O_4S$	离子化模式	EI	母离子	387

一级质谱图

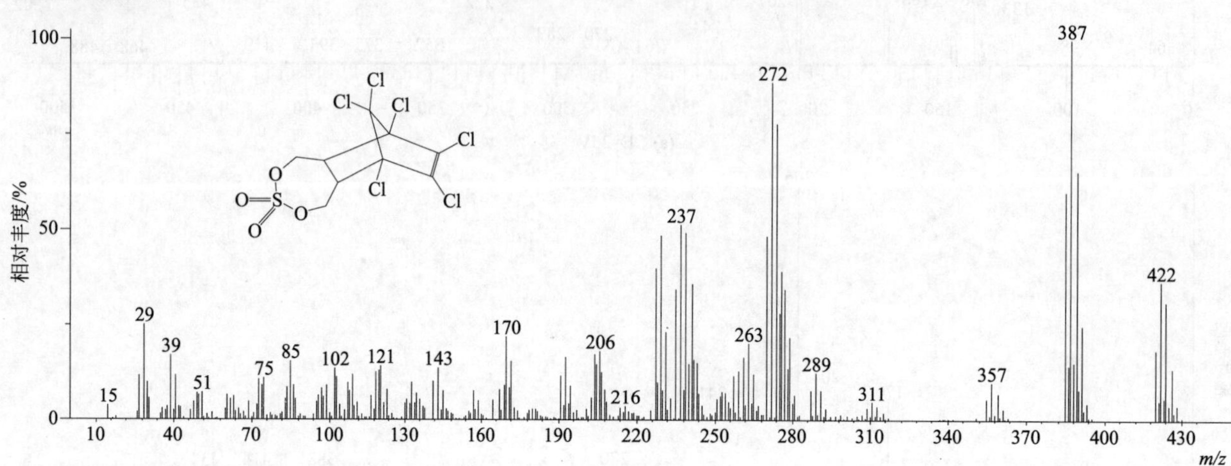

四个碰撞能量下子离子质谱图

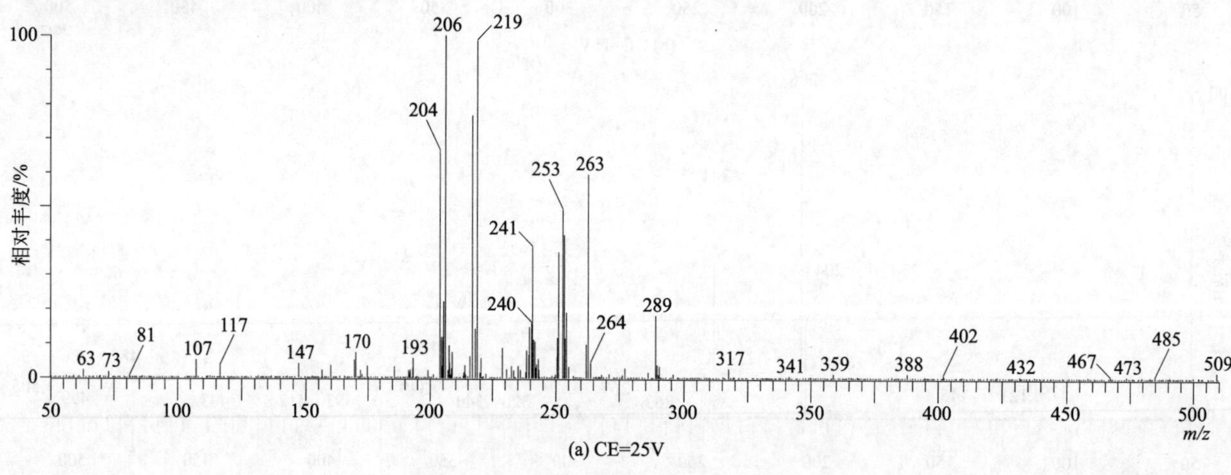

(a) CE=25V

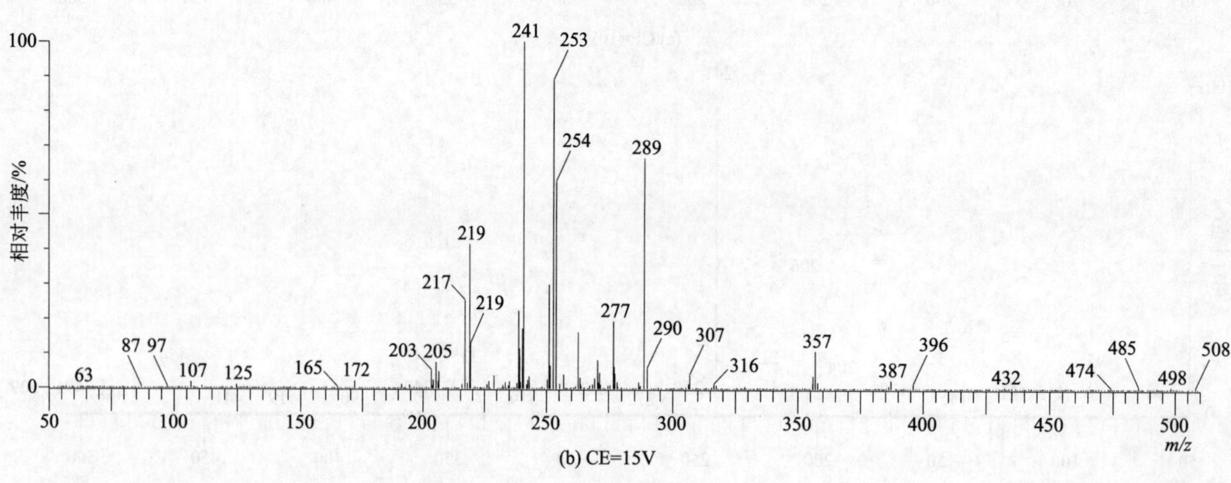

(b) CE=15V

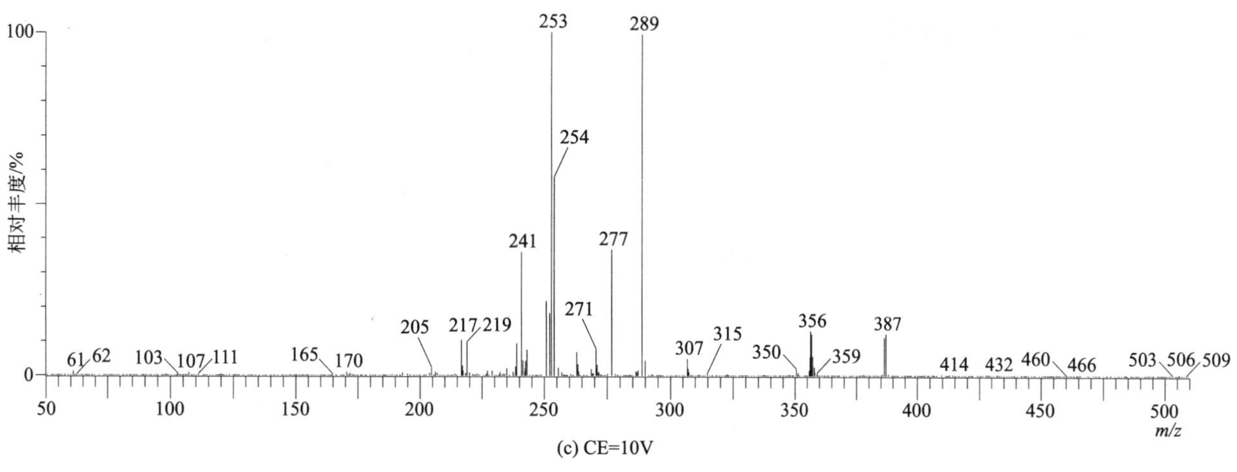

(c) CE=10V

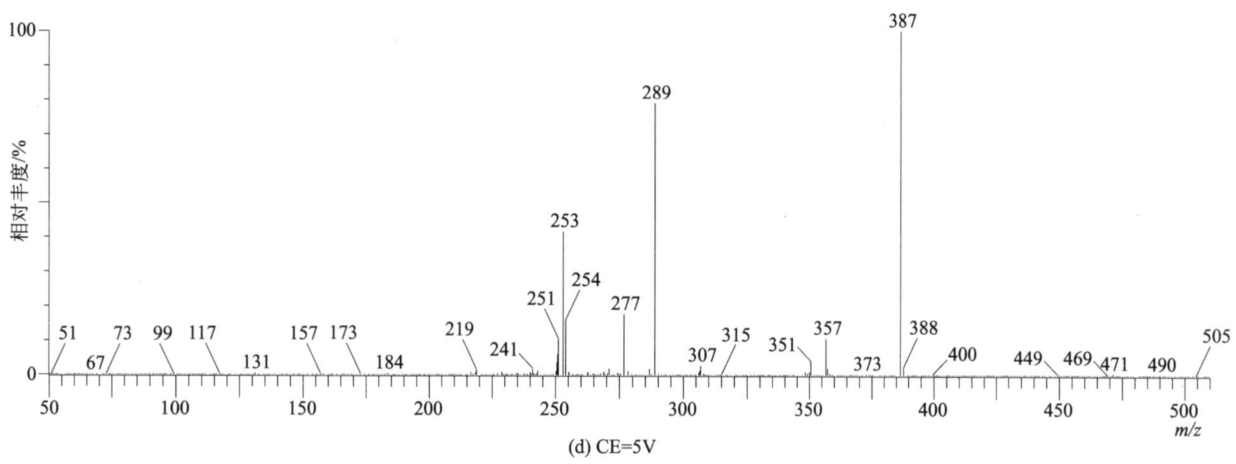

(d) CE=5V

Endrin（异狄氏剂）

基本信息

CAS 登录号	72-20-8	分子量	377.9	扫描模式	子离子扫描
分子式	$C_{12}H_8Cl_6O$	离子化模式	EI	母离子	263

一级质谱图

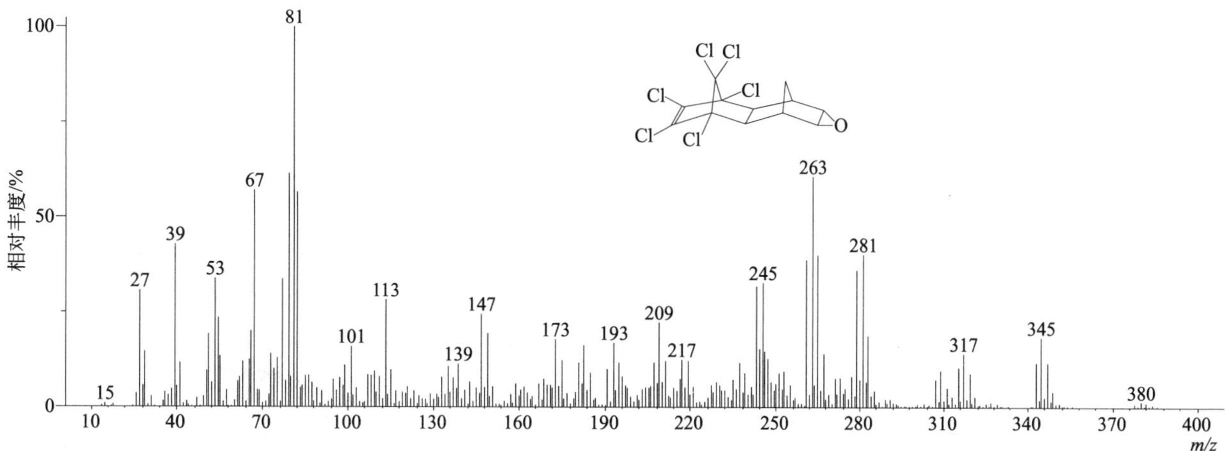

四个碰撞能量下子离子质谱图

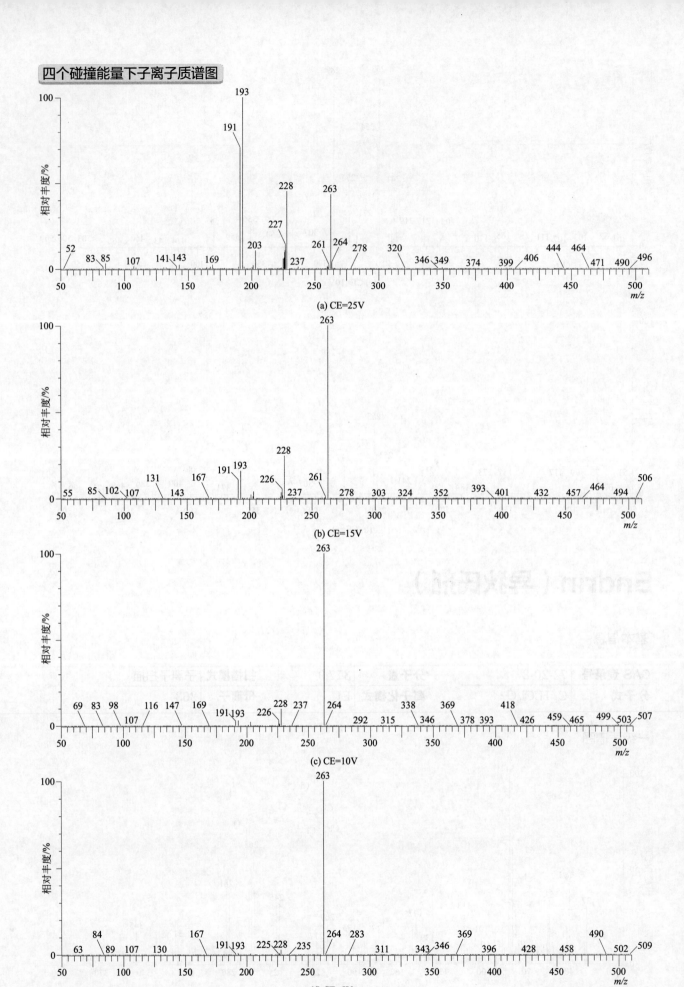

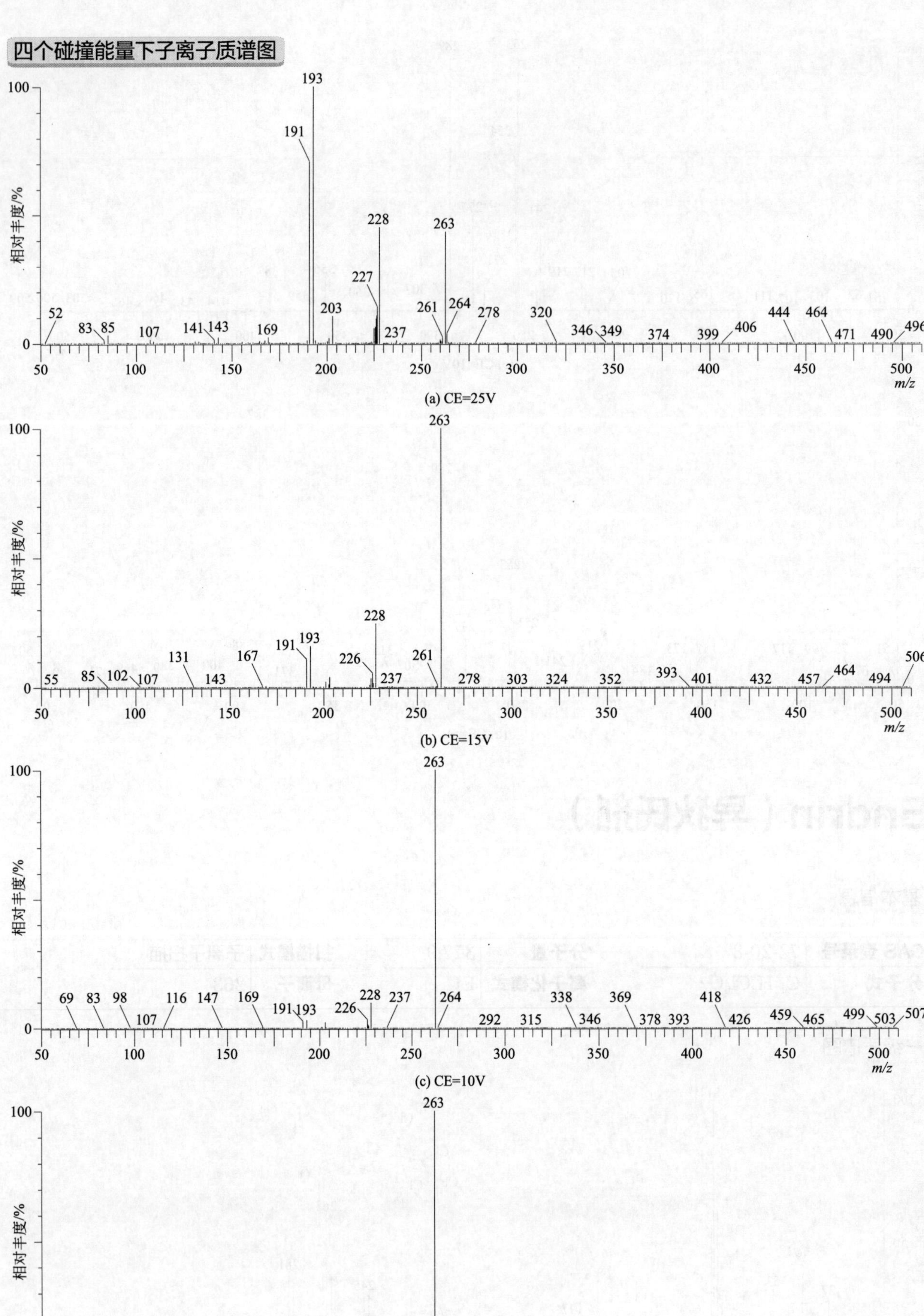

(a) CE=25V

(b) CE=15V

(c) CE=10V

(d) CE=5V

Endrin aldehyde（异狄氏剂醛）

基本信息

CAS 登录号	7421-93-4	分子量	377.9	扫描模式	子离子扫描
分子式	$C_{12}H_8Cl_6O$	离子化模式	EI	母离子	345

一级质谱图

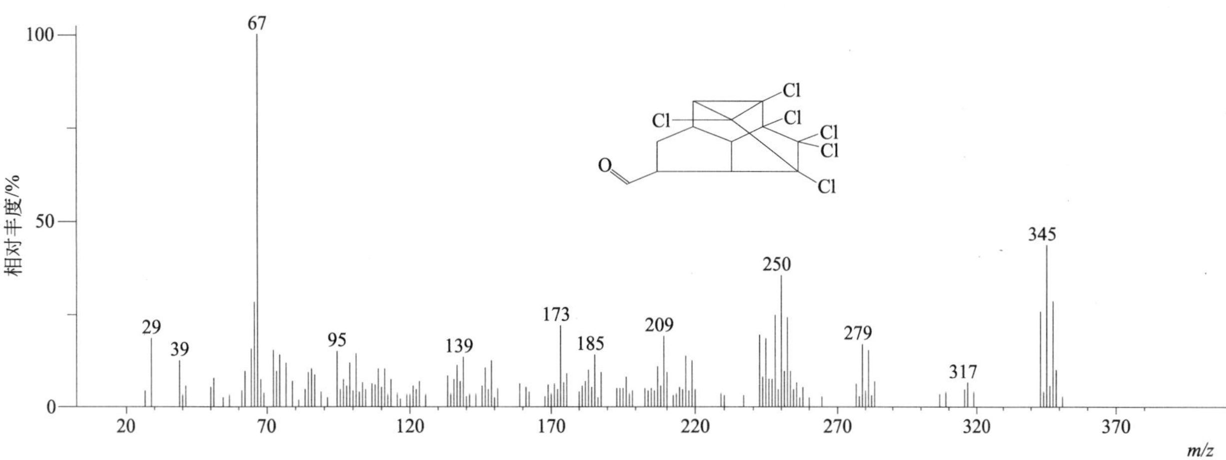

四个碰撞能量下子离子质谱图

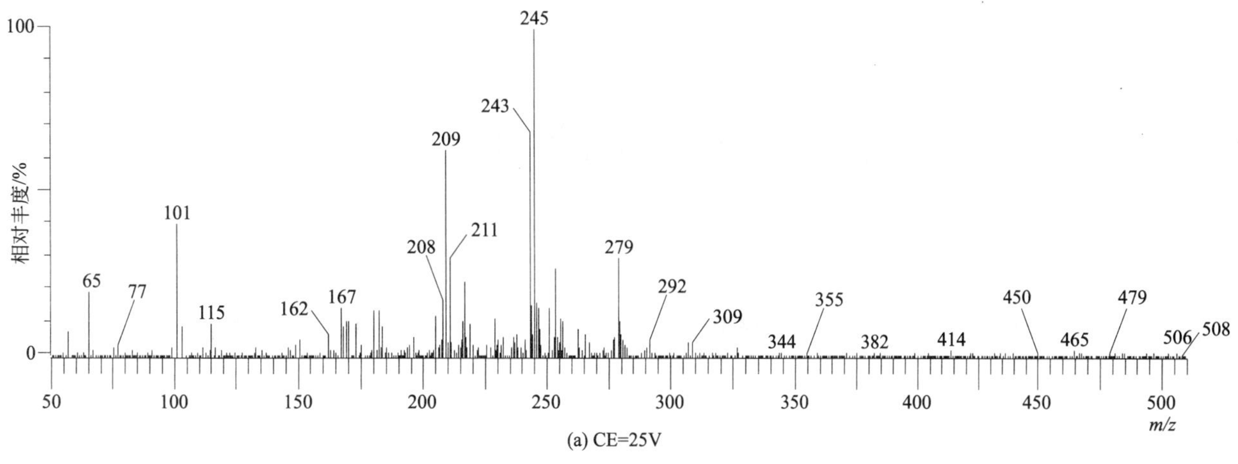

(a) CE=25V

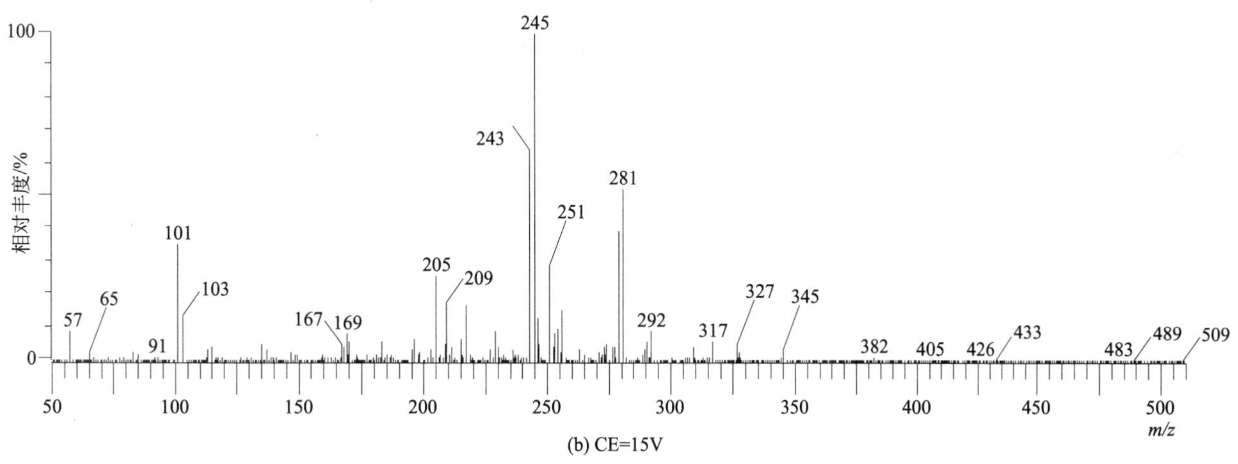

(b) CE=15V

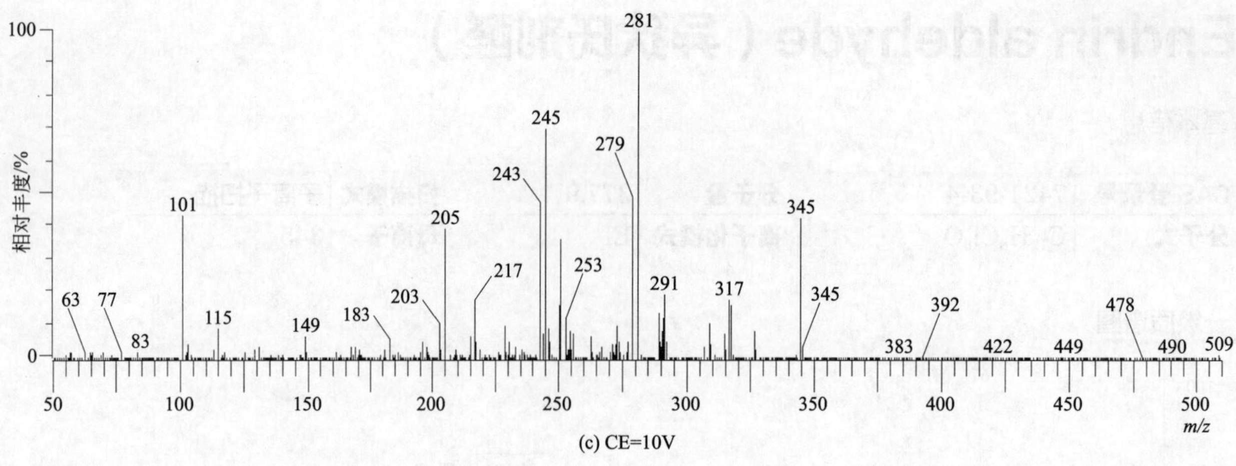

(c) CE=10V

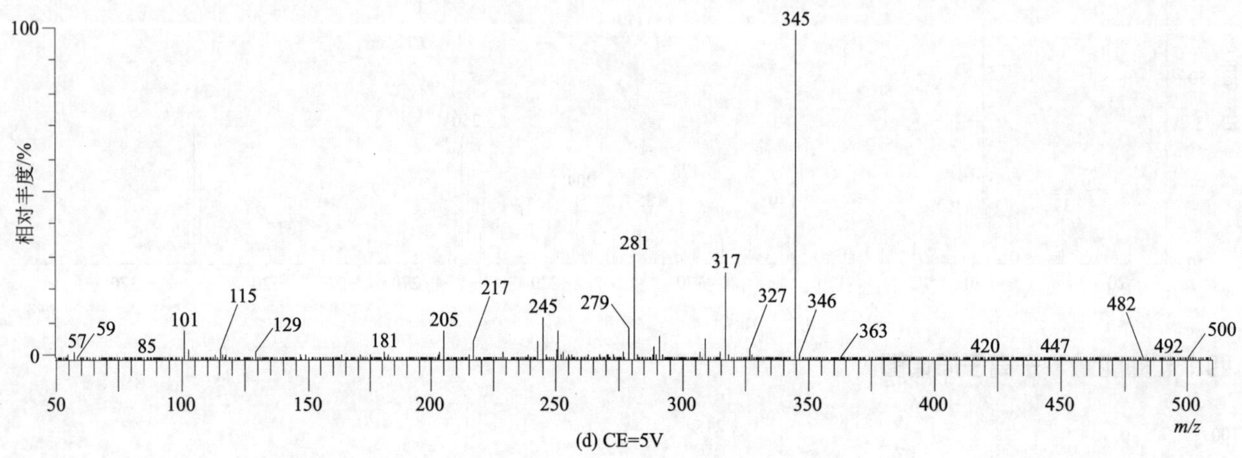

(d) CE=5V

Endrin ketone（异狄氏剂酮）

基本信息

CAS 登录号	53494-70-5	**分子量**	343.9	**扫描模式**	子离子扫描
分子式	$C_{12}H_9Cl_5O$	**离子化模式**	EI	**母离子**	317

一级质谱图

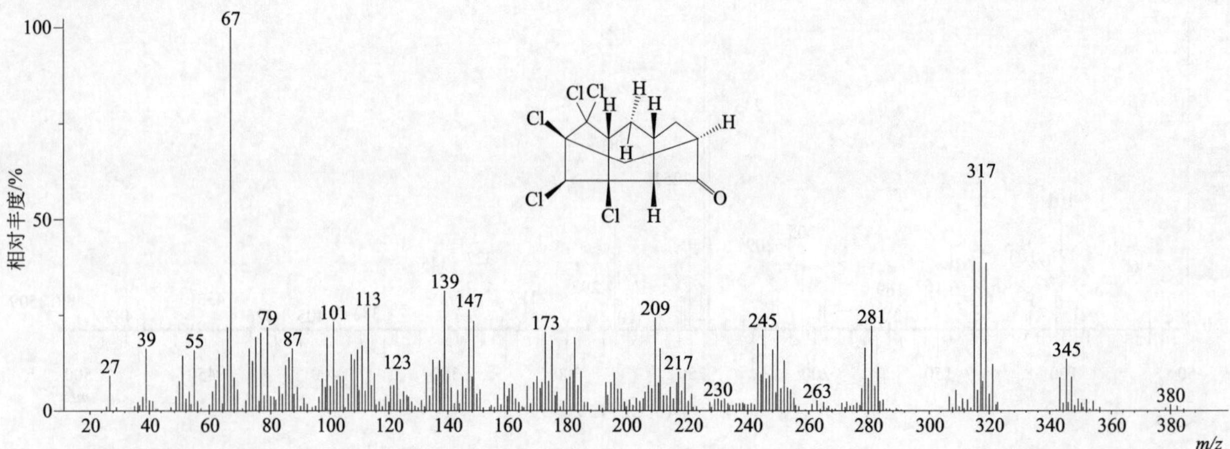

四个碰撞能量下子离子质谱图

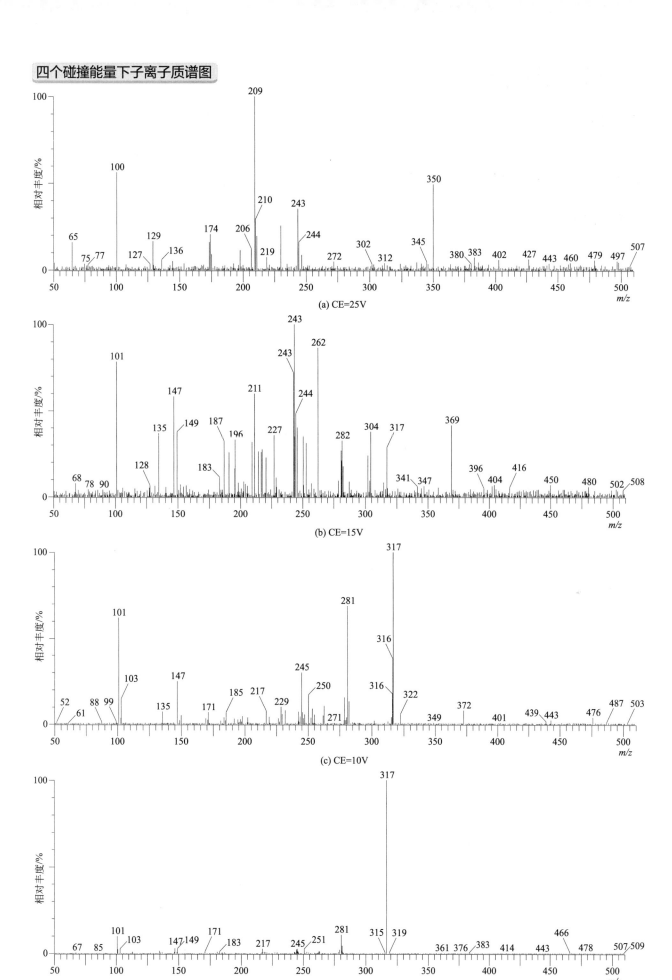

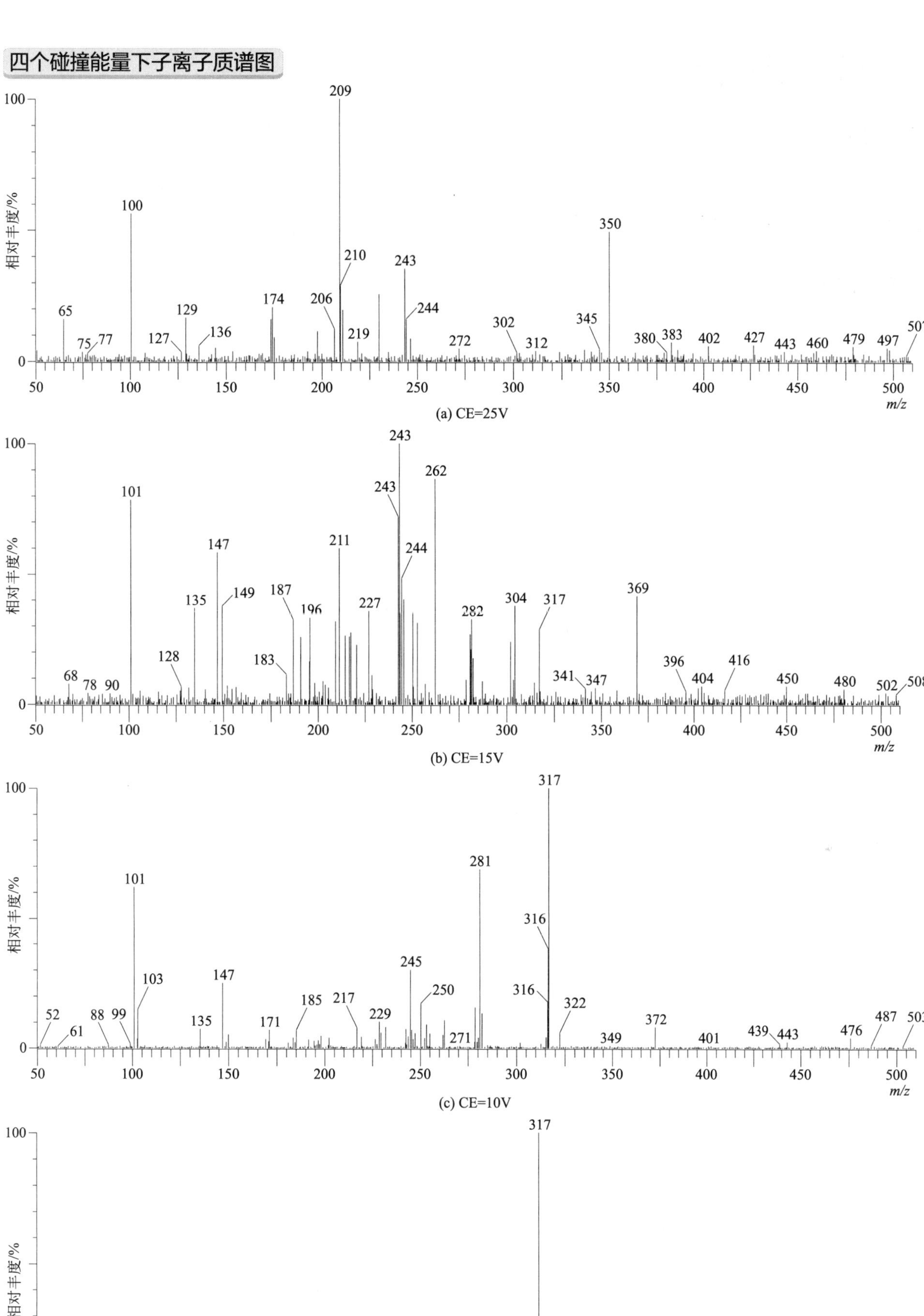

(a) CE=25V

(b) CE=15V

(c) CE=10V

(d) CE=5V

EPN（苯硫磷）

基本信息

CAS 登录号	2104-64-5	分子量	323.0	扫描模式	子离子扫描
分子式	$C_{14}H_{14}NO_4PS$	离子化模式	EI	母离子	157

一级质谱图

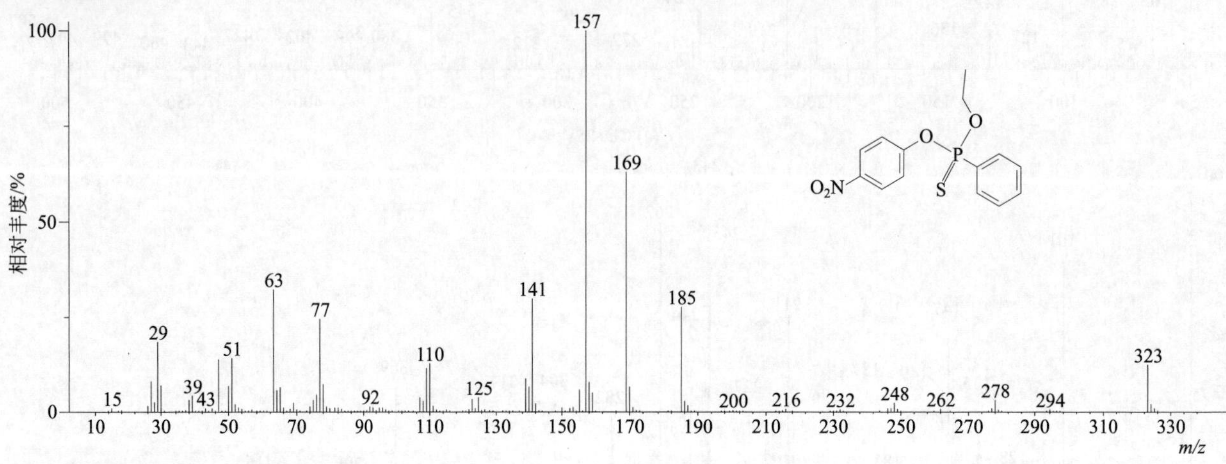

四个碰撞能量下子离子质谱图

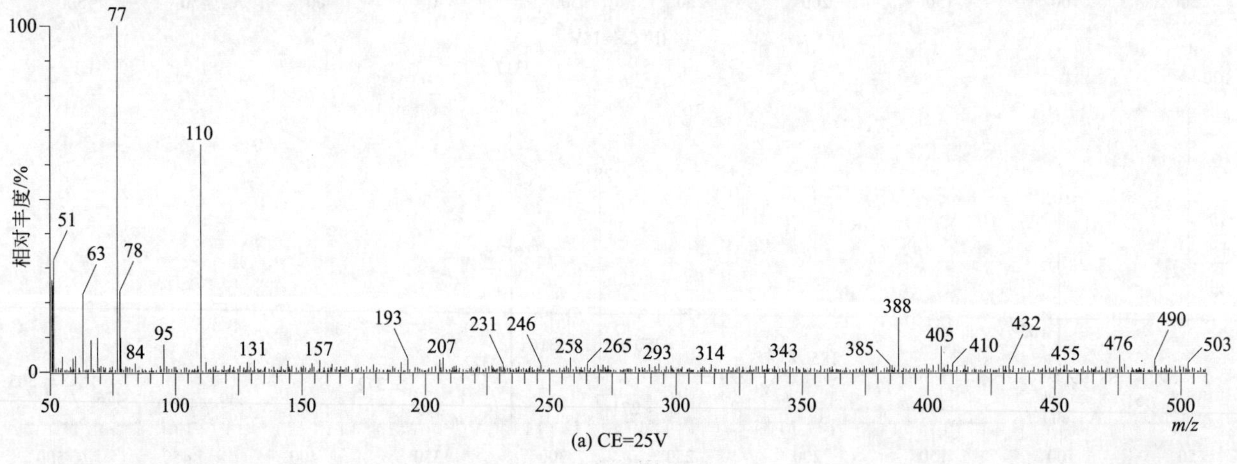

(a) CE=25V

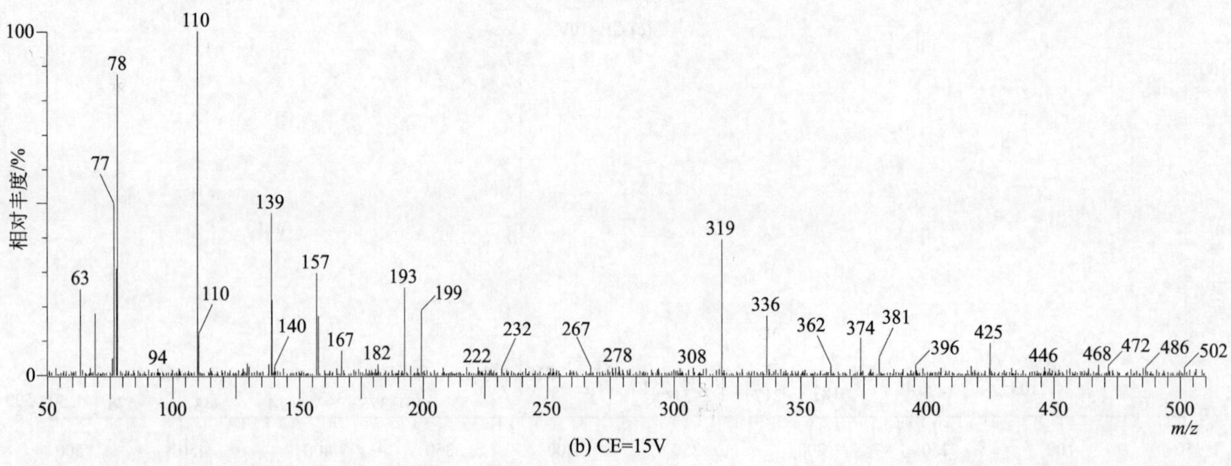

(b) CE=15V

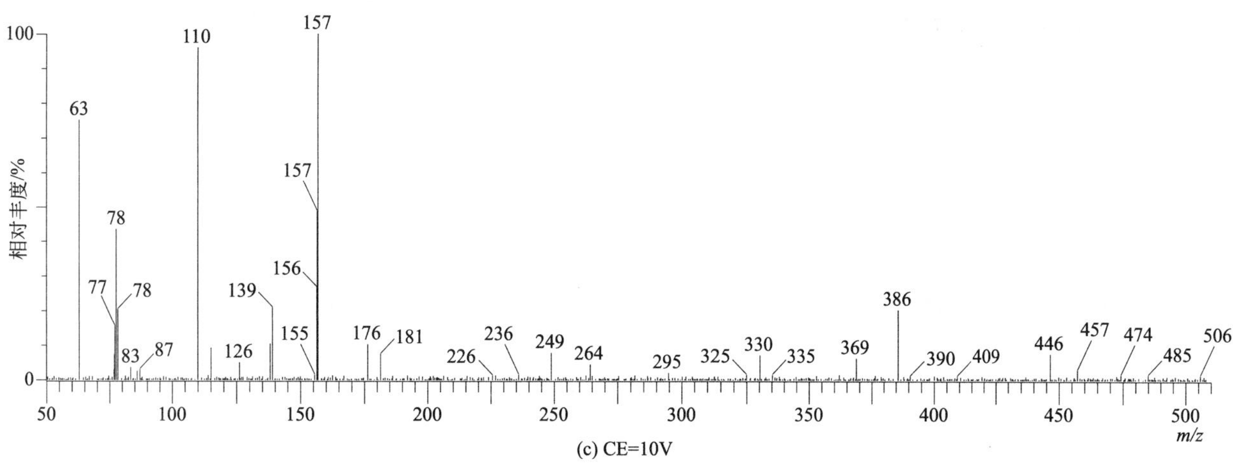

(c) CE=10V

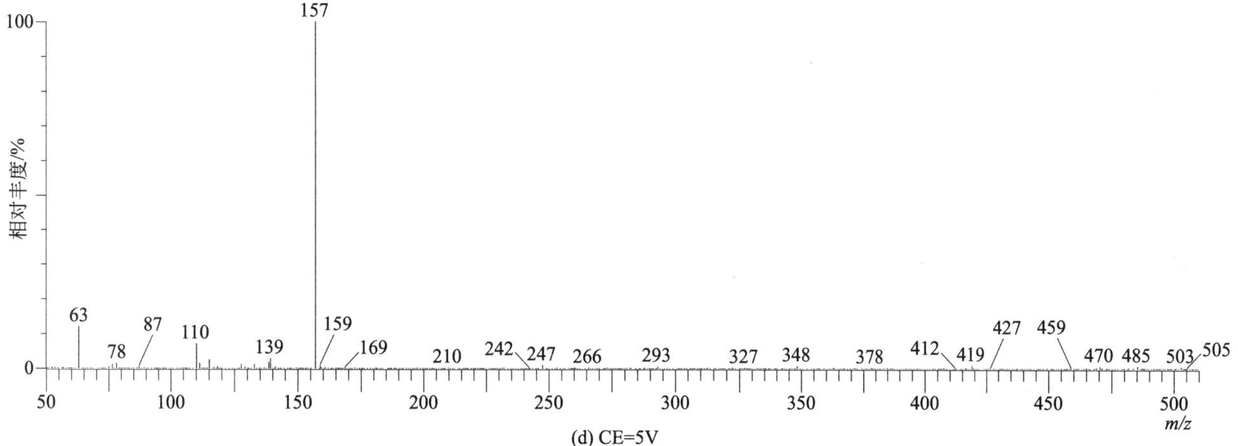

(d) CE=5V

Epoxiconazole（氟环唑）

基本信息

CAS 登录号	106325-08-0	分子量	329.1	扫描模式	子离子扫描
分子式	$C_{17}H_{13}ClFN_3O$	离子化模式	EI	母离子	192

一级质谱图

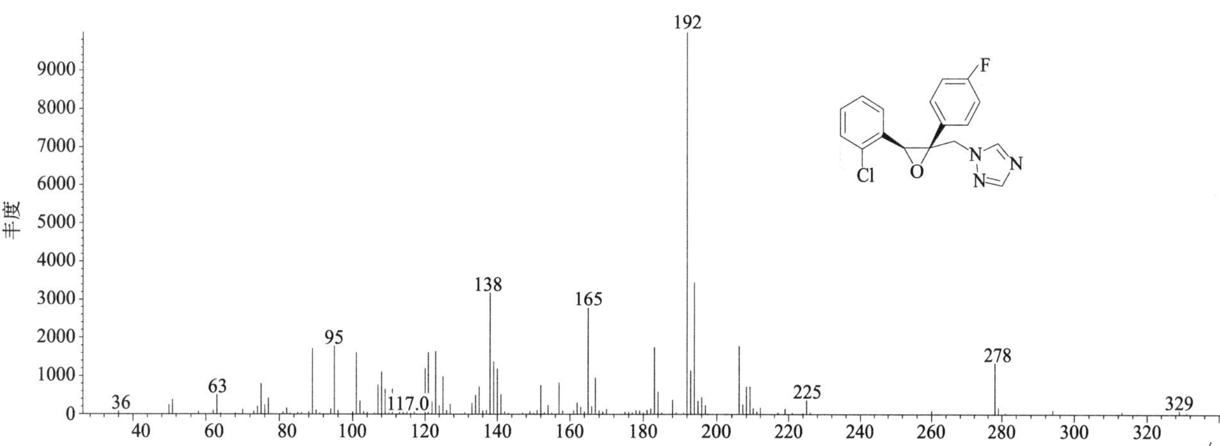

四个碰撞能量下子离子质谱图

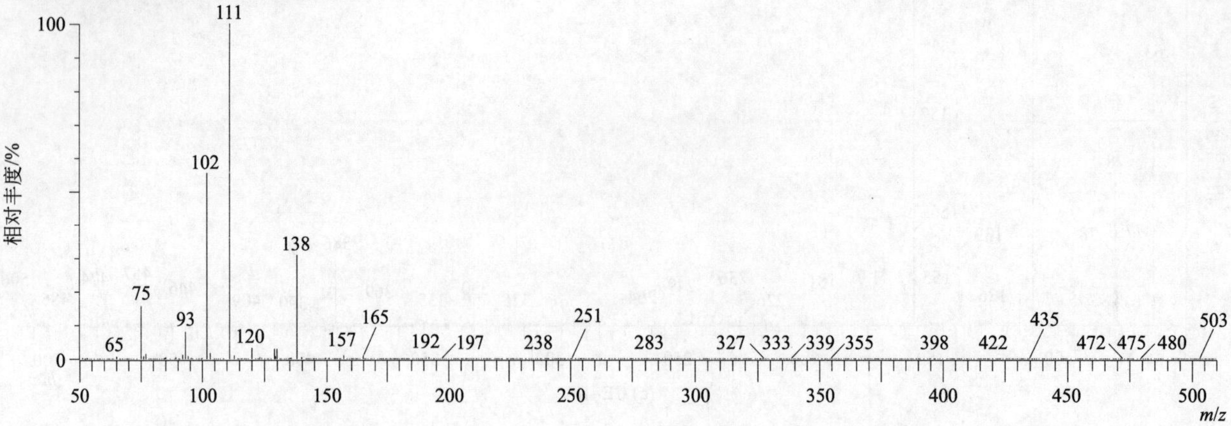

(a) CE=25V

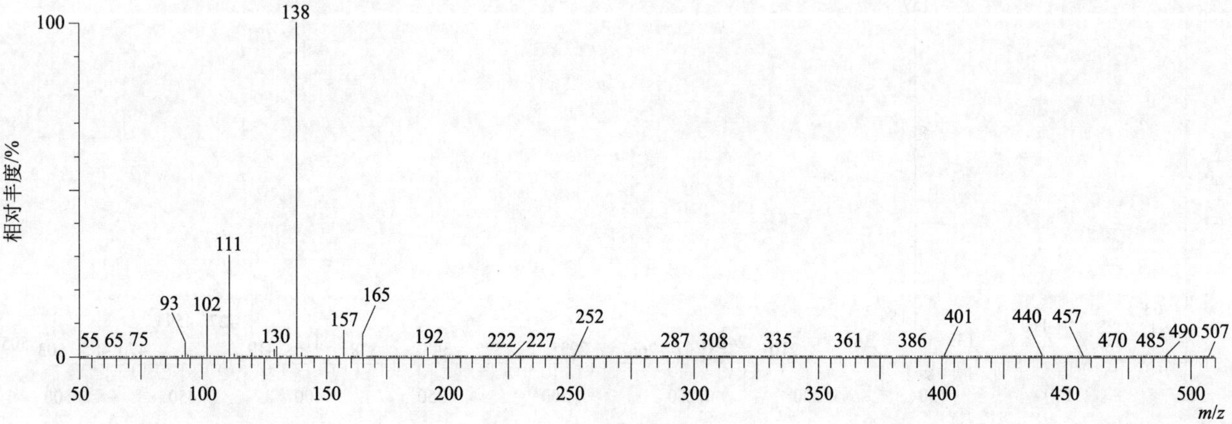

(b) CE=15V

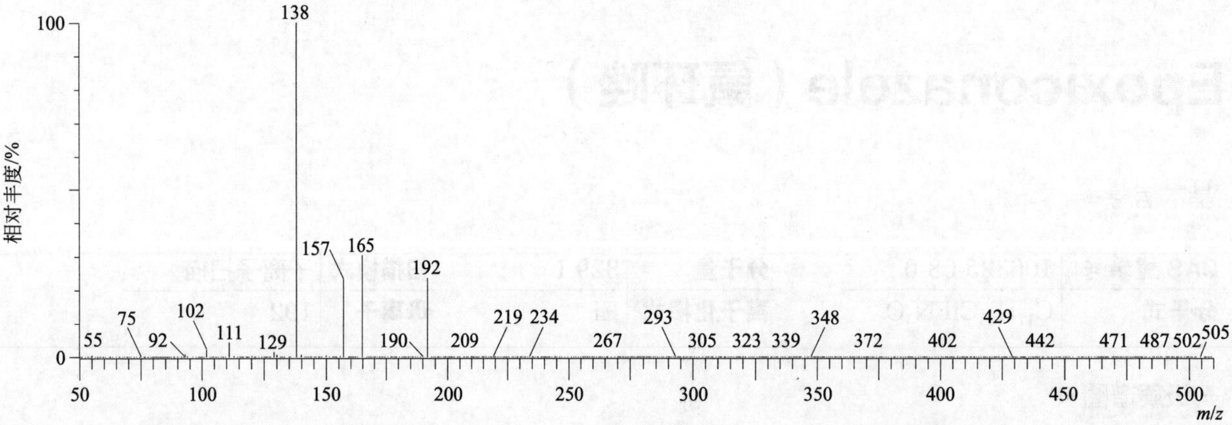

(c) CE=10V

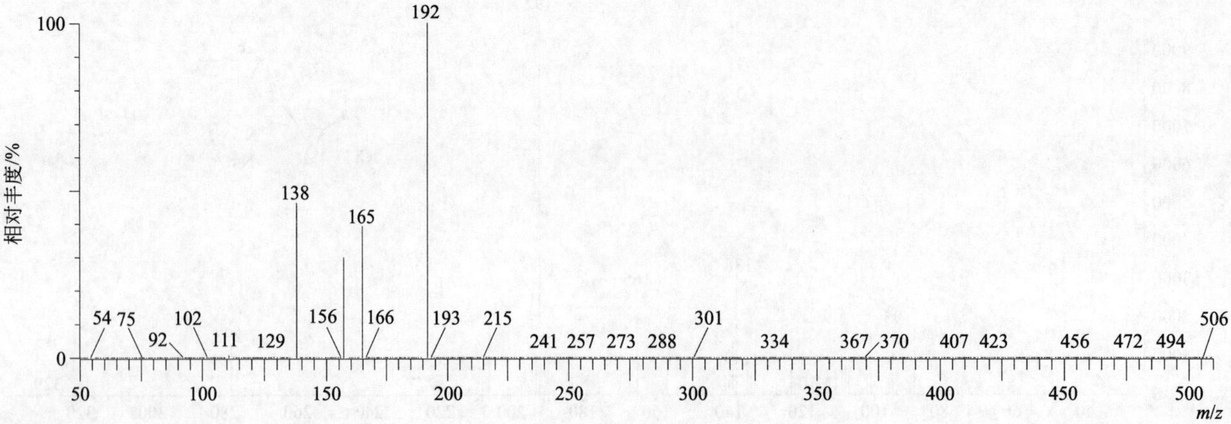

(d) CE=5V

EPTC（茵草敌）

基本信息

CAS 登录号	759-94-4	分子量	189.1	扫描模式	子离子扫描
分子式	$C_9H_{19}NOS$	离子化模式	EI	母离子	132

一级质谱图

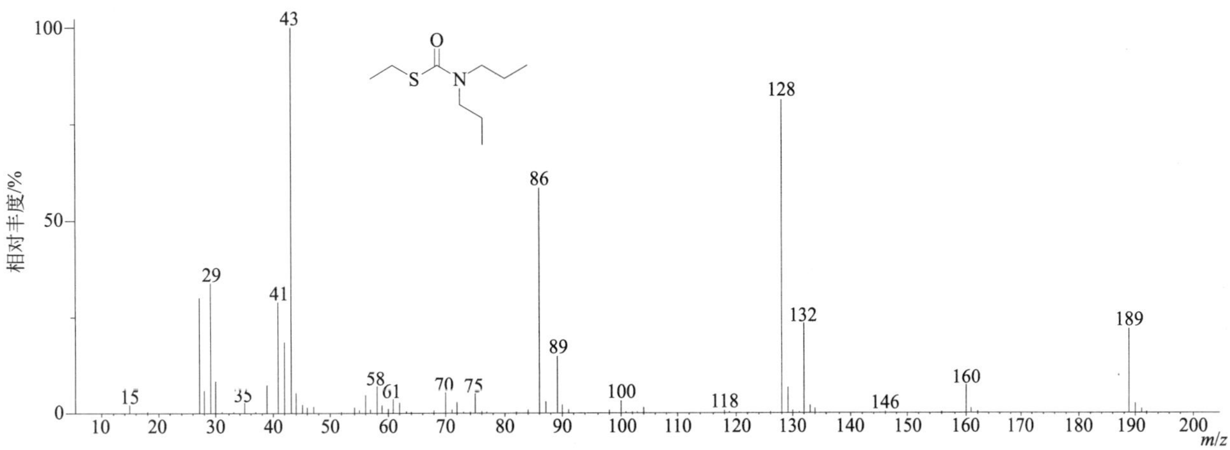

四个碰撞能量下子离子质谱图

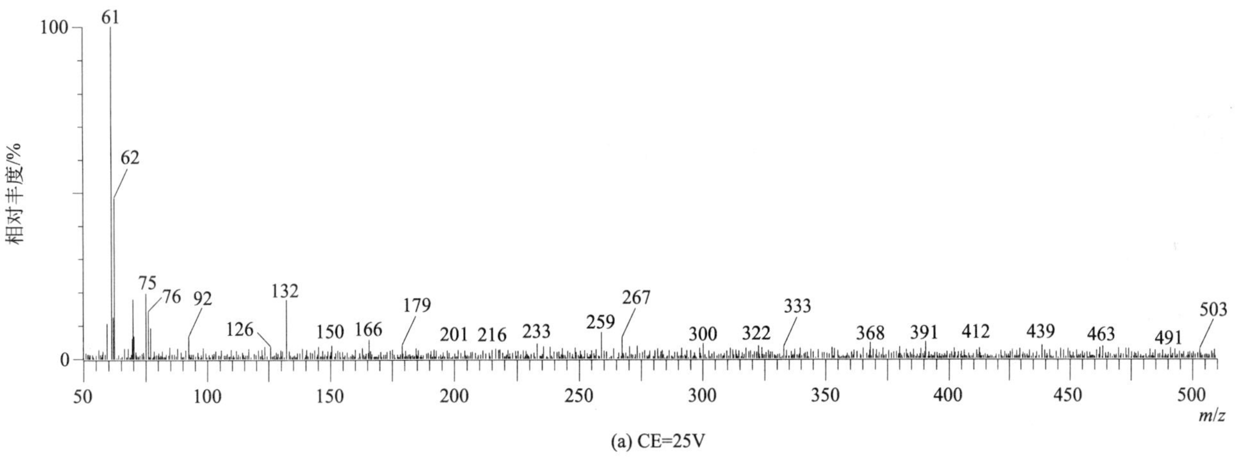

(a) CE=25V

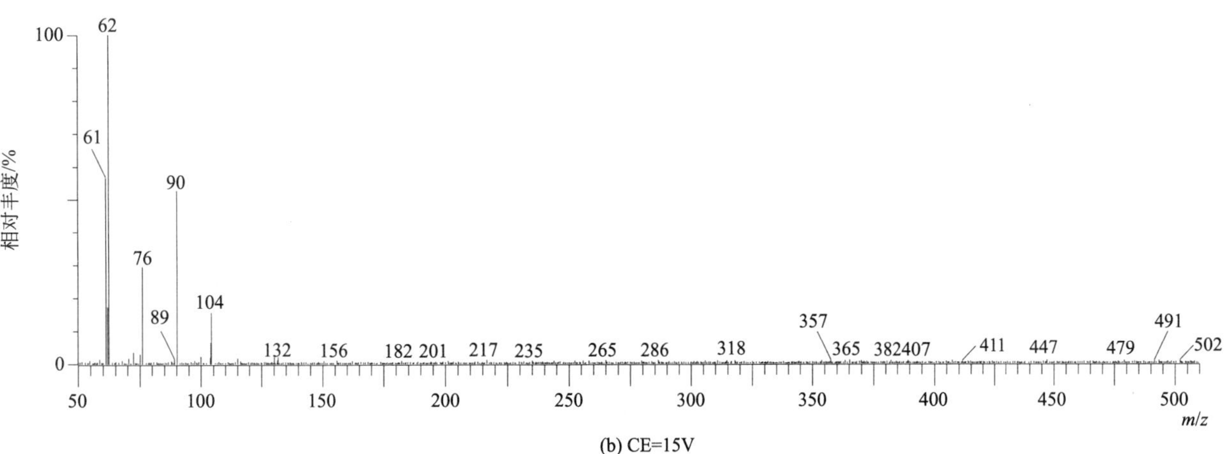

(b) CE=15V

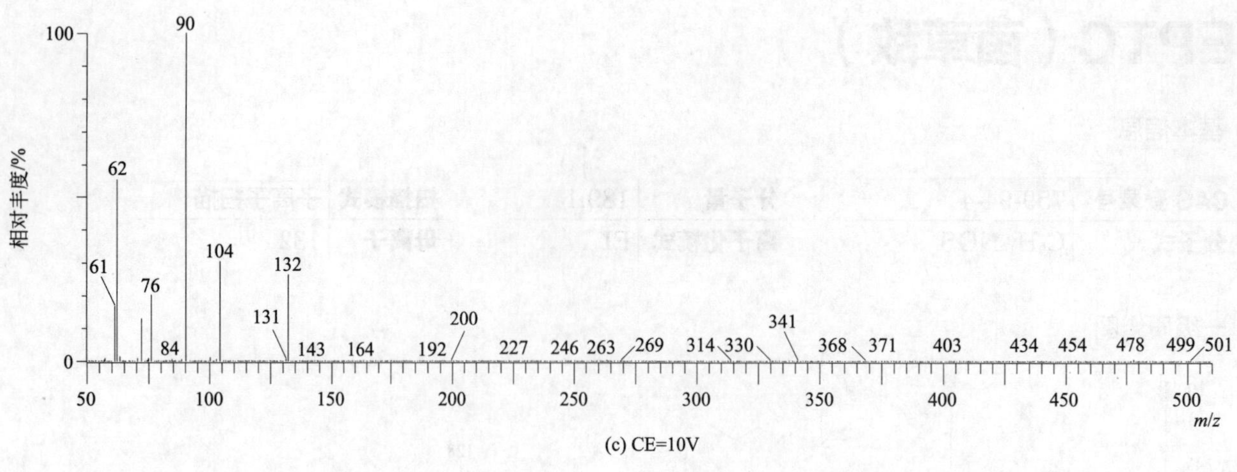

(c) CE=10V

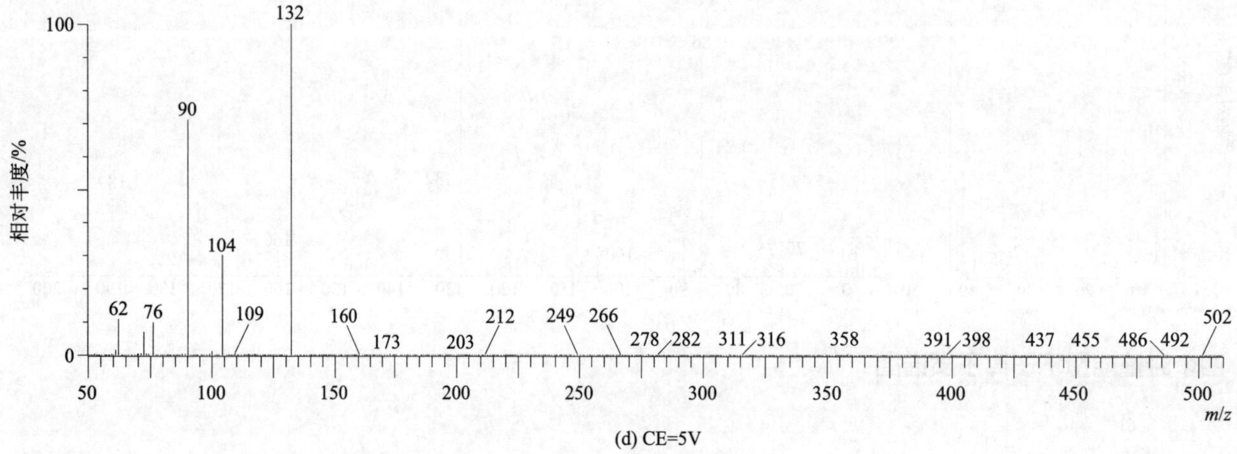

(d) CE=5V

Esfenvalerate（*S*-氰戊菊酯）

基本信息

CAS 登录号	66230-04-4	**分子量**	419.1	**扫描模式**	子离子扫描
分子式	$C_{25}H_{22}ClNO_3$	**离子化模式**	EI	**母离子**	419

一级质谱图

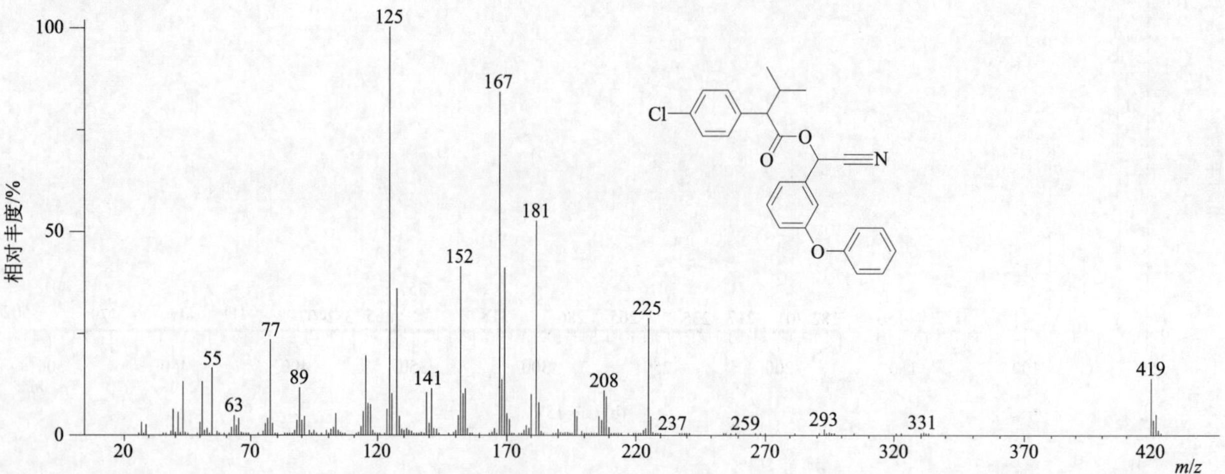

四个碰撞能量下子离子质谱图

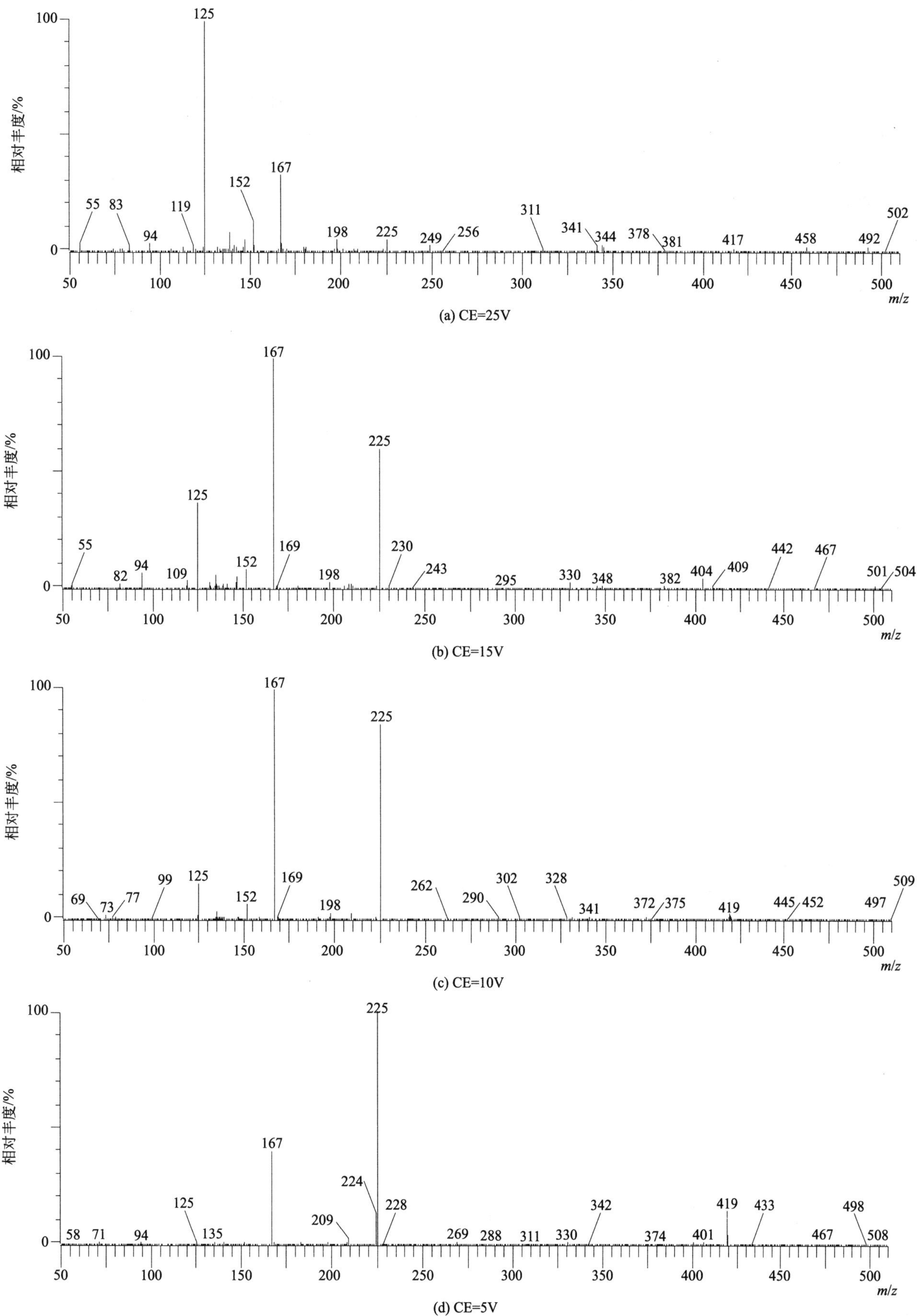

(a) CE=25V

(b) CE=15V

(c) CE=10V

(d) CE=5V

Esprocarb（戊草丹）

基本信息

CAS 登录号	85785-20-2	分子量	265.2	扫描模式	子离子扫描
分子式	$C_{15}H_{23}NOS$	离子化模式	EI	母离子	222

一级质谱图

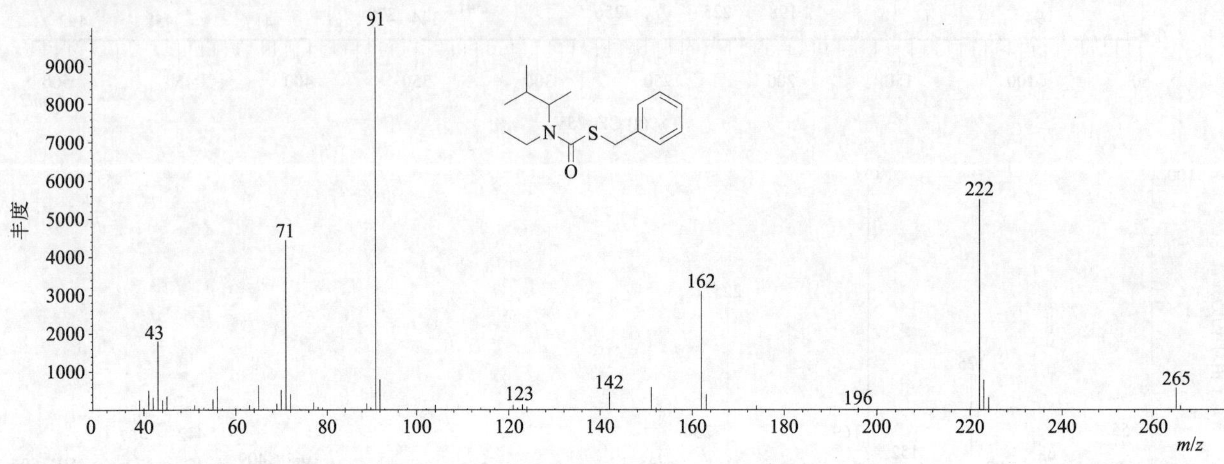

四个碰撞能量下子离子质谱图

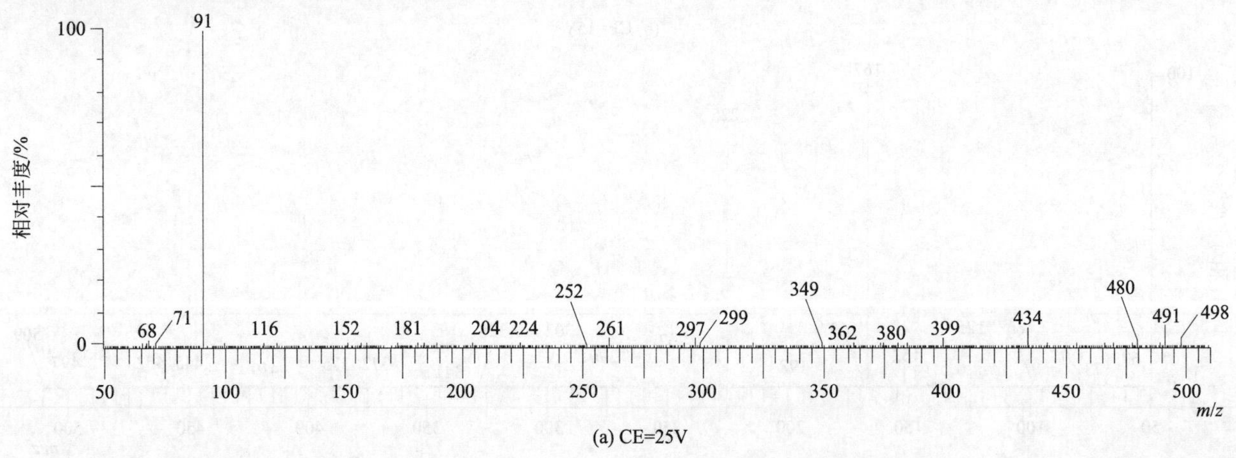

(a) CE=25V

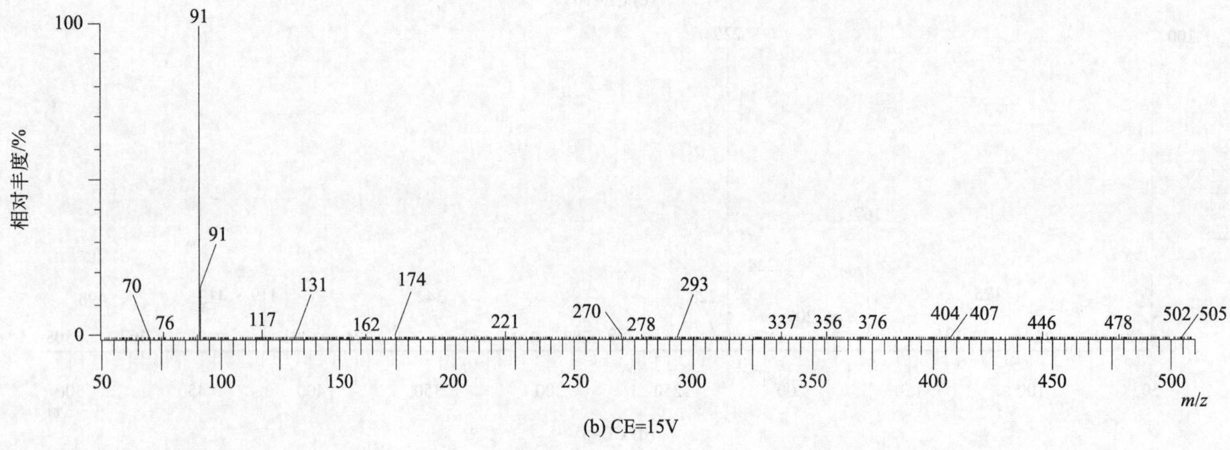

(b) CE=15V

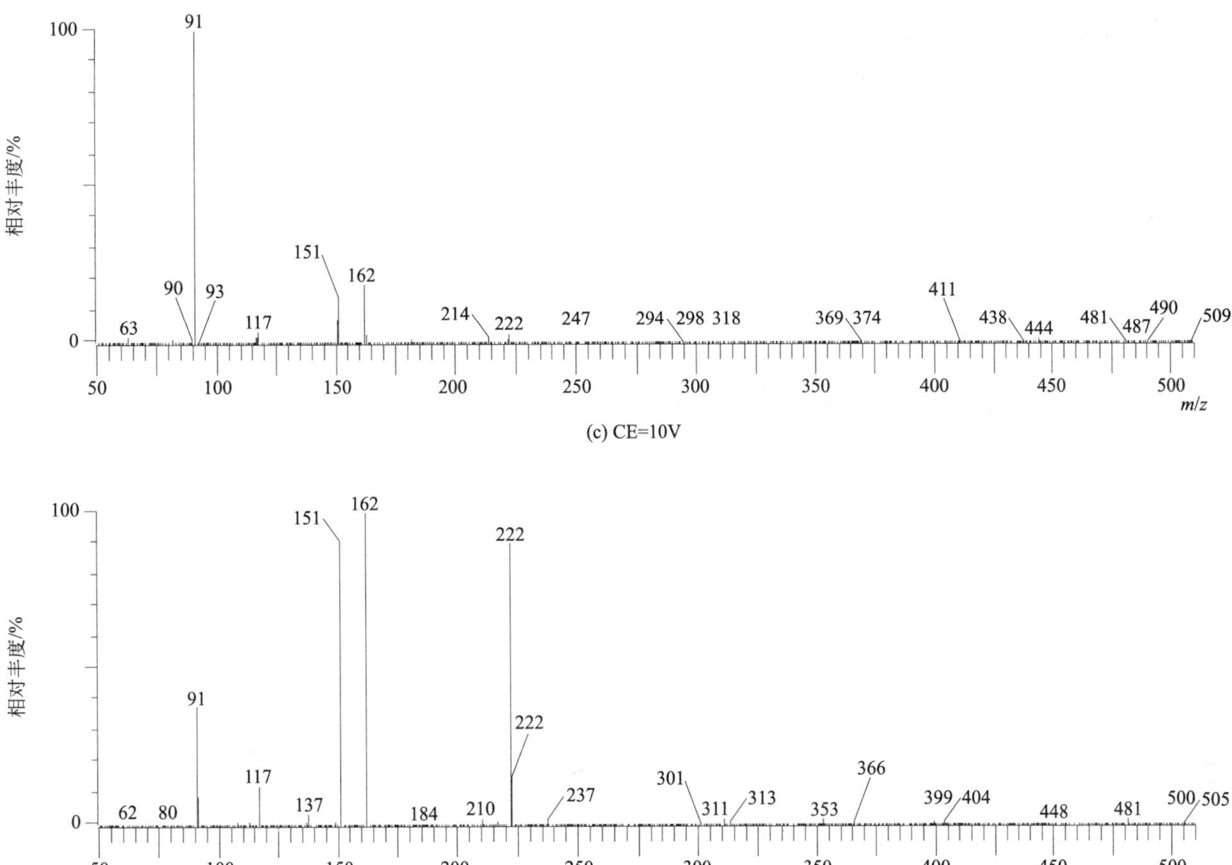

(c) CE=10V

(d) CE=5V

Etaconazole（乙环唑）

基本信息

CAS 登录号	60207-93-4	**分子量**	327.1	**扫描模式**	子离子扫描
分子式	$C_{14}H_{15}Cl_2N_3O_2$	**离子化模式**	EI	**母离子**	245

一级质谱图

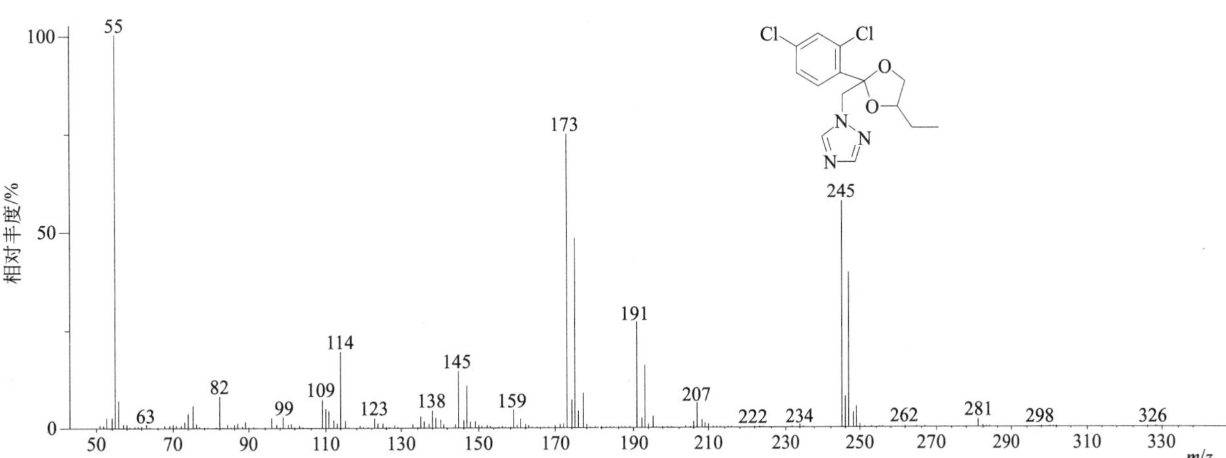

四个碰撞能量下子离子质谱图

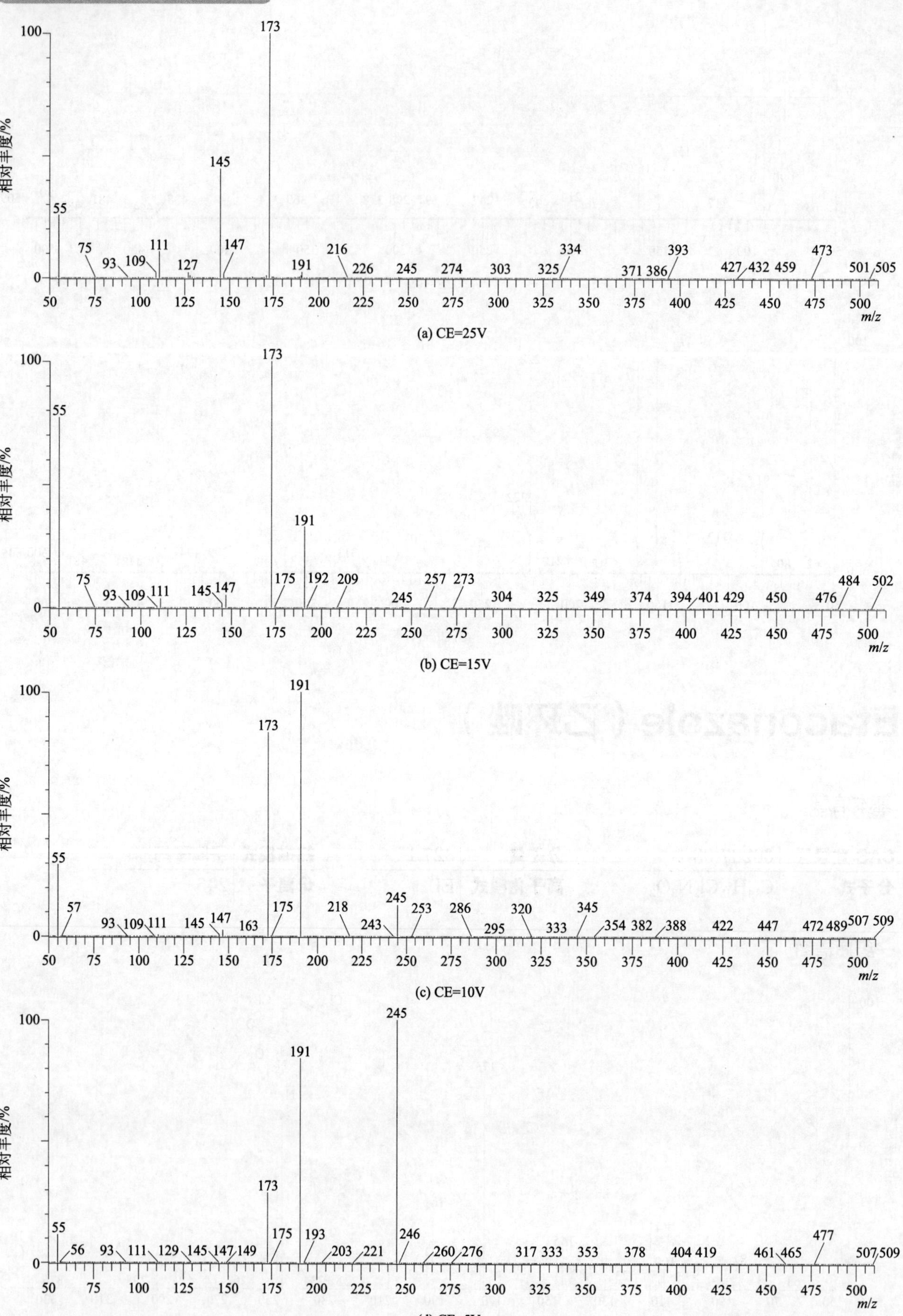

(a) CE=25V

(b) CE=15V

(c) CE=10V

(d) CE=5V

Ethalfluralin（丁烯氟灵）

基本信息

CAS 登录号	55283-68-6	分子量	333.1	扫描模式	子离子扫描
分子式	$C_{13}H_{14}F_3N_3O_4$	离子化模式	EI	母离子	316

一级质谱图

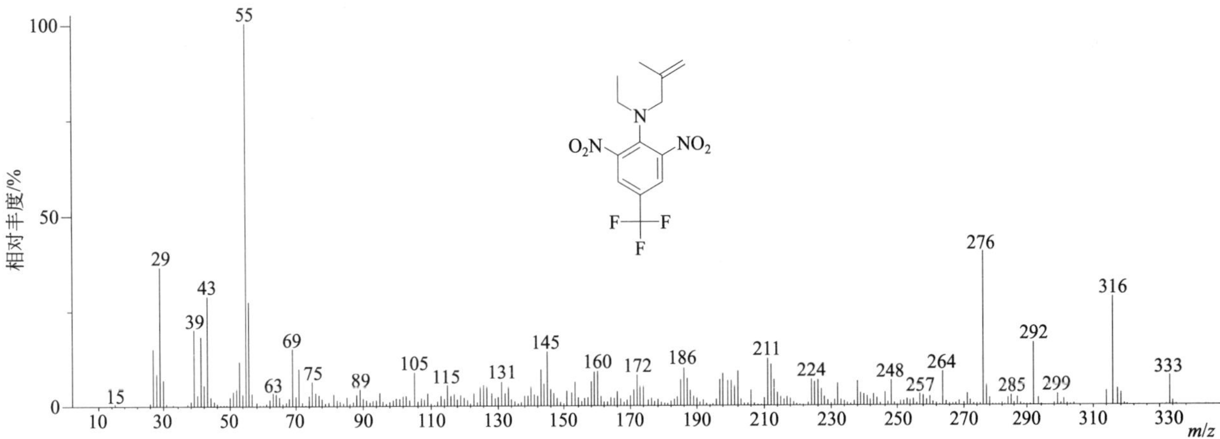

四个碰撞能量下子离子质谱图

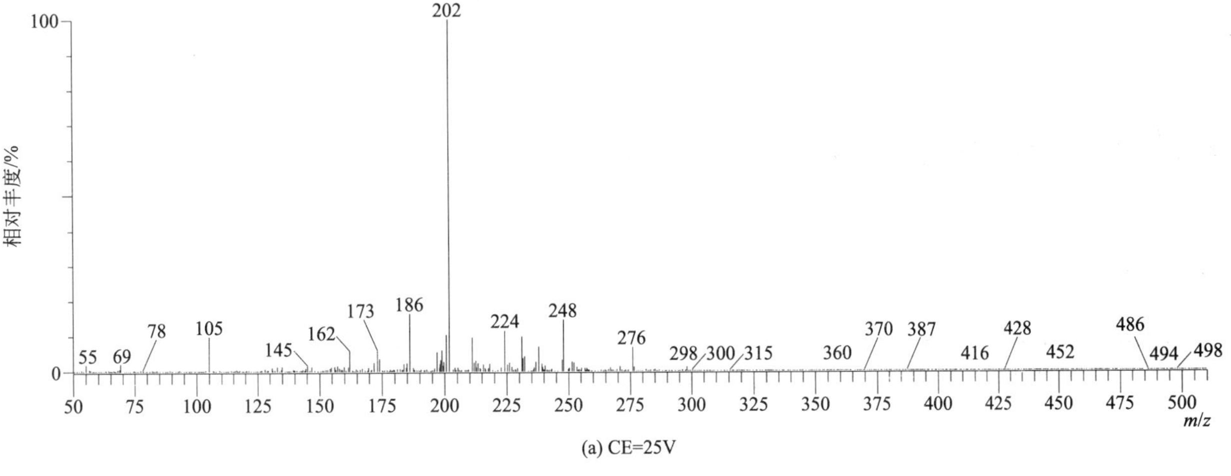

(a) CE=25V

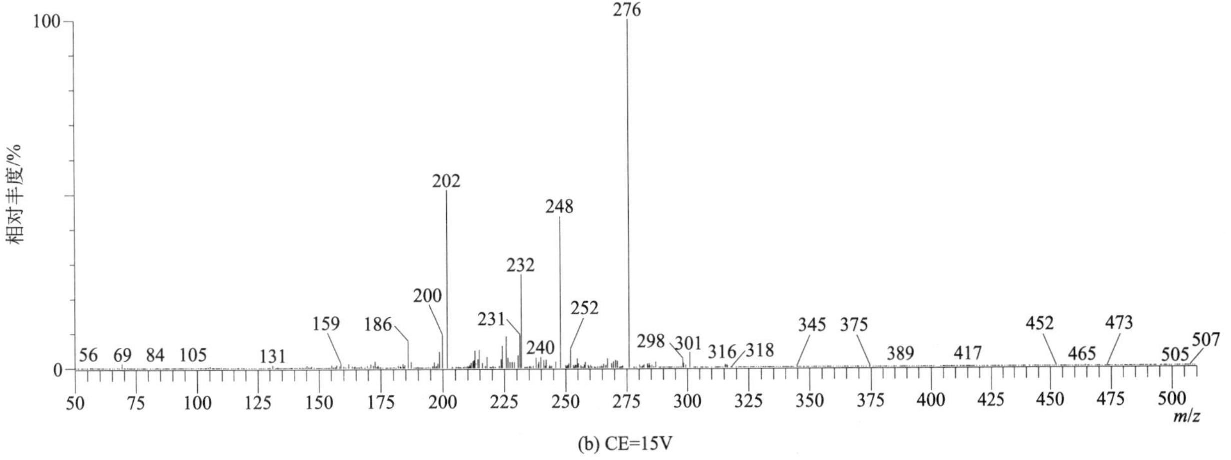

(b) CE=15V

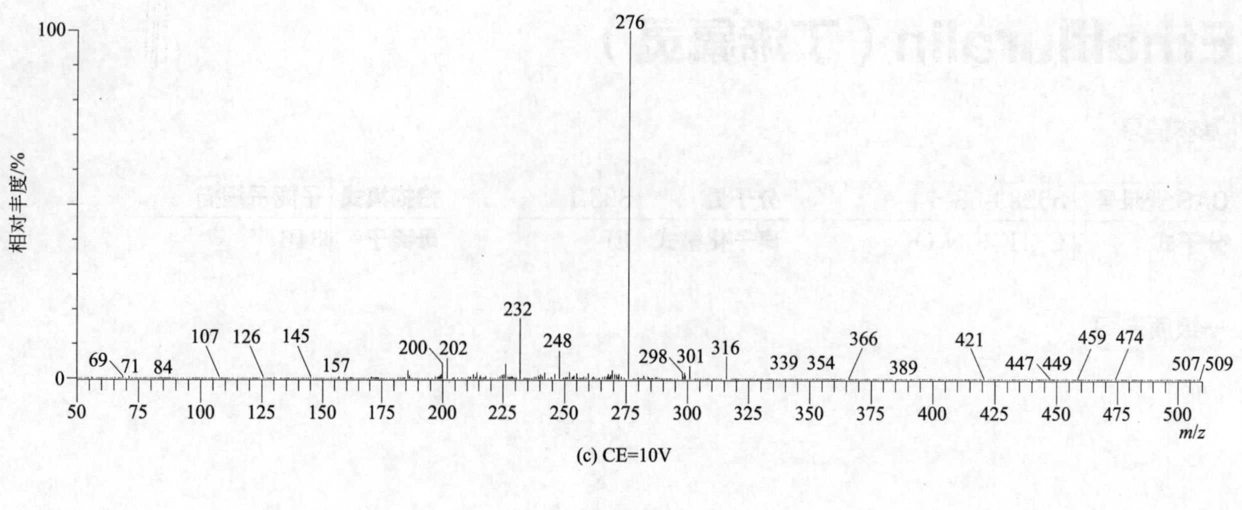

(c) CE=10V

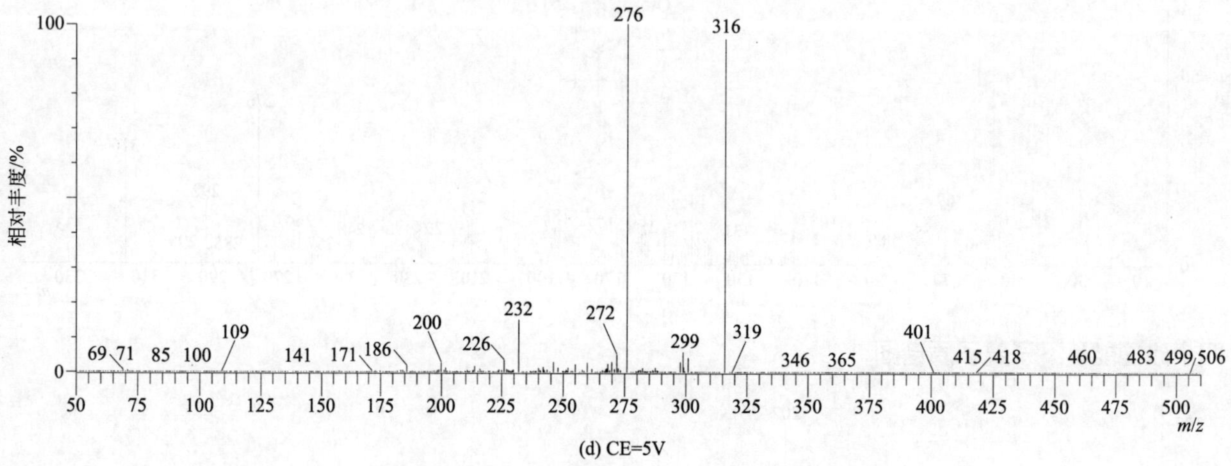

(d) CE=5V

Ethiofencarb（乙硫苯威）

基本信息

CAS 登录号	29973-13-5	分子量	225.1	扫描模式	子离子扫描
分子式	$C_{11}H_{15}NO_2S$	离子化模式	EI	母离子	168

一级质谱图

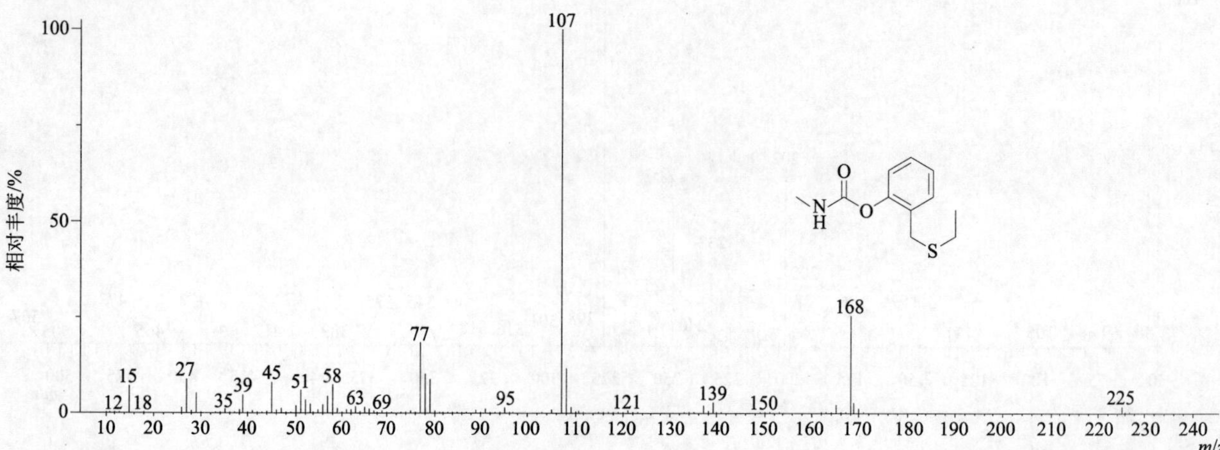

四个碰撞能量下子离子质谱图

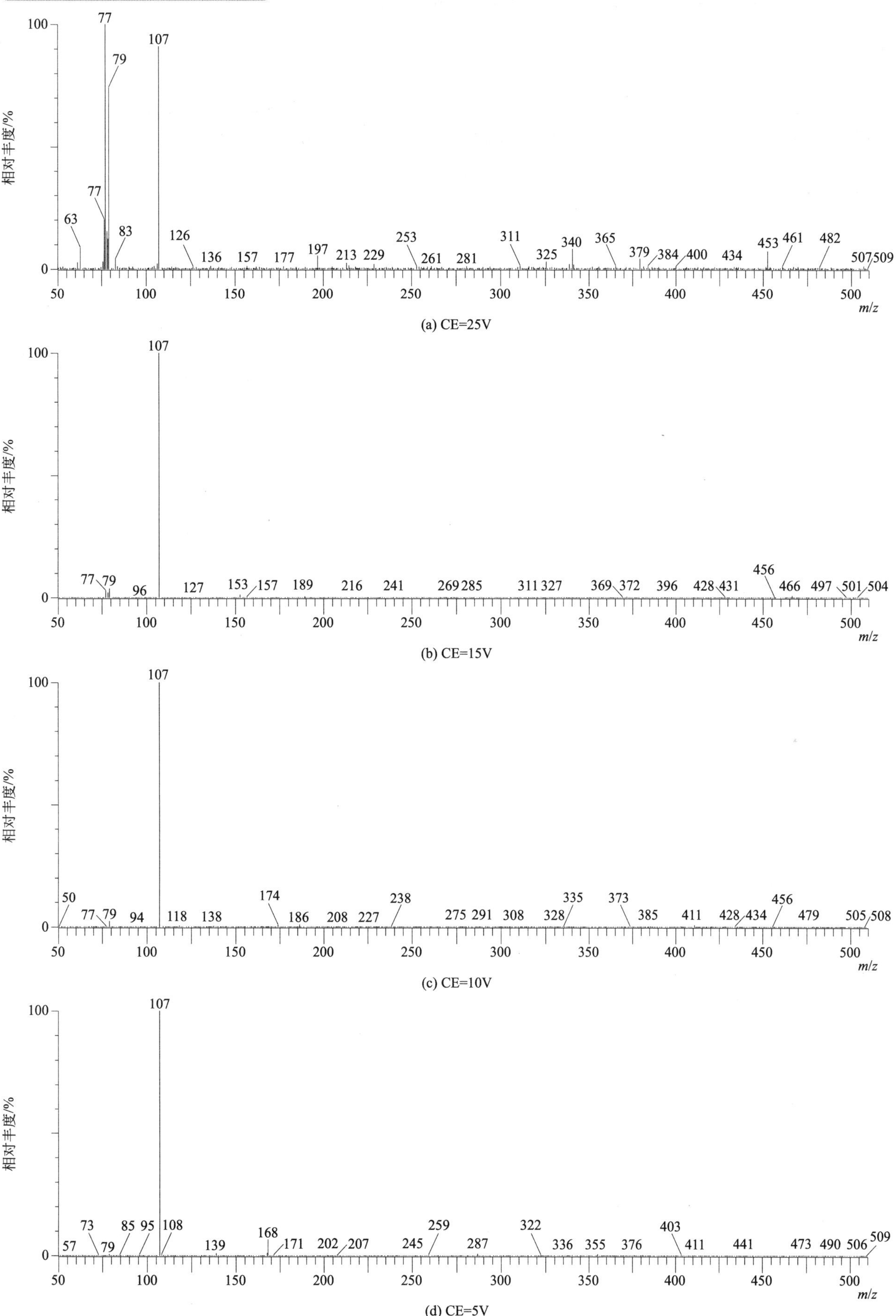

(a) CE=25V

(b) CE=15V

(c) CE=10V

(d) CE=5V

Ethofumesate（乙氧呋草黄）

基本信息

CAS 登录号	26225-79-6	分子量	286.1	扫描模式	子离子扫描
分子式	$C_{13}H_{18}O_5S$	离子化模式	EI	母离子	207

一级质谱图

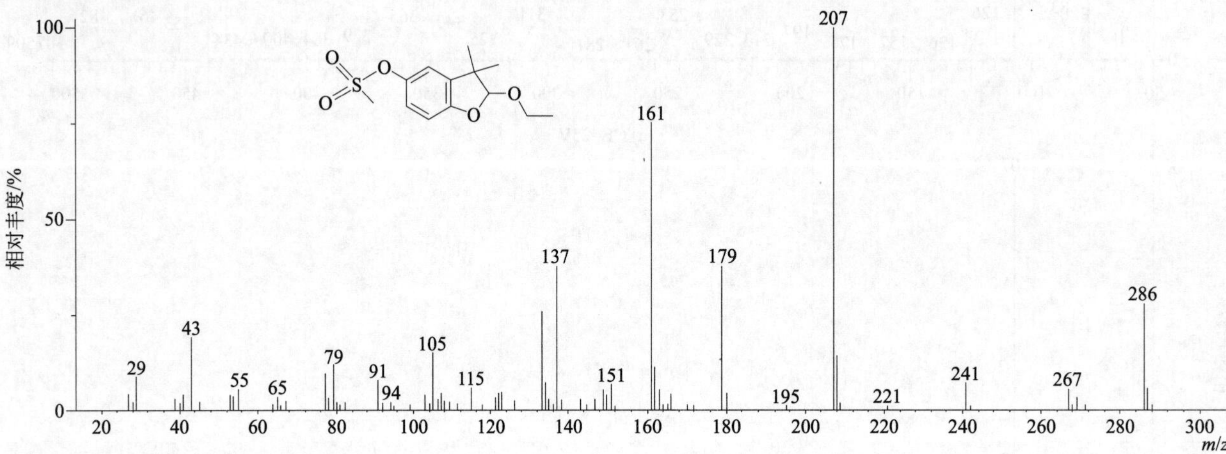

四个碰撞能量下子离子质谱图

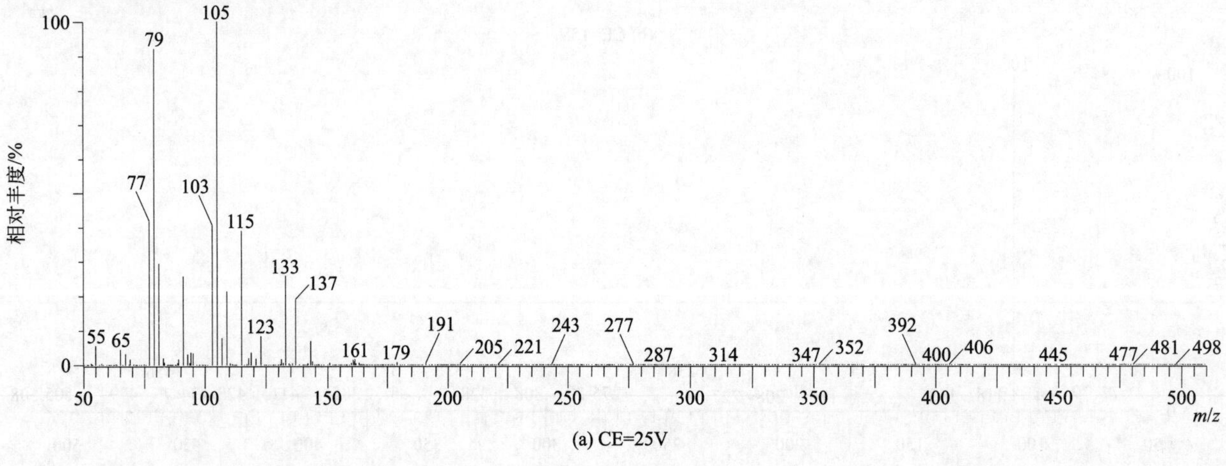

(a) CE=25V

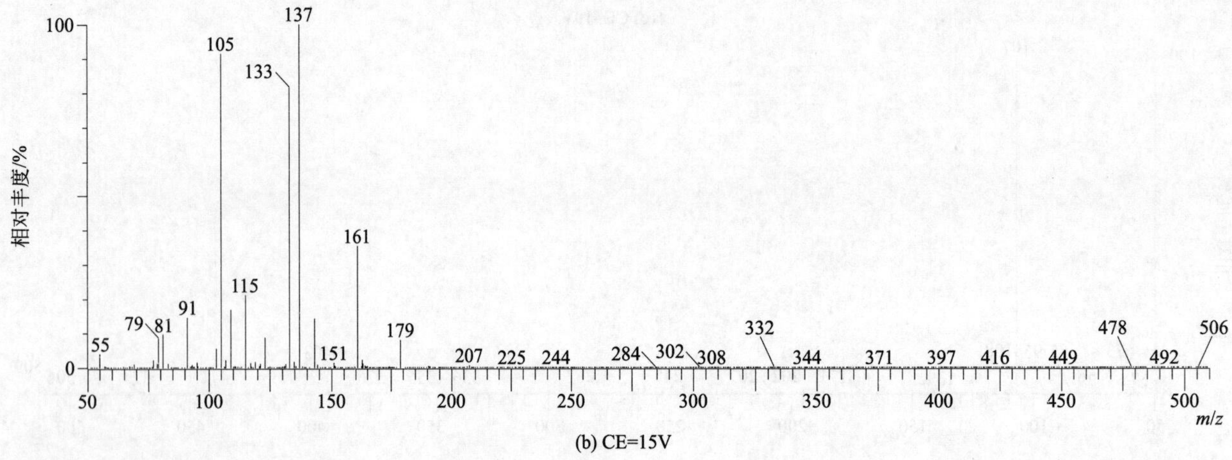

(b) CE=15V

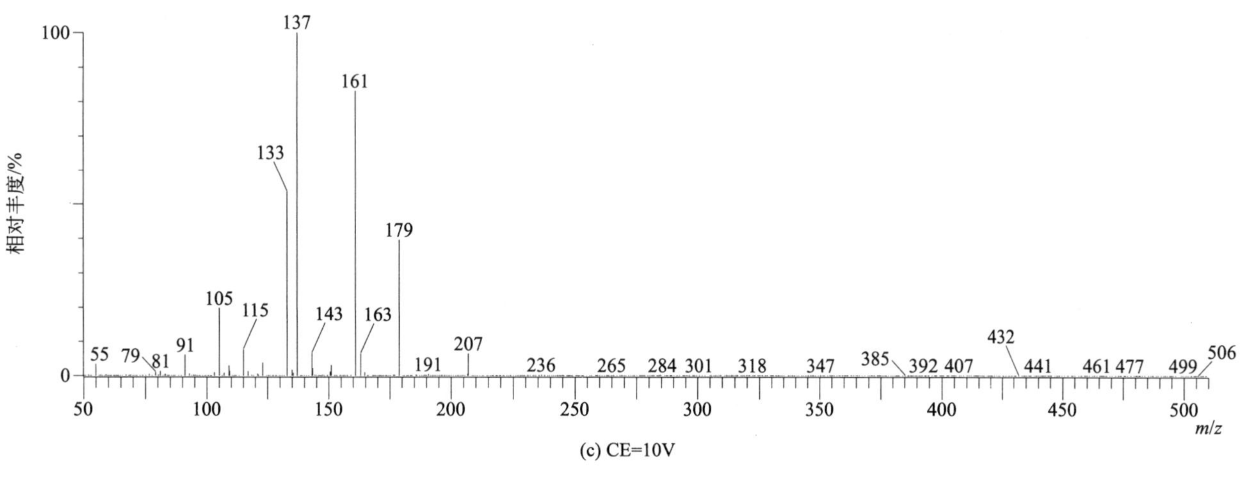

(c) CE=10V

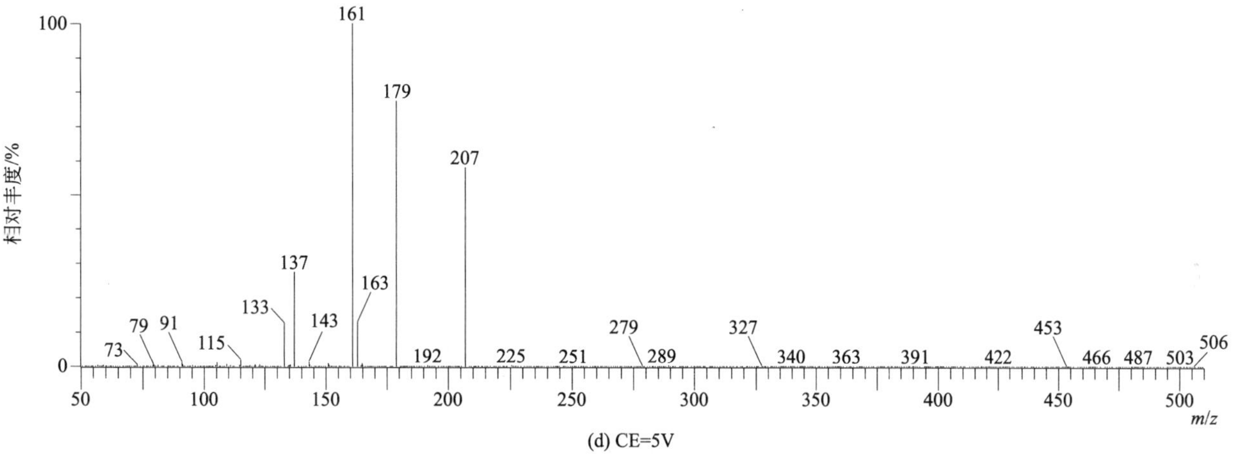

(d) CE=5V

Ethoprophos（灭线磷）

基本信息

CAS 登录号	13194-48-4	分子量	242.1	扫描模式	子离子扫描
分子式	$C_8H_{19}O_2PS_2$	离子化模式	EI	母离子	158

一级质谱图

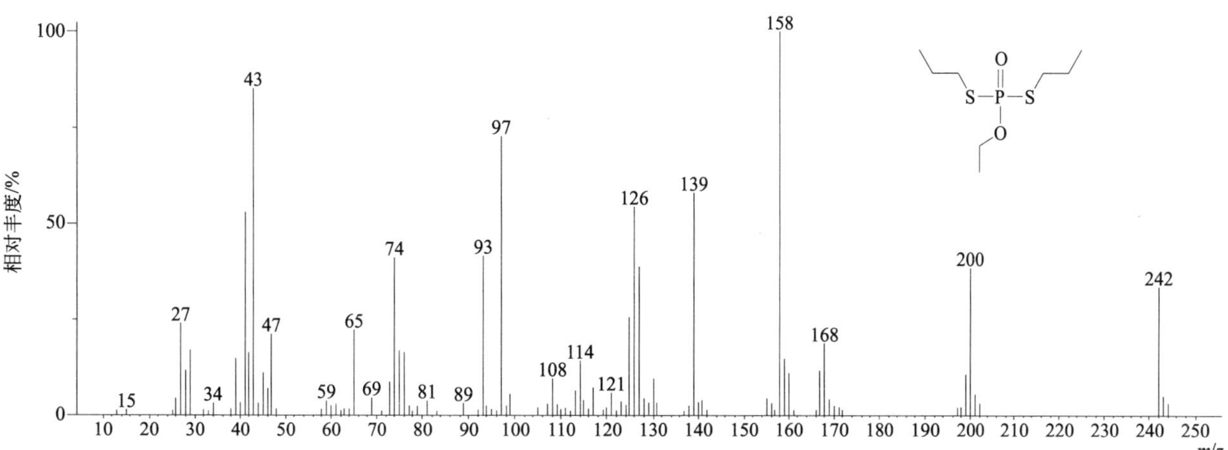

四个碰撞能量下子离子质谱图

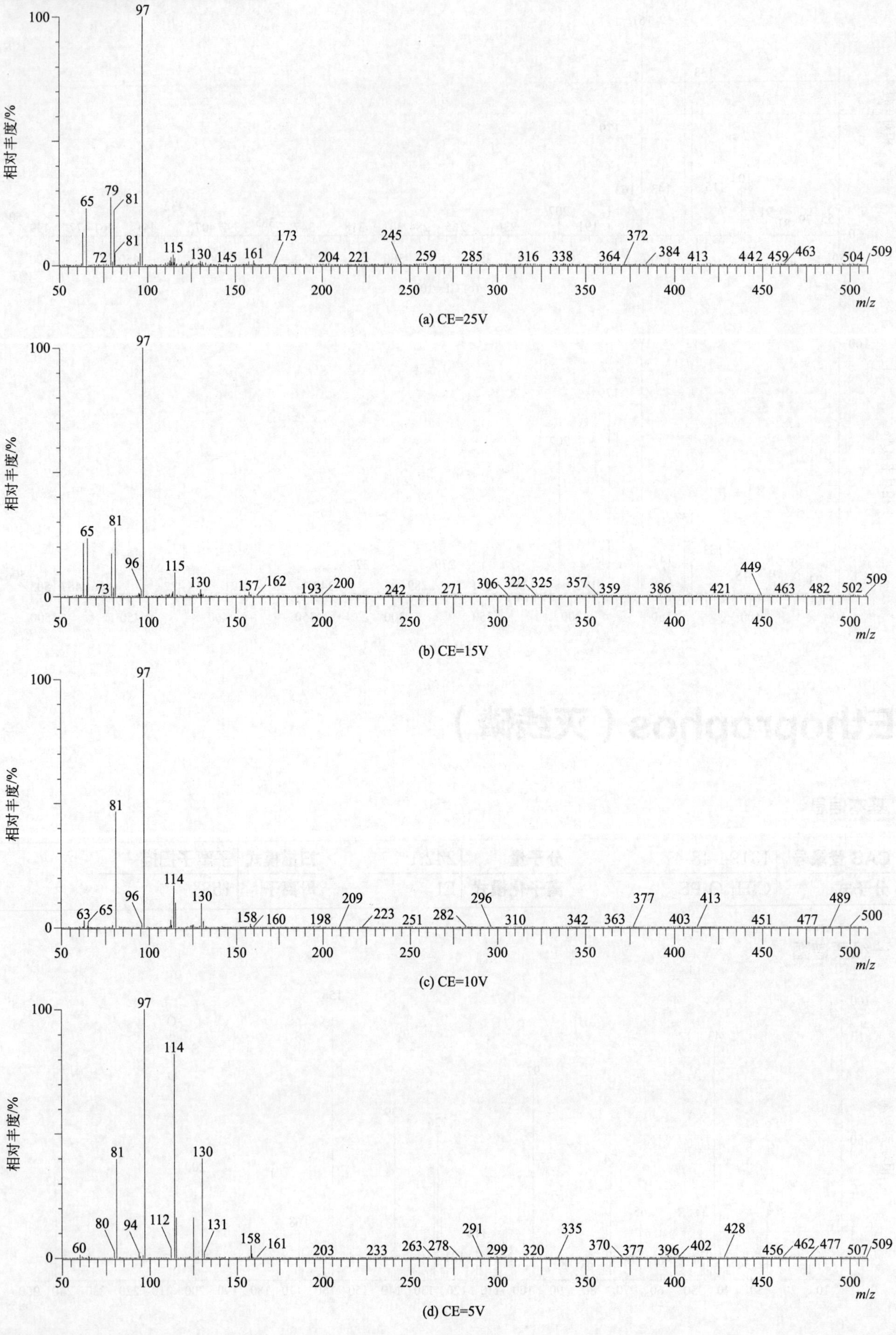

(a) CE=25V

(b) CE=15V

(c) CE=10V

(d) CE=5V

Etofenprox（醚菊酯）

基本信息

CAS 登录号	80844-07-1	分子量	376.2	扫描模式	子离子扫描
分子式	$C_{25}H_{28}O_3$	离子化模式	EI	母离子	163

一级质谱图

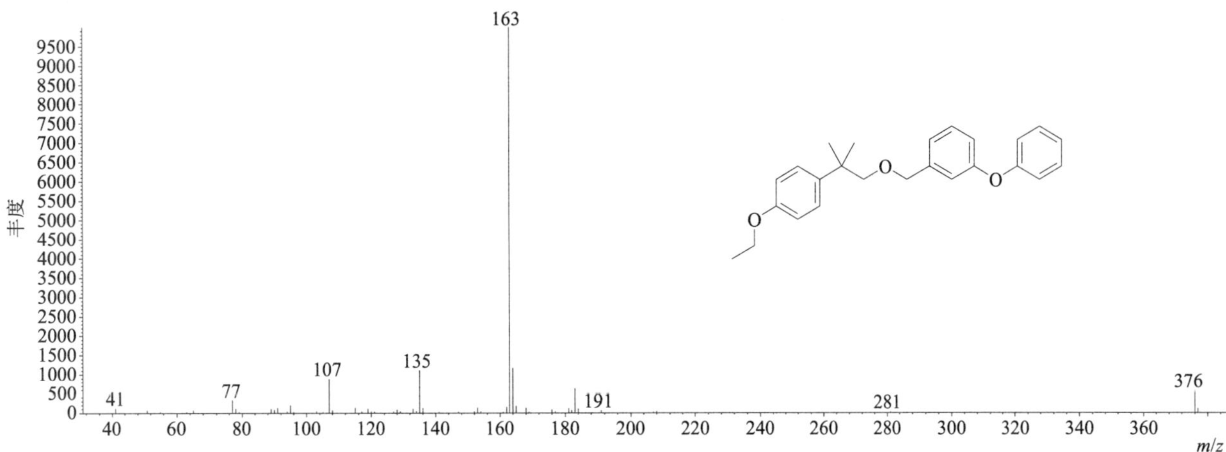

四个碰撞能量下子离子质谱图

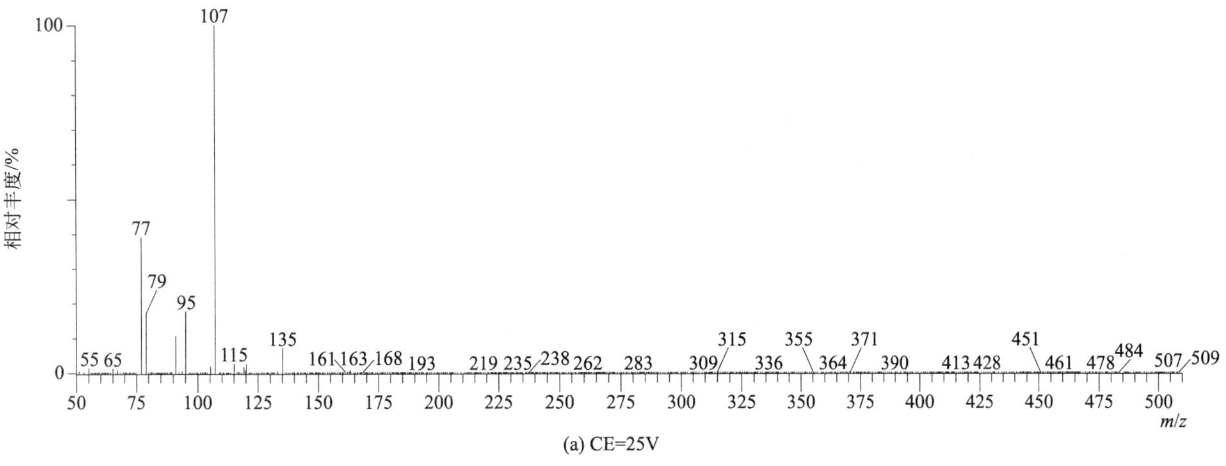

(a) CE=25V

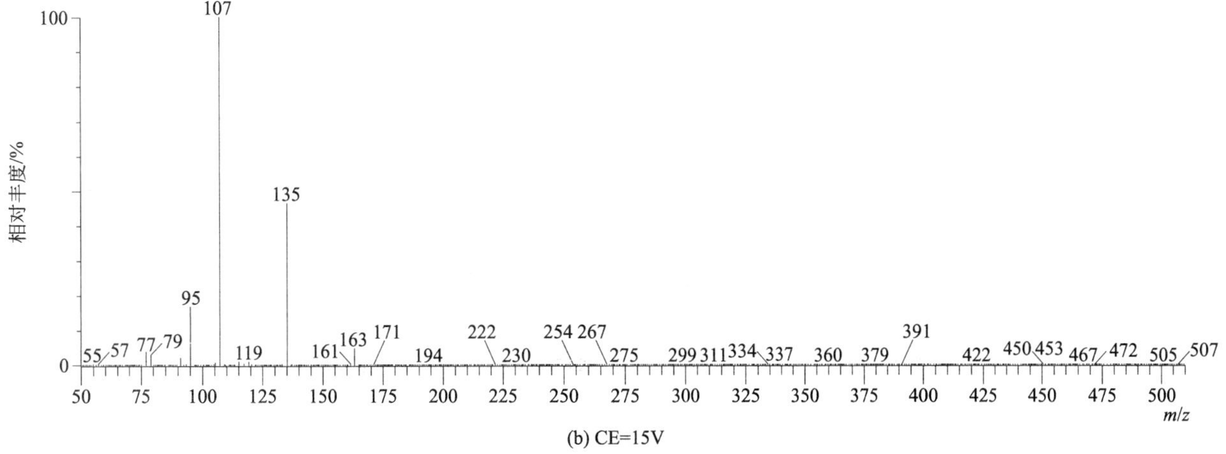

(b) CE=15V

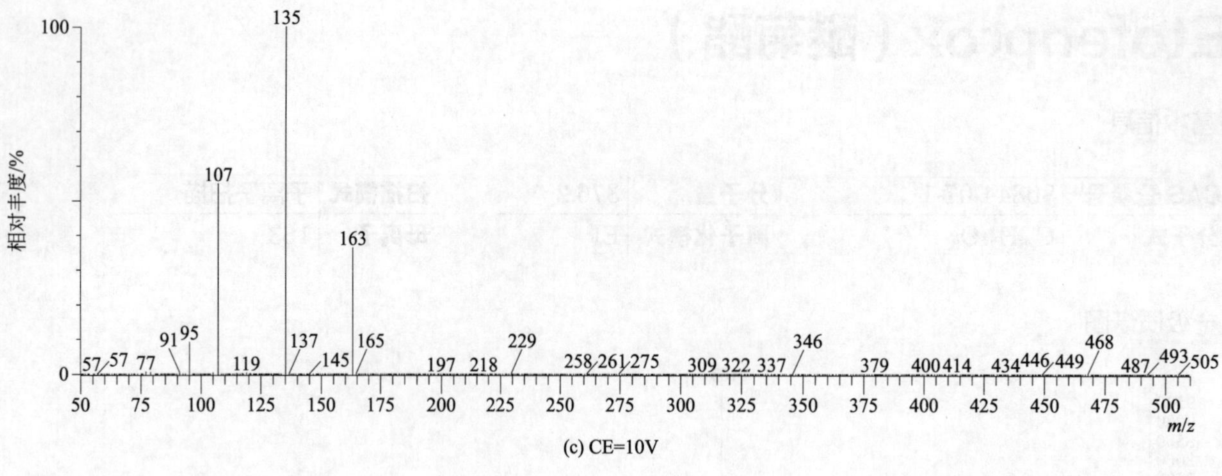

(c) CE=10V

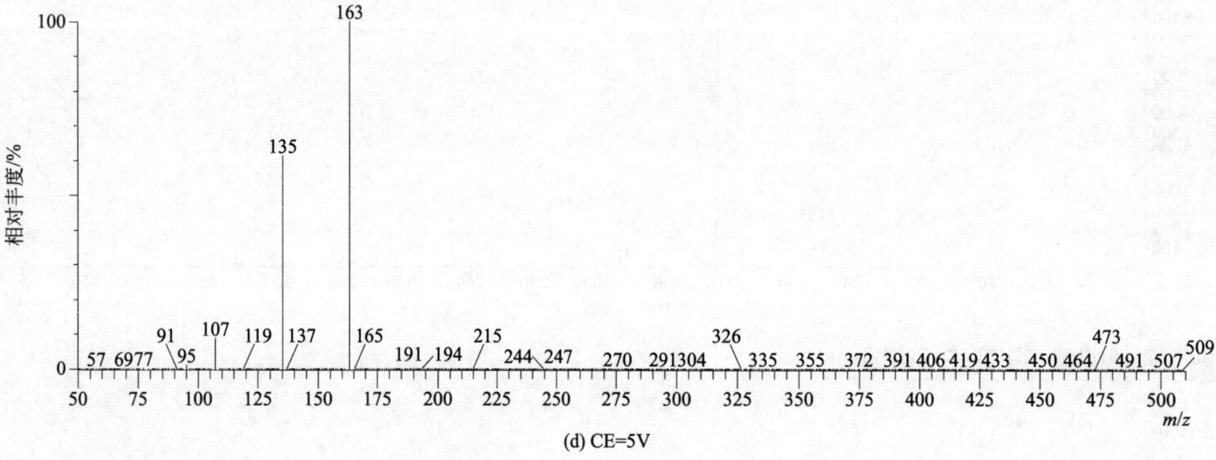

(d) CE=5V

Etridiazole（土菌灵）

基本信息

CAS 登录号	2593-15-9	分子量	245.9	扫描模式	子离子扫描
分子式	$C_5H_5Cl_3N_2OS$	离子化模式	EI	母离子	211

一级质谱图

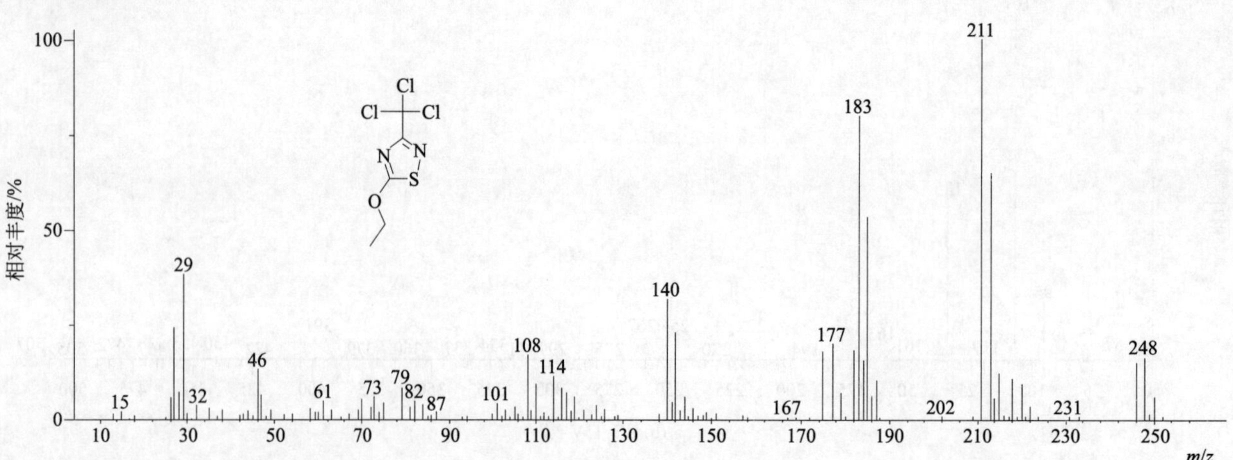

四个碰撞能量下子离子质谱图

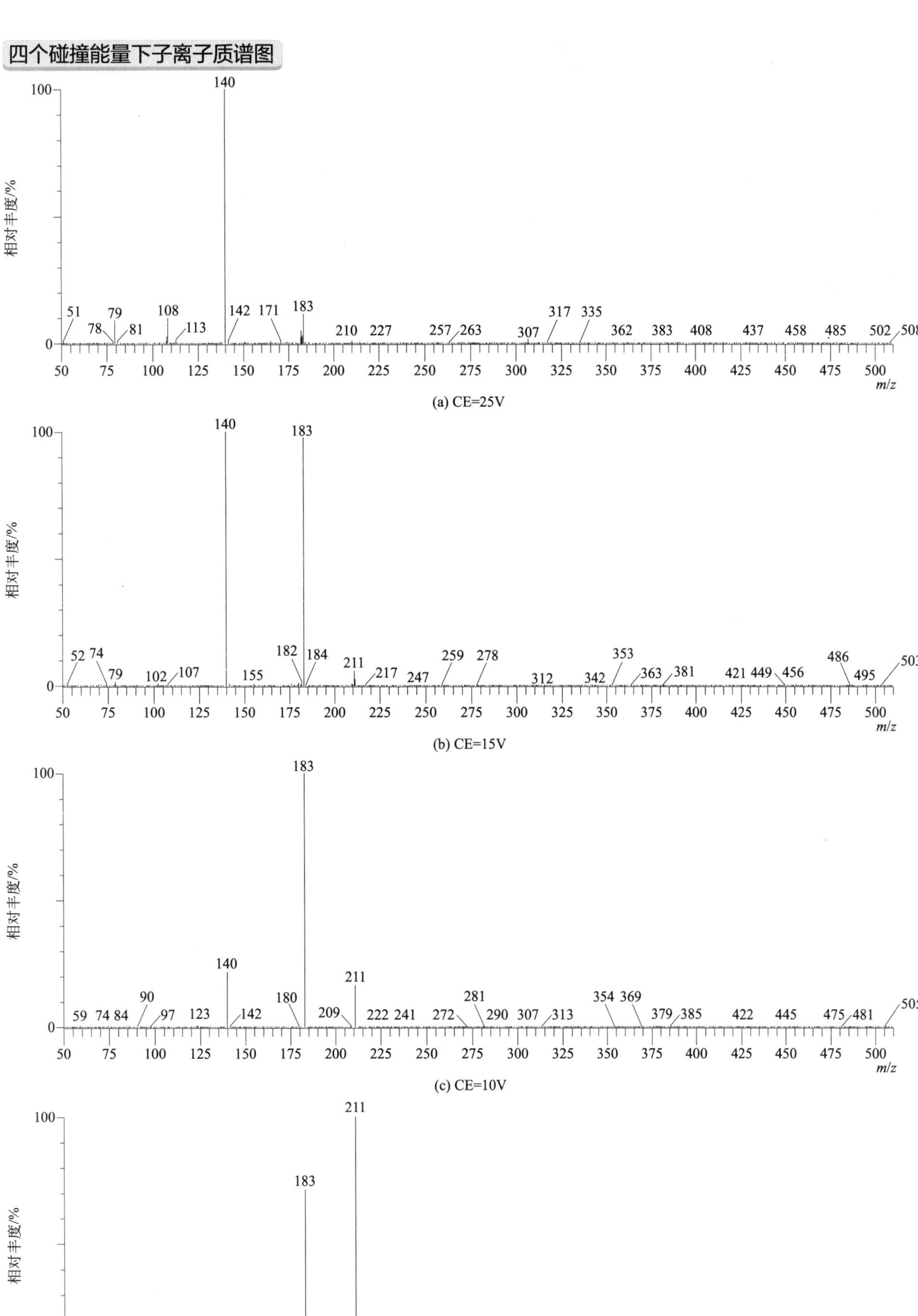

(a) CE=25V

(b) CE=15V

(c) CE=10V

(d) CE=5V

Etrimfos（乙嘧硫磷）

基本信息

CAS 登录号	38260-54-7	分子量	292.1	扫描模式	子离子扫描
分子式	$C_{10}H_{17}N_2O_4PS$	离子化模式	EI	母离子	292

一级质谱图

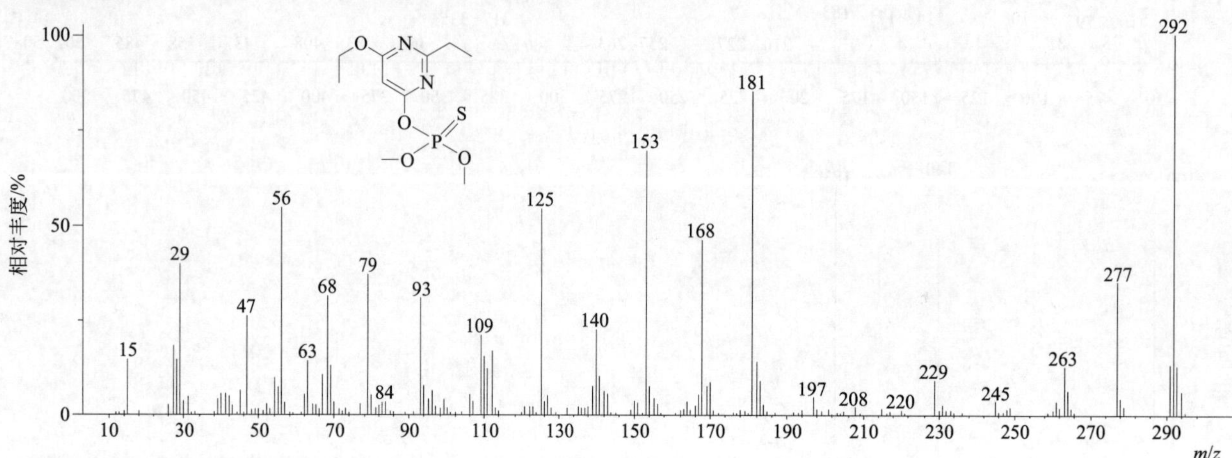

四个碰撞能量下子离子质谱图

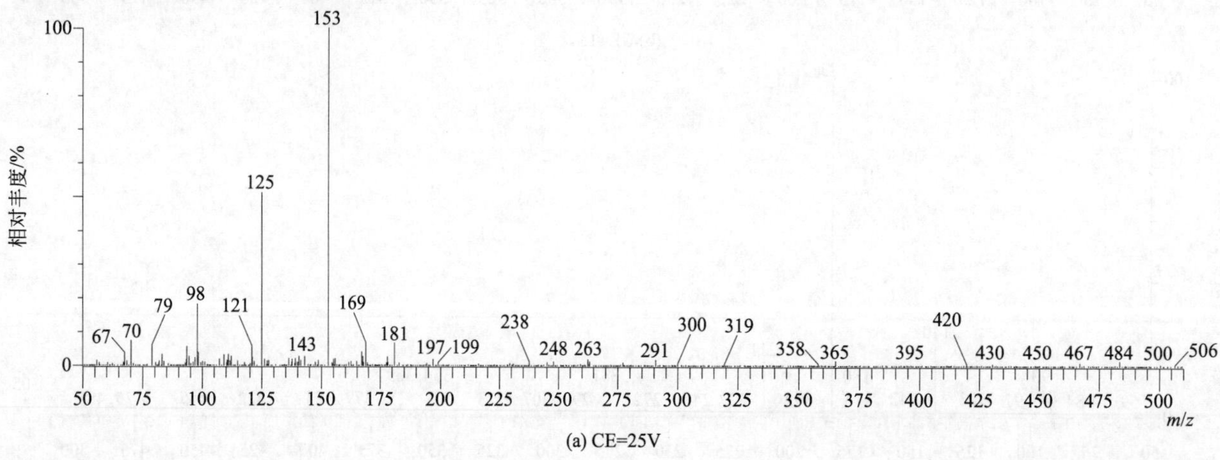

(a) CE=25V

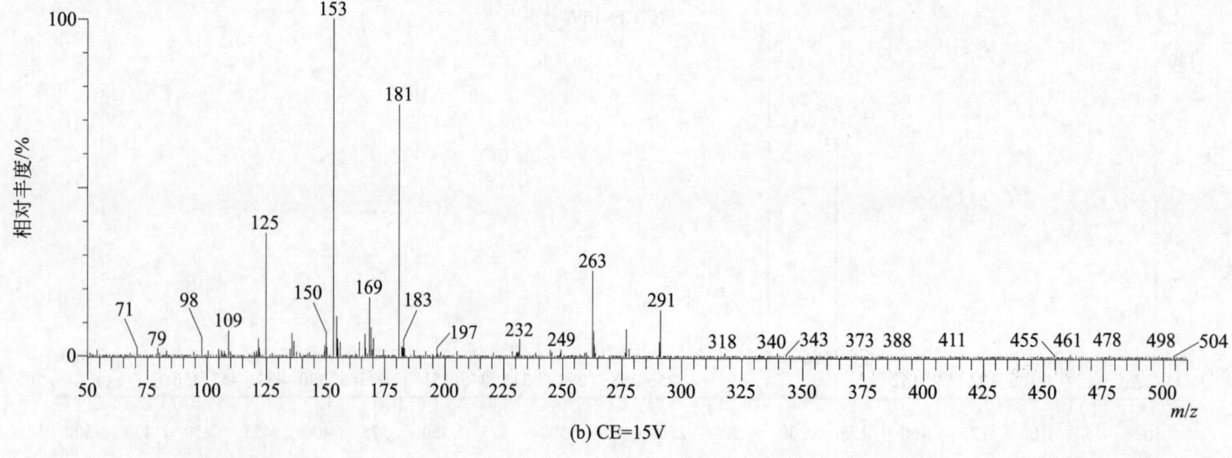

(b) CE=15V

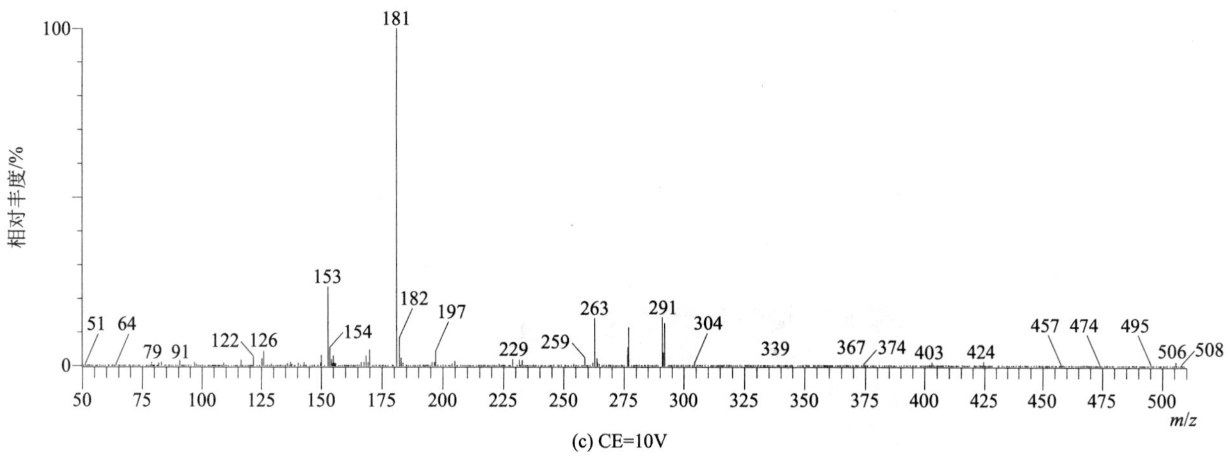

(c) CE=10V

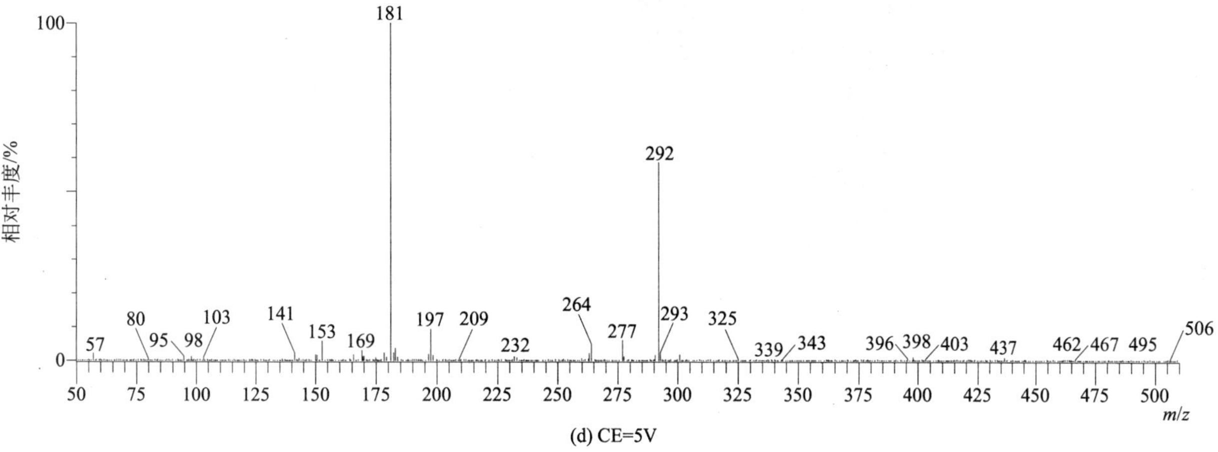

(d) CE=5V

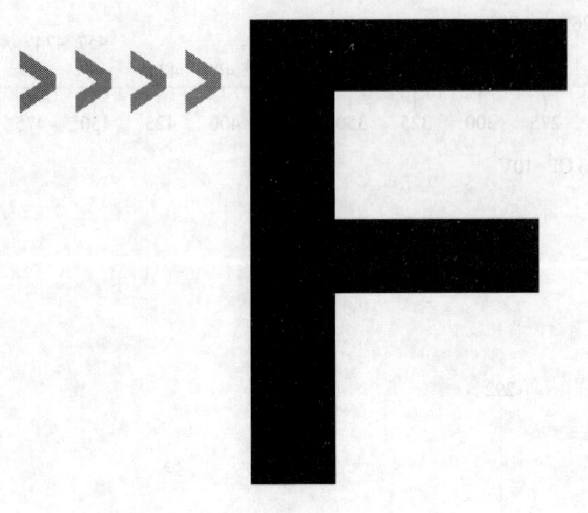

Famphur（伐灭磷）

基本信息

CAS 登录号	52-85-7	分子量	325.0	扫描模式	子离子扫描
分子式	$C_{10}H_{16}NO_5PS_2$	离子化模式	EI	母离子	218

一级质谱图

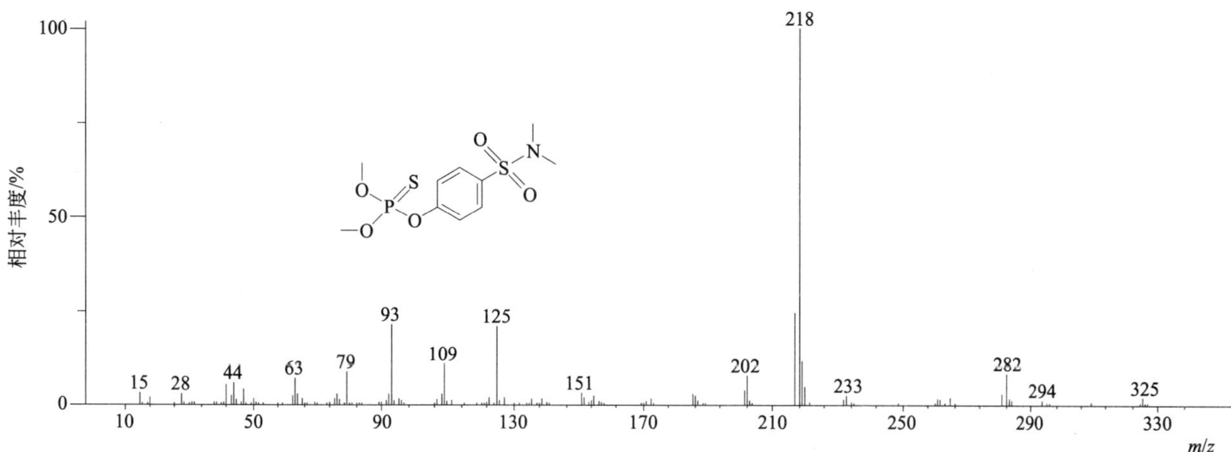

四个碰撞能量下子离子质谱图

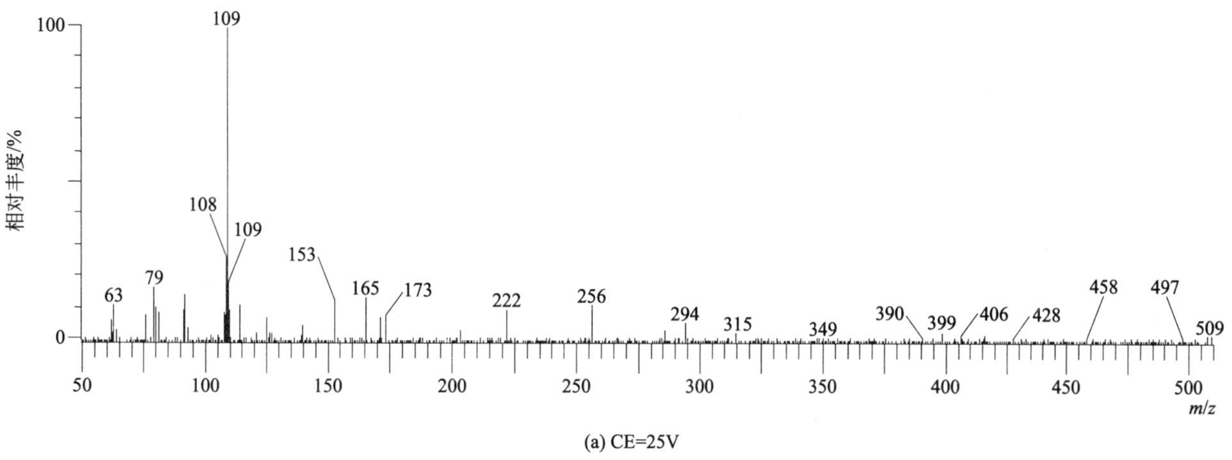

(a) CE=25V

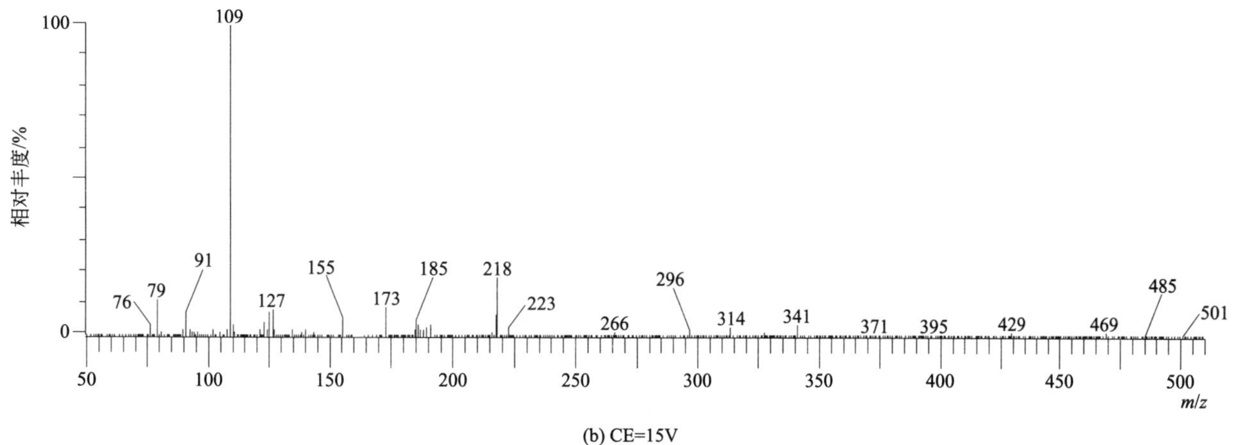

(b) CE=15V

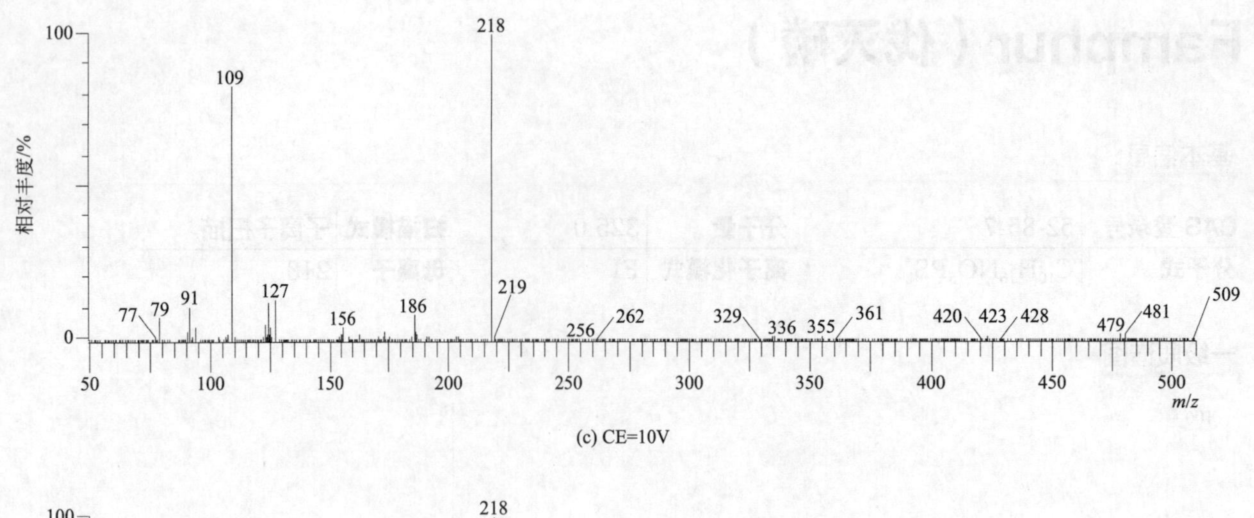

(c) CE=10V

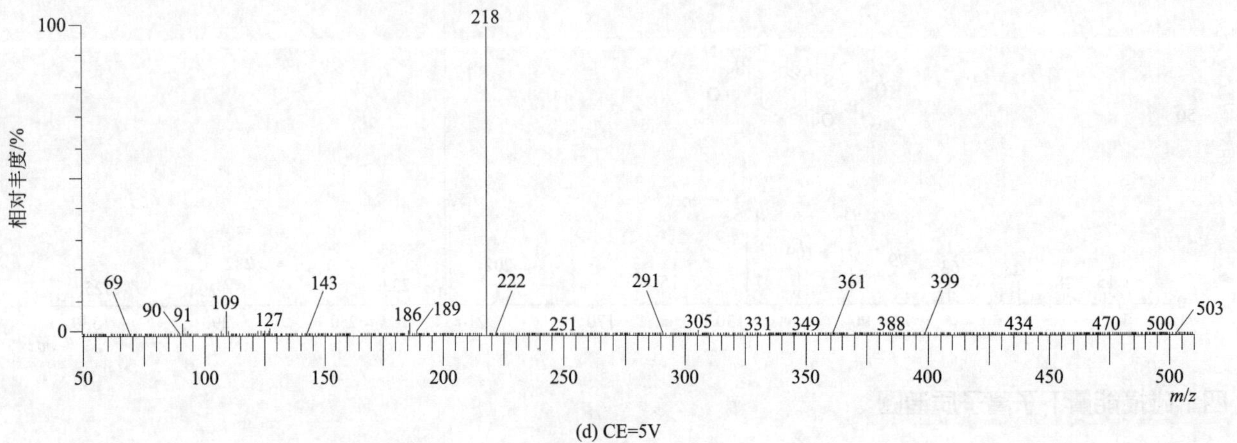

(d) CE=5V

Fenamidone（咪唑菌酮）

基本信息

CAS 登录号	161326-34-7	分子量	311.1	扫描模式	子离子扫描
分子式	$C_{17}H_{17}N_3OS$	离子化模式	EI	母离子	268

一级质谱图

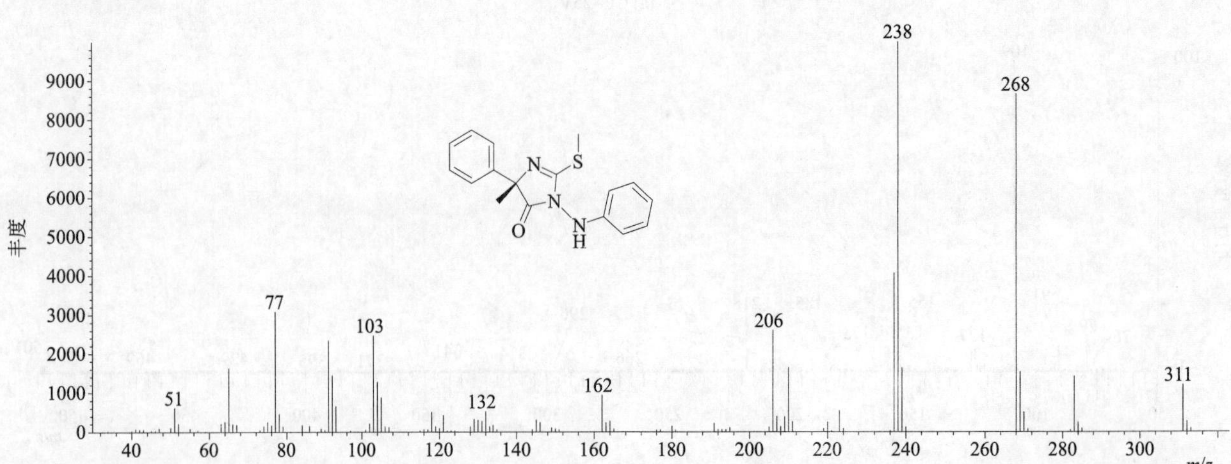

四个碰撞能量下子离子质谱图

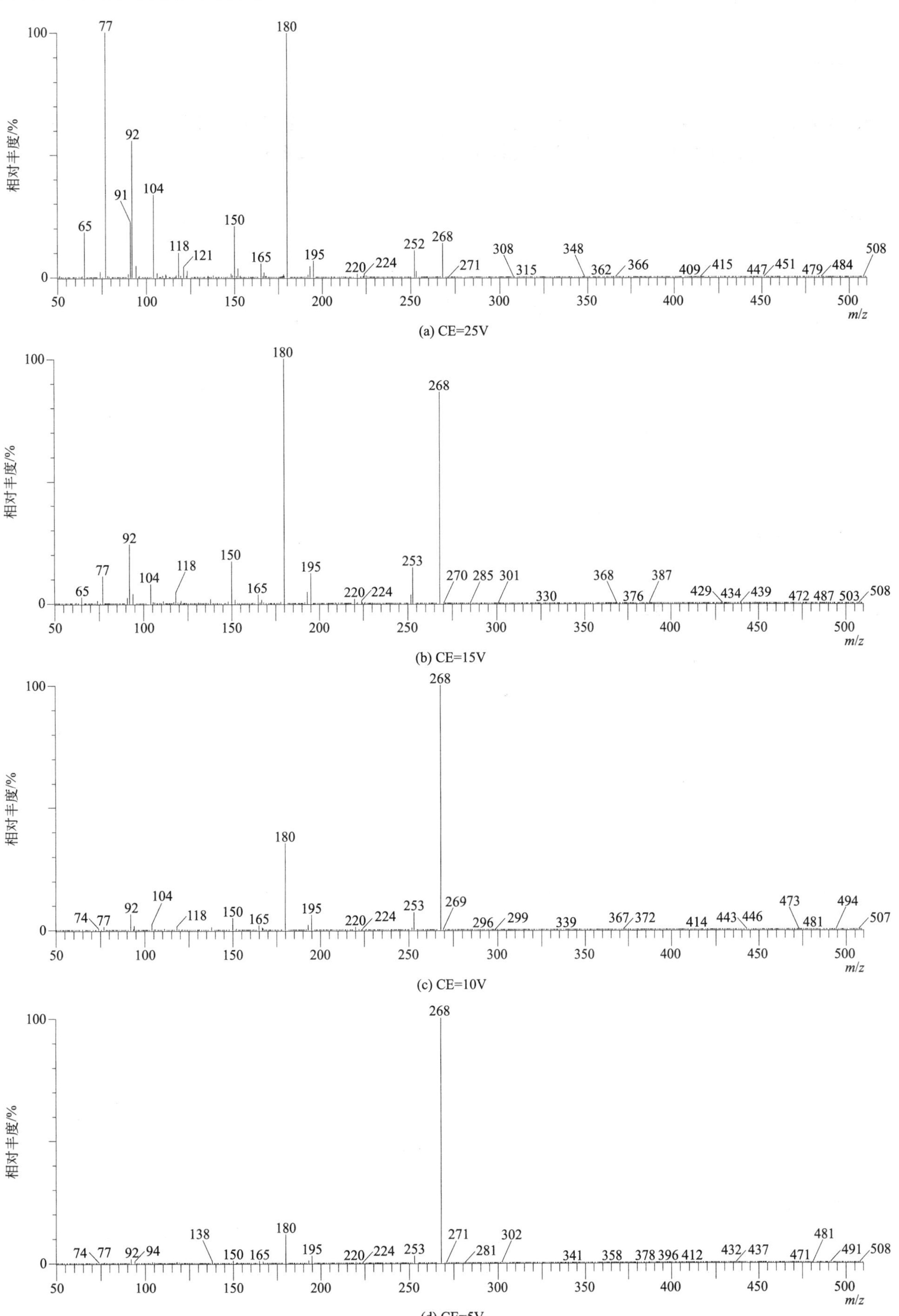

(a) CE=25V

(b) CE=15V

(c) CE=10V

(d) CE=5V

Fenamiphos（苯线磷）

基本信息

CAS 登录号	22224-92-6	分子量	303.1	扫描模式	子离子扫描
分子式	$C_{13}H_{22}NO_3PS$	离子化模式	EI	母离子	303

一级质谱图

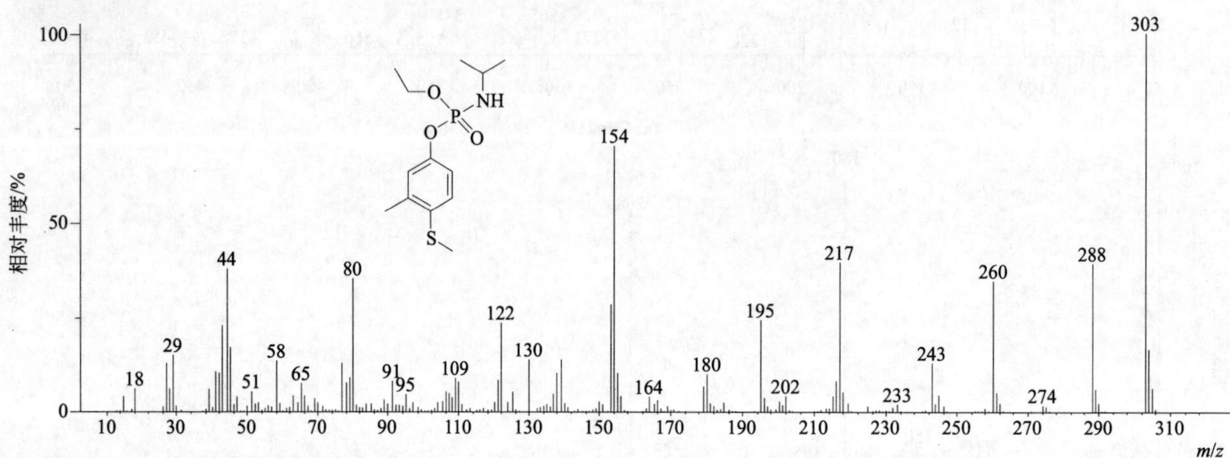

四个碰撞能量下子离子质谱图

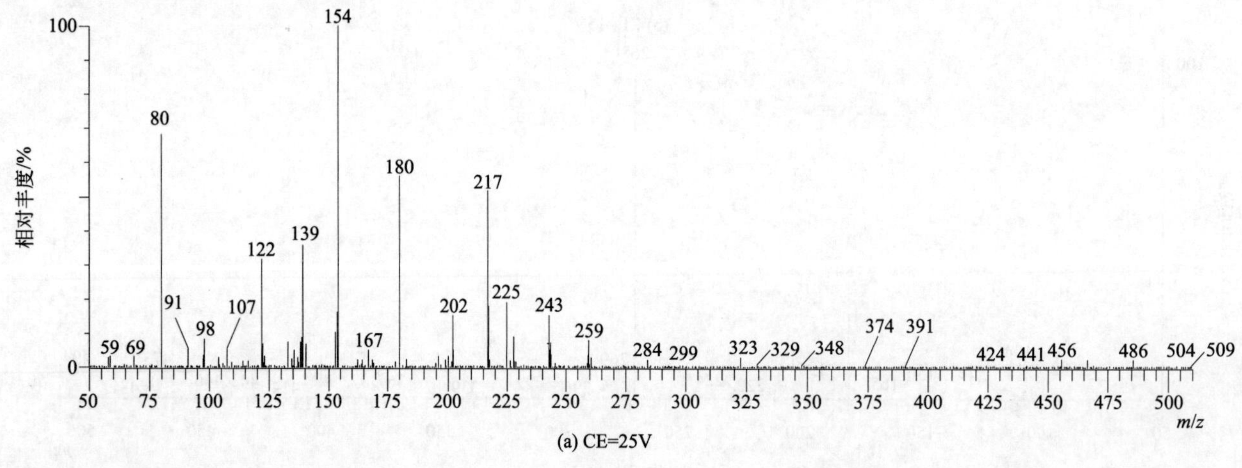

(a) CE=25V

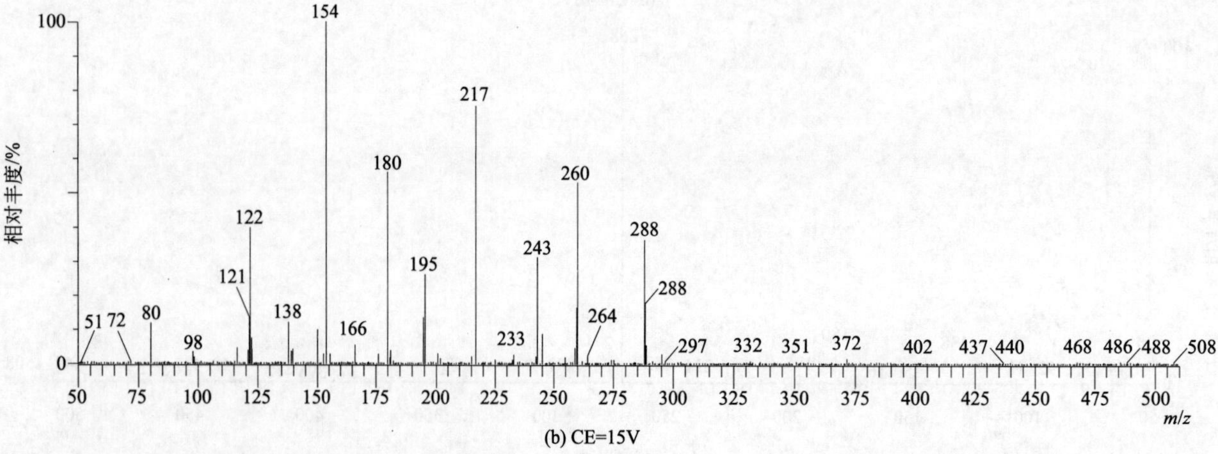

(b) CE=15V

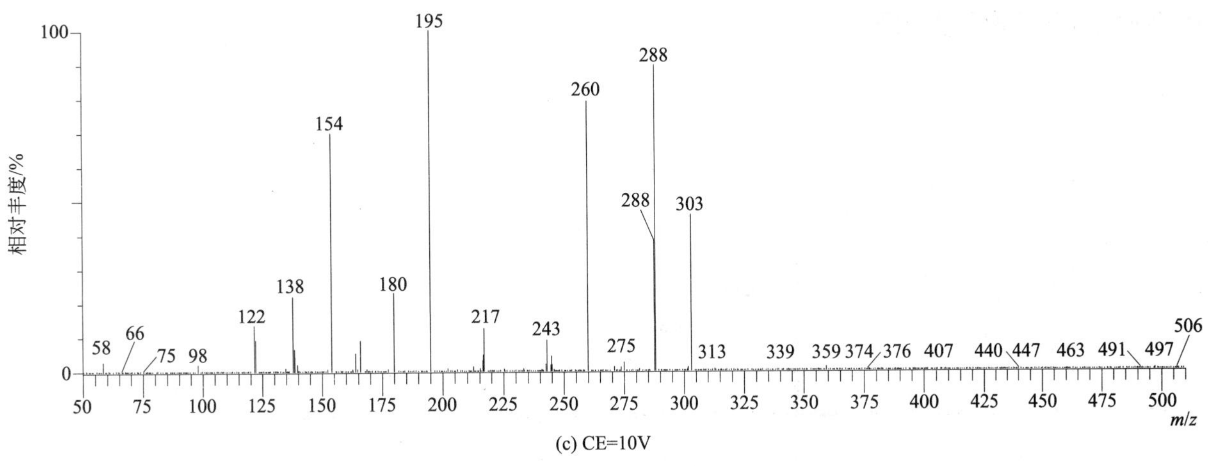

(c) CE=10V

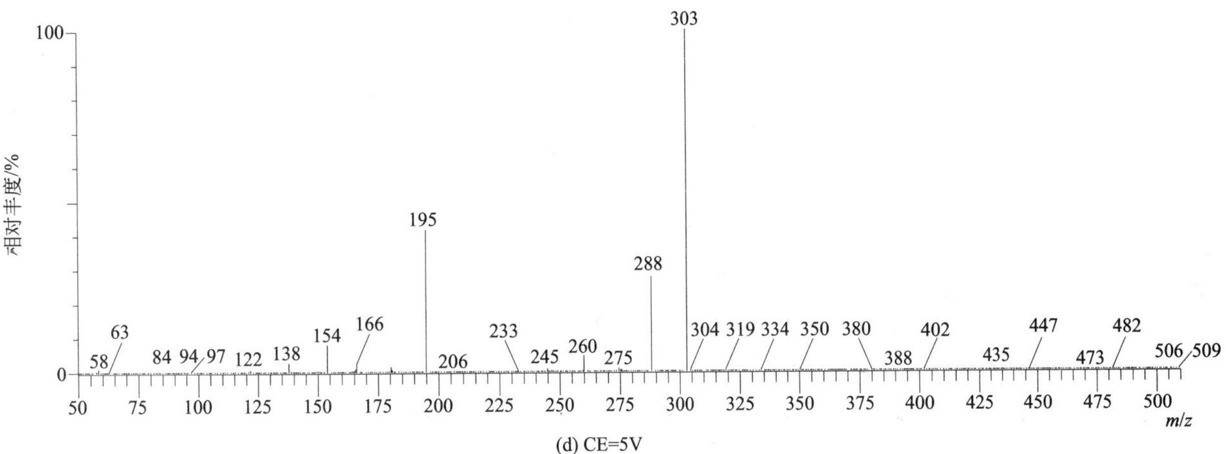

(d) CE=5V

Fenamiphos sulfone（苯线磷砜）

基本信息

CAS 登录号	31972-44-8	分子量	335.1	扫描模式	子离子扫描
分子式	$C_{13}H_{22}NO_5PS$	离子化模式	EI	母离子	320

一级质谱图

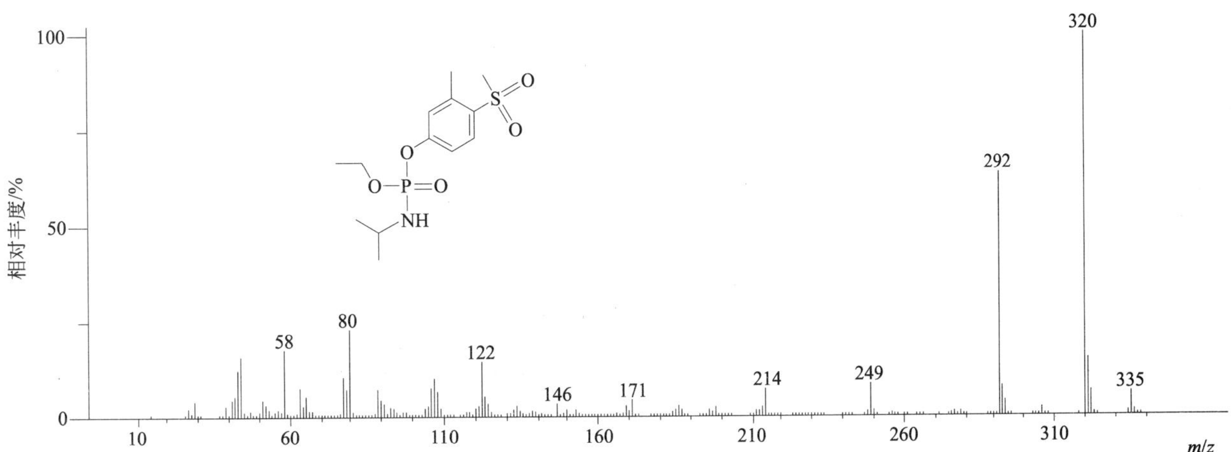

四个碰撞能量下子离子质谱图

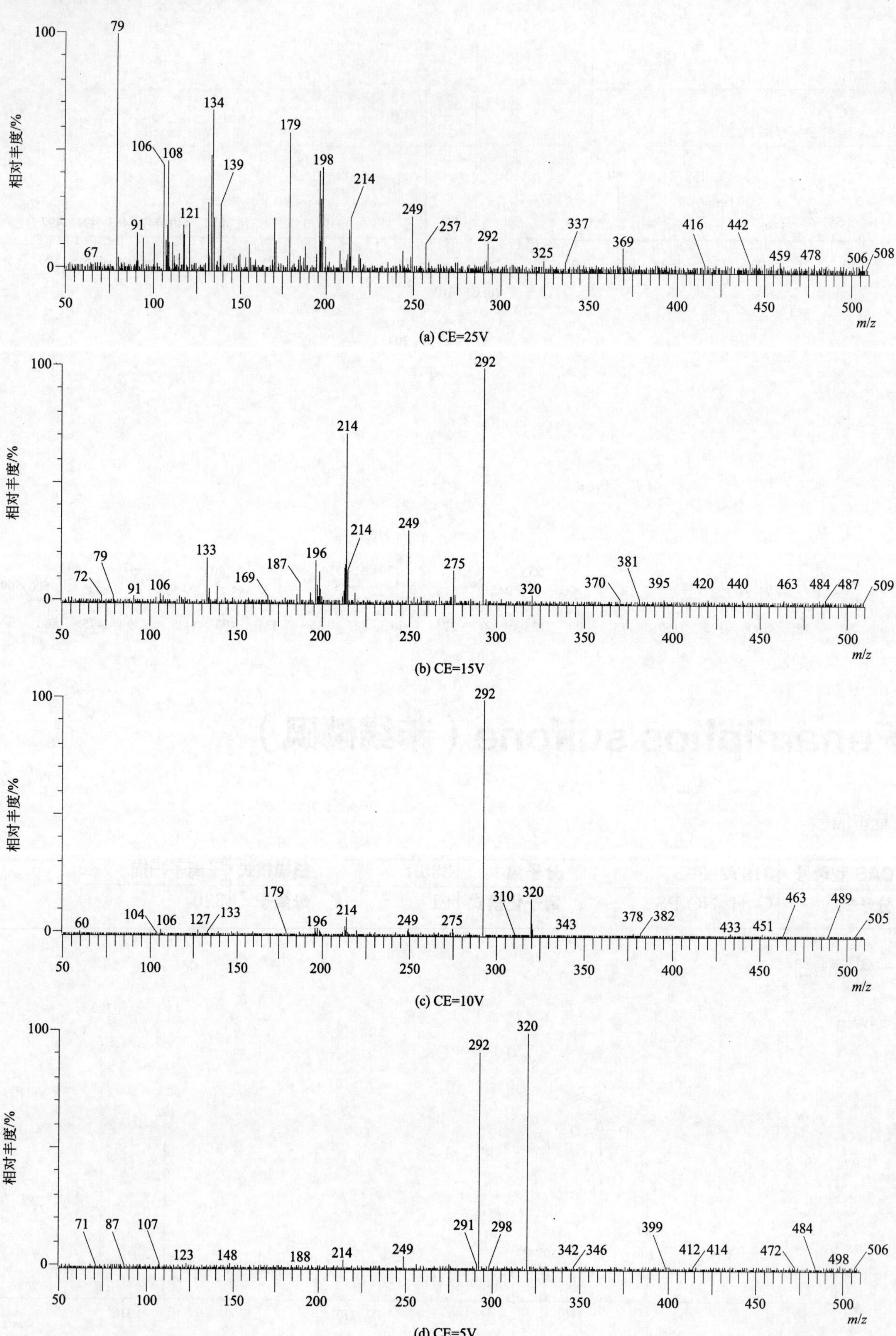

(a) CE=25V

(b) CE=15V

(c) CE=10V

(d) CE=5V

Fenarimol（氯苯嘧啶醇）

基本信息

CAS 登录号	60168-88-9	分子量	330.0	扫描模式	子离子扫描
分子式	$C_{17}H_{12}Cl_2N_2O$	离子化模式	EI	母离子	330

一级质谱图

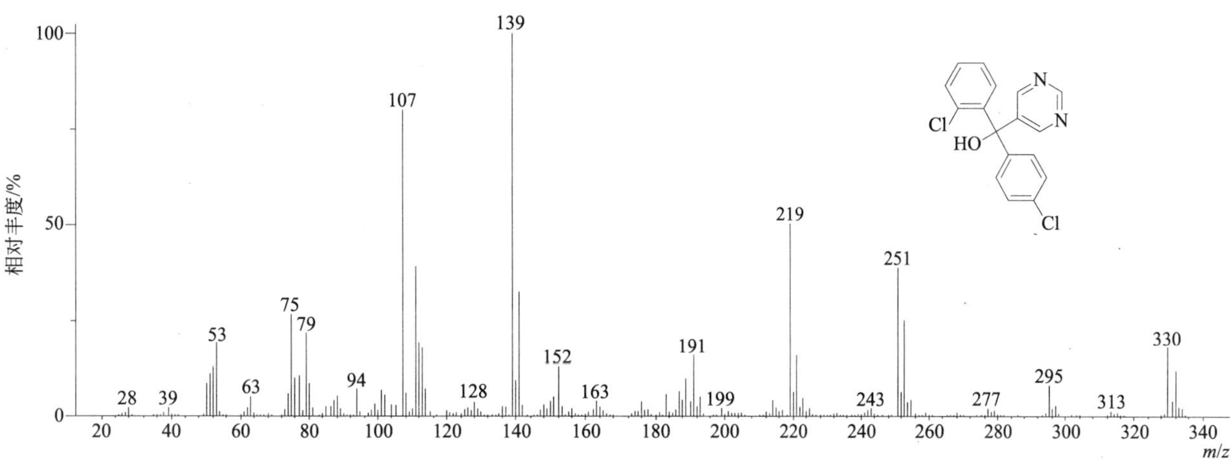

四个碰撞能量下子离子质谱图

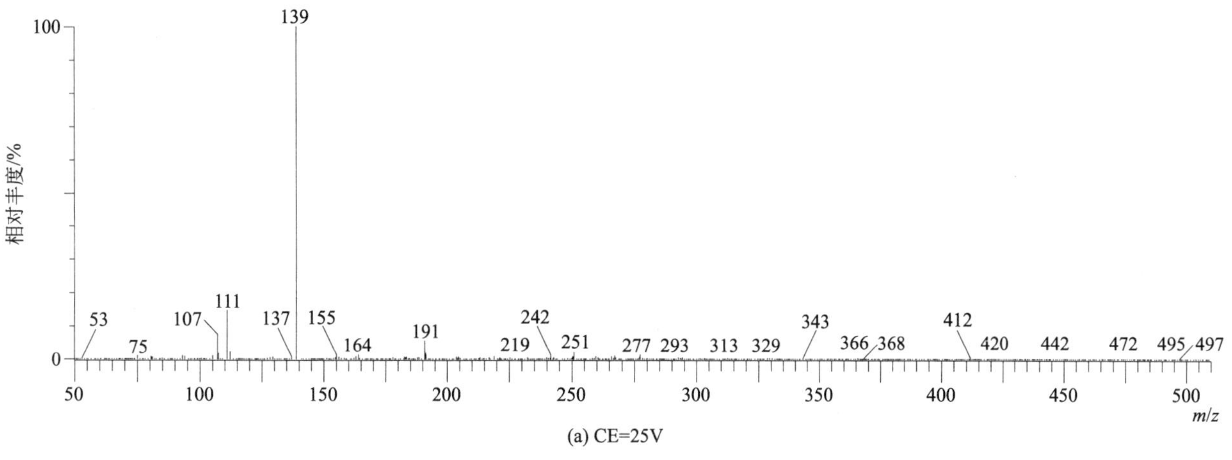

(a) CE=25V

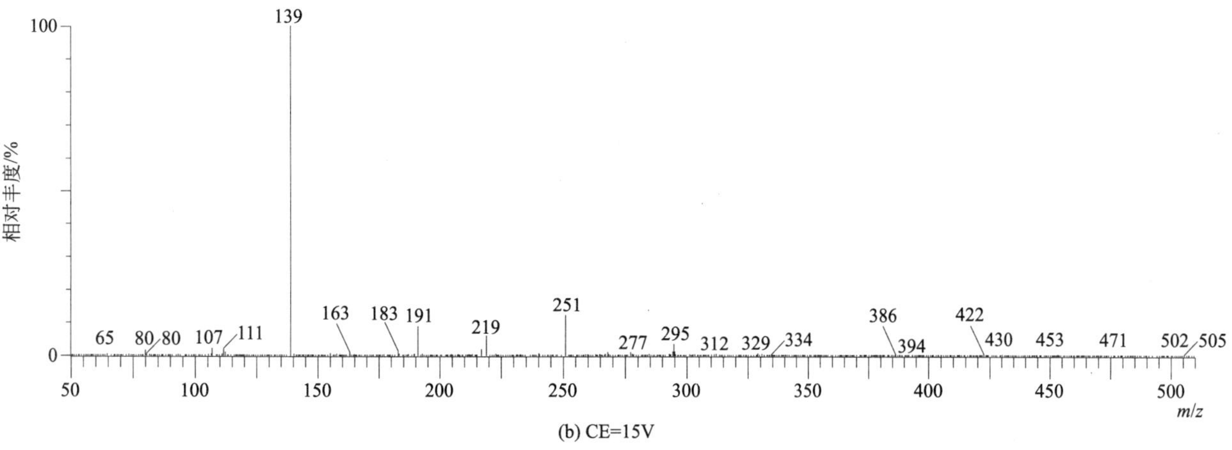

(b) CE=15V

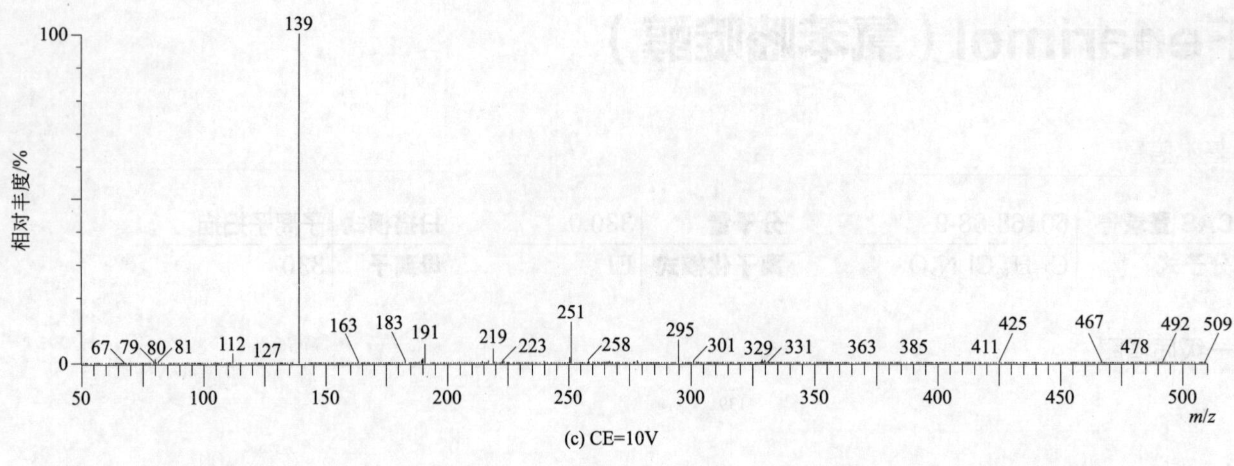

(c) CE=10V

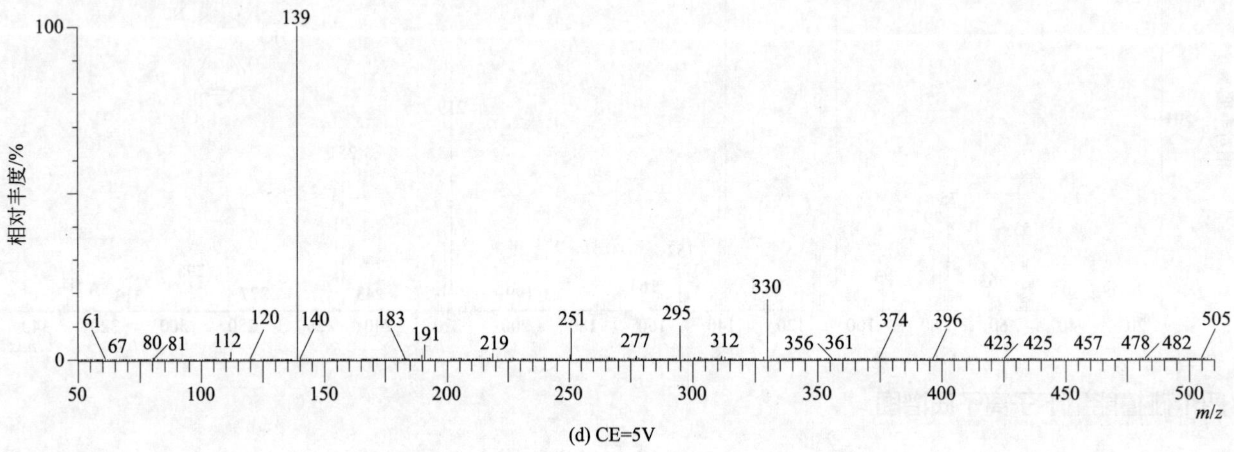

(d) CE=5V

Fenazaquin（喹螨醚）

基本信息

CAS 登录号	120928-09-8	分子量	306.2	扫描模式	子离子扫描
分子式	$C_{20}H_{22}N_2O$	离子化模式	EI	母离子	145

一级质谱图

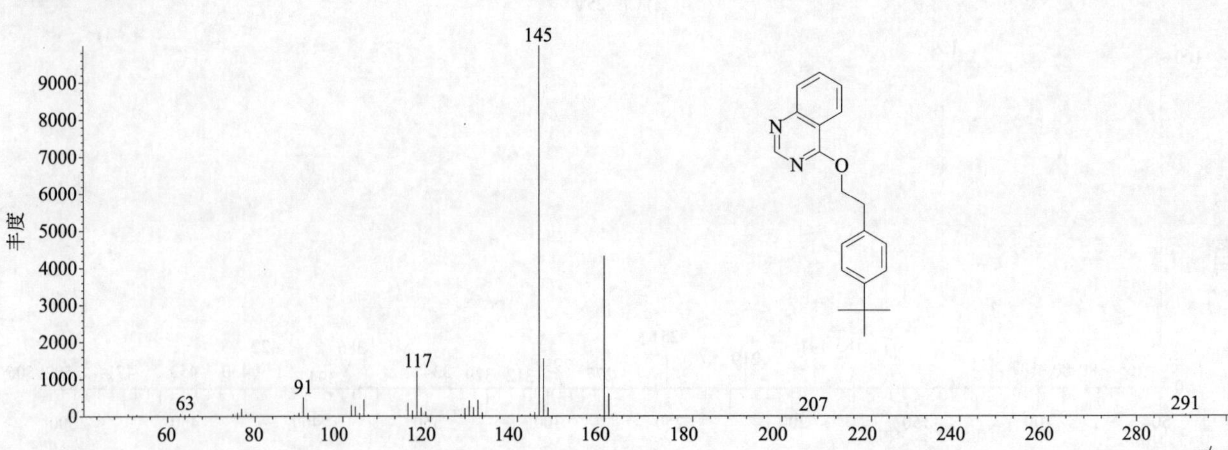

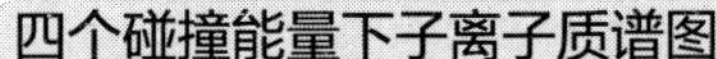

四个碰撞能量下子离子质谱图

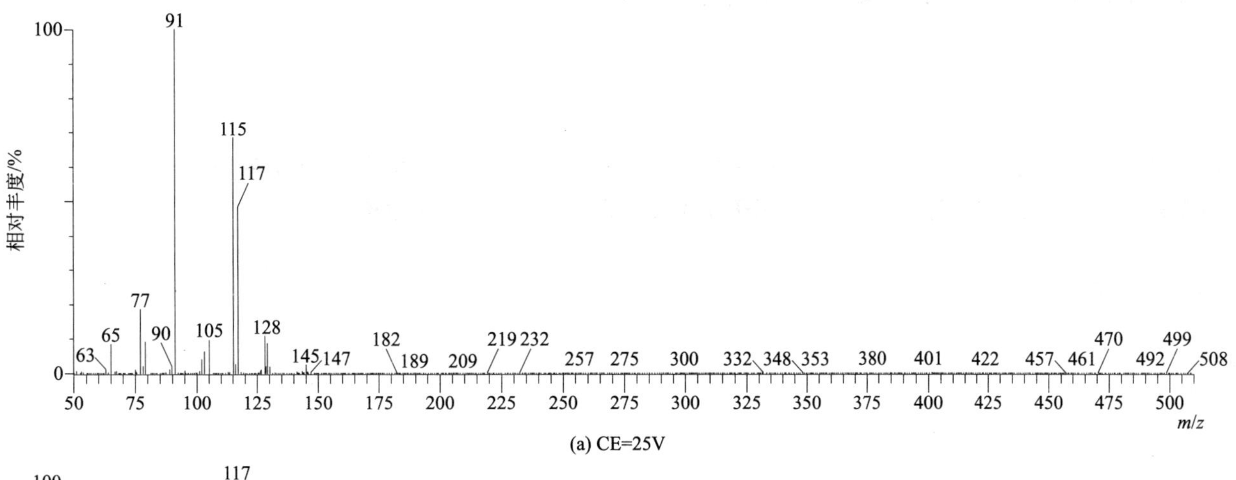

(a) CE=25V

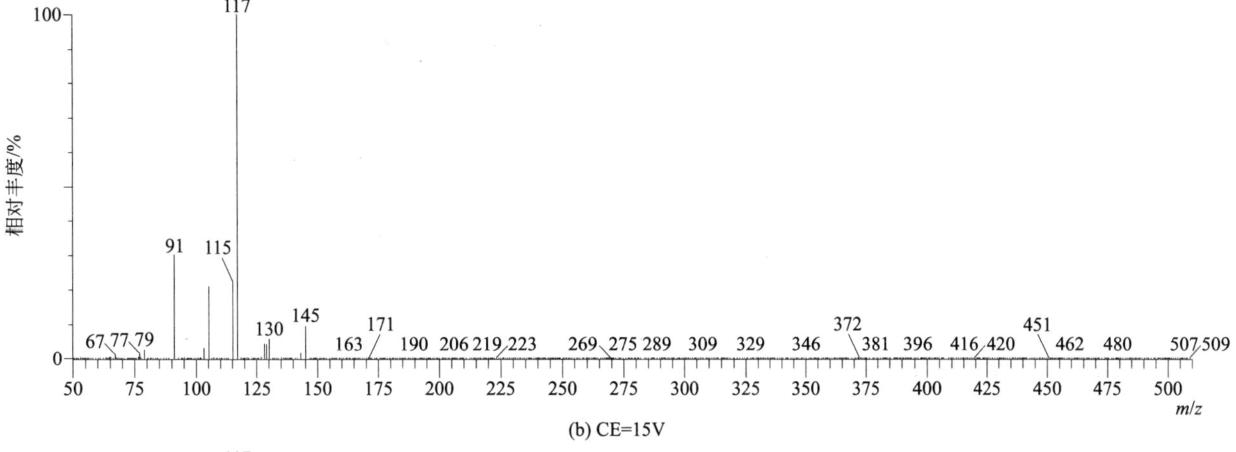

(b) CE=15V

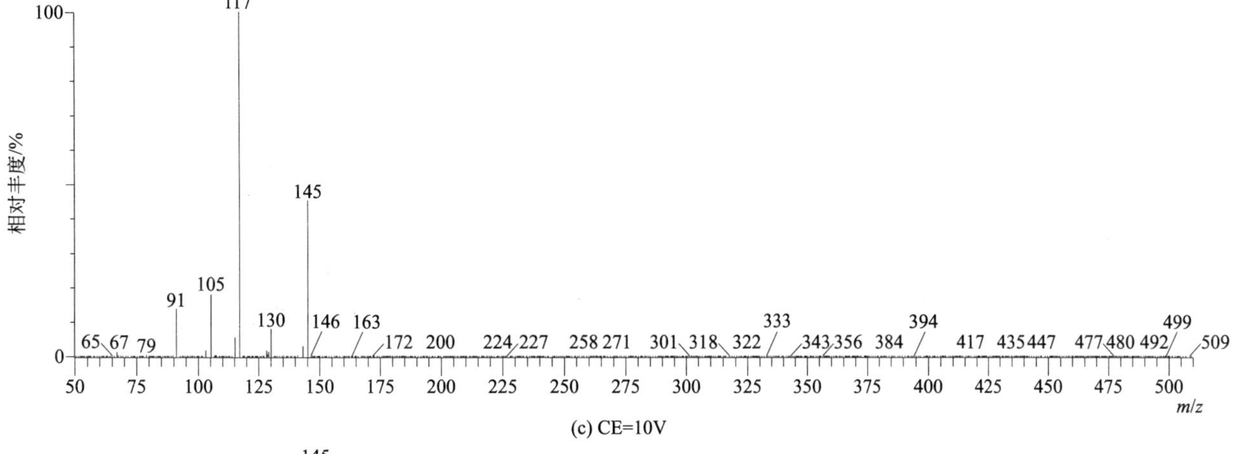

(c) CE=10V

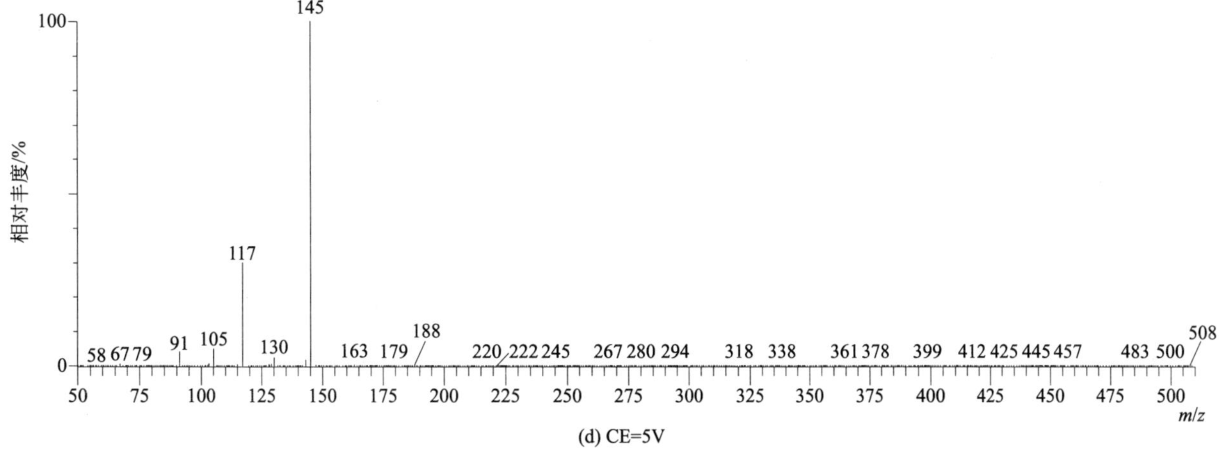

(d) CE=5V

Fenbuconazole（腈苯唑）

基本信息

CAS 登录号	114369-43-6	分子量	336.1	扫描模式	子离子扫描
分子式	$C_{19}H_{17}ClN_4$	离子化模式	EI	母离子	198

一级质谱图

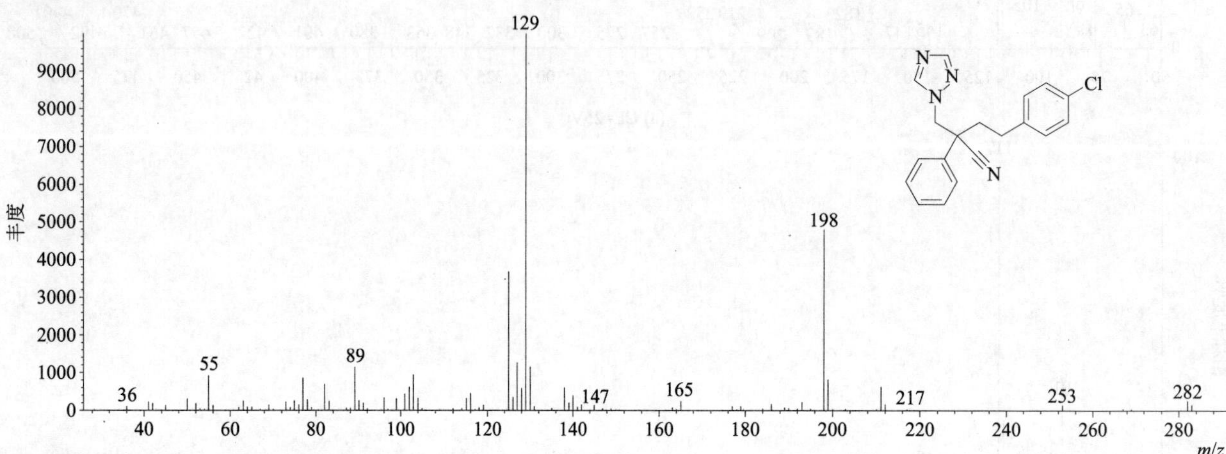

四个碰撞能量下子离子质谱图

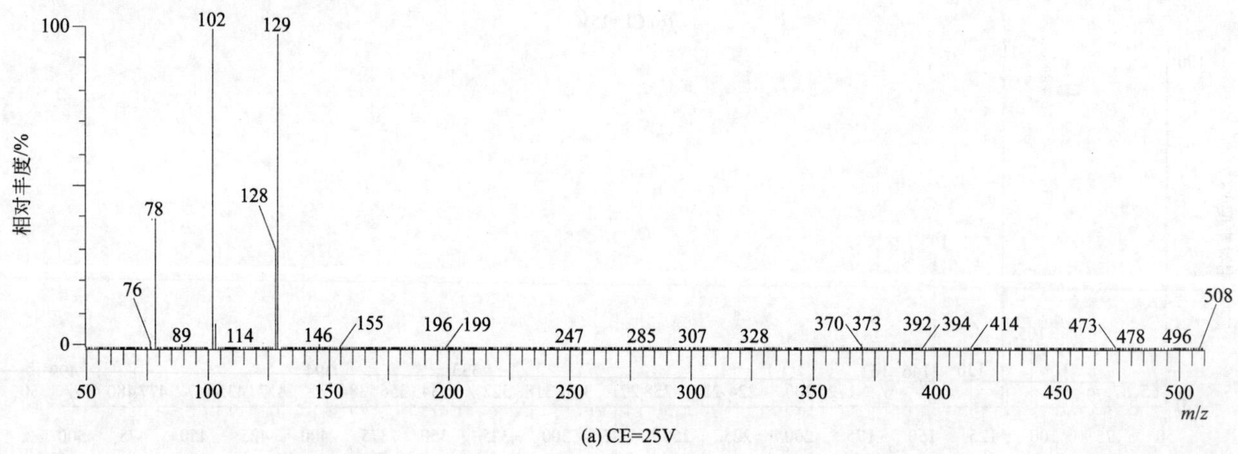

(a) CE=25V

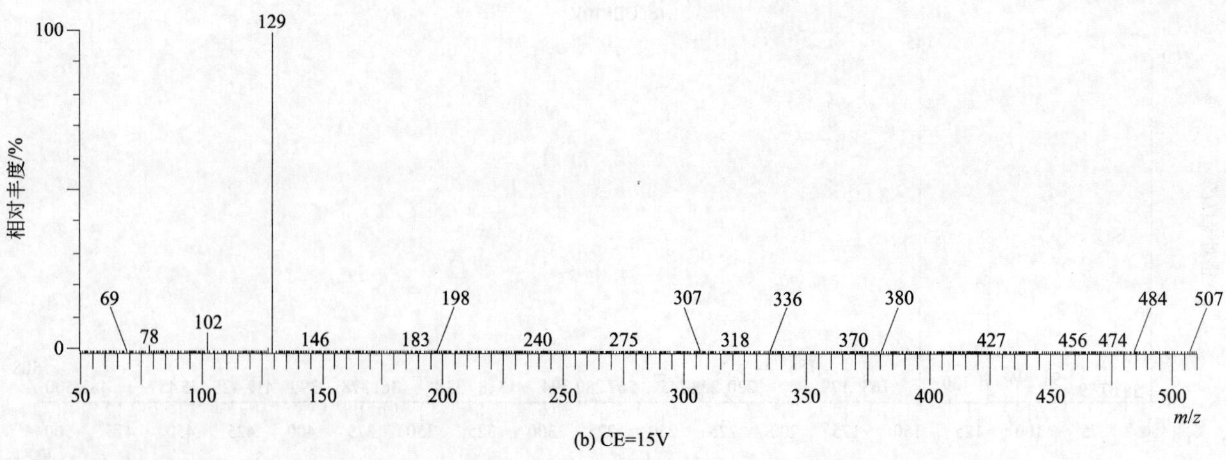

(b) CE=15V

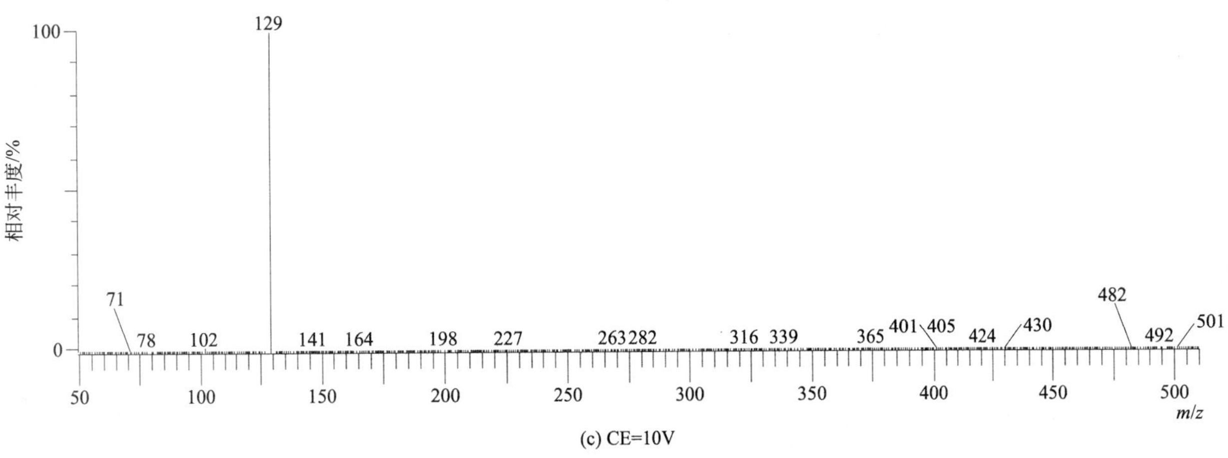

(c) CE=10V

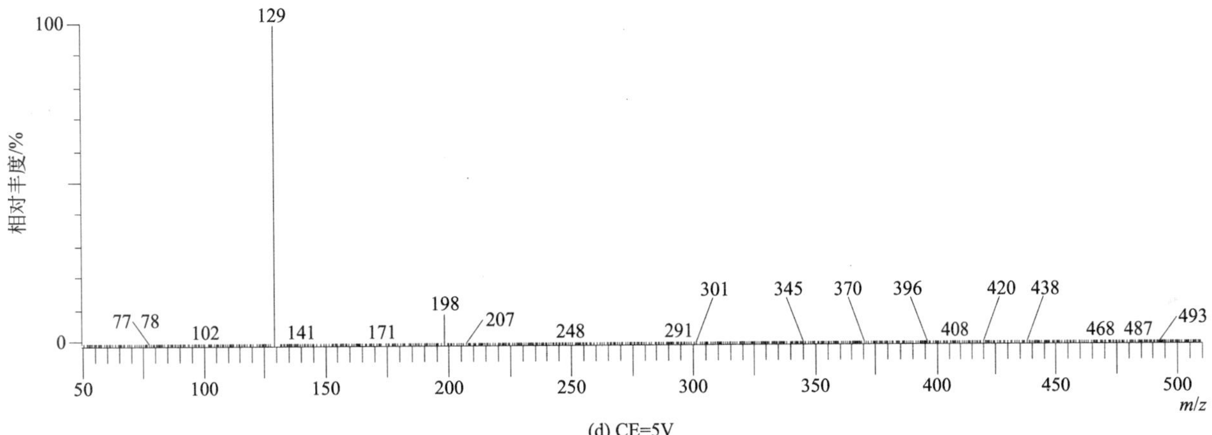

(d) CE=5V

Fenfuram（甲呋酰胺）

基本信息

CAS 登录号	24691-80-3	分子量	201.1	扫描模式	子离子扫描
分子式	$C_{12}H_{11}NO_2$	离子化模式	EI	母离子	201

一级质谱图

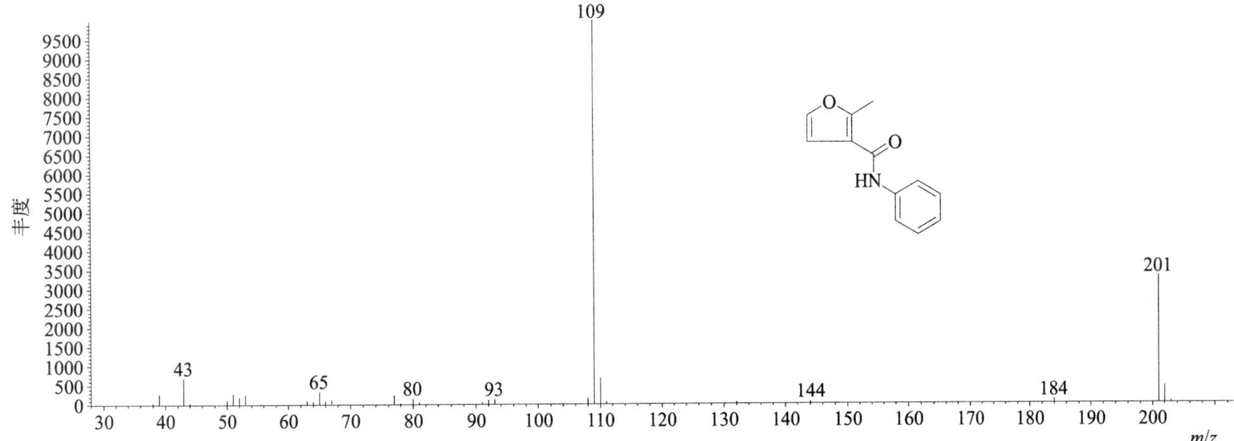

四个碰撞能量下子离子质谱图

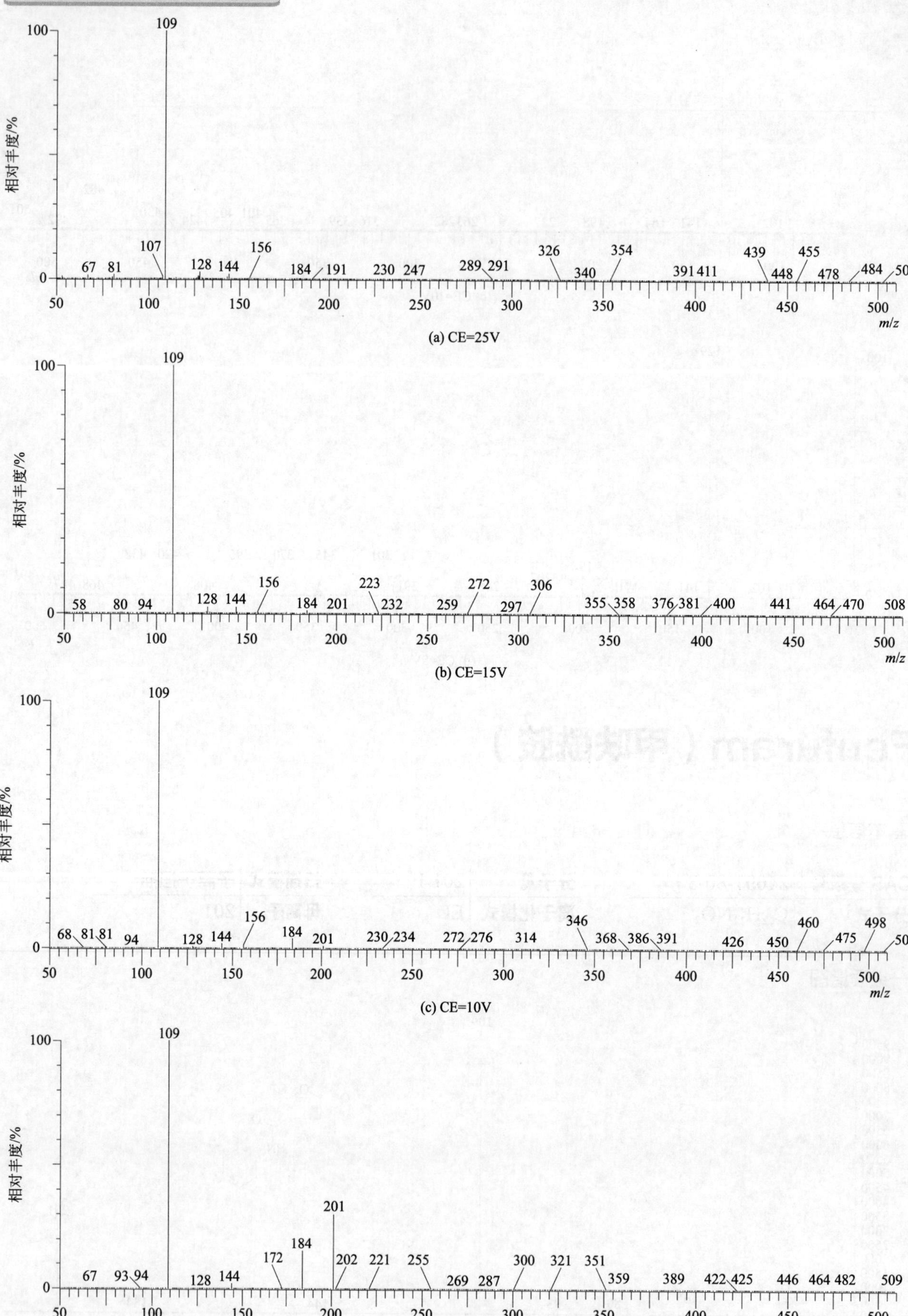

(a) CE=25V

(b) CE=15V

(c) CE=10V

(d) CE=5V

Fenhexamid（环酰菌胺）

基本信息

CAS 登录号	126833-17-8	分子量	301.1	扫描模式	子离子扫描
分子式	$C_{14}H_{17}Cl_2NO_2$	离子化模式	EI	母离子	177

一级质谱图

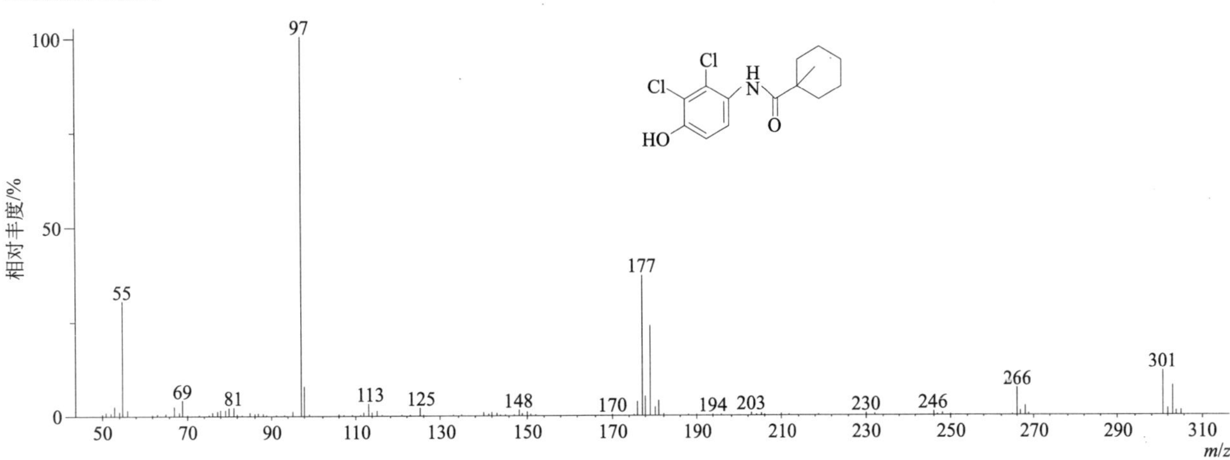

四个碰撞能量下子离子质谱图

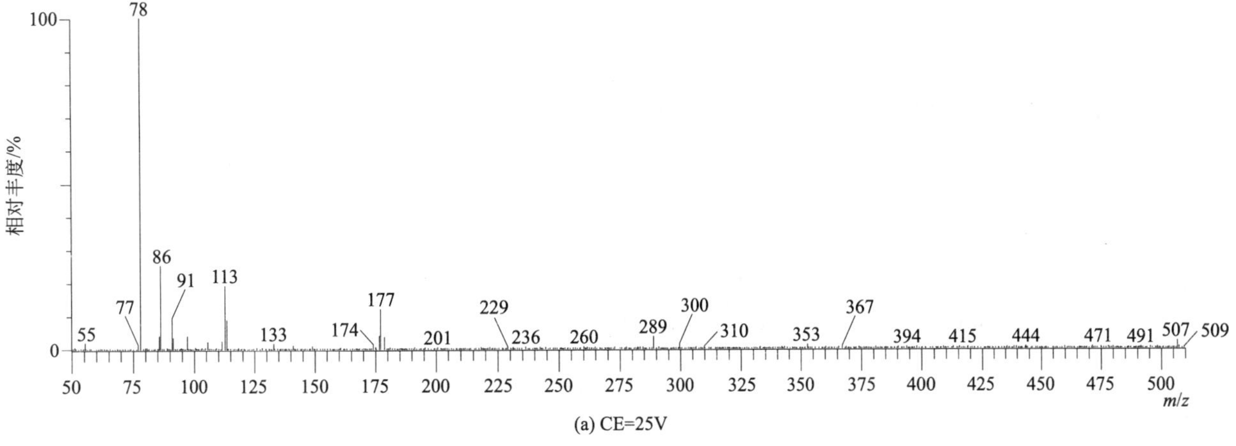

(a) CE=25V

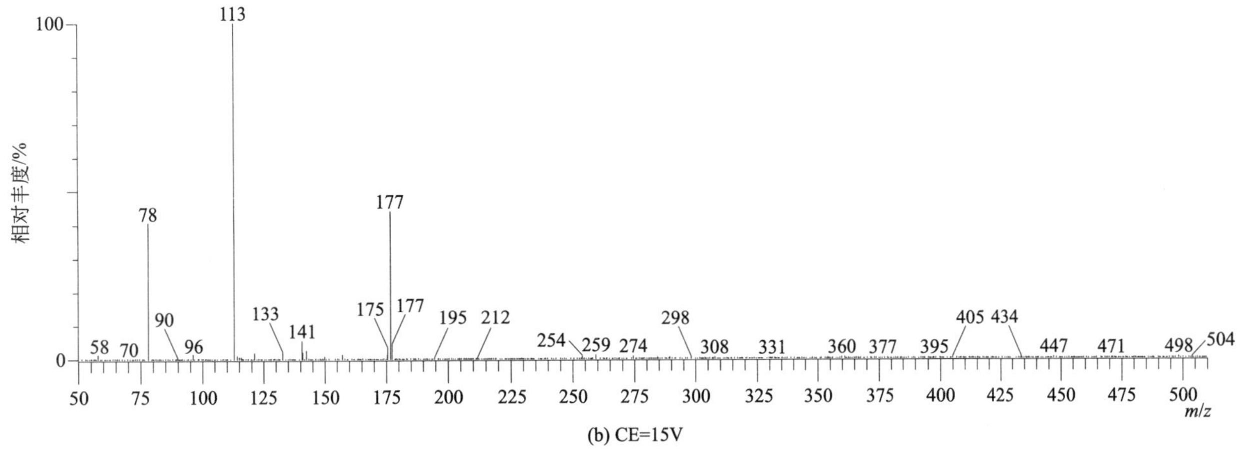

(b) CE=15V

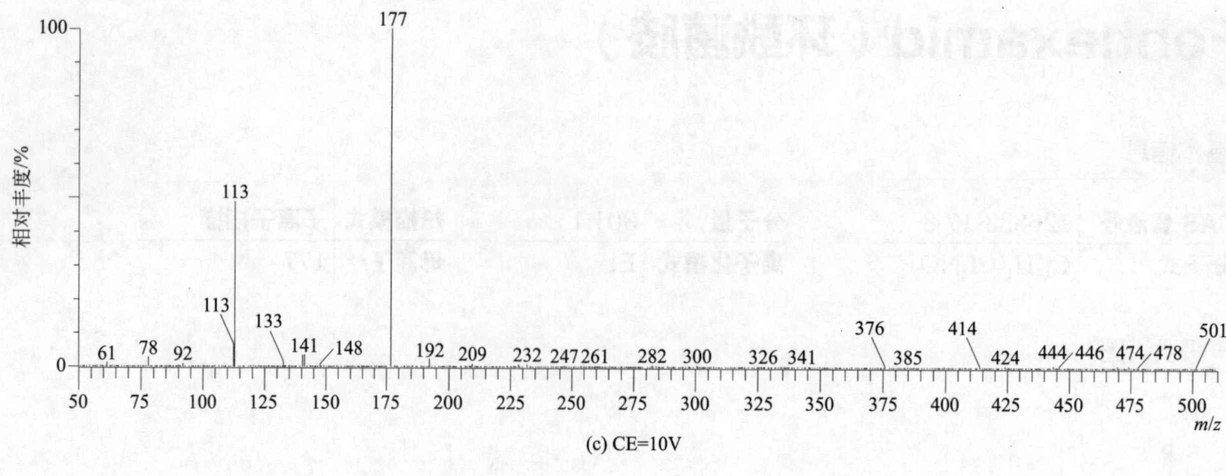

(c) CE=10V

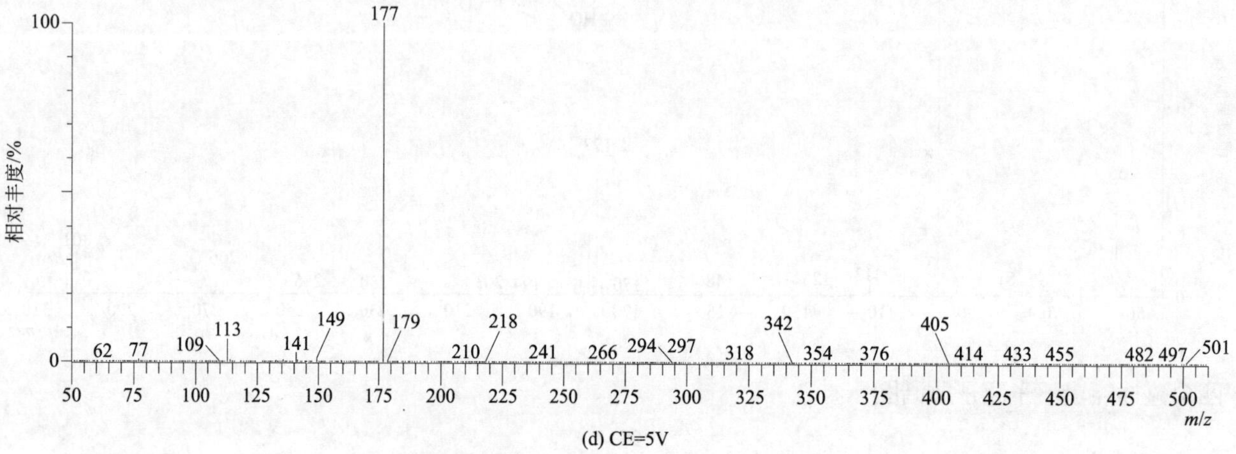

(d) CE=5V

Fenitrothion（杀螟硫磷）

基本信息

CAS 登录号	122-14-5	分子量	277.0	扫描模式	子离子扫描
分子式	$C_9H_{12}NO_5PS$	离子化模式	EI	母离子	277

一级质谱图

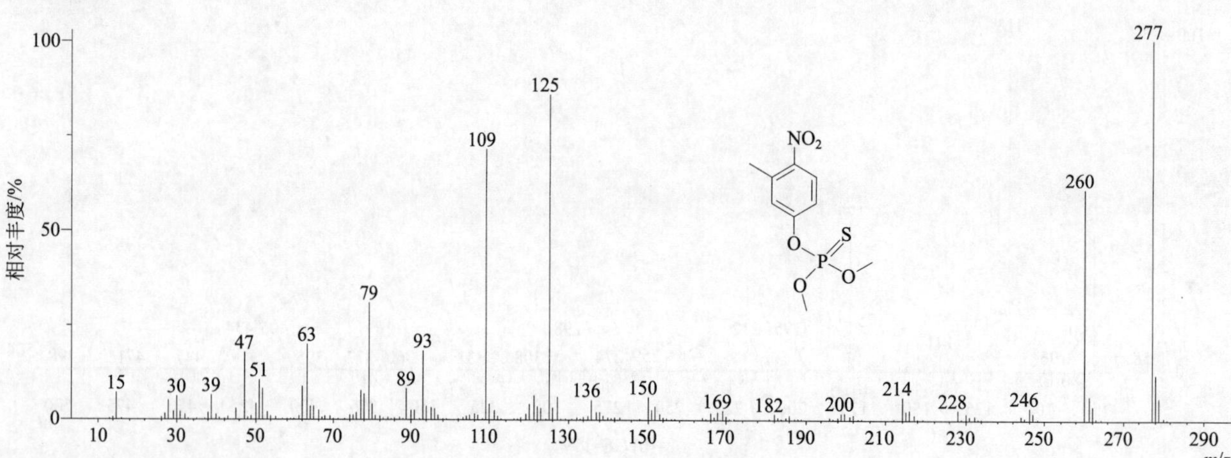

四个碰撞能量下子离子质谱图

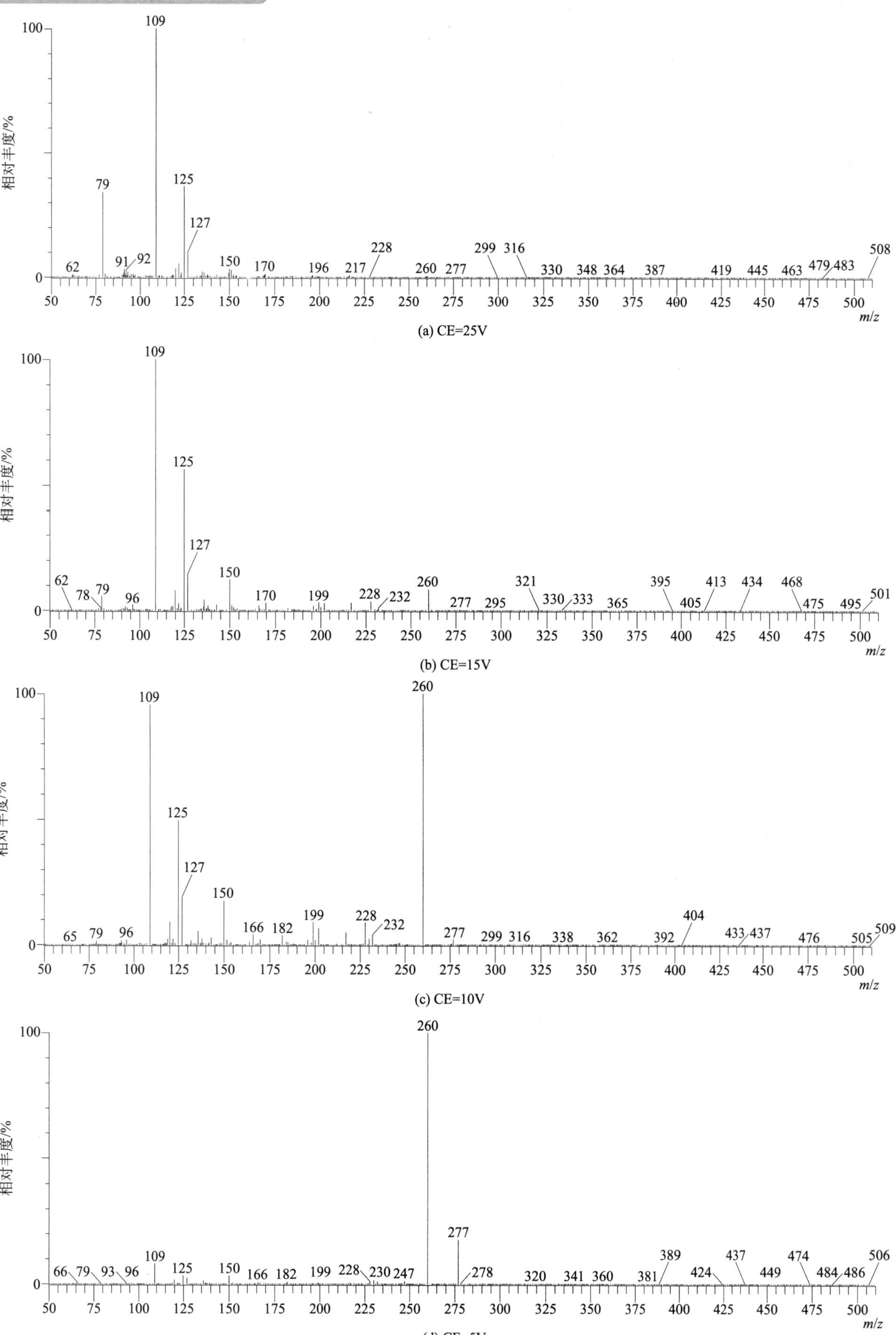

(a) CE=25V

(b) CE=15V

(c) CE=10V

(d) CE=5V

Fenoxanil（氰菌胺）

基本信息

CAS 登录号	115852-48-7	分子量	328.1	扫描模式	子离子扫描
分子式	$C_{15}H_{18}Cl_2N_2O_2$	离子化模式	EI	母离子	140

一级质谱图

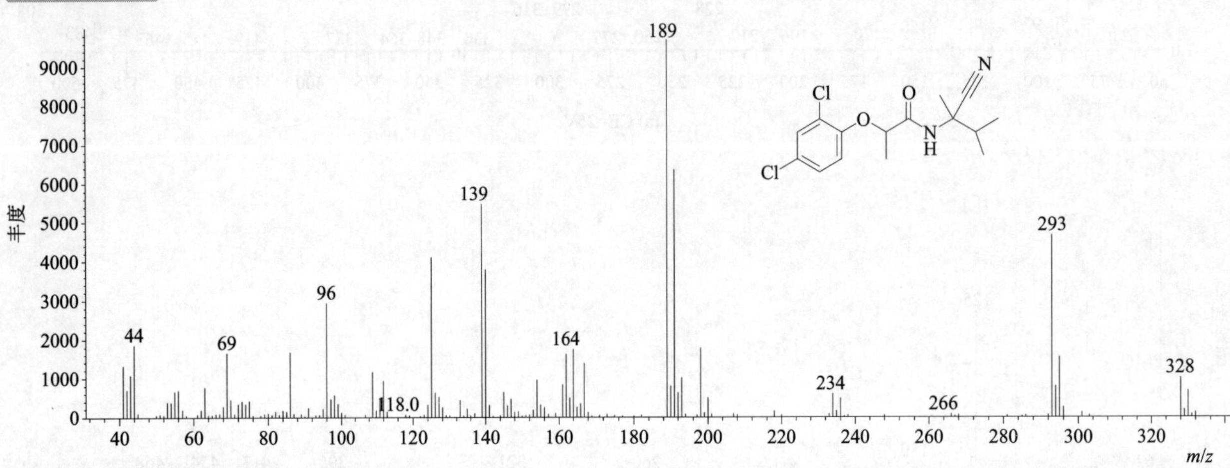

四个碰撞能量下子离子质谱图

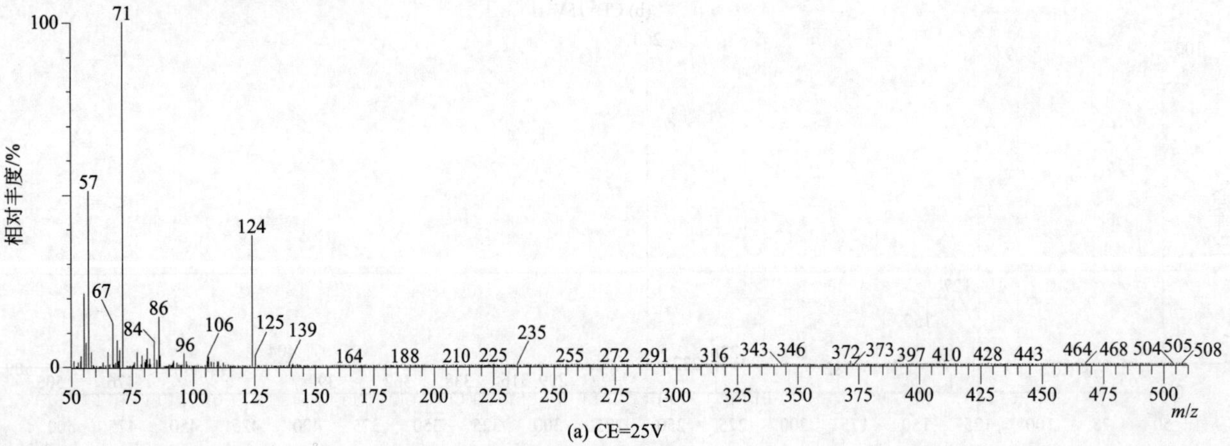

(a) CE=25V

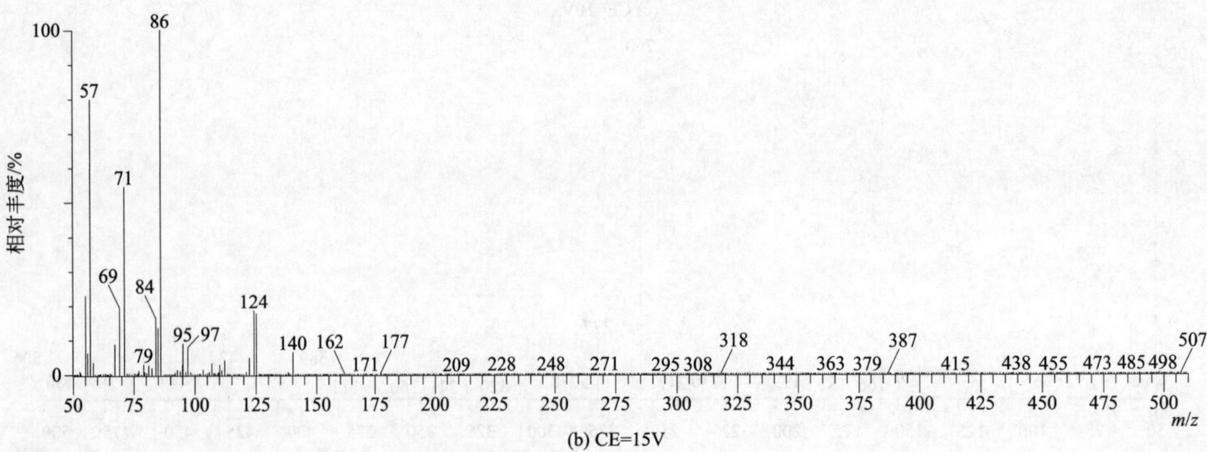

(b) CE=15V

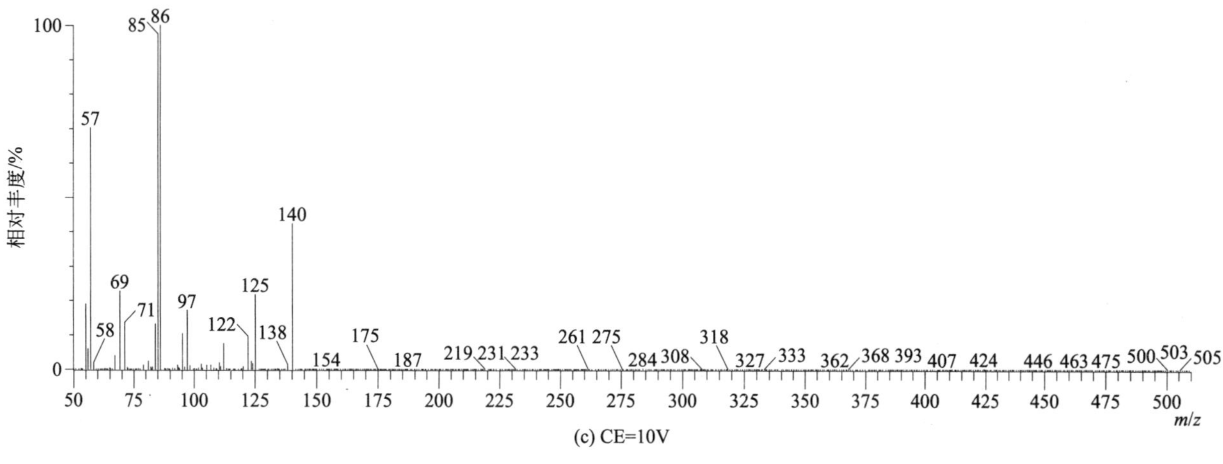

(c) CE=10V

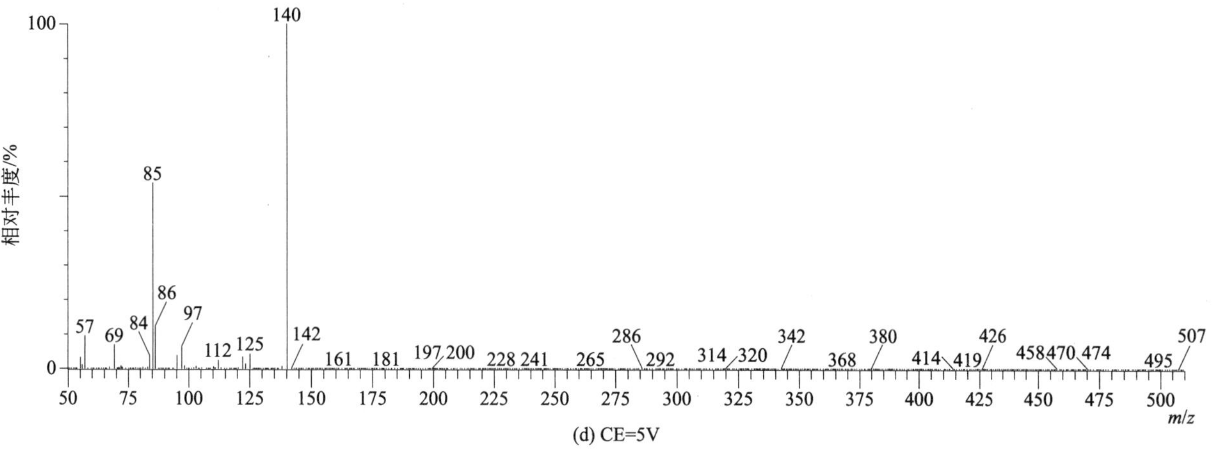

(d) CE=5V

Fenoxycarb（苯氧威）

基本信息

CAS 登录号	72490-01-8	分子量	209.1	扫描模式	子离子扫描
分子式	$C_{17}H_{19}NO_4$	离子化模式	EI	母离子	255

一级质谱图

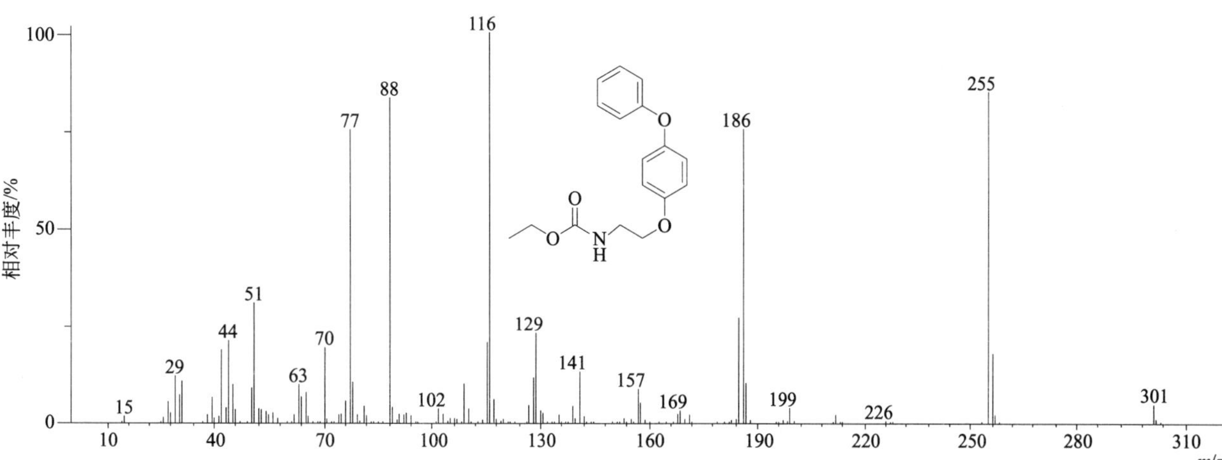

四个碰撞能量下子离子质谱图

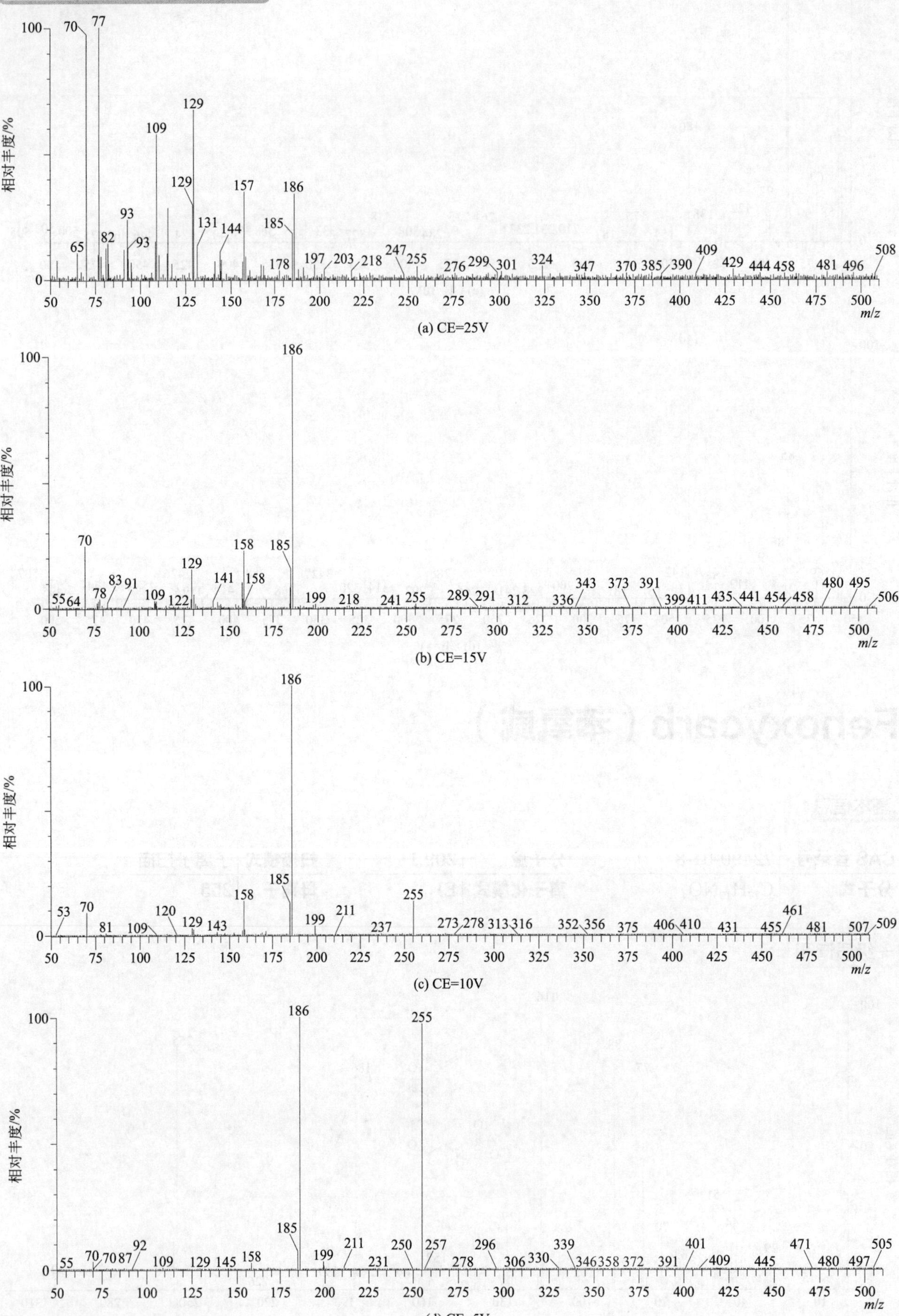

(a) CE=25V

(b) CE=15V

(c) CE=10V

(d) CE=5V

Fenpiclonil（拌种咯）

基本信息

CAS 登录号	74738-17-3	分子量	236.0	扫描模式	子离子扫描
分子式	$C_{11}H_6Cl_2N_2$	离子化模式	EI	母离子	236

一级质谱图

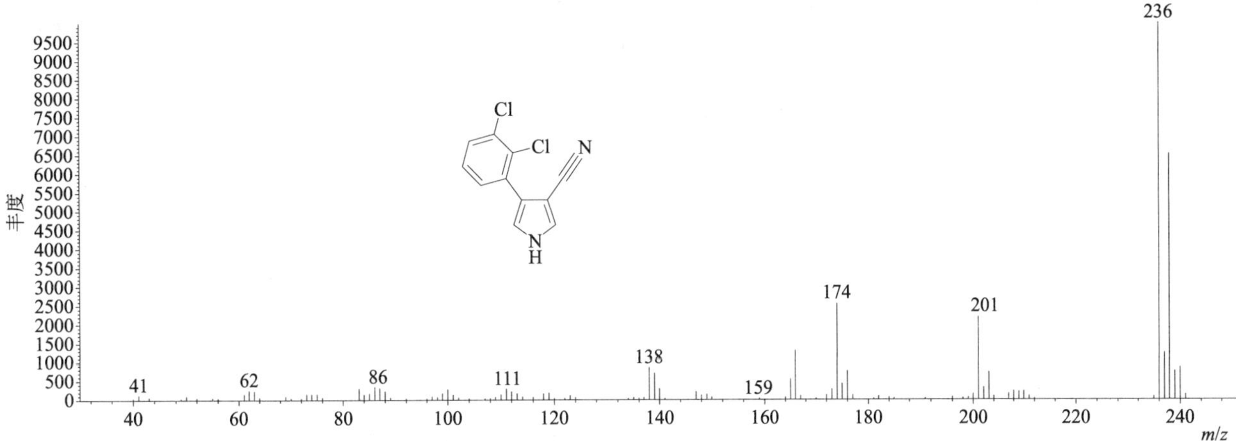

四个碰撞能量下子离子质谱图

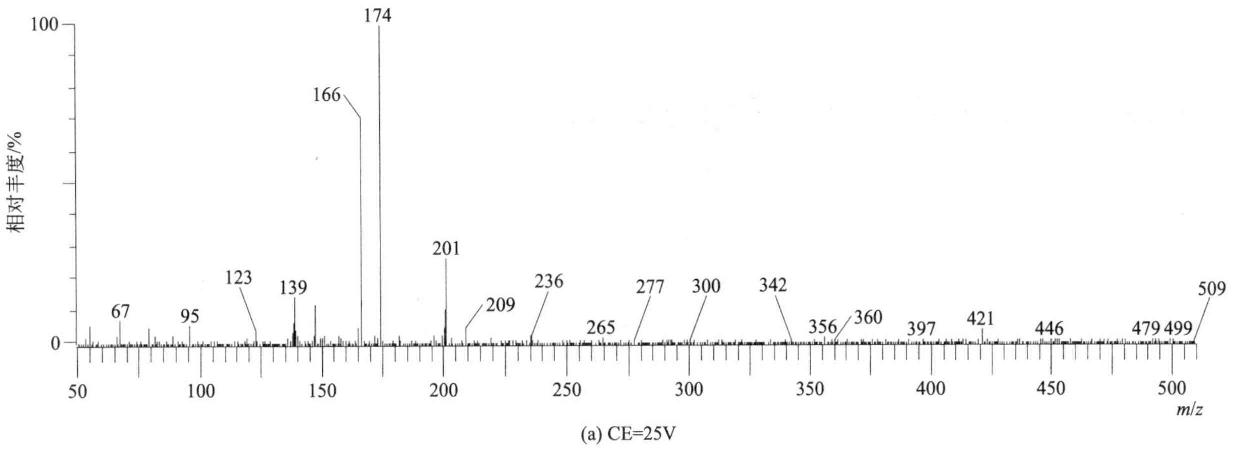

(a) CE=25V

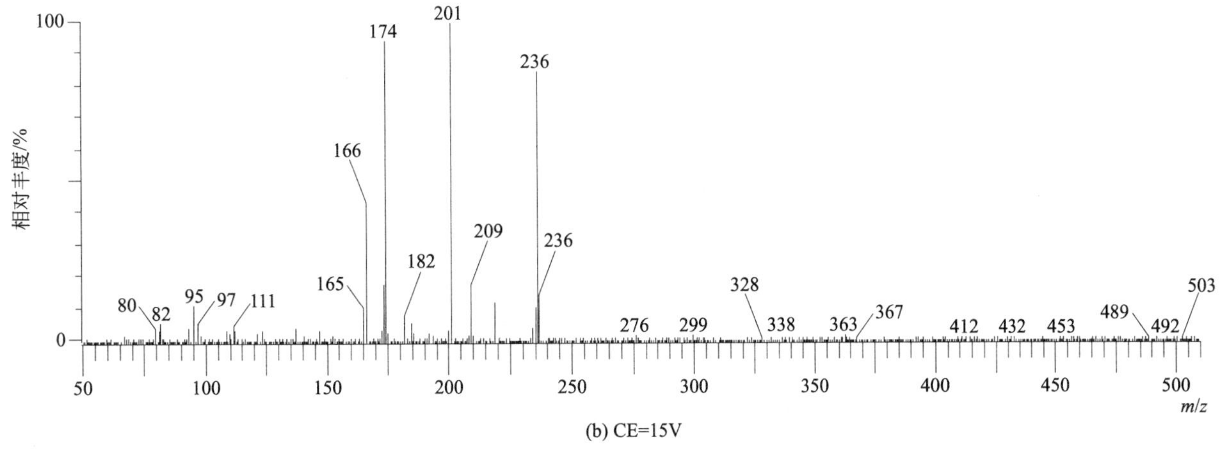

(b) CE=15V

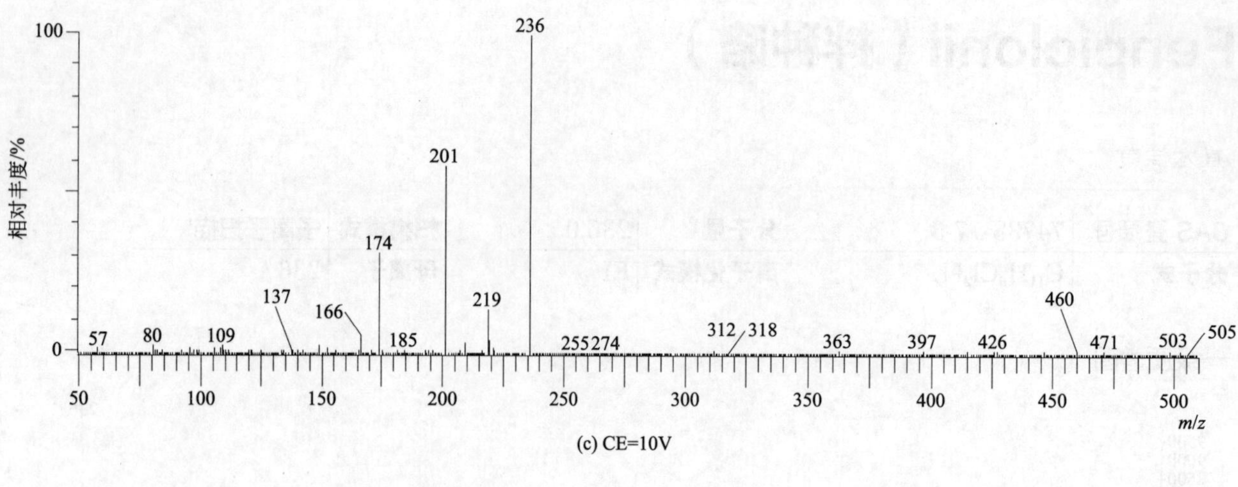

(c) CE=10V

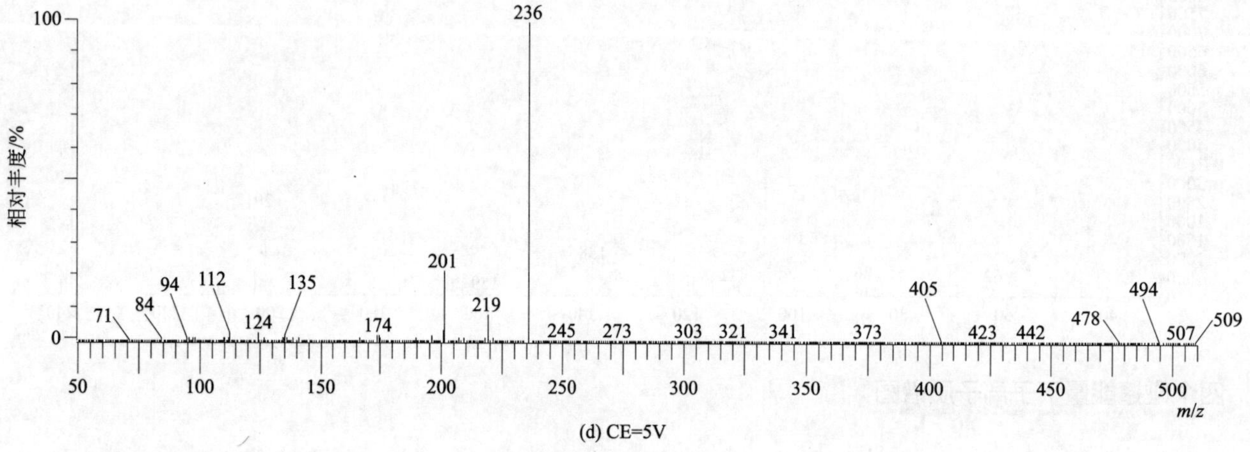

(d) CE=5V

Fenpropathrin（甲氰菊酯）

基本信息

CAS 登录号	39515-41-8	分子量	349.2	扫描模式	子离子扫描
分子式	$C_{22}H_{23}NO_3$	离子化模式	EI	母离子	265

一级质谱图

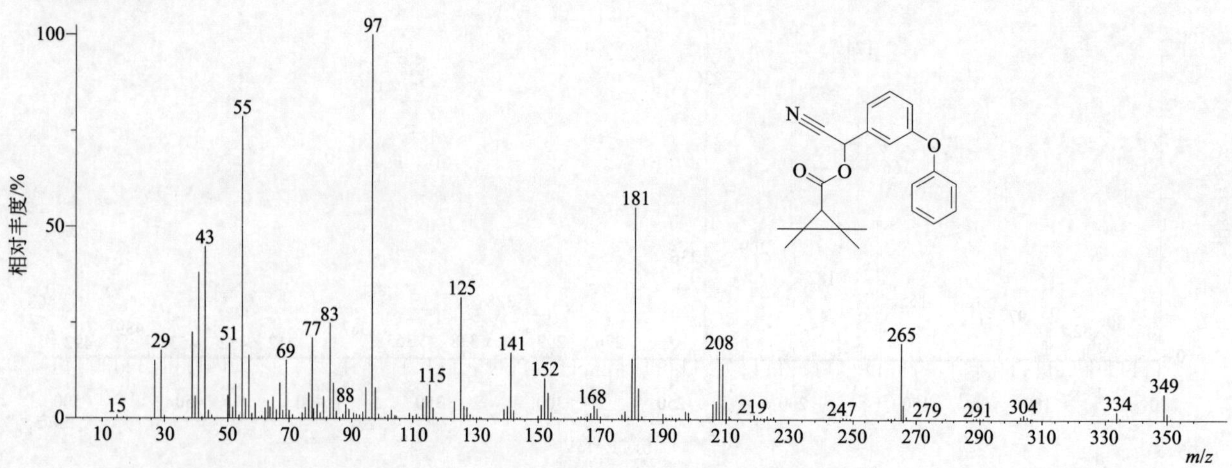

四个碰撞能量下子离子质谱图

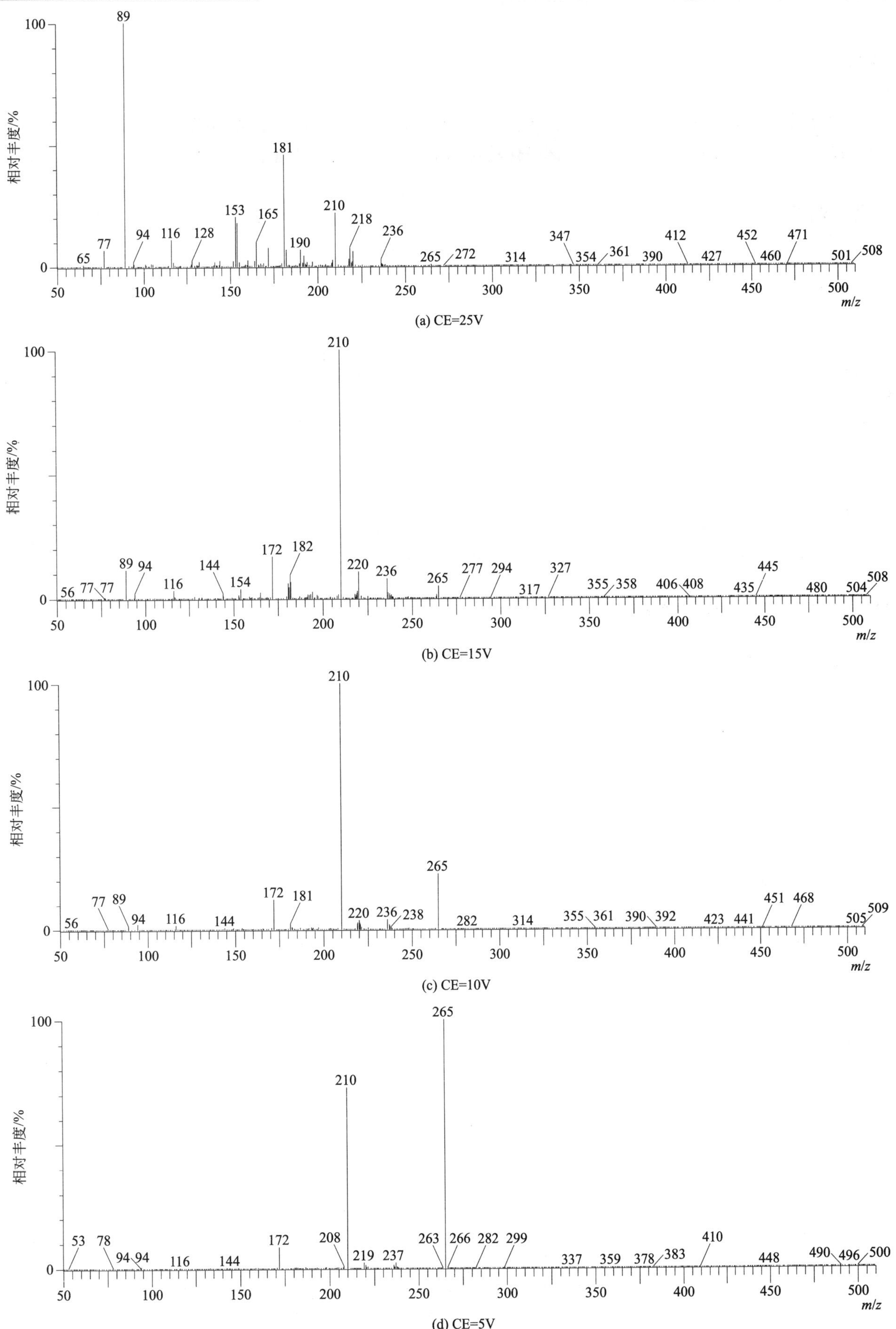

(a) CE=25V

(b) CE=15V

(c) CE=10V

(d) CE=5V

Fenpropidin（苯锈啶）

基本信息

CAS 登录号	67306-00-7	分子量	273.2	扫描模式	子离子扫描
分子式	$C_{19}H_{31}N$	离子化模式	EI	母离子	98

一级质谱图

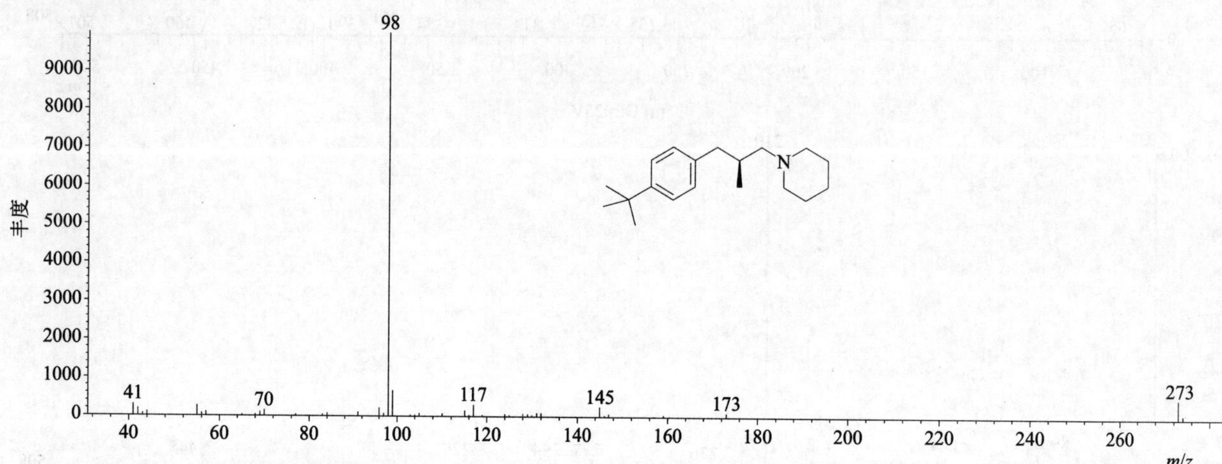

四个碰撞能量下子离子质谱图

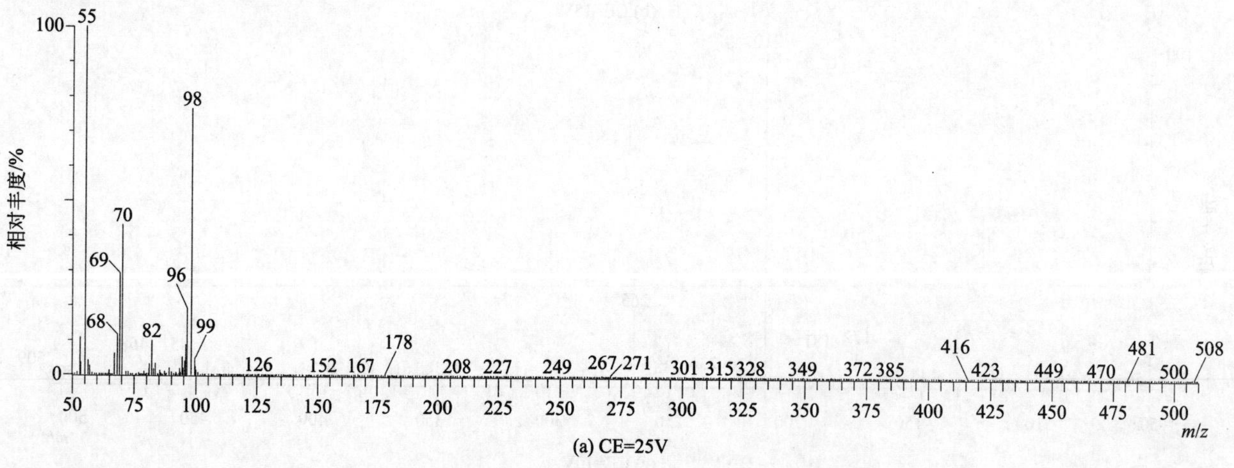

(a) CE=25V

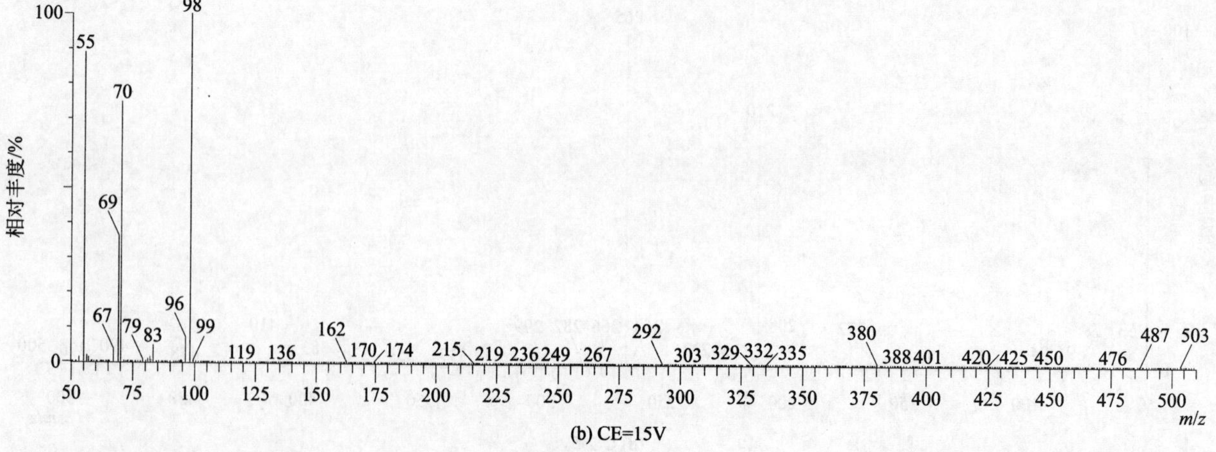

(b) CE=15V

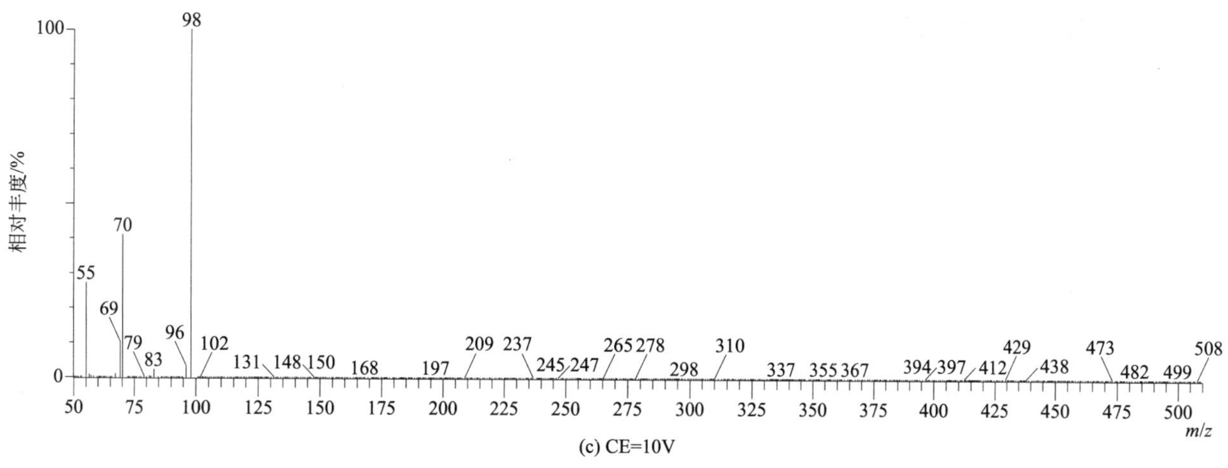

(c) CE=10V

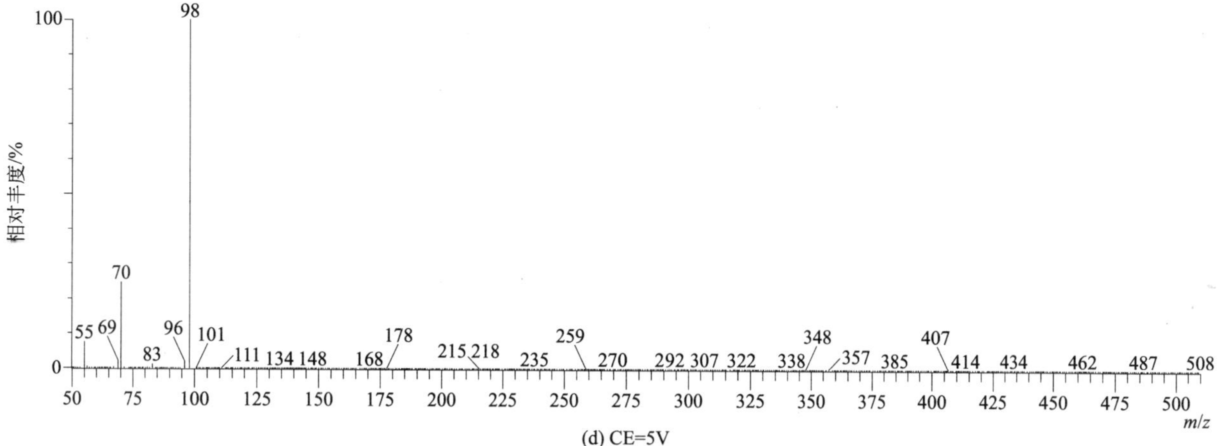

(d) CE=5V

Fenpropimorph（丁苯吗啉）

基本信息

CAS 登录号	67564-91-4	分子量	303.3	扫描模式	子离子扫描
分子式	$C_{20}H_{33}NO$	离子化模式	EI	母离子	128

一级质谱图

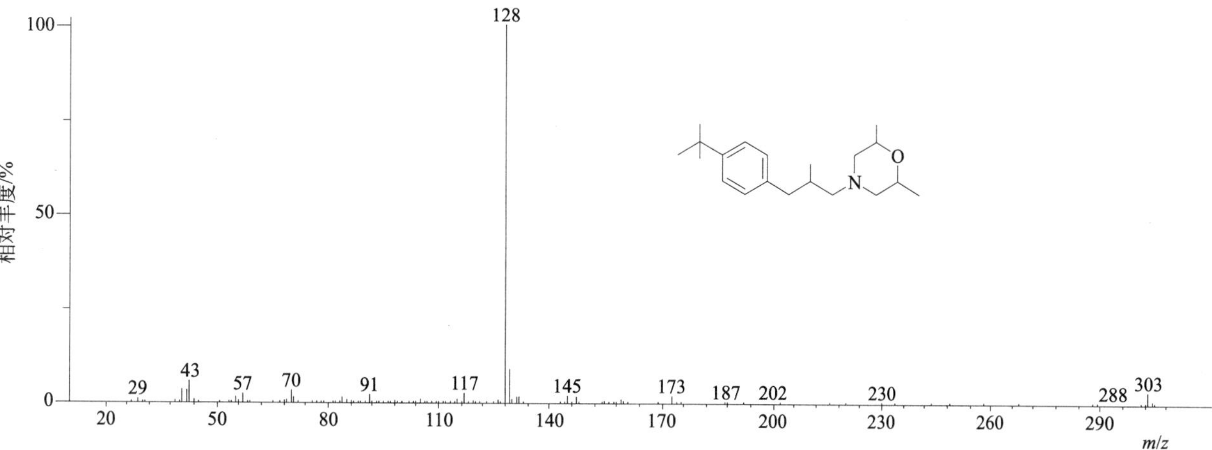

四个碰撞能量下子离子质谱图

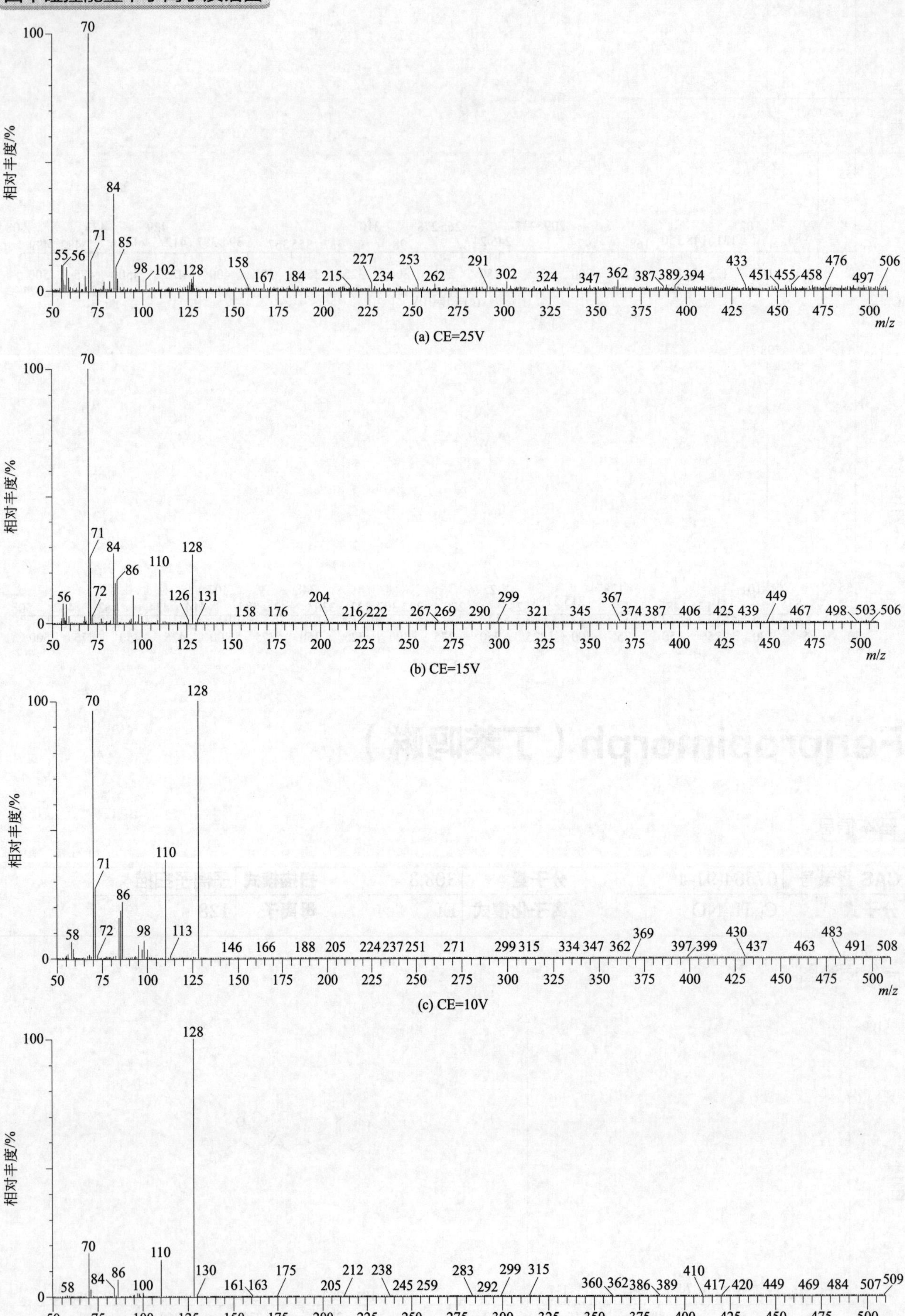

(a) CE=25V

(b) CE=15V

(c) CE=10V

(d) CE=5V

Fenpyroximate（唑螨酯）

基本信息

CAS 登录号	134098-61-6	分子量	421.2	扫描模式	子离子扫描
分子式	$C_{24}H_{27}N_3O_4$	离子化模式	EI	母离子	213

一级质谱图

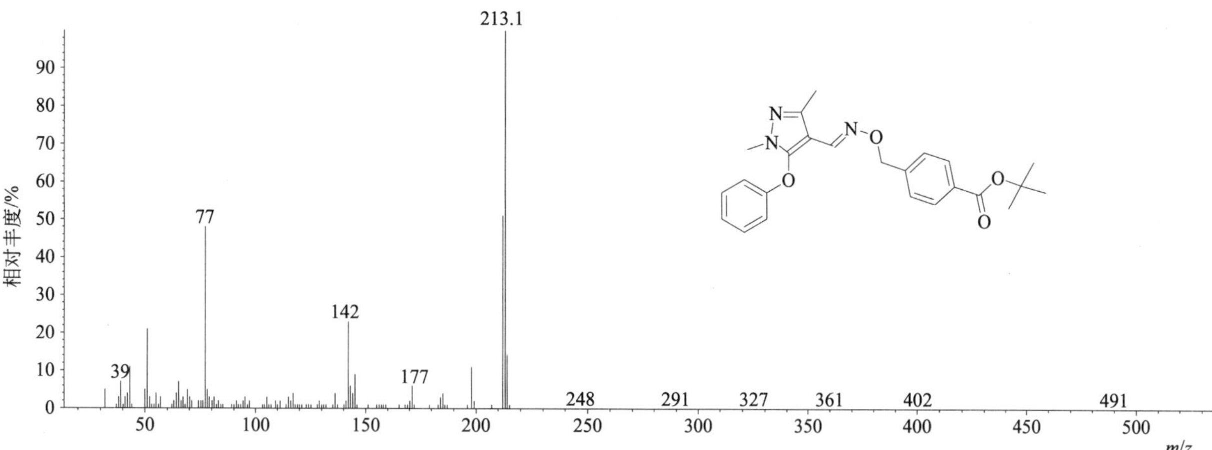

四个碰撞能量下子离子质谱图

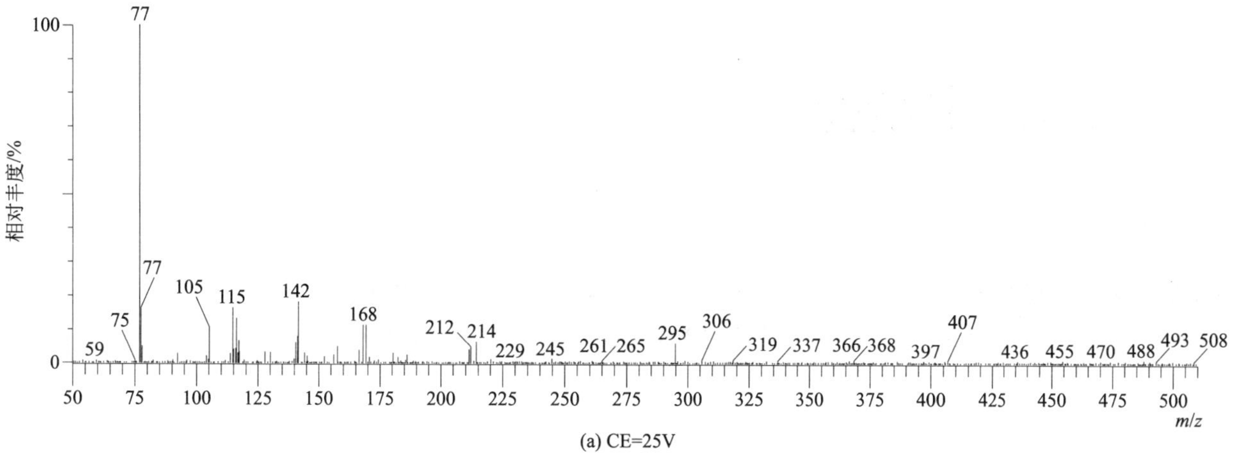

(a) CE=25V

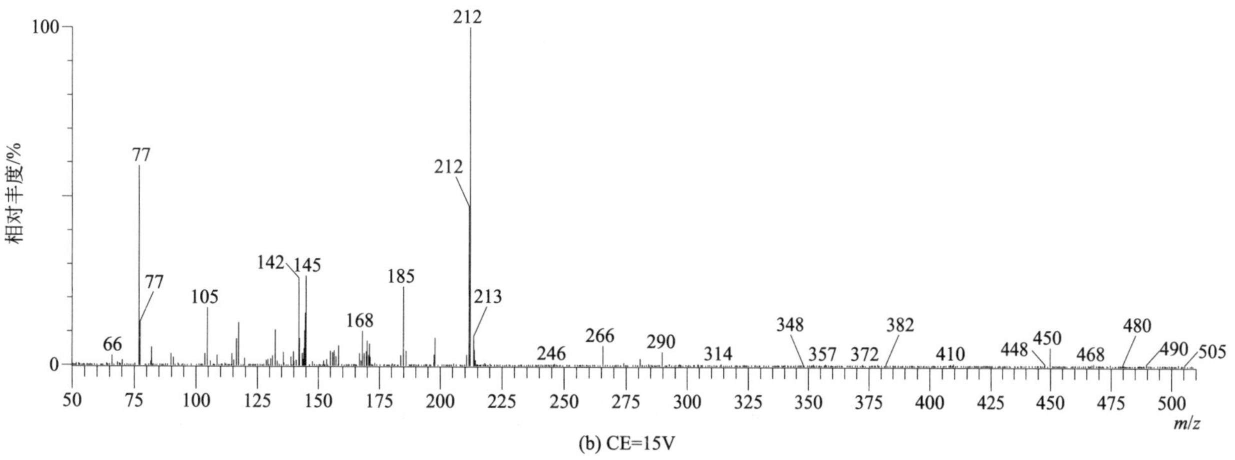

(b) CE=15V

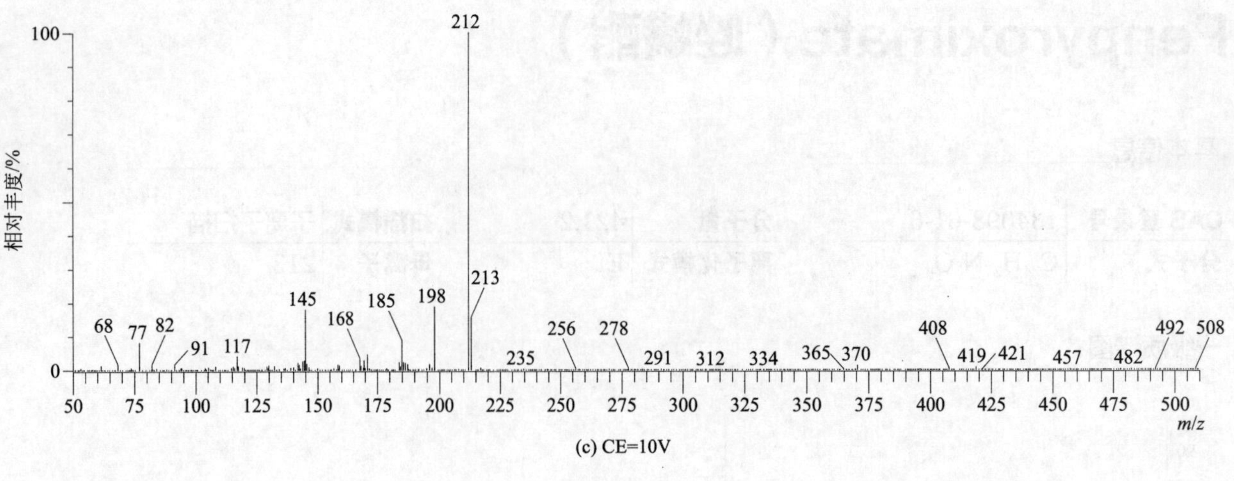

(c) CE=10V

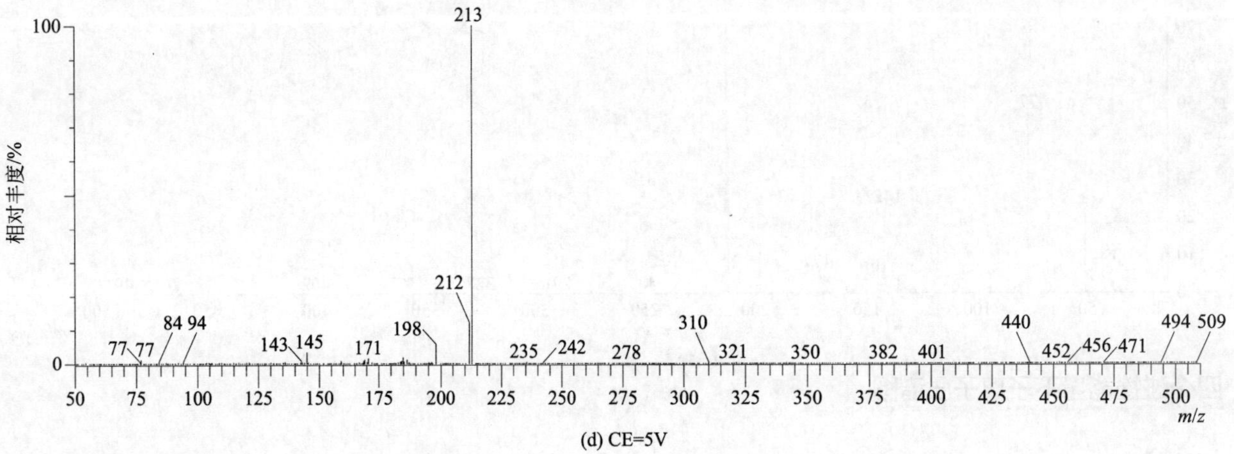

(d) CE=5V

Fenson（芬螨酯）

基本信息

CAS 登录号	80-38-6	分子量	268.0	扫描模式	子离子扫描
分子式	$C_{12}H_9ClO_3S$	离子化模式	EI	母离子	268

一级质谱图

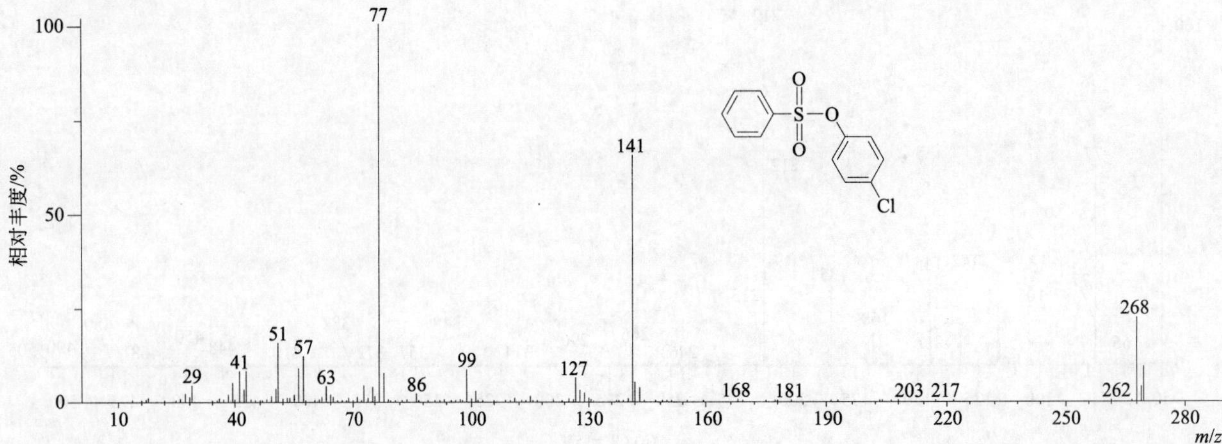

四个碰撞能量下子离子质谱图

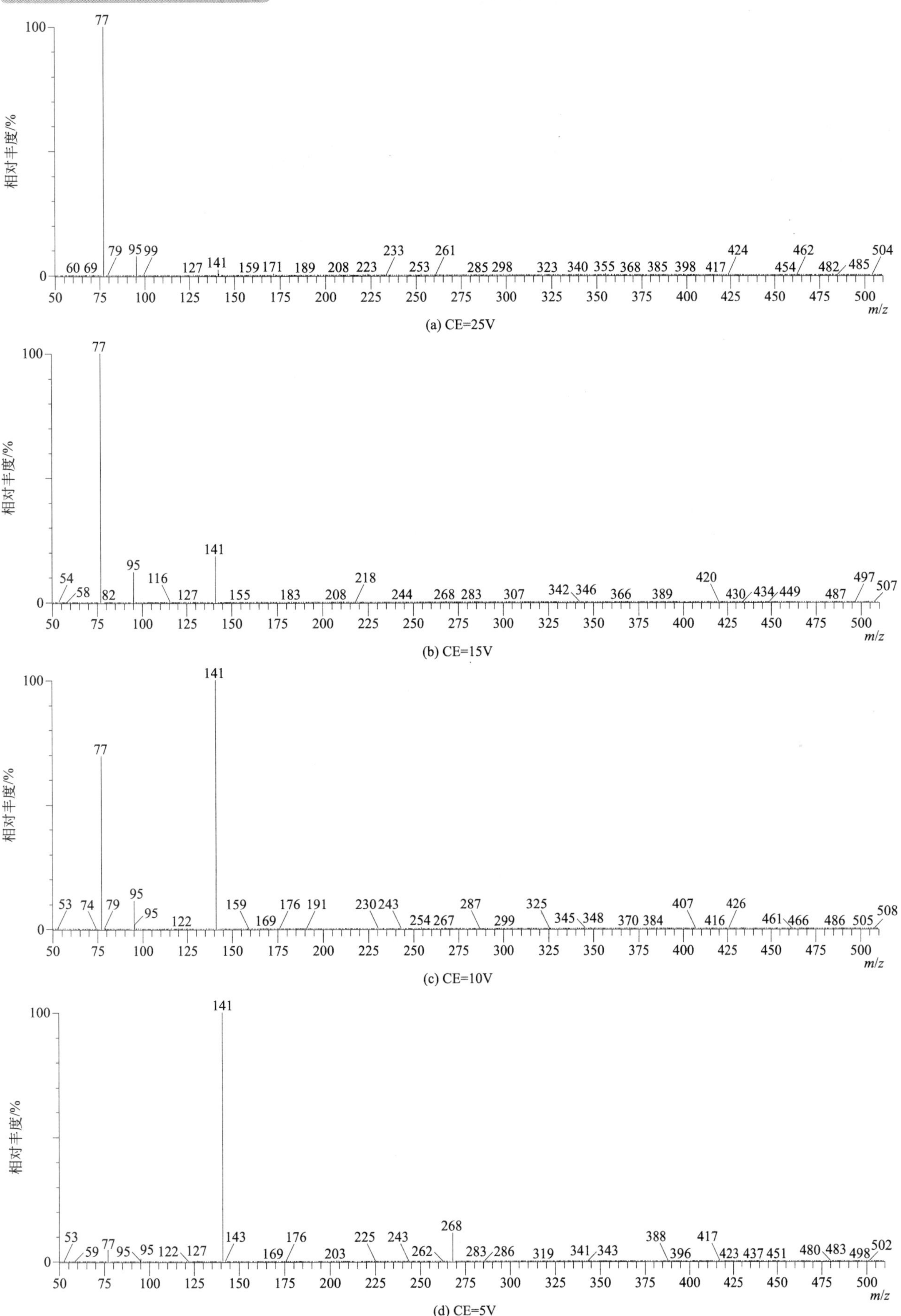

(a) CE=25V

(b) CE=15V

(c) CE=10V

(d) CE=5V

Fensulfothion（丰索磷）

基本信息

CAS 登录号	115-90-2	分子量	308.0	扫描模式	子离子扫描
分子式	$C_{11}H_{17}O_4PS_2$	离子化模式	EI	母离子	292

一级质谱图

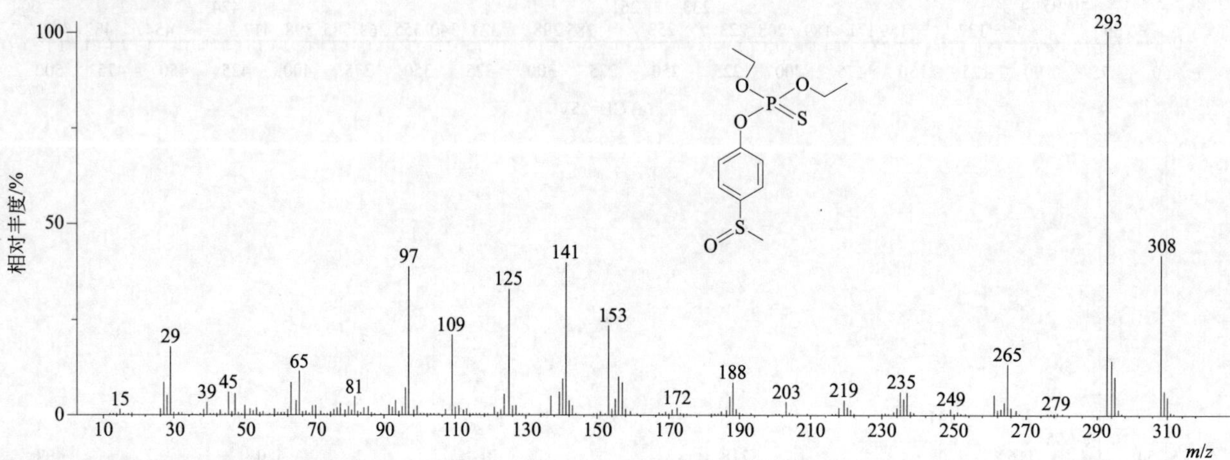

四个碰撞能量下子离子质谱图

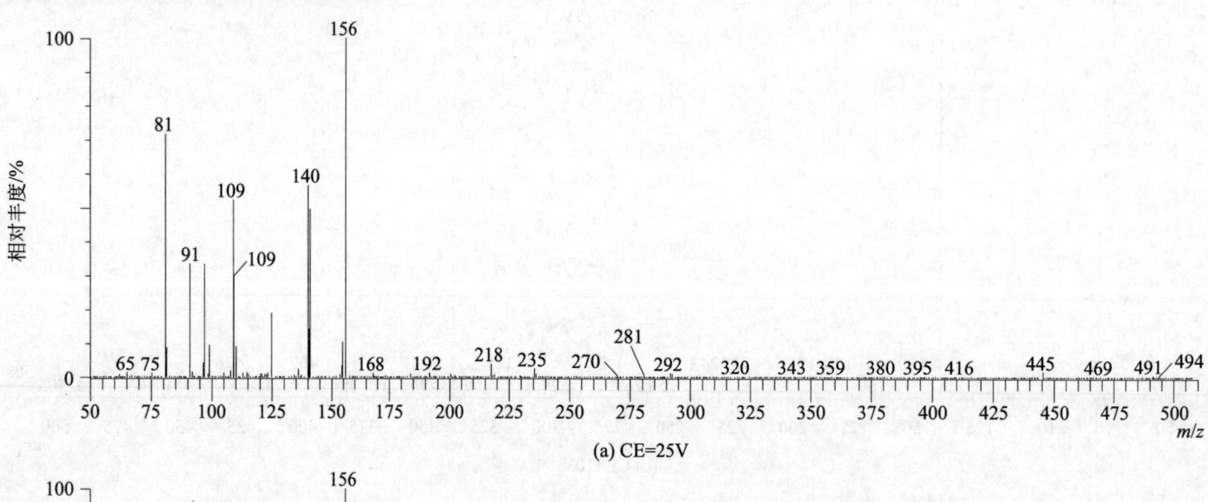

(a) CE=25V

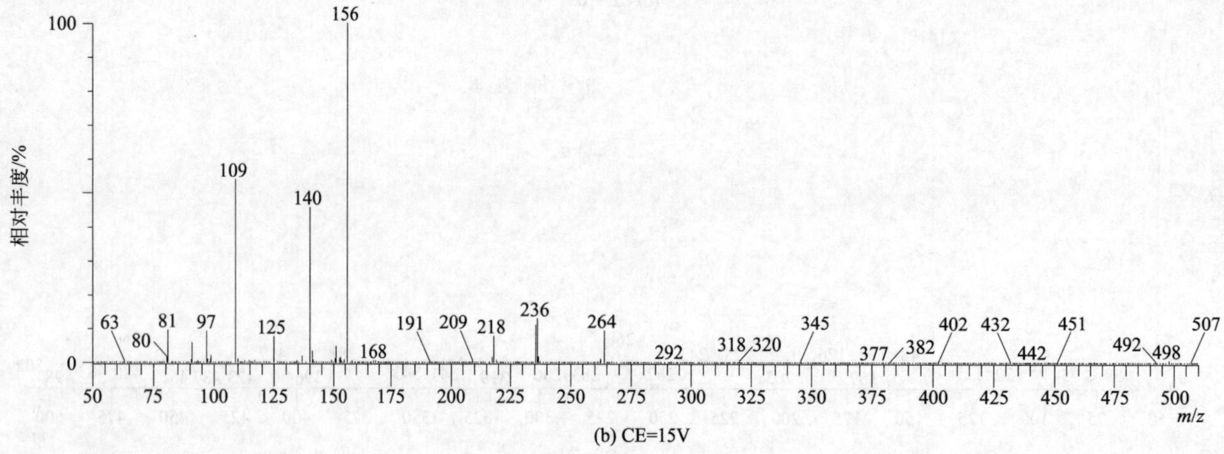

(b) CE=15V

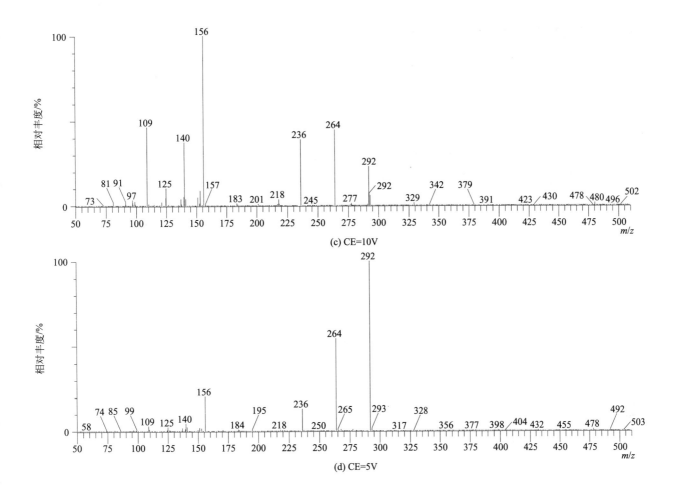

(c) CE=10V

(d) CE=5V

Fenthion（倍硫磷）

基本信息

CAS 登录号	55-38-9	**分子量**	278.0	**扫描模式**	子离子扫描
分子式	$C_{10}H_{15}O_3PS_2$	**离子化模式**	EI	**母离子**	278

一级质谱图

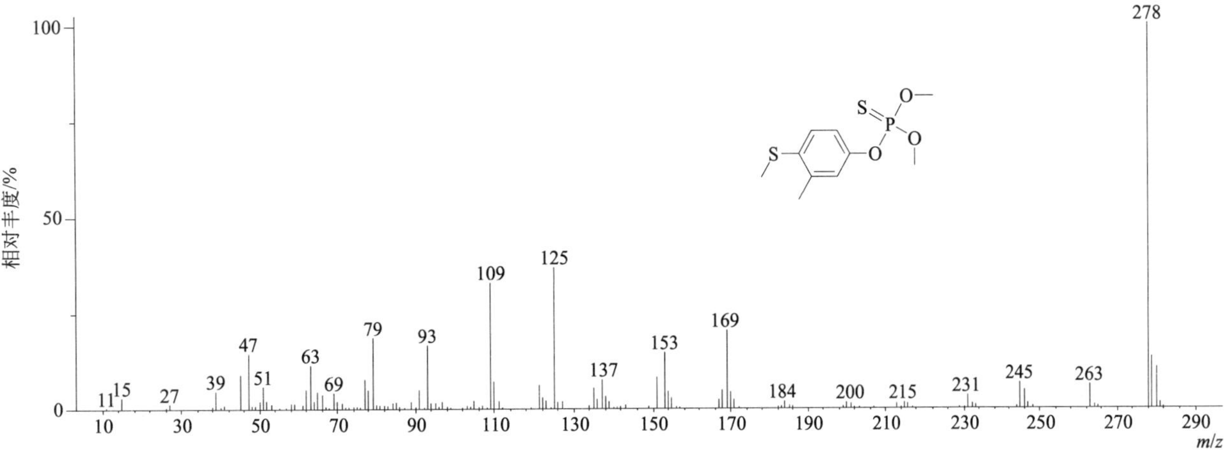

四个碰撞能量下子离子质谱图

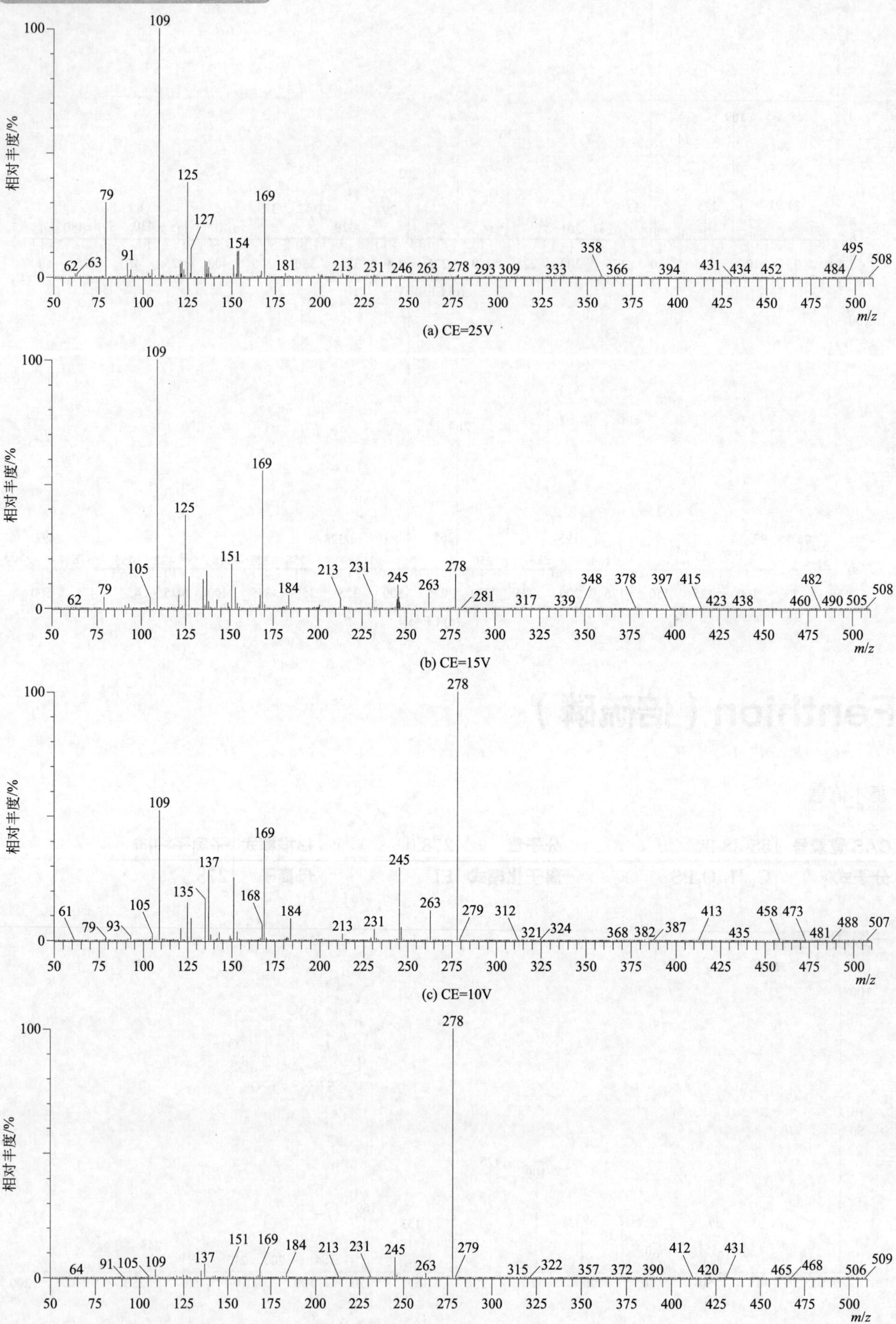

Fenvalerate（氰戊菊酯）

基本信息

CAS 登录号	51630-58-1	分子量	419.9	扫描模式	子离子扫描
分子式	$C_{25}H_{22}ClNO_3$	离子化模式	EI	母离子	419

一级质谱图

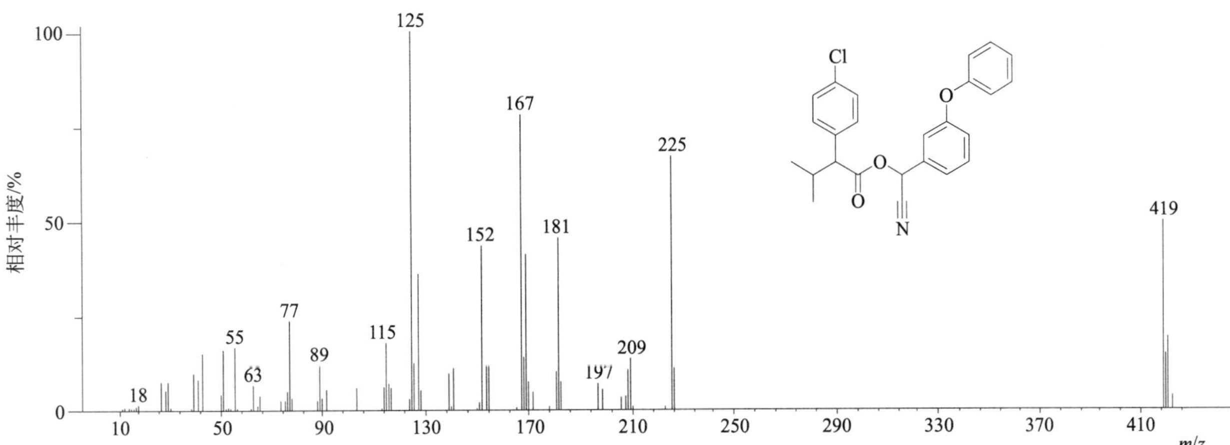

四个碰撞能量下子离子质谱图

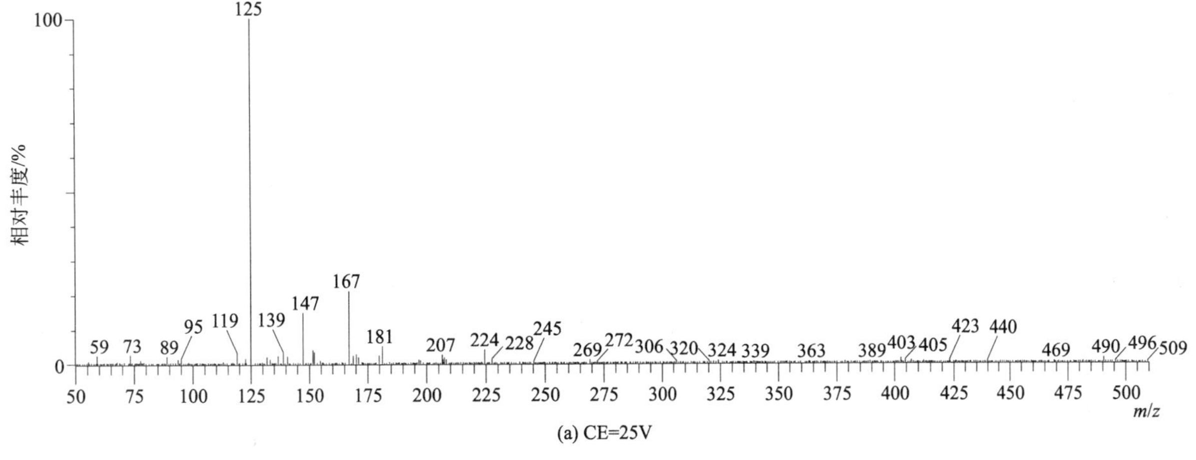

(a) CE=25V

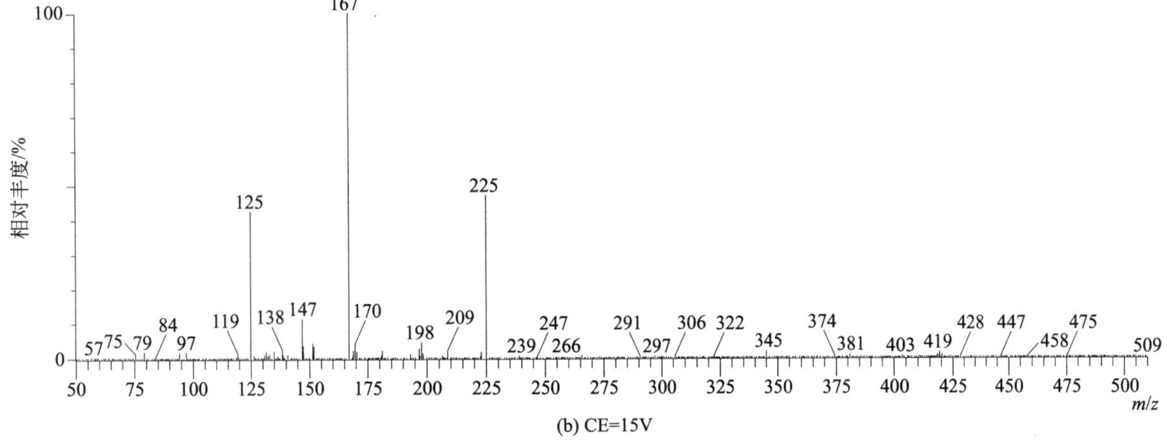

(b) CE=15V

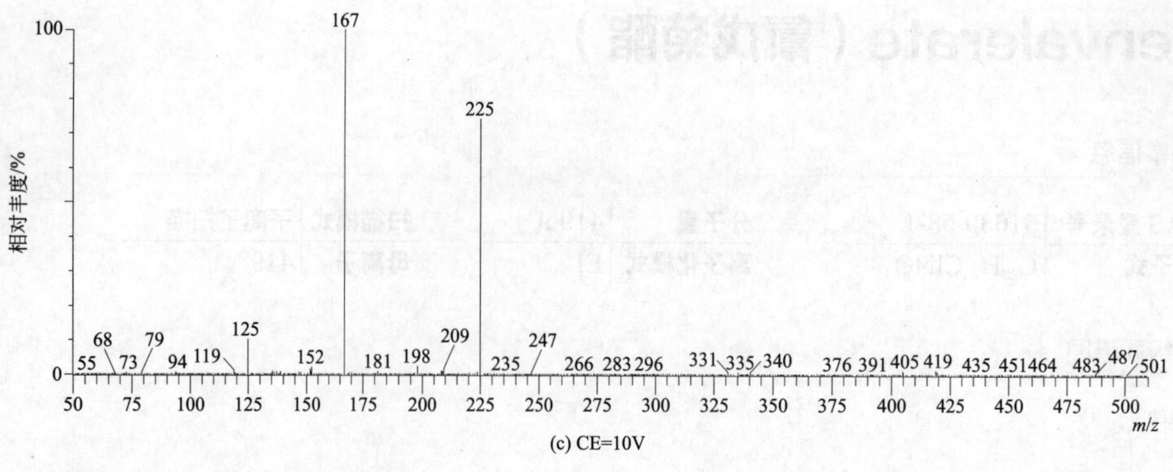
(c) CE=10V

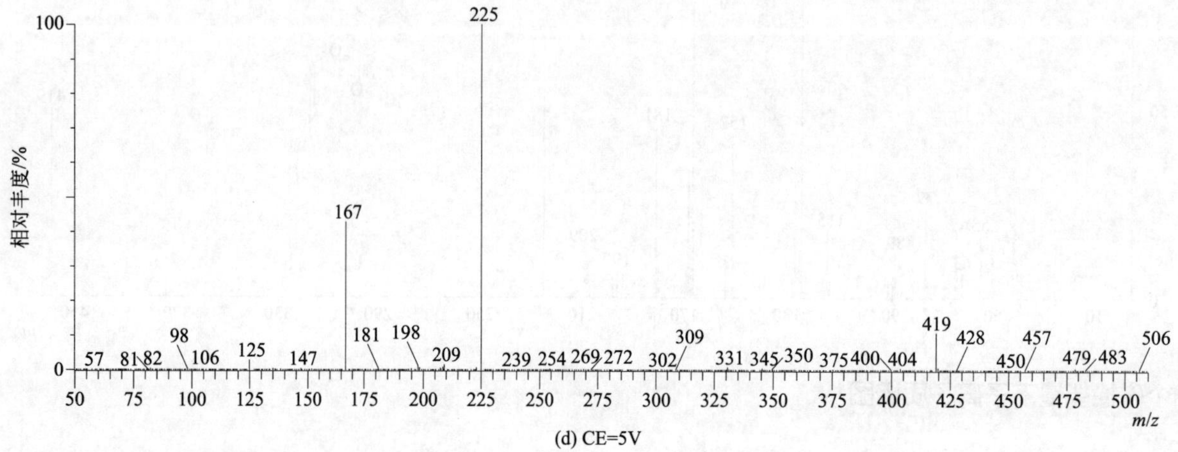
(d) CE=5V

Fipronil（氟虫腈）

基本信息

CAS 登录号	120068-37-3	**分子量**	435.9	**扫描模式**	子离子扫描
分子式	$C_{12}H_4Cl_2F_6N_4OS$	**离子化模式**	EI	**母离子**	367

一级质谱图

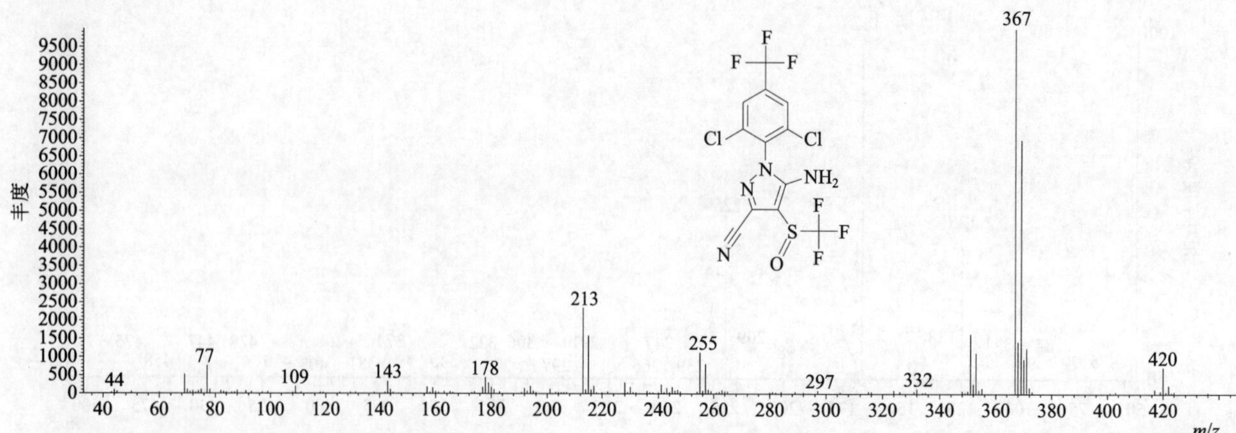

四个碰撞能量下子离子质谱图

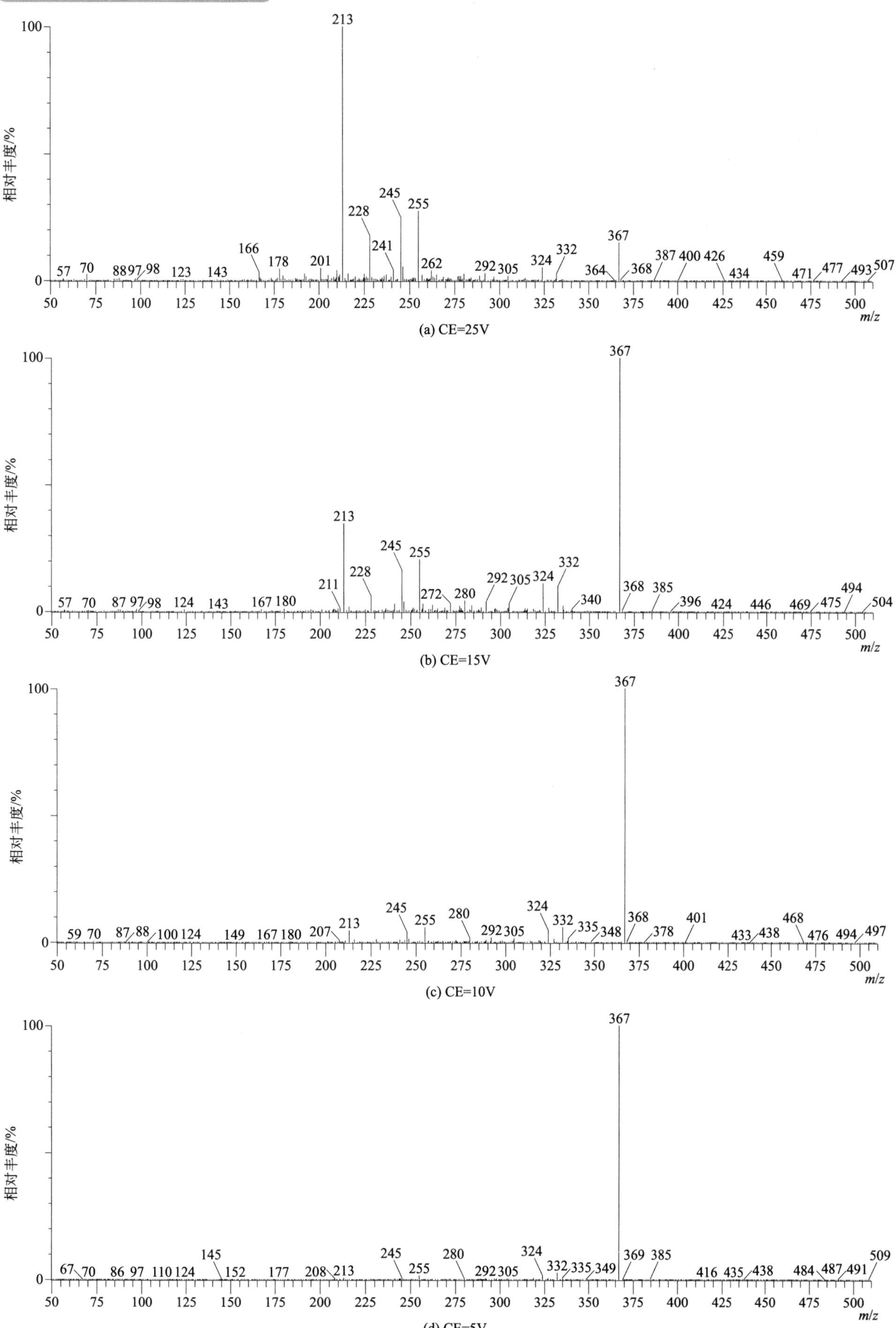

Flamprop-isopropyl（麦草氟异丙酯）

基本信息

CAS 登录号	52756-22-6	分子量	363.1	扫描模式	子离子扫描
分子式	$C_{19}H_{19}ClFNO_3$	离子化模式	EI	母离子	276

一级质谱图

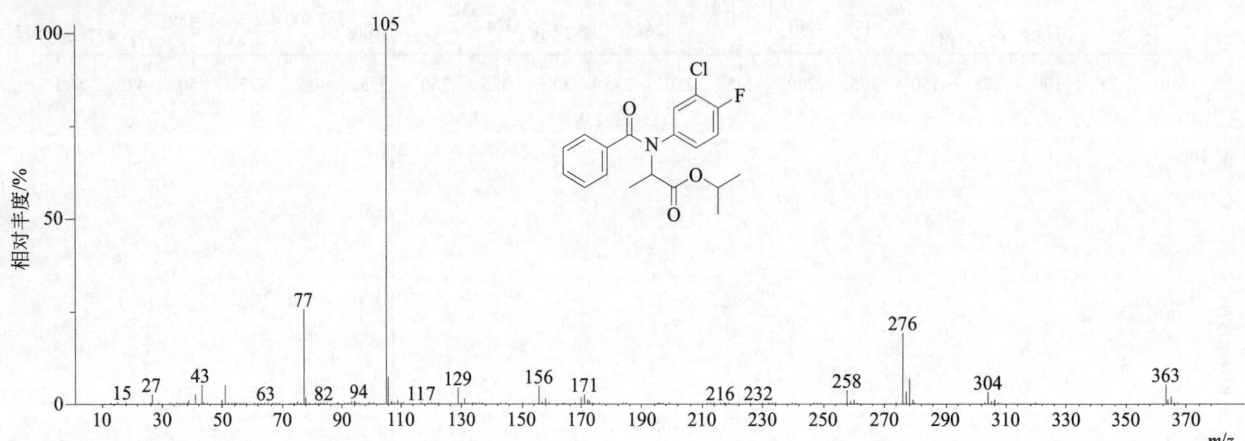

四个碰撞能量下子离子质谱图

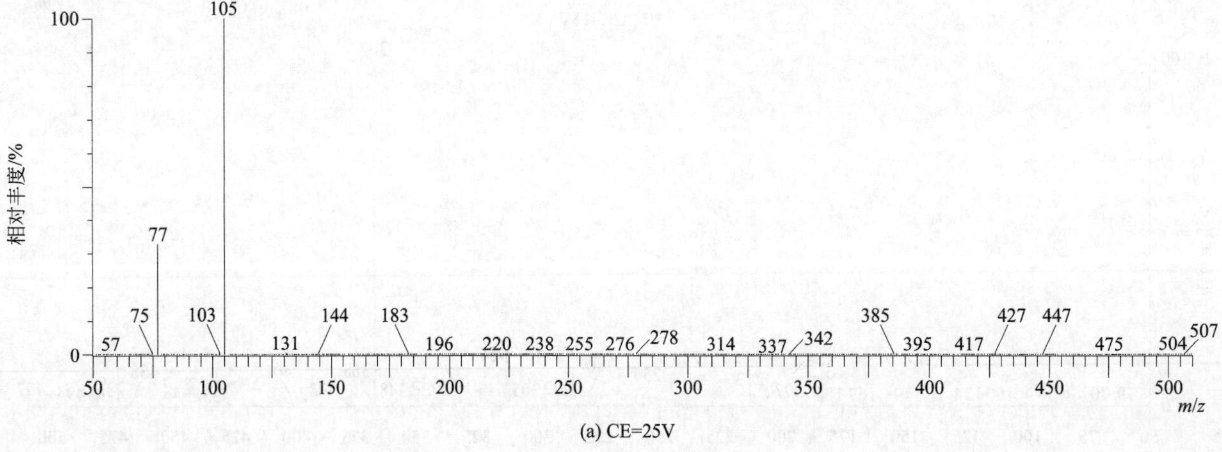

(a) CE=25V

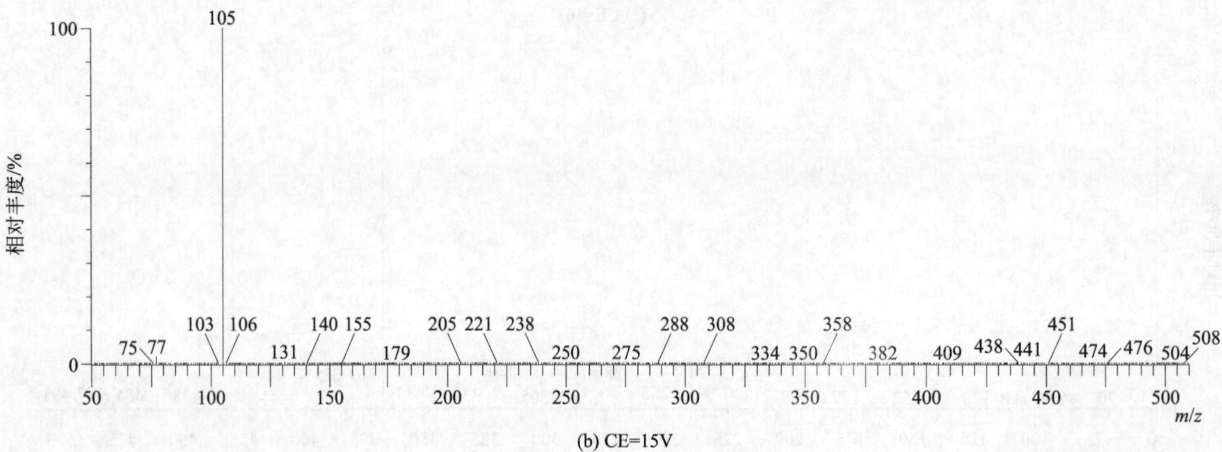

(b) CE=15V

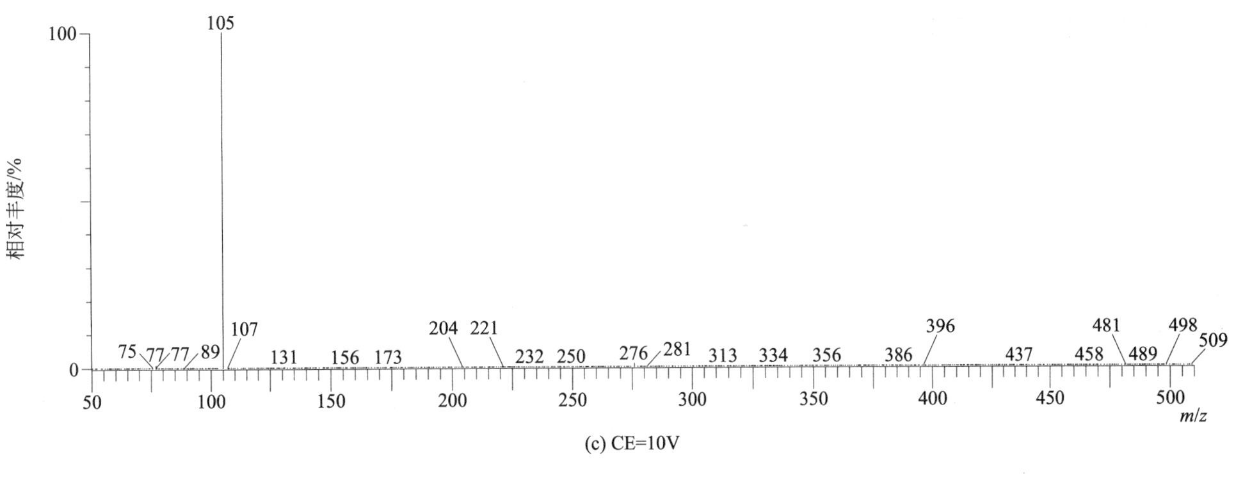

(c) CE=10V

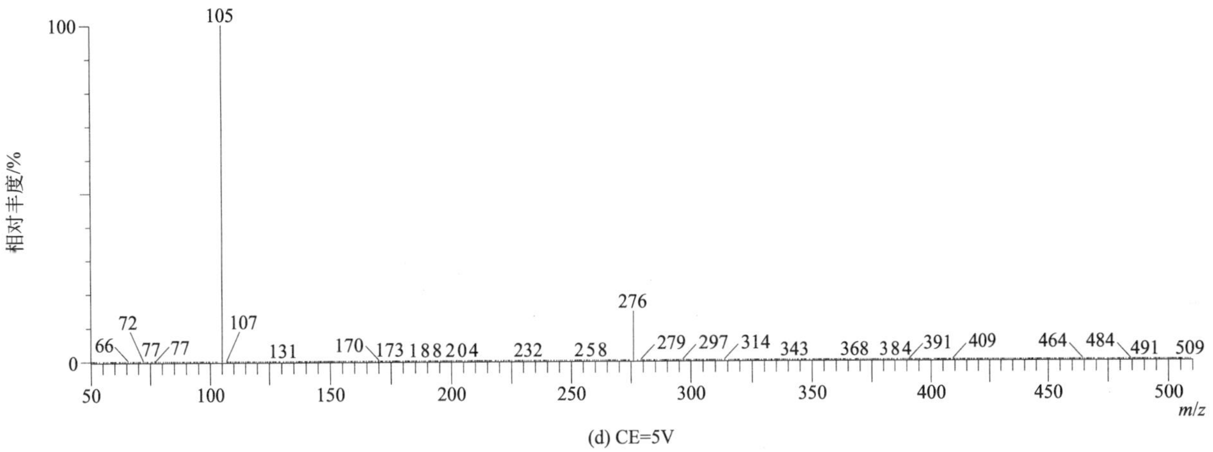

(d) CE=5V

Flamprop-methyl（麦草氟甲酯）

基本信息

CAS 登录号	52756-25-9	分子量	335.1	扫描模式	子离子扫描
分子式	$C_{17}H_{15}ClFNO_3$	离子化模式	EI	母离子	276

一级质谱图

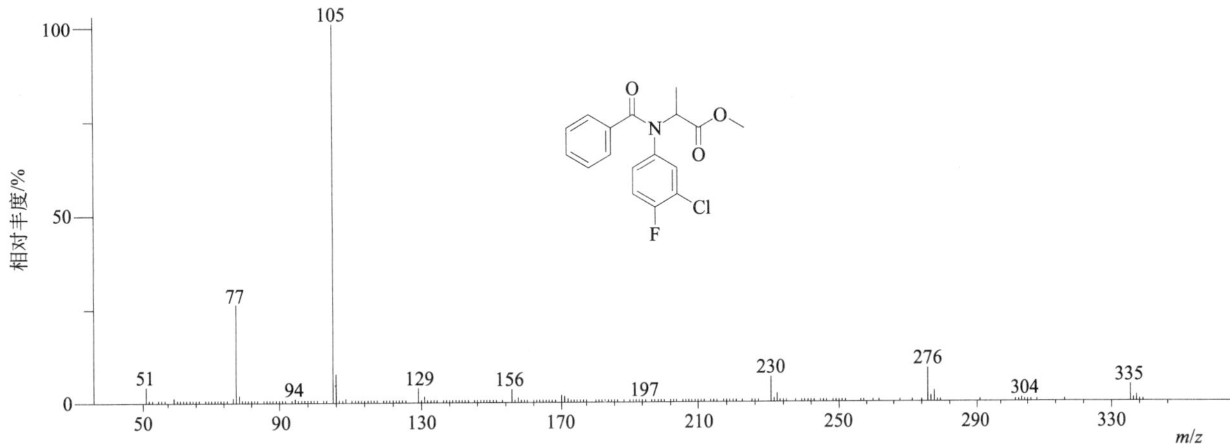

四个碰撞能量下子离子质谱图

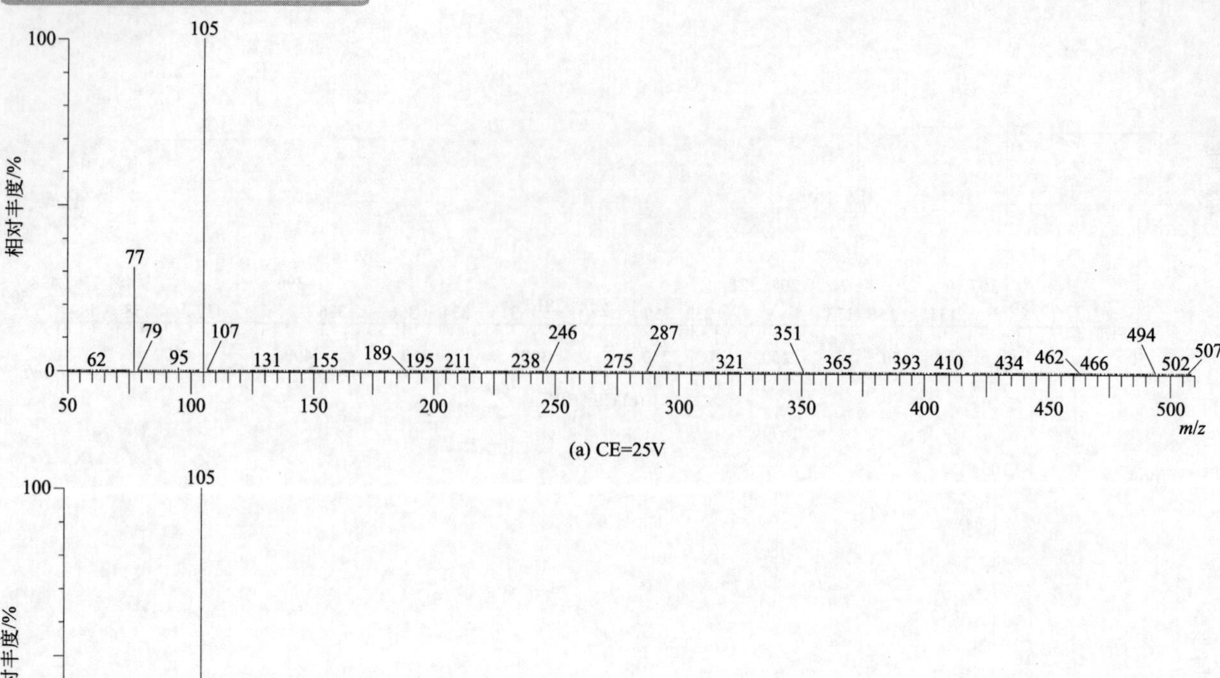

(a) CE=25V

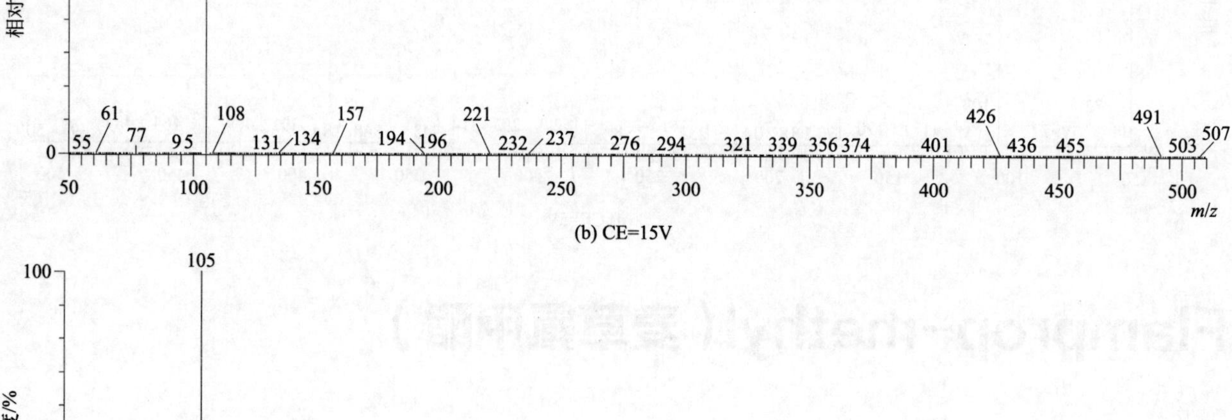

(b) CE=15V

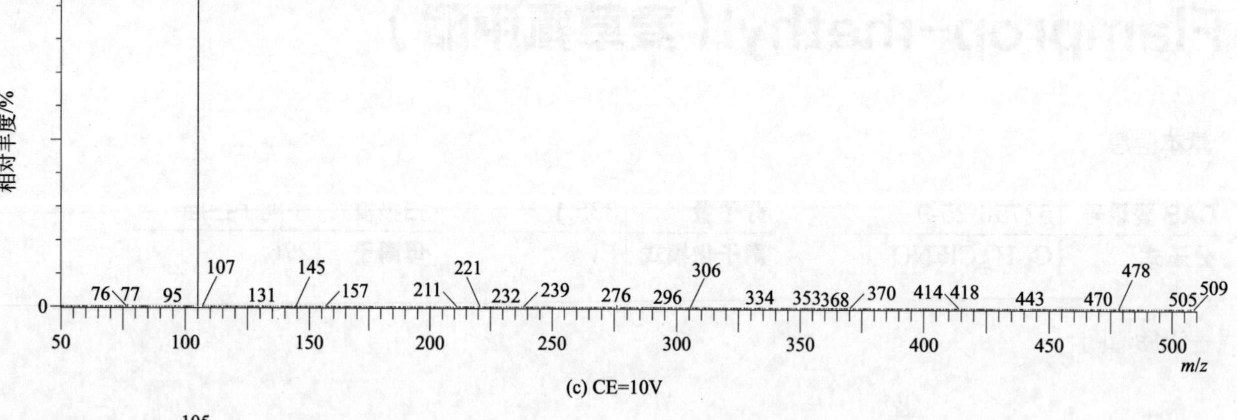

(c) CE=10V

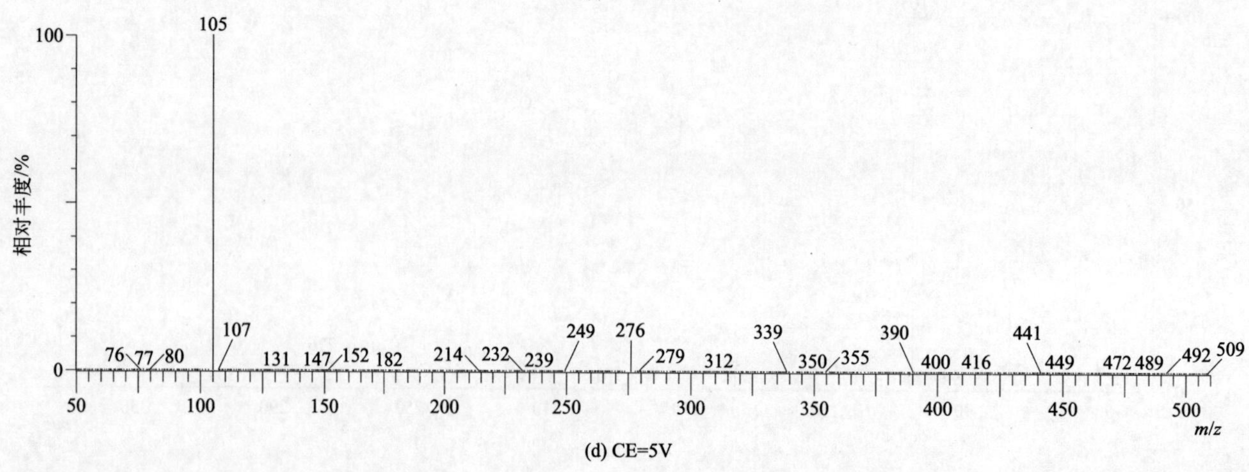

(d) CE=5V

Fluazinam（氟啶胺）

基本信息

CAS 登录号	79622-59-6	分子量	464.0	扫描模式	子离子扫描
分子式	$C_{13}H_4Cl_2F_6N_4O_4$	离子化模式	EI	母离子	417

一级质谱图

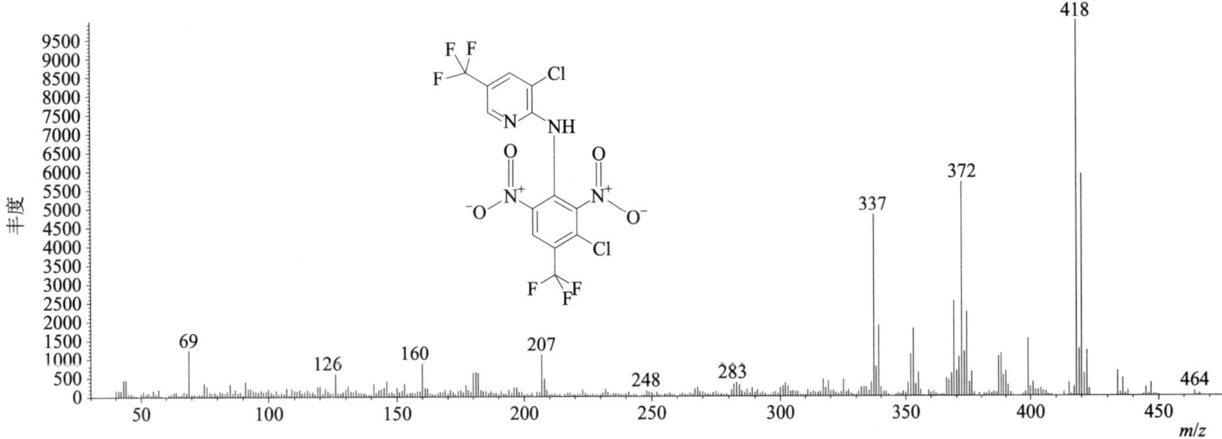

四个碰撞能量下子离子质谱图

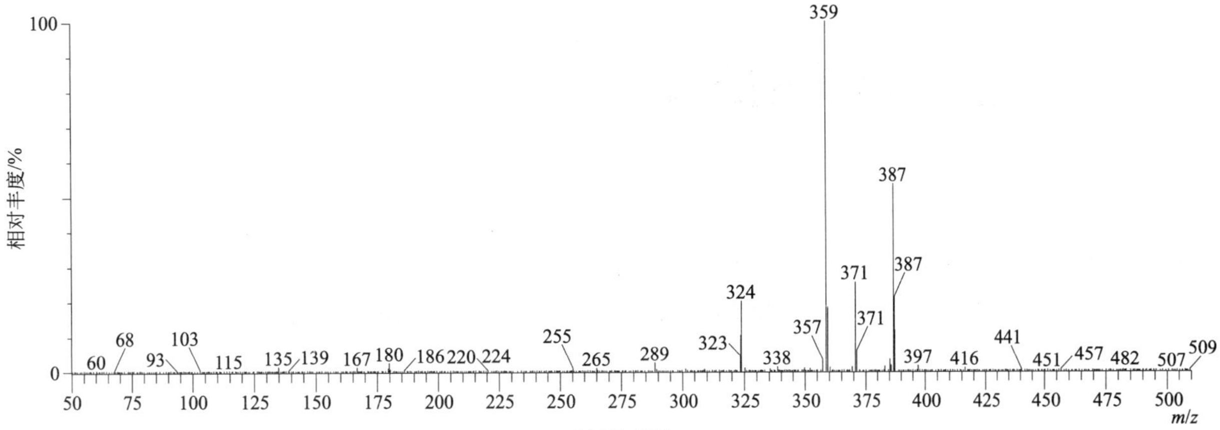

(a) CE=25V

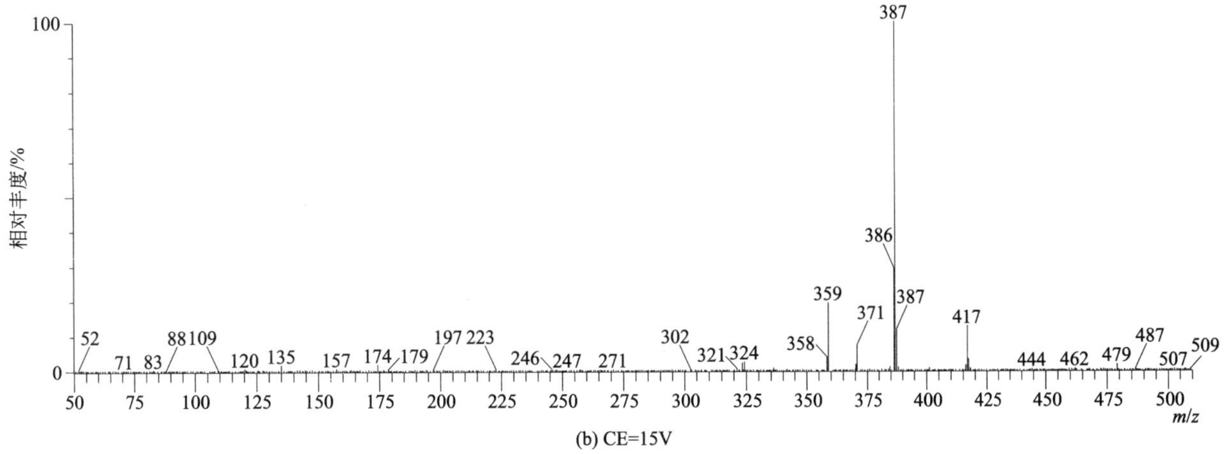

(b) CE=15V

(c) CE=10V

(d) CE=5V

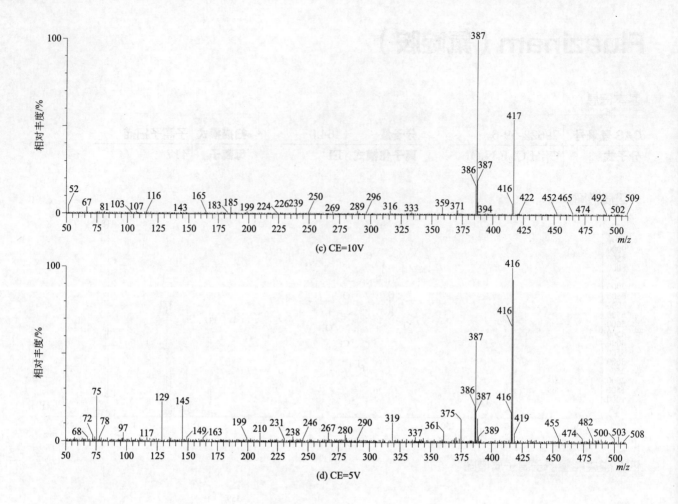

Flubenzimine（嘧唑螨）

基本信息

CAS 登录号	37893-02-0	分子量	416.1	扫描模式	子离子扫描
分子式	$C_{17}H_{10}F_6N_4S$	离子化模式	EI	母离子	416

一级质谱图

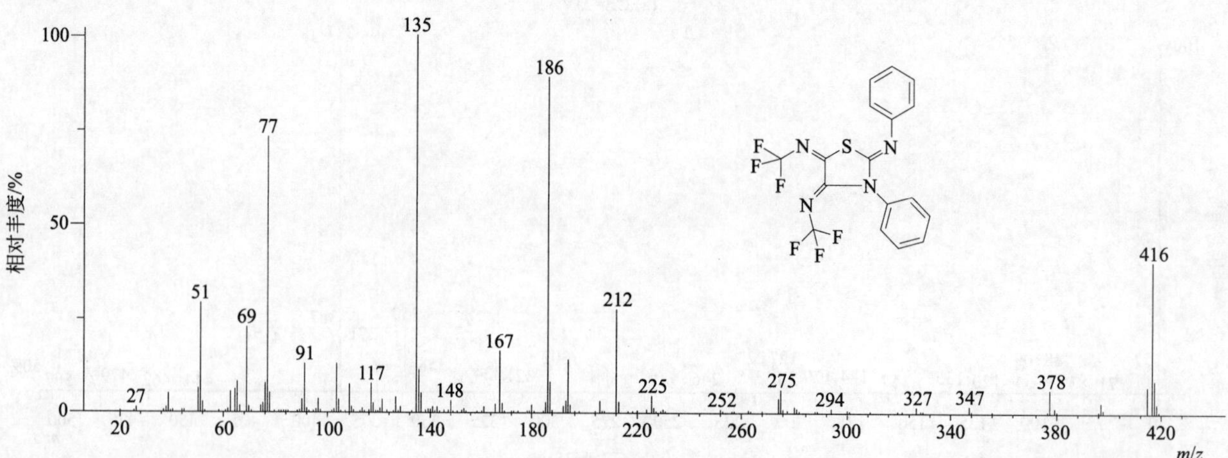

四个碰撞能量下子离子质谱图

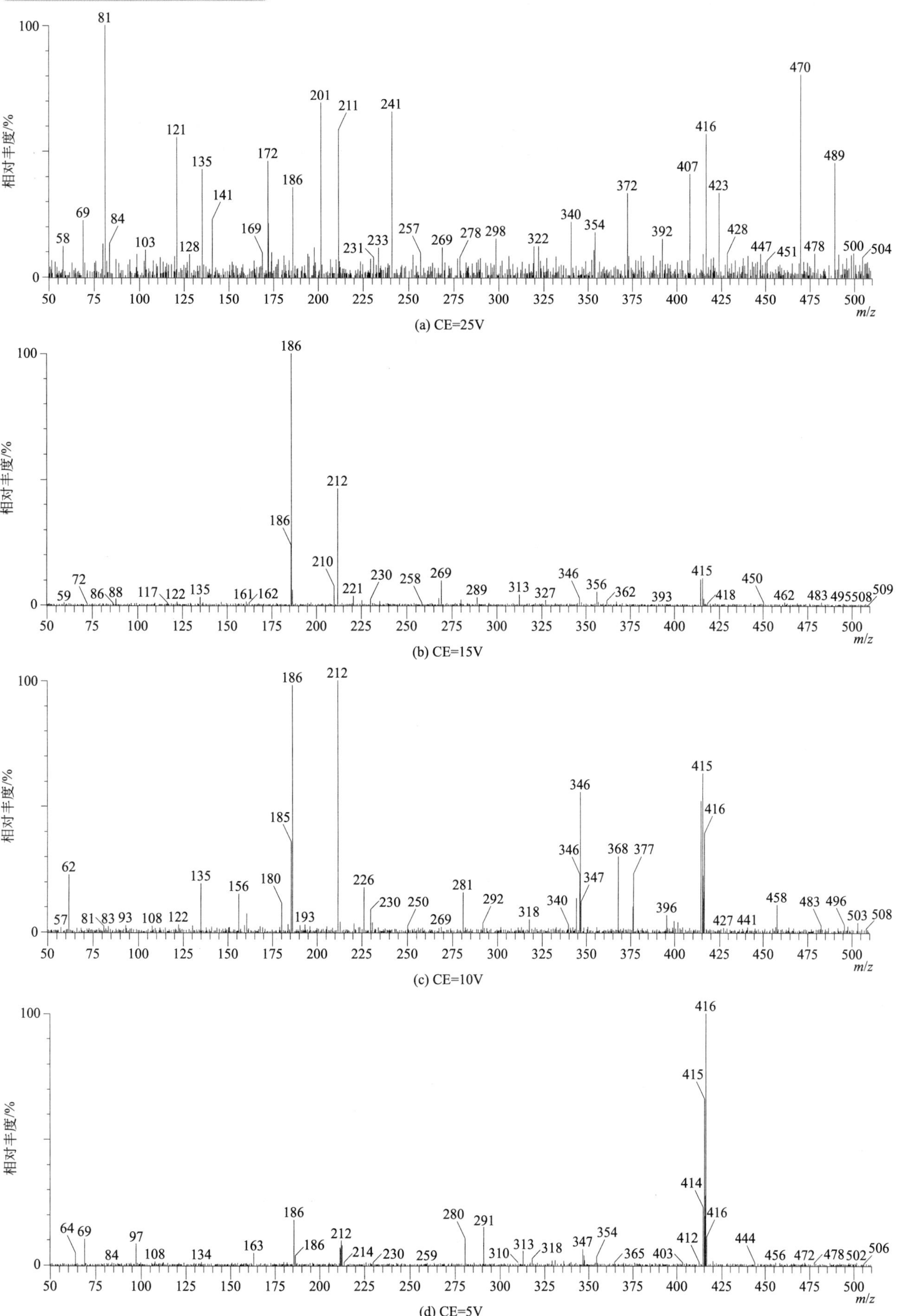

(a) CE=25V

(b) CE=15V

(c) CE=10V

(d) CE=5V

Fluchloralin（氯乙氟灵）

基本信息

CAS 登录号	33245-39-5	分子量	355.1	扫描模式	子离子扫描
分子式	$C_{12}H_{13}ClF_3N_3O_4$	离子化模式	EI	母离子	326

一级质谱图

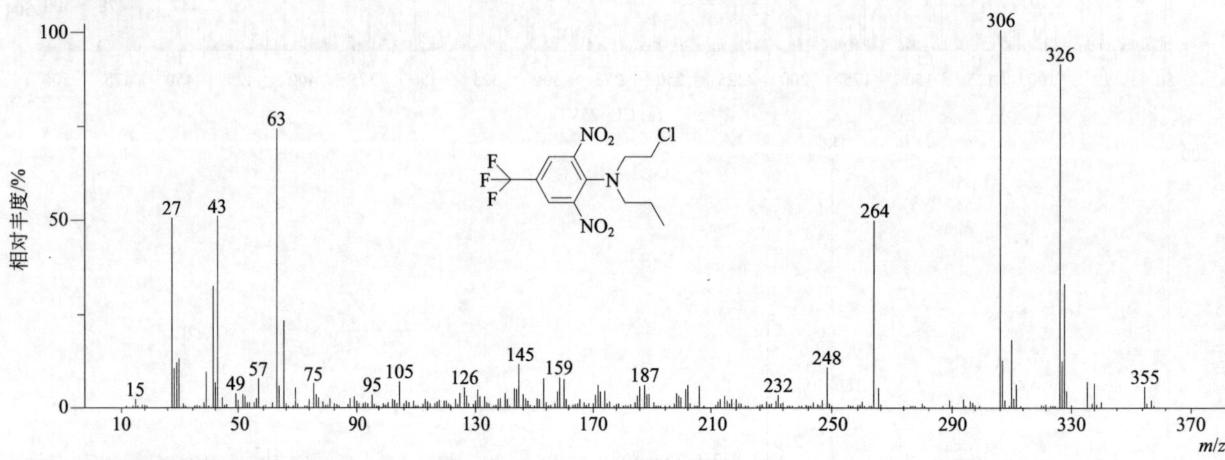

四个碰撞能量下子离子质谱图

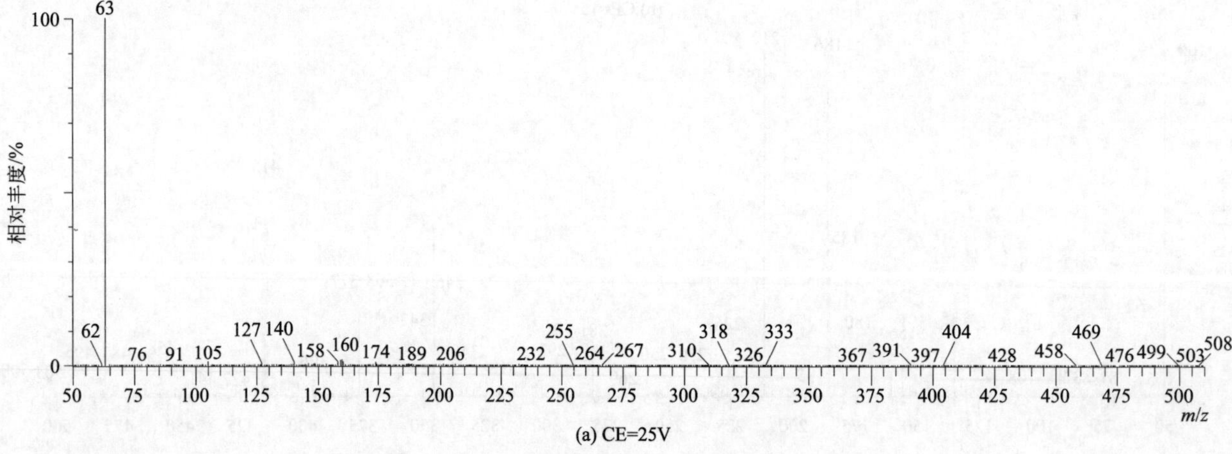

(a) CE=25V

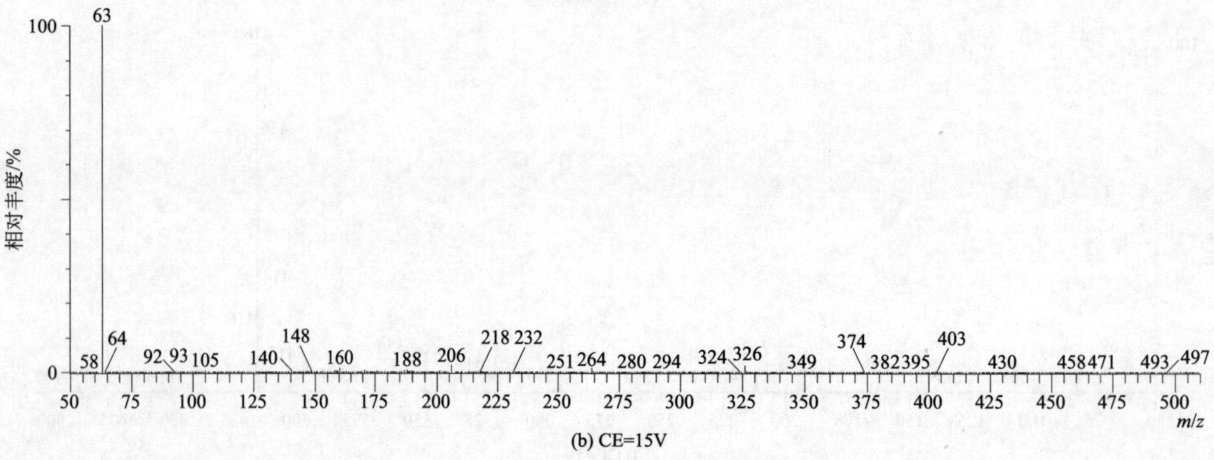

(b) CE=15V

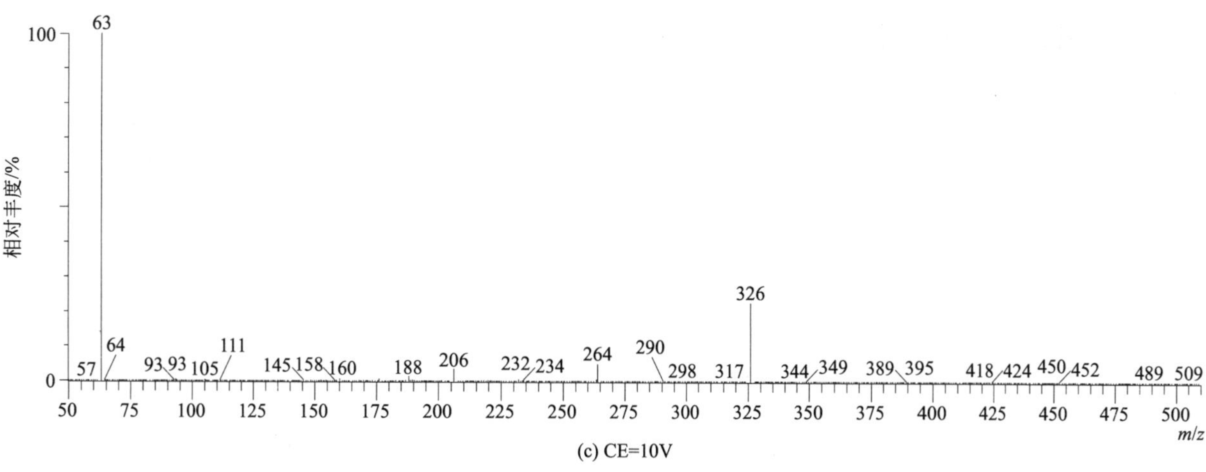

(c) CE=10V

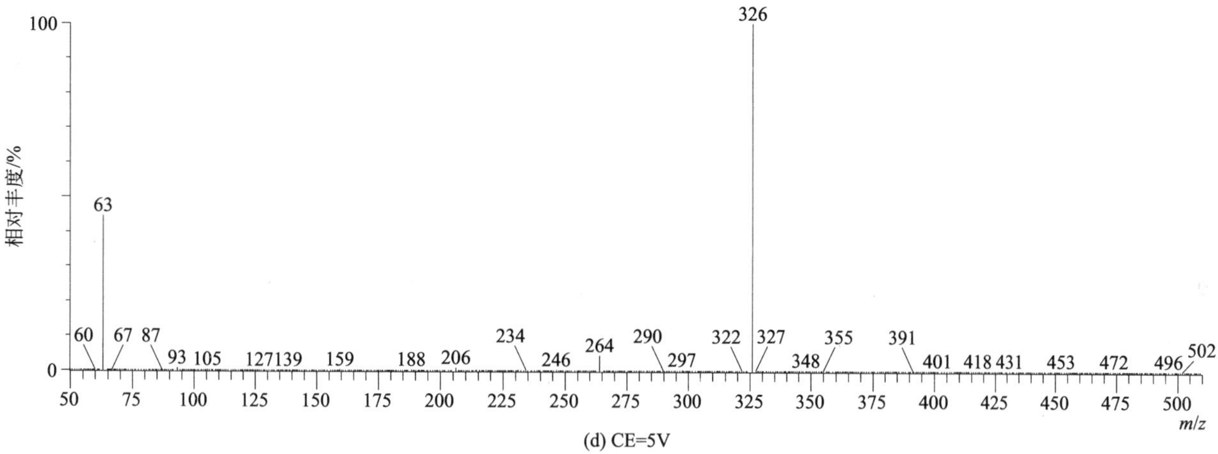

(d) CE=5V

Flucythrinate（氟氰戊菊酯）

基本信息

CAS 登录号	70124-77-5	分子量	451.2	扫描模式	子离子扫描
分子式	$C_{26}H_{23}F_2NO_4$	离子化模式	EI	母离子	199

一级质谱图

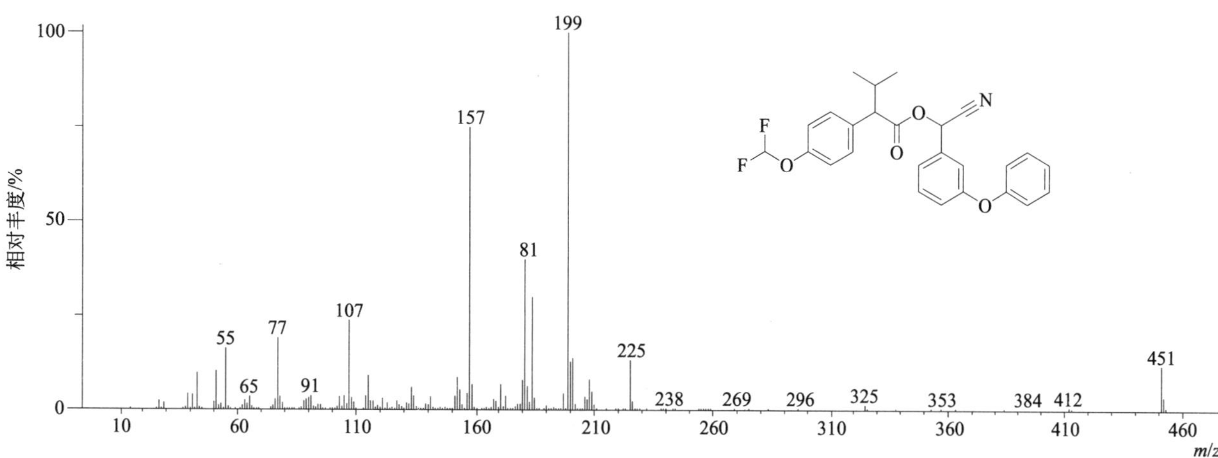

四个碰撞能量下子离子质谱图

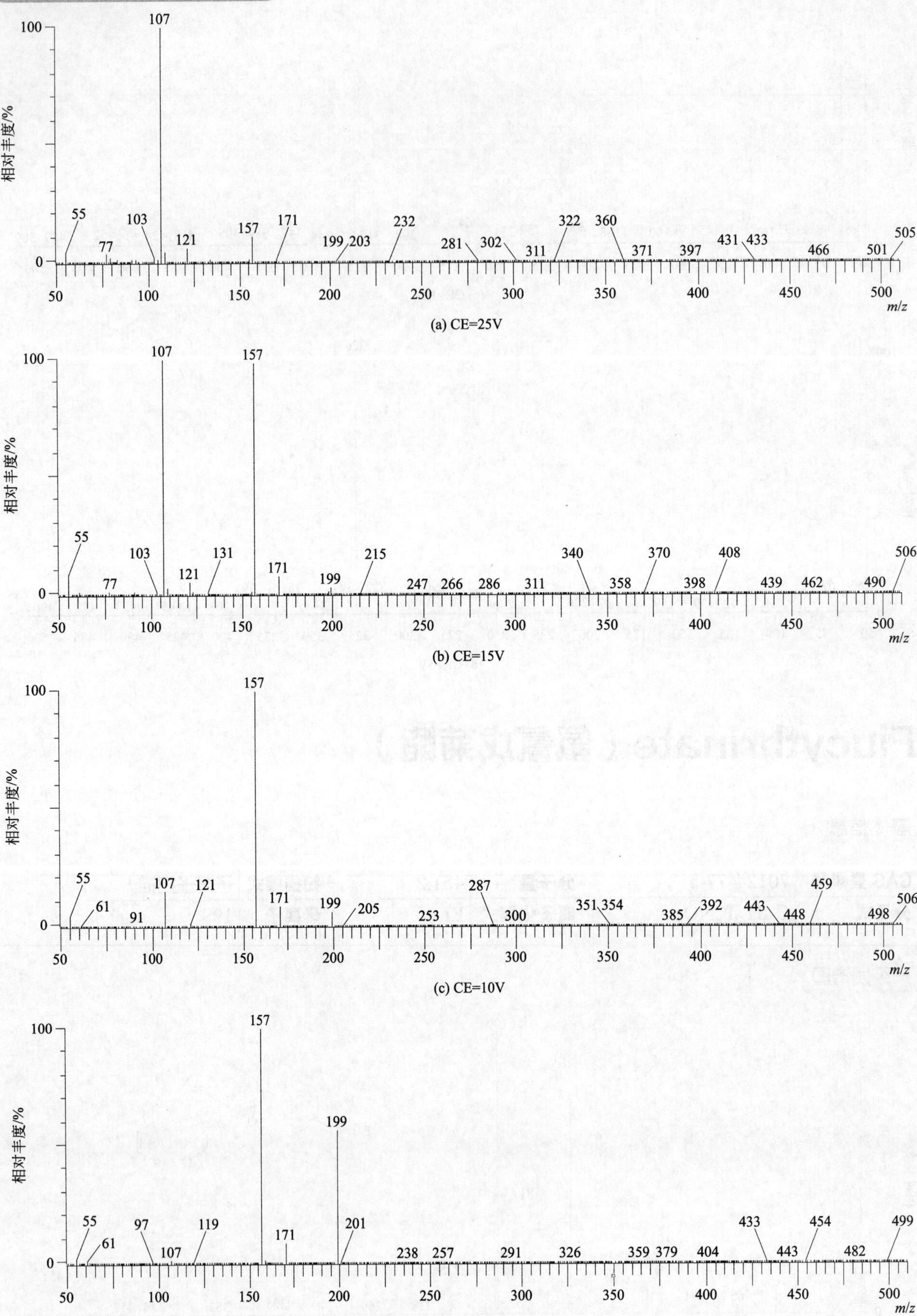

Fludioxonil（咯菌腈）

基本信息

CAS 登录号	131341-86-1	分子量	248.0	扫描模式	子离子扫描
分子式	$C_{12}H_6F_2N_2O_2$	离子化模式	EI	母离子	248

一级质谱图

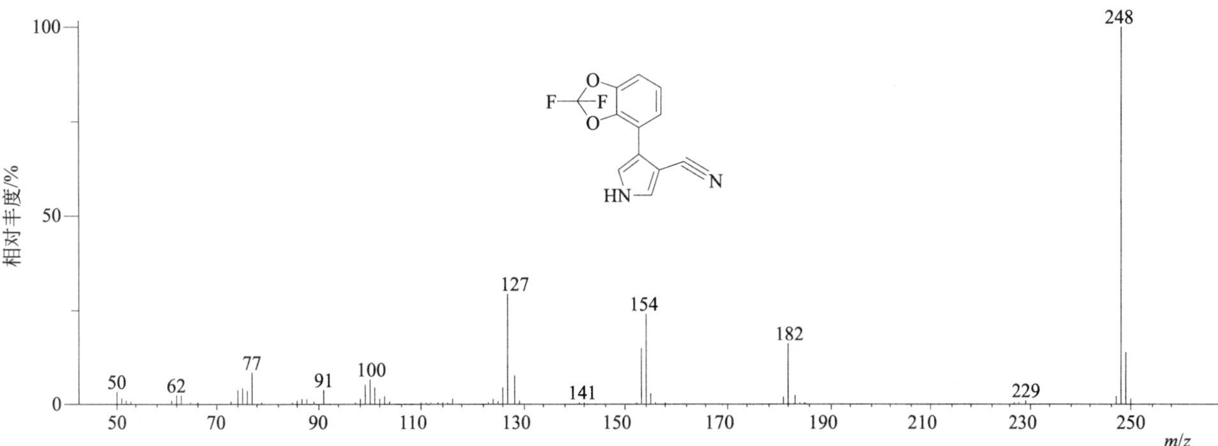

四个碰撞能量下子离子质谱图

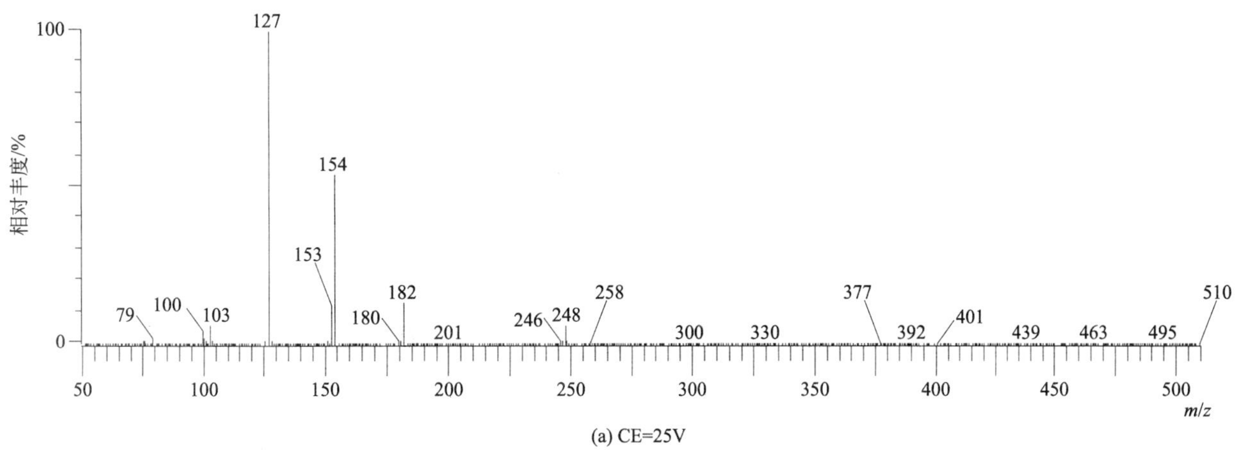

(a) CE=25V

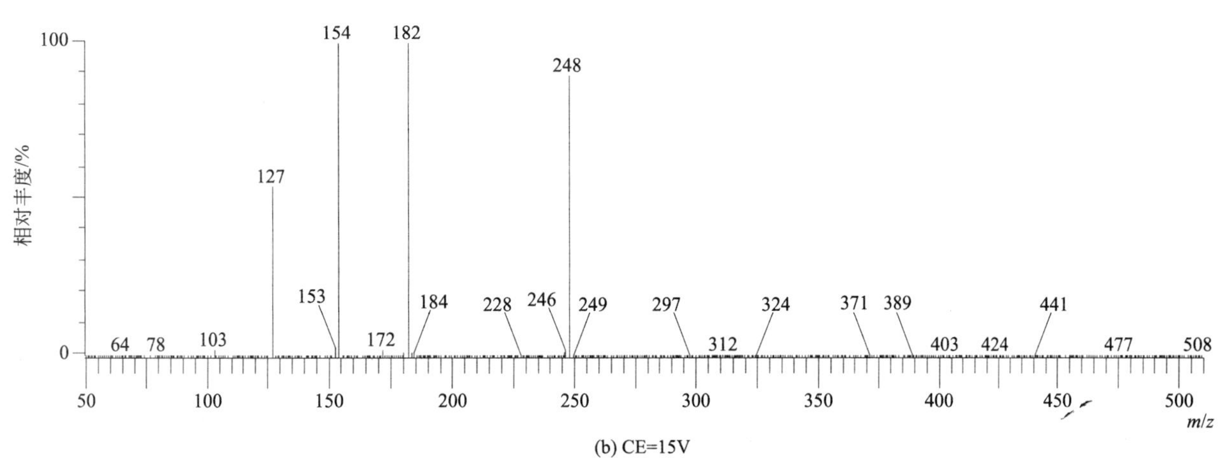

(b) CE=15V

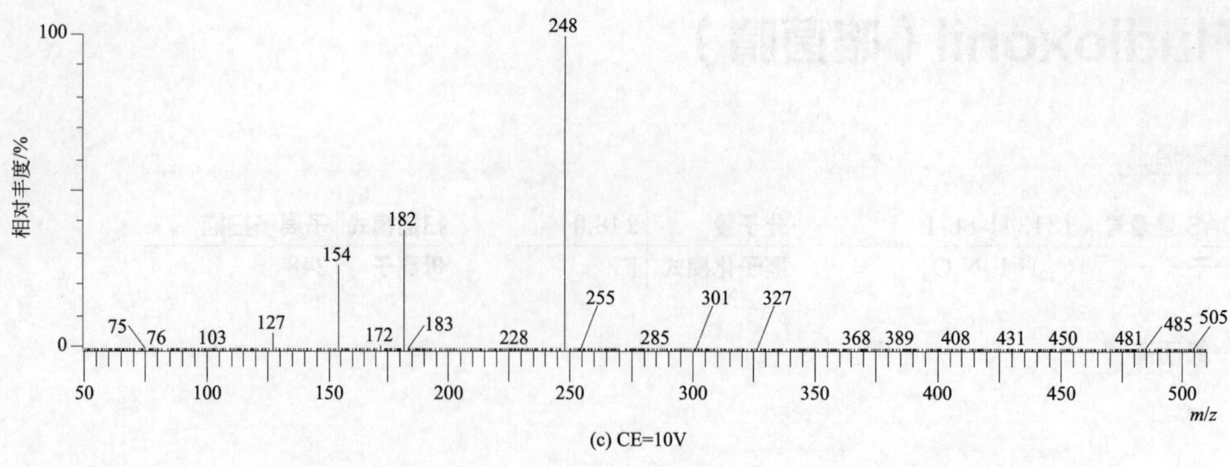

(c) CE=10V

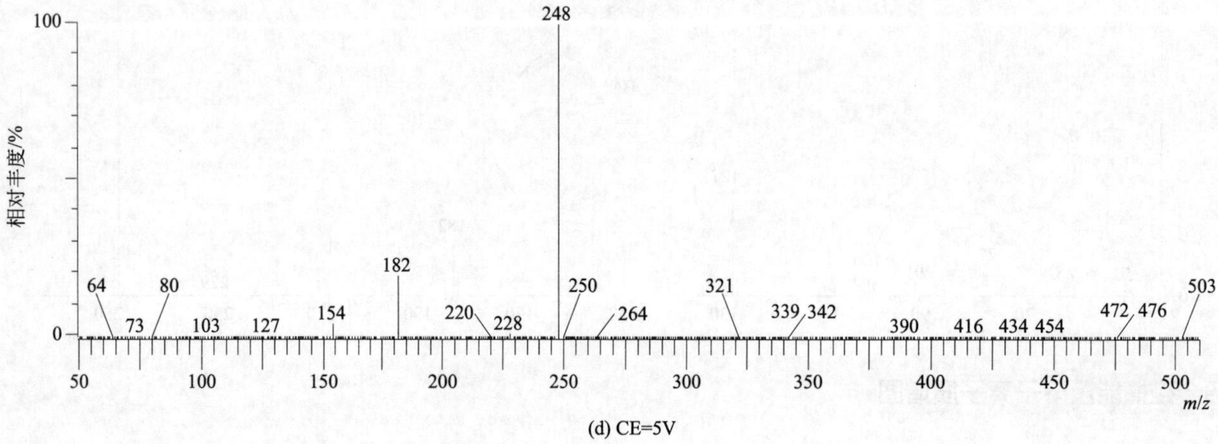

(d) CE=5V

Flufenacet（氟噻草胺）

基本信息

CAS 登录号	142459-58-3	分子量	363.1	扫描模式	子离子扫描
分子式	$C_{14}H_{13}F_4N_3O_2S$	离子化模式	EI	母离子	211

一级质谱图

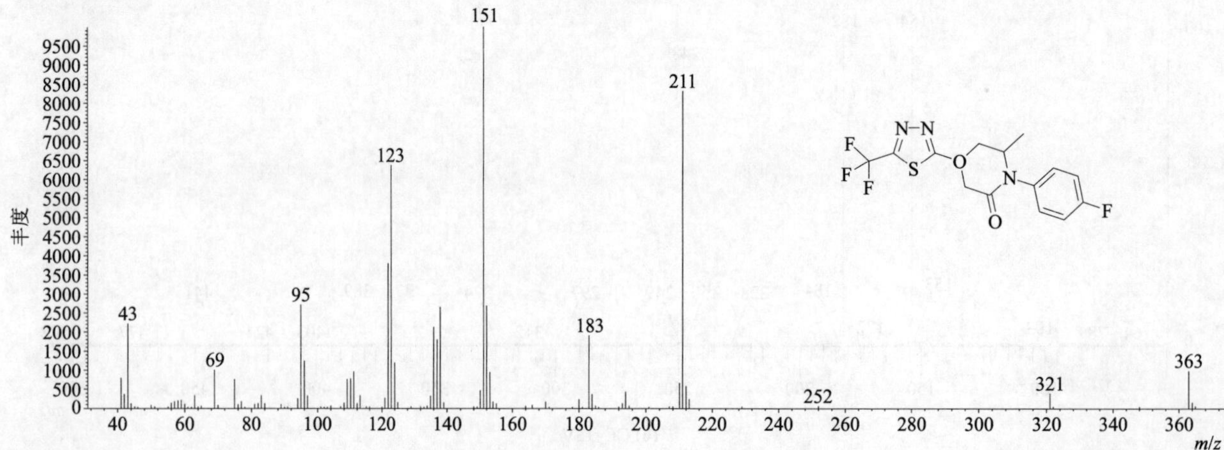

四个碰撞能量下子离子质谱图

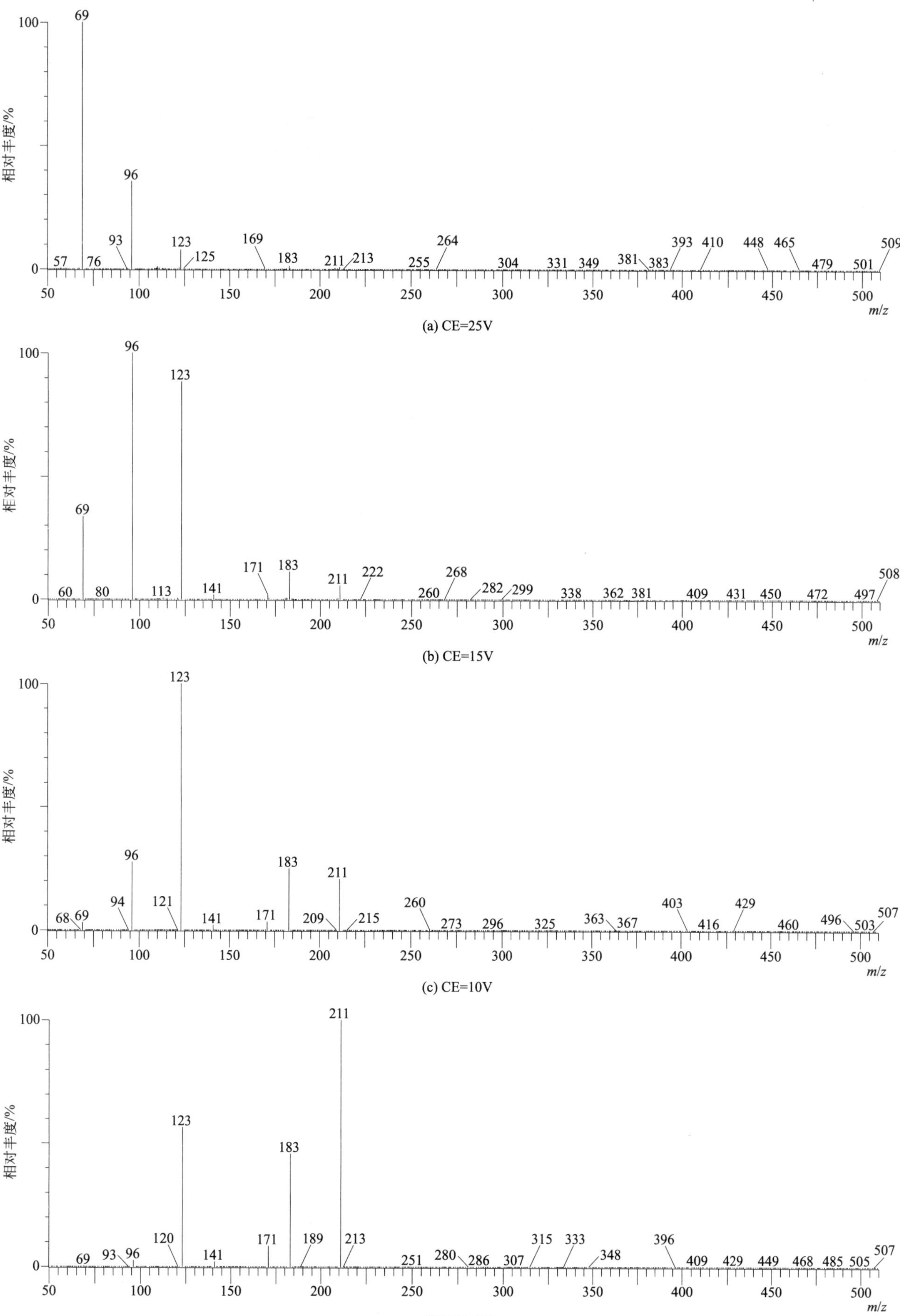

Flufenoxuron（氟虫脲）

基本信息

CAS 登录号	101463-69-8	分子量	488.0	扫描模式	子离子扫描
分子式	$C_{21}H_{11}ClF_6N_2O_3$	离子化模式	EI	母离子	307

一级质谱图

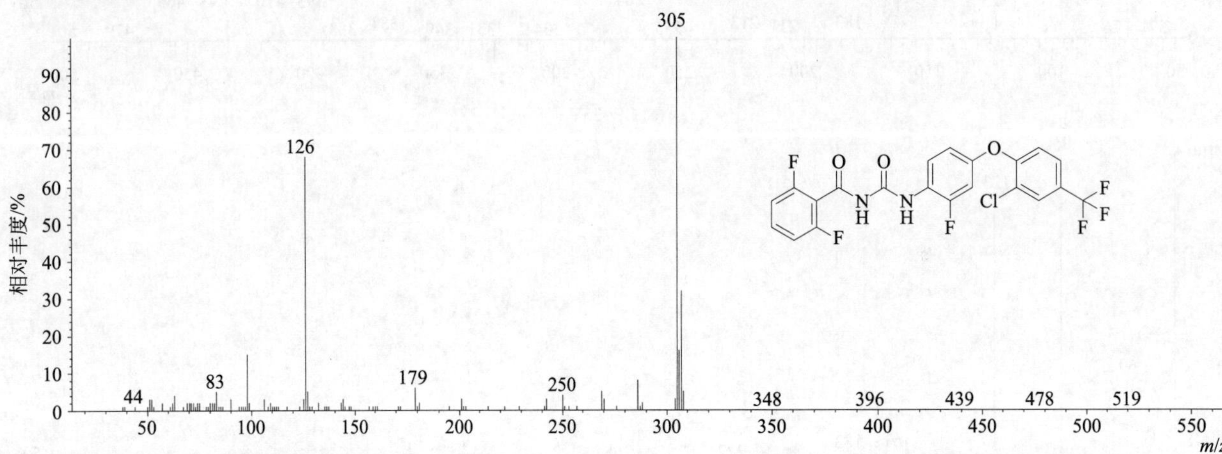

四个碰撞能量下子离子质谱图

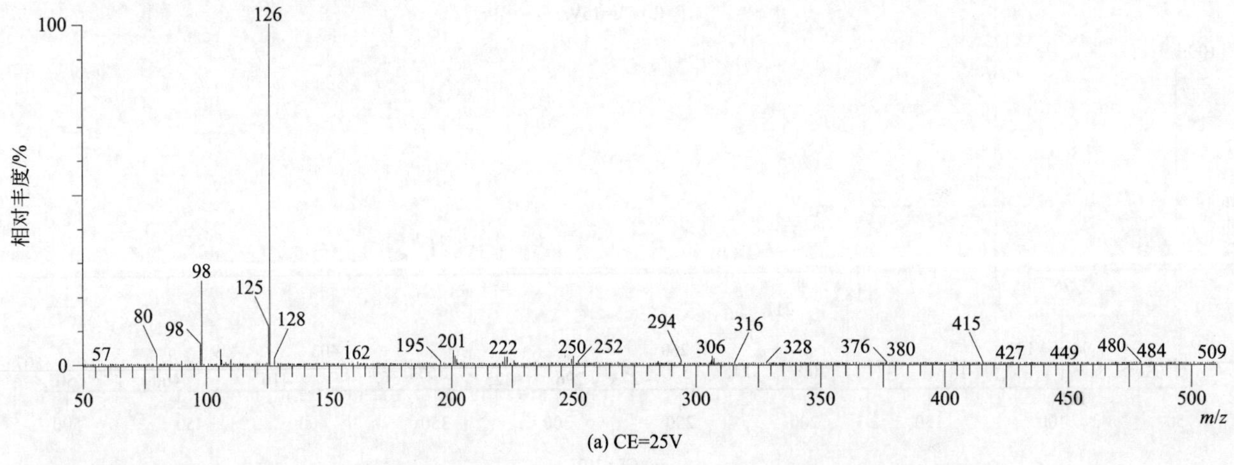

(a) CE=25V

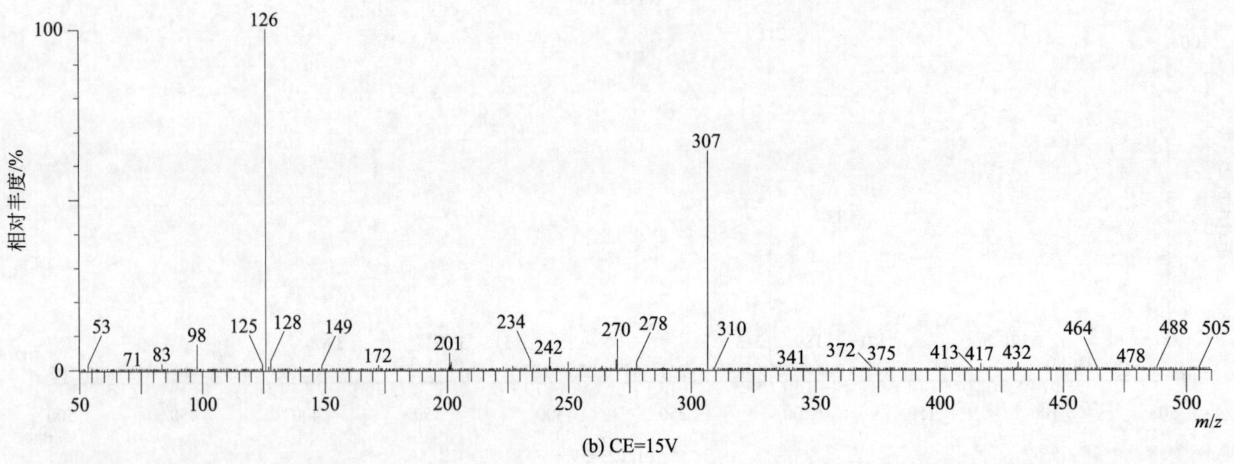

(b) CE=15V

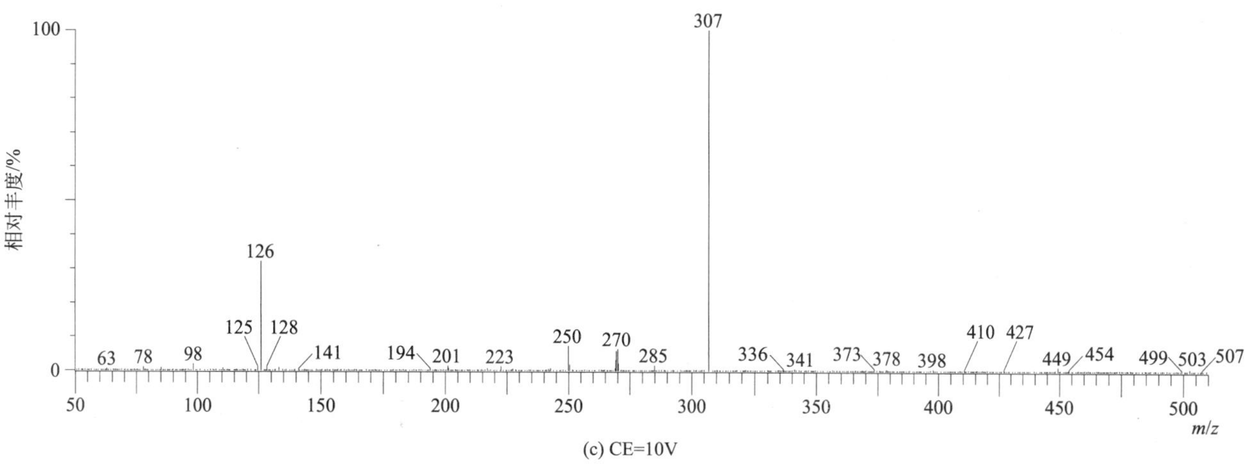

(c) CE=10V

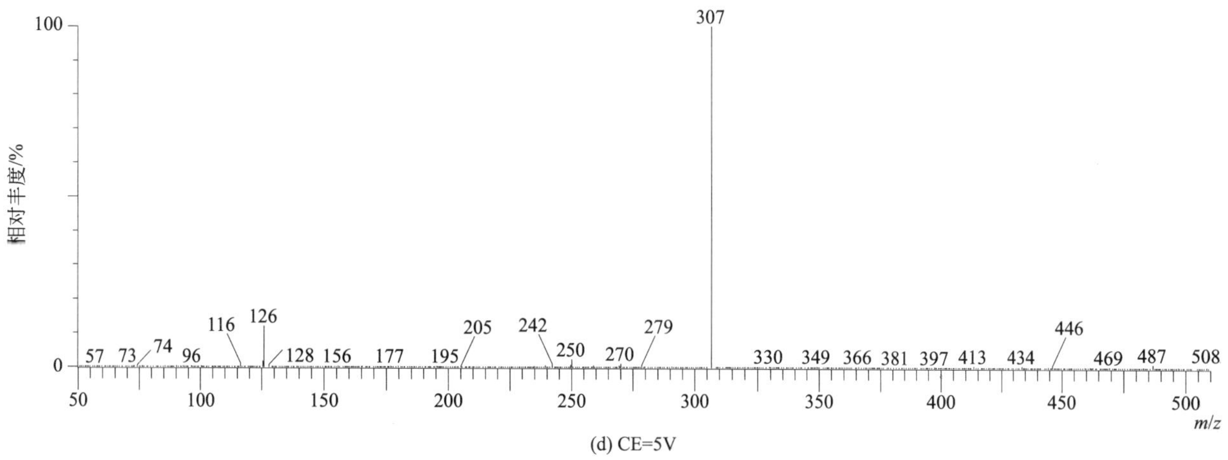

(d) CE=5V

Flumetralin（氟节胺）

基本信息

CAS 登录号	62924-70-3	分子量	421.0	扫描模式	子离子扫描
分子式	$C_{16}H_{12}ClF_4N_3O_4$	离子化模式	EI	母离子	143

一级质谱图

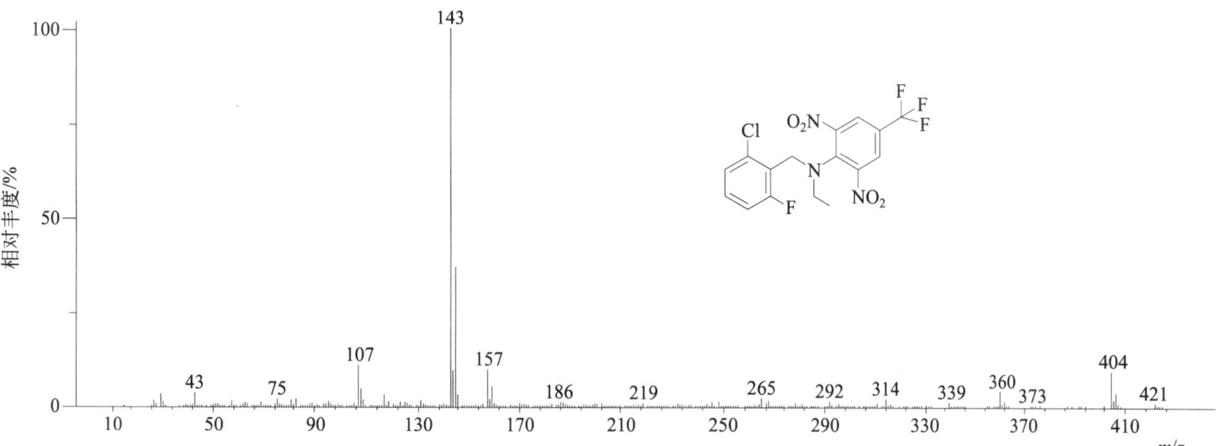

四个碰撞能量下子离子质谱图

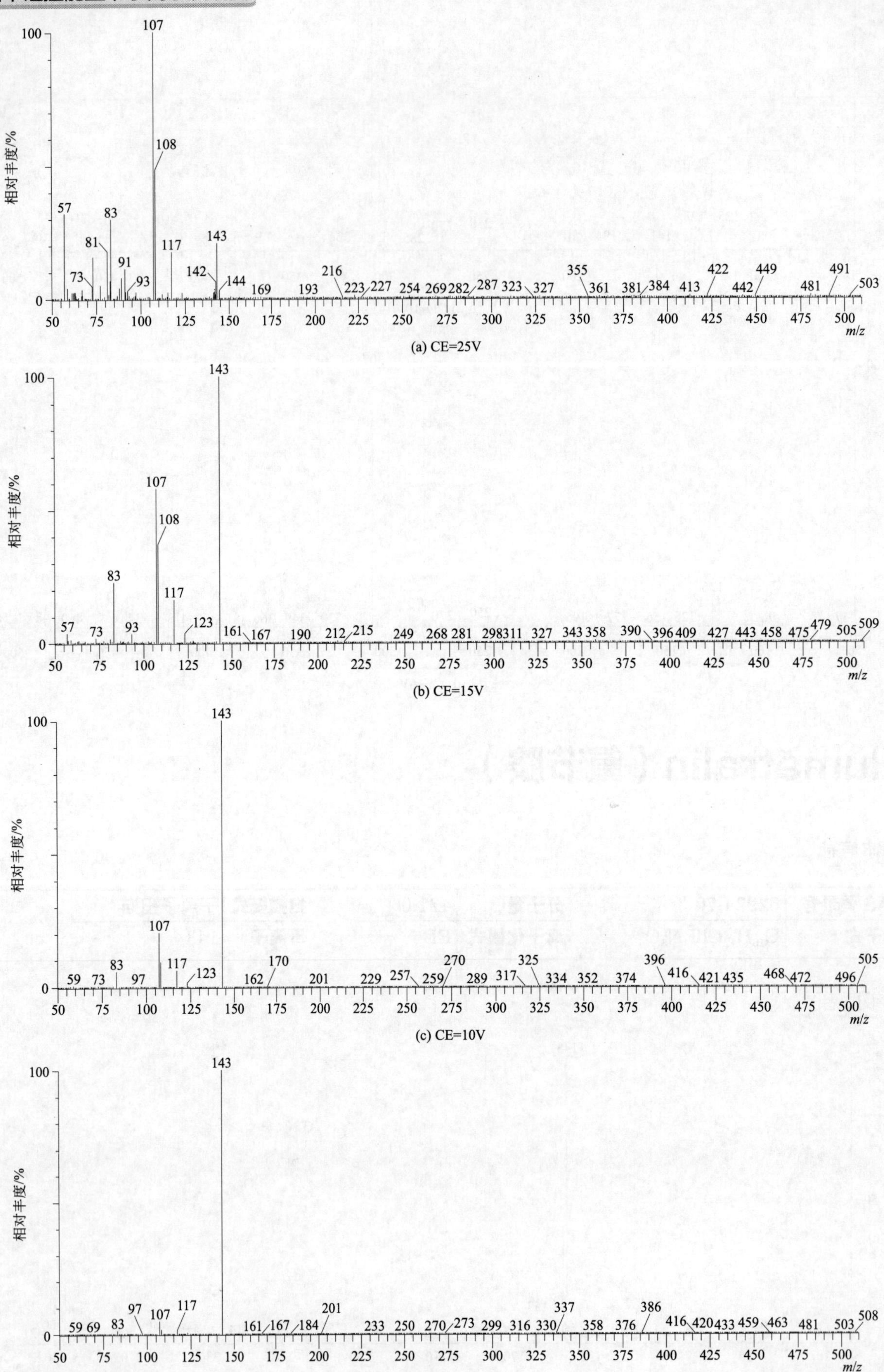

(a) CE=25V

(b) CE=15V

(c) CE=10V

(d) CE=5V

Flumiclorac-pentyl（氟烯草酸）

基本信息

CAS 登录号	87546-18-7	分子量	423.1	扫描模式	子离子扫描
分子式	$C_{21}H_{23}ClFNO_5$	离子化模式	EI	母离子	423

一级质谱图

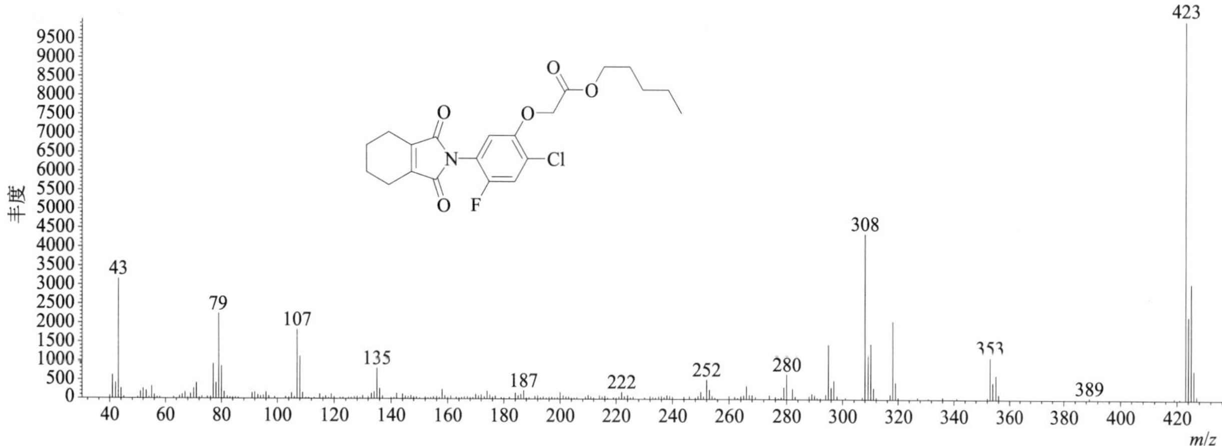

四个碰撞能量下子离子质谱图

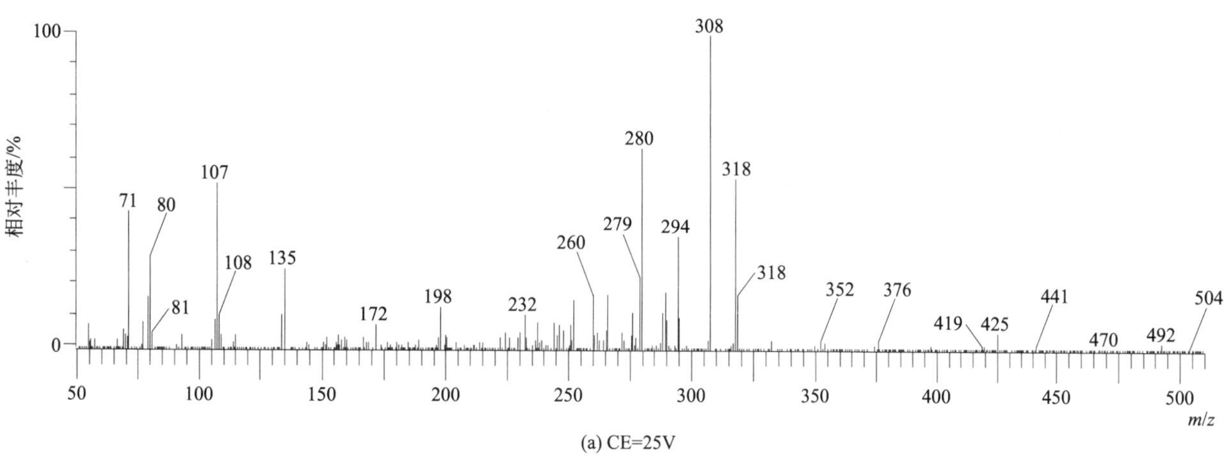

(a) CE=25V

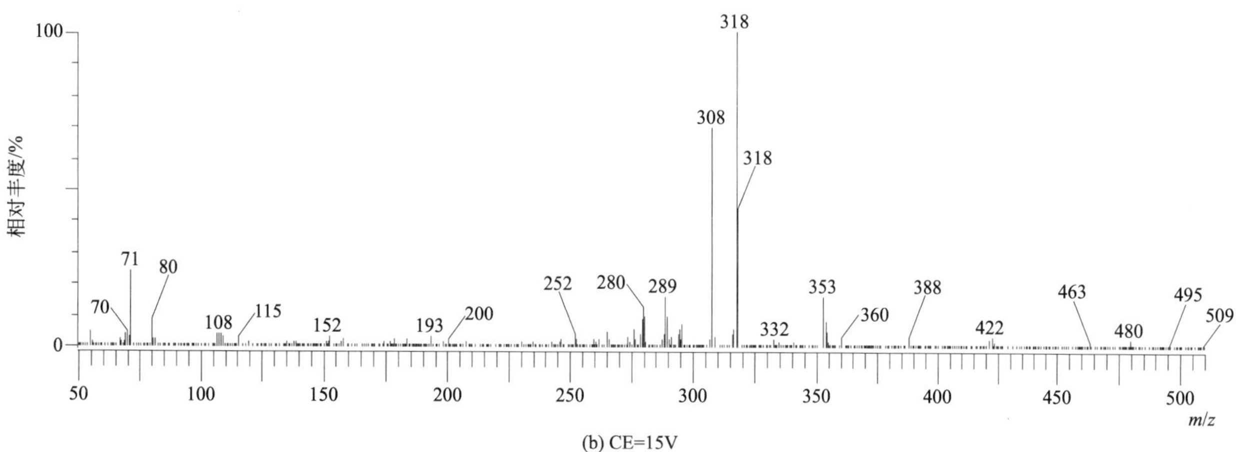

(b) CE=15V

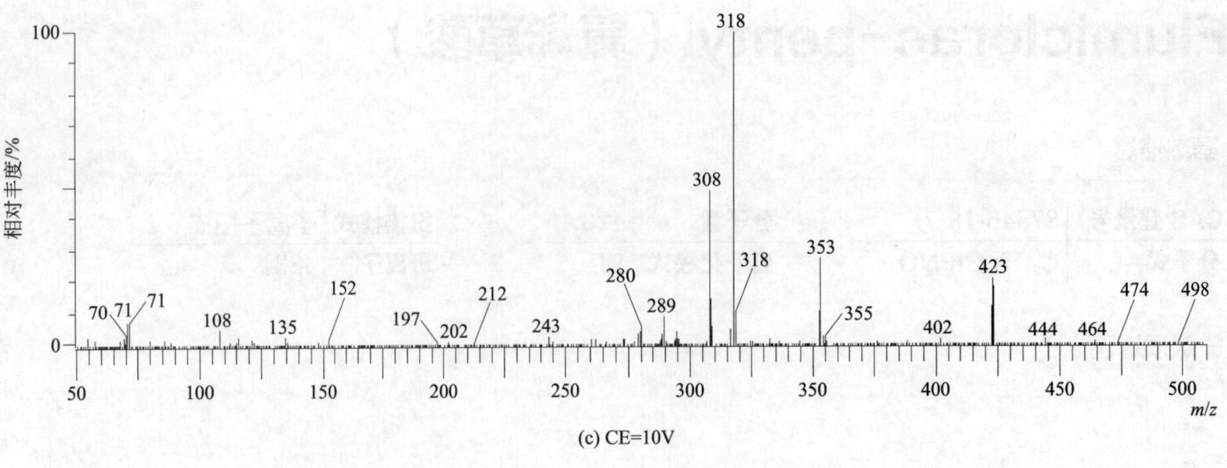

(c) CE=10V

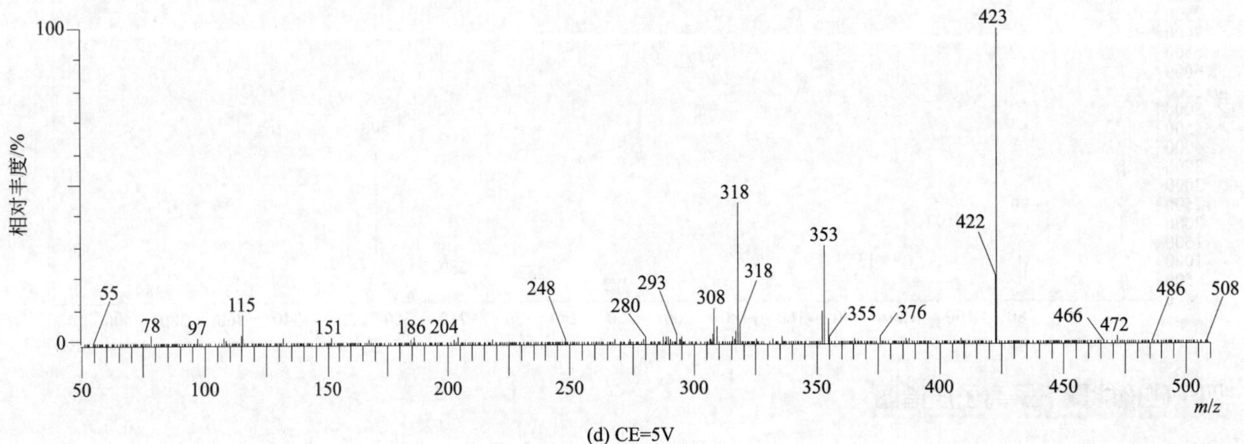

(d) CE=5V

Flumioxazin（丙炔氟草胺）

基本信息

CAS 登录号	103361-09-7	**分子量**	354.1	**扫描模式**	子离子扫描
分子式	$C_{19}H_{15}FN_2O_4$	**离子化模式**	EI	**母离子**	354

一级质谱图

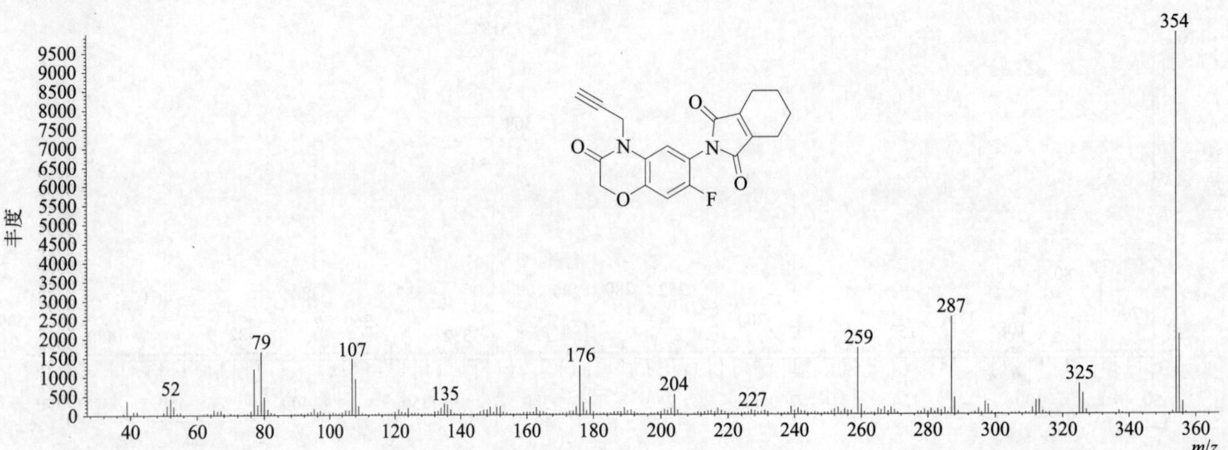

四个碰撞能量下子离子质谱图

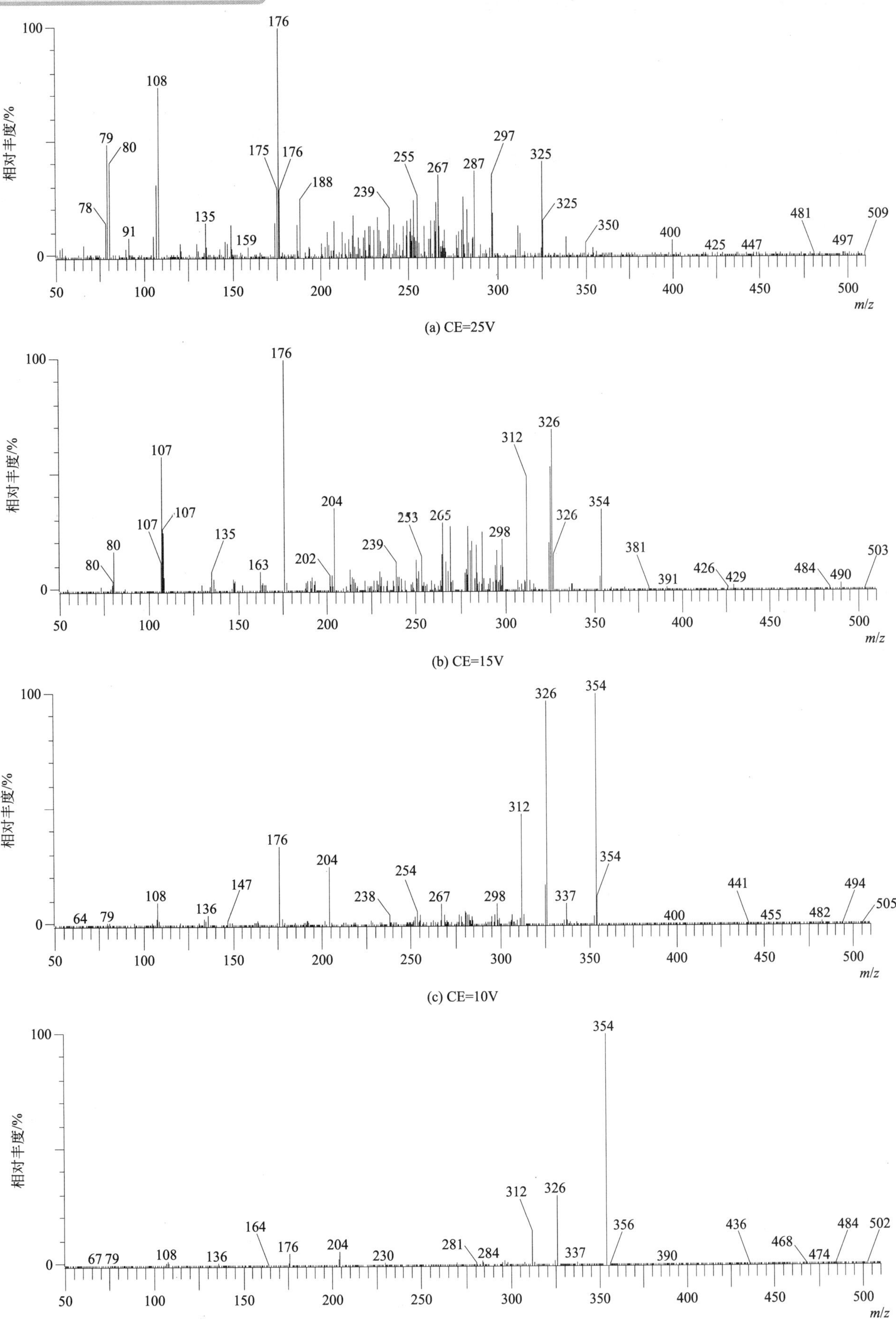

(a) CE=25V

(b) CE=15V

(c) CE=10V

(d) CE=5V

Fluorodifen（三氟硝草醚）

基本信息

CAS 登录号	15457-05-3	分子量	328.0	扫描模式	子离子扫描
分子式	$C_{13}H_7F_3N_2O_5$	离子化模式	EI	母离子	190

一级质谱图

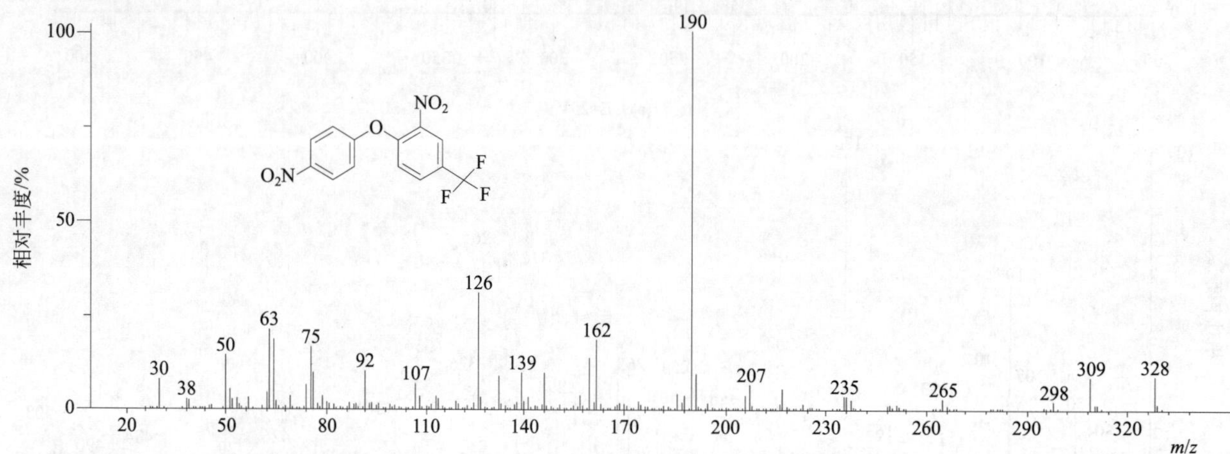

四个碰撞能量下子离子质谱图

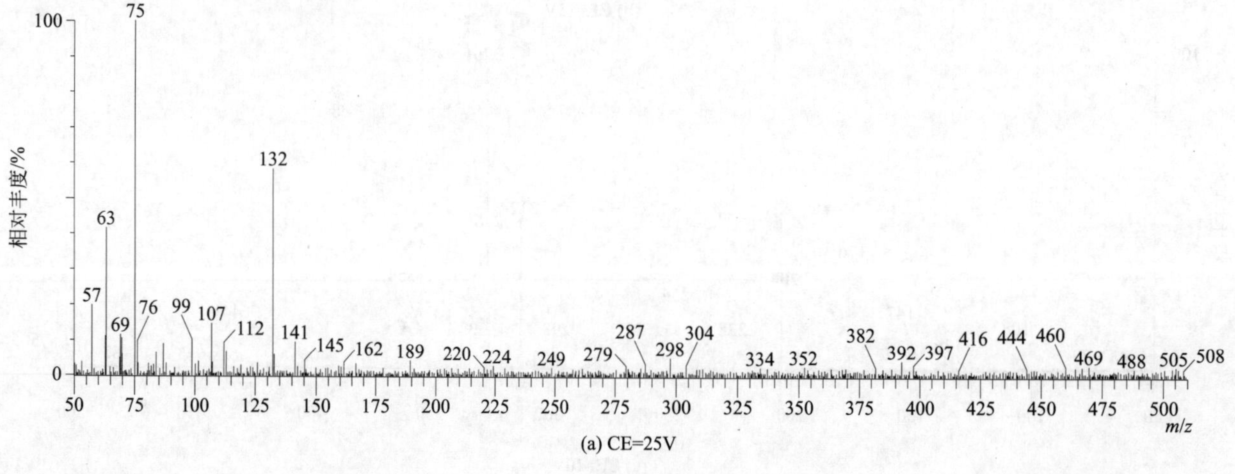

(a) CE=25V

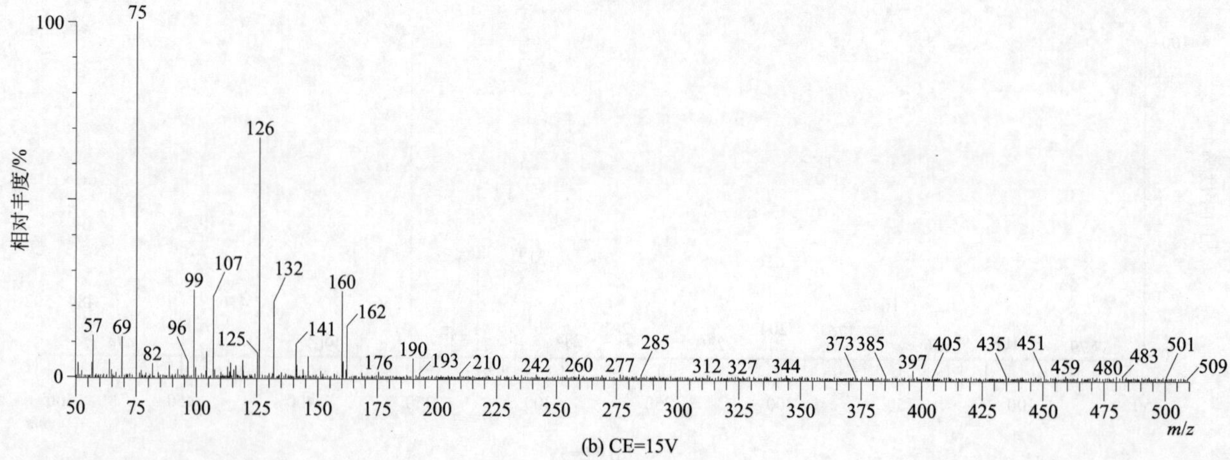

(b) CE=15V

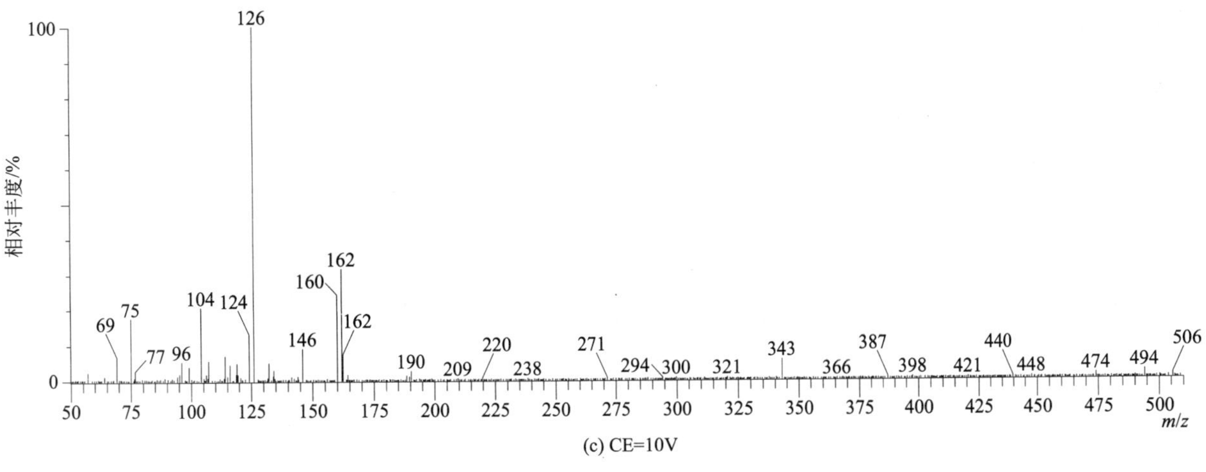

(c) CE=10V

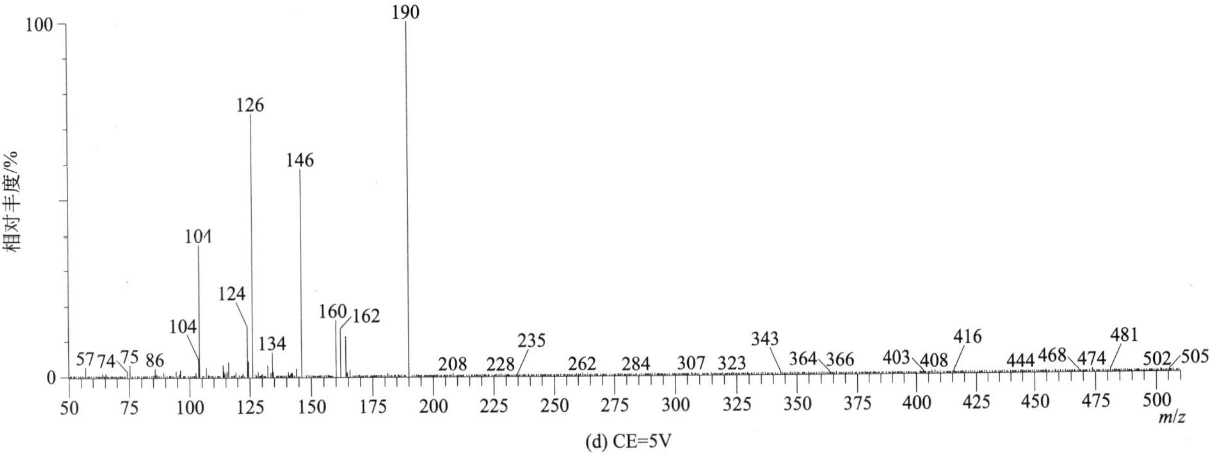

(d) CE=5V

Fluoroglycofen-ethyl（乙羧氟草醚）

基本信息

CAS 登录号	77501-90-7	分子量	447.0	扫描模式	子离子扫描
分子式	$C_{18}H_{13}ClF_3NO_7$	离子化模式	EI	母离子	449

一级质谱图

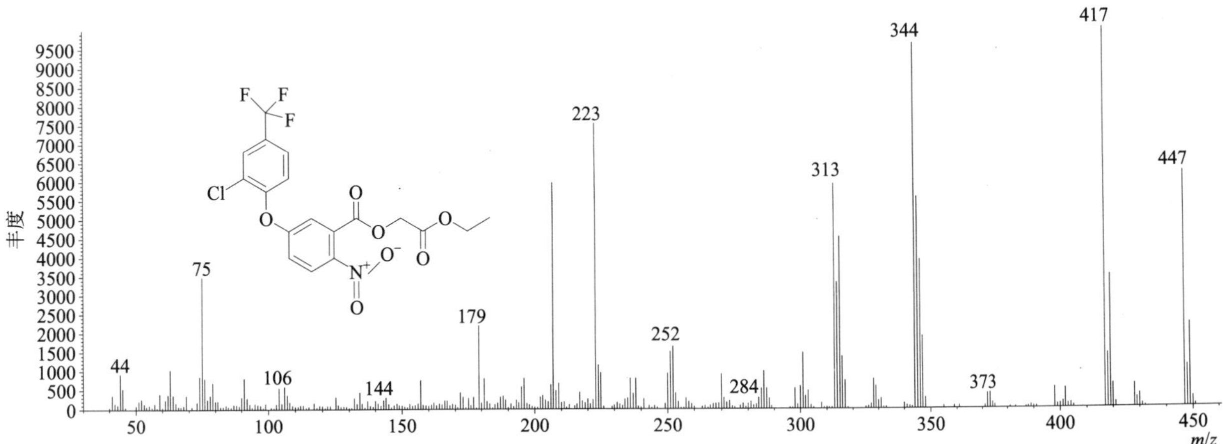

四个碰撞能量下子离子质谱图

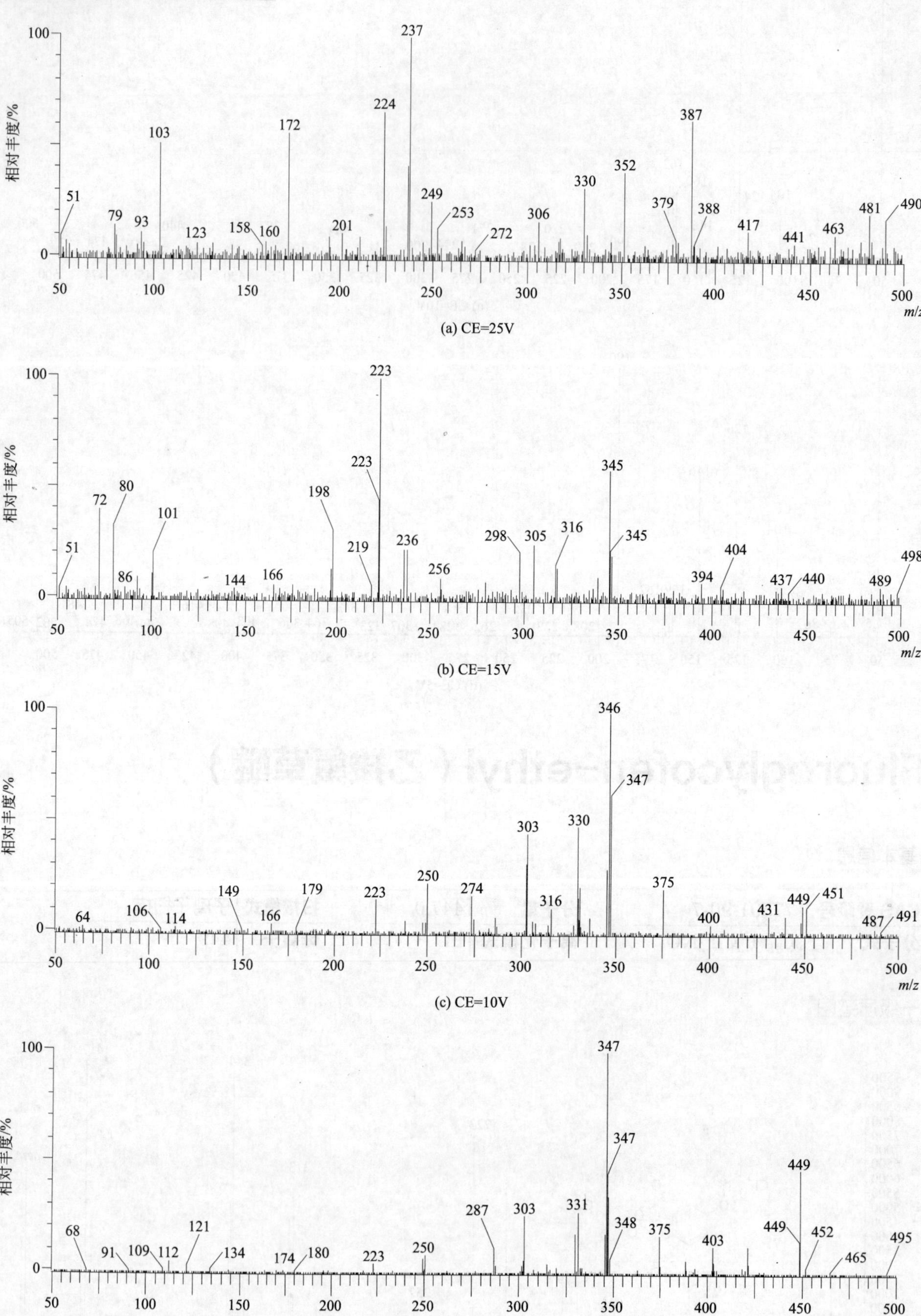

(a) CE=25V

(b) CE=15V

(c) CE=10V

(d) CE=5V

Fluotrimazole（三氟苯唑）

基本信息

CAS 登录号	31251-03-3	分子量	379.1	扫描模式	子离子扫描
分子式	$C_{22}H_{16}F_3N_3$	离子化模式	EI	母离子	379

一级质谱图

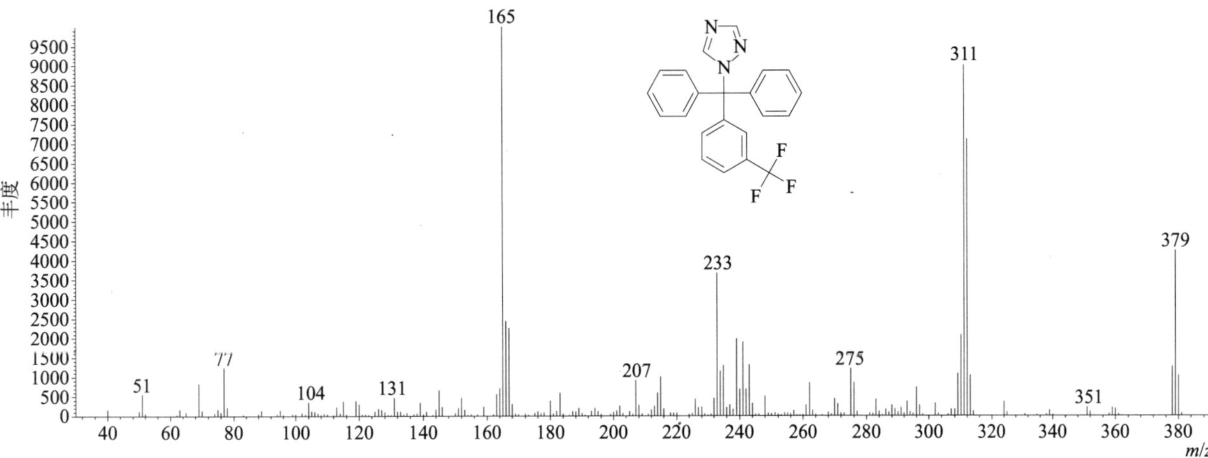

四个碰撞能量下子离子质谱图

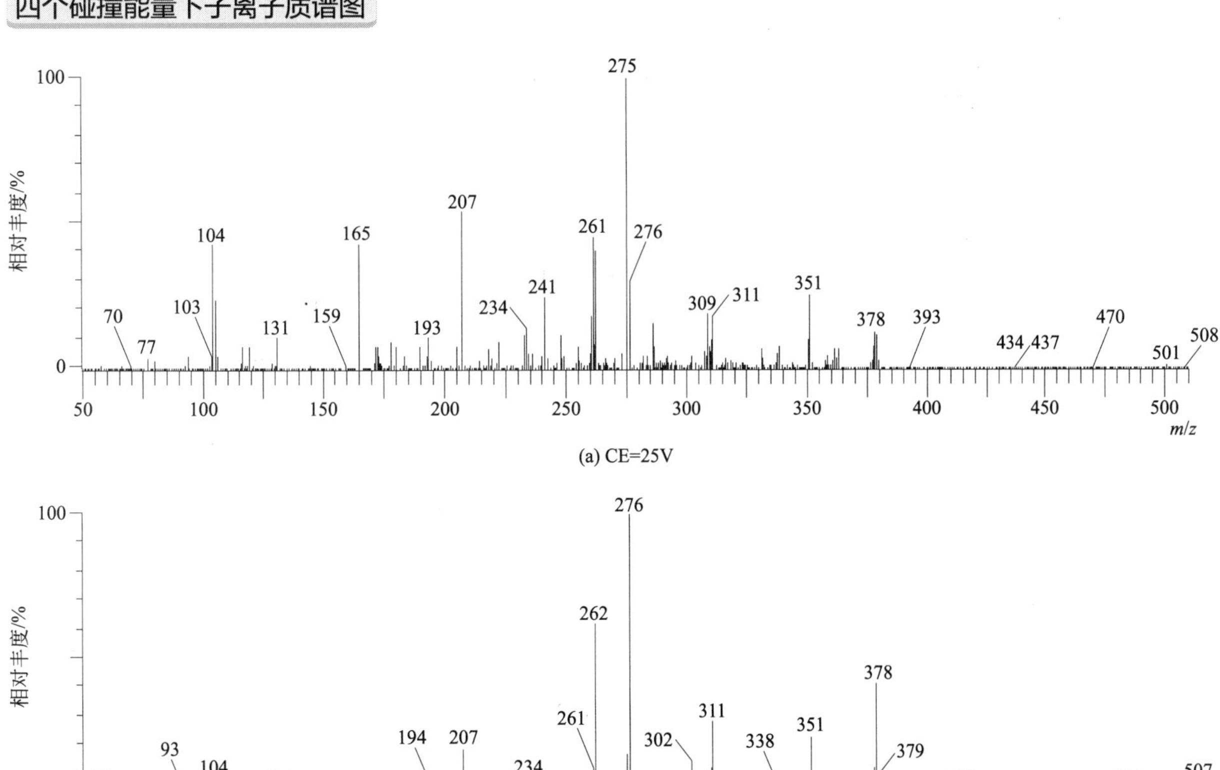

(a) CE=25V

(b) CE=15V

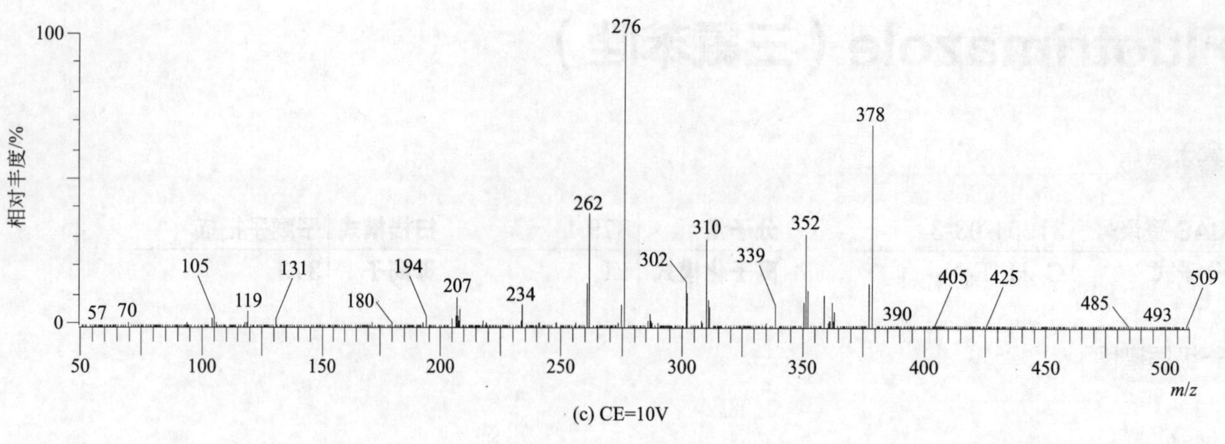

(c) CE=10V

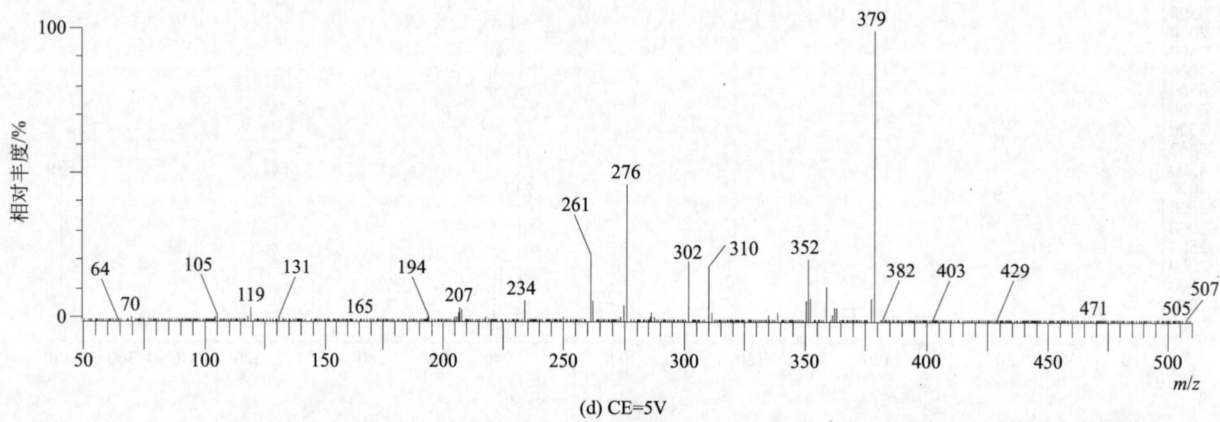

(d) CE=5V

Fluquinconazole（氟喹唑）

基本信息

CAS 登录号	136426-54-5	分子量	375.0	扫描模式	子离子扫描
分子式	$C_{16}H_8Cl_2FN_5O$	离子化模式	EI	母离子	340

一级质谱图

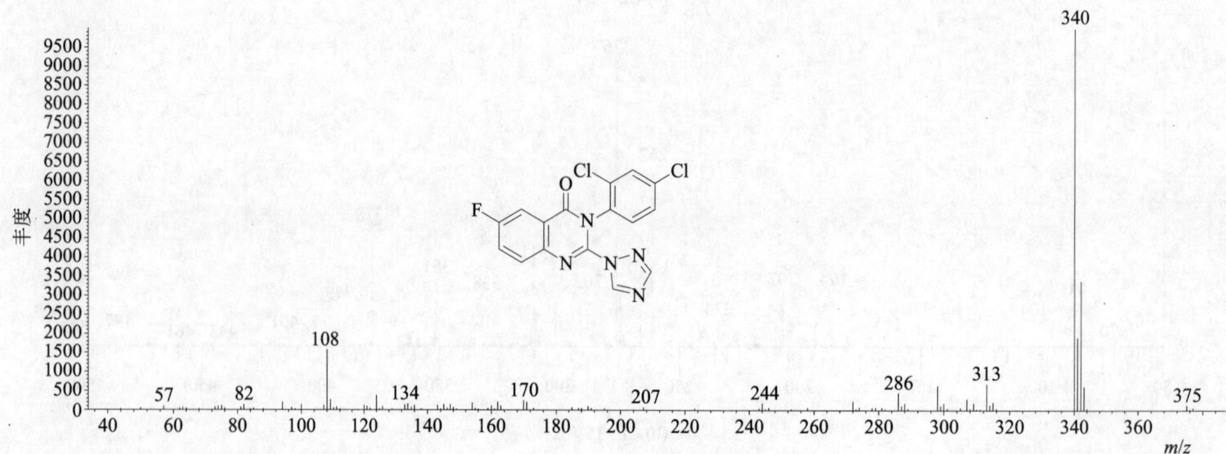

四个碰撞能量下子离子质谱图

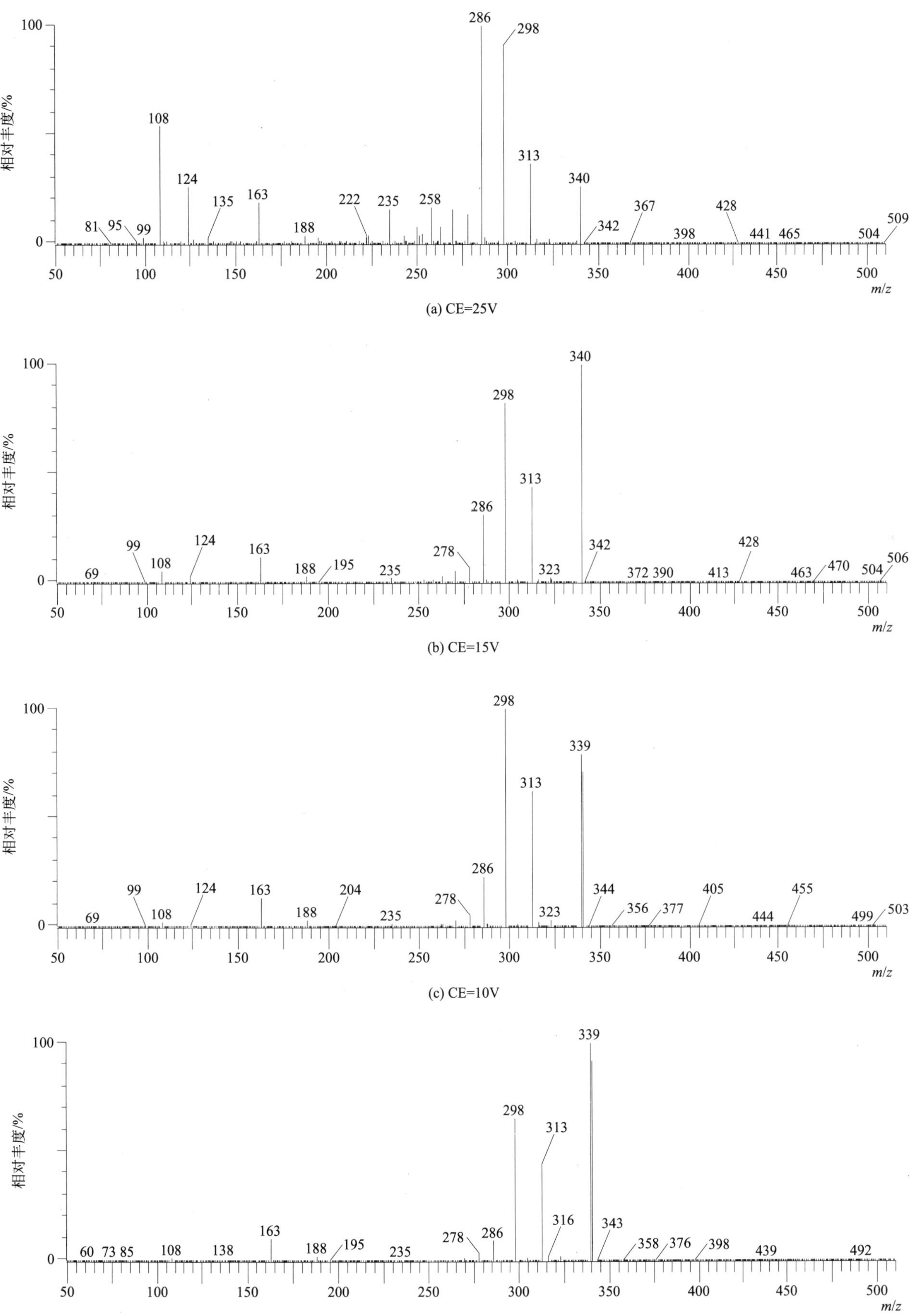

Fluridone（氟啶草酮）

基本信息

CAS 登录号	59756-60-4	分子量	329.1	扫描模式	子离子扫描
分子式	$C_{19}H_{14}F_3NO$	离子化模式	EI	母离子	328

一级质谱图

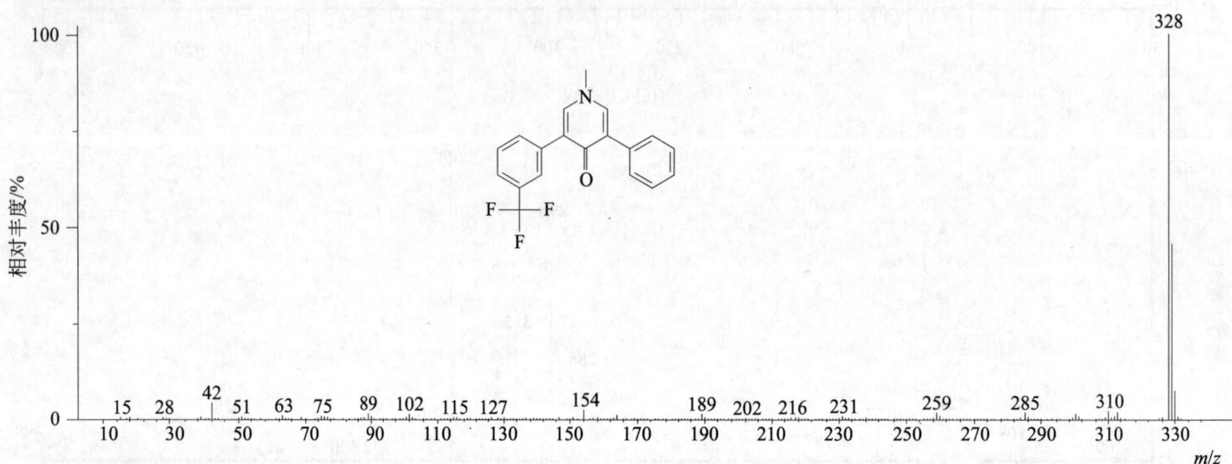

四个碰撞能量下子离子质谱图

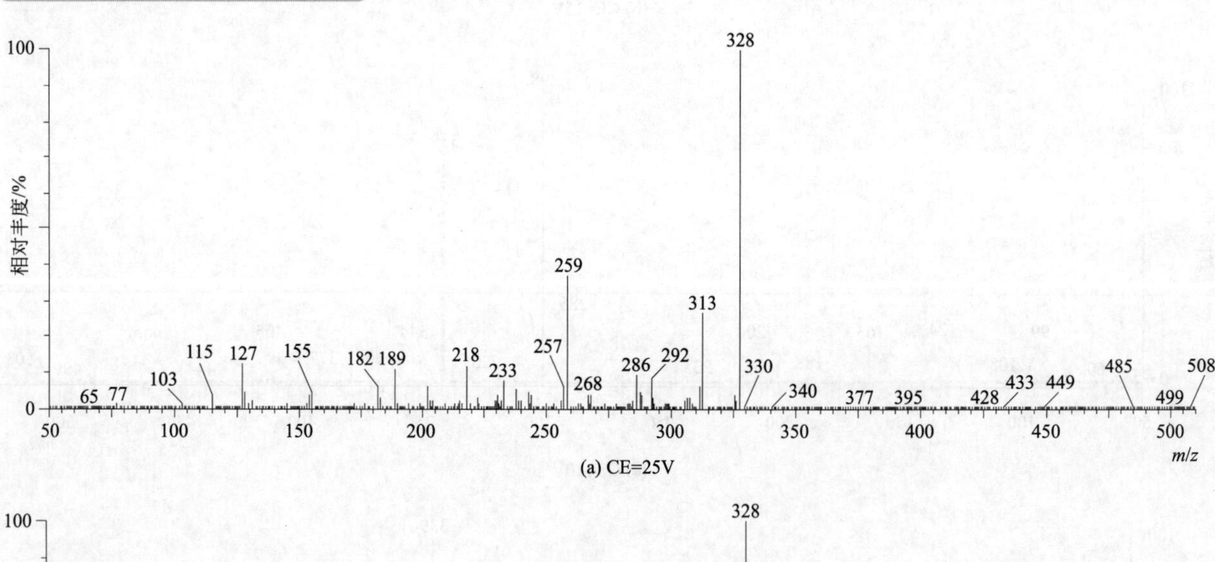

(a) CE=25V

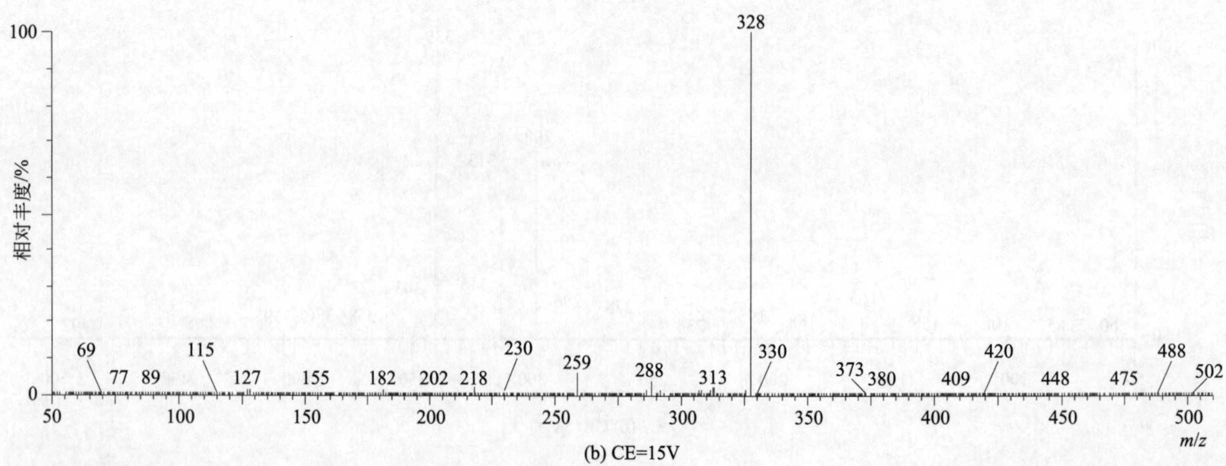

(b) CE=15V

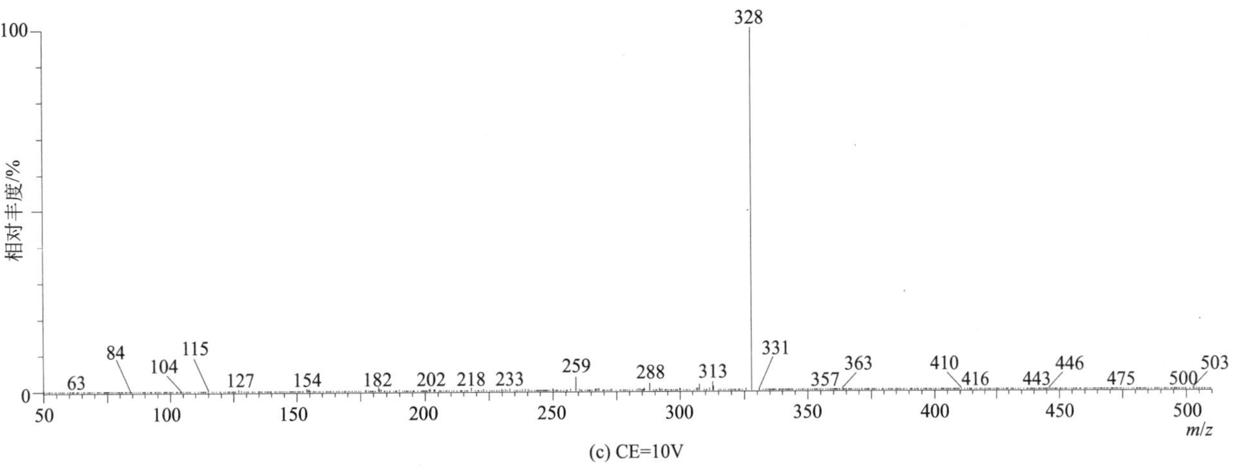

(c) CE=10V

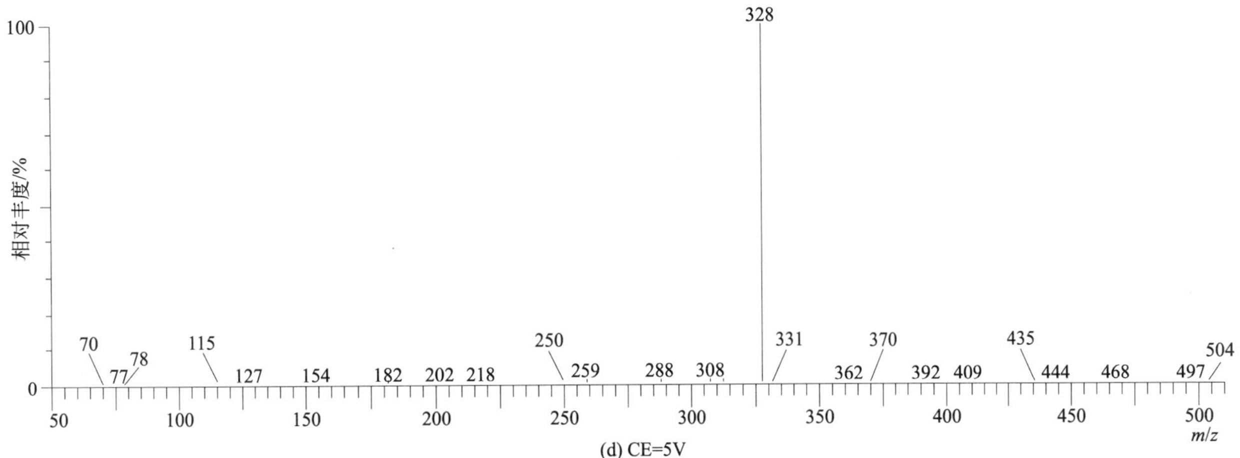

(d) CE=5V

Flurochloridone（氟咯草酮）

基本信息

CAS 登录号	61213-25-0	分子量	311.0	扫描模式	子离子扫描
分子式	$C_{12}H_{10}Cl_2F_3NO$	离子化模式	EI	母离子	311

一级质谱图

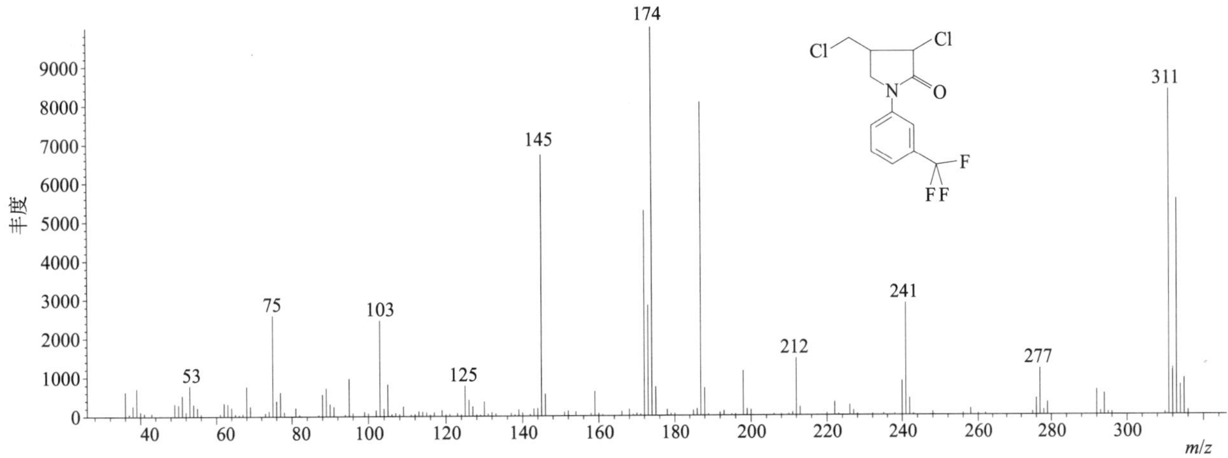

四个碰撞能量下子离子质谱图

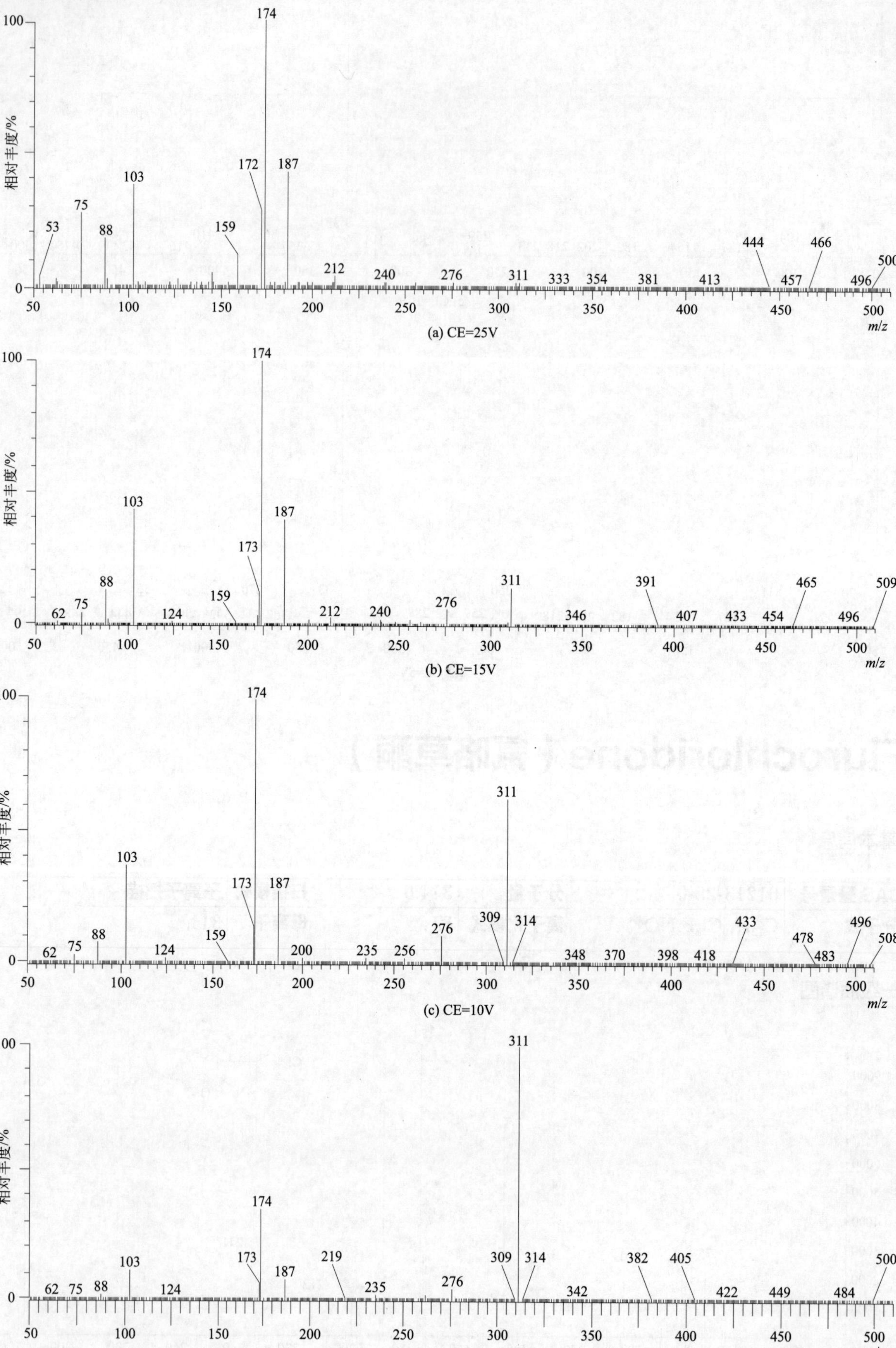

(a) CE=25V

(b) CE=15V

(c) CE=10V

(d) CE=5V

Fluroxypr 1-methylheptyl ester（氟草烟 -1-甲庚酯）

基本信息

CAS 登录号	81406-37-3	分子量	369.2	扫描模式	子离子扫描
分子式	$C_{15}H_{21}Cl_2FN_2O_3$	离子化模式	EI	母离子	366

一级质谱图

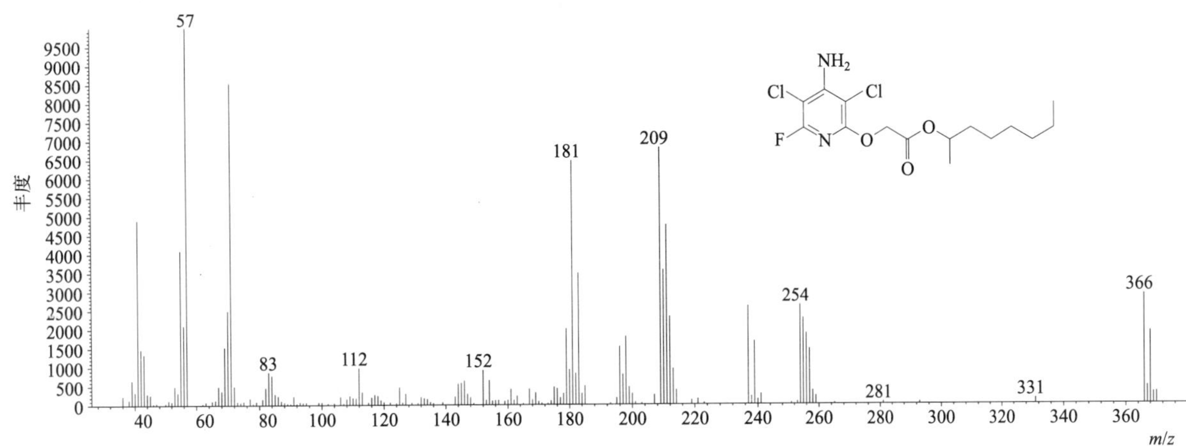

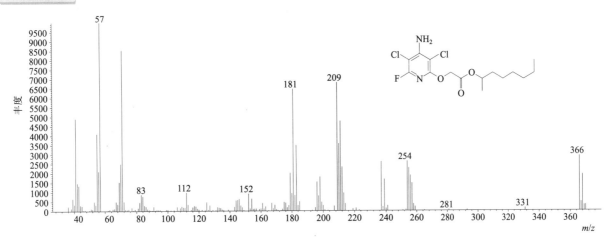

四个碰撞能量下子离子质谱图

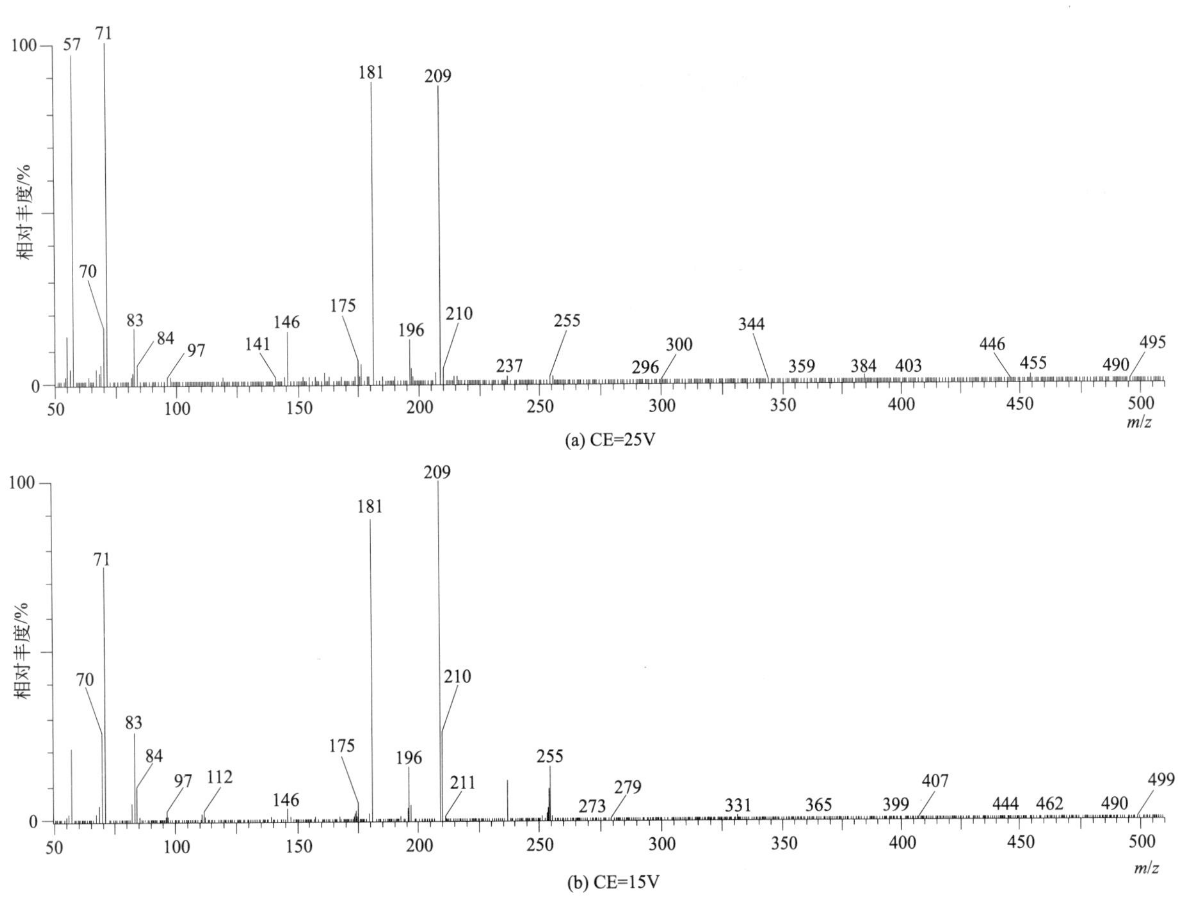

(a) CE=25V

(b) CE=15V

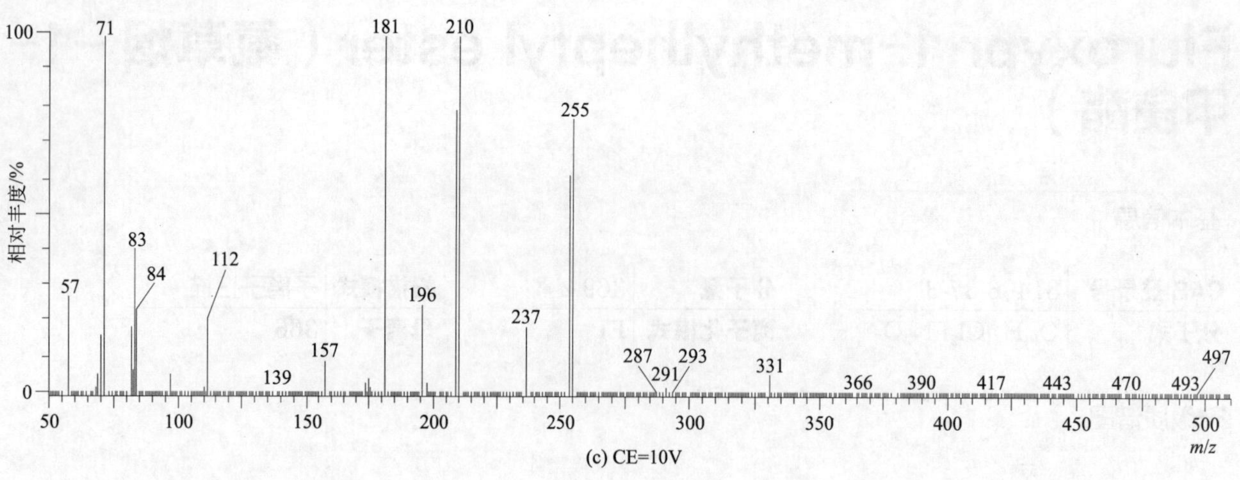

(c) CE=10V

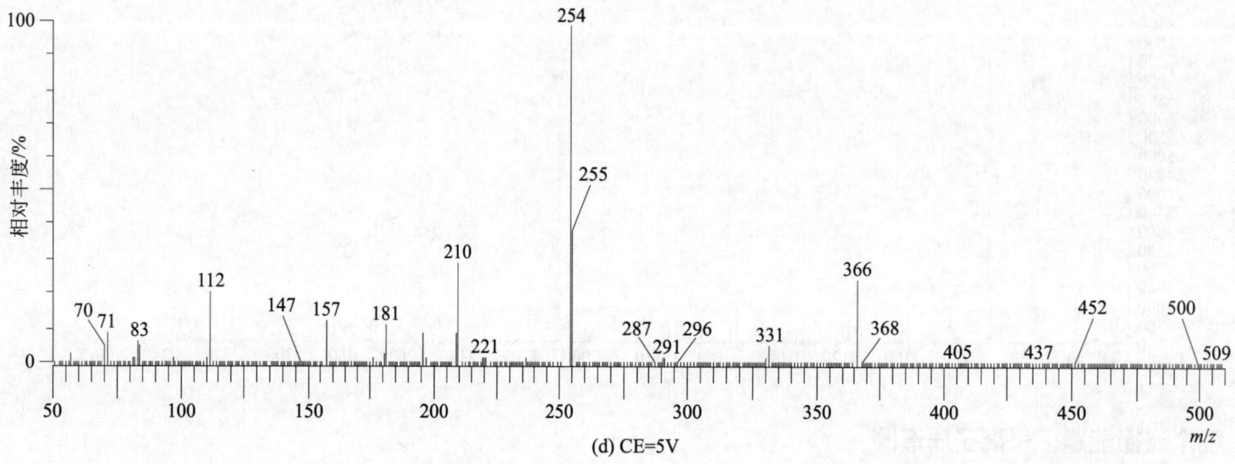

(d) CE=5V

Flurtamone（呋草酮）

基本信息

CAS 登录号	96525-23-4	分子量	333.1	扫描模式	子离子扫描
分子式	$C_{18}H_{14}F_3NO_2$	离子化模式	EI	母离子	199

一级质谱图

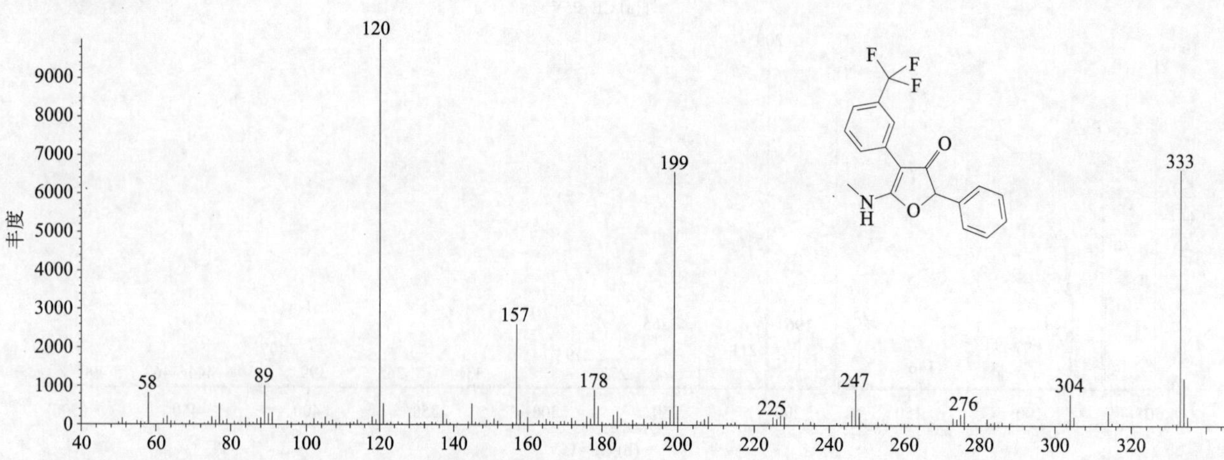

四个碰撞能量下子离子质谱图

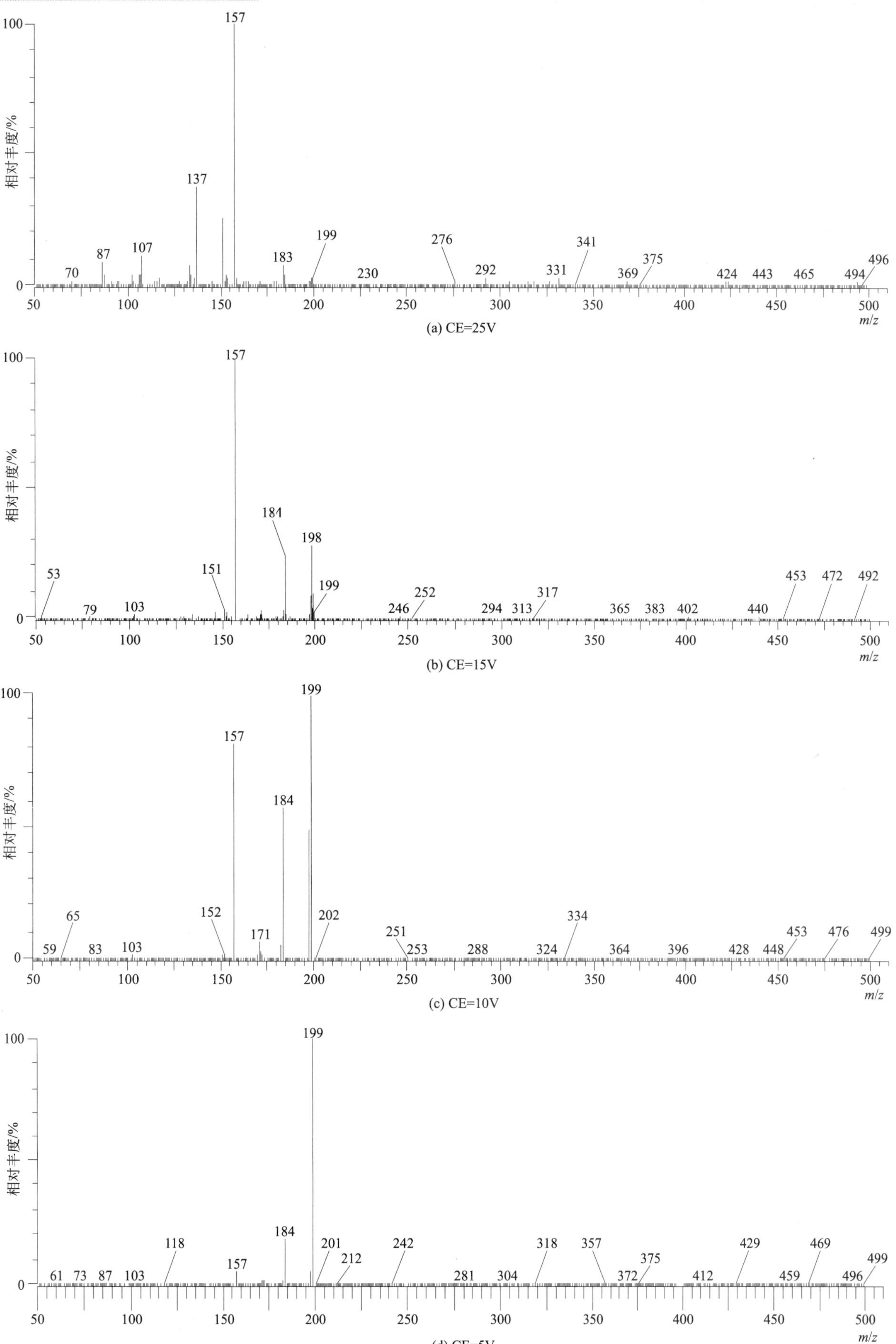

Flusilazole（氟硅唑）

基本信息

CAS 登录号	85509-19-9	分子量	315.1	扫描模式	子离子扫描
分子式	$C_{16}H_{15}F_2N_3Si$	离子化模式	EI	母离子	233

一级质谱图

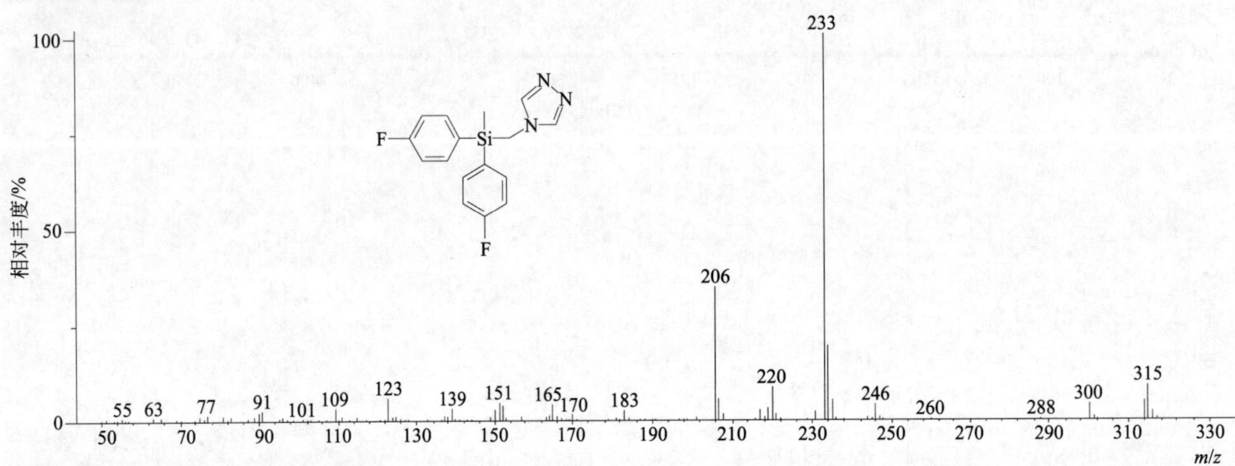

四个碰撞能量下子离子质谱图

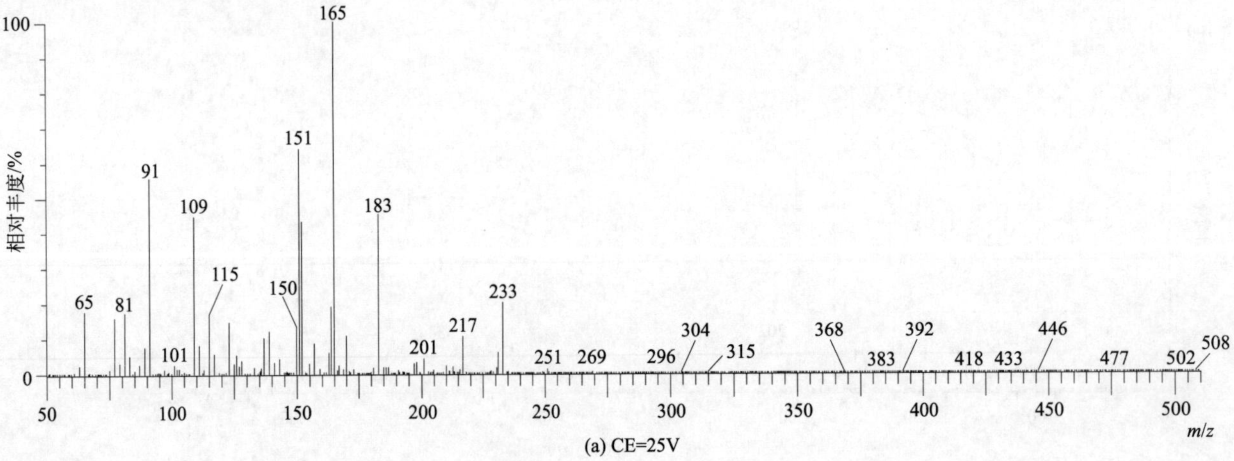

(a) CE=25V

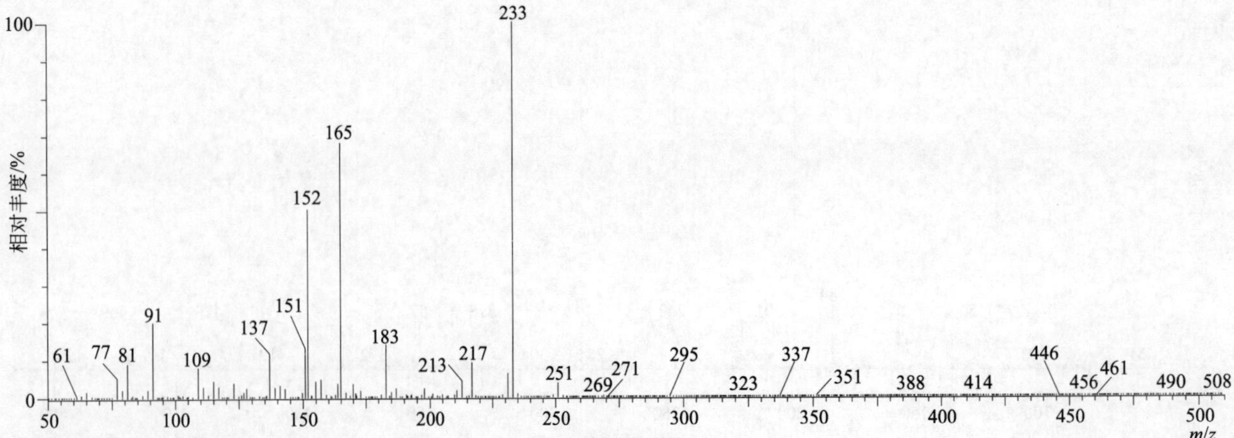

(b) CE=15V

(c) CE=10V

(d) CE=5V

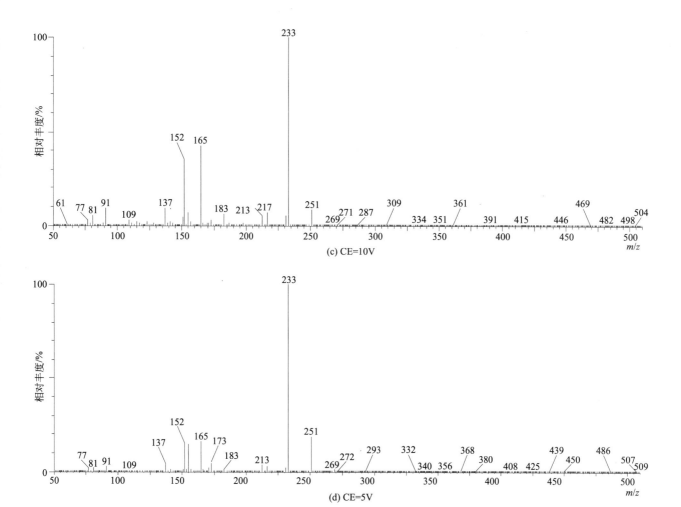

Flutolanil（氟酰胺）

基本信息

CAS 登录号	66332-96-5	分子量	323.1	扫描模式	子离子扫描
分子式	$C_{17}H_{16}F_3NO_2$	离子化模式	EI	母离子	173

一级质谱图

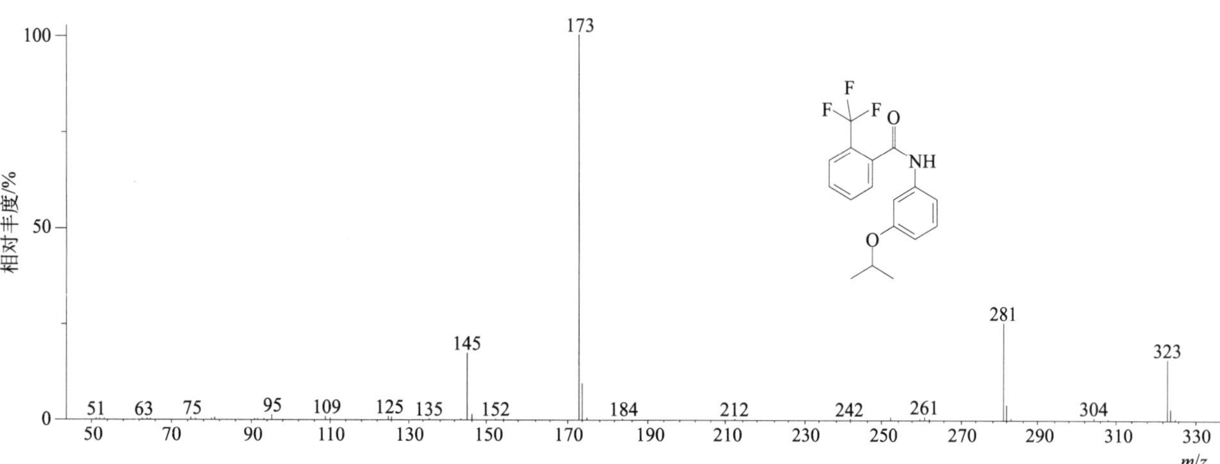

四个碰撞能量下子离子质谱图

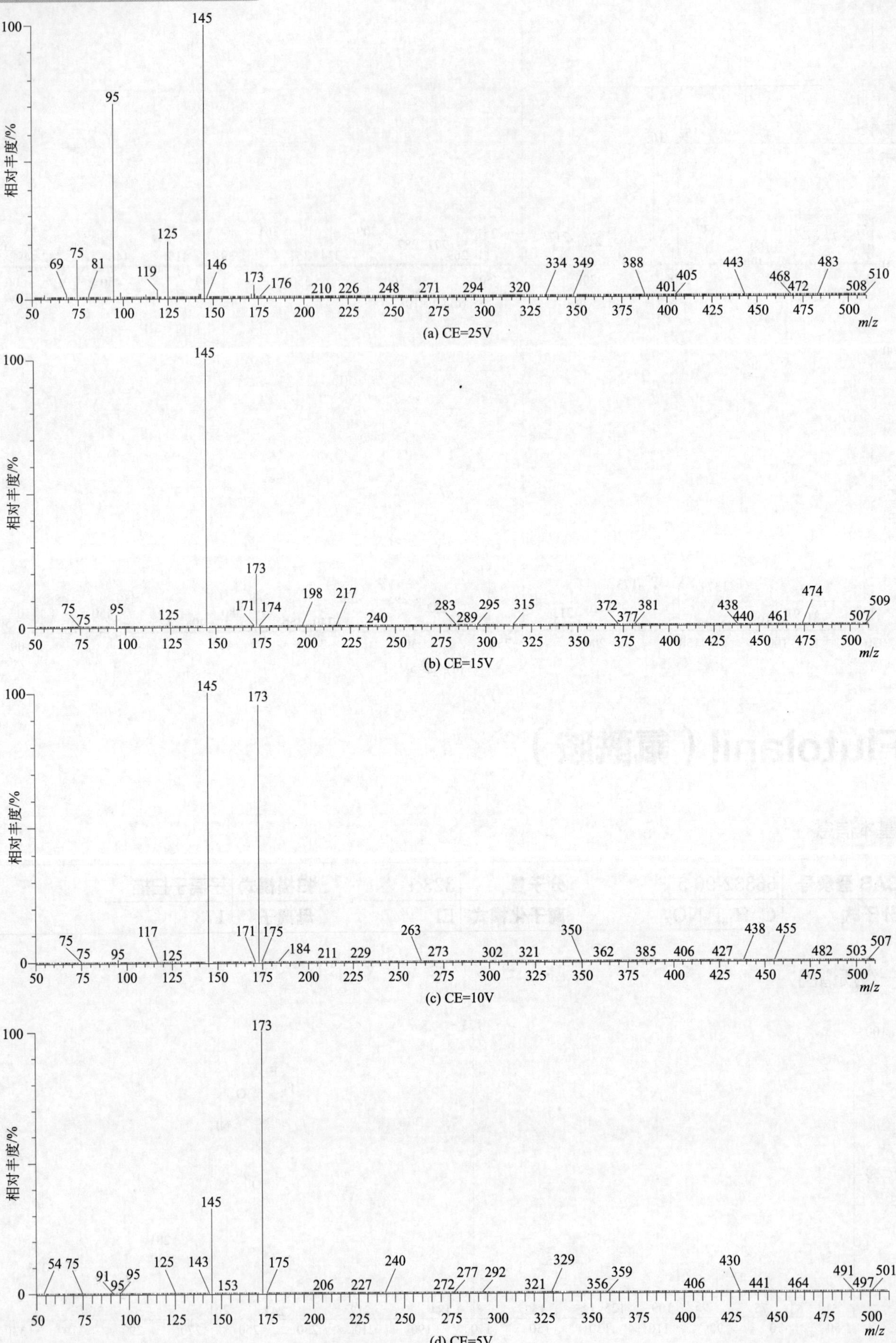

(a) CE=25V

(b) CE=15V

(c) CE=10V

(d) CE=5V

Flutriafol（粉唑醇）

基本信息

CAS 登录号	76674-21-0	分子量	301.1	扫描模式	子离子扫描
分子式	$C_{16}H_{13}F_2N_3O$	离子化模式	EI	母离子	219

一级质谱图

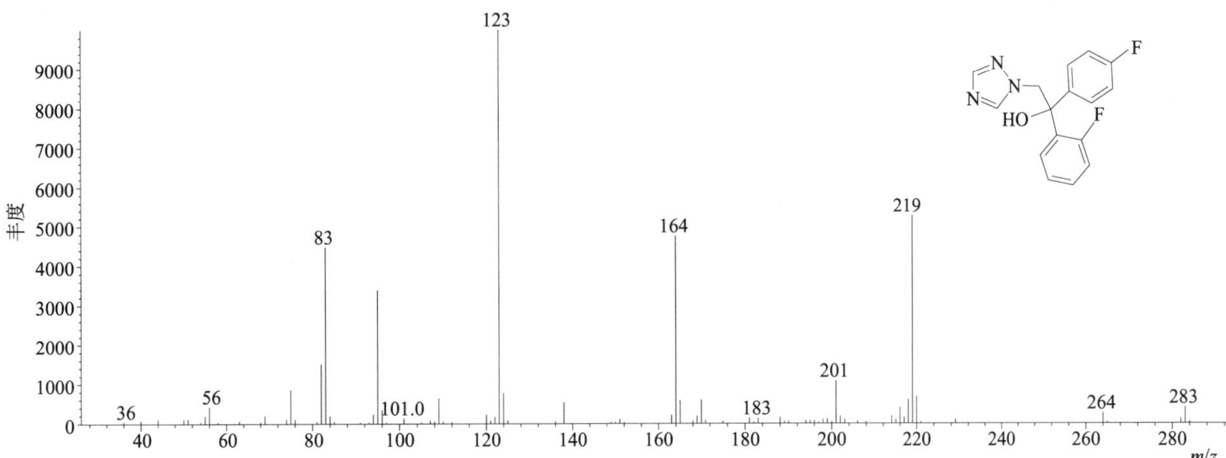

四个碰撞能量下子离子质谱图

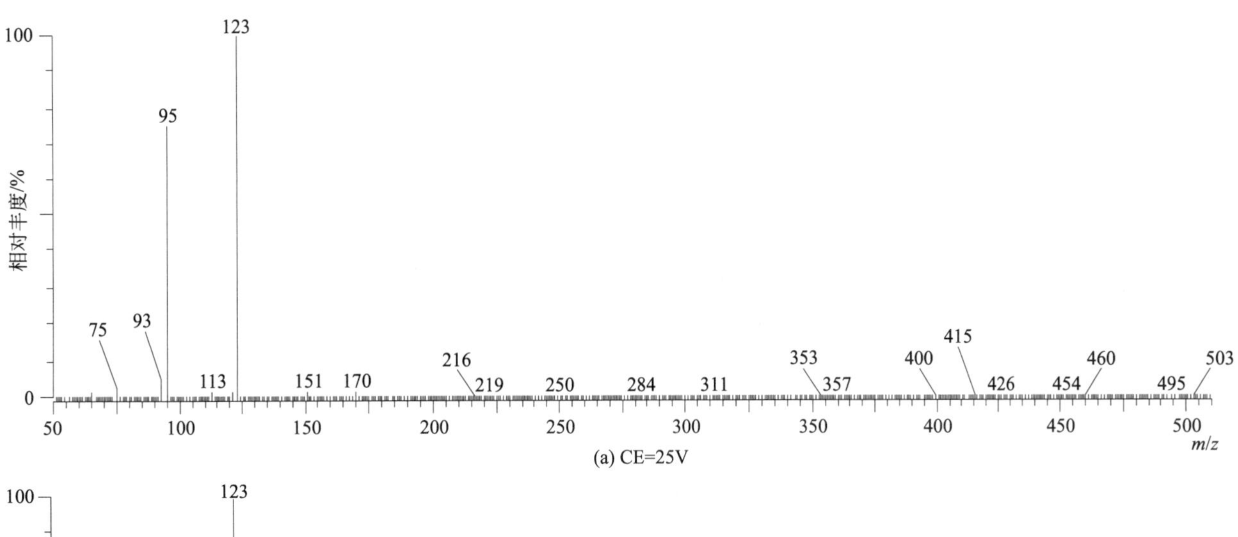

(a) CE=25V

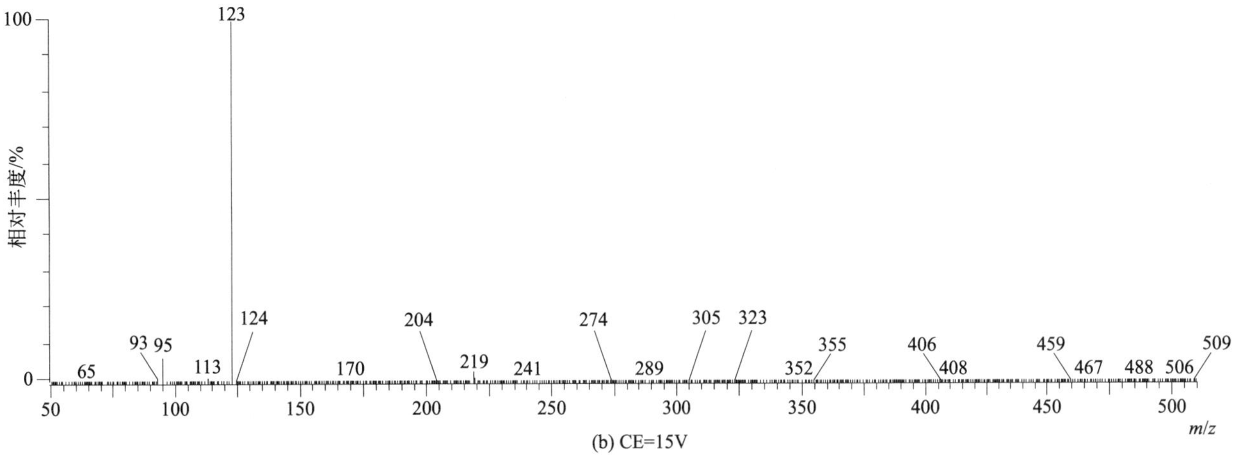

(b) CE=15V

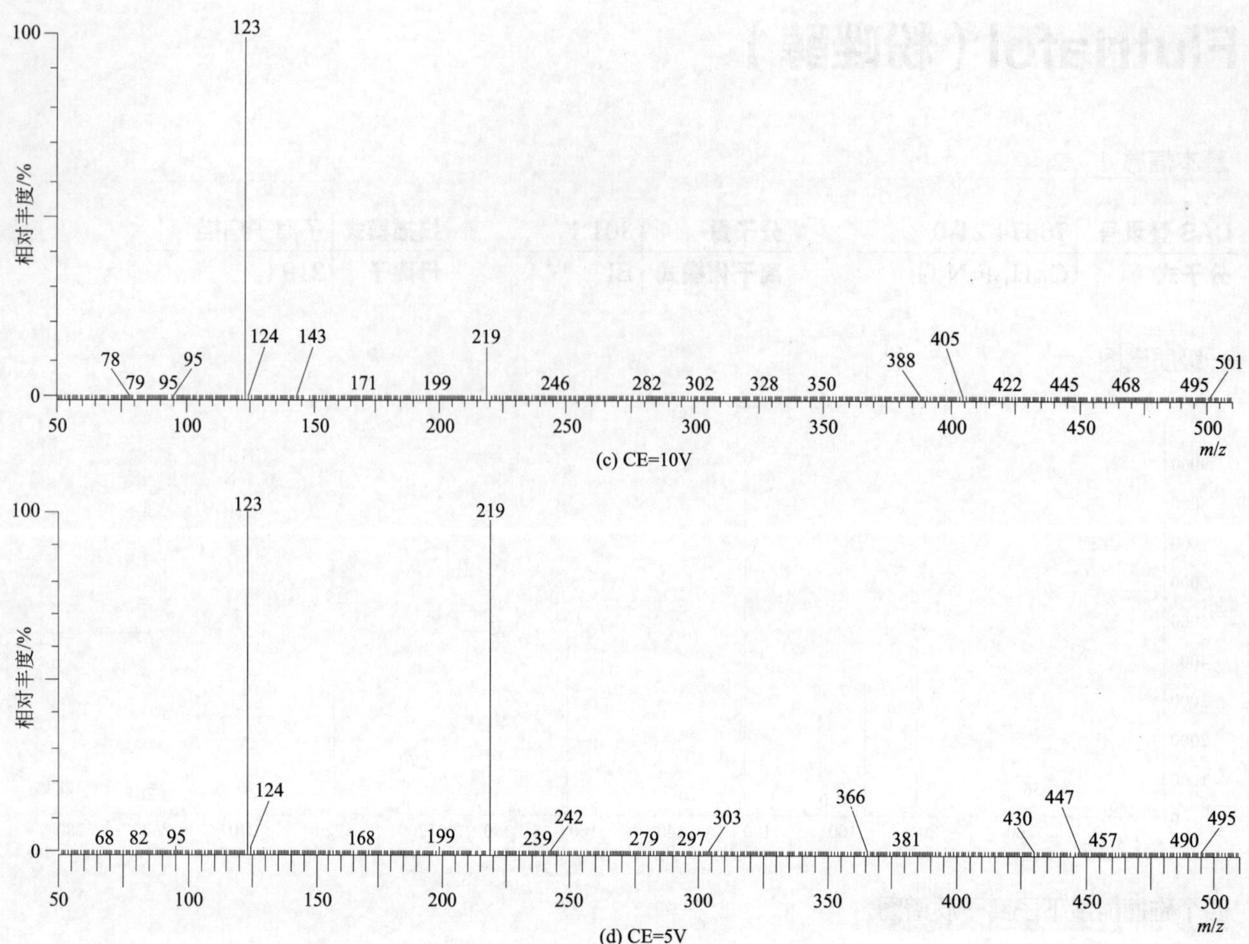

(c) CE=10V

(d) CE=5V

Folpet（灭菌丹）

基本信息

CAS 登录号	133-07-3	分子量	294.9	扫描模式	子离子扫描
分子式	$C_9H_4Cl_3NO_2S$	离子化模式	EI	母离子	297

一级质谱图

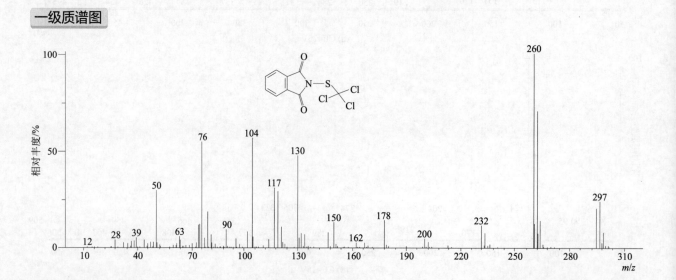

相对丰度/%

260
76 104 130 117 50 297 178 150 232 90 63 28 39 12 162 200

m/z

四个碰撞能量下子离子质谱图

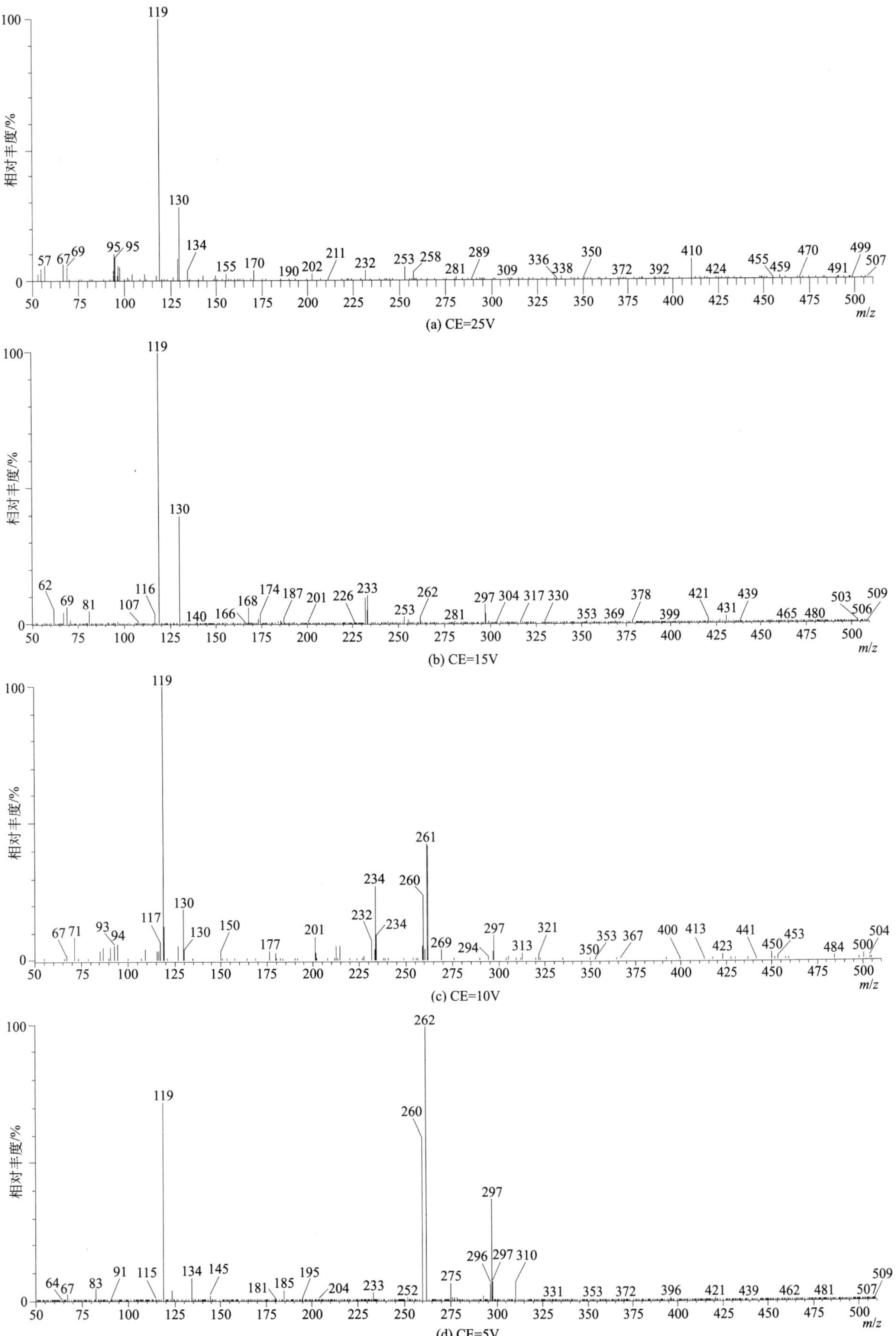

Fonofos（地虫硫磷）

基本信息

CAS 登录号	944-22-9	分子量	246.0	扫描模式	子离子扫描
分子式	$C_{10}H_{15}OPS_2$	离子化模式	EI	母离子	246

一级质谱图

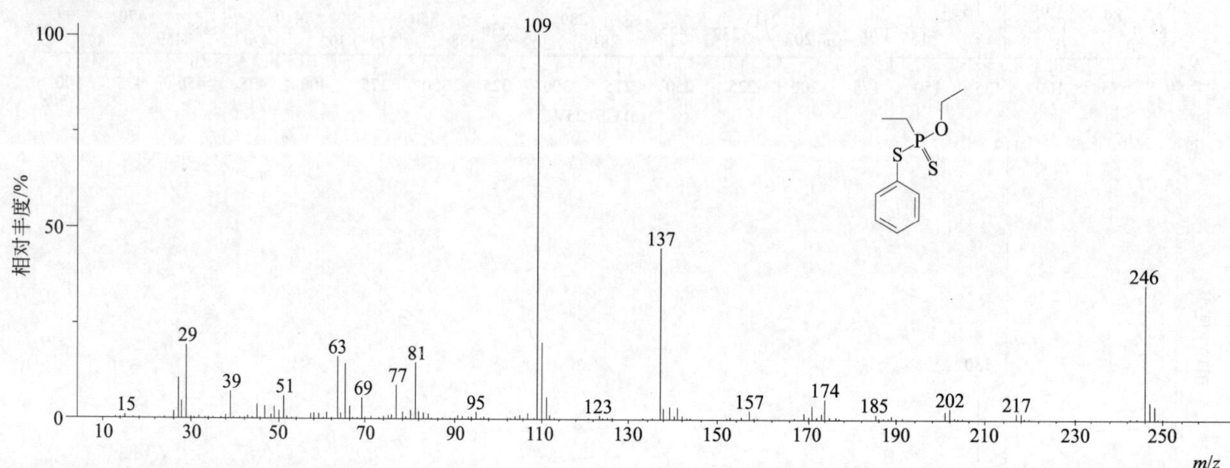

四个碰撞能量下子离子质谱图

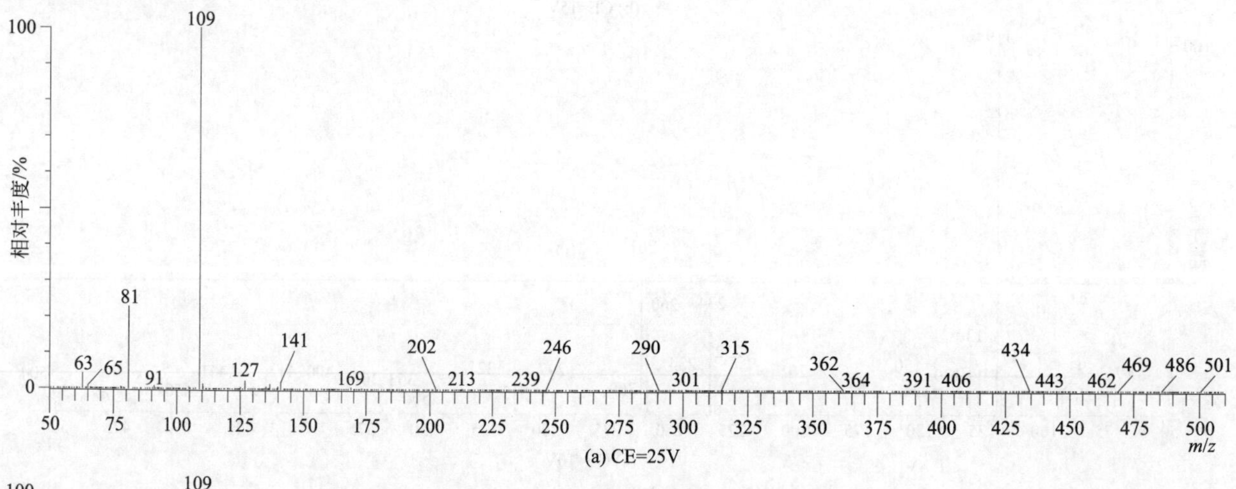

(a) CE=25V

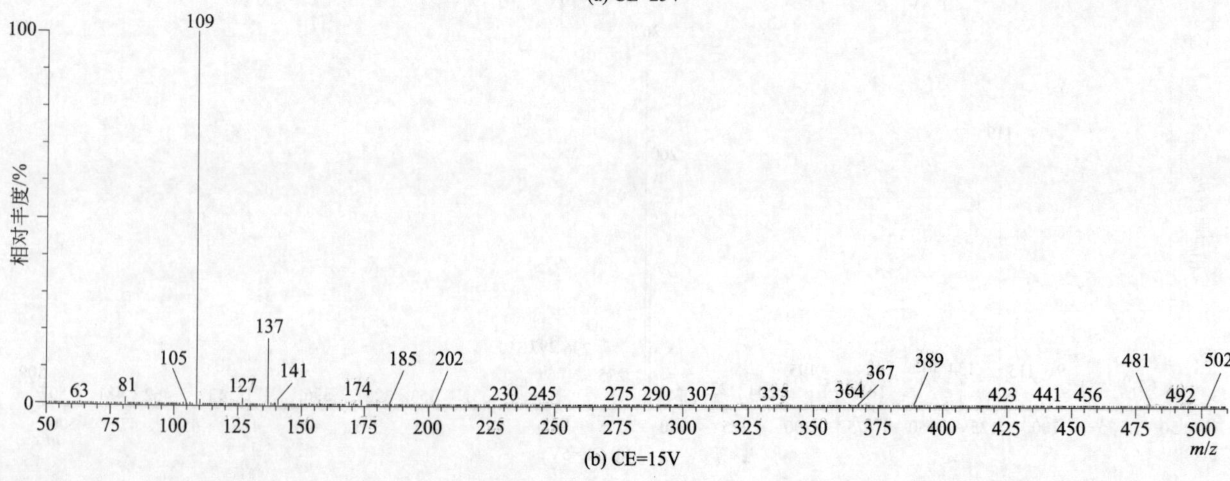

(b) CE=15V

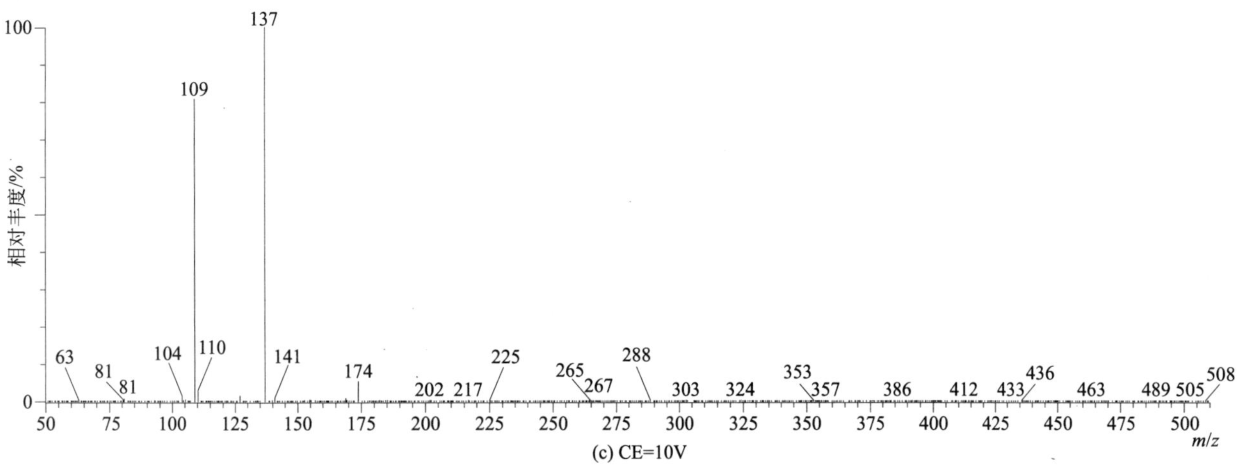

(c) CE=10V

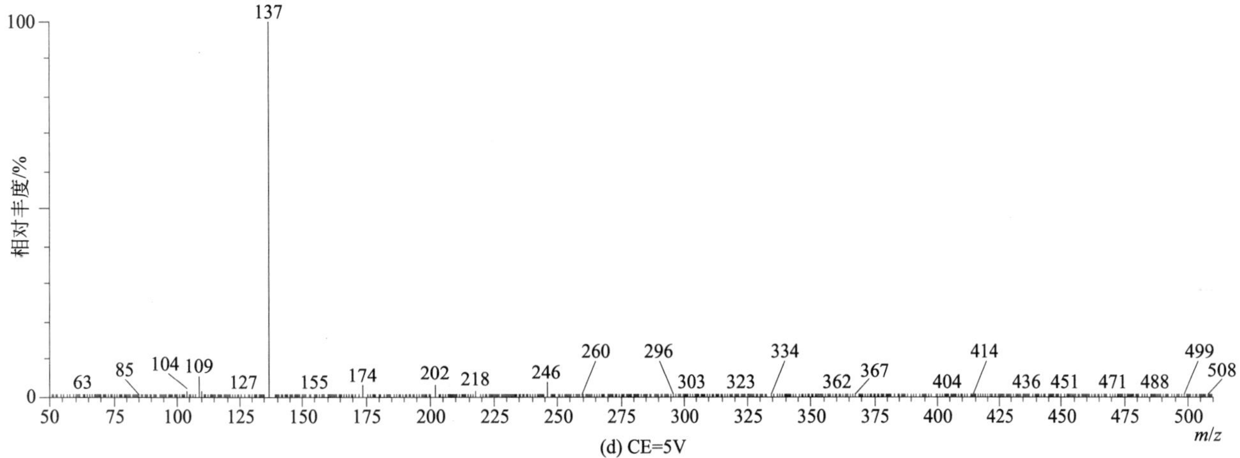

(d) CE=5V

Fuberidazole（麦穗灵）

基本信息

CAS 登录号	3878-19-1	分子量	184.1	扫描模式	子离子扫描
分子式	$C_{11}H_8N_2O$	离子化模式	EI	母离子	184

一级质谱图

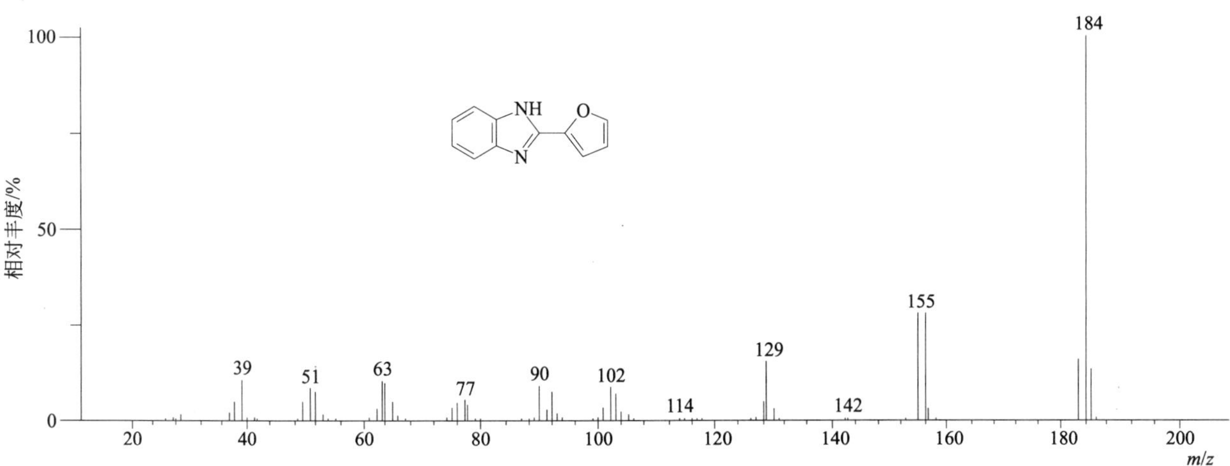

四个碰撞能量下子离子质谱图

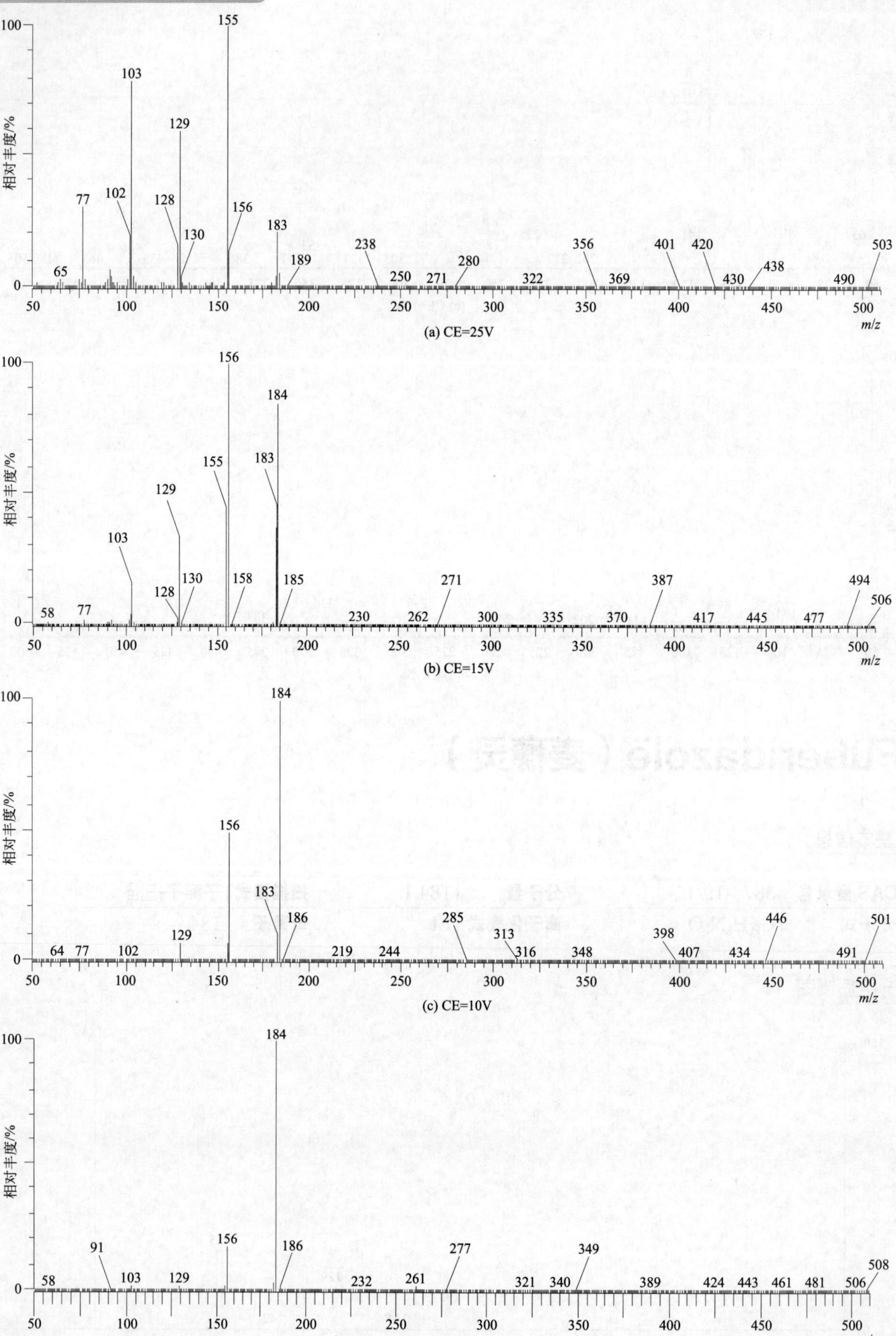

(a) CE=25V

(b) CE=15V

(c) CE=10V

(d) CE=5V

Furalaxyl（呋霜灵）

基本信息

CAS 登录号	57646-30-7	**分子量**	301.1	**扫描模式**	子离子扫描
分子式	$C_{17}H_{19}NO_4$	**离子化模式**	EI	**母离子**	242

一级质谱图

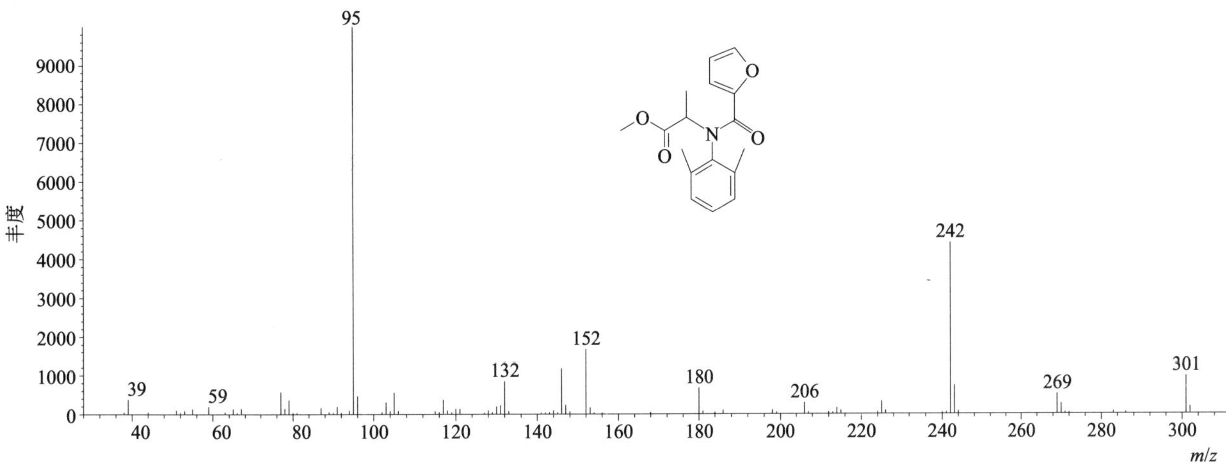

95
242
152
132
180
301
269
206
39
59
丰度
9000
8000
7000
6000
5000
4000
3000
2000
1000
0
40 60 80 100 120 140 160 180 200 220 240 260 280 300
m/z
O
N
O
O
O

四个碰撞能量下子离子质谱图

95
67 69
97
131 146
156
181
194
224 242
272
285
309
338
347 362
399 415
443 458
492 497 504
相对丰度/%
100
0
50 100 150 200 250 300 350 400 450 500
m/z

(a) CE=25V

95
52
67
93 97 111
146
174
198
224
242 258 278
306
337 353 371 387
410
441
466
475 498
508
相对丰度/%
100
0
50 100 150 200 250 300 350 400 450 500
m/z

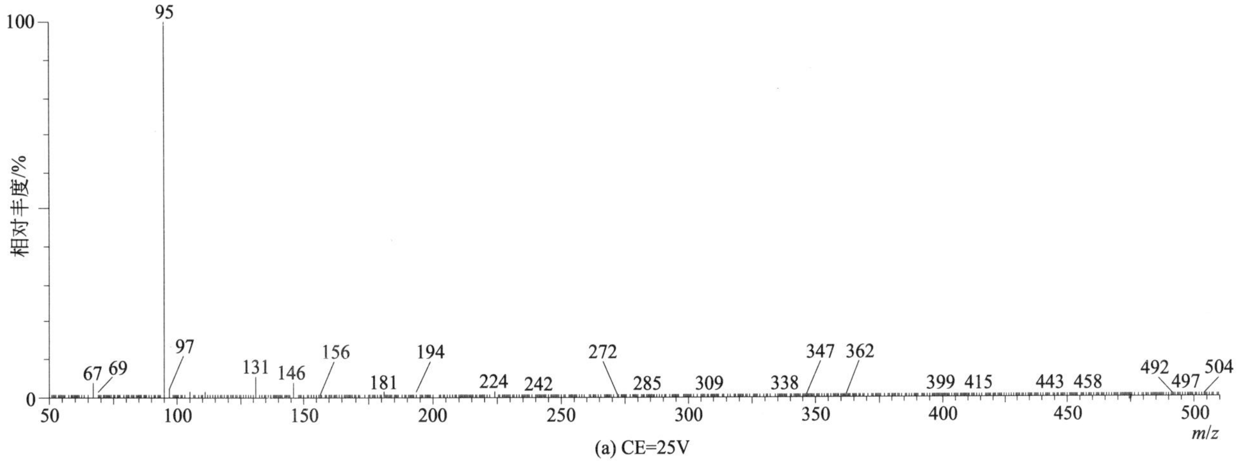

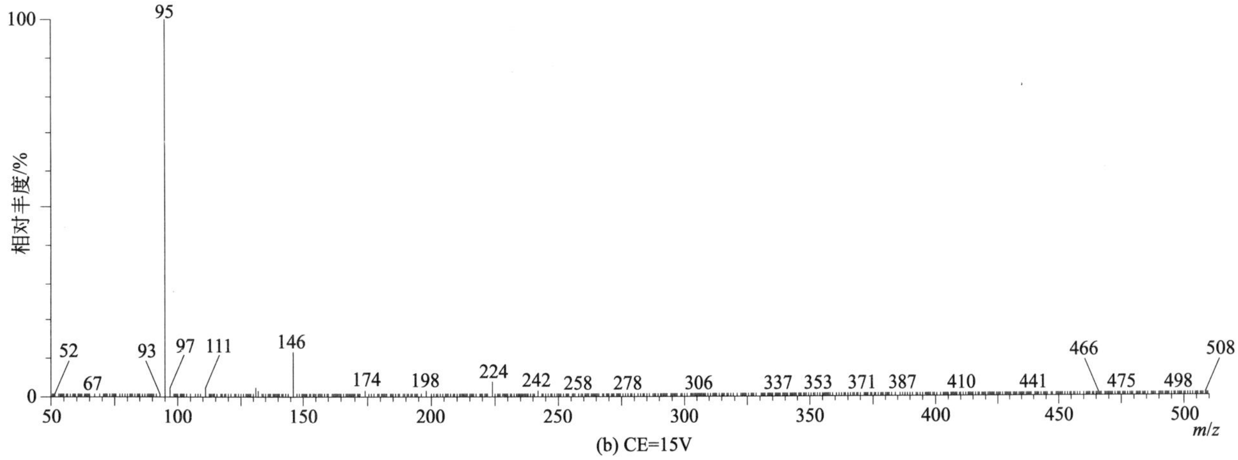

(b) CE=15V

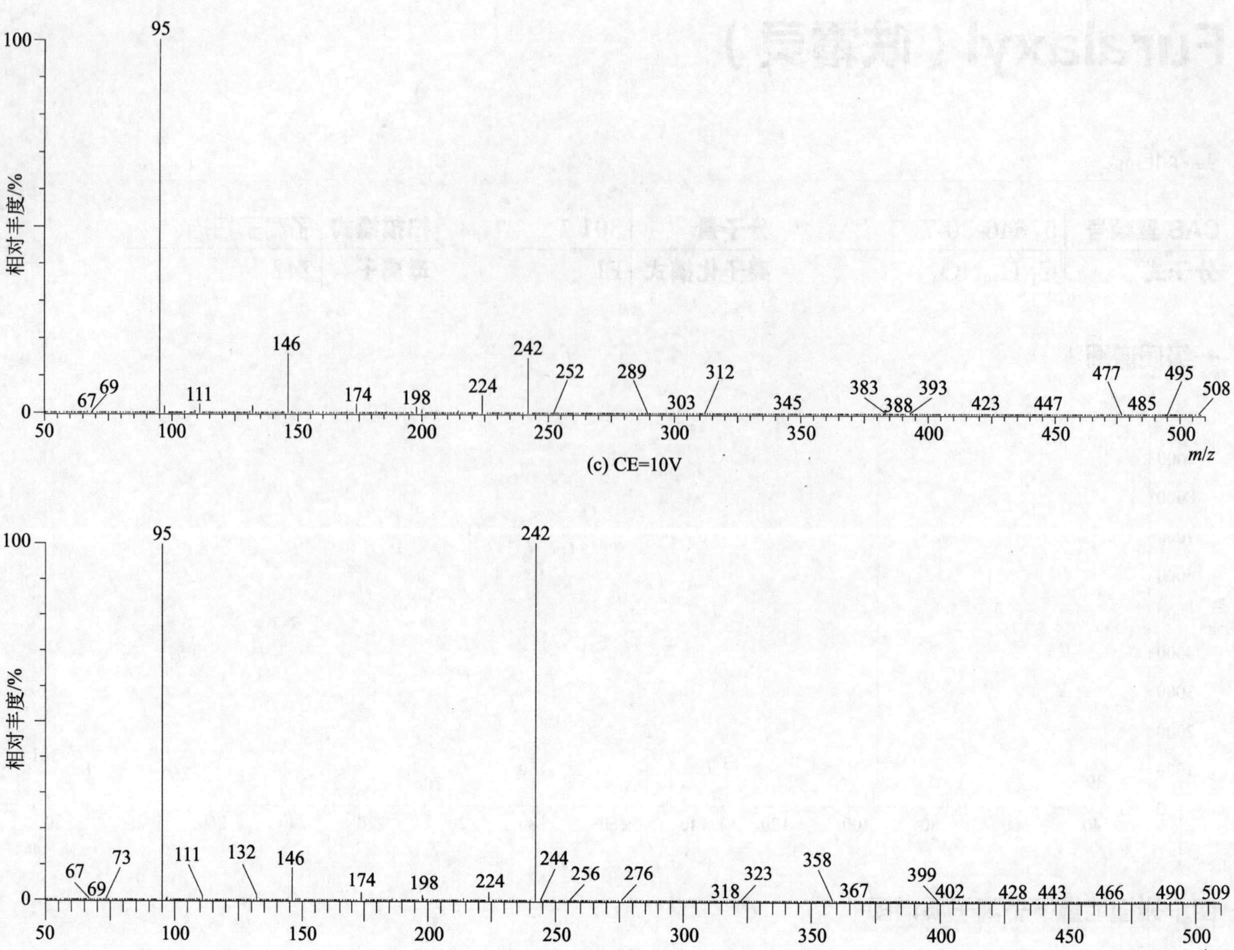

(c) CE=10V

(d) CE=5V

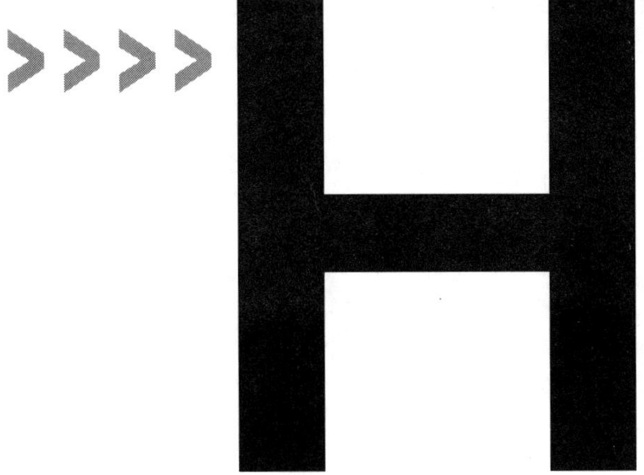

Halosulfuron-methyl（氯吡嘧磺隆）

基本信息

CAS 登录号	100784-20-1	分子量	434.0	扫描模式	子离子扫描
分子式	$C_{13}H_{15}ClN_6O_7S$	离子化模式	EI	母离子	327

一级质谱图

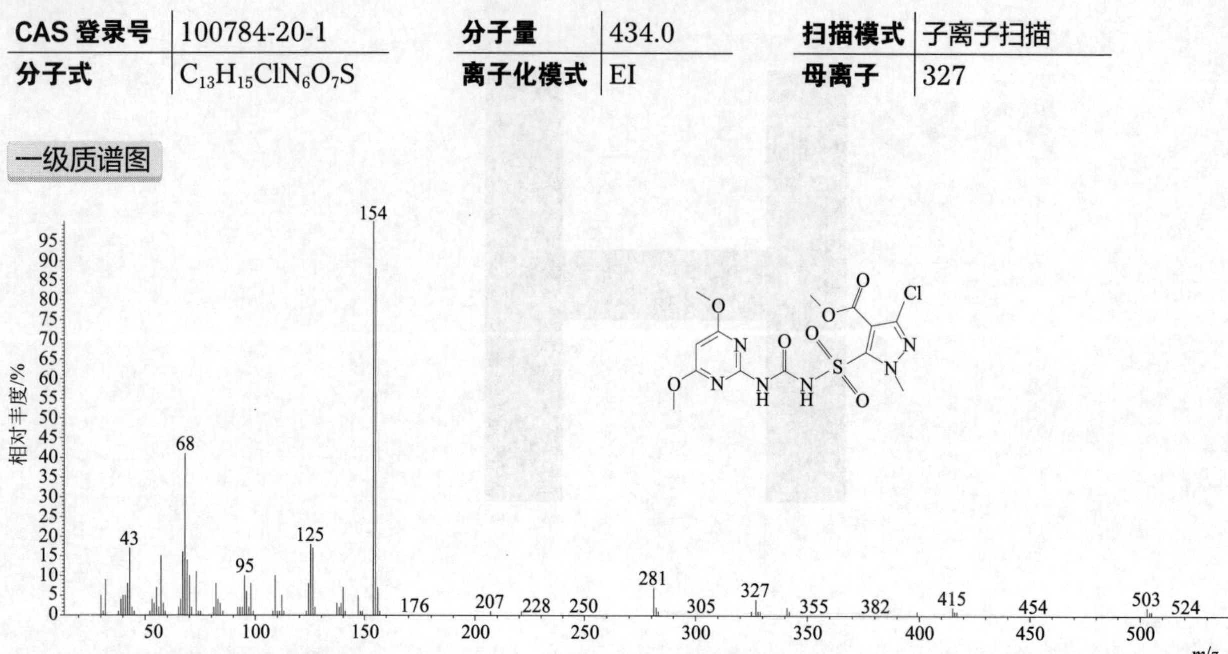

四个碰撞能量下子离子质谱图

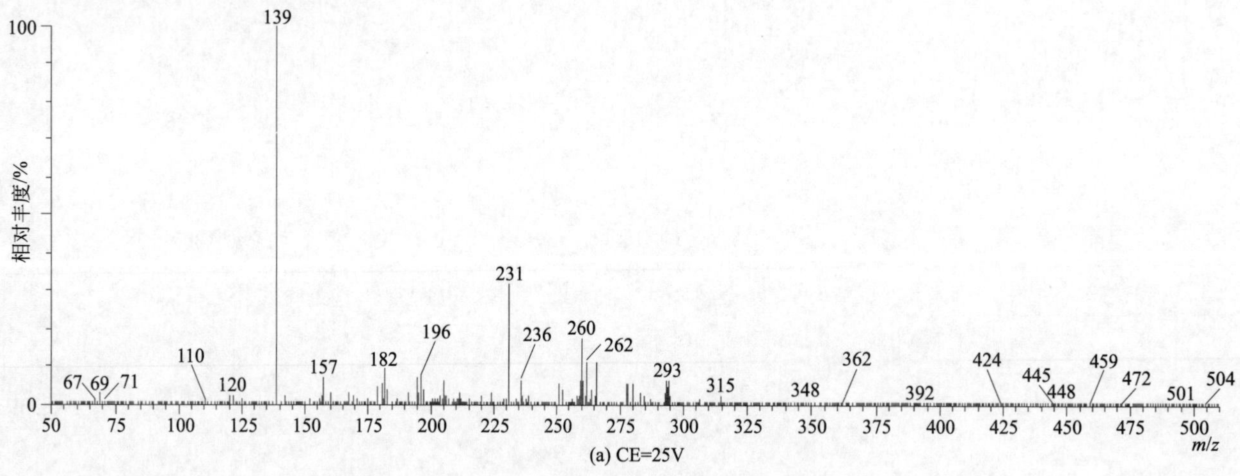

(a) CE=25V

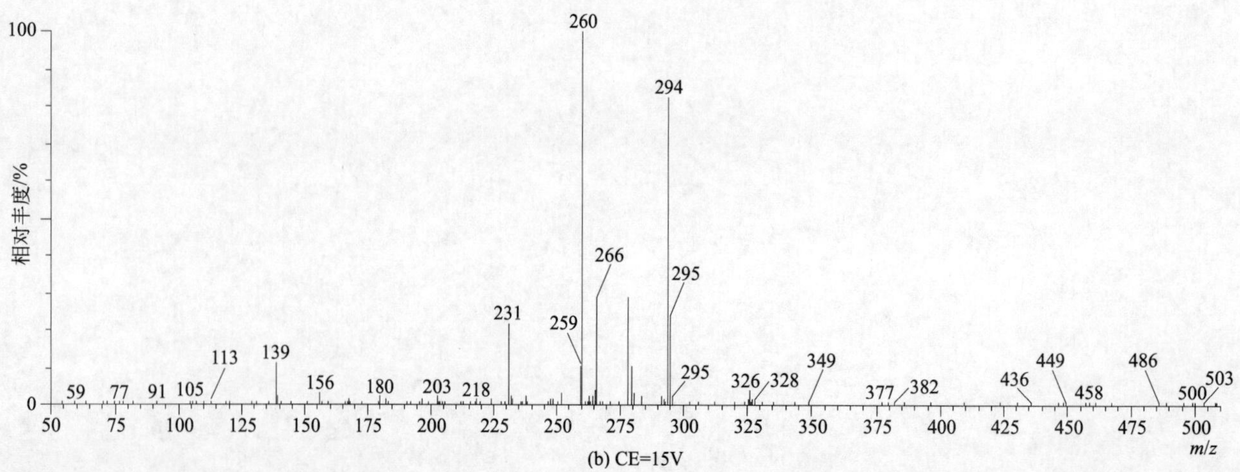

(b) CE=15V

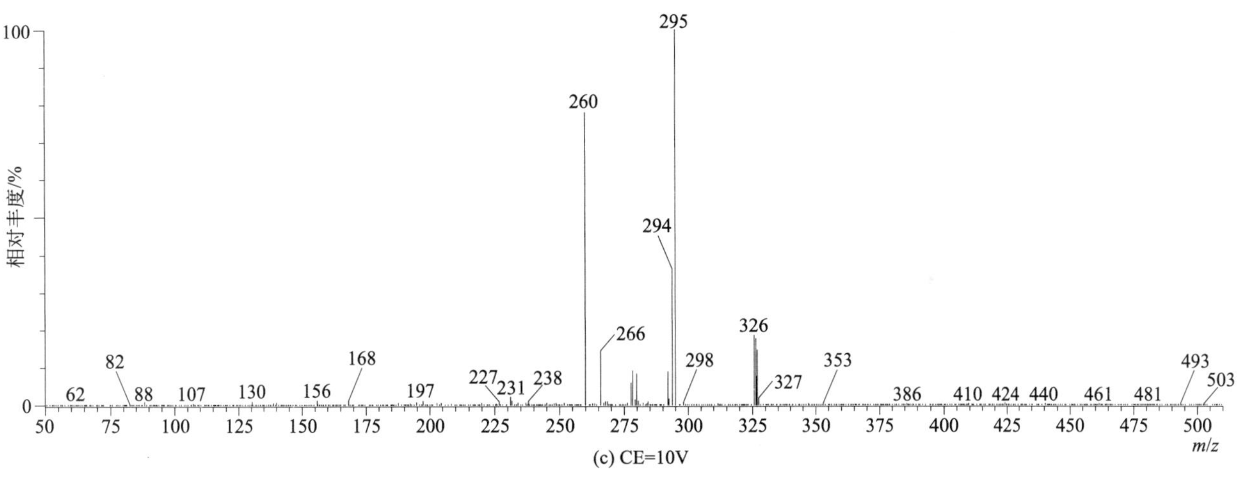

(c) CE=10V

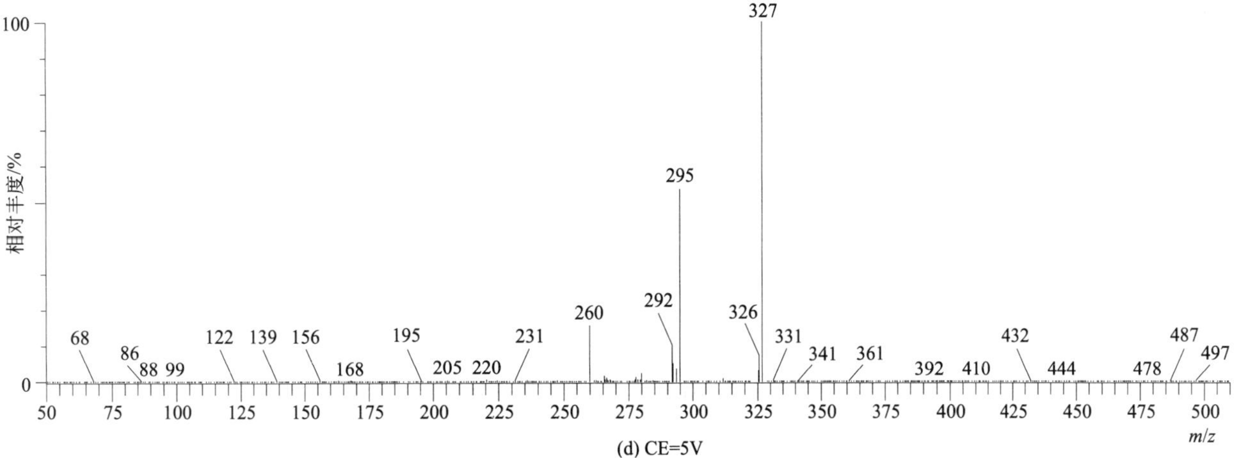

(d) CE=5V

HCH（六六六）

基本信息

CAS 登录号	608-73-1	**分子量**	287.9	**扫描模式**	子离子扫描
分子式	$C_6H_6Cl_6$	**离子化模式**	EI	**母离子**	219

一级质谱图

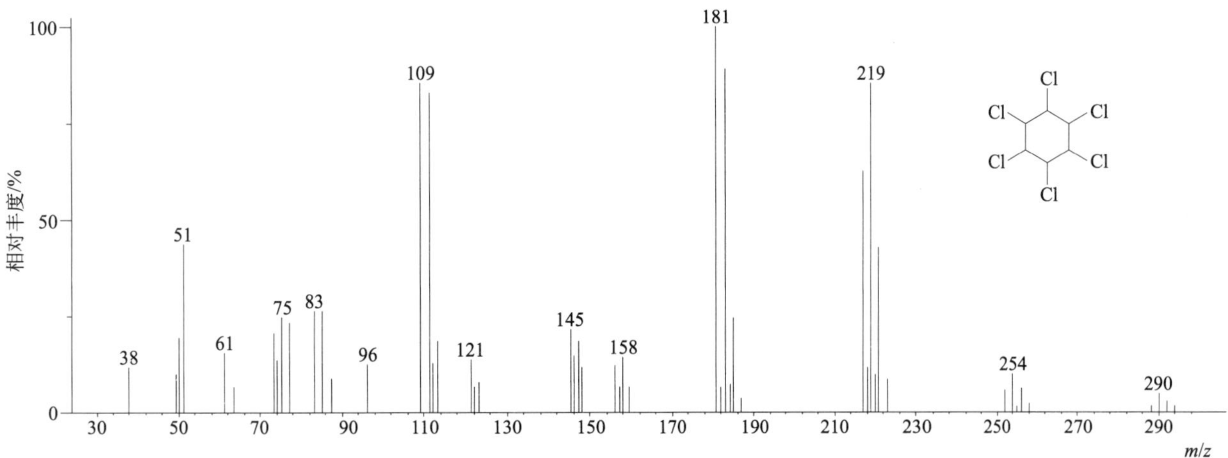

四个碰撞能量下子离子质谱图

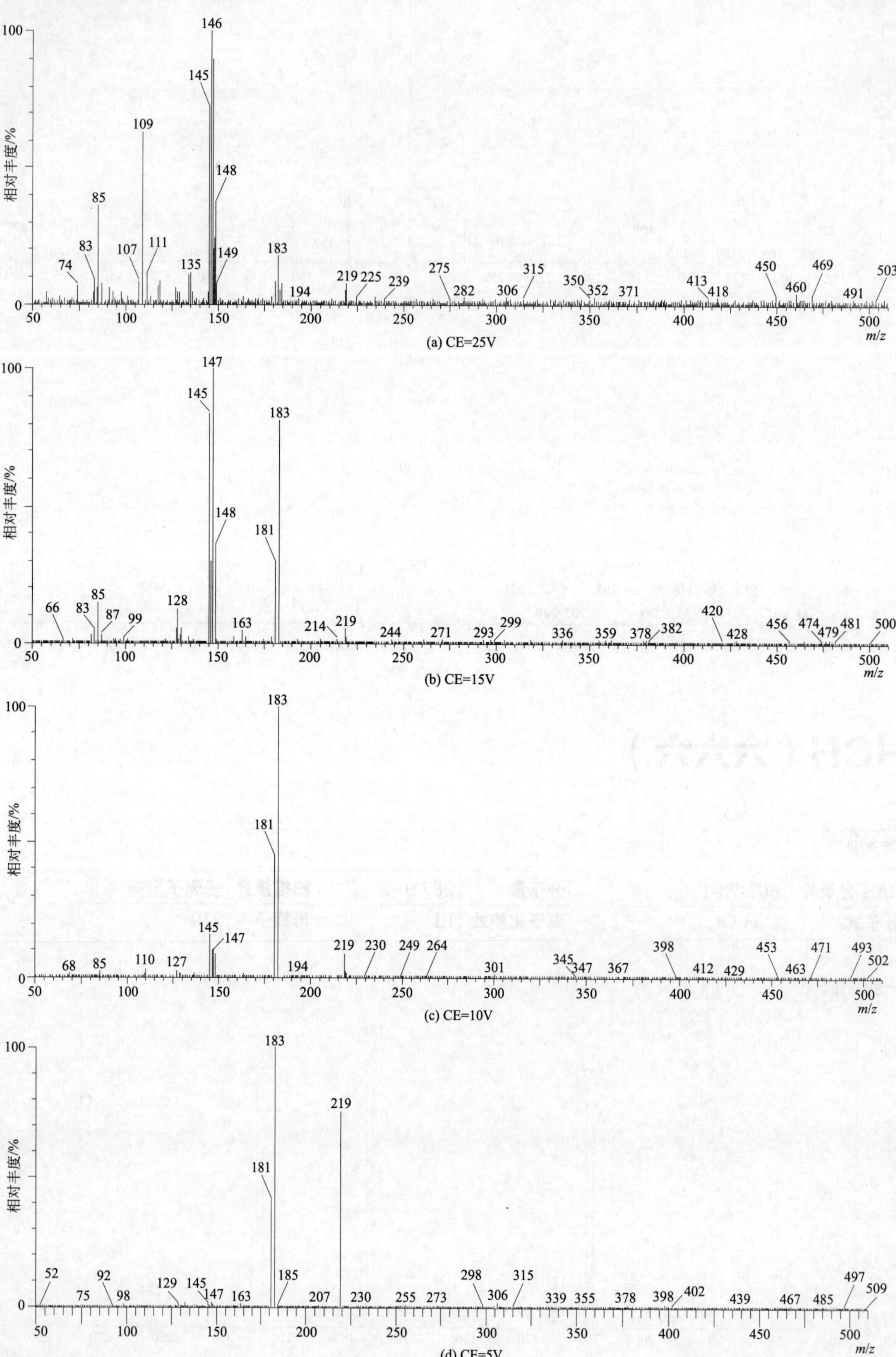

(a) CE=25V

(b) CE=15V

(c) CE=10V

(d) CE=5V

Heptachlor（七氯）

基本信息

CAS 登录号	76-44-8	分子量	369.8	扫描模式	子离子扫描
分子式	$C_{10}H_5Cl_7$	离子化模式	EI	母离子	272

一级质谱图

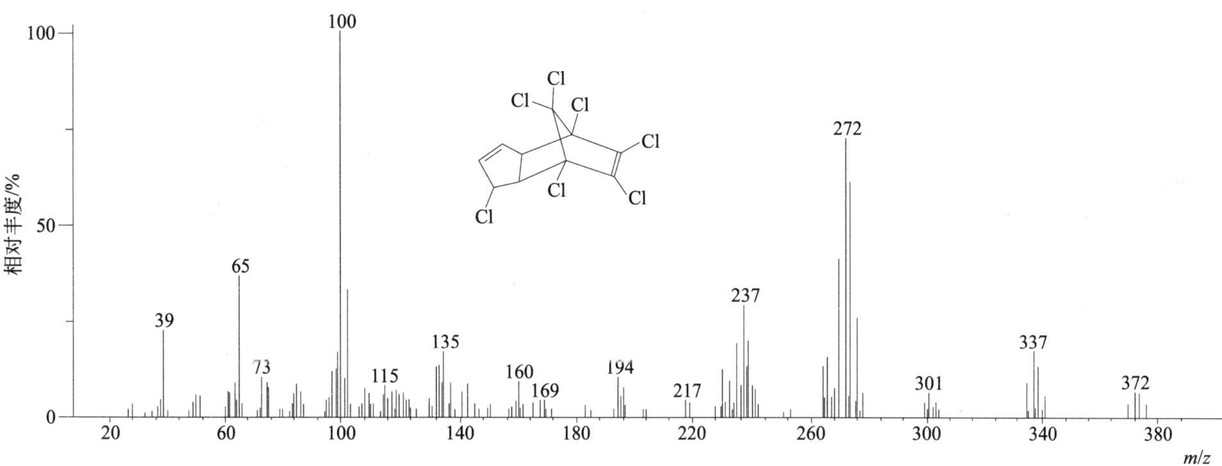

四个碰撞能量下子离子质谱图

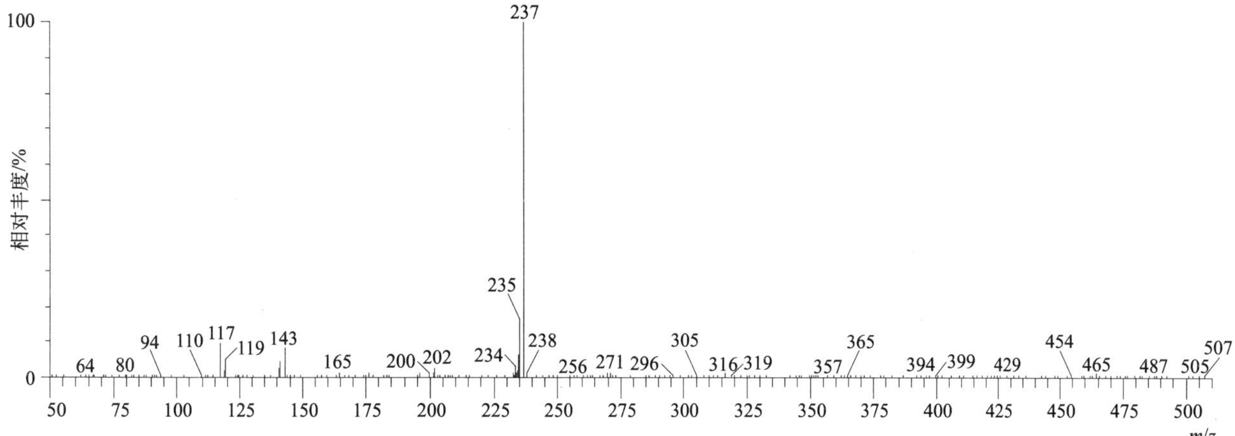

(a) CE=25V

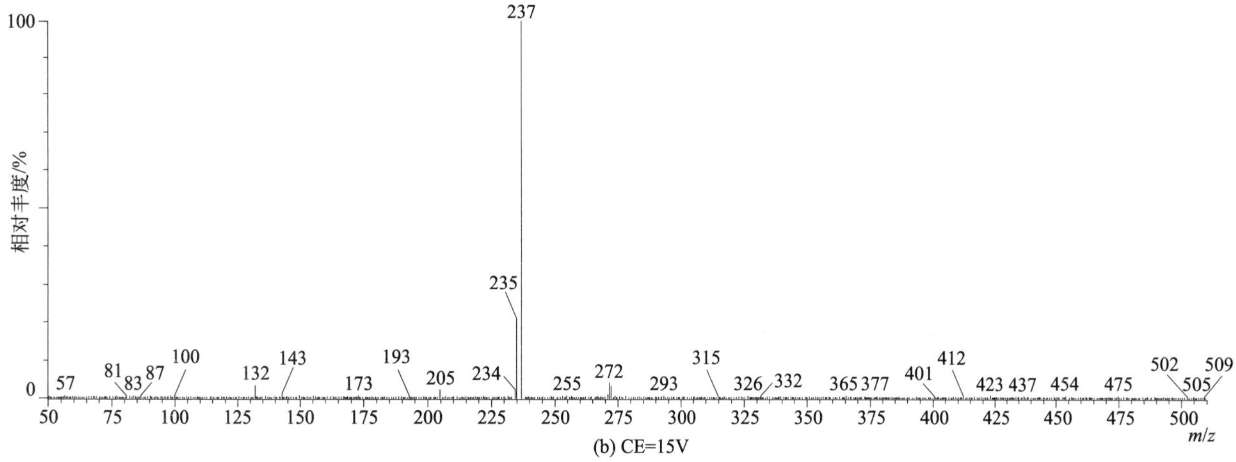

(b) CE=15V

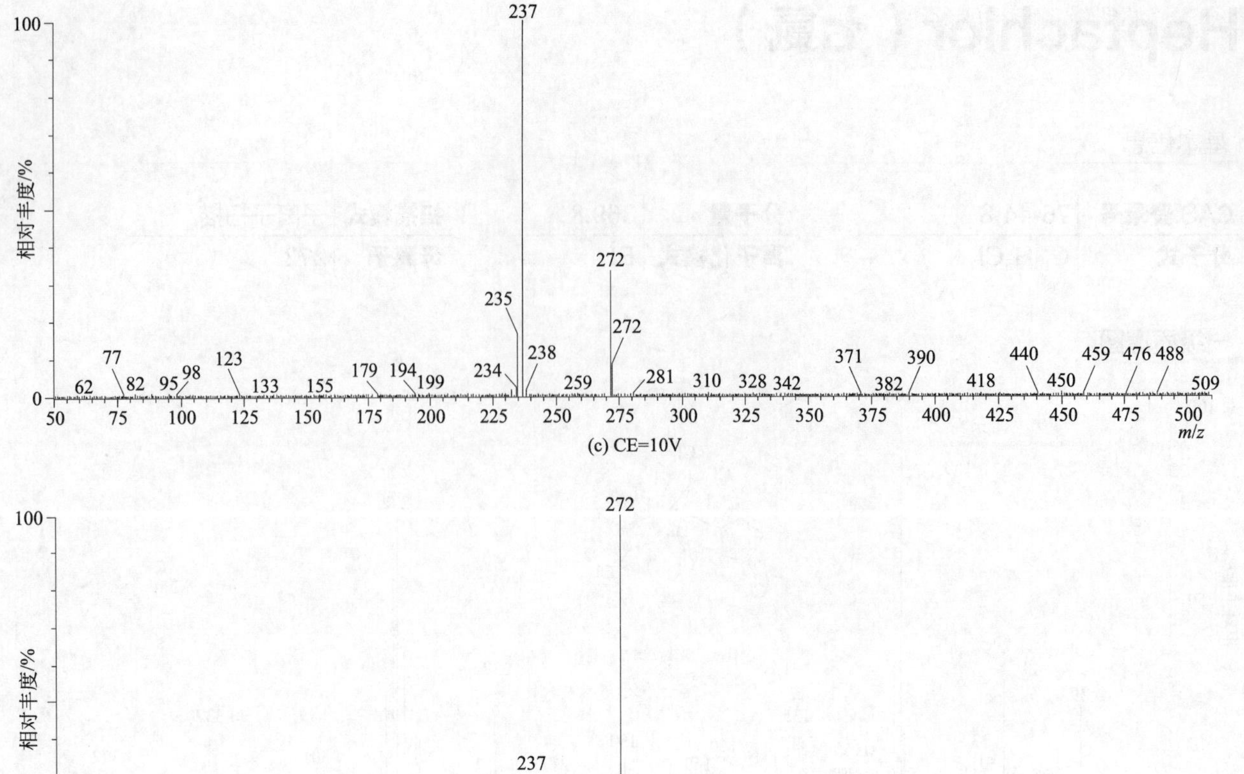

(c) CE=10V

(d) CE=5V

Heptachloro-epoxide（环氧七氯）

基本信息

CAS 登录号	1024-57-3	分子量	385.8	扫描模式	子离子扫描
分子式	$C_{10}H_5Cl_7O$	离子化模式	EI	母离子	353

一级质谱图

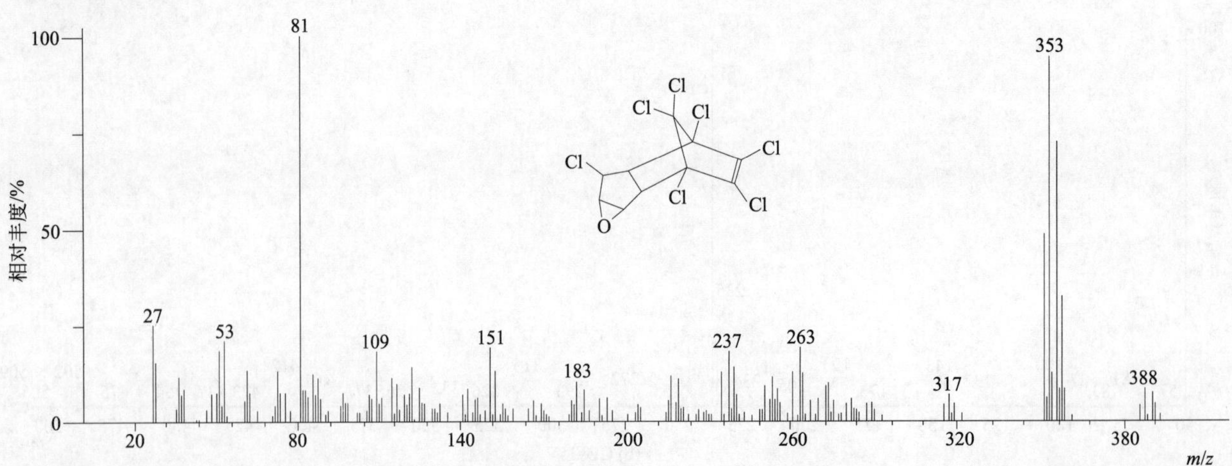

四个碰撞能量下子离子质谱图

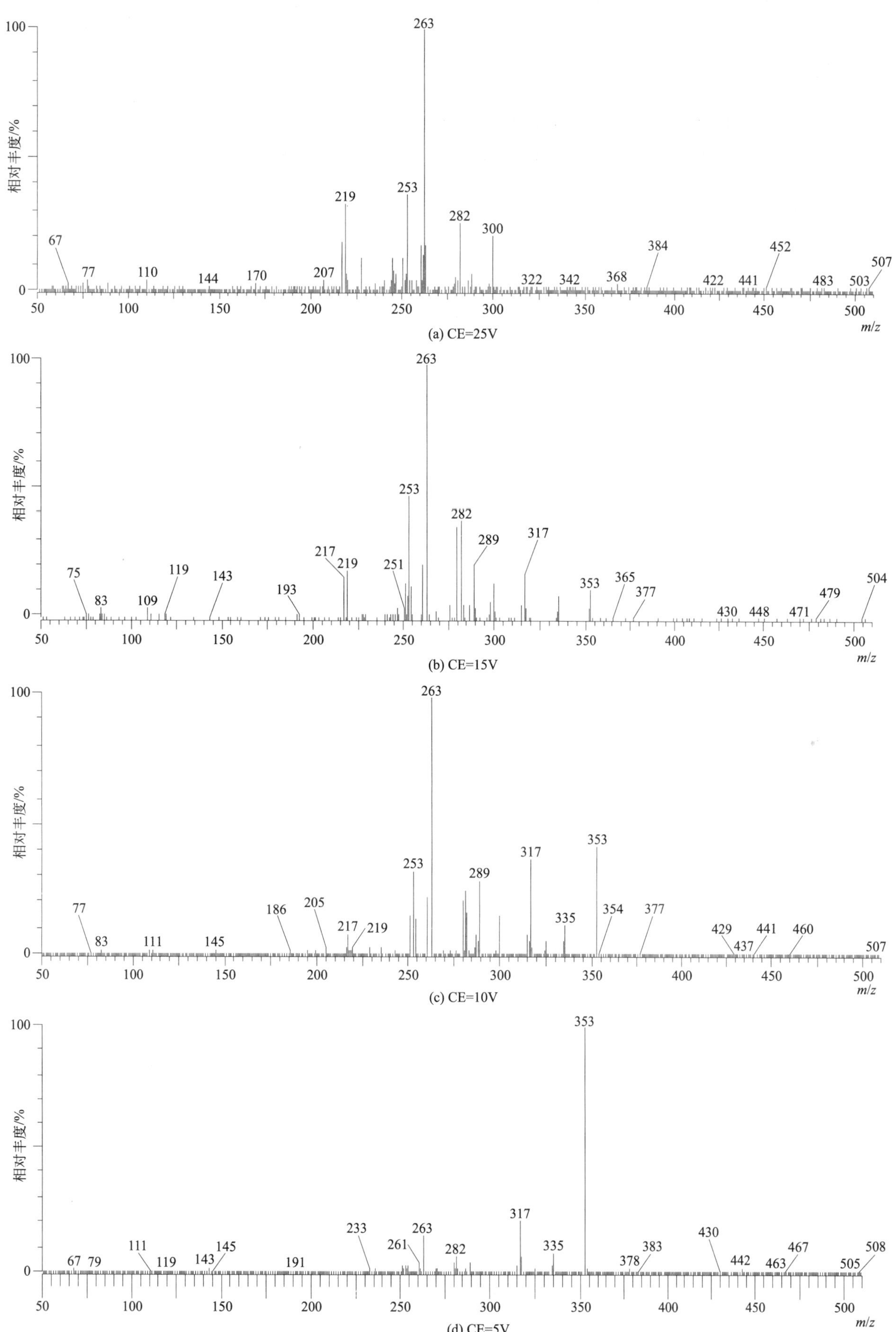

(a) CE=25V

(b) CE=15V

(c) CE=10V

(d) CE=5V

Heptenophos（庚烯磷）

基本信息

CAS 登录号	23560-59-0	分子量	250.0	扫描模式	子离子扫描
分子式	$C_9H_{12}ClO_4P$	离子化模式	EI	母离子	124

一级质谱图

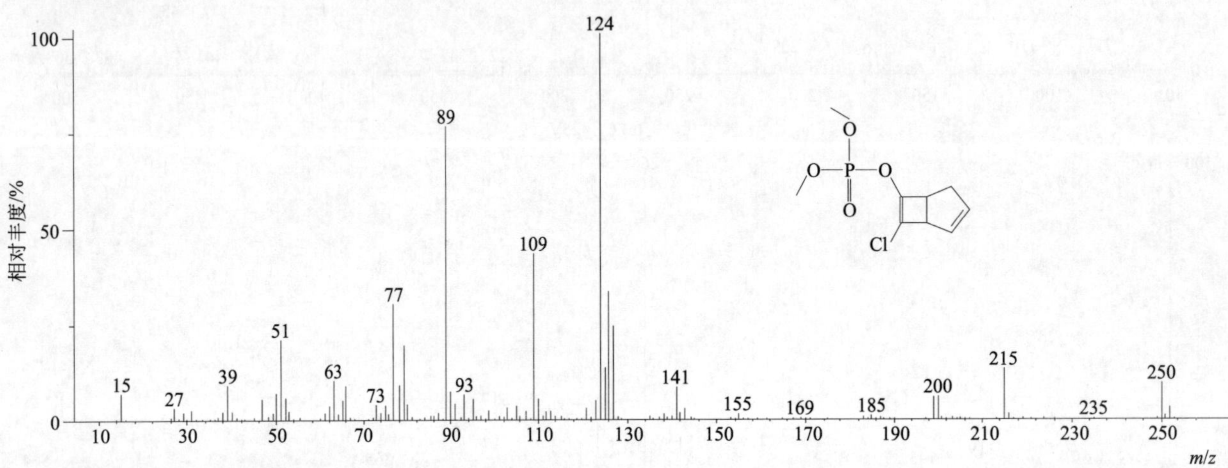

四个碰撞能量下子离子质谱图

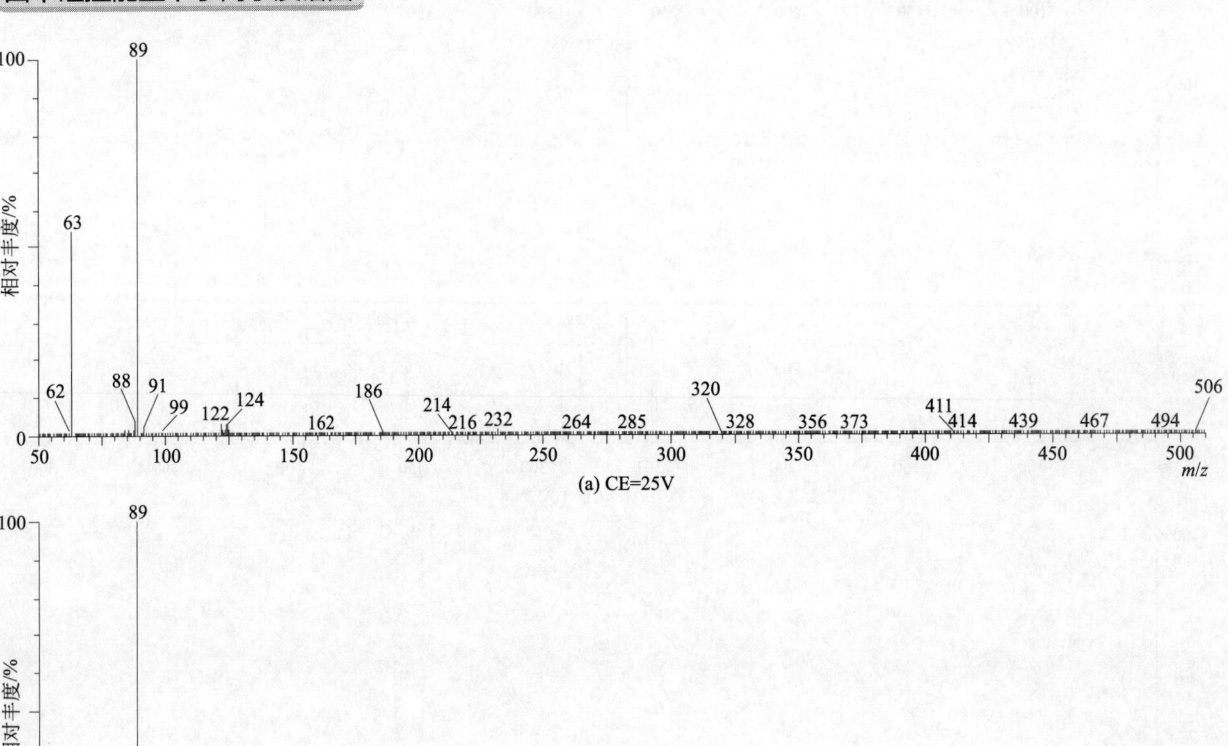

(a) CE=25V

(b) CE=15V

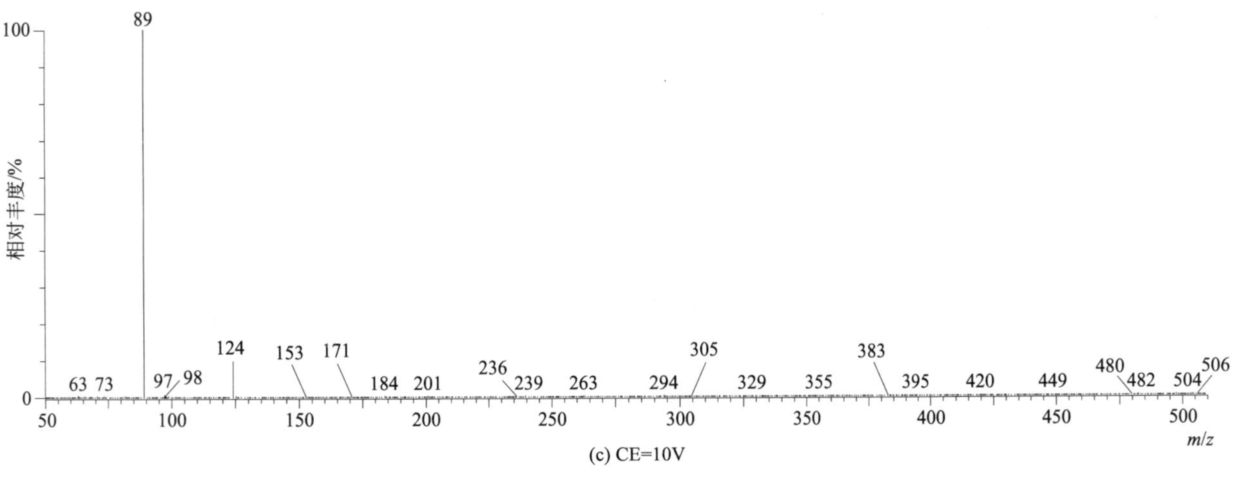

(c) CE=10V

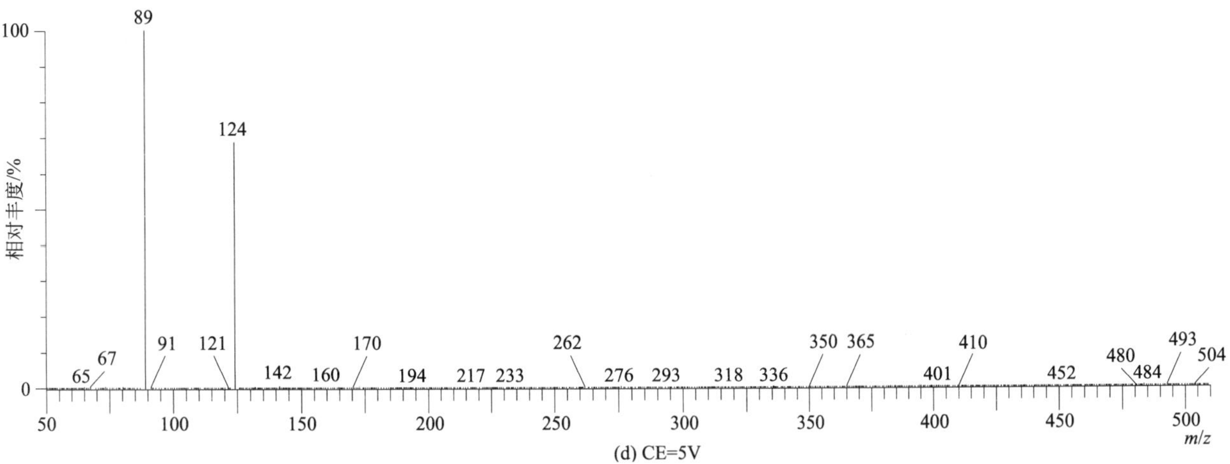

(d) CE=5V

Hexachlorbenzene（六氯苯）

基本信息

CAS 登录号	118-74-1	**分子量**	281.8	**扫描模式**	子离子扫描
分子式	C_6Cl_6	**离子化模式**	EI	**母离子**	284

一级质谱图

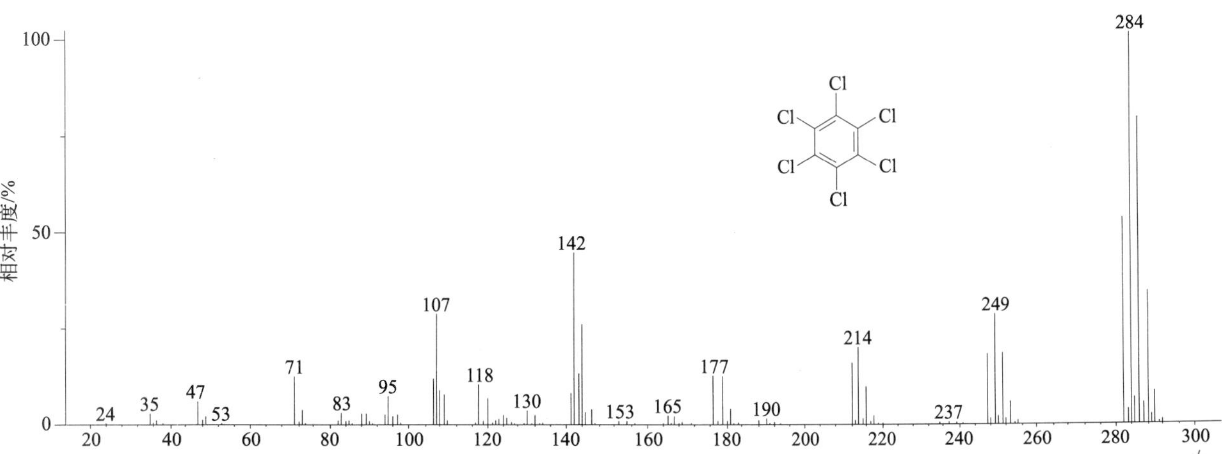

四个碰撞能量下子离子质谱图

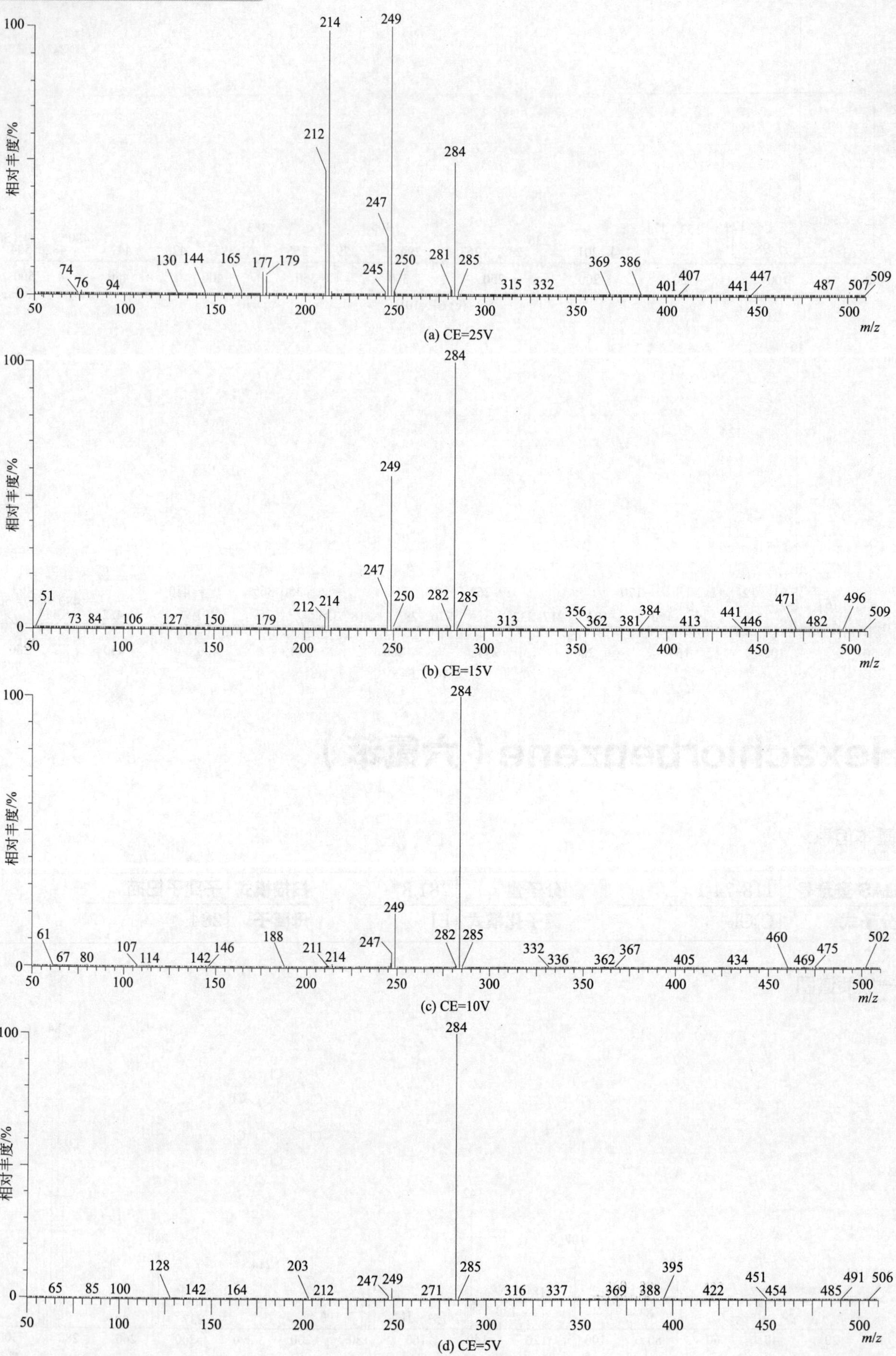

(a) CE=25V

(b) CE=15V

(c) CE=10V

(d) CE=5V

Hexaflumuron（氟铃脲）

基本信息

CAS 登录号	86479-06-3	分子量	460.0	扫描模式	子离子扫描
分子式	$C_{16}H_8Cl_2F_6N_2O_3$	离子化模式	EI	母离子	176

一级质谱图

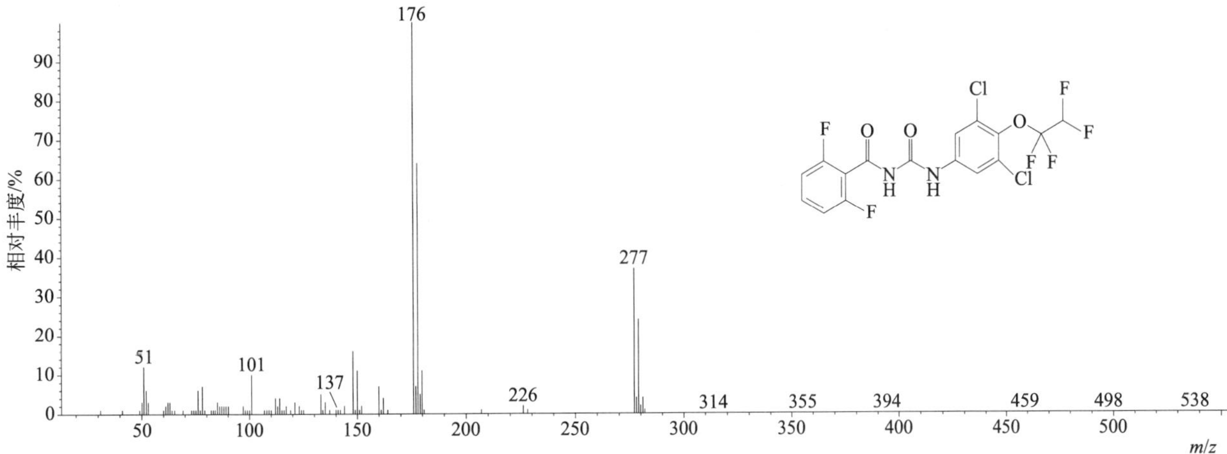

四个碰撞能量下子离子质谱图

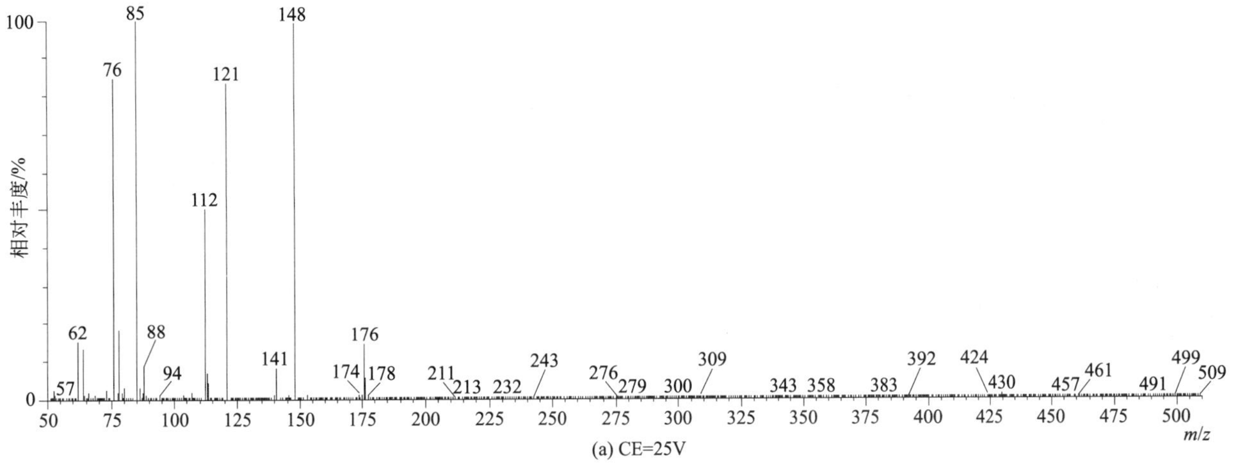

(a) CE=25V

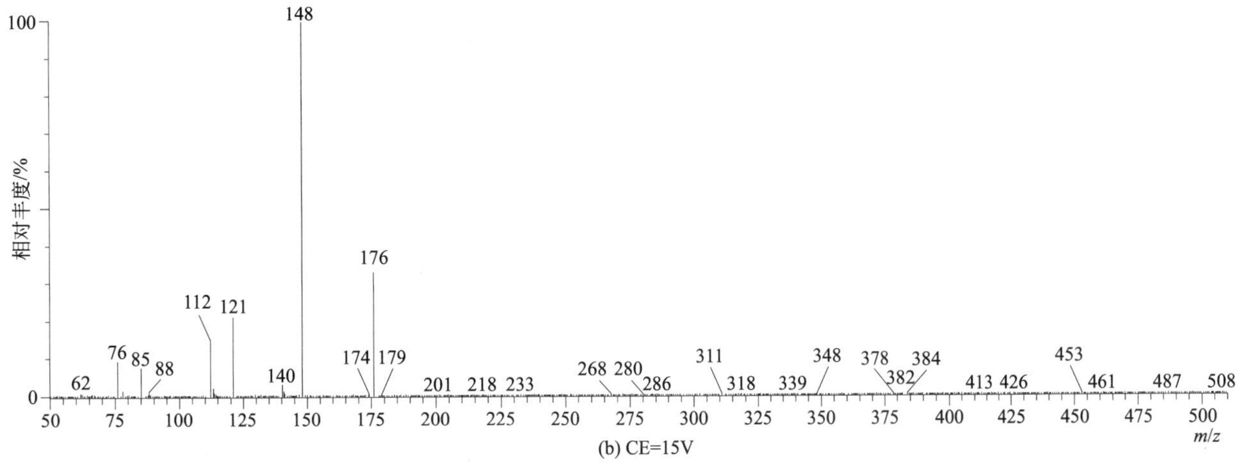

(b) CE=15V

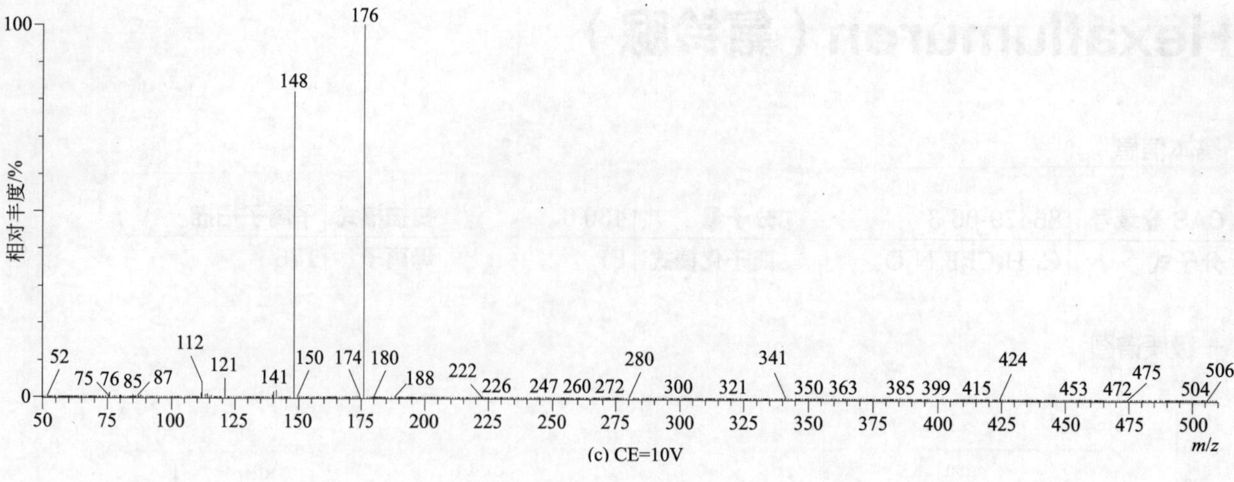

(c) CE=10V

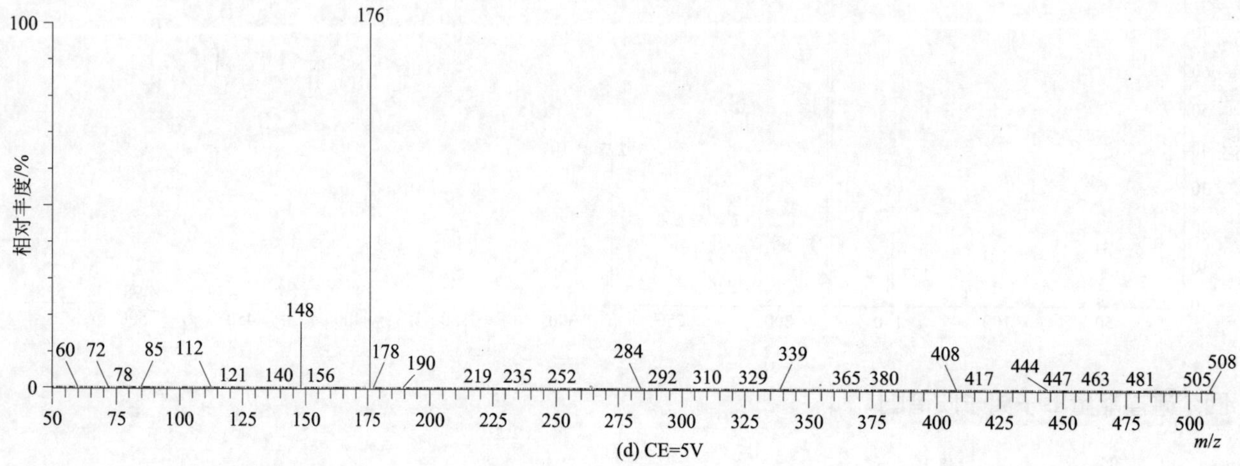

(d) CE=5V

Hexazinone（环嗪酮）

基本信息

CAS 登录号	51235-04-2	**分子量**	252.2	**扫描模式**	子离子扫描
分子式	$C_{12}H_{20}N_4O_2$	**离子化模式**	EI	**母离子**	171

一级质谱图

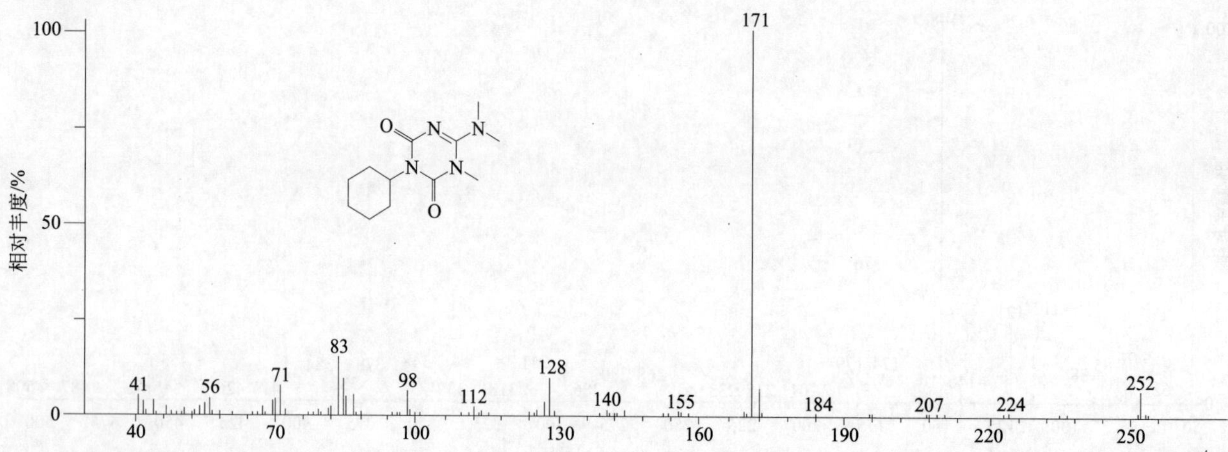

四个碰撞能量下子离子质谱图

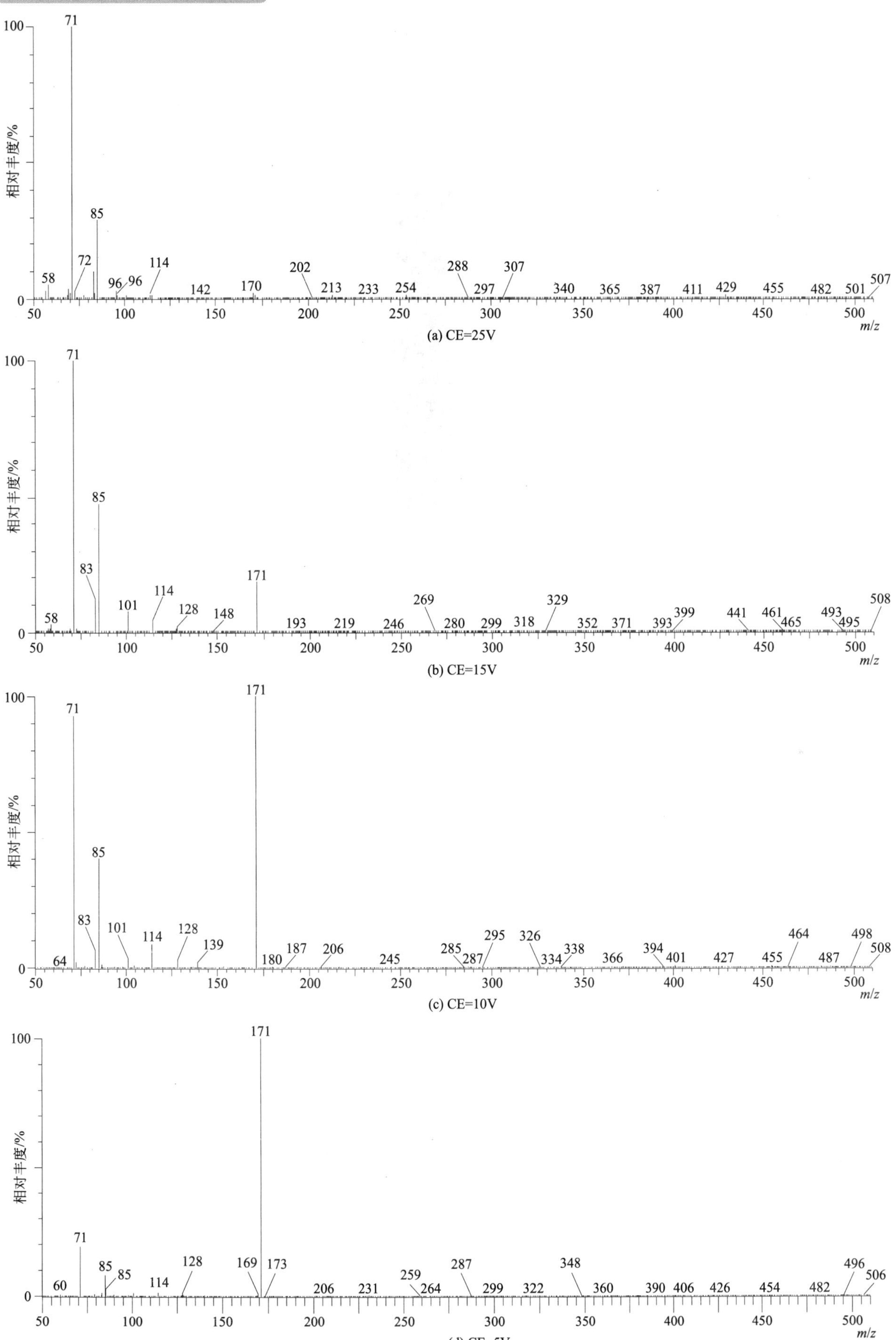

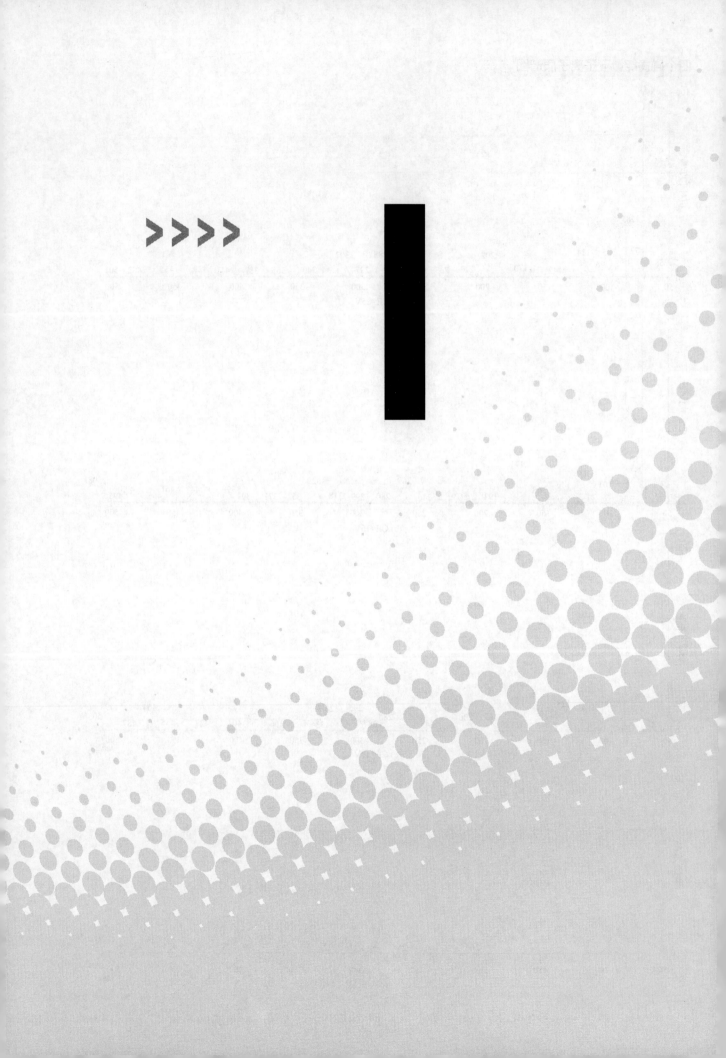

Imazalil（烯菌灵）

基本信息

CAS 登录号	35554-44-0	分子量	296.0	扫描模式	子离子扫描
分子式	$C_{14}H_{14}Cl_2N_2O$	离子化模式	EI	母离子	215

一级质谱图

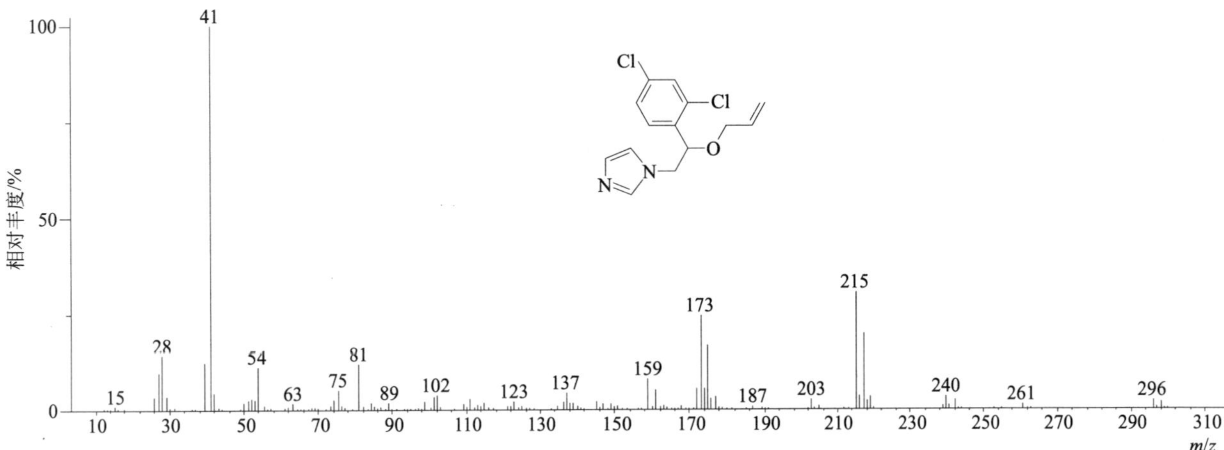

四个碰撞能量下子离子质谱图

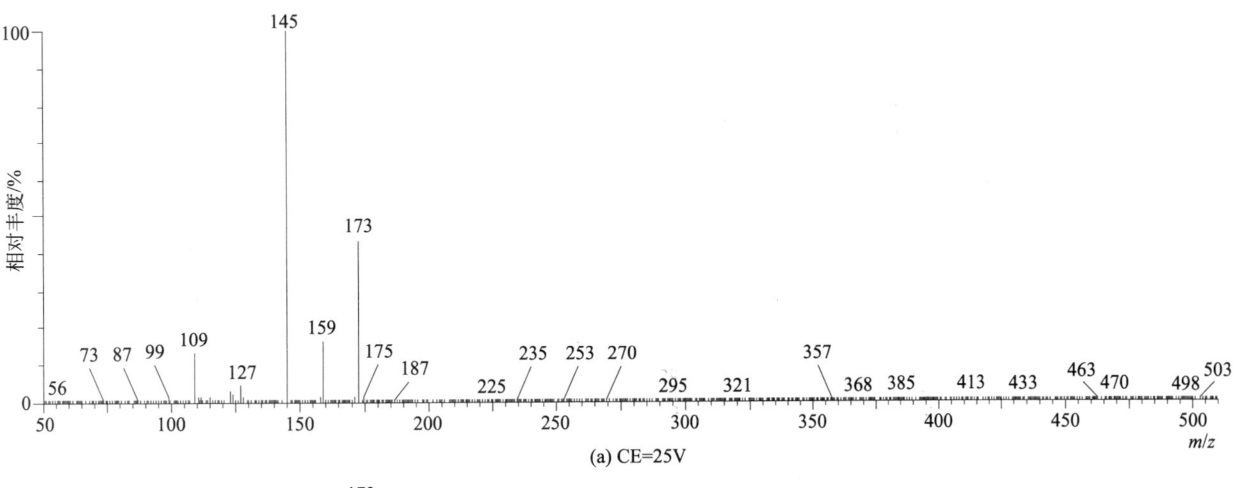

(a) CE=25V

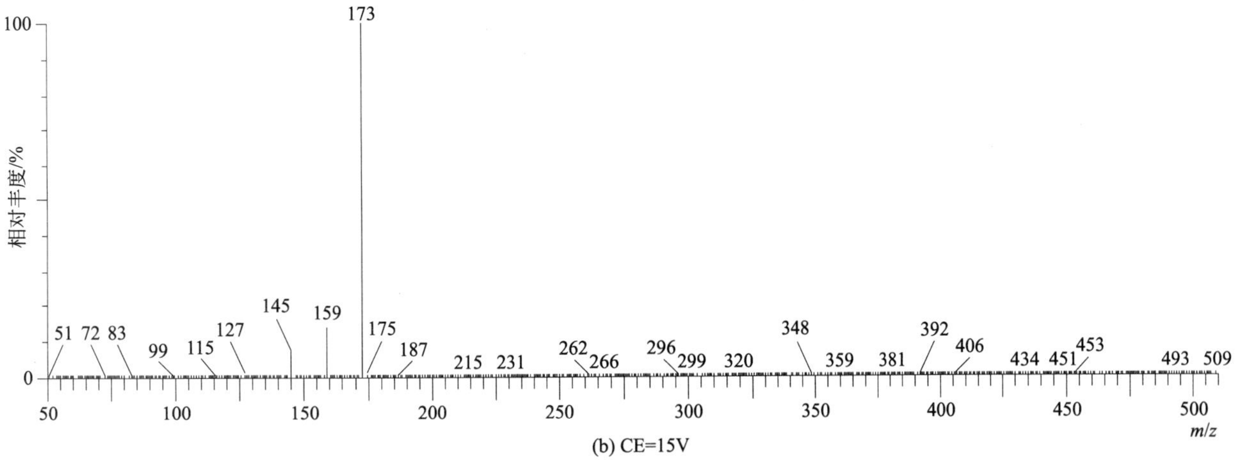

(b) CE=15V

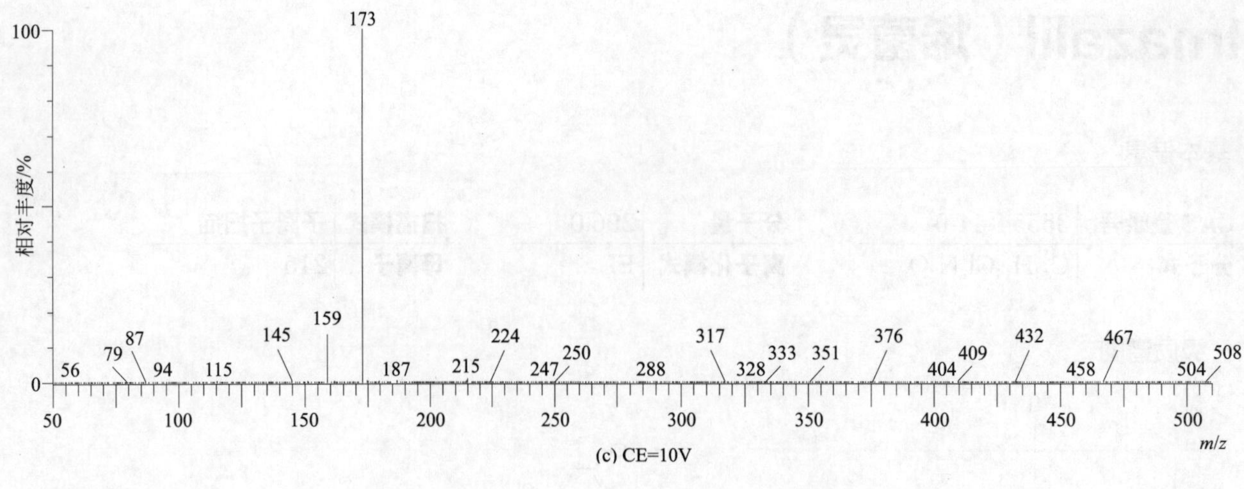

(c) CE=10V

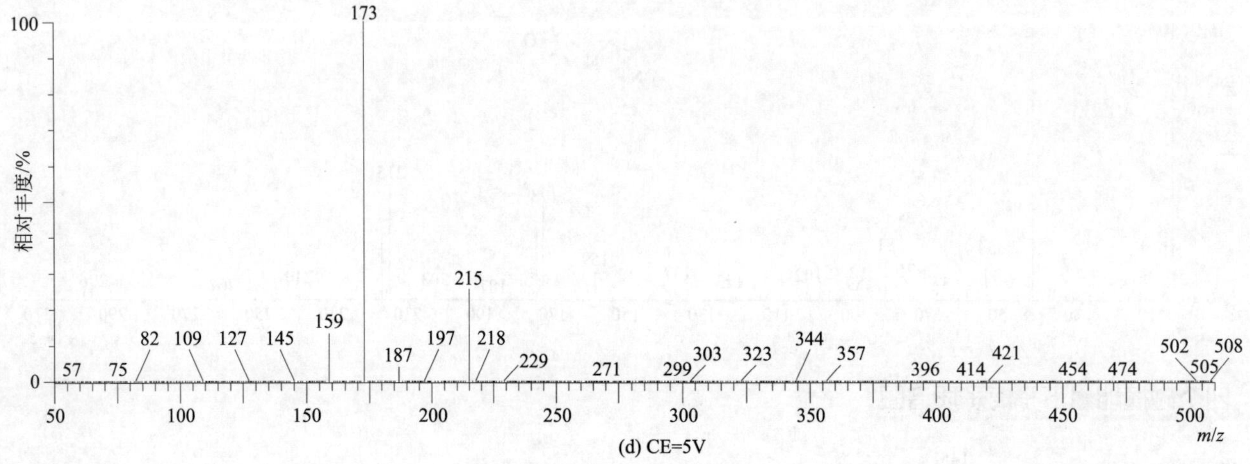

(d) CE=5V

Imibenconazole-des-benzyl（脱苯甲基亚胺唑）

基本信息

CAS 登录号	199338-48-2	分子量	286.0	扫描模式	子离子扫描
分子式	$C_{10}H_8Cl_2N_4S$	离子化模式	EI	母离子	272

一级质谱图

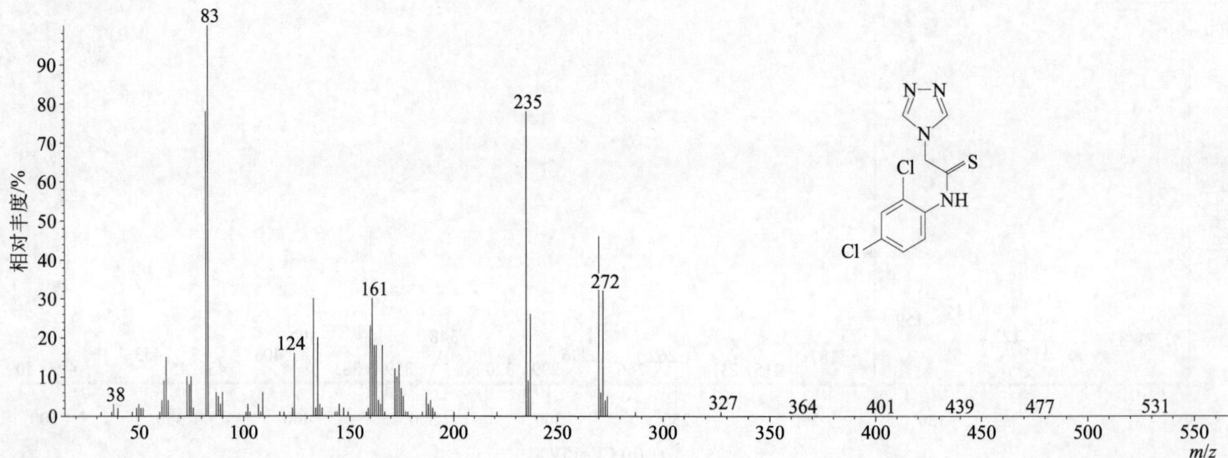

四个碰撞能量下子离子质谱图

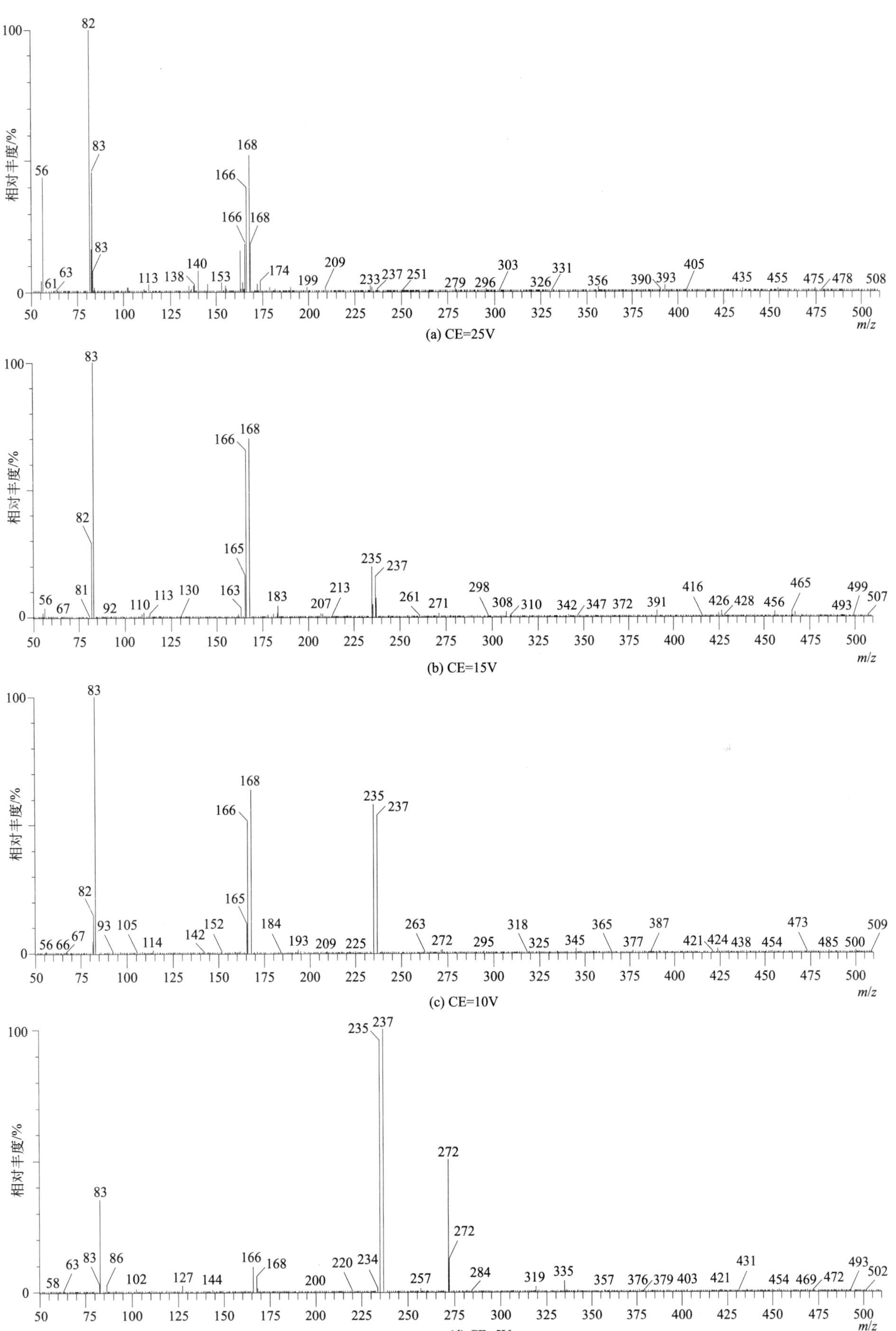

(a) CE=25V

(b) CE=15V

(c) CE=10V

(d) CE=5V

Iodofenphos（碘硫磷）

基本信息

CAS 登录号	18181-70-9	分子量	411.8	扫描模式	子离子扫描
分子式	$C_8H_8Cl_2IO_3PS$	离子化模式	EI	母离子	377

一级质谱图

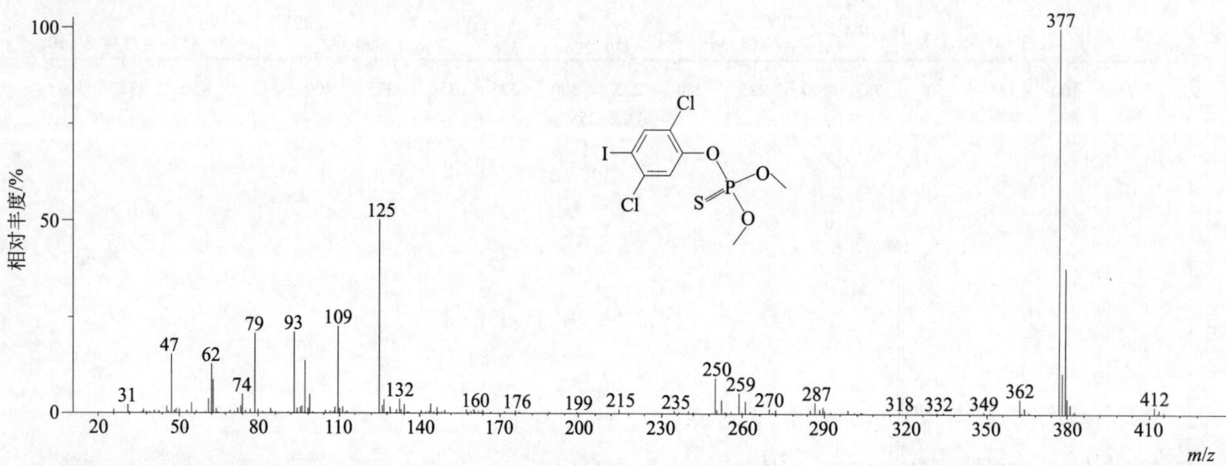

四个碰撞能量下子离子质谱图

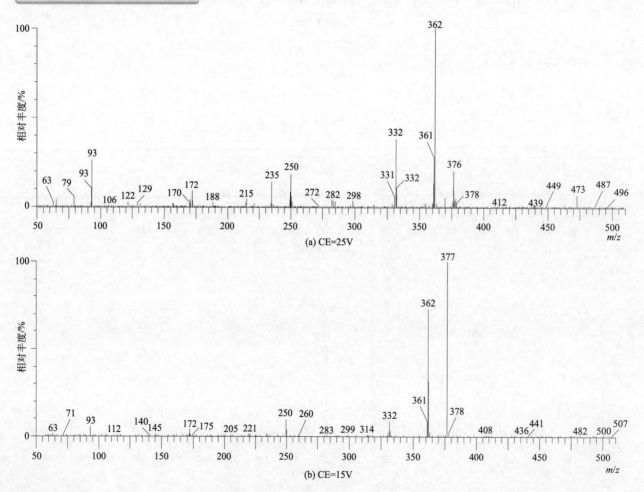

(a) CE=25V

(b) CE=15V

(c) CE=10V

(d) CE=5V

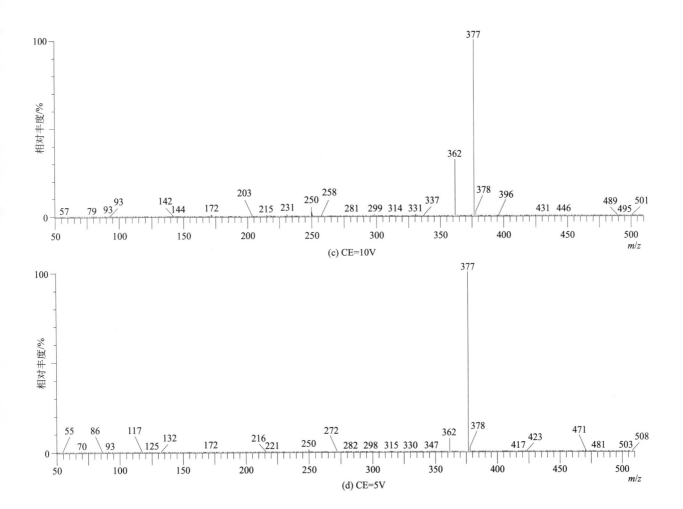

Iprobenfos（异稻瘟净）

基本信息

CAS 登录号	26087-47-8	分子量	288.1	扫描模式	子离子扫描
分子式	$C_{13}H_{21}O_3PS$	离子化模式	EI	母离子	204

一级质谱图

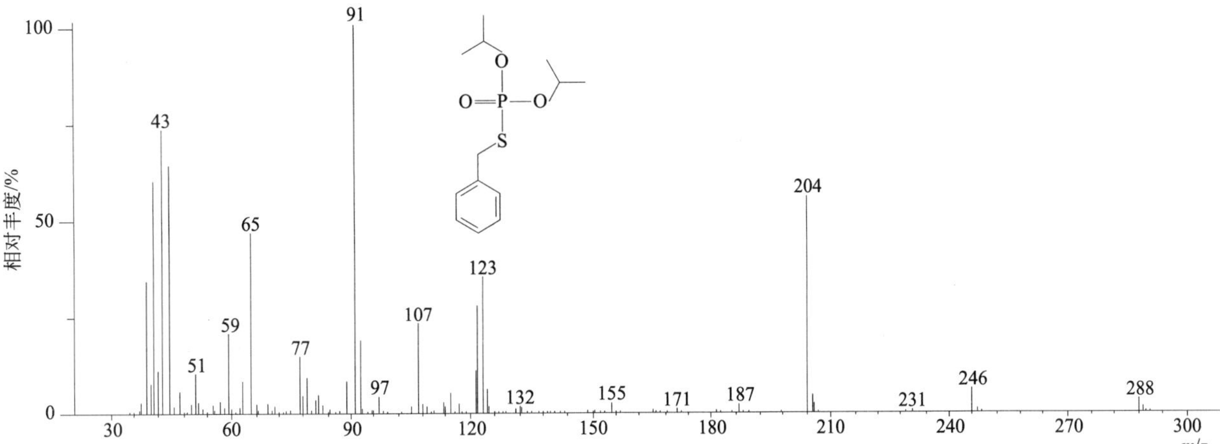

四个碰撞能量下子离子质谱图

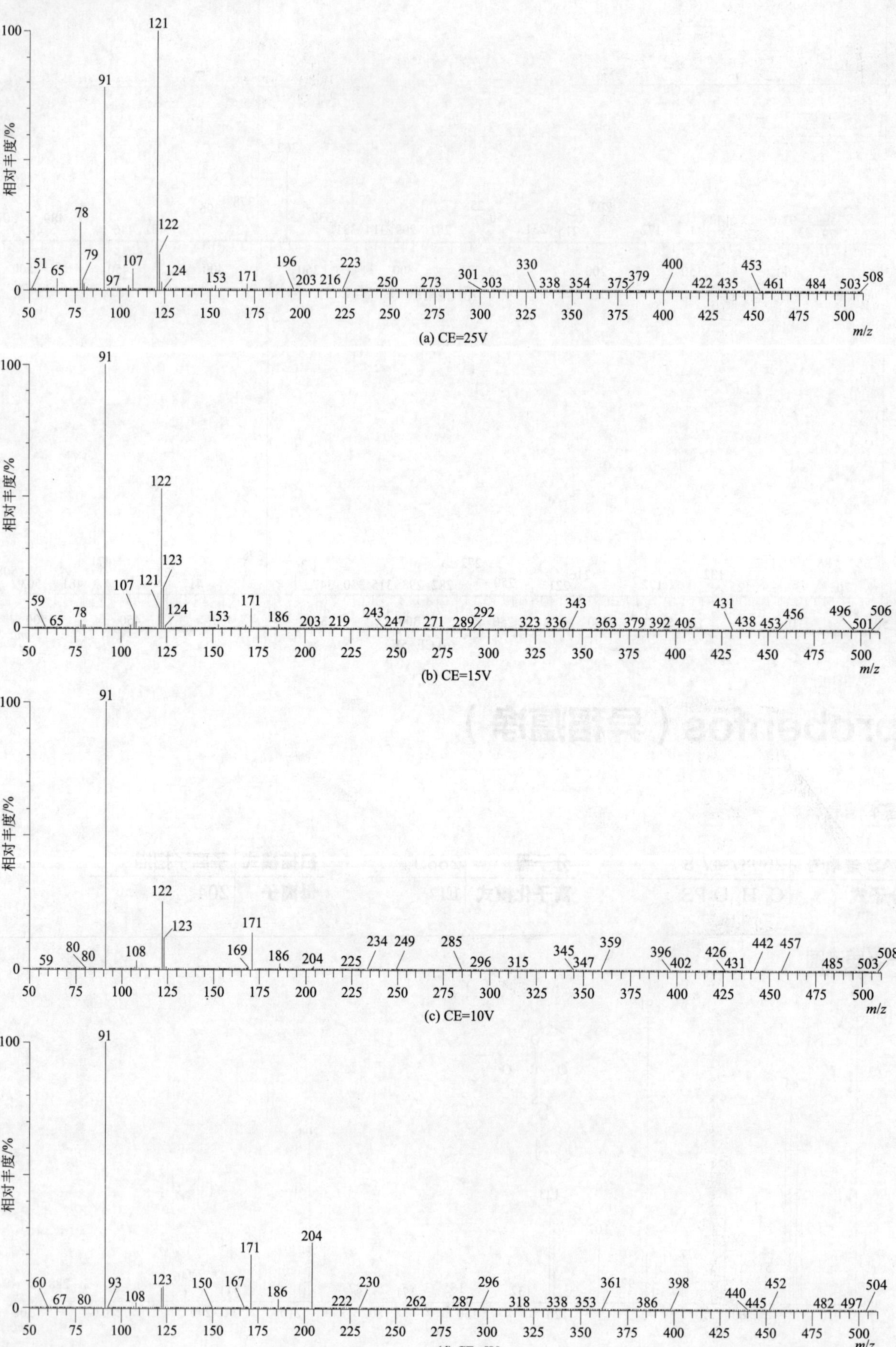

(a) CE=25V

(b) CE=15V

(c) CE=10V

(d) CE=5V

Iprovalicarb（异丙菌胺）

基本信息

CAS 登录号	140923-17-7	分子量	320.2	扫描模式	子离子扫描
分子式	$C_{18}H_{28}N_2O_3$	离子化模式	EI	母离子	134

一级质谱图

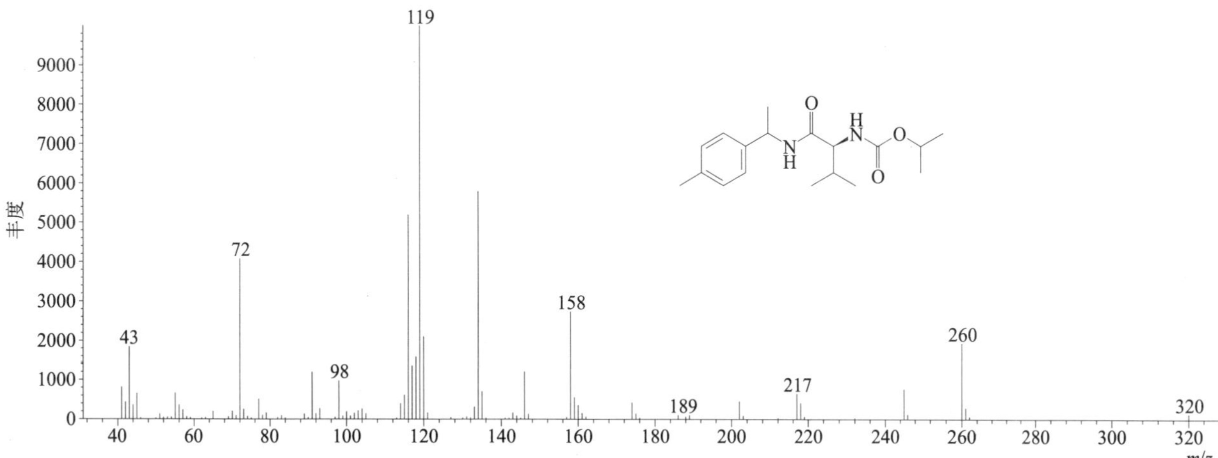

四个碰撞能量下子离子质谱图

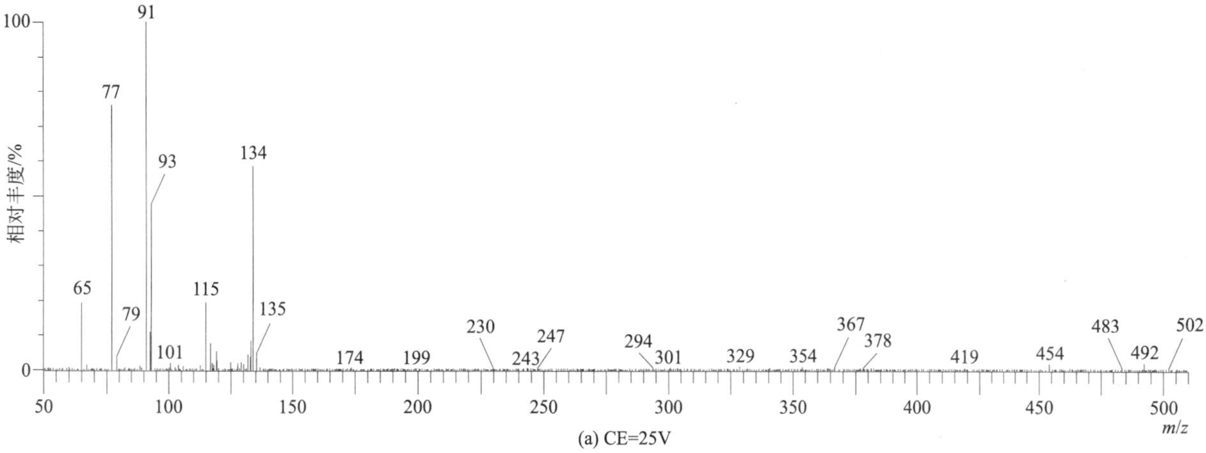

(a) CE=25V

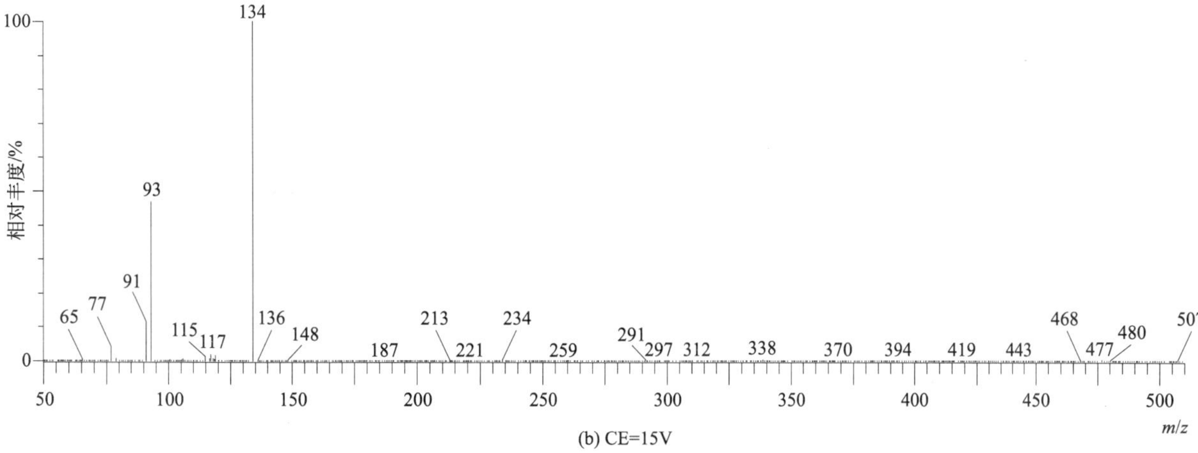

(b) CE=15V

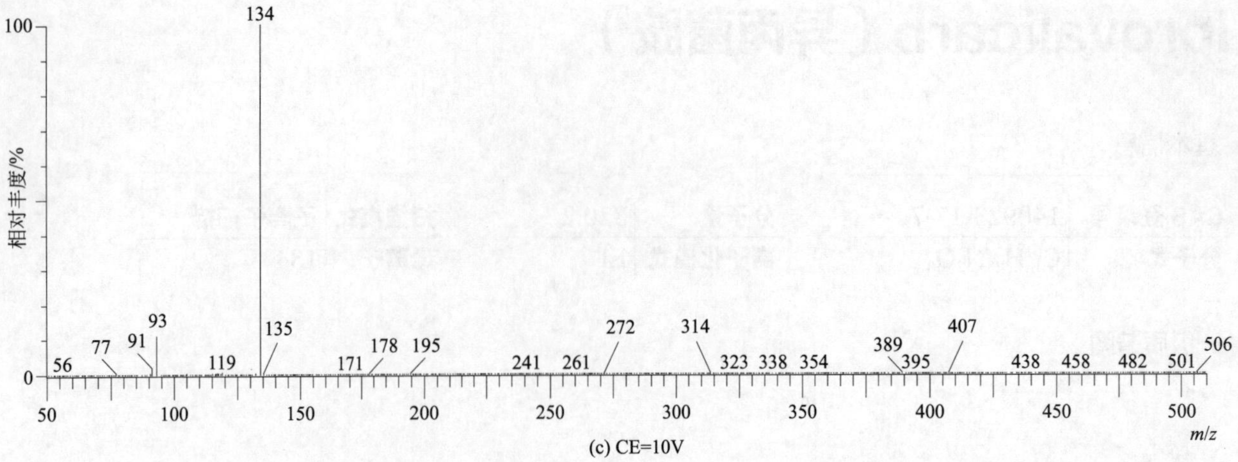

(c) CE=10V

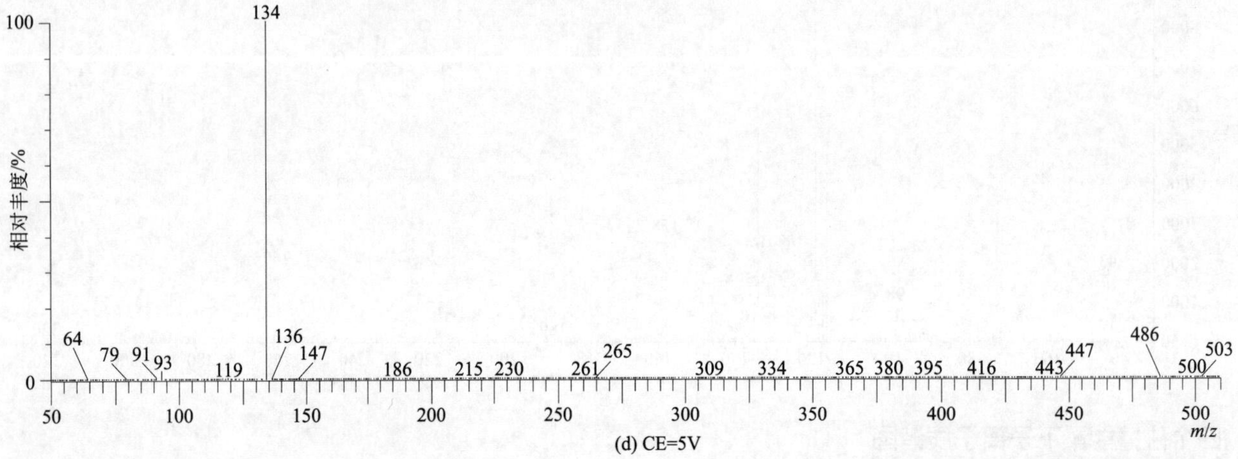

(d) CE=5V

Isazofos（氯唑磷）

基本信息

CAS 登录号	42509-80-8	分子量	313.0	扫描模式	子离子扫描
分子式	$C_9H_{17}ClN_3O_3PS$	离子化模式	EI	母离子	257

一级质谱图

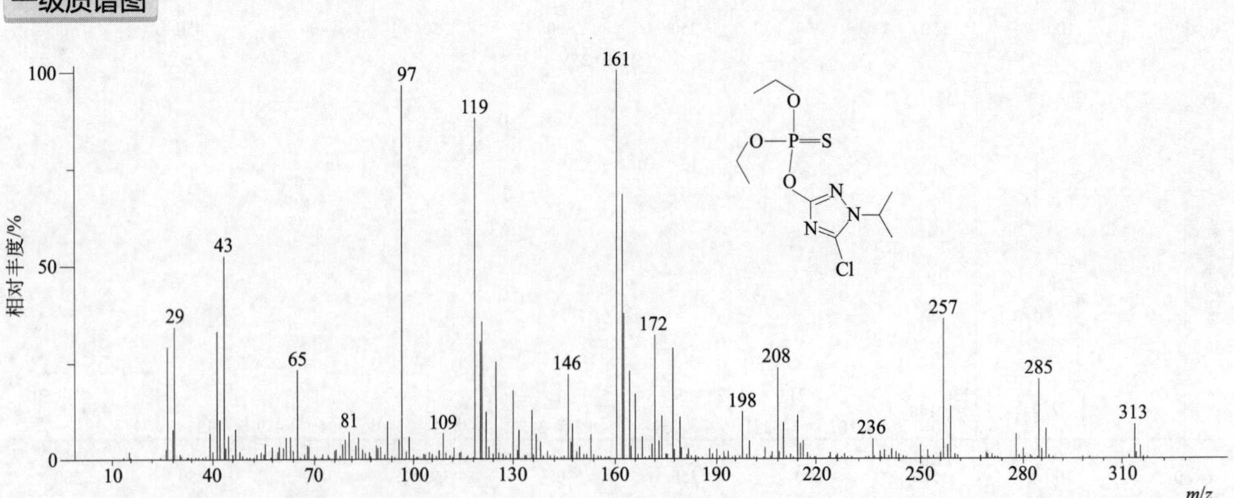

四个碰撞能量下子离子质谱图

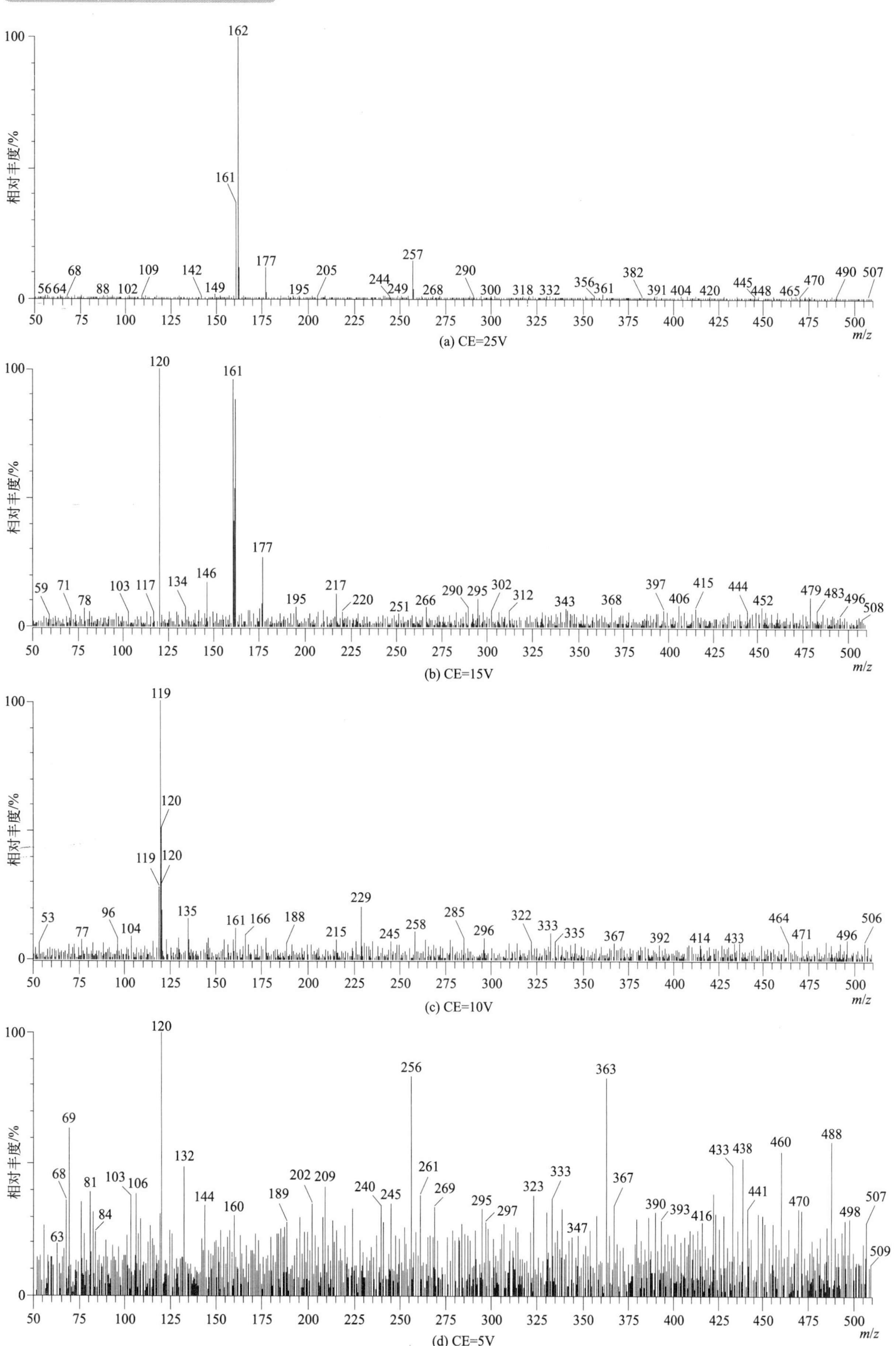

(a) CE=25V

(b) CE=15V

(c) CE=10V

(d) CE=5V

Isobenzan/ Telodrin（碳氯灵）

基本信息

CAS 登录号	297-78-9	分子量	407.8	扫描模式	子离子扫描
分子式	$C_9H_4Cl_8O$	离子化模式	EI	母离子	311

一级质谱图

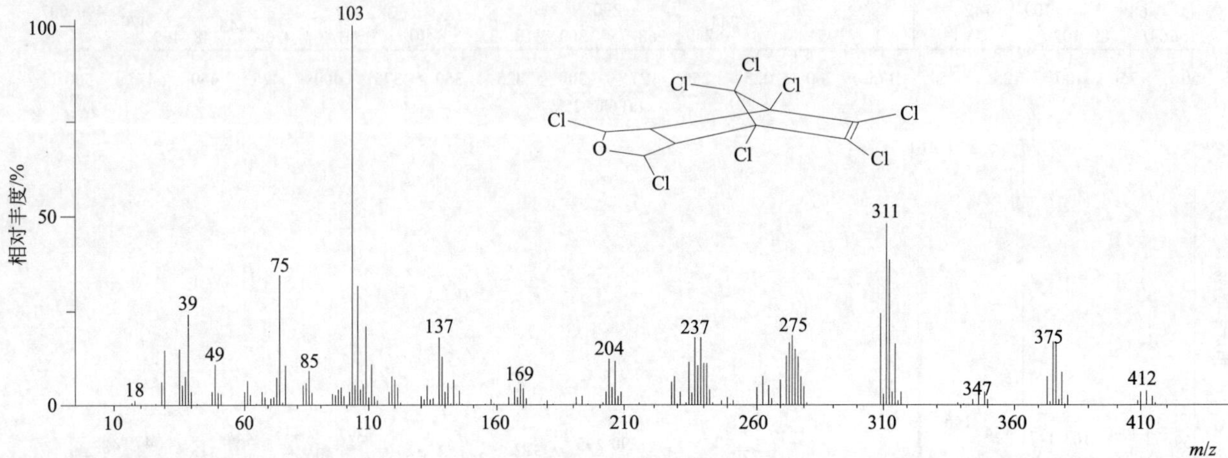

四个碰撞能量下子离子质谱图

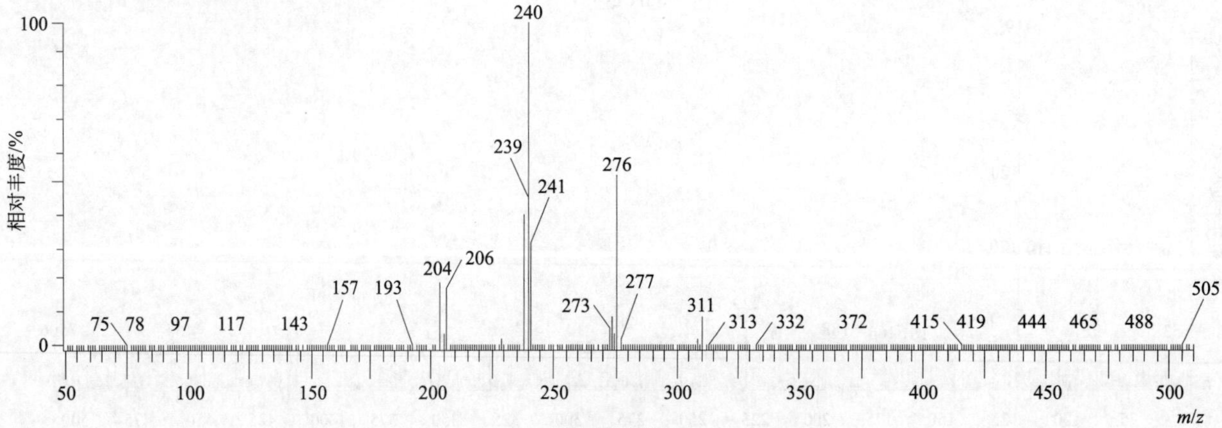

(a) CE=25V

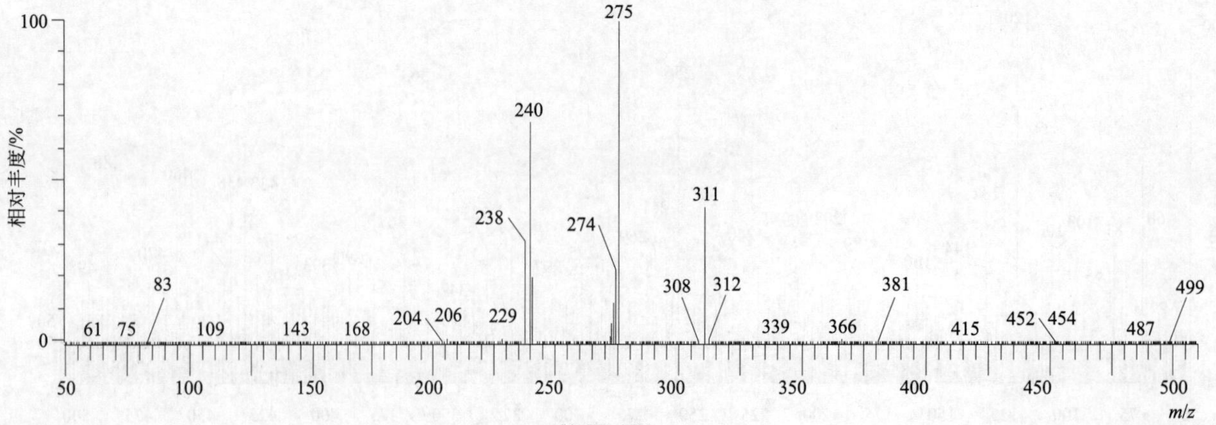

(b) CE=15V

(c) CE=10V

(d) CE=5V

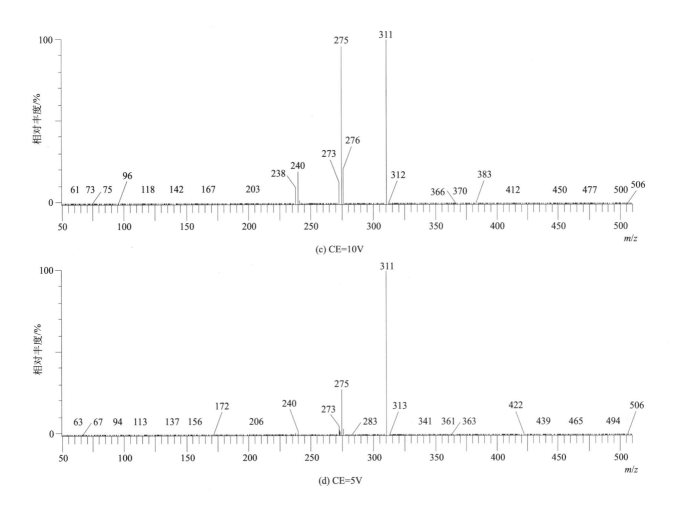

Isocarbophos（水胺硫磷）

基本信息

CAS 登录号	24353-61-5	分子量	289.1	扫描模式	子离子扫描
分子式	$C_{11}H_{16}NO_4PS$	离子化模式	EI	母离子	136

一级质谱图

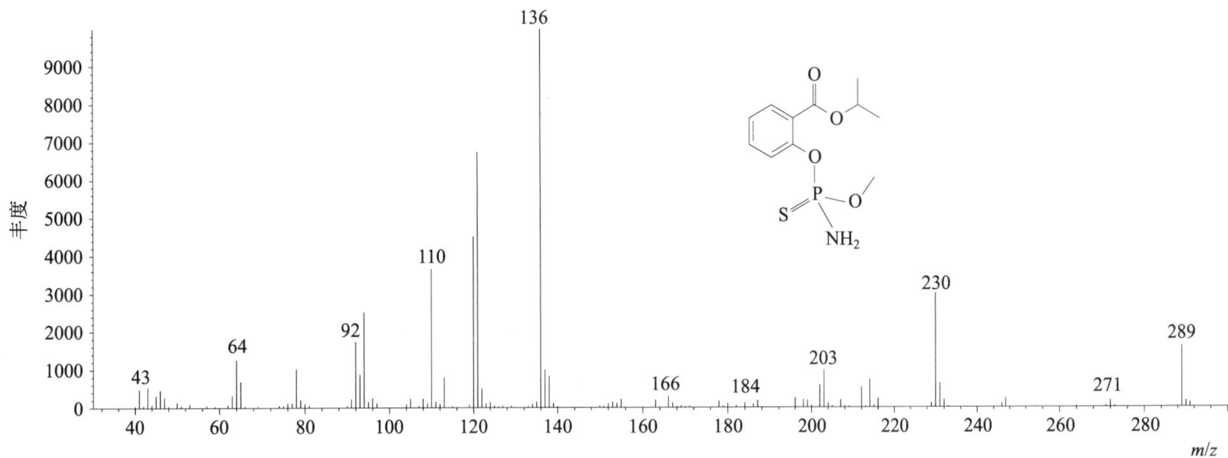

四个碰撞能量下子离子质谱图

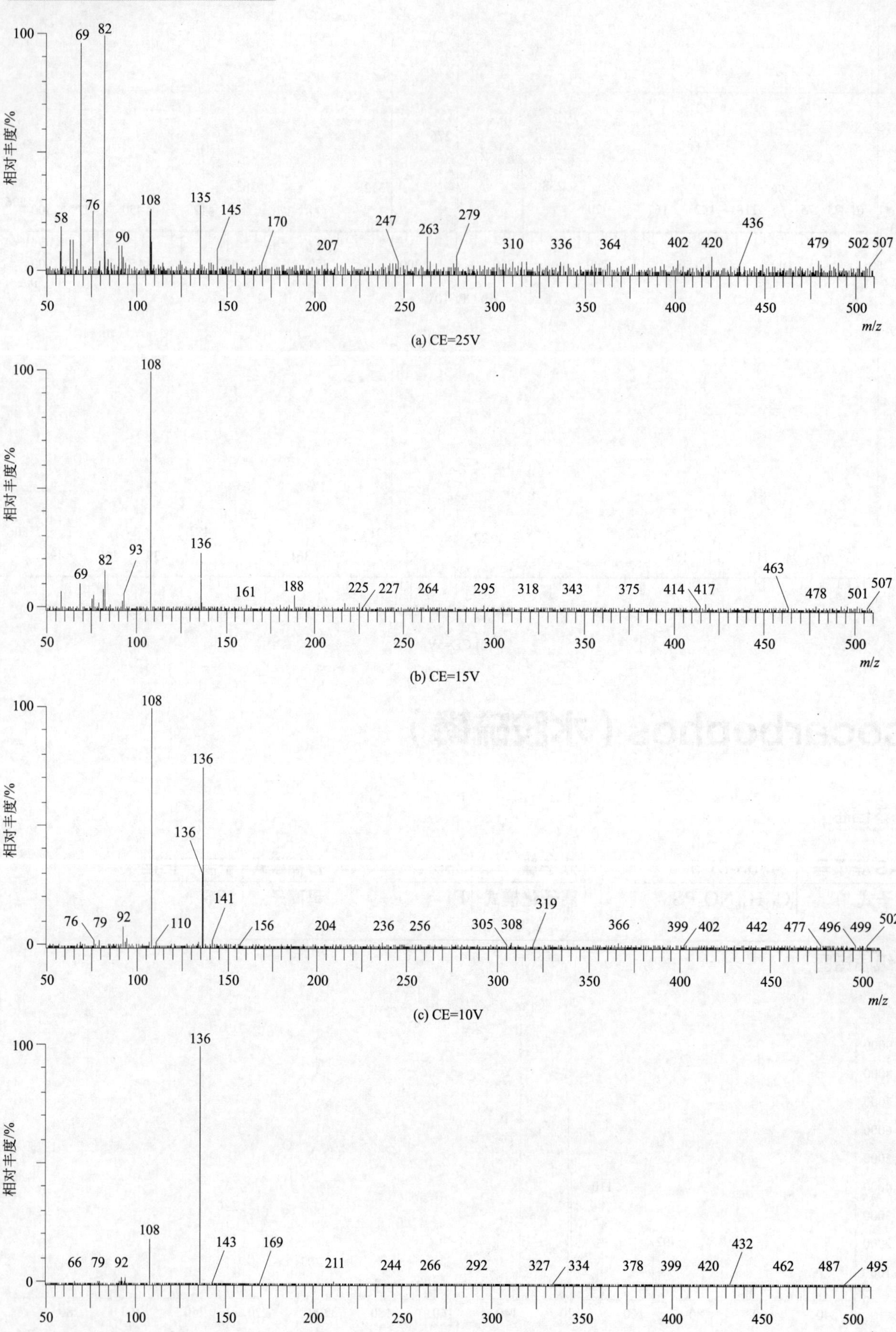

(a) CE=25V

(b) CE=15V

(c) CE=10V

(d) CE=5V

Isodrin（异艾氏剂）

基本信息

CAS 登录号	465-73-6	分子量	361.9	扫描模式	子离子扫描
分子式	$C_{12}H_8Cl_6$	离子化模式	EI	母离子	193

一级质谱图

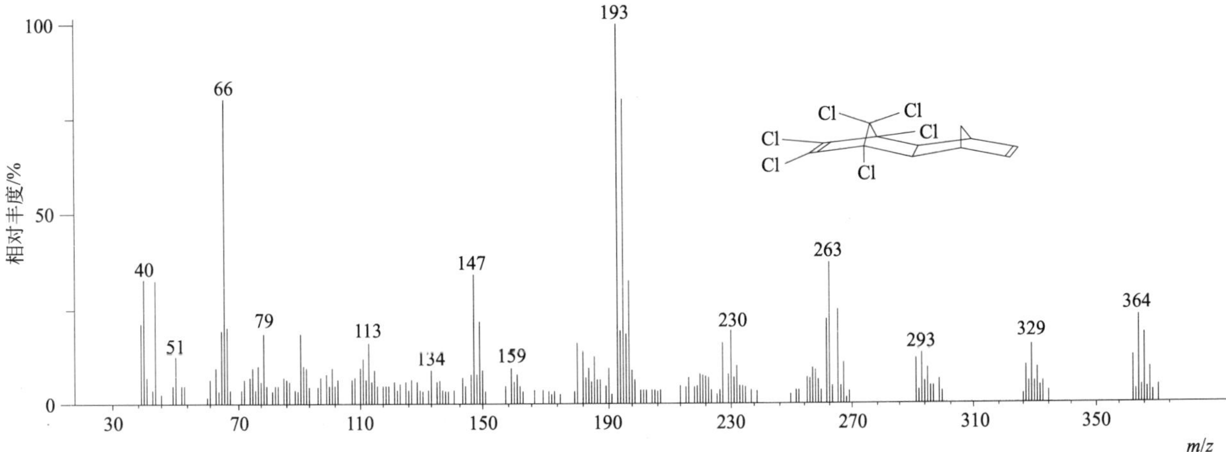

四个碰撞能量下子离子质谱图

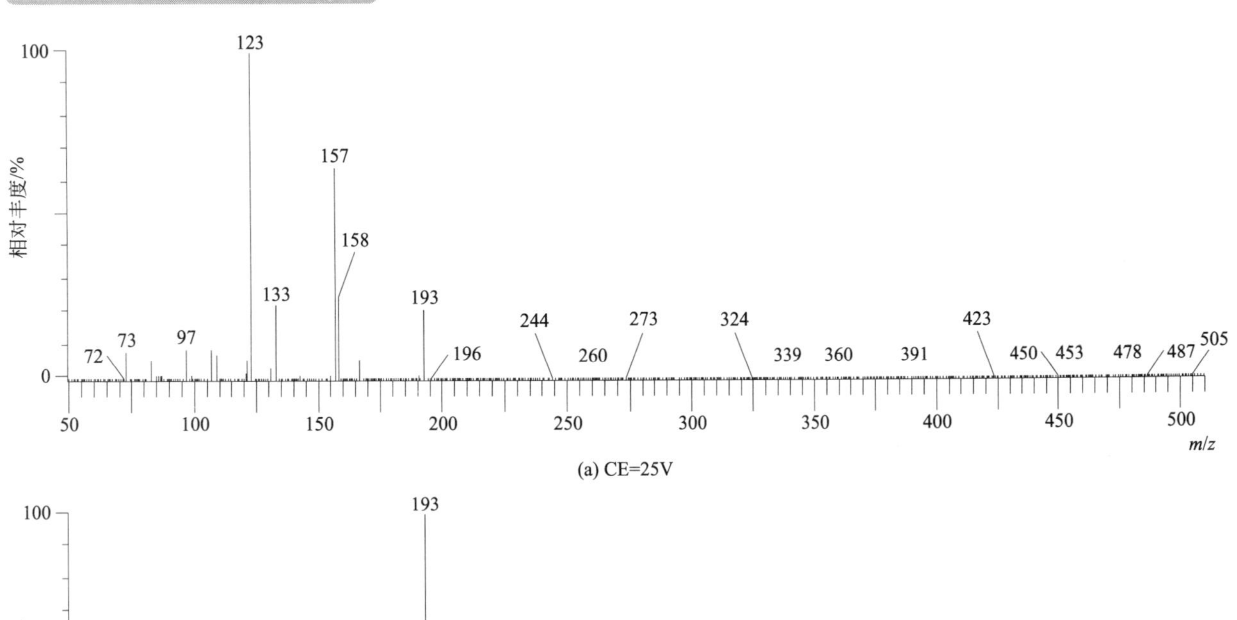

(a) CE=25V

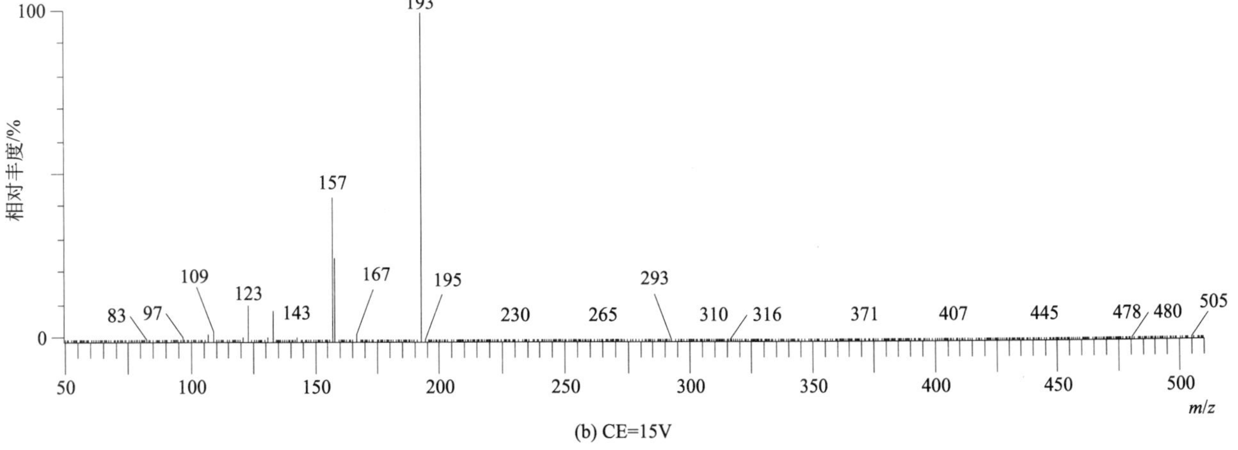

(b) CE=15V

(c) CE=10V

(d) CE=5V

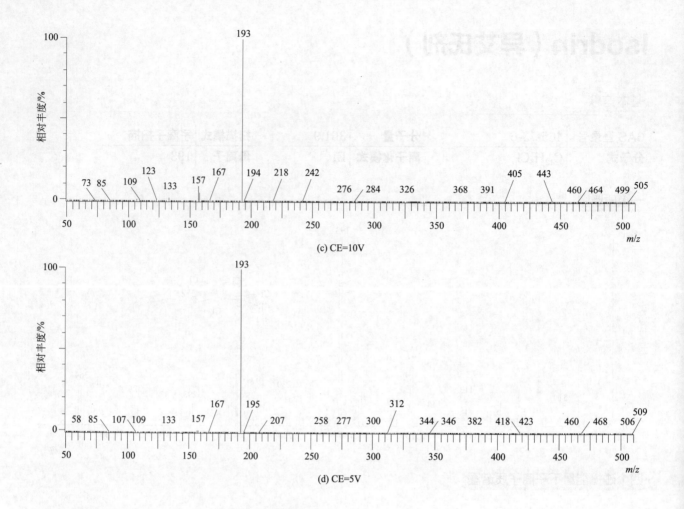

Isofenphos（异柳磷）

基本信息

CAS 登录号	25311-71-1	分子量	345.1	扫描模式	子离子扫描
分子式	$C_{15}H_{24}NO_4PS$	离子化模式	EI	母离子	255

一级质谱图

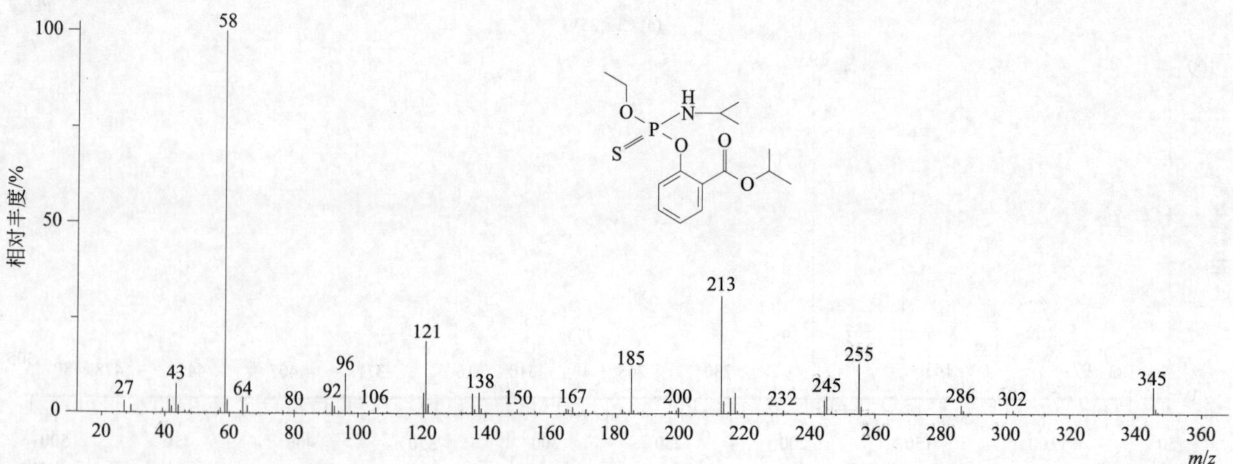

四个碰撞能量下子离子质谱图

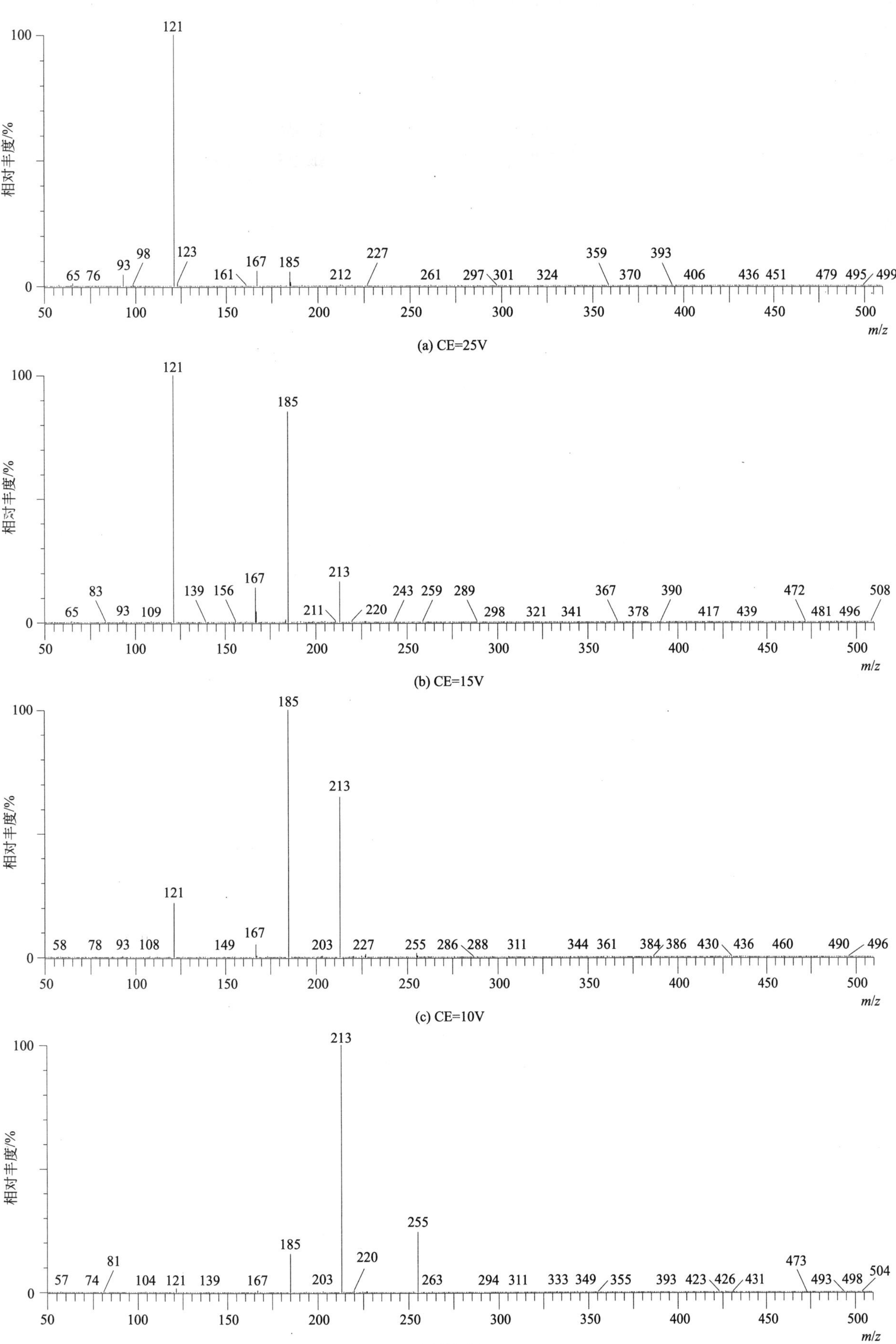

(a) CE=25V

(b) CE=15V

(c) CE=10V

(d) CE=5V

Isomethiozin（丁嗪草酮）

基本信息

CAS 登录号	57052-04-7	分子量	268.1	扫描模式	子离子扫描
分子式	$C_{12}H_{20}N_4OS$	离子化模式	EI	母离子	198

一级质谱图

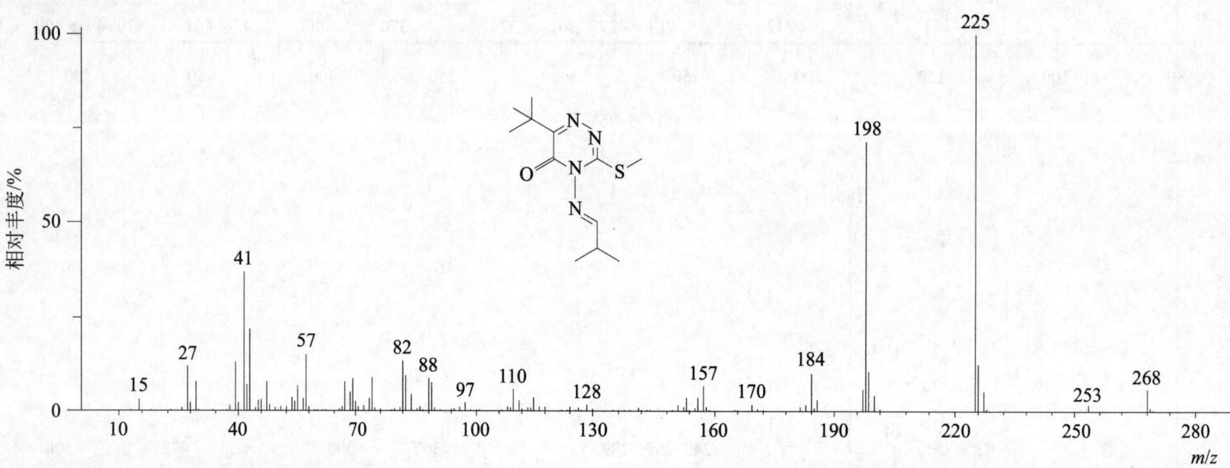

四个碰撞能量下子离子质谱图

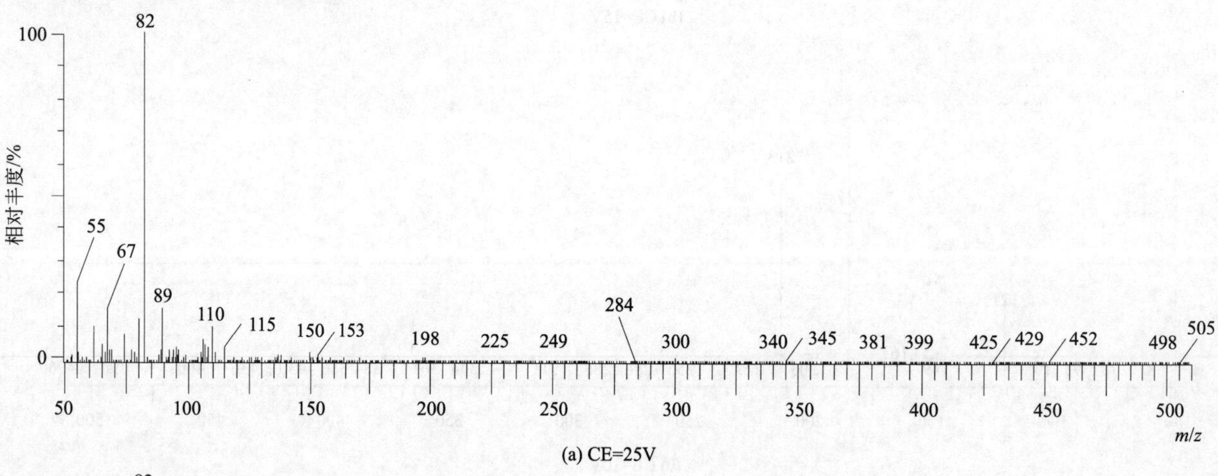

(a) CE=25V

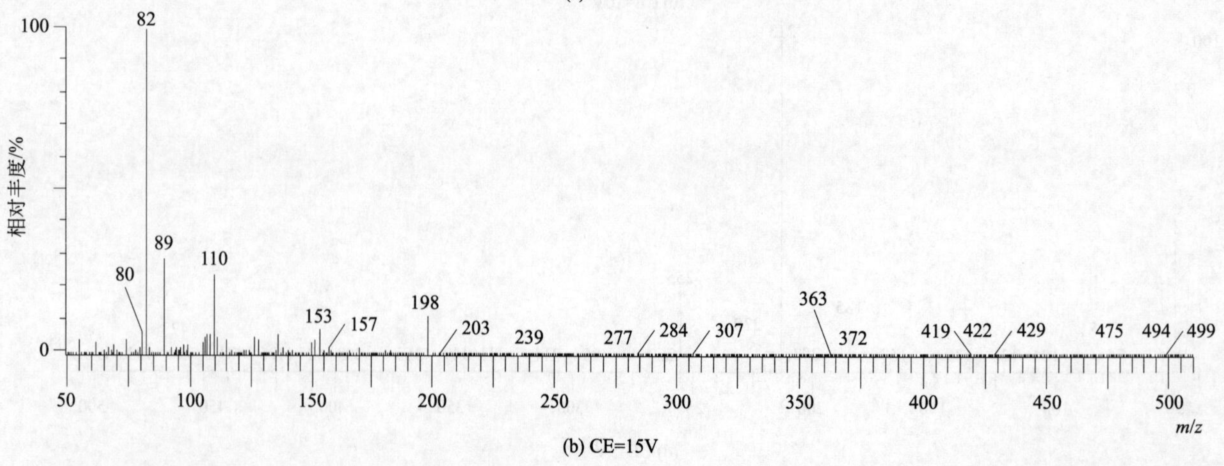

(b) CE=15V

(c) CE=10V

(d) CE=5V

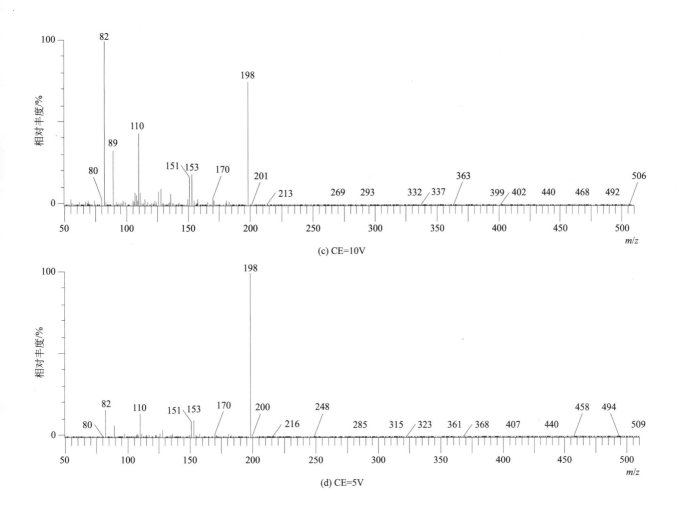

Isoprocarb（异丙威）

基本信息

CAS 登录号	2631-40-5	分子量	193.1	扫描模式	子离子扫描
分子式	$C_{11}H_{15}NO_2$	离子化模式	EI	母离子	121

一级质谱图

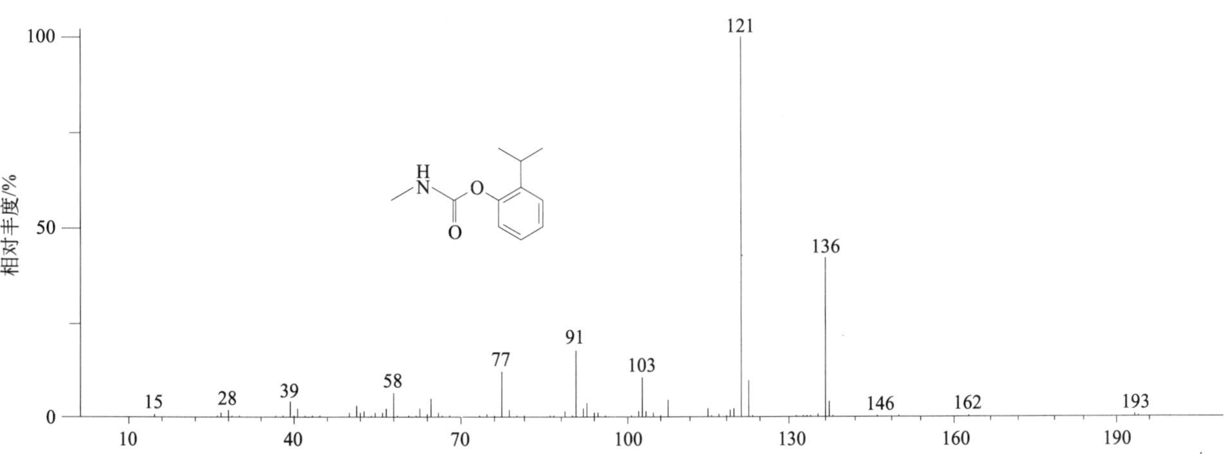

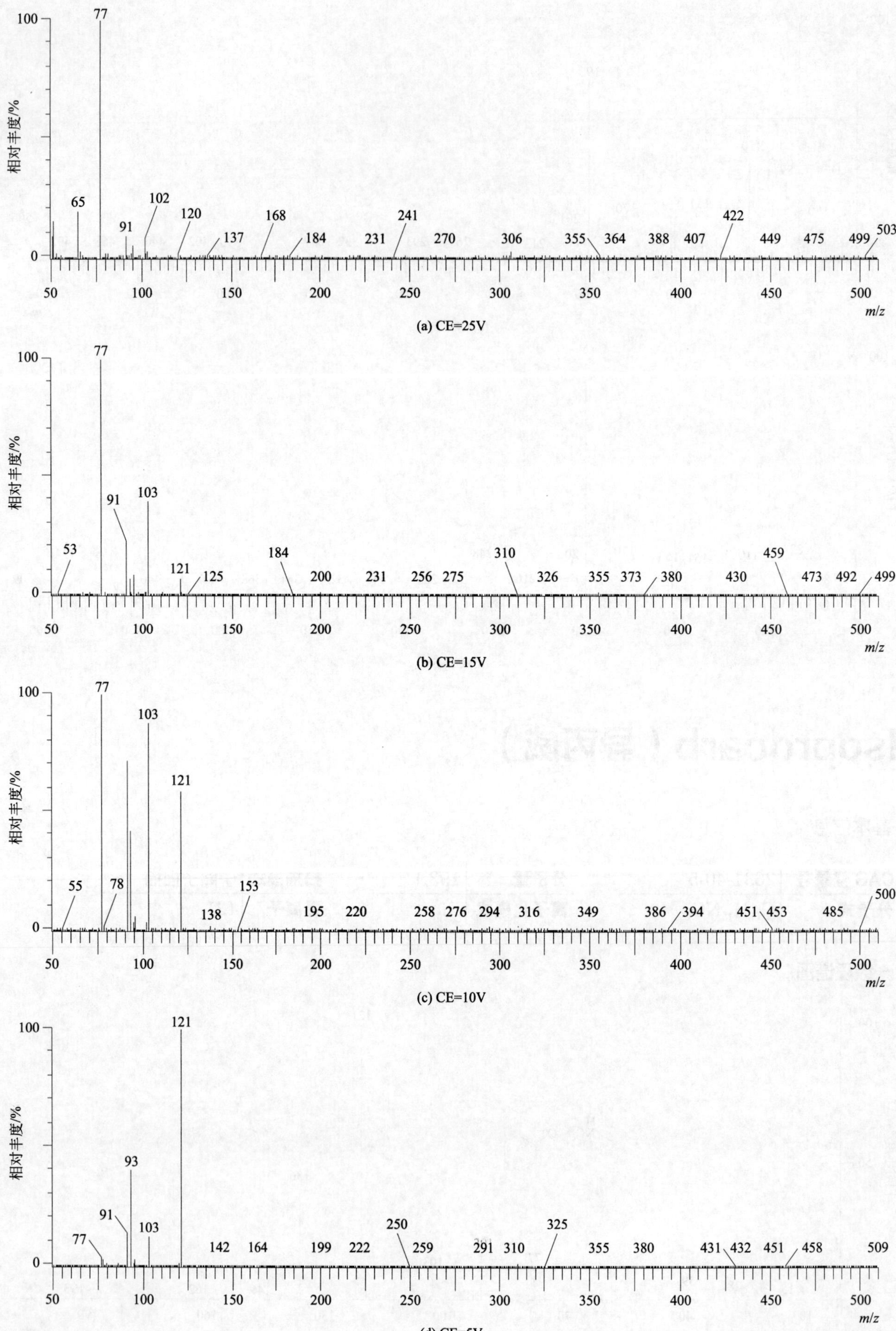

(a) CE=25V

(b) CE=15V

(c) CE=10V

(d) CE=5V

Isopropalin（异丙乐灵）

基本信息

CAS 登录号	33820-53-0	分子量	309.2	扫描模式	子离子扫描
分子式	$C_{15}H_{23}N_3O_4$	离子化模式	EI	母离子	280

一级质谱图

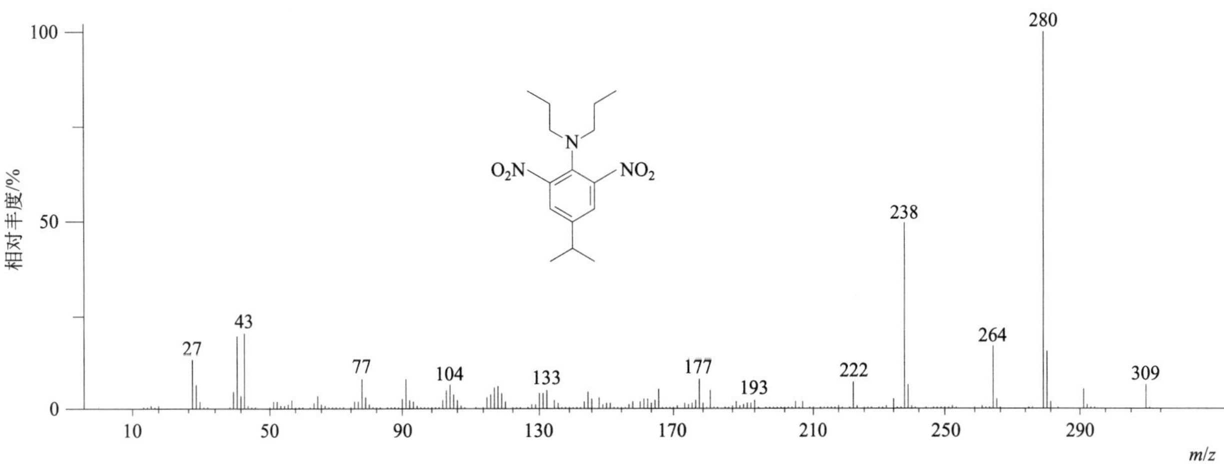

四个碰撞能量下子离子质谱图

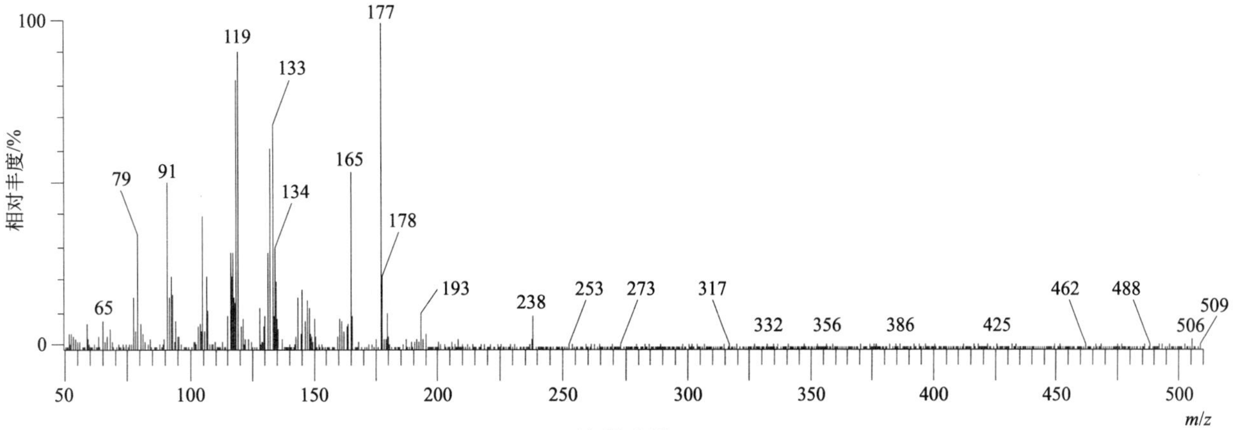

(a) CE=25V

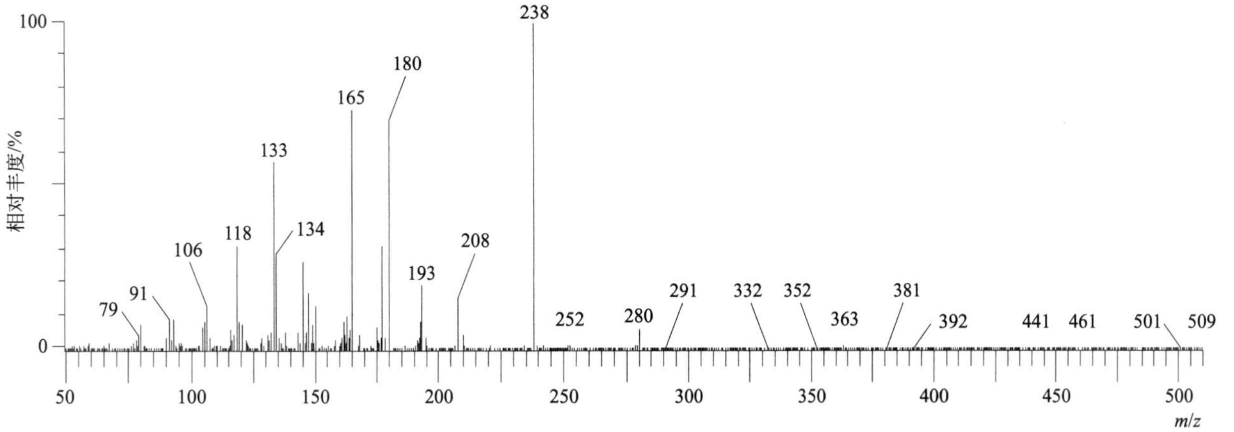

(b) CE=15V

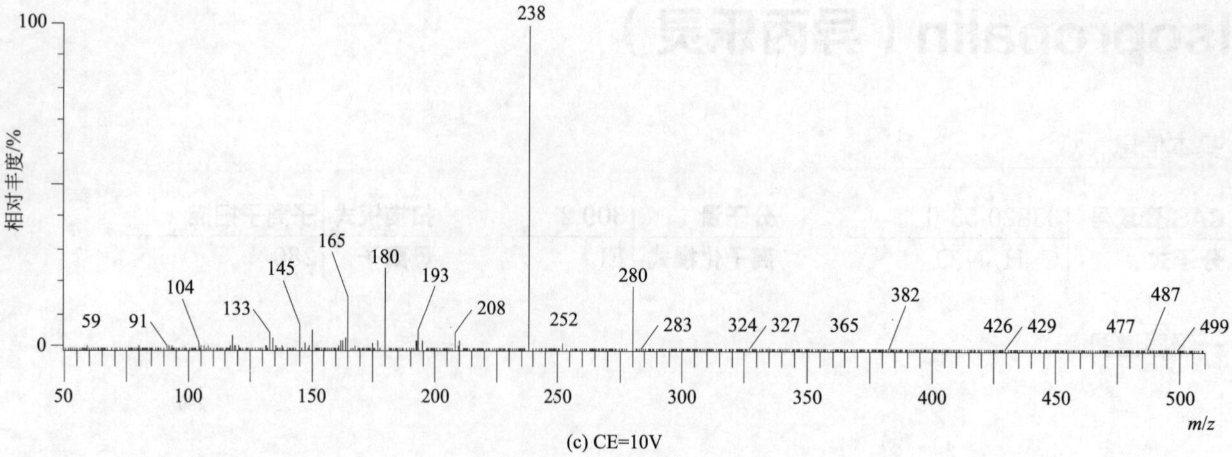

(c) CE=10V

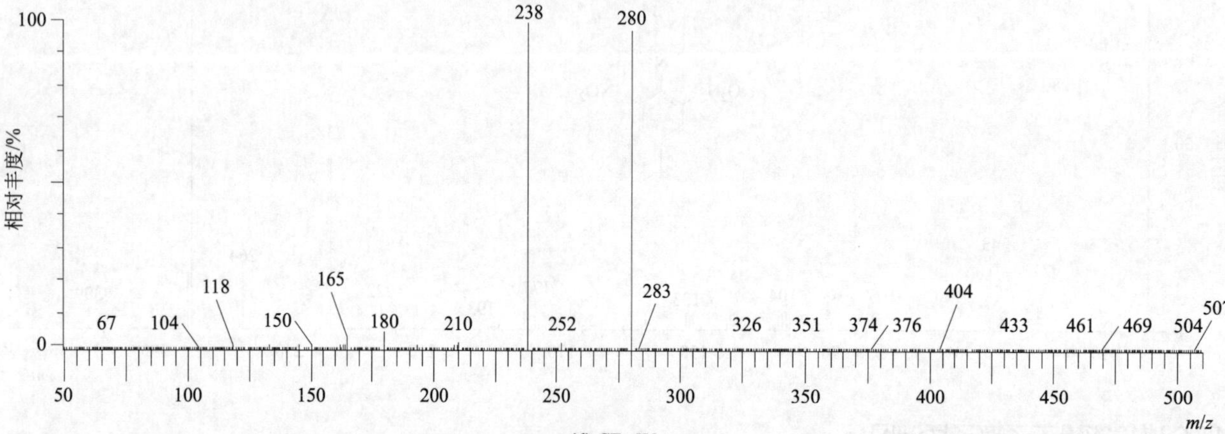

(d) CE=5V

Isoprothiolane（稻瘟灵）

基本信息

CAS 登录号	50512-35-1	**分子量**	290.1	**扫描模式**	子离子扫描
分子式	$C_{12}H_{18}O_4S_2$	**离子化模式**	EI	**母离子**	290

一级质谱图

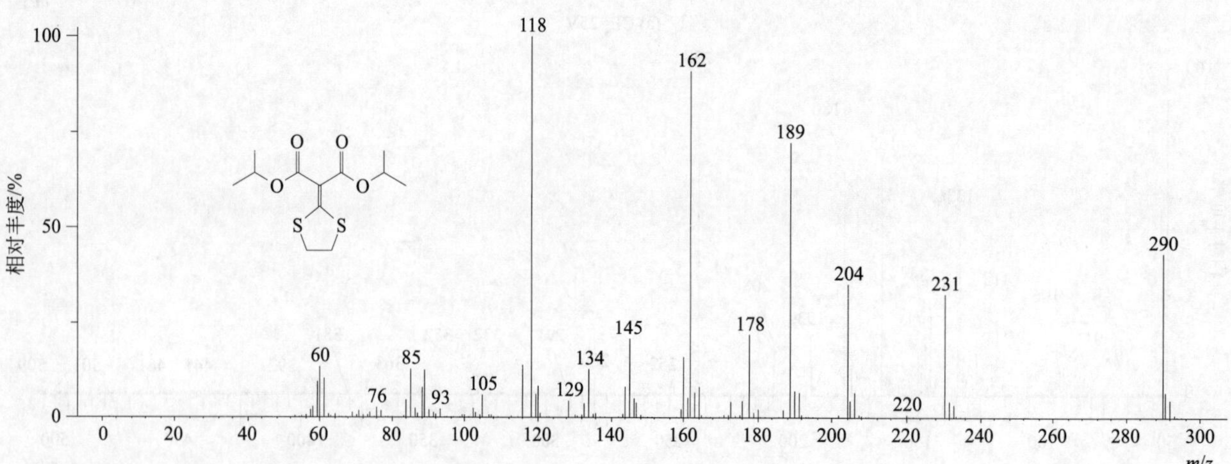

四个碰撞能量下子离子质谱图

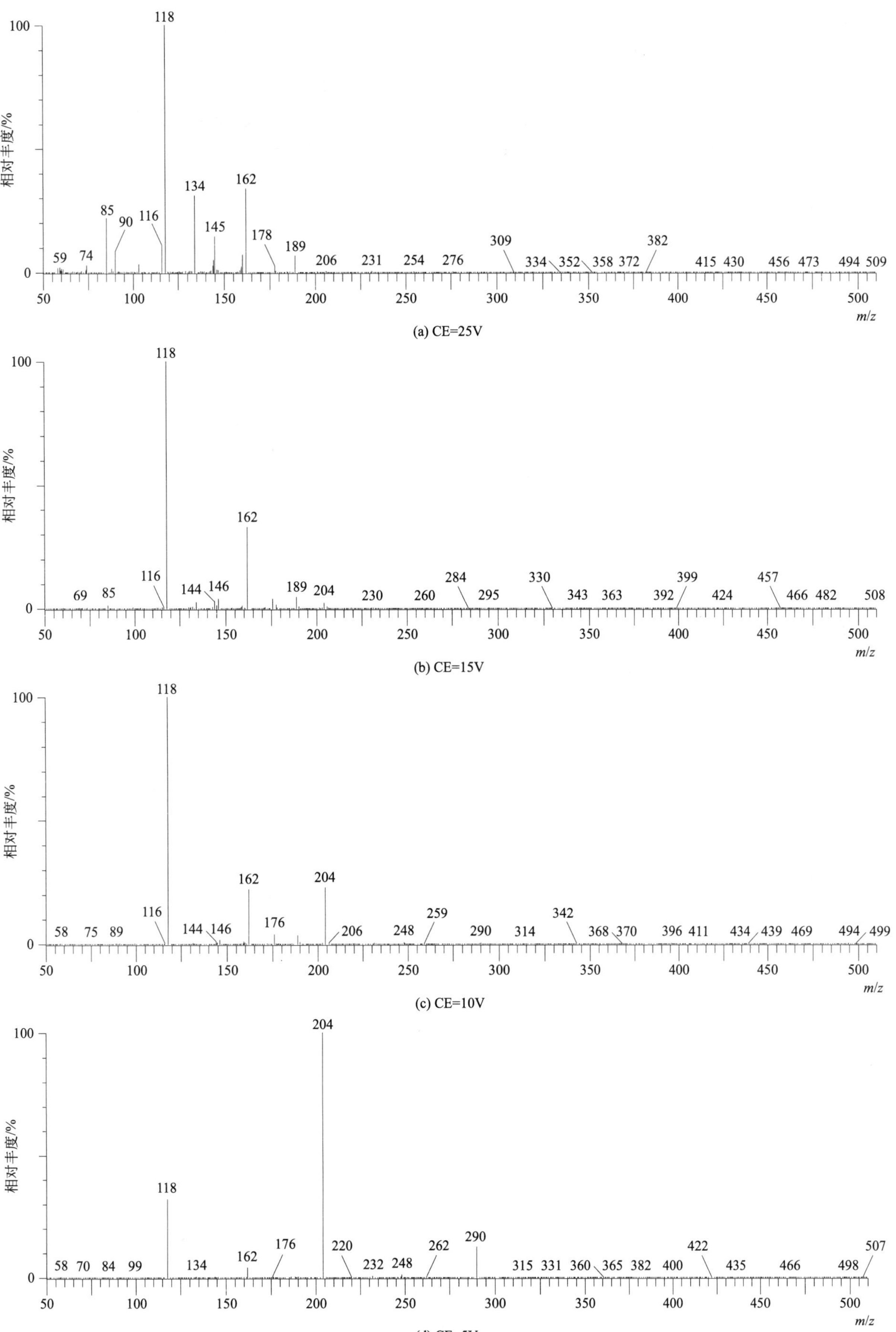

(a) CE=25V

(b) CE=15V

(c) CE=10V

(d) CE=5V

Isoxathion（恶唑磷）

基本信息

CAS 登录号	18854-01-8	分子量	313.1	扫描模式	子离子扫描
分子式	$C_{13}H_{16}NO_4PS$	离子化模式	EI	母离子	313

一级质谱图

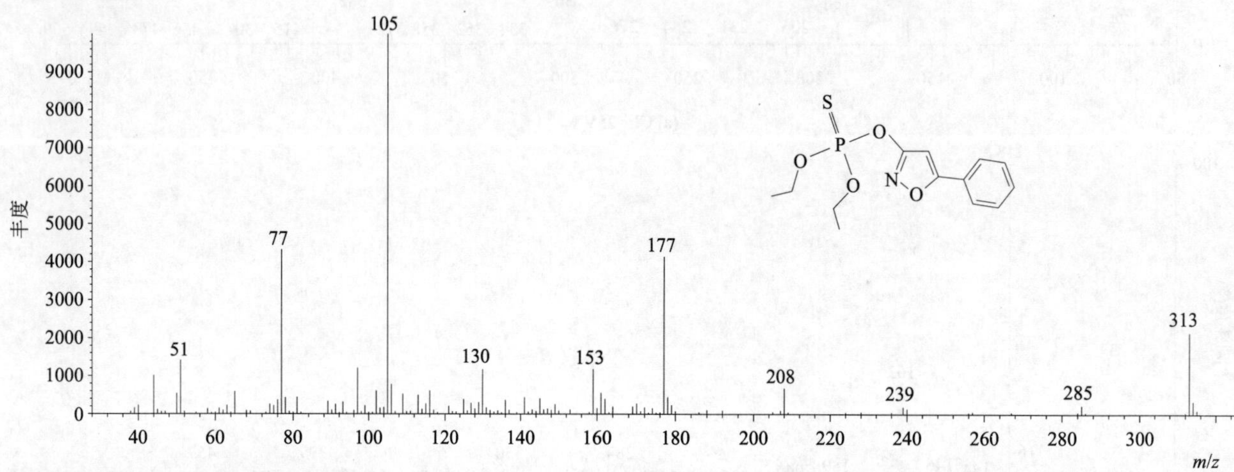

四个碰撞能量下子离子质谱图

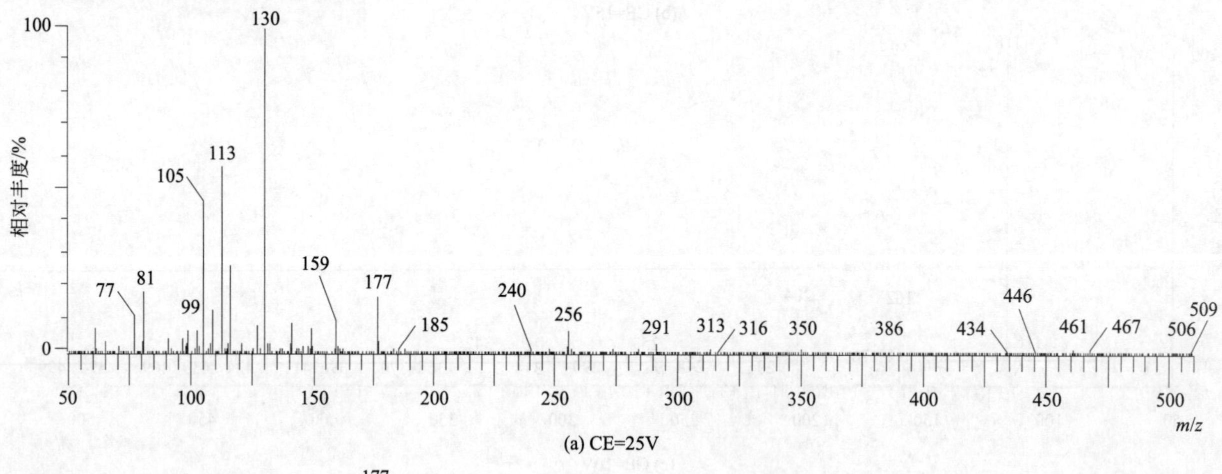

(a) CE=25V

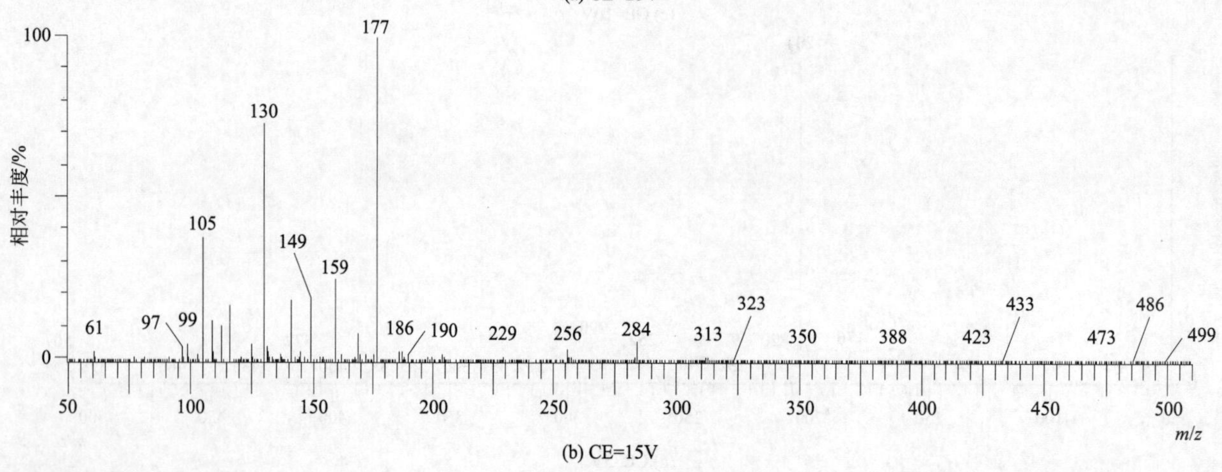

(b) CE=15V

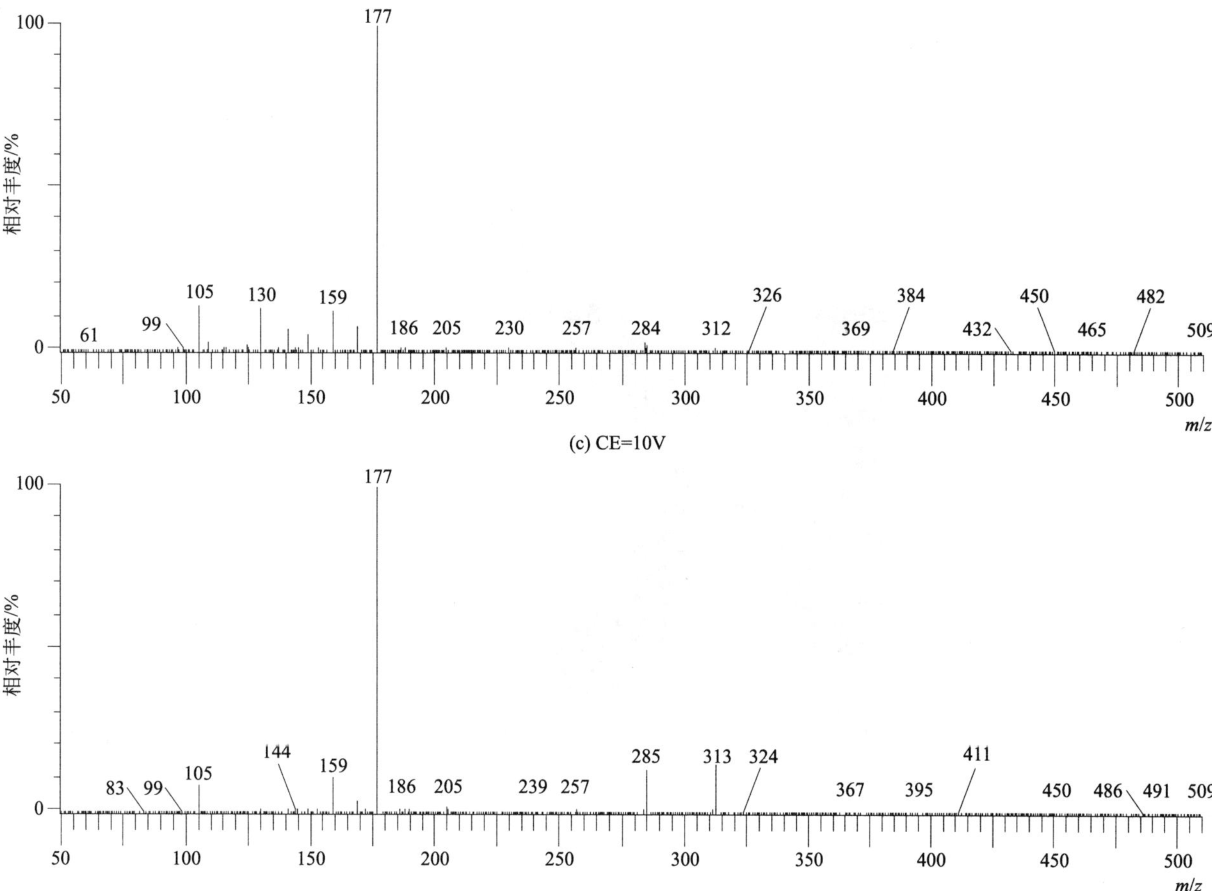

(c) CE=10V

(d) CE=5V

Kresoxim-methyl（醚菌酯）

基本信息

CAS 登录号	143390-89-0	分子量	313.1	扫描模式	子离子扫描
分子式	$C_{18}H_{19}NO_4$	离子化模式	EI	母离子	131

一级质谱图

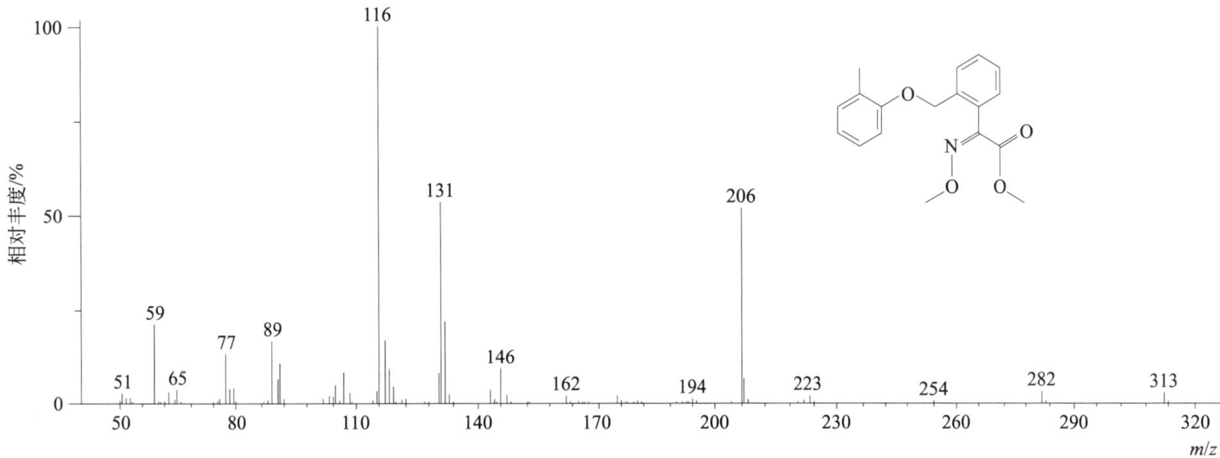

四个碰撞能量下子离子质谱图

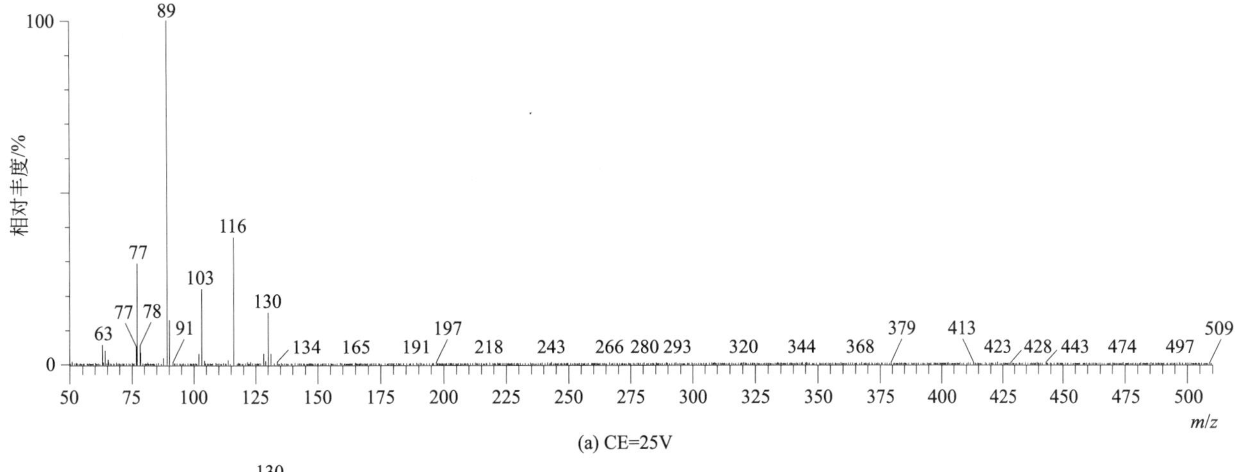

(a) CE=25V

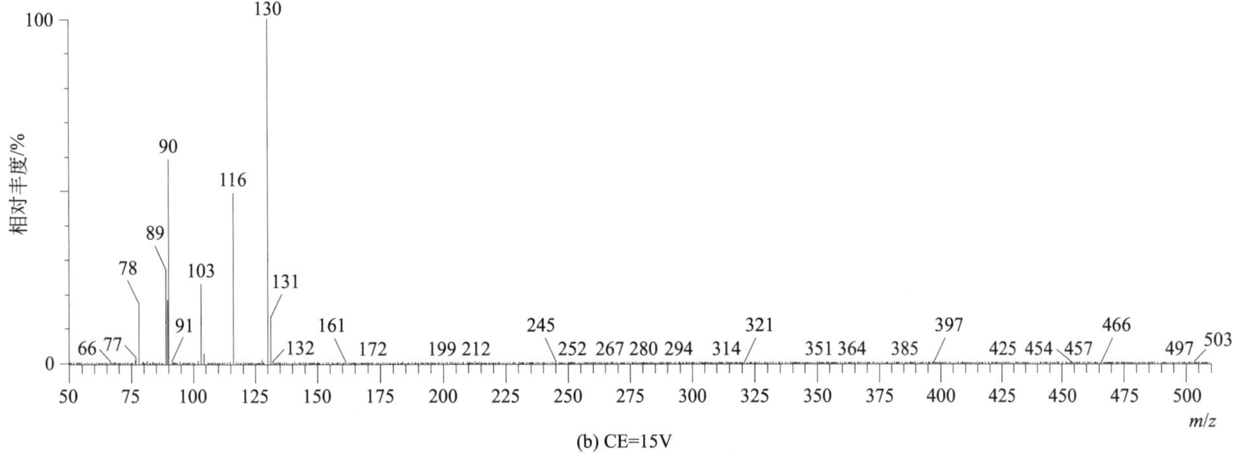

(b) CE=15V

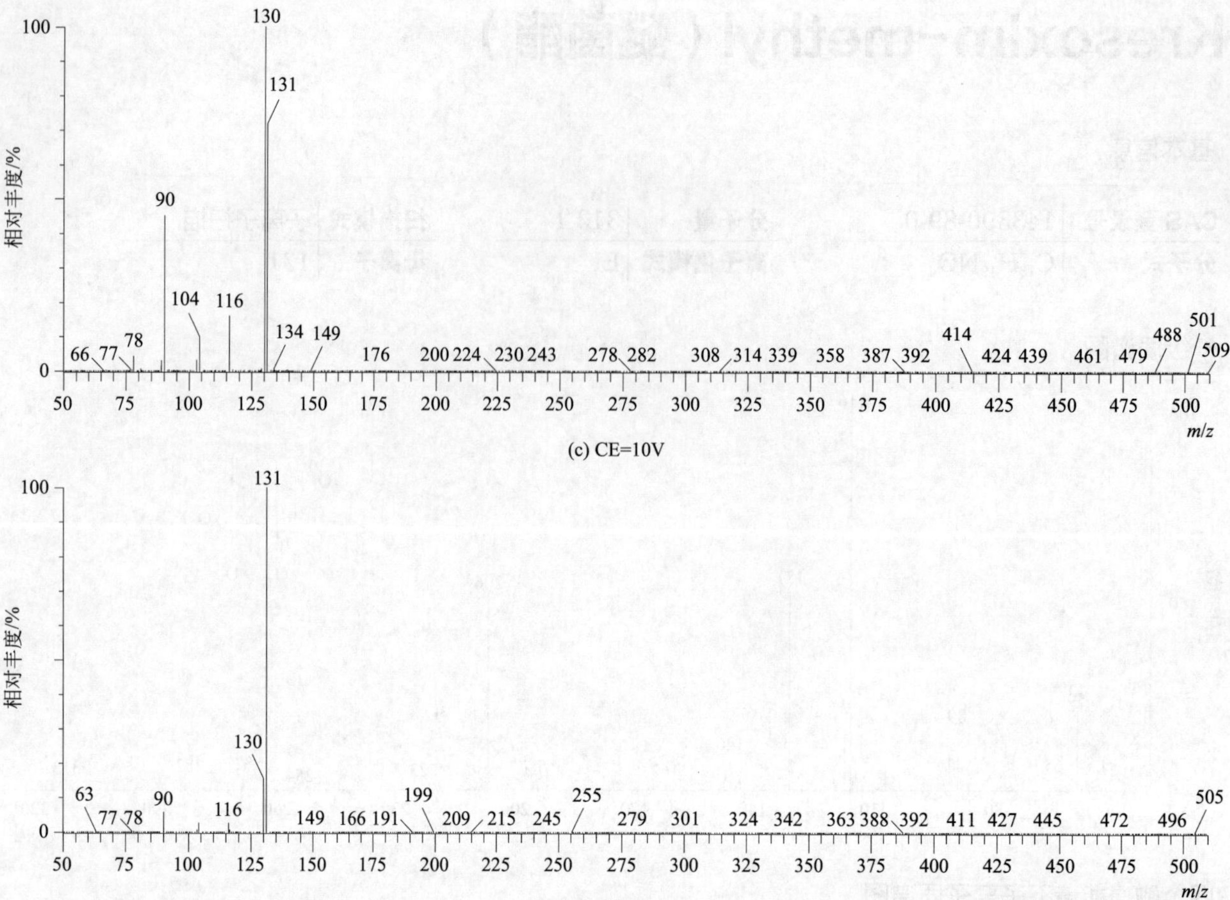

(c) CE=10V

(d) CE=5V

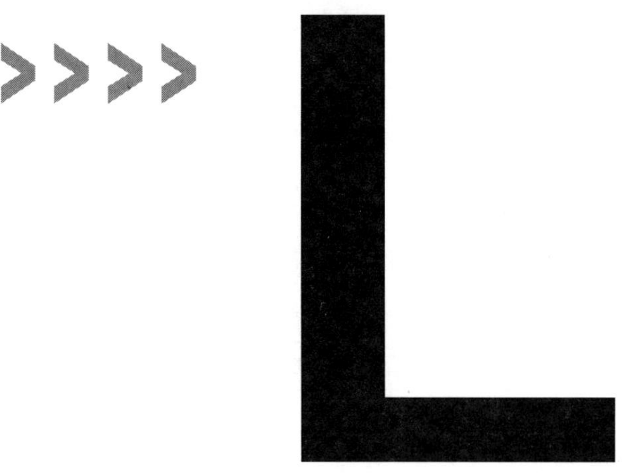

Lactofen（乳氟禾草灵）

基本信息

CAS 登录号	77501-63-4	分子量	461.0	扫描模式	子离子扫描
分子式	$C_{19}H_{15}ClF_3NO_7$	离子化模式	EI	母离子	461

一级质谱图

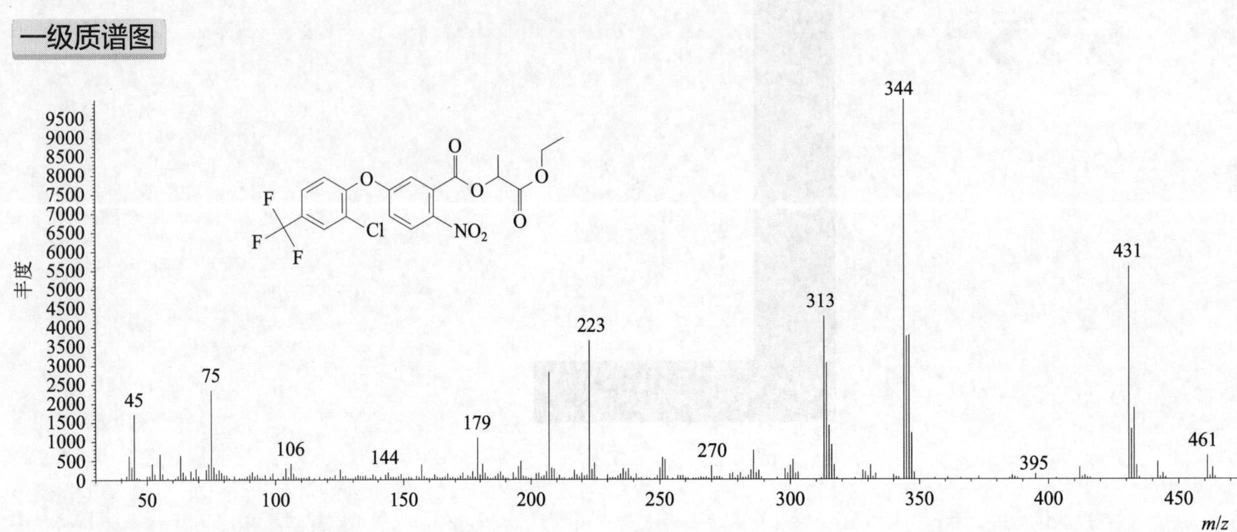

四个碰撞能量下子离子质谱图

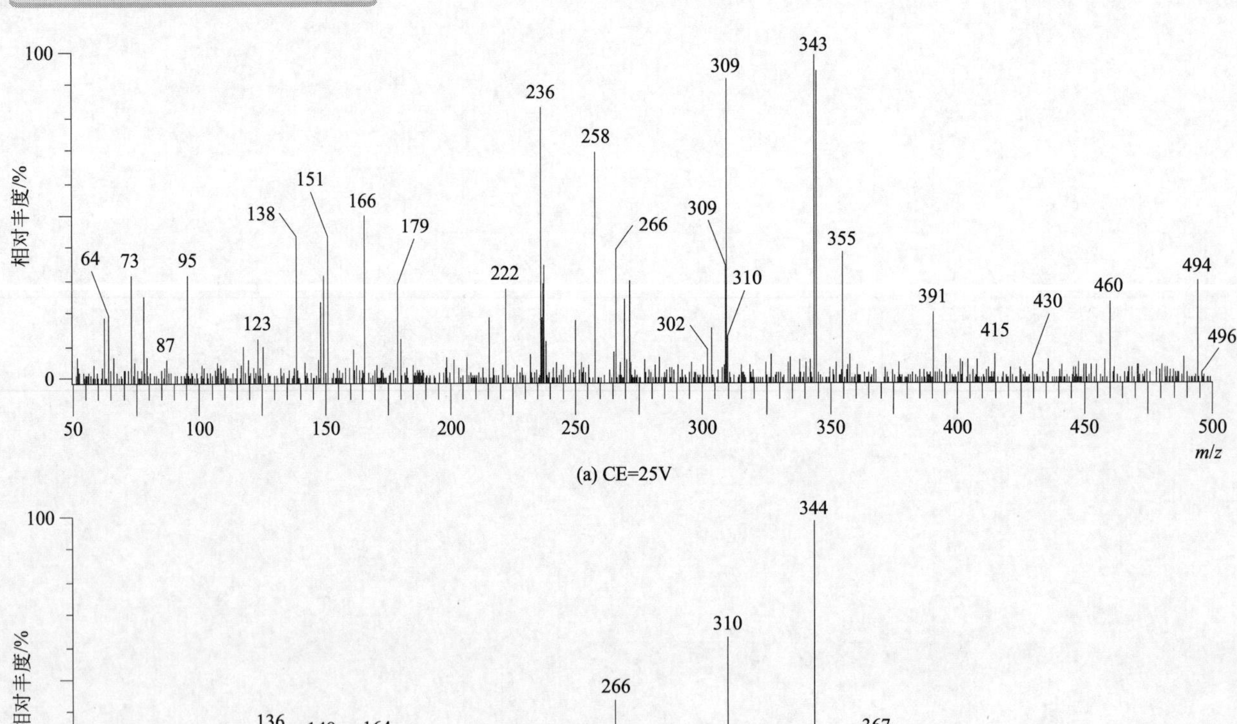

(a) CE=25V

(b) CE=15V

(c) CE=10V

(d) CE=5V

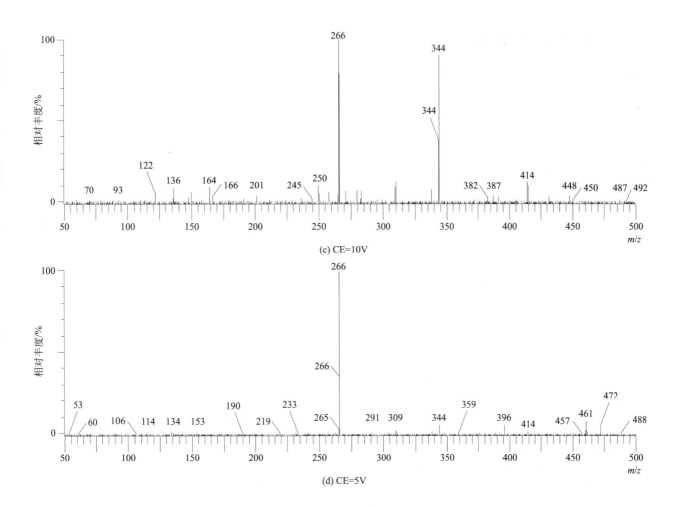

Lambda-cyhalothrin（高效氯氟氰菊酯）

基本信息

CAS 登录号	91465-08-6	分子量	449.1	扫描模式	子离子扫描
分子式	$C_{23}H_{19}ClF_3NO_3$	离子化模式	EI	母离子	197

一级质谱图

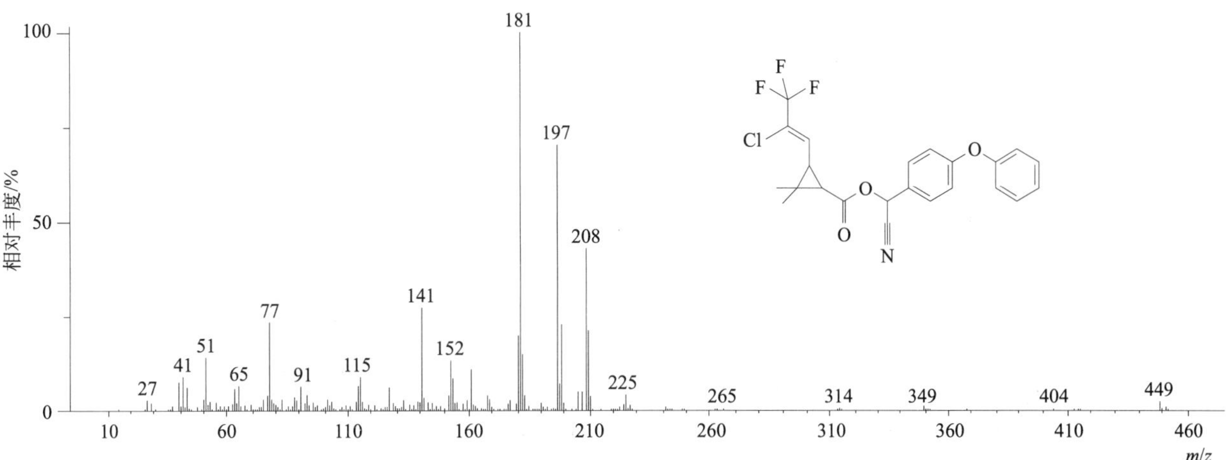

四个碰撞能量下子离子质谱图

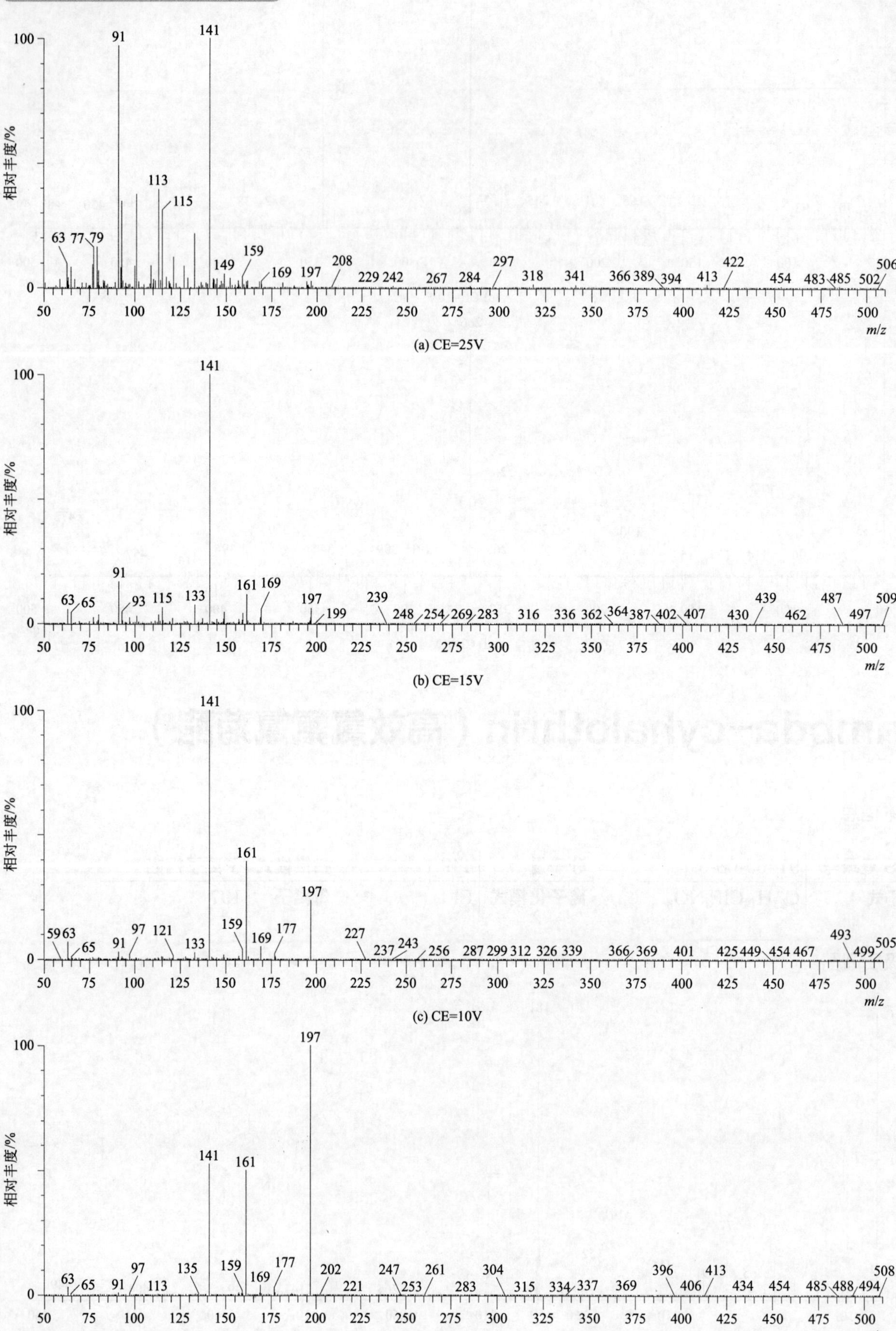

(a) CE=25V

(b) CE=15V

(c) CE=10V

(d) CE=5V

Lenacil（环草定）

基本信息

CAS 登录号	2164-08-1	分子量	234.1	扫描模式	子离子扫描
分子式	$C_{13}H_{18}N_2O_2$	离子化模式	EI	母离子	153

一级质谱图

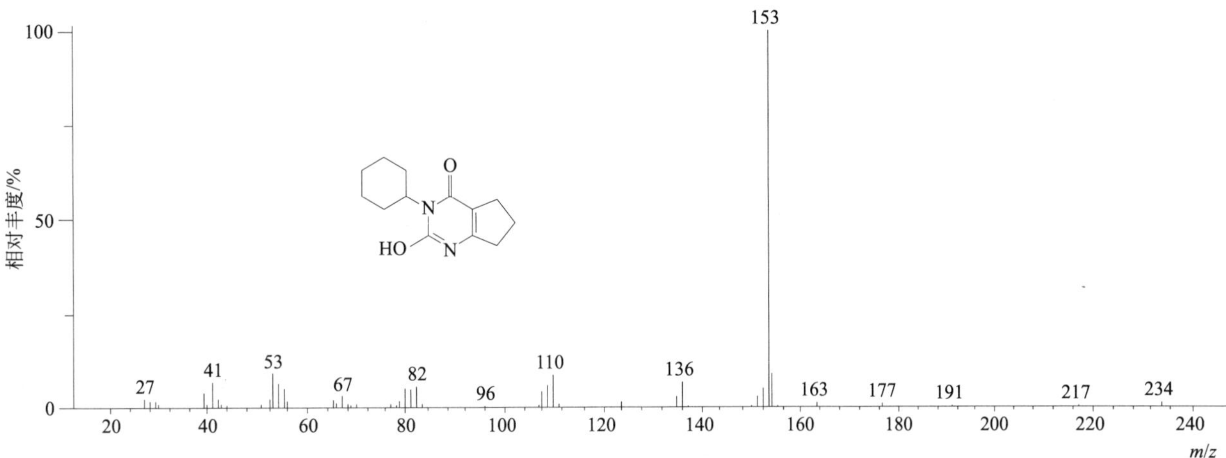

四个碰撞能量下子离子质谱图

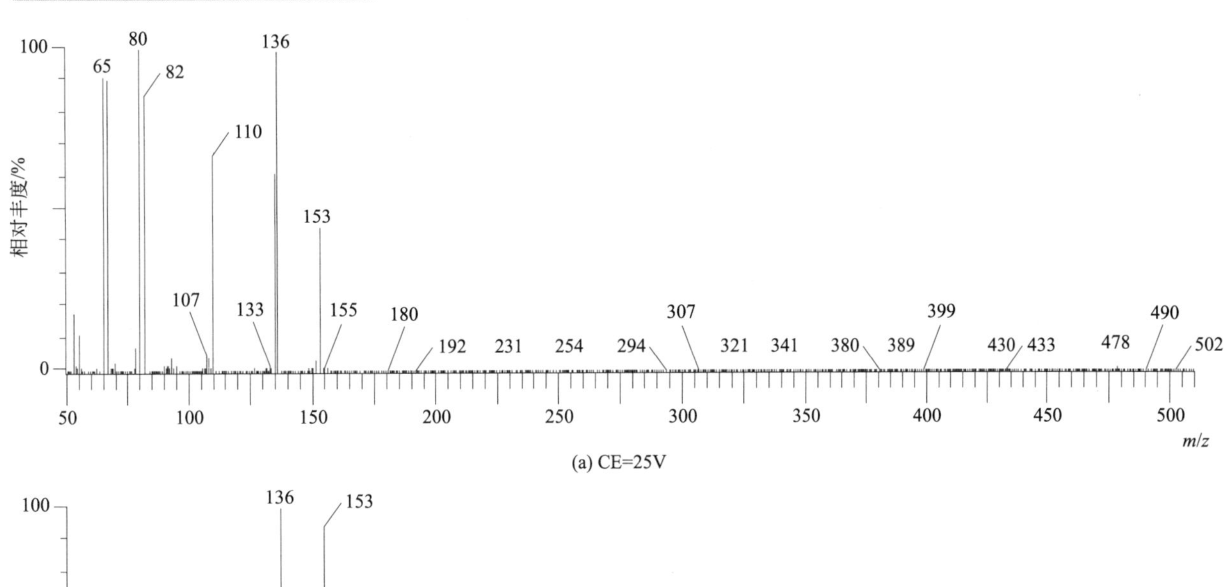

(a) CE=25V

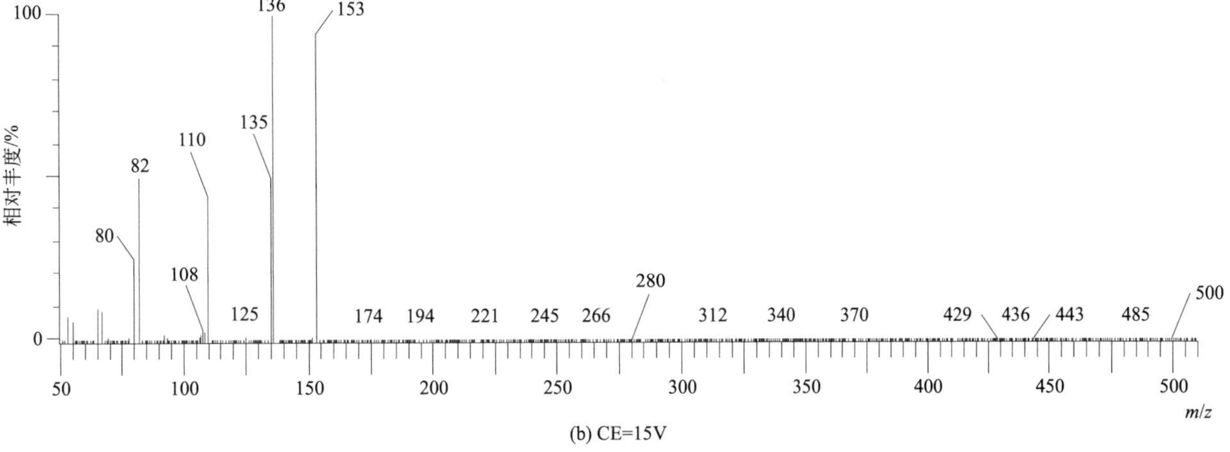

(b) CE=15V

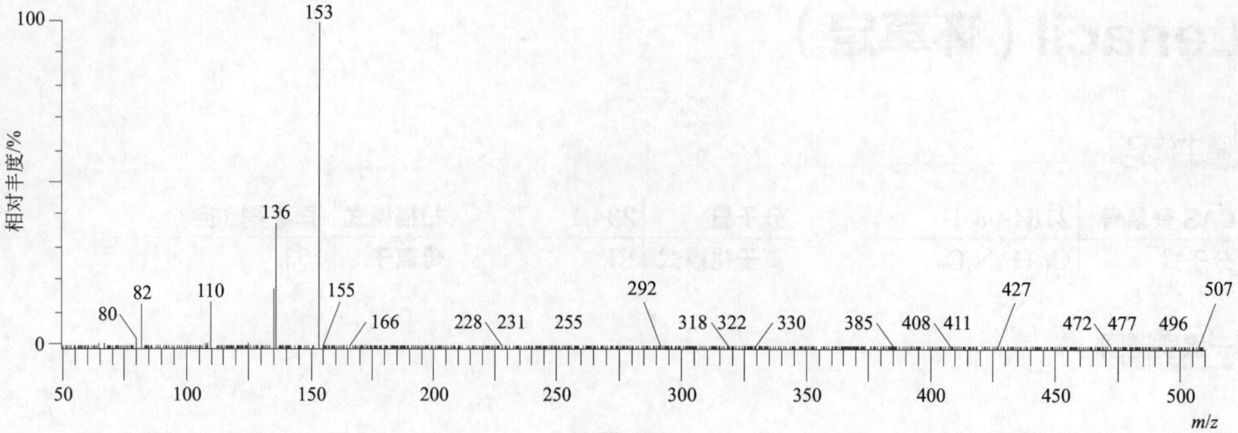

(c) CE=10V

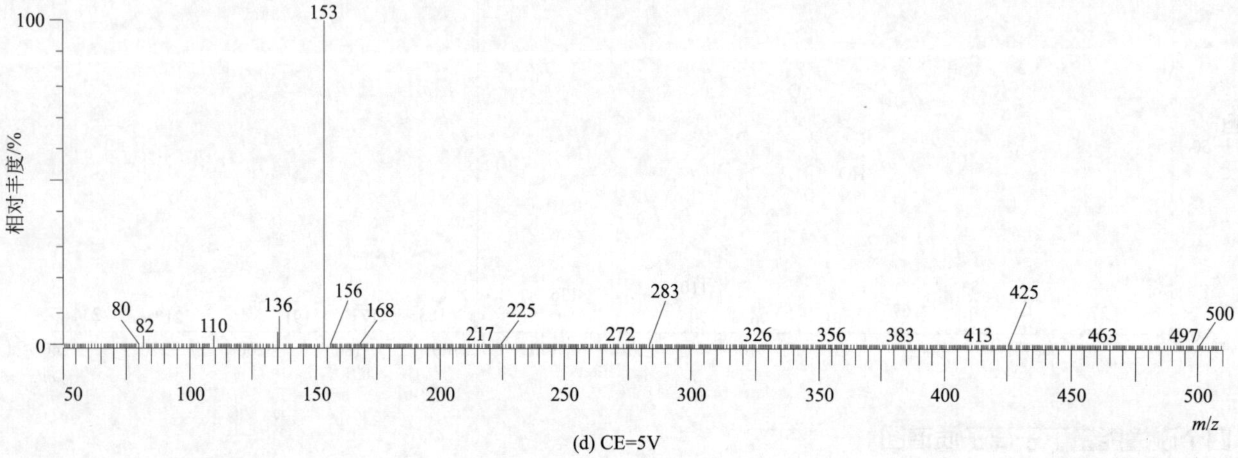

(d) CE=5V

Leptophos（溴苯磷）

基本信息

CAS 登录号	21609-90-5	分子量	409.9	扫描模式	子离子扫描
分子式	$C_{13}H_{10}BrCl_2O_2PS$	离子化模式	EI	母离子	377

一级质谱图

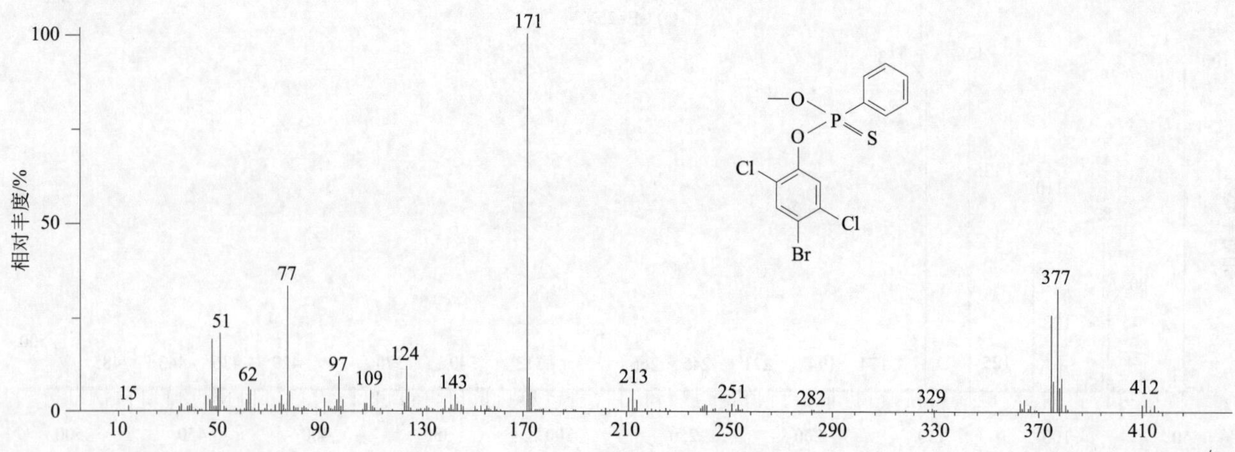

四个碰撞能量下子离子质谱图

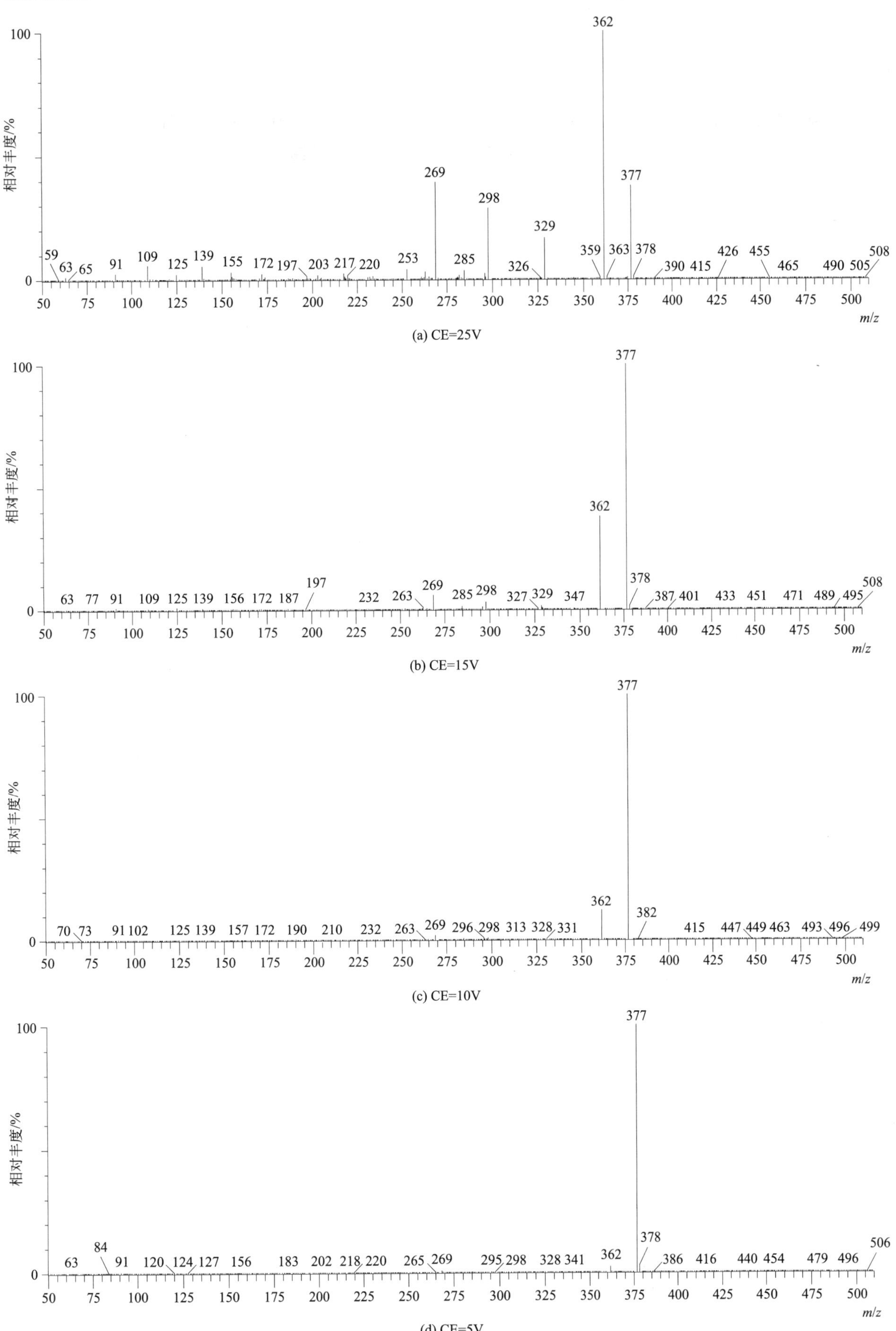

(a) CE=25V

(b) CE=15V

(c) CE=10V

(d) CE=5V

Linuron（利谷隆）

基本信息

CAS 登录号	330-55-2	分子量	248.0	扫描模式	子离子扫描
分子式	$C_9H_{10}Cl_2N_2O_2$	离子化模式	EI	母离子	160

一级质谱图

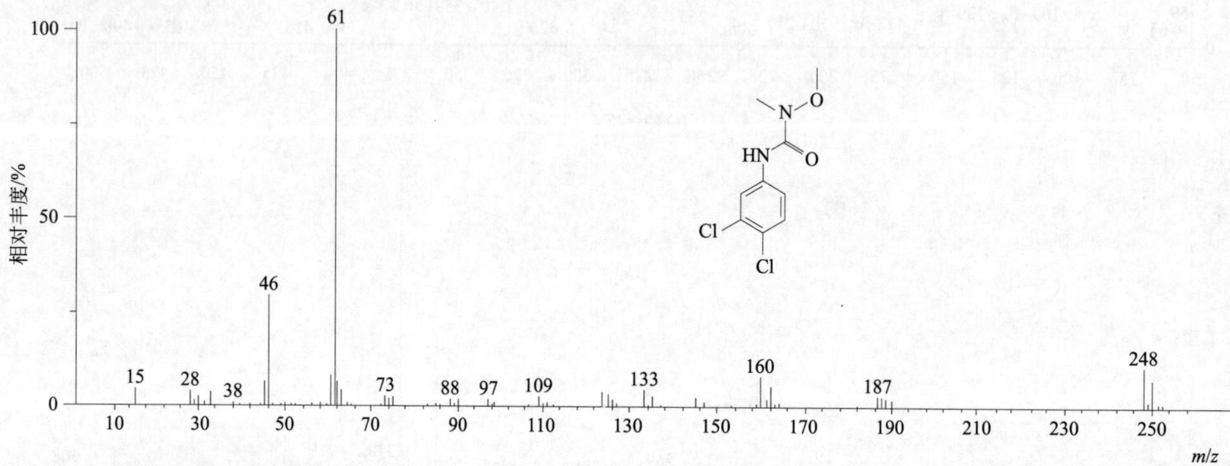

四个碰撞能量下子离子质谱图

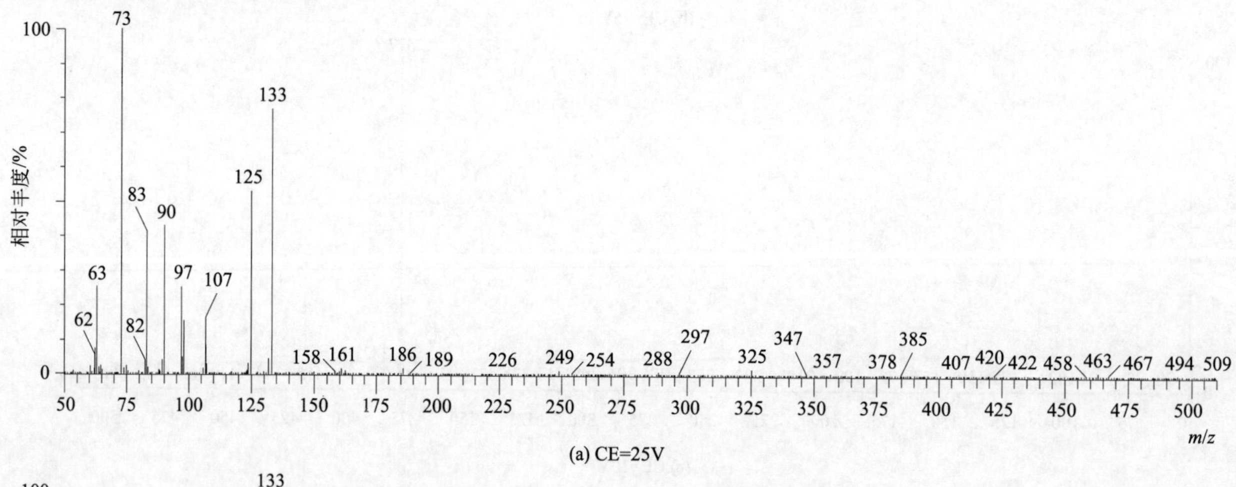

(a) CE=25V

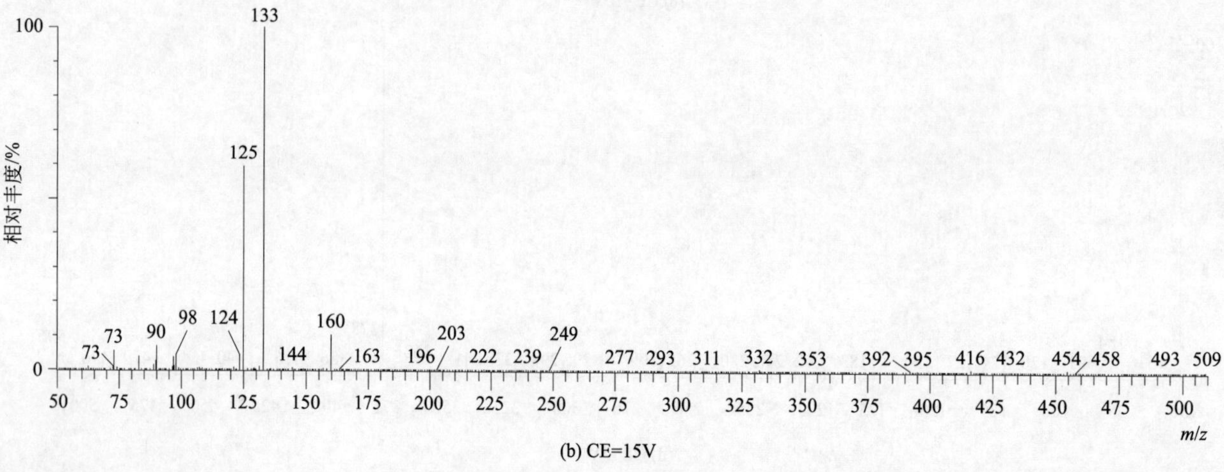

(b) CE=15V

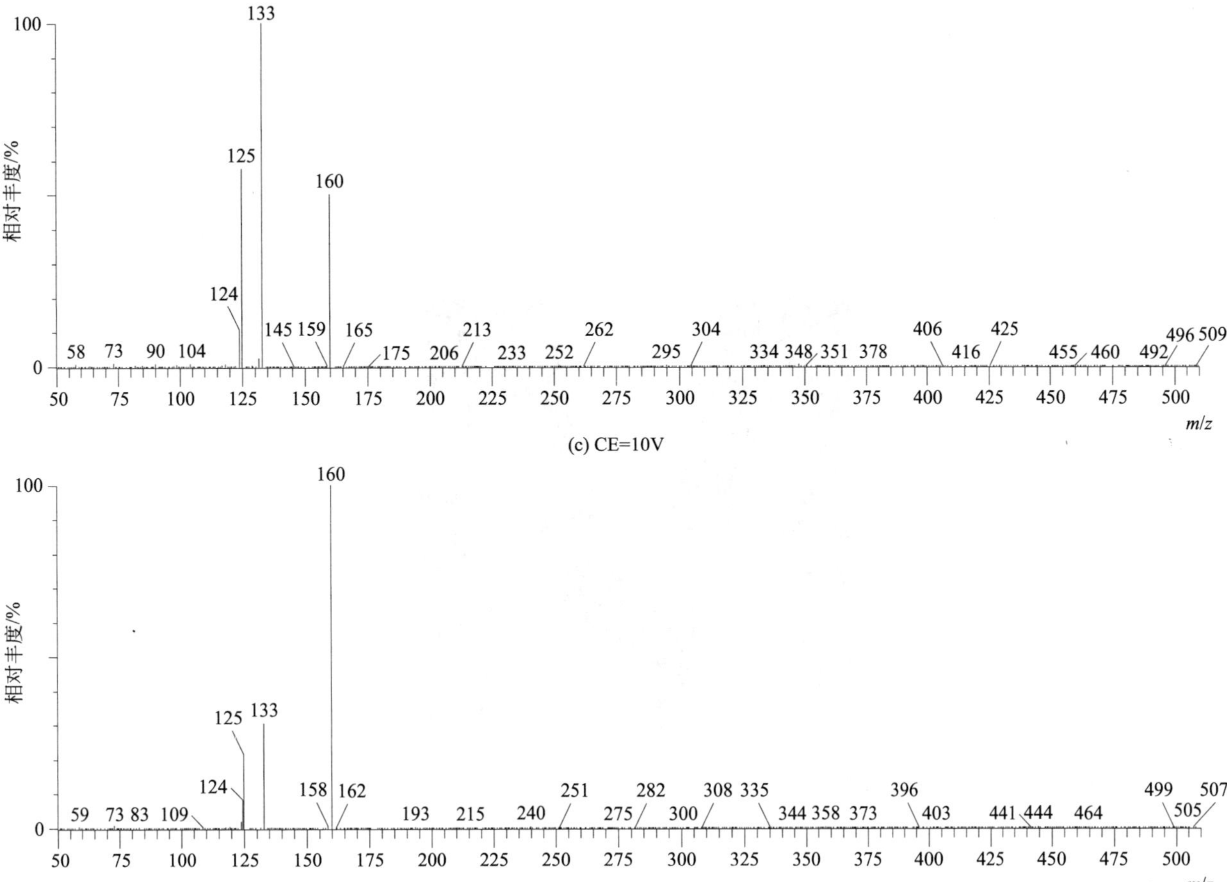

(c) CE=10V

(d) CE=5V

M

Malaoxon（马拉氧磷）

基本信息

CAS 登录号	1634-78-2	分子量	314.1	扫描模式	子离子扫描
分子式	$C_{10}H_{19}O_7PS$	离子化模式	EI	母离子	268

一级质谱图

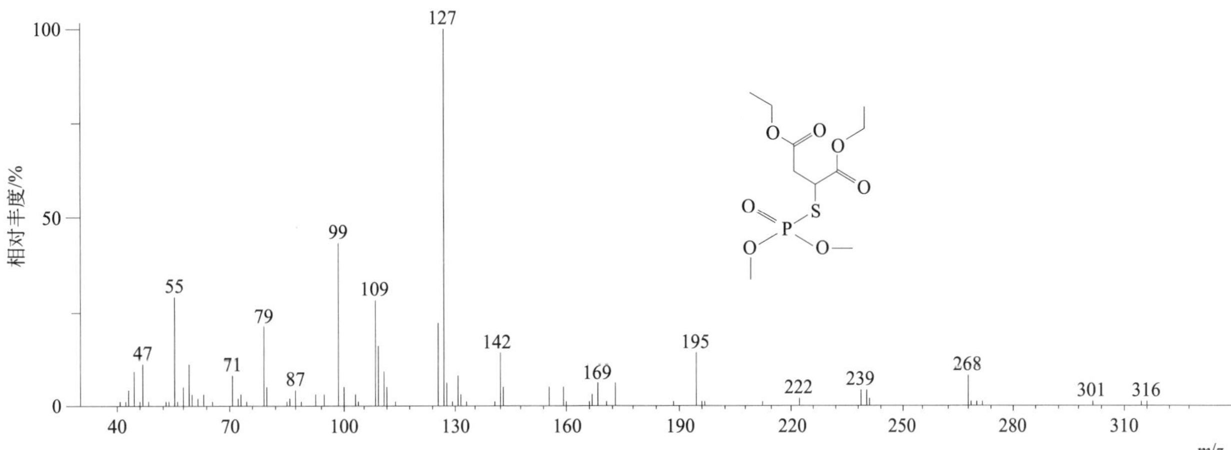

四个碰撞能量下子离子质谱图

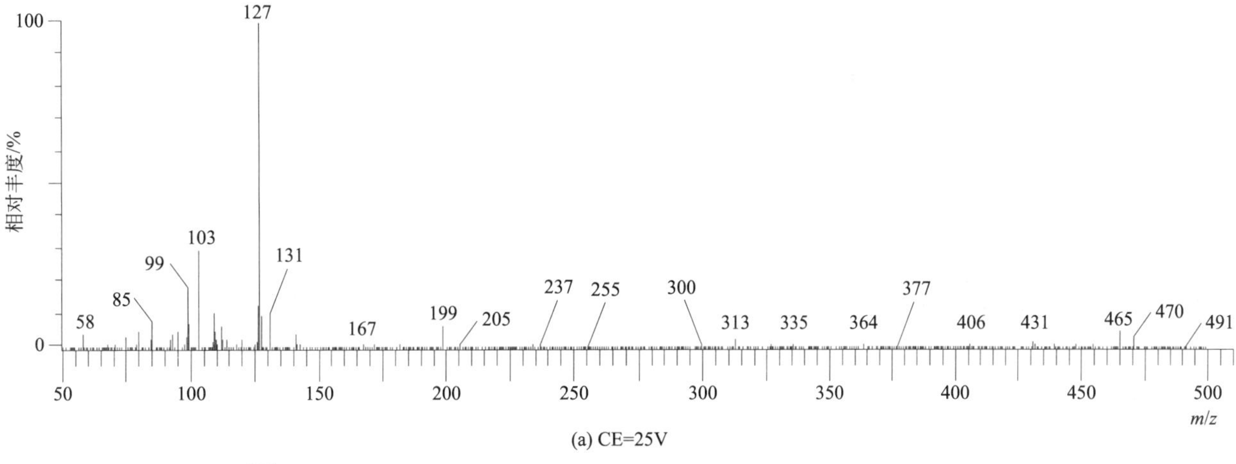

(a) CE=25V

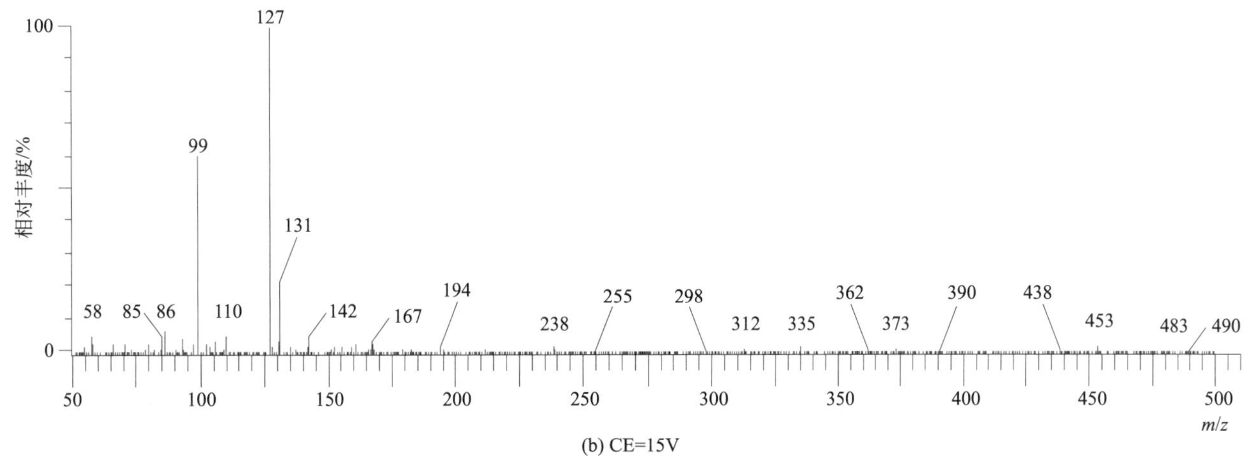

(b) CE=15V

(c) CE=10V

(d) CE=5V

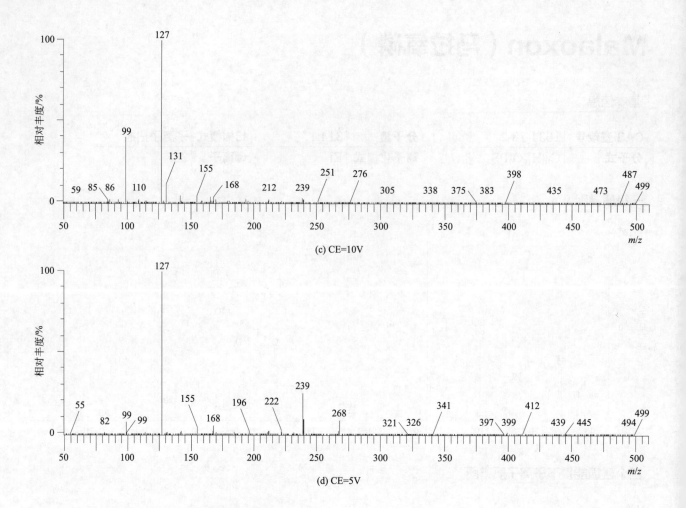

Malathion（马拉硫磷）

基本信息

CAS 登录号	121-75-5	分子量	330.0	扫描模式	子离子扫描
分子式	$C_{10}H_{19}O_6PS_2$	离子化模式	EI	母离子	173

一级质谱图

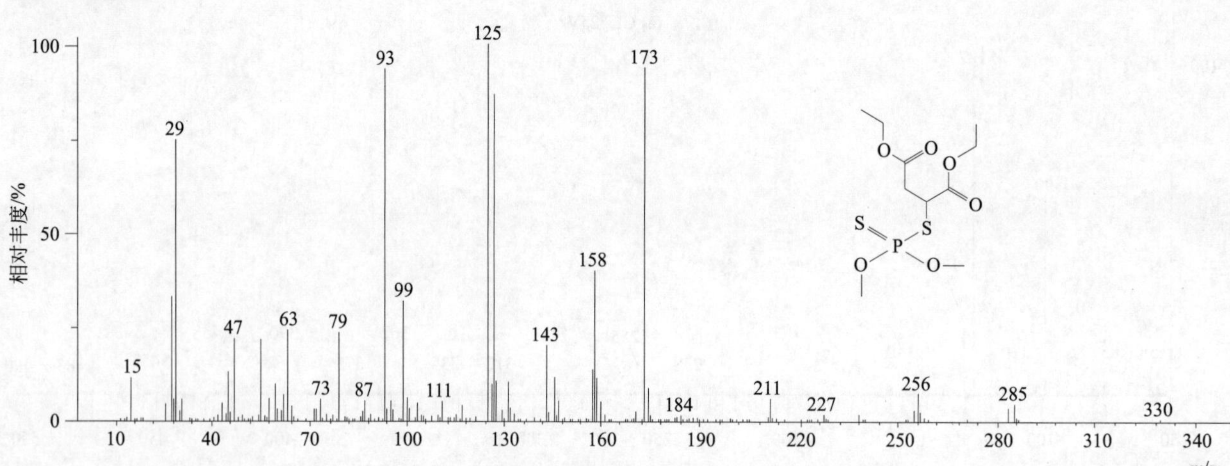

四个碰撞能量下子离子质谱图

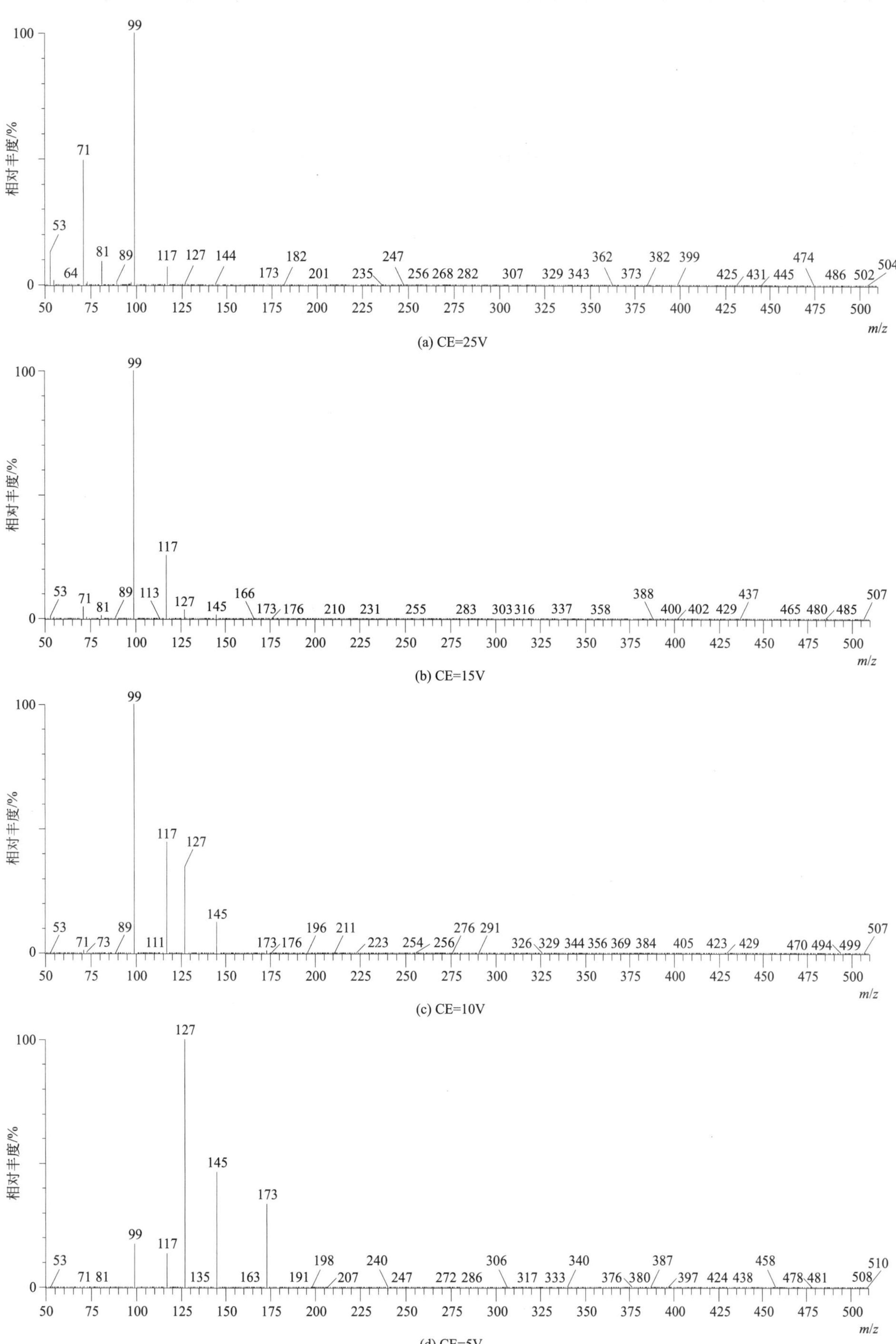

(a) CE=25V

(b) CE=15V

(c) CE=10V

(d) CE=5V

MCPA-Butoxyethyl ester（2-甲-4-氯丁氧乙基酯）

基本信息

CAS 登录号	19480-43-4	分子量	300.1	扫描模式	子离子扫描
分子式	$C_{15}H_{21}ClO_4$	离子化模式	EI	母离子	300

一级质谱图

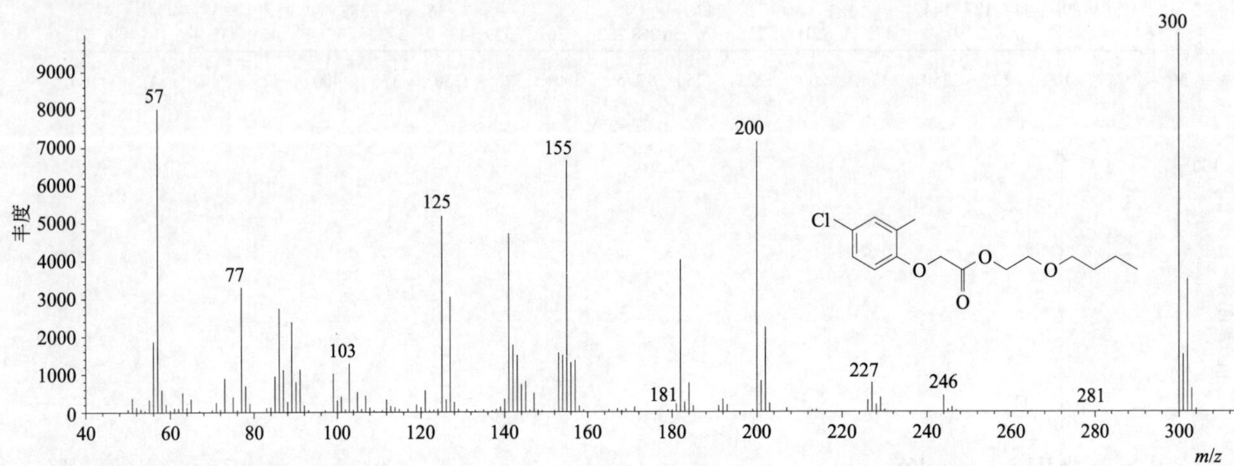

四个碰撞能量下子离子质谱图

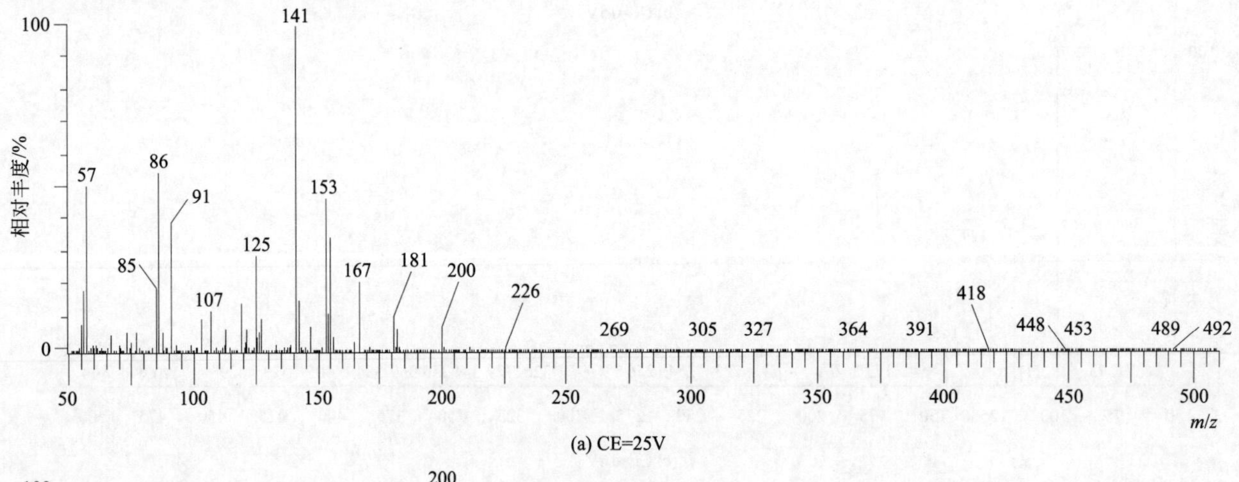

(a) CE=25V

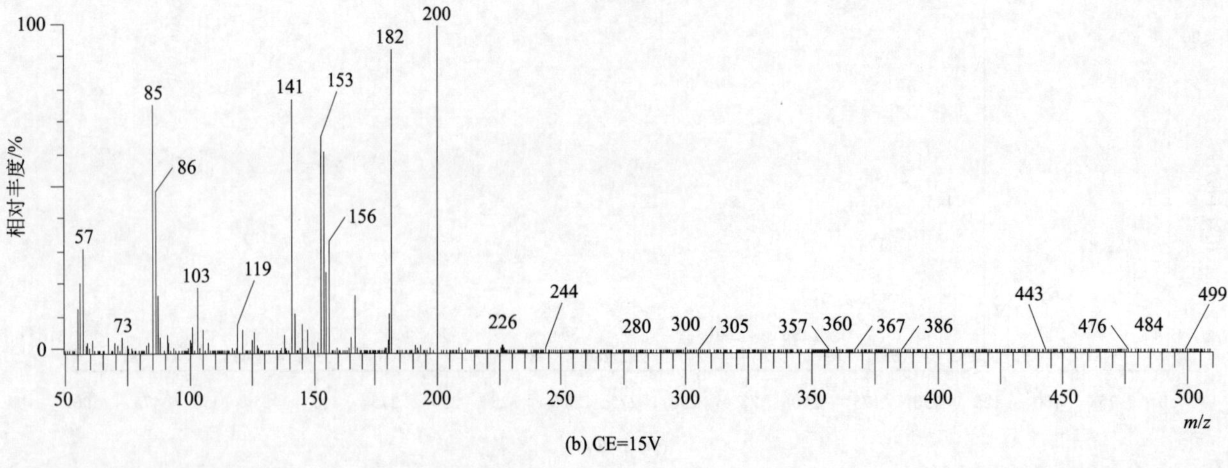

(b) CE=15V

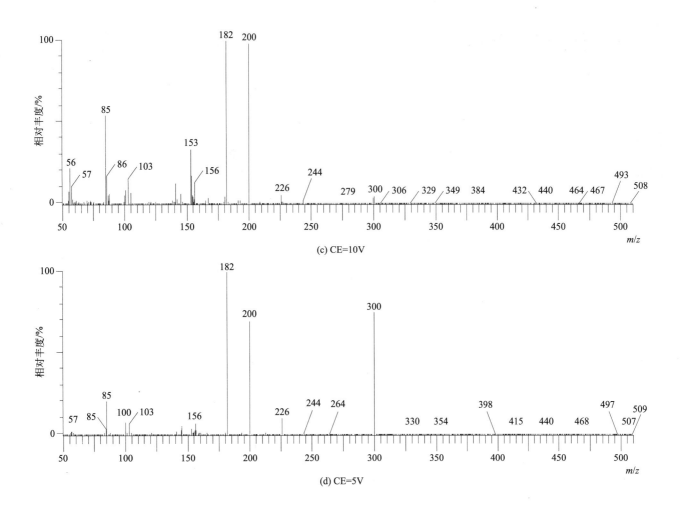

(c) CE=10V

(d) CE=5V

Mecarbam（灭蚜磷）

基本信息

CAS 登录号	2595-54-2	分子量	329.1	扫描模式	子离子扫描
分子式	$C_{10}H_{20}NO_5PS_2$	离子化模式	EI	母离子	296

一级质谱图

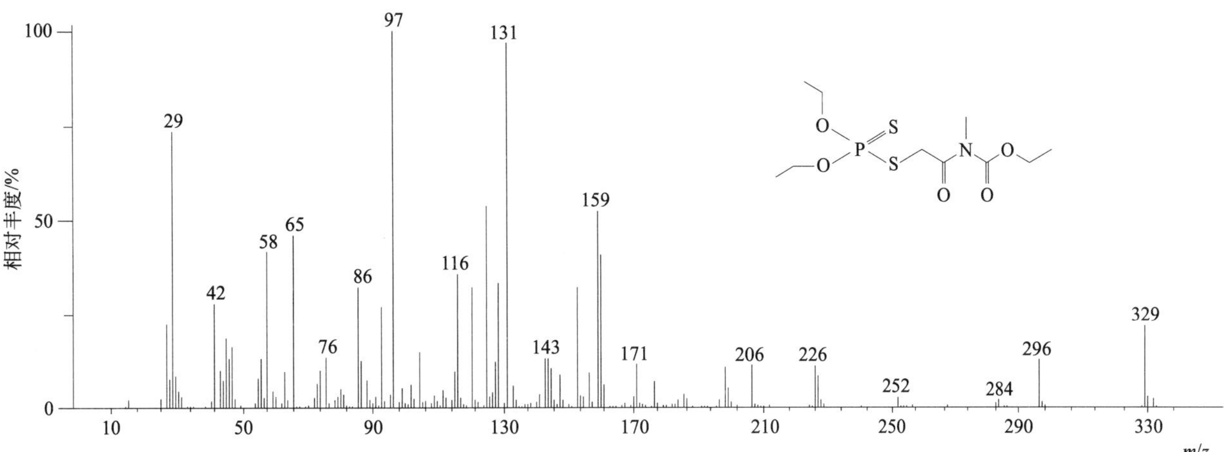

四个碰撞能量下子离子质谱图

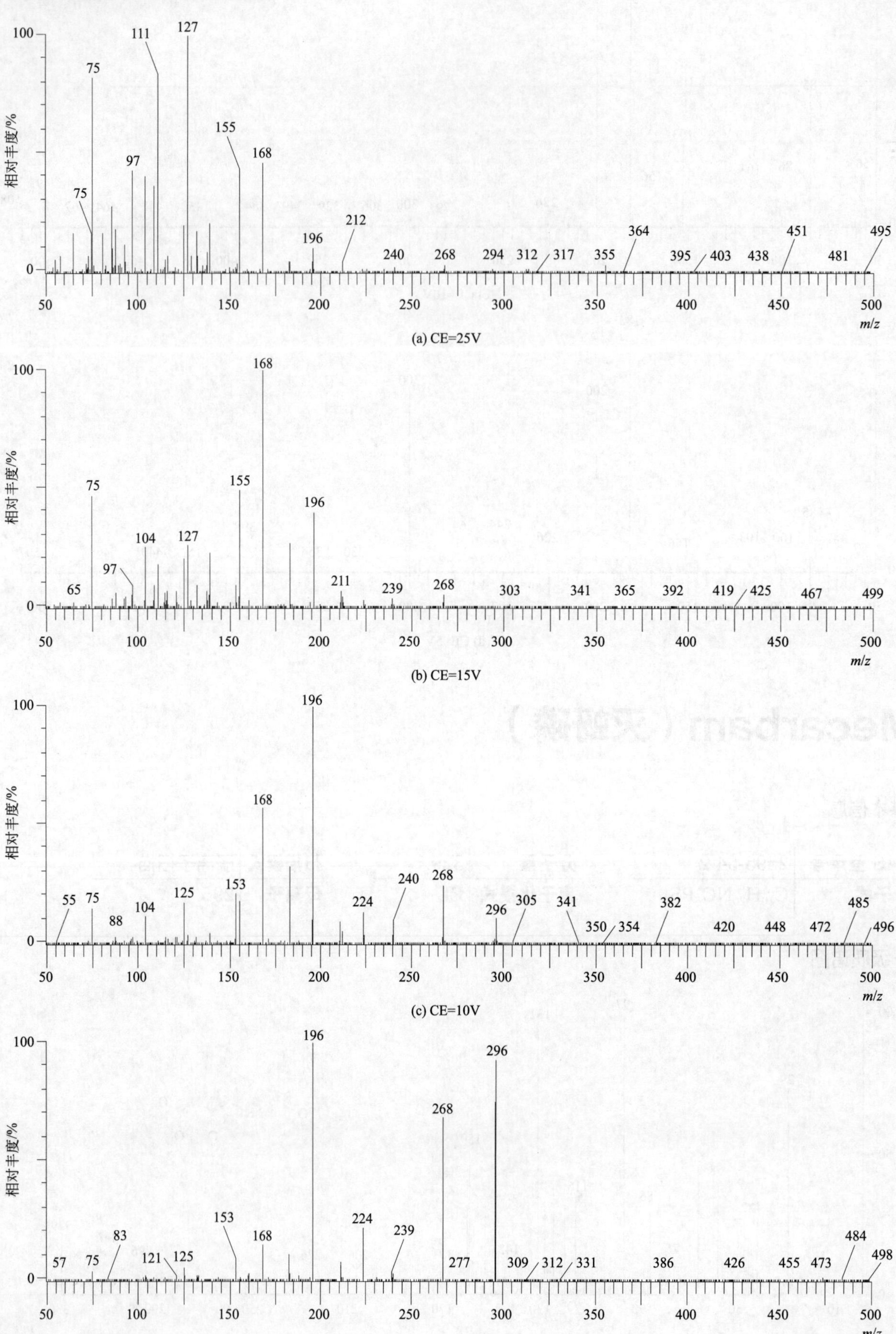

(a) CE=25V

(b) CE=15V

(c) CE=10V

(d) CE=5V

Mefenacet（苯噻酰草胺）

基本信息

CAS 登录号	73250-68-7	分子量	298.1	扫描模式	子离子扫描
分子式	$C_{16}H_{14}N_2O_2S$	离子化模式	EI	母离子	192

一级质谱图

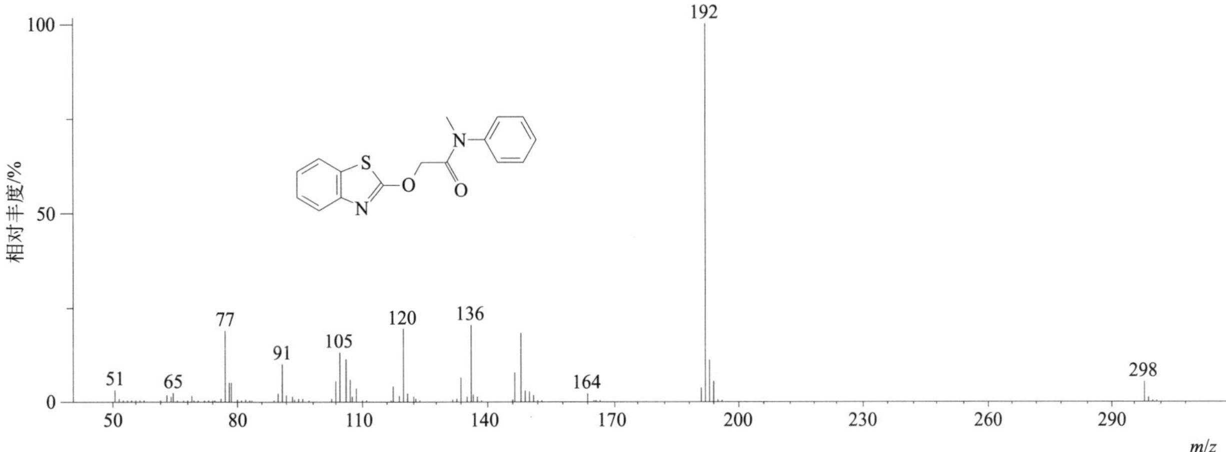

四个碰撞能量下子离子质谱图

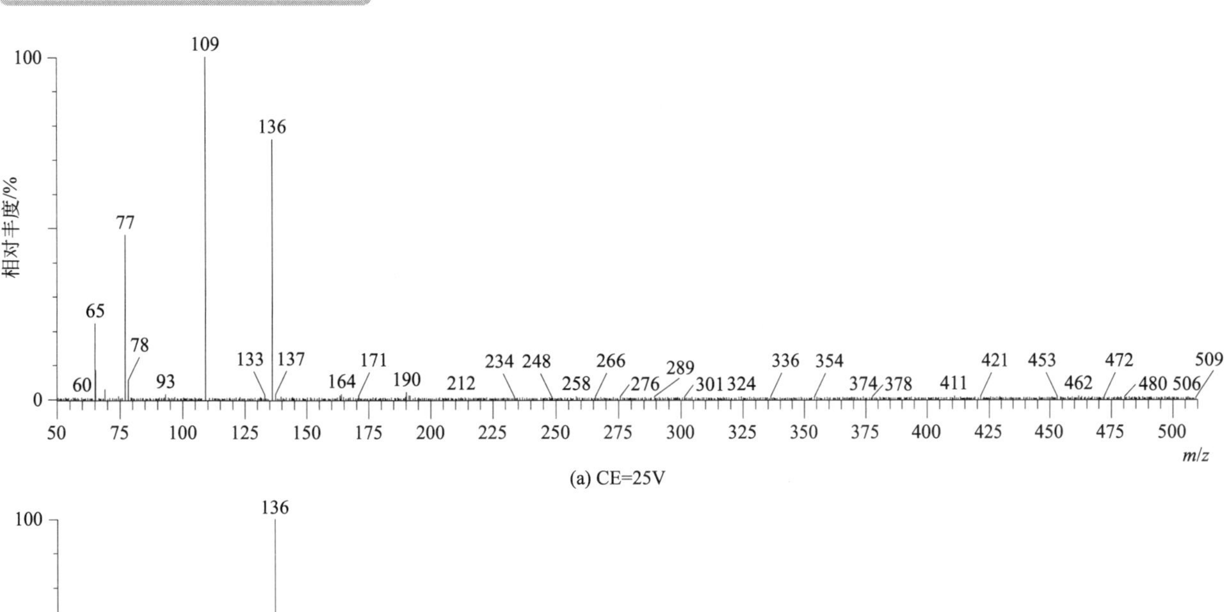

(a) CE=25V

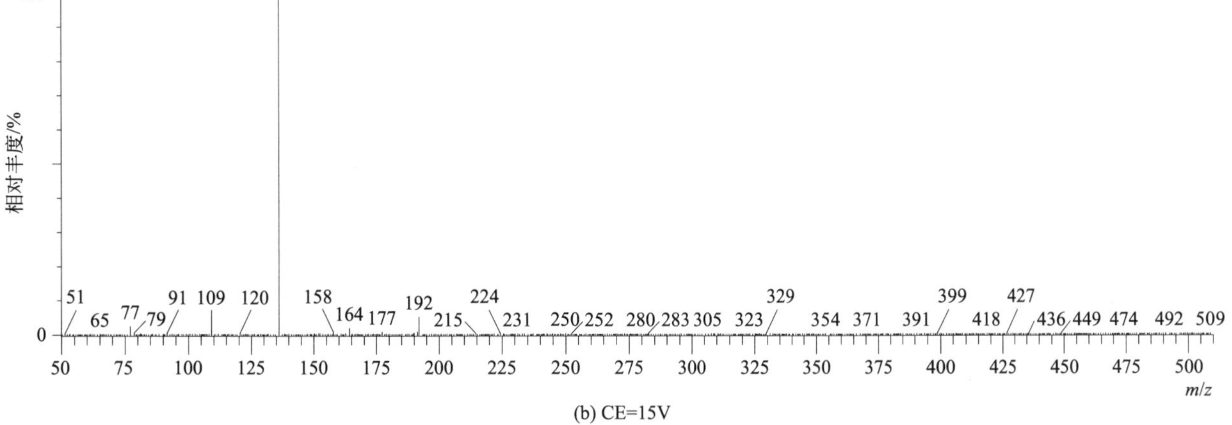

(b) CE=15V

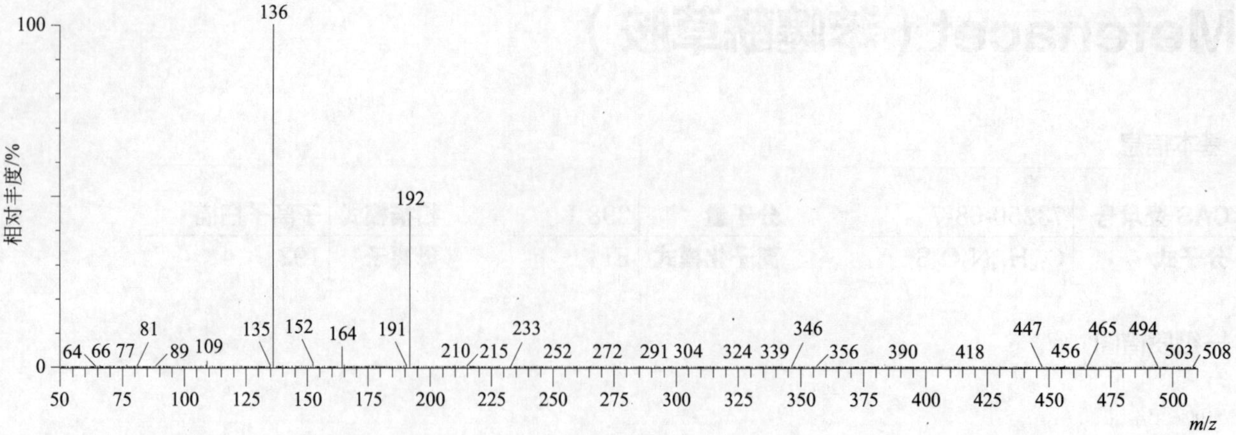

(c) CE=10V

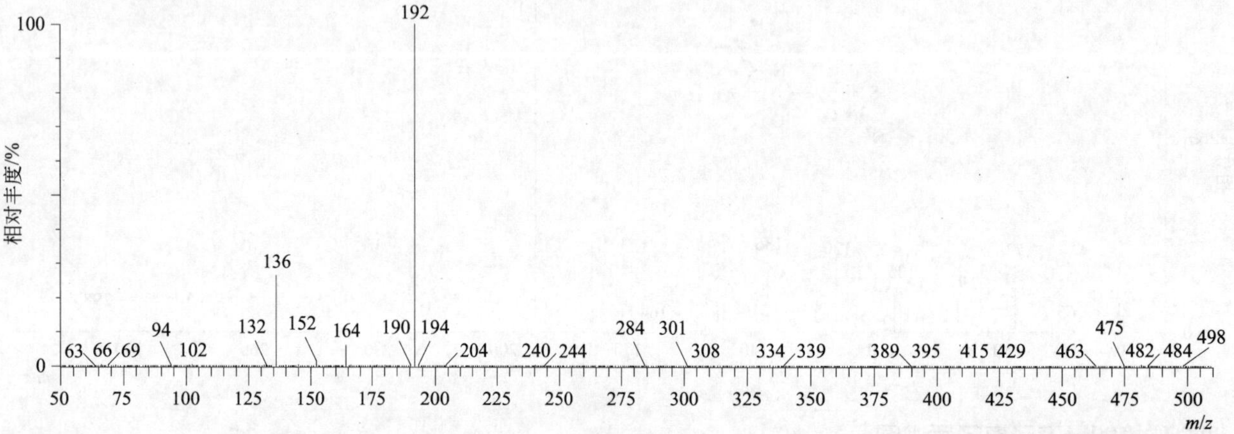

(d) CE=5V

Mefenoxam（精甲霜灵）

基本信息

CAS 登录号	70630-17-0	分子量	279.1	扫描模式	子离子扫描
分子式	$C_{15}H_{21}NO_4$	离子化模式	EI	母离子	206

一级质谱图

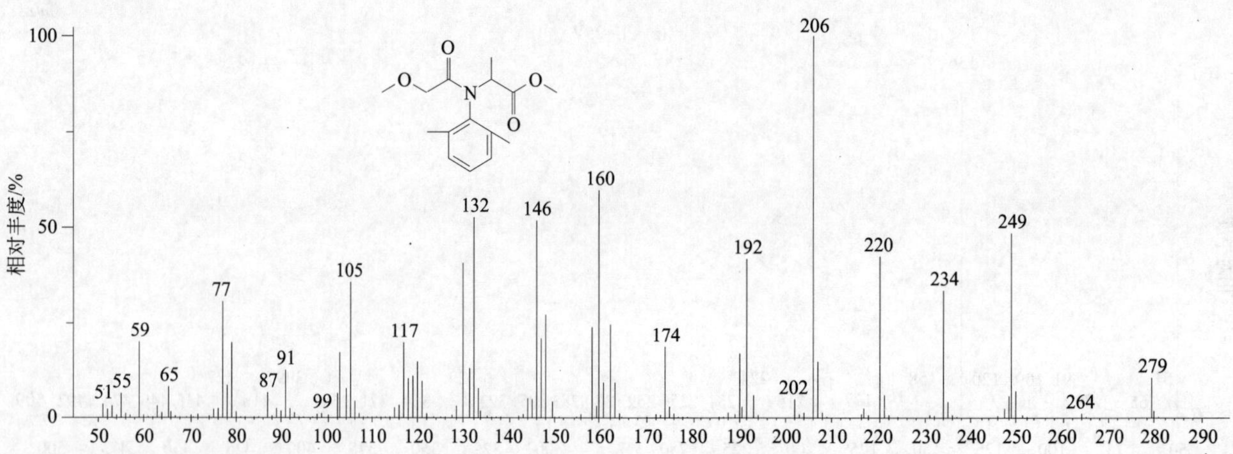

四个碰撞能量下子离子质谱图

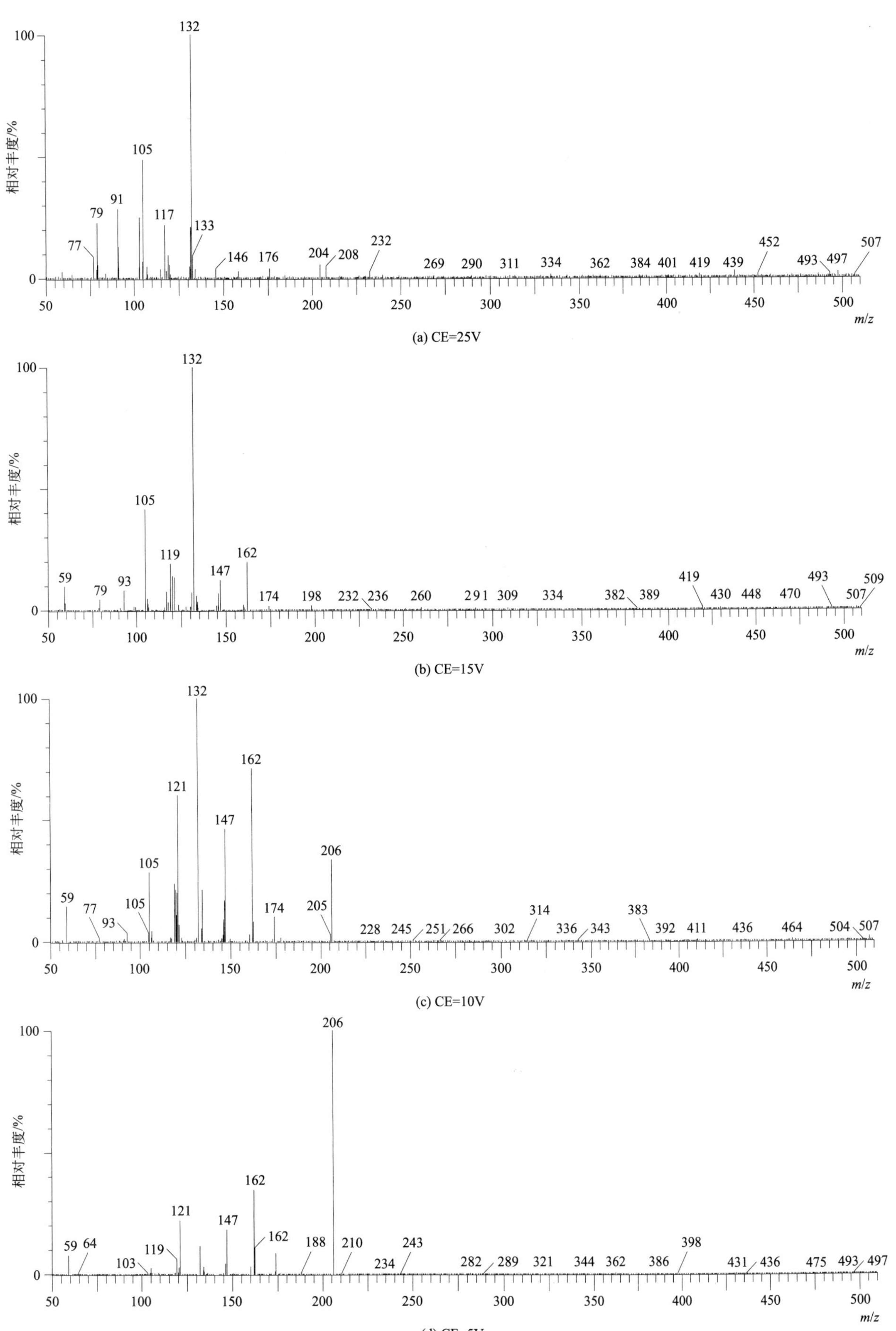

(a) CE=25V

(b) CE=15V

(c) CE=10V

(d) CE=5V

Mefenpyr-diethyl（吡唑解草酯）

基本信息

CAS 登录号	135590-91-9	分子量	372.1	扫描模式	子离子扫描
分子式	$C_{16}H_{18}Cl_2N_2O_4$	离子化模式	EI	母离子	299

一级质谱图

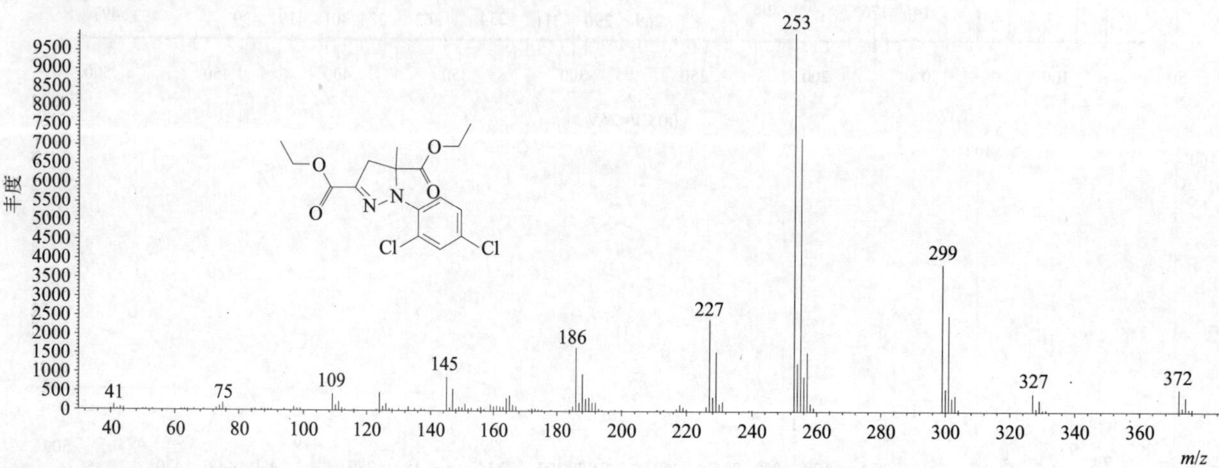

四个碰撞能量下子离子质谱图

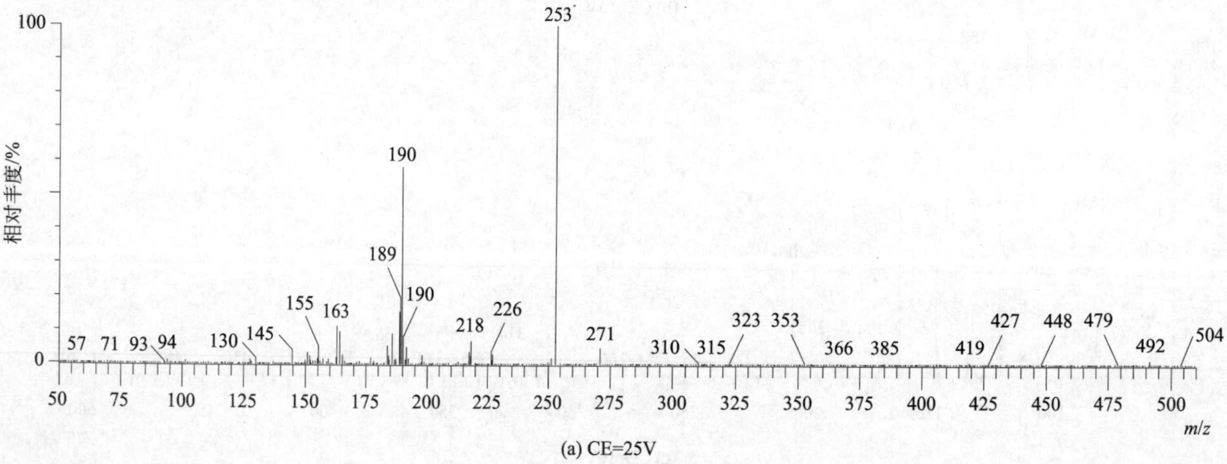

(a) CE=25V

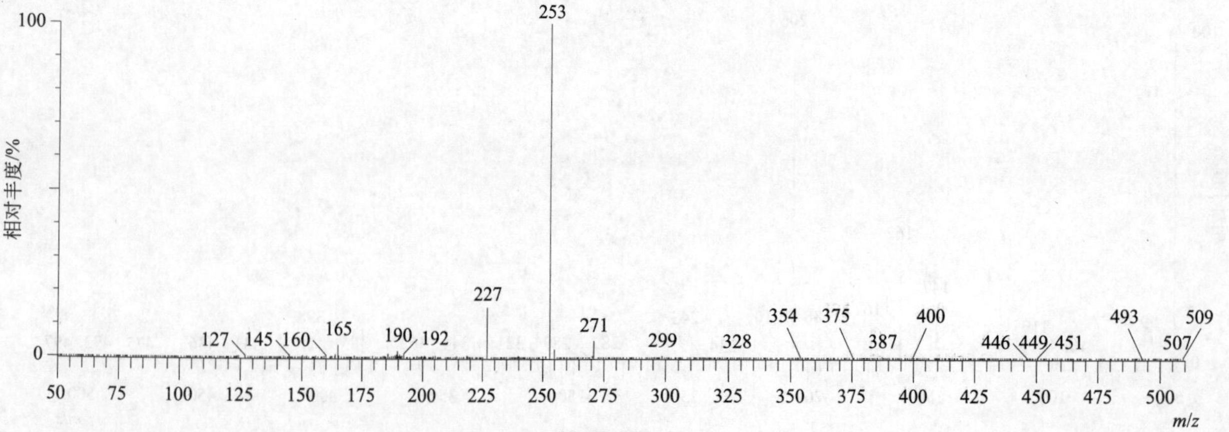

(b) CE=15V

(c) CE=10V

(d) CE=5V

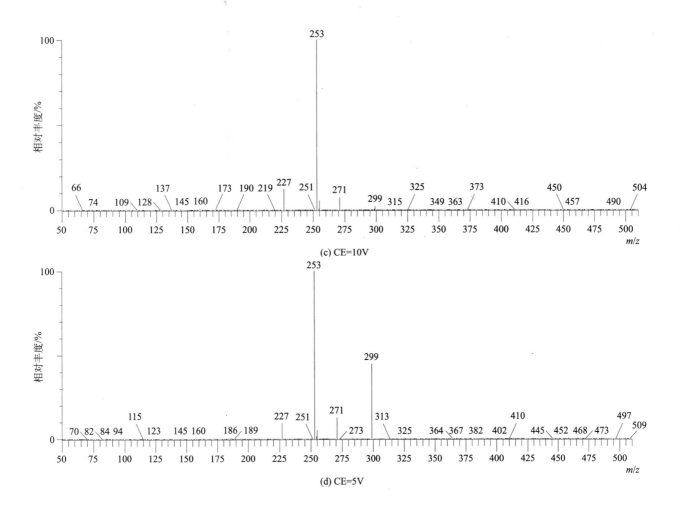

Mephosfolan（地胺磷）

基本信息

CAS 登录号	950-10-7	**分子量**	269.0	**扫描模式**	子离子扫描
分子式	$C_8H_{16}NO_3PS_2$	**离子化模式**	EI	**母离子**	196

一级质谱图

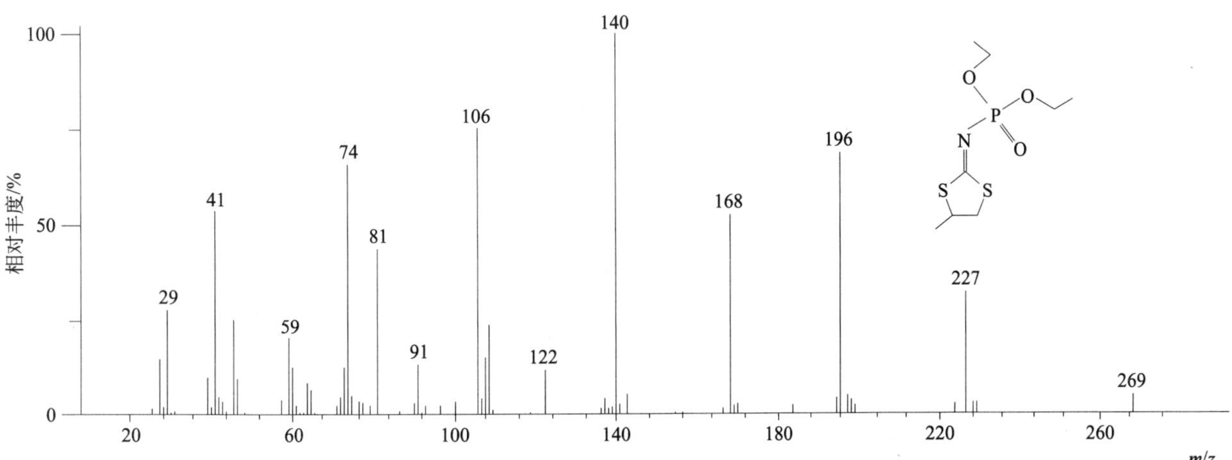

四个碰撞能量下子离子质谱图

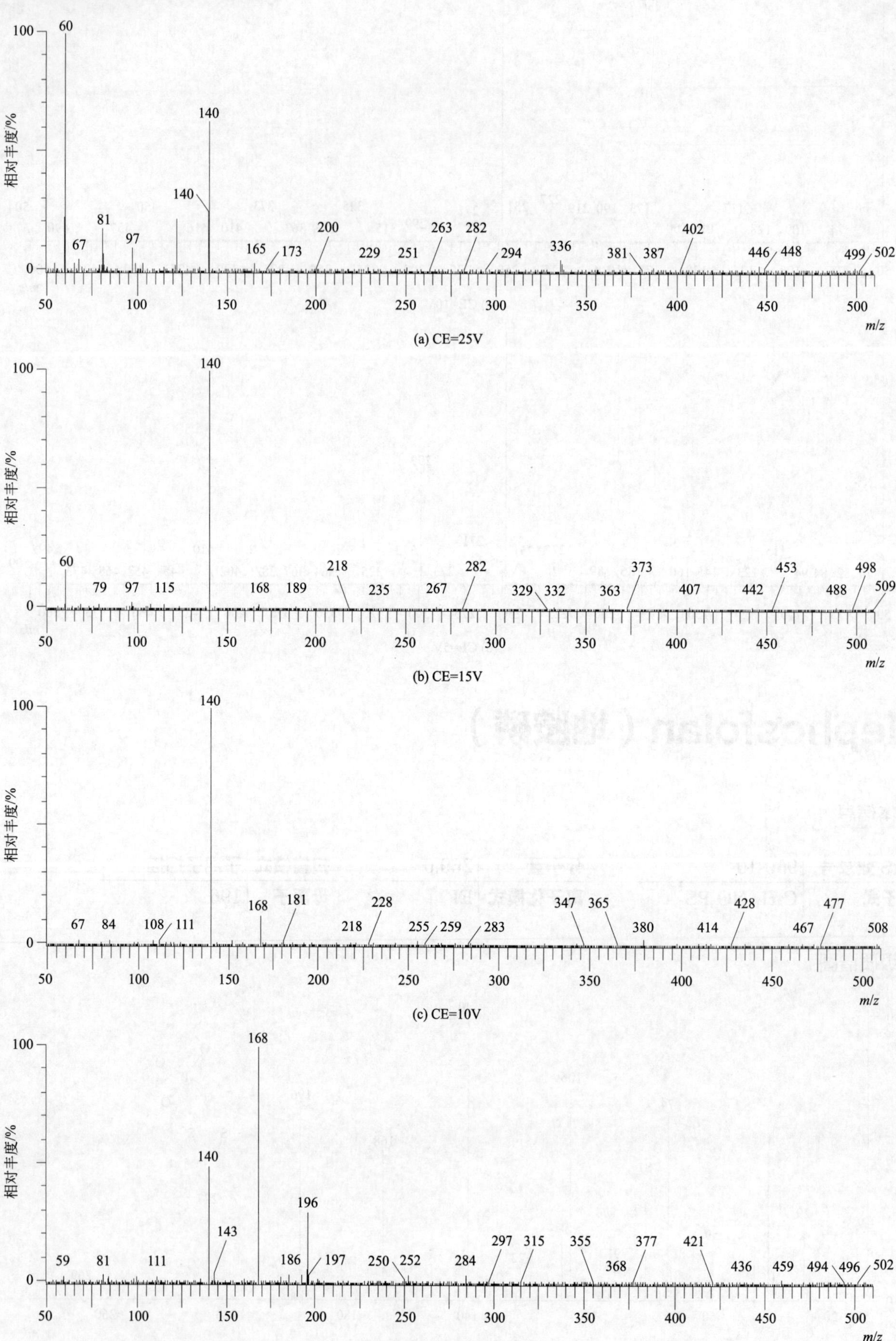

Mepronil（灭锈胺）

基本信息

CAS 登录号	55814-41-0	分子量	269.1	扫描模式	子离子扫描
分子式	$C_{17}H_{19}NO_2$	离子化模式	EI	母离子	119

一级质谱图

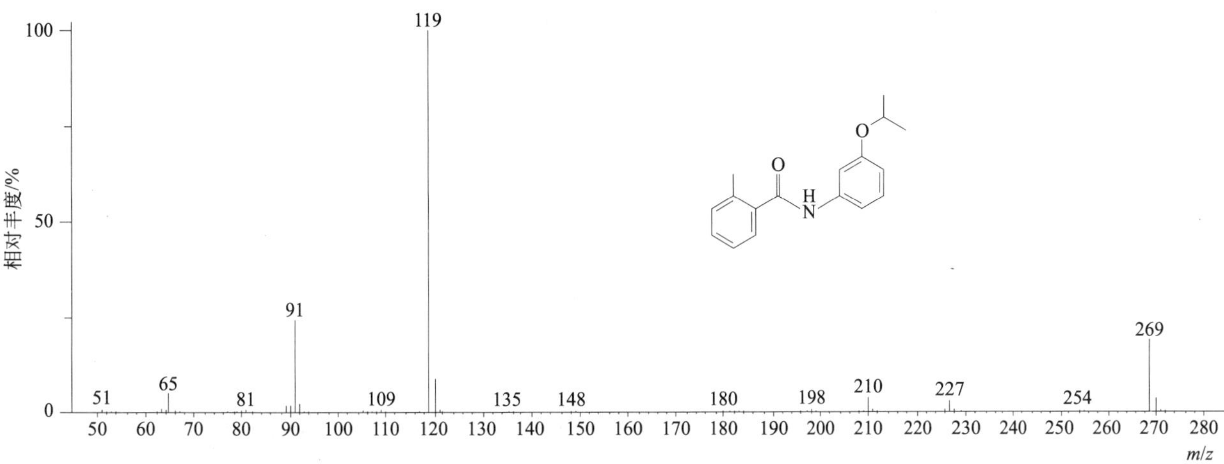

四个碰撞能量下子离子质谱图

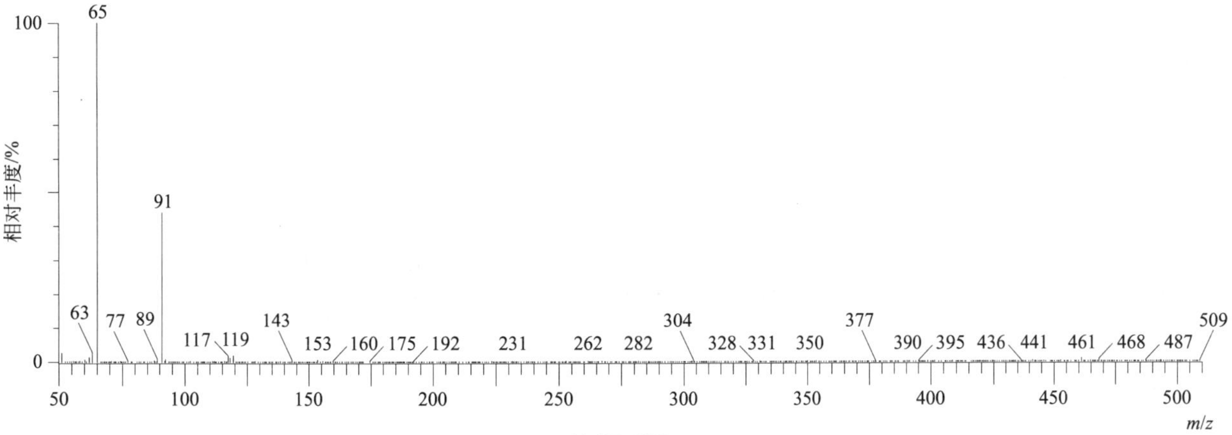

(a) CE=25V

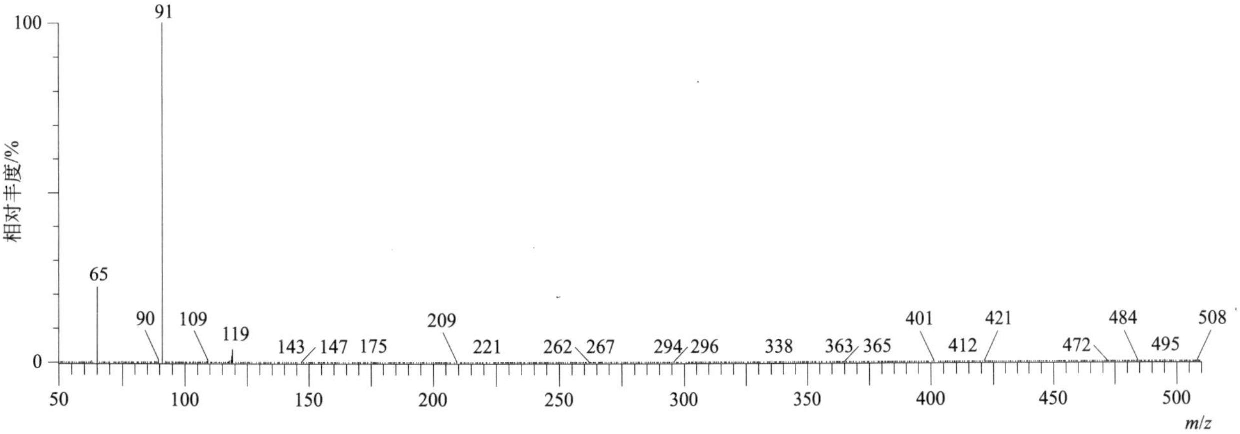

(b) CE=15V

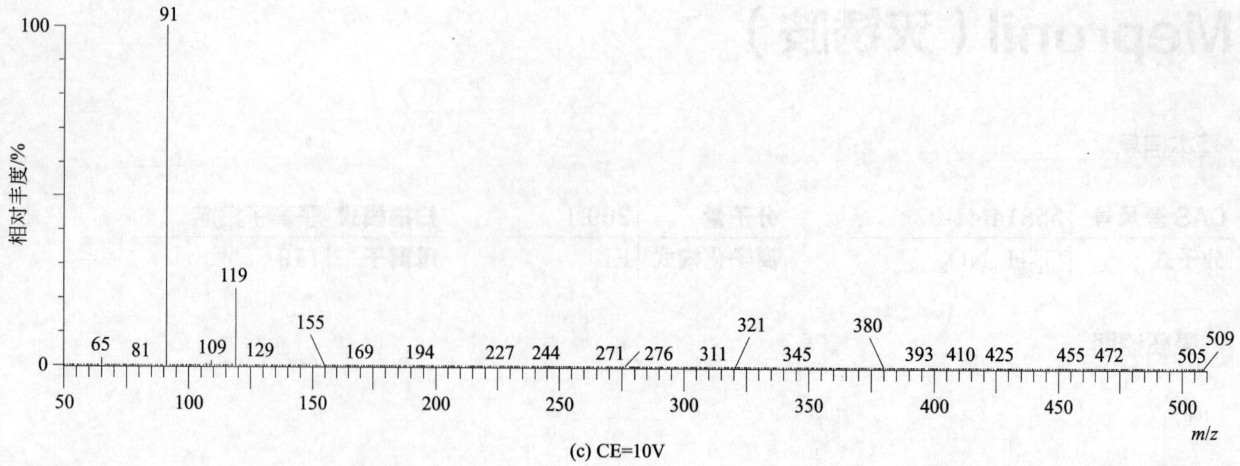

(c) CE=10V

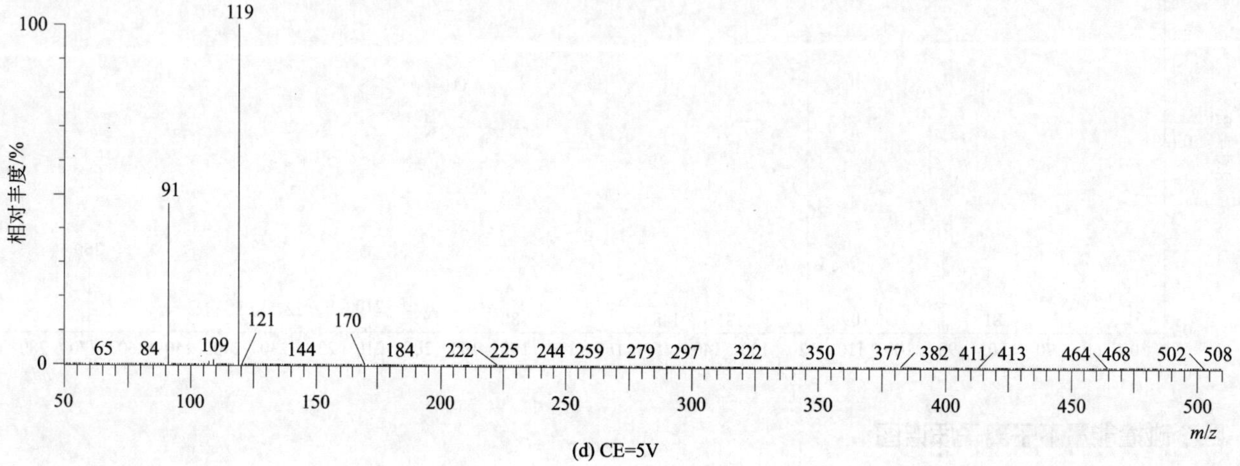

(d) CE=5V

Metalaxyl（甲霜灵）

基本信息

CAS 登录号	57837-19-1	分子量	279.1	扫描模式	子离子扫描
分子式	$C_{15}H_{21}NO_4$	离子化模式	EI	母离子	206

一级质谱图

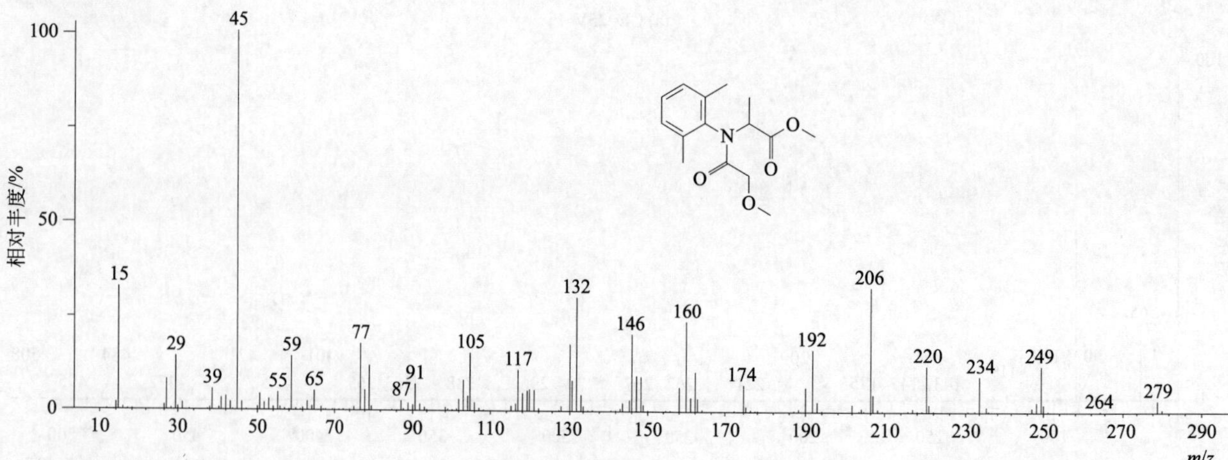

四个碰撞能量下子离子质谱图

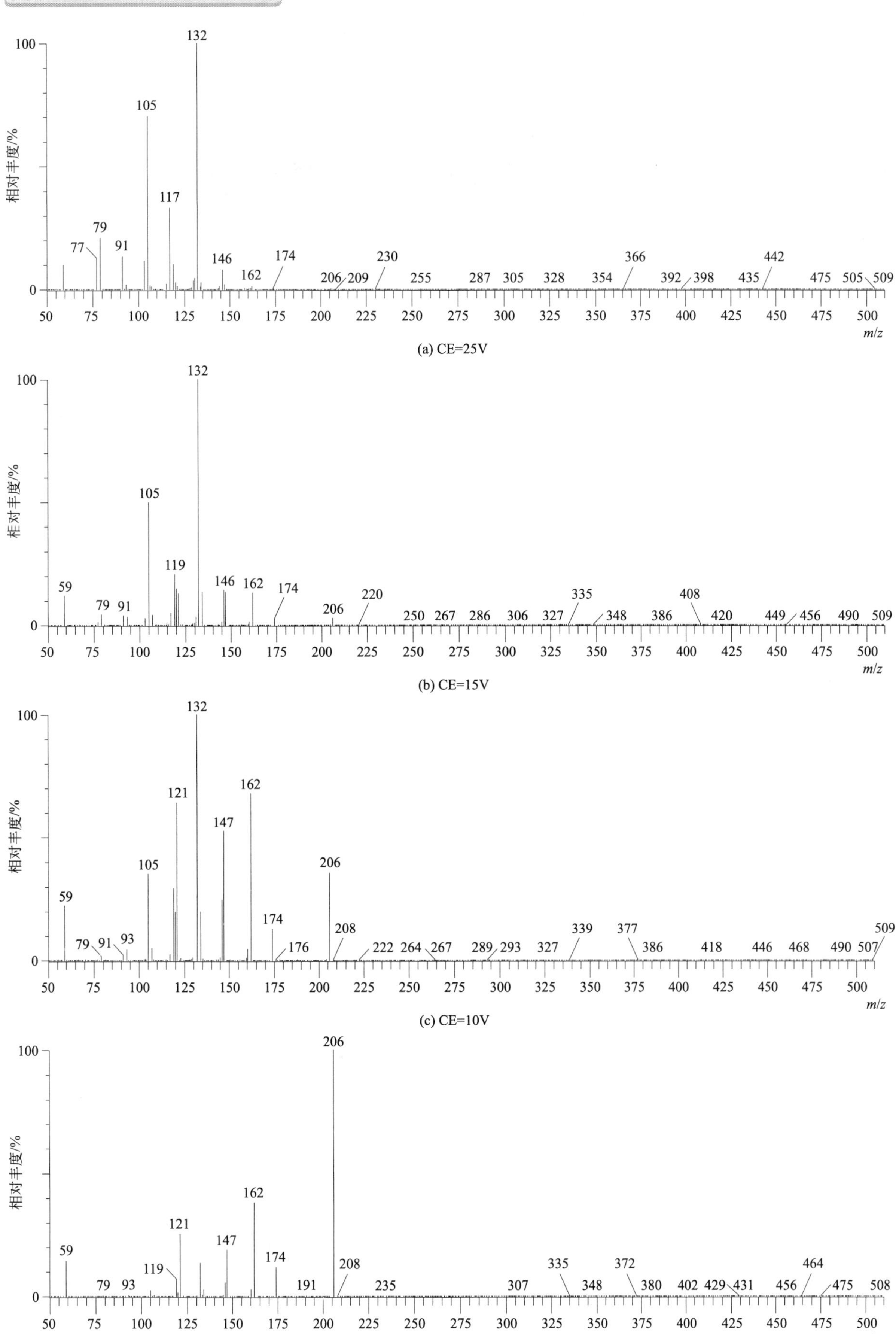

(a) CE=25V

(b) CE=15V

(c) CE=10V

(d) CE=5V

Metamitron（苯嗪草酮）

基本信息

CAS 登录号	41394-05-2	分子量	202.1	扫描模式	子离子扫描
分子式	$C_{10}H_{10}N_4O$	离子化模式	EI	母离子	202

一级质谱图

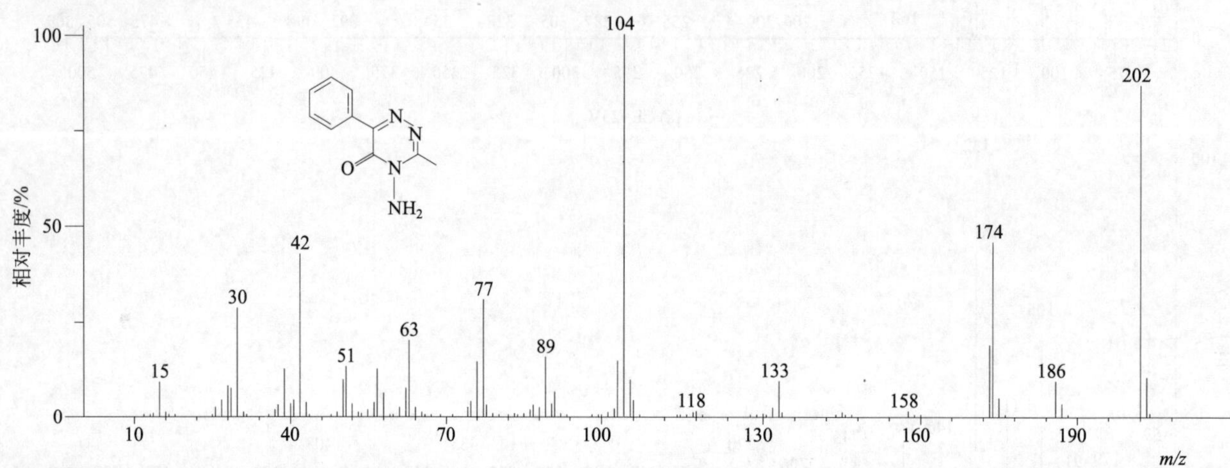

四个碰撞能量下子离子质谱图

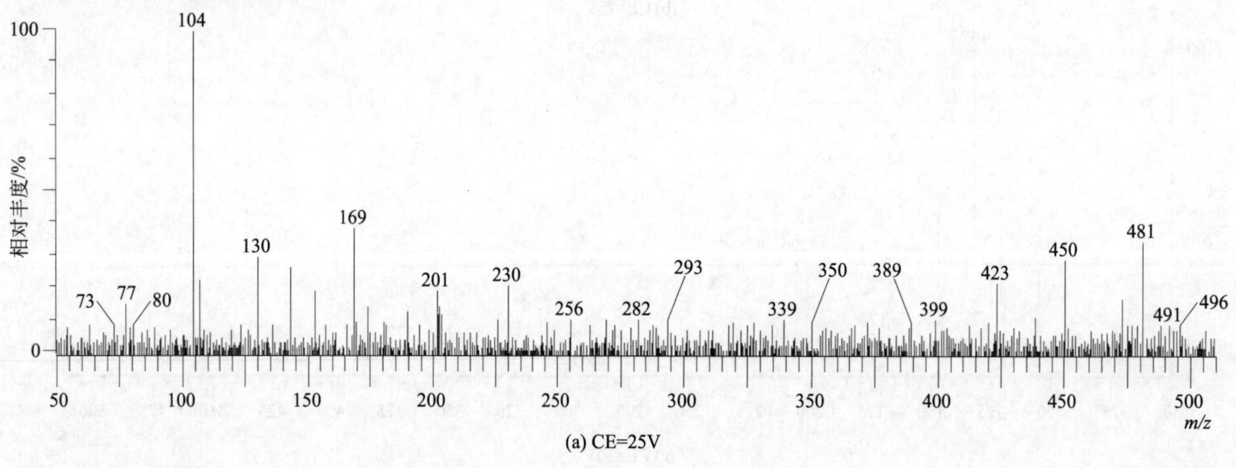

(a) CE=25V

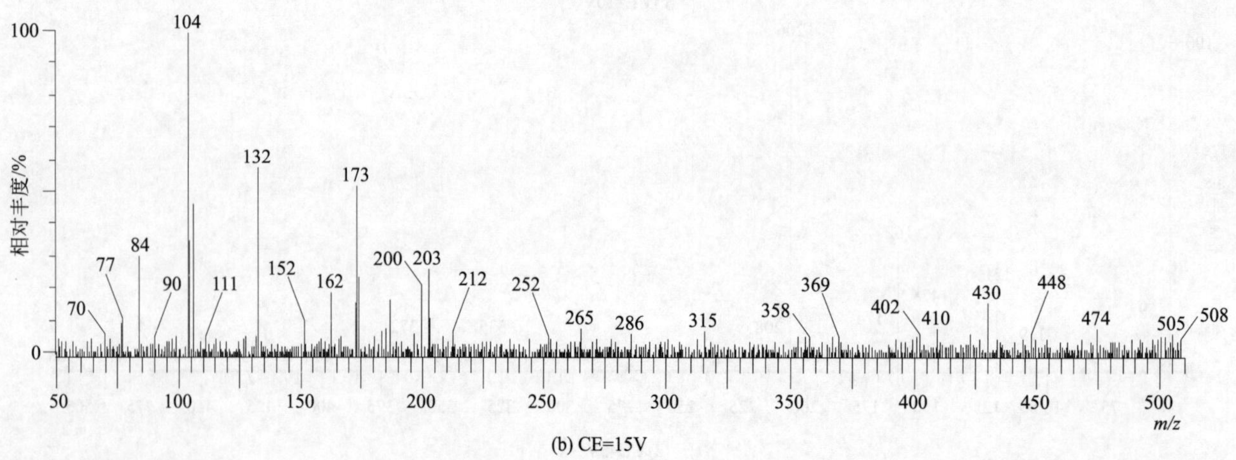

(b) CE=15V

(c) CE=10V

(d) CE=5V

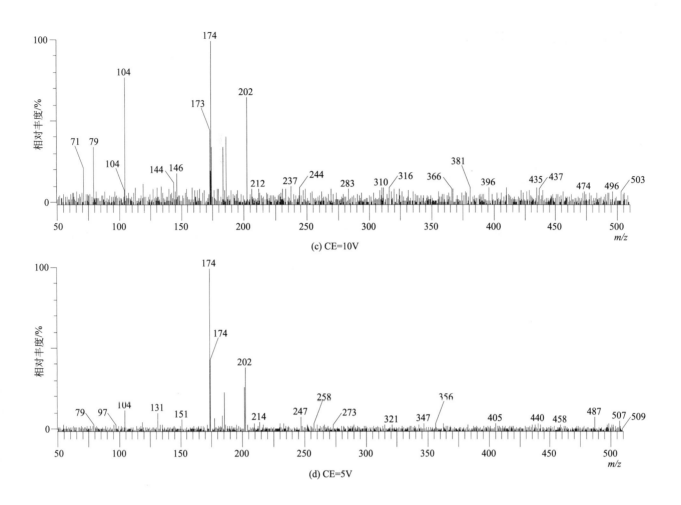

Metazachlor（吡唑草胺）

基本信息

CAS 登录号	67129-08-2	**分子量**	277.1	**扫描模式**	子离子扫描
分子式	$C_{14}H_{16}ClN_3O$	**离子化模式**	EI	**母离子**	209

一级质谱图

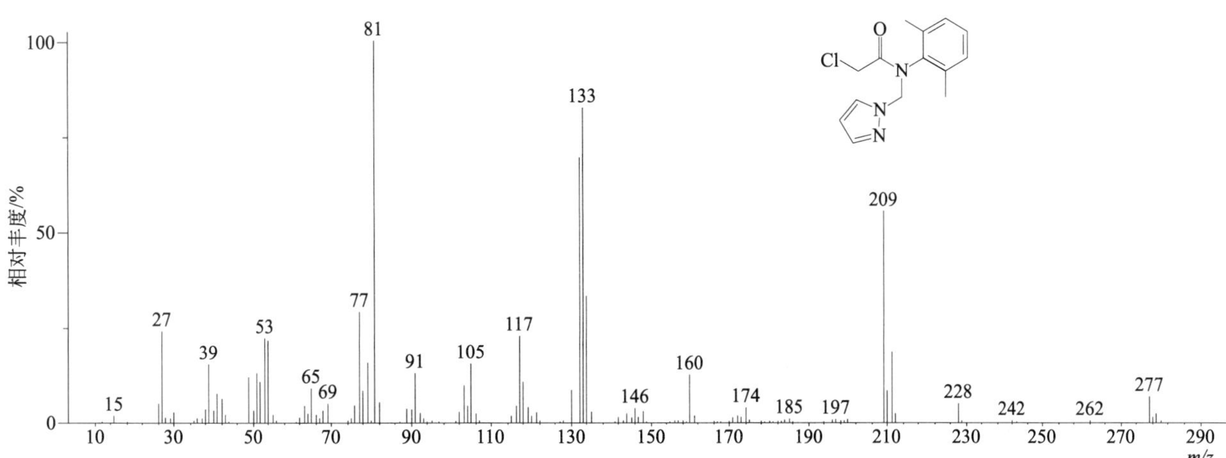

四个碰撞能量下子离子质谱图

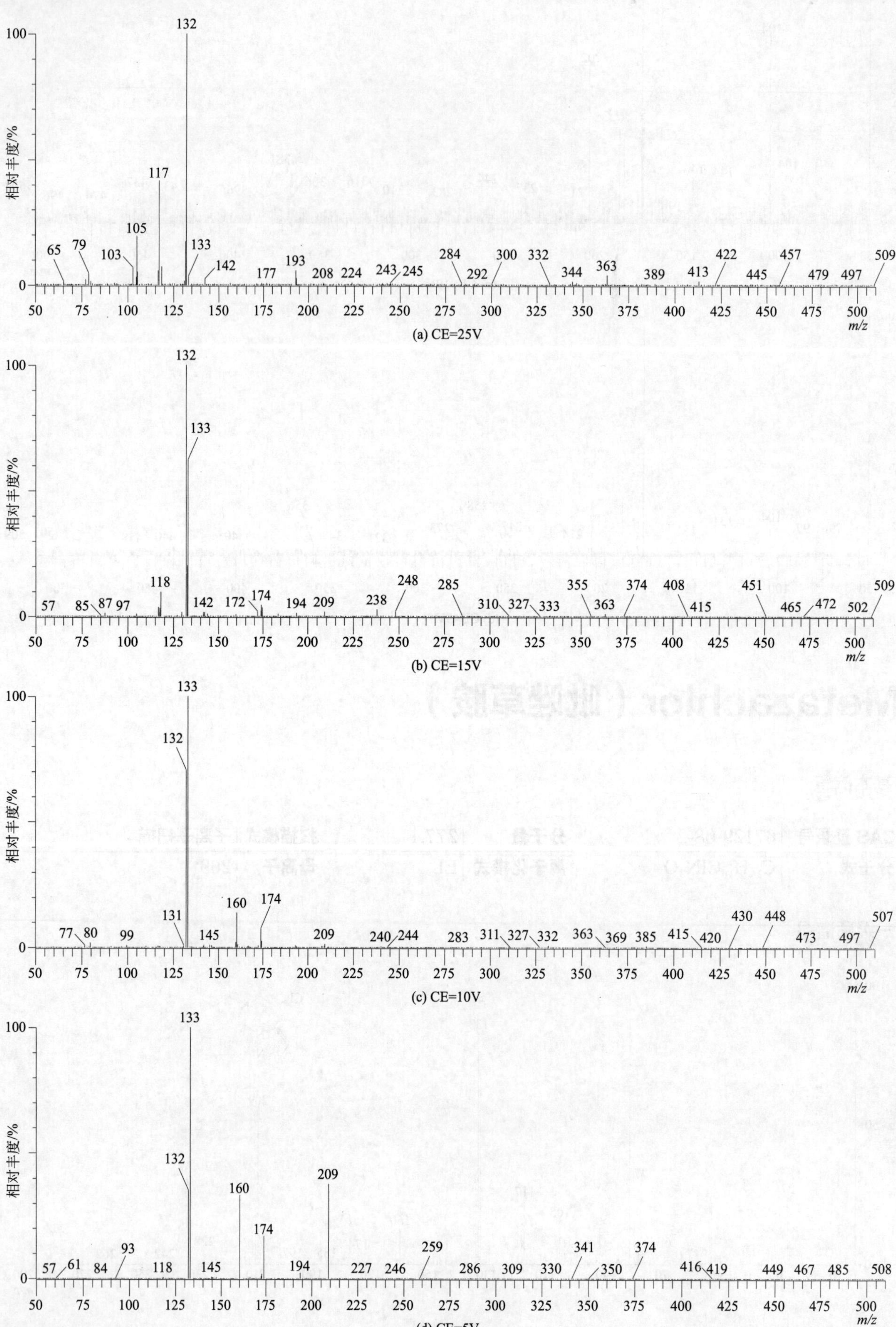

(a) CE=25V

(b) CE=15V

(c) CE=10V

(d) CE=5V

Methabenzthiazuron（甲基苯噻隆）

基本信息

CAS 登录号	18691-97-9	分子量	221.1	扫描模式	子离子扫描
分子式	$C_{10}H_{11}N_3OS$	离子化模式	EI	母离子	164

一级质谱图

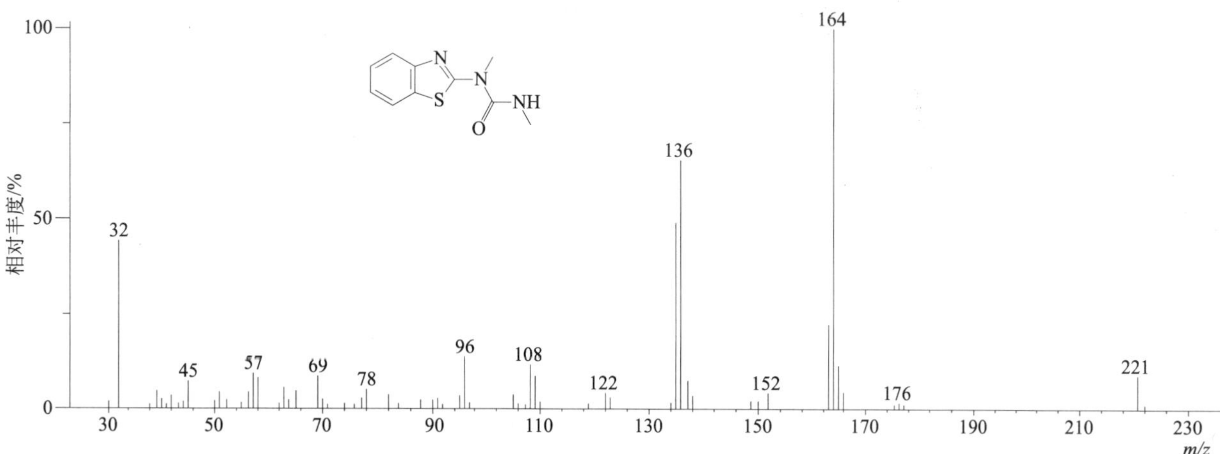

四个碰撞能量下子离子质谱图

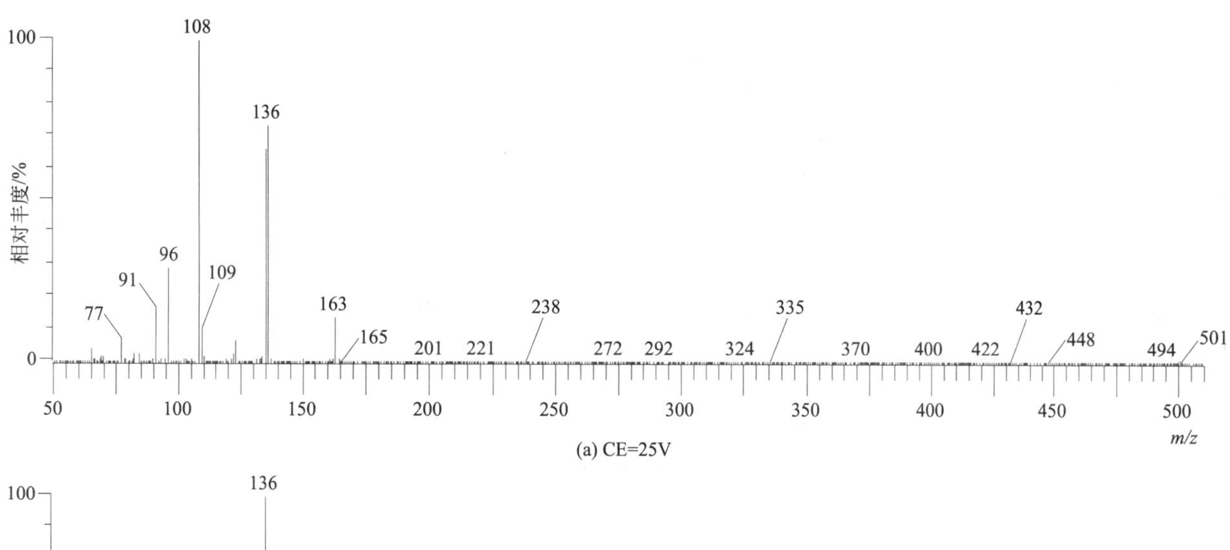

(a) CE=25V

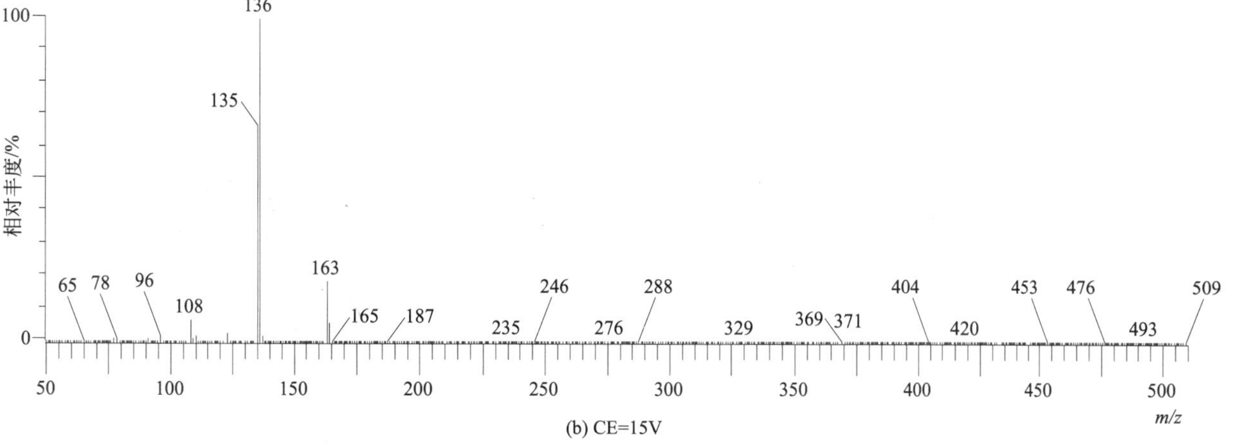

(b) CE=15V

(c) CE=10V

(d) CE=5V

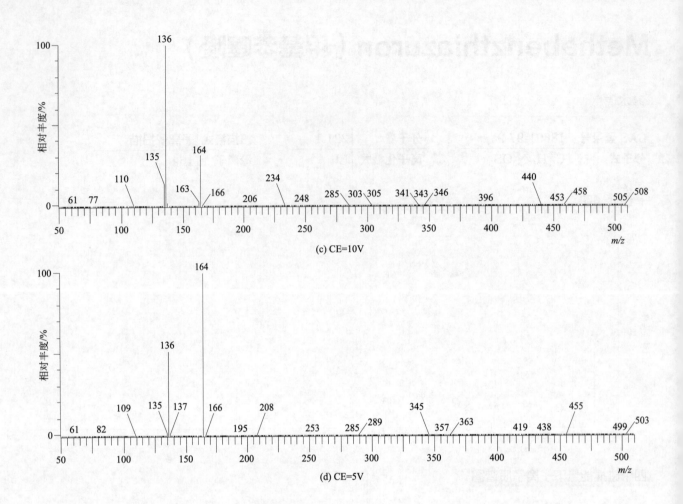

Methacrifos（虫螨畏）

基本信息

CAS 登录号	62610-77-9	分子量	240.0	扫描模式	子离子扫描
分子式	$C_7H_{13}O_5PS$	离子化模式	EI	母离子	208

一级质谱图

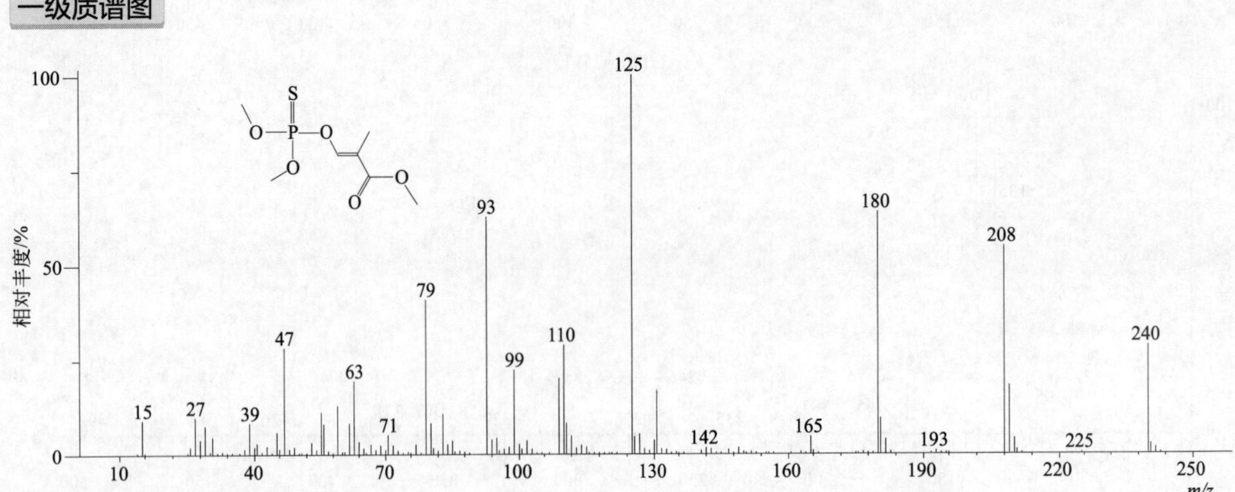

四个碰撞能量下子离子质谱图

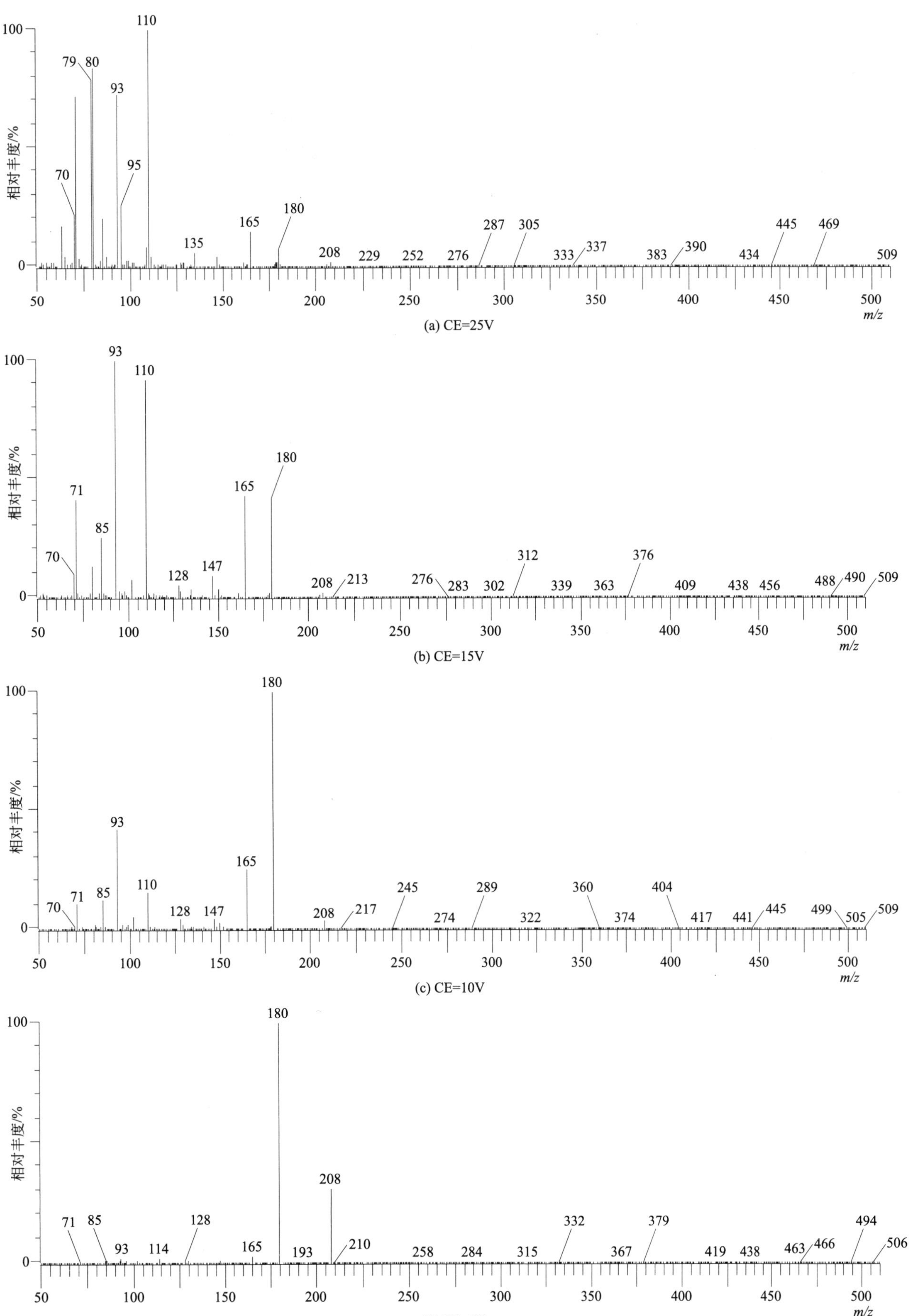

(a) CE=25V

(b) CE=15V

(c) CE=10V

(d) CE=5V

Methfuroxam（呋菌胺）

基本信息

CAS 登录号	28730-17-8	分子量	229.1	扫描模式	子离子扫描
分子式	$C_{14}H_{15}NO_2$	离子化模式	EI	母离子	229

一级质谱图

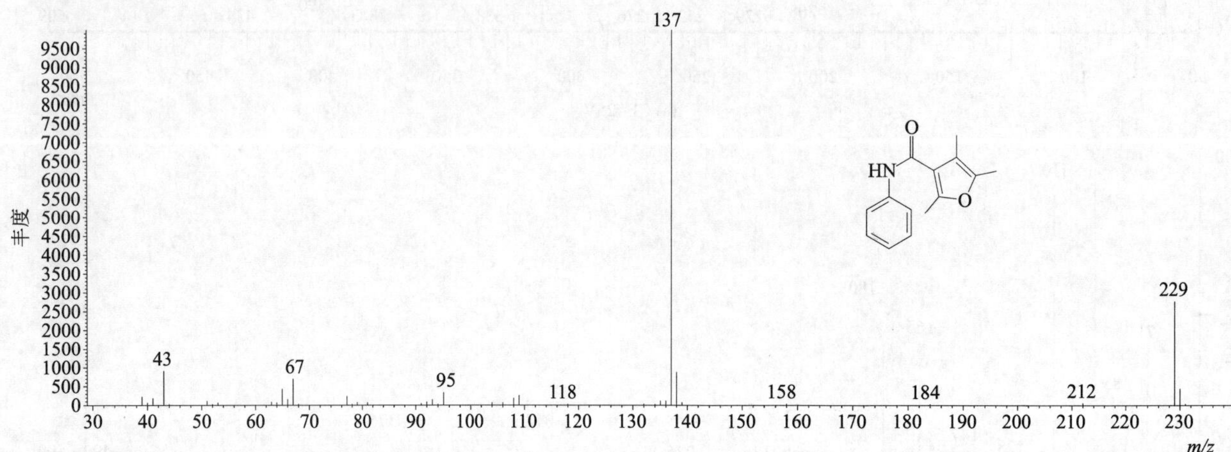

四个碰撞能量下子离子质谱图

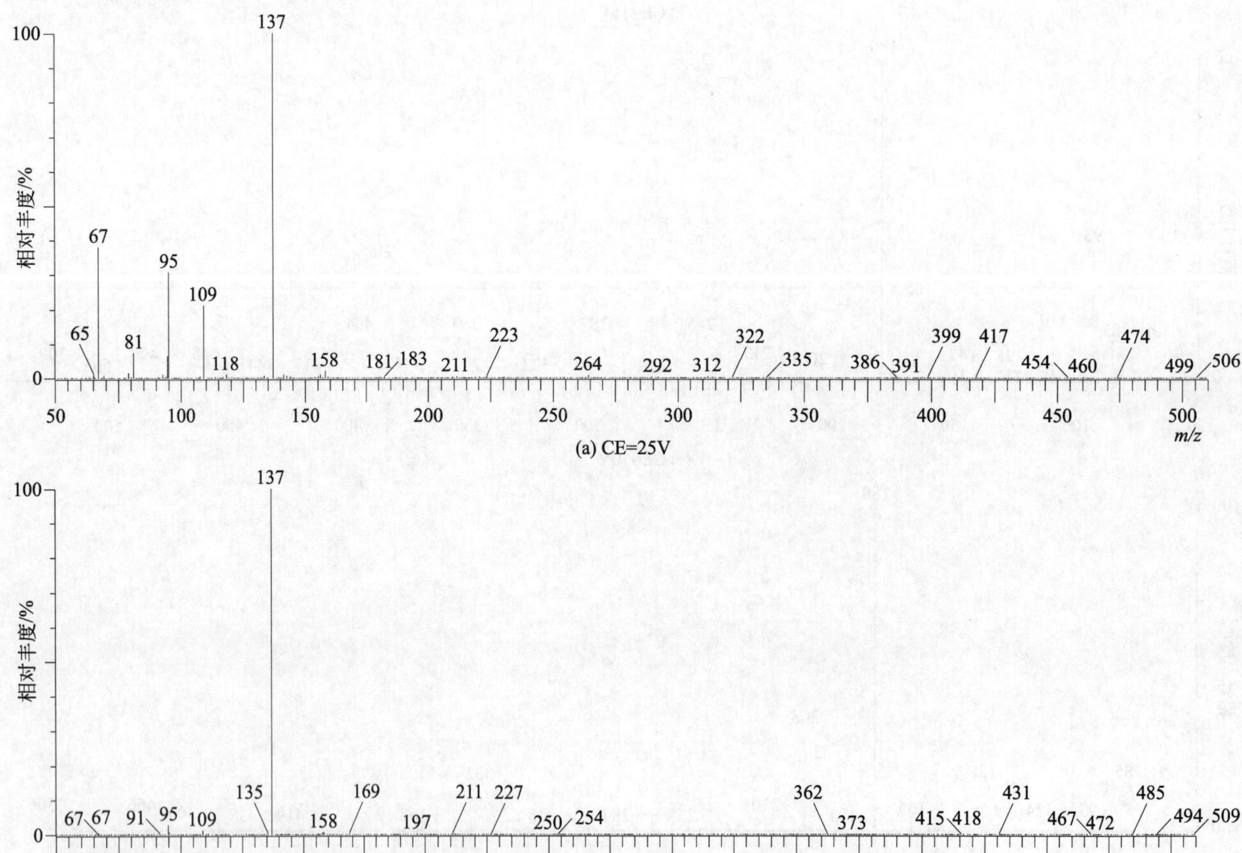

(a) CE=25V

(b) CE=15V

(c) CE=10V

(d) CE=5V

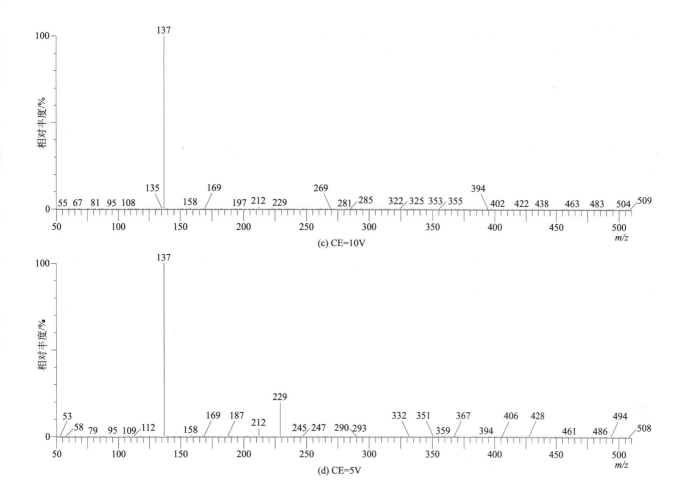

Methidathion（杀扑磷）

基本信息

CAS 登录号	950-37-8	分子量	302.0	扫描模式	子离子扫描
分子式	$C_6H_{11}N_2O_4PS_3$	离子化模式	EI	母离子	145

一级质谱图

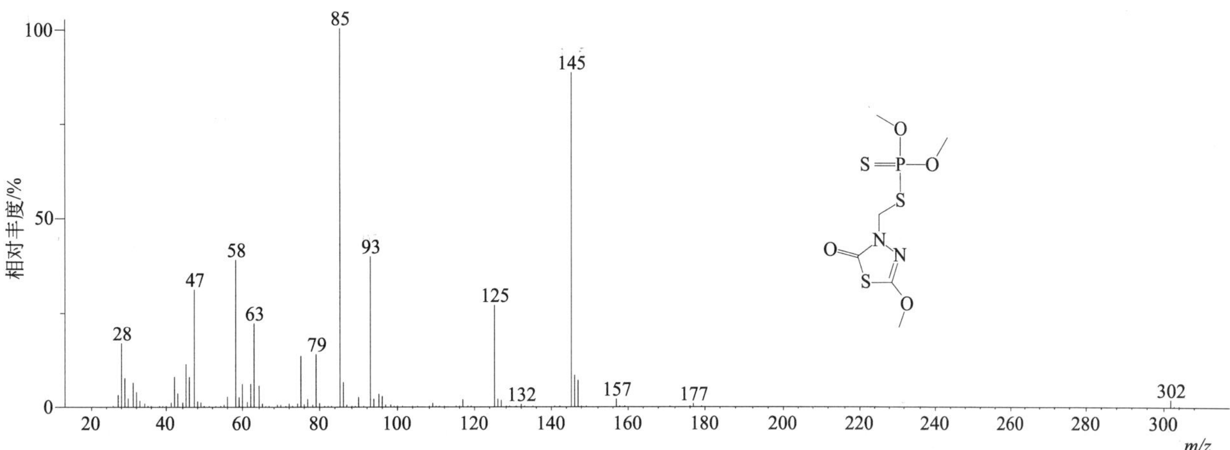

四个碰撞能量下子离子质谱图

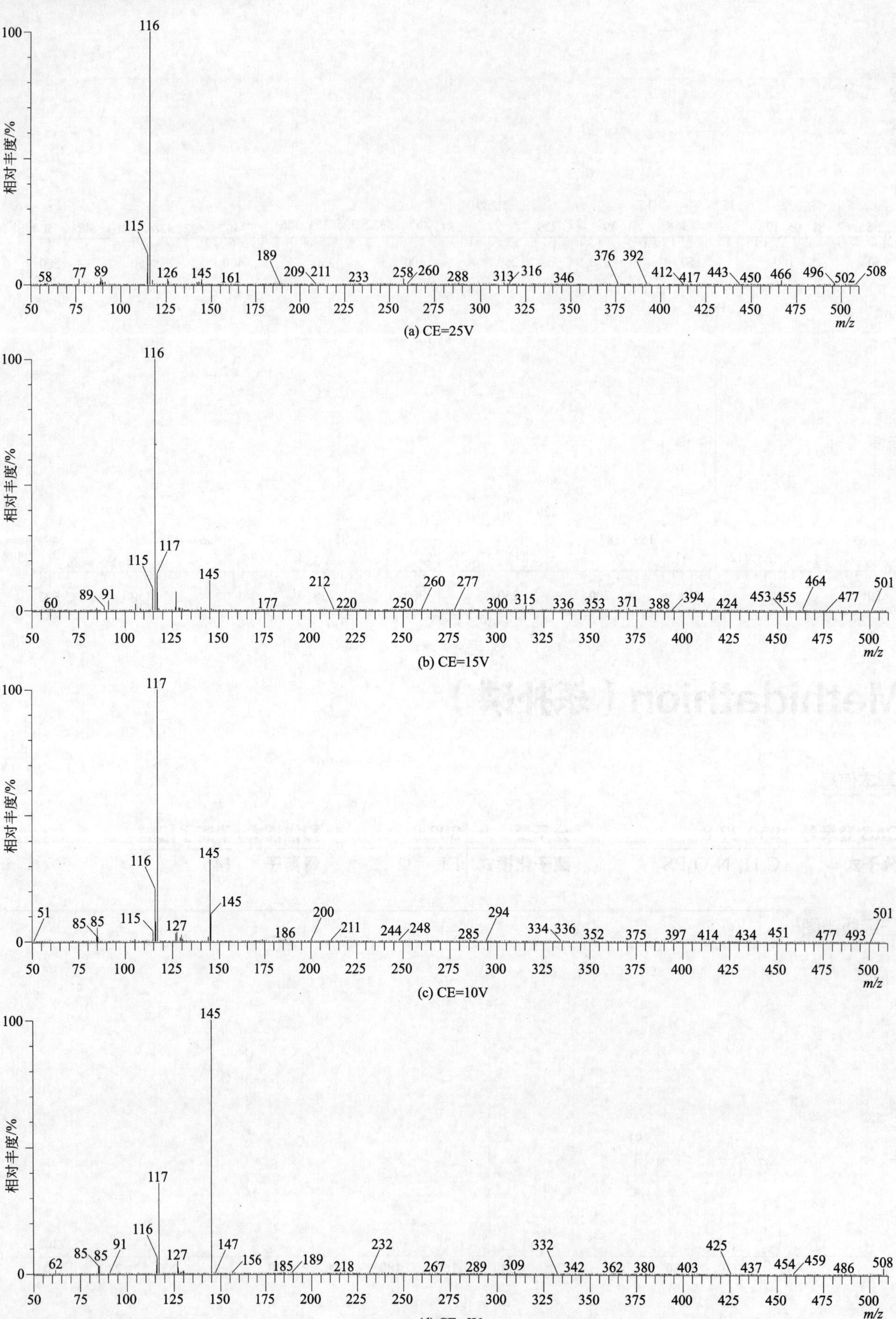

Methiocarb sulfone（甲硫威砜）

基本信息

CAS 登录号	2179-25-1	分子量	257.1	扫描模式	子离子扫描
分子式	$C_{11}H_{15}NO_4S$	离子化模式	EI	母离子	185

一级质谱图

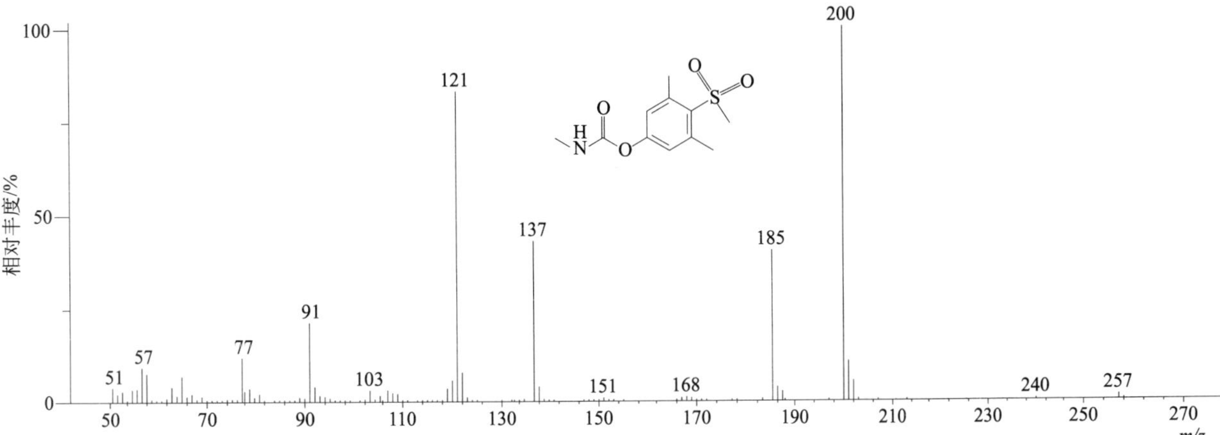

四个碰撞能量下子离子质谱图

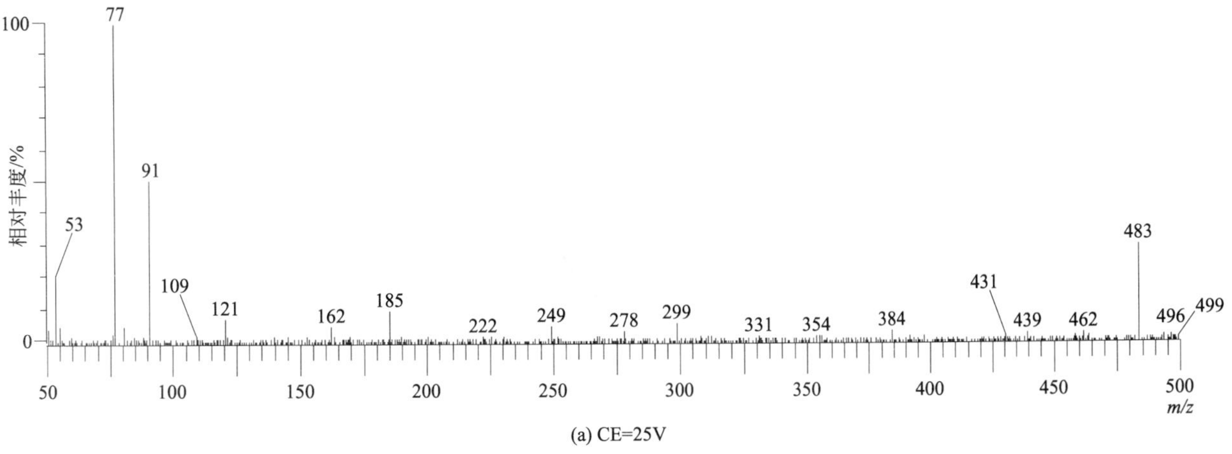

(a) CE=25V

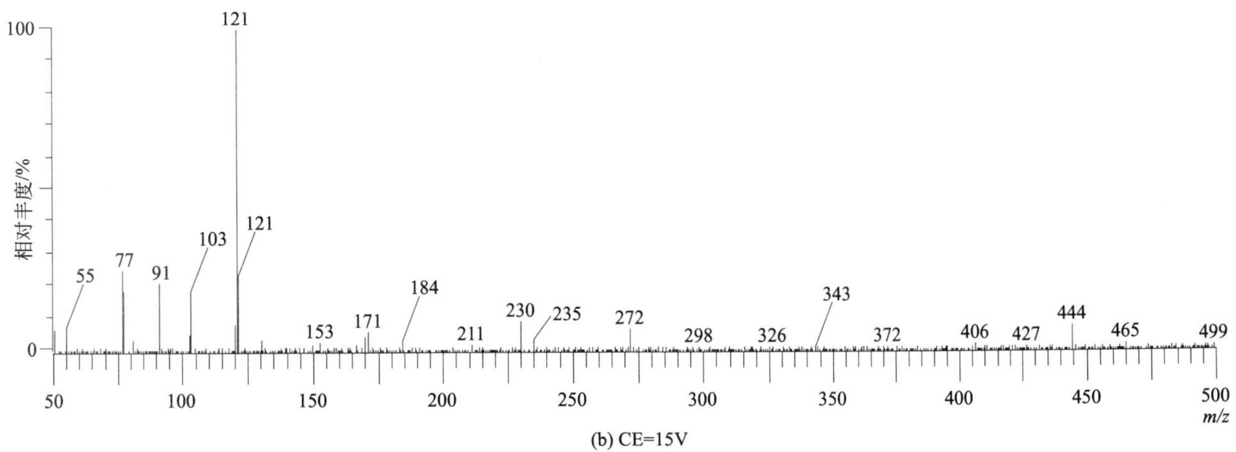

(b) CE=15V

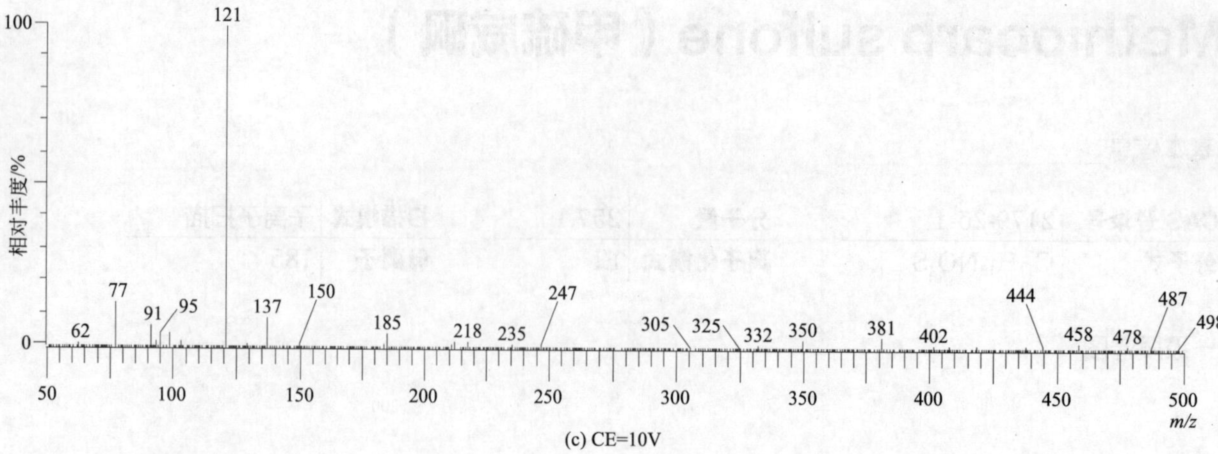

(c) CE=10V

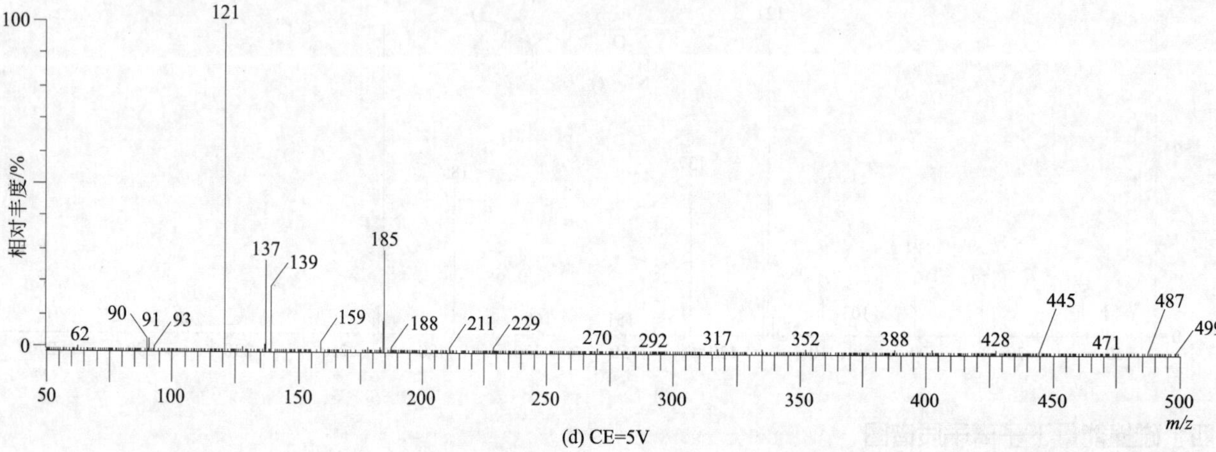

(d) CE=5V

Methoprene（烯虫酯）

基本信息

CAS 登录号	40596-69-8	分子量	310.3	扫描模式	子离子扫描
分子式	$C_{19}H_{34}O_3$	离子化模式	EI	母离子	191

一级质谱图

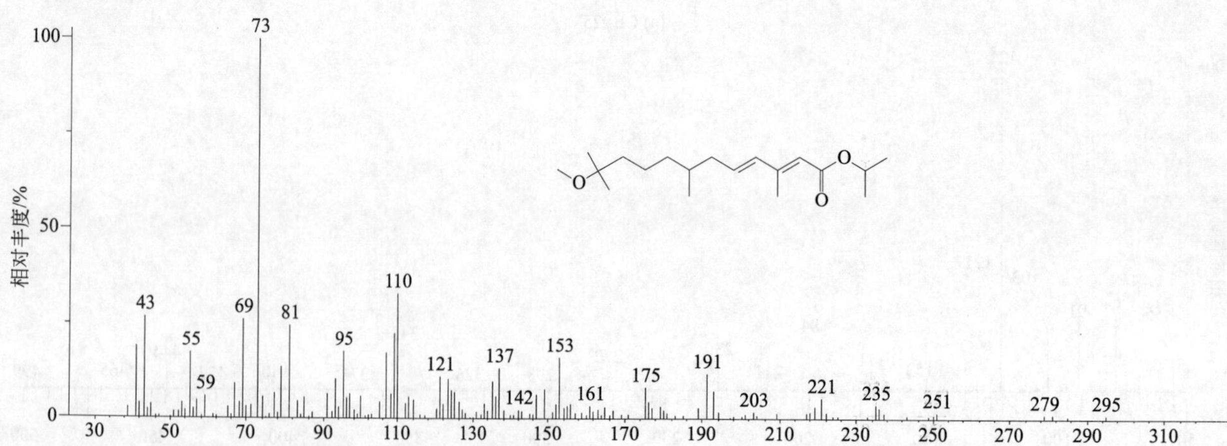

四个碰撞能量下子离子质谱图

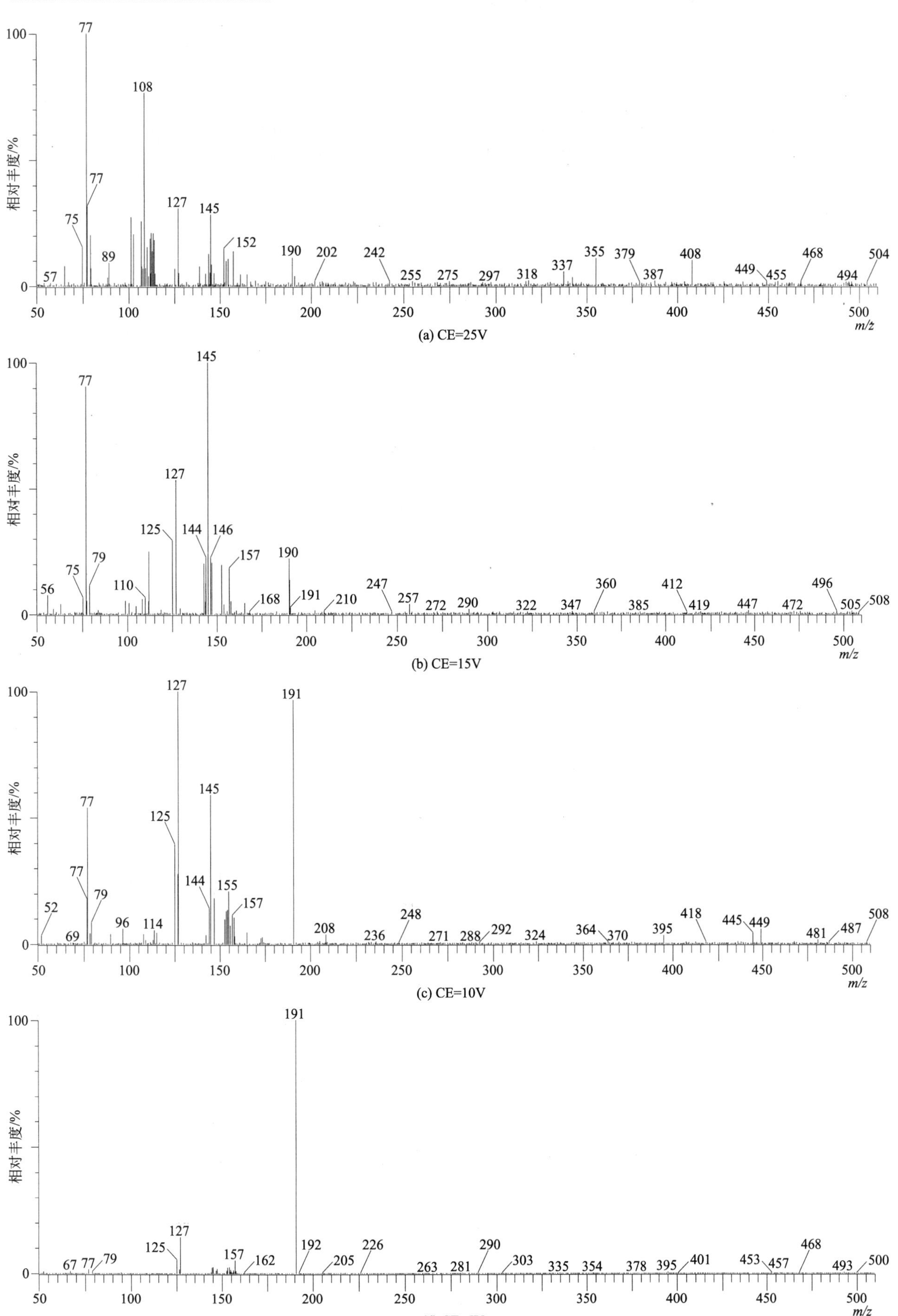

(a) CE=25V

(b) CE=15V

(c) CE=10V

(d) CE=5V

Methoprotryne（盖草津）

基本信息

CAS 登录号	841-06-5	分子量	271.1	扫描模式	子离子扫描
分子式	$C_{11}H_{21}N_5OS$	离子化模式	EI	母离子	256

一级质谱图

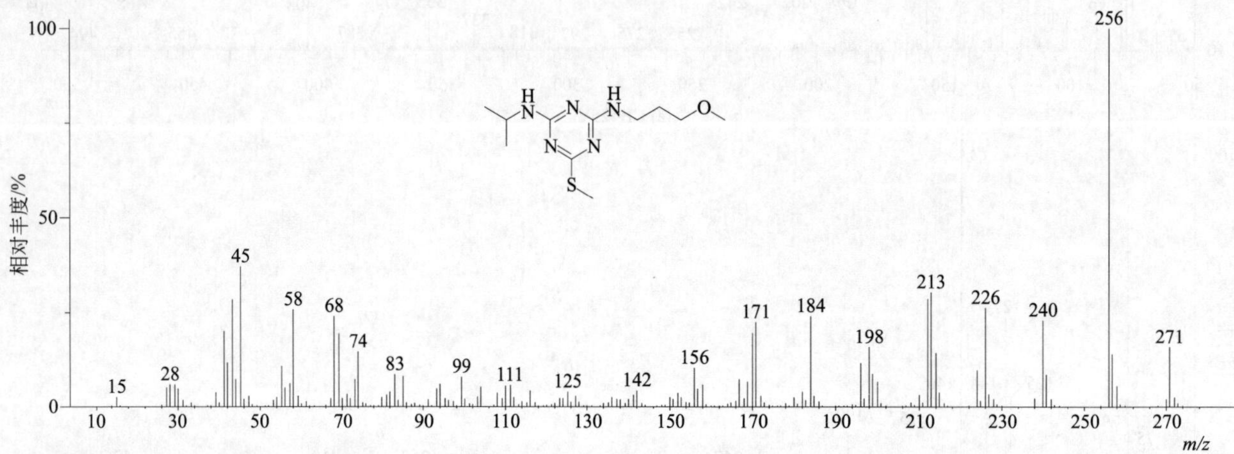

四个碰撞能量下子离子质谱图

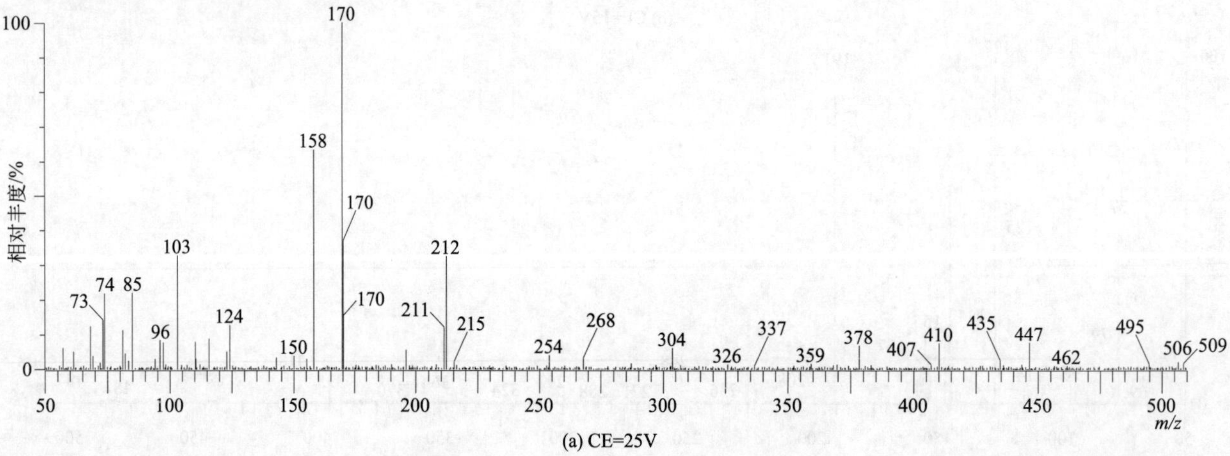

(a) CE=25V

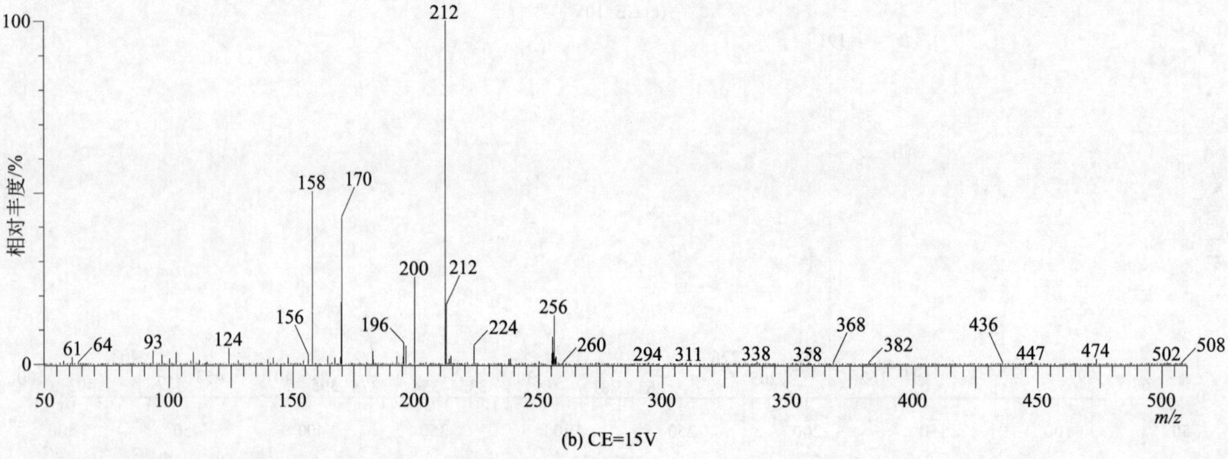

(b) CE=15V

(c) CE=10V

(d) CE=5V

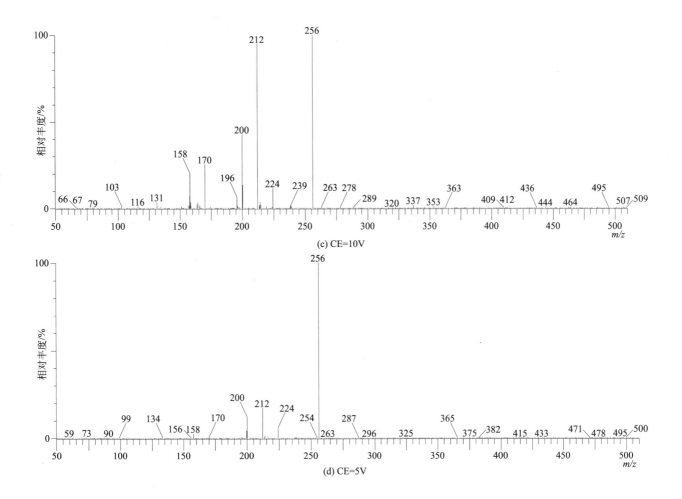

Methoxychlor（甲氧滴滴涕）

基本信息

CAS 登录号	72-43-5	**分子量**	344.0	**扫描模式**	子离子扫描
分子式	$C_{16}H_{15}Cl_3O_2$	**离子化模式**	EI	**母离子**	227

一级质谱图

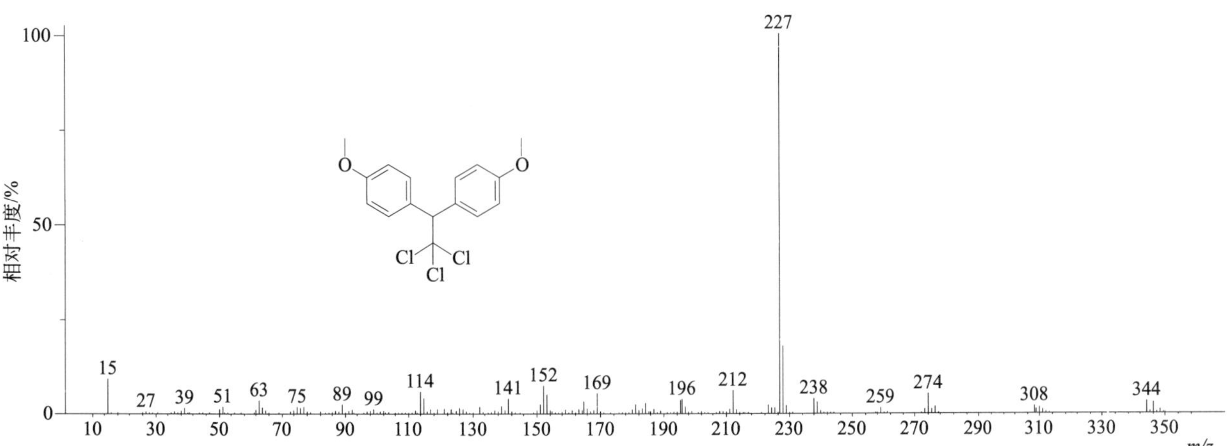

四个碰撞能量下子离子质谱图

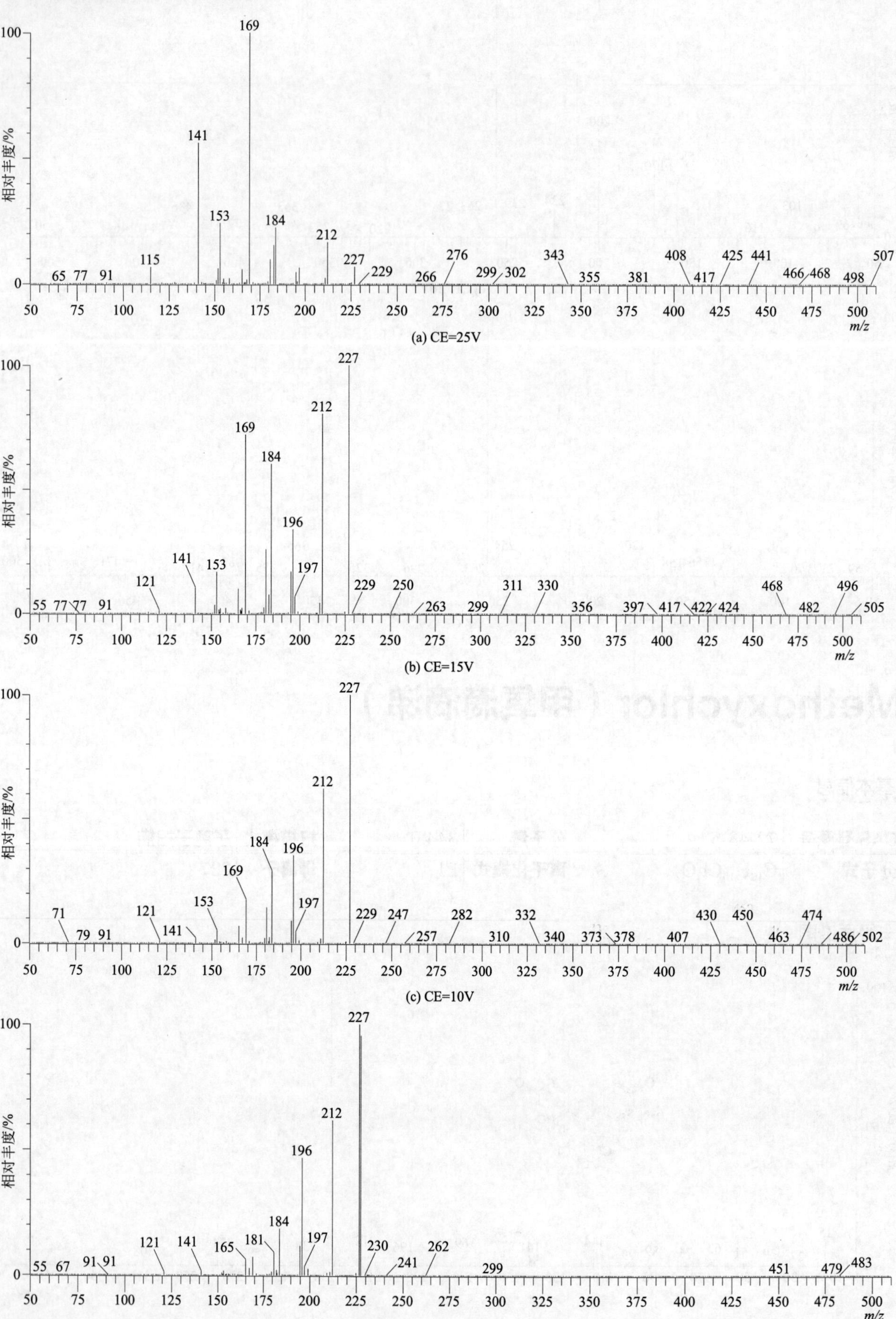

(a) CE=25V

(b) CE=15V

(c) CE=10V

(d) CE=5V

Metobromuron（溴谷隆）

基本信息

CAS 登录号	3060-89-7	分子量	258.0	扫描模式	子离子扫描
分子式	$C_9H_{11}BrN_2O_2$	离子化模式	EI	母离子	258

一级质谱图

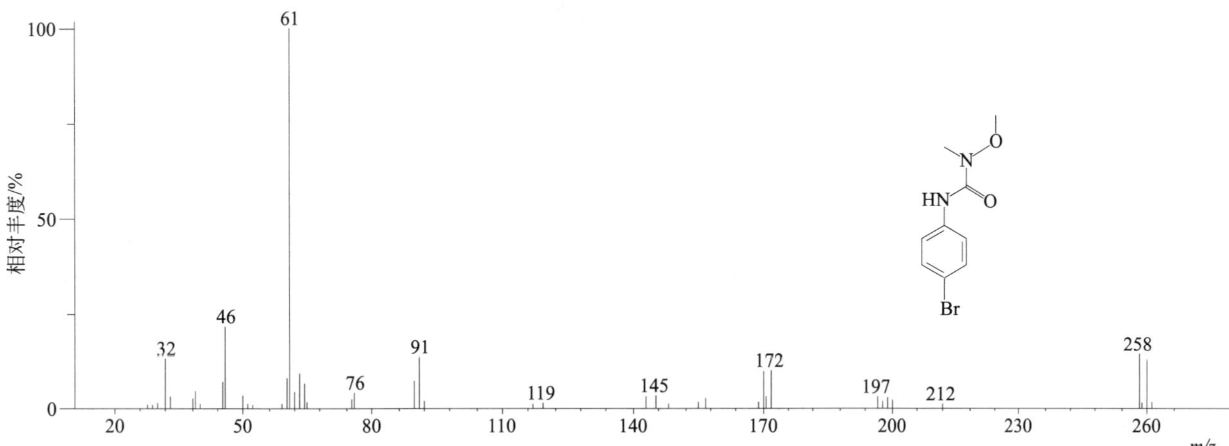

四个碰撞能量下子离子质谱图

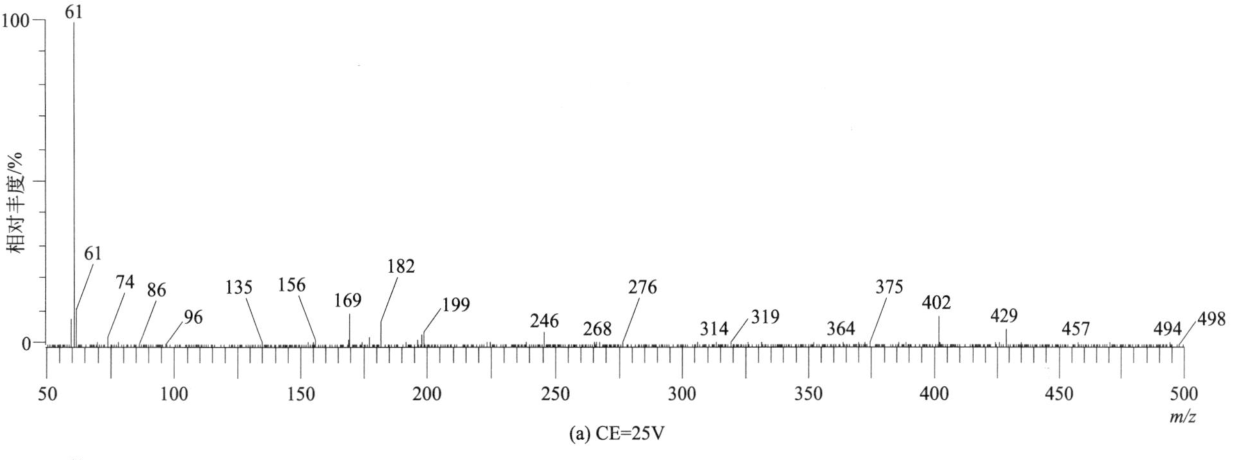

(a) CE=25V

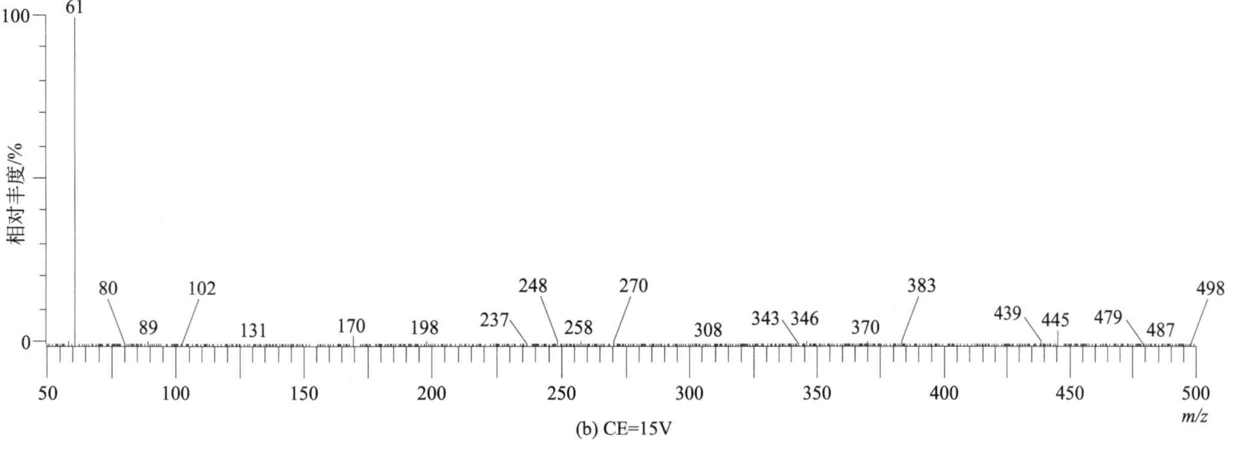

(b) CE=15V

(c) CE=10V

(d) CE=5V

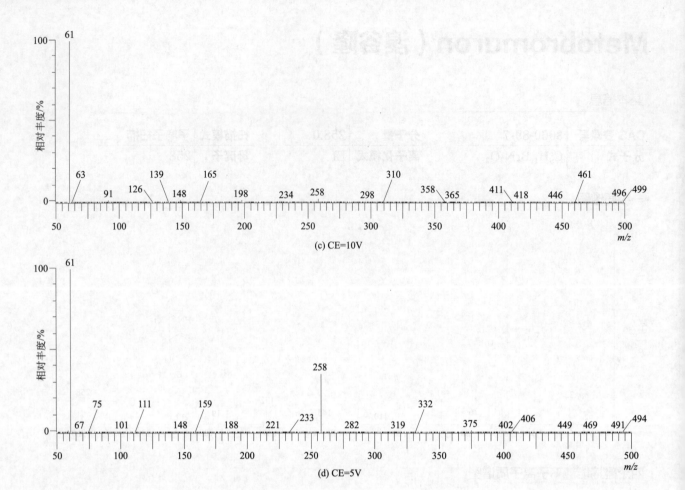

Metolachlor（异丙甲草胺）

基本信息

CAS 登录号	51218-45-2	分子量	283.1	扫描模式	子离子扫描
分子式	$C_{15}H_{22}ClNO_2$	离子化模式	EI	母离子	238

一级质谱图

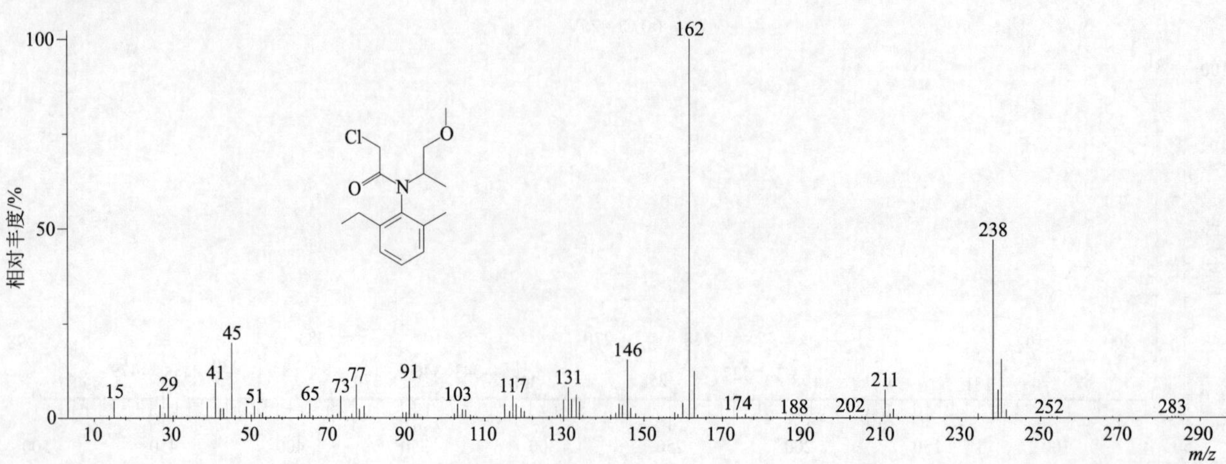

四个碰撞能量下子离子质谱图

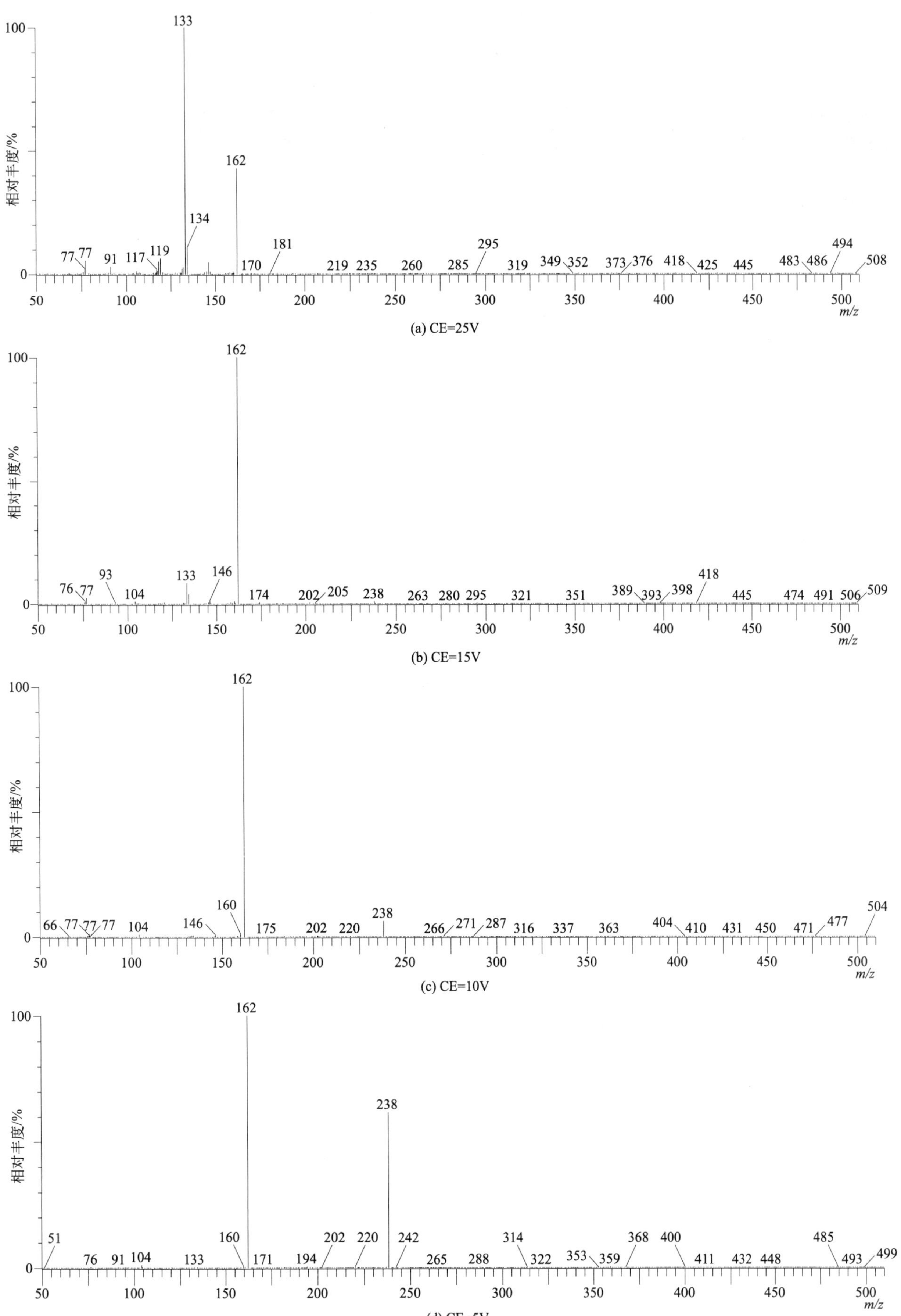

Mexacarbate（自克威）

基本信息

CAS 登录号	315-18-4	分子量	222.1	扫描模式	子离子扫描
分子式	$C_{12}H_{18}N_2O_2$	离子化模式	EI	母离子	165

一级质谱图

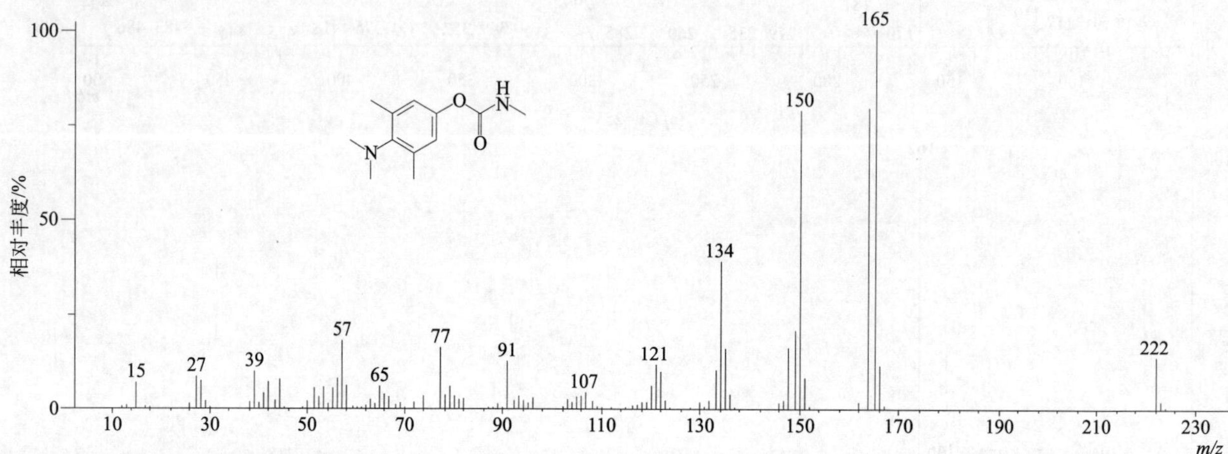

四个碰撞能量下子离子质谱图

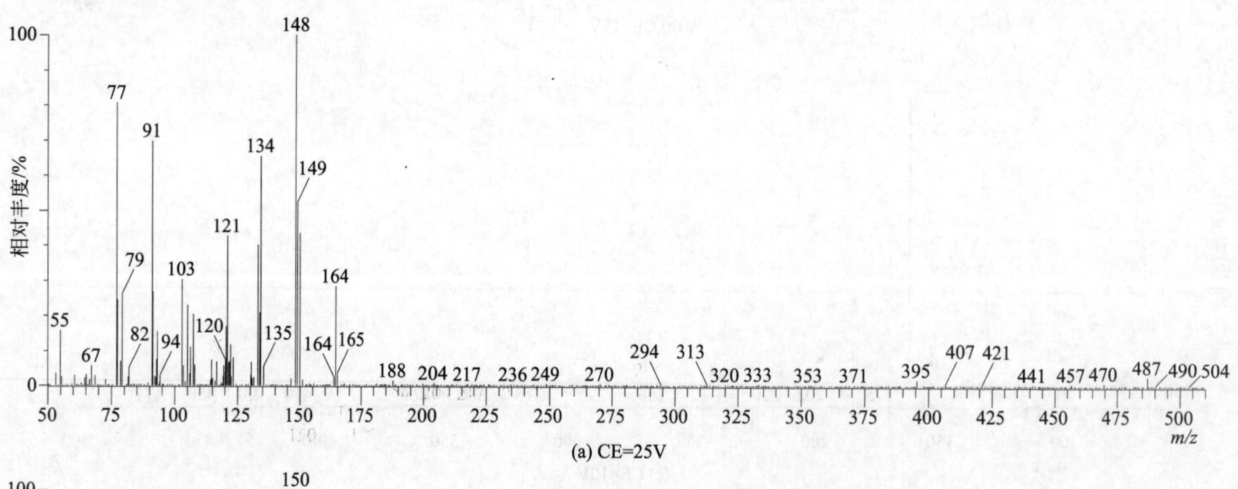
(a) CE=25V

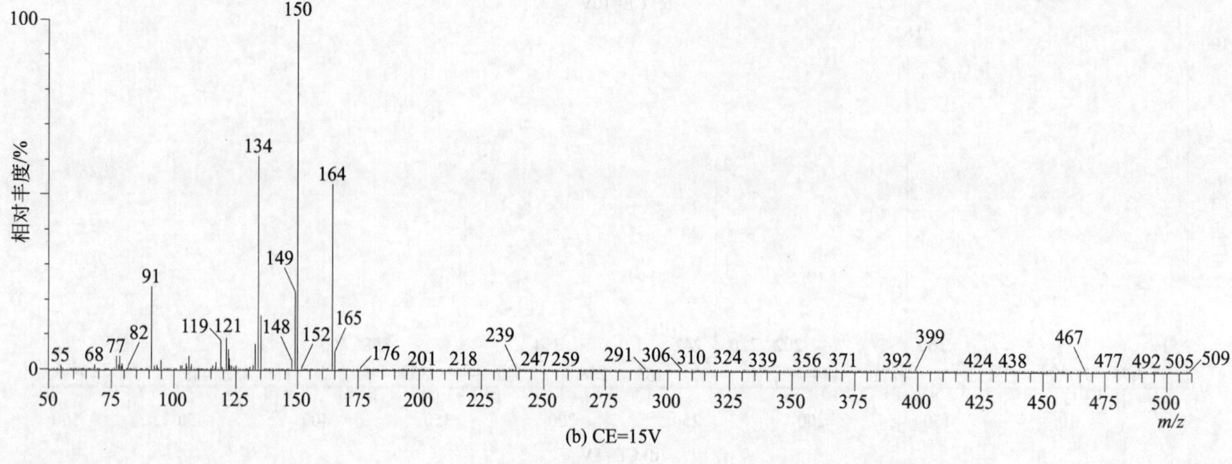
(b) CE=15V

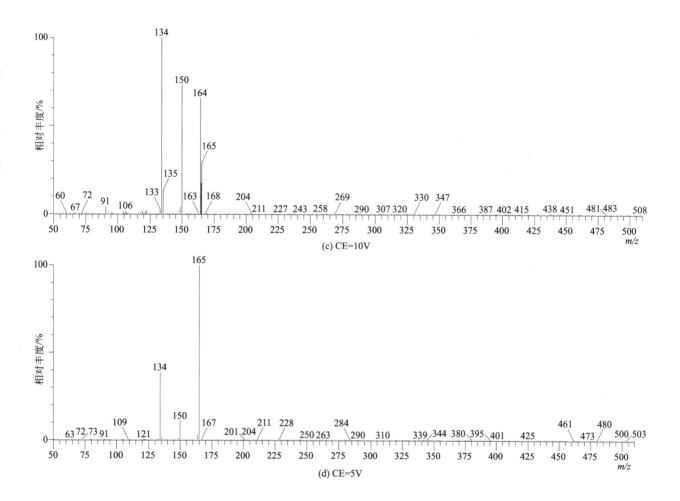

(c) CE=10V

(d) CE=5V

Mirex（灭蚁灵）

基本信息

CAS 登录号	2385-85-5	分子量	539.6	扫描模式	子离子扫描
分子式	$C_{10}Cl_{12}$	离子化模式	EI	母离子	272

一级质谱图

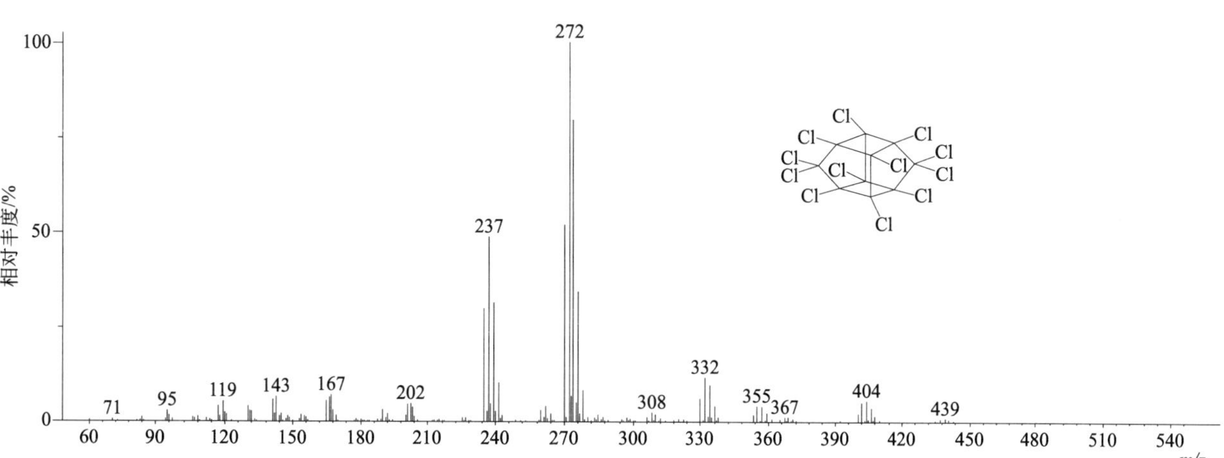

四个碰撞能量下子离子质谱图

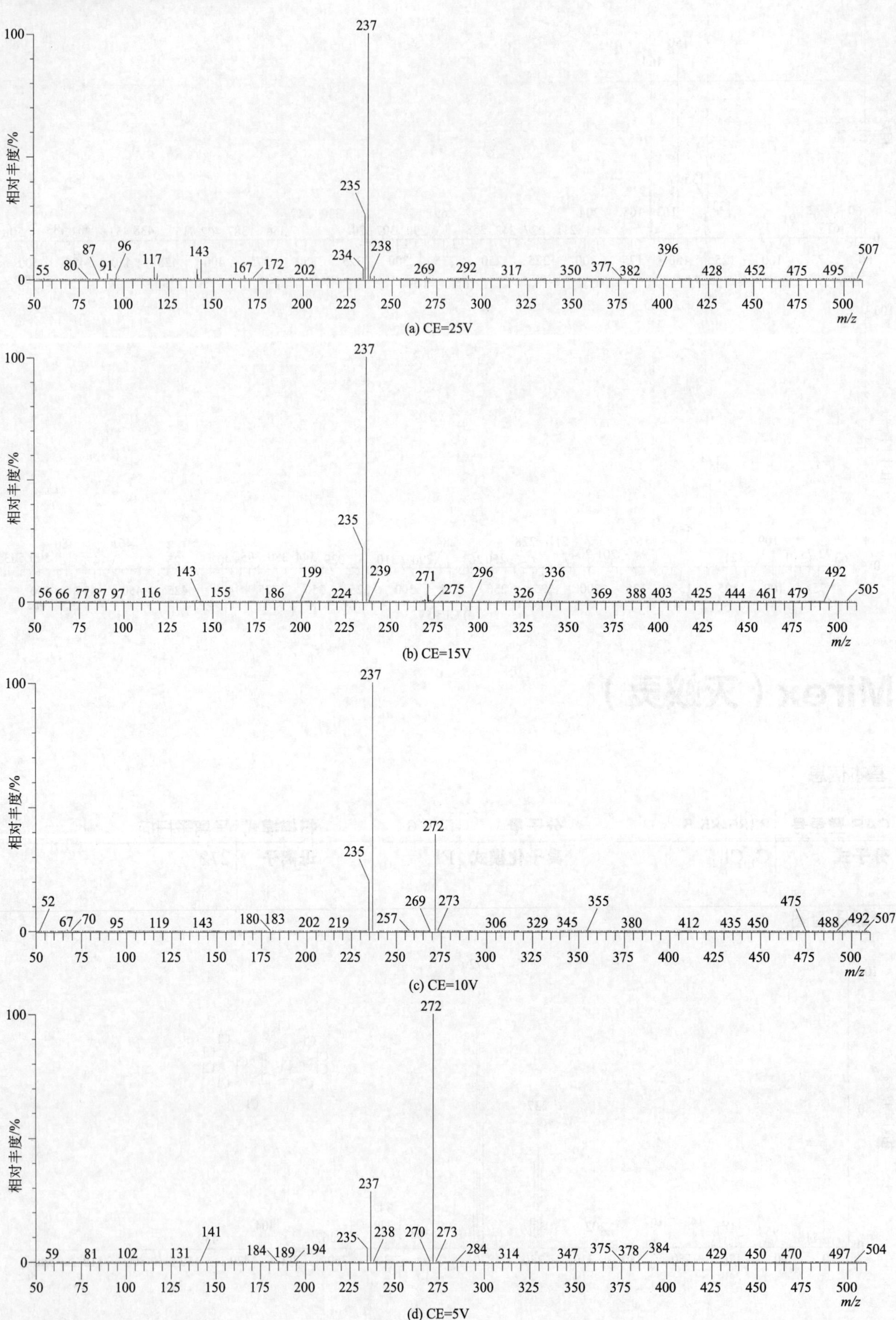

(a) CE=25V

(b) CE=15V

(c) CE=10V

(d) CE=5V

Molinate（禾草敌）

基本信息

CAS 登录号	2212-67-1	分子量	187.1	扫描模式	子离子扫描
分子式	$C_9H_{17}NOS$	离子化模式	EI	母离子	126

一级质谱图

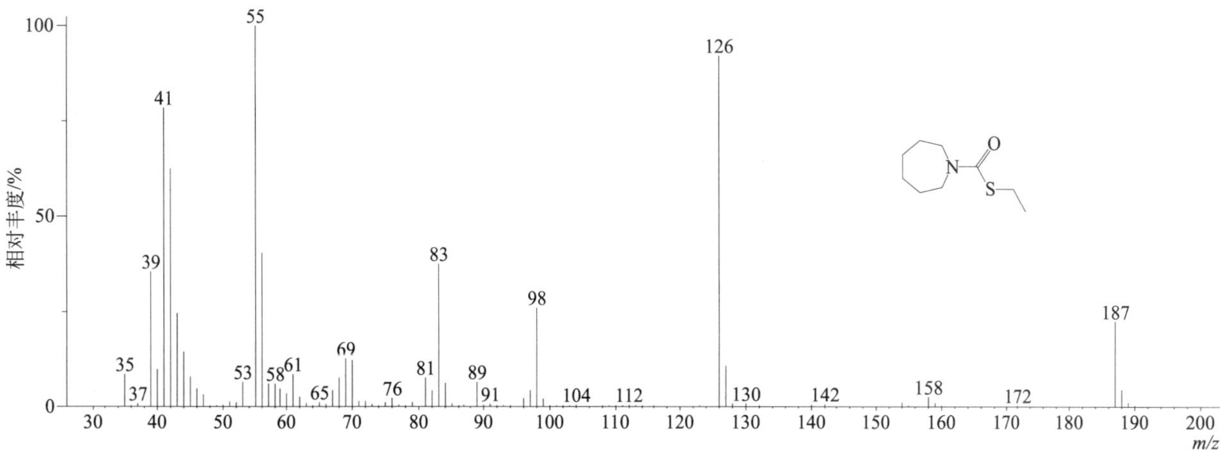

四个碰撞能量下子离子质谱图

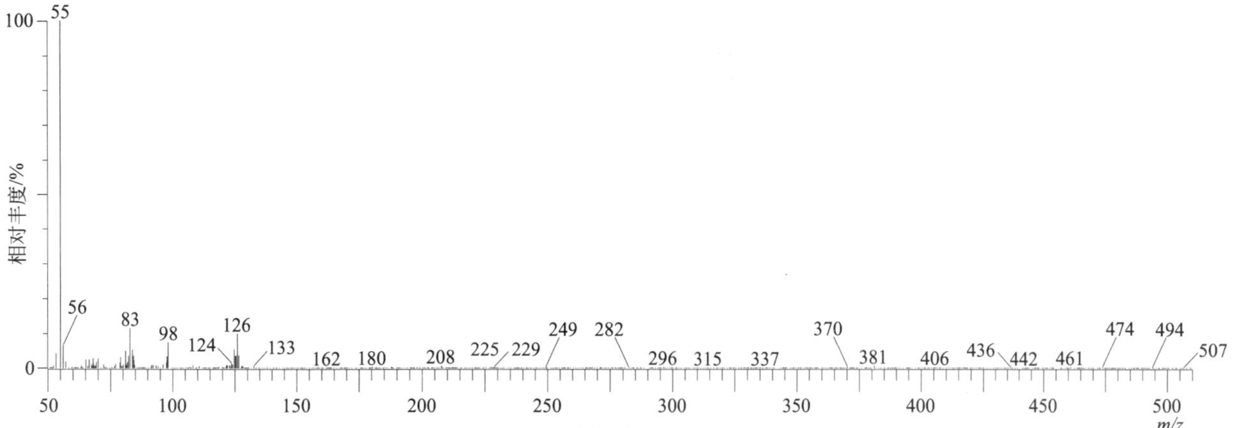

(a) CE=25V

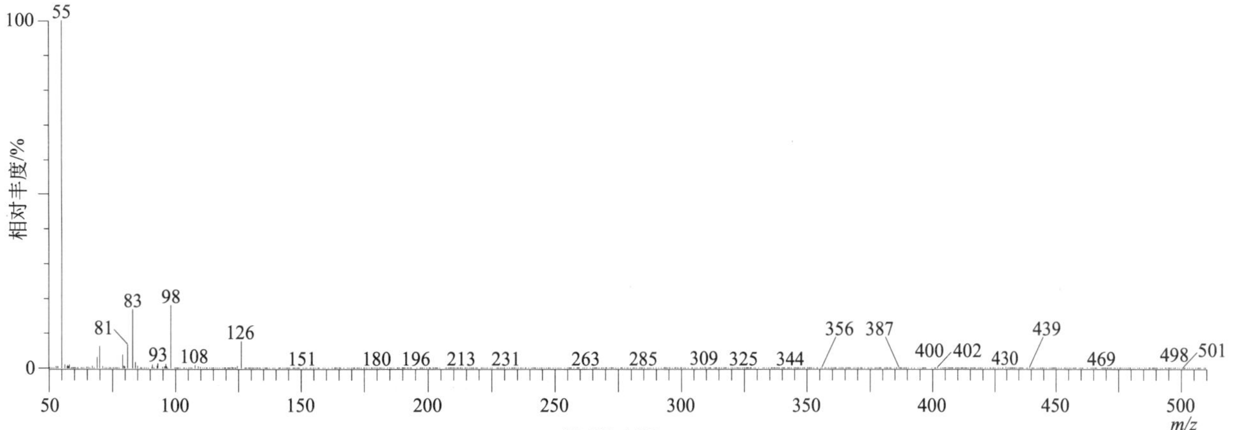

(b) CE=15V

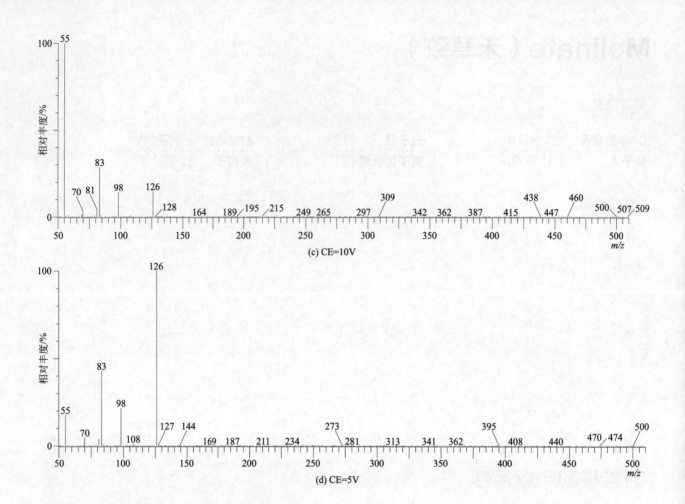

(c) CE=10V

(d) CE=5V

Monalide（庚酰草胺）

基本信息

CAS 登录号	7287-36-7	分子量	239.1	扫描模式	子离子扫描
分子式	$C_{13}H_{18}ClNO$	离子化模式	EI	母离子	239

一级质谱图

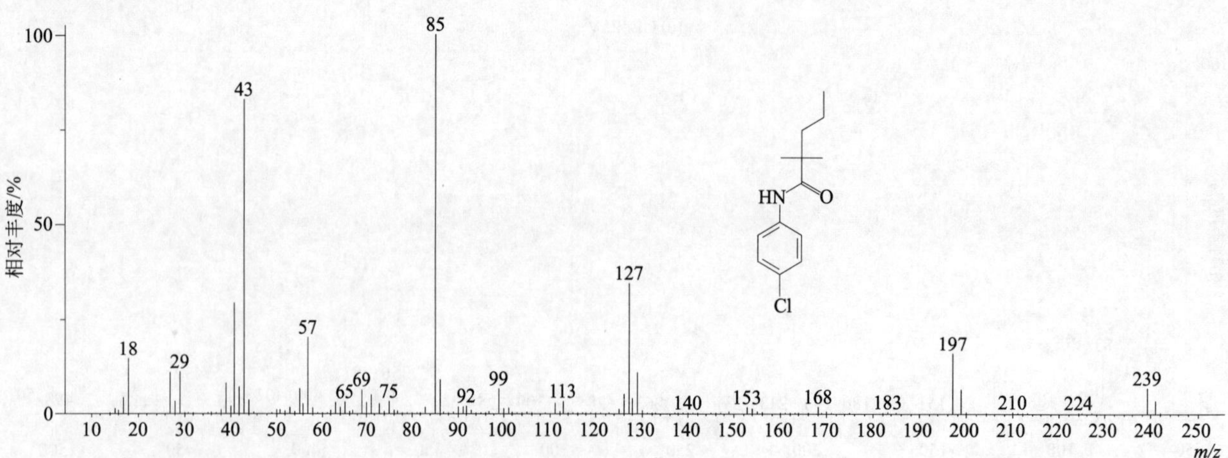

四个碰撞能量下子离子质谱图

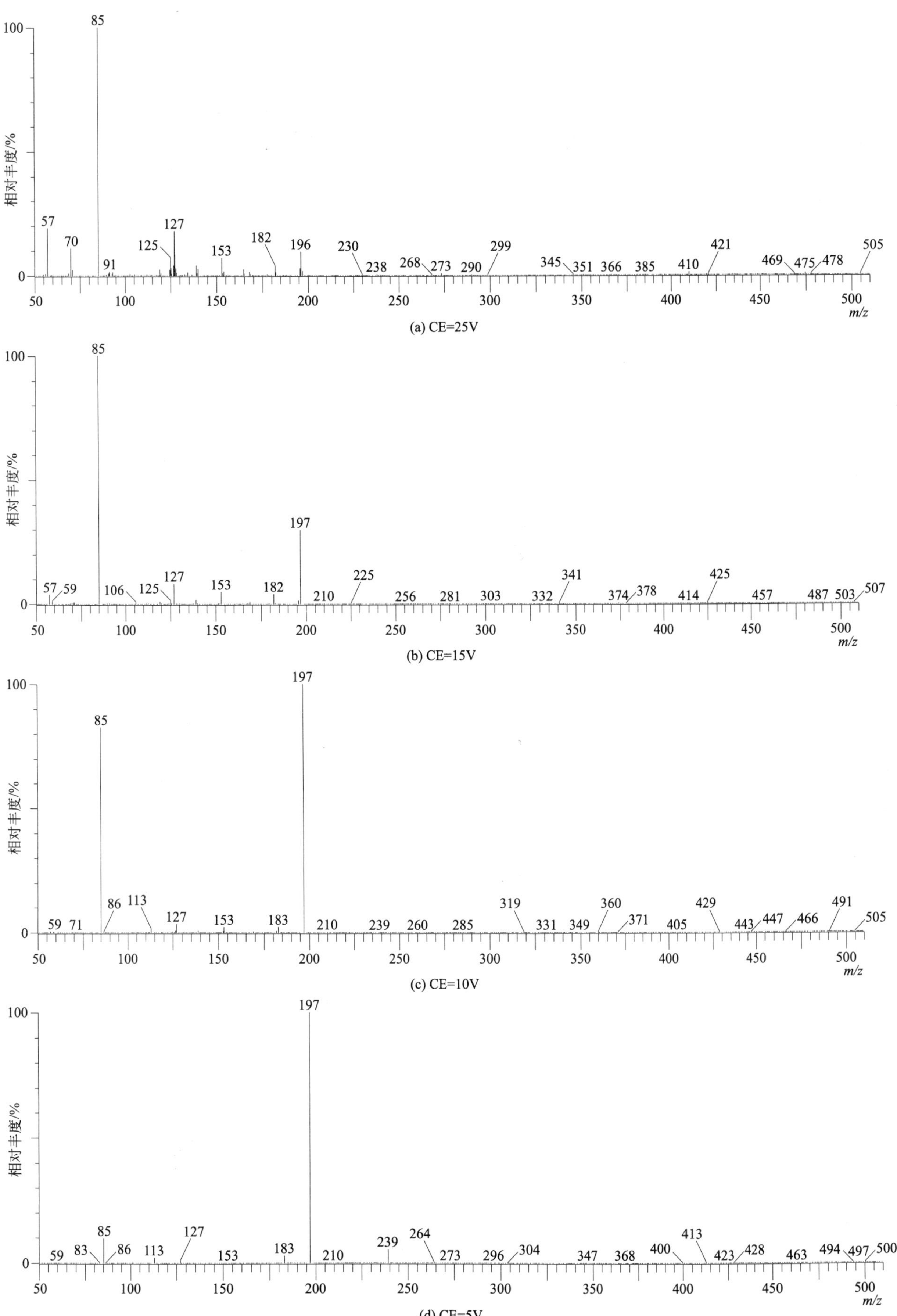

(a) CE=25V

(b) CE=15V

(c) CE=10V

(d) CE=5V

Monolinuron（绿谷隆）

基本信息

CAS 登录号	1746-81-2	分子量	214.1	扫描模式	子离子扫描
分子式	$C_9H_{11}ClN_2O_2$	离子化模式	EI	母离子	126

一级质谱图

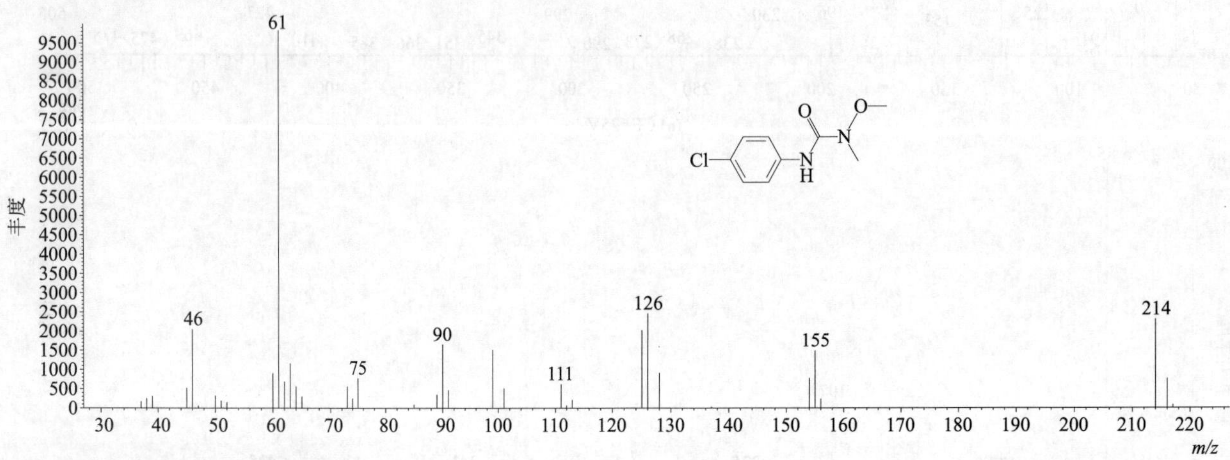

四个碰撞能量下子离子质谱图

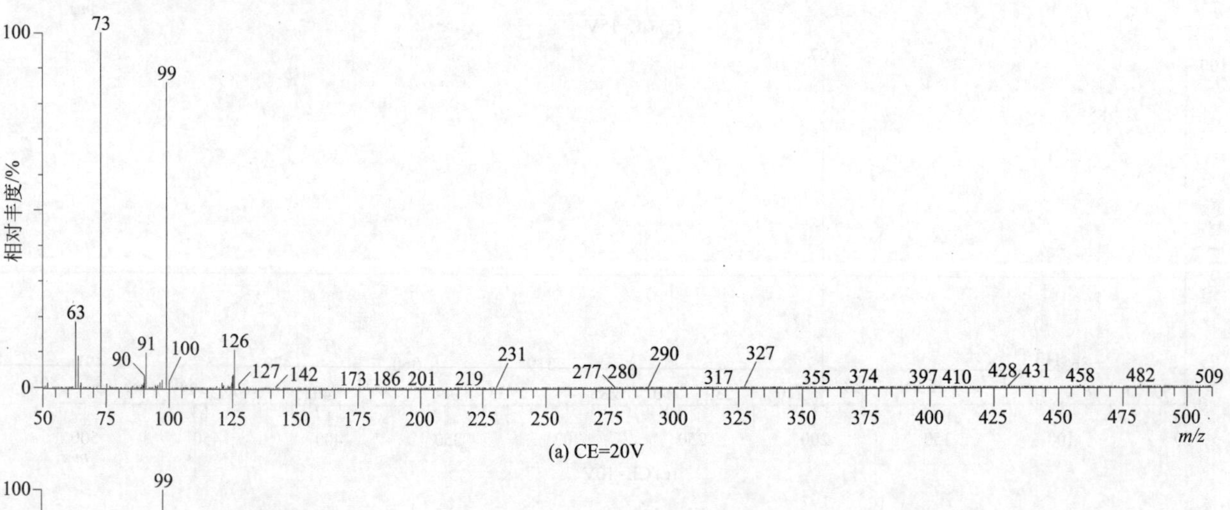

(a) CE=20V

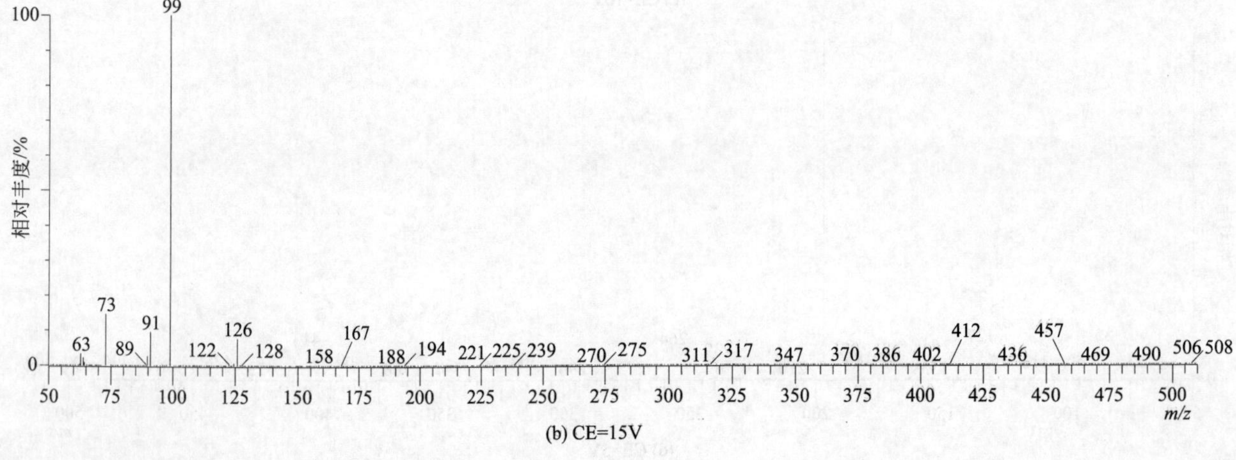

(b) CE=15V

(c) CE=10V

(d) CE=5V

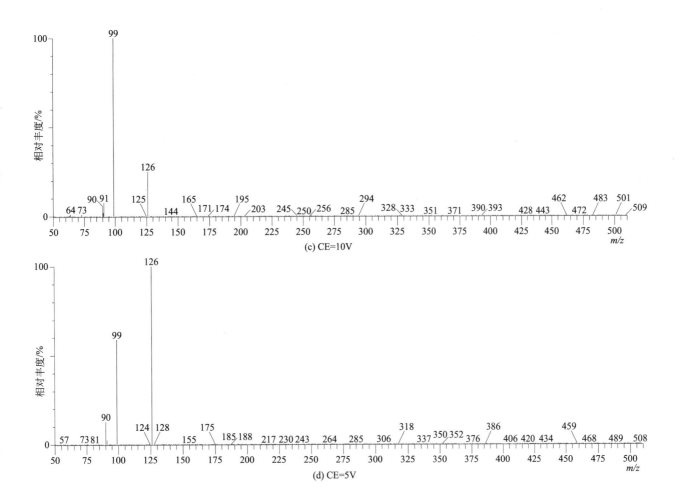

Musk ambrette（合成麝香）

基本信息

CAS 登录号	73507-41-2	**分子量**	268.1	**扫描模式**	子离子扫描
分子式	$C_{12}H_{16}N_2O_5$	**离子化模式**	EI	**母离子**	253

一级质谱图

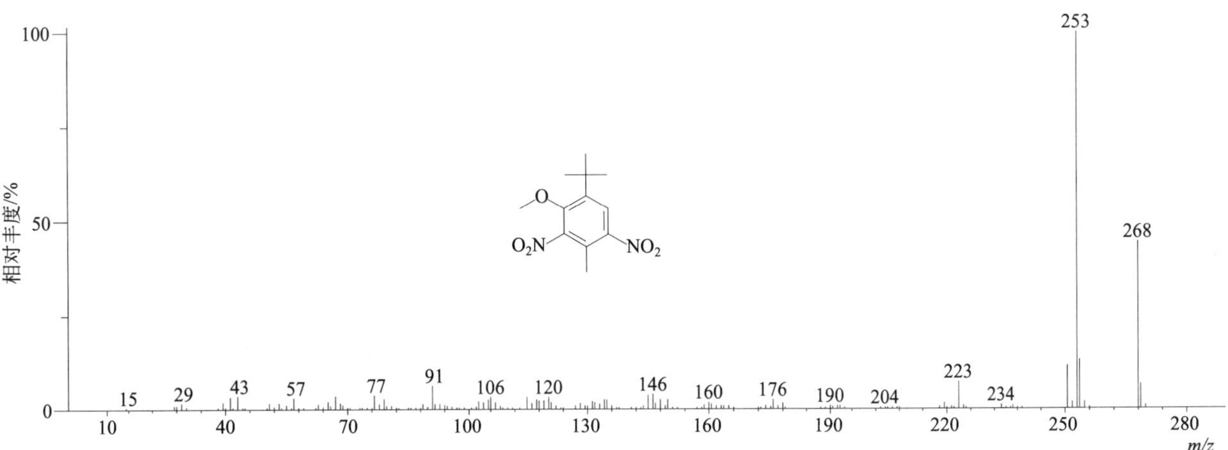

四个碰撞能量下子离子质谱图

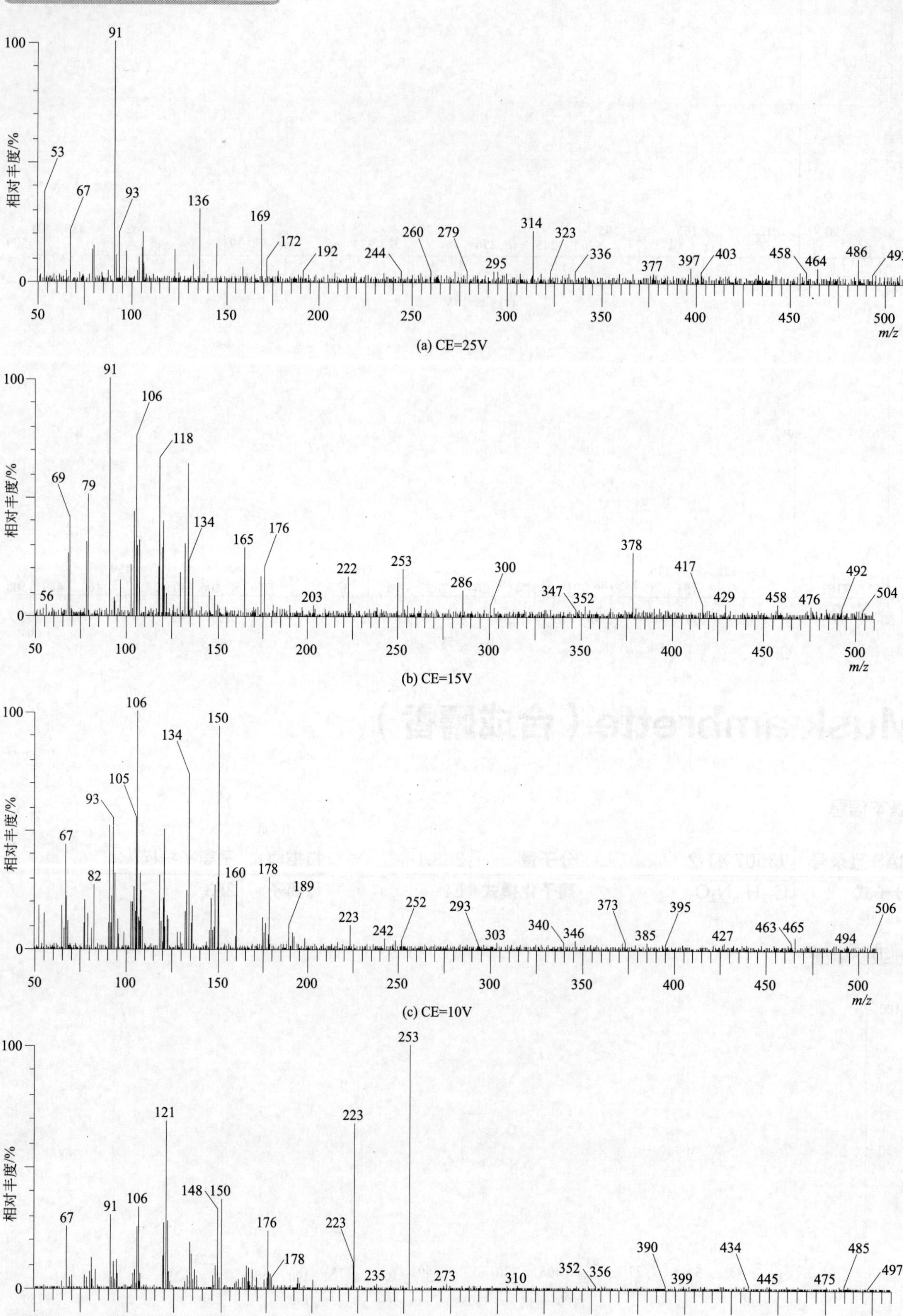

(a) CE=25V

(b) CE=15V

(c) CE=10V

(d) CE=5V

Myclobutanil（腈菌唑）

基本信息

CAS 登录号	88671-89-0	分子量	288.1	扫描模式	子离子扫描
分子式	$C_{15}H_{17}ClN_4$	离子化模式	EI	母离子	179

一级质谱图

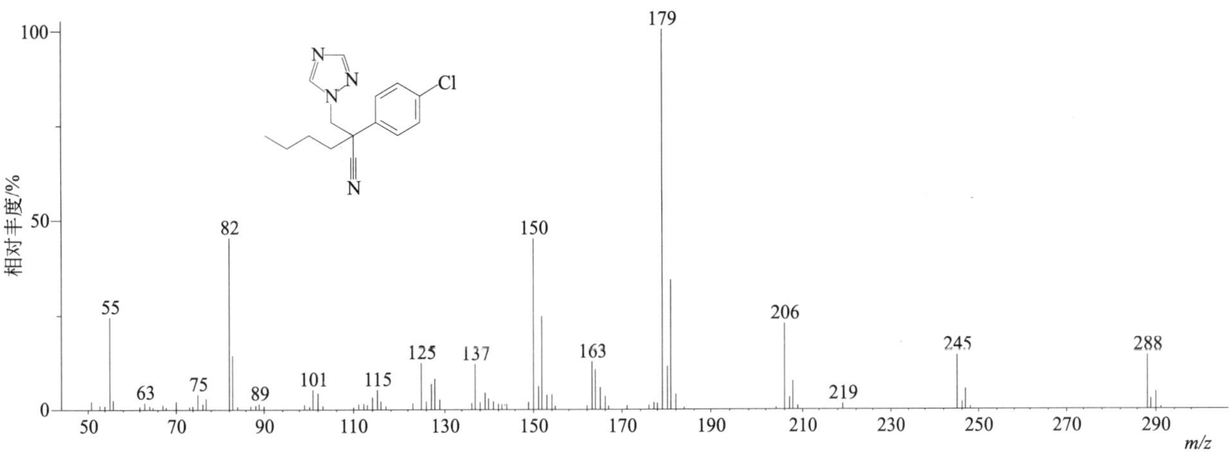

四个碰撞能量下子离子质谱图

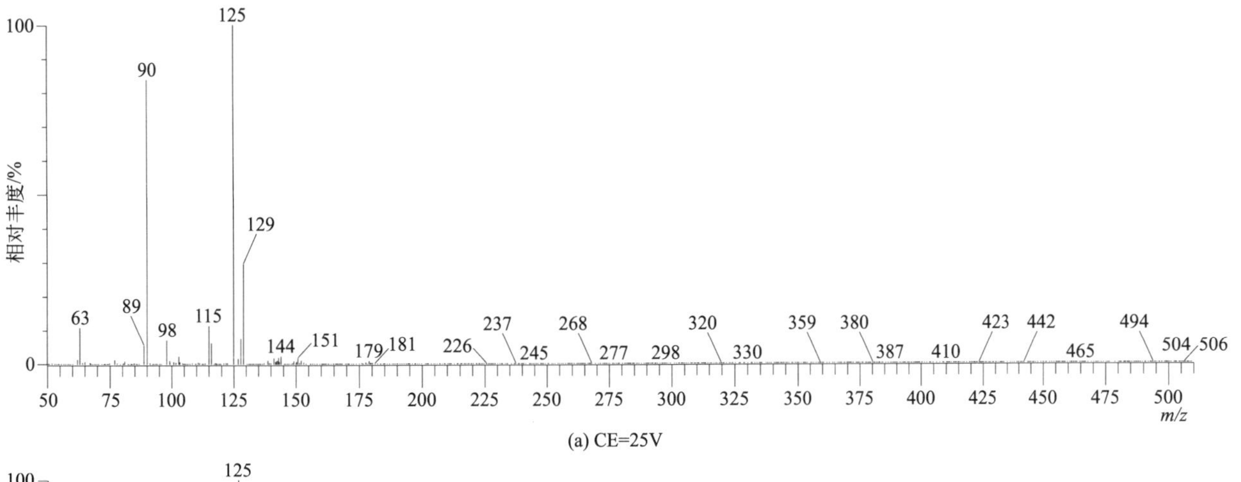

(a) CE=25V

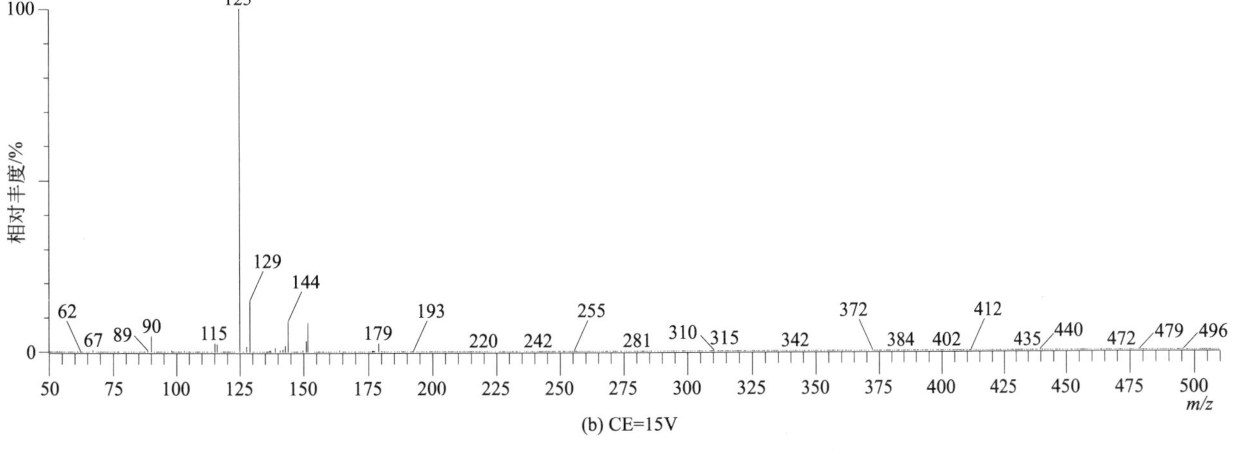

(b) CE=15V

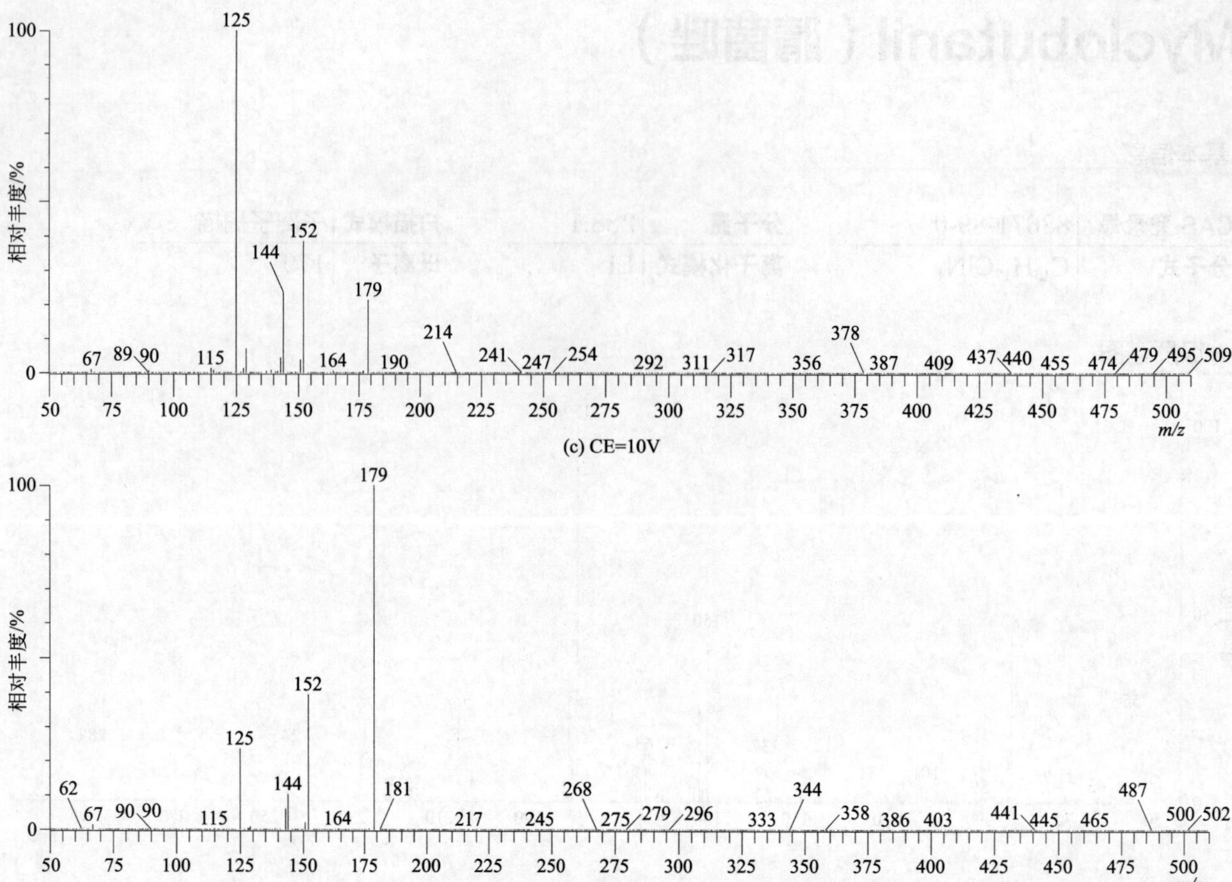

(c) CE=10V

(d) CE=5V

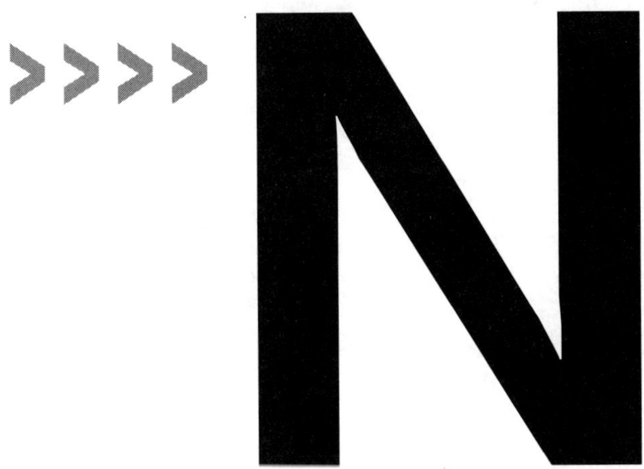
N

Napropamide（敌草胺）

基本信息

CAS 登录号	15299-99-7	分子量	271.2	扫描模式	子离子扫描
分子式	$C_{17}H_{21}NO_2$	离子化模式	EI	母离子	271

一级质谱图

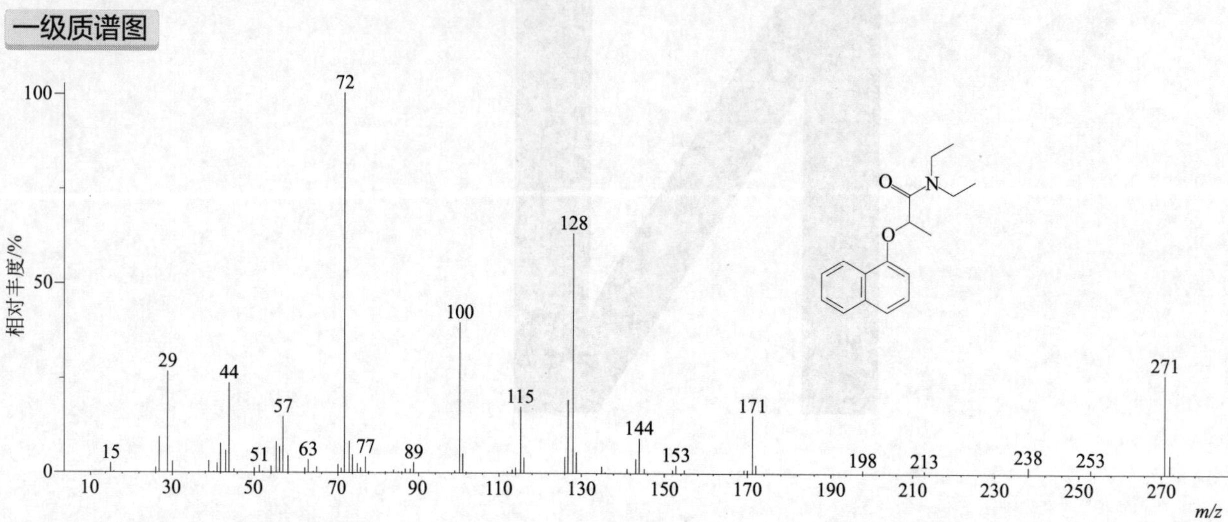

四个碰撞能量下子离子质谱图

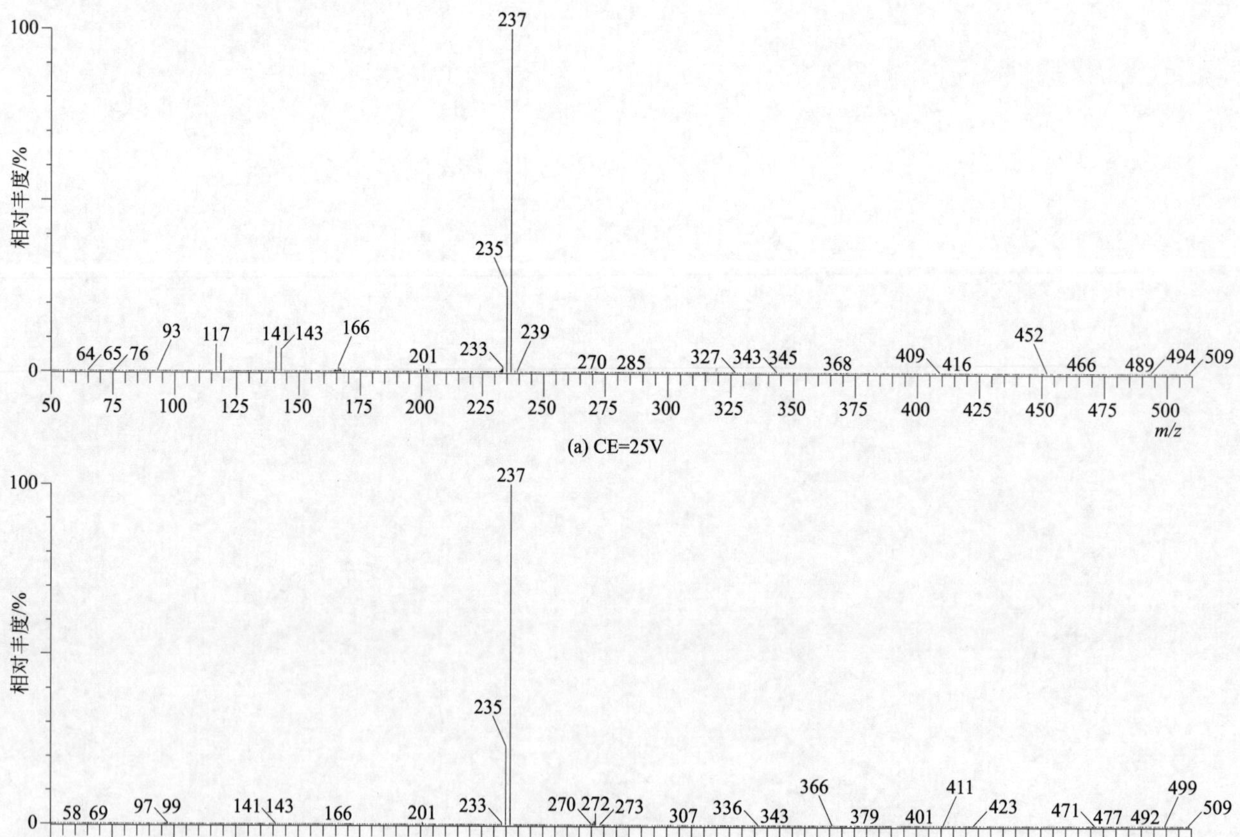

(a) CE=25V

(b) CE=15V

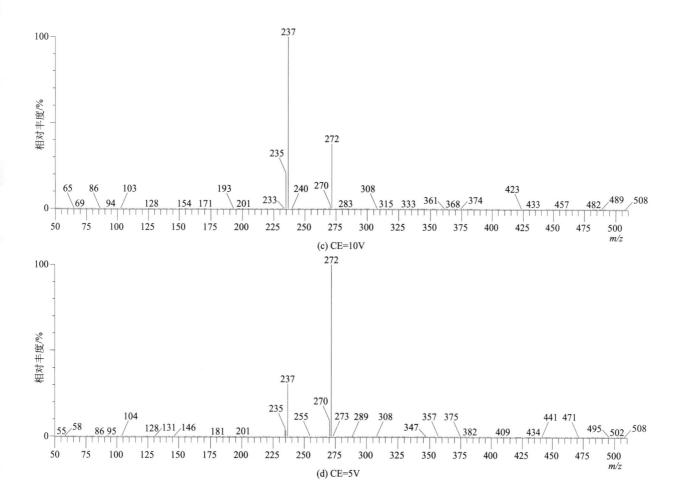

(c) CE=10V

(d) CE=5V

Nitralin（甲磺乐灵）

基本信息

CAS 登录号	4726-14-1	分子量	345.1	扫描模式	子离子扫描
分子式	$C_{13}H_{19}N_3O_6S$	离子化模式	EI	母离子	316

一级质谱图

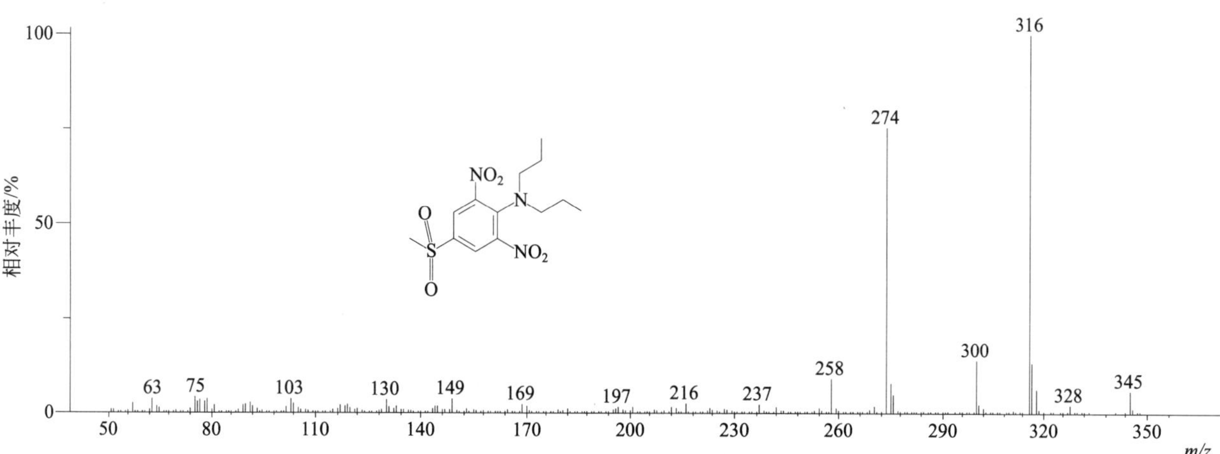

四个碰撞能量下子离子质谱图

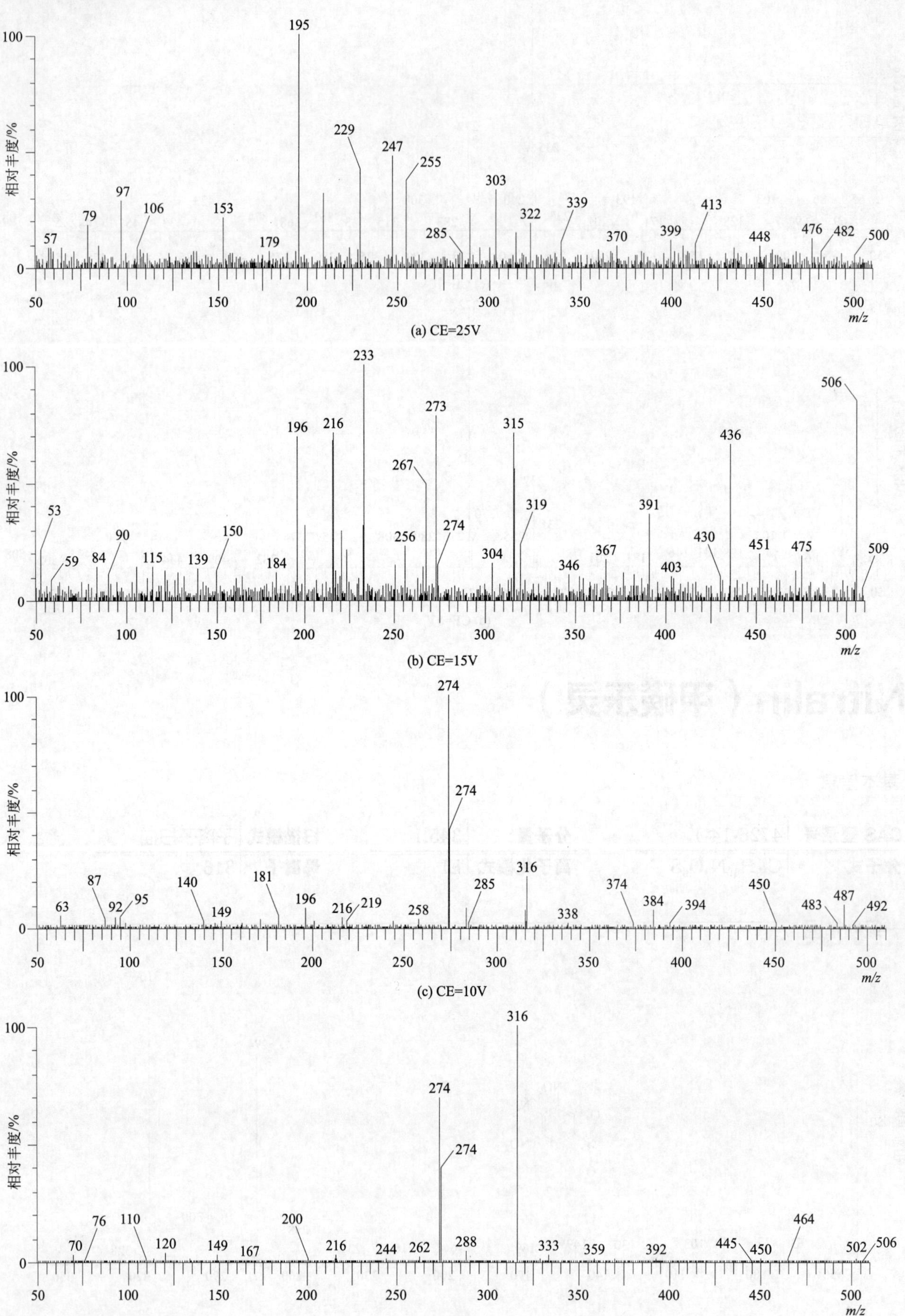

(a) CE=25V

(b) CE=15V

(c) CE=10V

(d) CE=5V

Nitrapyrin（三氯甲基吡啶）

基本信息

CAS 登录号	1929-82-4	分子量	228.9	扫描模式	子离子扫描
分子式	$C_6H_3Cl_4N$	离子化模式	EI	母离子	194

一级质谱图

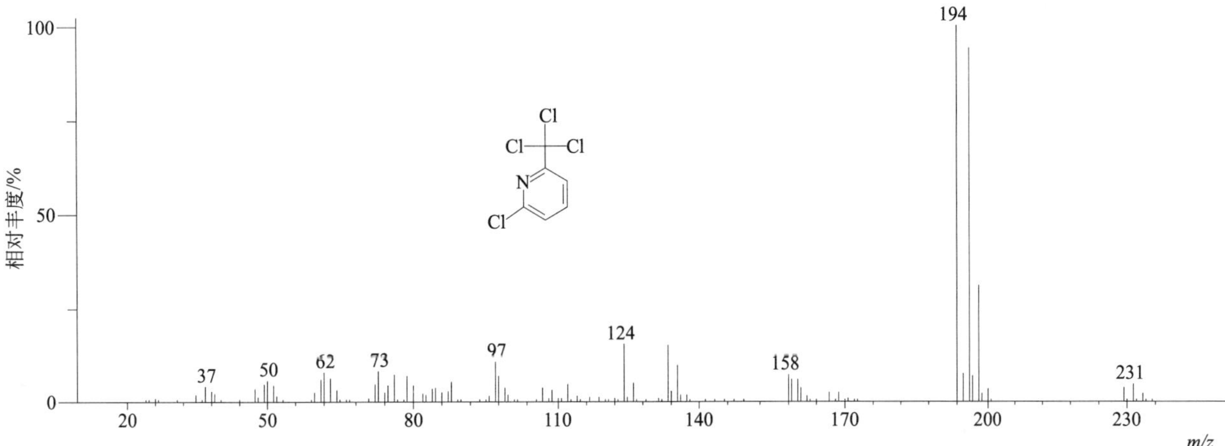

四个碰撞能量下子离子质谱图

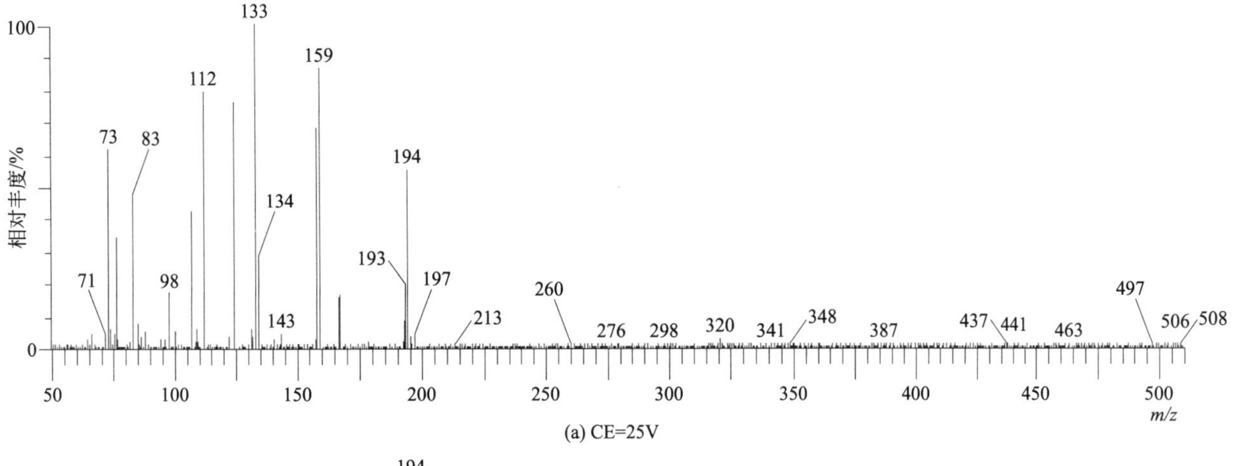

(a) CE=25V

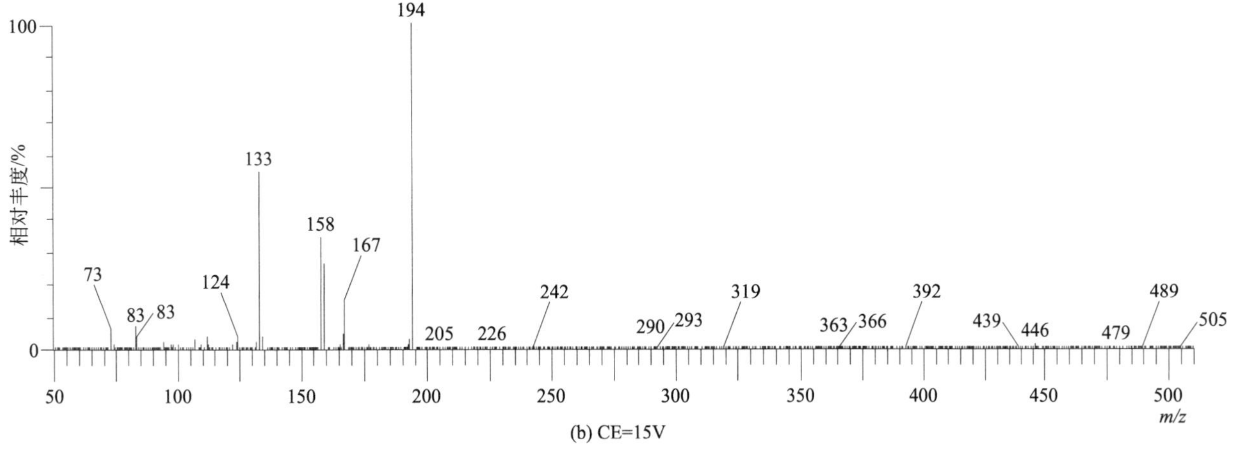

(b) CE=15V

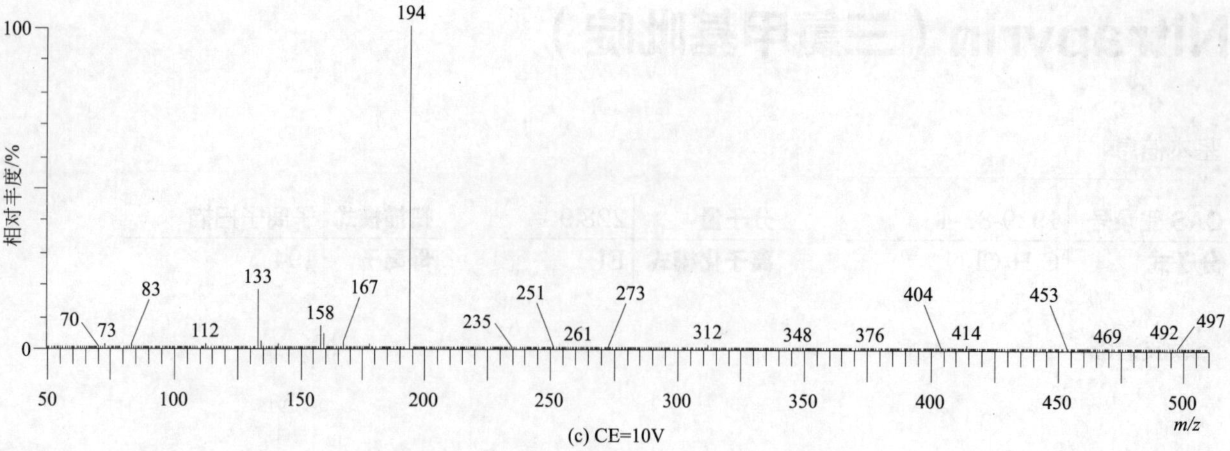

(c) CE=10V

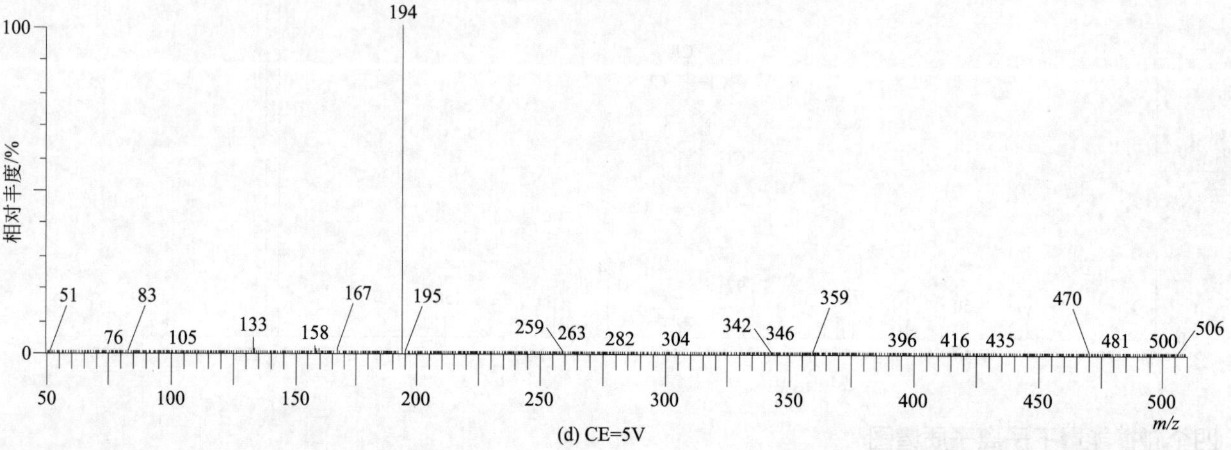

(d) CE=5V

Nitrofen（除草醚）

基本信息

CAS 登录号	1836-75-5	分子量	283.0	扫描模式	子离子扫描
分子式	$C_{12}H_7Cl_2NO_3$	离子化模式	EI	母离子	283

一级质谱图

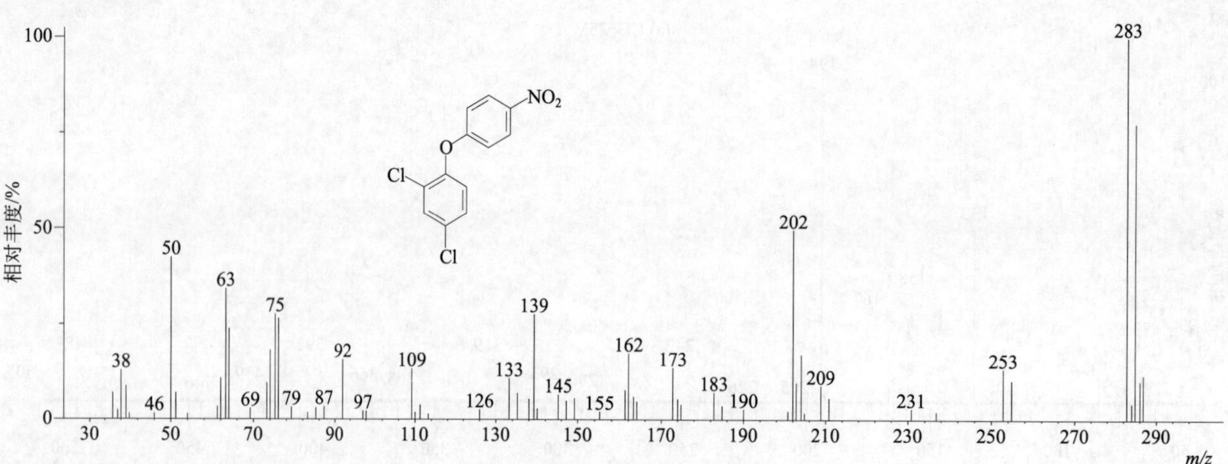

四个碰撞能量下子离子质谱图

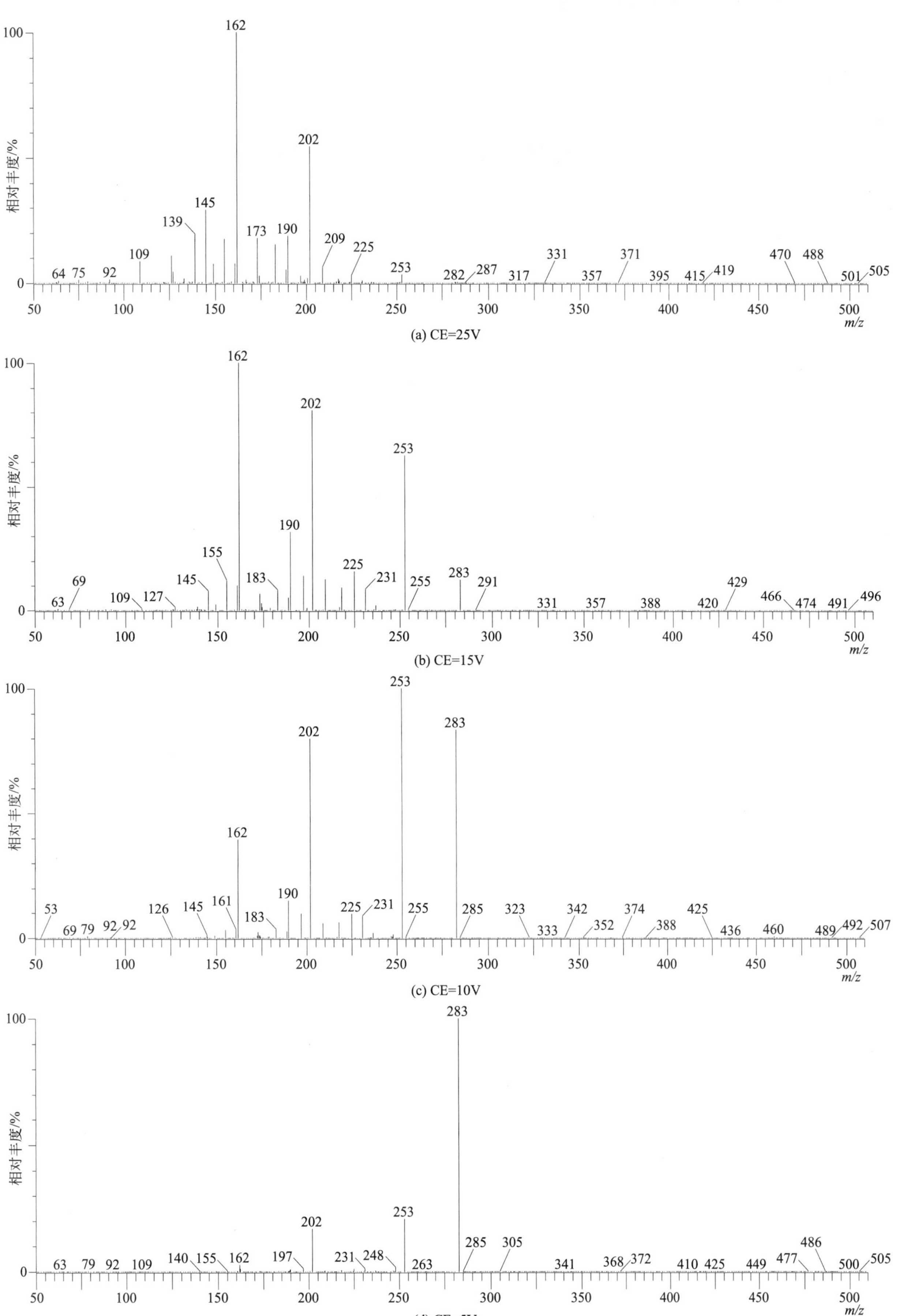

(a) CE=25V

(b) CE=15V

(c) CE=10V

(d) CE=5V

Nitrothal-isopropyl（酞菌酯）

基本信息

CAS 登录号	10552-74-6	分子量	295.1	扫描模式	子离子扫描
分子式	$C_{14}H_{17}NO_6$	离子化模式	EI	母离子	236

一级质谱图

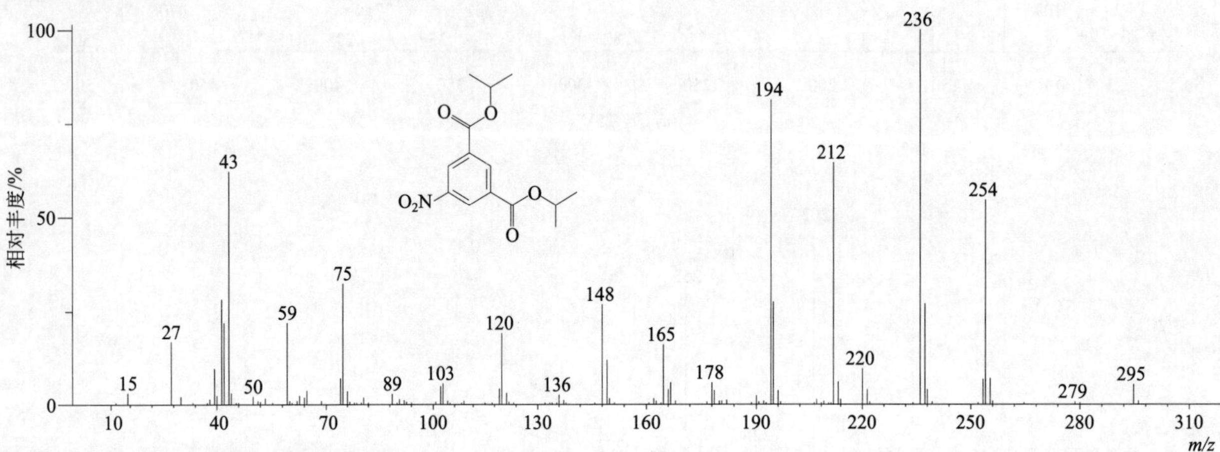

四个碰撞能量下子离子质谱图

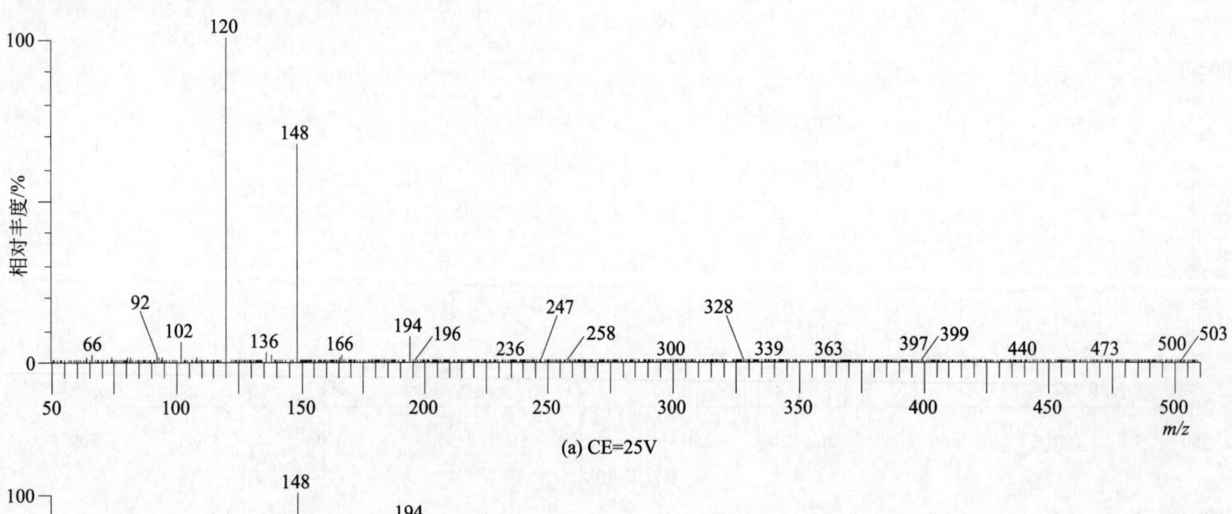

(a) CE=25V

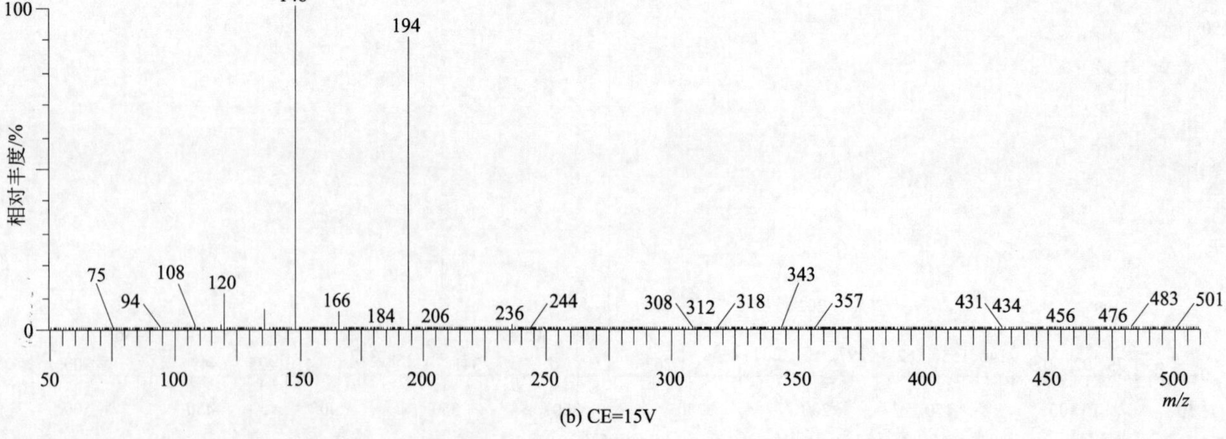

(b) CE=15V

(c) CE=10V

(d) CE=5V

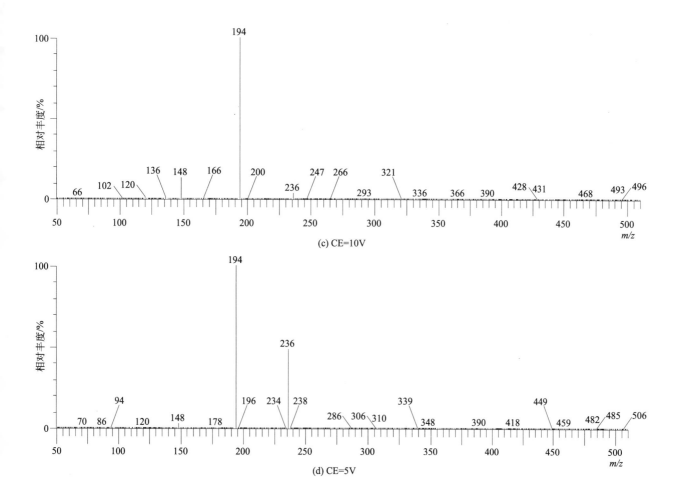

trans- Nonachlor（反式九氯）

基本信息

CAS 登录号	39765-80-5	**分子量**	439.8	**扫描模式**	子离子扫描
分子式	$C_{10}H_5Cl_9$	**离子化模式**	EI	**母离子**	409

一级质谱图

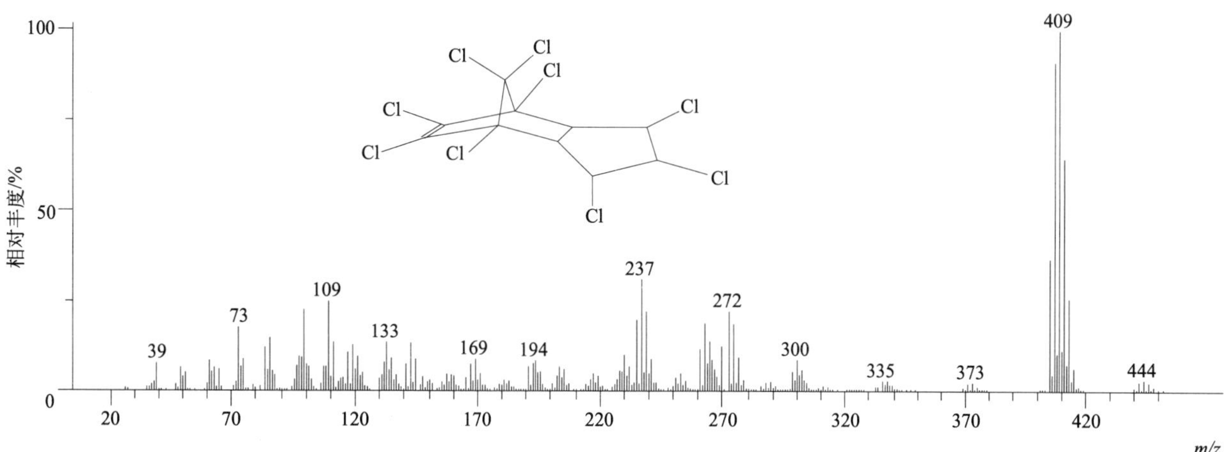

四个碰撞能量下子离子质谱图

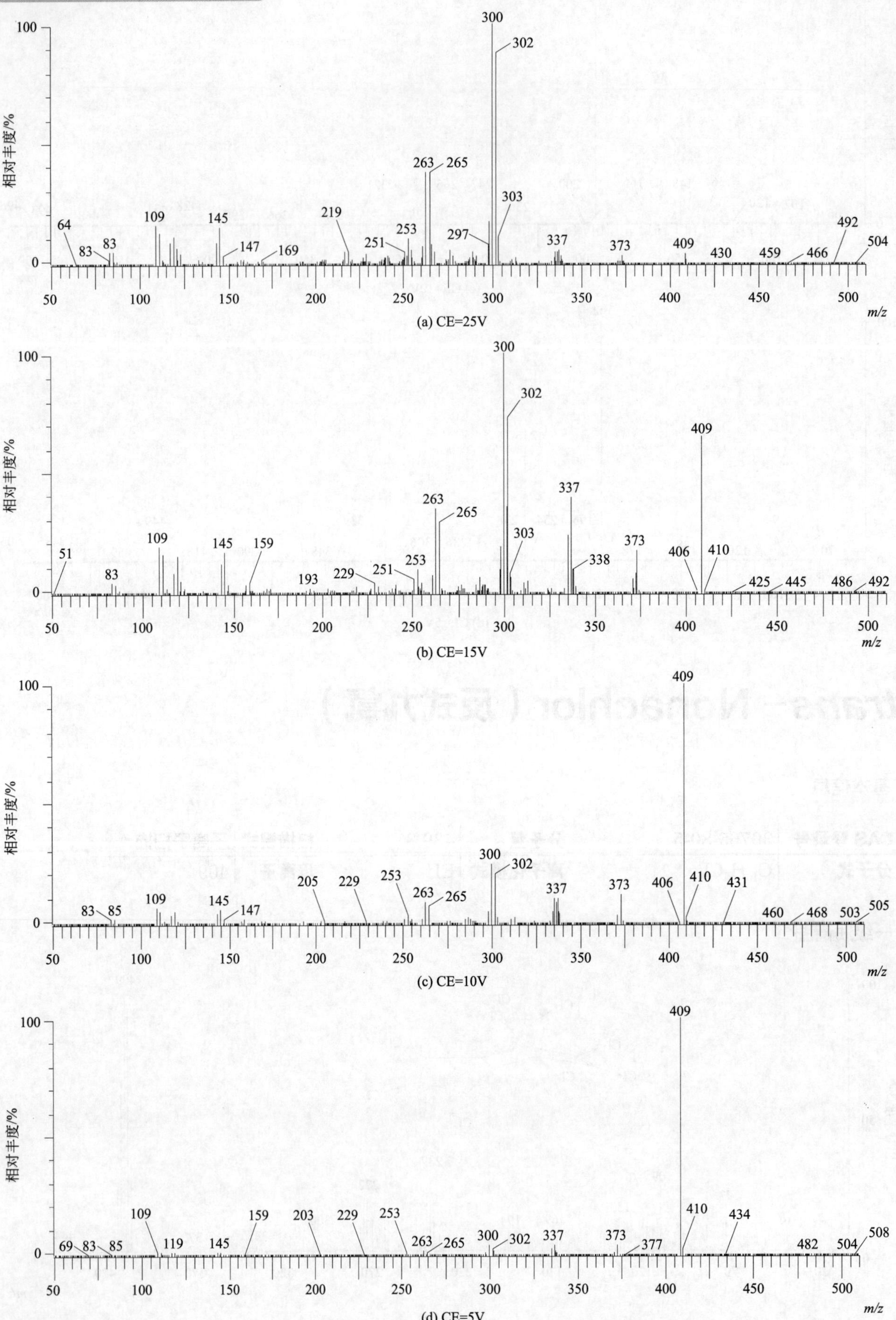

(a) CE=25V

(b) CE=15V

(c) CE=10V

(d) CE=5V

Norflurazon（氟草敏）

基本信息

CAS 登录号	27314-13-2	分子量	303.0	扫描模式	子离子扫描
分子式	$C_{12}H_9ClF_3N_3O$	离子化模式	EI	母离子	303

一级质谱图

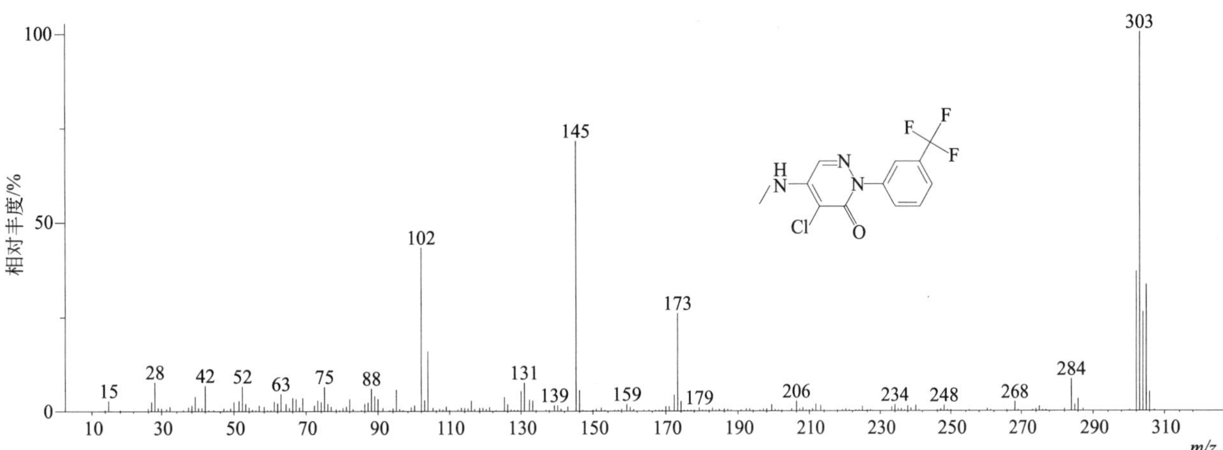

四个碰撞能量下子离子质谱图

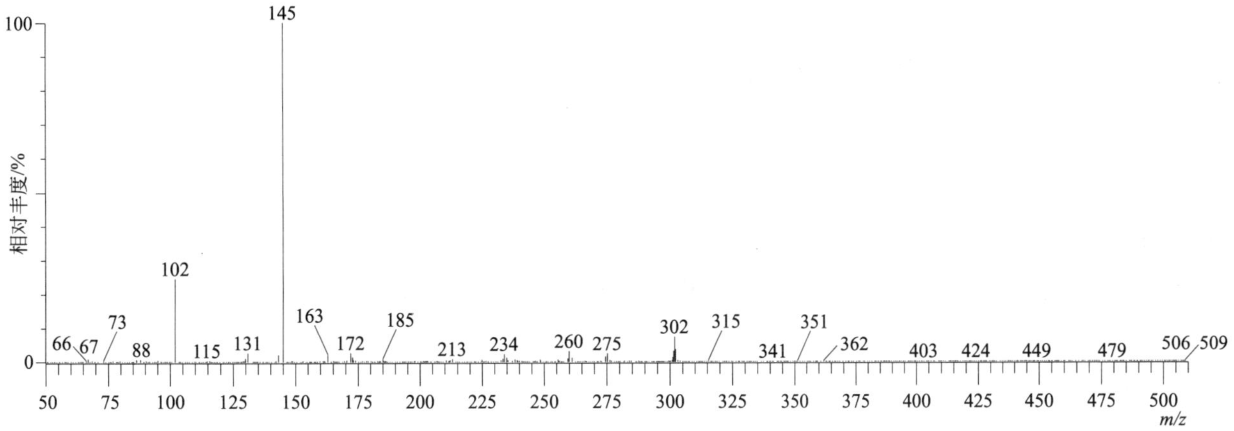

(a) CE=25V

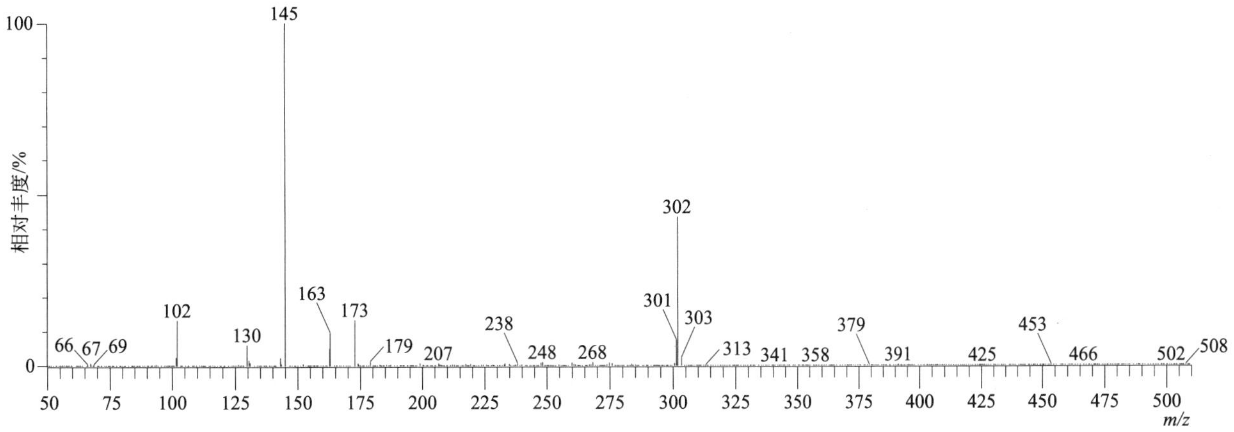

(b) CE=15V

(c) CE=10V

(d) CE=5V

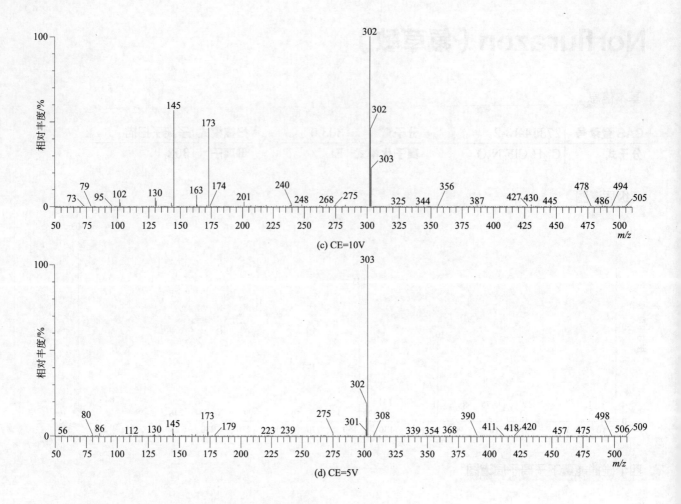

Nuarimol（氟苯嘧啶醇）

基本信息

CAS 登录号	63284-71-9	分子量	314.1	扫描模式	子离子扫描
分子式	$C_{17}H_{12}ClFN_2O$	离子化模式	EI	母离子	314

一级质谱图

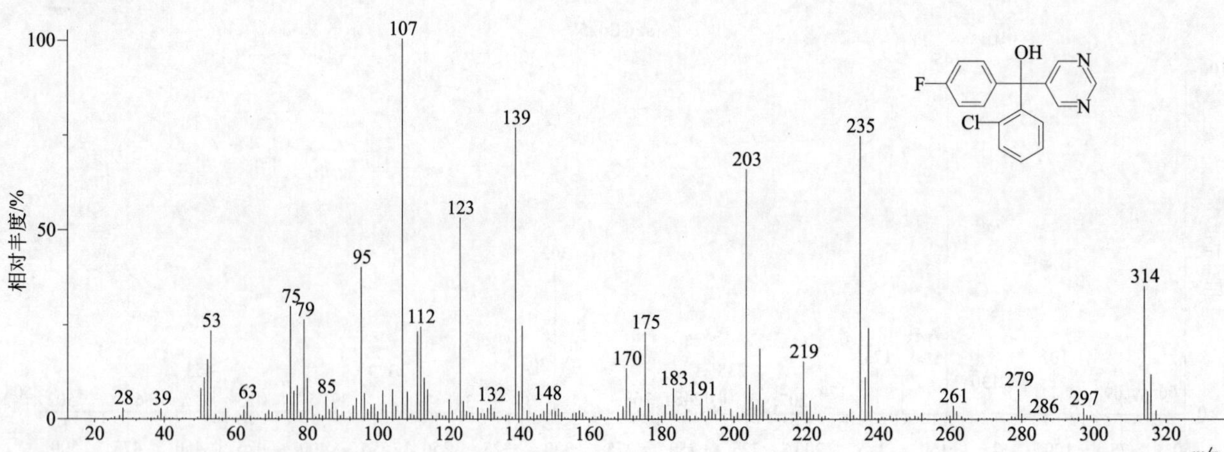

四个碰撞能量下子离子质谱图

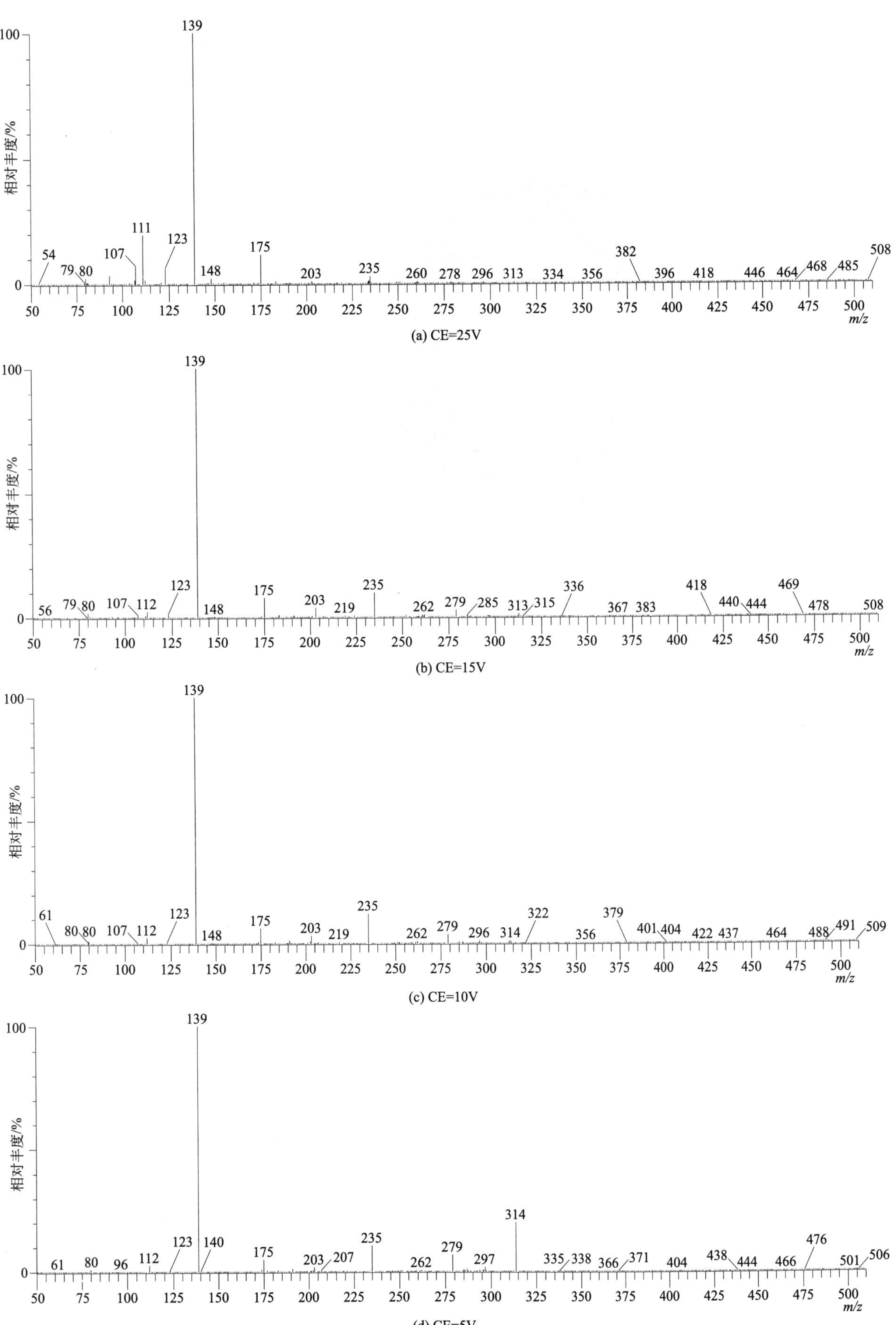

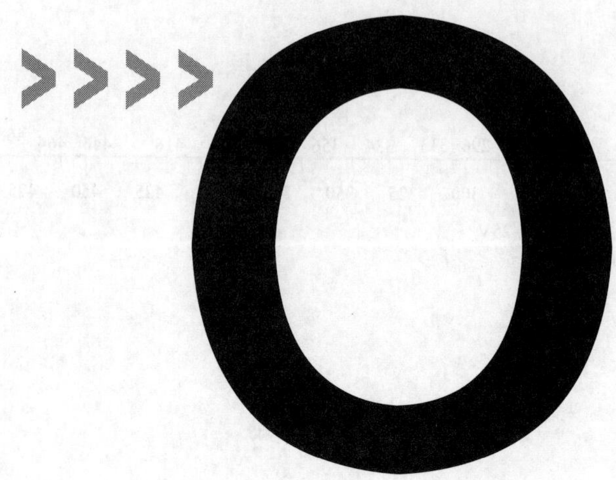

Octachlorostyrene（八氯苯乙烯）

基本信息

CAS 登录号	29082-74-4	分子量	375.8	扫描模式	子离子扫描
分子式	C_8Cl_8	离子化模式	EI	母离子	380

一级质谱图

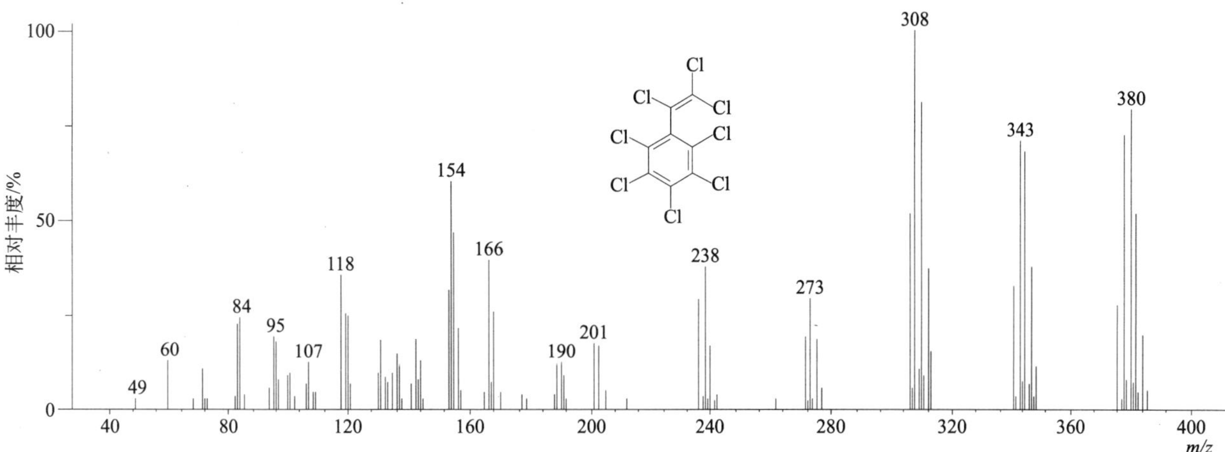

四个碰撞能量下子离子质谱图

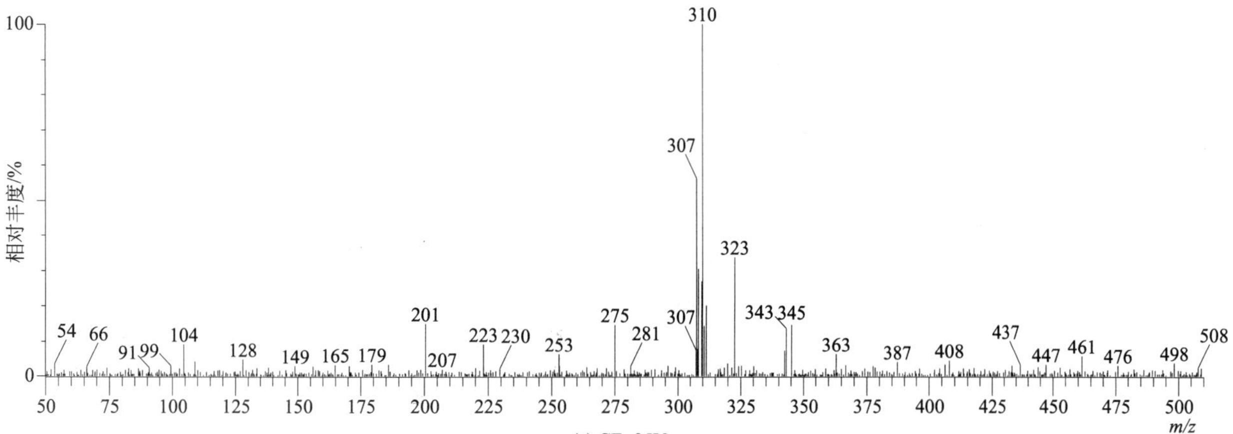

(a) CE=25V

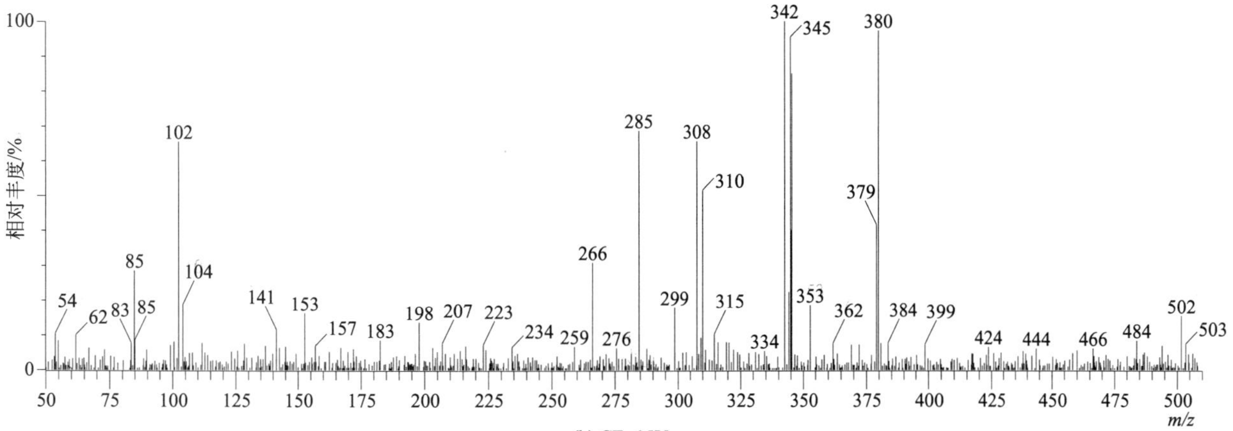

(b) CE=15V

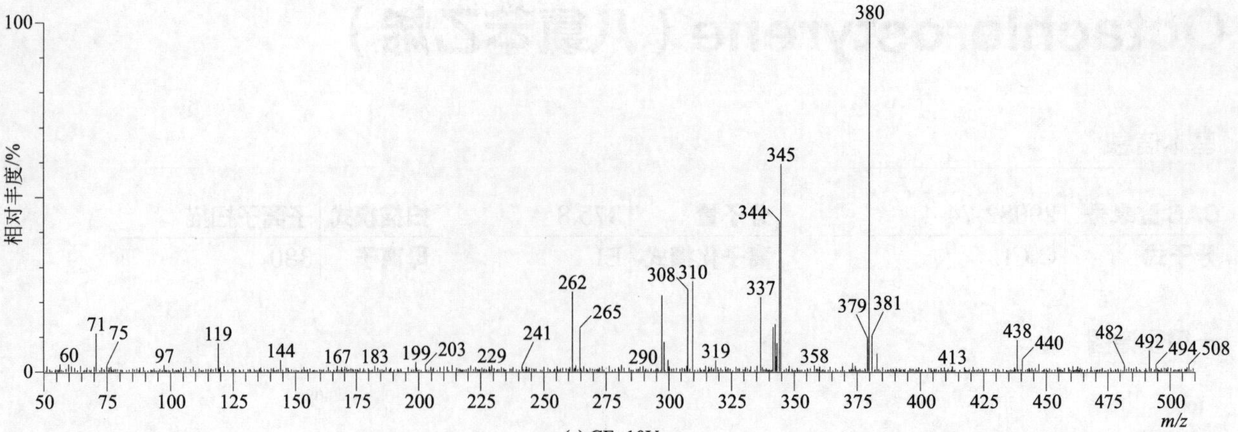

(c) CE=10V

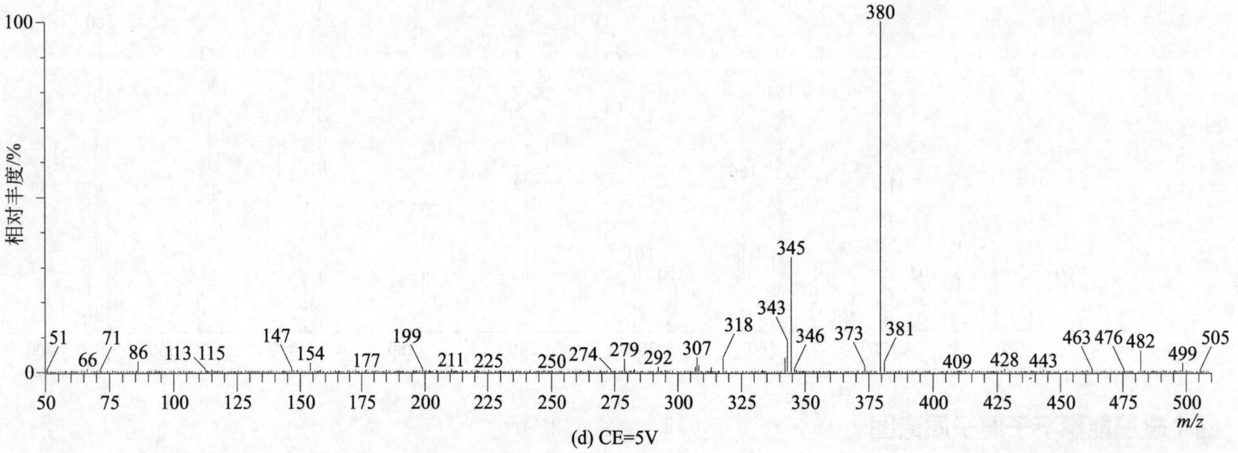

(d) CE=5V

Oxadiazone（恶草酮）

基本信息

CAS 登录号	19666-30-9	分子量	344.1	扫描模式	子离子扫描
分子式	$C_{15}H_{18}Cl_2N_2O_3$	离子化模式	EI	母离子	258

一级质谱图

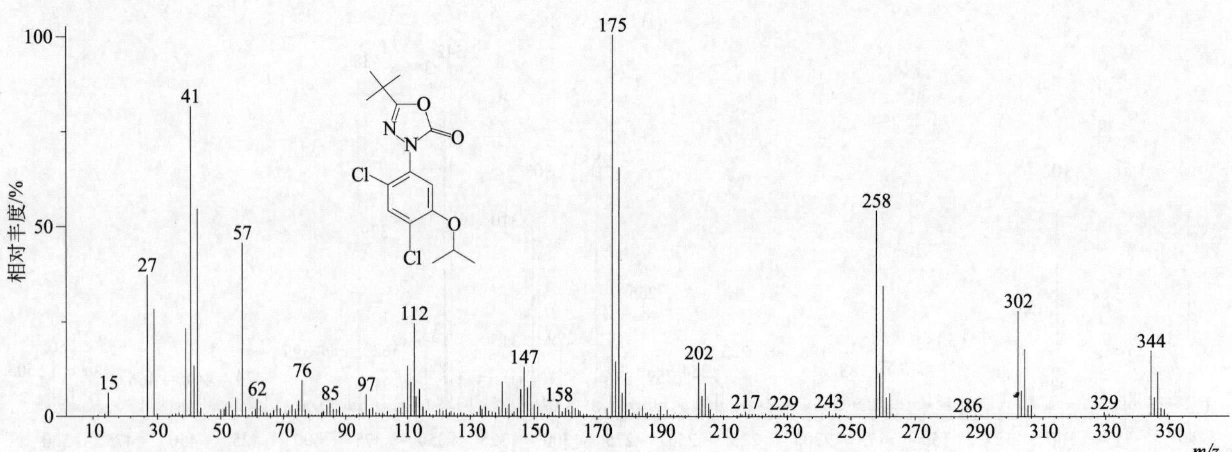

四个碰撞能量下子离子质谱图

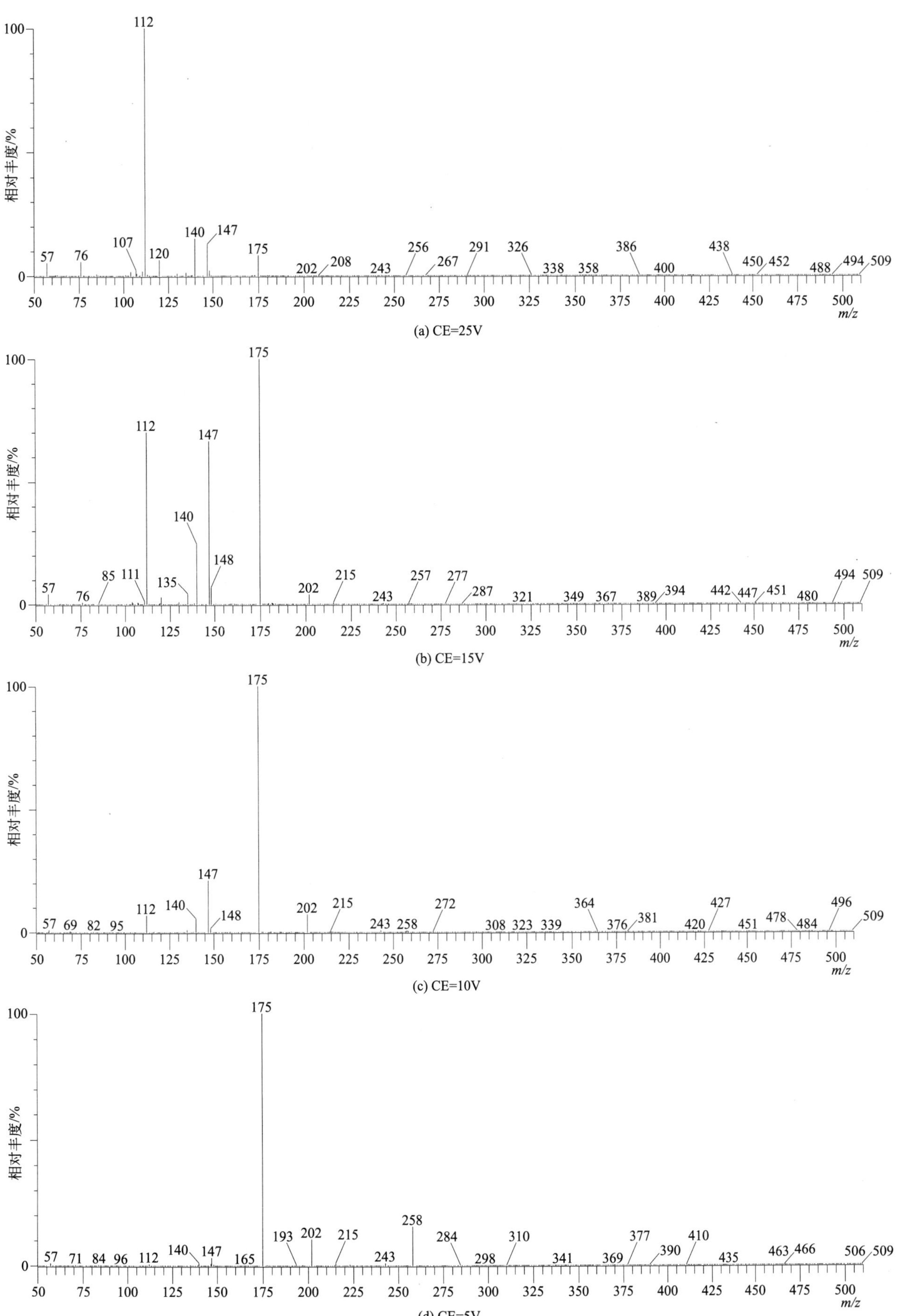

Oxadixyl（噁霜灵）

基本信息

CAS 登录号	77732-09-3	分子量	278.1	扫描模式	子离子扫描
分子式	$C_{14}H_{18}N_2O_4$	离子化模式	EI	母离子	163

一级质谱图

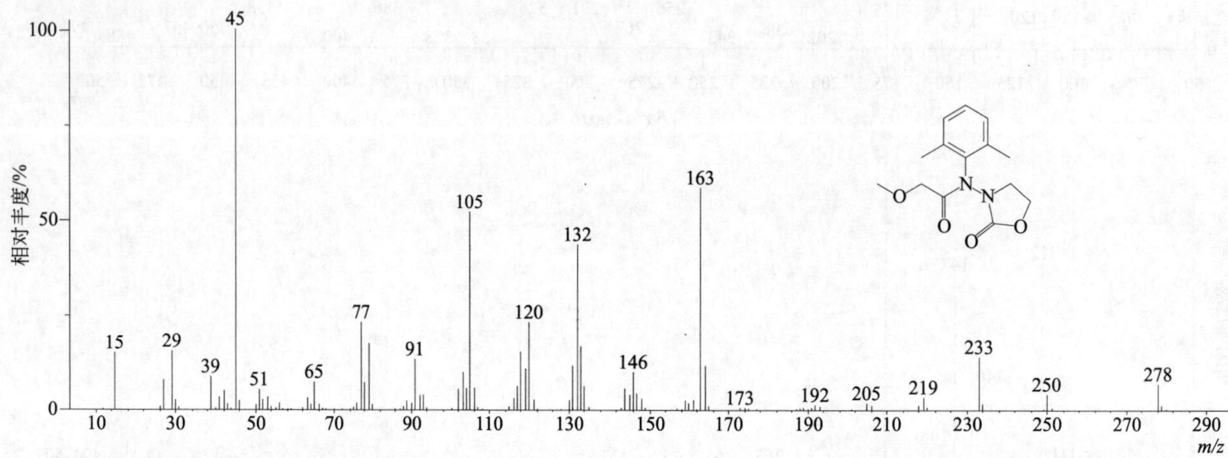

四个碰撞能量下子离子质谱图

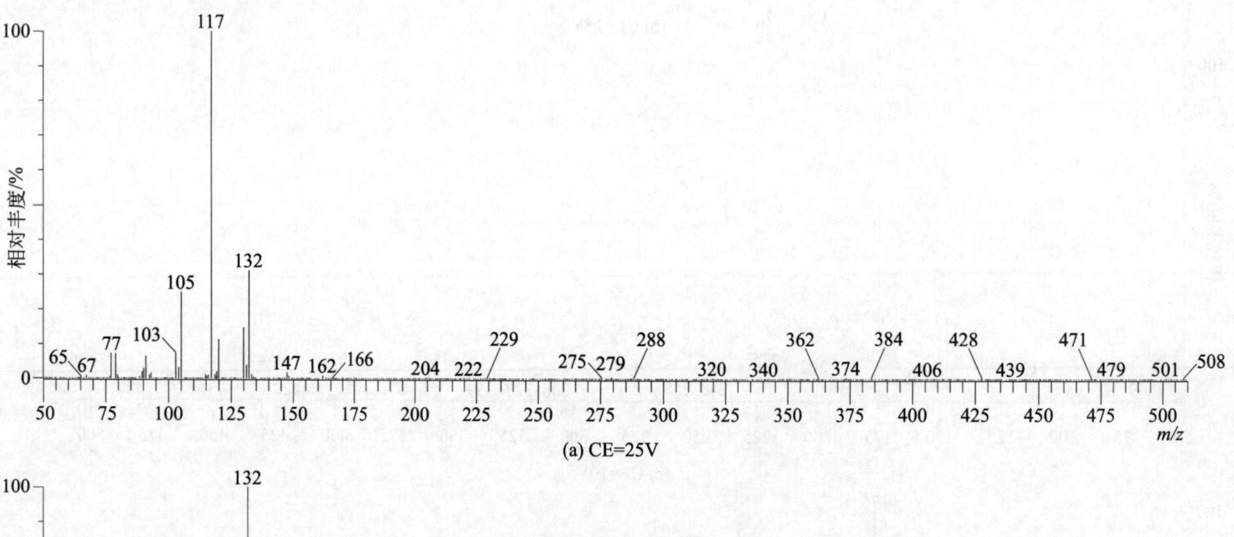

(a) CE=25V

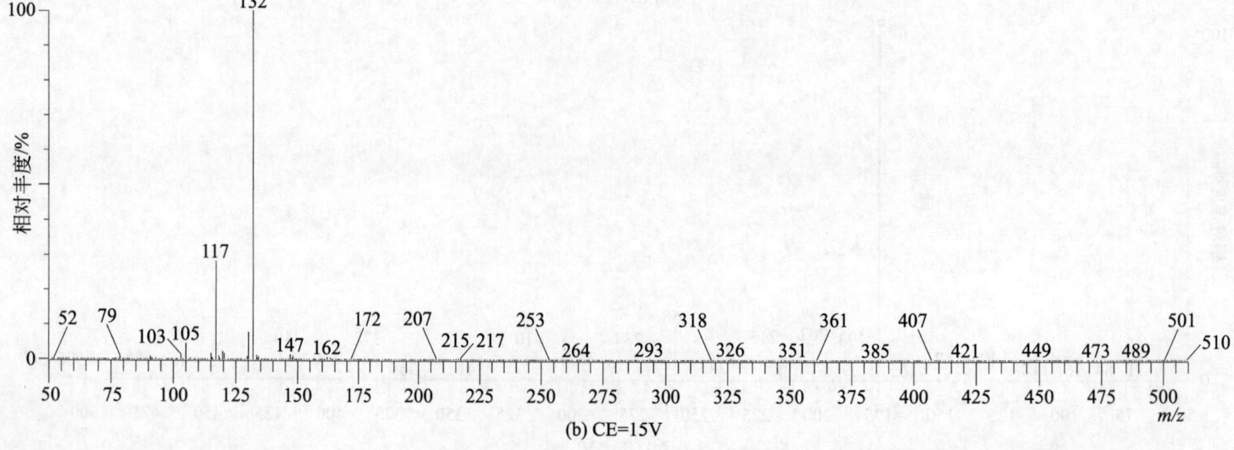

(b) CE=15V

(c) CE=10V

(d) CE=5V

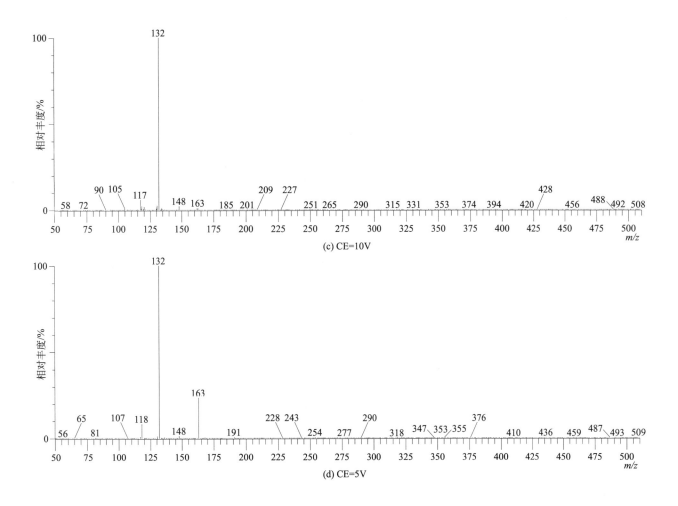

Oxychlordane（氧化氯丹）

基本信息

CAS 登录号	27304-13-8	分子量	419.8	扫描模式	子离子扫描
分子式	$C_{10}H_4Cl_8O$	离子化模式	EI	母离子	387

一级质谱图

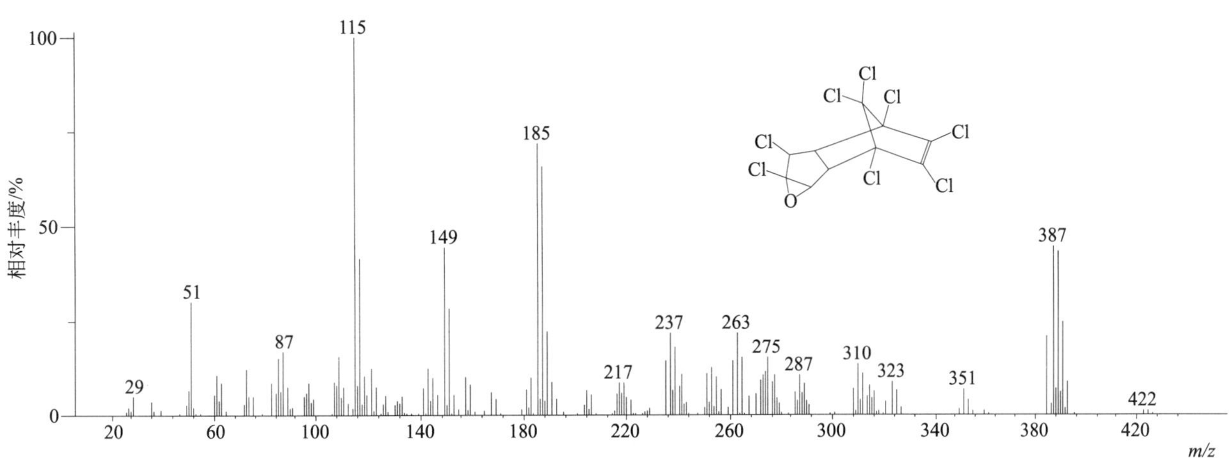

四个碰撞能量下子离子质谱图

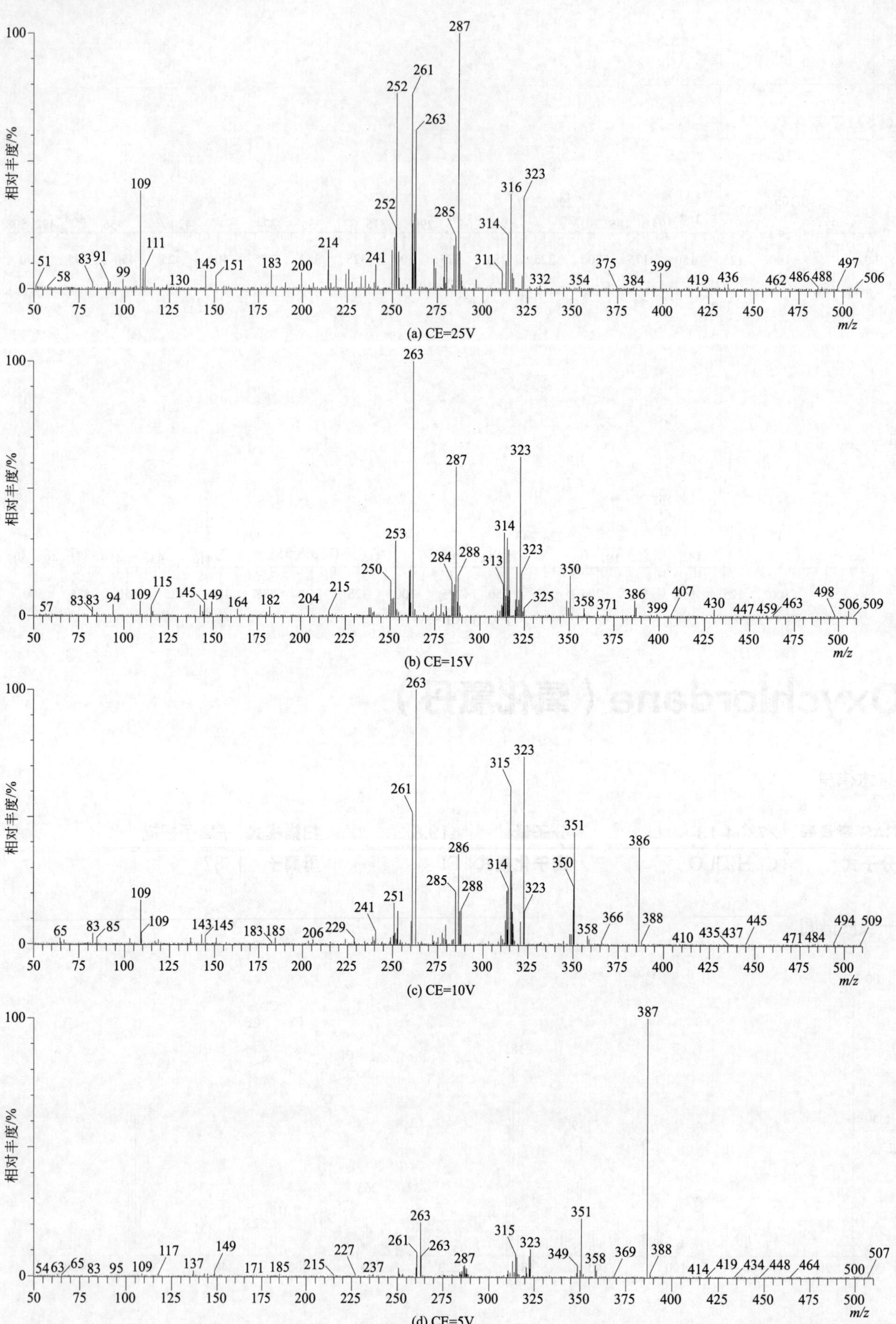

(a) CE=25V

(b) CE=15V

(c) CE=10V

(d) CE=5V

Oxyfluorfen（乙氧氟草醚）

基本信息

CAS 登录号	42874-03-3	分子量	361.0	扫描模式	子离子扫描
分子式	$C_{15}H_{11}ClF_3NO_4$	离子化模式	EI	母离子	361

一级质谱图

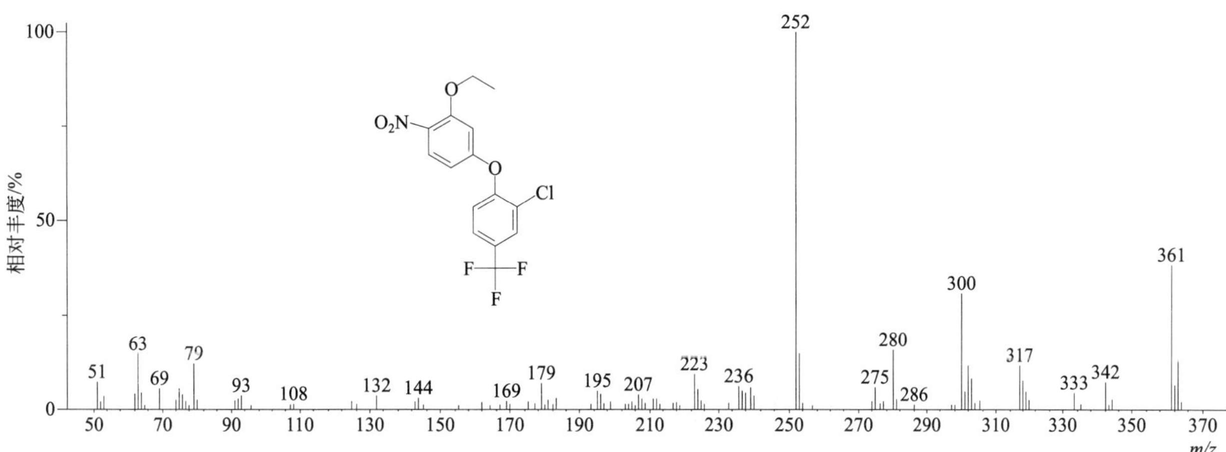

四个碰撞能量下子离子质谱图

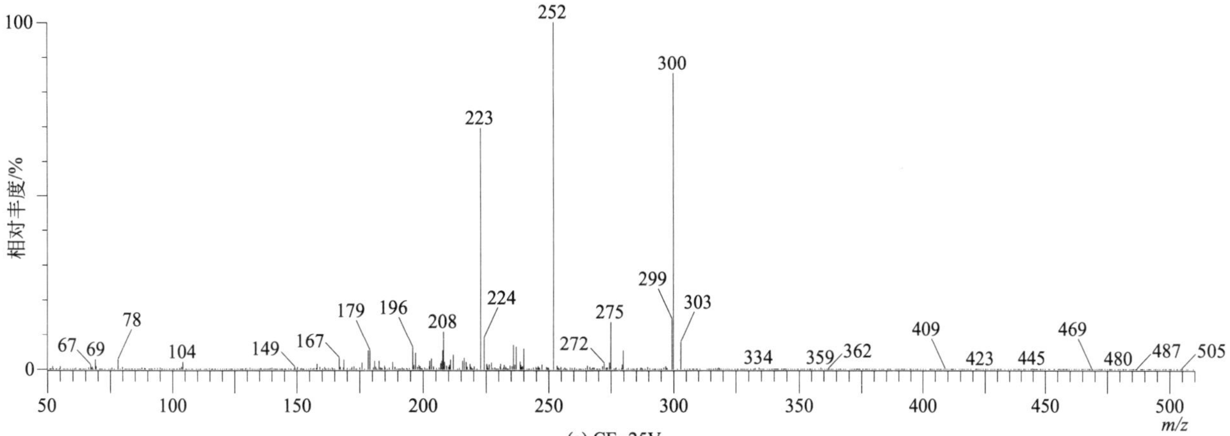

(a) CE=25V

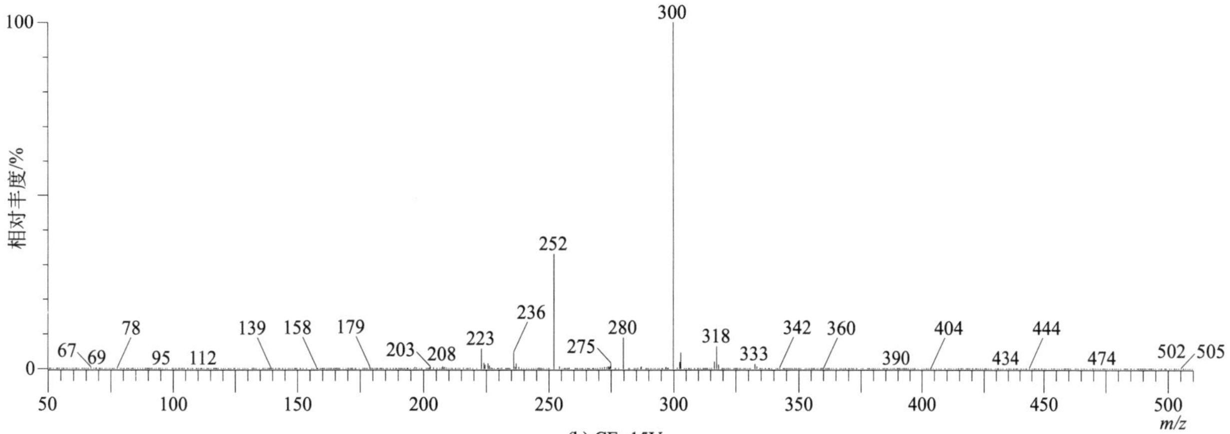

(b) CE=15V

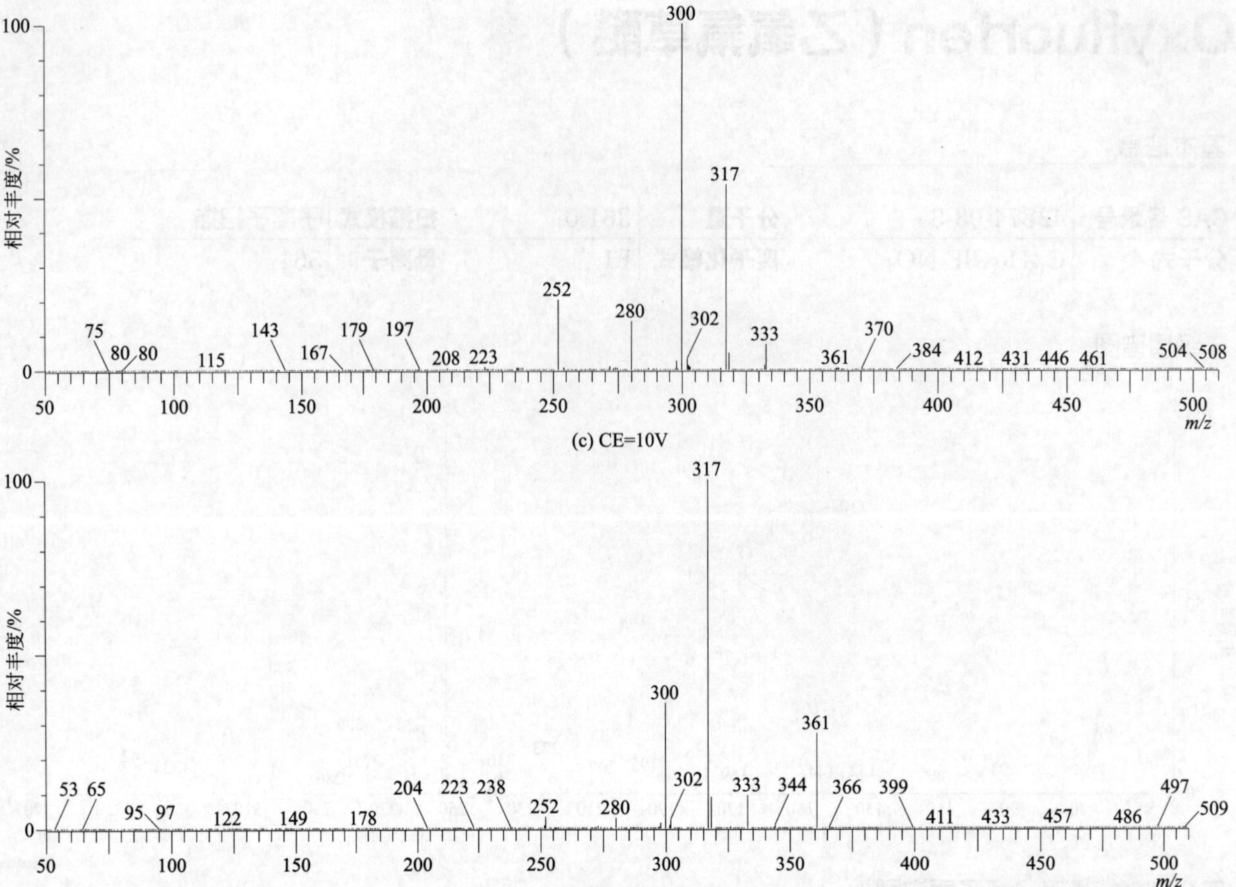

(c) CE=10V

(d) CE=5V

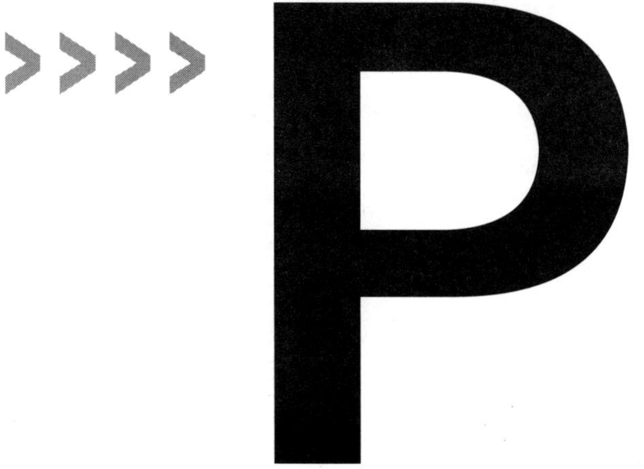

Paclobutrazol（多效唑）

基本信息

CAS 登录号	76738-62-0	分子量	293.1	扫描模式	子离子扫描
分子式	$C_{15}H_{20}ClN_3O$	离子化模式	EI	母离子	236

一级质谱图

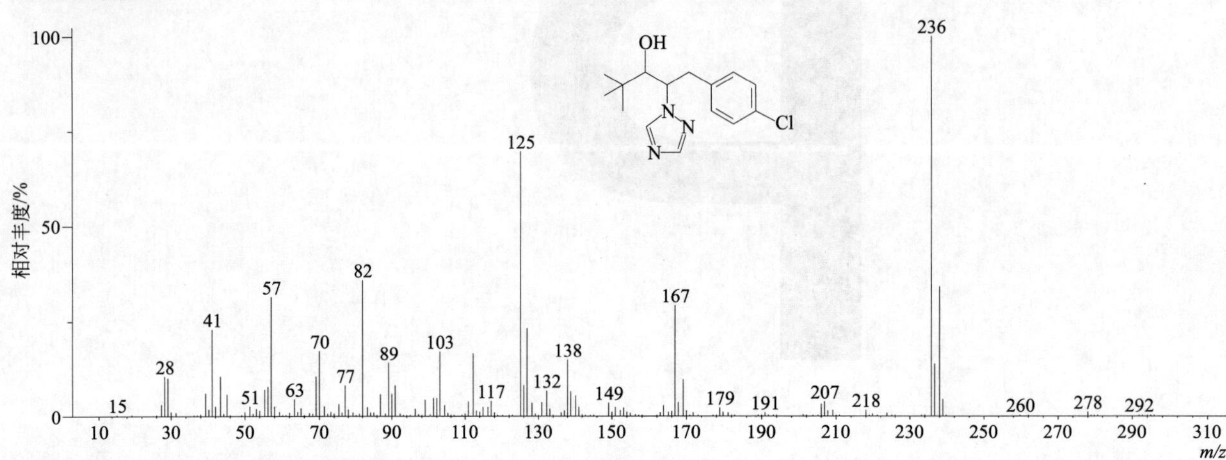

四个碰撞能量下子离子质谱图

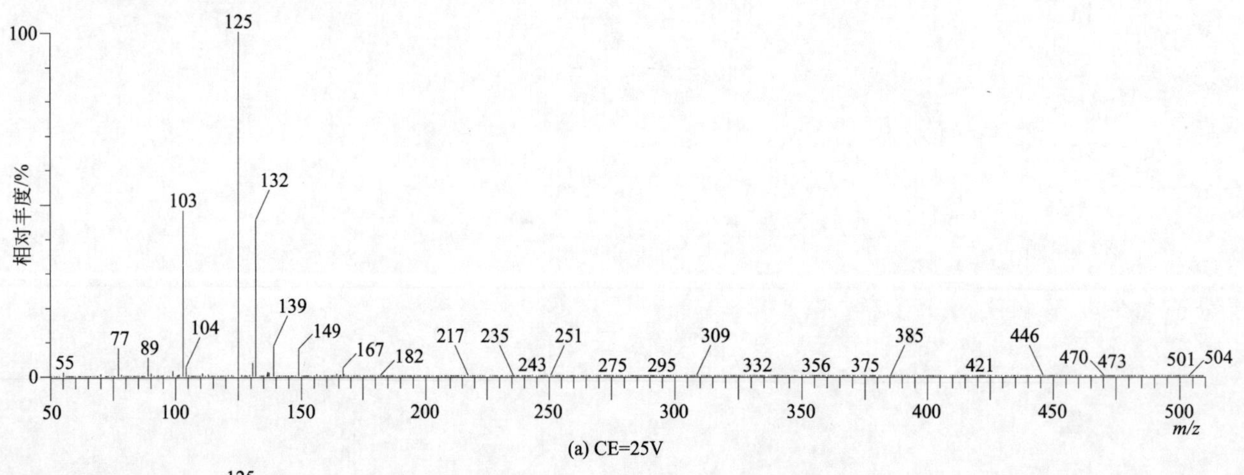

(a) CE=25V

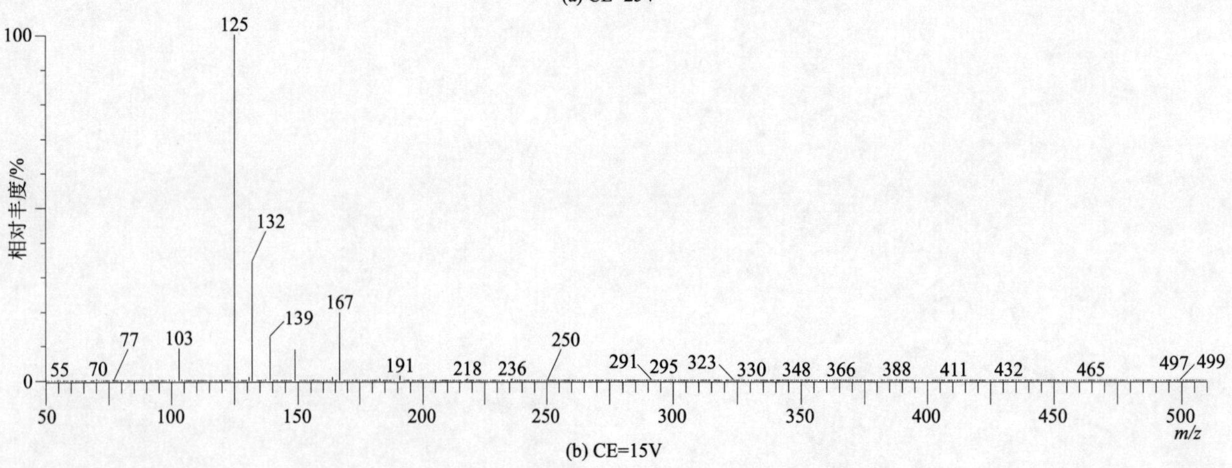

(b) CE=15V

(c) CE=10V

(d) CE=5V

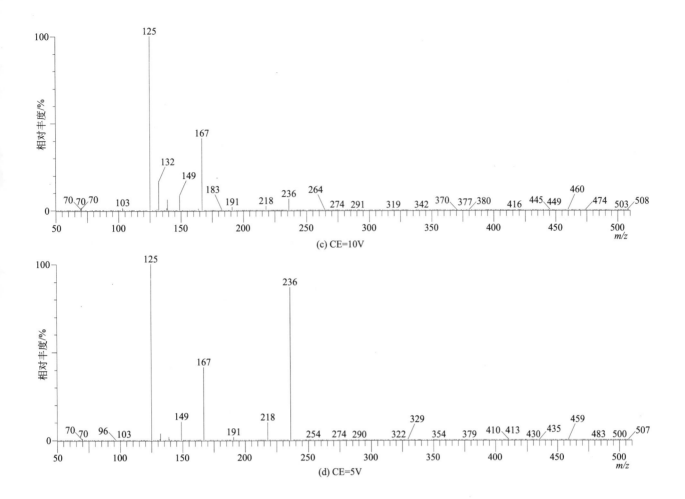

Paraoxon-ethyl（对氧磷）

基本信息

CAS 登录号	311-45-5	分子量	275.1	扫描模式	子离子扫描
分子式	$C_{10}H_{14}NO_6P$	离子化模式	EI	母离子	275

一级质谱图

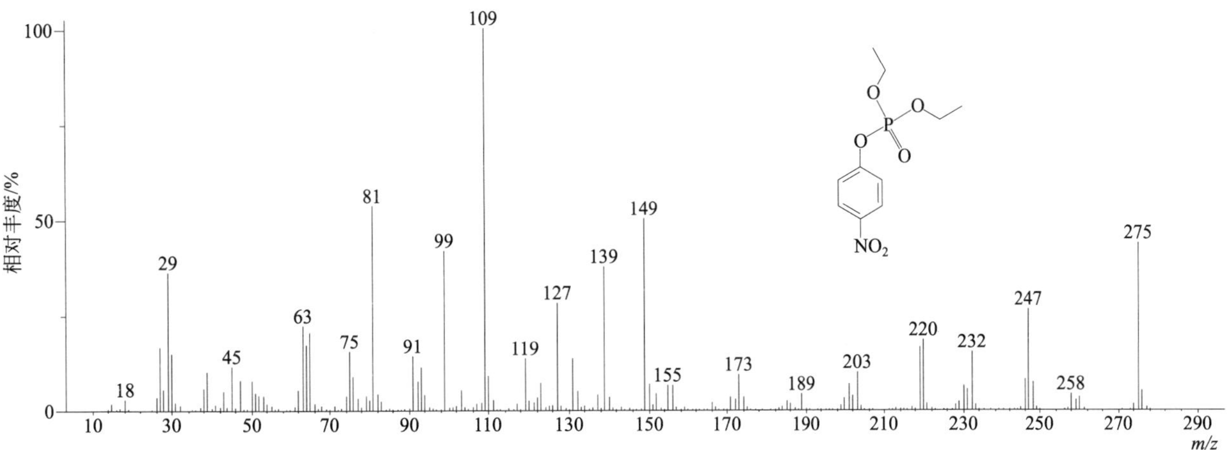

四个碰撞能量下子离子质谱图

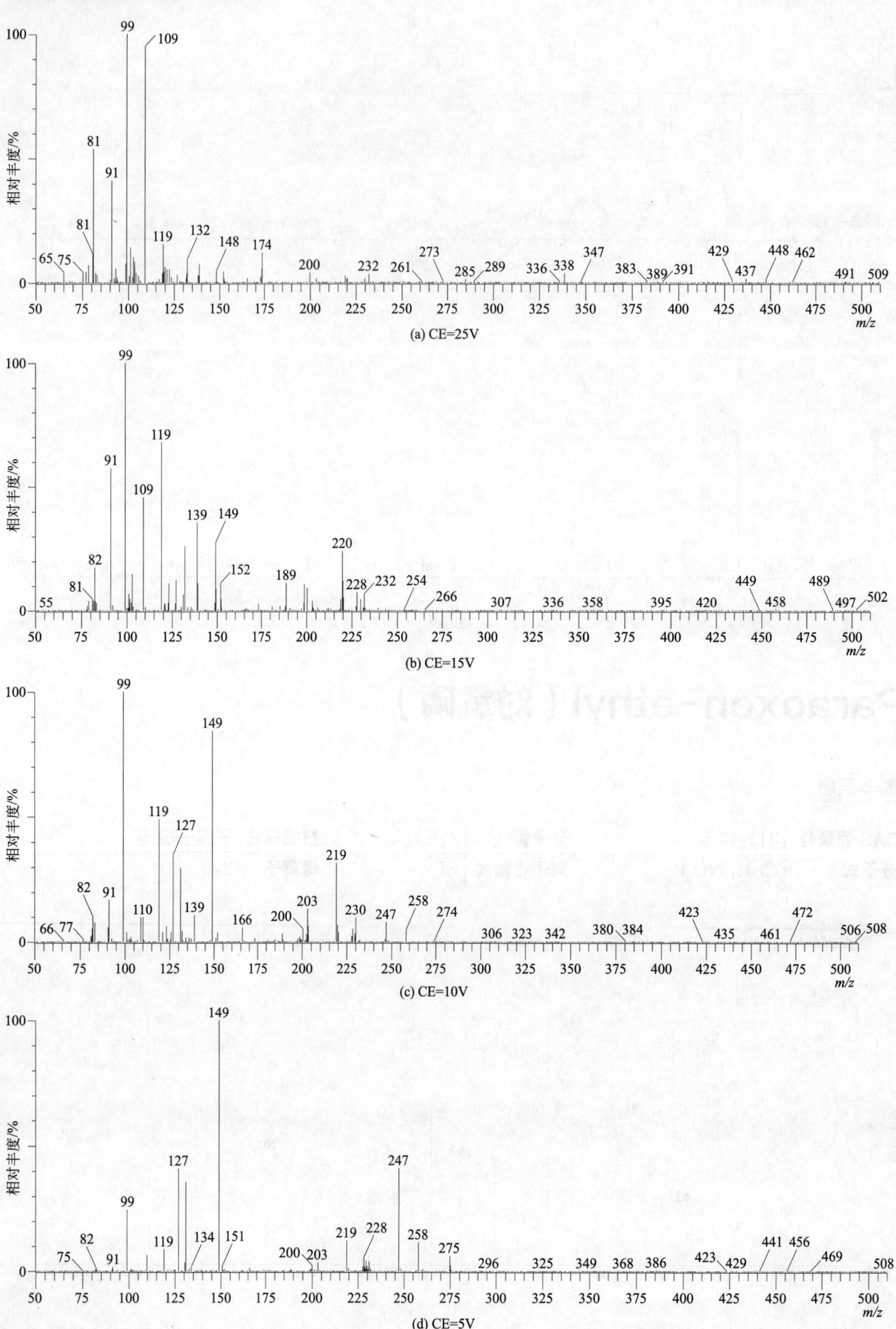

(a) CE=25V

(b) CE=15V

(c) CE=10V

(d) CE=5V

Paraoxon-methyl（甲基对氧磷）

基本信息

CAS 登录号	950-35-6	分子量	247.0	扫描模式	子离子扫描
分子式	$C_8H_{10}NO_6P$	离子化模式	EI	母离子	230

一级质谱图

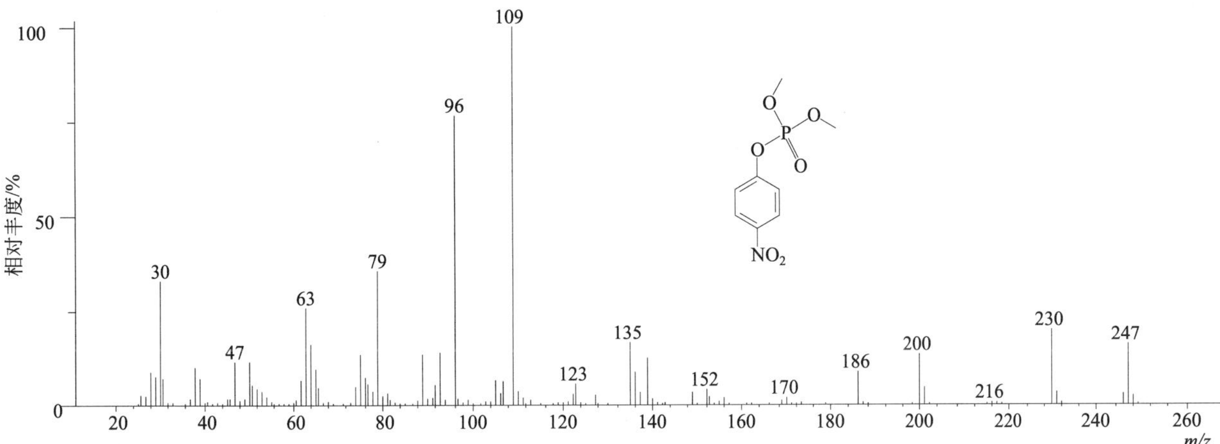

四个碰撞能量下子离子质谱图

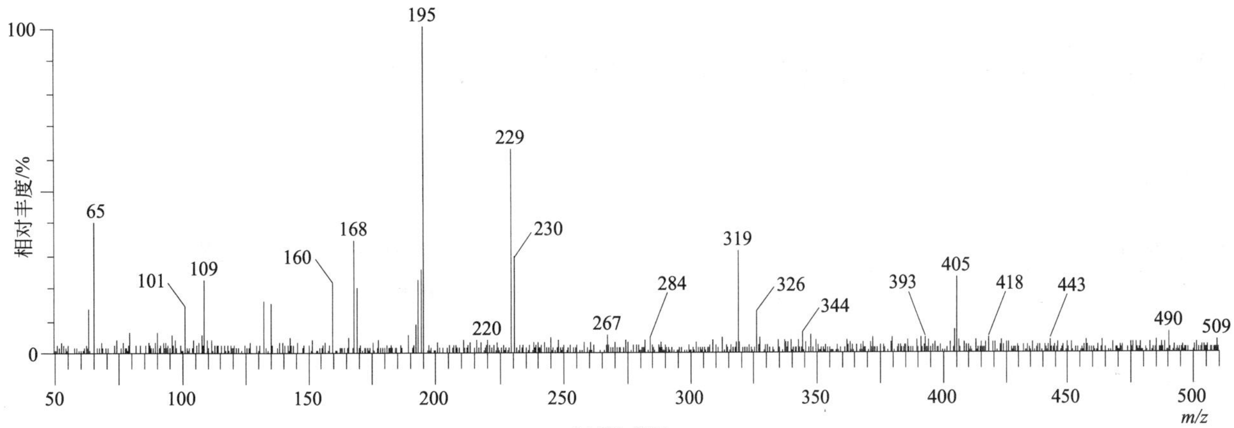

(a) CE=25V

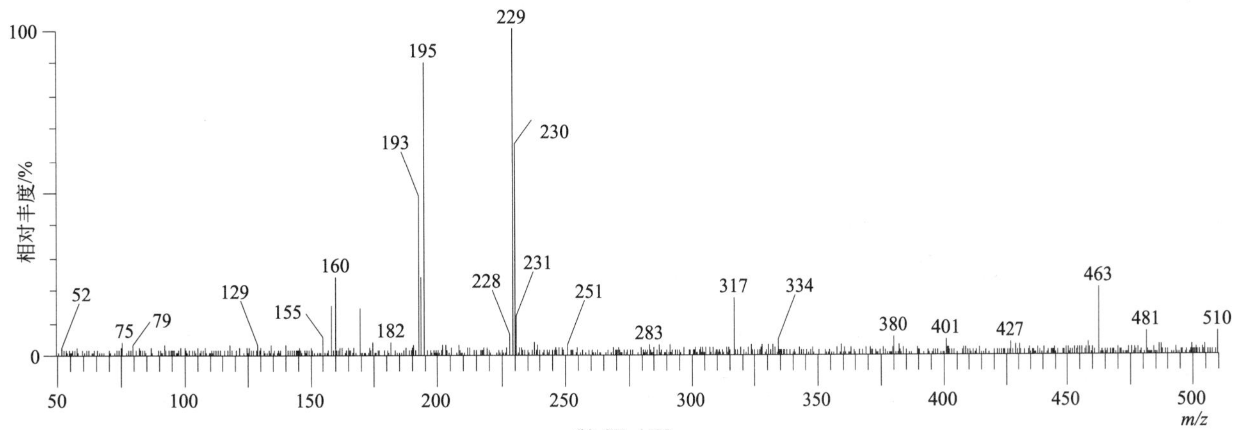

(b) CE=15V

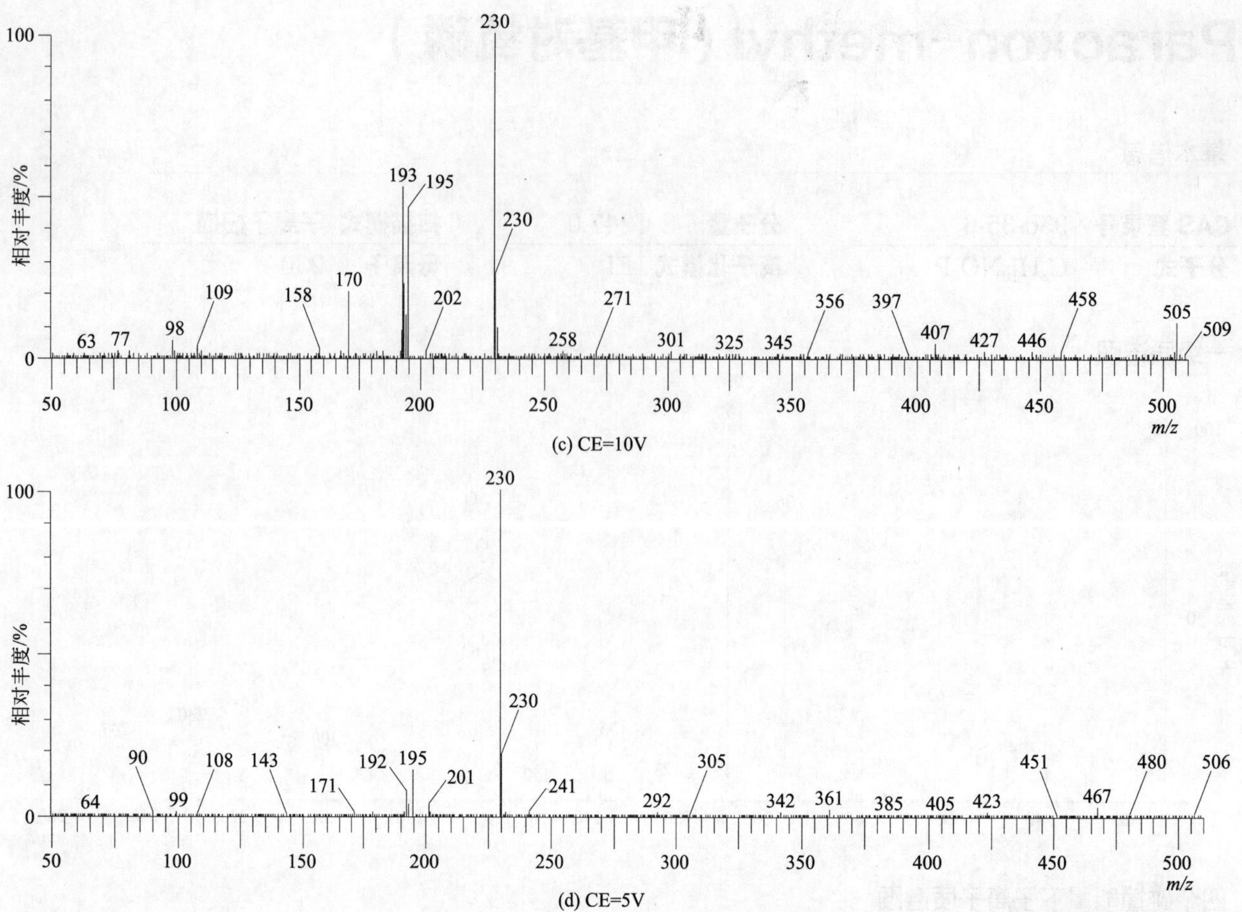

(c) CE=10V

(d) CE=5V

Parathion-methyl（甲基对硫磷）

基本信息

CAS 登录号	298-00-0	**分子量**	263.0	**扫描模式**	子离子扫描
分子式	$C_8H_{10}NO_5PS$	**离子化模式**	EI	**母离子**	263

一级质谱图

四个碰撞能量下子离子质谱图

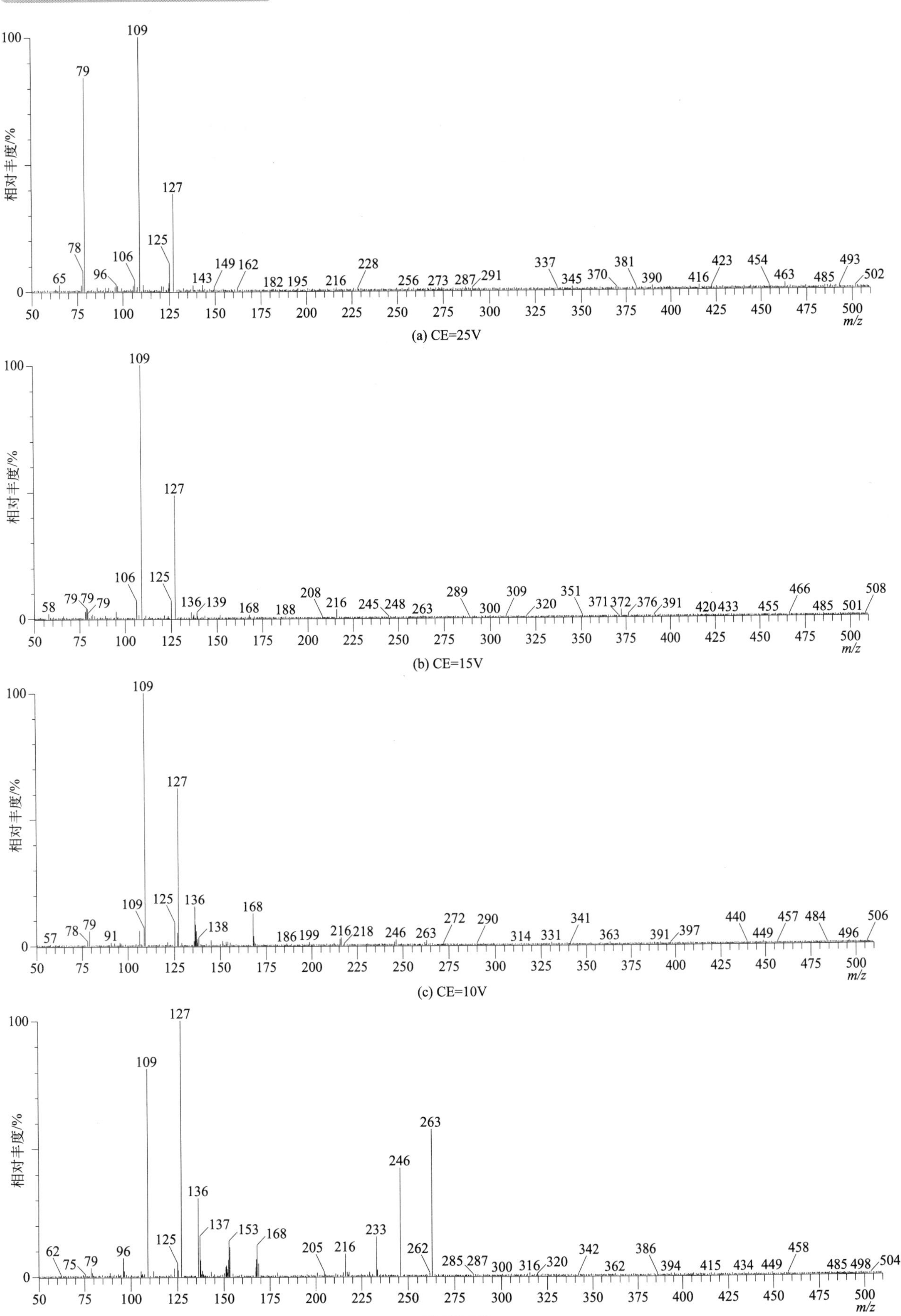

(a) CE=25V

(b) CE=15V

(c) CE=10V

(d) CE=5V

Pebulate（克草敌）

基本信息

CAS 登录号	1114-71-2	分子量	203.1	扫描模式	子离子扫描
分子式	$C_{10}H_{21}NOS$	离子化模式	EI	母离子	161

一级质谱图

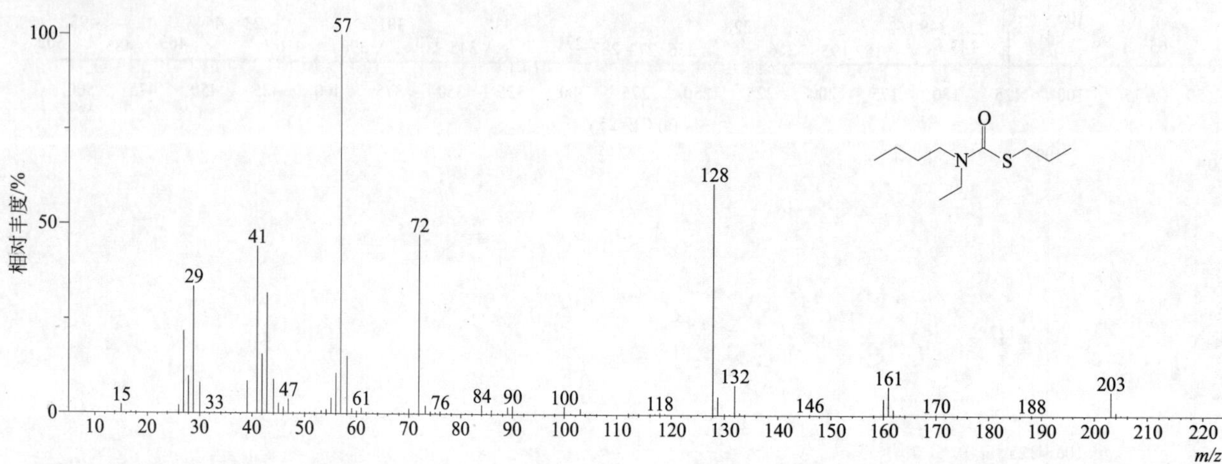

四个碰撞能量下子离子质谱图

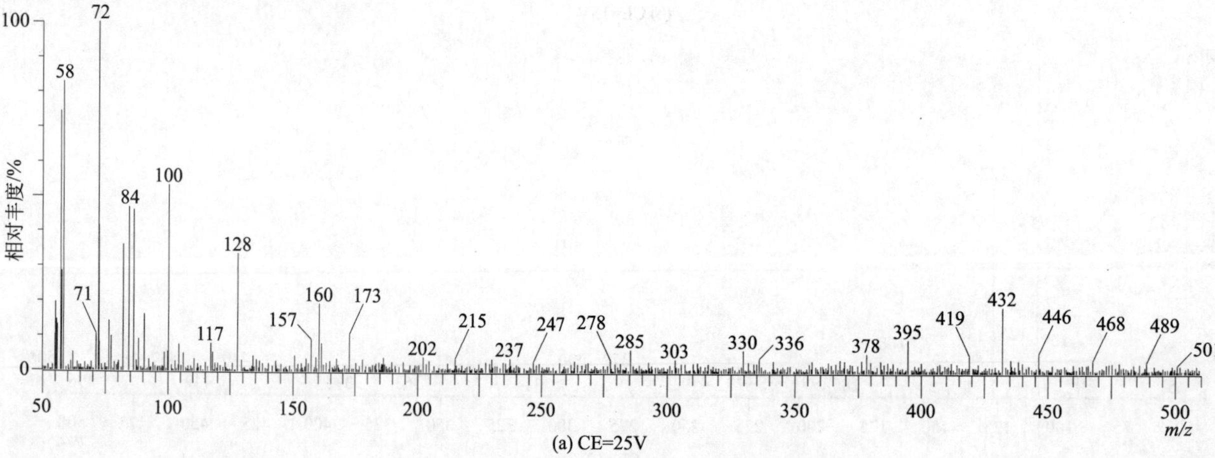

(a) CE=25V

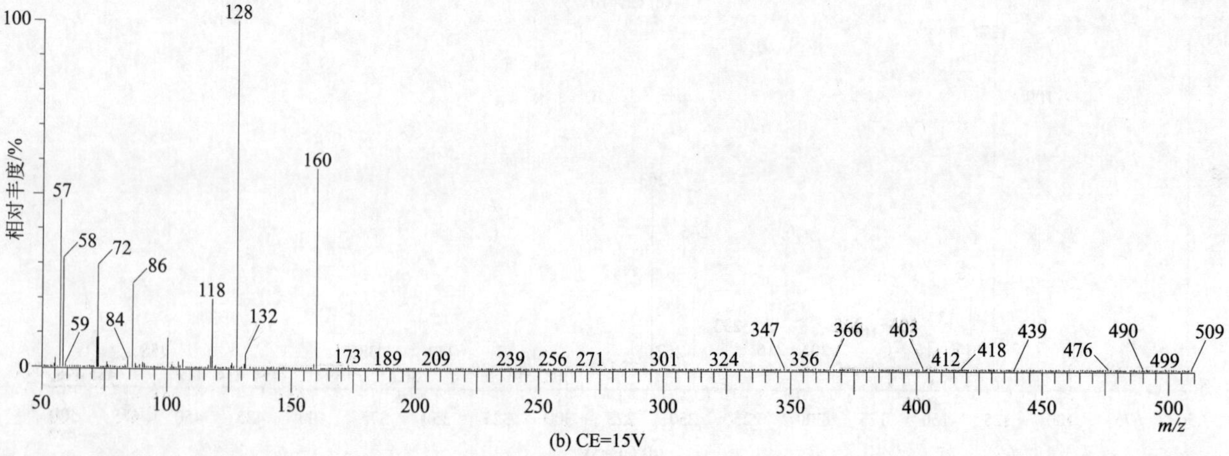

(b) CE=15V

(c) CE=10V

(d) CE=5V

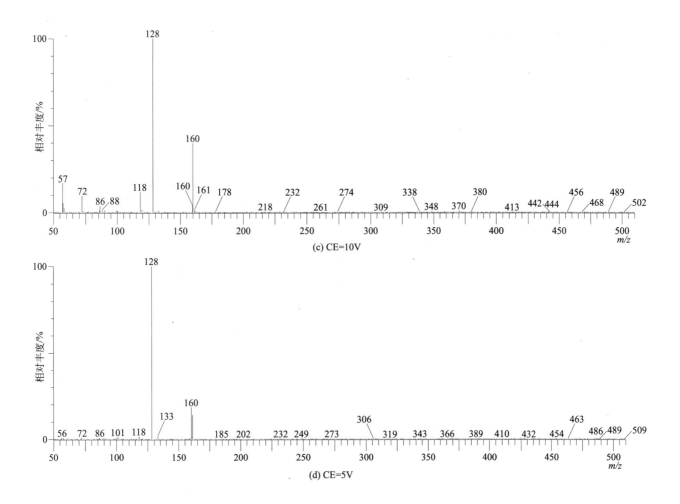

Penconazole（戊菌唑）

基本信息

CAS 登录号	66246-88-6	分子量	283.1	扫描模式	子离子扫描
分子式	$C_{13}H_{15}Cl_2N_3$	离子化模式	EI	母离子	248

一级质谱图

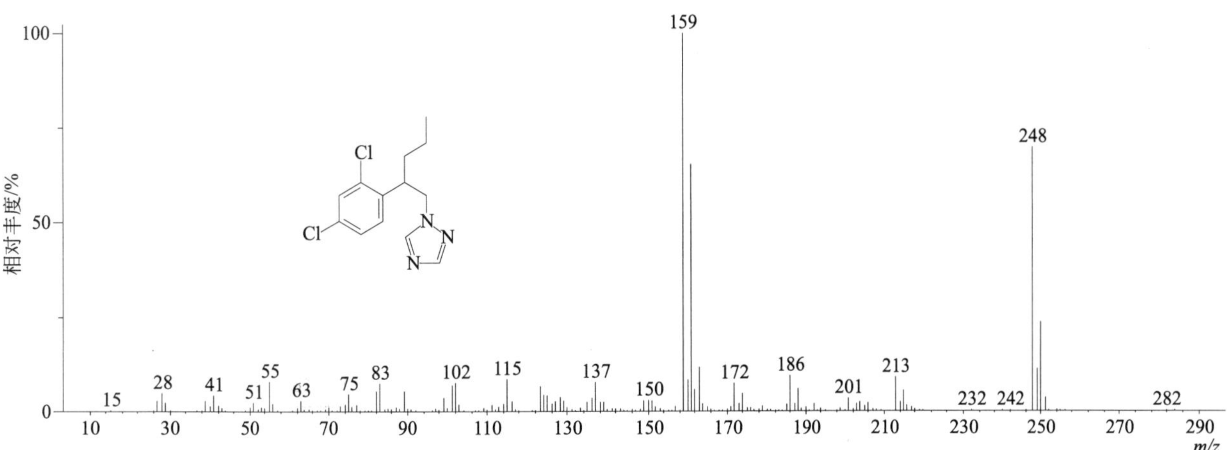

四个碰撞能量下子离子质谱图

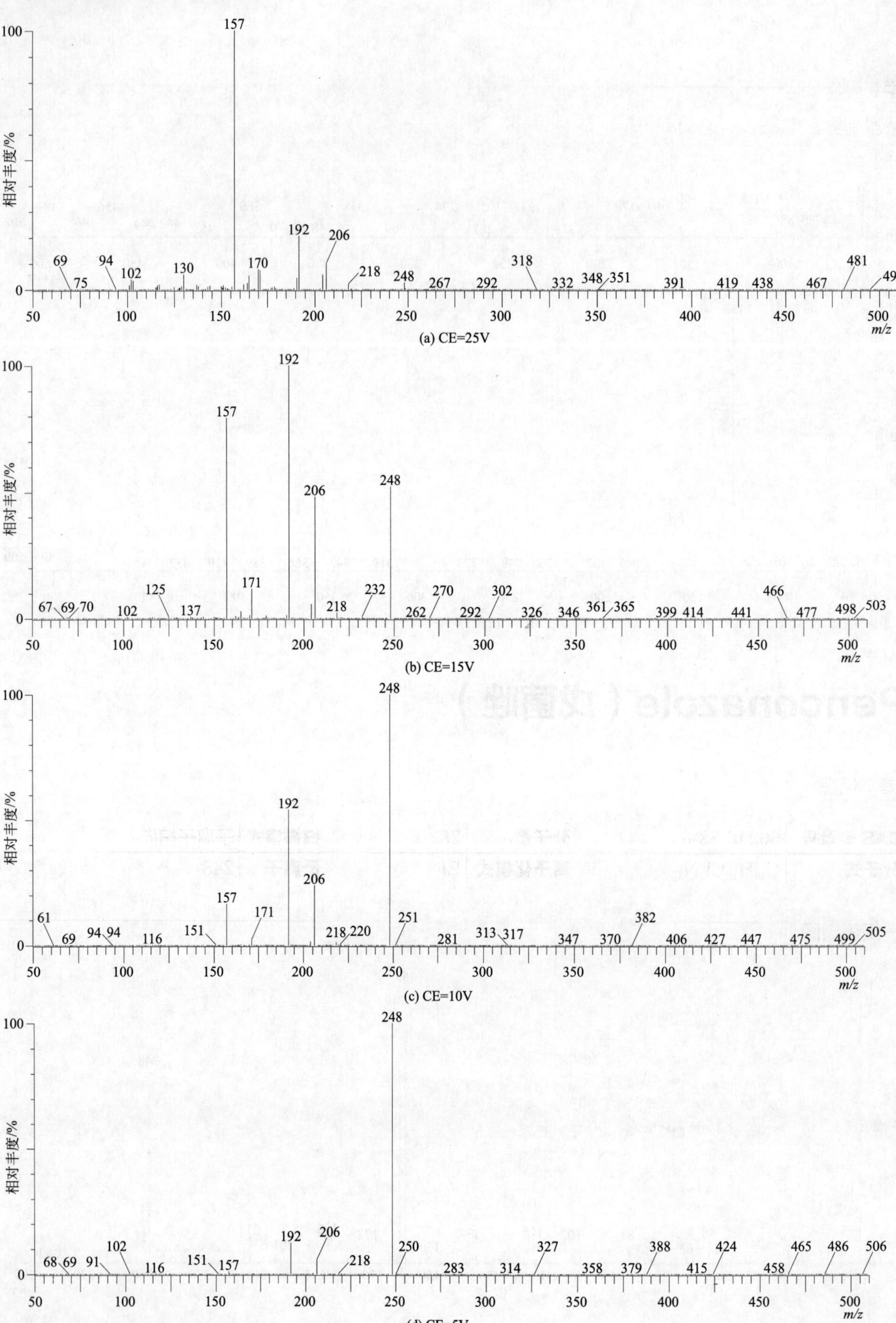

Pencycuron（戊菌隆）

基本信息

CAS 登录号	66063-05-6	分子量	328.1	扫描模式	子离子扫描
分子式	$C_{19}H_{21}ClN_2O$	离子化模式	EI	母离子	209

一级质谱图

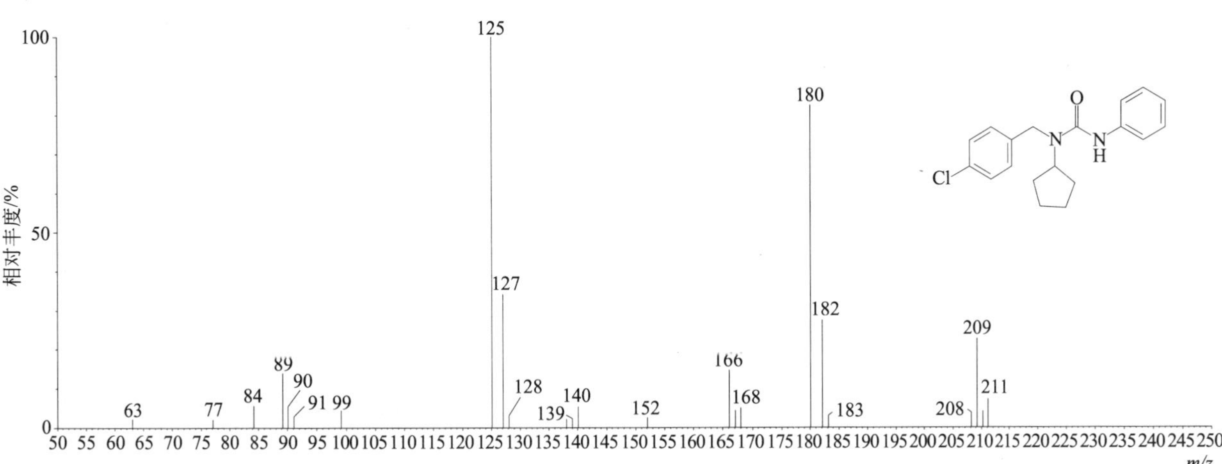

四个碰撞能量下子离子质谱图

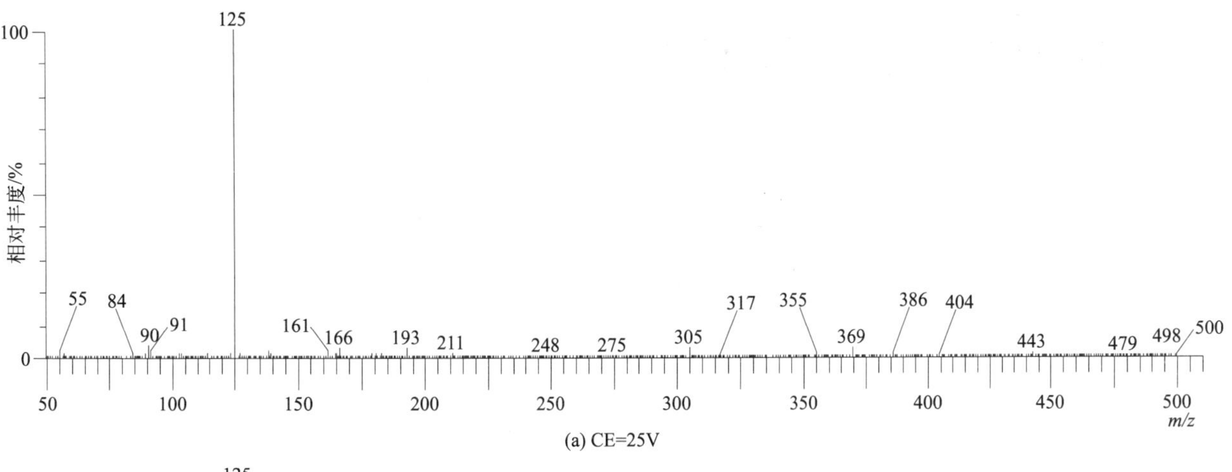

(a) CE=25V

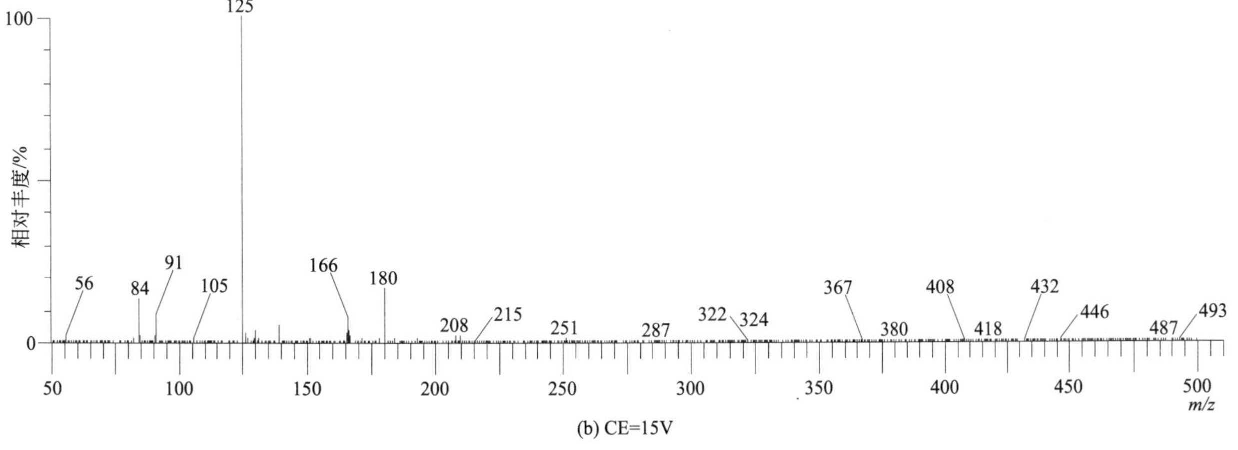

(b) CE=15V

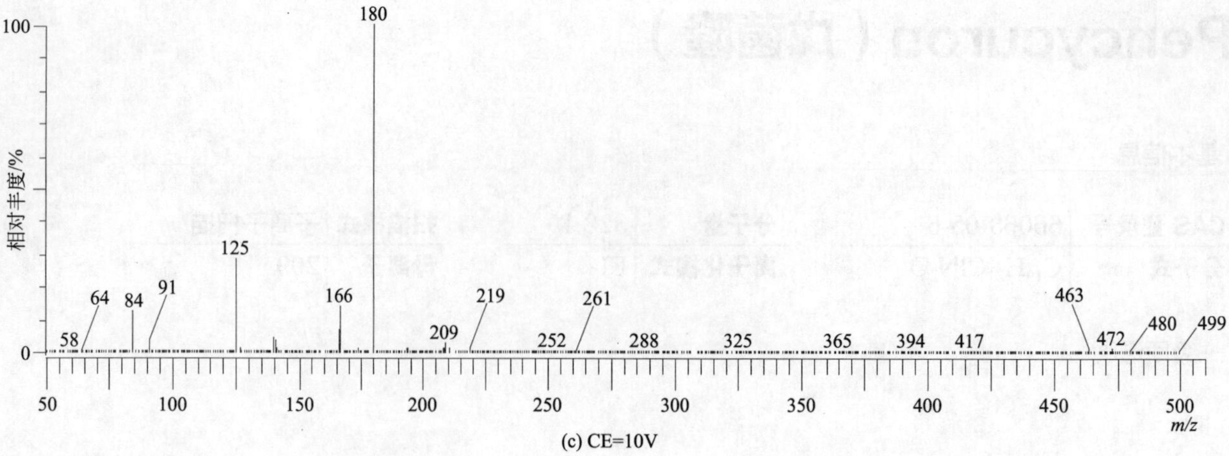

(c) CE=10V

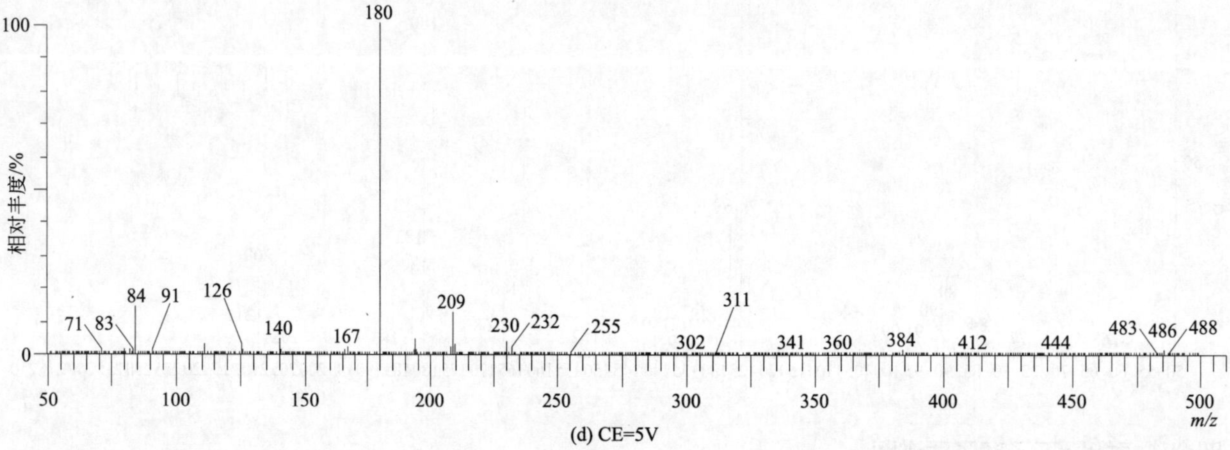

(d) CE=5V

Pendimethalin（胺硝草）

基本信息

CAS 登录号	40487-42-1	分子量	281.1	扫描模式	子离子扫描
分子式	$C_{13}H_{19}N_3O_4$	离子化模式	EI	母离子	220

一级质谱图

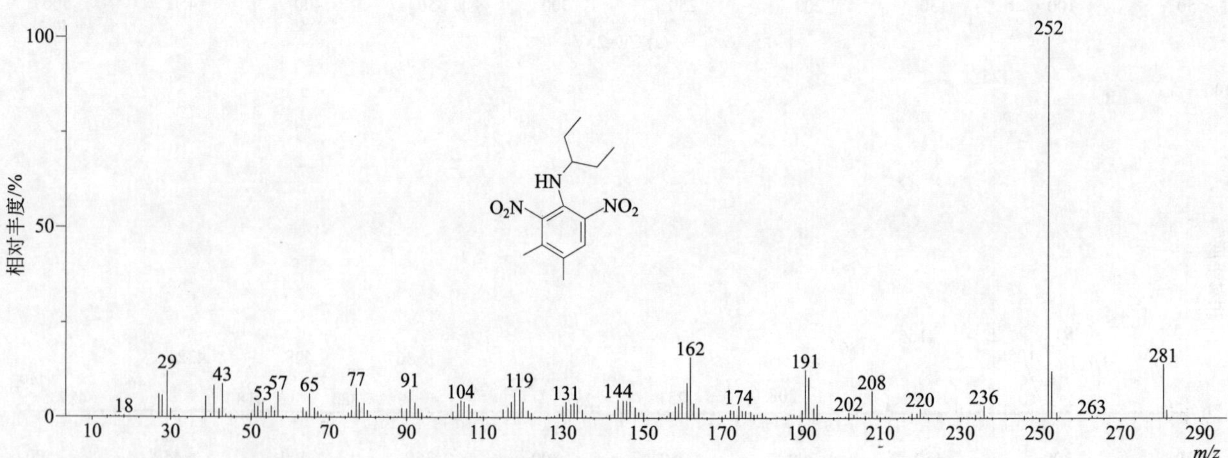

四个碰撞能量下子离子质谱图

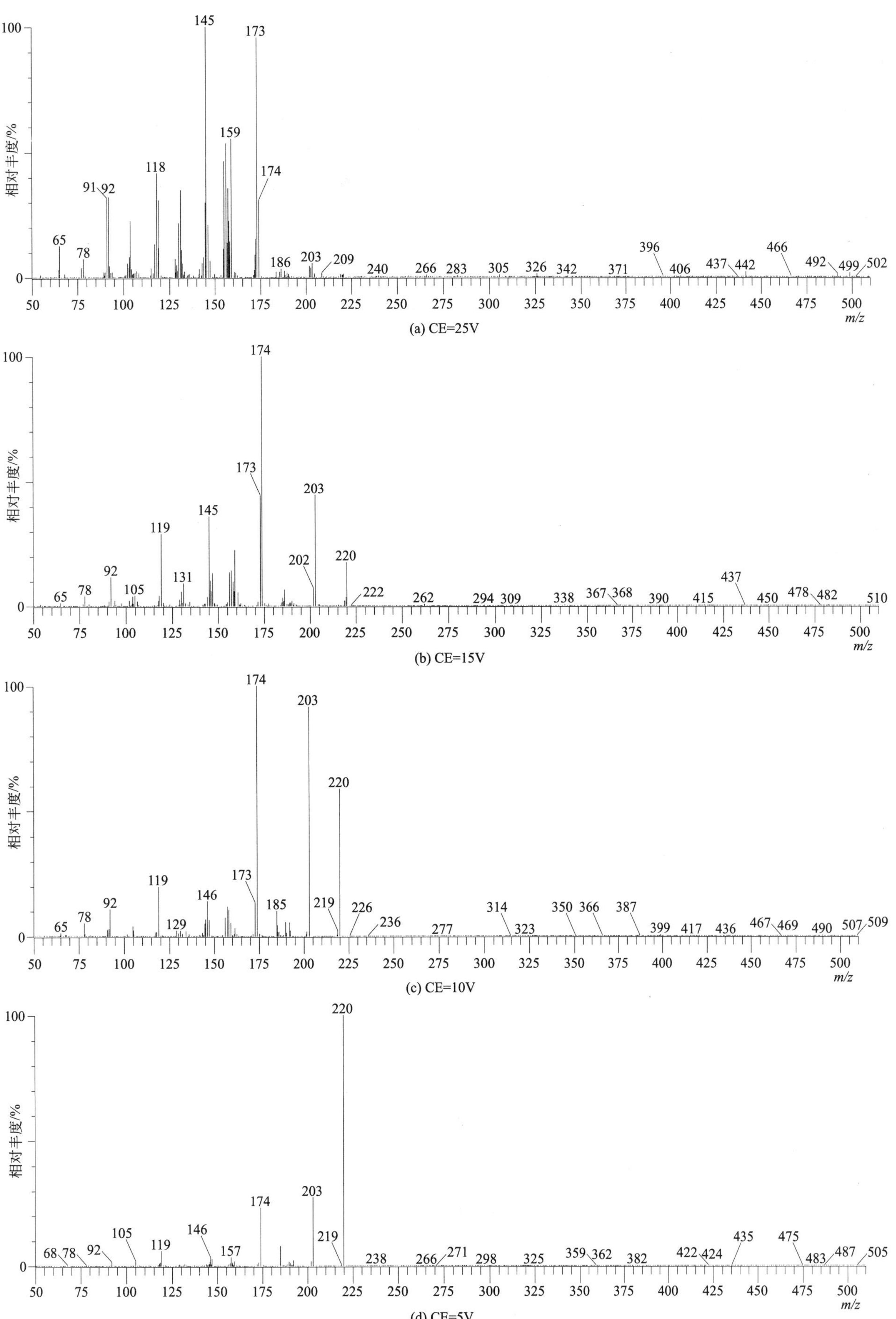

(a) CE=25V

(b) CE=15V

(c) CE=10V

(d) CE=5V

Pentachloroaniline（五氯苯胺）

基本信息

CAS 登录号	527-20-8	分子量	262.9	扫描模式	子离子扫描
分子式	$C_6H_2Cl_5N$	离子化模式	EI	母离子	265

一级质谱图

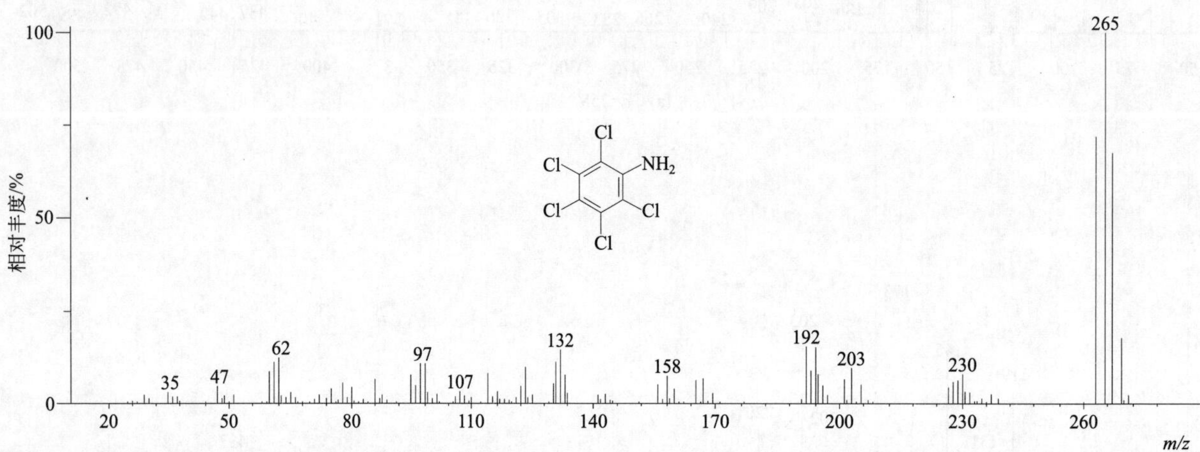

四个碰撞能量下子离子质谱图

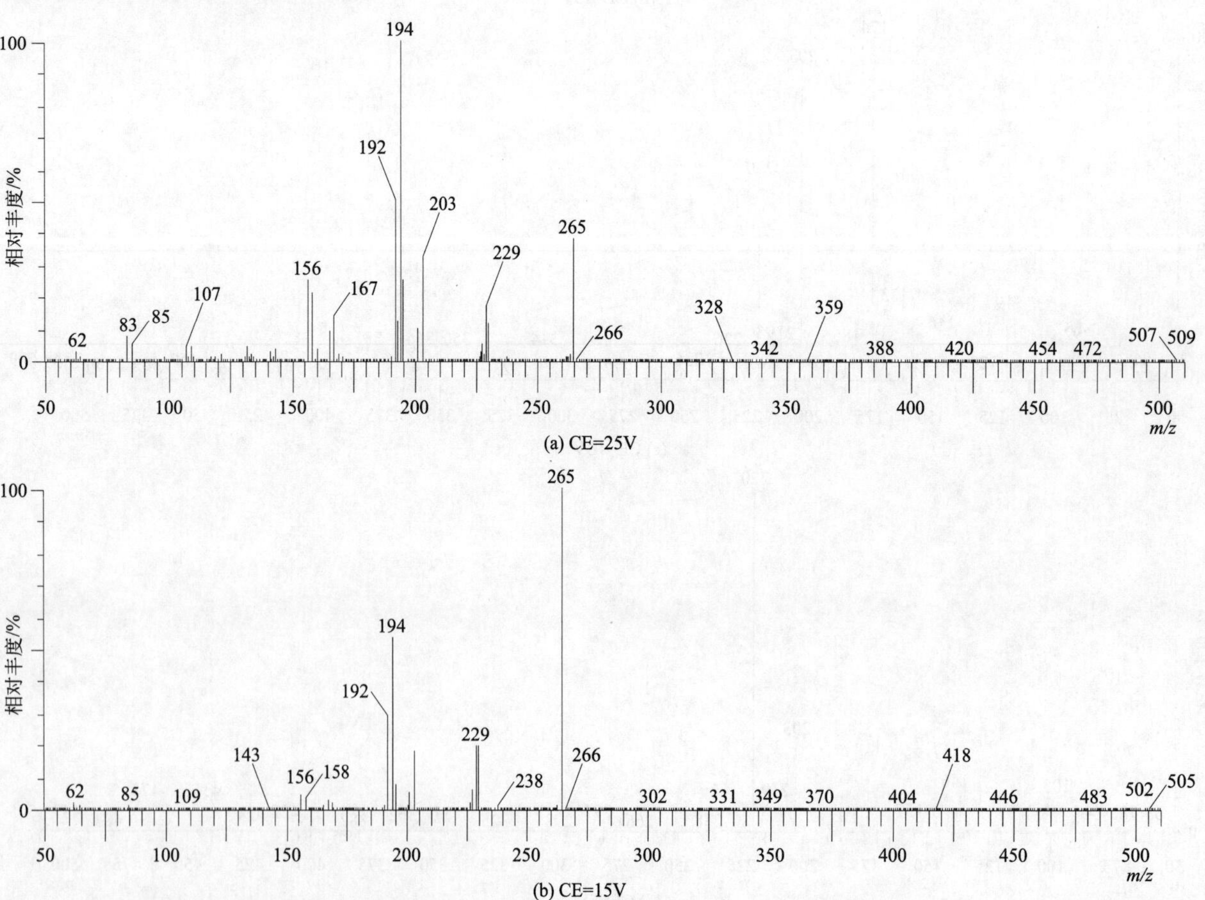

(c) CE=10V

(d) CE=5V

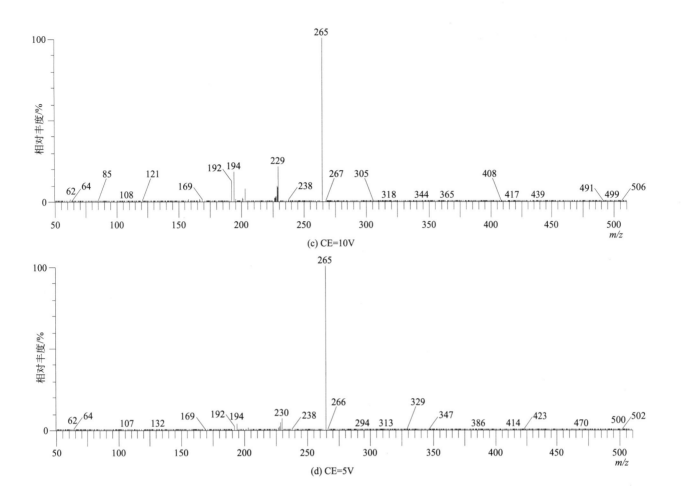

Pentachloroanisole（五氯苯甲醚）

基本信息

CAS 登录号	1825-21-4	分子量	277.9	扫描模式	子离子扫描
分子式	$C_7H_3Cl_5O$	离子化模式	EI	母离子	280

一级质谱图

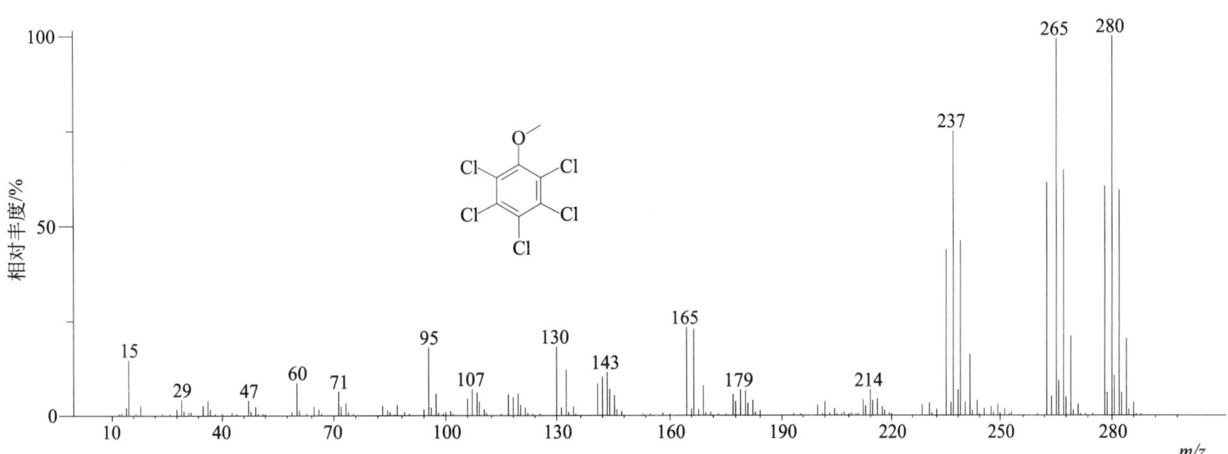

四个碰撞能量下子离子质谱图

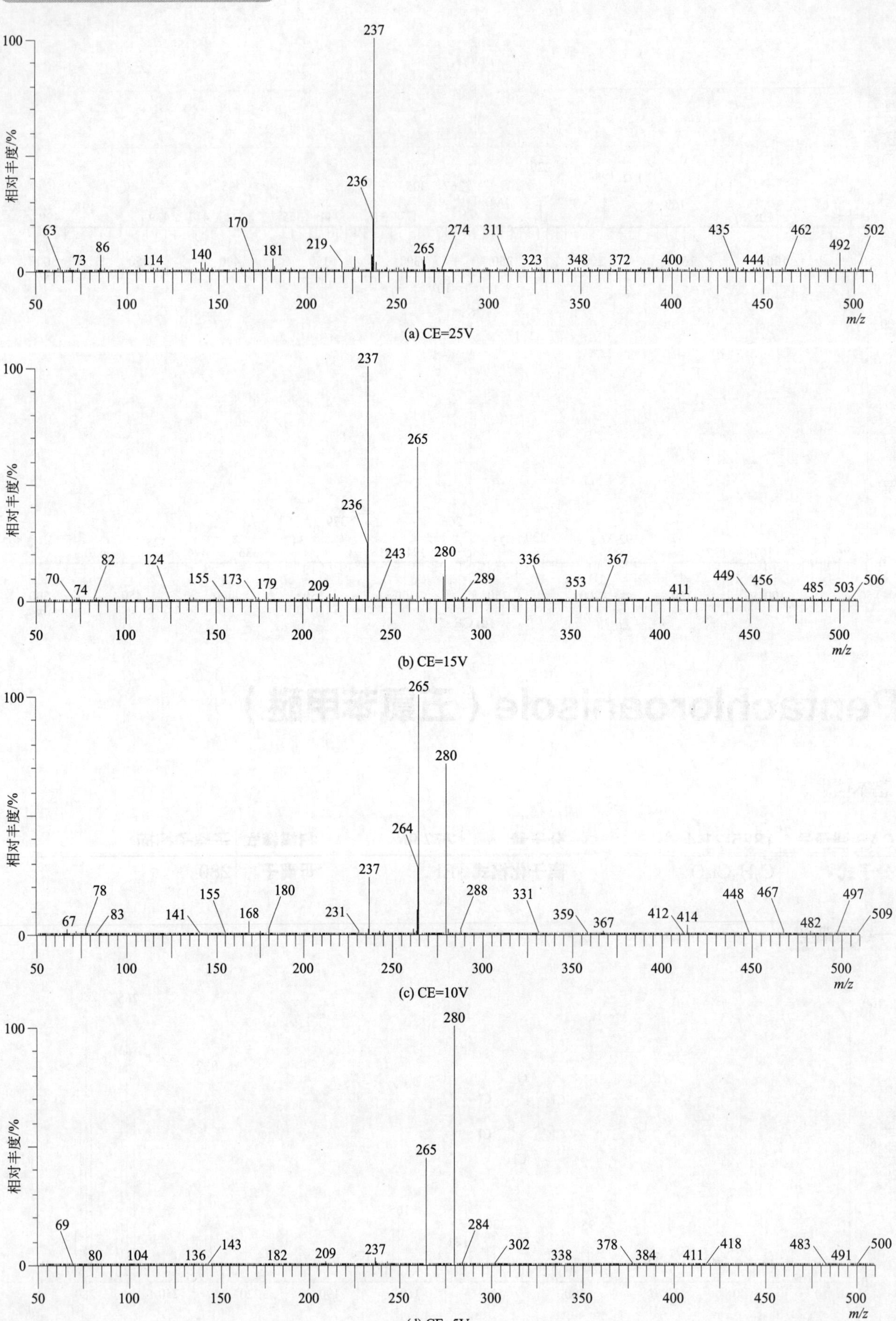

Pentachlorobenzene（五氯苯）

基本信息

CAS 登录号	608-93-5	分子量	247.9	扫描模式	子离子扫描
分子式	C_6HCl_5	离子化模式	EI	母离子	250

一级质谱图

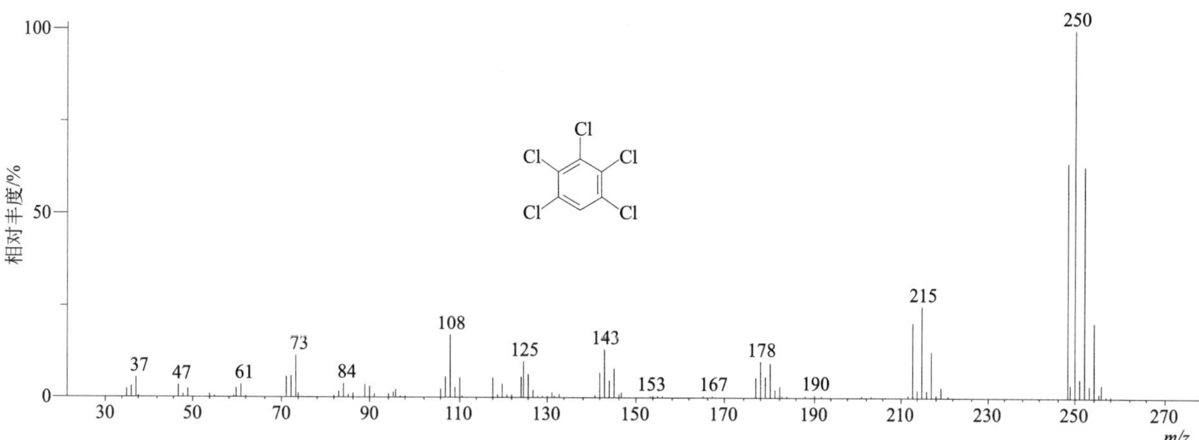

四个碰撞能量下子离子质谱图

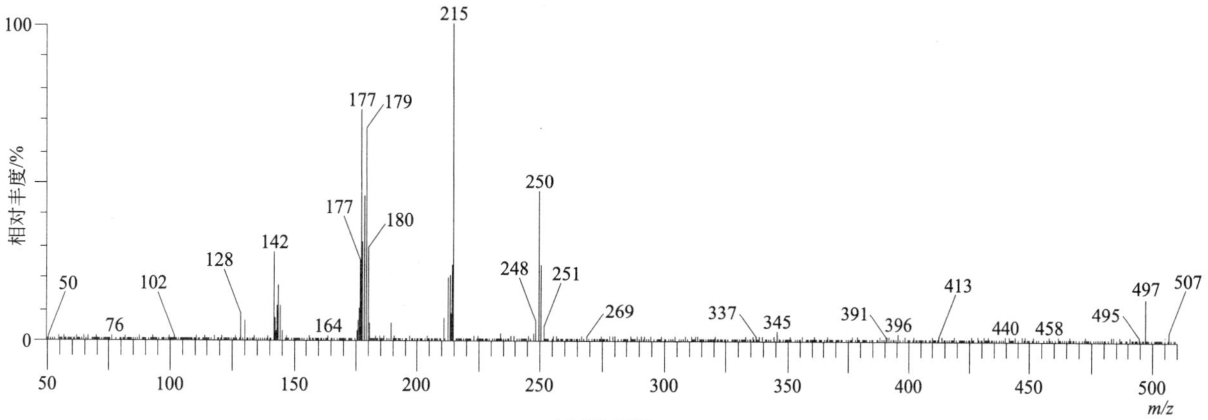

(a) CE=25V

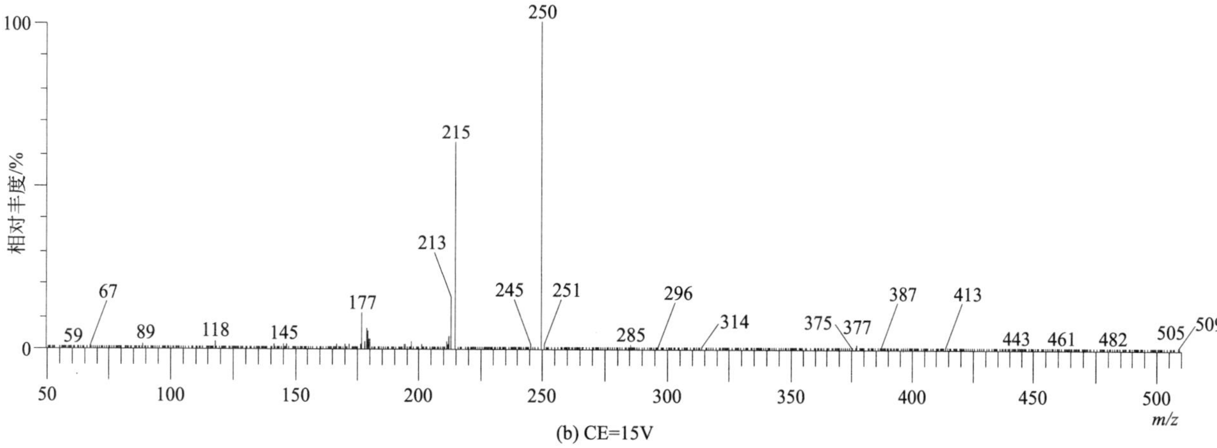

(b) CE=15V

(c) CE=10V

(d) CE=5V

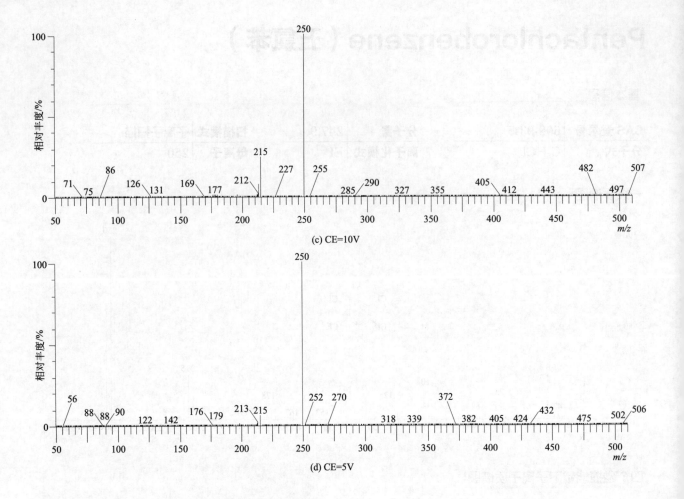

Permethrin（氯菊酯）

基本信息

CAS 登录号	52645-53-1	分子量	390.1	扫描模式	子离子扫描
分子式	$C_{21}H_{20}Cl_2O_3$	离子化模式	EI	母离子	183

一级质谱图

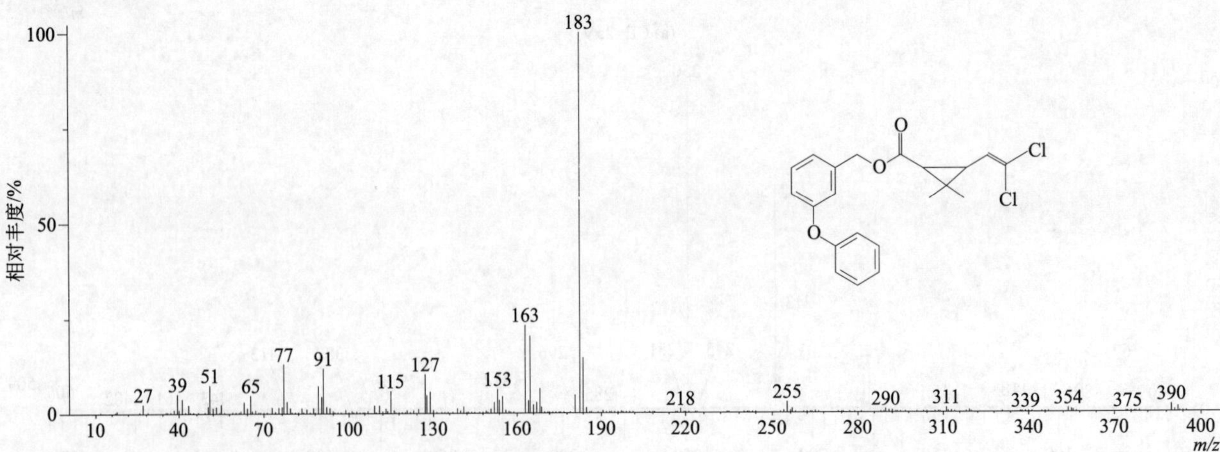

四个碰撞能量下子离子质谱图

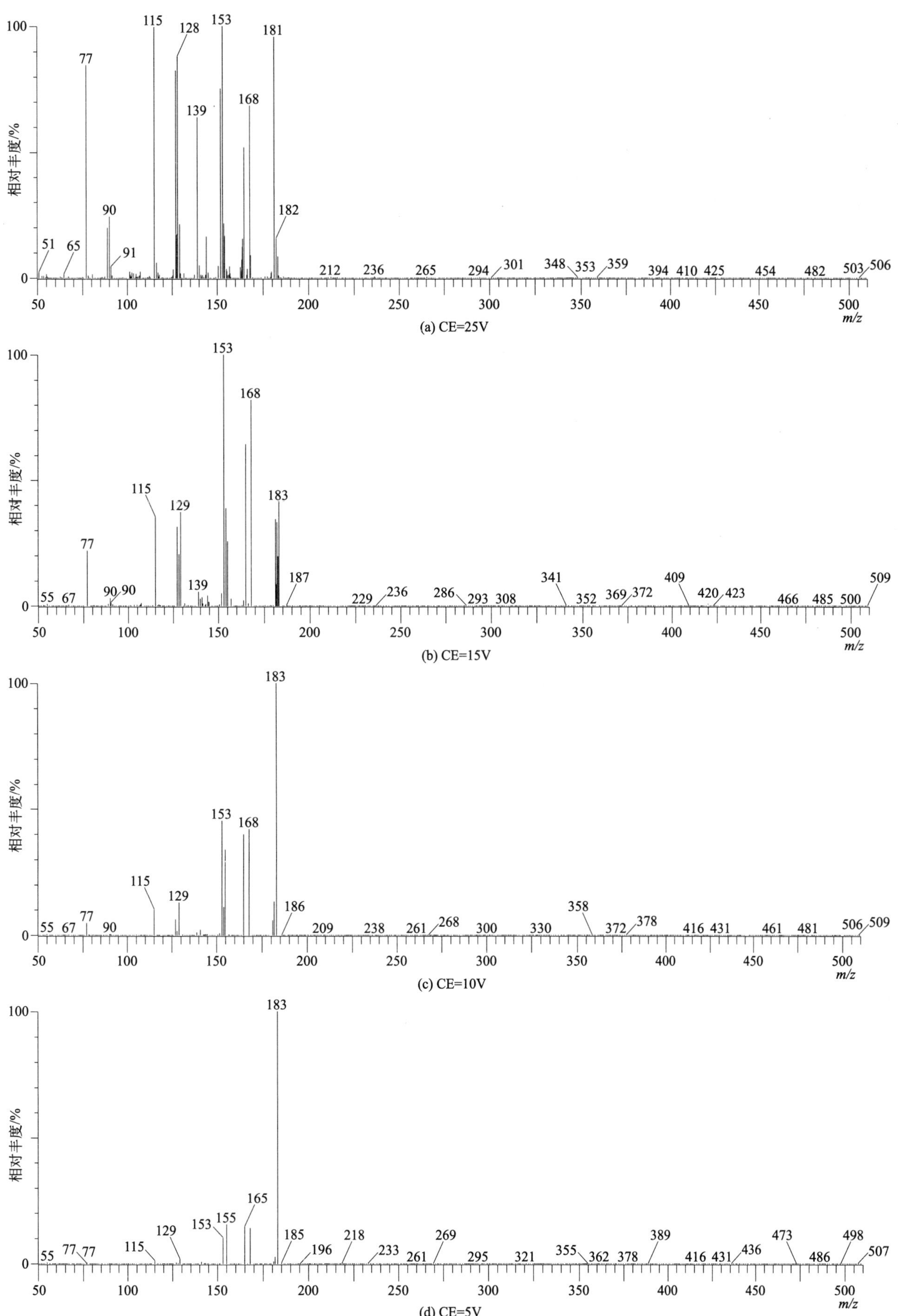

Perthane（乙滴涕）

基本信息

CAS 登录号	72-56-0	分子量	306.1	扫描模式	子离子扫描
分子式	$C_{18}H_{20}Cl_2$	离子化模式	EI	母离子	223

一级质谱图

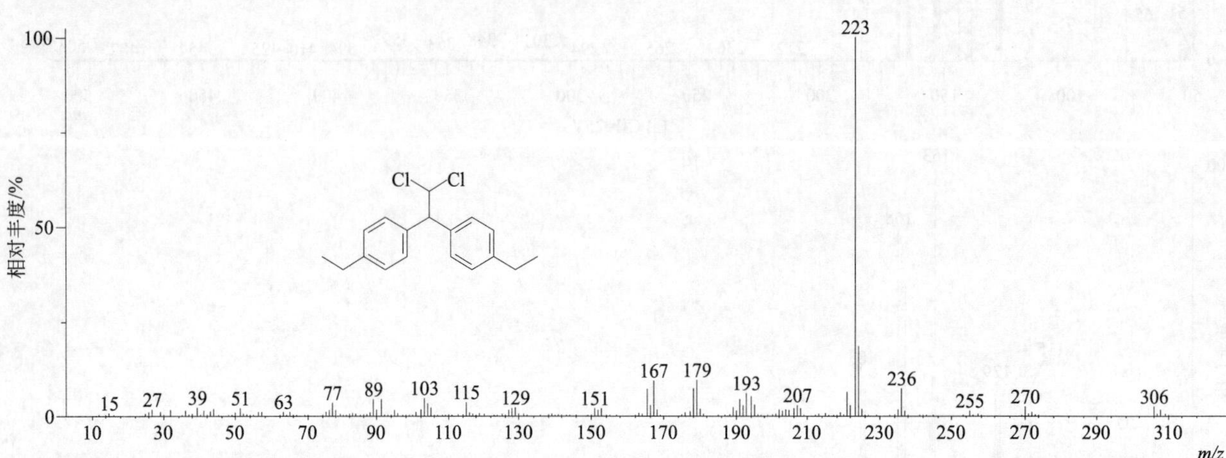

四个碰撞能量下子离子质谱图

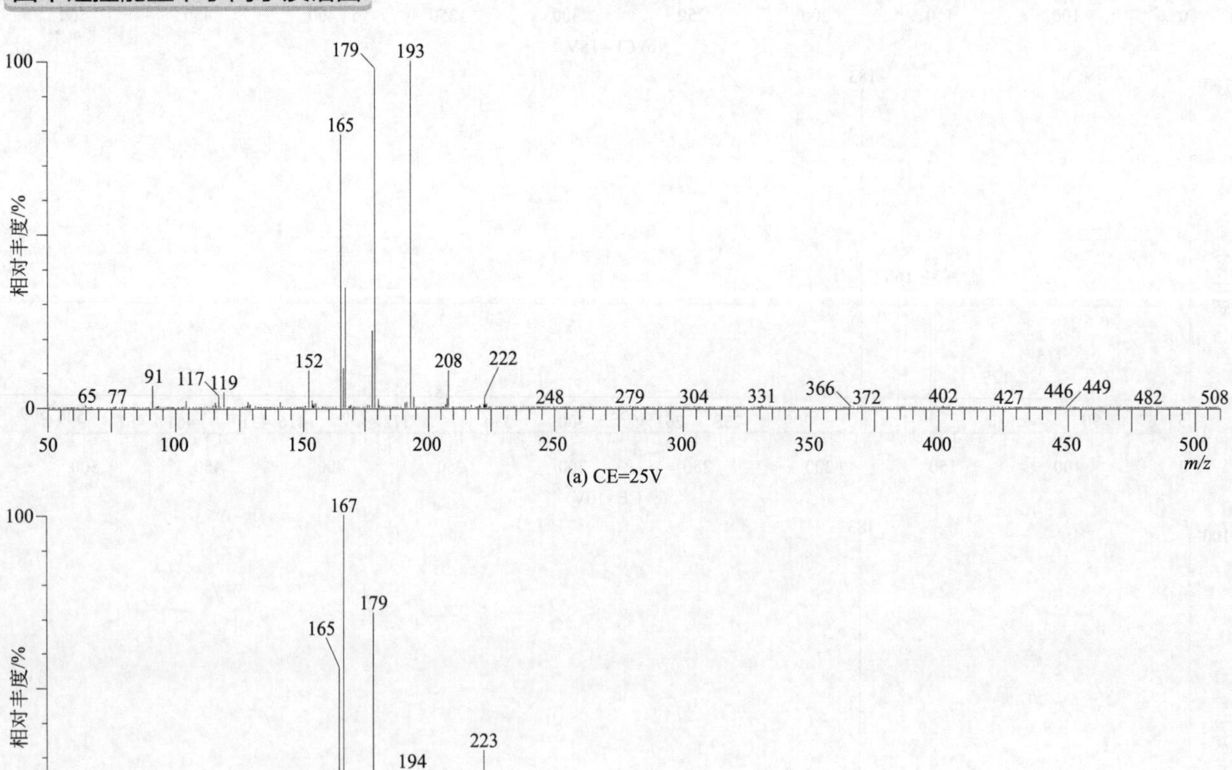

(a) CE=25V

(b) CE=15V

(c) CE=10V

(d) CE=5V

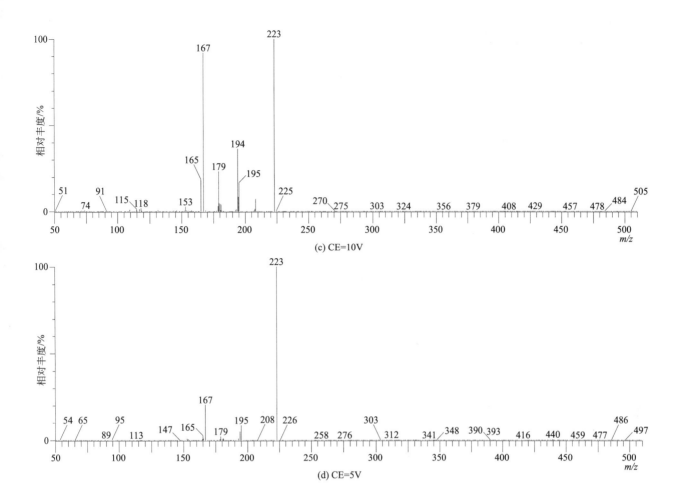

Phenanthrene（菲）

基本信息

CAS 登录号	85-01-8	分子量	178.1	扫描模式	子离子扫描
分子式	$C_{14}H_{10}$	离子化模式	EI	母离子	188

一级质谱图

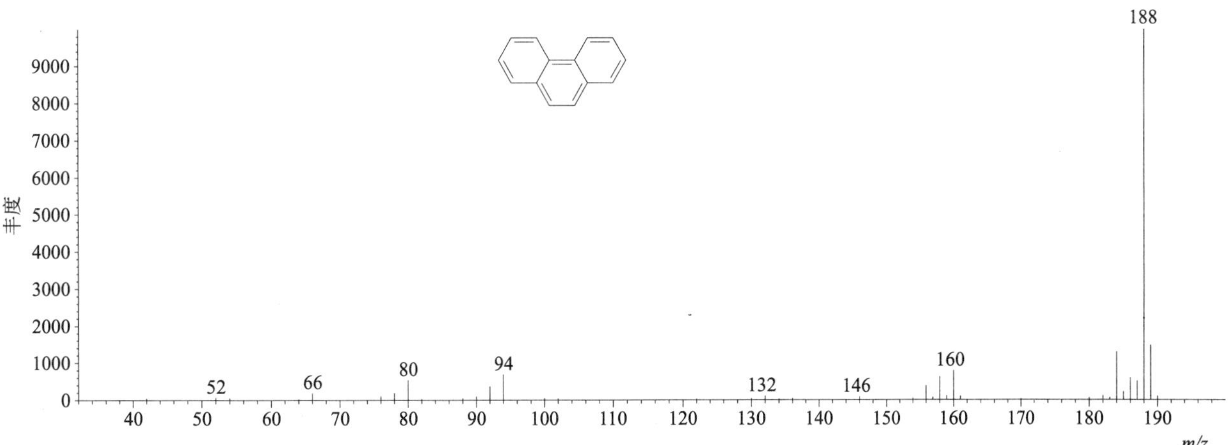

四个碰撞能量下子离子质谱图

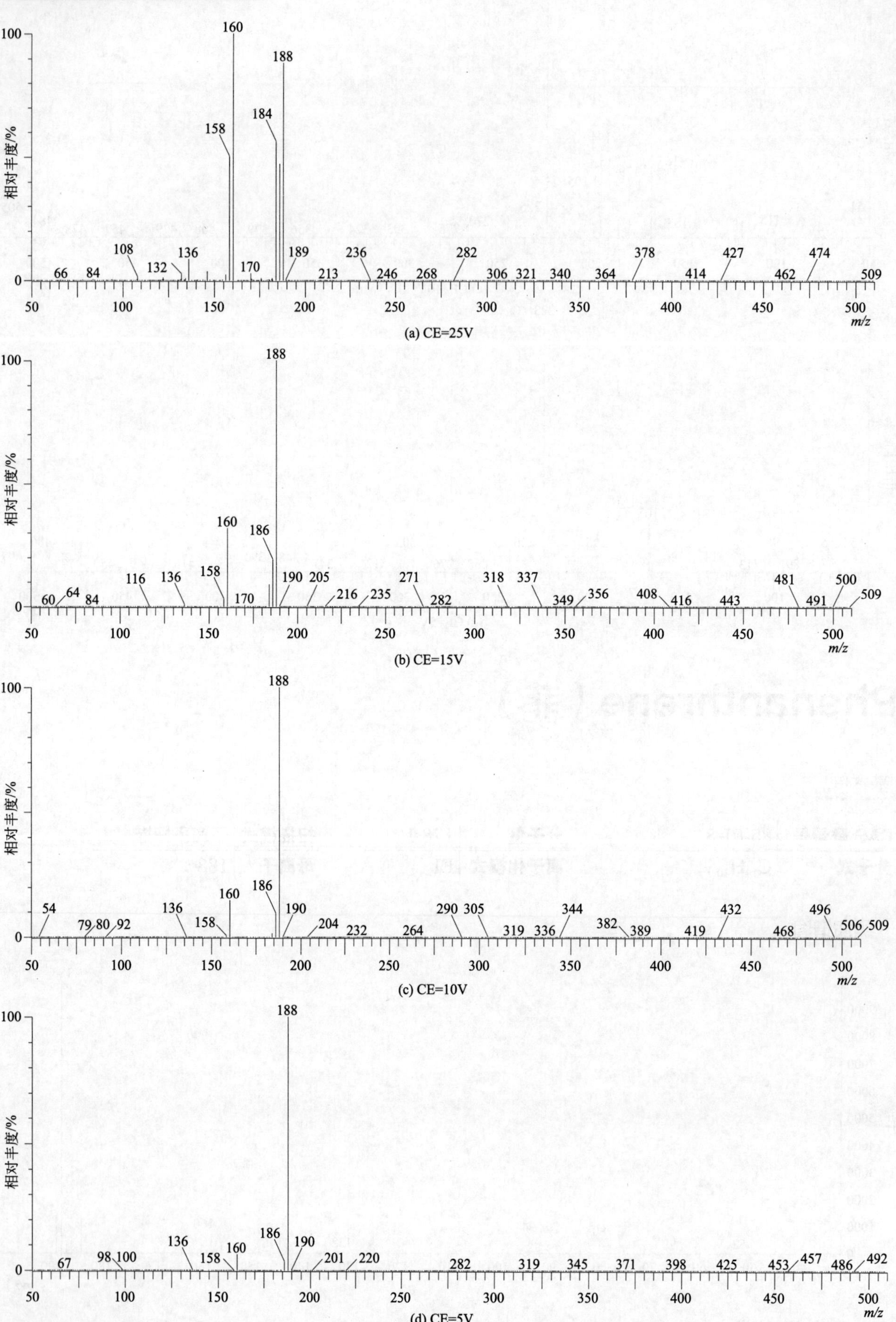

Phenothrin（苯醚菊酯）

基本信息

CAS 登录号	26002-80-2	分子量	350.2	扫描模式	子离子扫描
分子式	$C_{23}H_{26}O_3$	离子化模式	EI	母离子	123

一级质谱图

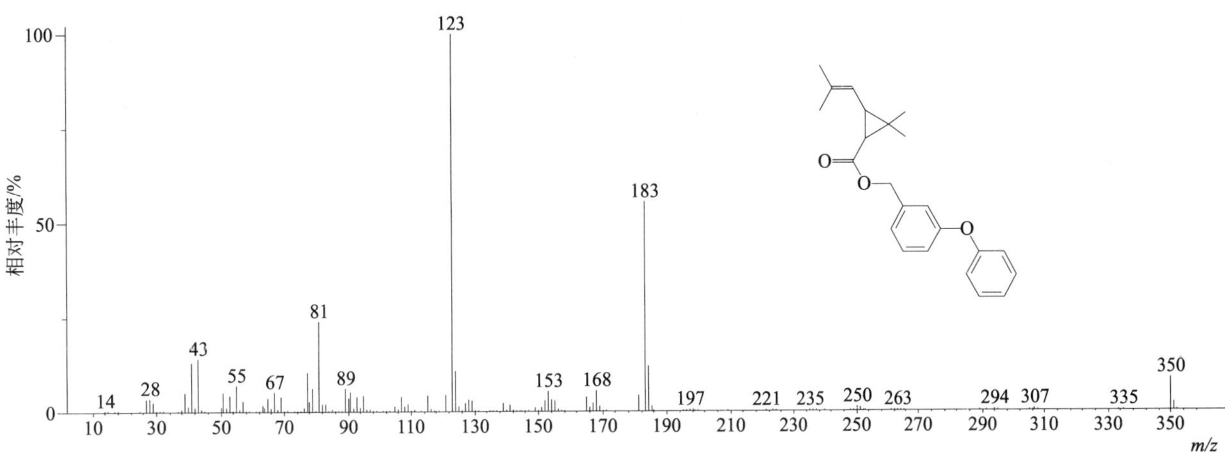

四个碰撞能量下子离子质谱图

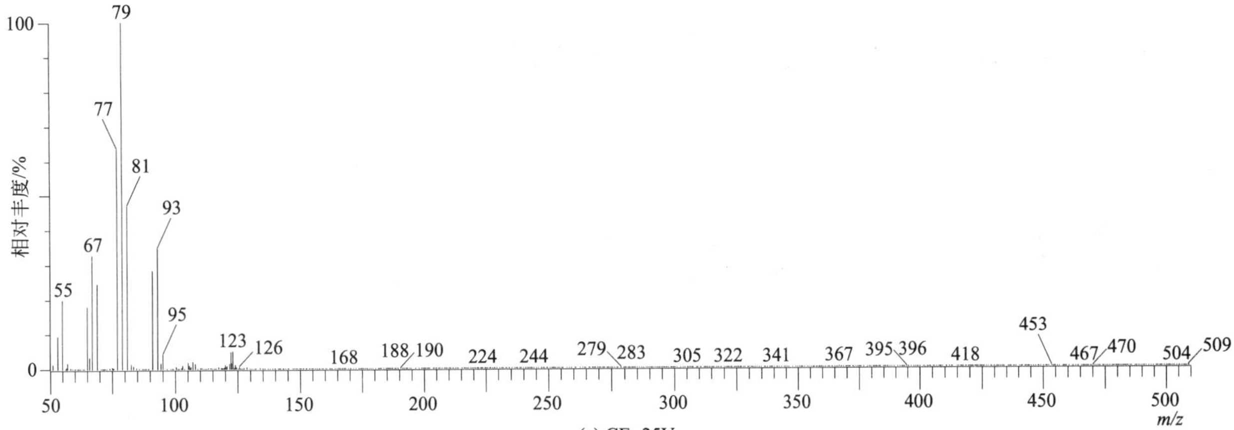

(a) CE=25V

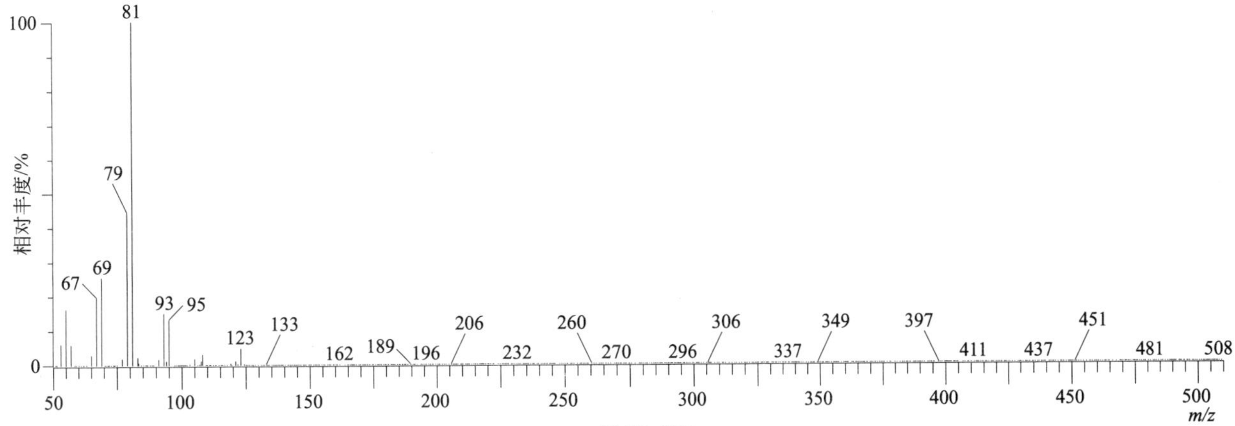

(b) CE=15V

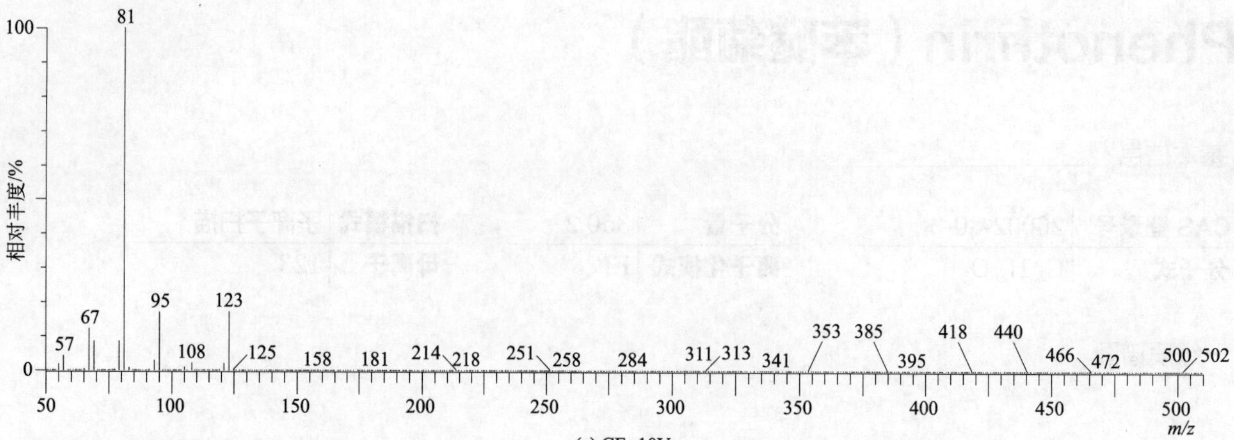

(c) CE=10V

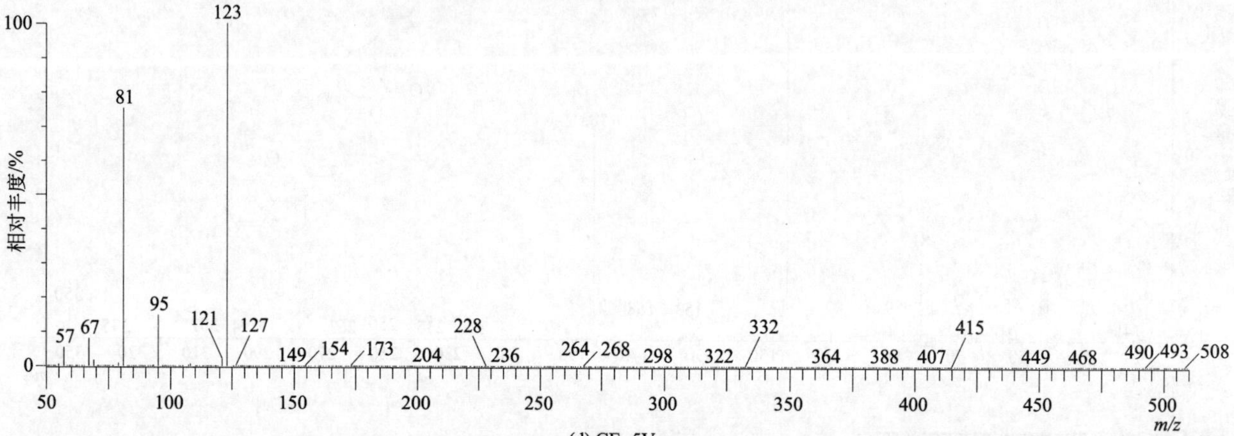

(d) CE=5V

2-Phenylphenol（邻苯基苯酚）

基本信息

CAS 登录号	90-43-7	**分子量**	170.1	**扫描模式**	子离子扫描
分子式	$C_{12}H_{10}O$	**离子化模式**	EI	**母离子**	169

一级质谱图

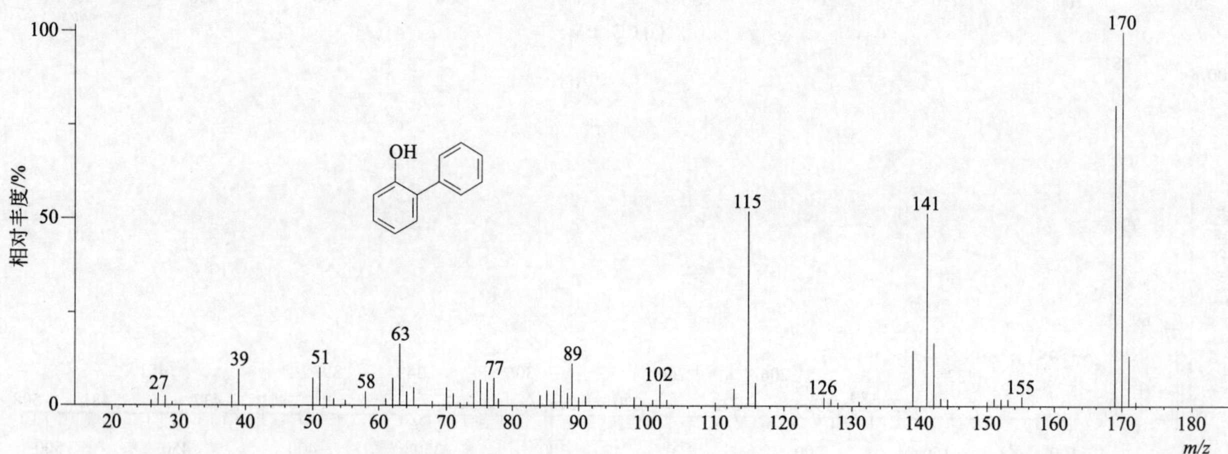

四个碰撞能量下子离子质谱图

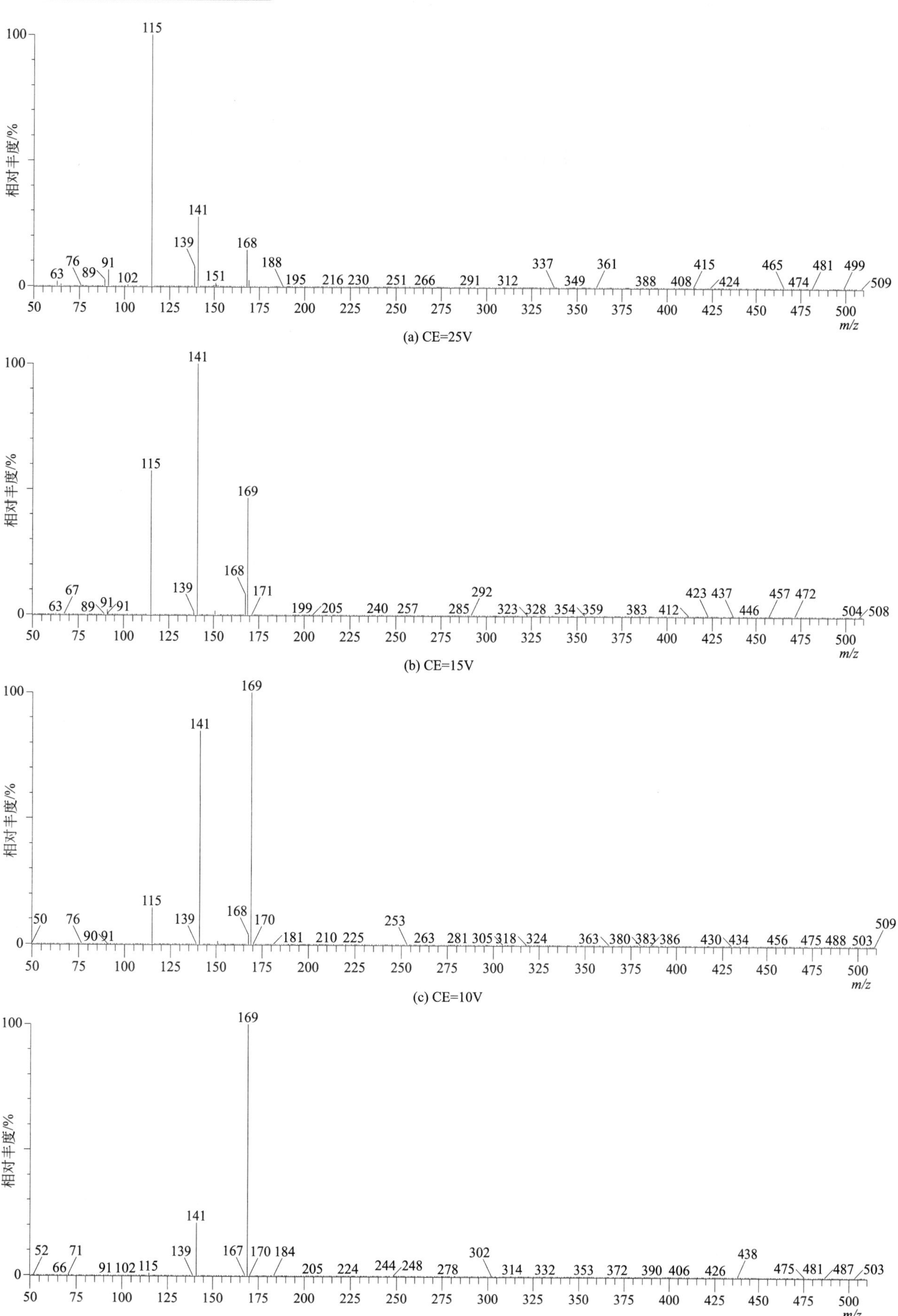

(a) CE=25V

(b) CE=15V

(c) CE=10V

(d) CE=5V

Phorate sulfone（甲拌磷砜）

基本信息

CAS 登录号	2588-04-7	分子量	292.0	扫描模式	子离子扫描
分子式	$C_7H_{17}O_4PS_3$	离子化模式	EI	母离子	199

一级质谱图

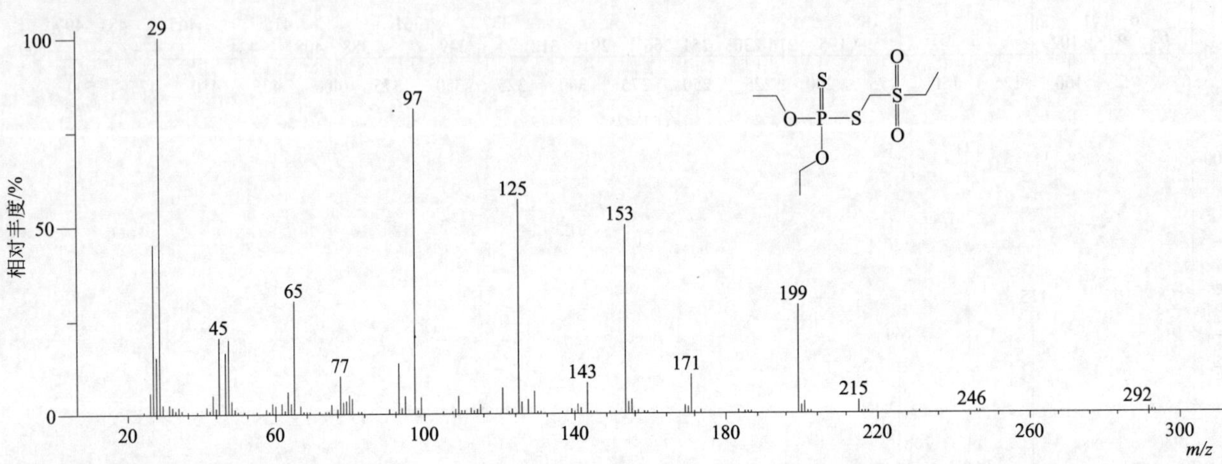

四个碰撞能量下子离子质谱图

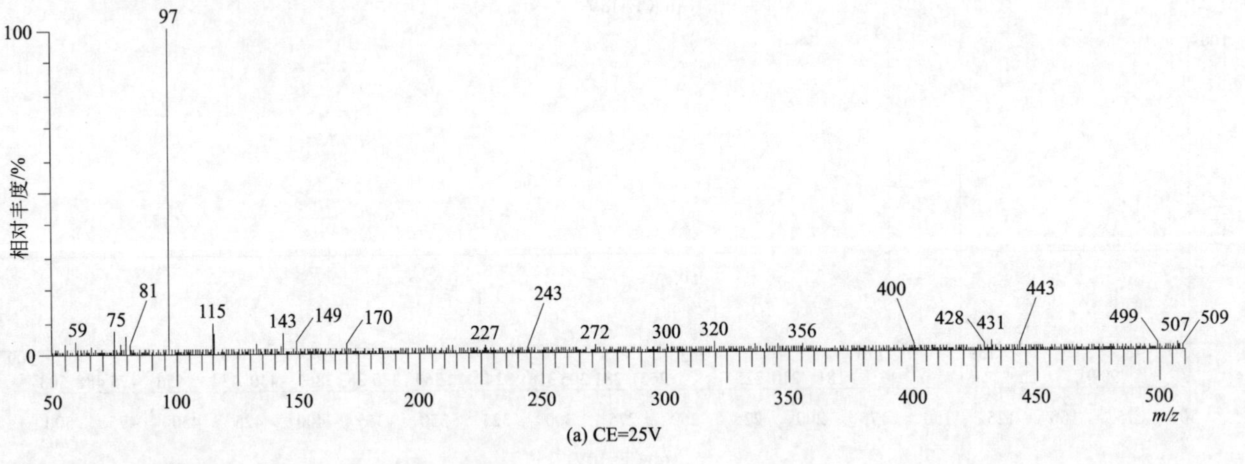

(a) CE=25V

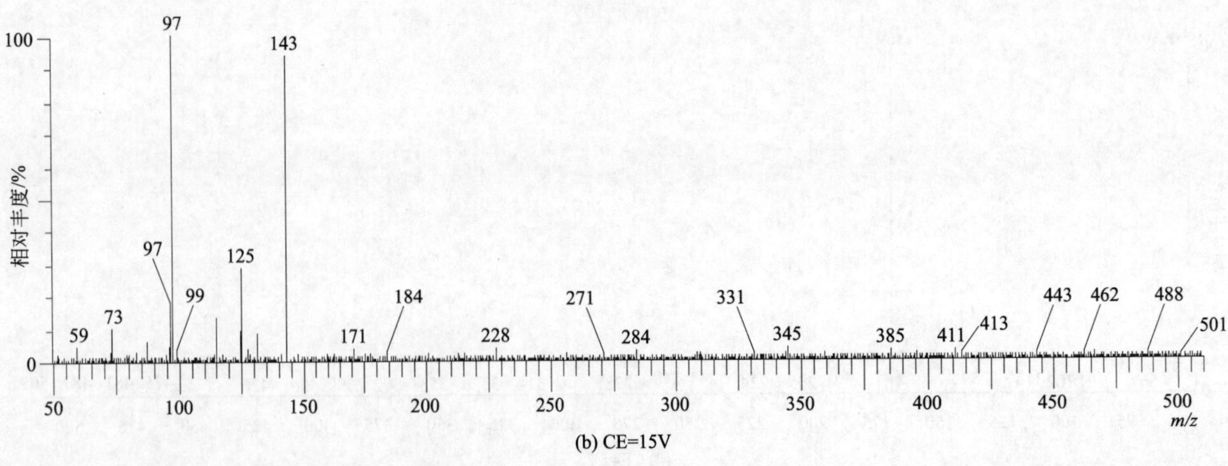

(b) CE=15V

(c) CE=10V

(d) CE=5V

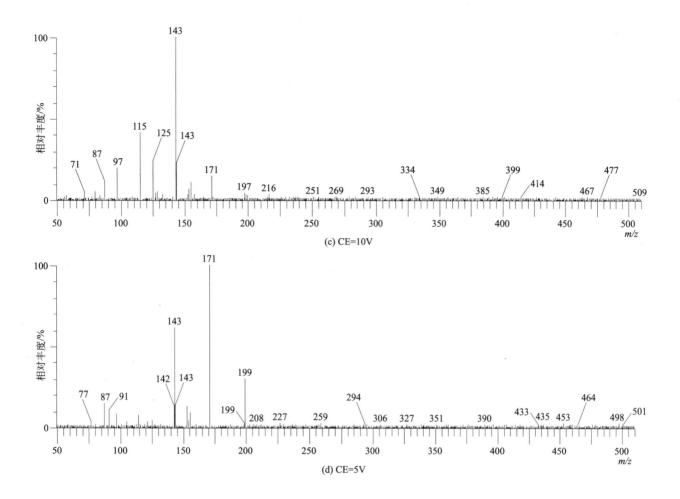

Phosalone（伏杀硫磷）

基本信息

CAS 登录号	2310-17-0	分子量	367.0	扫描模式	子离子扫描
分子式	$C_{12}H_{15}ClNO_4PS_2$	离子化模式	EI	母离子	182

一级质谱图

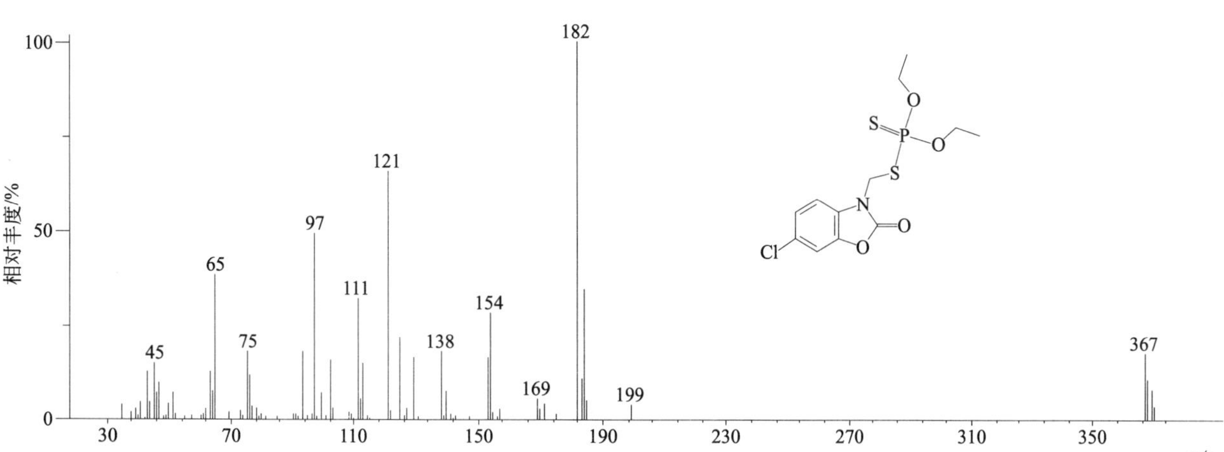

四个碰撞能量下子离子质谱图

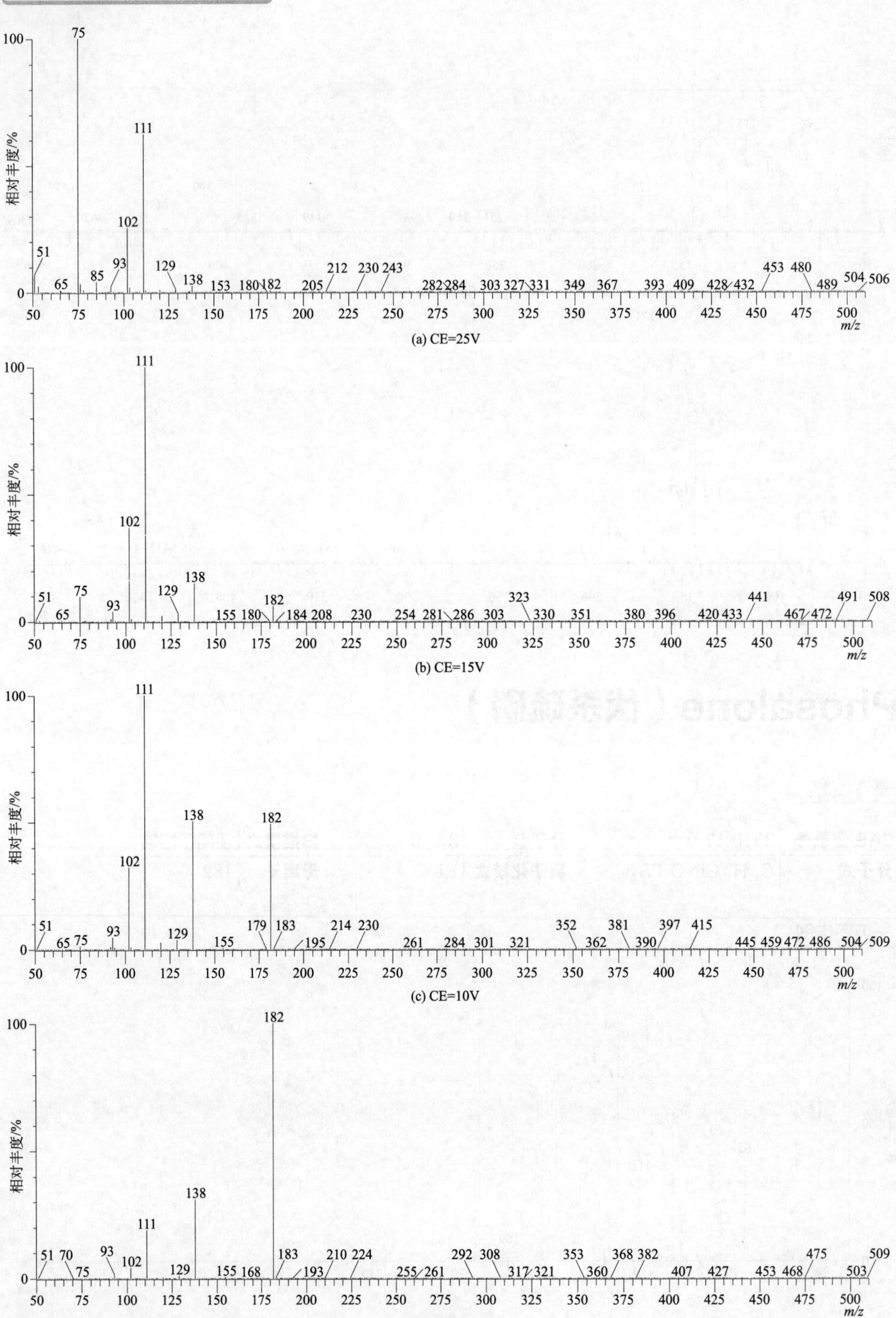

(a) CE=25V

(b) CE=15V

(c) CE=10V

(d) CE=5V

Phosmet（亚胺硫磷）

基本信息

CAS 登录号	732-11-6	分子量	317.0	扫描模式	子离子扫描
分子式	$C_{11}H_{12}NO_4PS_2$	离子化模式	EI	母离子	160

一级质谱图

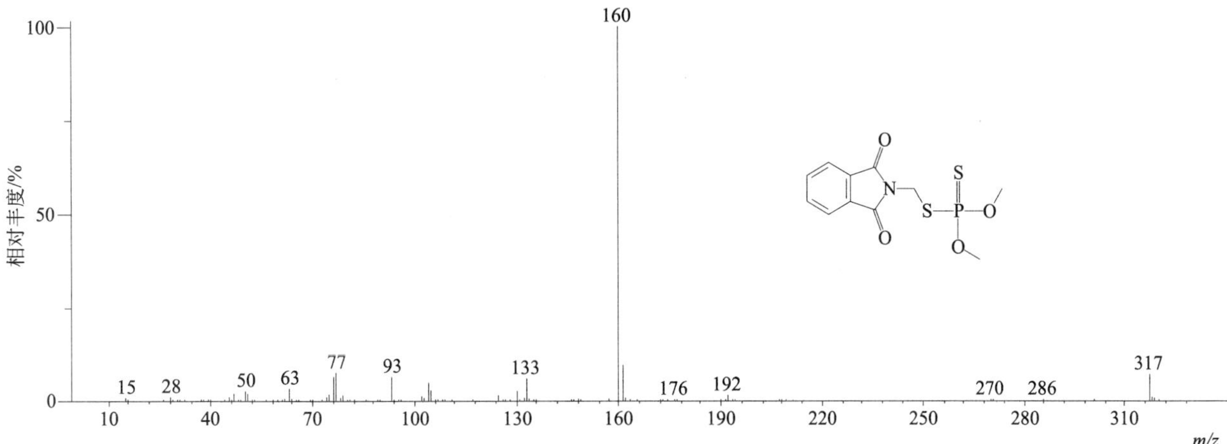

四个碰撞能量下子离子质谱图

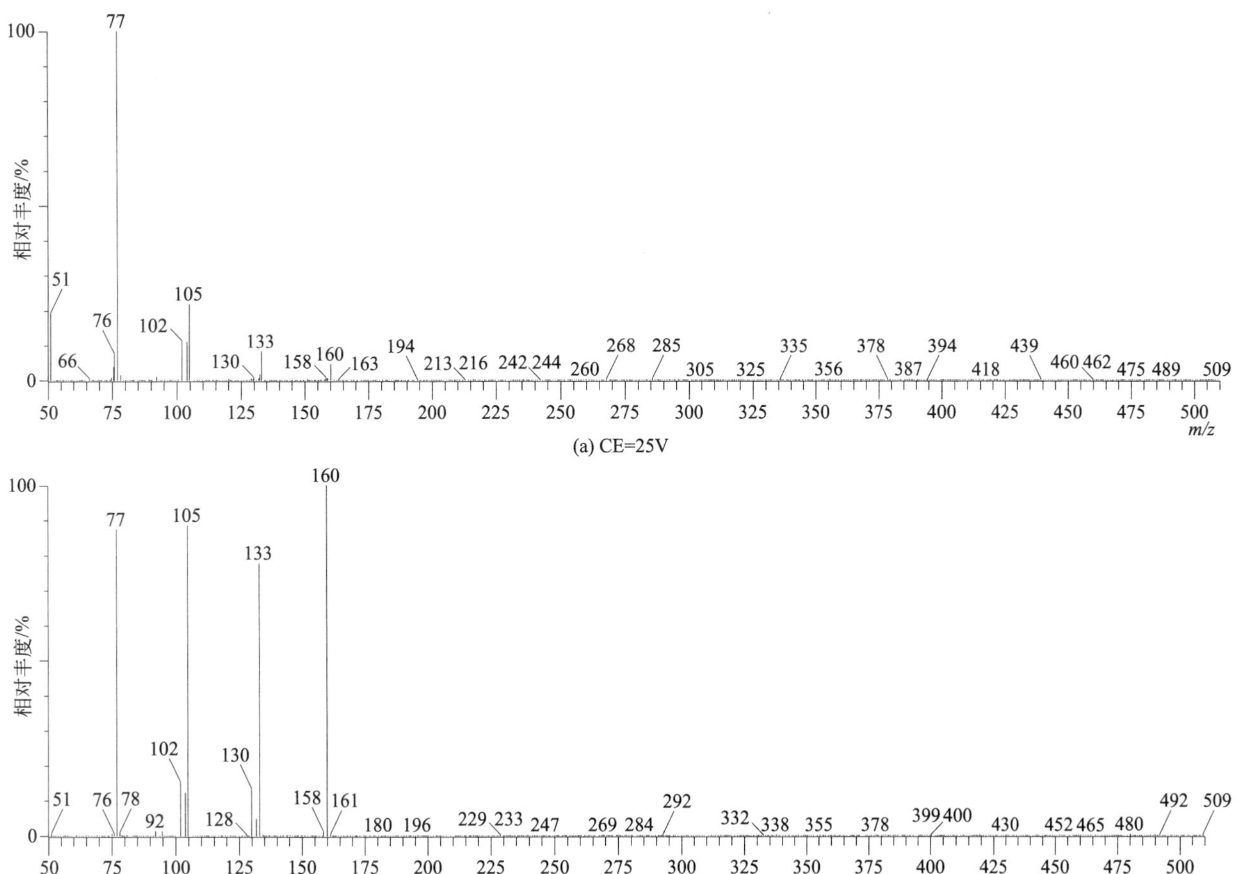

(a) CE=25V

(b) CE=15V

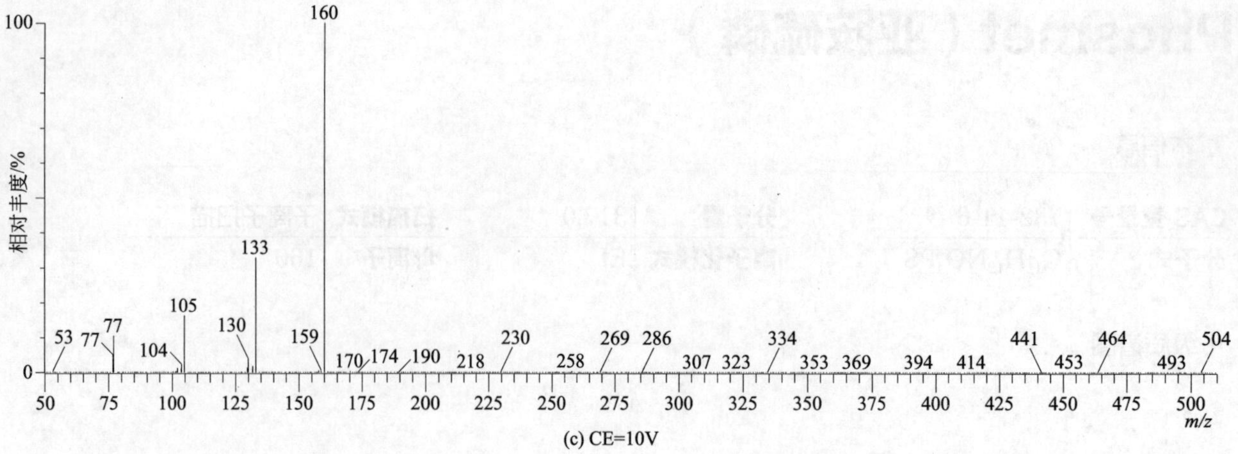

(c) CE=10V

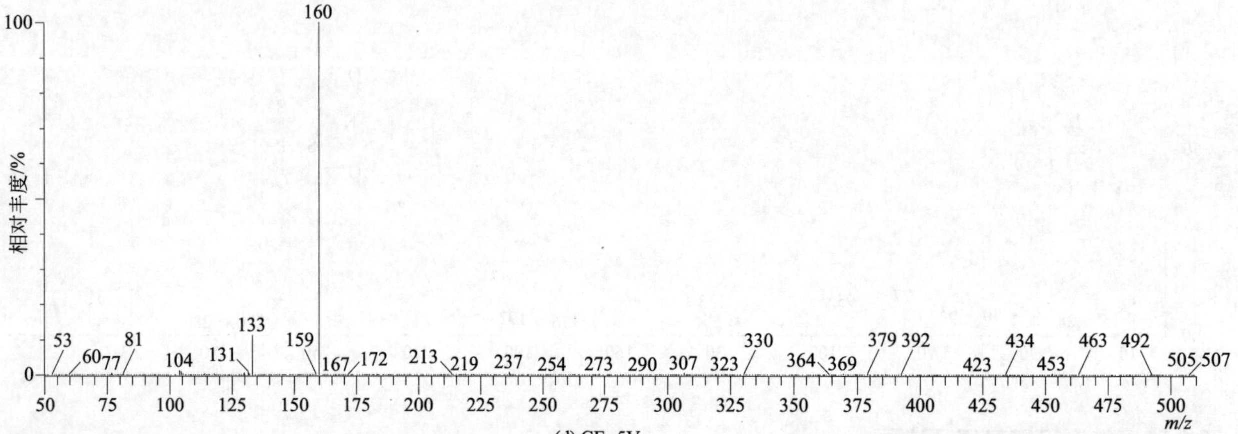

(d) CE=5V

Phosphamidon（磷胺）

基本信息

CAS 登录号	13171-21-6	**分子量**	299.1	**扫描模式**	子离子扫描
分子式	$C_{10}H_{19}ClNO_5P$	**离子化模式**	EI	**母离子**	264

一级质谱图

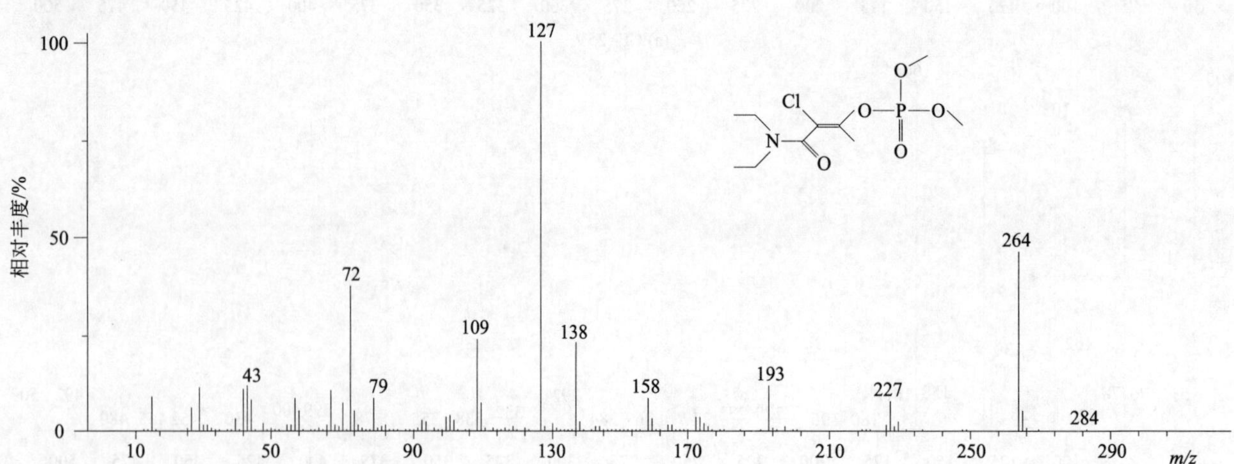

四个碰撞能量下子离子质谱图

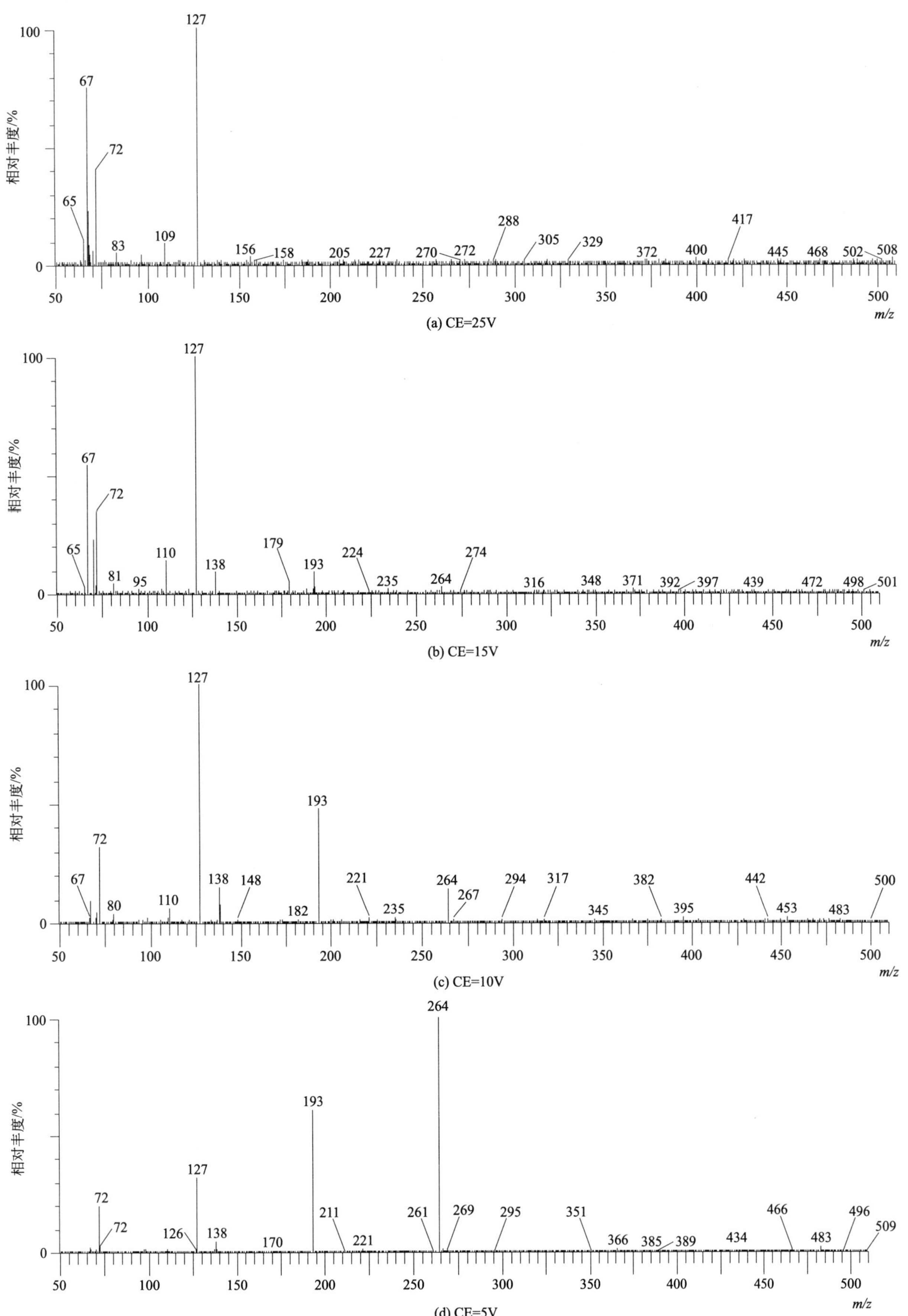

(a) CE=25V

(b) CE=15V

(c) CE=10V

(d) CE=5V

Phthalic acid, benzyl butyl ester（邻苯二甲酸丁苄酯）

基本信息

CAS 登录号	85-68-7	分子量	312.1	扫描模式	子离子扫描
分子式	$C_{19}H_{20}O_4$	离子化模式	EI	母离子	206

一级质谱图

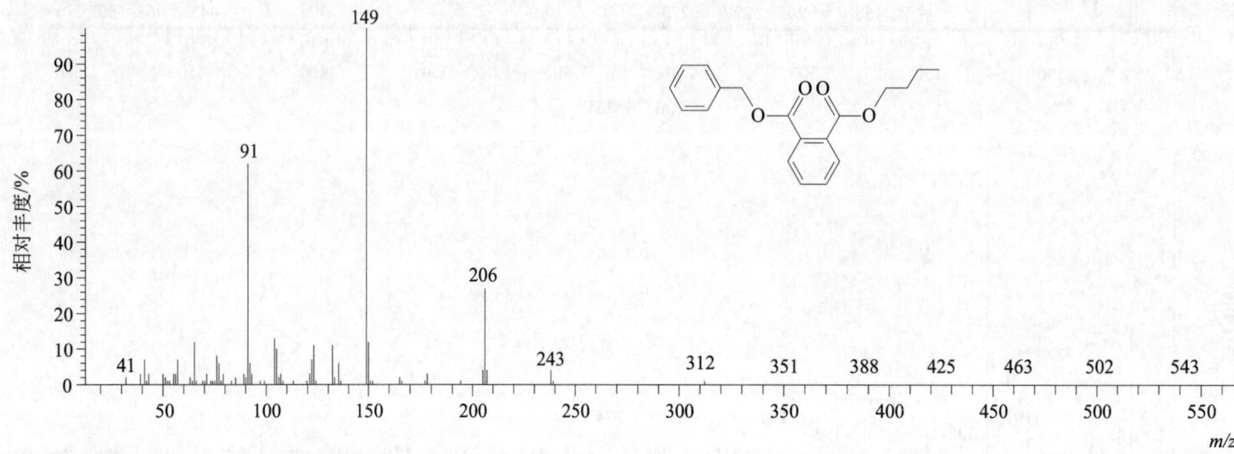

四个碰撞能量下子离子质谱图

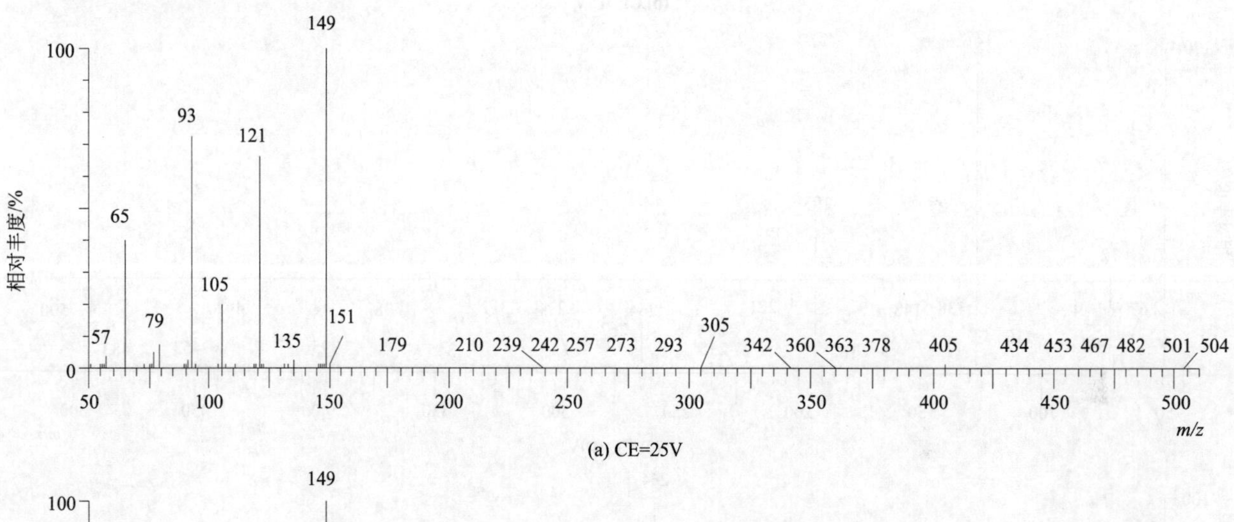

(a) CE=25V

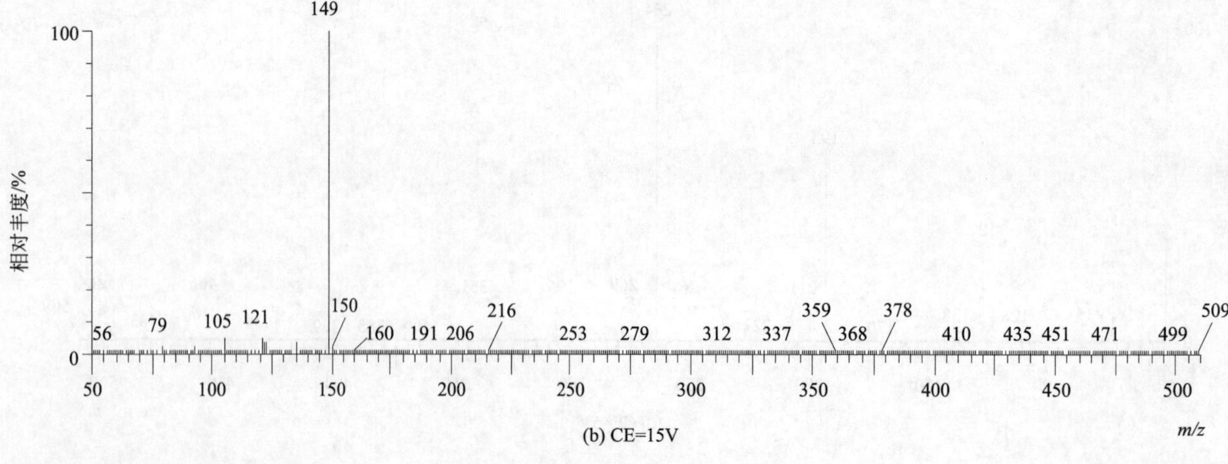

(b) CE=15V

(c) CE=10V

(d) CE=5V

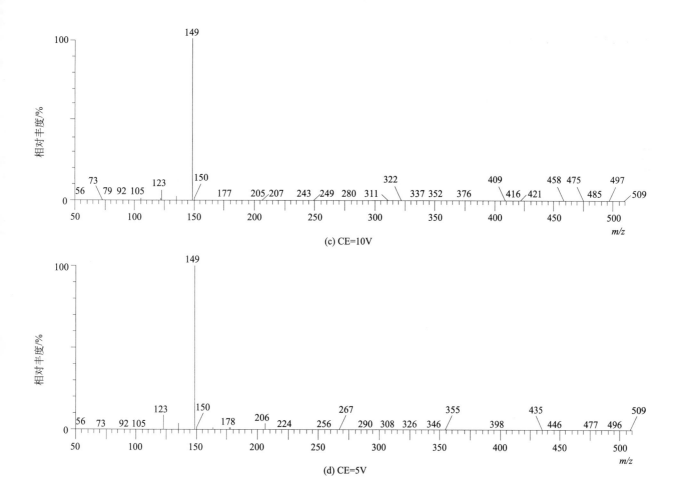

Phthalimide（邻苯二甲酰亚胺）

基本信息

CAS 登录号	85-41-6	分子量	147.0	扫描模式	子离子扫描
分子式	$C_8H_5NO_2$	离子化模式	EI	母离子	147

一级质谱图

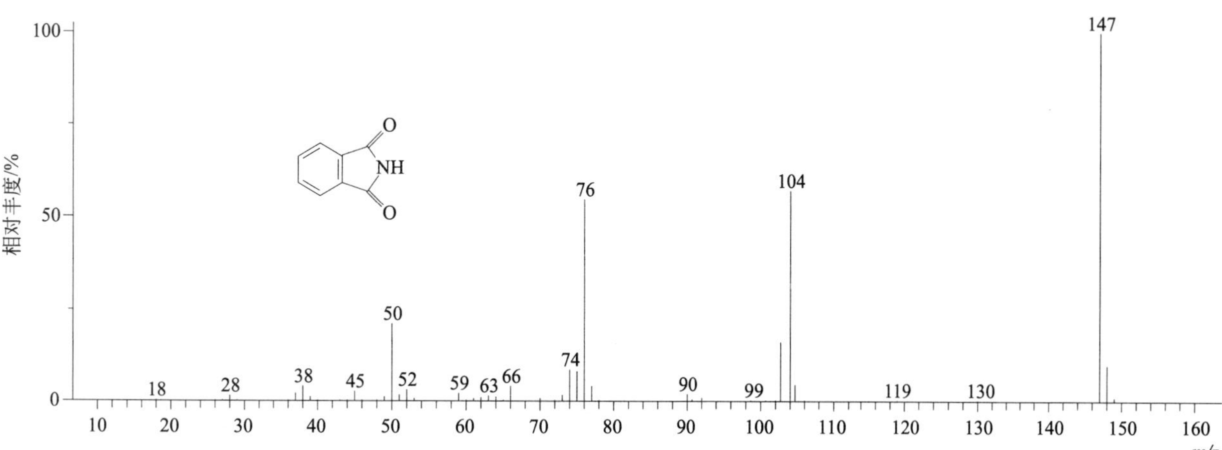

四个碰撞能量下子离子质谱图

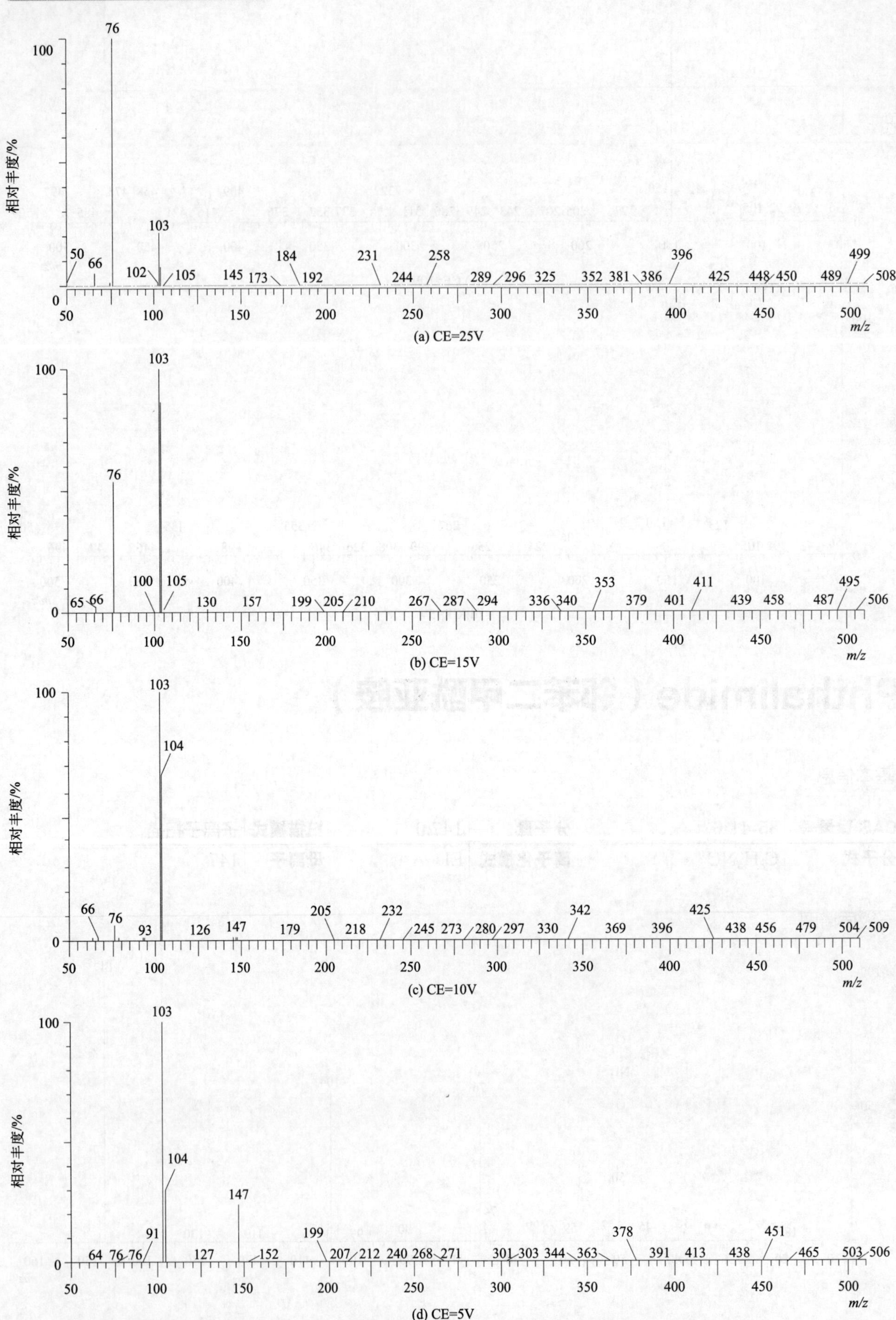

(a) CE=25V

(b) CE=15V

(c) CE=10V

(d) CE=5V

Picoxystrobin（啶氧菌酯）

基本信息

CAS 登录号	117428-22-5	分子量	367.1	扫描模式	子离子扫描
分子式	$C_{18}H_{16}F_3NO_4$	离子化模式	EI	母离子	335

一级质谱图

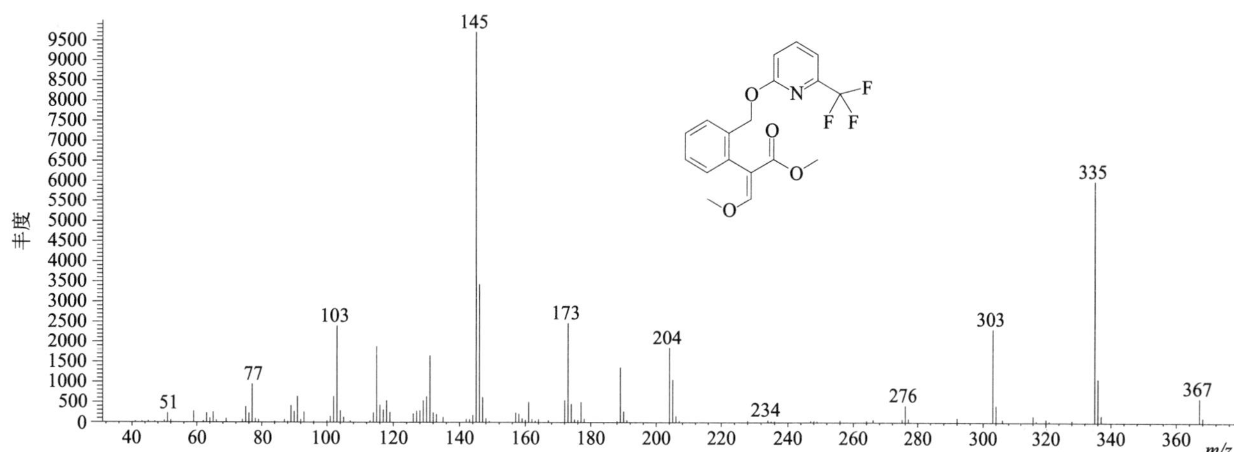

四个碰撞能量下子离子质谱图

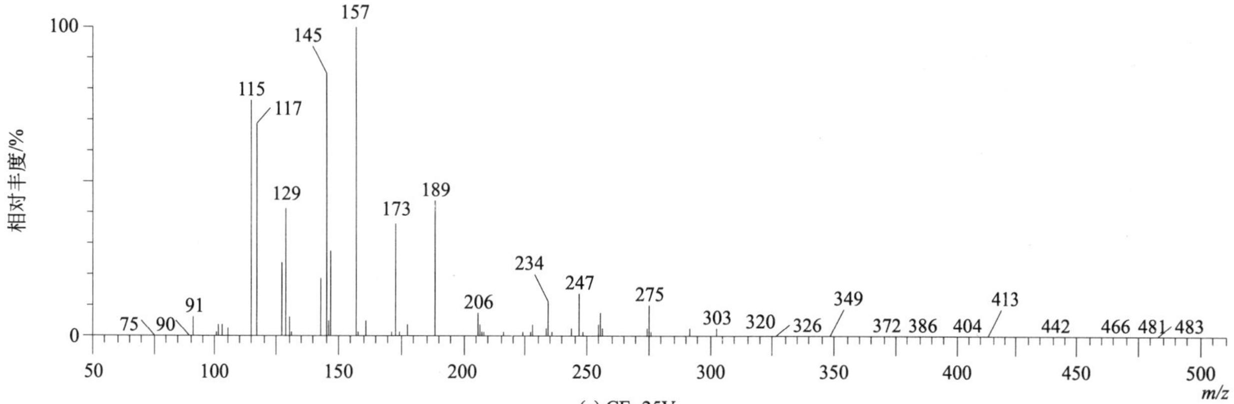

(a) CE=25V

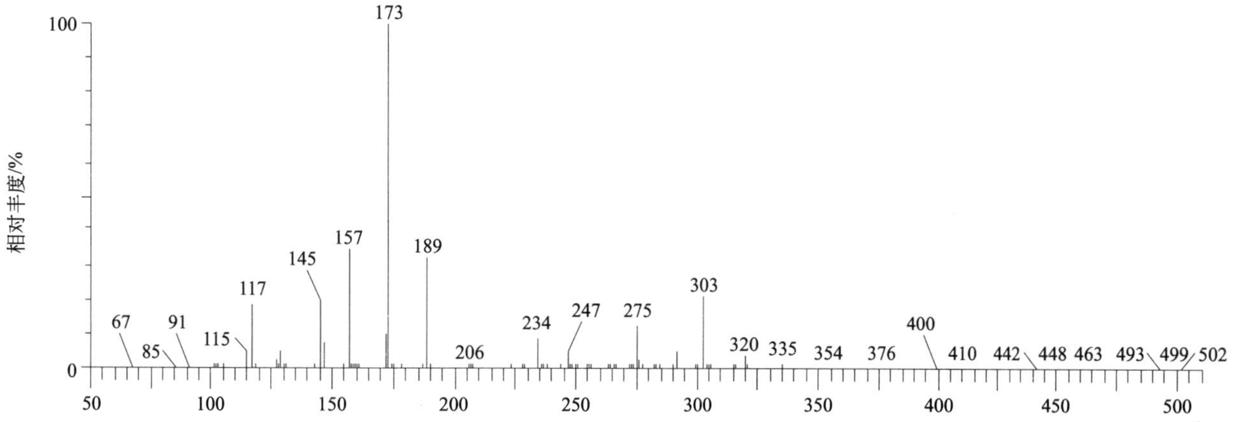

(b) CE=15V

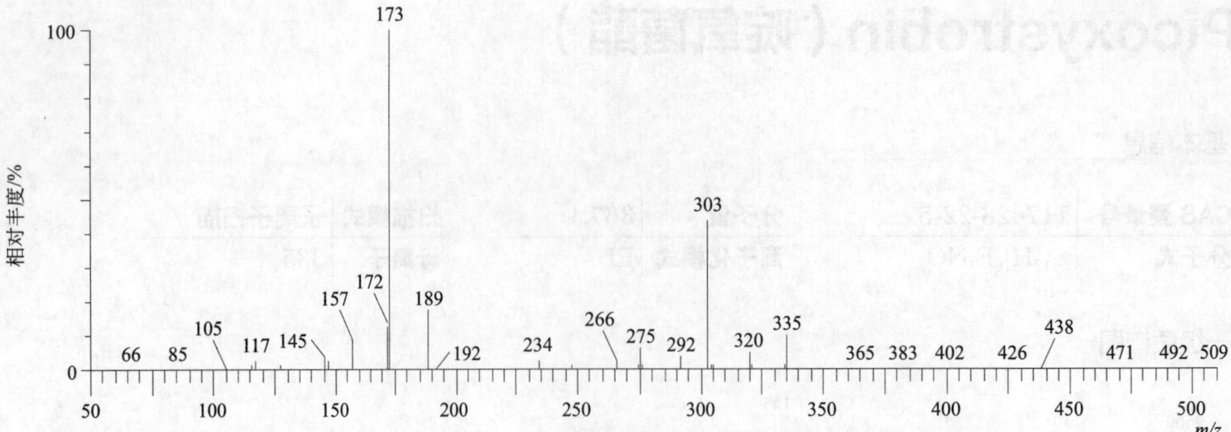

(c) CE=10V

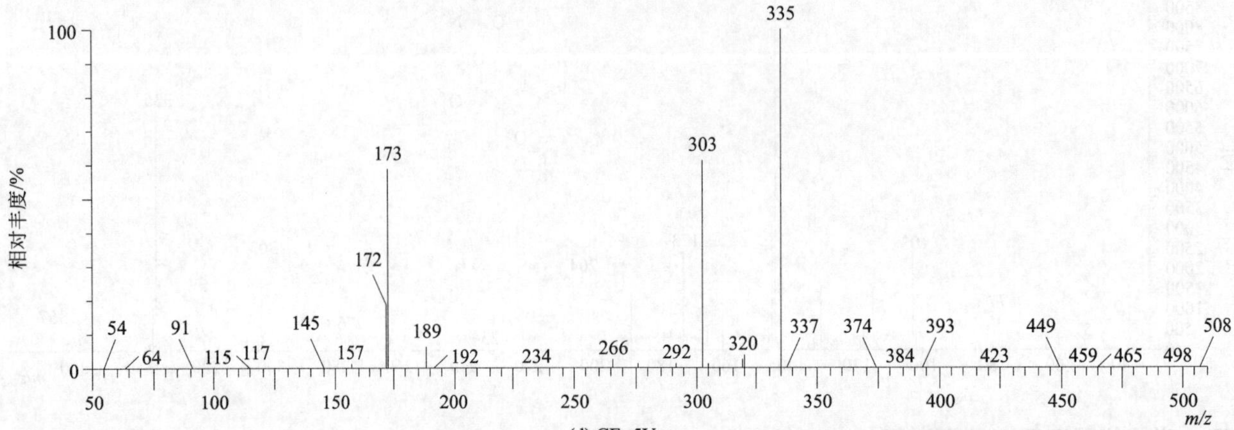

(d) CE=5V

Piperonyl-butoxide（增效醚）

基本信息

CAS 登录号	51-03-6	分子量	338.2	扫描模式	子离子扫描
分子式	$C_{19}H_{30}O_5$	离子化模式	EI	母离子	176

一级质谱图

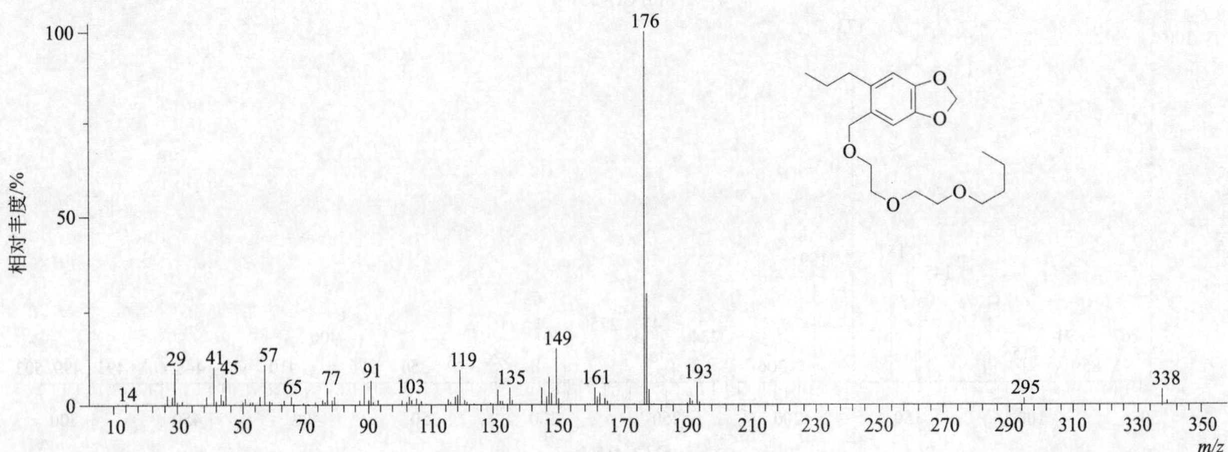

四个碰撞能量下子离子质谱图

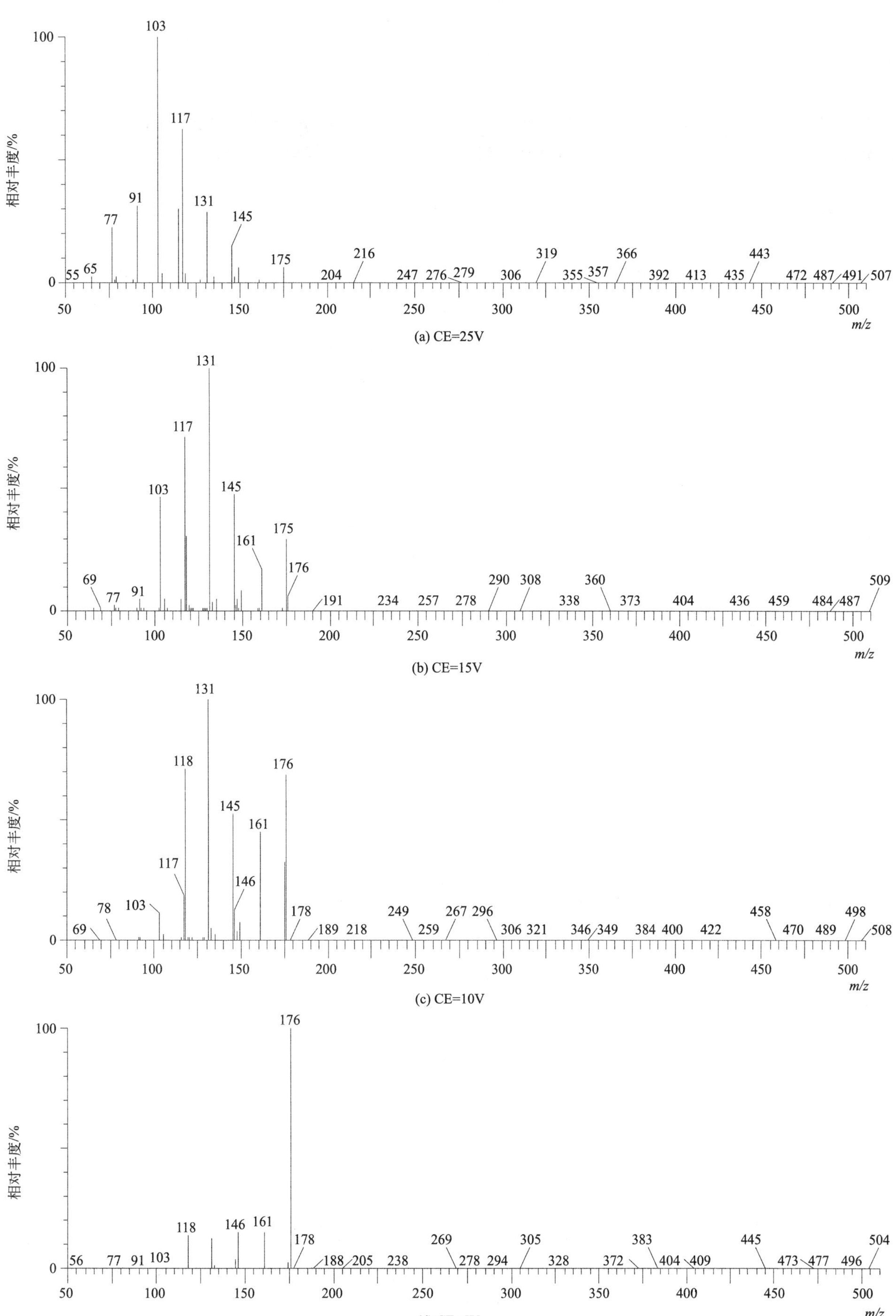

(a) CE=25V

(b) CE=15V

(c) CE=10V

(d) CE=5V

Piperophos（哌草磷）

基本信息

CAS 登录号	24151-93-7	分子量	353.1	扫描模式	子离子扫描
分子式	$C_{14}H_{28}NO_3PS_2$	离子化模式	EI	母离子	320

一级质谱图

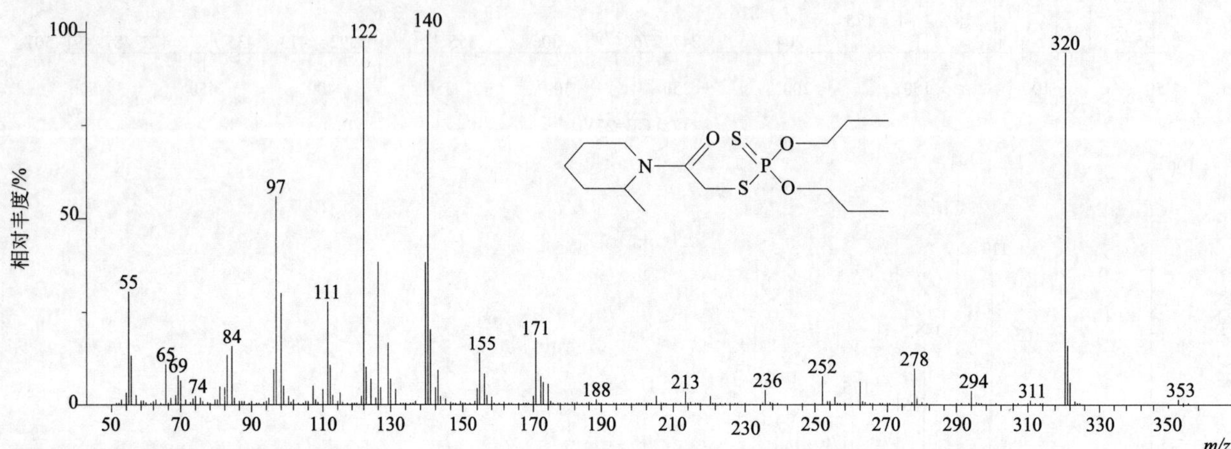

四个碰撞能量下子离子质谱图

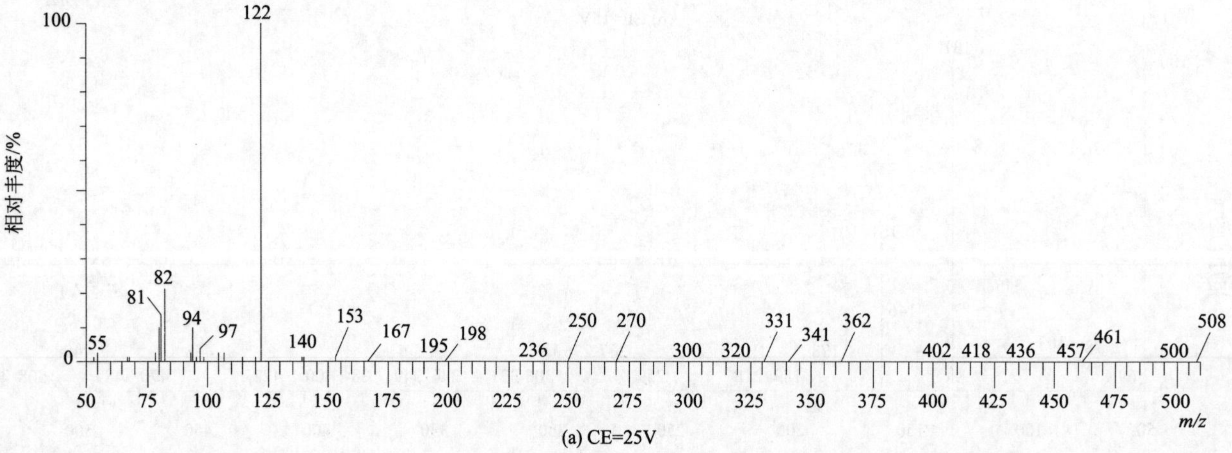

(a) CE=25V

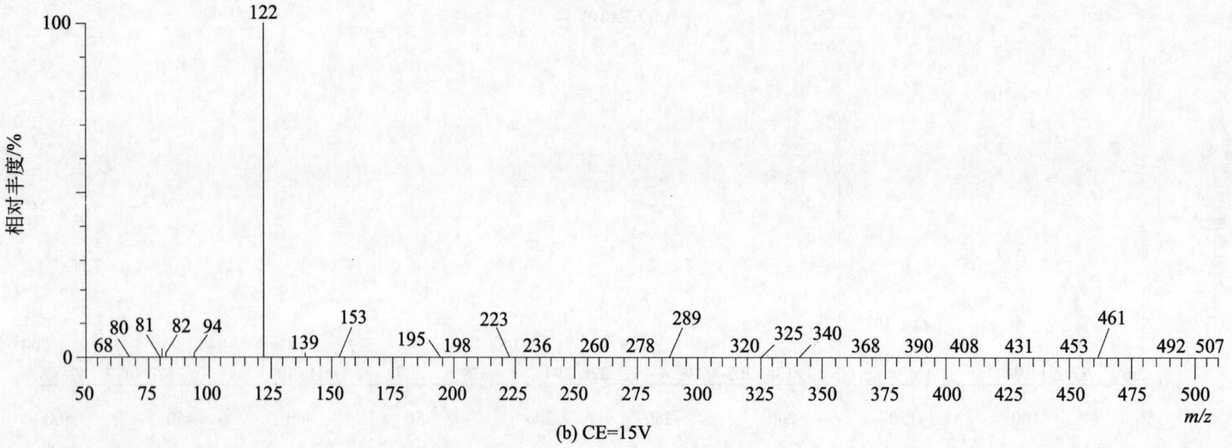

(b) CE=15V

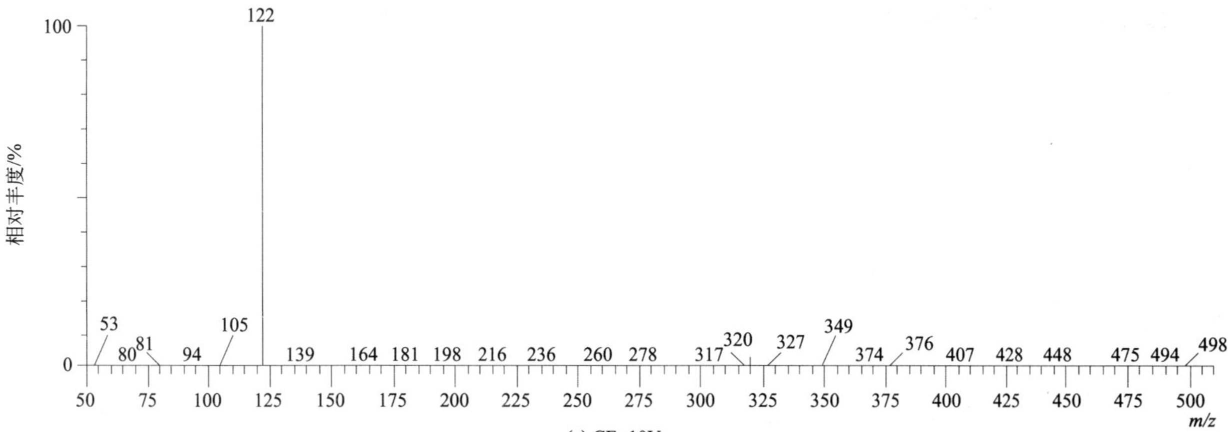

(c) CE=10V

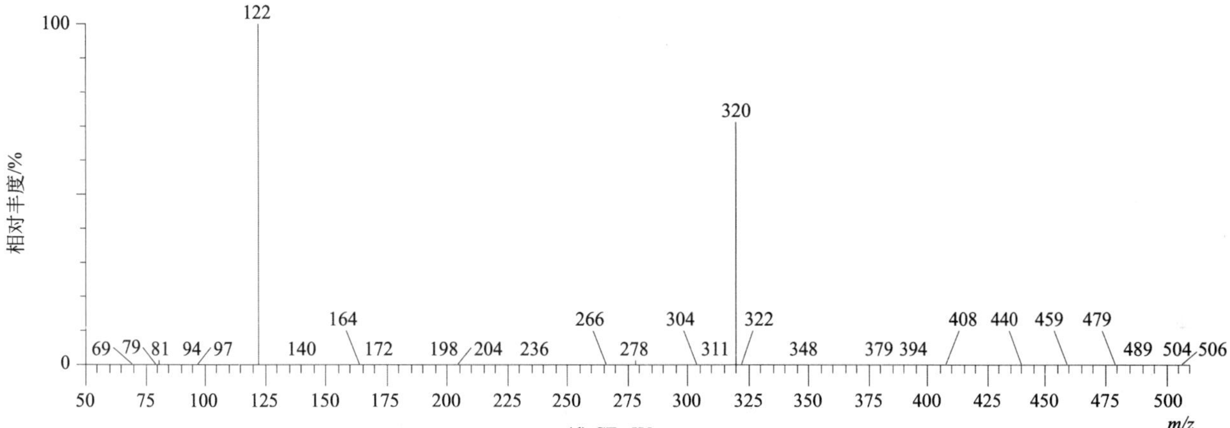

(d) CE=5V

Pirimicarb（抗蚜威）

基本信息

CAS 登录号	23103-98-2	分子量	238.1	扫描模式	子离子扫描
分子式	$C_{11}H_{18}N_4O_2$	离子化模式	EI	母离子	238

一级质谱图

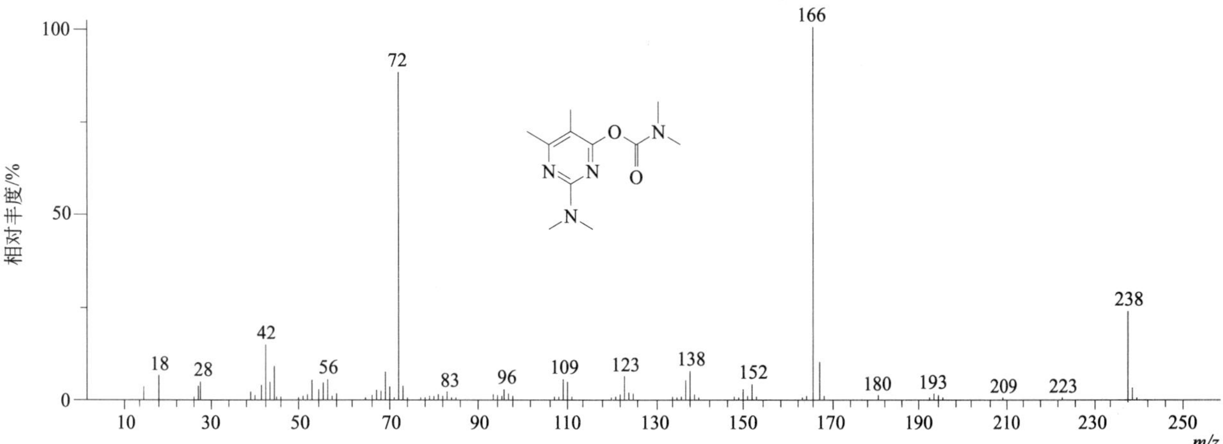

四个碰撞能量下子离子质谱图

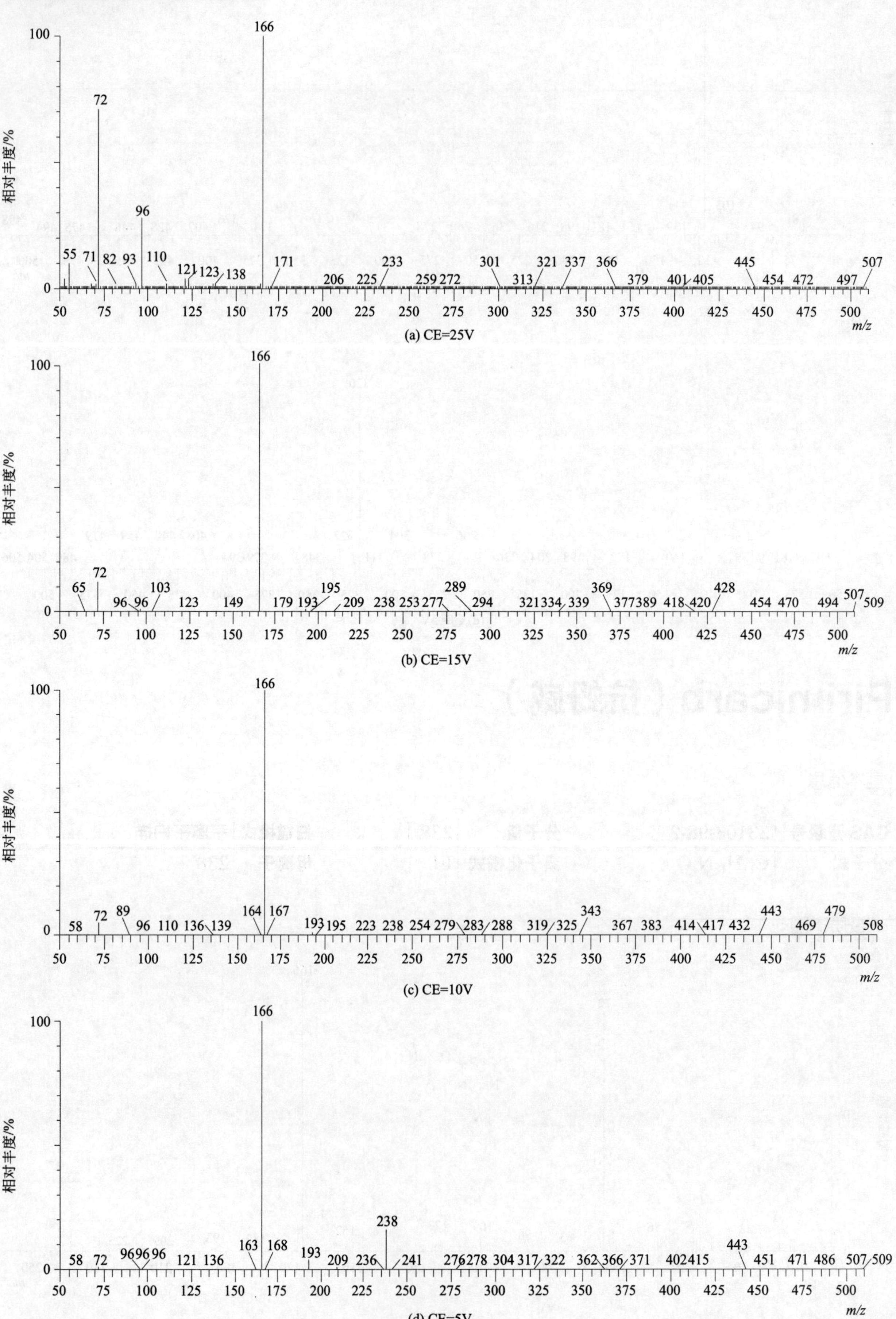

(a) CE=25V

(b) CE=15V

(c) CE=10V

(d) CE=5V

Pirimiphos-ethyl（乙基嘧啶磷）

基本信息

CAS 登录号	23505-41-1	分子量	333.1	扫描模式	子离子扫描
分子式	$C_{13}H_{24}N_3O_3PS$	离子化模式	EI	母离子	333

一级质谱图

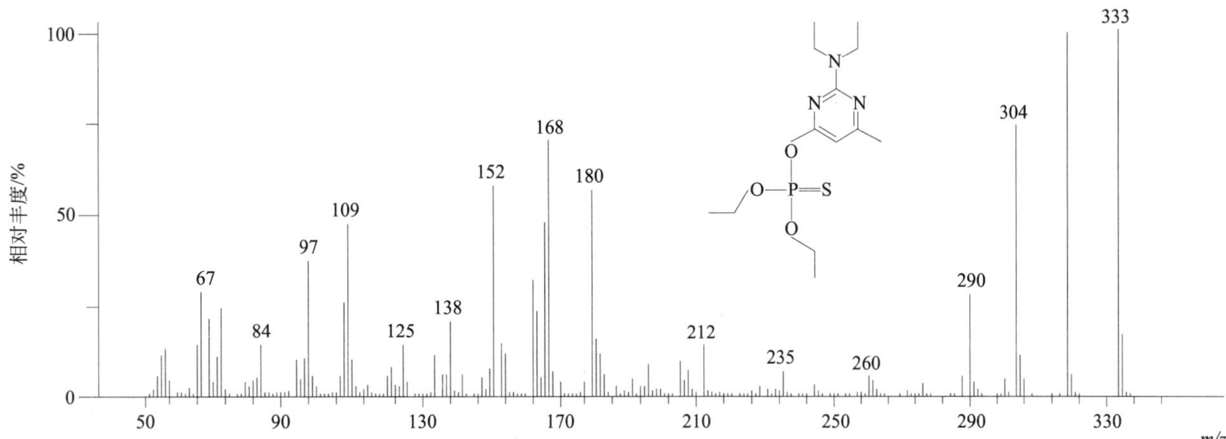

四个碰撞能量下子离子质谱图

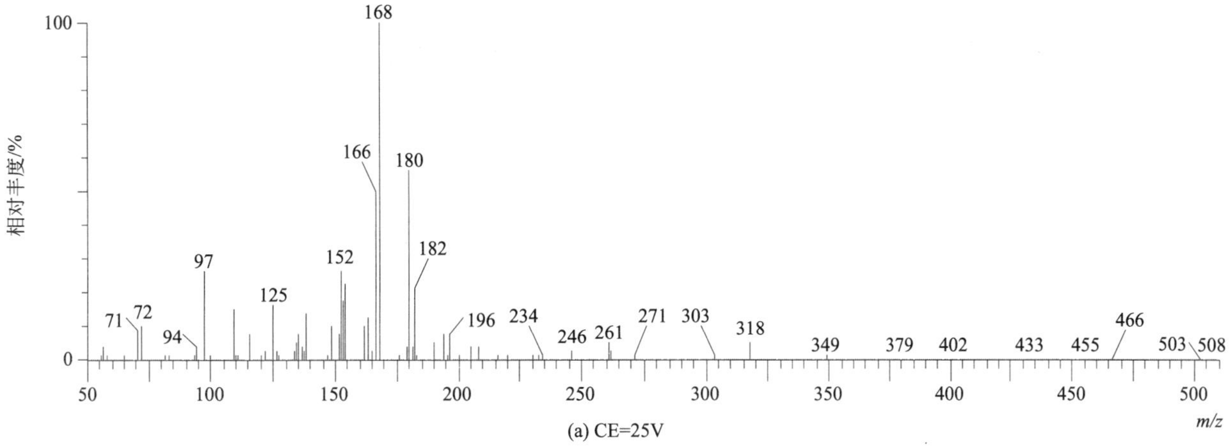

(a) CE=25V

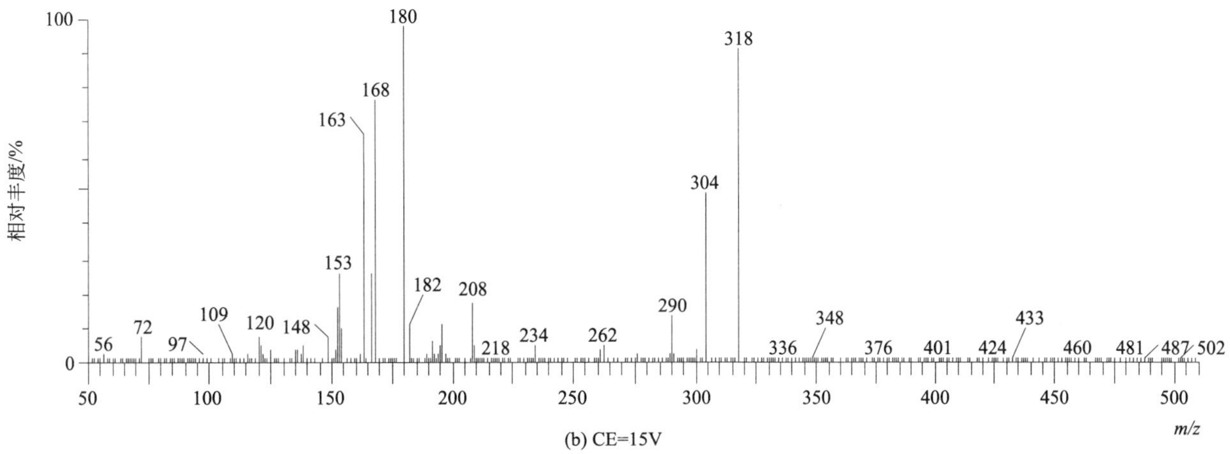

(b) CE=15V

(c) CE=10V

(d) CE=5V

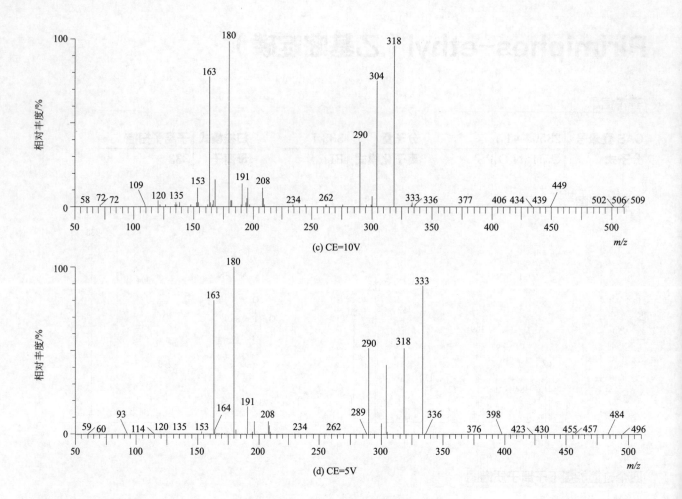

Pirimiphos-methyl（甲基嘧啶磷）

基本信息

CAS 登录号	29232-93-7	分子量	305.1	扫描模式	子离子扫描
分子式	$C_{11}H_{20}N_3O_3PS$	离子化模式	EI	母离子	290

一级质谱图

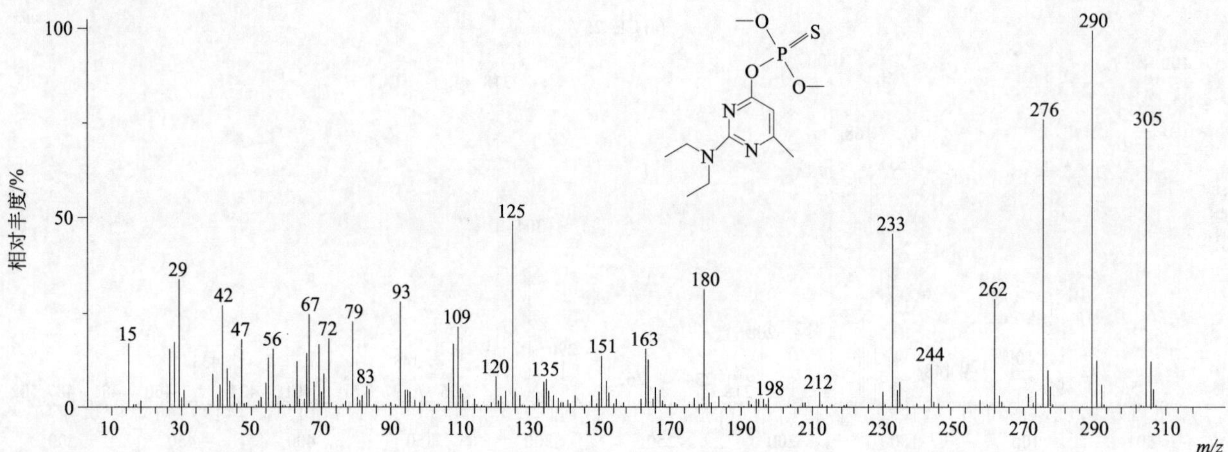

四个碰撞能量下子离子质谱图

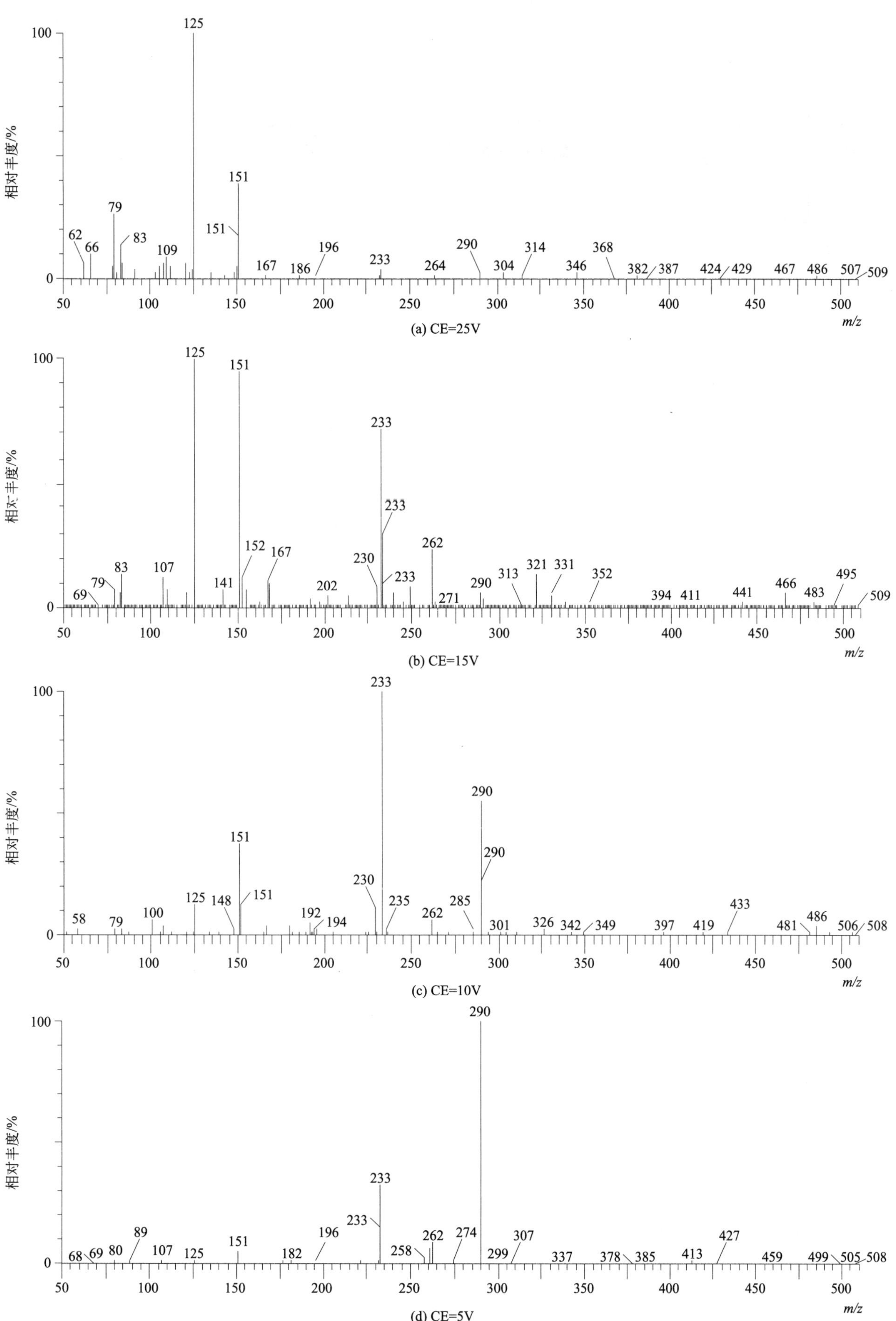

(a) CE=25V

(b) CE=15V

(c) CE=10V

(d) CE=5V

Pretilachlor（丙草胺）

基本信息

CAS 登录号	51218-49-6	分子量	311.2	扫描模式	子离子扫描
分子式	$C_{17}H_{26}ClNO_2$	离子化模式	EI	母离子	162

一级质谱图

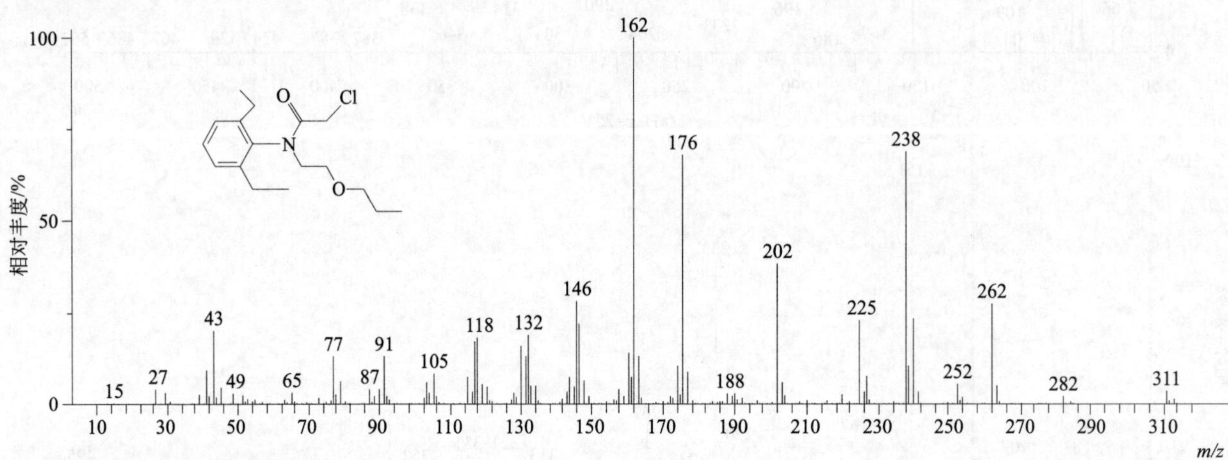

四个碰撞能量下子离子质谱图

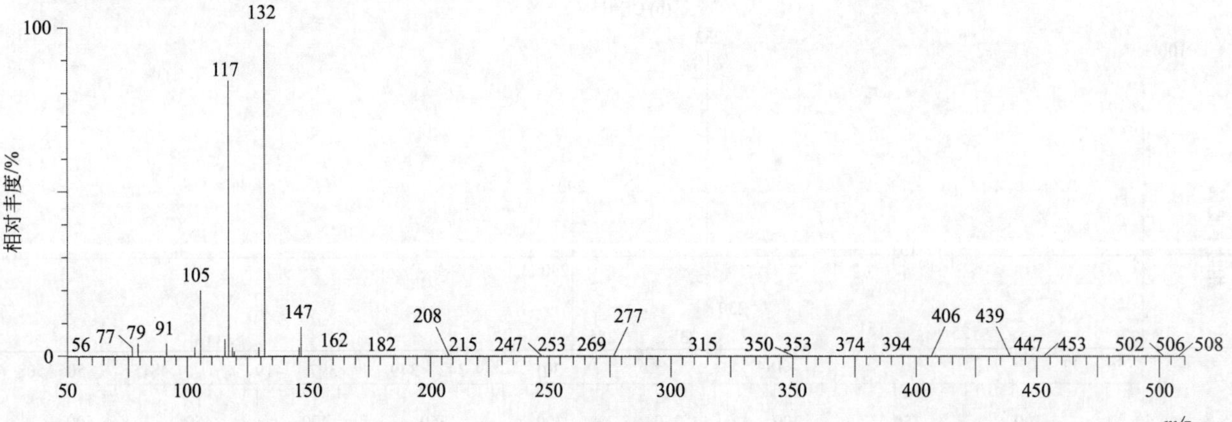

(a) CE=25V

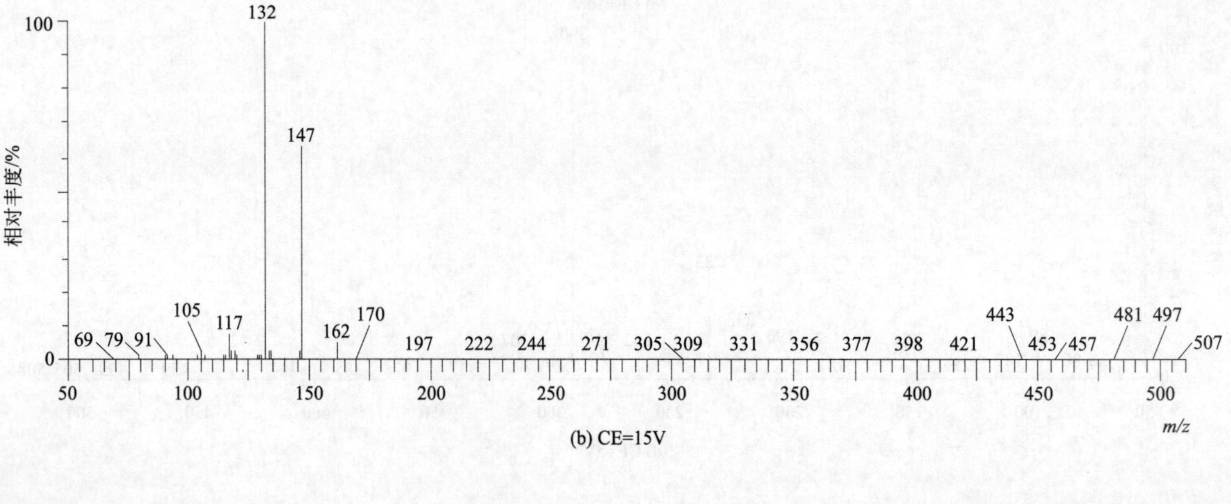

(b) CE=15V

(c) CE=10V

(d) CE=5V

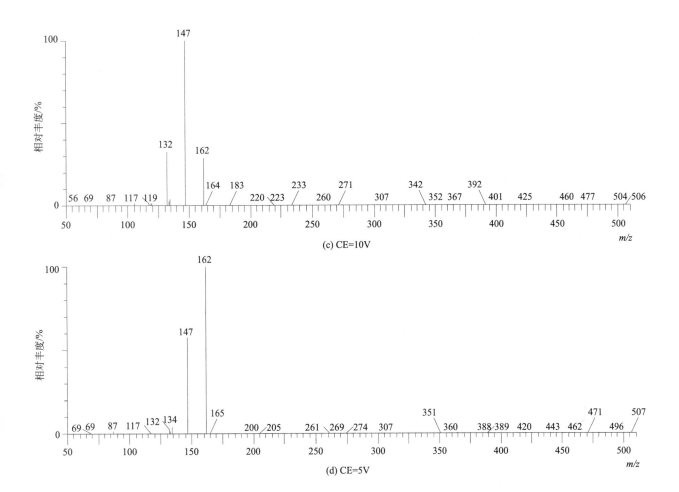

Prochloraz（咪鲜胺）

基本信息

CAS 登录号	67747-09-5	分子量	375.0	扫描模式	子离子扫描
分子式	$C_{15}H_{16}Cl_3N_3O_2$	离子化模式	EI	母离子	180

一级质谱图

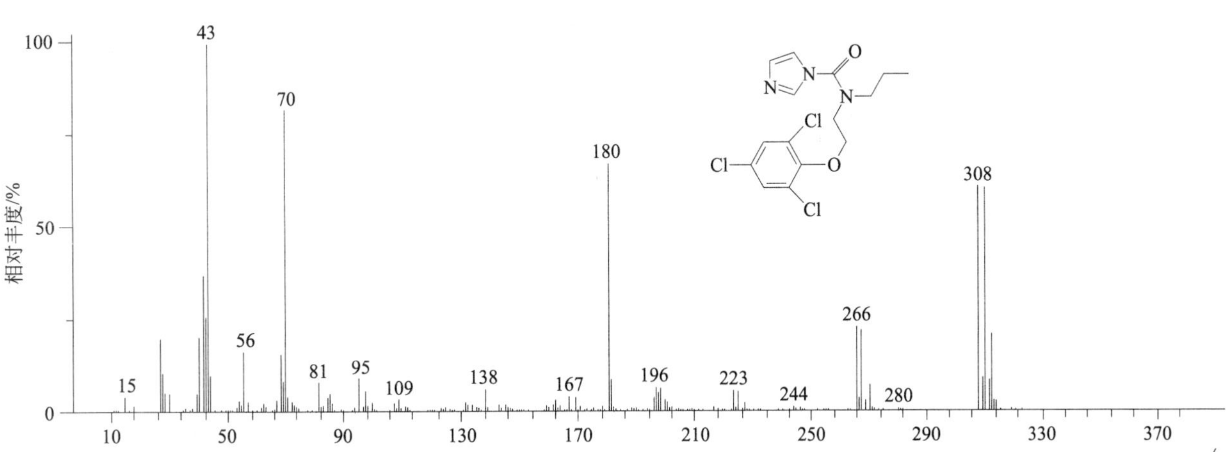

四个碰撞能量下子离子质谱图

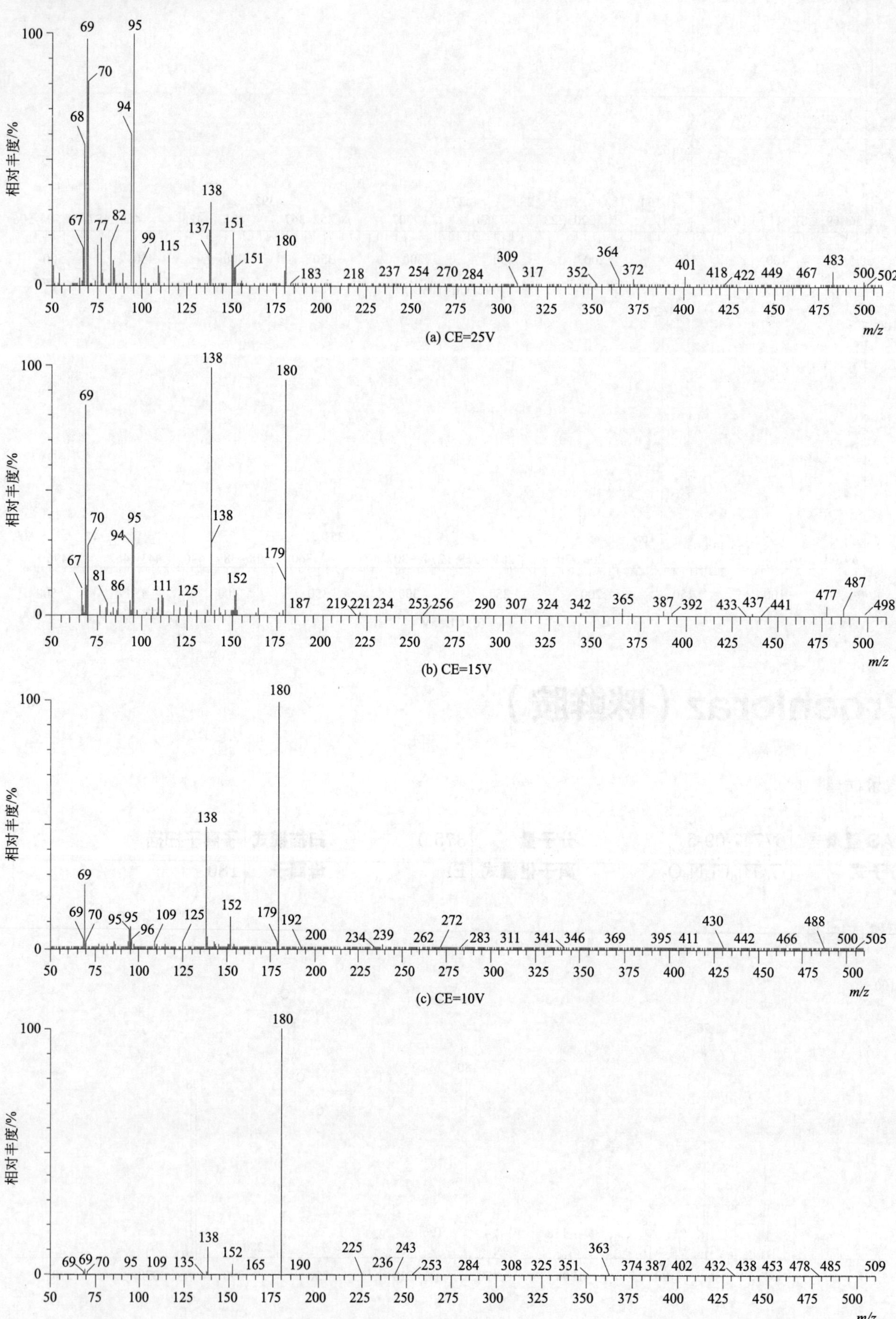

(a) CE=25V

(b) CE=15V

(c) CE=10V

(d) CE=5V

Procymidone（腐霉利）

基本信息

CAS 登录号	32809-16-8	分子量	283.0	扫描模式	子离子扫描
分子式	$C_{13}H_{11}Cl_2NO_2$	离子化模式	EI	母离子	283

一级质谱图

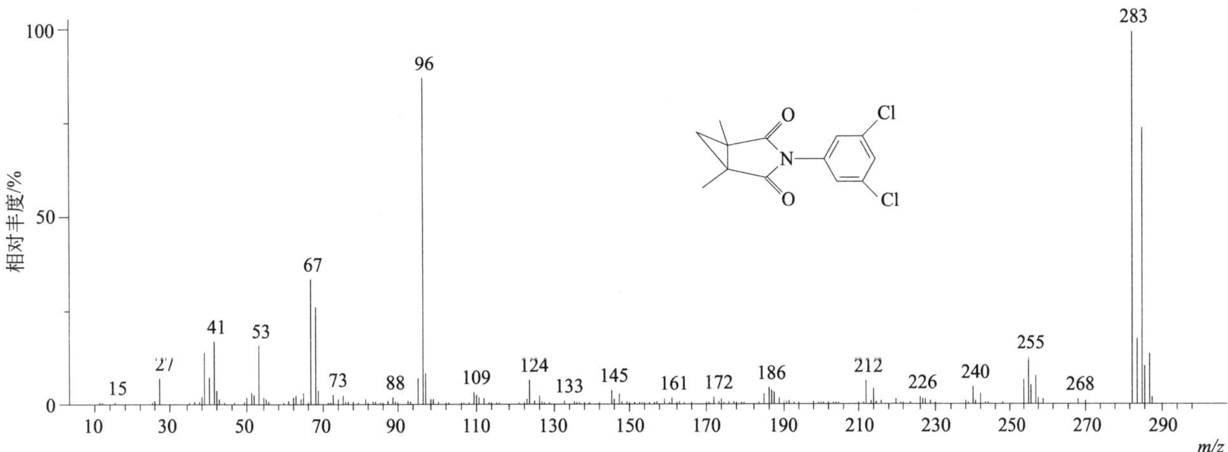

四个碰撞能量下子离子质谱图

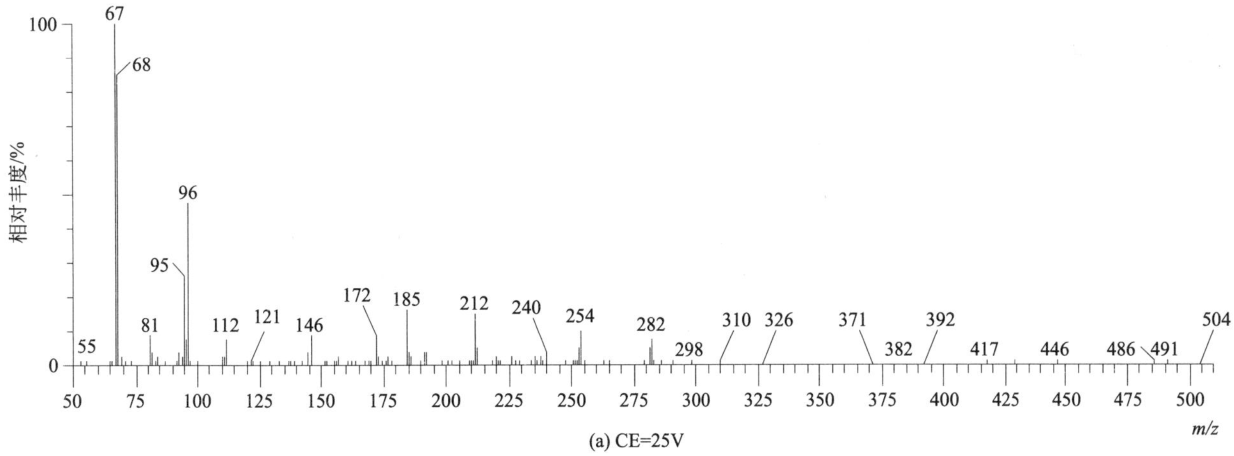

(a) CE=25V

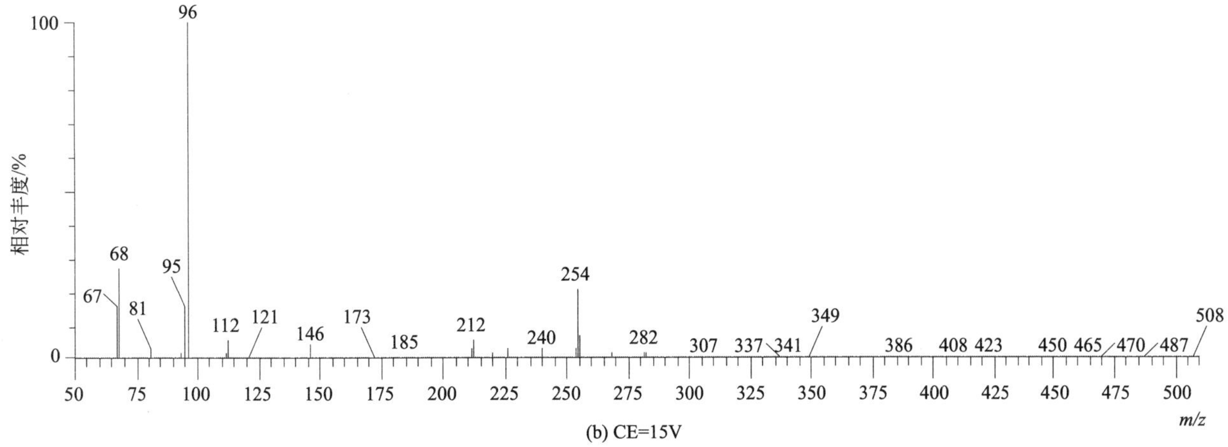

(b) CE=15V

(c) CE=10V

(d) CE=5V

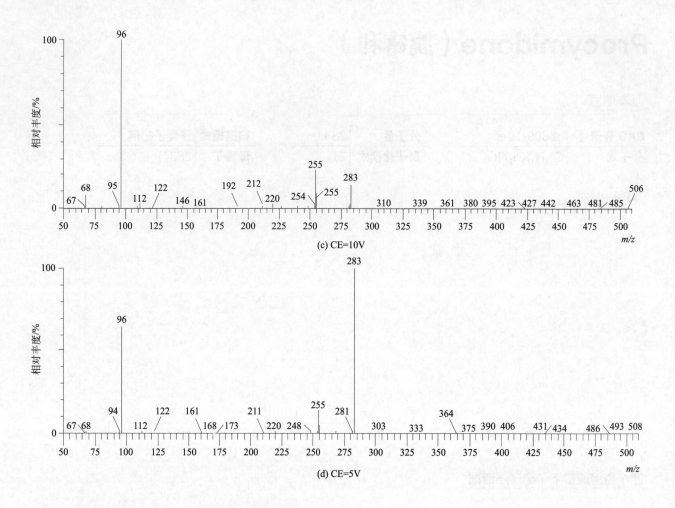

Profenofos（丙溴磷）

基本信息

CAS 登录号	41198-08-7	分子量	371.9	扫描模式	子离子扫描
分子式	$C_{11}H_{15}BrClO_3PS$	离子化模式	EI	母离子	374

一级质谱图

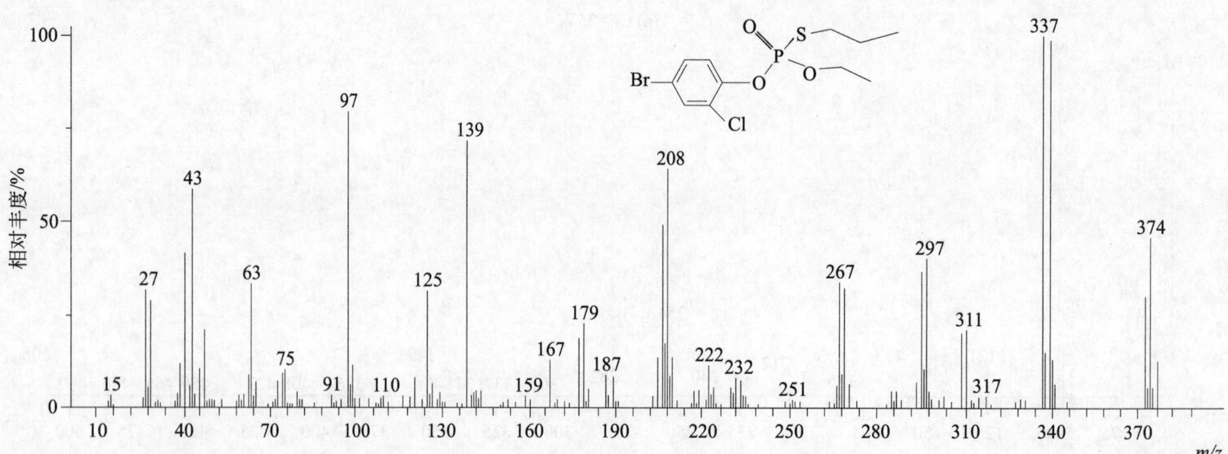

四个碰撞能量下子离子质谱图

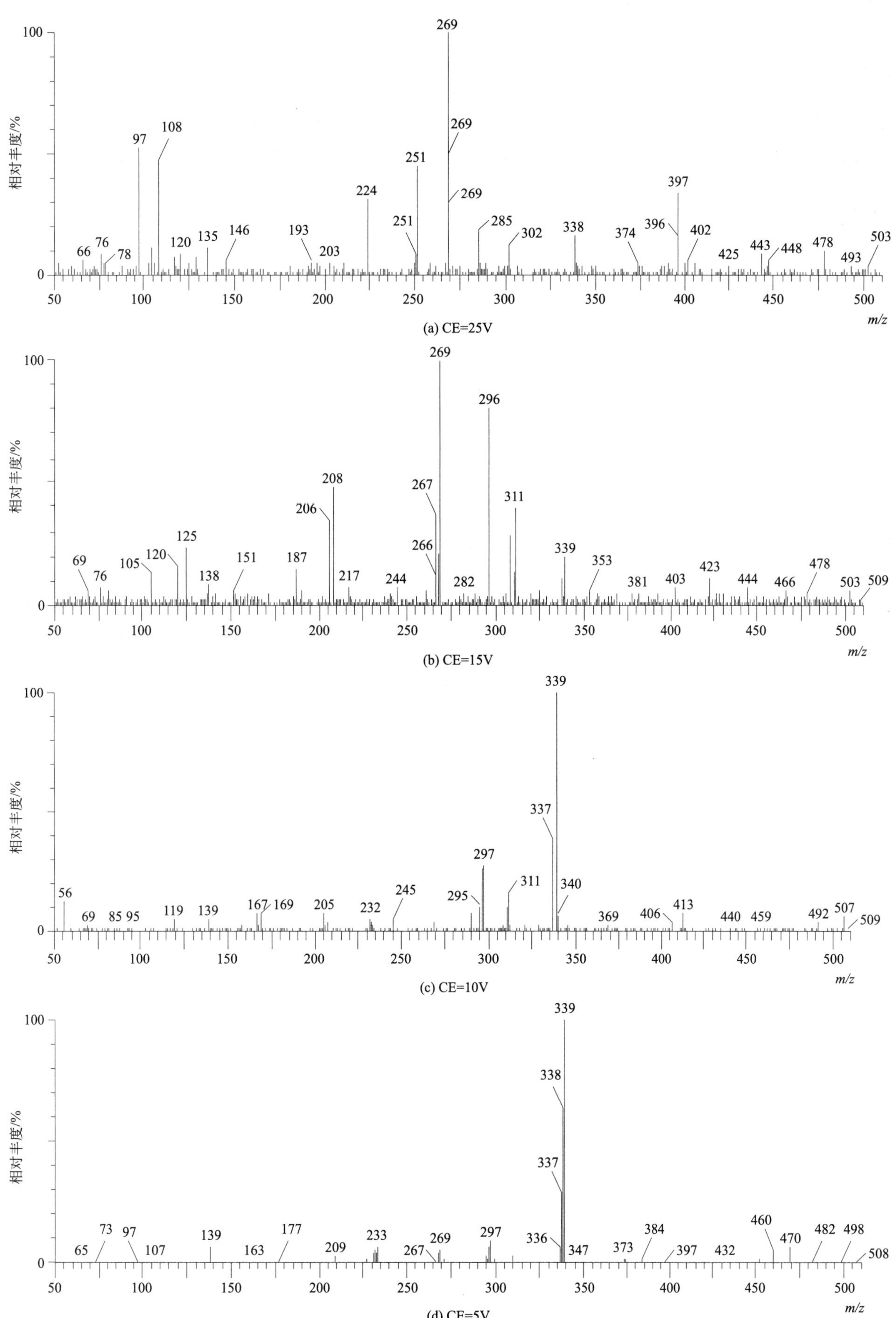

Profluralin（环丙氟灵）

基本信息

CAS 登录号	26399-36-0	分子量	347.1	扫描模式	子离子扫描
分子式	$C_{14}H_{16}F_3N_3O_4$	离子化模式	EI	母离子	318

一级质谱图

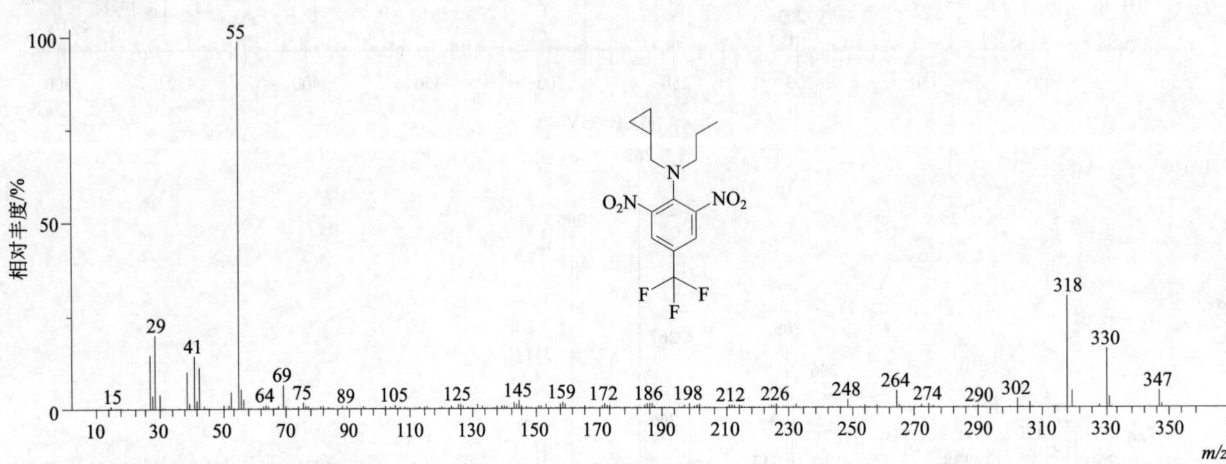

四个碰撞能量下子离子质谱图

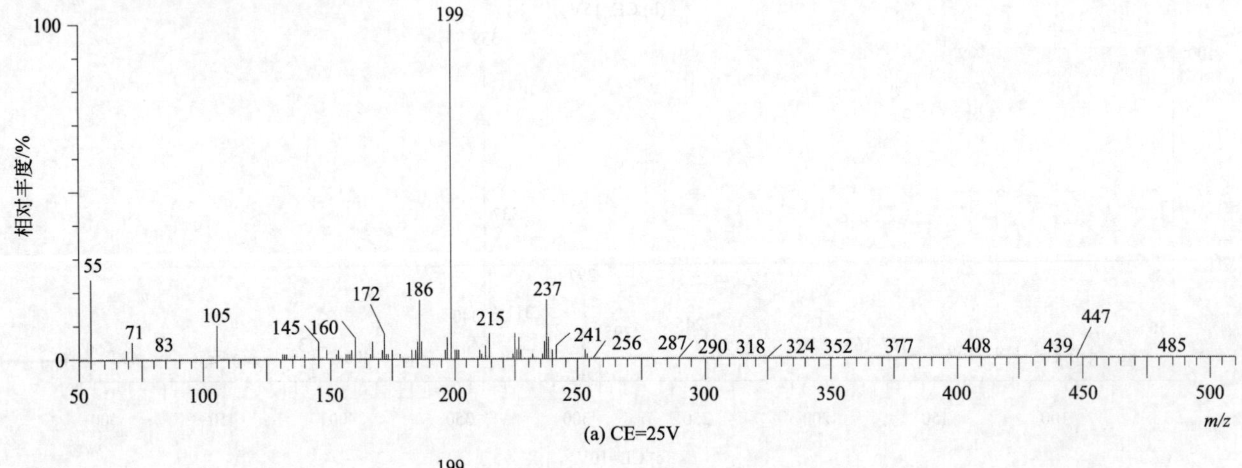

(a) CE=25V

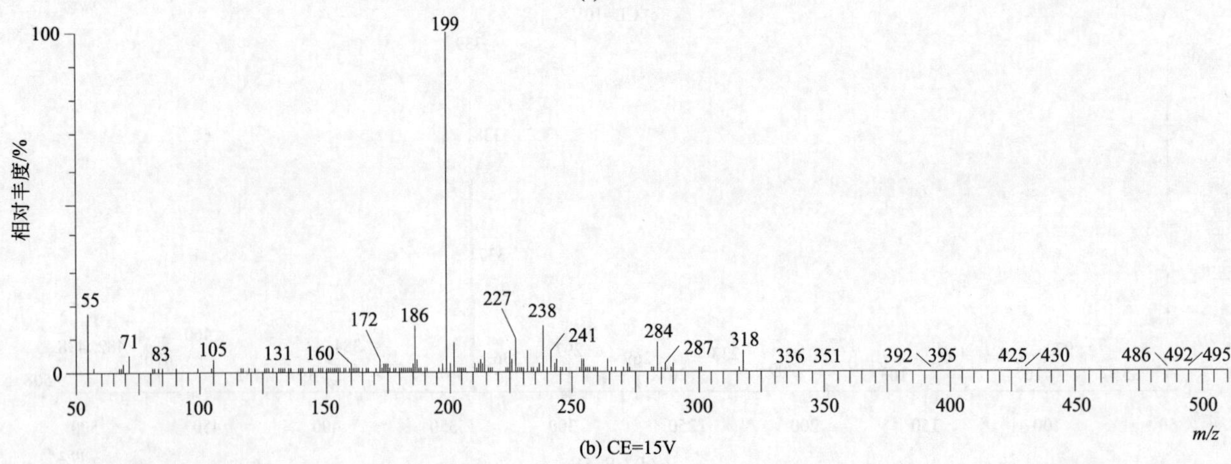

(b) CE=15V

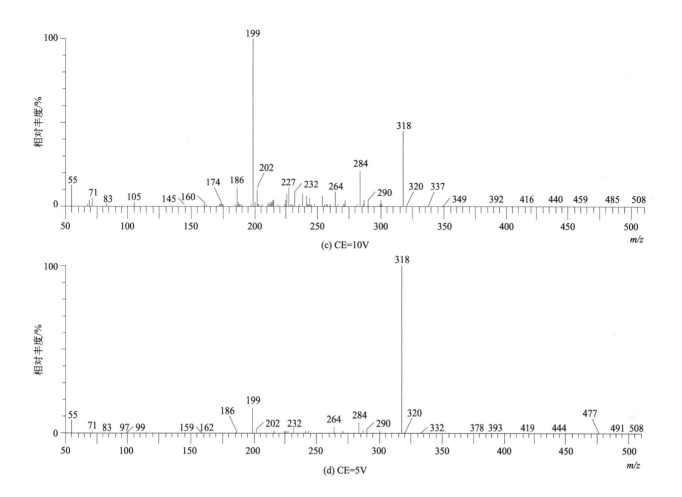

(c) CE=10V

(d) CE=5V

Prometon（扑灭通）

基本信息

CAS 登录号	1610-18-0	分子量	225.2	扫描模式	子离子扫描
分子式	$C_{10}H_{19}N_5O$	离子化模式	EI	母离子	225

一级质谱图

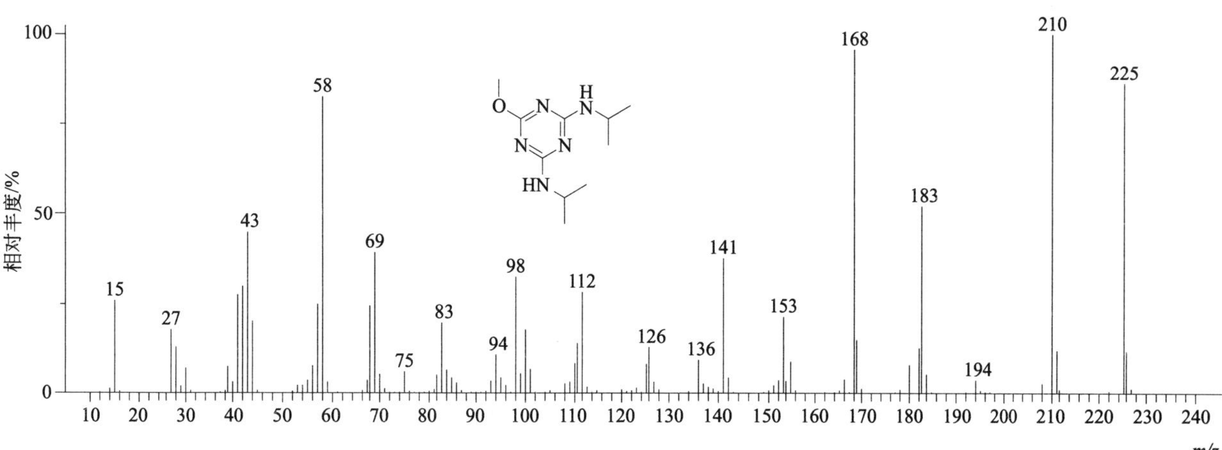

四个碰撞能量下子离子质谱图

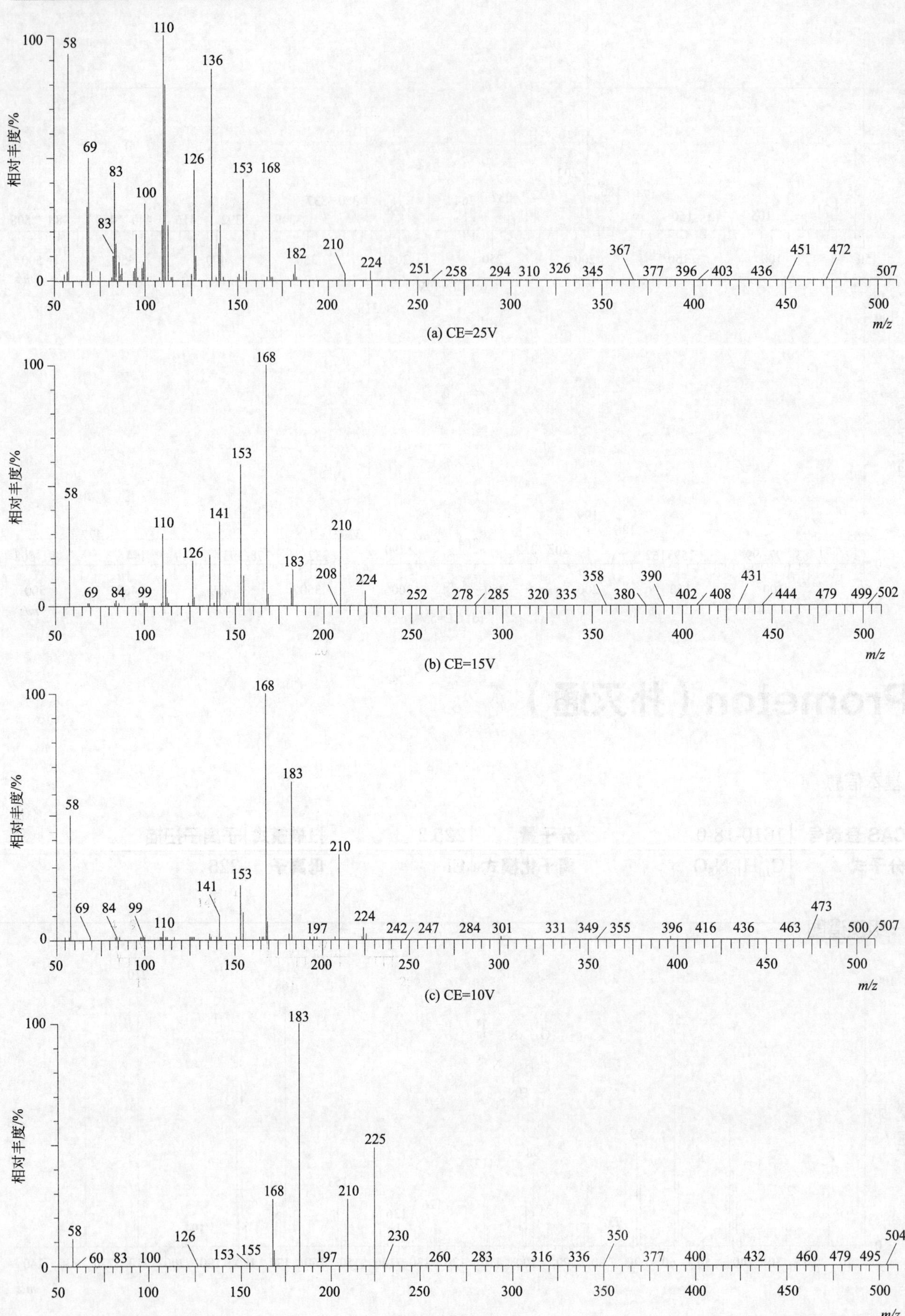

Prometryne（扑草净）

基本信息

CAS 登录号	7287-19-6	分子量	241.1	扫描模式	子离子扫描
分子式	$C_{10}H_{19}N_5S$	离子化模式	EI	母离子	241

一级质谱图

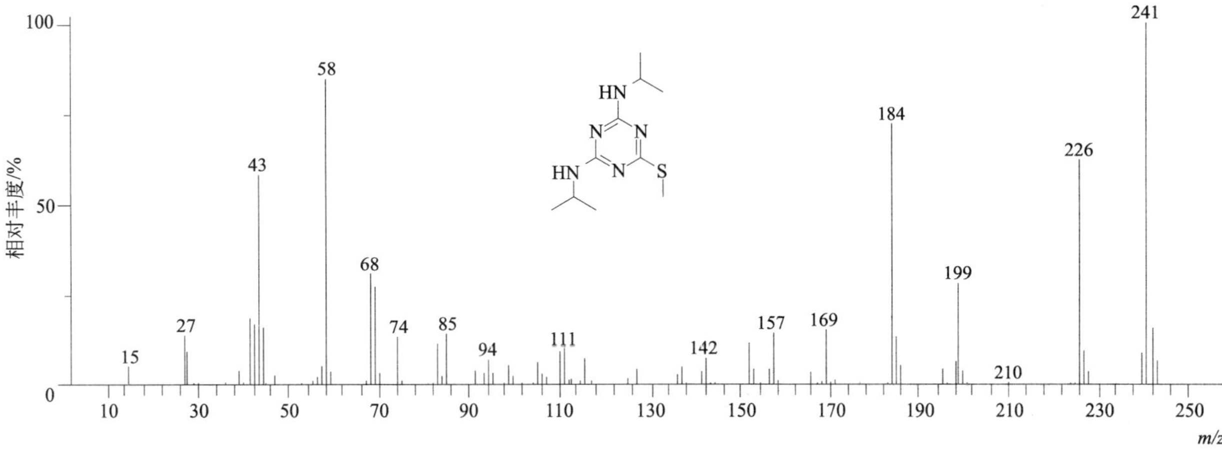

四个碰撞能量下子离子质谱图

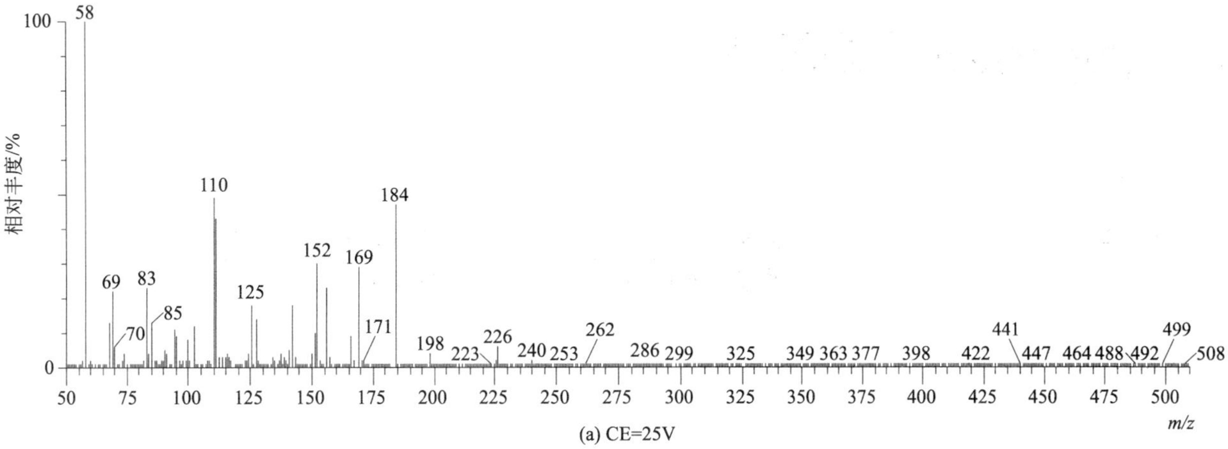

(a) CE=25V

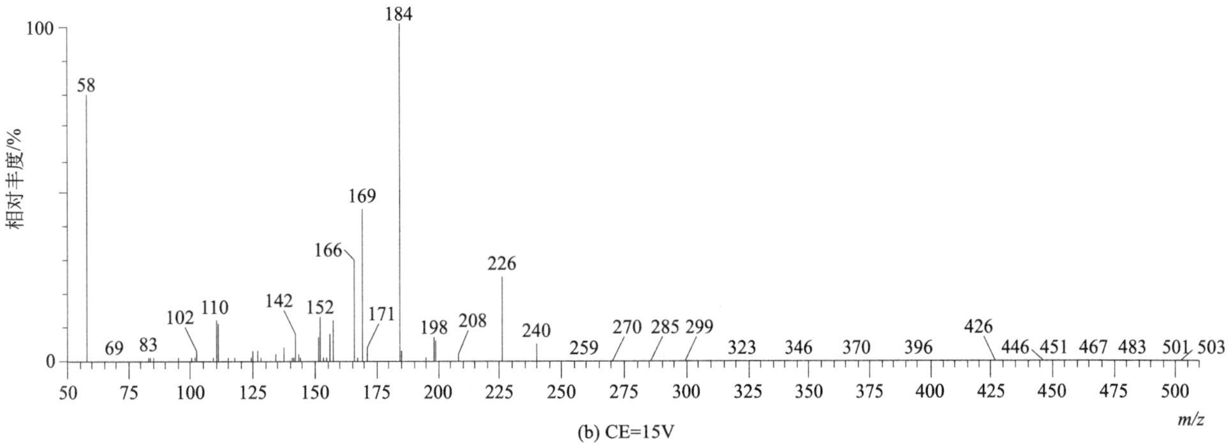

(b) CE=15V

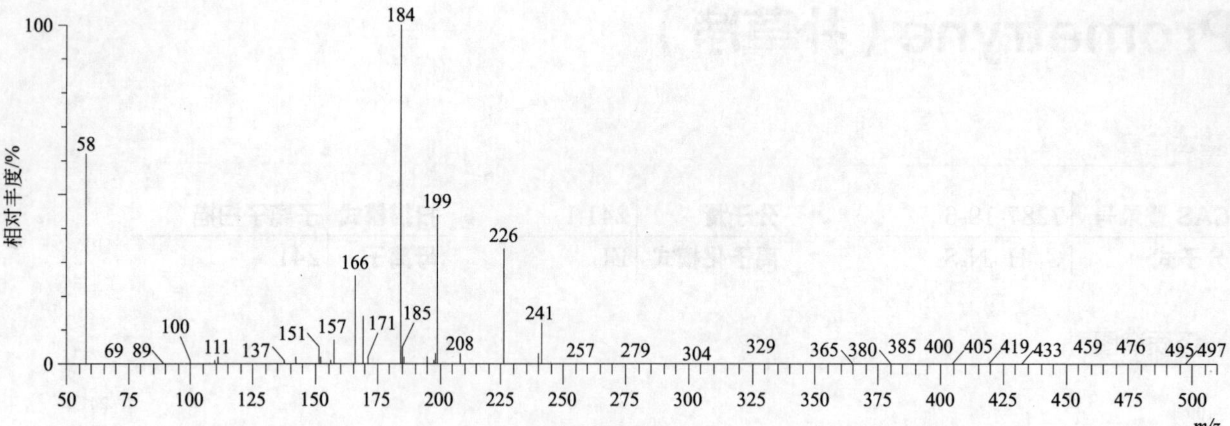

(c) CE=10V

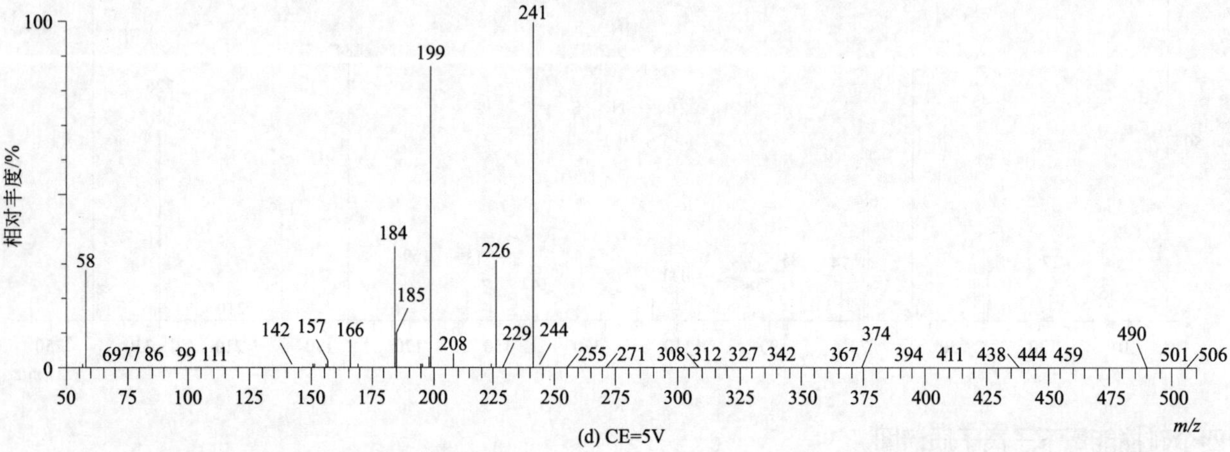

(d) CE=5V

Propachlor（毒草胺）

基本信息

CAS 登录号	1918-16-7	分子量	211.1	扫描模式	子离子扫描
分子式	$C_{11}H_{14}ClNO$	离子化模式	EI	母离子	176

一级质谱图

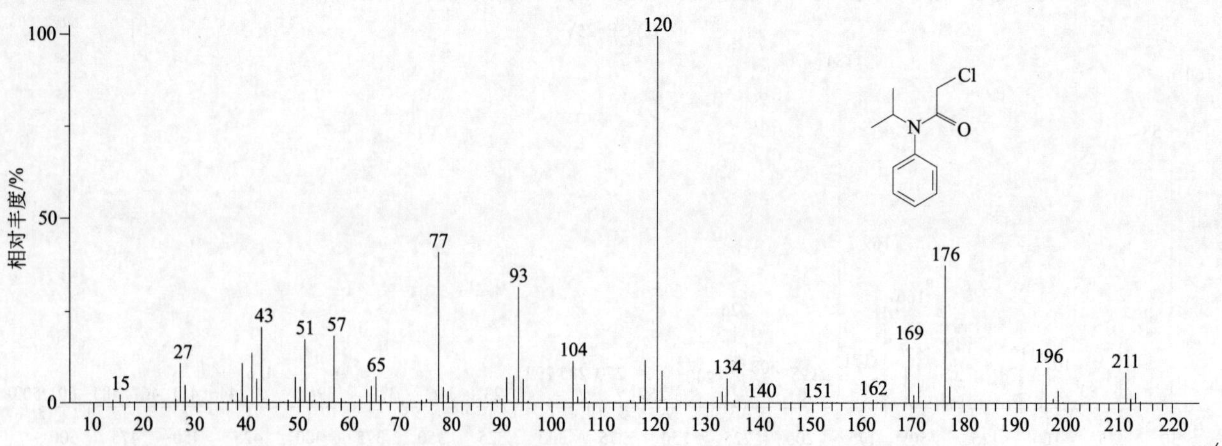

四个碰撞能量下子离子质谱图

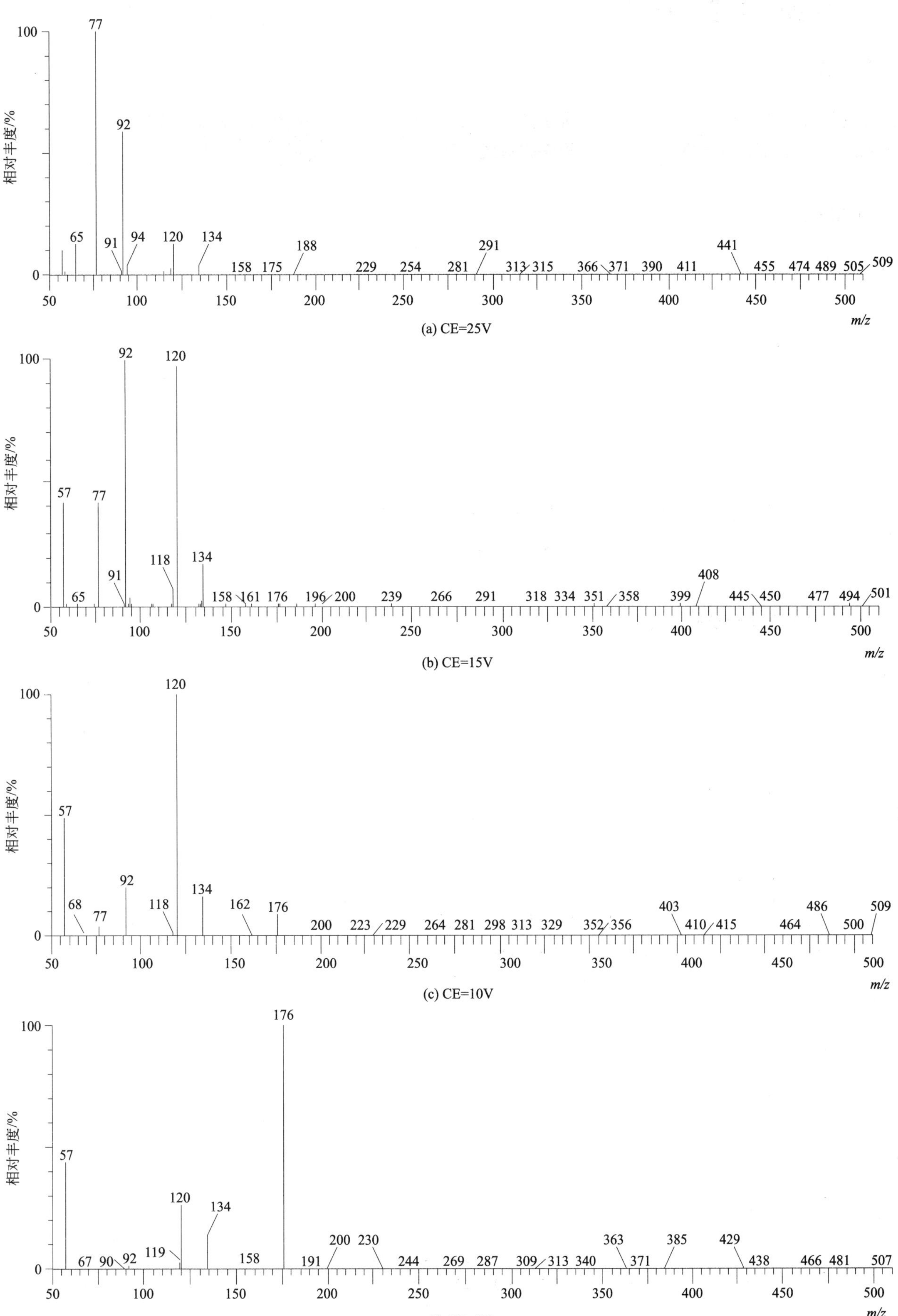

(a) CE=25V

(b) CE=15V

(c) CE=10V

(d) CE=5V

Propanil（敌稗）

基本信息

CAS 登录号	709-98-8	分子量	217.0	扫描模式	子离子扫描
分子式	$C_9H_9Cl_2NO$	离子化模式	EI	母离子	163

一级质谱图

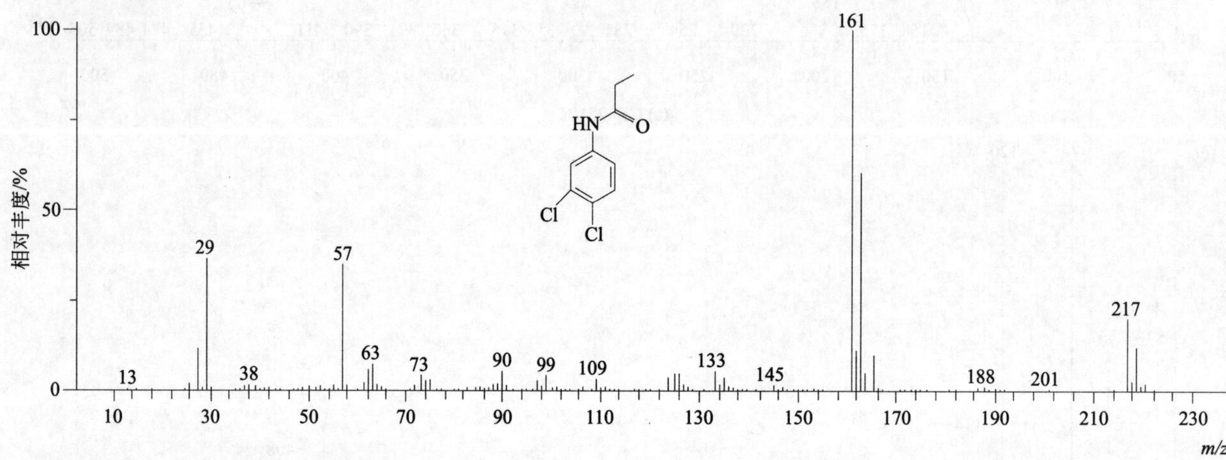

四个碰撞能量下子离子质谱图

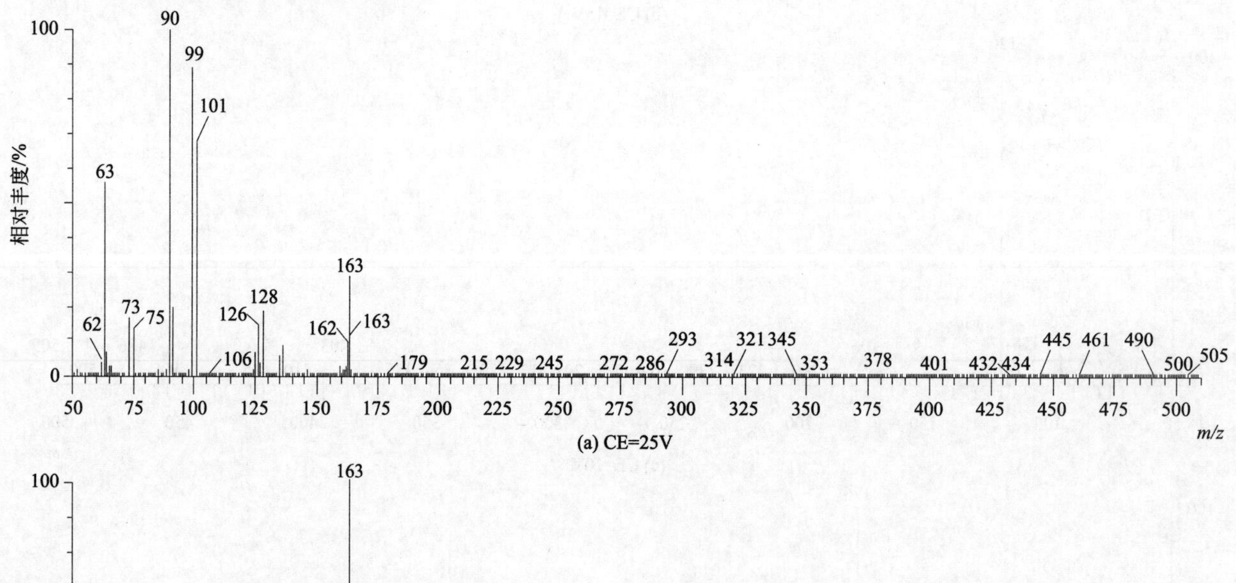

(a) CE=25V

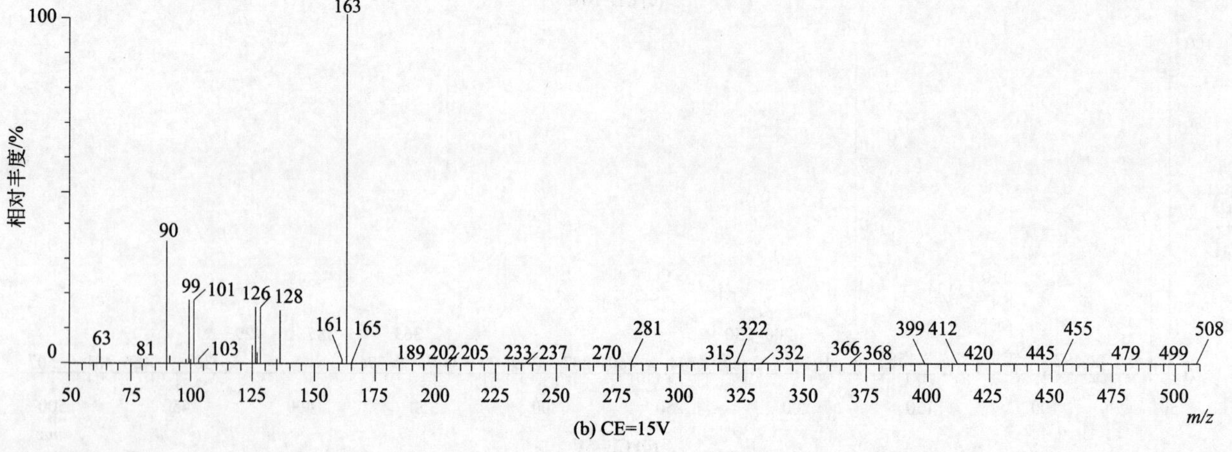

(b) CE=15V

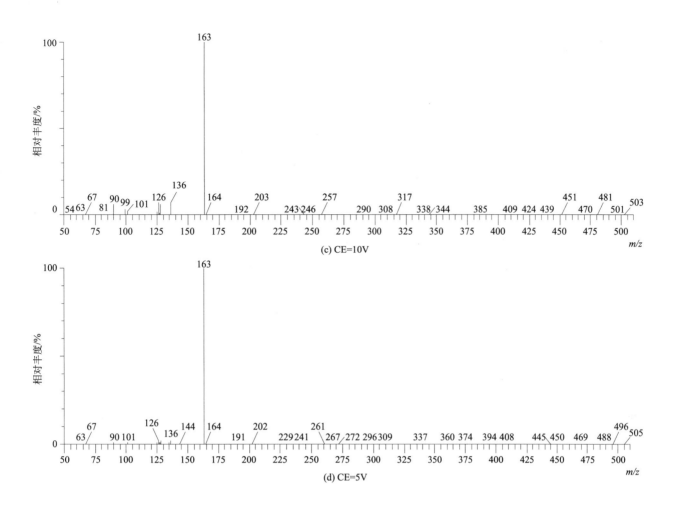

(c) CE=10V

(d) CE=5V

Propazine（扑灭津）

基本信息

CAS 登录号	139-40-2	分子量	229.1	扫描模式	子离子扫描
分子式	$C_9H_{16}ClN_5$	离子化模式	EI	母离子	214

一级质谱图

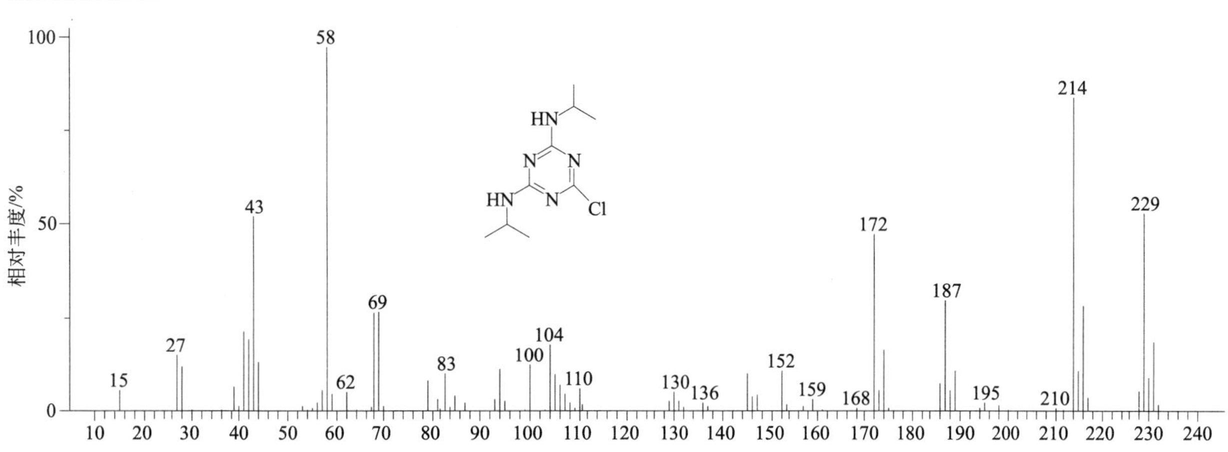

四个碰撞能量下子离子质谱图

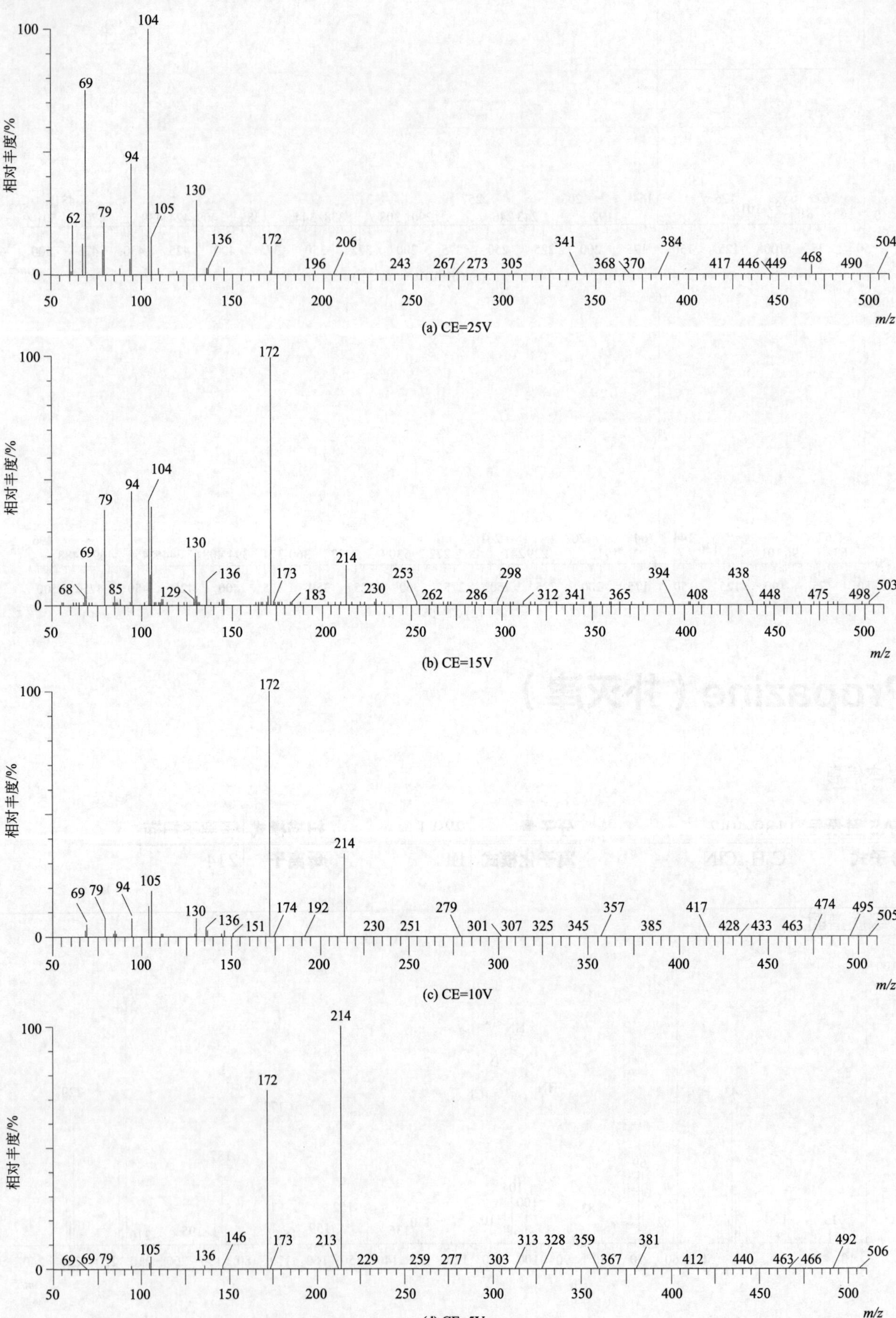

Propetamphos（胺丙畏）

基本信息

CAS 登录号	31218-83-4	分子量	281.1	扫描模式	子离子扫描
分子式	$C_{10}H_{20}NO_4PS$	离子化模式	EI	母离子	194

一级质谱图

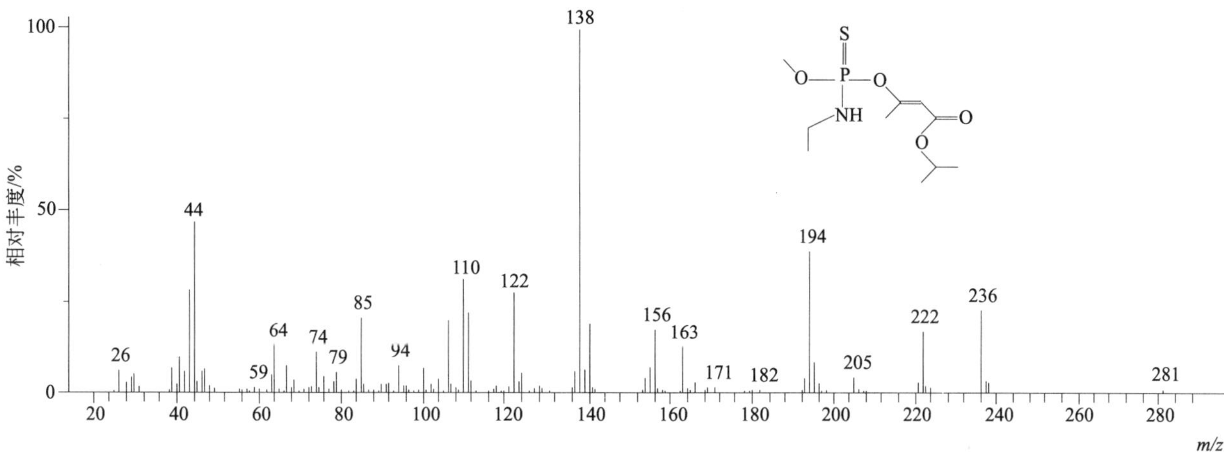

四个碰撞能量下子离子质谱图

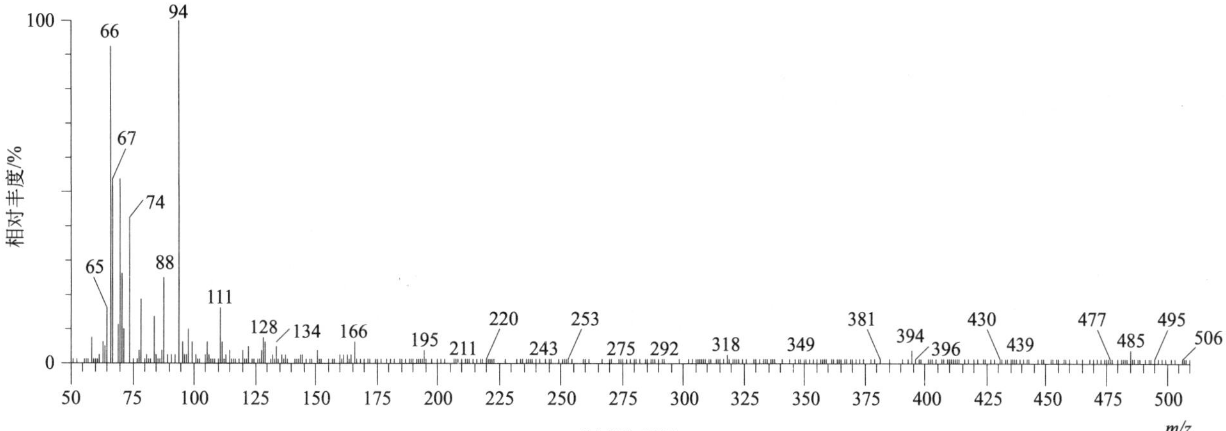

(a) CE=25V

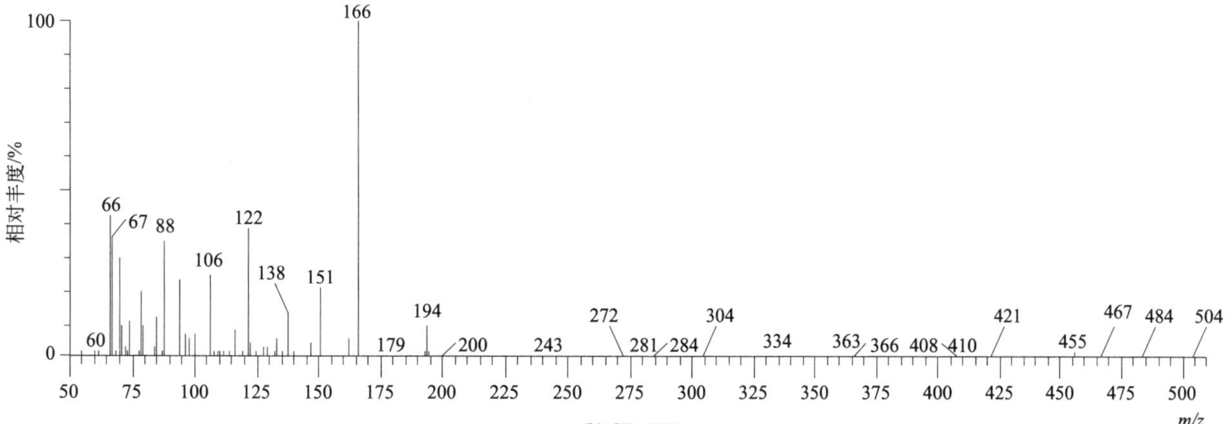

(b) CE=15V

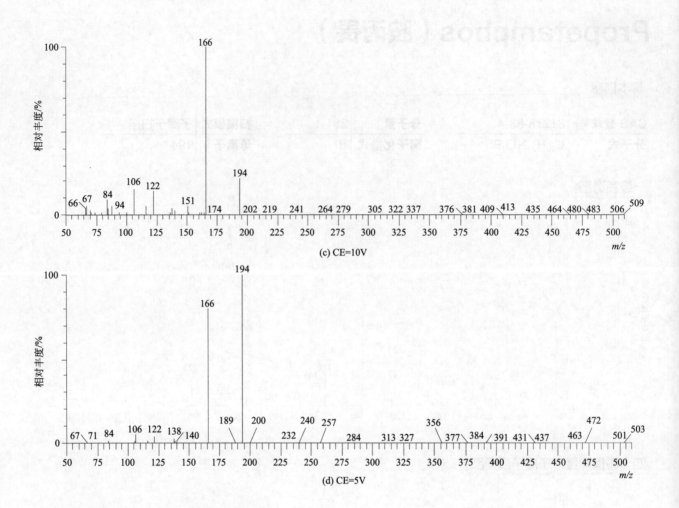

(c) CE=10V

(d) CE=5V

Propham（苯胺灵）

基本信息

CAS 登录号	122-42-9	分子量	179.1	扫描模式	子离子扫描
分子式	$C_{10}H_{13}NO_2$	离子化模式	EI	母离子	179

一级质谱图

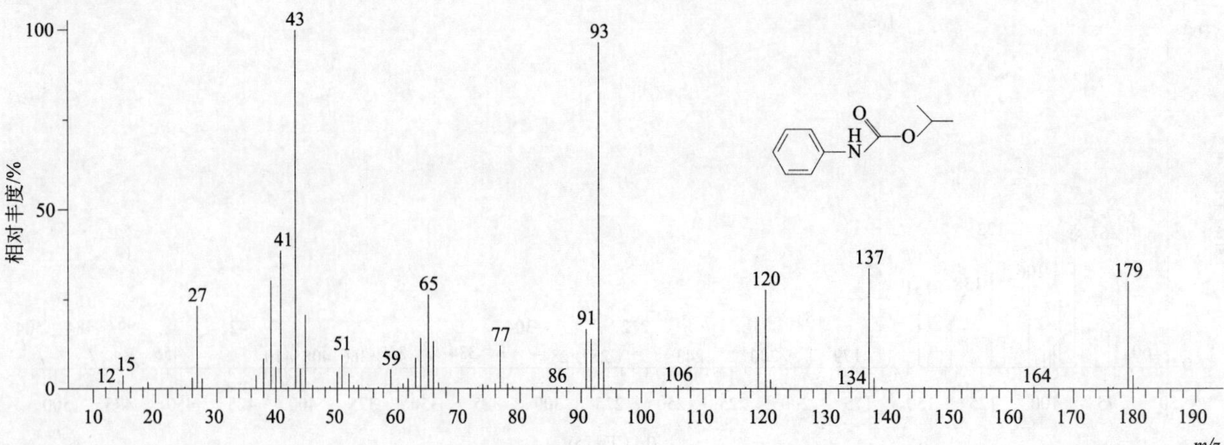

四个碰撞能量下子离子质谱图

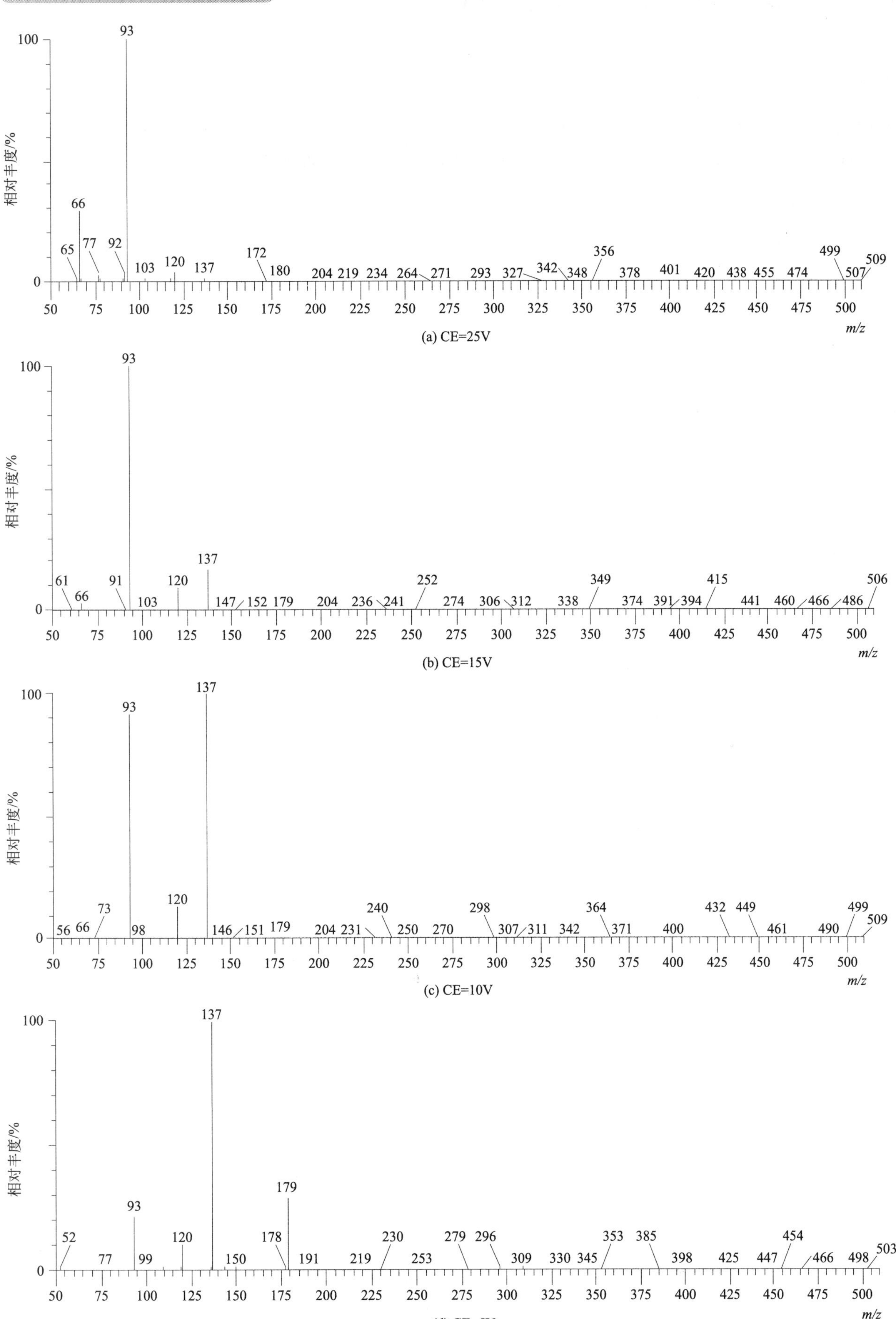

(a) CE=25V

(b) CE=15V

(c) CE=10V

(d) CE=5V

Propiconazole（丙环唑）

基本信息

CAS 登录号	60207-90-1	分子量	341.1	扫描模式	子离子扫描
分子式	$C_{15}H_{17}Cl_2N_3O_2$	离子化模式	EI	母离子	259

一级质谱图

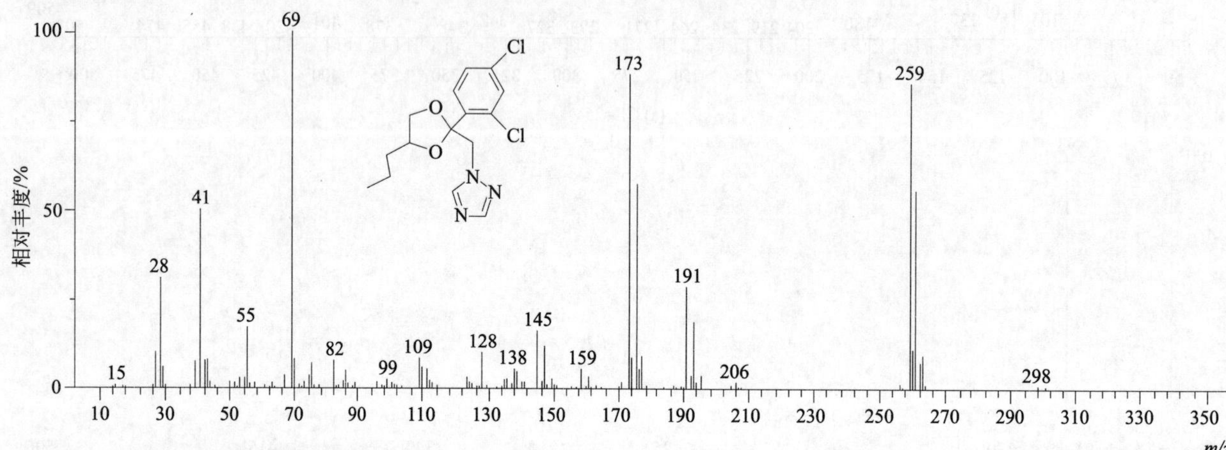

四个碰撞能量下子离子质谱图

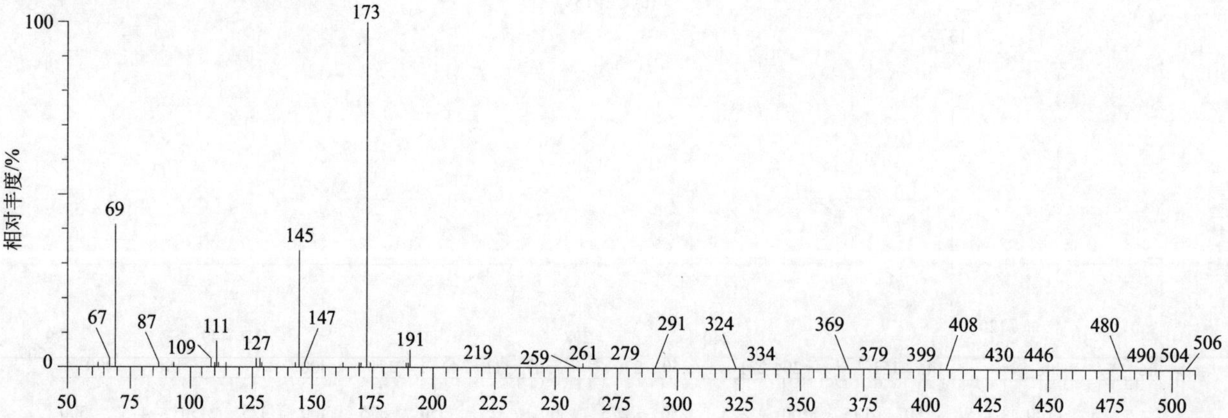

(a) CE=25V

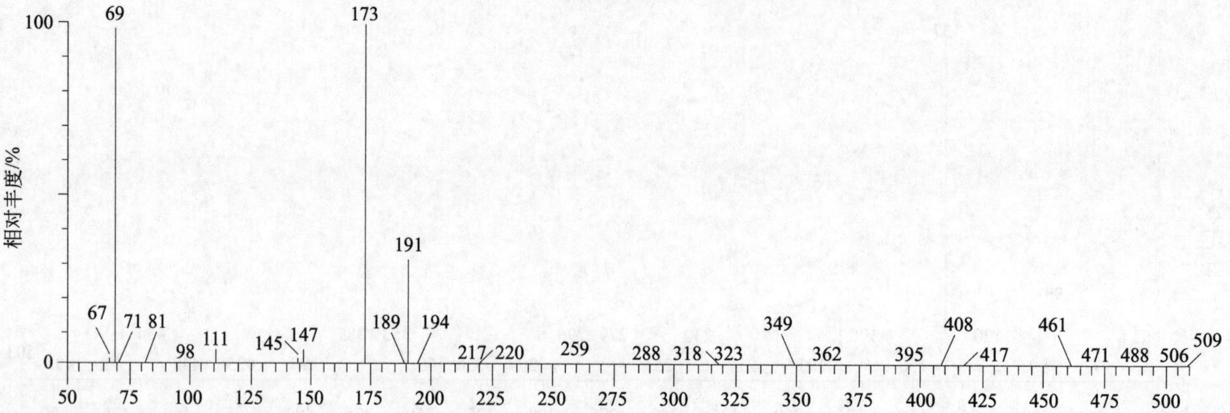

(b) CE=15V

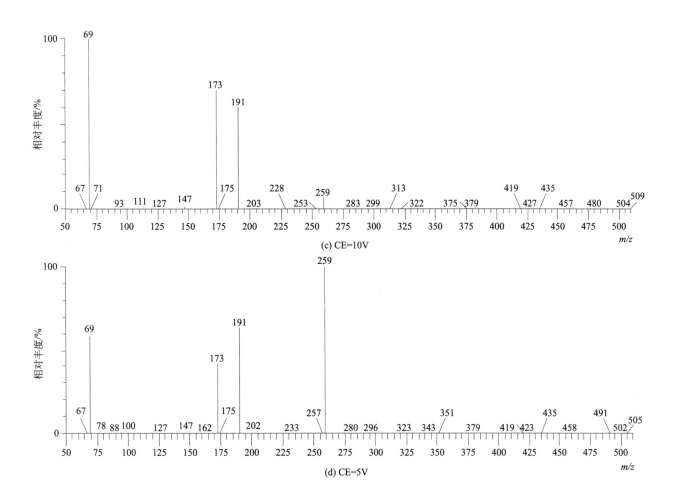

(c) CE=10V

(d) CE=5V

Propoxur（残杀威）

基本信息

CAS 登录号	114-26-1	分子量	209.1	扫描模式	子离子扫描
分子式	$C_{11}H_{15}NO_3$	离子化模式	EI	母离子	110

一级质谱图

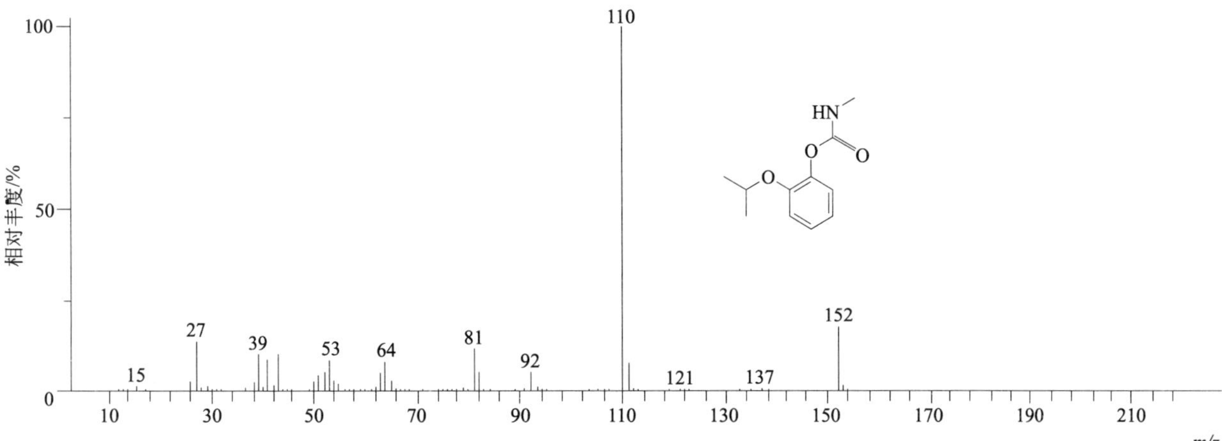

四个碰撞能量下子离子质谱图

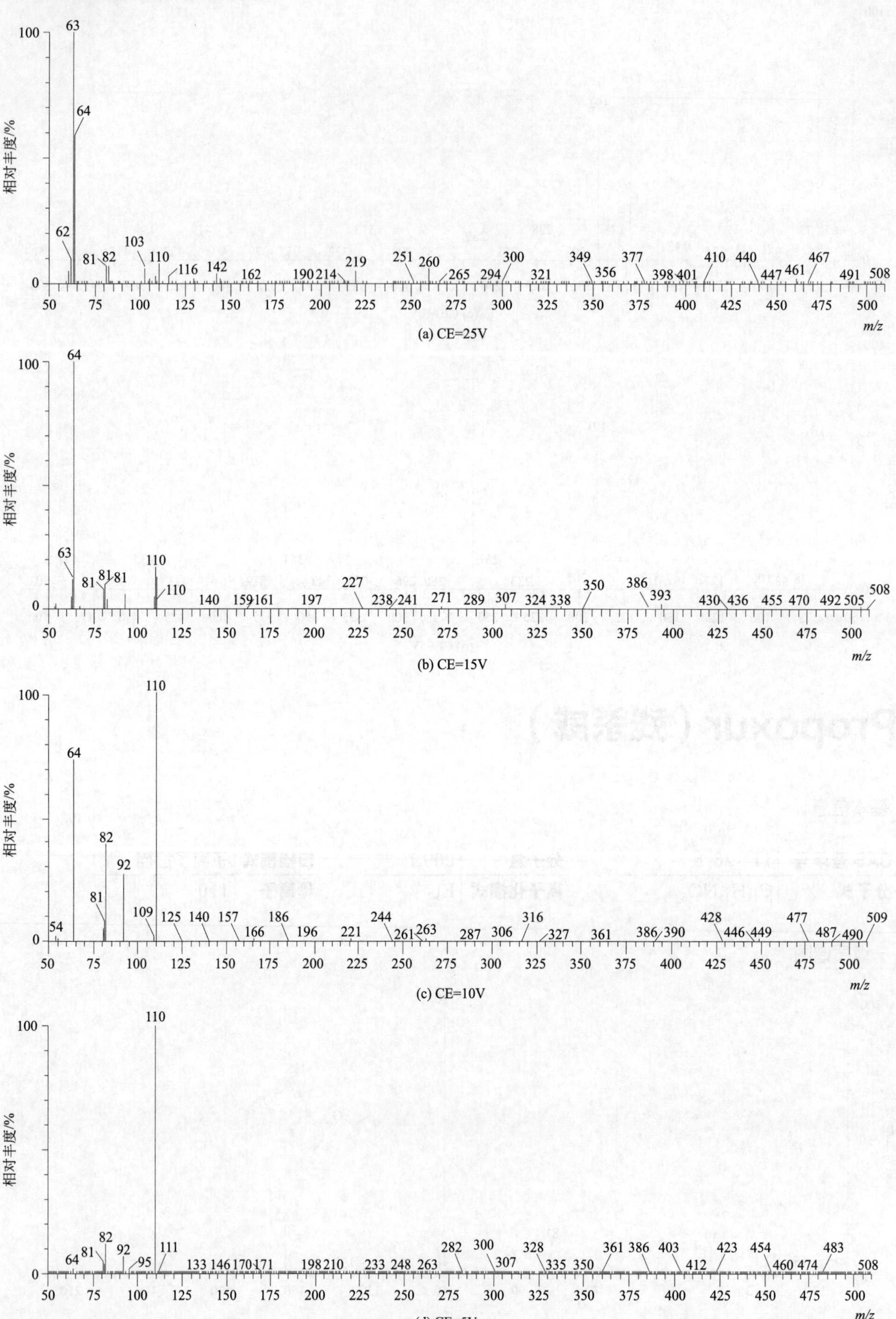

(a) CE=25V

(b) CE=15V

(c) CE=10V

(d) CE=5V

Propyzamide（炔苯烯草胺）

基本信息

CAS 登录号	23950-58-5	分子量	255.0	扫描模式	子离子扫描
分子式	$C_{12}H_{11}Cl_2NO$	离子化模式	EI	母离子	173

一级质谱图

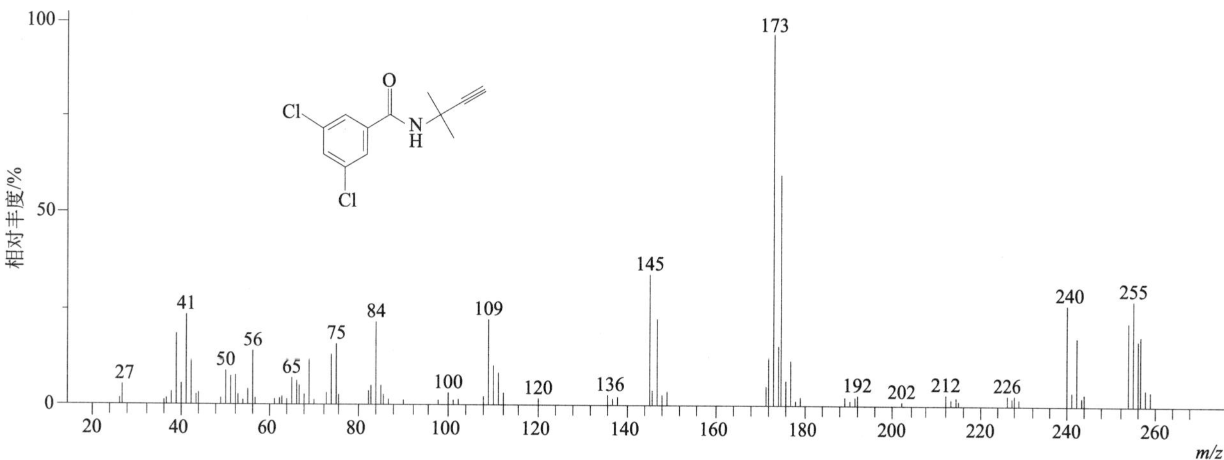

四个碰撞能量下子离子质谱图

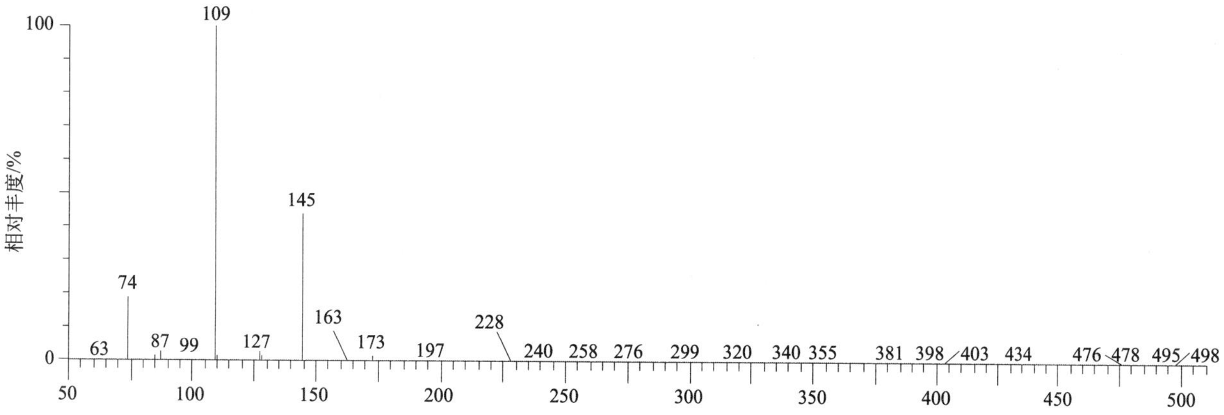

(a) CE=25V

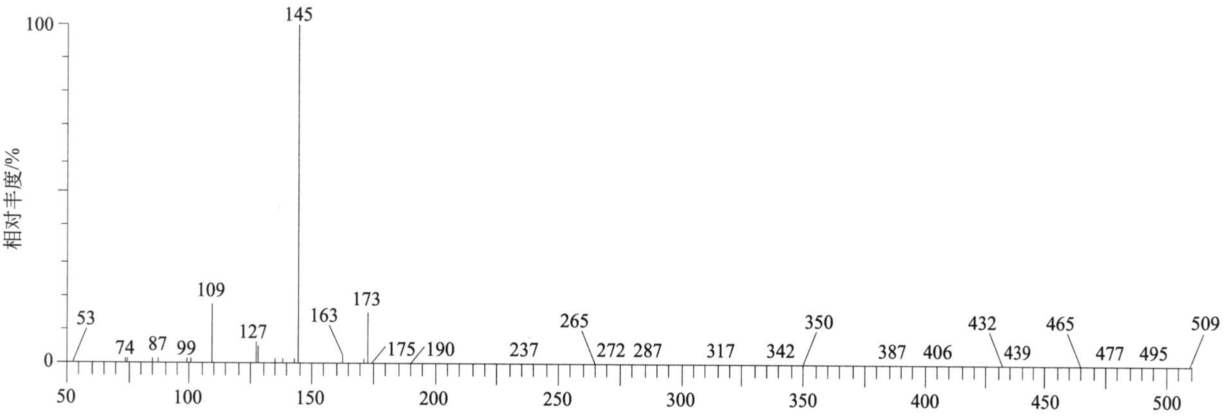

(b) CE=15V

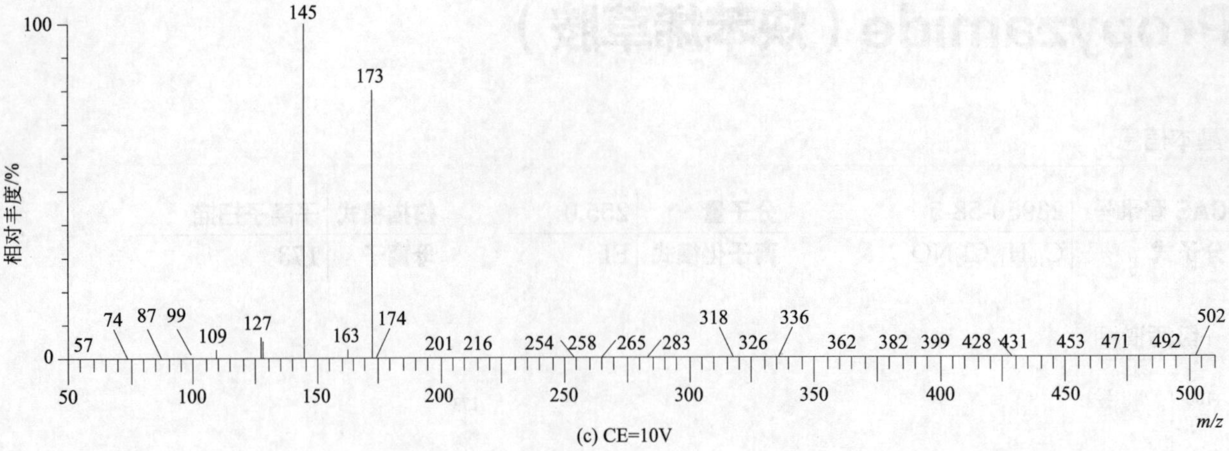

(c) CE=10V

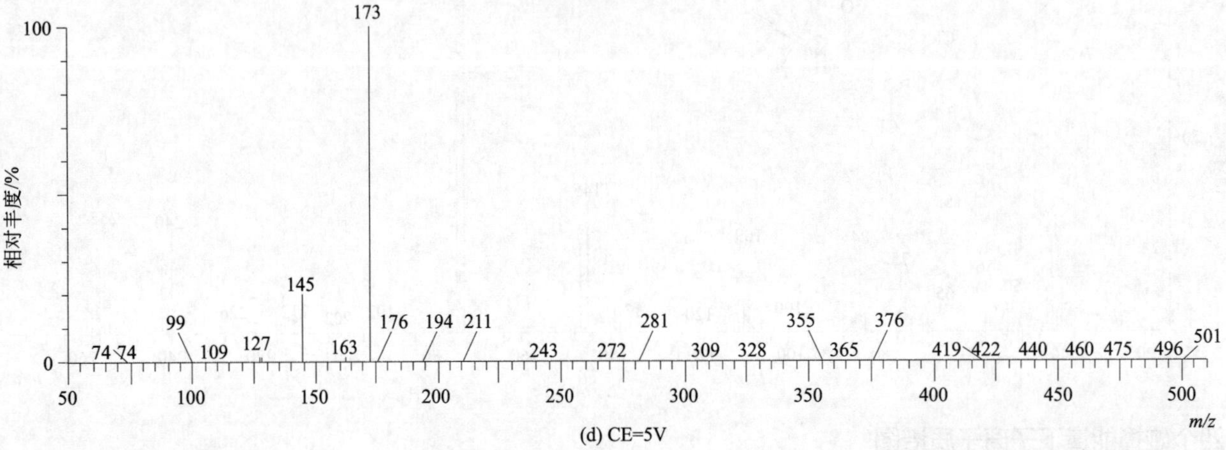

(d) CE=5V

Prosulfocarb（苄草丹）

基本信息

CAS 登录号	52888-80-9	分子量	251.1	扫描模式	子离子扫描
分子式	$C_{14}H_{21}NOS$	离子化模式	EI	母离子	251

一级质谱图

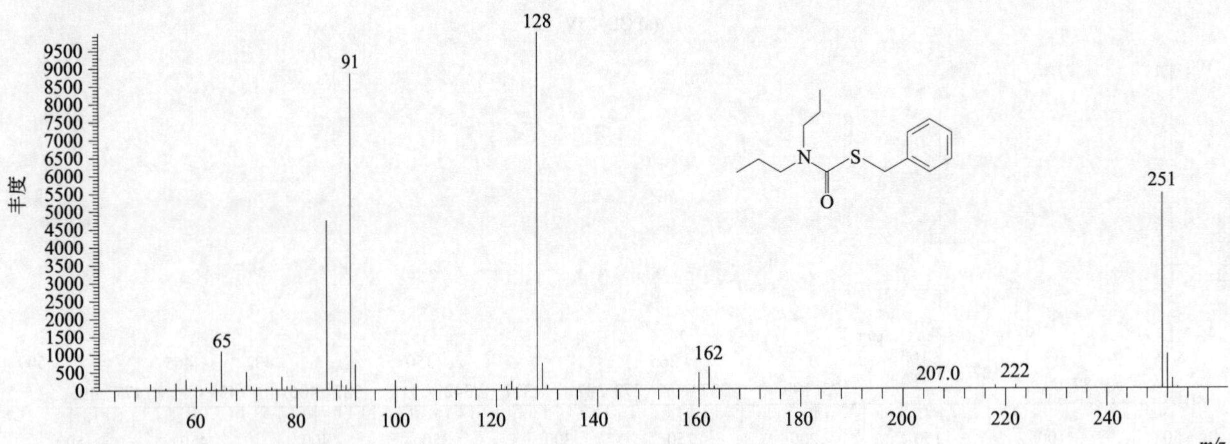

四个碰撞能量下子离子质谱图

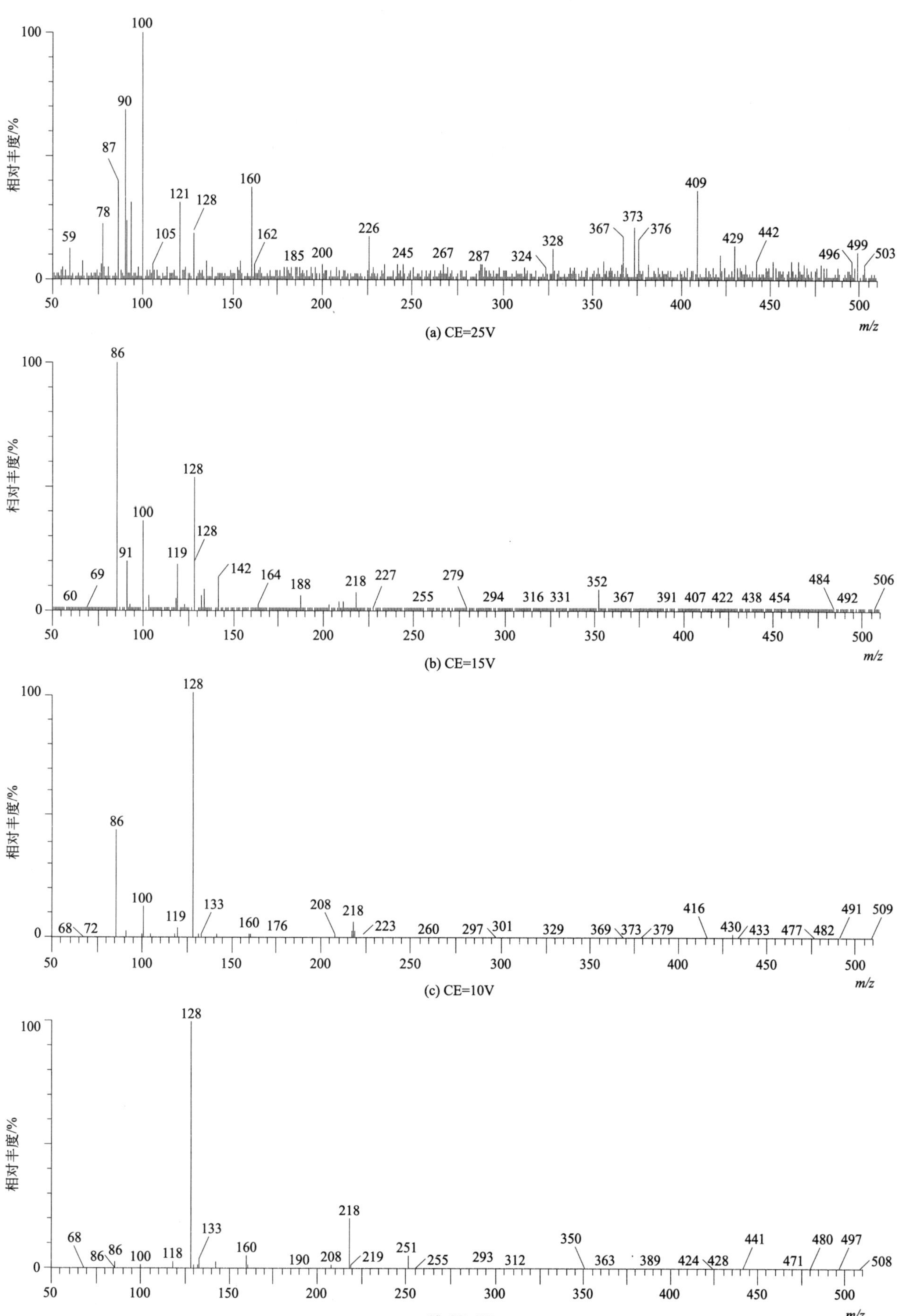

Prothiofos（丙硫磷）

基本信息

CAS 登录号	34643-46-4	分子量	344.0	扫描模式	子离子扫描
分子式	$C_{11}H_{15}Cl_2O_2PS_2$	离子化模式	EI	母离子	309

一级质谱图

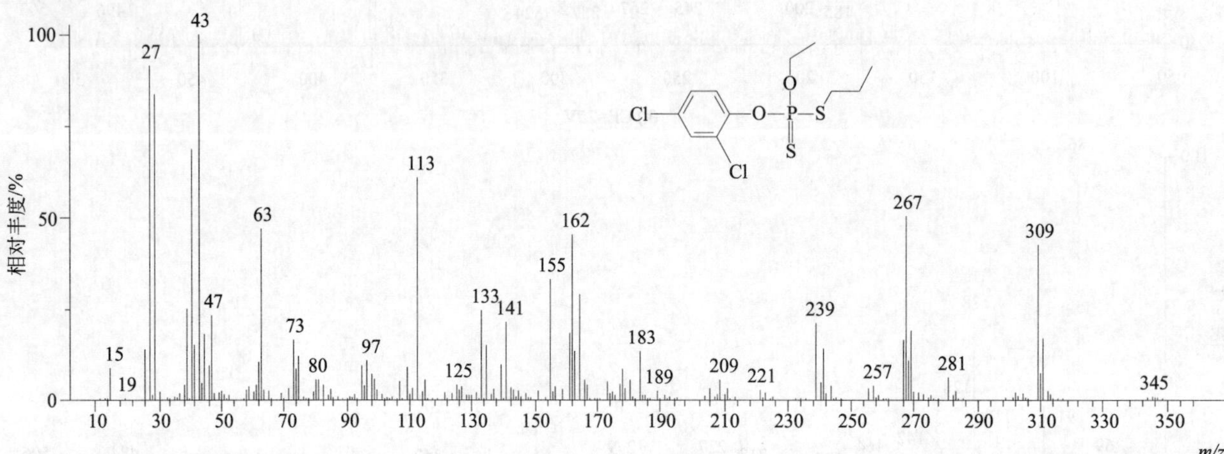

四个碰撞能量下子离子质谱图

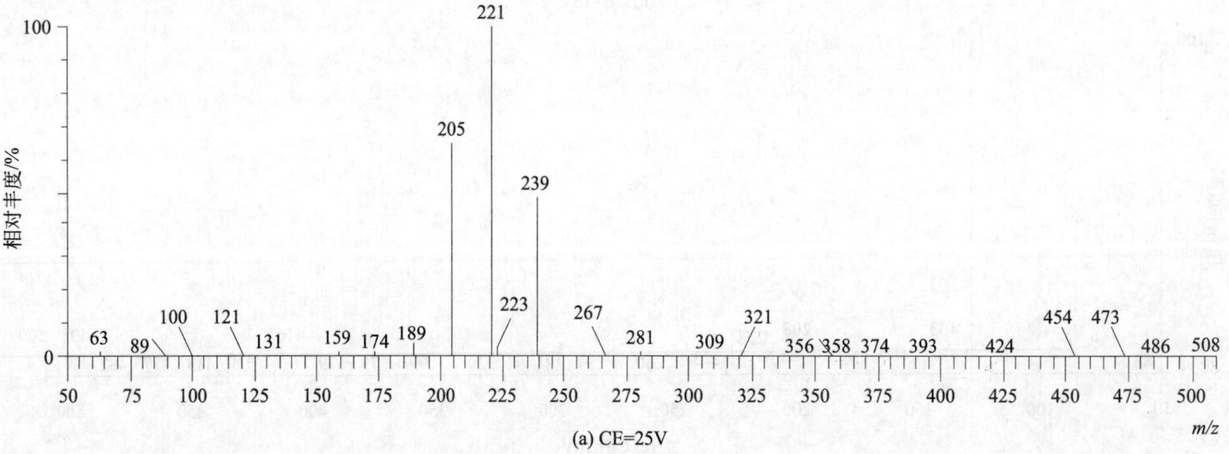

(a) CE=25V

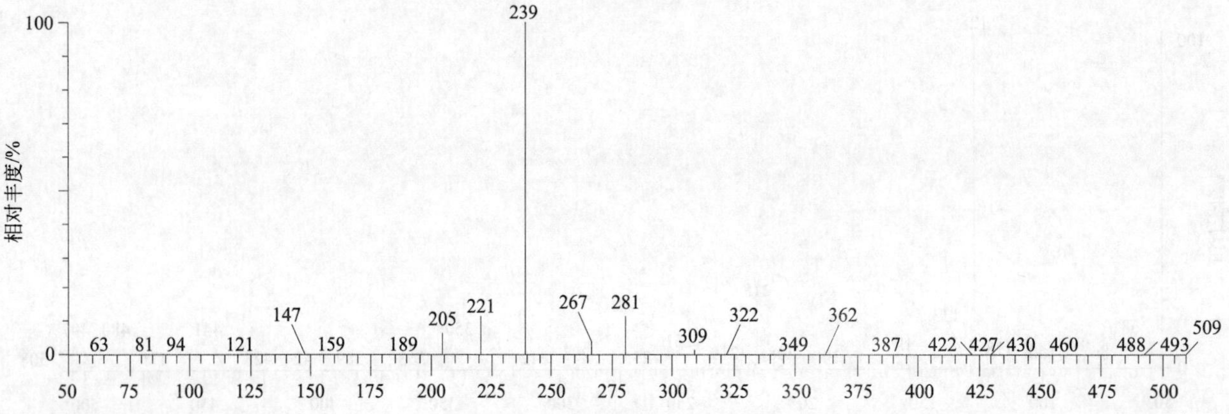

(b) CE=15V

(c) CE=10V

(d) CE=5V

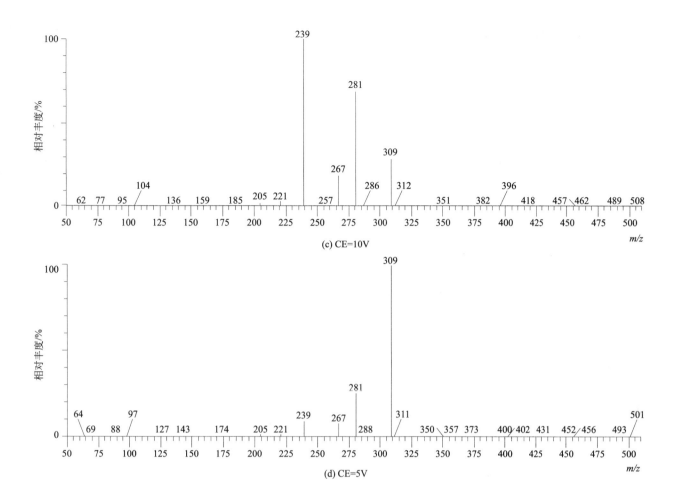

Pyraclofos（吡唑硫磷）

基本信息

CAS 登录号	77458-01-6	分子量	360.0	扫描模式	子离子扫描
分子式	$C_{14}H_{18}ClN_2O_3PS$	离子化模式	EI	母离子	360

一级质谱图

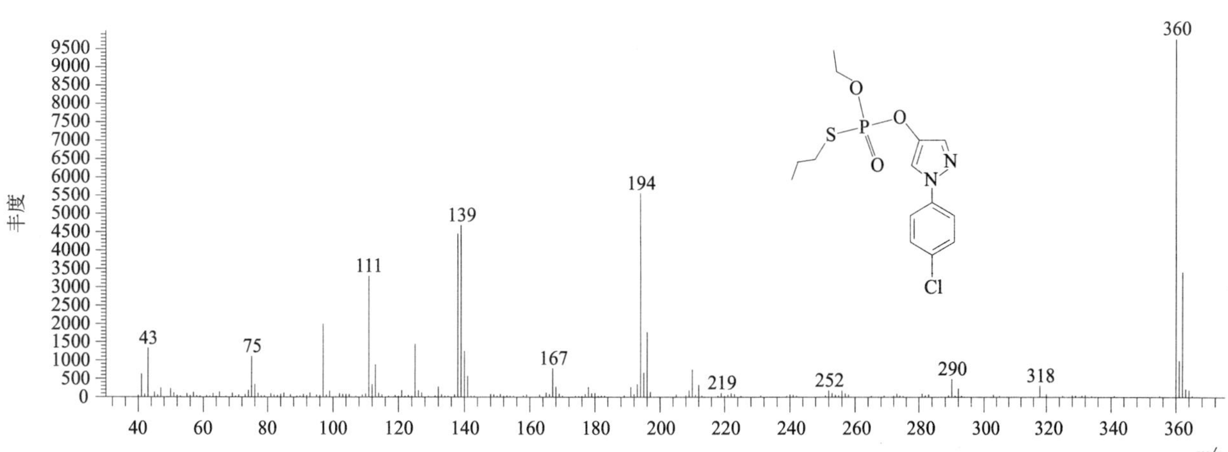

四个碰撞能量下子离子质谱图

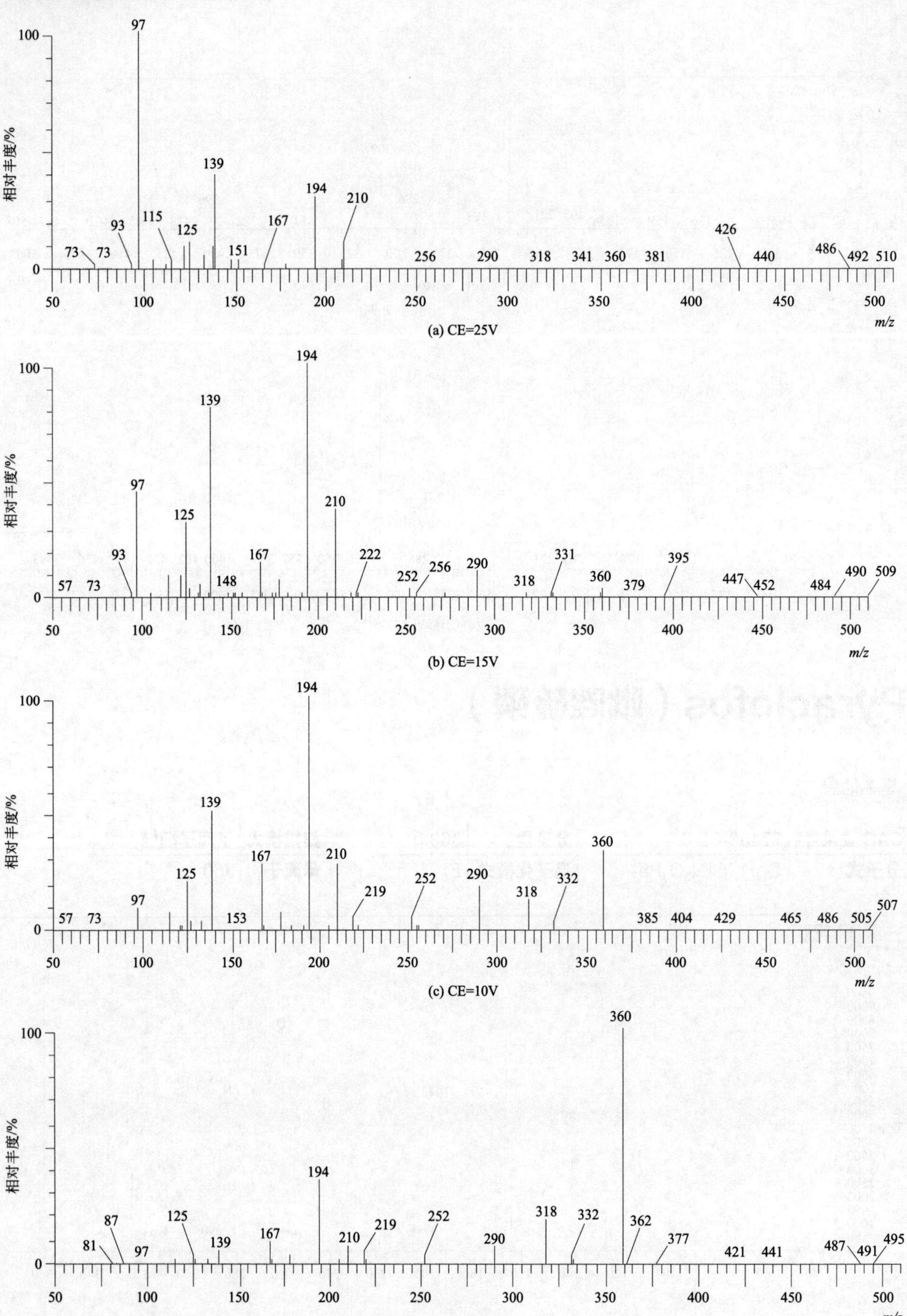

(a) CE=25V

(b) CE=15V

(c) CE=10V

(d) CE=5V

Pyraclostrobin（百克敏）

基本信息

CAS 登录号	175013-18-0	分子量	387.1	扫描模式	子离子扫描
分子式	$C_{19}H_{18}ClN_3O_4$	离子化模式	EI	母离子	132

一级质谱图

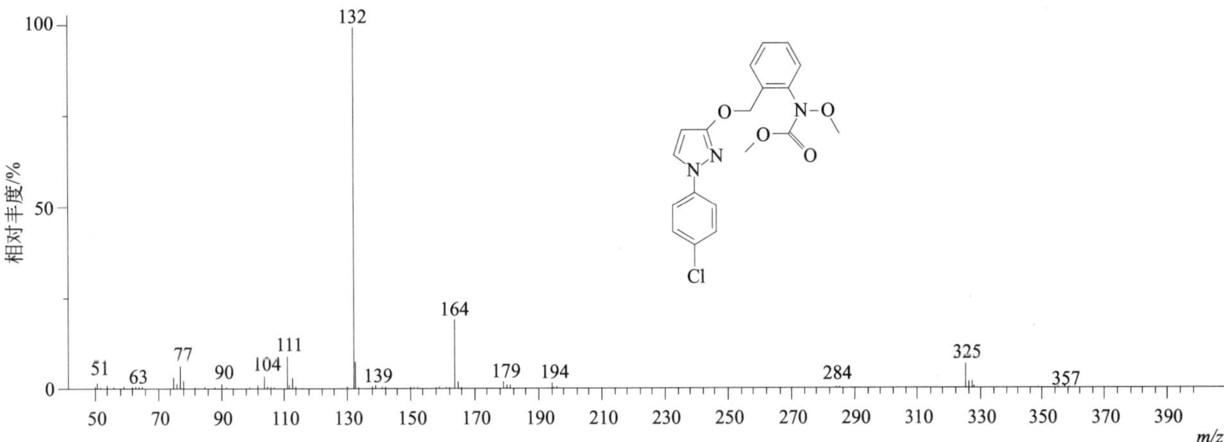

四个碰撞能量下子离子质谱图

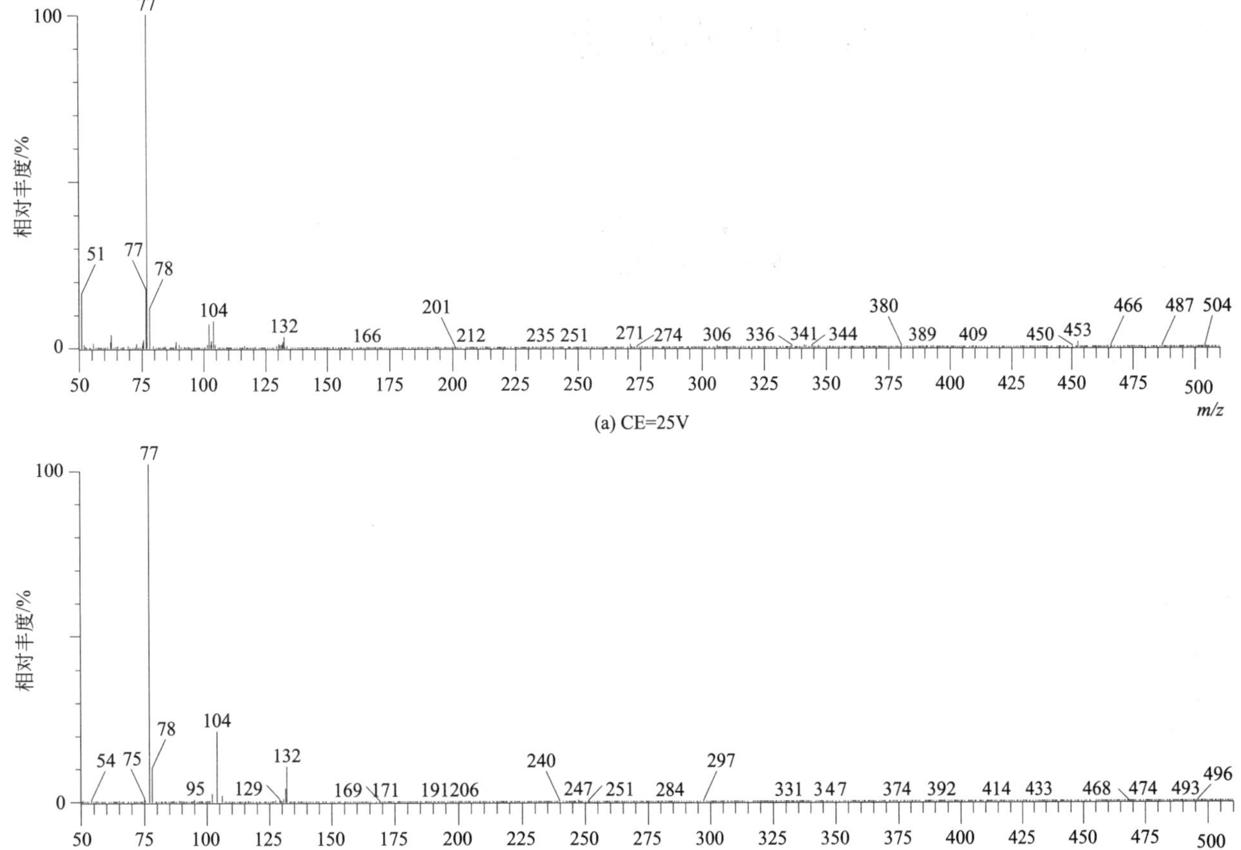

(a) CE=25V

(b) CE=15V

(c) CE=10V

(d) CE=5V

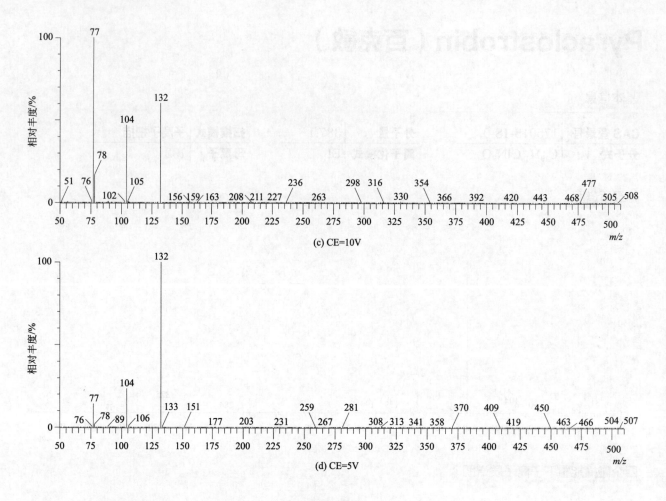

Pyraflufen-ethyl（吡草醚）

基本信息

CAS 登录号	129630-17-7	分子量	412.0	扫描模式	子离子扫描
分子式	$C_{15}H_{13}Cl_2F_3N_2O_4$	离子化模式	EI	母离子	412

一级质谱图

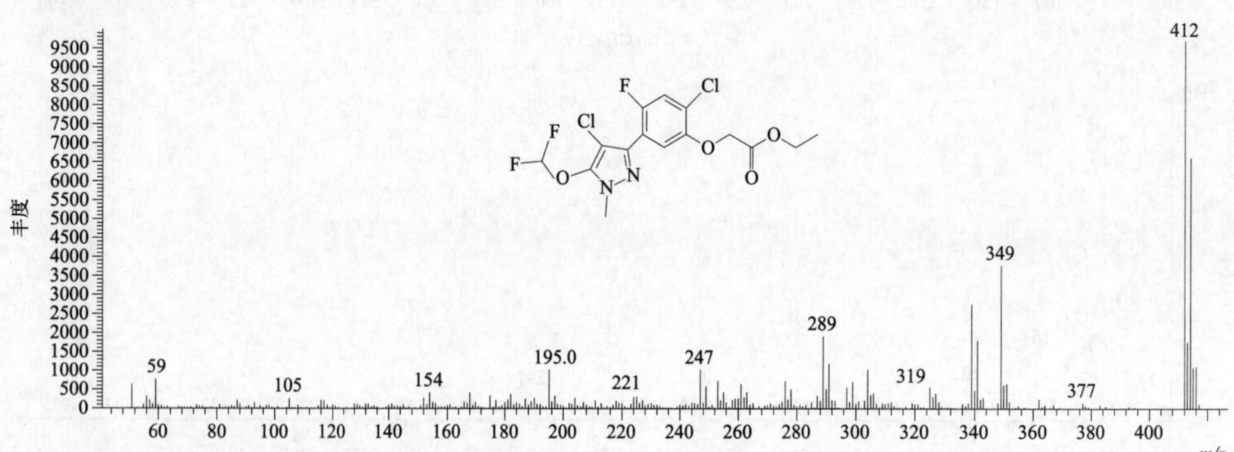

四个碰撞能量下子离子质谱图

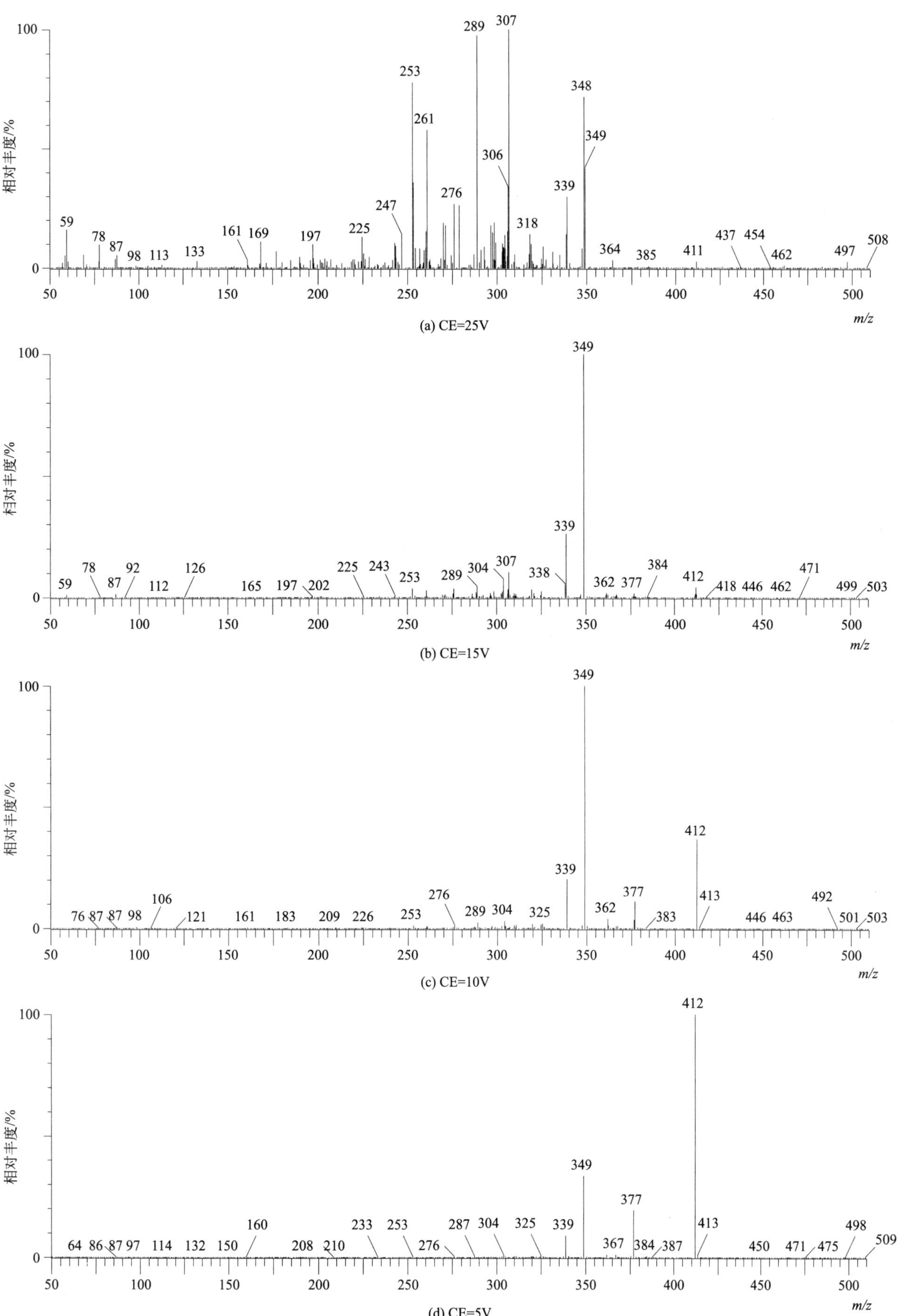

(a) CE=25V

(b) CE=15V

(c) CE=10V

(d) CE=5V

Pyrazophos（吡菌磷）

基本信息

CAS 登录号	13457-18-6	分子量	373.1	扫描模式	子离子扫描
分子式	$C_{14}H_{20}N_3O_5PS$	离子化模式	EI	母离子	221

一级质谱图

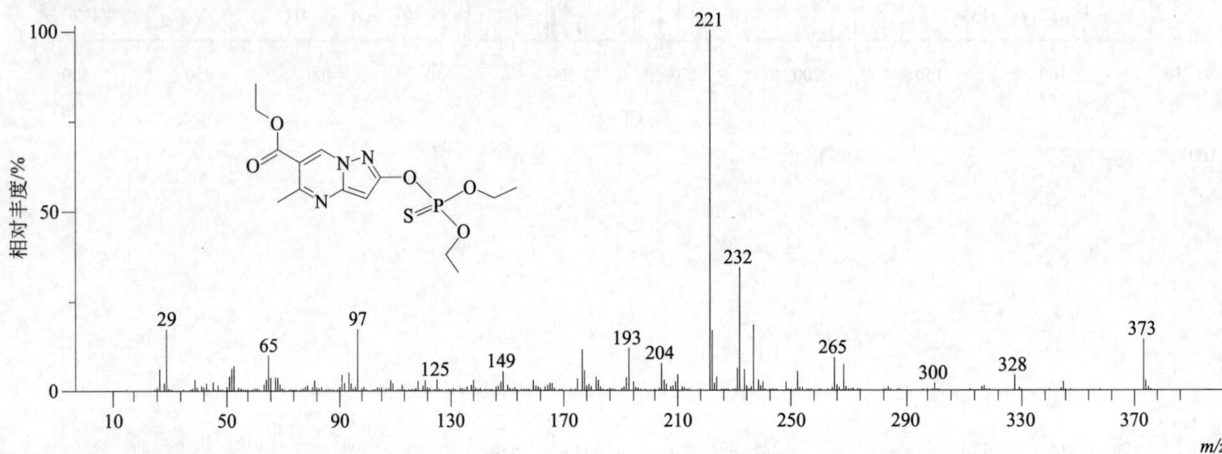

四个碰撞能量下子离子质谱图

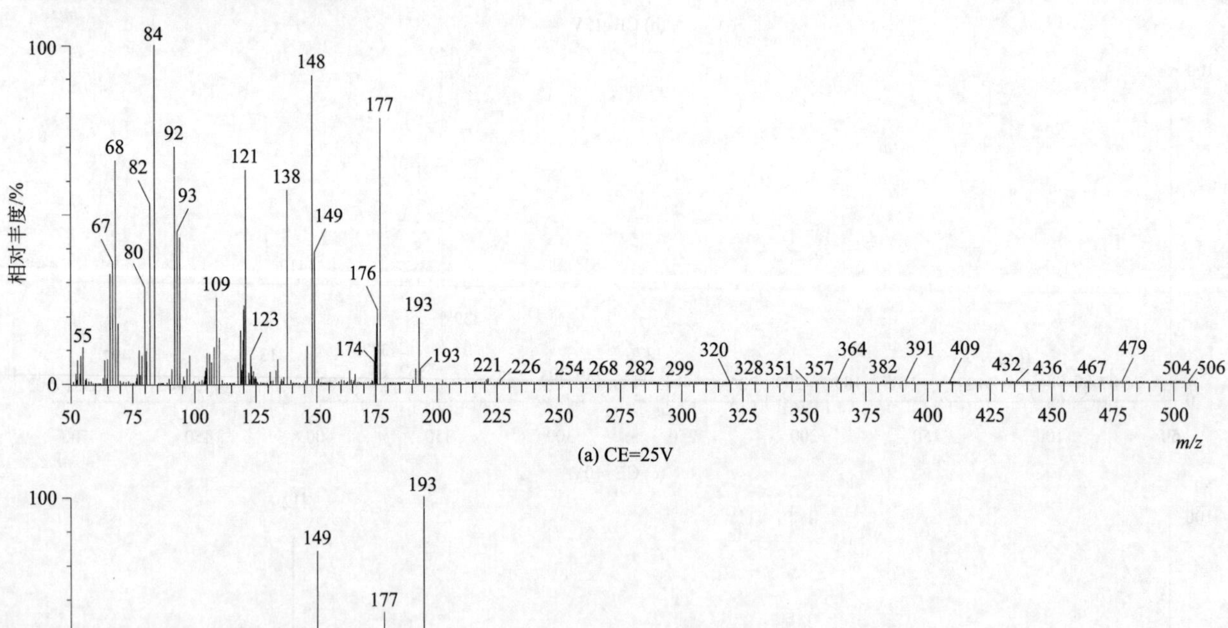

(a) CE=25V

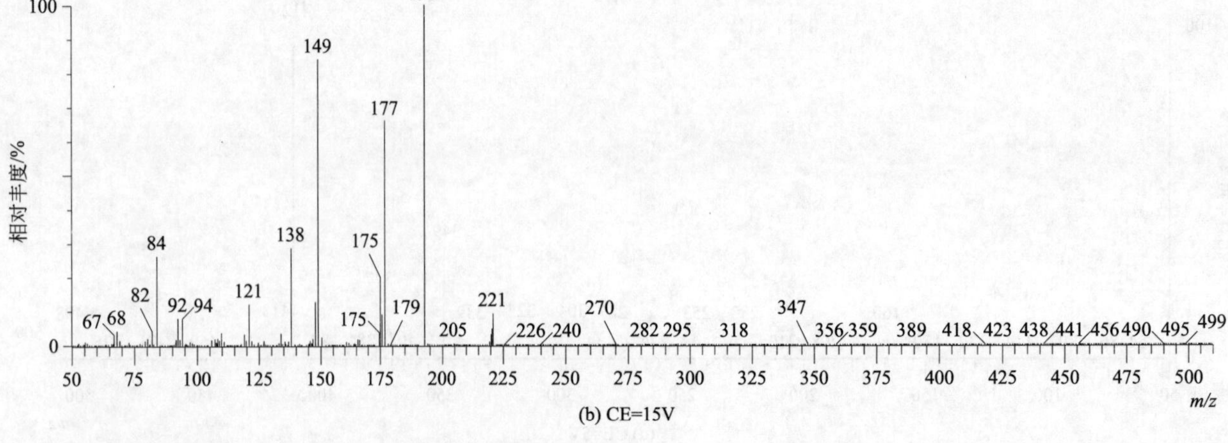

(b) CE=15V

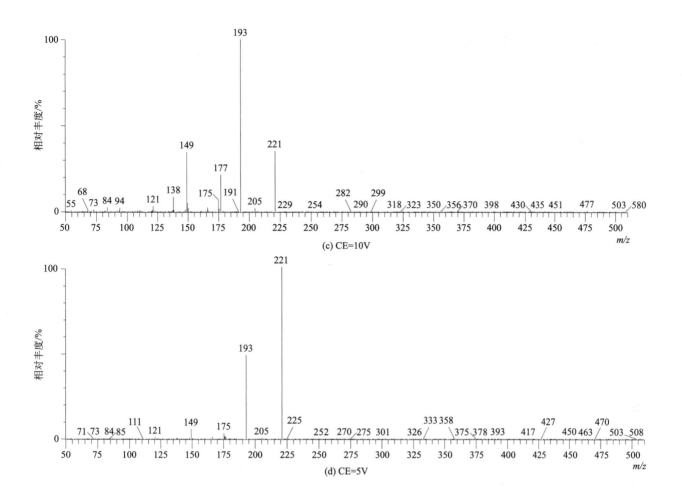

(c) CE=10V

(d) CE=5V

Pyridaben（哒螨灵）

基本信息

CAS 登录号	96489-71-3	分子量	364.1	扫描模式	子离子扫描
分子式	$C_{19}H_{25}ClN_2OS$	离子化模式	EI	母离子	147

一级质谱图

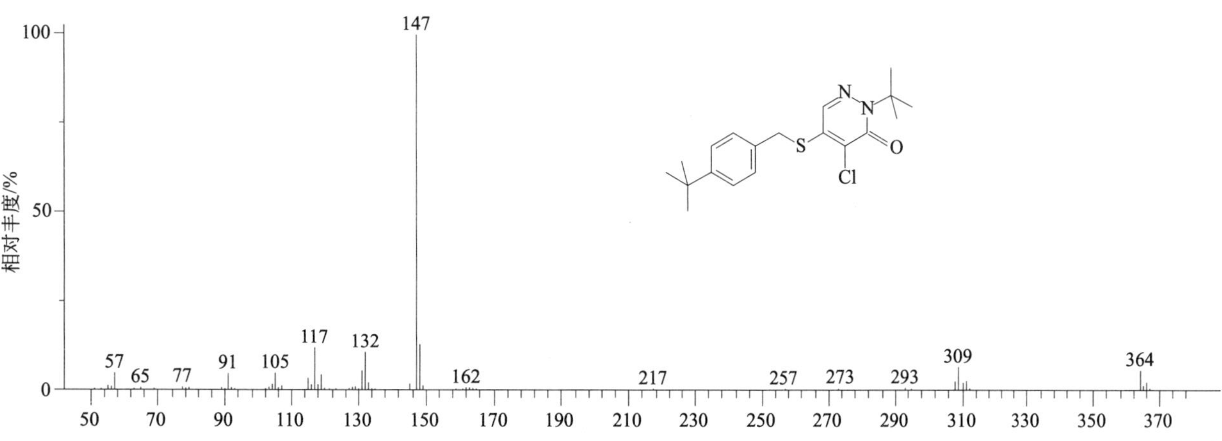

四个碰撞能量下子离子质谱图

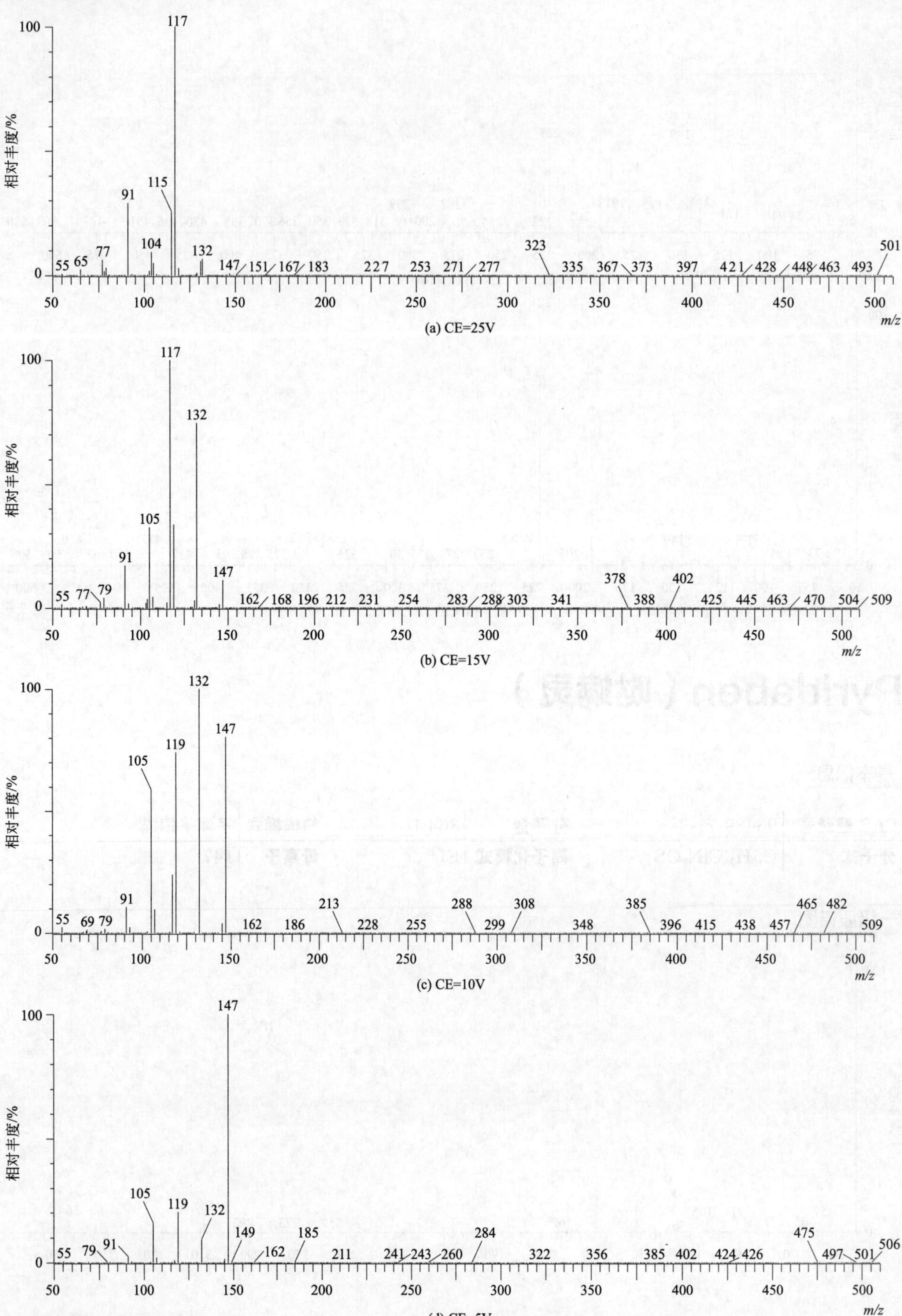

Pyridaphenthion（哒嗪硫磷）

基本信息

CAS 登录号	119-12-0	分子量	340.1	扫描模式	子离子扫描
分子式	$C_{14}H_{17}N_2O_4PS$	离子化模式	EI	母离子	340

一级质谱图

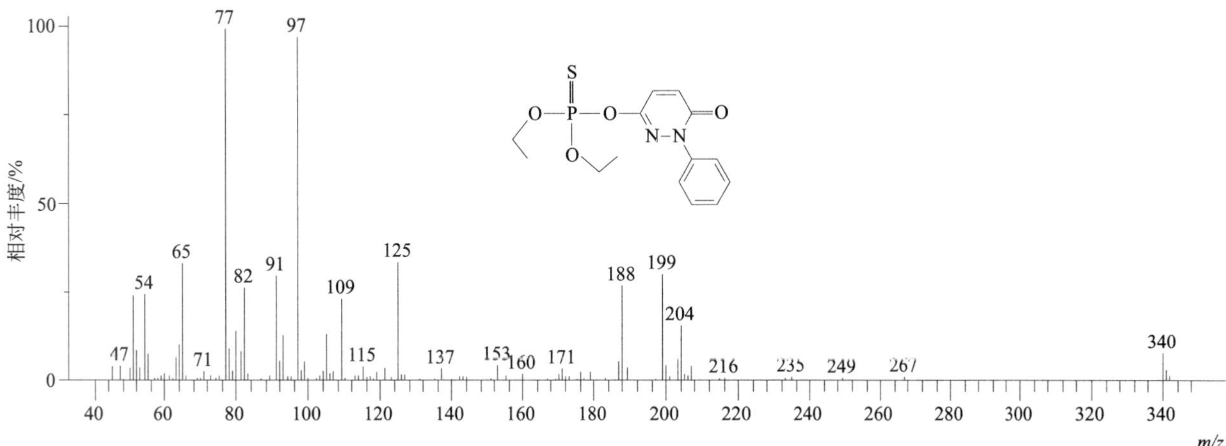

四个碰撞能量下子离子质谱图

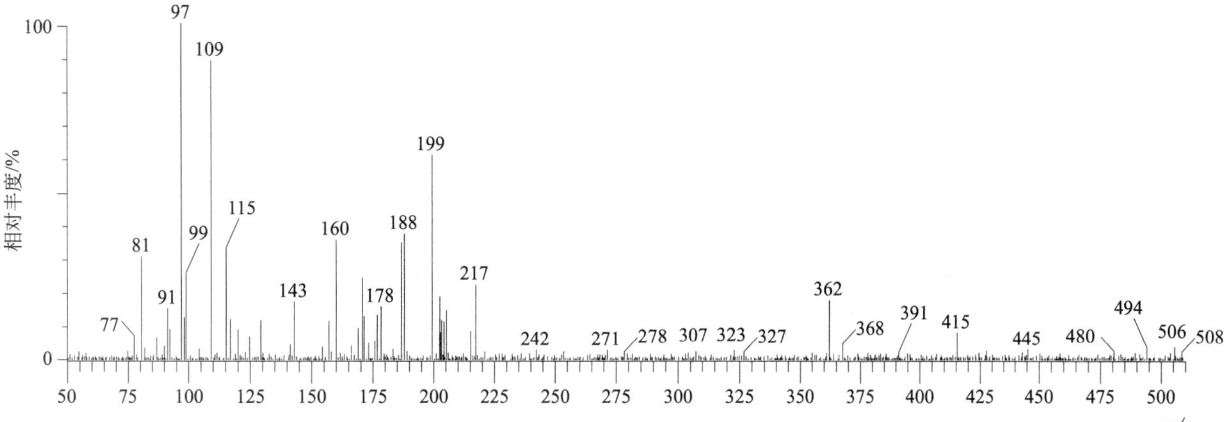

(a) CE=25V

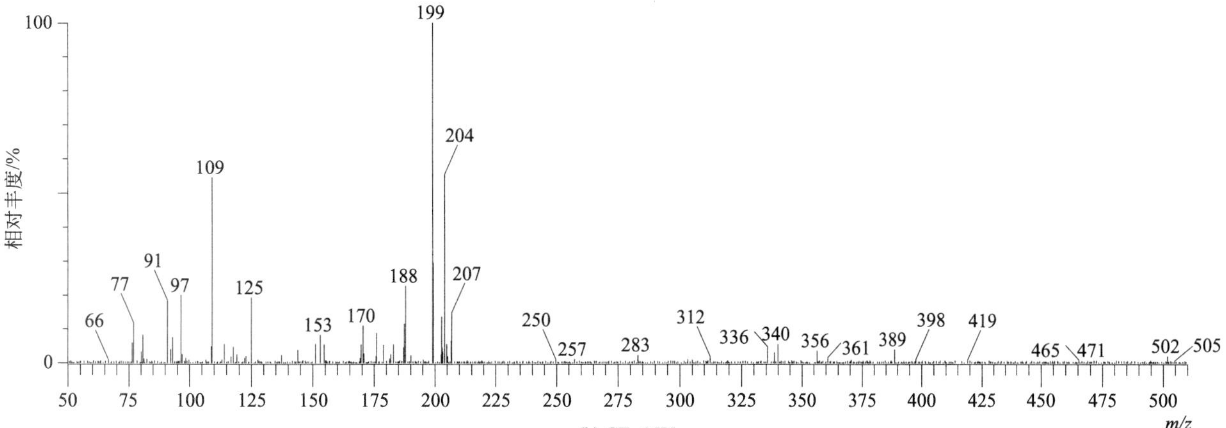

(b) CE=15V

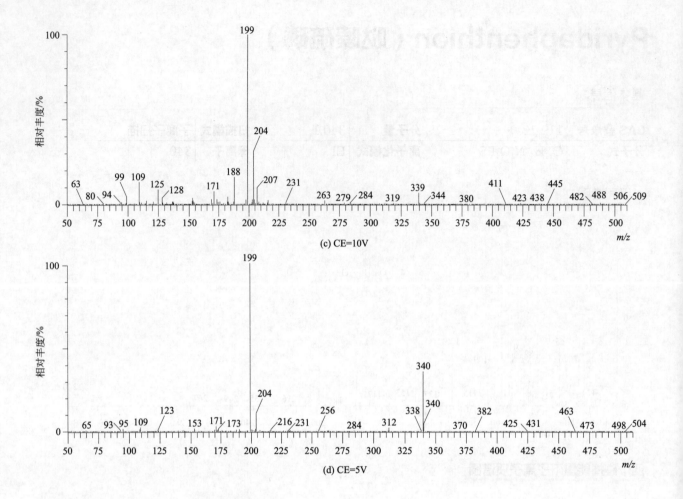

(c) CE=10V

(d) CE=5V

Pyrifenox（啶斑肟）

基本信息

CAS 登录号	88283-41-4	分子量	294.0	扫描模式	子离子扫描
分子式	$C_{14}H_{12}Cl_2N_2O$	离子化模式	EI	母离子	262

一级质谱图

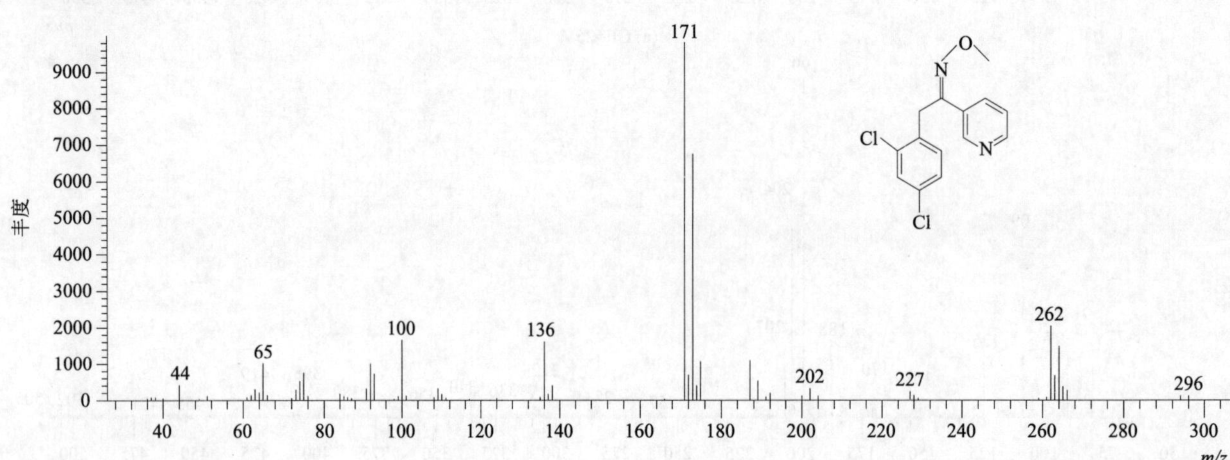

四个碰撞能量下子离子质谱图

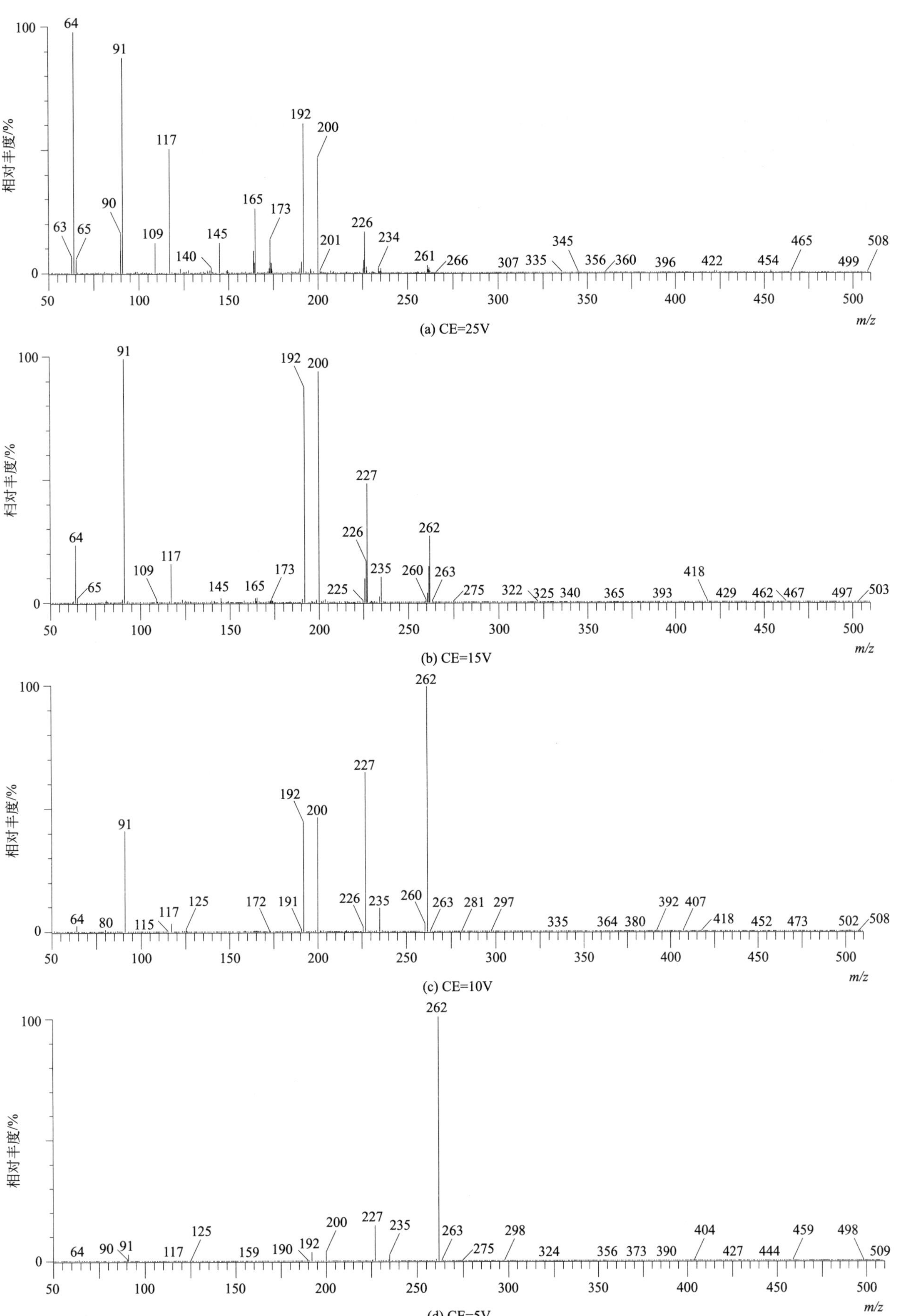

(a) CE=25V

(b) CE=15V

(c) CE=10V

(d) CE=5V

Pyriftalid（环酯草醚）

基本信息

CAS 登录号	135186-78-6	分子量	318.1	扫描模式	子离子扫描
分子式	$C_{15}H_{14}N_2O_4S$	离子化模式	EI	母离子	318

一级质谱图

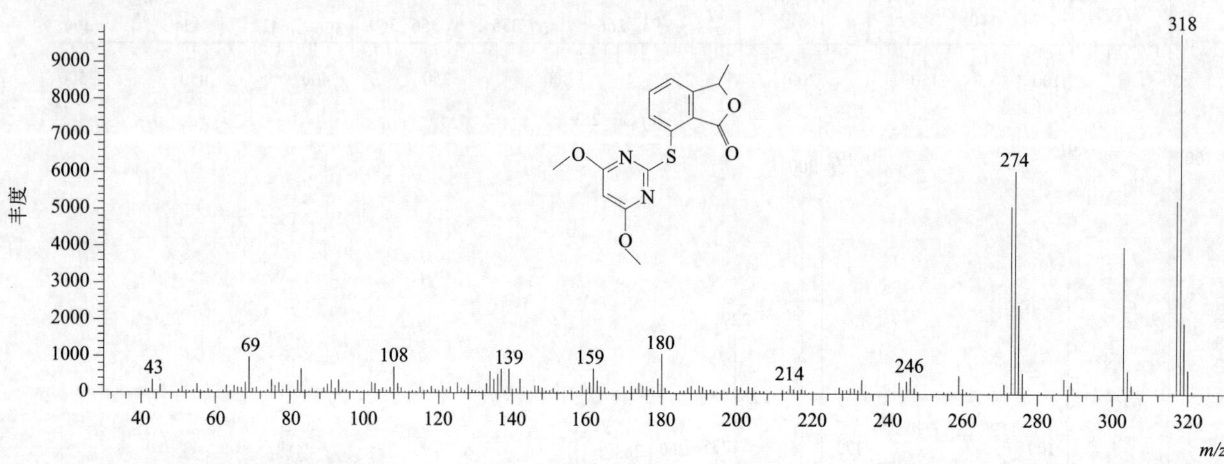

四个碰撞能量下子离子质谱图

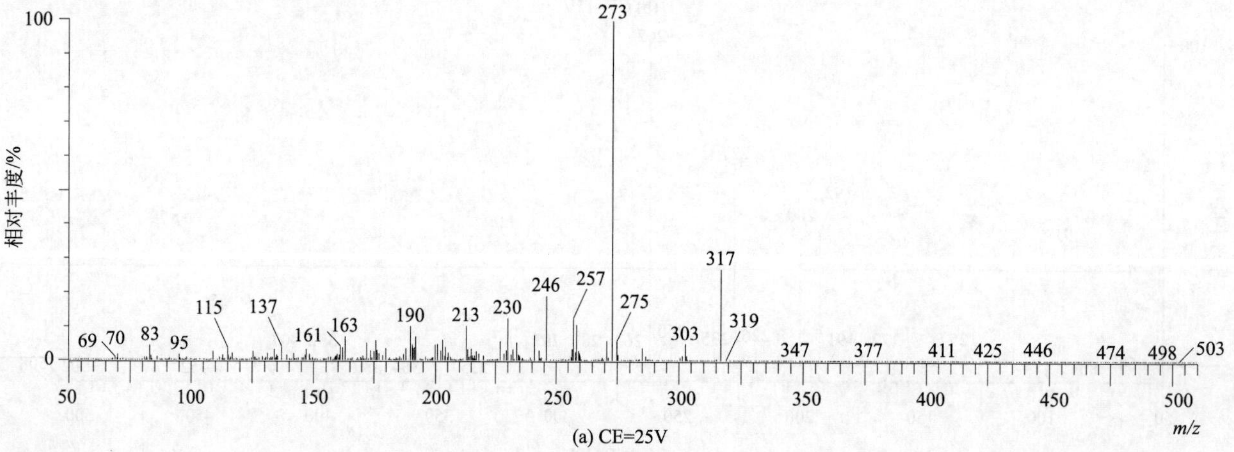

(a) CE=25V

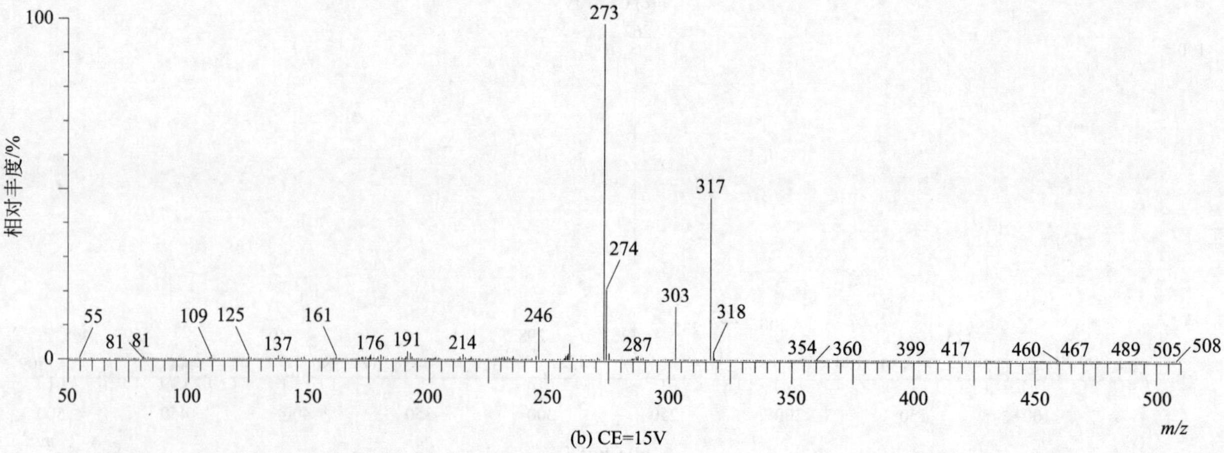

(b) CE=15V

(c) CE=10V

(d) CE=5V

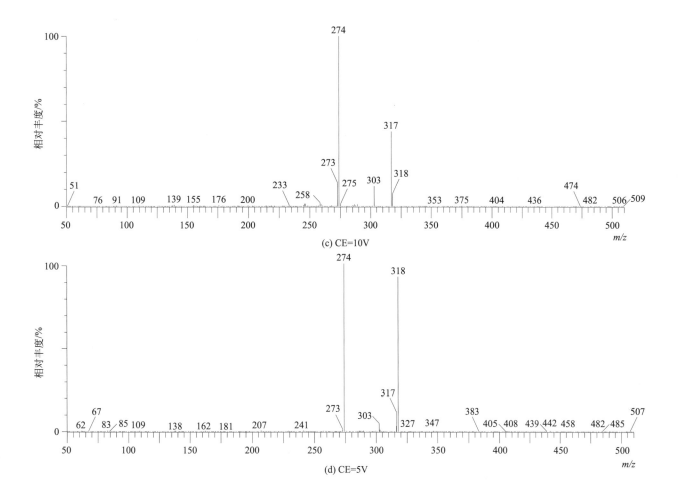

Pyrimethanil（嘧霉胺）

基本信息

CAS 登录号	53112-28-0	**分子量**	199.1	**扫描模式**	子离子扫描
分子式	$C_{12}H_{13}N_3$	**离子化模式**	EI	**母离子**	200

一级质谱图

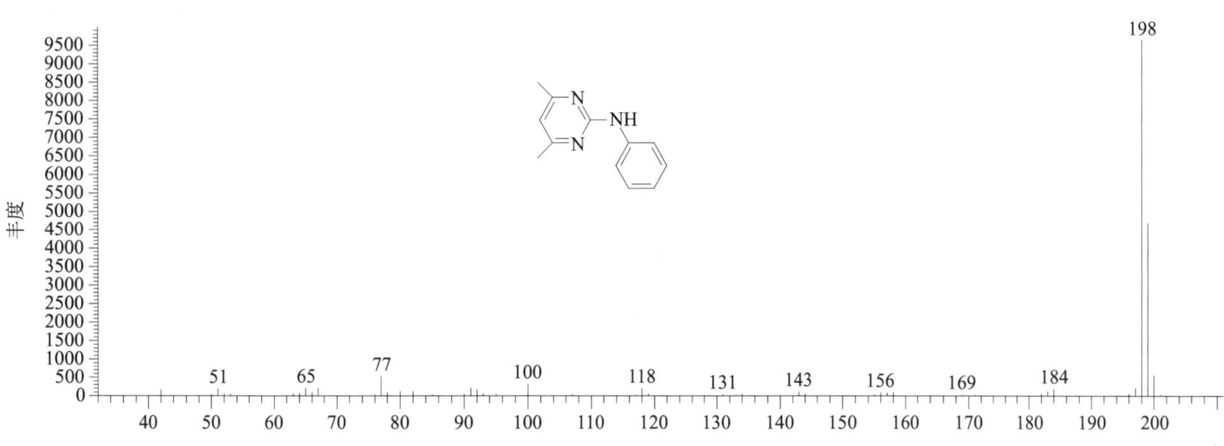

四个碰撞能量下子离子质谱图

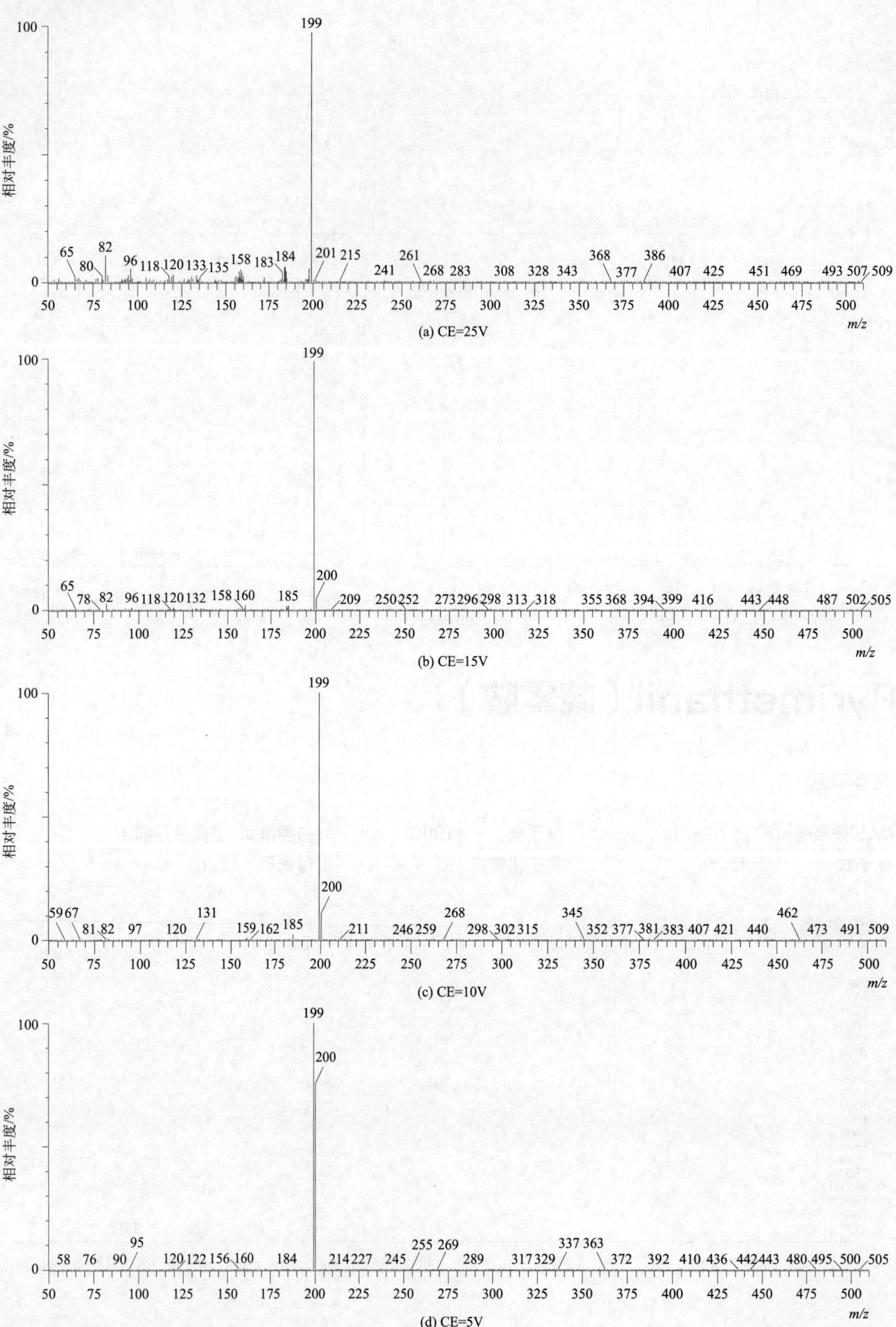

(a) CE=25V

(b) CE=15V

(c) CE=10V

(d) CE=5V

Pyrimidifen（嘧螨醚）

基本信息

CAS 登录号	105779-78-0	分子量	377.2	扫描模式	子离子扫描
分子式	$C_{20}H_{28}ClN_3O_2$	离子化模式	EI	母离子	184

一级质谱图

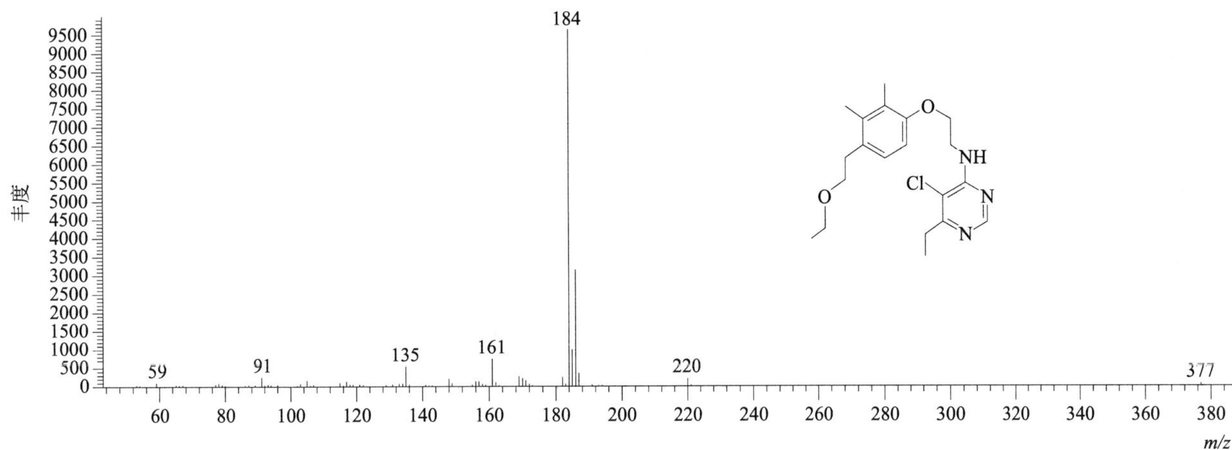

四个碰撞能量下子离子质谱图

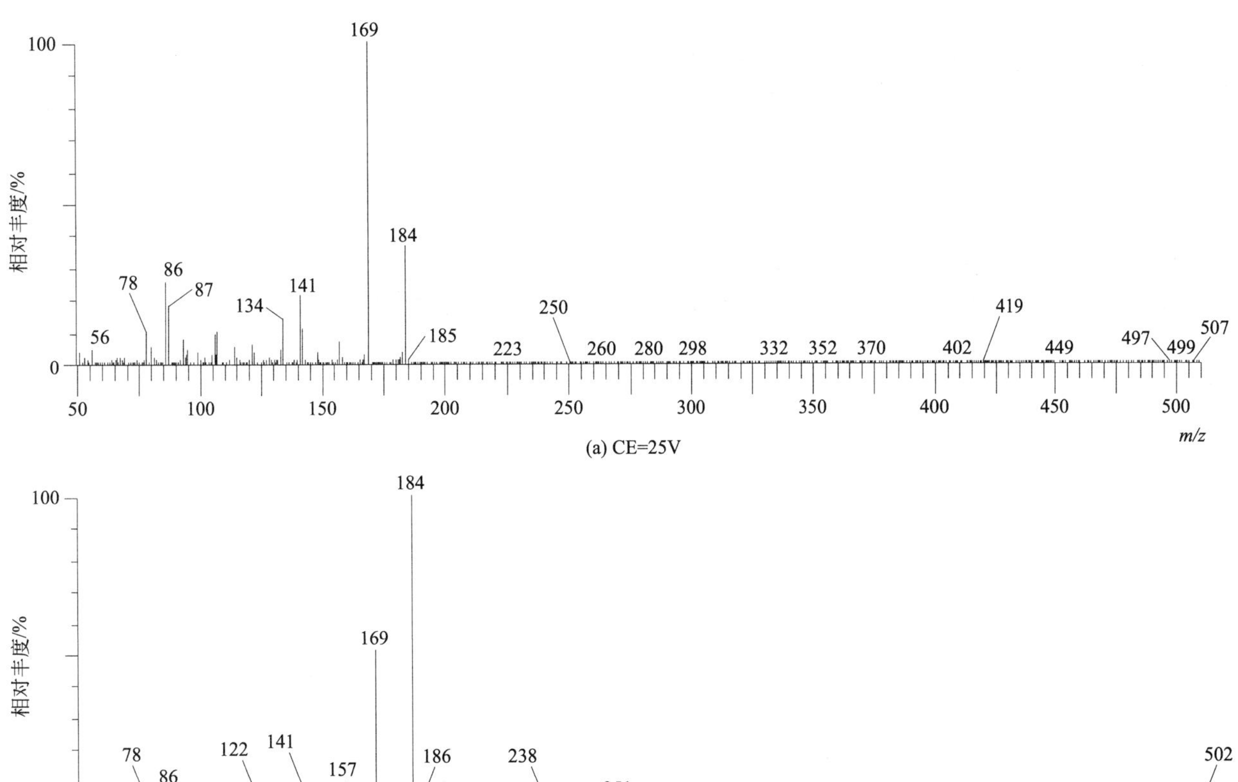

(a) CE=25V

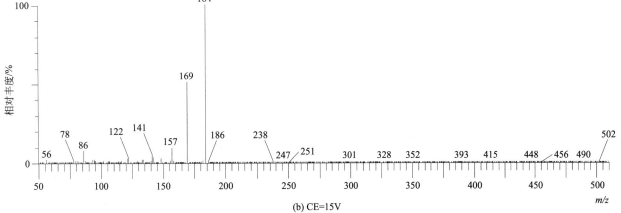

(b) CE=15V

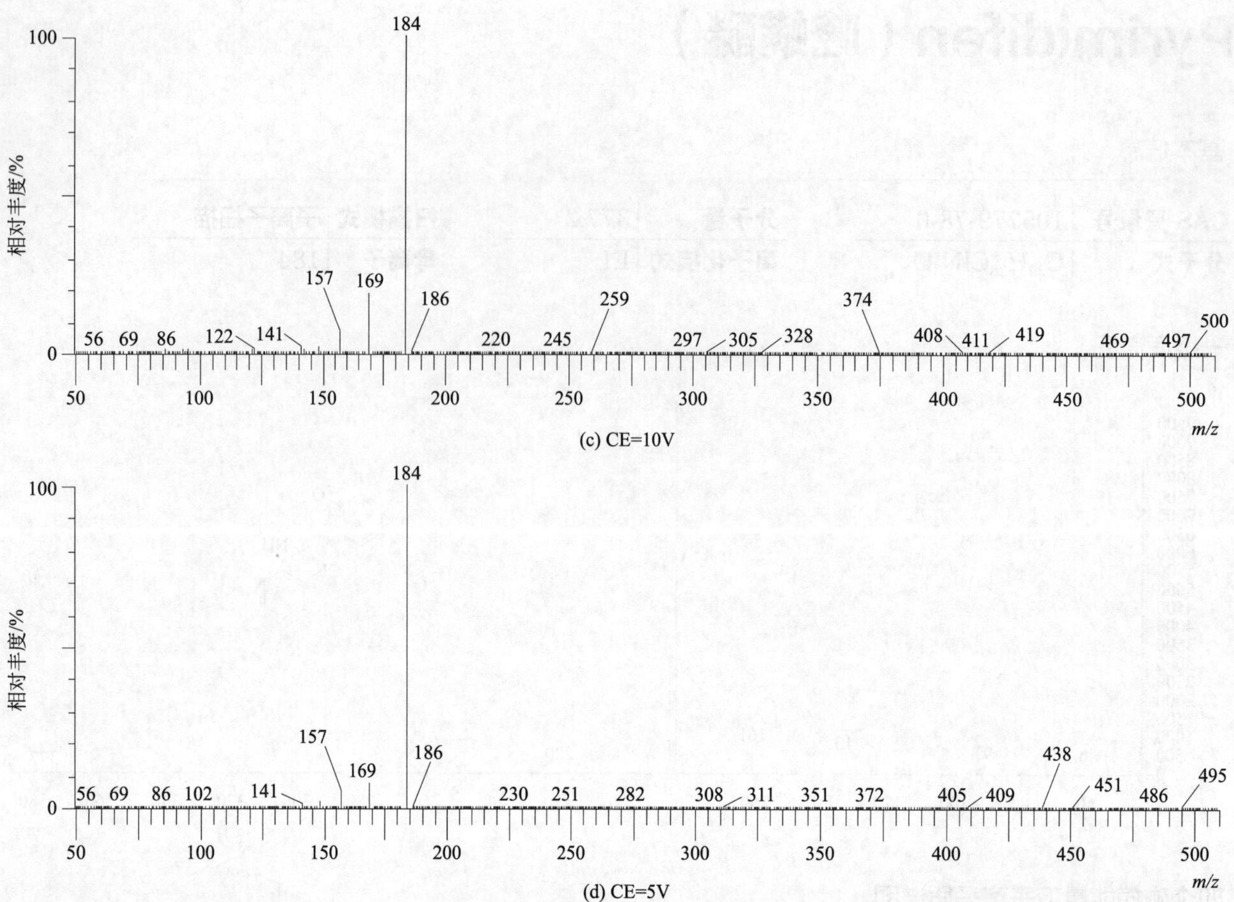

(c) CE=10V

(d) CE=5V

Pyriproxyfen（吡丙醚）

基本信息

CAS 登录号	95737-68-1	分子量	321.1	扫描模式	子离子扫描
分子式	$C_{20}H_{19}NO_3$	离子化模式	EI	母离子	136

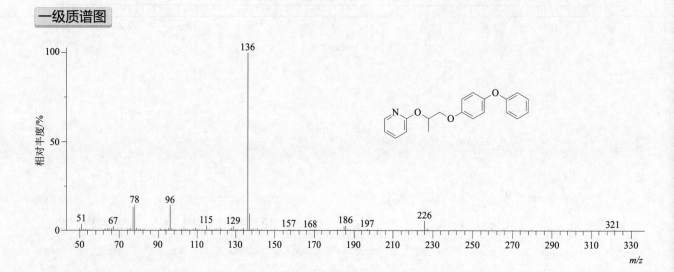

一级质谱图

相对丰度/%

136

78 96

51 67 115 129 157 168 186 197 226 321

m/z

四个碰撞能量下子离子质谱图

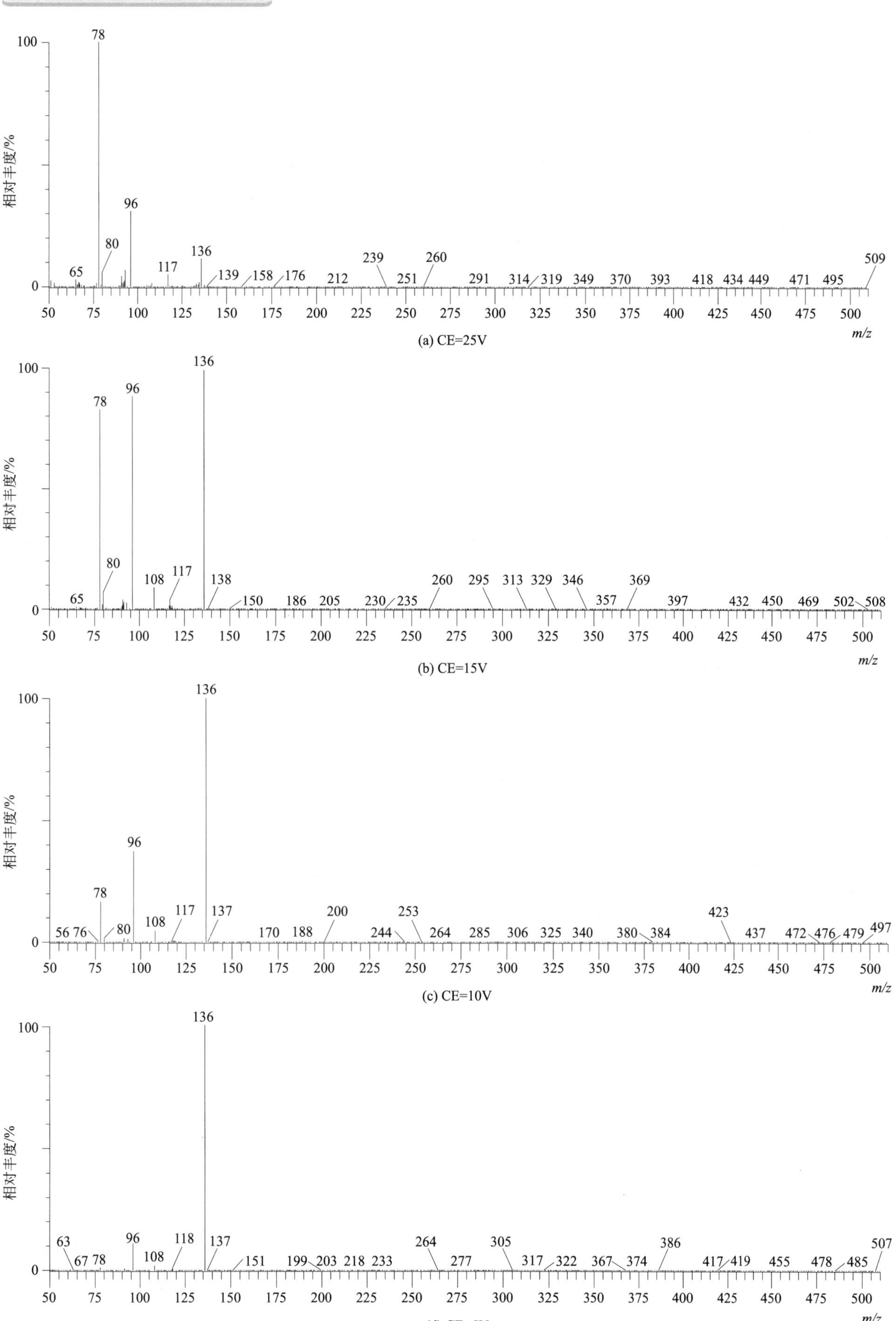

(a) CE=25V

(b) CE=15V

(c) CE=10V

(d) CE=5V

Pyroquilon（咯喹酮）

基本信息

CAS 登录号	57369-32-1	分子量	173.1	扫描模式	子离子扫描
分子式	$C_{11}H_{11}NO$	离子化模式	EI	母离子	173

一级质谱图

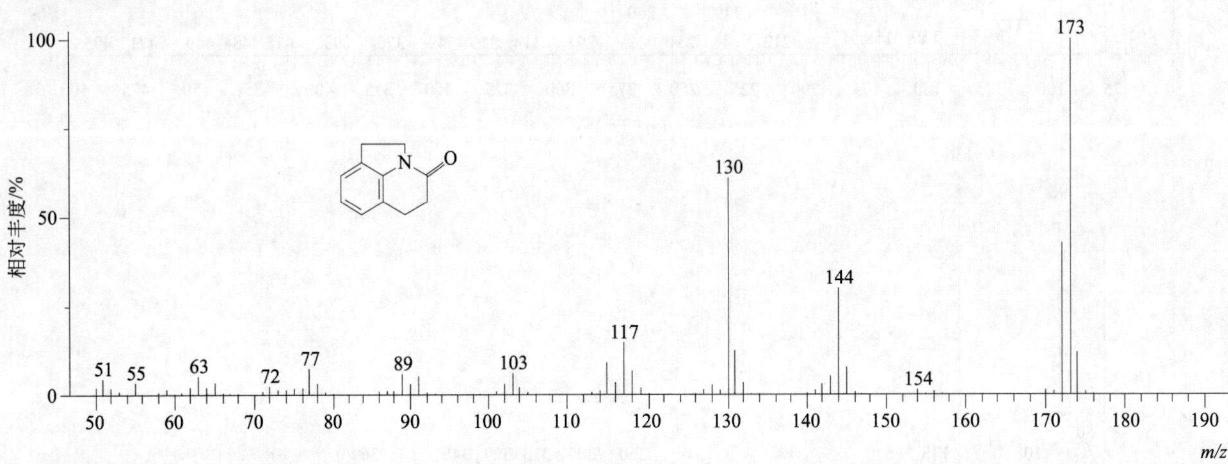

四个碰撞能量下子离子质谱图

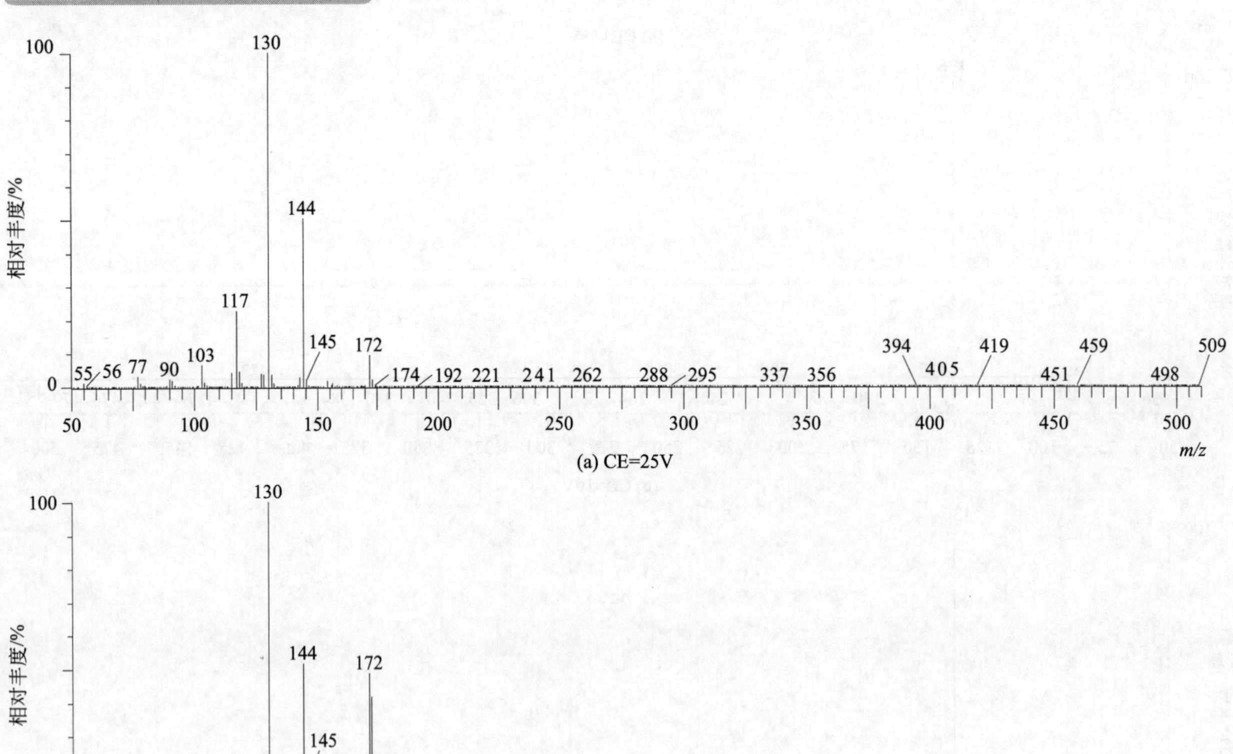

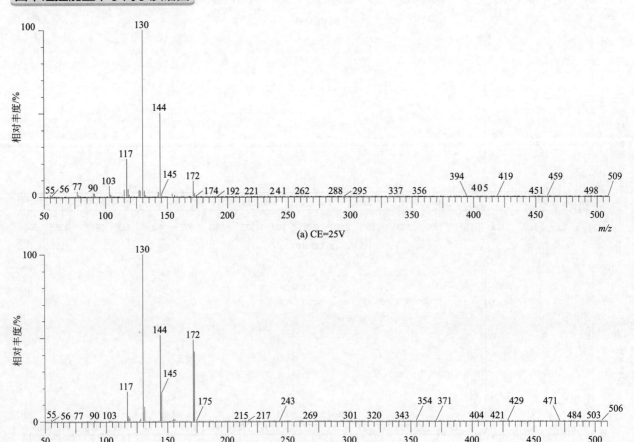

(a) CE=25V

(b) CE=15V

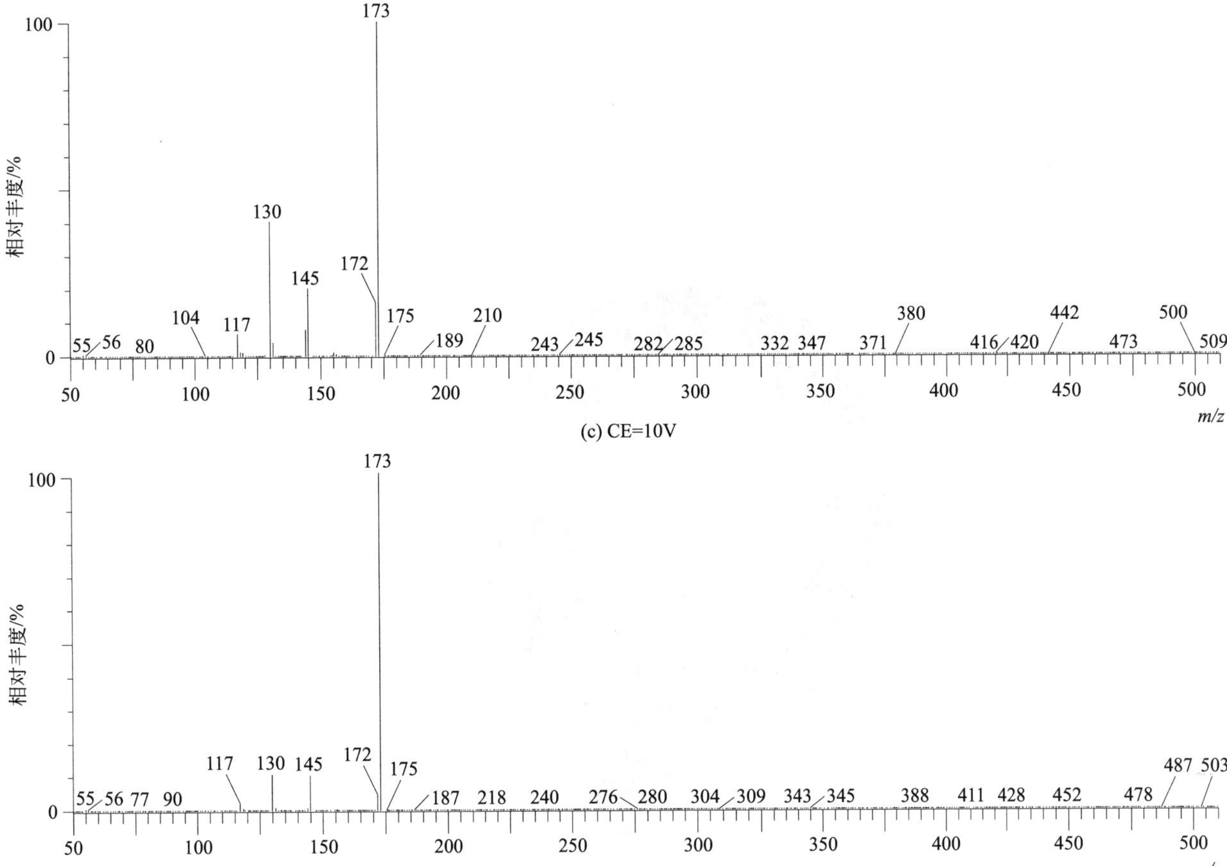

(c) CE=10V

(d) CE=5V

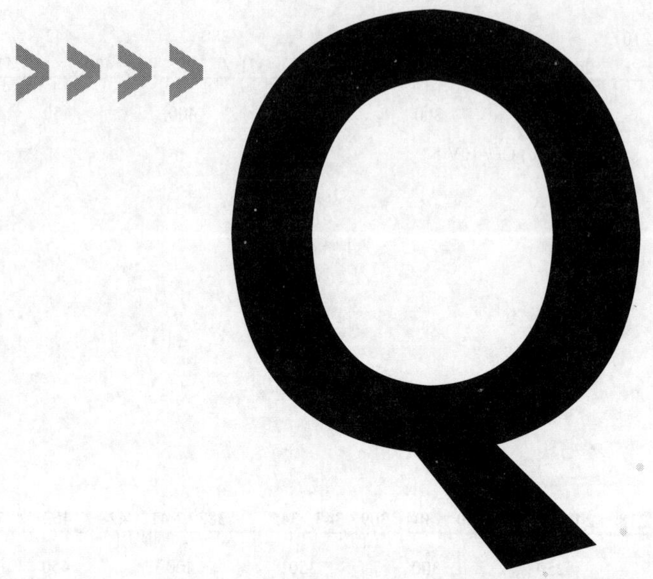

Quinalphos（喹硫磷）

基本信息

CAS 登录号	13593-03-8	分子量	298.1	扫描模式	子离子扫描
分子式	$C_{12}H_{15}N_2O_3PS$	离子化模式	EI	母离子	157

一级质谱图

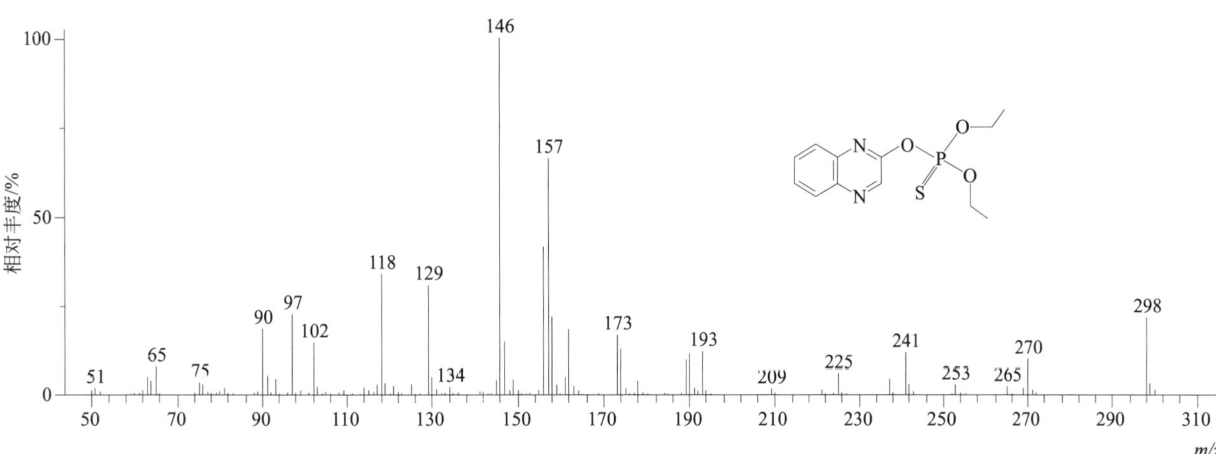

四个碰撞能量下子离子质谱图

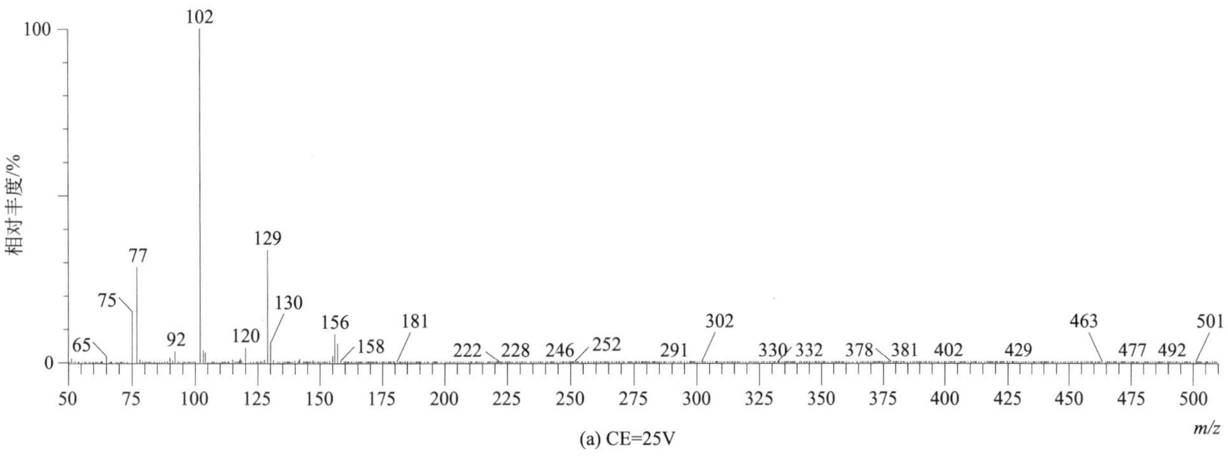

(a) CE=25V

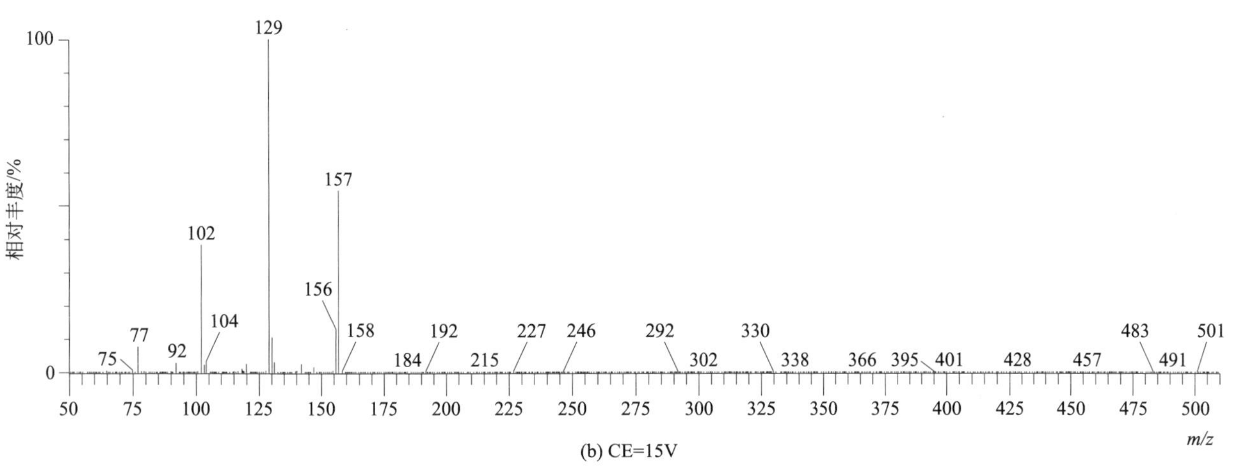

(b) CE=15V

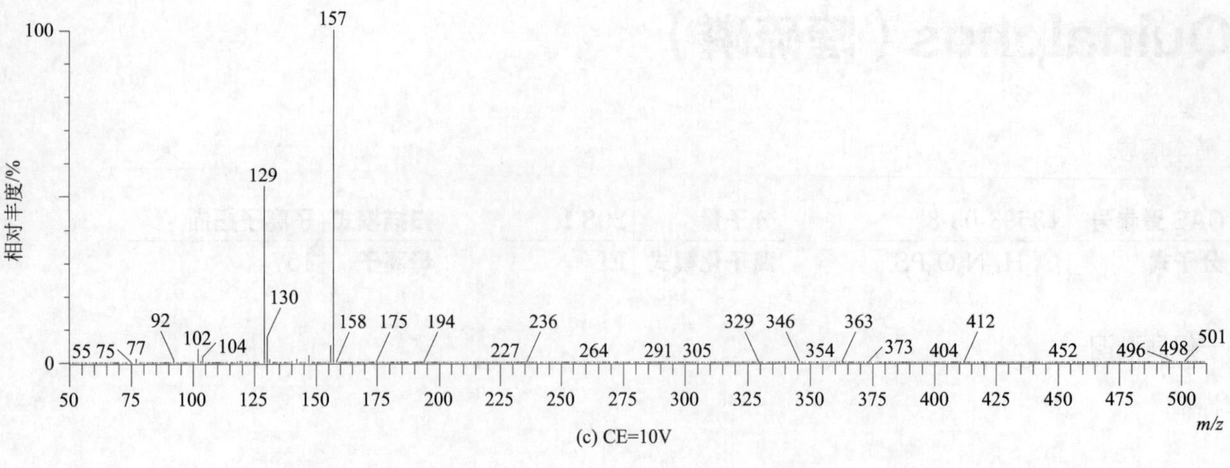

(c) CE=10V

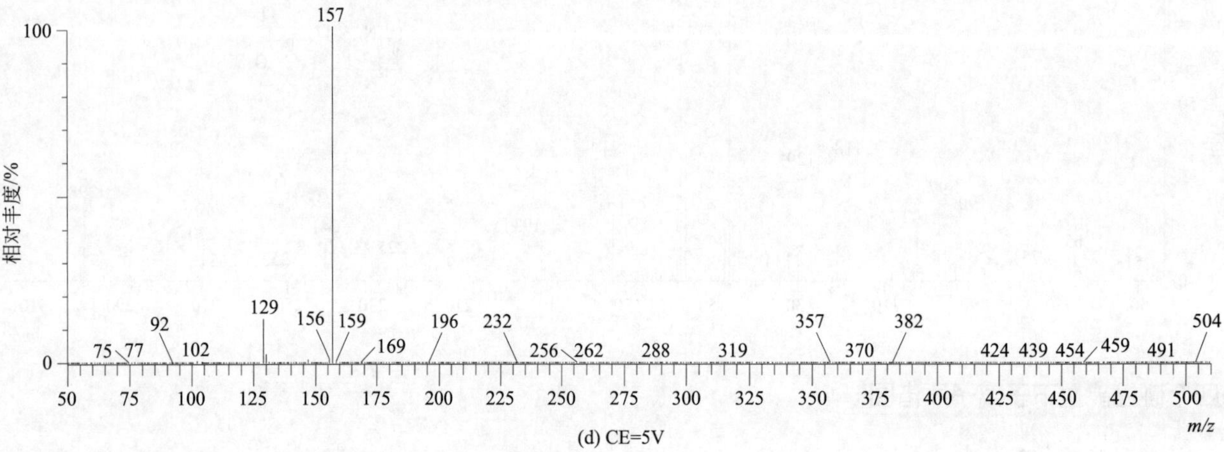

(d) CE=5V

Quinoclamine（灭藻醌）

基本信息

CAS 登录号	2797-51-5	分子量	207.0	扫描模式	子离子扫描
分子式	$C_{10}H_6ClNO_2$	离子化模式	EI	母离子	172

一级质谱图

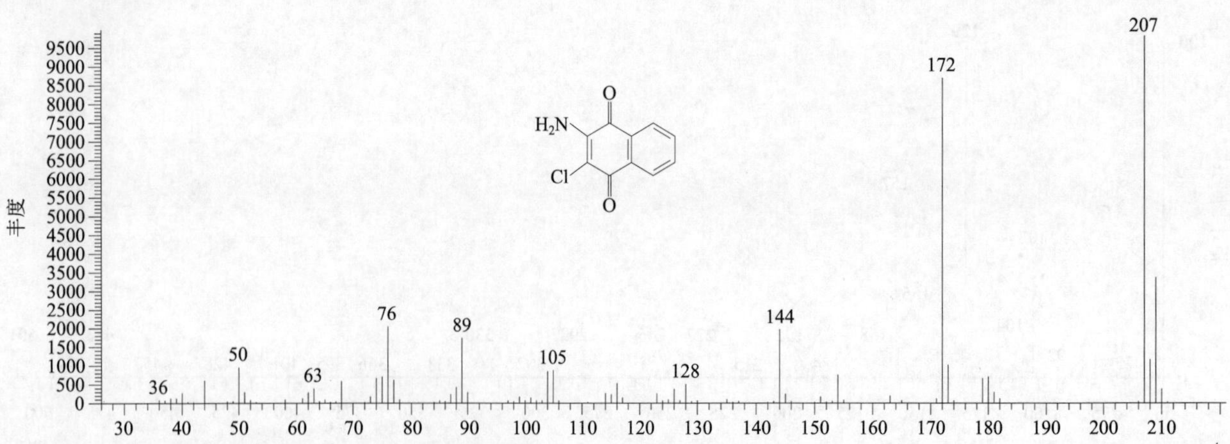

四个碰撞能量下子离子质谱图

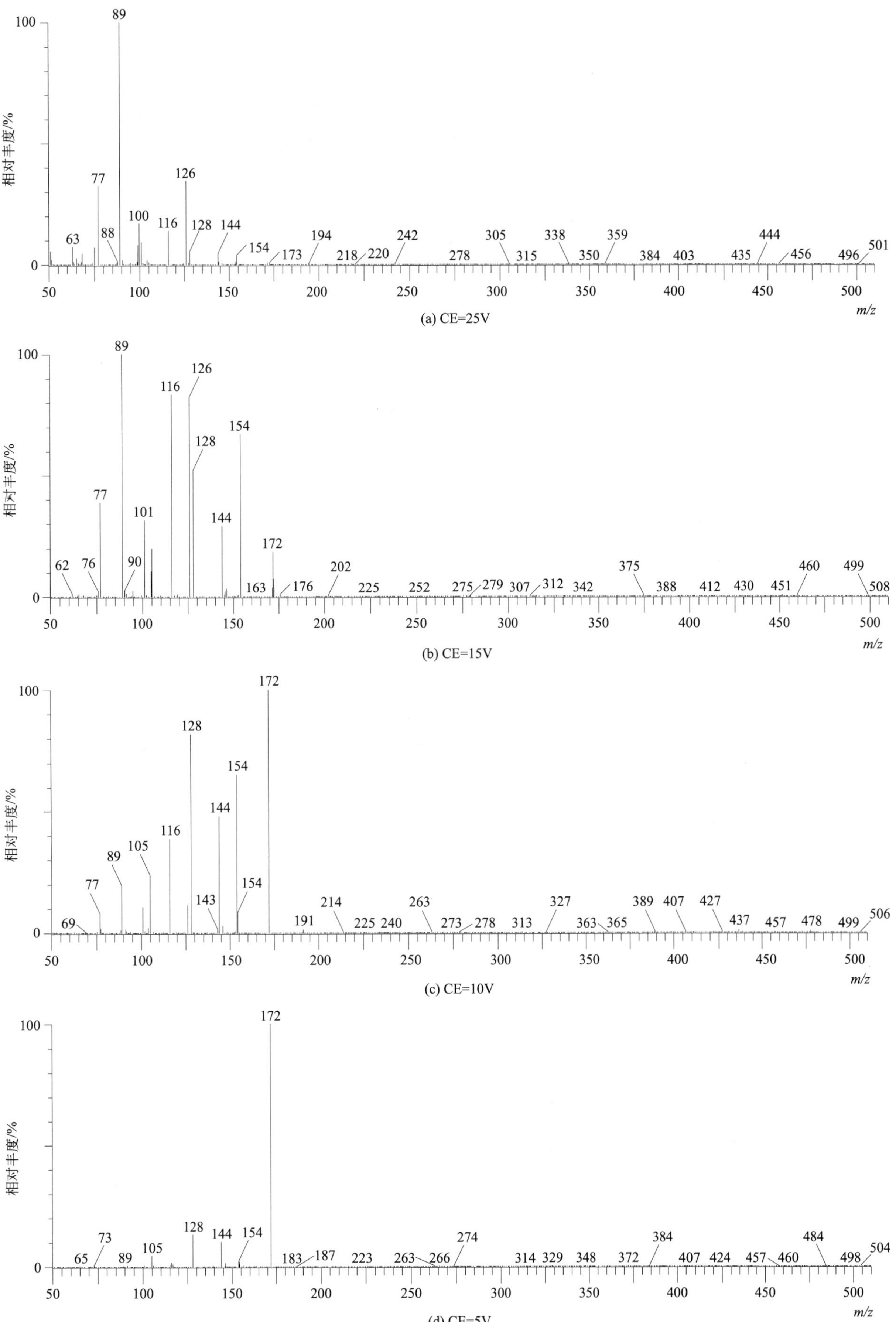

Quinoxyphen（苯氧喹啉）

基本信息

CAS 登录号	124495-18-7	分子量	307.0	扫描模式	子离子扫描
分子式	$C_{15}H_8Cl_2FNO$	离子化模式	EI	母离子	237

一级质谱图

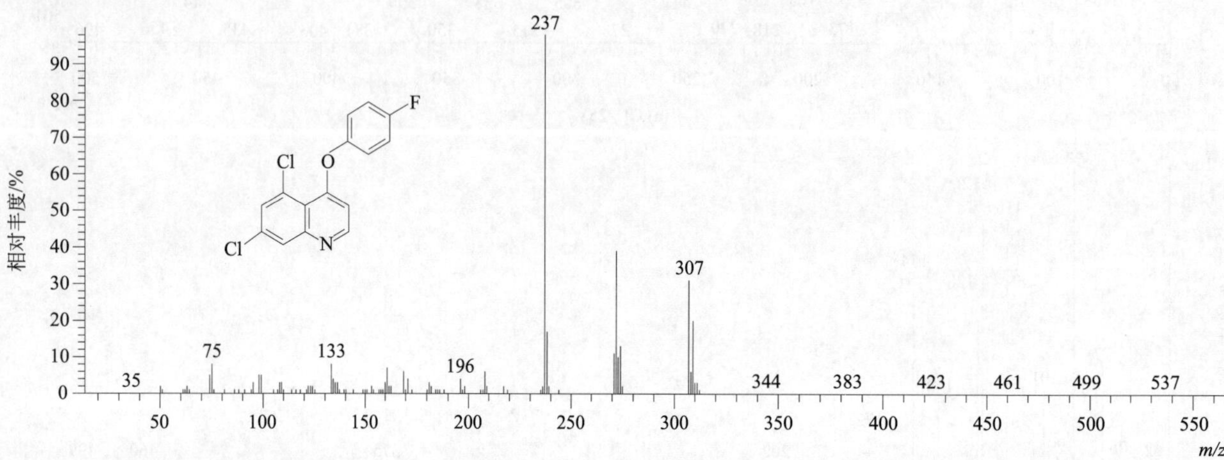

四个碰撞能量下子离子质谱图

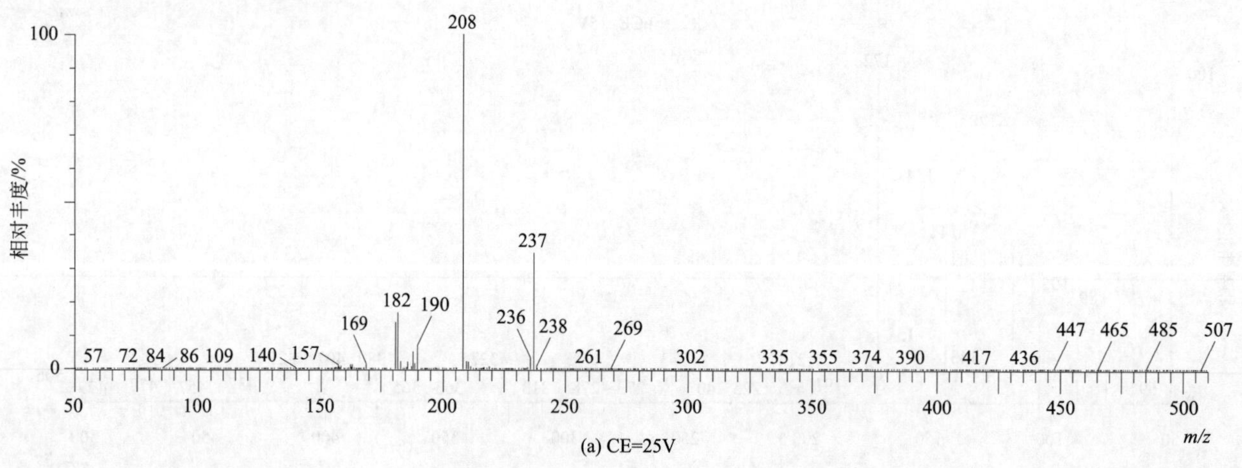

(a) CE=25V

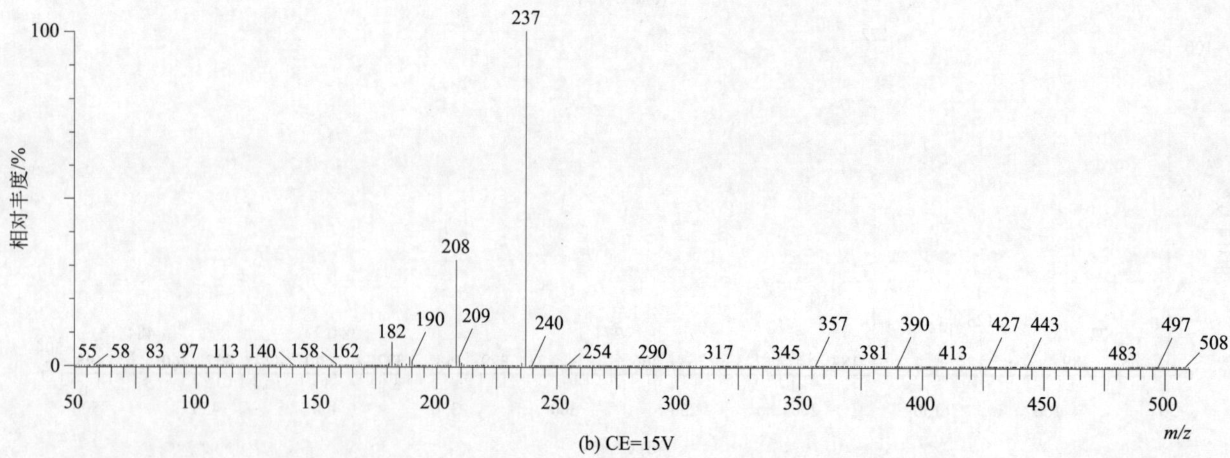

(b) CE=15V

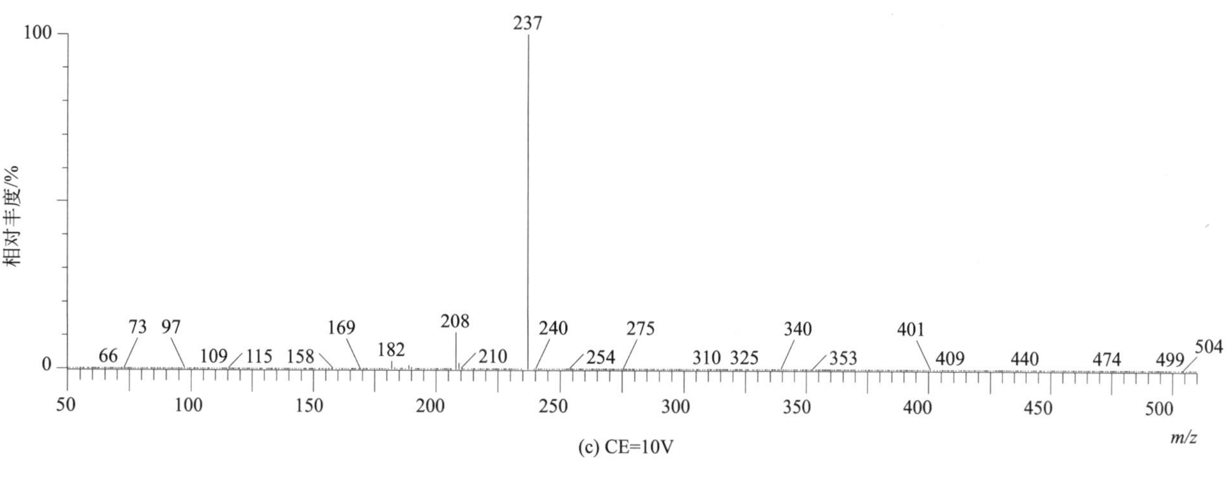

(c) CE=10V

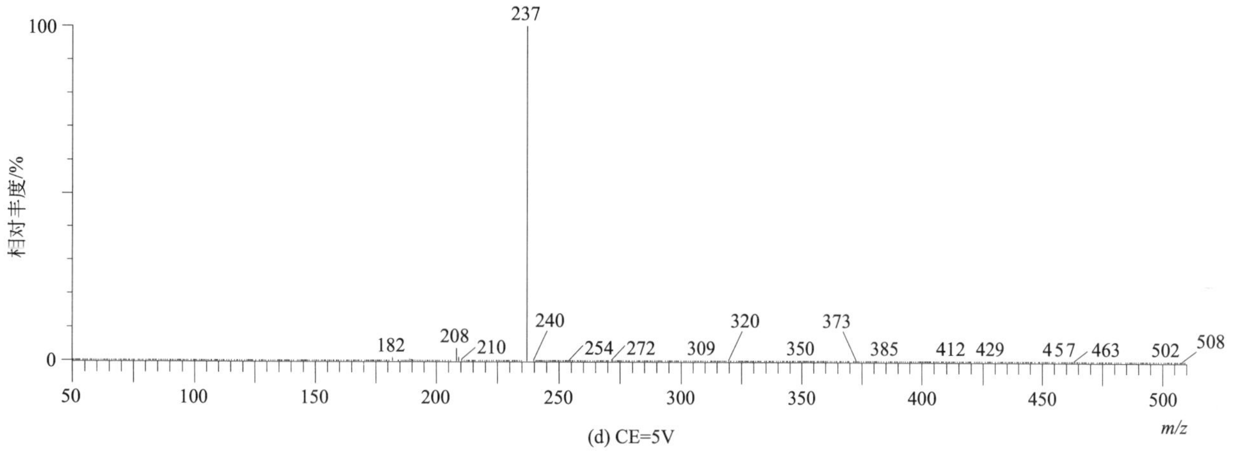

(d) CE=5V

Quintozene（五氯硝基苯）

基本信息

CAS 登录号	82-68-8	**分子量**	292.8	**扫描模式**	子离子扫描
分子式	$C_6Cl_5NO_2$	**离子化模式**	EI	**母离子**	295

一级质谱图

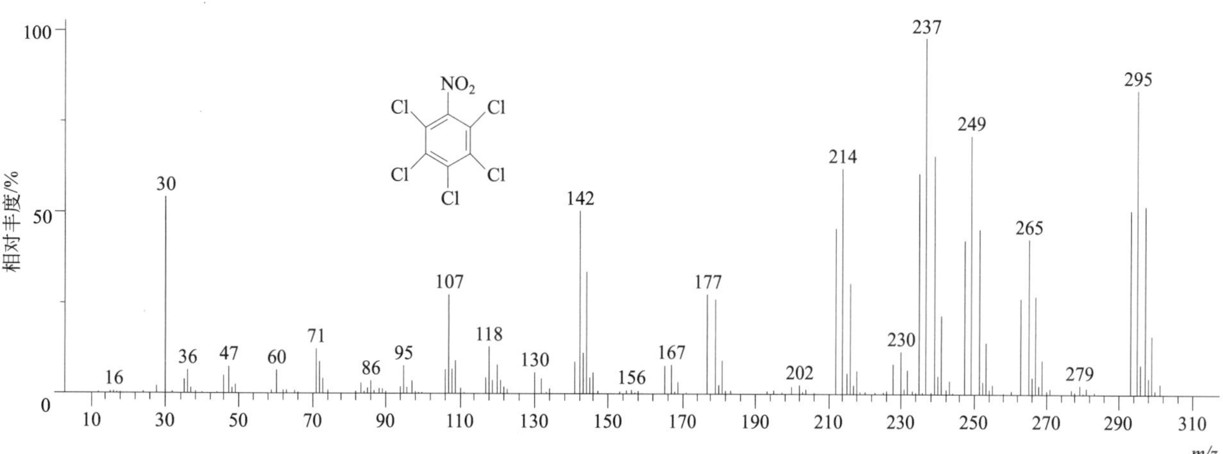

四个碰撞能量下子离子质谱图

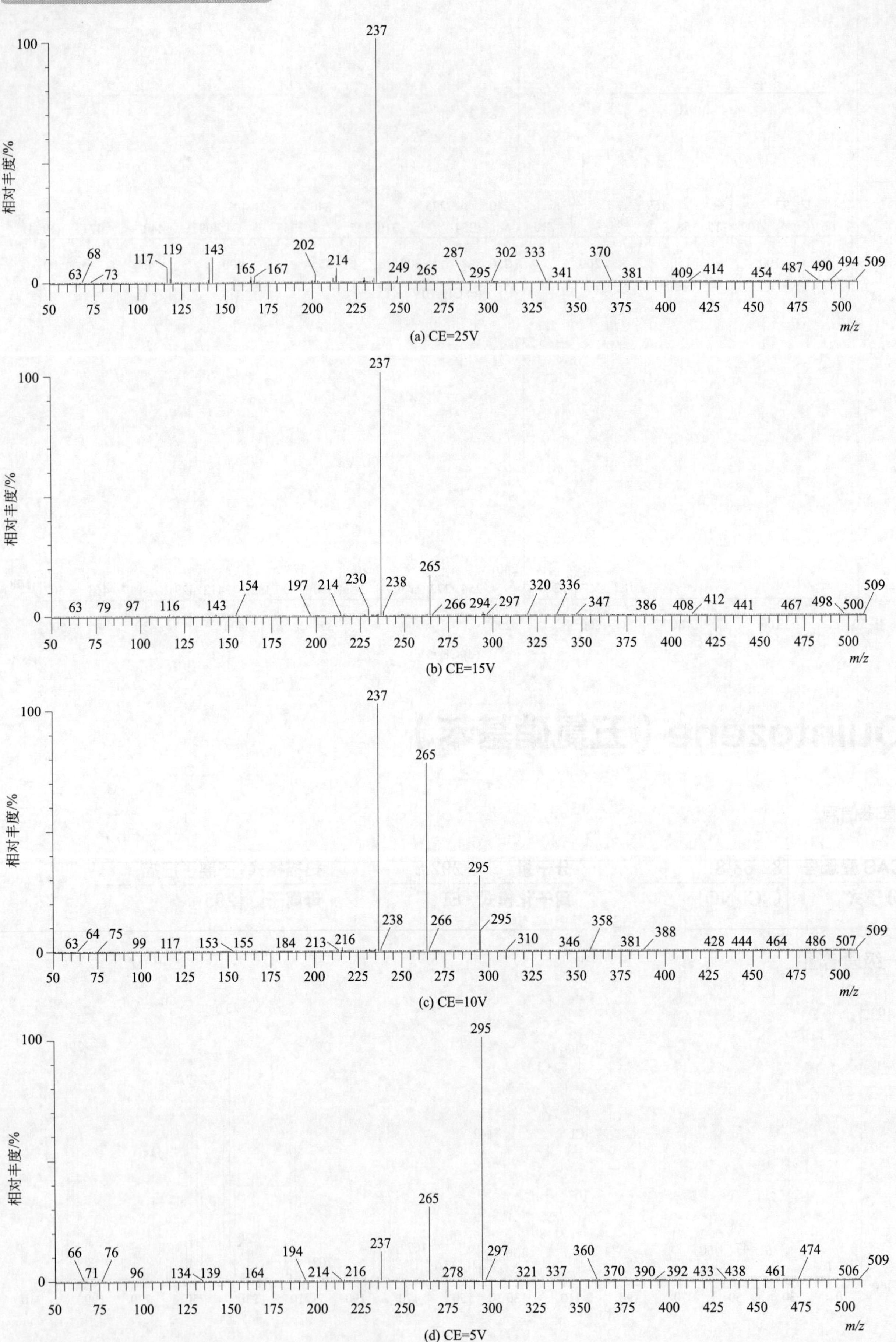

(a) CE=25V

(b) CE=15V

(c) CE=10V

(d) CE=5V

R

Rabenzazole（吡咪唑）

基本信息

CAS 登录号	40341-04-6	分子量	212.1	扫描模式	子离子扫描
分子式	$C_{12}H_{12}N_4$	离子化模式	EI	母离子	212

一级质谱图

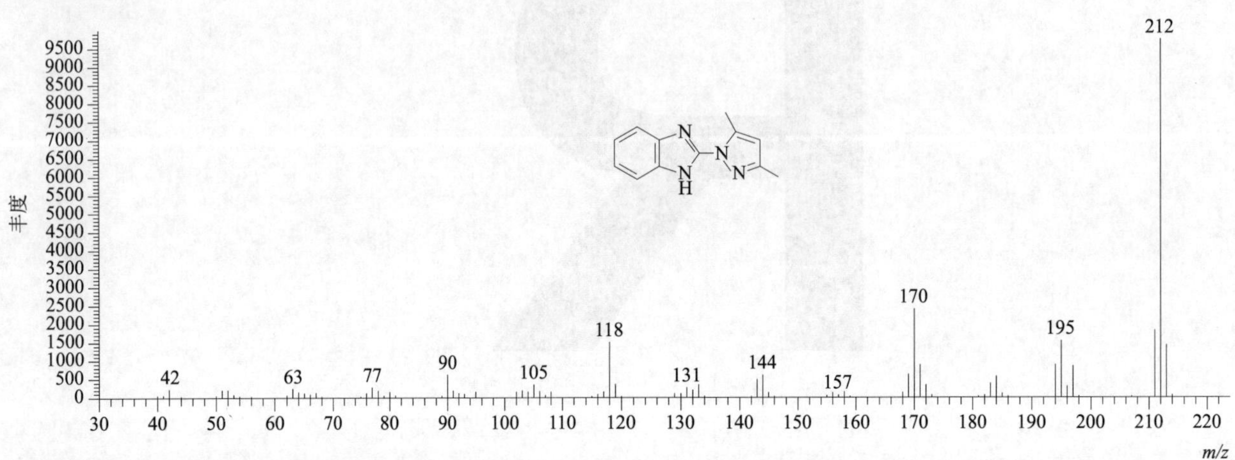

四个碰撞能量下子离子质谱图

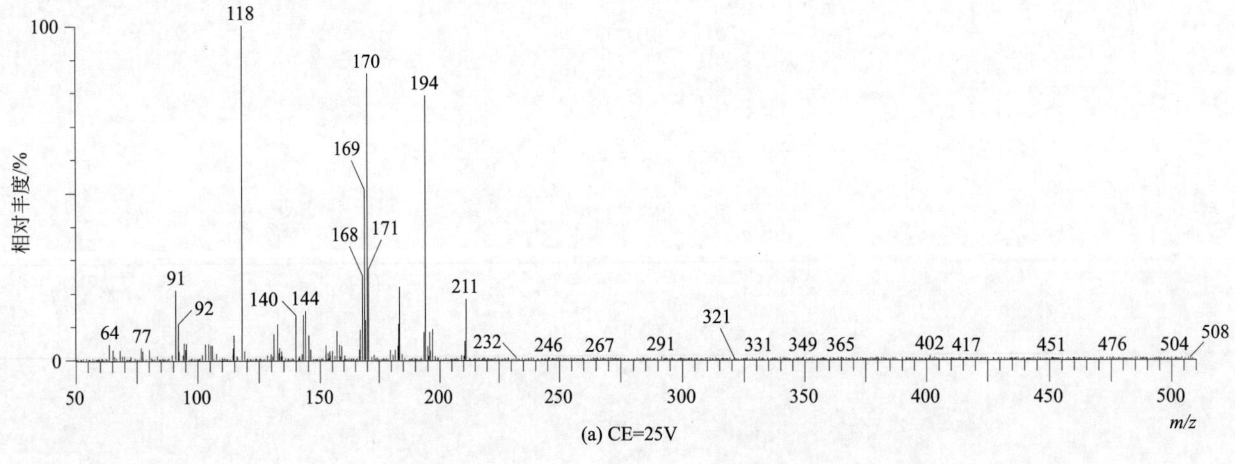

(a) CE=25V

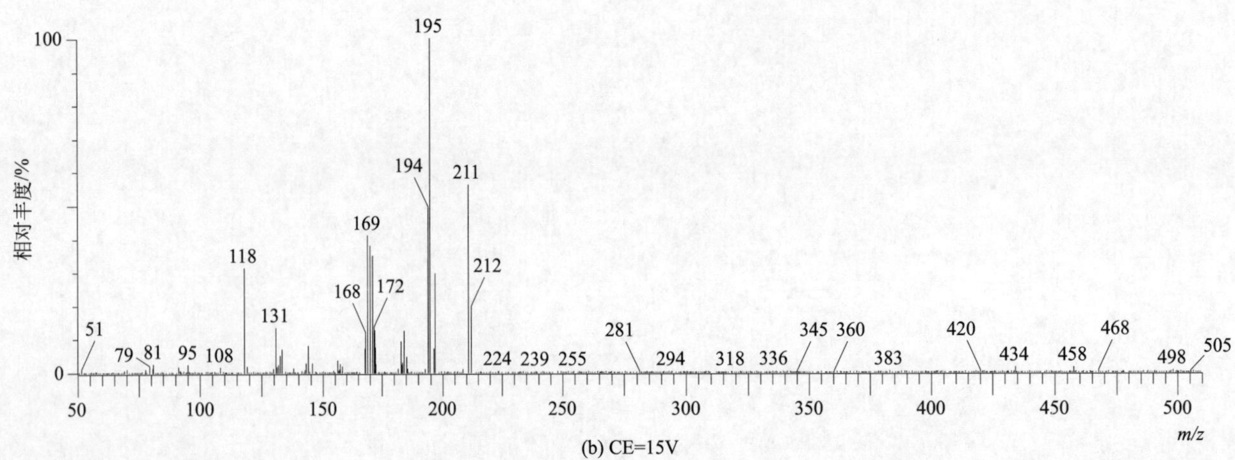

(b) CE=15V

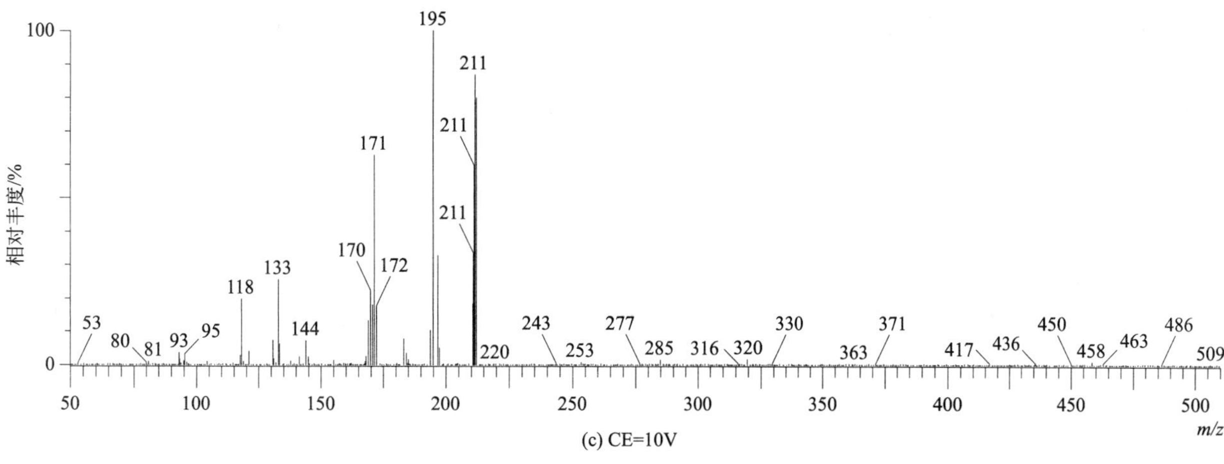

(c) CE=10V

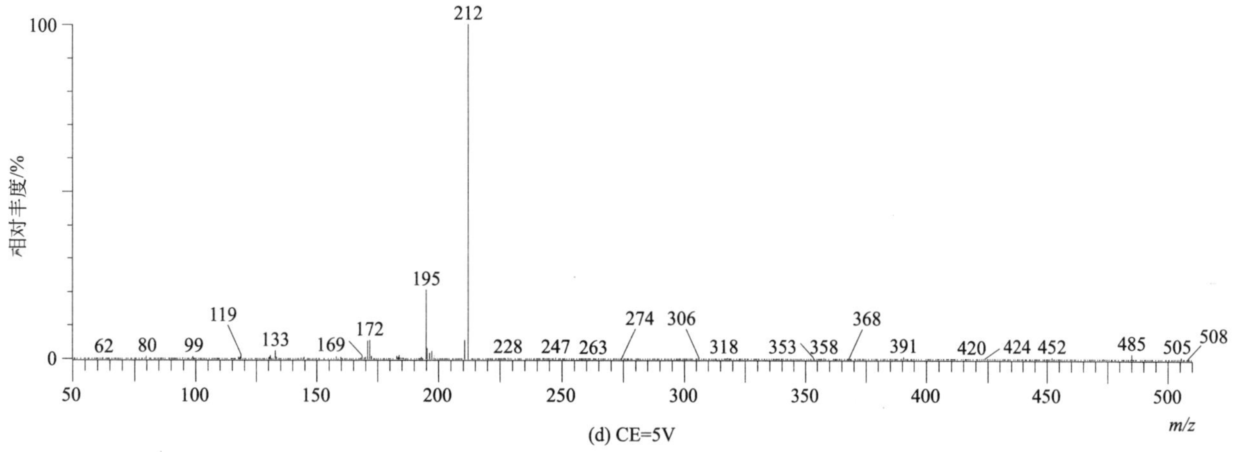

(d) CE=5V

Resmethrin（苄呋菊酯）

基本信息

CAS 登录号	10453-86-8	分子量	338.2	扫描模式	子离子扫描
分子式	$C_{22}H_{26}O_3$	离子化模式	EI	母离子	171

一级质谱图

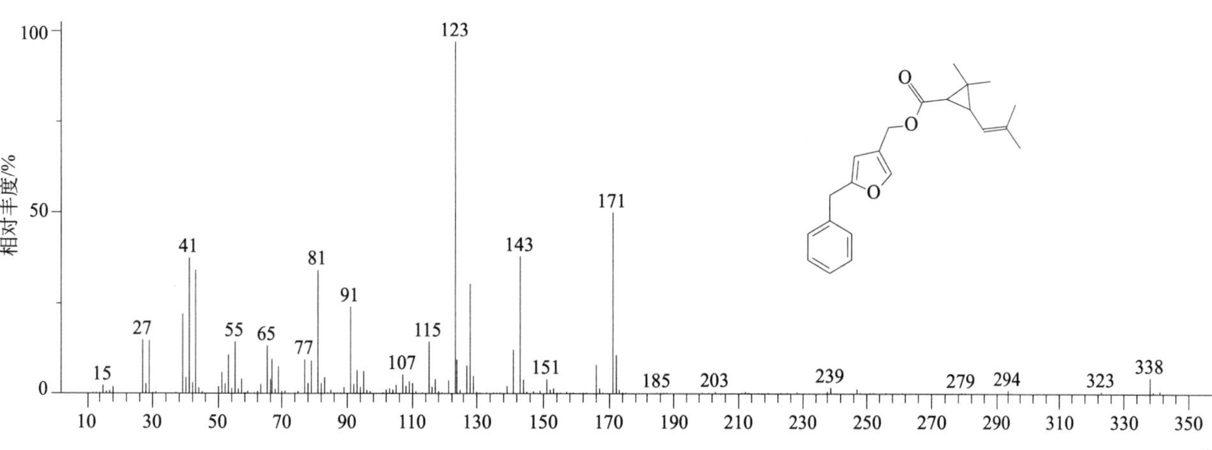

四个碰撞能量下子离子质谱图

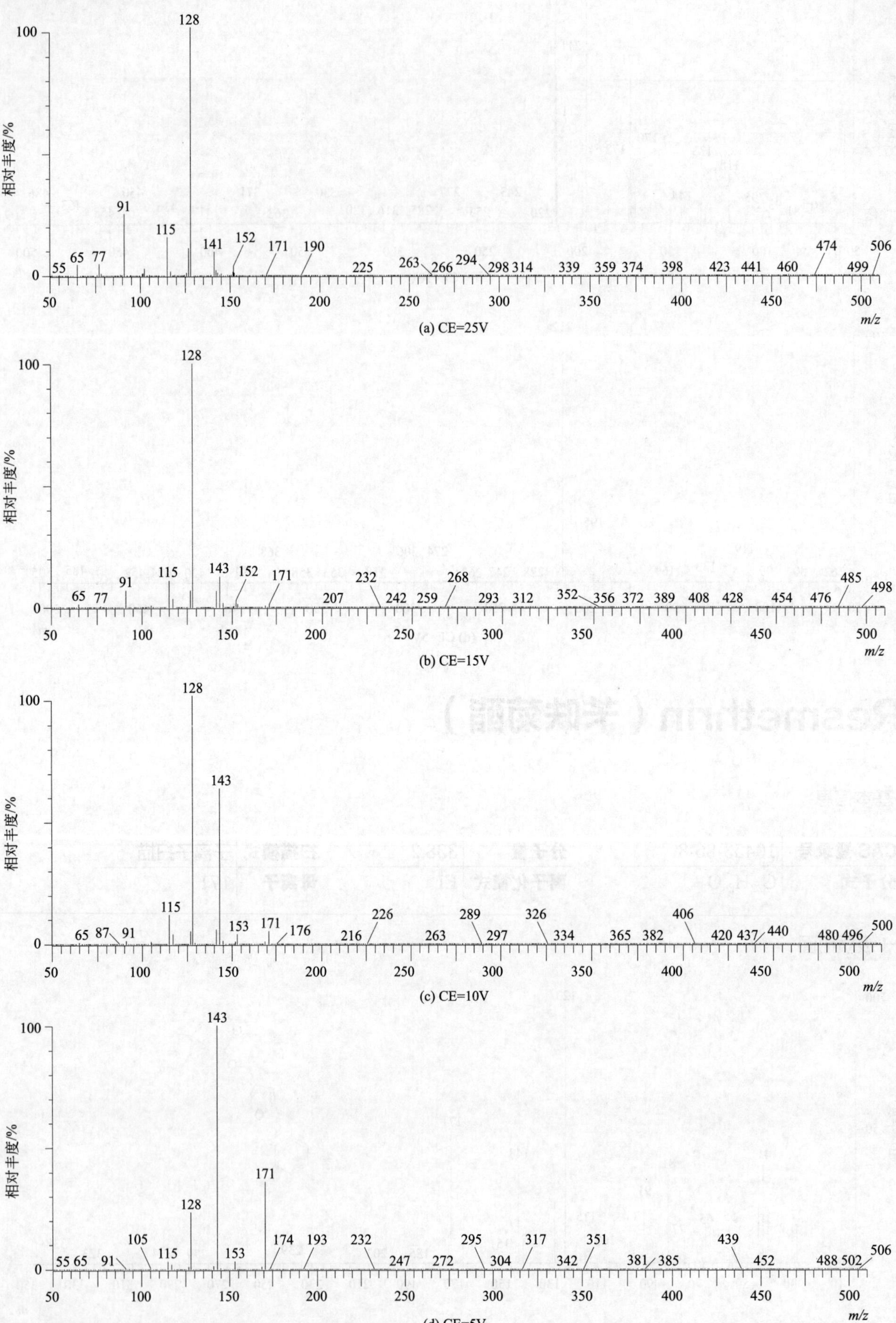

(a) CE=25V

(b) CE=15V

(c) CE=10V

(d) CE=5V

Ronnel（皮蝇磷）

基本信息

CAS 登录号	299-84-3	分子量	319.9	扫描模式	子离子扫描
分子式	$C_8H_8Cl_3O_3PS$	离子化模式	EI	母离子	285

一级质谱图

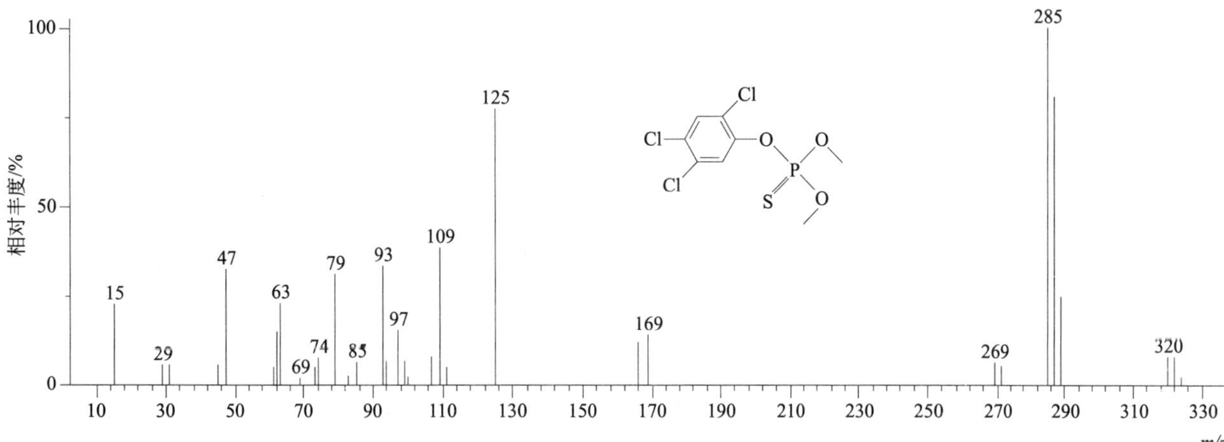

四个碰撞能量下子离子质谱图

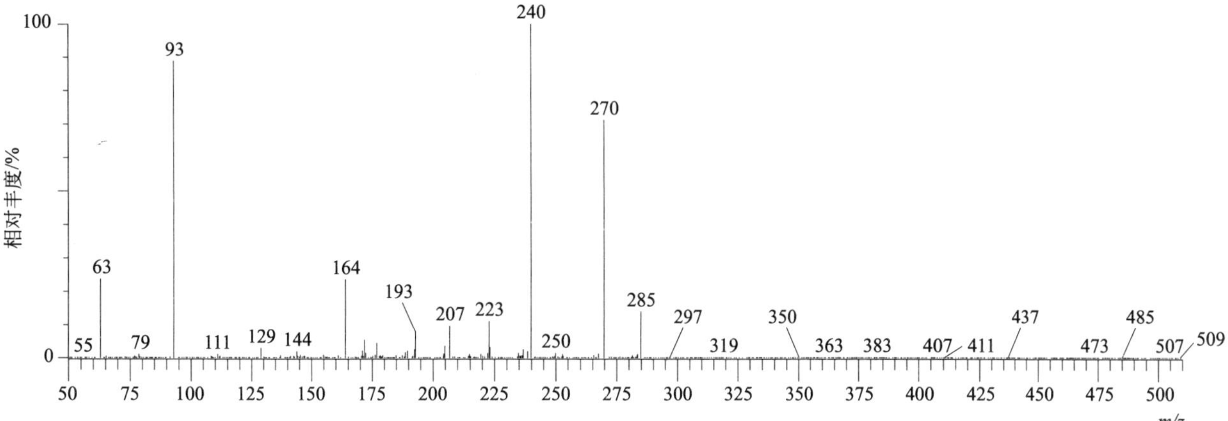

(a) CE=25V

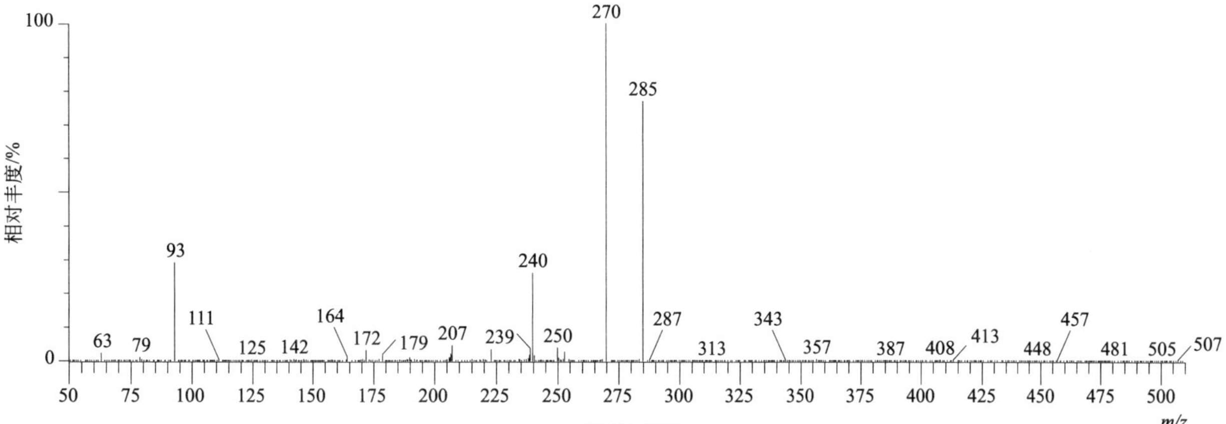

(b) CE=15V

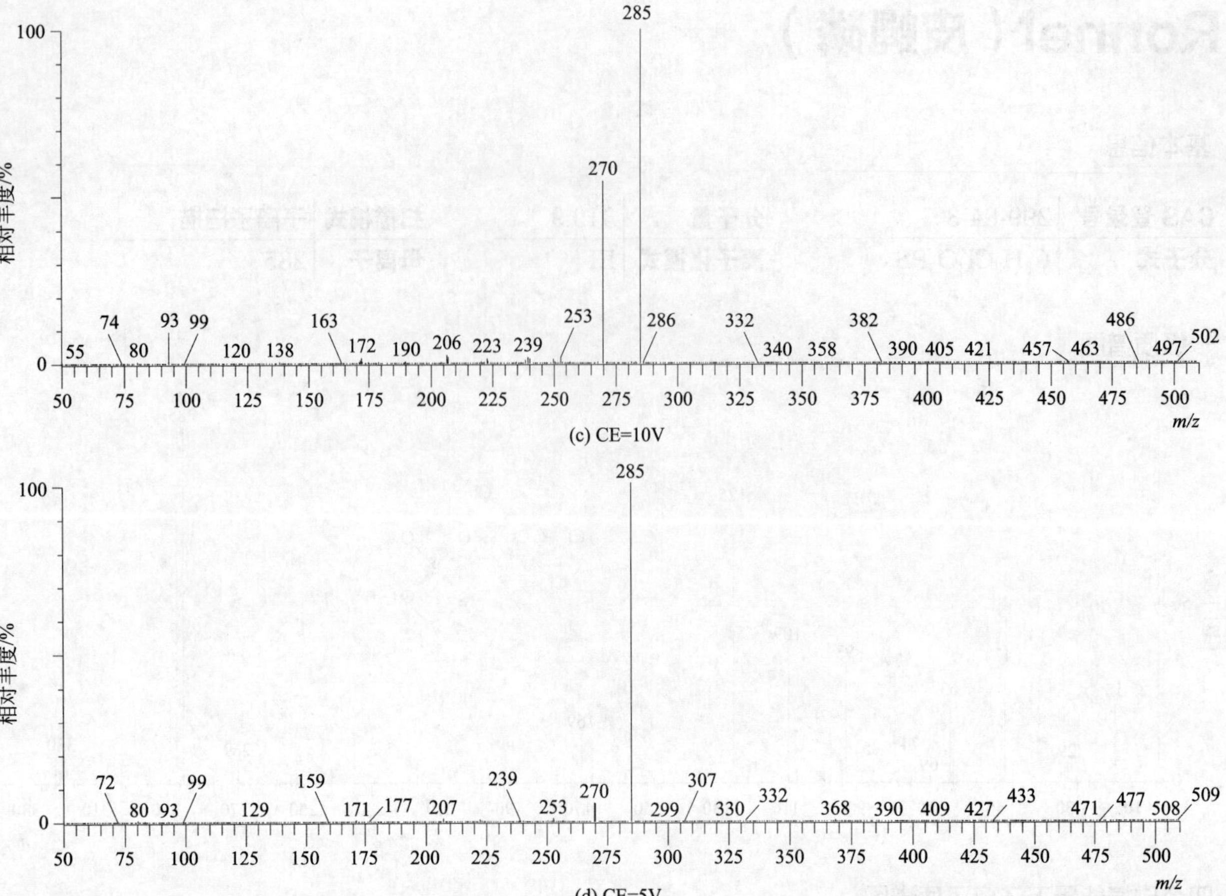

(c) CE=10V

(d) CE=5V

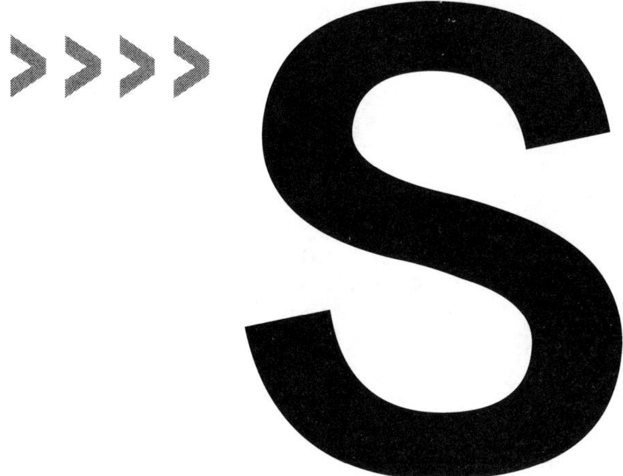
S

S 421；octachlorodiprop（八氯二丙醚）

基本信息

CAS 登录号	127-90-2	分子量	373.8	扫描模式	子离子扫描
分子式	$C_6H_6Cl_8O$	离子化模式	EI	母离子	132

一级质谱图

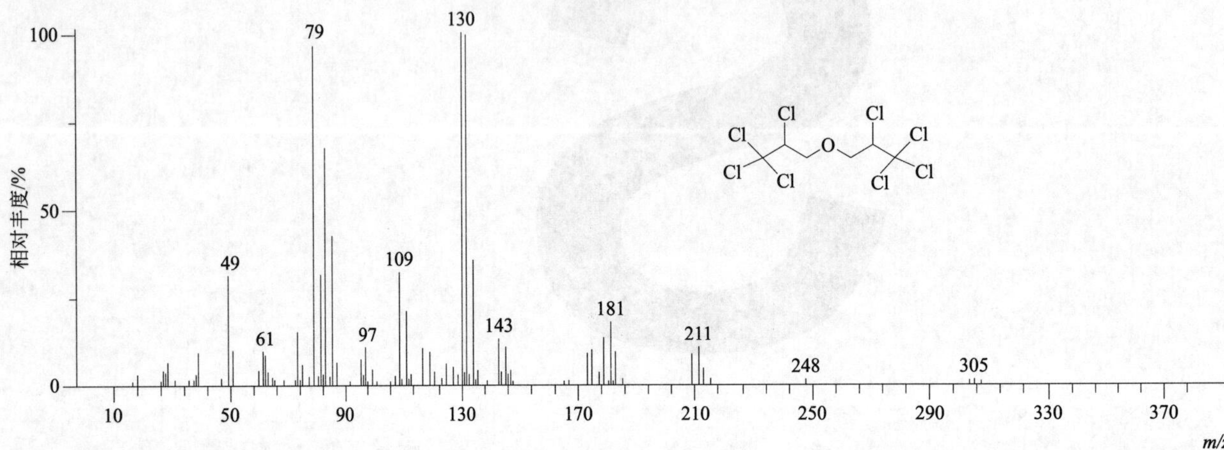

四个碰撞能量下子离子质谱图

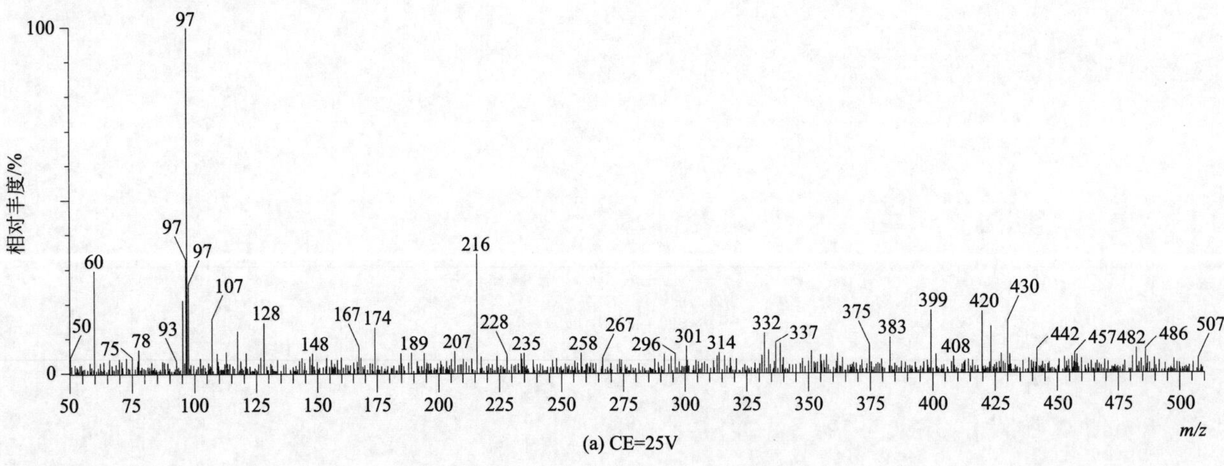

(a) CE=25V

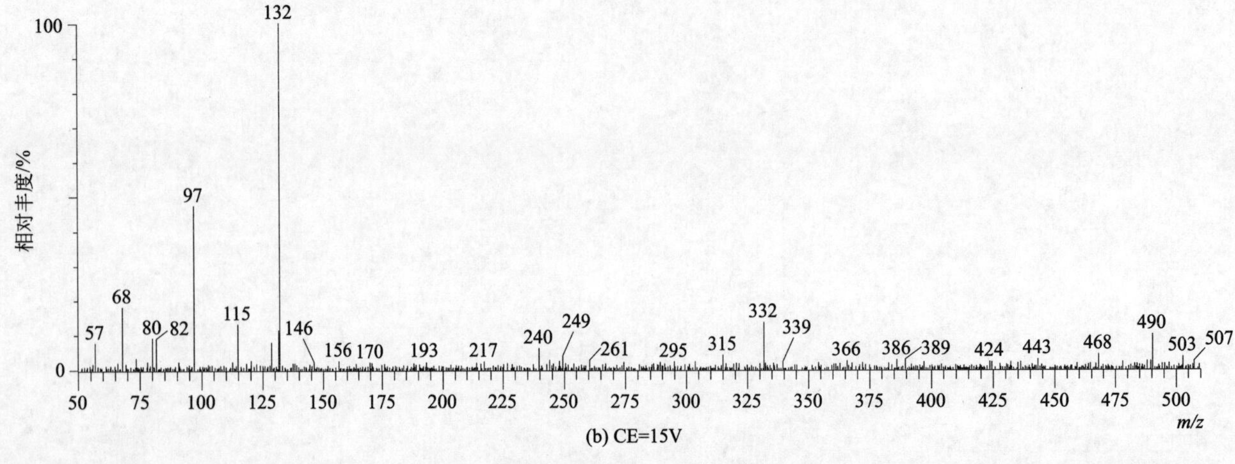

(b) CE=15V

(c) CE=10V

(d) CE=5V

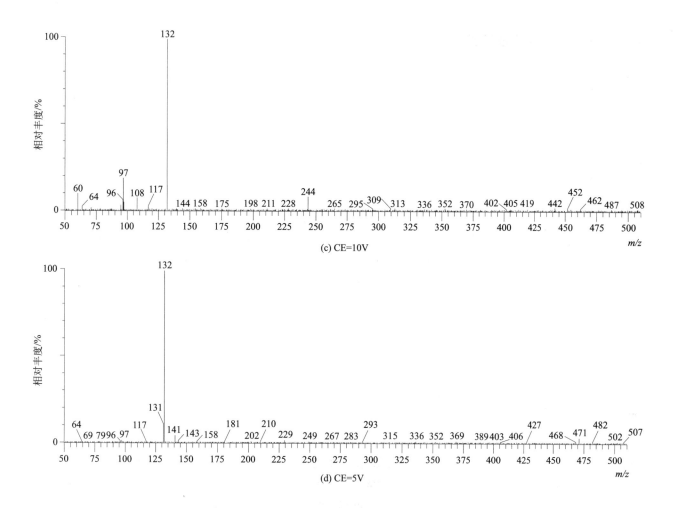

Sebuthylazine（另丁津）

基本信息

CAS 登录号	7286-69-3	分子量	229.1	扫描模式	子离子扫描
分子式	$C_9H_{16}ClN_5$	离子化模式	EI	母离子	200

一级质谱图

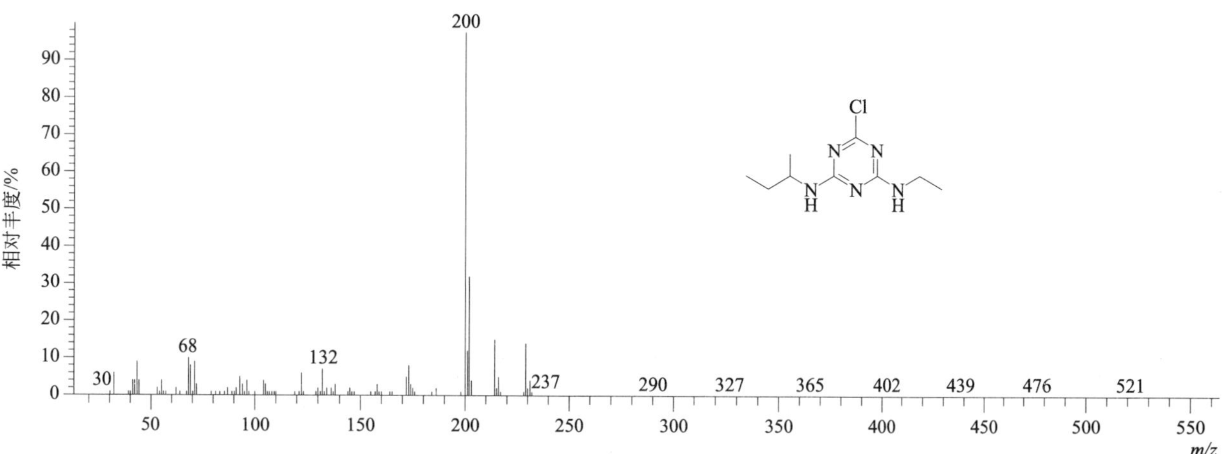

四个碰撞能量下子离子质谱图

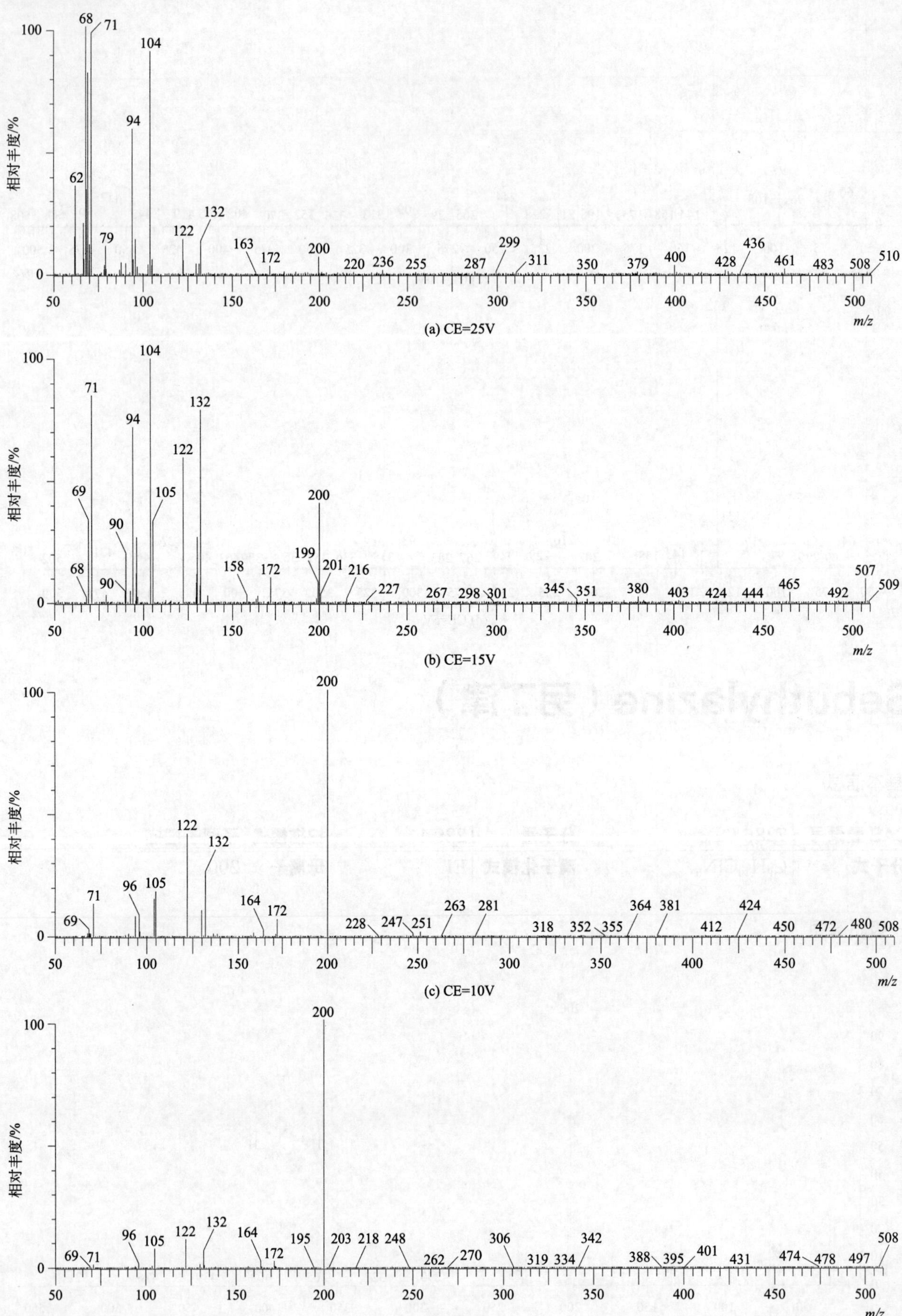

Sebuthylazine-desethyl（脱乙基另丁津）

基本信息

CAS 登录号	37019-18-4	分子量	201.1	扫描模式	子离子扫描
分子式	$C_7H_{12}ClN_5$	离子化模式	EI	母离子	172

一级质谱图

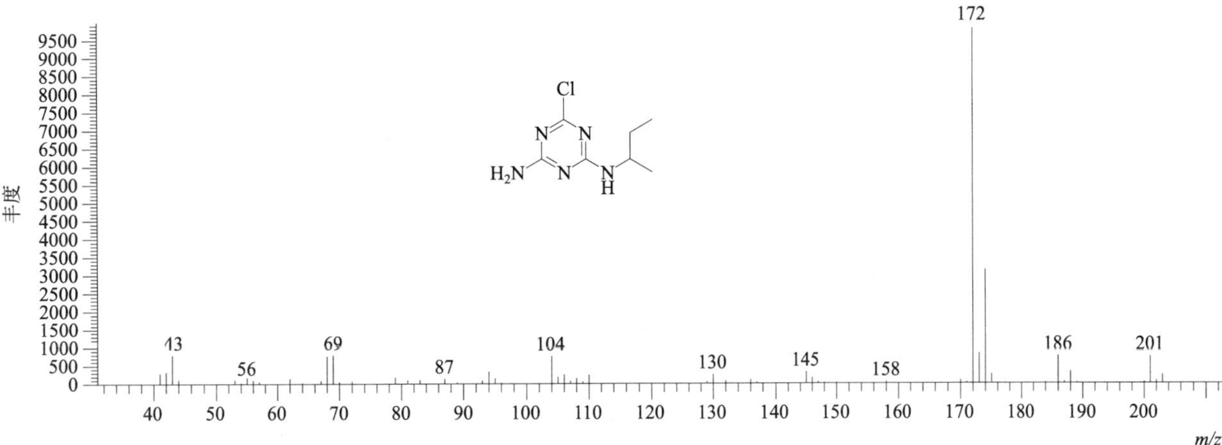

四个碰撞能量下子离子质谱图

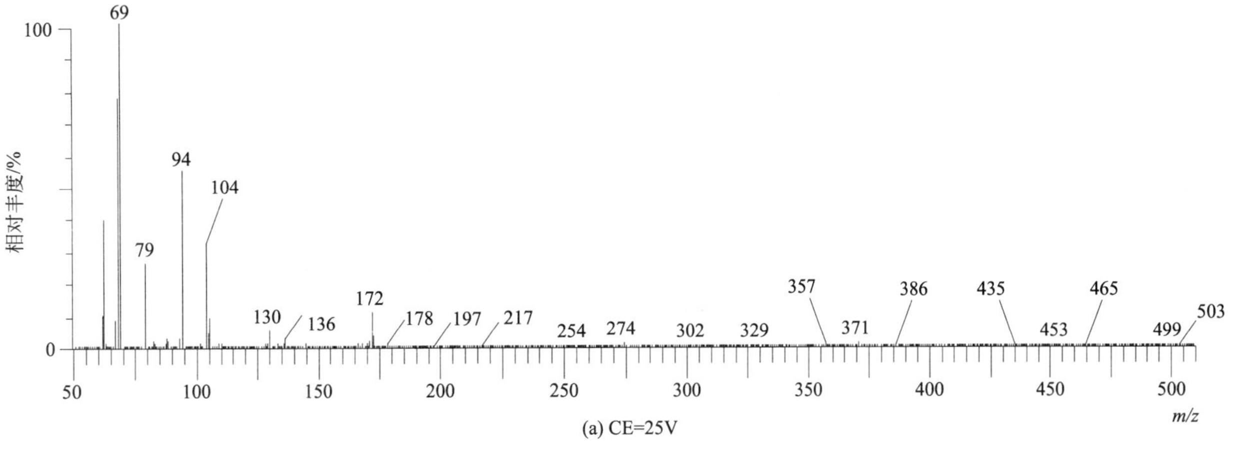

(a) CE=25V

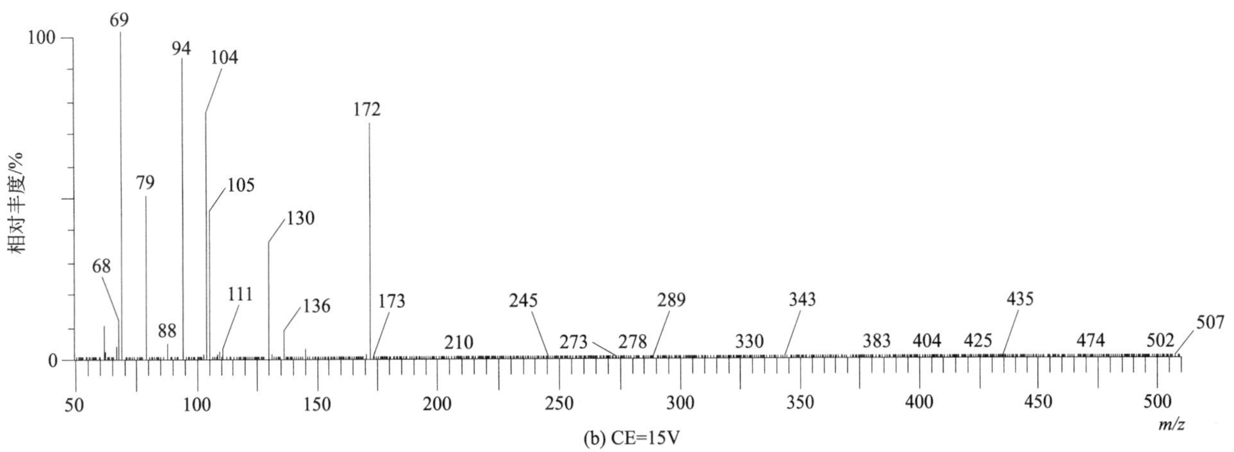

(b) CE=15V

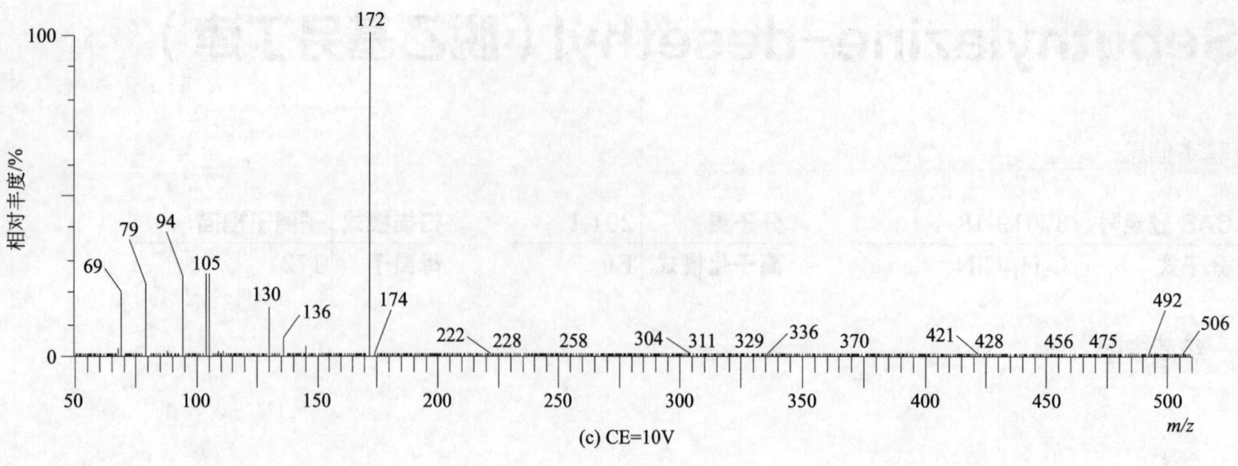

(c) CE=10V

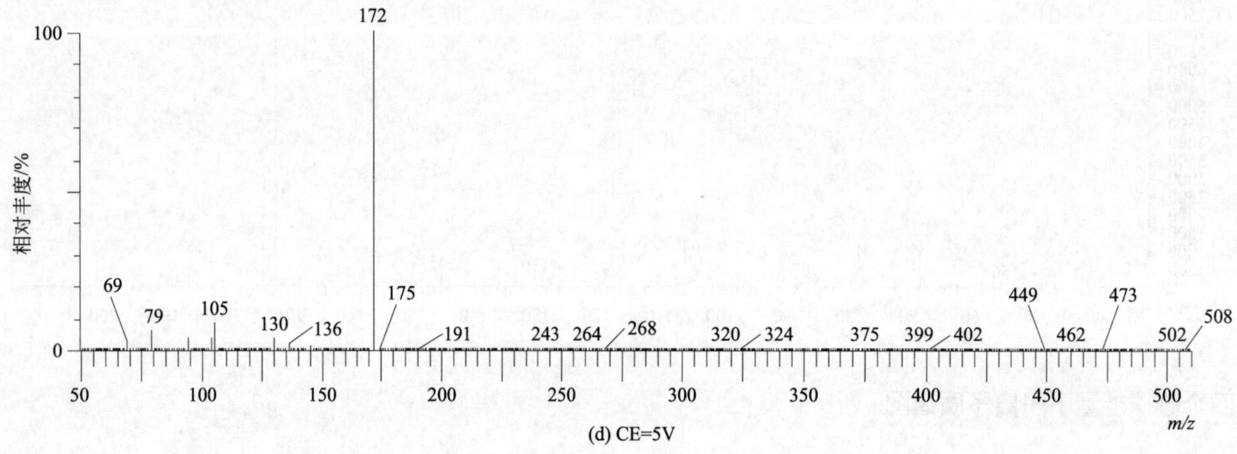

(d) CE=5V

Secbumeton（密草通）

基本信息

CAS 登录号	26259-45-0	**分子量**	225.2	**扫描模式**	子离子扫描
分子式	$C_{10}H_{19}N_5O$	**离子化模式**	EI	**母离子**	225

一级质谱图

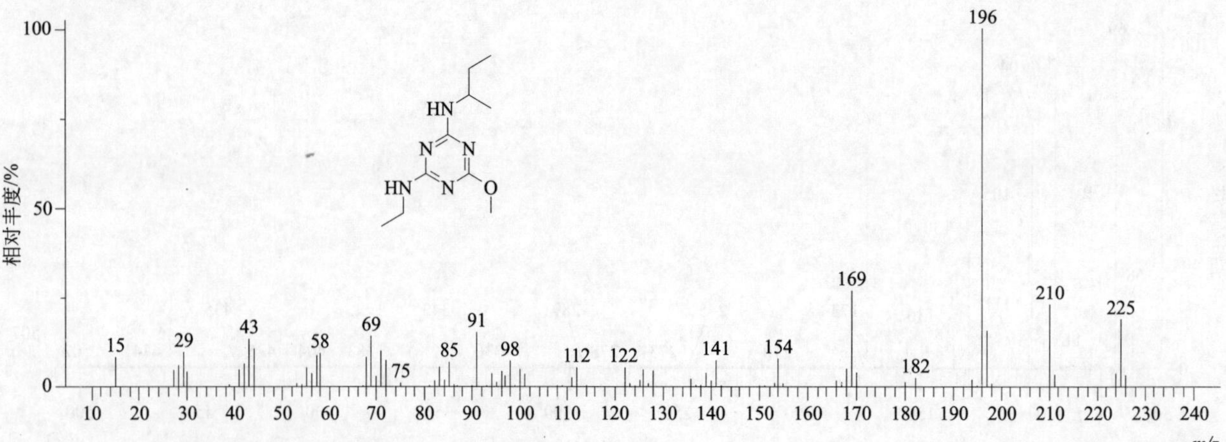

四个碰撞能量下子离子质谱图

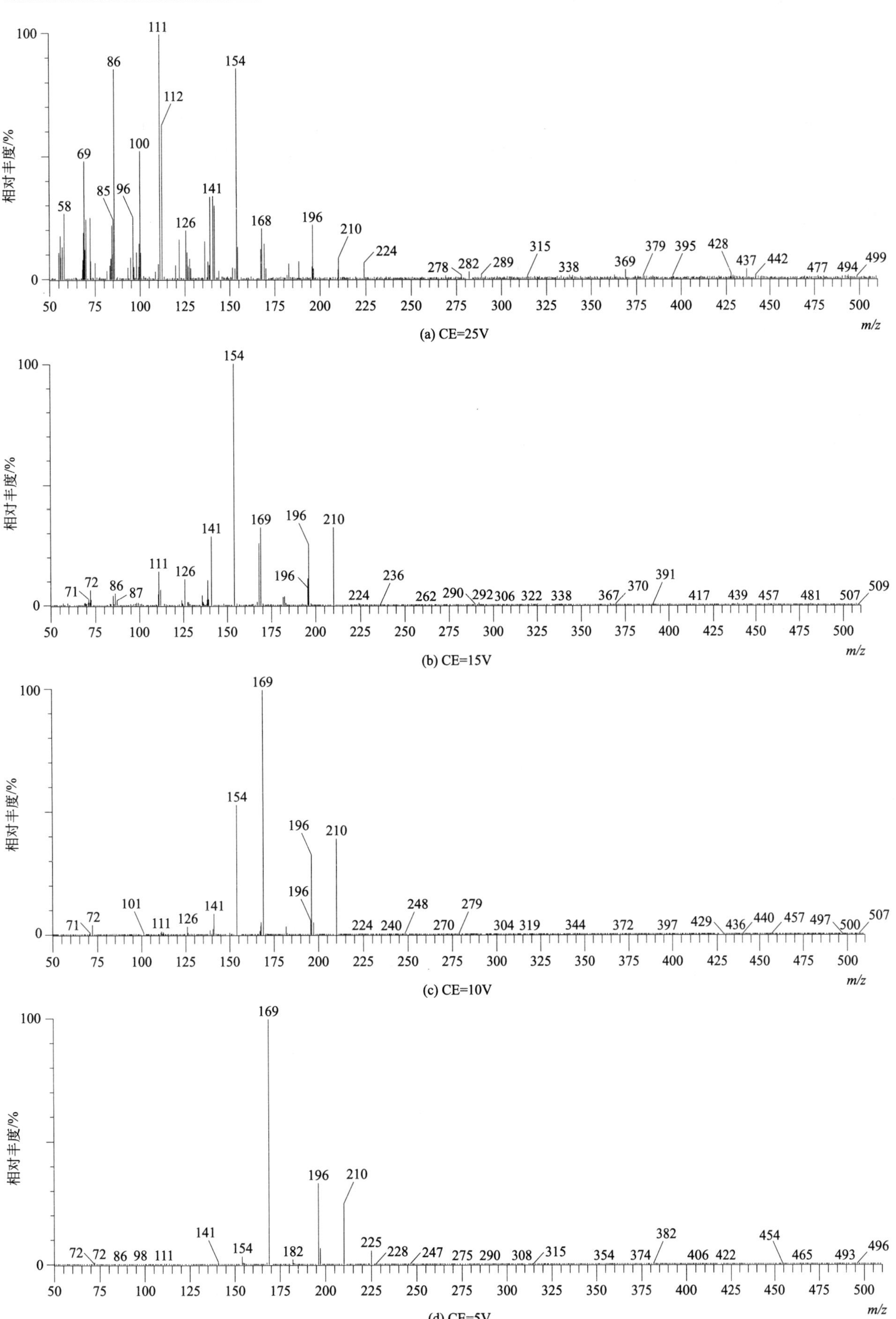

(a) CE=25V

(b) CE=15V

(c) CE=10V

(d) CE=5V

Silafluofen（氟硅菊酯）

基本信息

CAS 登录号	105024-66-6	分子量	408.2	扫描模式	子离子扫描
分子式	$C_{25}H_{29}FO_2Si$	离子化模式	EI	母离子	287

一级质谱图

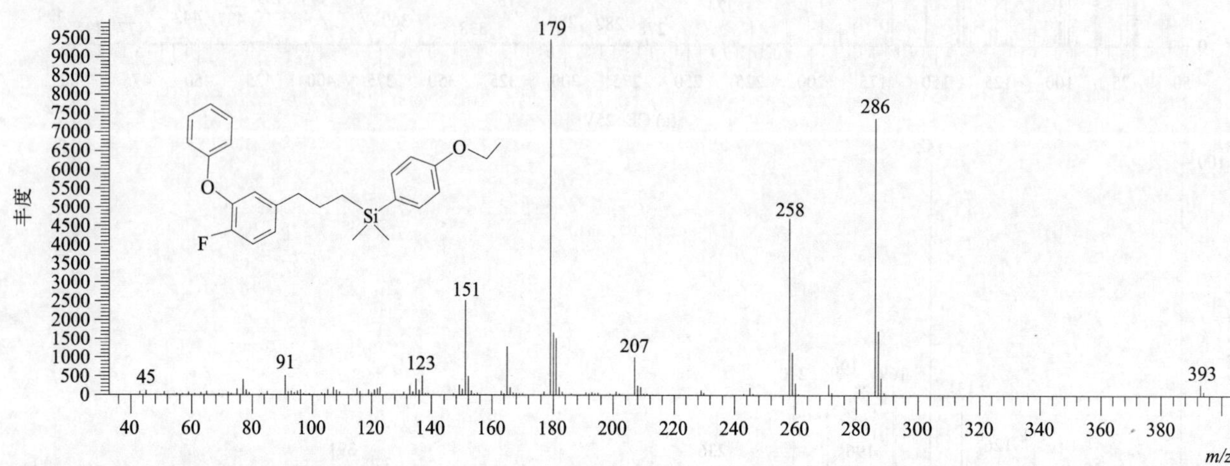

四个碰撞能量下子离子质谱图

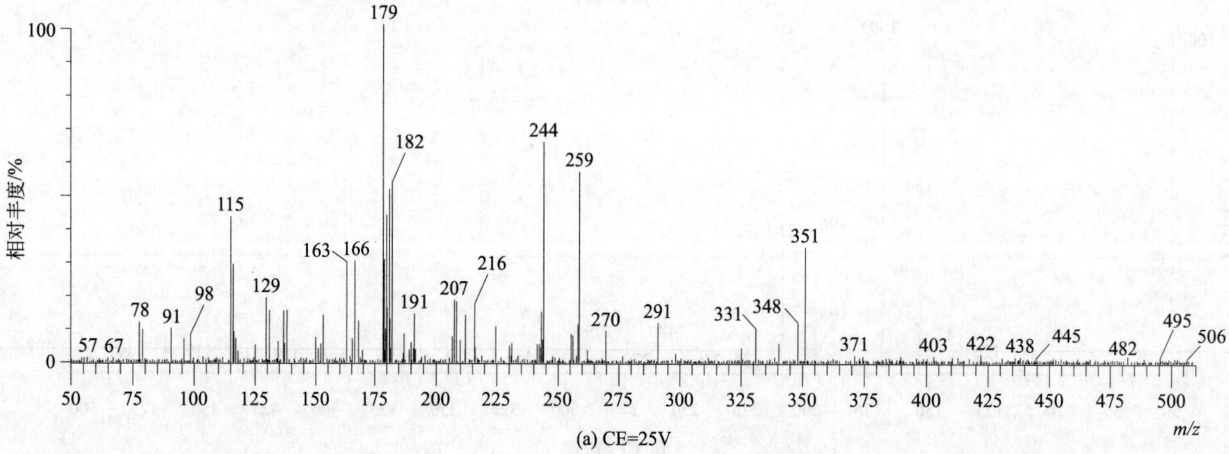

(a) CE=25V

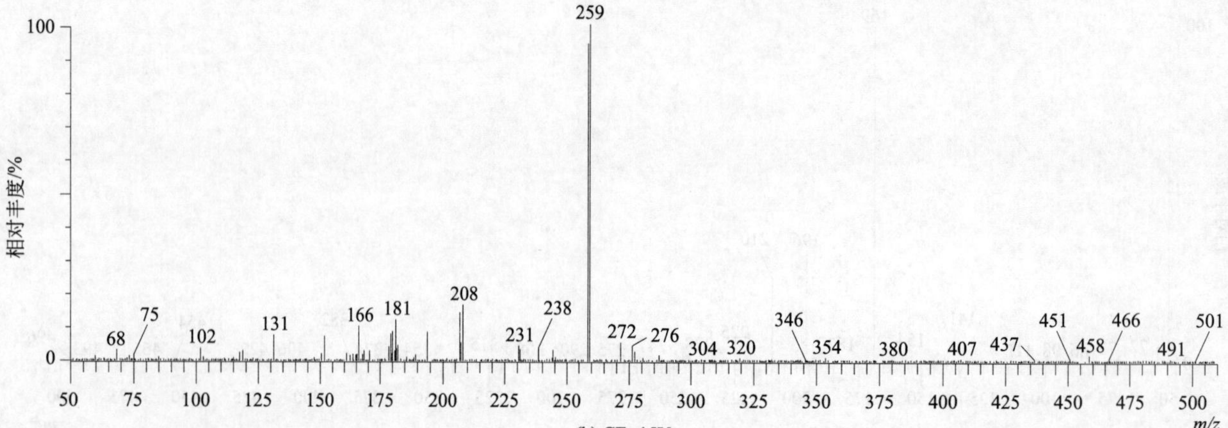

(b) CE=15V

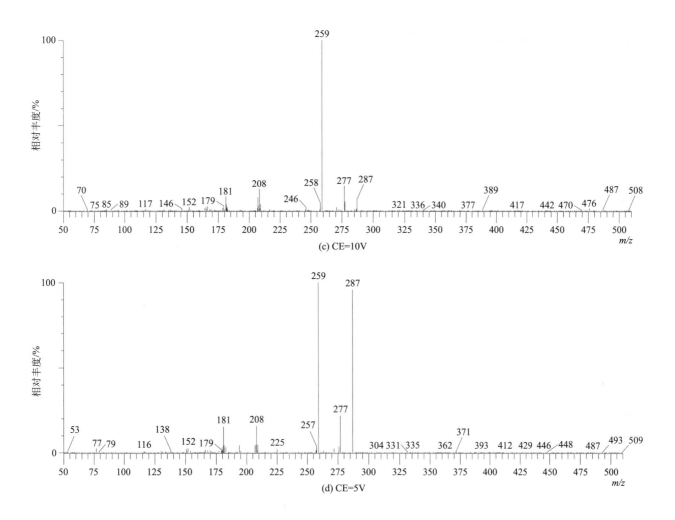

(c) CE=10V

(d) CE=5V

Simazine（西玛津）

基本信息

CAS 登录号	122-34-9	分子量	201.1	扫描模式	子离子扫描
分子式	$C_7H_{12}ClN_5$	离子化模式	EI	母离子	201

一级质谱图

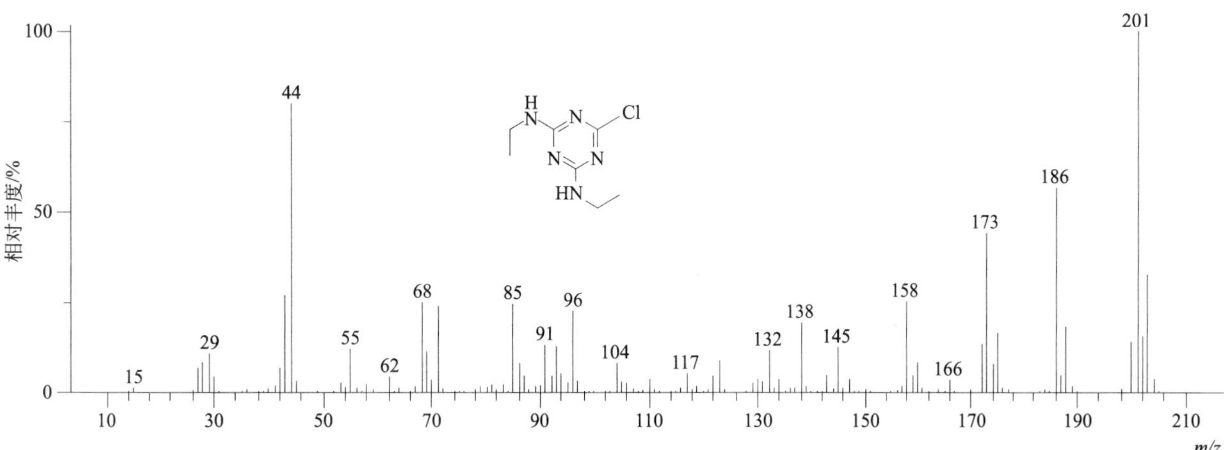

四个碰撞能量下子离子质谱图

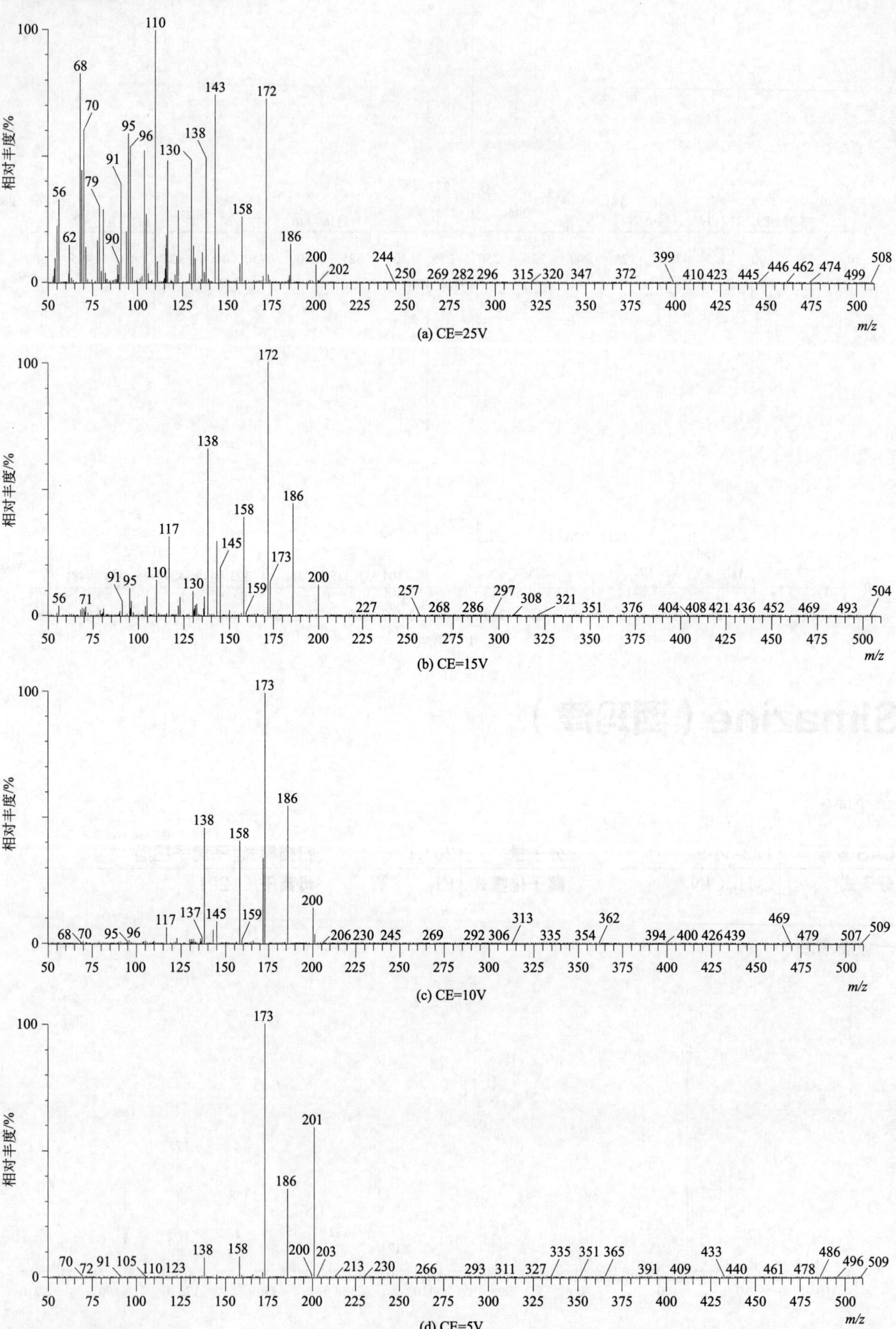

Simeconazole（硅氟唑）

基本信息

CAS 登录号	149508-90-7	分子量	293.1	扫描模式	子离子扫描
分子式	$C_{14}H_{20}FN_3OSi$	离子化模式	EI	母离子	121

一级质谱图

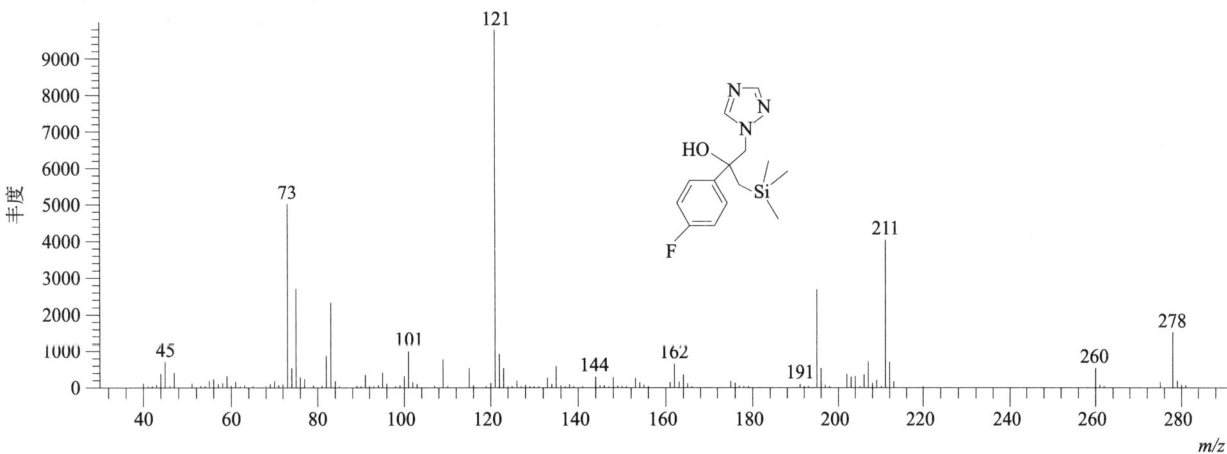

四个碰撞能量下子离子质谱图

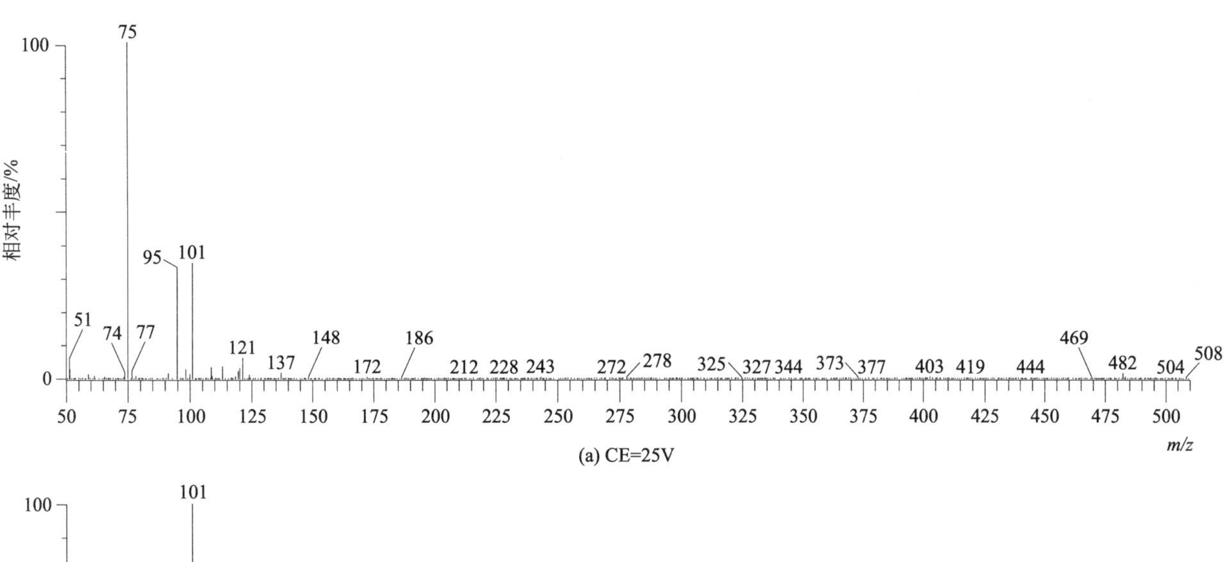

(a) CE=25V

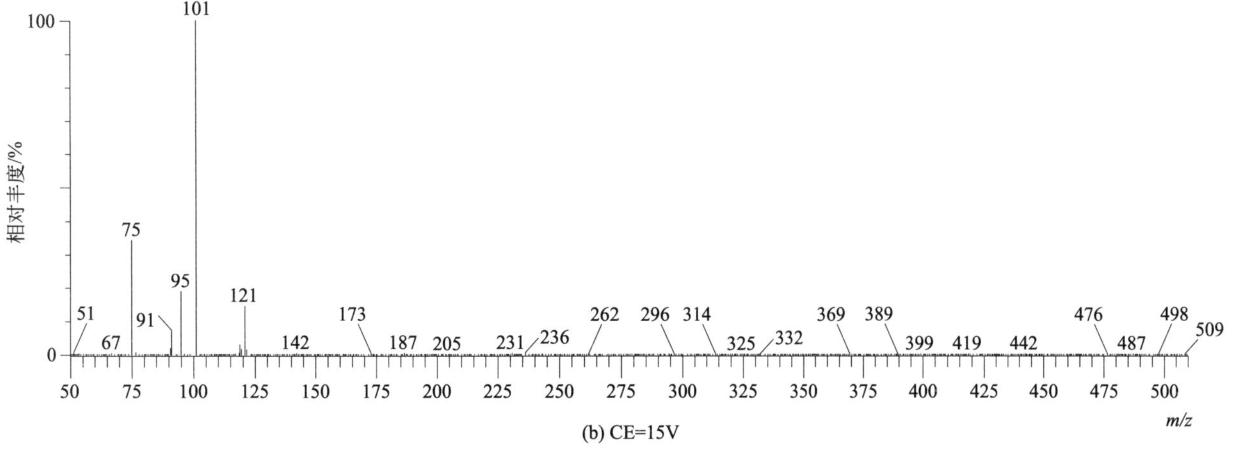

(b) CE=15V

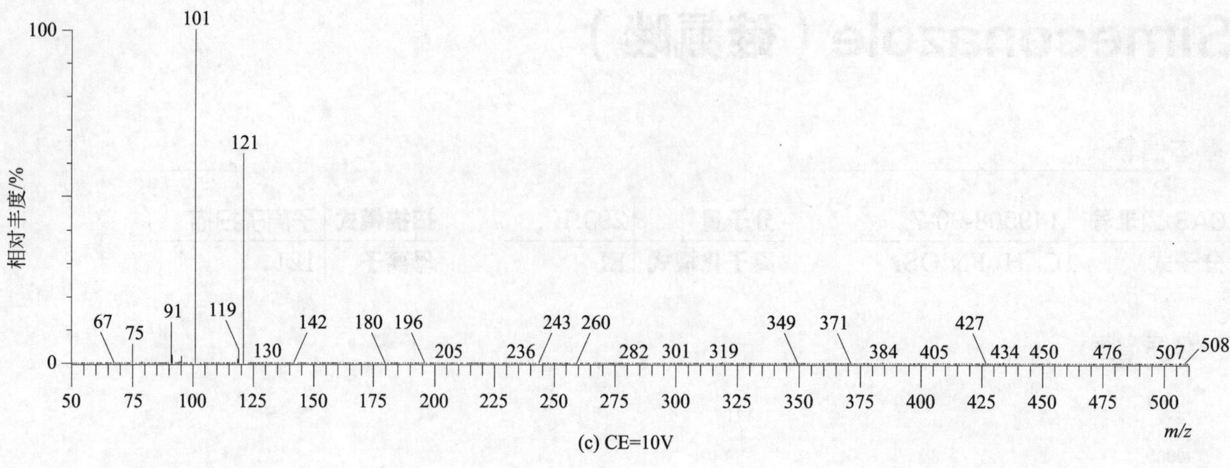

(c) CE=10V

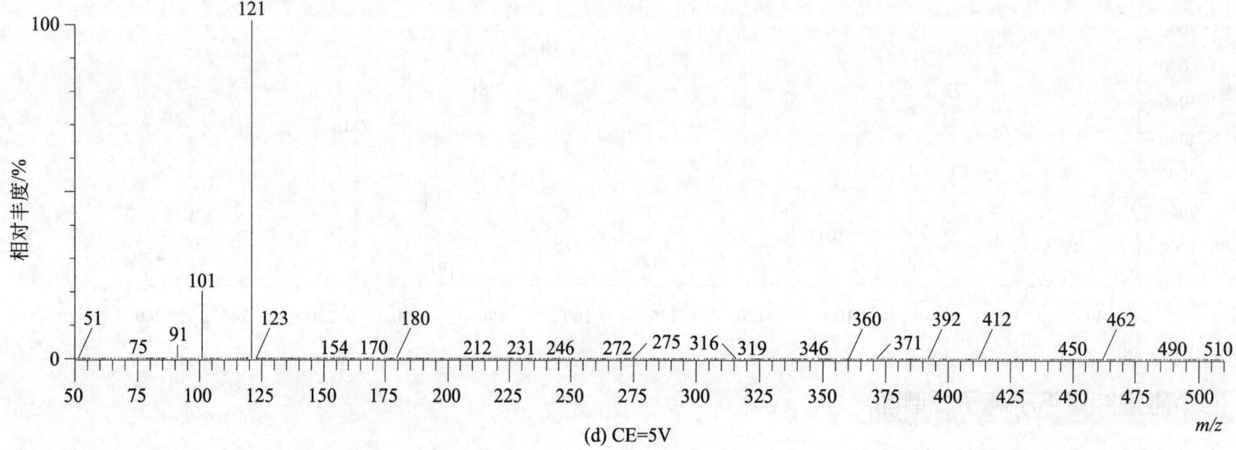

(d) CE=5V

Simeton（西玛通）

基本信息

CAS 登录号	673-04-1	**分子量**	197.1	**扫描模式**	子离子扫描
分子式	$C_8H_{15}N_5O$	**离子化模式**	EI	**母离子**	197

一级质谱图

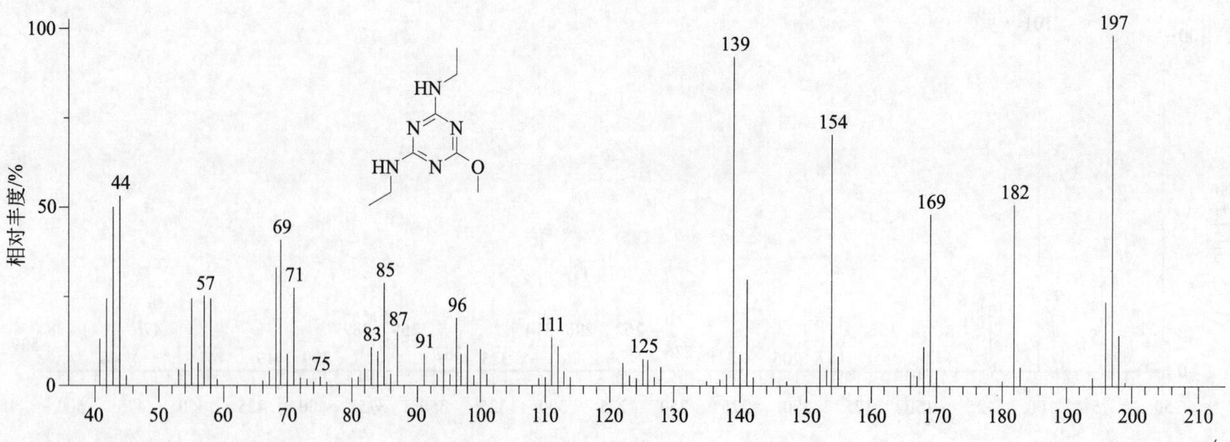

四个碰撞能量下子离子质谱图

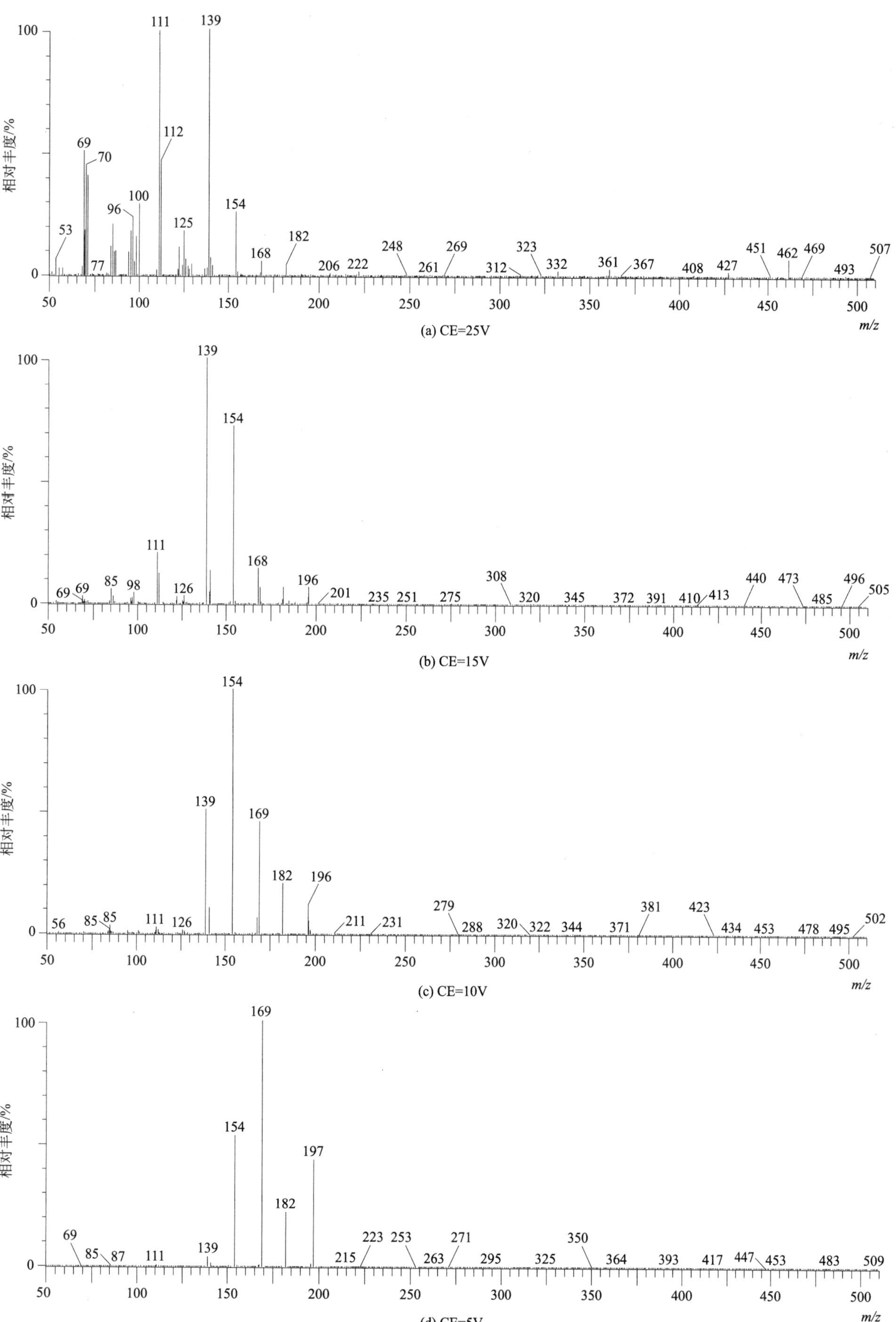

(a) CE=25V

(b) CE=15V

(c) CE=10V

(d) CE=5V

Spirodiclofen（螺螨酯）

基本信息

CAS 登录号	148477-71-8	分子量	410.1	扫描模式	子离子扫描
分子式	$C_{21}H_{24}Cl_2O_4$	离子化模式	EI	母离子	312

一级质谱图

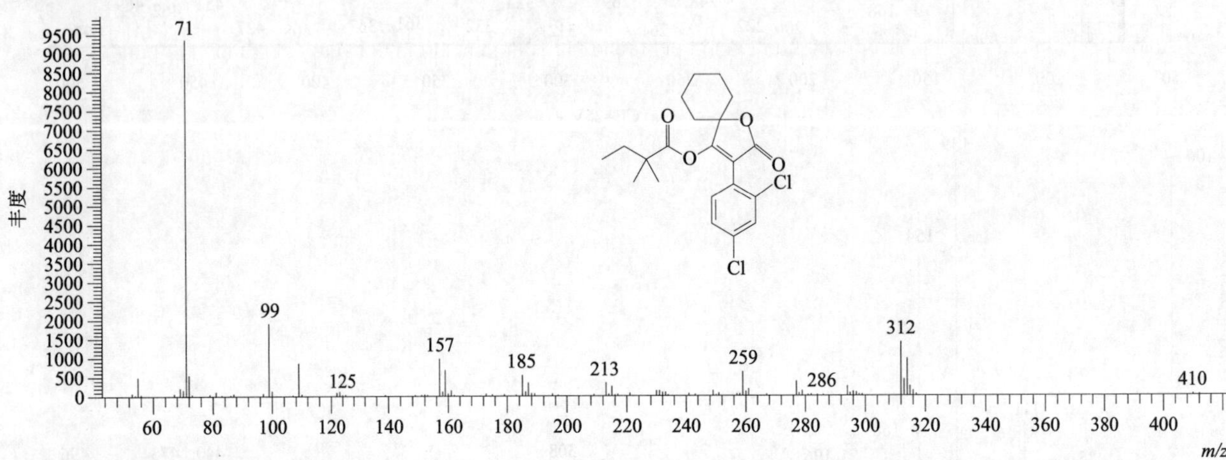

四个碰撞能量下子离子质谱图

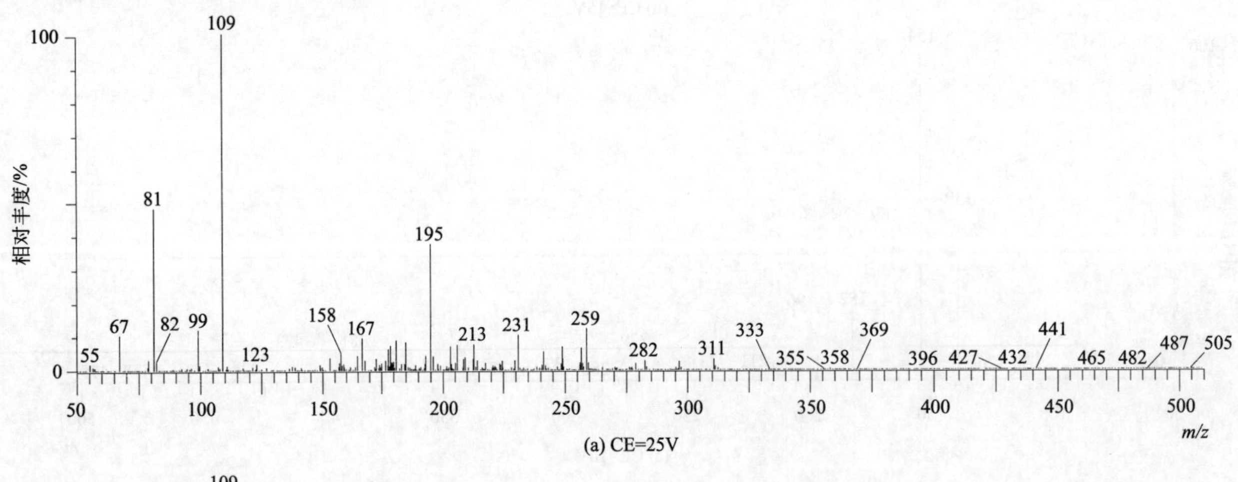

(a) CE=25V

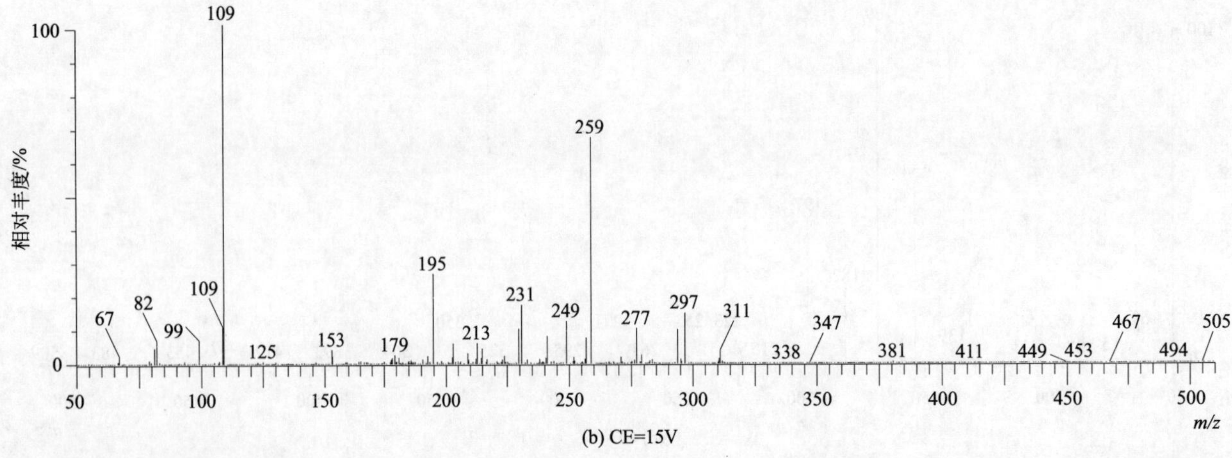

(b) CE=15V

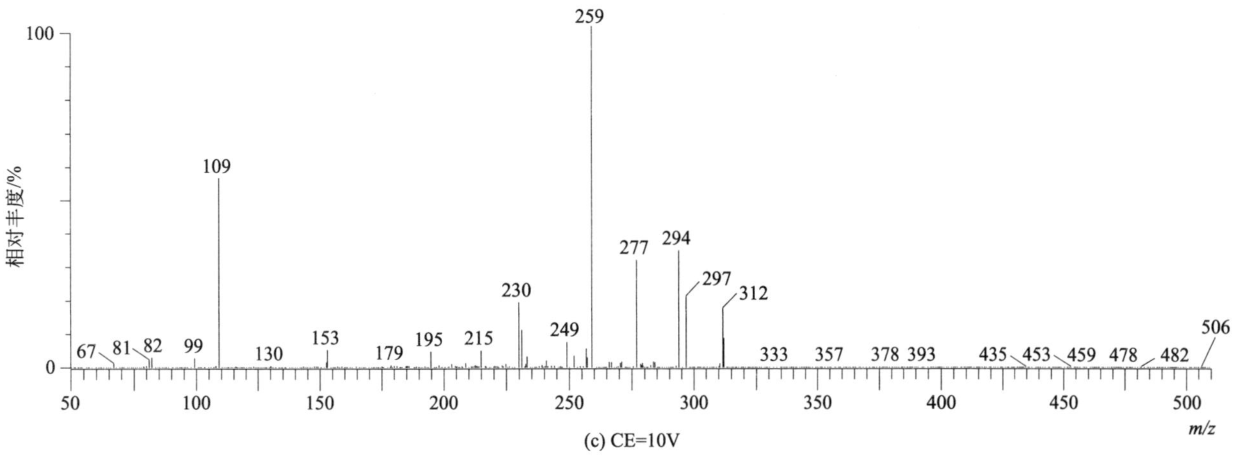

(c) CE=10V

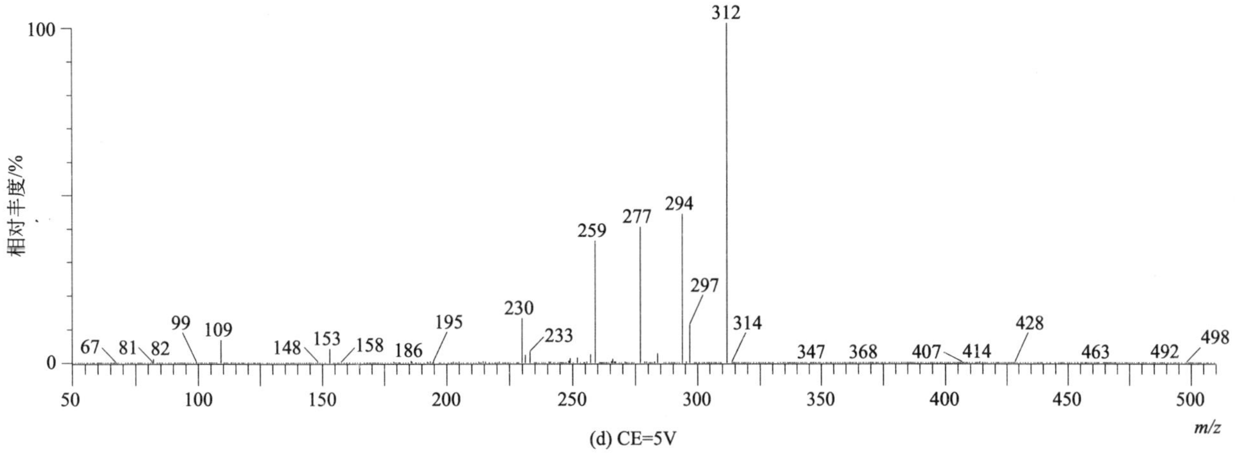

(d) CE=5V

Spiromesifen（螺甲螨酯）

基本信息

CAS 登录号	283594-90-1	分子量	370.2	扫描模式	子离子扫描
分子式	$C_{23}H_{30}O_4$	离子化模式	EI	母离子	272

一级质谱图

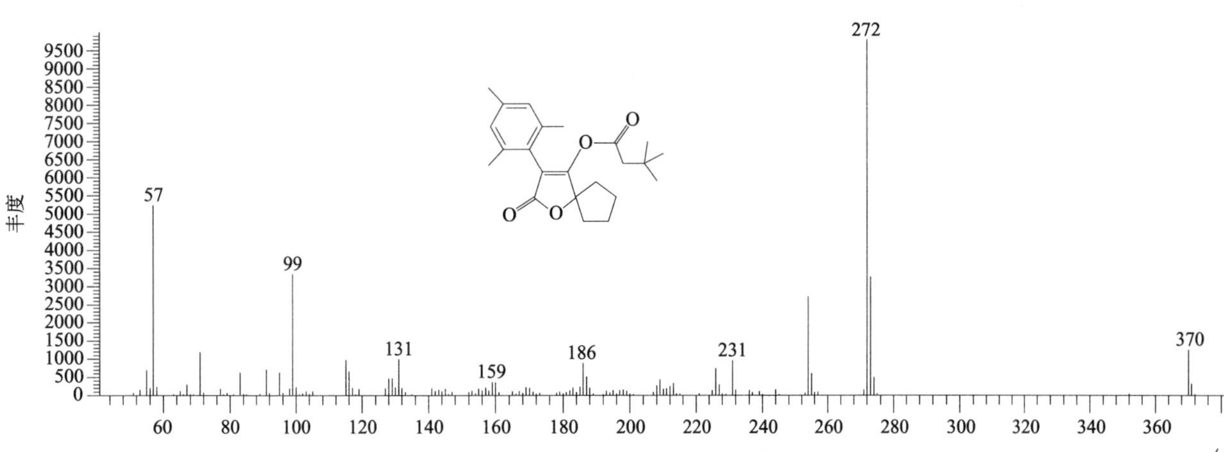

四个碰撞能量下子离子质谱图

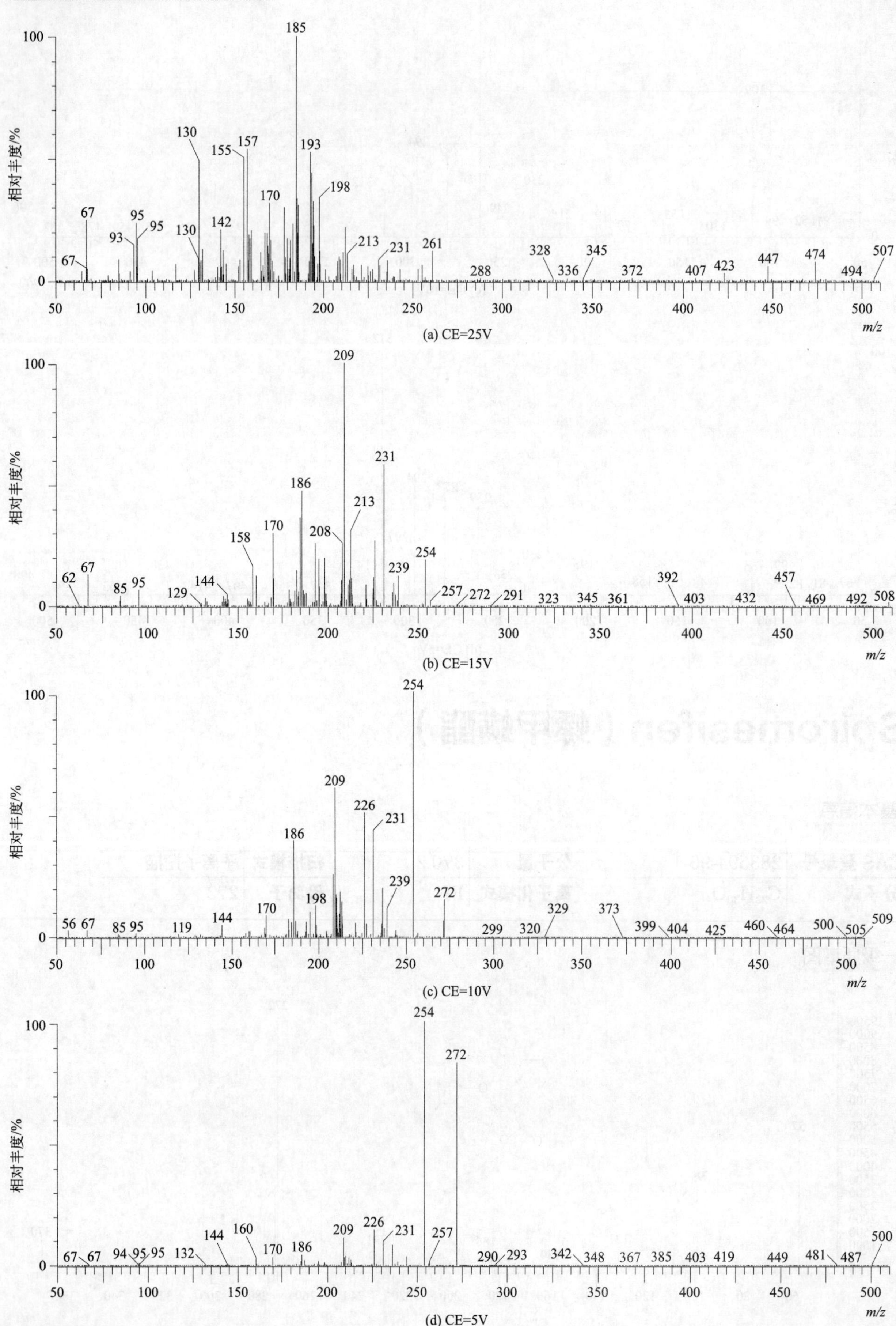

(a) CE=25V

(b) CE=15V

(c) CE=10V

(d) CE=5V

Sulfallate（菜草畏）

基本信息

CAS 登录号	95-06-7	分子量	223.0	扫描模式	子离子扫描
分子式	$C_8H_{14}ClNS_2$	离子化模式	EI	母离子	188

一级质谱图

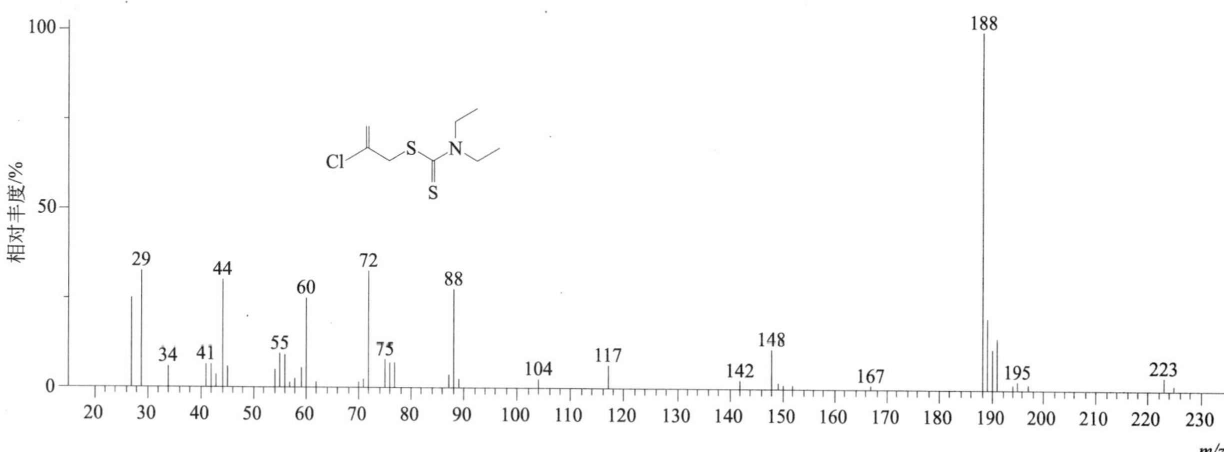

四个碰撞能量下子离子质谱图

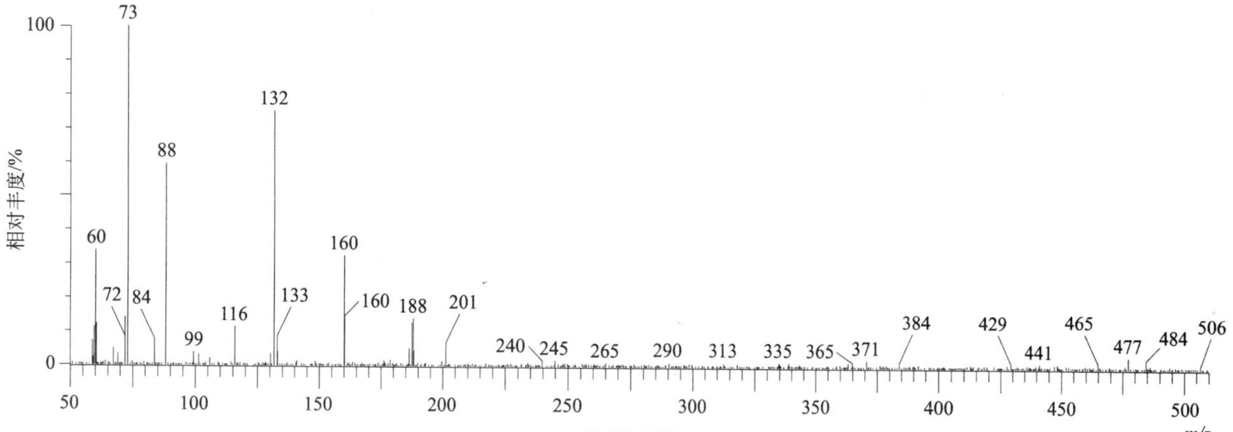

(a) CE=25V

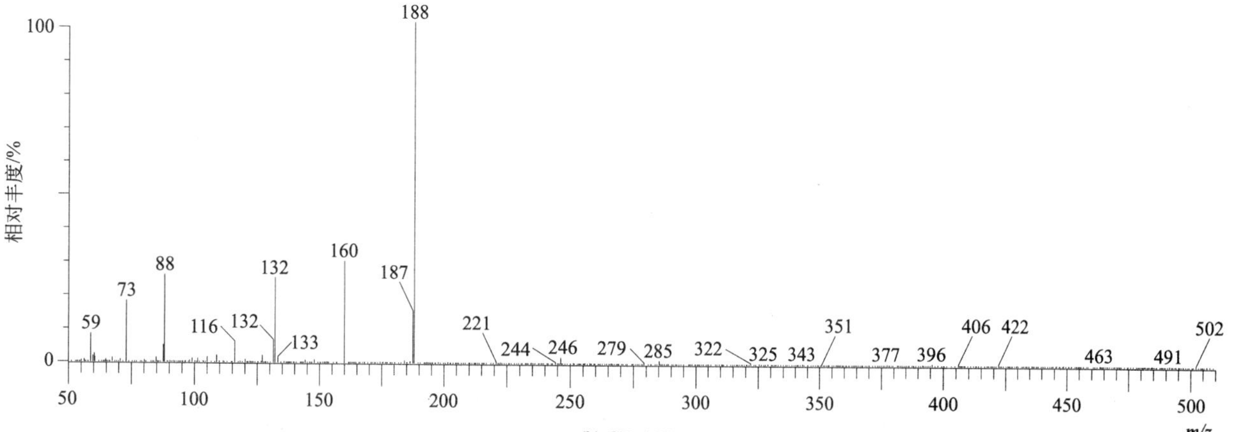

(b) CE=15V

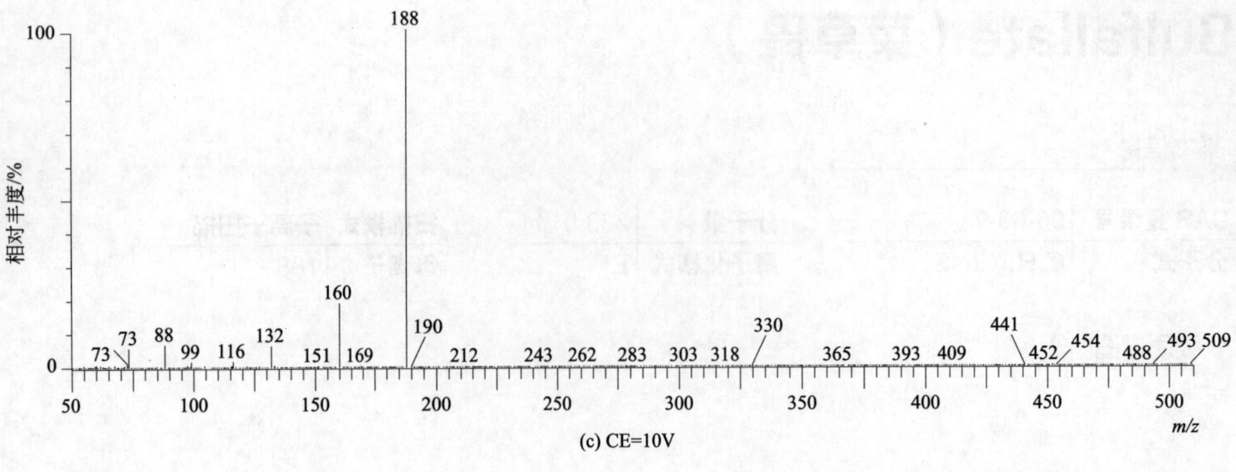

(c) CE=10V

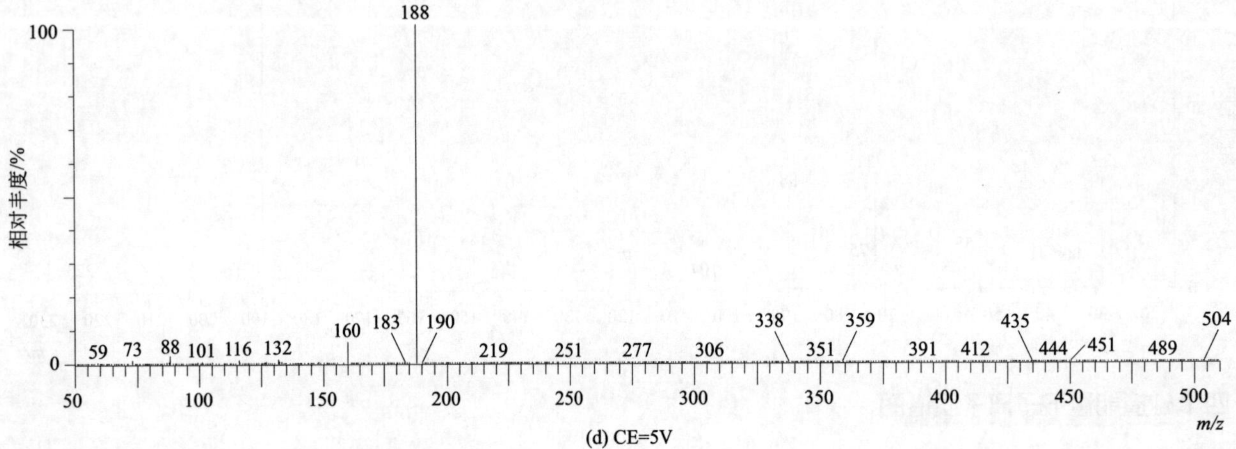

(d) CE=5V

Sulfotep（治螟磷）

基本信息

CAS 登录号	3689-24-5	分子量	322.0	扫描模式	子离子扫描
分子式	$C_8H_{20}O_5P_2S_2$	离子化模式	EI	母离子	322

一级质谱图

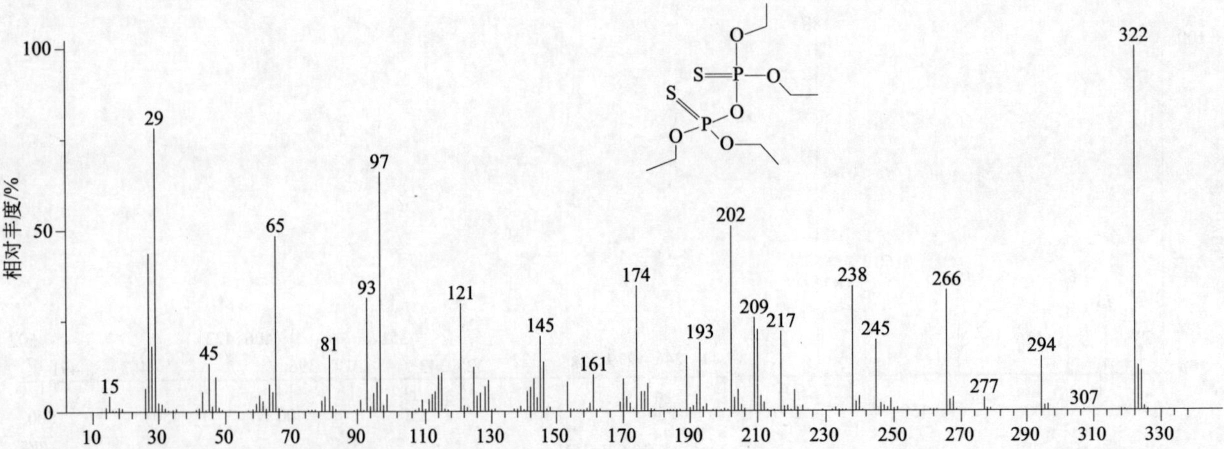

四个碰撞能量下子离子质谱图

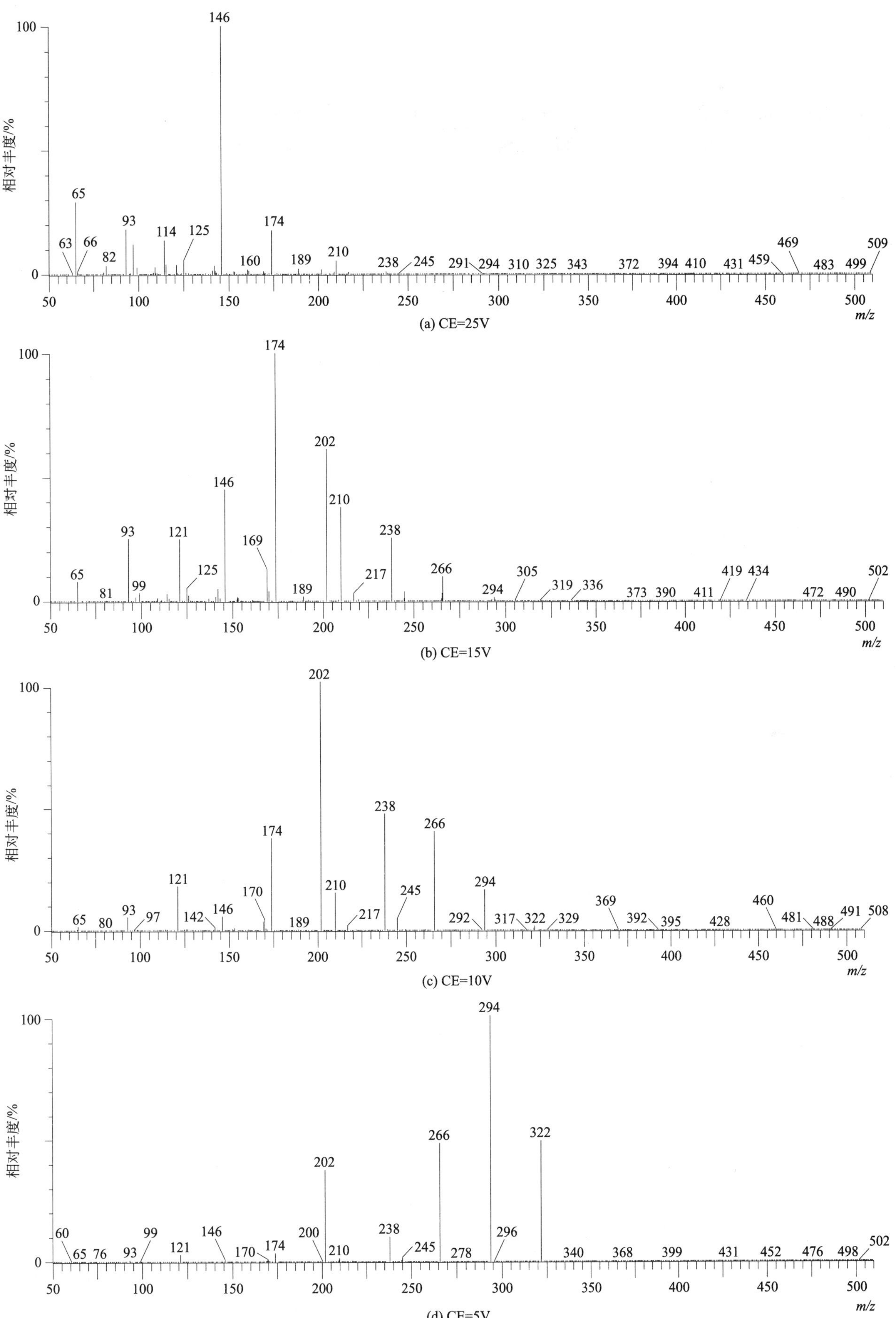

(a) CE=25V

(b) CE=15V

(c) CE=10V

(d) CE=5V

Sulprofos（硫丙磷）

基本信息

CAS 登录号	35400-43-2	分子量	322.0	扫描模式	子离子扫描
分子式	$C_{12}H_{19}O_2PS_3$	离子化模式	EI	母离子	322

一级质谱图

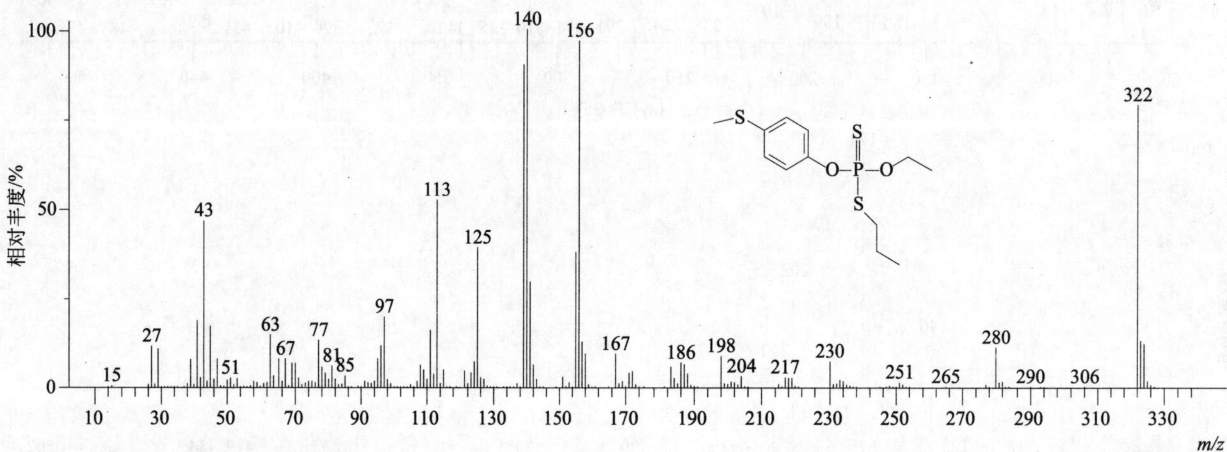

四个碰撞能量下子离子质谱图

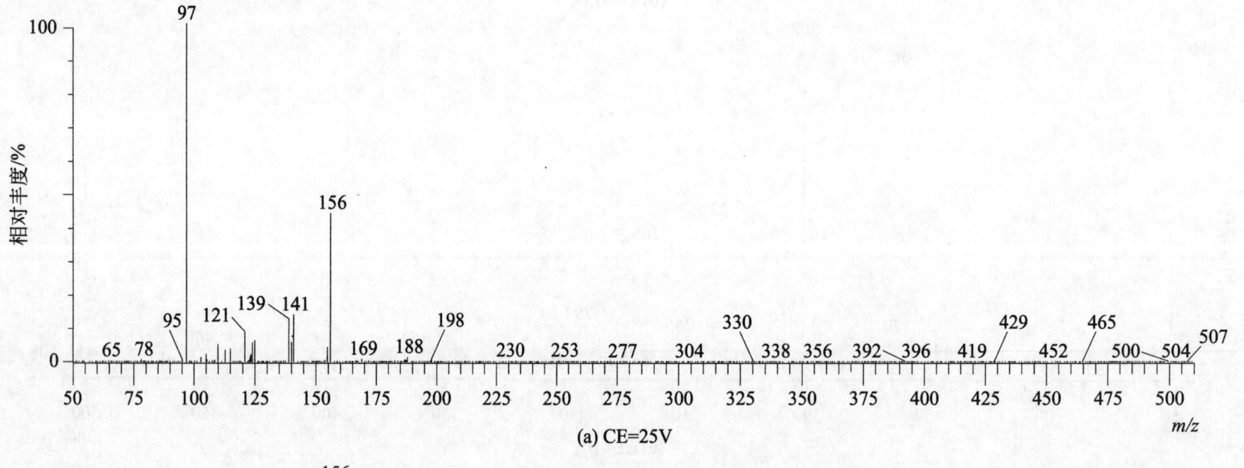

(a) CE=25V

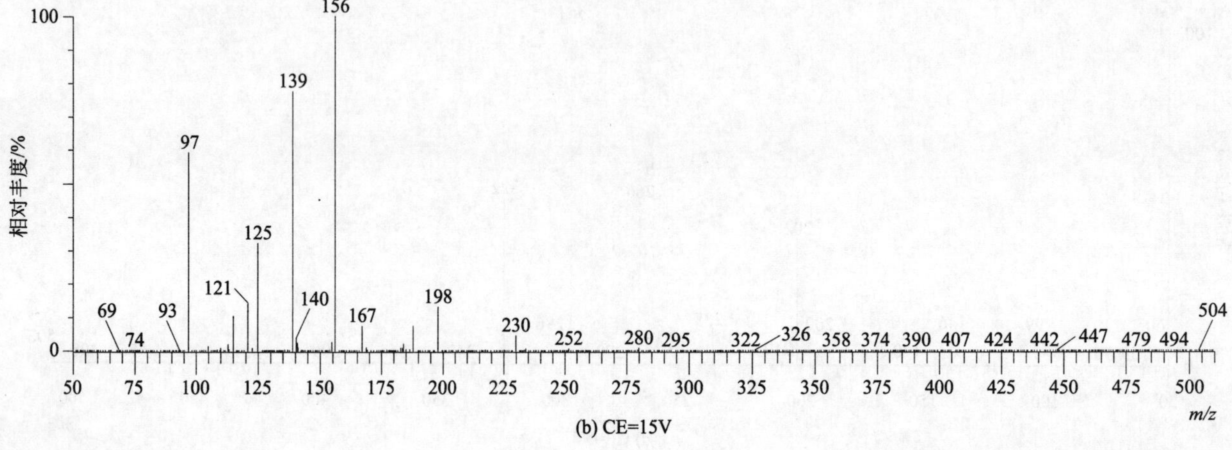

(b) CE=15V

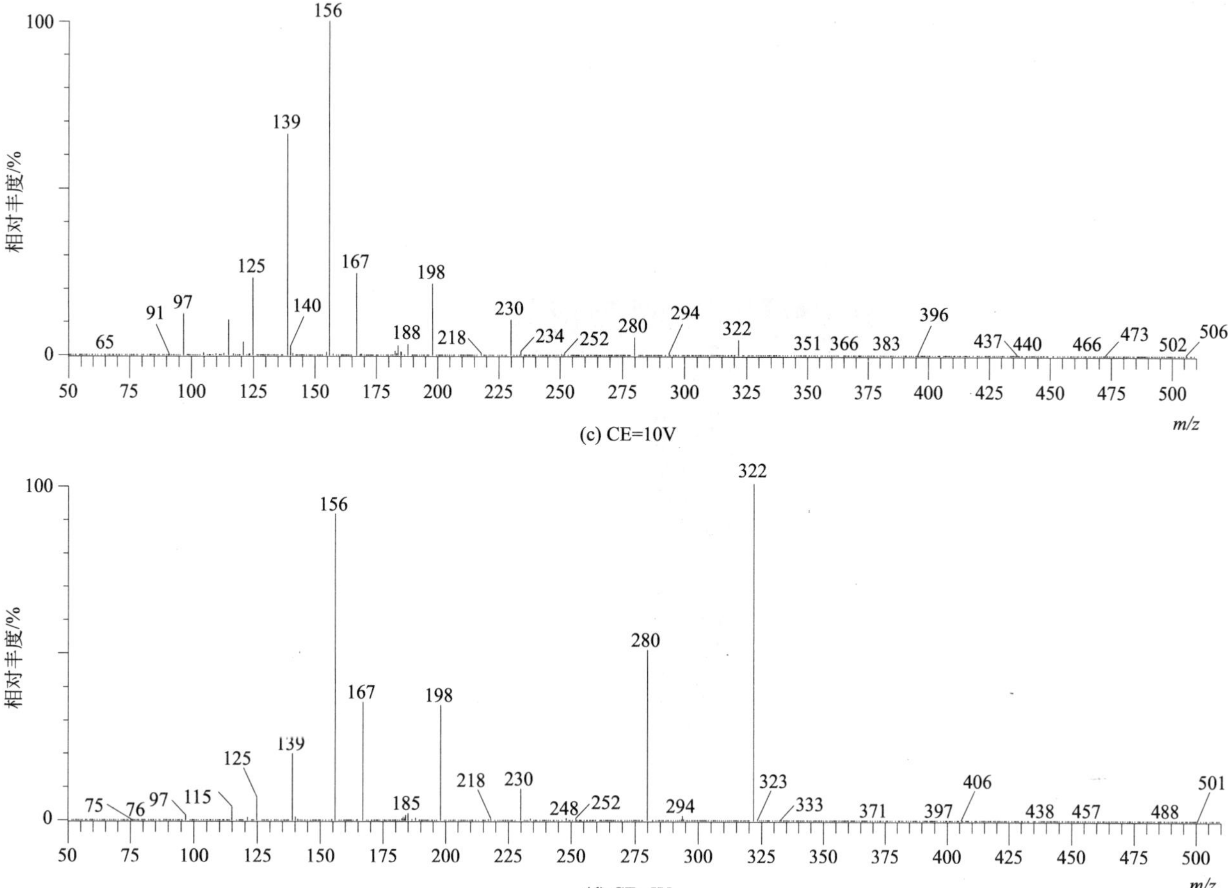

(c) CE=10V

(d) CE=5V

T

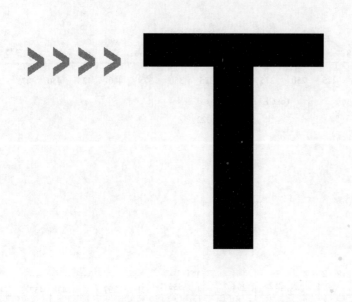

Tau-fluvalinate（氟胺氰菊酯）

基本信息

CAS 登录号	102851-06-9	分子量	502.1	扫描模式	子离子扫描
分子式	$C_{26}H_{22}ClF_3N_2O_3$	离子化模式	EI	母离子	250

一级质谱图

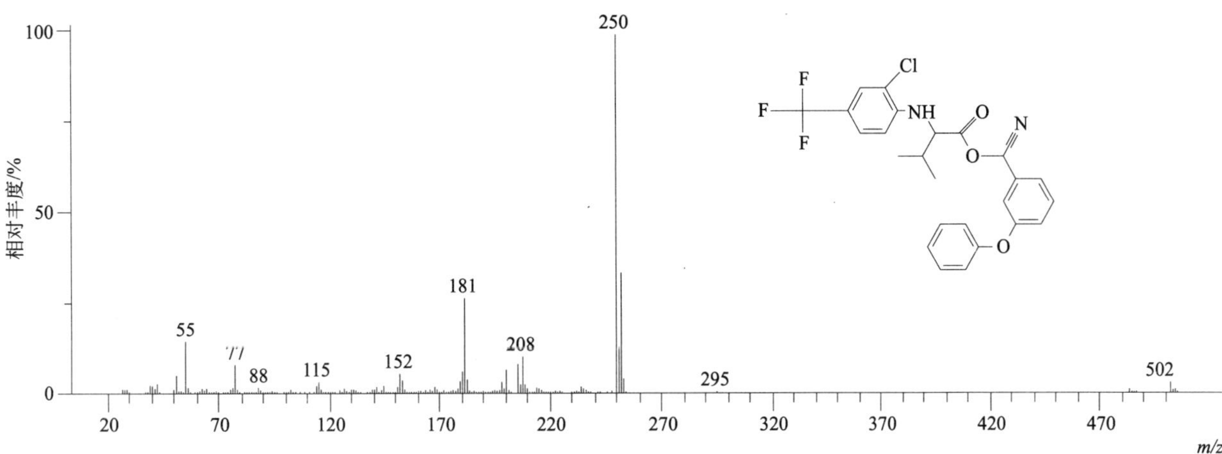

四个碰撞能量下子离子质谱图

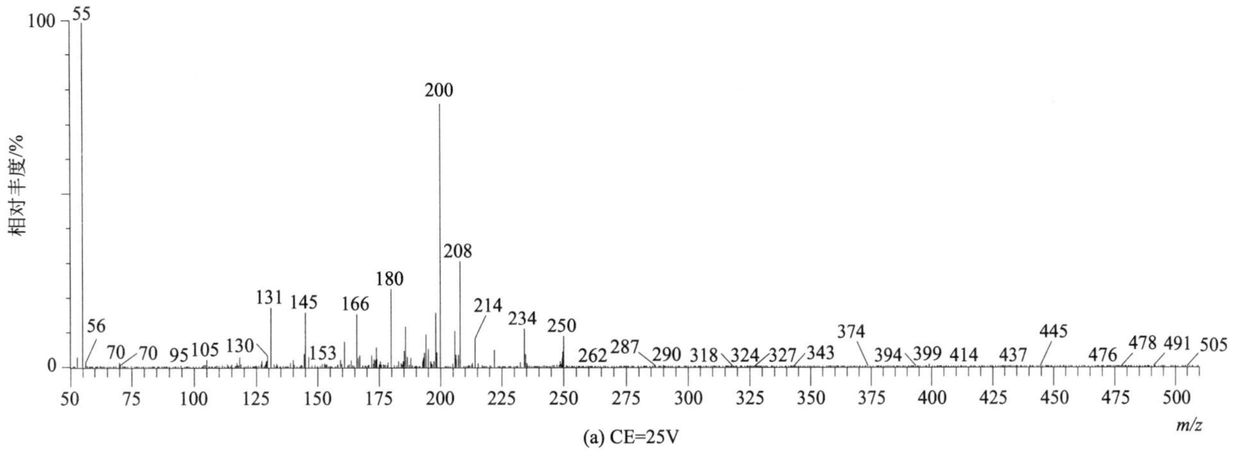

(a) CE=25V

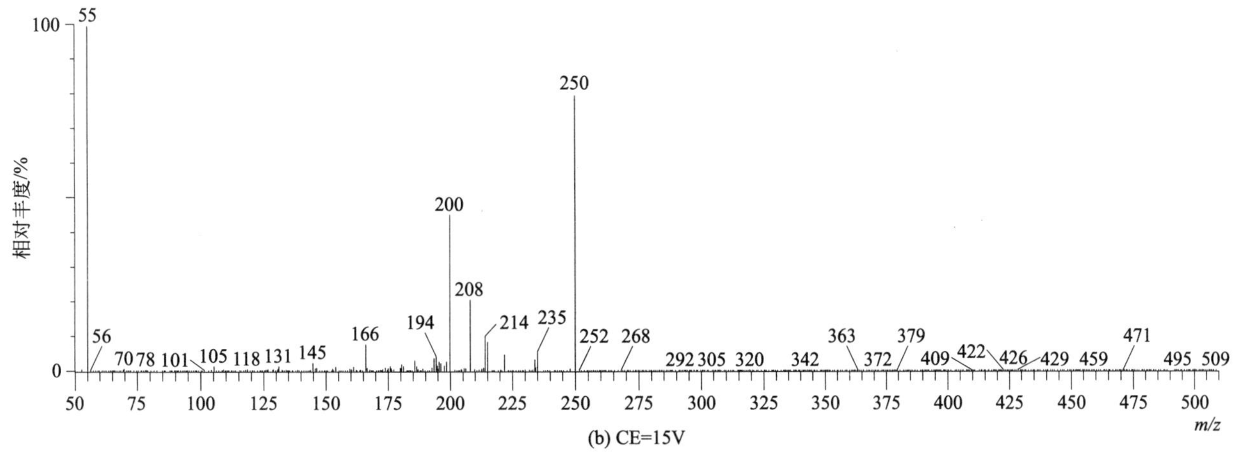

(b) CE=15V

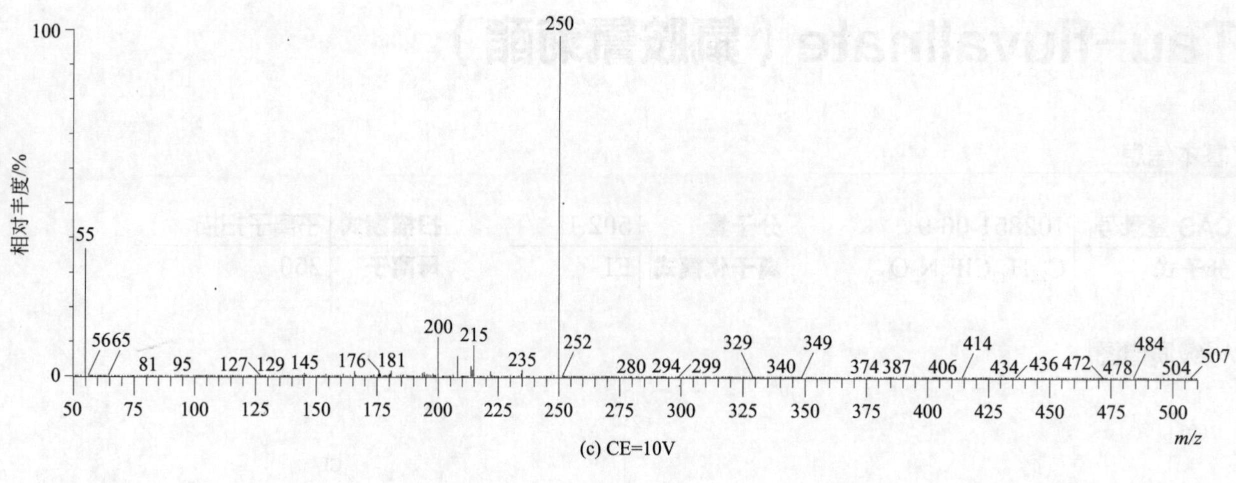

(c) CE=10V

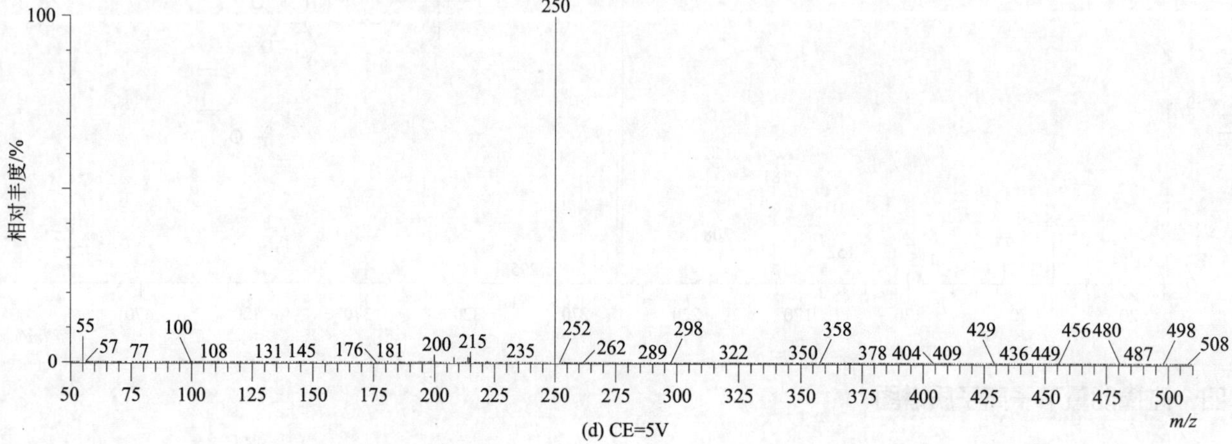

(d) CE=5V

TCMTB（苯噻硫氰）

基本信息

CAS 登录号	21564-17-0	分子量	238.0	扫描模式	子离子扫描
分子式	$C_9H_6N_2S_3$	离子化模式	EI	母离子	136

一级质谱图

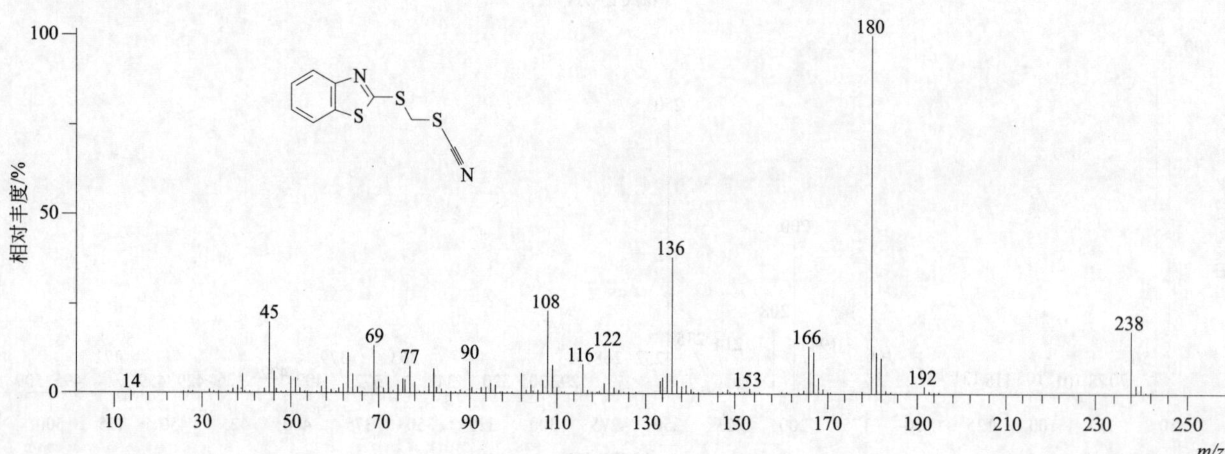

四个碰撞能量下子离子质谱图

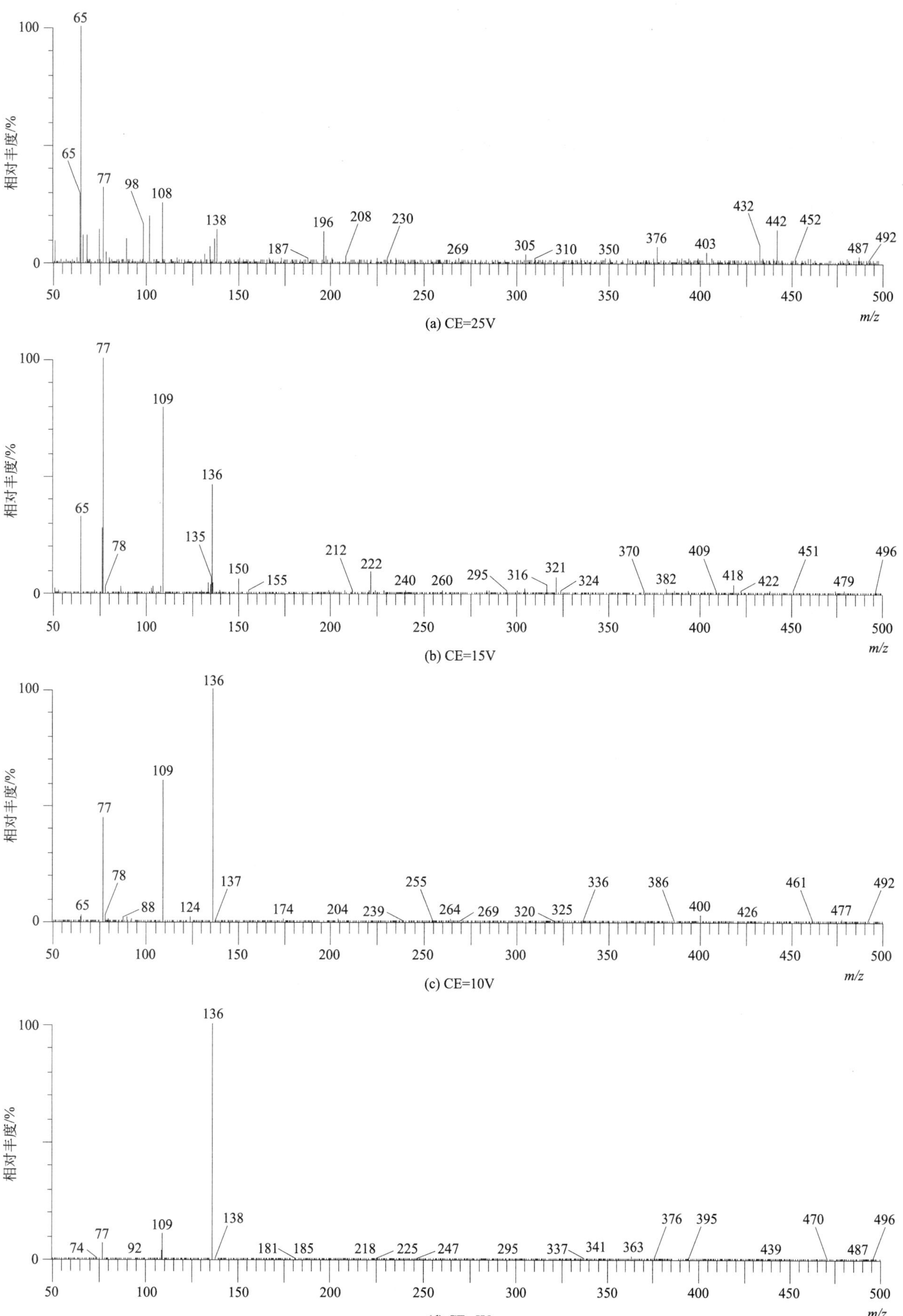

(a) CE=25V

(b) CE=15V

(c) CE=10V

(d) CE=5V

Tebuconazole（戊唑醇）

基本信息

CAS 登录号	107534-96-3	分子量	307.1	扫描模式	子离子扫描
分子式	$C_{16}H_{22}ClN_3O$	离子化模式	EI	母离子	250

一级质谱图

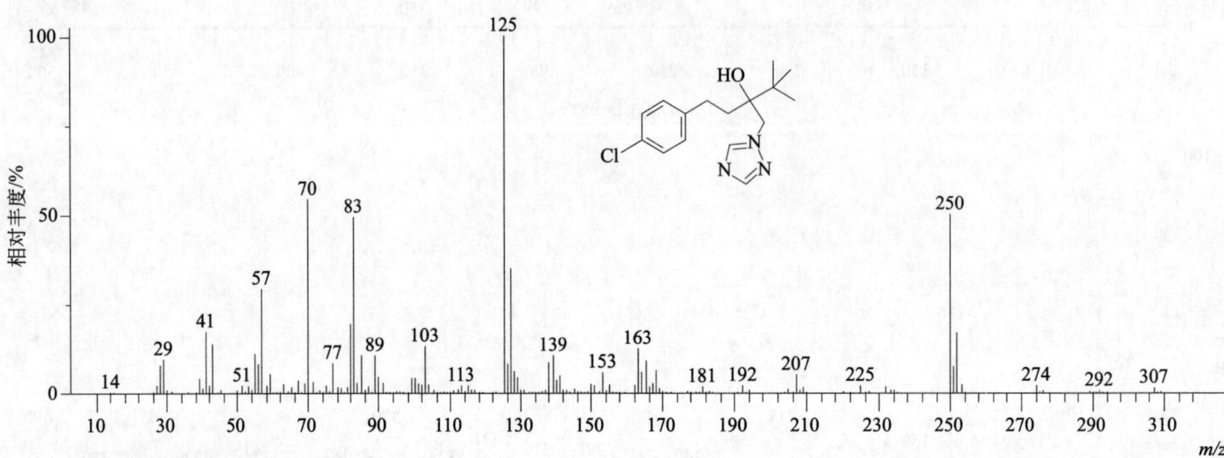

四个碰撞能量下子离子质谱图

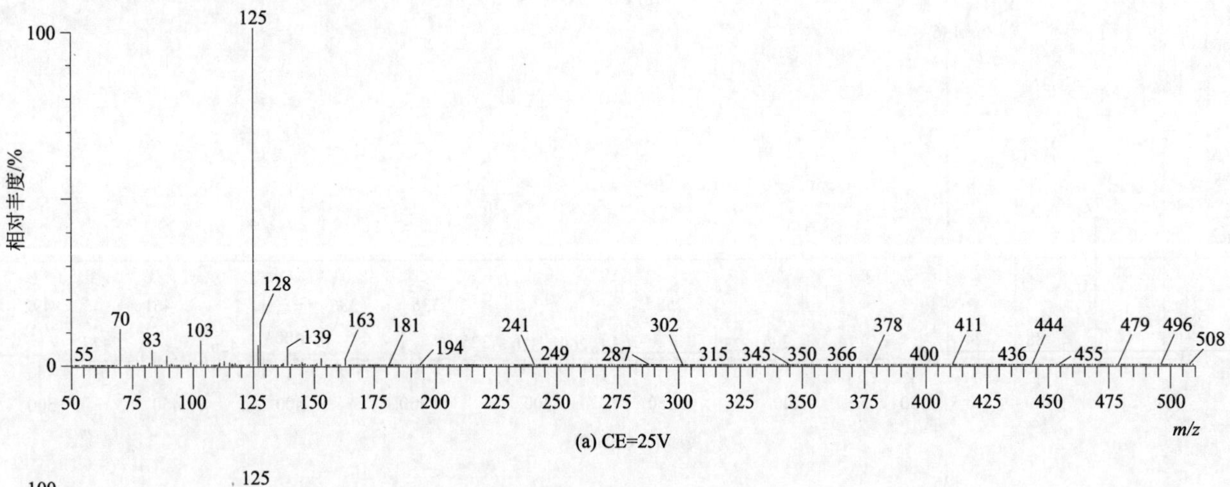

(a) CE=25V

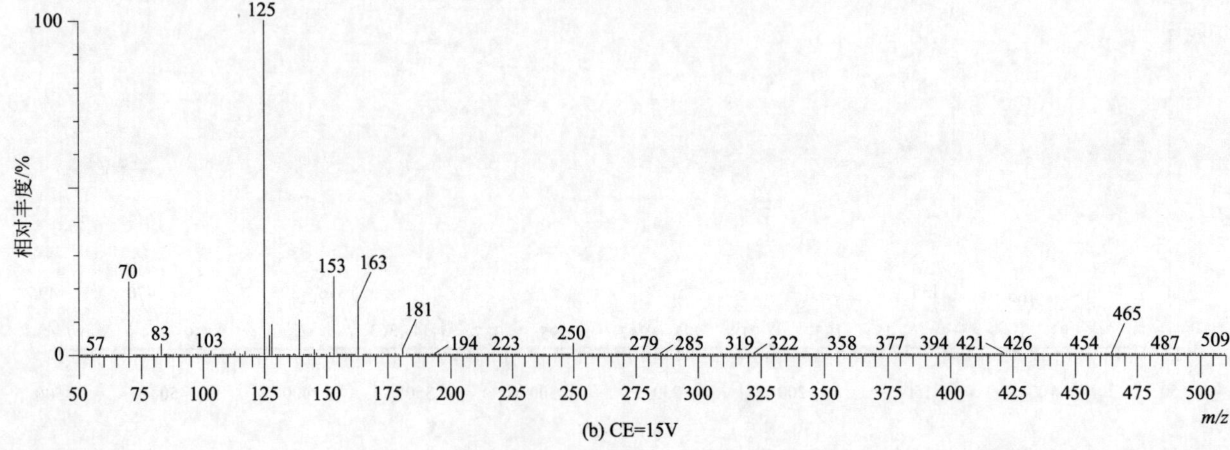

(b) CE=15V

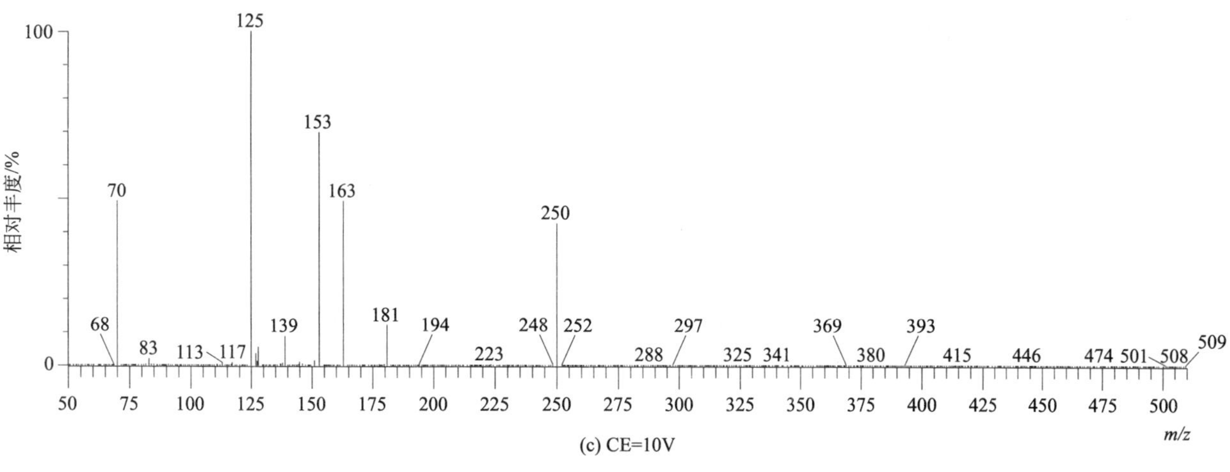

(c) CE=10V

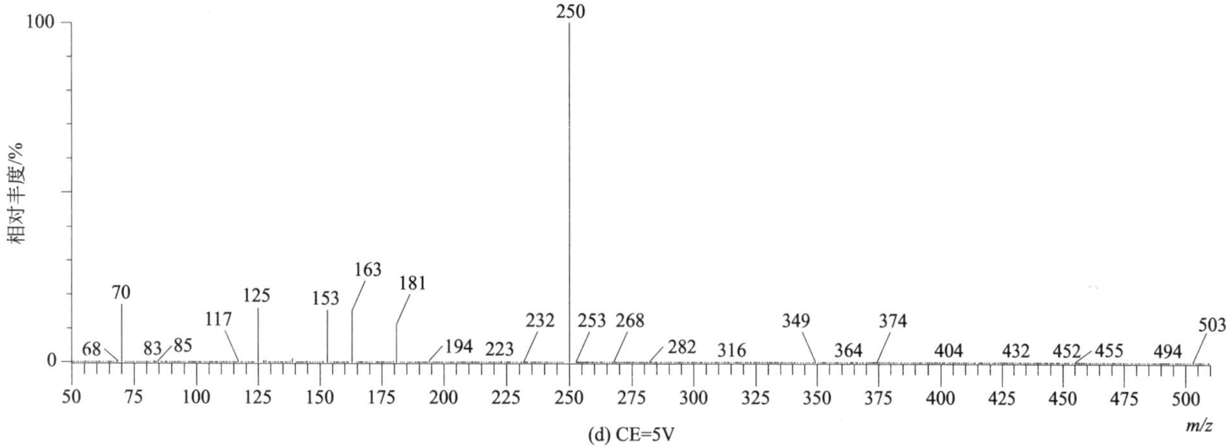

(d) CE=5V

Tebufenpyrad（吡螨胺）

基本信息

CAS 登录号	119168-77-3	分子量	333.2	扫描模式	子离子扫描
分子式	$C_{18}H_{24}ClN_3O$	离子化模式	EI	母离子	318

一级质谱图

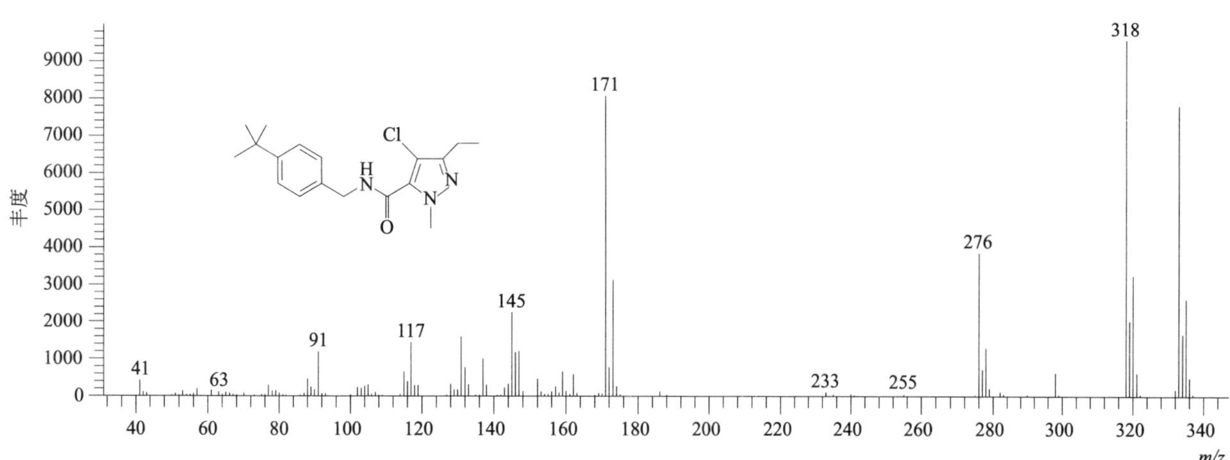

四个碰撞能量下子离子质谱图

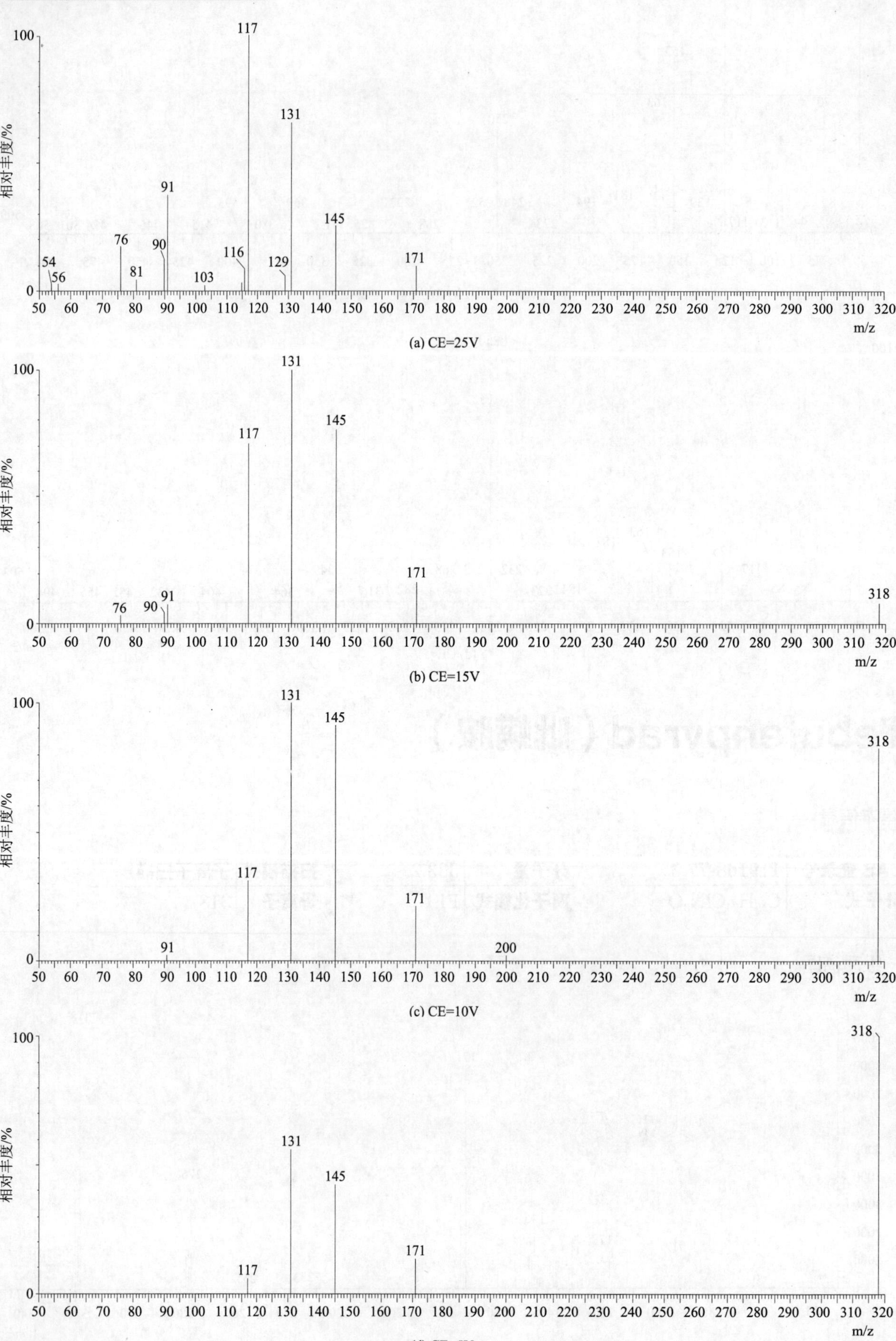

Tebupirimfos（丁基嘧啶磷）

基本信息

CAS 登录号	96182-53-5	分子量	318.1	扫描模式	子离子扫描
分子式	$C_{13}H_{23}N_2O_3PS$	离子化模式	EI	母离子	318

一级质谱图

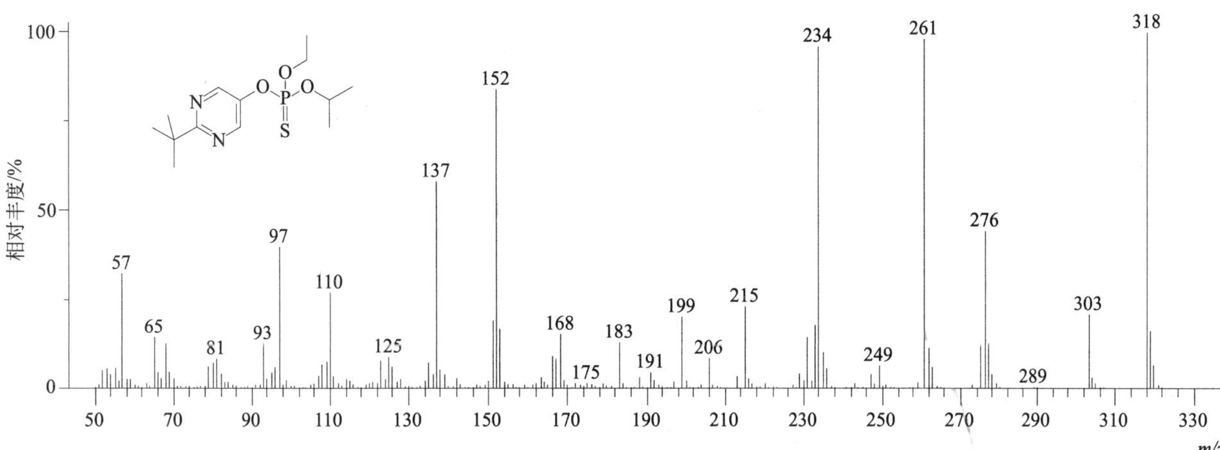

四个碰撞能量下子离子质谱图

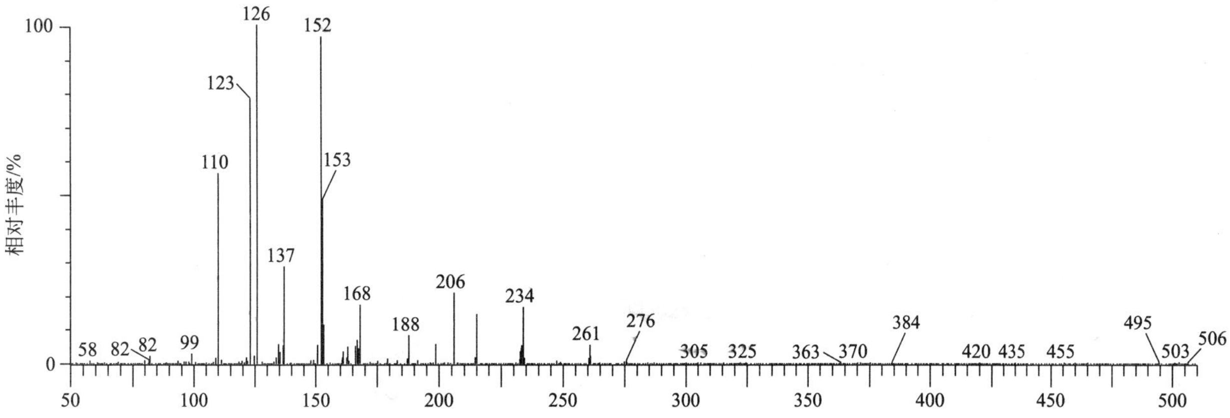

(a) CE=25V

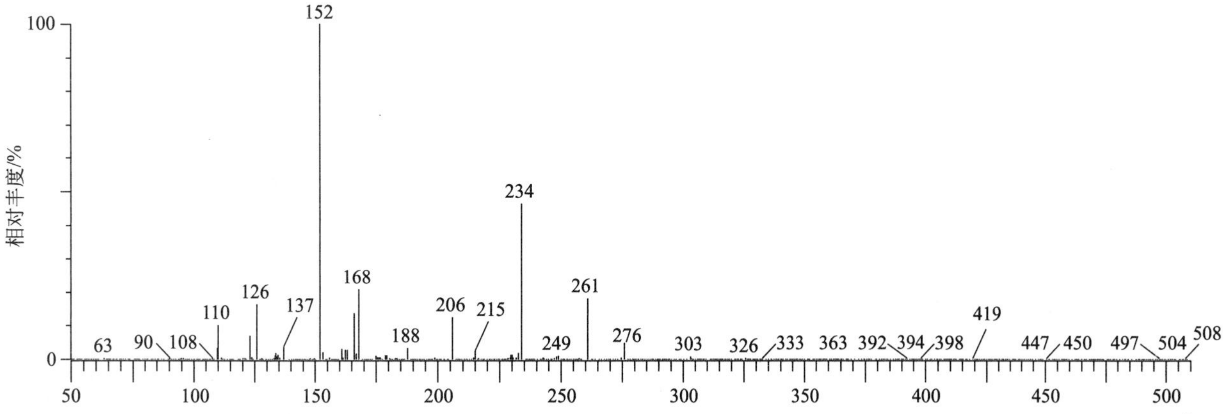

(b) CE=15V

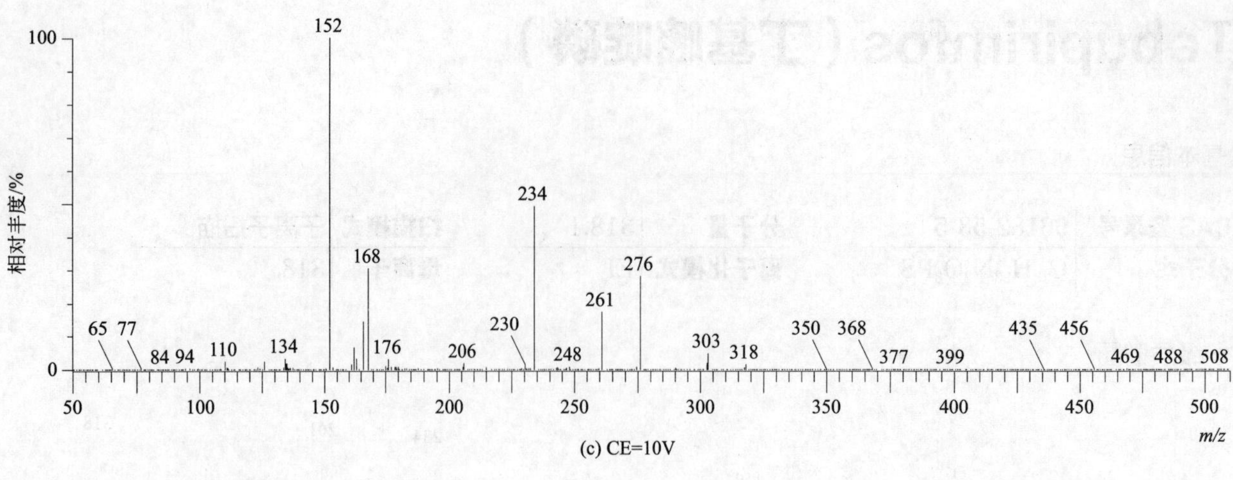
(c) CE=10V

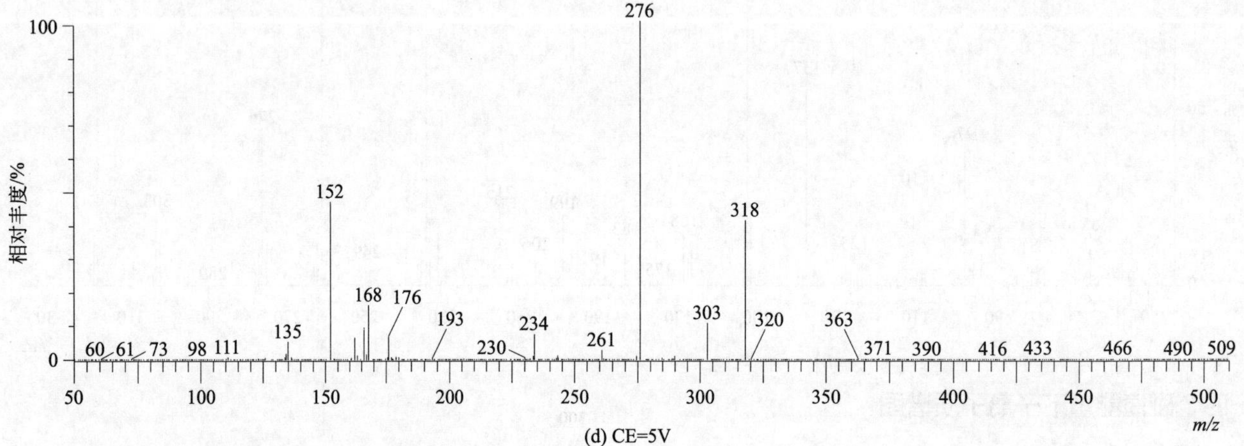
(d) CE=5V

Tebutam（牧草胺）

基本信息

CAS 登录号	35256-85-0	分子量	233.2	扫描模式	子离子扫描
分子式	$C_{15}H_{23}NO$	离子化模式	EI	母离子	190

一级质谱图

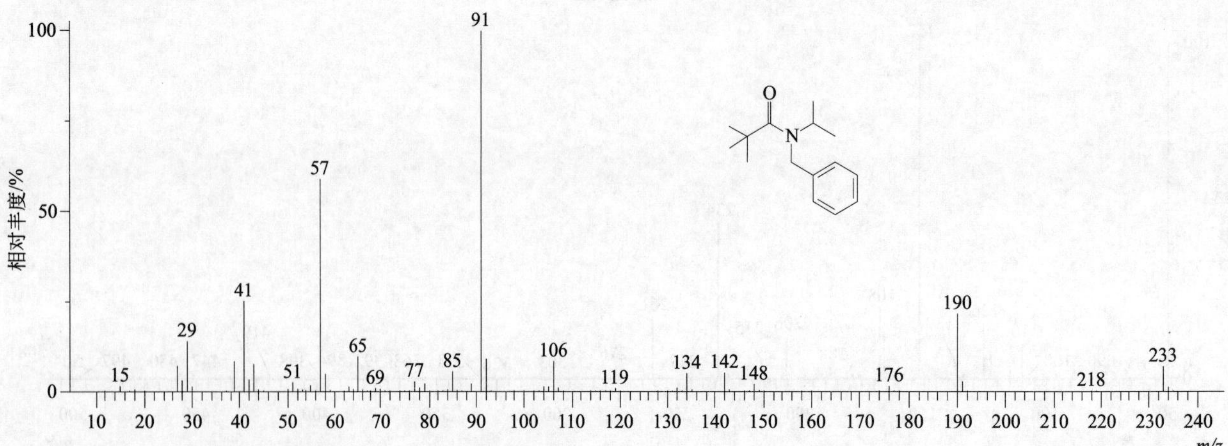

四个碰撞能量下子离子质谱图

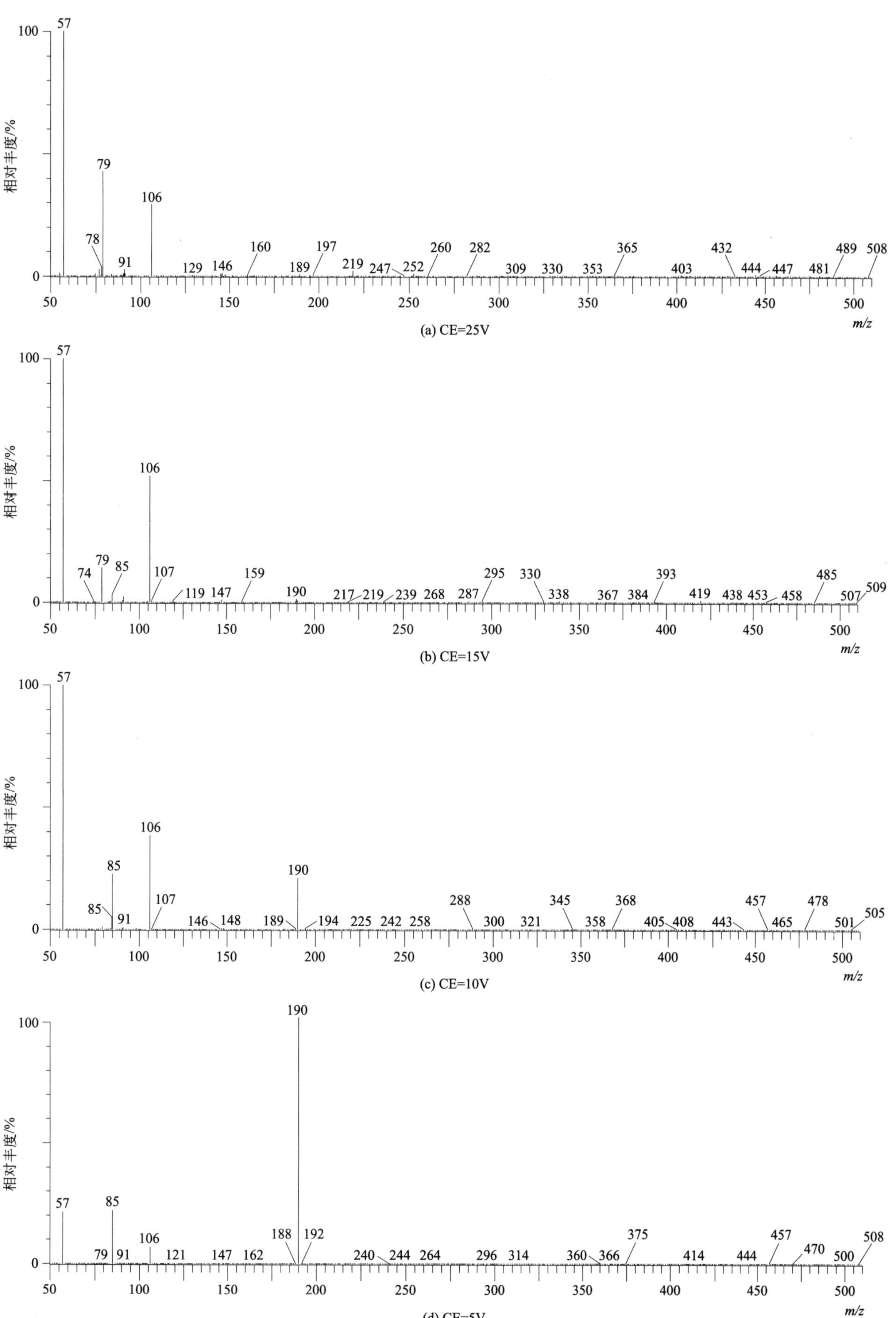

(a) CE=25V

(b) CE=15V

(c) CE=10V

(d) CE=5V

Tebuthiuron（丁噻隆）

基本信息

CAS 登录号	34014-18-1	分子量	228.1	扫描模式	子离子扫描
分子式	$C_9H_{16}N_4OS$	离子化模式	EI	母离子	156

一级质谱图

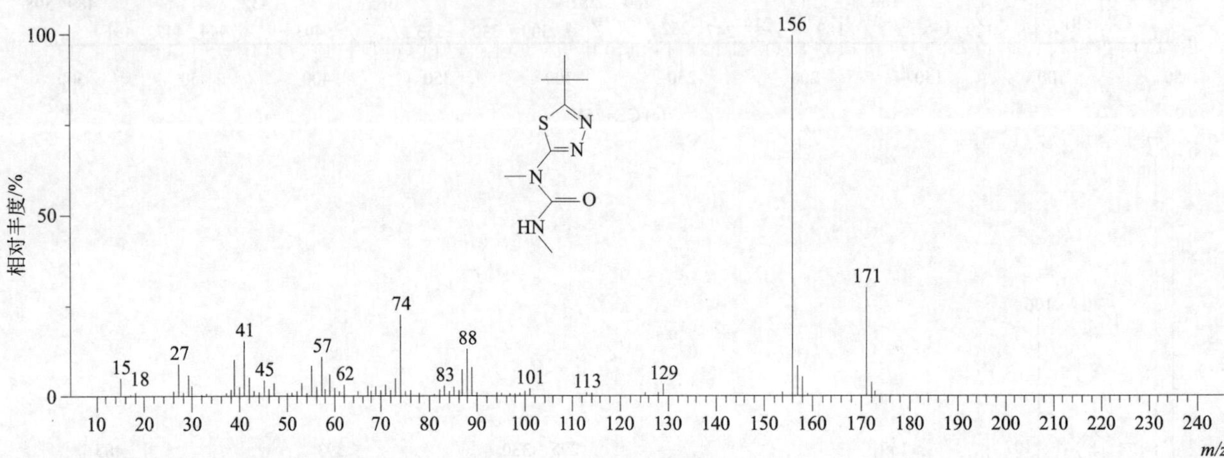

四个碰撞能量下子离子质谱图

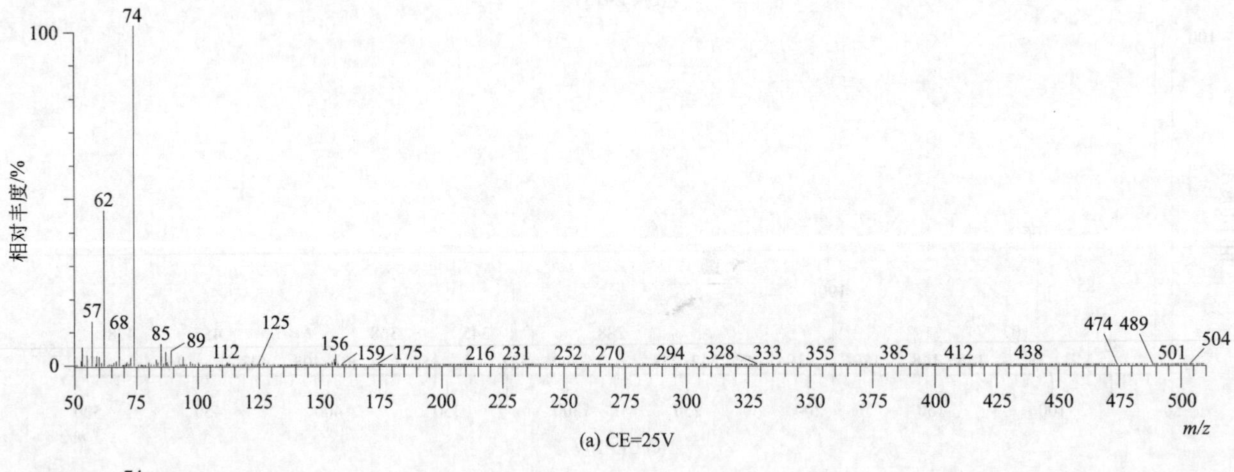

(a) CE=25V

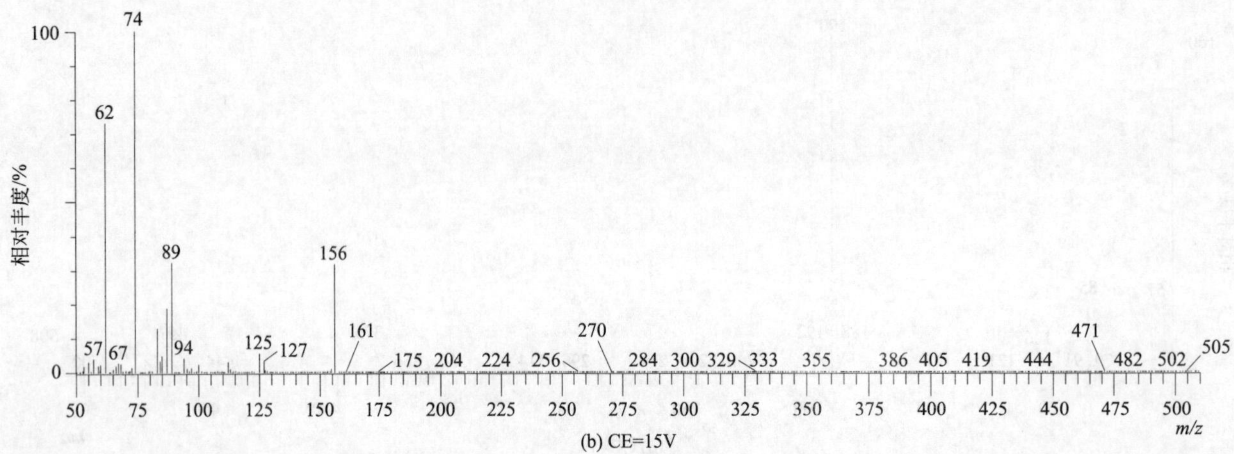

(b) CE=15V

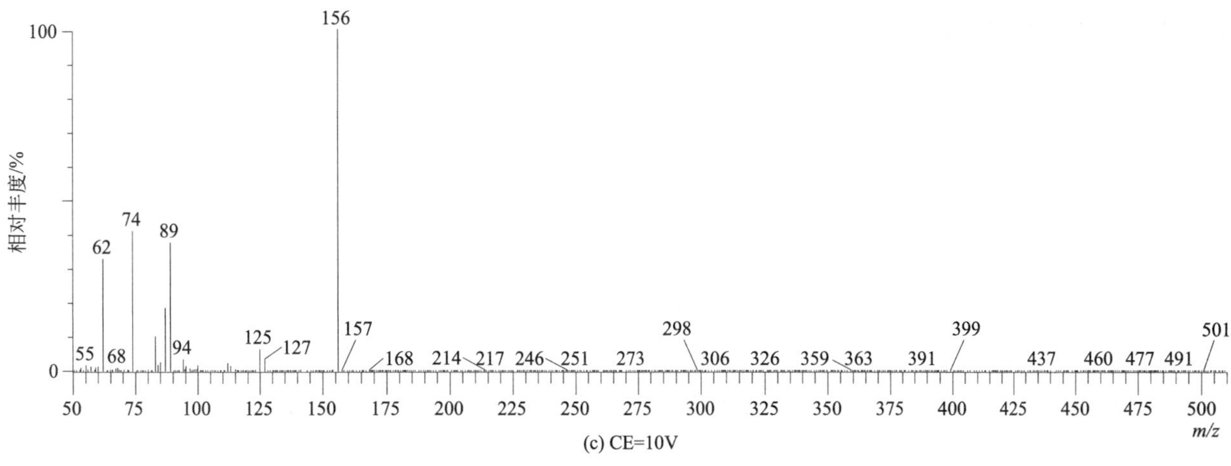

(c) CE=10V

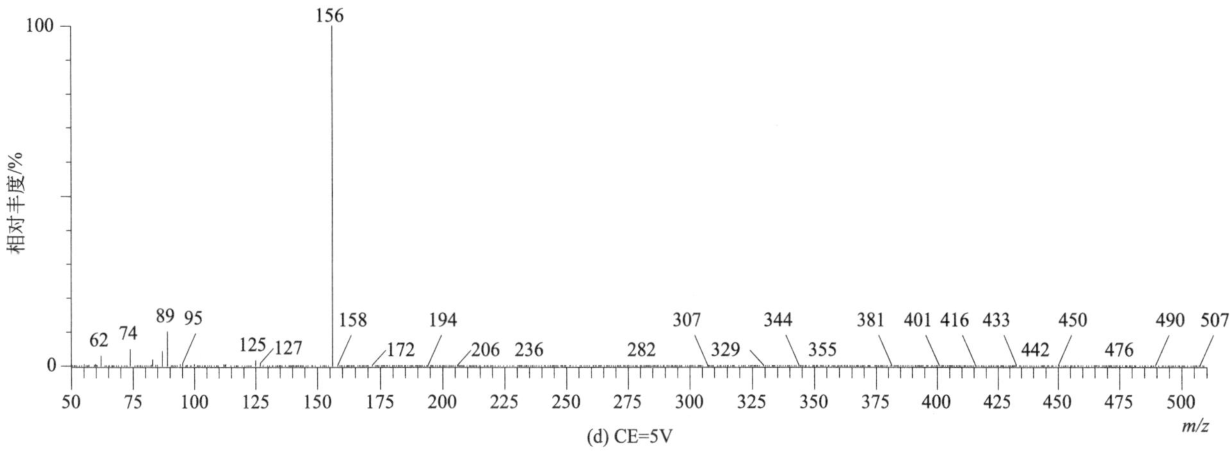

(d) CE=5V

Tecnazene（四氯硝基苯）

基本信息

CAS 登录号	117-18-0	**分子量**	258.9	**扫描模式**	子离子扫描
分子式	$C_6HCl_4NO_2$	**离子化模式**	EI	**母离子**	261

一级质谱图

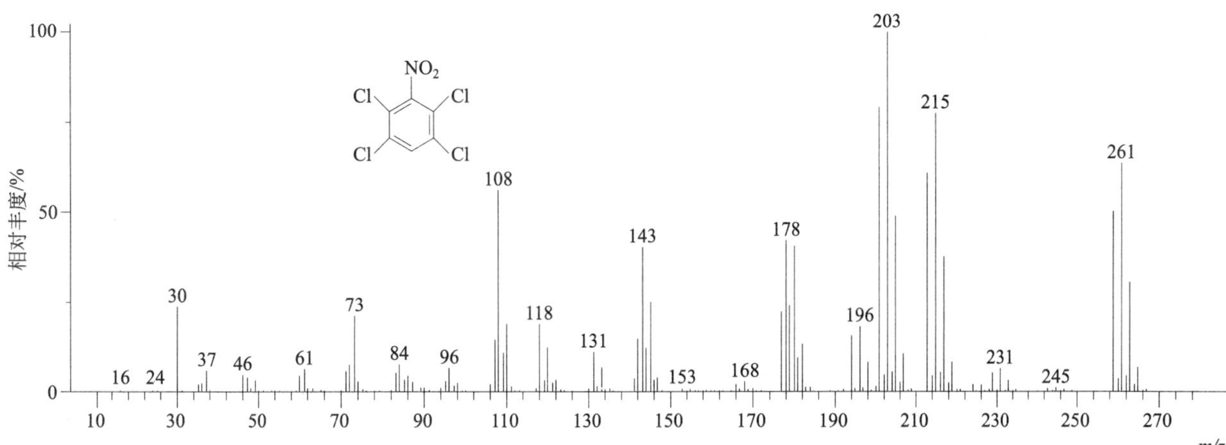

四个碰撞能量下子离子质谱图

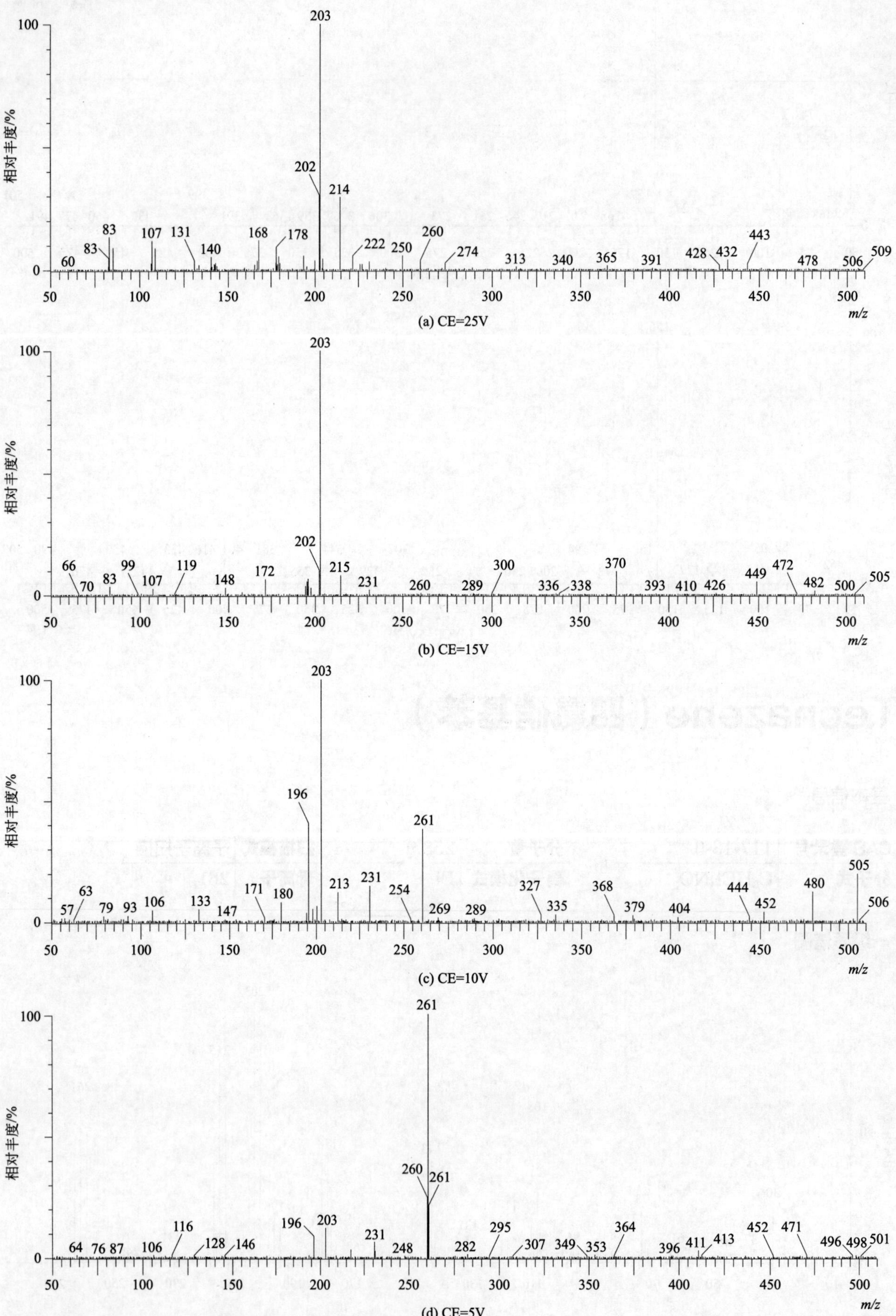

(a) CE=25V

(b) CE=15V

(c) CE=10V

(d) CE=5V

Tefluthrin（七氟菊酯）

基本信息

CAS 登录号	79538-32-2	分子量	418.1	扫描模式	子离子扫描
分子式	$C_{17}H_{14}ClF_7O_2$	离子化模式	EI	母离子	177

一级质谱图

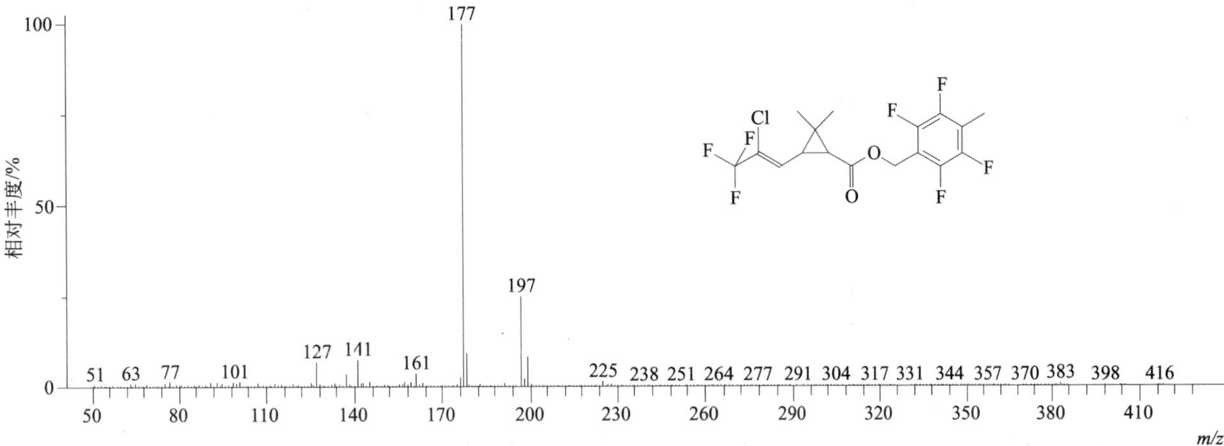

四个碰撞能量下子离子质谱图

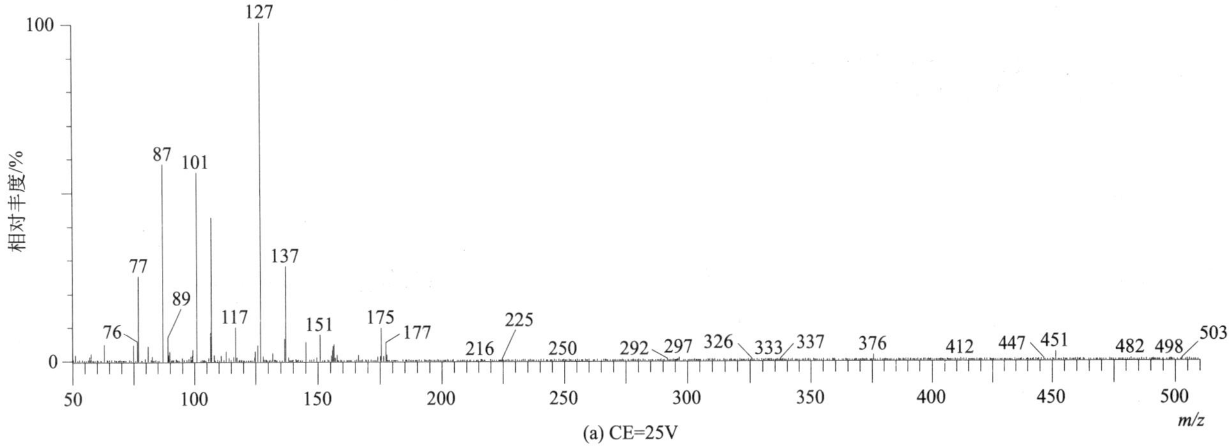

(a) CE=25V

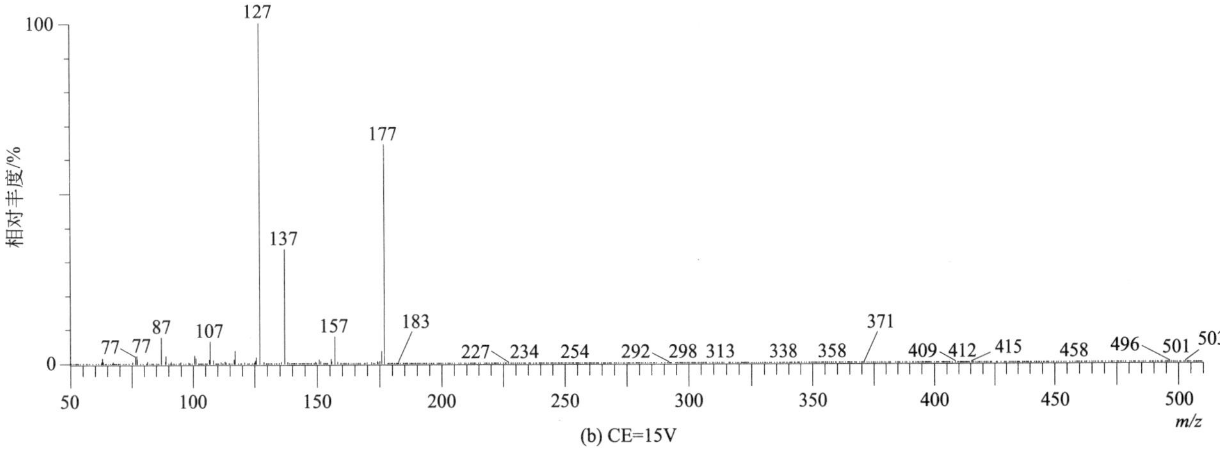

(b) CE=15V

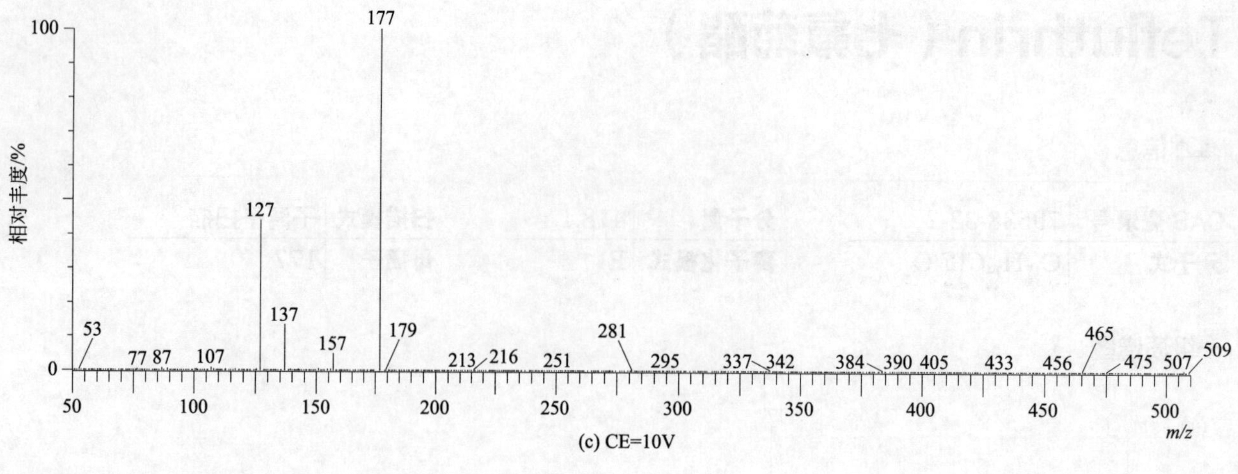

(c) CE=10V

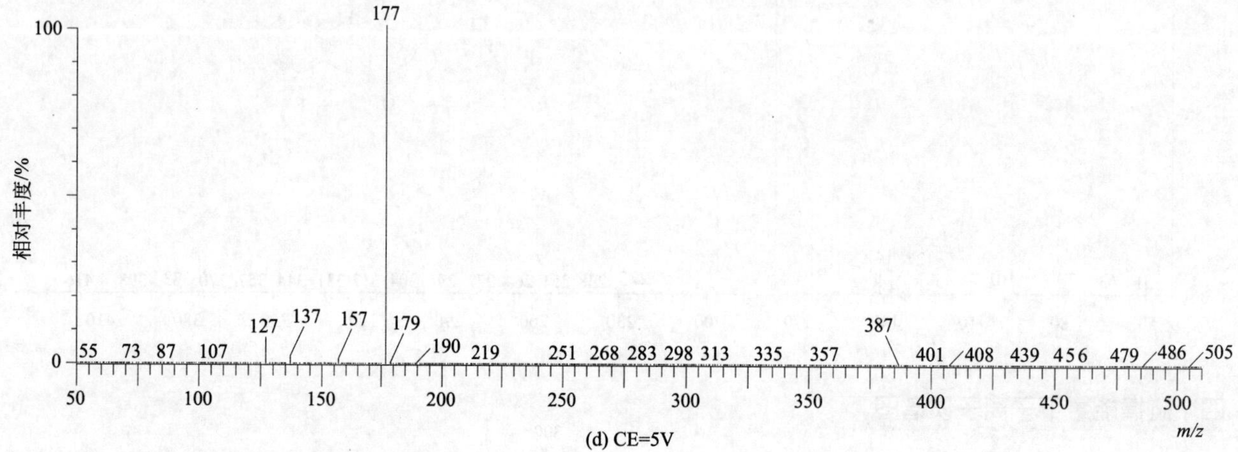

(d) CE=5V

Terbacil（特草定）

基本信息

CAS 登录号	5902-51-2	分子量	216.1	扫描模式	子离子扫描
分子式	$C_9H_{13}ClN_2O_2$	离子化模式	EI	母离子	161

一级质谱图

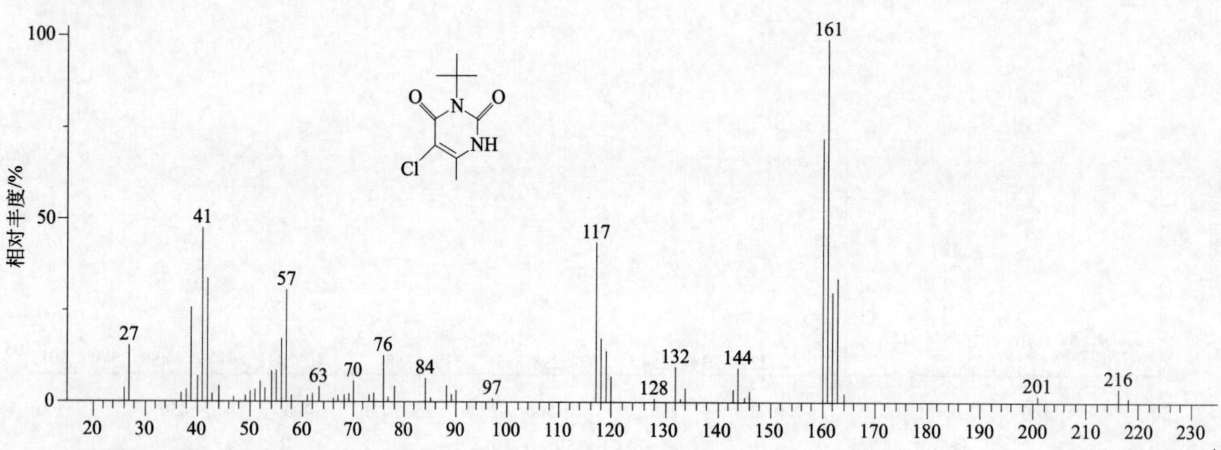

四个碰撞能量下子离子质谱图

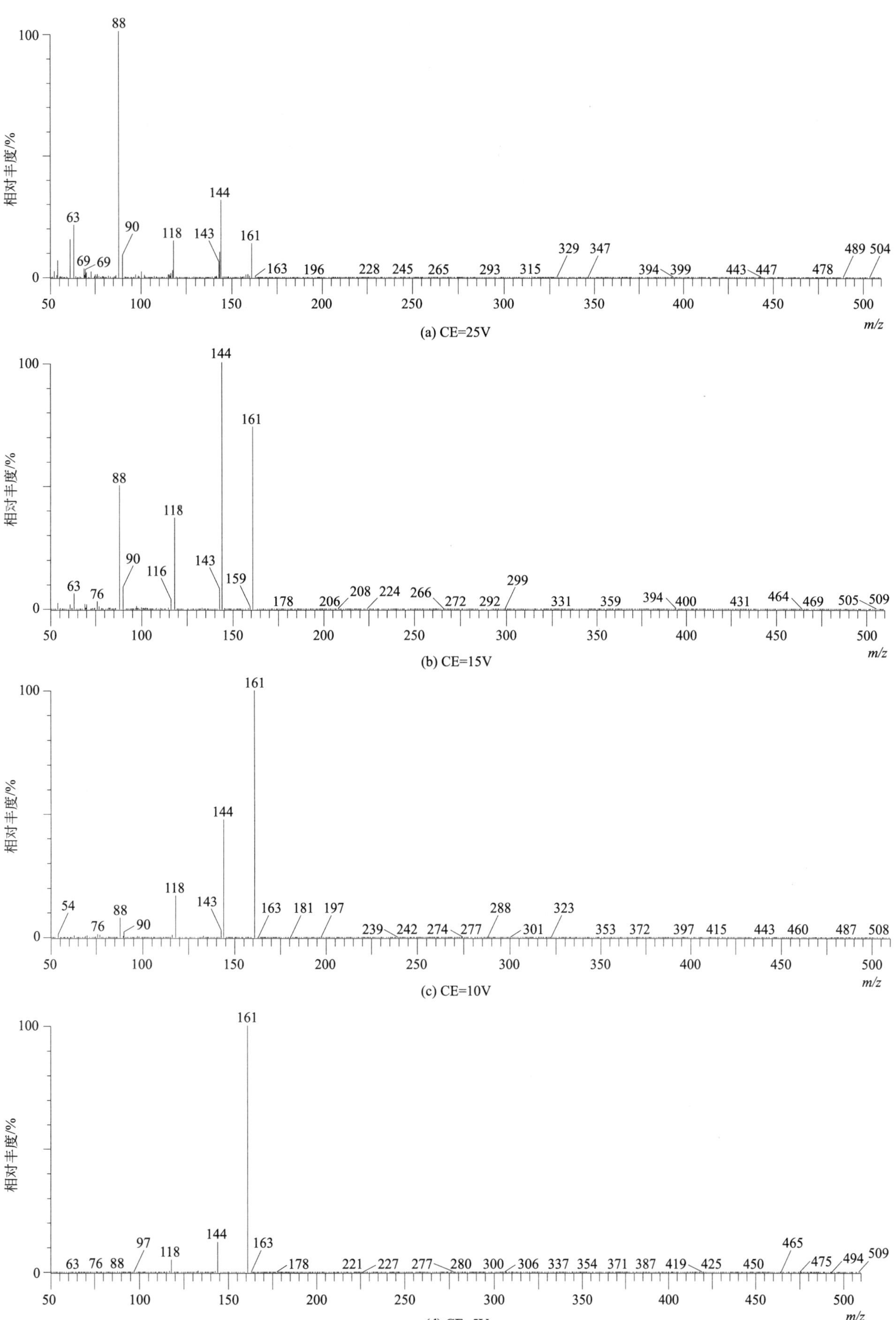

(a) CE=25V

(b) CE=15V

(c) CE=10V

(d) CE=5V

Terbucarb（特草灵）

基本信息

CAS 登录号	1918-11-2	分子量	277.2	扫描模式	子离子扫描
分子式	$C_{17}H_{27}NO_2$	离子化模式	EI	母离子	220

一级质谱图

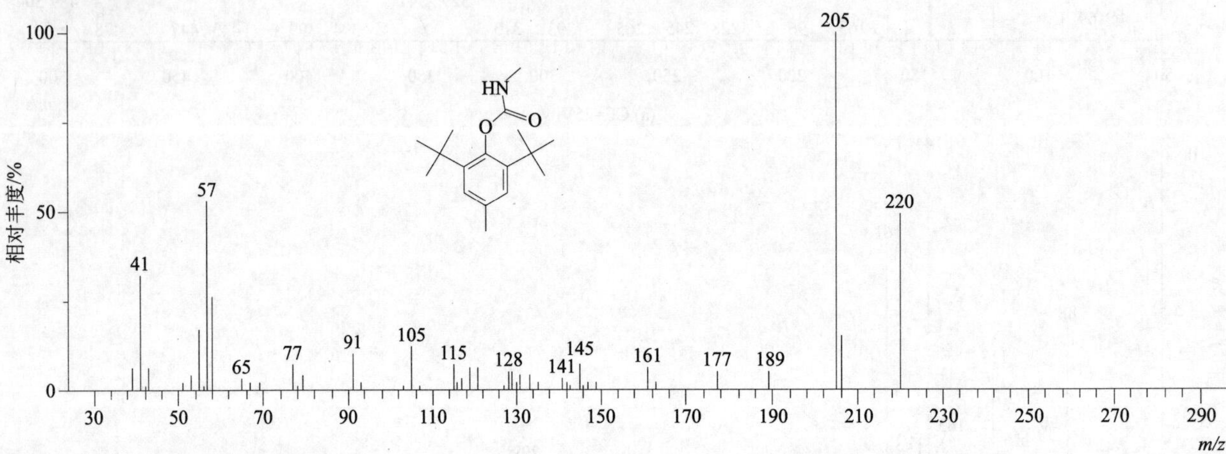

四个碰撞能量下子离子质谱图

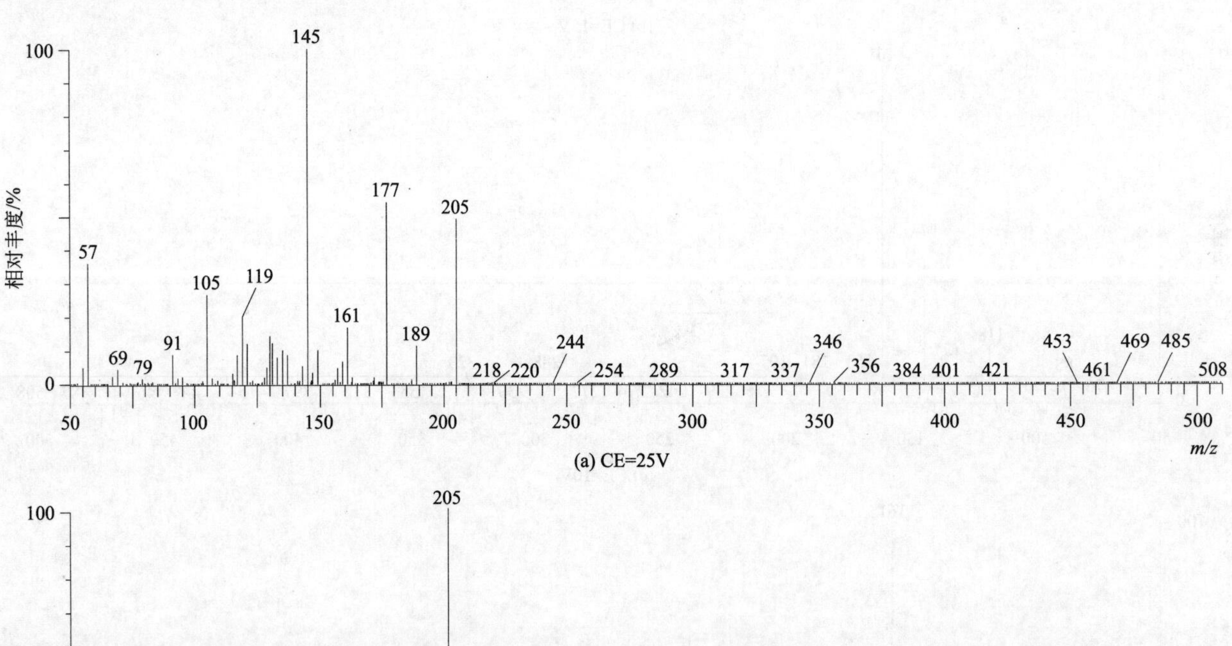

(a) CE=25V

(b) CE=15V

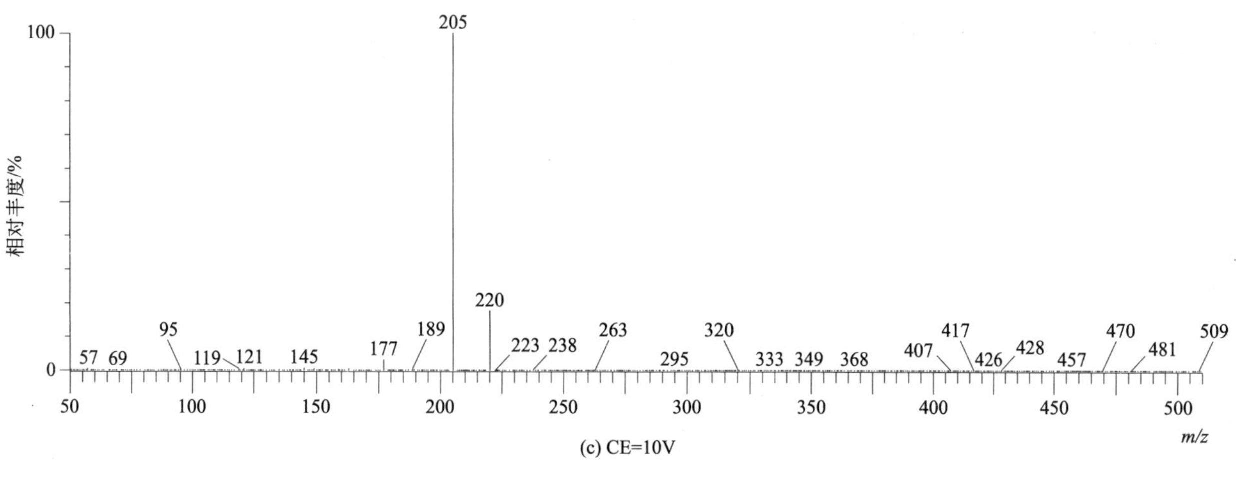

(c) CE=10V

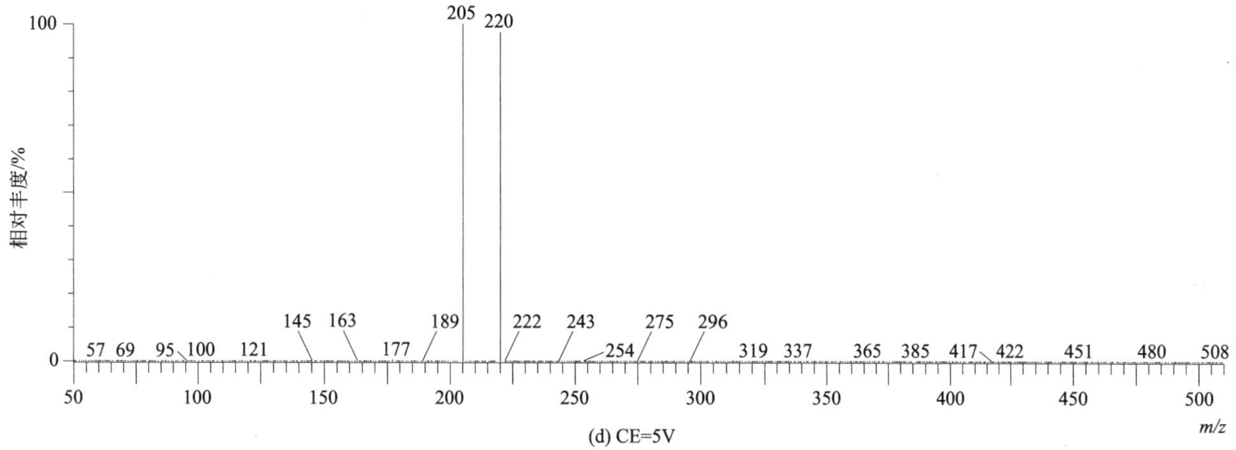

(d) CE=5V

Terbufos（特丁硫磷）

基本信息

CAS 登录号	13071-79-9	分子量	288.0	扫描模式	子离子扫描
分子式	$C_9H_{21}O_2PS_3$	离子化模式	EI	母离子	231

一级质谱图

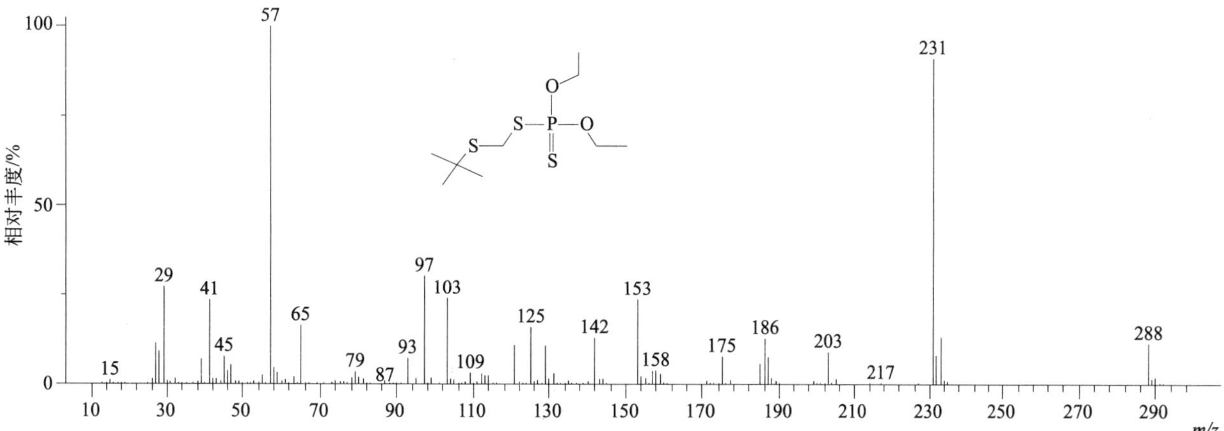

四个碰撞能量下子离子质谱图

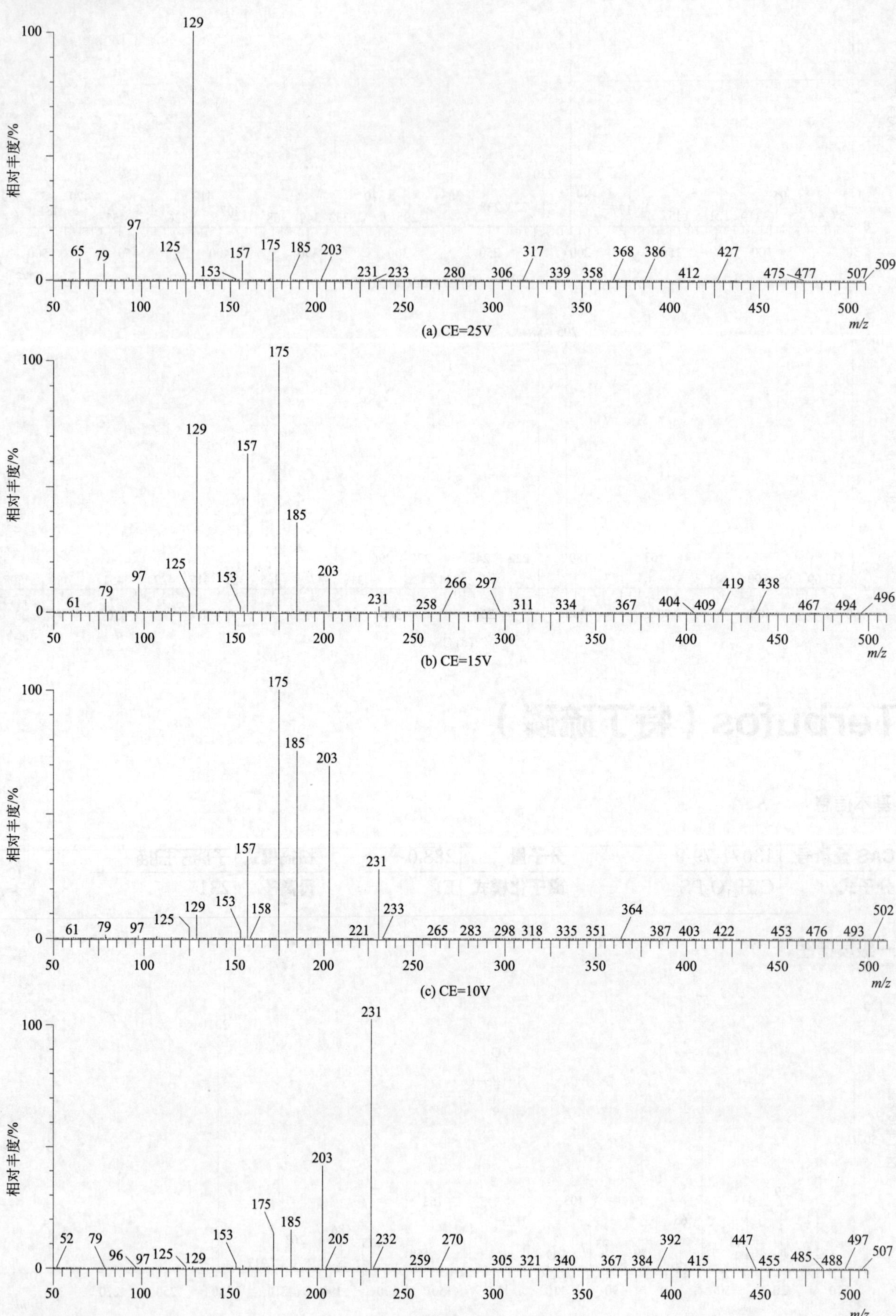

(a) CE=25V

(b) CE=15V

(c) CE=10V

(d) CE=5V

Terbuthylazine（特丁津）

基本信息

CAS 登录号	5915-41-3	分子量	229.1	扫描模式	子离子扫描
分子式	$C_9H_{16}ClN_5$	离子化模式	EI	母离子	214

一级质谱图

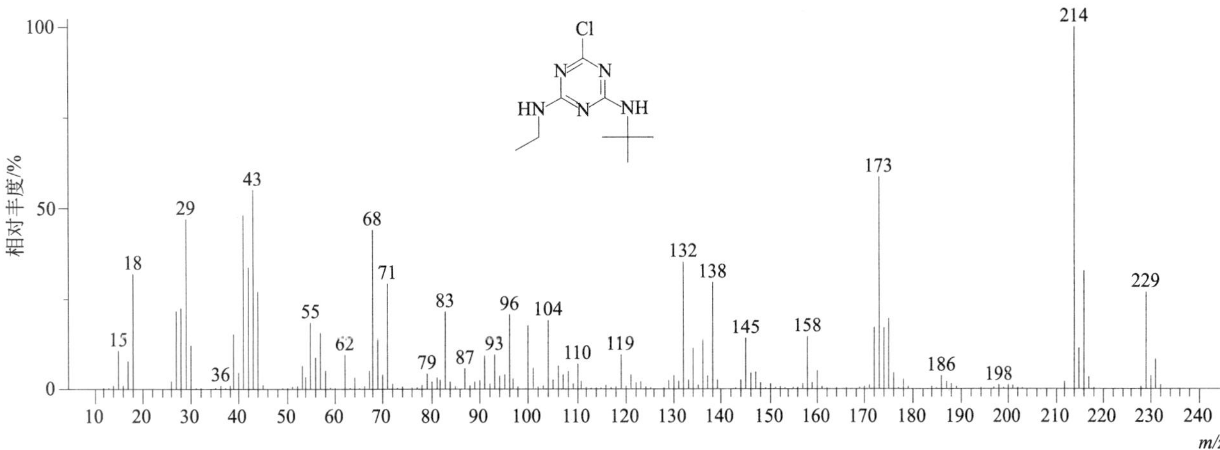

四个碰撞能量下子离子质谱图

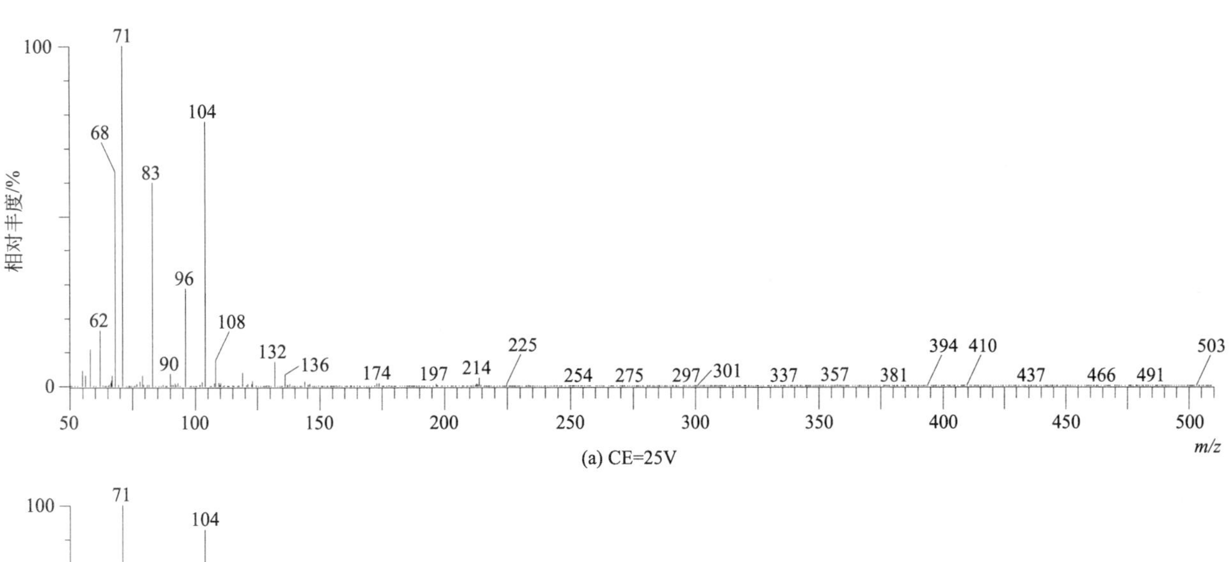

(a) CE=25V

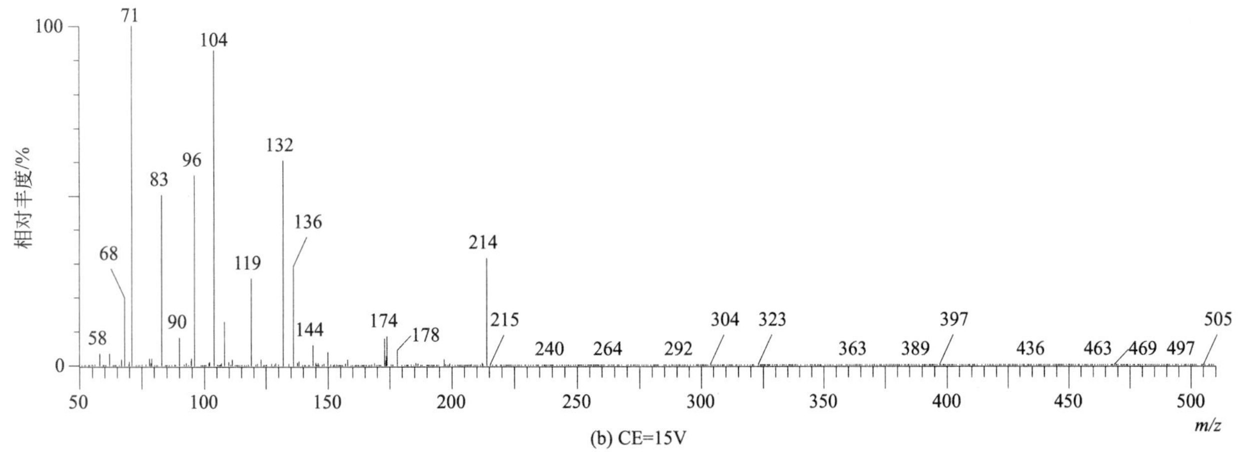

(b) CE=15V

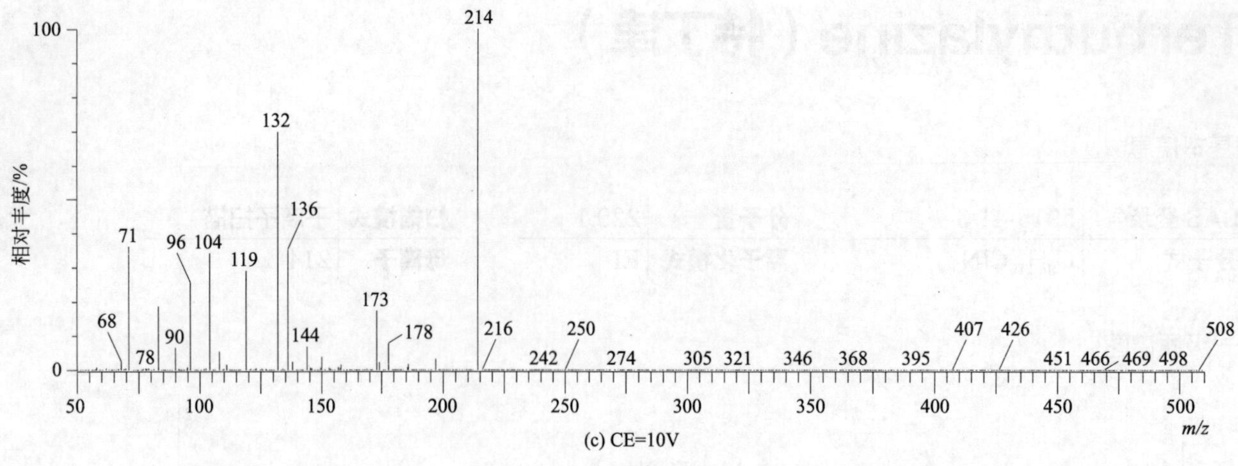

(c) CE=10V

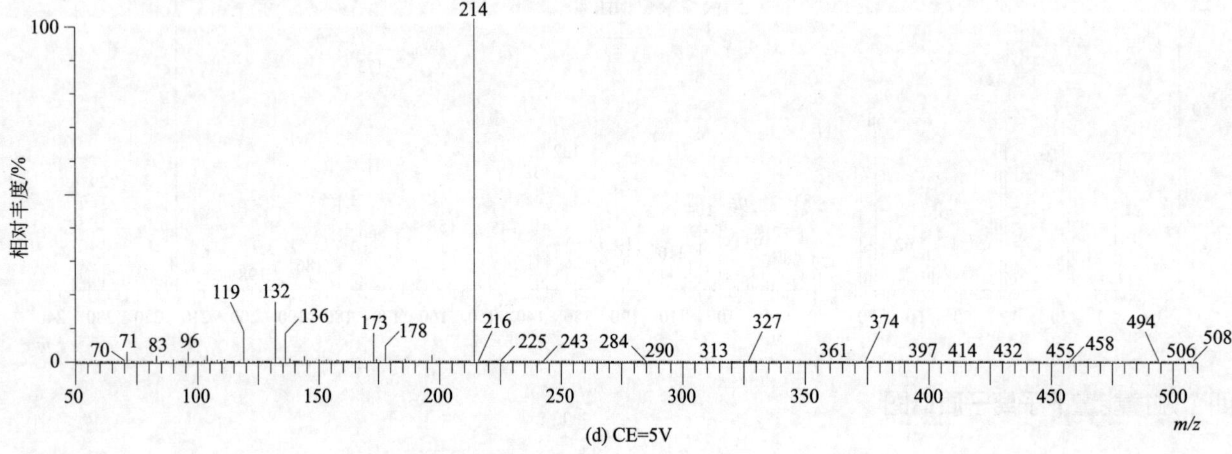

(d) CE=5V

Terbutryne（特丁净）

基本信息

CAS 登录号	886-50-0	分子量	241.1	扫描模式	子离子扫描
分子式	$C_{10}H_{19}N_5S$	离子化模式	EI	母离子	226

一级质谱图

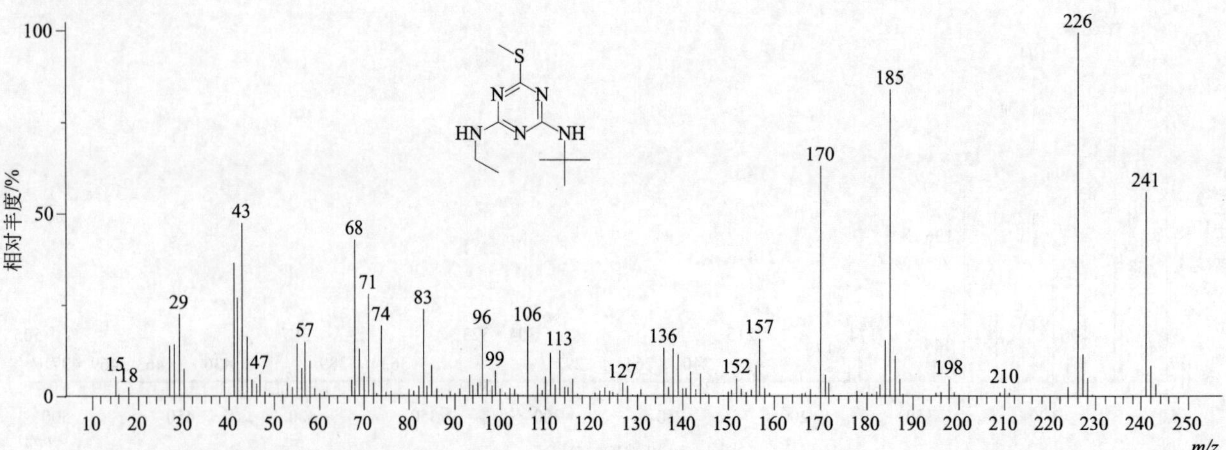

四个碰撞能量下子离子质谱图

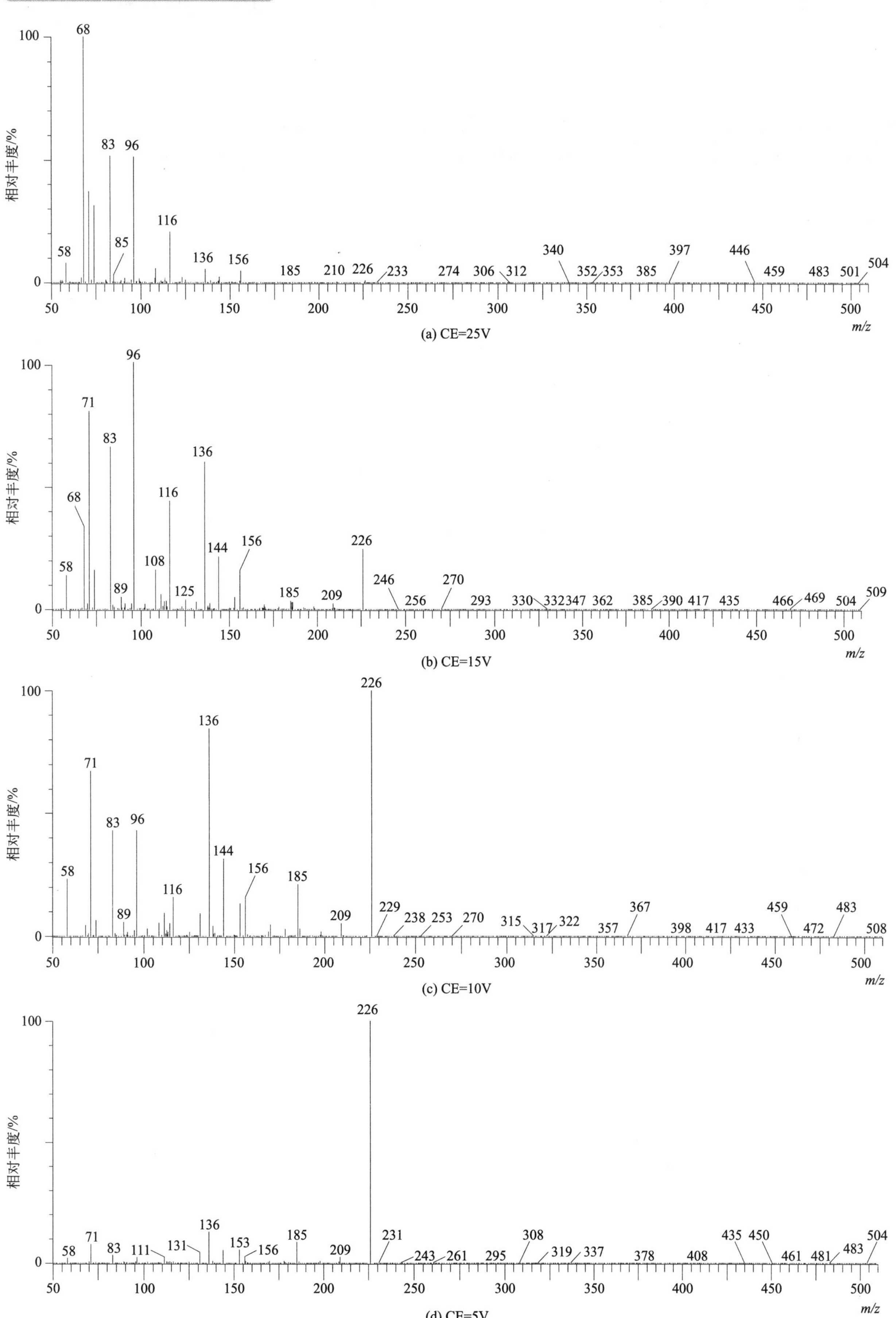

(a) CE=25V

(b) CE=15V

(c) CE=10V

(d) CE=5V

2,3,4,5-Tetrachloroaniline（2,3,4,5-四氯苯胺）

基本信息

CAS 登录号	634-83-3	分子量	228.9	扫描模式	子离子扫描
分子式	$C_6H_3Cl_4N$	离子化模式	EI	母离子	231

一级质谱图

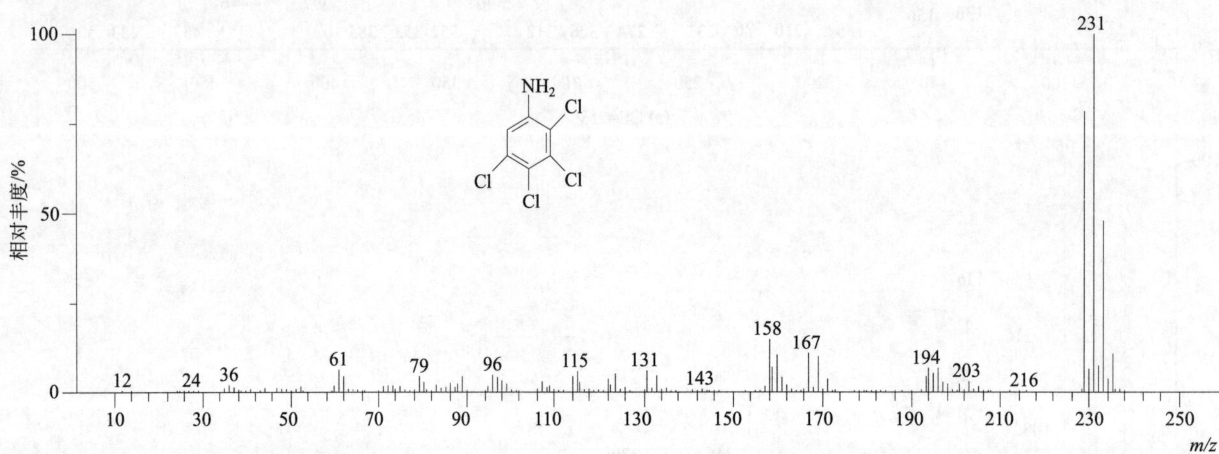

四个碰撞能量下子离子质谱图

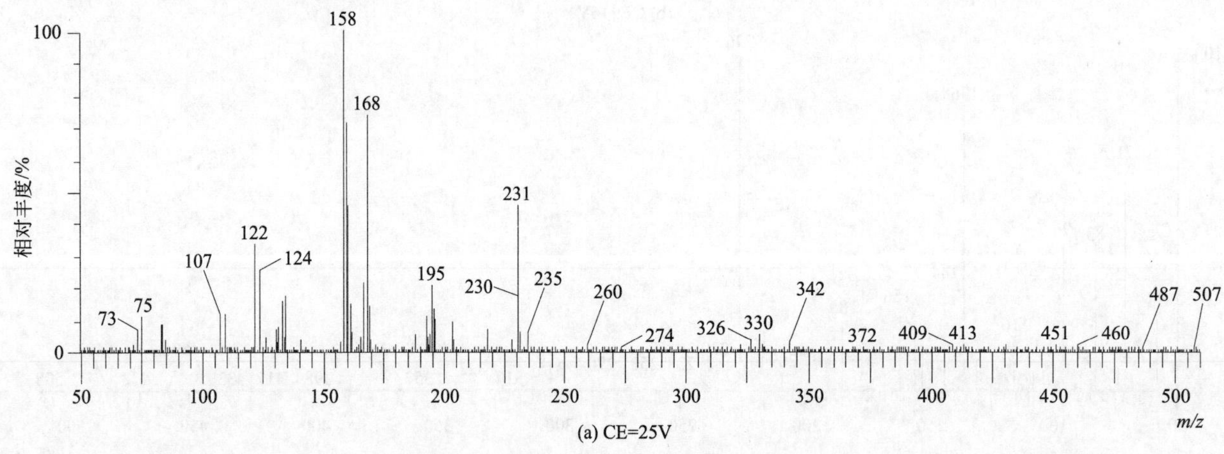

(a) CE=25V

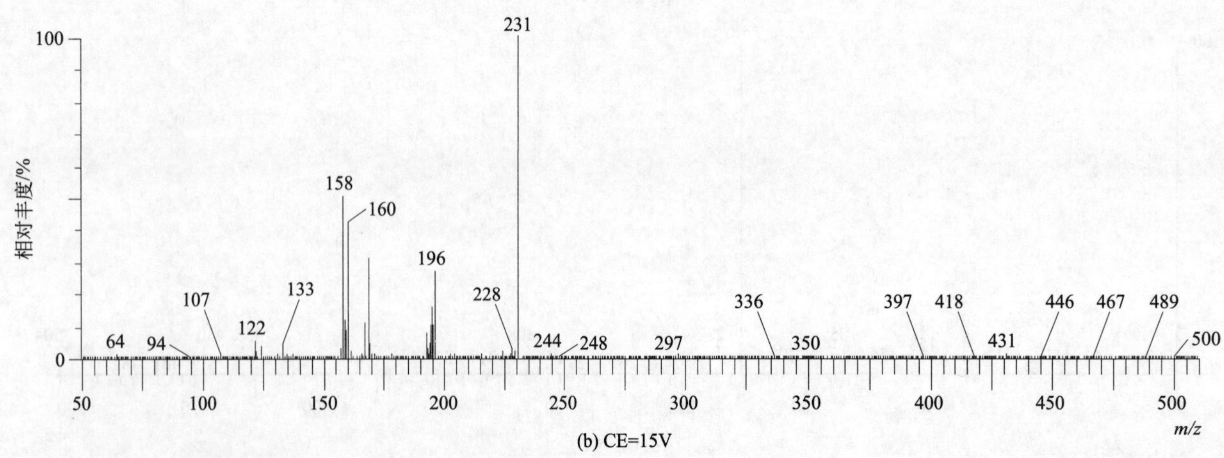

(b) CE=15V

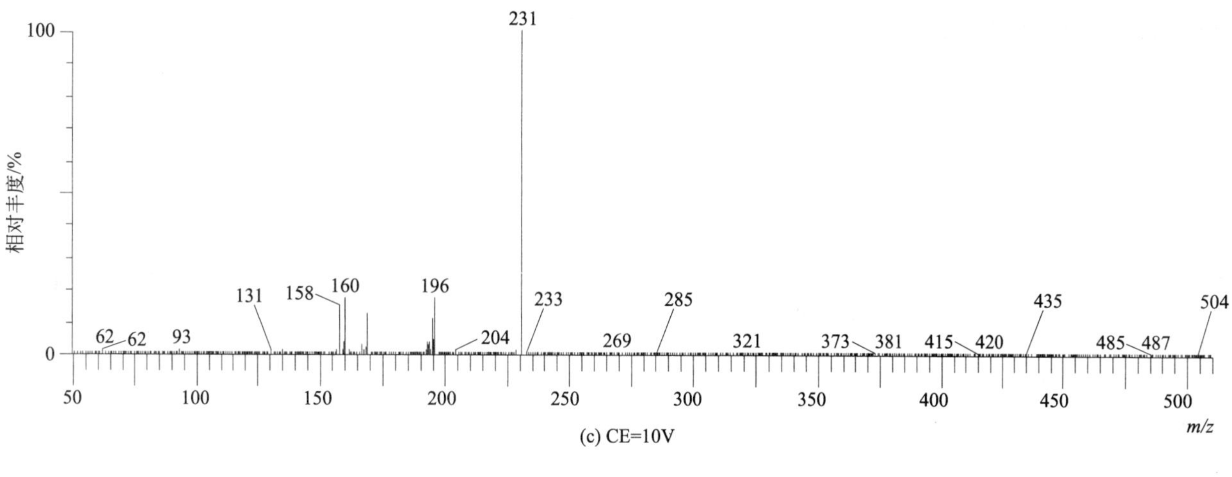

(c) CE=10V

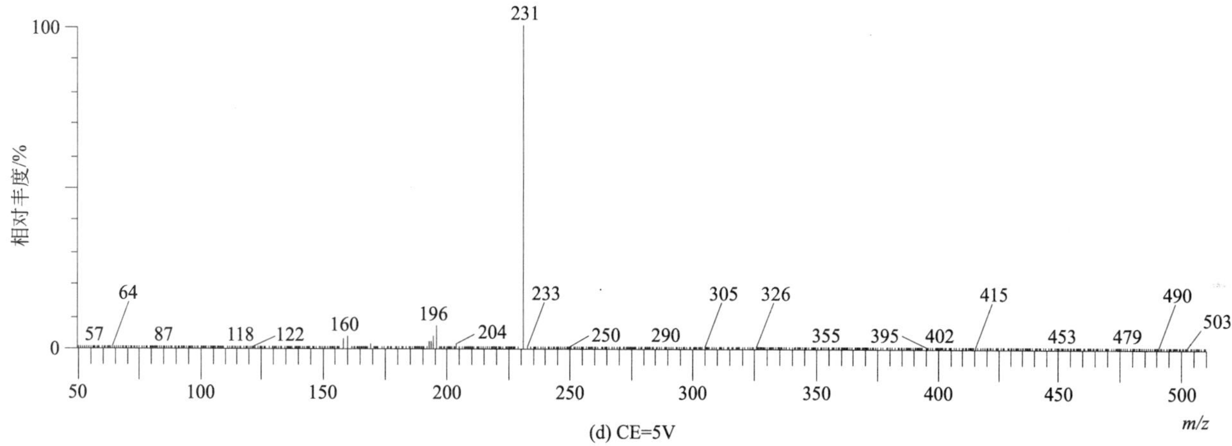

(d) CE=5V

2,3,5,6-Tetrachloroaniline（2,3,5,6-四氯苯胺）

基本信息

CAS 登录号	3481-20-7	**分子量**	228.9	**扫描模式**	子离子扫描
分子式	$C_6H_3Cl_4N$	**离子化模式**	EI	**母离子**	231

一级质谱图

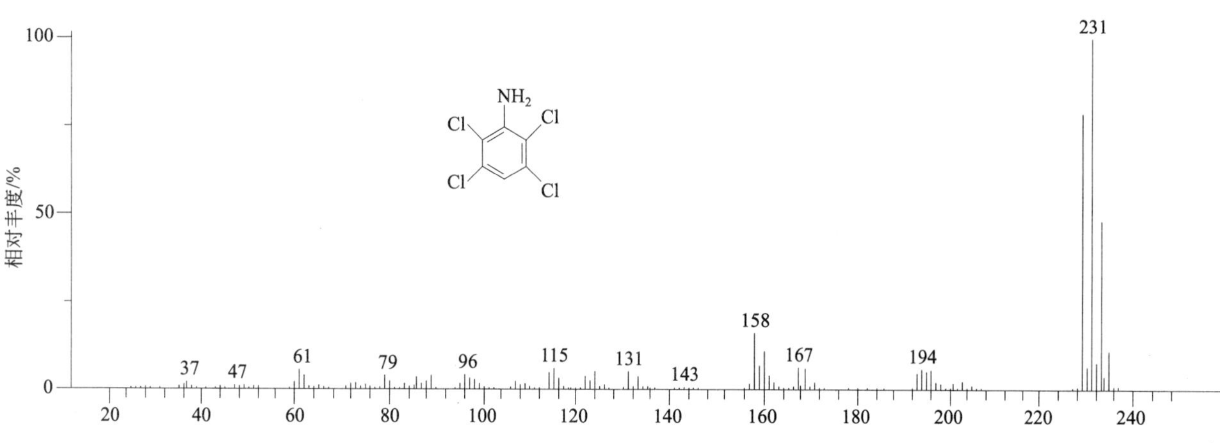

四个碰撞能量下子离子质谱图

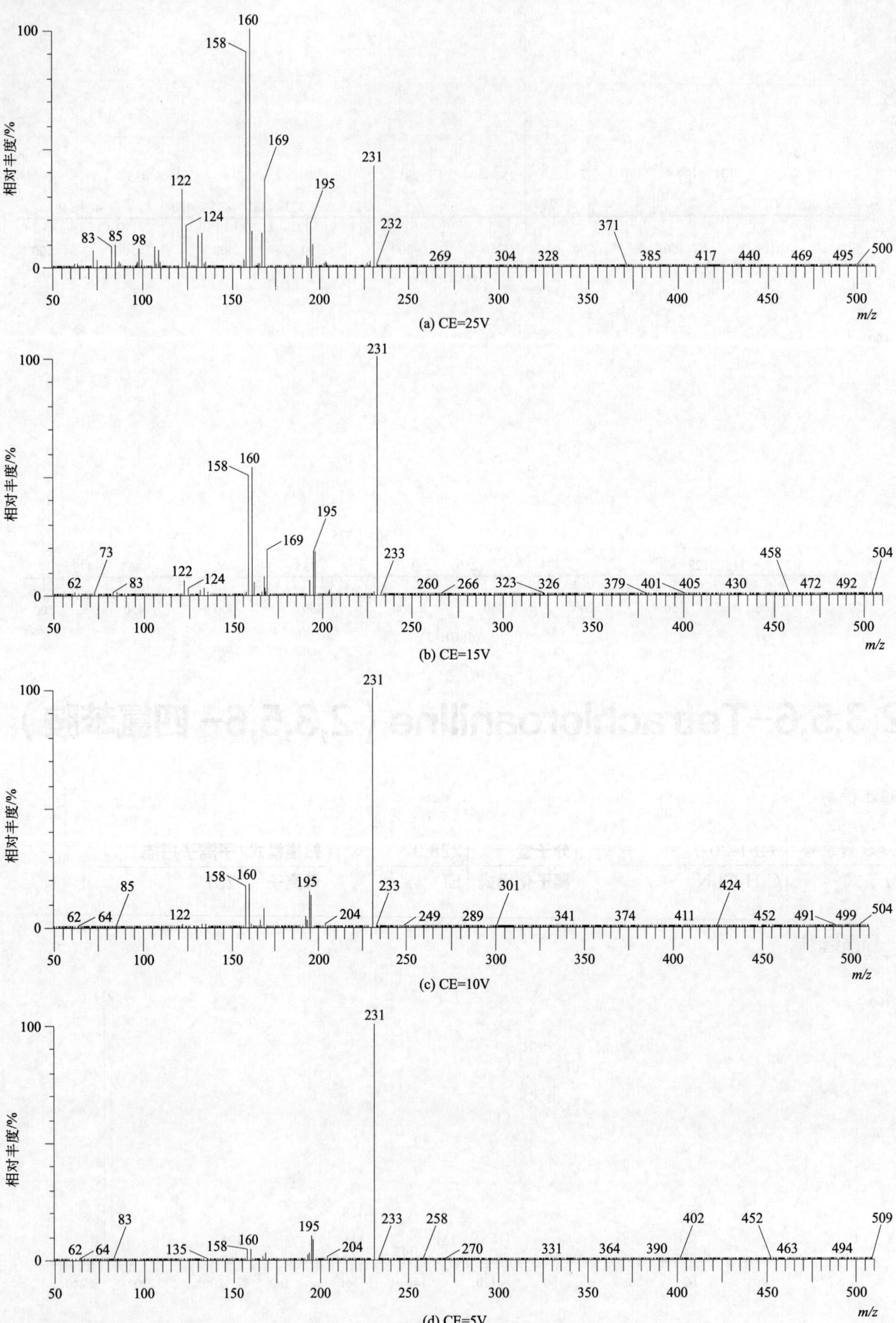

(a) CE=25V

(b) CE=15V

(c) CE=10V

(d) CE=5V

Tetrachlorvinphos（杀虫畏）

基本信息

CAS 登录号	22248-79-9	分子量	363.9	扫描模式	子离子扫描
分子式	$C_{10}H_9Cl_4O_4P$	离子化模式	EI	母离子	331

一级质谱图

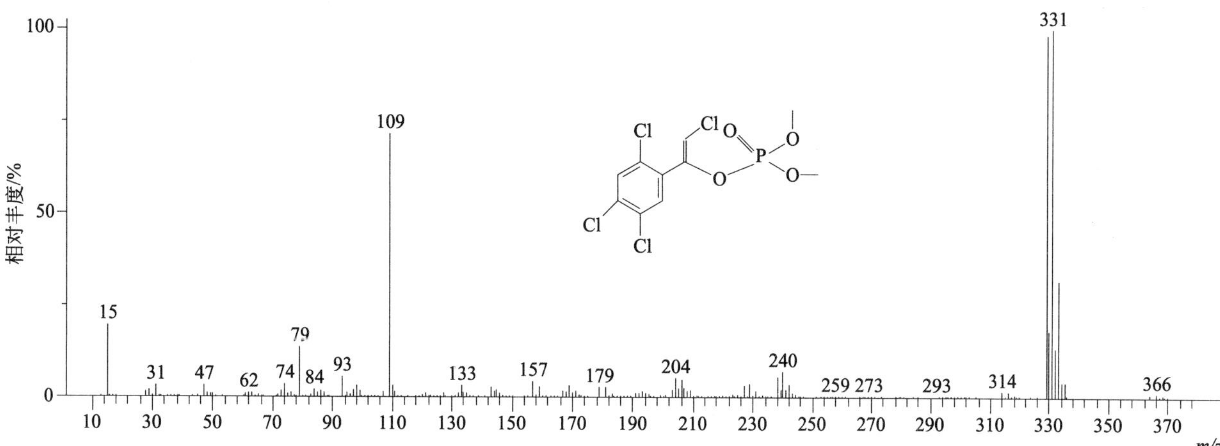

四个碰撞能量下子离子质谱图

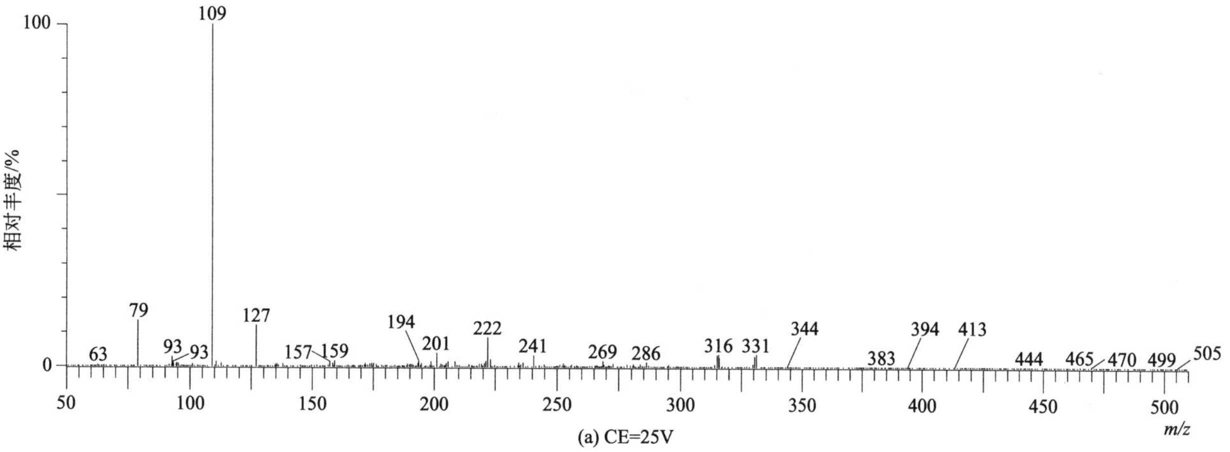

(a) CE=25V

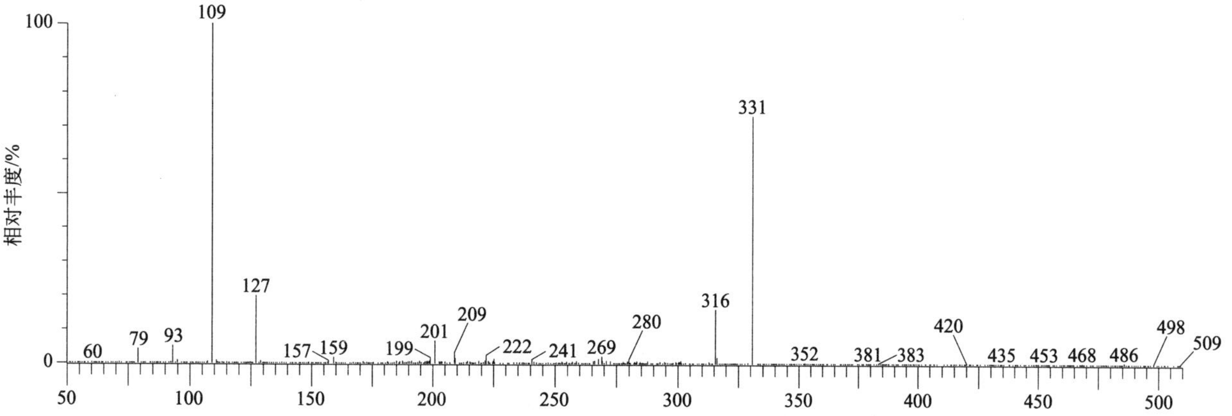

(b) CE=15V

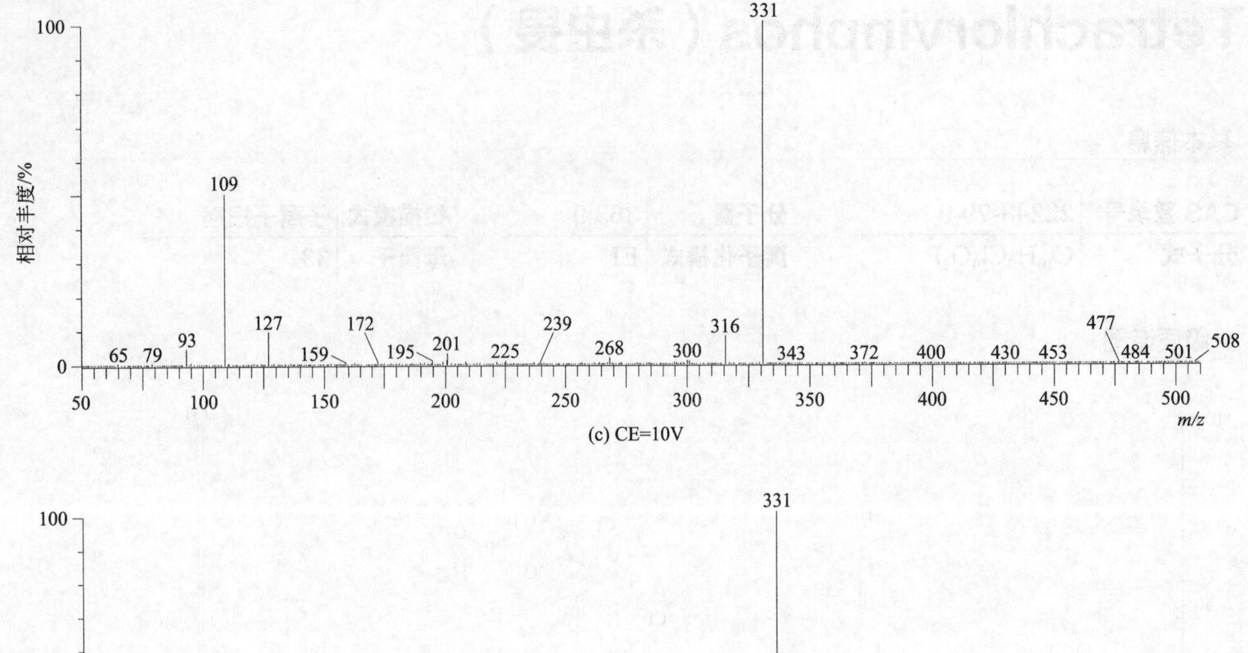

(c) CE=10V

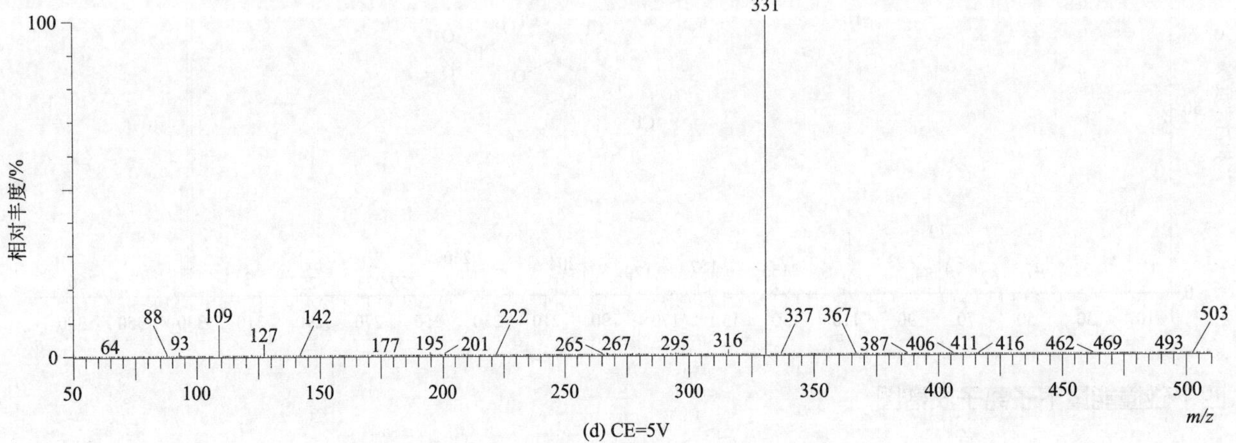

(d) CE=5V

Tetraconazole（四氟醚唑）

基本信息

CAS 登录号	112281-77-3	**分子量**	371.0	**扫描模式**	子离子扫描
分子式	$C_{13}H_{11}Cl_2F_4N_3O$	**离子化模式**	EI	**母离子**	336

一级质谱图

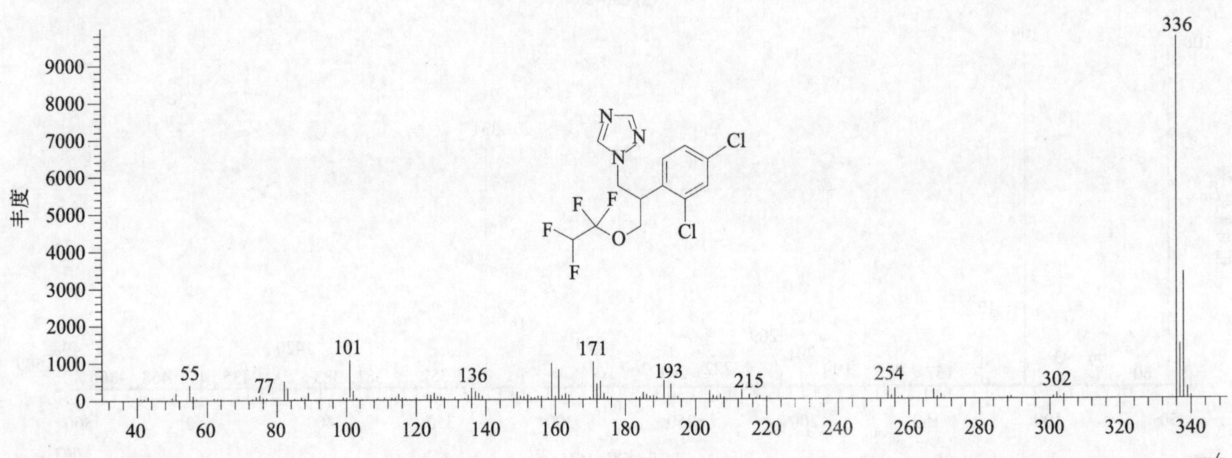

四个碰撞能量下子离子质谱图

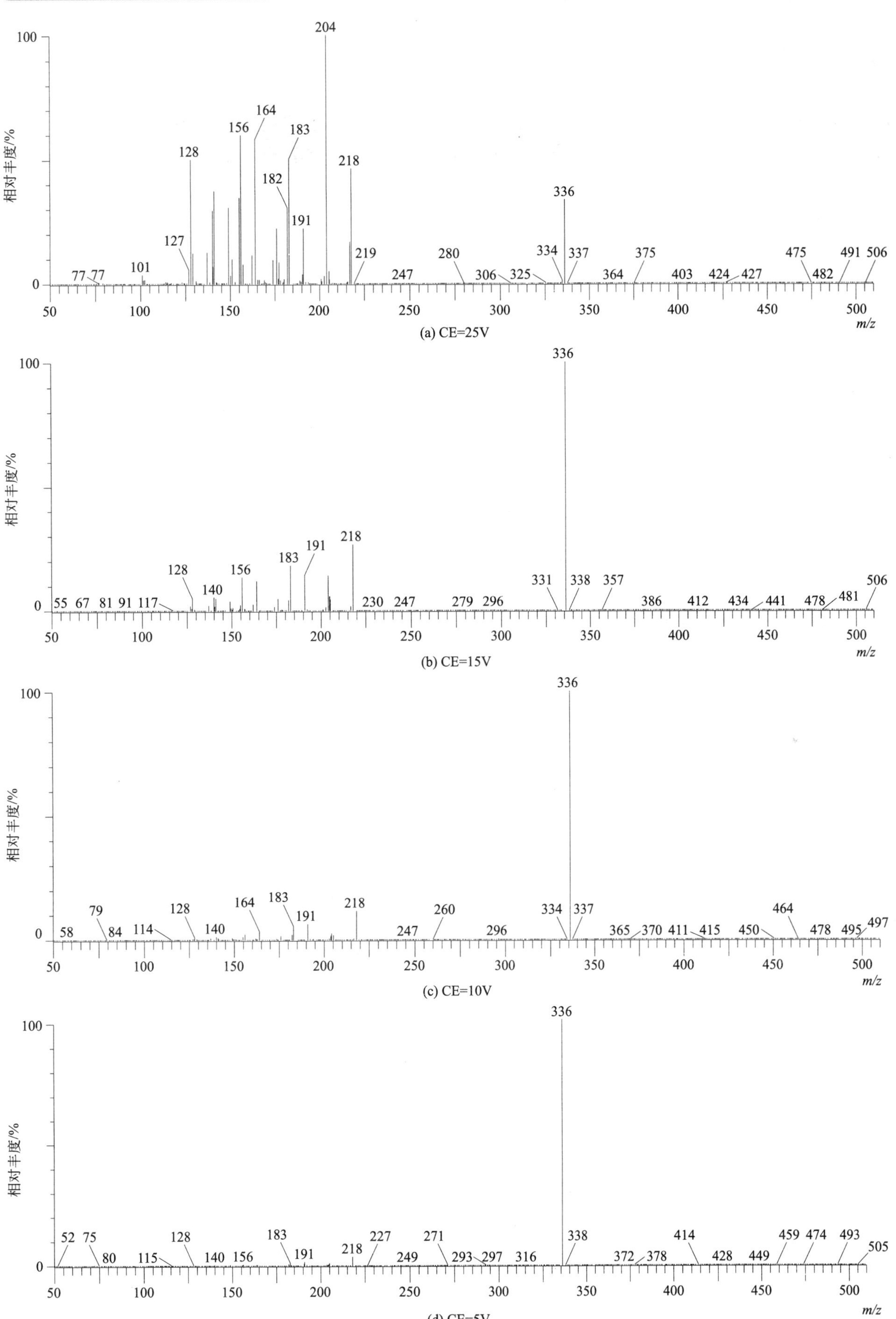

(a) CE=25V

(b) CE=15V

(c) CE=10V

(d) CE=5V

Tetradifon（三氯杀螨砜）

基本信息

CAS 登录号	116-29-0	分子量	353.9	扫描模式	子离子扫描
分子式	$C_{12}H_6Cl_4O_2S$	离子化模式	EI	母离子	356

一级质谱图

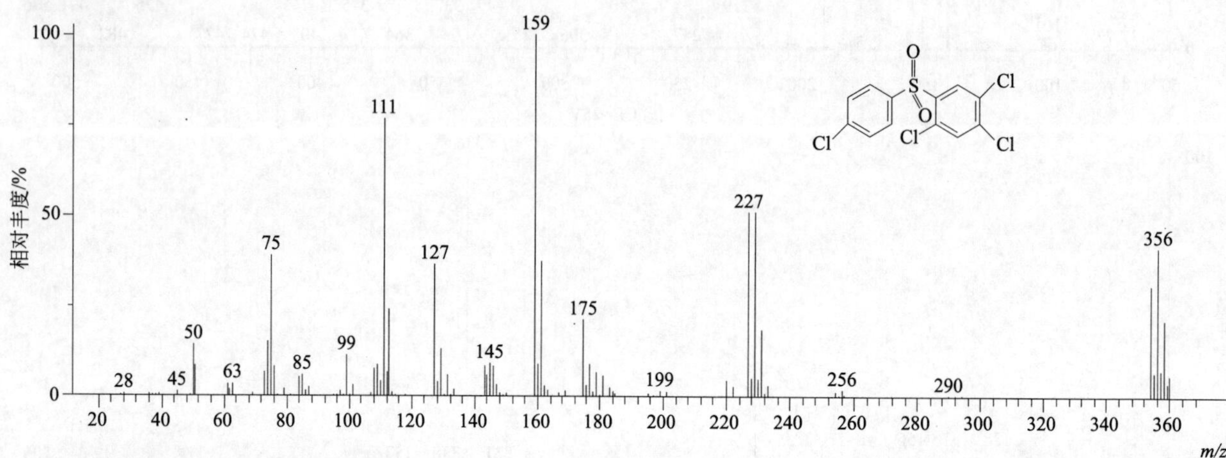

四个碰撞能量下子离子质谱图

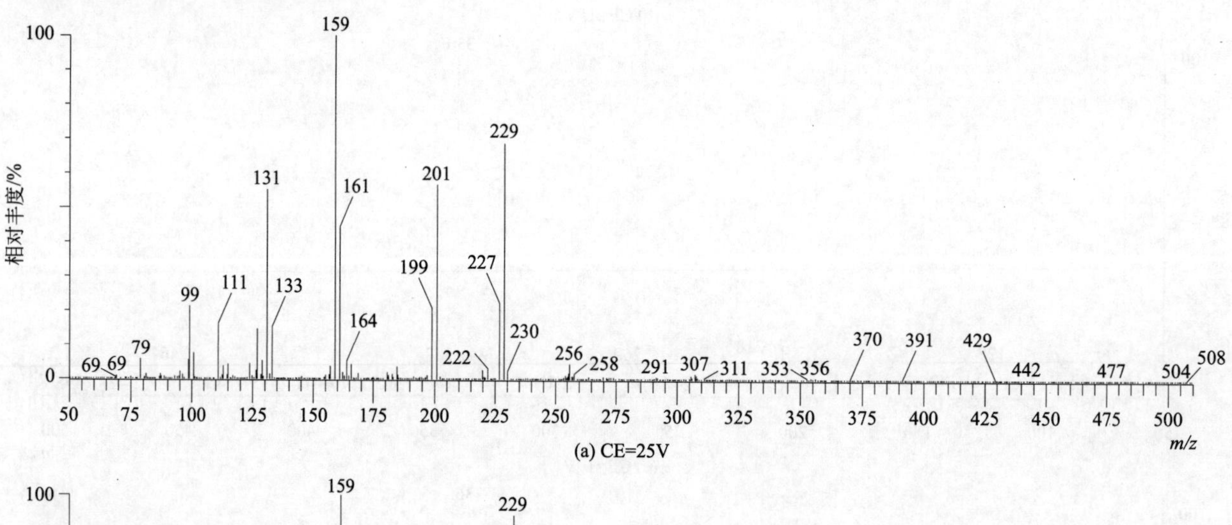

(a) CE=25V

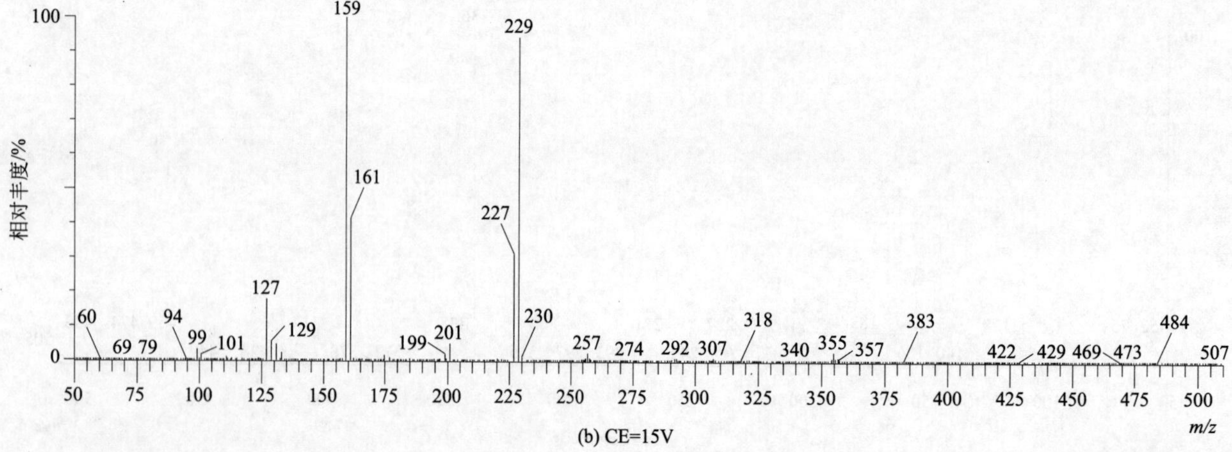

(b) CE=15V

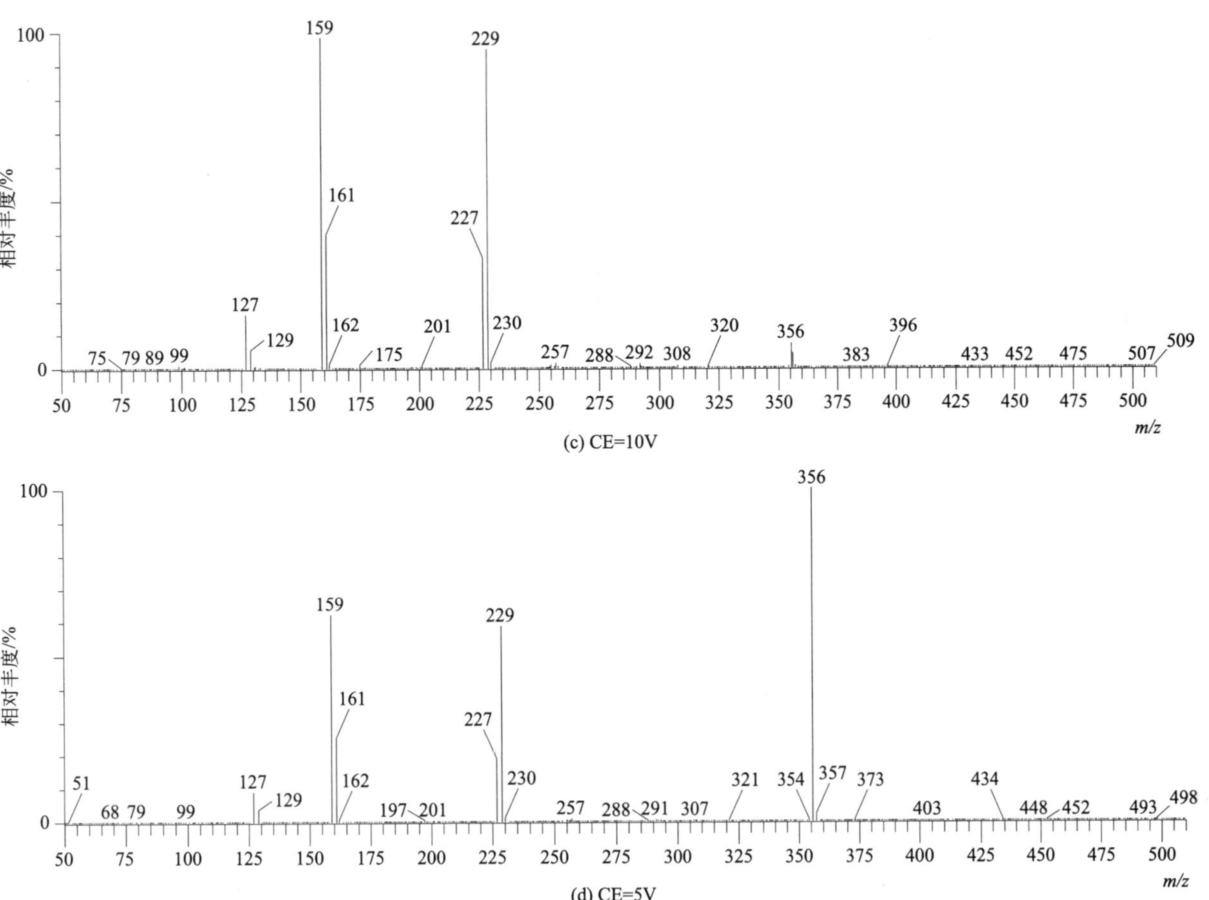

(c) CE=10V

(d) CE=5V

cis-1,2,3,6-Tetrahy drophthalimide（1,2,3,6-四氢邻苯二甲酰亚胺）

基本信息

CAS 登录号	27813-21-4	分子量	151.1	扫描模式	子离子扫描
分子式	$C_8H_9NO_2$	离子化模式	EI	母离子	151

一级质谱图

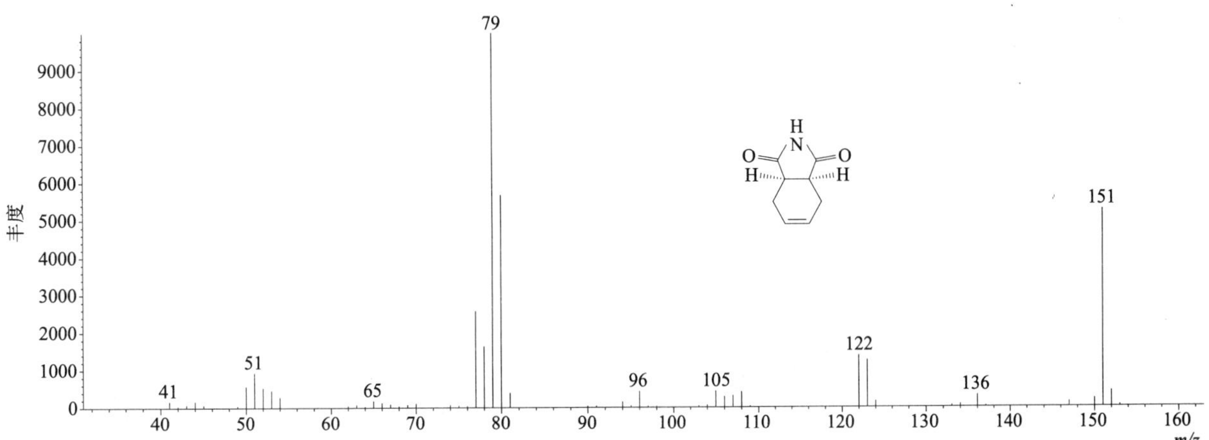

四个碰撞能量下子离子质谱图

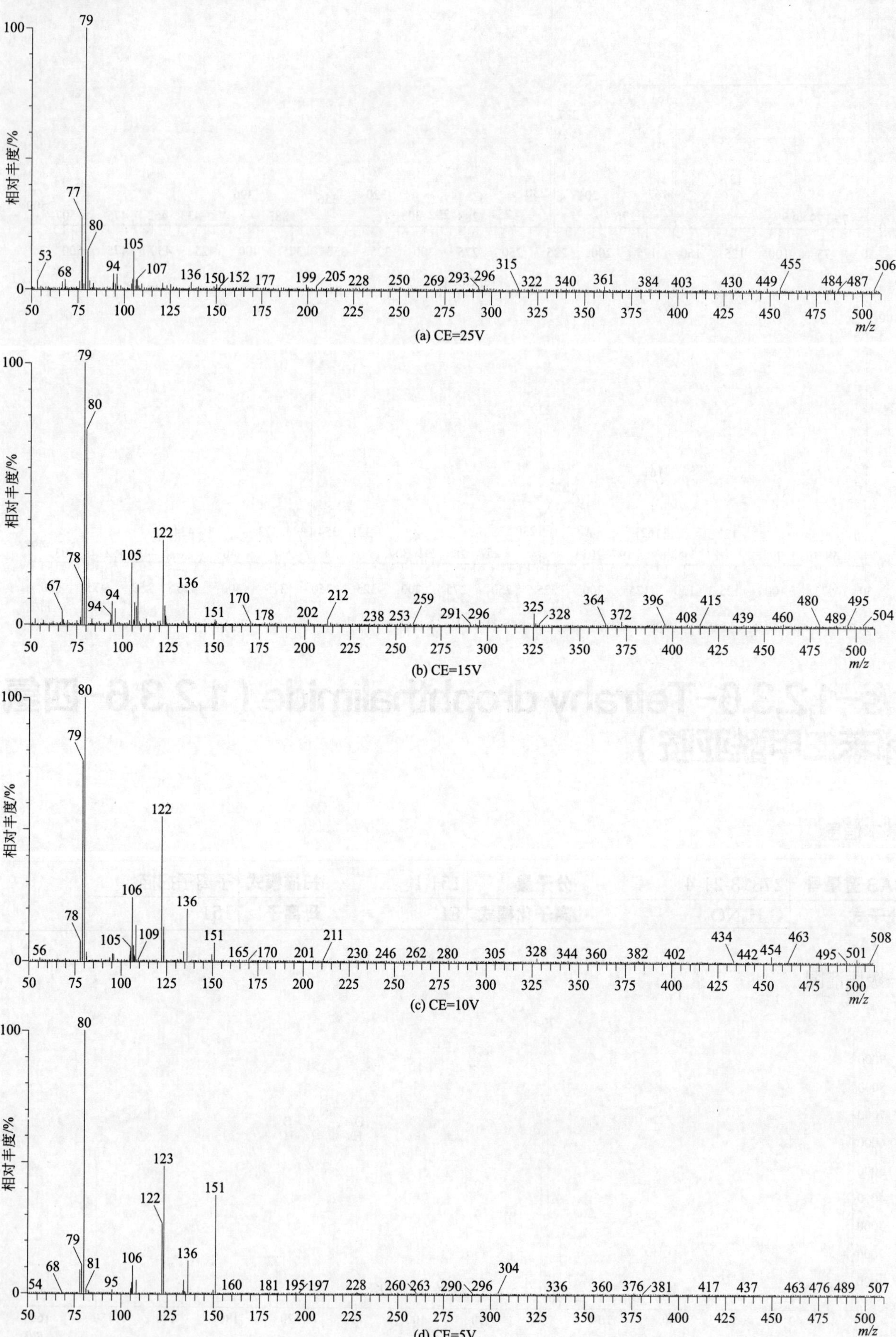

(a) CE=25V

(b) CE=15V

(c) CE=10V

(d) CE=5V

Tetramethrin（胺菊酯）

基本信息

CAS 登录号	7696-12-0	分子量	331.2	扫描模式	子离子扫描
分子式	$C_{19}H_{25}NO_4$	离子化模式	EI	母离子	164

一级质谱图

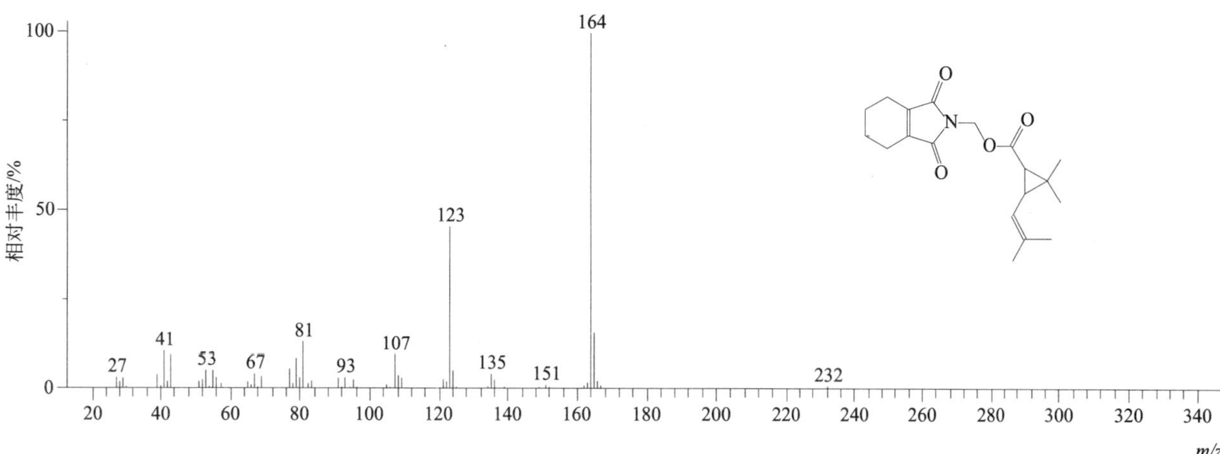

四个碰撞能量下子离子质谱图

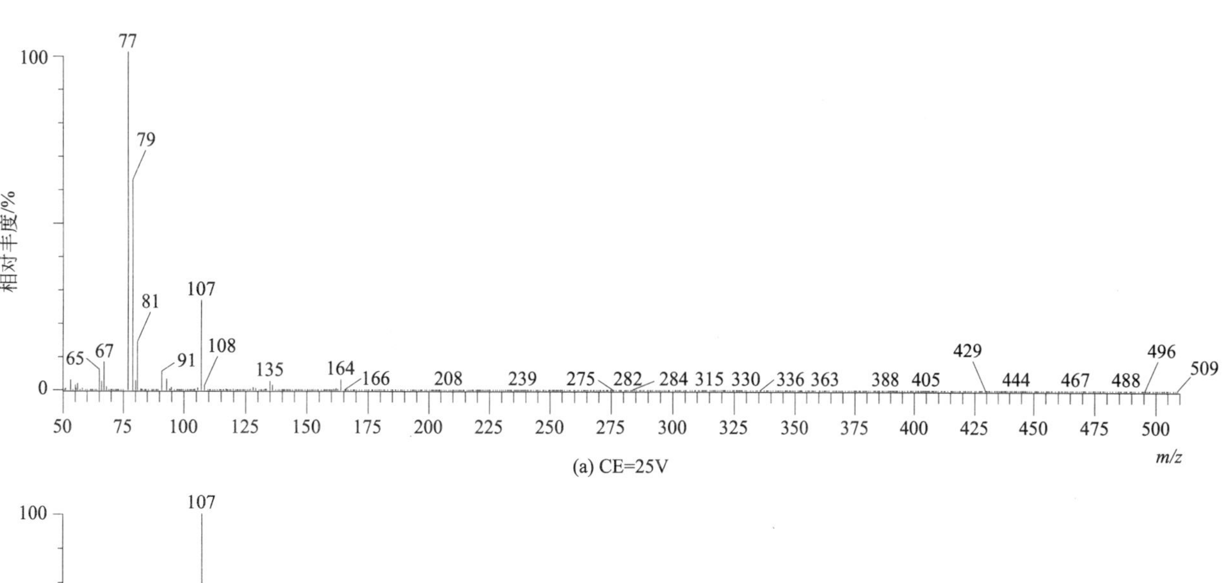

(a) CE=25V

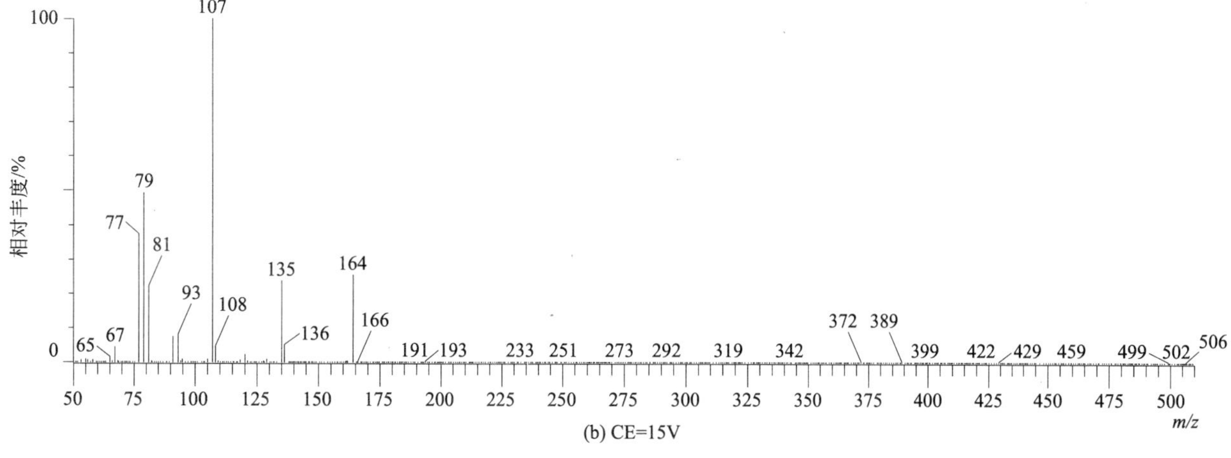

(b) CE=15V

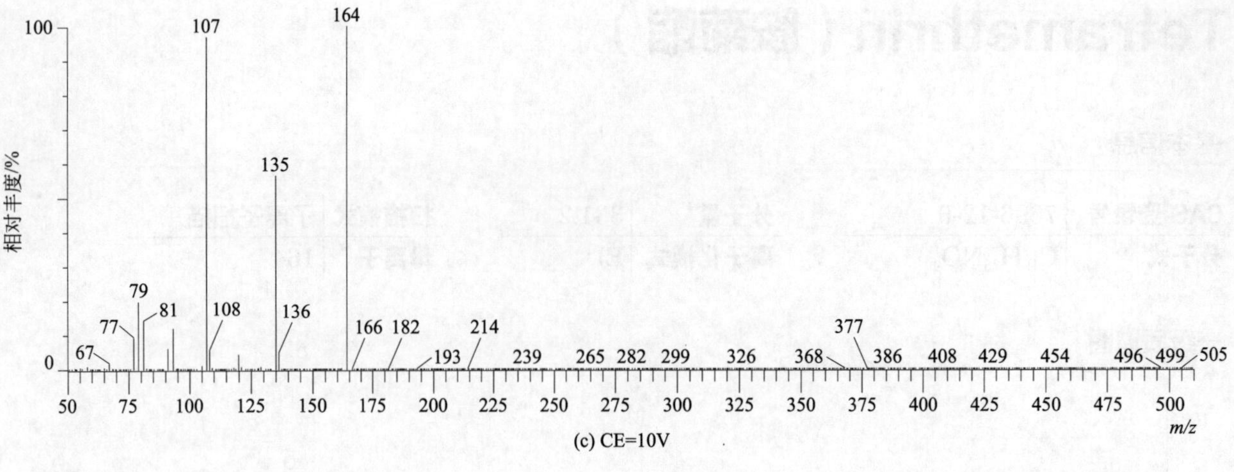

(c) CE=10V

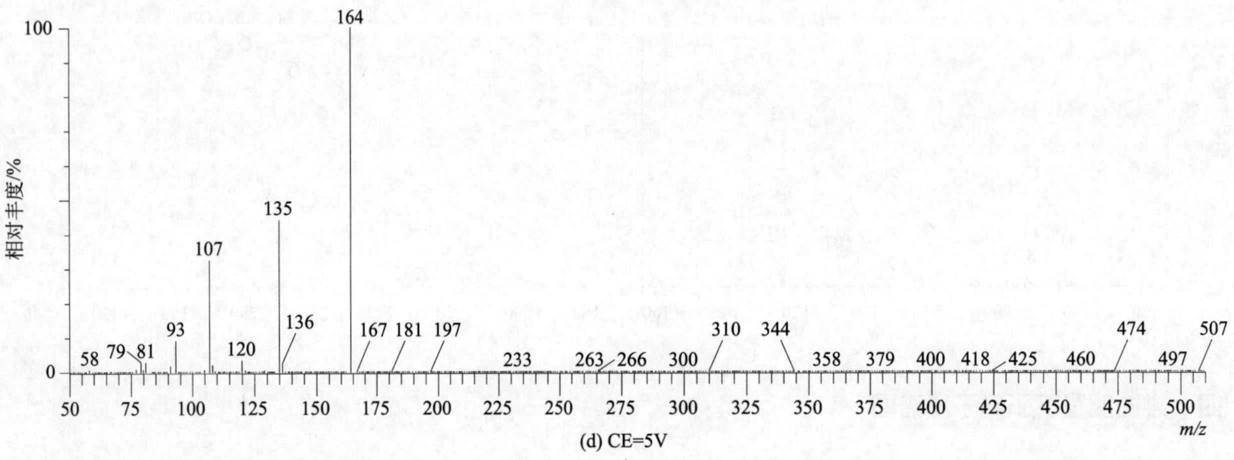

(d) CE=5V

Tetrasul（杀螨好）

基本信息

CAS 登录号	2227-13-6	分子量	321.9	扫描模式	子离子扫描
分子式	$C_{12}H_6Cl_4S$	离子化模式	EI	母离子	324

一级质谱图

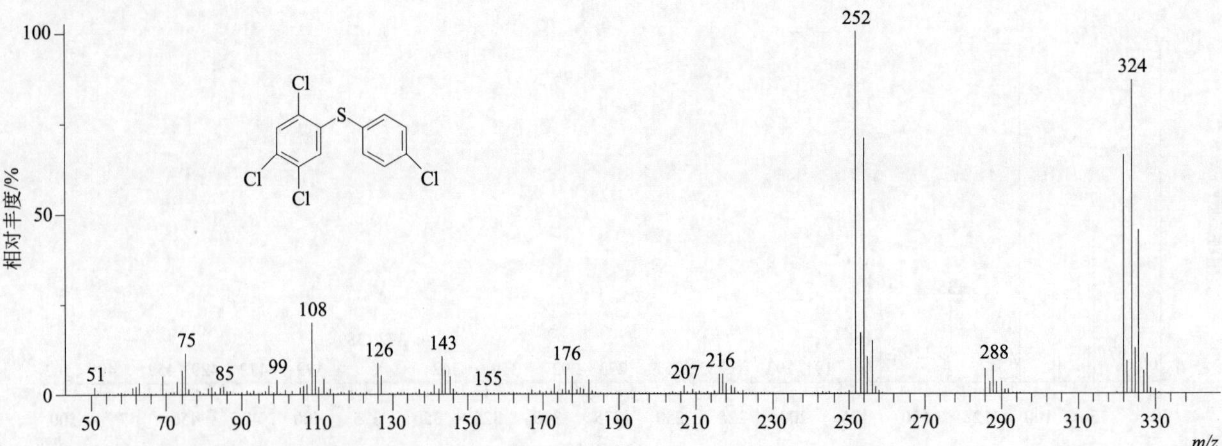

四个碰撞能量下子离子质谱图

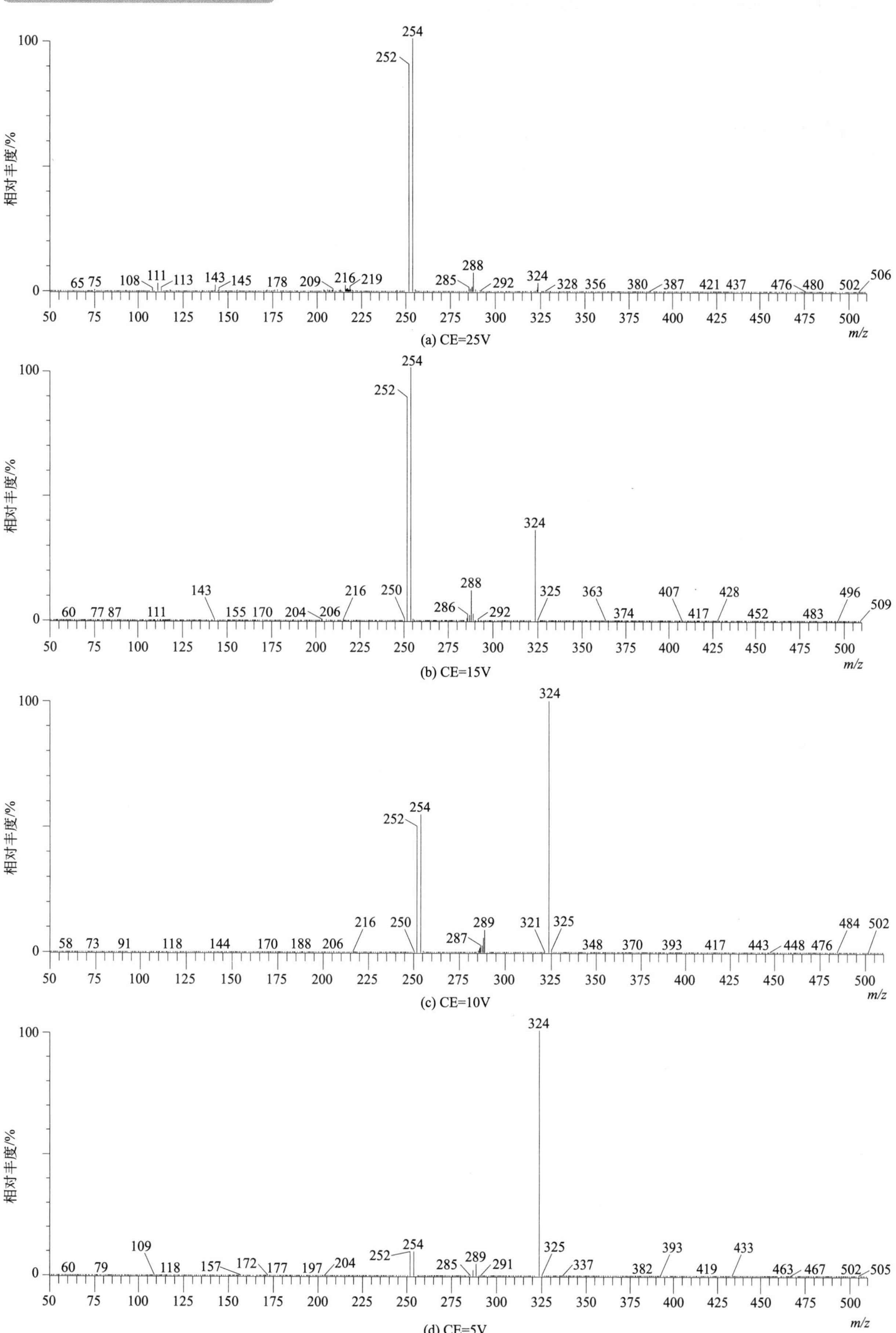

Thenylchlor（噻吩草胺）

基本信息

CAS 登录号	96491-05-3	分子量	323.1	扫描模式	子离子扫描
分子式	$C_{16}H_{18}ClNO_2S$	离子化模式	EI	母离子	288

一级质谱图

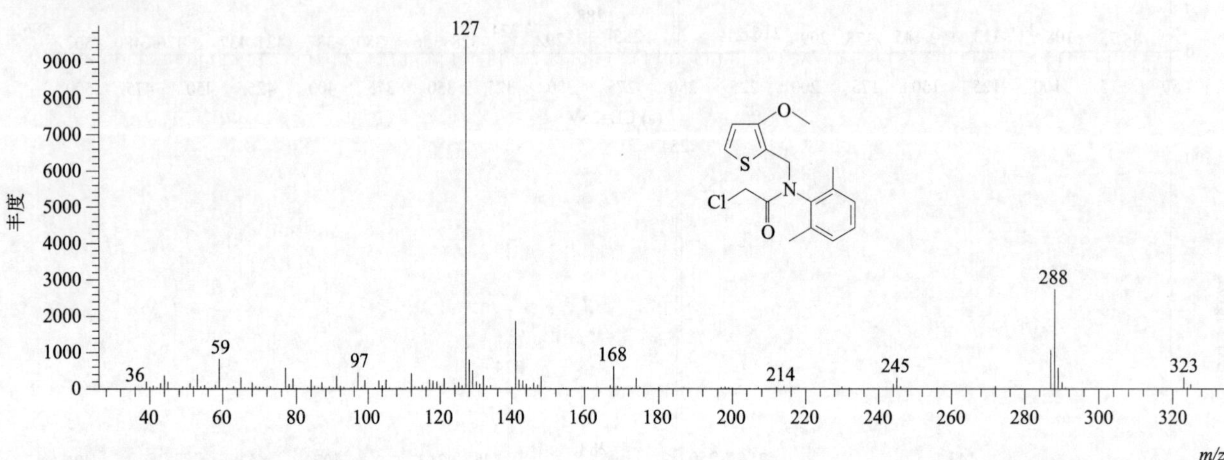

四个碰撞能量下子离子质谱图

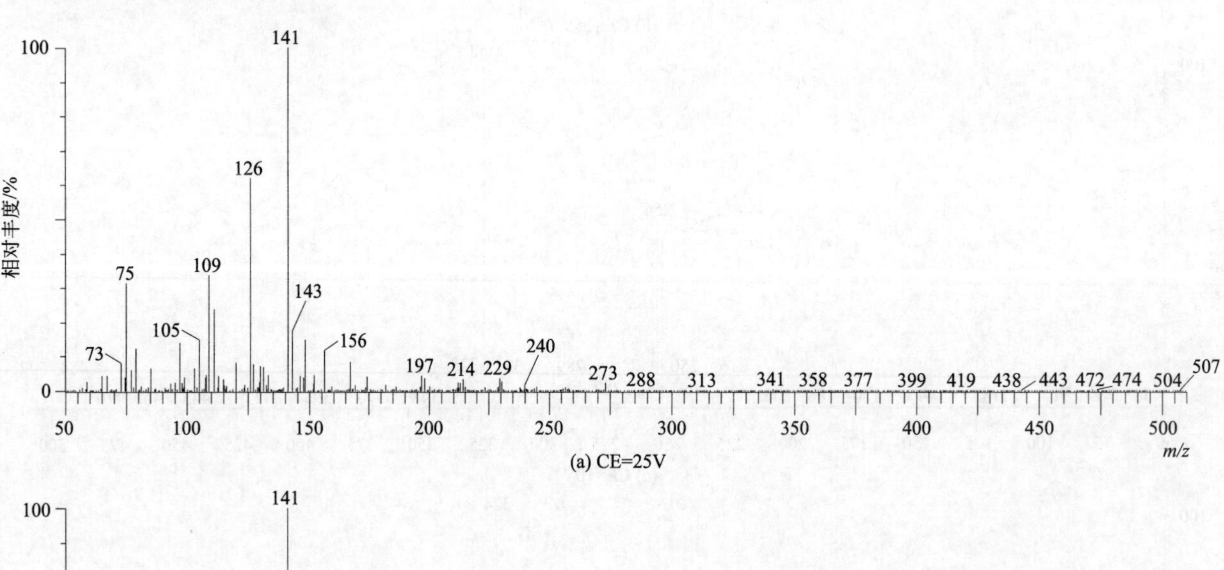

(a) CE=25V

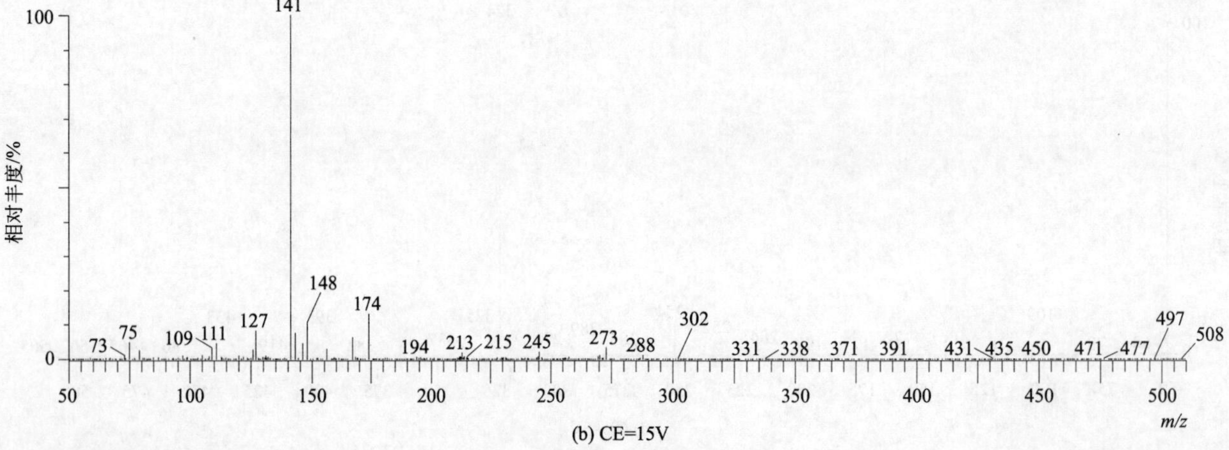

(b) CE=15V

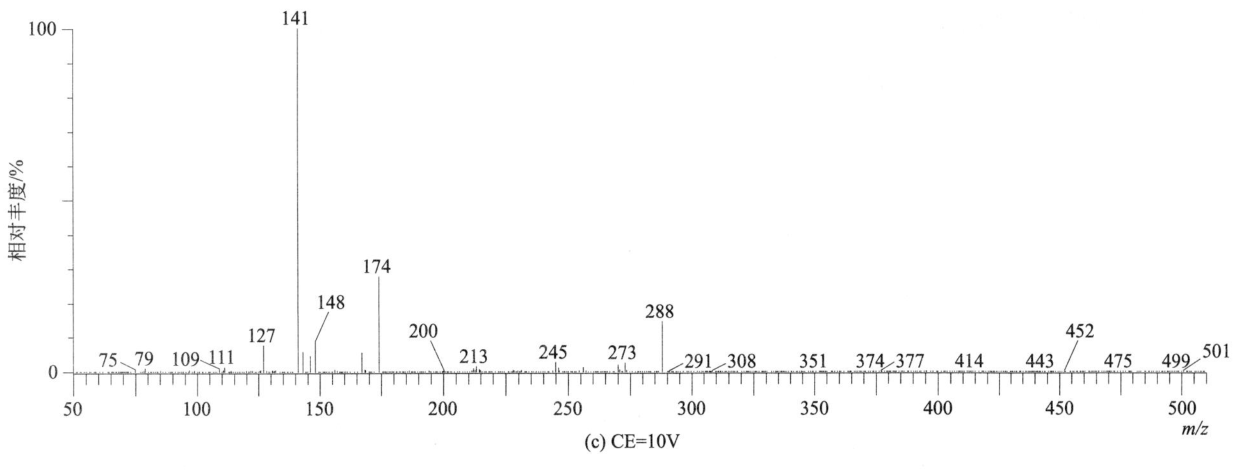

(c) CE=10V

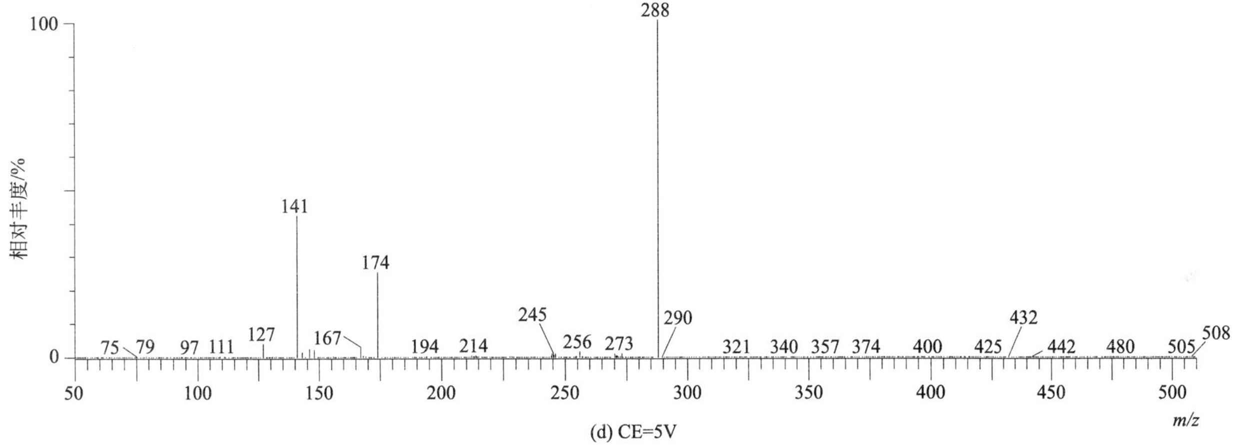

(d) CE=5V

Thiabendazole（噻菌灵）

基本信息

CAS 登录号	148-79-8	分子量	201.0	扫描模式	子离子扫描
分子式	$C_{10}H_7N_3S$	离子化模式	EI	母离子	201

一级质谱图

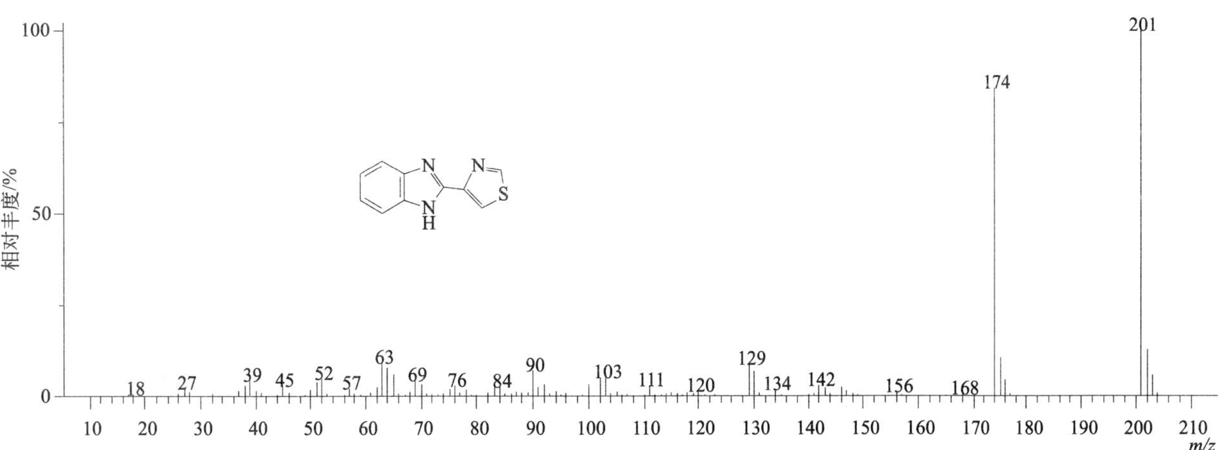

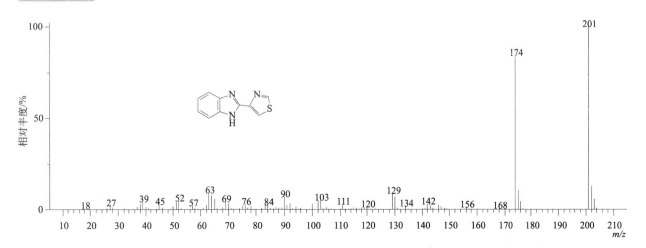

四个碰撞能量下子离子质谱图

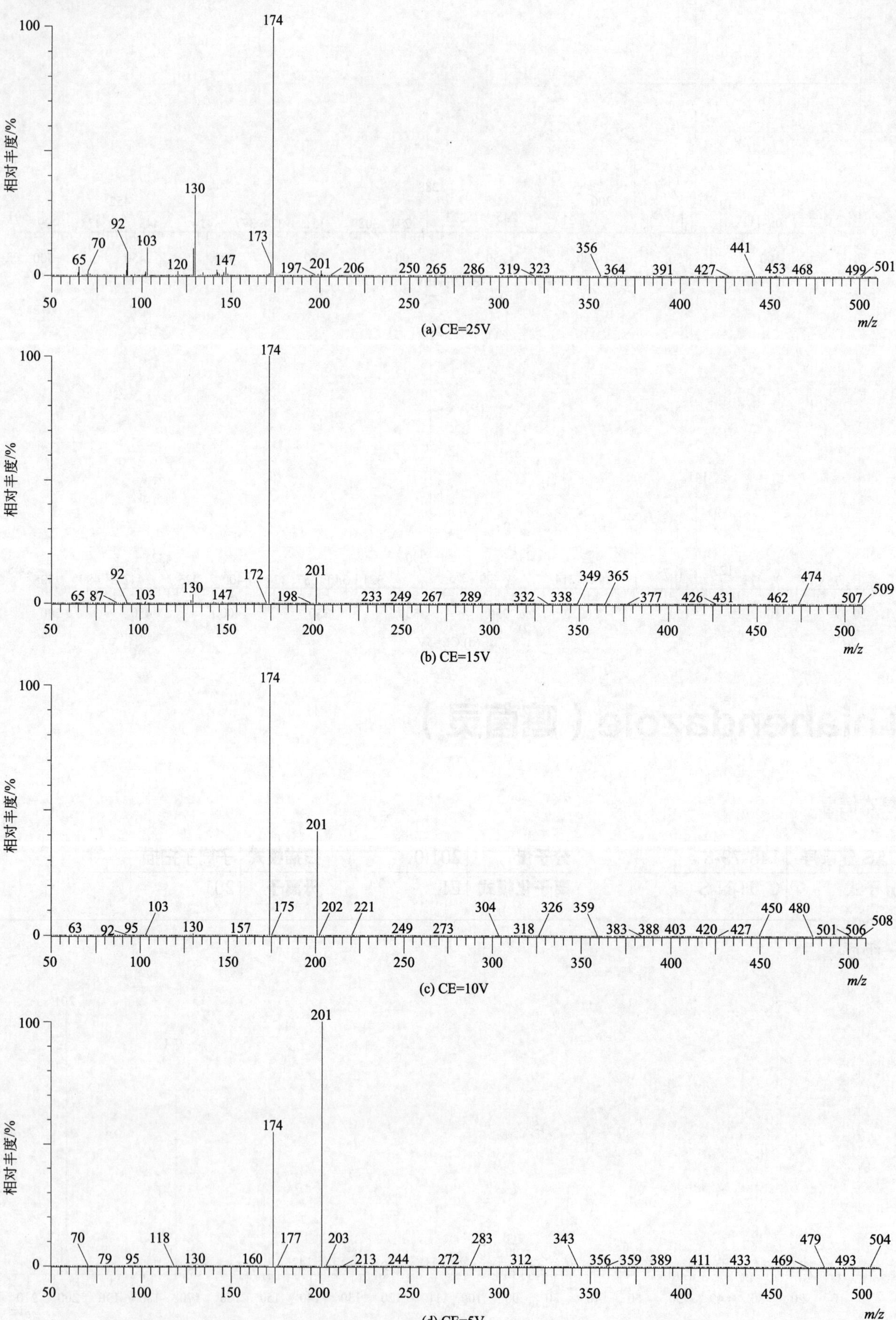

(a) CE=25V

(b) CE=15V

(c) CE=10V

(d) CE=5V

Thiamethoxam（噻虫嗪）

基本信息

CAS 登录号	153719-23-4	分子量	291.0	扫描模式	子离子扫描
分子式	$C_8H_{10}ClN_5O_3S$	离子化模式	EI	母离子	247

一级质谱图

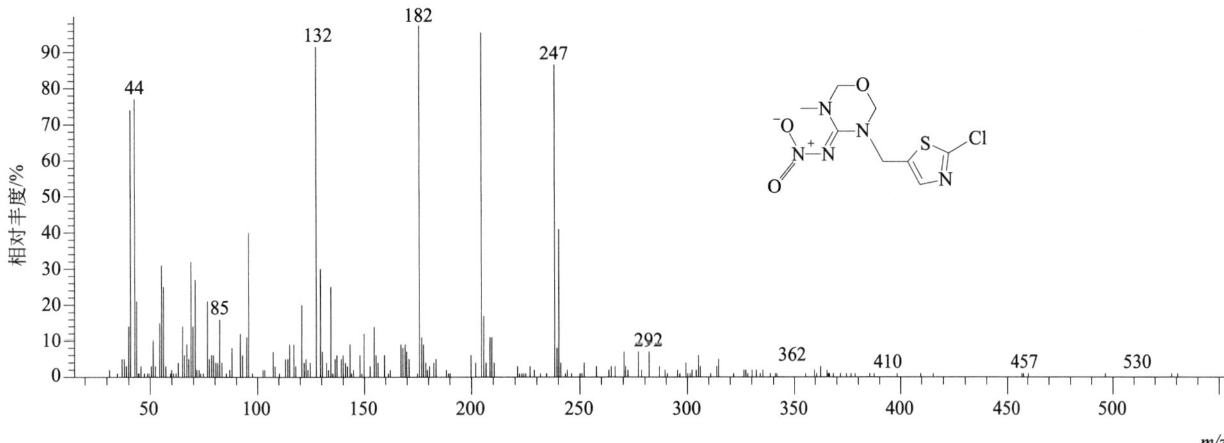

四个碰撞能量下子离子质谱图

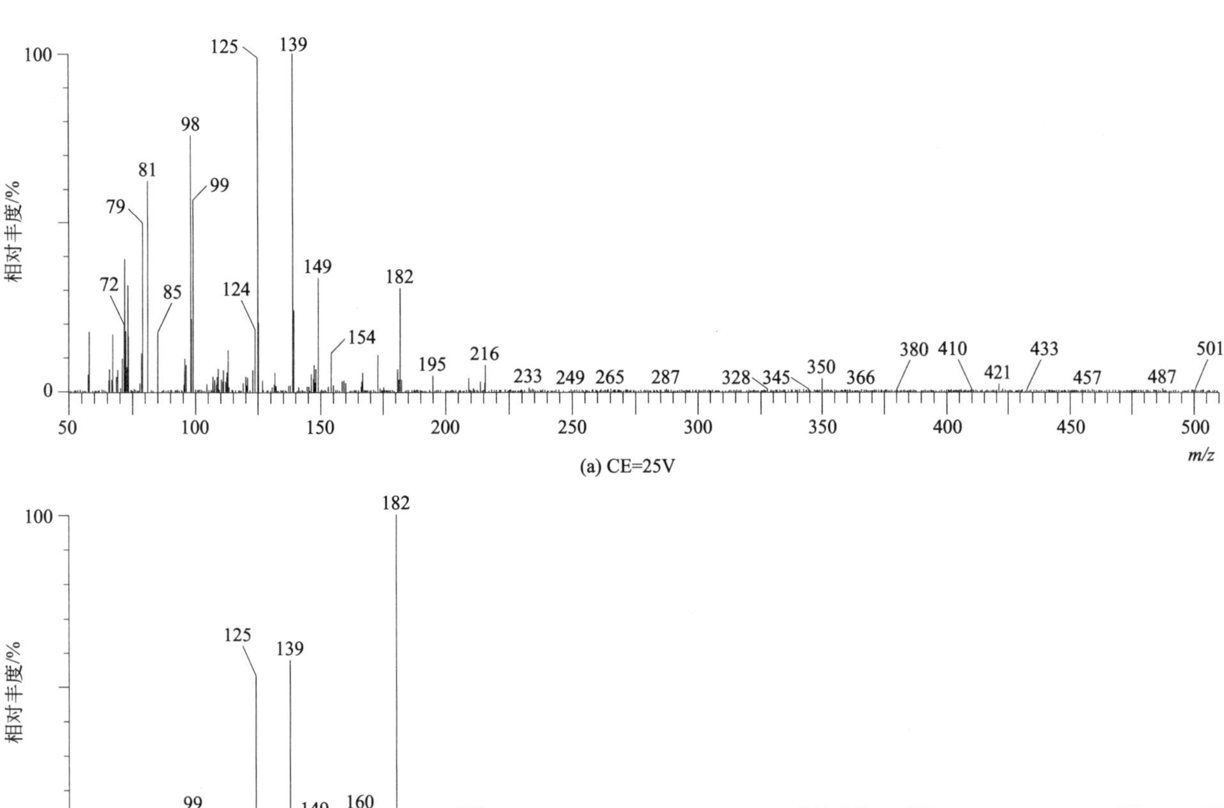

(a) CE=25V

(b) CE=15V

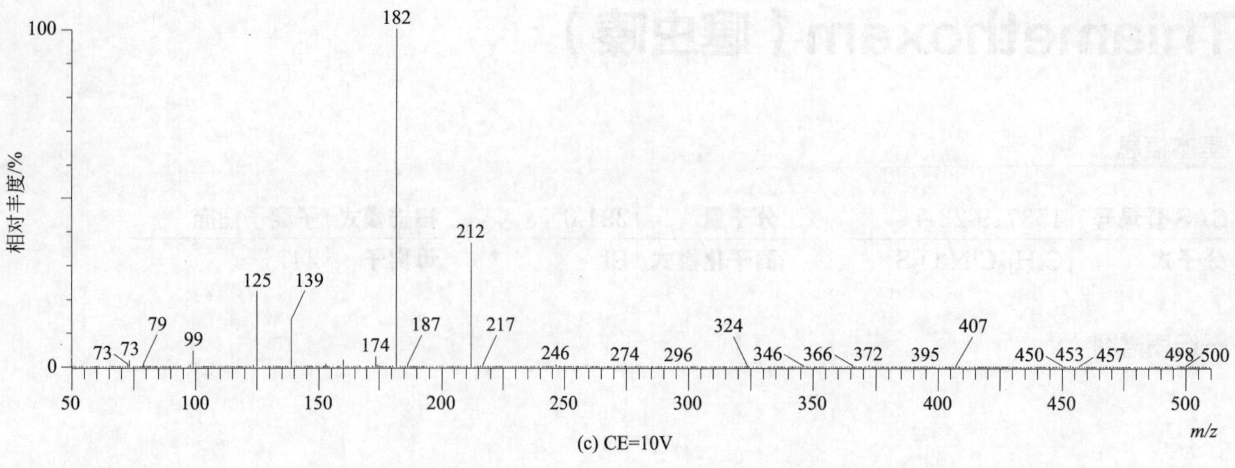

(c) CE=10V

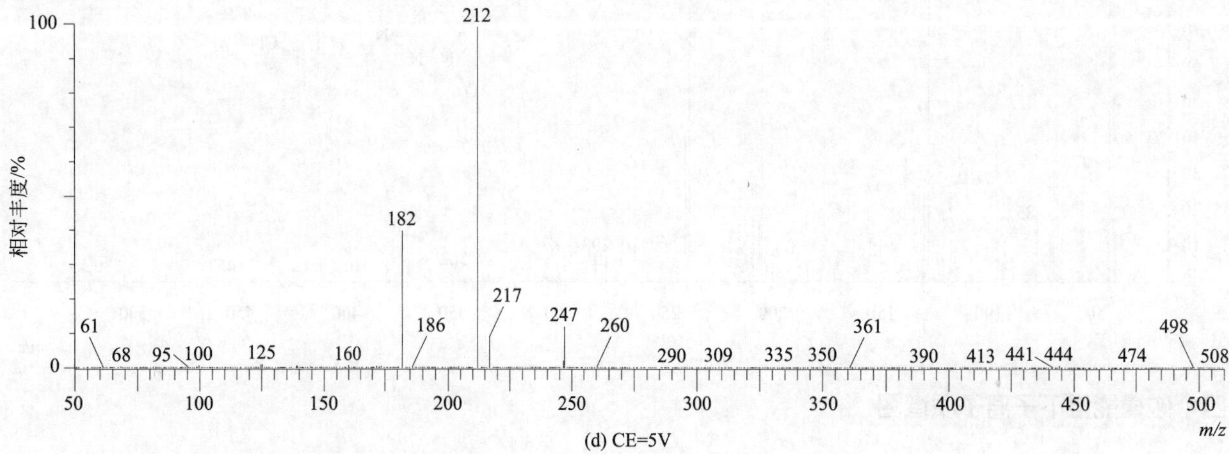

(d) CE=5V

Thiazopyr（噻唑烟酸）

基本信息

CAS 登录号	117718-60-2	分子量	396.1	扫描模式	子离子扫描
分子式	$C_{16}H_{17}F_5N_2O_2S$	离子化模式	EI	母离子	363

一级质谱图

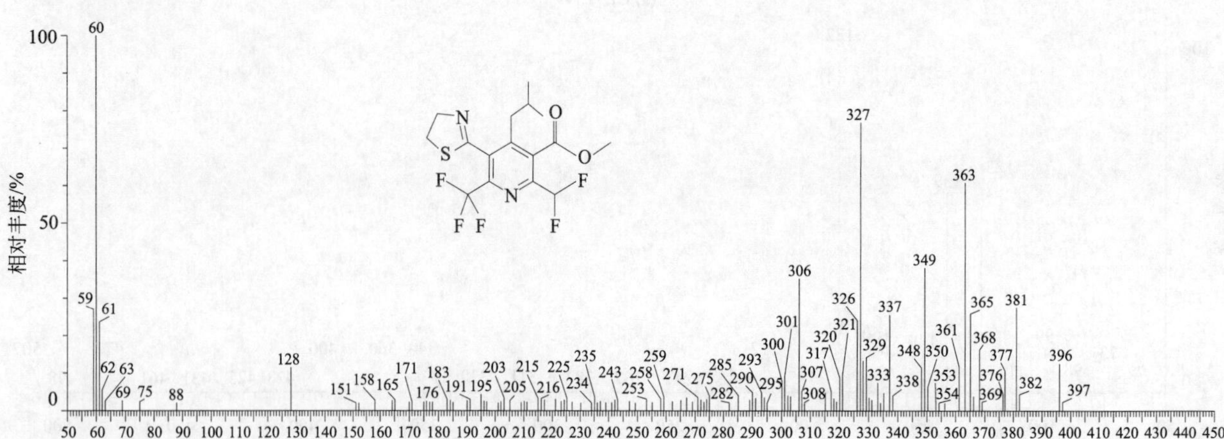

四个碰撞能量下子离子质谱图

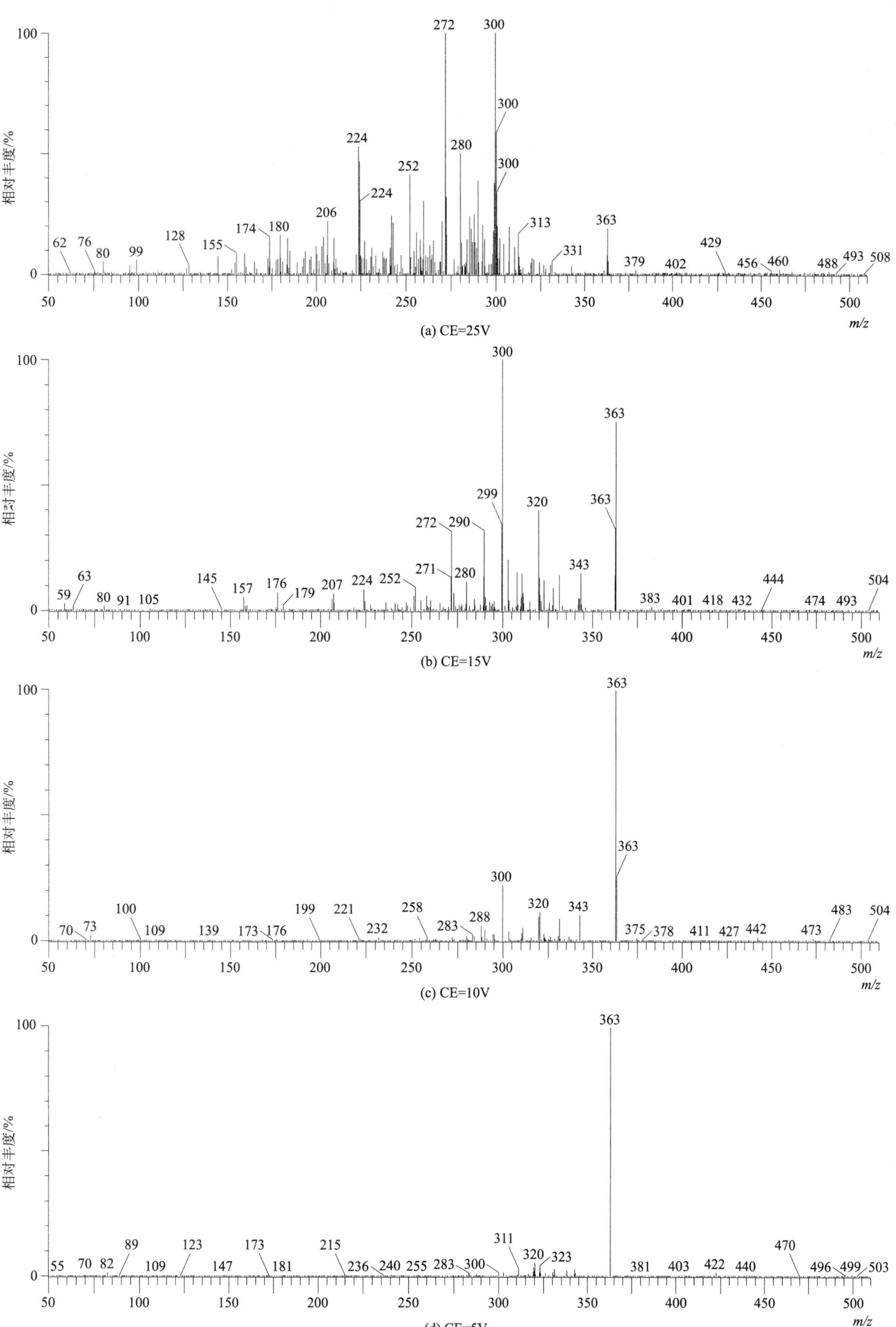

(a) CE=25V

(b) CE=15V

(c) CE=10V

(d) CE=5V

Thiobencarb（禾草丹）

基本信息

CAS 登录号	28249-77-6	分子量	257.1	扫描模式	子离子扫描
分子式	$C_{12}H_{16}ClNOS$	离子化模式	EI	母离子	257

一级质谱图

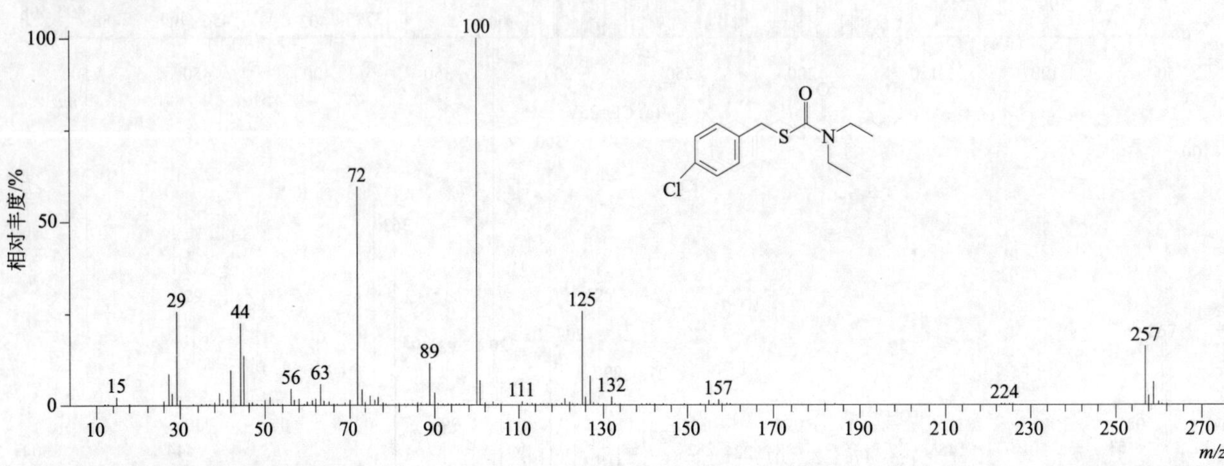

四个碰撞能量下子离子质谱图

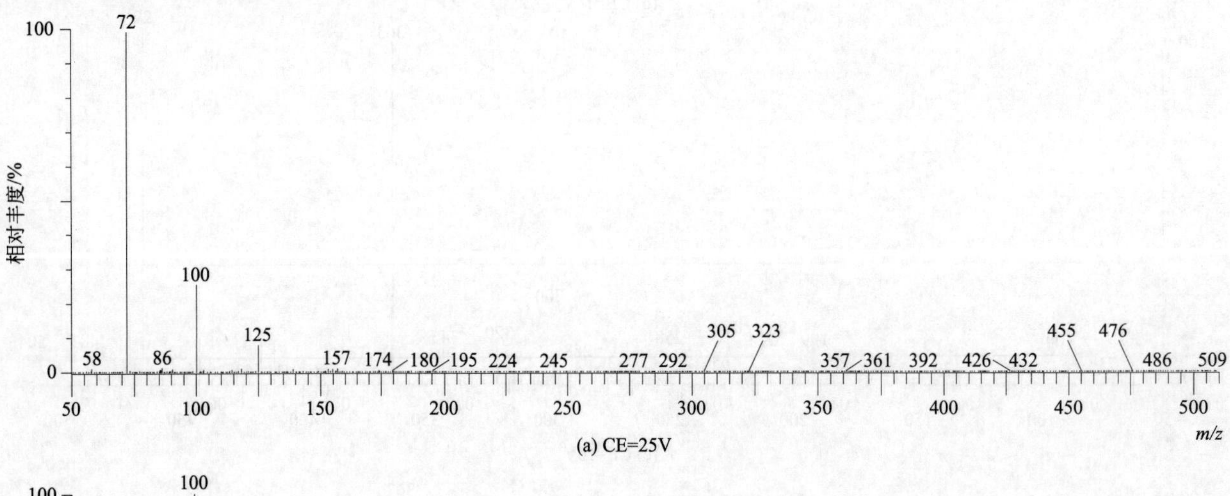

(a) CE=25V

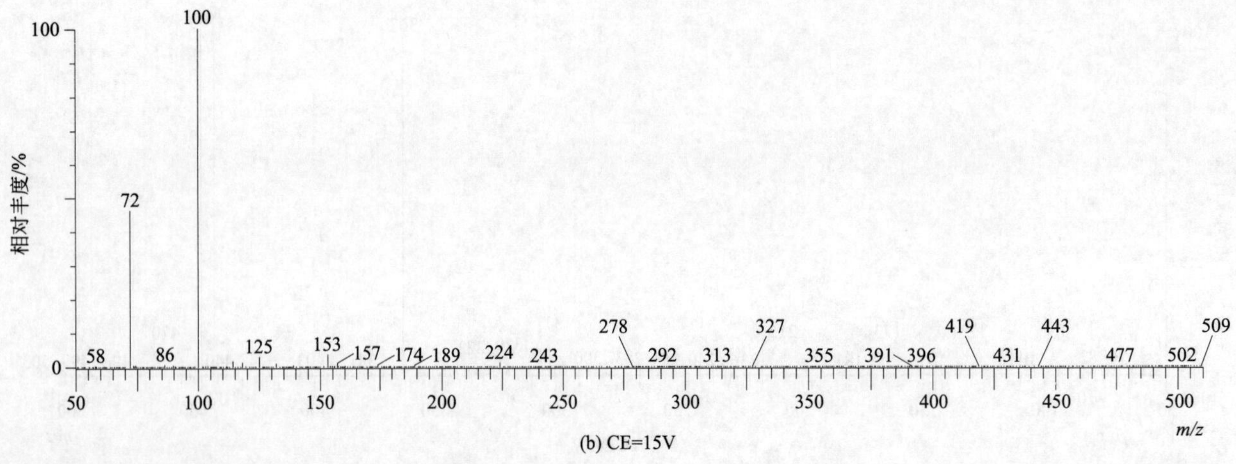

(b) CE=15V

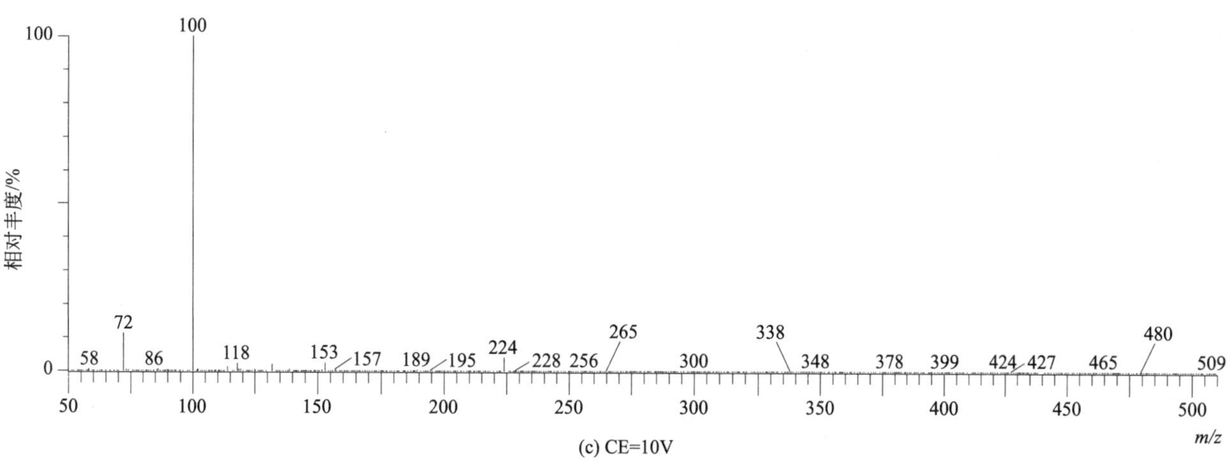

(c) CE=10V

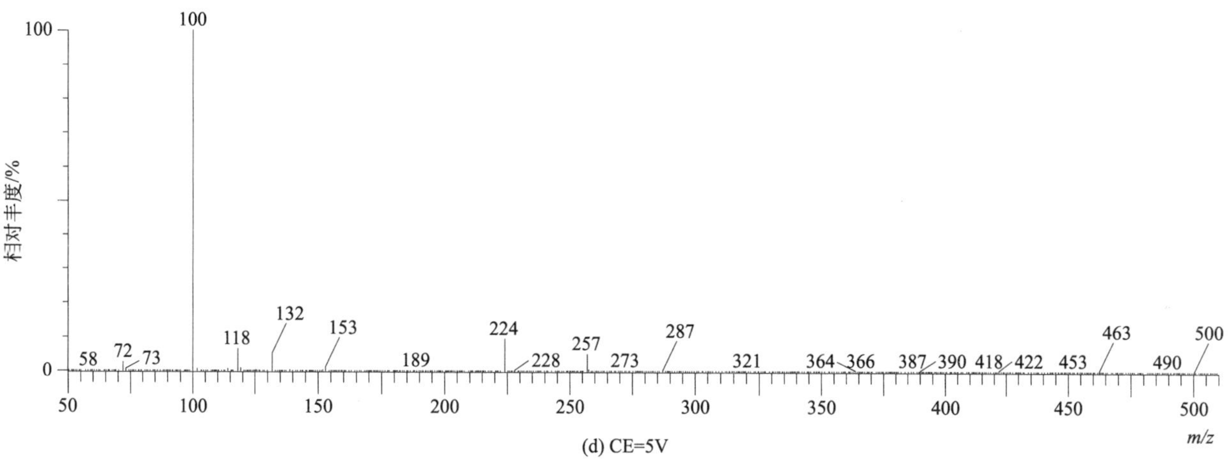

(d) CE=5V

Thiometon（甲基乙拌磷）

基本信息

CAS 登录号	640-15-3	**分子量**	246.0	**扫描模式**	子离子扫描
分子式	$C_6H_{15}O_2PS_3$	**离子化模式**	EI	**母离子**	125

一级质谱图

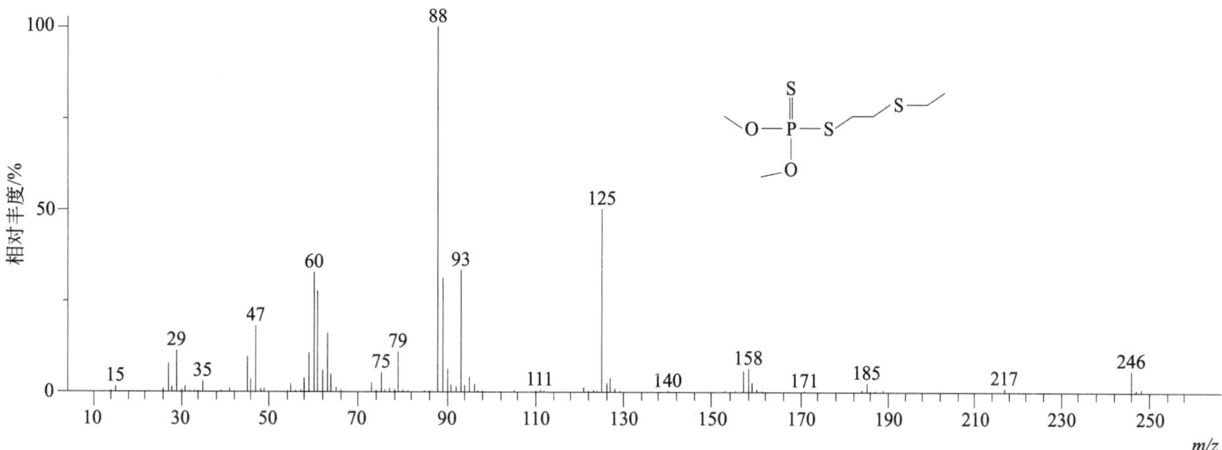

四个碰撞能量下子离子质谱图

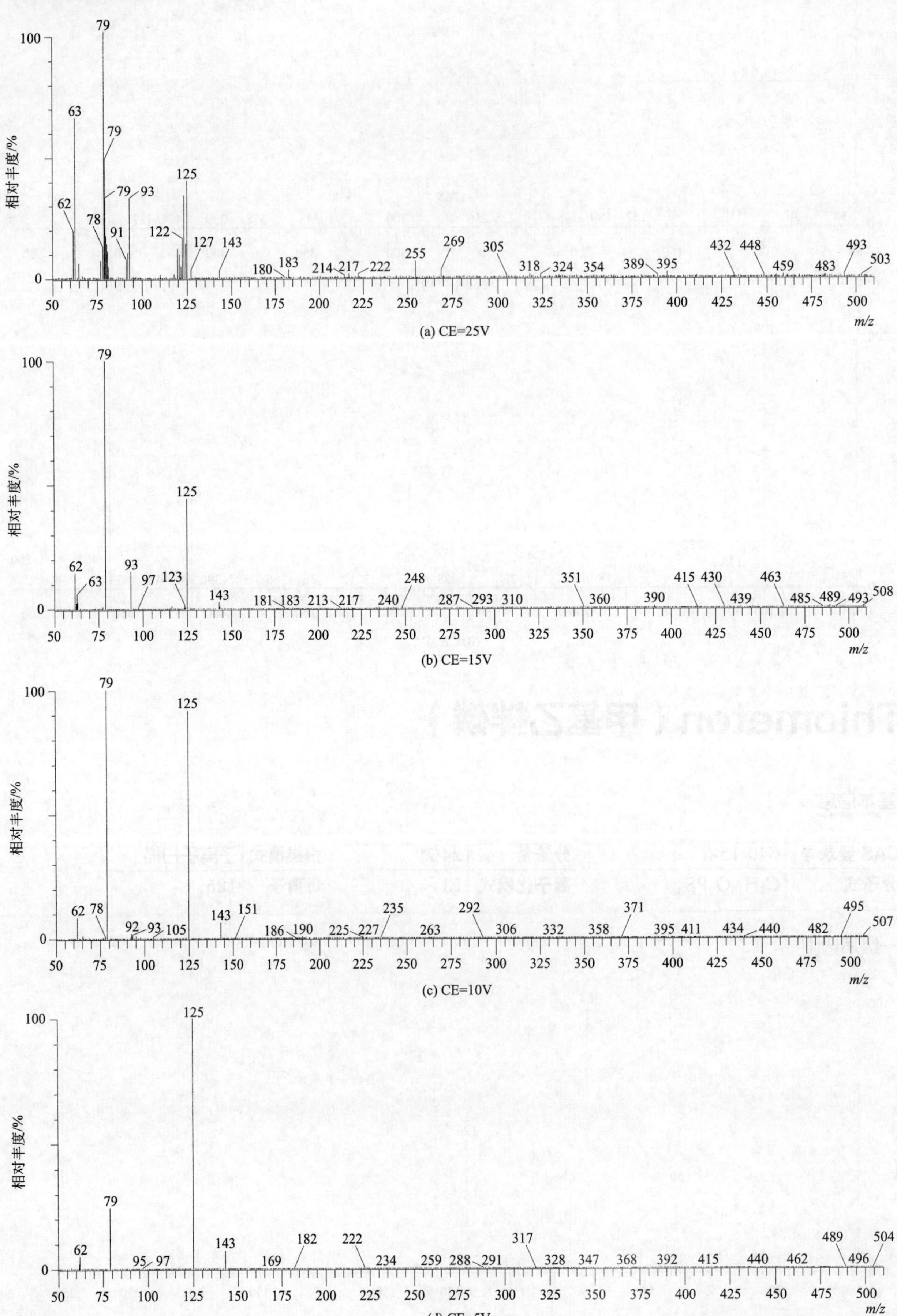

(a) CE=25V

(b) CE=15V

(c) CE=10V

(d) CE=5V

Thionazin（虫线磷）

基本信息

CAS 登录号	297-97-2	分子量	248.0	扫描模式	子离子扫描
分子式	$C_8H_{13}N_2O_3PS$	离子化模式	EI	母离子	143

一级质谱图

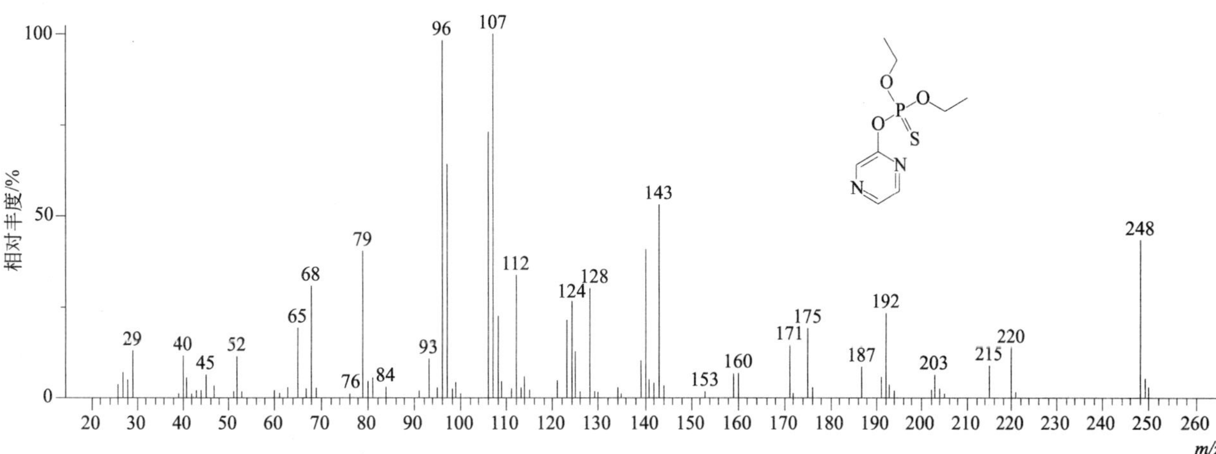

四个碰撞能量下子离子质谱图

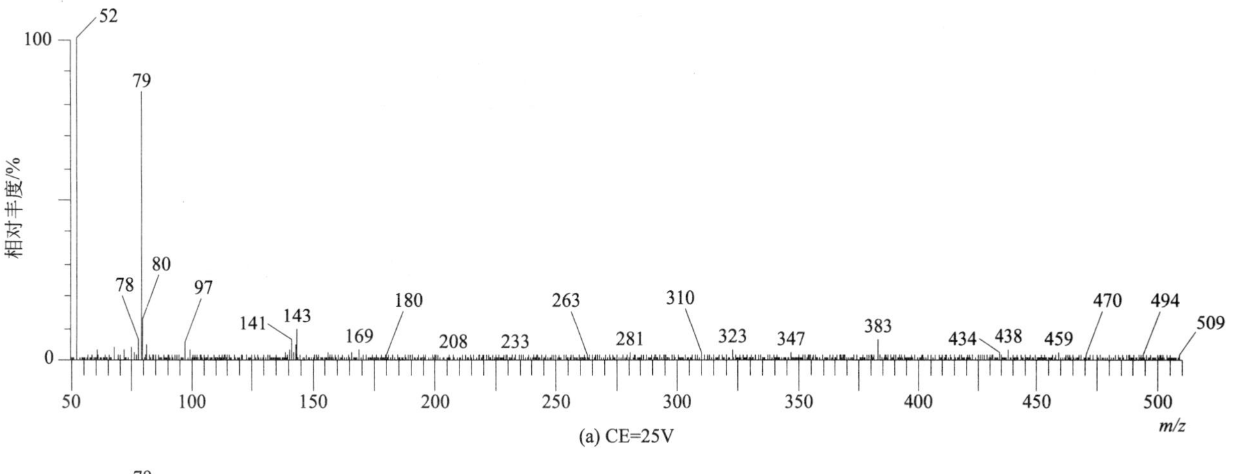

(a) CE=25V

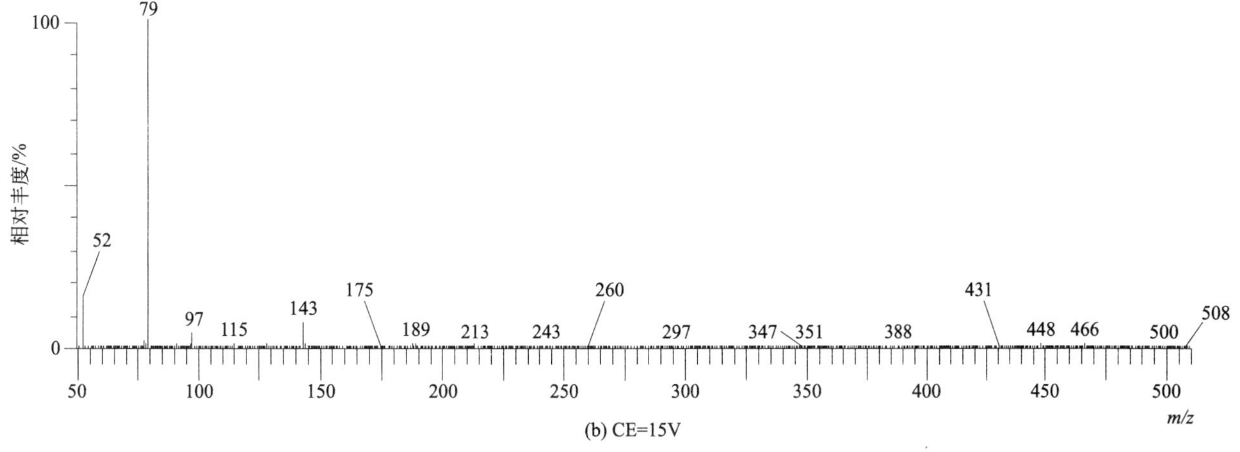

(b) CE=15V

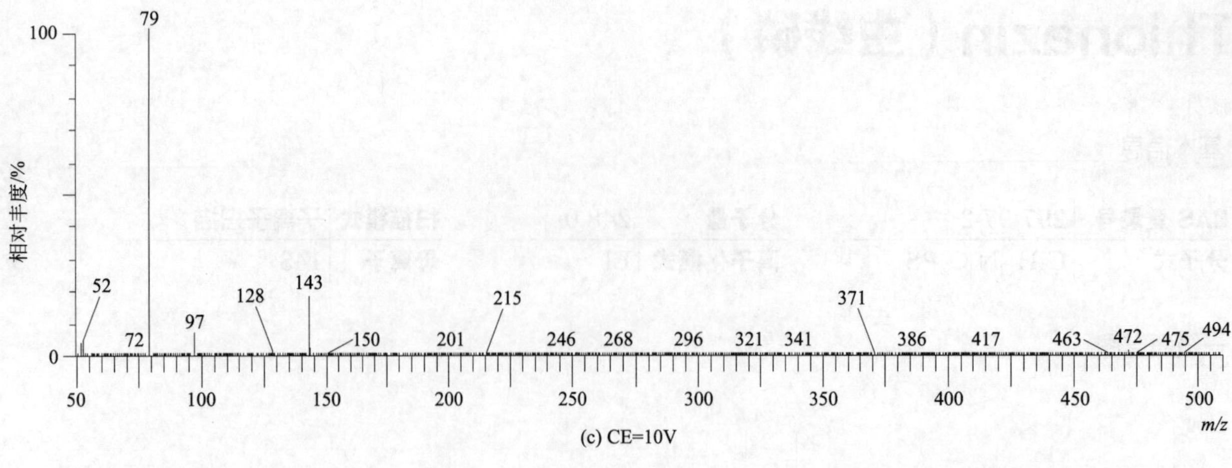

(c) CE=10V

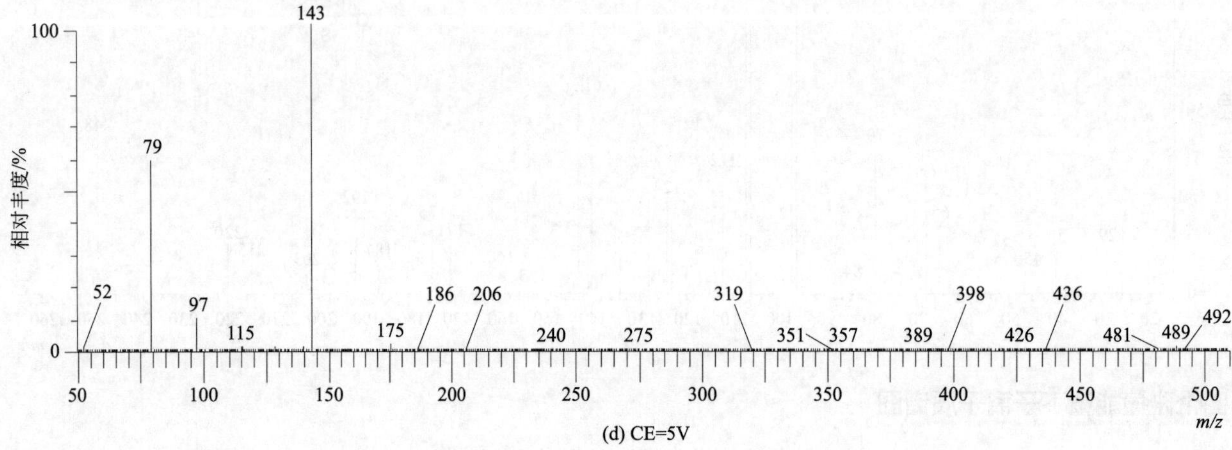

(d) CE=5V

Tolclofos-methyl（甲基立枯磷）

基本信息

CAS 登录号	57018-04-9	分子量	300.0	扫描模式	子离子扫描
分子式	$C_9H_{11}Cl_2O_3PS$	离子化模式	EI	母离子	265

一级质谱图

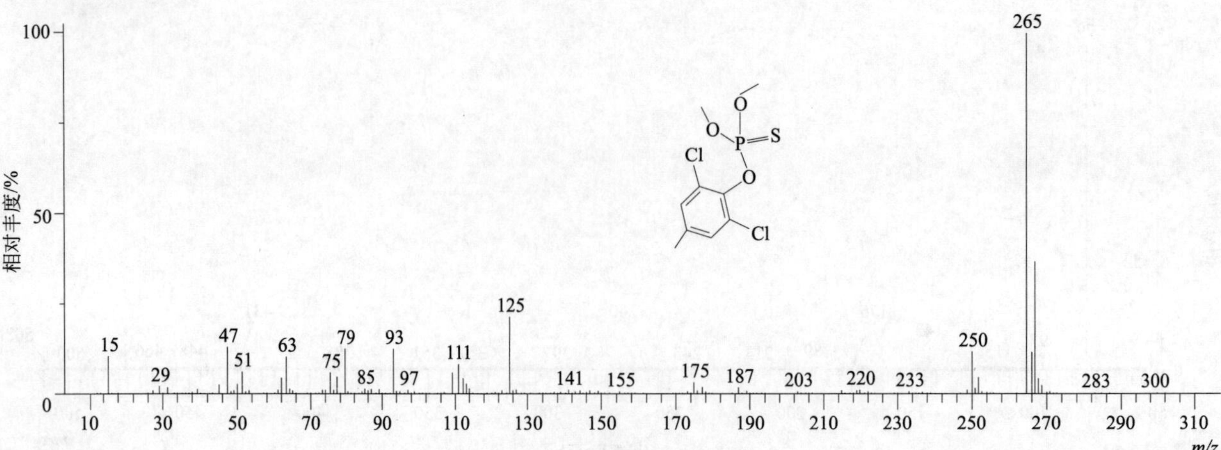

四个碰撞能量下子离子质谱图

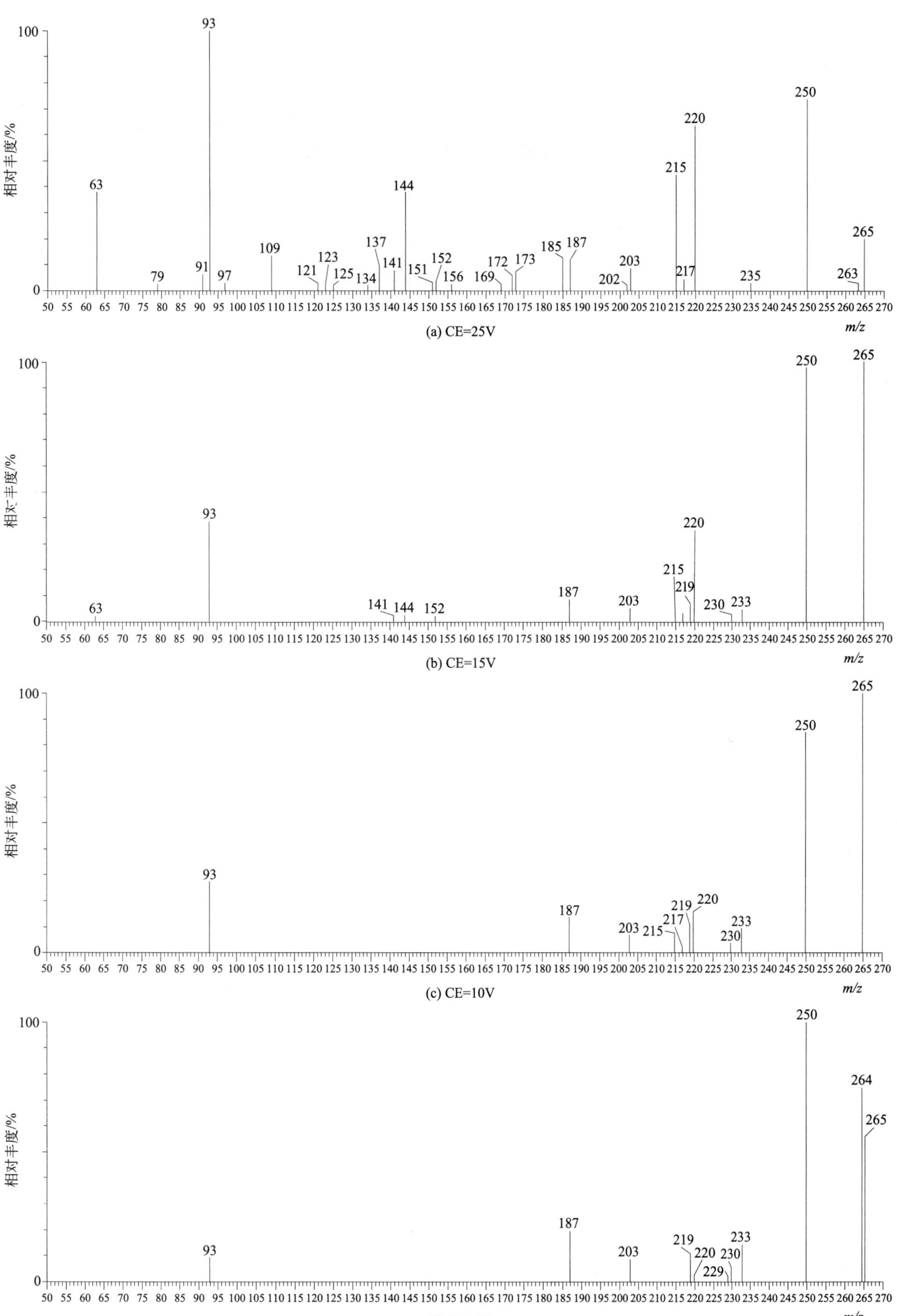

(a) CE=25V

(b) CE=15V

(c) CE=10V

(d) CE=5V

Tolfenpyrad（唑虫酰胺）

基本信息

CAS 登录号	129558-76-5	分子量	383.1	扫描模式	子离子扫描
分子式	$C_{21}H_{22}ClN_3O_2$	离子化模式	EI	母离子	383

一级质谱图

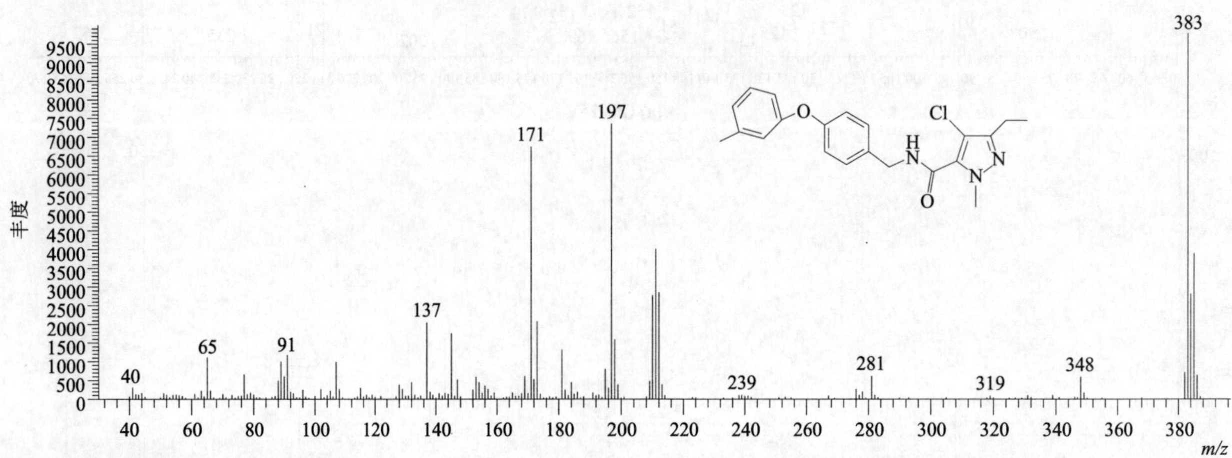

四个碰撞能量下子离子质谱图

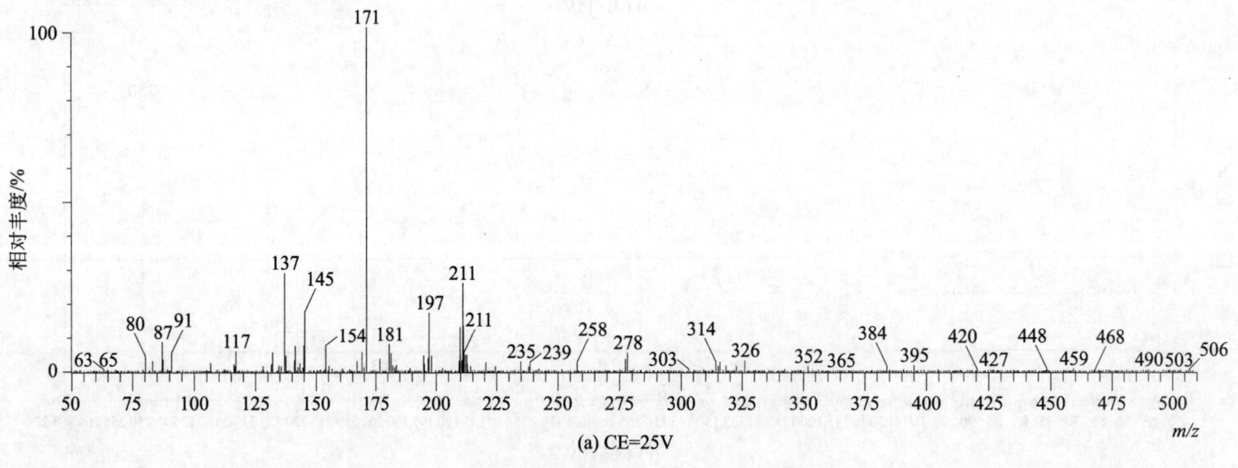

(a) CE=25V

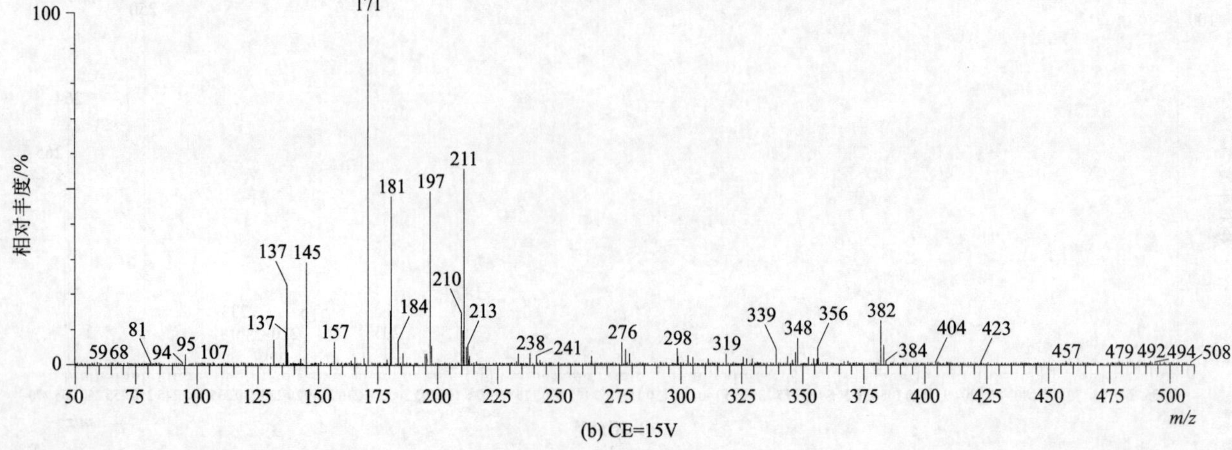

(b) CE=15V

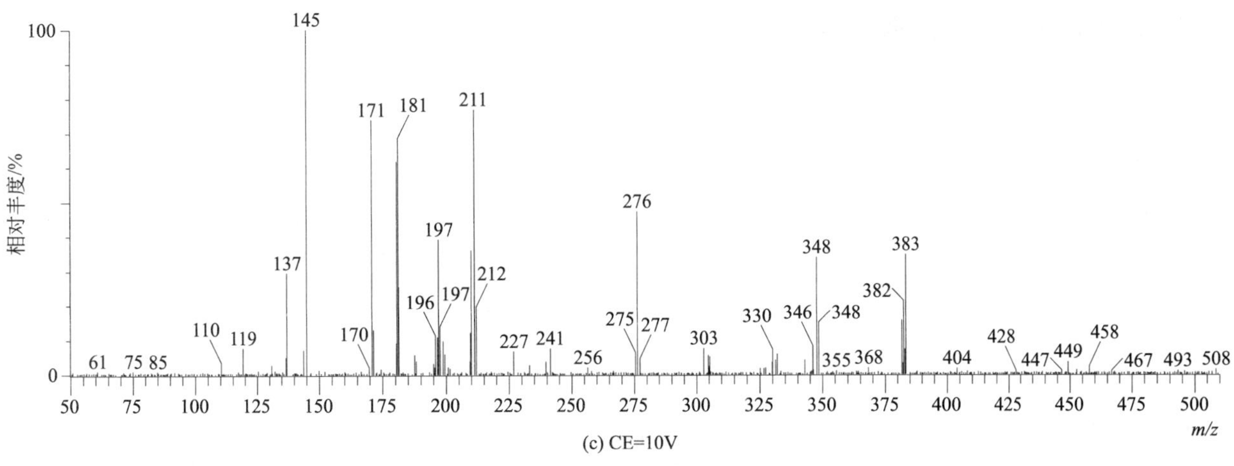

(c) CE=10V

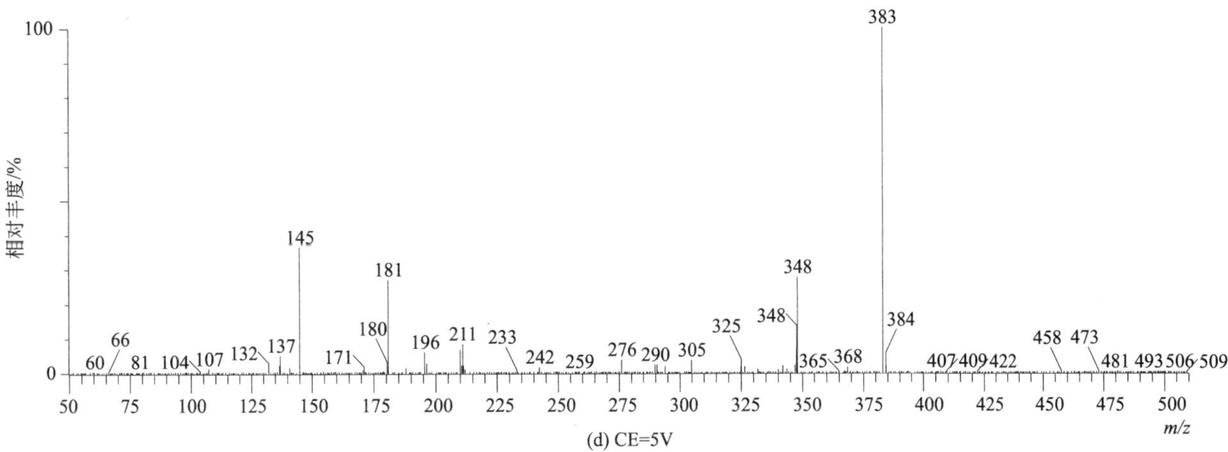

(d) CE=5V

Tolyfluanide（甲苯氟磺胺）

基本信息

CAS 登录号	731-27-1	**分子量**	346.0	**扫描模式**	子离子扫描
分子式	$C_{10}H_{13}Cl_2FN_2O_2S_2$	**离子化模式**	EI	**母离子**	238

一级质谱图

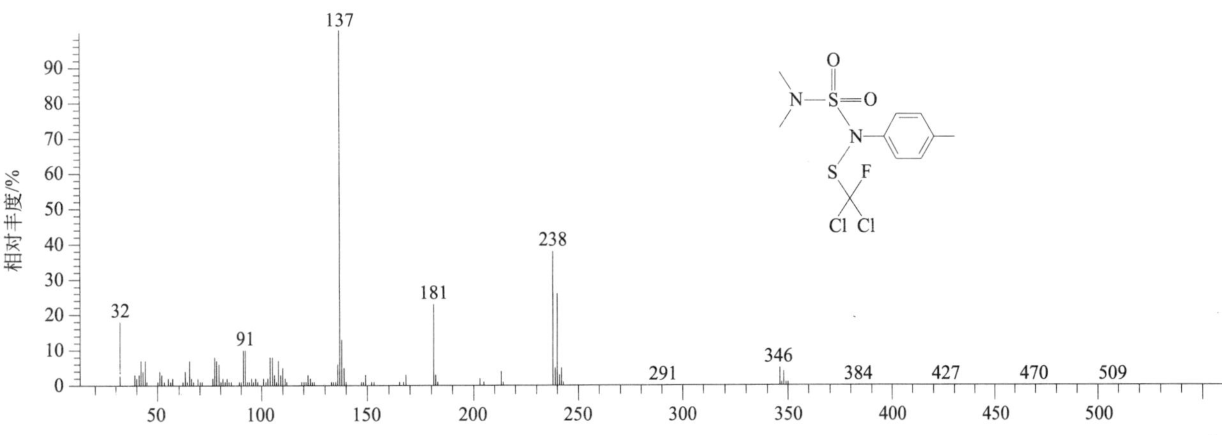

四个碰撞能量下子离子质谱图

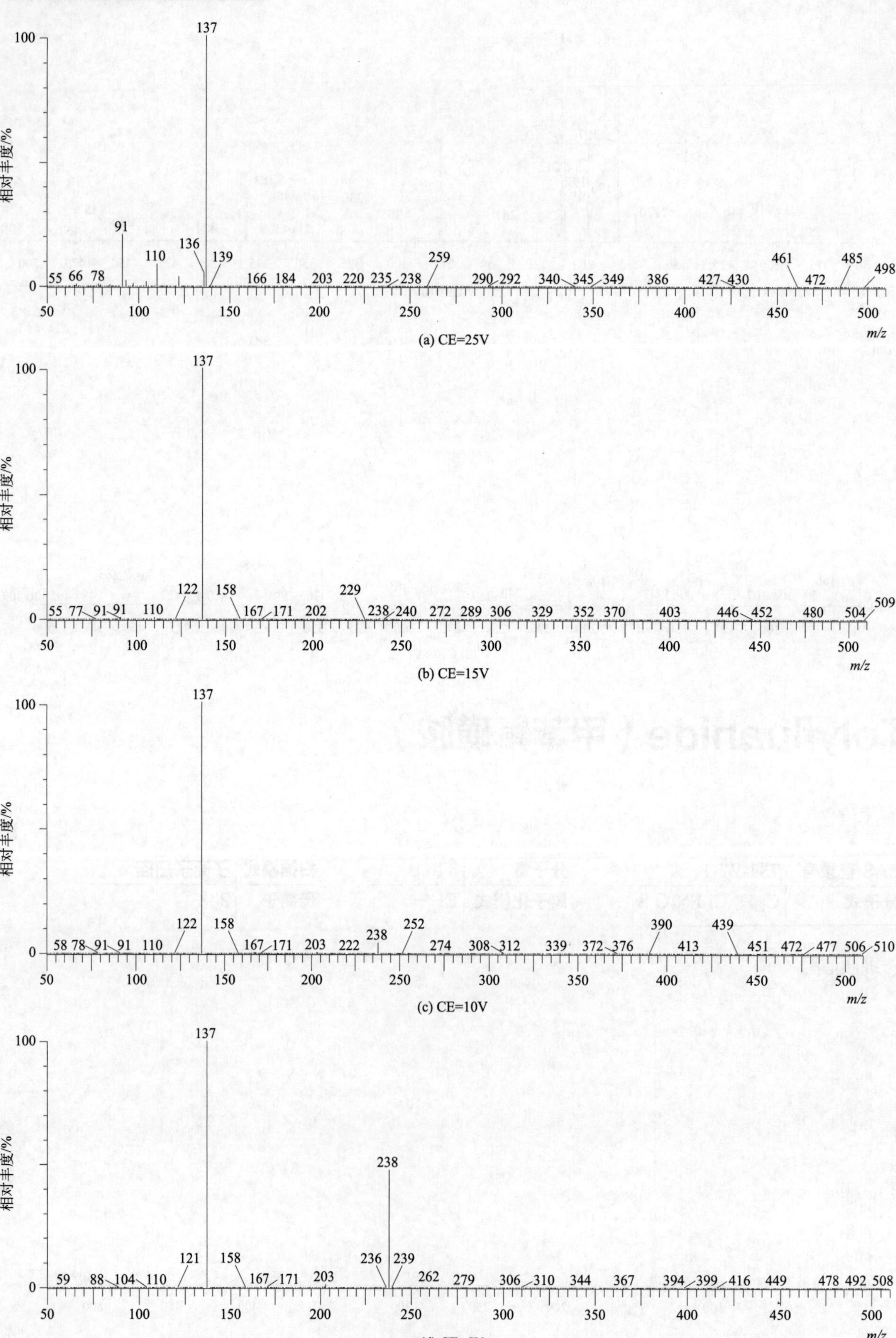

Tralkoxydim（苯草酮）

基本信息

CAS 登录号	87820-88-0	分子量	329.2	扫描模式	子离子扫描
分子式	$C_{20}H_{27}NO_3$	离子化模式	EI	母离子	283

一级质谱图

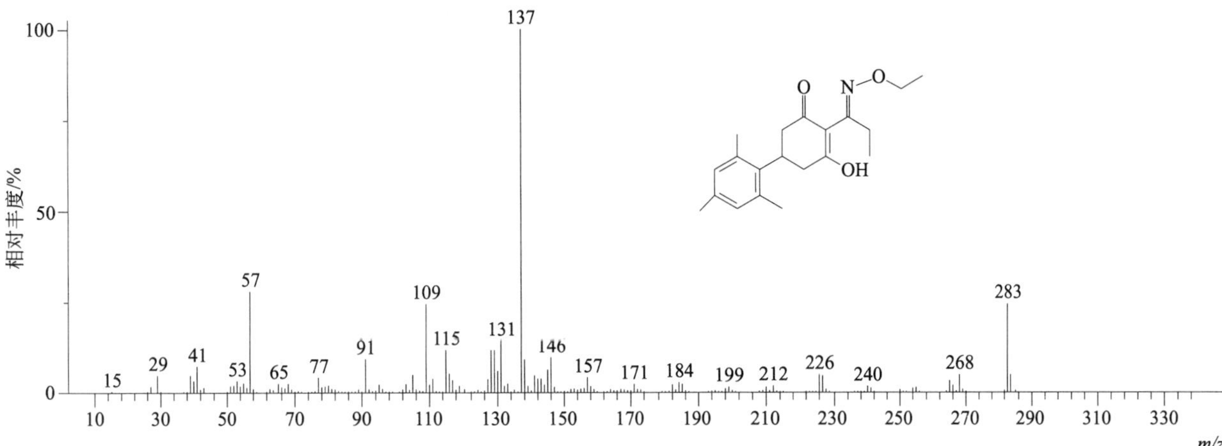

四个碰撞能量下子离子质谱图

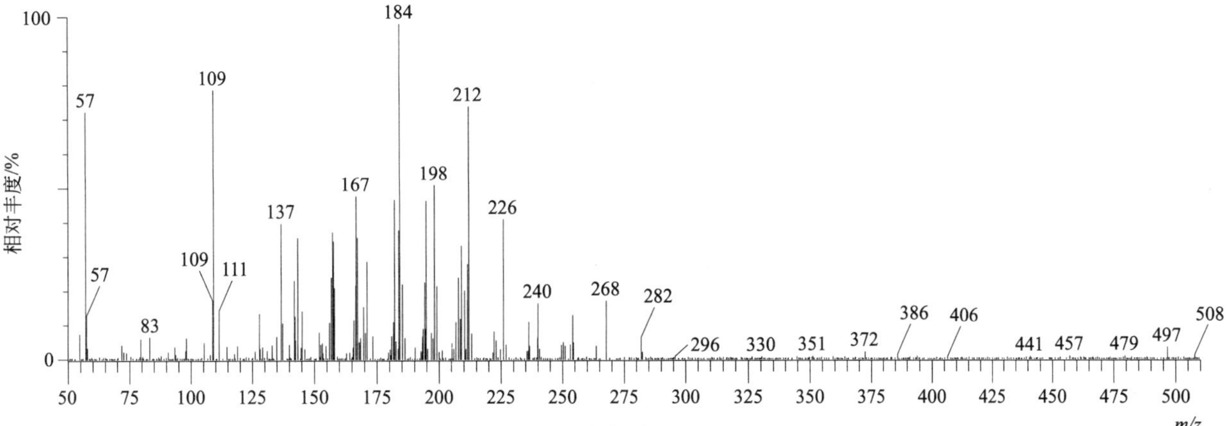

(a) CE=25V

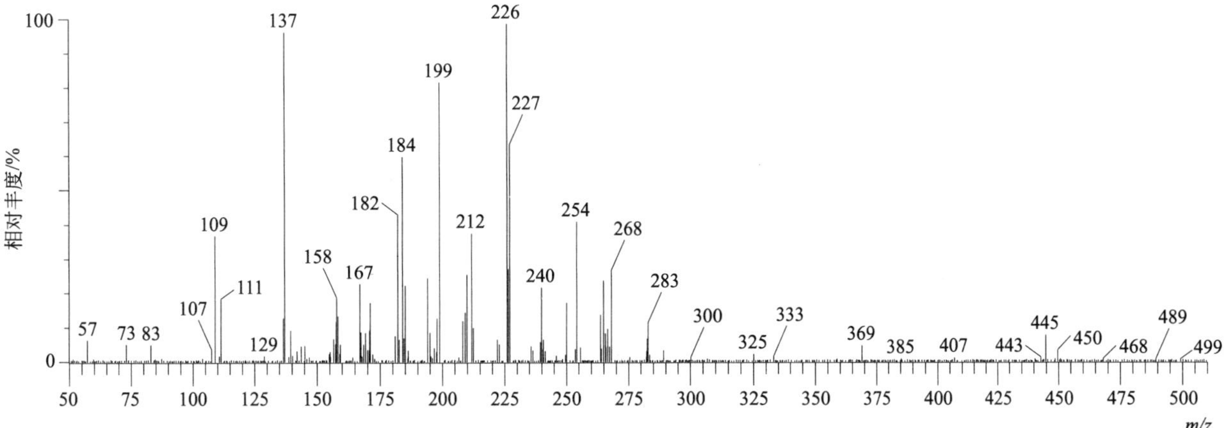

(b) CE=15V

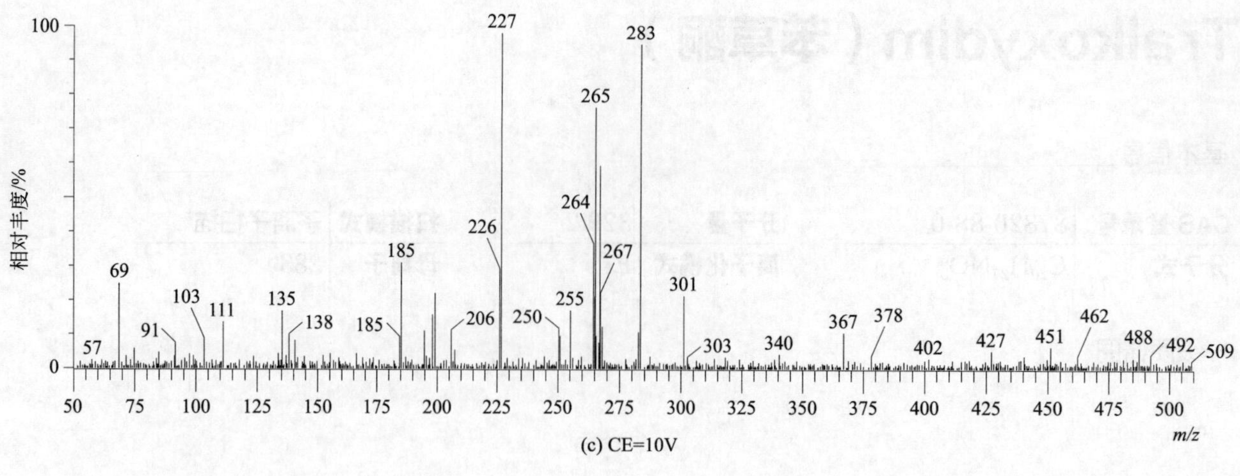

(c) CE=10V

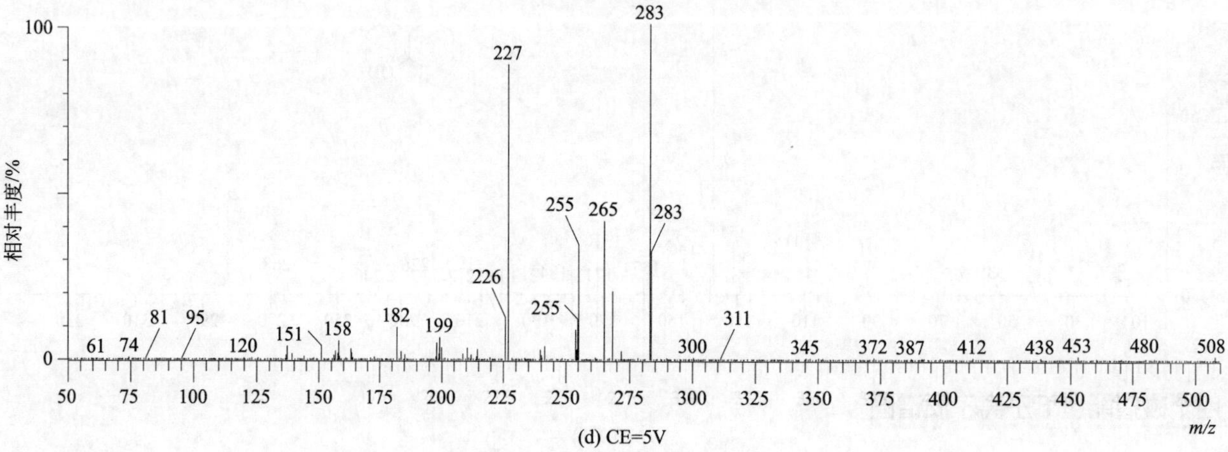

(d) CE=5V

Transfluthrin（四氟苯菊酯）

基本信息

CAS 登录号	118712-89-3	分子量	370.0	扫描模式	子离子扫描
分子式	$C_{15}H_{12}Cl_2F_4O_2$	离子化模式	EI	母离子	163

一级质谱图

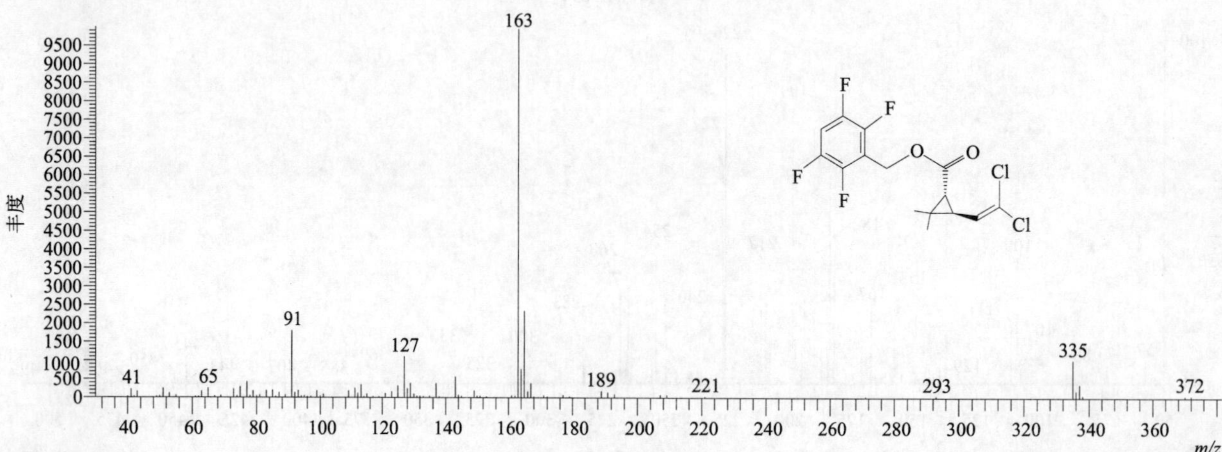

四个碰撞能量下子离子质谱图

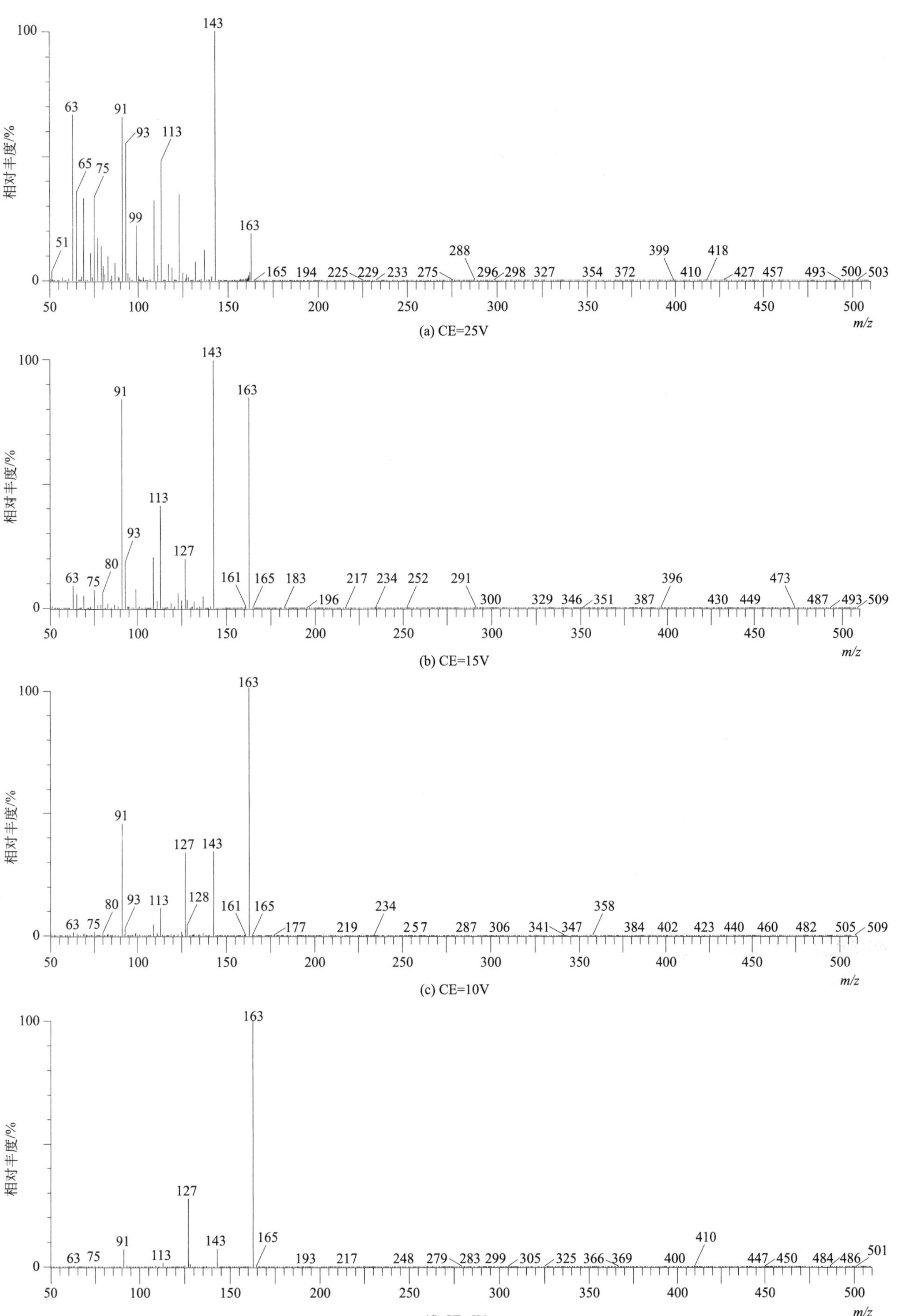

(a) CE=25V

(b) CE=15V

(c) CE=10V

(d) CE=5V

Triadimefon（三唑酮）

基本信息

CAS 登录号	43121-43-3	分子量	293.1	扫描模式	子离子扫描
分子式	$C_{14}H_{16}ClN_3O_2$	离子化模式	EI	母离子	210

一级质谱图

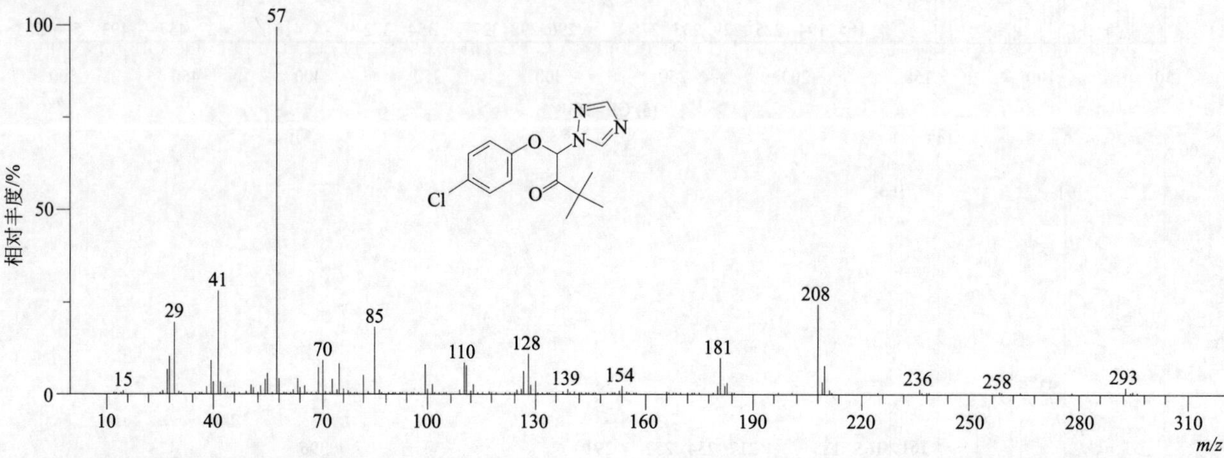

四个碰撞能量下子离子质谱图

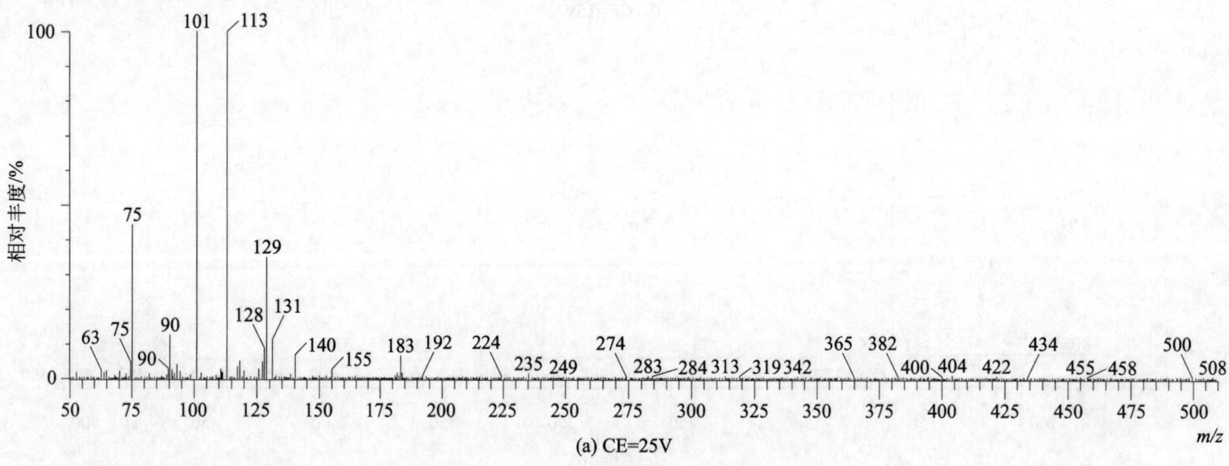

(a) CE=25V

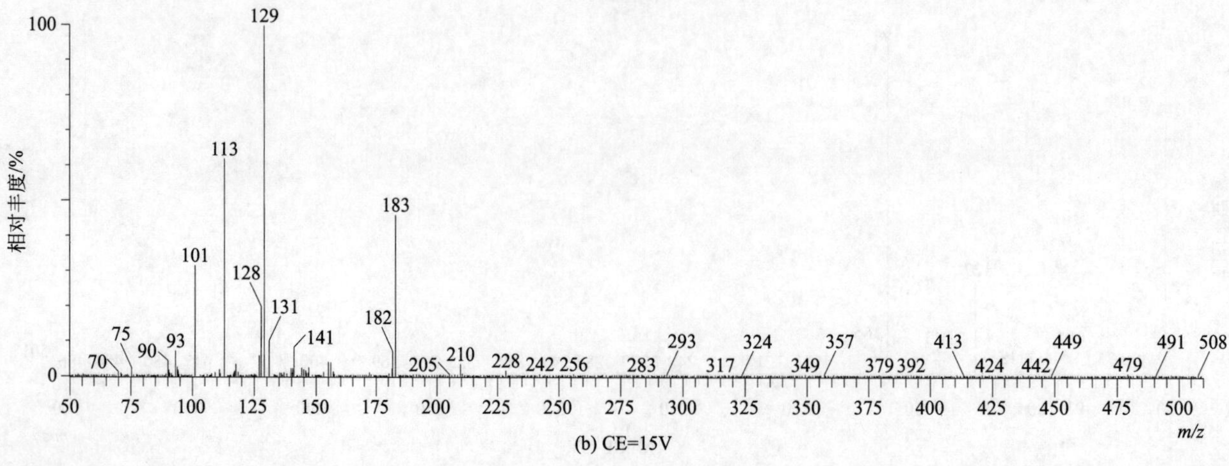

(b) CE=15V

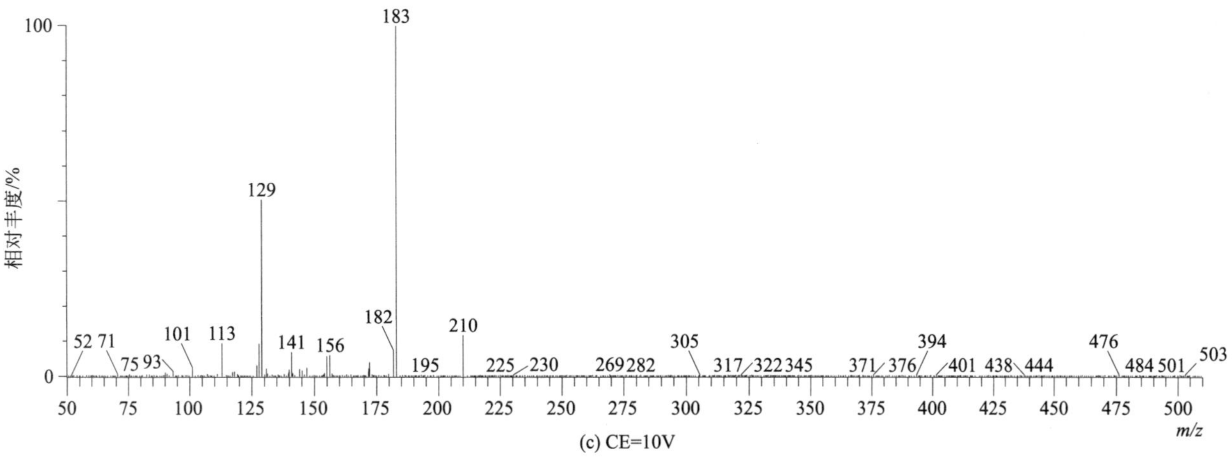

(c) CE=10V

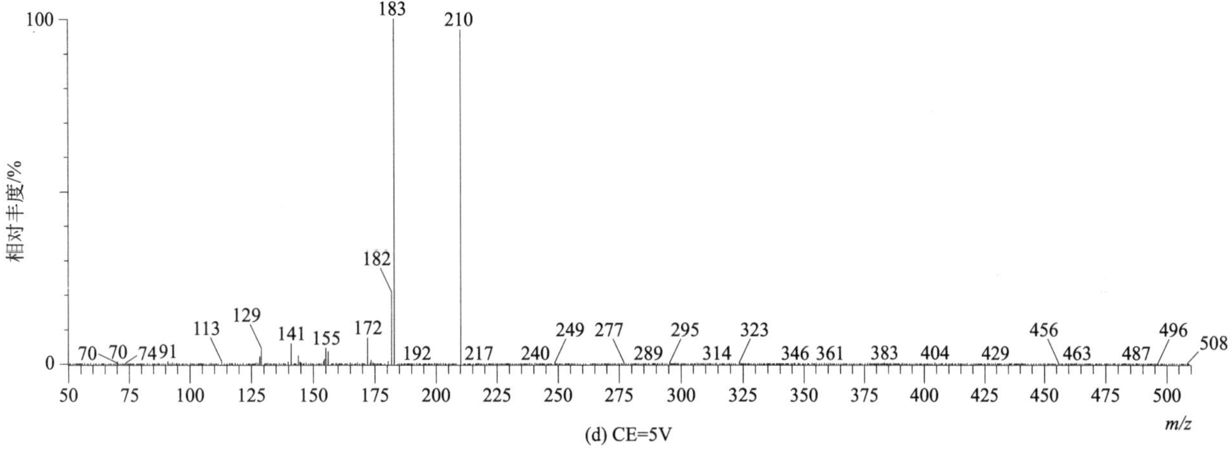

(d) CE=5V

Triadimenol（三唑醇）

基本信息

CAS 登录号	55219-65-3	**分子量**	295.1	**扫描模式**	子离子扫描
分子式	$C_{14}H_{18}ClN_3O_2$	**离子化模式**	EI	**母离子**	168

一级质谱图

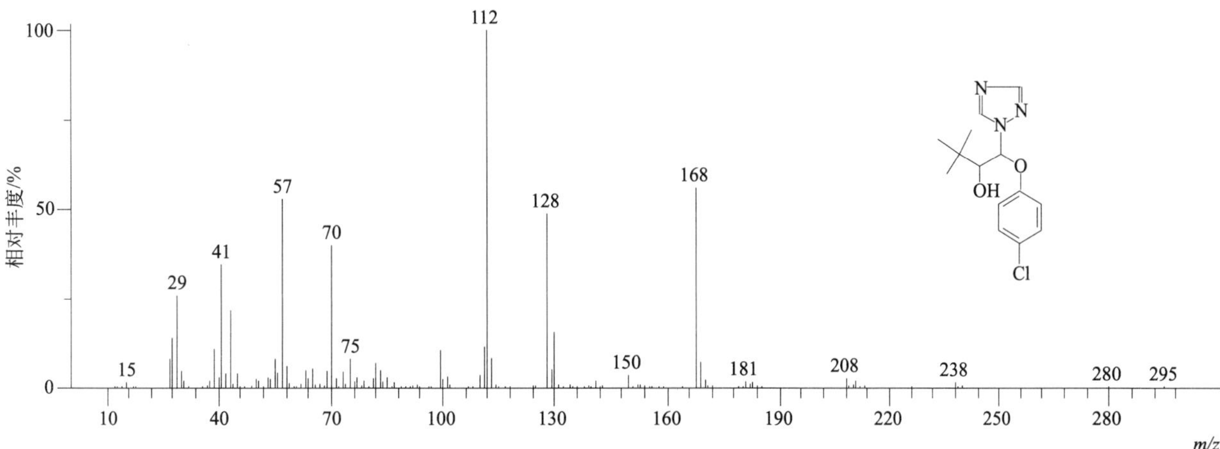

四个碰撞能量下子离子质谱图

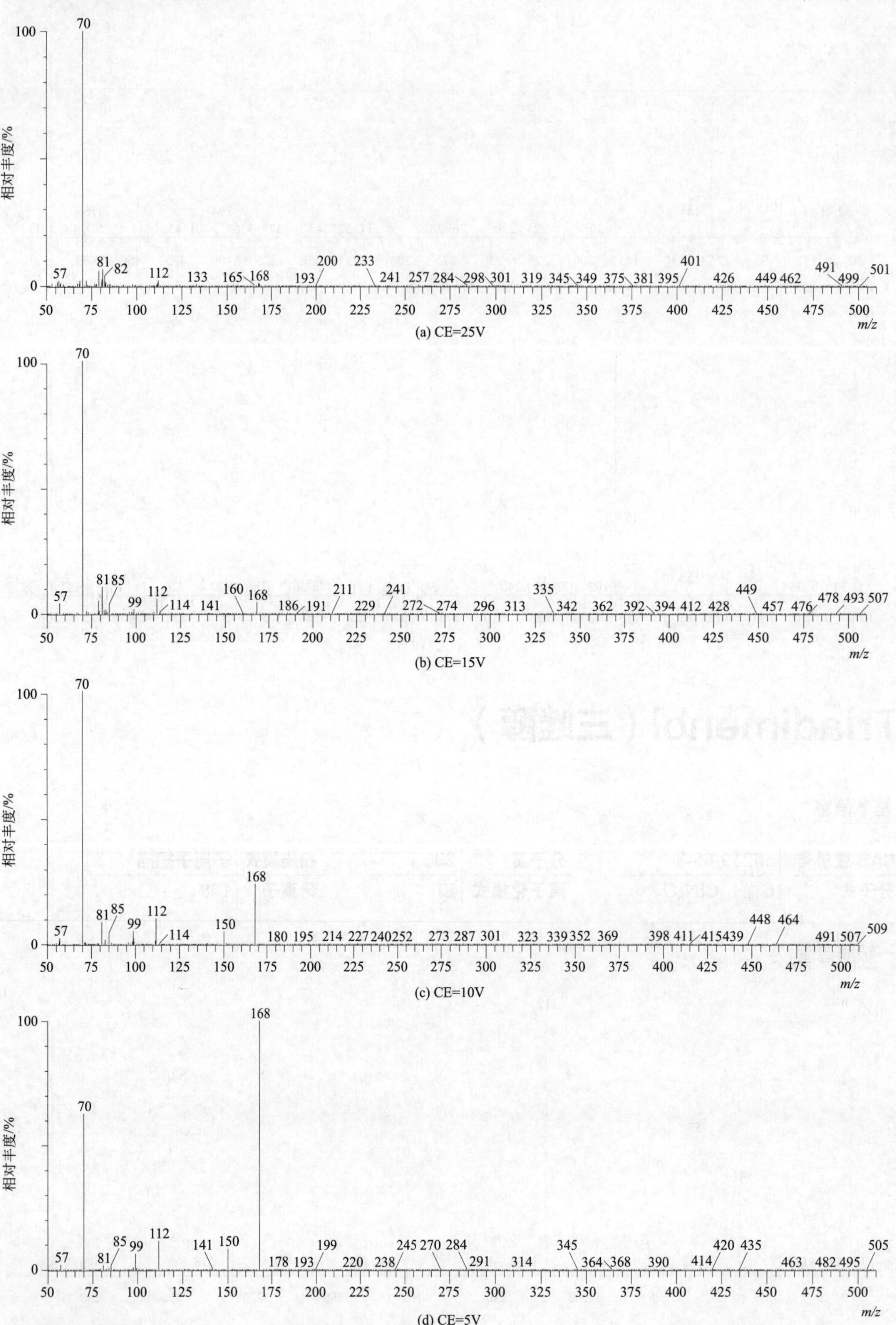

Triallate（野麦畏）

基本信息

CAS 登录号	2303-17-5	分子量	303.0	扫描模式	子离子扫描
分子式	$C_{10}H_{16}Cl_3NOS$	离子化模式	EI	母离子	270

一级质谱图

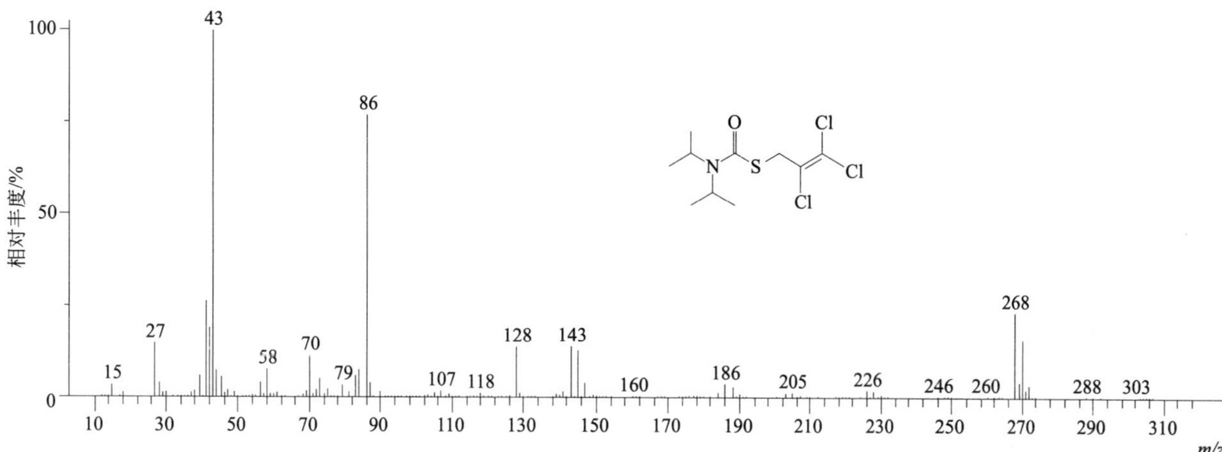

四个碰撞能量下子离子质谱图

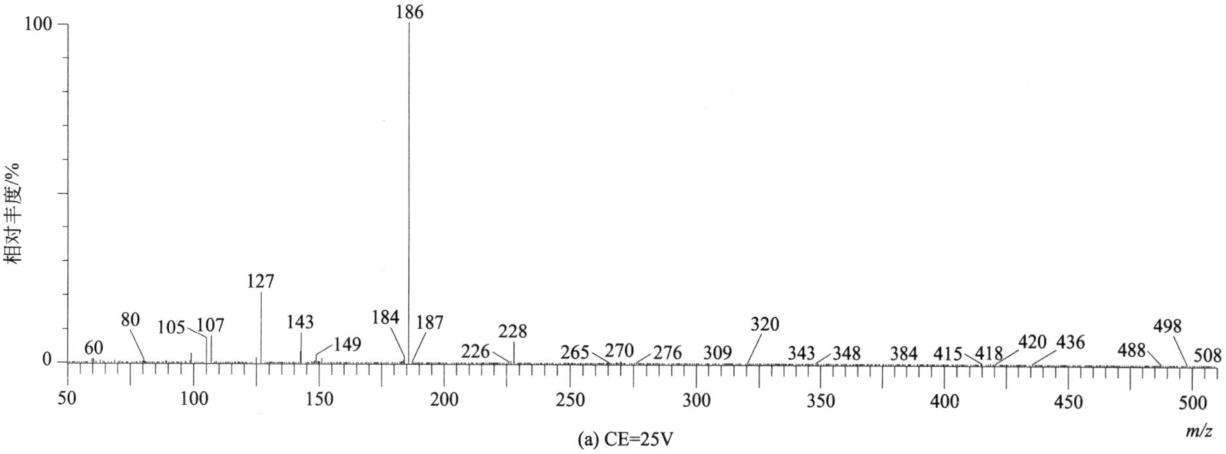

(a) CE=25V

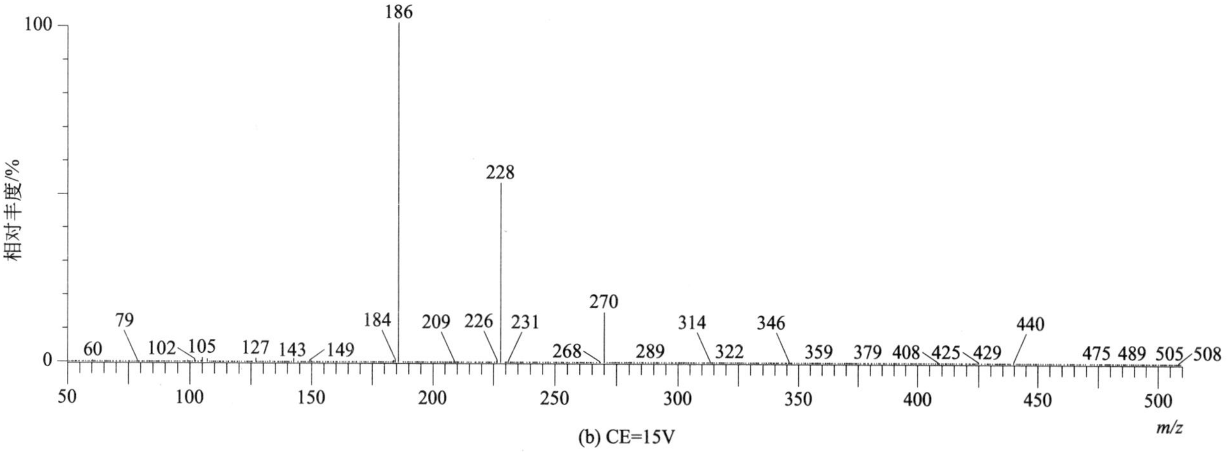

(b) CE=15V

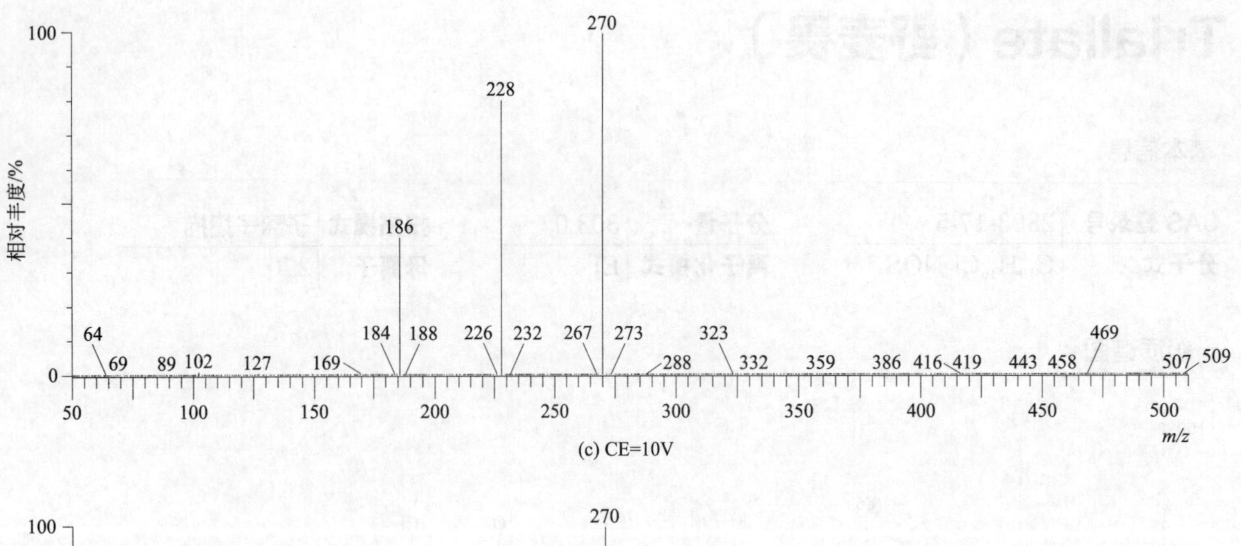

(c) CE=10V

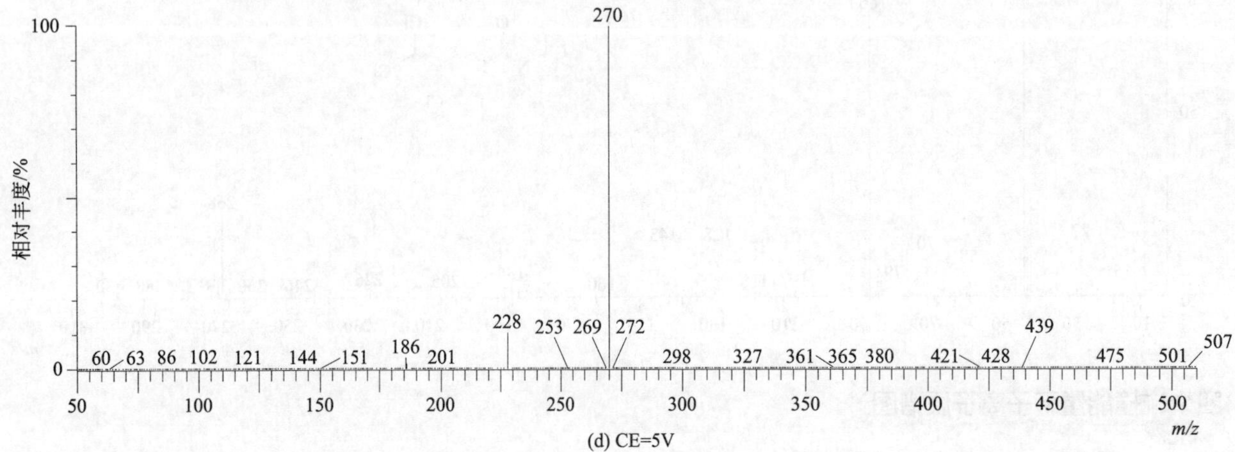

(d) CE=5V

Tribenuron-methyl（苯磺隆）

基本信息

CAS 登录号	101200-48-0	分子量	395.1	扫描模式	子离子扫描
分子式	$C_{15}H_{17}N_5O_6S$	离子化模式	EI	母离子	154

一级质谱图

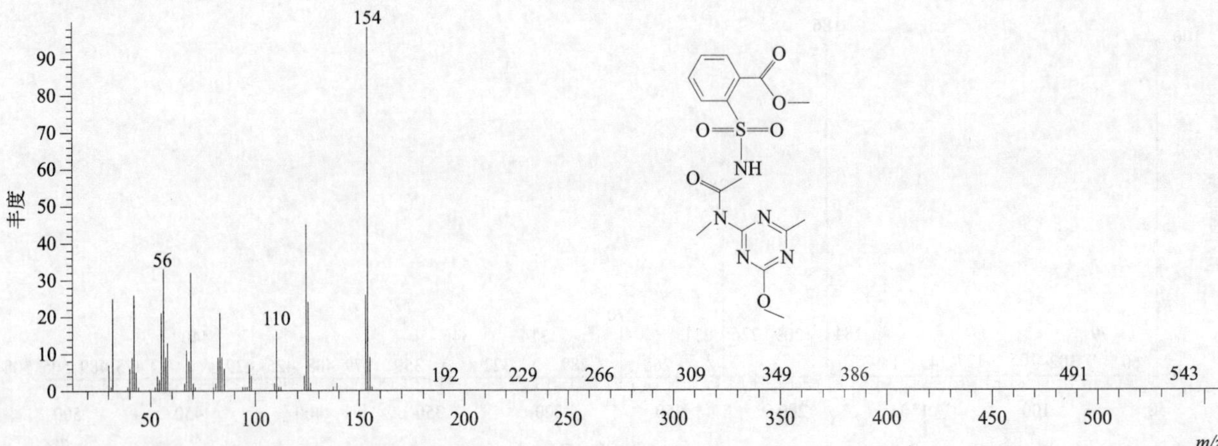

四个碰撞能量下子离子质谱图

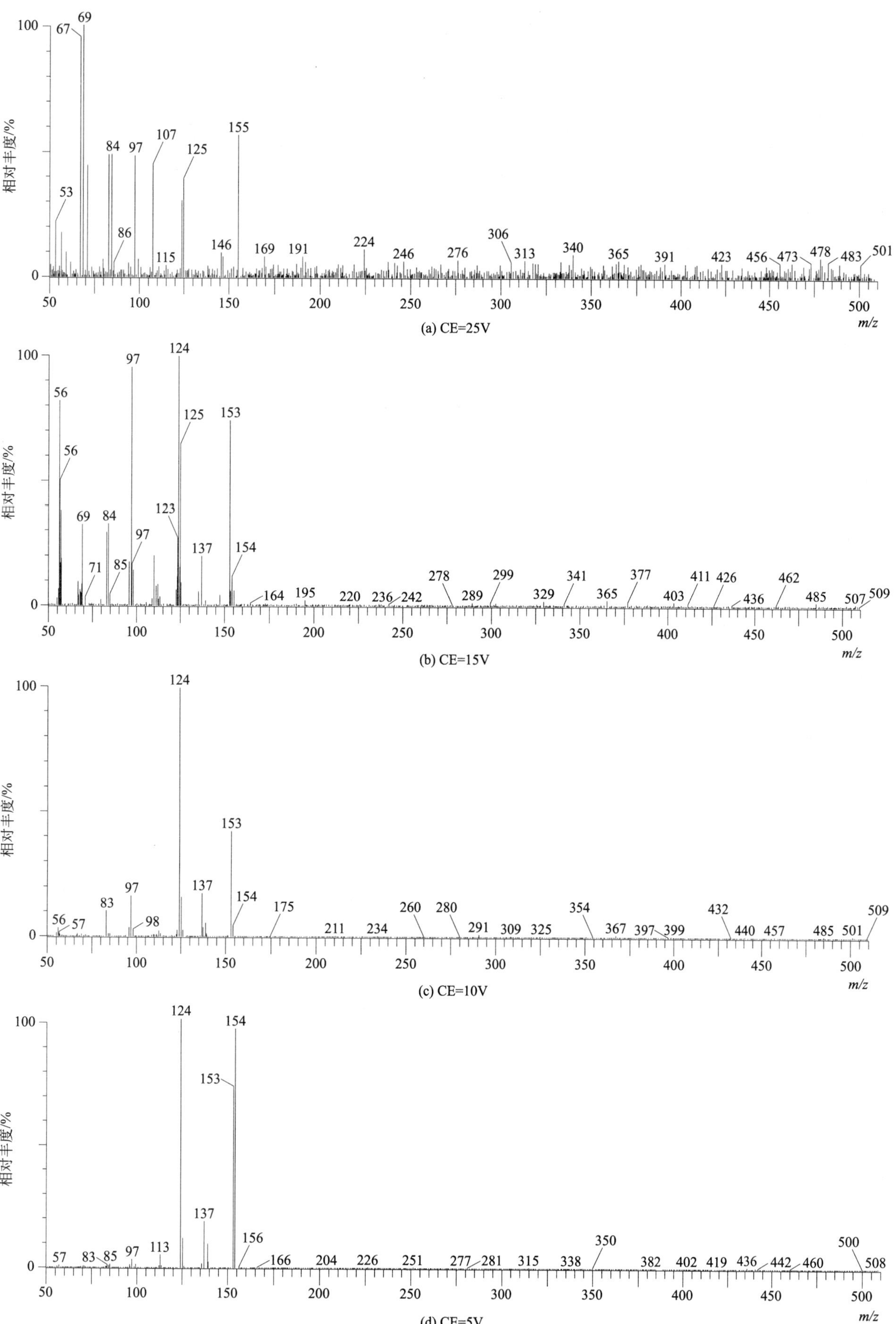

(a) CE=25V

(b) CE=15V

(c) CE=10V

(d) CE=5V

Trichloronate（壤虫磷）

基本信息

CAS 登录号	327-98-0	分子量	331.9	扫描模式	子离子扫描
分子式	$C_{10}H_{12}Cl_3O_2PS$	离子化模式	EI	母离子	297

一级质谱图

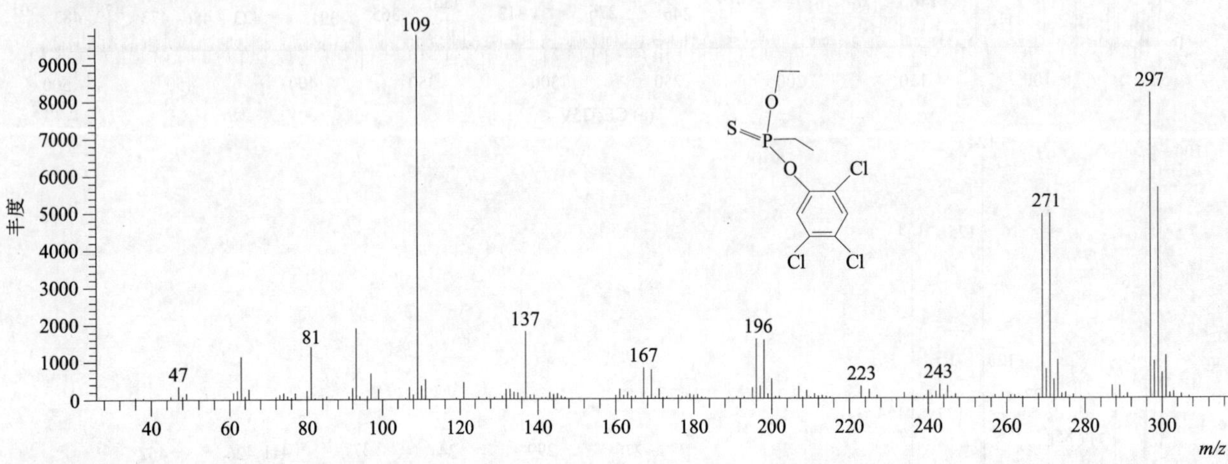

四个碰撞能量下子离子质谱图

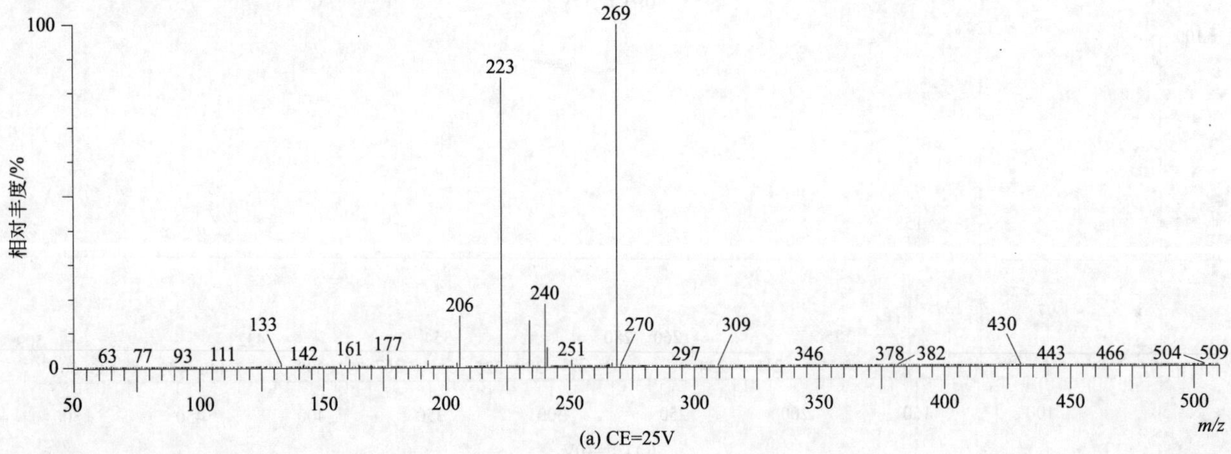

相对丰度/%

100 269 223 206 240 133 270 309 430 63 77 93 111 142 161 177 251 297 346 378 382 443 466 504 509 0

50 100 150 200 250 300 350 400 450 500 *m/z*

(a) CE=25V

相对丰度/%

100 269 61 73 93 109 125 170 177 206 223 234 251 271 297 300 328 347 380 383 408 431 447 481 488 507 509 0

50 100 150 200 250 300 350 400 450 500 *m/z*

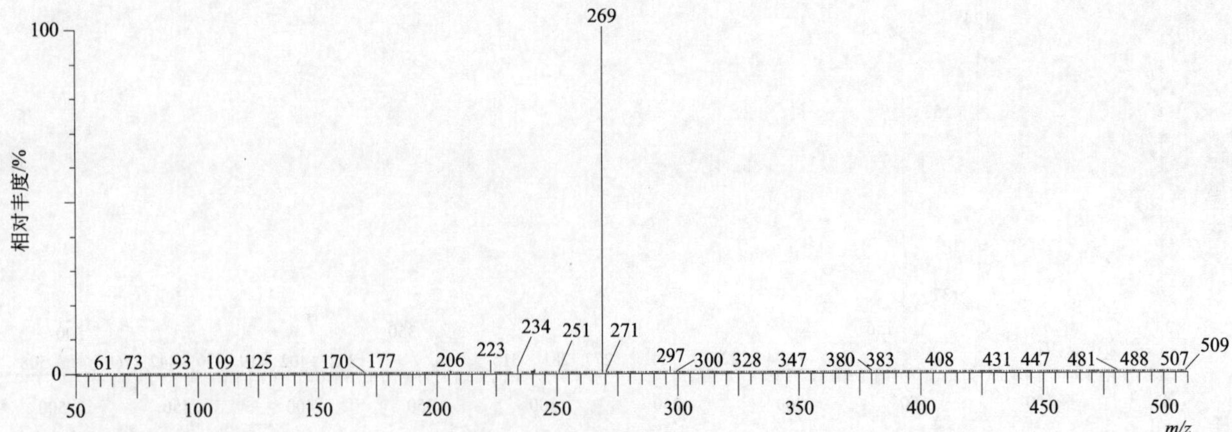

(b) CE=15V

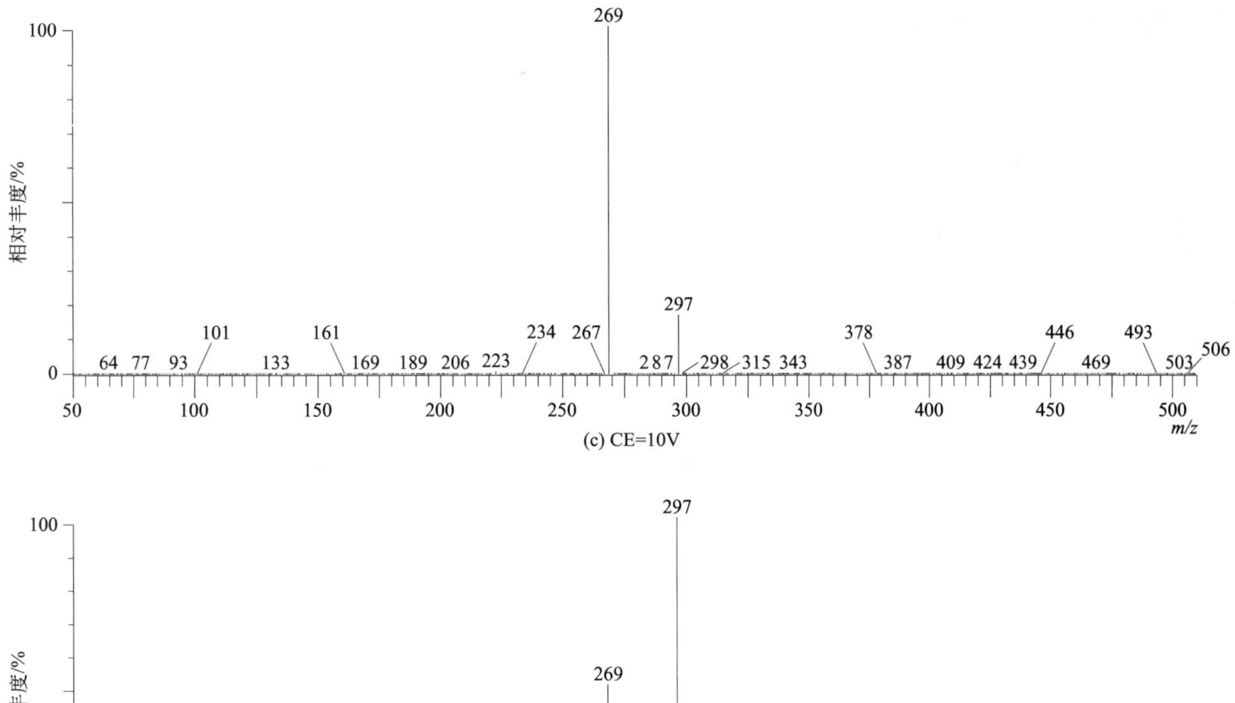

(c) CE=10V

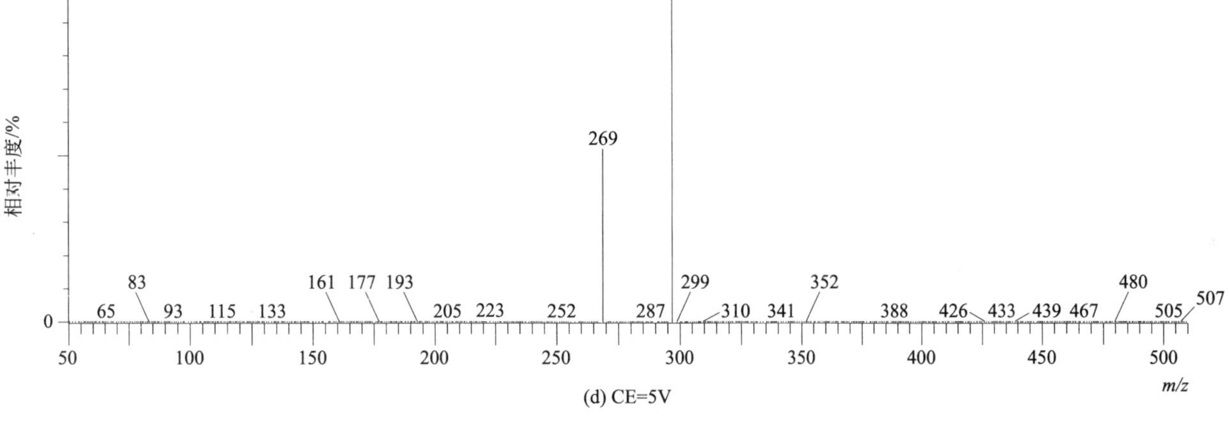

(d) CE=5V

Tridiphane（灭草环）

基本信息

CAS 登录号	58138-08-2	分子量	317.9	扫描模式	子离子扫描
分子式	$C_{10}H_7Cl_5O$	离子化模式	EI	母离子	187

一级质谱图

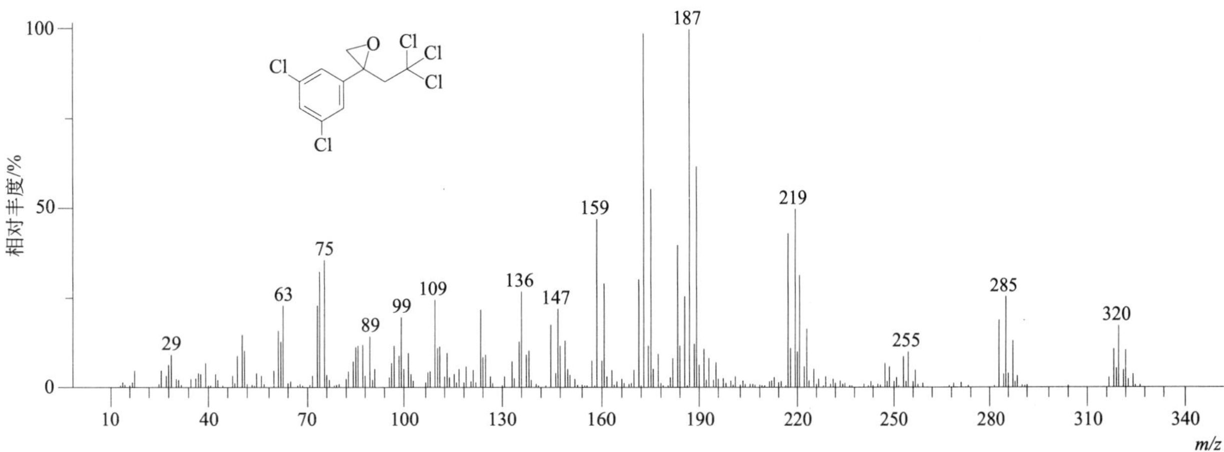

四个碰撞能量下子离子质谱图

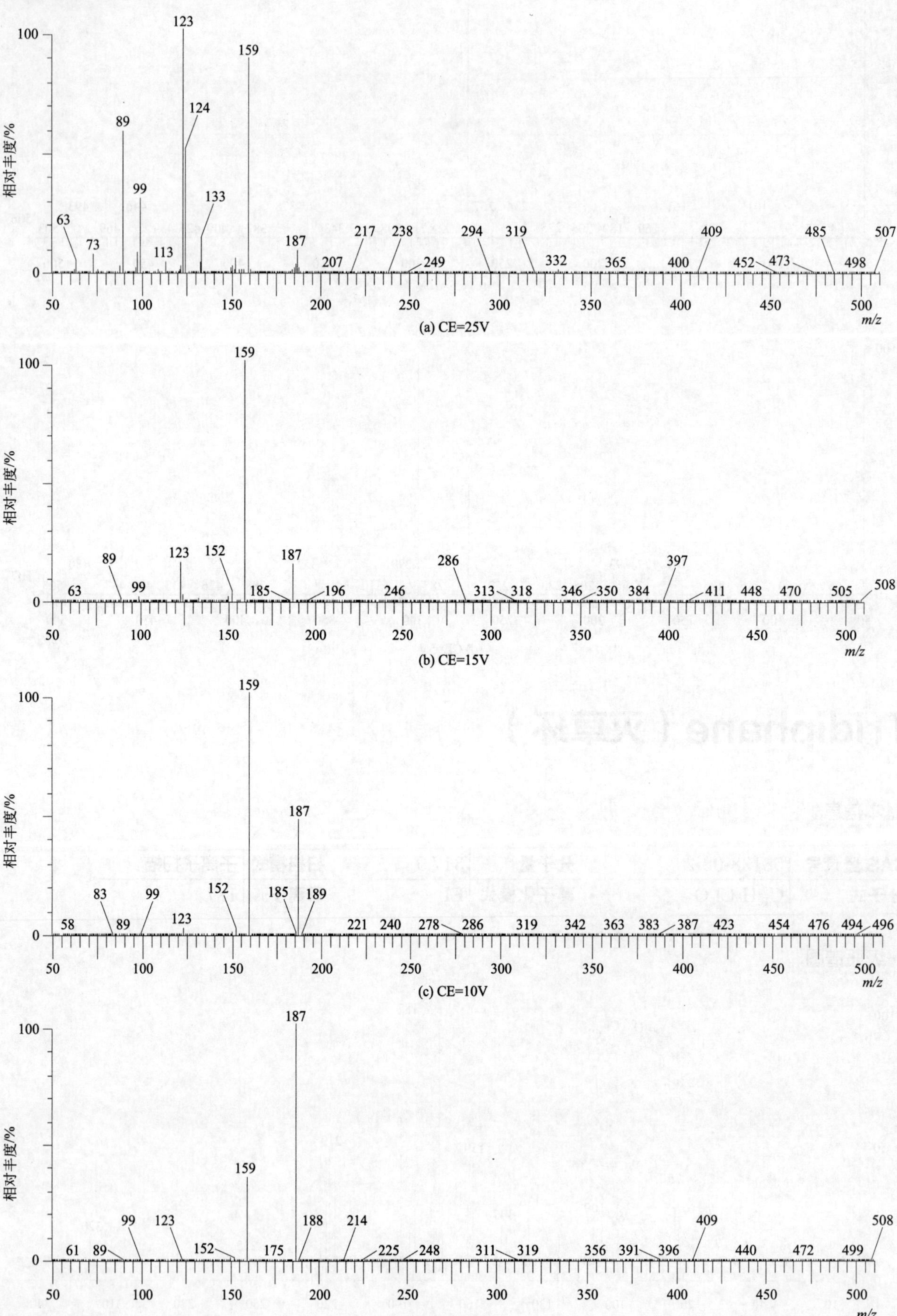

(a) CE=25V

(b) CE=15V

(c) CE=10V

(d) CE=5V

Trietazine（草达津）

基本信息

CAS 登录号	1912-26-1	分子量	229.1	扫描模式	子离子扫描
分子式	$C_9H_{16}ClN_5$	离子化模式	EI	母离子	229

一级质谱图

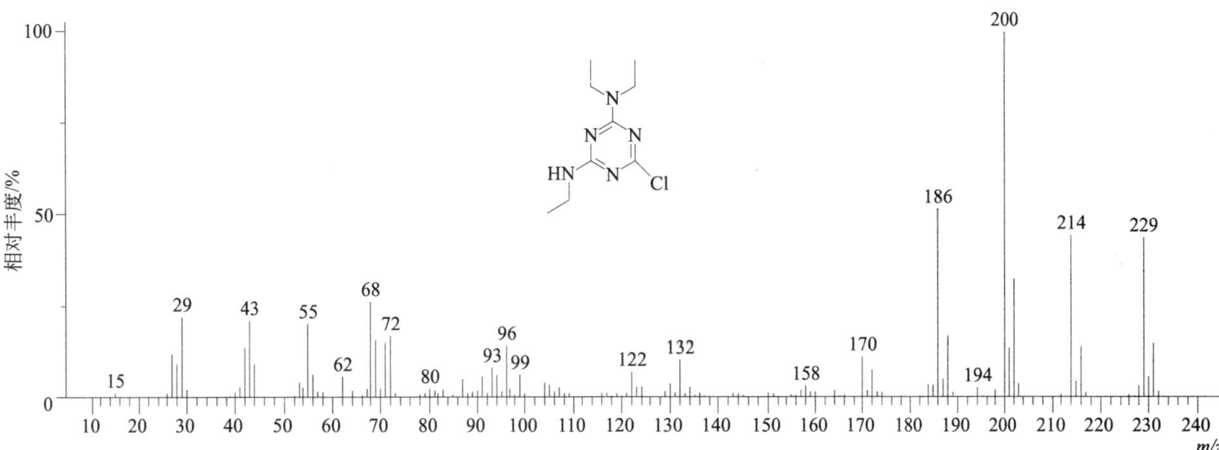

四个碰撞能量下子离子质谱图

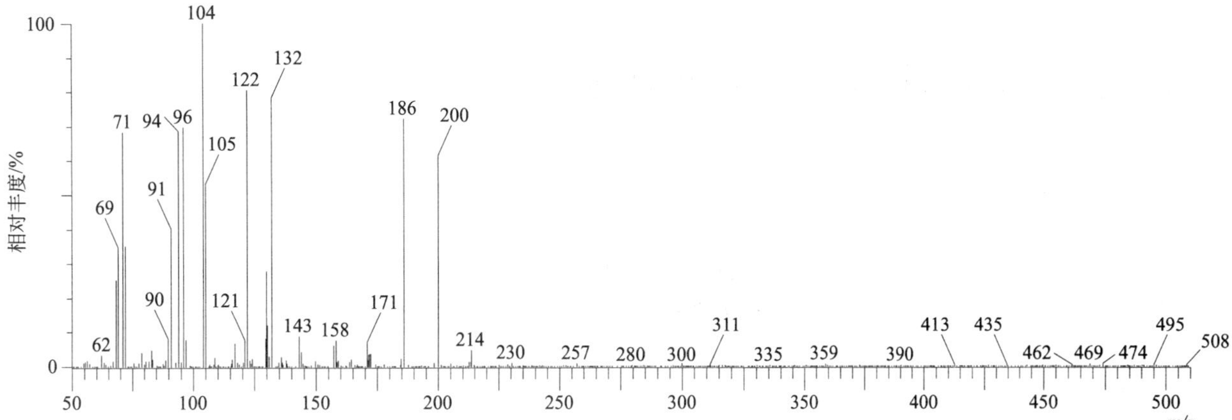

(a) CE=25V

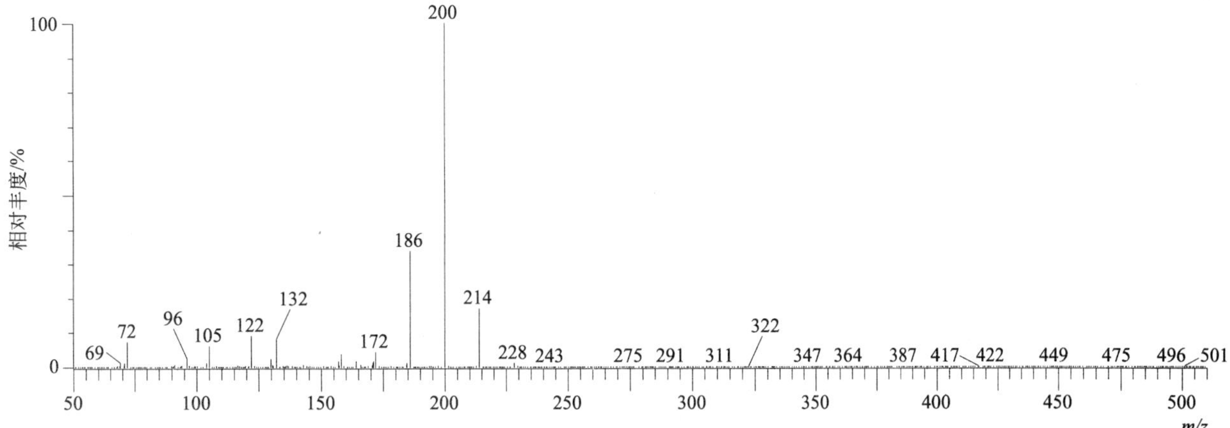

(b) CE=15V

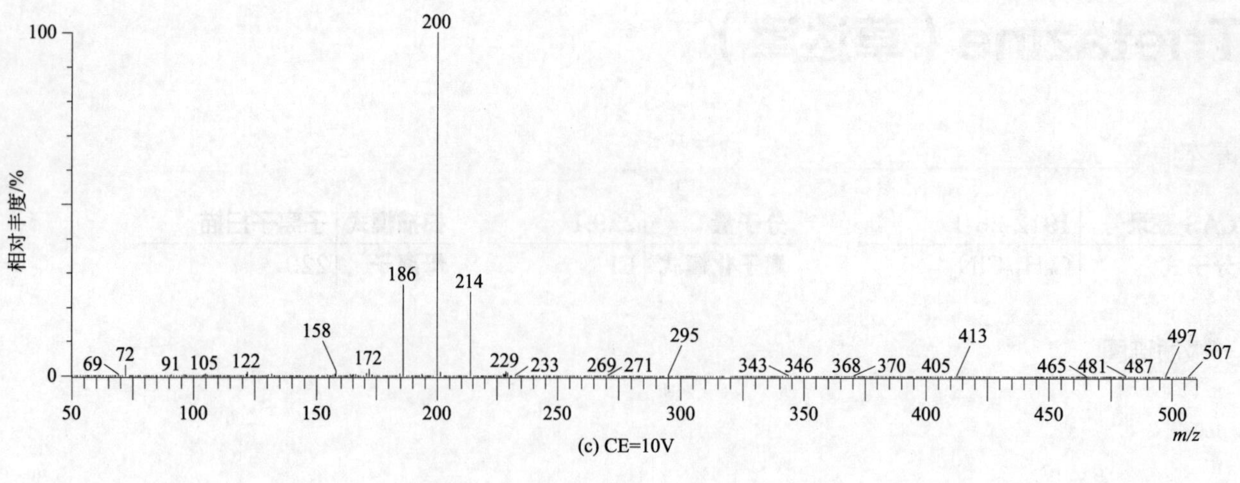

(c) CE=10V

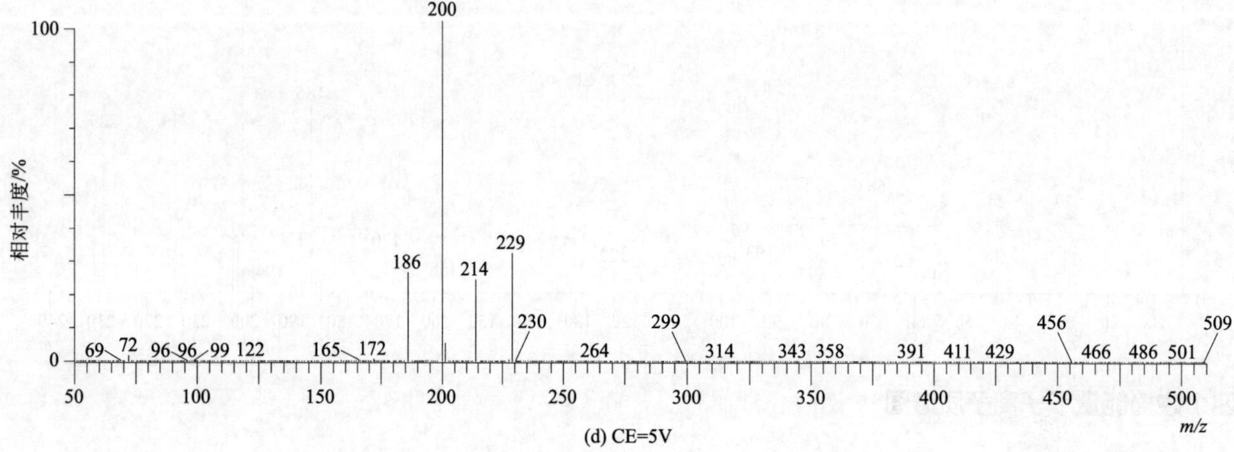

(d) CE=5V

Trifloxystrobin（肟菌酯）

基本信息

CAS 登录号	141517-21-7	分子量	408.1	扫描模式	子离子扫描
分子式	$C_{20}H_{19}F_3N_2O_4$	离子化模式	EI	母离子	222

一级质谱图

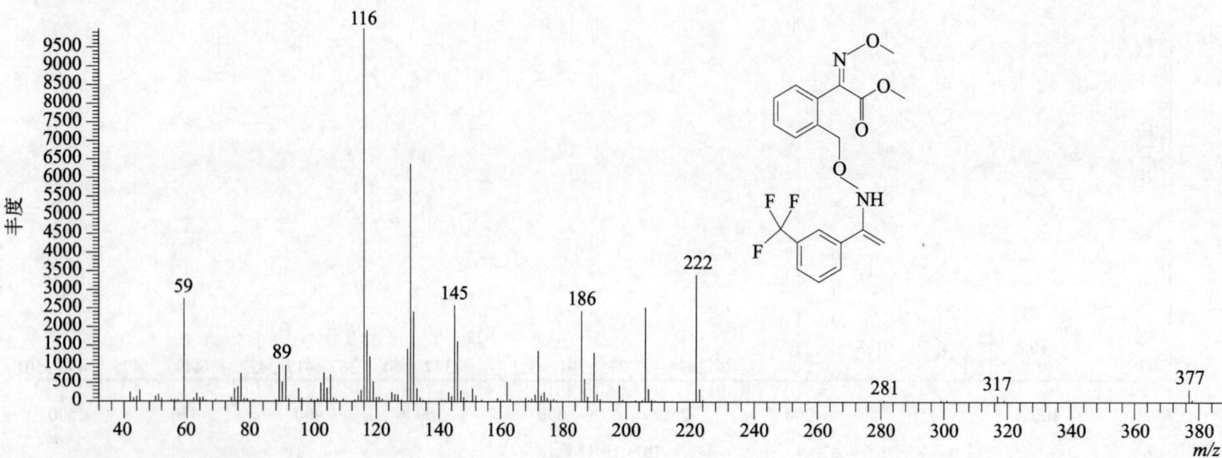

四个碰撞能量下子离子质谱图

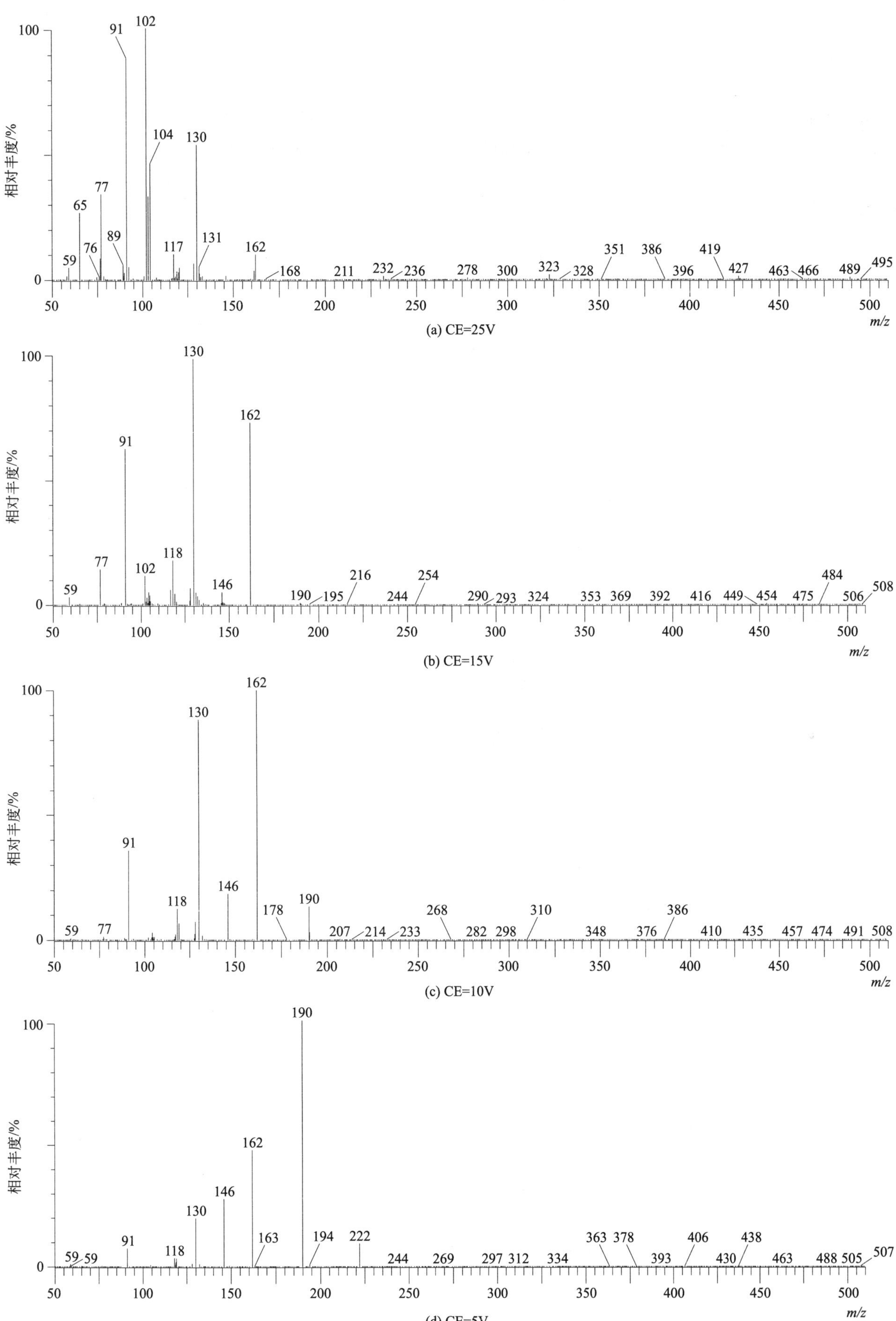

(a) CE=25V

(b) CE=15V

(c) CE=10V

(d) CE=5V

Trifluralin（氟乐灵）

基本信息

CAS 登录号	1582-09-8	分子量	335.1	扫描模式	子离子扫描
分子式	$C_{13}H_{16}F_3N_3O_4$	离子化模式	EI	母离子	306

一级质谱图

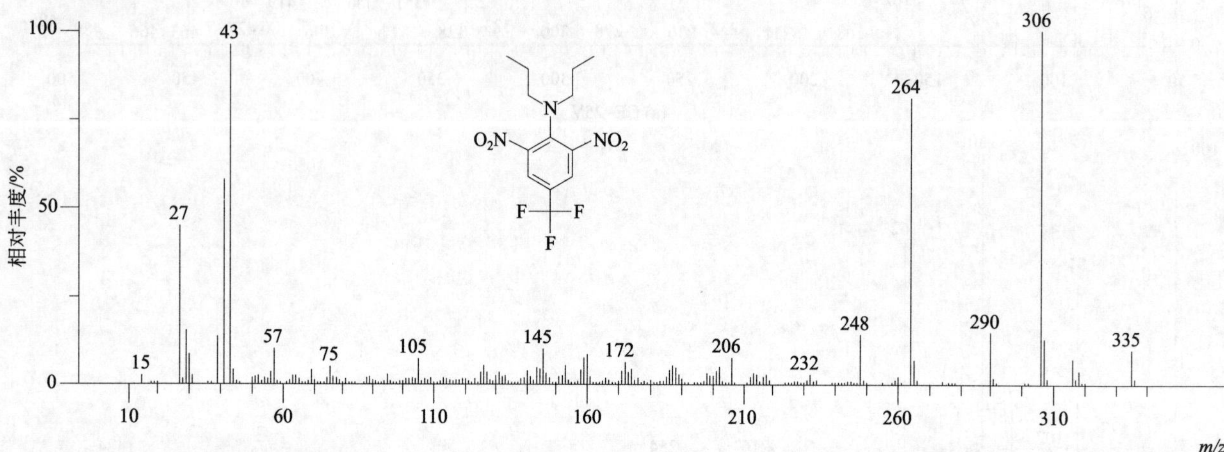

四个碰撞能量下子离子质谱图

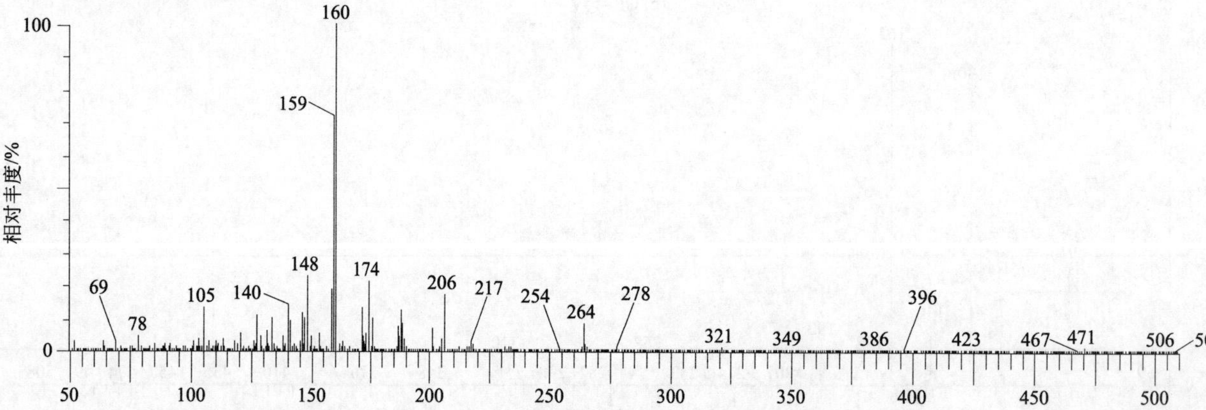

(a) CE=25V

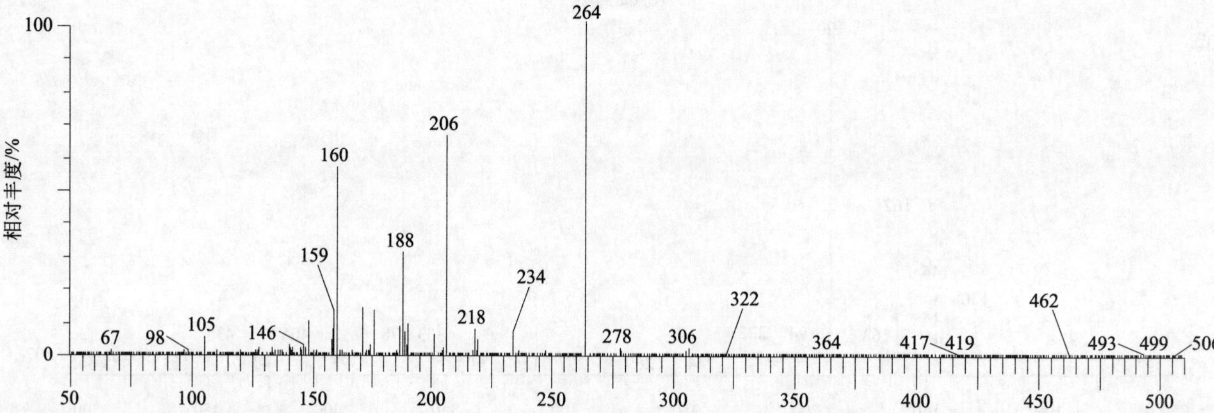

(b) CE=15V

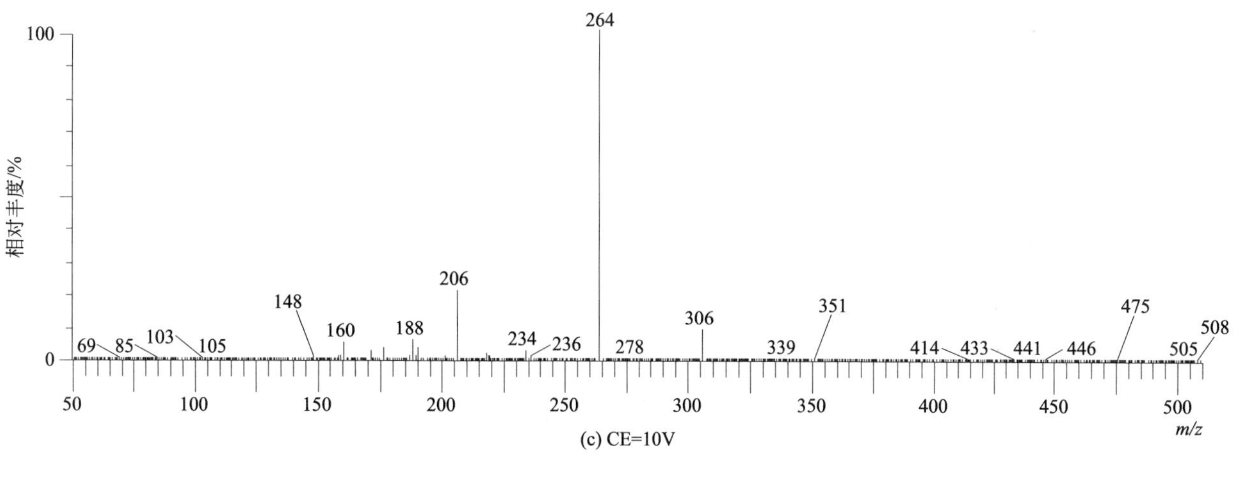

(c) CE=10V

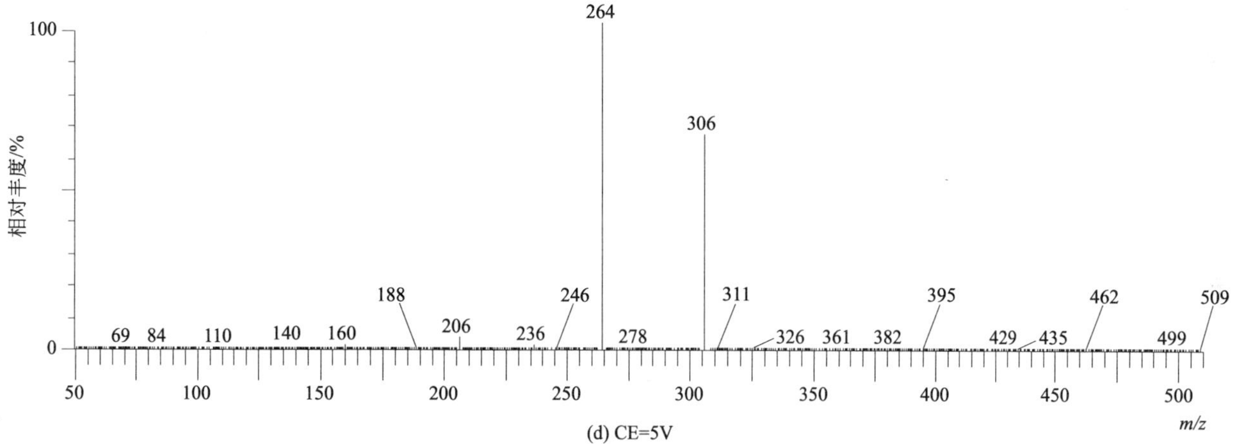

(d) CE=5V

3,4,5-Trimethacarb（3,4,5-混杀威）

基本信息

CAS 登录号	2686-99-9	分子量	193.1	扫描模式	子离子扫描
分子式	$C_{11}H_{15}NO_2$	离子化模式	EI	母离子	193

一级质谱图

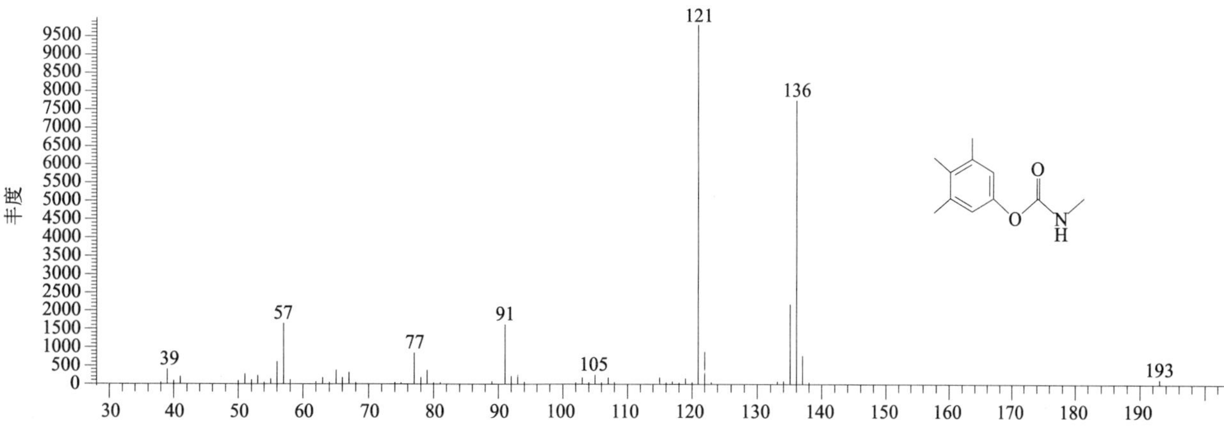

四个碰撞能量下子离子质谱图

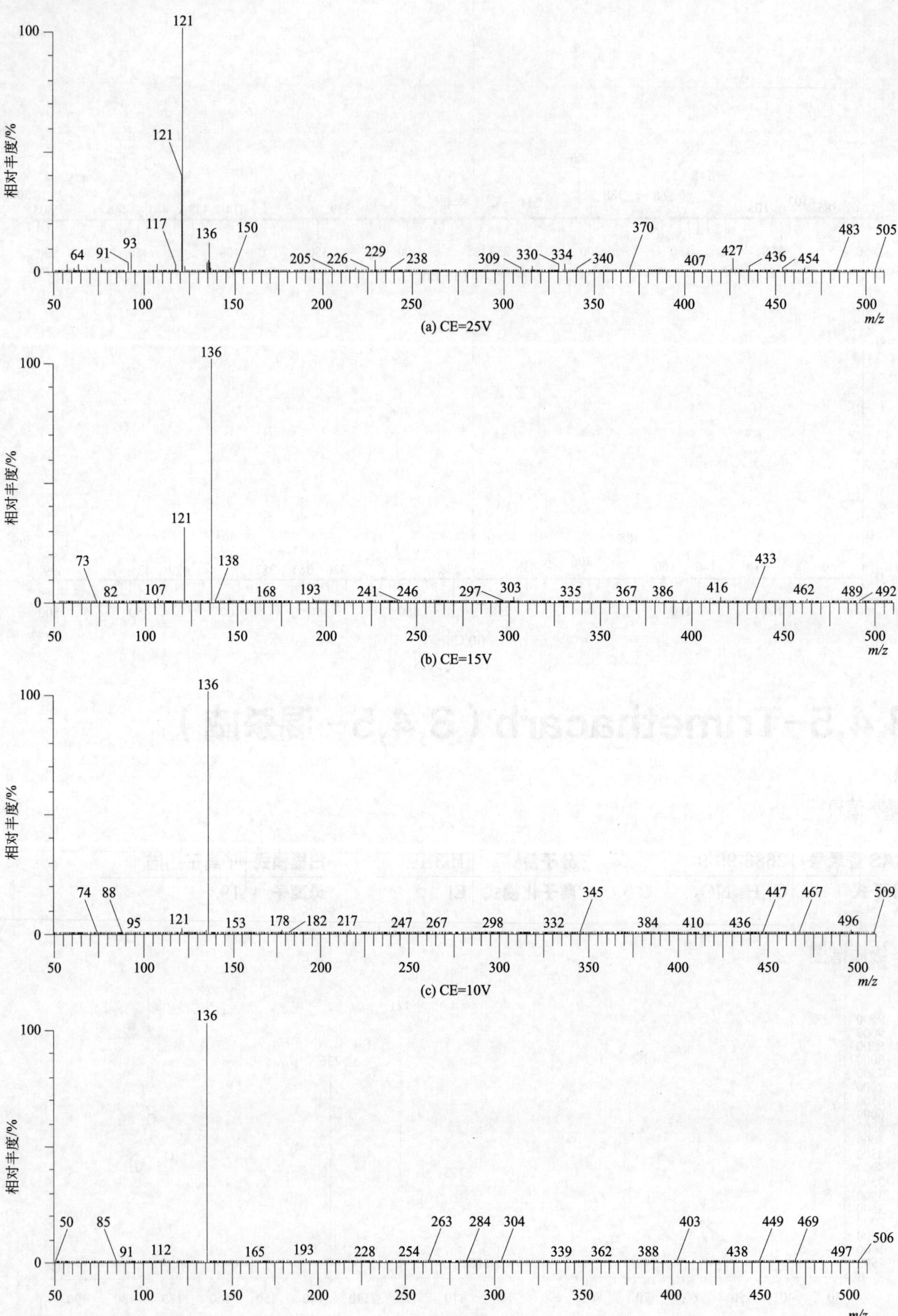

(a) CE=25V

(b) CE=15V

(c) CE=10V

(d) CE=5V

Tri-*n*-butyl phosphate（磷酸三正丁酯）

基本信息

CAS 登录号	126-73-8	**分子量**	266.2	**扫描模式**	子离子扫描
分子式	$C_{12}H_{27}O_4P$	**离子化模式**	EI	**母离子**	211

一级质谱图

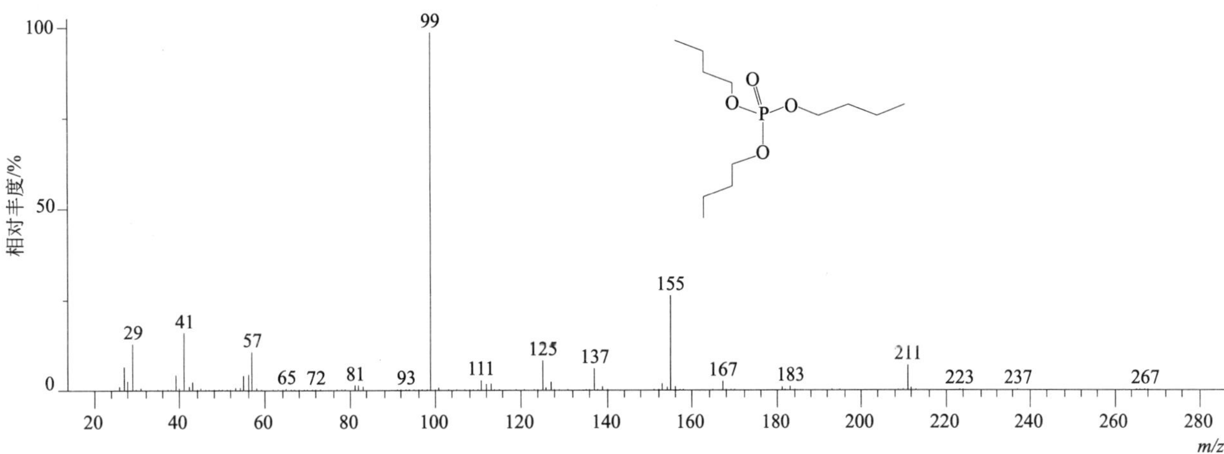

四个碰撞能量下子离子质谱图

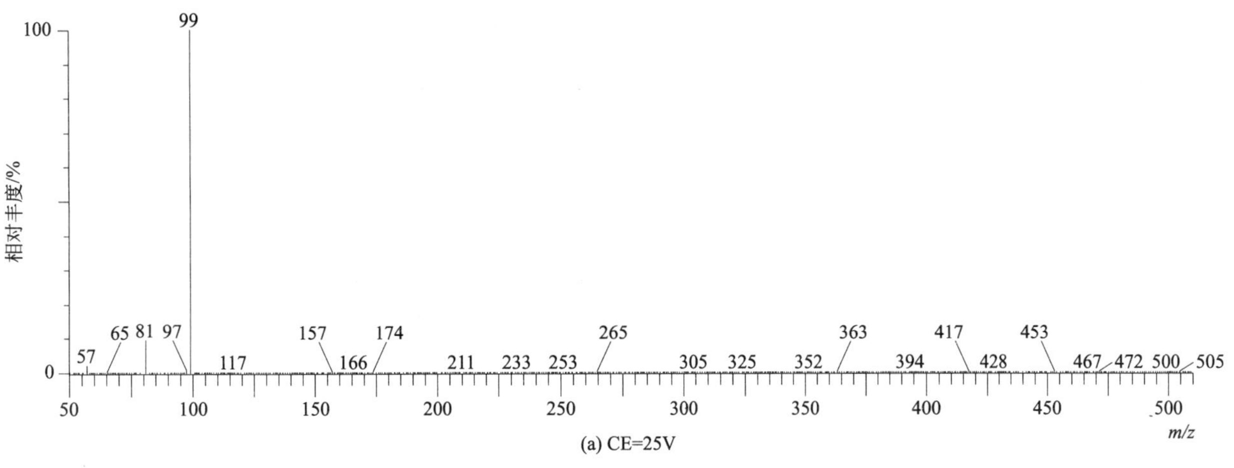

(a) CE=25V

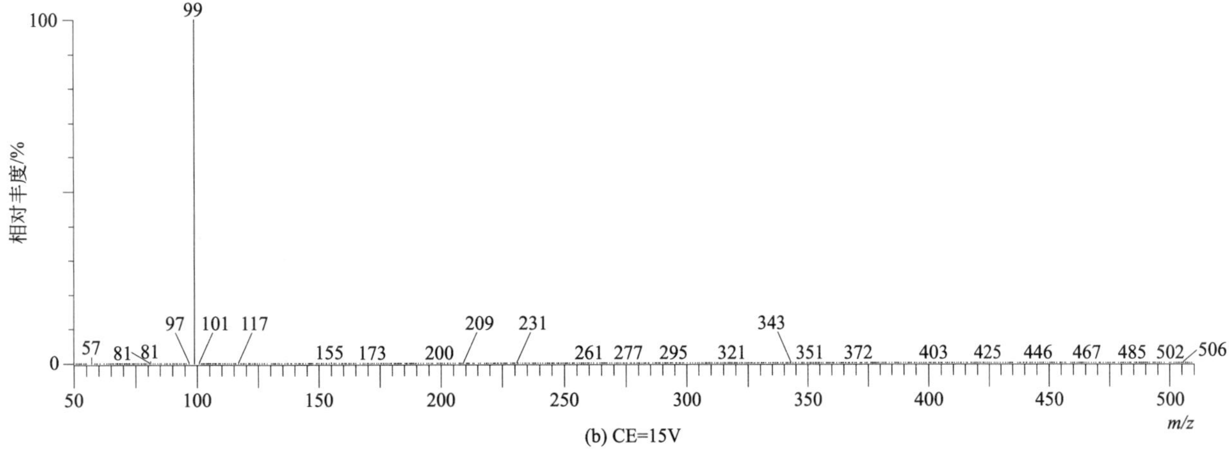

(b) CE=15V

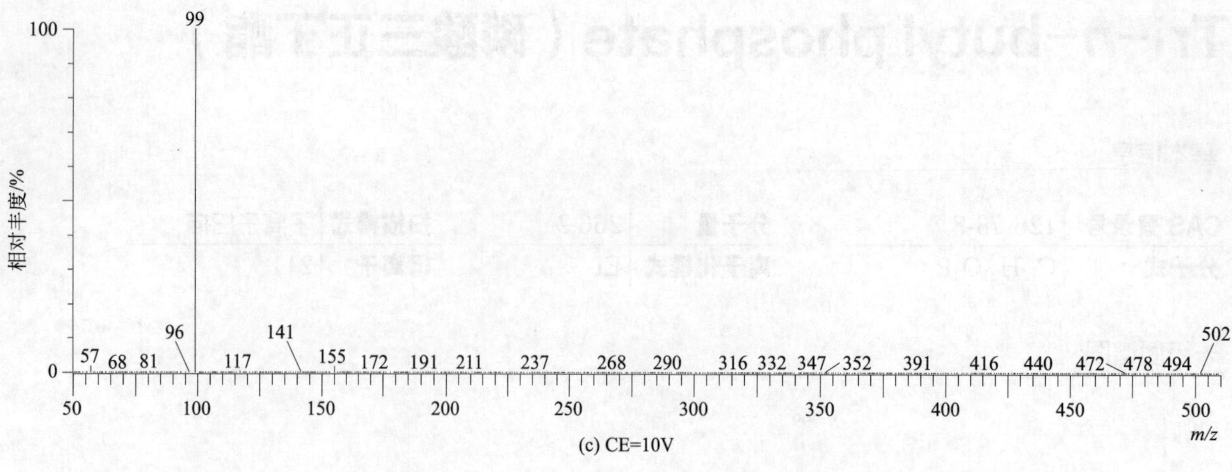

(c) CE=10V

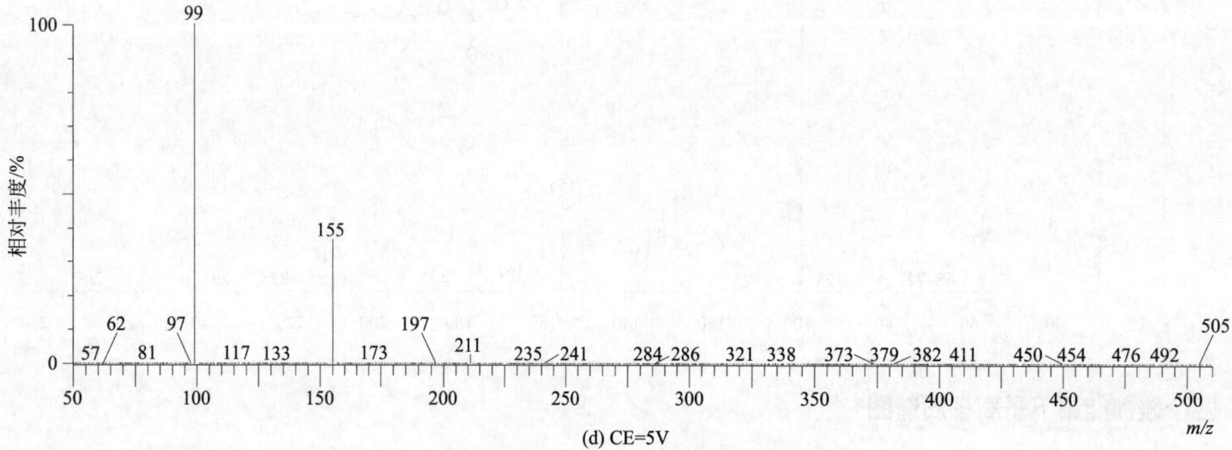

(d) CE=5V

Triphenyl phosphate(磷酸三苯酯)

基本信息

CAS 登录号	115-86-6	**分子量**	326.1	**扫描模式**	子离子扫描
分子式	$C_{18}H_{15}O_4P$	**离子化模式**	EI	**母离子**	326

一级质谱图

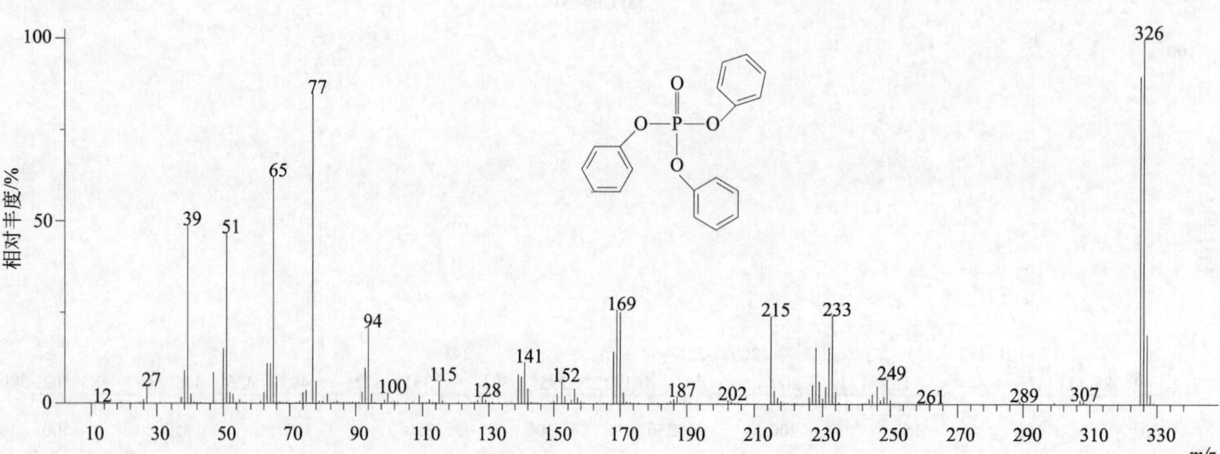

四个碰撞能量下子离子质谱图

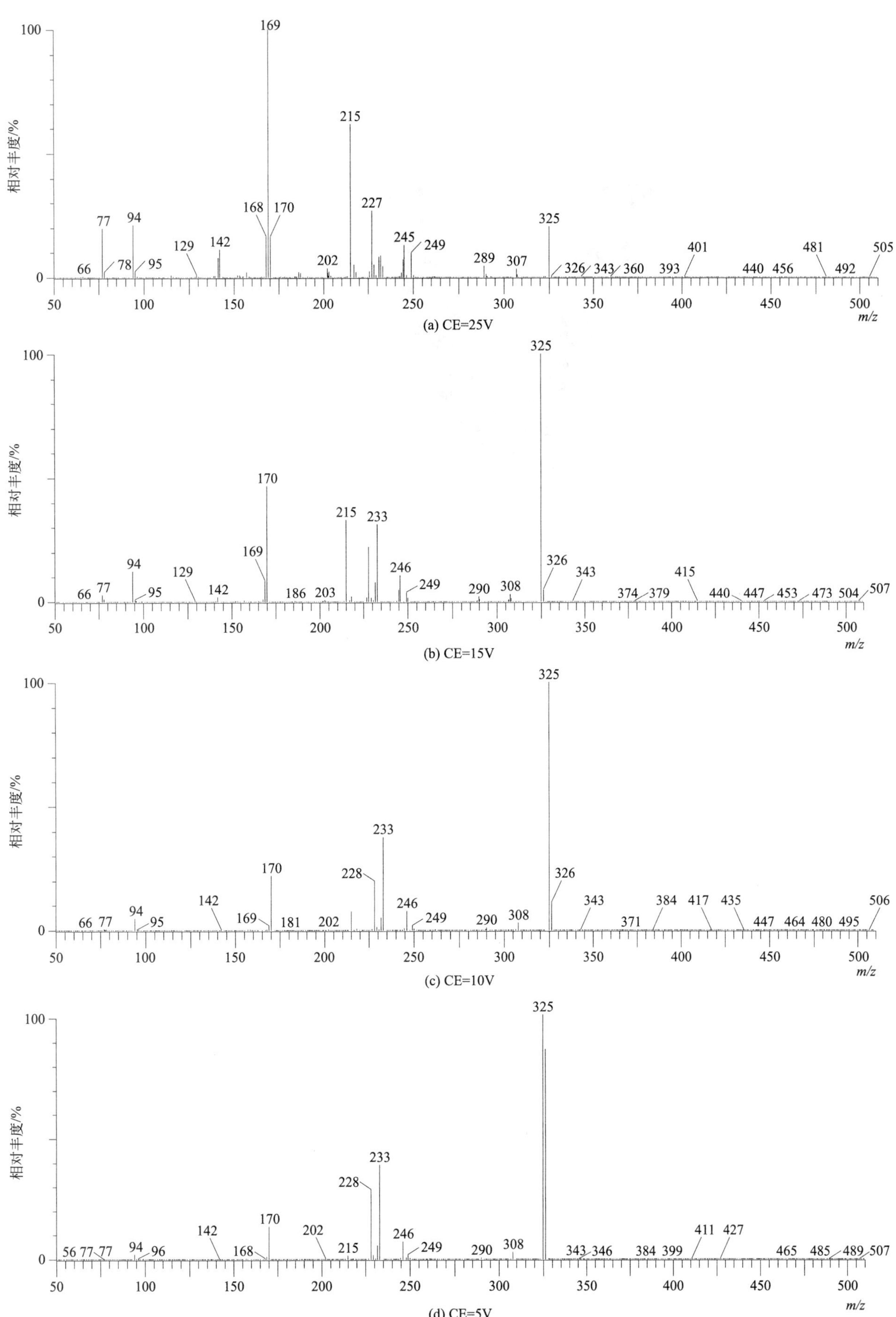

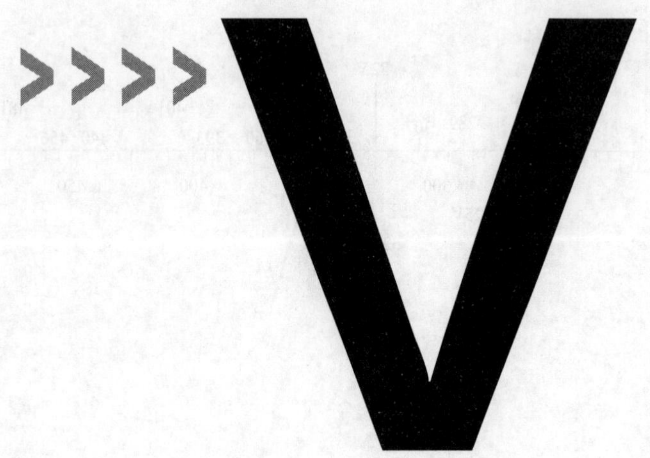

Vernolate（灭草猛）

基本信息

CAS 登录号	1929-77-7	分子量	203.1	扫描模式	子离子扫描
分子式	$C_{10}H_{21}NOS$	离子化模式	EI	母离子	146

一级质谱图

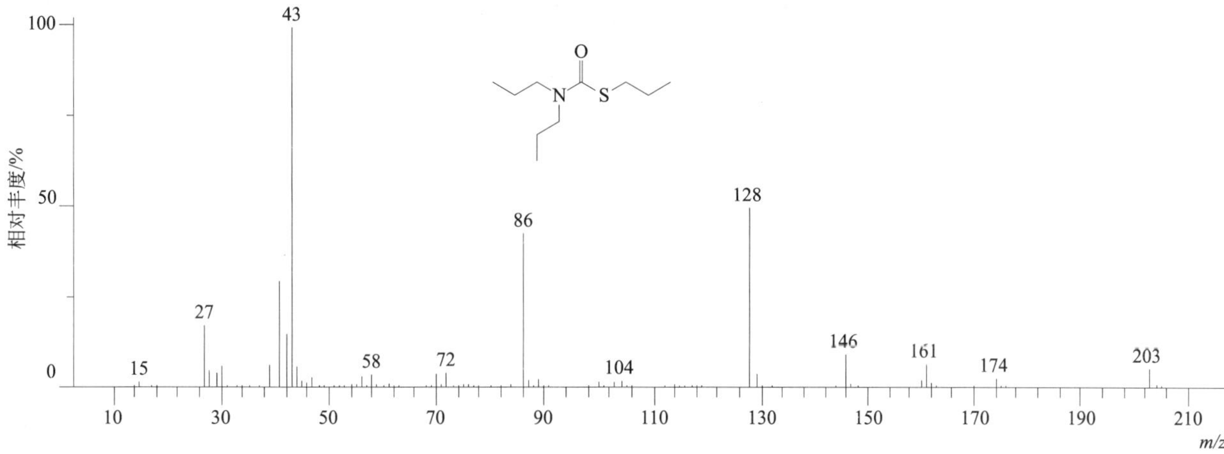

四个碰撞能量下子离子质谱图

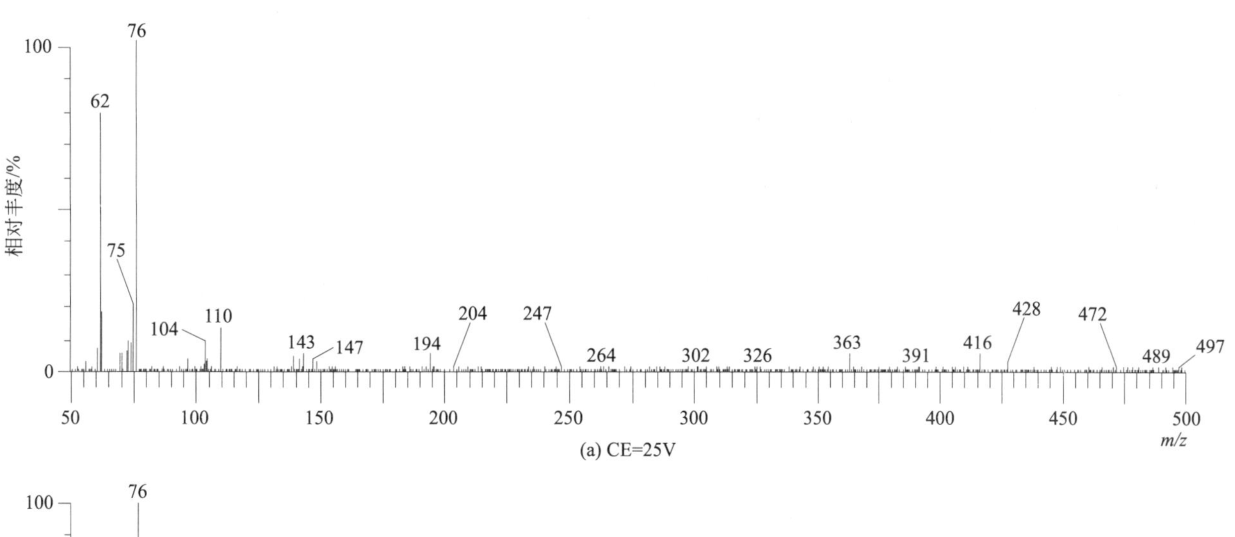

(a) CE=25V

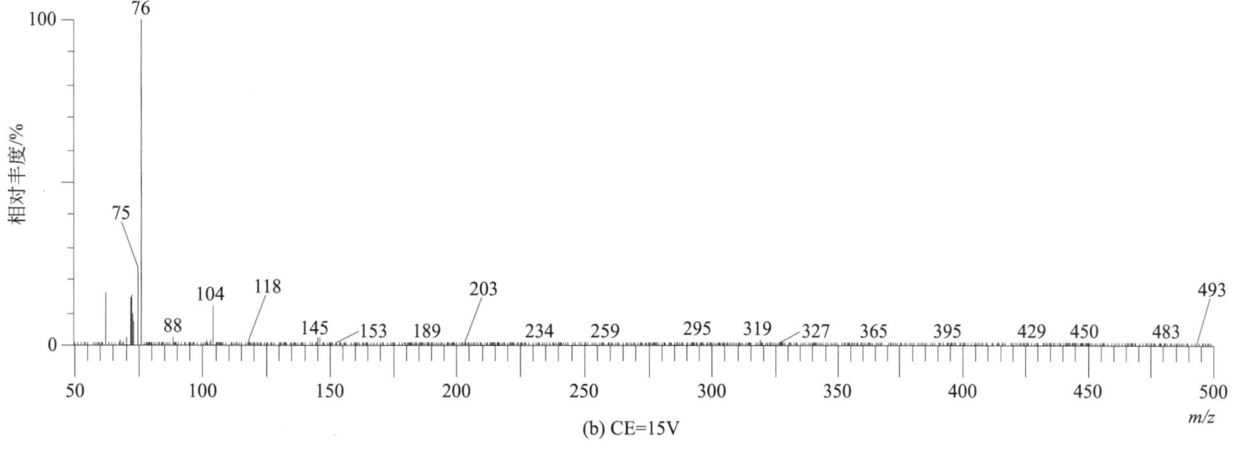

(b) CE=15V

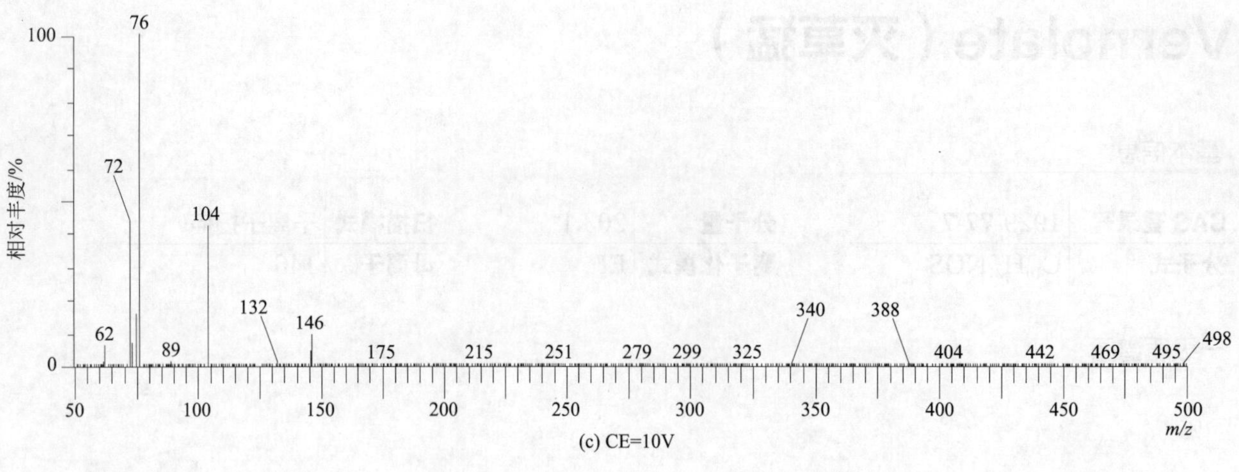

(c) CE=10V

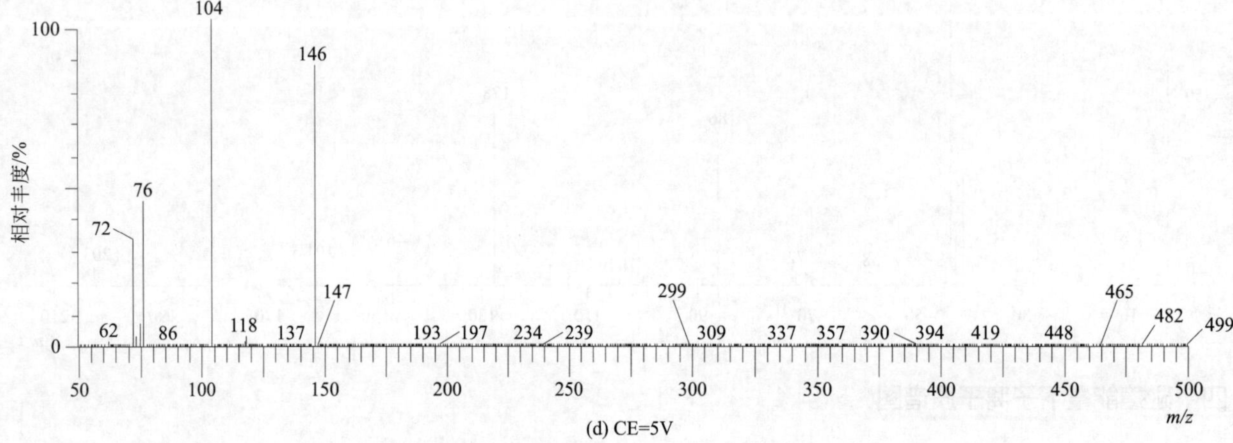

(d) CE=5V

Vinclozolin（乙烯菌核利）

基本信息

CAS 登录号	50471-44-8	**分子量**	285.0	**扫描模式**	子离子扫描
分子式	$C_{12}H_9Cl_2NO_3$	**离子化模式**	EI	**母离子**	285

一级质谱图

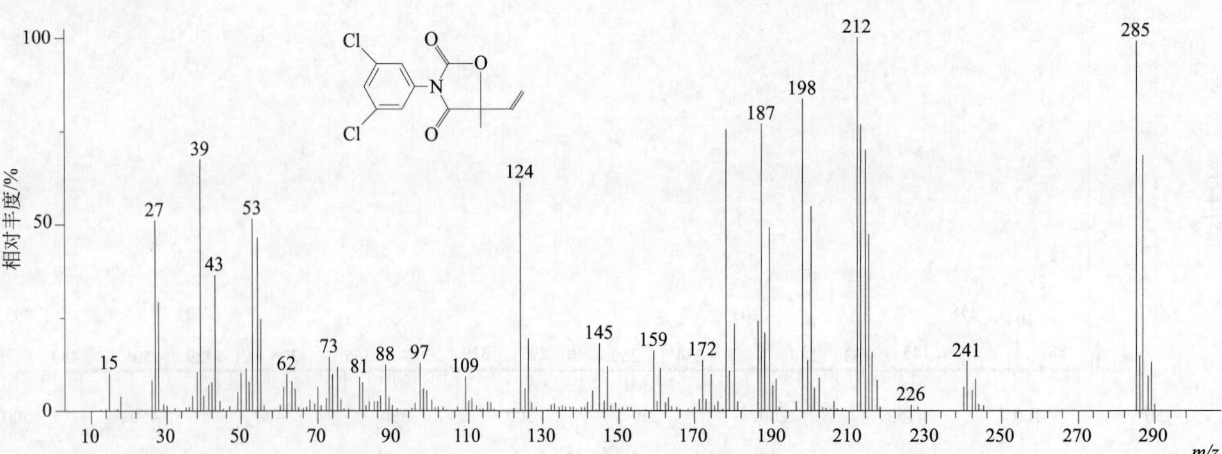

四个碰撞能量下子离子质谱图

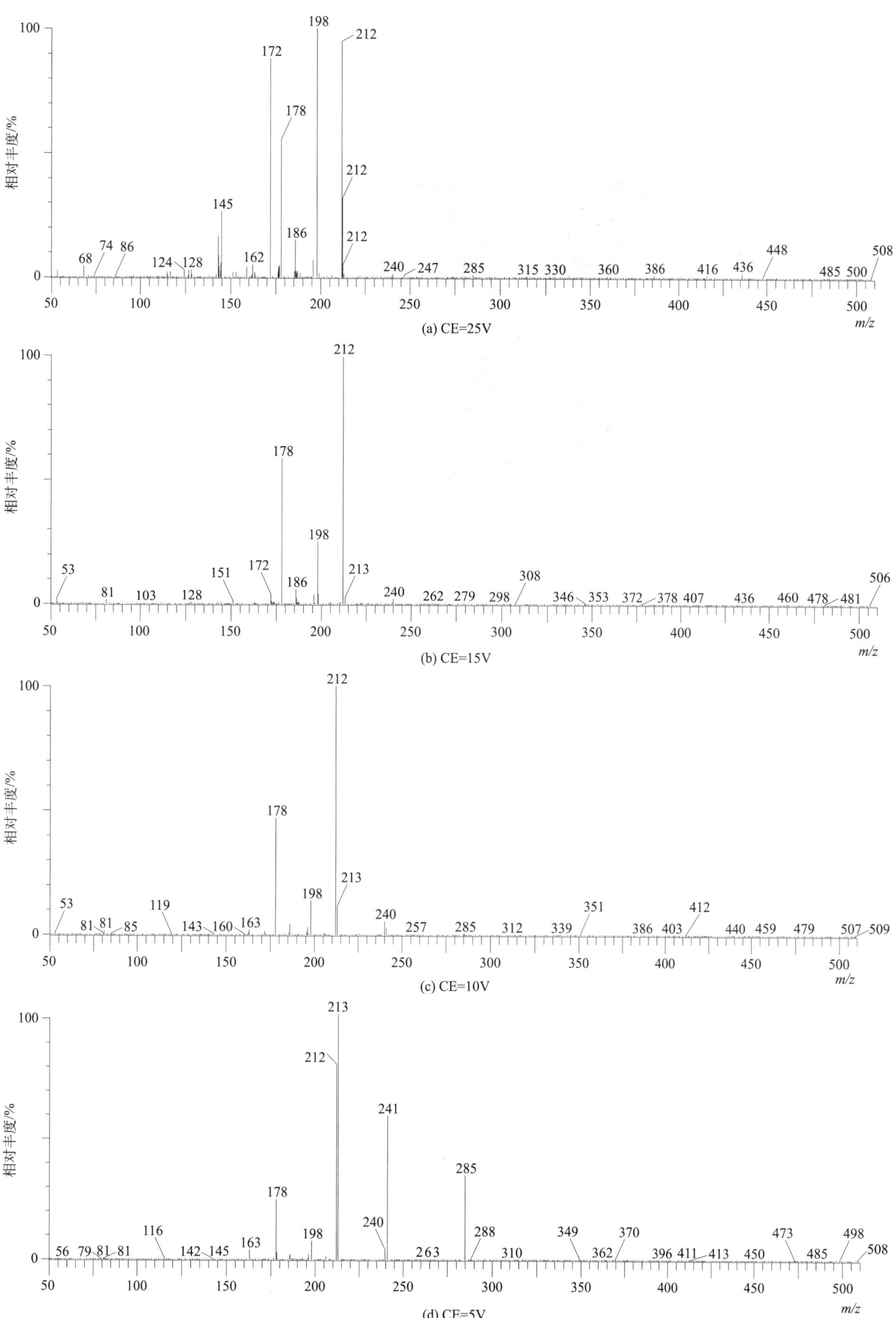

(a) CE=25V

(b) CE=15V

(c) CE=10V

(d) CE=5V

XMC（灭除威）

基本信息

CAS 登录号	2655-14-3	分子量	179.1	扫描模式	子离子扫描
分子式	$C_{10}H_{13}NO_2$	离子化模式	EI	母离子	107

一级质谱图

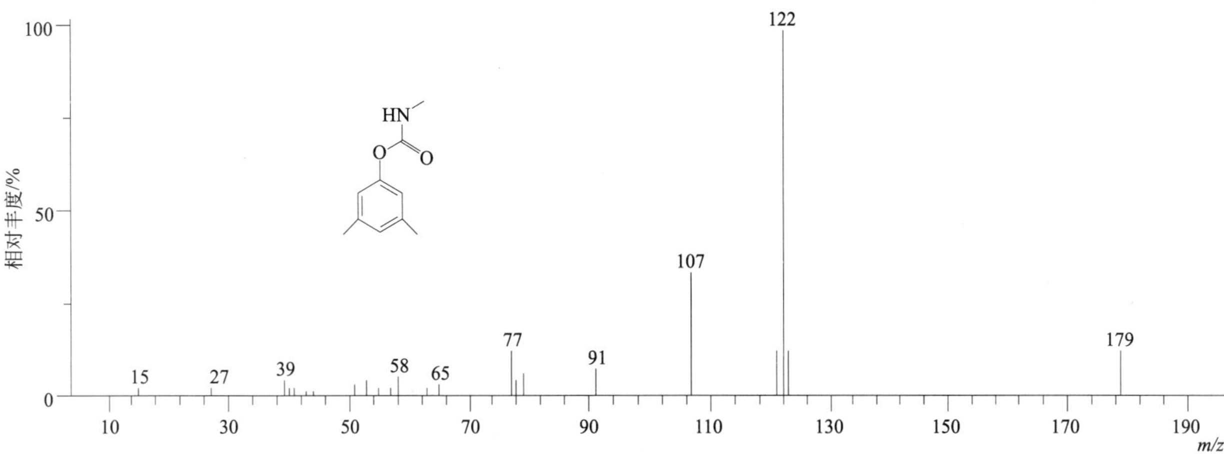

四个碰撞能量下子离子质谱图

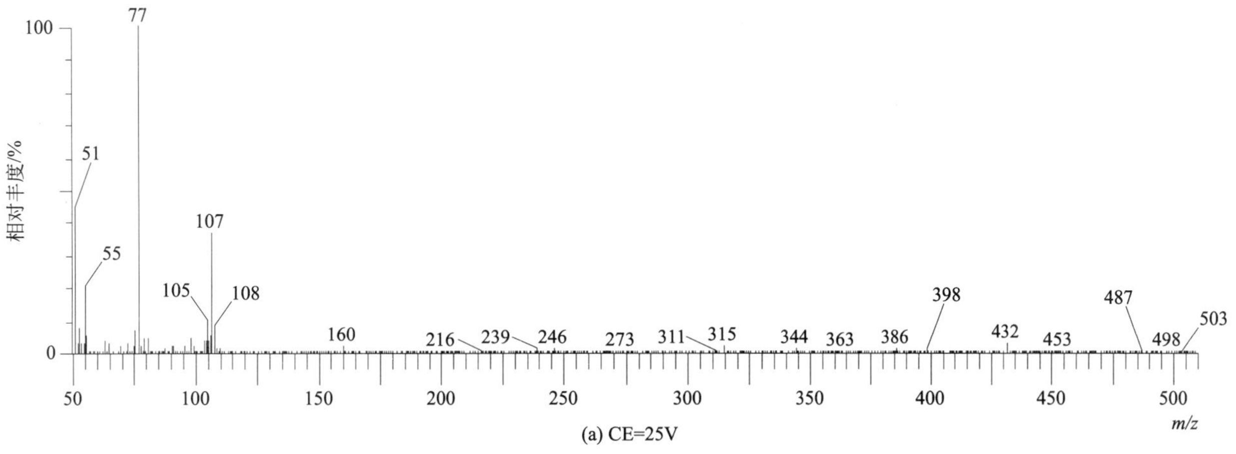

(a) CE=25V

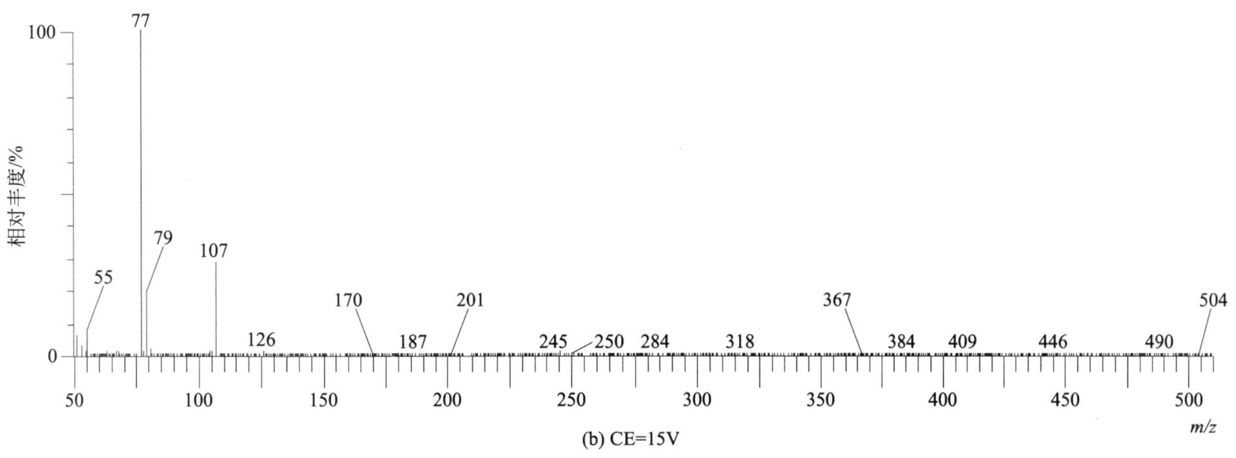

(b) CE=15V

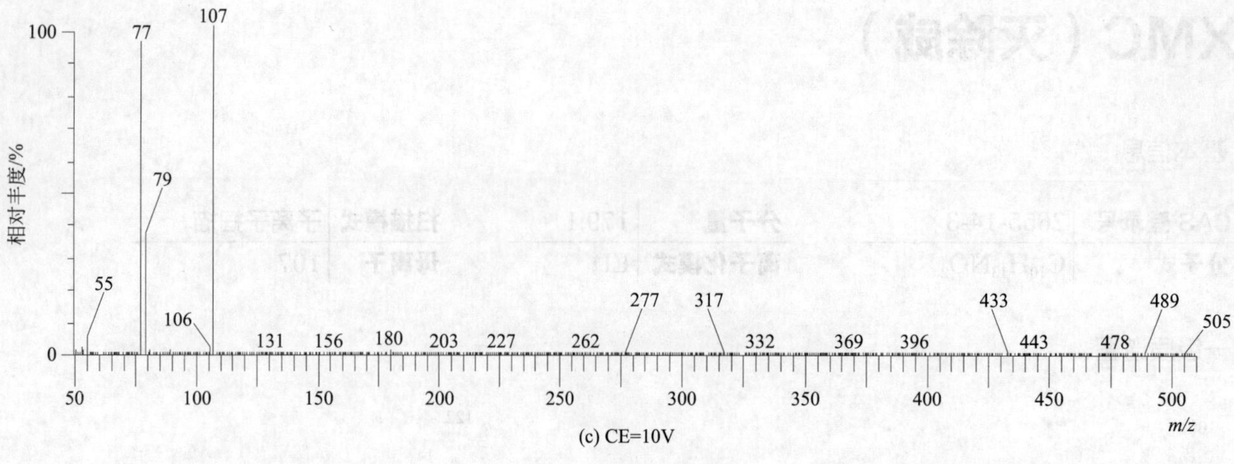

(c) CE=10V

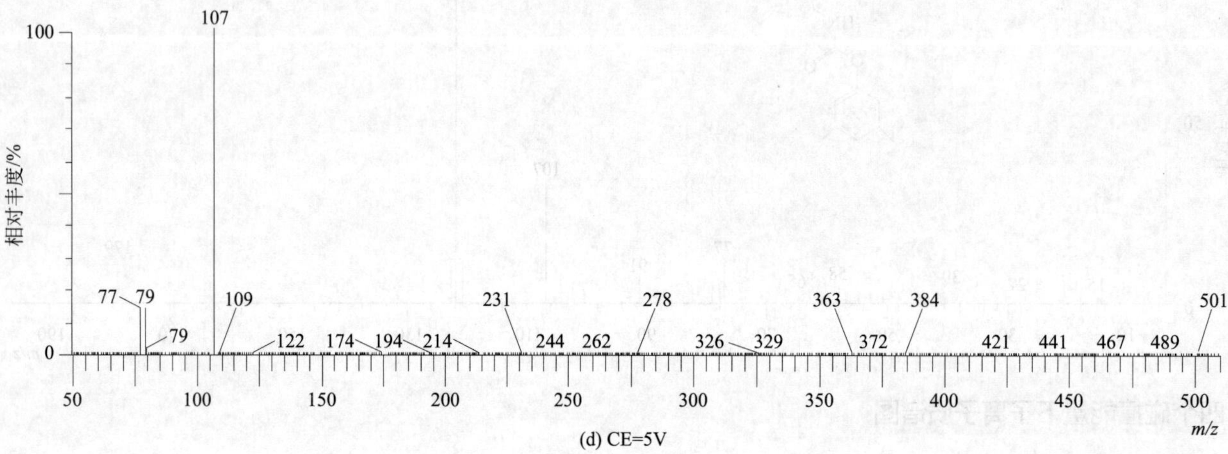

(d) CE=5V

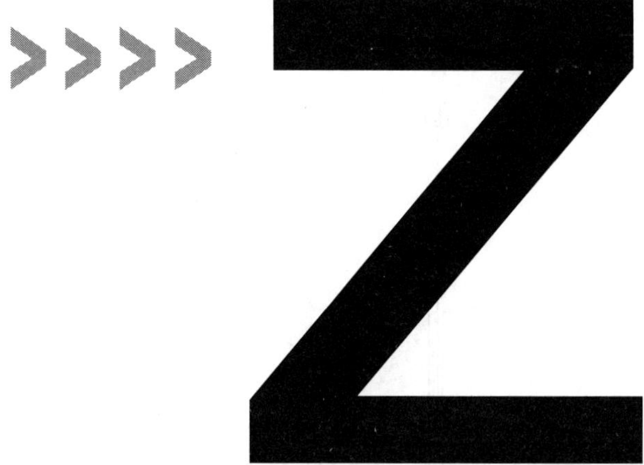

Zoxamide（苯酰菌胺）

基本信息

CAS 登录号	156052-68-5	分子量	335.0	扫描模式	子离子扫描
分子式	$C_{14}H_{16}Cl_3NO_2$	离子化模式	EI	母离子	242

一级质谱图

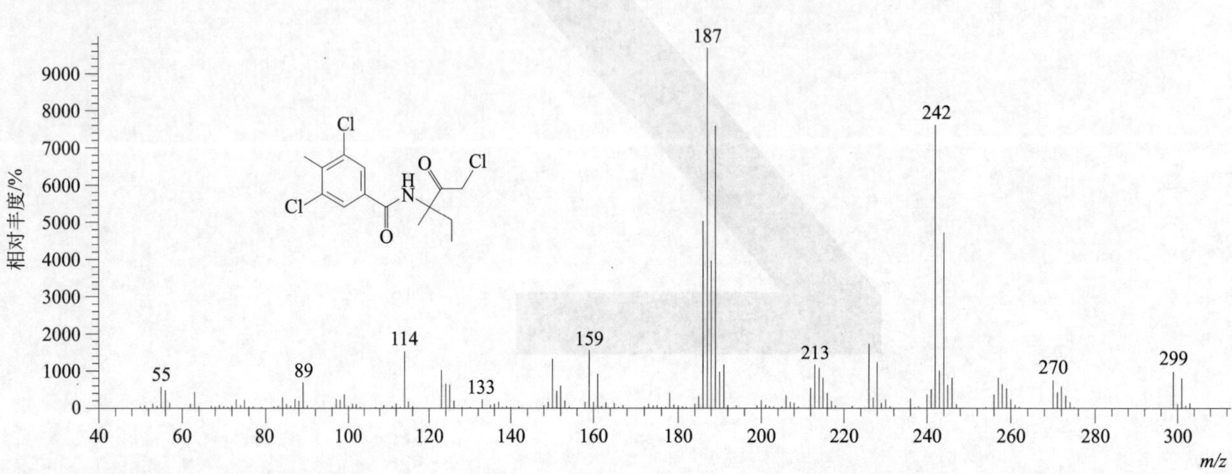

四个碰撞能量下子离子质谱图

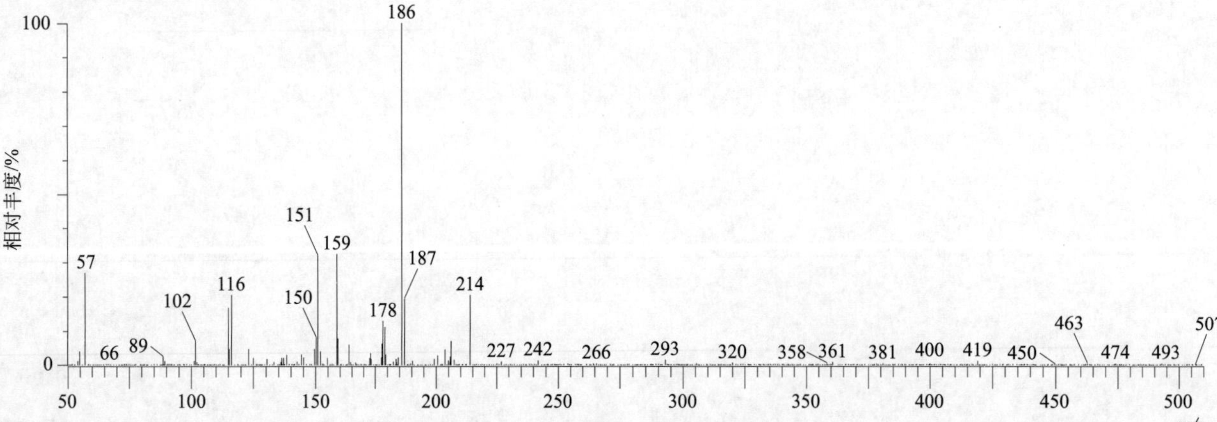

(a) CE=25V

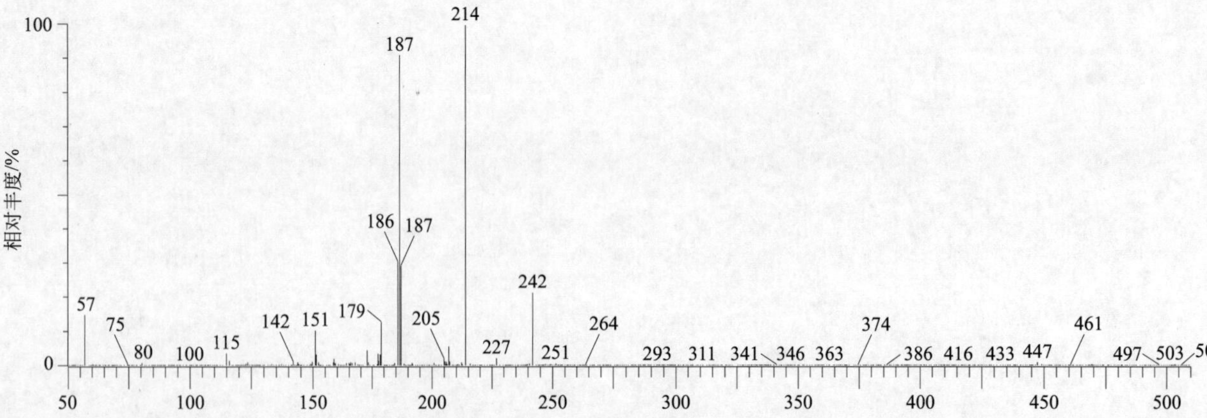

(b) CE=15V

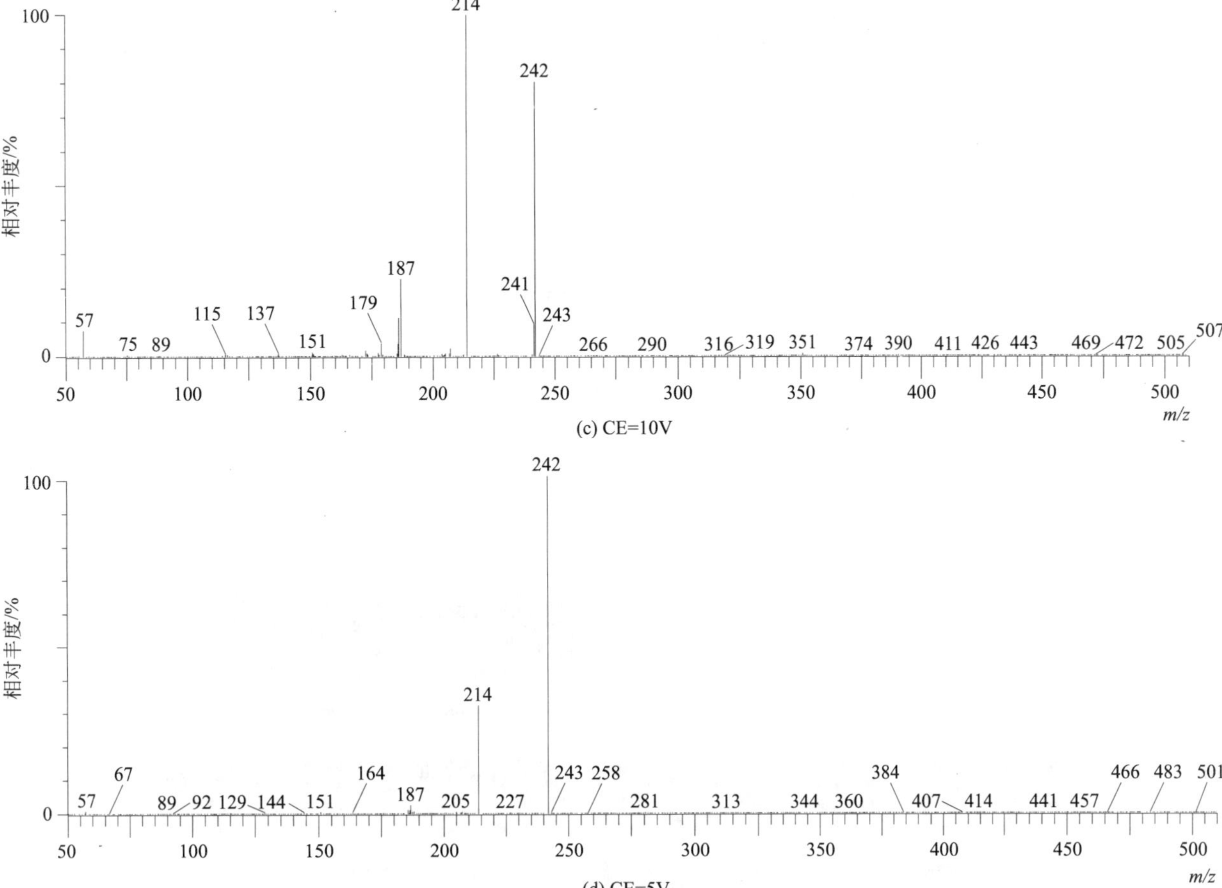

(c) CE=10V

(d) CE=5V

>>>>> 第二部分

209 种 PCB 化学污染物 GC-MS/MS 谱图

2-Chlorobiphenyl（2-氯联苯）

基本信息

CAS 登录号	2051-60-7	分子量	188.0	扫描模式	子离子扫描
分子式	$C_{12}H_9Cl$	离子化模式	EI	母离子	188

一级质谱图

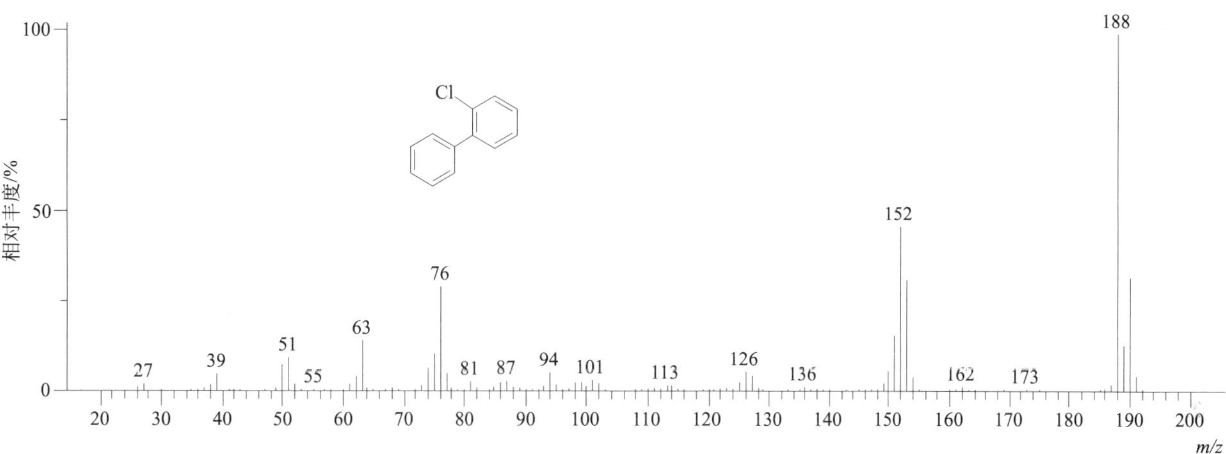

四个碰撞能量下子离子质谱图

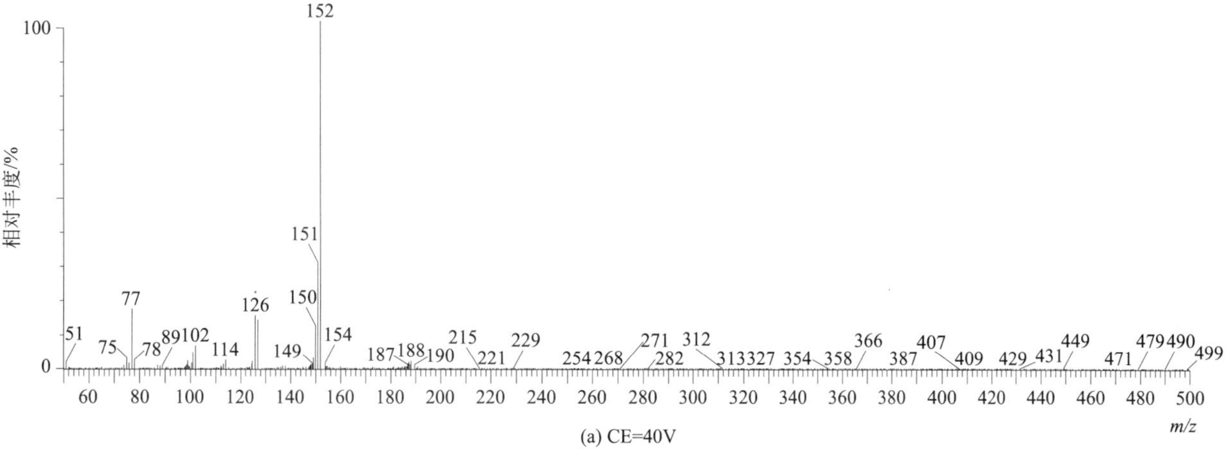

(a) CE=40V

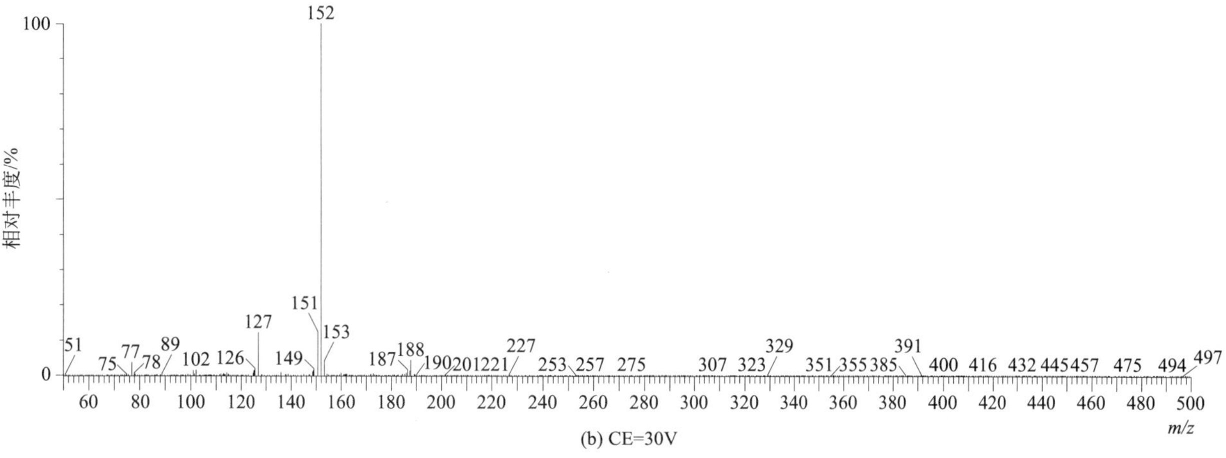

(b) CE=30V

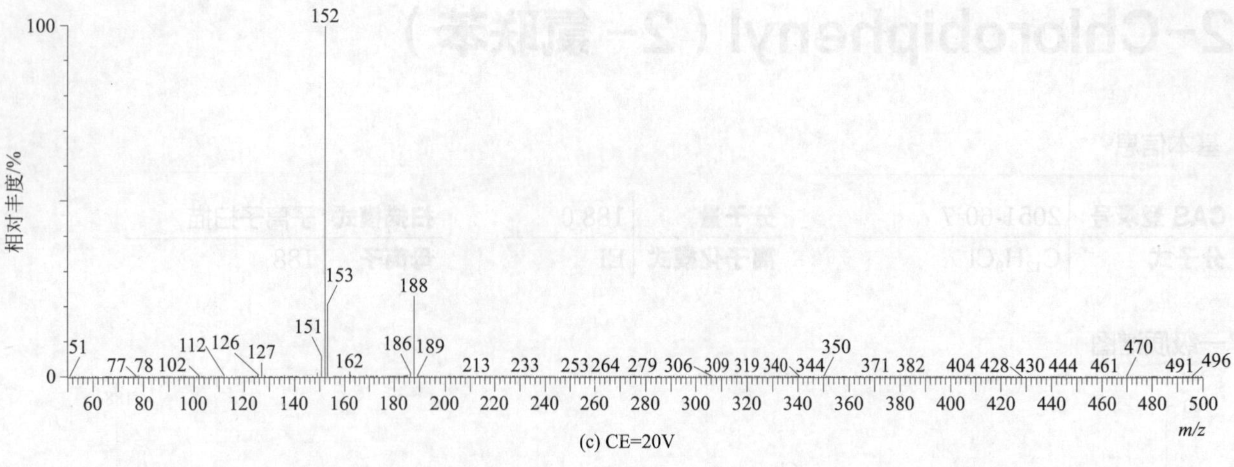

(c) CE=20V

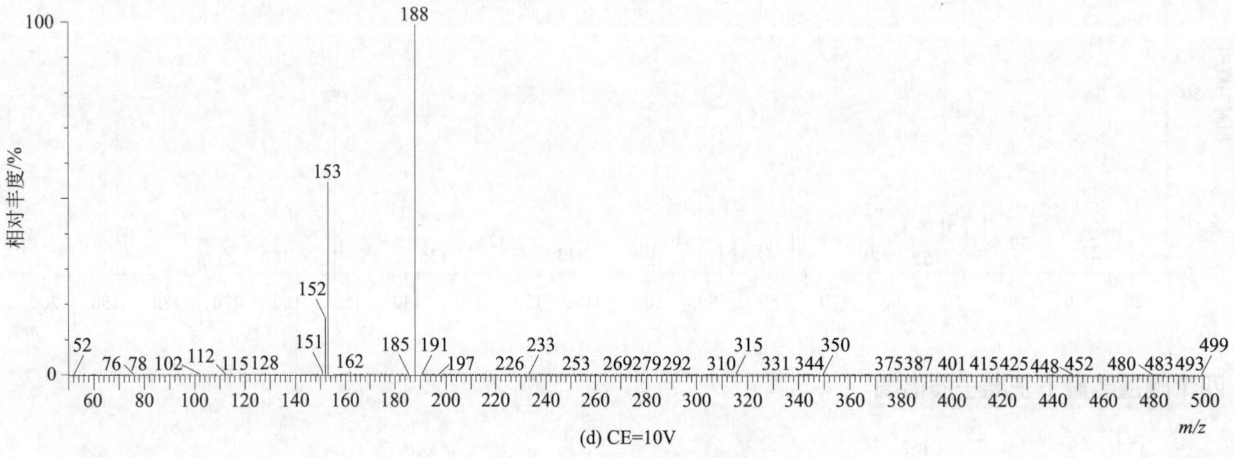

(d) CE=10V

3-Chlorobiphenyl（3- 氯联苯）

基本信息

CAS 登录号	2051-61-8	分子量	188.0	扫描模式	子离子扫描
分子式	$C_{12}H_9Cl$	离子化模式	EI	母离子	188

一级质谱图

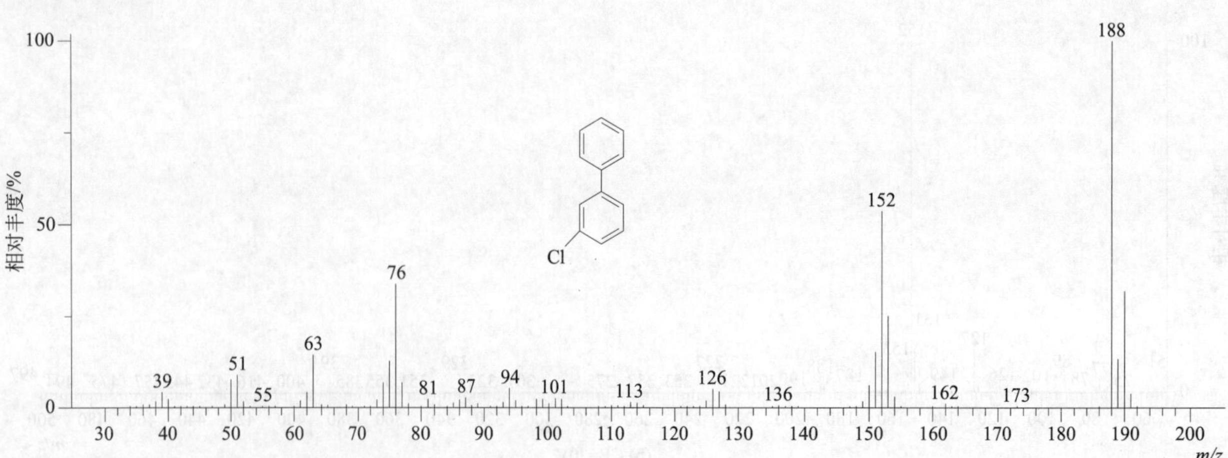

四个碰撞能量下子离子质谱图

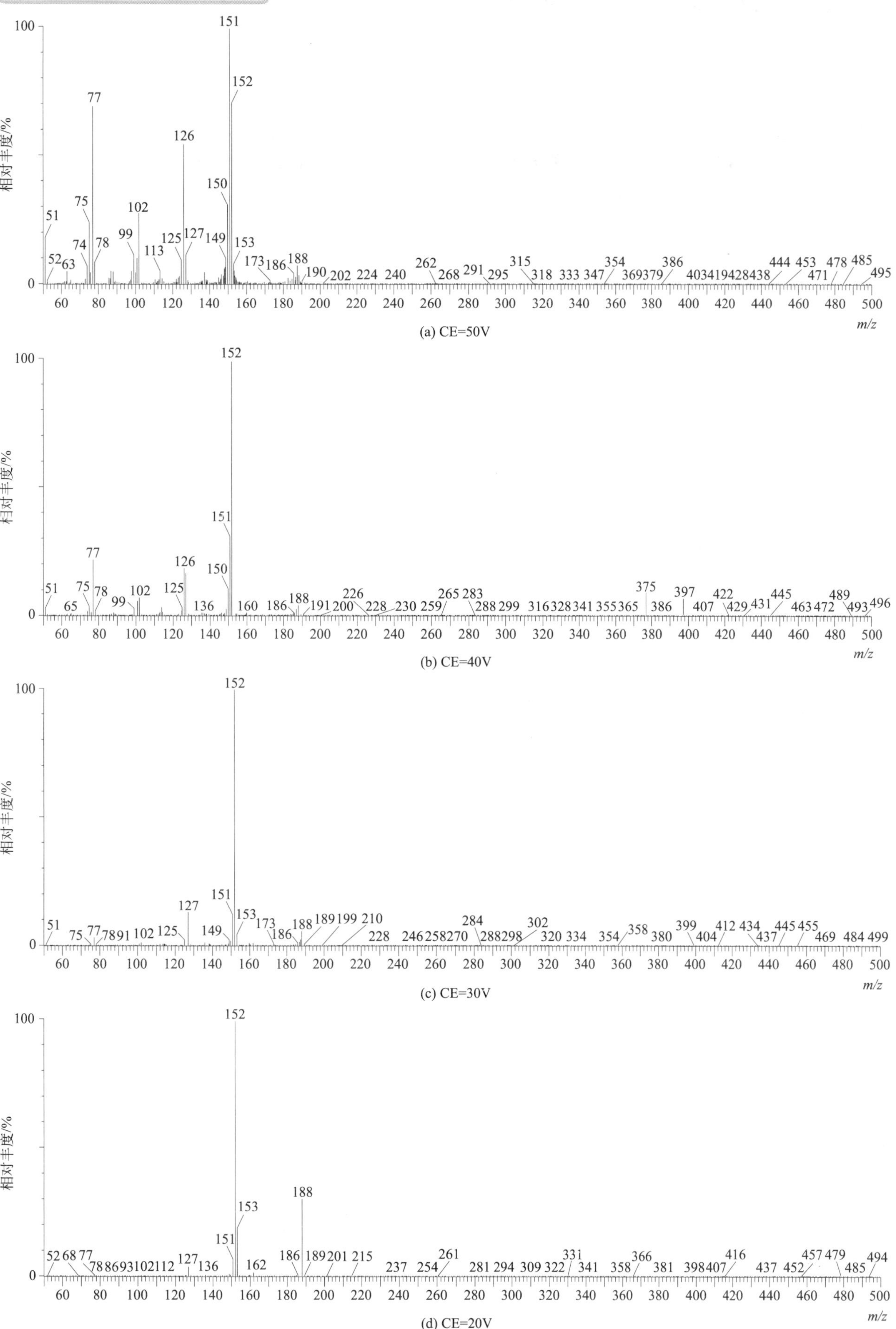

(a) CE=50V

(b) CE=40V

(c) CE=30V

(d) CE=20V

4-Chlorobiphenyl（4- 氯联苯）

基本信息

CAS 登录号	2051-62-9	分子量	188.0	扫描模式	子离子扫描
分子式	$C_{12}H_9Cl$	离子化模式	EI	母离子	188

一级质谱图

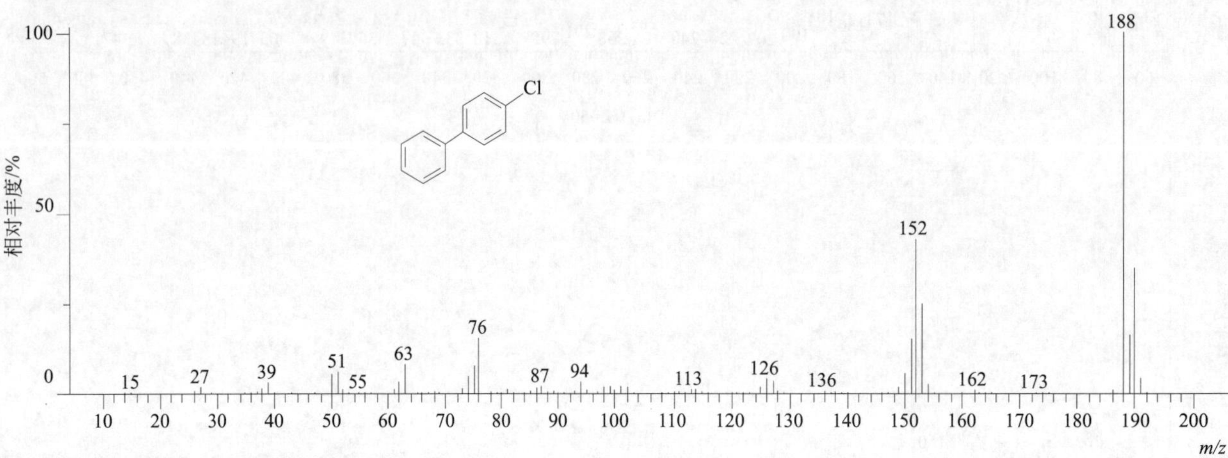

四个碰撞能量下子离子质谱图

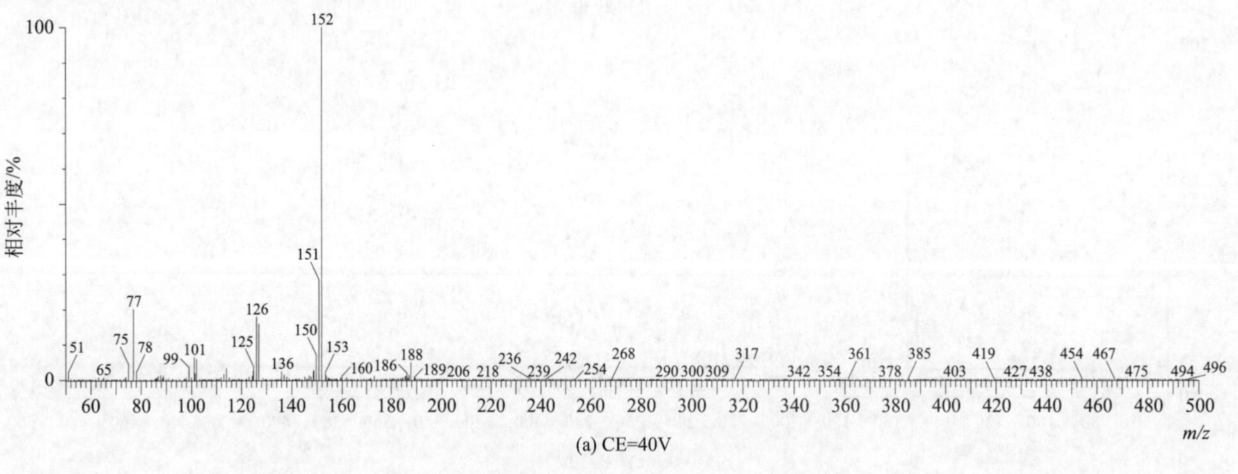
(a) CE=40V

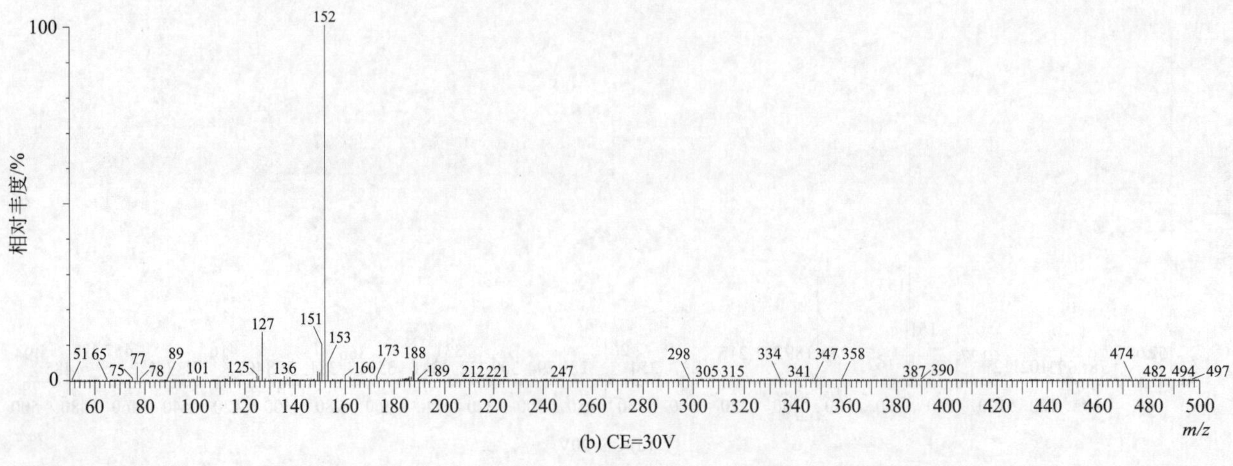
(b) CE=30V

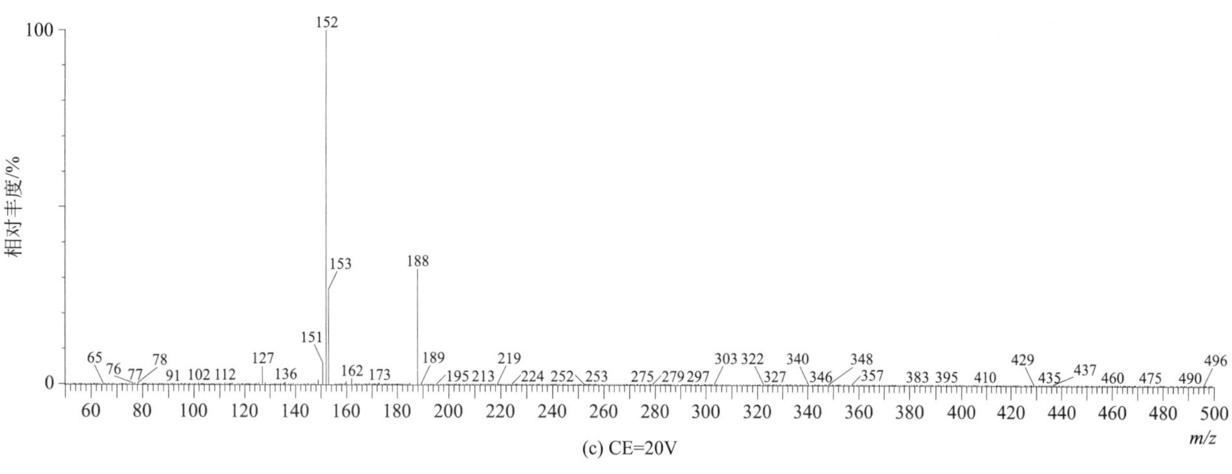

(c) CE=20V

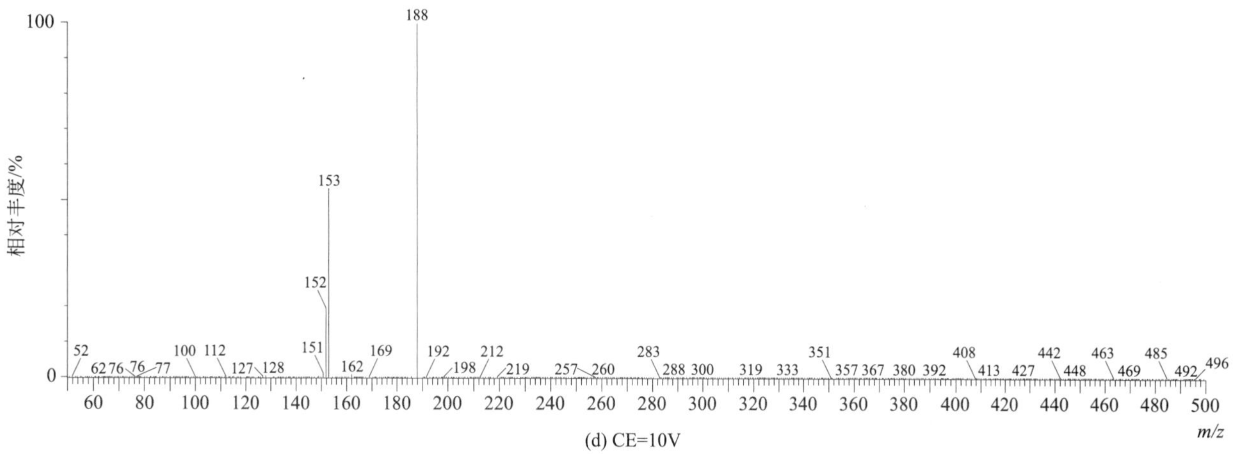

(d) CE=10V

2,2′-Dichlorobiphenyl（2,2′-二氯联苯）

基本信息

CAS 登录号	13029-08-8	**分子量**	222.0	**扫描模式**	子离子扫描
分子式	$C_{12}H_8Cl_2$	**离子化模式**	EI	**母离子**	152

一级质谱图

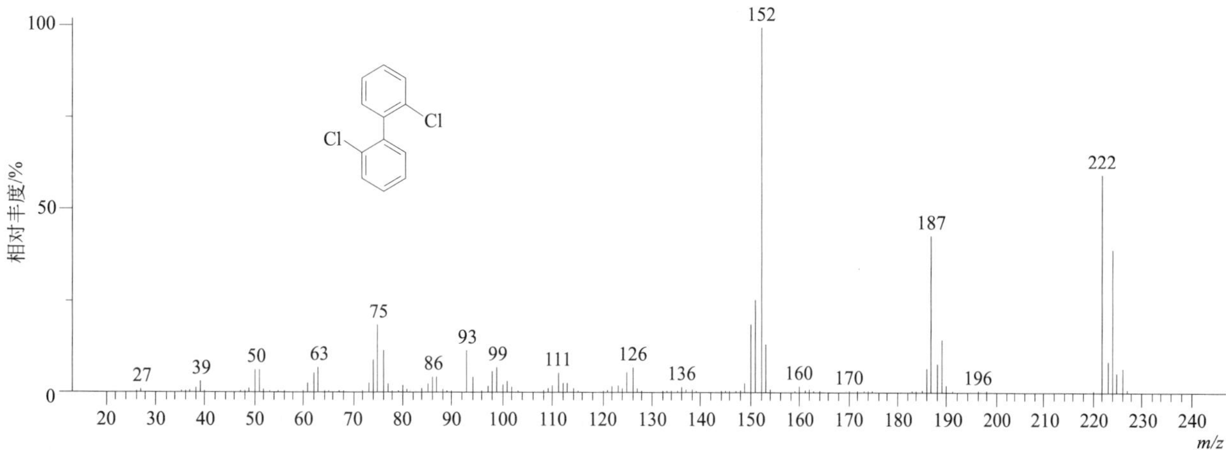

四个碰撞能量下子离子质谱图

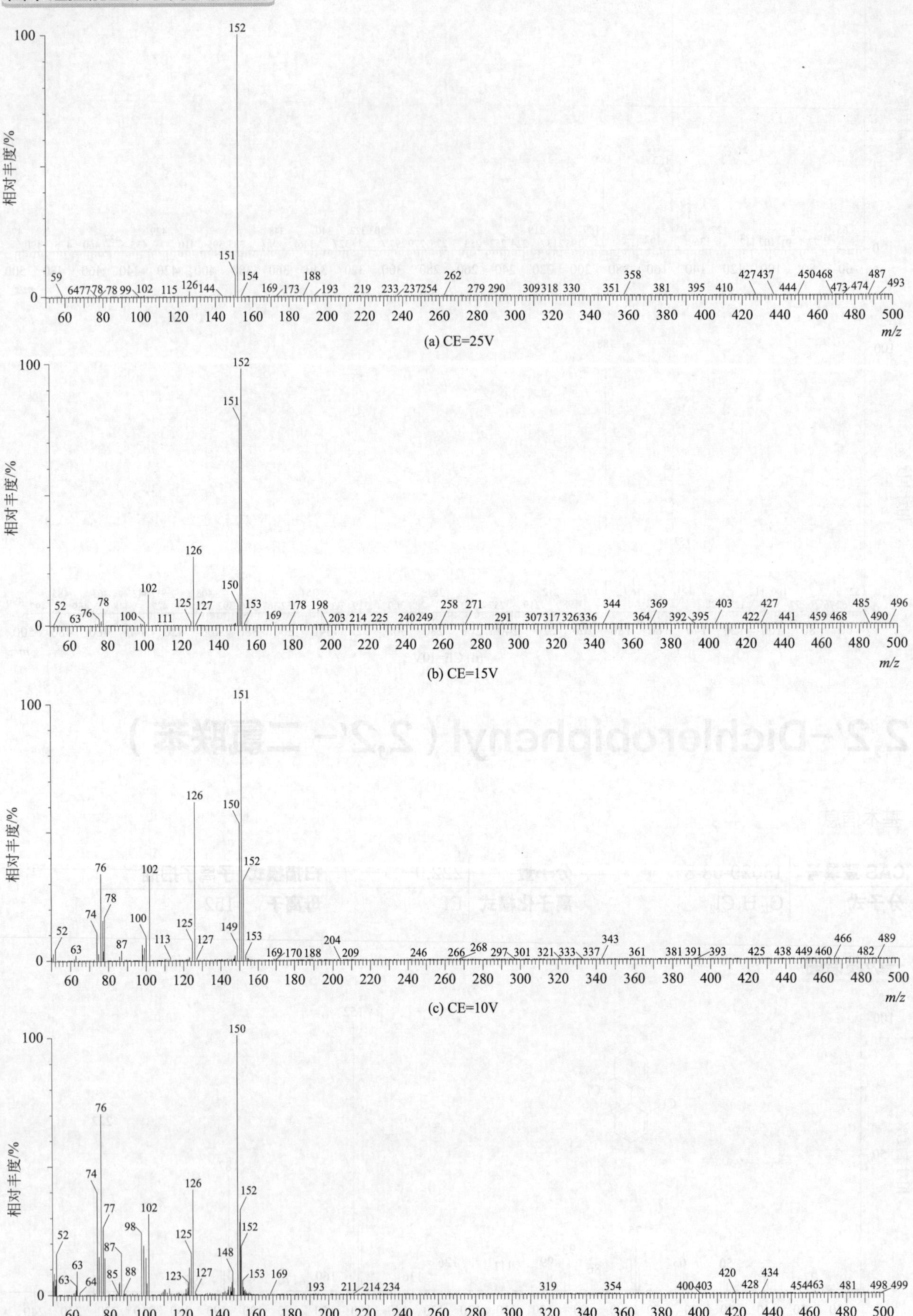

(a) CE=25V

(b) CE=15V

(c) CE=10V

(d) CE=5V

2,3-Dichlorobiphenyl（2,3- 二氯联苯）

基本信息

CAS 登录号	16605-91-7	分子量	222.0	扫描模式	子离子扫描
分子式	$C_{12}H_8Cl_2$	离子化模式	EI	母离子	222

一级质谱图

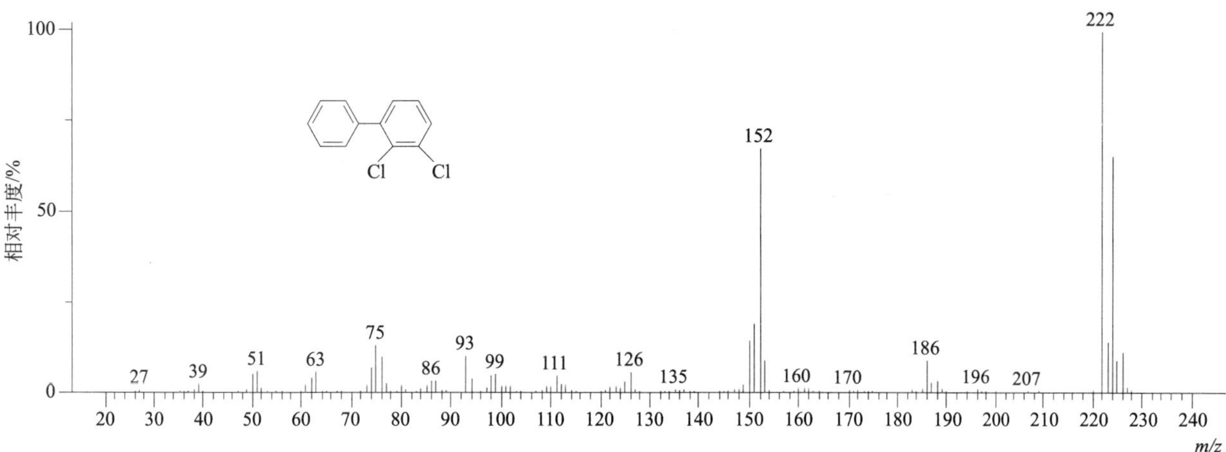

四个碰撞能量下子离子质谱图

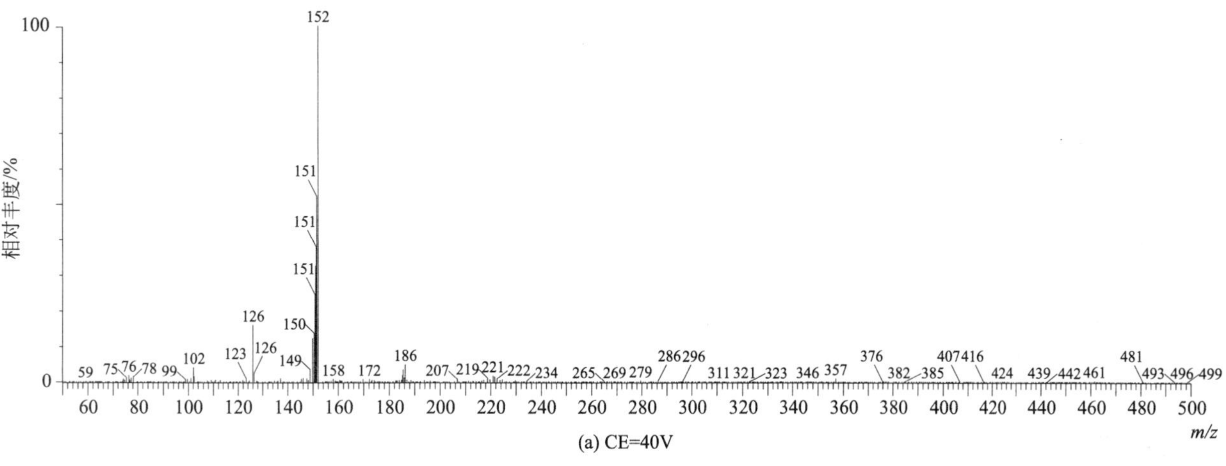

(a) CE=40V

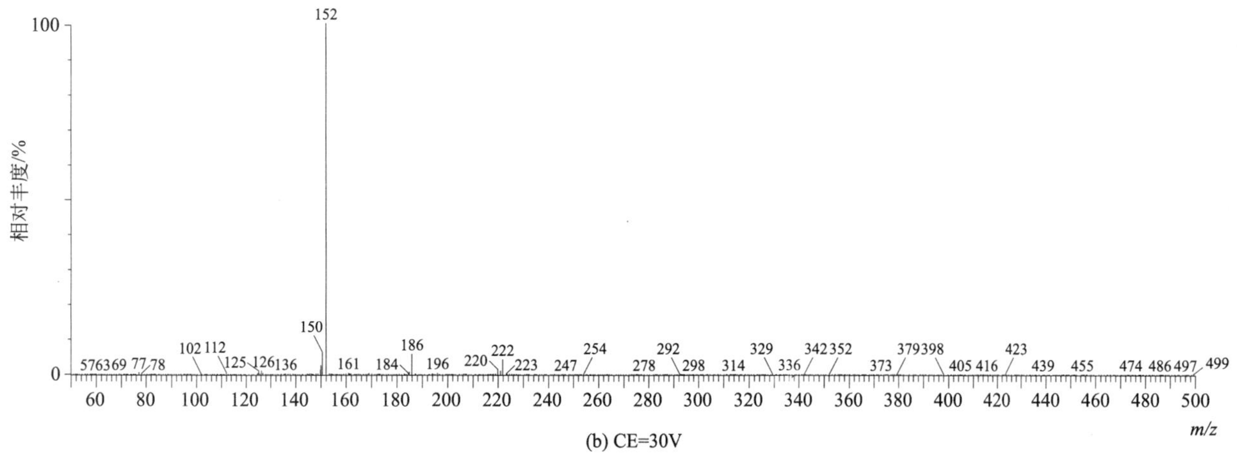

(b) CE=30V

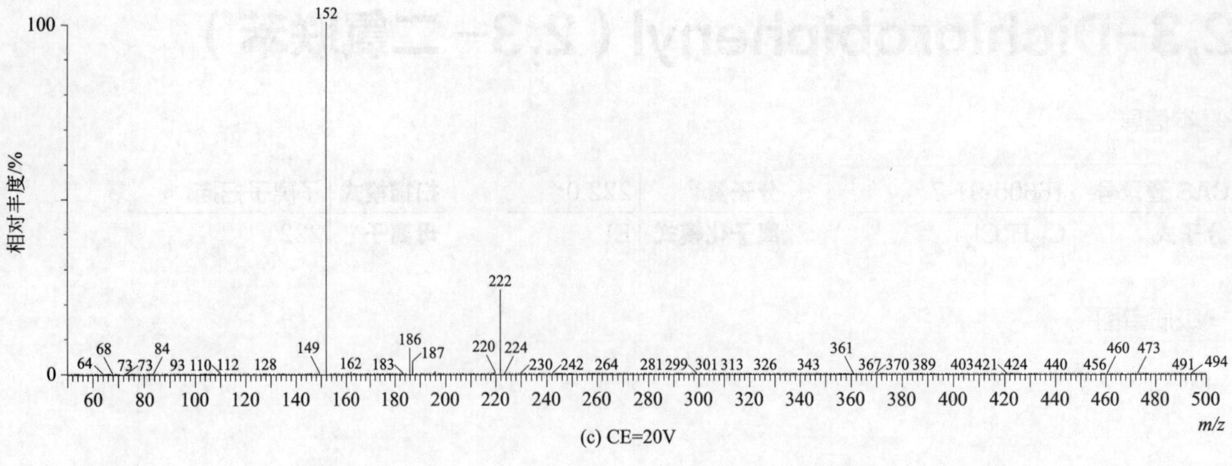

(c) CE=20V

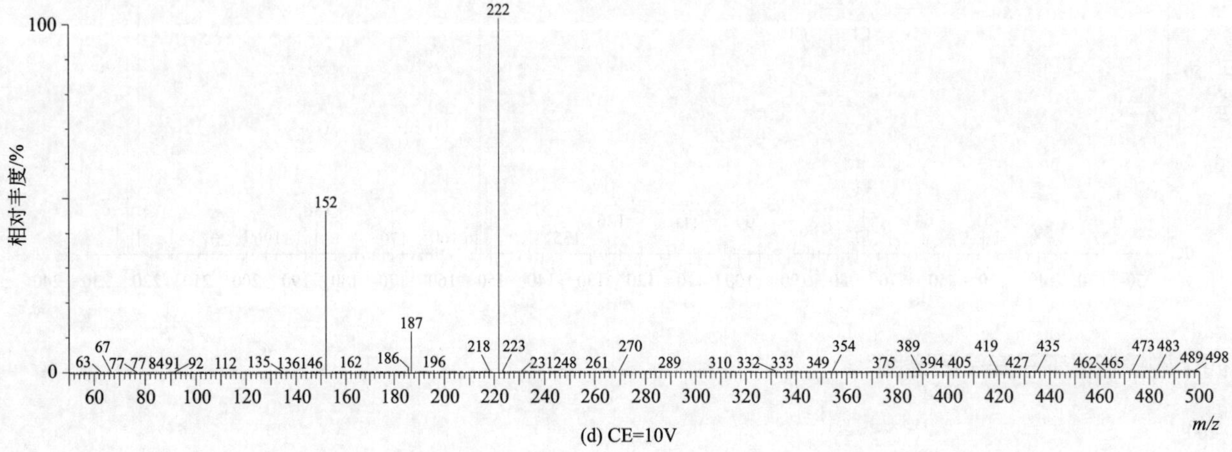

(d) CE=10V

2,3′-Dichlorobiphenyl（2,3′- 二氯联苯）

基本信息

CAS 登录号	25569-80-6	分子量	222.0	扫描模式	子离子扫描
分子式	$C_{12}H_8Cl_2$	离子化模式	EI	母离子	152

一级质谱图

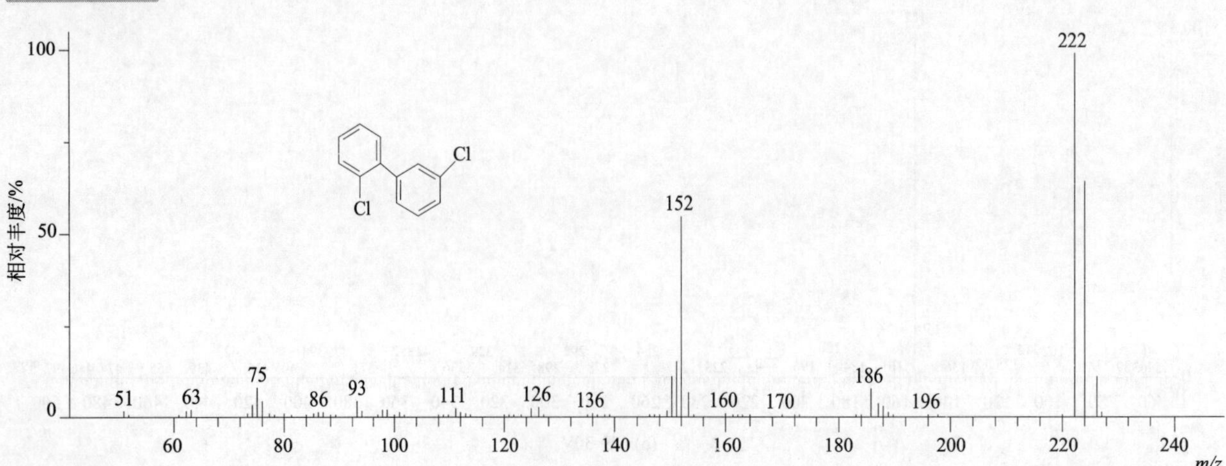

四个碰撞能量下子离子质谱图

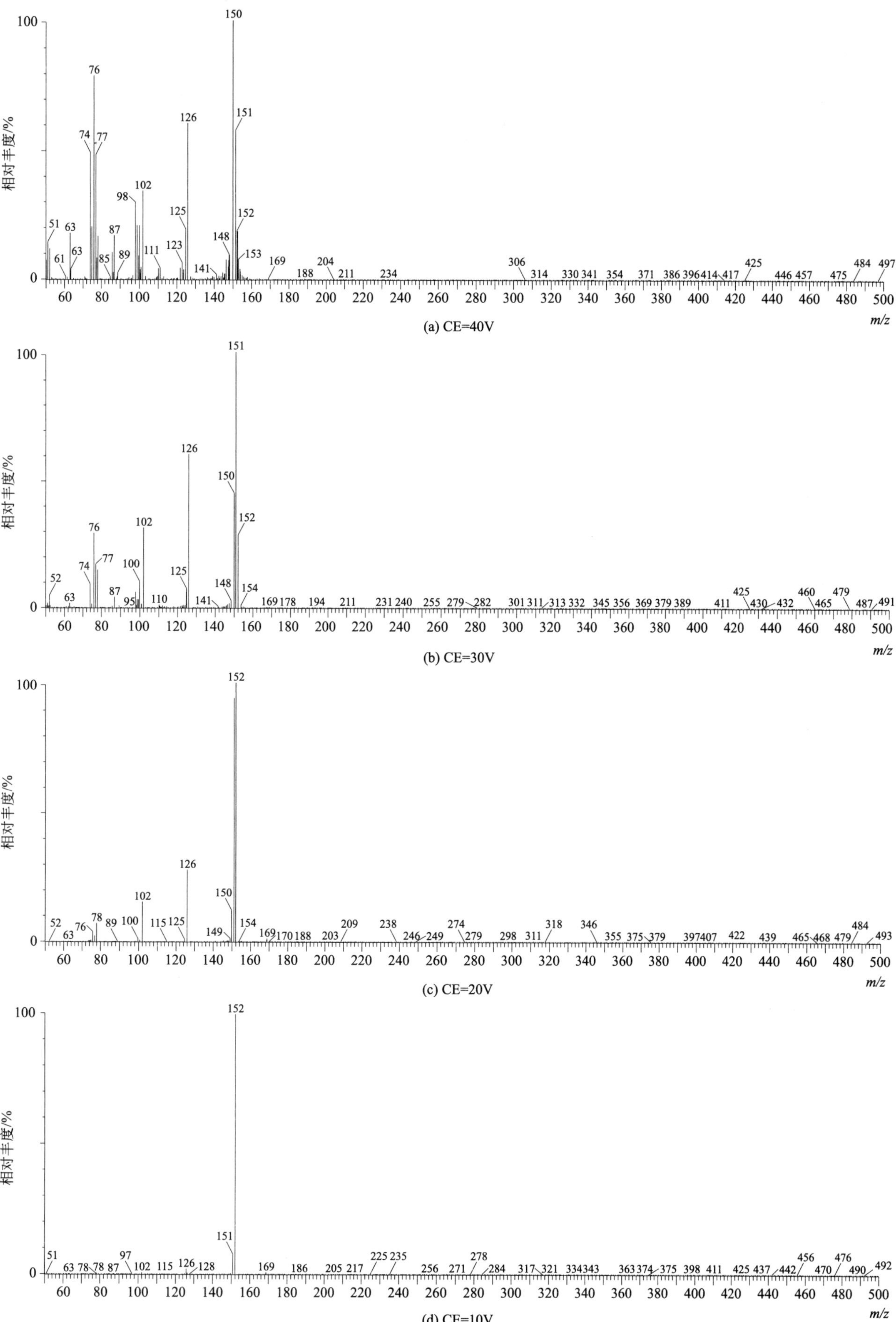

(a) CE=40V

(b) CE=30V

(c) CE=20V

(d) CE=10V

2,4-Dichlorobiphenyl（2,4- 二氯联苯）

基本信息

CAS 登录号	33284-50-3	分子量	222.0	扫描模式	子离子扫描
分子式	$C_{12}H_8Cl_2$	离子化模式	EI	母离子	224

一级质谱图

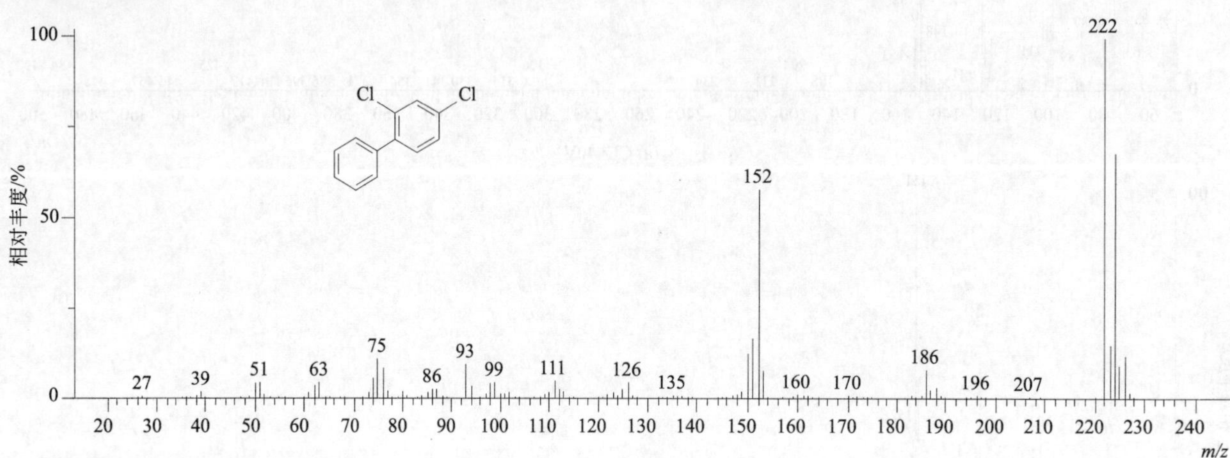

四个碰撞能量下子离子质谱图

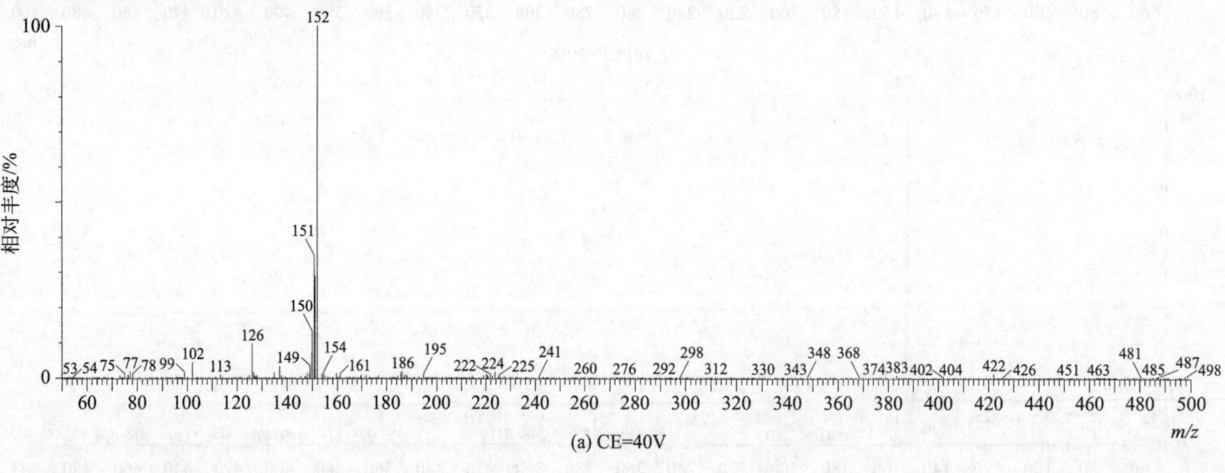

(a) CE=40V

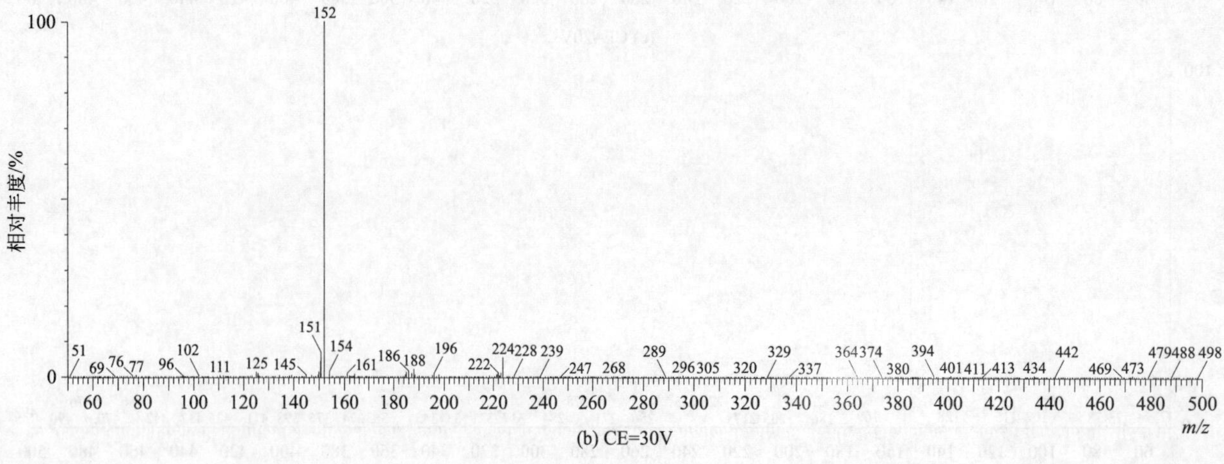

(b) CE=30V

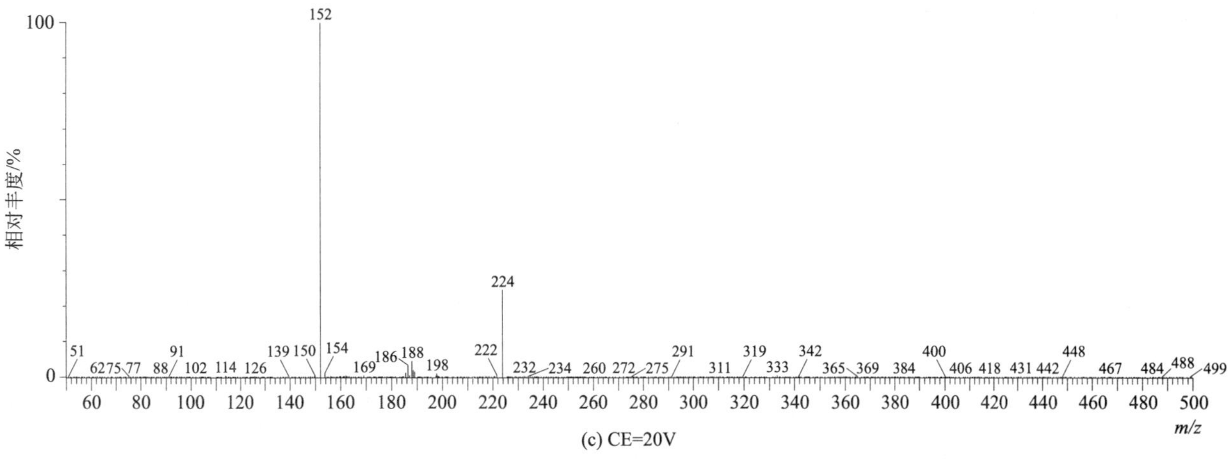
(c) CE=20V

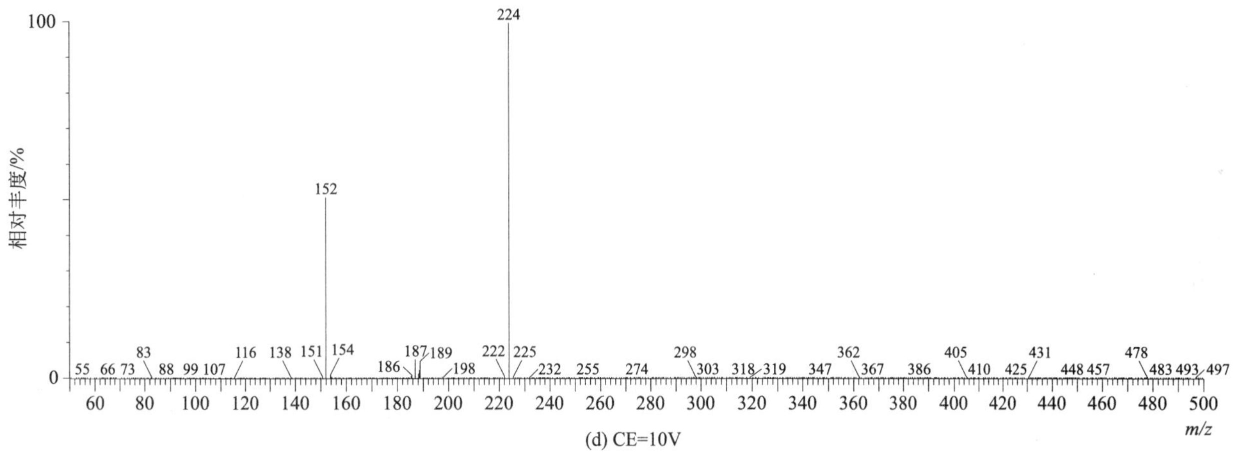
(d) CE=10V

2,4′-Dichlorobiphenyl（2,4′- 二氯联苯）

基本信息

CAS 登录号	34883-43-7	分子量	222.0	扫描模式	子离子扫描
分子式	$C_{12}H_8Cl_2$	离子化模式	EI	母离子	224

一级质谱图

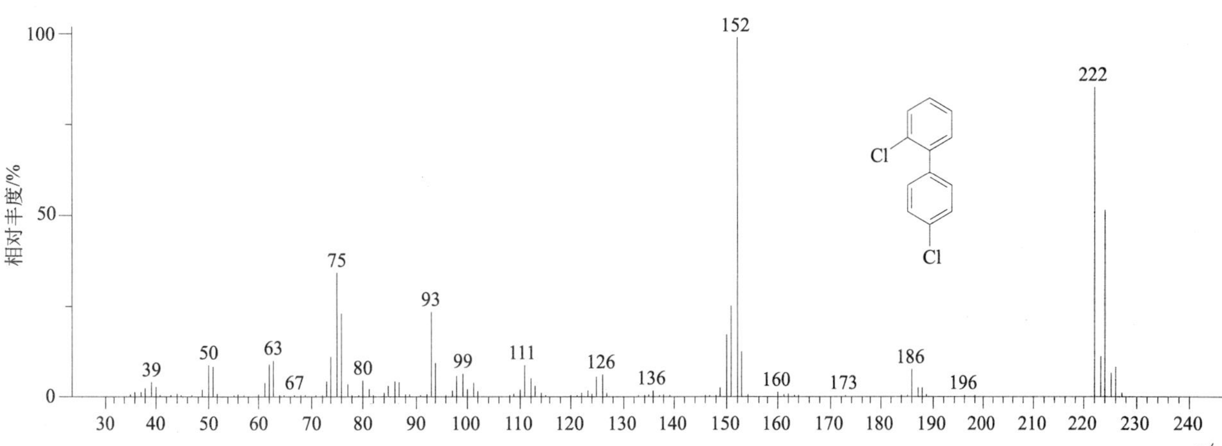

四个碰撞能量下子离子质谱图

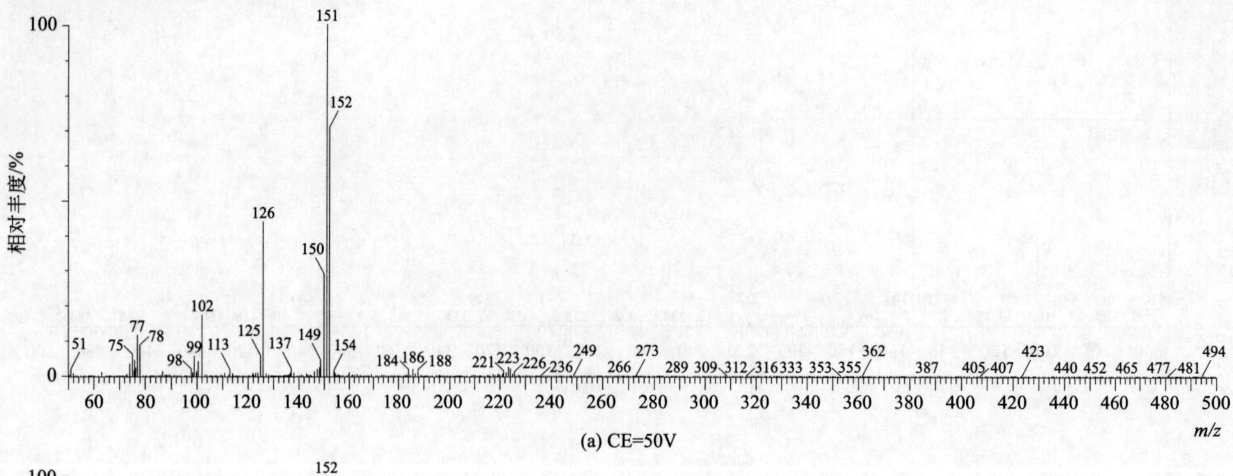
(a) CE=50V

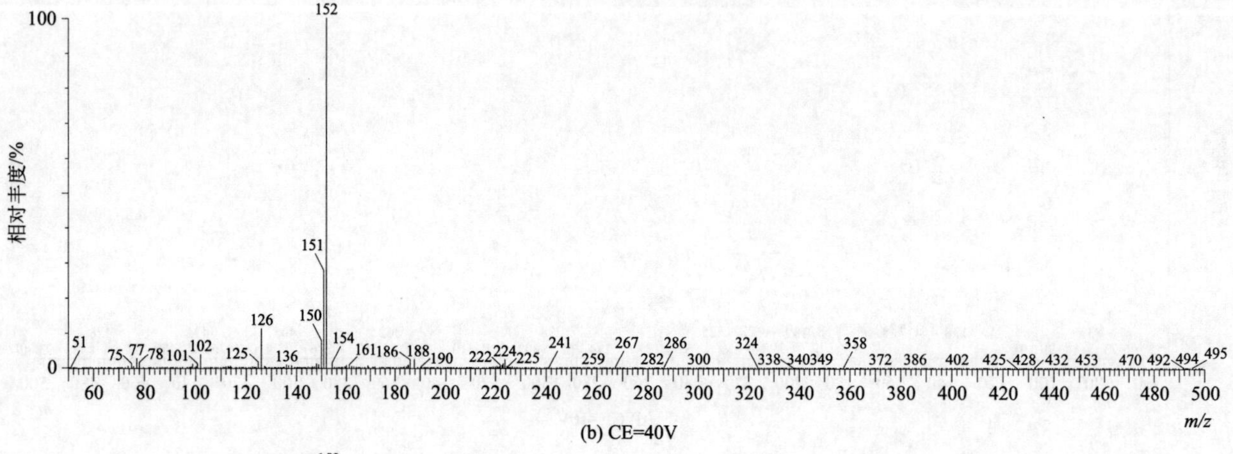
(b) CE=40V

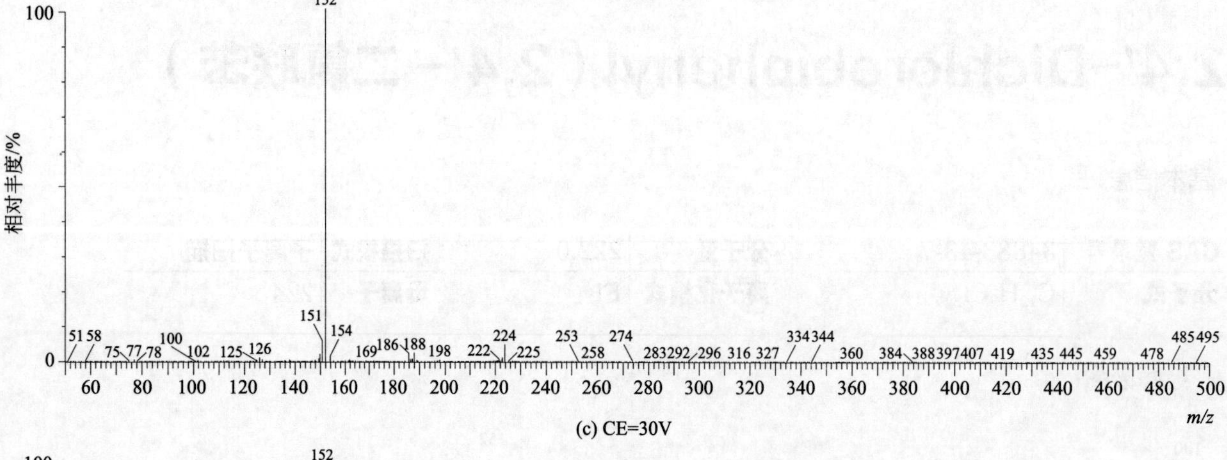
(c) CE=30V

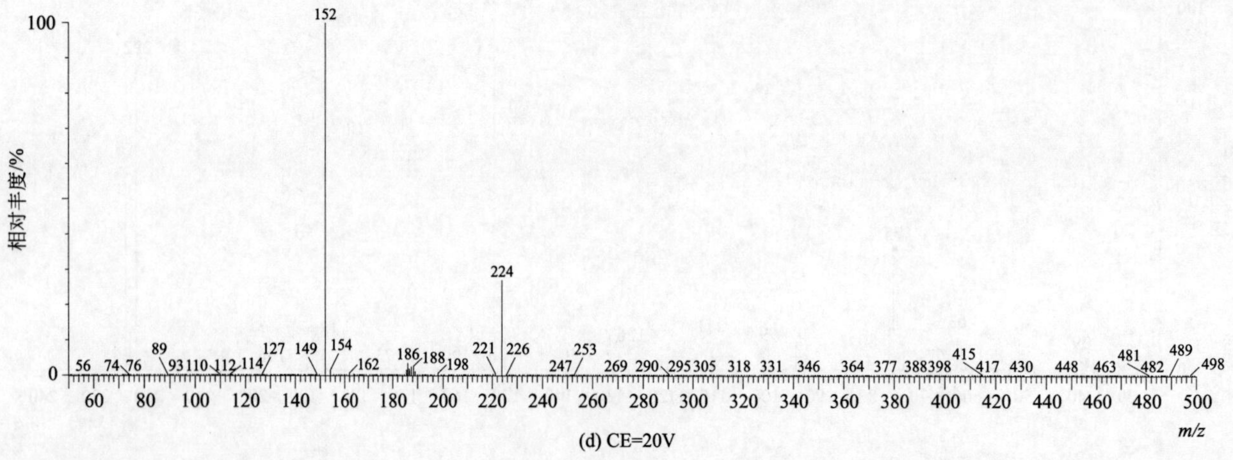
(d) CE=20V

2,5-Dichlorobiphenyl（2,5- 二氯联苯）

基本信息

CAS 登录号	34883-39-1	分子量	222.0	扫描模式	子离子扫描
分子式	$C_{12}H_8Cl_2$	离子化模式	EI	母离子	224

一级质谱图

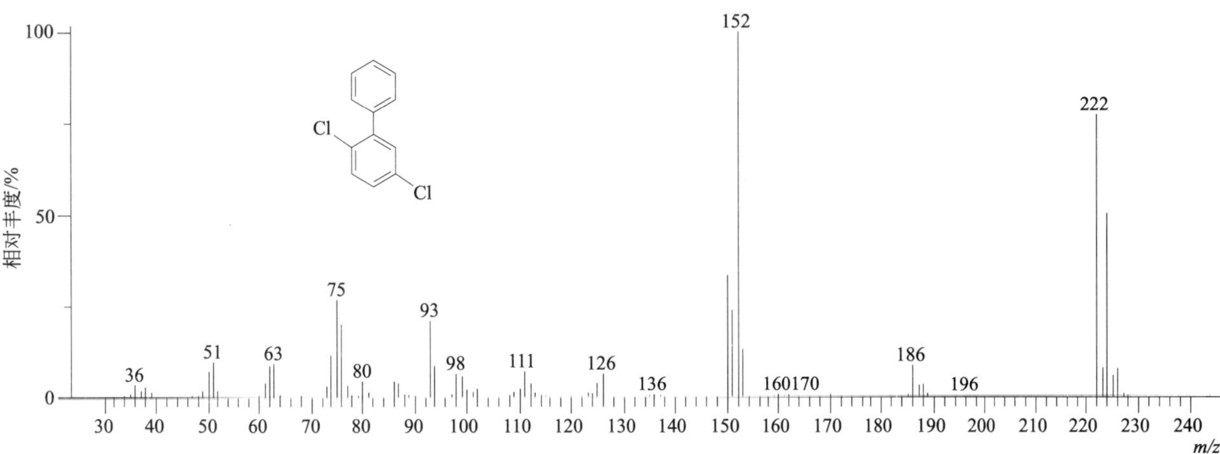

四个碰撞能量下子离子质谱图

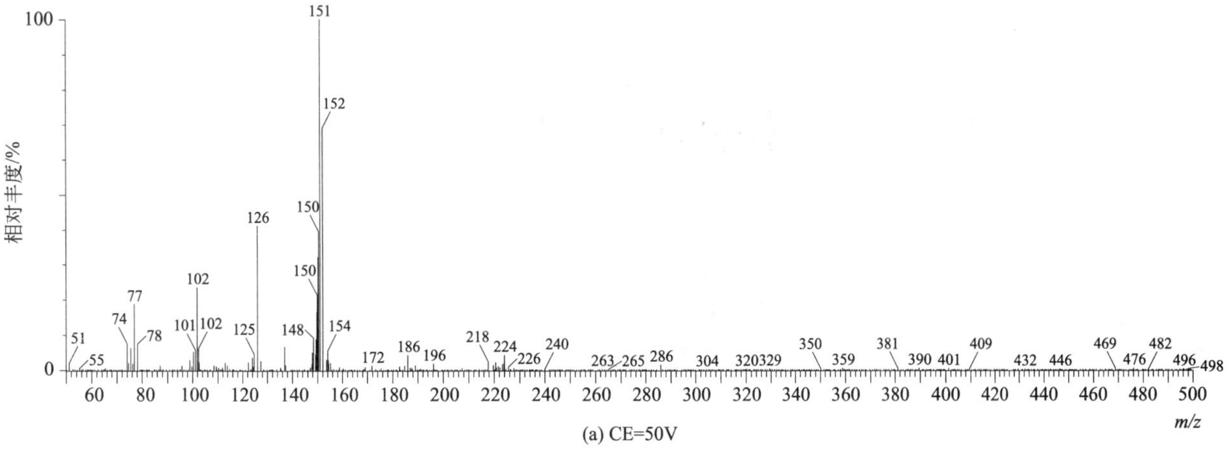

(a) CE=50V

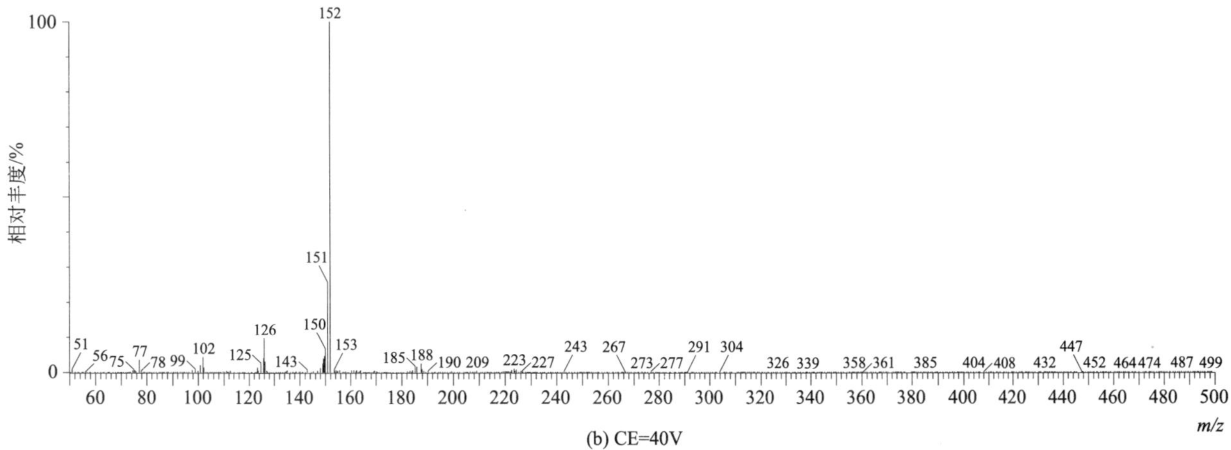

(b) CE=40V

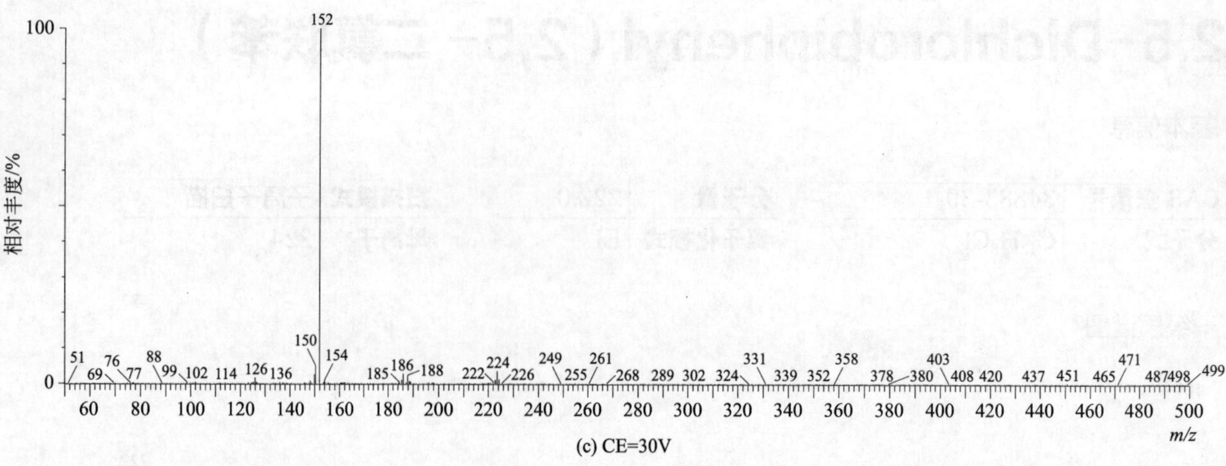

(c) CE=30V

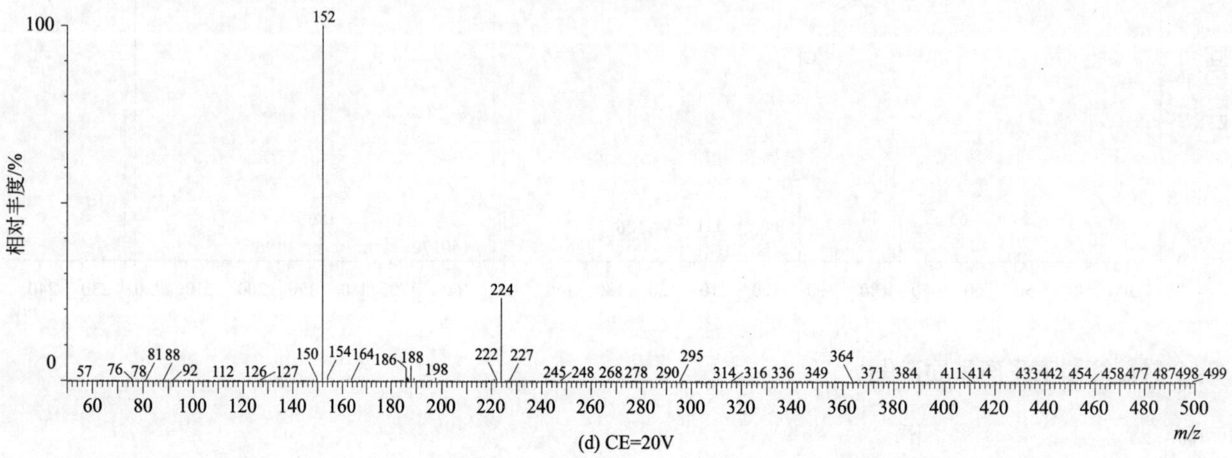

(d) CE=20V

2,6-Dichlorobiphenyl（2,6- 二氯联苯）

基本信息

CAS 登录号	33146-45-1	分子量	222.0	扫描模式	子离子扫描
分子式	$C_{12}H_8Cl_2$	离子化模式	EI	母离子	152

一级质谱图

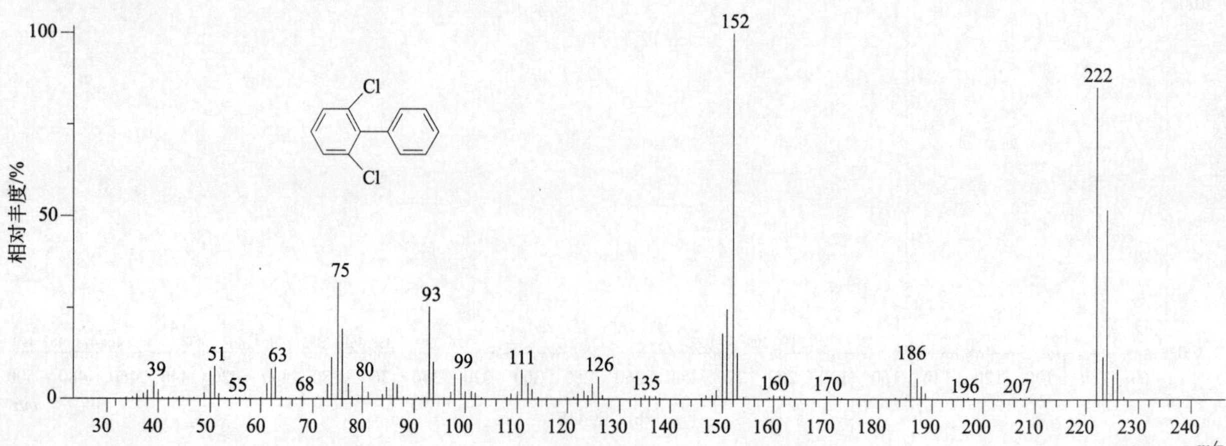

四个碰撞能量下子离子质谱图

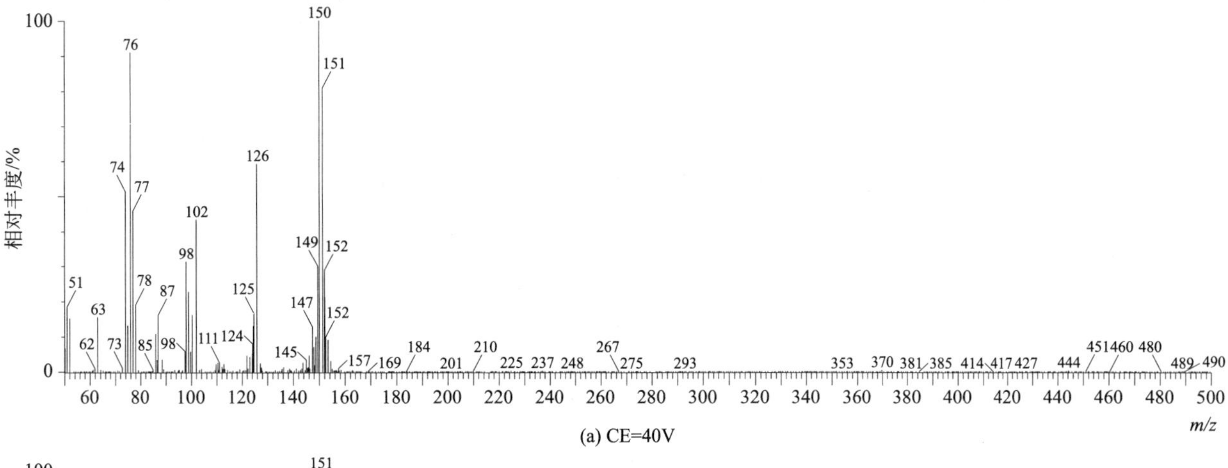

(a) CE=40V

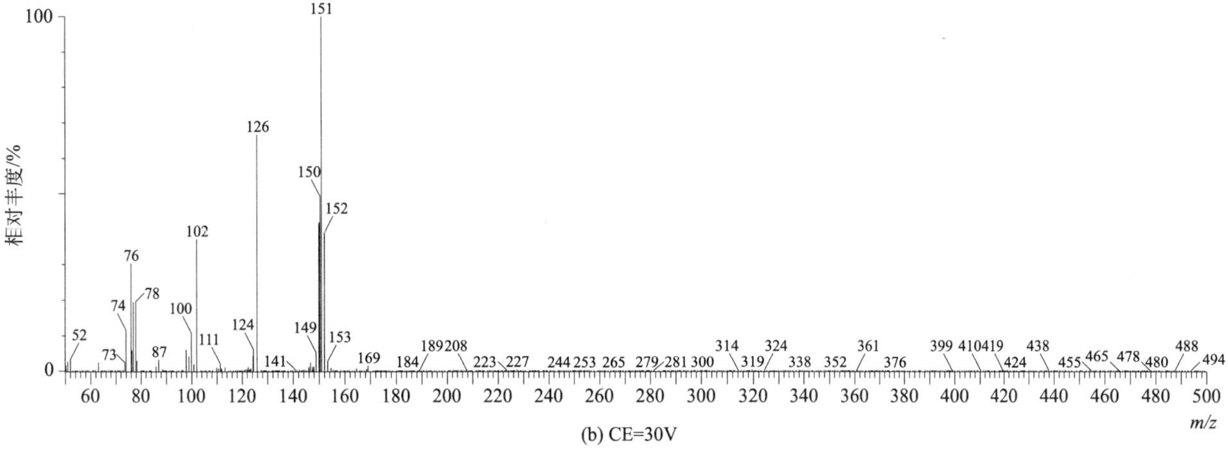

(b) CE=30V

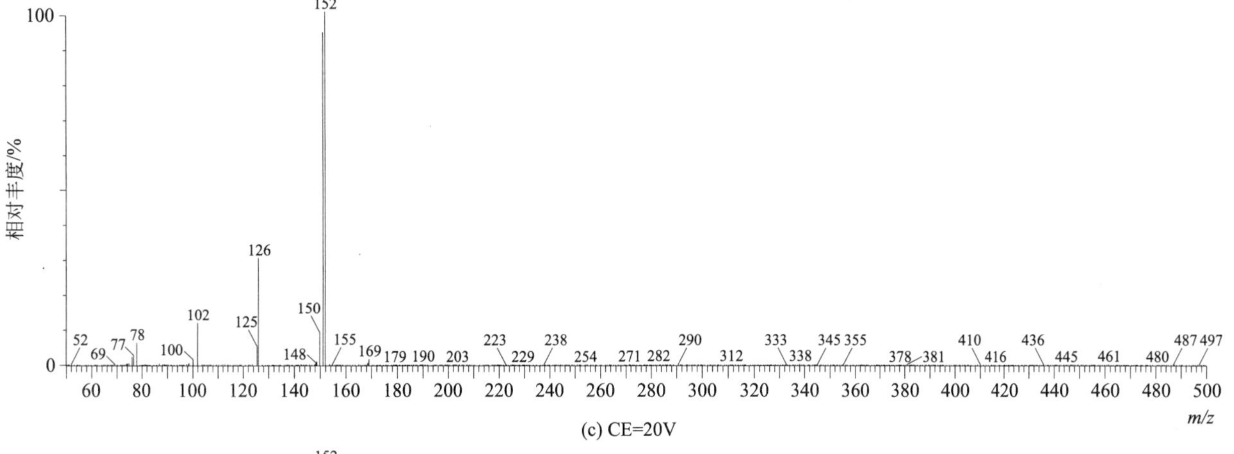

(c) CE=20V

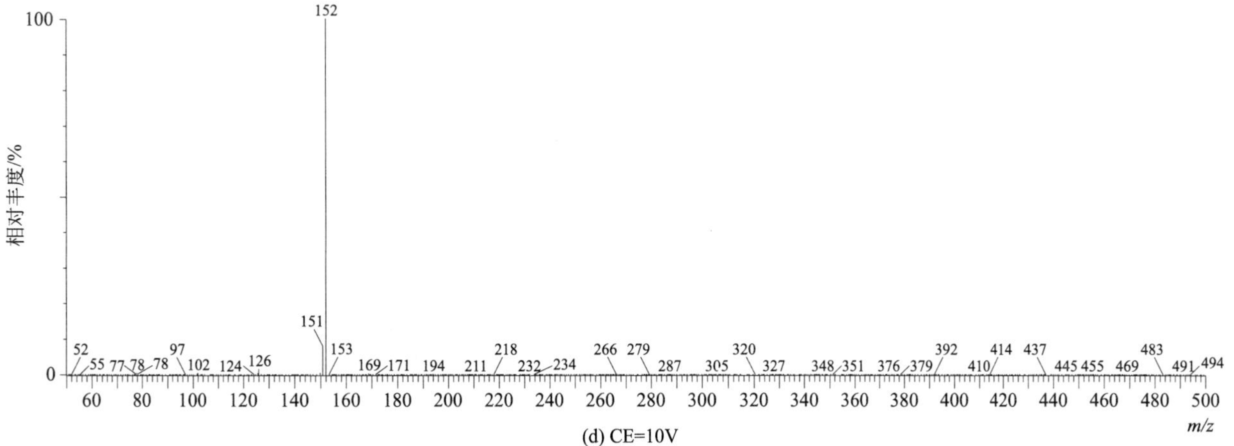

(d) CE=10V

3,3′-Dichlorobiphenyl（3,3′- 二氯联苯）

基本信息

CAS 登录号	2050-67-1	分子量	222.0	扫描模式	子离子扫描
分子式	$C_{12}H_8Cl_2$	离子化模式	EI	母离子	224

一级质谱图

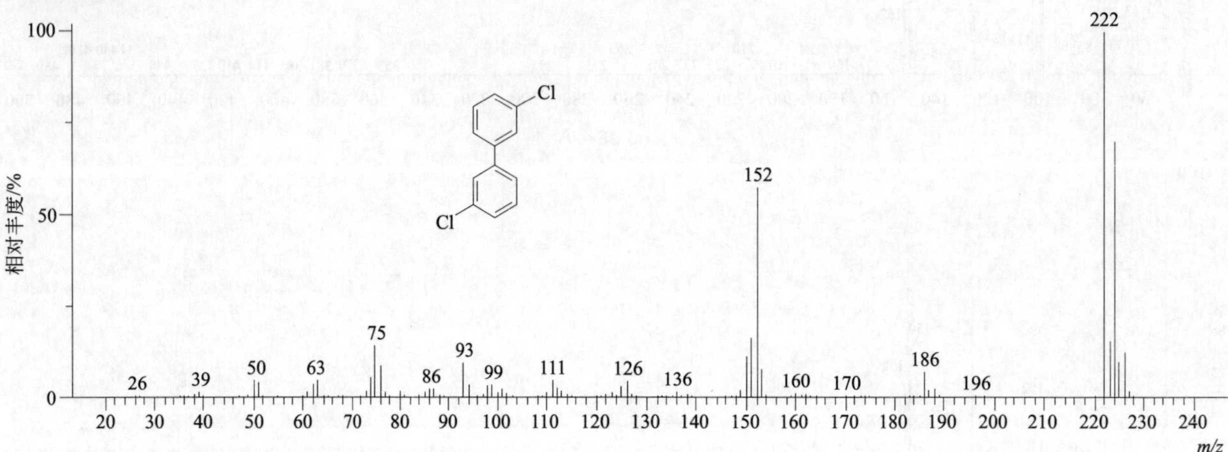

四个碰撞能量下子离子质谱图

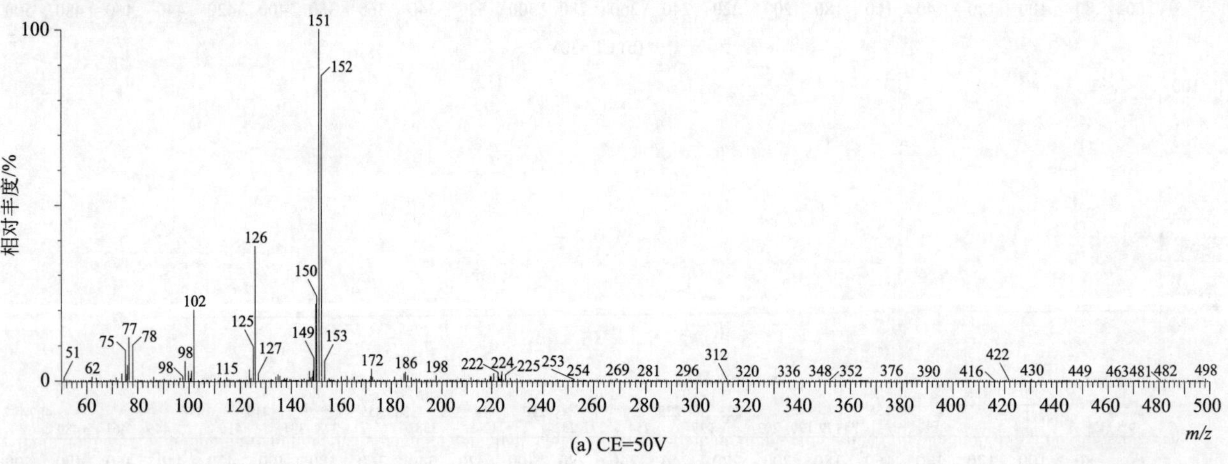

(a) CE=50V

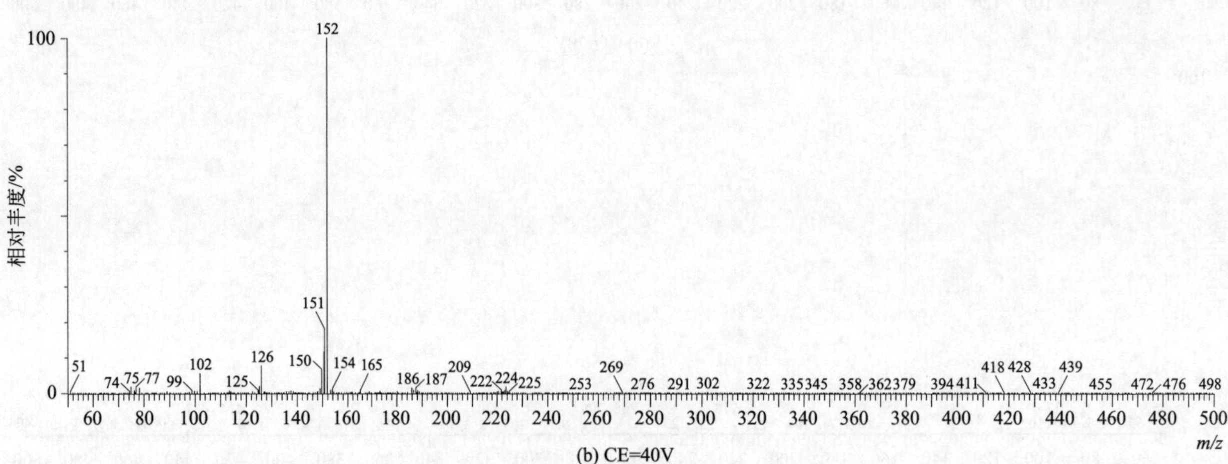

(b) CE=40V

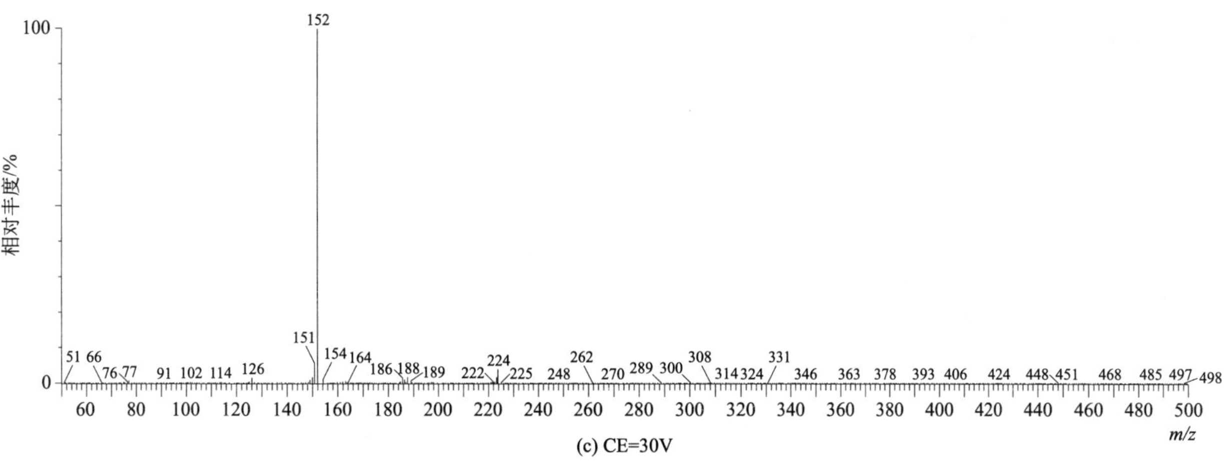

(c) CE=30V

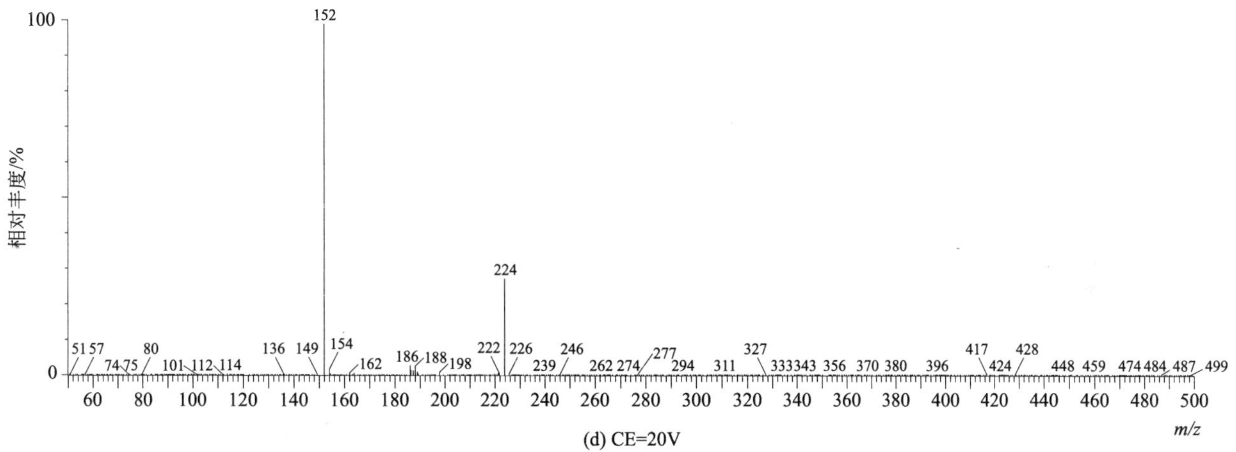

(d) CE=20V

3,4-Dichlorobiphenyl（3,4- 二氯联苯）

基本信息

CAS 登录号	2974-92-7	分子量	222.0	扫描模式	子离子扫描
分子式	$C_{12}H_8Cl_2$	离子化模式	EI	母离子	222

一级质谱图

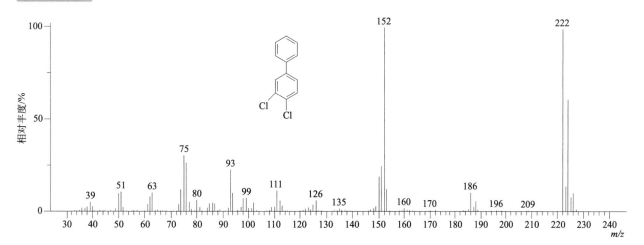

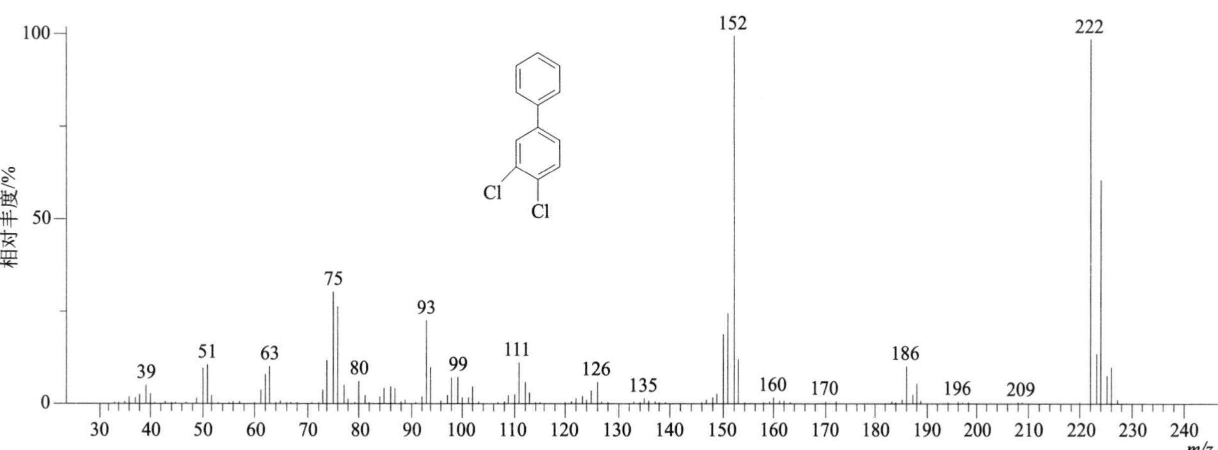

四个碰撞能量下子离子质谱图

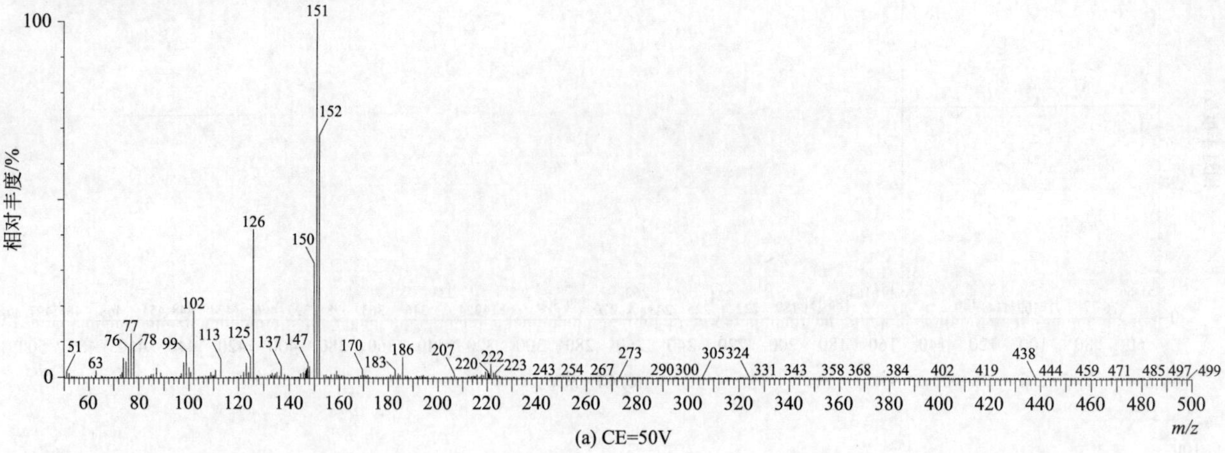

(a) CE=50V

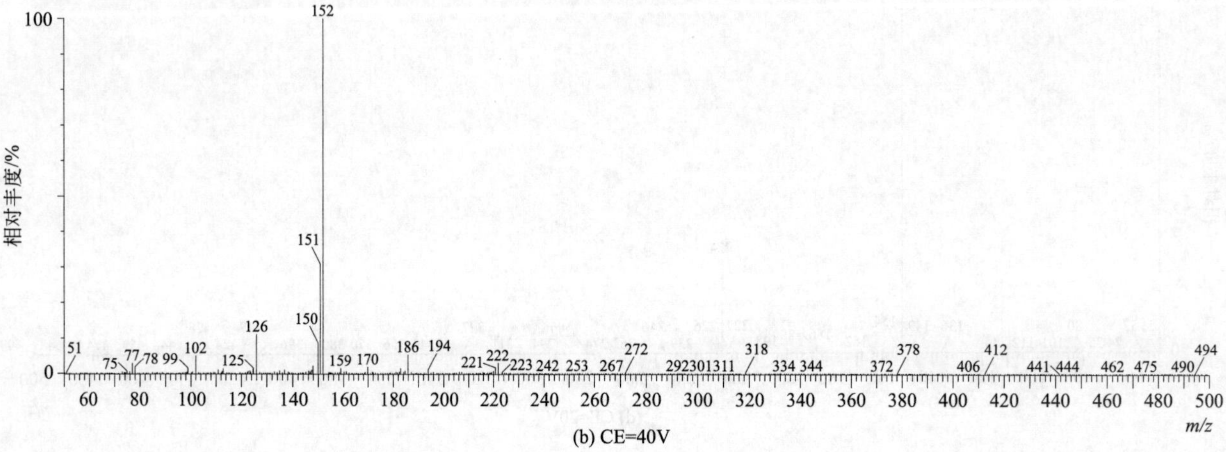

(b) CE=40V

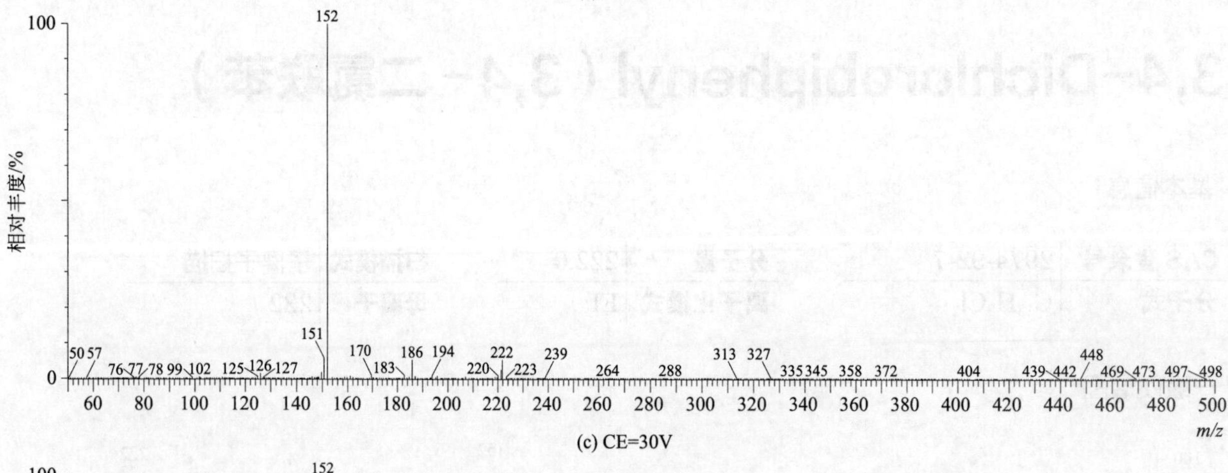

(c) CE=30V

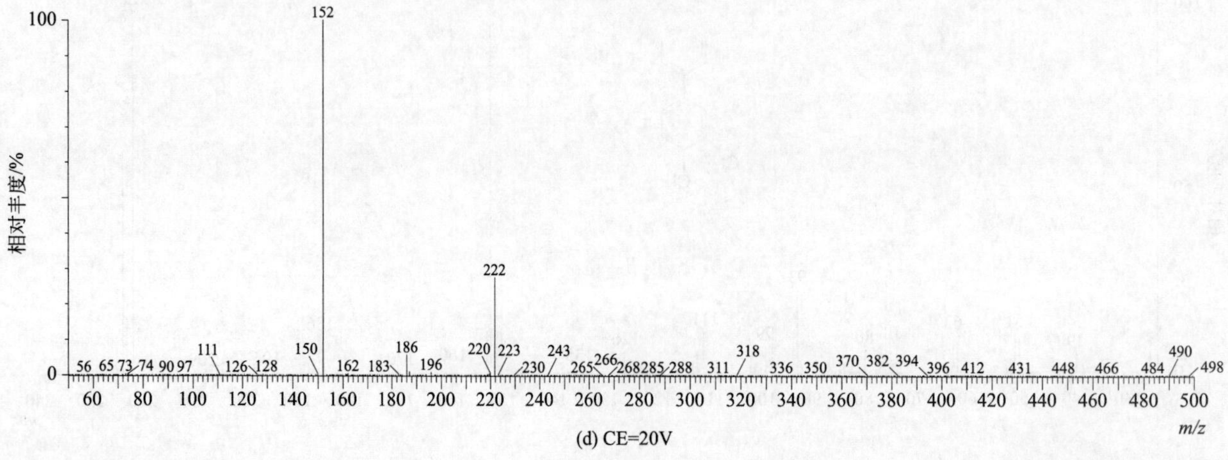

(d) CE=20V

3,4′-Dichlorobiphenyl（3,4′- 二氯联苯）

基本信息

CAS 登录号	2974-90-5	分子量	222.0	扫描模式	子离子扫描
分子式	$C_{12}H_8Cl_2$	离子化模式	EI	母离子	152

一级质谱图

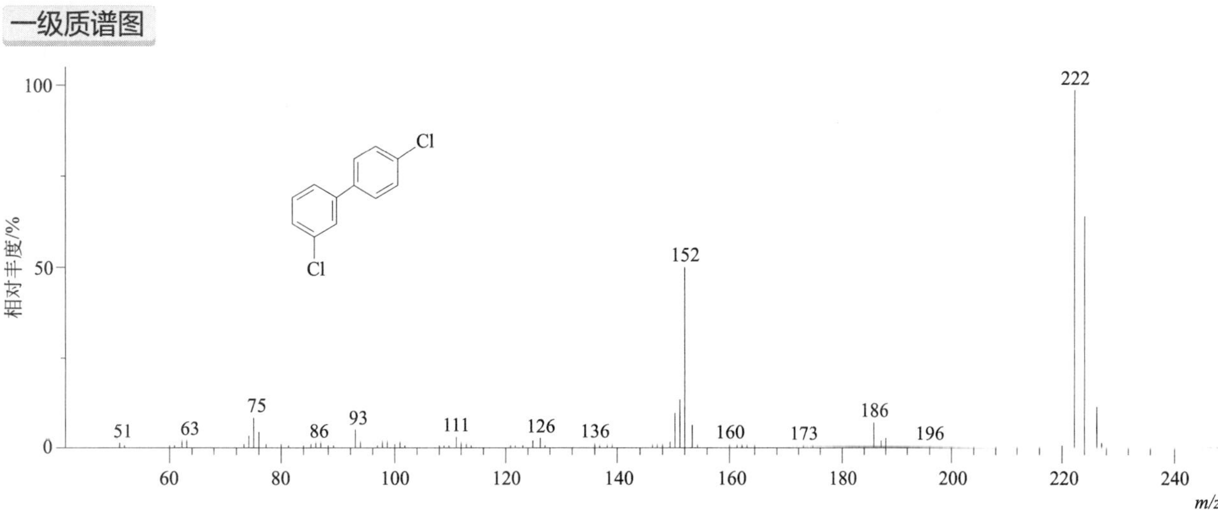

四个碰撞能量下子离子质谱图

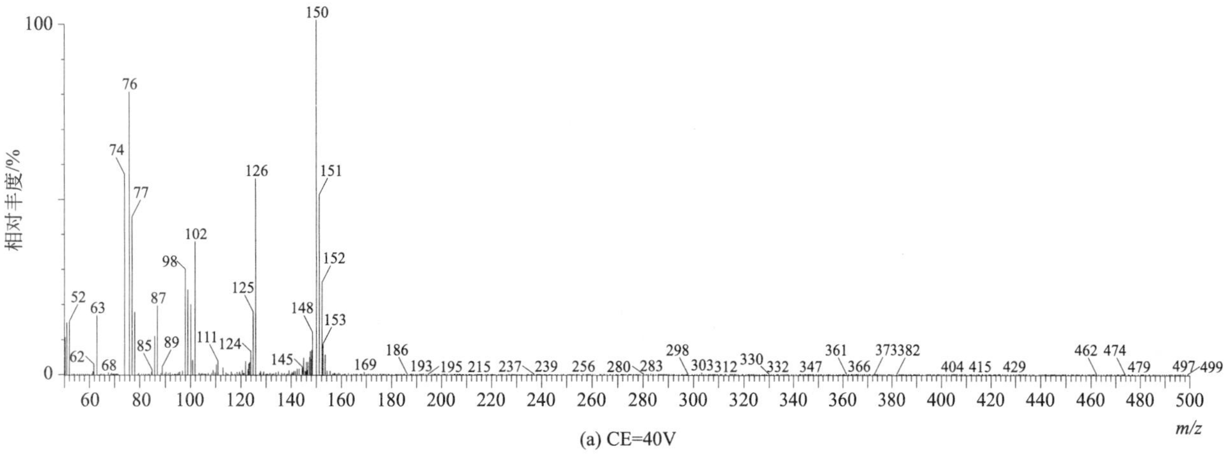

(a) CE=40V

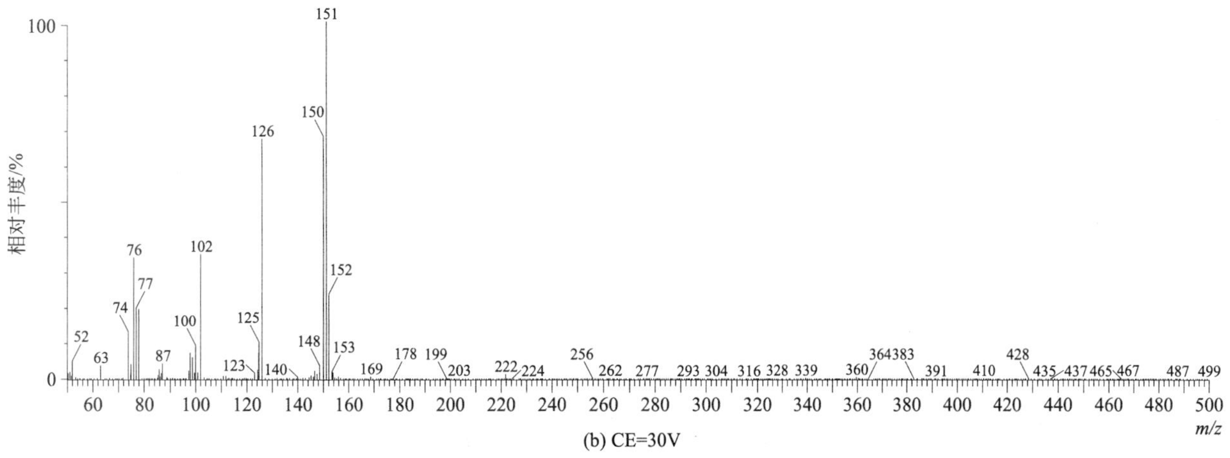

(b) CE=30V

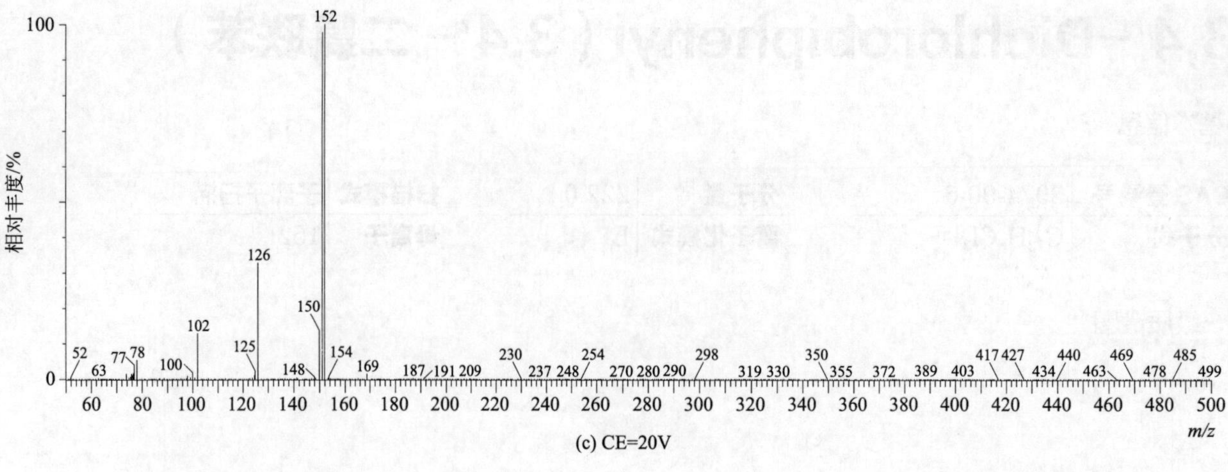

(c) CE=20V

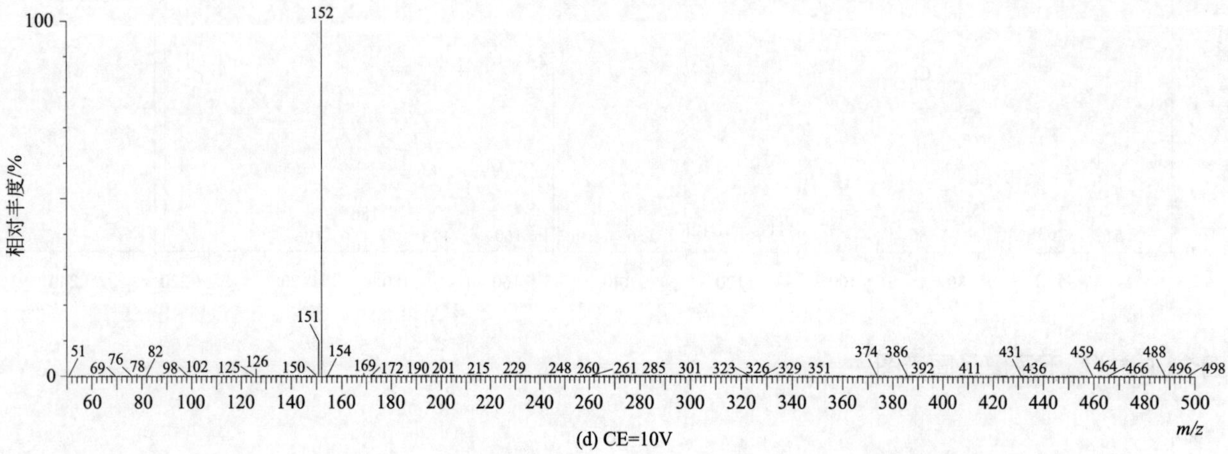

(d) CE=10V

3,5-Dichlorobiphenyl（3,5- 二氯联苯）

基本信息

CAS 登录号	34883-41-5	**分子量**	222.0	**扫描模式**	子离子扫描
分子式	$C_{12}H_8Cl_2$	**离子化模式**	EI	**母离子**	222

一级质谱图

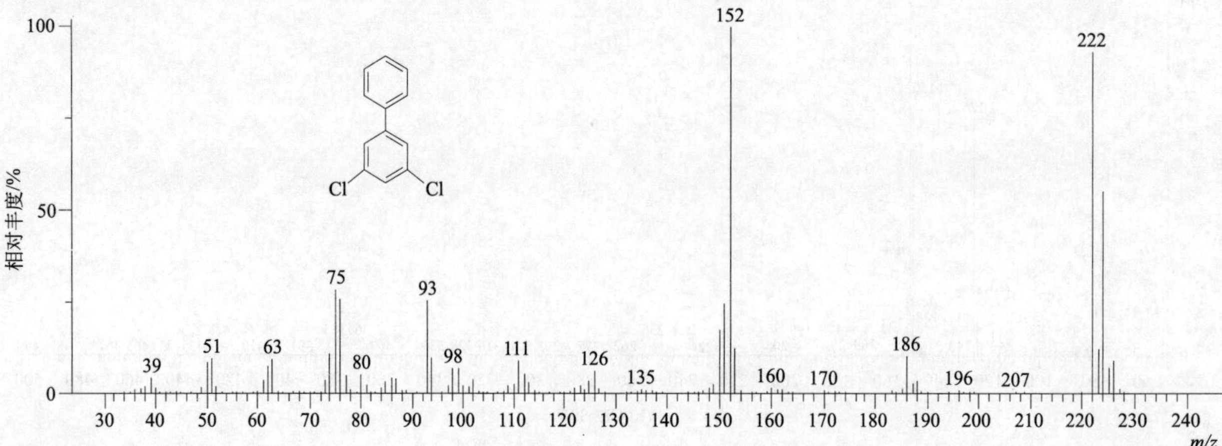

四个碰撞能量下子离子质谱图

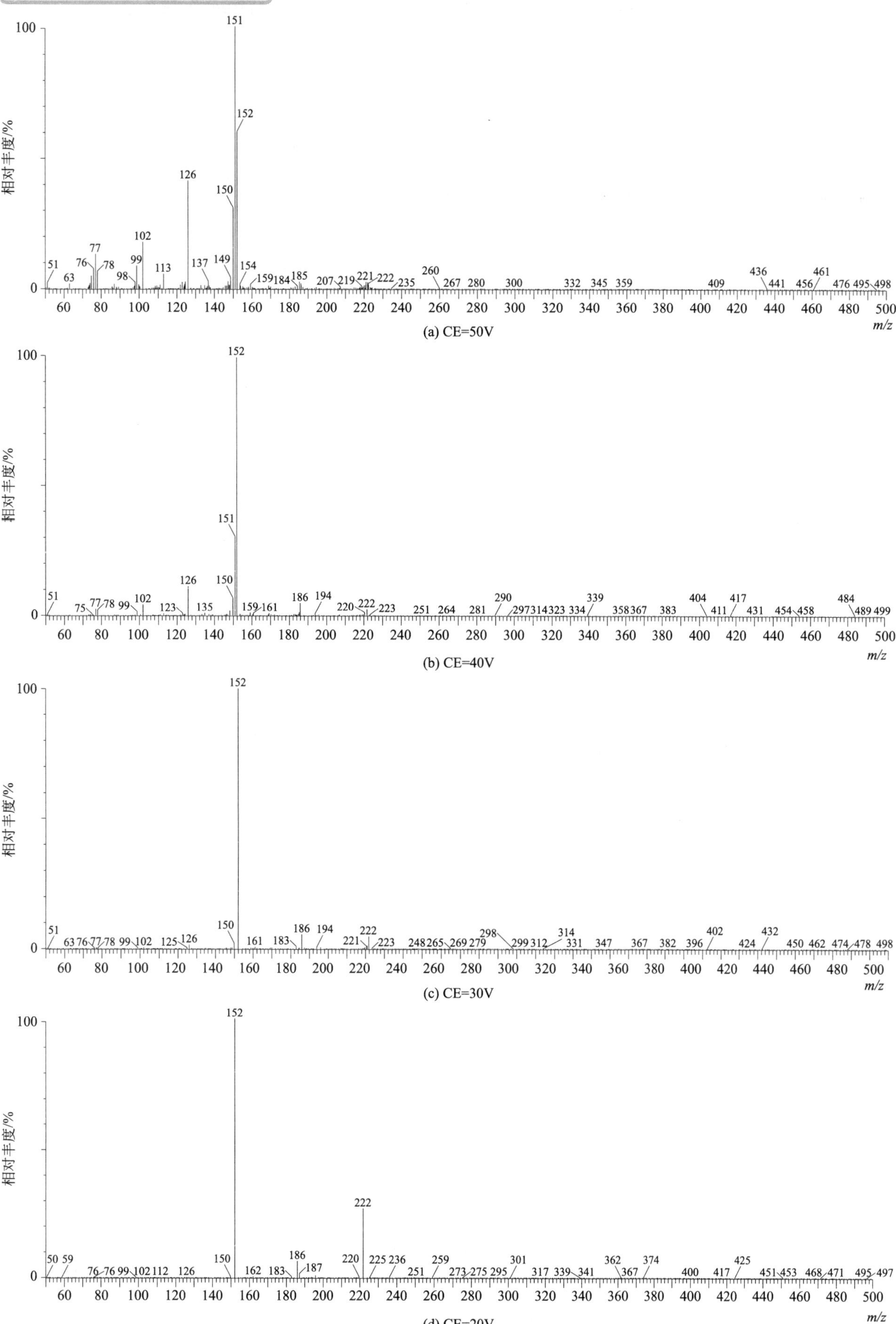

(a) CE=50V

(b) CE=40V

(c) CE=30V

(d) CE=20V

4,4′-Dichlorobiphenyl（4,4′- 二氯联苯）

基本信息

CAS 登录号	2050-68-2	分子量	222.0	扫描模式	子离子扫描
分子式	$C_{12}H_8Cl_2$	离子化模式	EI	母离子	222

一级质谱图

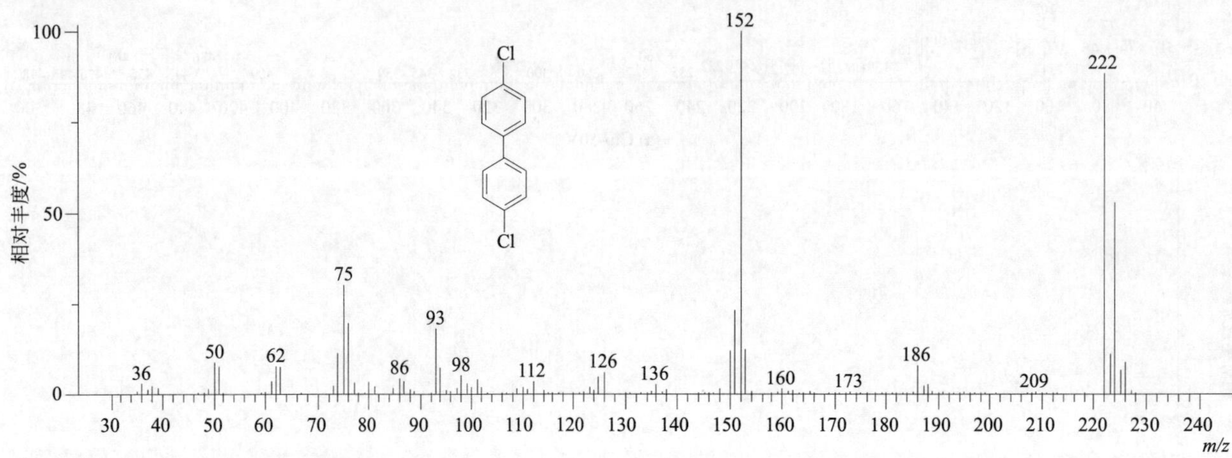

四个碰撞能量下子离子质谱图

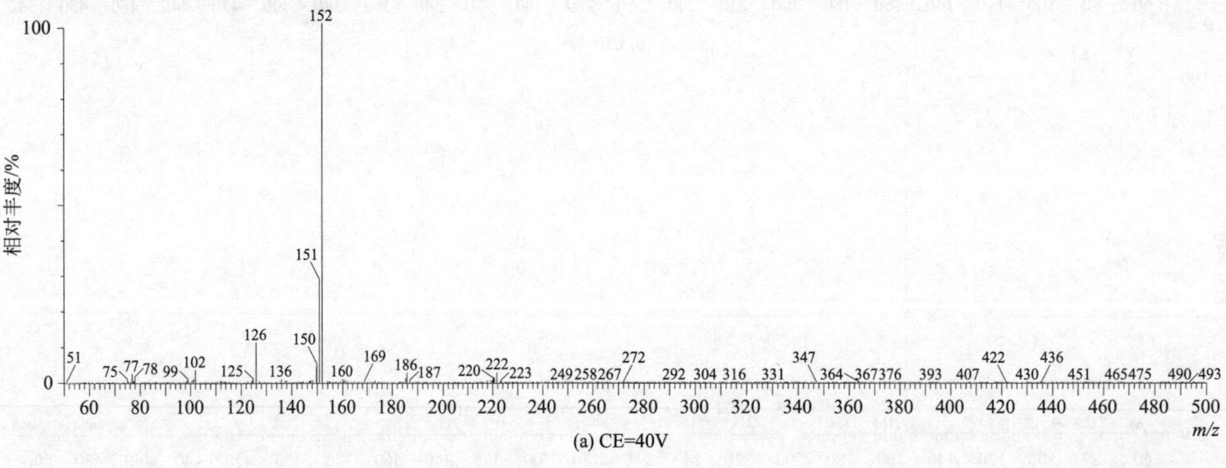

(a) CE=40V

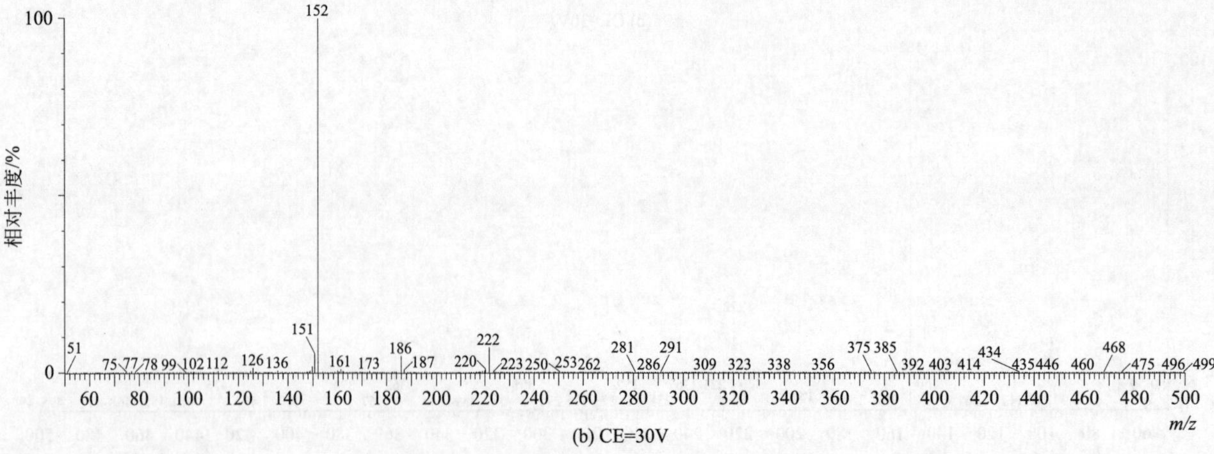

(b) CE=30V

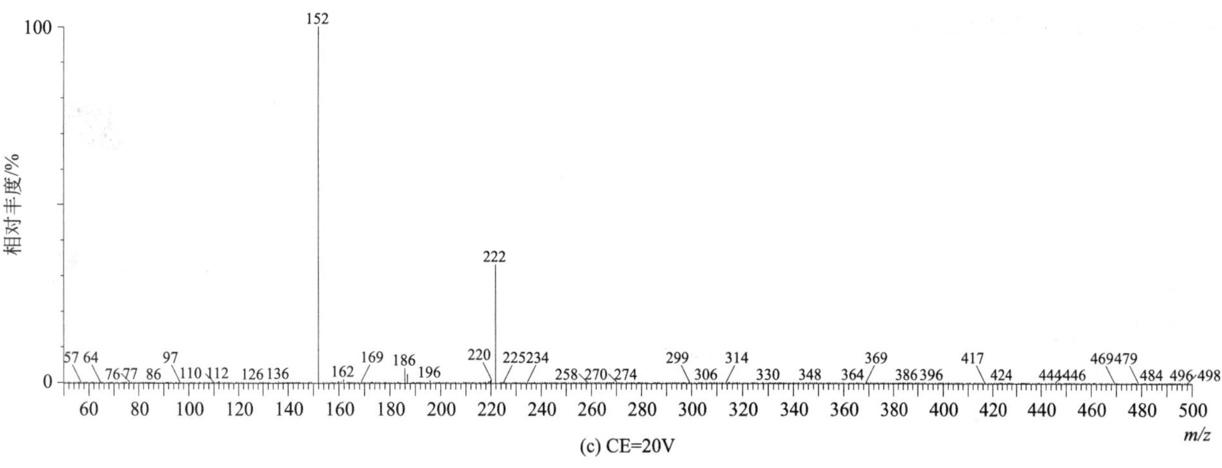

(c) CE=20V

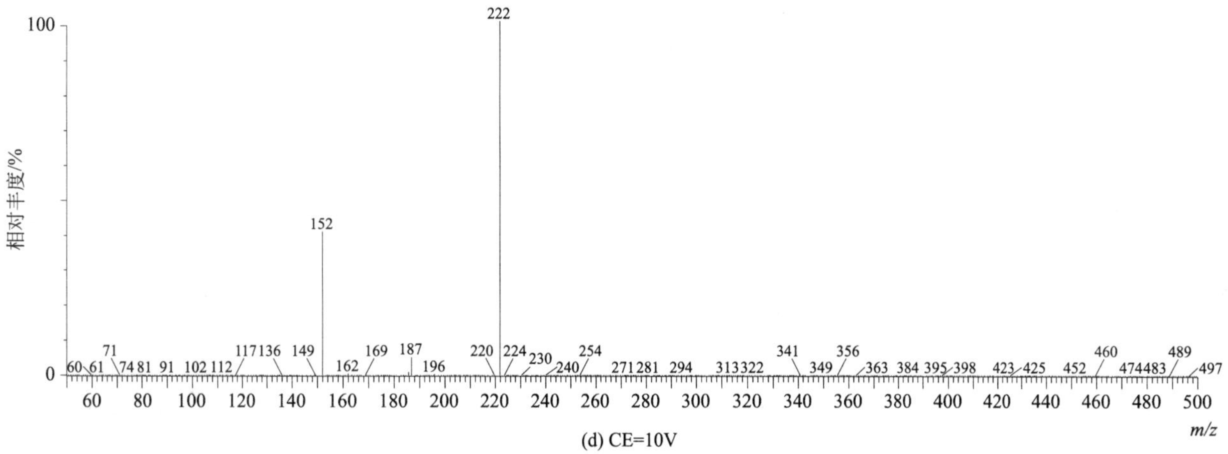

(d) CE=10V

2,2′,3-Trichlorobiphenyl（2,2′,3- 三氯联苯）

基本信息

CAS 登录号	38444-78-9	分子量	256.0	扫描模式	子离子扫描
分子式	$C_{12}H_7Cl_3$	离子化模式	EI	母离子	256

一级质谱图

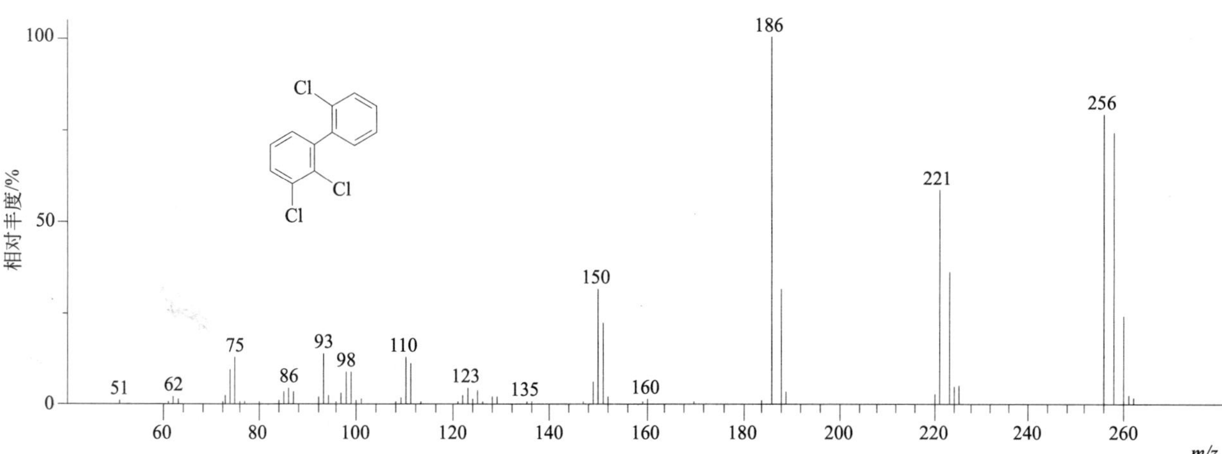

四个碰撞能量下子离子质谱图

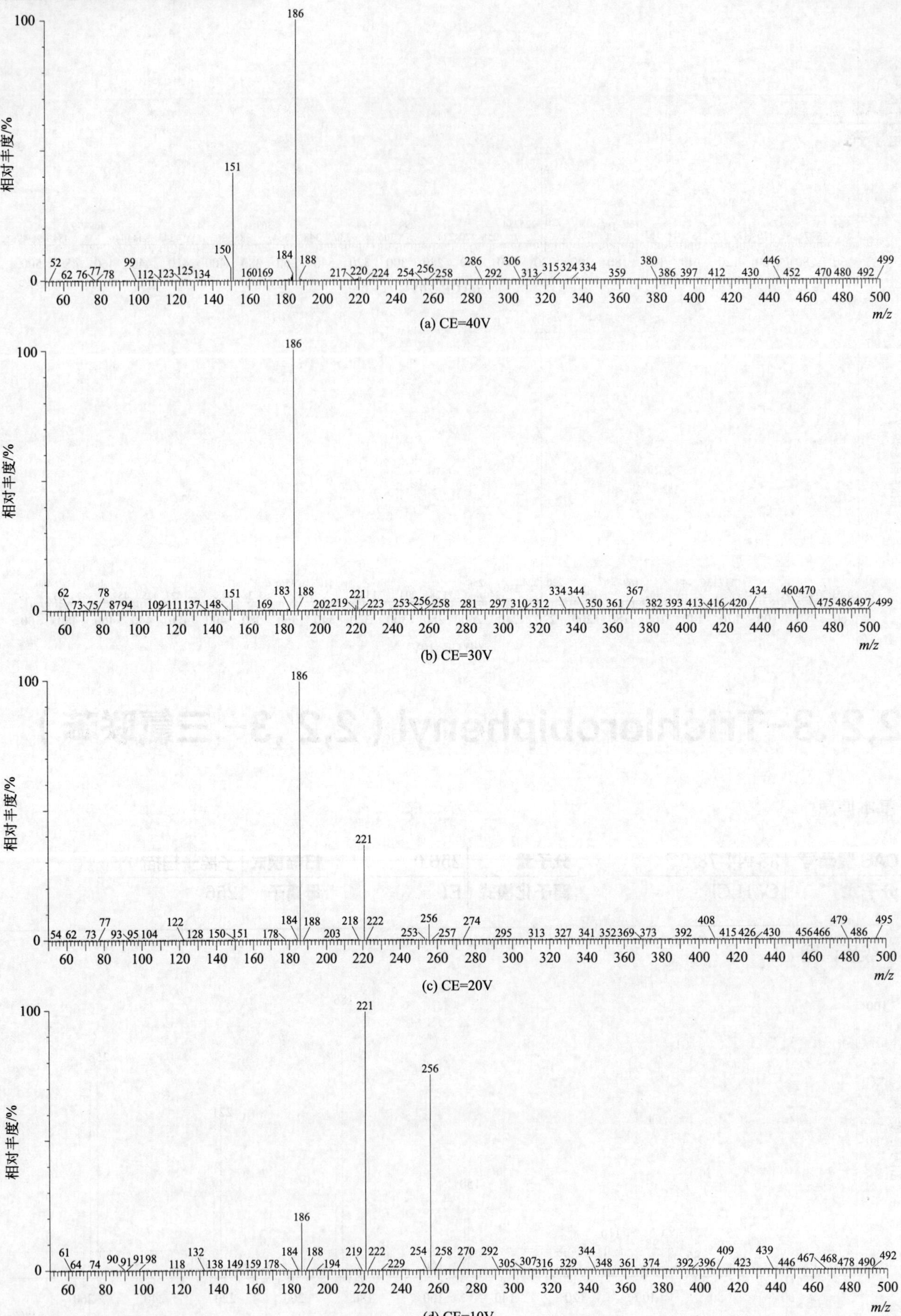

2,2′,4-Trichlorobiphenyl（2,2′,4-三氯联苯）

基本信息

CAS 登录号	37680-66-3	分子量	256.0	扫描模式	子离子扫描
分子式	$C_{12}H_7Cl_3$	离子化模式	EI	母离子	221

一级质谱图

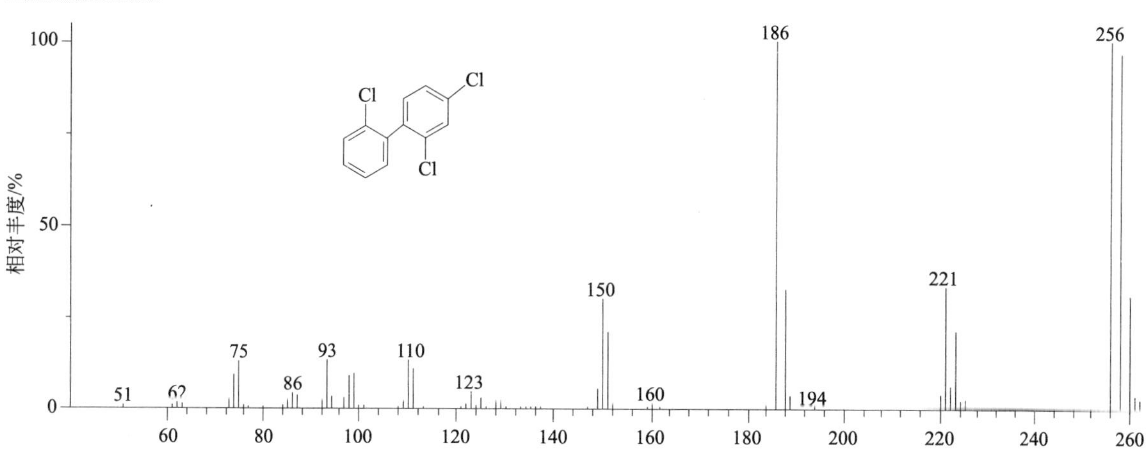

四个碰撞能量下子离子质谱图

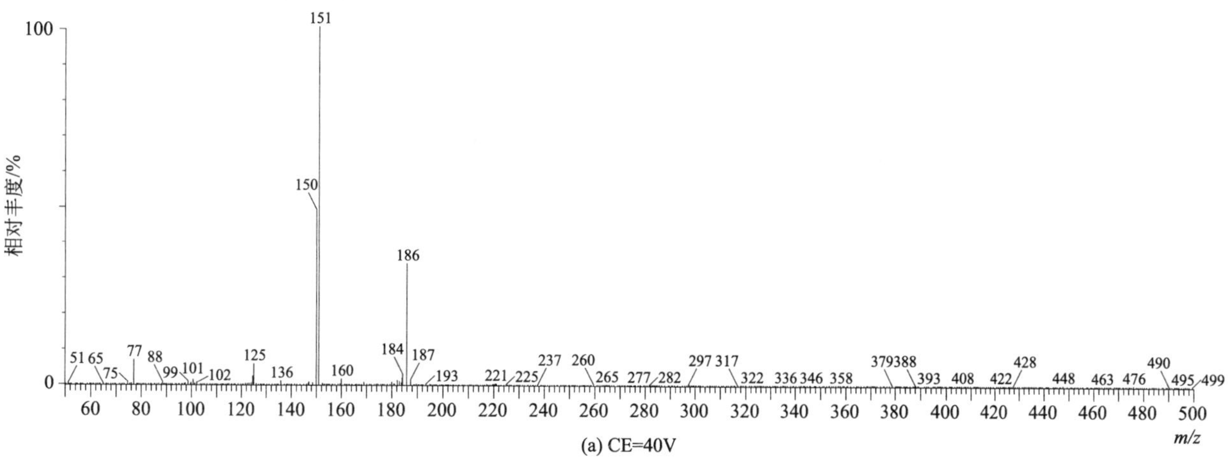

(a) CE=40V

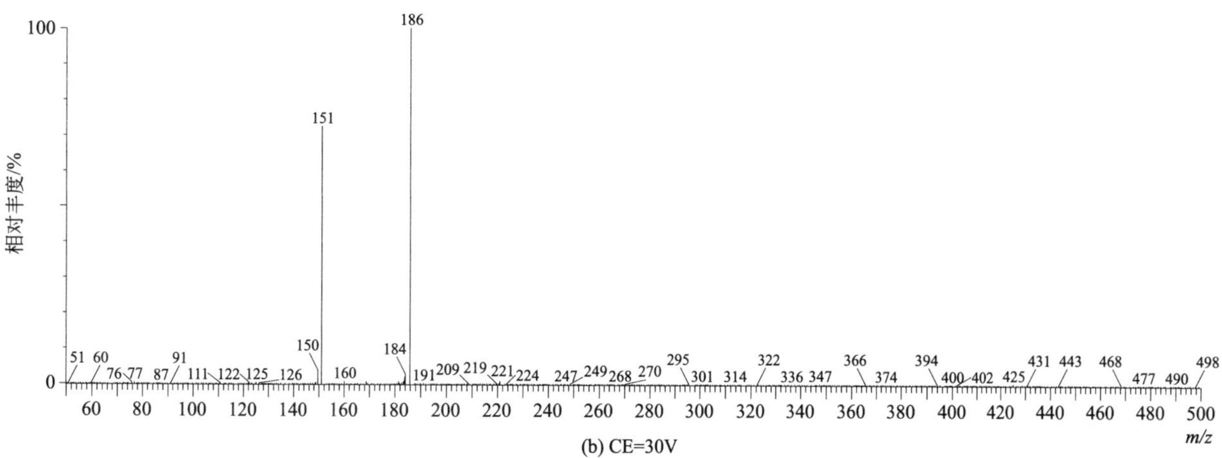

(b) CE=30V

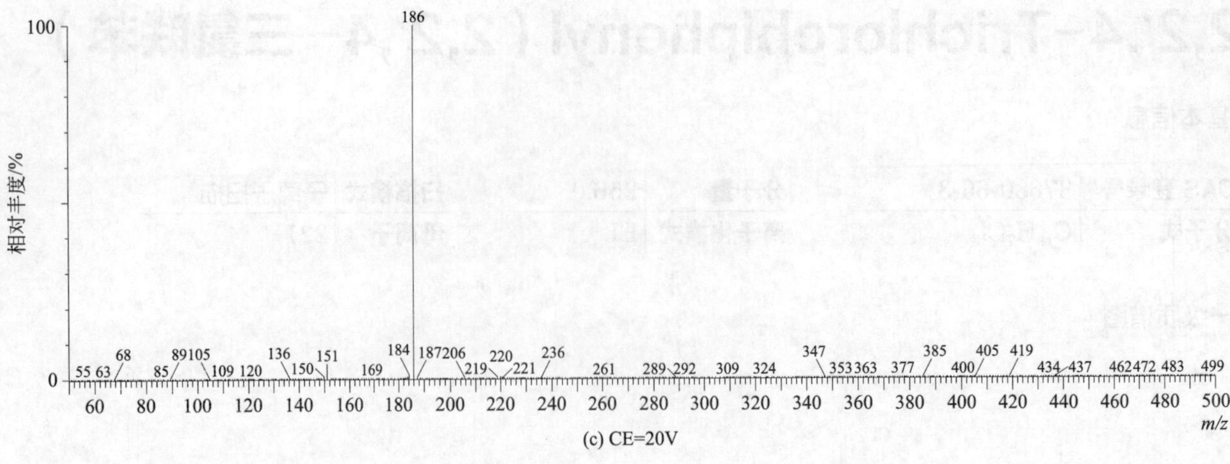

(c) CE=20V

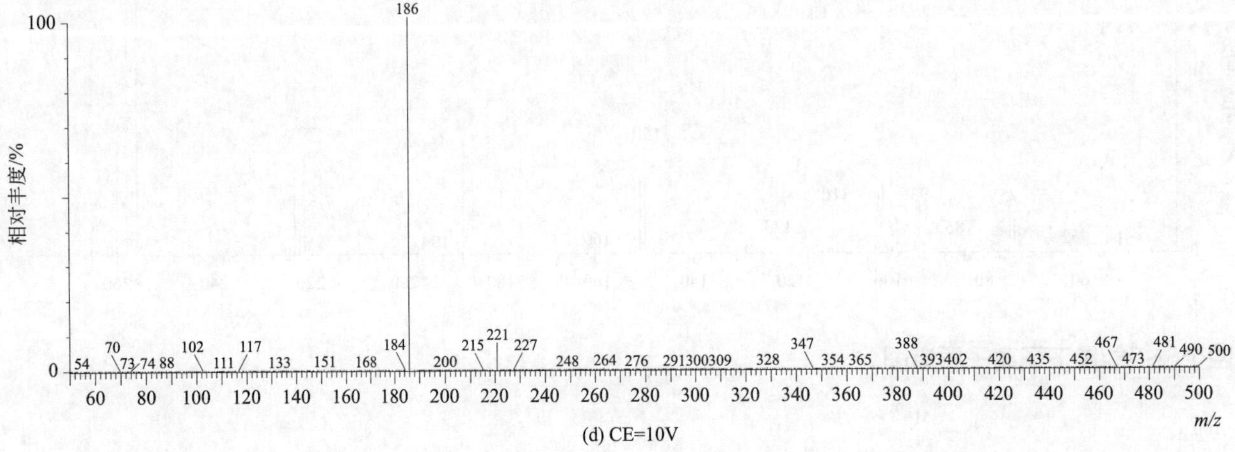

(d) CE=10V

2,2′,5-Trichlorobiphenyl（2,2′,5- 三氯联苯）

基本信息

CAS 登录号	37680-65-2	分子量	256.0	扫描模式	子离子扫描
分子式	$C_{12}H_7Cl_3$	离子化模式	EI	母离子	186

一级质谱图

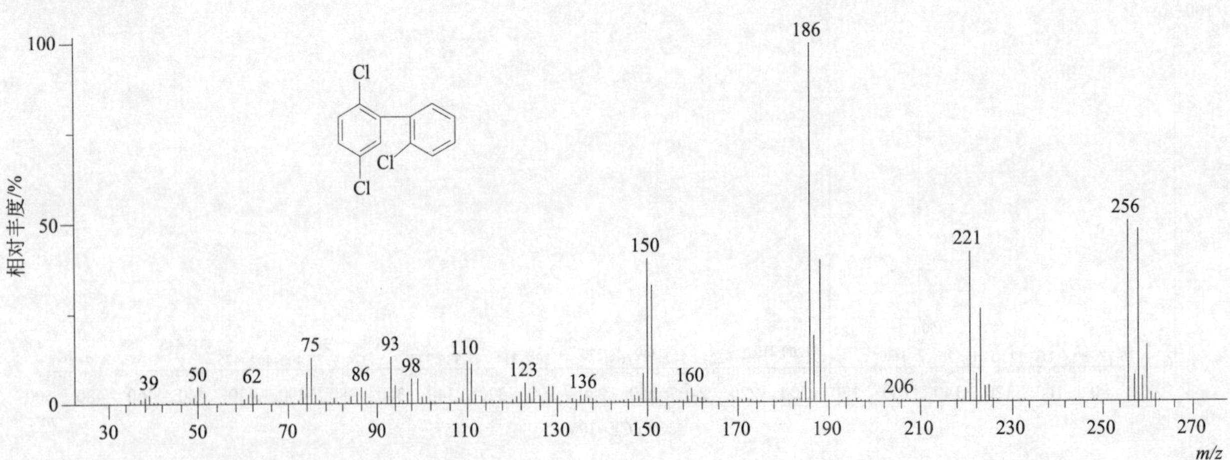

四个碰撞能量下子离子质谱图

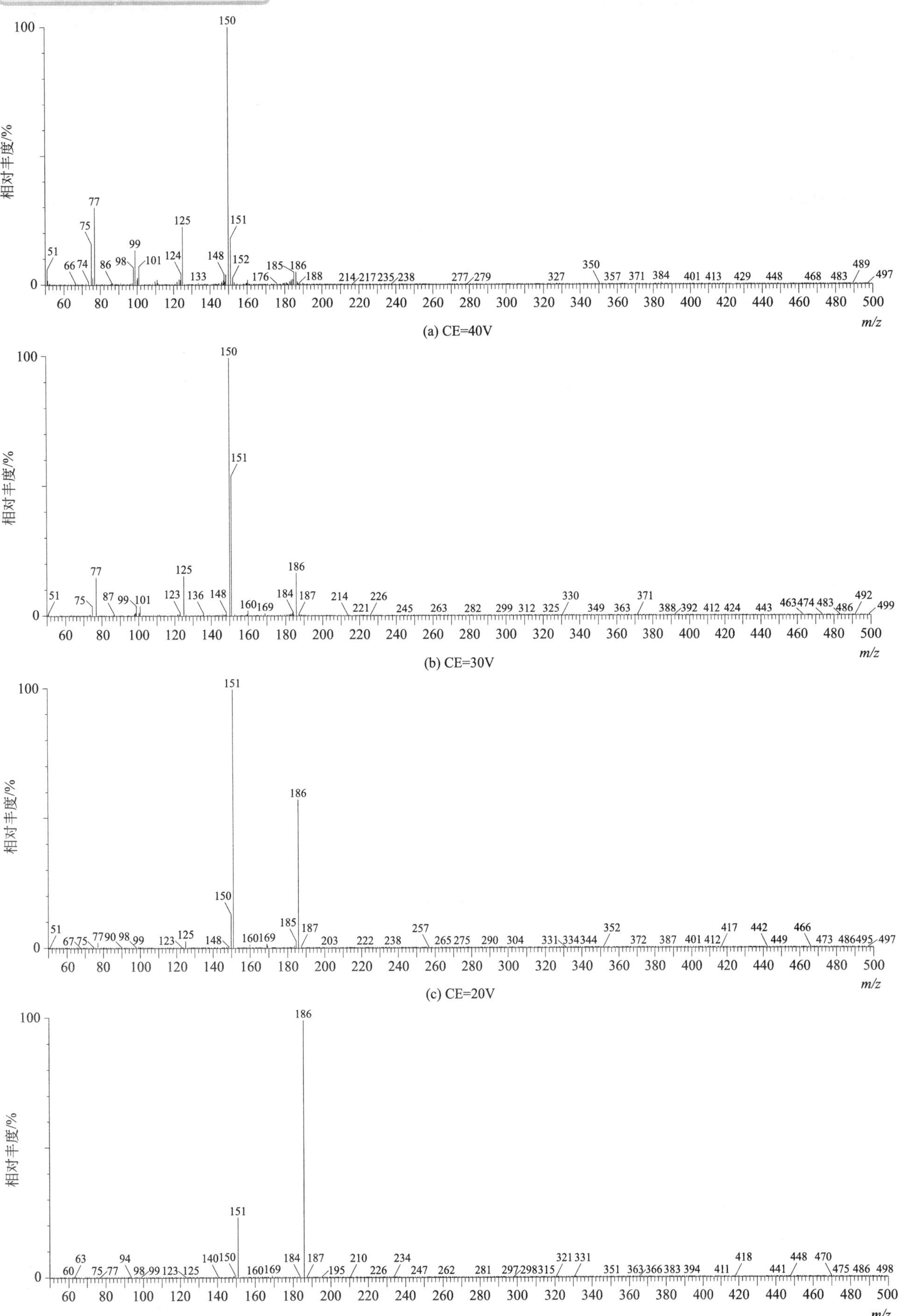

(a) CE=40V

(b) CE=30V

(c) CE=20V

(d) CE=10V

2,2′,6-Trichlorobiphenyl（2,2′,6- 三氯联苯）

基本信息

CAS 登录号	38444-73-4	分子量	256.0	扫描模式	子离子扫描
分子式	$C_{12}H_7Cl_3$	离子化模式	EI	母离子	256

一级质谱图

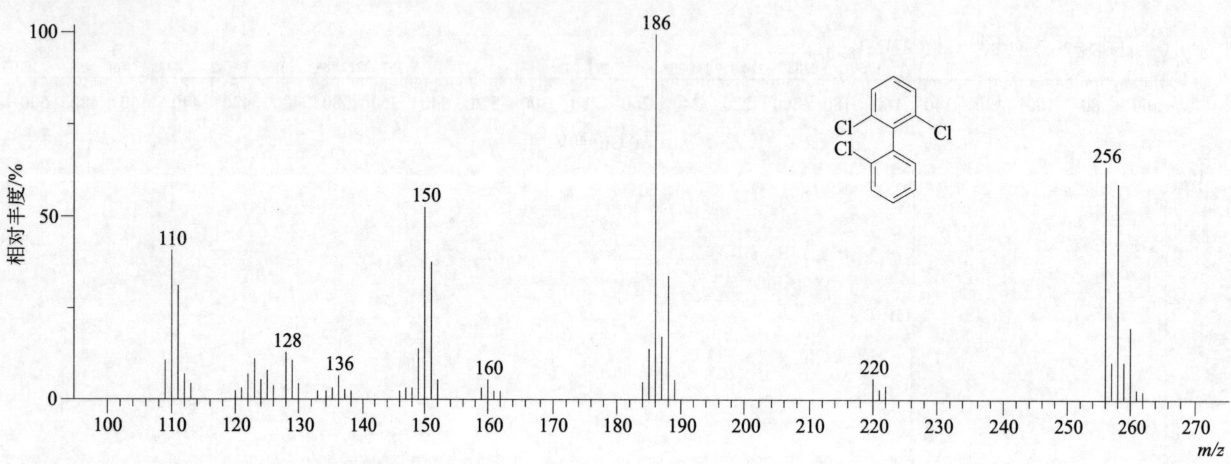

四个碰撞能量下子离子质谱图

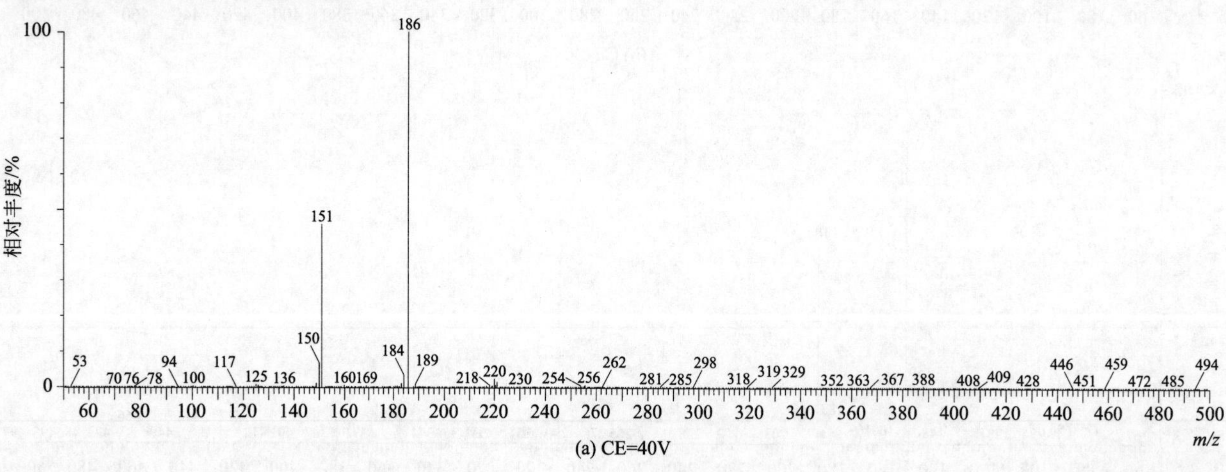

(a) CE=40V

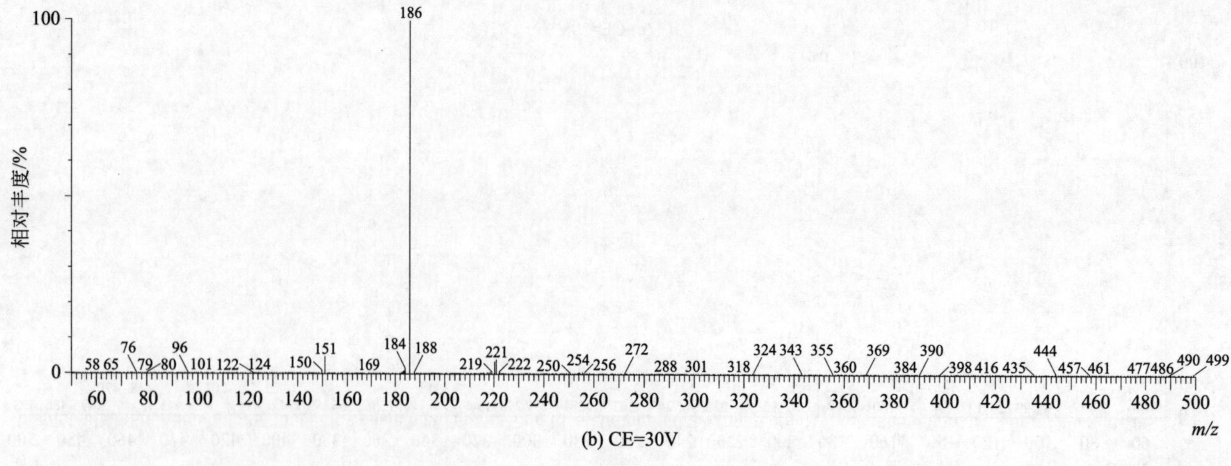

(b) CE=30V

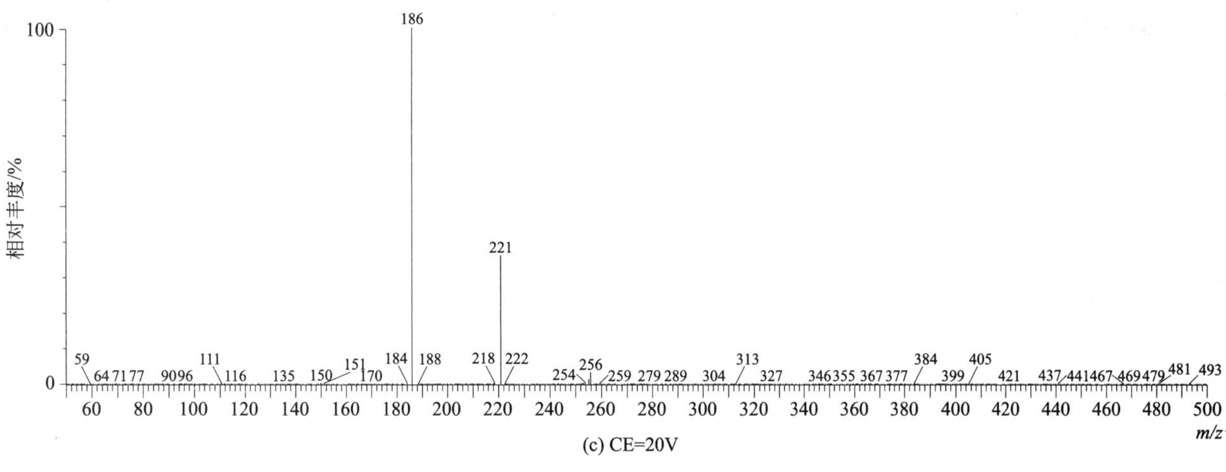

(c) CE=20V

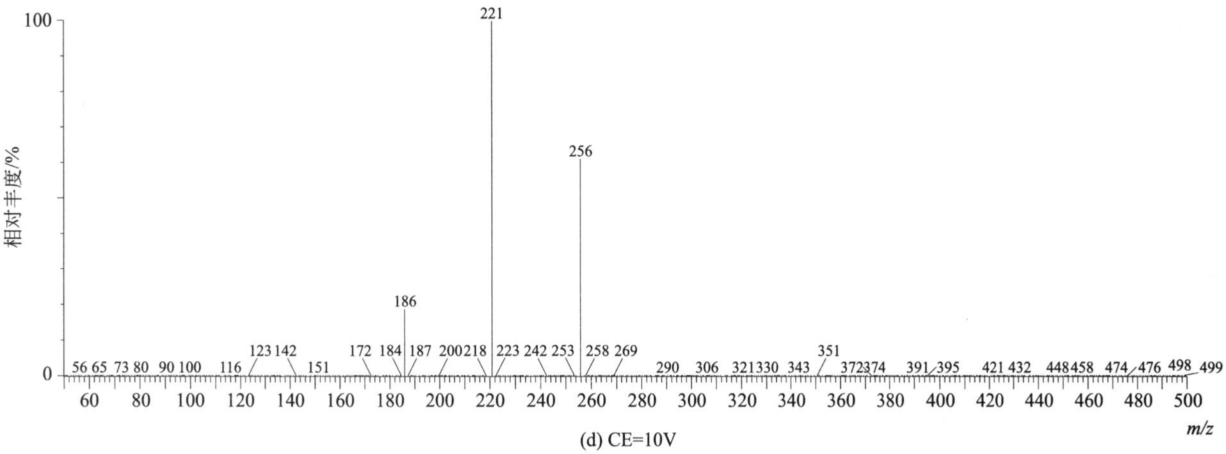

(d) CE=10V

2,3,3′-Trichlorobiphenyl（2,3,3′-三氯联苯）

基本信息

CAS 登录号	38444-84-7	分子量	256.0	扫描模式	子离子扫描
分子式	$C_{12}H_7Cl_3$	离子化模式	EI	母离子	186

一级质谱图

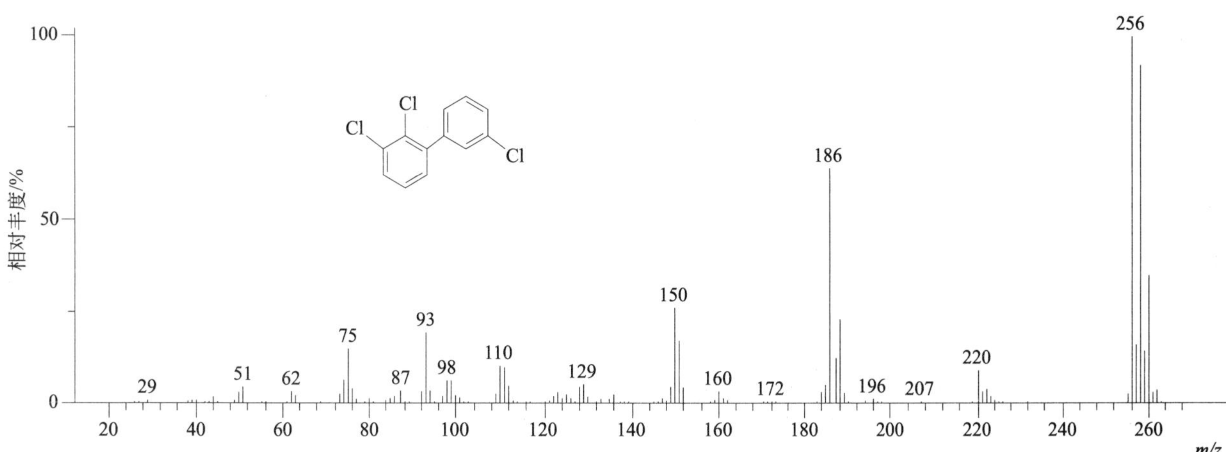

四个碰撞能量下子离子质谱图

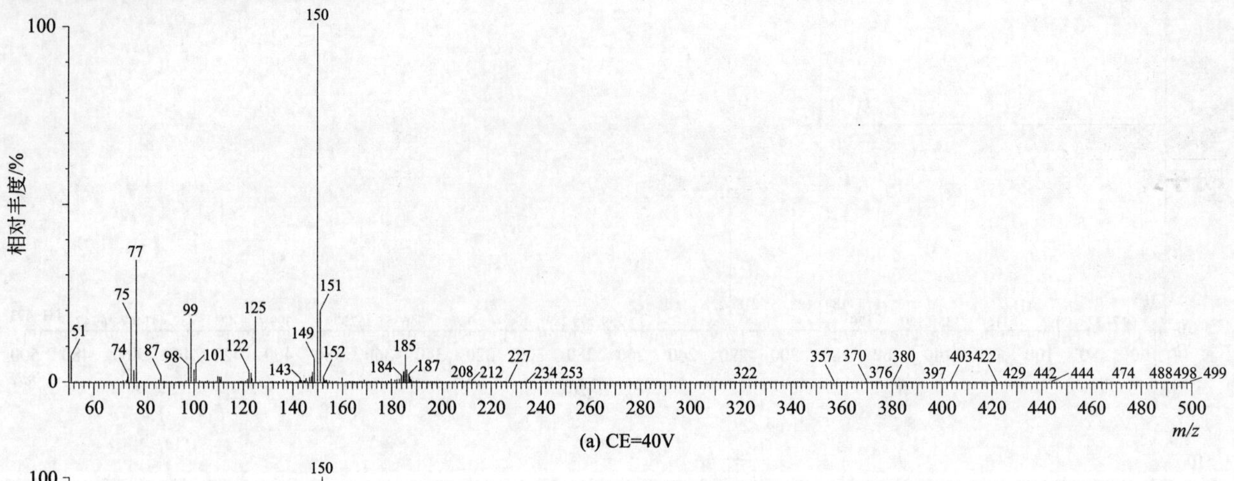
(a) CE=40V

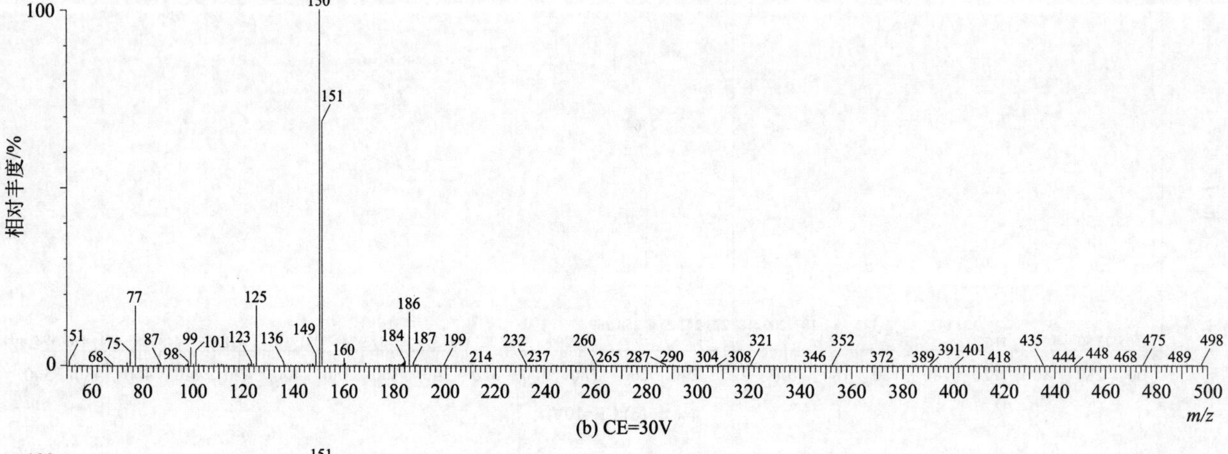
(b) CE=30V

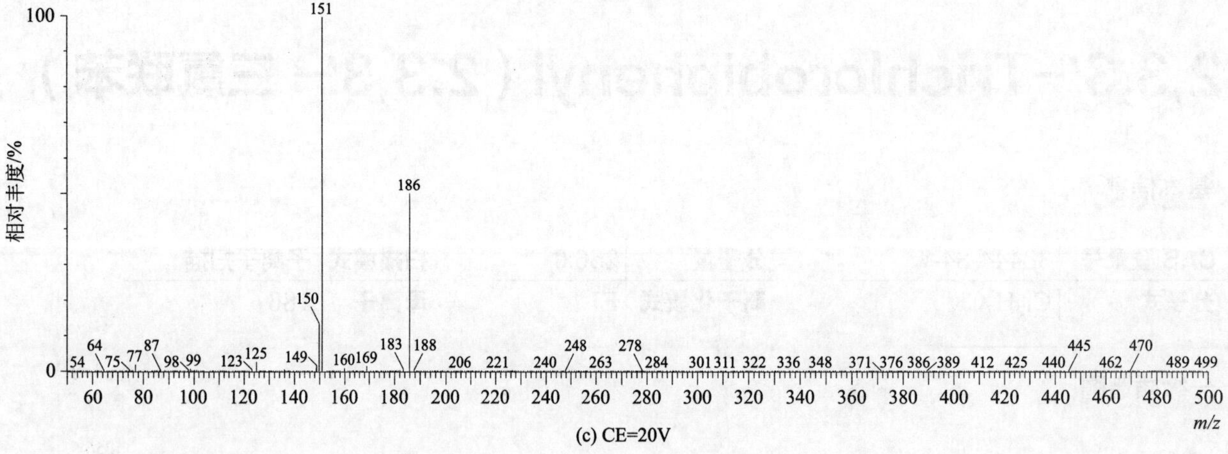
(c) CE=20V

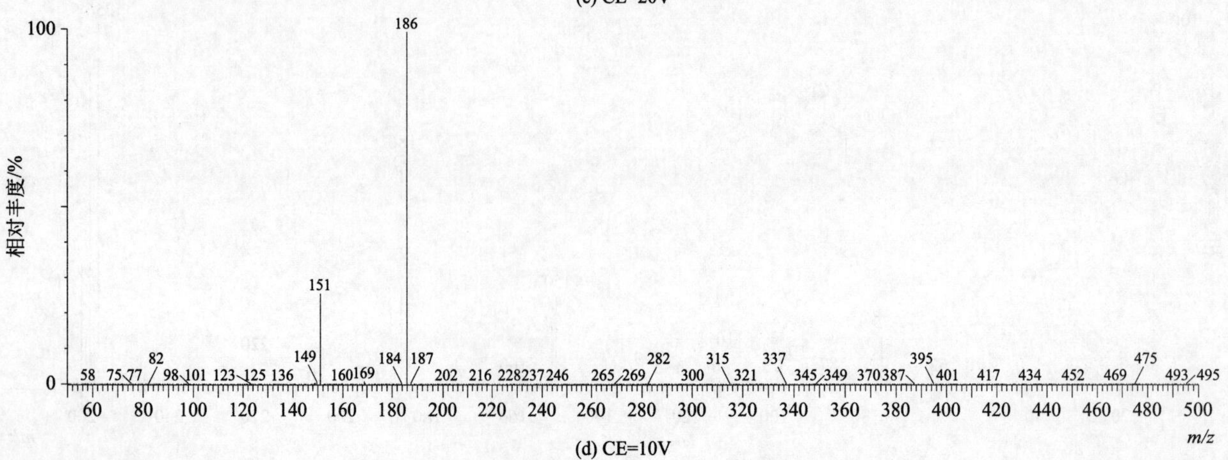
(d) CE=10V

2,3,4-Trichlorobiphenyl（2,3,4- 三氯联苯）

基本信息

CAS 登录号	55702-46-0	分子量	256.0	扫描模式	子离子扫描
分子式	$C_{12}H_7Cl_3$	离子化模式	EI	母离子	256

一级质谱图

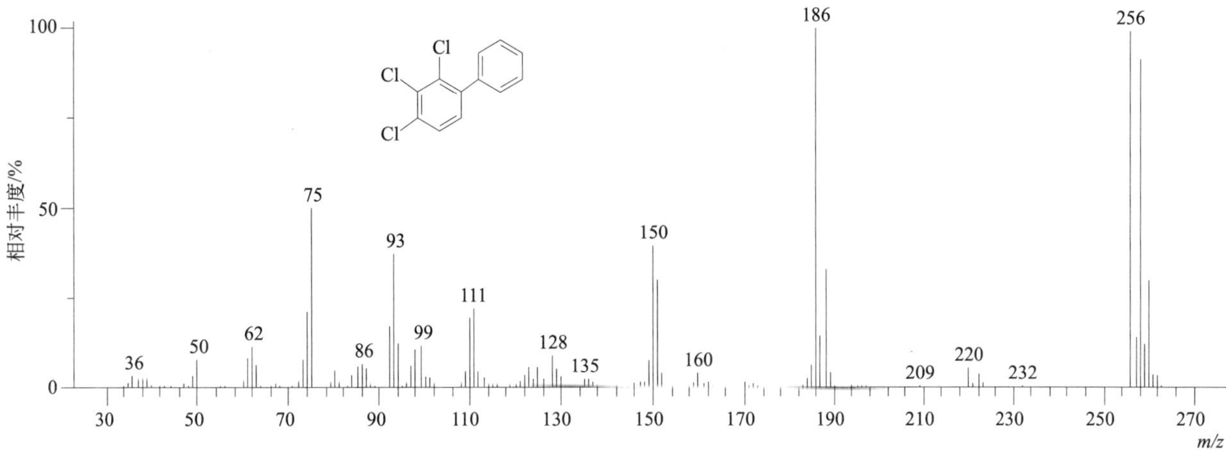

四个碰撞能量下子离子质谱图

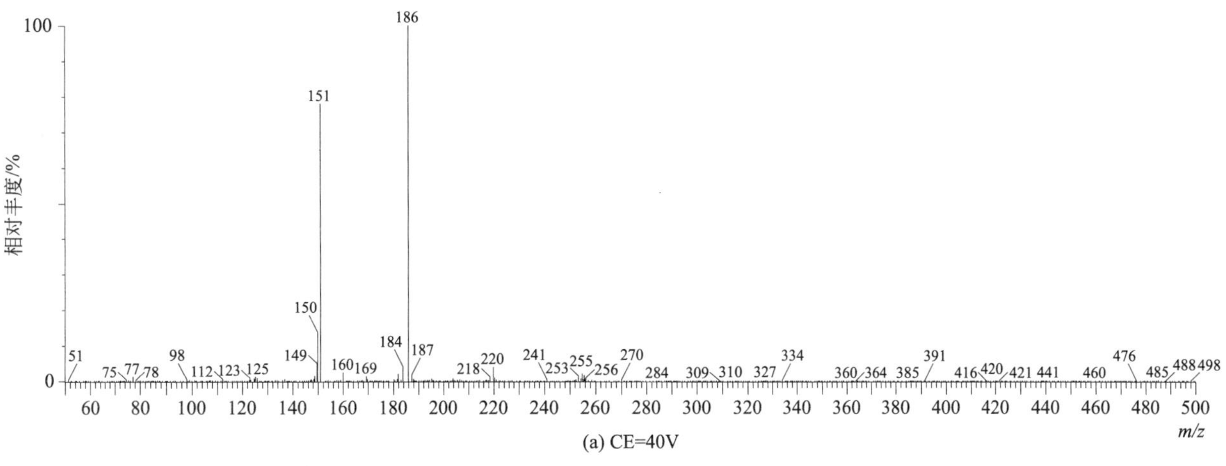

(a) CE=40V

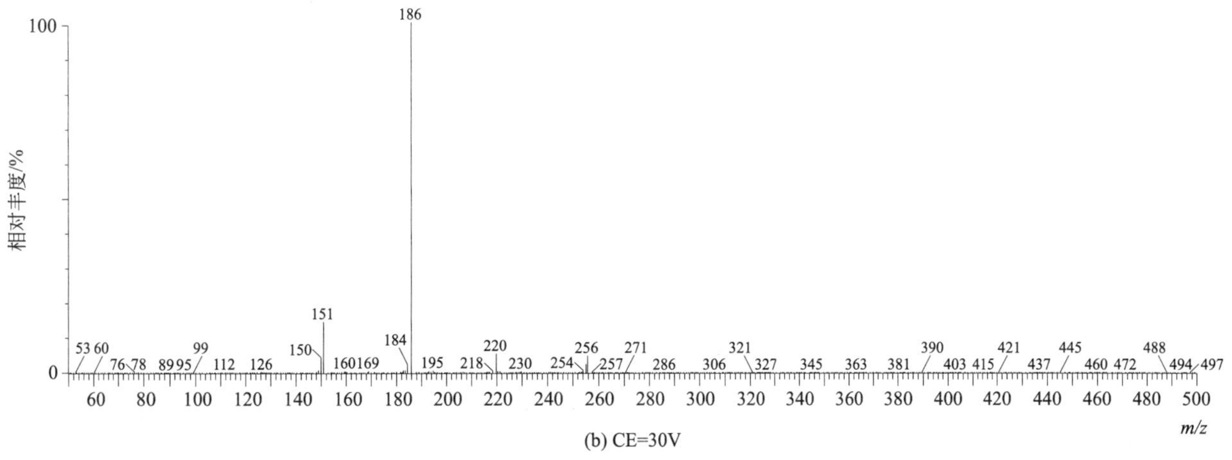

(b) CE=30V

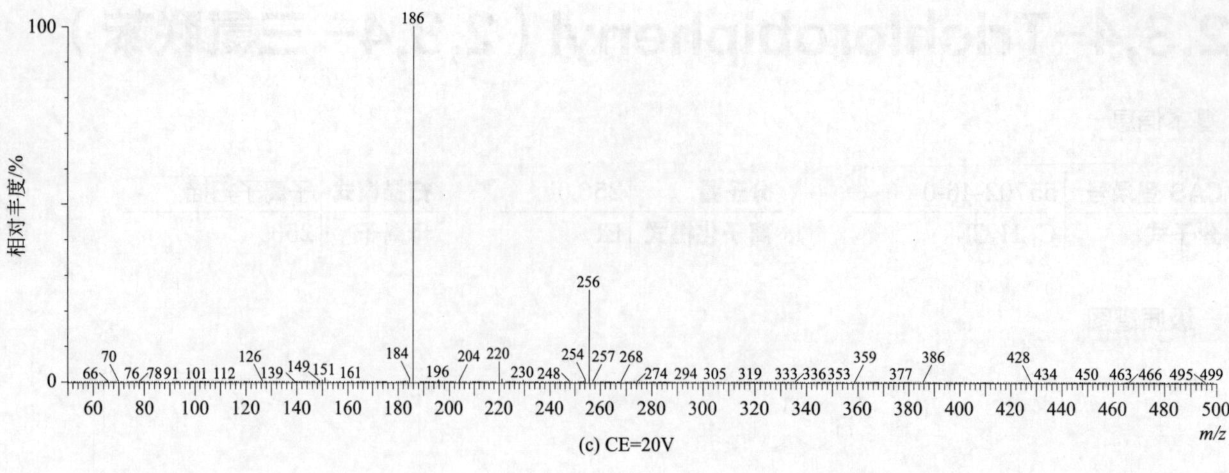

(c) CE=20V

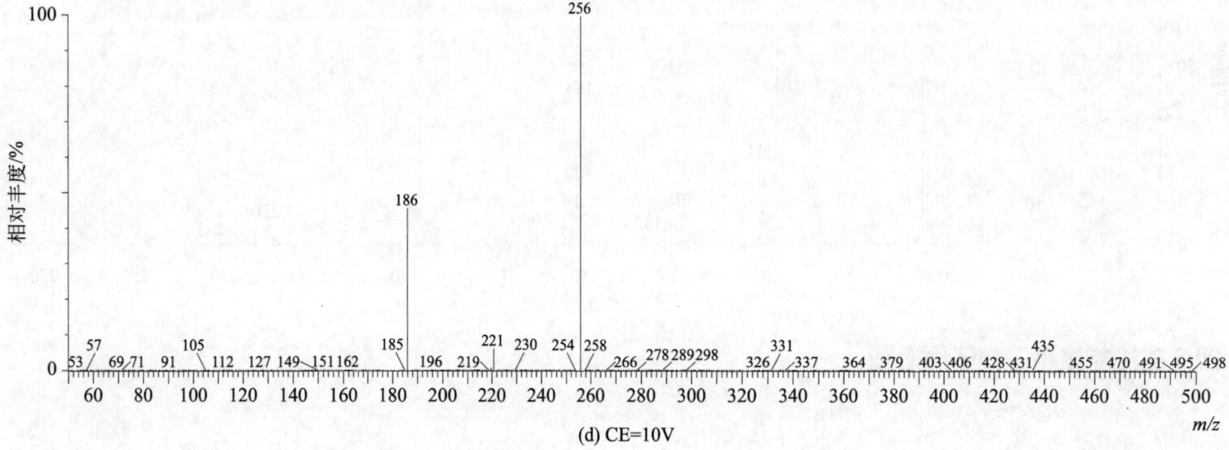

(d) CE=10V

2,3,4′-Trichlorobiphenyl（2,3,4′-三氯联苯）

基本信息

CAS 登录号	38444-85-8	**分子量**	256.0	**扫描模式**	子离子扫描
分子式	$C_{12}H_7Cl_3$	**离子化模式**	EI	**母离子**	256

一级质谱图

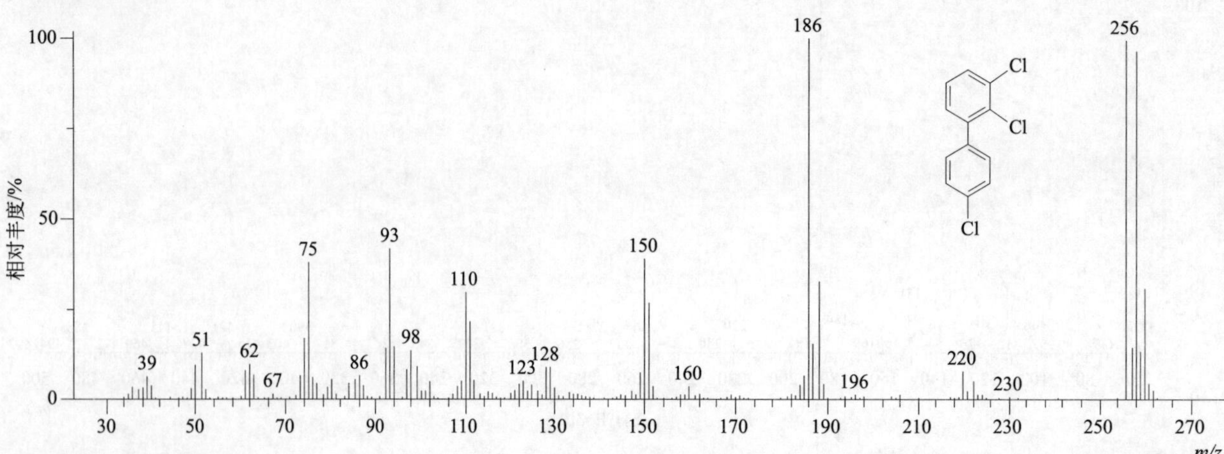

四个碰撞能量下子离子质谱图

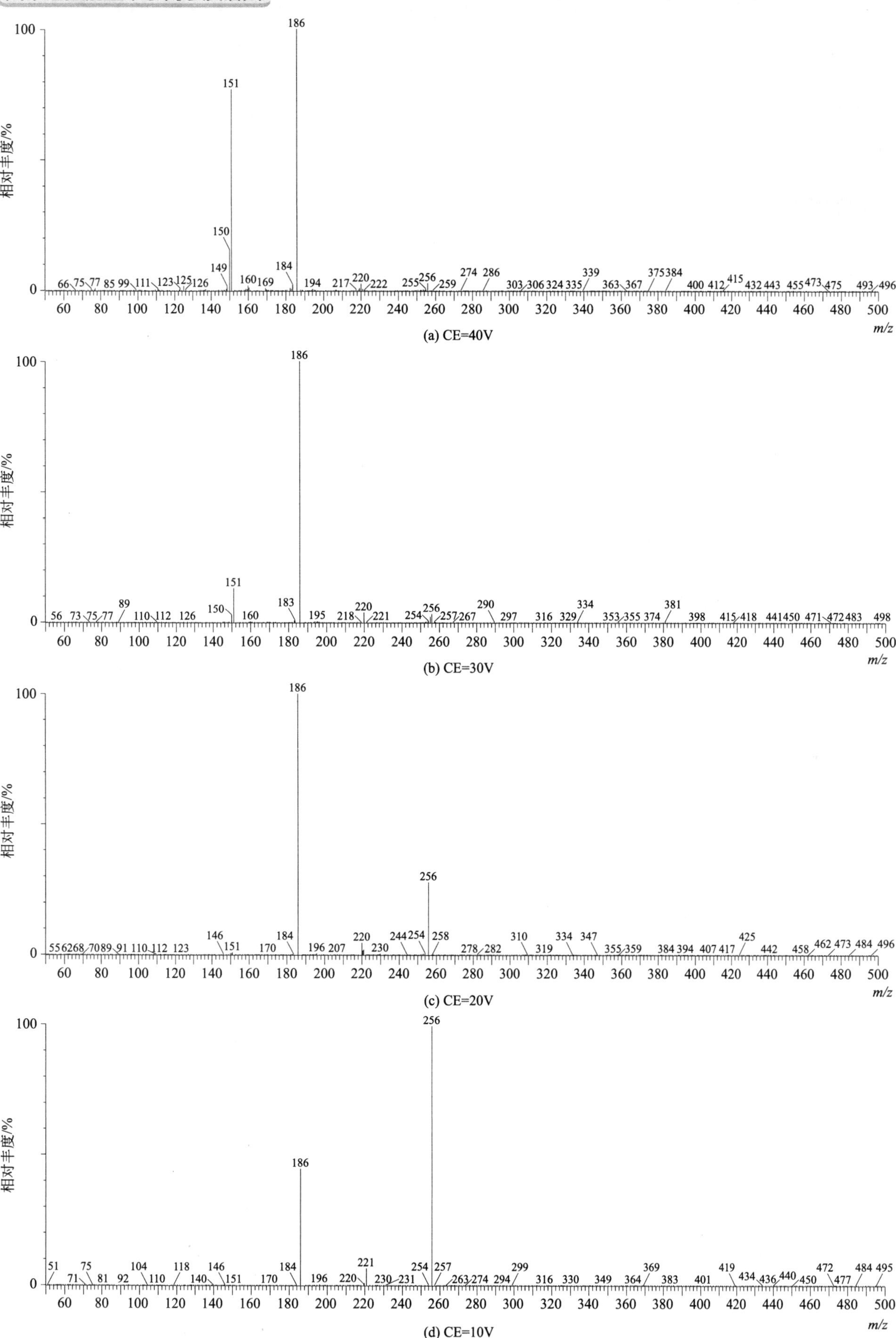

2,3,5-Trichlorobiphenyl（2,3,5- 三氯联苯）

基本信息

CAS 登录号	55720-44-0	分子量	256.0	扫描模式	子离子扫描
分子式	$C_{12}H_7Cl_3$	离子化模式	EI	母离子	186

一级质谱图

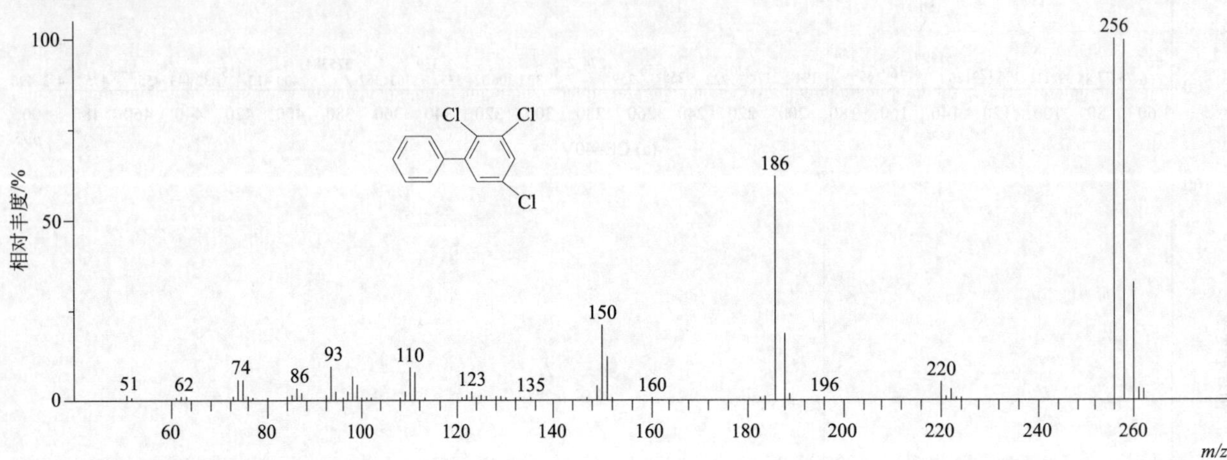

四个碰撞能量下子离子质谱图

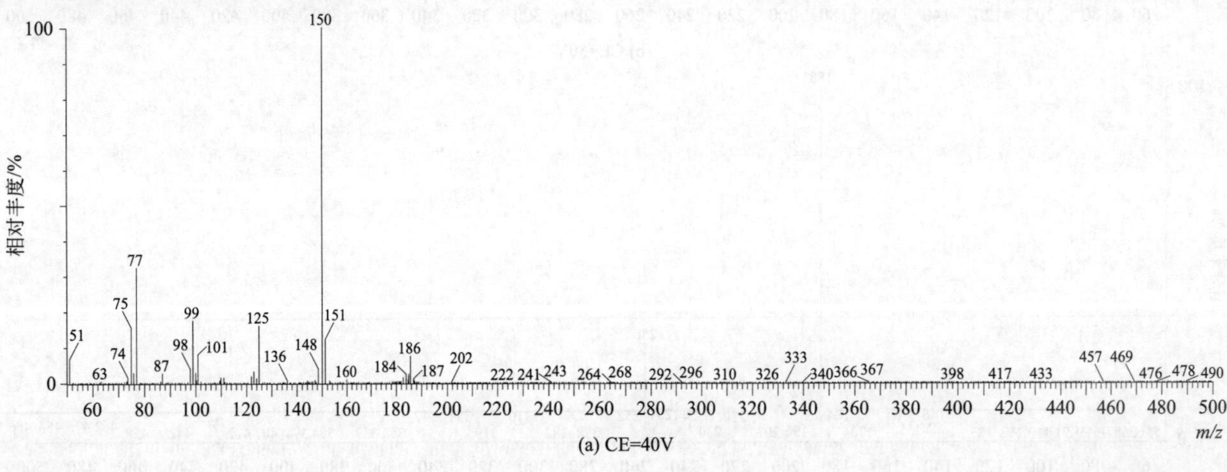

(a) CE=40V

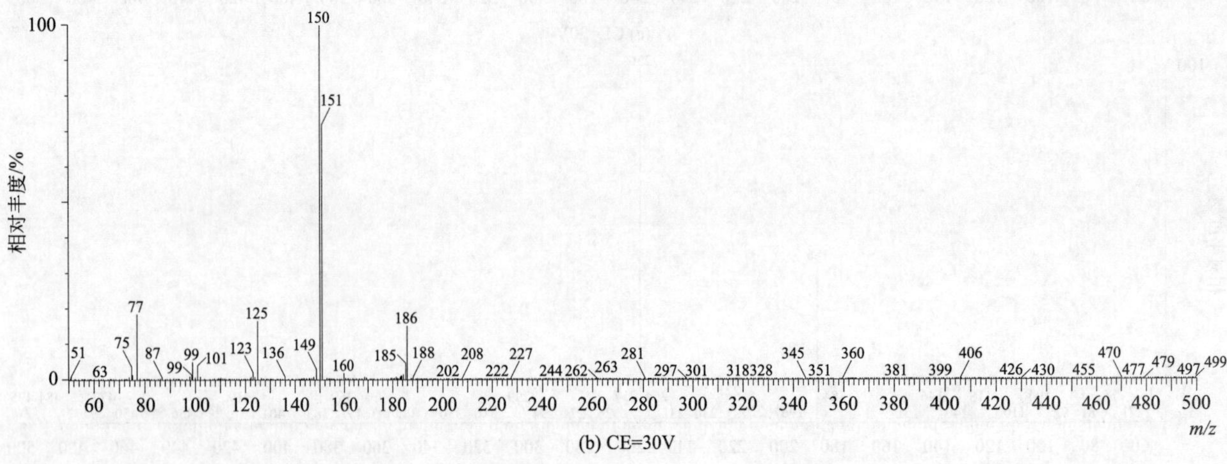

(b) CE=30V

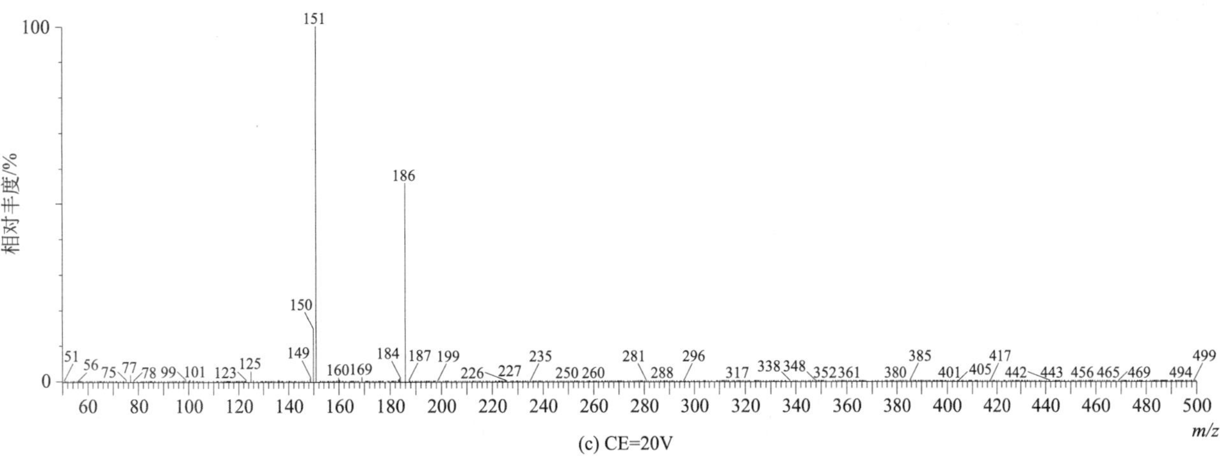

(c) CE=20V

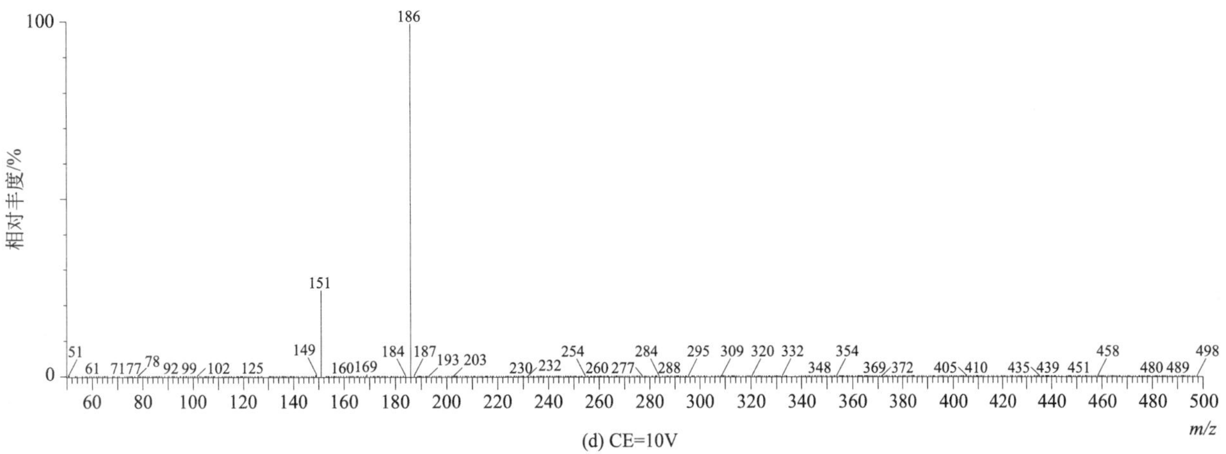

(d) CE=10V

2,3,6-Trichlorobiphenyl（2,3,6-三氯联苯）

基本信息

CAS 登录号	55702-45-9	分子量	256.0	扫描模式	子离子扫描
分子式	$C_{12}H_7Cl_3$	离子化模式	EI	母离子	258

一级质谱图

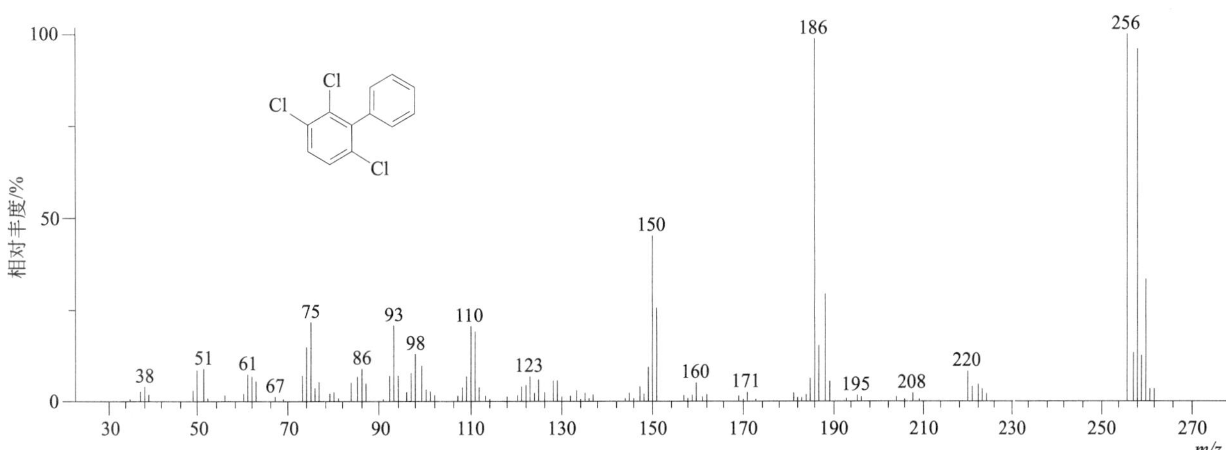

四个碰撞能量下子离子质谱图

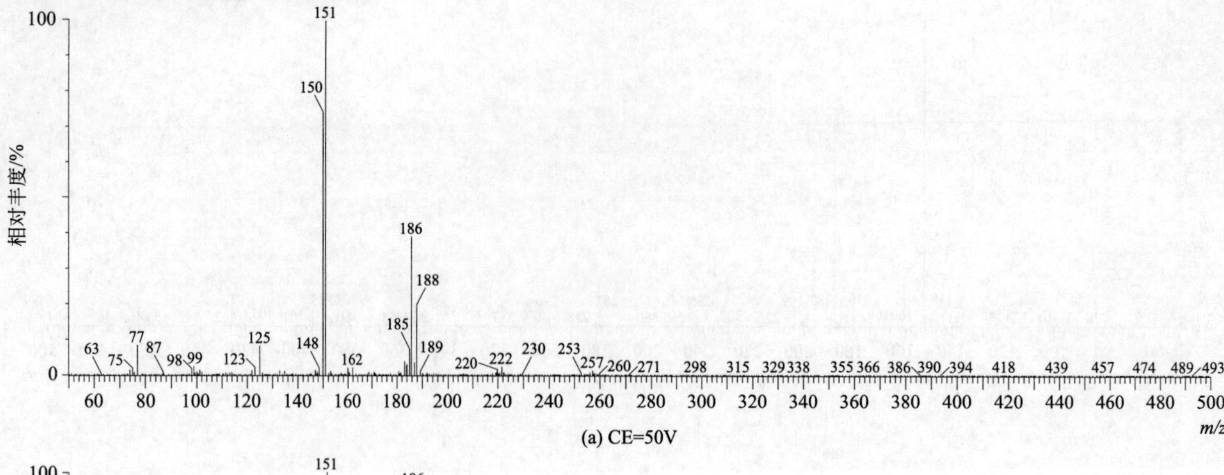
(a) CE=50V

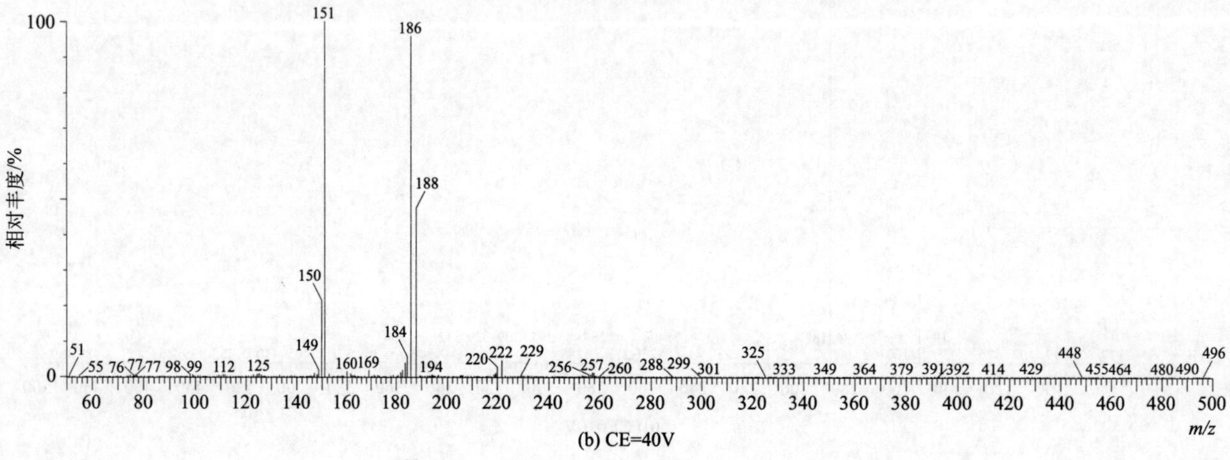
(b) CE=40V

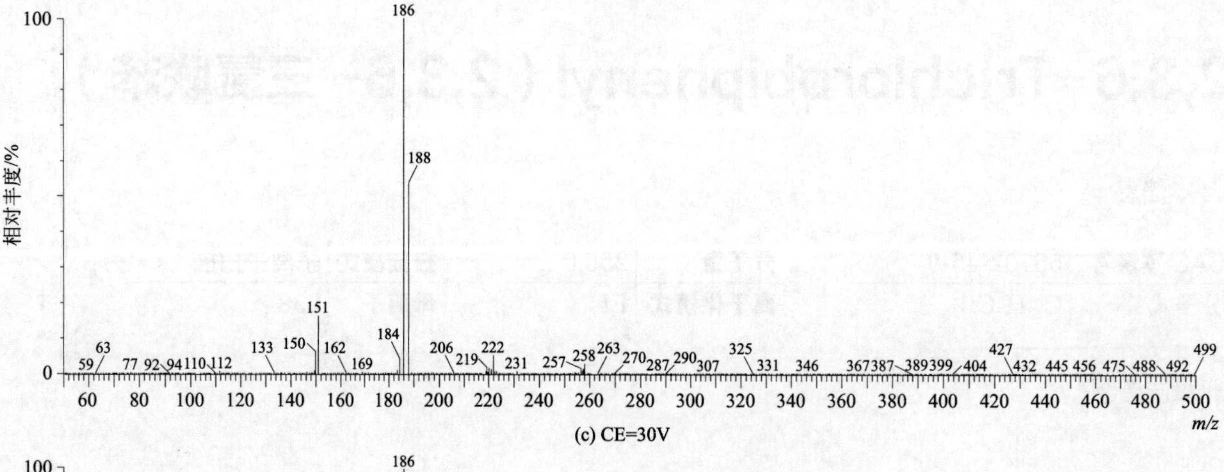
(c) CE=30V

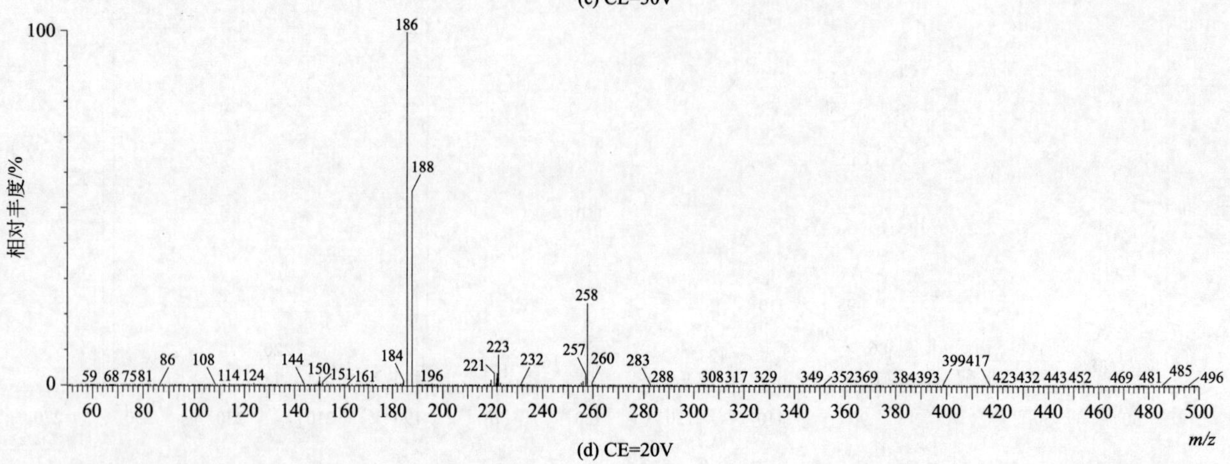
(d) CE=20V

2,3′,4-Trichlorobiphenyl（2,3′,4- 三氯联苯）

基本信息

CAS 登录号	55712-37-3	分子量	256.0	扫描模式	子离子扫描
分子式	$C_{12}H_7Cl_3$	离子化模式	EI	母离子	256

一级质谱图

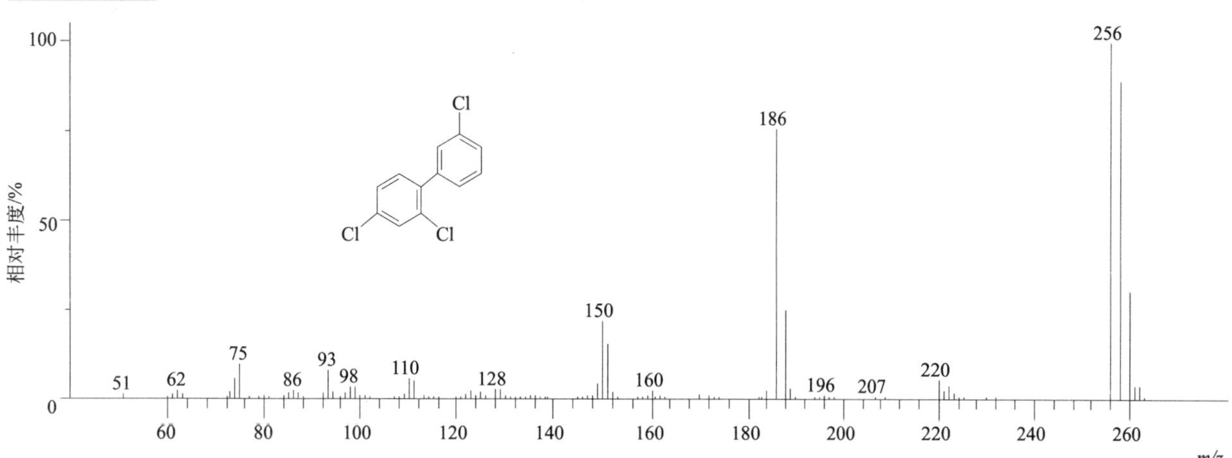

四个碰撞能量下子离子质谱图

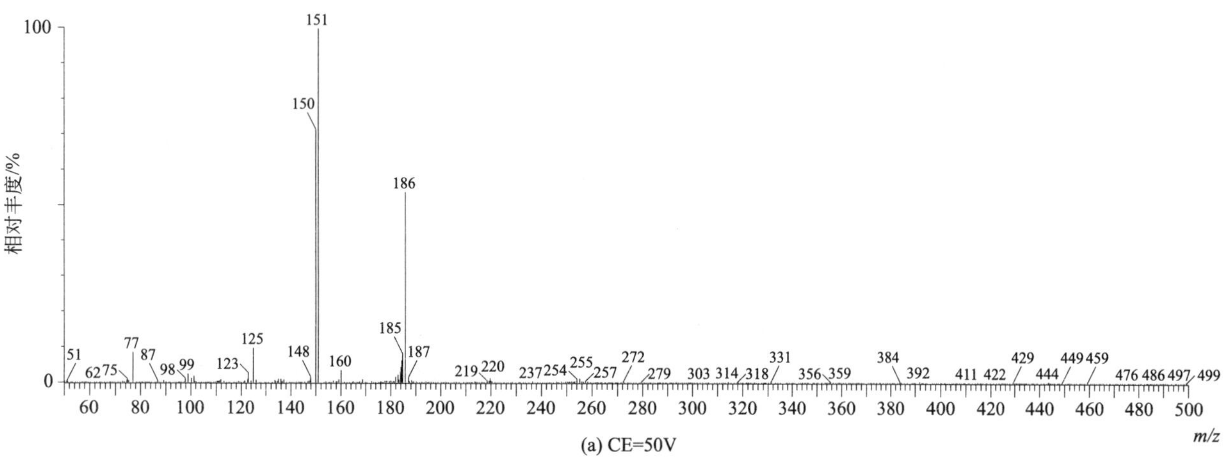

(a) CE=50V

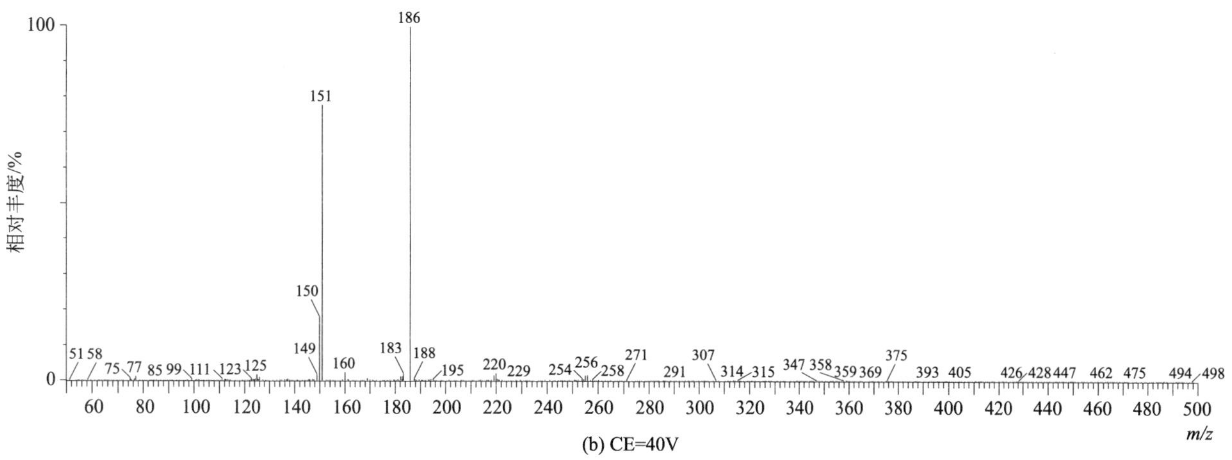

(b) CE=40V

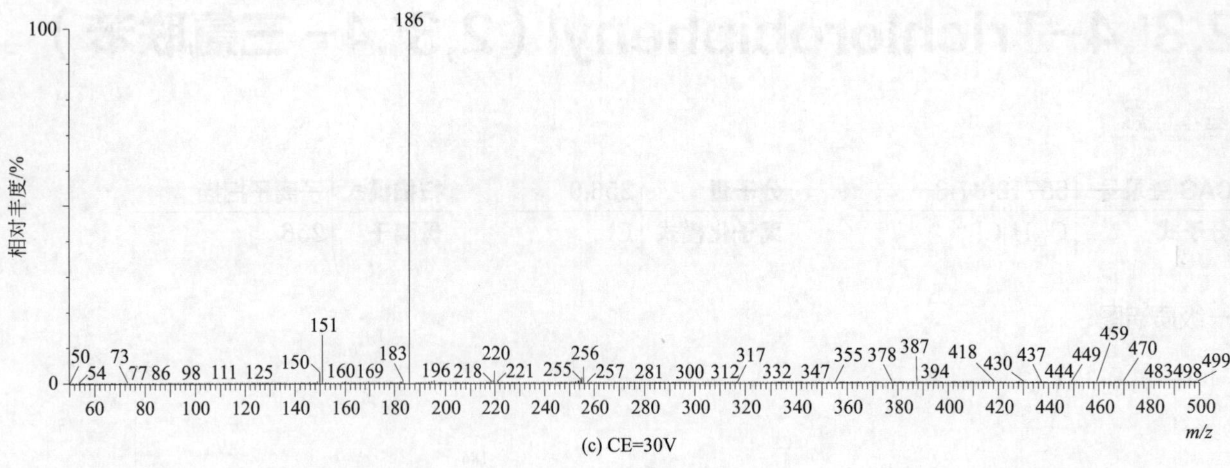

(c) CE=30V

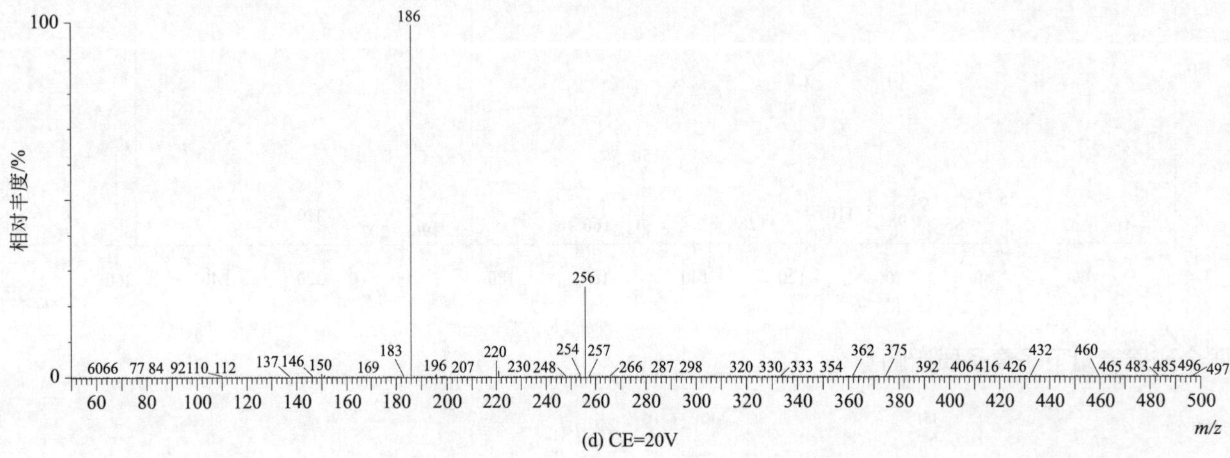

(d) CE=20V

2,3′,5-Trichlorobiphenyl（2,3′,5- 三氯联苯）

基本信息

CAS 登录号	38444-81-4	分子量	256.0	扫描模式	子离子扫描
分子式	$C_{12}H_7Cl_3$	离子化模式	EI	母离子	258

一级质谱图

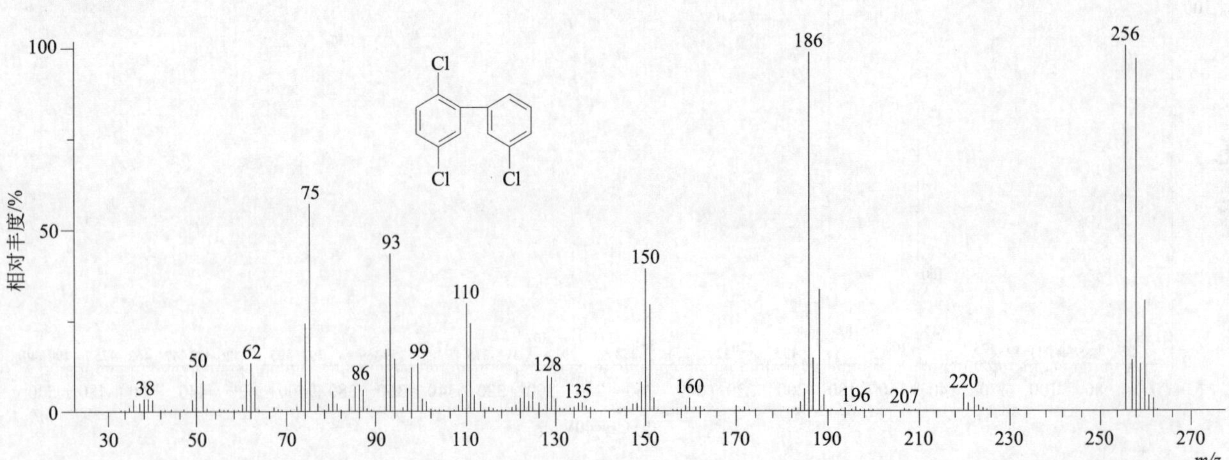

四个碰撞能量下子离子质谱图

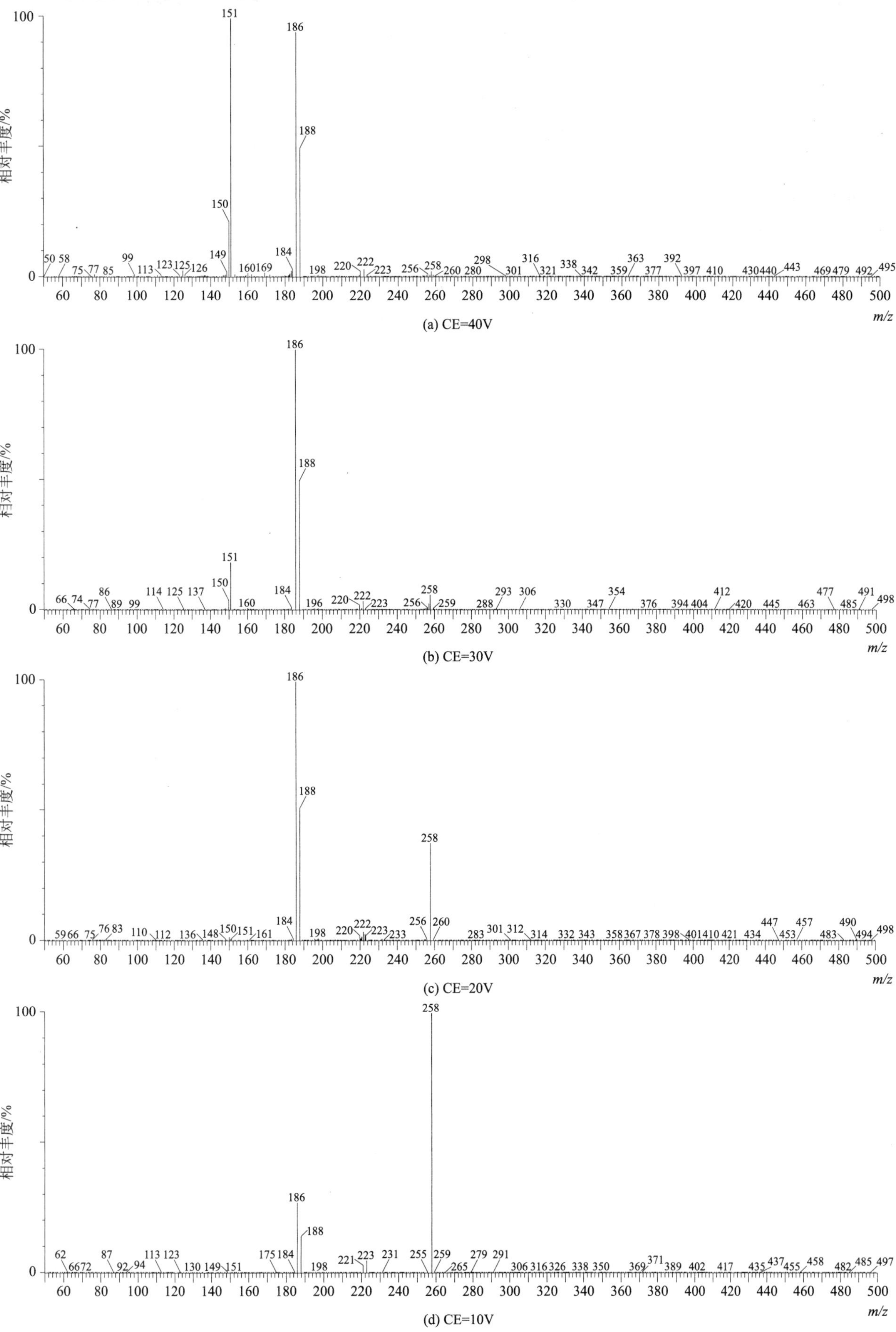

(a) CE=40V

(b) CE=30V

(c) CE=20V

(d) CE=10V

2,3′,6-Trichlorobiphenyl（2,3′,6-三氯联苯）

基本信息

CAS 登录号	38444-76-7	分子量	256.0	扫描模式	子离子扫描
分子式	$C_{12}H_7Cl_3$	离子化模式	EI	母离子	186

一级质谱图

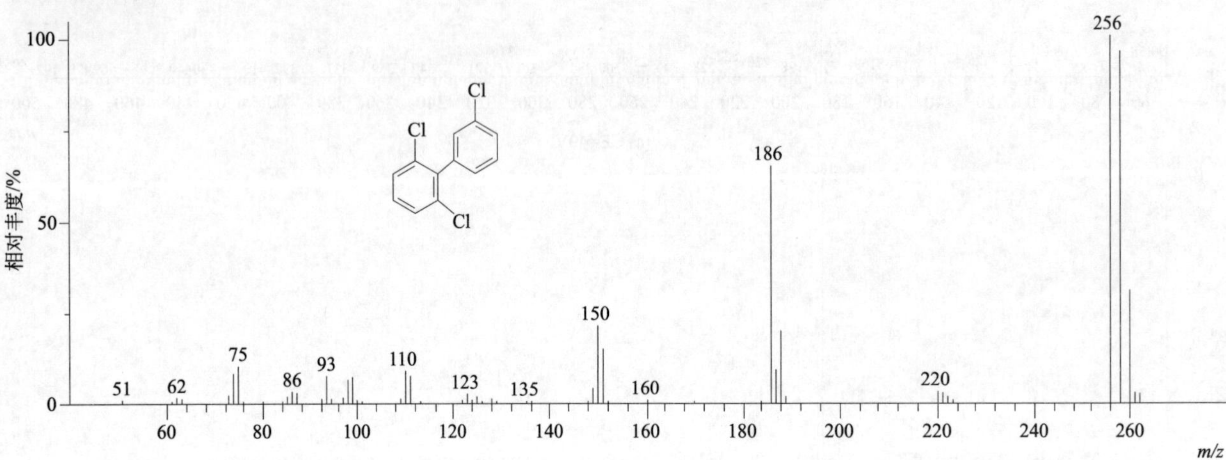

四个碰撞能量下子离子质谱图

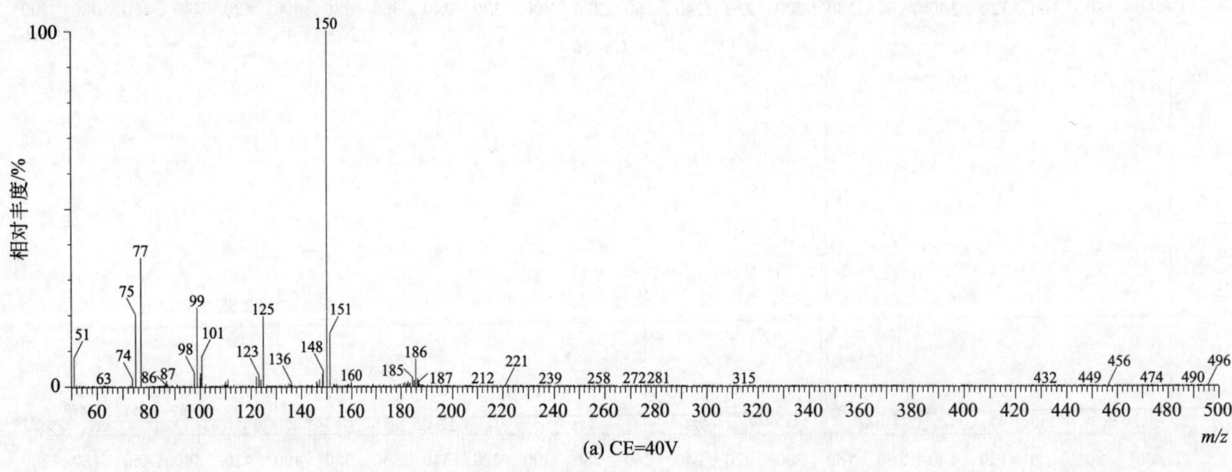

(a) CE=40V

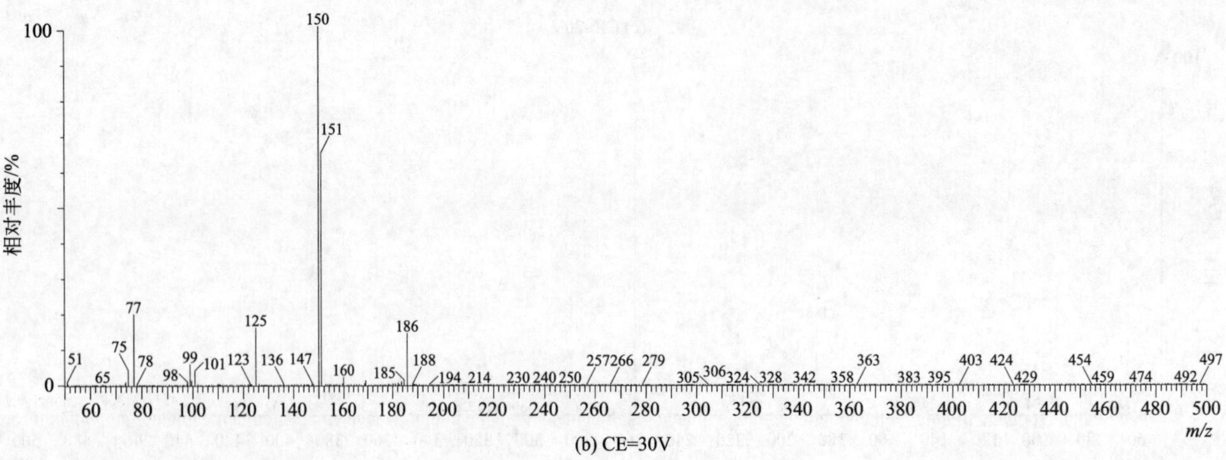

(b) CE=30V

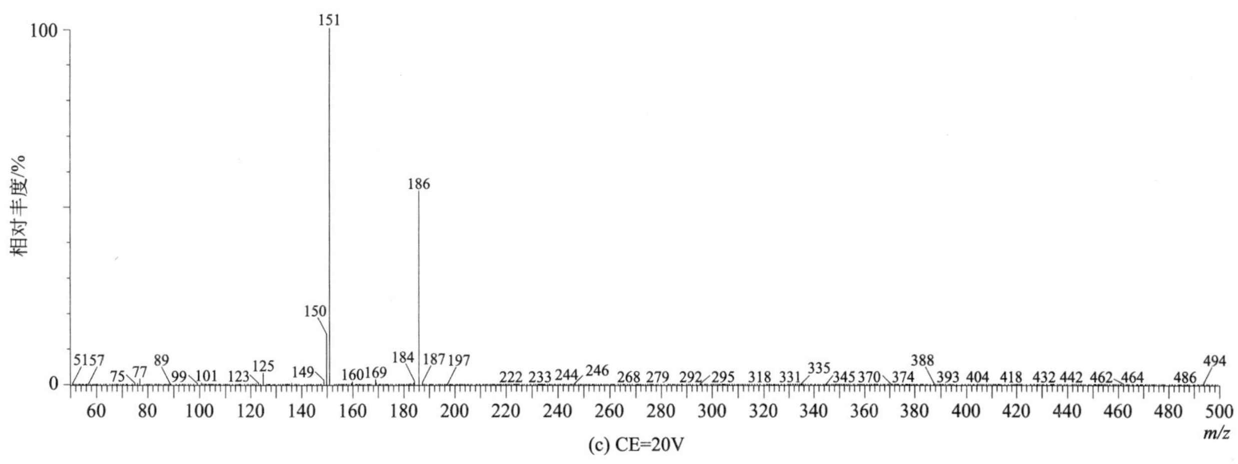

(c) CE=20V

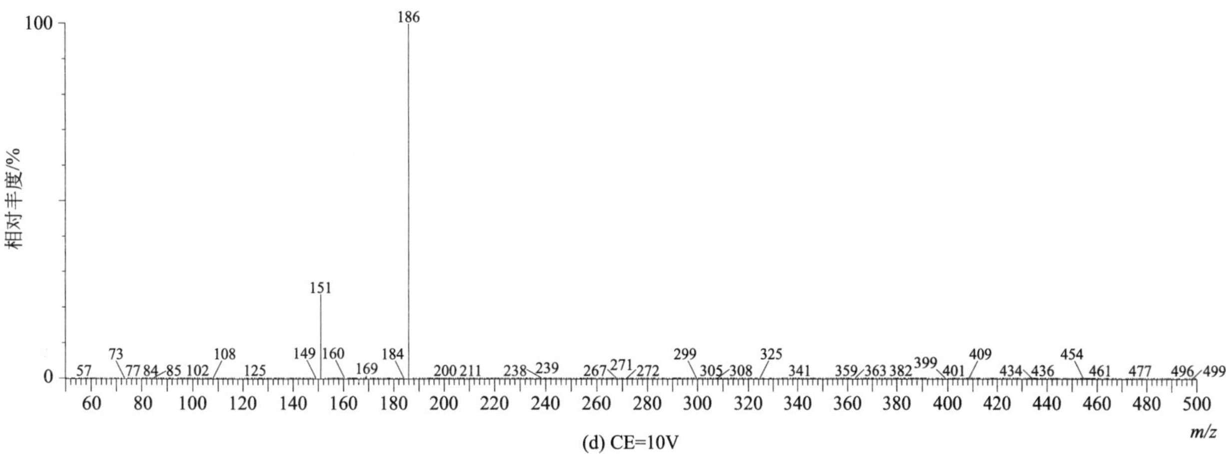

(d) CE=10V

2,4,4′-Trichlorobiphenyl（2,4,4′- 三氯联苯）

基本信息

CAS 登录号	7012-37-5	**分子量**	256.0	**扫描模式**	子离子扫描
分子式	$C_{12}H_7Cl_3$	**离子化模式**	EI	**母离子**	256

一级质谱图

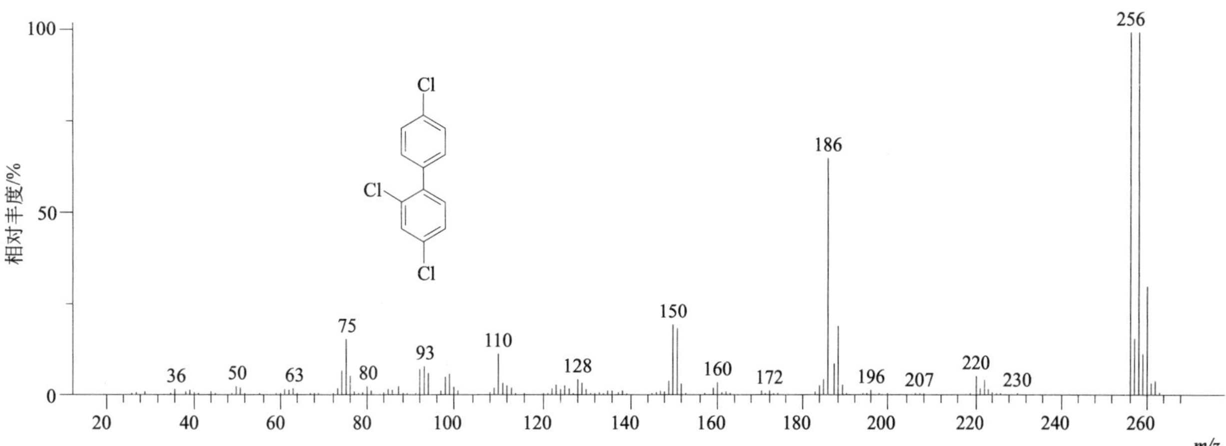

四个碰撞能量下子离子质谱图

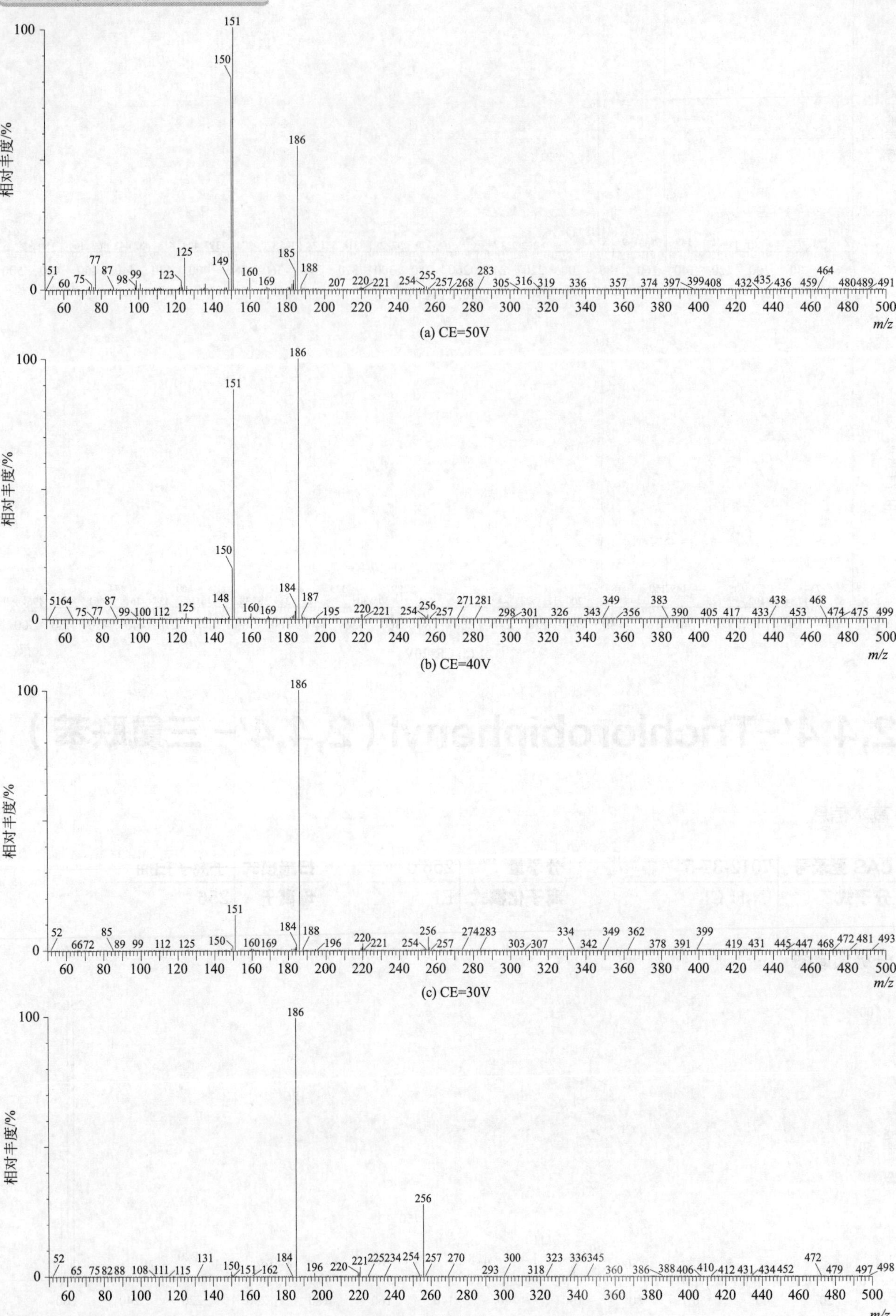

(a) CE=50V

(b) CE=40V

(c) CE=30V

(d) CE=20V

2,4,5-Trichlorobiphenyl（2,4,5- 三氯联苯）

基本信息

CAS 登录号	15862-07-4	分子量	256.0	扫描模式	子离子扫描
分子式	$C_{12}H_7Cl_3$	离子化模式	EI	母离子	256

一级质谱图

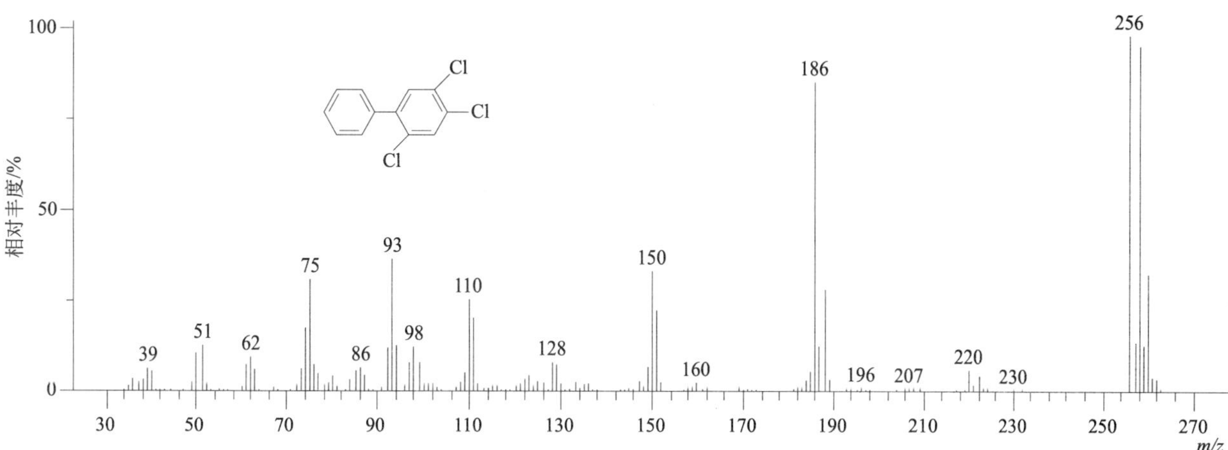

四个碰撞能量下子离子质谱图

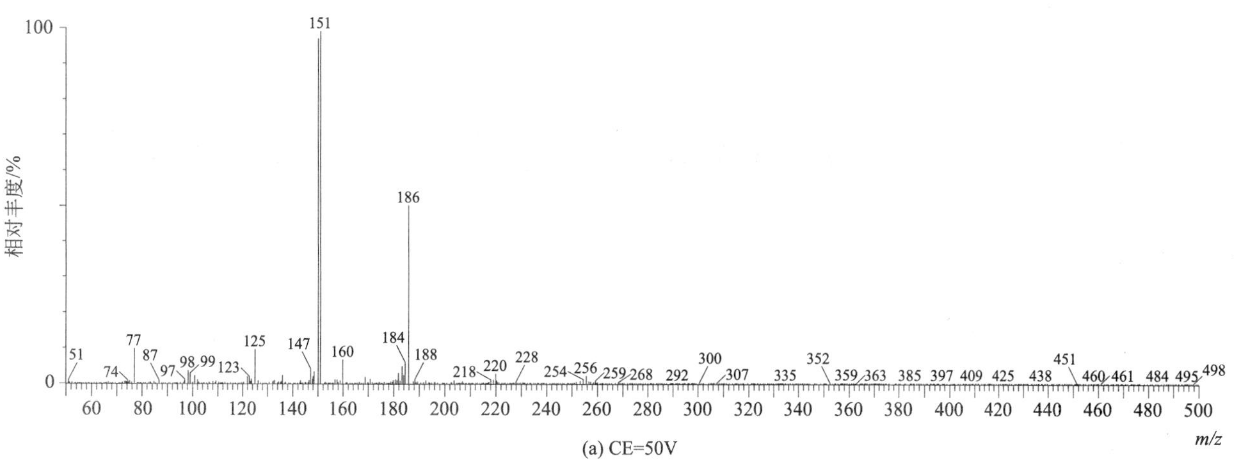

(a) CE=50V

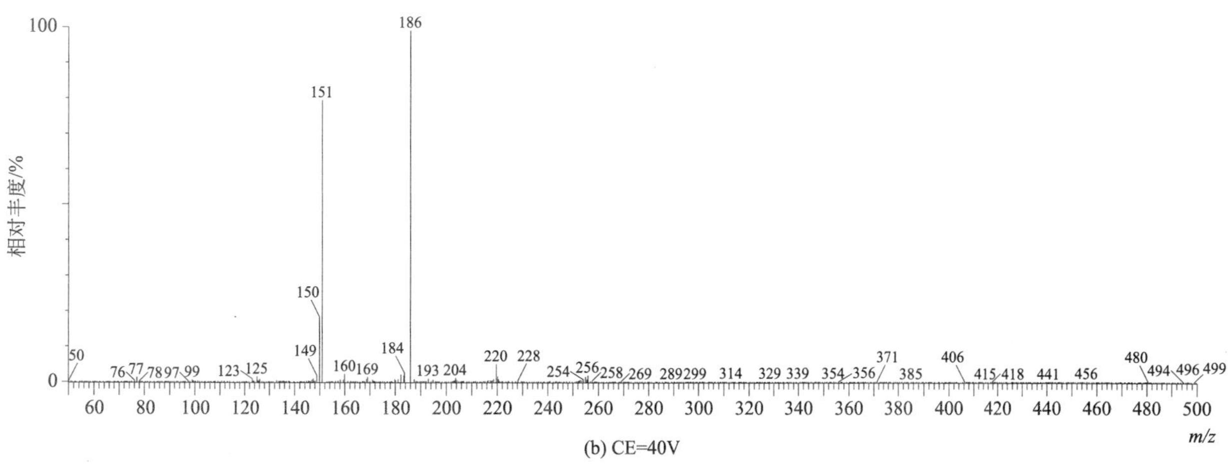

(b) CE=40V

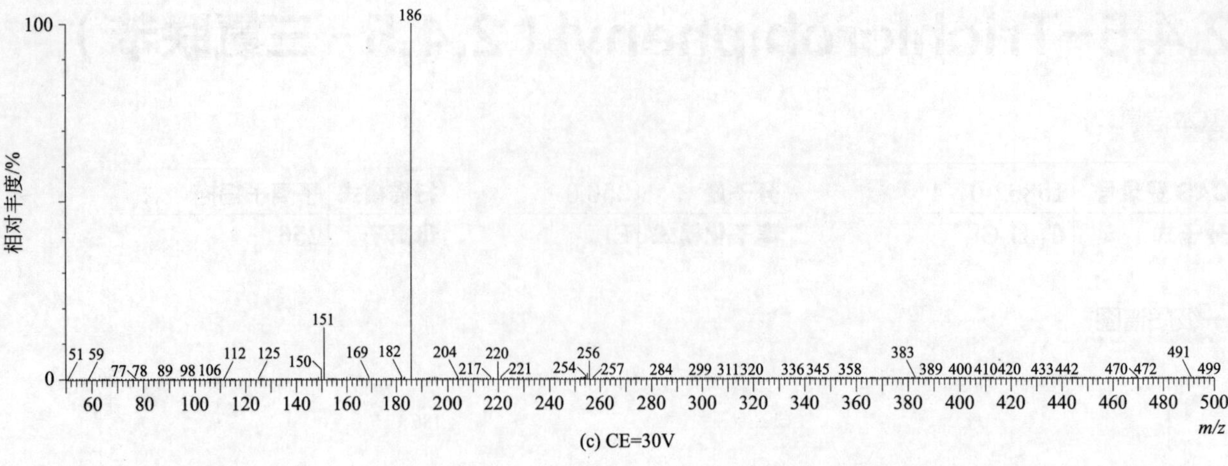

(c) CE=30V

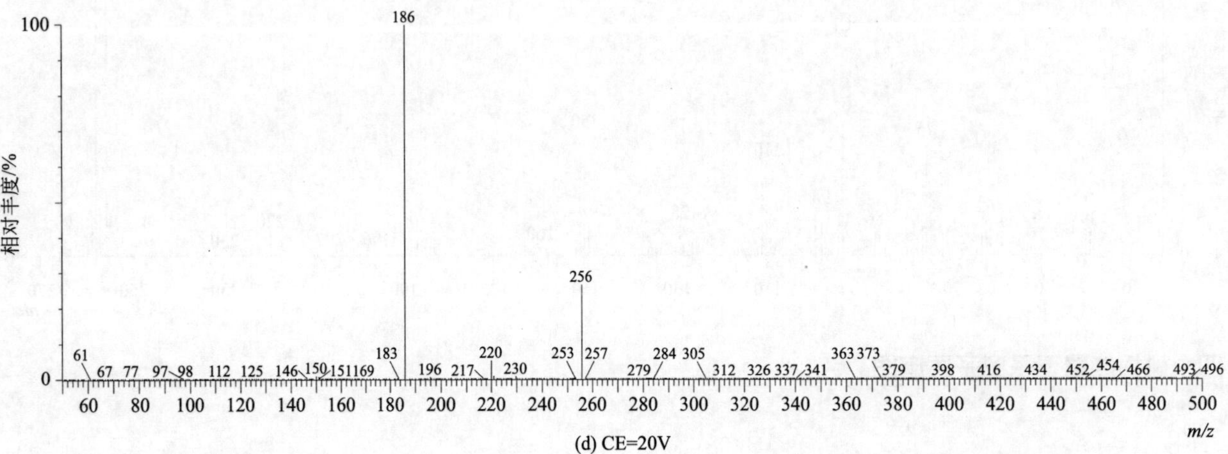

(d) CE=20V

2,4,6-Trichlorobiphenyl（2,4,6-三氯联苯）

基本信息

CAS 登录号	35693-92-6	分子量	256.0	扫描模式	子离子扫描
分子式	$C_{12}H_7Cl_3$	离子化模式	EI	母离子	186

一级质谱图

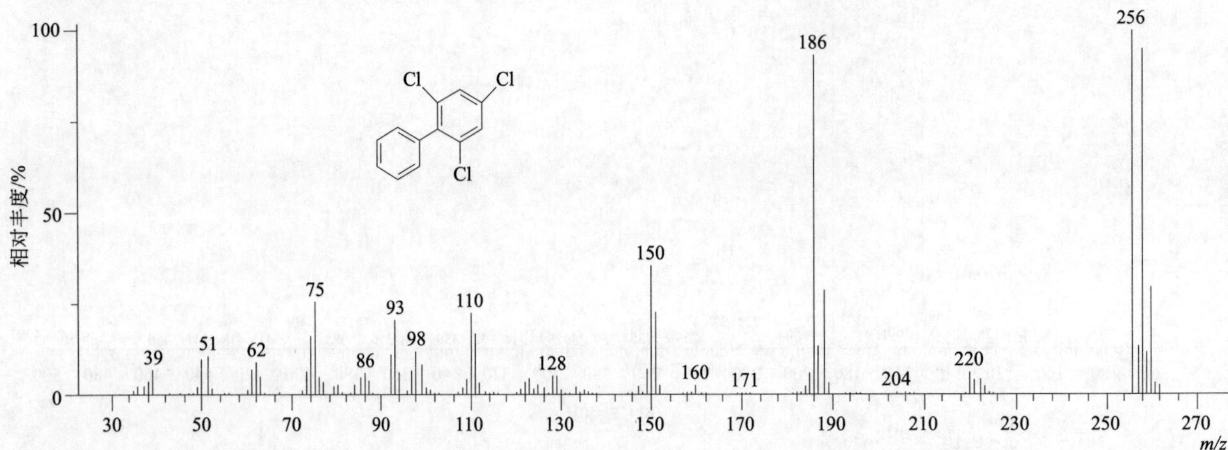

四个碰撞能量下子离子质谱图

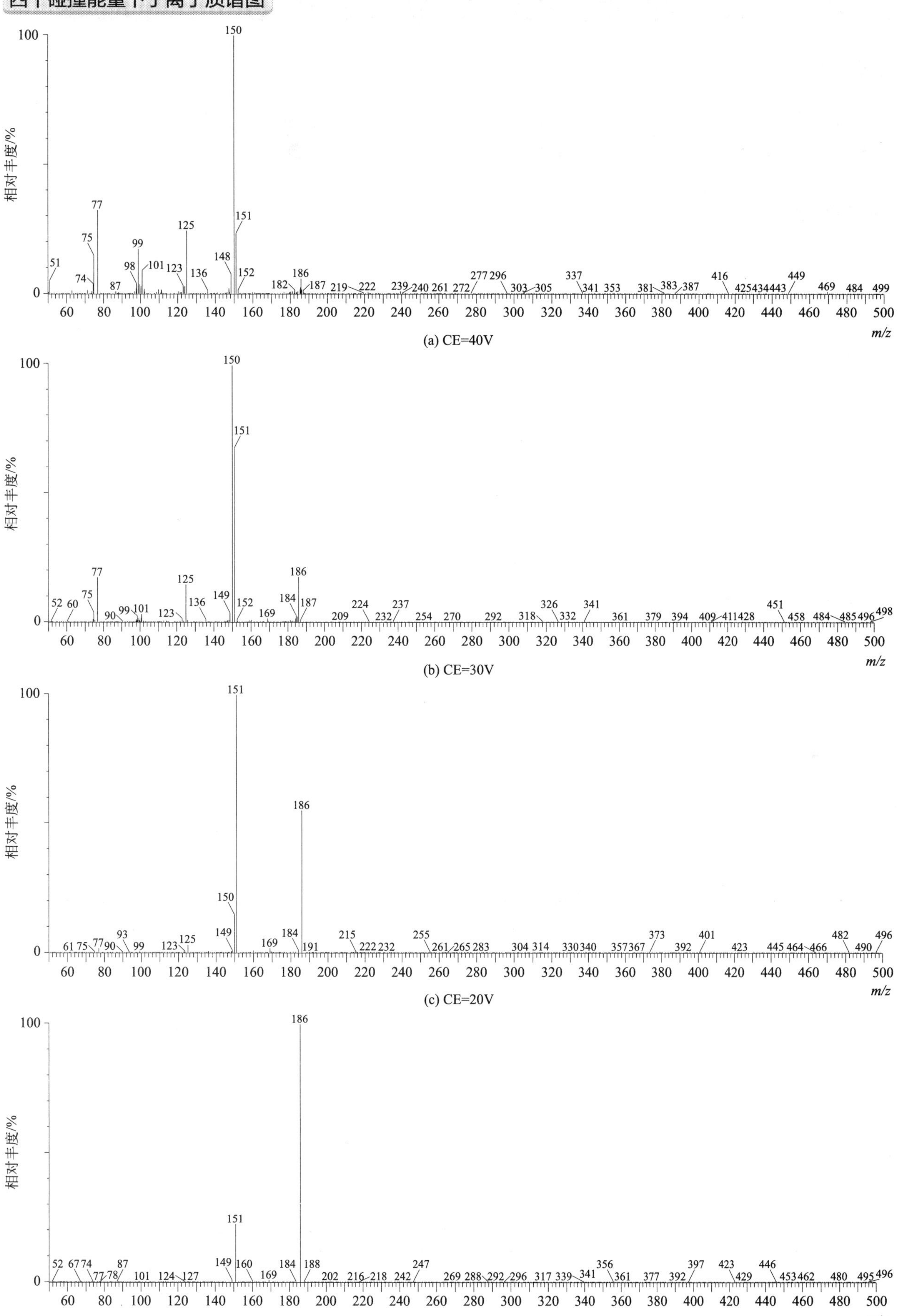

(a) CE=40V

(b) CE=30V

(c) CE=20V

(d) CE=10V

2,4′,5-Trichlorobiphenyl（2,4′,5-三氯联苯）

基本信息

CAS 登录号	16606-02-3	分子量	256.0	扫描模式	子离子扫描
分子式	$C_{12}H_7Cl_3$	离子化模式	EI	母离子	258

一级质谱图

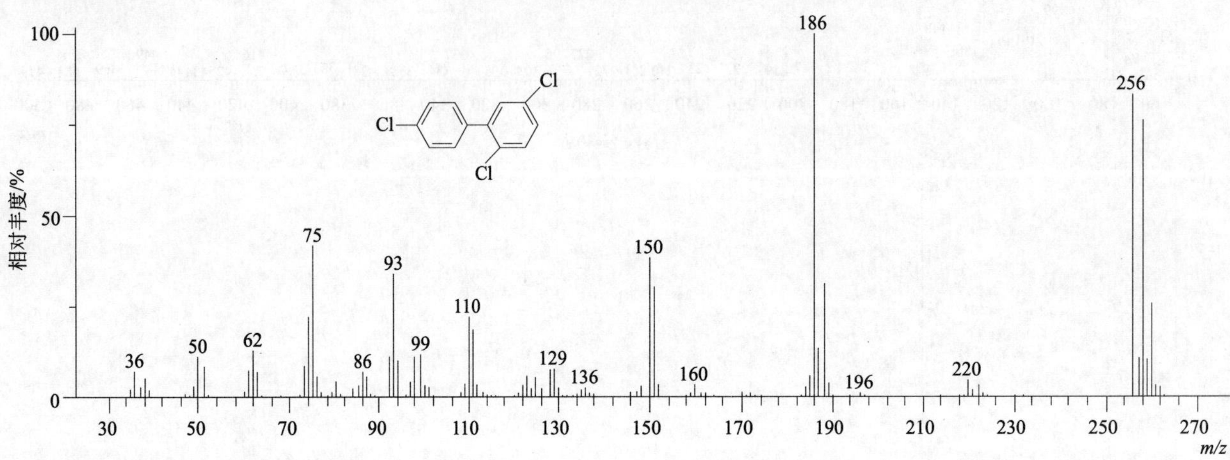

四个碰撞能量下子离子质谱图

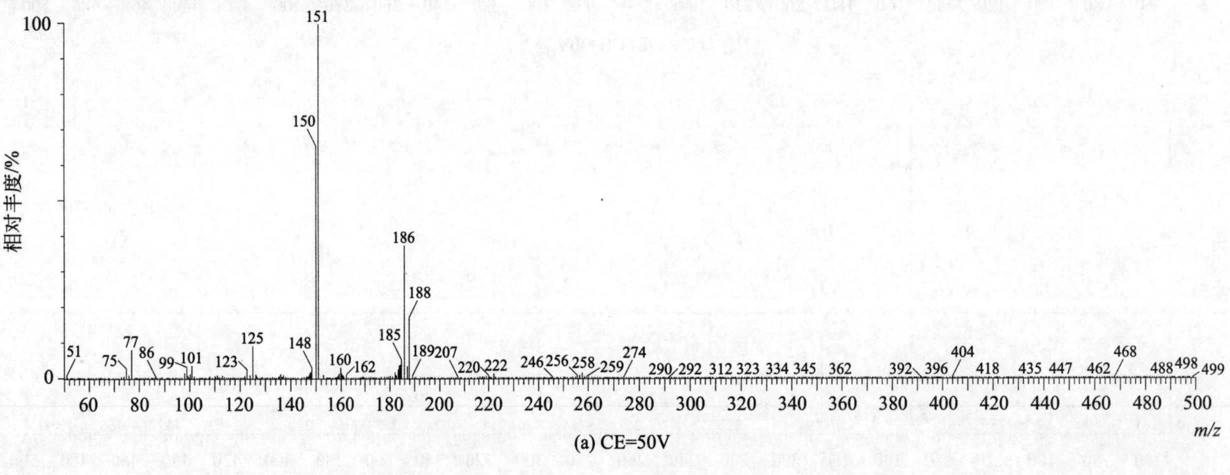

(a) CE=50V

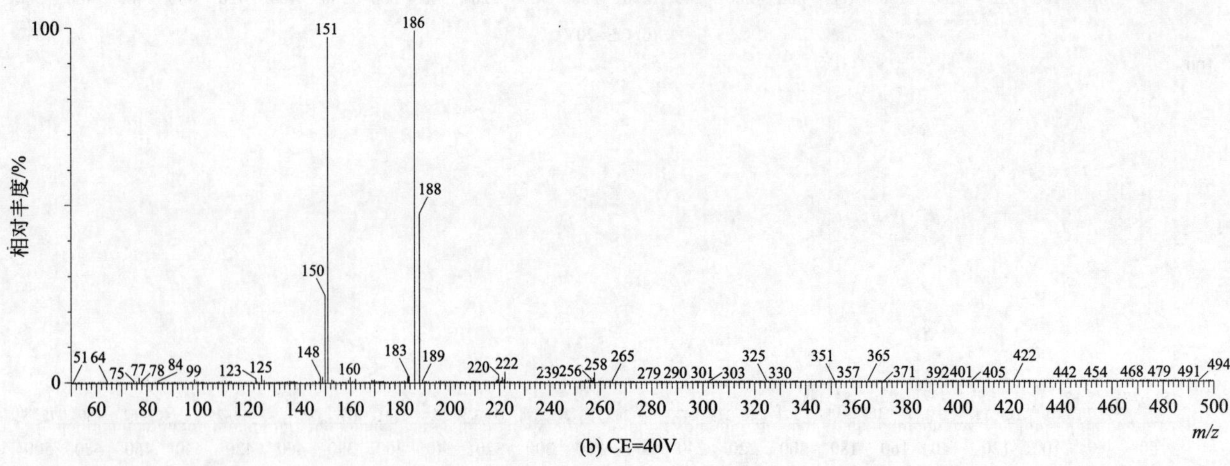

(b) CE=40V

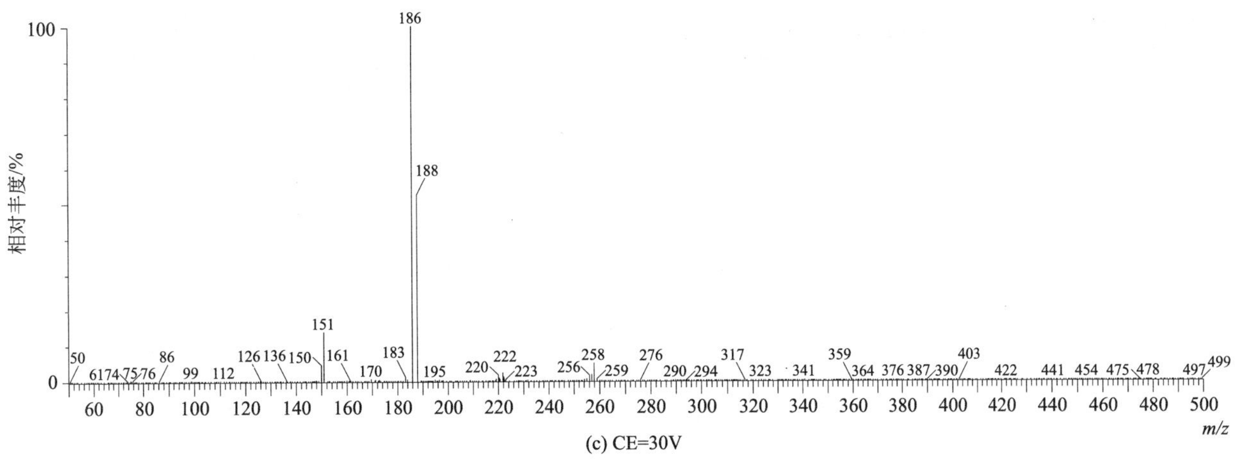
(c) CE=30V

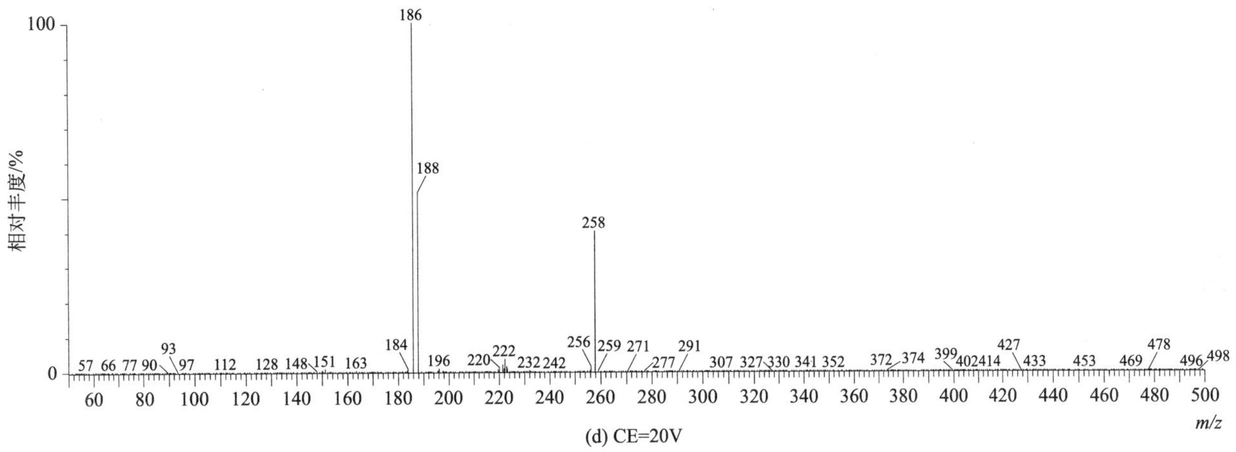
(d) CE=20V

2,4′,6-Trichlorobiphenyl（2,4′,6- 三氯联苯）

基本信息

CAS 登录号	38444-77-8	分子量	256.0	扫描模式	子离子扫描
分子式	$C_{12}H_7Cl_3$	离子化模式	EI	母离子	256

一级质谱图

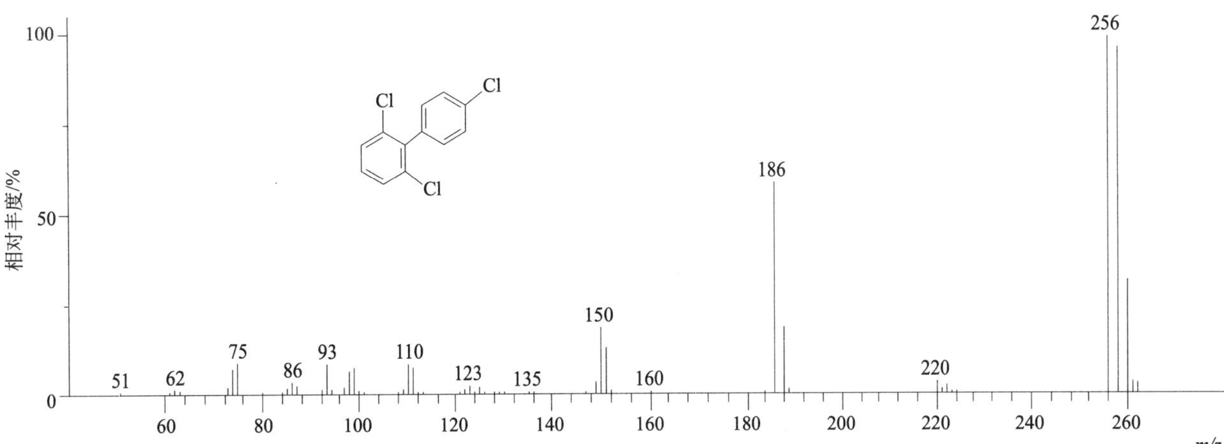

四个碰撞能量下子离子质谱图

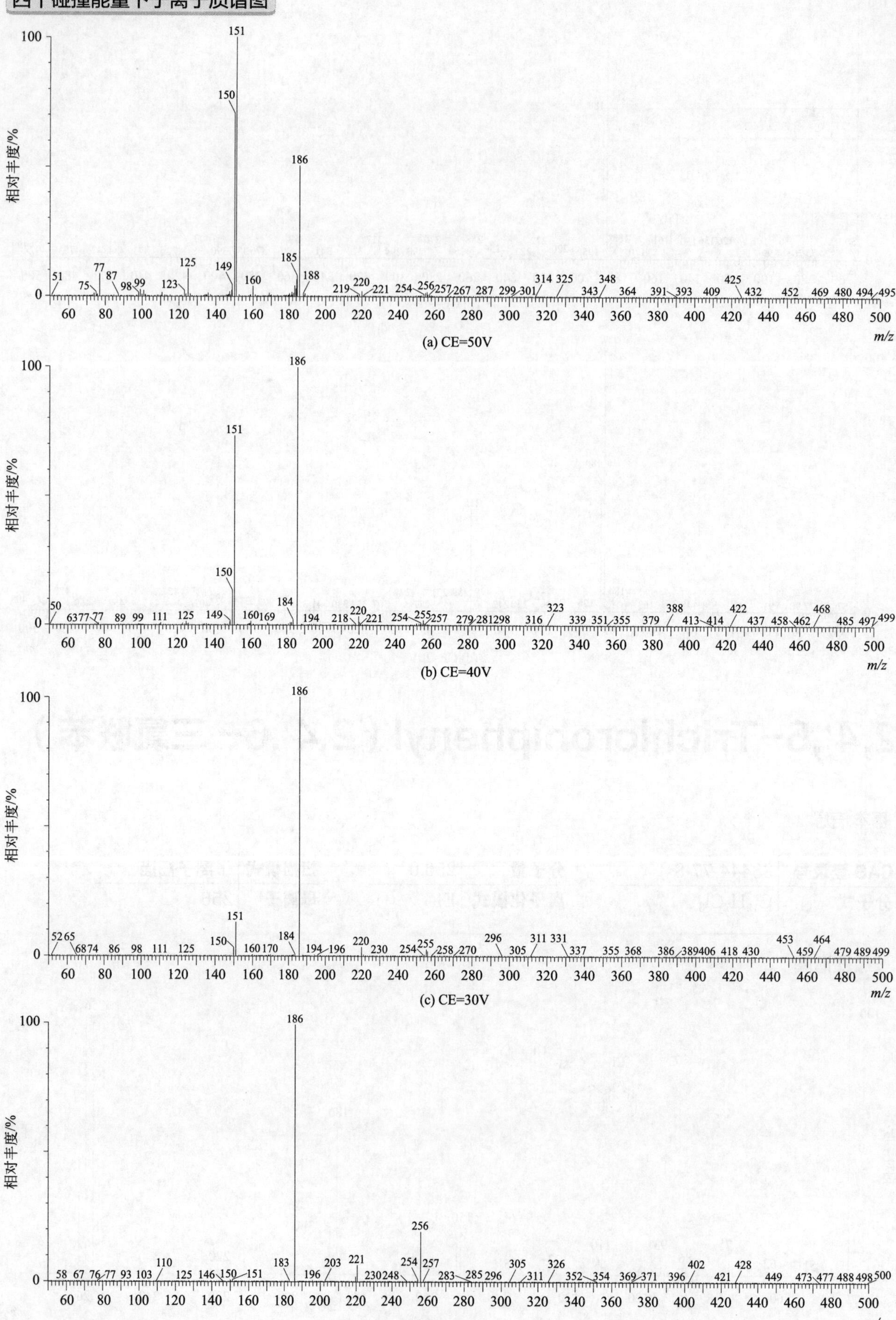

(a) CE=50V

(b) CE=40V

(c) CE=30V

(d) CE=20V

2′,3,4-Trichlorobiphenyl（2′,3,4- 三氯联苯）

基本信息

CAS 登录号	38444-86-9	分子量	256.0	扫描模式	子离子扫描
分子式	$C_{12}H_7Cl_3$	离子化模式	EI	母离子	258

一级质谱图

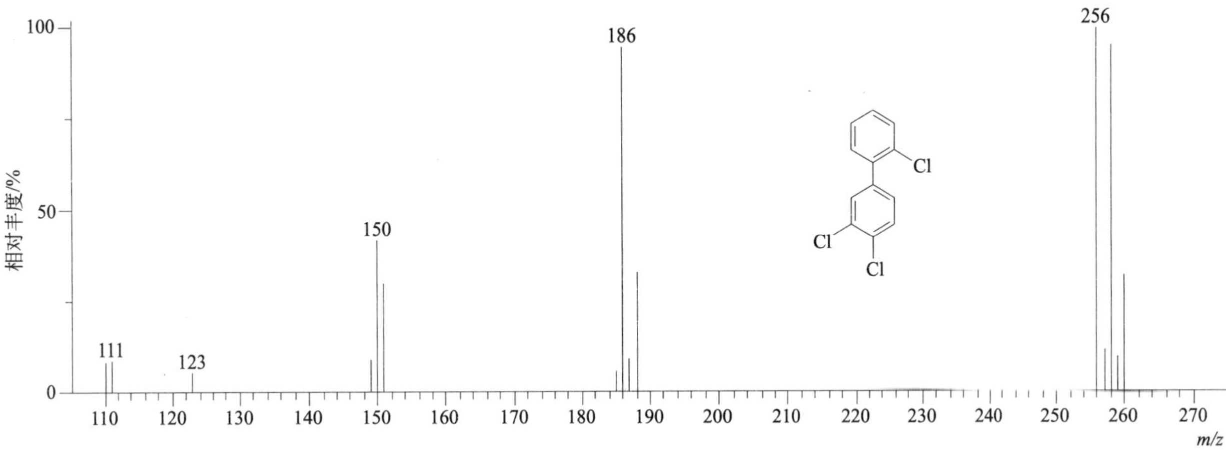

四个碰撞能量下子离子质谱图

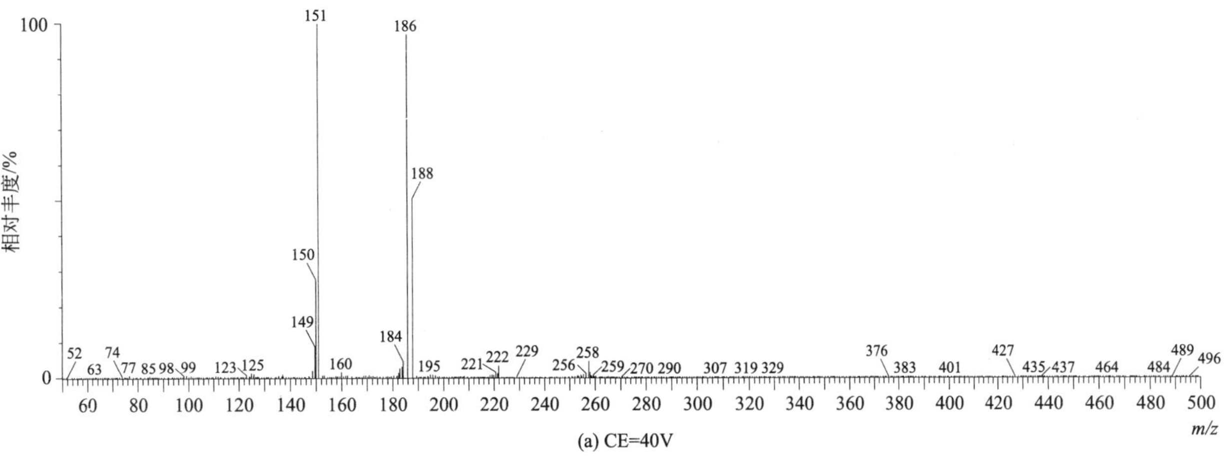

(a) CE=40V

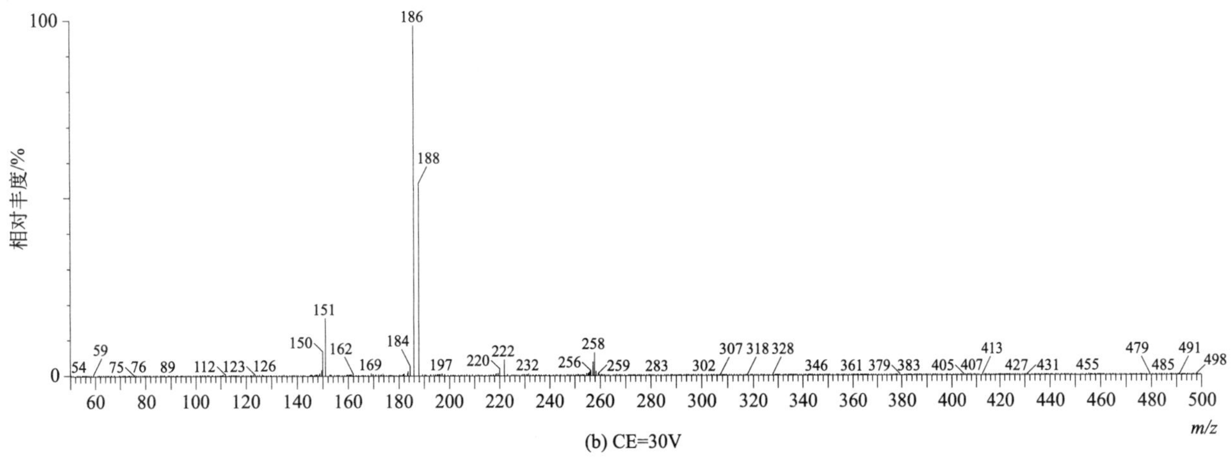

(b) CE=30V

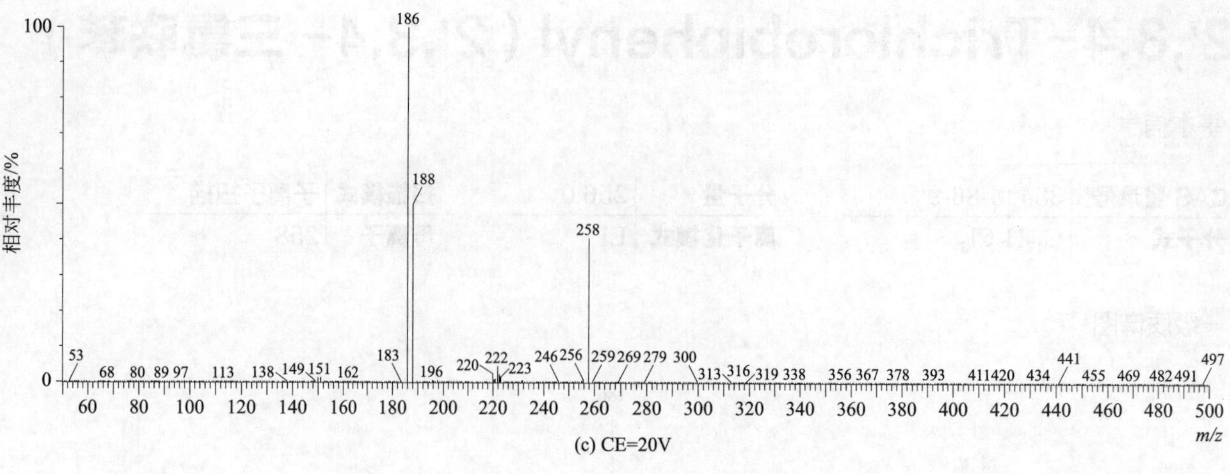

(c) CE=20V

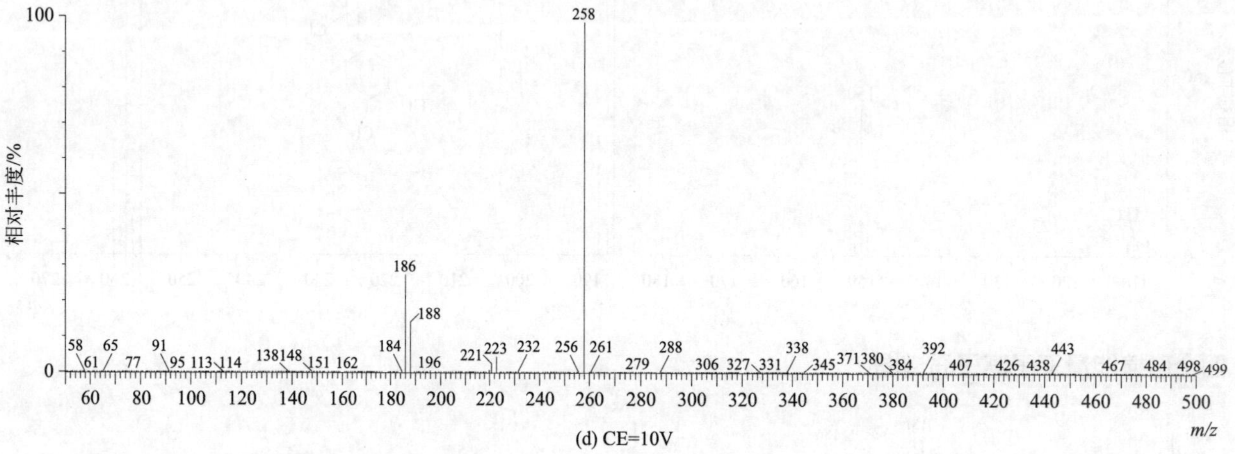

(d) CE=10V

2′,3,5-Trichlorobiphenyl（2′,3,5- 三氯联苯）

基本信息

CAS 登录号	37680-68-5	**分子量**	256.0	**扫描模式**	子离子扫描
分子式	$C_{12}H_7Cl_3$	**离子化模式**	EI	**母离子**	258

一级质谱图

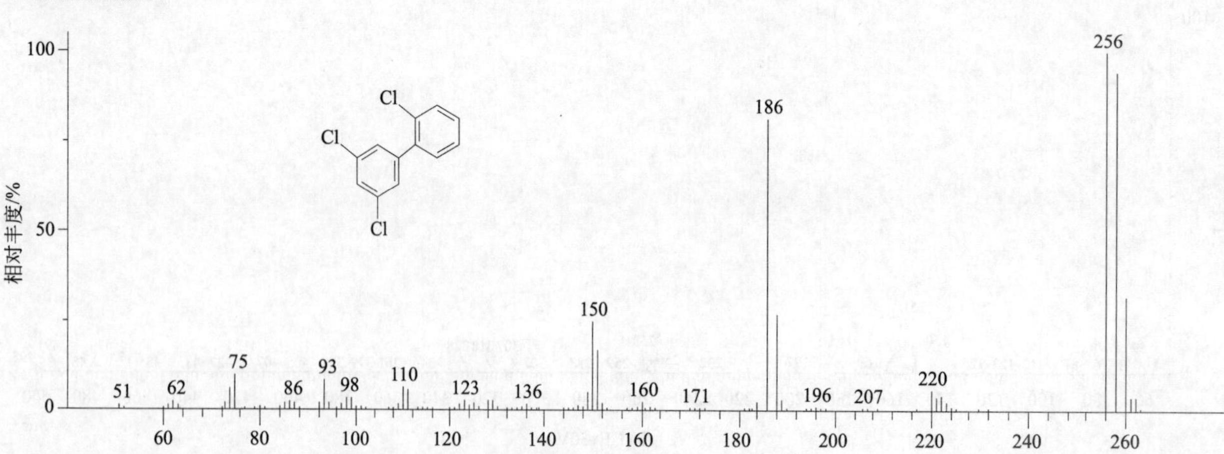

四个碰撞能量下子离子质谱图

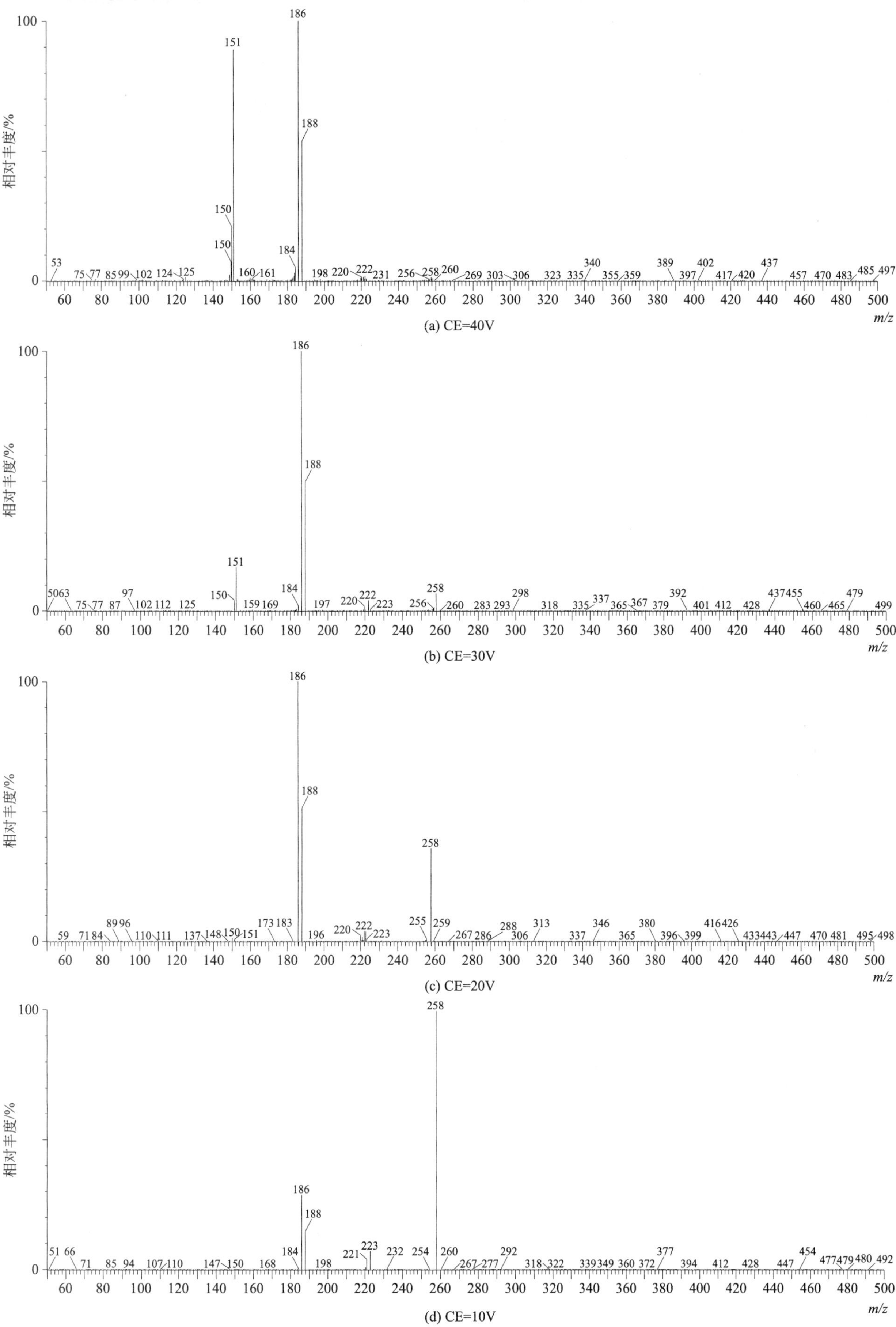

(a) CE=40V

(b) CE=30V

(c) CE=20V

(d) CE=10V

3,3′,4-Trichlorobiphenyl（3,3′,4-三氯联苯）

基本信息

CAS 登录号	37680-69-6	分子量	256.0	扫描模式	子离子扫描
分子式	$C_{12}H_7Cl_3$	离子化模式	EI	母离子	186

一级质谱图

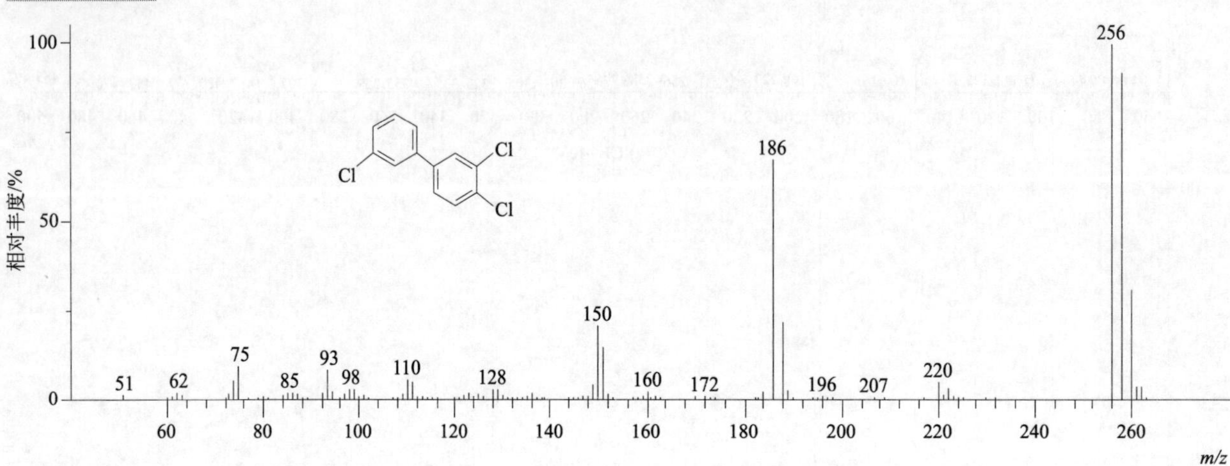

四个碰撞能量下子离子质谱图

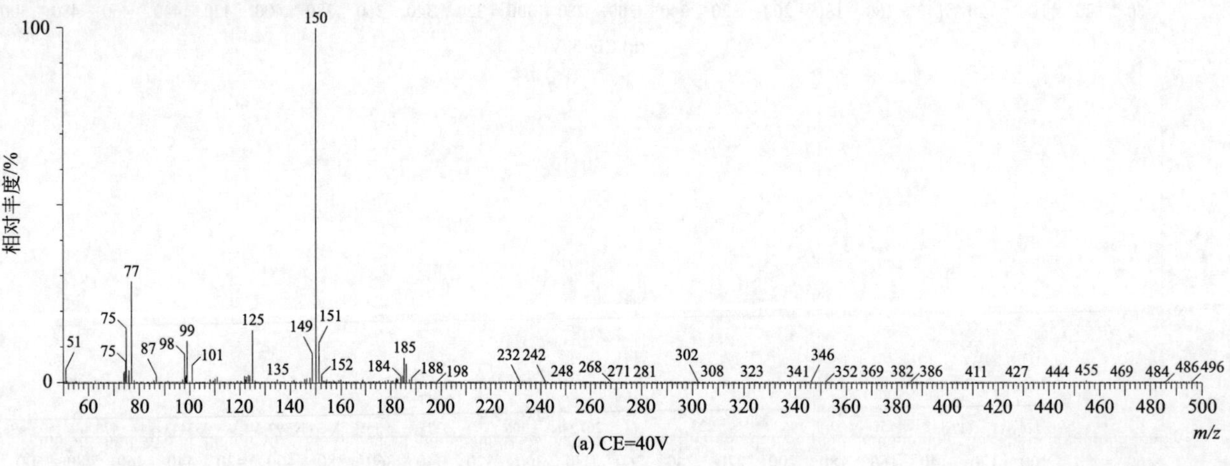

(a) CE=40V

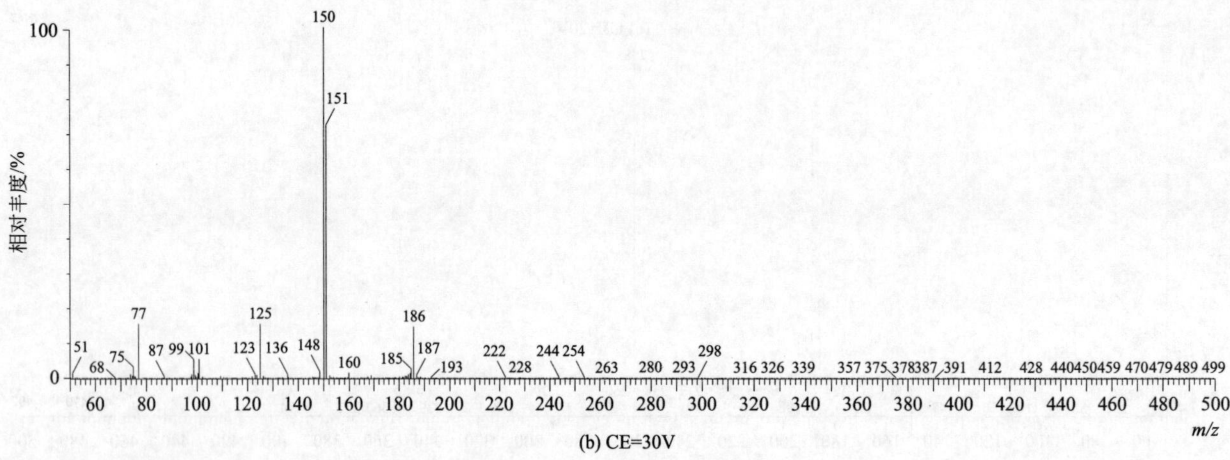

(b) CE=30V

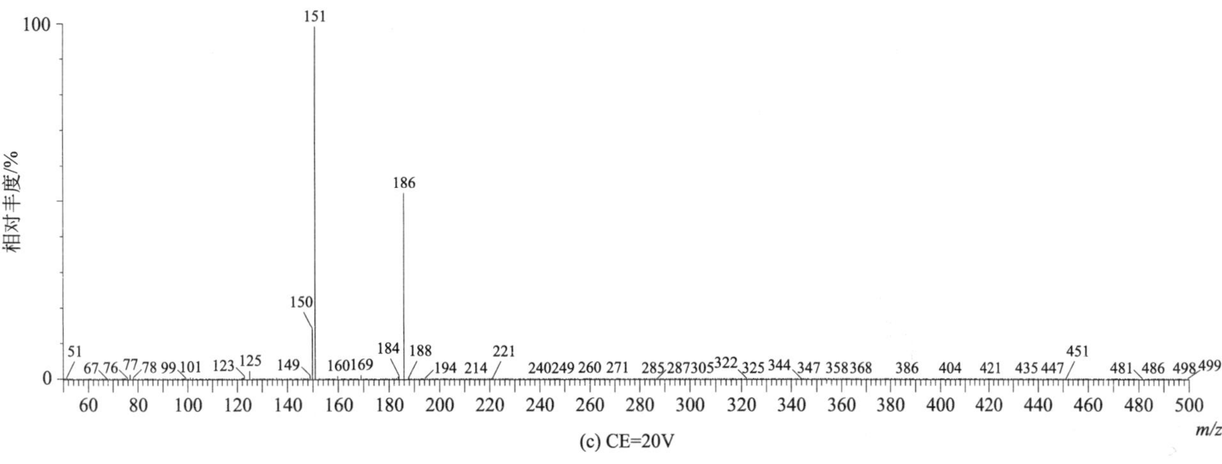
(c) CE=20V

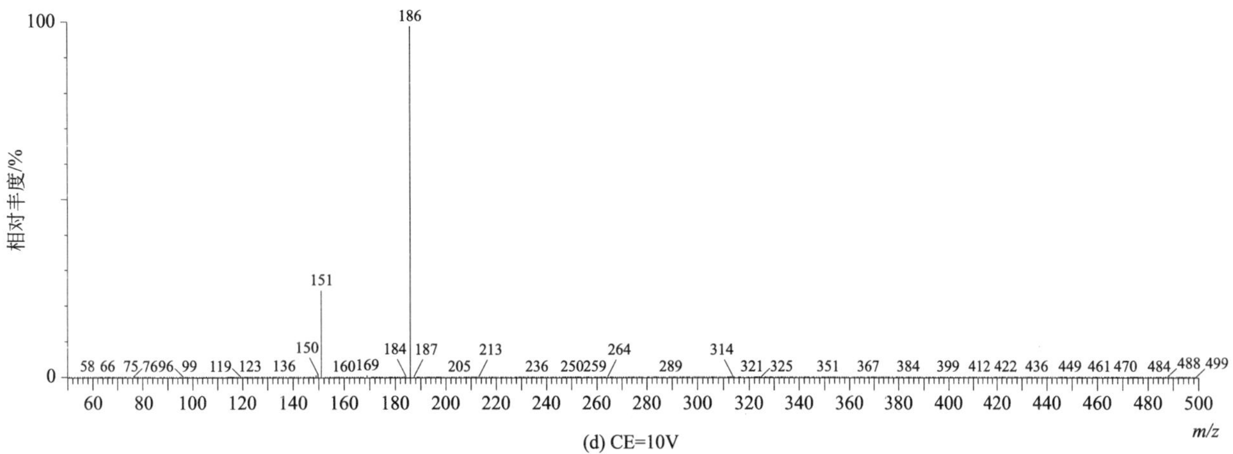
(d) CE=10V

3,3′,5-Trichlorobiphenyl（3,3′,5- 三氯联苯）

基本信息

CAS 登录号	38444-87-0	分子量	256.0	扫描模式	子离子扫描
分子式	$C_{12}H_7Cl_3$	离子化模式	EI	母离子	186

一级质谱图

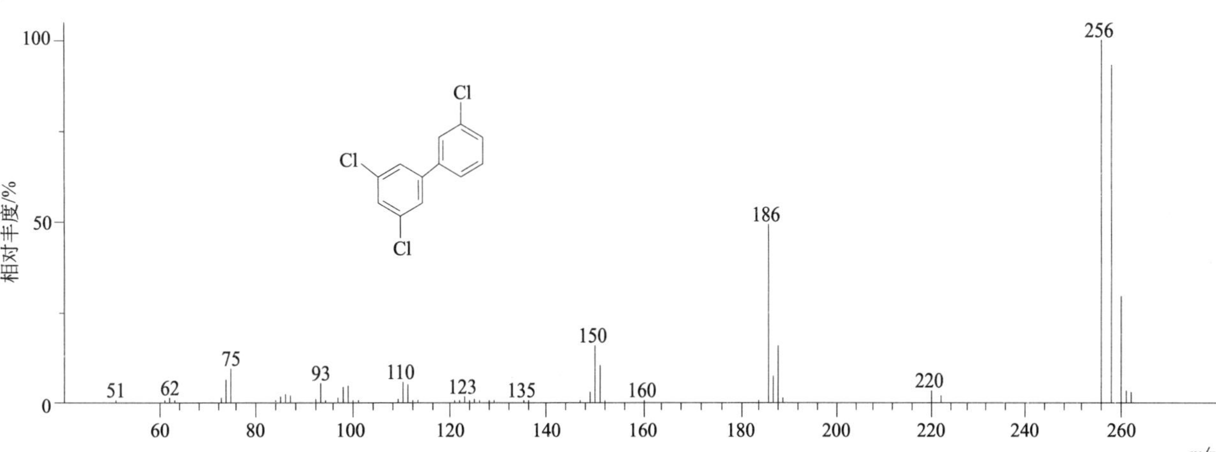

四个碰撞能量下子离子质谱图

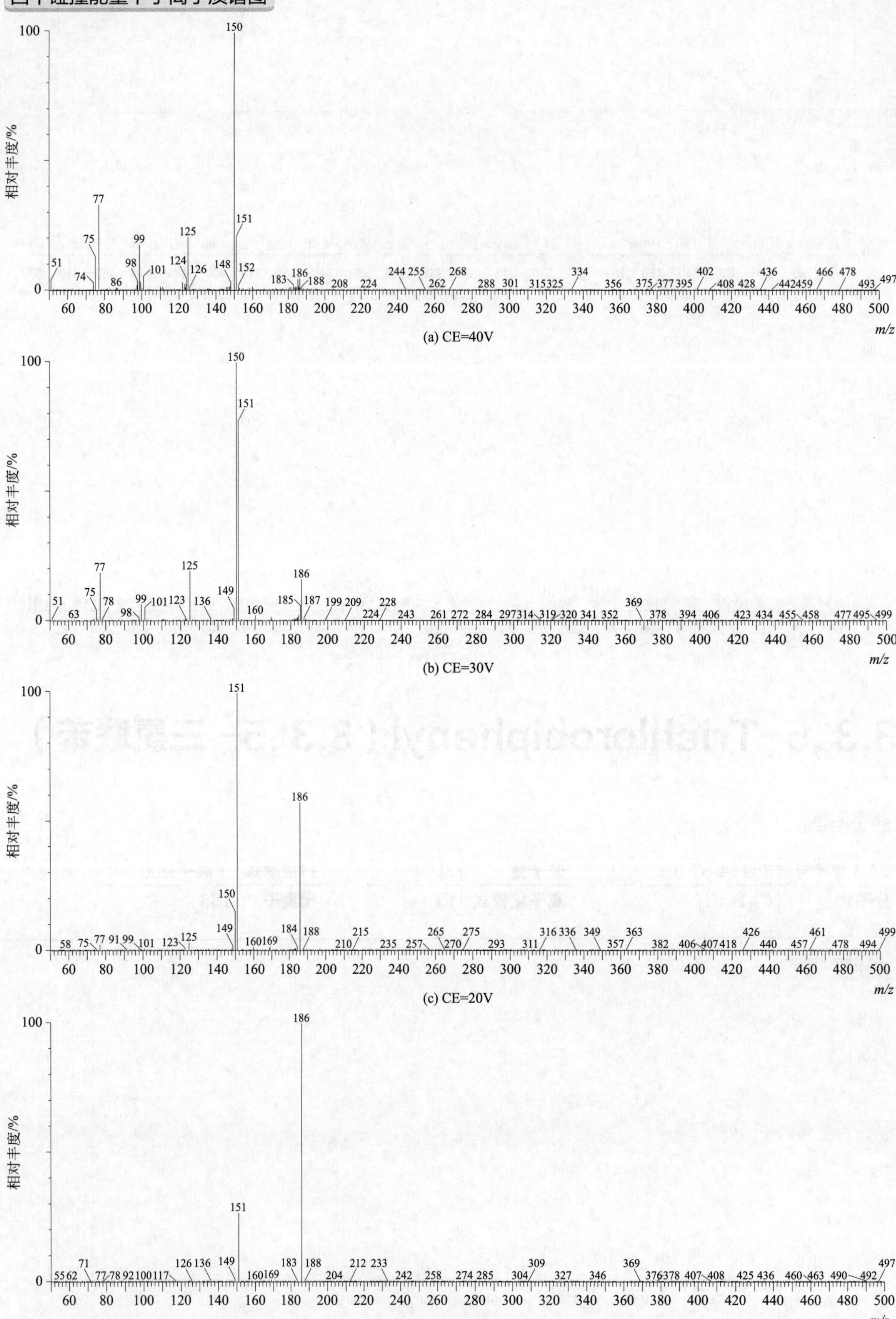

3,4,4′-Trichlorobiphenyl（3,4,4′- 三氯联苯）

基本信息

CAS 登录号	38444-90-5	分子量	256.0	扫描模式	子离子扫描
分子式	$C_{12}H_7Cl_3$	离子化模式	EI	母离子	186

一级质谱图

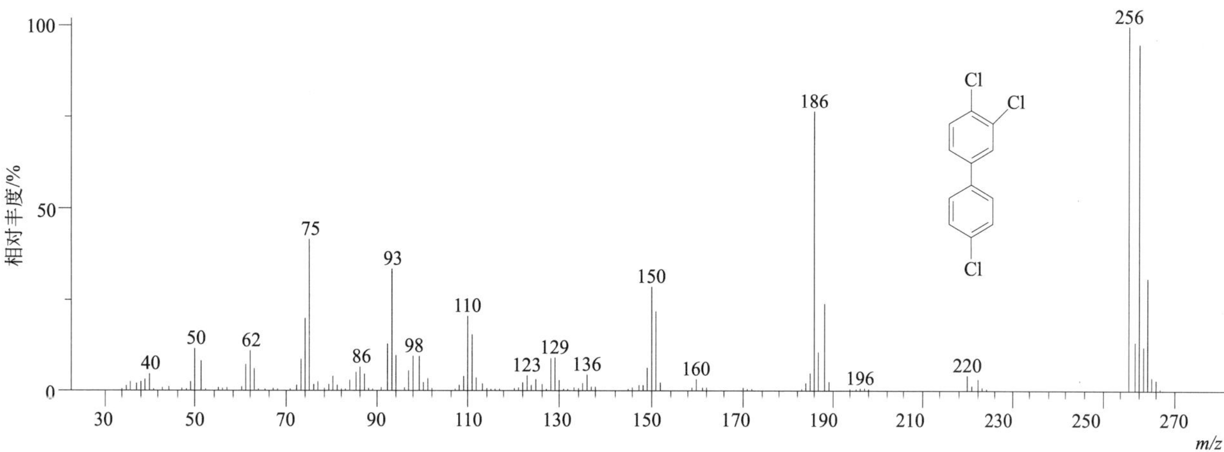

四个碰撞能量下子离子质谱图

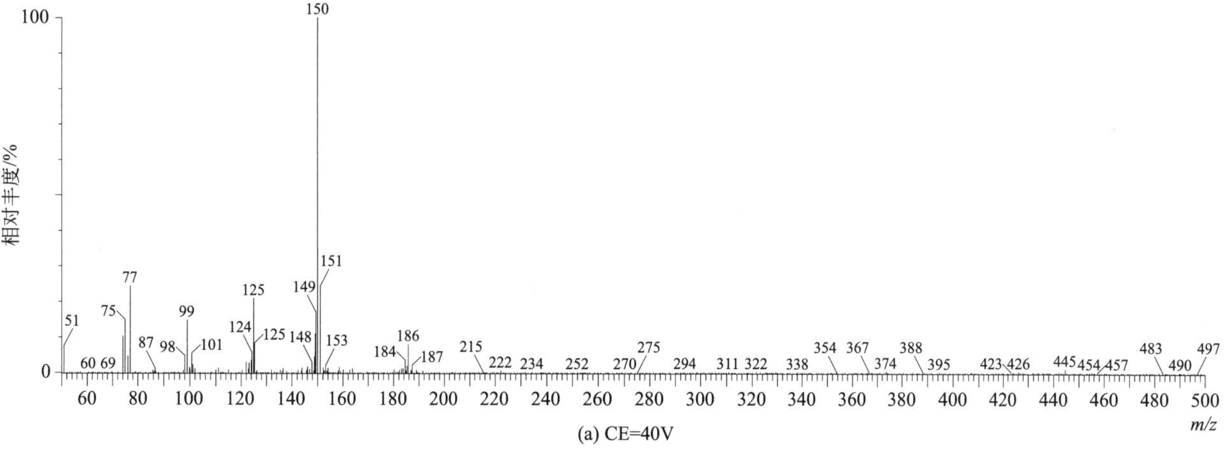
(a) CE=40V

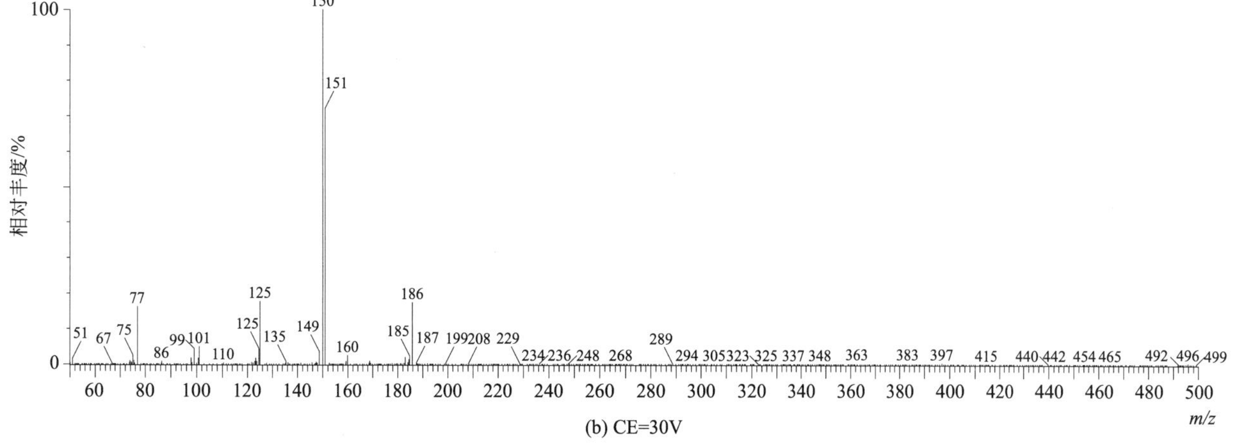
(b) CE=30V

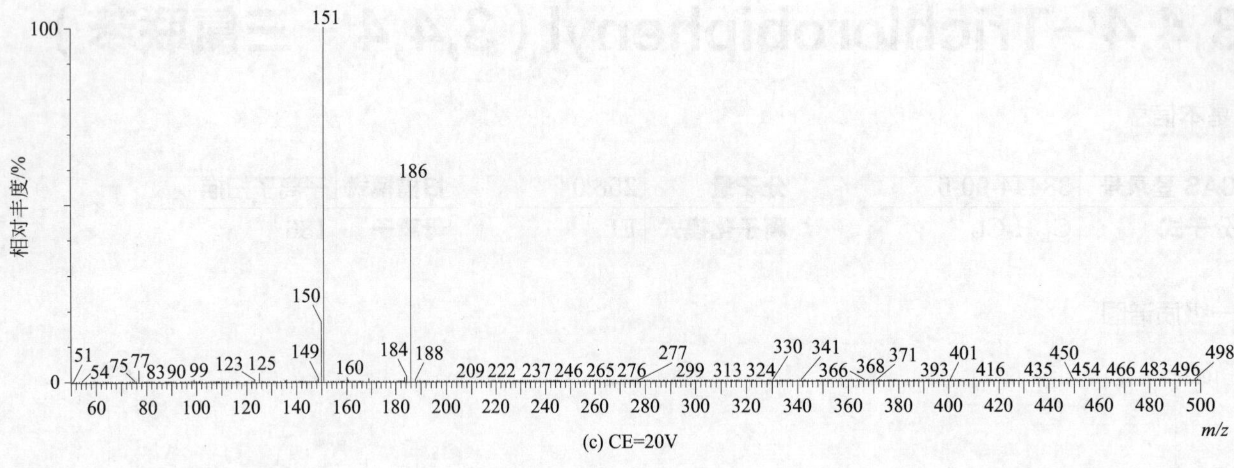

(c) CE=20V

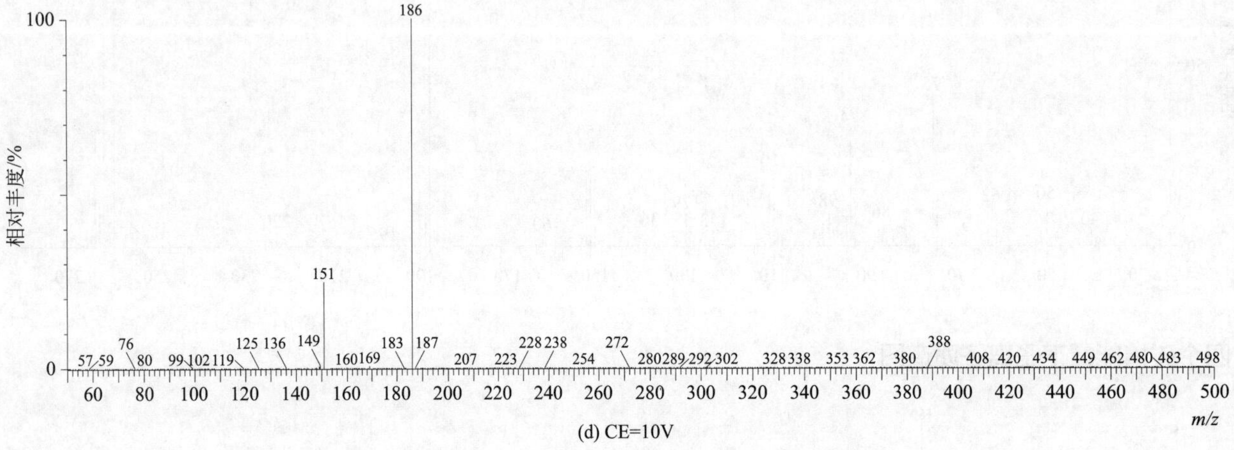

(d) CE=10V

3,4,5-Trichlorobiphenyl（3,4,5- 三氯联苯）

基本信息

CAS 登录号	53555-66-1	**分子量**	256.0	**扫描模式**	子离子扫描
分子式	$C_{12}H_7Cl_3$	**离子化模式**	EI	**母离子**	258

一级质谱图

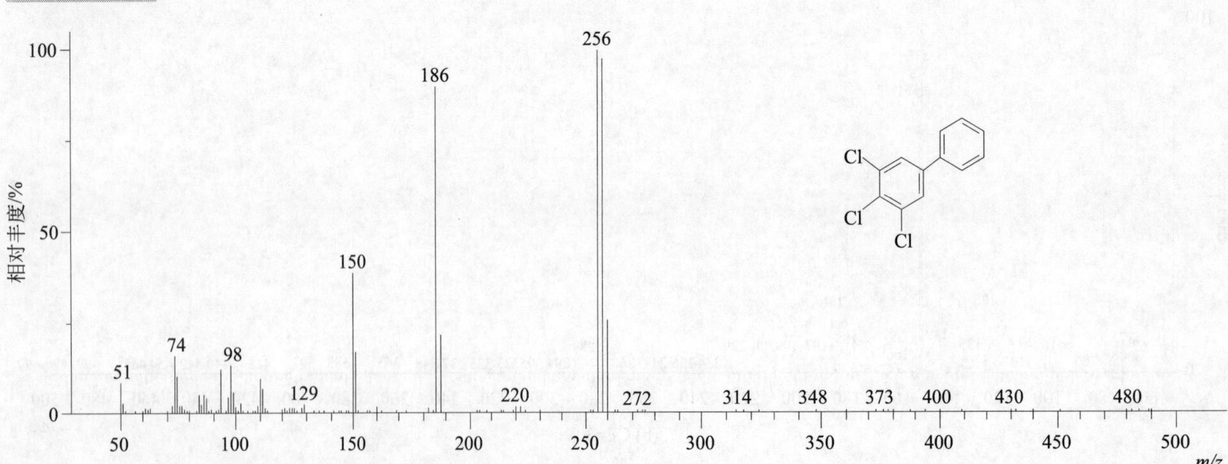

四个碰撞能量下子离子质谱图

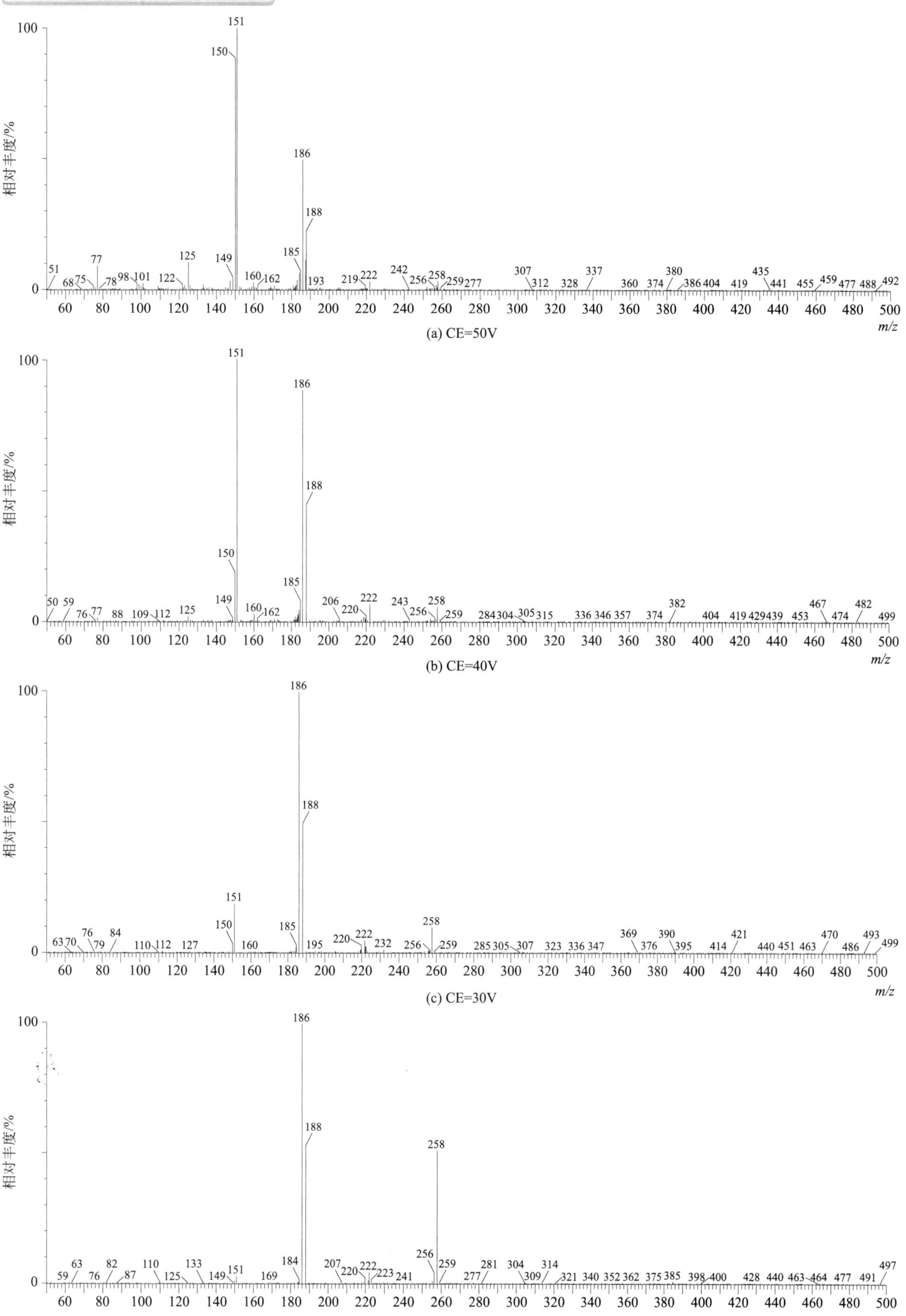

(a) CE=50V

(b) CE=40V

(c) CE=30V

(d) CE=20V

3,4′,5-Trichlorobiphenyl（3,4′,5- 三氯联苯）

基本信息

CAS 登录号	38444-88-1	分子量	256.0	扫描模式	子离子扫描
分子式	$C_{12}H_7Cl_3$	离子化模式	EI	母离子	258

一级质谱图

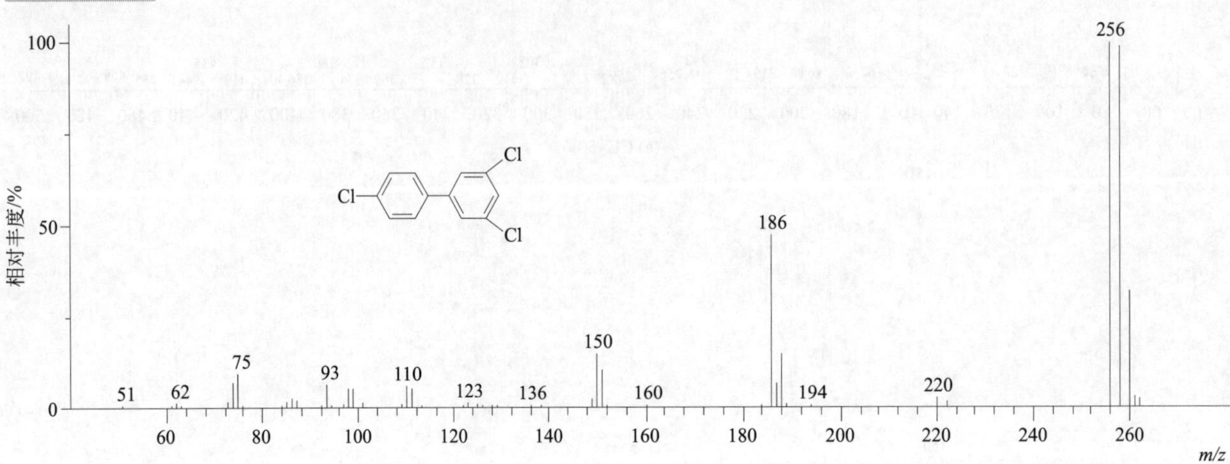

四个碰撞能量下子离子质谱图

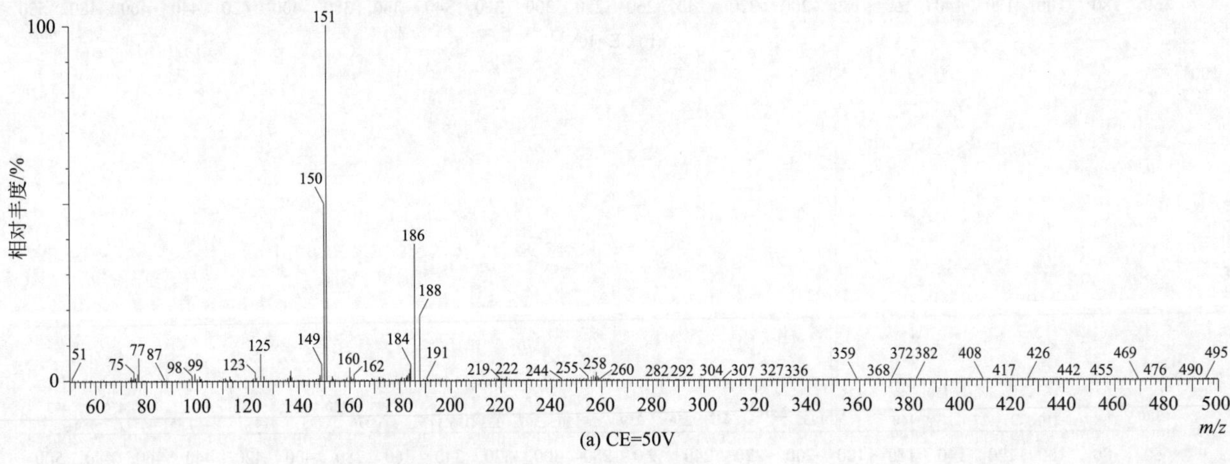

(a) CE=50V

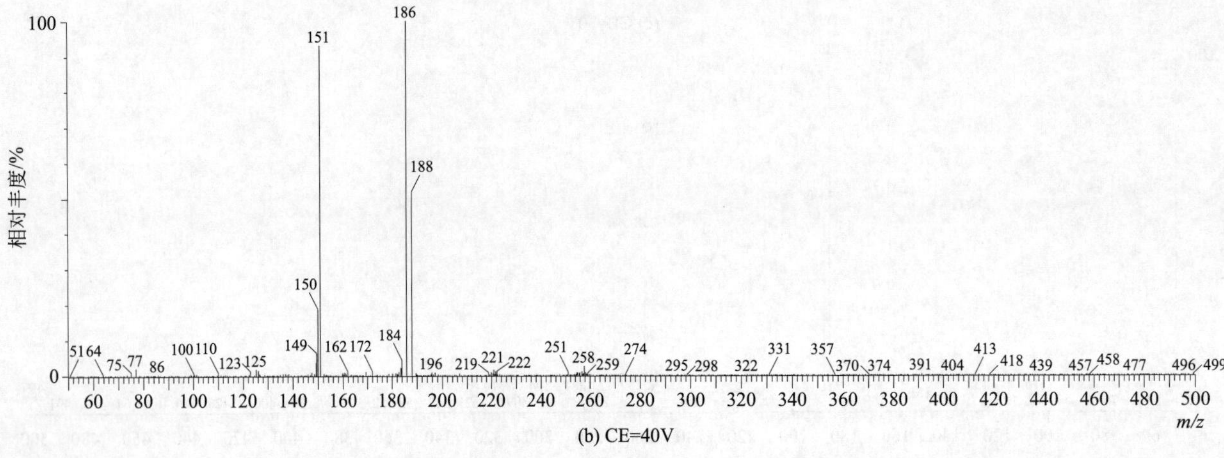

(b) CE=40V

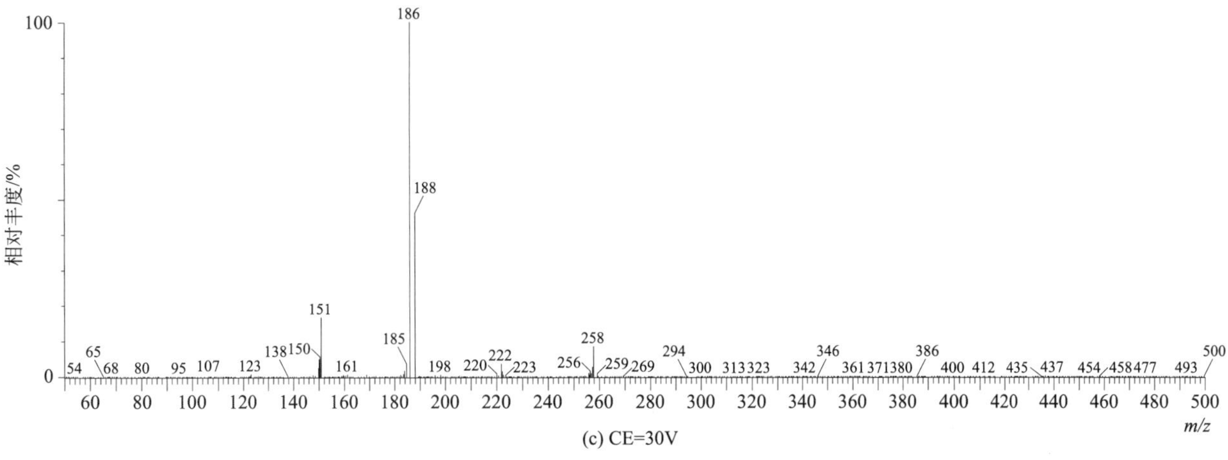

(c) CE=30V

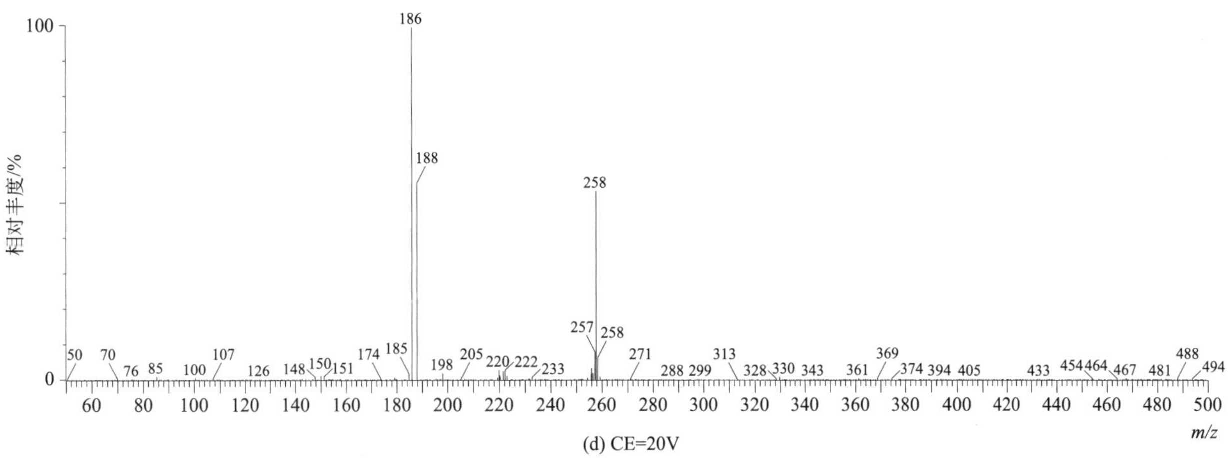

(d) CE=20V

2,2′,3,3′-Tetrachlorobiphenyl（2,2′,3,3′-四氯联苯）

基本信息

CAS 登录号	38444-93-8	分子量	289.0	扫描模式	子离子扫描
分子式	$C_{12}H_6Cl_4$	离子化模式	EI	母离子	292

一级质谱图

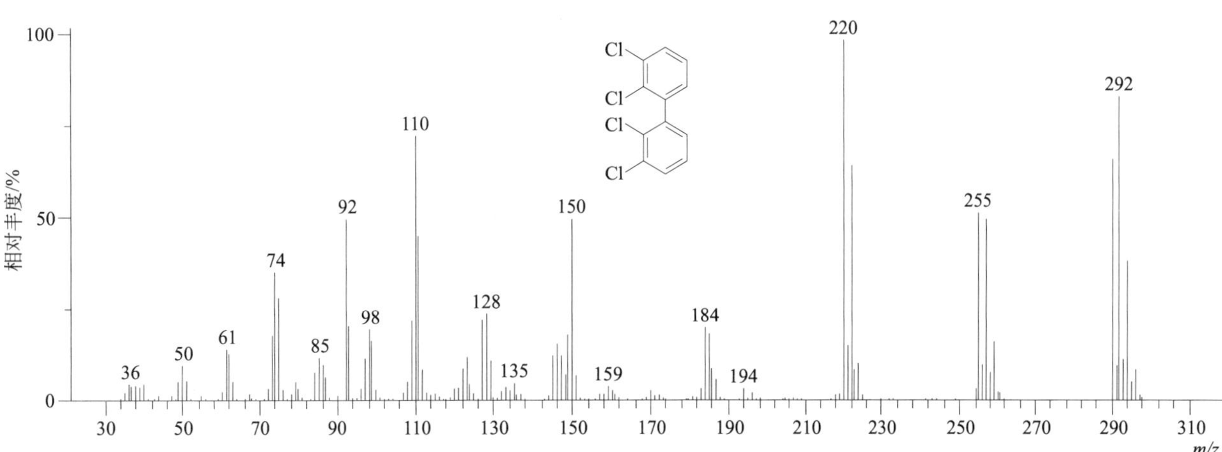

四个碰撞能量下子离子质谱图

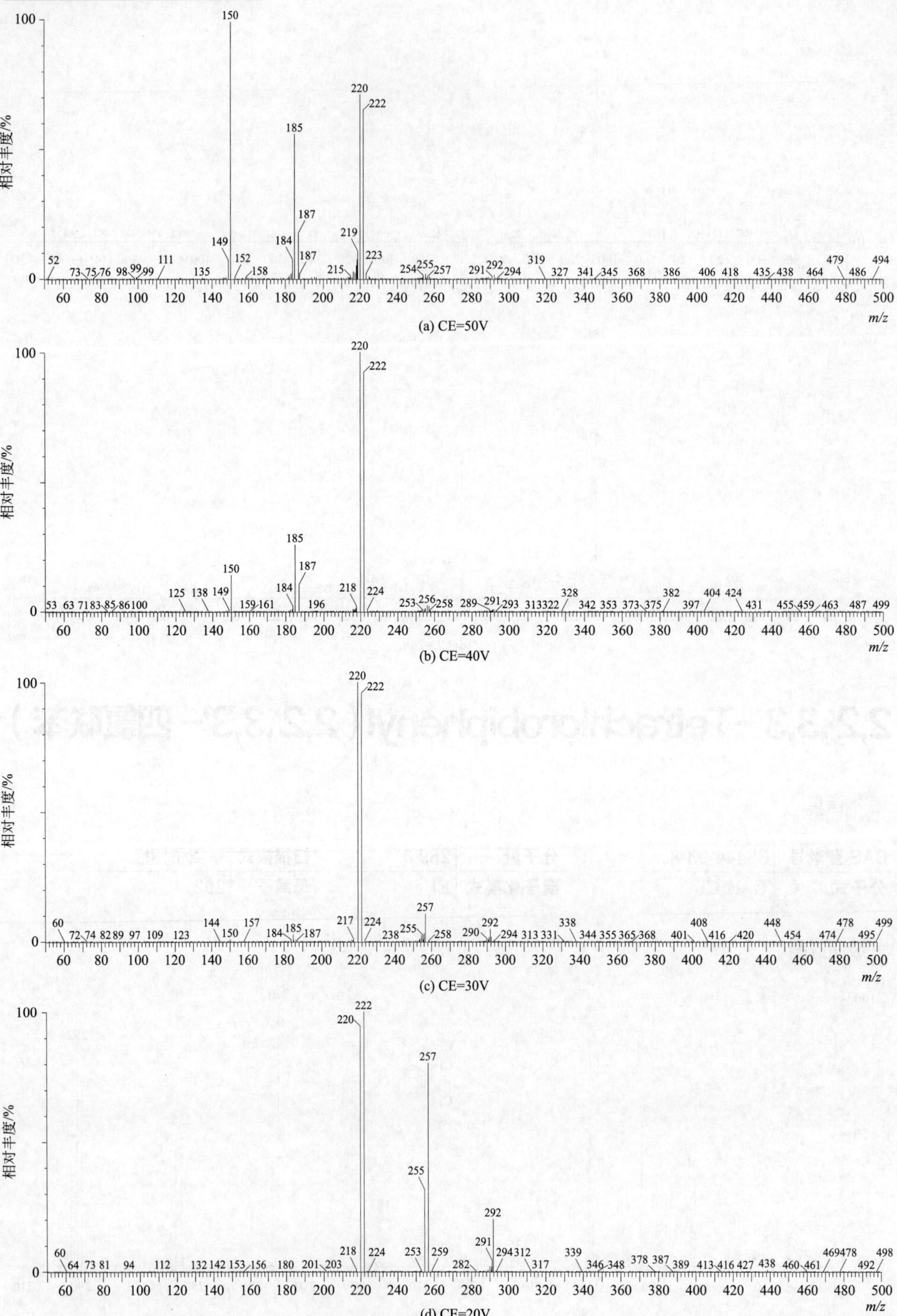

(a) CE=50V

(b) CE=40V

(c) CE=30V

(d) CE=20V

2,2′,3,4-Tetrachlorobiphenyl（2,2′,3,4-四氯联苯）

基本信息

CAS 登录号	52663-59-9	分子量	289.9	扫描模式	子离子扫描
分子式	$C_{12}H_6Cl_4$	离子化模式	EI	母离子	292

一级质谱图

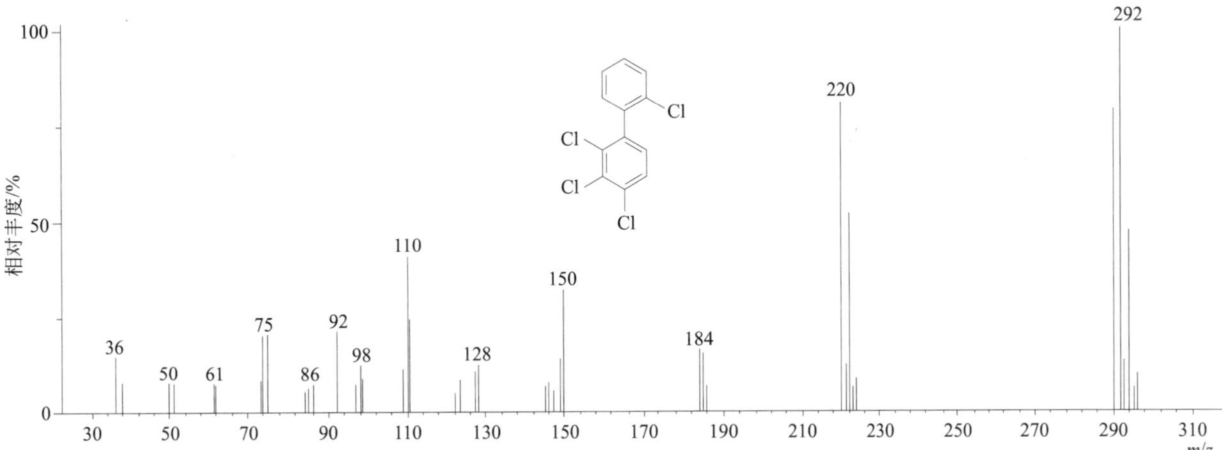

四个碰撞能量下子离子质谱图

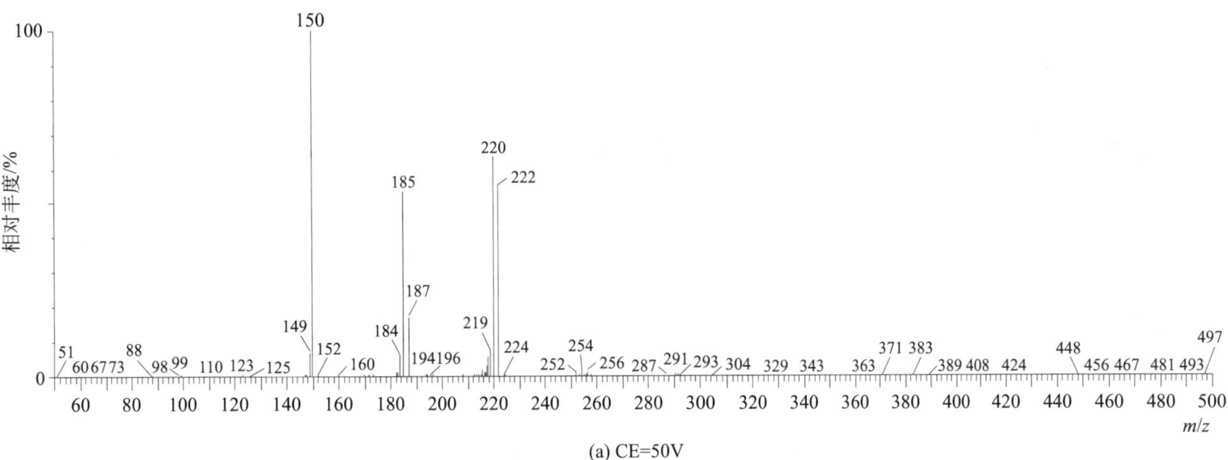

(a) CE=50V

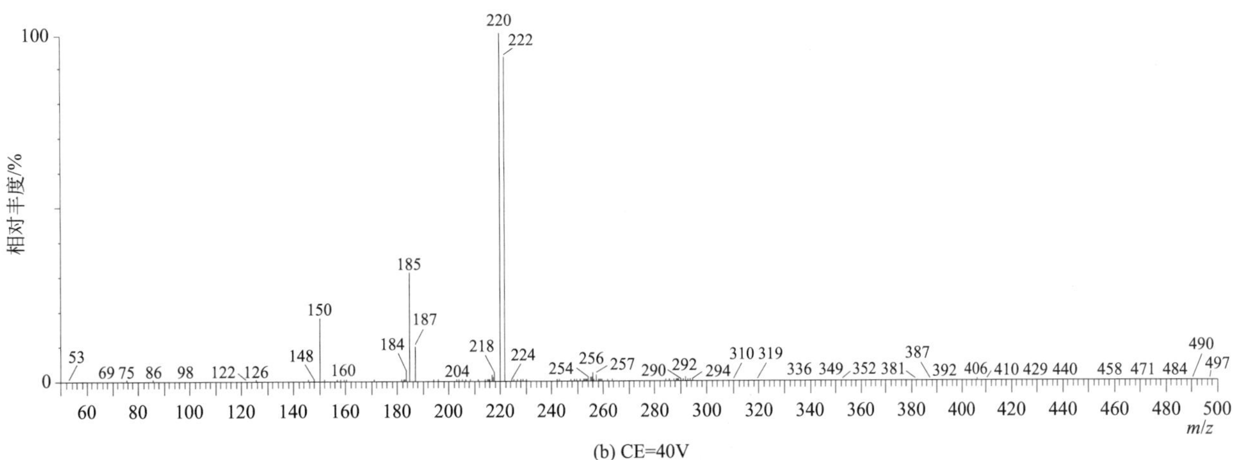

(b) CE=40V

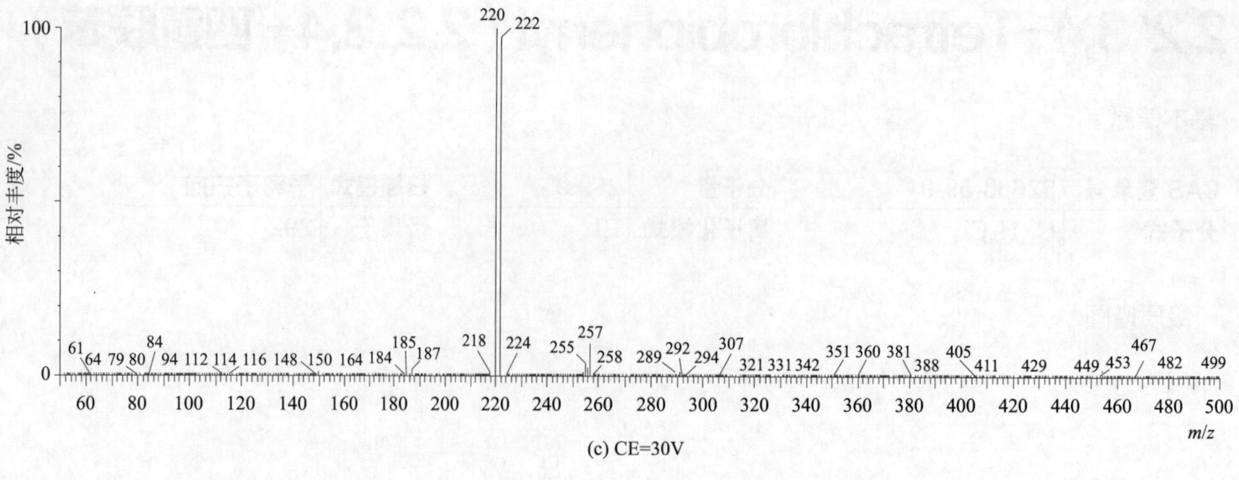

(c) CE=30V

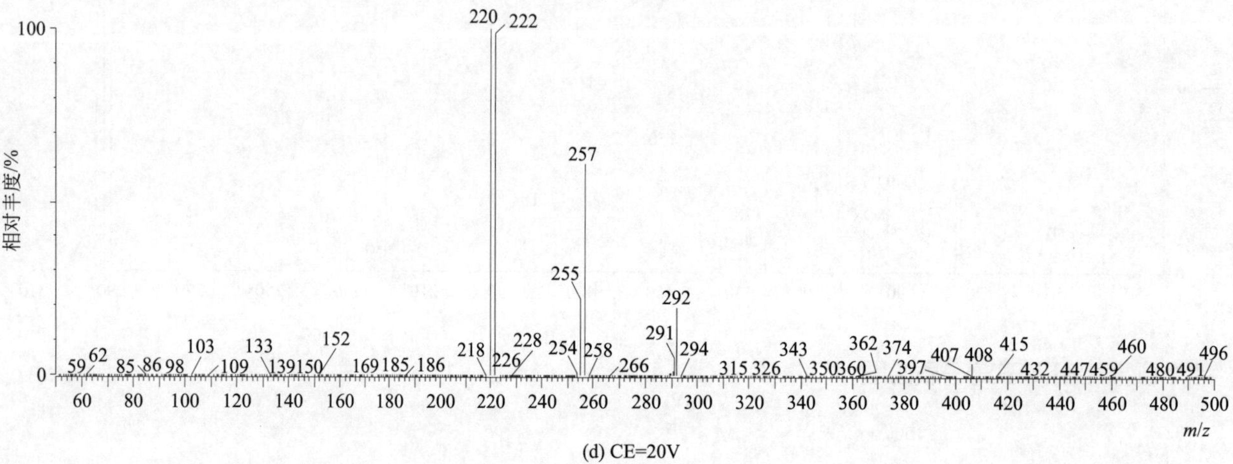

(d) CE=20V

2,2′,3,4′-Tetrachlorobiphenyl（2,2′,3,4′-四氯联苯）

基本信息

CAS 登录号	36559-22-5	分子量	289.9	扫描模式	子离子扫描
分子式	$C_{12}H_6Cl_4$	离子化模式	EI	母离子	294

一级质谱图

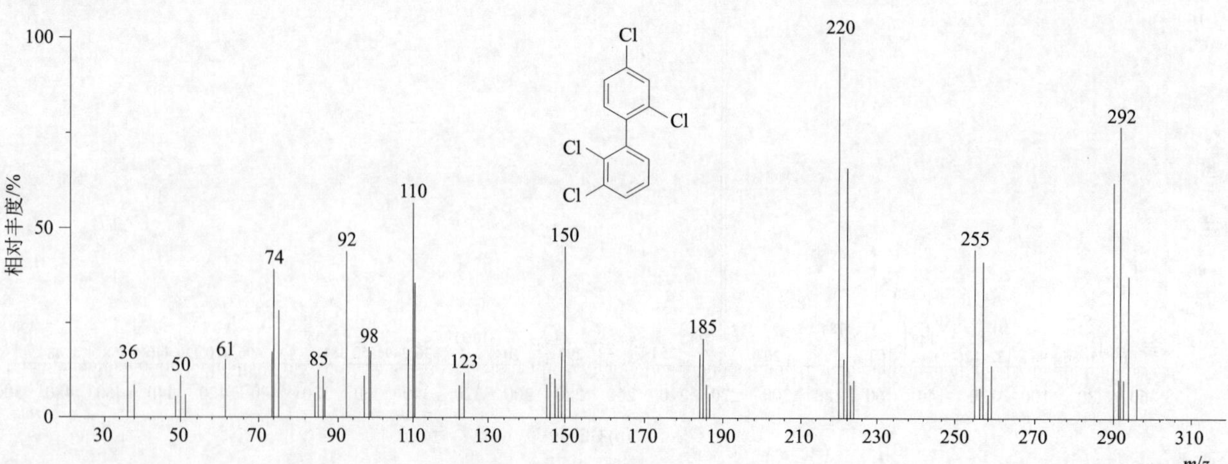

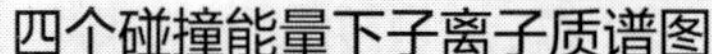

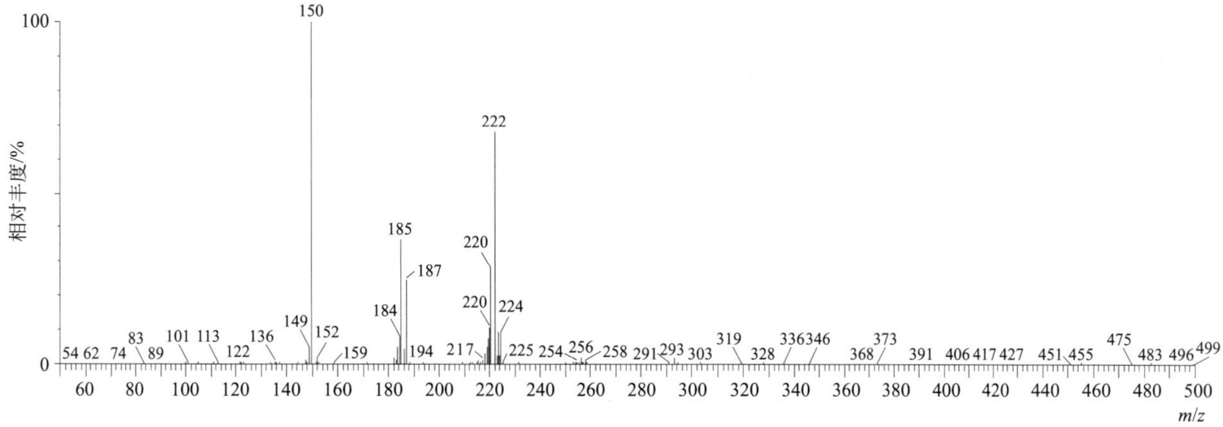

(a) CE=50V

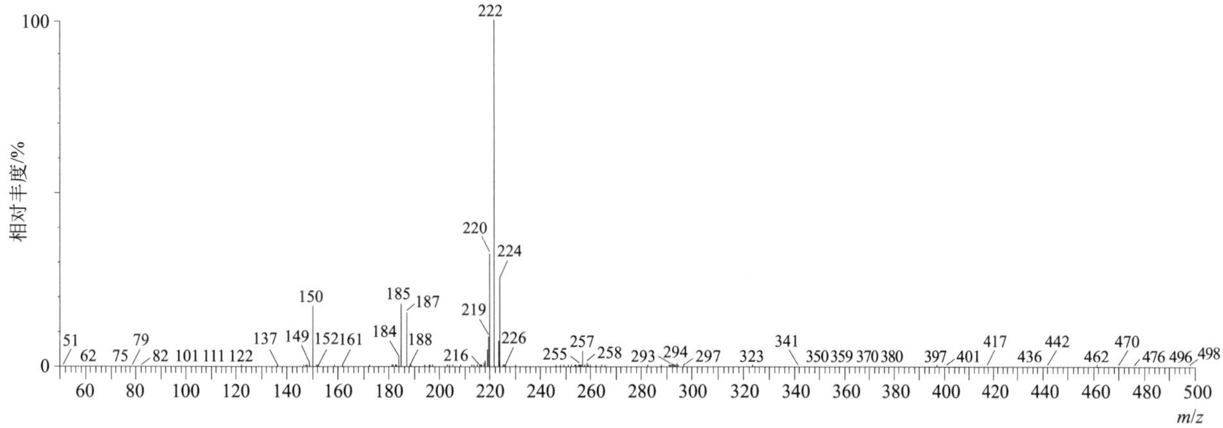

(b) CE=40V

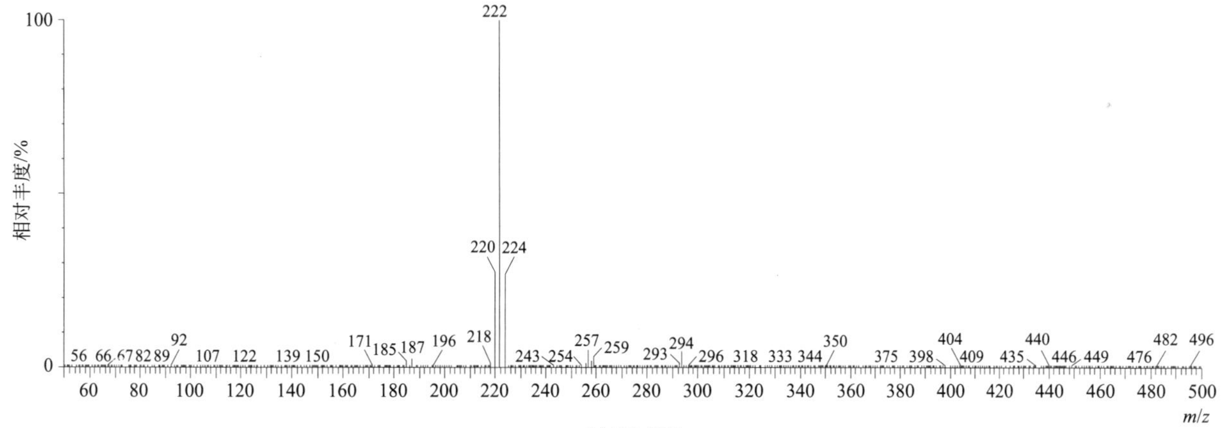

(c) CE=30V

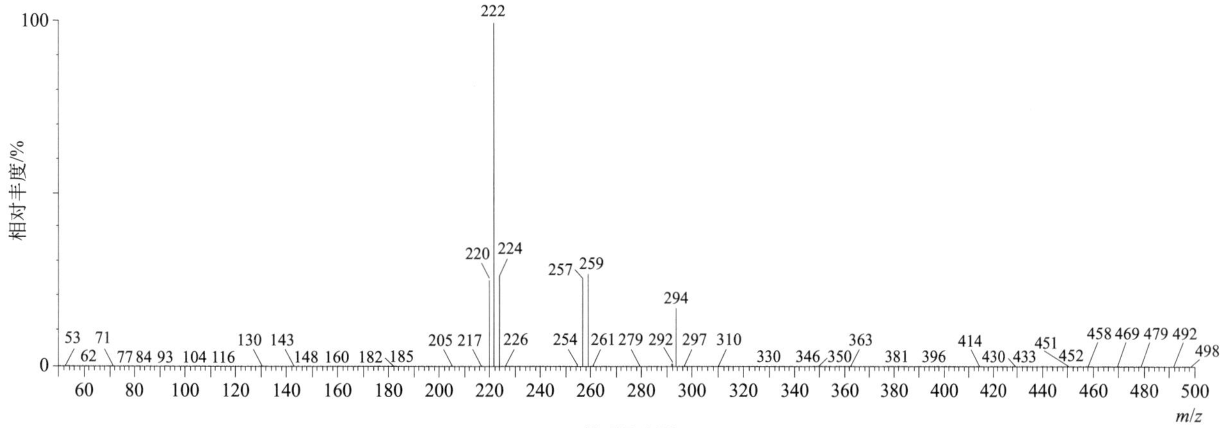

(d) CE=20V

2,2′,3,5-Tetrachlorobiphenyl（2,2′,3,5-四氯联苯）

基本信息

CAS 登录号	70362-46-8	分子量	289.9	扫描模式	子离子扫描
分子式	$C_{12}H_6Cl_4$	离子化模式	EI	母离子	294

一级质谱图

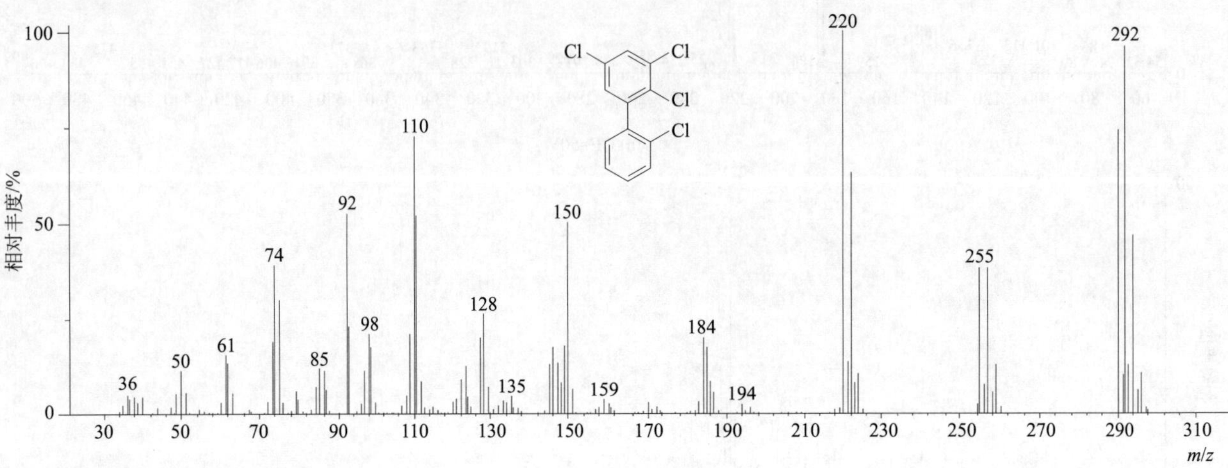

四个碰撞能量下子离子质谱图

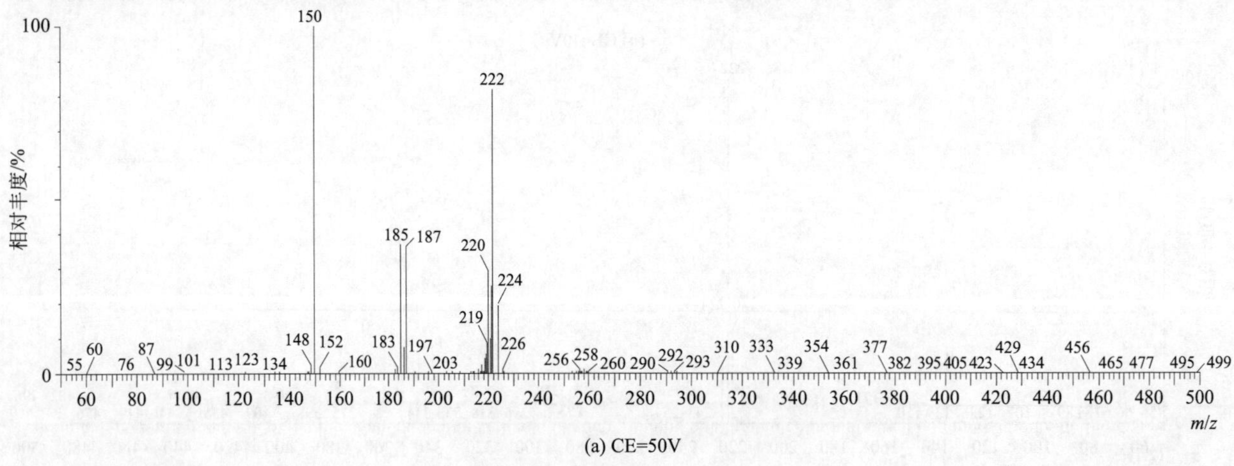

(a) CE=50V

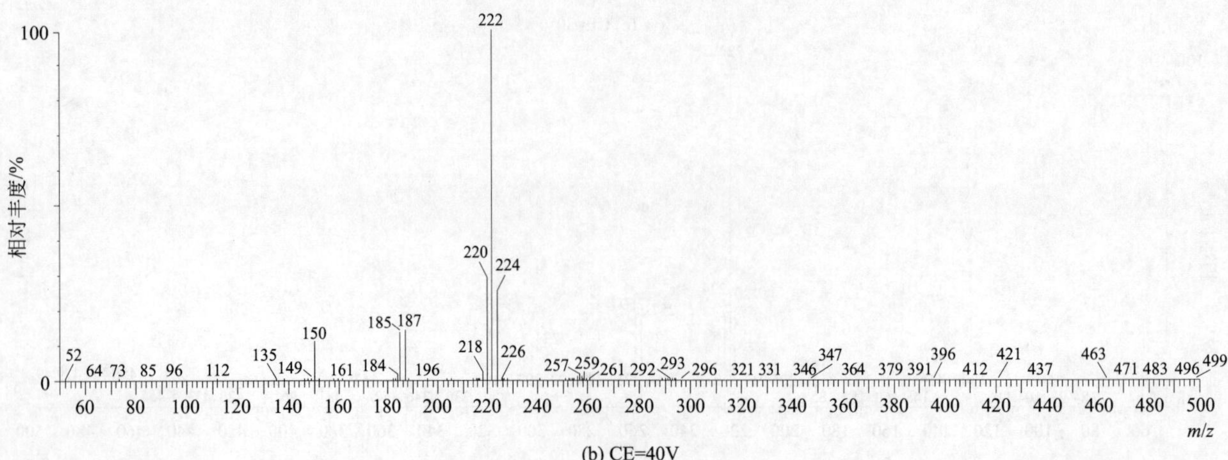

(b) CE=40V

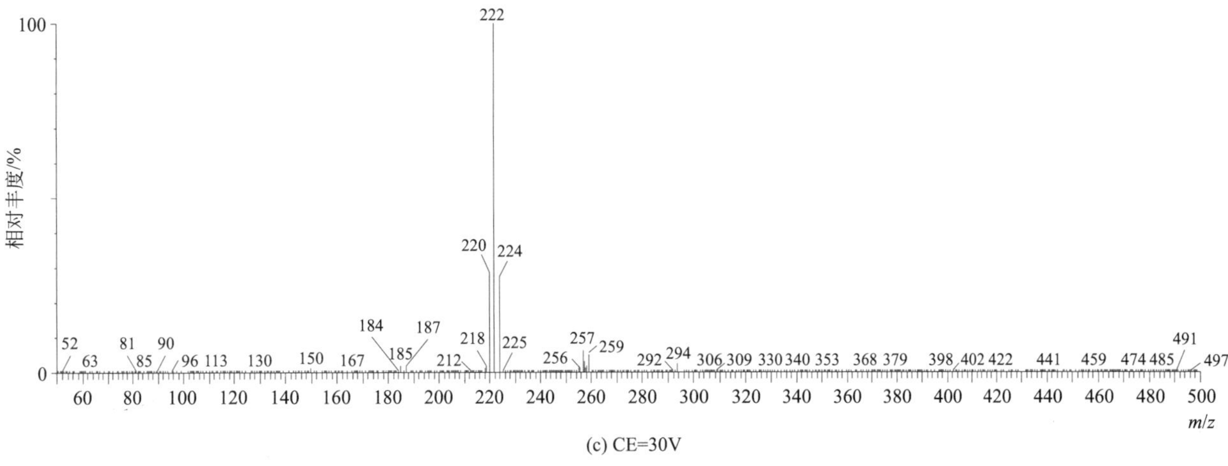

(c) CE=30V

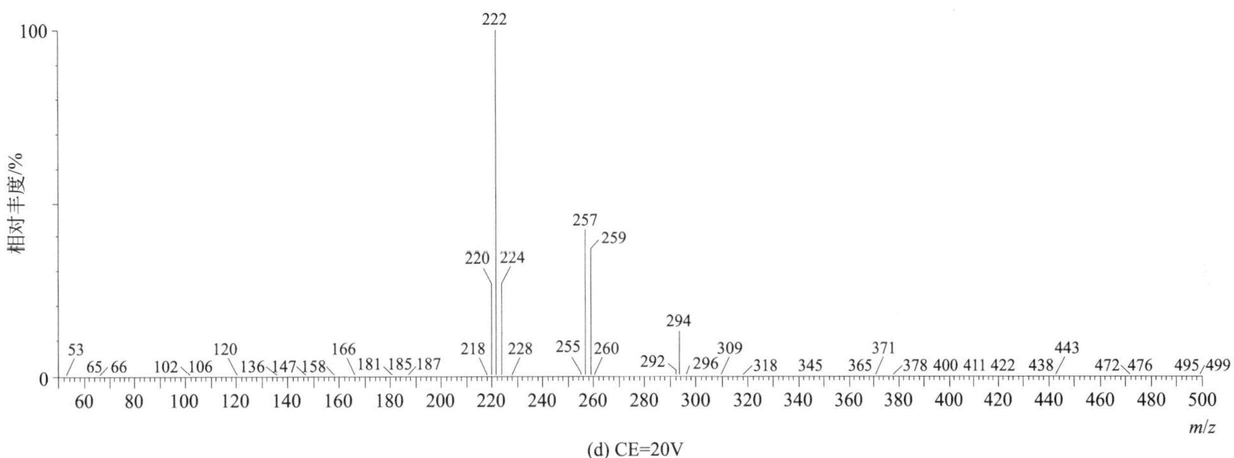

(d) CE=20V

2,2′,3,5′-Tetrachlorobiphenyl（2,2′,3,5′-四氯联苯）

基本信息

CAS 登录号	41464-39-5	分子量	289.9	扫描模式	子离子扫描
分子式	$C_{12}H_6Cl_4$	离子化模式	EI	母离子	292

一级质谱图

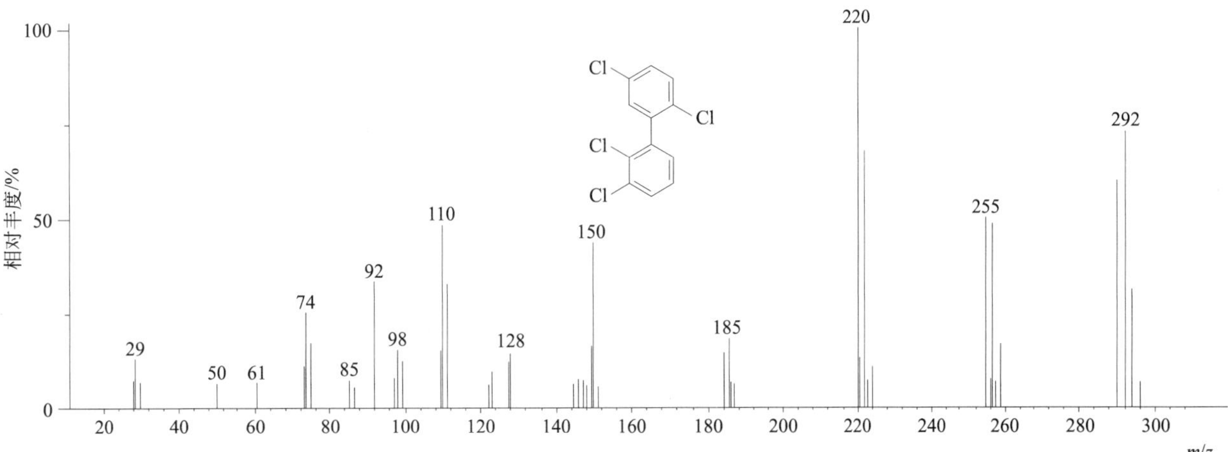

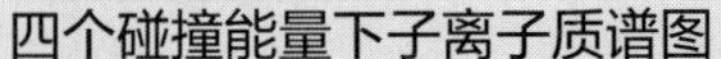

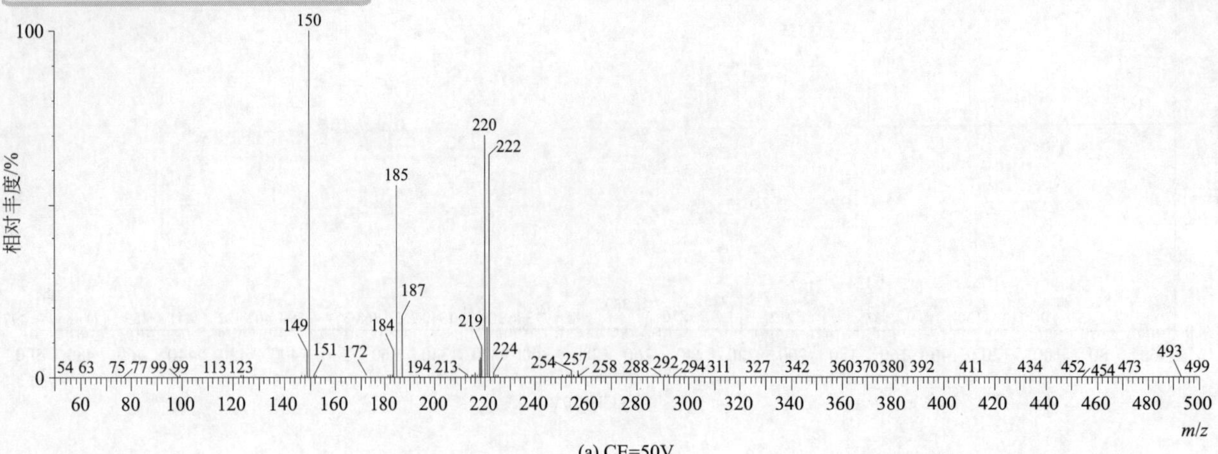

(a) CE=50V

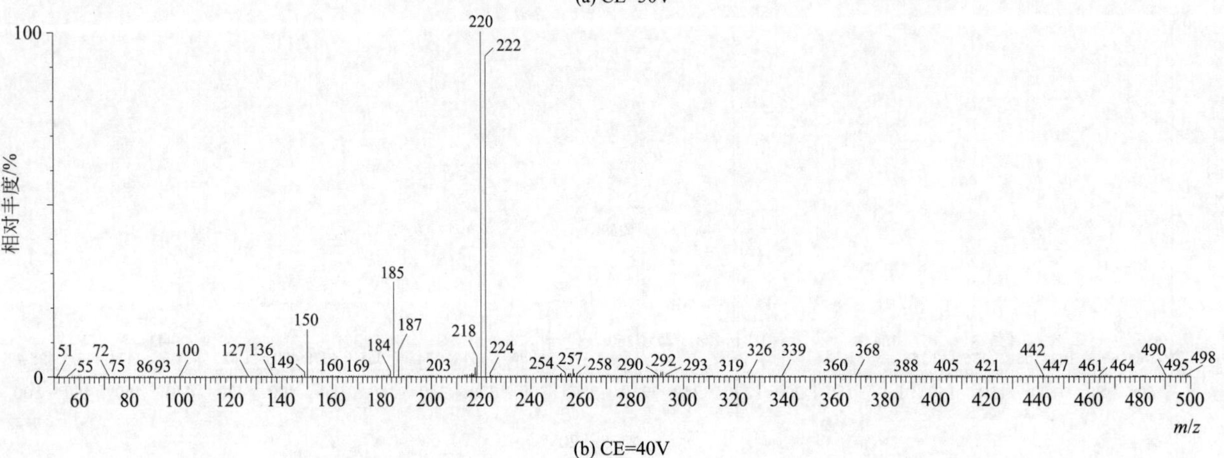

(b) CE=40V

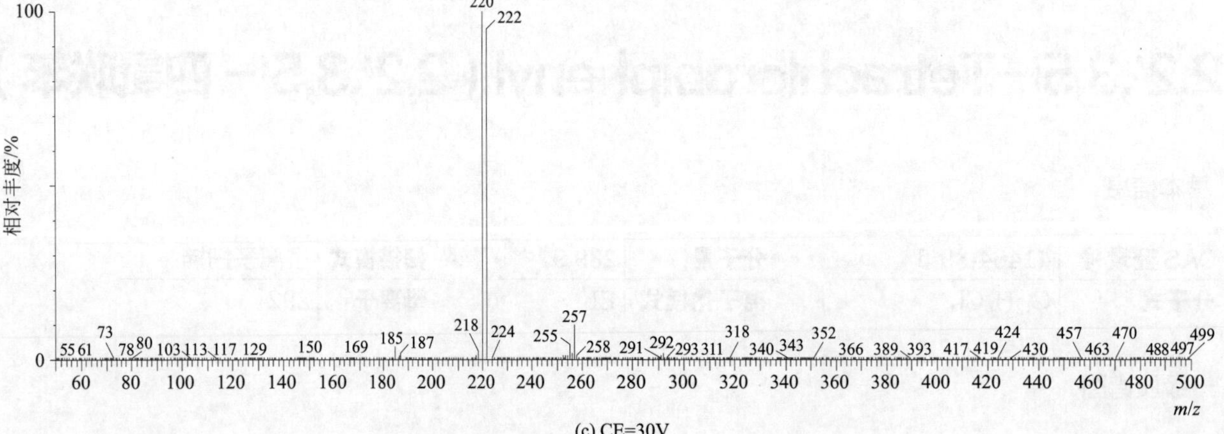

(c) CE=30V

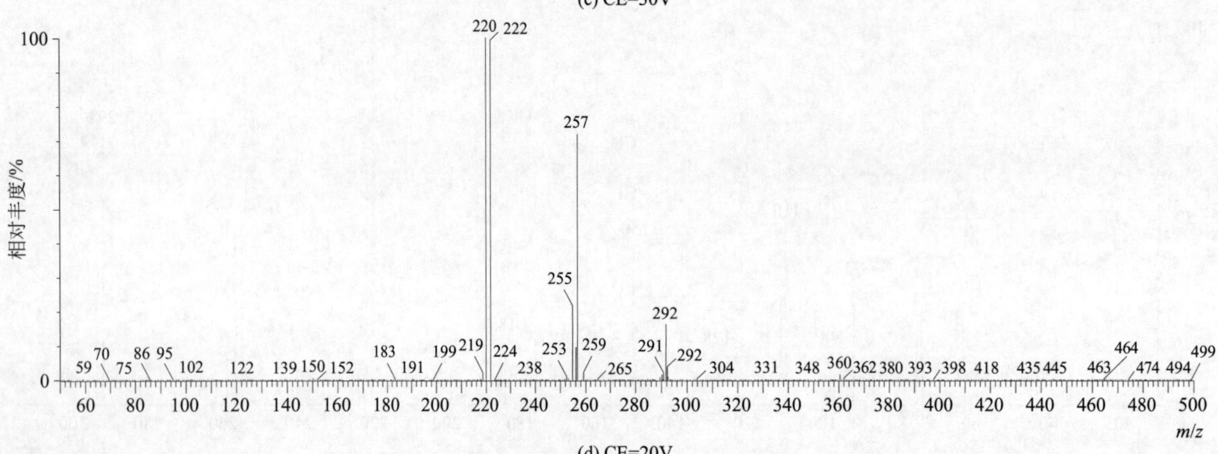

(d) CE=20V

2,2′,3,6-Tetrachlorobiphenyl（2,2′,3,6-四氯联苯）

基本信息

CAS 登录号	70362-45-7	分子量	289.9	扫描模式	子离子扫描
分子式	$C_{12}H_6Cl_4$	离子化模式	EI	母离子	220

一级质谱图

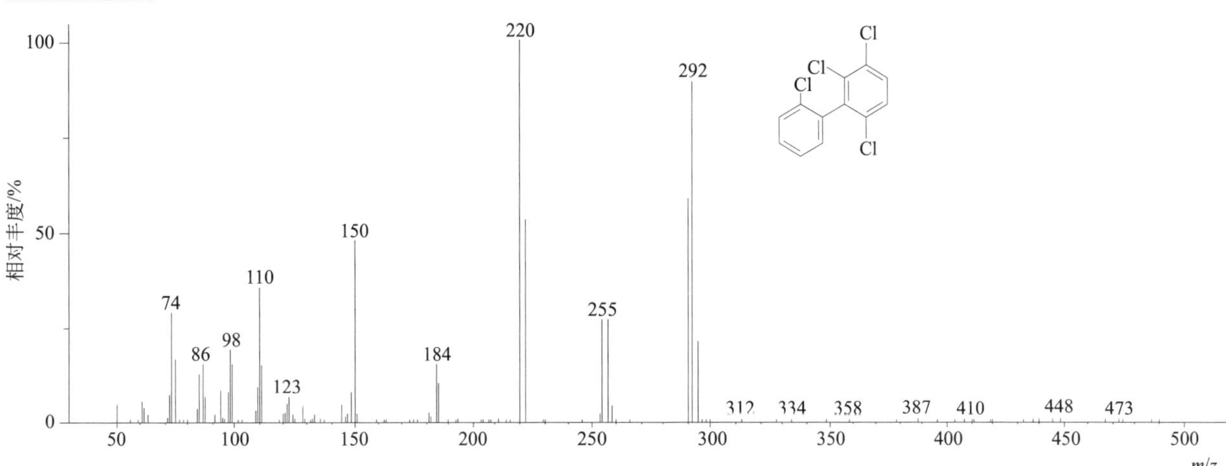

四个碰撞能量下子离子质谱图

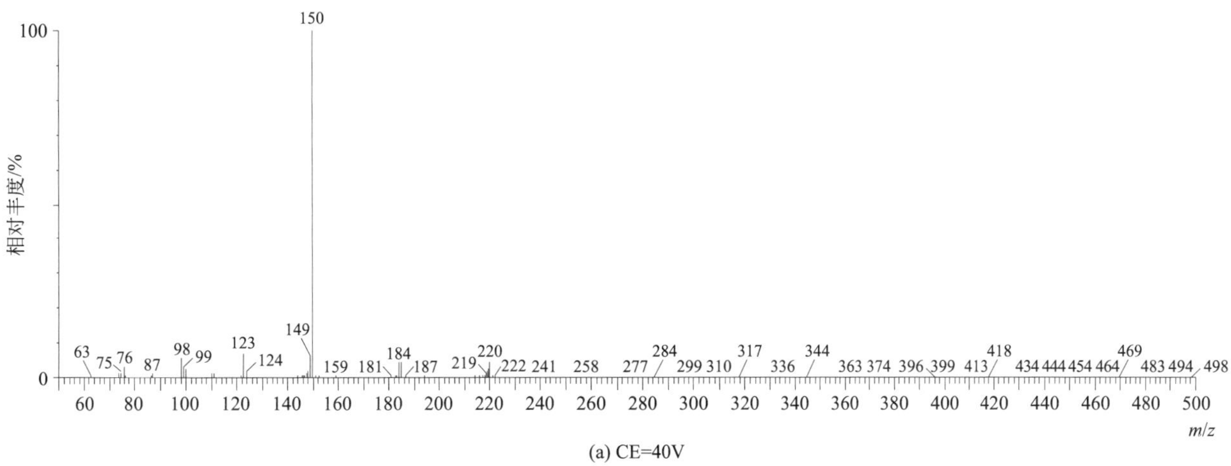

(a) CE=40V

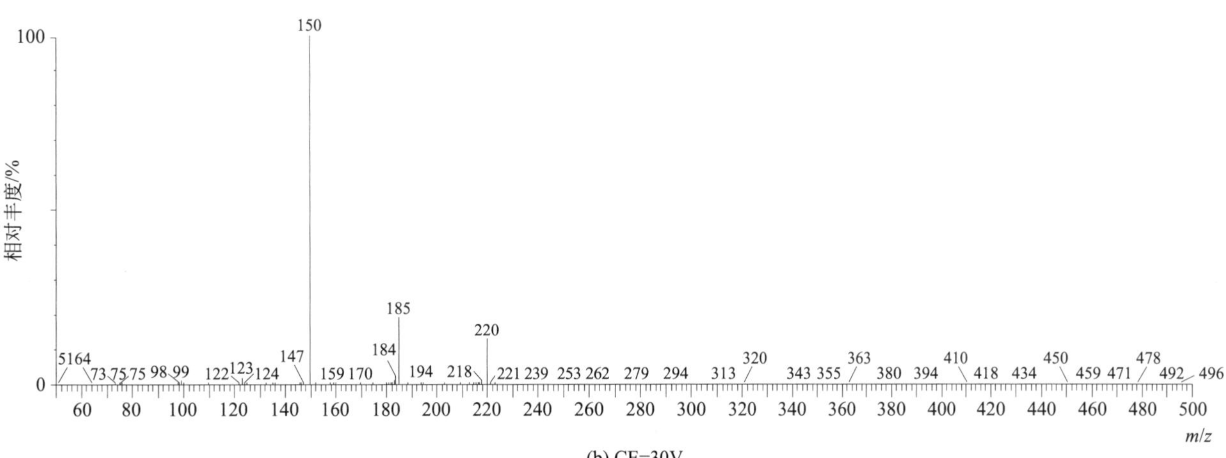

(b) CE=30V

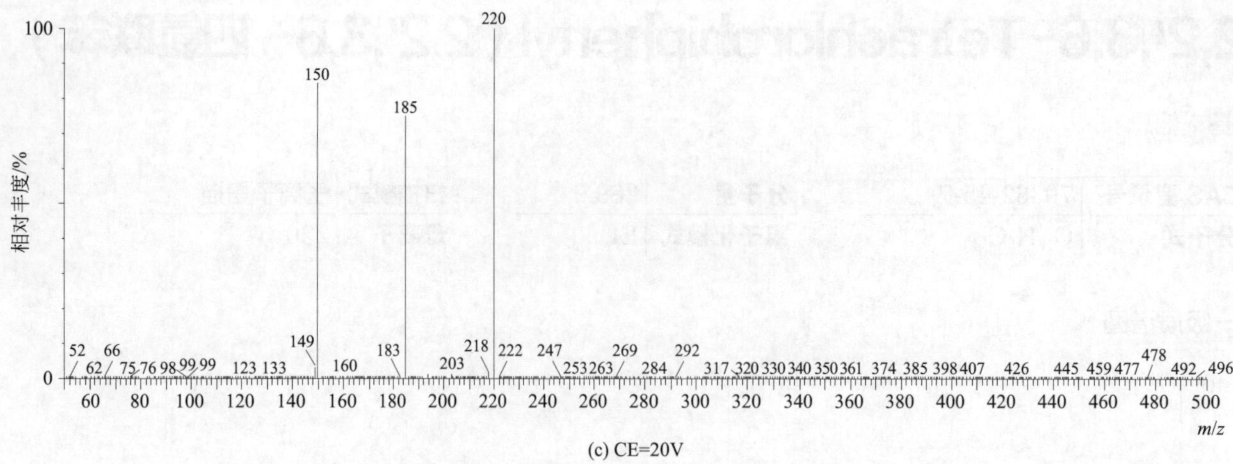

(c) CE=20V

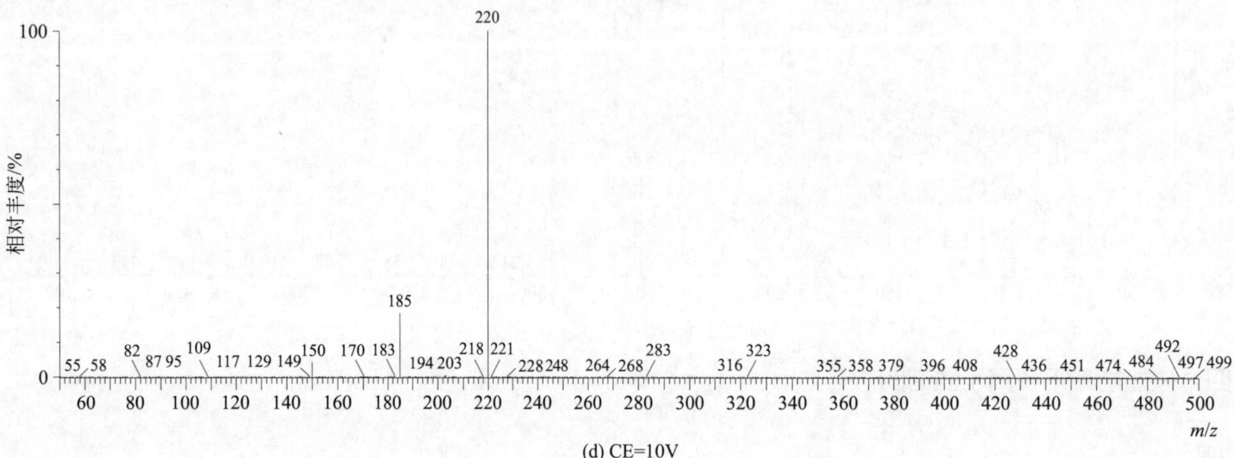

(d) CE=10V

2,2′,3,6′-Tetrachlorobiphenyl（2,2′,3,6′-四氯联苯）

基本信息

CAS 登录号	41464-47-5	分子量	289.9	扫描模式	子离子扫描
分子式	$C_{12}H_6Cl_4$	离子化模式	EI	母离子	292

一级质谱图

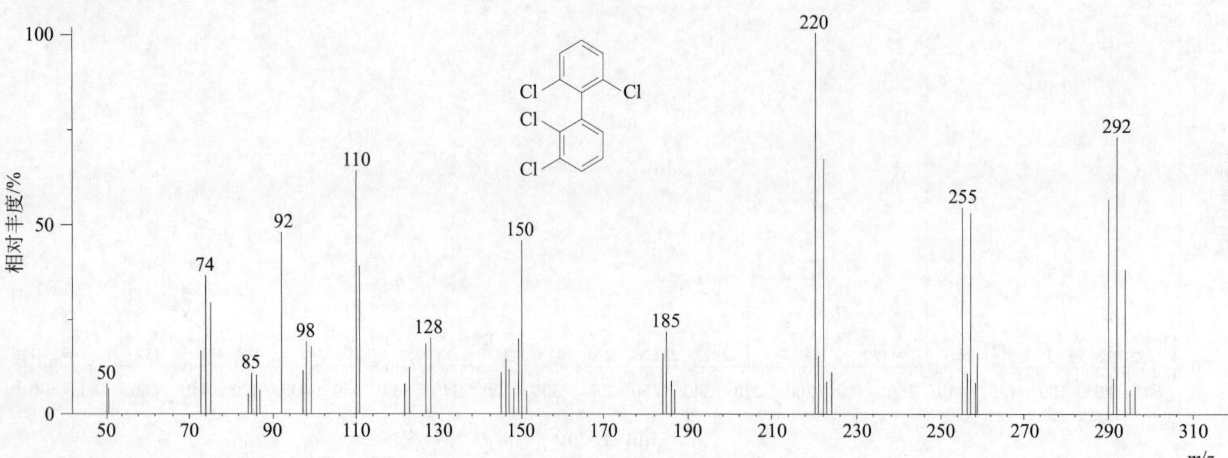

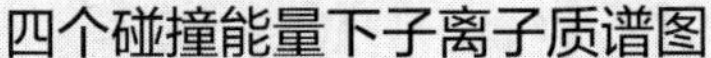

四个碰撞能量下子离子质谱图

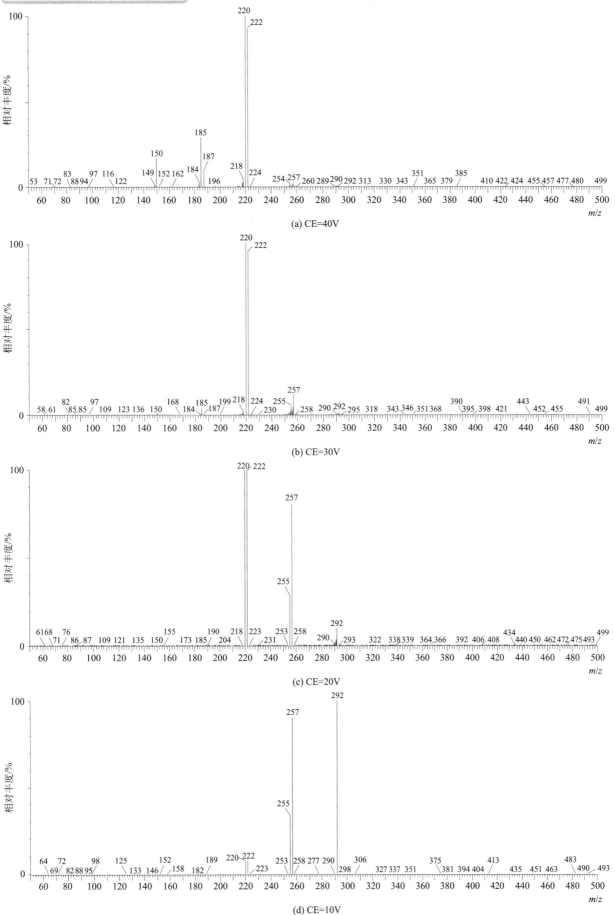

(a) CE=40V

(b) CE=30V

(c) CE=20V

(d) CE=10V

2,2′,4,4′-Tetrachlorobiphenyl（2,2′,4,4′-四氯联苯）

基本信息

CAS 登录号	2437-79-8	分子量	289.9	扫描模式	子离子扫描
分子式	$C_{12}H_6Cl_4$	离子化模式	EI	母离子	290

一级质谱图

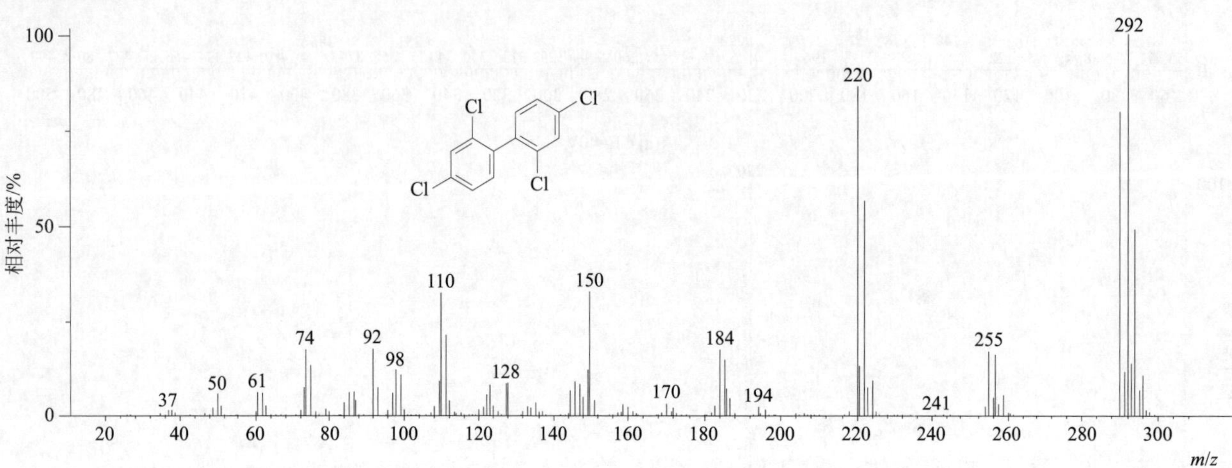

四个碰撞能量下子离子质谱图

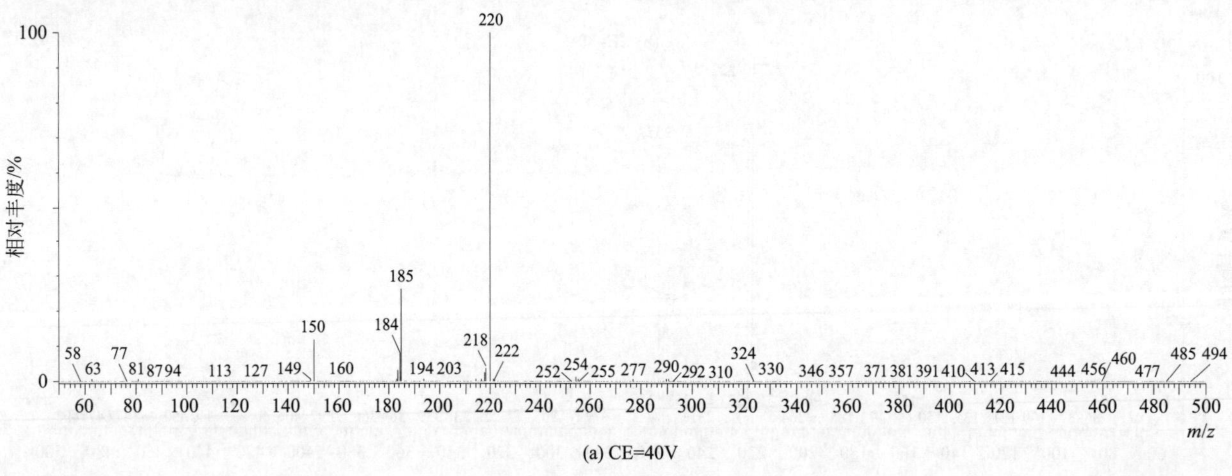

(a) CE=40V

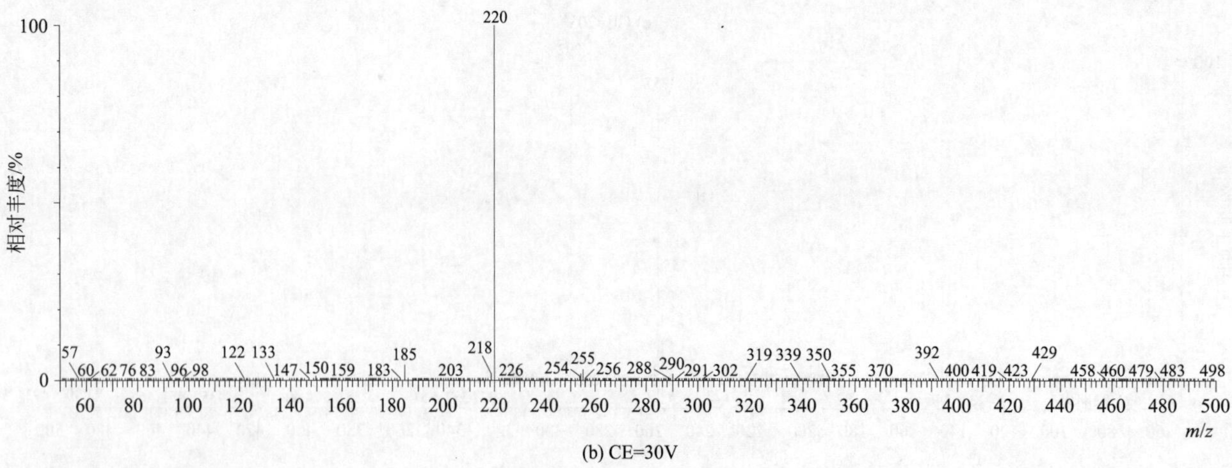

(b) CE=30V

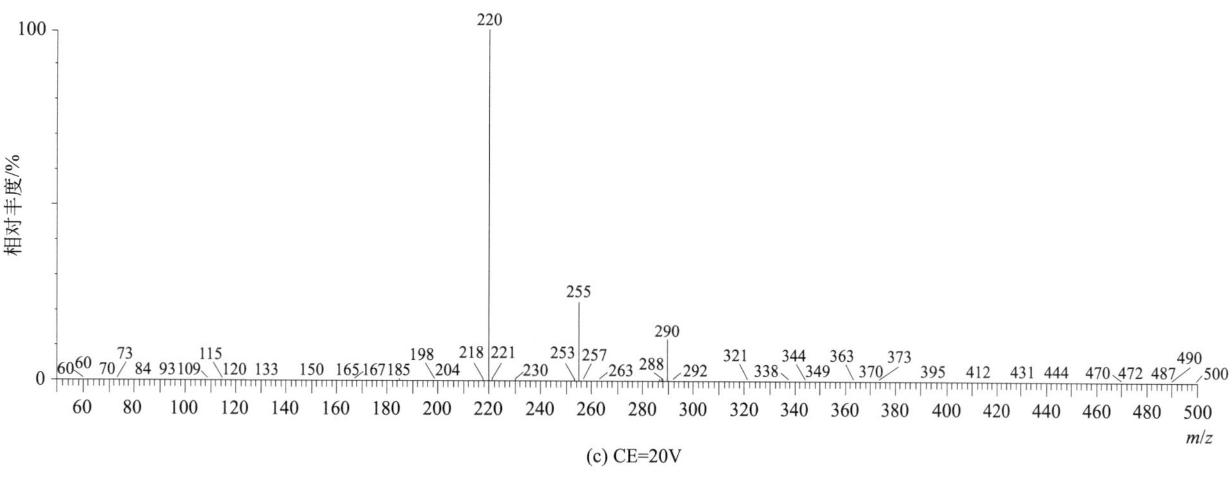

(c) CE=20V

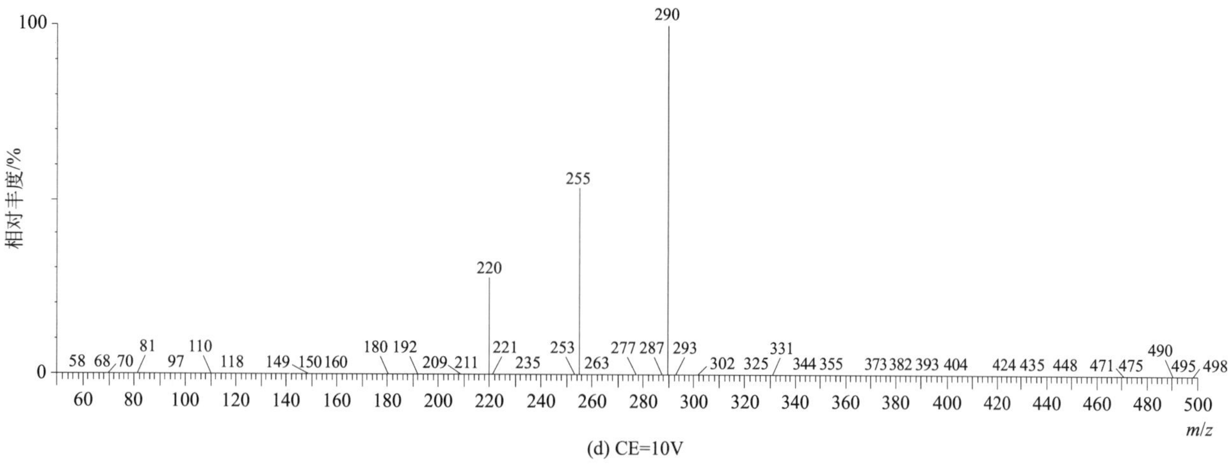

(d) CE=10V

2,2′,4,5-Tetrachlorobiphenyl（2,2′,4,5-四氯联苯）

基本信息

CAS 登录号	70362-47-9	**分子量**	289.9	**扫描模式**	子离子扫描
分子式	$C_{12}H_6Cl_4$	**离子化模式**	EI	**母离子**	220

一级质谱图

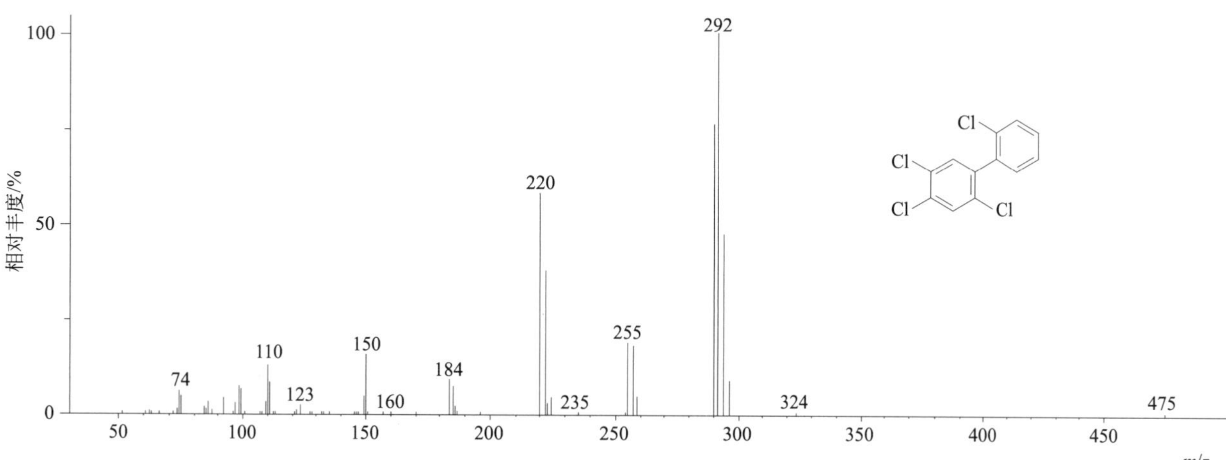

四个碰撞能量下子离子质谱图

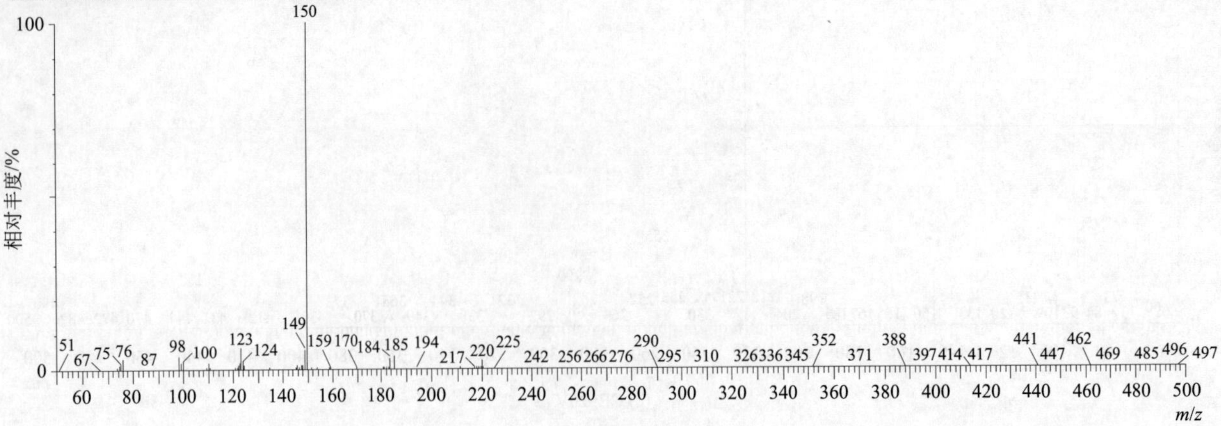

相对丰度/%
100
0
150
51 67 75 76 87 98 100 123 124 149 159 170 184 185 194 217 220 225 242 256 266 276 290 295 310 326 336 345 352 371 388 397 414 417 441 447 462 469 485 496 497
60 80 100 120 140 160 180 200 220 240 260 280 300 320 340 360 380 400 420 440 460 480 500
m/z

(a) CE=40V

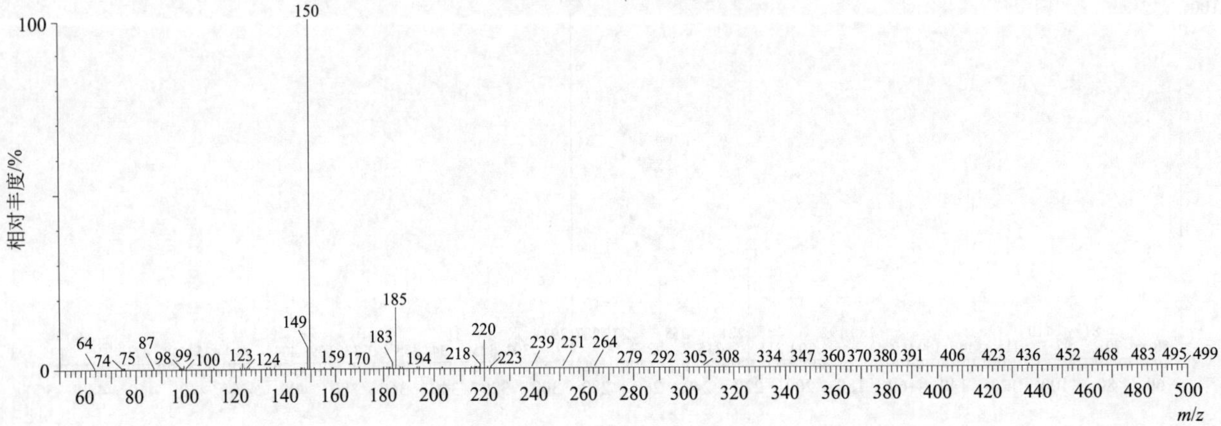

相对丰度/%
100
0
150
64 74 75 87 98 99 100 123 124 149 159 170 183 185 194 218 220 223 239 251 264 279 292 305 308 334 347 360 370 380 391 406 423 436 452 468 483 495 499
60 80 100 120 140 160 180 200 220 240 260 280 300 320 340 360 380 400 420 440 460 480 500
m/z

(b) CE=30V

相对丰度/%
100
0
150 185 220
64 67 75 76 82 98 122 124 149 160 170 183 194 203 218 221 228 248 258 271 285 303 309 325 337 346 367 382 391 408 418 420 422 455 457 474 490 493
60 80 100 120 140 160 180 200 220 240 260 280 300 320 340 360 380 400 420 440 460 480 500
m/z

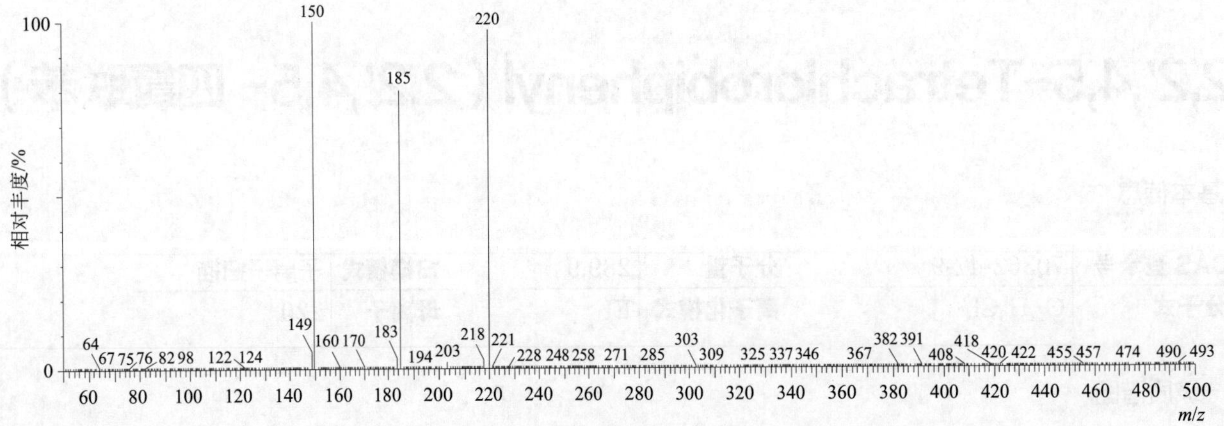

(c) CE=20V

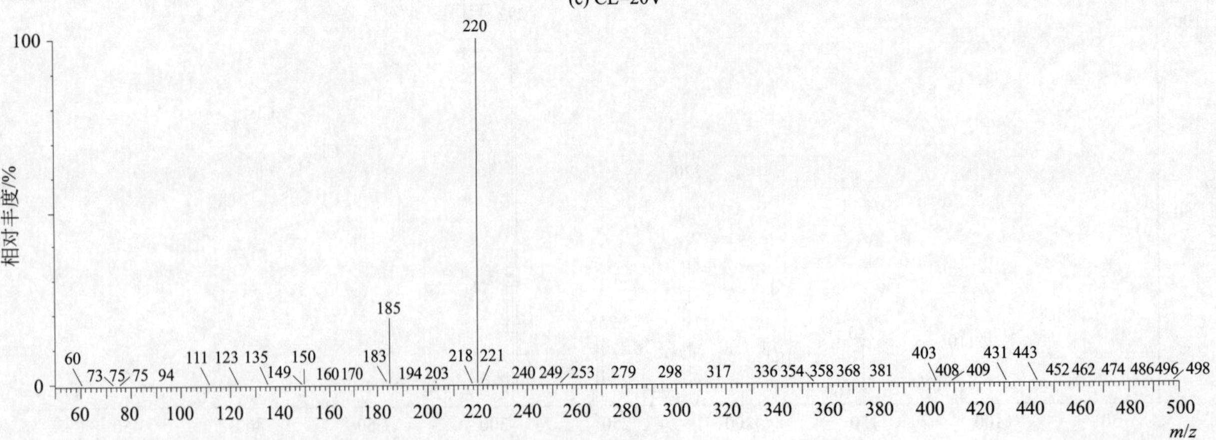

(d) CE=10V

2,2′,4,5′-Tetrachlorobiphenyl（2,2′,4,5′-四氯联苯）

基本信息

CAS 登录号	41464-40-8	分子量	289.9	扫描模式	子离子扫描
分子式	$C_{12}H_6Cl_4$	离子化模式	EI	母离子	290

一级质谱图

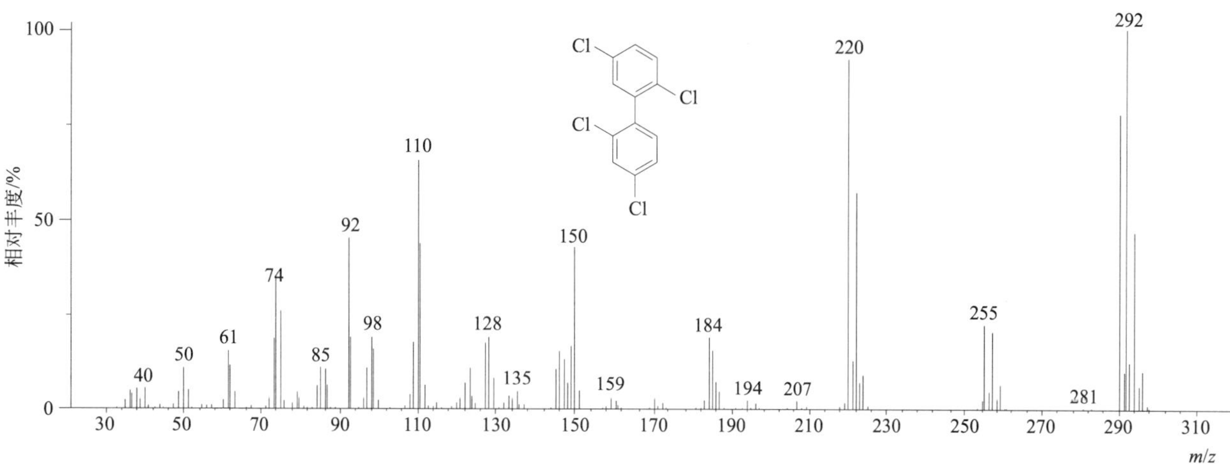

四个碰撞能量下子离子质谱图

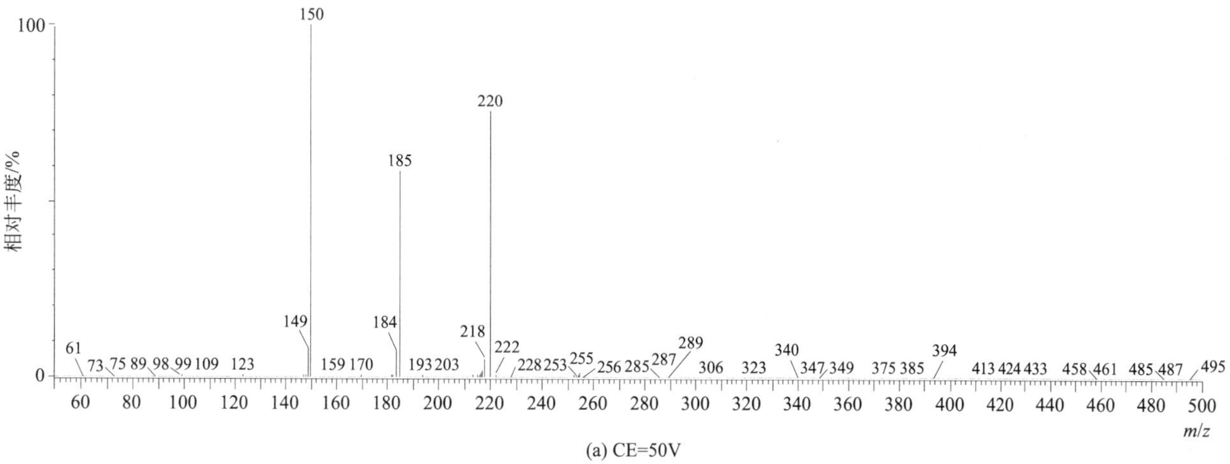

(a) CE=50V

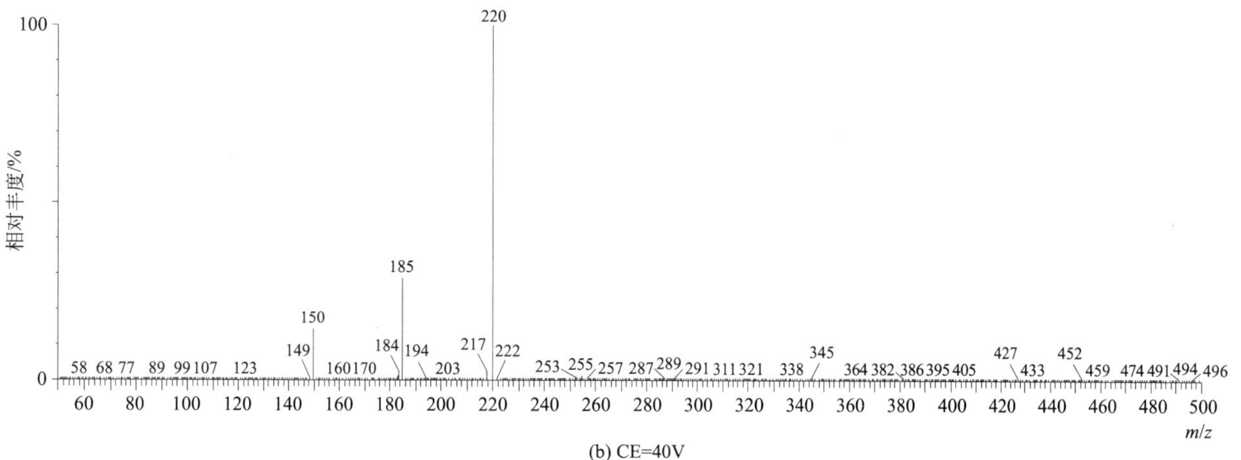

(b) CE=40V

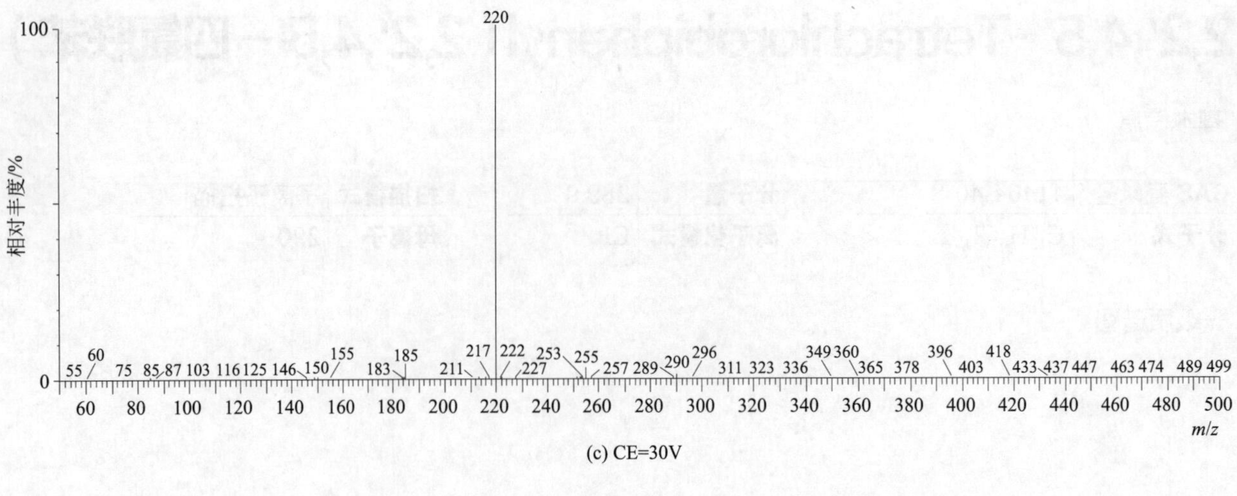

(c) CE=30V

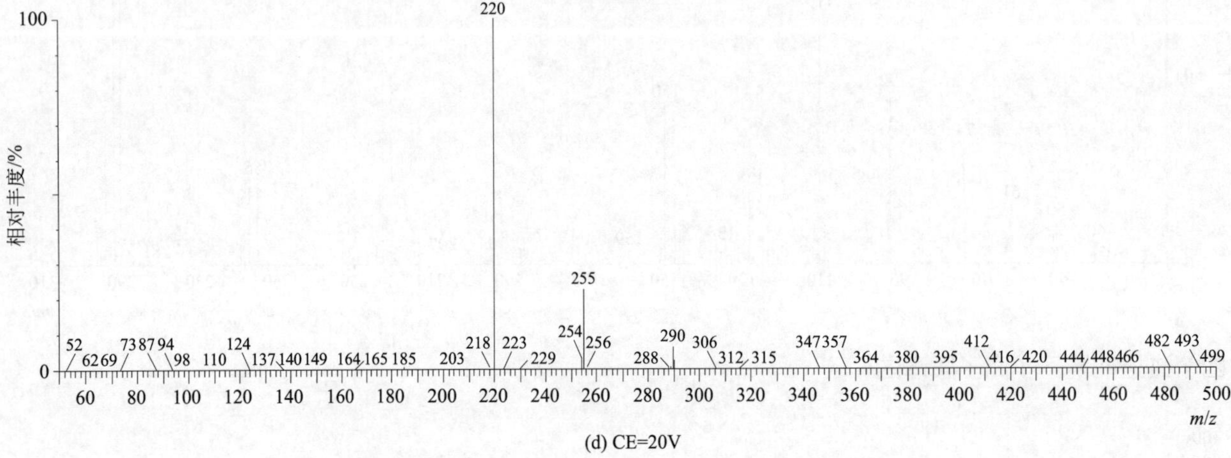

(d) CE=20V

2,2′,4,6-Tetrachlorobiphenyl（2,2′,4,6-四氯联苯）

基本信息

CAS 登录号	62796-65-0	**分子量**	289.9	**扫描模式**	子离子扫描
分子式	$C_{12}H_6Cl_4$	**离子化模式**	EI	**母离子**	292

一级质谱图

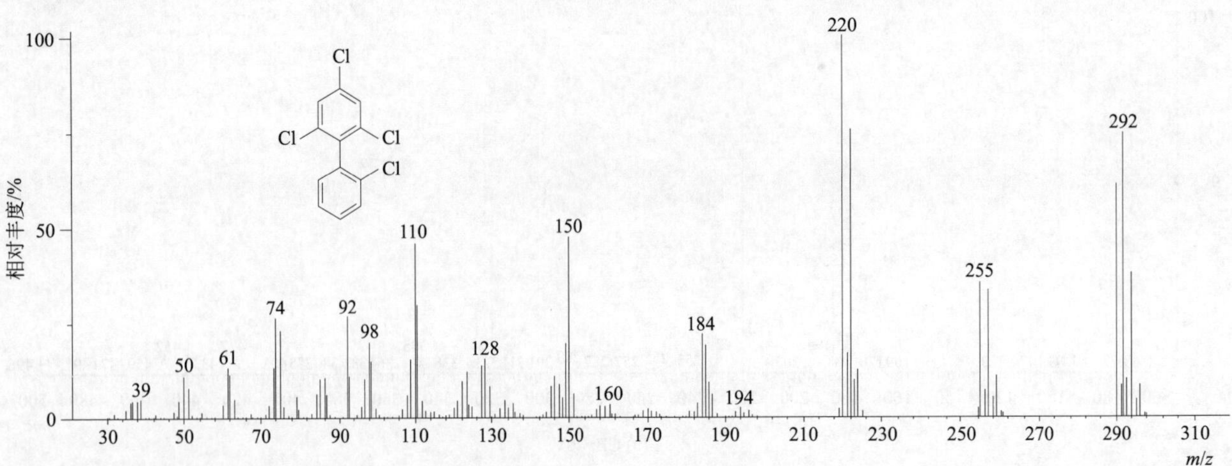

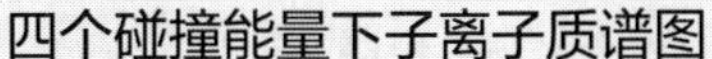

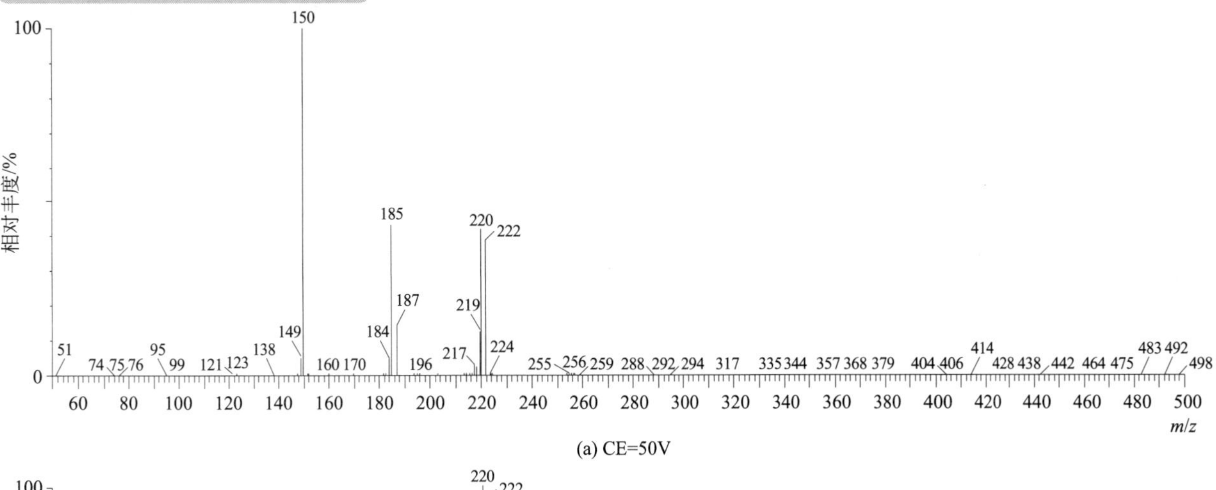

(a) CE=50V

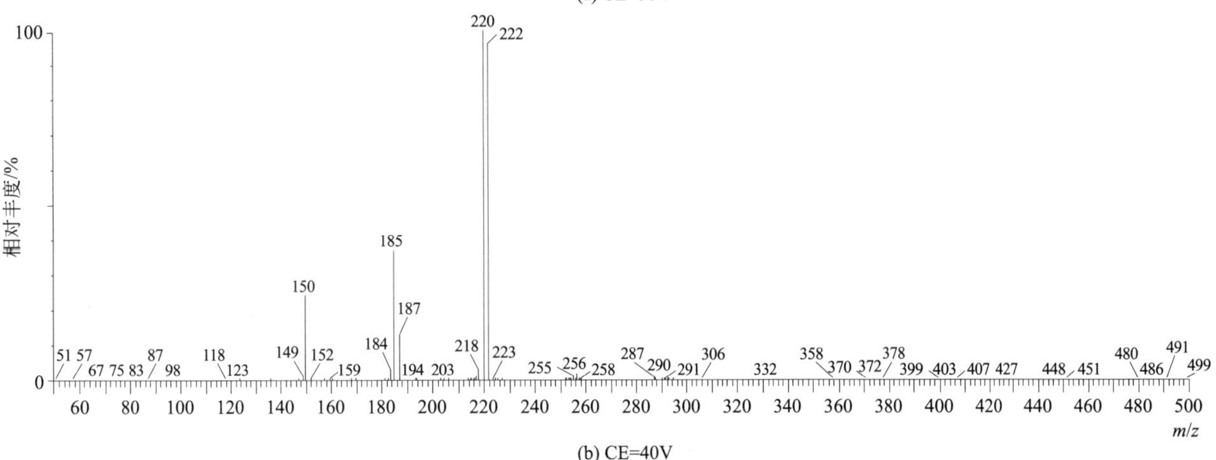

(b) CE=40V

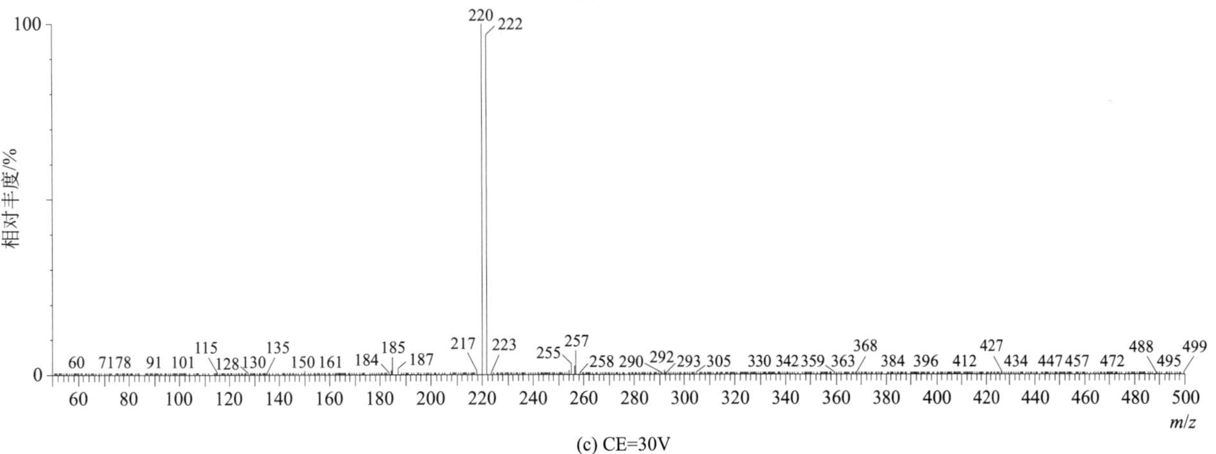

(c) CE=30V

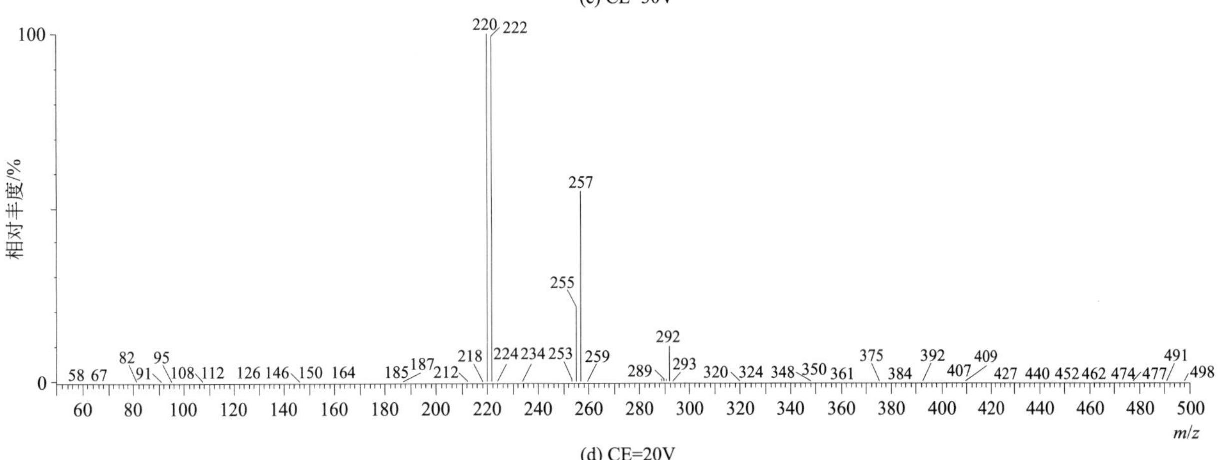

(d) CE=20V

2,2′,4,6′-Tetrachlorobiphenyl（2,2′,4,6′-四氯联苯）

基本信息

CAS 登录号	68194-04-7	分子量	289.9	扫描模式	子离子扫描
分子式	$C_{12}H_6Cl_4$	离子化模式	EI	母离子	294

一级质谱图

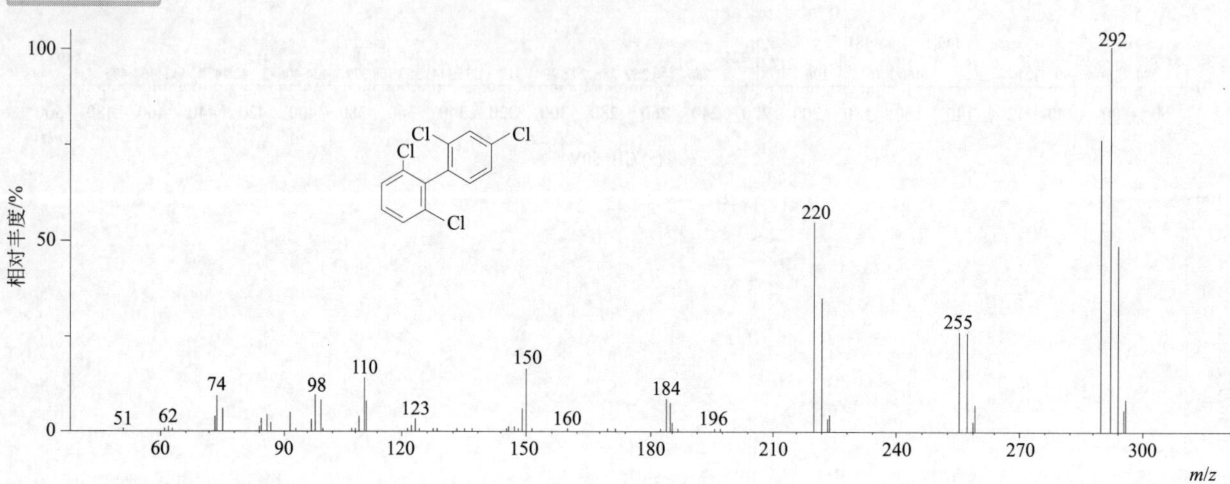

四个碰撞能量下子离子质谱图

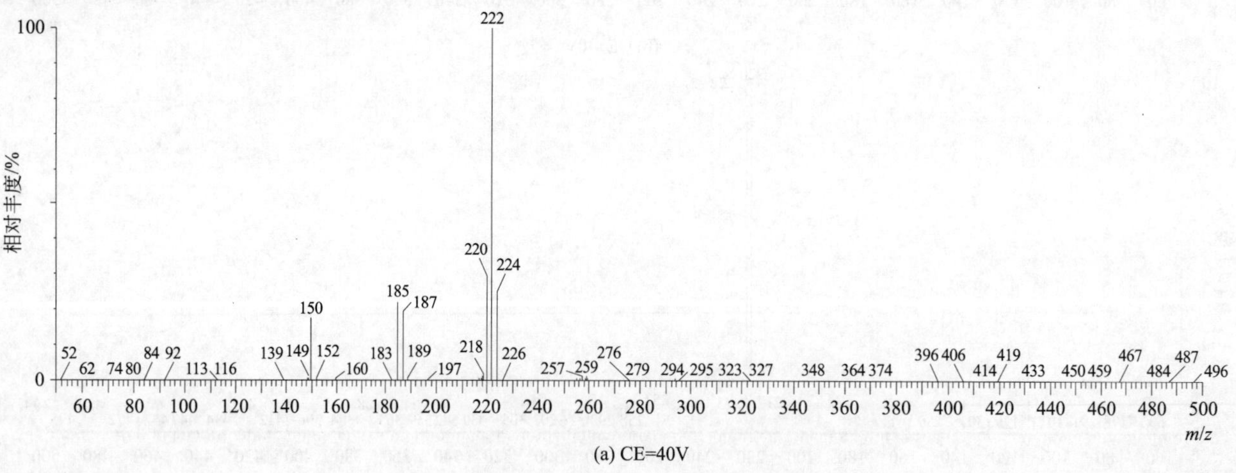

(a) CE=40V

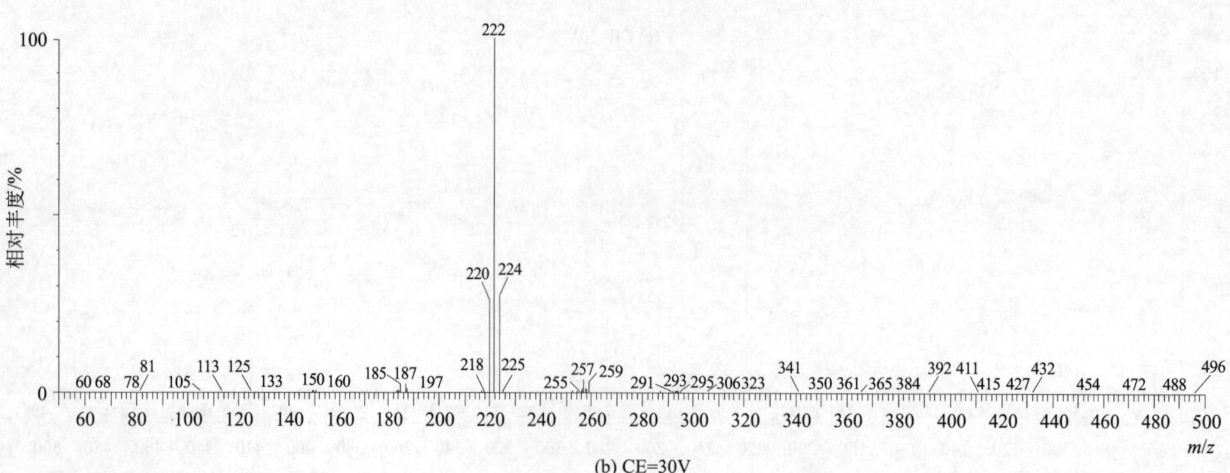

(b) CE=30V

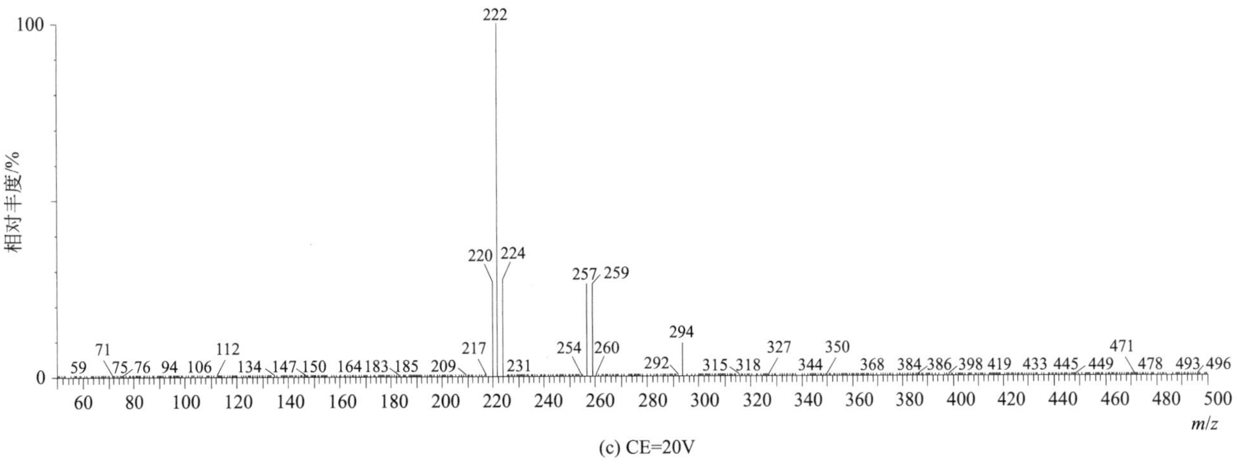

(c) CE=20V

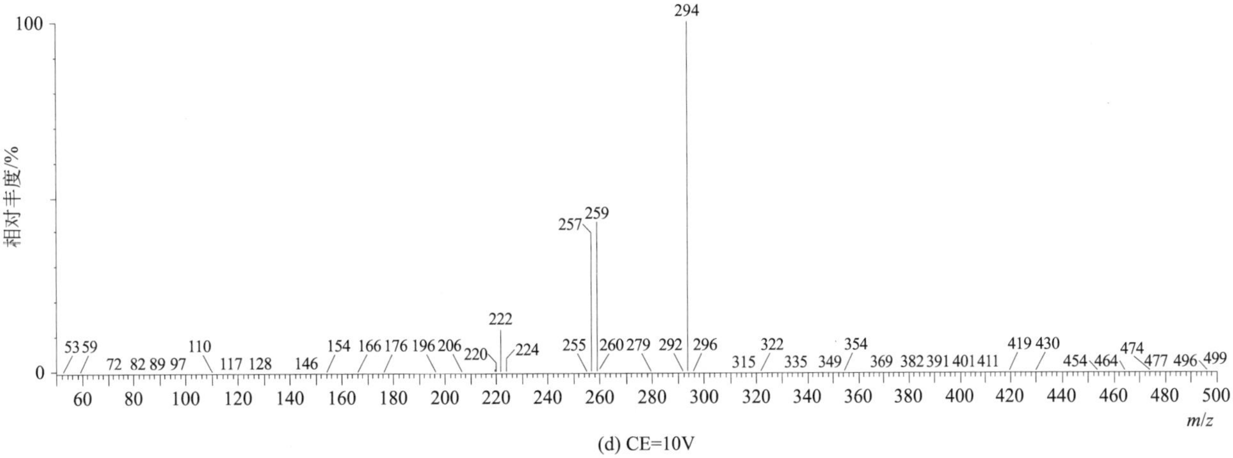

(d) CE=10V

2,2′,5,5′-Tetrachlorobiphenyl（2,2′,5,5′-四氯联苯）

基本信息

CAS 登录号	35693-99-3	分子量	289.9	扫描模式	子离子扫描
分子式	$C_{12}H_6Cl_4$	离子化模式	EI	母离子	220

一级质谱图

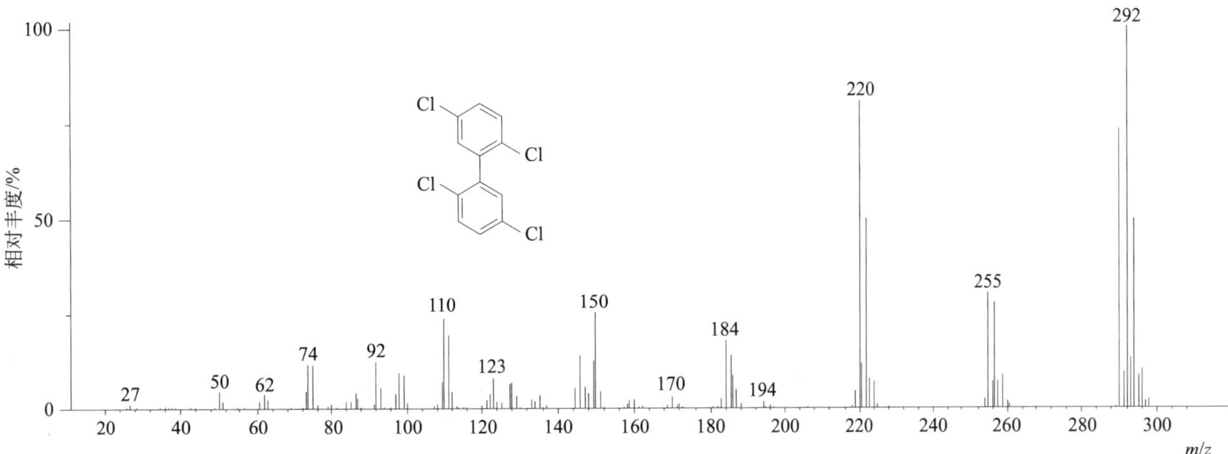

四个碰撞能量下子离子质谱图

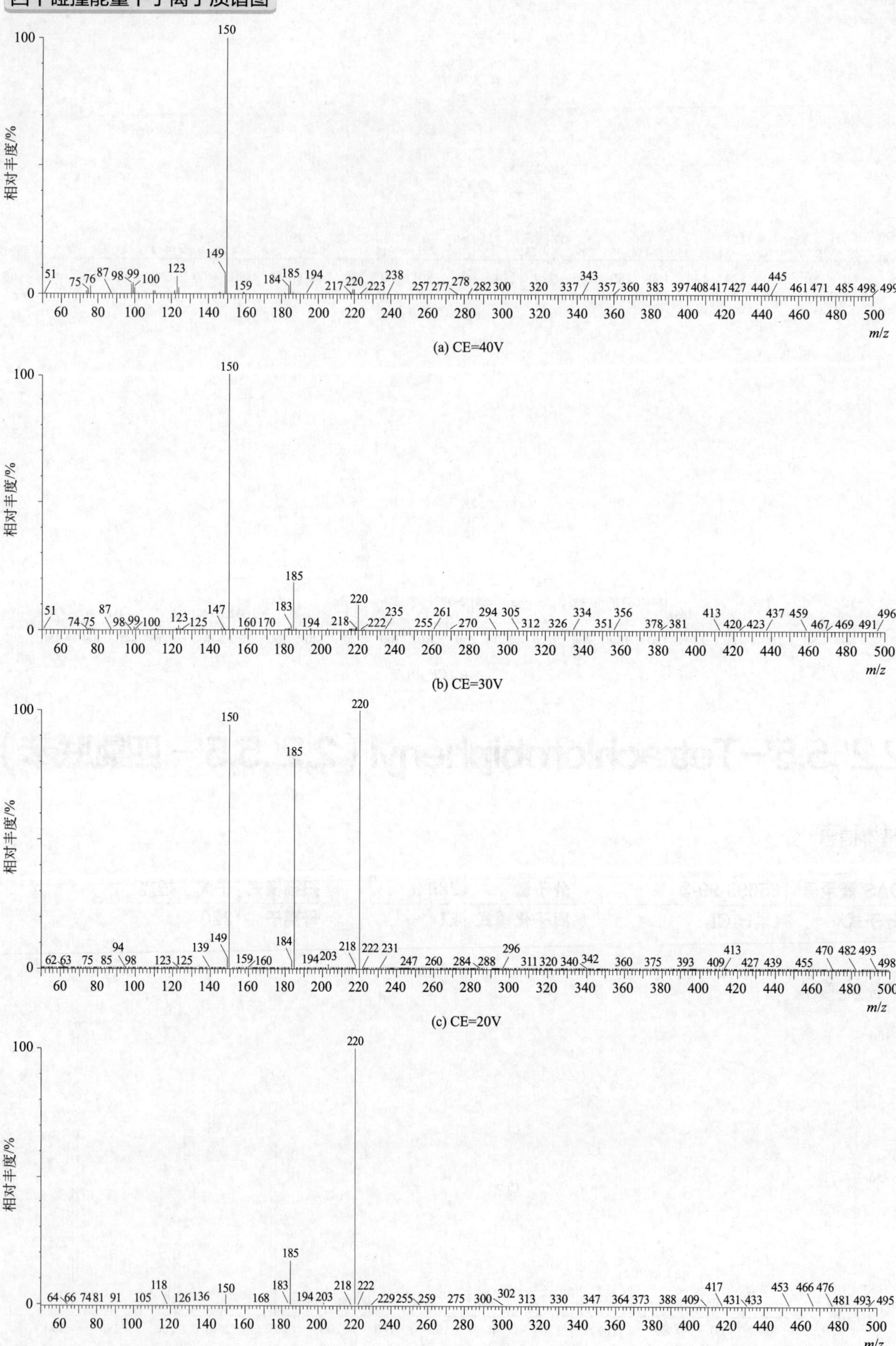

2,2′,5,6′-Tetrachlorobiphenyl（2,2′,5,6′-四氯联苯）

基本信息

CAS 登录号	41464-41-9	分子量	289.9	扫描模式	子离子扫描
分子式	$C_{12}H_6Cl_4$	离子化模式	EI	母离子	292

一级质谱图

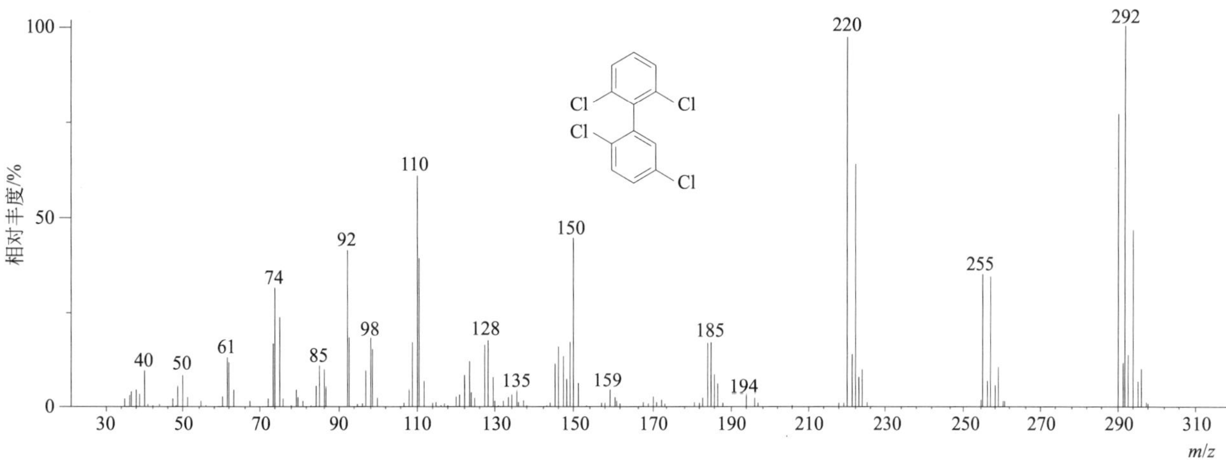

四个碰撞能量下子离子质谱图

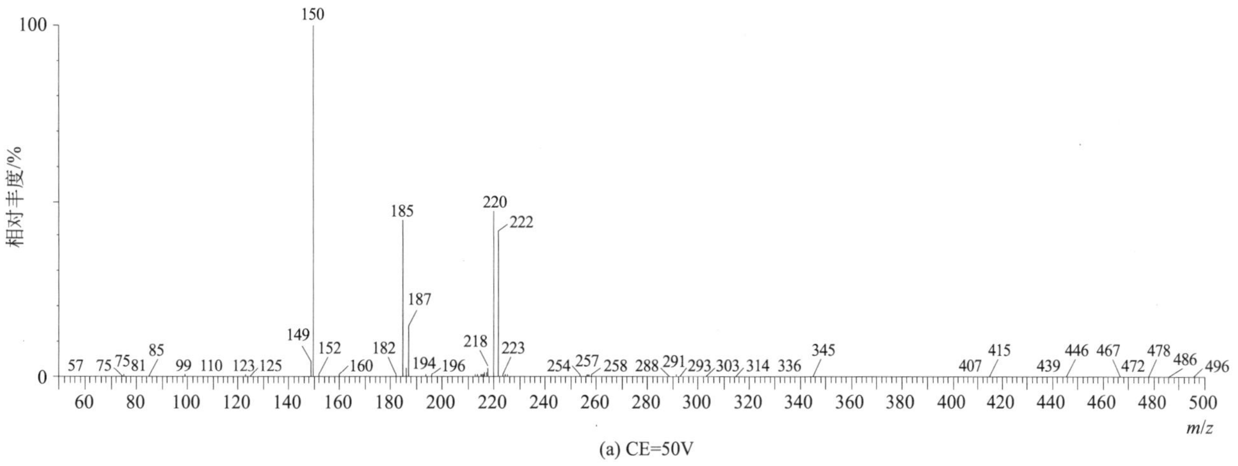

(a) CE=50V

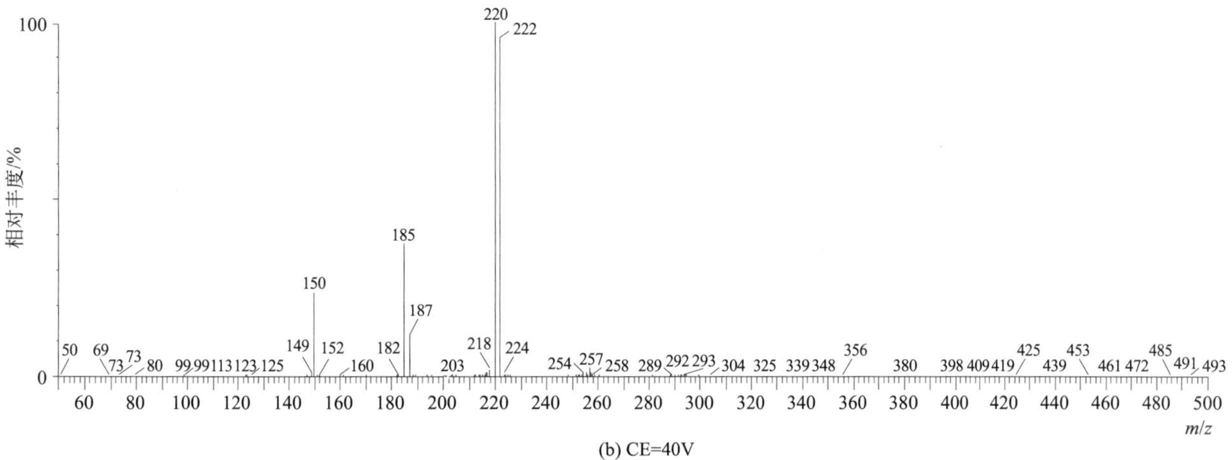

(b) CE=40V

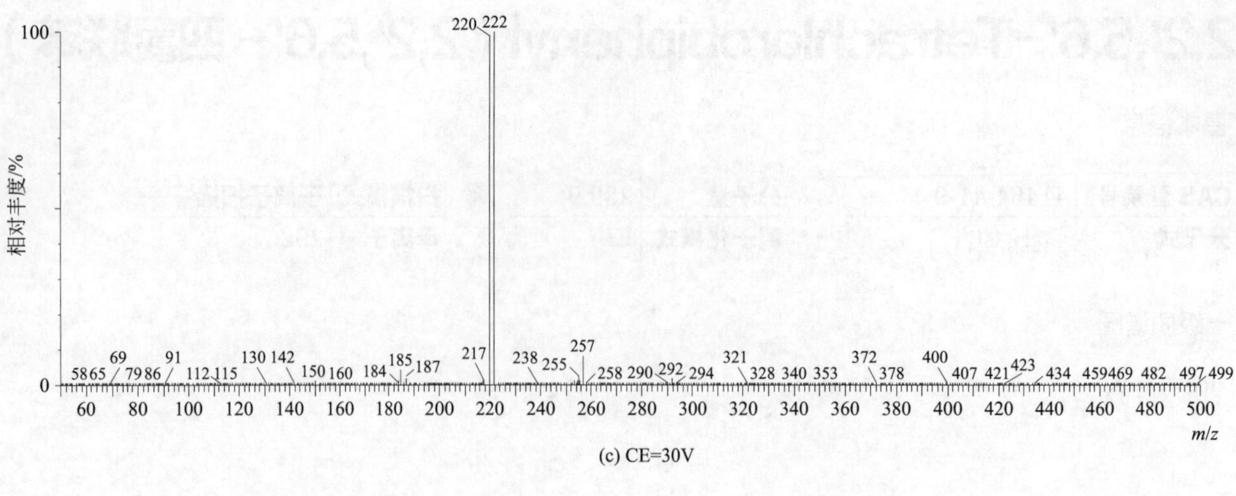

(c) CE=30V

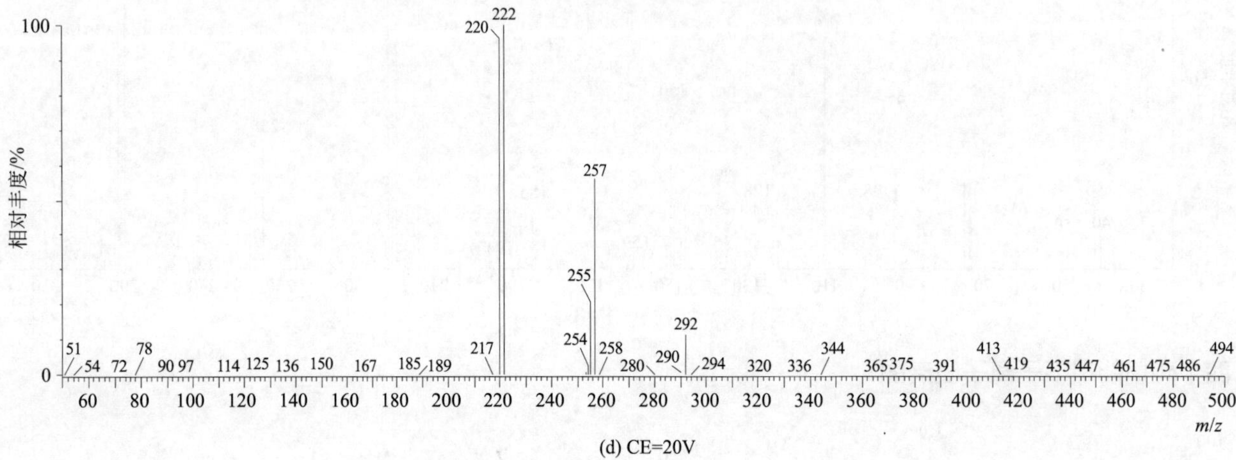

(d) CE=20V

2,2′,6,6′-Tetrachlorobiphenyl（2,2′,6,6′-四氯联苯）

基本信息

CAS 登录号	15968-05-5	**分子量**	289.9	**扫描模式**	子离子扫描
分子式	$C_{12}H_6Cl_4$	**离子化模式**	EI	**母离子**	292

一级质谱图

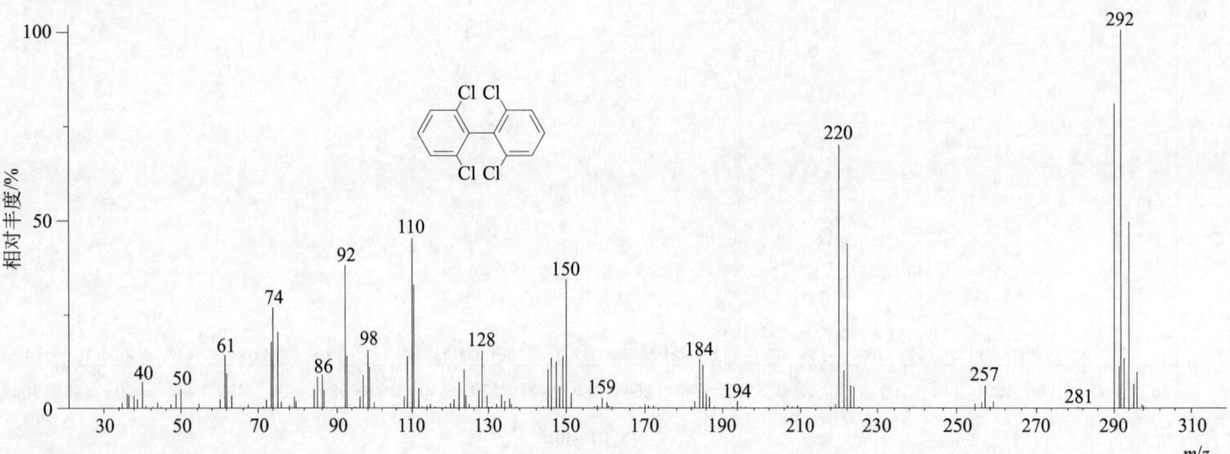

四个碰撞能量下子离子质谱图

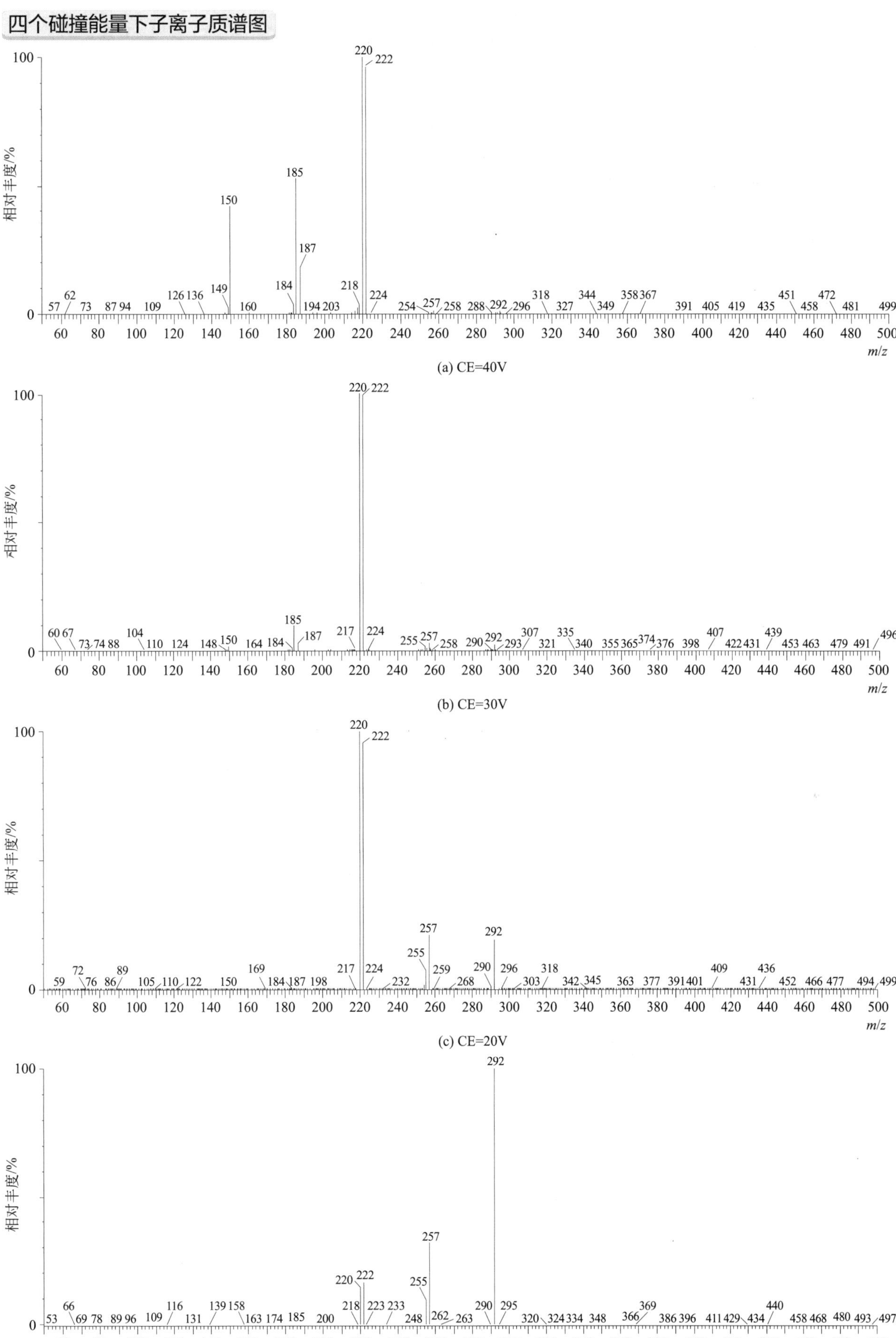

(a) CE=40V

(b) CE=30V

(c) CE=20V

(d) CE=10V

2,3,3′,4-Tetrachlorobiphenyl（2,3,3′,4-四氯联苯）

基本信息

CAS 登录号	74338-24-2	分子量	289.9	扫描模式	子离子扫描
分子式	$C_{12}H_6Cl_4$	离子化模式	EI	母离子	292

一级质谱图

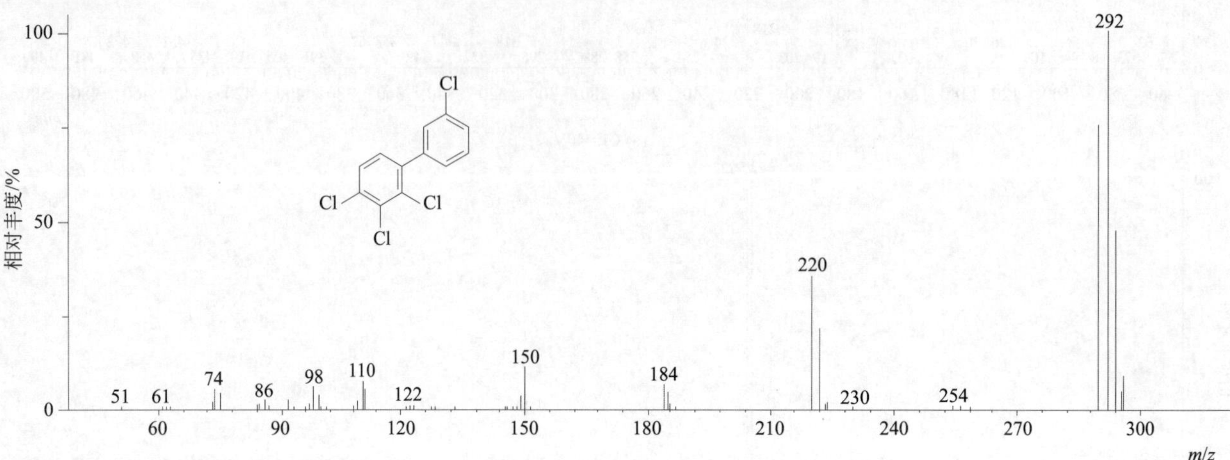

四个碰撞能量下子离子质谱图

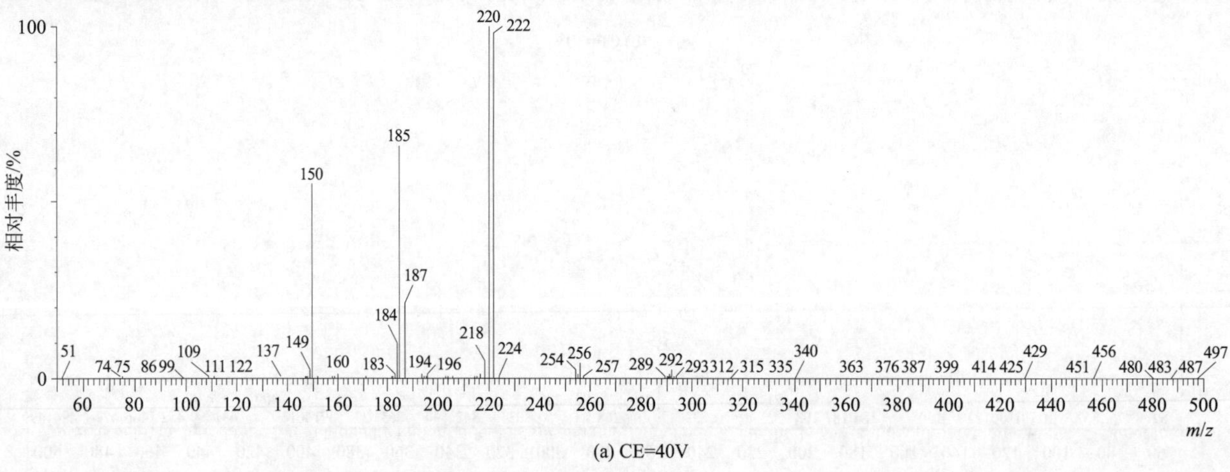

(a) CE=40V

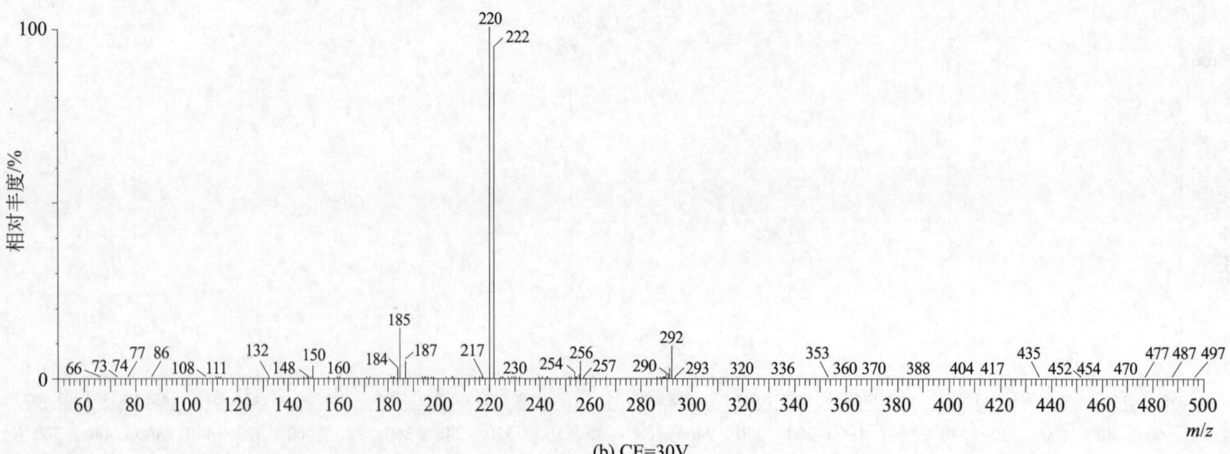

(b) CE=30V

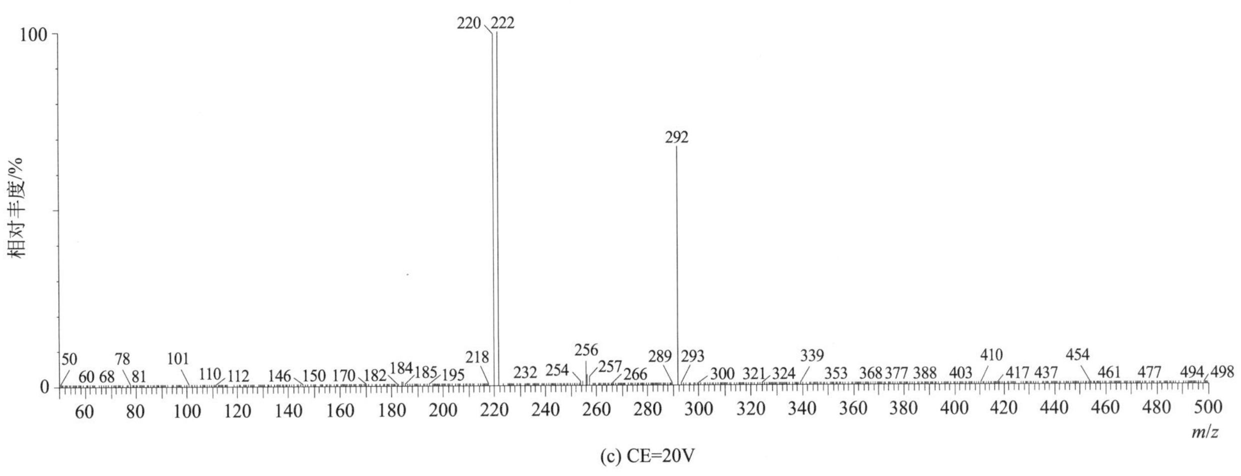

(c) CE=20V

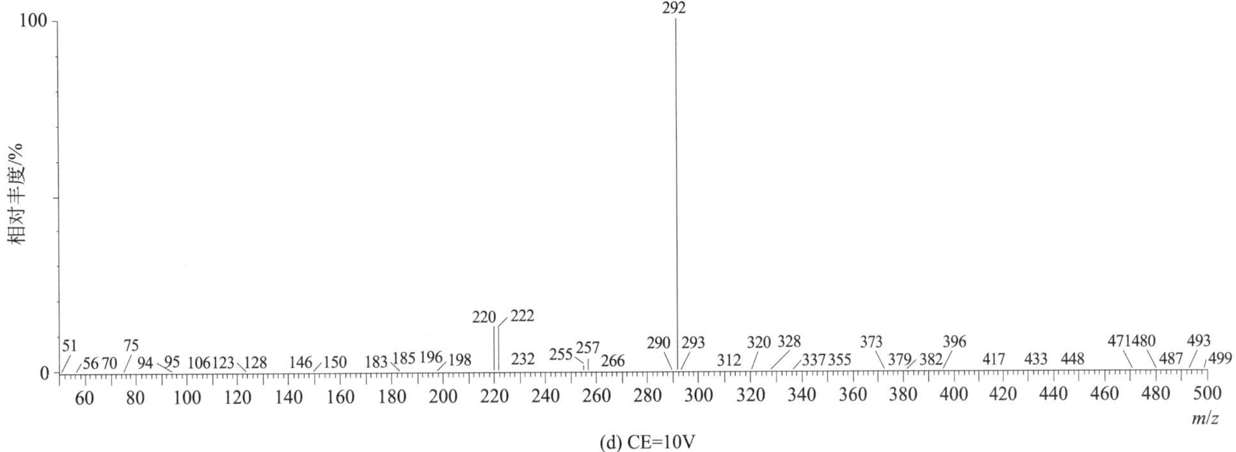

(d) CE=10V

2,3,3′,4′-Tetrachlorobiphenyl（2,3,3′,4′-四氯联苯）

基本信息

CAS 登录号	41464-43-1	**分子量**	289.9	**扫描模式**	子离子扫描
分子式	$C_{12}H_6Cl_4$	**离子化模式**	EI	**母离子**	290

一级质谱图

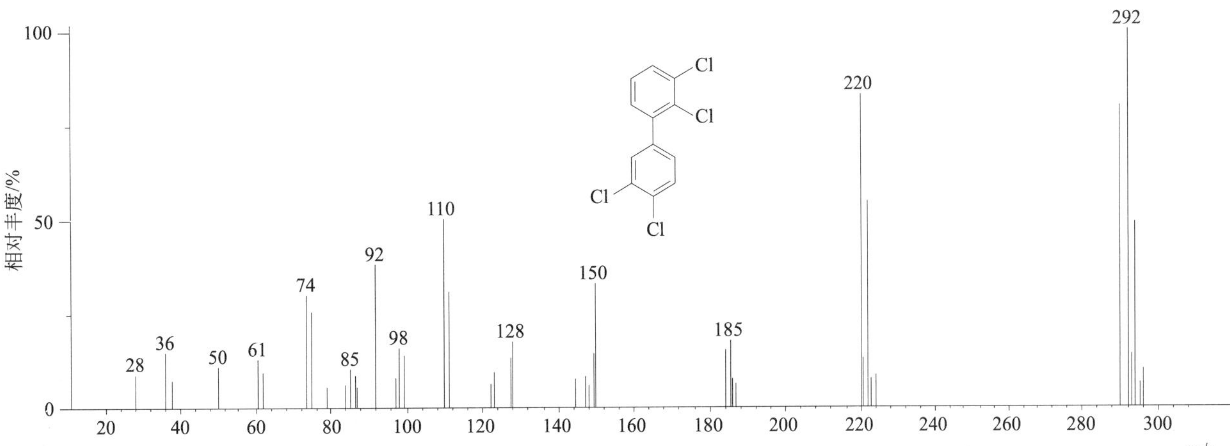

四个碰撞能量下子离子质谱图

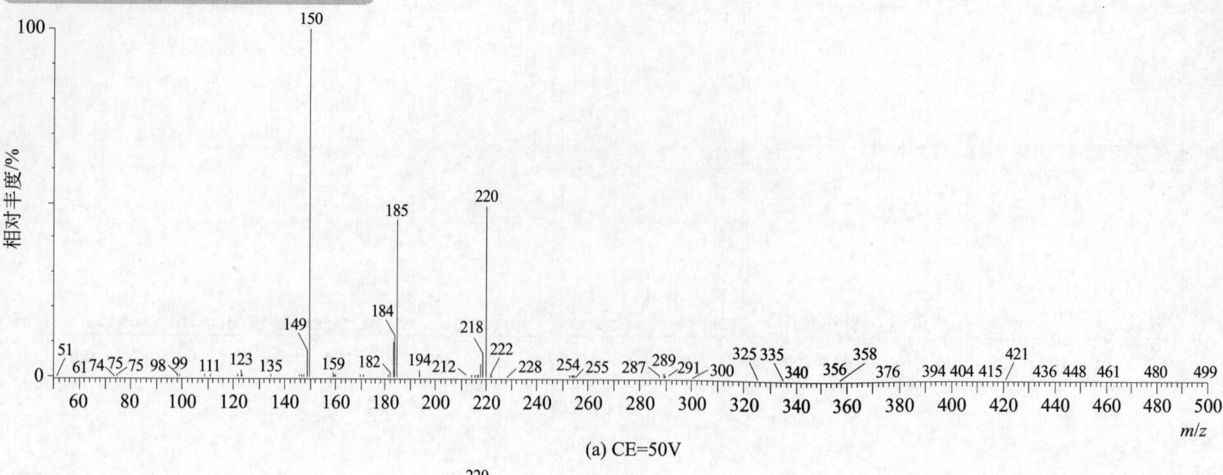

(a) CE=50V

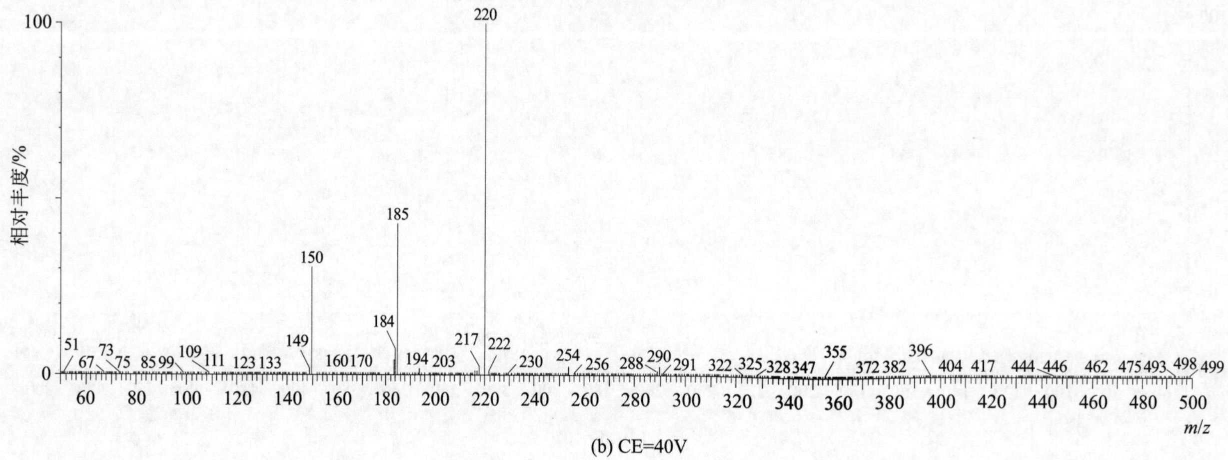

(b) CE=40V

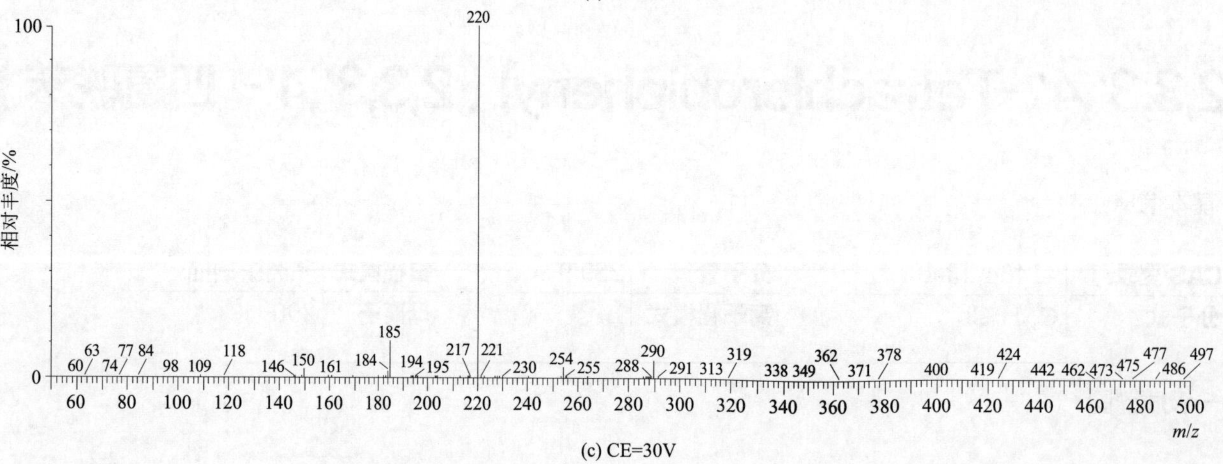

(c) CE=30V

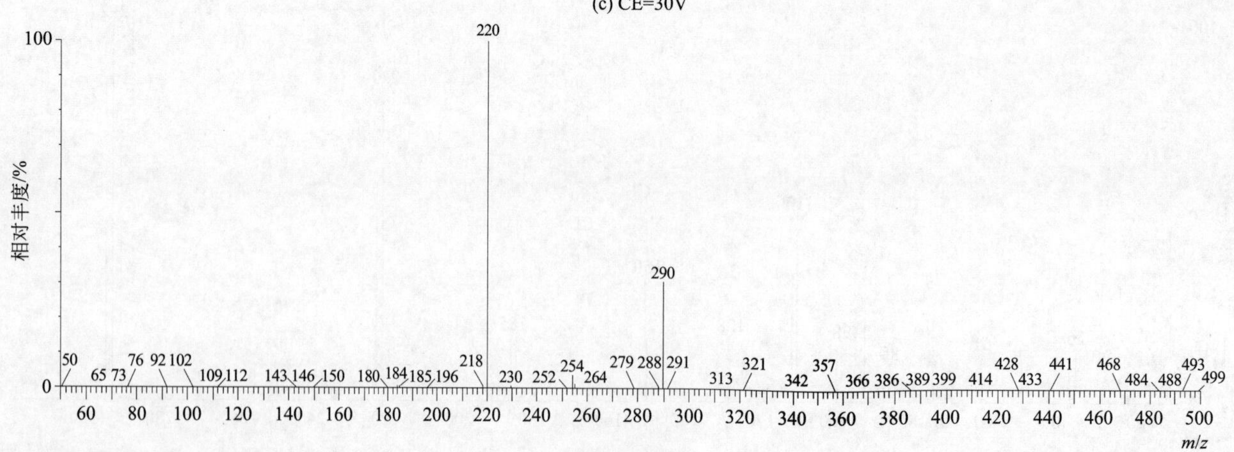

(d) CE=20V

2,3,3′,5-Tetrachlorobiphenyl（2,3,3′,5-四氯联苯）

基本信息

CAS 登录号	70424-67-8	分子量	289.9	扫描模式	子离子扫描
分子式	$C_{12}H_6Cl_4$	离子化模式	EI	母离子	220

一级质谱图

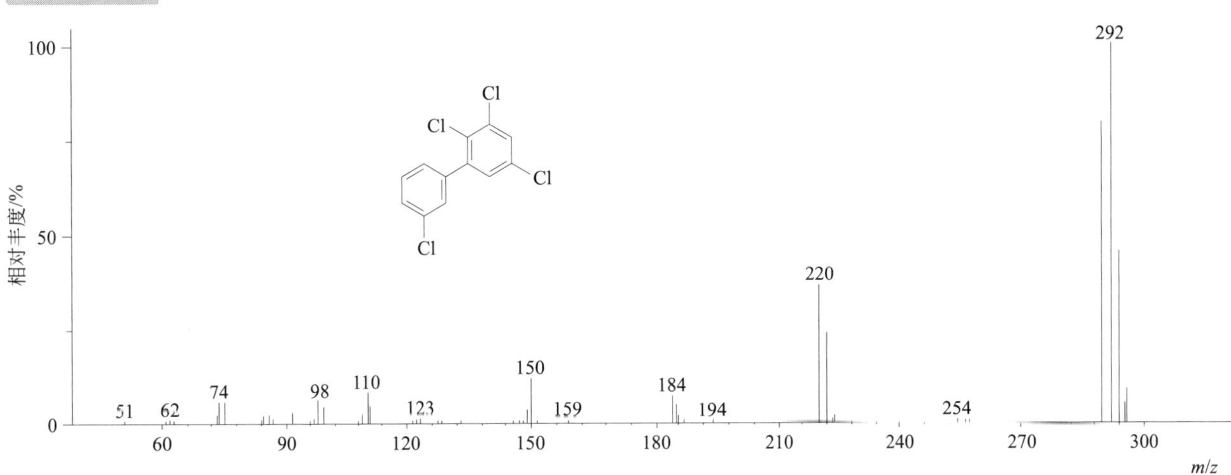

四个碰撞能量下子离子质谱图

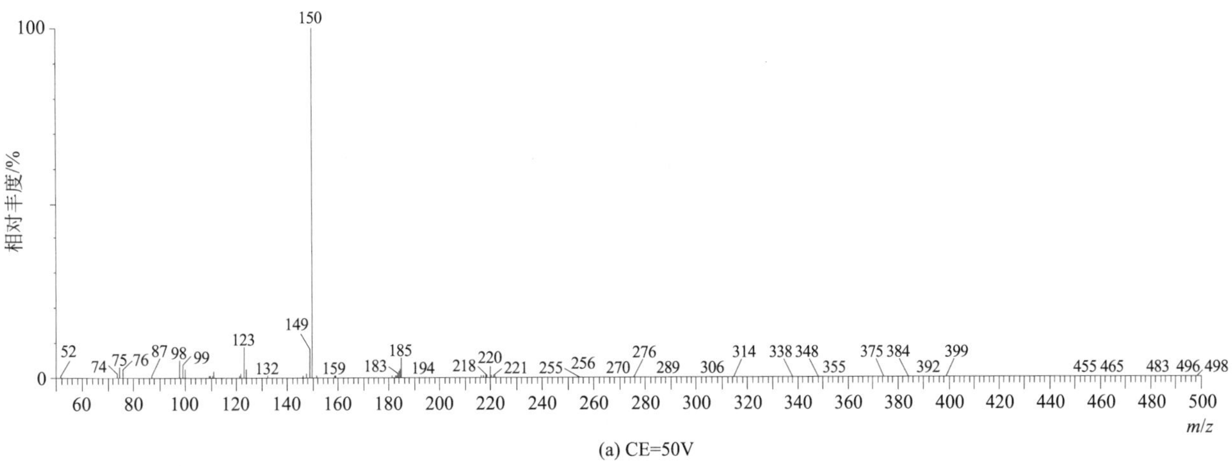

(a) CE=50V

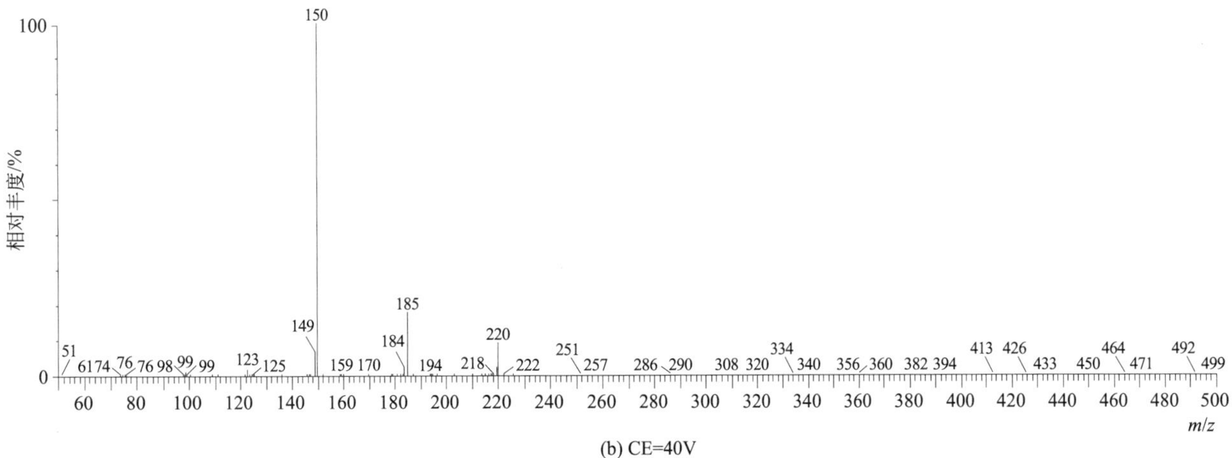

(b) CE=40V

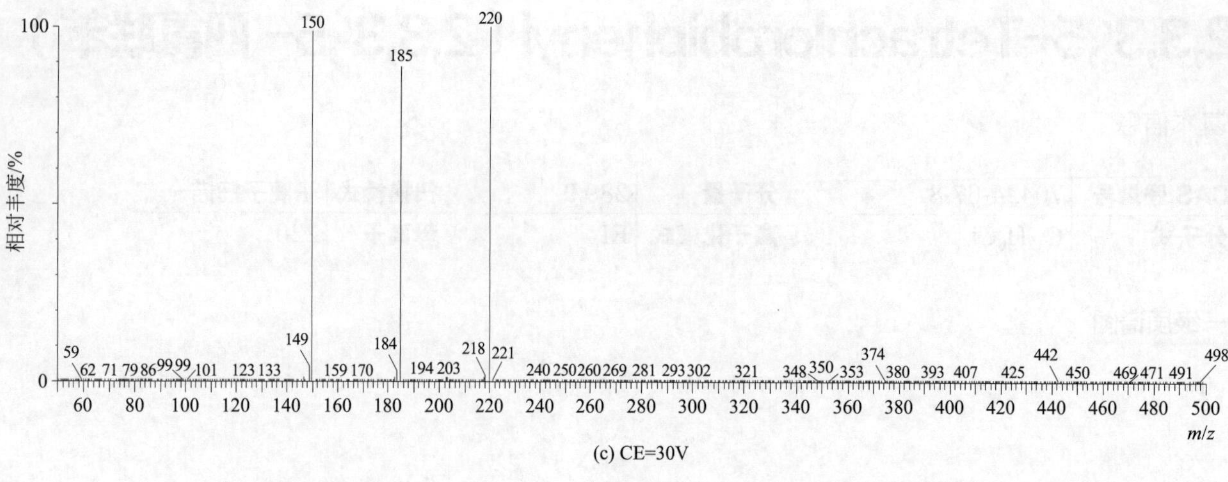

(c) CE=30V

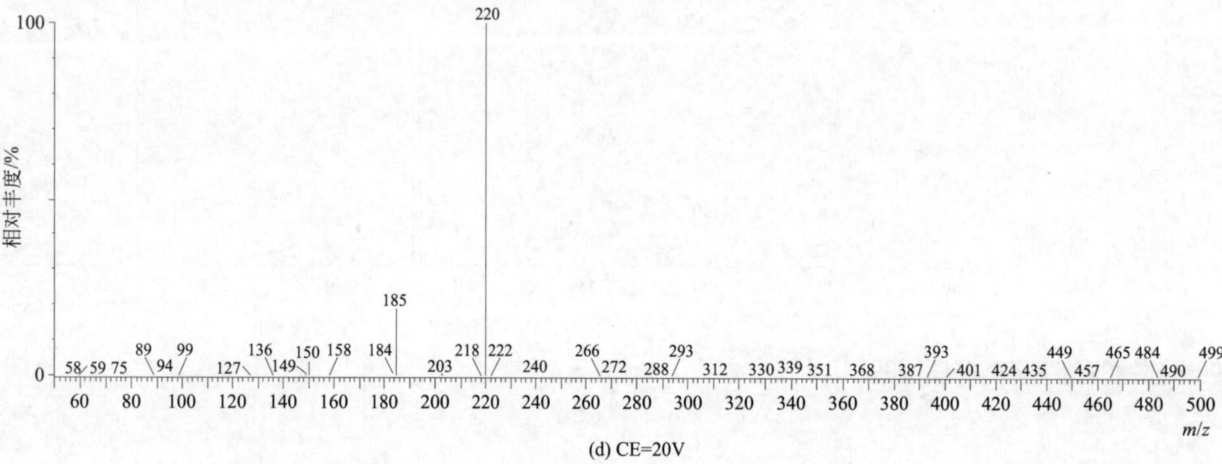

(d) CE=20V

2,3,3′,5′-Tetrachlorobiphenyl（2,3,3′,5′-四氯联苯）

基本信息

CAS 登录号	41464-49-7	分子量	289.9	扫描模式	子离子扫描
分子式	$C_{12}H_6Cl_4$	离子化模式	EI	母离子	292

一级质谱图

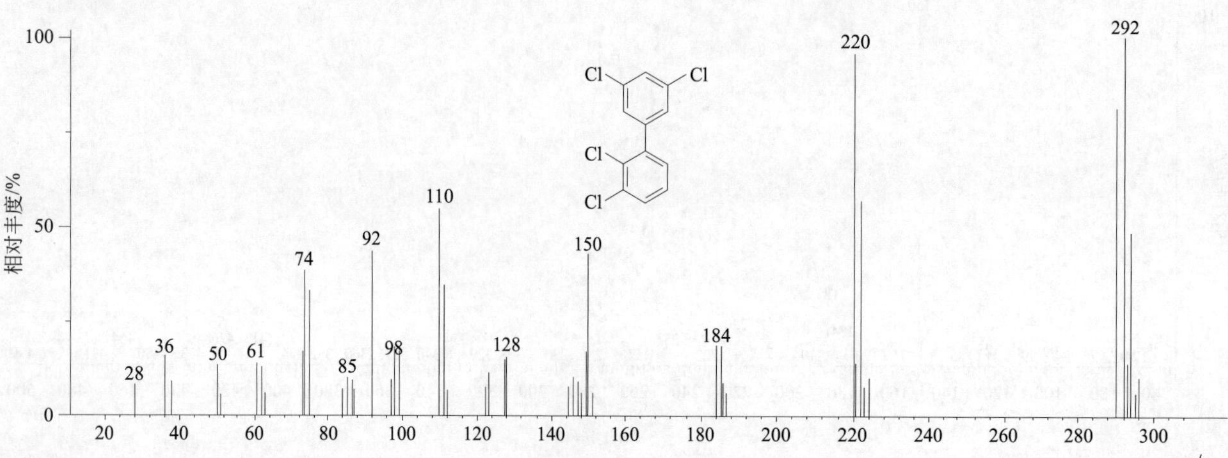

四个碰撞能量下子离子质谱图

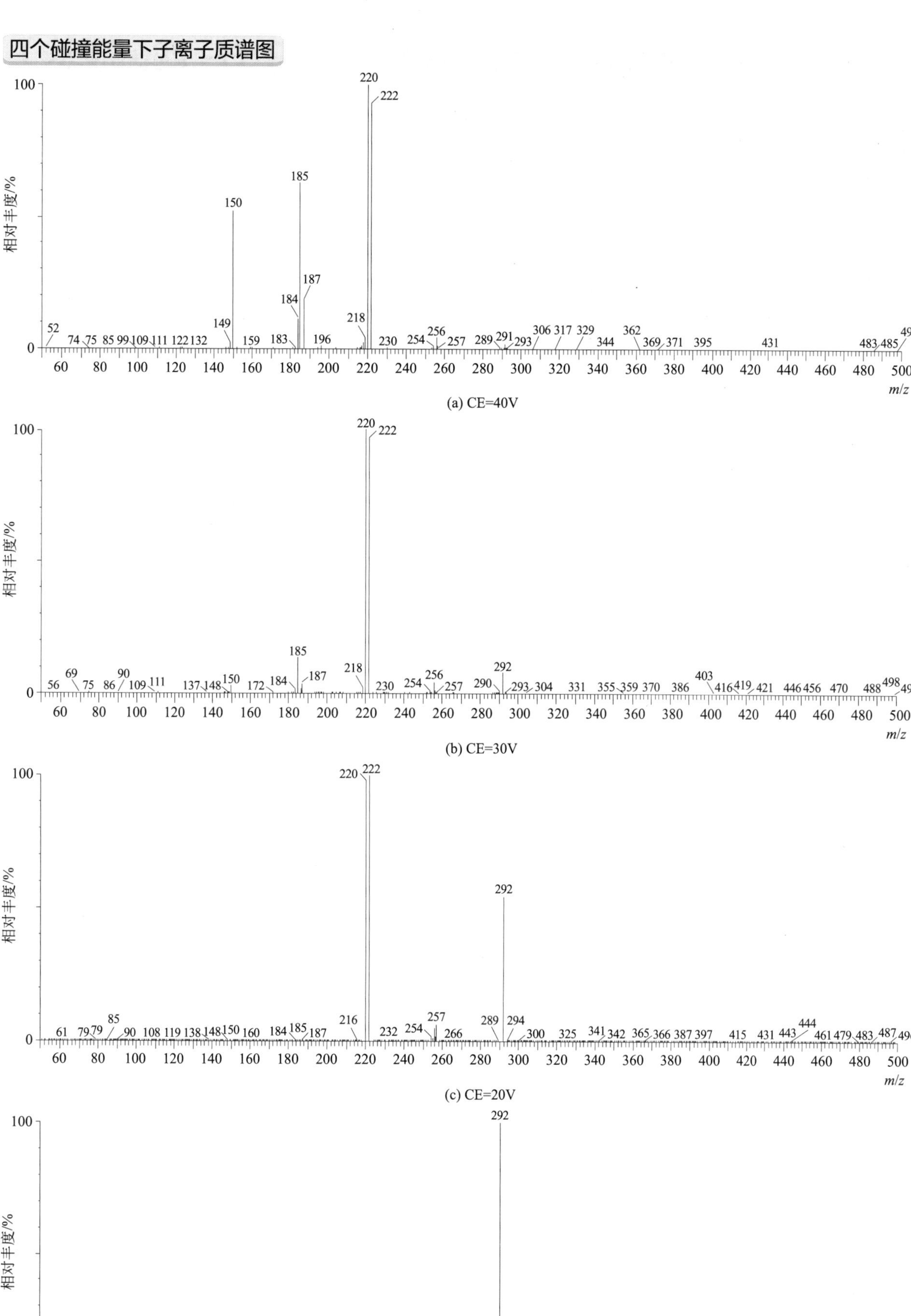

(a) CE=40V

(b) CE=30V

(c) CE=20V

(d) CE=10V

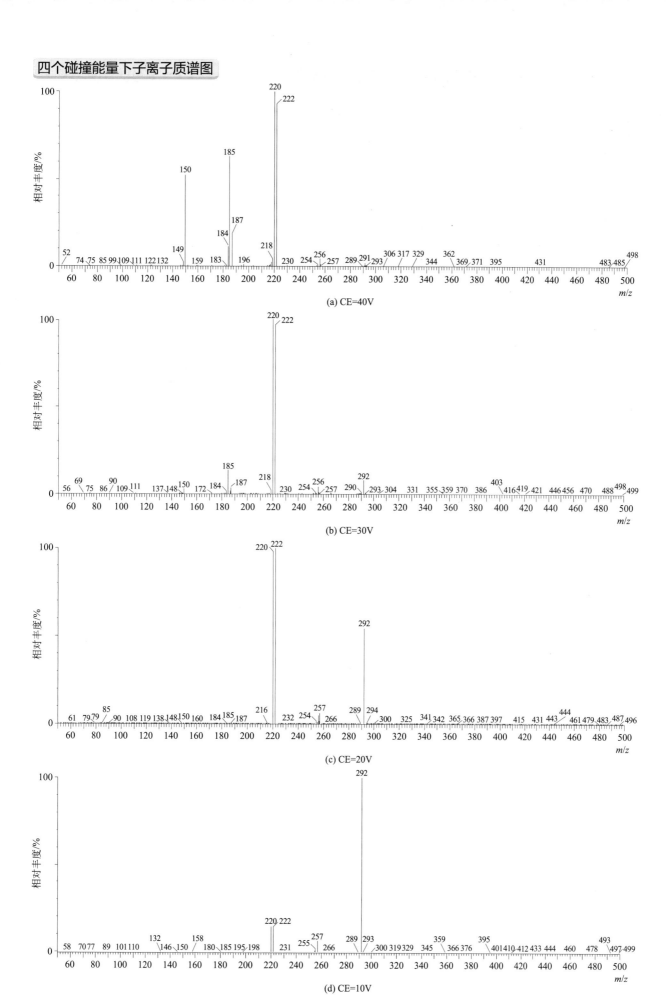

2,3,3′,6-Tetrachlorobiphenyl（2,3,3′,6-四氯联苯）

基本信息

CAS 登录号	74472-33-6	分子量	289.9	扫描模式	子离子扫描
分子式	$C_{12}H_6Cl_4$	离子化模式	EI	母离子	220

一级质谱图

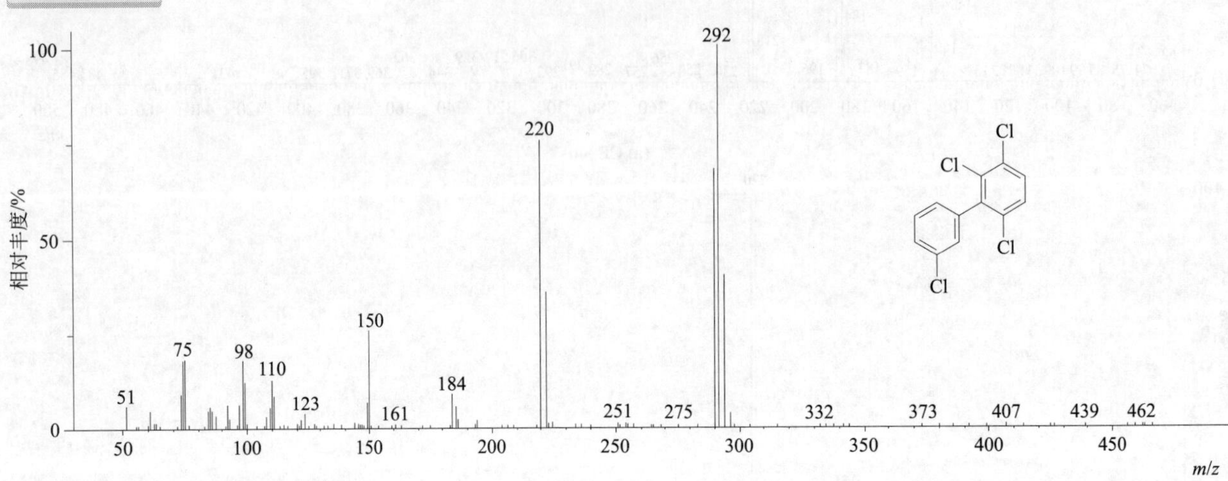

四个碰撞能量下子离子质谱图

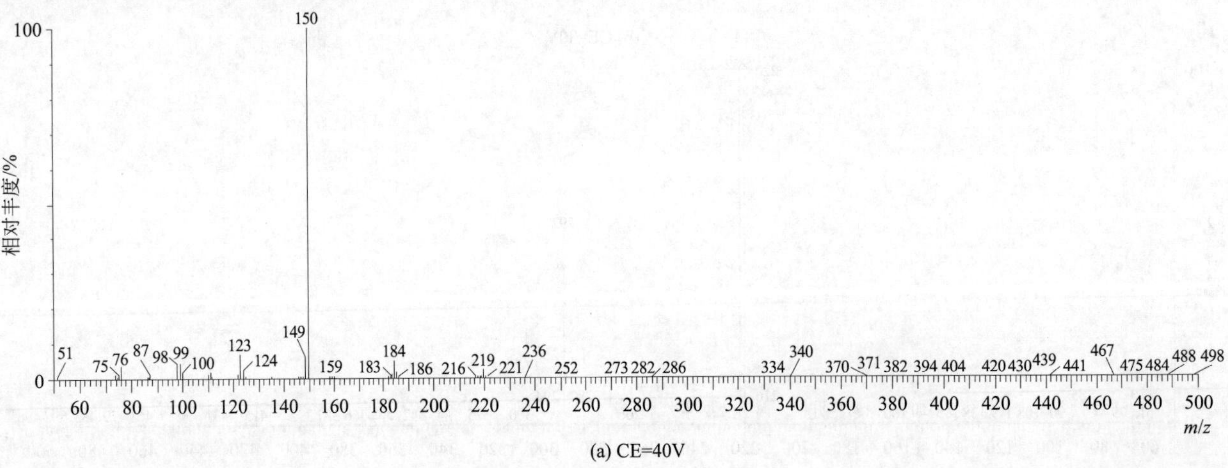

(a) CE=40V

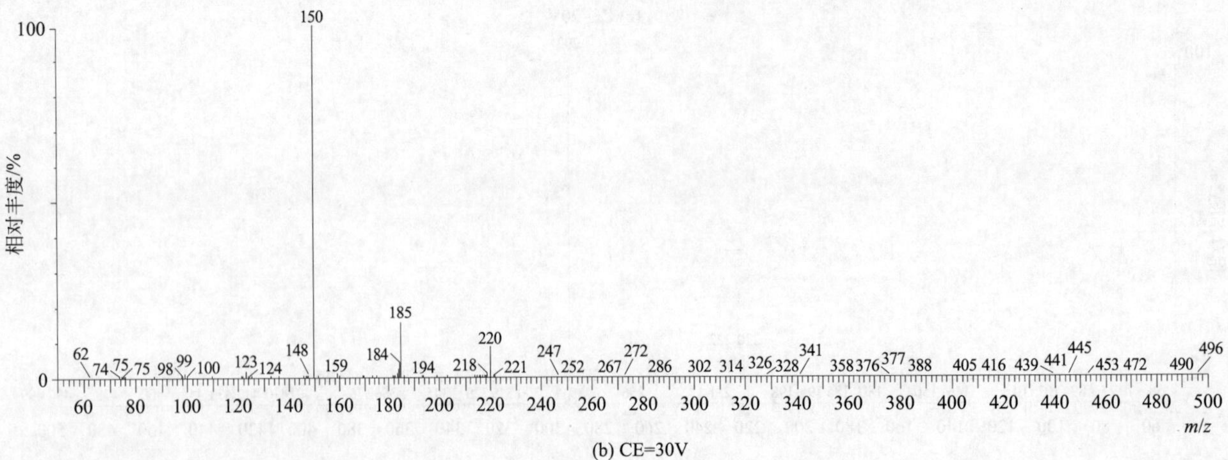

(b) CE=30V

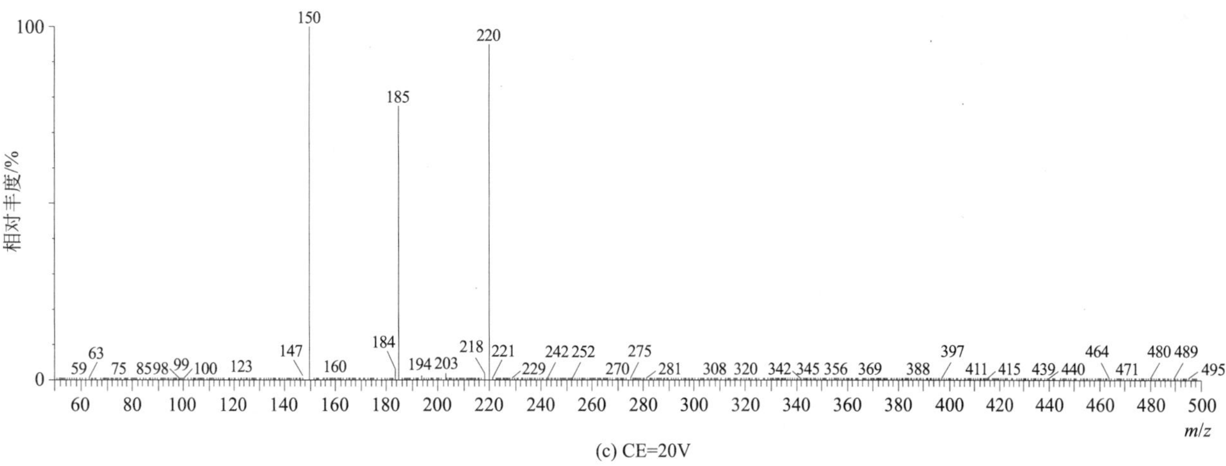

(c) CE=20V

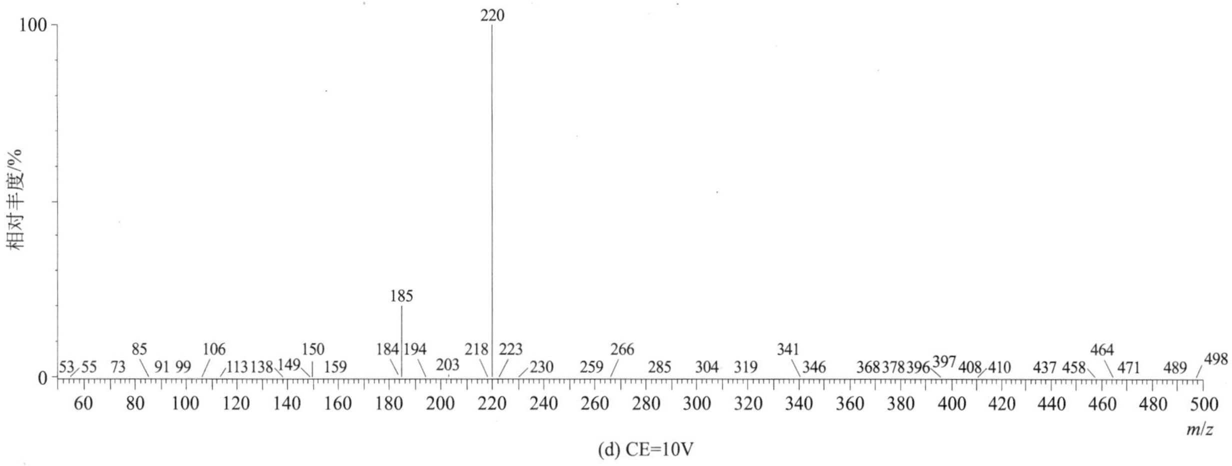

(d) CE=10V

2,3,4,4′-Tetrachlorobiphenyl（2,3,4,4′-四氯联苯）

基本信息

CAS 登录号	33025-41-1	分子量	289.9	扫描模式	子离子扫描
分子式	$C_{12}H_6Cl_4$	离子化模式	EI	母离子	294

一级质谱图

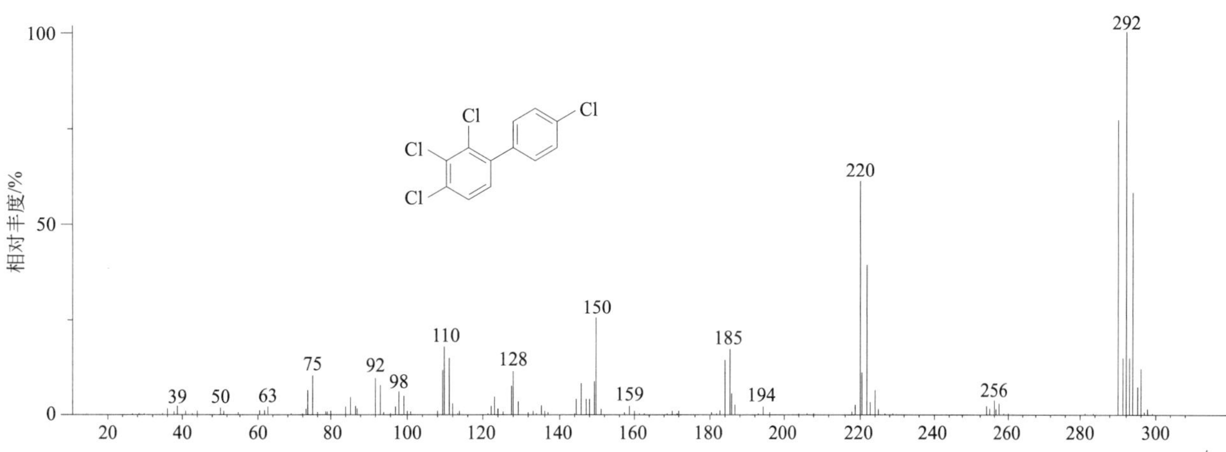

四个碰撞能量下子离子质谱图

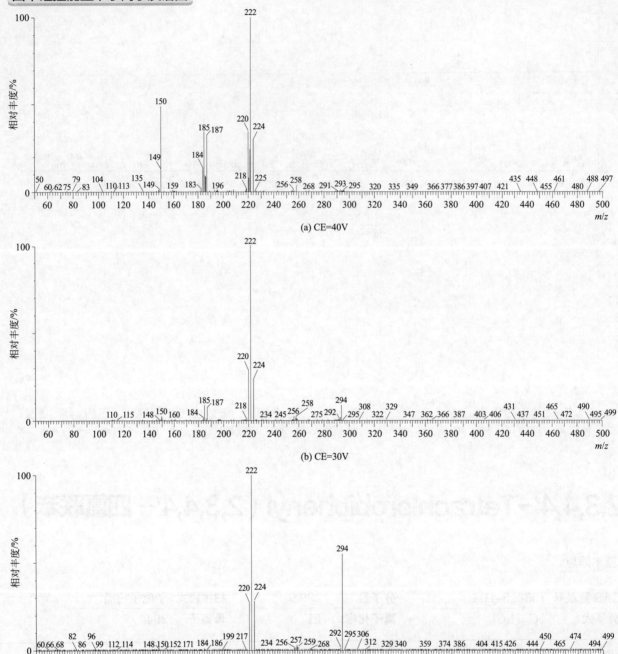

(a) CE=40V

(b) CE=30V

(c) CE=20V

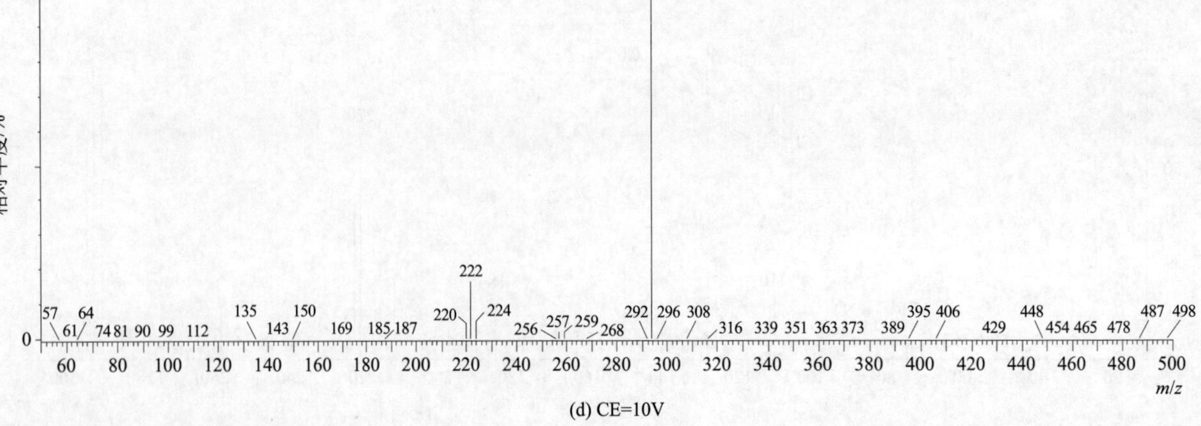

(d) CE=10V

2,3,4,5-Tetrachlorobiphenyl（2,3,4,5- 四氯联苯）

基本信息

CAS 登录号	33284-53-6	分子量	289.9	扫描模式	子离子扫描
分子式	$C_{12}H_6Cl_4$	离子化模式	EI	母离子	294

一级质谱图

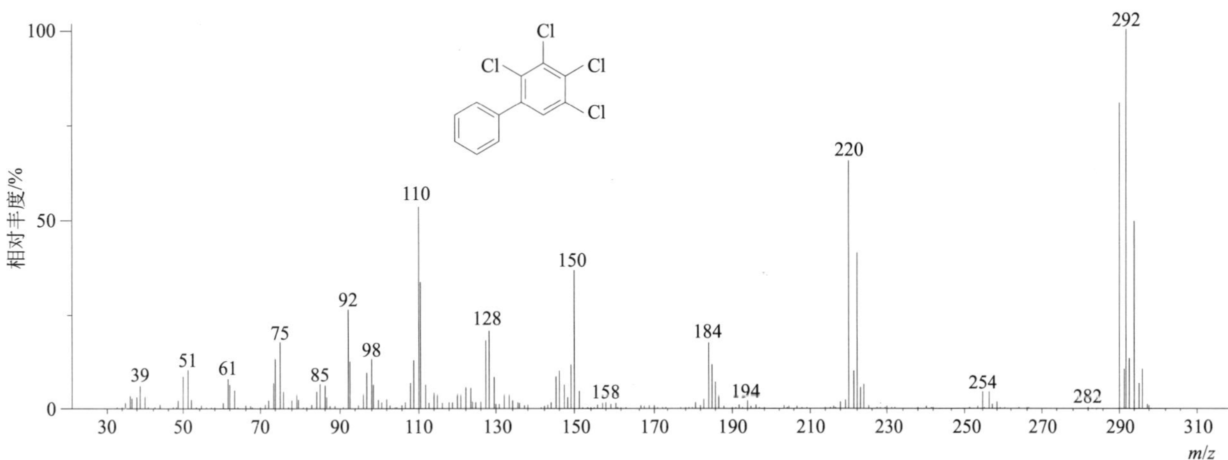

四个碰撞能量下子离子质谱图

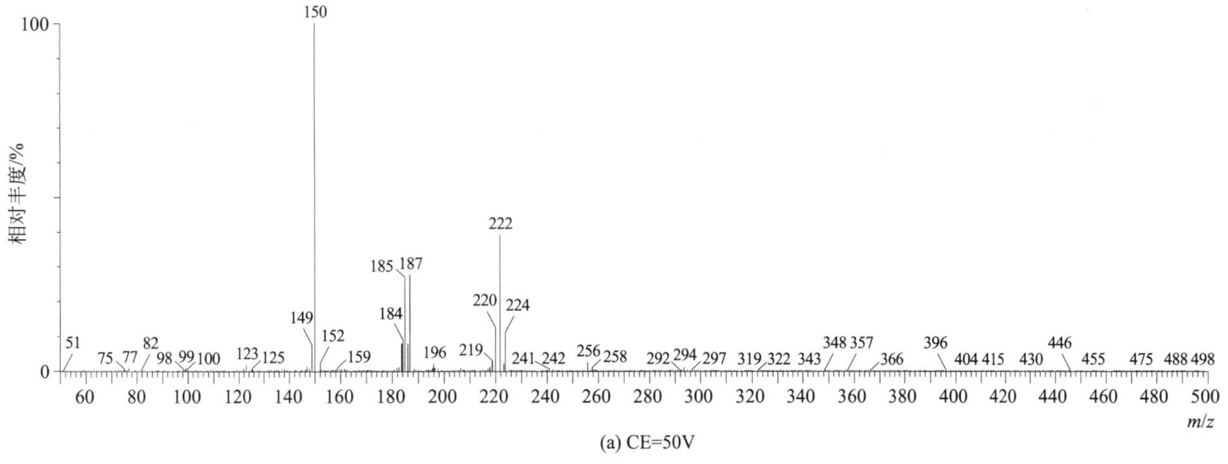

(a) CE=50V

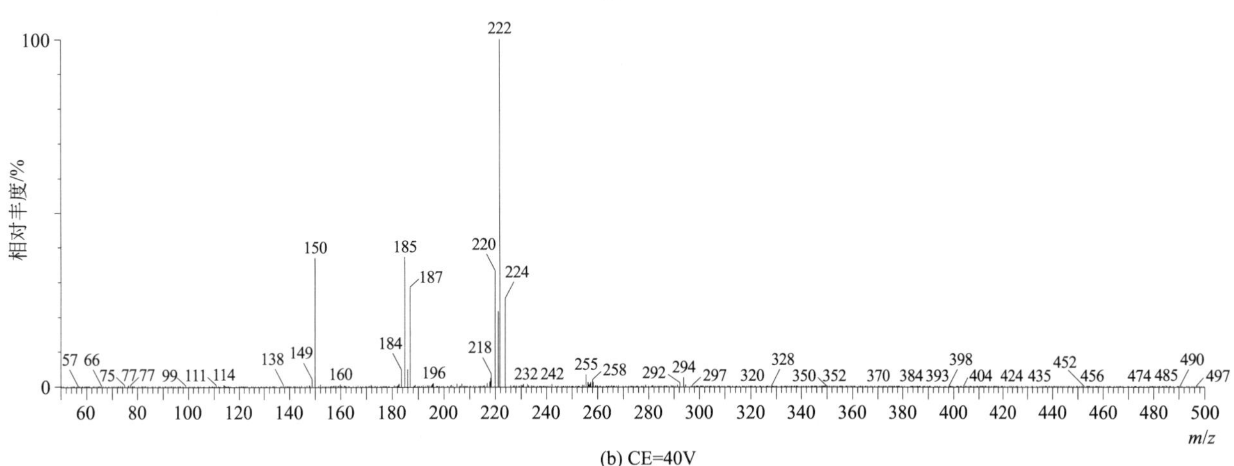

(b) CE=40V

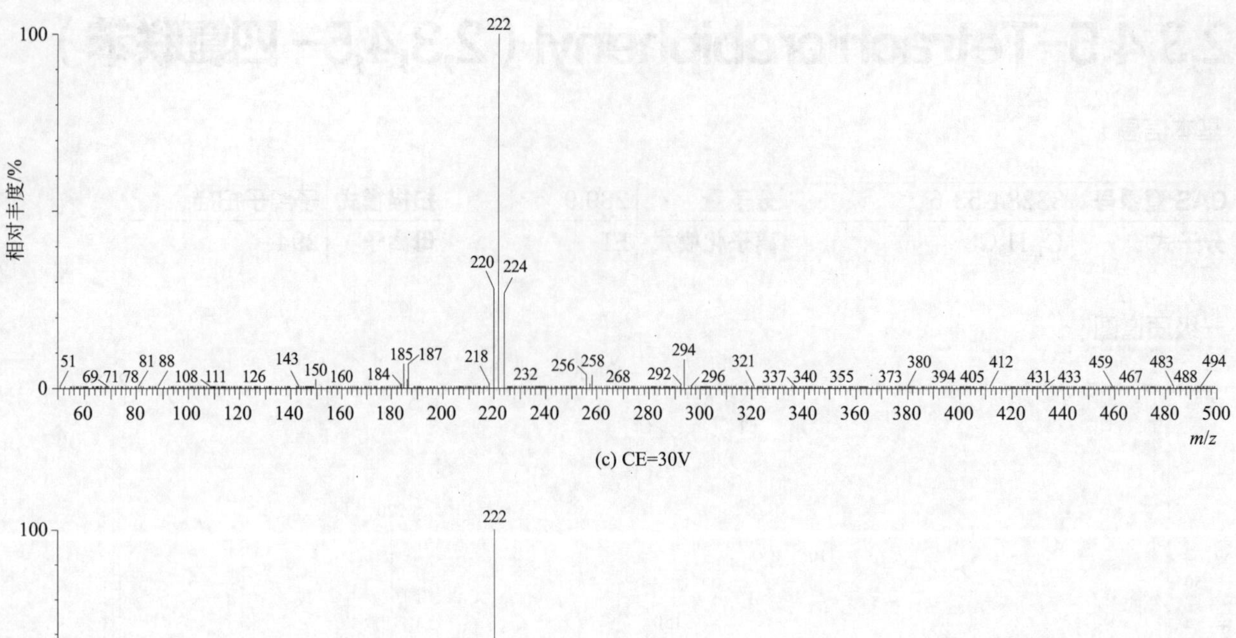

(c) CE=30V

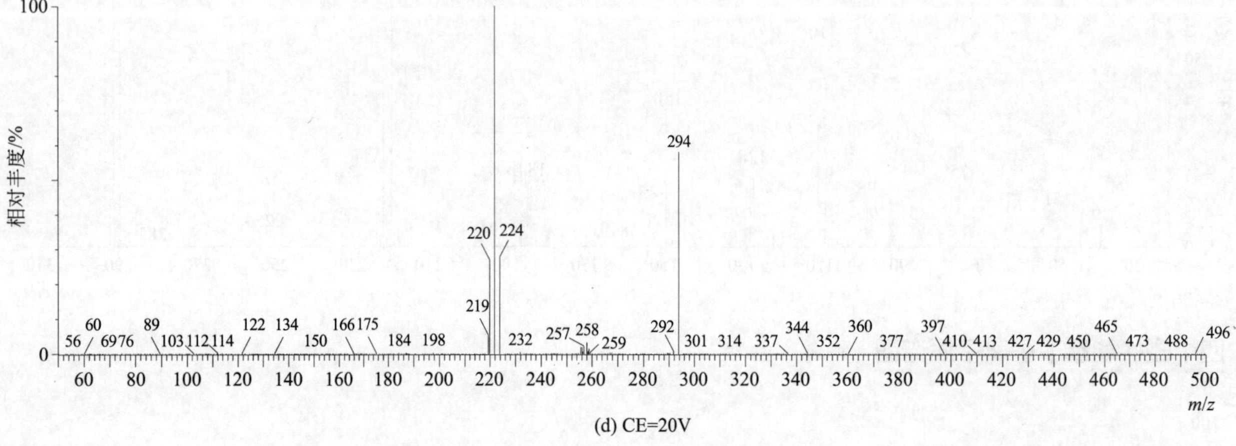

(d) CE=20V

2,3,4,6-Tetrachlorobiphenyl（2,3,4,6- 四氯联苯）

基本信息

CAS 登录号	54230-22-7	分子量	289.9	扫描模式	子离子扫描
分子式	$C_{12}H_6Cl_4$	离子化模式	EI	母离子	292

一级质谱图

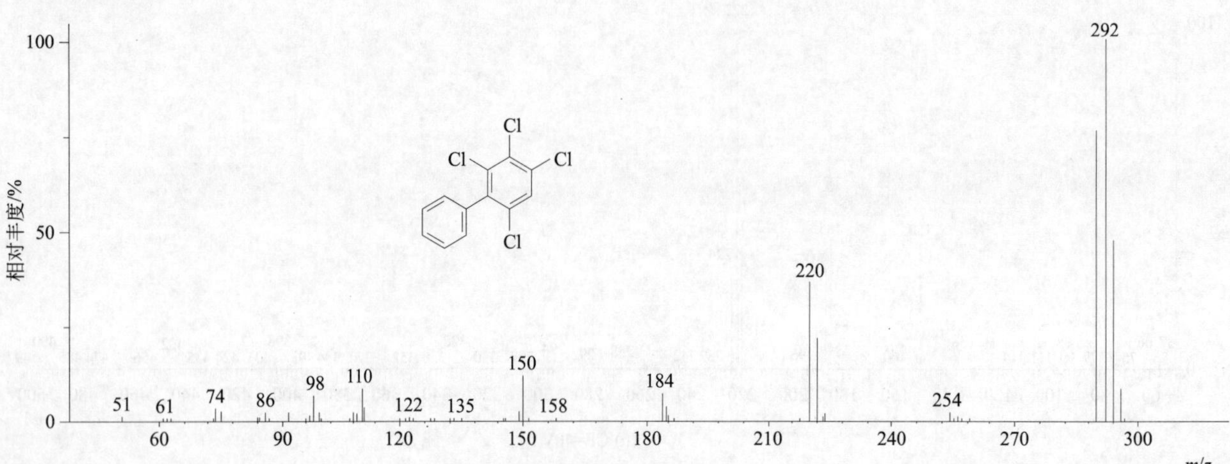

四个碰撞能量下子离子质谱图

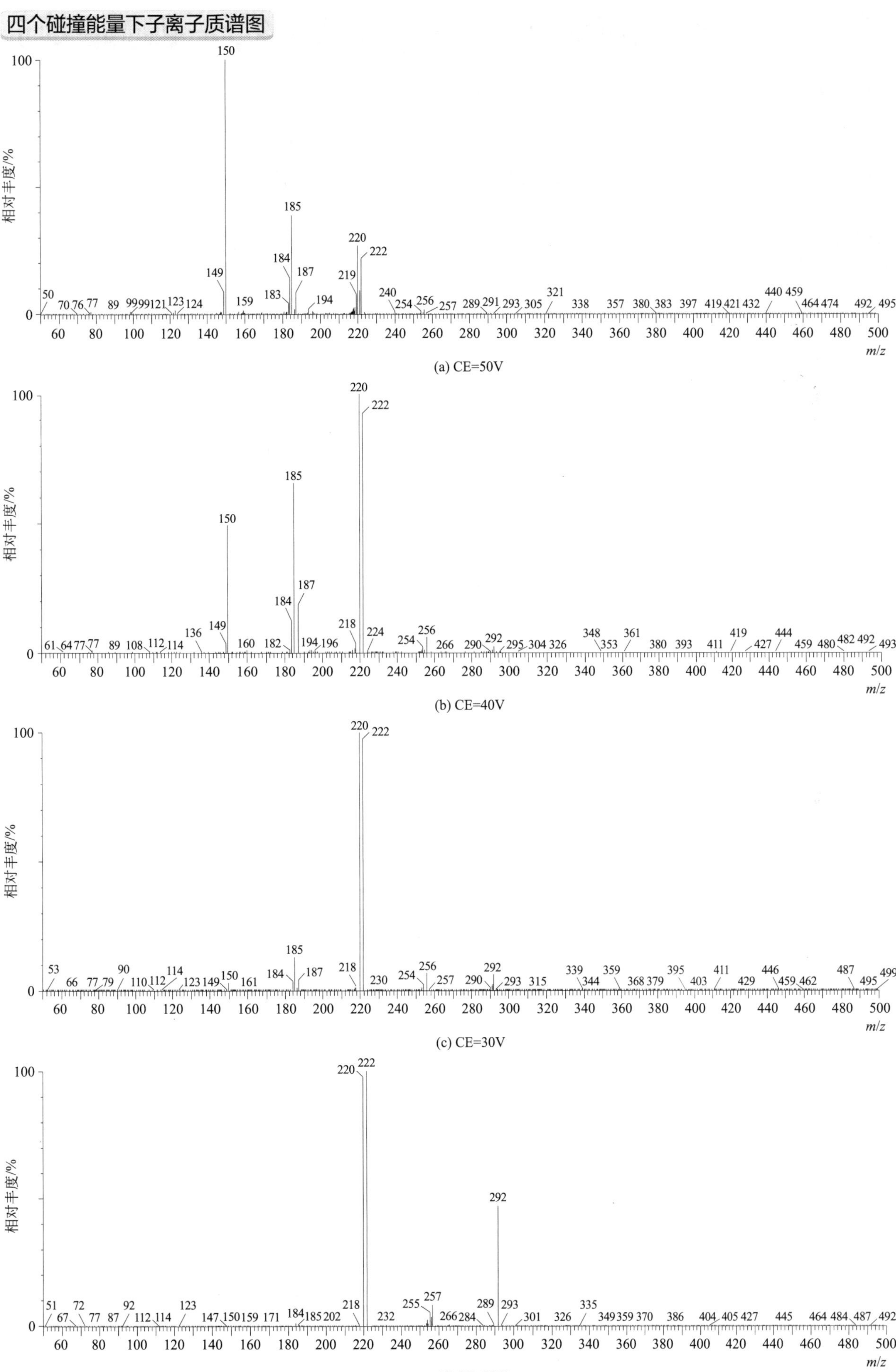

(a) CE=50V

(b) CE=40V

(c) CE=30V

(d) CE=20V

2,3,4′,5-Tetrachlorobiphenyl（2,3,4′,5- 四氯联苯）

基本信息

CAS 登录号	74472-34-7	分子量	289.9	扫描模式	子离子扫描
分子式	$C_{12}H_6Cl_4$	离子化模式	EI	母离子	292

一级质谱图

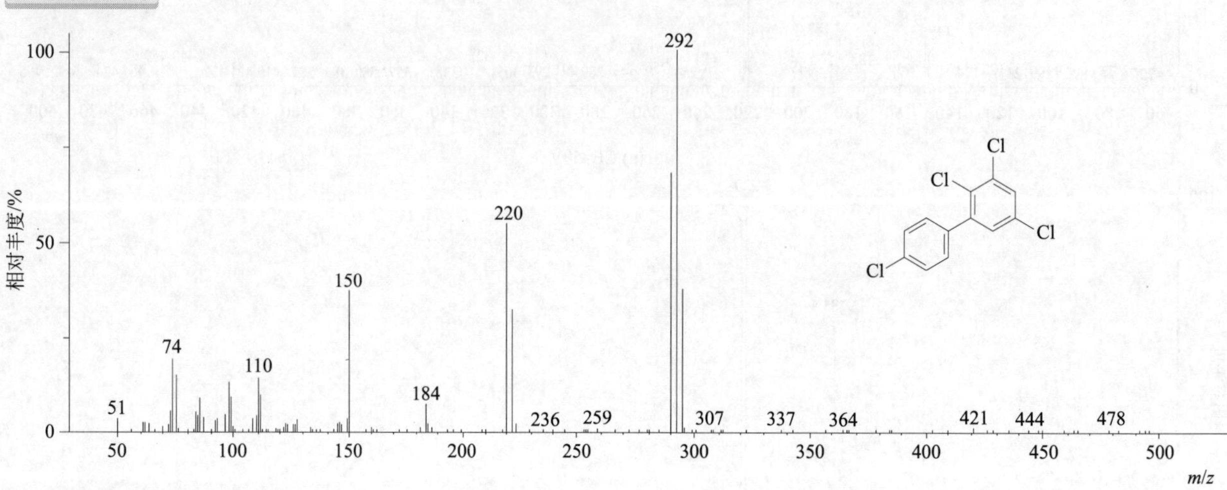

四个碰撞能量下子离子质谱图

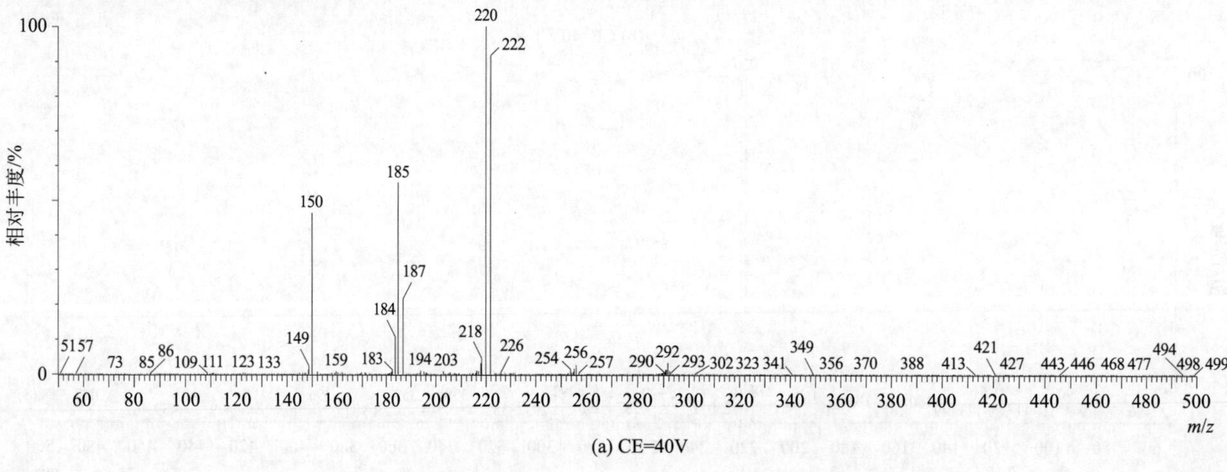

(a) CE=40V

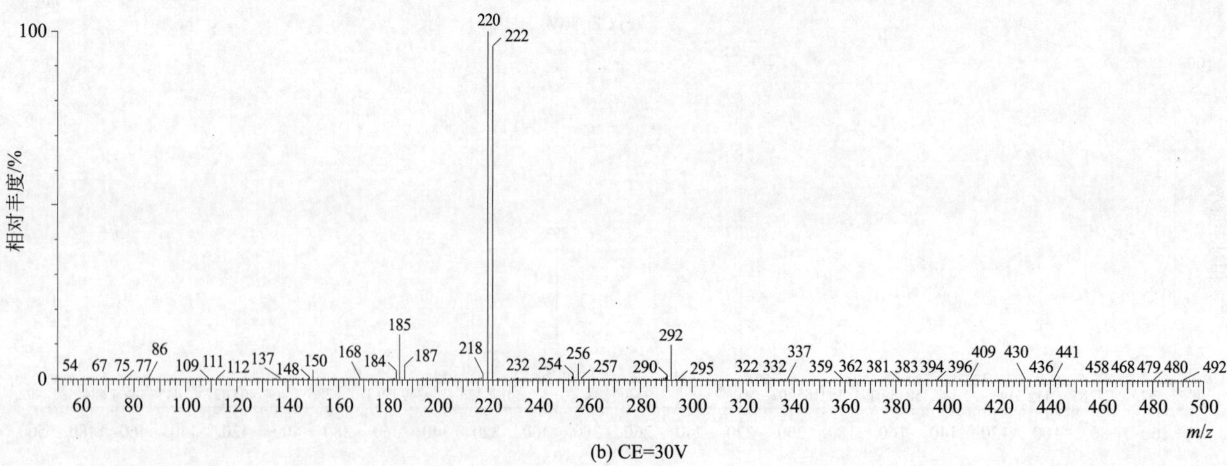

(b) CE=30V

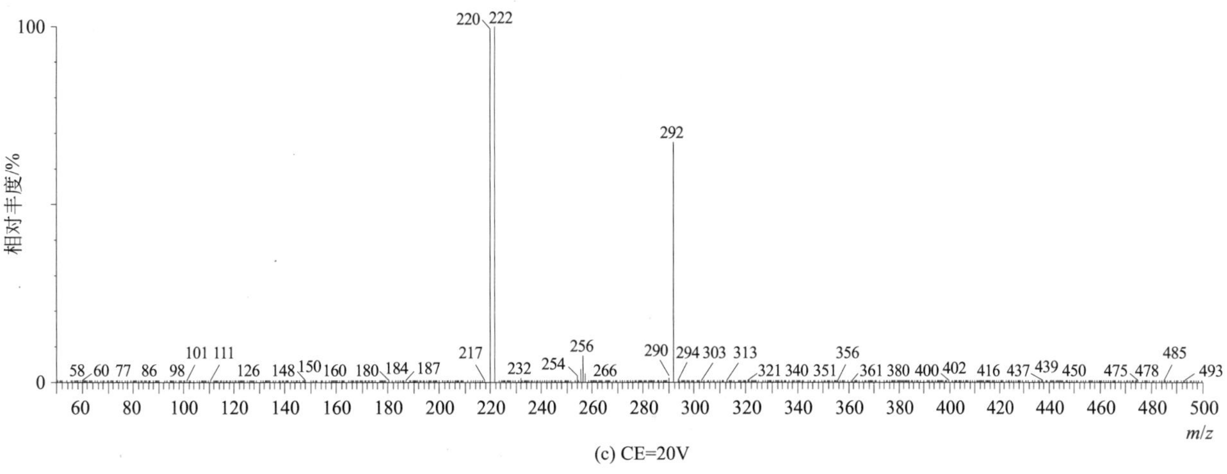

(c) CE=20V

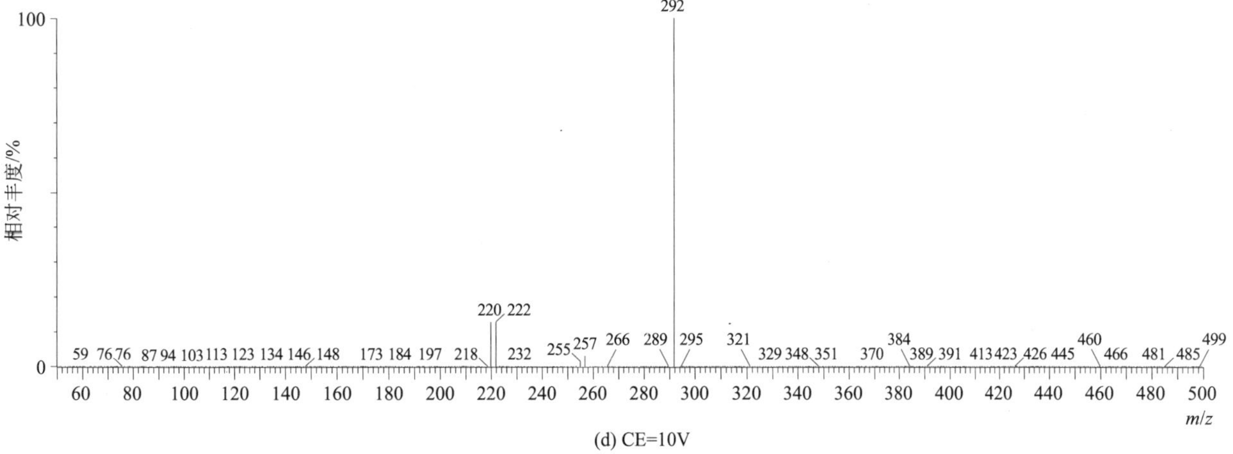

(d) CE=10V

2,3,4′,6-Tetrachlorobiphenyl（2,3,4′,6-四氯联苯）

基本信息

CAS 登录号	52663-58-8	**分子量**	289.9	**扫描模式**	子离子扫描
分子式	$C_{12}H_6Cl_4$	**离子化模式**	EI	**母离子**	220

一级质谱图

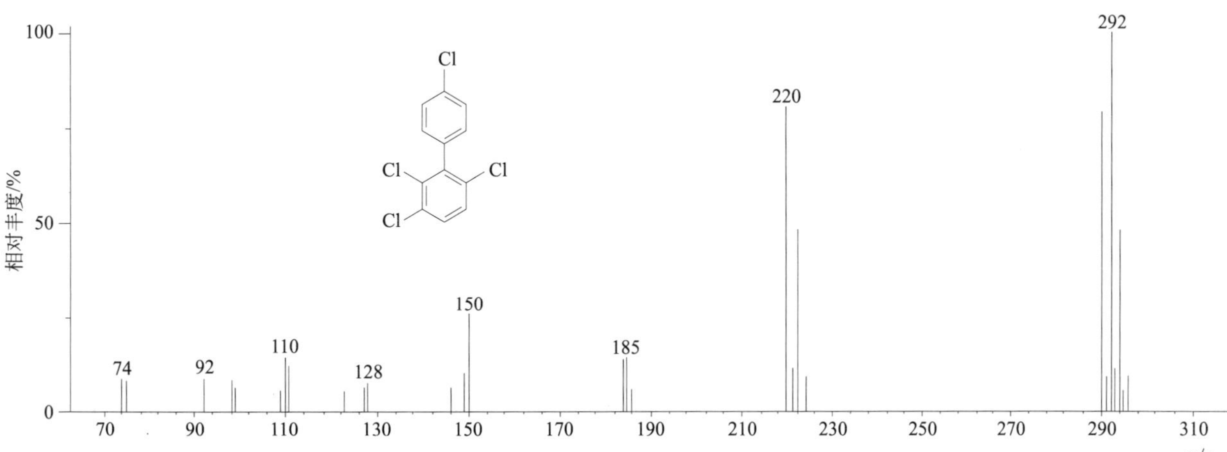

四个碰撞能量下子离子质谱图

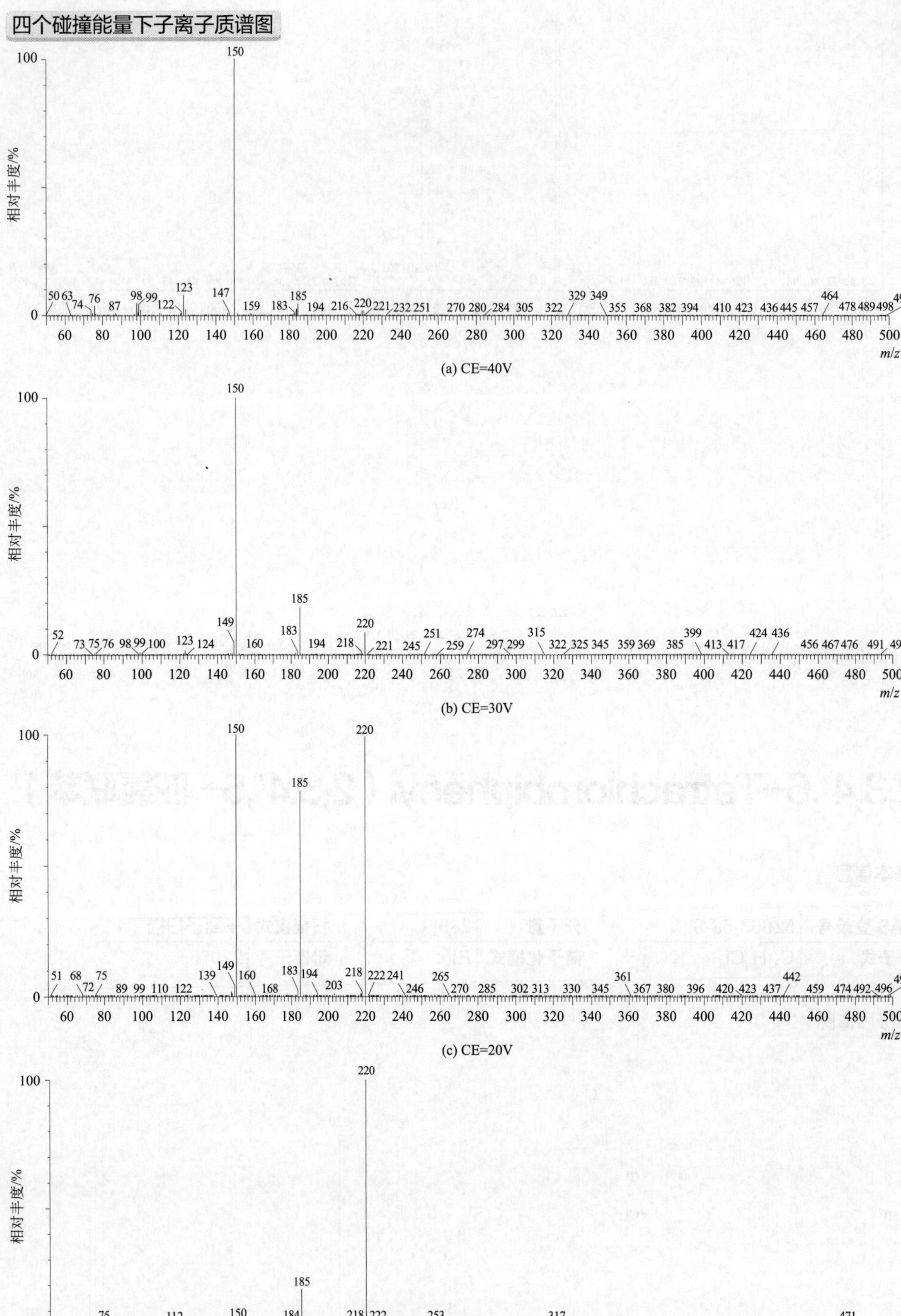

(a) CE=40V

(b) CE=30V

(c) CE=20V

(d) CE=10V

2,3,5,6-Tetrachlorobiphenyl（2,3,5,6-四氯联苯）

基本信息

CAS 登录号	33284-54-7	分子量	289.9	扫描模式	子离子扫描
分子式	$C_{12}H_6Cl_4$	离子化模式	EI	母离子	292

一级质谱图

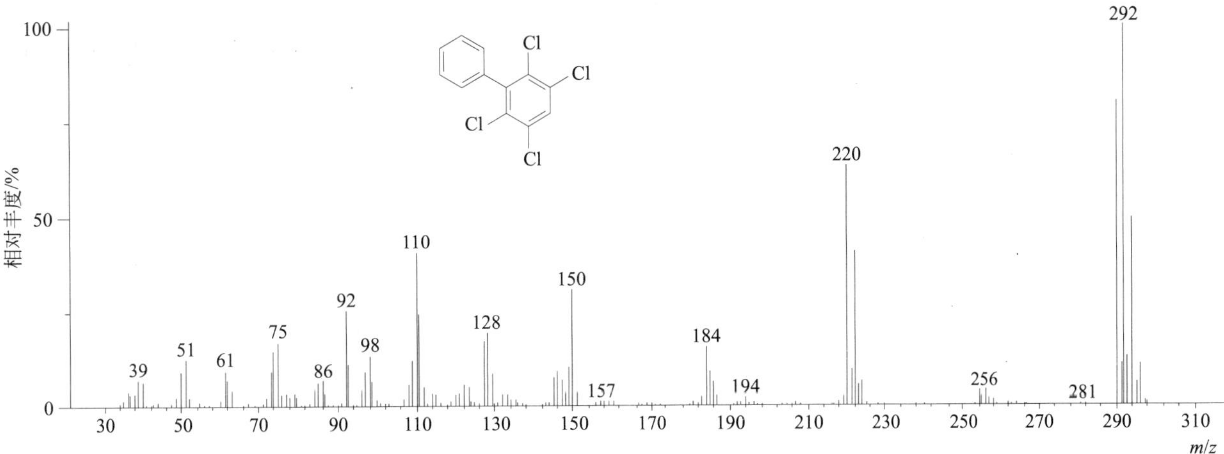

四个碰撞能量下子离子质谱图

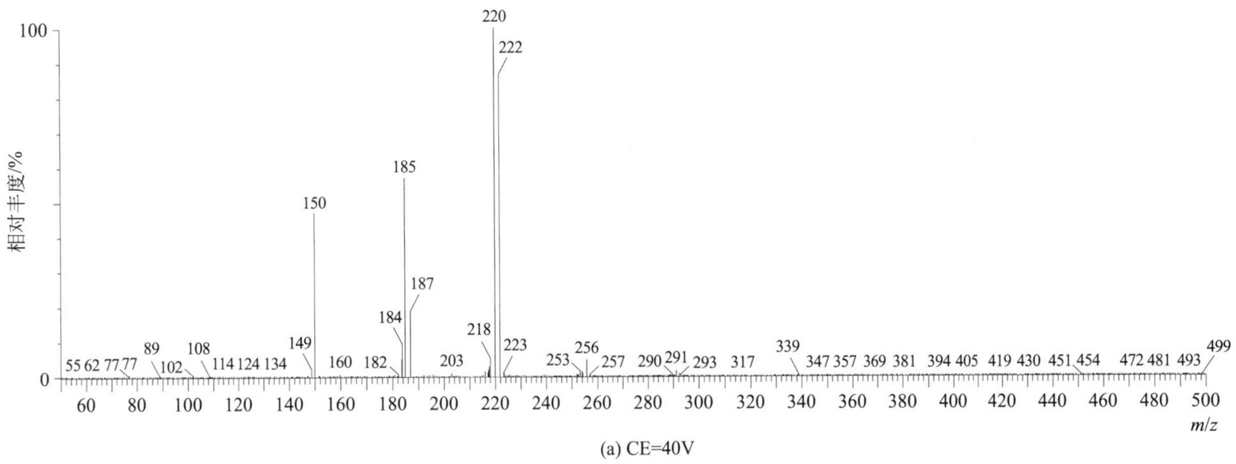

(a) CE=40V

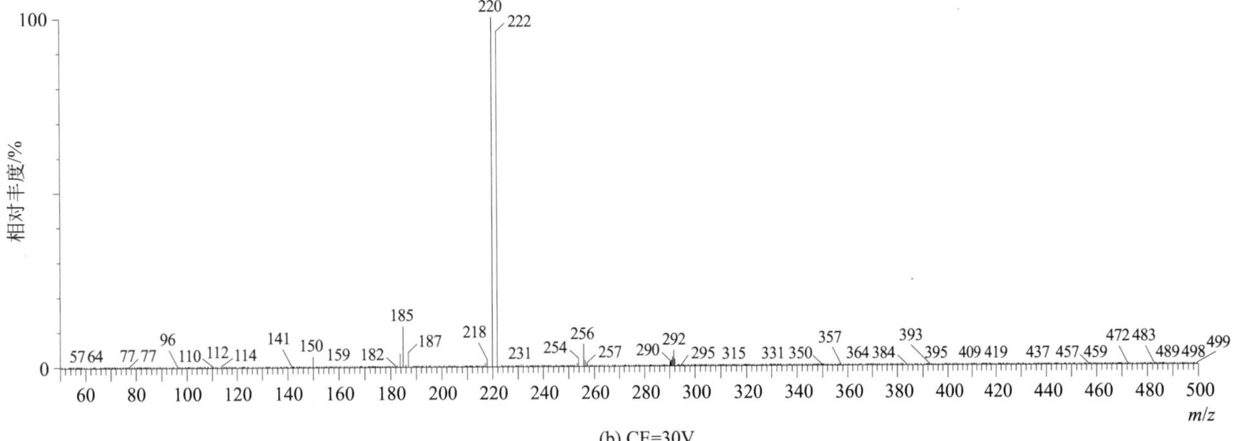

(b) CE=30V

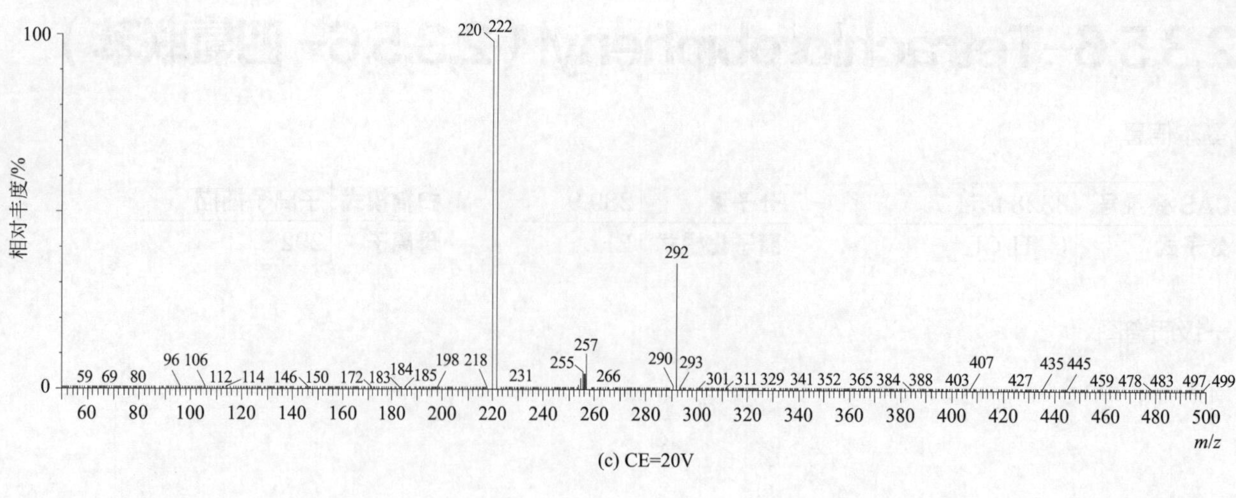

(c) CE=20V

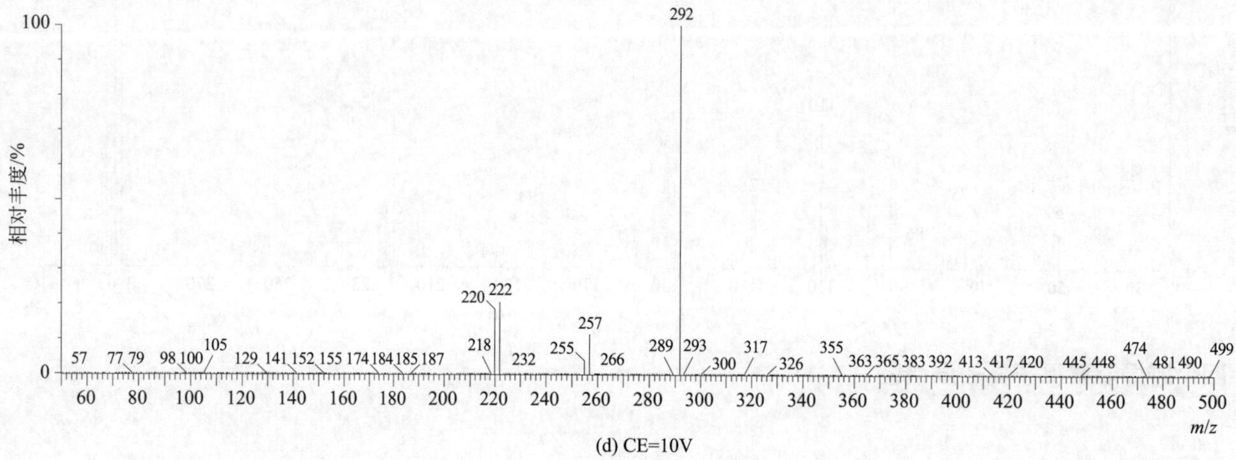

(d) CE=10V

2,3′,4,4′-Tetrachlorobiphenyl（2,3′,4,4′-四氯联苯）

基本信息

CAS 登录号	32598-10-0	**分子量**	289.9	**扫描模式**	子离子扫描
分子式	$C_{12}H_6Cl_4$	**离子化模式**	EI	**母离子**	292

一级质谱图

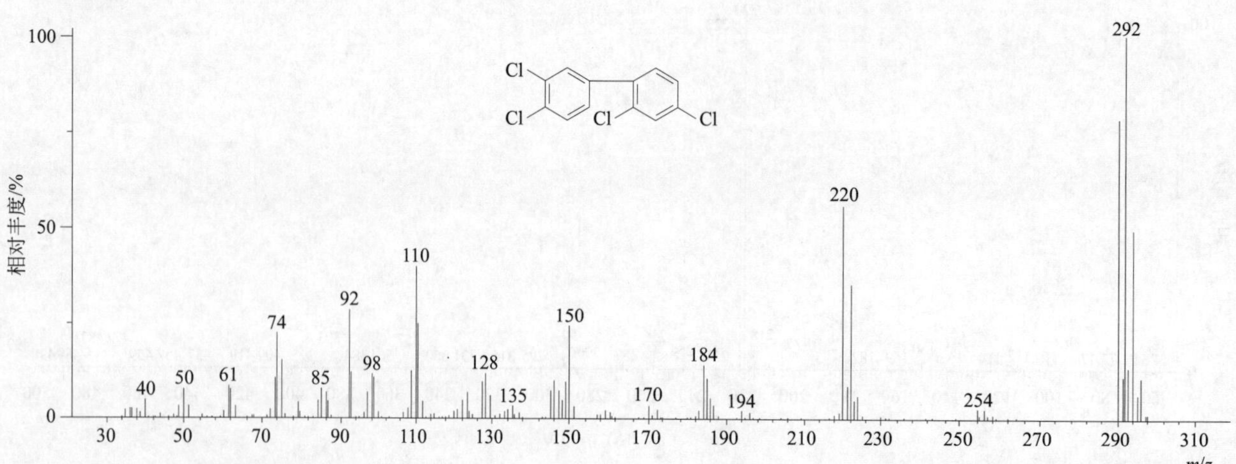

四个碰撞能量下子离子质谱图

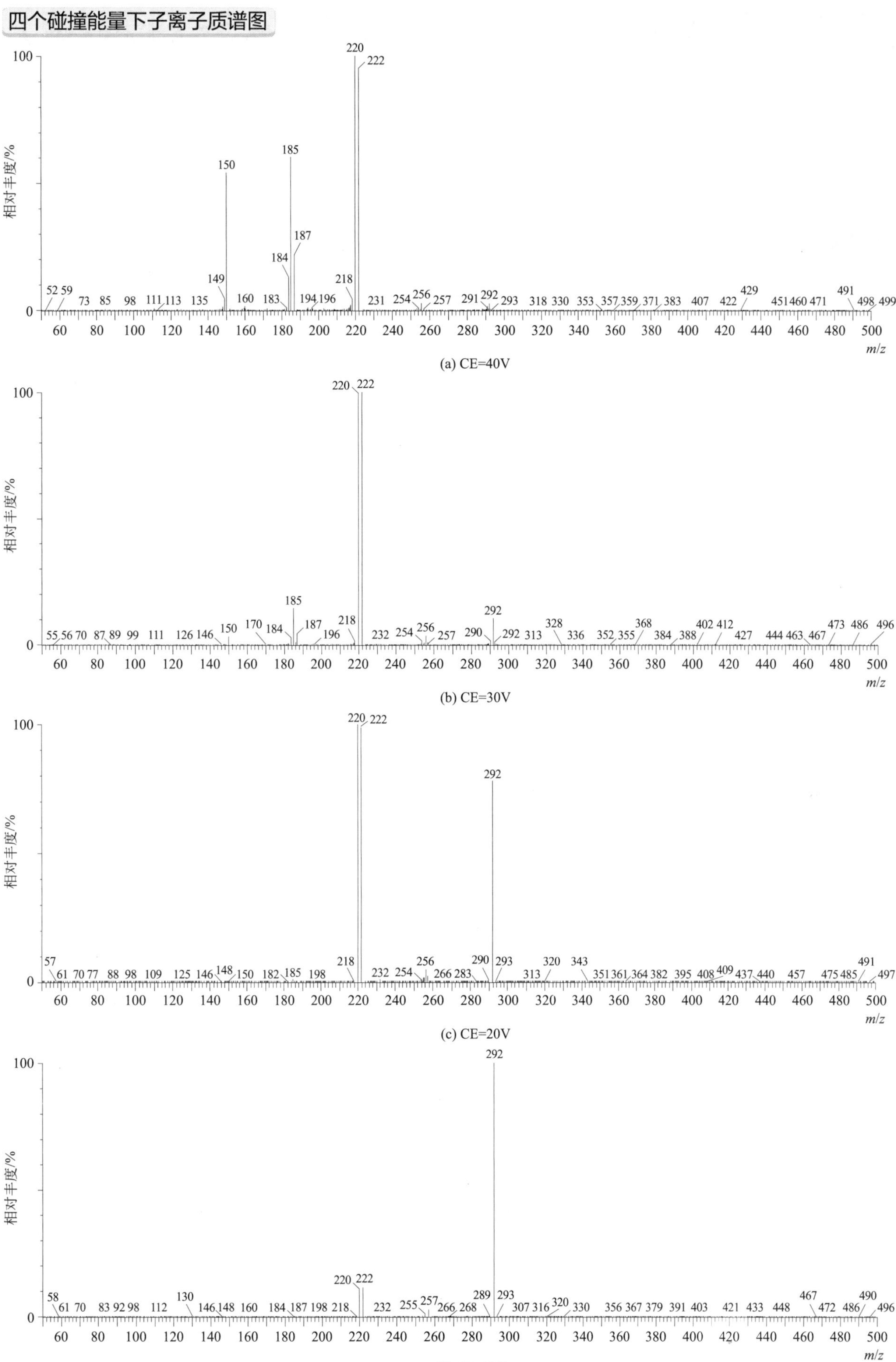

(a) CE=40V

(b) CE=30V

(c) CE=20V

(d) CE=10V

2,3′,4,5-Tetrachlorobiphenyl（2,3′,4,5-四氯联苯）

基本信息

CAS 登录号	73575-53-8	分子量	289.9	扫描模式	子离子扫描
分子式	$C_{12}H_6Cl_4$	离子化模式	EI	母离子	292

一级质谱图

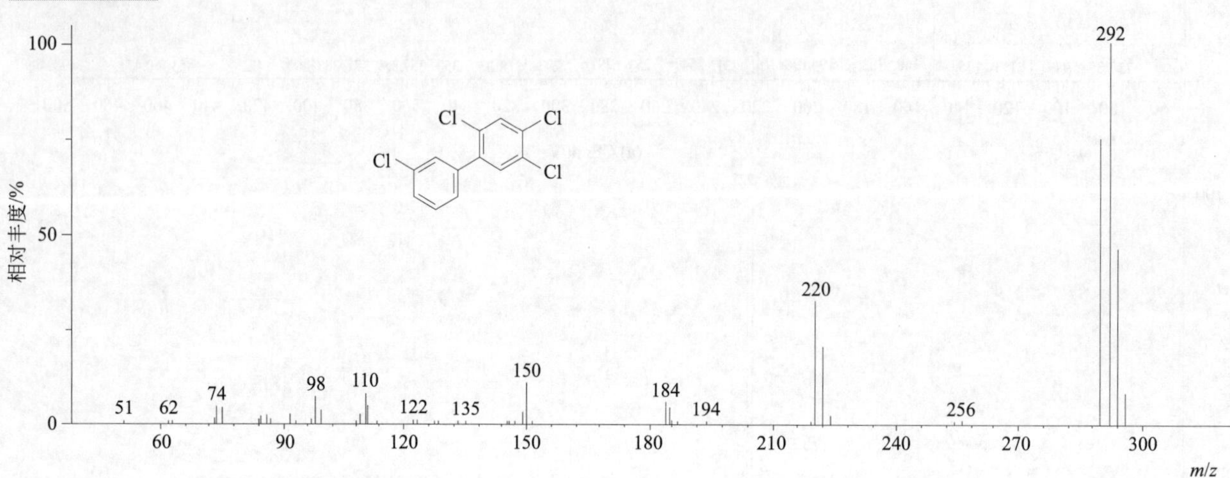

四个碰撞能量下子离子质谱图

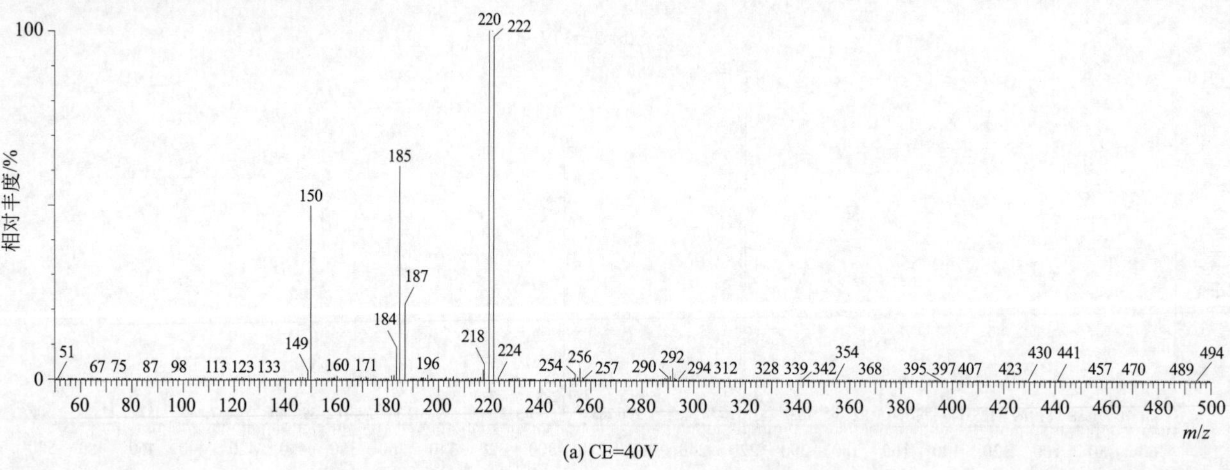

(a) CE=40V

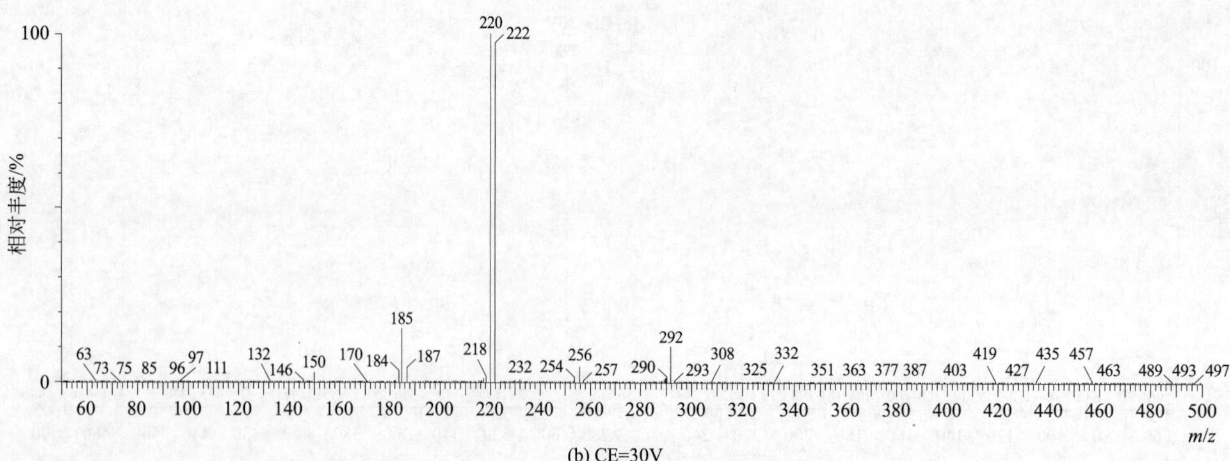

(b) CE=30V

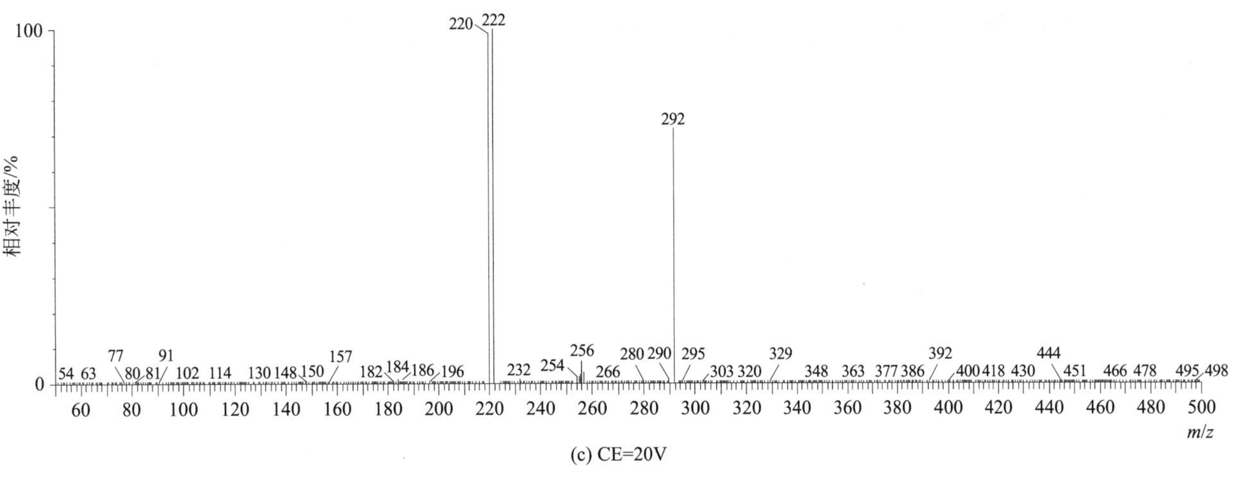

(c) CE=20V

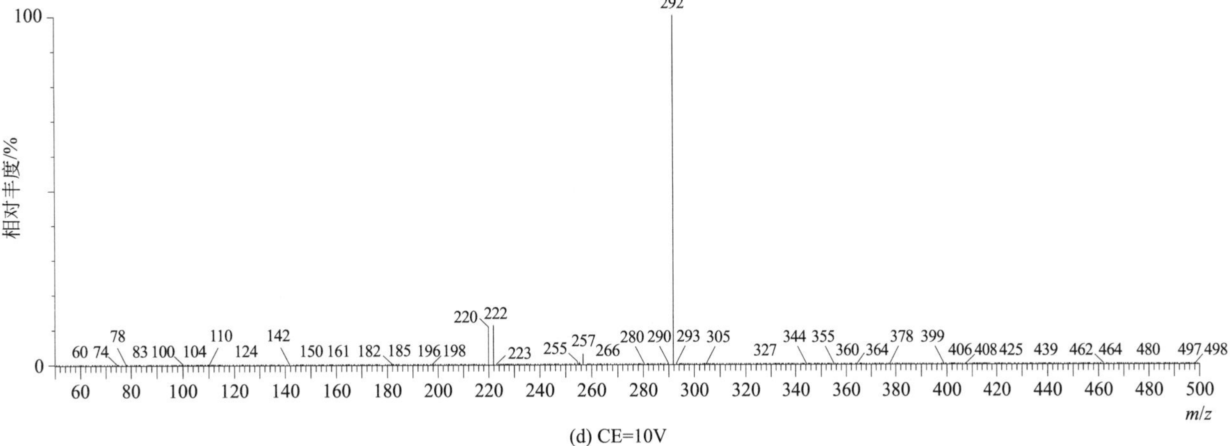

(d) CE=10V

2,3′,4,5′-Tetrachlorobiphenyl（2,3′,4,5′-四氯联苯）

基本信息

CAS 登录号	73575-52-7	分子量	289.9	扫描模式	子离子扫描
分子式	$C_{12}H_6Cl_4$	离子化模式	EI	母离子	294

一级质谱图

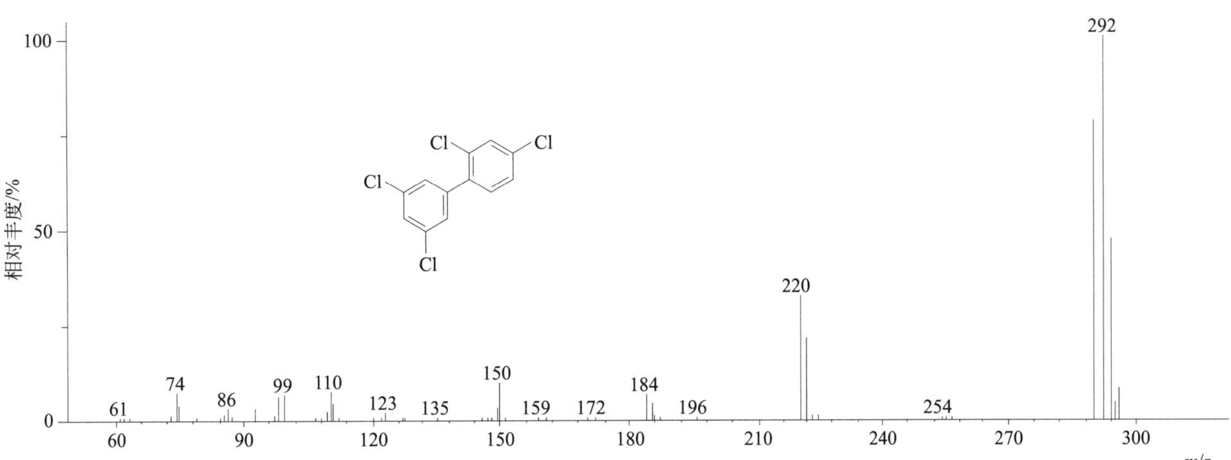

四个碰撞能量下子离子质谱图

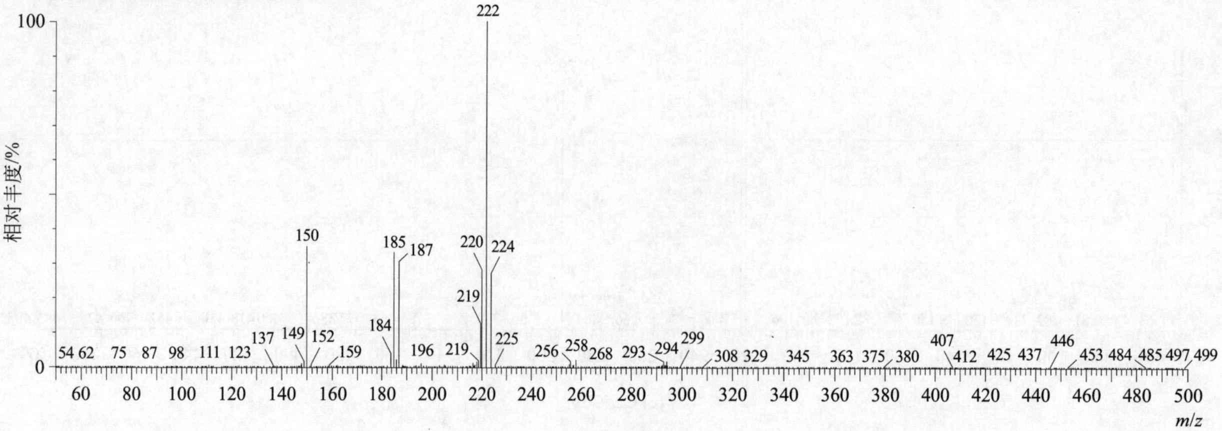

(a) CE=40V

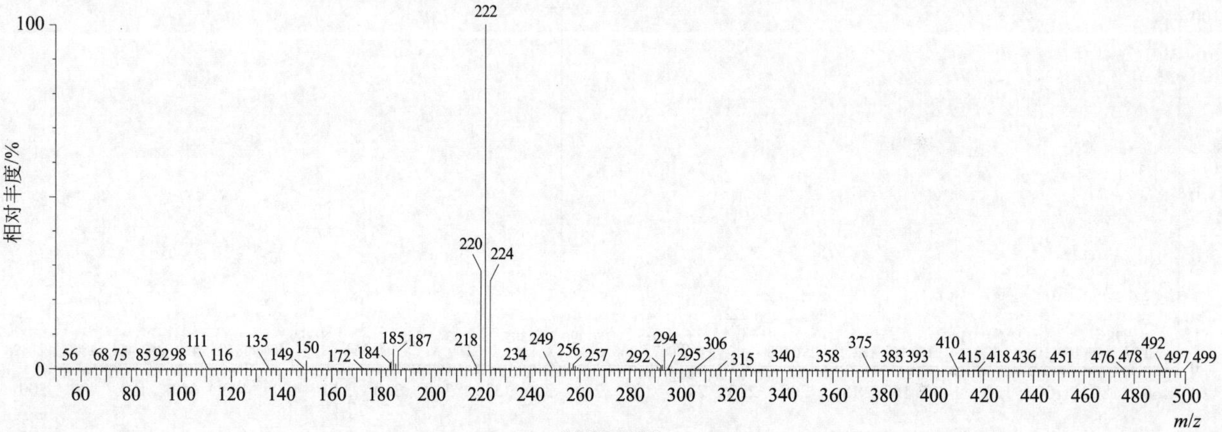

(b) CE=30V

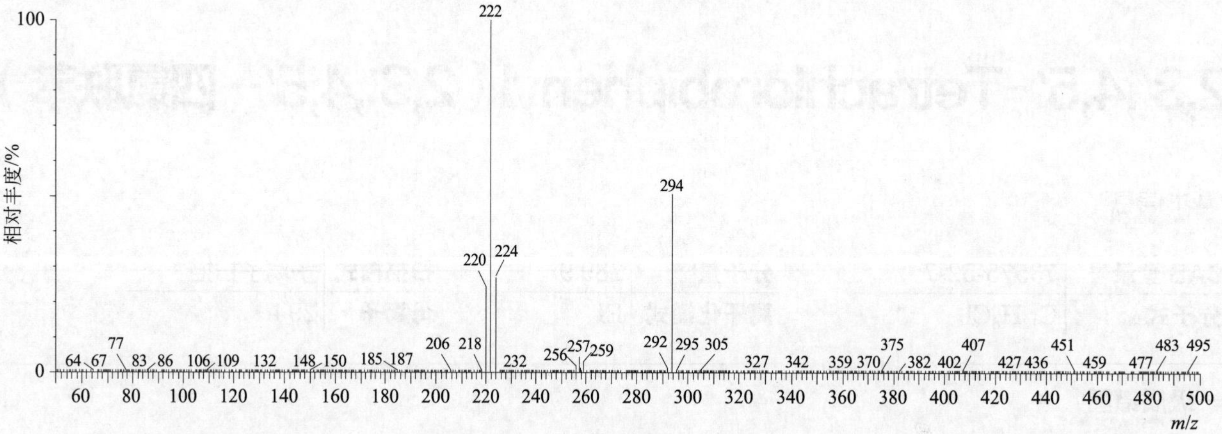

(c) CE=20V

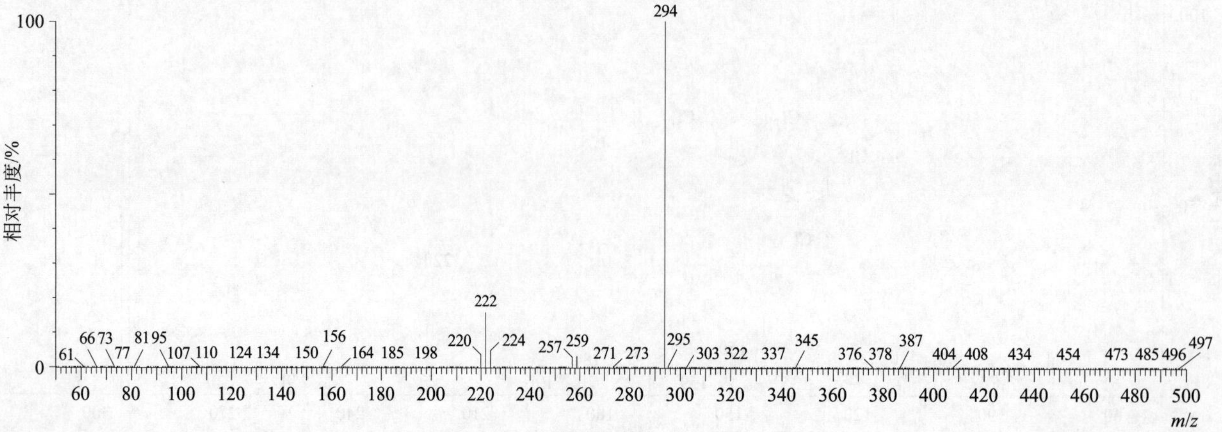

(d) CE=10V

2,3′,4,6-Tetrachlorobiphenyl（2,3′,4,6-四氯联苯）

基本信息

CAS 登录号	60233-24-1	分子量	289.9	扫描模式	子离子扫描
分子式	$C_{12}H_6Cl_4$	离子化模式	EI	母离子	294

一级质谱图

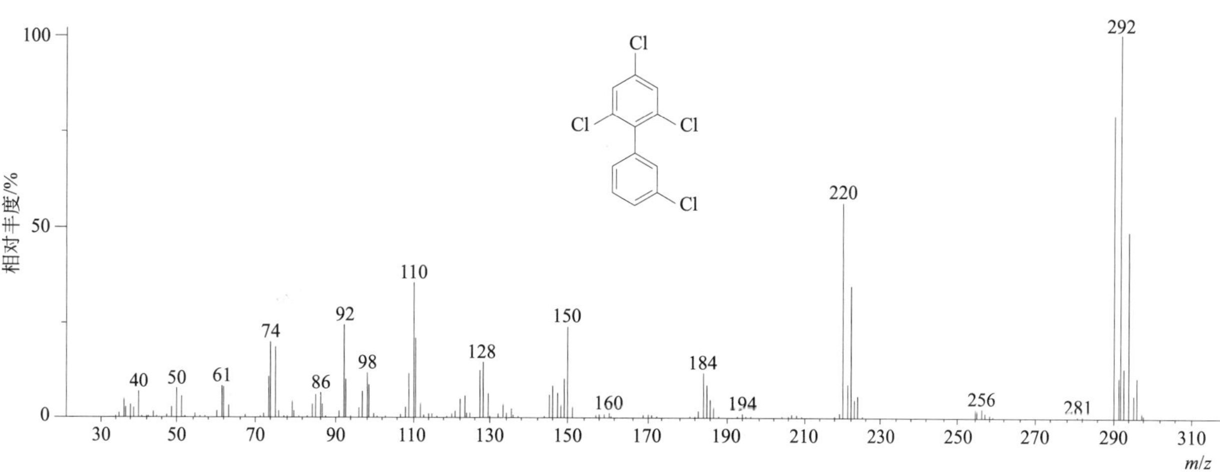

四个碰撞能量下子离子质谱图

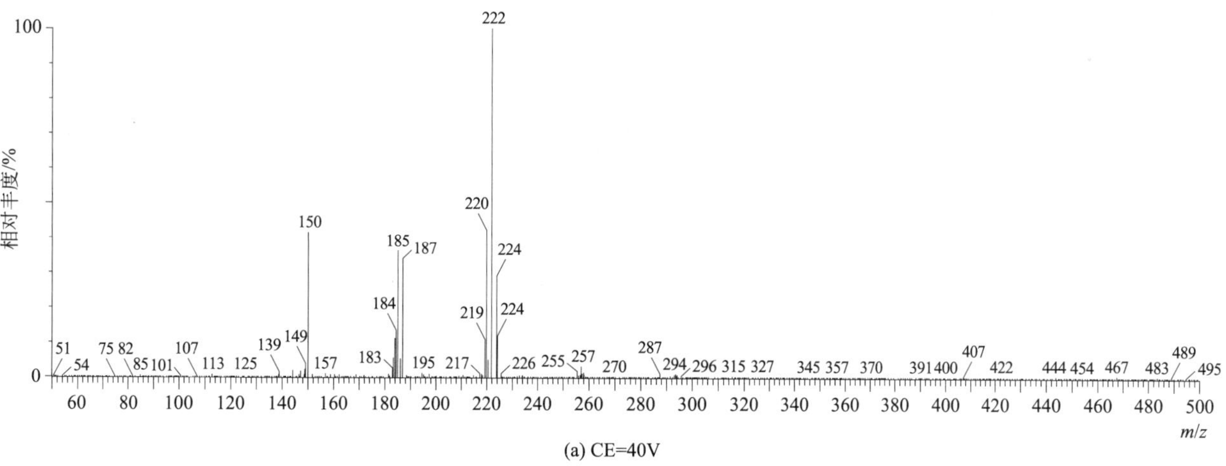

(a) CE=40V

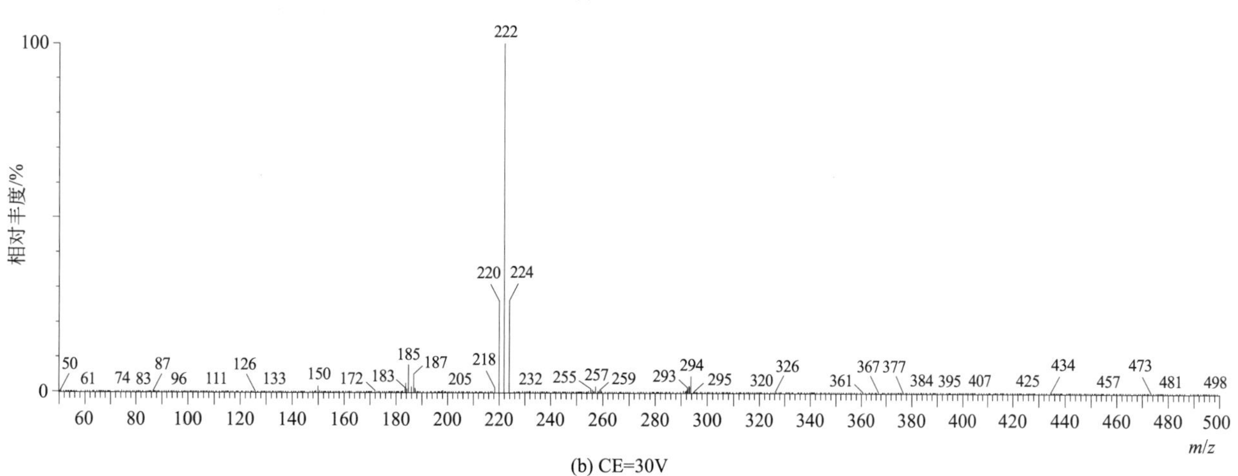

(b) CE=30V

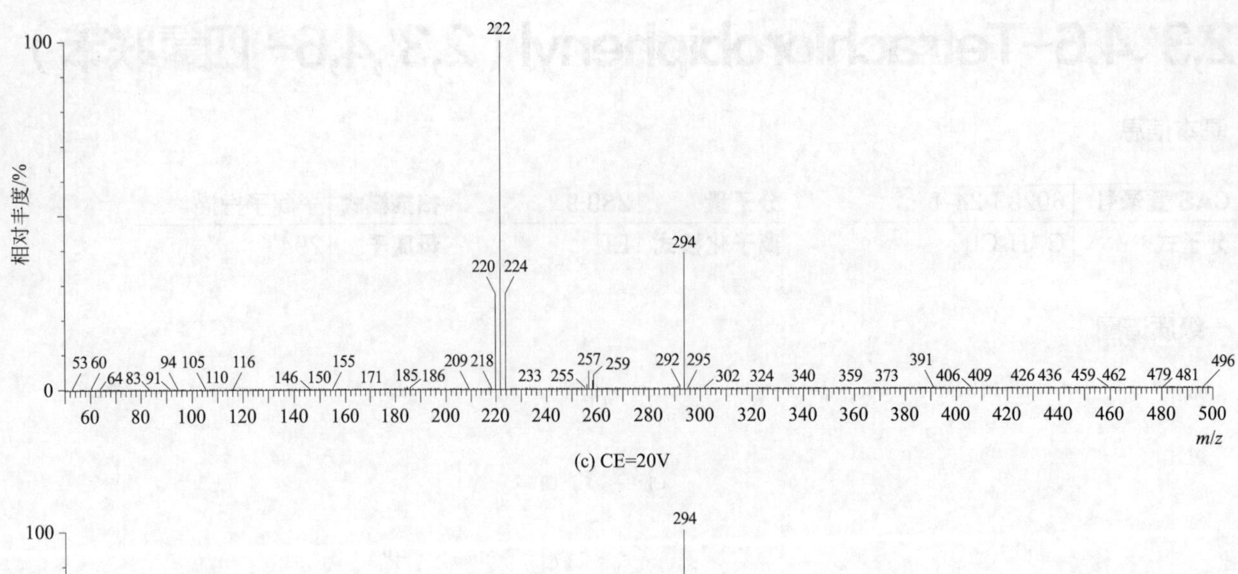

(c) CE=20V

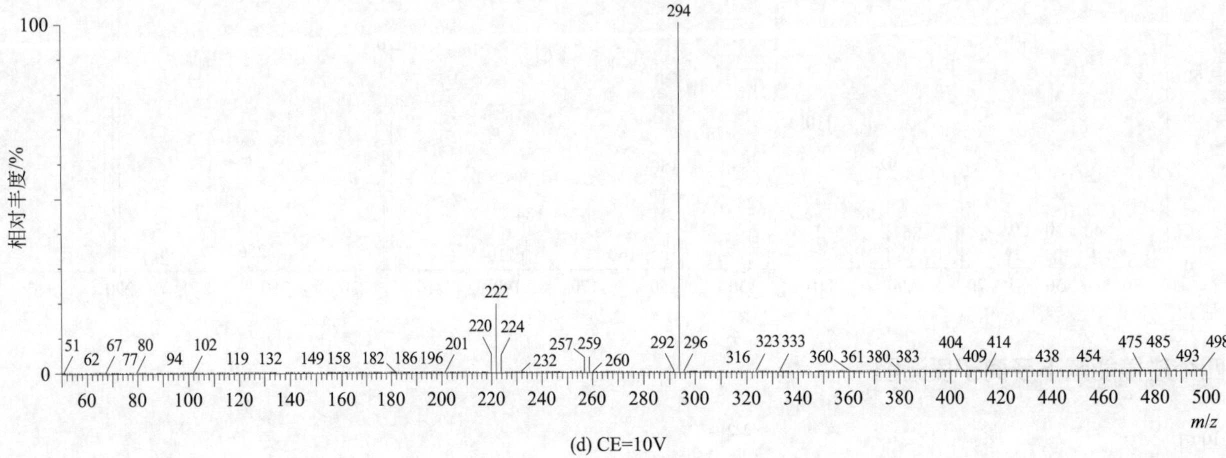

(d) CE=10V

2,3′,4′,5-Tetrachlorobiphenyl（2,3′,4′,5-四氯联苯）

基本信息

CAS 登录号	32598-11-1	分子量	289.9	扫描模式	子离子扫描
分子式	$C_{12}H_6Cl_4$	离子化模式	EI	母离子	294

一级质谱图

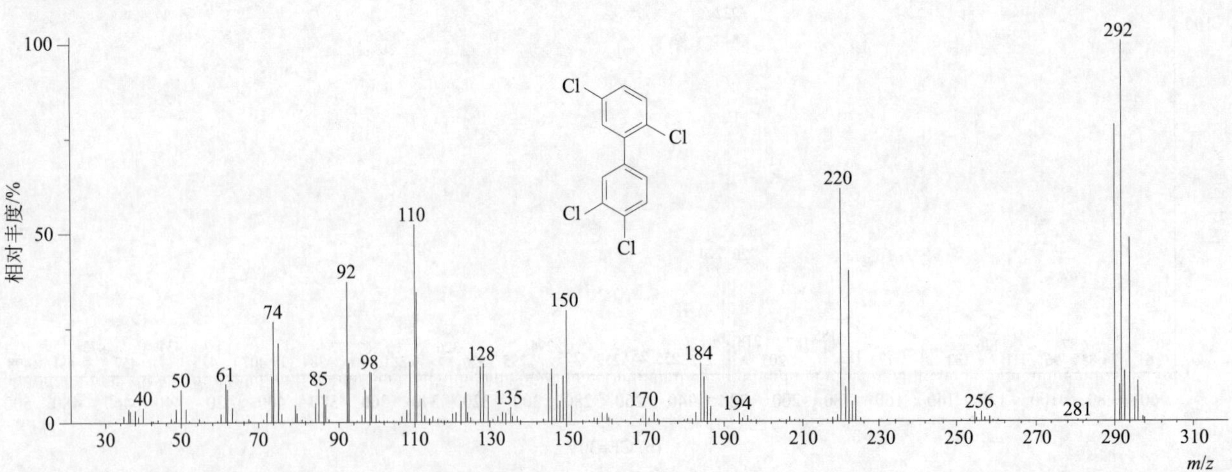

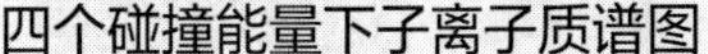

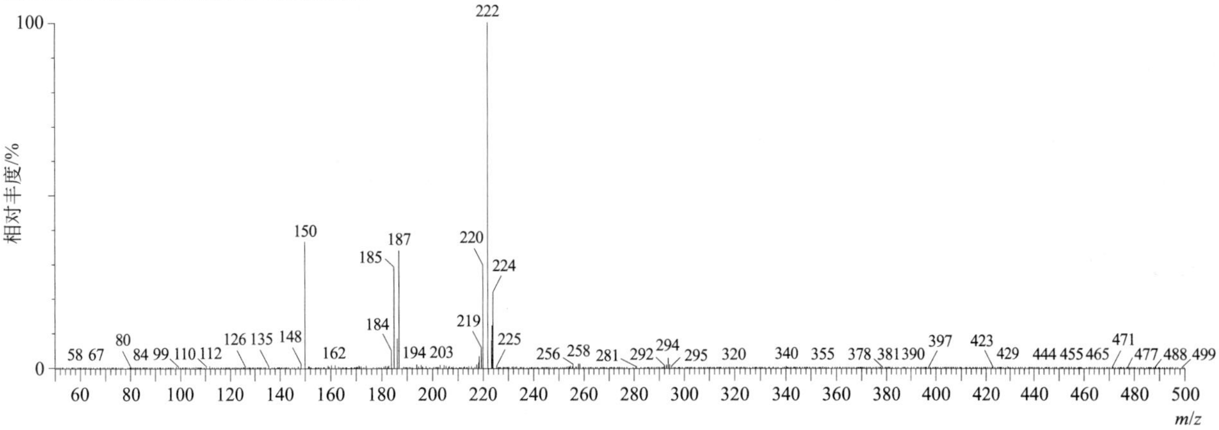

(a) CE=40V

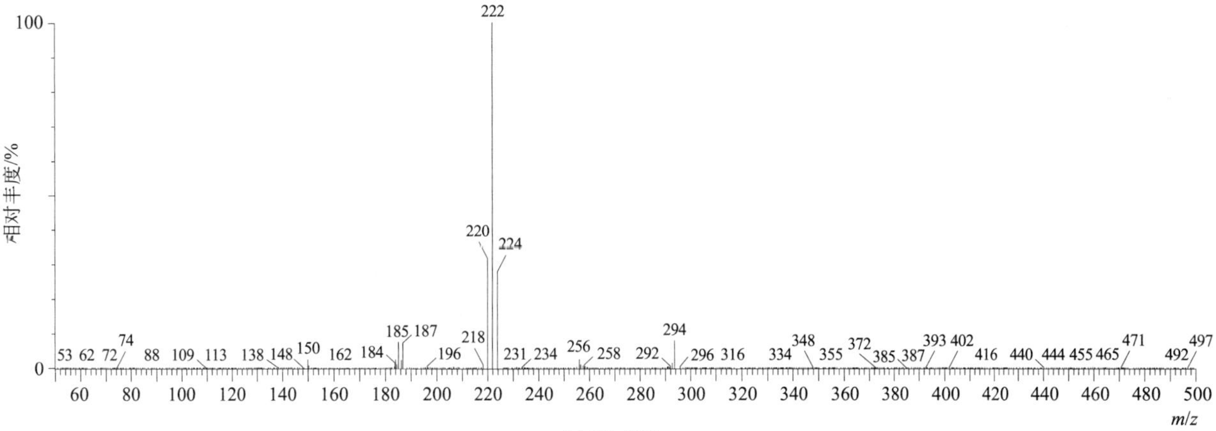

(b) CE=30V

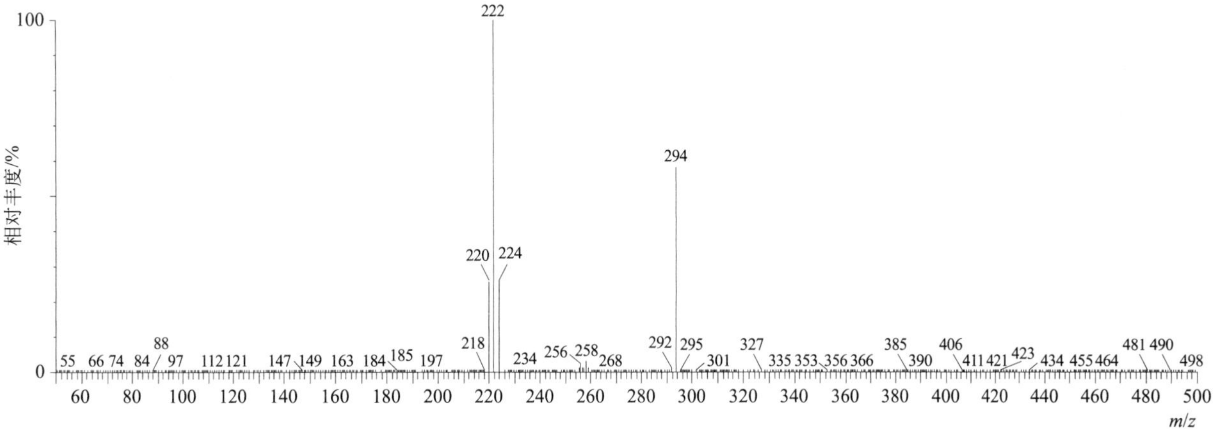

(c) CE=20V

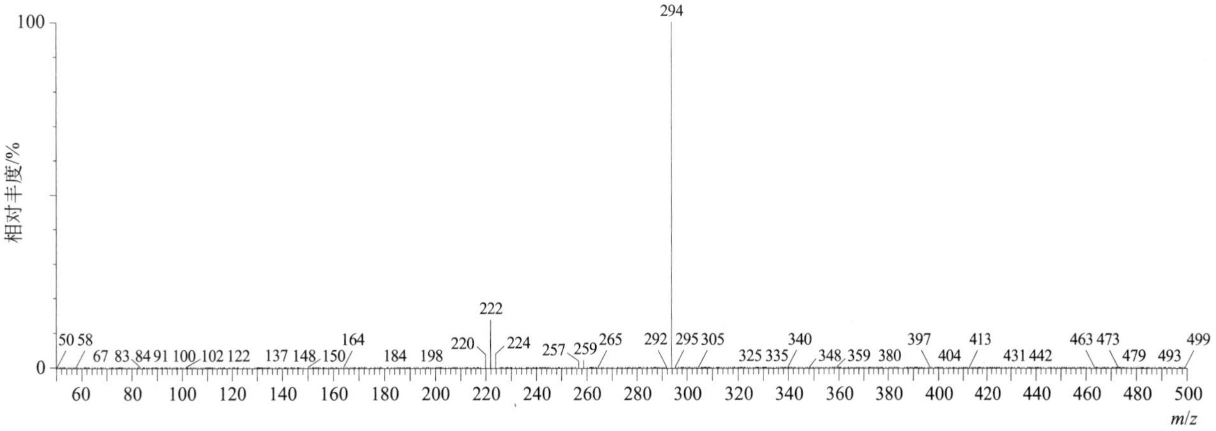

(d) CE=10V

2,3′,4′,6-Tetrachlorobiphenyl（2,3′,4′,6-四氯联苯）

基本信息

CAS 登录号	41464-46-4	分子量	289.9	扫描模式	子离子扫描
分子式	$C_{12}H_6Cl_4$	离子化模式	EI	母离子	294

一级质谱图

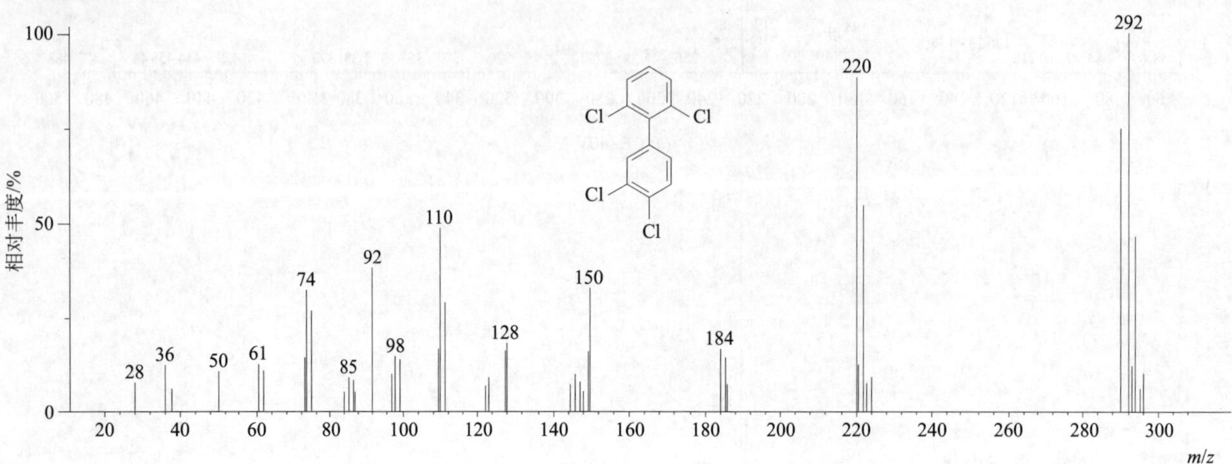

四个碰撞能量下子离子质谱图

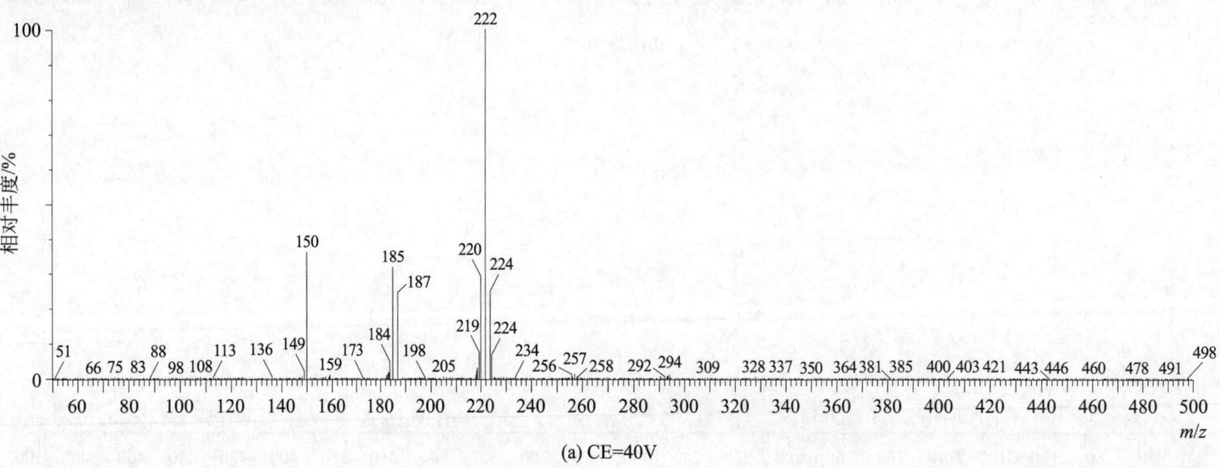

(a) CE=40V

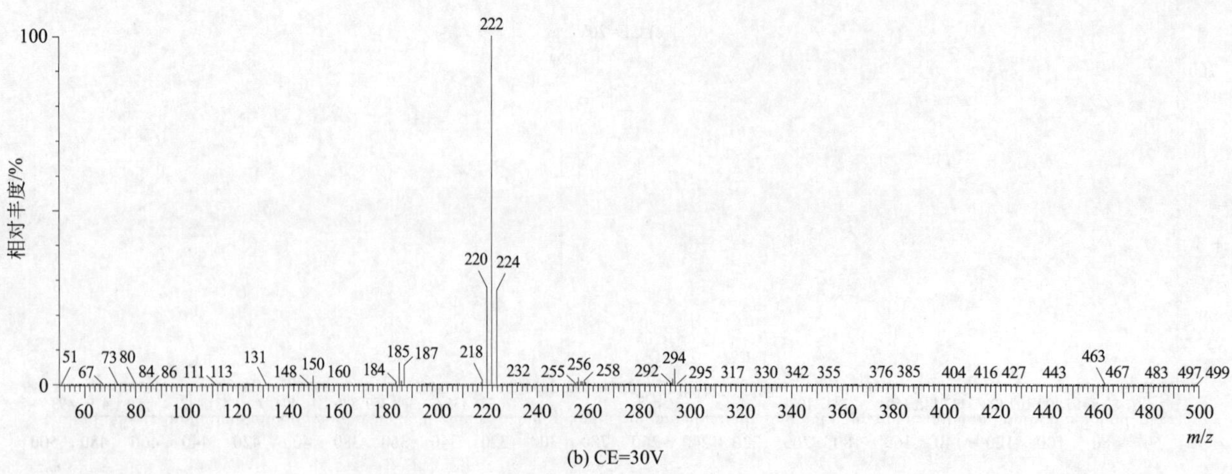

(b) CE=30V

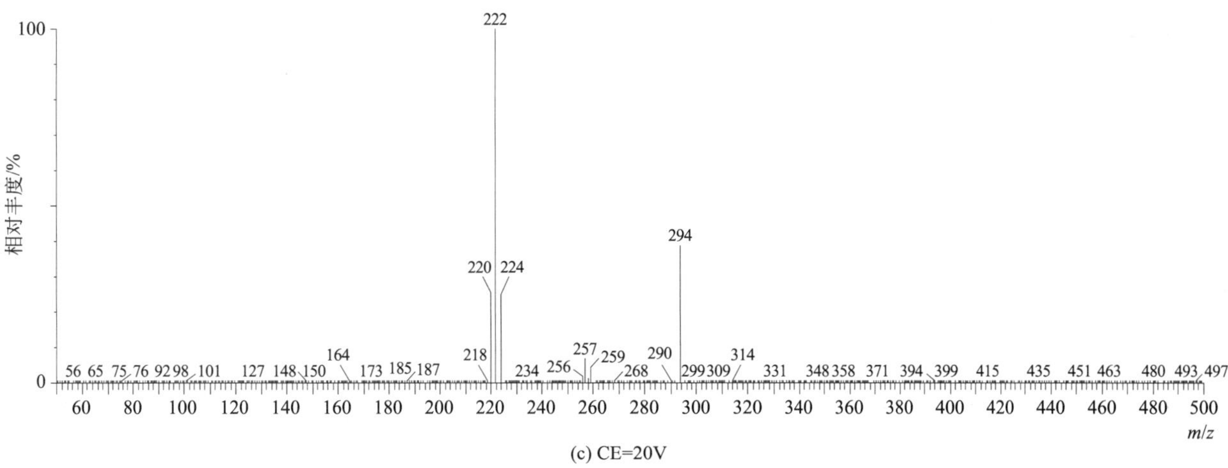

(c) CE=20V

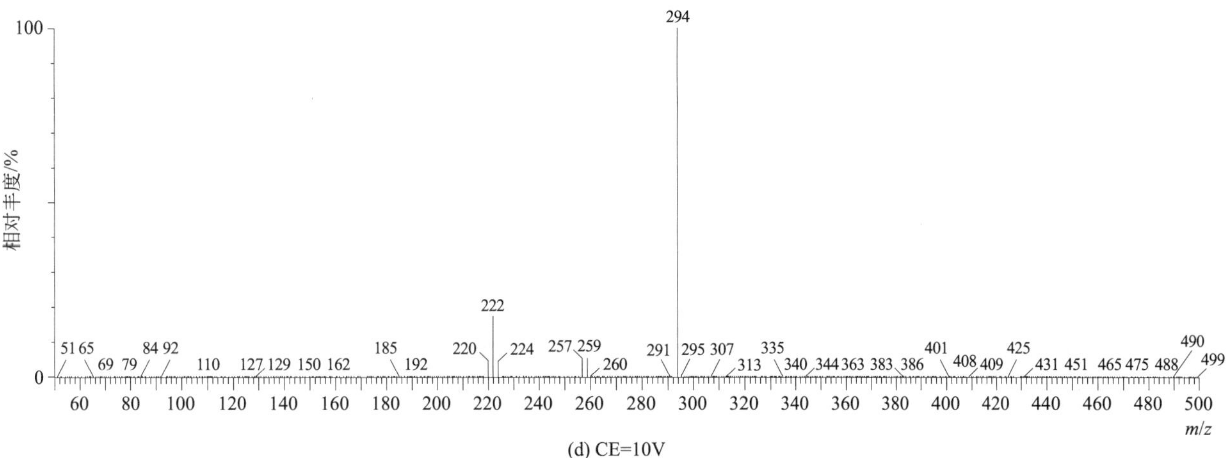

(d) CE=10V

2,3′,5,5′-Tetrachlorobiphenyl（2,3′,5,5′-四氯联苯）

基本信息

CAS 登录号	41464-42-0	分子量	289.9	扫描模式	子离子扫描
分子式	$C_{12}H_6Cl_4$	离子化模式	EI	母离子	292

一级质谱图

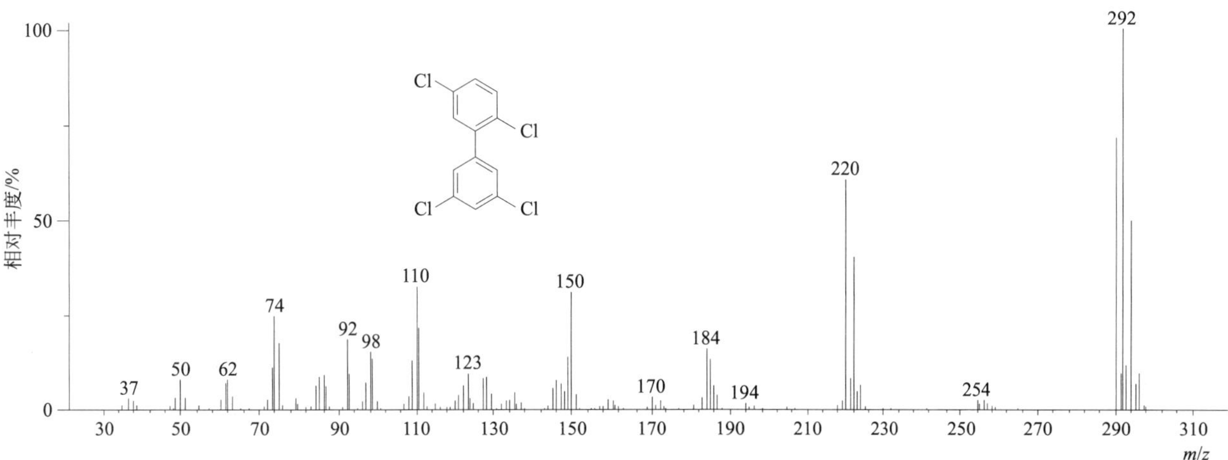

四个碰撞能量下子离子质谱图

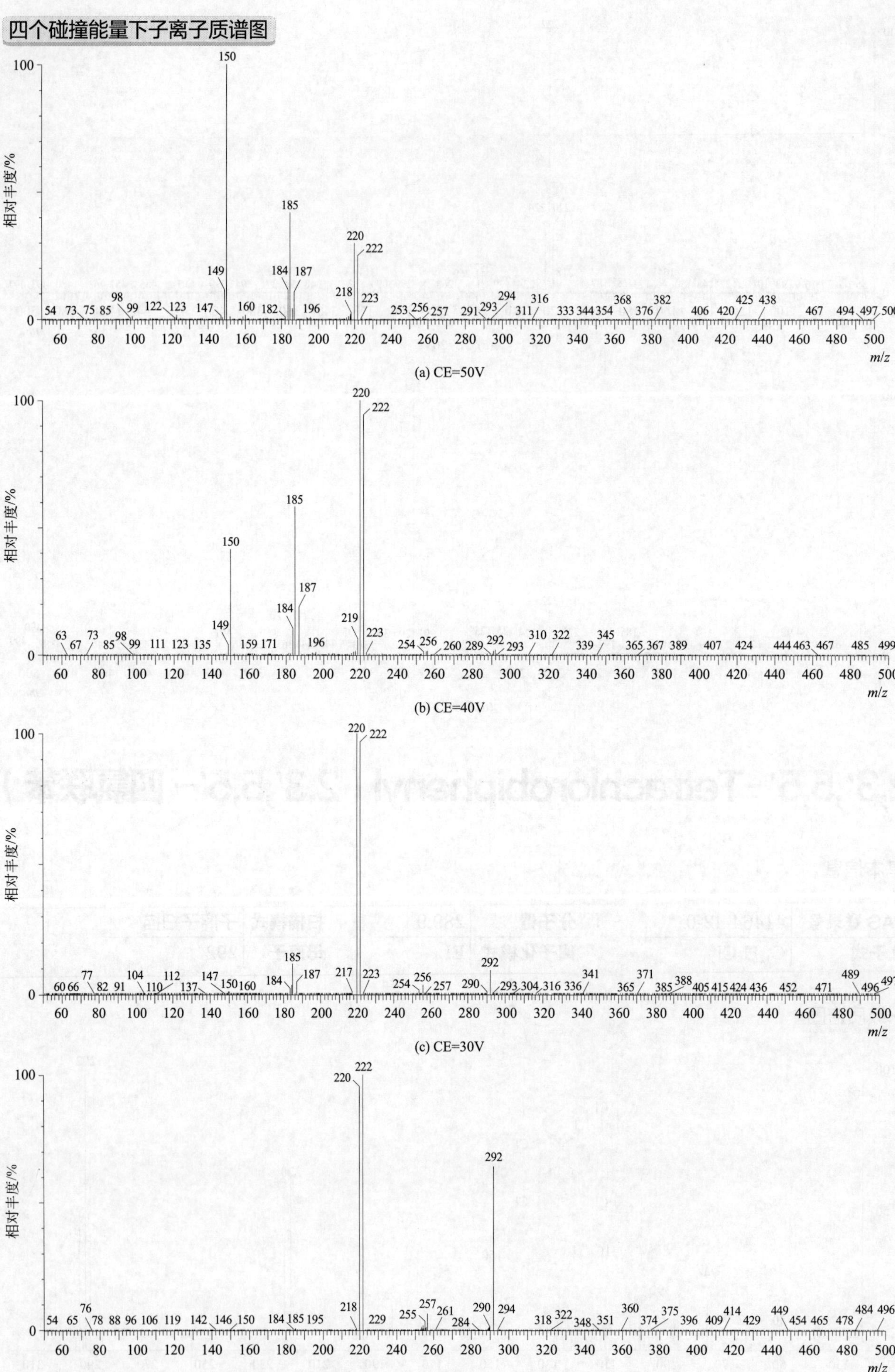

(a) CE=50V

(b) CE=40V

(c) CE=30V

(d) CE=20V

2,3′,5′,6-Tetrachlorobiphenyl（2,3′,5′,6-四氯联苯）

基本信息

CAS 登录号	74338-23-1	分子量	289.9	扫描模式	子离子扫描
分子式	$C_{12}H_6Cl_4$	离子化模式	EI	母离子	290

一级质谱图

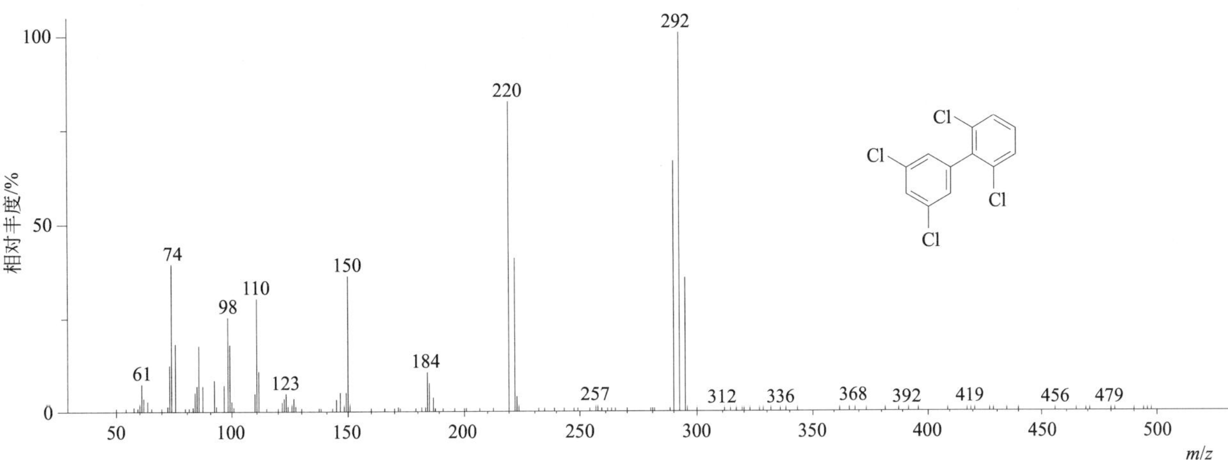

四个碰撞能量下子离子质谱图

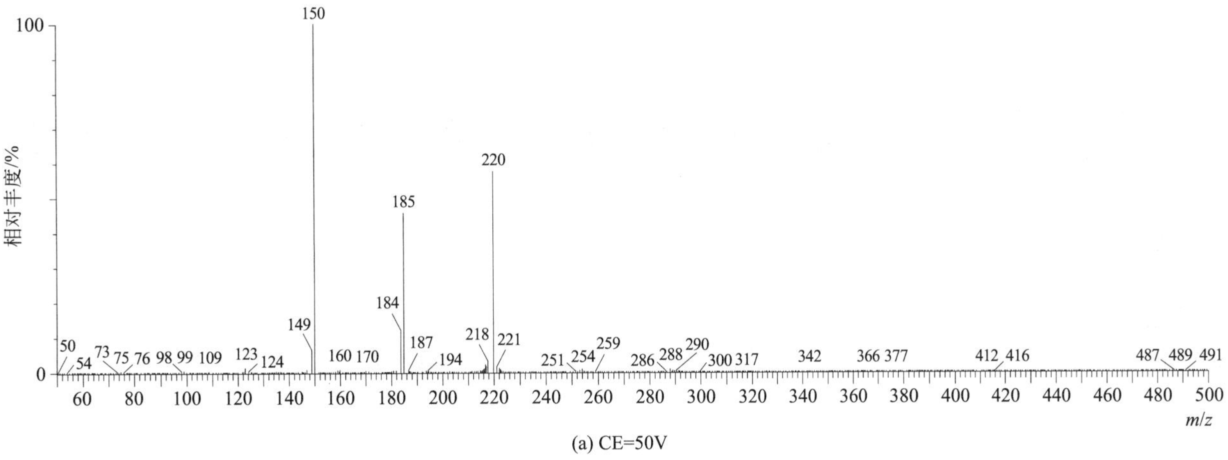

(a) CE=50V

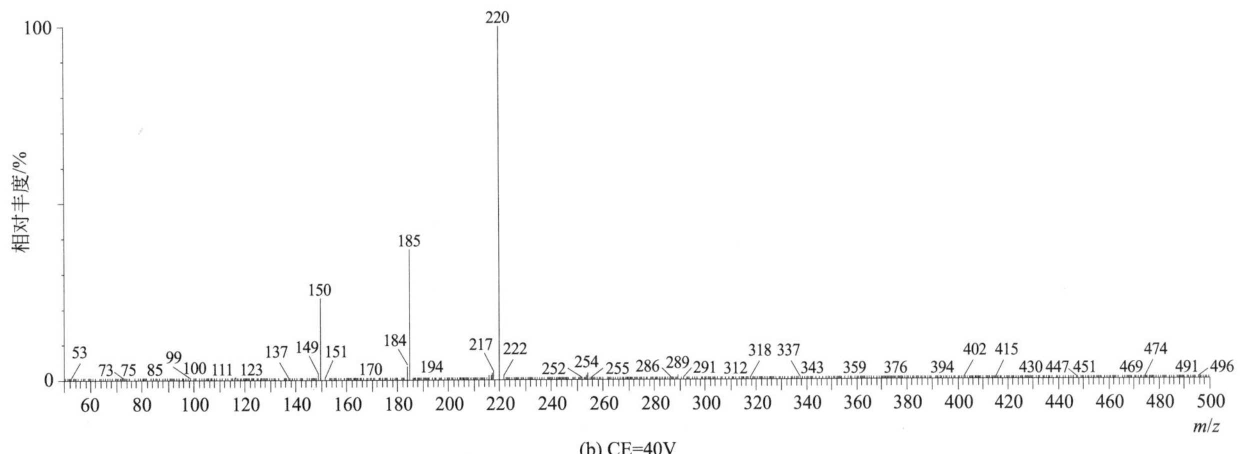

(b) CE=40V

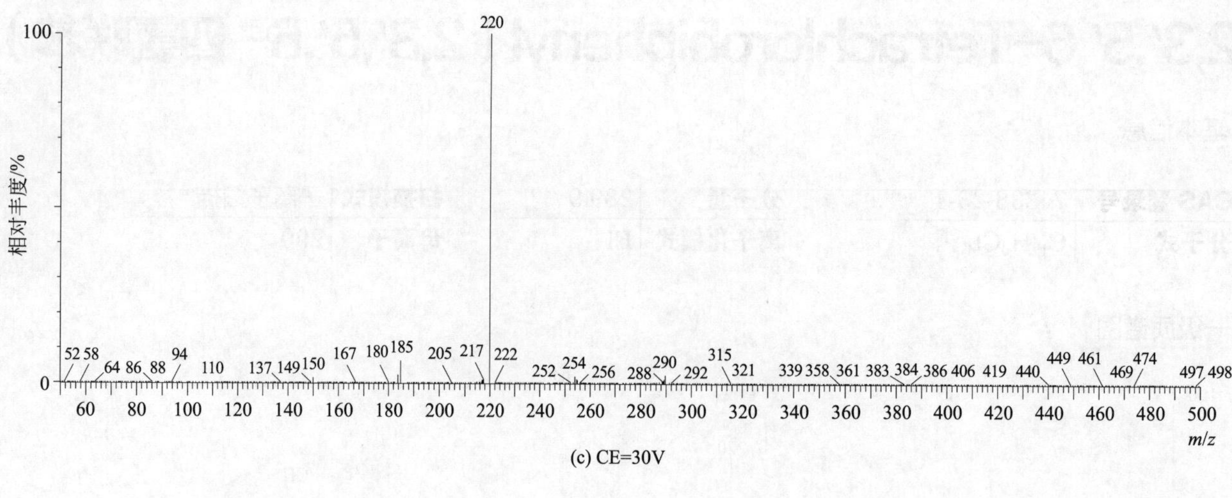

(c) CE=30V

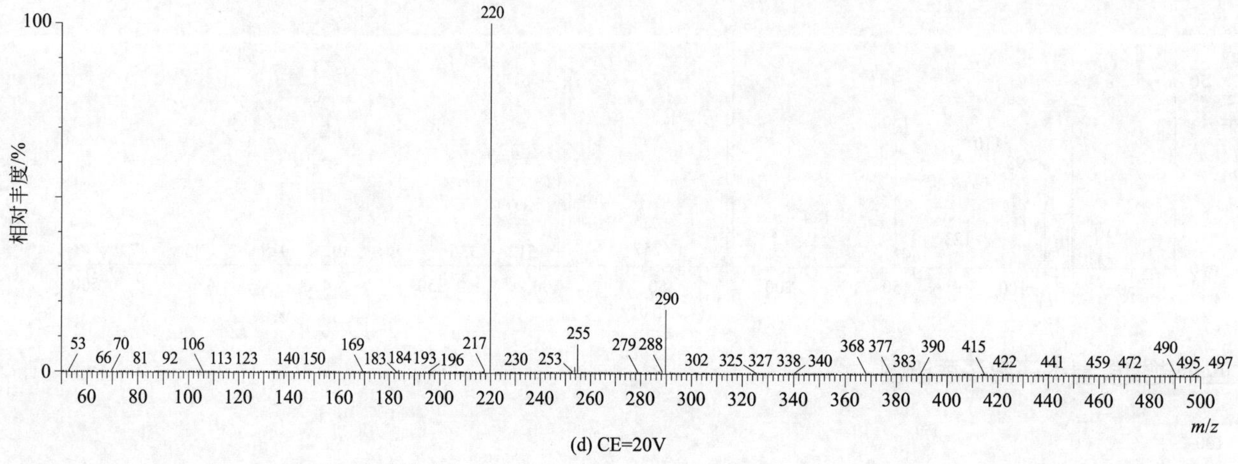

(d) CE=20V

2,4,4′,5-Tetrachlorobiphenyl（2,4,4′,5-四氯联苯）

基本信息

CAS 登录号	32690-93-0	分子量	289.9	扫描模式	子离子扫描
分子式	$C_{12}H_6Cl_4$	离子化模式	EI	母离子	290

一级质谱图

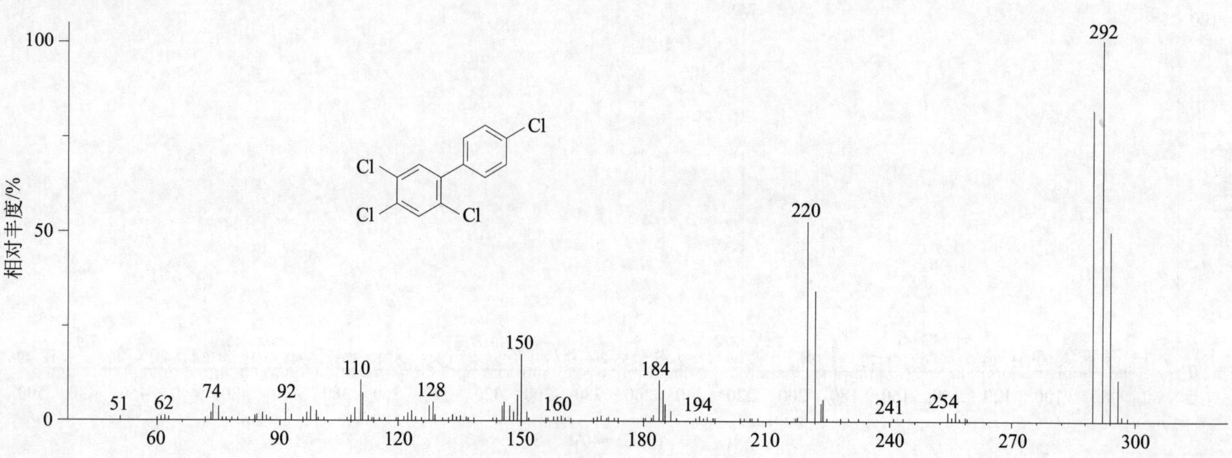

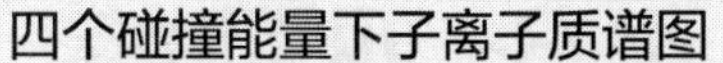

四个碰撞能量下子离子质谱图

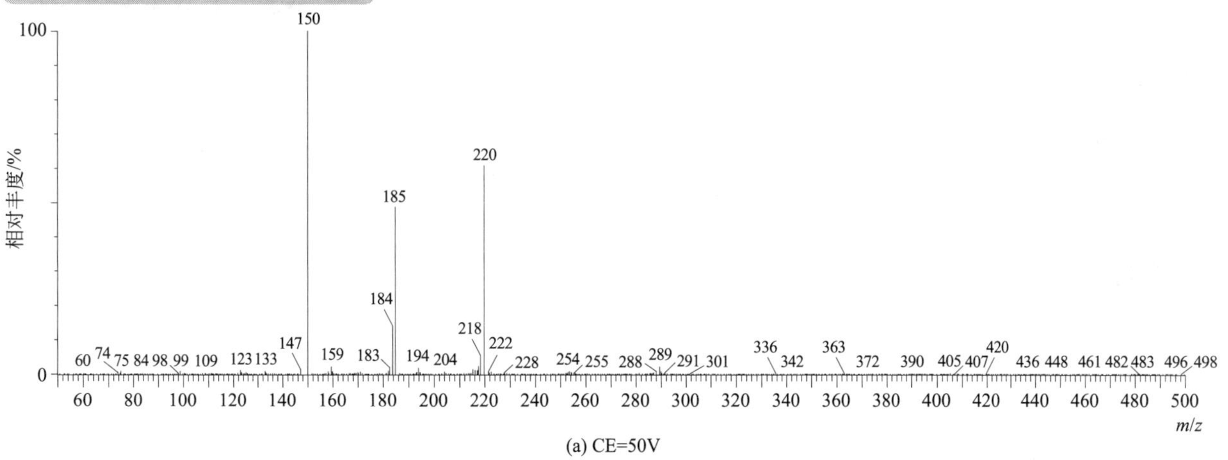

(a) CE=50V

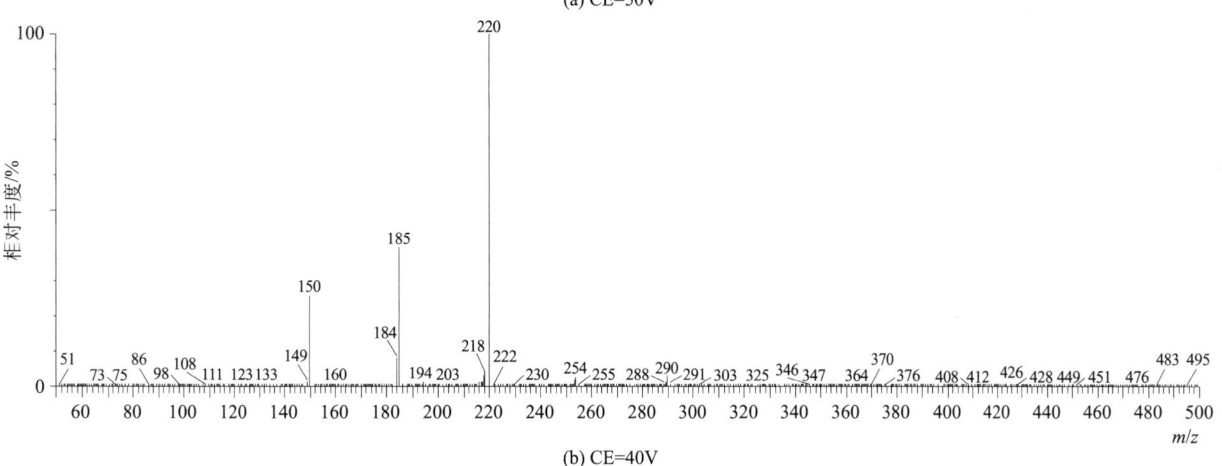

(b) CE=40V

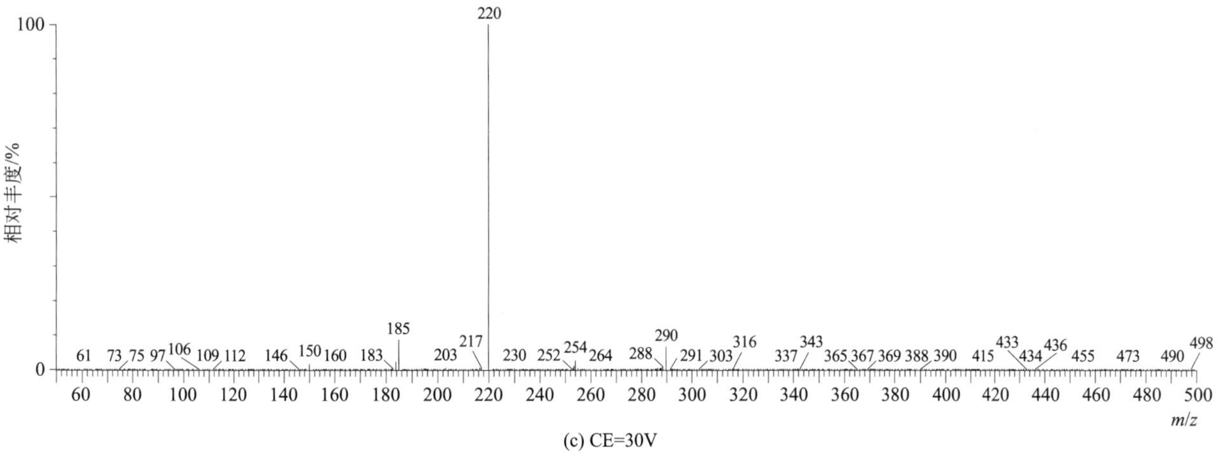

(c) CE=30V

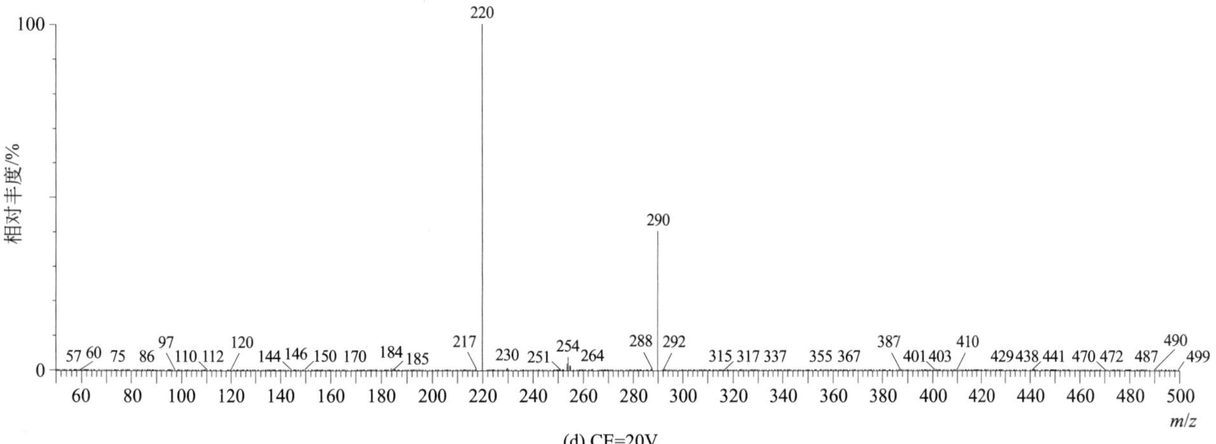

(d) CE=20V

2,4,4′,6-Tetrachlorobiphenyl（2,4,4′,6-四氯联苯）

基本信息

CAS 登录号	32598-12-2	分子量	289.9	扫描模式	子离子扫描
分子式	$C_{12}H_6Cl_4$	离子化模式	EI	母离子	292

一级质谱图

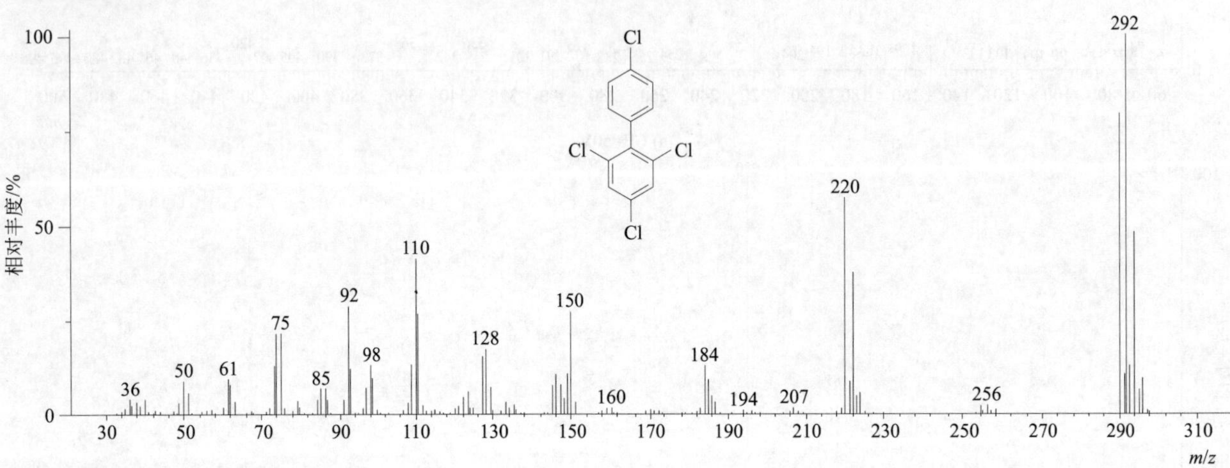

四个碰撞能量下子离子质谱图

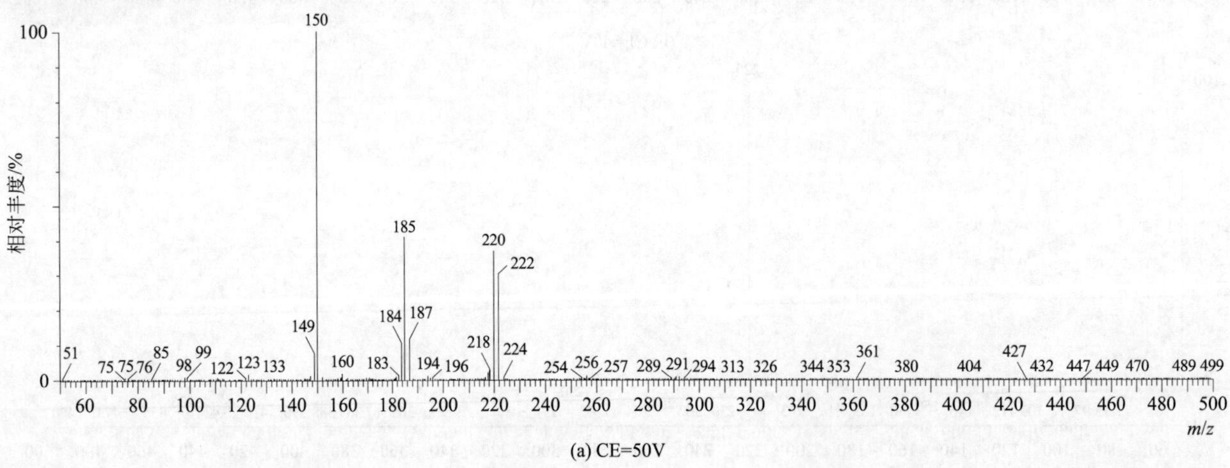

(a) CE=50V

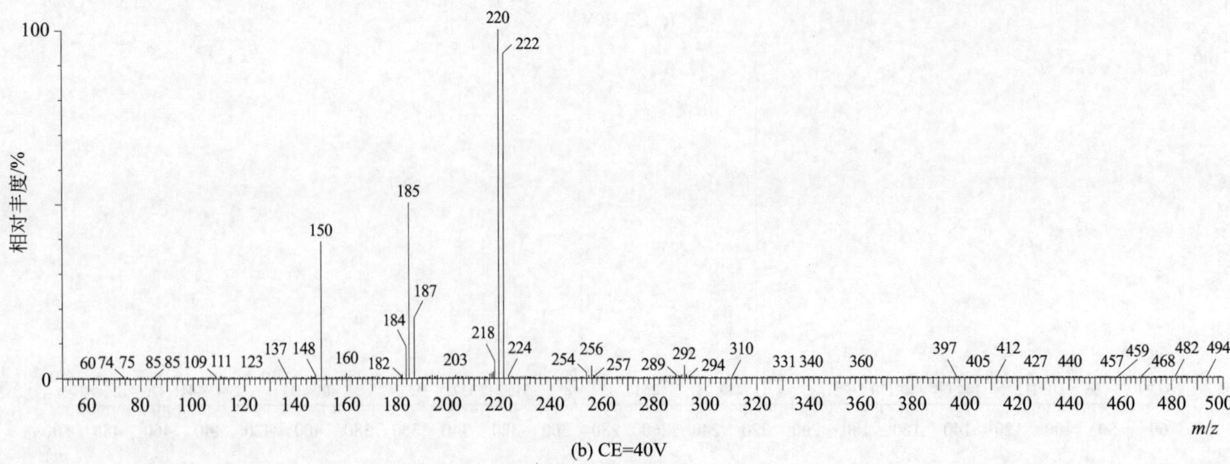

(b) CE=40V

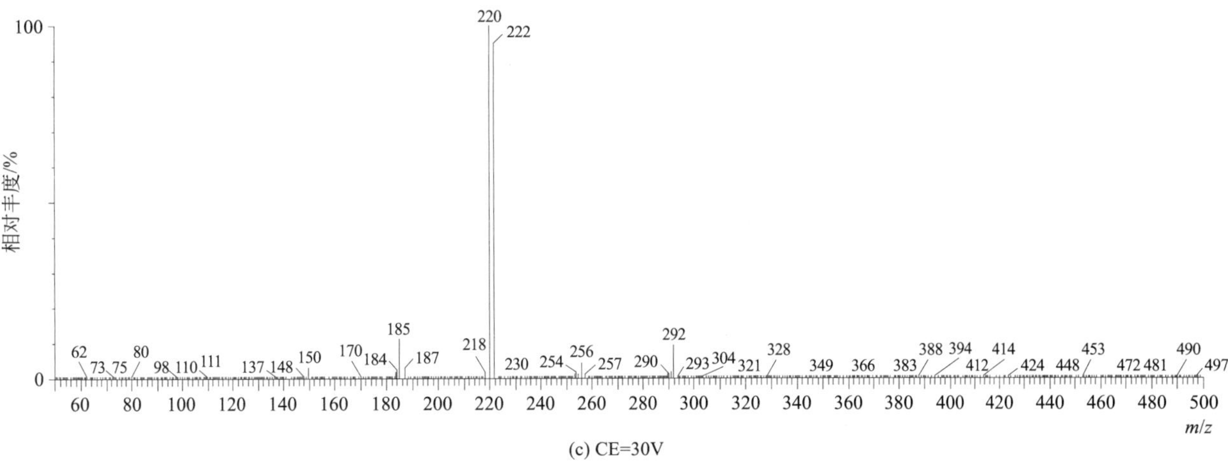

(c) CE=30V

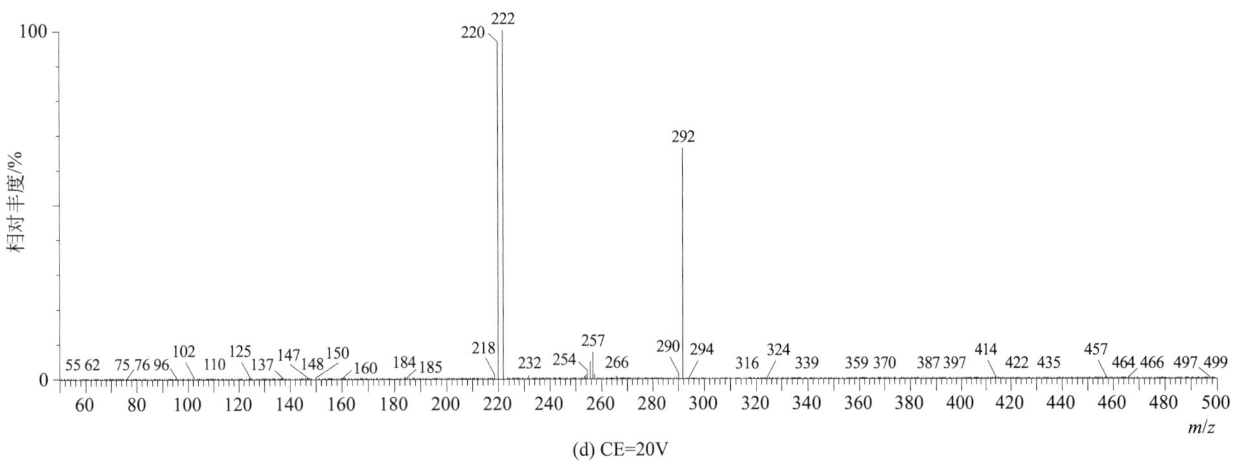

(d) CE=20V

2′,3,4,5-Tetrachlorobiphenyl（2′,3,4,5-四氯联苯）

基本信息

CAS 登录号	70362-48-0	分子量	289.9	扫描模式	子离子扫描
分子式	$C_{12}H_6Cl_4$	离子化模式	EI	母离子	220

一级质谱图

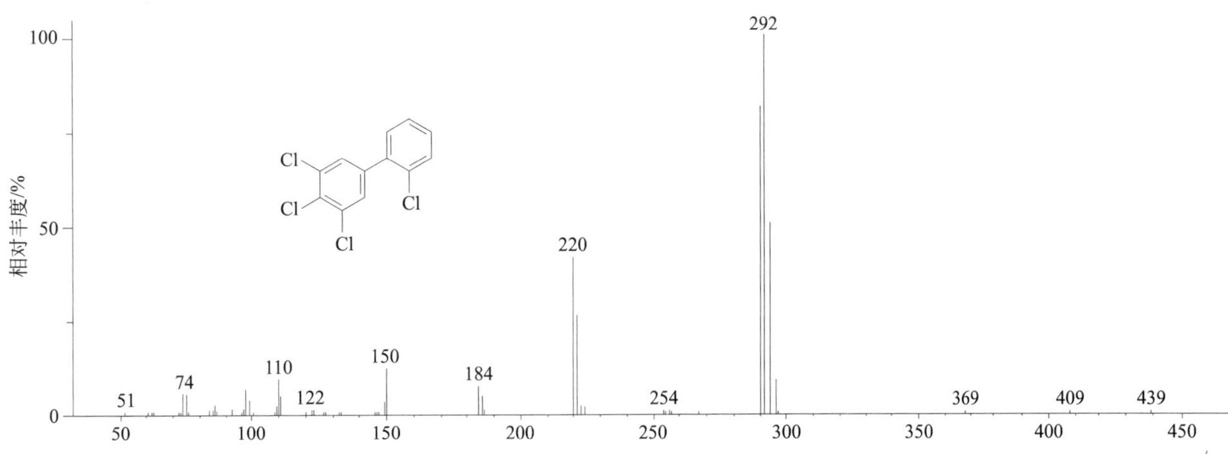

四个碰撞能量下子离子质谱图

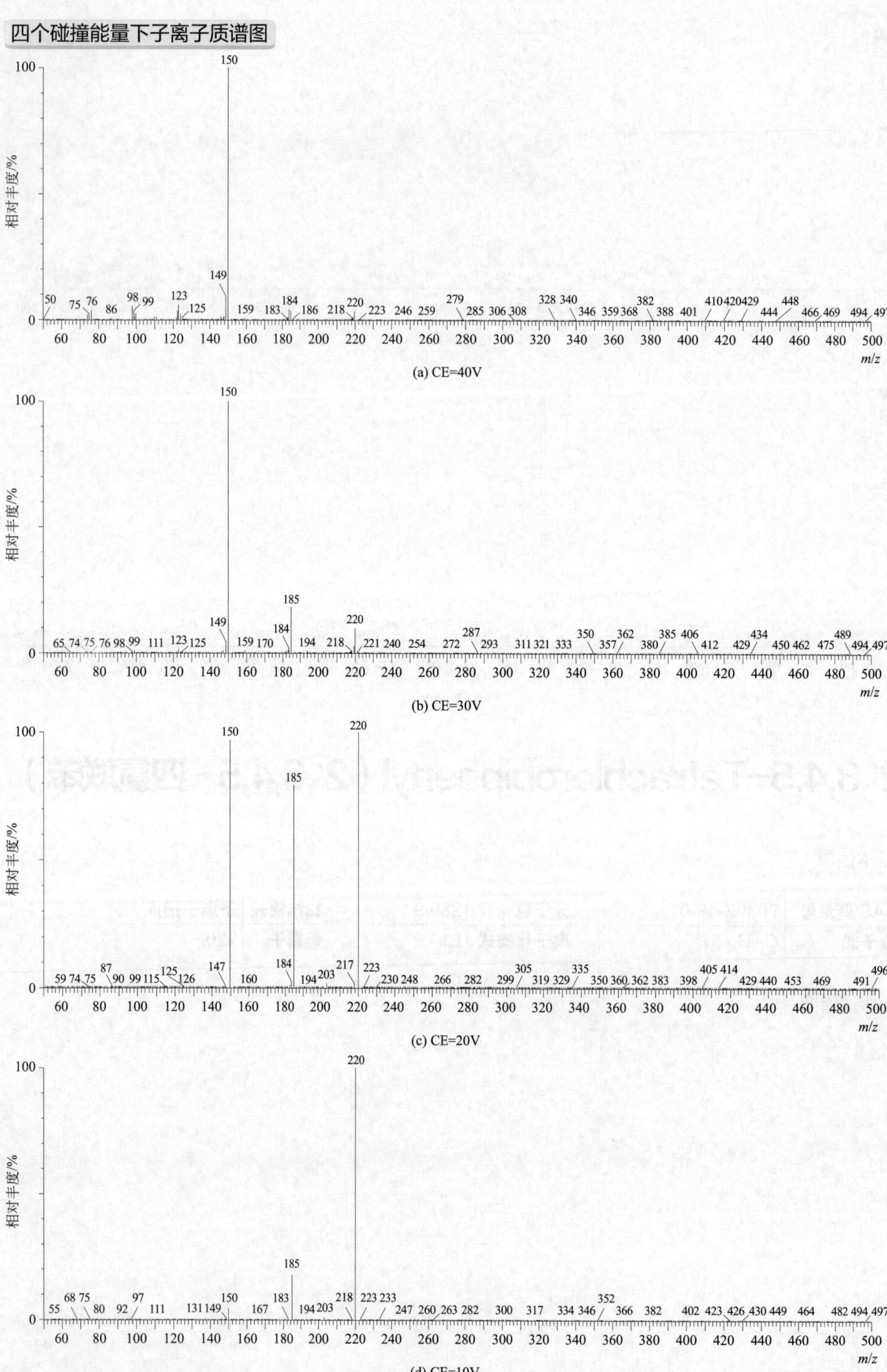

(a) CE=40V

(b) CE=30V

(c) CE=20V

(d) CE=10V

3,3′,4,4′-Tetrachlorobiphenyl（3,3′,4,4′-四氯联苯）

基本信息

CAS 登录号	32598-13-3	分子量	289.9	扫描模式	子离子扫描
分子式	$C_{12}H_6Cl_4$	离子化模式	EI	母离子	290

一级质谱图

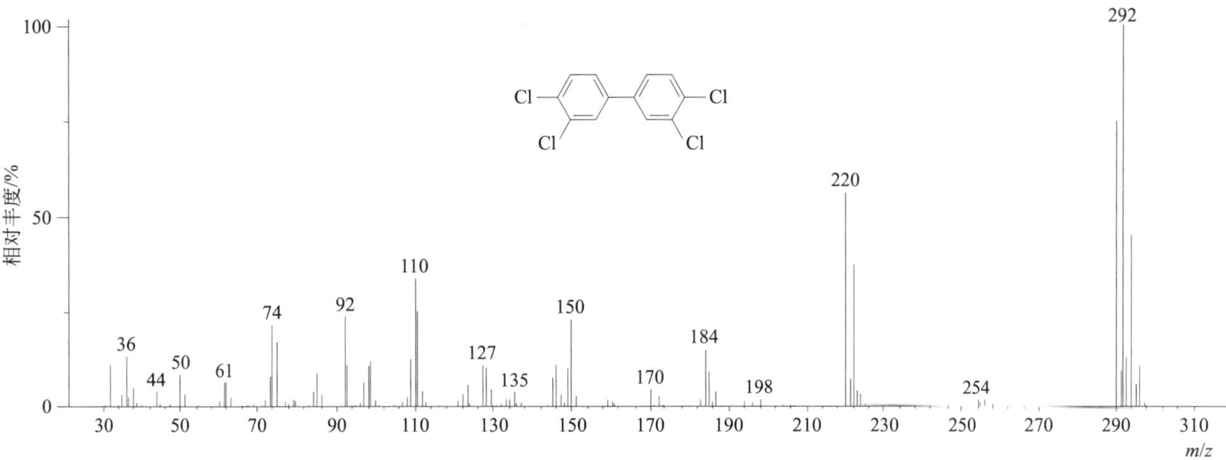

四个碰撞能量下子离子质谱图

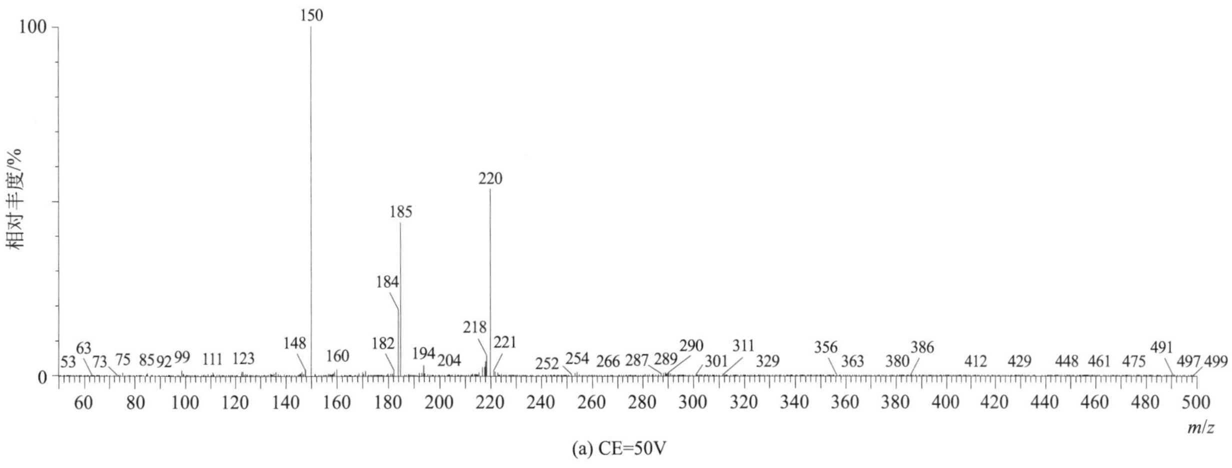

(a) CE=50V

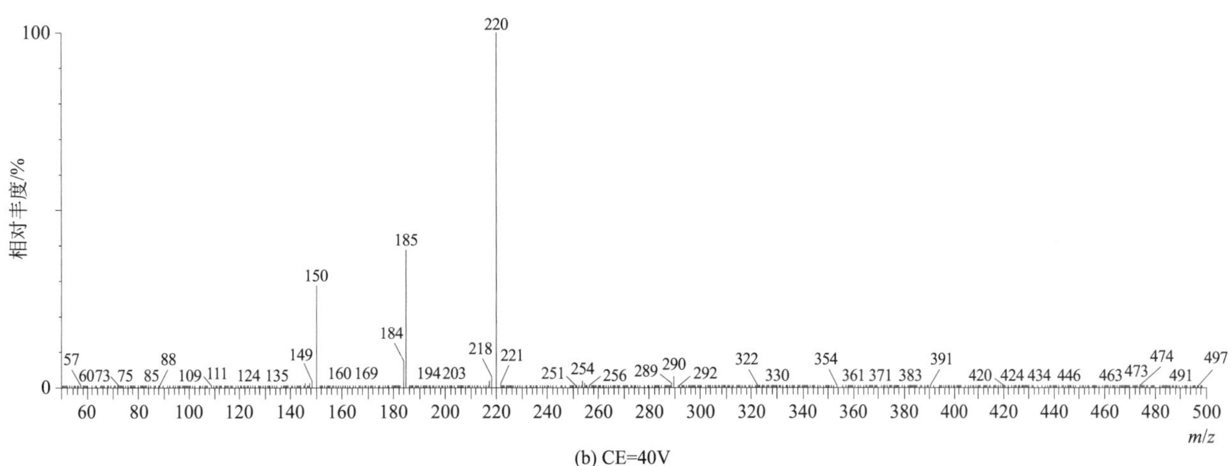

(b) CE=40V

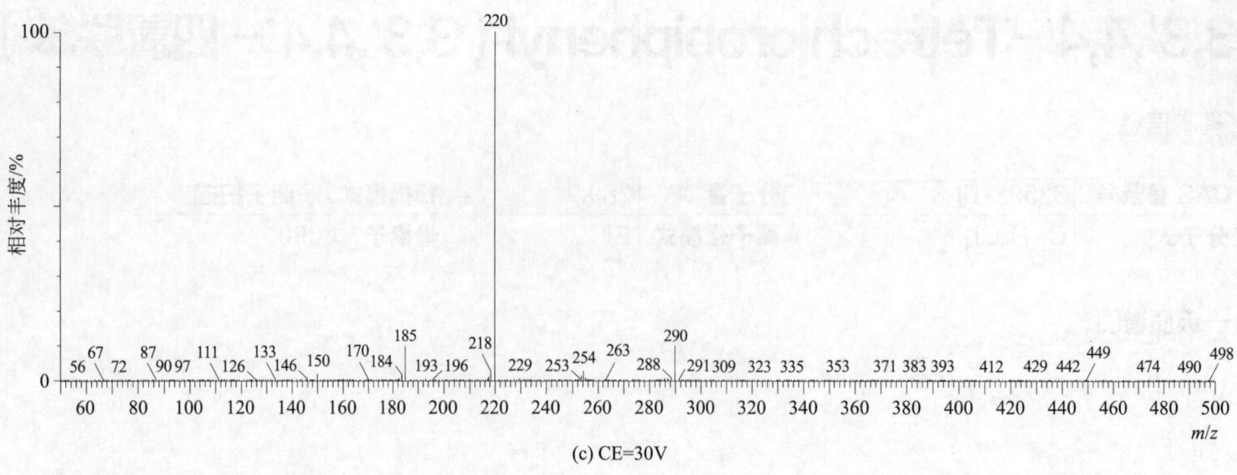

(c) CE=30V

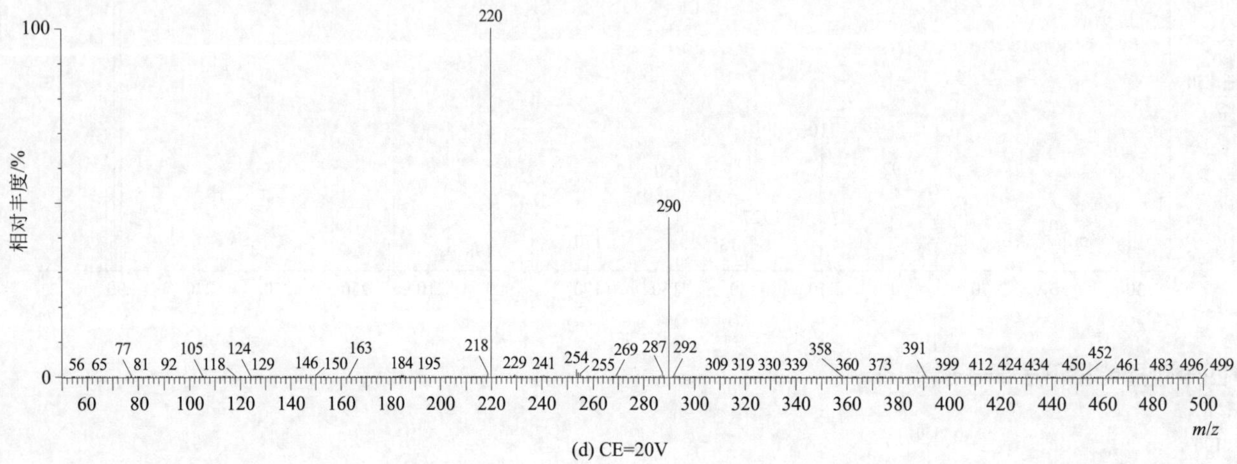

(d) CE=20V

3,3′,4,5-Tetrachlorobiphenyl（3,3′,4,5- 四氯联苯）

基本信息

CAS 登录号	70362-49-1	**分子量**	289.9	**扫描模式**	子离子扫描
分子式	$C_{12}H_6Cl_4$	**离子化模式**	EI	**母离子**	294

一级质谱图

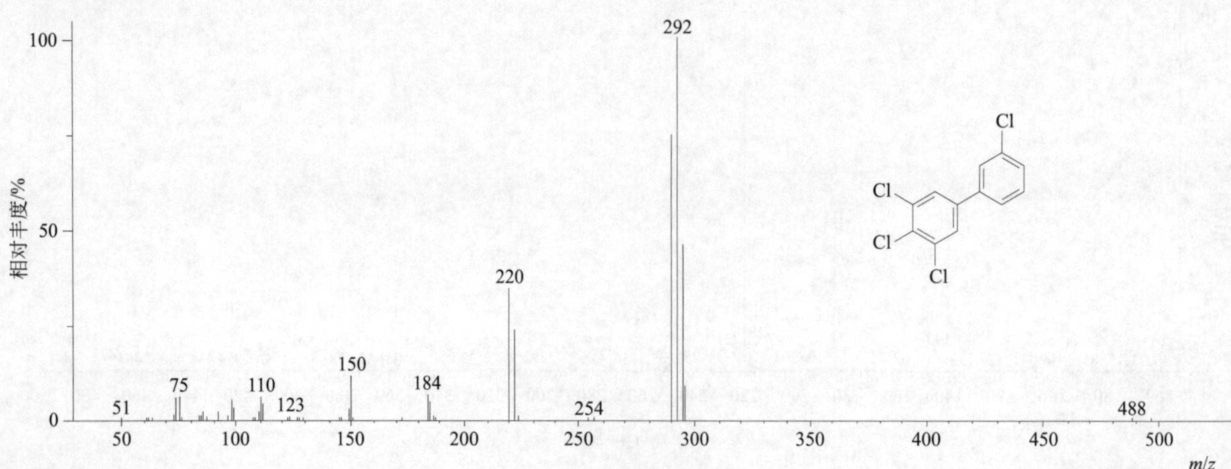

四个碰撞能量下子离子质谱图

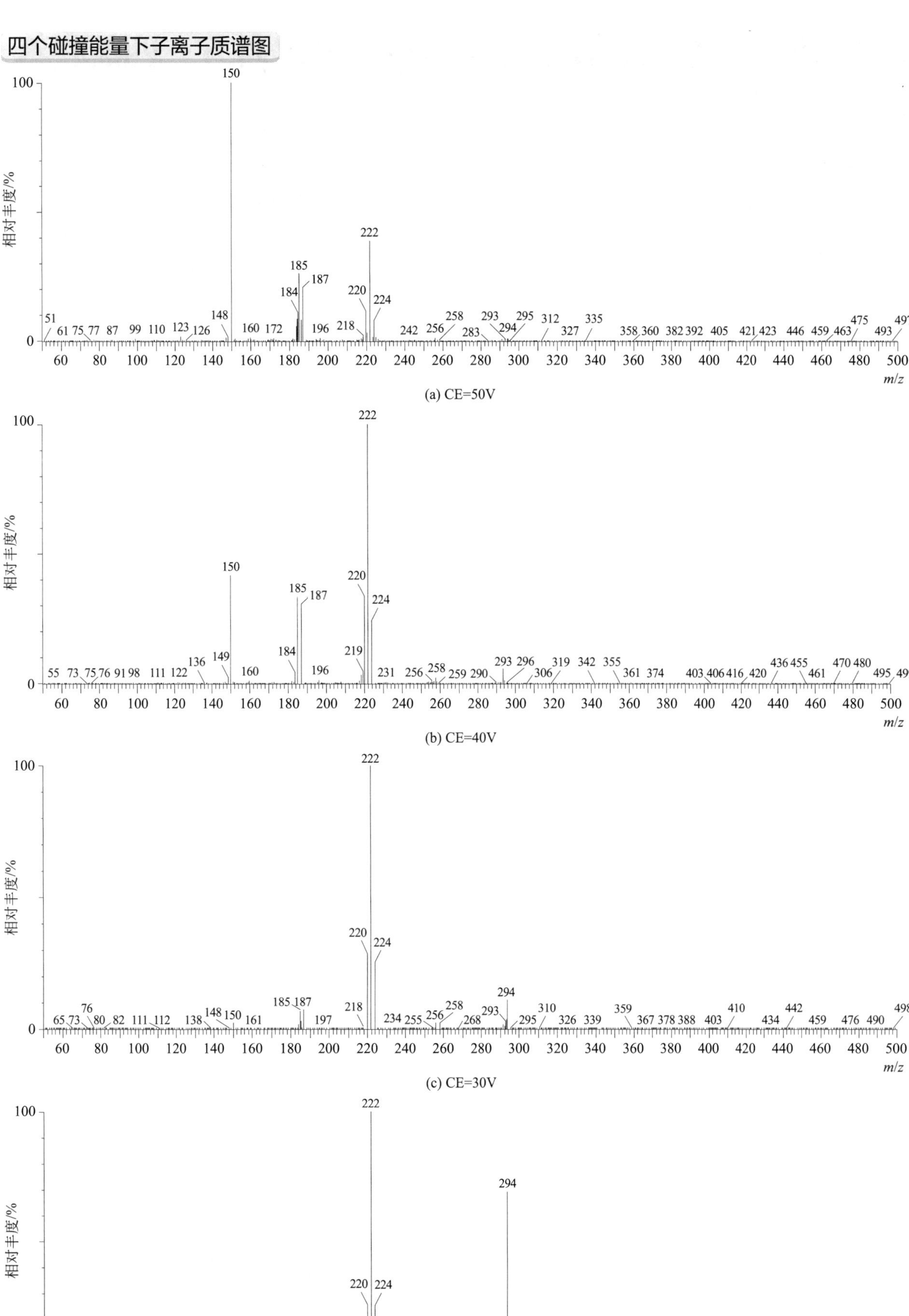

(a) CE=50V

(b) CE=40V

(c) CE=30V

(d) CE=20V

3,3′,4,5′-Tetrachlorobiphenyl（3,3′,4,5′-四氯联苯）

基本信息

CAS 登录号	41464-48-6	分子量	289.9	扫描模式	子离子扫描
分子式	$C_{12}H_6Cl_4$	离子化模式	EI	母离子	220

一级质谱图

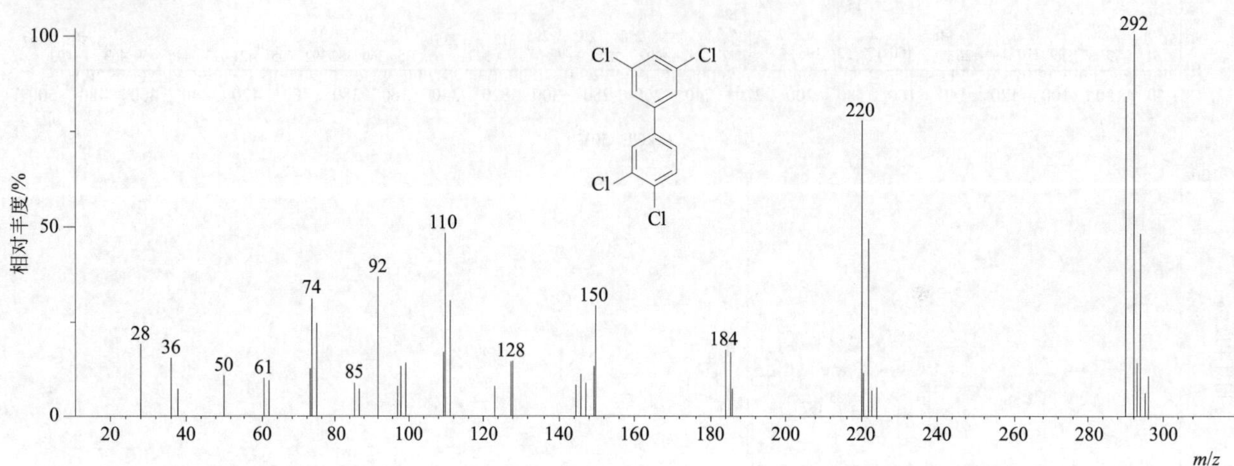

四个碰撞能量下子离子质谱图

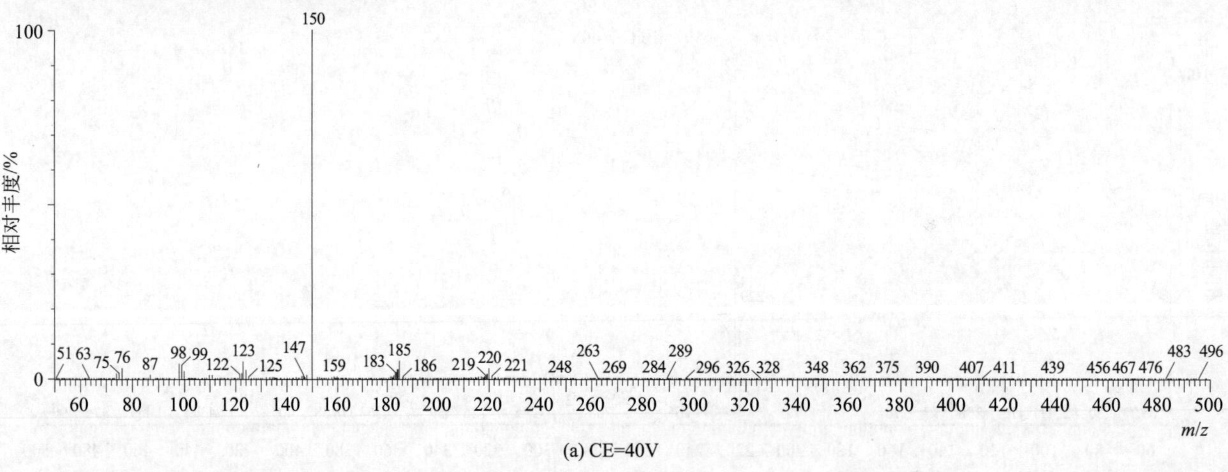

(a) CE=40V

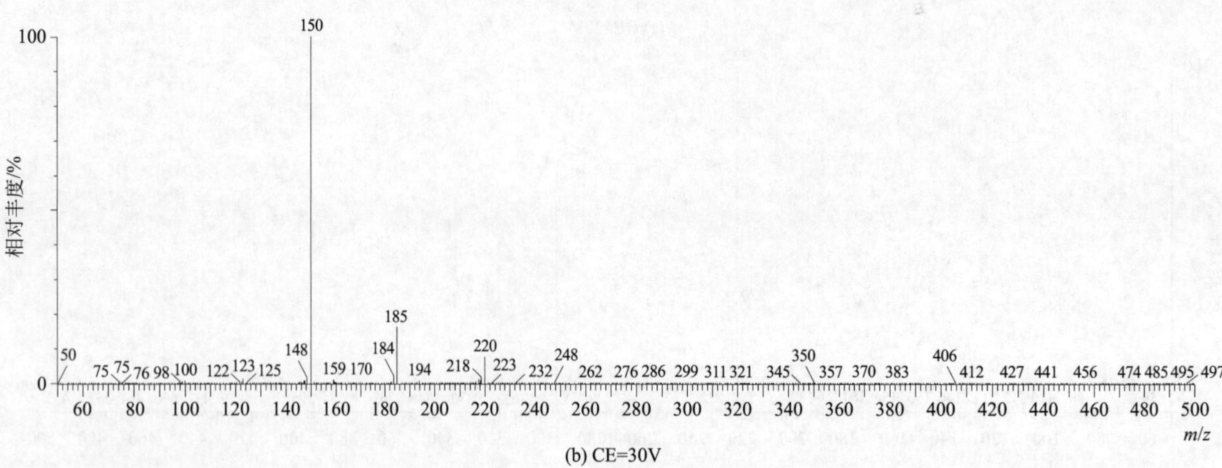

(b) CE=30V

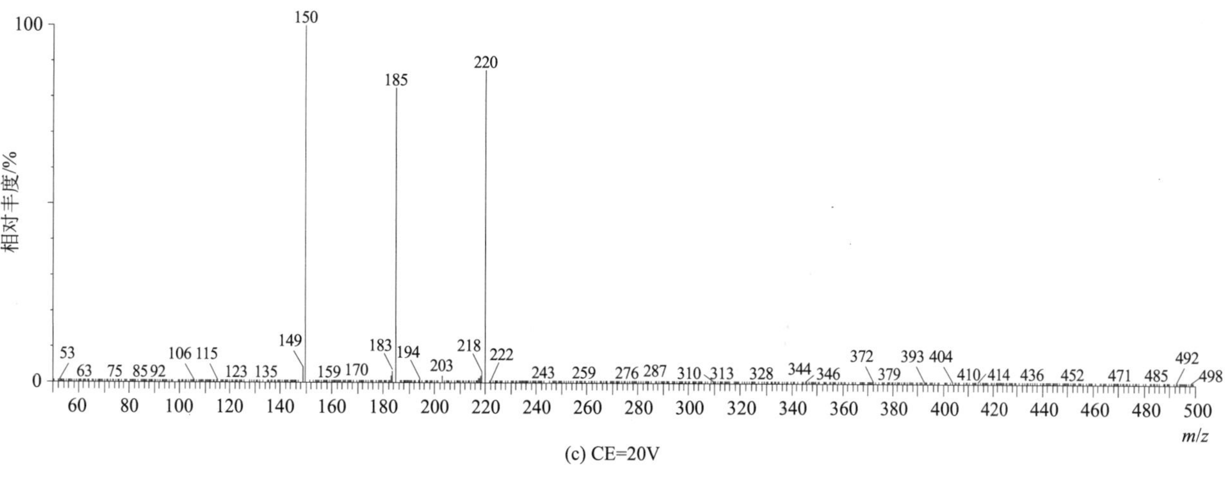

(c) CE=20V

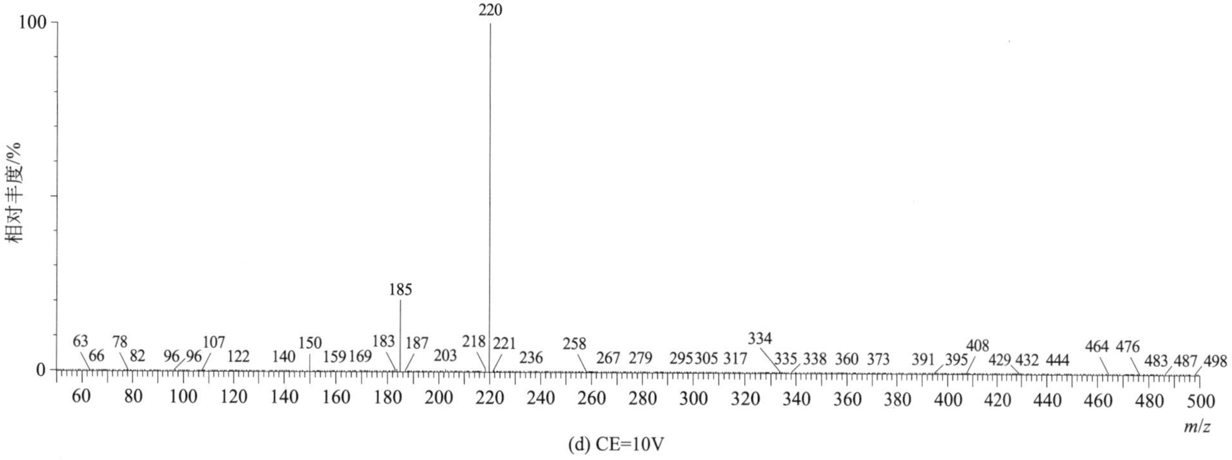

(d) CE=10V

3,3′,5,5′-Tetrachlorobiphenyl（3,3′,5,5′-四氯联苯）

基本信息

CAS 登录号	33284-52-5	分子量	289.9	扫描模式	子离子扫描
分子式	$C_{12}H_6Cl_4$	离子化模式	EI	母离子	292

一级质谱图

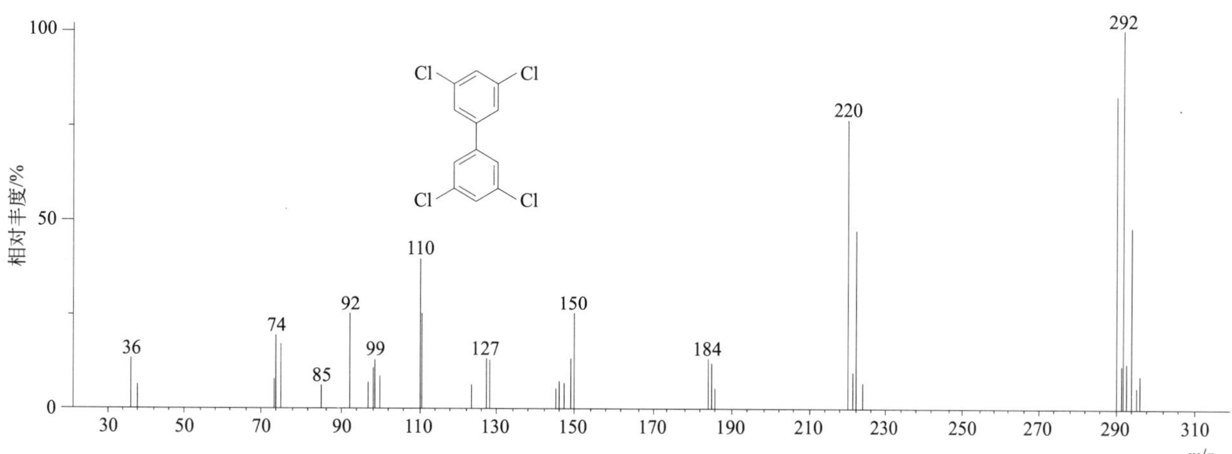

四个碰撞能量下子离子质谱图

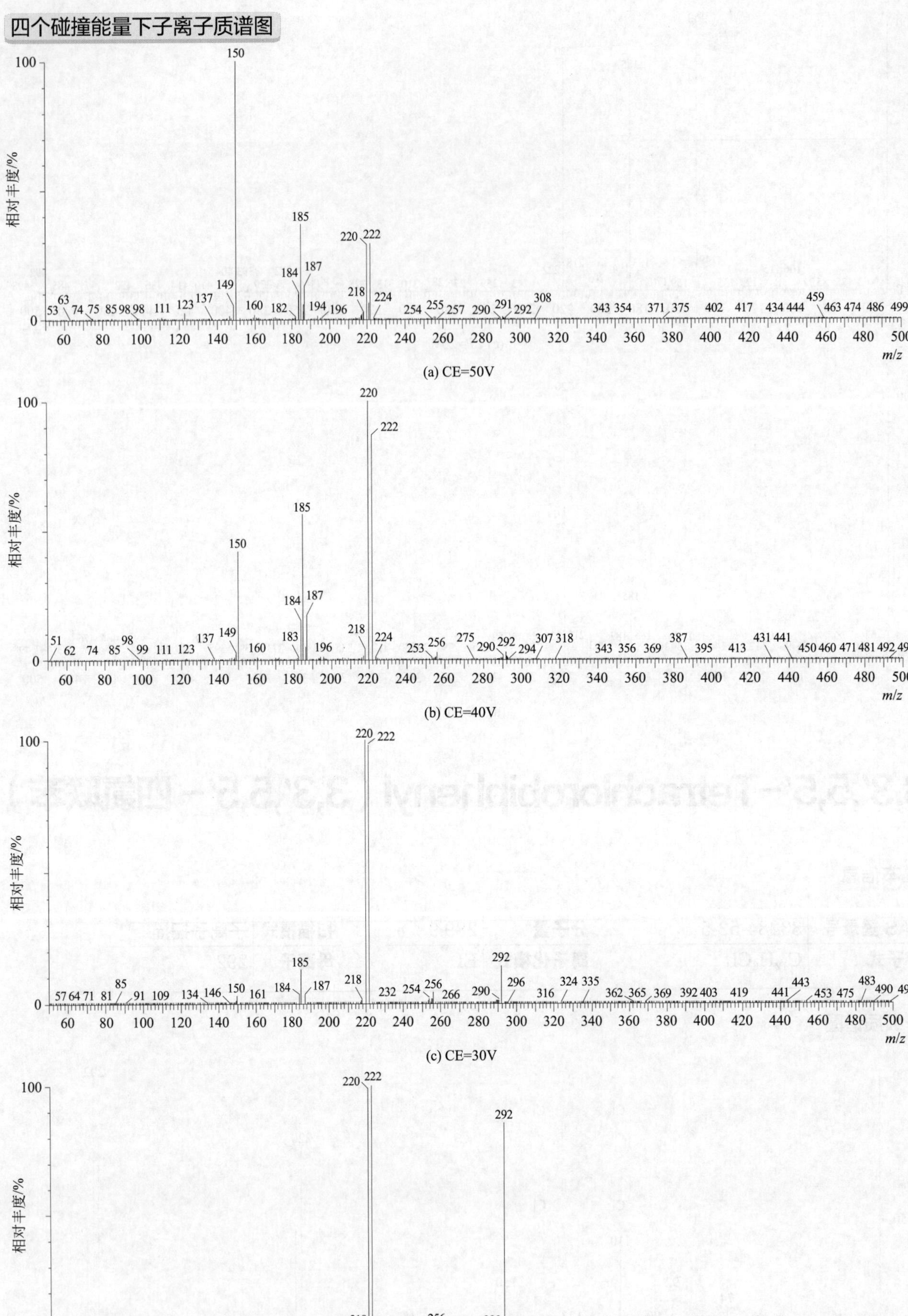

3,4,4′,5-Tetrachlorobiphenyl（3,4,4′,5-四氯联苯）

基本信息

CAS 登录号	70362-50-4	分子量	289.9	扫描模式	子离子扫描
分子式	$C_{12}H_6Cl_4$	离子化模式	EI	母离子	290

一级质谱图

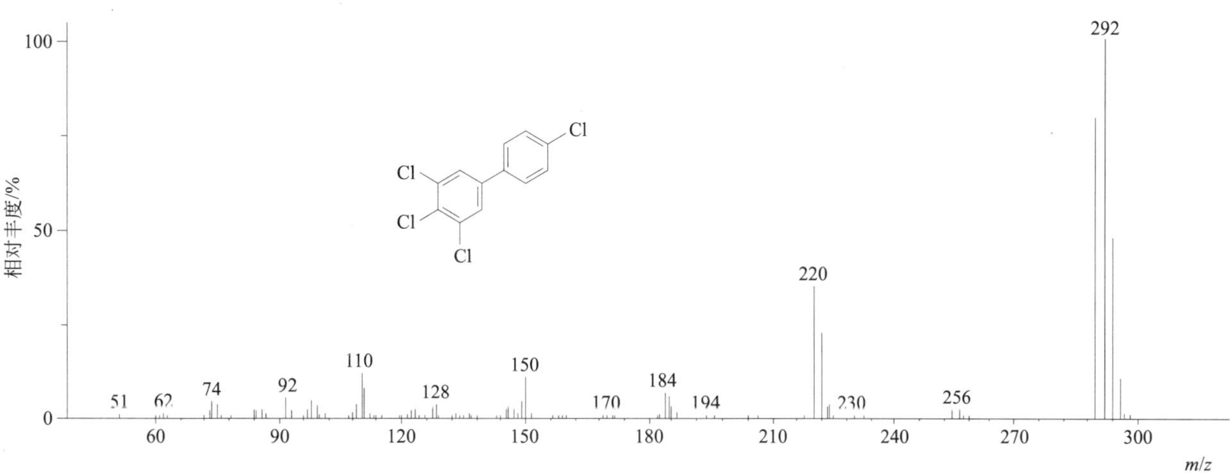

四个碰撞能量下子离子质谱图

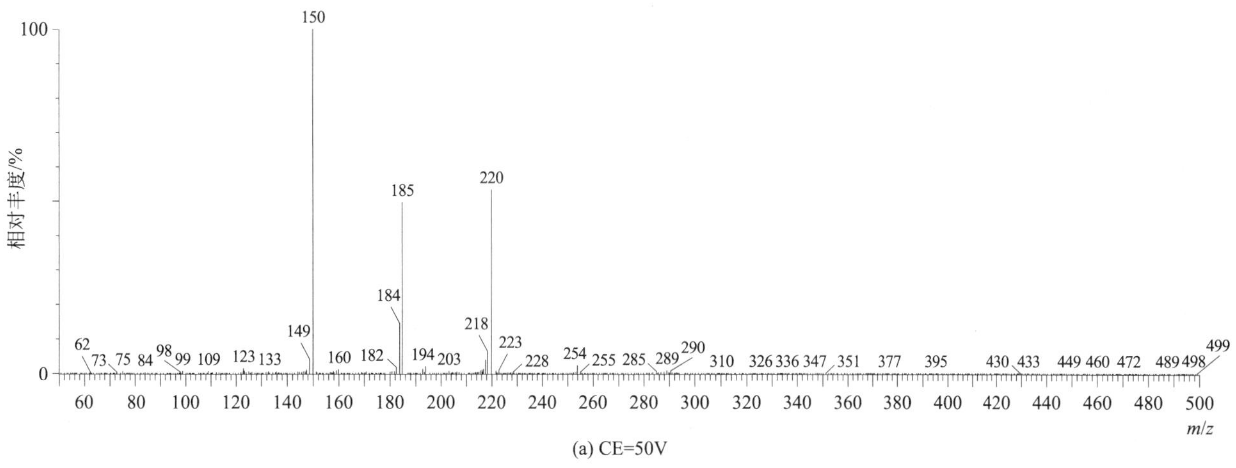

(a) CE=50V

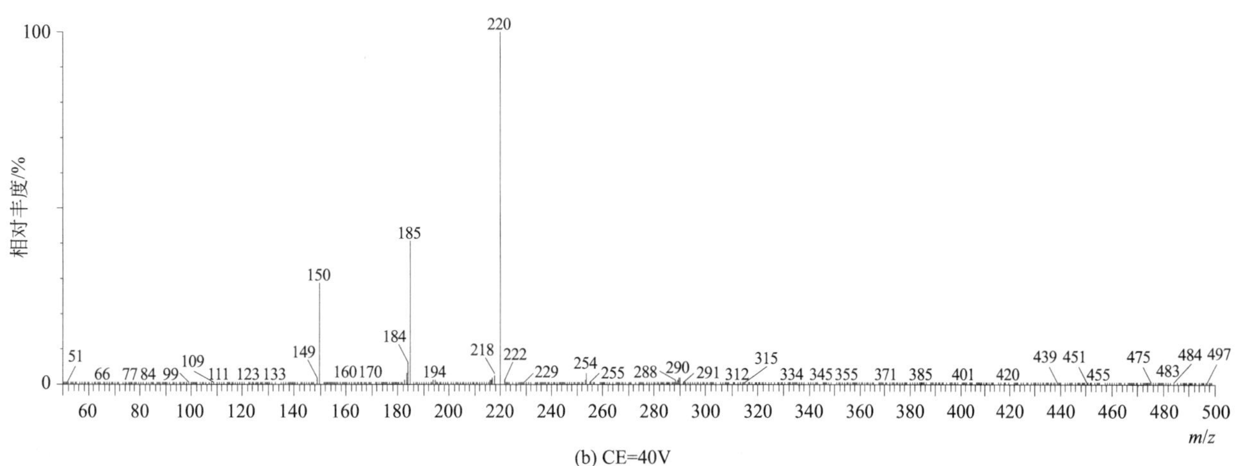

(b) CE=40V

(c) CE=30V

(d) CE=20V

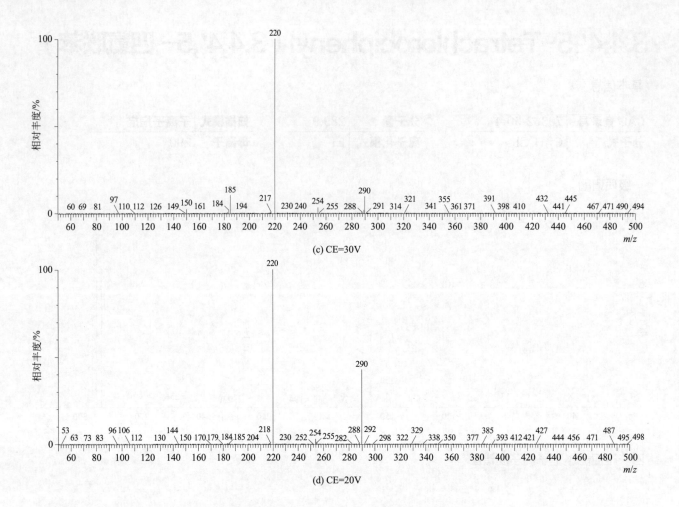

2,2′,3,3′,4-Pentachlorobiphenyl (2,2′,3,3′,4-五氯联苯)

基本信息

CAS 登录号	52663-62-4	分子量	323.9	扫描模式	子离子扫描
分子式	$C_{12}H_5Cl_5$	离子化模式	EI	母离子	328

一级质谱图

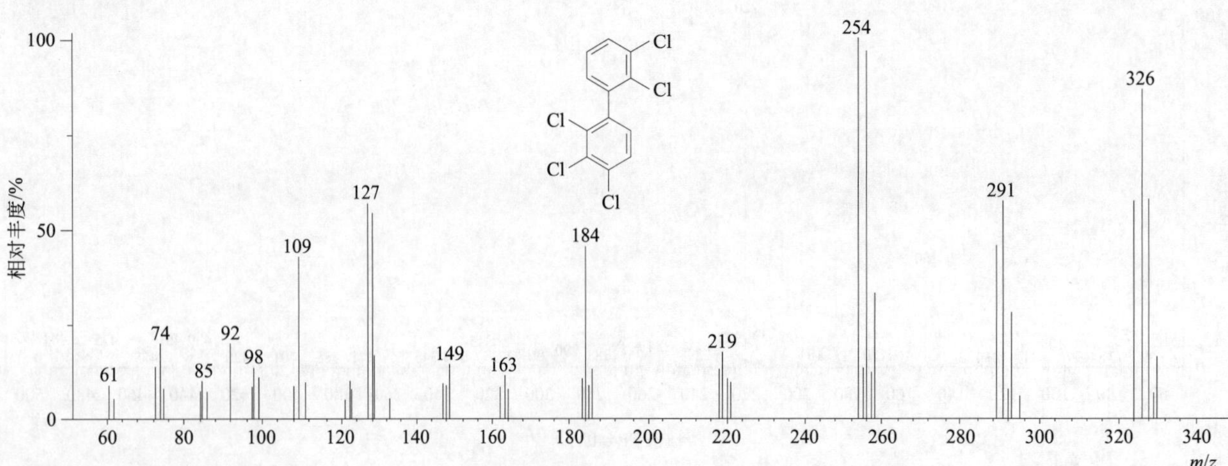

四个碰撞能量下子离子质谱图

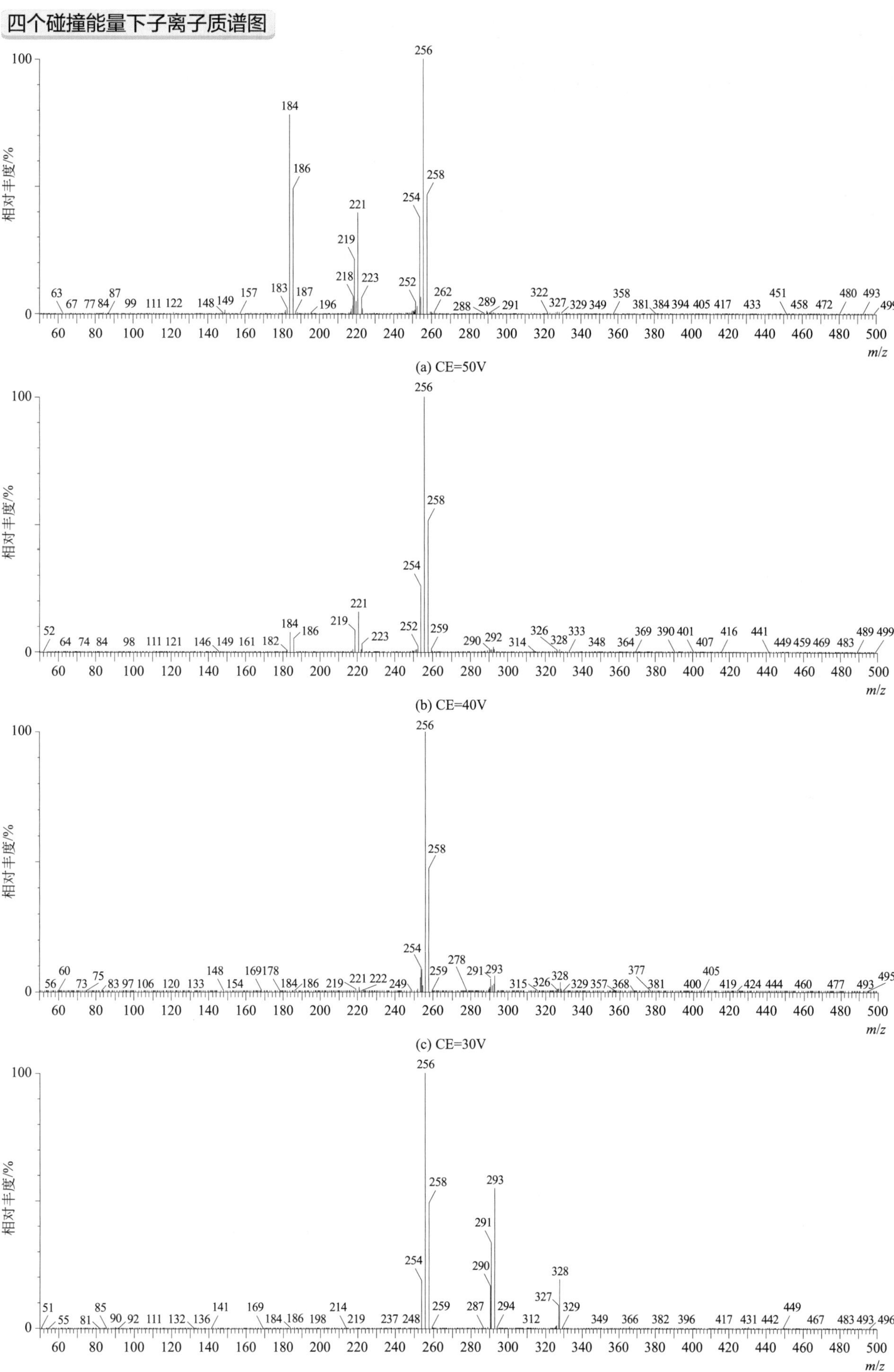

(a) CE=50V

(b) CE=40V

(c) CE=30V

(d) CE=20V

2,2′,3,3′,5-Pentachlorobiphenyl
（2,2′,3,3′,5-五氯联苯）

基本信息

CAS 登录号	60145-20-2	分子量	323.9	扫描模式	子离子扫描
分子式	$C_{12}H_5Cl_5$	离子化模式	EI	母离子	184

一级质谱图

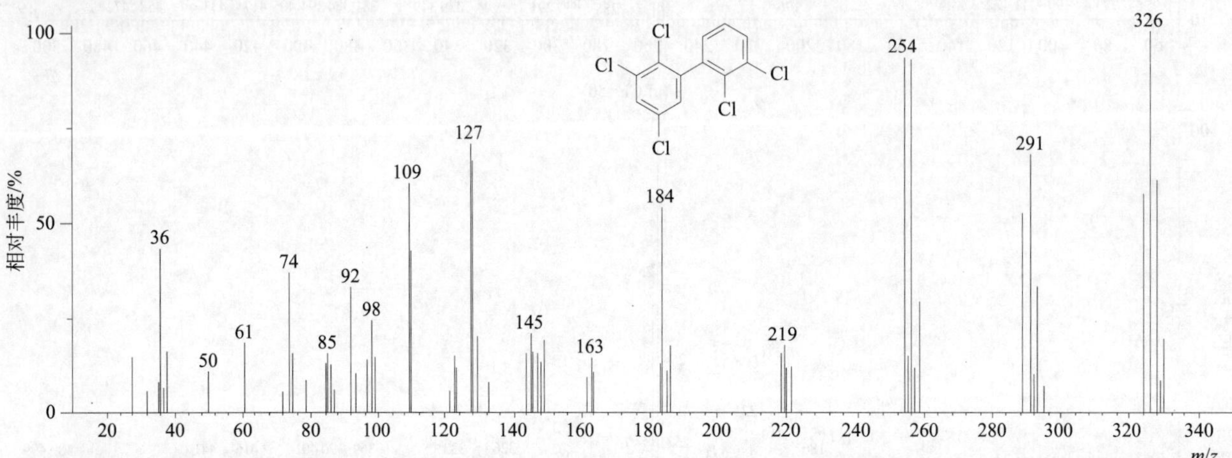

四个碰撞能量下子离子质谱图

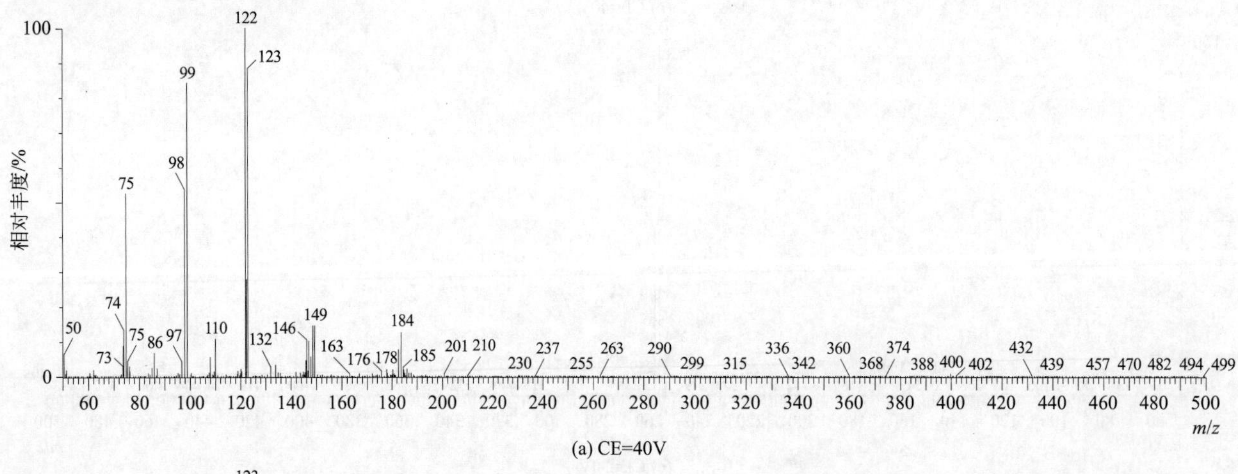

(a) CE=40V

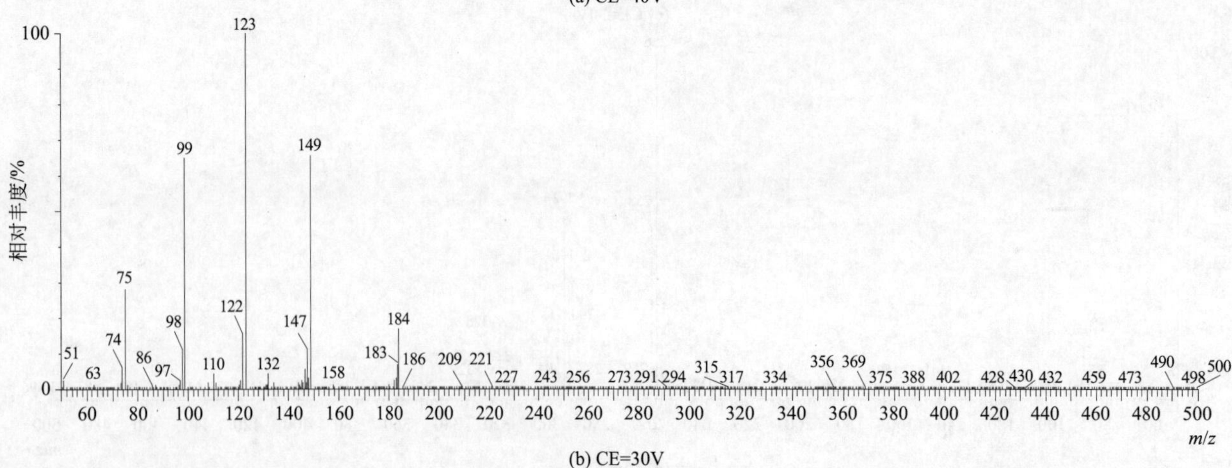

(b) CE=30V

(c) CE=20V

(d) CE=10V

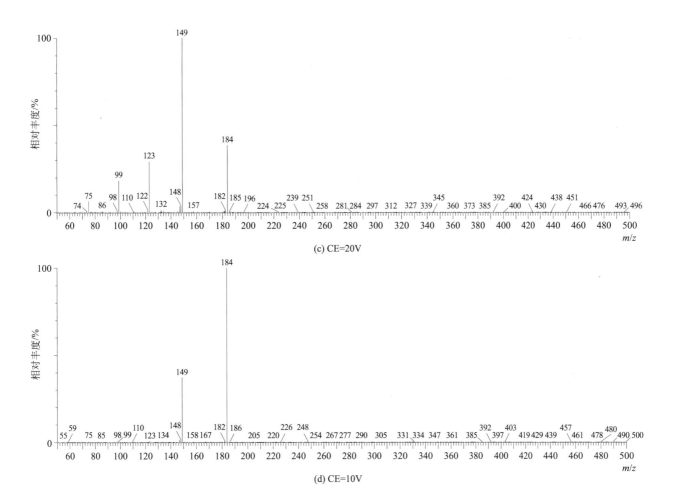

2,2′,3,3′,6-Pentachlorobiphenyl
（2,2′,3,3′,6-五氯联苯）

基本信息

CAS 登录号	52663-60-2	分子量	323.9	扫描模式	子离子扫描
分子式	$C_{12}H_5Cl_5$	离子化模式	EI	母离子	254

一级质谱图

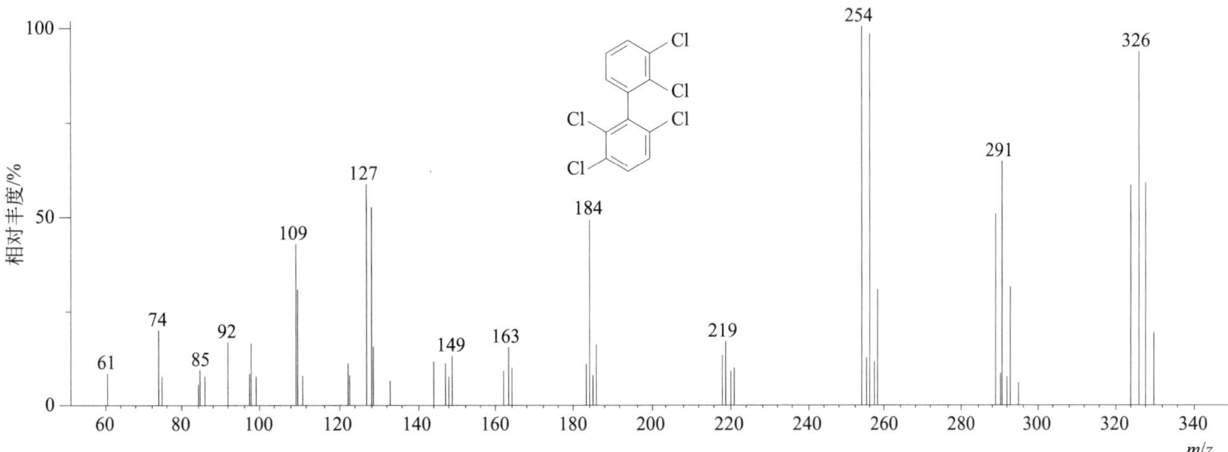

四个碰撞能量下子离子质谱图

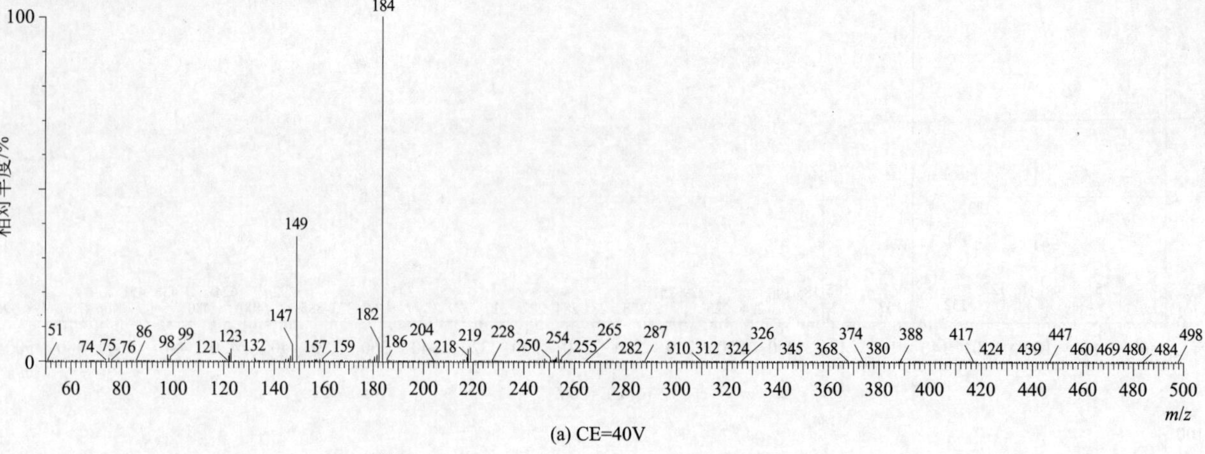

(a) CE=40V

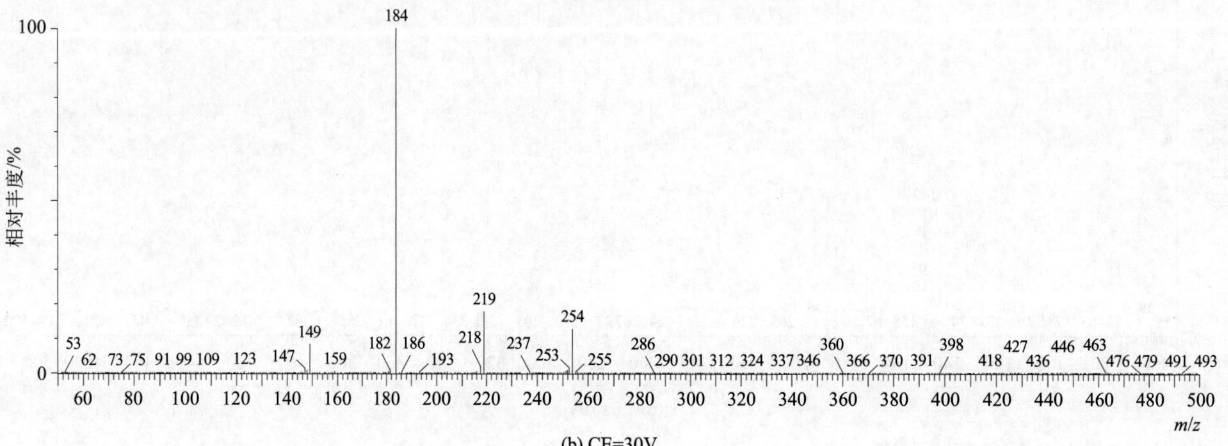

(b) CE=30V

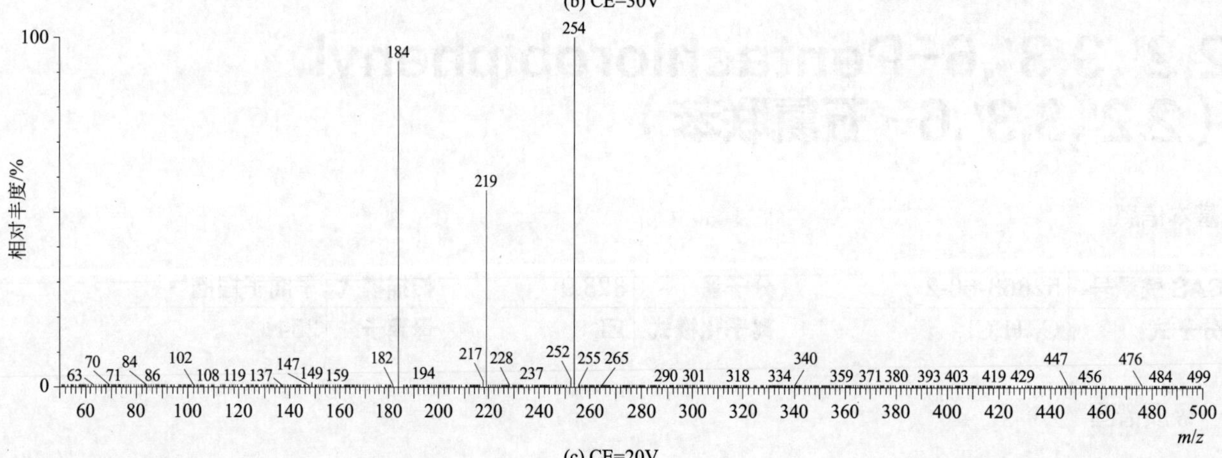

(c) CE=20V

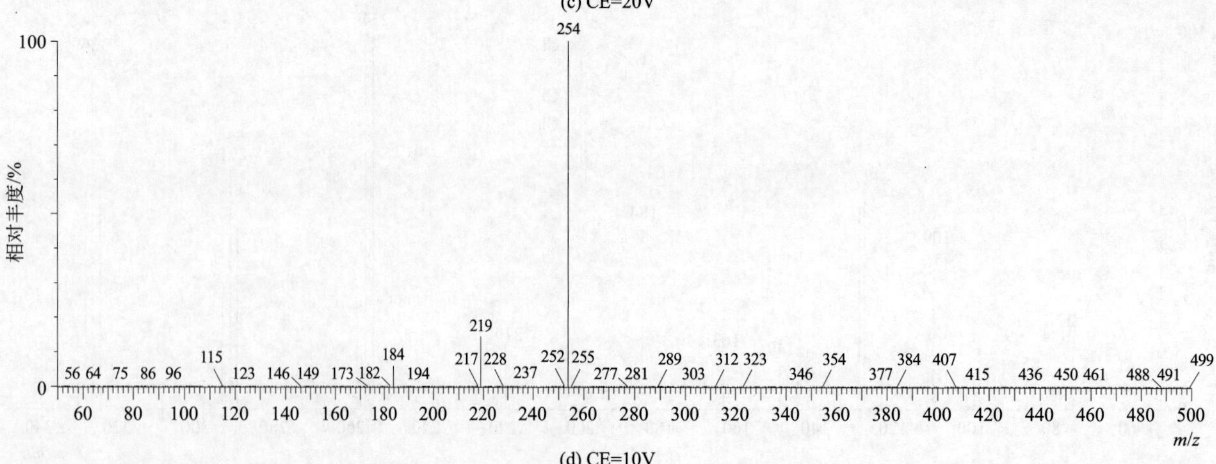

(d) CE=10V

2,2′,3,4,4′-Pentachlorobiphenyl（2,2′,3,4,4′-五氯联苯）

基本信息

CAS 登录号	65510-45-4	分子量	323.9	扫描模式	子离子扫描
分子式	$C_{12}H_5Cl_5$	离子化模式	EI	母离子	326

一级质谱图

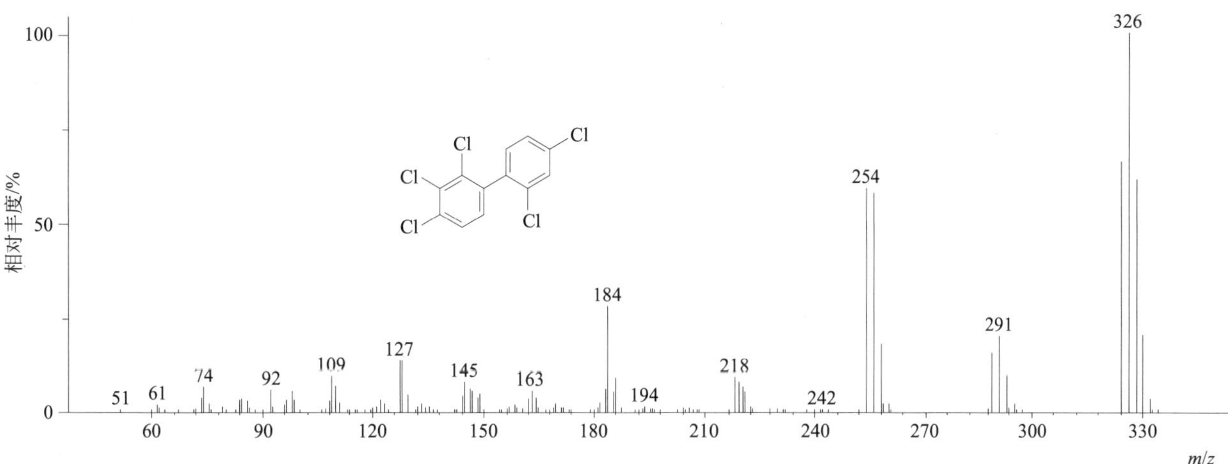

四个碰撞能量下子离子质谱图

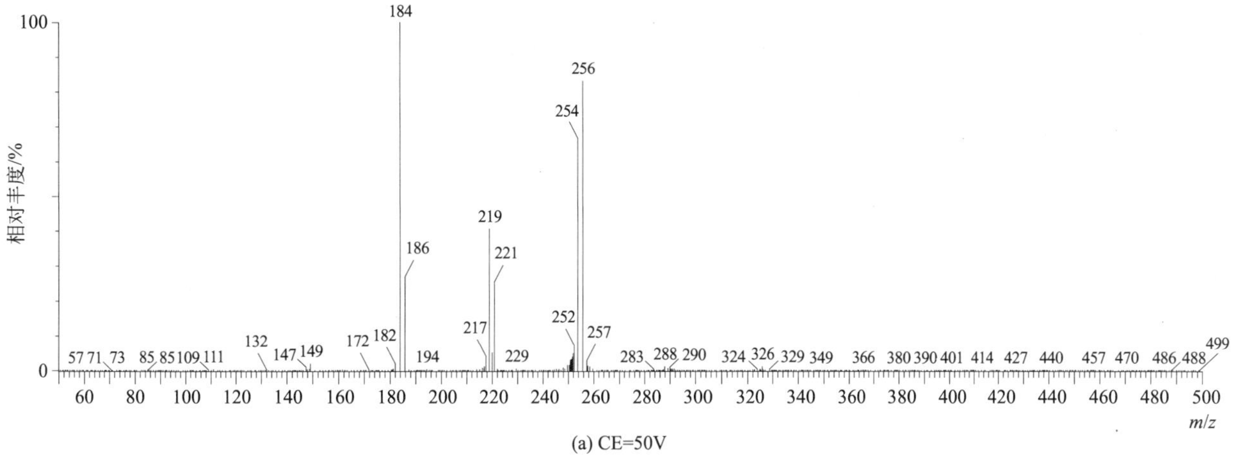

(a) CE=50V

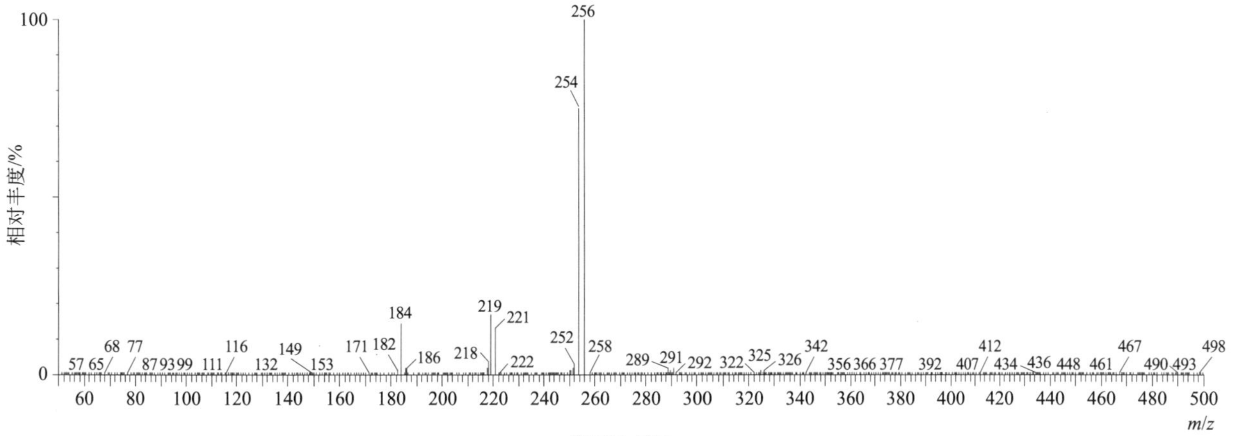

(b) CE=40V

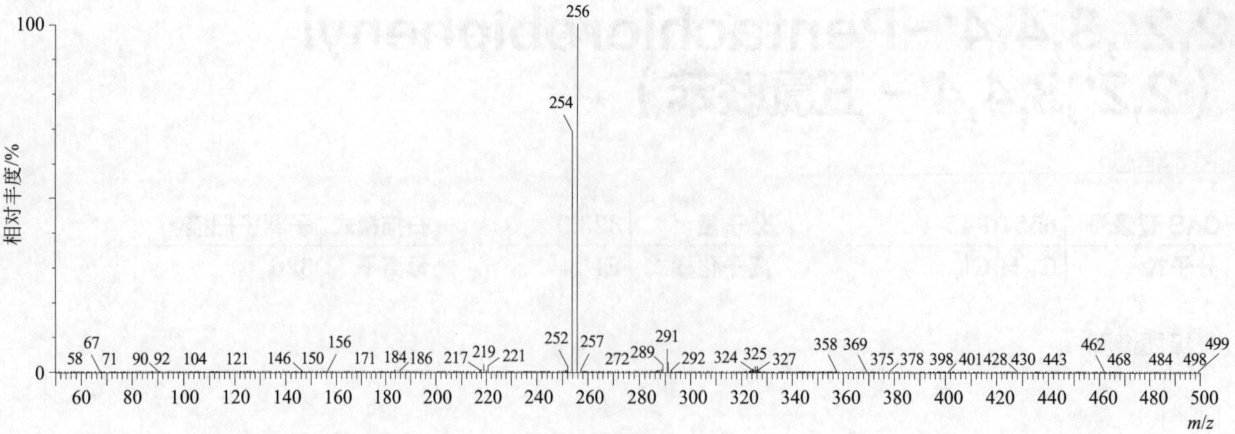

(c) CE=30V

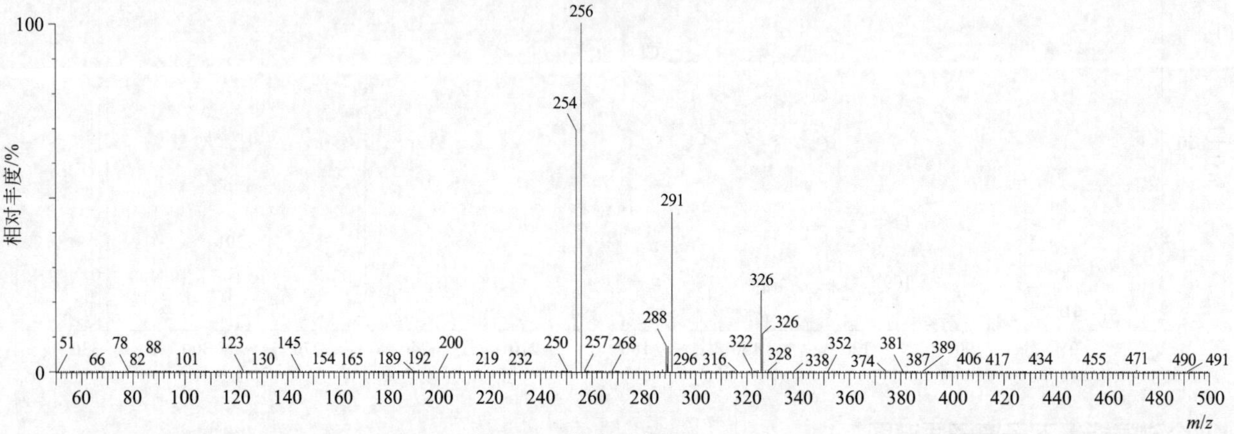

(d) CE=20V

2,2′,3,4,5-Pentachlorobiphenyl
（2,2′,3,4,5-五氯联苯）

基本信息

CAS 登录号	55312-69-1	分子量	323.9	扫描模式	子离子扫描
分子式	$C_{12}H_5Cl_5$	离子化模式	EI	母离子	326

一级质谱图

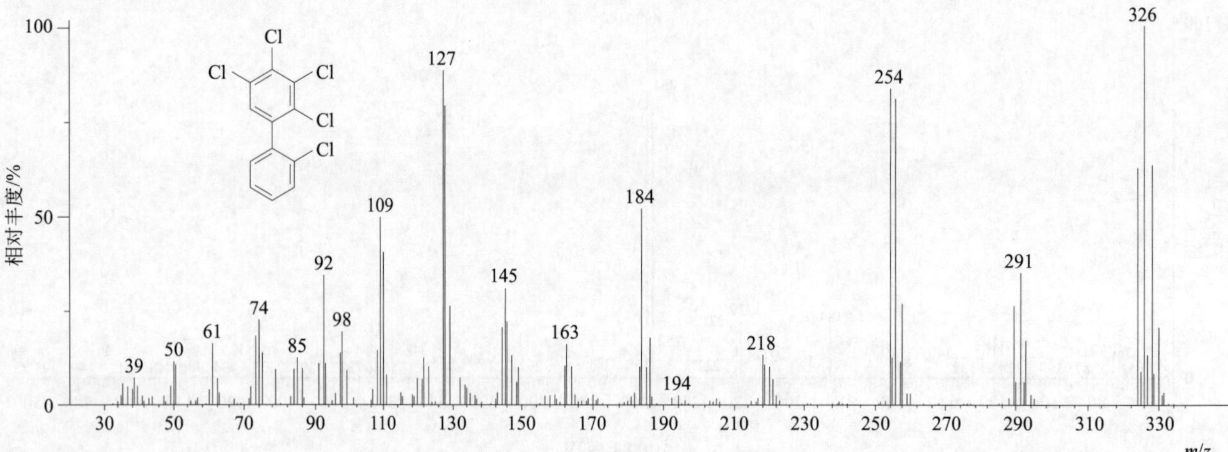

四个碰撞能量下子离子质谱图

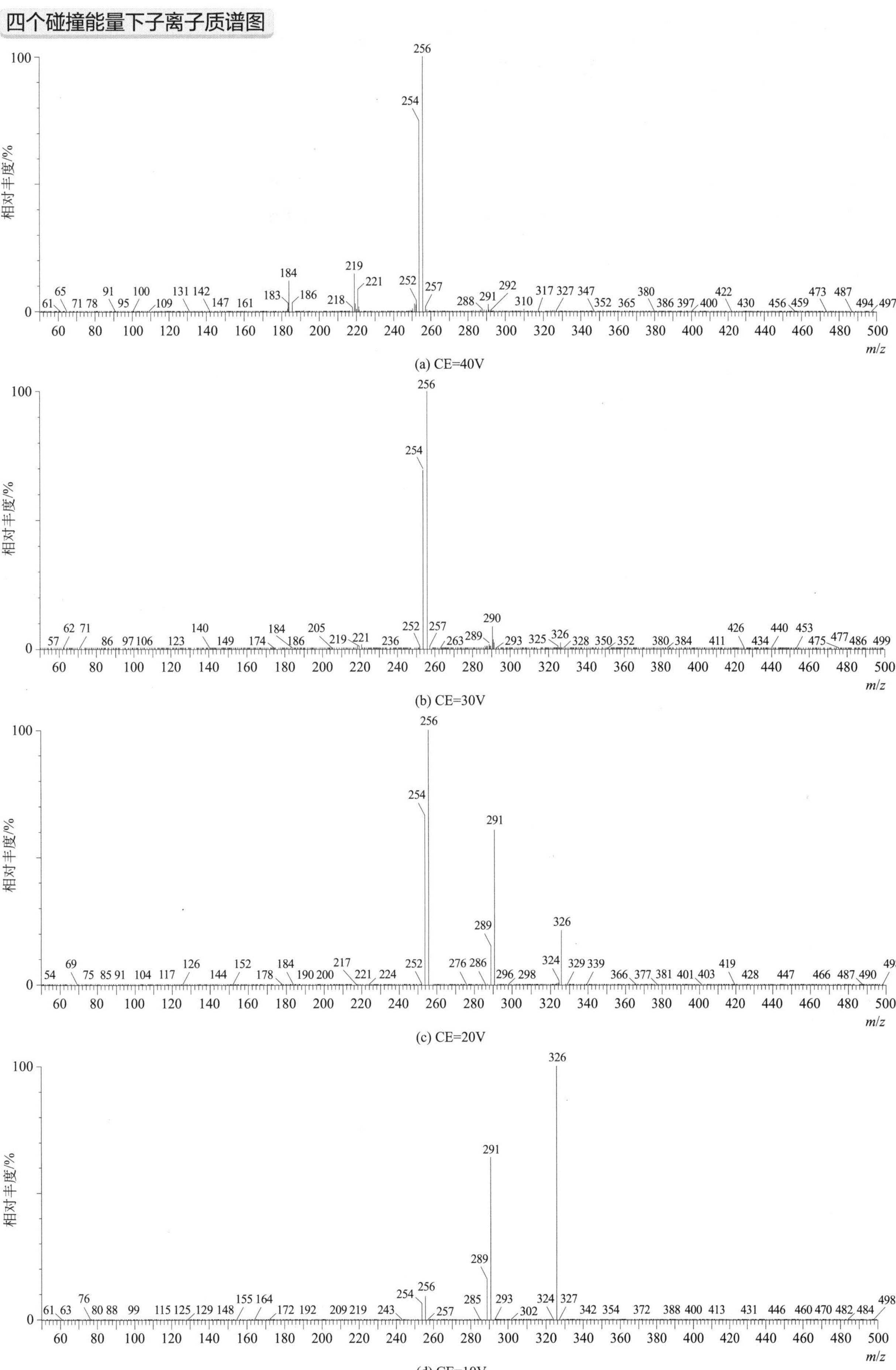

(a) CE=40V

(b) CE=30V

(c) CE=20V

(d) CE=10V

2,2′,3,4,5′-Pentachlorobiphenyl
（2,2′,3,4,5′- 五氯联苯）

基本信息

CAS 登录号	38380-02-8	分子量	323.9	扫描模式	子离子扫描
分子式	$C_{12}H_5Cl_5$	离子化模式	EI	母离子	328

一级质谱图

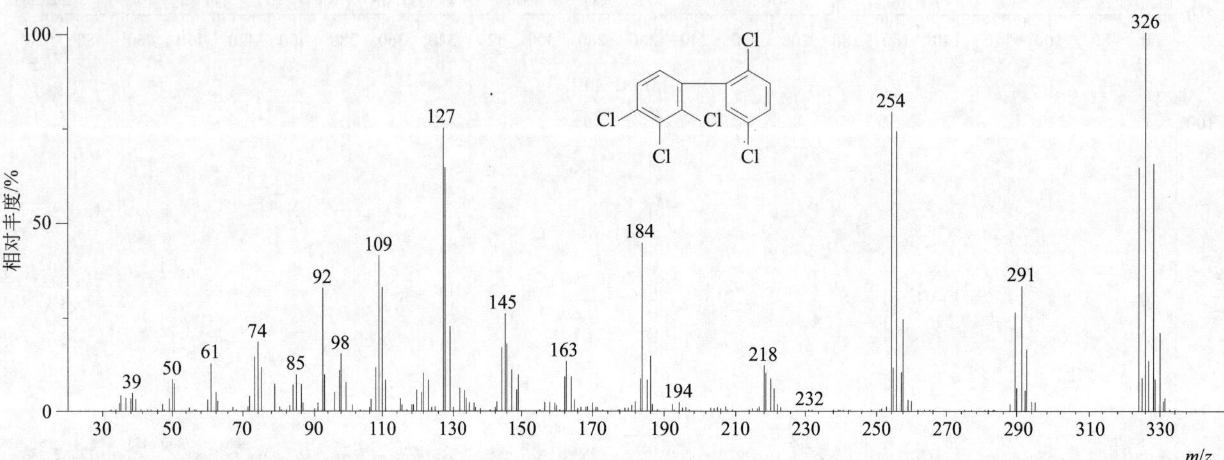

四个碰撞能量下子离子质谱图

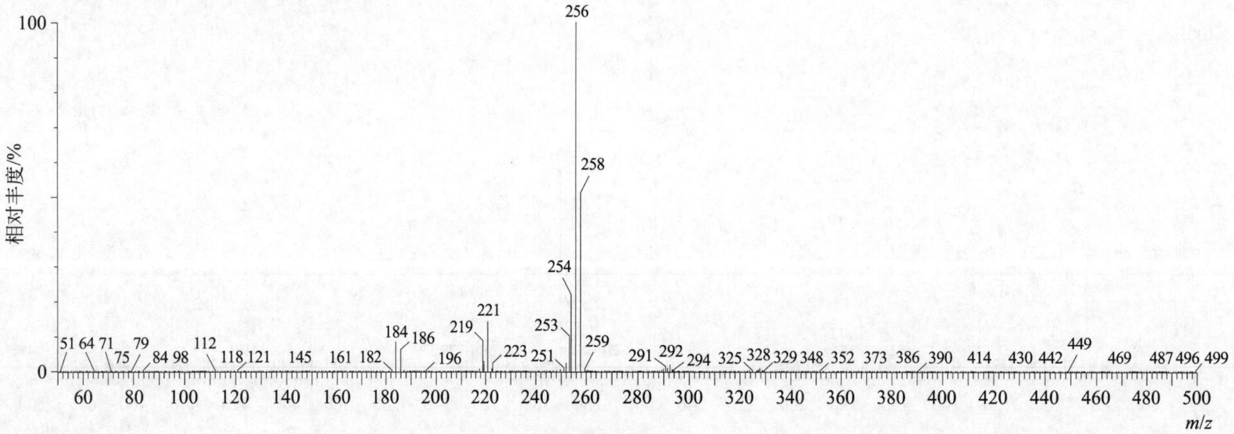

(a) CE=50V

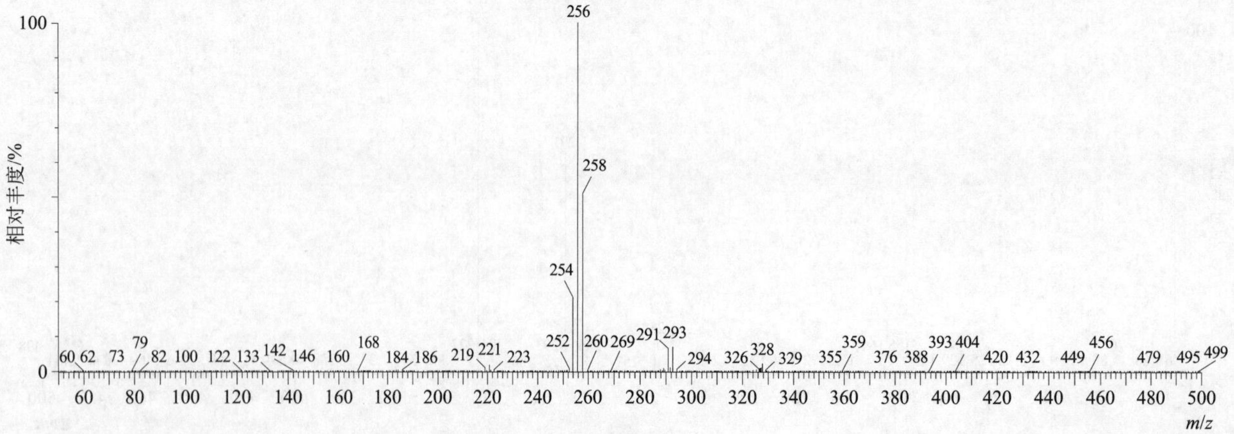

(b) CE=40V

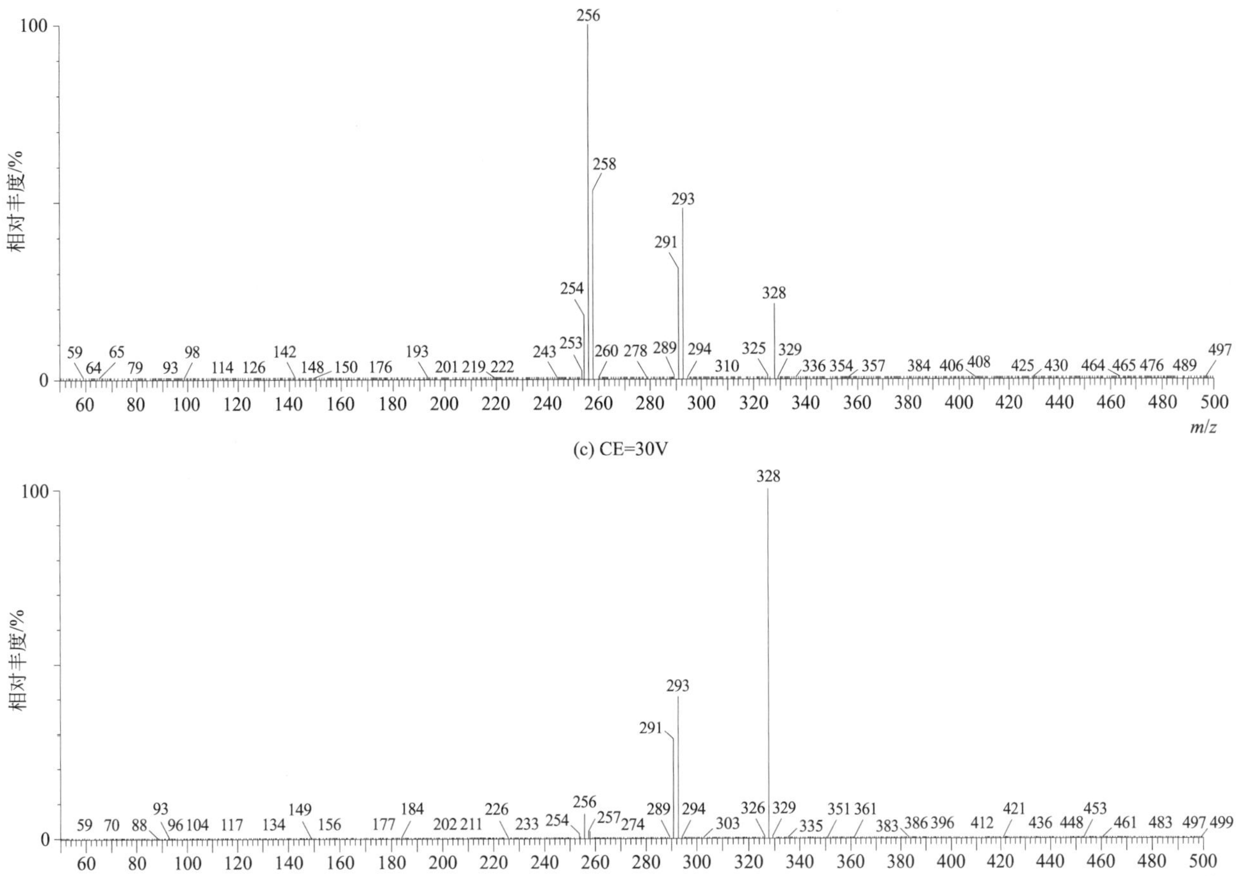

(c) CE=30V

(d) CE=20V

2,2′,3,4,6-Pentachlorobiphenyl（2,2′,3,4,6-五氯联苯）

基本信息

CAS 登录号	55215-17-3	分子量	323.9	扫描模式	子离子扫描
分子式	$C_{12}H_5Cl_5$	离子化模式	EI	母离子	328

一级质谱图

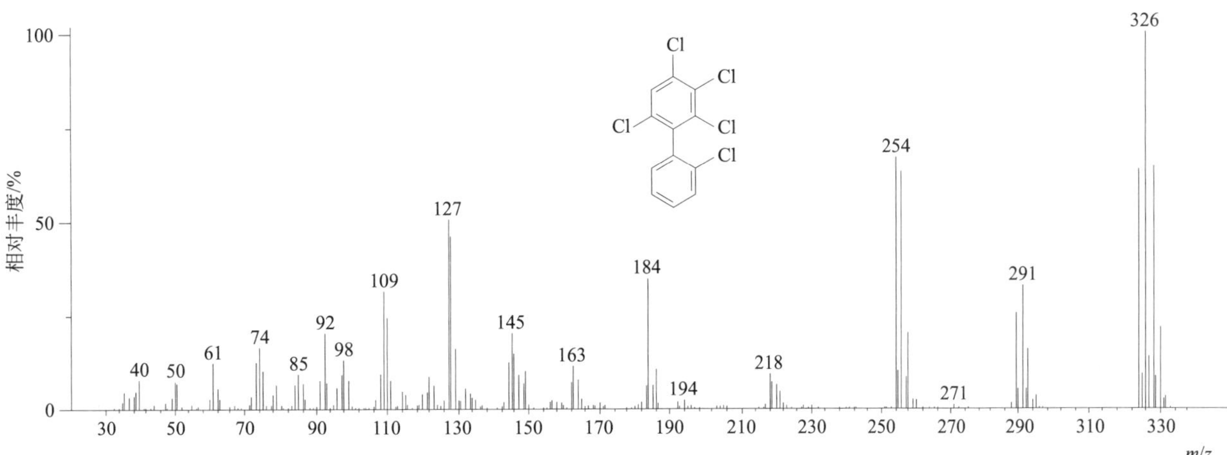

四个碰撞能量下子离子质谱图

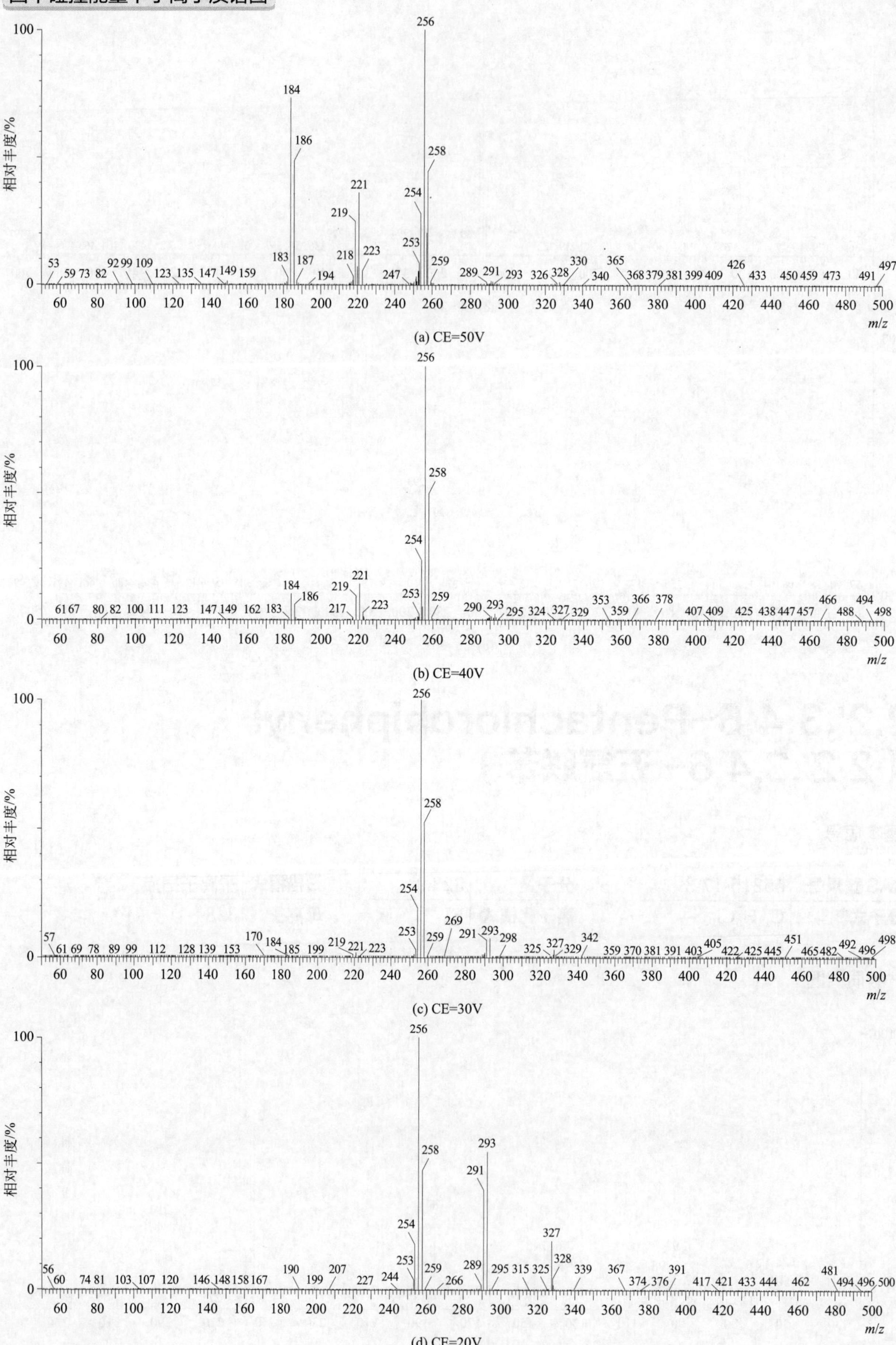

(a) CE=50V

(b) CE=40V

(c) CE=30V

(d) CE=20V

2,2′,3,4,6′-Pentachlorobiphenyl
（2,2′,3,4,6′-五氯联苯）

基本信息

CAS 登录号	73575-57-2	分子量	323.9	扫描模式	子离子扫描
分子式	$C_{12}H_5Cl_5$	离子化模式	EI	母离子	254

一级质谱图

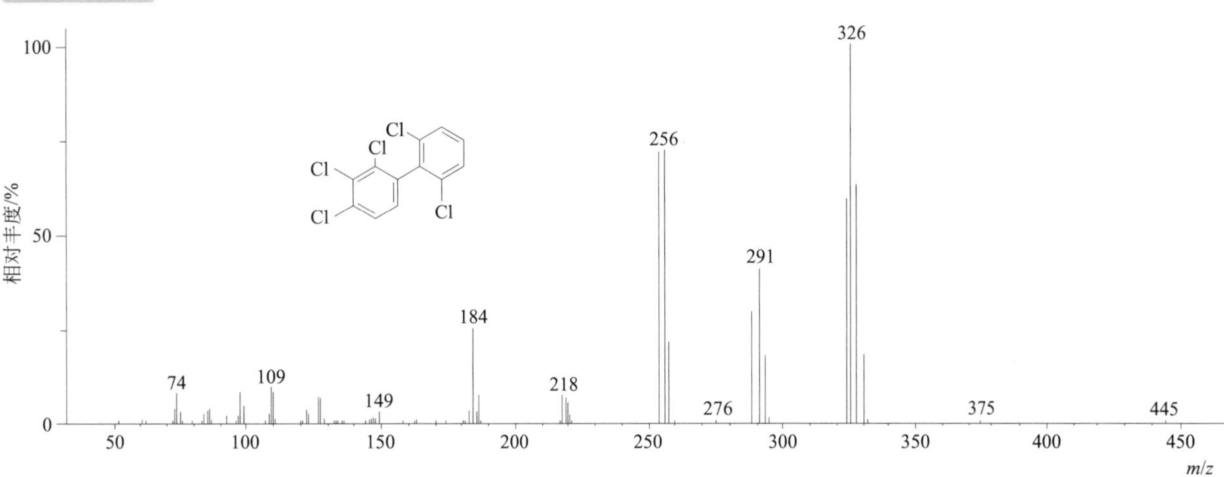

四个碰撞能量下子离子质谱图

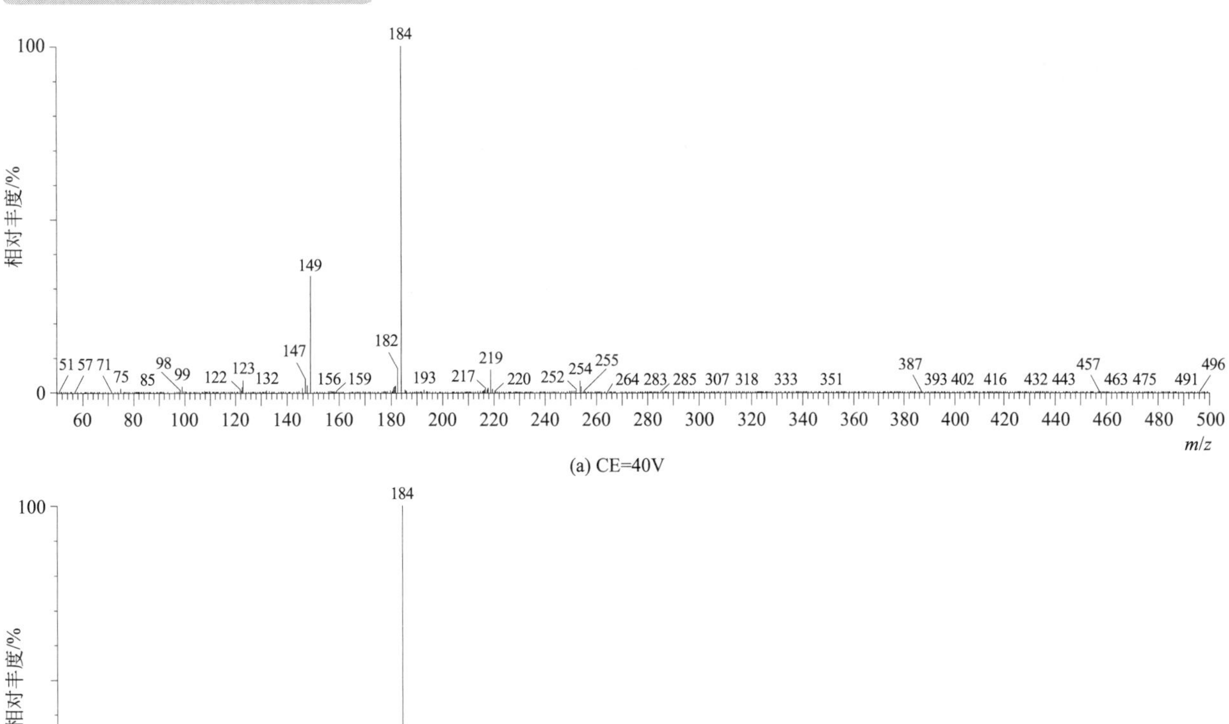

(a) CE=40V

(b) CE=30V

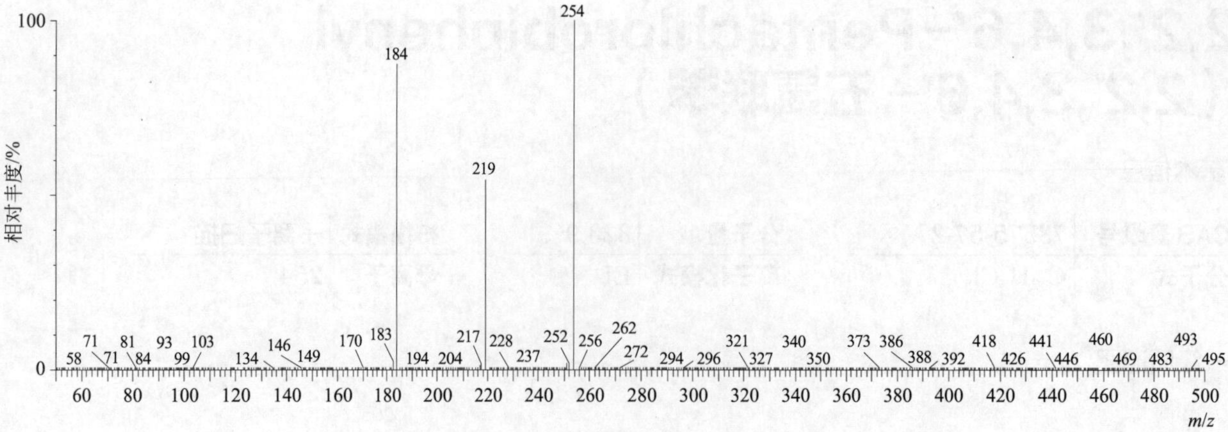

(c) CE=20V

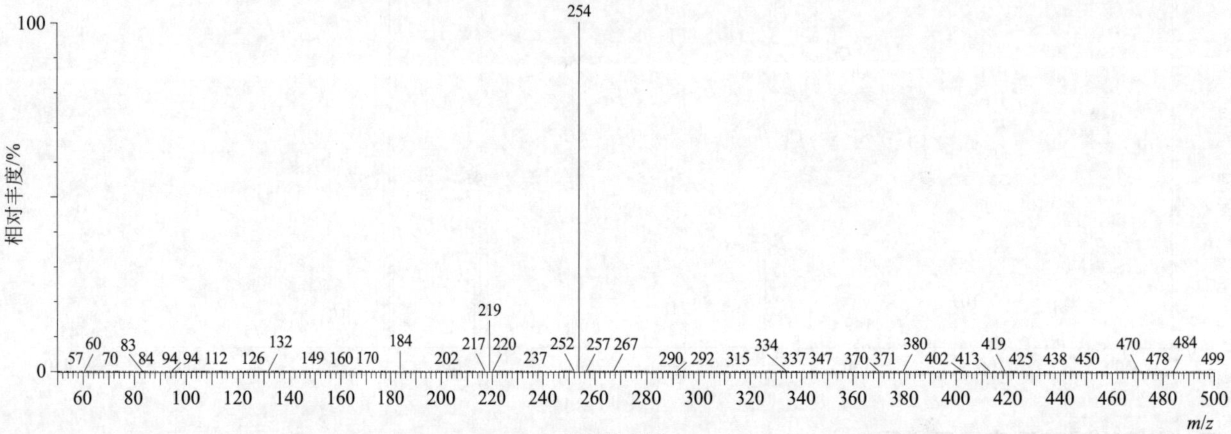

(d) CE=10V

2,2′,3,4′,5-Pentachlorobiphenyl
(2,2′,3,4′,5-五氯联苯)

基本信息

CAS 登录号	68194-07-0	**分子量**	323.9	**扫描模式**	子离子扫描
分子式	$C_{12}H_5Cl_5$	**离子化模式**	EI	**母离子**	324

一级质谱图

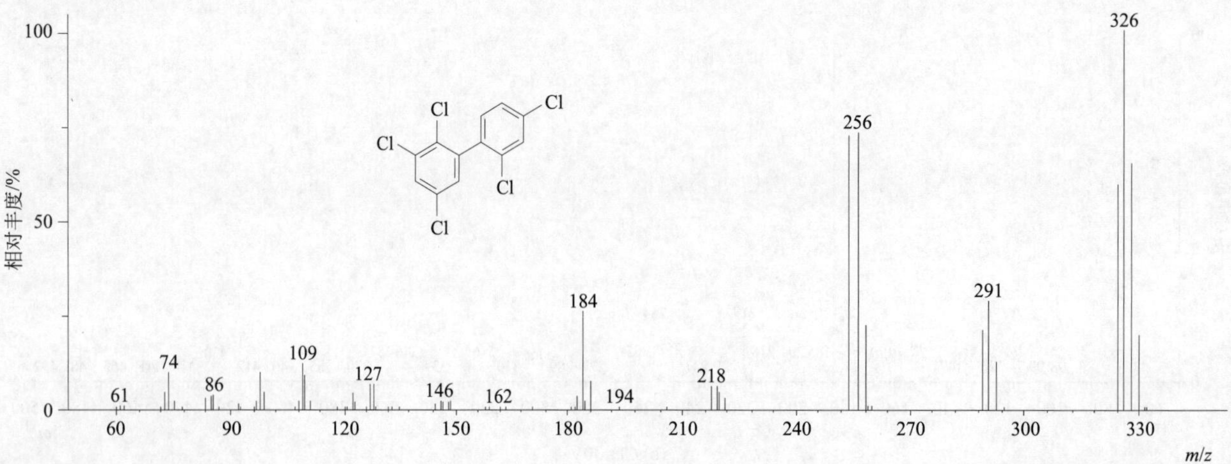

四个碰撞能量下子离子质谱图

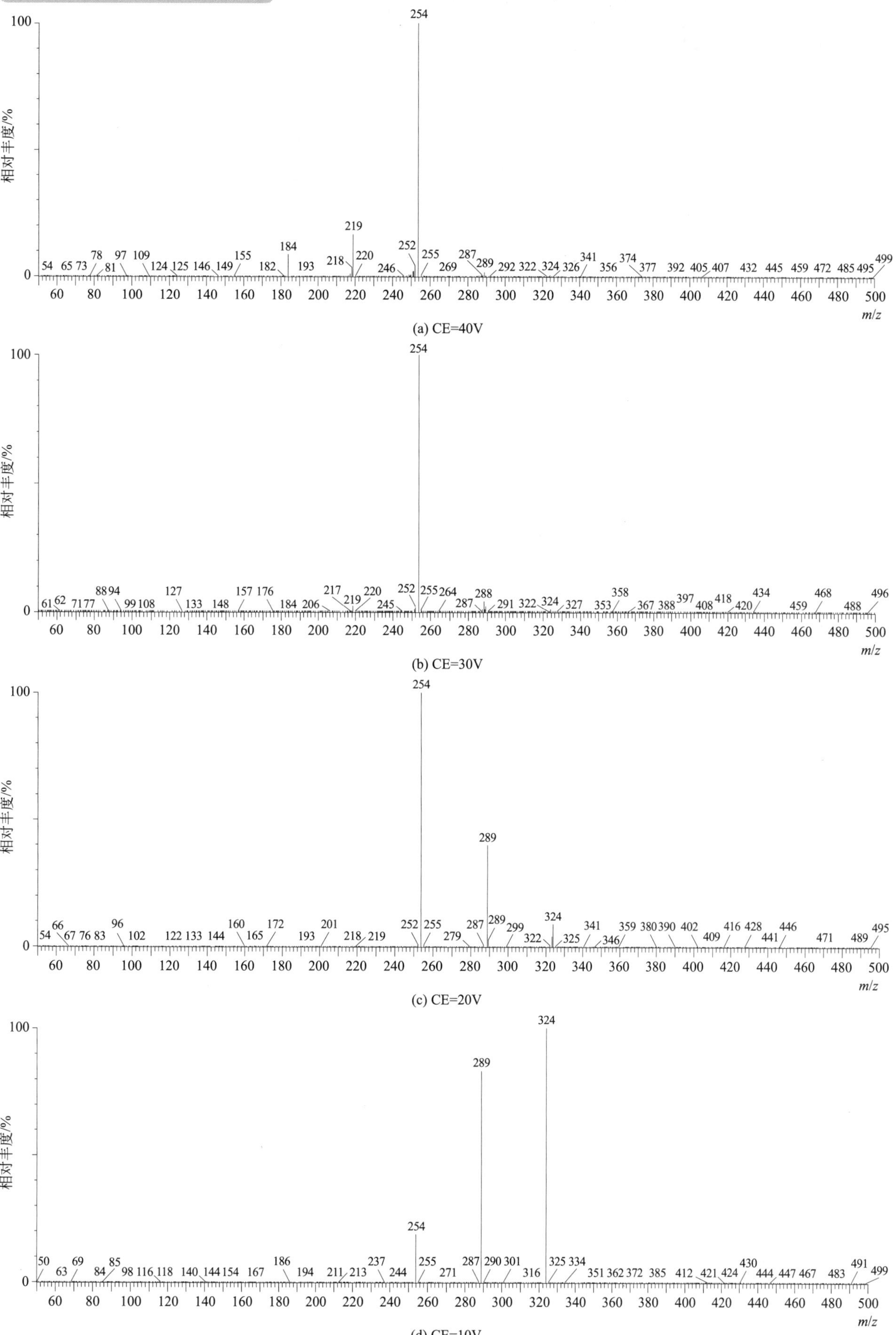

(a) CE=40V

(b) CE=30V

(c) CE=20V

(d) CE=10V

2,2′,3,4′,6-Pentachlorobiphenyl
（2,2′,3,4′,6- 五氯联苯）

基本信息

CAS 登录号	68194-05-8	分子量	323.9	扫描模式	子离子扫描
分子式	$C_{12}H_5Cl_5$	离子化模式	EI	母离子	328

一级质谱图

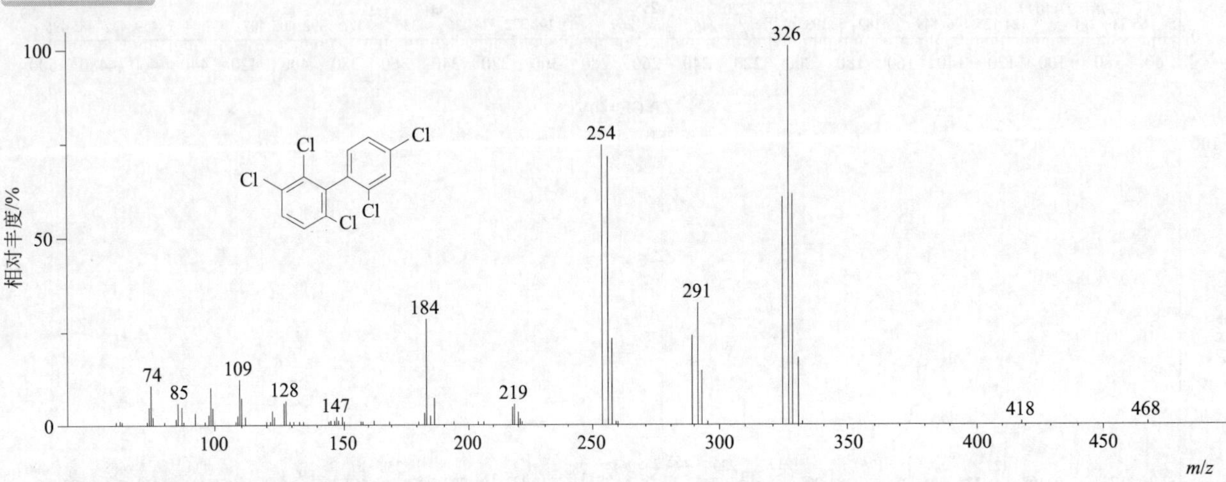

四个碰撞能量下子离子质谱图

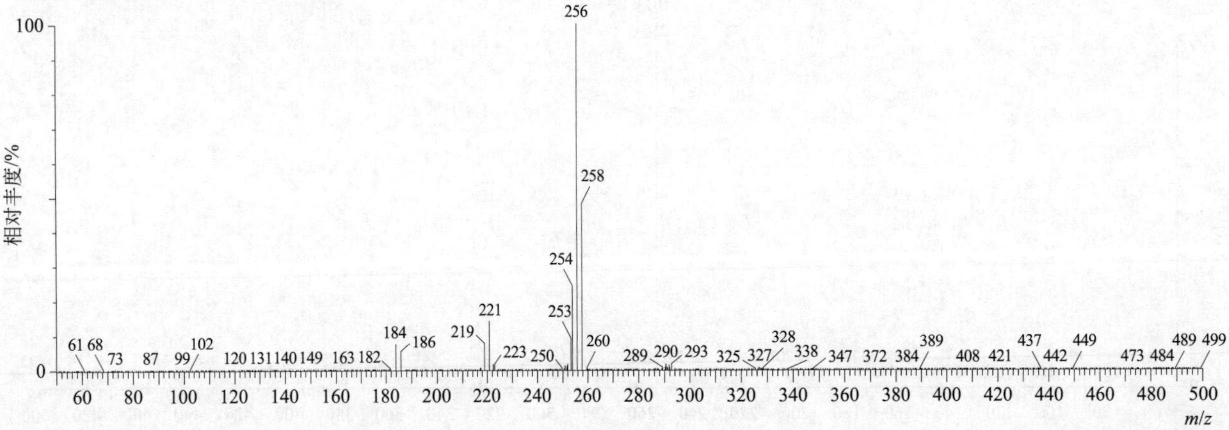

(a) CE=40V

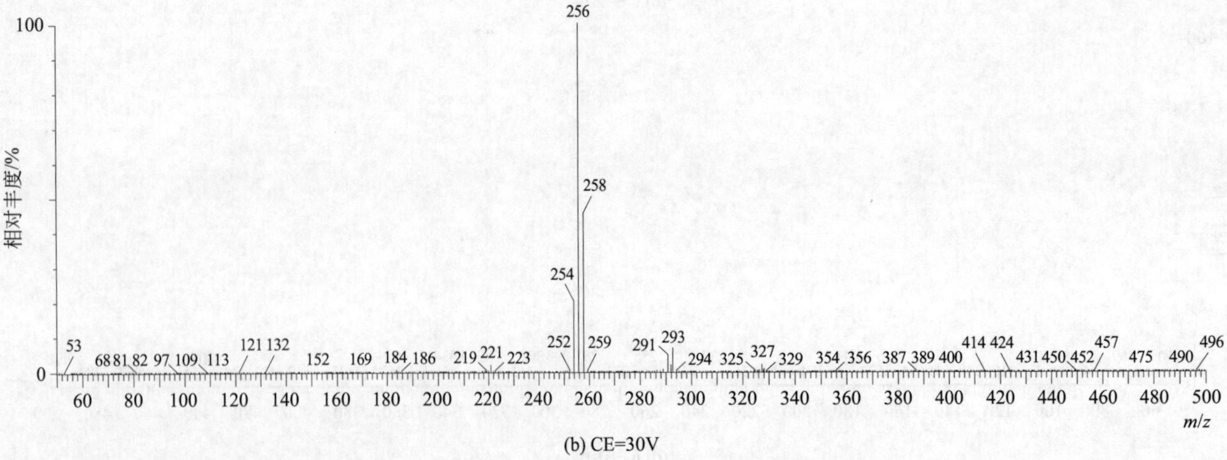

(b) CE=30V

(c) CE=20V

(d) CE=10V

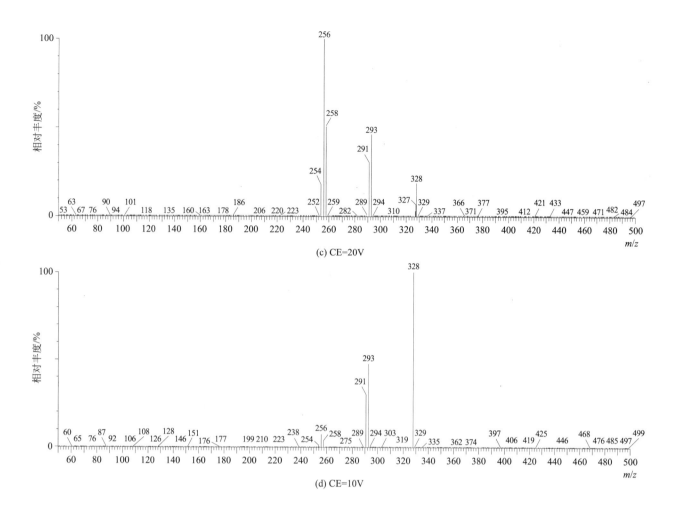

2,2′,3,5,5′-Pentachlorobiphenyl (2,2′,3,5,5′-五氯联苯)

基本信息

CAS 登录号	52663-61-3	分子量	323.9	扫描模式	子离子扫描
分子式	$C_{12}H_5Cl_5$	离子化模式	EI	母离子	184

一级质谱图

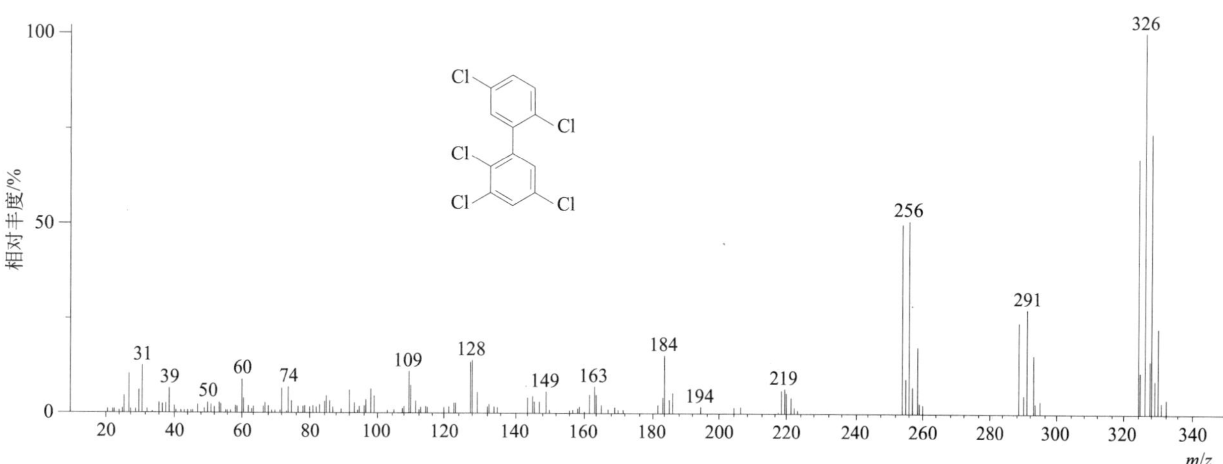

四个碰撞能量下子离子质谱图

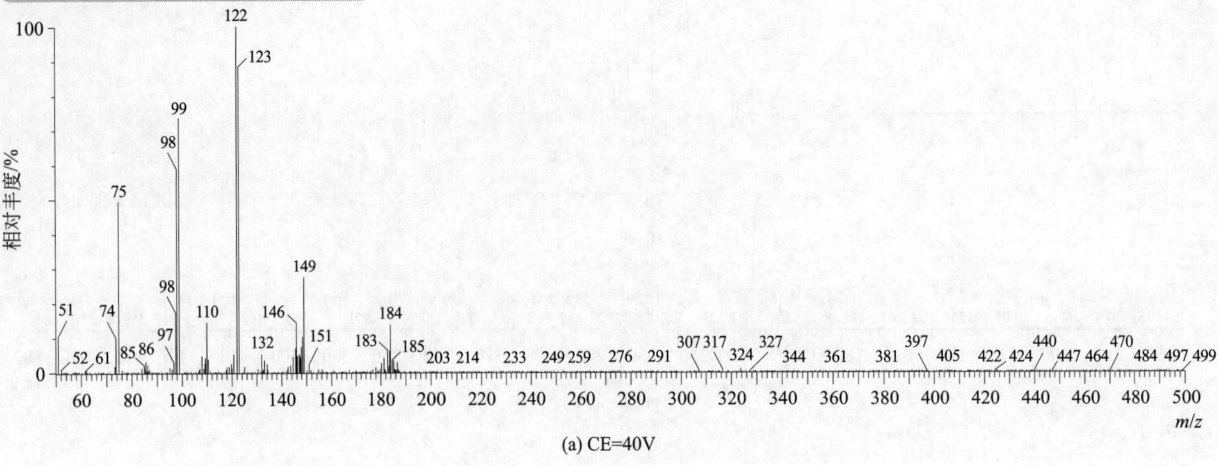

(a) CE=40V

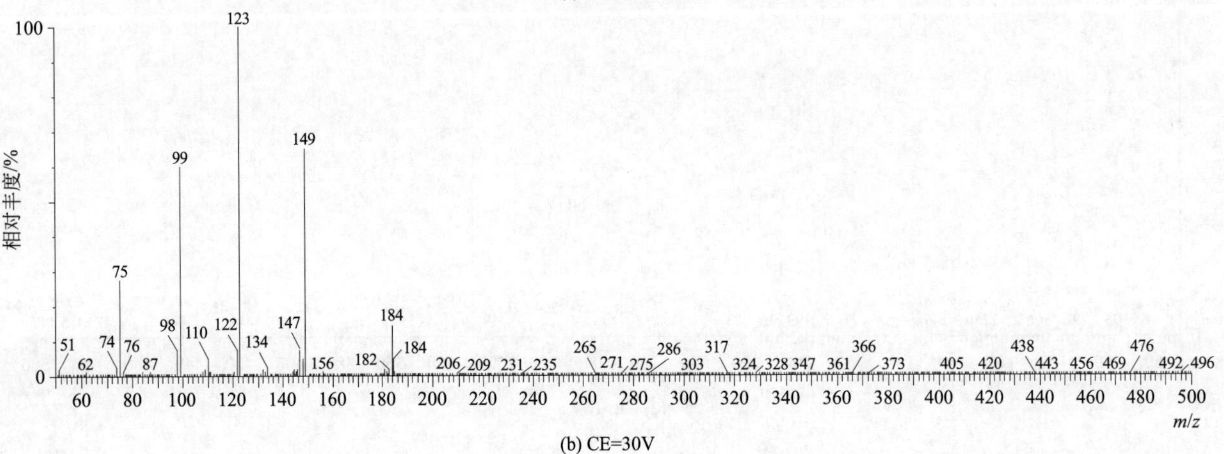

(b) CE=30V

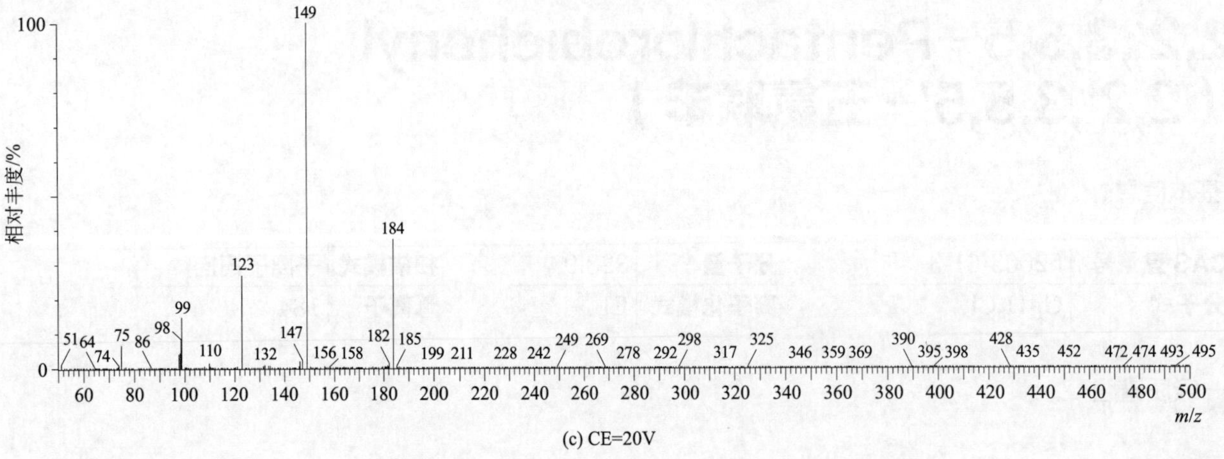

(c) CE=20V

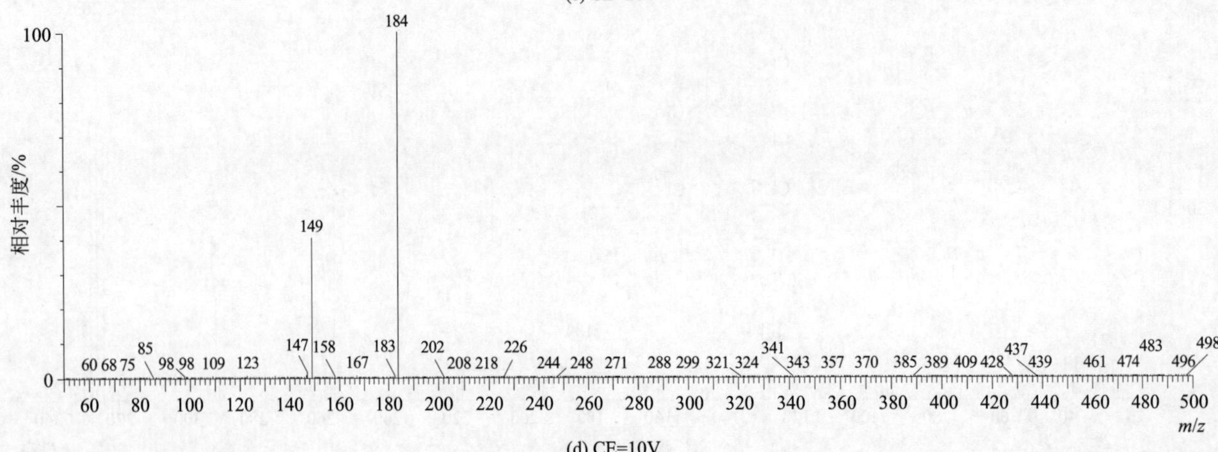

(d) CE=10V

2,2′,3,5,6-Pentachlorobiphenyl（2,2′,3,5,6-五氯联苯）

基本信息

CAS 登录号	73575-56-1	分子量	323.9	扫描模式	子离子扫描
分子式	$C_{12}H_5Cl_5$	离子化模式	EI	母离子	326

一级质谱图

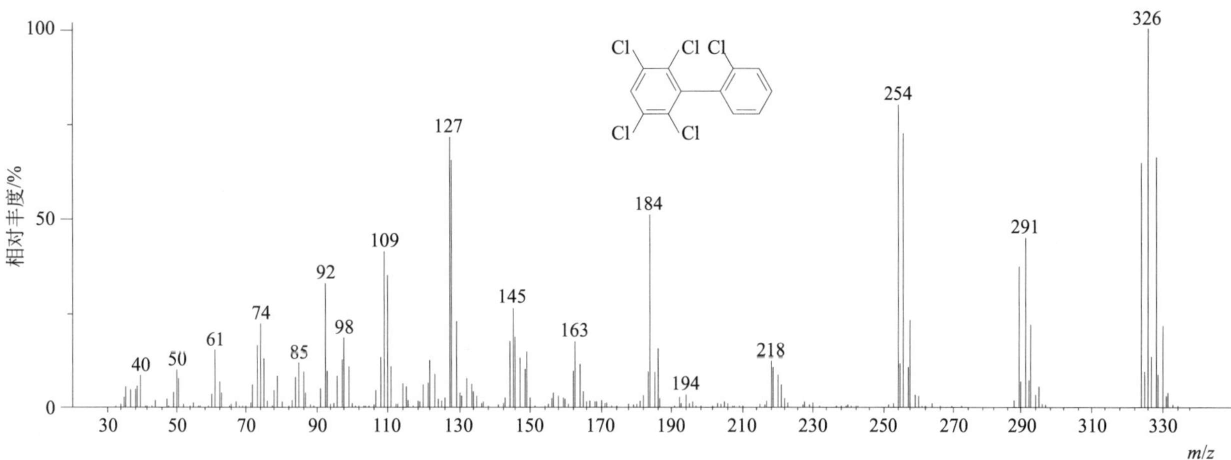

四个碰撞能量下子离子质谱图

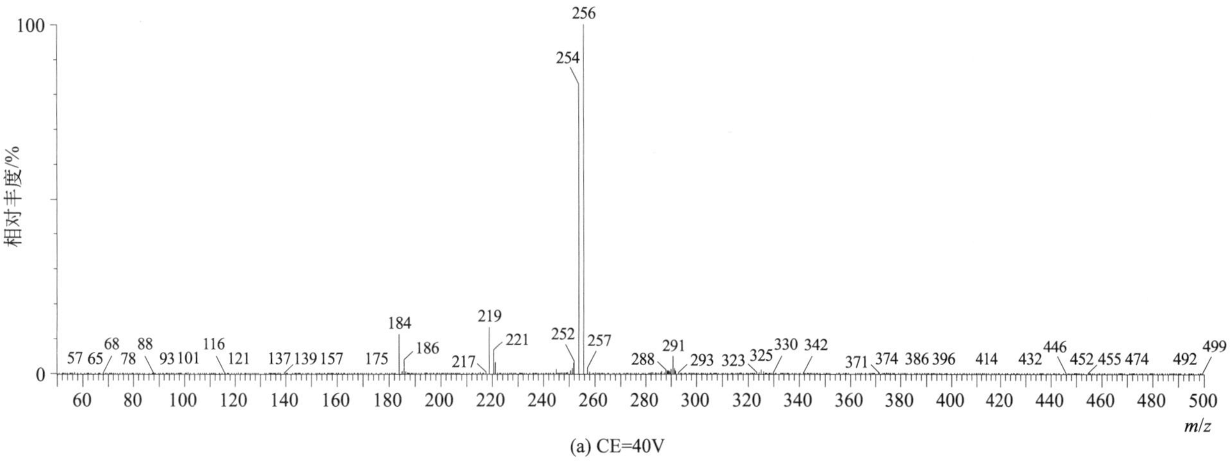

(a) CE=40V

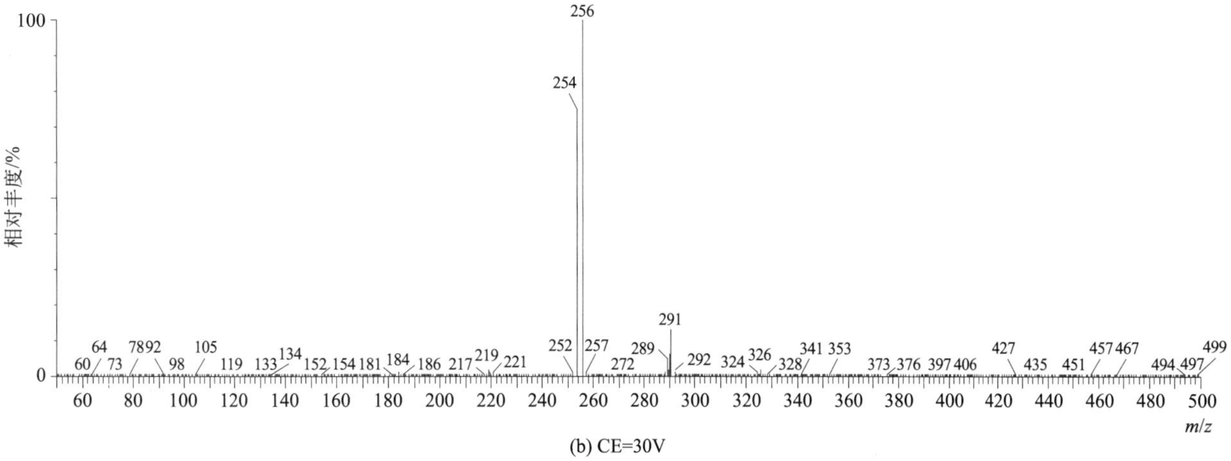

(b) CE=30V

(c) CE=20V

(d) CE=10V

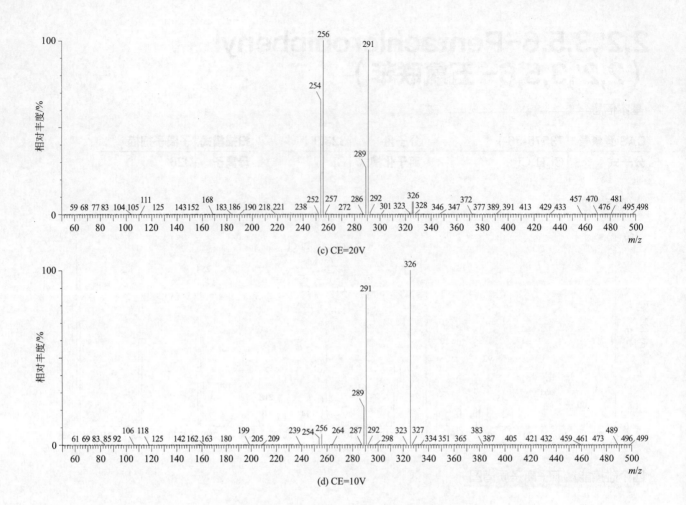

2,2′,3,5,6′-Pentachlorobiphenyl
（2,2′,3,5,6′-五氯联苯）

基本信息

CAS 登录号	73575-55-0	分子量	323.9	扫描模式	子离子扫描
分子式	$C_{12}H_5Cl_5$	离子化模式	EI	母离子	254

一级质谱图

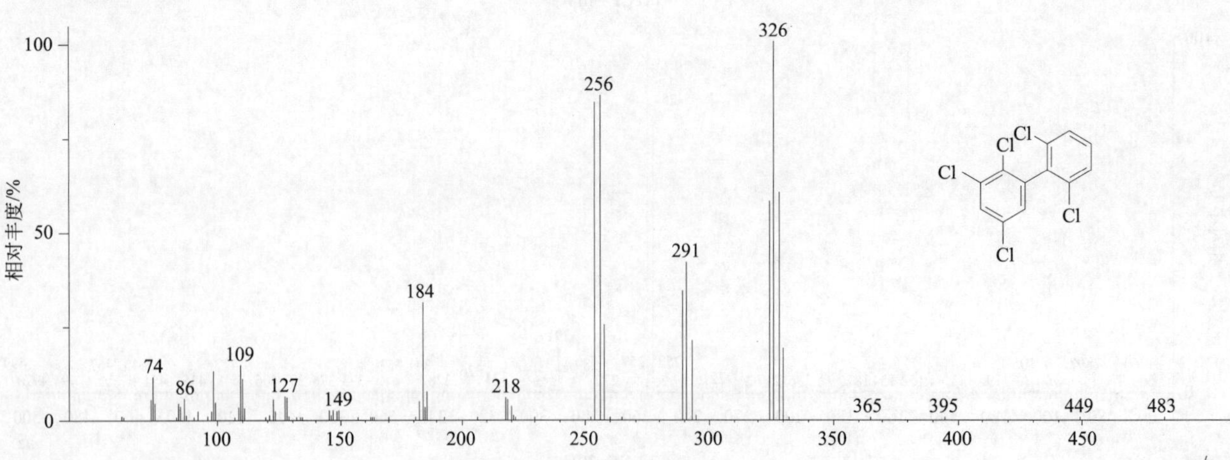

四个碰撞能量下子离子质谱图

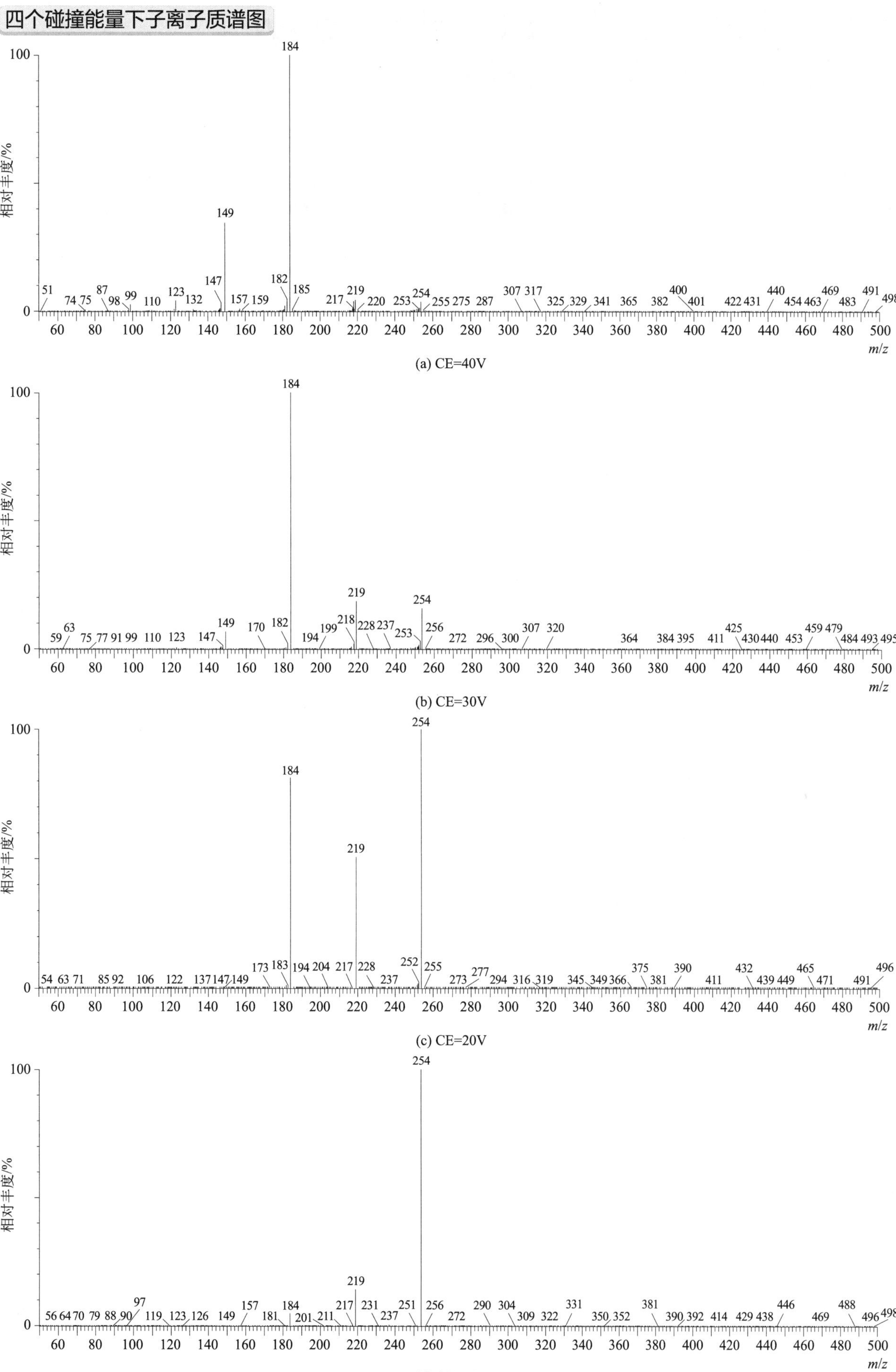

2,2′,3,5′,6-Pentachlorobiphenyl（2,2′,3,5′,6- 五氯联苯）

基本信息

CAS 登录号	38379-99-6	分子量	323.9	扫描模式	子离子扫描
分子式	$C_{12}H_5Cl_5$	离子化模式	EI	母离子	254

一级质谱图

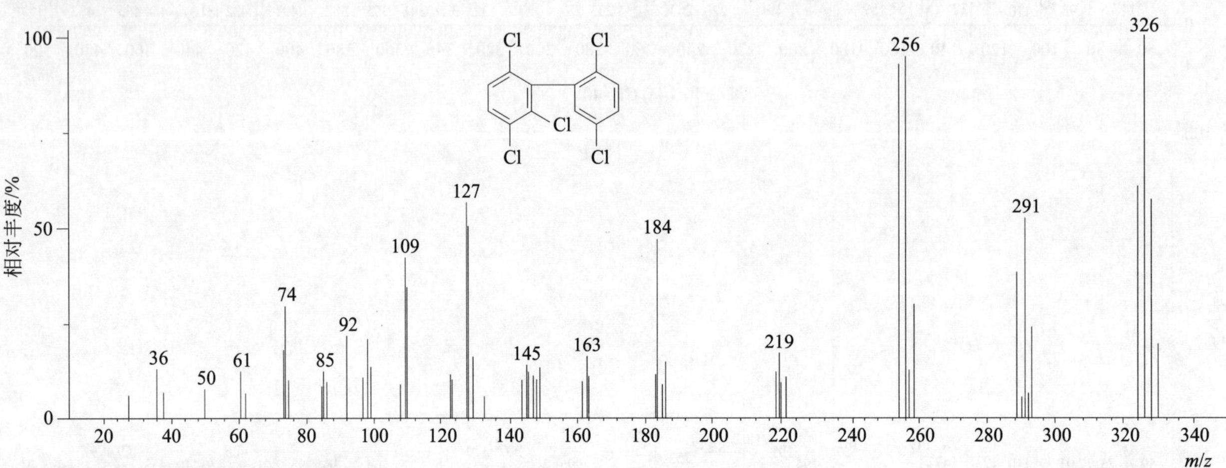

四个碰撞能量下子离子质谱图

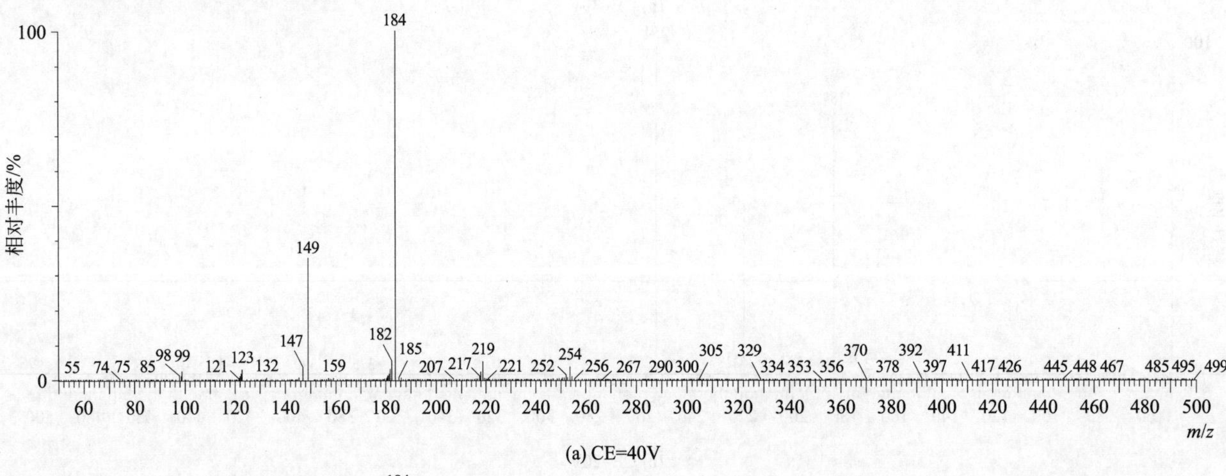

(a) CE=40V

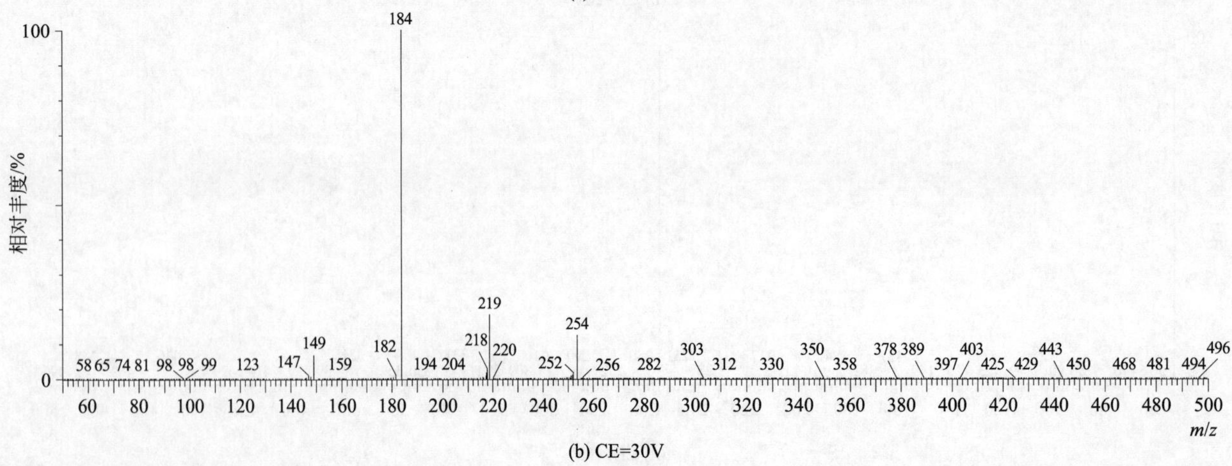

(b) CE=30V

(c) CE=20V

(d) CE=10V

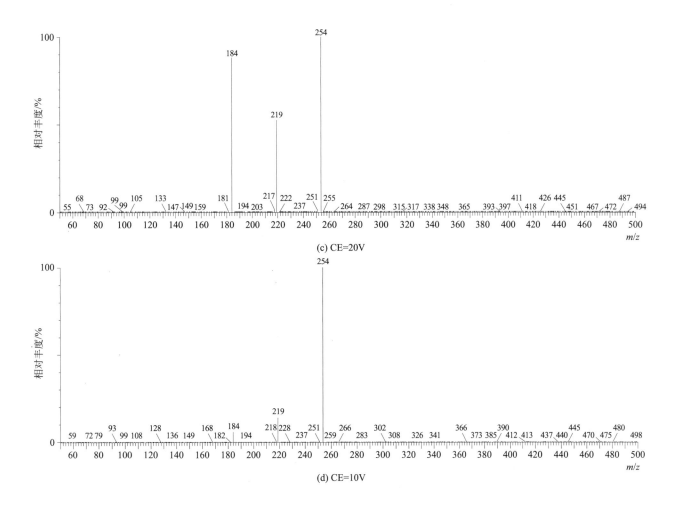

2,2′,3,6,6′-Pentachlorobiphenyl （2,2′,3,6,6′- 五氯联苯）

基本信息

CAS 登录号	73575-54-9	分子量	323.9	扫描模式	子离子扫描
分子式	$C_{12}H_5Cl_5$	离子化模式	EI	母离子	324

一级质谱图

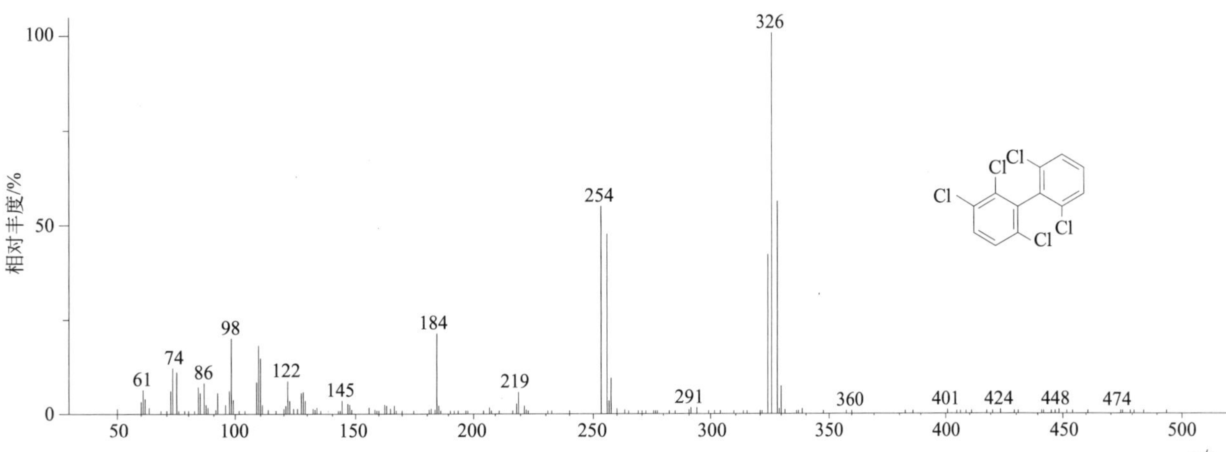

四个碰撞能量下子离子质谱图

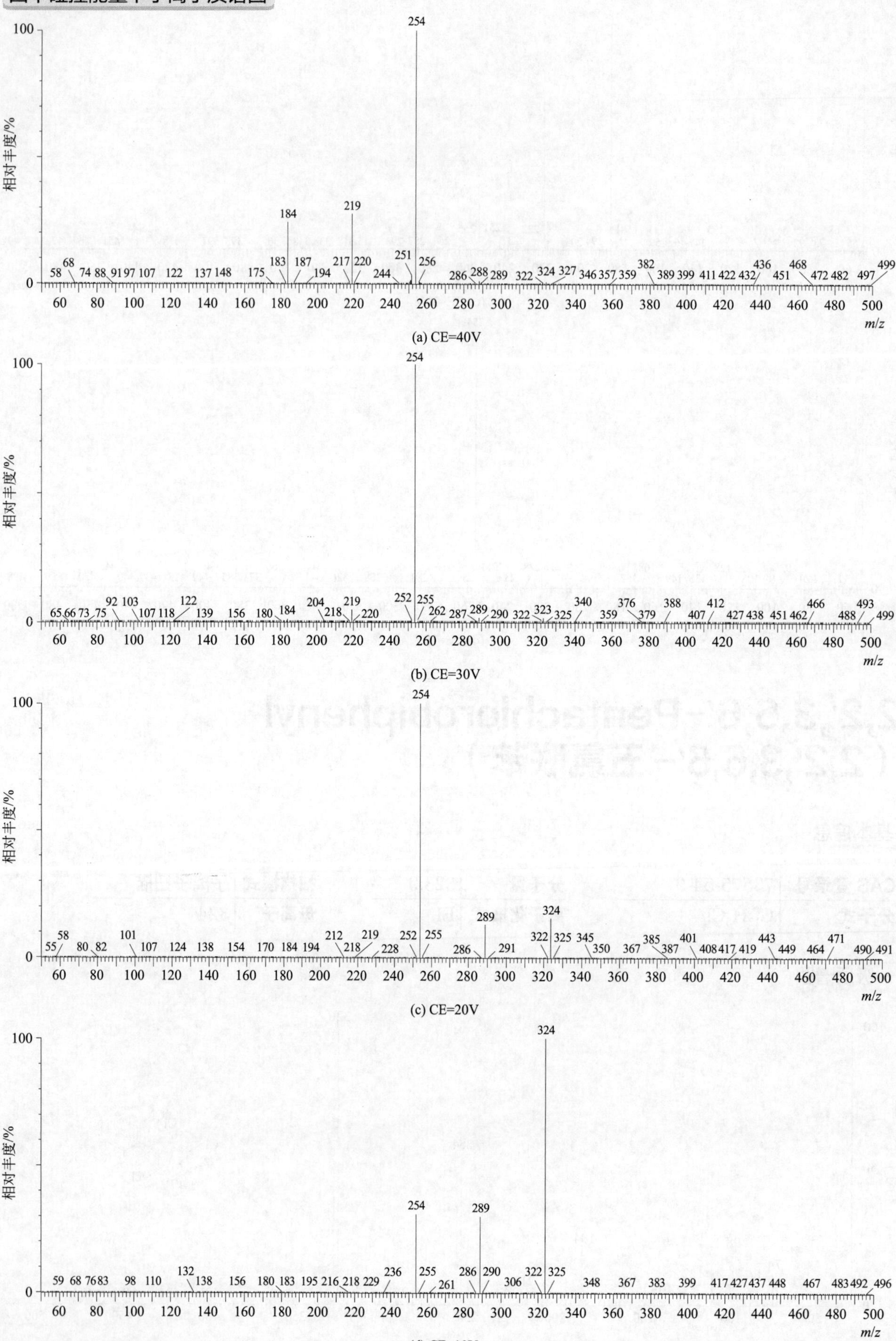

2,2′,3′,4,5-Pentachlorobiphenyl
（2,2′,3′,4,5-五氯联苯）

基本信息

CAS 登录号	41464-51-1	分子量	323.9	扫描模式	子离子扫描
分子式	$C_{12}H_5Cl_5$	离子化模式	EI	母离子	328

一级质谱图

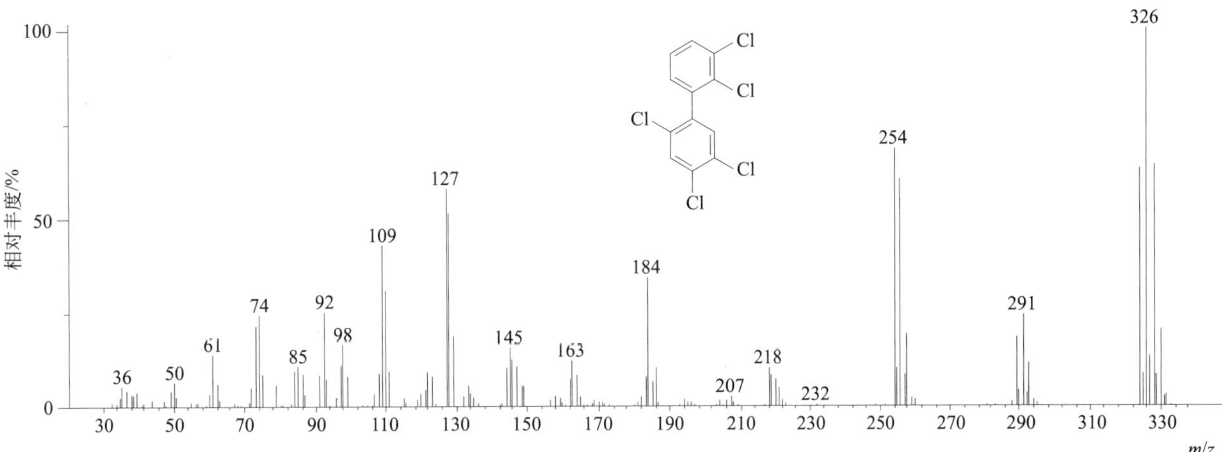

四个碰撞能量下子离子质谱图

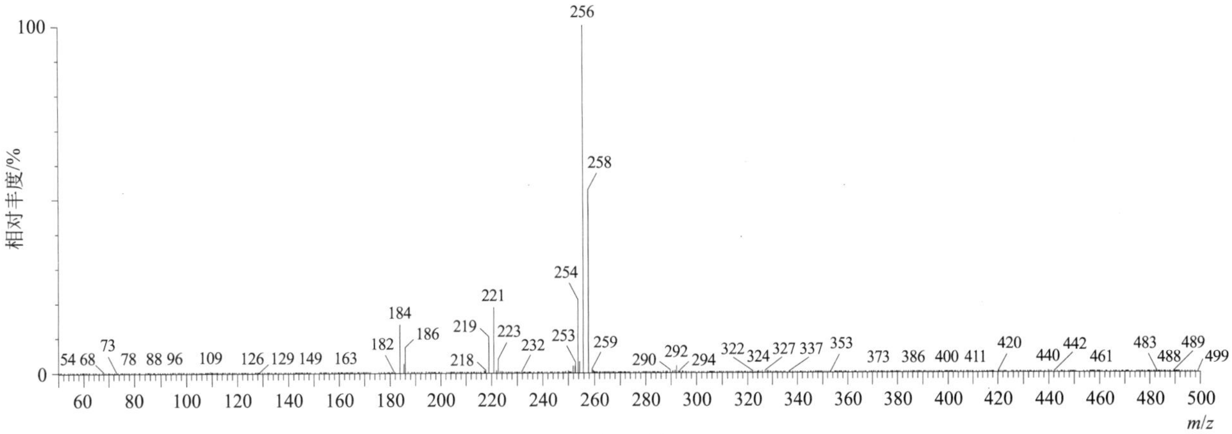

(a) CE=40V

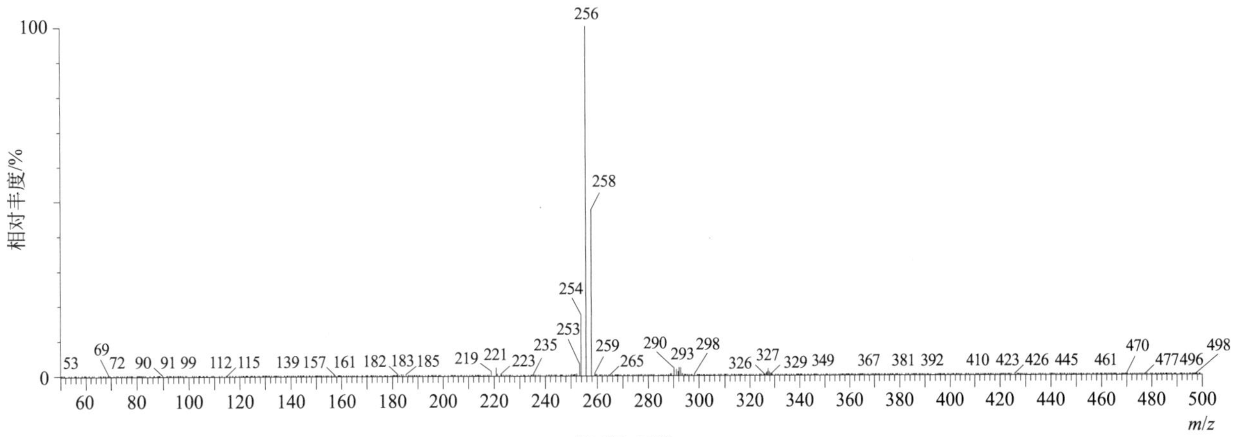

(b) CE=30V

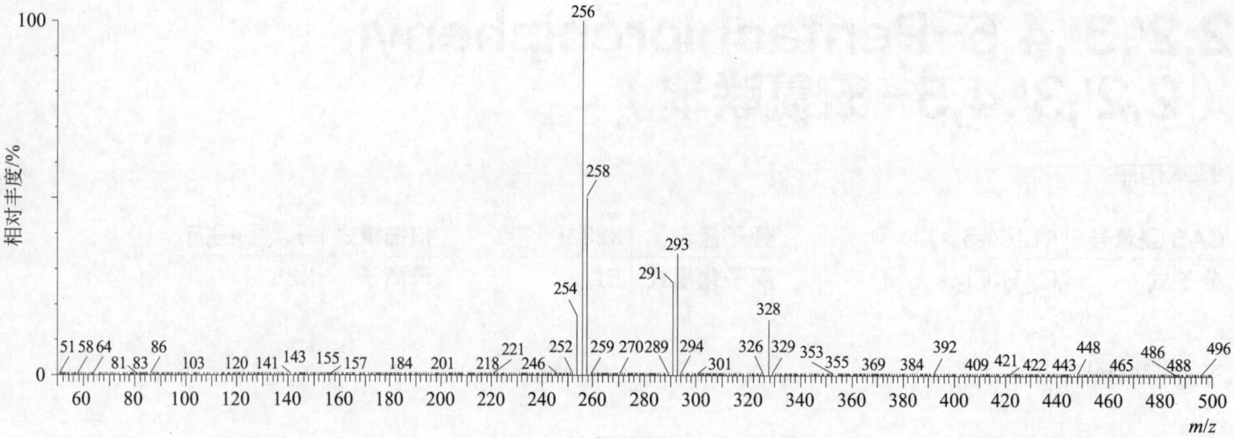

(c) CE=20V

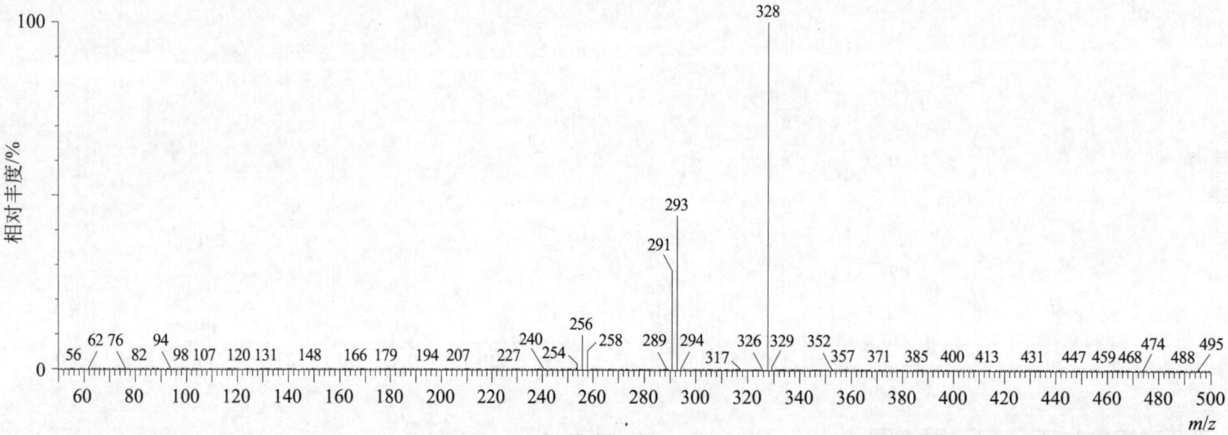

(d) CE=10V

2,2′,3′,4,6-Pentachlorobiphenyl
（2,2′,3′,4,6- 五氯联苯）

基本信息

CAS 登录号	60233-25-2	分子量	323.9	扫描模式	子离子扫描
分子式	$C_{12}H_5Cl_5$	离子化模式	EI	母离子	254

一级质谱图

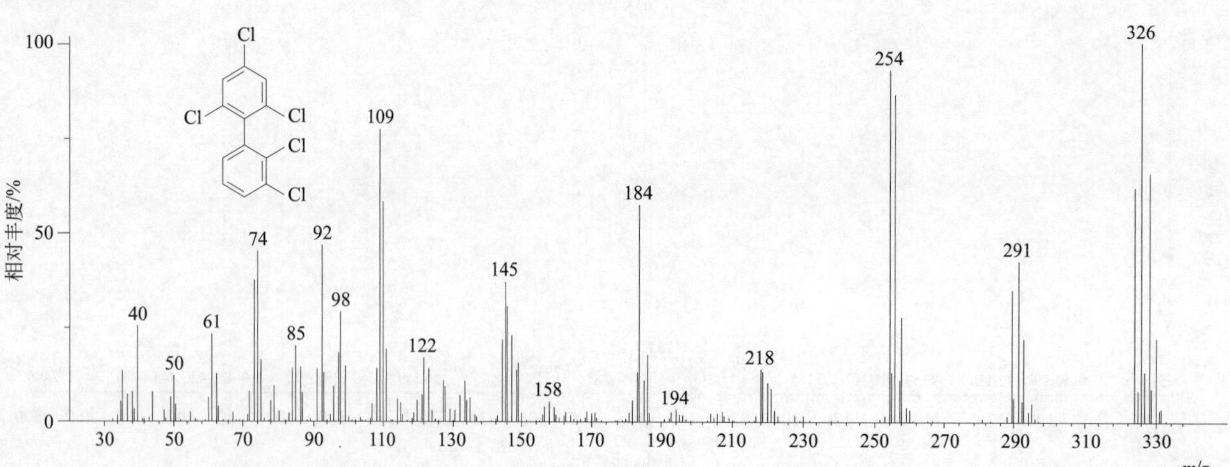

四个碰撞能量下子离子质谱图

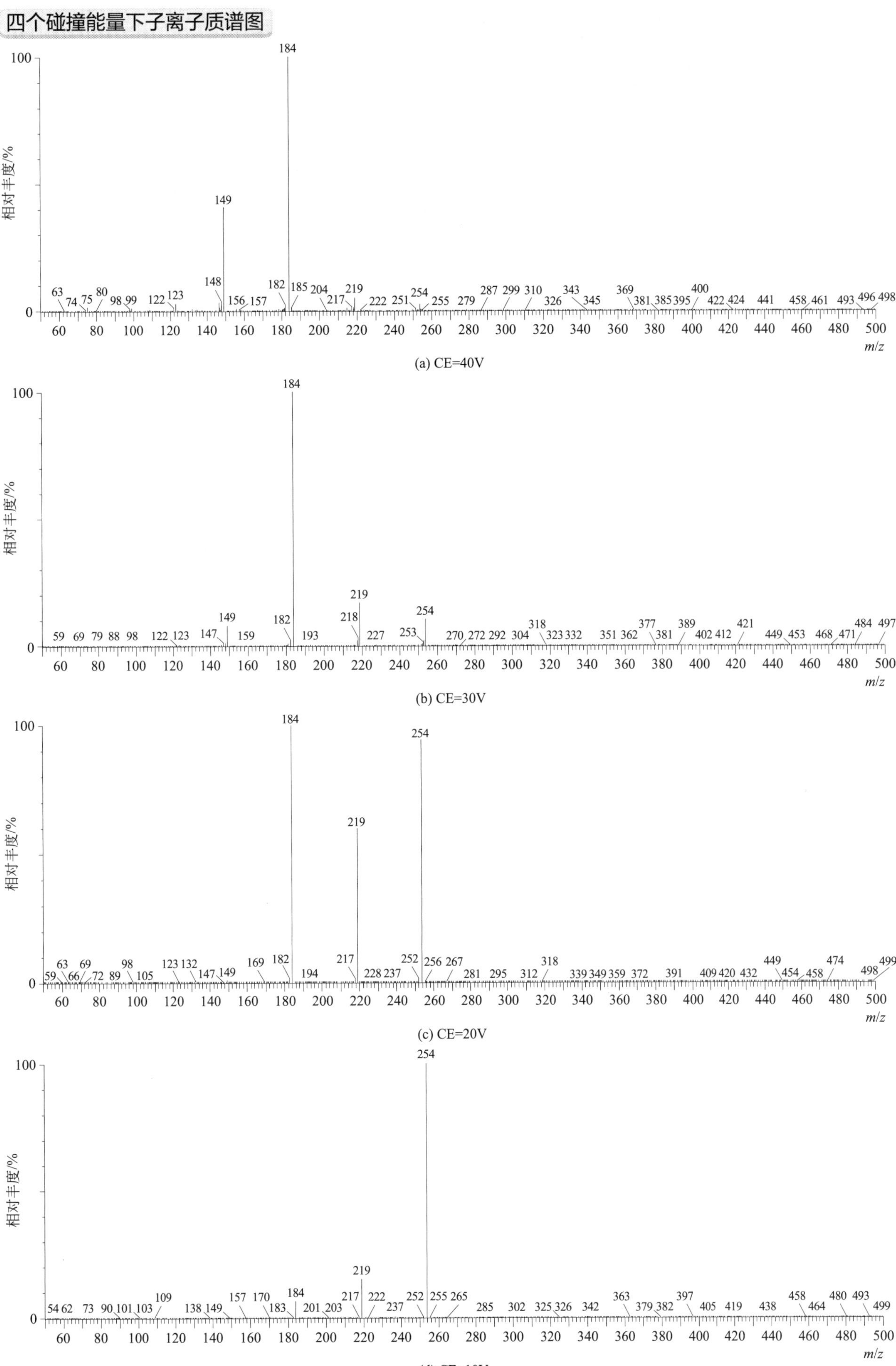

(a) CE=40V

(b) CE=30V

(c) CE=20V

(d) CE=10V

2,2′,4,4′,5-Pentachlorobiphenyl（2,2′,4,4′,5-五氯联苯）

基本信息

CAS 登录号	38380-01-7	分子量	323.9	扫描模式	子离子扫描
分子式	$C_{12}H_5Cl_5$	离子化模式	EI	母离子	326

一级质谱图

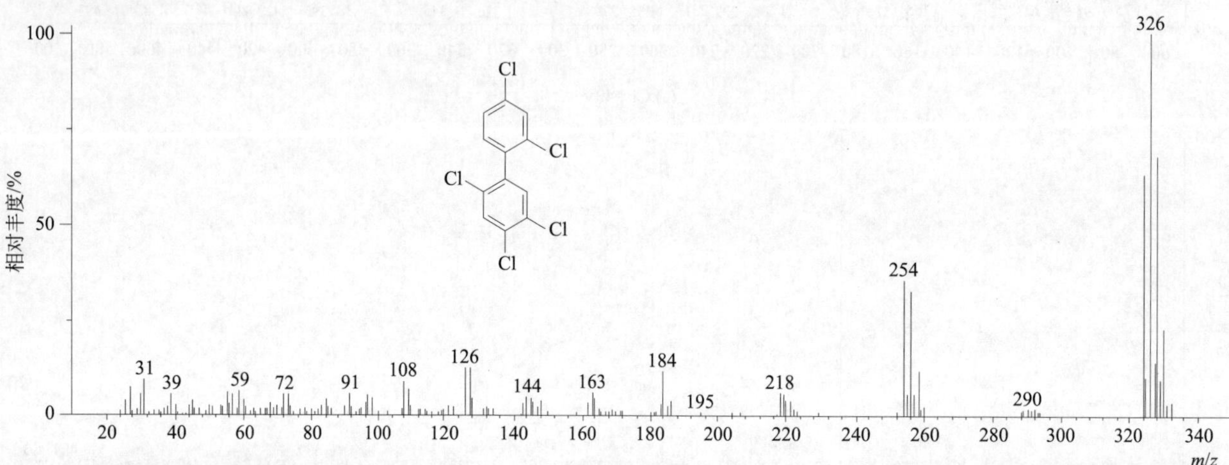

四个碰撞能量下子离子质谱图

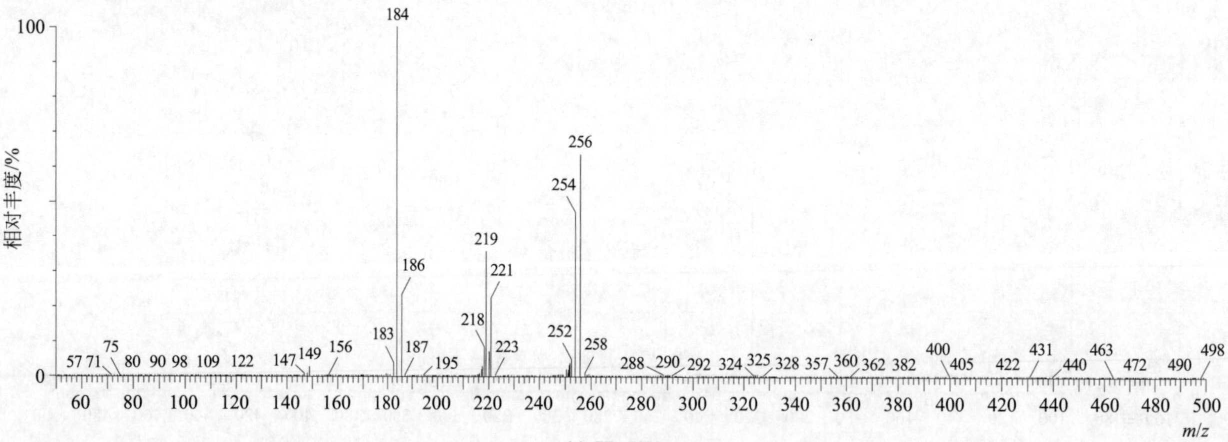

(a) CE=50V

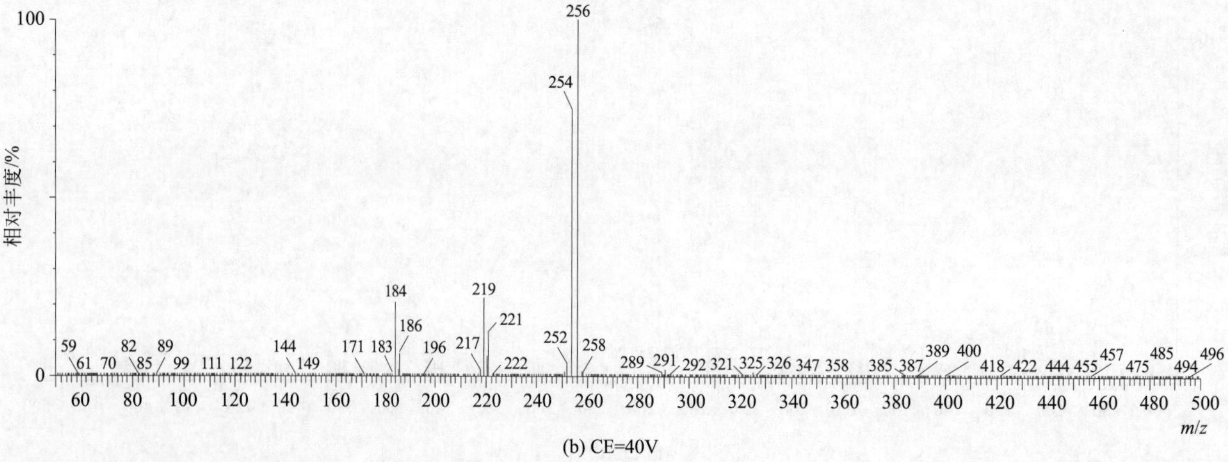

(b) CE=40V

(c) CE=30V

(d) CE=20V

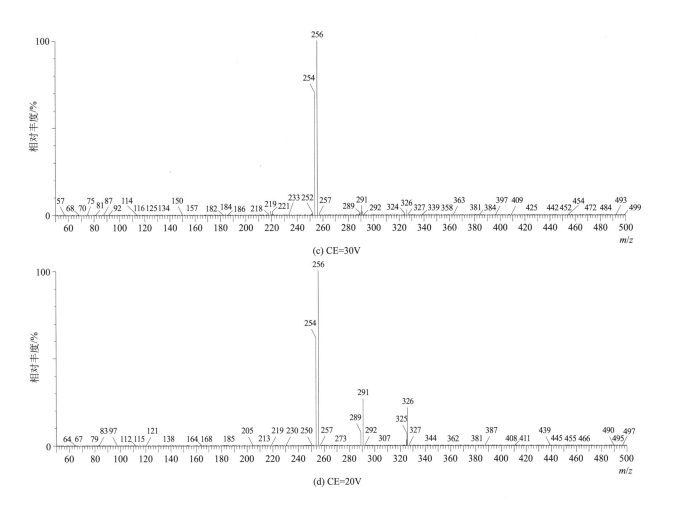

2,2′,4,4′,6-Pentachlorobiphenyl（2,2′,4,4′,6-五氯联苯）

基本信息

CAS 登录号	39485-83-1	分子量	323.9	扫描模式	子离子扫描
分子式	$C_{12}H_5Cl_5$	离子化模式	EI	母离子	328

一级质谱图

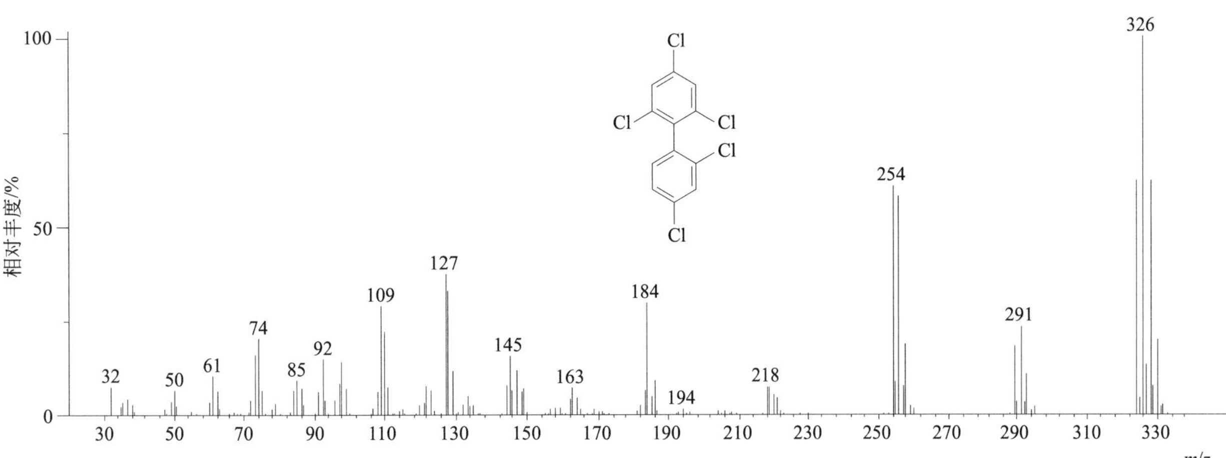

四个碰撞能量下子离子质谱图

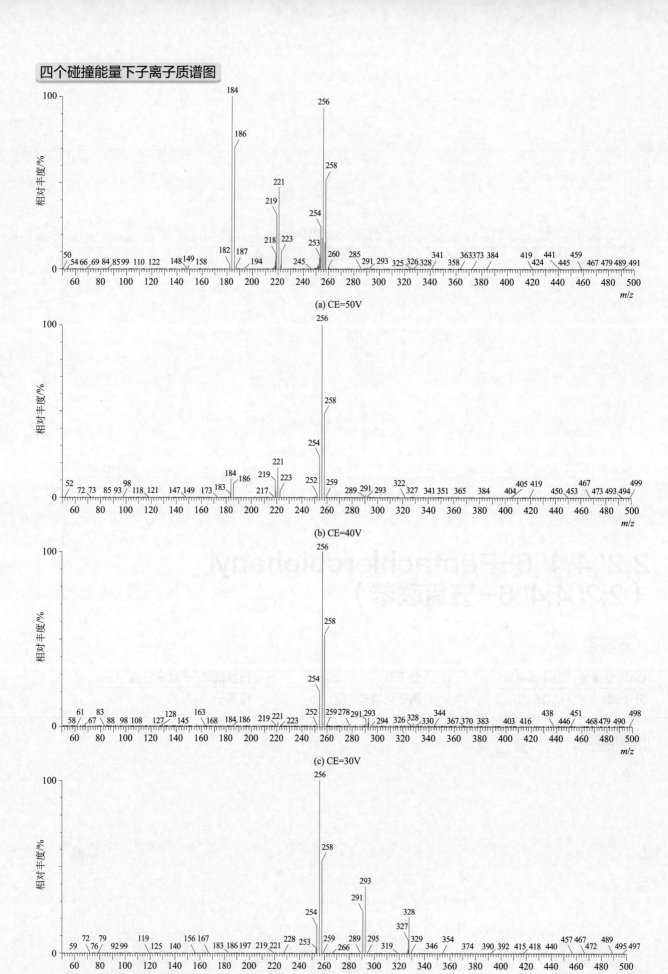

(a) CE=50V

(b) CE=40V

(c) CE=30V

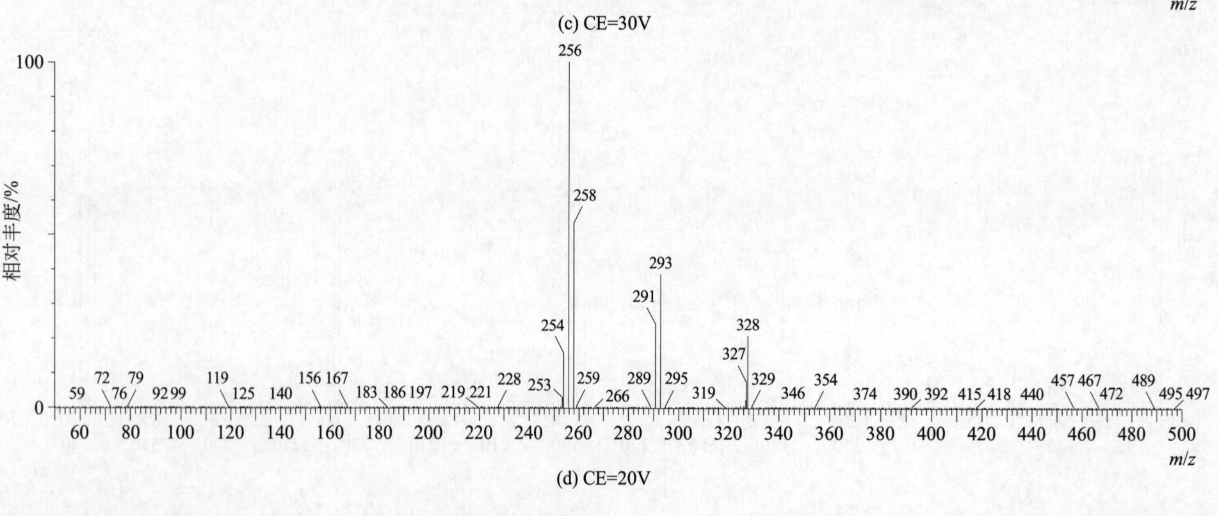

(d) CE=20V

2,2′,4,5,5′-Pentachlorobiphenyl（2,2′,4,5,5′-五氯联苯）

基本信息

CAS 登录号	37680-73-2	分子量	323.9	扫描模式	子离子扫描
分子式	$C_{12}H_5Cl_5$	离子化模式	EI	母离子	328

一级质谱图

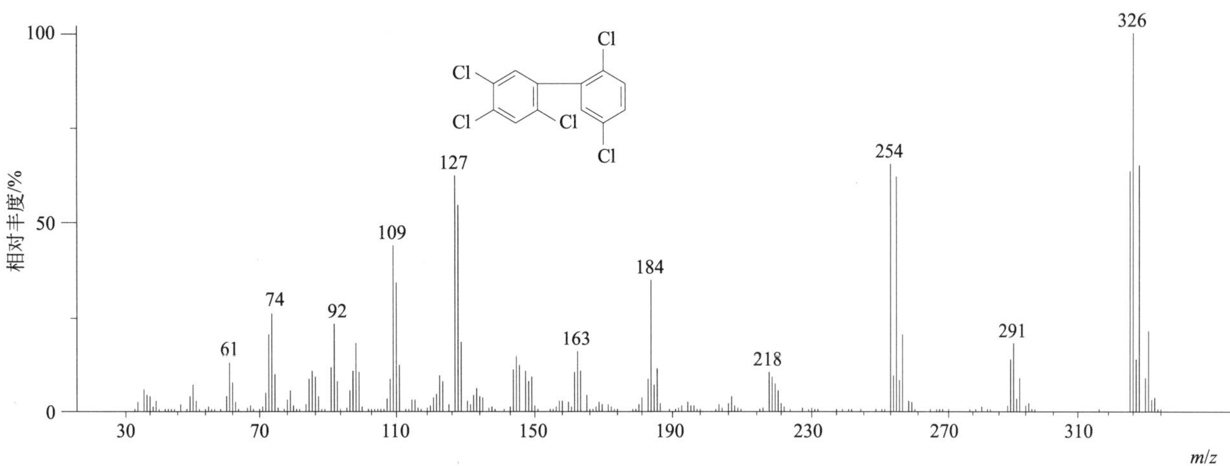

四个碰撞能量下子离子质谱图

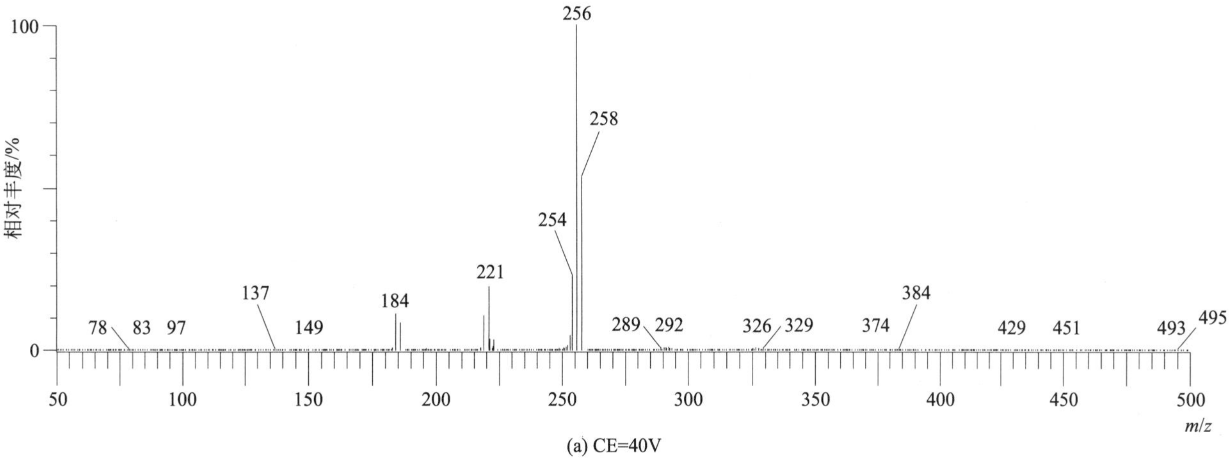

(a) CE=40V

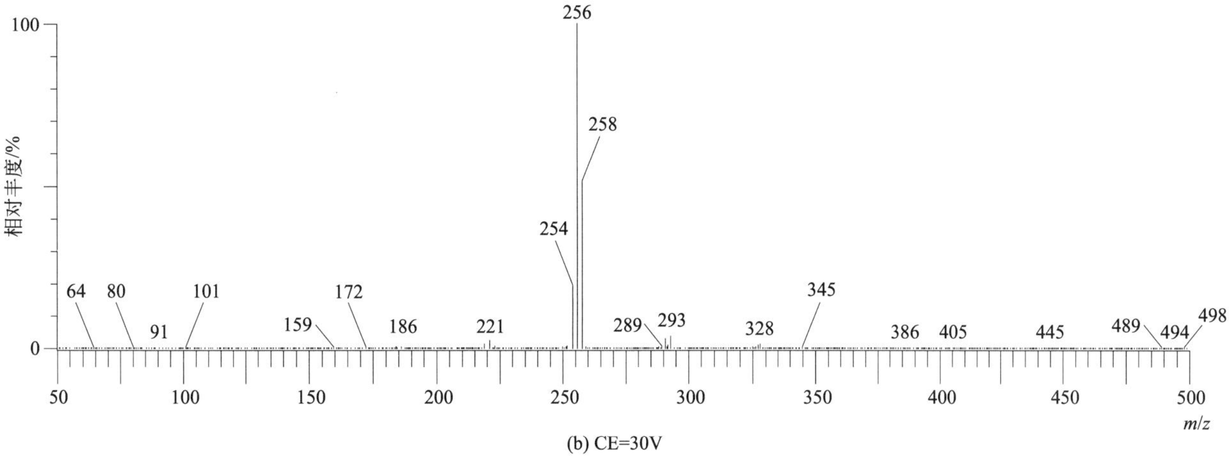

(b) CE=30V

(c) CE=20V

(d) CE=10V

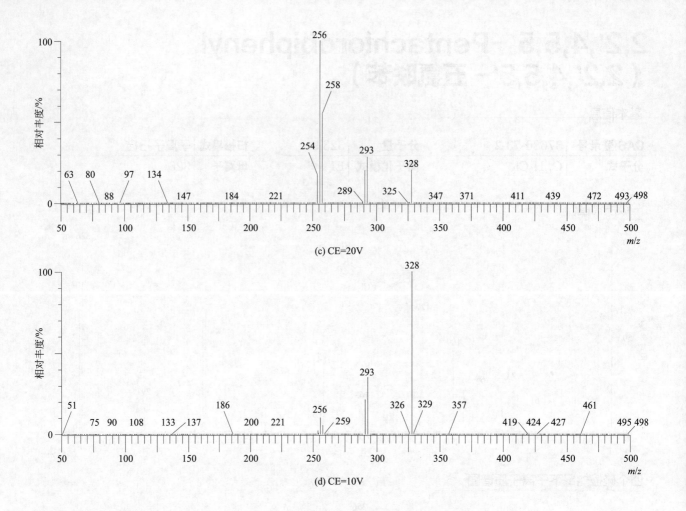

2,2′,4,5,6′-Pentachlorobiphenyl（2,2′,4,5,6′-五氯联苯）

基本信息

CAS 登录号	68194-06-9	**分子量**	323.9	**扫描模式**	子离子扫描
分子式	$C_{12}H_5Cl_5$	**离子化模式**	EI	**母离子**	254

一级质谱图

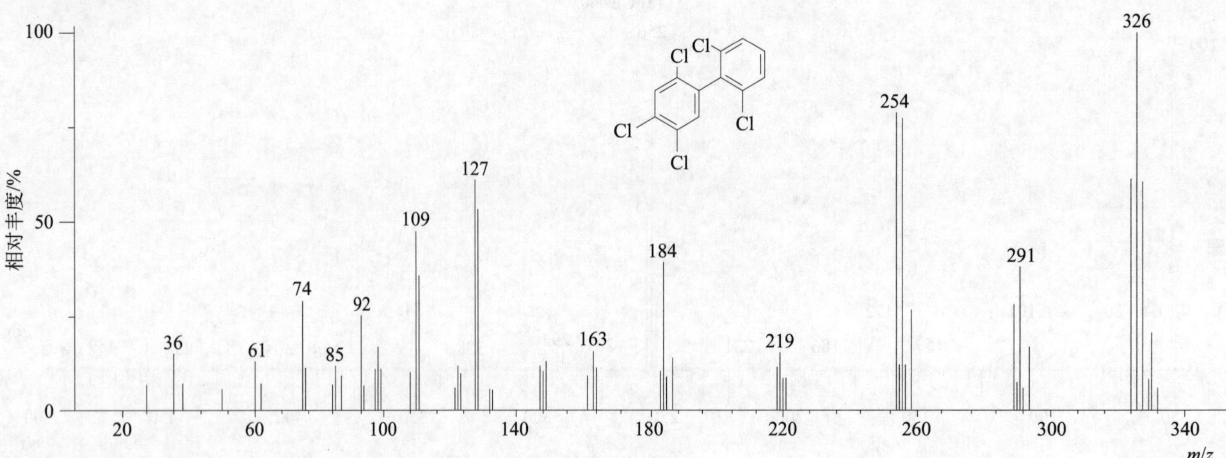

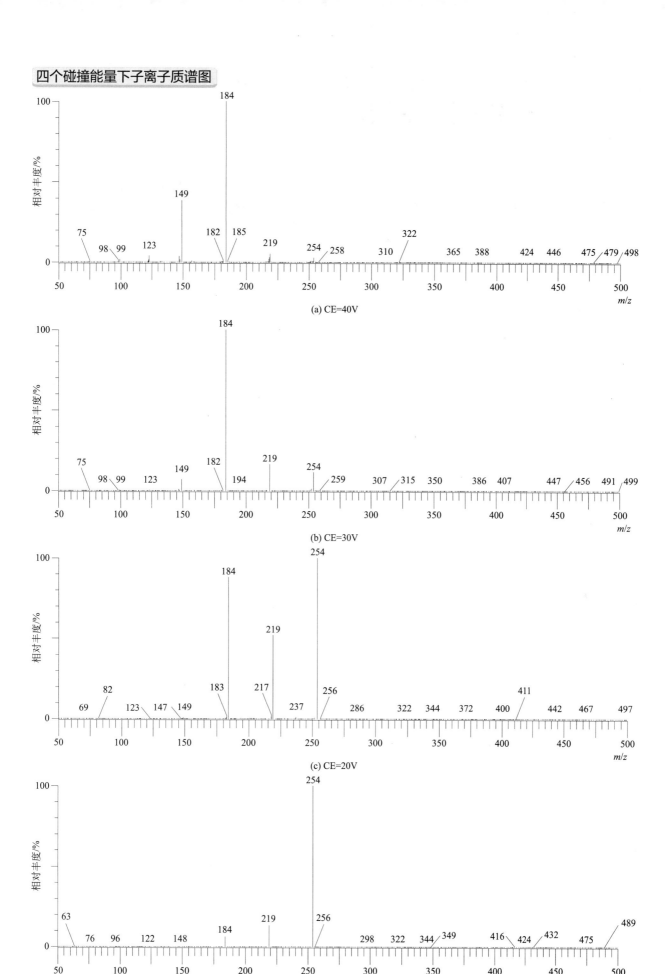

四个碰撞能量下子离子质谱图

(a) CE=40V

(b) CE=30V

(c) CE=20V

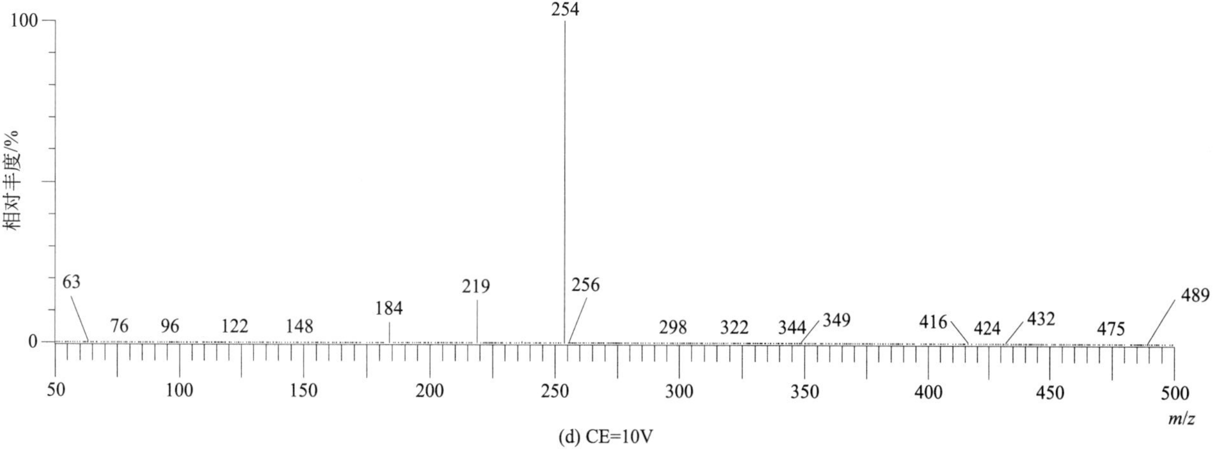

(d) CE=10V

2,2′,4,5′,6-Pentachlorobiphenyl（2,2′,4,5′,6-五氯联苯）

基本信息

CAS 登录号	60145-21-3	分子量	323.9	扫描模式	子离子扫描
分子式	$C_{12}H_5Cl_5$	离子化模式	EI	母离子	326

一级质谱图

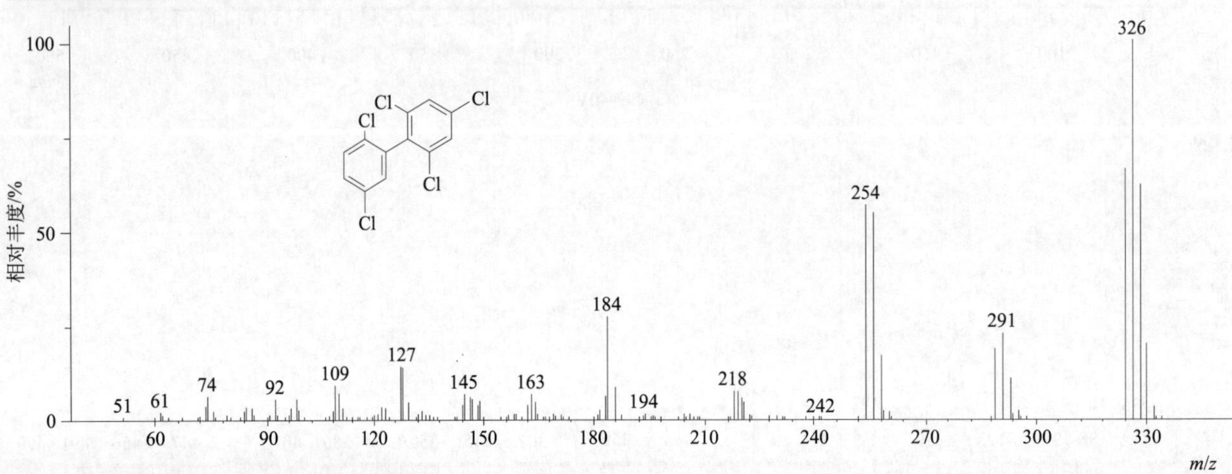

四个碰撞能量下子离子质谱图

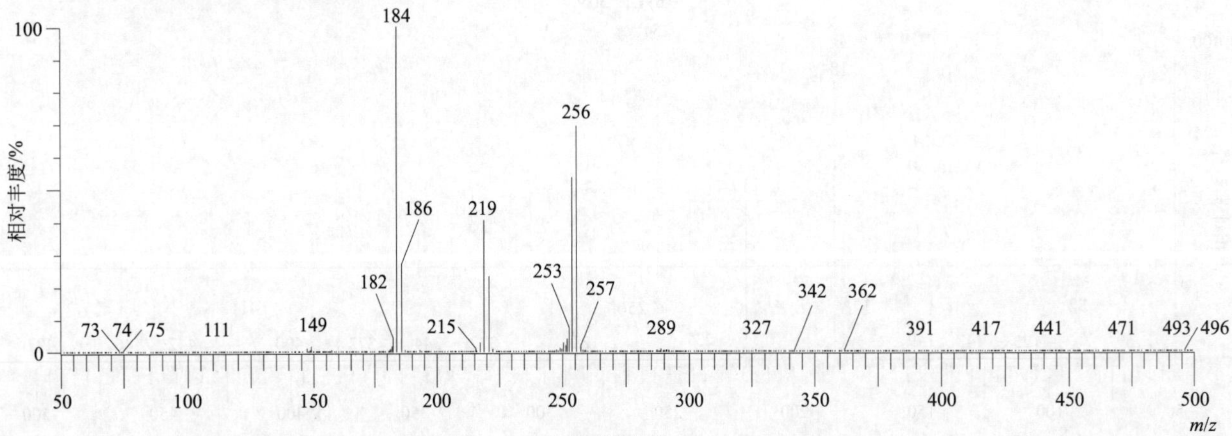

(a) CE=50V

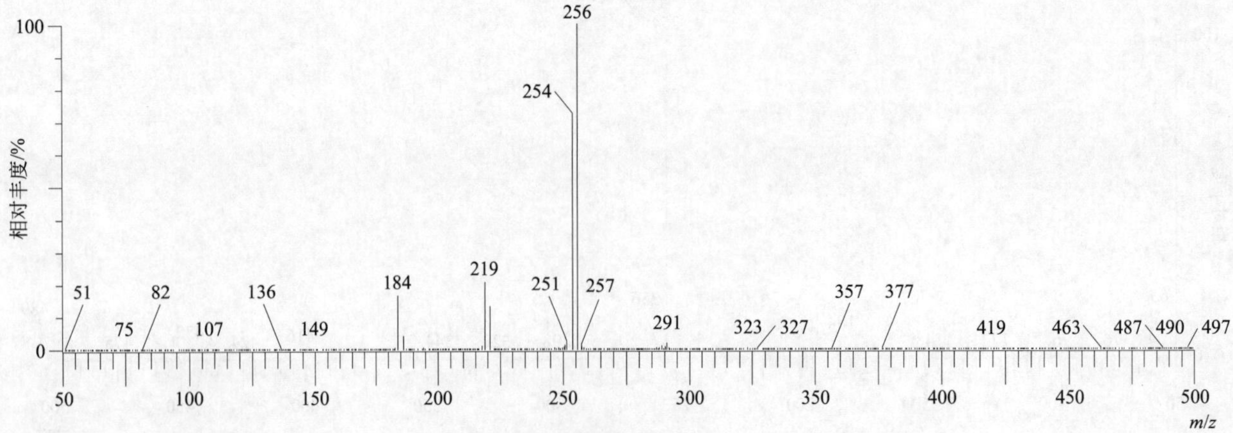

(b) CE=40V

(c) CE=30V

(d) CE=20V

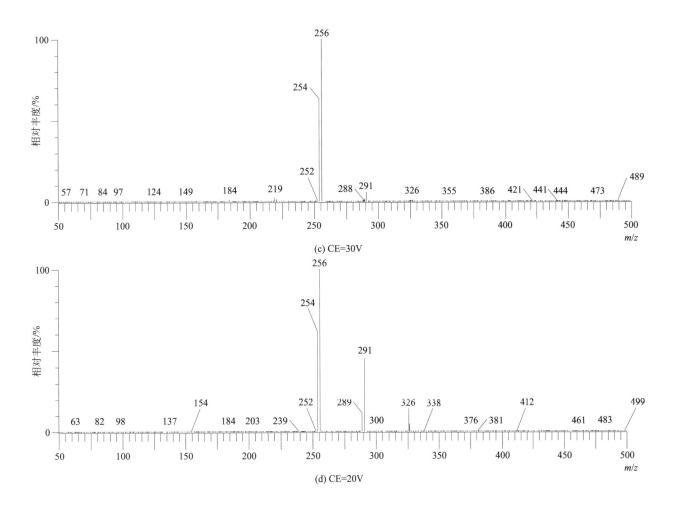

2,2′,4,6,6′-Pentachlorobiphenyl (2,2′,4,6,6′-五氯联苯)

基本信息

CAS 登录号	56558-16-8	分子量	323.9	扫描模式	子离子扫描
分子式	$C_{12}H_5Cl_5$	离子化模式	EI	母离子	254

一级质谱图

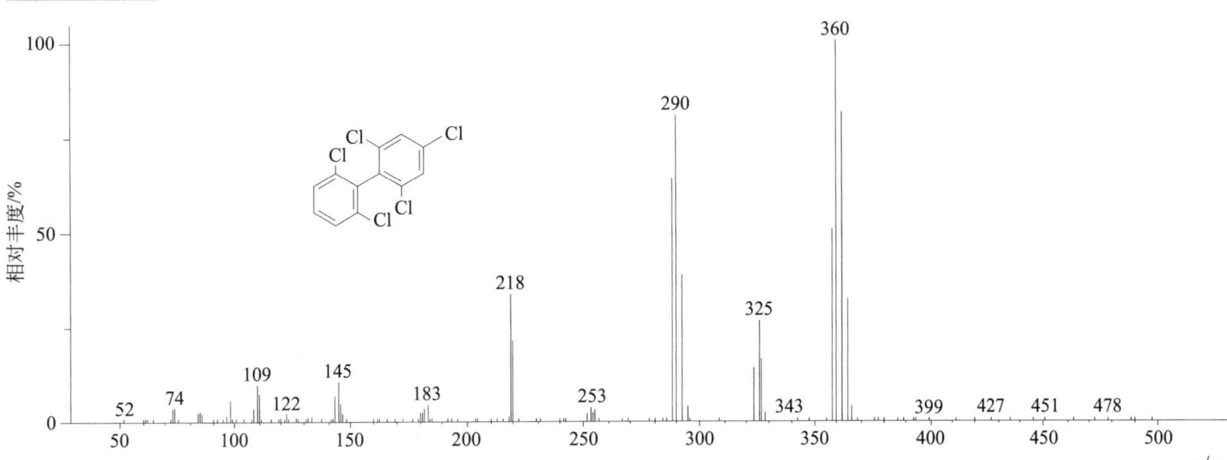

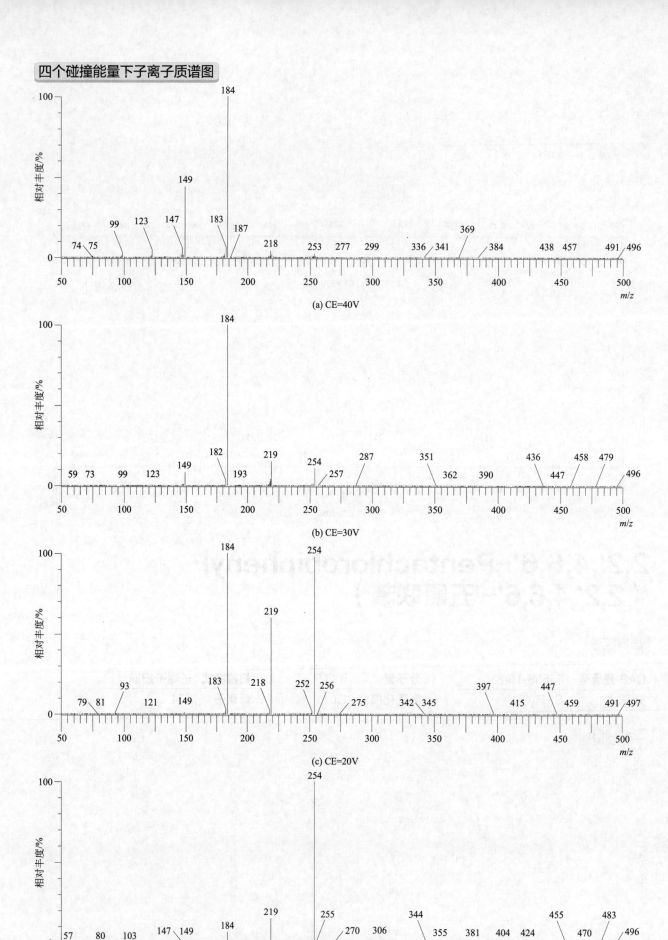

四个碰撞能量下子离子质谱图

相对丰度/%

100 184 149 99 123 147 183 187 74 75 218 253 277 299 336 341 369 384 438 457 491 496 0

50 100 150 200 250 300 350 400 450 500 m/z

(a) CE=40V

相对丰度/%

100 184 182 219 254 287 351 436 458 479 59 73 99 123 149 193 257 362 390 447 496 0

50 100 150 200 250 300 350 400 450 500 m/z

(b) CE=30V

相对丰度/%

100 184 254 219 93 183 218 252 256 397 447 79 81 121 149 275 342 345 415 459 491 497 0

50 100 150 200 250 300 350 400 450 500 m/z

(c) CE=20V

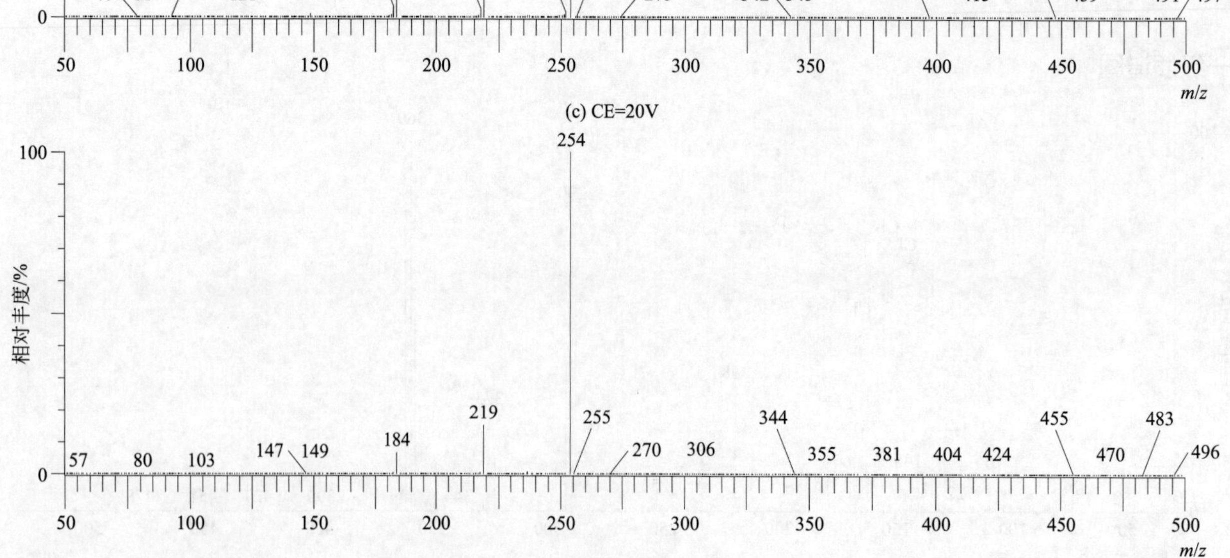

(d) CE=10V

2,3,3′,4,4′-Pentachlorobiphenyl（2,3,3′,4,4′-五氯联苯）

基本信息

CAS 登录号	32598-14-4	分子量	323.9	扫描模式	子离子扫描
分子式	$C_{12}H_5Cl_5$	离子化模式	EI	母离子	254

一级质谱图

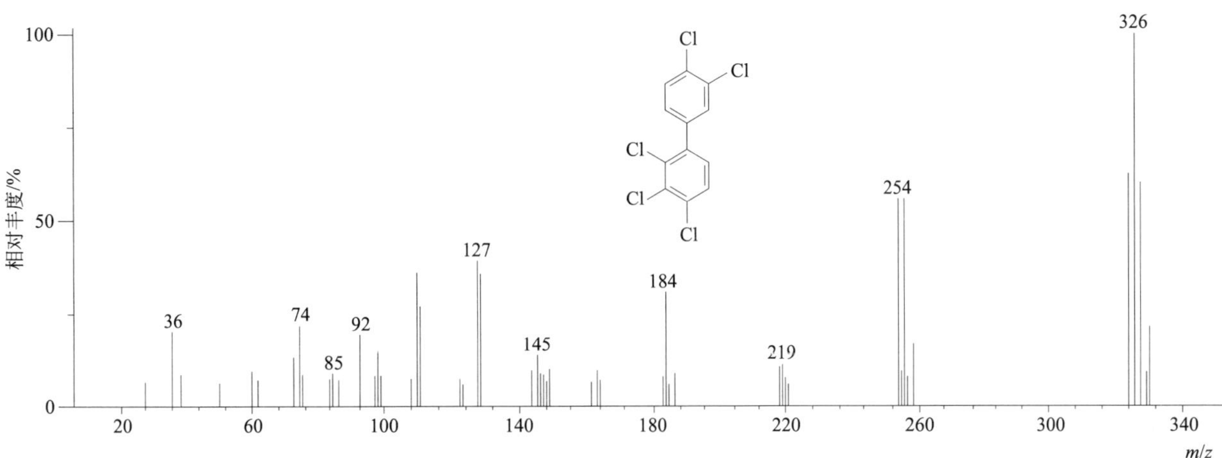

四个碰撞能量下子离子质谱图

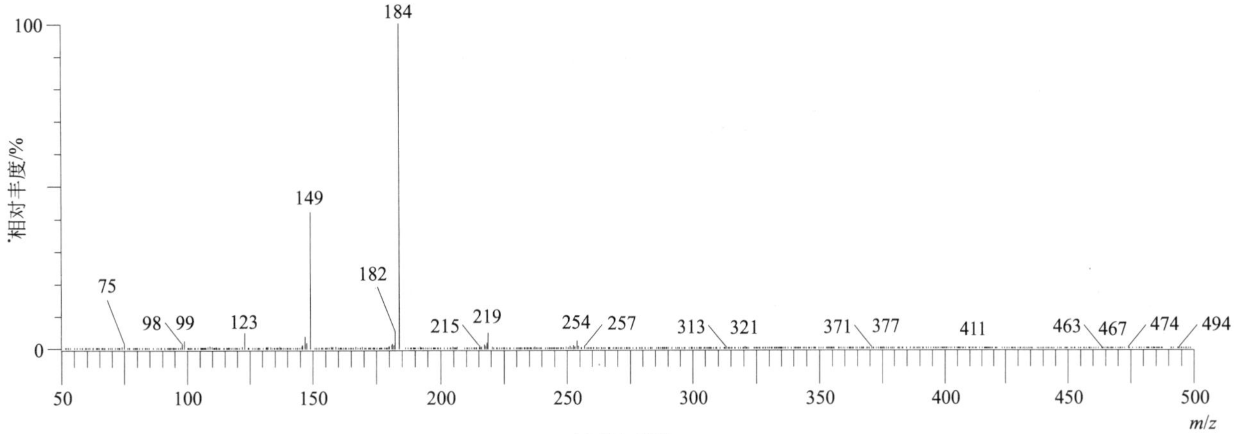

(a) CE=40V

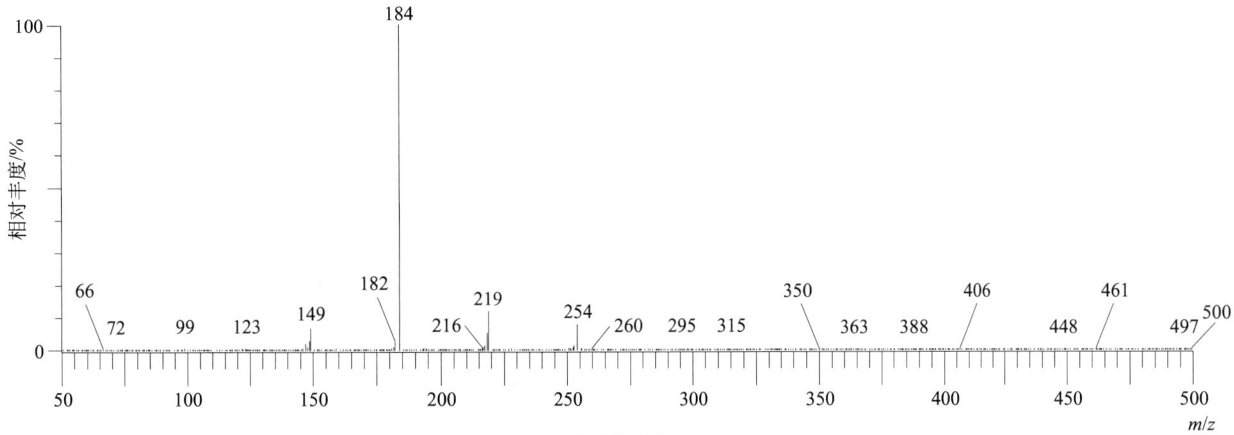

(b) CE=30V

(c) CE=20V

(d) CE=10V

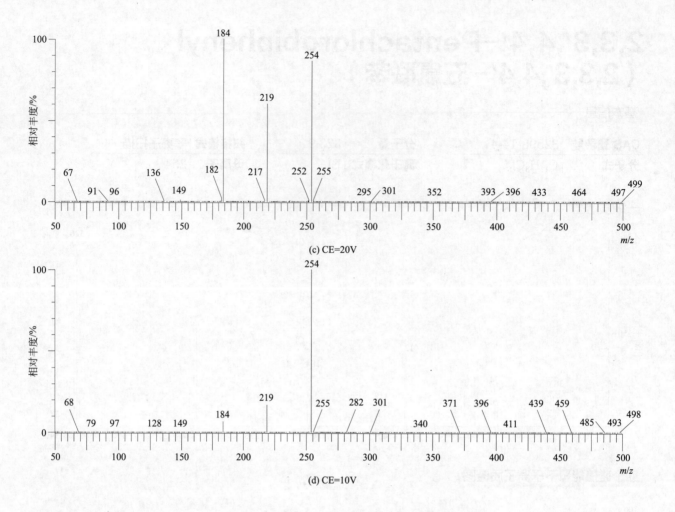

2,3,3′,4,5-Pentachlorobiphenyl
（2,3,3′,4,5- 五氯联苯）

基本信息

CAS 登录号	70424-69-0	分子量	323.9	扫描模式	子离子扫描
分子式	$C_{12}H_5Cl_5$	离子化模式	EI	母离子	328

一级质谱图

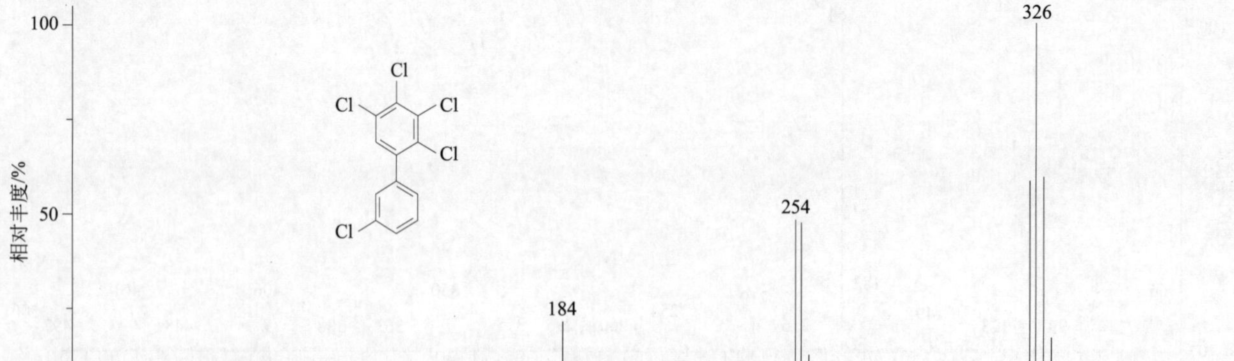

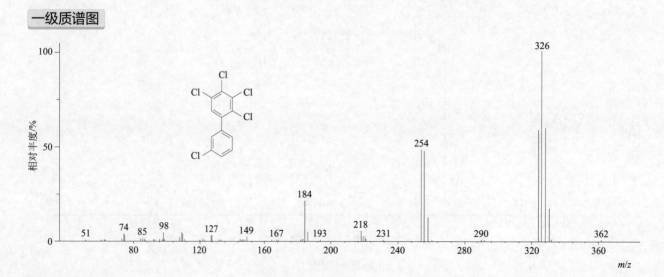

四个碰撞能量下子离子质谱图

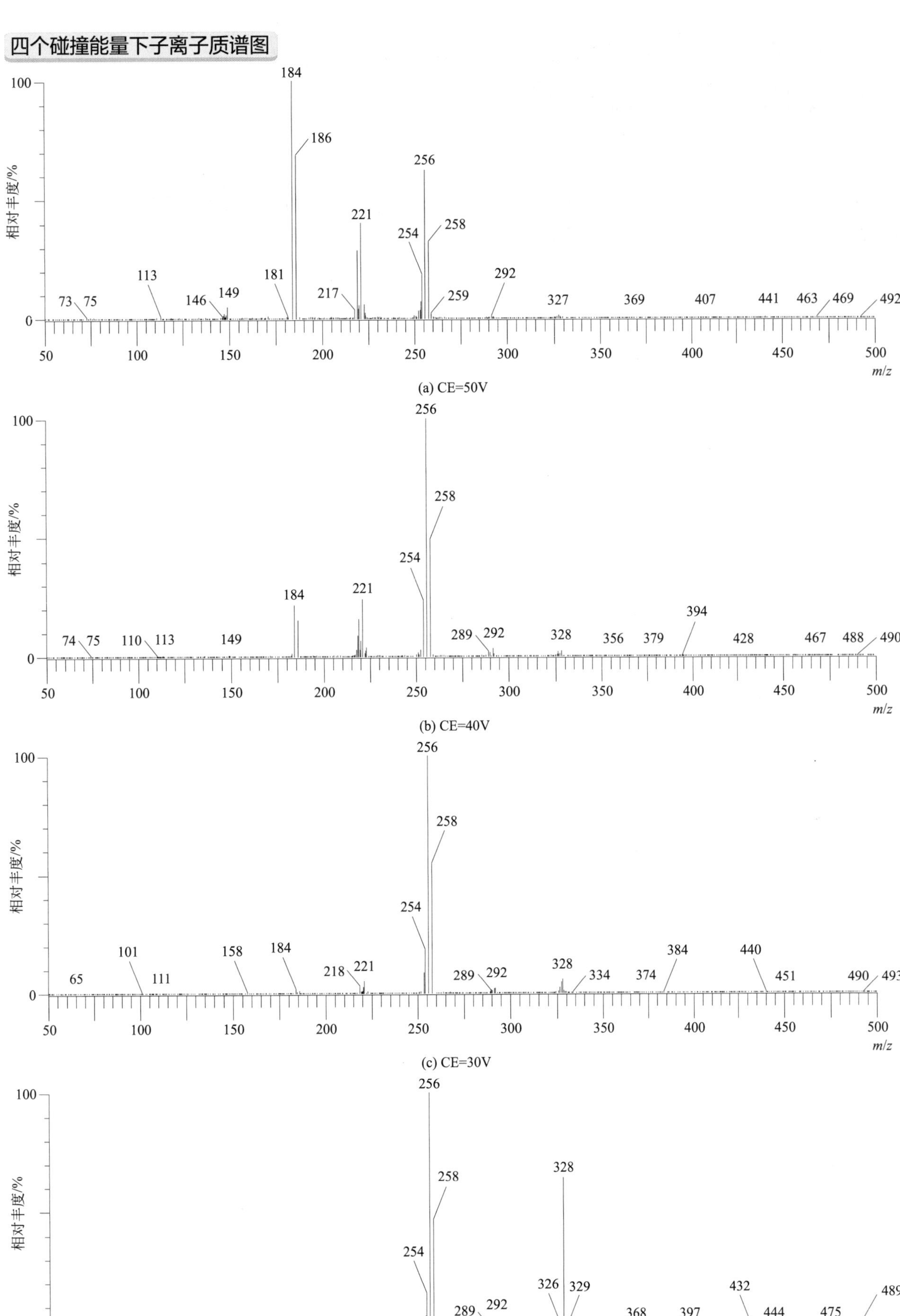

(a) CE=50V

(b) CE=40V

(c) CE=30V

(d) CE=20V

2,3,3′,4′,5-Pentachlorobiphenyl（2,3,3′,4′,5-五氯联苯）

基本信息

CAS 登录号	70424-68-9	分子量	323.9	扫描模式	子离子扫描
分子式	$C_{12}H_5Cl_5$	离子化模式	EI	母离子	254

一级质谱图

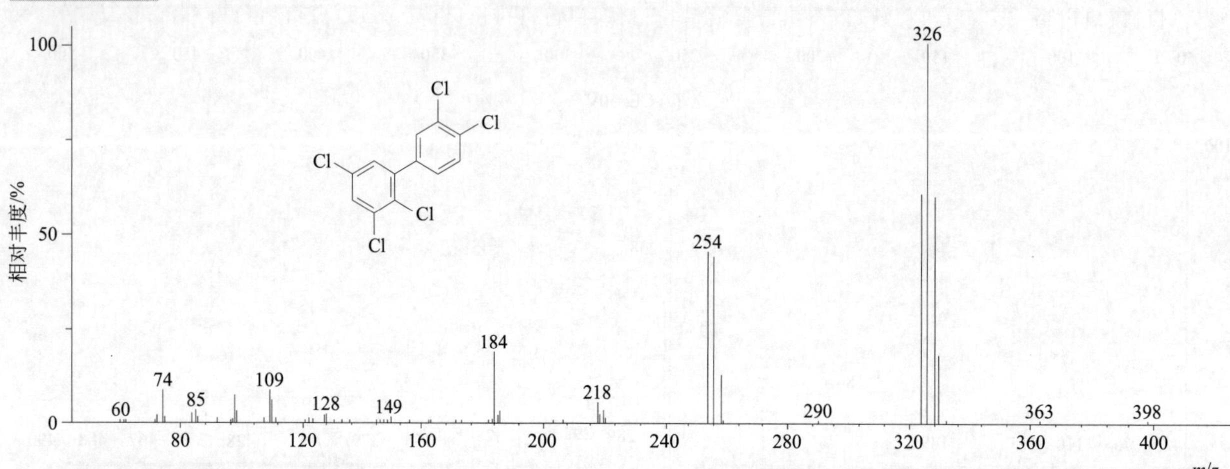

四个碰撞能量下子离子质谱图

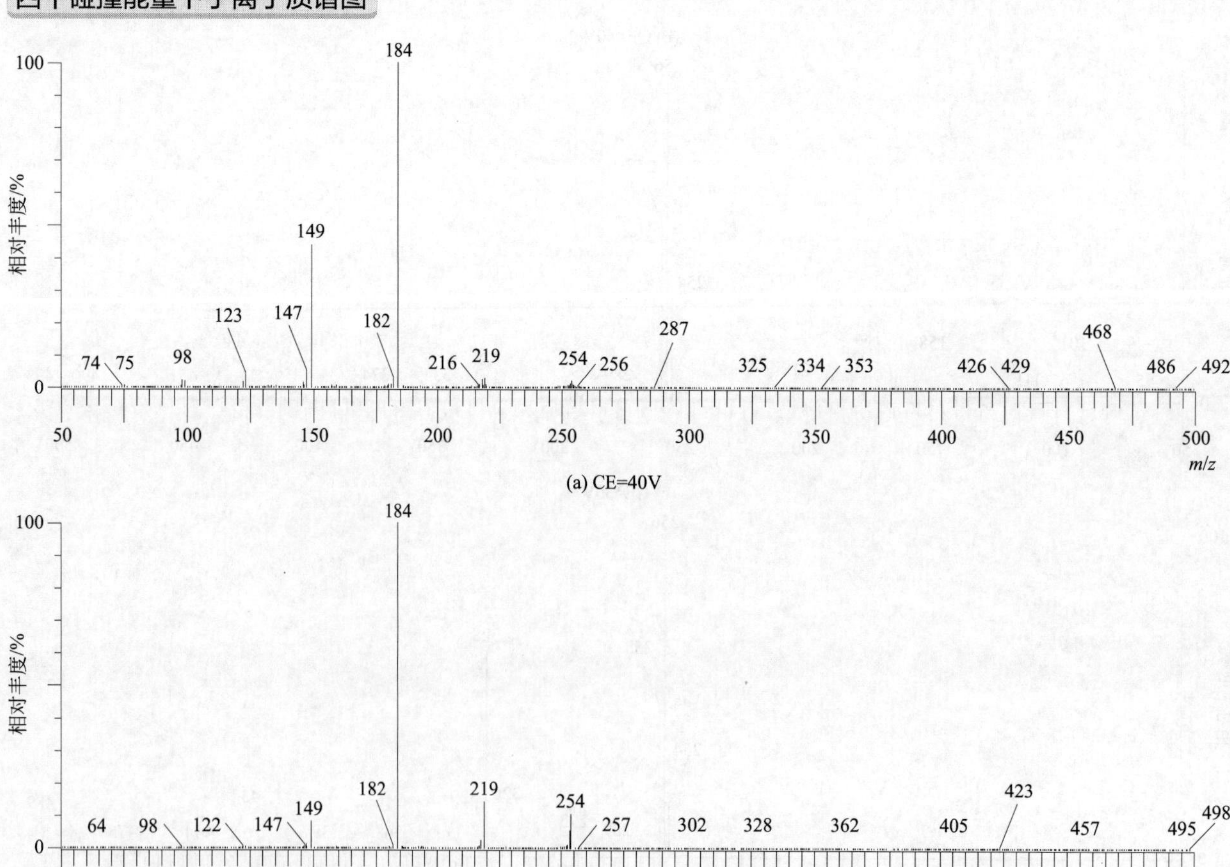

(c) CE=20V

(d) CE=10V

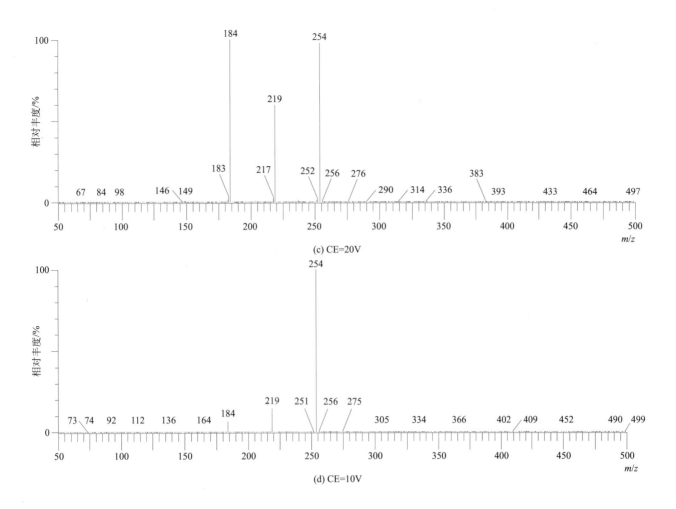

2,3,3′,4,5′-Pentachlorobiphenyl（2,3,3′,4,5′-五氯联苯）

基本信息

CAS 登录号	70362-41-3	分子量	323.9	扫描模式	子离子扫描
分子式	$C_{12}H_5Cl_5$	离子化模式	EI	母离子	254

一级质谱图

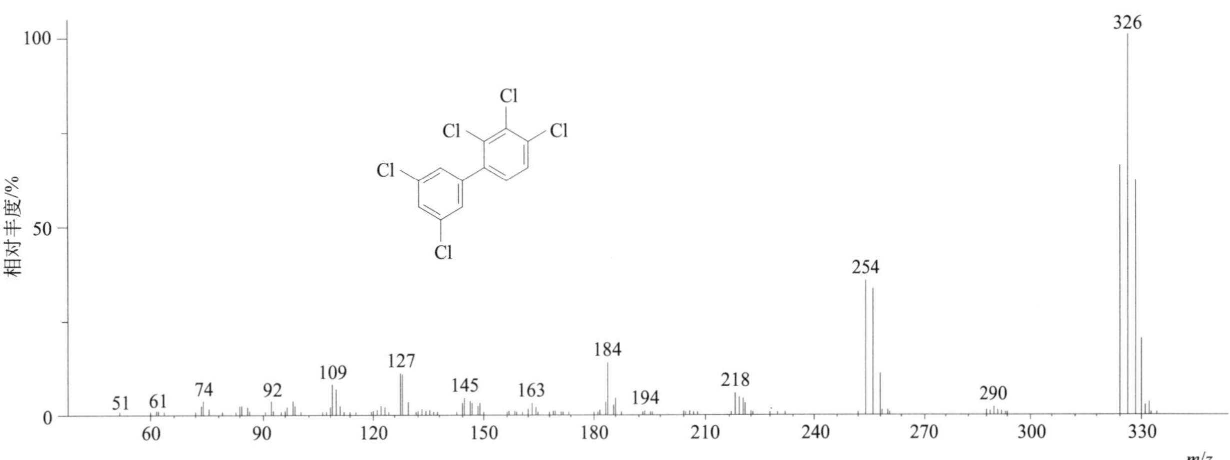

四个碰撞能量下子离子质谱图

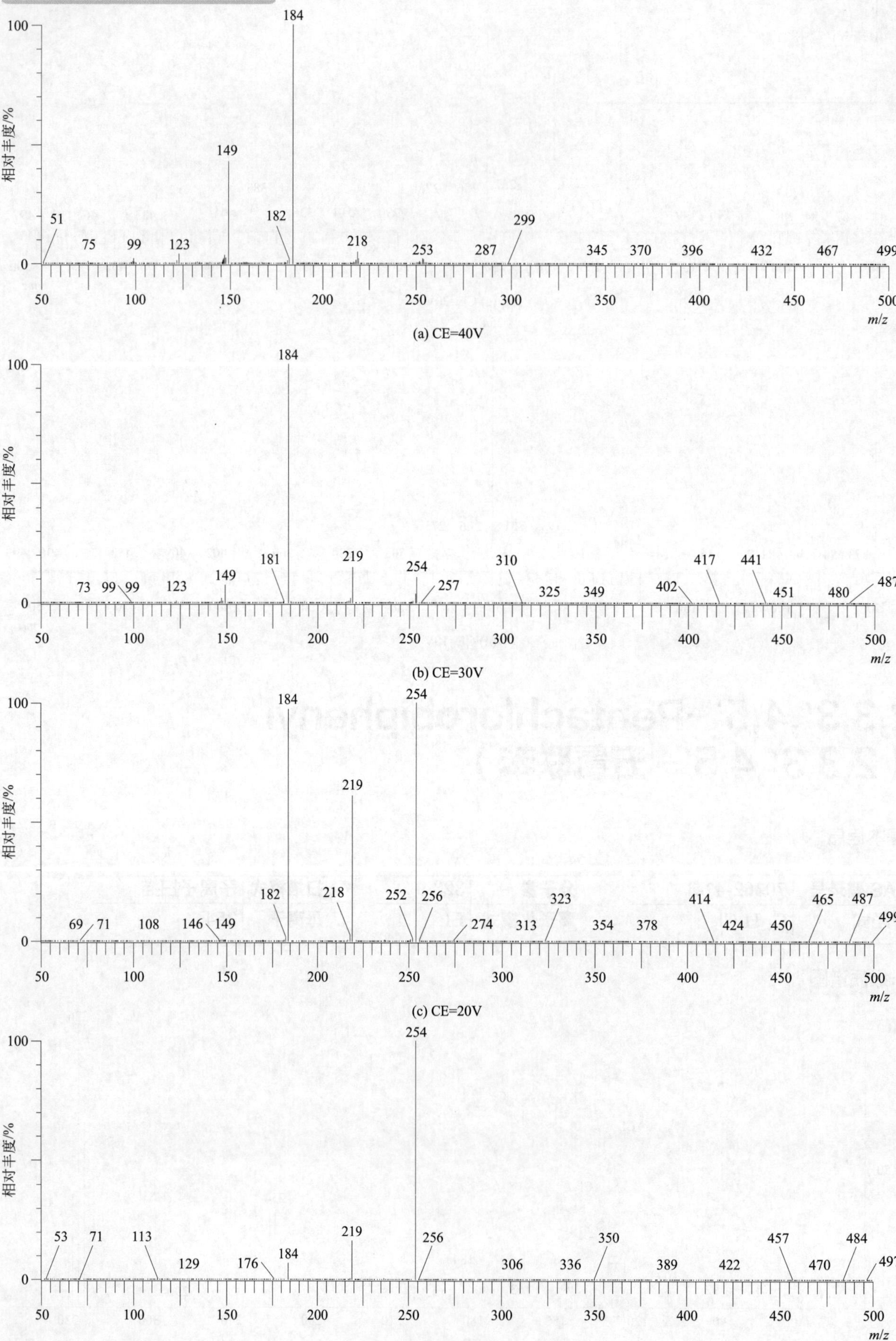

2,3,3′,4,6-Pentachlorobiphenyl（2,3,3′,4,6-五氯联苯）

基本信息

CAS 登录号	74472-35-8	分子量	323.9	扫描模式	子离子扫描
分子式	$C_{12}H_5Cl_5$	离子化模式	EI	母离子	326

一级质谱图

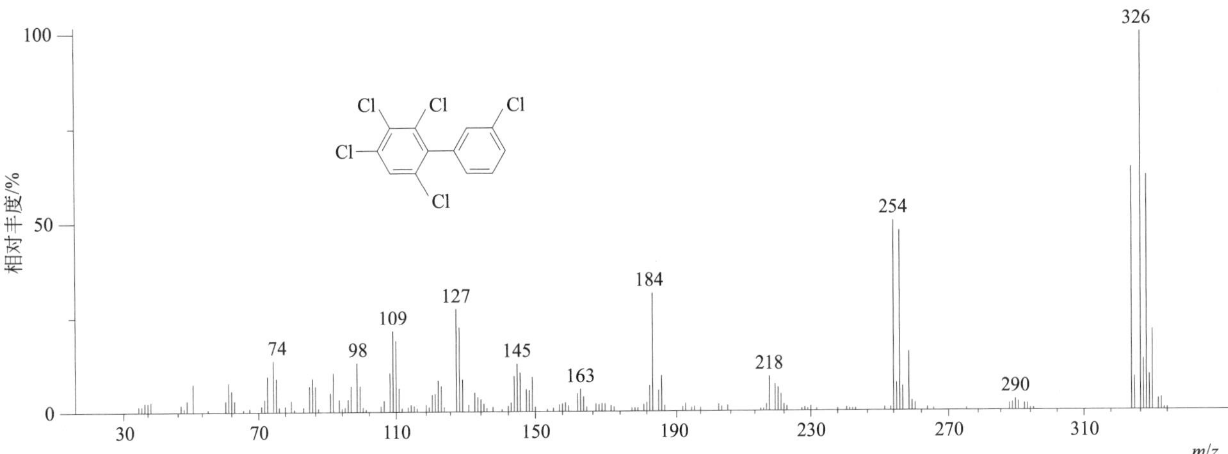

四个碰撞能量下子离子质谱图

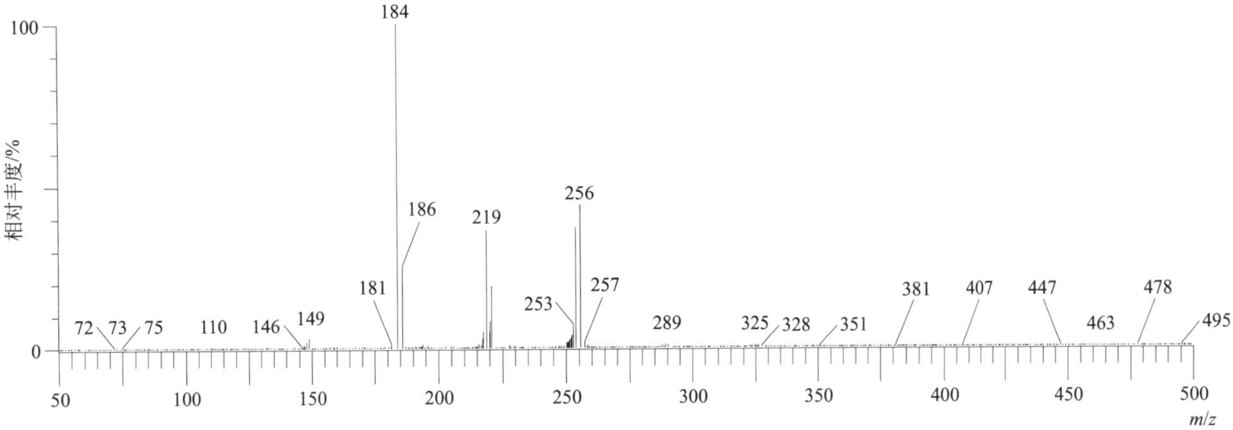

(a) CE=50V

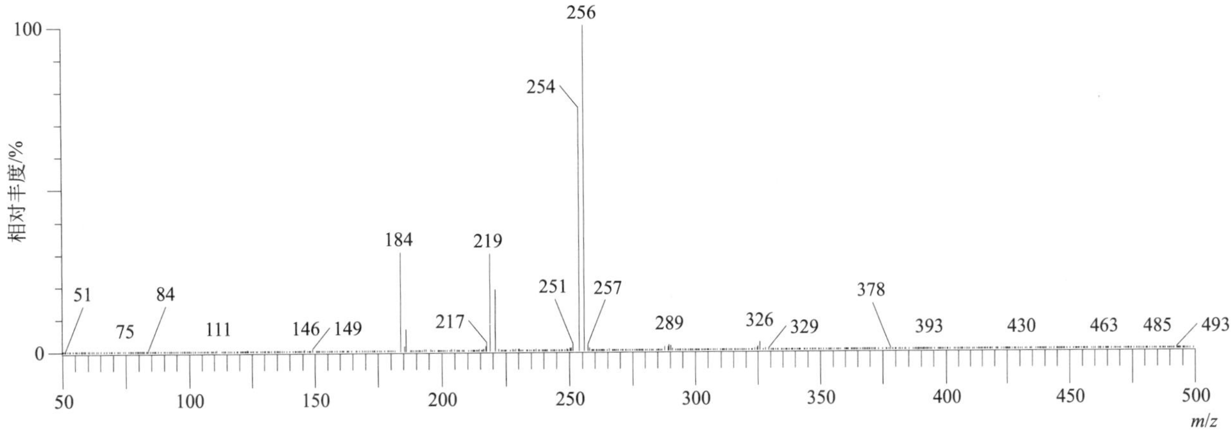

(b) CE=40V

(c) CE=30V

(d) CE=20V

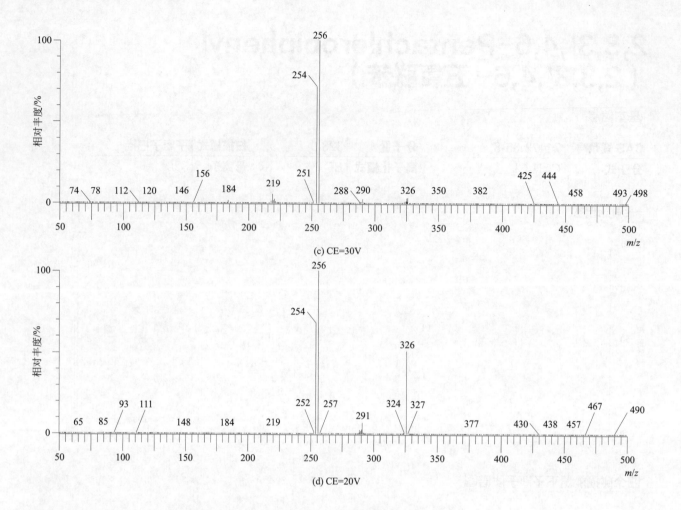

2,3,3′,4′,6-Pentachlorobiphenyl（2,3,3′,4′,6-五氯联苯）

基本信息

CAS 登录号	38380-03-9	**分子量**	323.9	**扫描模式**	子离子扫描
分子式	$C_{12}H_5Cl_5$	**离子化模式**	EI	**母离子**	324

一级质谱图

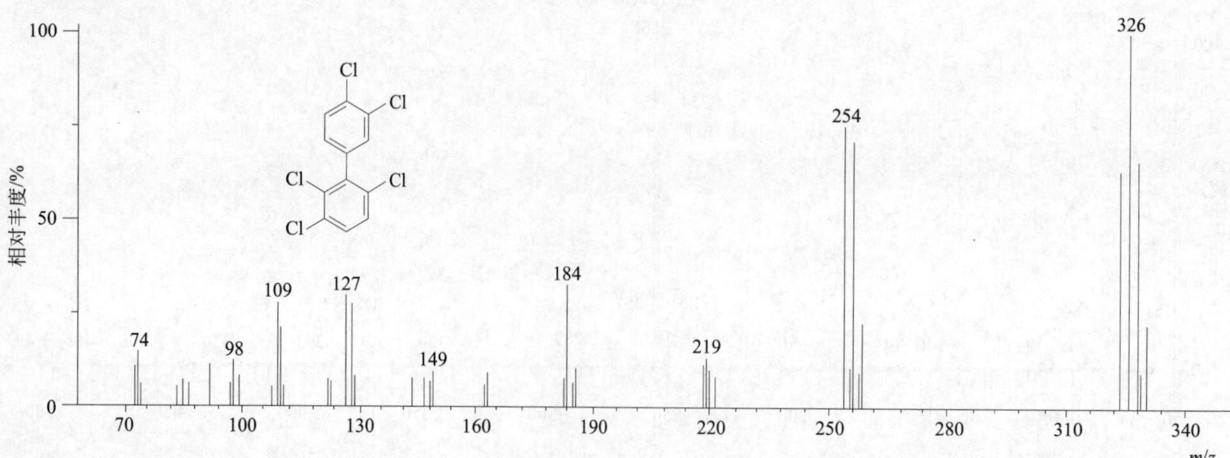

四个碰撞能量下子离子质谱图

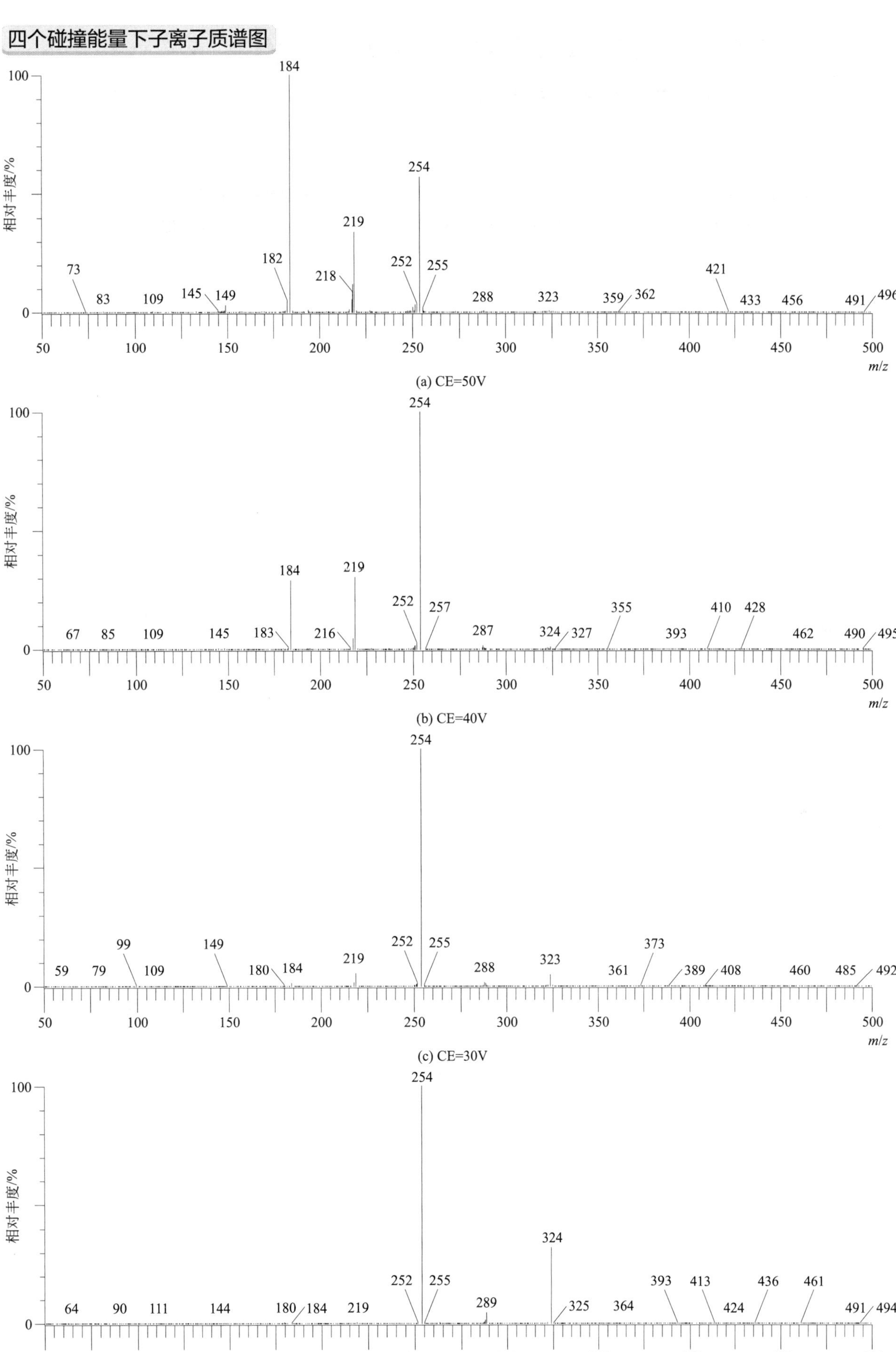

(a) CE=50V

(b) CE=40V

(c) CE=30V

(d) CE=20V

2,3,3′,5,5′-Pentachlorobiphenyl
（2,3,3′,5,5′-五氯联苯）

基本信息

CAS 登录号	39635-32-0	分子量	323.9	扫描模式	子离子扫描
分子式	$C_{12}H_5Cl_5$	离子化模式	EI	母离子	324，328

一级质谱图

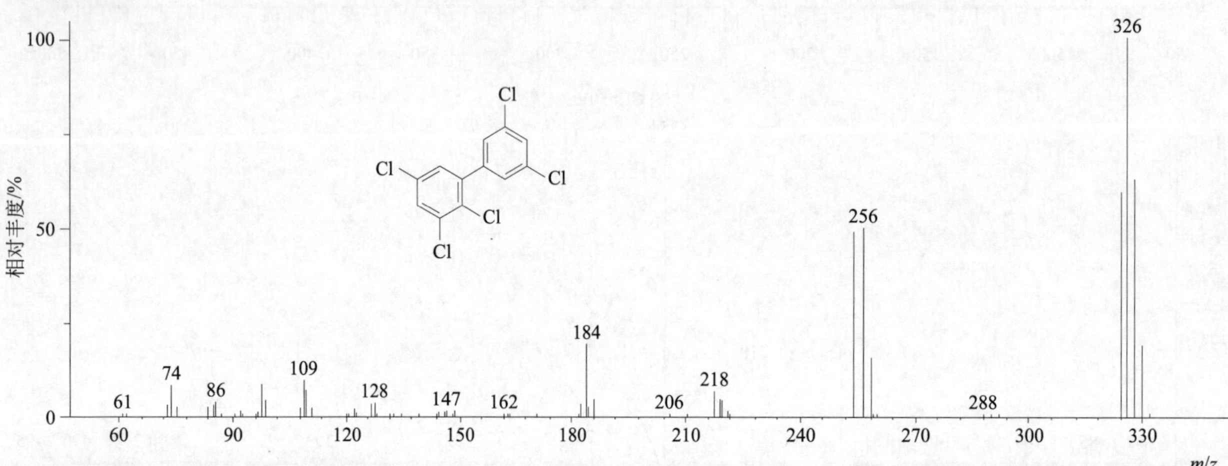

四个碰撞能量下子离子质谱图

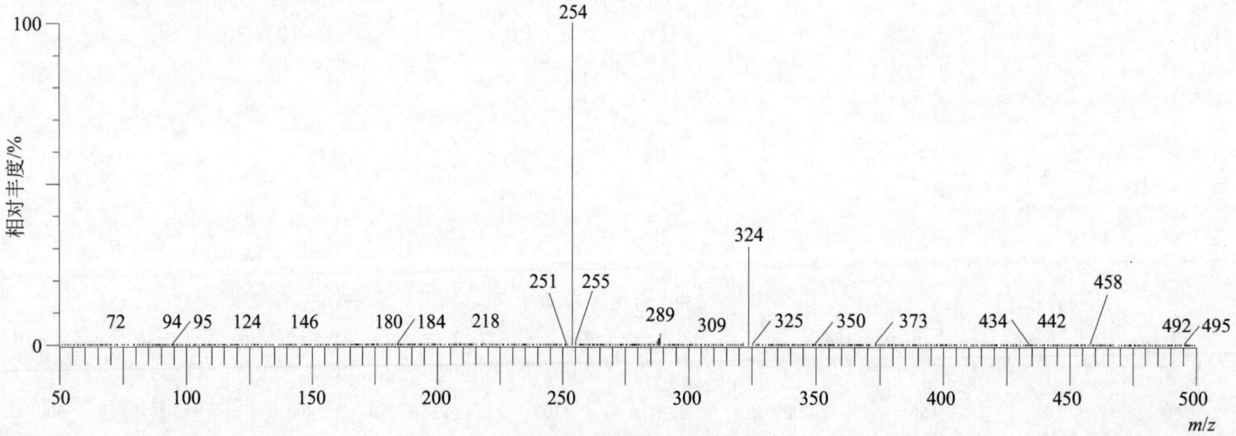

(a) CE=20V

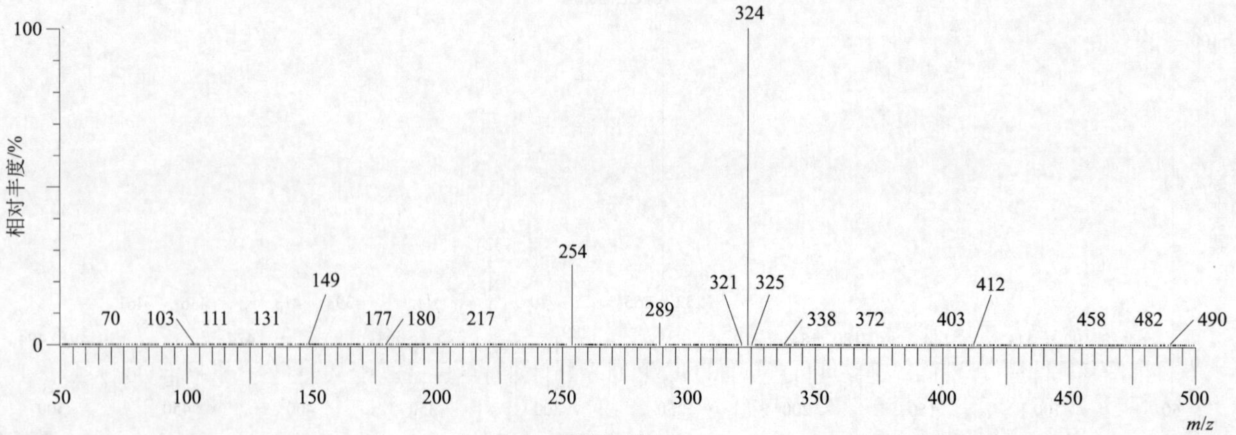

(b) CE=10V

(c) CE=10V

(d) CE=20V

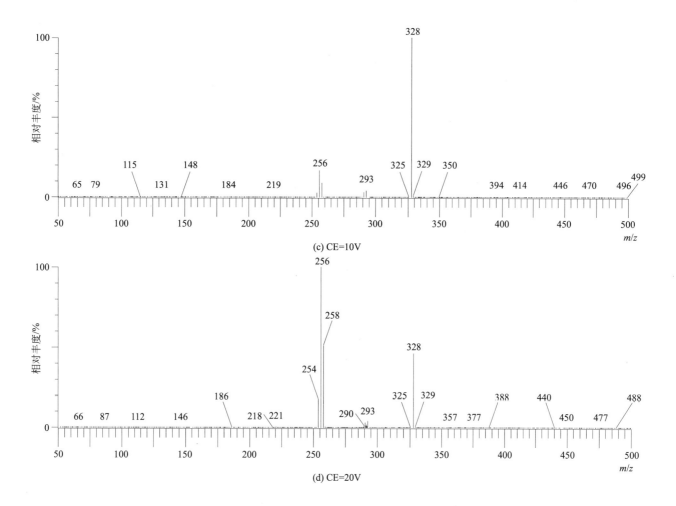

2,3,3′,5,6-Pentachlorobiphenyl（2,3,3′,5,6-五氯联苯）

基本信息

CAS 登录号	74472-36-9	分子量	323.9	扫描模式	子离子扫描
分子式	$C_{12}H_5Cl_5$	离子化模式	EI	母离子	326

一级质谱图

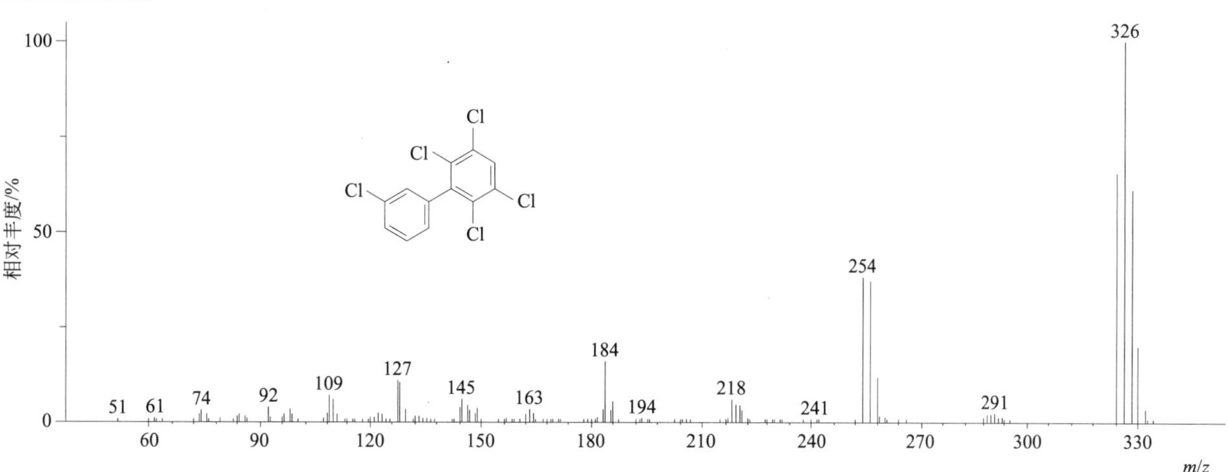

四个碰撞能量下子离子质谱图

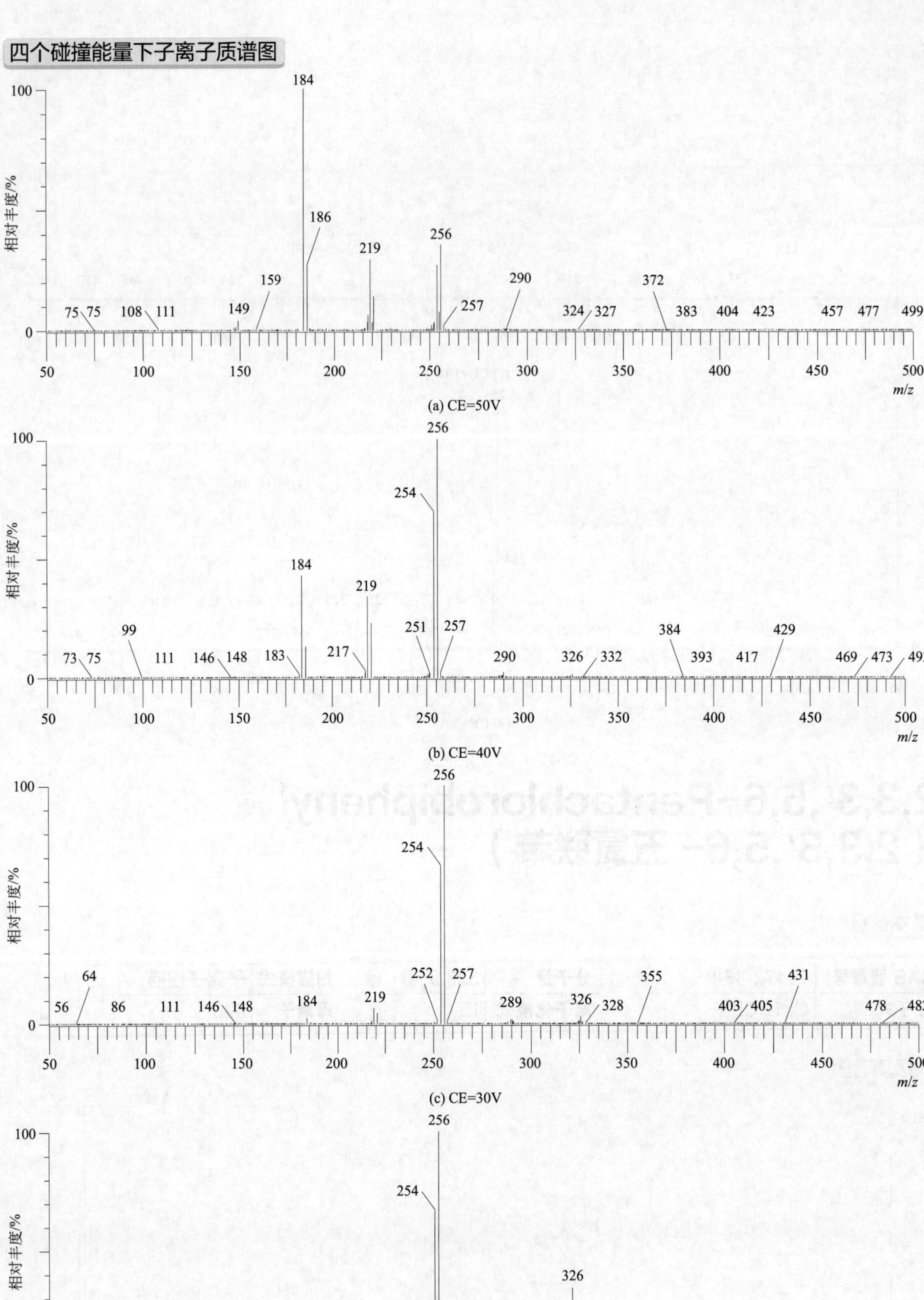

(a) CE=50V

(b) CE=40V

(c) CE=30V

(d) CE=20V

2,3,3′,5′,6-Pentachlorobiphenyl
（2,3,3′,5′,6-五氯联苯）

基本信息

CAS 登录号	68194-10-5	分子量	323.9	扫描模式	子离子扫描
分子式	$C_{12}H_5Cl_5$	离子化模式	EI	母离子	324

一级质谱图

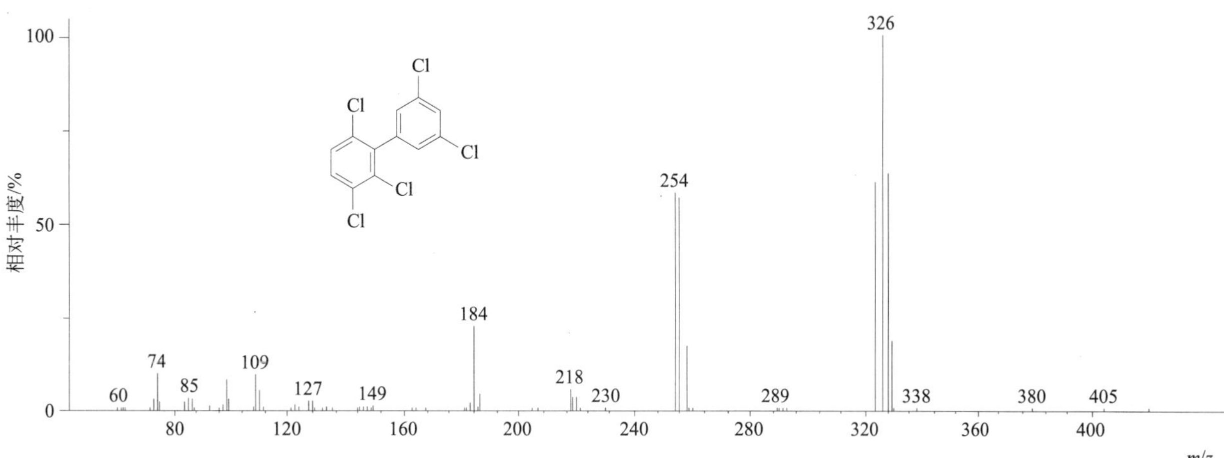

四个碰撞能量下子离子质谱图

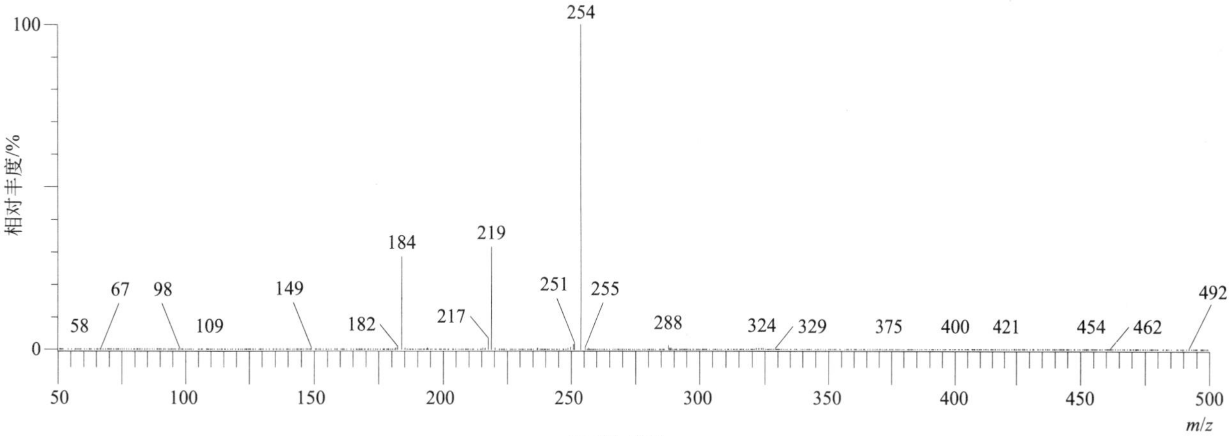

(a) CE=40V

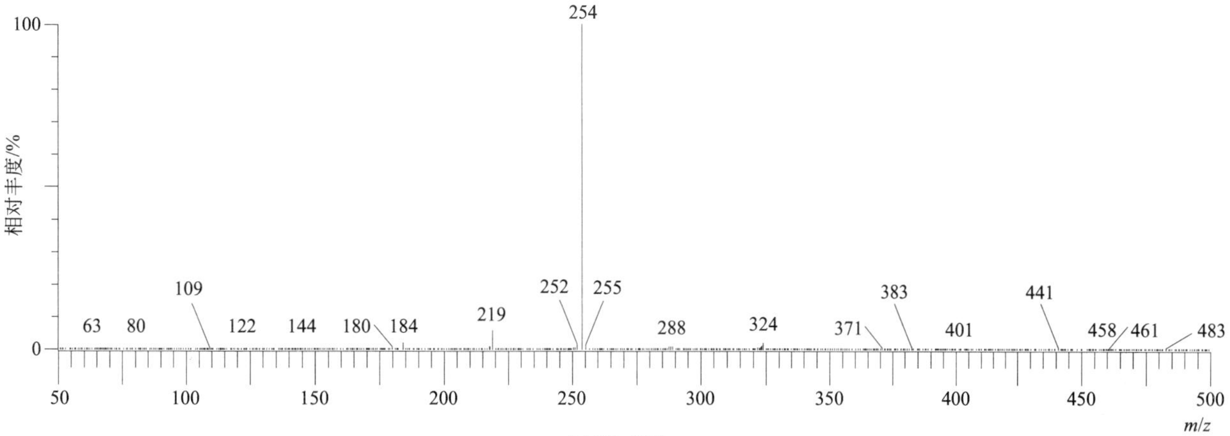

(b) CE=30V

(c) CE=20V

(d) CE=10V

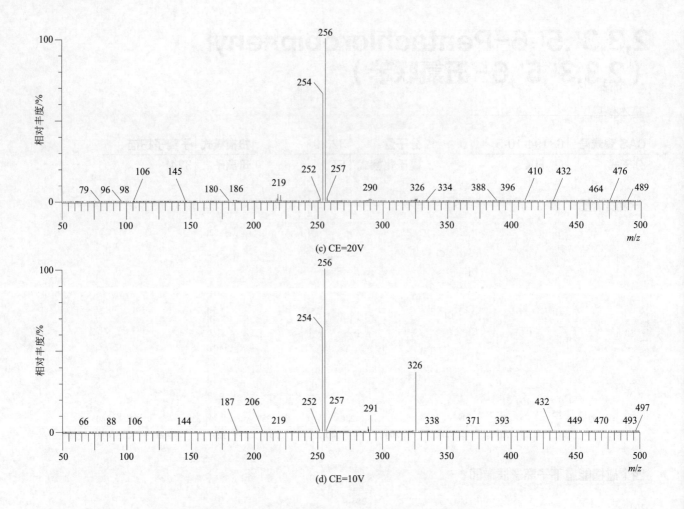

2,3,4,4′,5-Pentachlorobiphenyl (2,3,4,4′,5-五氯联苯)

基本信息

CAS 登录号	74472-37-0	**分子量**	323.9	**扫描模式**	子离子扫描
分子式	$C_{12}H_5Cl_5$	**离子化模式**	EI	**母离子**	254

一级质谱图

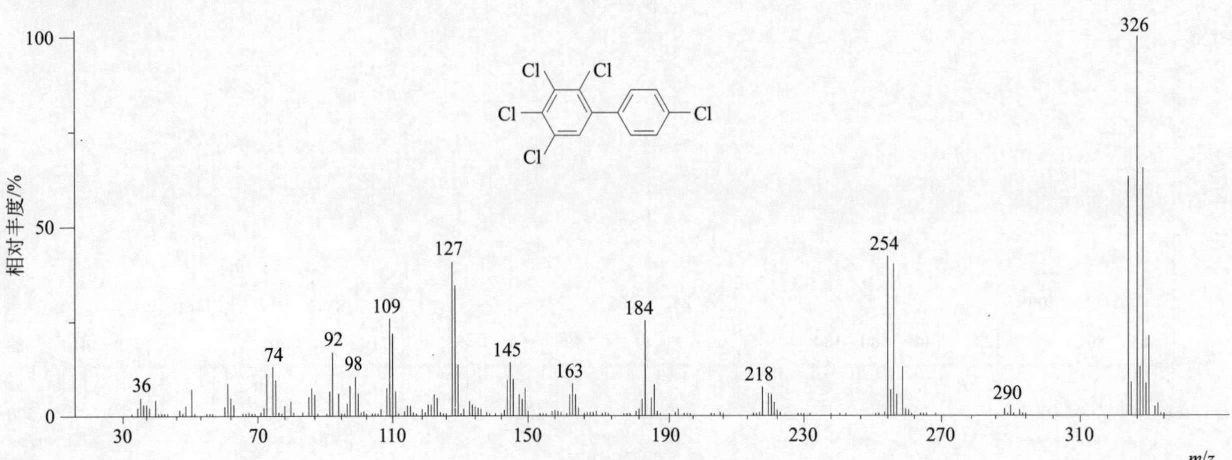

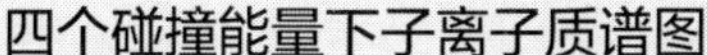

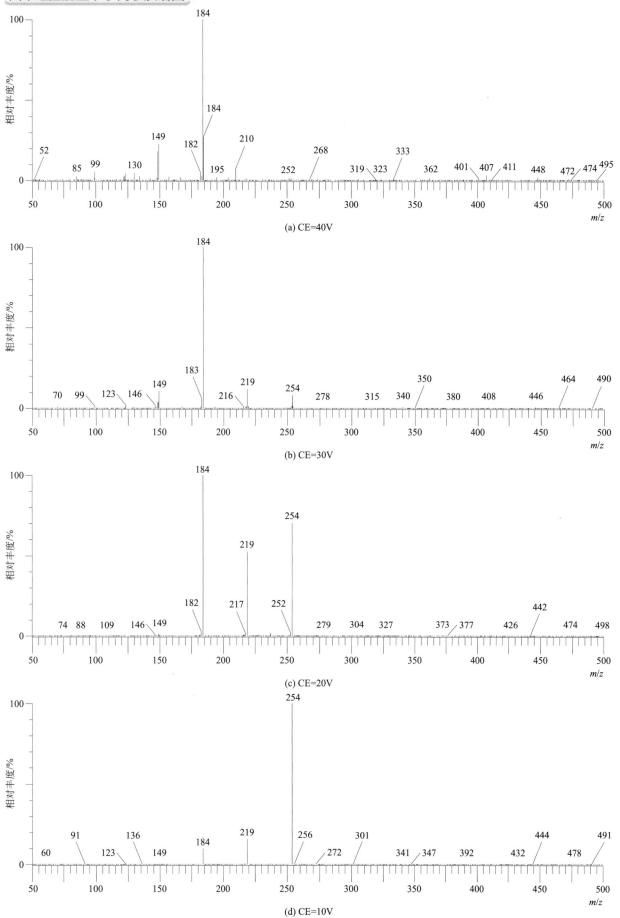

(a) CE=40V

(b) CE=30V

(c) CE=20V

(d) CE=10V

2,3,4,4′,6-Pentachlorobiphenyl
（2,3,4,4′,6-五氯联苯）

基本信息

CAS 登录号	74472-38-1	分子量	323.9	扫描模式	子离子扫描
分子式	$C_{12}H_5Cl_5$	离子化模式	EI	母离子	326

一级质谱图

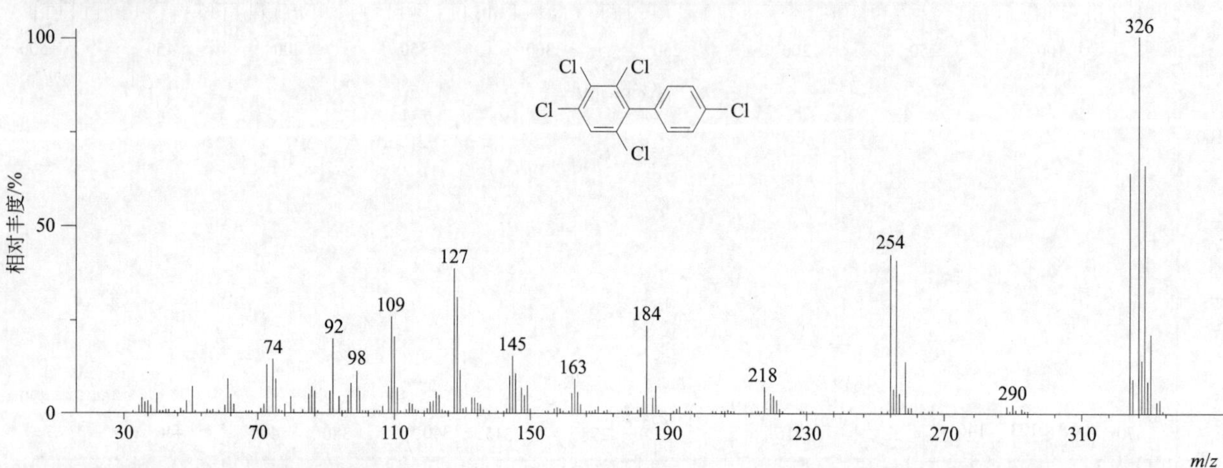

四个碰撞能量下子离子质谱图

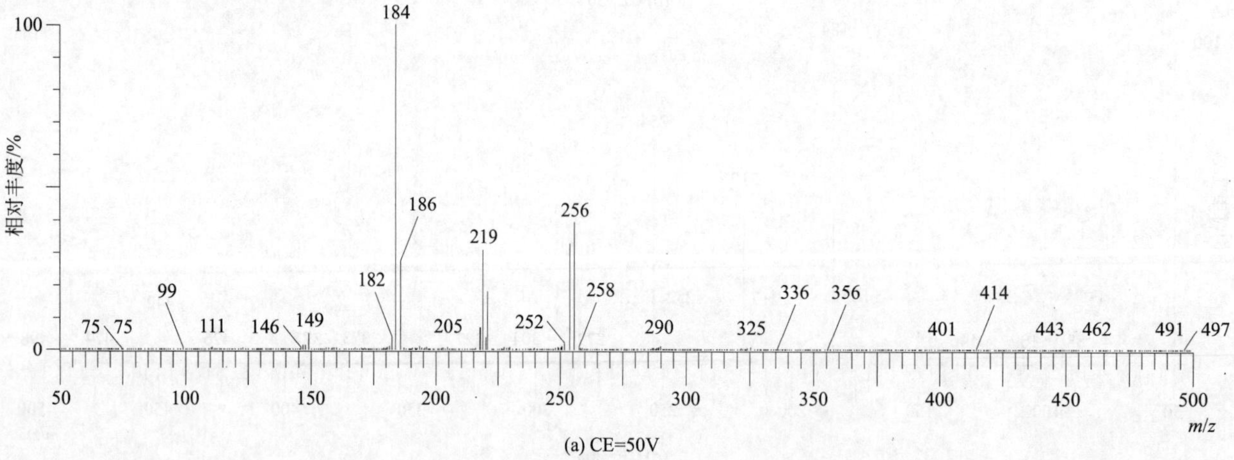

(a) CE=50V

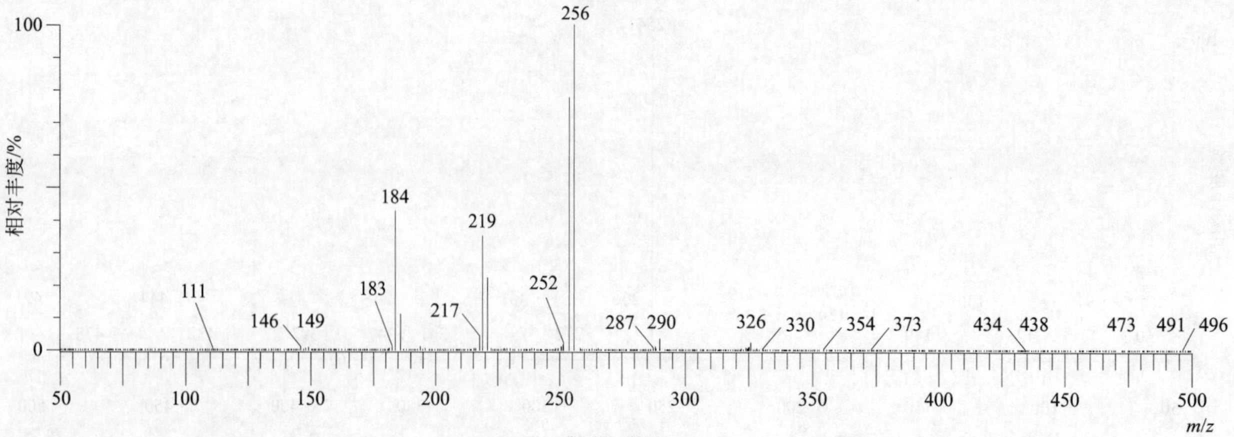

(b) CE=40V

(c) CE=30V

(d) CE=20V

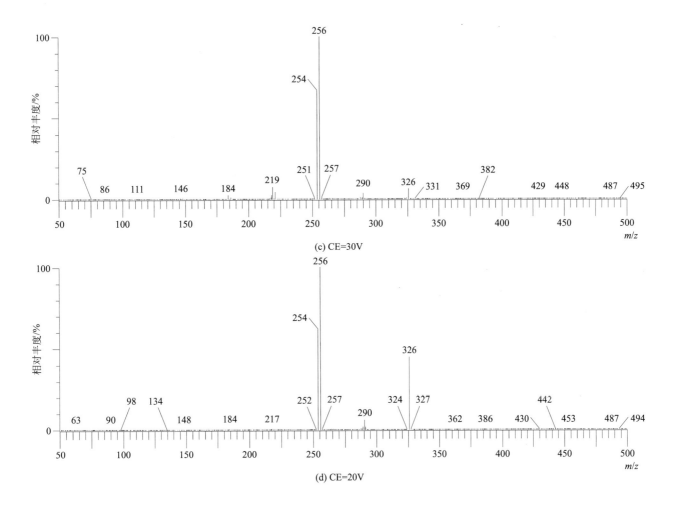

2,3,4,5,6-Pentachlorobiphenyl
（2,3,4,5,6-五氯联苯）

基本信息

CAS 登录号	18259-05-7	分子量	323.9	扫描模式	子离子扫描
分子式	$C_{12}H_5Cl_5$	离子化模式	EI	母离子	328

一级质谱图

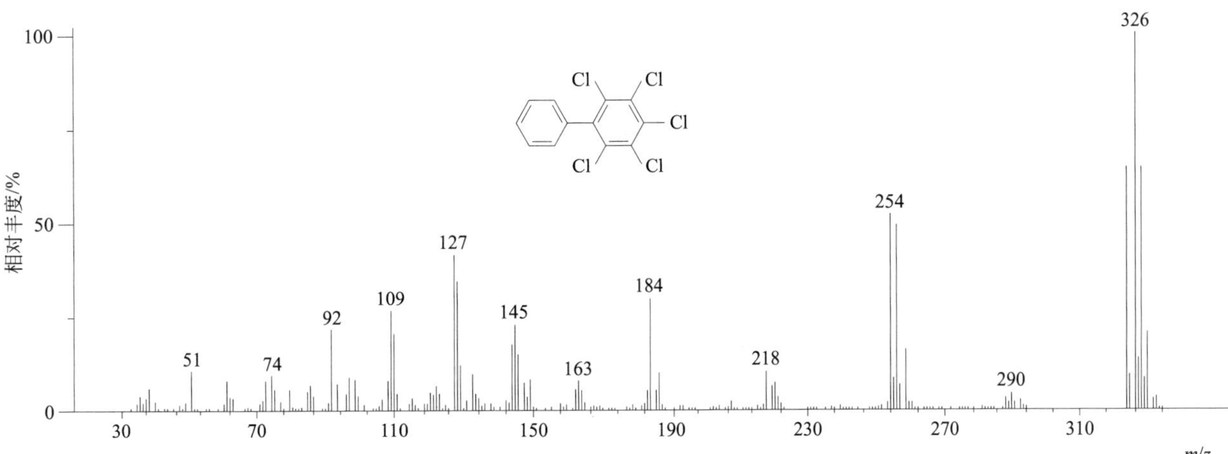

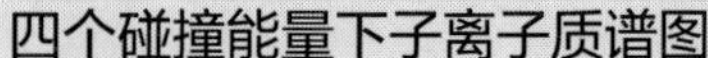

四个碰撞能量下子离子质谱图

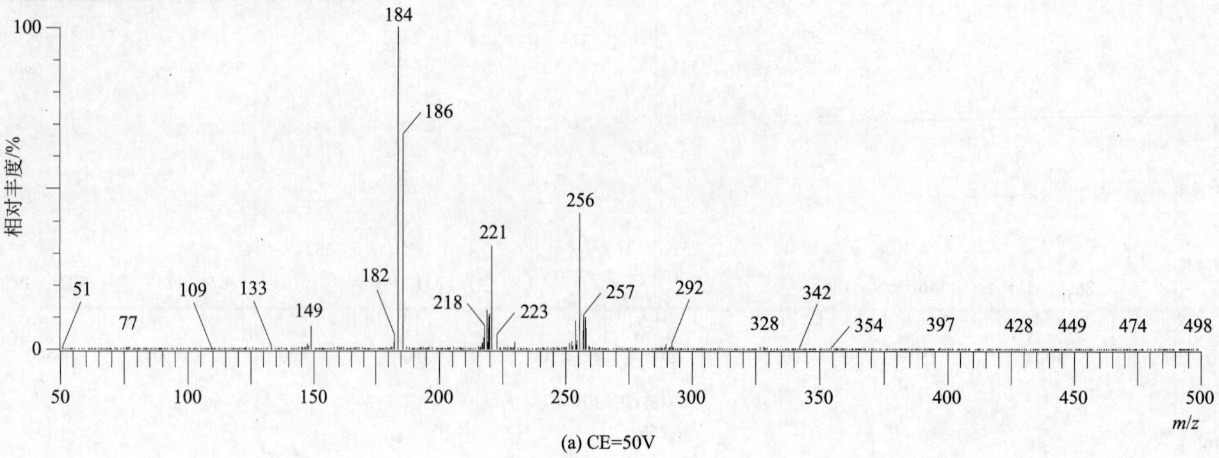

(a) CE=50V

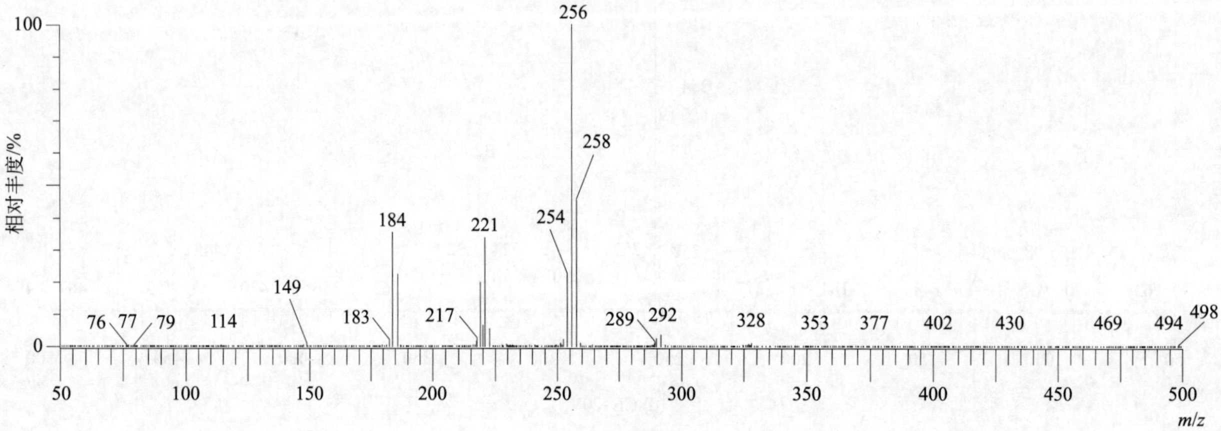

(b) CE=40V

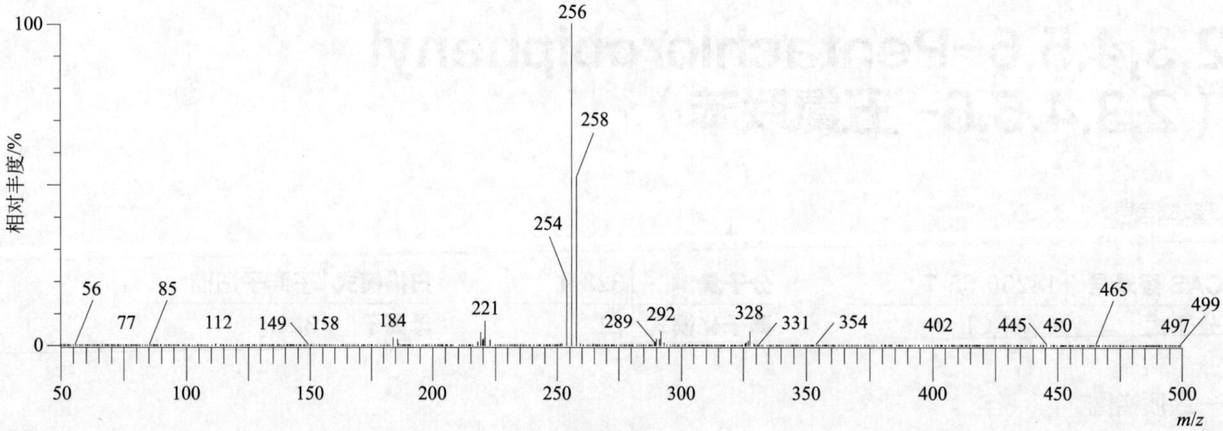

(c) CE=30V

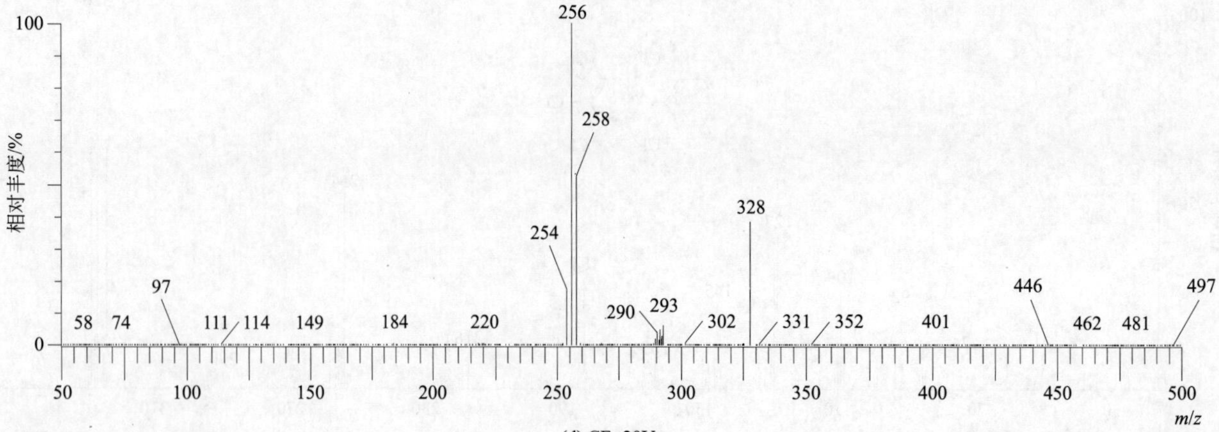

(d) CE=20V

2,3,4′,5,6-Pentachlorobiphenyl
(2,3,4′,5,6-五氯联苯)

基本信息

CAS 登录号	68194-11-6	分子量	323.9	扫描模式	子离子扫描
分子式	$C_{12}H_5Cl_5$	离子化模式	EI	母离子	328

一级质谱图

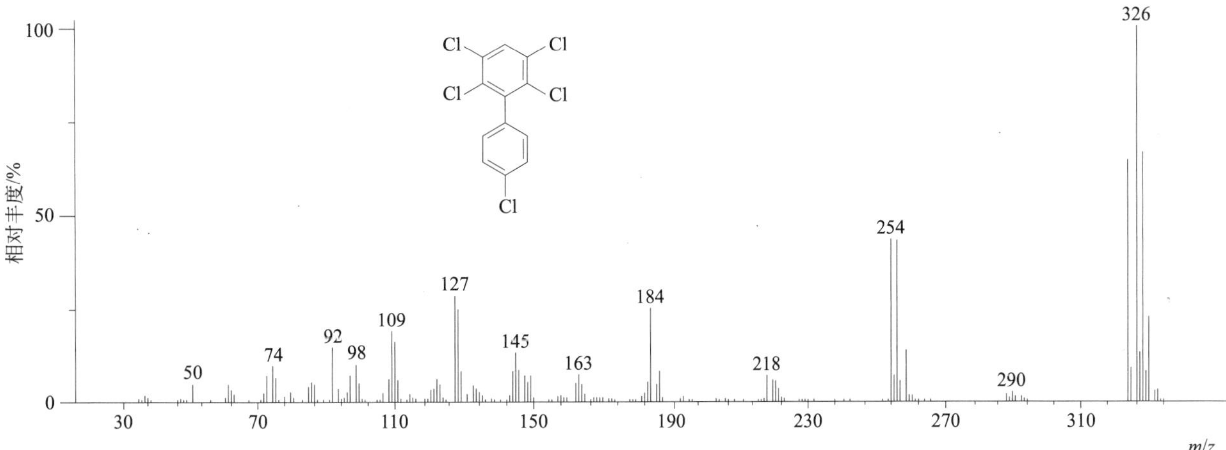

四个碰撞能量下子离子质谱图

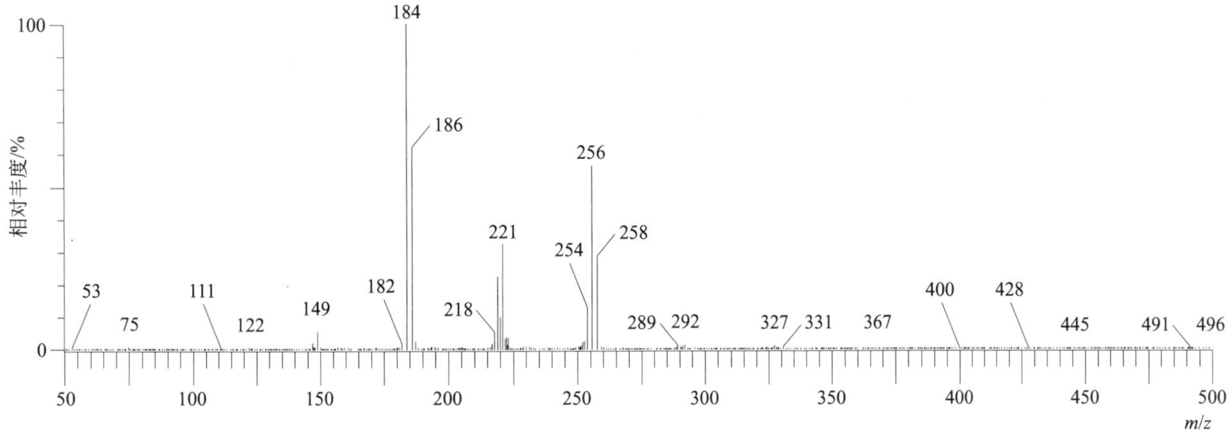

(a) CE=50V

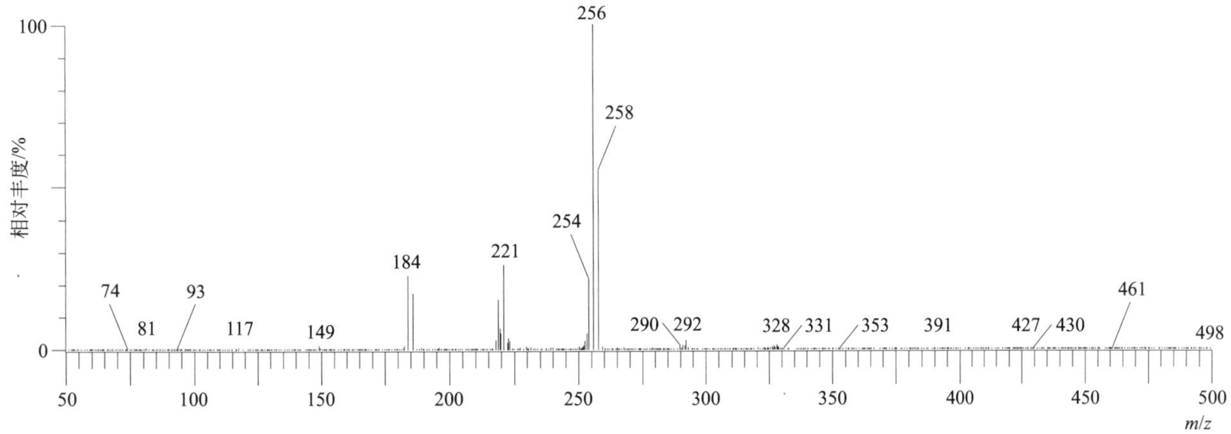

(b) CE=40V

(c) CE=30V

(d) CE=20V

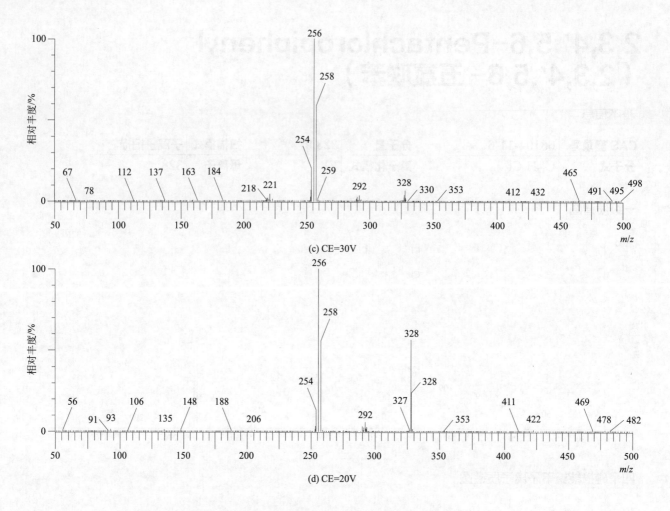

2,3′,4,4′,5-Pentachlorobiphenyl（2,3′,4,4′,5-五氯联苯）

基本信息

CAS 登录号	31508-00-6	**分子量**	323.9	**扫描模式**	子离子扫描
分子式	$C_{12}H_5Cl_5$	**离子化模式**	EI	**母离子**	328

一级质谱图

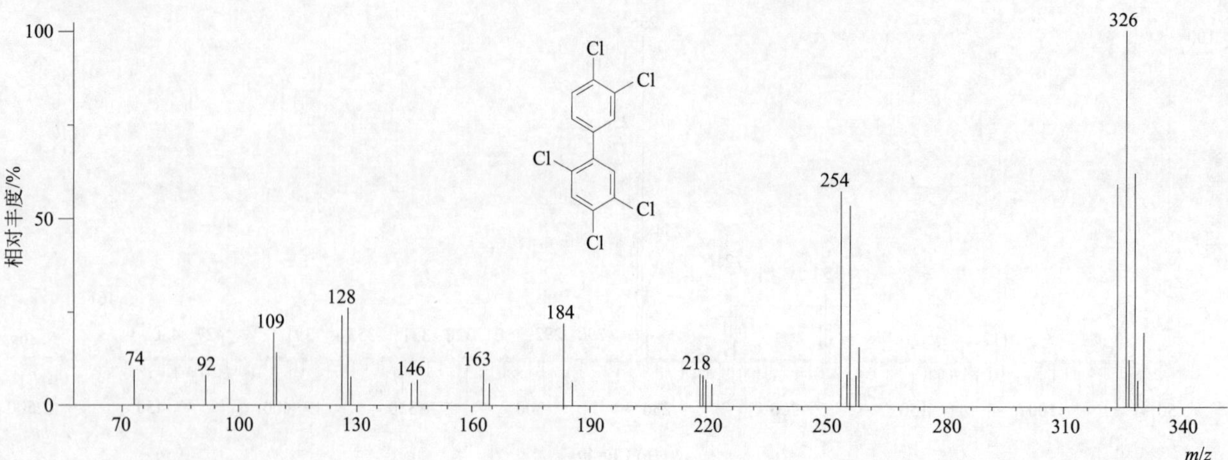

四个碰撞能量下子离子质谱图

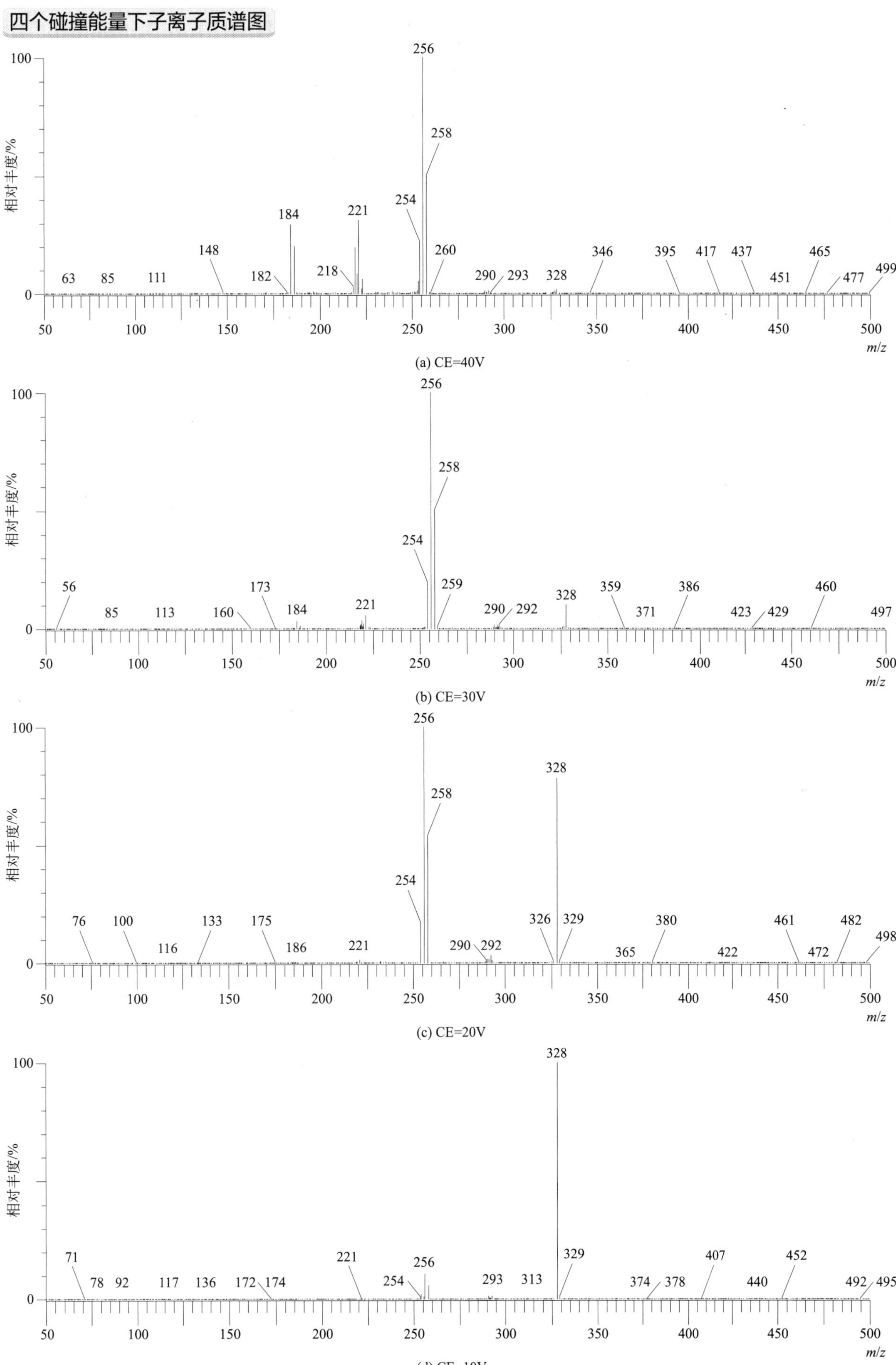

(a) CE=40V

(b) CE=30V

(c) CE=20V

(d) CE=10V

2,3′,4,4′,6-Pentachlorobiphenyl（2,3′,4,4′,6-五氯联苯）

基本信息

CAS 登录号	56558-17-9	分子量	323.9	扫描模式	子离子扫描
分子式	$C_{12}H_5Cl_5$	离子化模式	EI	母离子	254

一级质谱图

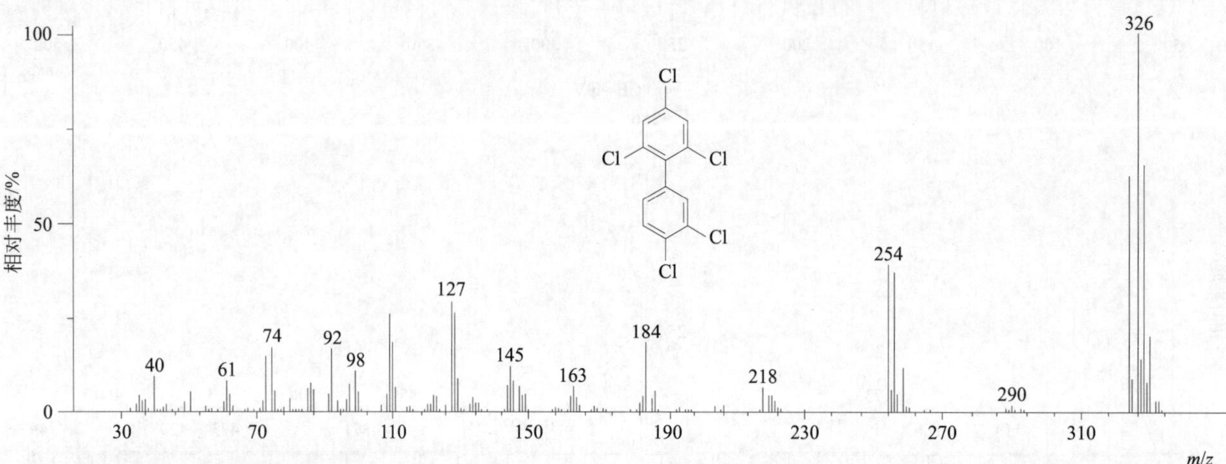

四个碰撞能量下子离子质谱图

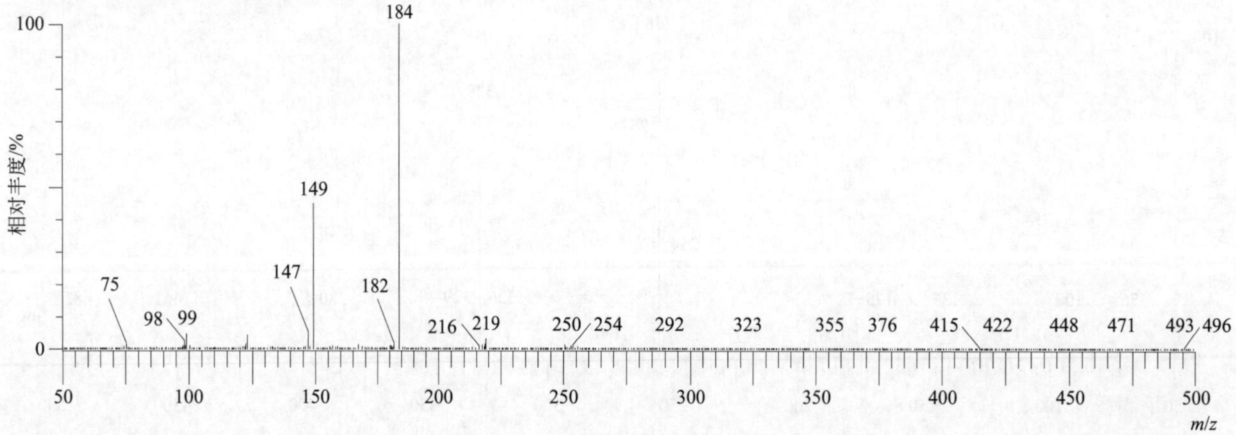

(a) CE=40V

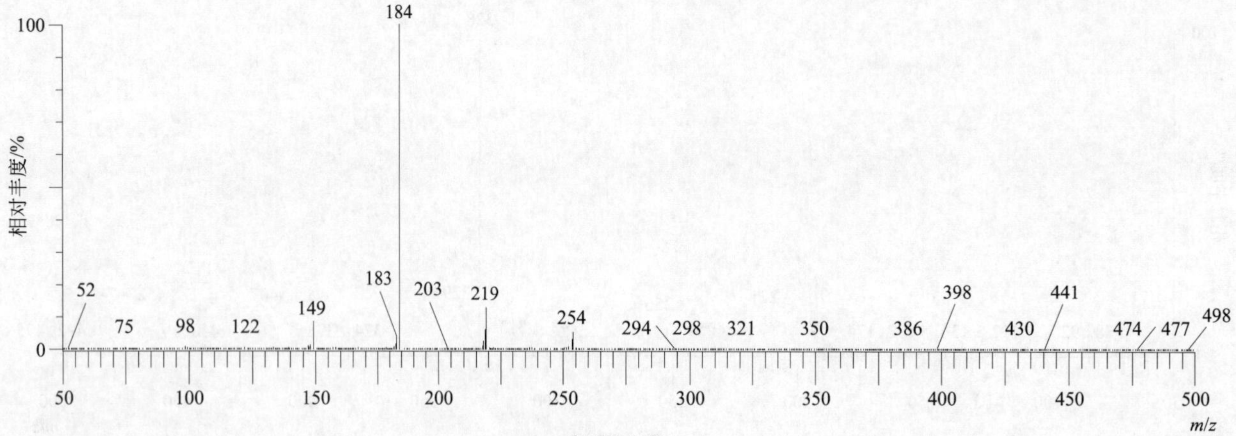

(b) CE=30V

(c) CE=20V

(d) CE=10V

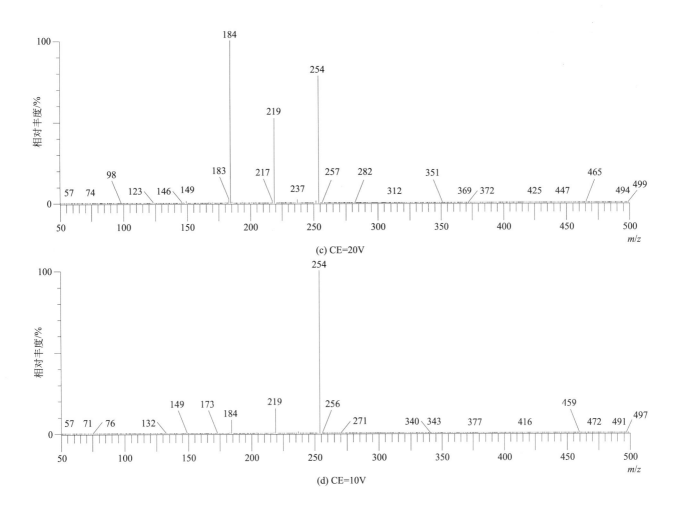

2,3′,4,5,5′-Pentachlorobiphenyl
（2,3′,4,5,5′-五氯联苯）

基本信息

CAS 登录号	68194-12-7	分子量	323.9	扫描模式	子离子扫描
分子式	$C_{12}H_5Cl_5$	离子化模式	EI	母离子	254

一级质谱图

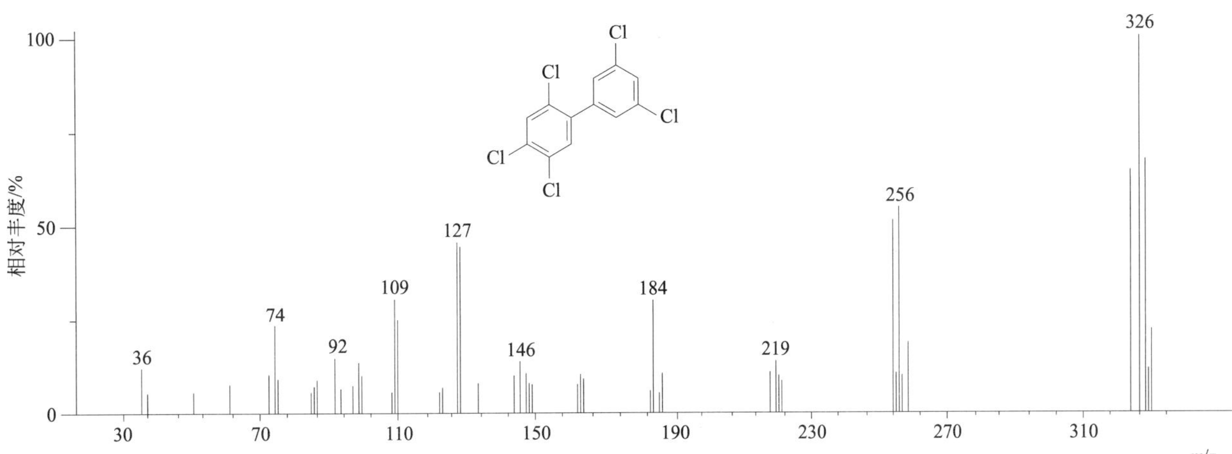

四个碰撞能量下子离子质谱图

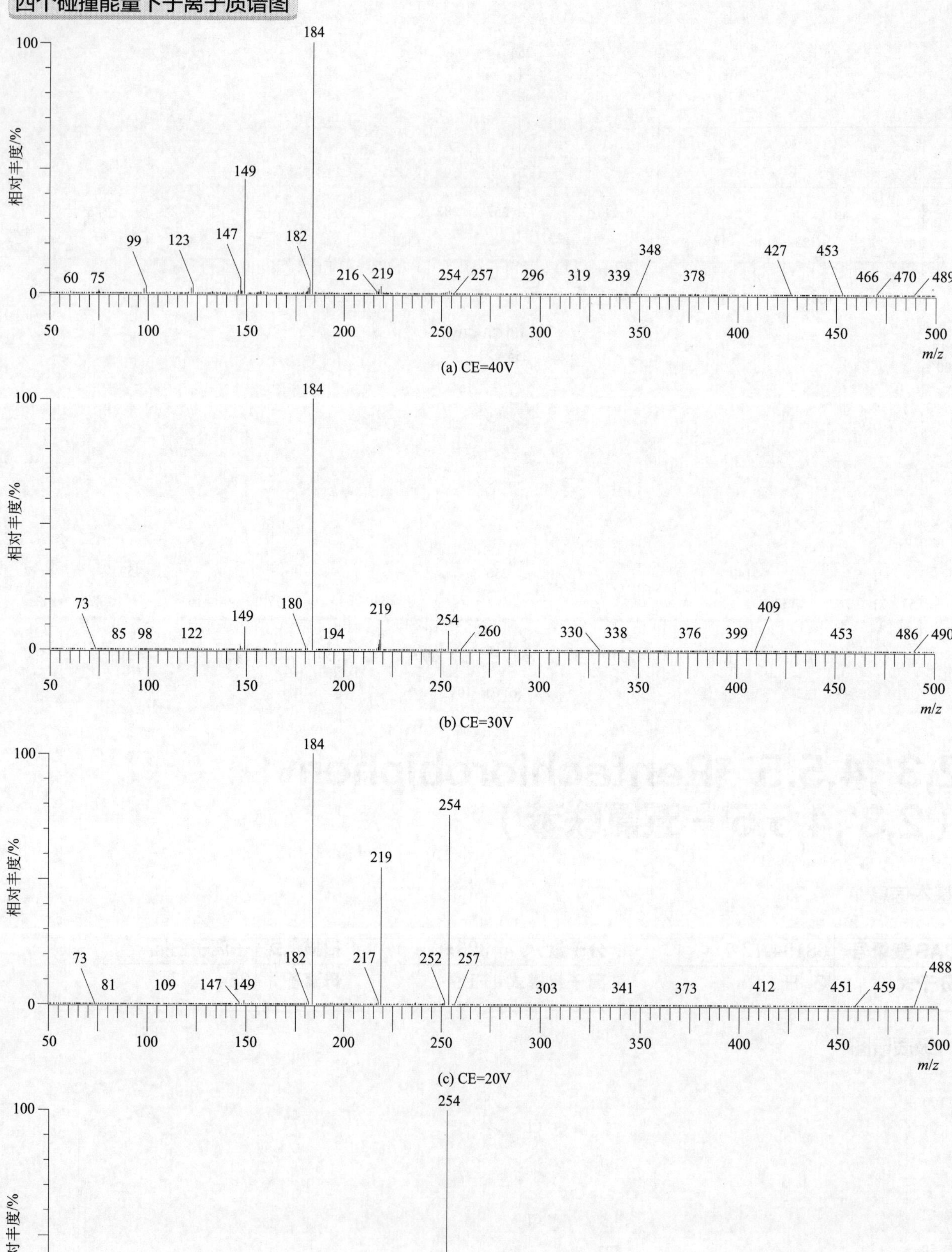

2,3′,4,5′,6-Pentachlorobiphenyl
（2,3′,4,5′,6- 五氯联苯）

基本信息

CAS 登录号	56558-18-0	分子量	323.9	扫描模式	子离子扫描
分子式	$C_{12}H_5Cl_5$	离子化模式	EI	母离子	328

一级质谱图

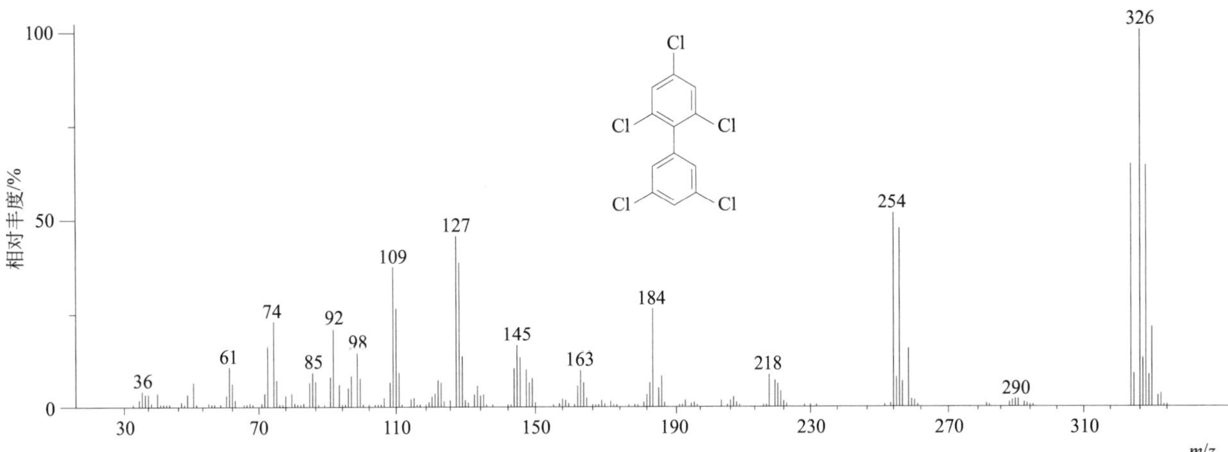

四个碰撞能量下子离子质谱图

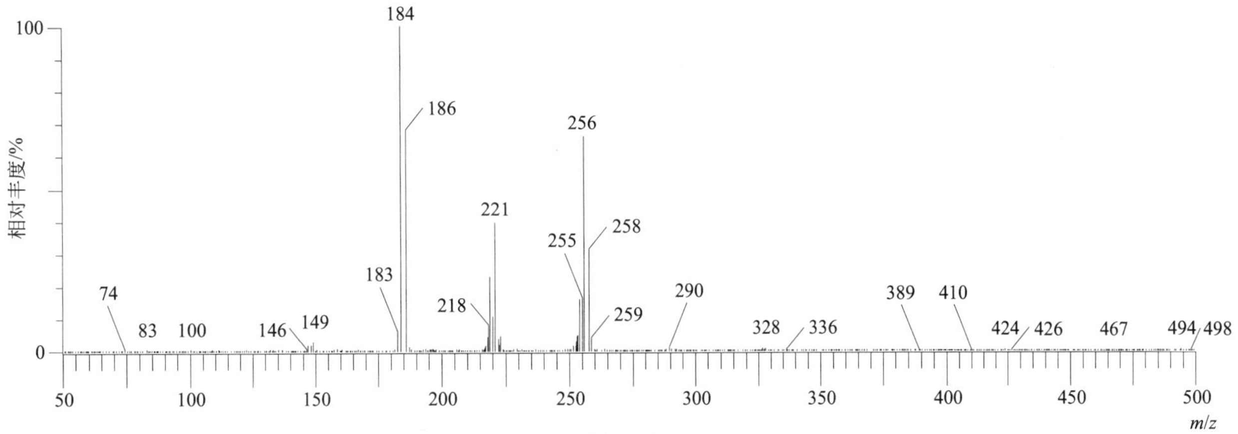

(a) CE=50V

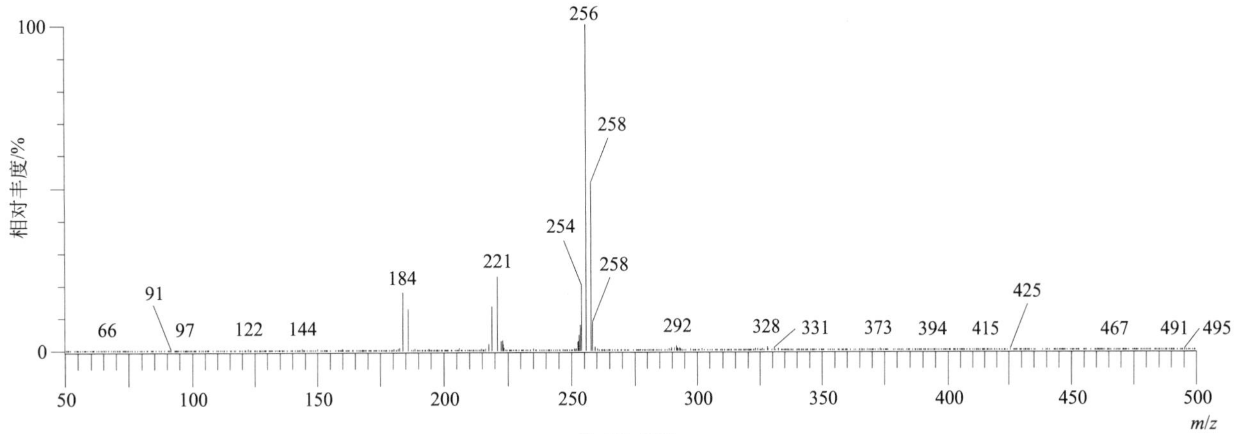

(b) CE=40V

(c) CE=30V

(d) CE=20V

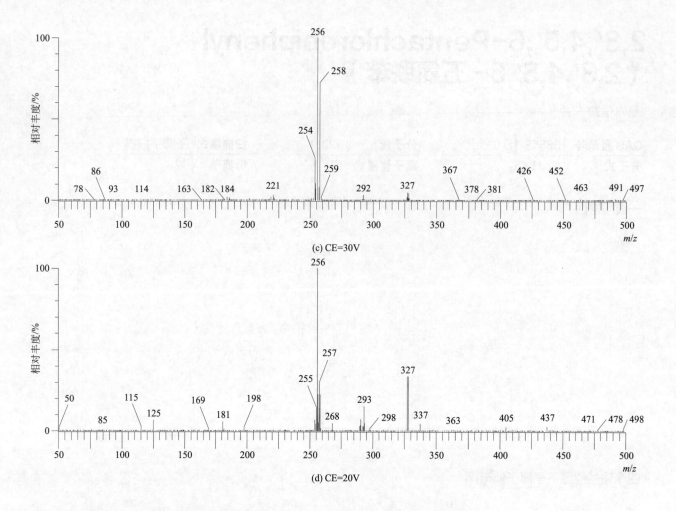

2′,3,3′,4,5-Pentachlorobiphenyl
（2′,3,3′,4,5- 五氯联苯）

基本信息

CAS 登录号	76842-07-4	分子量	323.9	扫描模式	子离子扫描
分子式	$C_{12}H_5Cl_5$	离子化模式	EI	母离子	326

一级质谱图

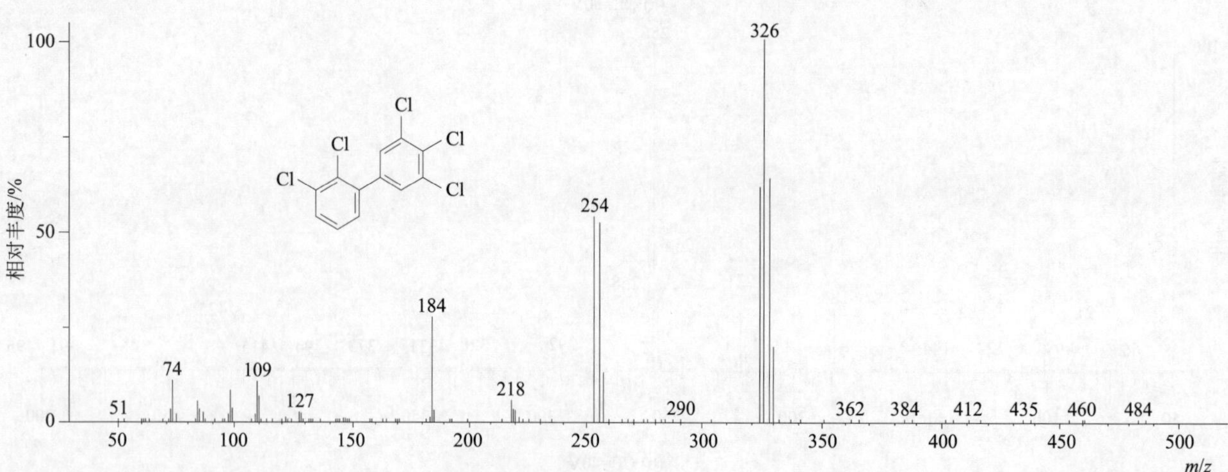

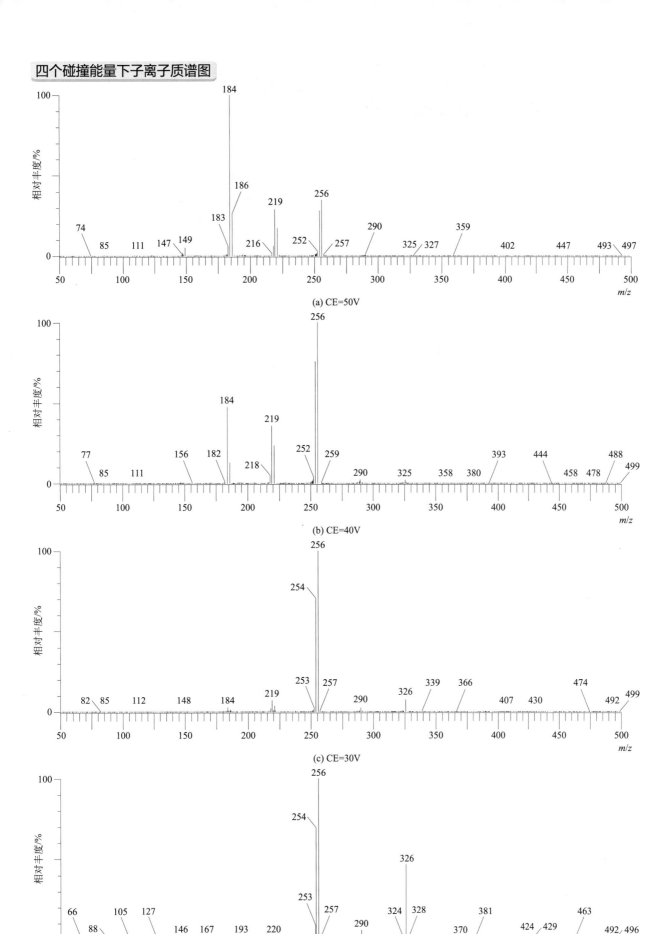

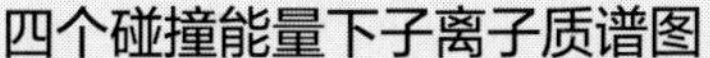

四个碰撞能量下子离子质谱图

(a) CE=50V

(b) CE=40V

(c) CE=30V

(d) CE=20V

2′,3,4,4′,5-Pentachlorobiphenyl
（2′,3,4,4′,5- 五氯联苯）

基本信息

CAS 登录号	65510-44-3	分子量	323.9	扫描模式	子离子扫描
分子式	$C_{12}H_5Cl_5$	离子化模式	EI	母离子	328

一级质谱图

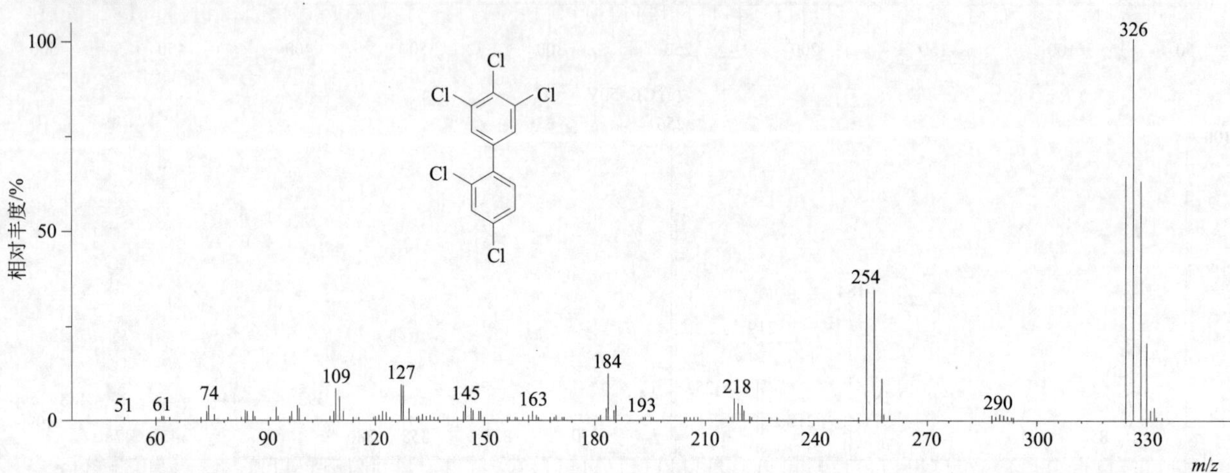

四个碰撞能量下子离子质谱图

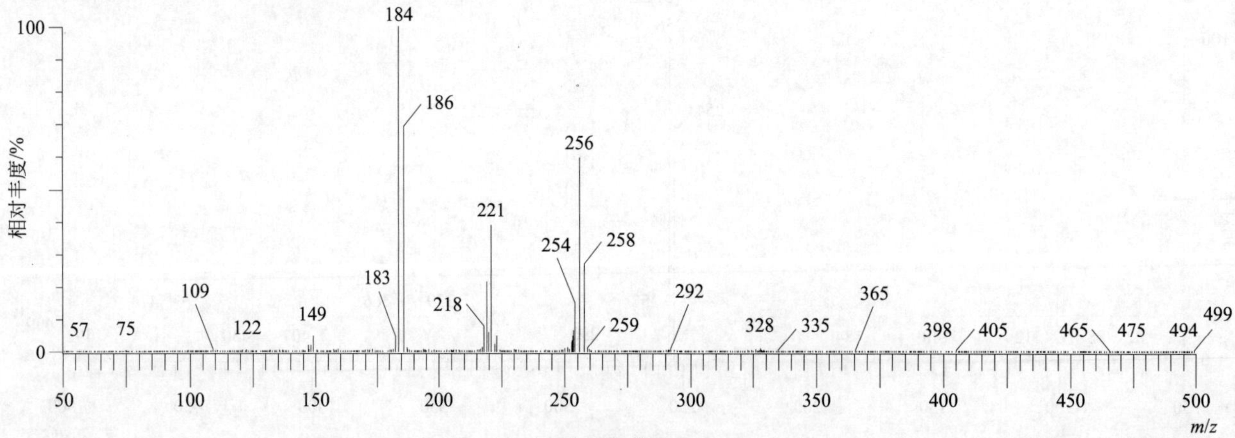

(a) CE=50V

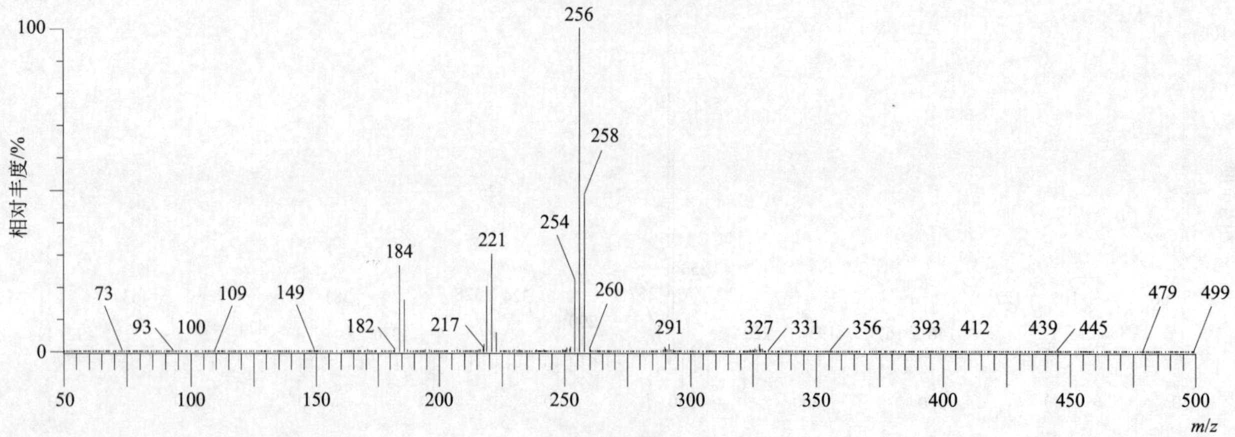

(b) CE=40V

(c) CE=30V

(d) CE=20V

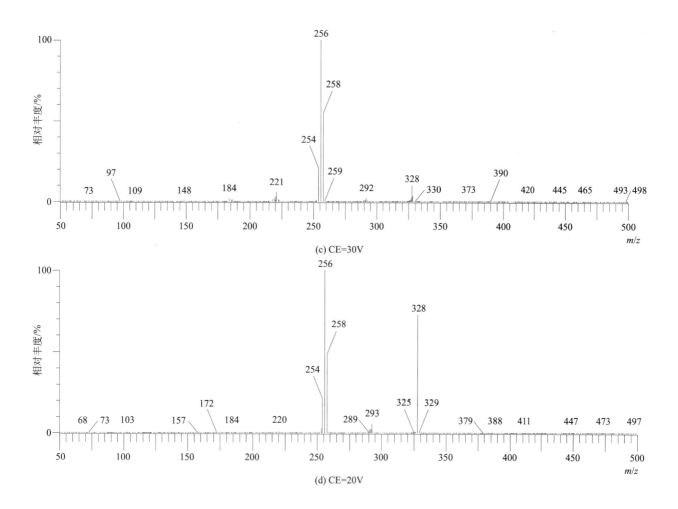

2′,3,4,5,5′-Pentachlorobiphenyl (2′,3,4,5,5′-五氯联苯)

基本信息

CAS 登录号	70424-70-3	**分子量**	323.9	**扫描模式**	子离子扫描
分子式	$C_{12}H_5Cl_5$	**离子化模式**	EI	**母离子**	326

一级质谱图

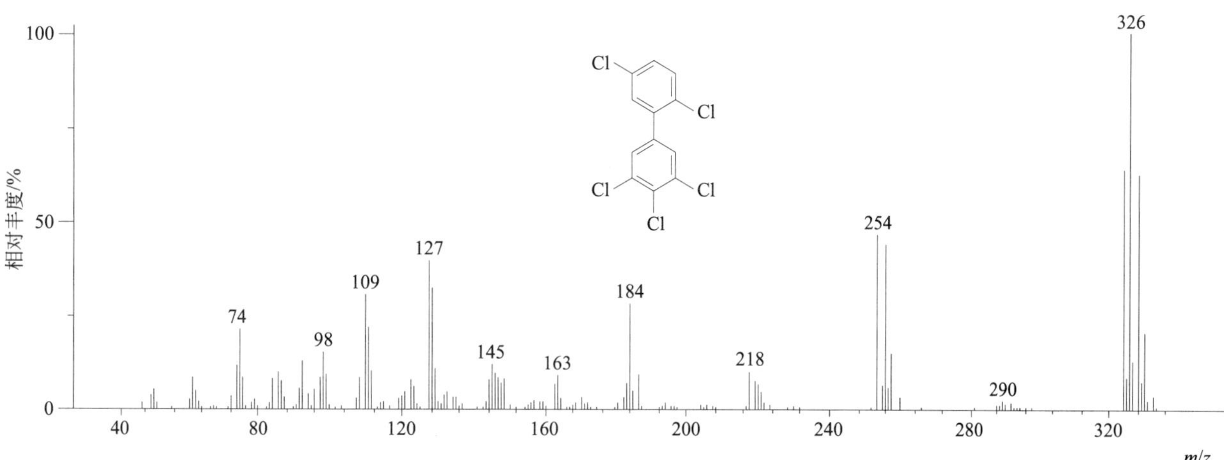

四个碰撞能量下子离子质谱图

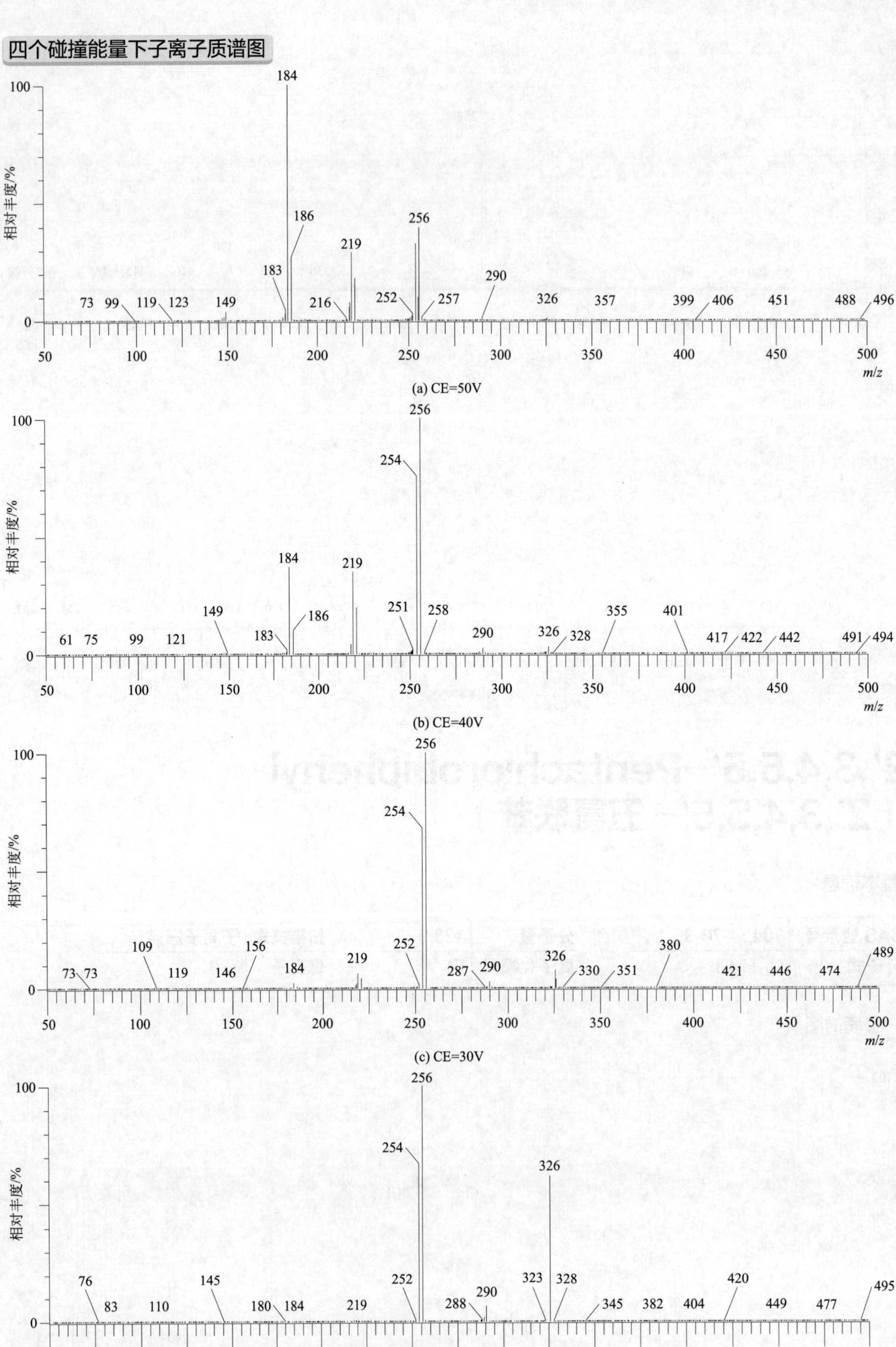

2′,3,4,5,6′-Pentachlorobiphenyl（2′,3,4,5,6′-五氯联苯）

基本信息

CAS 登录号	74472-39-2	分子量	323.9	扫描模式	子离子扫描
分子式	$C_{12}H_5Cl_5$	离子化模式	EI	母离子	254

一级质谱图

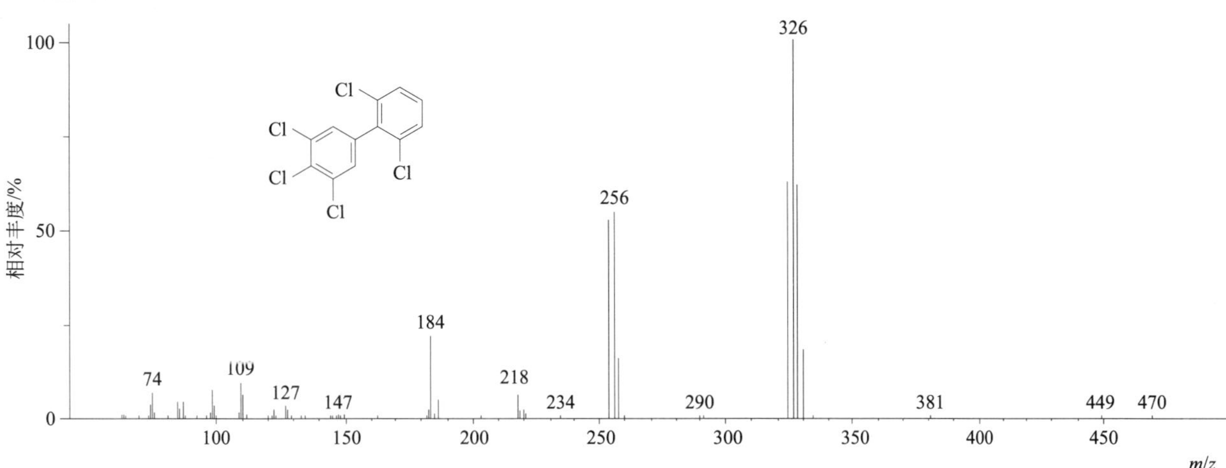

四个碰撞能量下子离子质谱图

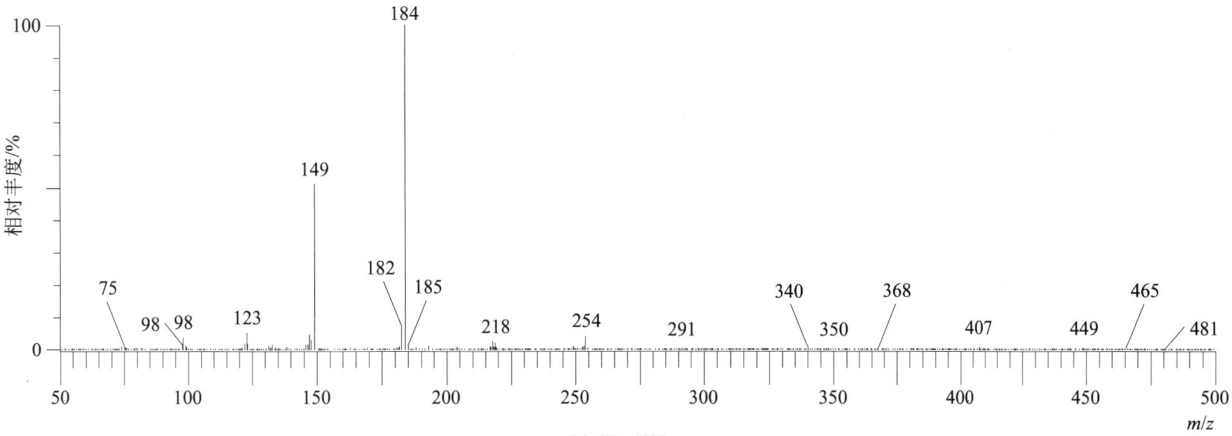

(a) CE=40V

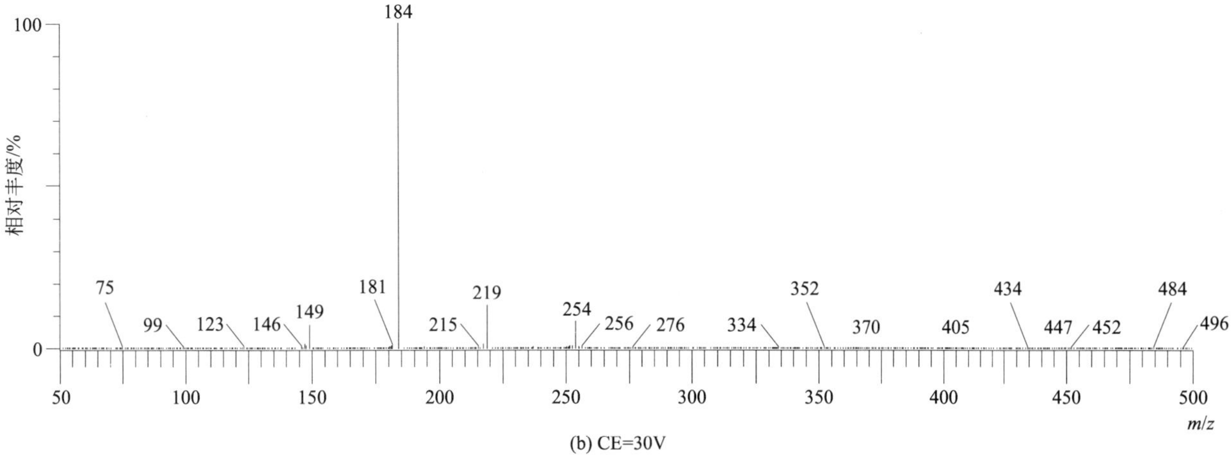

(b) CE=30V

(c) CE=20V

(d) CE=10V

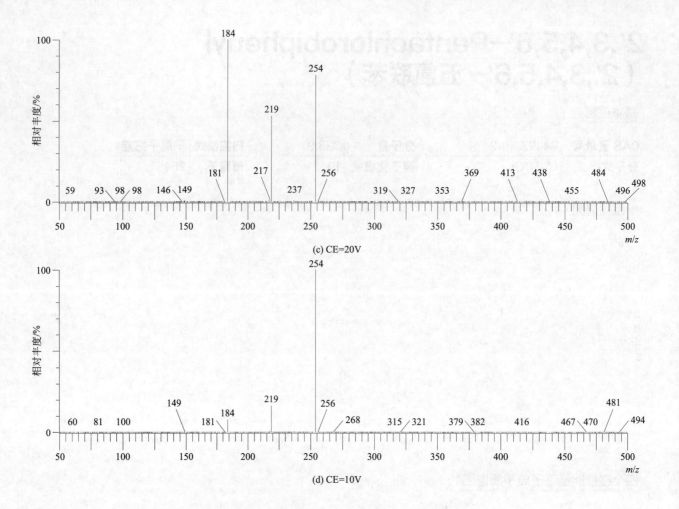

3,3′,4,4′,5-Pentachlorobiphenyl（3,3′,4,4′,5-五氯联苯）

基本信息

CAS 登录号	57465-28-8	分子量	323.9	扫描模式	子离子扫描
分子式	$C_{12}H_5Cl_5$	离子化模式	EI	母离子	254

一级质谱图

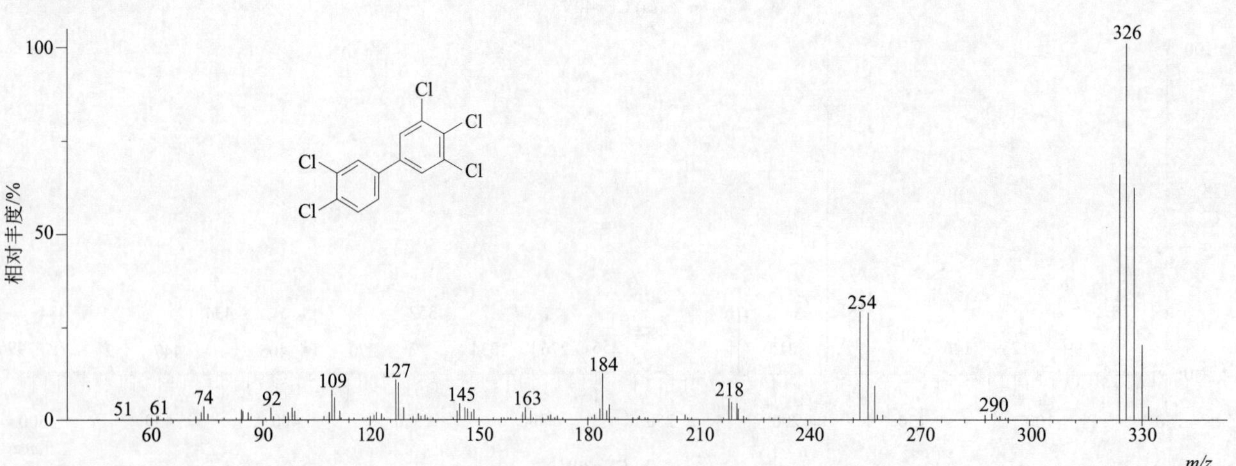

四个碰撞能量下子离子质谱图

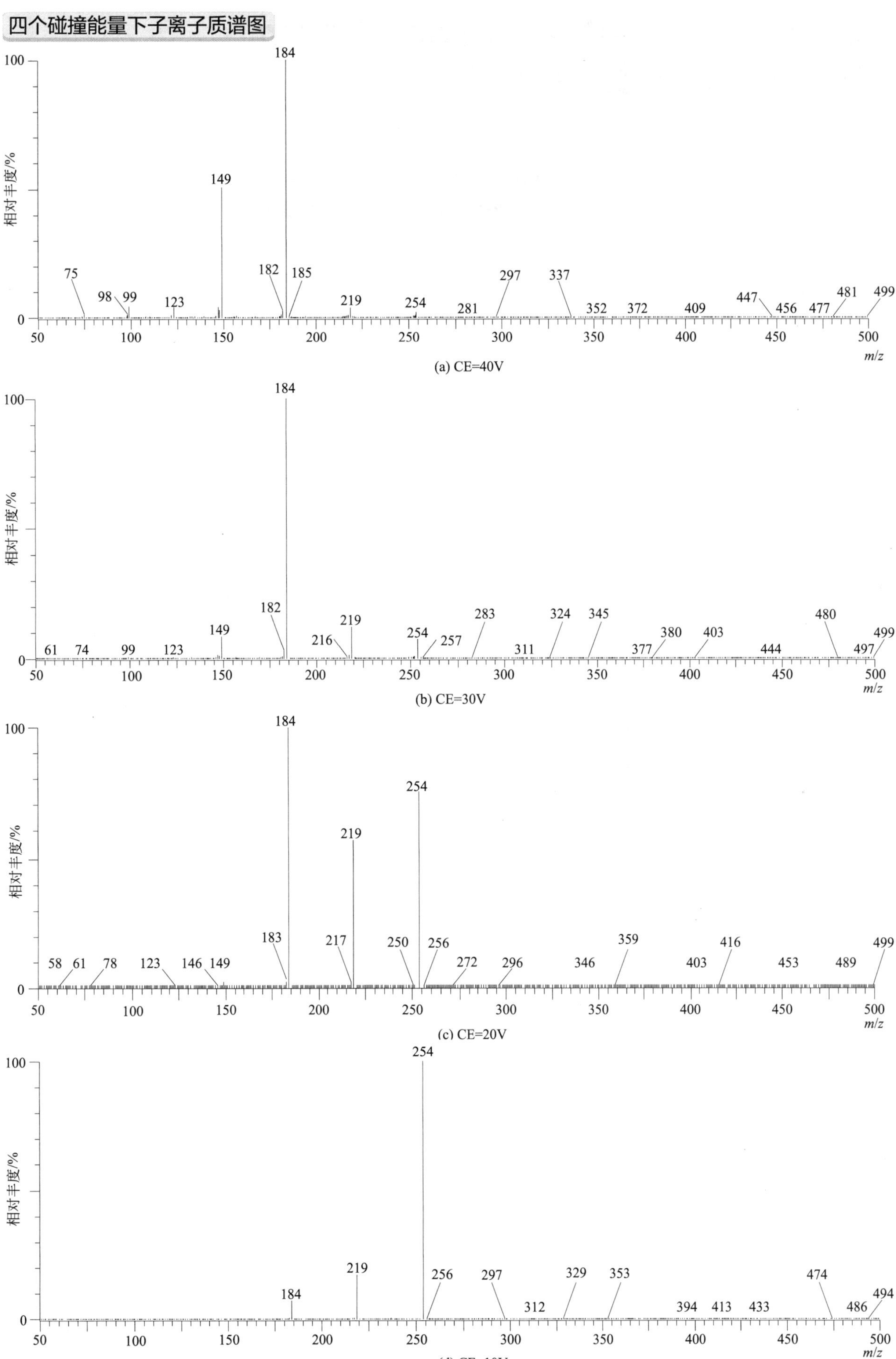

3,3′,4,5,5′-Pentachlorobiphenyl
（3,3′,4,5,5′-五氯联苯）

基本信息

CAS 登录号	39635-33-1	分子量	323.9	扫描模式	子离子扫描
分子式	$C_{12}H_5Cl_5$	离子化模式	EI	母离子	326

一级质谱图

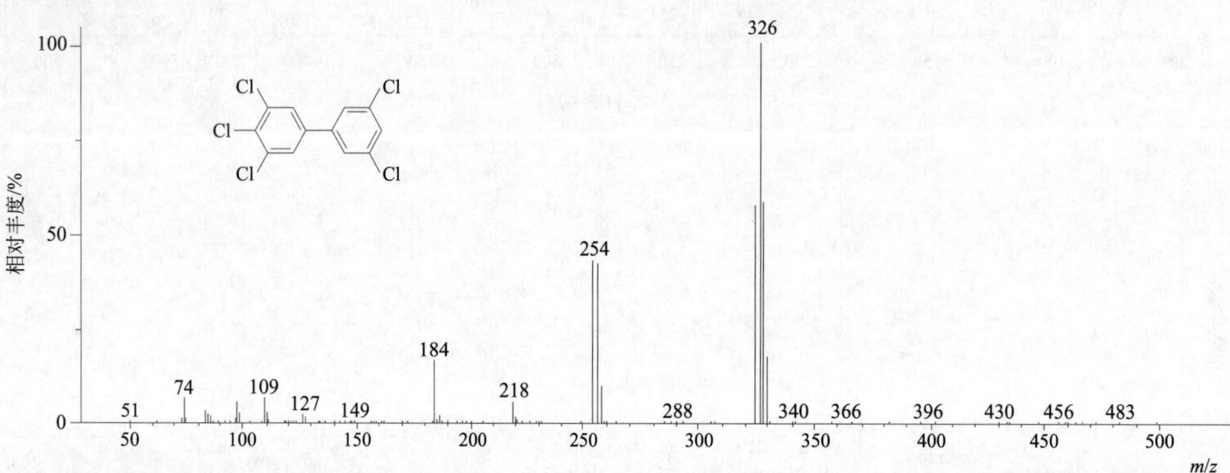

四个碰撞能量下子离子质谱图

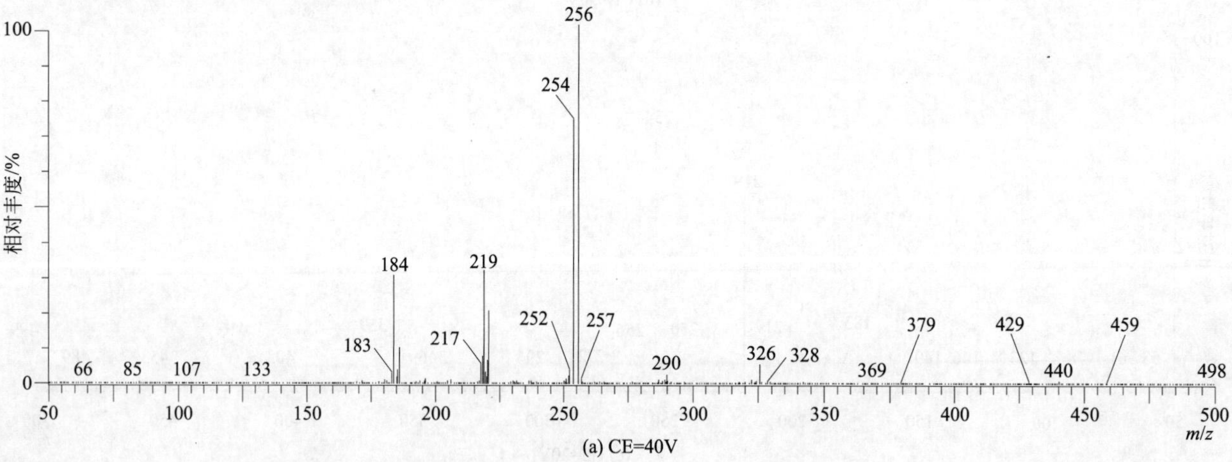

(a) CE=40V

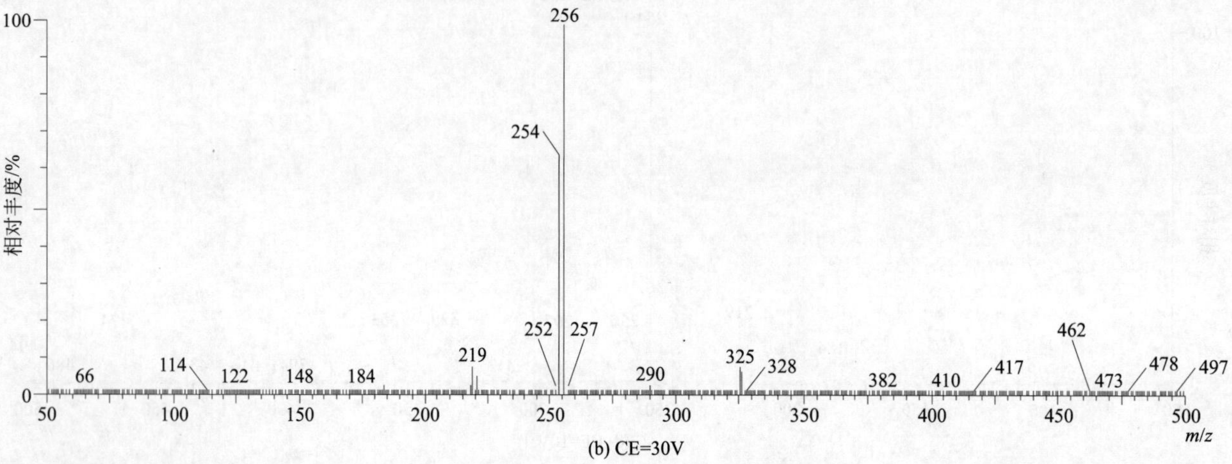

(b) CE=30V

(c) CE=20V

(d) CE=10V

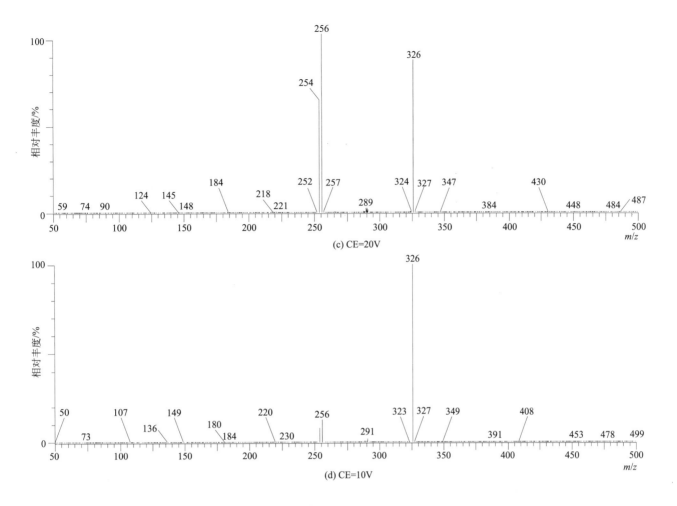

2,2′,3,3′,4,4′-Hexachlorobiphenyl（2,2′,3,3′,4,4′-六氯联苯）

基本信息

CAS 登录号	38380-07-3	分子量	357.8	扫描模式	子离子扫描
分子式	$C_{12}H_4Cl_6$	离子化模式	EI	母离子	325

一级质谱图

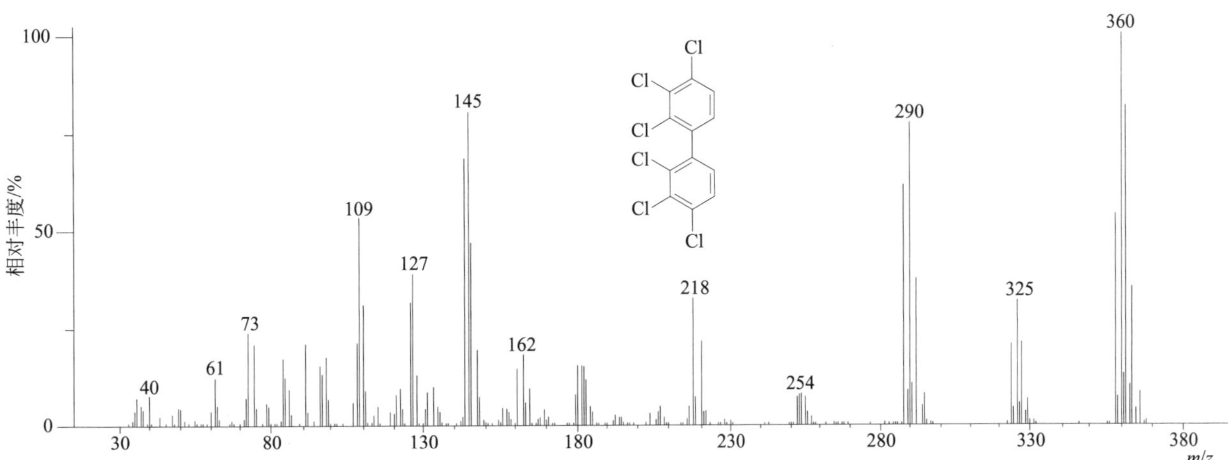

四个碰撞能量下子离子质谱图

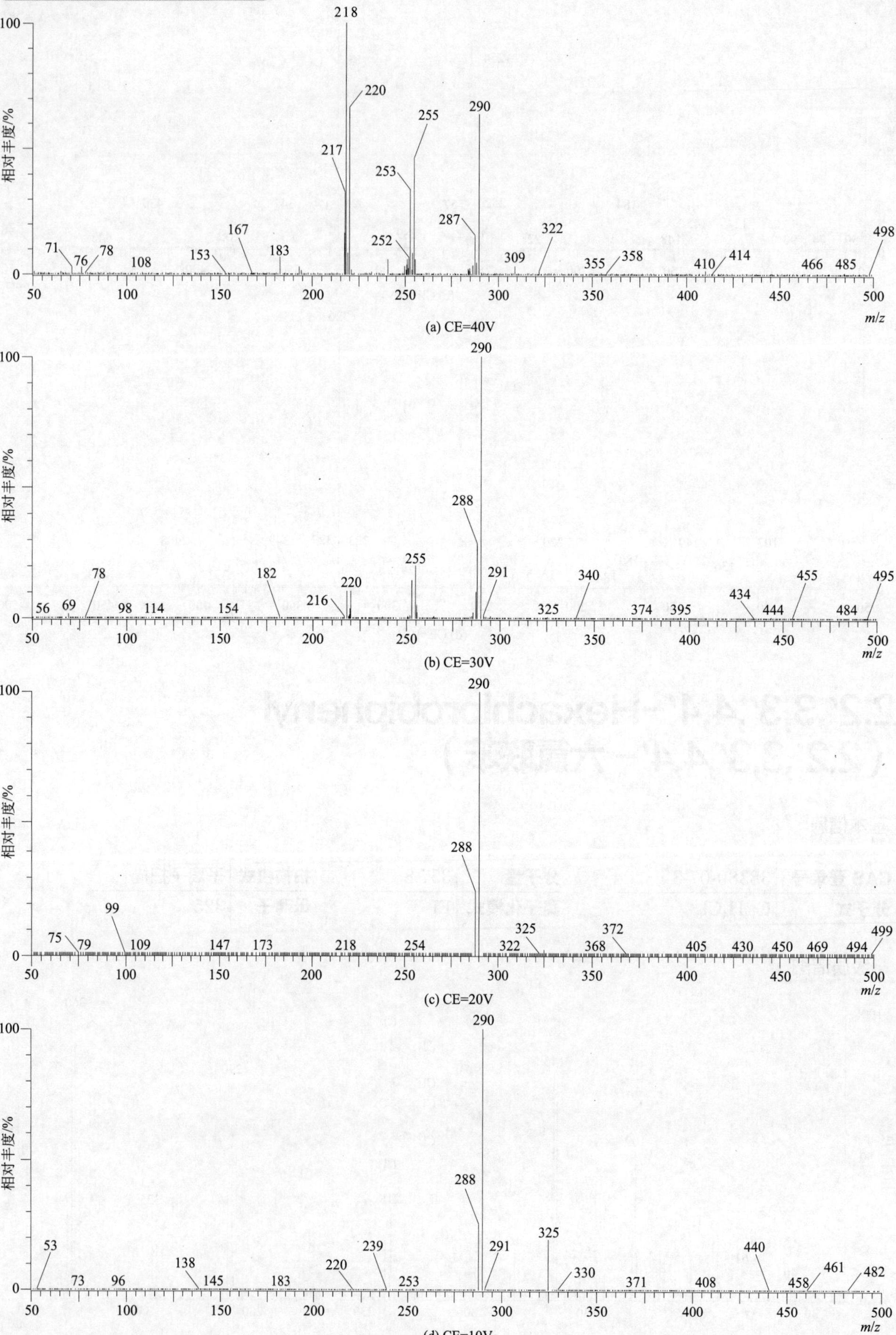

(a) CE=40V

(b) CE=30V

(c) CE=20V

(d) CE=10V

2,2′,3,3′,4,5-Hexachlorobiphenyl
（2,2′,3,3′,4,5- 六氯联苯）

基本信息

CAS 登录号	55215-18-4	分子量	357.8	扫描模式	子离子扫描
分子式	$C_{12}H_4Cl_6$	离子化模式	EI	母离子	325

一级质谱图

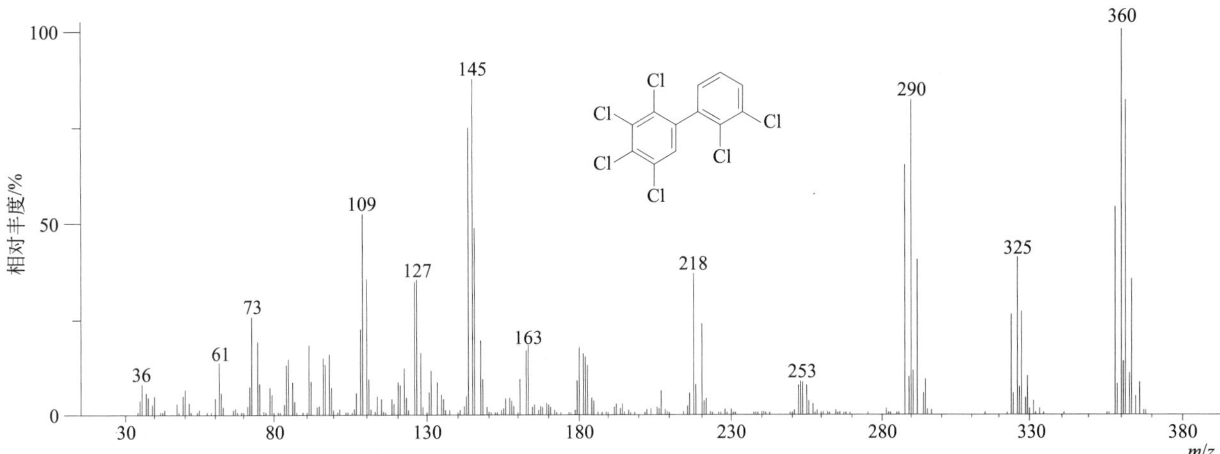

四个碰撞能量下子离子质谱图

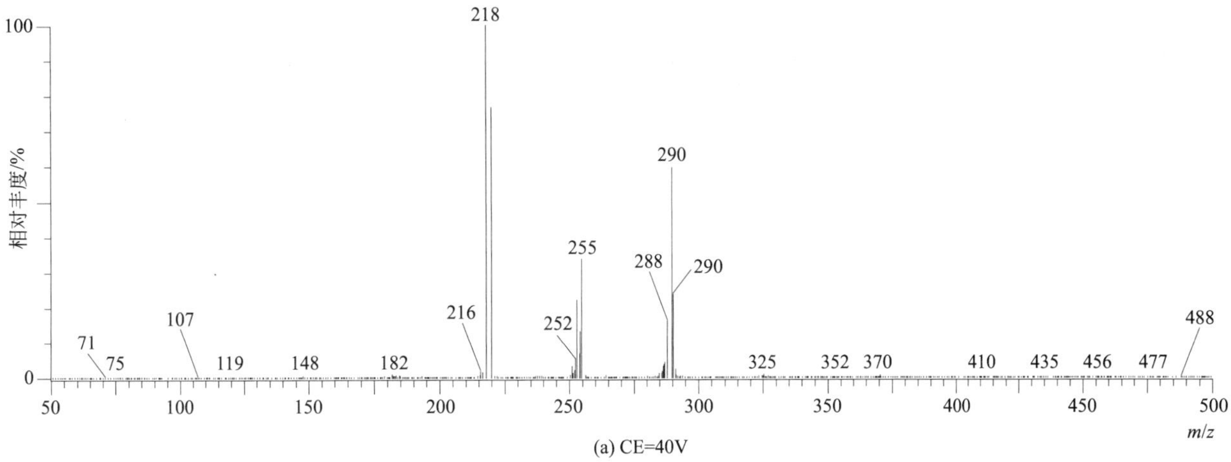

(a) CE=40V

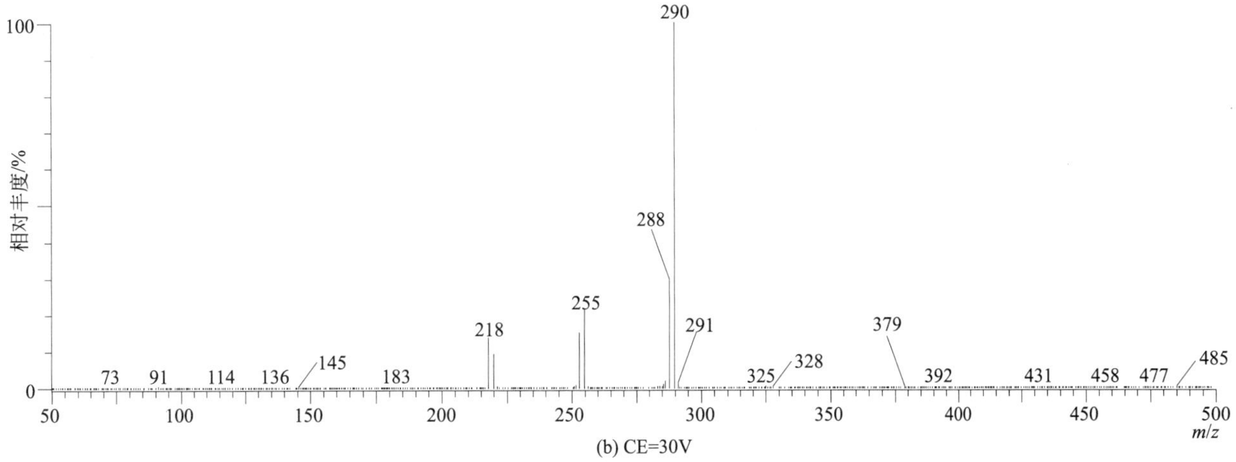

(b) CE=30V

(c) CE=20V

(d) CE=10V

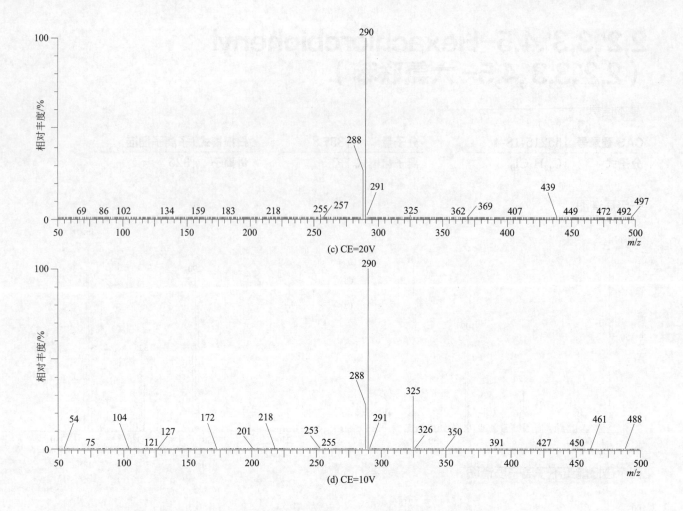

2,2′,3,3′,4,5′-Hexachlorobiphenyl（2,2′,3,3′,4,5′-六氯联苯）

基本信息

CAS 登录号	52663-66-8	**分子量**	357.8	**扫描模式**	子离子扫描
分子式	$C_{12}H_4Cl_6$	**离子化模式**	EI	**母离子**	358

一级质谱图

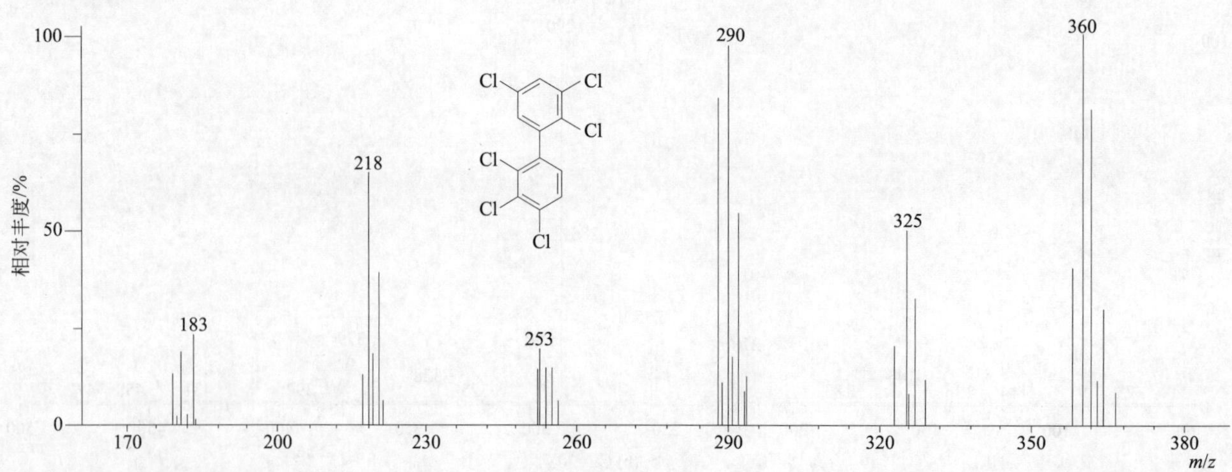

四个碰撞能量下子离子质谱图

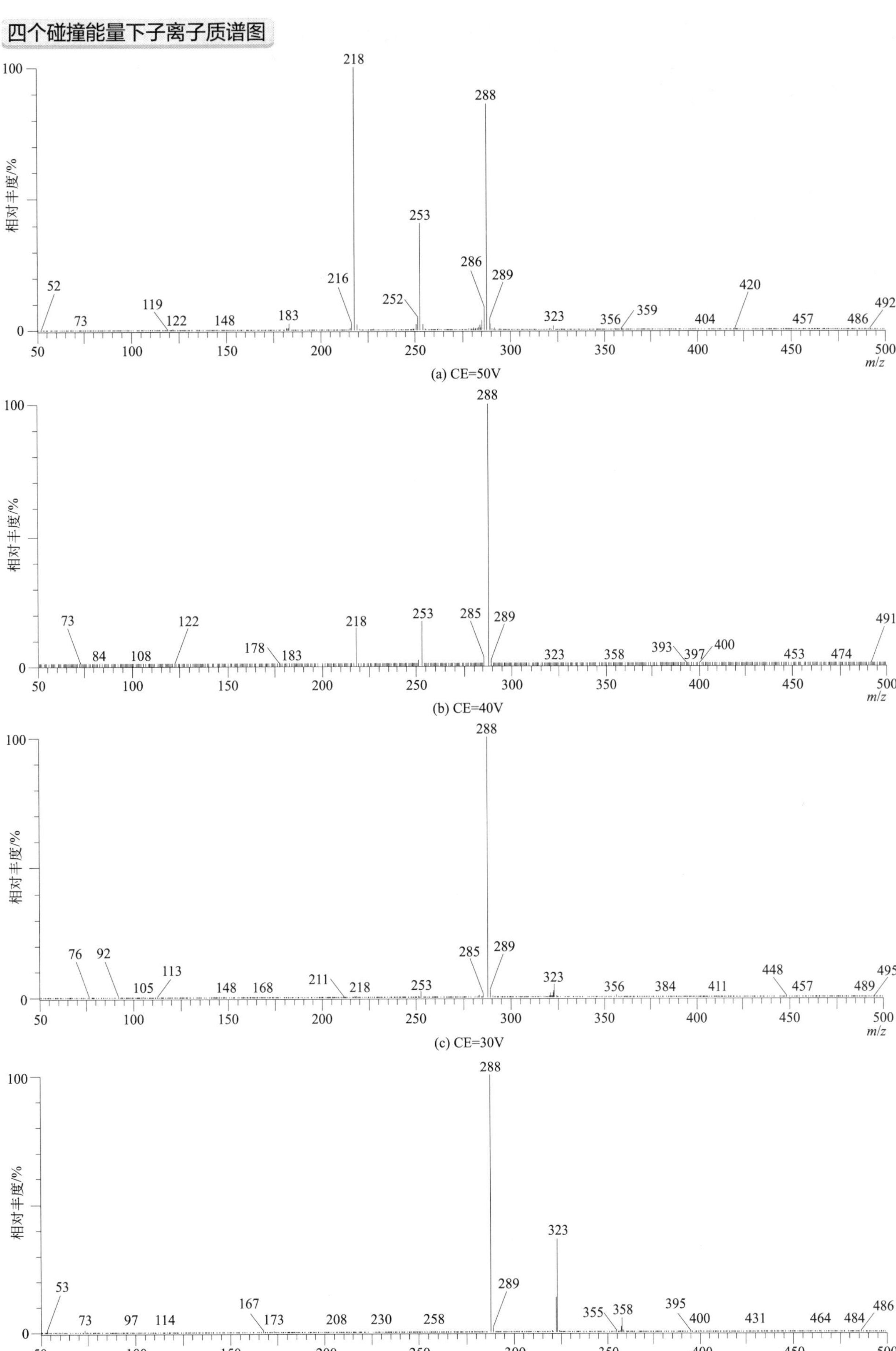

(a) CE=50V

(b) CE=40V

(c) CE=30V

(d) CE=20V

2,2′,3,3′,4,6-Hexachlorobiphenyl
（2,2′,3,3′,4,6-六氯联苯）

基本信息

CAS 登录号	61798-70-7	分子量	357.8	扫描模式	子离子扫描
分子式	$C_{12}H_4Cl_6$	离子化模式	EI	母离子	360

一级质谱图

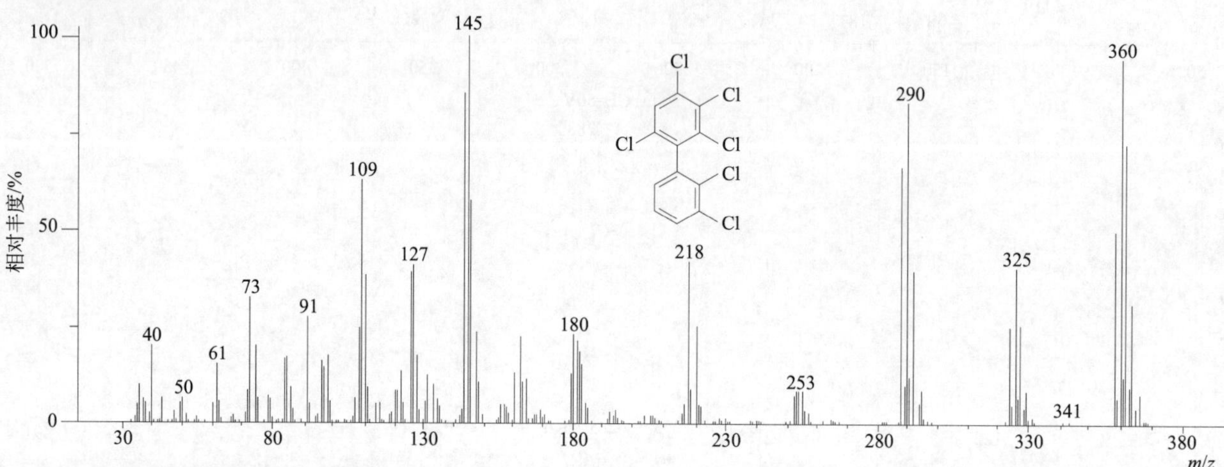

四个碰撞能量下子离子质谱图

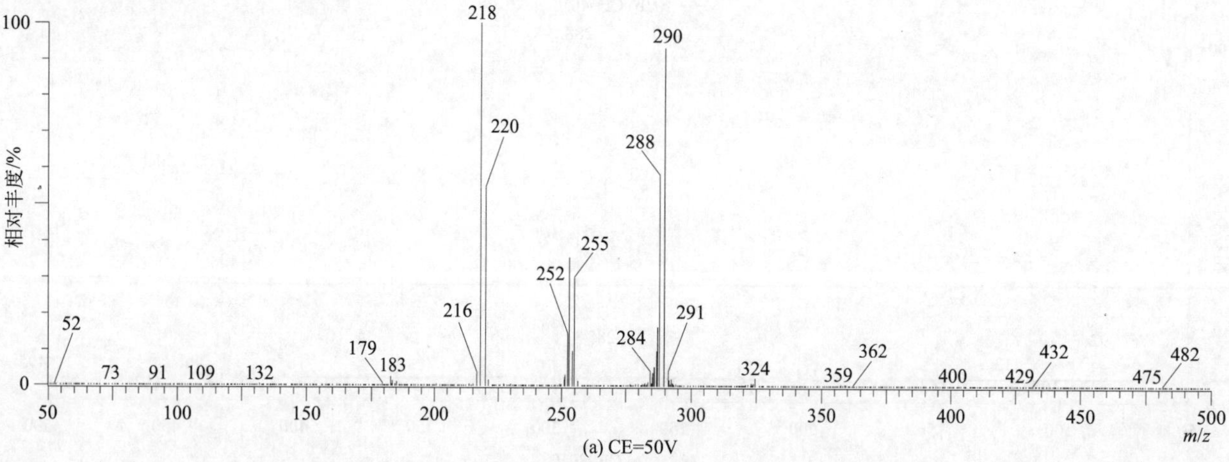

(a) CE=50V

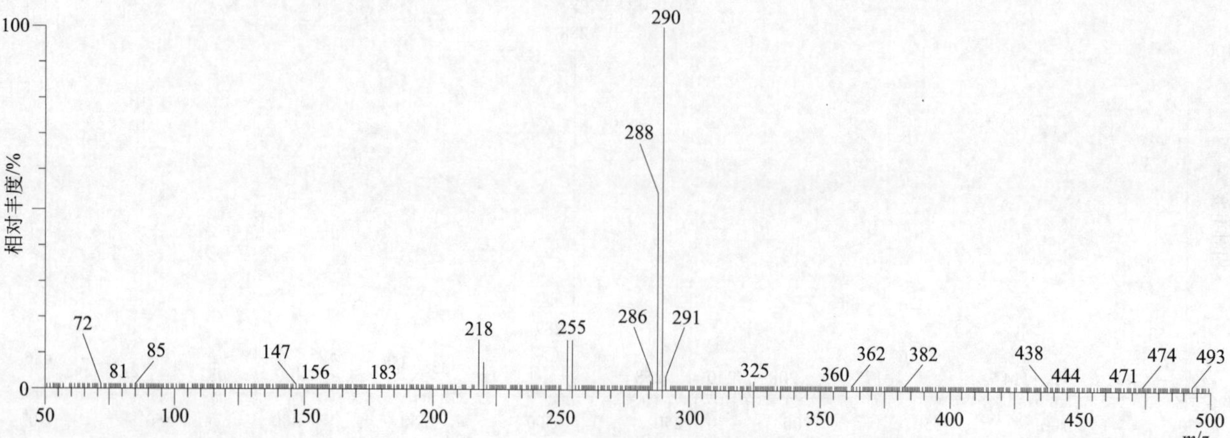

(b) CE=40V

(c) CE=30V

(d) CE=20V

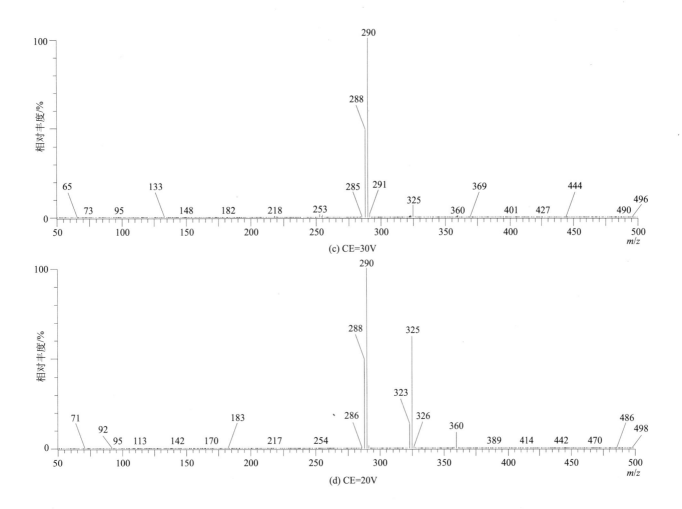

2,2′,3,3′,4,6′-Hexachlorobiphenyl（2,2′,3,3′,4,6′-六氯联苯）

基本信息

CAS 登录号	38380-05-1	分子量	357.8	扫描模式	子离子扫描
分子式	$C_{12}H_4Cl_6$	离子化模式	EI	母离子	362

一级质谱图

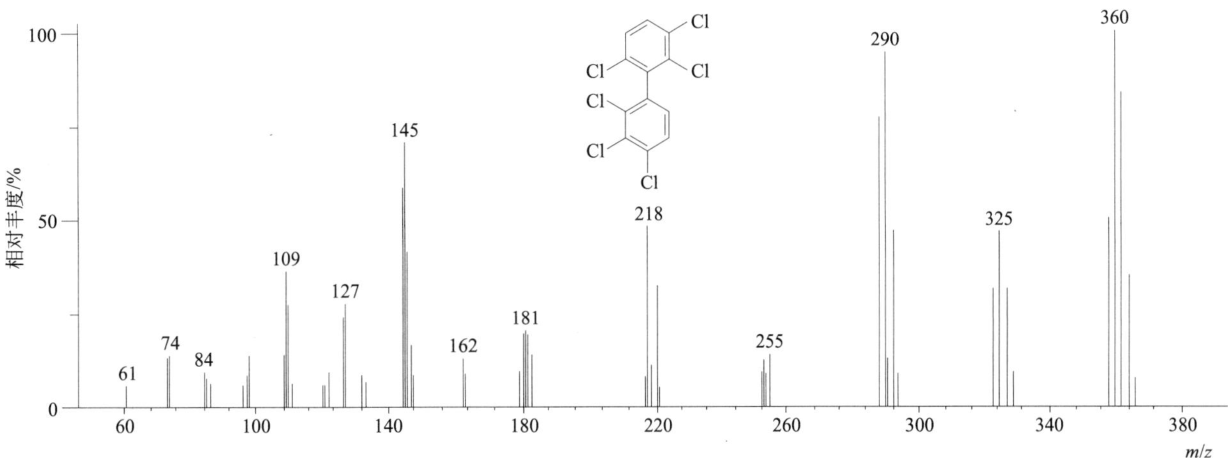

四个碰撞能量下子离子质谱图

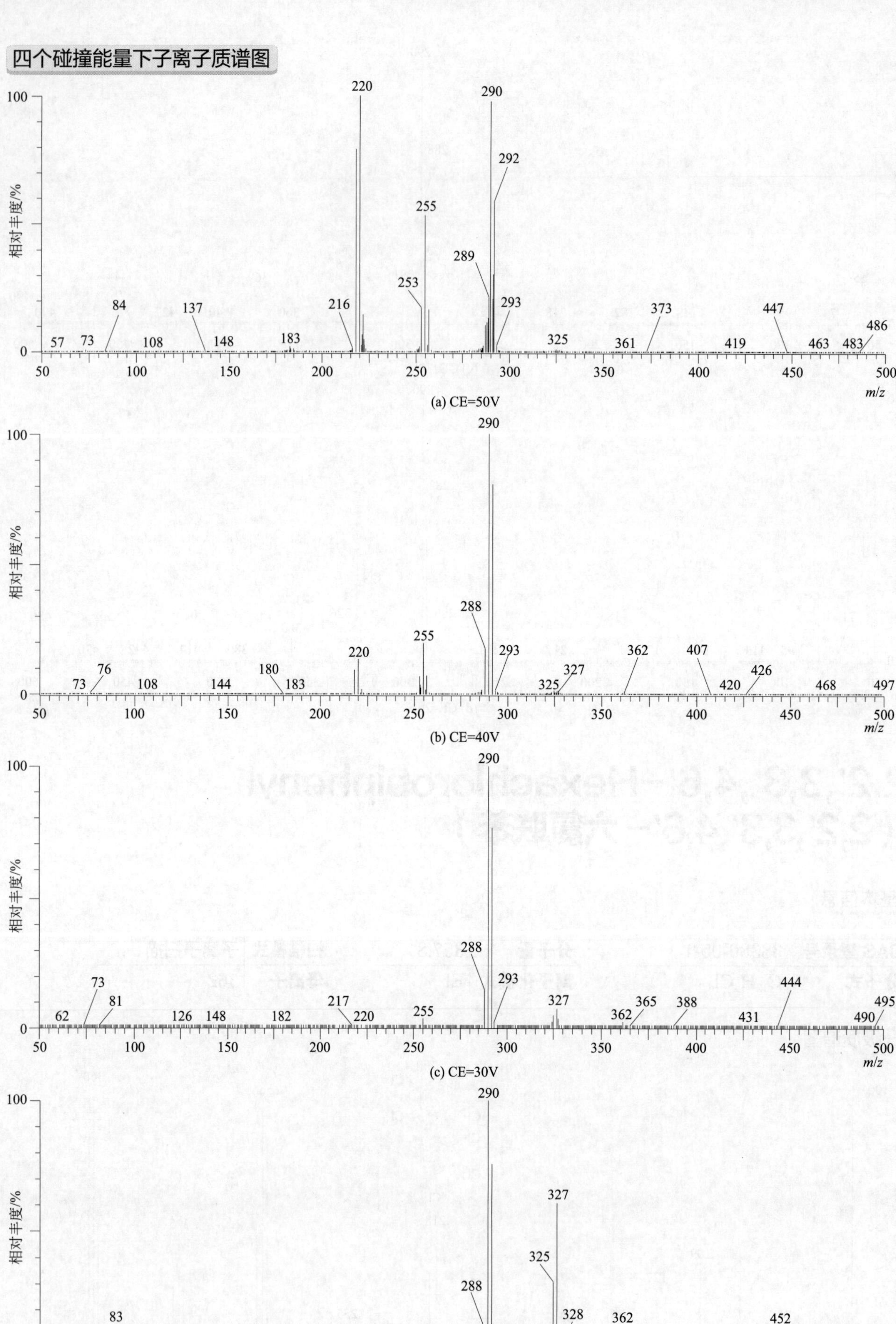

(a) CE=50V

(b) CE=40V

(c) CE=30V

(d) CE=20V

2,2′,3,3′,5,5′-Hexachlorobiphenyl（2,2′,3,3′,5,5′-六氯联苯）

基本信息

CAS 登录号	35694-04-3	分子量	357.8	扫描模式	子离子扫描
分子式	$C_{12}H_4Cl_6$	离子化模式	EI	母离子	360

一级质谱图

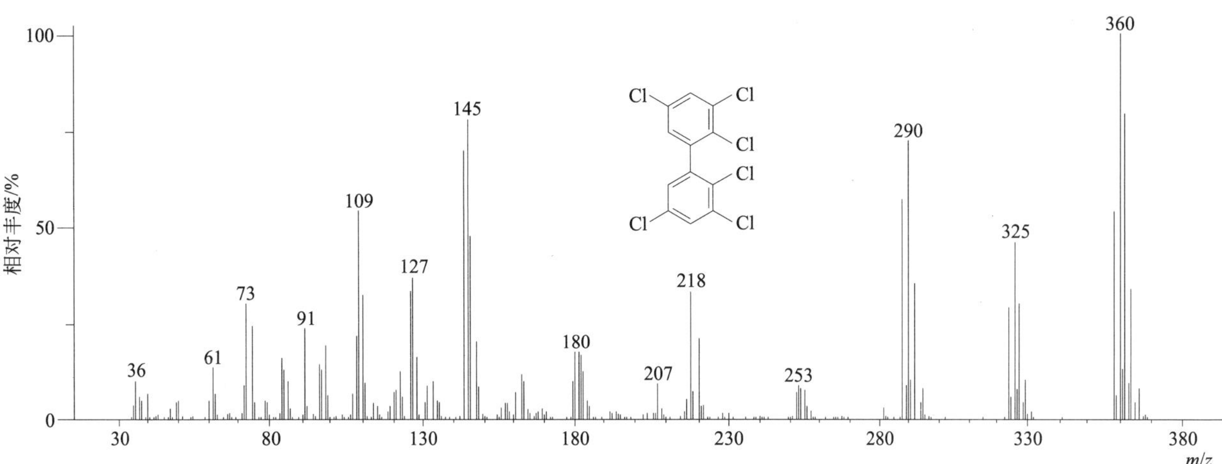

四个碰撞能量下子离子质谱图

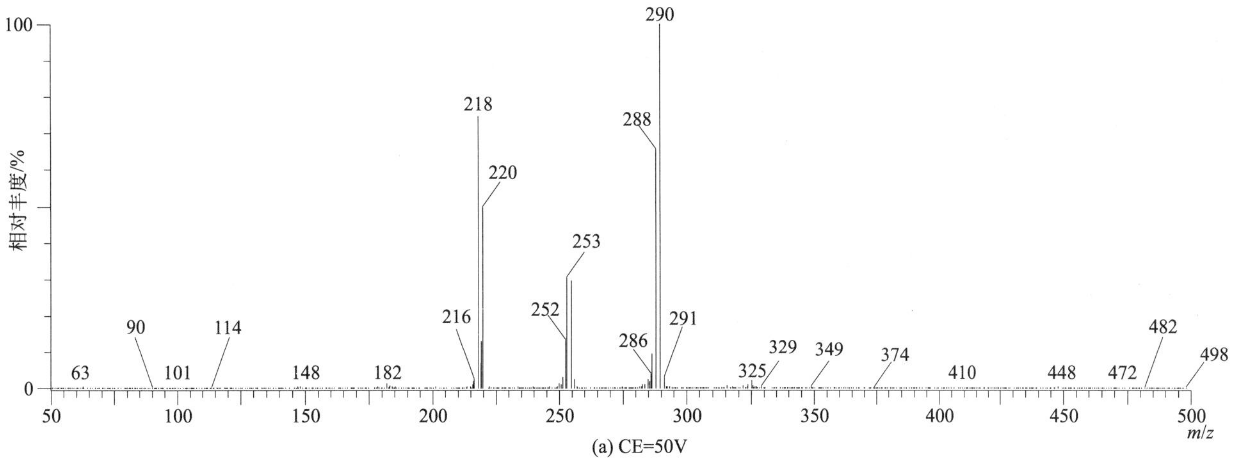

(a) CE=50V

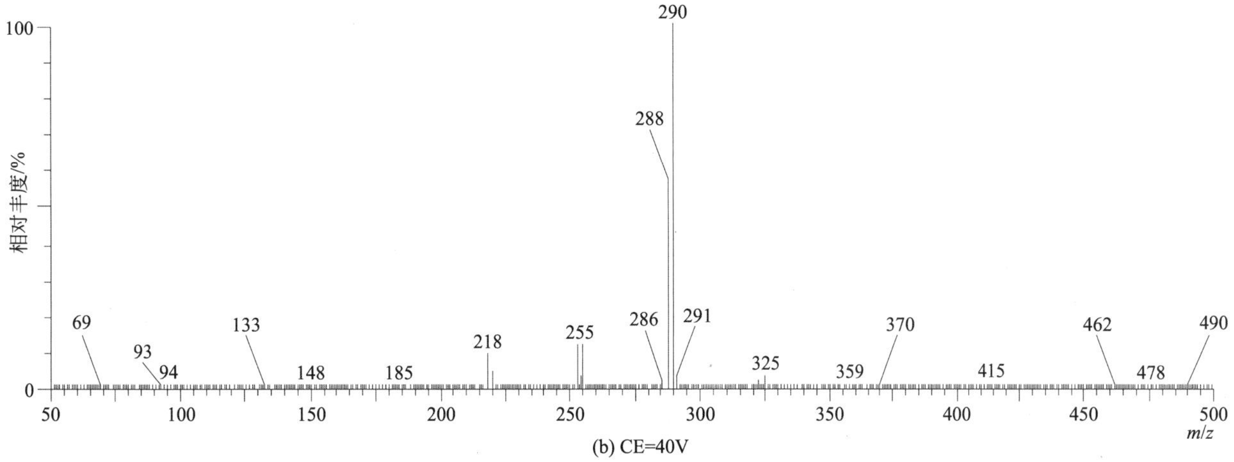

(b) CE=40V

(c) CE=30V

(d) CE=20V

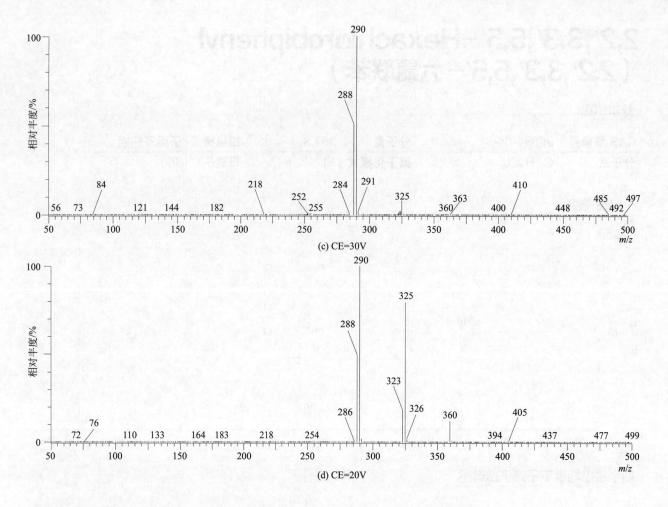

2,2′,3,3′,5,6-Hexachlorobiphenyl
（2,2′,3,3′,5,6-六氯联苯）

基本信息

CAS 登录号	52704-70-8	分子量	357.8	扫描模式	子离子扫描
分子式	$C_{12}H_4Cl_6$	离子化模式	EI	母离子	358

一级质谱图

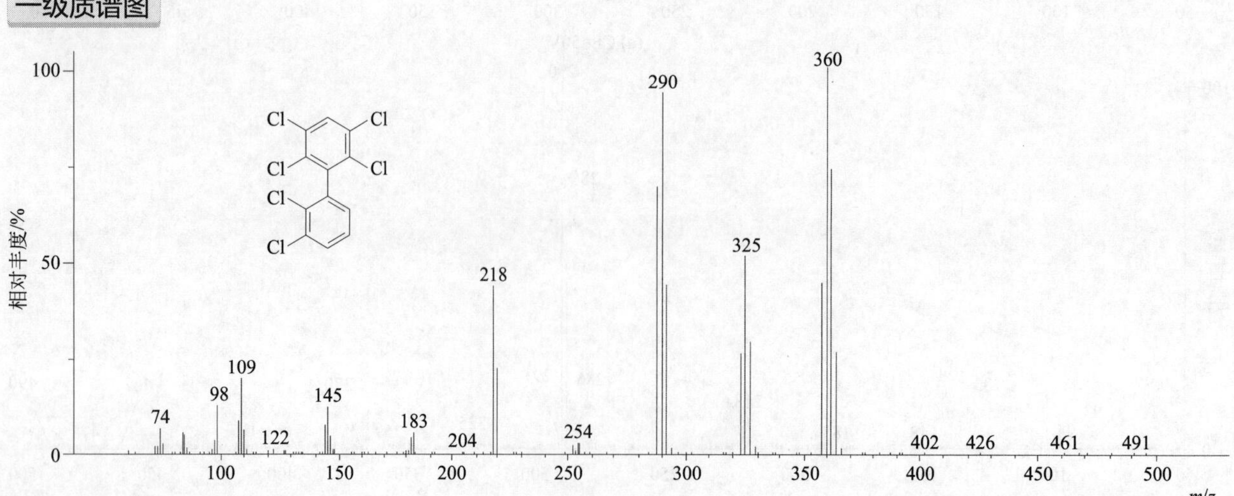

四个碰撞能量下子离子质谱图

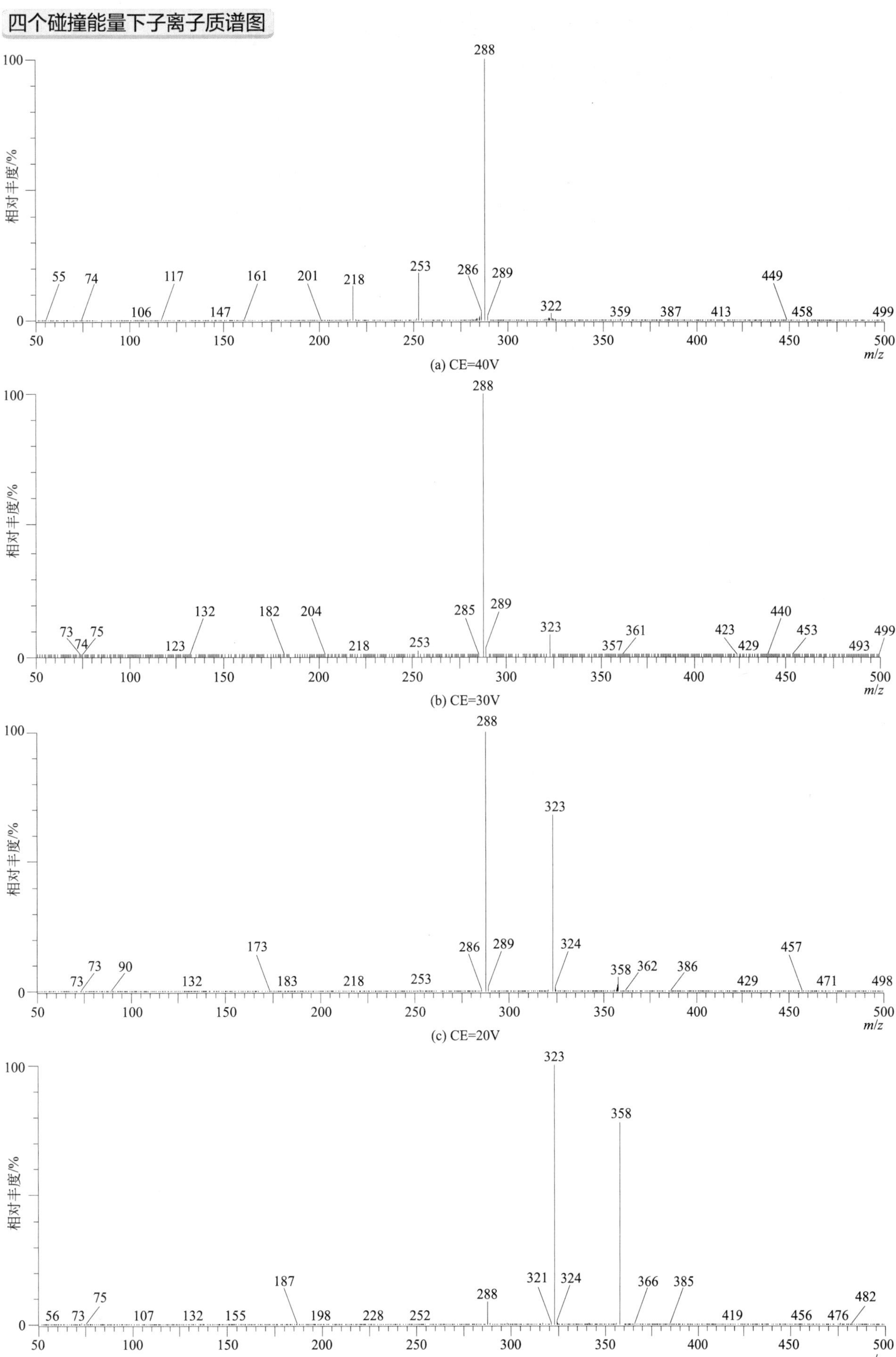

2,2′,3,3′,5,6′-Hexachlorobiphenyl
（2,2′,3,3′,5,6′- 六氯联苯）

基本信息

CAS 登录号	52744-13-5	分子量	357.8	扫描模式	子离子扫描
分子式	$C_{12}H_4Cl_6$	离子化模式	EI	母离子	325

一级质谱图

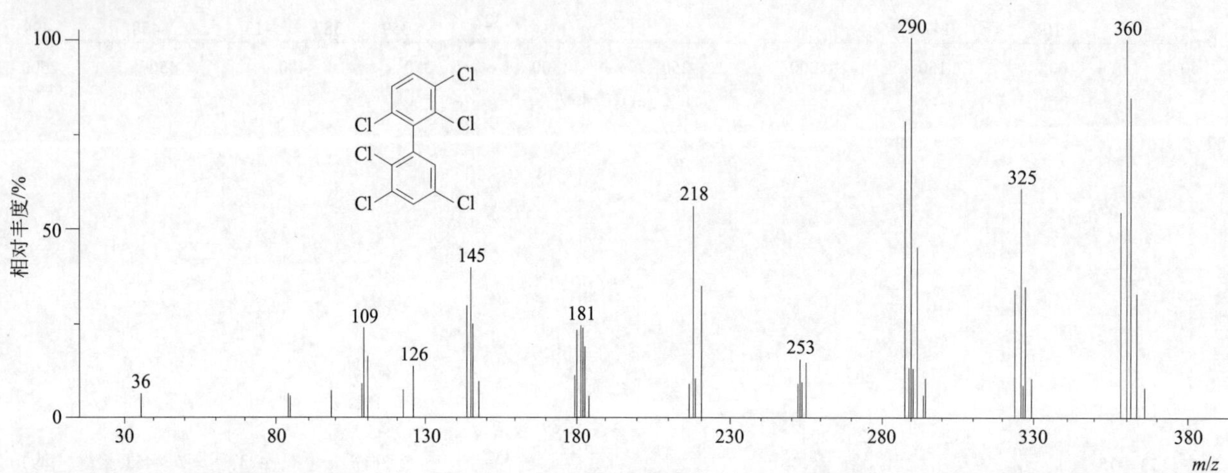

四个碰撞能量下子离子质谱图

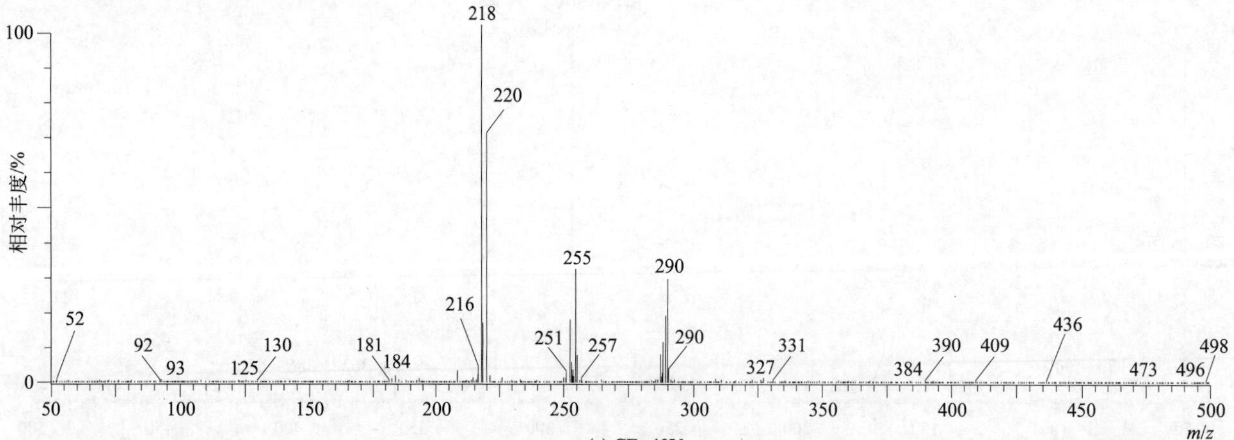

(a) CE=40V

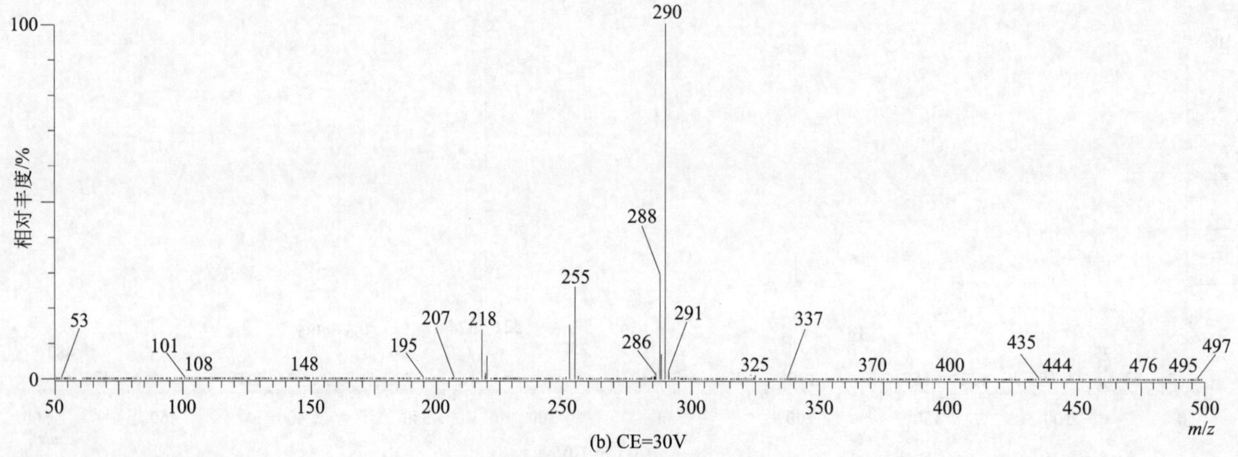

(b) CE=30V

(c) CE=20V

(d) CE=10V

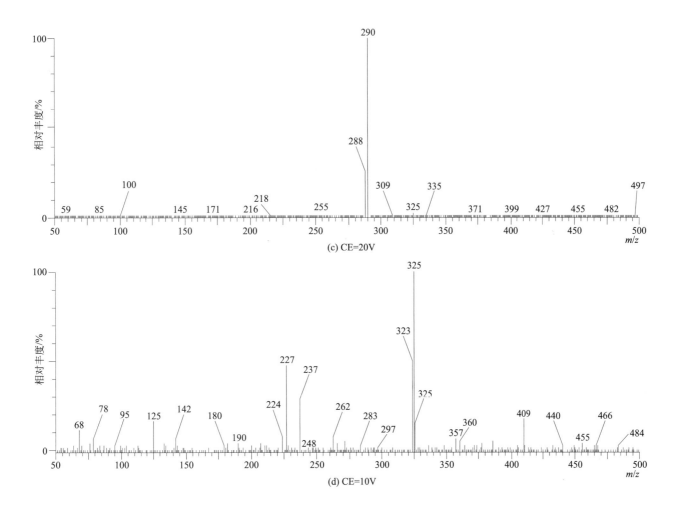

2,2′,3,3′,6,6′-Hexachlorobiphenyl（2,2′,3,3′,6,6′-六氯联苯）

基本信息

CAS 登录号	38411-22-2	分子量	357.8	扫描模式	子离子扫描
分子式	$C_{12}H_4Cl_6$	离子化模式	EI	母离子	362

一级质谱图

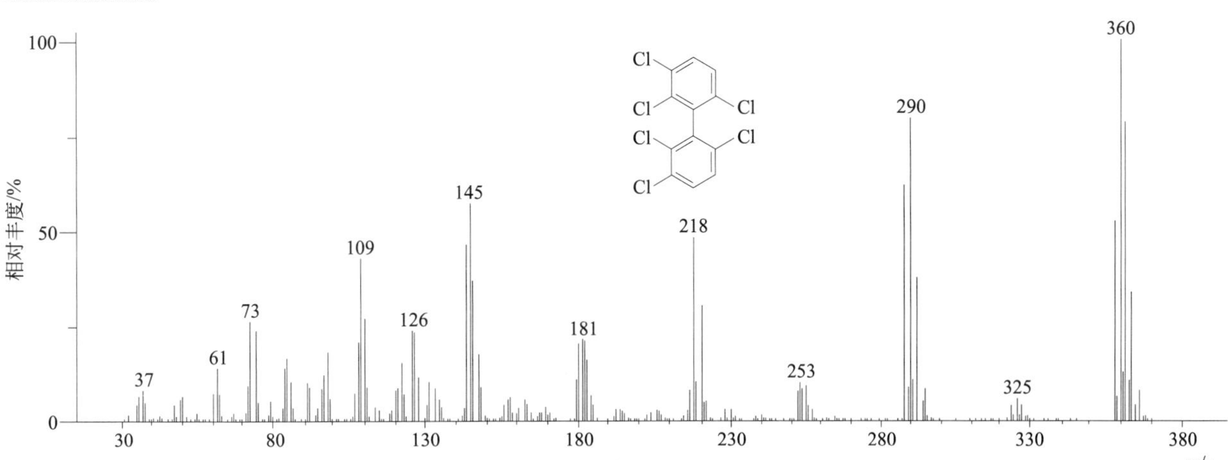

四个碰撞能量下子离子质谱图

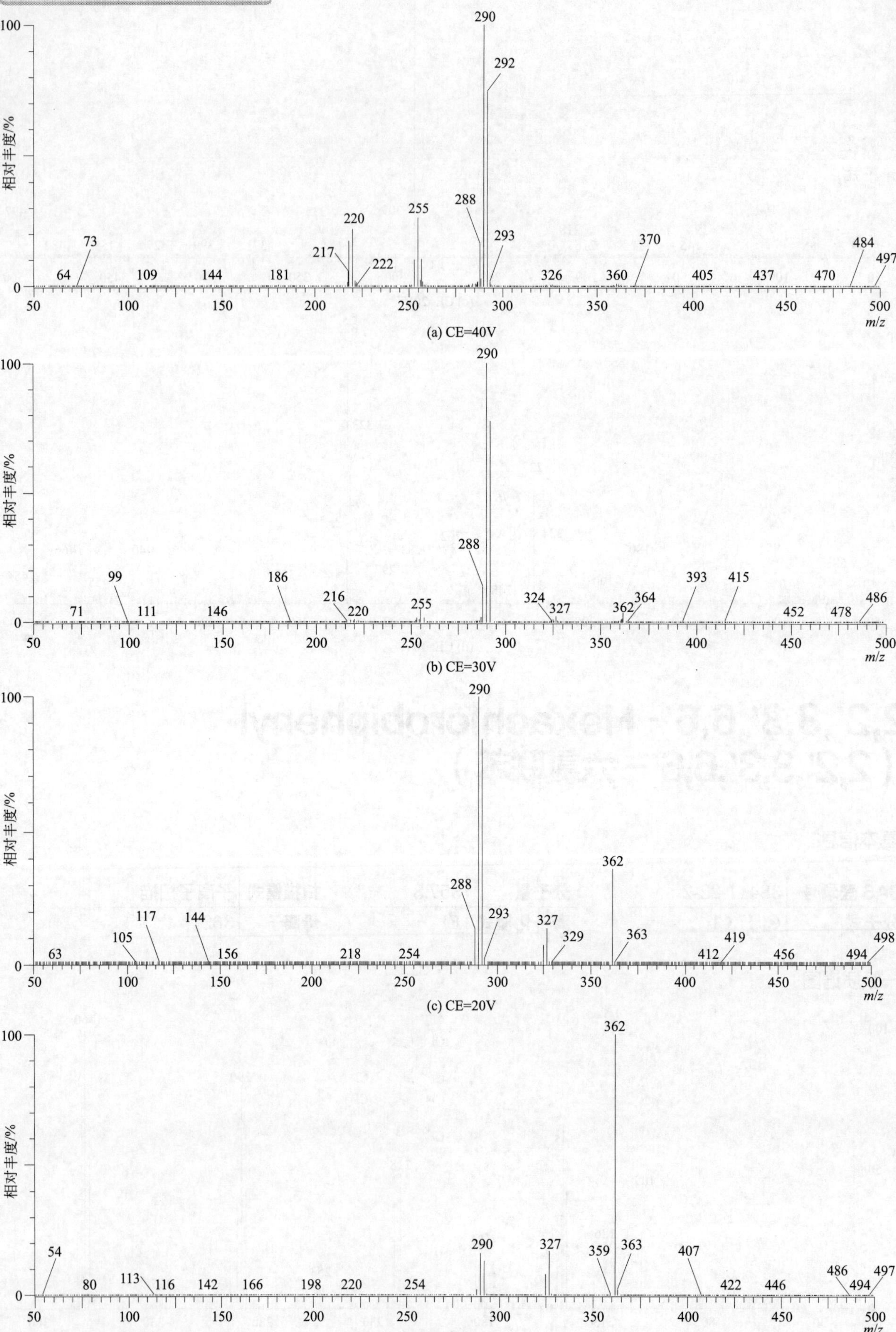

2,2′,3,4,4′,5-Hexachlorobiphenyl
（2,2′,3,4,4′,5-六氯联苯）

基本信息

CAS 登录号	35694-06-5	**分子量**	357.8	**扫描模式**	子离子扫描
分子式	$C_{12}H_4Cl_6$	**离子化模式**	EI	**母离子**	362

一级质谱图

100
50
0
相对丰度/%
36
61
73
109
127
145
163
218
253
290
325
360
Cl
Cl
Cl
Cl
Cl
Cl
30
80
130
180
230
280
330
380
m/z

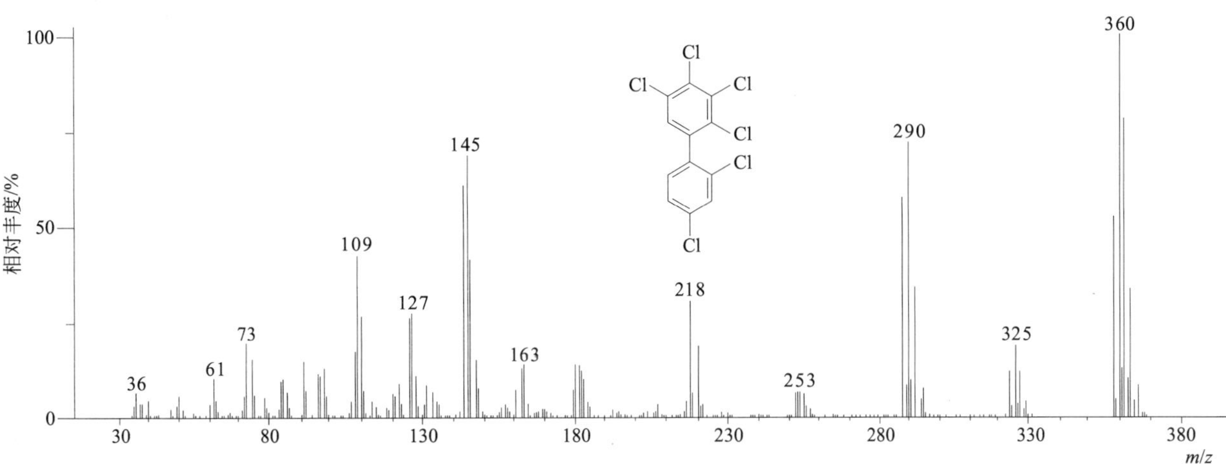

四个碰撞能量下子离子质谱图

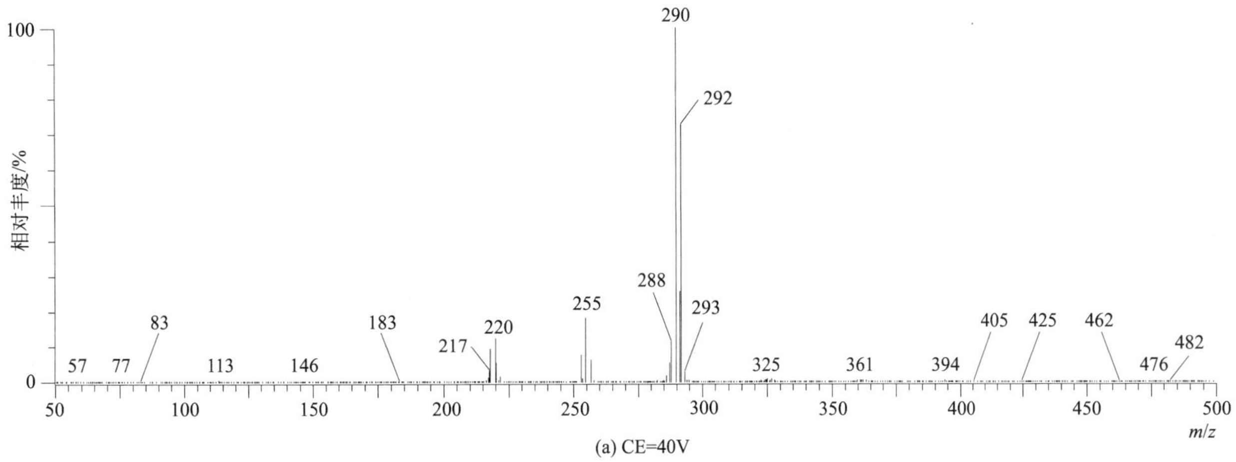

100
0
相对丰度/%
290
292
288
293
255
220
217
183
83
57
77
113
146
325
361
394
405
425
462
476
482
50
100
150
200
250
300
350
400
450
500
m/z
(a) CE=40V

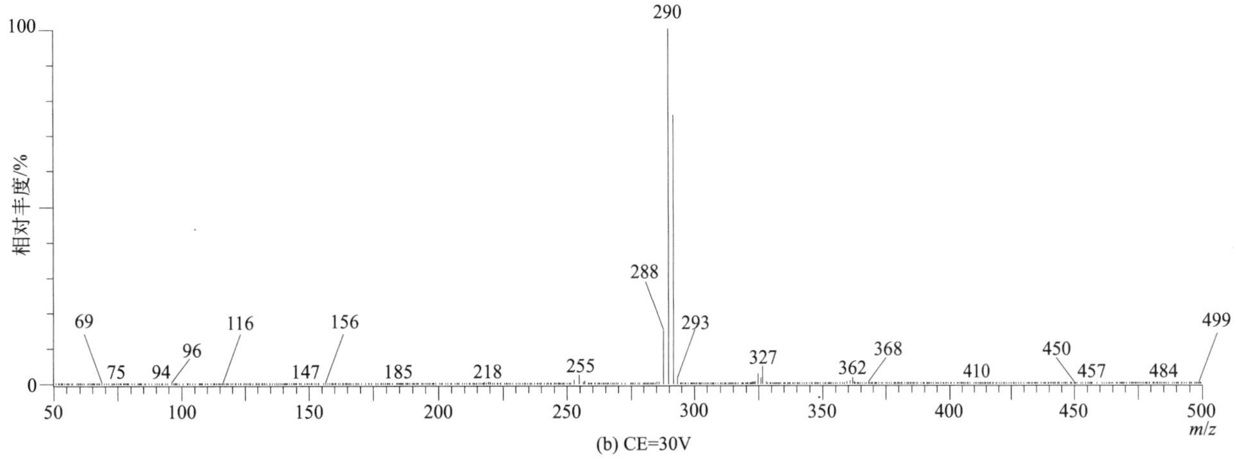

100
0
相对丰度/%
290
288
293
69
75
94
96
116
147
156
185
218
255
327
362
368
410
450
457
484
499
50
100
150
200
250
300
350
400
450
500
m/z
(b) CE=30V

相对丰度/%

100 0

290 327 288 293 362 190 402 465 499 70 88 90 95 127 149 216 219 255 357 367 450 496

50 100 150 200 250 300 350 400 450 500 *m/z*

(c) CE=20V

相对丰度/%

100 0

362 327 328 290 293 364 383 395 419 492 89 66 84 123 144 168 198 218 253 466 488

50 100 150 200 250 300 350 400 450 500 *m/z*

(d) CE=10V

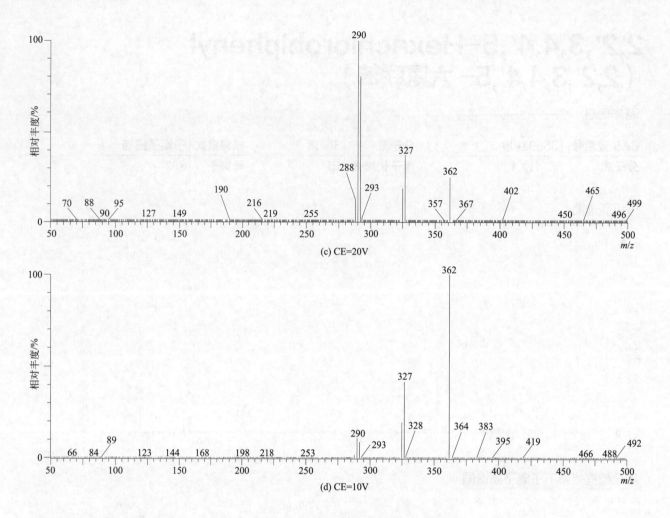

2,2′,3,4,4′,5′-Hexachlorobiphenyl（2,2′,3,4,4′,5′-六氯联苯）

基本信息

CAS 登录号	35065-28-2	分子量	357.8	扫描模式	子离子扫描
分子式	$C_{12}H_4Cl_6$	离子化模式	EI	母离子	360

一级质谱图

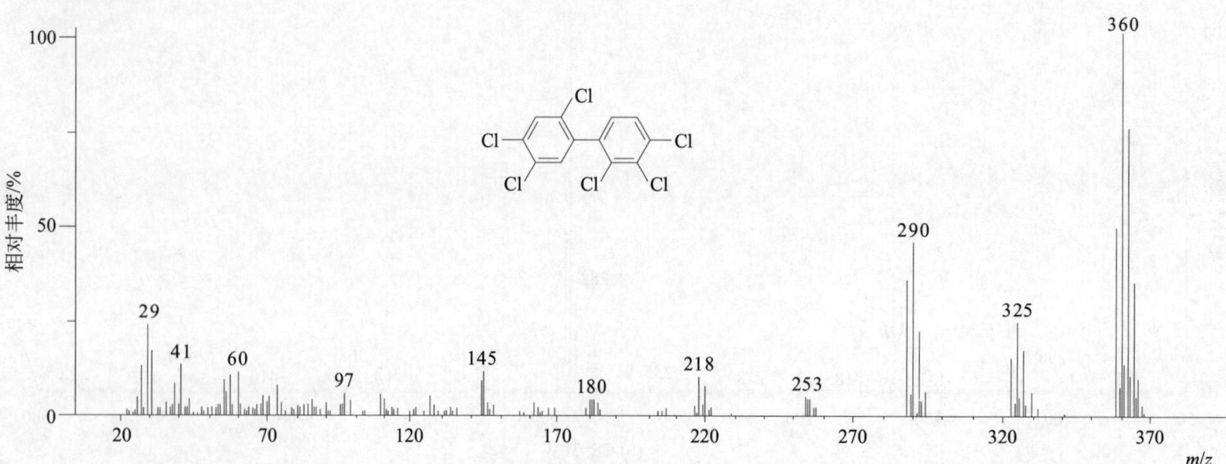

四个碰撞能量下子离子质谱图

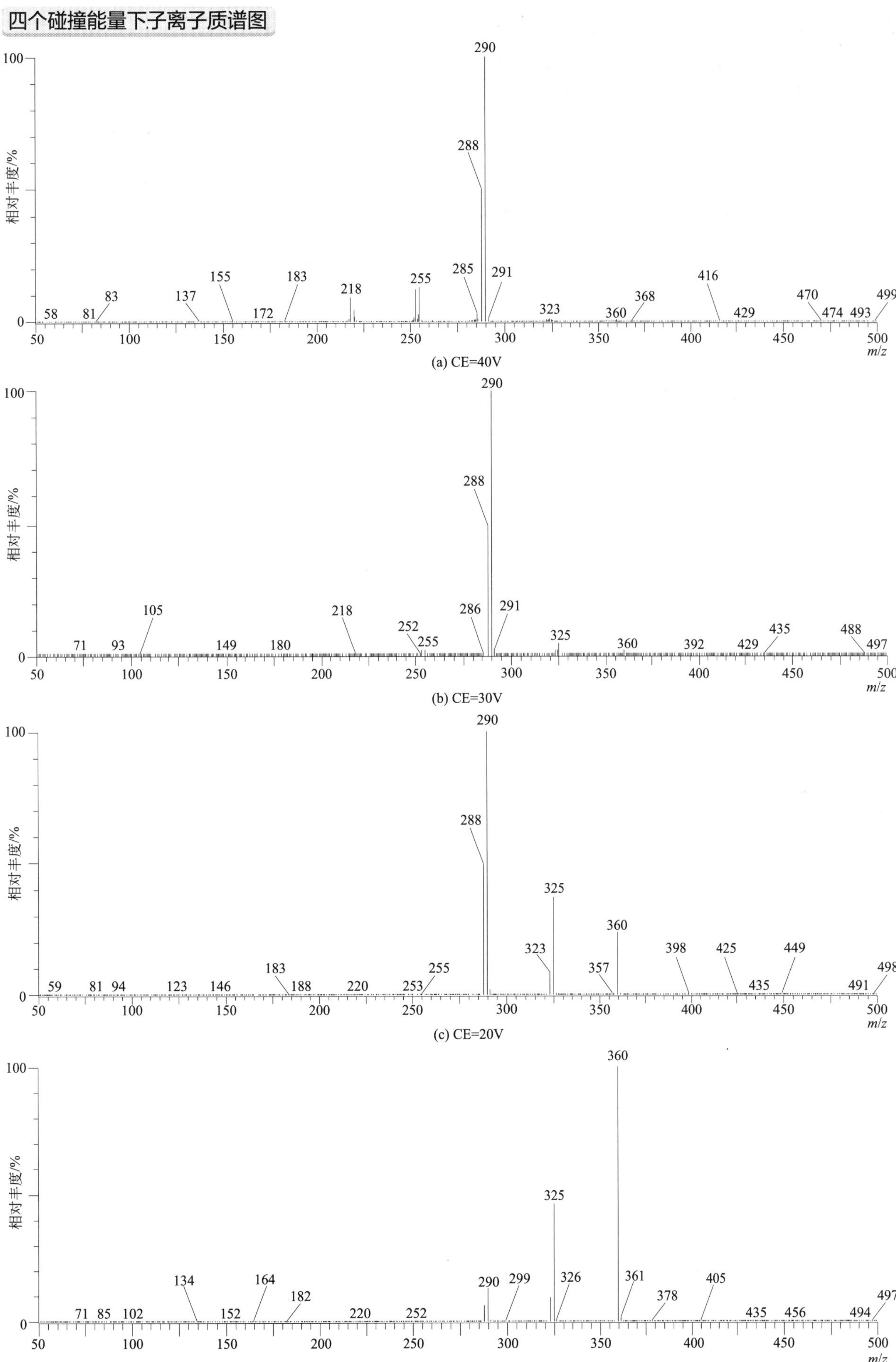

(a) CE=40V

(b) CE=30V

(c) CE=20V

(d) CE=10V

2,2′,3,4,4′,6-Hexachlorobiphenyl（2,2′,3,4,4′,6-六氯联苯）

基本信息

CAS 登录号	56030-56-9	分子量	357.8	扫描模式	子离子扫描
分子式	$C_{12}H_4Cl_6$	离子化模式	EI	母离子	358

一级质谱图

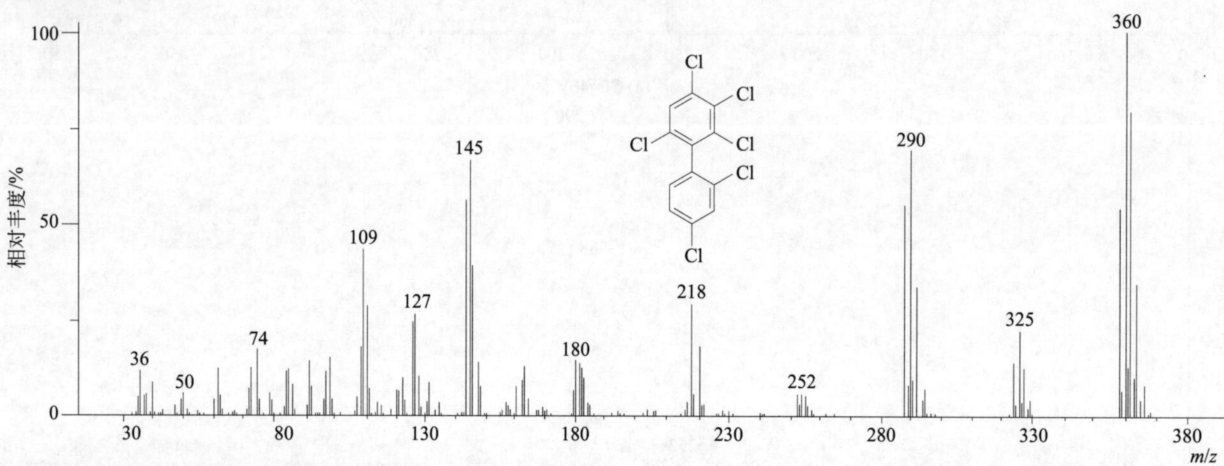

四个碰撞能量下子离子质谱图

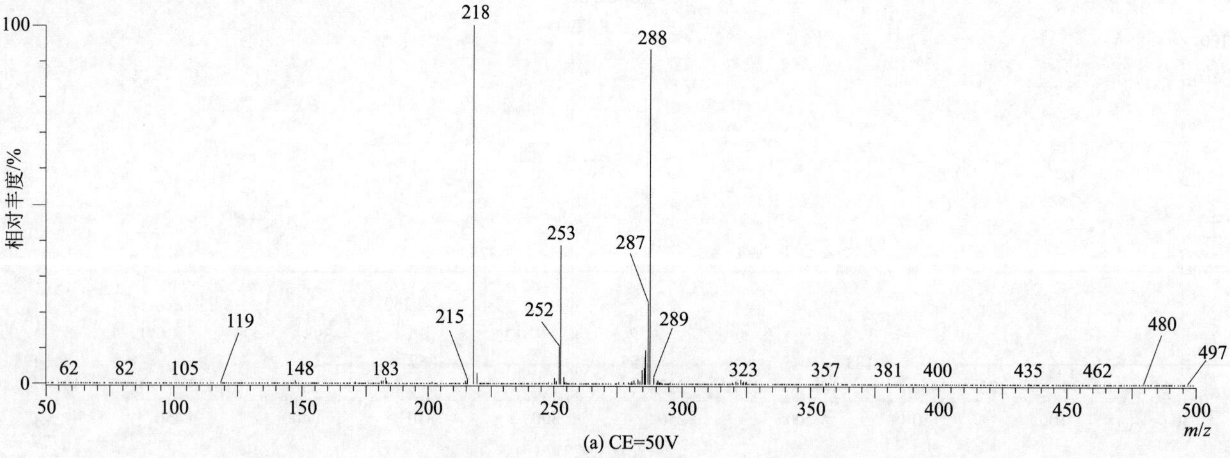

(a) CE=50V

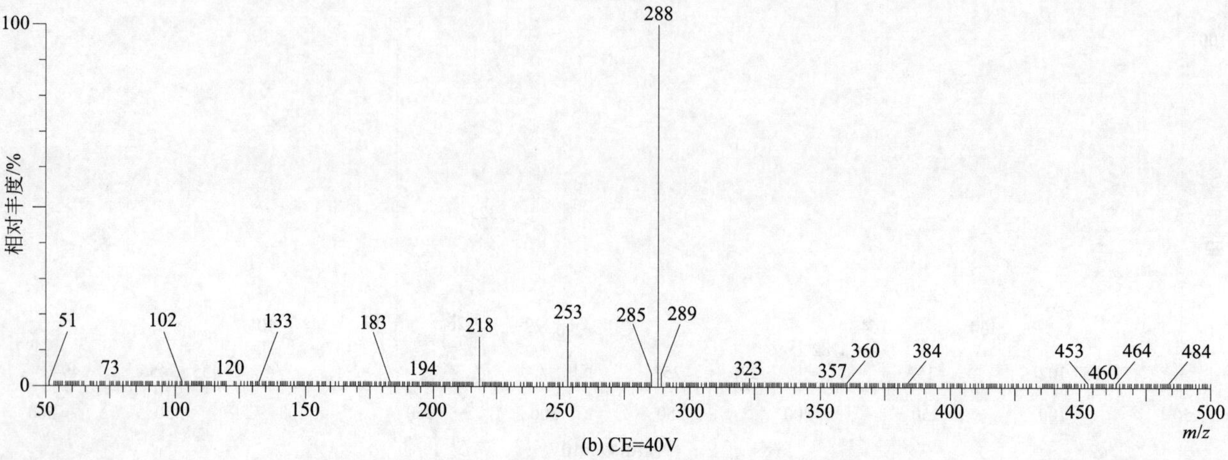

(b) CE=40V

(c) CE=30V

(d) CE=20V

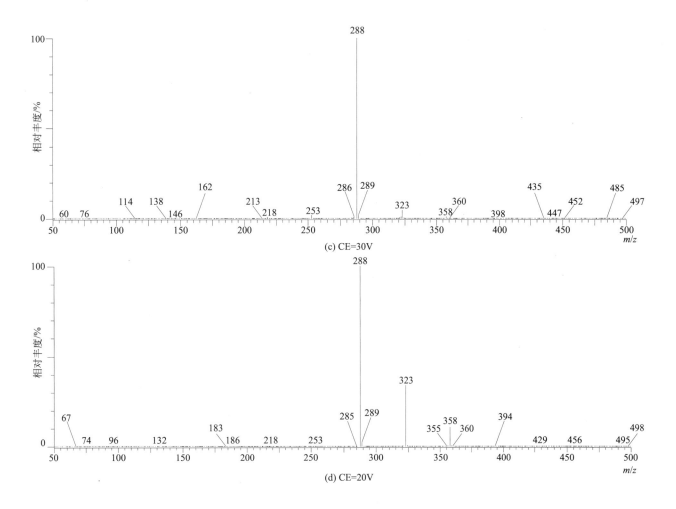

2,2′,3,4,4′,6′-Hexachlorobiphenyl (2,2′,3,4,4′,6′-六氯联苯)

基本信息

CAS 登录号	59291-64-4	分子量	357.8	扫描模式	子离子扫描
分子式	$C_{12}H_4Cl_6$	离子化模式	EI	母离子	360

一级质谱图

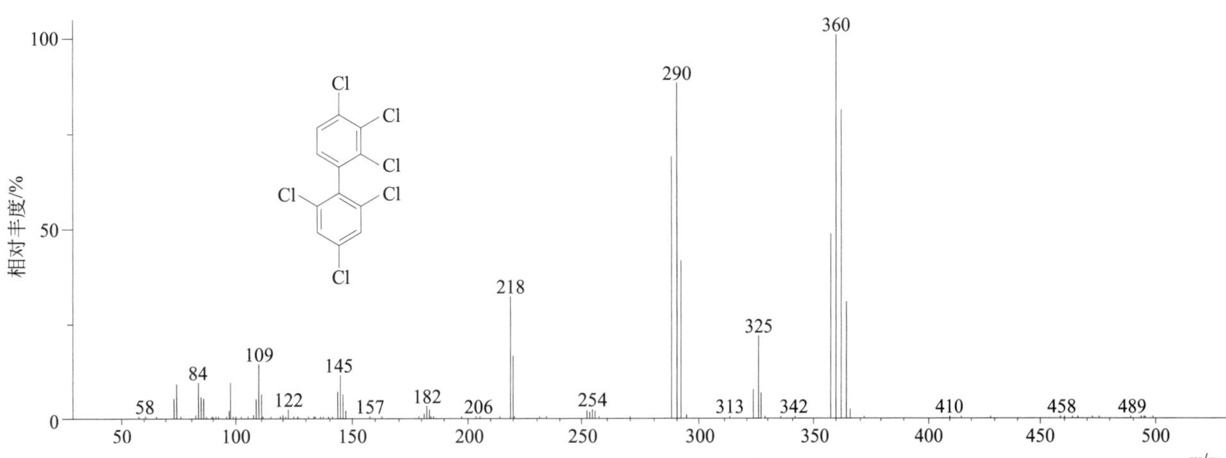

四个碰撞能量下子离子质谱图

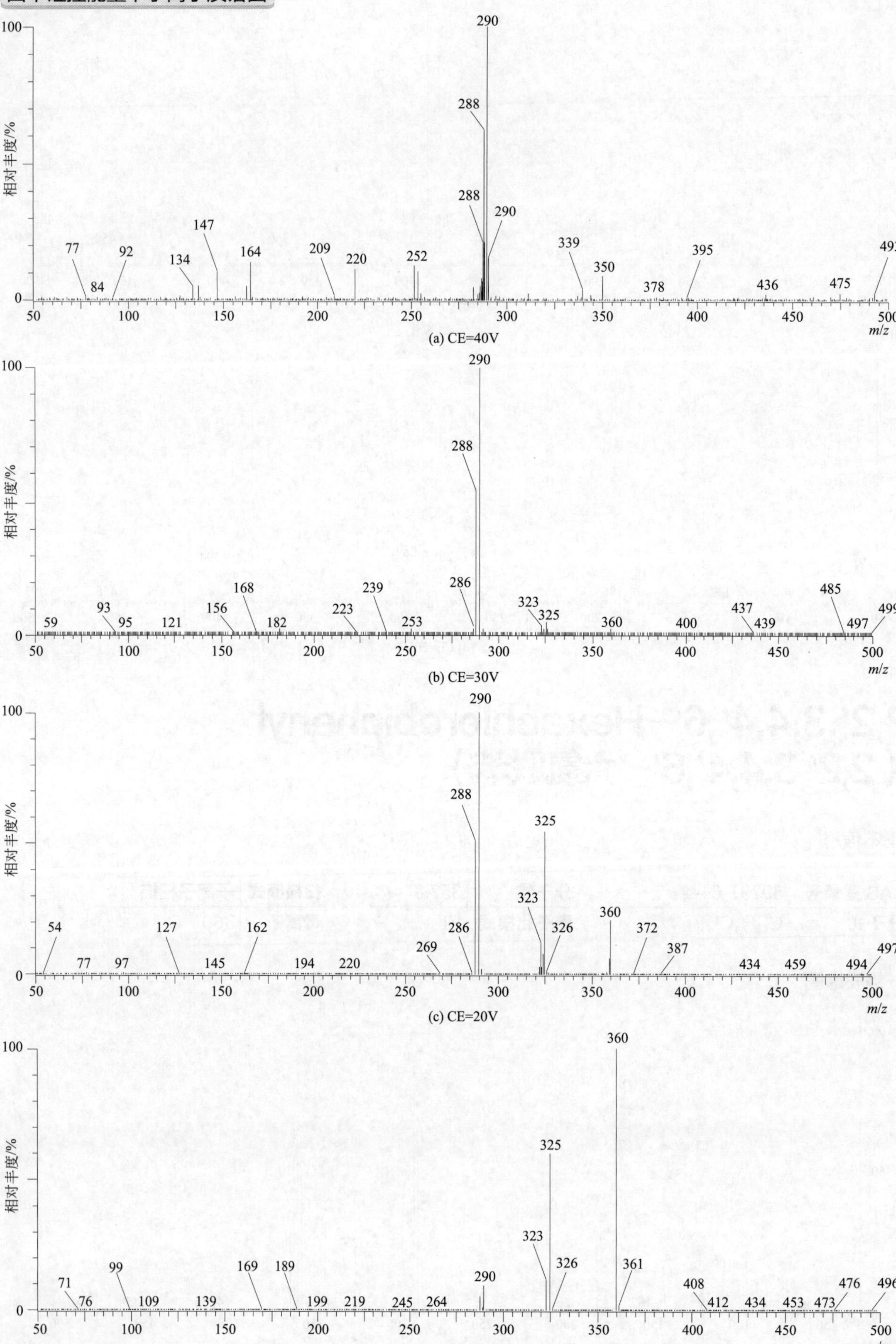

(a) CE=40V

(b) CE=30V

(c) CE=20V

(d) CE=10V

2,2′,3,4,5,5′-Hexachlorobiphenyl
（2,2′,3,4,5,5′-六氯联苯）

基本信息

CAS 登录号	52712-04-6	分子量	357.8	扫描模式	子离子扫描
分子式	$C_{12}H_4Cl_6$	离子化模式	EI	母离子	290

一级质谱图

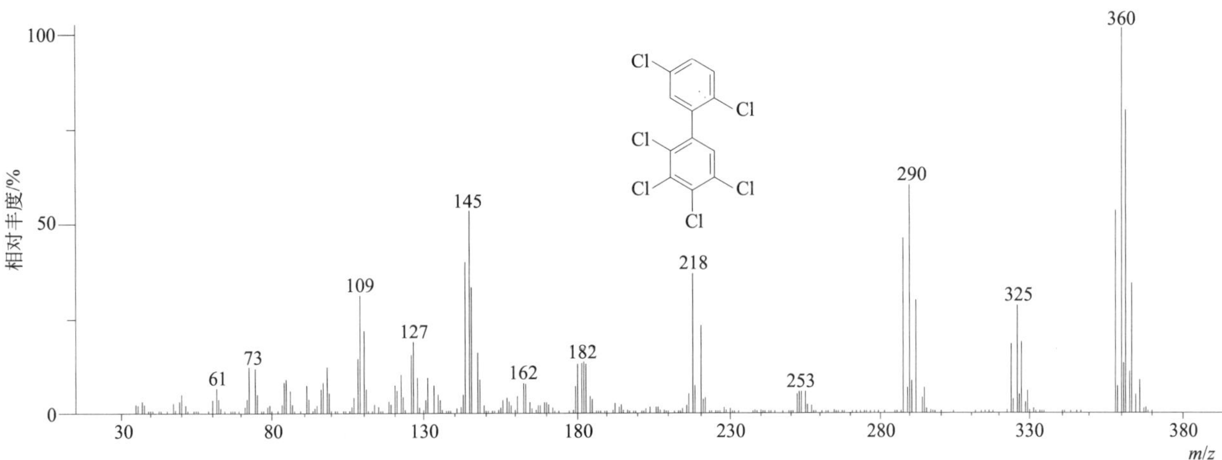

四个碰撞能量下子离子质谱图

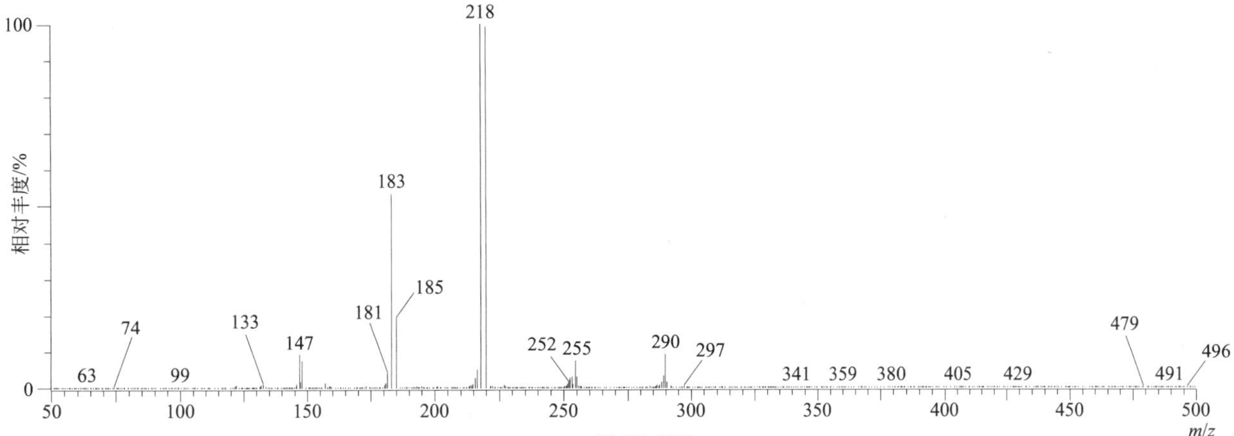

(a) CE=40V

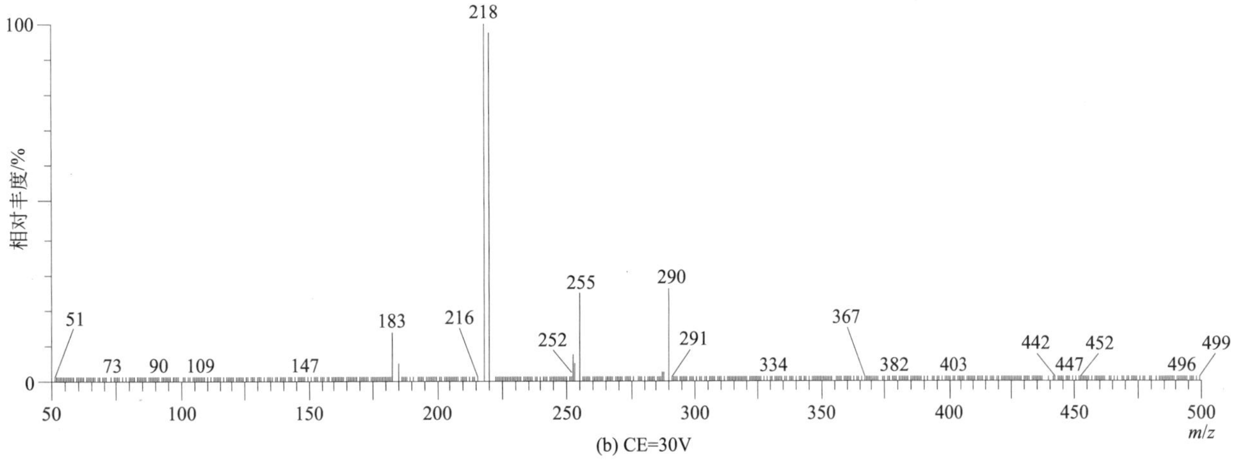

(b) CE=30V

(c) CE=20V

(d) CE=10V

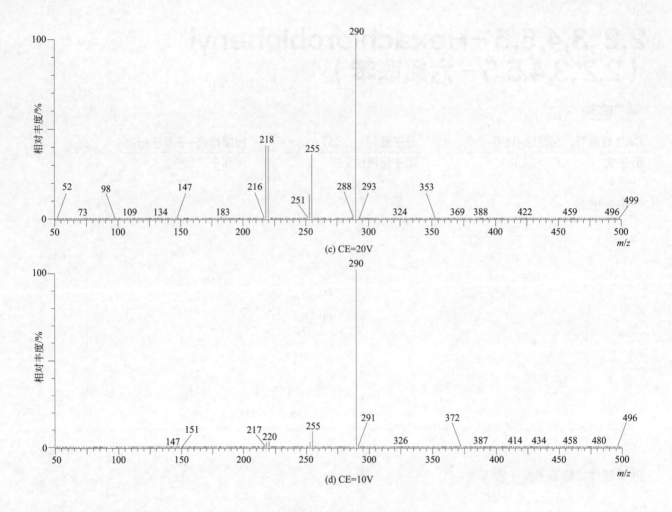

2,2′,3,4,5,6-Hexachlorobiphenyl
（2,2′,3,4,5,6-六氯联苯）

基本信息

CAS 登录号	41411-61-4	**分子量**	357.8	**扫描模式**	子离子扫描
分子式	$C_{12}H_4Cl_6$	**离子化模式**	EI	**母离子**	362

一级质谱图

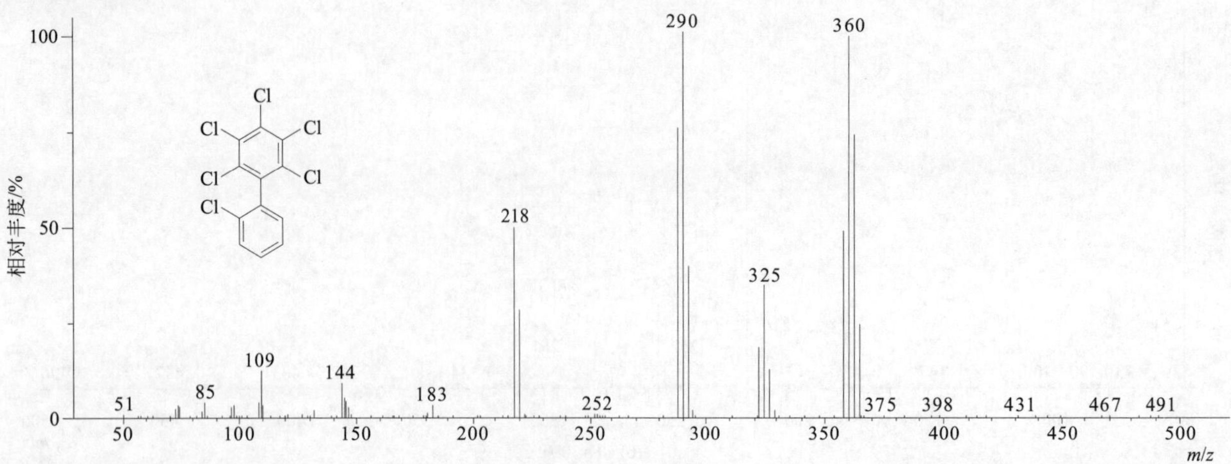

四个碰撞能量下子离子质谱图

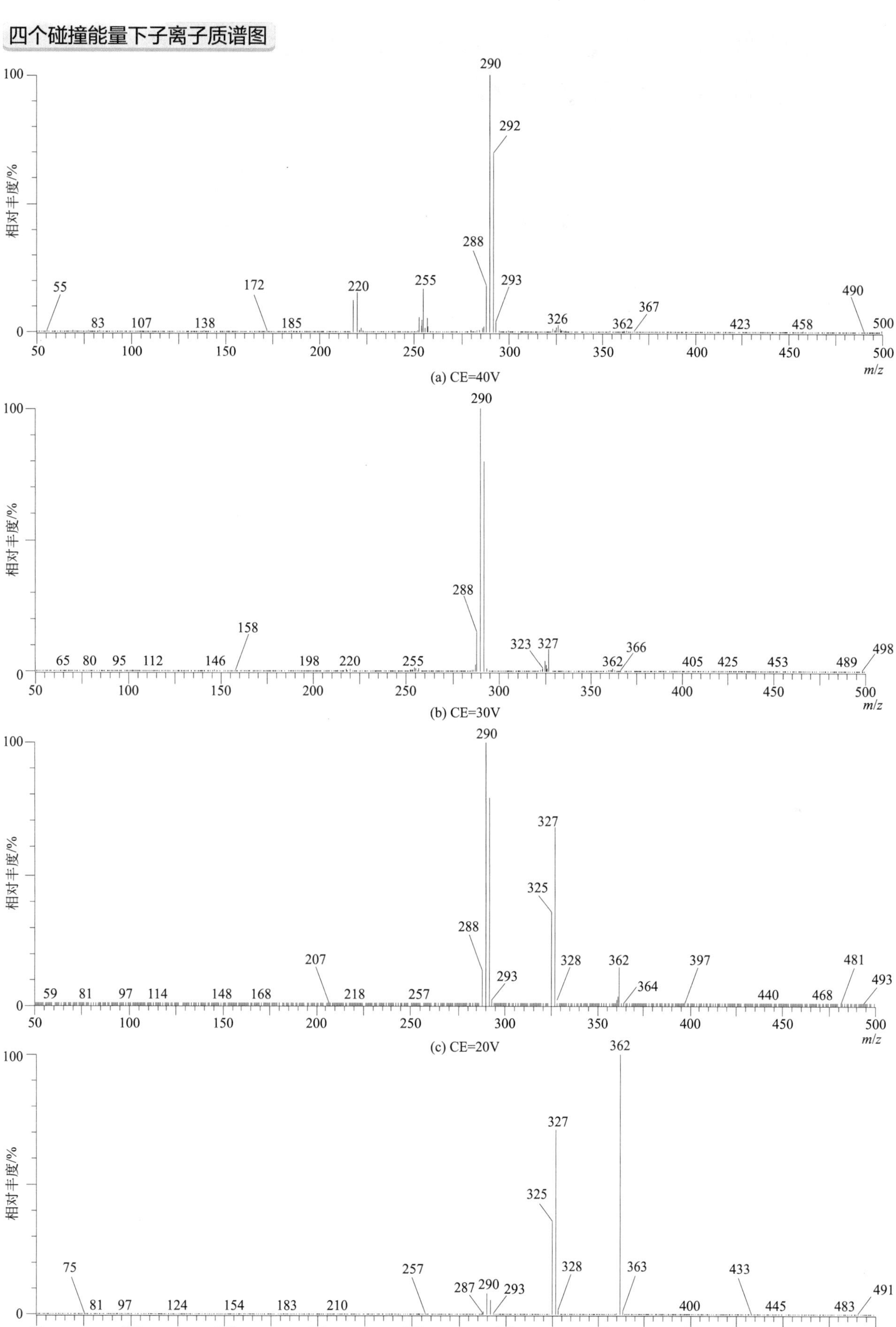

2,2′,3,4,5,6′-Hexachlorobiphenyl（2,2′,3,4,5,6′-六氯联苯）

基本信息

CAS 登录号	68194-15-0	分子量	357.8	扫描模式	子离子扫描
分子式	$C_{12}H_4Cl_6$	离子化模式	EI	母离子	290

一级质谱图

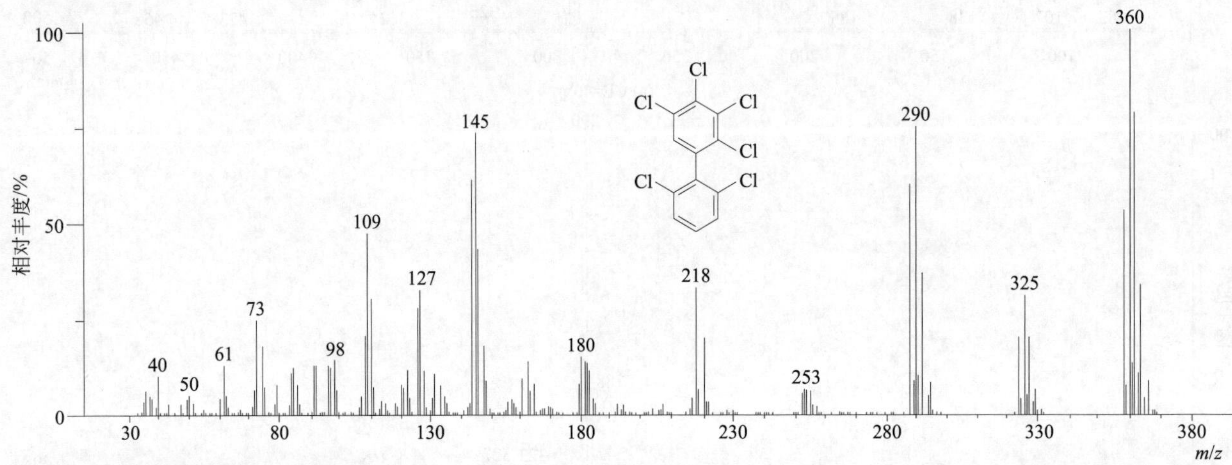

四个碰撞能量下子离子质谱图

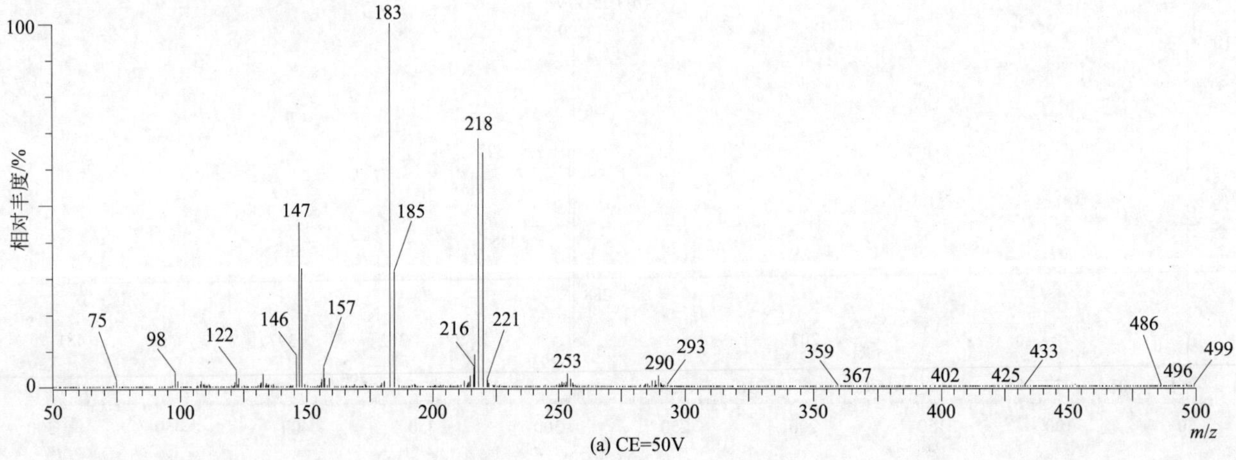

(a) CE=50V

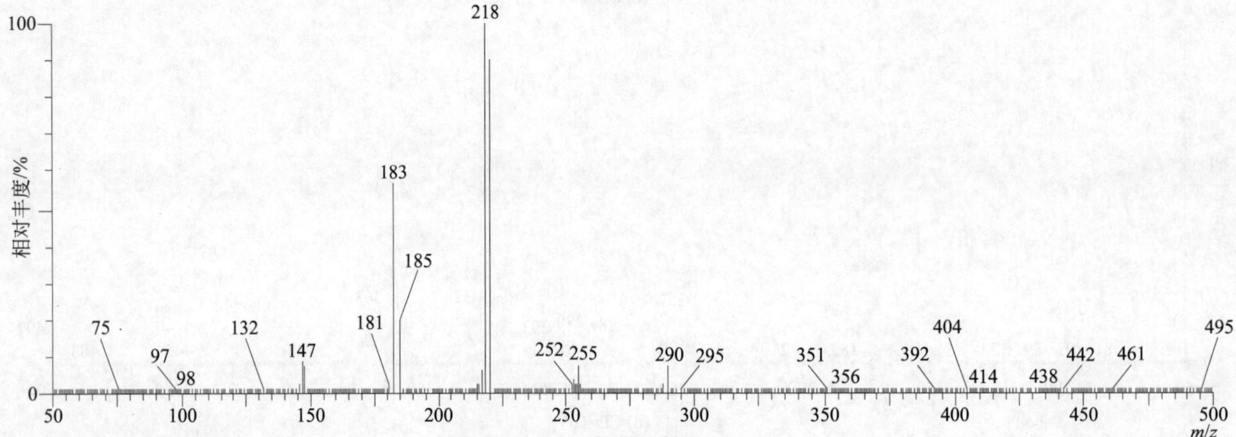

(b) CE=40V

(c) CE=30V

(d) CE=20V

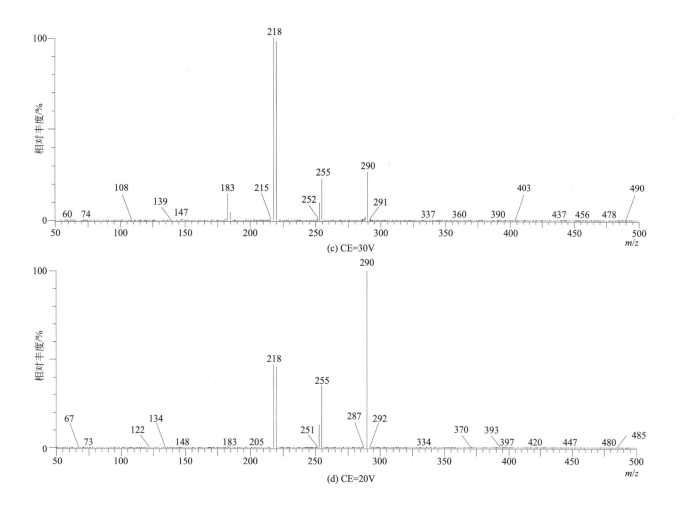

2,2′,3,4,5′,6-Hexachlorobiphenyl（2,2′,3,4,5′,6-六氯联苯）

基本信息

CAS 登录号	68194-14-9	分子量	357.8	扫描模式	子离子扫描
分子式	$C_{12}H_4Cl_6$	离子化模式	EI	母离子	360

一级质谱图

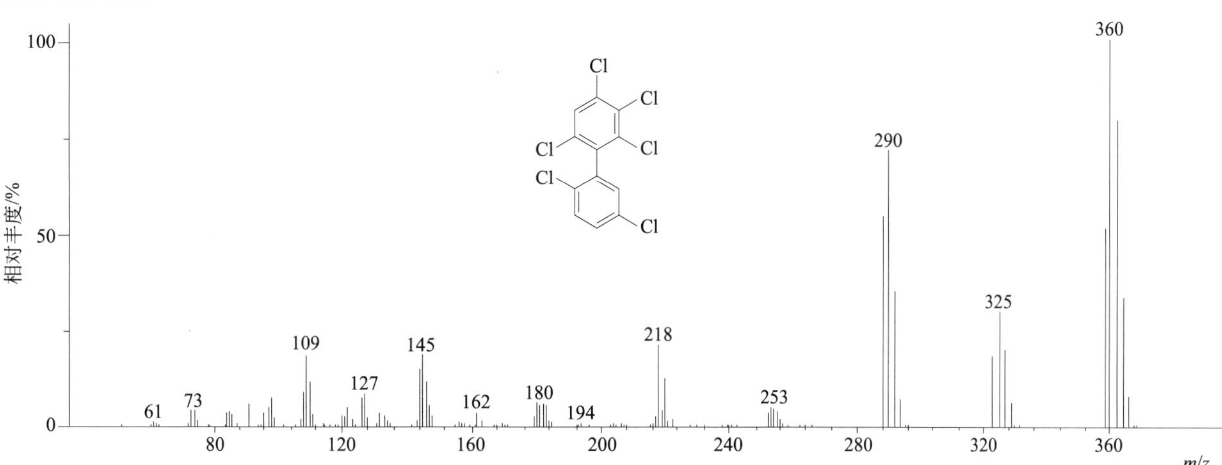

四个碰撞能量下子离子质谱图

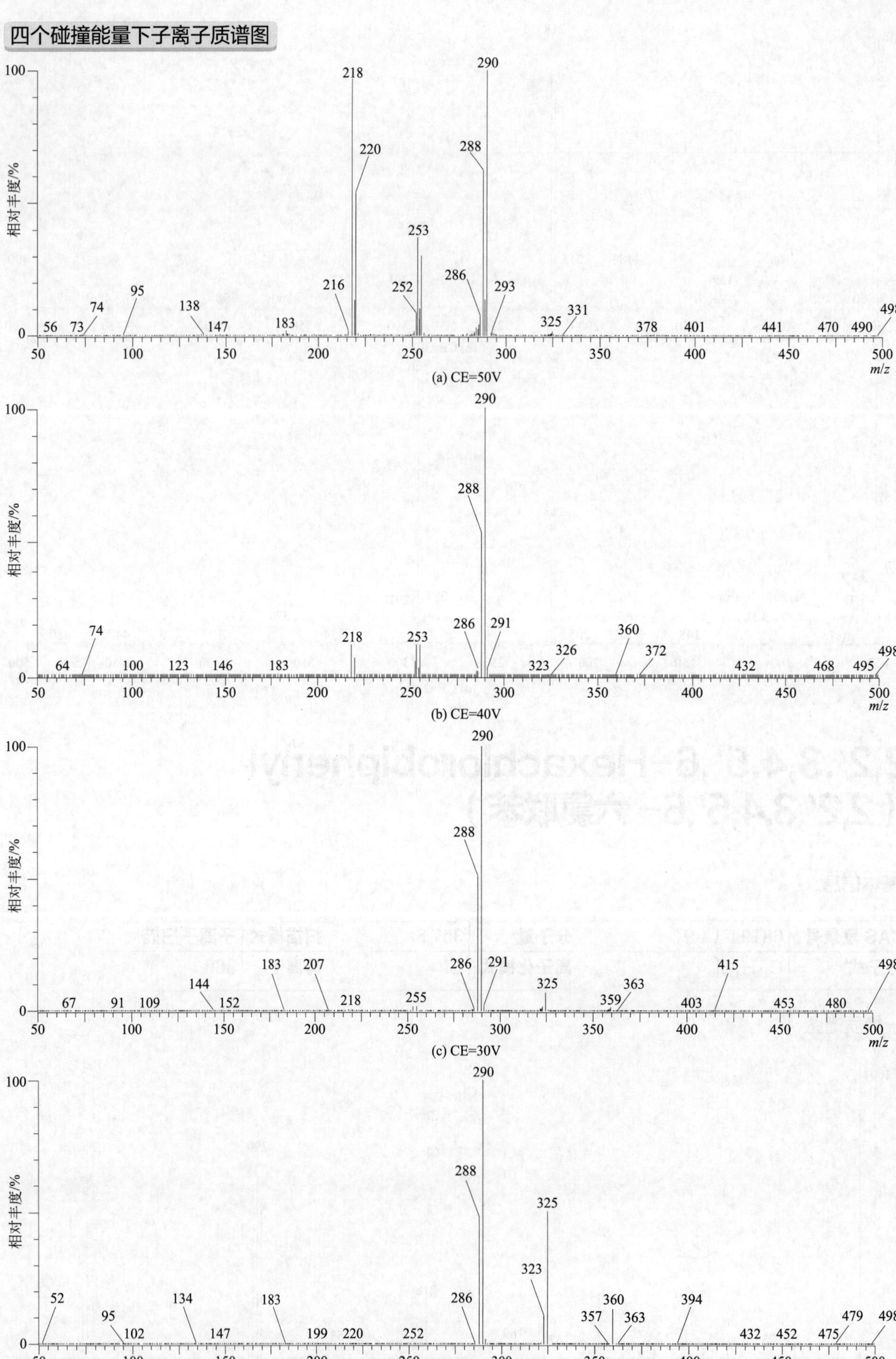

(a) CE=50V

(b) CE=40V

(c) CE=30V

(d) CE=20V

2,2′,3,4,6,6′-Hexachlorobiphenyl (2,2′,3,4,6,6′-六氯联苯)

基本信息

CAS 登录号	74472-40-5	分子量	357.8	扫描模式	子离子扫描
分子式	$C_{12}H_4Cl_6$	离子化模式	EI	母离子	290

一级质谱图

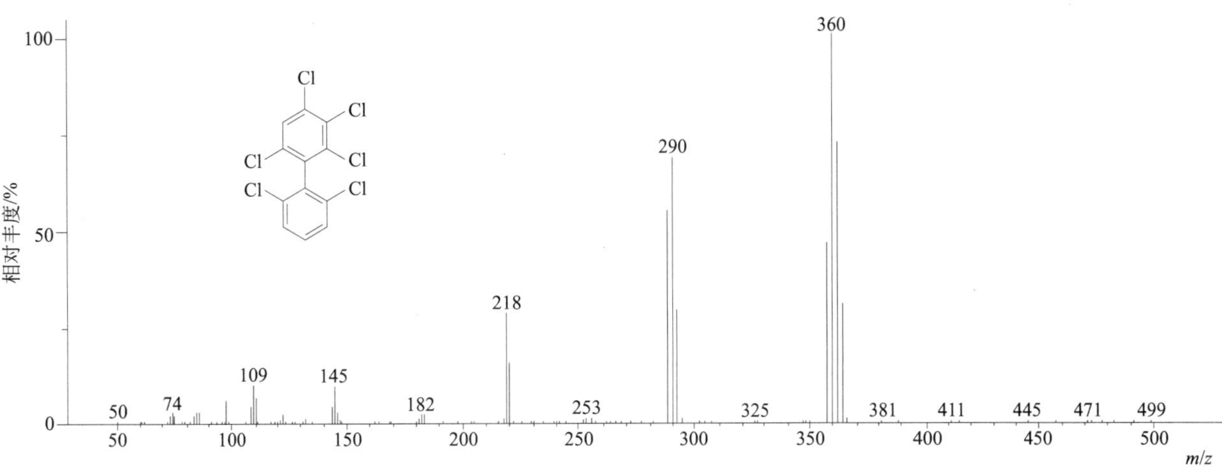

四个碰撞能量下子离子质谱图

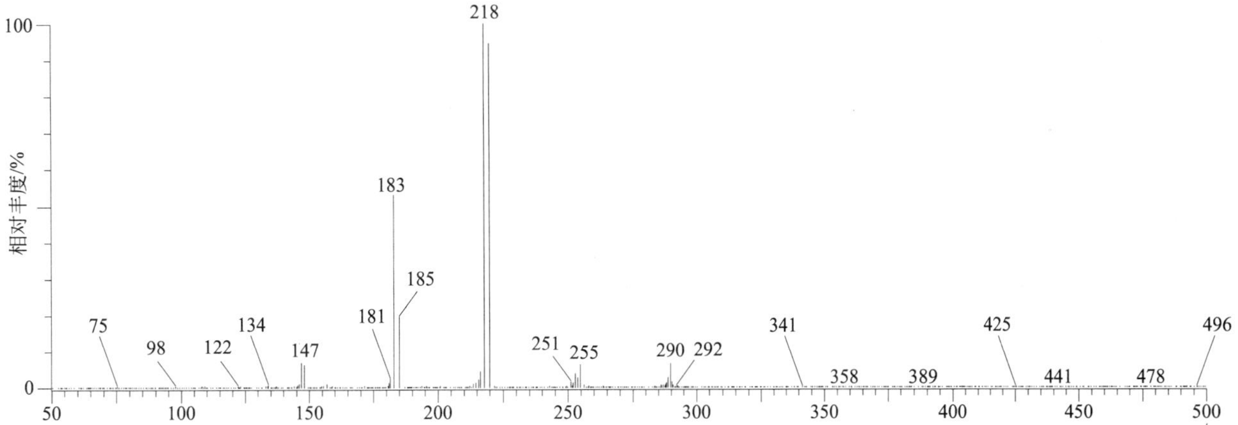

(a) CE=40V

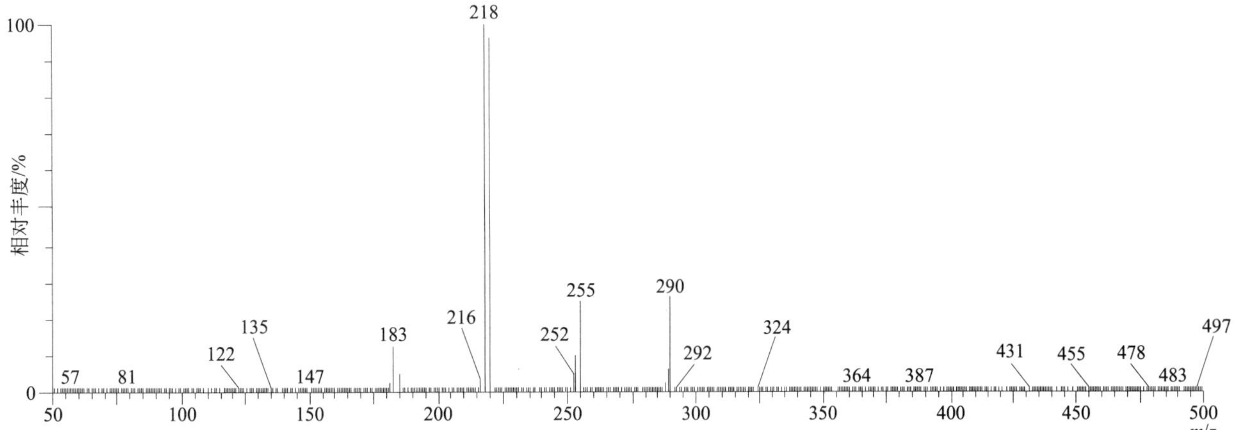

(b) CE=30V

(c) CE=20V

(d) CE=10V

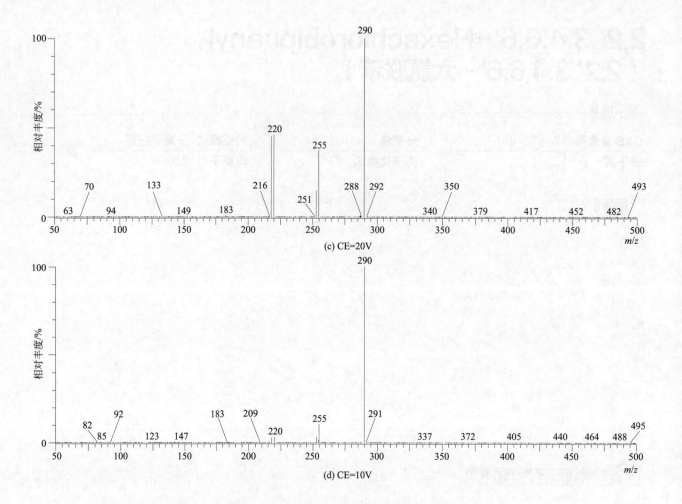

2,2′,3,4′,5,5′-Hexachlorobiphenyl（2,2′,3,4′,5,5′-六氯联苯）

基本信息

CAS 登录号	51908-16-8	分子量	357.8	扫描模式	子离子扫描
分子式	$C_{12}H_4Cl_6$	离子化模式	EI	母离子	358

一级质谱图

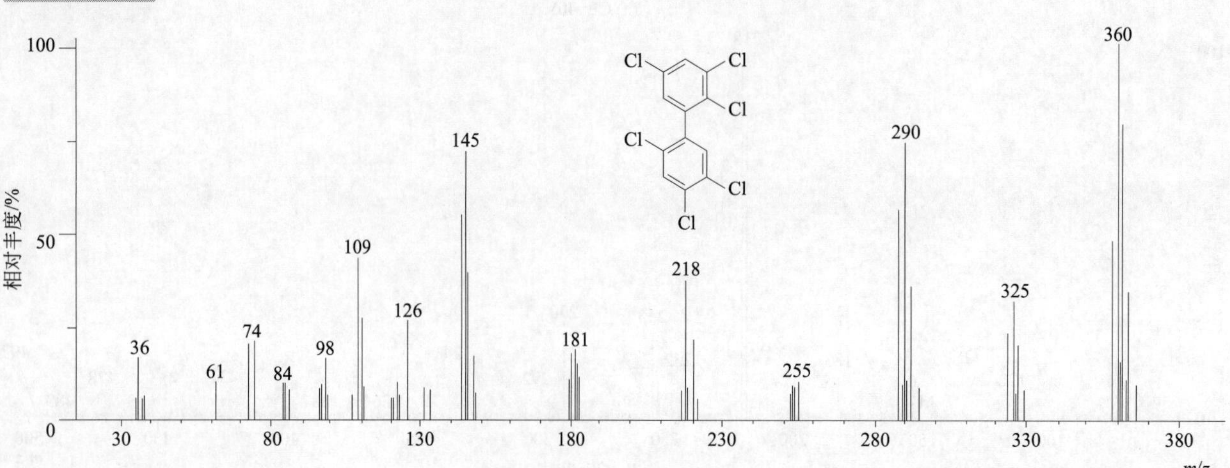

四个碰撞能量下子离子质谱图

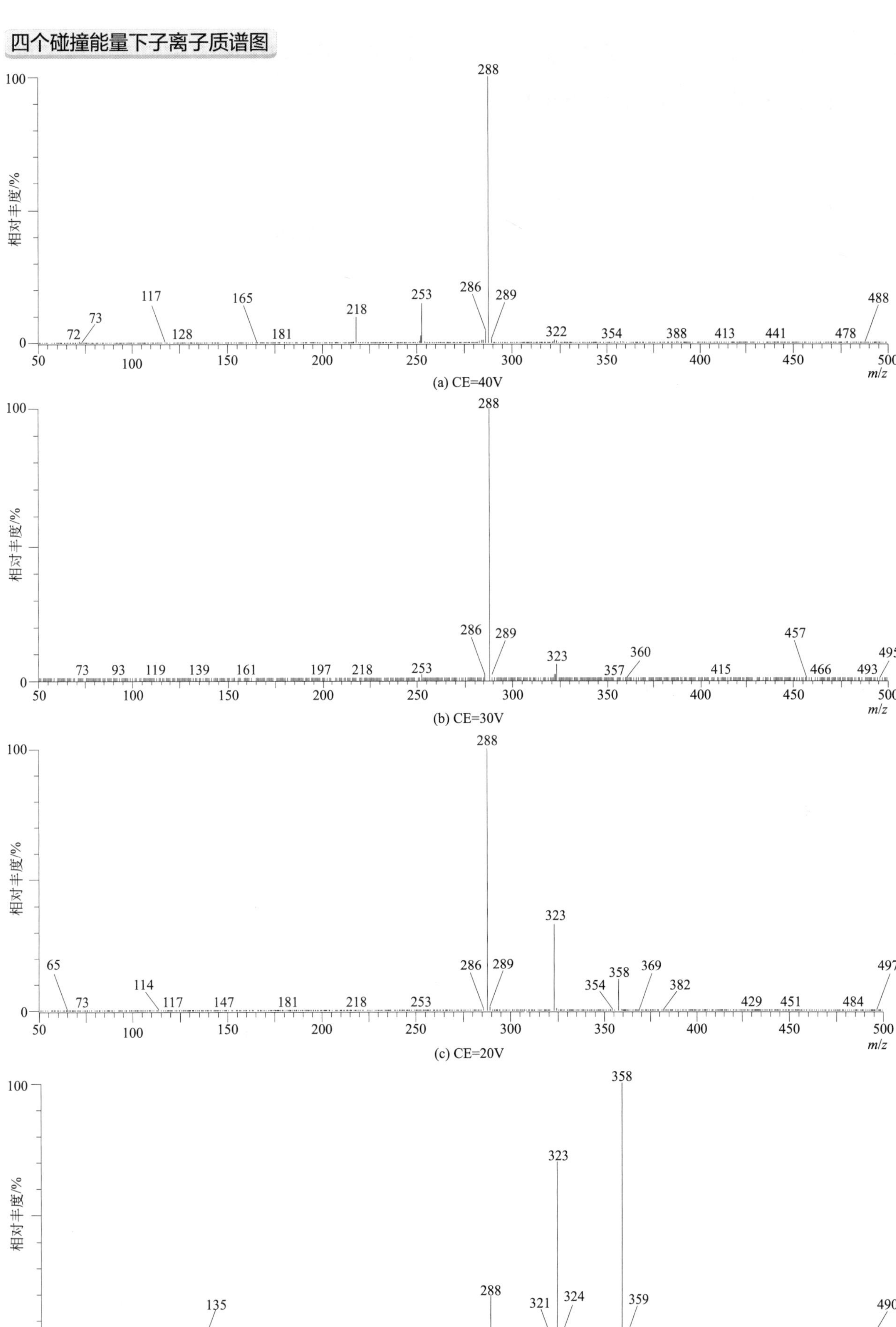

(a) CE=40V

(b) CE=30V

(c) CE=20V

(d) CE=10V

2,2′,3,4′,5,6-Hexachlorobiphenyl
（2,2′,3,4′,5,6-六氯联苯）

基本信息

CAS 登录号	68194-13-8	分子量	357.8	扫描模式	子离子扫描
分子式	$C_{12}H_4Cl_6$	离子化模式	EI	母离子	290

一级质谱图

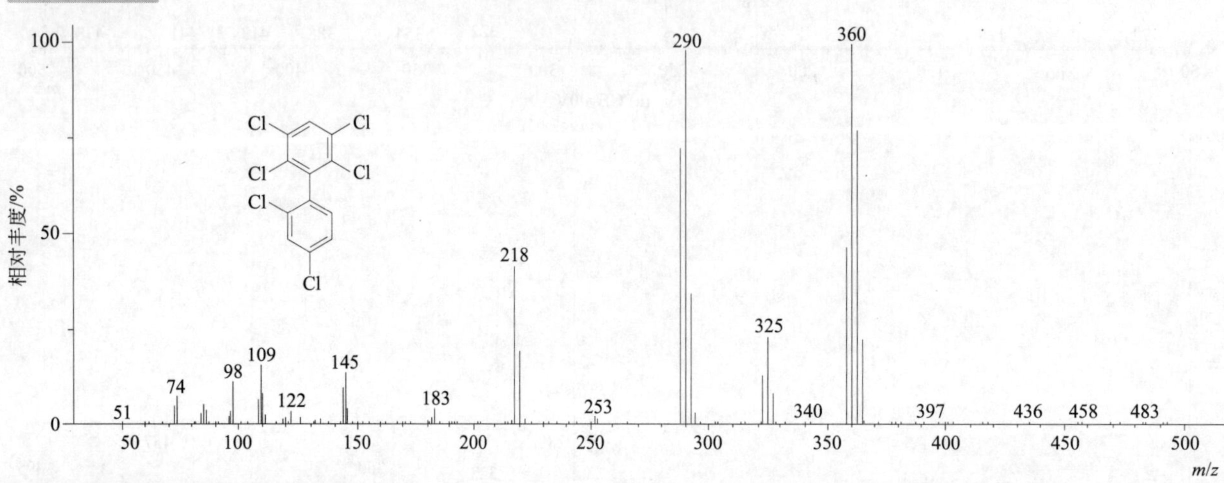

四个碰撞能量下子离子质谱图

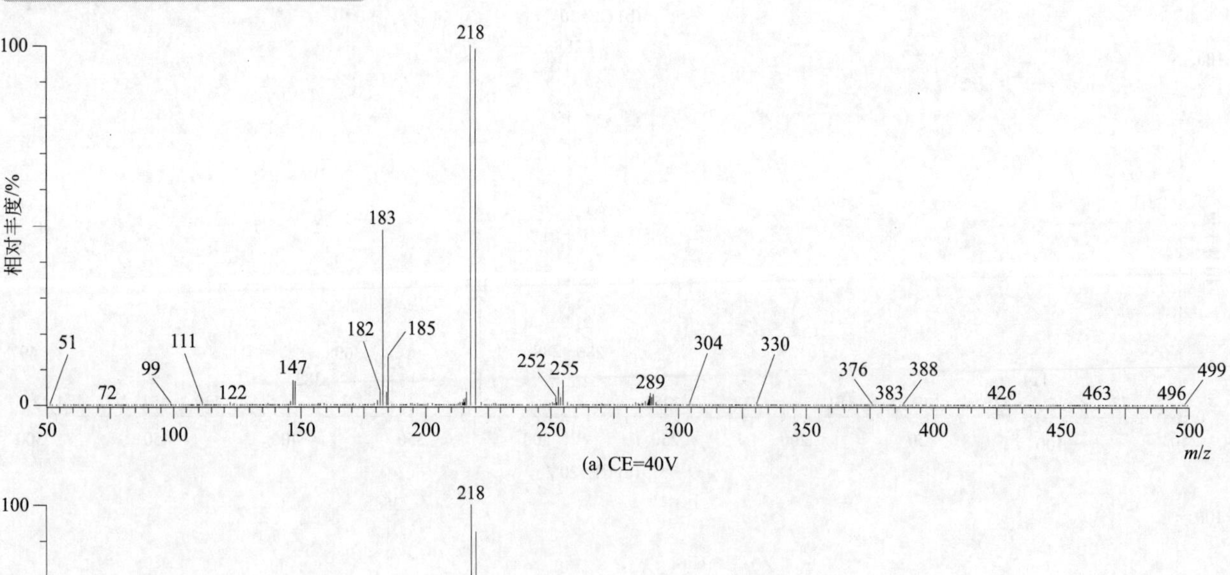

(a) CE=40V

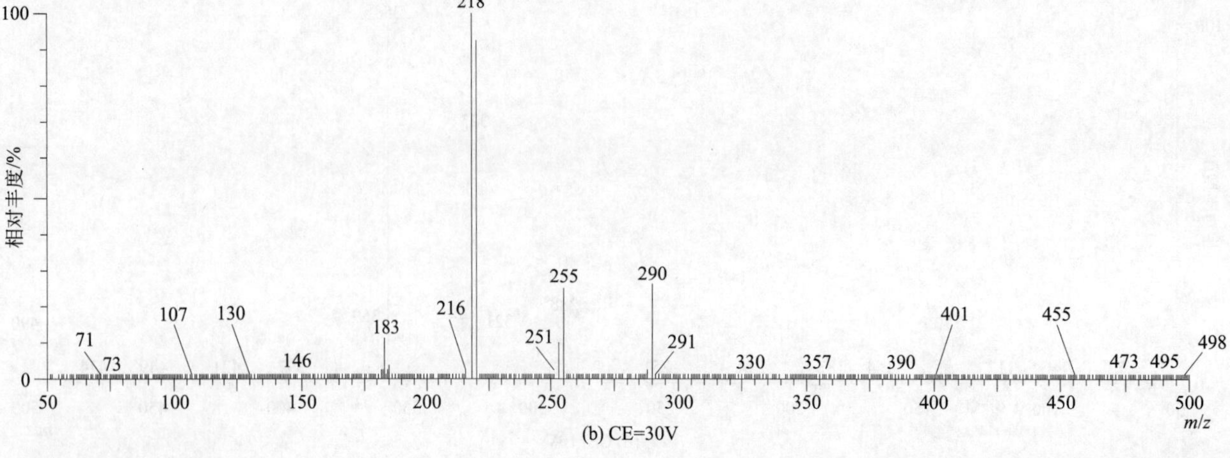

(b) CE=30V

(c) CE=20V

(d) CE=10V

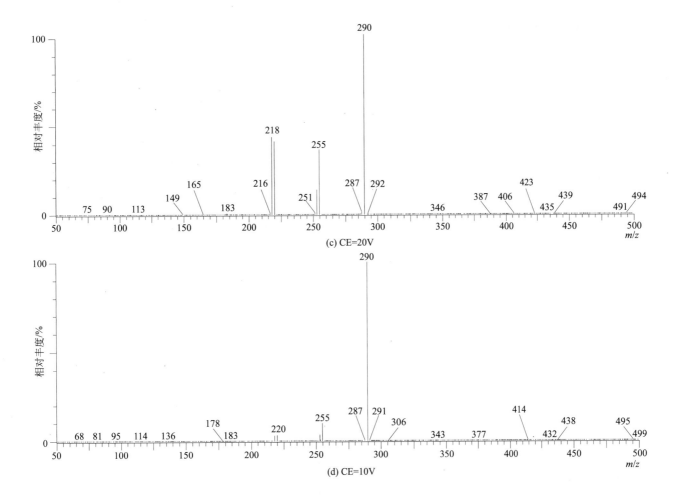

2,2′,3,4′,5,6′-Hexachlorobiphenyl (2,2′,3,4′,5,6′-六氯联苯)

基本信息

CAS 登录号	74472-41-6	分子量	357.8	扫描模式	子离子扫描
分子式	$C_{12}H_4Cl_6$	离子化模式	EI	母离子	362

一级质谱图

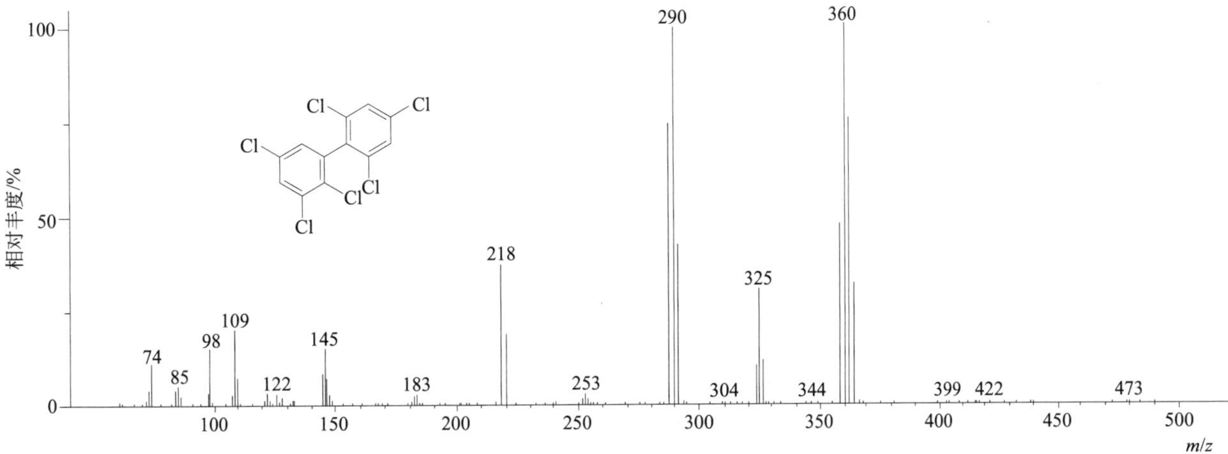

四个碰撞能量下子离子质谱图

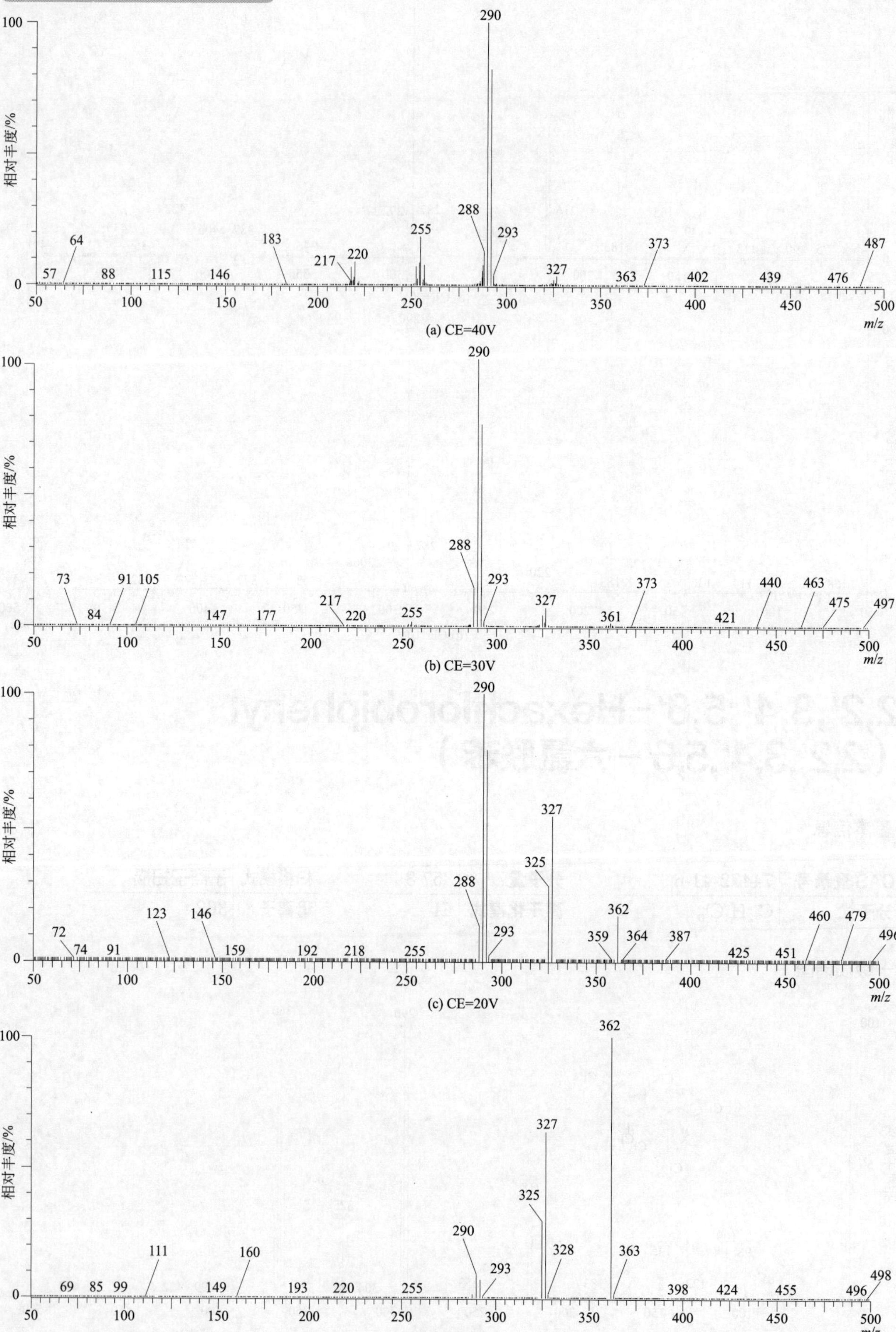

2,2′,3,4′,5′,6-Hexachlorobiphenyl
（2,2′,3,4′,5′,6-六氯联苯）

基本信息

CAS 登录号	38380-04-0	分子量	357.8	扫描模式	子离子扫描
分子式	$C_{12}H_4Cl_6$	离子化模式	EI	母离子	360

一级质谱图

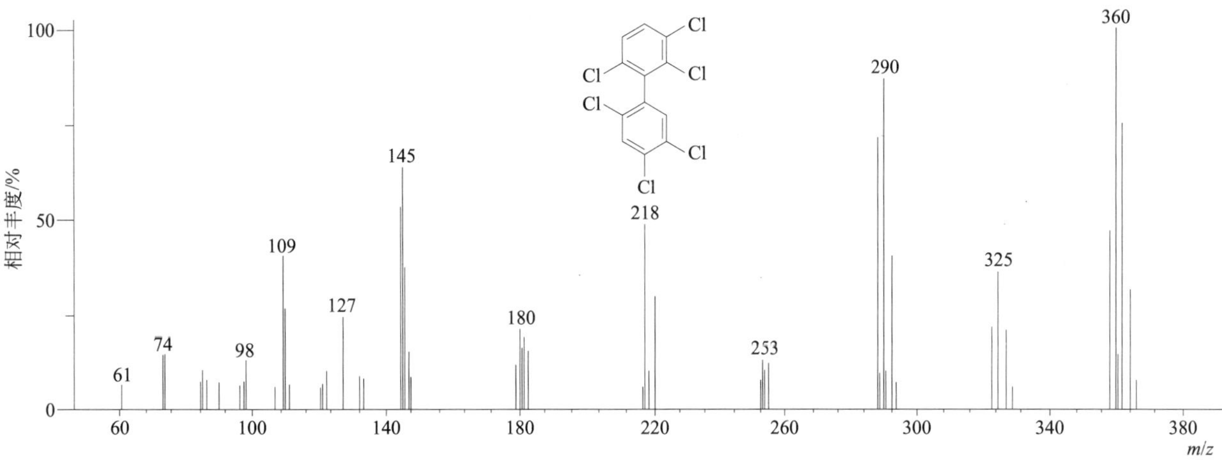

四个碰撞能量下子离子质谱图

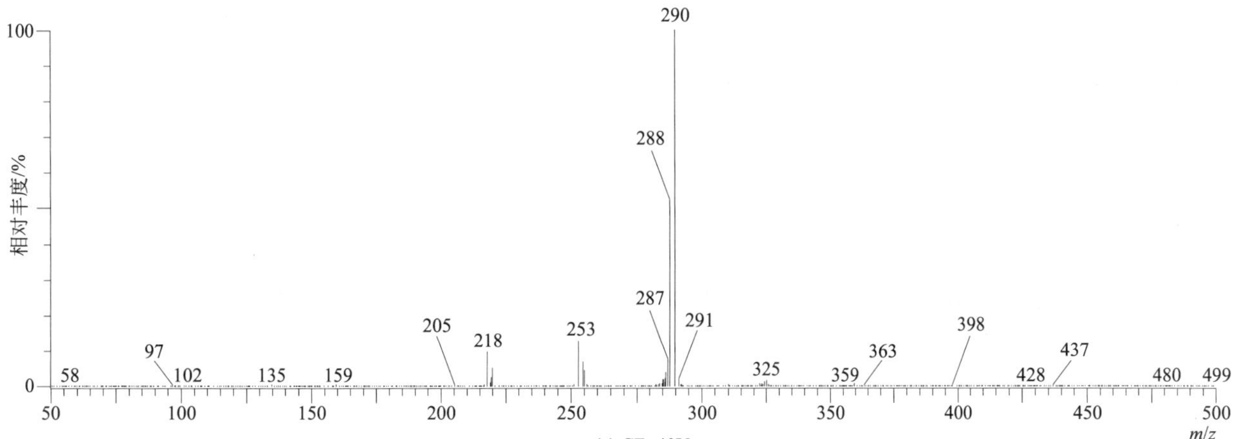

(a) CE=40V

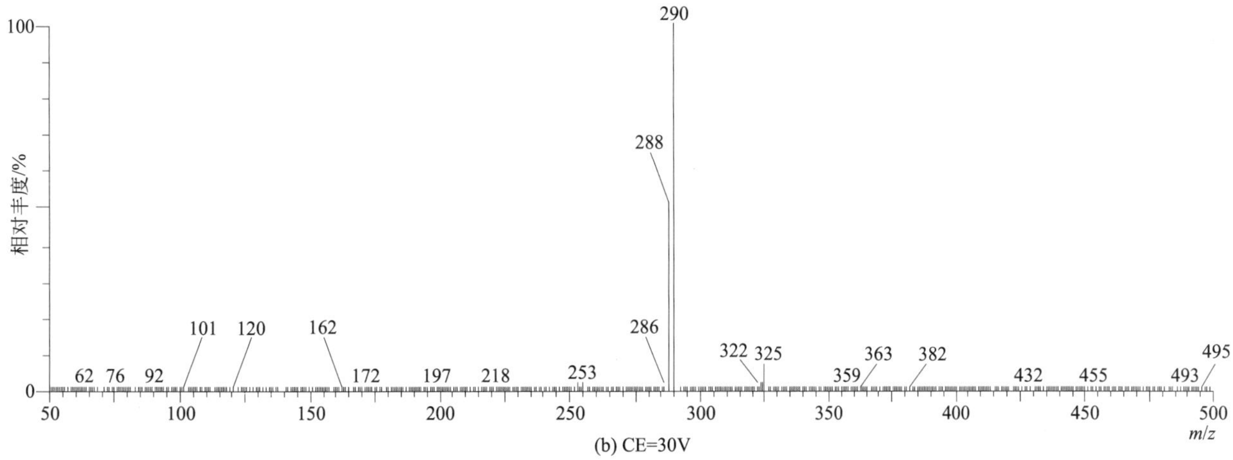

(b) CE=30V

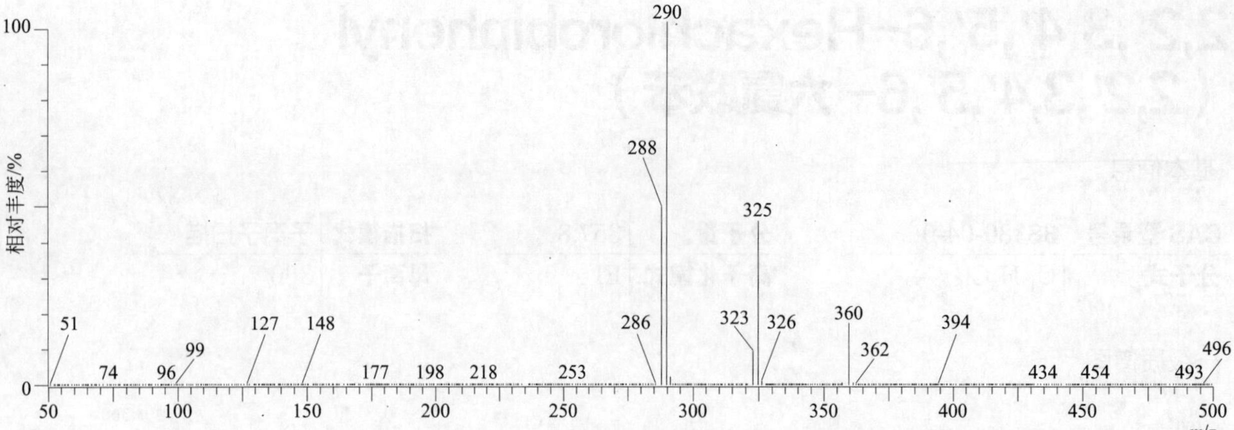

(c) CE=20V

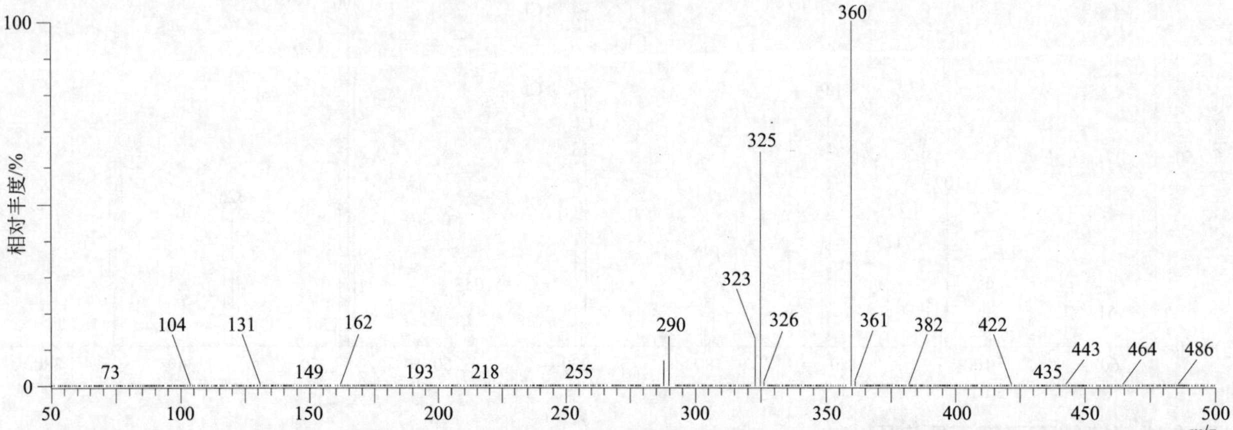

(d) CE=10V

2,2′,3,4′,6,6′-Hexachlorobiphenyl（2,2′,3,4′,6,6′-六氯联苯）

基本信息

CAS 登录号	68194-08-1	分子量	357.8	扫描模式	子离子扫描
分子式	$C_{12}H_4Cl_6$	离子化模式	EI	母离子	325

一级质谱图

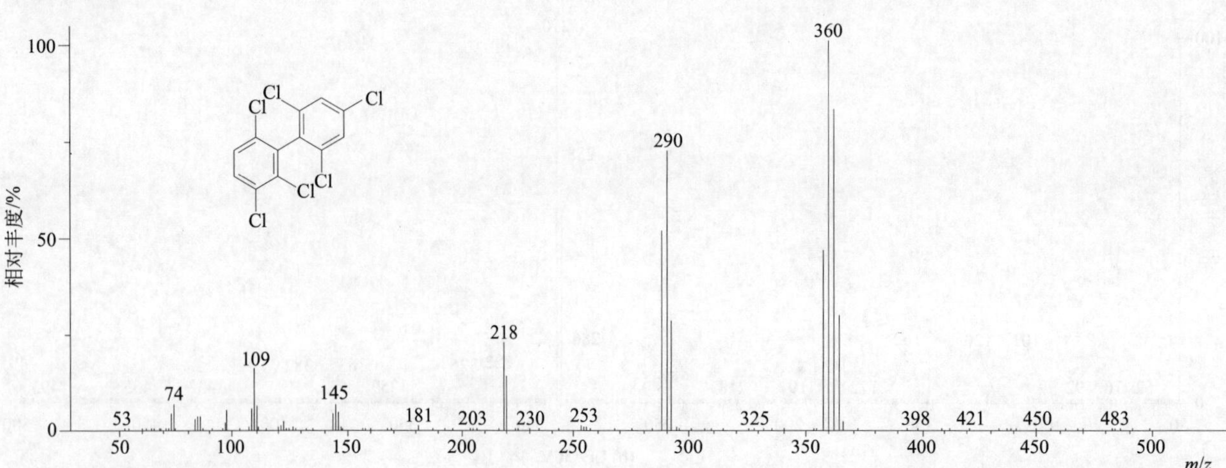

四个碰撞能量下子离子质谱图

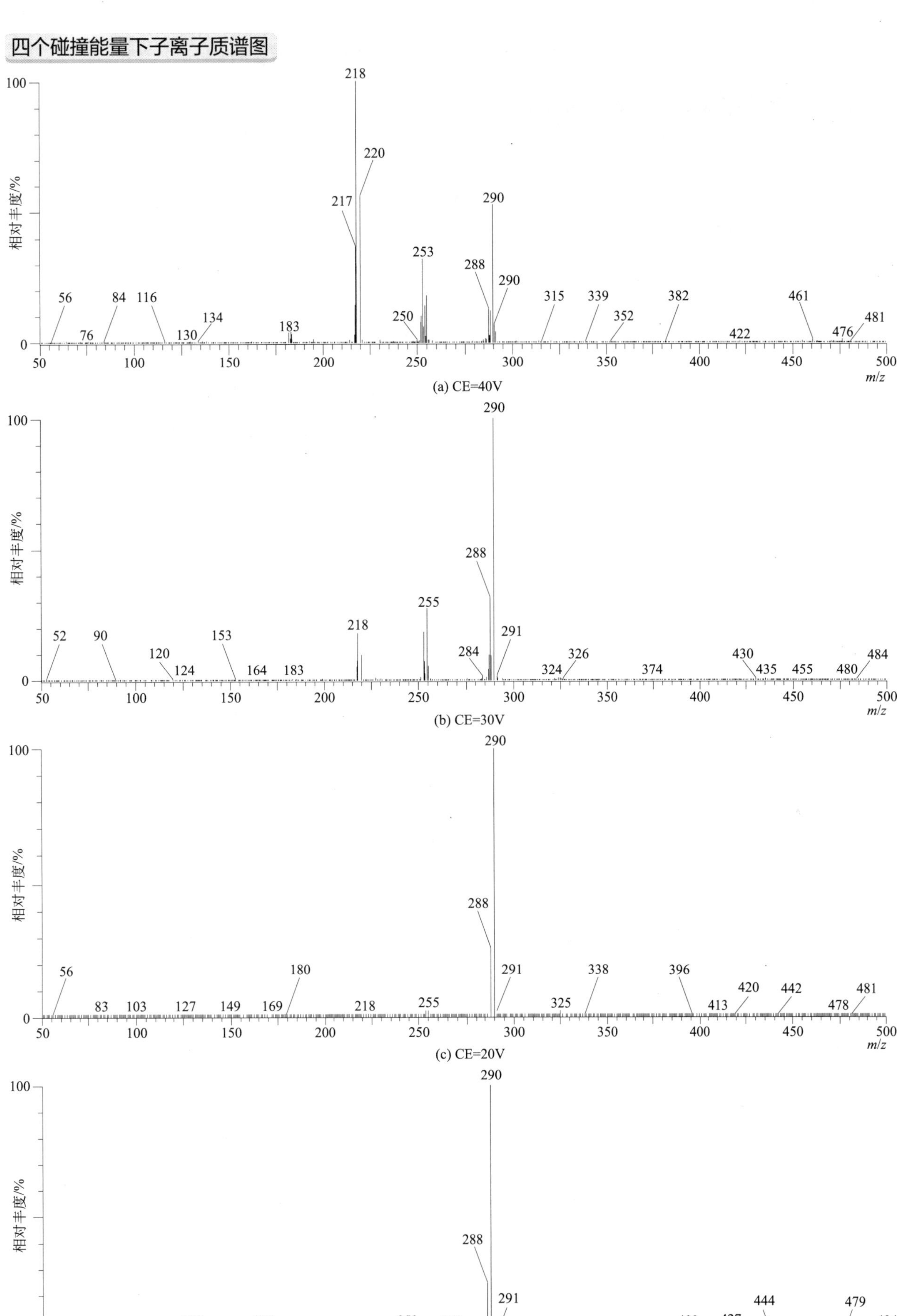

2,2′,3,5,5′,6-Hexachlorobiphenyl（2,2′,3,5,5′,6-六氯联苯）

基本信息

CAS 登录号	52663-63-5	分子量	357.8	扫描模式	子离子扫描
分子式	$C_{12}H_4Cl_6$	离子化模式	EI	母离子	358

一级质谱图

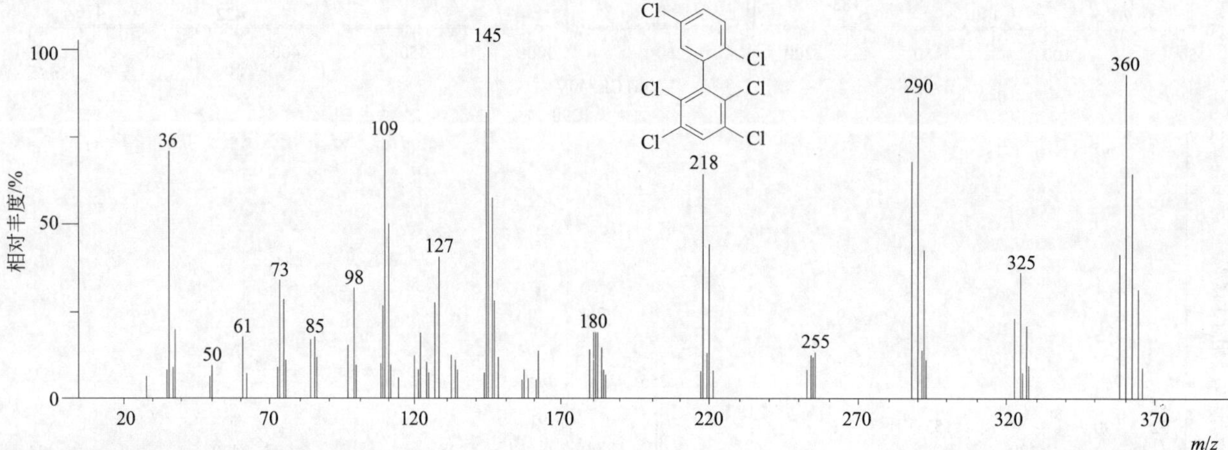

四个碰撞能量下子离子质谱图

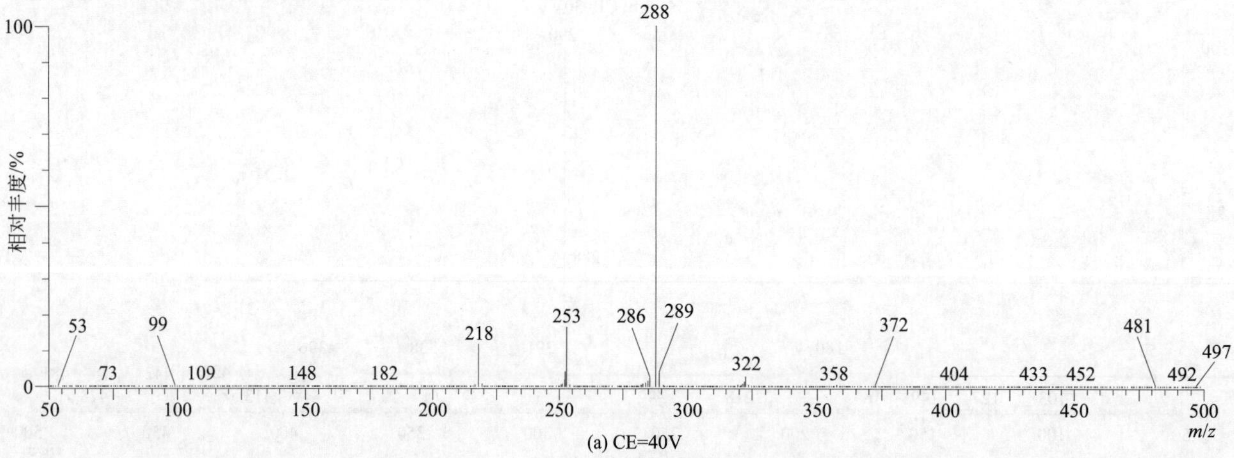

(a) CE=40V

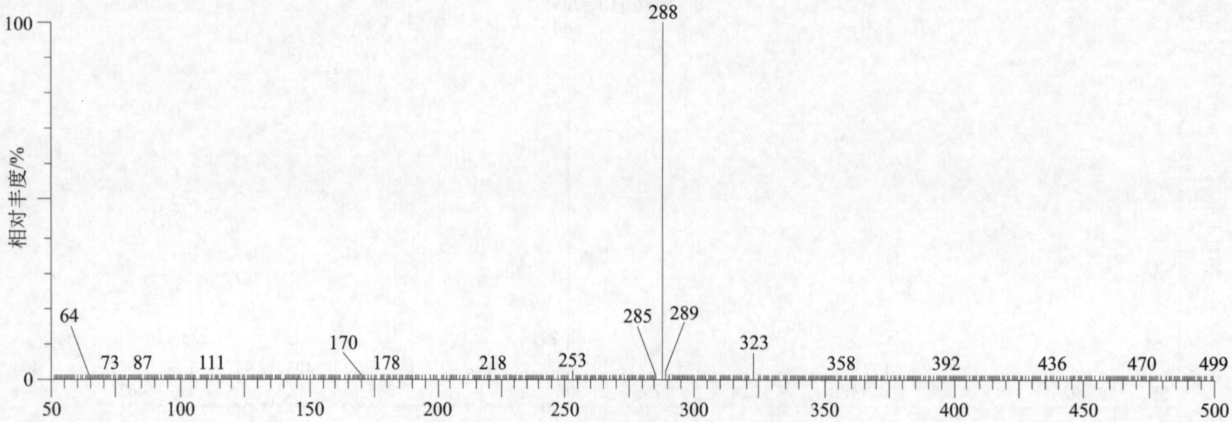

(b) CE=30V

(c) CE=20V

(d) CE=10V

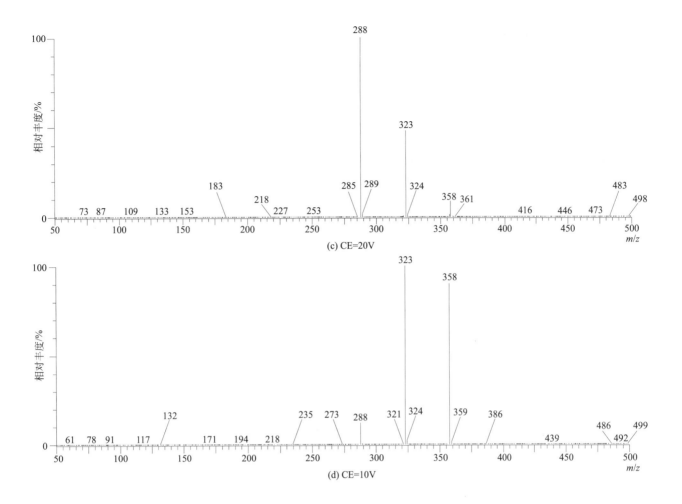

2,2′,3,5,6,6′-Hexachlorobiphenyl（2,2′,3,5,6,6′-六氯联苯）

基本信息

CAS 登录号	68194-09-2	**分子量**	357.8	**扫描模式**	子离子扫描
分子式	$C_{12}H_4Cl_6$	**离子化模式**	EI	**母离子**	358

一级质谱图

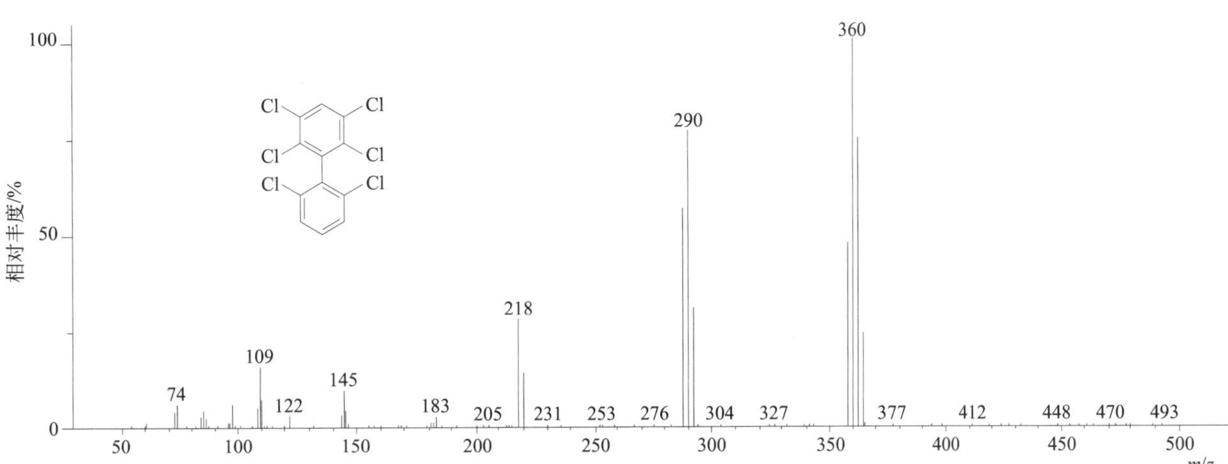

四个碰撞能量下子离子质谱图

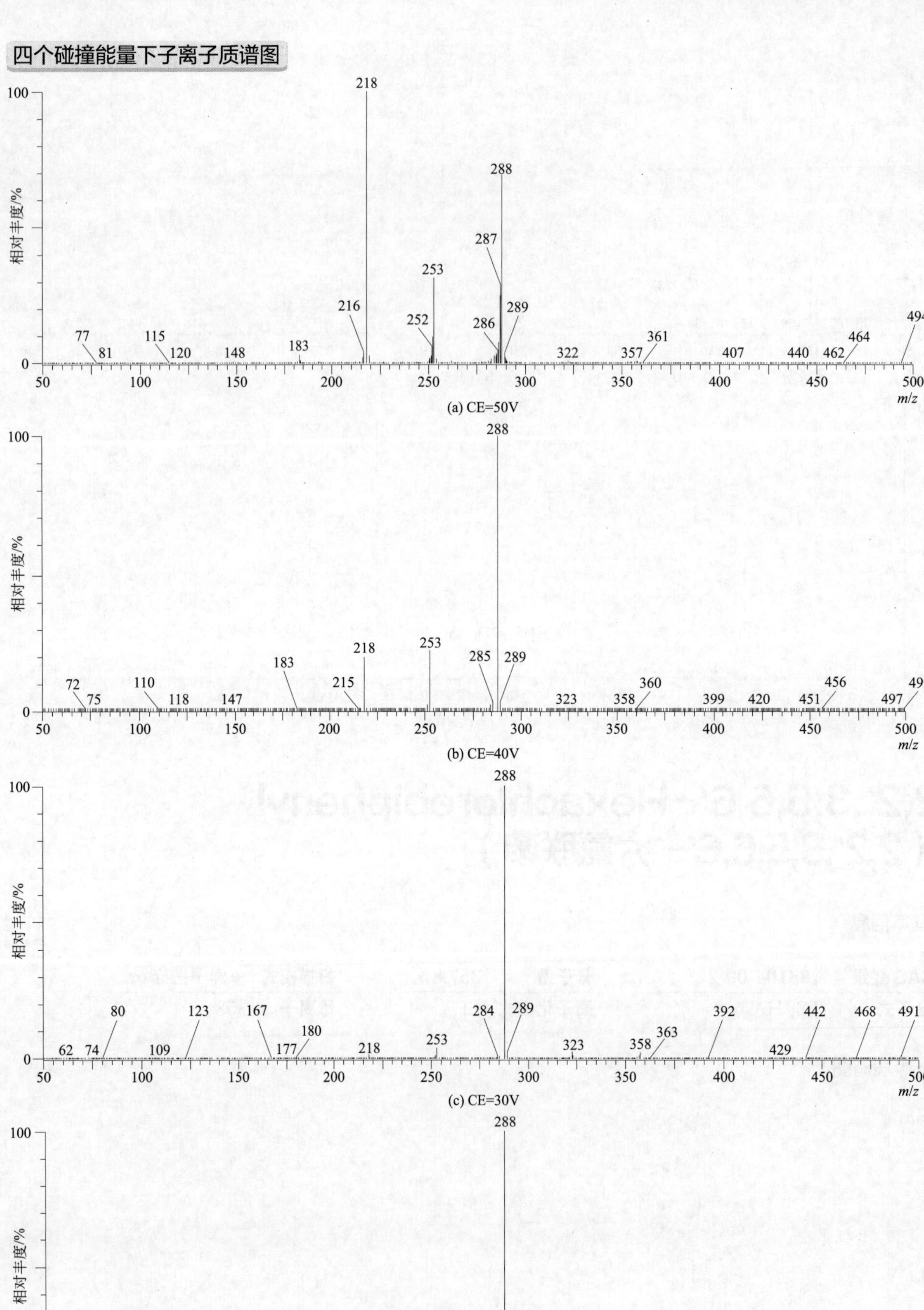

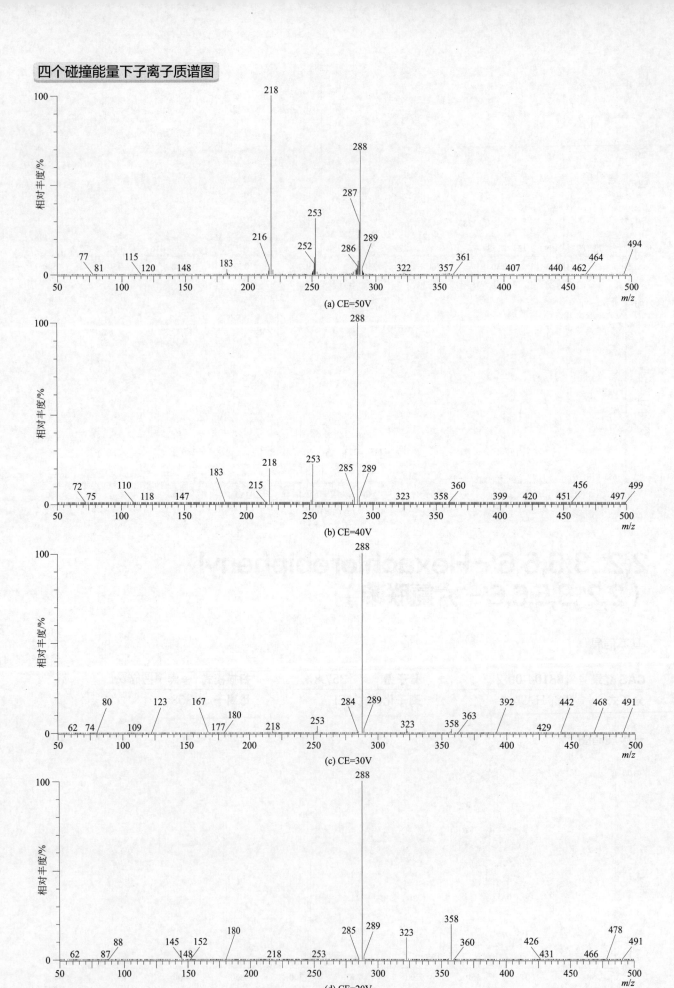

(a) CE=50V

(b) CE=40V

(c) CE=30V

(d) CE=20V

2,2′,4,4′,5,5′-Hexachlorobiphenyl (2,2′,4,4′,5,5′-六氯联苯)

基本信息

CAS 登录号	35065-27-1	分子量	357.8	扫描模式	子离子扫描
分子式	$C_{12}H_4Cl_6$	离子化模式	EI	母离子	290

一级质谱图

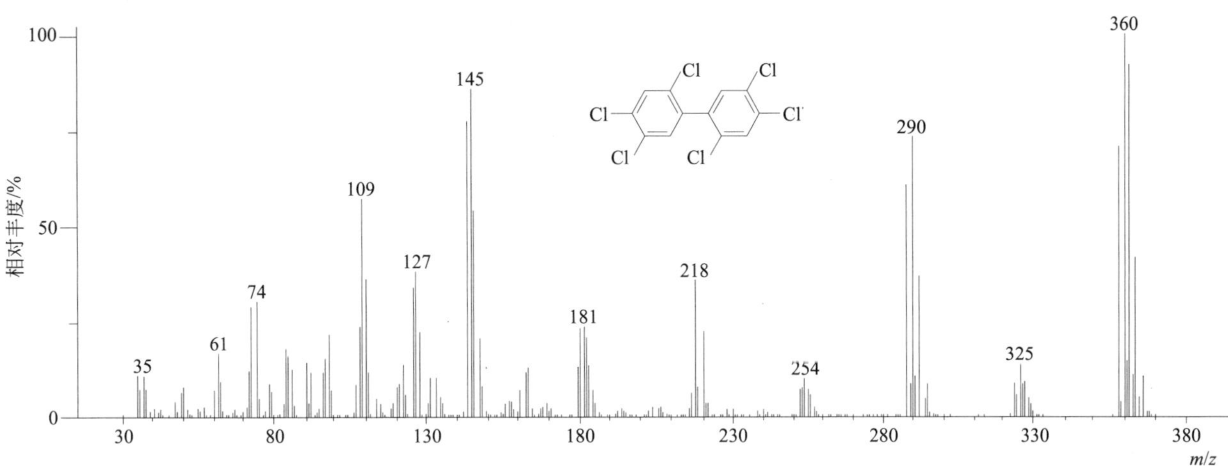

四个碰撞能量下子离子质谱图

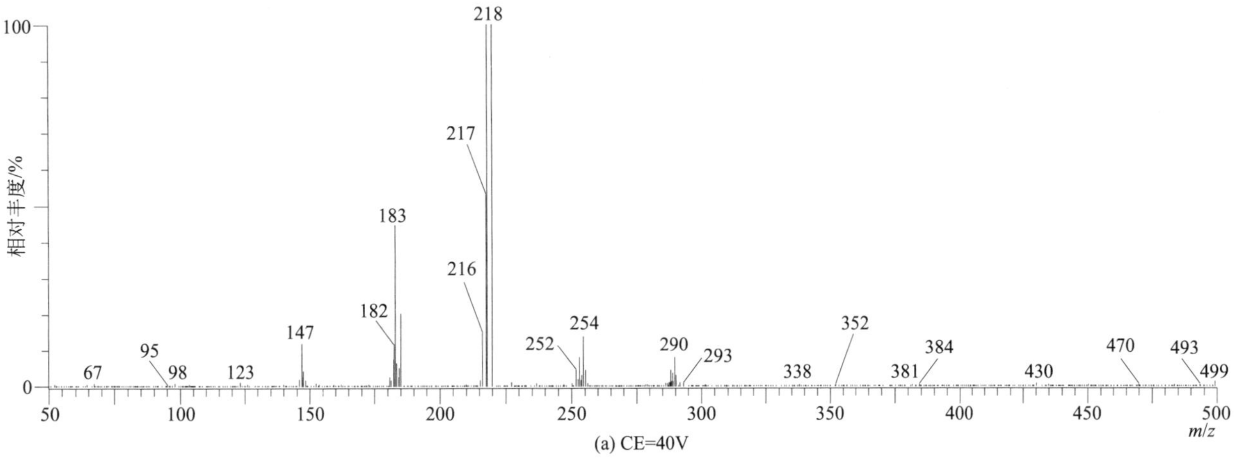

(a) CE=40V

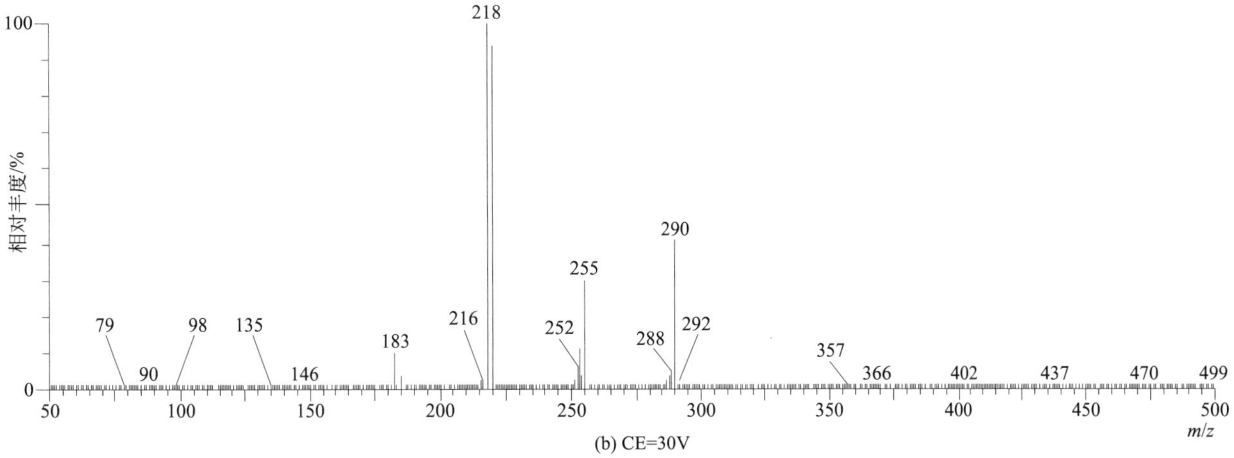

(b) CE=30V

(c) CE=20V

(d) CE=10V

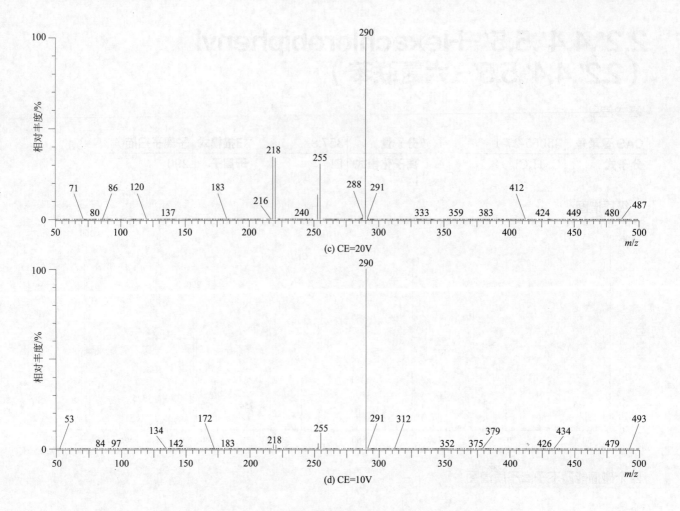

2,2′,4,4′,5,6′-Hexachlorobiphenyl
（2,2′,4,4′,5,6′-六氯联苯）

基本信息

CAS 登录号	60145-22-4	分子量	357.8	扫描模式	子离子扫描
分子式	$C_{12}H_4Cl_6$	离子化模式	EI	母离子	358

一级质谱图

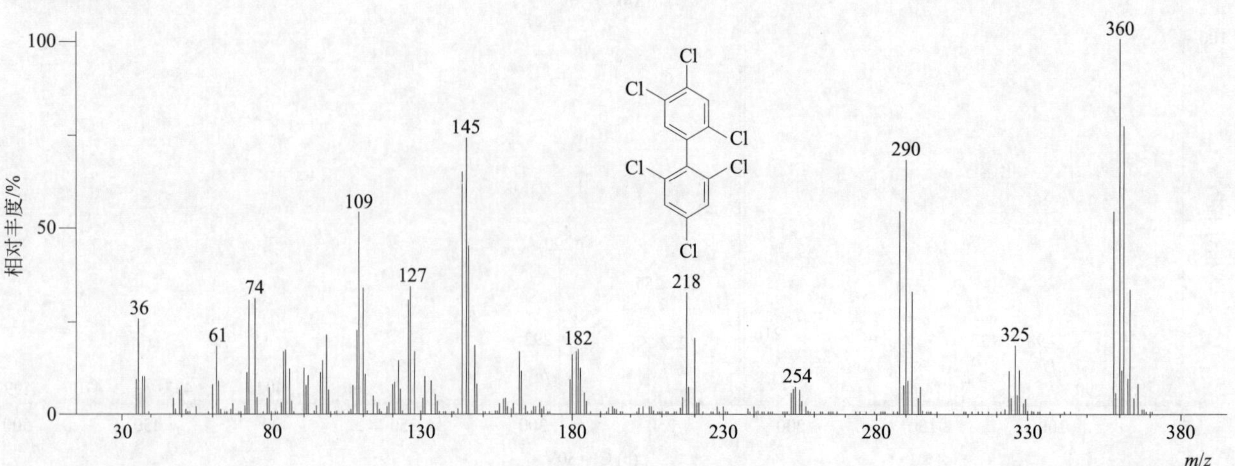

四个碰撞能量下子离子质谱图

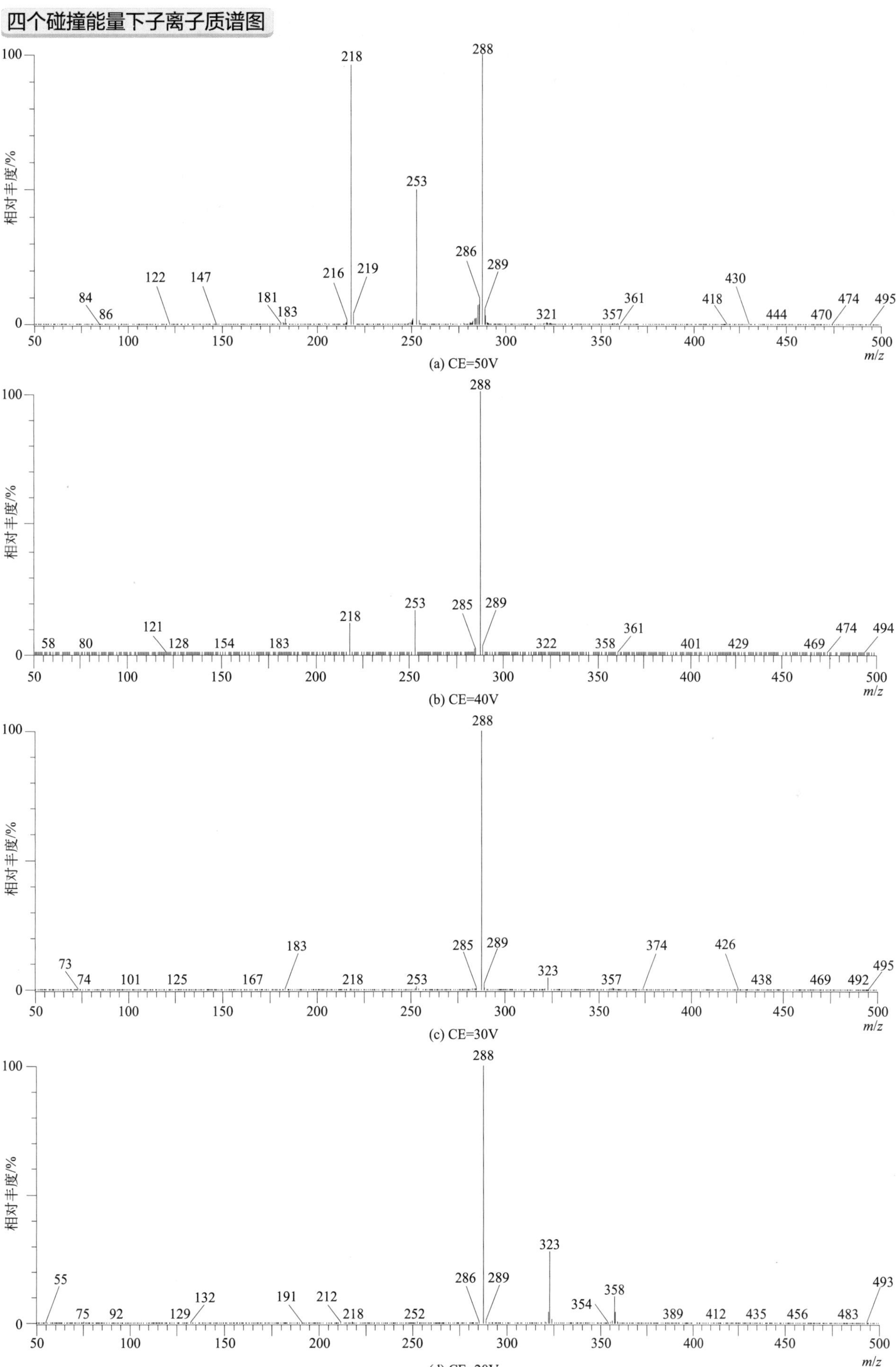

(a) CE=50V

(b) CE=40V

(c) CE=30V

(d) CE=20V

2,2′,4,4′,6,6′-Hexachlorobiphenyl
（2,2′,4,4′,6,6′-六氯联苯）

基本信息

CAS 登录号	33979-03-2	分子量	357.8	扫描模式	子离子扫描
分子式	$C_{12}H_4Cl_6$	离子化模式	EI	母离子	360

一级质谱图

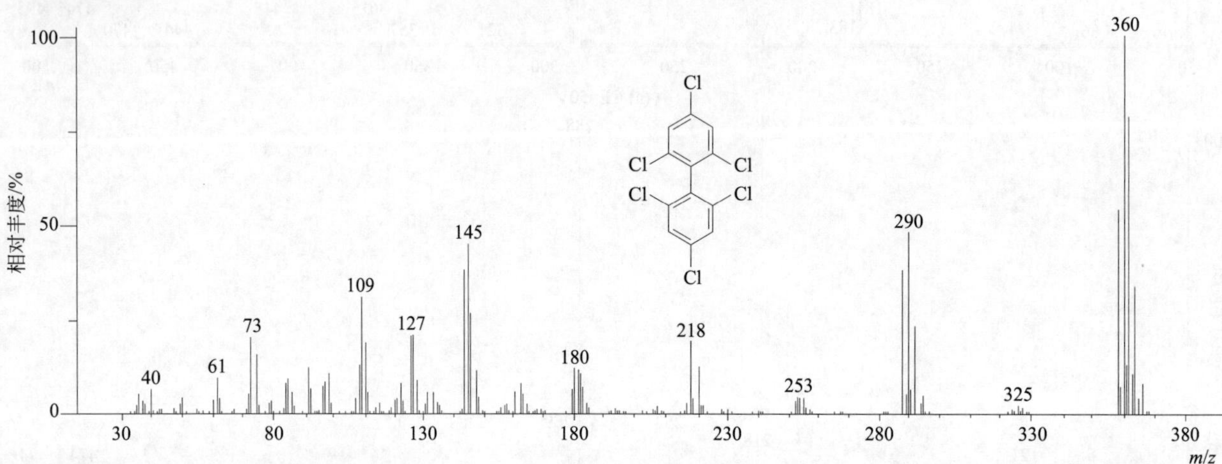

四个碰撞能量下子离子质谱图

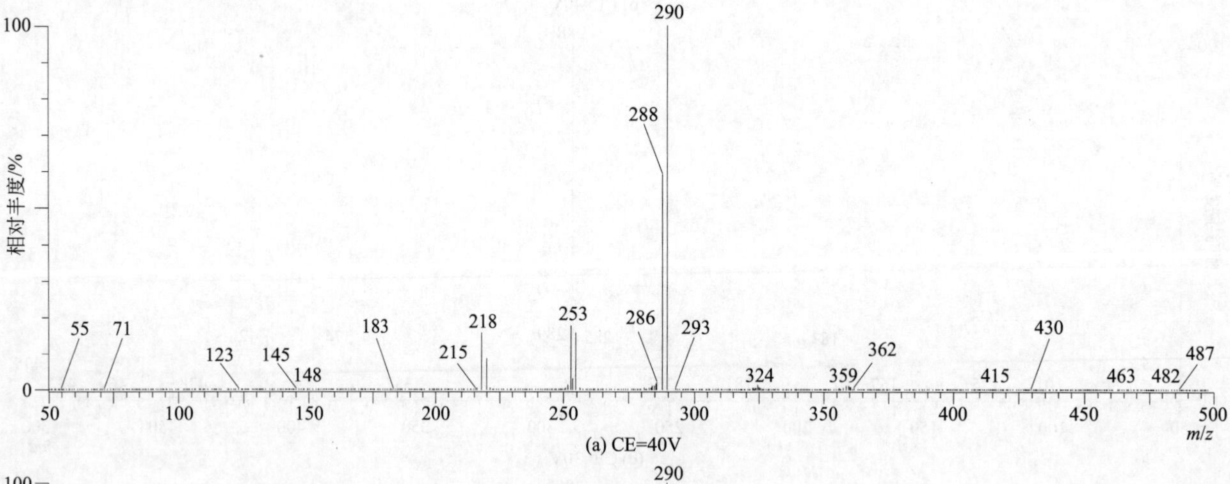

(a) CE=40V

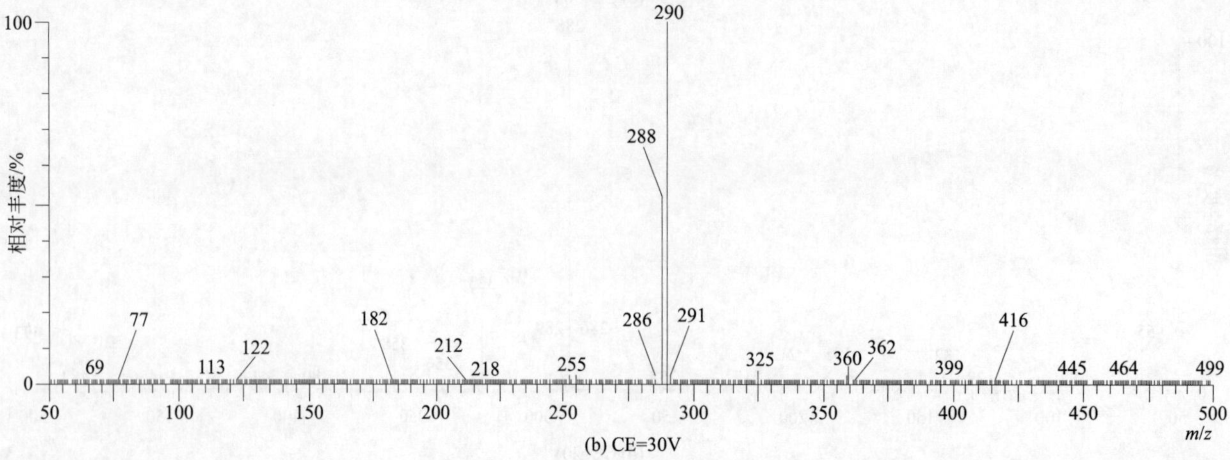

(b) CE=30V

(c) CE=20V

(d) CE=10V

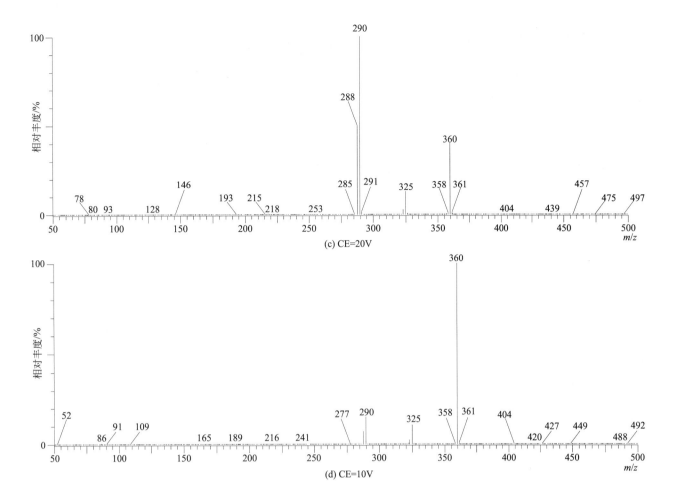

2,3,3′,4,4′,5-Hexachlorobiphenyl（2,3,3′,4,4′,5-六氯联苯）

基本信息

CAS 登录号	38380-08-4	分子量	357.8	扫描模式	子离子扫描
分子式	$C_{12}H_4Cl_6$	离子化模式	EI	母离子	362

一级质谱图

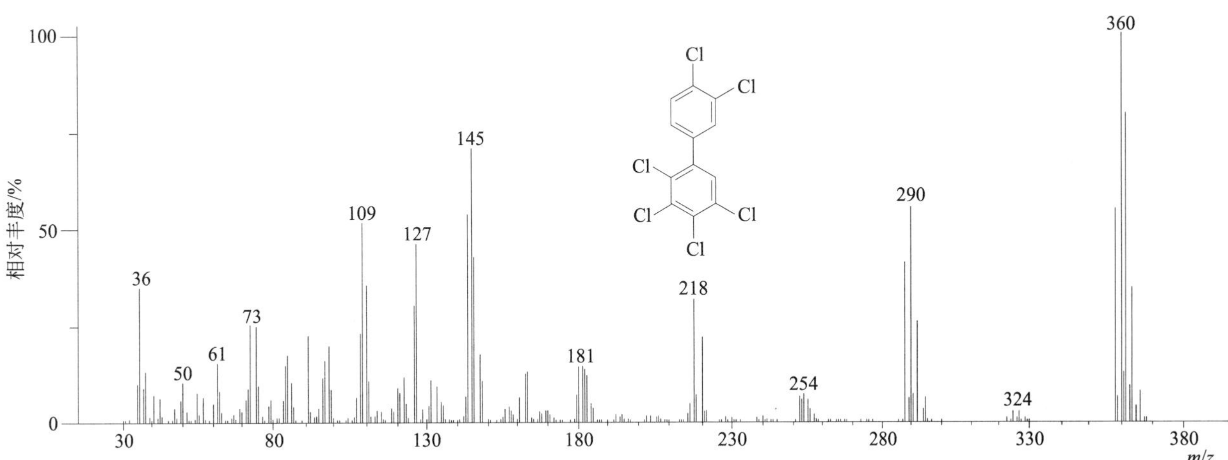

四个碰撞能量下子离子质谱图

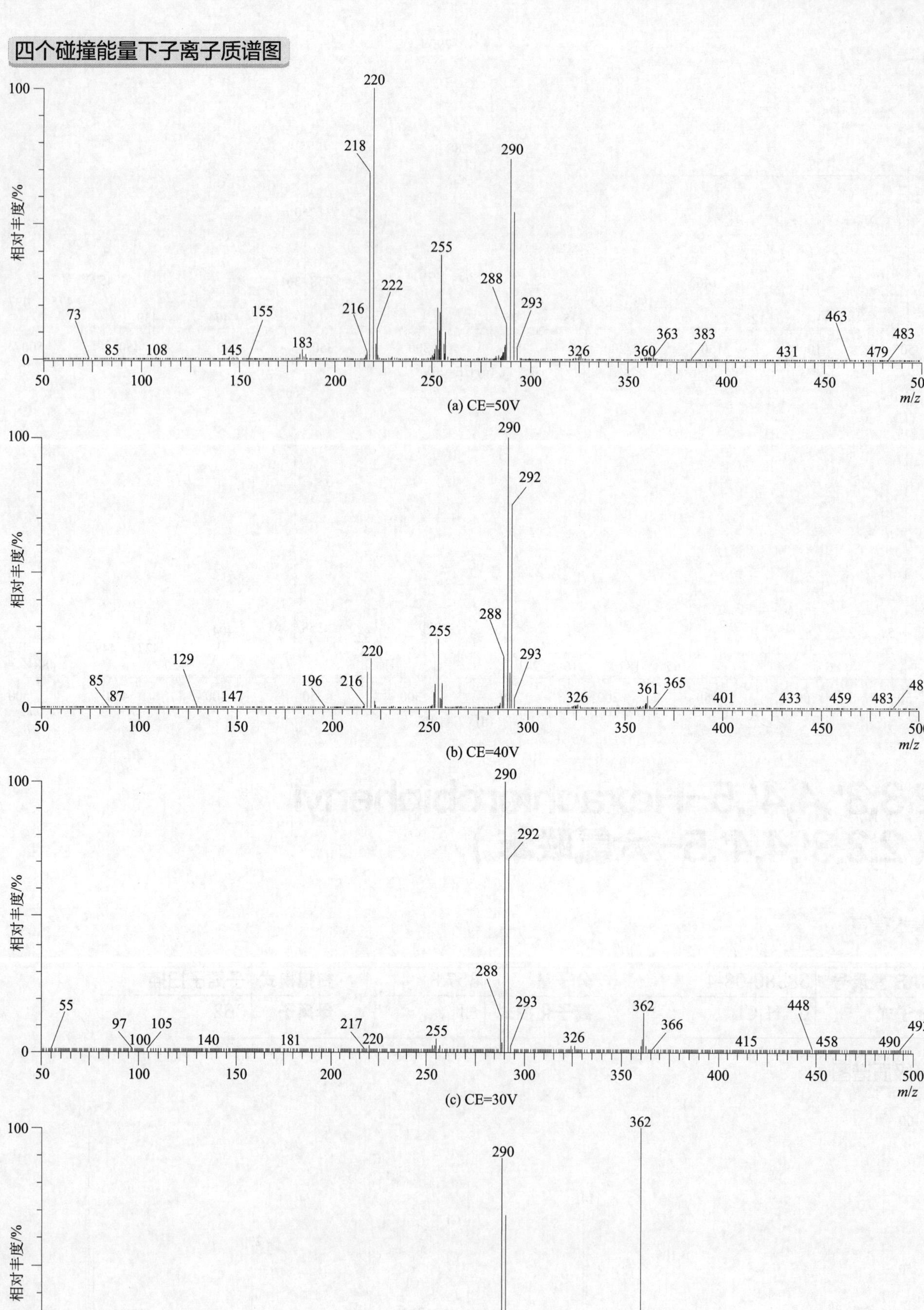

(a) CE=50V

(b) CE=40V

(c) CE=30V

(d) CE=20V

2,3,3′,4,4′,5′-Hexachlorobiphenyl（2,3,3′,4,4′,5′-六氯联苯）

基本信息

CAS 登录号	69782-90-7	分子量	357.8	扫描模式	子离子扫描
分子式	$C_{12}H_4Cl_6$	离子化模式	EI	母离子	360

一级质谱图

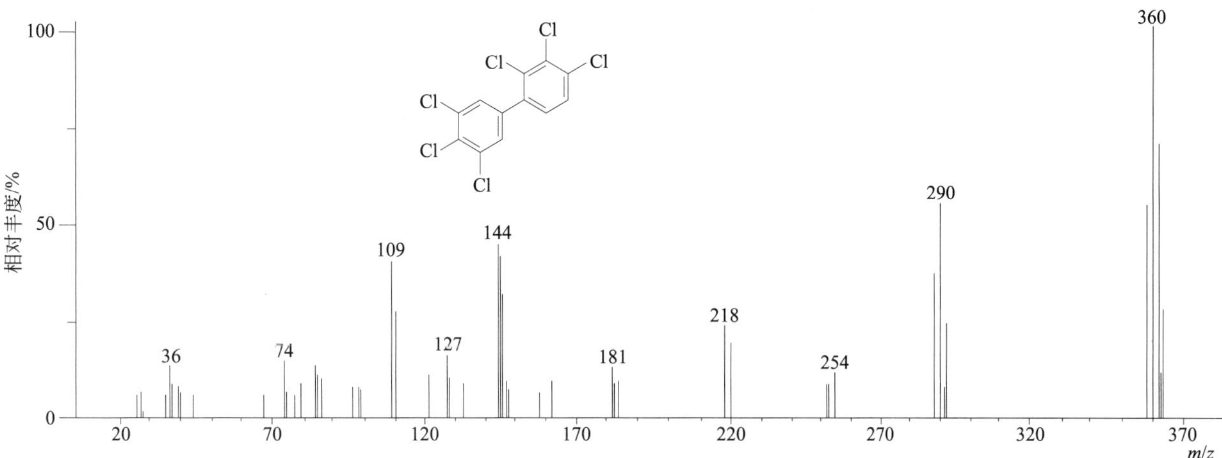

四个碰撞能量下子离子质谱图

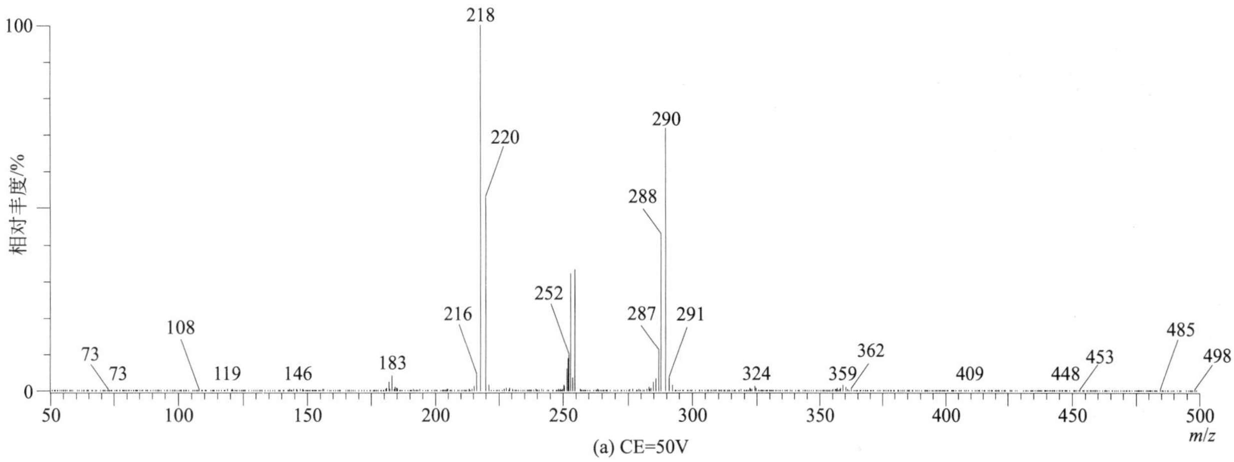

(a) CE=50V

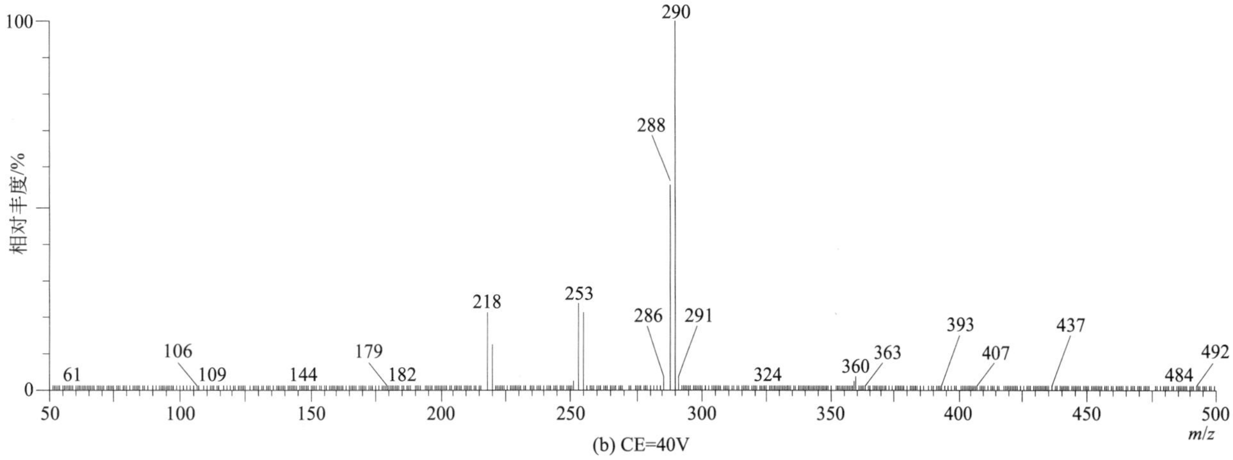

(b) CE=40V

(c) CE=30V

(d) CE=20V

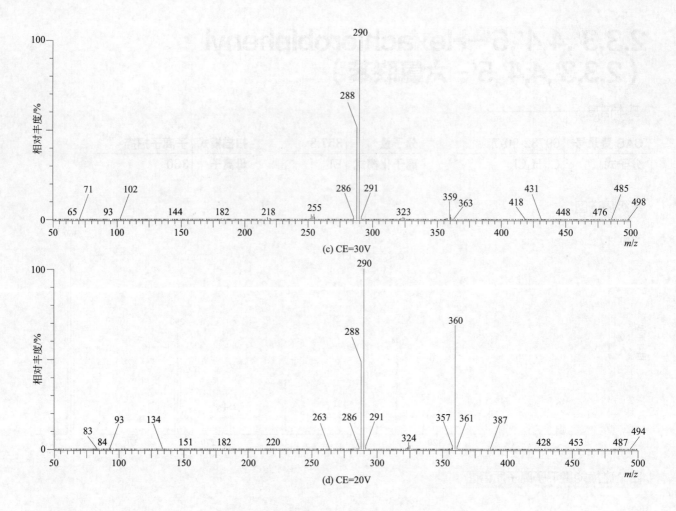

2,3,3′,4,4′,6-Hexachlorobiphenyl
（2,3,3′,4,4′,6-六氯联苯）

基本信息

CAS 登录号	74472-42-7	分子量	357.8	扫描模式	子离子扫描
分子式	$C_{12}H_4Cl_6$	离子化模式	EI	母离子	290

一级质谱图

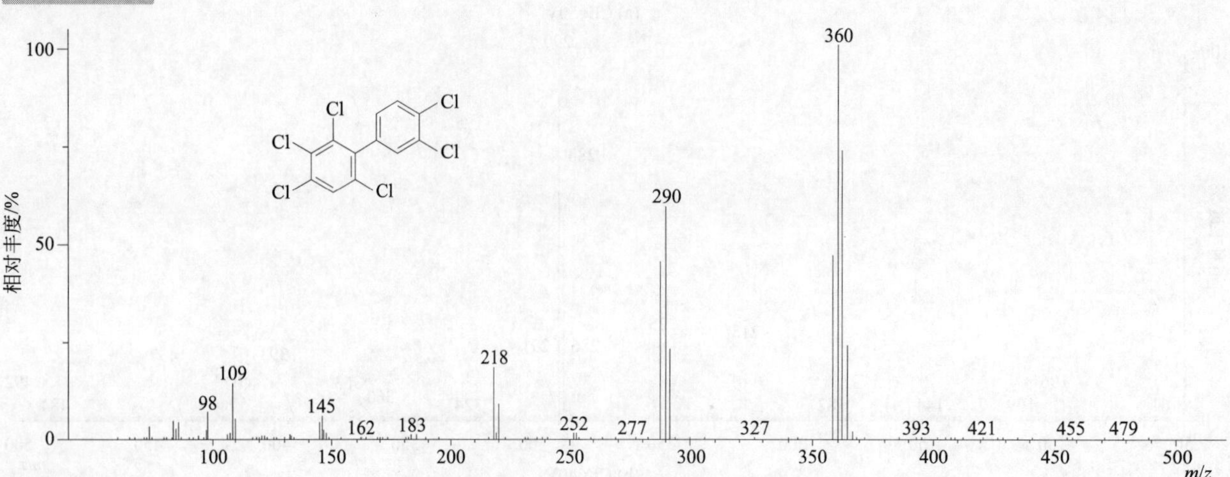

四个碰撞能量下子离子质谱图

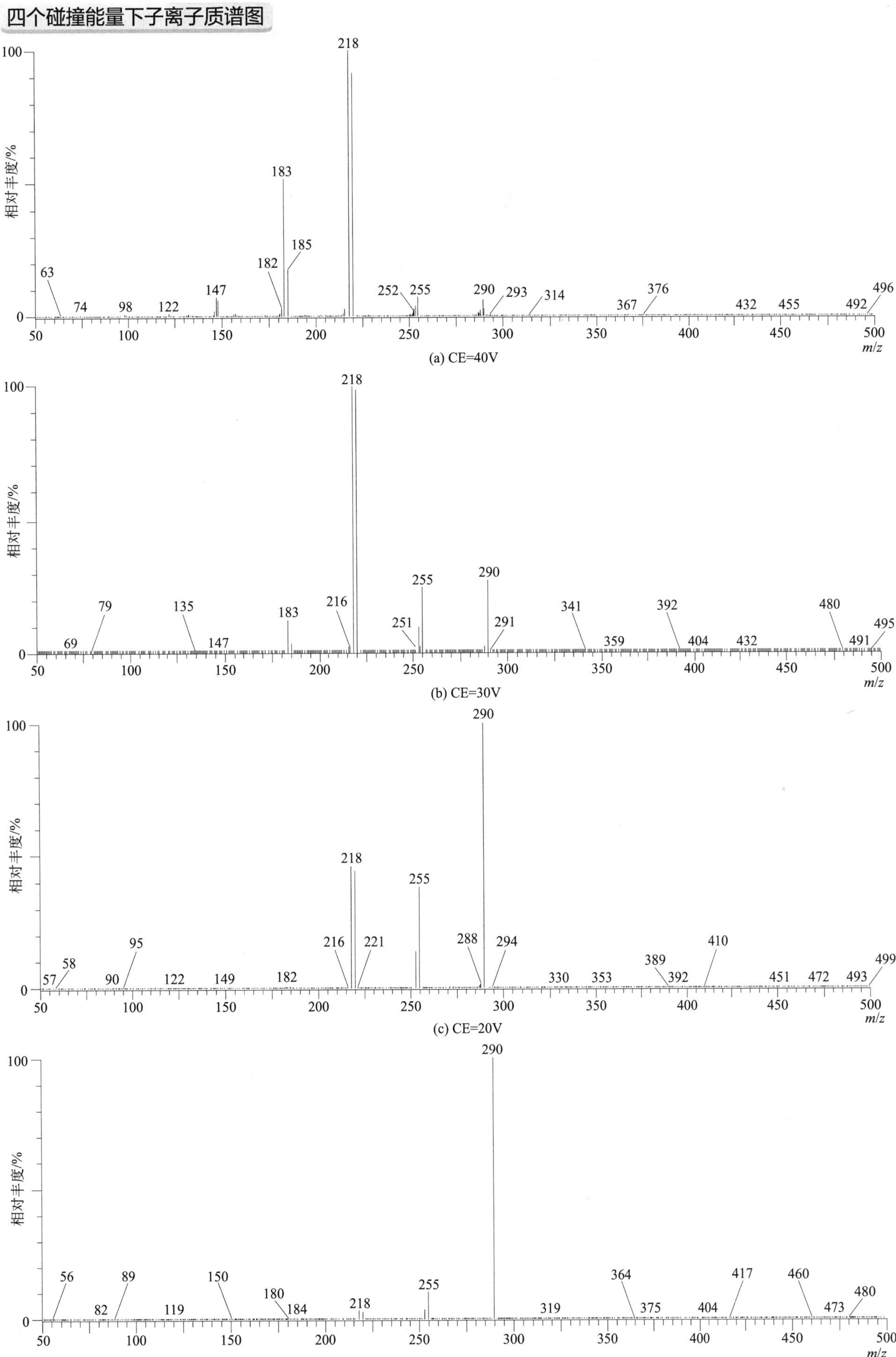

(a) CE=40V

(b) CE=30V

(c) CE=20V

(d) CE=10V

2,3,3′,4,5,5′-Hexachlorobiphenyl
（2,3,3′,4,5,5′-六氯联苯）

基本信息

CAS 登录号	39635-35-3	分子量	357.8	扫描模式	子离子扫描
分子式	$C_{12}H_4Cl_6$	离子化模式	EI	母离子	358

一级质谱图

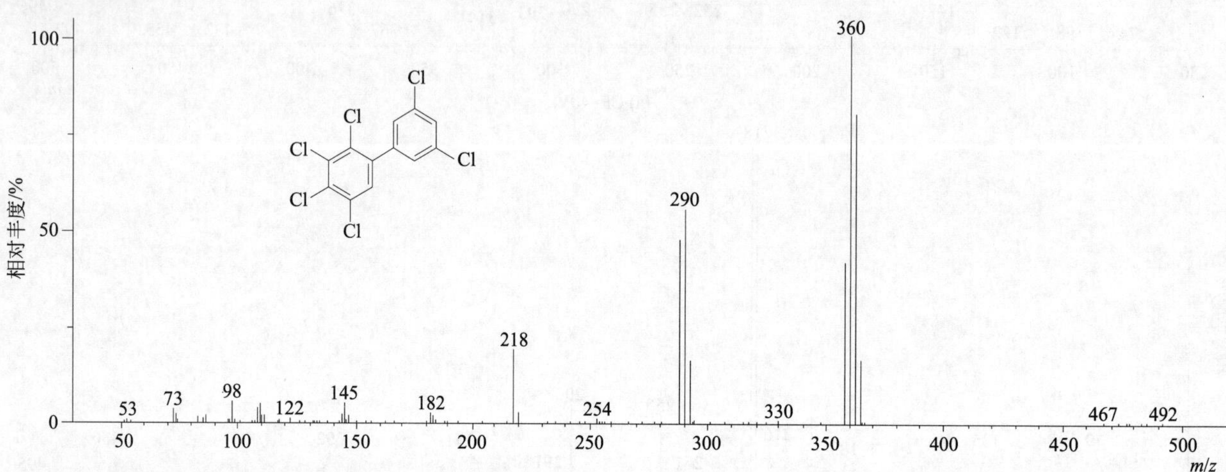

四个碰撞能量下子离子质谱图

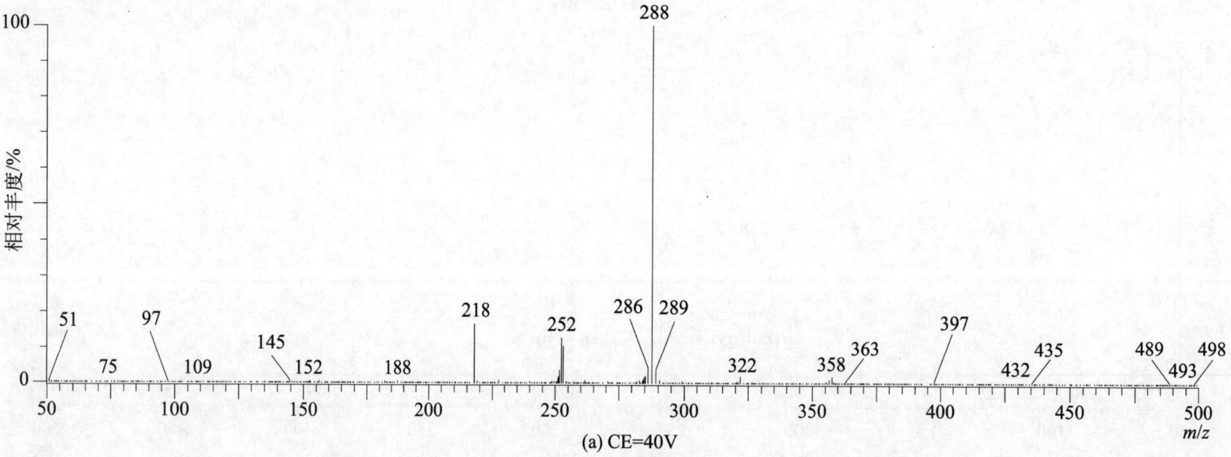

(a) CE=40V

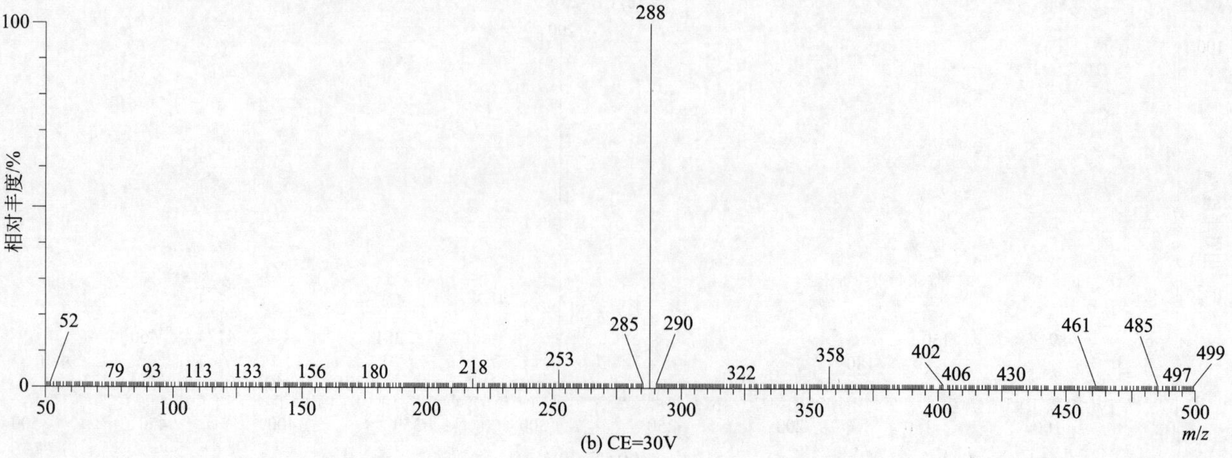

(b) CE=30V

(c) CE=20V

(d) CE=10V

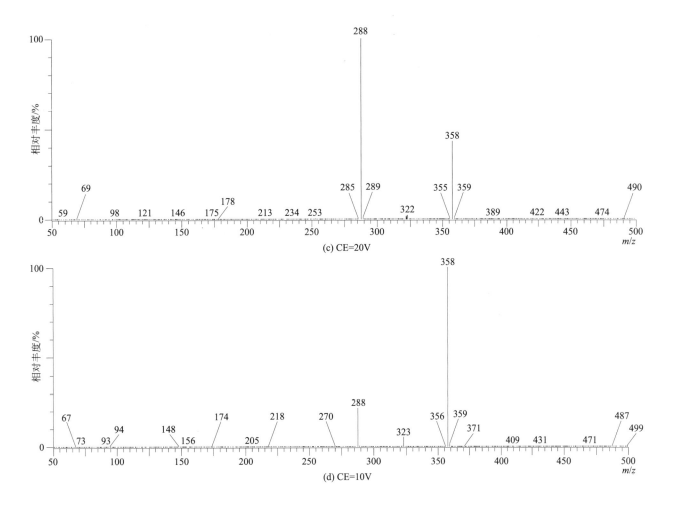

2,3,3′,4,5,6-Hexachlorobiphenyl（2,3,3′,4,5,6-六氯联苯）

基本信息

CAS 登录号	41411-62-5	分子量	357.8	扫描模式	子离子扫描
分子式	$C_{12}H_4Cl_6$	离子化模式	EI	母离子	360

一级质谱图

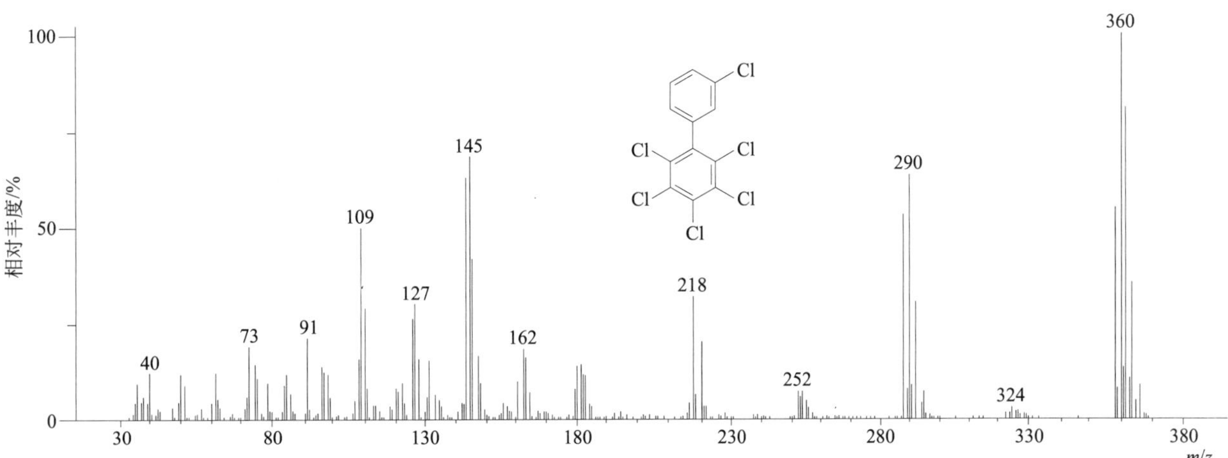

四个碰撞能量下子离子质谱图

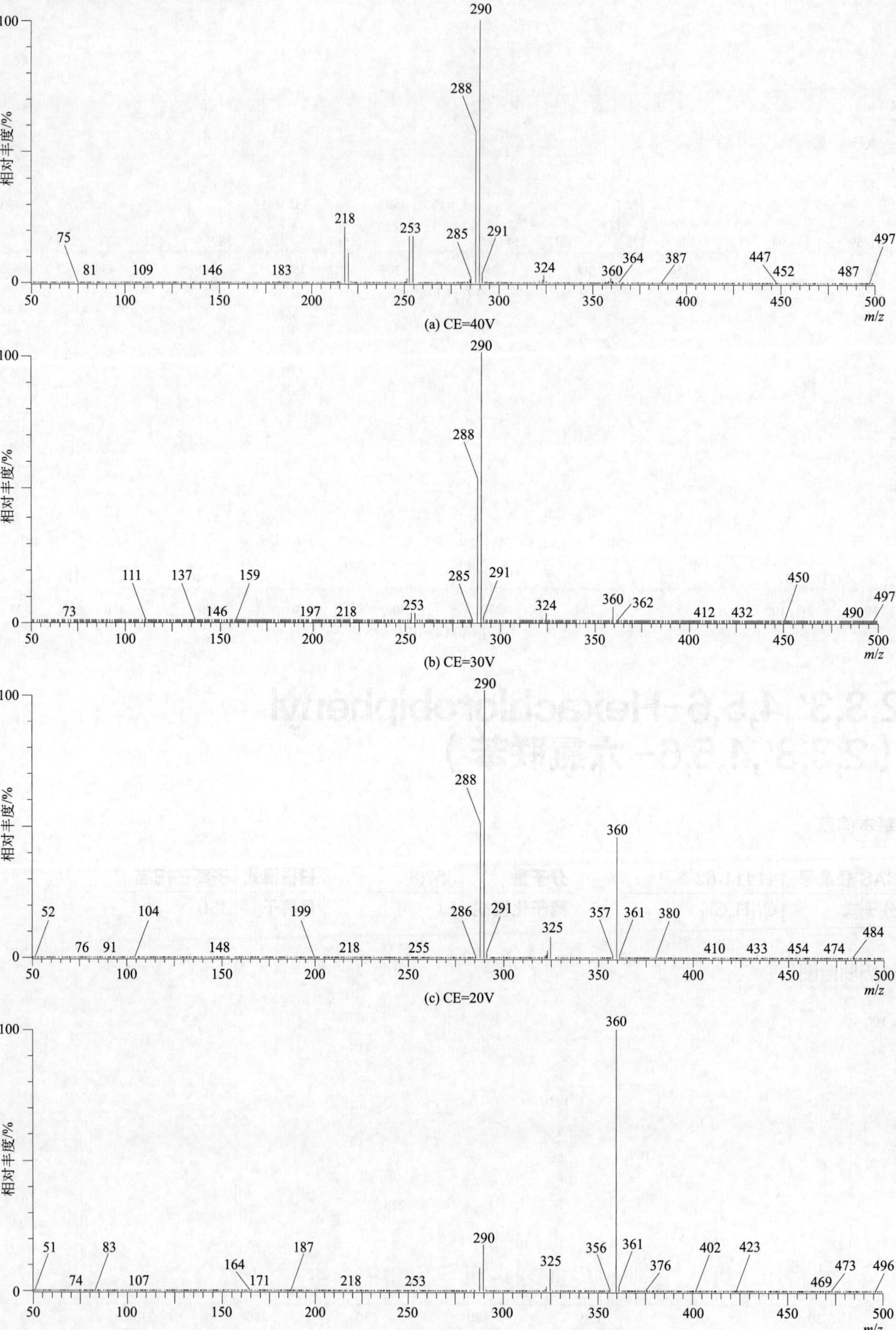

(a) CE=40V

(b) CE=30V

(c) CE=20V

(d) CE=10V

2,3,3′,4,5′,6-Hexachlorobiphenyl
（2,3,3′,4,5′,6-六氯联苯）

基本信息

CAS 登录号	74472-43-8	分子量	357.8	扫描模式	子离子扫描
分子式	$C_{12}H_4Cl_6$	离子化模式	EI	母离子	362

一级质谱图

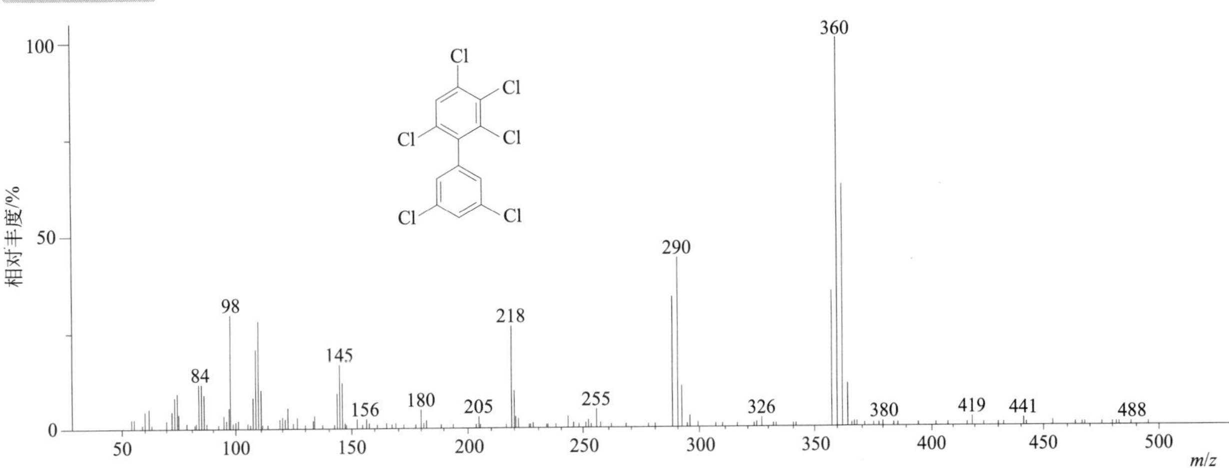

四个碰撞能量下子离子质谱图

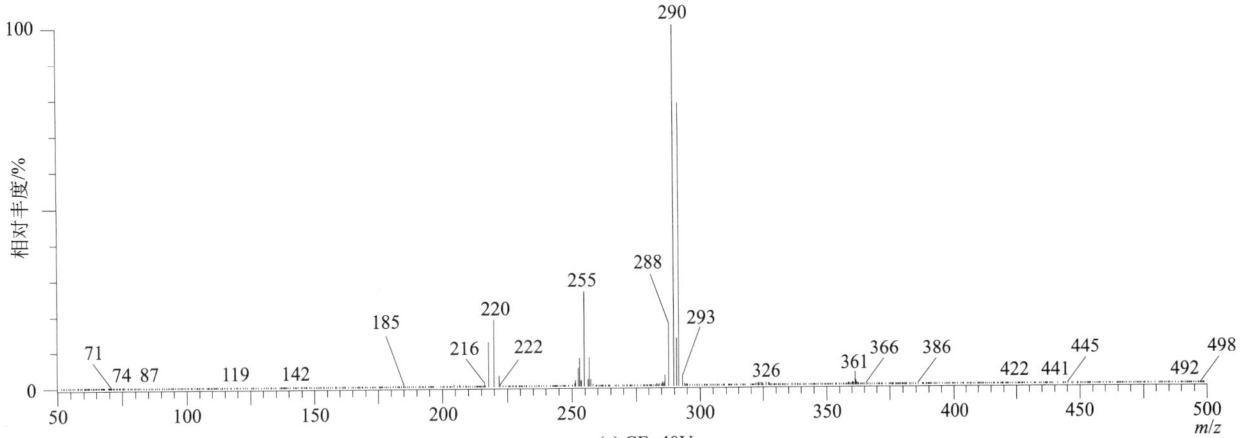

(a) CE=40V

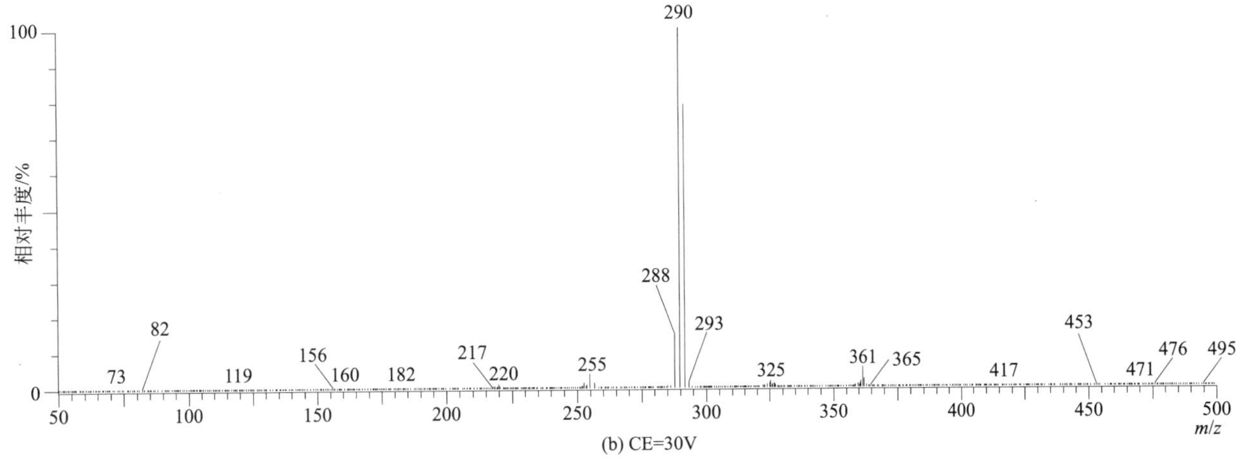

(b) CE=30V

(c) CE=20V

(d) CE=10V

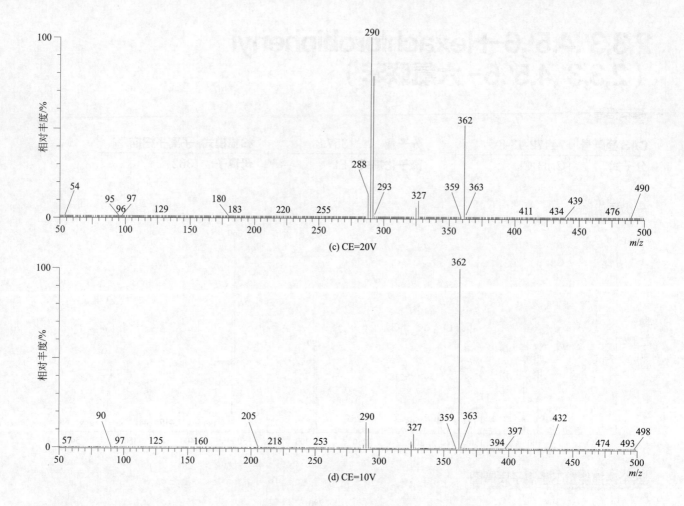

2,3,3′,4′,5,5′-Hexachlorobiphenyl（2,3,3′,4′,5,5′-六氯联苯）

基本信息

CAS 登录号	39635-34-2	**分子量**	357.8	**扫描模式**	子离子扫描
分子式	$C_{12}H_4Cl_6$	**离子化模式**	EI	**母离子**	358

一级质谱图

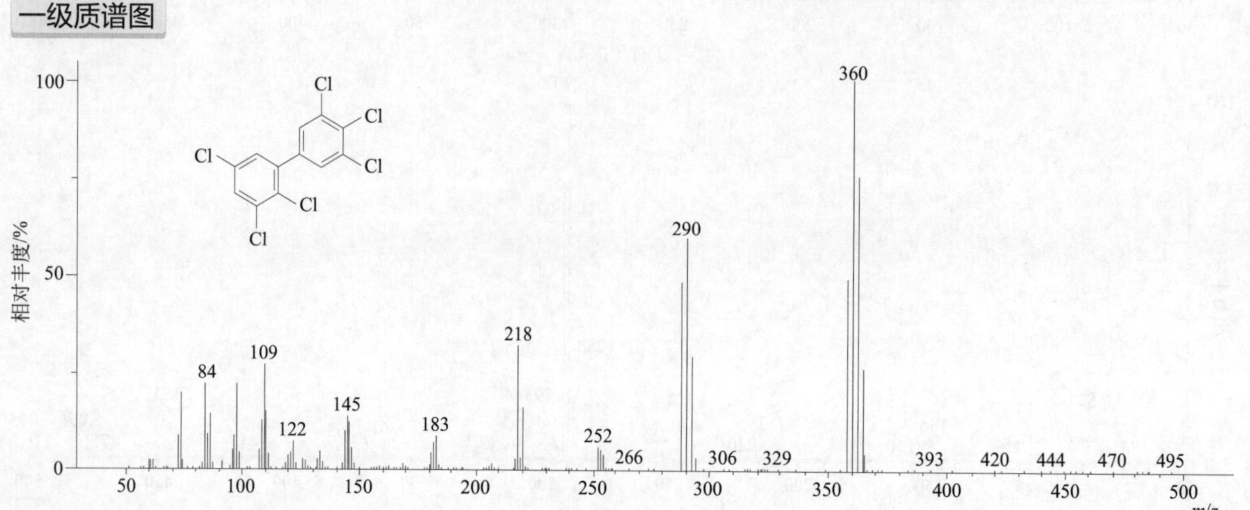

四个碰撞能量下子离子质谱图

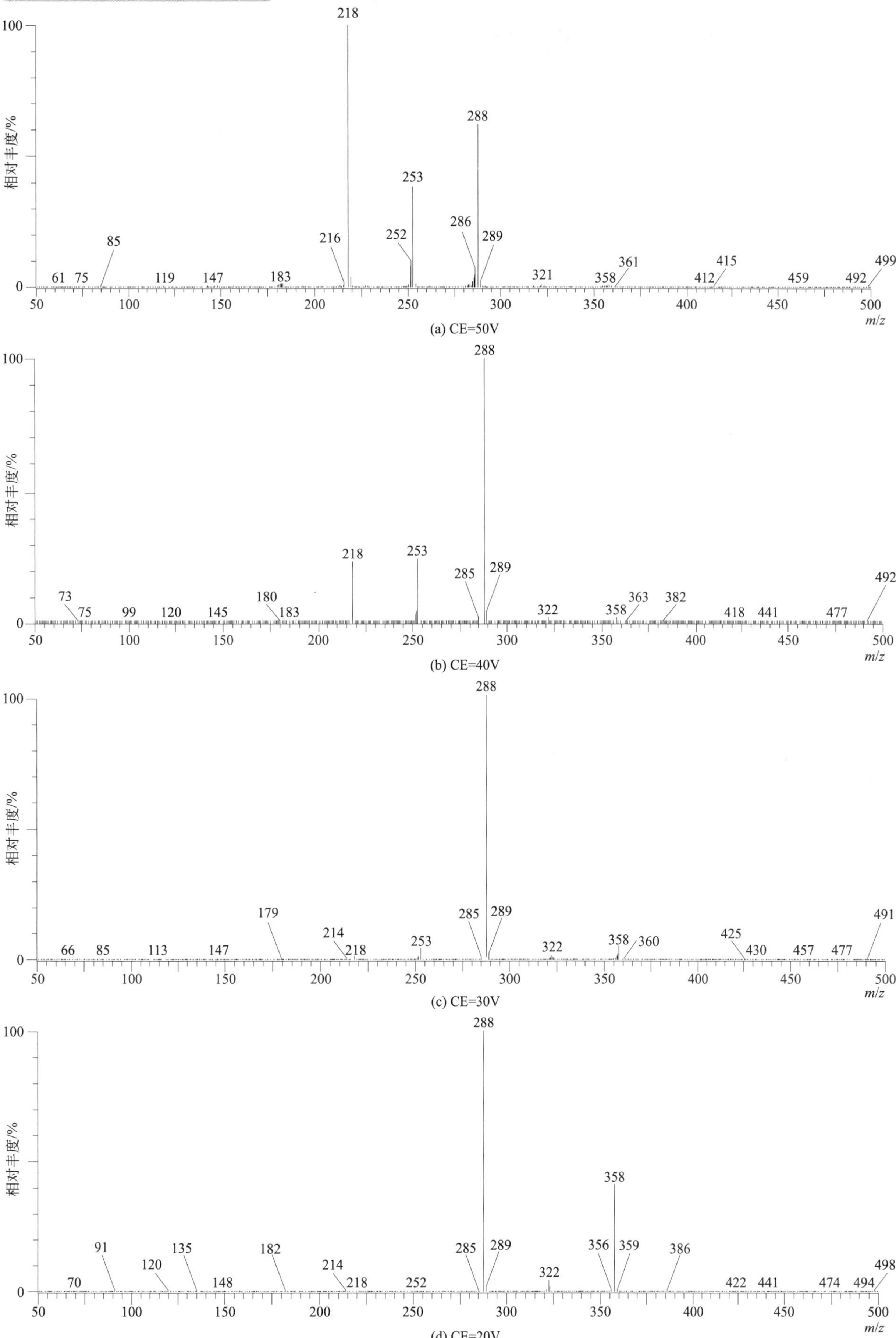

2,3,3′,4′,5,6-Hexachlorobiphenyl（2,3,3′,4′,5,6-六氯联苯）

基本信息

CAS 登录号	74472-44-9	分子量	357.8	扫描模式	子离子扫描
分子式	$C_{12}H_4Cl_6$	离子化模式	EI	母离子	360

一级质谱图

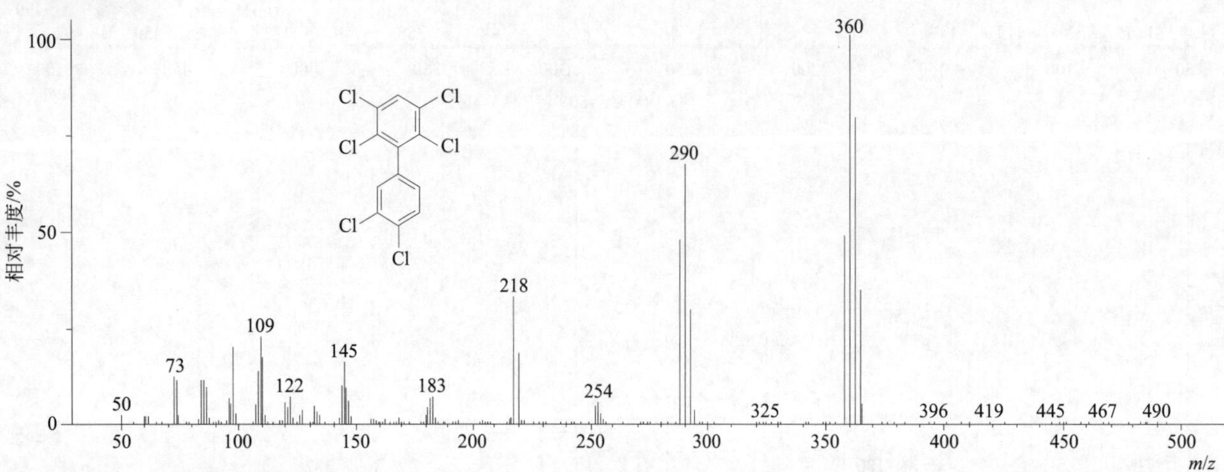

四个碰撞能量下子离子质谱图

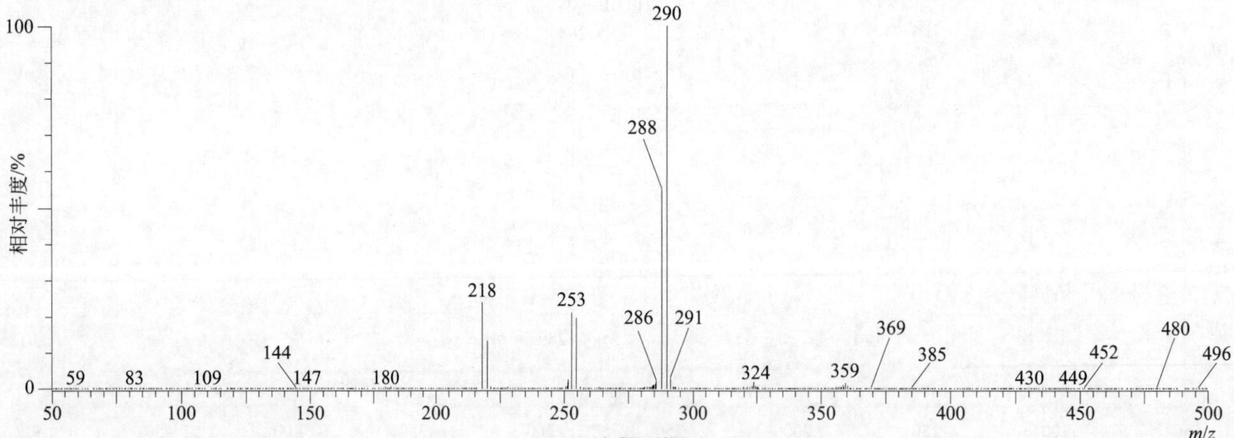

(a) CE=40V

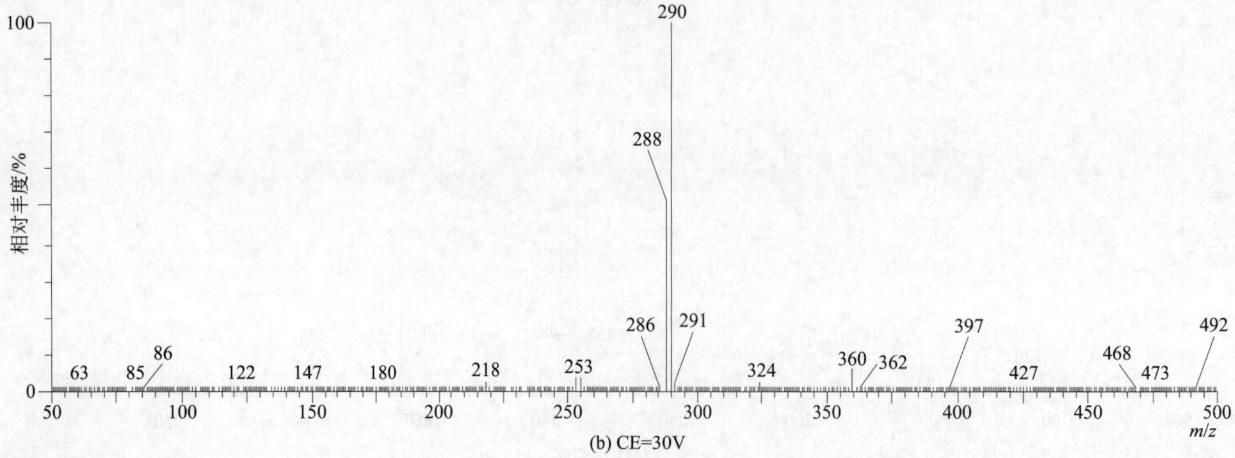

(b) CE=30V

(c) CE=20V

(d) CE=10V

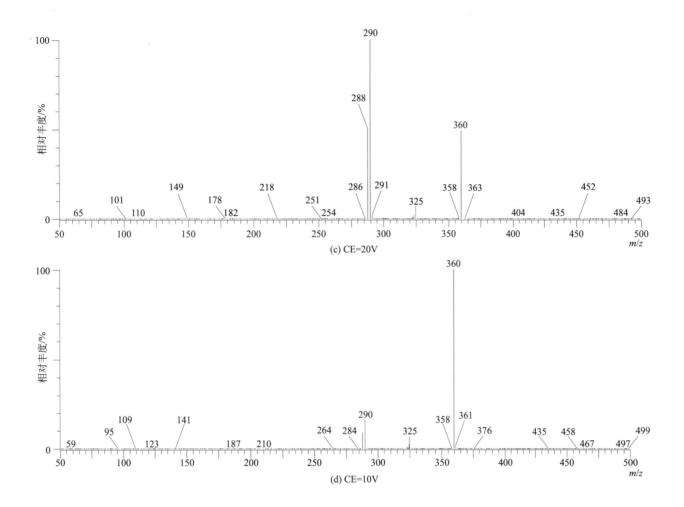

2,3,3′,4′,5′,6-Hexachlorobiphenyl（2,3,3′,4′,5′,6-六氯联苯）

基本信息

CAS 登录号	74472-45-0	分子量	357.8	扫描模式	子离子扫描
分子式	$C_{12}H_4Cl_6$	离子化模式	EI	母离子	360

一级质谱图

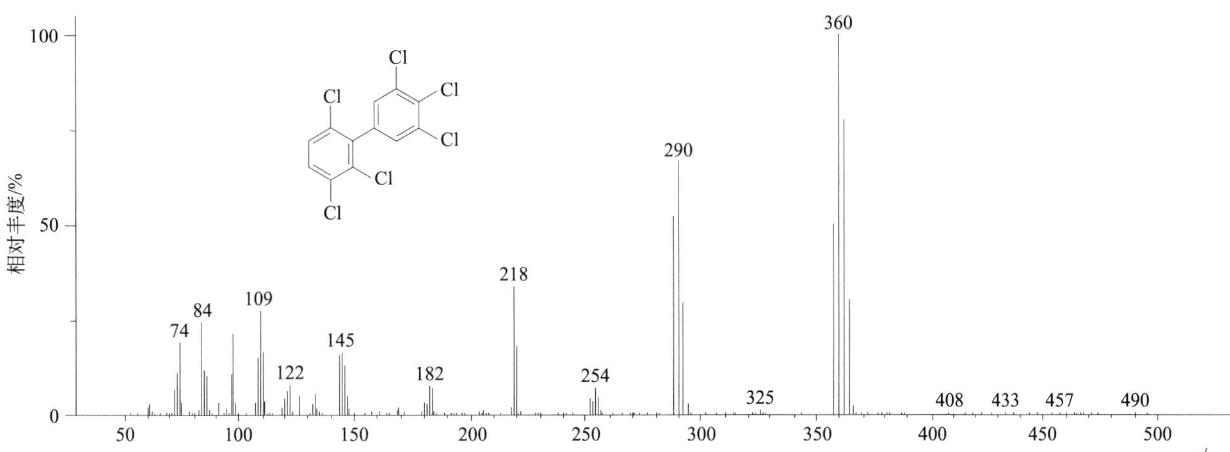

四个碰撞能量下子离子质谱图

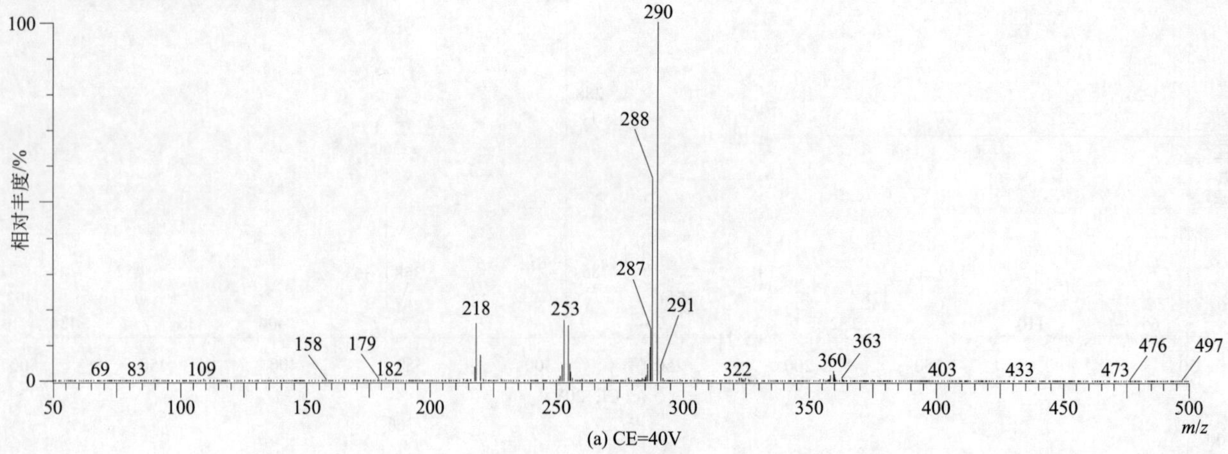

相对丰度/%
290 288 287 218 253 291 158 179 182 69 83 109 322 360 363 403 433 473 476 497
50 100 150 200 250 300 350 400 450 500 m/z

(a) CE=40V

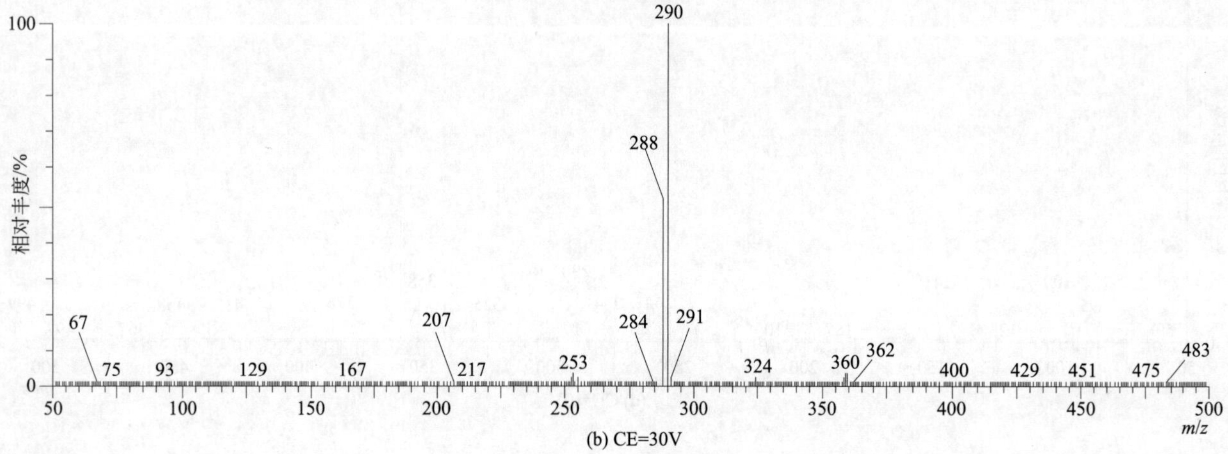

相对丰度/%
290 288 67 207 284 291 362 75 93 129 167 217 253 324 360 400 429 451 475 483
50 100 150 200 250 300 350 400 450 500 m/z

(b) CE=30V

相对丰度/%
290 288 360 55 116 134 204 266 291 325 357 361 412 453 498 83 122 167 218 255 379 441 496
50 100 150 200 250 300 350 400 450 500 m/z

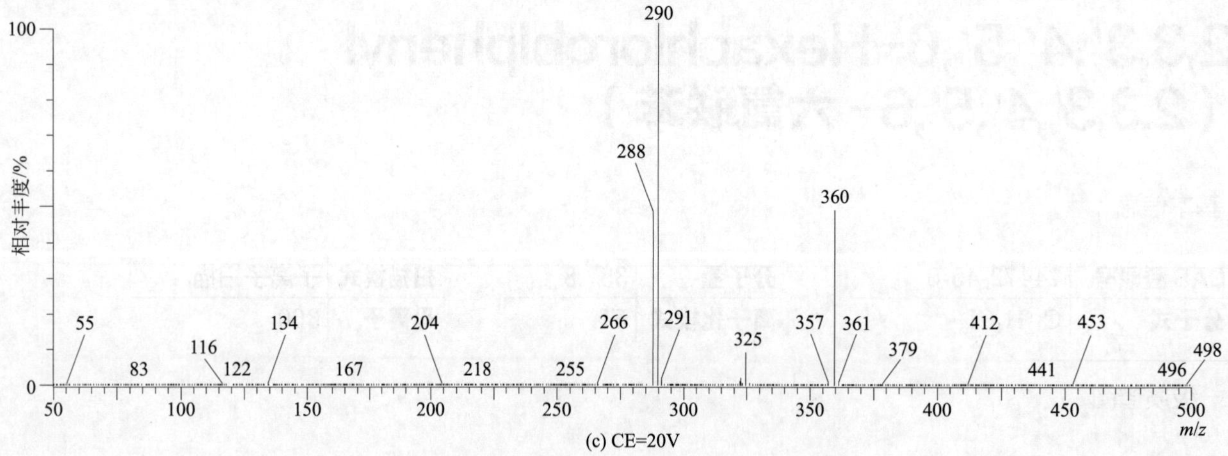

(c) CE=20V

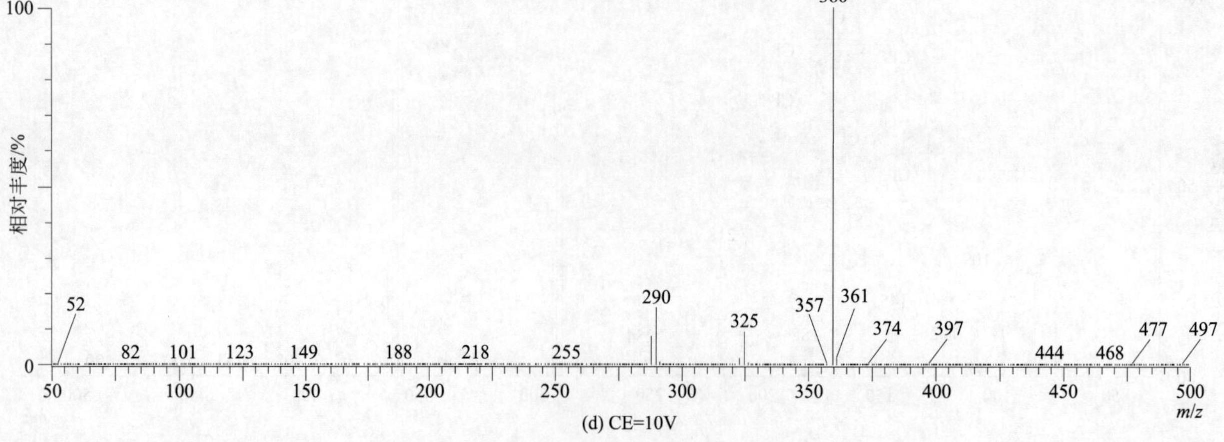

(d) CE=10V

2,3,3′,5,5′,6-Hexachlorobiphenyl（2,3,3′,5,5′,6-六氯联苯）

基本信息

CAS 登录号	74472-46-1	分子量	357.8	扫描模式	子离子扫描
分子式	$C_{12}H_4Cl_6$	离子化模式	EI	母离子	358

一级质谱图

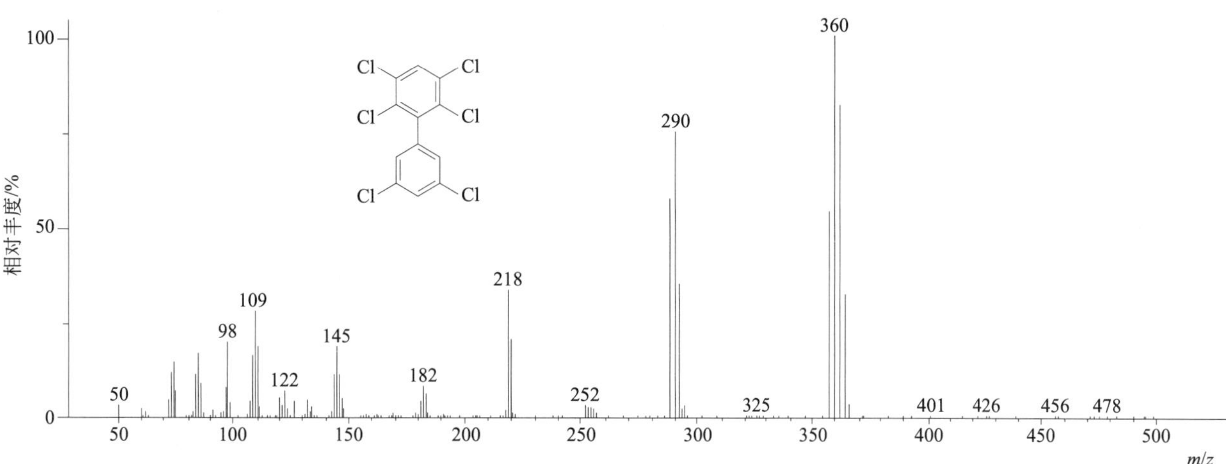

四个碰撞能量下子离子质谱图

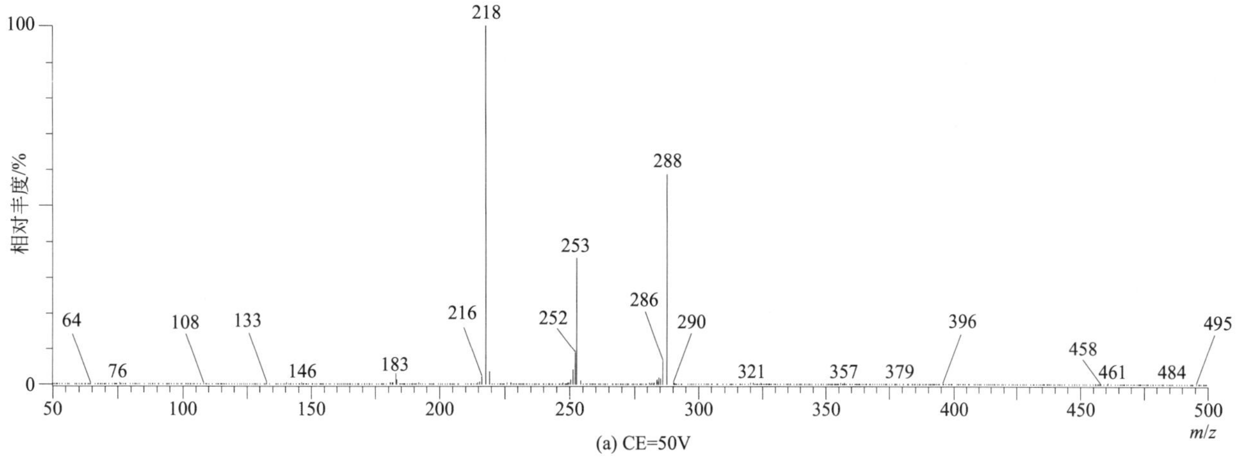

(a) CE=50V

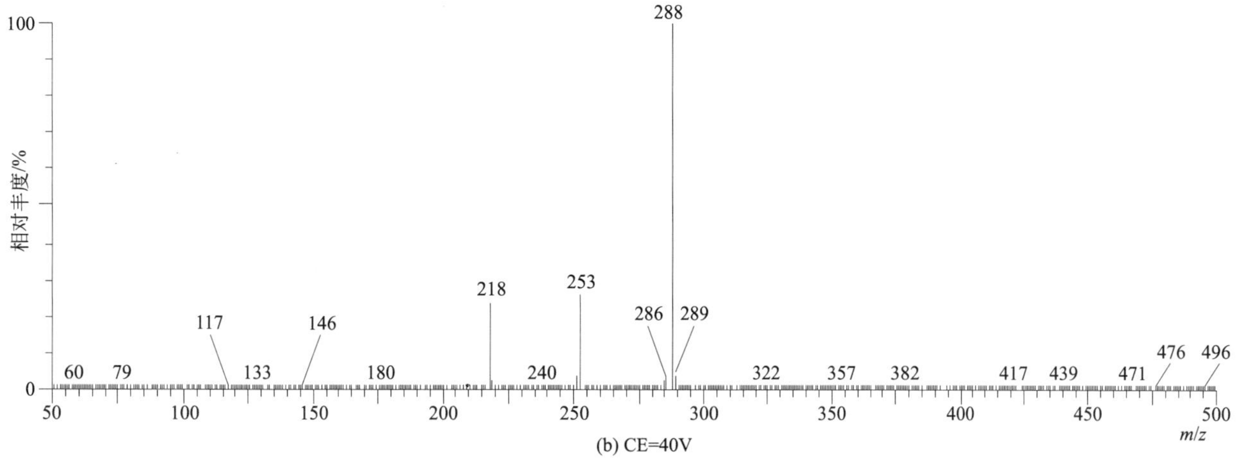

(b) CE=40V

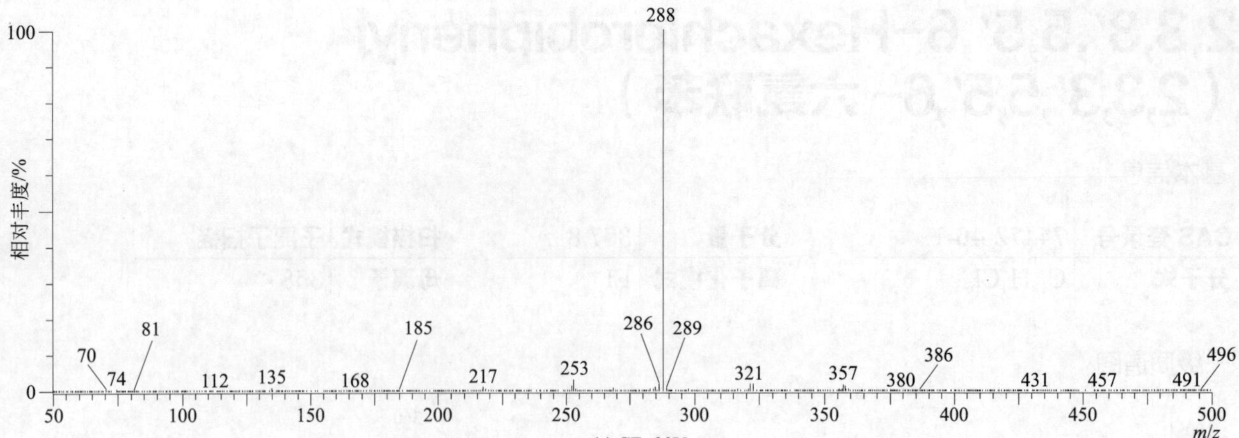

(c) CE=30V

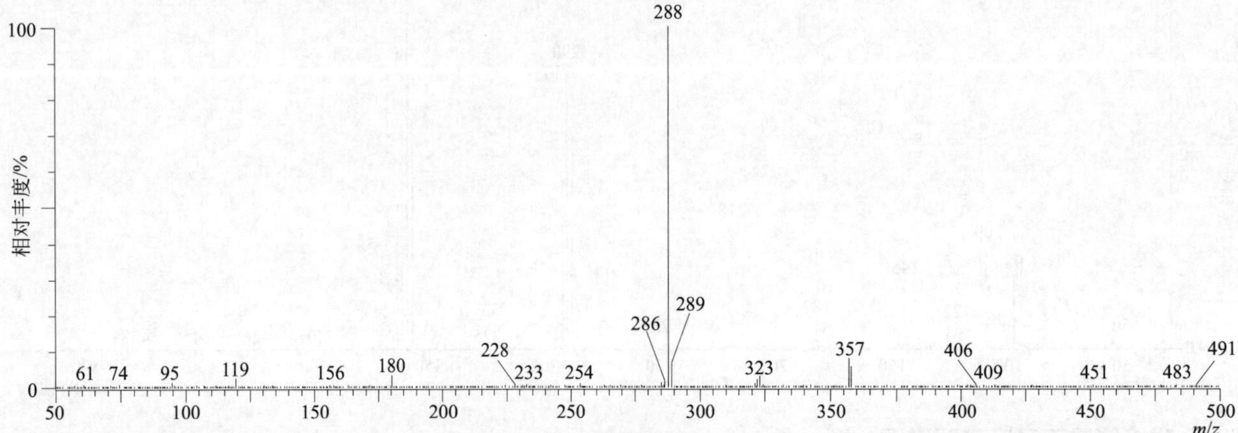

(d) CE=20V

2,3,4,4′,5,6-Hexachlorobiphenyl（2,3,4,4′,5,6-六氯联苯）

基本信息

CAS 登录号	41411-63-6	分子量	357.8	扫描模式	子离子扫描
分子式	$C_{12}H_4Cl_6$	离子化模式	EI	母离子	362

一级质谱图

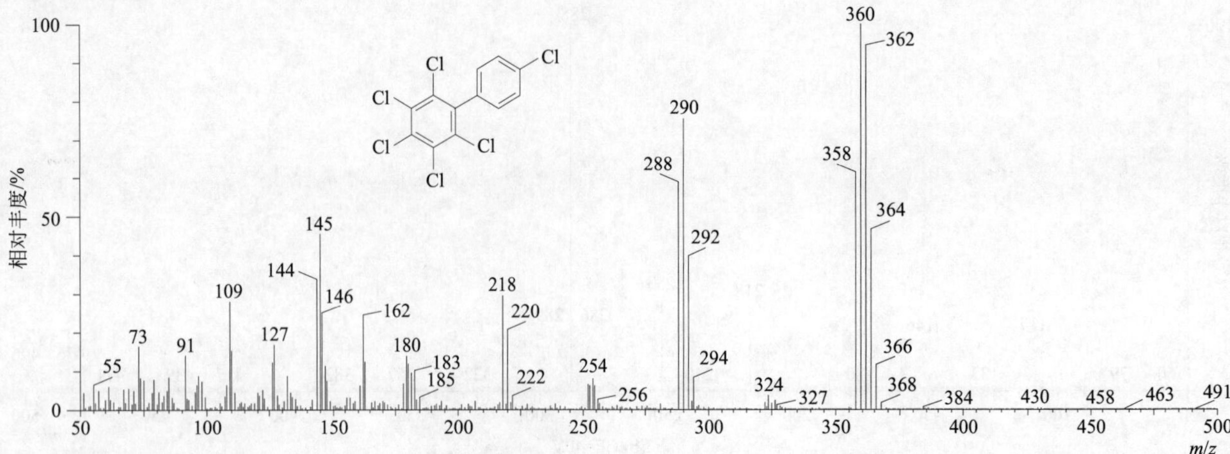

四个碰撞能量下子离子质谱图

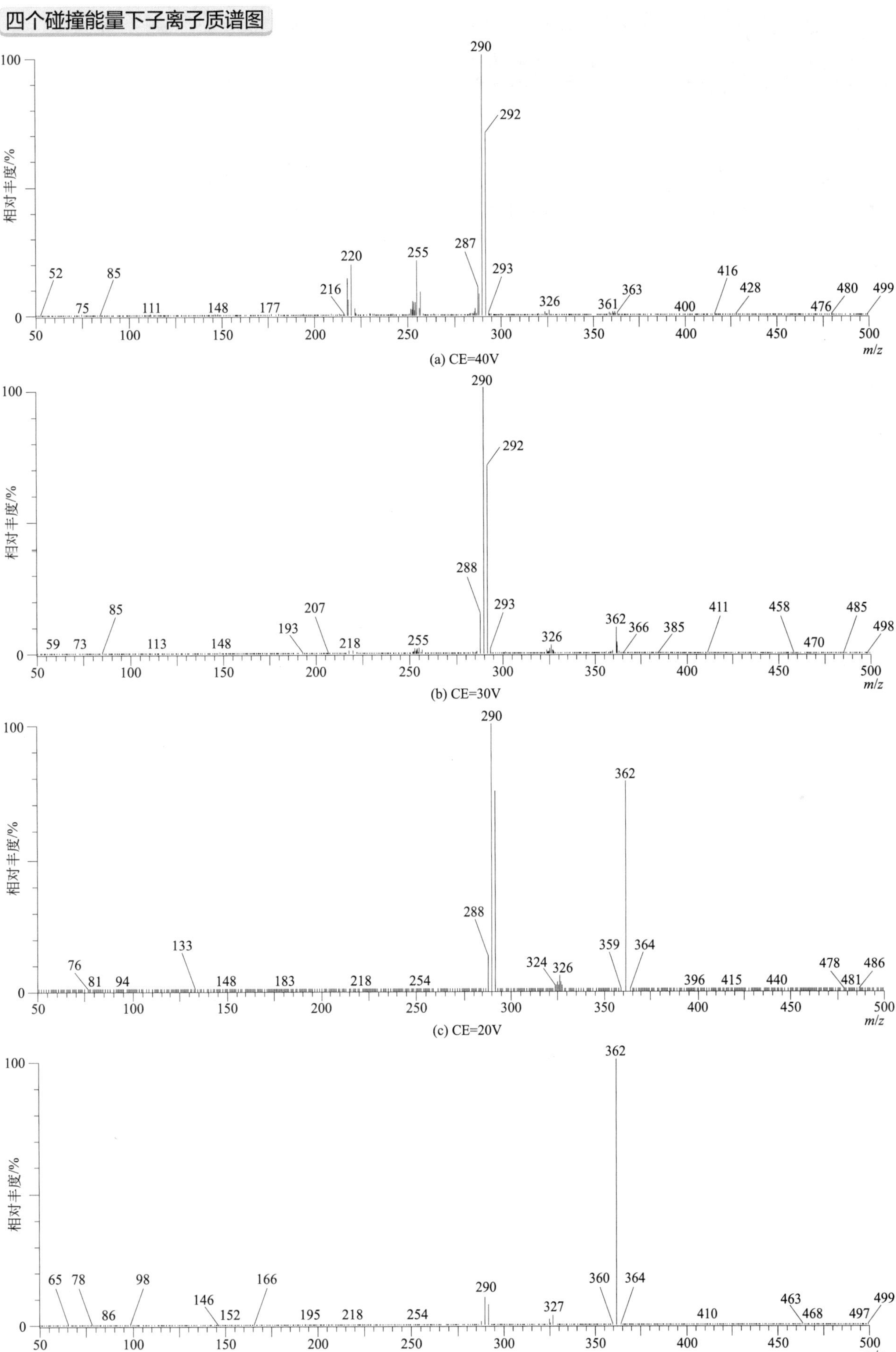

(a) CE=40V

(b) CE=30V

(c) CE=20V

(d) CE=10V

2,3′,4,4′,5,5′-Hexachlorobiphenyl（2,3′,4,4′,5,5′-六氯联苯）

基本信息

CAS 登录号	52663-72-6	分子量	357.8	扫描模式	子离子扫描
分子式	$C_{12}H_4Cl_6$	离子化模式	EI	母离子	358

一级质谱图

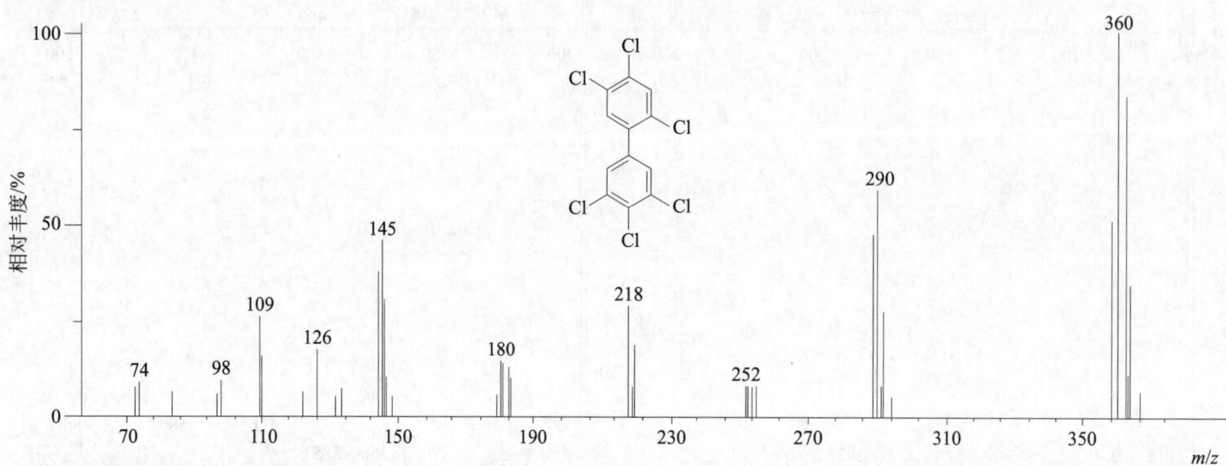

四个碰撞能量下子离子质谱图

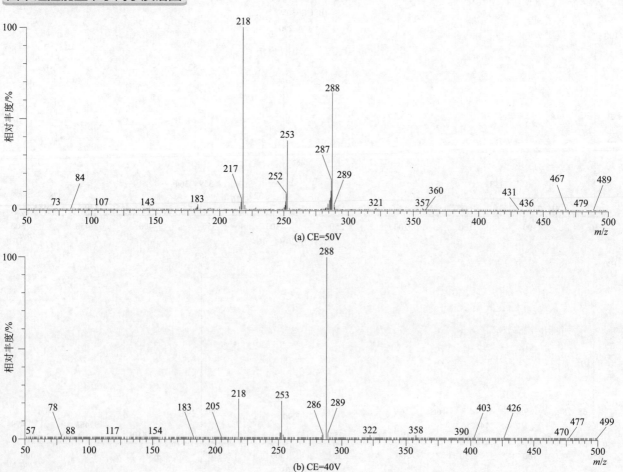

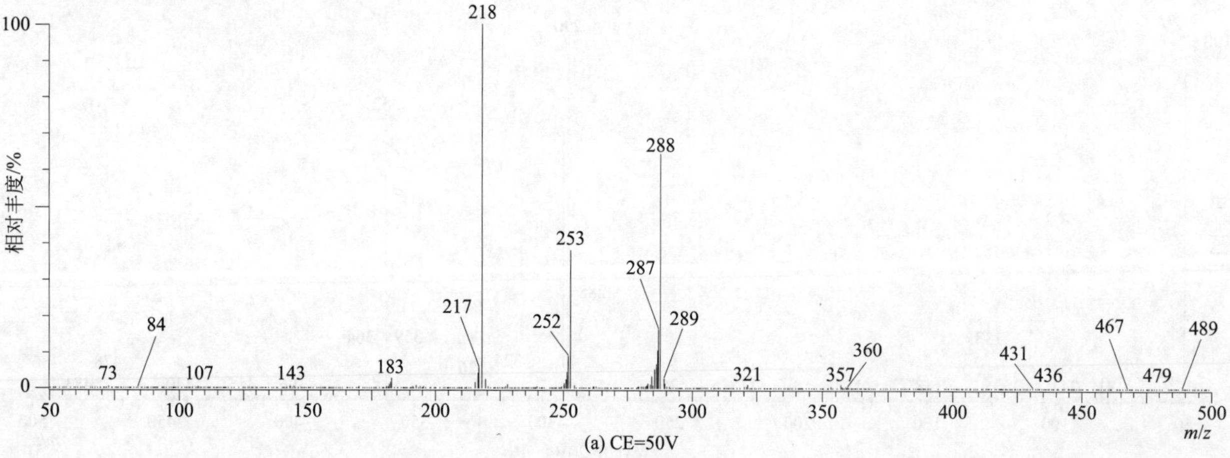

(a) CE=50V

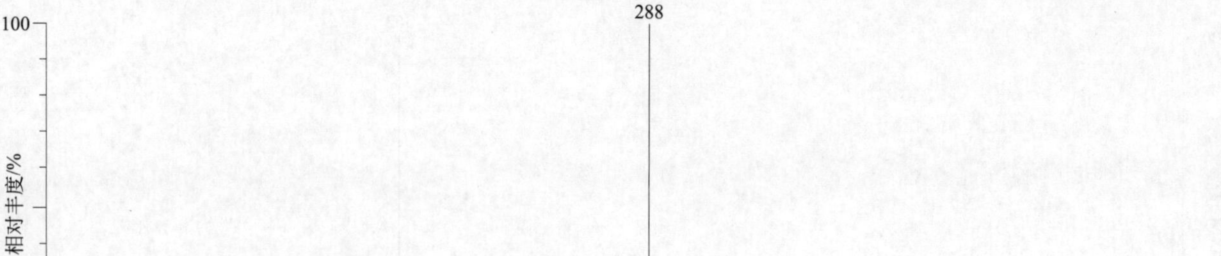

(b) CE=40V

(c) CE=30V

(d) CE=20V

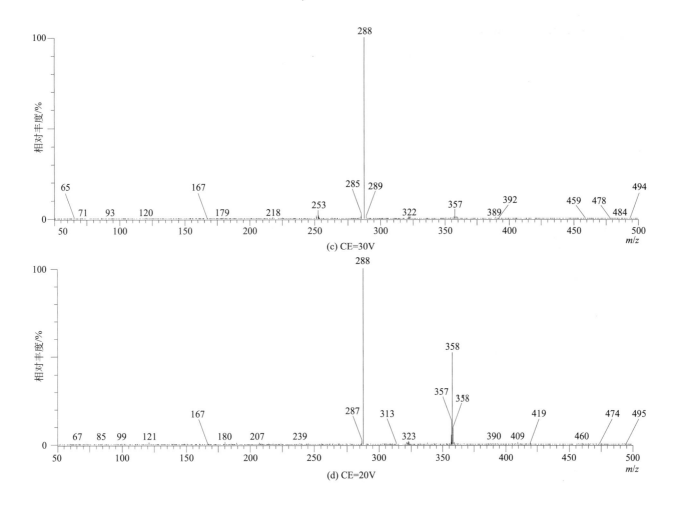

2,3′,4,4′,5′,6-Hexachlorobiphenyl（2,3′,4,4′,5′,6-六氯联苯）

基本信息

CAS 登录号	59291-65-5	**分子量**	357.8	**扫描模式**	子离子扫描
分子式	$C_{12}H_4Cl_6$	**离子化模式**	EI	**母离子**	358

一级质谱图

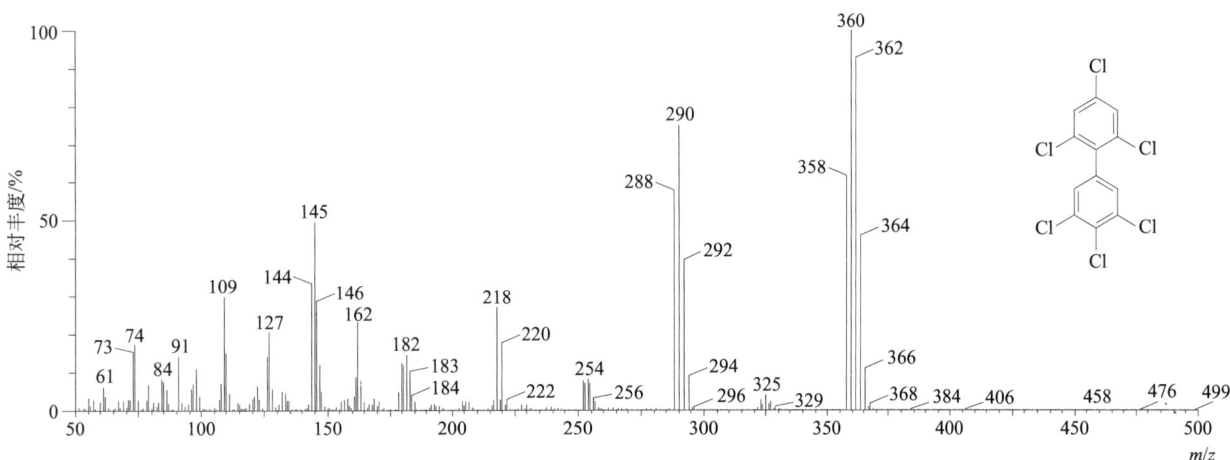

四个碰撞能量下子离子质谱图

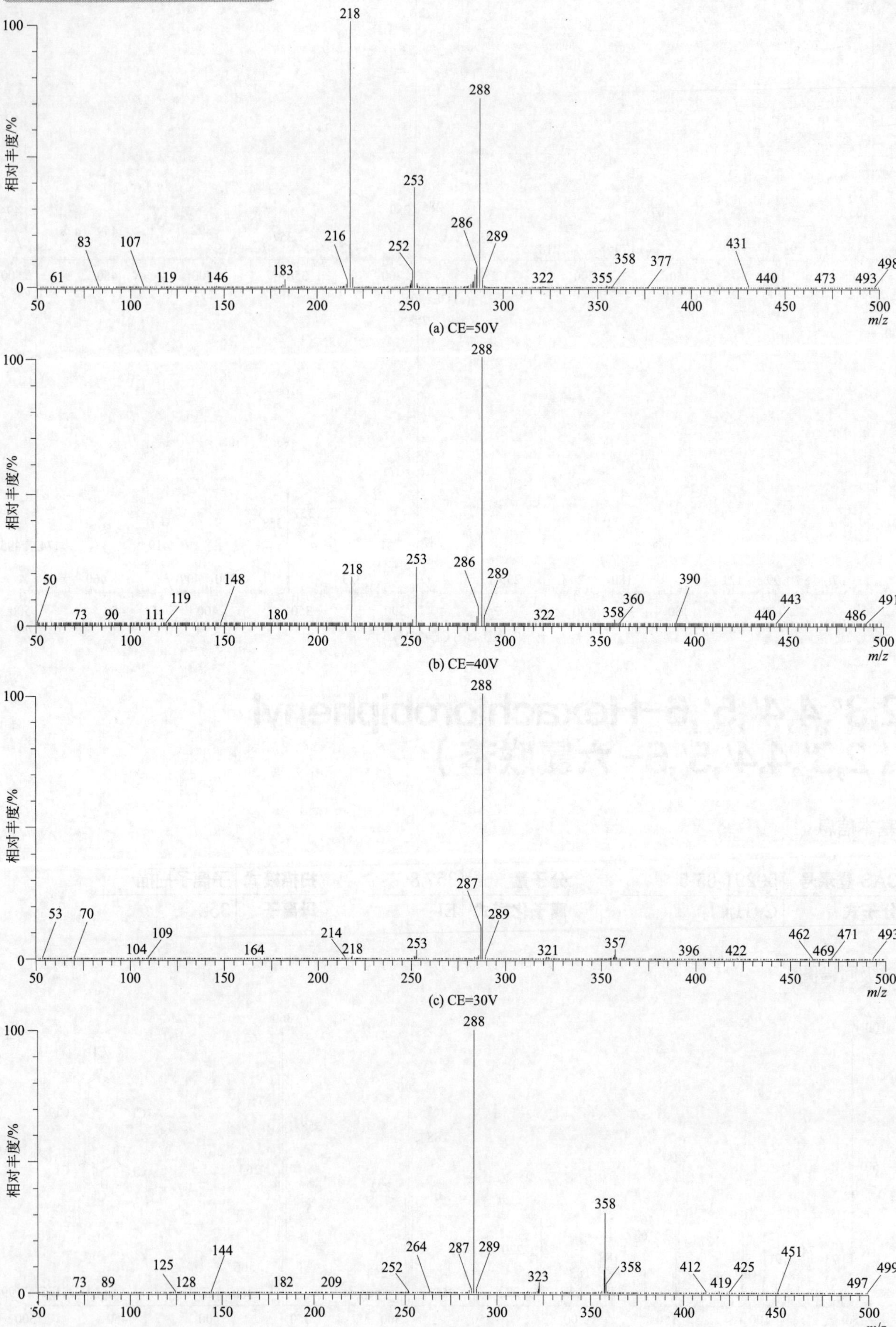

(a) CE=50V

(b) CE=40V

(c) CE=30V

(d) CE=20V

3,3′,4,4′,5,5′-Hexachlorobiphenyl
（3,3′,4,4′,5,5′-六氯联苯）

基本信息

CAS 登录号	32774-16-6	分子量	357.8	扫描模式	子离子扫描
分子式	$C_{12}H_4Cl_6$	离子化模式	EI	母离子	358

一级质谱图

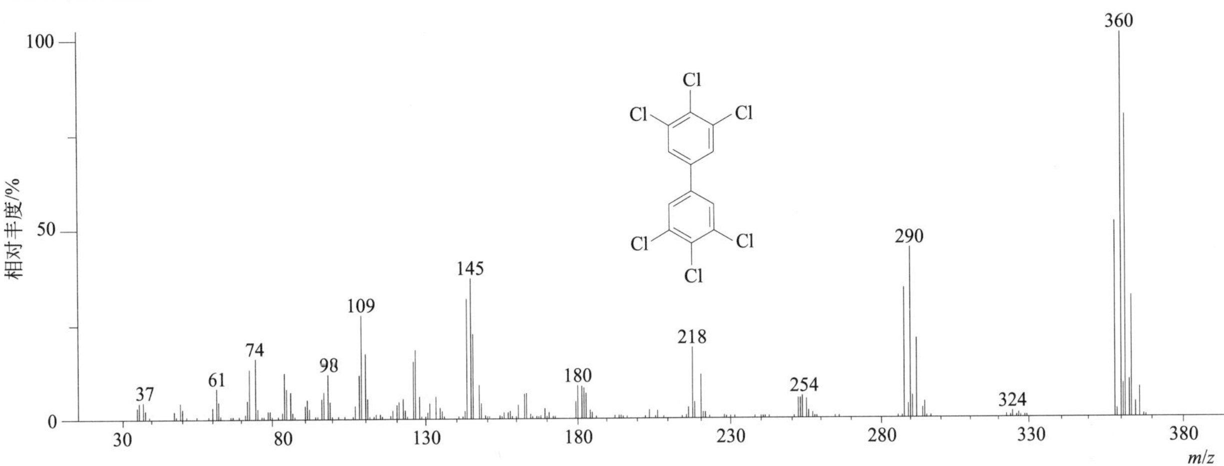

四个碰撞能量下子离子质谱图

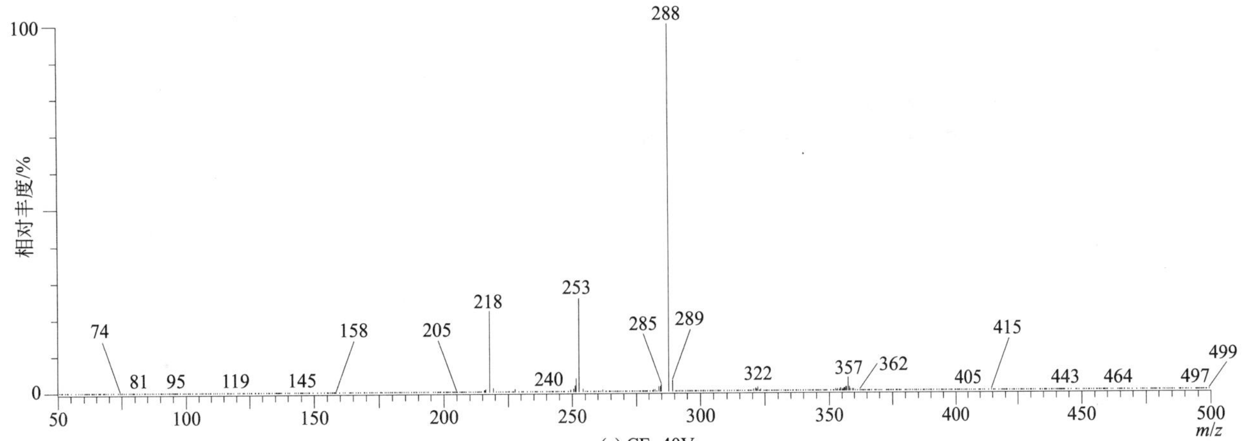

(a) CE=40V

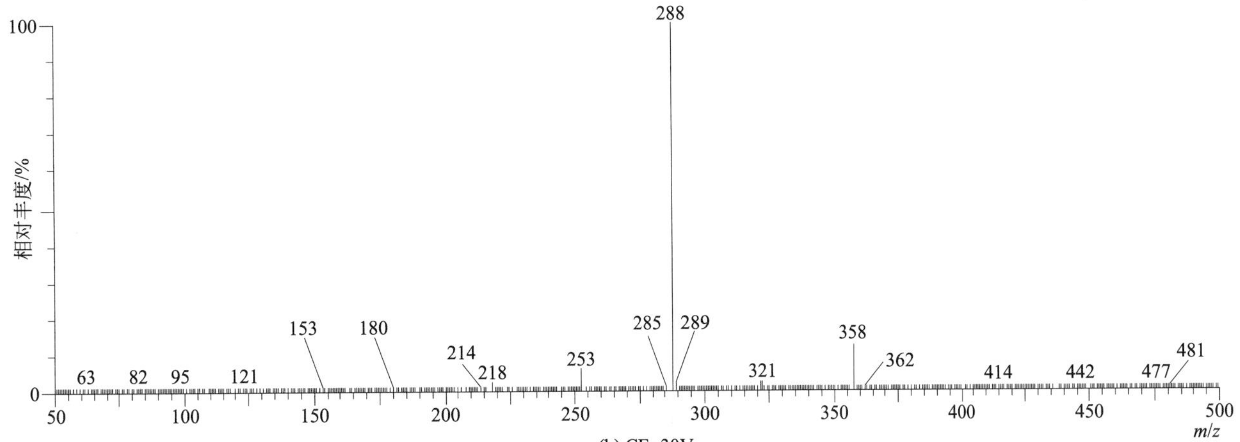

(b) CE=30V

(c) CE=20V

(d) CE=10V

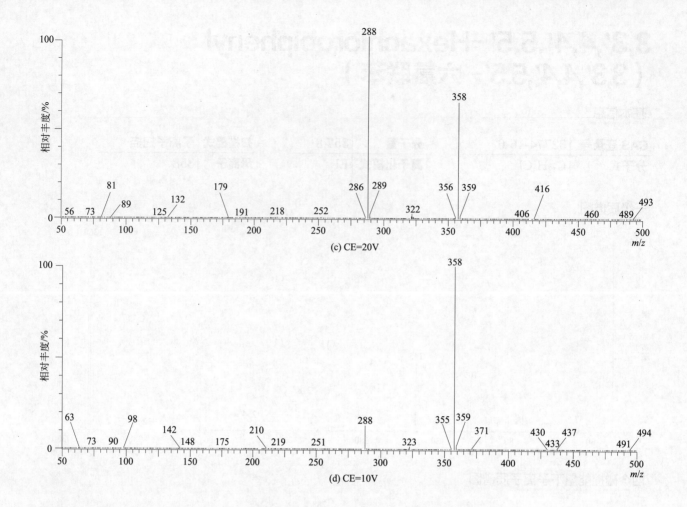

2,2′,3,3′,4,4′,5-Heptachlorobiphenyl（2,2′,3,3′,4,4′,5- 七氯联苯）

基本信息

CAS 登录号	35065-30-6	分子量	391.8	扫描模式	子离子扫描
分子式	$C_{12}H_3Cl_7$	离子化模式	EI	母离子	359

一级质谱图

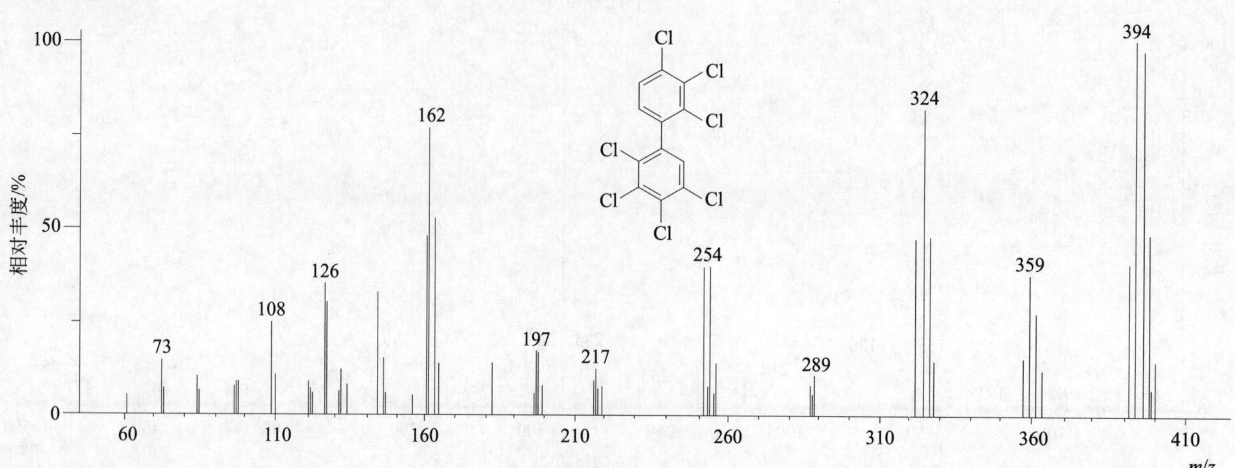

四个碰撞能量下子离子质谱图

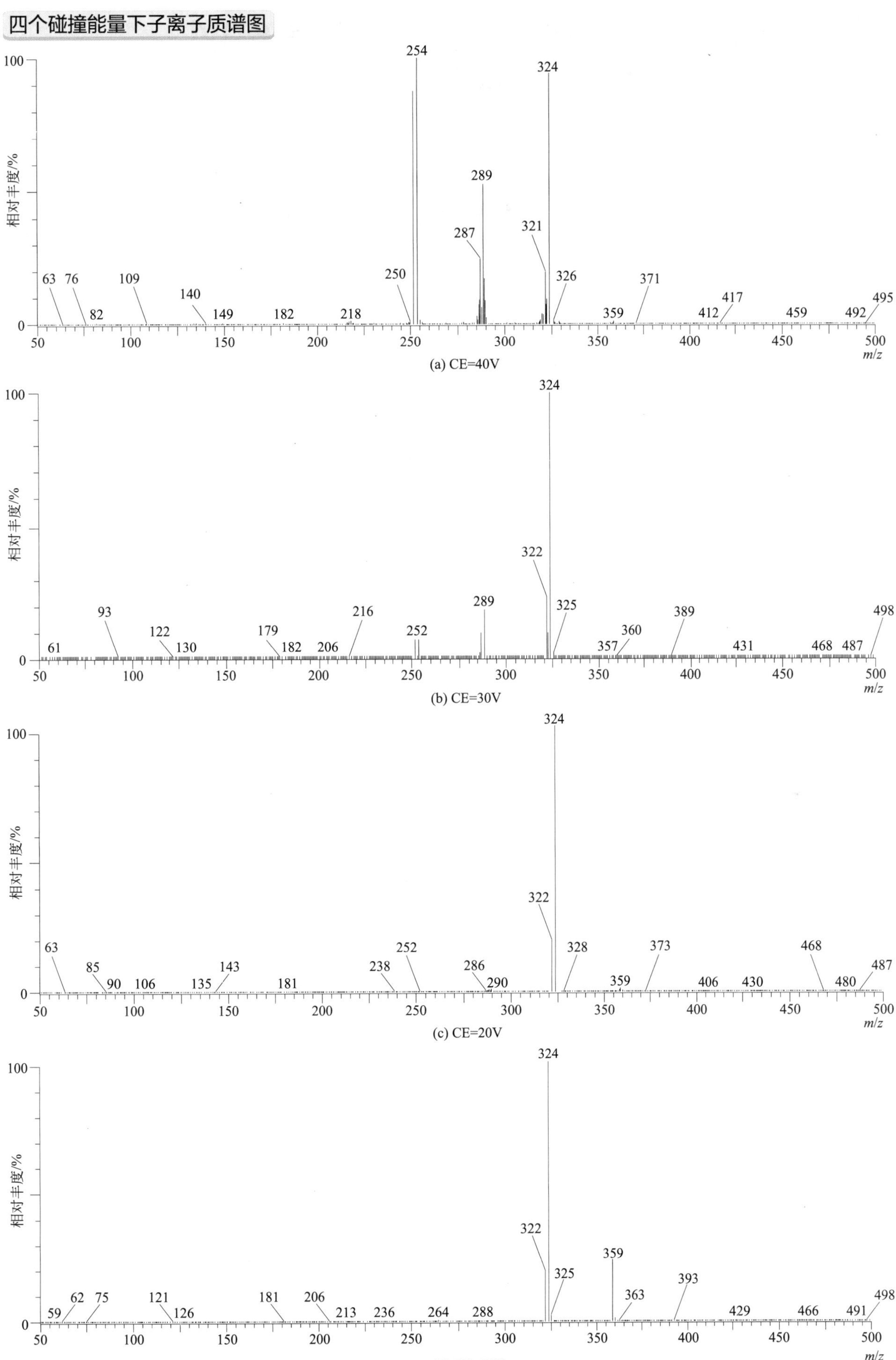

(a) CE=40V

(b) CE=30V

(c) CE=20V

(d) CE=10V

2,2′,3,3′,4,4′,6-Heptachlorobiphenyl（2,2′,3,3′,4,4′,6-七氯联苯）

基本信息

CAS 登录号	52663-71-5	分子量	391.8	扫描模式	子离子扫描
分子式	$C_{12}H_3Cl_7$	离子化模式	EI	母离子	398

一级质谱图

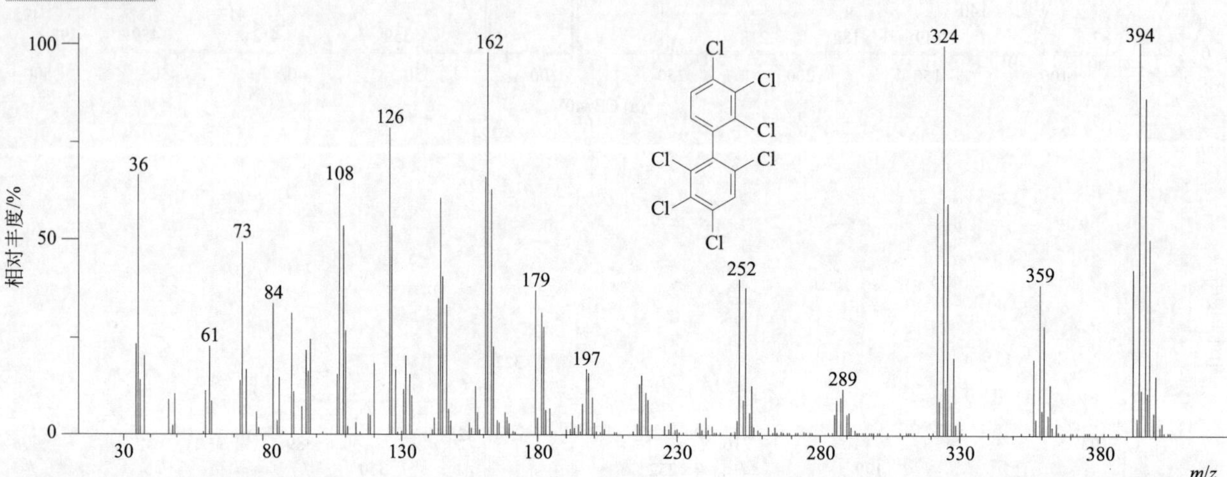

四个碰撞能量下子离子质谱图

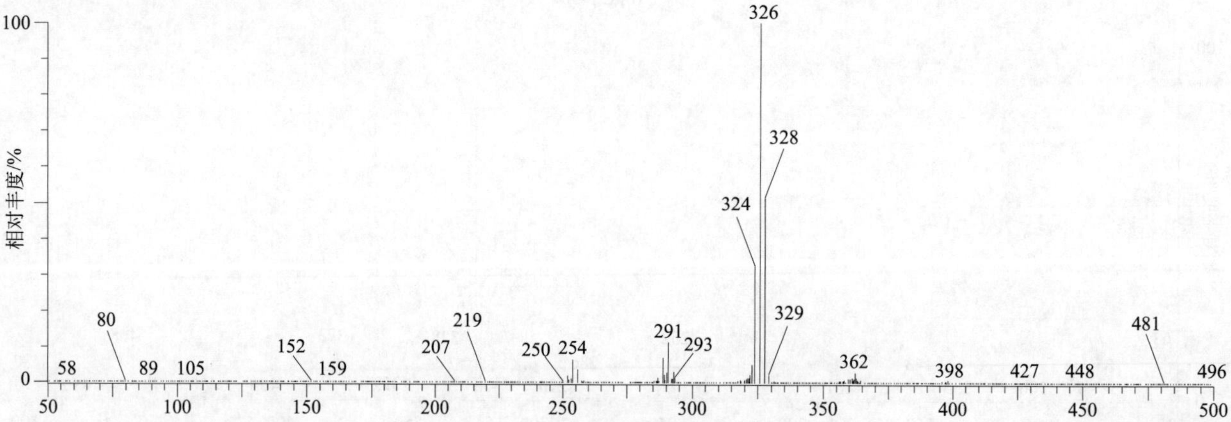

(a) CE=40V

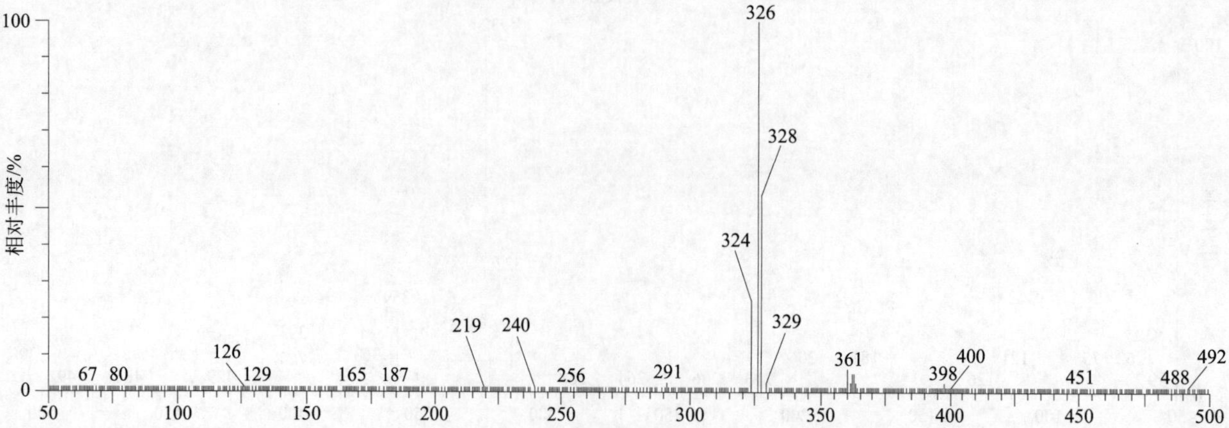

(b) CE=30V

(c) CE=20V

(d) CE=10V

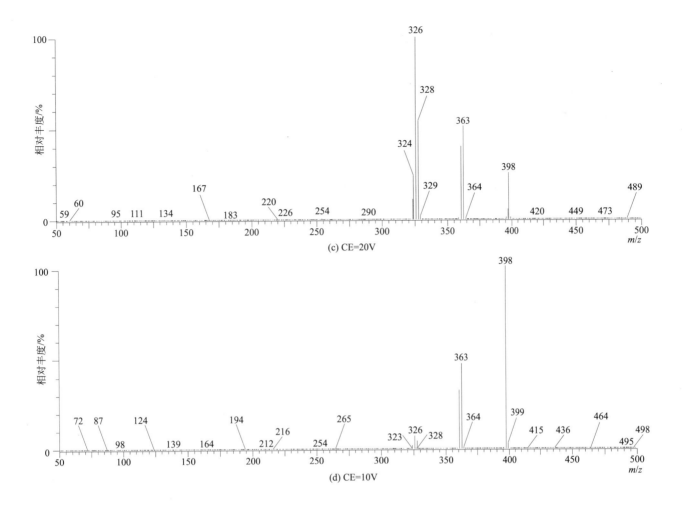

2,2′,3,3′,4,5,5′-Heptachlorobiphenyl (2,2′,3,3′,4,5,5′-七氯联苯)

基本信息

CAS 登录号	52663-74-8	分子量	391.8	扫描模式	子离子扫描
分子式	$C_{12}H_3Cl_7$	离子化模式	EI	母离子	394

一级质谱图

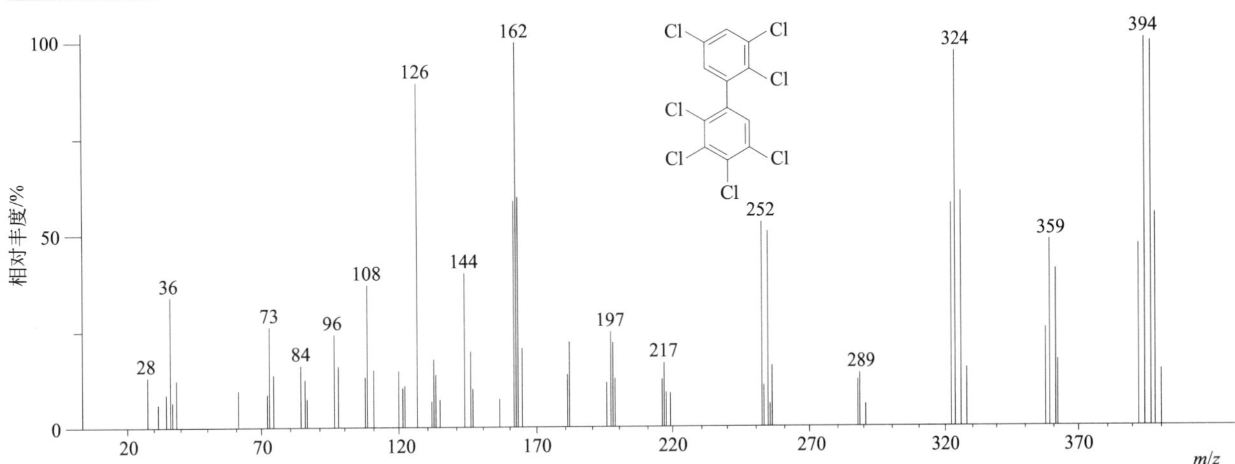

四个碰撞能量下子离子质谱图

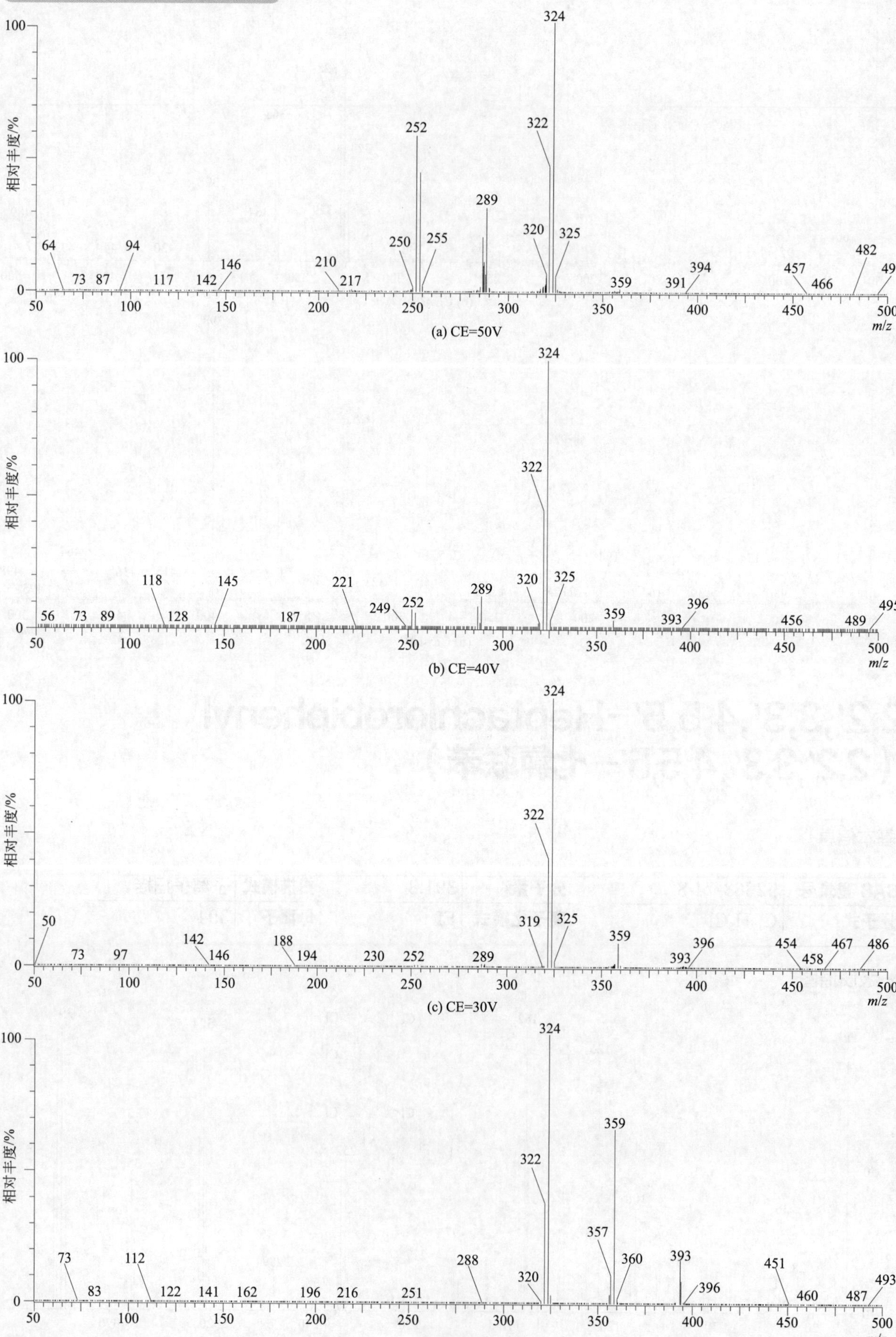

(a) CE=50V

(b) CE=40V

(c) CE=30V

(d) CE=20V

2,2′,3,3′,4,5,6-Heptachlorobiphenyl（2,2′,3,3′,4,5,6-七氯联苯）

基本信息

CAS 登录号	68194-16-1	分子量	391.8	扫描模式	子离子扫描
分子式	$C_{12}H_3Cl_7$	离子化模式	EI	母离子	396

一级质谱图

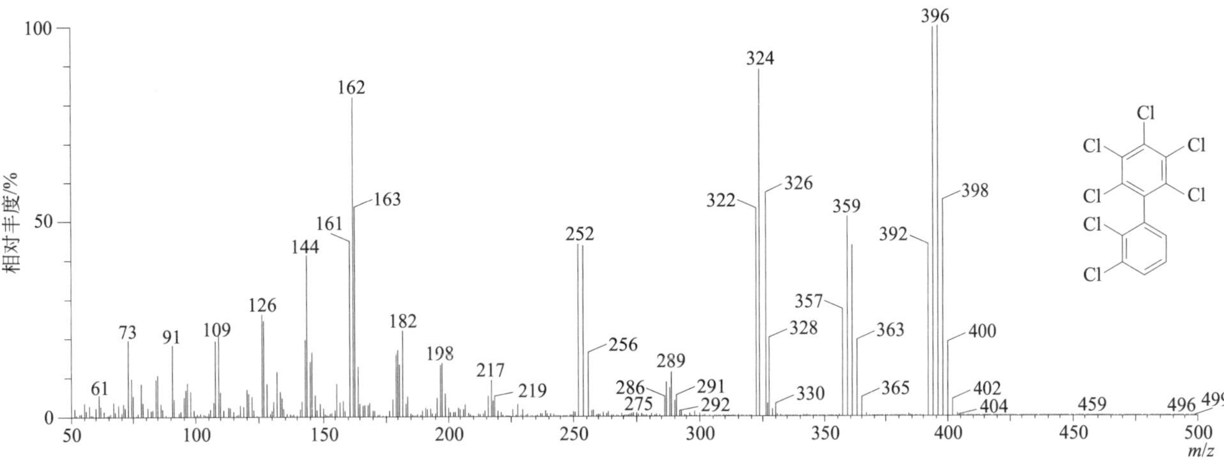

四个碰撞能量下子离子质谱图

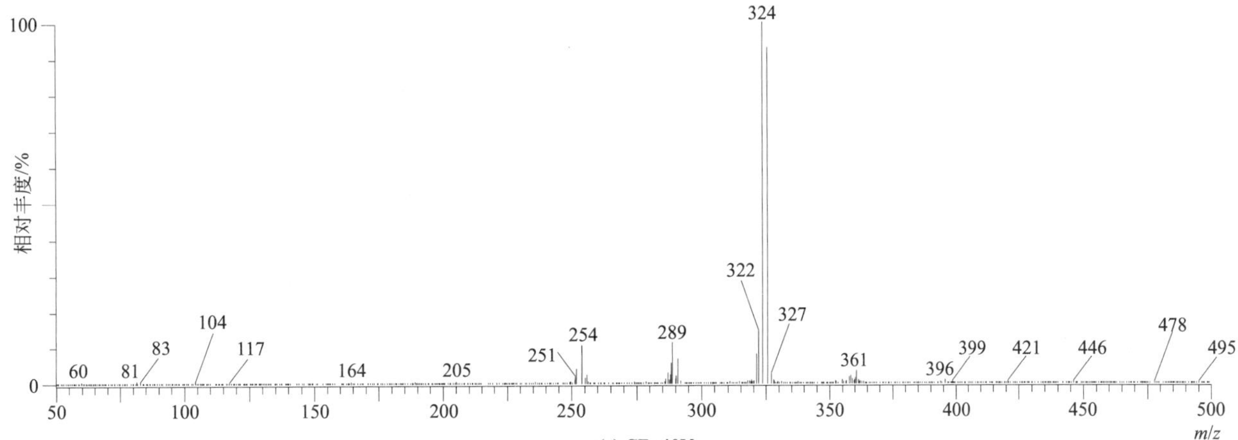

(a) CE=40V

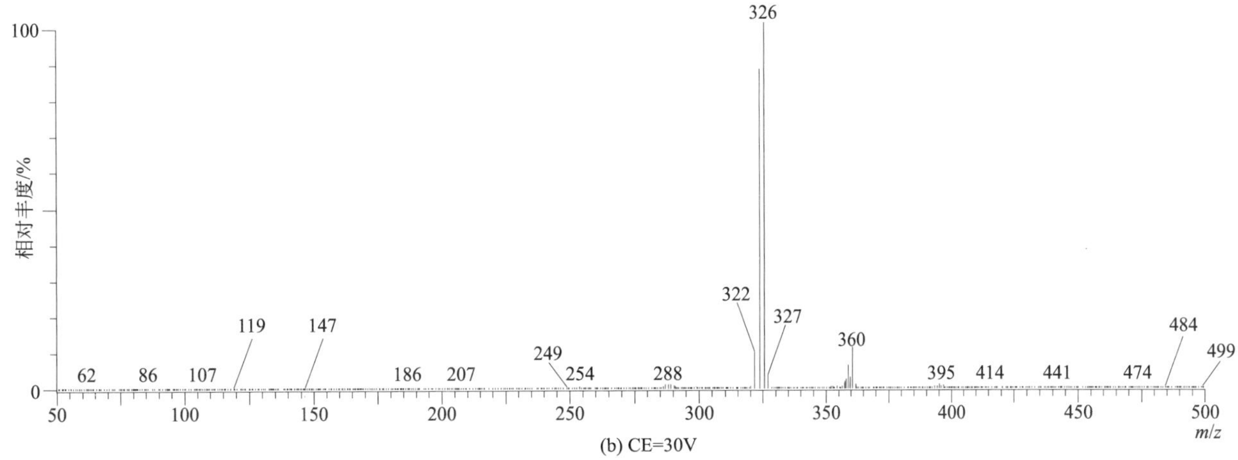

(b) CE=30V

(c) CE=20V

(d) CE=10V

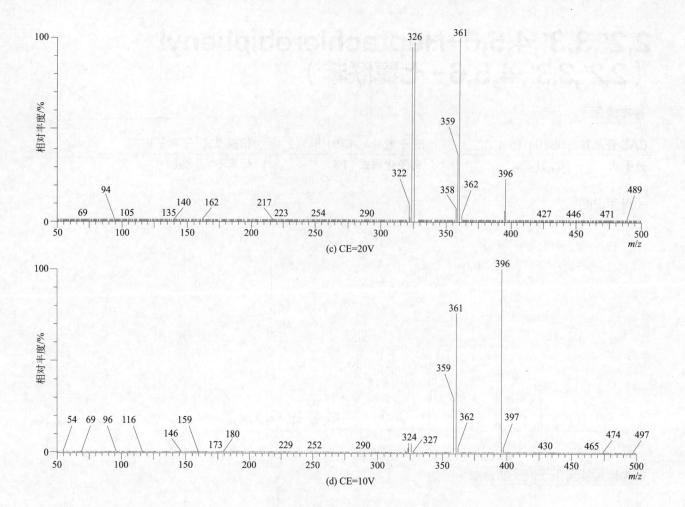

2,2′,3,3′,4,5,6′-Heptachlorobiphenyl (2,2′,3,3′,4,5,6′-七氯联苯)

基本信息

CAS 登录号	38411-25-5	分子量	391.8	扫描模式	子离子扫描
分子式	$C_{12}H_3Cl_7$	离子化模式	EI	母离子	324

一级质谱图

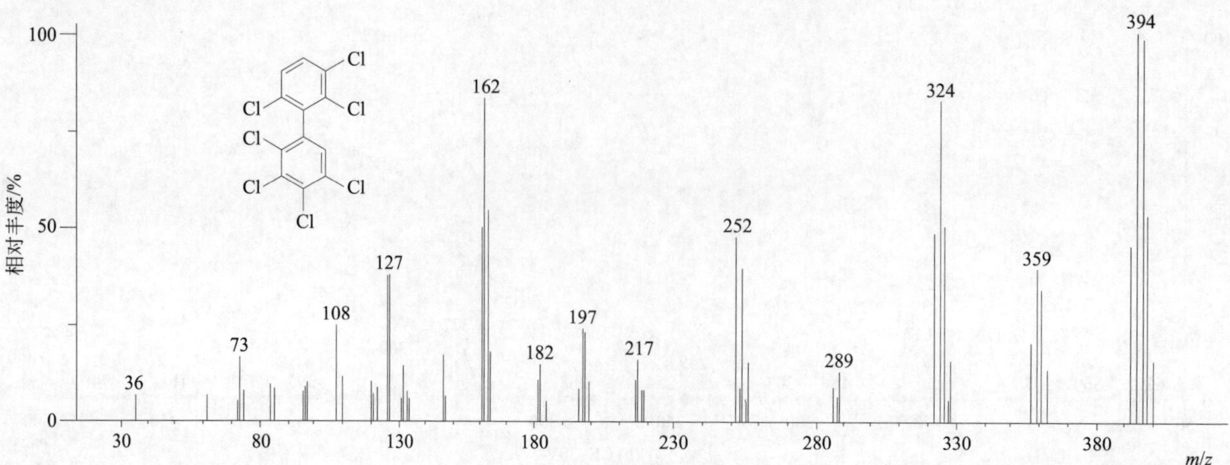

四个碰撞能量下子离子质谱图

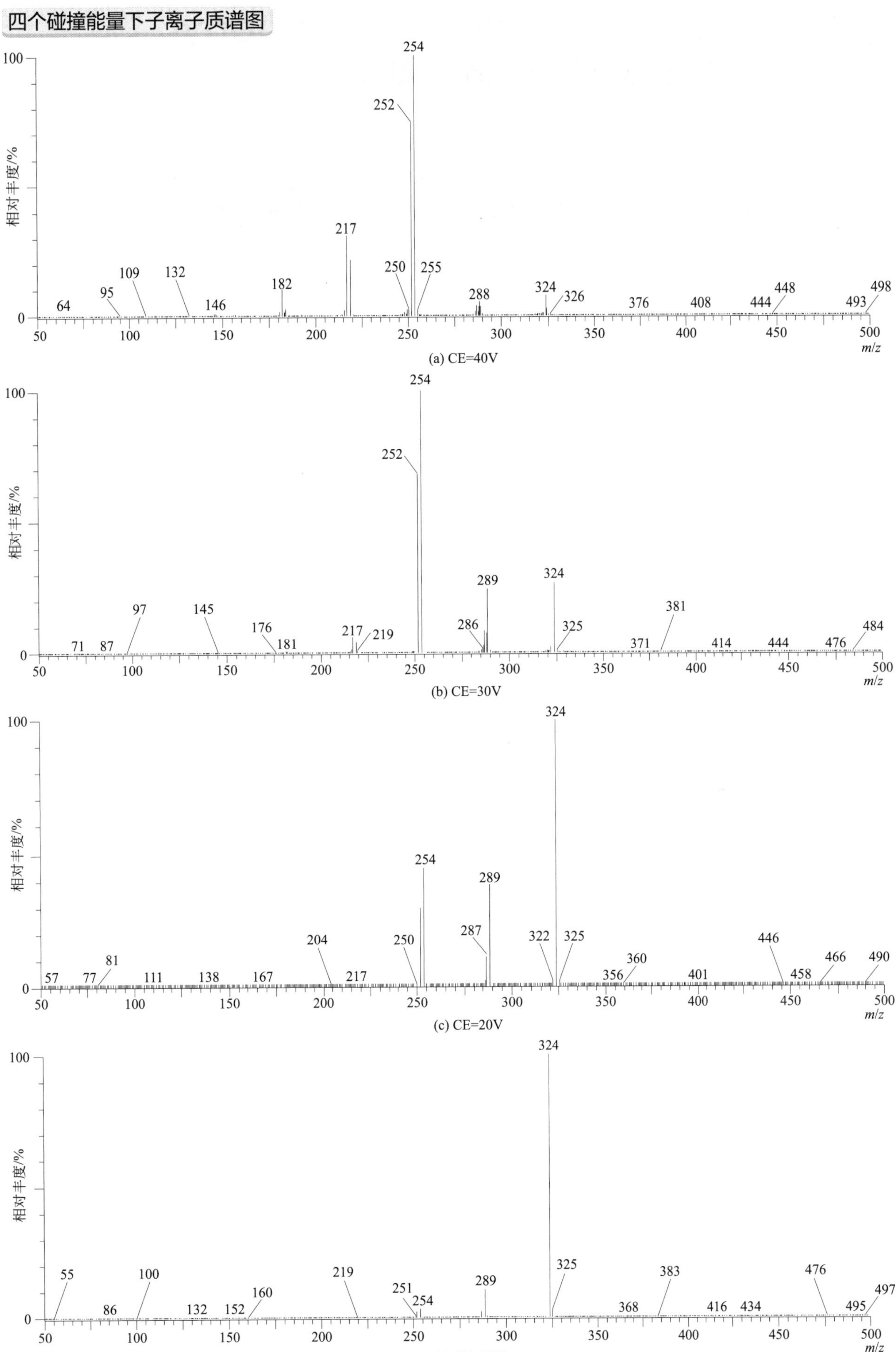

(a) CE=40V

(b) CE=30V

(c) CE=20V

(d) CE=10V

2,2′,3,3′,4,5′,6-Heptachlorobiphenyl（2,2′, 3,3′,4,5′,6- 七氯联苯）

基本信息

CAS 登录号	40186-70-7	分子量	391.8	扫描模式	子离子扫描
分子式	$C_{12}H_3Cl_7$	离子化模式	EI	母离子	359

一级质谱图

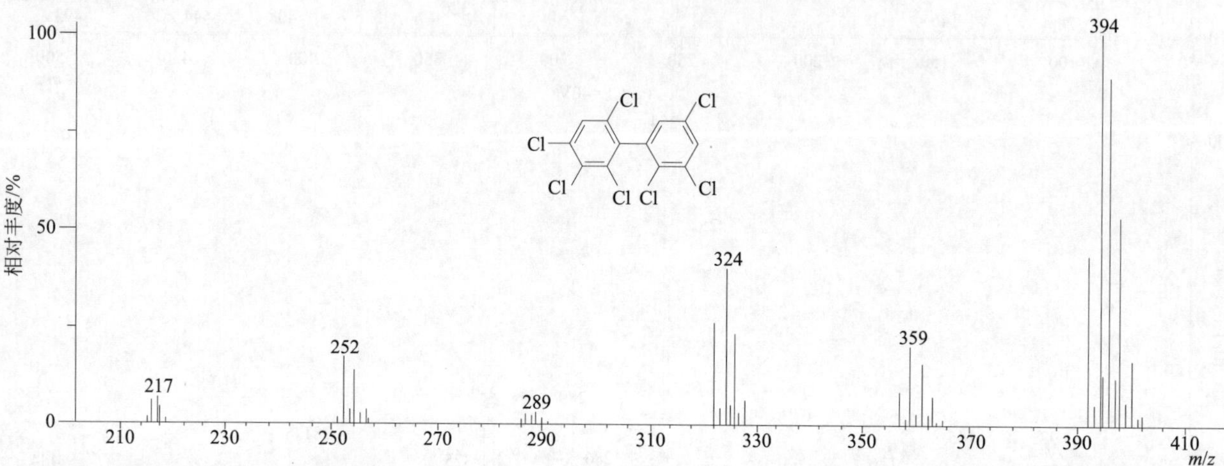

四个碰撞能量下子离子质谱图

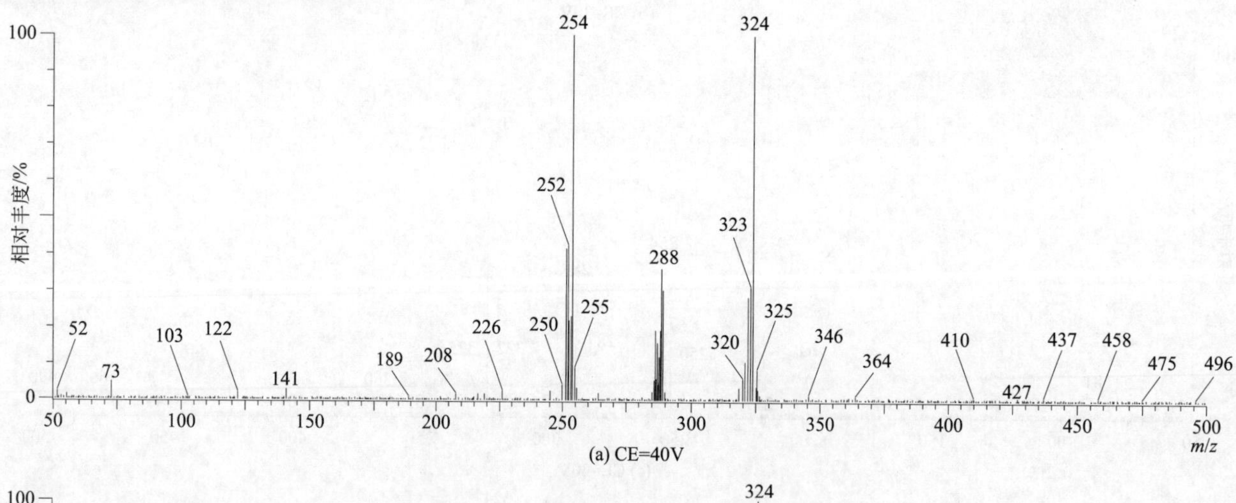

(a) CE=40V

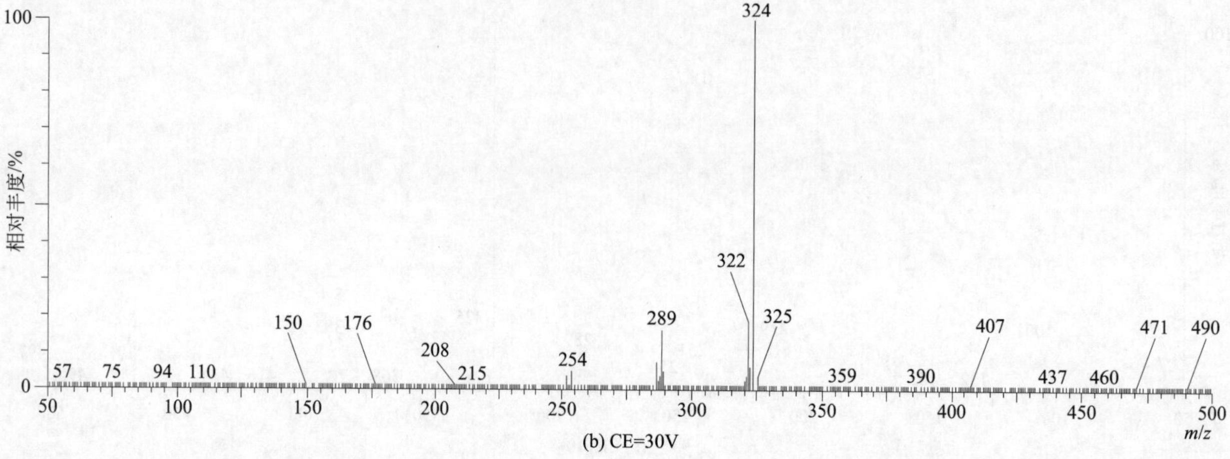

(b) CE=30V

(c) CE=20V

(d) CE=10V

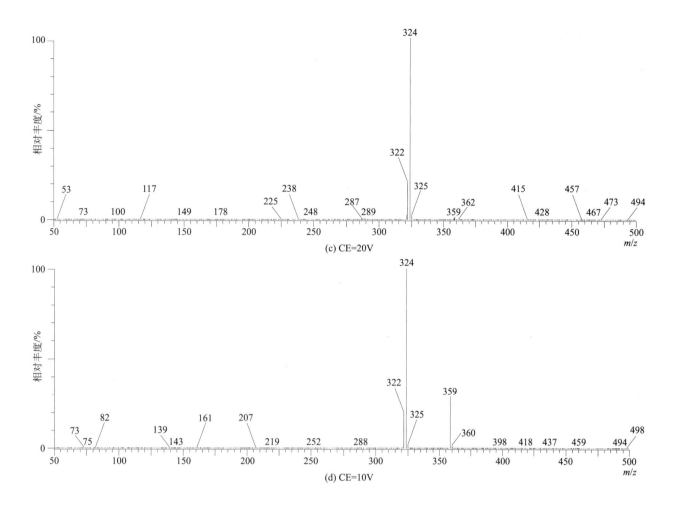

2,2′,3,3′,4,6,6′-Heptachlorobiphenyl（2,2′, 3,3′,4,6,6′- 七氯联苯）

基本信息

CAS 登录号	52663-65-7	分子量	391.8	扫描模式	子离子扫描
分子式	$C_{12}H_3Cl_7$	离子化模式	EI	母离子	324

一级质谱图

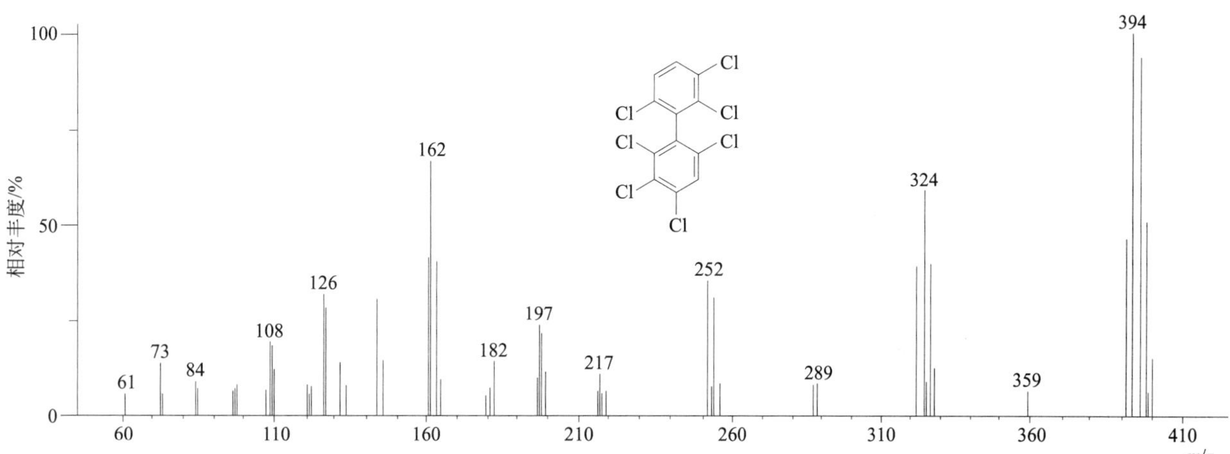

四个碰撞能量下子离子质谱图

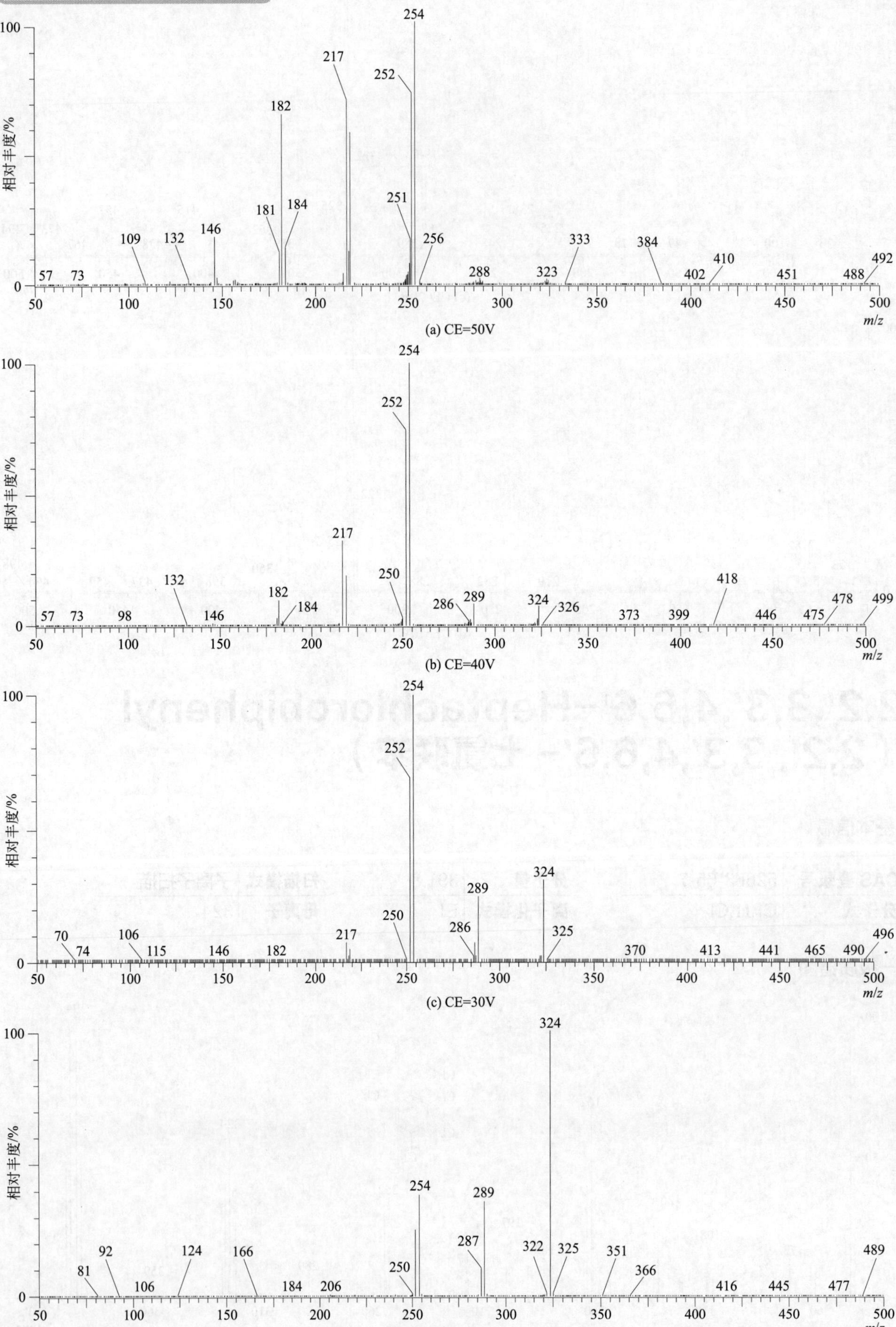

(a) CE=50V

(b) CE=40V

(c) CE=30V

(d) CE=20V

2,2′,3,3′,4′,5,6-Heptachlorobiphenyl
（2,2′, 3,3′,4′,5,6- 七氯联苯）

基本信息

CAS 登录号	52663-70-4	分子量	391.8	扫描模式	子离子扫描
分子式	$C_{12}H_3Cl_7$	离子化模式	EI	母离子	394

一级质谱图

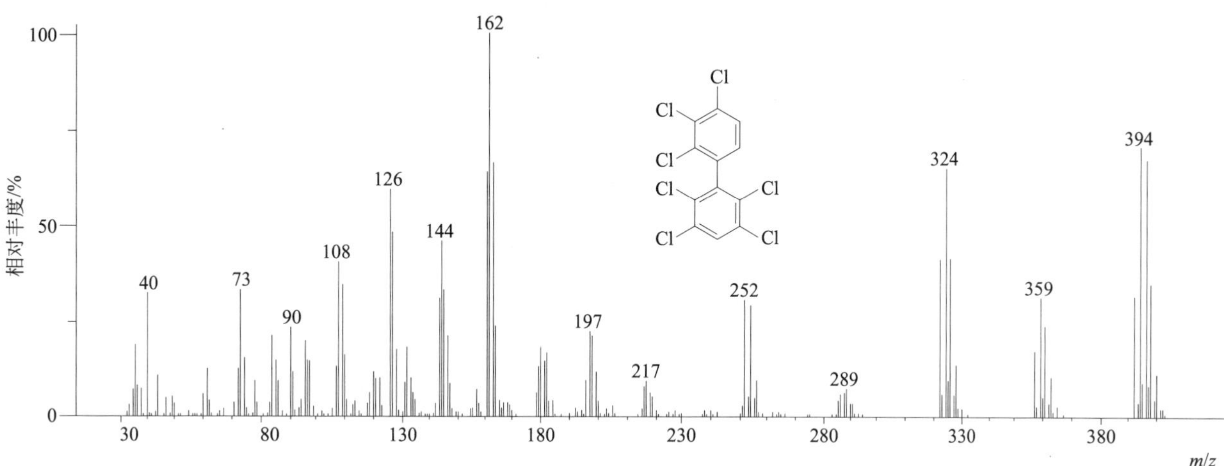

四个碰撞能量下子离子质谱图

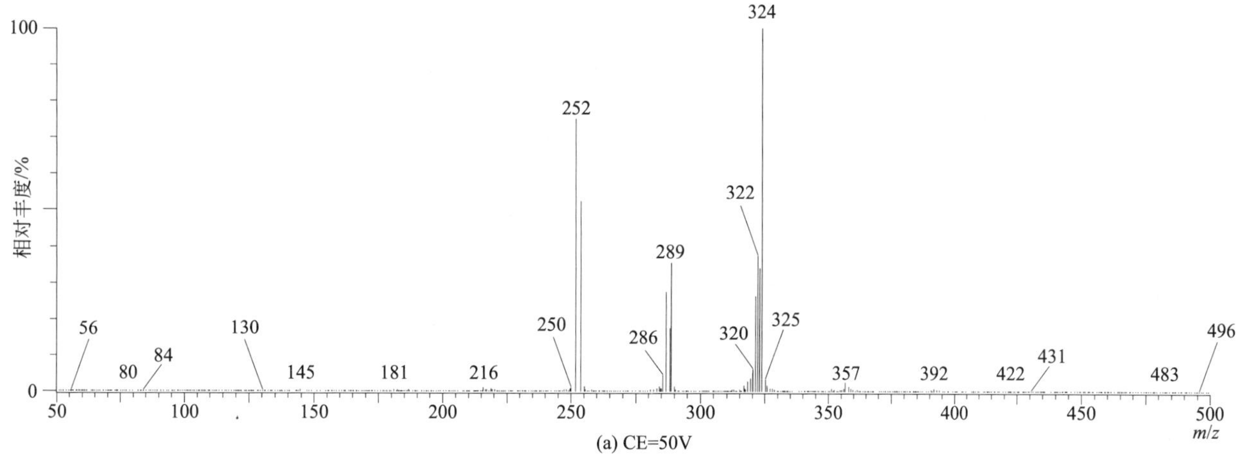

(a) CE=50V

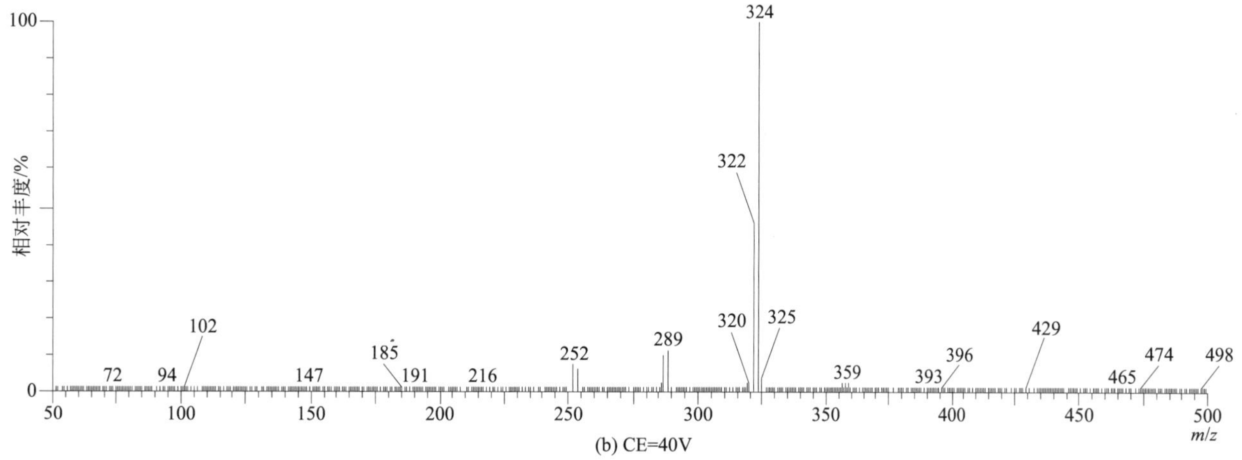

(b) CE=40V

(c) CE=30V

(d) CE=20V

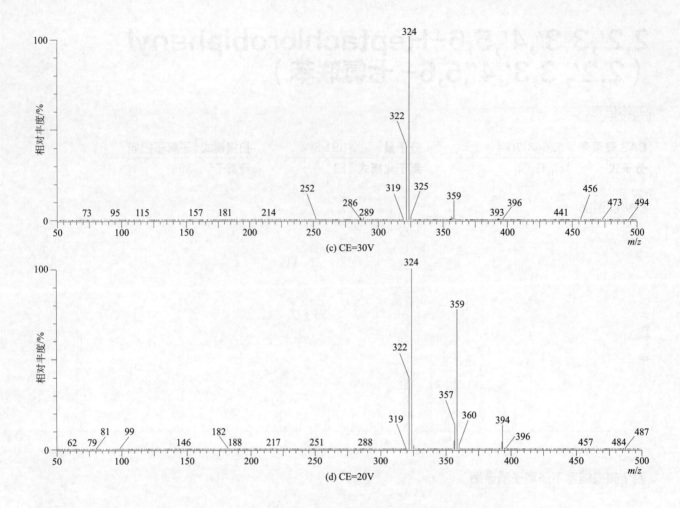

2,2′,3,3′,5,5′,6-Heptachlorobiphenyl
(2,2′, 3,3′,5,5′,6- 七氯联苯)

基本信息

CAS 登录号	52663-67-9	分子量	391.8	扫描模式	子离子扫描
分子式	$C_{12}H_3Cl_7$	离子化模式	EI	母离子	396

一级质谱图

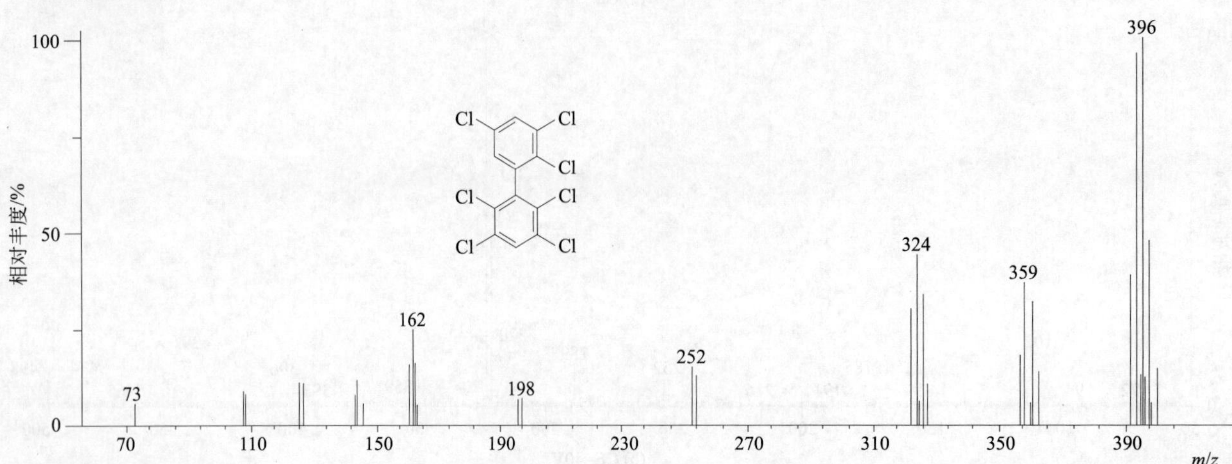

四个碰撞能量下子离子质谱图

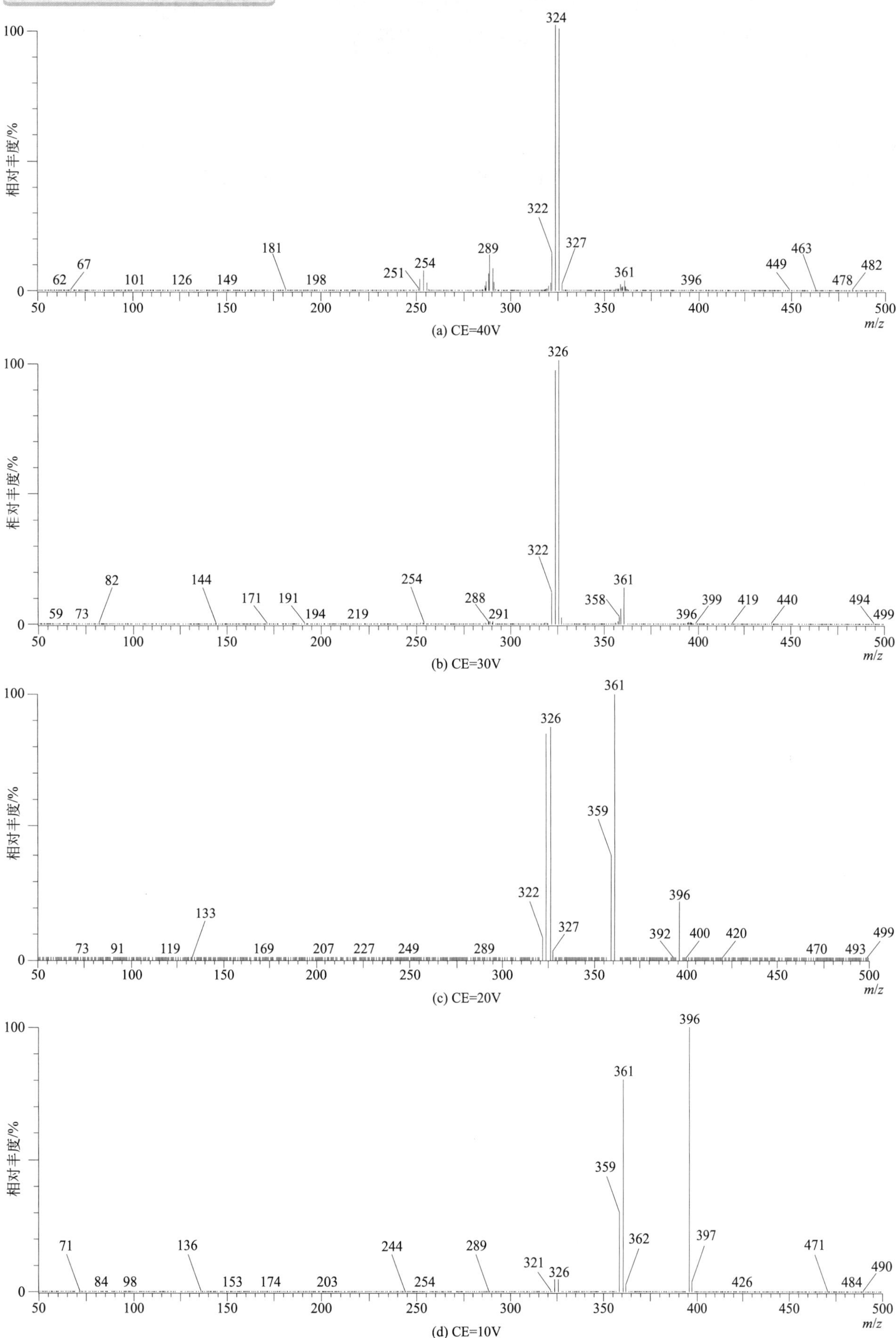

(a) CE=40V

(b) CE=30V

(c) CE=20V

(d) CE=10V

2,2′,3,3′,5,6,6′-Heptachlorobiphenyl (2,2′,3,3′,5,6,6′-七氯联苯)

基本信息

CAS 登录号	52663-64-6	分子量	391.8	扫描模式	子离子扫描
分子式	$C_{12}H_3Cl_7$	离子化模式	EI	母离子	398

一级质谱图

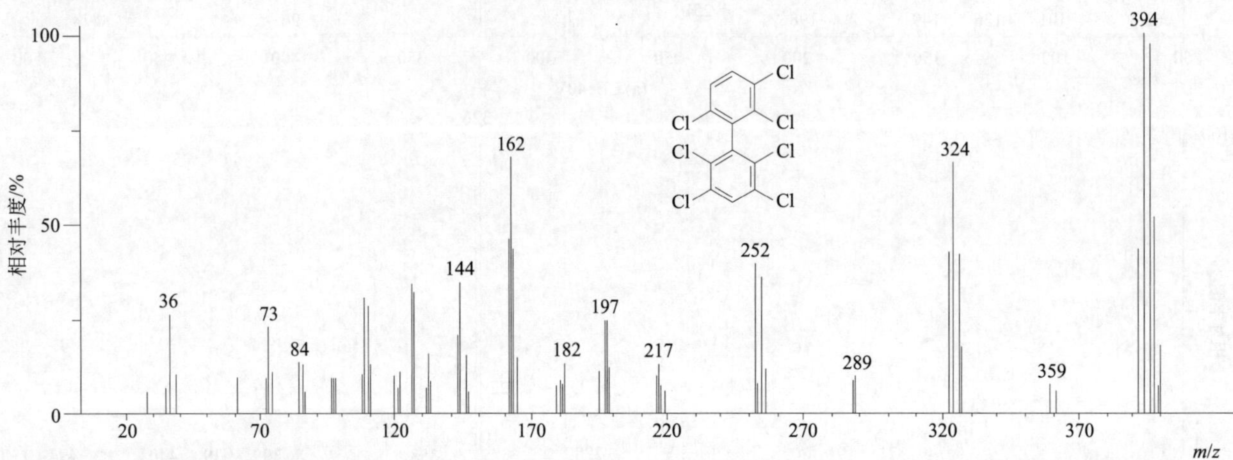

四个碰撞能量下子离子质谱图

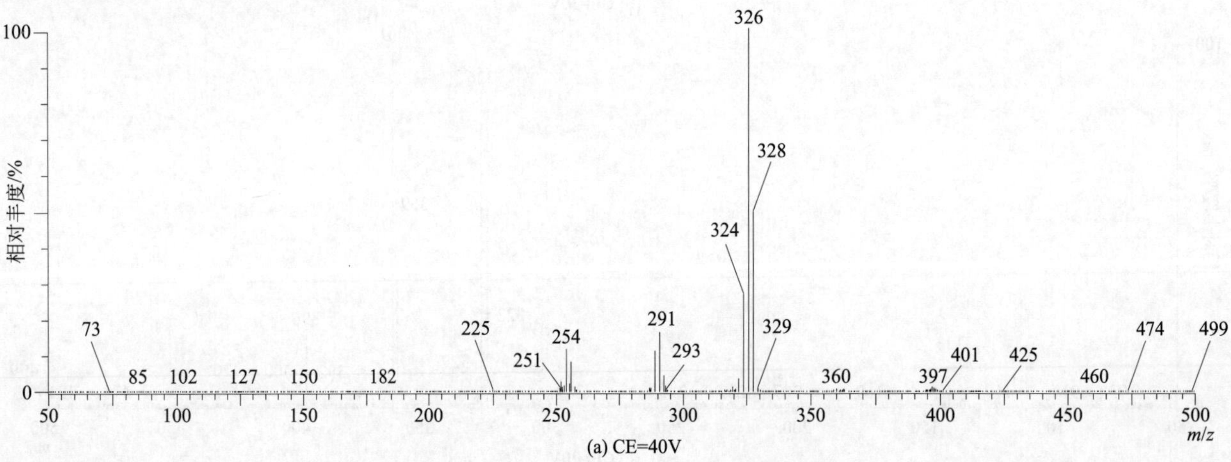

(a) CE=40V

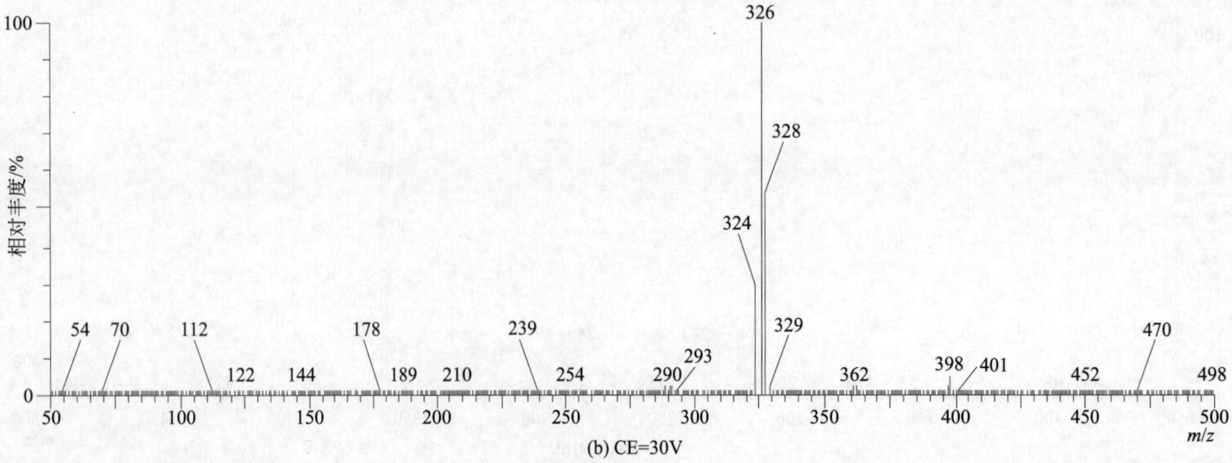

(b) CE=30V

(c) CE=20V

(d) CE=10V

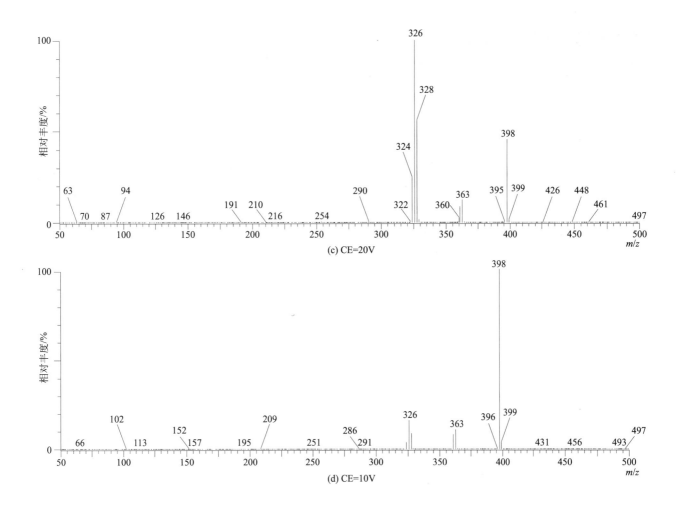

2,2′,3,4,4′,5,5′-Heptachlorobiphenyl
（2,2′, 3,4,4′,5,5′- 七氯联苯）

基本信息

CAS 登录号	35065-29-3	分子量	391.8	扫描模式	子离子扫描
分子式	$C_{12}H_3Cl_7$	离子化模式	EI	母离子	396

一级质谱图

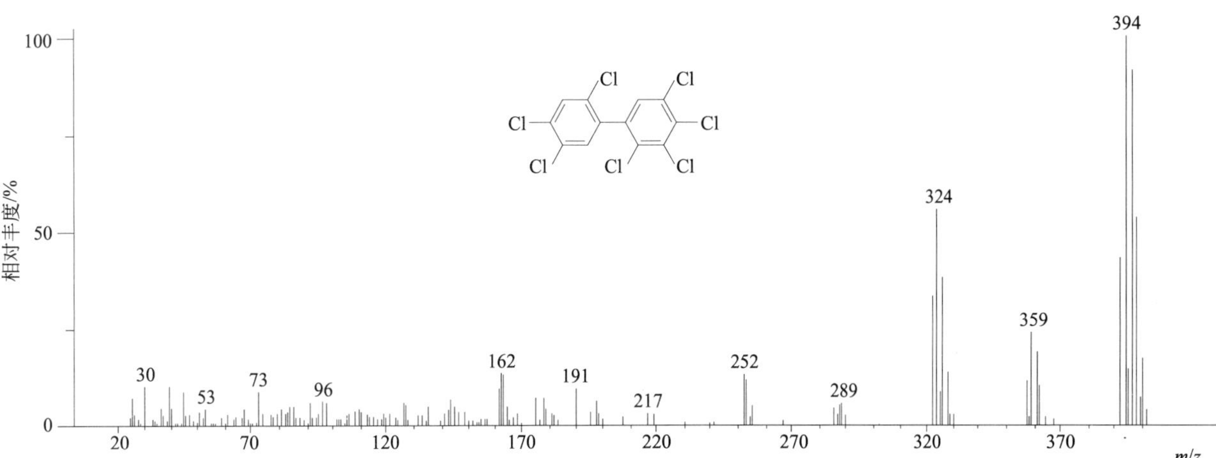

四个碰撞能量下子离子质谱图

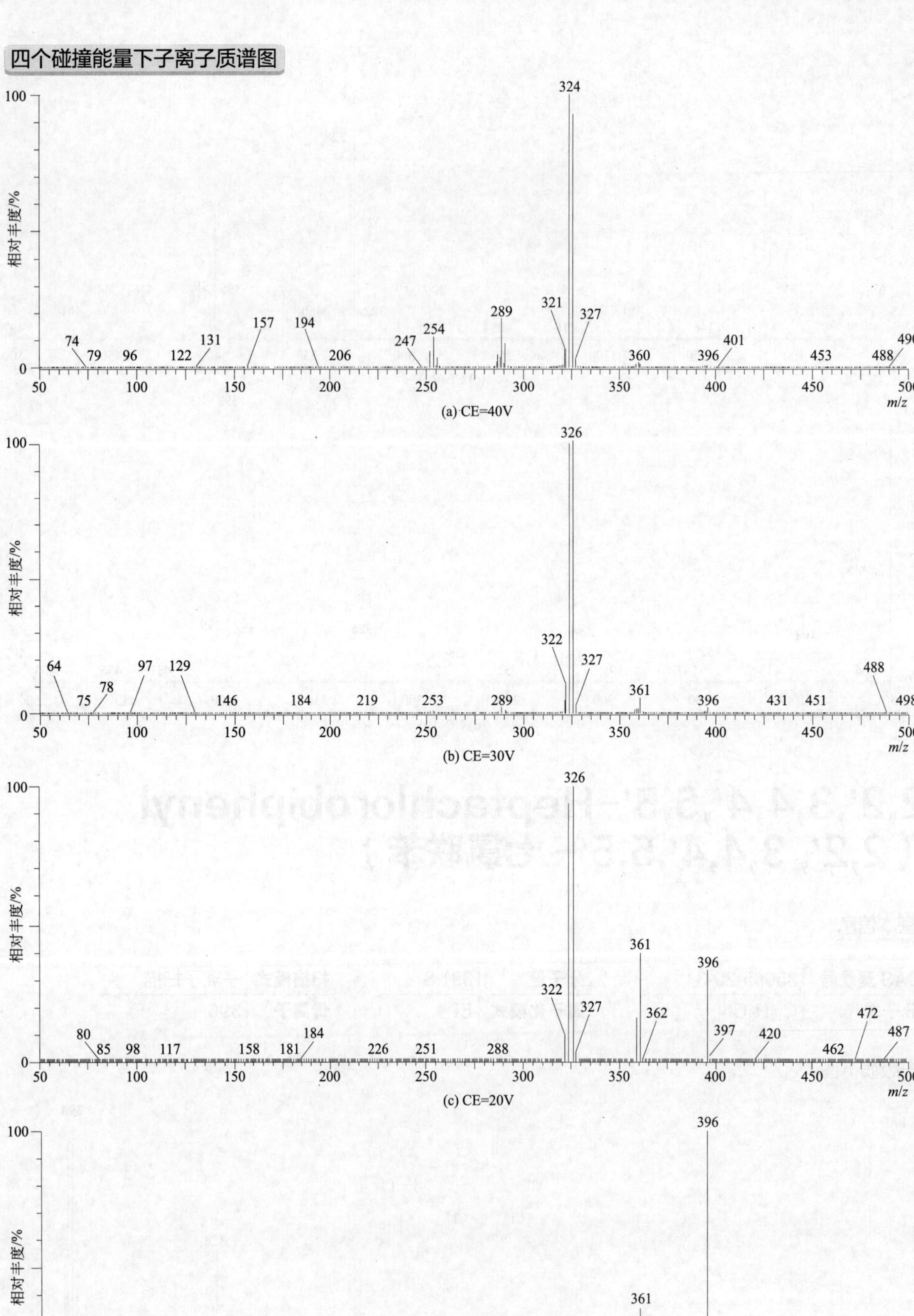

2,2′,3,4,4′,5,6-Heptachlorobiphenyl
（2,2′, 3,4,4′,5,6-七氯联苯）

基本信息

CAS 登录号	74472-47-2	分子量	391.8	扫描模式	子离子扫描
分子式	$C_{12}H_3Cl_7$	离子化模式	EI	母离子	394

一级质谱图

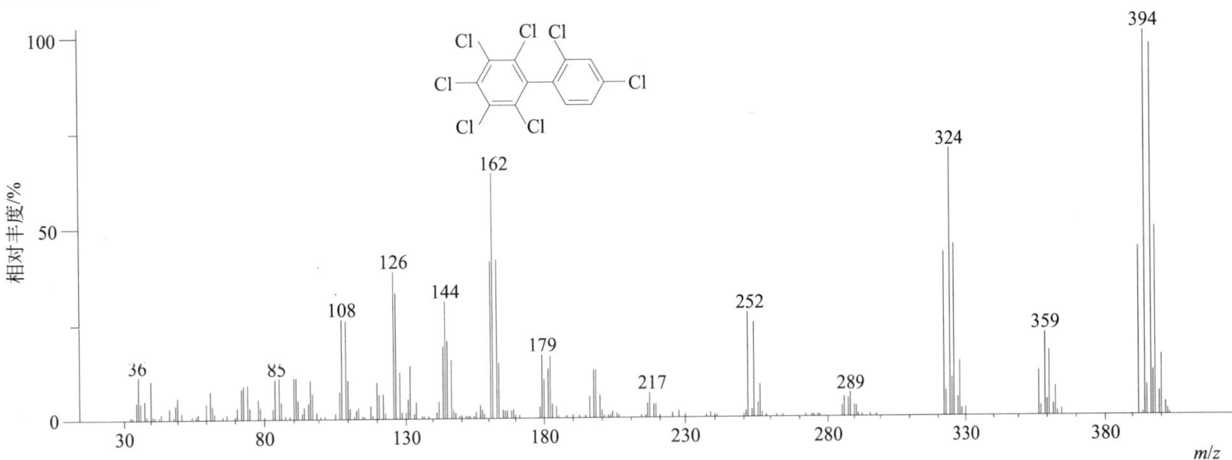

四个碰撞能量下子离子质谱图

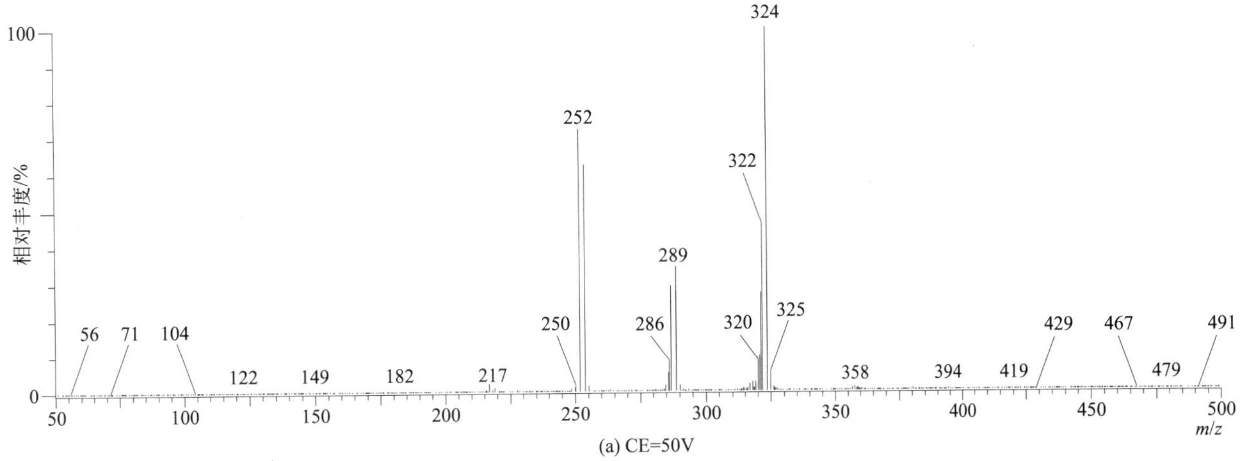

(a) CE=50V

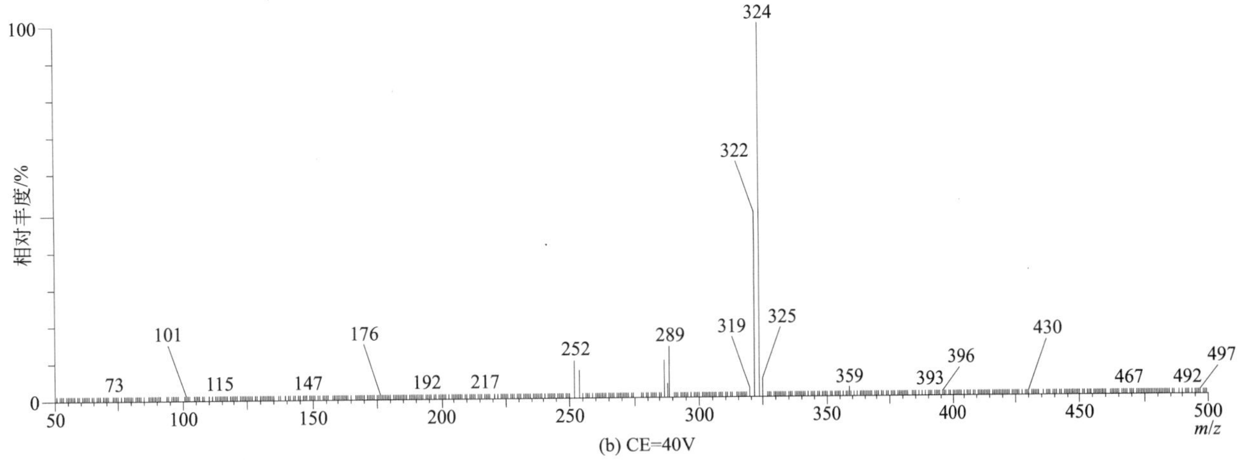

(b) CE=40V

(c) CE=30V

(d) CE=20V

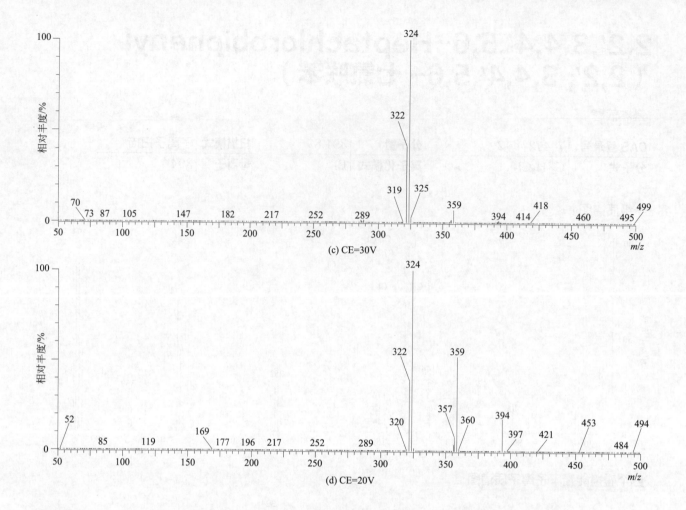

2,2′,3,4,4′,5,6′-Heptachlorobiphenyl
（2,2′, 3,4,4′,5,6′- 七氯联苯）

基本信息

CAS 登录号	60145-23-5	分子量	391.8	扫描模式	子离子扫描
分子式	$C_{12}H_3Cl_7$	离子化模式	EI	母离子	398

一级质谱图

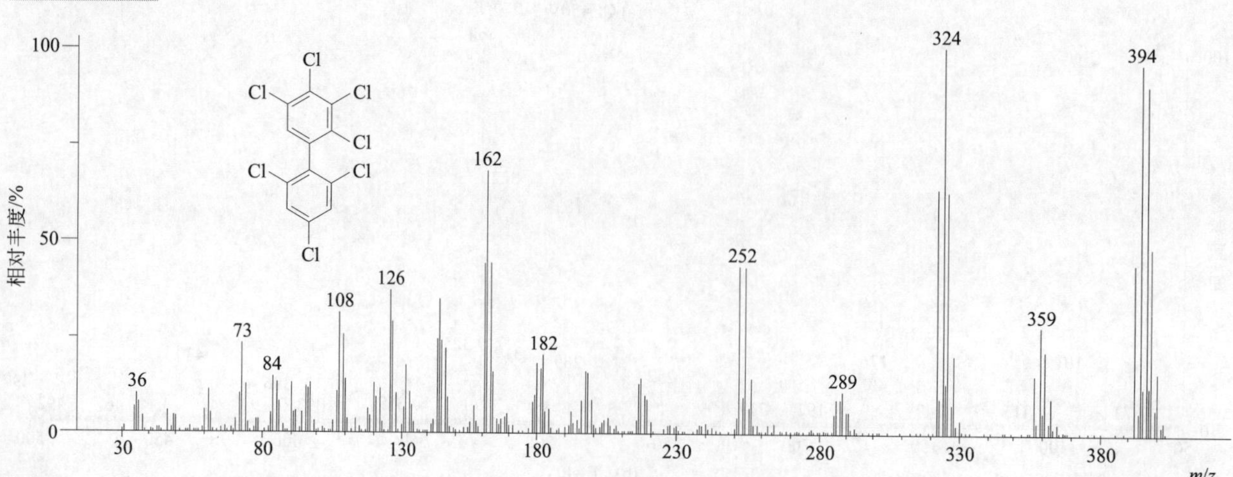

四个碰撞能量下子离子质谱图

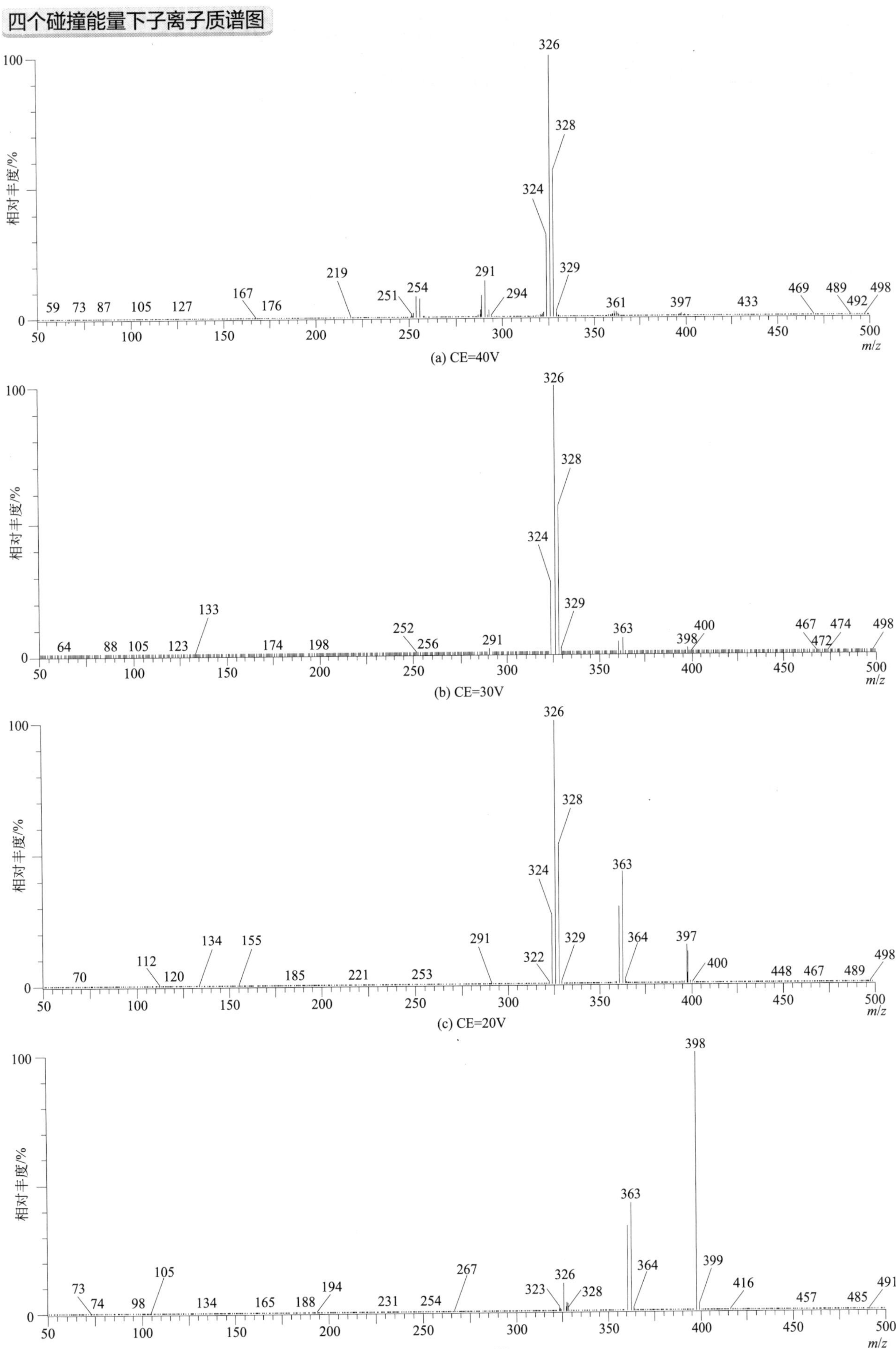

2,2′,3,4,4′,5′,6-Heptachlorobiphenyl
（2,2′, 3,4,4′,5′,6- 七氯联苯）

基本信息

CAS 登录号	52663-69-1	分子量	391.8	扫描模式	子离子扫描
分子式	$C_{12}H_3Cl_7$	离子化模式	EI	母离子	396

一级质谱图

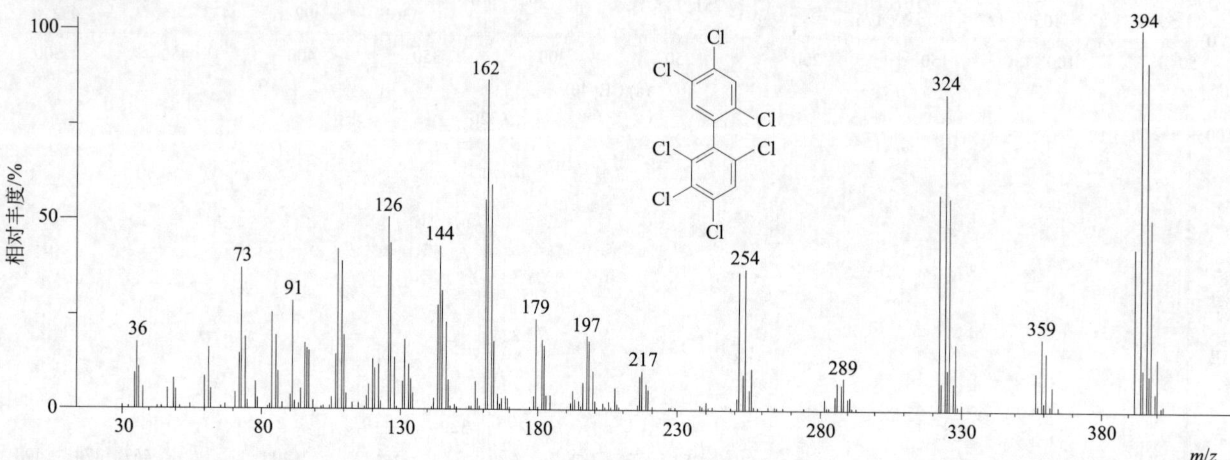

四个碰撞能量下子离子质谱图

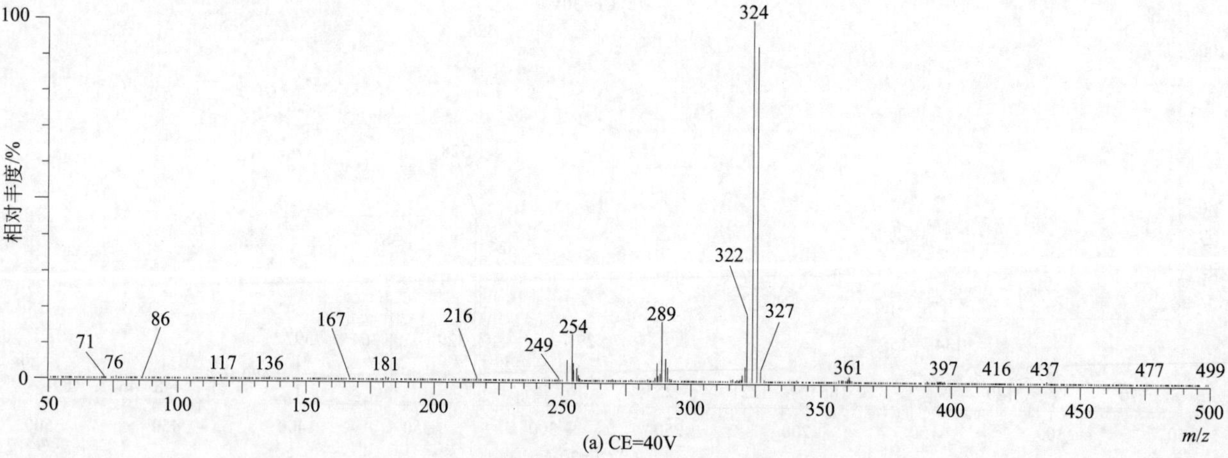

(a) CE=40V

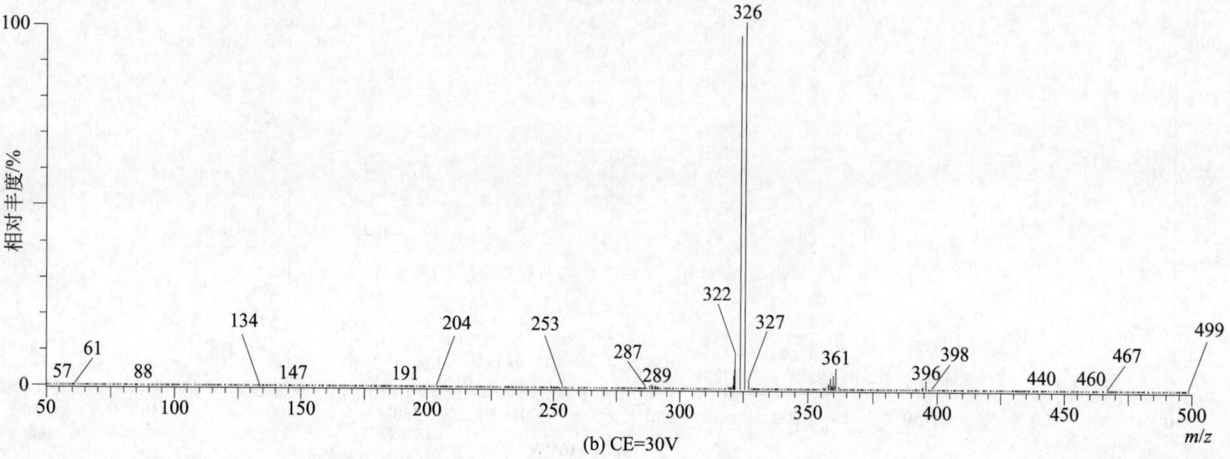

(b) CE=30V

(c) CE=20V

(d) CE=10V

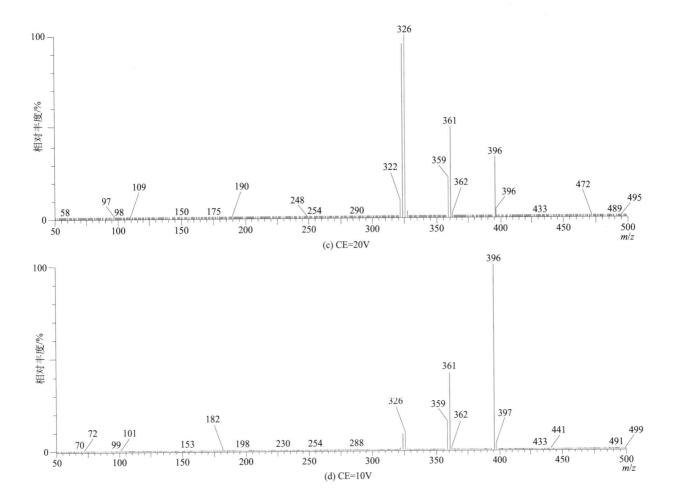

2,2′,3,4,4′,6,6′-Heptachlorobiphenyl（2,2′, 3,4,4′,6,6′- 七氯联苯）

基本信息

CAS 登录号	74472-48-3	分子量	391.8	扫描模式	子离子扫描
分子式	$C_{12}H_3Cl_7$	离子化模式	EI	母离子	396

一级质谱图

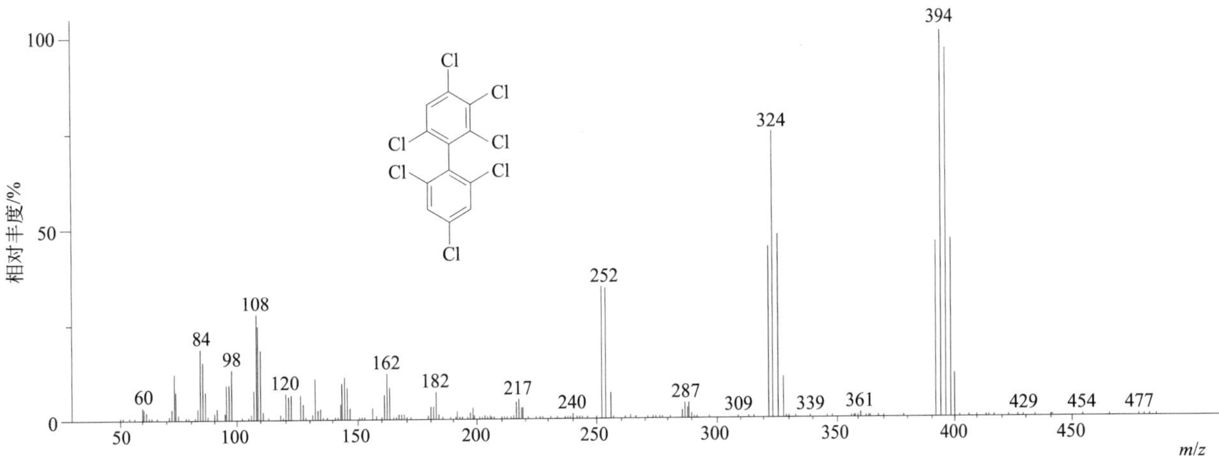

四个碰撞能量下子离子质谱图

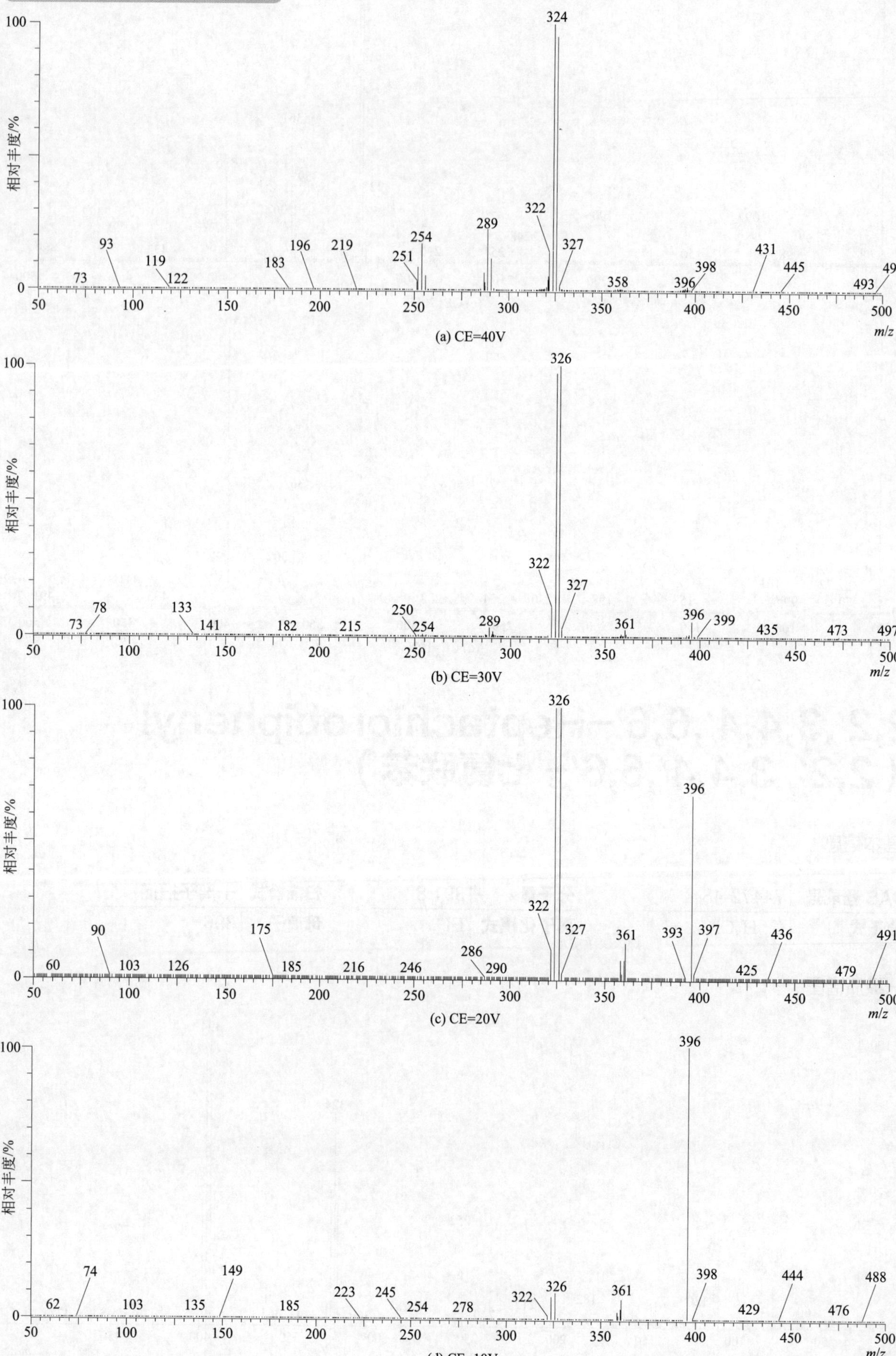

2,2′,3,4,5,5′,6-Heptachlorobiphenyl
（2,2′, 3,4,5,5′,6- 七氯联苯）

基本信息

CAS 登录号	52712-05-7	分子量	391.8	扫描模式	子离子扫描
分子式	$C_{12}H_3Cl_7$	离子化模式	EI	母离子	394

一级质谱图

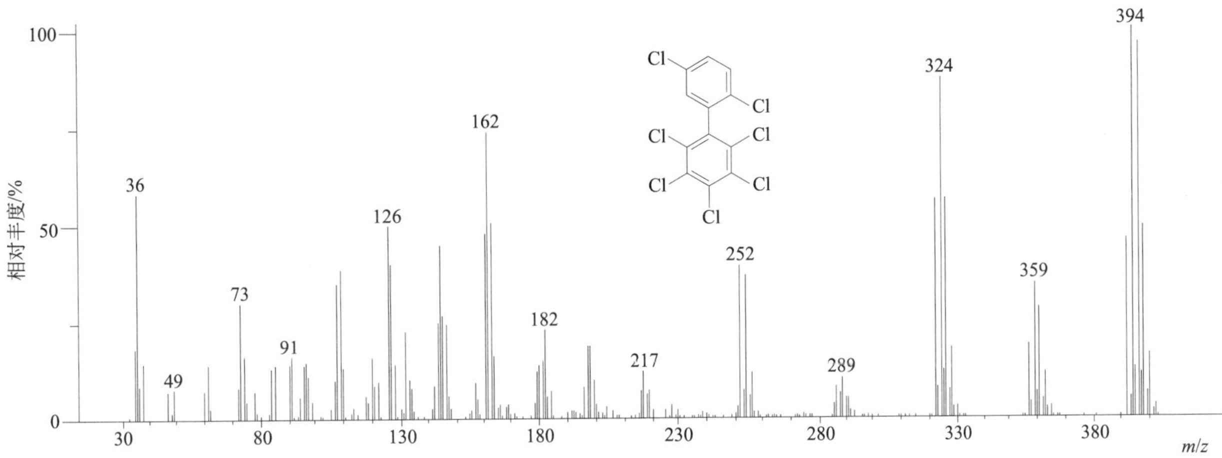

四个碰撞能量下子离子质谱图

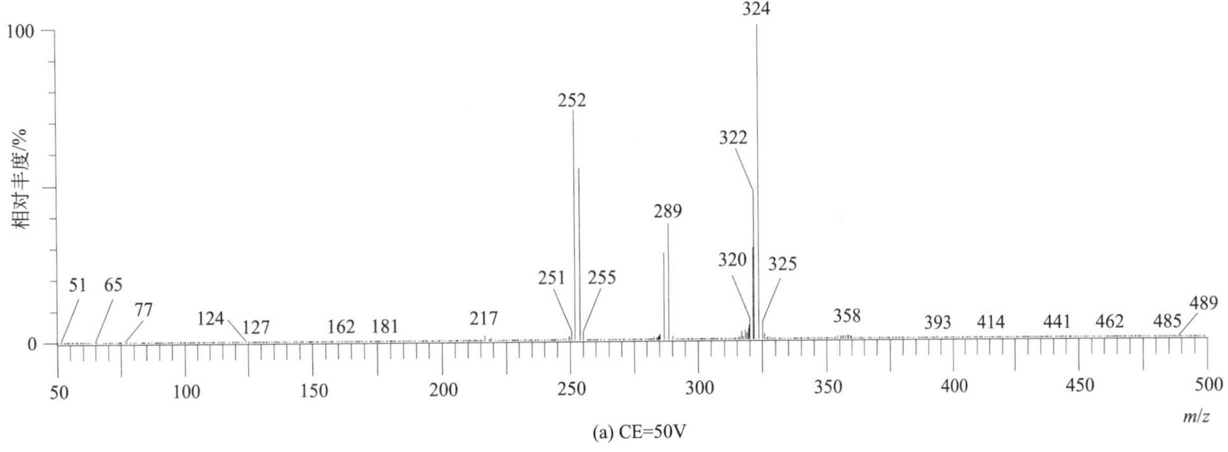

(a) CE=50V

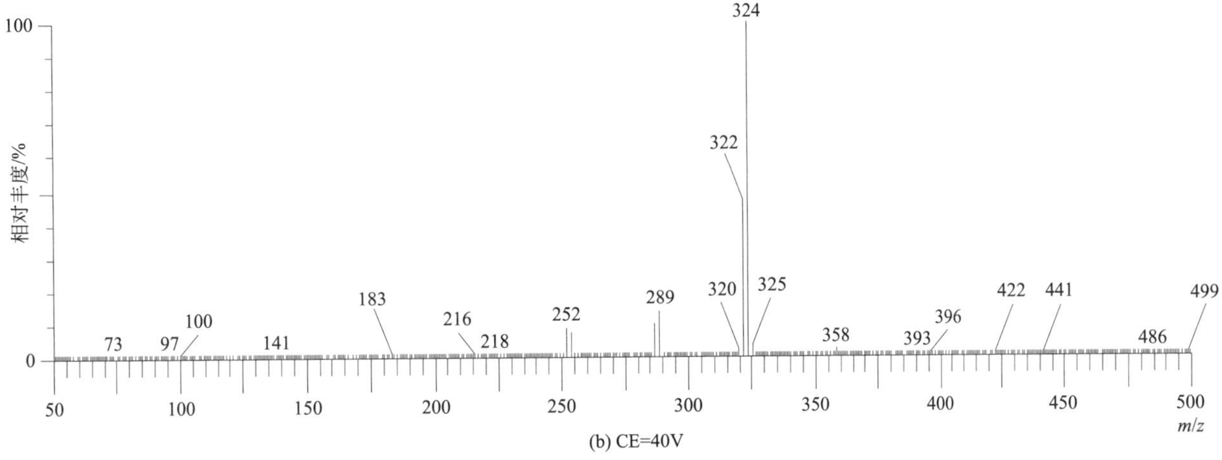

(b) CE=40V

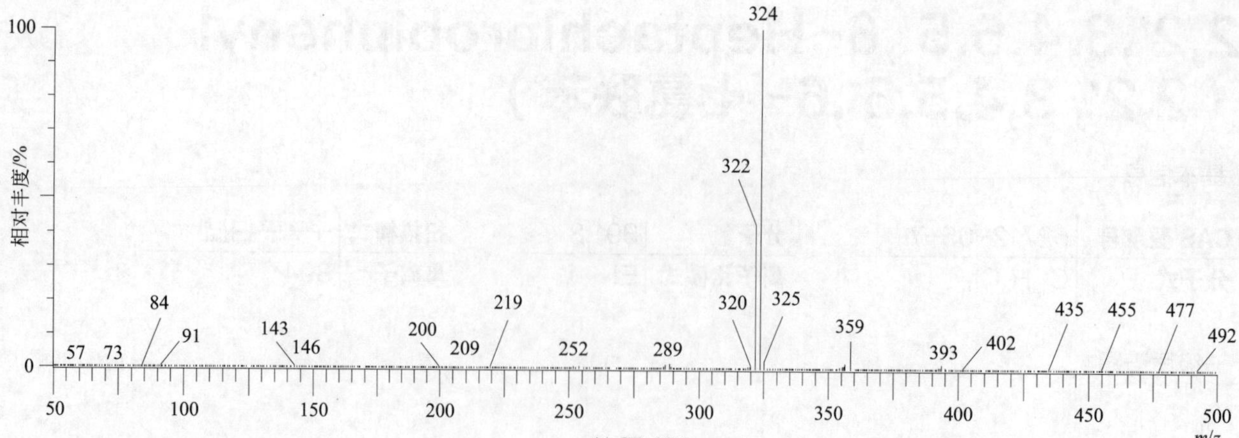

(c) CE=30V

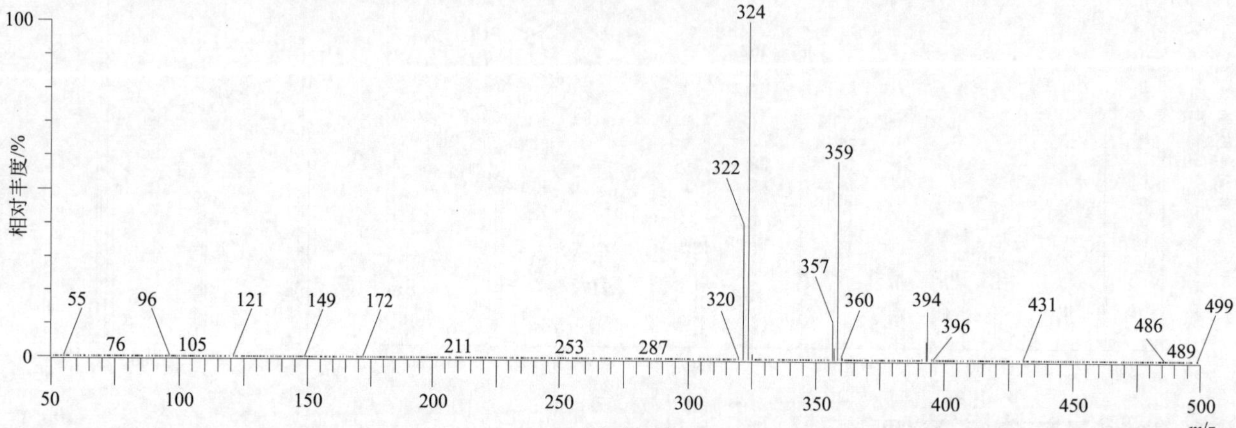

(d) CE=20V

2,2′,3,4,5,6,6′-Heptachlorobiphenyl（2,2′, 3,4,5,6,6′-七氯联苯）

基本信息

CAS 登录号	74472-49-4	分子量	391.8	扫描模式	子离子扫描
分子式	$C_{12}H_3Cl_7$	离子化模式	EI	母离子	324

一级质谱图

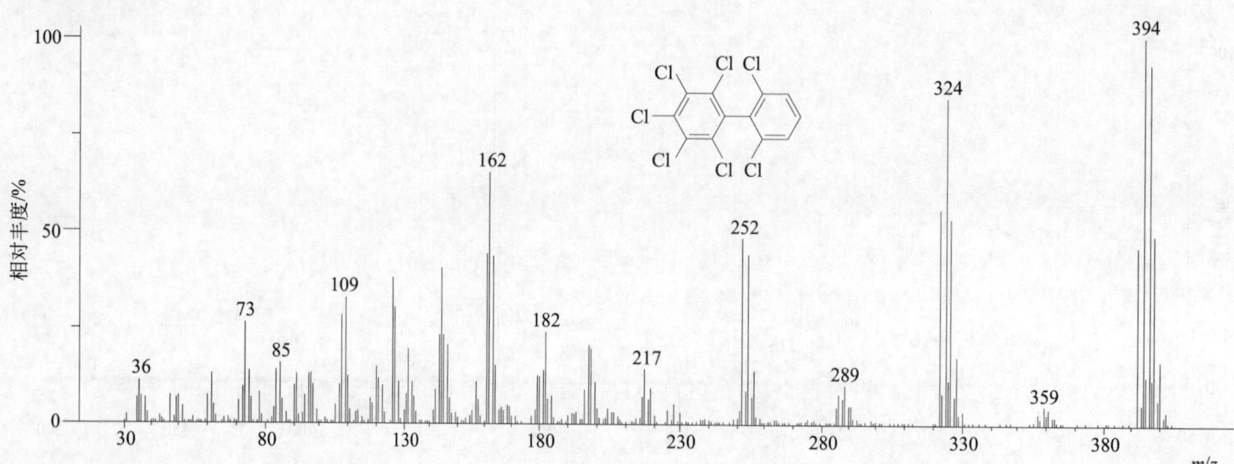

四个碰撞能量下子离子质谱图

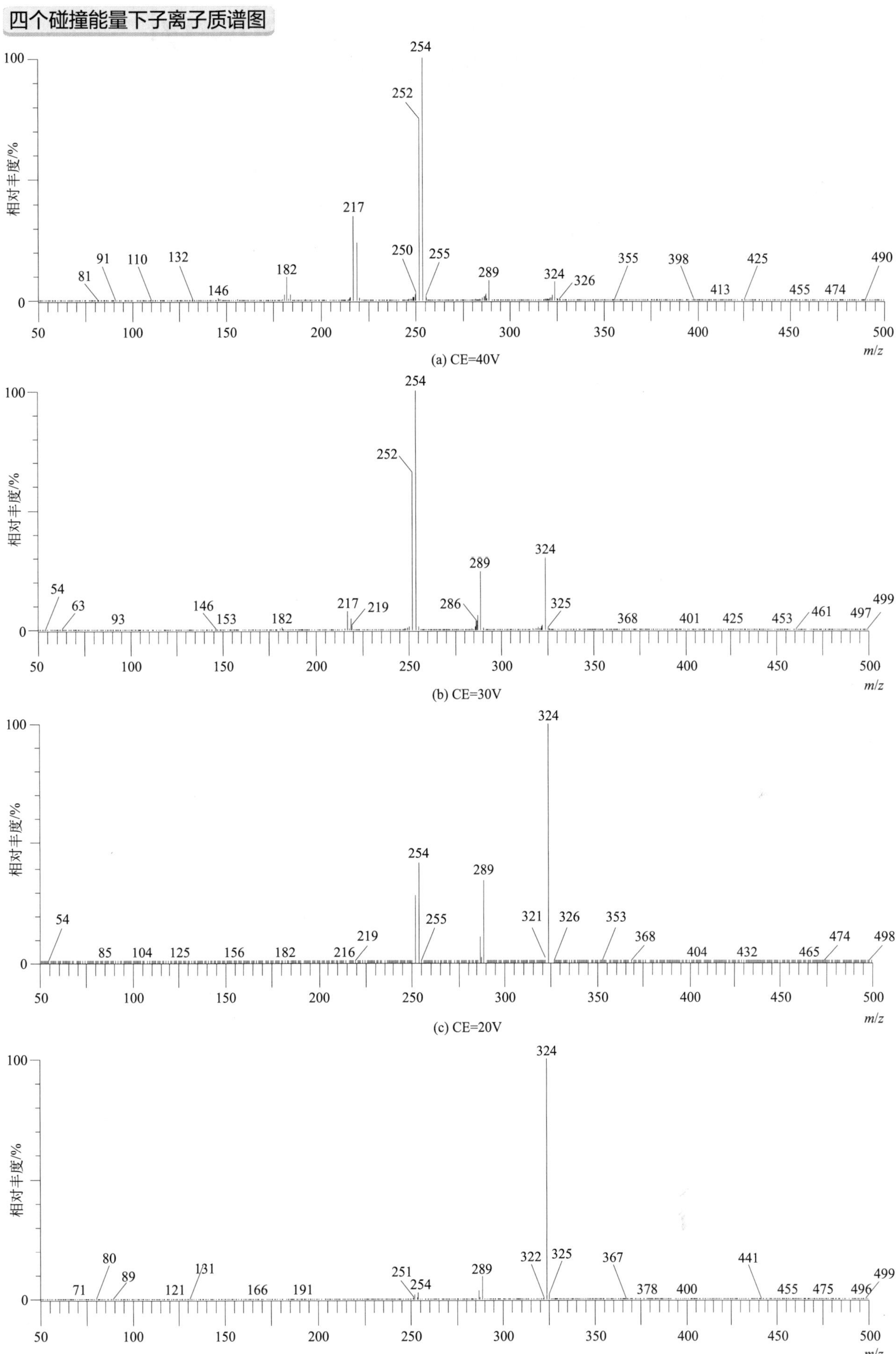

2,2′,3,4′,5,5′,6-Heptachlorobiphenyl（2,2′, 3,4′,5,5′,6-七氯联苯）

基本信息

CAS 登录号	52663-68-0	分子量	391.8	扫描模式	子离子扫描
分子式	$C_{12}H_3Cl_7$	离子化模式	EI	母离子	396

一级质谱图

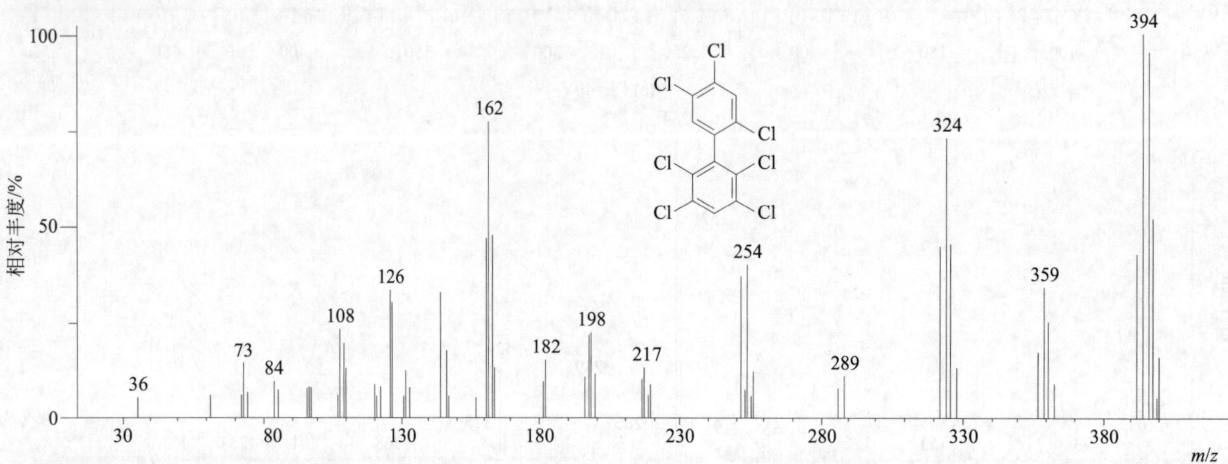

四个碰撞能量下子离子质谱图

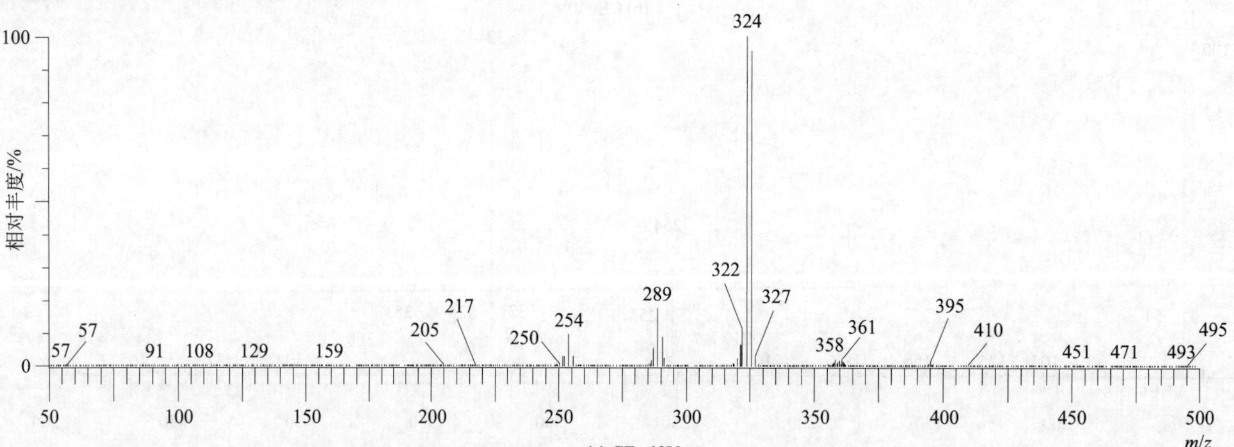

(a) CE=40V

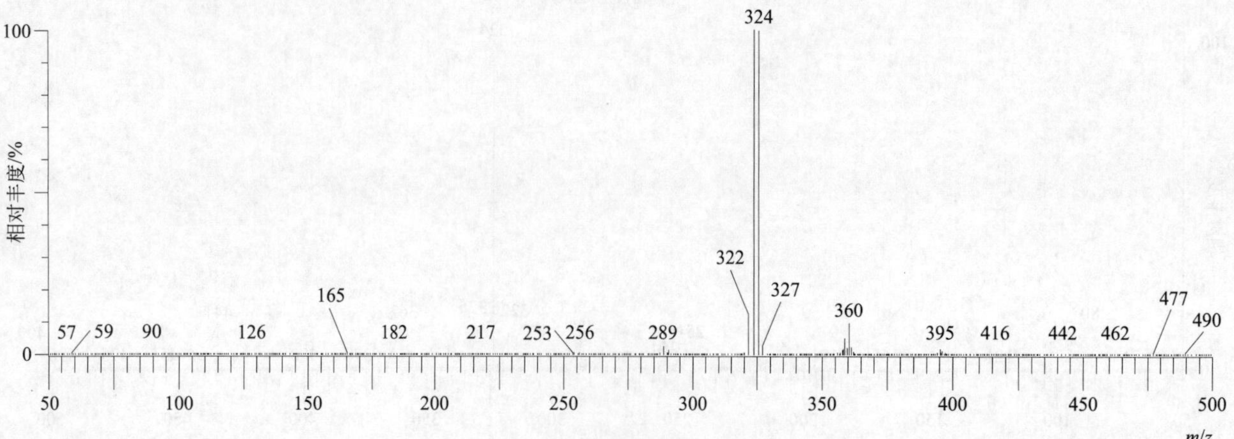

(b) CE=30V

(c) CE=20V

(d) CE=10V

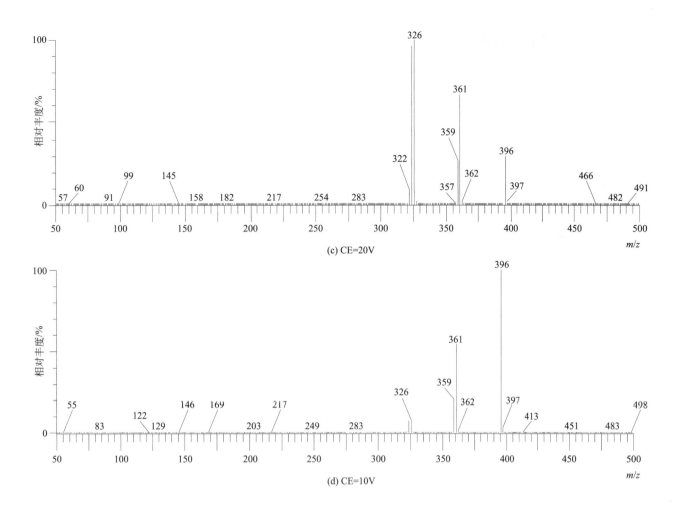

2,2′,3,4′,5,6,6′-Heptachlorobiphenyl（2,2′, 3,4′,5,6,6′- 七氯联苯）

基本信息

CAS 登录号	74487-85-7	分子量	391.8	扫描模式	子离子扫描
分子式	$C_{12}H_3Cl_7$	离子化模式	EI	母离子	324

一级质谱图

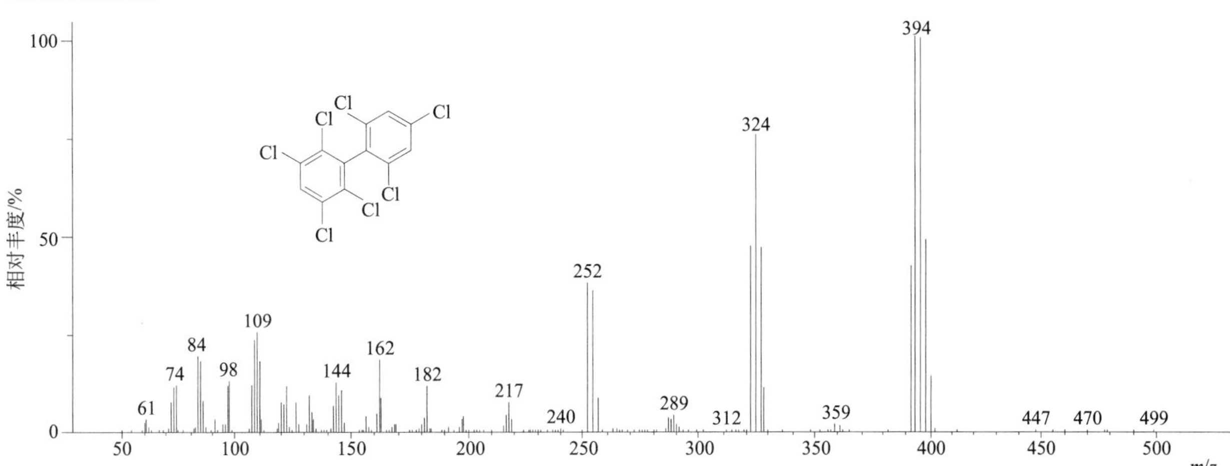

四个碰撞能量下子离子质谱图

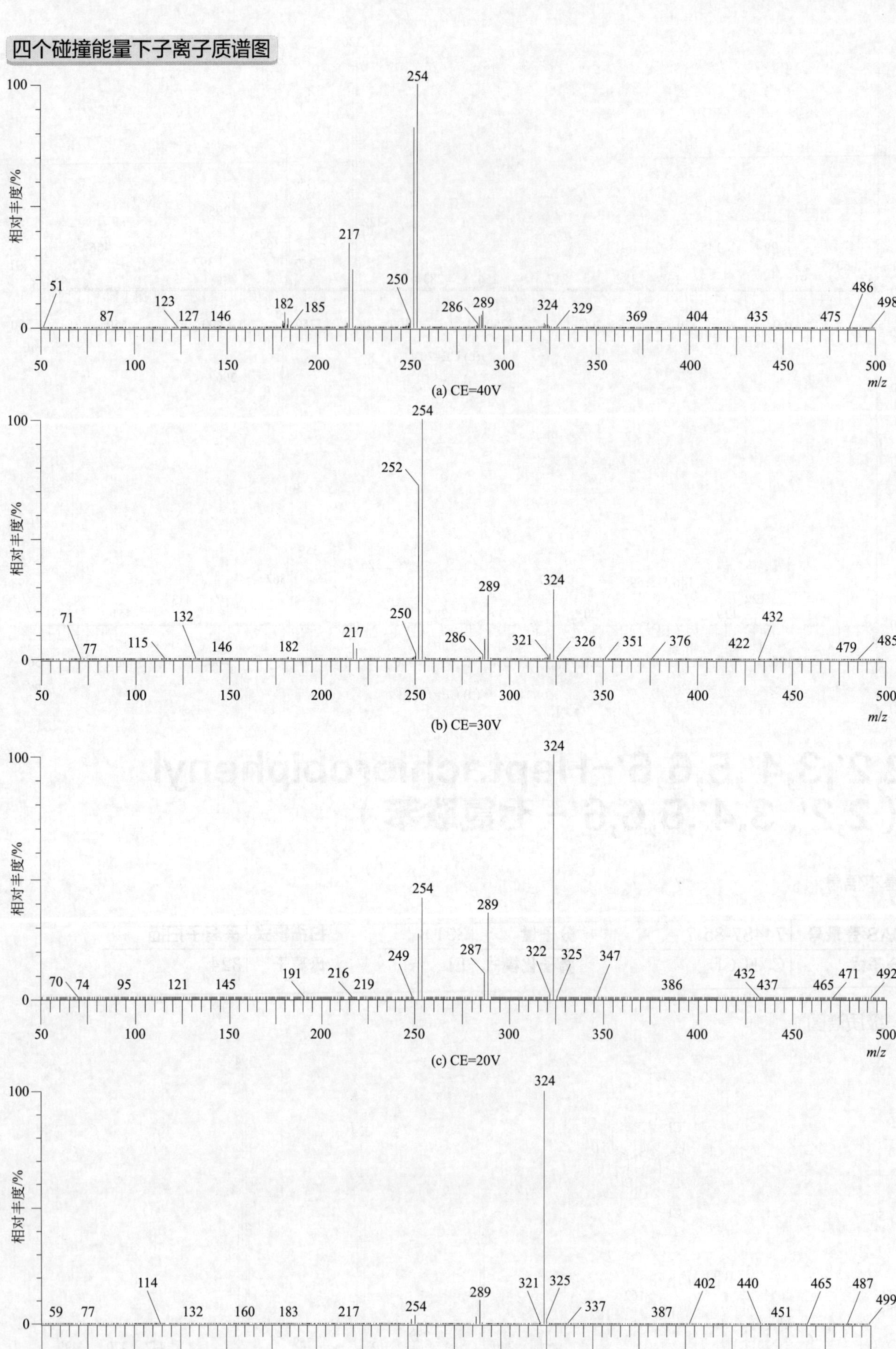

2,3,3′,4,4′,5,5′-Heptachlorobiphenyl（2,3, 3′,4,4′,5,5′-七氯联苯）

基本信息

CAS 登录号	39635-31-9	分子量	391.8	扫描模式	子离子扫描
分子式	$C_{12}H_3Cl_7$	离子化模式	EI	母离子	394

一级质谱图

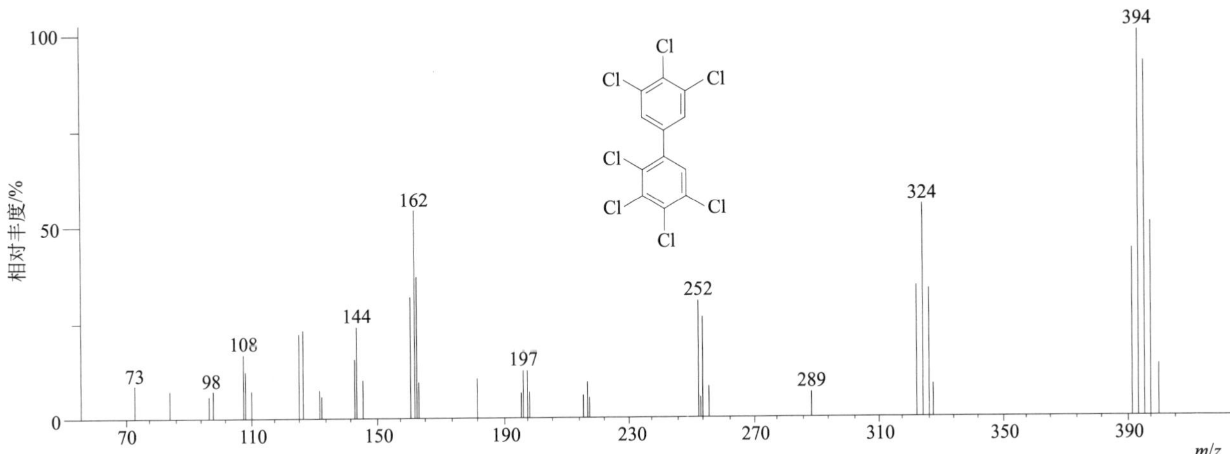

四个碰撞能量下子离子质谱图

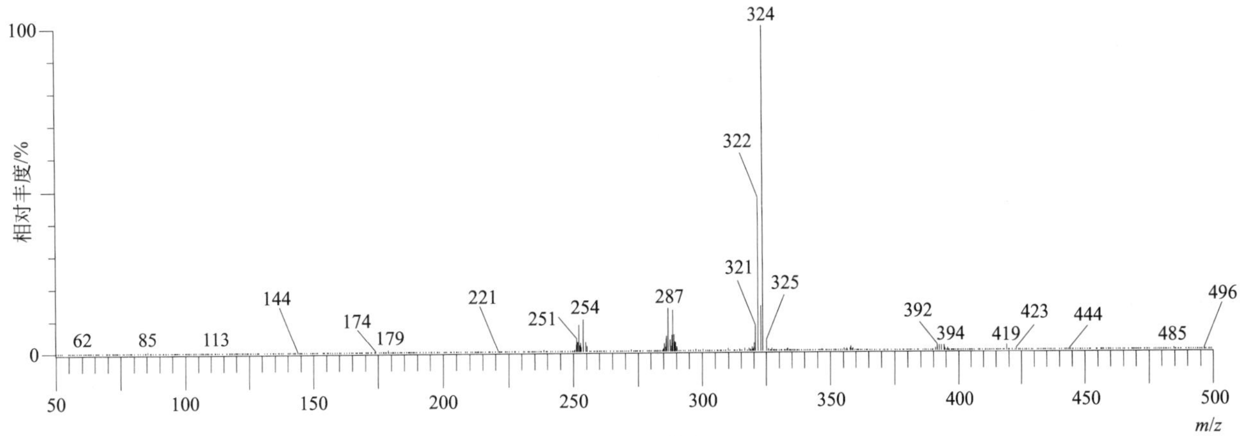

(a) CE=40V

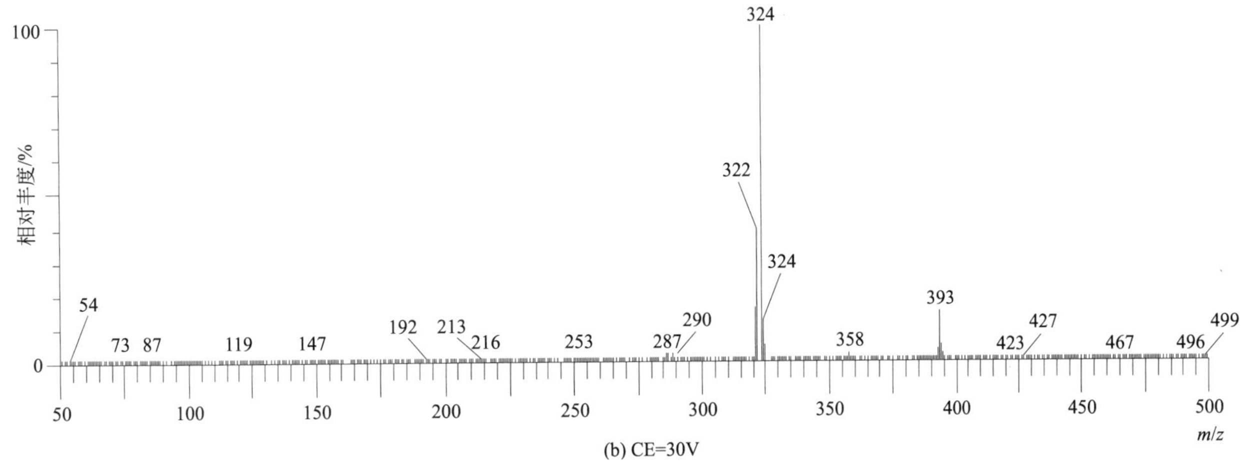

(b) CE=30V

(c) CE=20V

(d) CE=10V

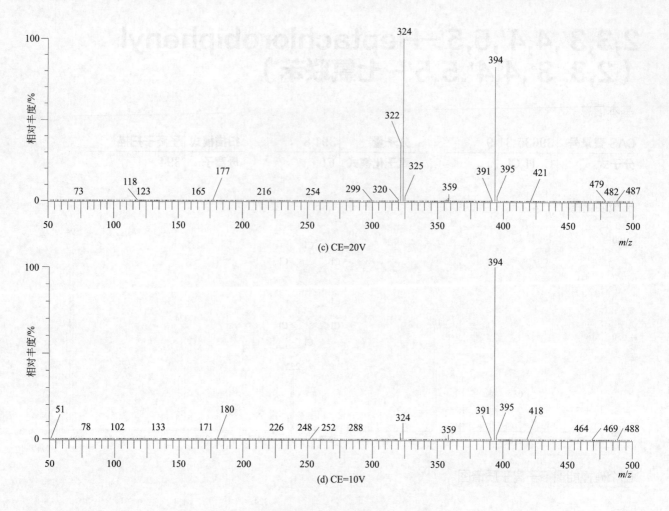

2,3,3′,4,4′,5,6-Heptachlorobiphenyl
（2,3, 3′,4,4′,5,6- 七氯联苯）

基本信息

CAS 登录号	41411-64-7	**分子量**	391.8	**扫描模式**	子离子扫描
分子式	$C_{12}H_3Cl_7$	**离子化模式**	EI	**母离子**	394

一级质谱图

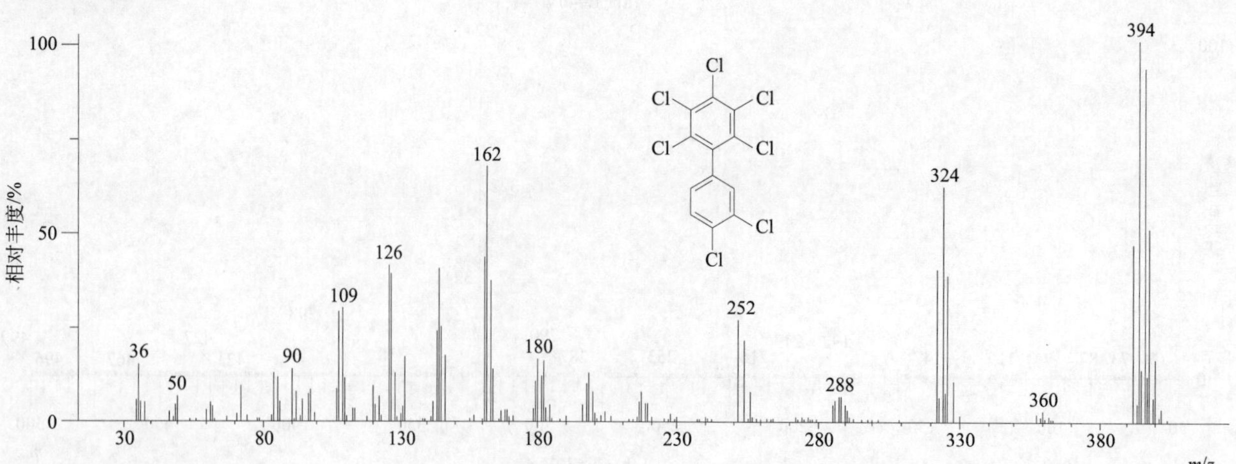

四个碰撞能量下子离子质谱图

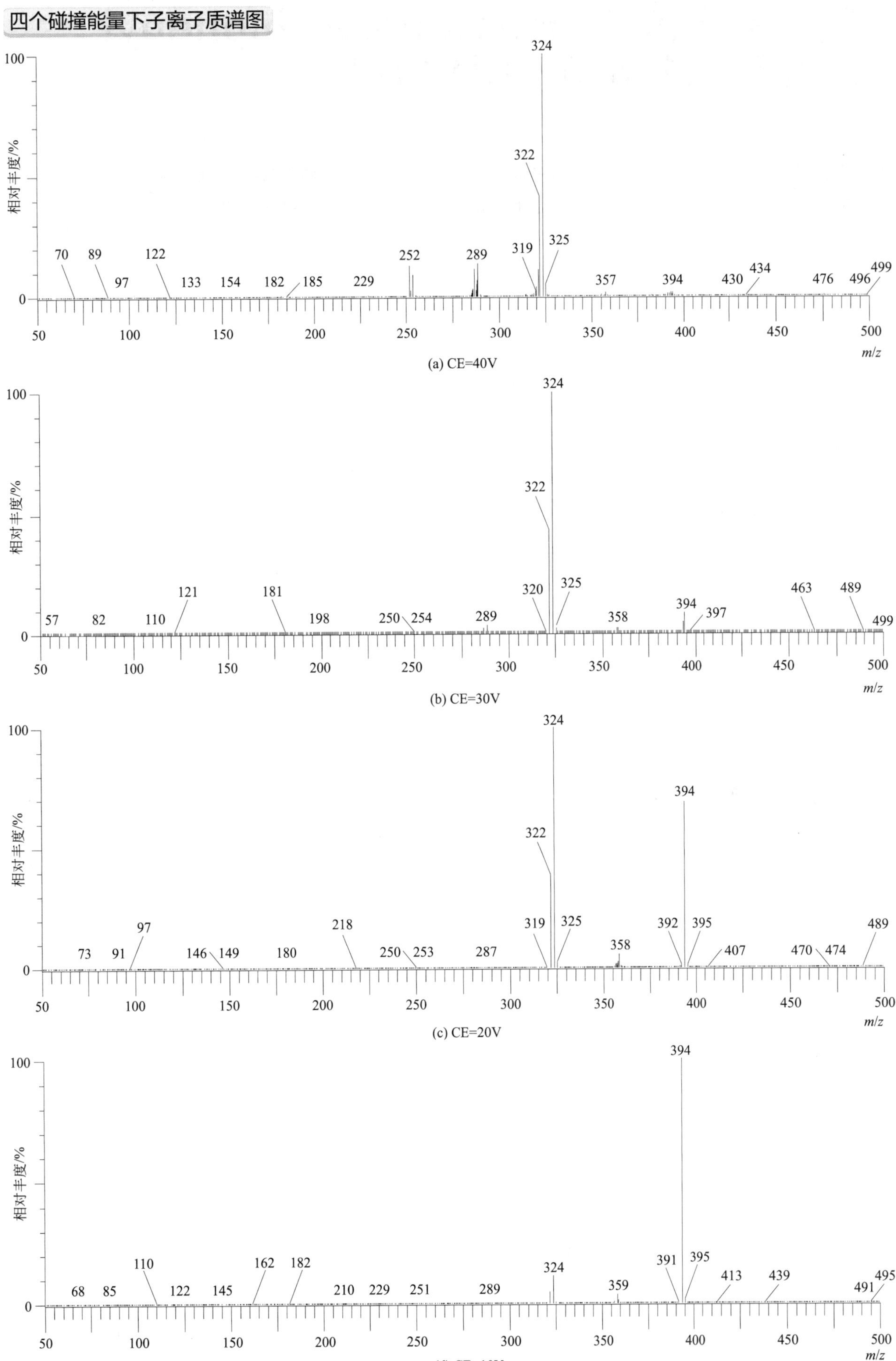

(a) CE=40V

(b) CE=30V

(c) CE=20V

(d) CE=10V

2,3,3′,4,4′,5′,6-Heptachlorobiphenyl（2,3, 3′,4,4′,5′,6- 七氯联苯）

基本信息

CAS 登录号	74472-50-7	分子量	391.8	扫描模式	子离子扫描
分子式	$C_{12}H_3Cl_7$	离子化模式	EI	母离子	396

一级质谱图

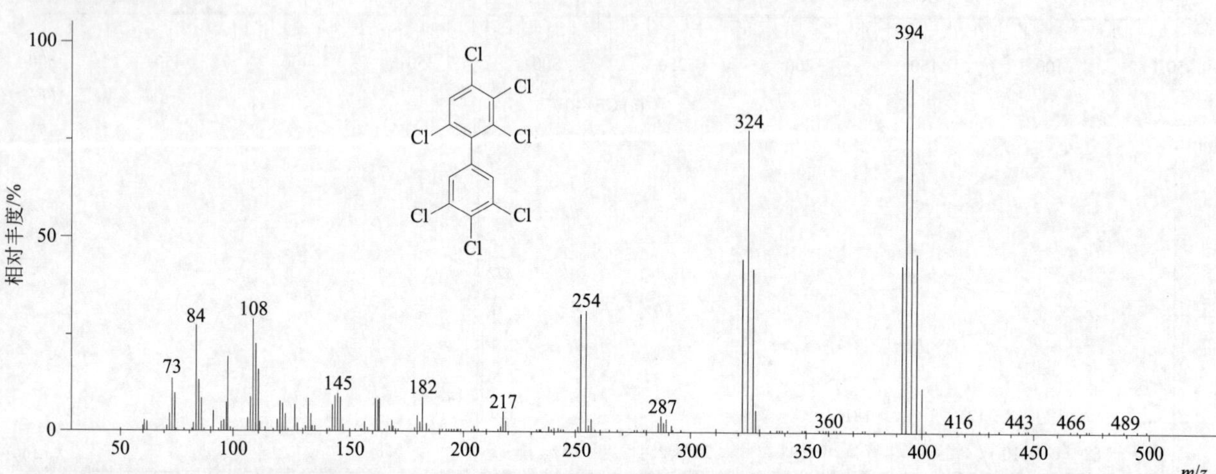

四个碰撞能量下子离子质谱图

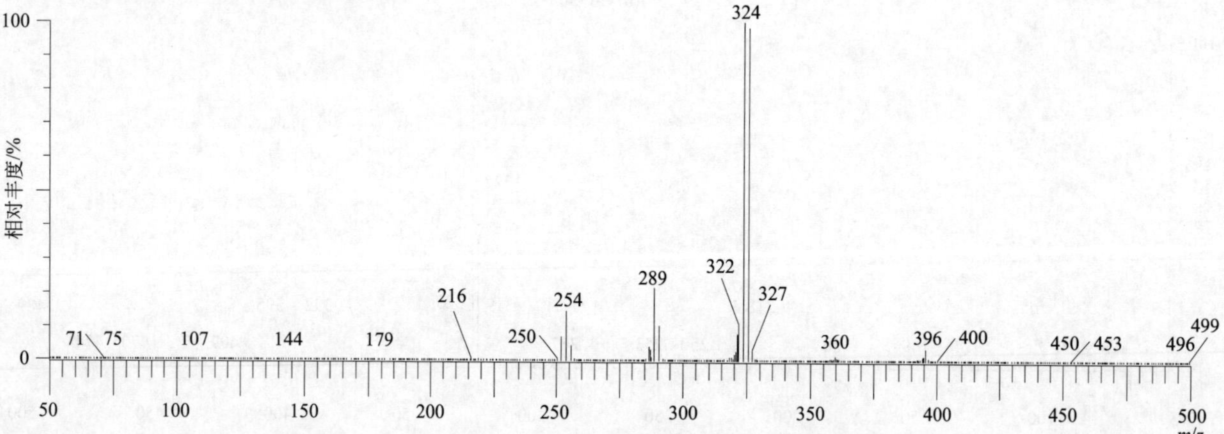

(a) CE=40V

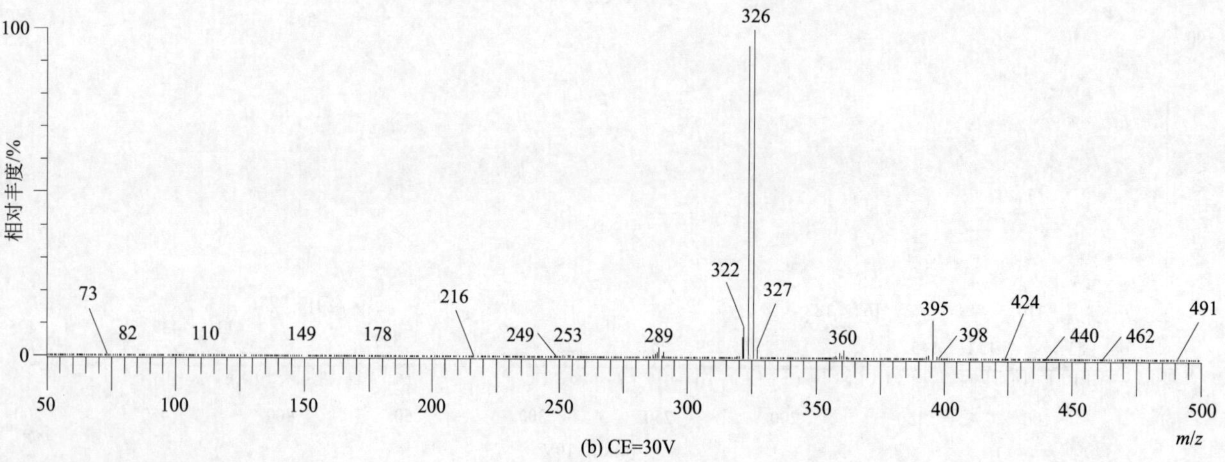

(b) CE=30V

(c) CE=20V

(d) CE=10V

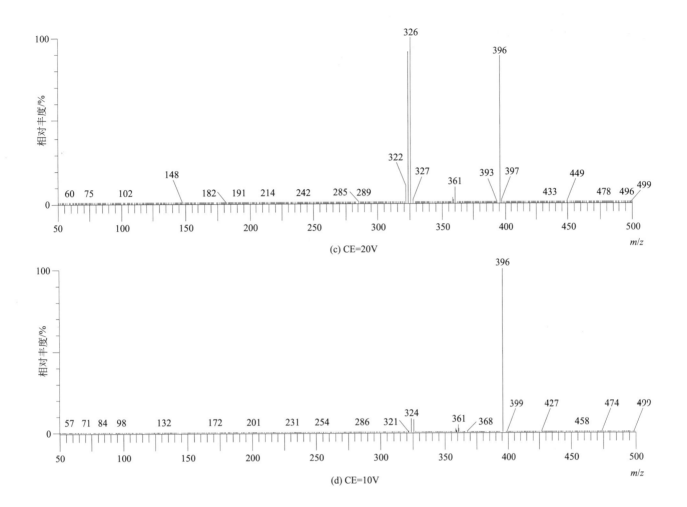

2,3,3′,4,5,5′,6-Heptachlorobiphenyl（2,3, 3′,4,5,5′,6- 七氯联苯）

基本信息

CAS 登录号	74472-51-8	分子量	391.8	扫描模式	子离子扫描
分子式	$C_{12}H_3Cl_7$	离子化模式	EI	母离子	396

一级质谱图

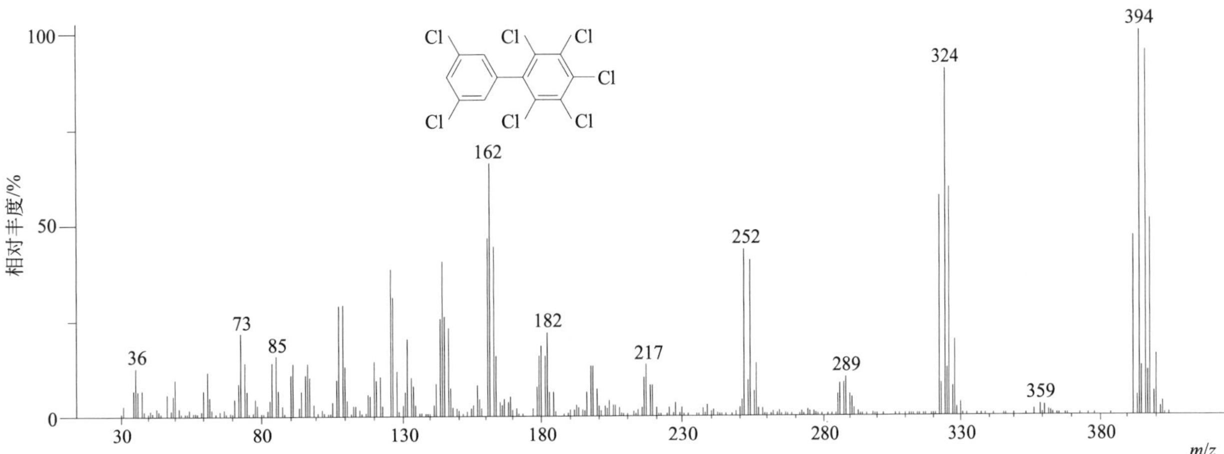

四个碰撞能量下子离子质谱图

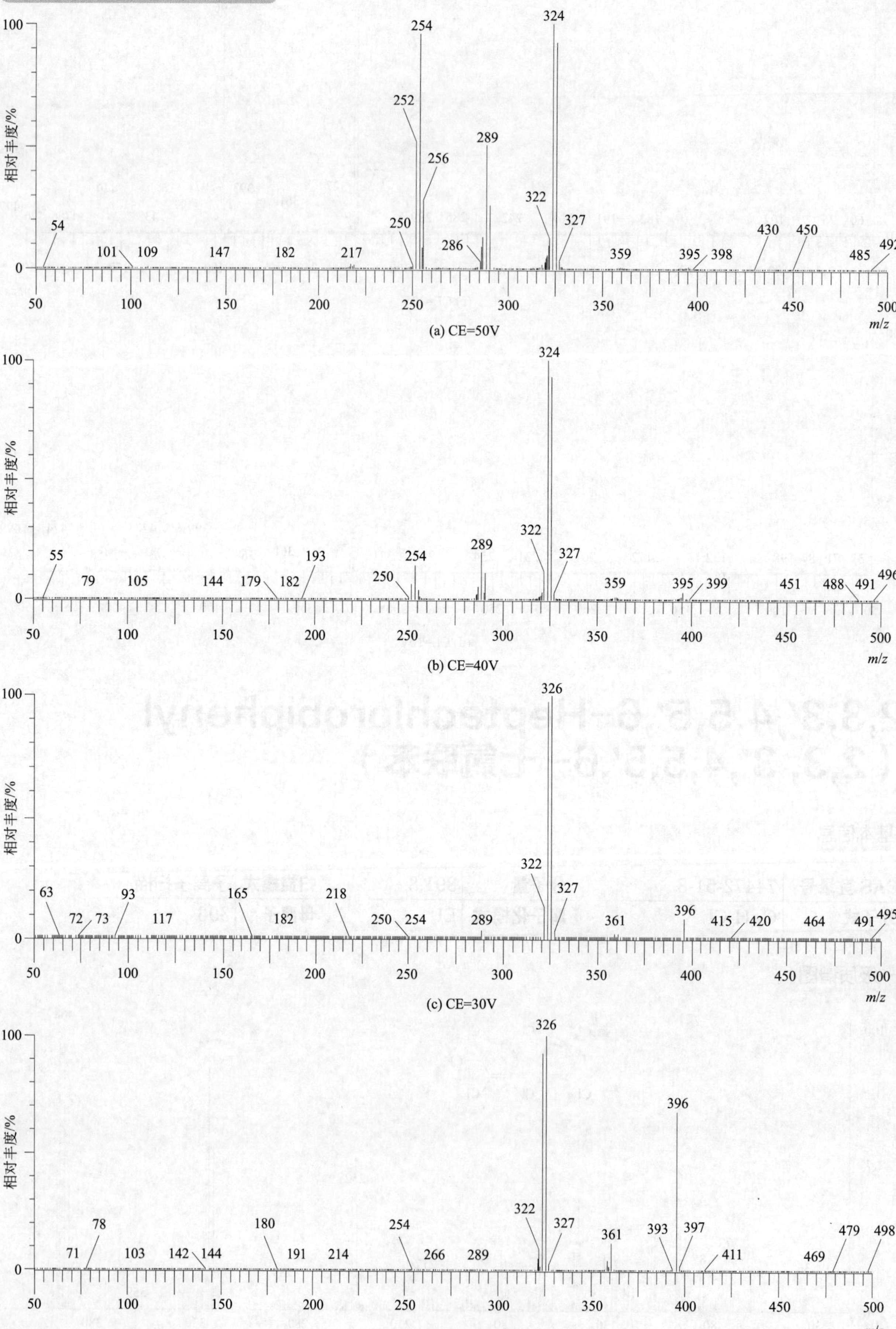

(a) CE=50V

(b) CE=40V

(c) CE=30V

(d) CE=20V

2,3,3′,4′,5,5′,6-Heptachlorobiphenyl
（2,3, 3′,4′,5,5′,6- 七氯联苯）

基本信息

CAS 登录号	69782-91-8	分子量	391.8	扫描模式	子离子扫描
分子式	$C_{12}H_3Cl_7$	离子化模式	EI	母离子	324

一级质谱图

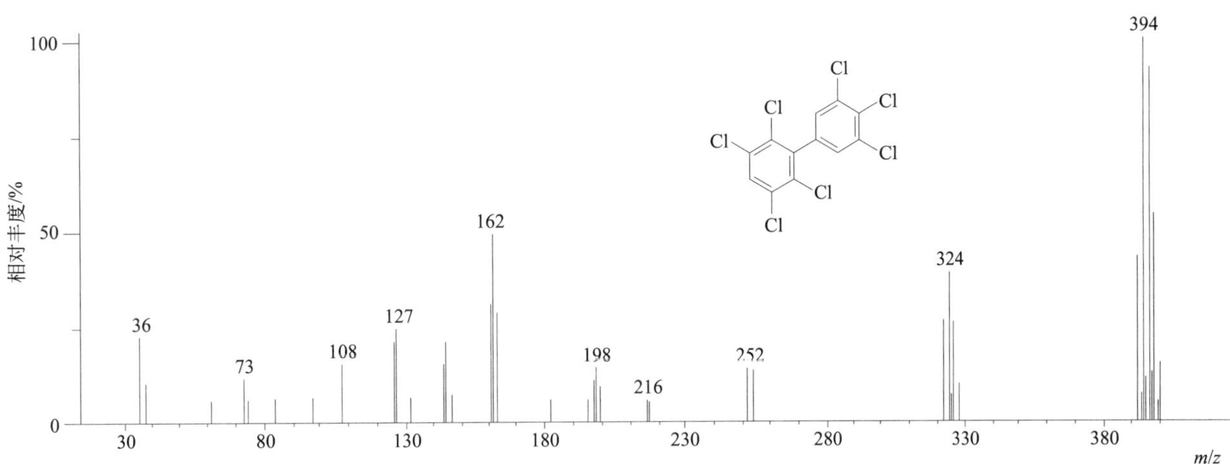

四个碰撞能量下子离子质谱图

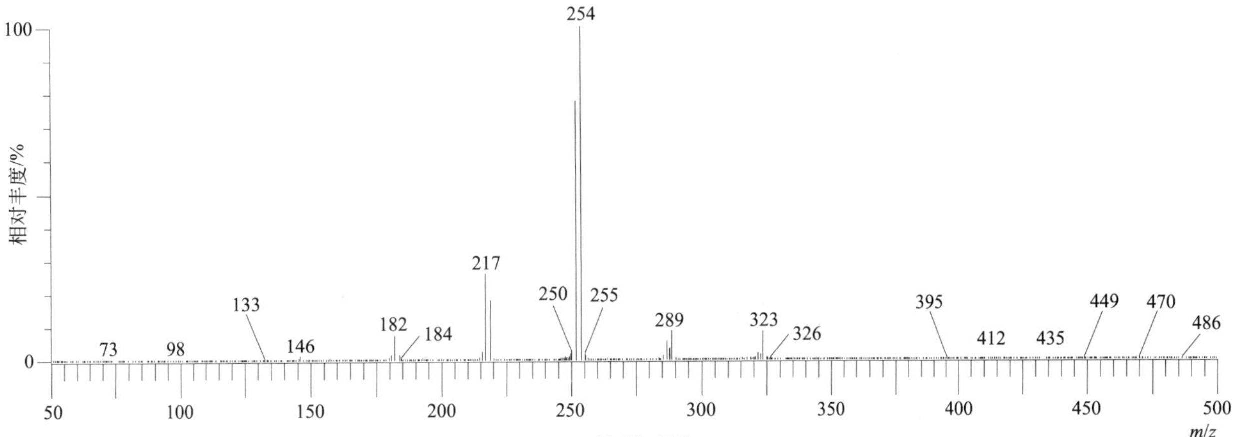

(a) CE=40V

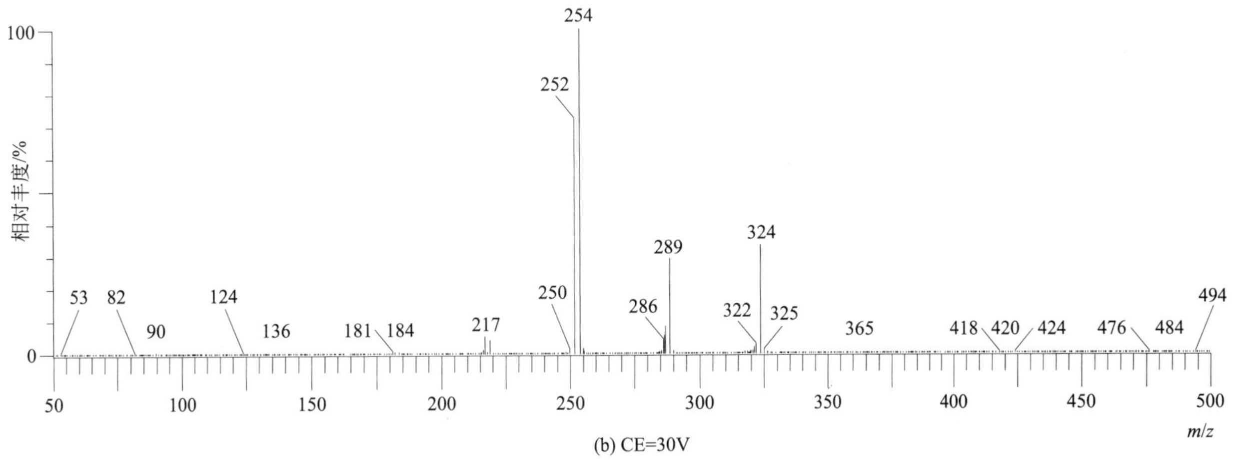

(b) CE=30V

(c) CE=20V

(d) CE=10V

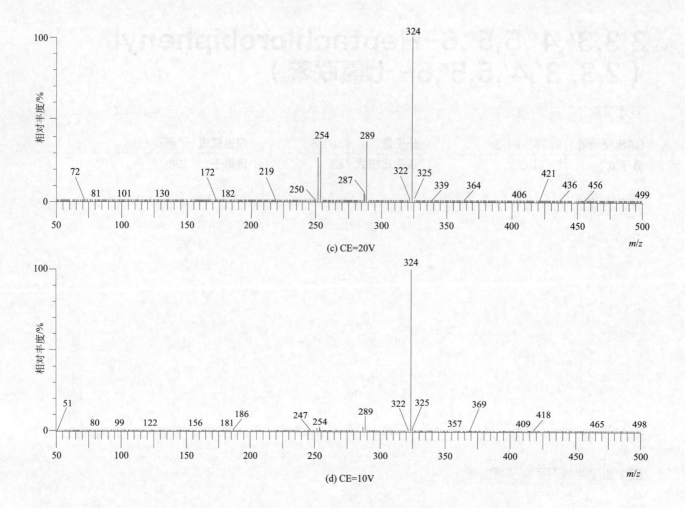

2,2′,3,3′,4,4′,5,5′-Octachlorobiphenyl
(2,2′,3,3′,4,4′,5,5′-八氯联苯)

基本信息

CAS 登录号	35694-08-7	分子量	425.8	扫描模式	子离子扫描
分子式	$C_{12}H_2Cl_8$	离子化模式	EI	母离子	358

一级质谱图

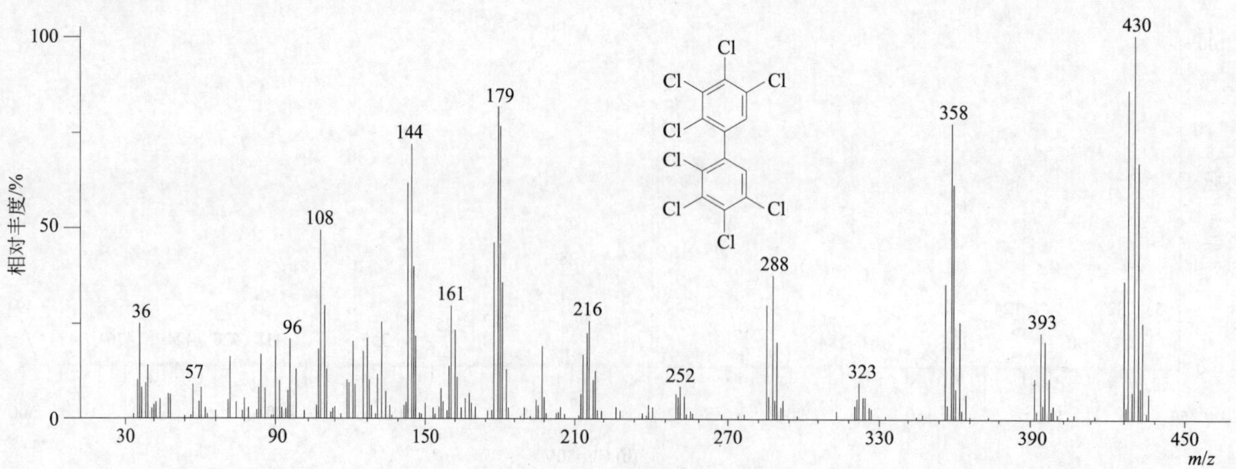

四个碰撞能量下子离子质谱图

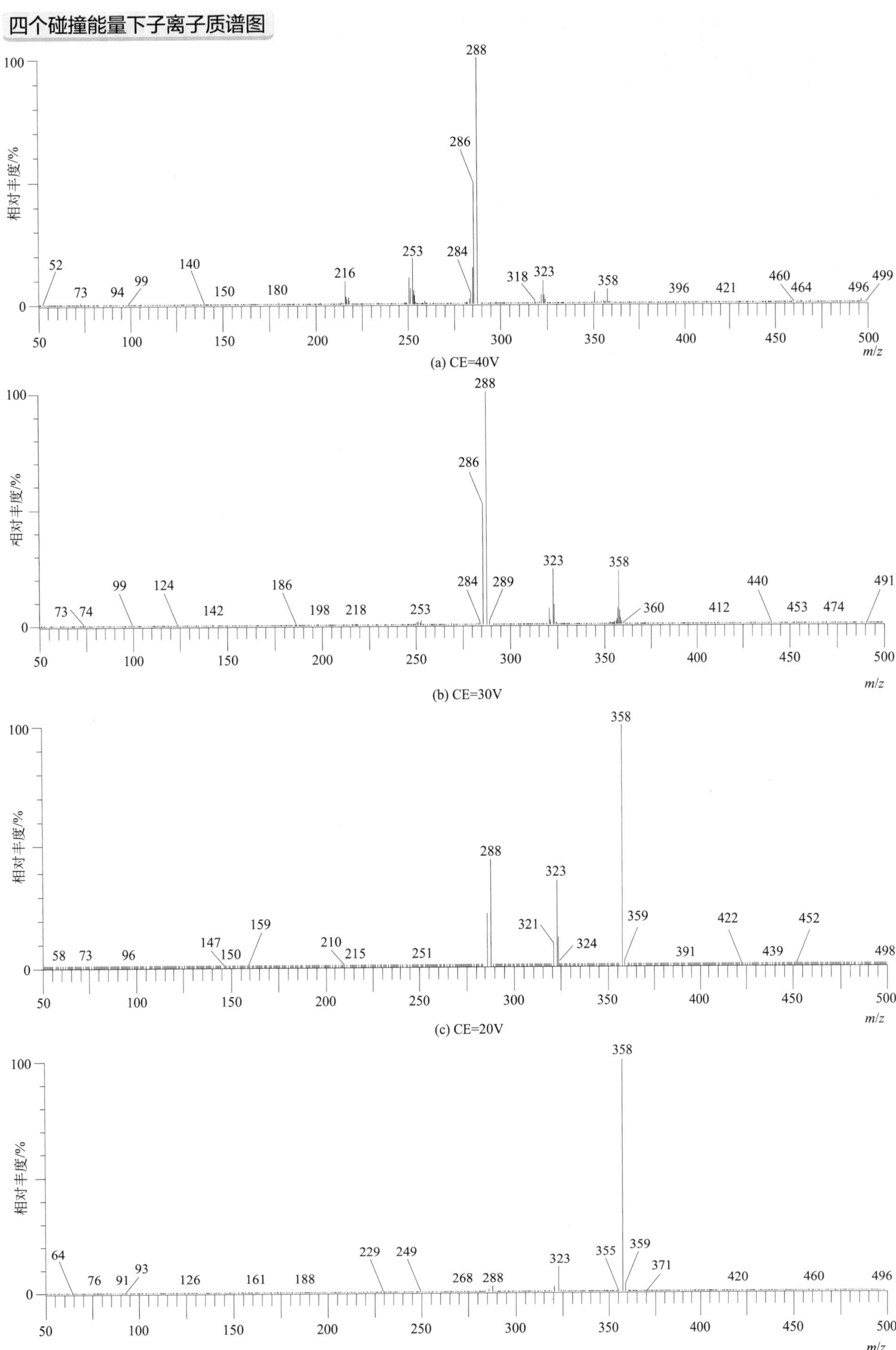

2,2′,3,3′,4,4′,5,6-Octachlorobiphenyl（2,2′, 3,3′,4,4′,5,6- 八氯联苯）

基本信息

CAS 登录号	52663-78-2	分子量	425.8	扫描模式	子离子扫描
分子式	$C_{12}H_2Cl_8$	离子化模式	EI	母离子	428

一级质谱图

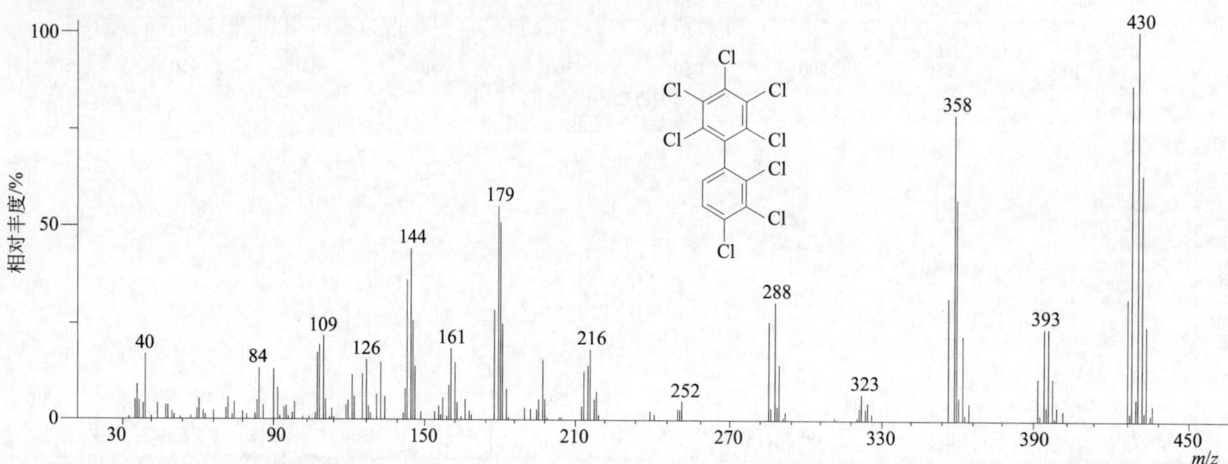

四个碰撞能量下子离子质谱图

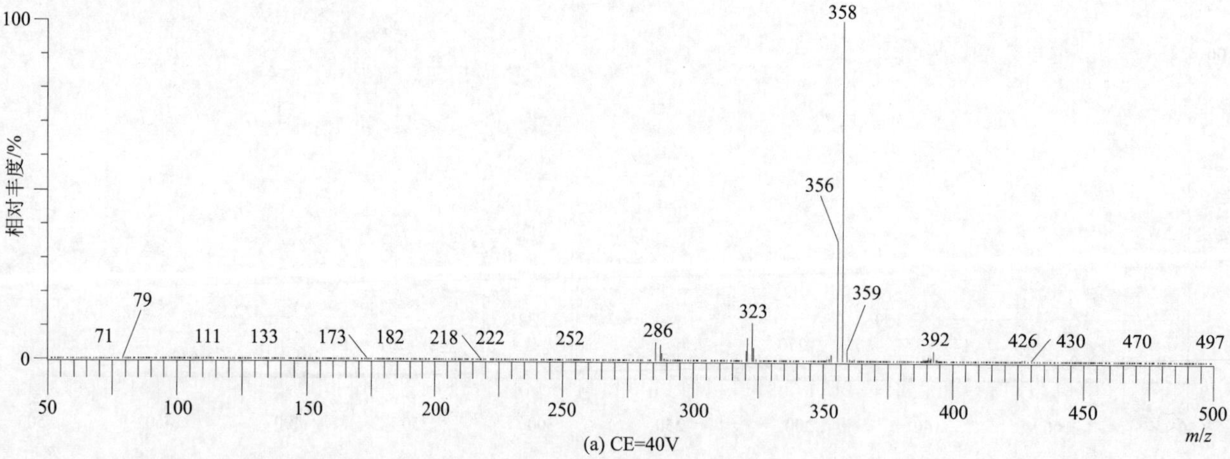

(a) CE=40V

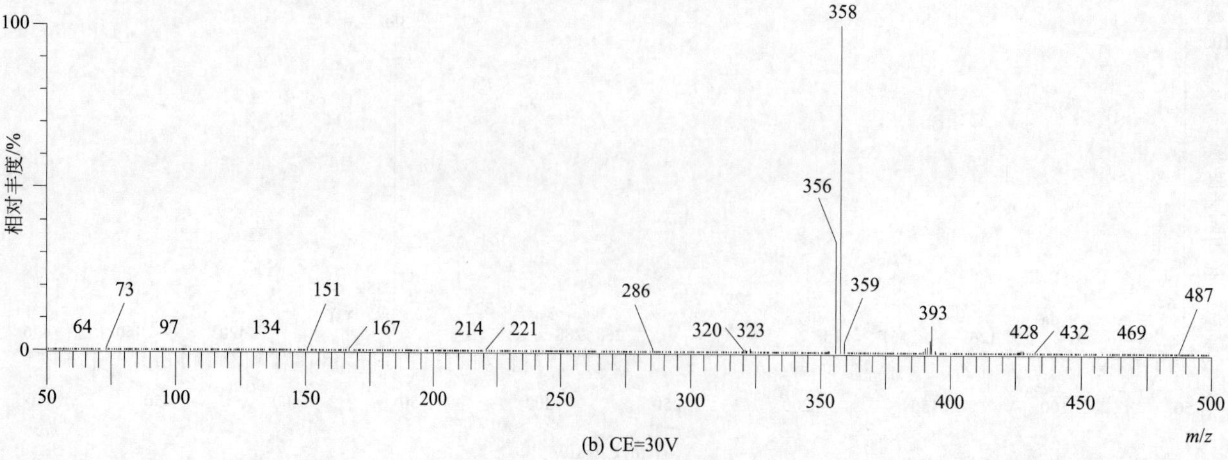

(b) CE=30V

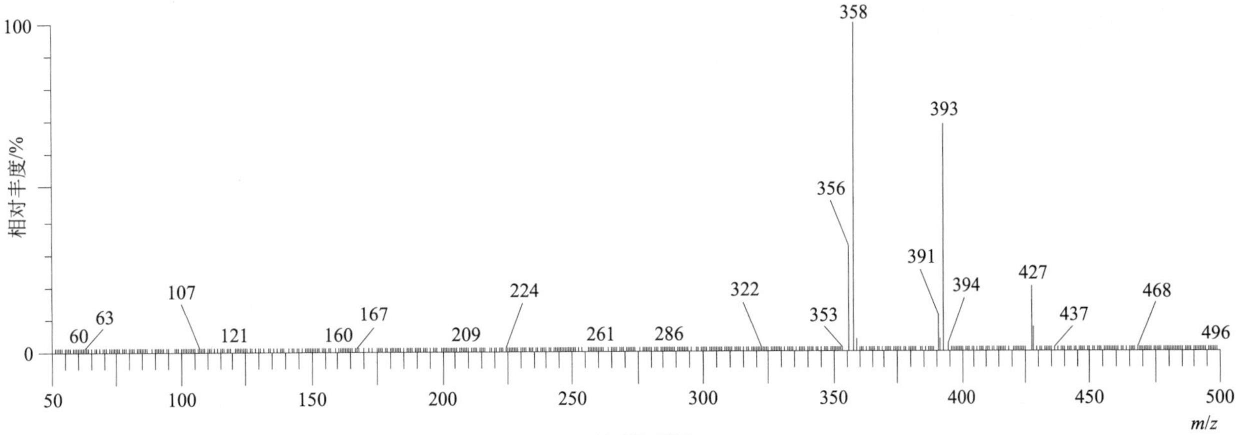

(c) CE=20V

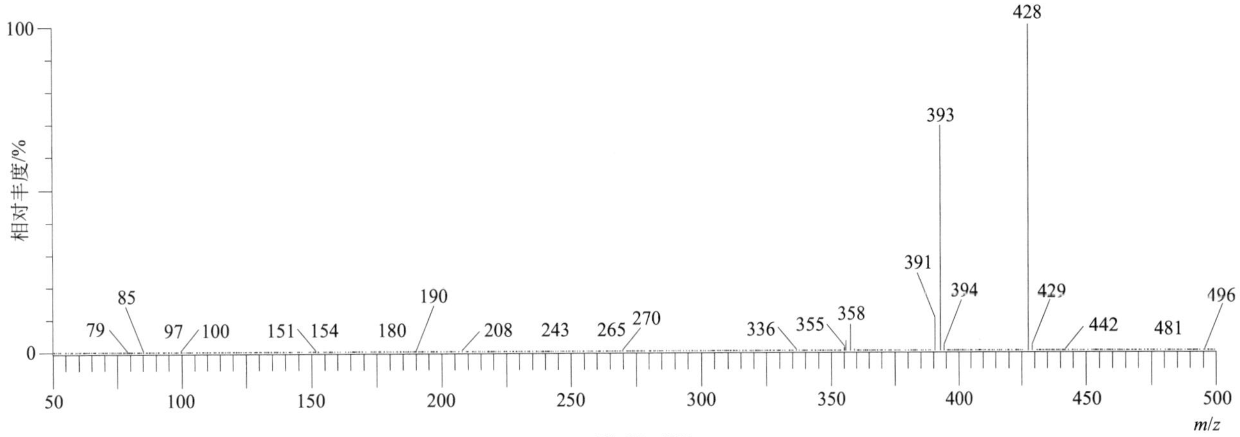

(d) CE=10V

2,2′,3,3′,4,4′,5,6′-Octachlorobiphenyl（2,2′, 3,3′,4,4′,5,6′- 八氯联苯）

基本信息

CAS 登录号	42740-50-1	分子量	425.8	扫描模式	子离子扫描
分子式	$C_{12}H_2Cl_8$	离子化模式	EI	母离子	358

一级质谱图

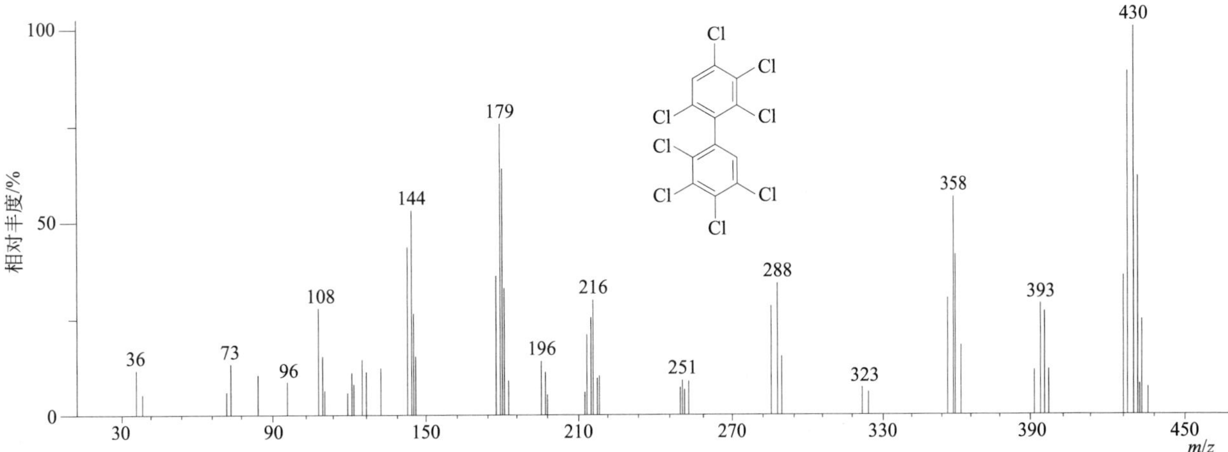

四个碰撞能量下子离子质谱图

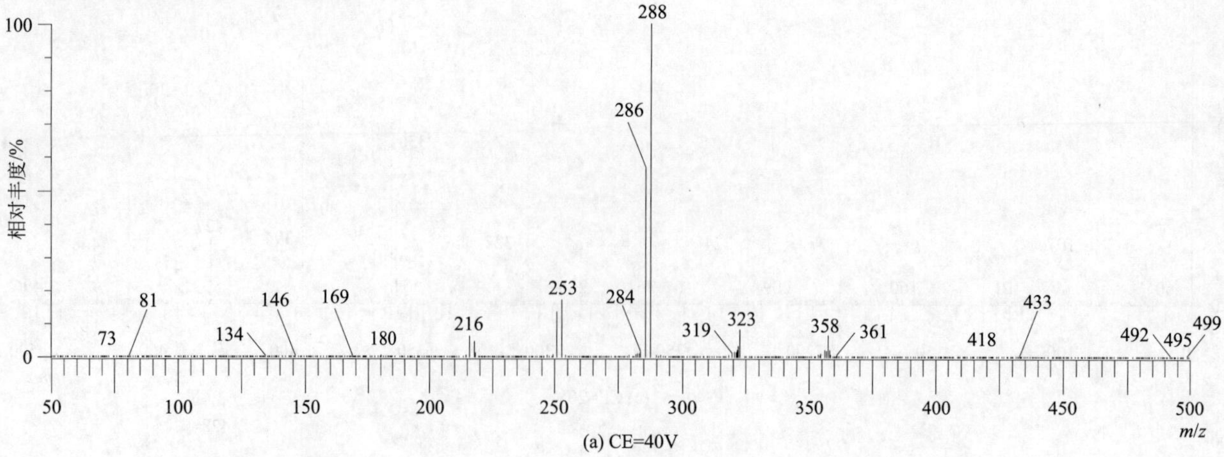

相对丰度/%
100
0
288
286
81
73
134
146
169
180
216
253
284
319
323
358
361
418
433
492
495
499
50
100
150
200
250
300
350
400
450
500
m/z

(a) CE=40V

相对丰度/%
100
0
288
286
323
358
64
77
85
136
151
181
215
253
284
320
356
359
382
434
472
491
50
100
150
200
250
300
350
400
450
500
m/z

(b) CE=30V

相对丰度/%
100
0
358
288
323
74
85
119
133
152
174
216
251
283
289
324
359
381
397
436
471
481
496
50
100
150
200
250
300
350
400
450
500
m/z

(c) CE=20V

相对丰度/%
100
0
358
54
75
78
131
148
163
204
225
269
288
323
355
359
397
425
476
487
499
50
100
150
200
250
300
350
400
450
500
m/z

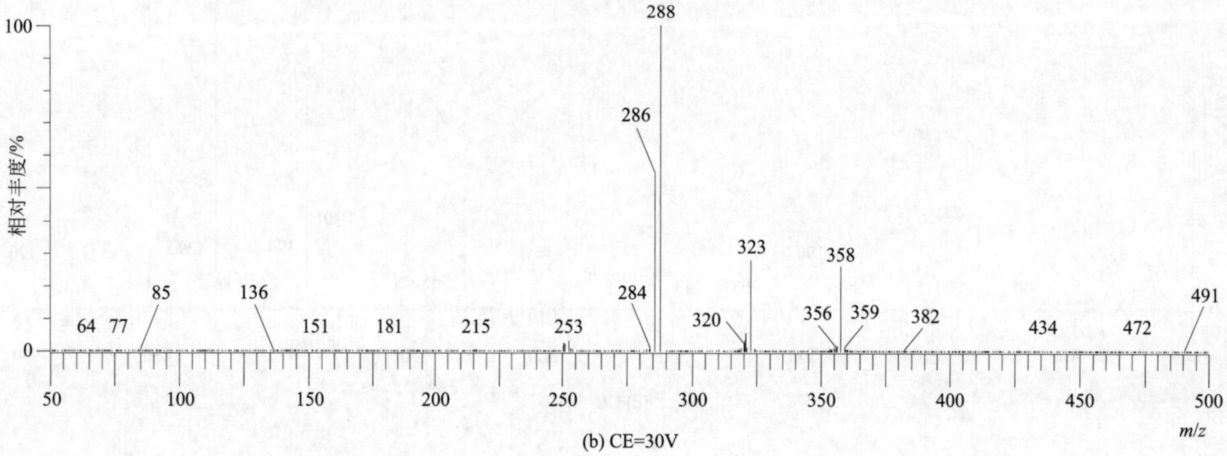

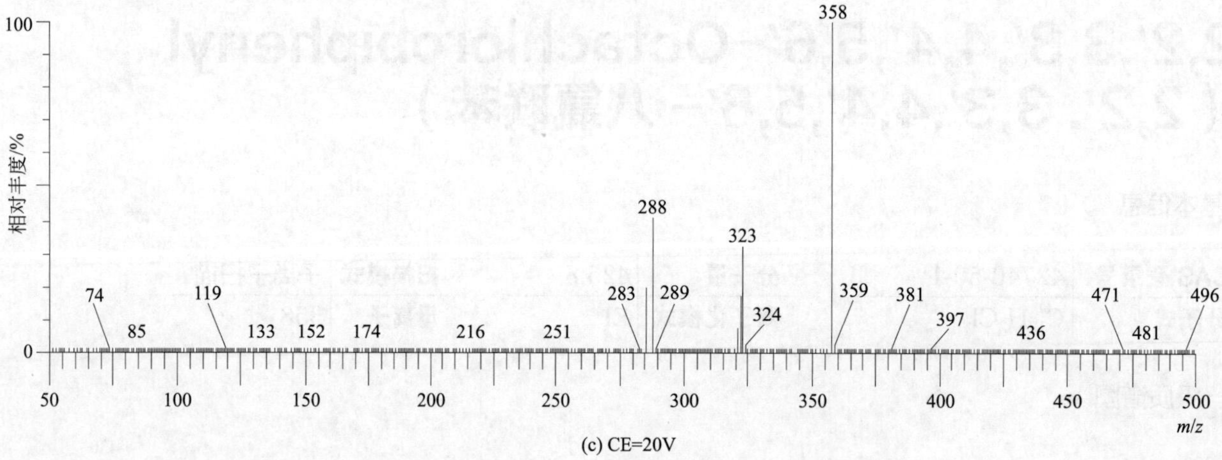

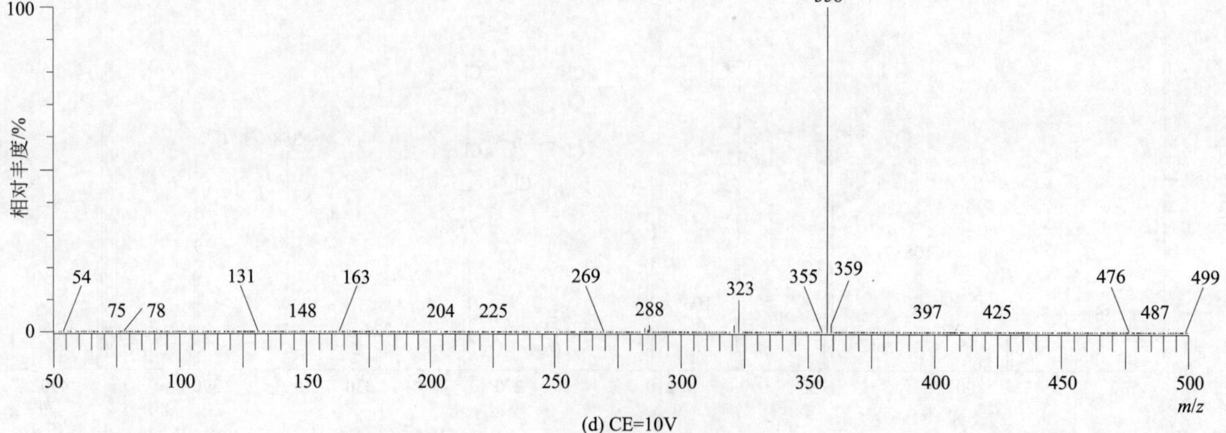

(d) CE=10V

2,2′,3,3′,4,4′,6,6′-Octachlorobiphenyl（2,2′, 3,3′,4,4′,6,6′- 八氯联苯）

基本信息

CAS 登录号	33091-17-7	分子量	425.8	扫描模式	子离子扫描
分子式	$C_{12}H_2Cl_8$	离子化模式	EI	母离子	428

一级质谱图

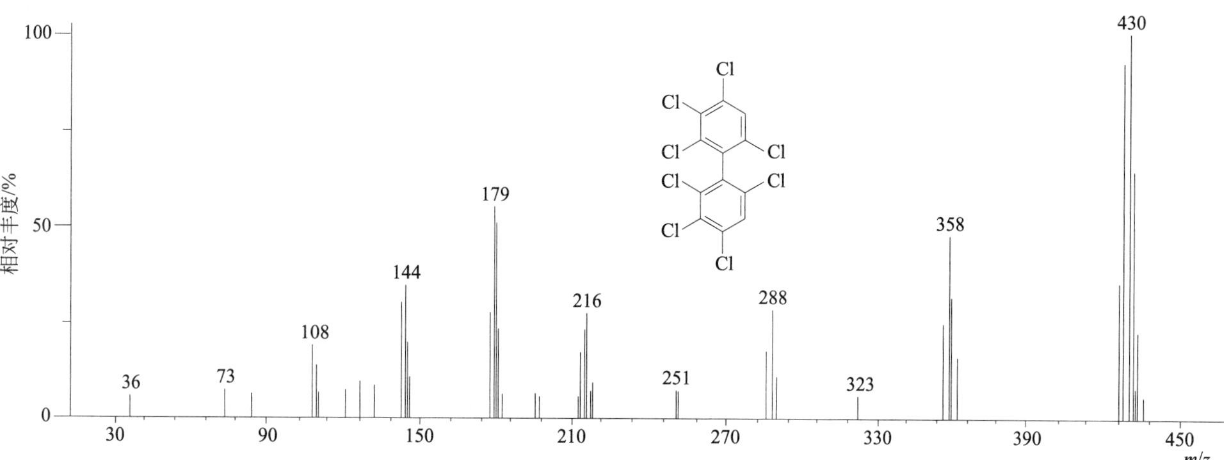

四个碰撞能量下子离子质谱图

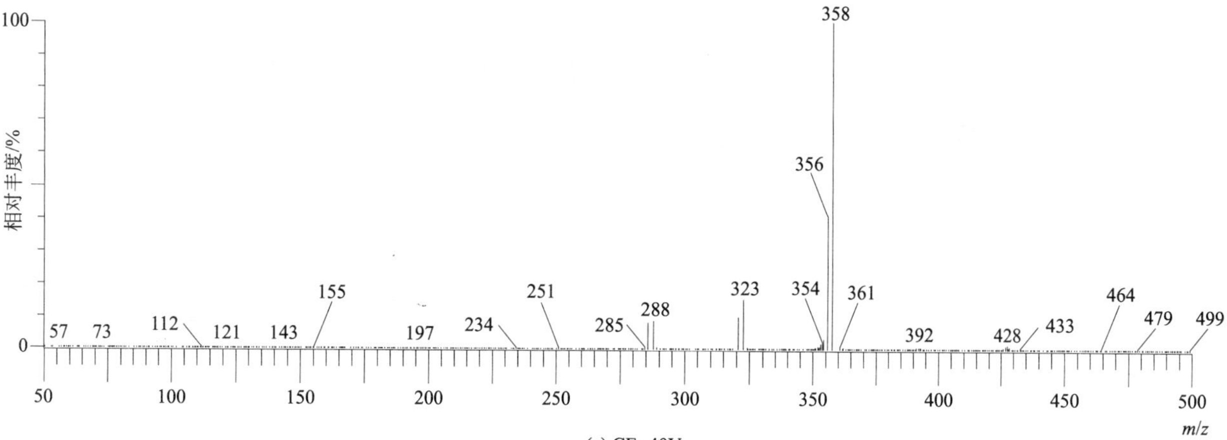

(a) CE=40V

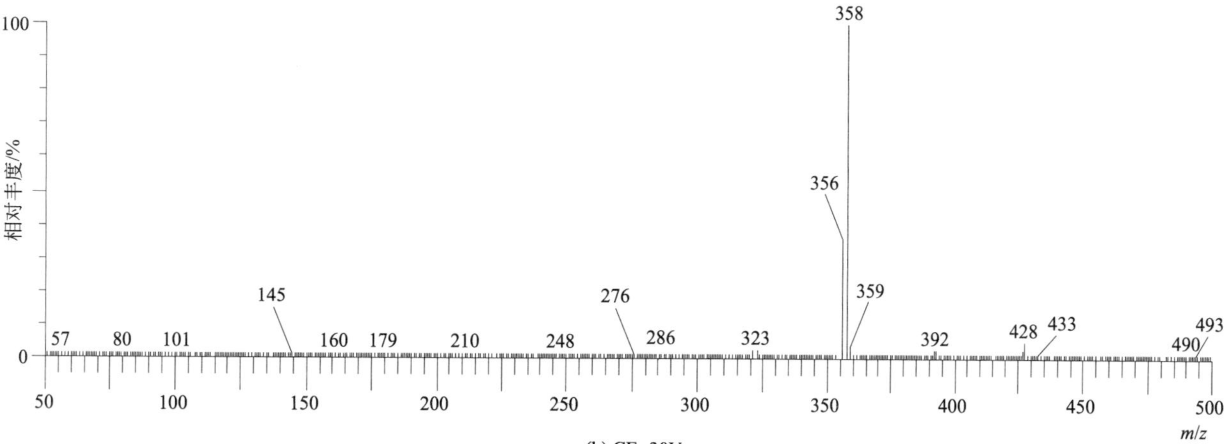

(b) CE=30V

(c) CE=20V

(d) CE=10V

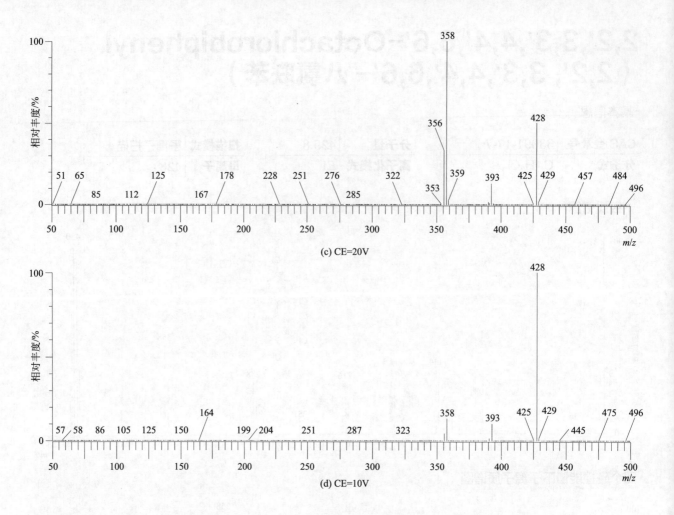

2,2′,3,3′,4,5,5′,6-Octachlorobiphenyl (2,2′, 3,3′,4,5,5′,6- 八氯联苯)

基本信息

CAS 登录号	68194-17-2	分子量	425.8	扫描模式	子离子扫描
分子式	$C_{12}H_2Cl_8$	离子化模式	EI	母离子	430

一级质谱图

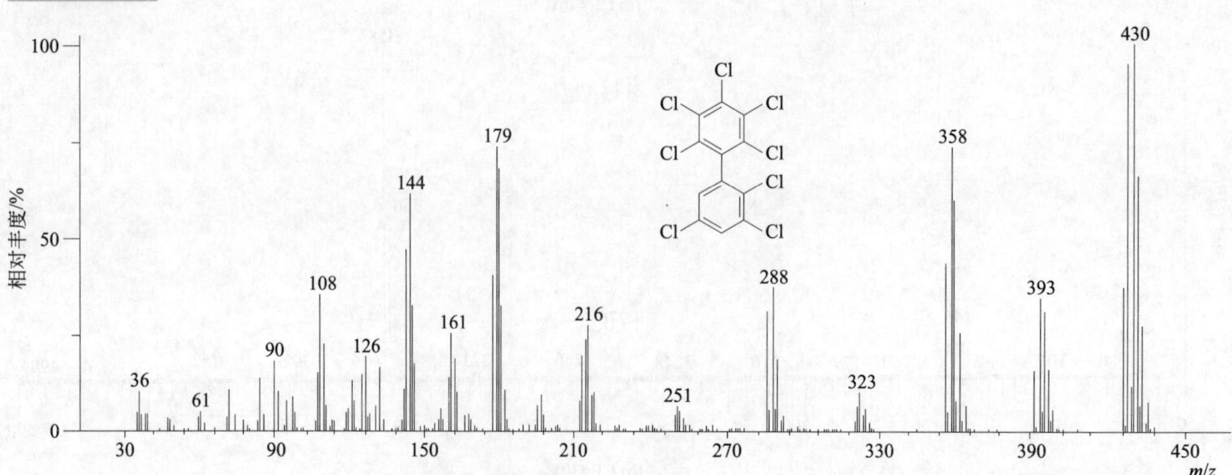

四个碰撞能量下子离子质谱图

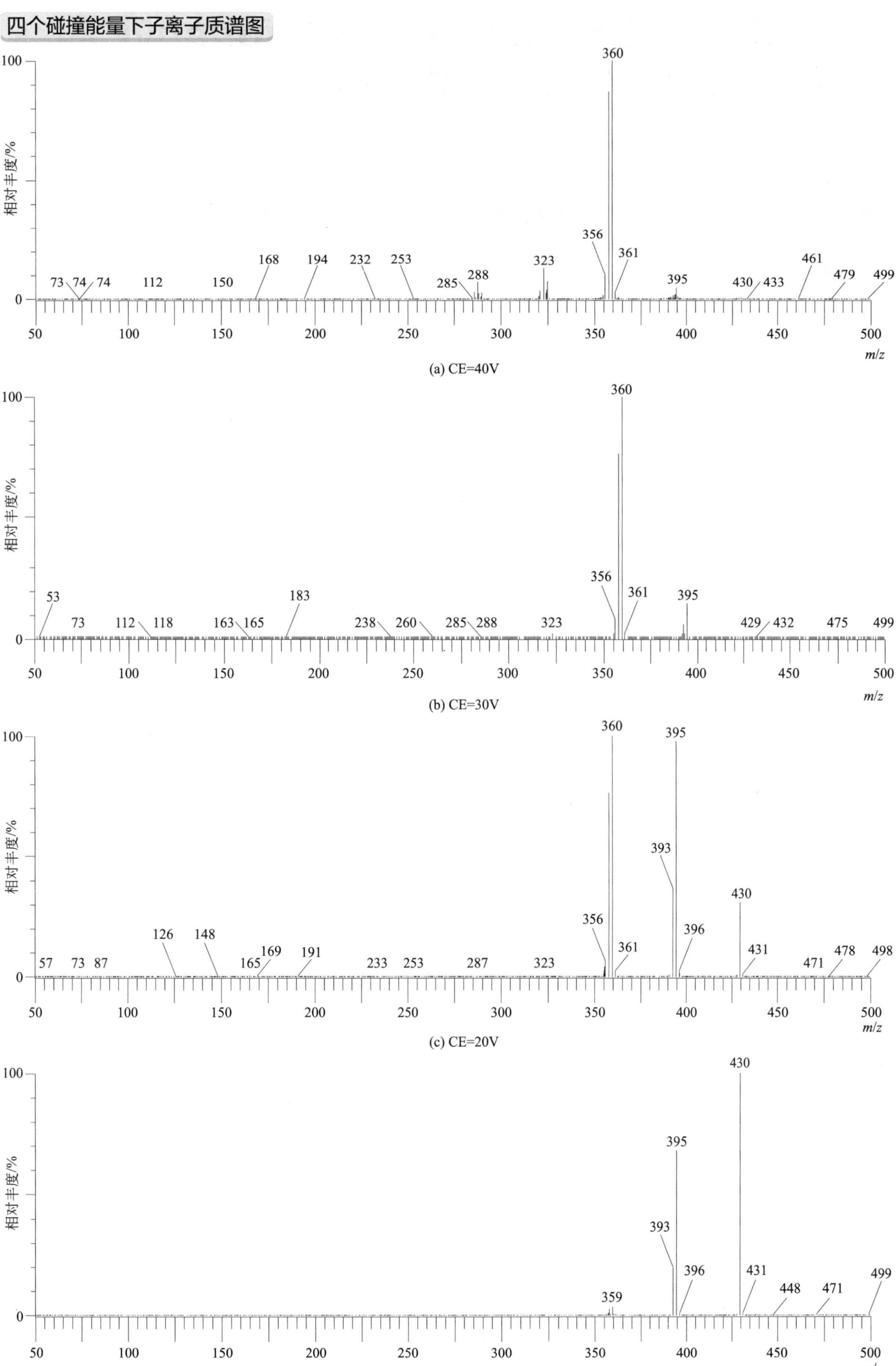

(a) CE=40V

(b) CE=30V

(c) CE=20V

(d) CE=10V

2,2′,3,3′,4,5,6,6′-Octachlorobiphenyl（2,2′, 3,3′,4,5,6,6′- 八氯联苯）

基本信息

CAS 登录号	52663-73-7	分子量	425.8	扫描模式	子离子扫描
分子式	$C_{12}H_2Cl_8$	离子化模式	EI	母离子	358

一级质谱图

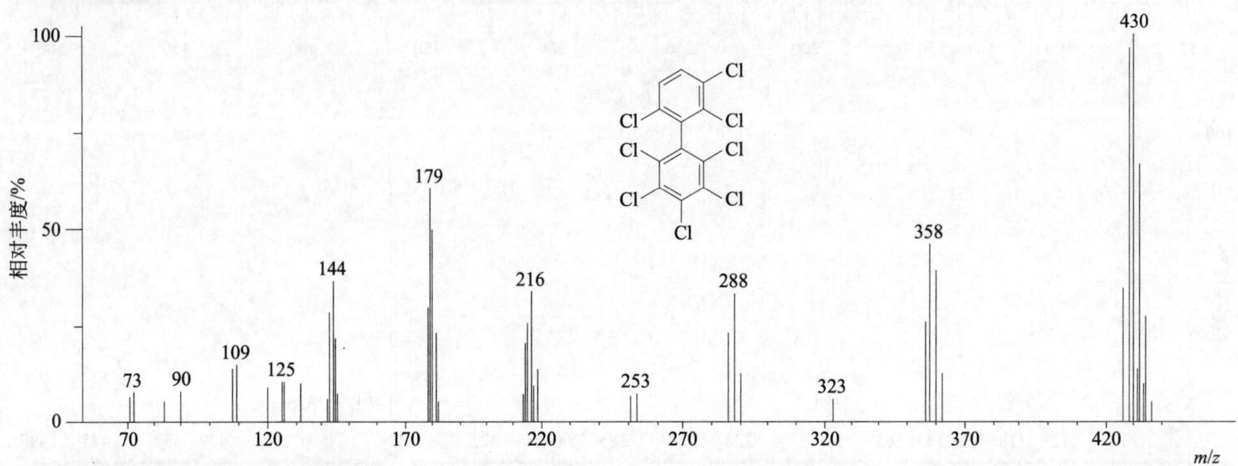

四个碰撞能量下子离子质谱图

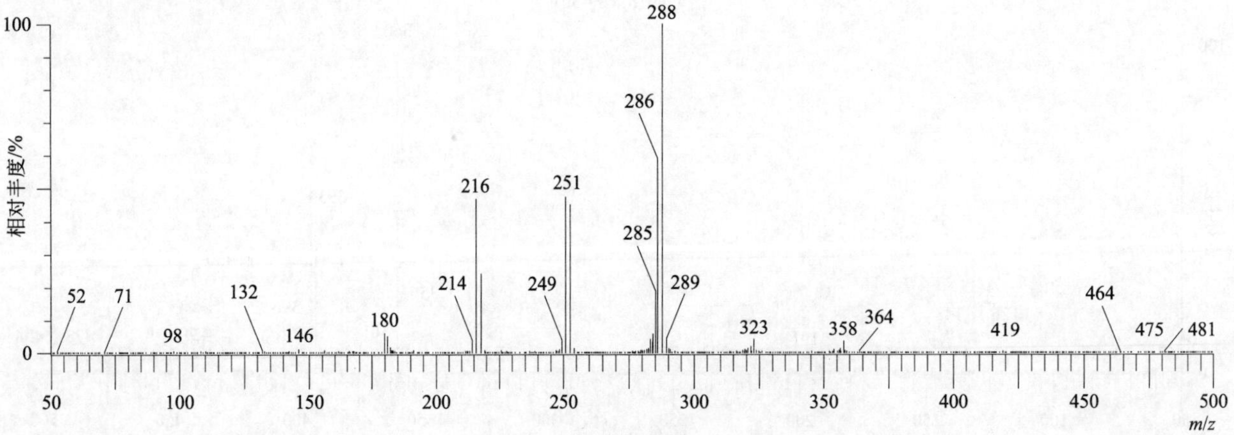

(a) CE=50V

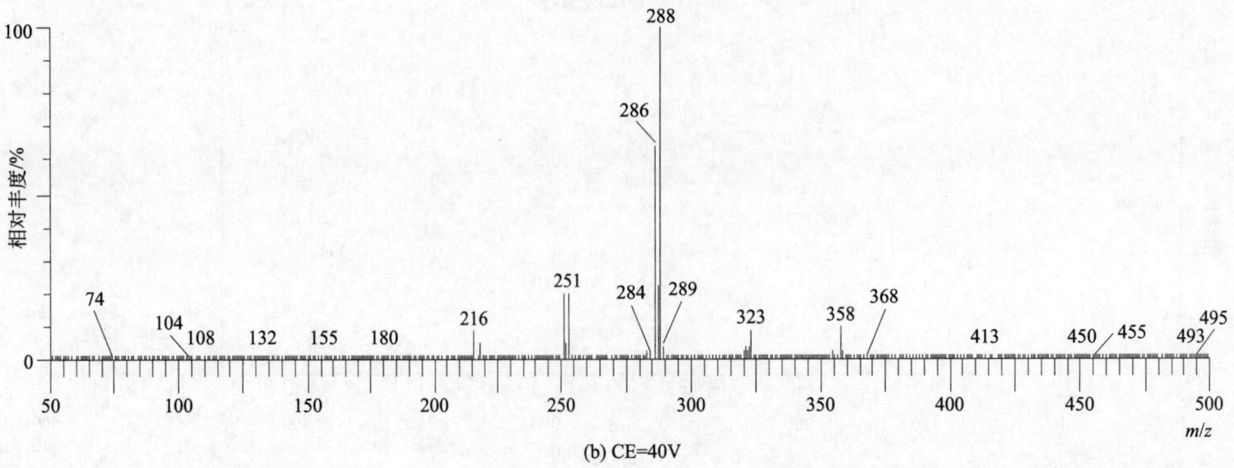

(b) CE=40V

(c) CE=30V

(d) CE=20V

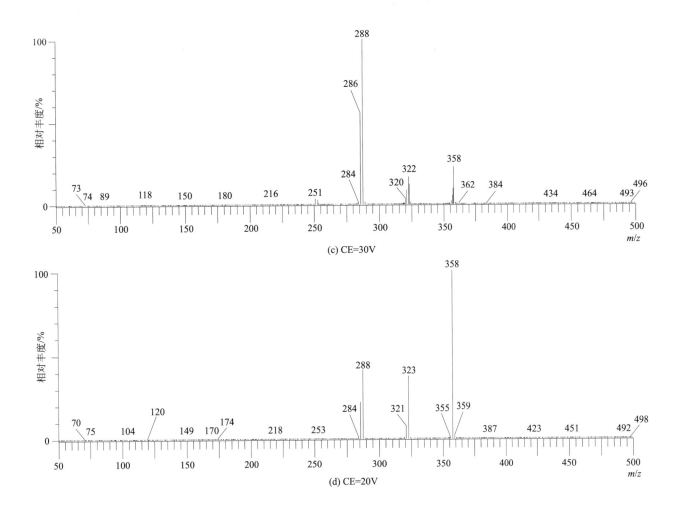

2,2′,3,3′,4,5′,6,6′-Octachlorobiphenyl（2,2′, 3,3′,4,5′,6,6′- 八氯联苯）

基本信息

CAS 登录号	40186-71-8	分子量	425.8	扫描模式	子离子扫描
分子式	$C_{12}H_2Cl_8$	离子化模式	EI	母离子	428

一级质谱图

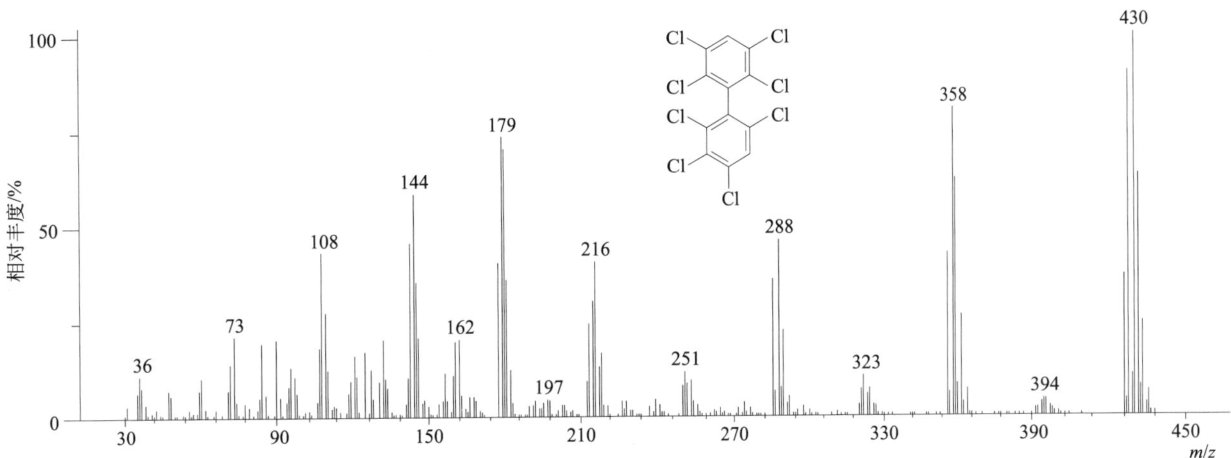

四个碰撞能量下子离子质谱图

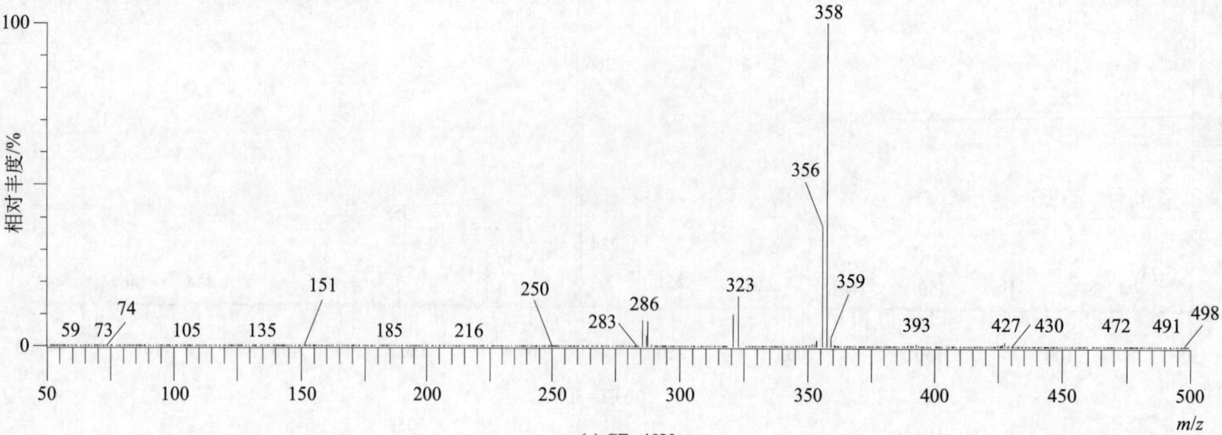

相对丰度/%
358
356
59 73 74 105 135 151 185 216 250 283 286 323 359 393 427 430 472 491 498
m/z

(a) CE=40V

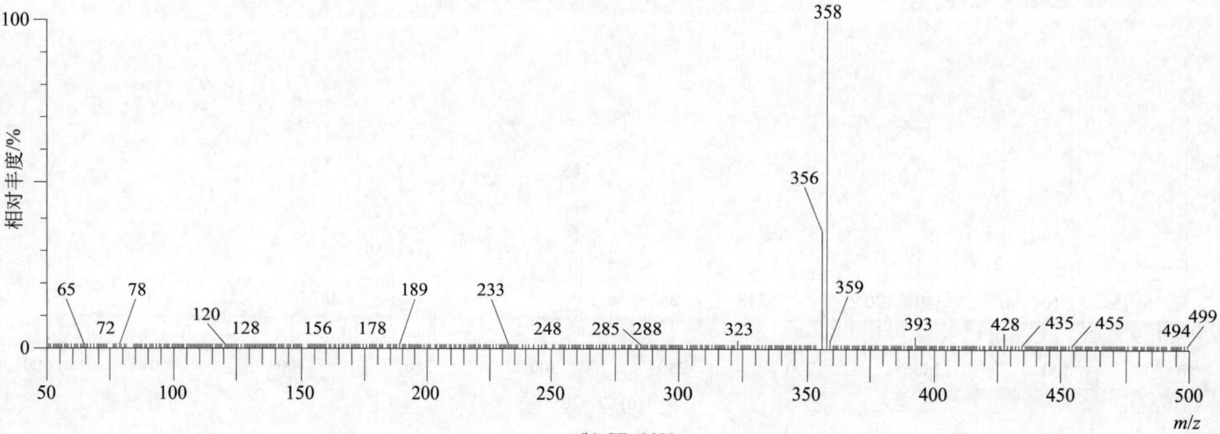

相对丰度/%
358
356
65 72 78 120 128 156 178 189 233 248 285 288 323 359 393 428 435 455 494 499
m/z

(b) CE=30V

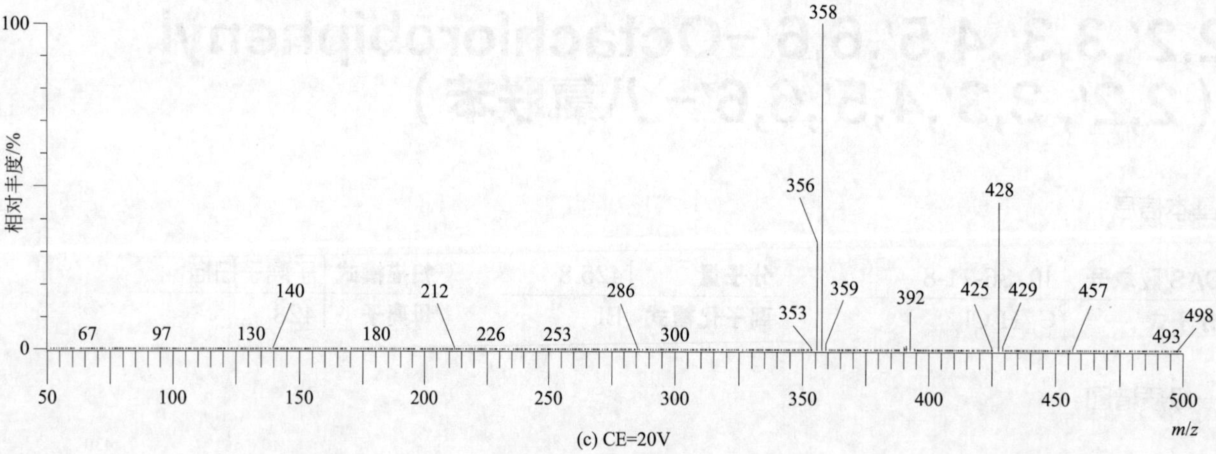

相对丰度/%
358
356 428
67 97 130 140 180 212 226 253 286 300 353 359 392 425 429 457 493 498
m/z

(c) CE=20V

相对丰度/%
428
56 75 106 138 142 175 209 234 254 288 318 355 358 393 426 430 478 493
m/z

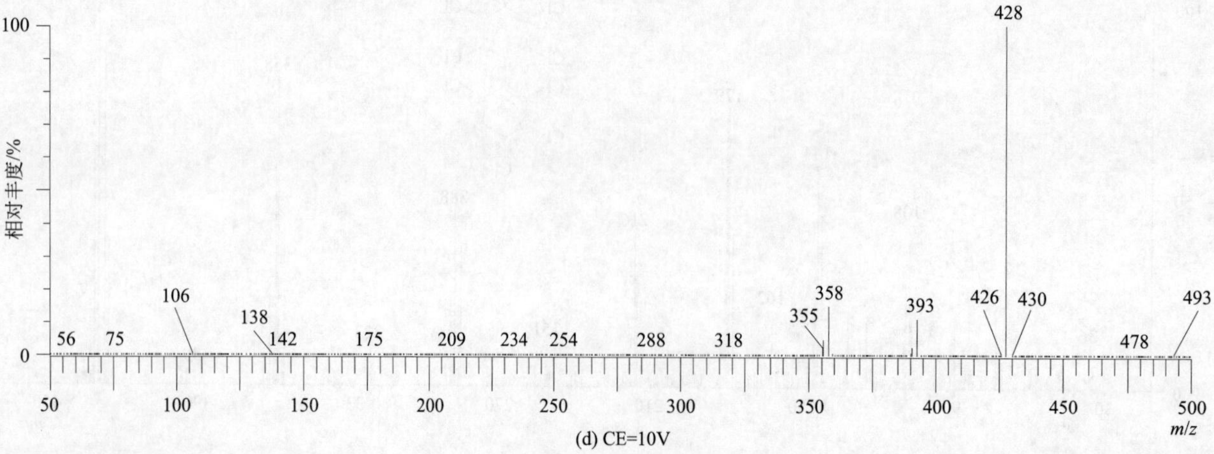

(d) CE=10V

2,2′,3,3′,4,5,5′,6′-Octachlorobiphenyl（2,2′, 3,3′,4,5,5′,6′-八氯联苯）

基本信息

CAS 登录号	52663-75-9	分子量	425.8	扫描模式	子离子扫描
分子式	$C_{12}H_2Cl_8$	离子化模式	EI	母离子	432

一级质谱图

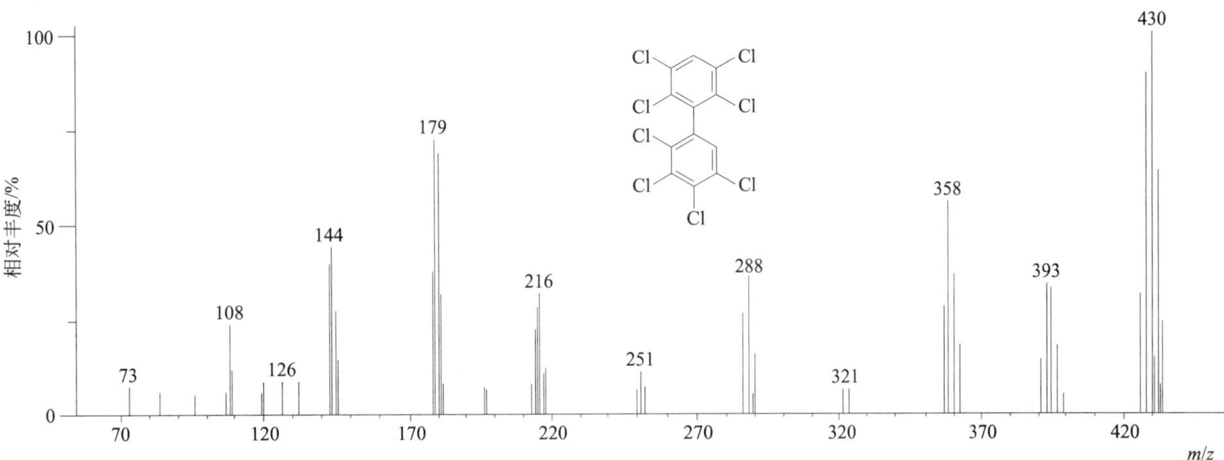

四个碰撞能量下子离子质谱图

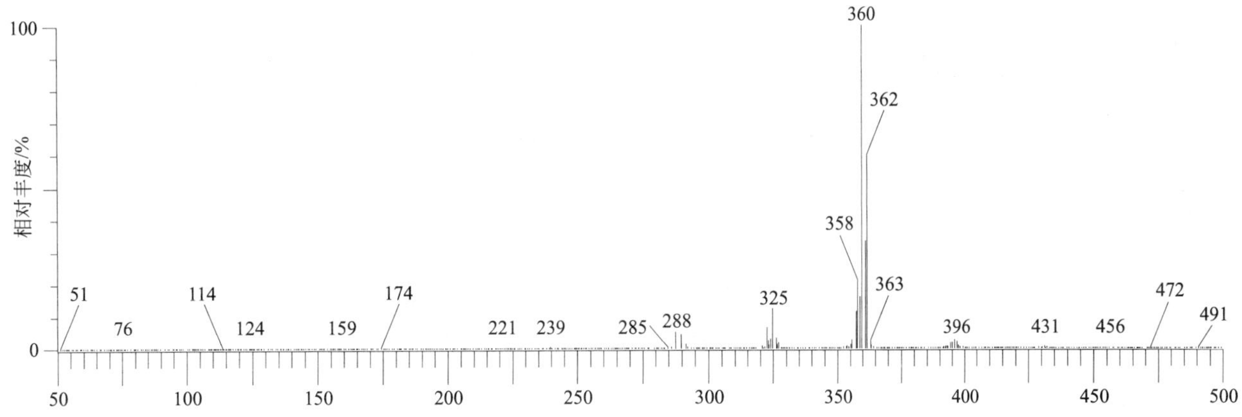

(a) CE=40V

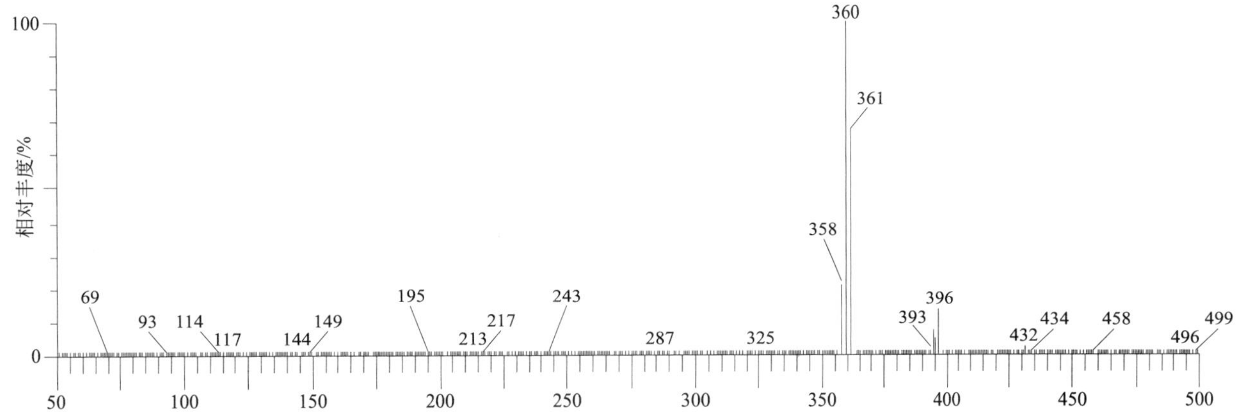

(b) CE=30V

(c) CE=20V

(d) CE=10V

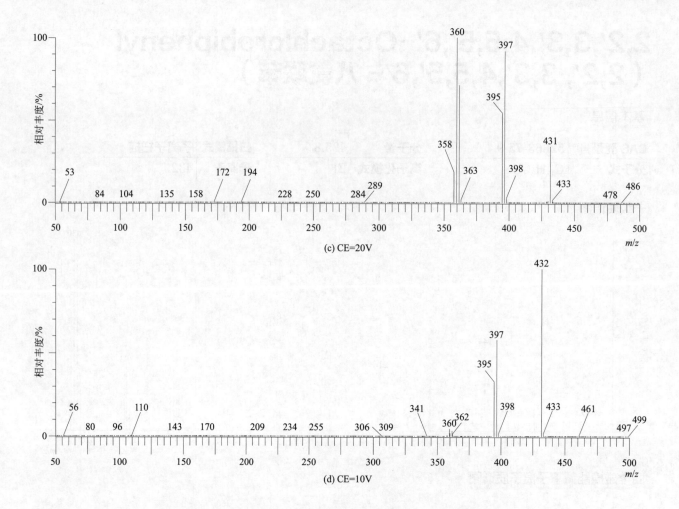

2,2′,3,3′,5,5′,6,6′-Octachlorobiphenyl
（2,2′, 3,3′,5,5′,6,6′- 八氯联苯）

基本信息

CAS 登录号	2136-99-4	分子量	425.8	扫描模式	子离子扫描
分子式	$C_{12}H_2Cl_8$	离子化模式	EI	母离子	432

一级质谱图

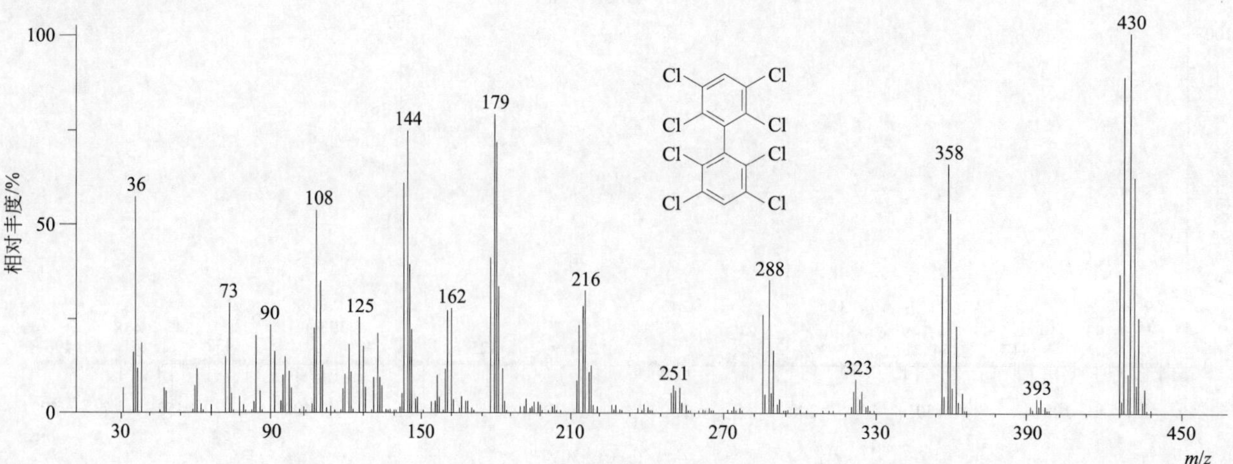

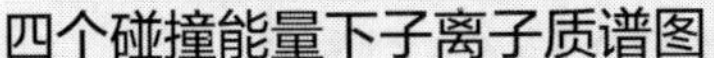

四个碰撞能量下子离子质谱图

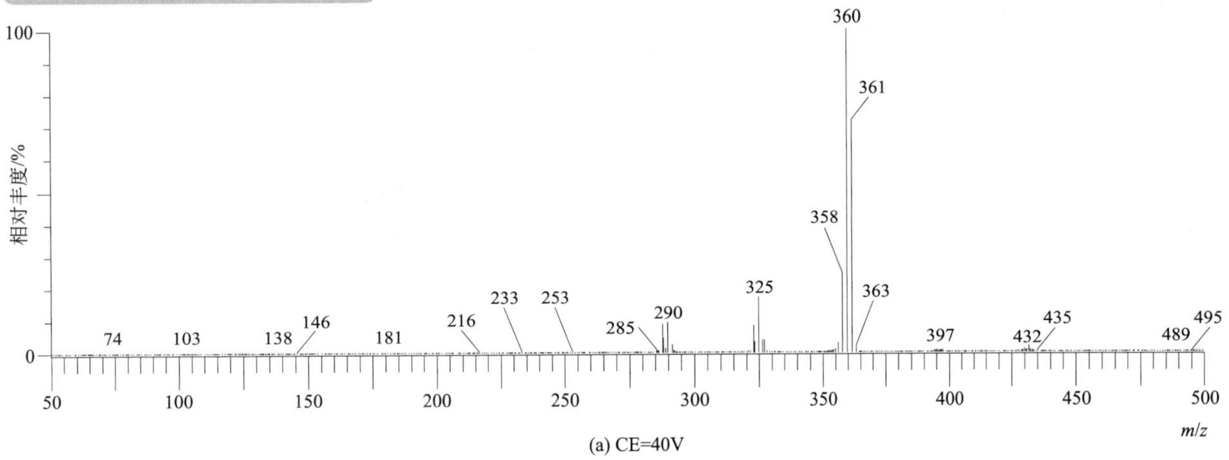

(a) CE=40V

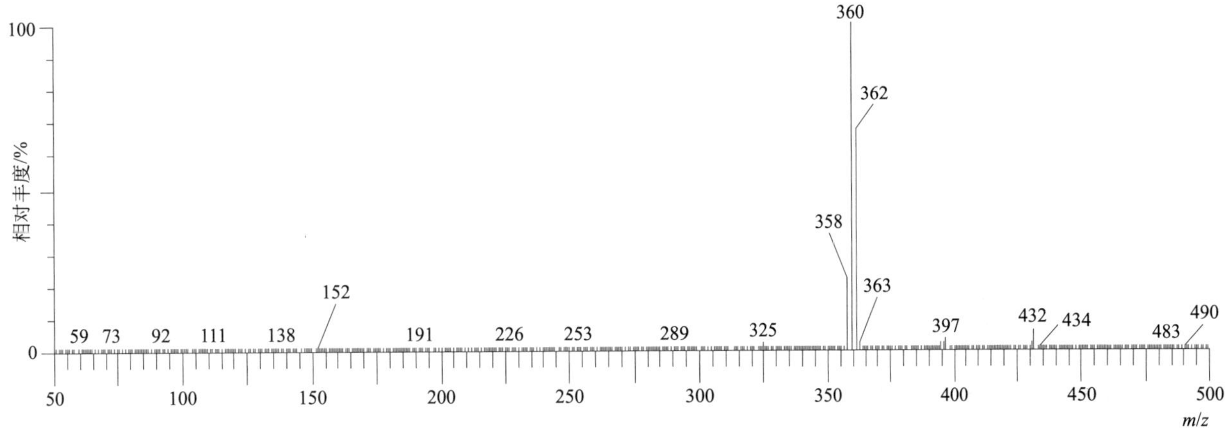

(b) CE=30V

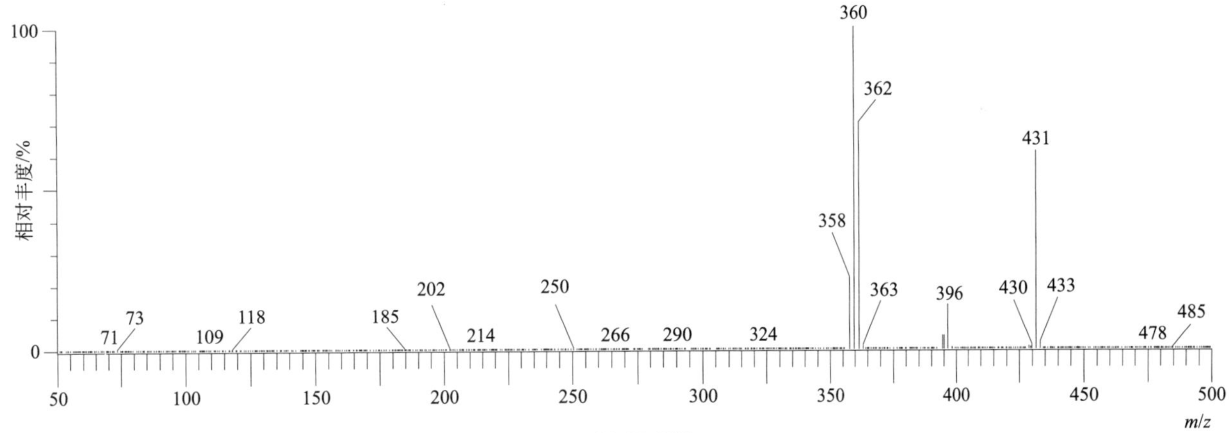

(c) CE=20V

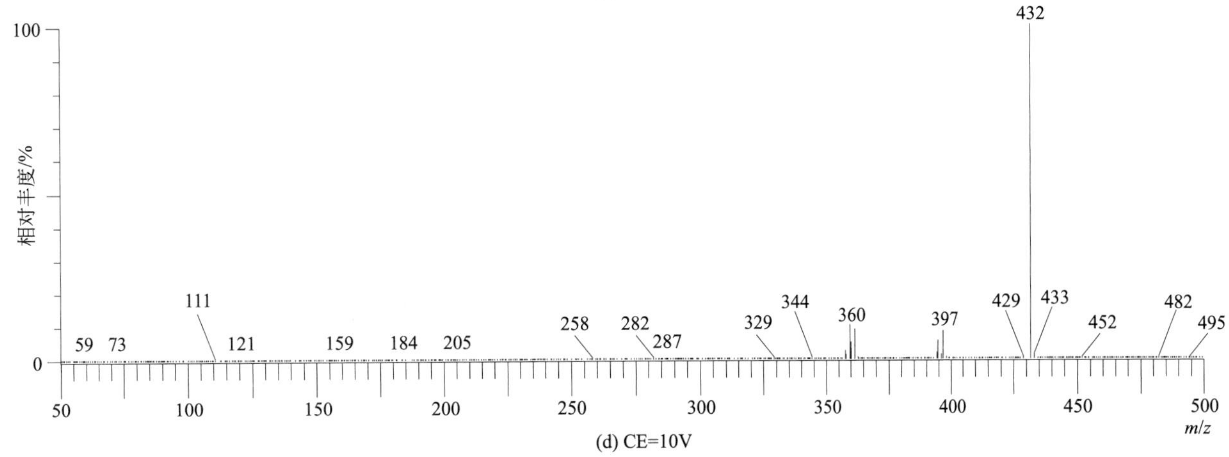

(d) CE=10V

2,2′,3,4,4′,5,5′,6-Octachlorobiphenyl（2,2′, 3,4,4′,5,5′,6- 八氯联苯）

基本信息

CAS 登录号	52663-76-0	分子量	425.8	扫描模式	子离子扫描
分子式	$C_{12}H_2Cl_8$	离子化模式	EI	母离子	358

一级质谱图

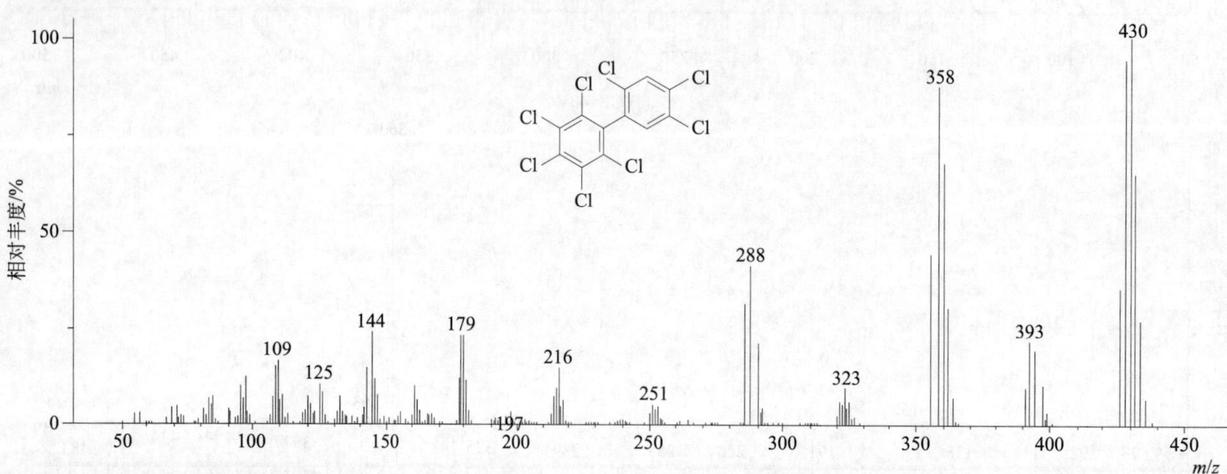

四个碰撞能量下子离子质谱图

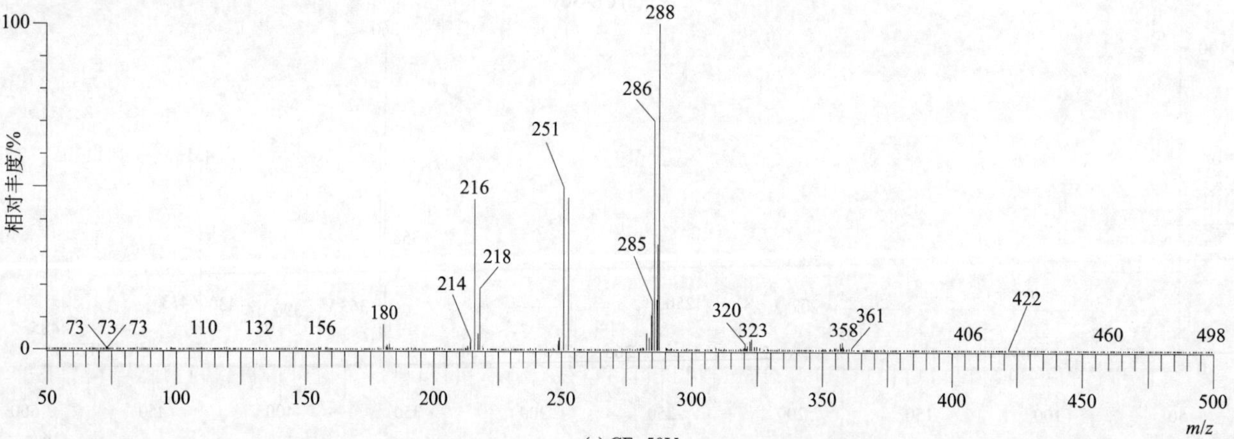

(a) CE=50V

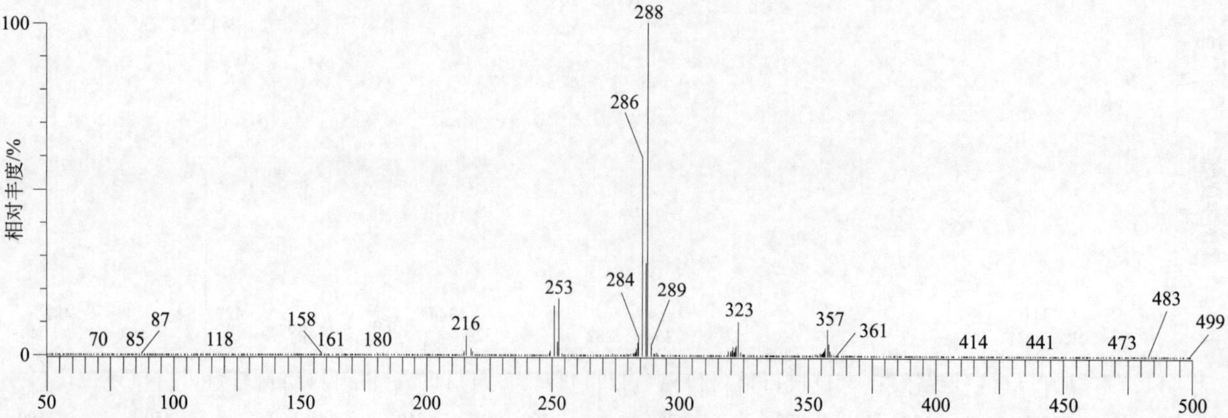

(b) CE=40V

(c) CE=30V

(d) CE=20V

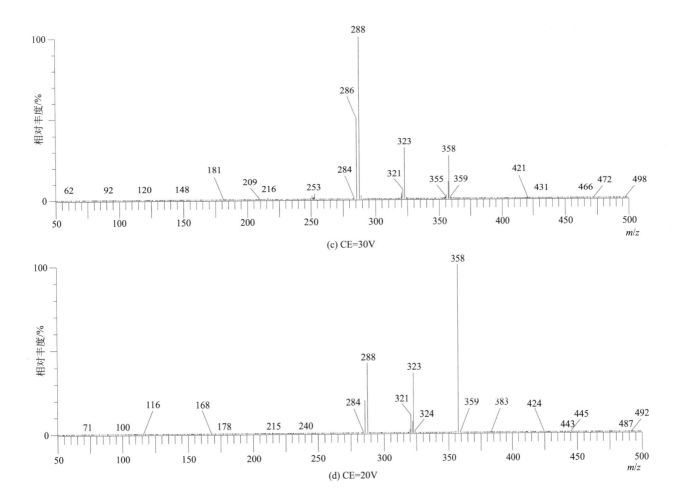

2,2′,3,4,4′,5,6,6′-Octachlorobiphenyl（2,2′, 3,4,4′,5,6,6′- 八氯联苯）

基本信息

CAS 登录号	74472-52-9	**分子量**	425.8	**扫描模式**	子离子扫描
分子式	$C_{12}H_2Cl_8$	**离子化模式**	EI	**母离子**	432

一级质谱图

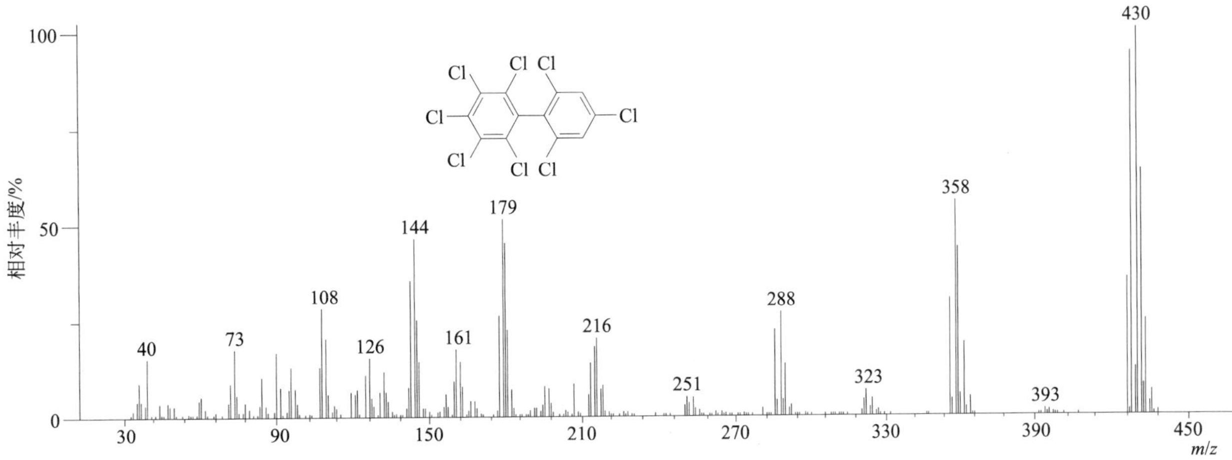

四个碰撞能量下子离子质谱图

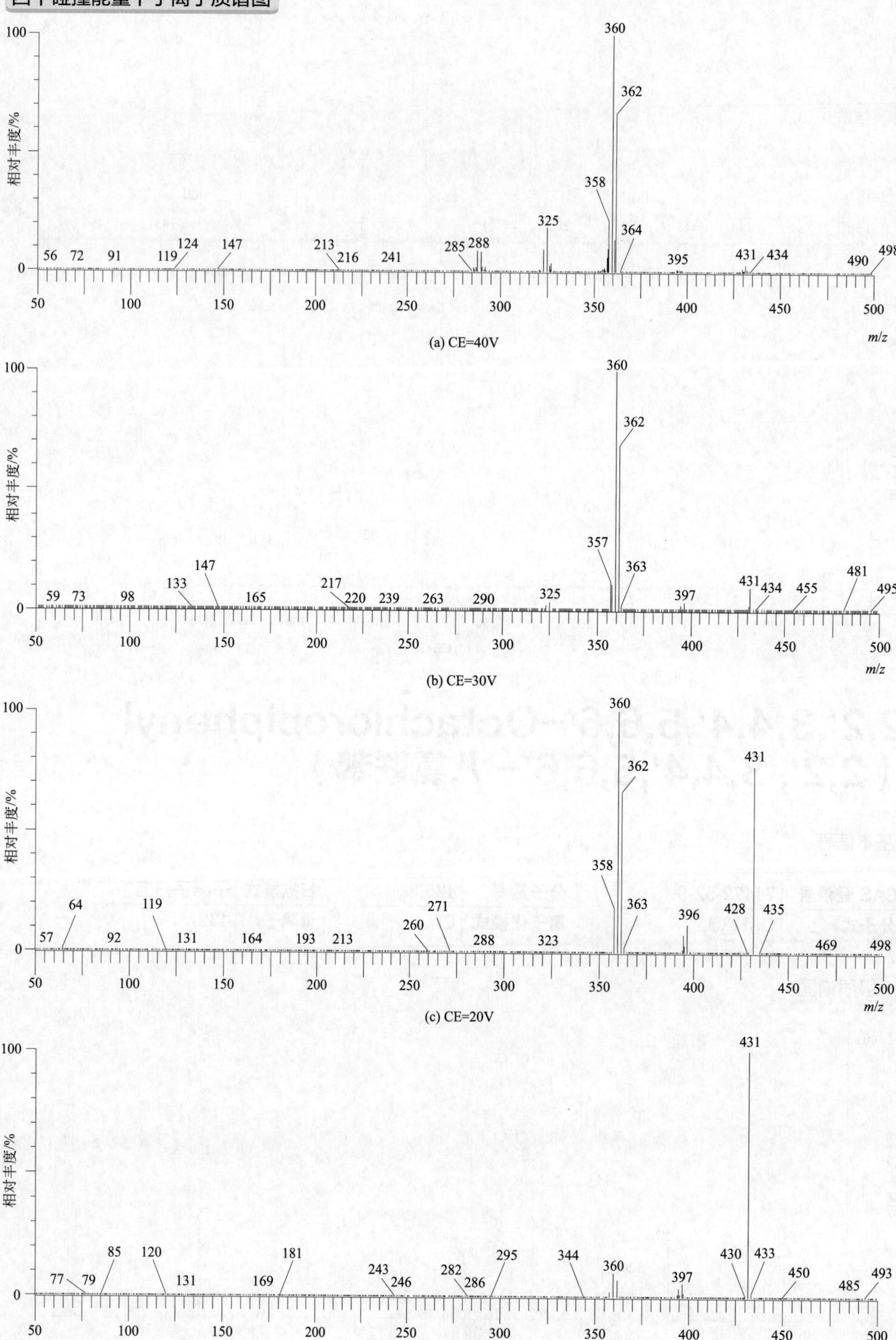

2,3,3′,4,4′,5,5′,6-Octachlorobiphenyl（2,3, 3′,4,4′,5,5′,6-八氯联苯）

基本信息

CAS 登录号	74472-53-0	分子量	425.8	扫描模式	子离子扫描
分子式	$C_{12}H_2Cl_8$	离子化模式	EI	母离子	430

一级质谱图

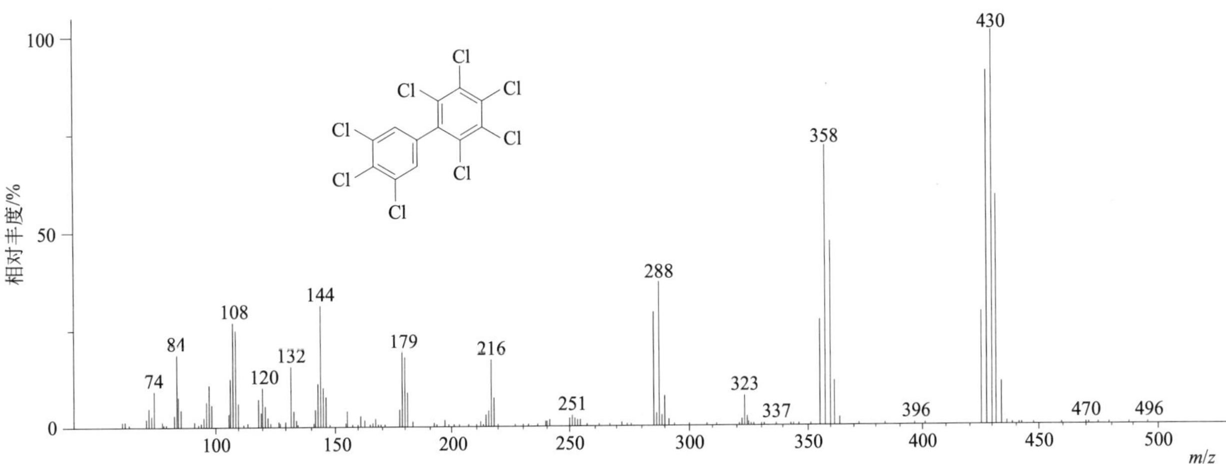

四个碰撞能量下子离子质谱图

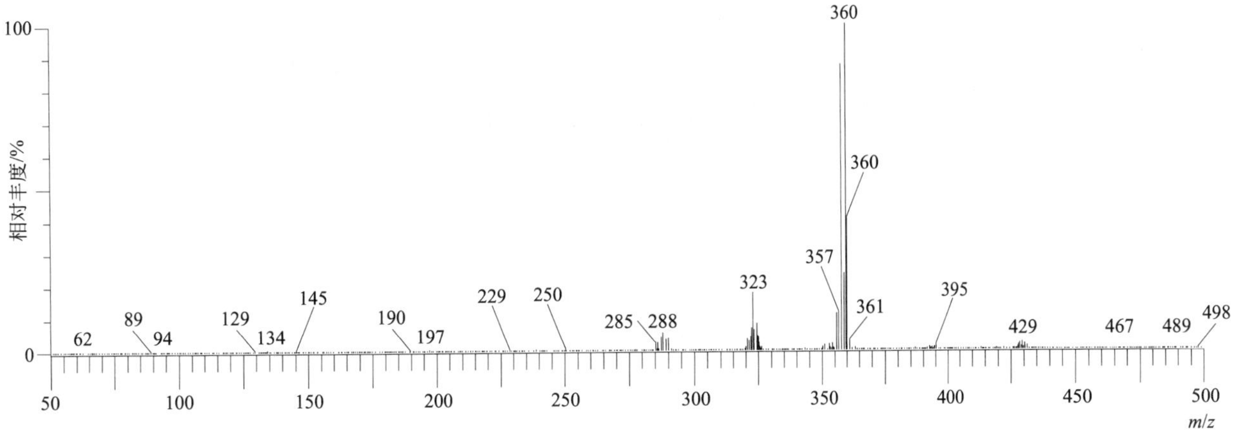

(a) CE=40V

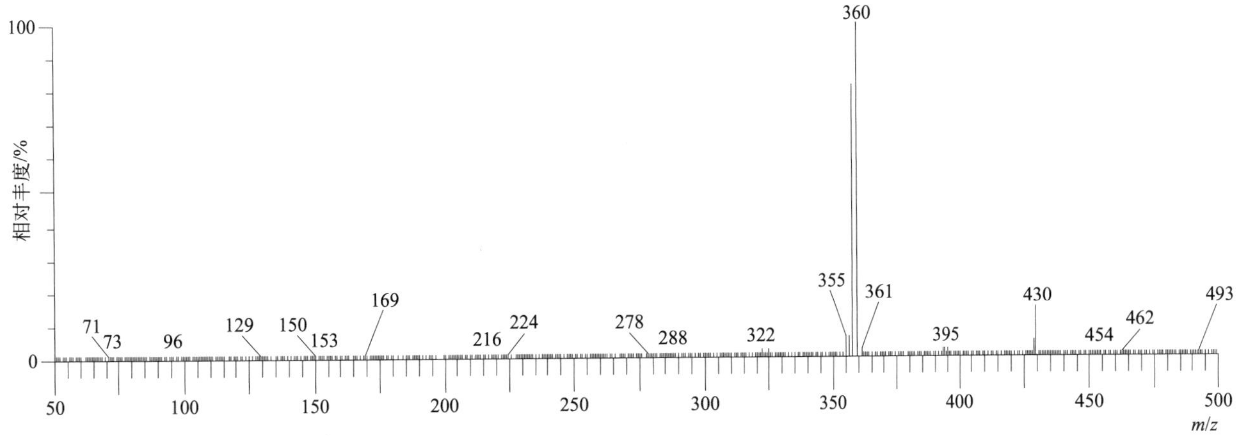

(b) CE=30V

(c) CE=20V

(d) CE=10V

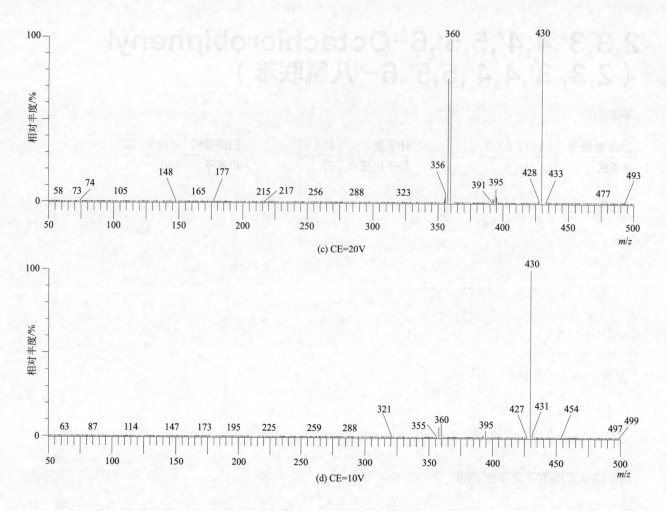

2,2′,3,3′,4,4′,5,5′,6-Nonachlorobiphenyl（2,2′,3,3′,4,4′,5,5′,6-九氯联苯）

基本信息

CAS 登录号	40186-72-9	分子量	459.7	扫描模式	子离子扫描
分子式	$C_{12}HCl_9$	离子化模式	EI	母离子	466

一级质谱图

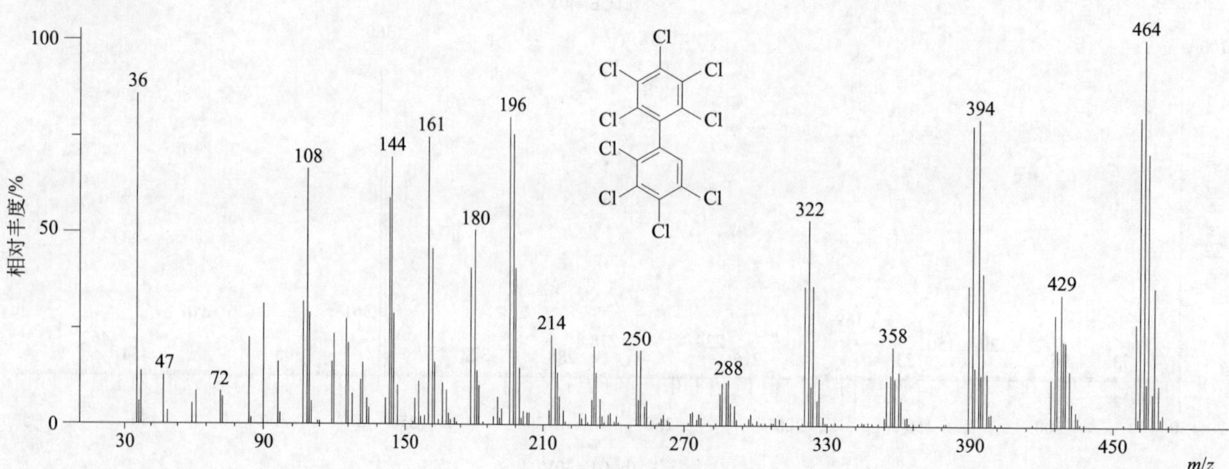

四个碰撞能量下子离子质谱图

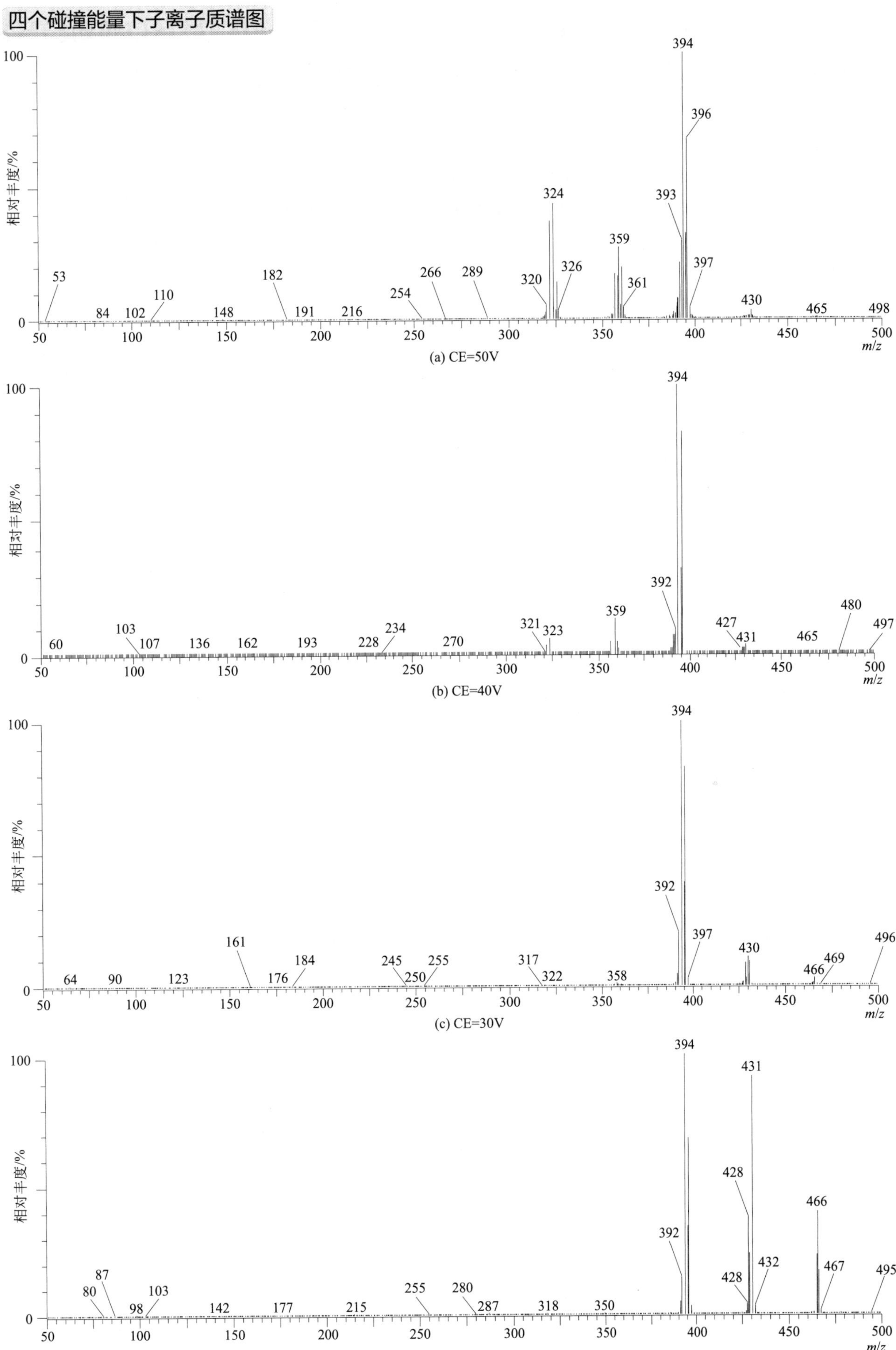

(a) CE=50V

(b) CE=40V

(c) CE=30V

(d) CE=20V

2,2′,3,3′,4,4′,5,6,6′-Nonachlorobiphenyl（2,2′,3,3′,4,4′,5,6,6′-九氯联苯）

基本信息

CAS 登录号	52663-79-3	分子量	459.7	扫描模式	子离子扫描
分子式	$C_{12}HCl_9$	离子化模式	EI	母离子	464

一级质谱图

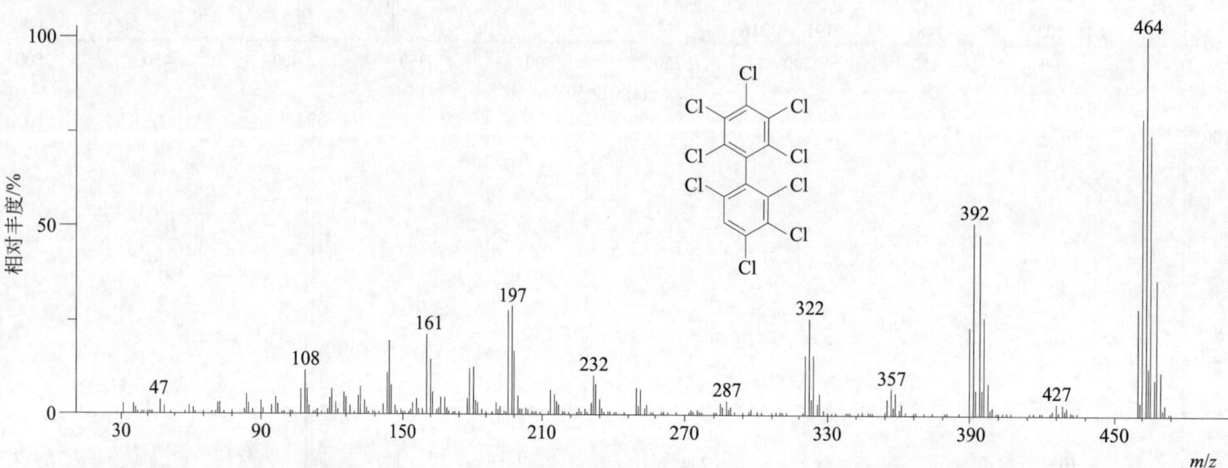

四个碰撞能量下子离子质谱图

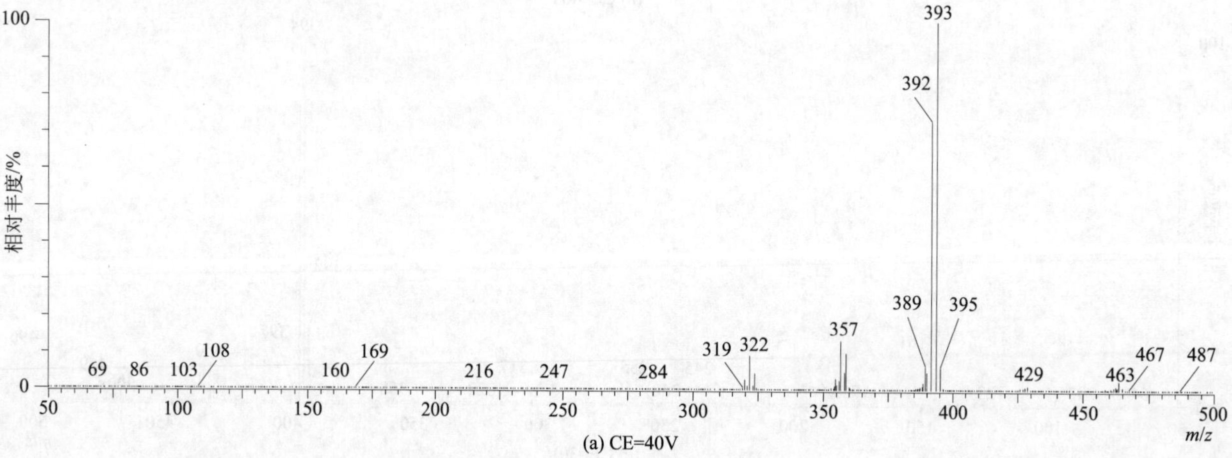

(a) CE=40V

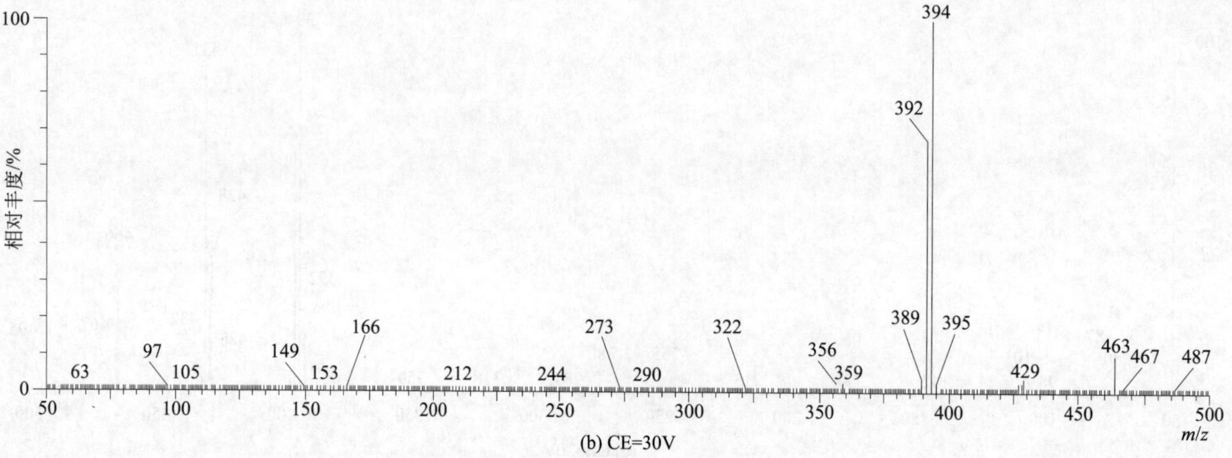

(b) CE=30V

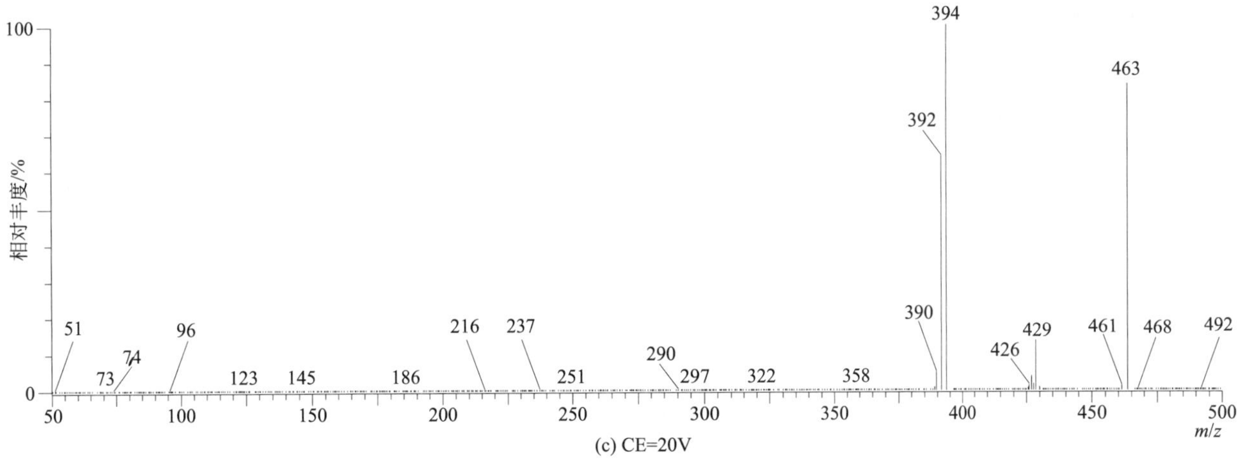

(c) CE=20V

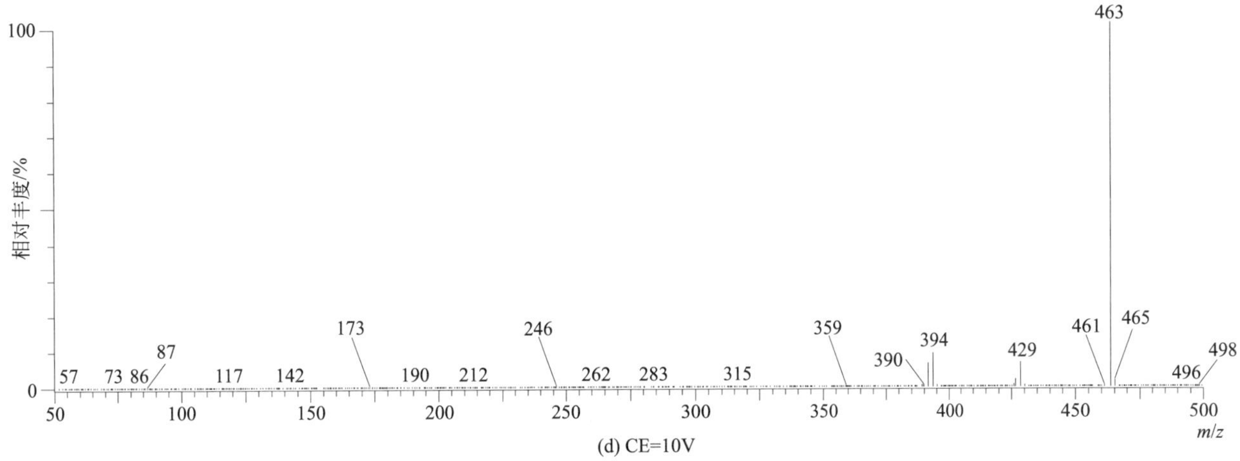

(d) CE=10V

2,2′,3,3′,4,5,5′,6,6′-Nonachlorobiphenyl（2,2′,3,3′,4,5,5′,6,6′-九氯联苯）

基本信息

CAS 登录号	52663-77-1	分子量	459.7	扫描模式	子离子扫描
分子式	$C_{12}HCl_9$	离子化模式	EI	母离子	462

一级质谱图

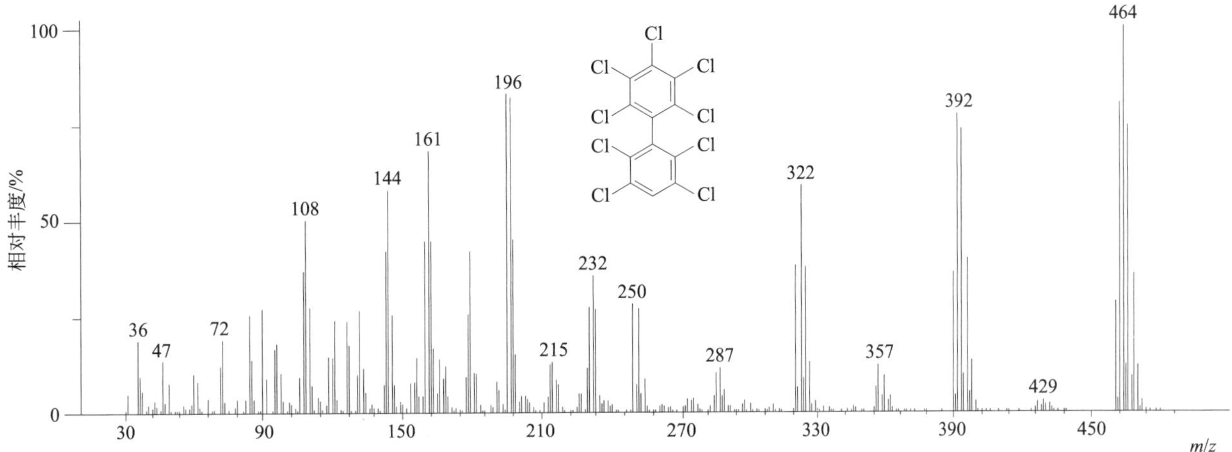

四个碰撞能量下子离子质谱图

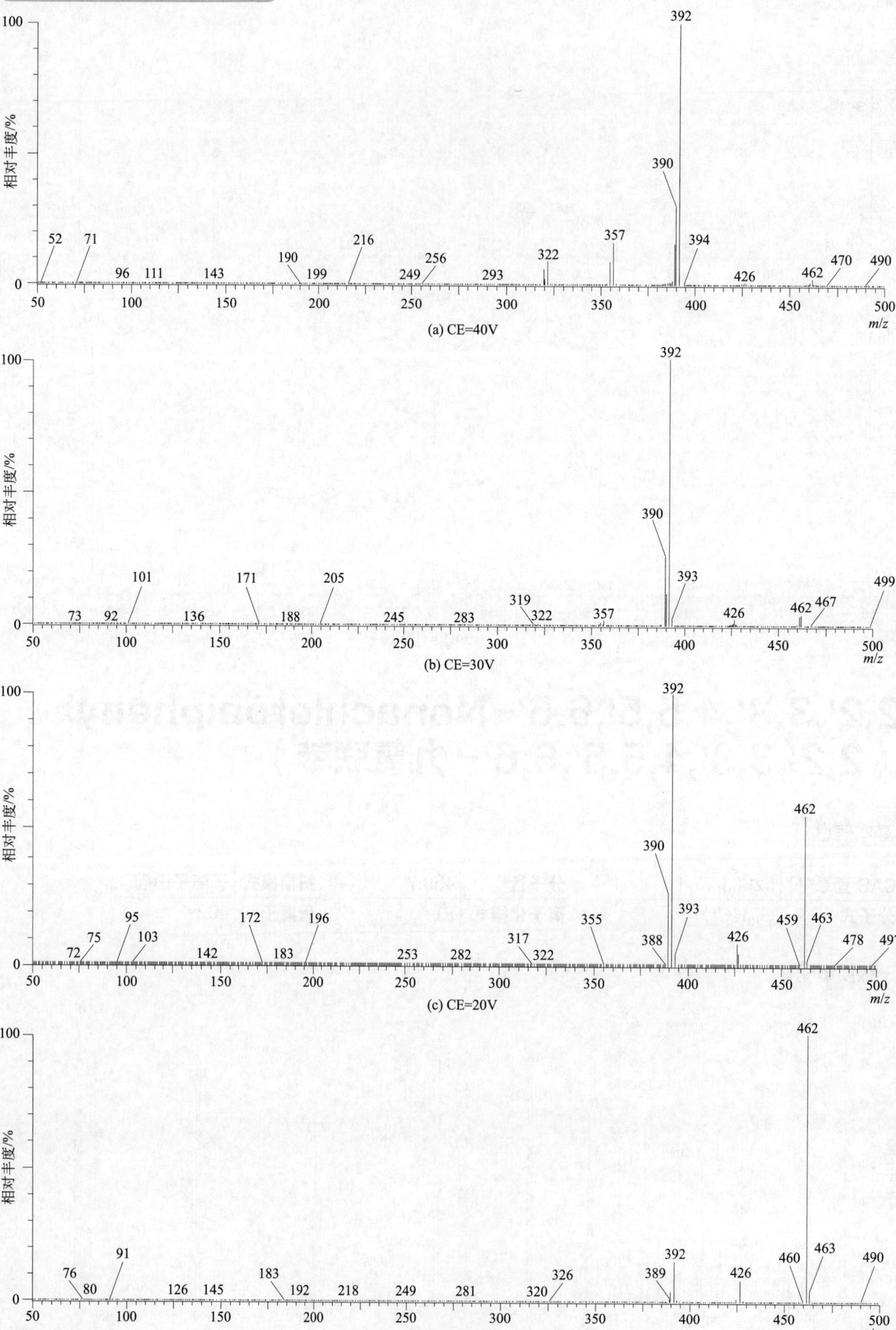

Decachlorobiphenyl（十氯联苯）

基本信息

CAS 登录号	2051-24-3	分子量	493.7	扫描模式	子离子扫描
分子式	$C_{12}Cl_{10}$	离子化模式	EI	母离子	500

一级质谱图

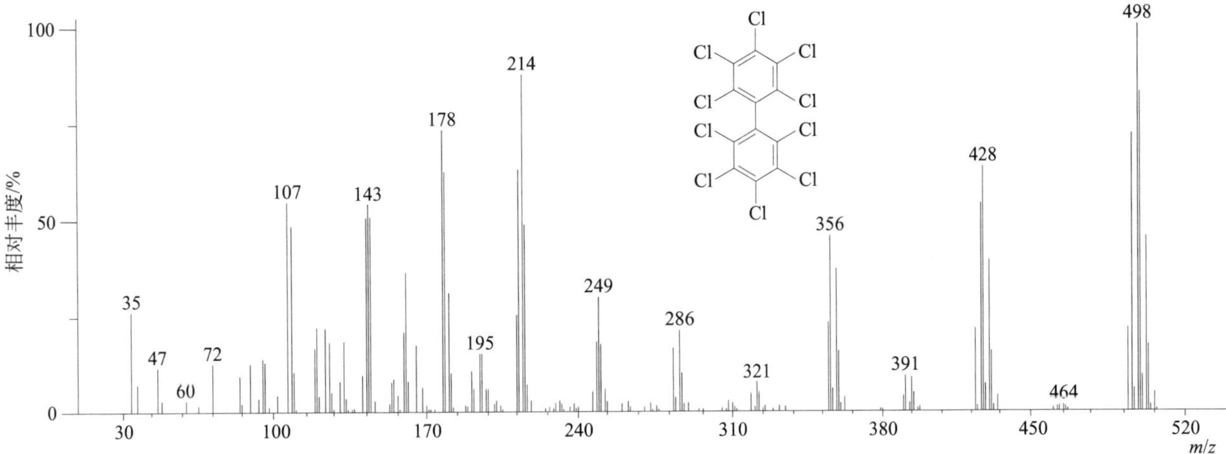

四个碰撞能量下子离子质谱图

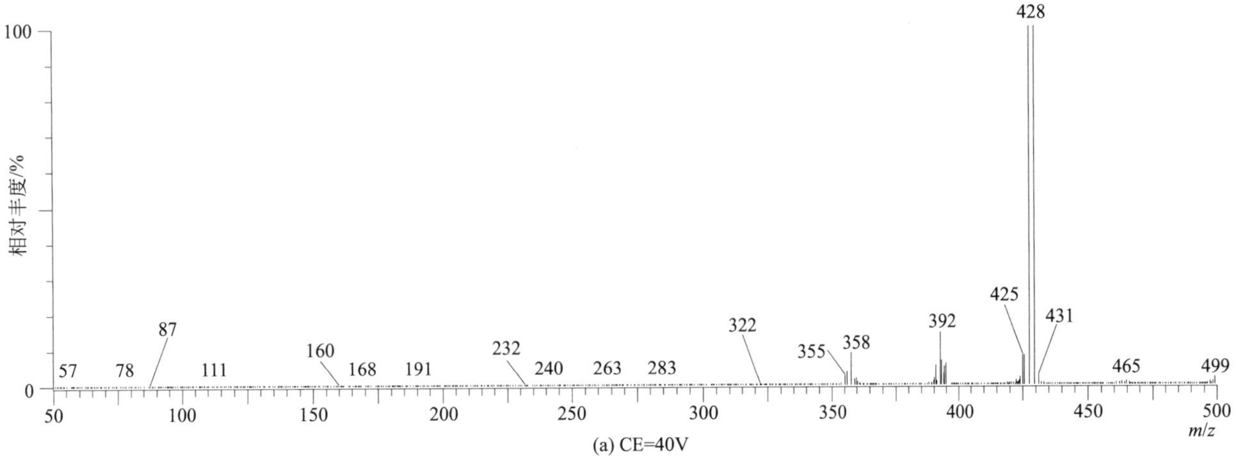

(a) CE=40V

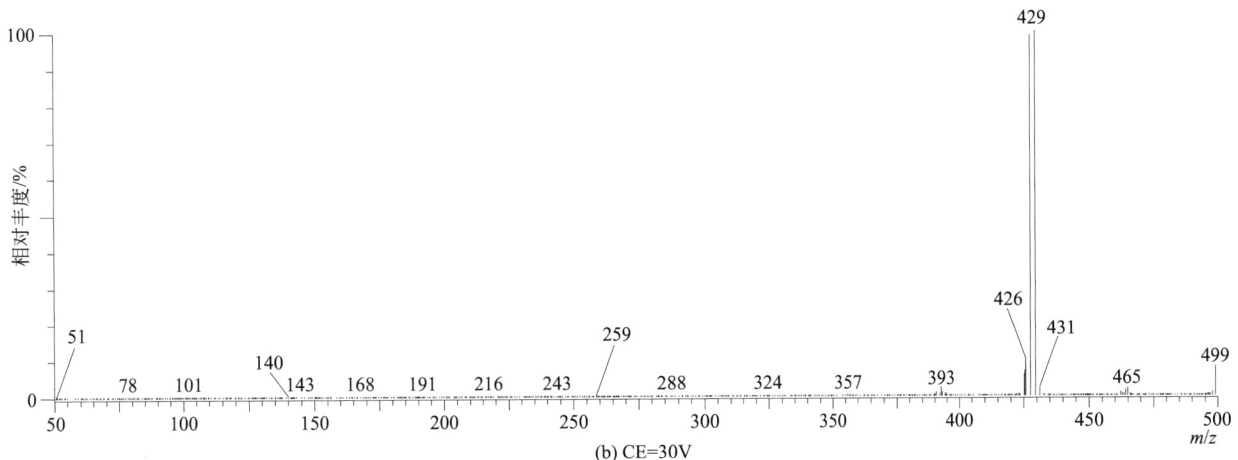

(b) CE=30V

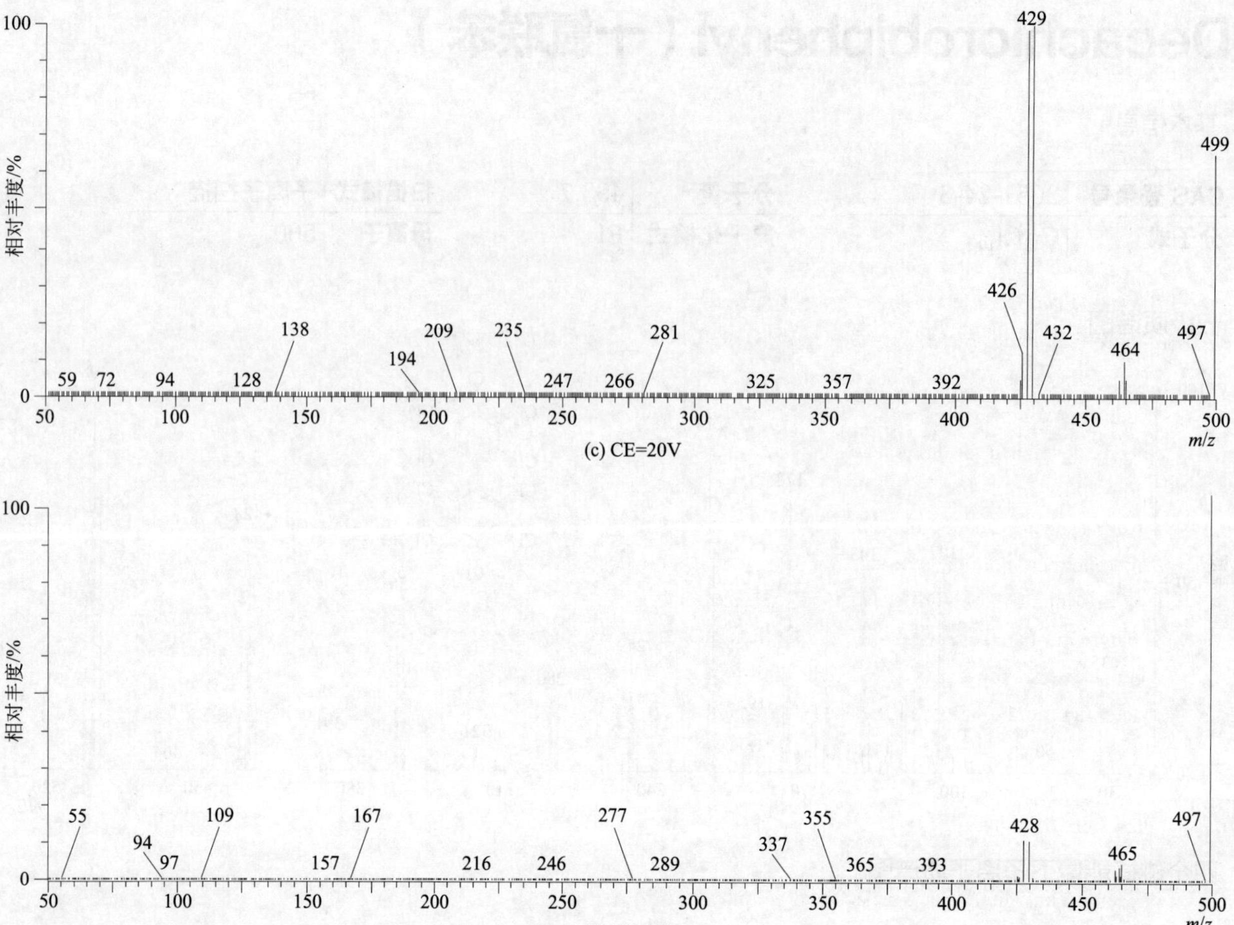

(c) CE=20V

(d) CE=10V

参考文献

[1] 庞国芳等．农药残留高通量检测技术．北京：科学出版社，2012．

[2] 庞国芳等．农药兽药残留现代分析技术．北京：科学出版社，2007．

[3] 庞国芳等．常用农药残留量检测方法标准选编．北京：中国标准出版社，2009．

[4] 庞国芳等．常用兽药残留量检测方法标准选编．北京：中国标准出版社，2009．

[5] Pang Guo-Fang, et al. Compilation of Official Methods Used in the People' s Republic of China for the Analysis of over 800 Pesticide and Veterinary Drug Residues in Foods of Plant and Animal Origin. Beijing: Elsevier & Science Press of China, 2007.

[6] Pang Guo-Fang, Fan Chun-Lin, Chang Qiao-Ying, Li Yan, Kang Jian, Wang Wen-Wen, Cao Jing, Zhao Yan-Bin, Li Nan, Li Zeng-Yin, Chen Zong-Mao, Luo Feng-Jian, Lou Zheng-Yun.High-throughput analytical techniques for multiresidue, multiclass determination of 653 pesticides and chemical pollutants in tea. Part Ⅲ : Evaluation of the cleanup efficiency of an SPE cartridge newly developed for multiresidues in tea. J AOAC Int, 2013,96(4):887.

[7] Fan Chun-Lin, Chang Qiao-Ying, Pang Guo-Fang, Li Zeng-Yin, Kang Jian, Pan Guo-Qing, Zheng Shu-Zhan, Wang Wen-Wen, Yao Cui-Cui, Ji Xin-Xin. High-throughput analytical techniques for determination of residues of 653 multiclass pesticides and chemical pollutants in tea. Part Ⅱ : comparative study of extraction efficiencies of three sample preparation techniques. J AOAC Int, 2013, 96(2):432.

[8] Pang Guo-Fang, Fan Chun-Lin, Zhang Feng, Li Yan, Chang Qiao-Ying, Cao Yan-Zhong, Liu Yong-Ming, Li Zeng-Yin, Wang Qun-Jie, Hu Xue-Yan, Liang Ping. High-throughput GC/MS and HPLC/MS/MS techniques for the multiclass, multiresidue determination of 653 pesticides and chemical pollutants in tea. J AOAC Int, 2011,94(4):1253.

[9] Lian Yu-Jing, Pang Guo-Fang, Shu Huai-Rui, Fan Chun-Lin, Liu Yong-Ming, Feng Jie, Wu Yan-Ping, Chang Qiao-Ying. Simultaneous determination of 346 multiresidue pesticides in grapes by PSA-MSPD and GC-MS-SIM. J Agric Food Chem, 2010, 58(17):9428.

[10] Pang Guo-Fang, Cao Yan-Zhong, Fan Chun-Lin, Jia Guang-Qun, Zhang Jin-Jie, Li Xue-Min, Liu Yong-Ming, Shi Yu-Qiu, Li Zeng-Yin, Zheng Feng, Lian Yu-Jing.Analysis method study on 839 pesticide and chemical contaminant multiresidues in animal muscles by gel permeation chromatography cleanup, GC/MS, and LC/MS/MS. J AOAC Int, 2009,92(3):933.

[11] Pang Guo-Fang, Fan Chun-Lin, Liu Yong-Ming, Cao Yan-Zhong, Zhang Jin-Jie, Li Xue-Min, Li Zeng-Yin, Wu Yan-Ping, Guo Tong-Tong.Determination of residues of 446 pesticides in fruits and vegetables by three-cartridge solid-phase extraction-gas chromatography-mass spectrometry and liquid chromatography-tandem mass spectrometry. J AOAC Int, 2006,89(3):740.

[12] Pang Guo-Fang, Cao Yan-Zhong, Zhang Jin-Jie, Fan Chun-Lin, Liu Yong-Ming, Li Xue-Min, Jia Guang-Qun, Li Zeng-Yin, Shi YQ, Wu Yan-Ping, Guo Tong-Tong.Validation study on 660 pesticide residues in animal tissues by gel permeation chromatography cleanup/gas chromatography-mass spectrometry and liquid chromatography-tandem mass spectrometry. J Chromatogr A, 2006,1125(1):1.

[13] Pang Guo-Fang, Liu Yong-Ming, Fan Chun-Lin, Zhang Jin-Jie, Cao Yan-Zhong, Li Xue-Min, Li Zeng-Yin, Wu Yan-Ping, Guo Tong-Tong. Simultaneous determination of 405 pesticide residues in grain by accelerated solvent extraction then gas chromatography-mass spectrometry or liquid chromatography-tandem mass spectrometry. Anal Bioanal Chem, 2006,384(6):1366.

[14] Pang Guo-Fang, Fan Chun-Lin, Liu Yong-Ming, Cao Yan-Zhong, Zhang Jin-Jie, Fu Bao-Lian, Li Xue-Min, Li Zeng-Yin, Wu Yan-Ping. Multi-residue method for the determination of 450 pesticide residues in honey, fruit juice and wine by double-cartridge solid-phase extraction/gas chromatography-mass spectrometry and liquid chromatography-tandem mass spectrometry. Food Addit Contam, 2006 ,23(8):777.

[15] 李岩，郑锋，王明林，庞国芳．液相色谱 - 串联质谱法快速筛查测定浓缩果蔬汁中的 156 种农药残留．色谱，2009,02:127.

[16] 郑军红，庞国芳，范春林，王明林．液相色谱 - 串联四极杆质谱法测定牛奶中 128 种农药残留．色谱，2009,03:254.

[17] 郑锋，庞国芳，李岩，王明林，范春林．凝胶渗透色谱净化气相色谱 - 质谱法检测河豚鱼、鳗鱼和对虾中 191 种农药残留．色谱，2009,05:700.

[18] 纪欣欣，石志红，曹彦忠，石利利，王娜，庞国芳．凝胶渗透色谱净化 / 液相色谱 - 串联质谱法对动物脂肪中 111 种农药残留量的同时测定．分析测试学报，2009,12:1433.

[19] 姚翠翠，石志红，曹彦忠，石利利，王娜，庞国芳．凝胶渗透色谱 - 气相色谱串联质谱法测定动物脂肪中 164 种农药残留．分析试验室，2010,02:84.

[20] 曹静，庞国芳，王明林，范春林．液相色谱 - 电喷雾串联质谱法测定生姜中的 215 种农药残留．色谱，2010,06:579.

[21] 李南，石志红，庞国芳，范春林．坚果中 185 种农药残留的气相色谱 - 串联质谱法测定．分析测试学报，2011,05:513.
[22] 赵雁冰，庞国芳，范春林，石志红．气相色谱 - 串联质谱法快速测定禽蛋中 203 种农药及化学污染物残留．分析试验室，2011,05:8.
[23] 金春丽，石志红，范春林，庞国芳．LC-MS/MS 法同时测定 4 种中草药中 155 种农药残留．分析试验室，2012,05:84.
[24] 庞国芳，范春林，李岩，康健，常巧英，卜明楠，金春丽，陈辉．茶叶中 653 种农药化学品残留 GC-MS、GC-MS/MS 与 LC-MS/MS 分析方法 : 国际 AOAC 方法评价预研究．分析测试学报，2012,09:1017.
[25] 赵志远，石志红，康健，彭兴，曹新悦，范春林，庞国芳，吕美玲．液相色谱 - 四极杆 / 飞行时间质谱快速筛查与确证苹果、番茄和甘蓝中的 281 种农药残留量．色谱，2013,04:372.
[26] GB/T 23216—2008.
[27] GB/T 23214—2008.
[28] GB/T 23211—2008.
[29] GB/T 23210—2008.
[30] GB/T 23208—2008.
[31] GB/T 23207—2008.
[32] GB/T 23206—2008.
[33] GB/T 23205—2008.
[34] GB/T 23204—2008.
[35] GB/T 23202—2008.
[36] GB/T 23201—2008.
[37] GB/T 23200—2008.
[38] GB/T 20772—2008.
[39] GB/T 20771—2008.
[40] GB/T 20770—2008.
[41] GB/T 20769—2008.
[42] GB/T 19650—2006.
[43] GB/T 19649—2006.
[44] GB/T 19648—2006.
[45] GB/T 19426—2006.

索引

化合物中文名称索引

Index of Compound Chinese Name

世界常用农药色谱-质谱图集

E

F

G

H

M

P

Q

R

S

T

分子式索引

Index of Molecular Formula

CAS 登录号索引

Index of CAS Number